Joachim Grehn (Hg.)

Metzler Physik

2. Auflage

Joachim Grehn, Albrecht von Hessberg
Hans-Gerd Holz, Joachim Krause
Herwig Krüger, Herbert Kurt Schmidt

Gesamtband

J. B. Metzlersche Verlagsbuchhandlung
Stuttgart

Metzler Physik

2. Auflage

Gesamtband
herausgegeben von
Joachim Grehn, Oberstudiendirektor, Kiel

bearbeitet von
Joachim Grehn, Oberstudiendirektor, Kiel
Albrecht von Hessberg, Oberstudienrat, Flensburg
Dr. Hans-Gerd Holz, Ltd. Regierungsschuldirektor, Köln
Joachim Krause, Oberstudiendirektor, Neumünster
Herwig Krüger, Ministerialrat, Kiel
Dr. Herbert Kurt Schmidt, Oberstudienrat, Darmstadt

Zusätzlich gibt es einen **Teilband** mit den Kapiteln 1 bis 4 (Best.-Nr. 20388)

Graphische Darstellungen:
2 + 3 d design
Renate Diener und Wolfgang Gluszak, Düsseldorf
Joachim Seifried, GRAFIK & RETUSCHE, Düsseldorf
Einband: Peter Lorenz
Gestaltung: Ilse König
Redaktion: Dr. Hans-Joachim Leisten

ISBN 3-476-**50209**-0

Druck: 1991, 1990
Die letzte Zahl nennt das Jahr des Drucks.
Alle Drucke einer Auflage können nebeneinander im Unterricht verwendet werden.

Satz: Utesch Satztechnik GmbH, Hamburg
Druck: aprinta, Wemding
Lithographie: Robert Zwingmann, Leonberg
Printed in Germany

Zum Titelbild

Ziel physikalischer Forschung war es zu allen Zeiten, die Gesetze der Natur in einer Theorie möglichster Einfachheit und Symmetrie, ausgedrückt in der Sprache der Mathematik, zusammenzufassen.
Von KEPLER (→ *Kapitel 2.1.1*) aus dem „Mysterium Cosmographicum" von 1596 stammt das Bild im Hintergrund. Es ist das Modell seiner Planetentheorie.
In der abstrakten Anordnung der fünf regulären Körper Oktaeder, Ikosaeder, Dodekaeder, Tetraeder und Würfel (Hexaeder), die durch Kugelschalen verschiedener Dicke – entsprechend den → Exentrizitäten der Planetenbahnen – getrennt und durch eine innerste und eine äußerste Kugelschale ergänzt sind, ergaben sich genau sechs Sphären, Kugelschalen, in die die Umlaufbahnen um die Sonne der sechs damals bekannten Planeten Merkur, Venus, Erde, Mars, Jupiter und Saturn nach den KEPLER vor 1600 bekannten Verhältnissen ihrer mittleren Bahnradien genau hineinpaßten.
Über dem Planetenmodell KEPLERs liegt eine moderne Darstellung aus der Theorie der Elementarteilchen (→ *Kapitel 13.2.3*), in der durch die Einteilung nach bestimmten Eigenschaften eine Gruppe von Elementarteilchen in einem Symmetriediagramm erfaßt wird.
Die (weiß ausgeführte) Zeichnung zeigt das sogenannte Baryonenoktett. In ihm bilden die acht „schweren" Elementarteilchen, zu denen das Neutron und das Proton gehören, mit der → Baryonenzahl 1 und dem → Spindrehimpuls ½ in einem Koordinatensystem mit drei Erhaltungsgrößen als Achsen, nämlich der → Hyperladung, der Komponente T_3 des → Isospins und der → Ladung Q eine ebene Punktekonstellation von größter Symmetrie. Nach der zugrundeliegenden Theorie, die 1968 aufgestellt wurde, lassen sich auch die anderen Elementarteilchen in Gruppen in ähnlichen Symmetriediagrammen zusammenstellen.

Inhaltsverzeichnis

Vorwort

**Liebe Schülerin,
lieber Schüler!**

Dieses Buch, die „Metzler Physik", möchte Ihnen in Ihrem Physikunterricht auf der gymnasialen Oberstufe sowohl im Grundkurs wie im Leistungskurs ein verläßlicher und hilfreicher Begleiter sein. In der Sekundarstufe I haben Sie sich mit den Anfangsgründen der Physik vertraut gemacht. Nun, auf der Oberstufe, haben Sie die Physik als Grund- oder als Leistungsfach gewählt. Vielleicht haben Sie diese Entscheidung auch erst vorläufig getroffen.

Auf jeden Fall wollen Sie sich mit der Physik auseinandersetzen. Dazu möchten wir Sie ermutigen.

Die Physik gilt nicht als leichtes Schulfach. Das Abstraktionsniveau ist im Vergleich zu anderen Fächern hoch, und der Anteil an Mathematik ist vergleichsweise groß. Von der Beobachtung und Beschreibung eines Experiments, das Sie oder andere ausführen, bis zur Erklärung mit Hilfe physikalischer Gesetzmäßigkeiten oder von der Messung physikalischer Größen bis zu einem Gesetz bedarf es häufig einer Reihe nicht einfacher gedanklicher Schritte. Die theoretische Herleitung physikalischer Gesetze oder die Lösung von Aufgaben erfordern sichere Beherrschung von Kenntnissen und Methoden. Das alles zu vermitteln, ist die Aufgabe des Physikunterrichts. In der konkreten Unterrichtssituation einer Physikstunde gibt es dafür sehr unterschiedliche Wege.

Dieses Buch bietet Ihnen einen möglichen Unterrichtsgang durch die Physik an. Die systematische Darstellung erleichtert Ihnen, das, was Sie im Unterricht, möglicherweise anders angeordnet, durchgenommen haben, nachzuarbeiten und das Wichtige herauszufinden und sich anzueignen. Sie hilft Ihnen, die Ergebnisse Ihres Unterrichts zu Hause in größere Zusammenhänge einzuordnen und damit besser zu verstehen. Sie erleichtert Ihnen die Wiederholung und die Festlegung des Gelernten.

Besonderen Wert haben wir darauf gelegt, jeweils die Fragestellung zu entwickeln, die Versuche in ihrem Aufbau, ihrer Anordnung und ihrer Auswertung anschaulich darzustellen und den Weg zum Ergebnis argumentierend darzulegen. So können Sie auch, ohne z. B. einen Versuch gesehen oder selbst durchgeführt zu haben, selbständig mit dem Buch arbeiten. Wichtig war uns auch, die Begriffe, mit denen es die Physik zu tun hat, und die Gesetze, in denen ihre Ergebnisse festgelegt sind, für Sie stets präzise zu formulieren.

Dieses Buch zeigt Ihnen, daß die Physik ein vielseitiges Schulfach ist. Wenn Sie sich auf das geistige Abenteuer mit ihr einlassen, werden Sie erfahren, daß die Physik eine interessante Wissenschaft ist. Die Beschäftigung mit ihr wird zu Ihrer Allgemeinbildung beitragen und Ihr Weltverständnis erweitern. Der Physikunterricht wird Ihnen aber auch eine gute Ausgangslage für ein späteres Studium, besonders der Naturwissenschaften oder einer technischen Disziplin, oder für einen späteren Beruf verschaffen.

Wir wünschen Ihnen dabei viel Freude und auch Spaß!

Autoren und Herausgeber

Zu diesem Buch

Für die vorliegende zweite Auflage wurde die „Metzler Physik" grundlegend überarbeitet. Die Neufassung ist gleichermaßen für den Unterricht in Grund- und in Leistungskursen konzipiert, im Unterschied zur vorangegangenen 1. Auflage von 1979.

Die neue Konzeption gewährt dem Unterrichtenden ein größeres Maß an unterrichtlicher Freiheit. Im Grundkurs wird der Unterricht unter Berücksichtigung des Lehrplanes, der im betreffendem Bundesland gilt, nach dem **Fundamentum,** dem Größergeschriebenem, unterrichtet. Dieses Fundamentum ist so aufgebaut, daß es in sich einen schlüssigen Lehrgang durch die Physik bietet, der sich aus den Stoffplänen der Bundesländer für den Grundkursunterricht ergibt und für jedes Land diesem Unterricht auch zugrunde gelegt werden kann. Für den Leistungskurs wird zusätzlich das Kleingedruckte, das **Additum,** verwendet. Fundamentum und Additum zusammen berücksichtigen die Lehrpläne der Bundesländer für den Leistungskurs.

Das Buch bietet mehr, als was in einem dreijährigen Unterricht gründlich behandelt werden kann. Die Einstellung in Fundamentum und Additum mit Hilfe der Druckgestaltung macht es z. B. leicht möglich, im Leistungskurs weniger wichtig erscheinende Bereiche anhand des Fundamentums kursorisch zu behandeln oder im Grundkurs ein Thema anhand des Additums vertiefend zu unterrichten.
Neu ist auch die graphische Gestaltung des Buches: Sie ist durchgehend farbig. Die Zeichnungen von Versuchsanordnungen sind stilisiert und heben so, besser als Photographien, das physikalisch Wichti-

ge hervor. Die farbige Gestaltung von Kurven und Schaltplänen fügt sich dem an.

Das Buch will den Schüler in die geistige Auseinandersetzung mit der Physik führen. Die Stoffbehandlung entwickelt sich, soweit es möglich ist, nach kurzer Einleitung und Erörterung des Problems aus dem Experiment und läßt den Schüler an der Lösung physikalischer Fragestellungen teilhaben. Im Wechselspiel zwischen Versuch, gedanklicher Analyse und Hypothese wird die physikalische Aussage erarbeitet. Die Experimente, die die aktuelle Lehrmitteltechnik berücksichtigen, sind anschaulich beschrieben. Der Computer wird in vorsichtiger Weise an einigen Stellen einbezogen. Da inzwischen über seinen Einsatz eine Fülle von Material vorliegt, ist hier auf eine Einführung, die auch für Schüler lesbar wäre, verzichtet worden. Hinweise für seinen Einsatz gibt der Lehrerband mit Aufgabenstellungen, zu denen Disketten erschienen sind.

Auf klare Begriffsbildungen, auch bei der Definition physikalischer Größen, und auf präzise Formulierung der Ergebnisse wurde besonderer Wert gelegt. Der Schüler soll stets die Möglichkeit haben, sich genau zu informieren, mit welcher Größe oder welchem Zusammenhang er es zu tun hat. Der Gedankengang, der zu den physikalischen Gesetzmäßigkeiten führt, wurde deutlich herausgearbeitet. So kann der Schüler anhand des Buches seinen eigenen Unterricht, auch wenn dieser anders als hier im Buch aufgebaut sein sollte, nacharbeiten und vertiefen.

Das Buch ist weitgehend systematisch aufgebaut und vermeidet dadurch, den Unterricht auf einen speziellen methodischen Weg festzulegen. Die Physik ist in diesem Buch vor allem sachorientiert dargestellt und dabei methodisch-didaktisch aufbereitet. So kann das Buch auch in einem Unterricht benutzt werden, der anderen Leitlinien folgt.

Das Buch ist vor allem in seinen kleingedruckten Teilen, dem Additum, anspruchsvoll gestaltet, ohne den Charakter eines Schulbuches zu verlieren. Gegenüber der bisherigen Auflage wurden vor allem die grundlegenden Teile gestrafft. Das einleitende Kapitel Mechanik nimmt stärker Rücksicht auf den vorangegangenen Unterricht in der Sekundarstufe I. Die Mathematisierung ist gegenüber der 1. Auflage zurückgenommen worden. Für den Grundkursteil, das Fundamentum, wurde die vektorielle Darstellung durchweg vermieden oder nur so weit herangezogen, wie sie ohne weitergehende mathematische Behandlung unmittelbar verständlich ist. Aussagen, die mit Hilfe der Analysis formuliert sind, sind eher als Wiederholung und zur Vertiefung gedacht und wären dann zu unterrichten, wenn der Schüler durch den Mathematikunterricht dazu in die Lage versetzt ist.

Viele Teile des Buches wird der aufmerksame Leser erweitert und neu konzipiert antreffen, nicht nur weil das Buch nun sowohl für den Grundkurs als auch für den Leistungskurs geschrieben ist. Solche Änderungen betreffen vor allem die Relativitätstheorie, die Quantenphysik, die Atomphysik und die Festkörperphysik. Als neues Kapitel ist die Astrophysik aufgenommen. Sie gibt eine Einführung in dieses faszinierende Gebiet moderner Forschung und führt gleichzeitig ein Beispiel für das Zusammenwirken der verschiedenen Disziplinen der Physik vor. Historische und wissenschaftstheoretische Bemerkungen sollen Anregungen geben. Sie können aus Platzgründen nur sehr vereinfacht das jeweilige Thema ansprechen. Interessante Beispiele und Anwendungen aus der Technik sind in den Lehrtext und in die Aufgaben eingestreut.

Das Aufgabenmaterial wurde erheblich erweitert. Aufgaben von größerem Schwierigkeitsgrad, im allgemeinen dem Leistungskurs vorbehalten, sind mit einem Sternchen gekennzeichnet. Die Aufgaben wurde gegenüber der 1. Auflage den Kurzabschnitten der Kapitel zugeordnet, so daß leichter erkennbar ist, worauf sie sich beziehen. Auf das Lehrerbegleitbuch mit den Aufgabenlösungen und den Bemerkungen zum Aufbau des Buches sei hingewiesen.

Das Buch ist als Arbeitsbuch konzipiert mit dem Ziel, Lehrbuch für den Schüler der Grund- und Leistungskurse der gymnasialen Oberstufe, aber auch der Abendgymnasien und Fachoberschulen für das Fach Physik zu sein. Der Leser kann es auch zum Selbststudium oder zur Wiederholung benutzen. Vollständigkeit wurde nicht angestrebt, wohl aber wurden die Lehrpläne aller Bundesländer berücksichtigt.

Dank moderner verlegerischer Arbeit ist das Buch druckgraphisch ansprechend gestaltet. Allen, die an seinem Zustandekommen Anteil hatten, sei herzlich gedankt. Möge das Buch wieder wie seine Vorgänger Anklang bei vielen Kollegen und vor allem bei den Schülern finden.
Die Autoren sind für jede Kritik dankbar.

Kiel, im Frühjahr 1988 *Joachim Grehn*

Einleitung

Was ist Physik?

Die Naturwissenschaften befassen sich mit der systematischen Erforschung der Natur und dem Erkennen der geltenden Naturgesetze. Man kann sie einteilen in die mathematisch erfaßbaren exakten Naturwissenschaften, zu denen die Physik und die Chemie, des weiteren die Astronomie und die Astrophysik, die Geologie und Geophysik, die Kristallographie und Mineralogie u. a. m. zählen, und in die biologischen Naturwissenschaften wie die allgemeine Biologie, die Botanik und Zoologie, die Molekulargenetik, die Biochemie, Teile der Medizin u. a. m.

Die empirisch-analytisch vorgehenden Naturwissenschaften grenzen sich durch ihre Gegenstandsbereiche und ihre Methoden von den Geistes- und den Sozialwissenschaften sowie den axiomatischen Wissenschaften ab. Letztere wie z. B. die Mathematik gehen von einem System von Sätzen, den Axiomen, aus und leiten aus ihnen mit den Gesetzen der Logik neue Aussagen her. Die Geistes- und Sozialwissenschaften haben die Ordnung des menschlichen Lebens in Geschichte, Staat, Gesellschaft, Recht, Erziehung und die Deutungen der Welt in Sprache, Religion, Kunst und Philosophie zum Gegenstand.

Die Physik als eine Wissenschaft „von der Natur" befaßt sich heute allerdings weniger mit natürlich vorkommenden Vorgängen und Objekten. Sie ist in Bereiche eingedrungen, die sich der direkten Beobachtung in der uns umgebenden Natur entziehen. Die interessierenden Prozesse spielen sich vielfach im Innern der Materie oder der Sterne ab. Um sie studieren zu können und sie einer Messung zugänglich zu machen, muß man solche Prozesse in teilweise sehr aufwendigen Experimenten im Labor ablaufen lassen. Dadurch haftet der Physik heute oft etwas Unnatürliches und Künstliches an. Es sind aber gerade diese Phänomene, die man sonst in der Natur nicht beobachten kann, die uns zu grundlegenden Erkenntnissen zu führen vermögen.

Die Physik ist wie die anderen Wissenschaften dem historischen Wandel unterworfen. Sie ist wie sie eine sich stets weiterentwickelnde Wissenschaft.
Die Physik, von griechisch „physis" – Natur – umfaßte im Altertum die Lehre von der gesamten Natur. In der berühmtesten Bibliothek des Altertums, in Alexandrien, standen hinter den Schriften der Natur, der Physik, die über die Metaphysik, die nicht von der Natur handelten. Die Griechen sind die Begründer der exakten Wissenschaften wie der Physik und Mathematik. Zwar verfügten die Völker schon vor ihnen auf vielen Gebieten über profunde Kenntnisse, so z. B. die Ägypter über die Mechanik – wie hätten sie sonst die Pyramiden bauen können – oder die Babylonier über die Astronomie. Während Ägypter und Babylonier aber noch ein mythisch verklärtes Verhältnis zur Natur besaßen, d. h. in der Natur das (unerklärliche) Walten von Gottheiten sahen, waren die Griechen die ersten, die nach dem Grund für die Erscheinungen und nach deren Zusammenhang gefragt haben. Ihre entscheidende Erkenntnis war, daß die Welt verstanden werden kann und der Ablauf des Naturgeschehens sich erklären und begründen läßt. Antrieb waren für die Griechen die Neugier und das unermüdliche Bestreben, die Gesetze der Natur herauszufinden, eine Grundeinstellung, die für den Naturwissenschaftler bis auf den heutigen Tag gilt. Mit den Griechen beginnt das wissenschaftliche Denken.

Die Begründer der neuzeitlichen Physik waren GALILEI (1564–1642) und NEWTON (1642–1727). GALILEI führte das Experiment als wichtiges Mittel zur Erforschung und Begründung der Naturgesetze ein. NEWTON schuf mit seiner Mechanik und Gravitationslehre die Grundlage der klassischen Physik, die ihren Höhepunkt im 19. Jahrhundert fand. Die Gebiete der klassischen Physik sind u. a. Mechanik, Akustik, Wärmelehre und Optik. Ausgangspunkt für diese Einteilung sind Wahrnehmungen und Beobachtungen durch die Sinnesorgane. Lediglich die Elektrizitätslehre und der Magnetismus passen nicht in dieses Schema.
Das 19. Jahrhundert mit seinen Erfolgen in Wissenschaft und Technik wähnte sich auf dem Gipfel und Endpunkt der Entwicklung. So riet man dem jungen Max PLANCK (1874) auf der Universität dringend vom Studium der Physik ab: Das Wesentliche sei erforscht.
Die Relativitätstheorie sowie die Entdeckung des Atomaufbaus und in ihrem Gefolge die Quantentheorie haben die Physik zu Beginn dieses Jahrhunderts revolutioniert. Seitdem befindet sich die Physik in einer stürmischen Entwicklung. In den zwanziger Jahren unseres Jahrhunderts standen die Atomhülle, in den dreißiger und vierziger Jahren der Atomkern, seitdem stehen Elementarteilchenphysik und Festkörperphysik im Mittelpunkt der Forschung. Mit großem finanziellem Aufwand, den Grundlagenforschung heute erfordert, hat die Hochenergiephysik beim Vorstoß in immer kleinere Welten, vom Atom zum Kern, vom Kern zu den Ele-

mentarteilchen, den Blick in das Innere und in den Aufbau der Materie immer weiter vorangetrieben. Genauso haben die modernen physikalischen Beobachtungsmethoden beim Vorstoß in den Weltraum ungeahnte Kenntnisse über das Universum in der Astrophysik und über die Entstehung der Welt in der Kosmologie erbracht.

Jahr für Jahr wird in der Physik ein ungeheures Maß an neuem Wissen produziert. Wissenschaftliche Zeitschriften und Handbücher wachsen ins Ungemessene. Während in früheren Zeiten der Forscher ganz allein auf sich gestellt war, ist die moderne Wissenschaft wegen ihrer Komplexität in der Hauptsache das Ergebnis von Teamarbeit, in der Theoretiker, Experimentalphysiker und Techniker zusammenwirken. Moderne Methoden der Kommunikation erlauben den schnellen Austausch von Informationen, so daß Physiker verschiedener Nationalitäten über Entfernungen hinweg an ein und demselben Projekt zusammenarbeiten können.

Die Physik ist die grundlegende Naturwissenschaft. Sie ist Grundlage der Technik.
Die Physik nimmt unter den Naturwissenschaften eine zentrale Stellung ein. Ihr Studium ist für fast alle Naturwissenschaften Voraussetzung. Ohne Kenntnis moderner Atomphysik und Quantenmechanik sind viele Forschungsgebiete, die häufig in den Grenzbereichen der Wissenschaften liegen, nicht zu verstehen. Die gesamte Chemie genügt der Quantenmechanik, und alle möglichen Verbindungen ergeben sich „im Prinzip“ als Lösungen ihrer Grundgleichungen, auch wenn man nach wie vor neue Verbindungen durch chemische Methoden statt durch Computerprogramme herauszufinden sucht. Die Gesetze der Physik gelten aber auch in der belebten Natur. In den Wissenschaften vom Lebendigen bildet die Physik als Biophysik eine Basis für das Verständnis biologischer Prozesse.

Die moderne Technik ist ohne die exakten Naturwissenschaften, insbesondere ohne die Physik, nicht denkbar. Technik ist weitgehend angewandte Physik. Der technisch-wissenschaftliche Fortschritt beruht auf den Ergebnissen der Grundlagenwissenschaften, vor allem auch der Physik. Kernenergie und Kernwaffen, Anwendungen von Ergebnissen aus Wissenschaftsgebieten, die einst aus reinem Forschungsdrang entwickelt sind, haben die Welt verändert. Halbleiter- und Festkörperphysik mit ihren Anwendungen aus allen Bereichen der Kommunikationstechniken, Laserphysik, Weltraumtechnik, Medizintechnik, Umweltforschung sind nur einige Bereiche, in denen die Forschungsergebnisse der Physik der Bewältigung der Zukunftsaufgaben dienen. Der Mensch forscht nicht nur aus dem Streben nach reiner Erkenntnis. Von jeher hat er auch die Natur zu beherrschen versucht. Uns ist heute bewußt, daß zur Bewältigung der Zukunft der Menschheit die technisch-wissenschaftliche Entwicklung weitergehen muß, daß aber wegen der mit ihr stets verbundenen Gefährdungen Selbstbegrenzung von Forschung und Technik unabdingbar ist.

Die Physik bildet ein geschlossenes und weitreichendes Erklärungssystem für einen Teil unserer Welt.
Das Universum und das Atom, die klassischen und die modernen Gebiete der Physik, werden von einer einheitlichen Begriffsbildung erfaßt, sie werden von den gleichen Gesetzmäßigkeiten beherrscht. Demgegenüber verliert die Einteilung der Physik in verschiedene Gebiete an Bedeutung. Hinter den vielfältigen Erscheinungen, mit denen sich die Physik beschäftigt, verbergen sich die gleichen Strukturen.
Die moderne Physik, insbesondere die Quantenmechanik, hat mit dem Zwang, auf die Grundlagen zurückzugehen, neue Denkformen geschaffen, die weit über die Physik hinausreichen. Die Methode der Physik ist prinzipiell von hoher Bedeutung und beispielhaft für die Frage, wie der Mensch die „Wirklichkeit“ erforschen und erkennen kann. Die moderne Erkenntnistheorie und wichtige Fragen der Philosophie und Wissenschaftstheorie lassen sich ohne Kenntnis der heutigen Physik nicht verstehen.

Was also ist Physik?

Eine exakte Begriffsbestimmung dessen, was Physik ist, kann man kaum vornehmen. In dieser Einleitung wurden einige Aspekte aufgeworfen, die zur Beantwortung dieser Frage erörtert werden müßten. Einige werden in diesem Buch weitergeführt; für andere Fragestellung wird der konkrete Unterricht Antworten versuchen. Dennoch soll hier am Ende dieser kurzen Betrachtung über die Physik eine Begriffsbestimmung gewagt werden.
Die Physik erforscht mit experimentellen und theoretischen Methoden die messend erfaßbaren und mathematisch beschreibbaren Erscheinungen und Vorgänge in der Natur, insbesondere die Zustände und Zustandsänderungen der (unbelebten) Materie sowie die Bewegungen und die Wechselwirkungen ihrer Bausteine, ohne dabei auf stoffliche Veränderung dieser Materie einzugehen.
Wie die Physik nun im einzelnen vorgeht und womit sie sich im einzelnen beschäftigt, welche Erkenntnisse sie über die Natur und die Welt vermittelt, in dieses eindrucksvolle Gedankengebäude der zentralen Naturwissenschaft Physik führt dieses Buch ein.

1 Elemente der Mechanik

Die **Mechanik**[1]) ist der älteste Teil der Physik. Sie ist aus der Betrachtung der einfachen Maschinen wie Hebel und Flaschenzug und aus der Beobachtung der Himmelskörper hervorgegangen. GALILEI und NEWTON haben sie als Wissenschaft begründet.

Die Mechanik ist auch heute noch grundlegend für das Verständnis fast aller physikalischer Erscheinungen und vieler technischer Anwendungen. Sie eröffnet zudem wie kein anderes Gebiet der Physik den Zugang zu physikalischem Denken. Daher beginnen wir auch dieses Buch mit ihrem Studium.

Aufgabe der Mechanik ist es, die Bewegungen von Körpern und die Wirkung der Kräfte, die die Bewegung beeinflussen, zu beschreiben und vorherzubestimmen. Die Mechanik untersucht somit die Naturgesetze, nach denen die Planeten am Himmel ihre Bahn ziehen; sie untersucht ebenso, nach welchen Naturgesetzen sich Gegenstände unserer Umgebung bewegen. Sie untersucht Drehungen und Schwingungen von Körpern, und sie untersucht, wie sich Körper verhalten, die zusammenstoßen.

Ihr Ziel ist es zu erforschen, wie die Bewegungen ablaufen – sie untersucht also die Bewegungsformen – und weshalb sie so ablaufen – sie untersucht die dabei wirkenden Kräfte. Sie untersucht auch die Wirkung von Kräften auf ruhende Körper.

Der Bremsvorgang eines Autos, der Sprung eines Leichtathleten, der Flug eines Satelliten, der Lauf des Kolbens in einem Motor oder die Bewegung der Erde um die Sonne sind Vorgänge, die die Mechanik mit Hilfe von Naturgesetzen ebenso beschreibt und erklärt wie die Wirkungsweise der einfachen Maschinen oder die Konstruktion von Brücken oder anderen technischen Bauwerken.

Die Mechanik teilt man ein in die **Kinematik**[2]) und in die **Dynamik**[3]). In der Kinematik interessiert man sich für die Bewegungen, ohne dabei auf die Kräfte einzugehen, die im Zusammenhang mit der Bewegung auftreten. Die Dynamik fragt dann nach dem Zusammenspiel von Kräften und Bewegungen. Für einen Sonderfall der Bewegung, nämlich für den Zustand der Ruhe, behandelt die **Statik**[4]) die Wirkung der Kräfte auf ruhende Körper und die Gleichgewichtsbedingungen.

In der Sekundarstufe I haben wir uns, soweit es die Mechanik angeht, vor allem mit den einfachen Maschinen wie Hebel, Rolle, Flaschenzug und mit den Kräften und ihrem Gleichgewicht, also mit den Gesetzen der Statik, beschäftigt. In der Oberstufe sind eher die Bewegungen und die sie hervorrufenden Kräfte, also die Kinematik und die Dynamik im allgemeinen Sinne, Gegenstand des Studiums.

[1]) mechane (griech.), Werkzeug, Maschine
[2]) kinema (griech.), Bewegung
[3]) dynamis (griech.), Kraft
[4]) stare (lat.), stehen

1.1 Kinematik

Die **Bewegungen,** die wir in unserer Umwelt beobachten, verlaufen im allgemeinen recht kompliziert. In allen Einzelheiten lassen sie sich häufig nur mit großem Aufwand darstellen und auch erklären. Die Aufgabe dieses Kapitels wird es daher sein, aus der Vielfalt der Bewegungen die einfachsten **Grundformen** herauszufinden und ihre Gesetzmäßigkeiten zu studieren. Wir dürfen erwarten, daß wir dann viele konkret ablaufende Bewegungen auf diese Grundformen zurückführen und dadurch mit Hilfe einfacher Gesetze erklären oder vorhersagen können. Unter welchen Bedingungen man solche Vereinfachungen vornehmen kann, wird immer gesondert zu entscheiden sein.

In diesem Kapitel Kinematik werden wir nicht nach den Kräften fragen, unter deren Wirkung die untersuchte Bewegung stattfindet, sondern Bewegungen rein geometrisch nach Ort und Zeit beschreiben.

1.1.1 Beschreibung einer Bewegung

Was versteht man unter einer Bewegung?
Wie beschreibt man sie?
Wir betrachten dazu zwei Bewegungsvorgänge.

Versuch 1/1: a) Auf einer Fahrbahn rollt ein Wagen entlang (*Abb. 1–1*).
b) Auf einer Glasplatte springt eine Stahlkugel (*Abb. 1–2*).

Sieht man von allen unwesentlichen Umständen ab, so kennzeichnet jede Bewegung ein entscheidendes **Merkmal:** Der Körper (Wagen, Kugel) befindet sich nacheinander zu bestimmten Zeiten an bestimmten Orten. Die Bewegung eines Körpers besteht also in der Veränderung seines Ortes mit der Zeit.

In vielen Fällen reicht es aus, für die Untersuchung der Bewegung eines ausgedehnten, materiellen Körpers nur einen seiner Punkte (etwa seinen Schwerpunkt) zu betrachten. Diesem Punkt ordnet man seine Masse und gegebenenfalls noch andere Eigenschaften des Körpers wie z. B. seine elektrische Ladung zu. (In der Kinematik spielt die Masse des

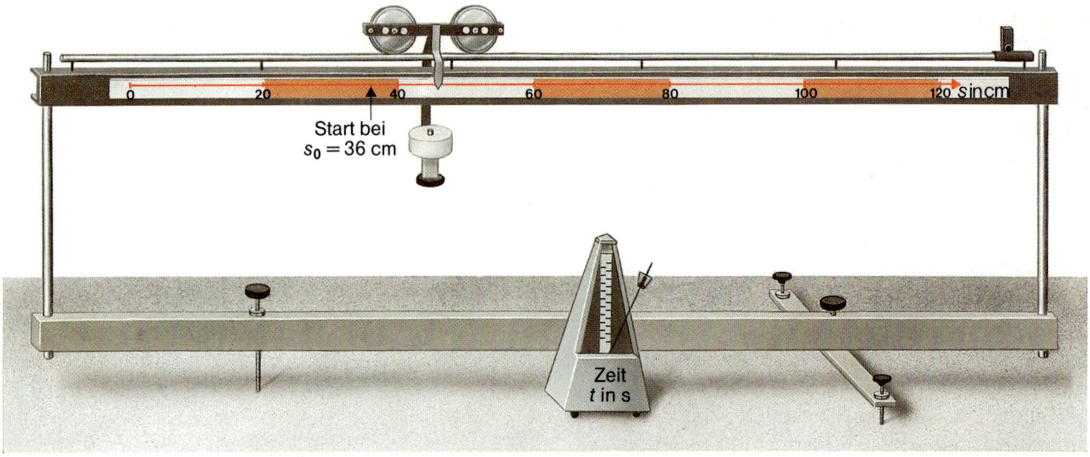

Abb. 1–1: Bewegung auf der Fahrbahn. Nach den Schlägen des Metronoms liest man auf der Meßlatte die durchfahrenen Ortskoordinaten ab.

Körpers jedoch noch keine Rolle.) Damit ersetzt man den Körper gedanklich durch das **Modell des Massenpunktes.** Die Modellvorstellung vom Massenpunkt stellt einen wichtigen Abstraktionsschritt dar. Die Bewegung eines ausgedehnten Körpers reduziert sich auf die Bewegung des Massenpunktes, so daß sich der Bewegungsvorgang einfacher und klarer erfassen läßt.

Für die Bahn eines Satelliten reicht es aus, die Bewegung seines Schwerpunktes zu betrachten. Für den Kurs eines Flugzeugs ist seine Ausdehnung belanglos. – Dagegen ist für die Bewegung eines Hochspringers nicht allein die Bahn seines Schwerpunktes entscheidend.

Die Beschreibung der Bewegung erfolgt nun, indem man den jeweiligen Ort, den der Körper oder der an seiner Stelle betrachtete Massenpunkt einnimmt, und die zugehörige Zeit mißt. Dazu braucht man einen Bezugskörper und ein mit diesem fest verbundenes Koordinatensystem. Bezugskörper und Koordinatensystem bilden das **Bezugssystem,** demgegenüber die Bewegung beschrieben wird.

Ergebnis: Unter einer Bewegung versteht man die Änderung des Ortes eines Körpers mit der Zeit relativ zu einem Bezugssystem.

Zur Angabe des Ortes für den Wagen auf der Fahrbahn genügt eine einzige Koordinatenachse, weil die Bewegung nur längs einer Geraden (auch hin und her), also eindimensional, verläuft. Zur Angabe des Ortes der Kugel wählt man ein rechtwinkliges Koordinatensystem mit zwei Koordinatenachsen; denn diese Bewegung verläuft in einer Ebene, also zweidimensional. Entsprechend braucht man für eine räumliche, dreidimensionale Bewegung ein Koordinatensystem mit drei Achsen. Bezugskörper sind die Fahrbahn oder der Experimentiertisch.

Im Beispiel der Fahrbahn (*Abb. 1–1*) gibt man den Ort, an dem sich der Wagen gerade befindet, durch die **Ortskoordinate** s[1]) auf der Koordinatenachse längs der Fahrbahn an. Die Zeit t[2]) liest man an einer Uhr ab. Der Weg Δs[3]) zwischen zwei Bahnpunkten, die der Wagen vom Zeitpunkt t_1 bis zum Zeitpunkt t_2 zurückgelegt hat, stellt sich dann als Differenz der Ortskoordinaten s_1 und s_2 dar: $\Delta s = s_2 - s_1$.
Der Weg Δs des Wagens wird positiv angegeben, wenn eine Strecke in positiver Richtung der Koordinatenachse zurückgelegt ist: $s_2 > s_1$; er ist negativ, z. B. $\Delta s = 13\ \text{cm} - 58\ \text{cm} = -45\ \text{cm}$, wenn die Bewegung in umgekehrter Richtung erfolgt.

In der Physik ist es üblich, den Ort, an dem sich ein Körper zu einer bestimmten Zeit befindet, nicht durch seine Ortskoordinate, sondern durch den **Weg** anzugeben, den der Körper bis dahin von einem bekannten Ausgangspunkt zurückgelegt hat. Ist der Ausgangspunkt der Koordinatenursprung, so stimmt die Ortskoordinate s mit dem Weg Δs überein. Wir werden also im folgenden eine Bewegung durch den Weg s und die Zeit t beschreiben.
So legen wir in *Abb. 1–2* den Ort der Kugel durch den Weg s_x in Richtung der x-Achse und den Weg s_y in Richtung der y-Achse fest, die die Kugel vom Ursprung aus zurückgelegt haben müßte.

Weg s und Zeit t sind **physikalische Größen.** Ihr **Größenwert** ist das Produkt aus Zahlenwert, z. B. 1,5 bzw. 30, und Einheit, z. B. 1 m bzw. 1 s, also $s = 1{,}5 \cdot 1\ \text{m} = 1{,}5\ \text{m}$ oder $t = 30 \cdot 1\ \text{s} = 30\ \text{s}$. Die physikalische Größe Weg s ist ein **Vektor:** Neben dem Größenwert muß auch die Richtung, in der die Ortsveränderung erfolgt, angegeben werden. Die physikalische Größe Zeit t ist ein **Skalar:** Sie ist eindeutig durch den Größenwert allein bestimmt.

[1]) s spatium (lat.), Schritt, Weg
[2]) t tempus (lat.), Zeit
[3]) Das Zeichen Δ in Δs (gesprochen „Delta s") ist kein Faktor, sondern steht für „Differenz".

In der Physik hat man sich auf ein System physikalischer Einheiten geeinigt, das **S**ystème **I**nternational d'Unités, abgekürzt: **SI** (1.2.7), in dem alle physikalischen Größen angegeben werden. Die SI-Einheit einer Länge wie des Weges ist das Meter, kurz $[s] = 1\ \text{m}$[1]); SI-Einheit der Zeit ist die Sekunde: $[t] = 1\ \text{s}$.

Die Bewegung eines Körpers ist hinreichend beschrieben, wenn man zu verschiedenen Zeiten t_i die zurückgelegten Wege s_i angibt und damit für den an seiner Stelle gedachten Massenpunkt den Zeiten t_i die Wege s_i zuordnet. Mathematisch gesprochen: Die Bewegung eines Massenpunktes ist durch die Angabe seines Weges s als Funktion der Zeit t beschrieben. Die Funktion $s = s\,(t)$[2]) heißt **Zeit-Weg-Funktion.**

Die **Zeit-Weg-Funktion** kann gegeben sein
1. durch eine Wertetabelle, die **Zeit-Weg-Tabelle** (*Tab. 1–1*),
2. durch ein Diagramm oder einen Graphen, das **Zeit-Weg-Diagramm** *(Abb. 1–3)*,
3. durch eine Gleichung, die Gleichung der **Zeit-Weg-Funktion** *(Abb. 1–3)*.

Jede Einzelmessung der Zeit t_i und des zugehörigen Weges s_i bildet in der Zeit-Weg-Tabelle ein Wertepaar und im Zeit-Weg-Diagramm einen **„Meßpunkt"** (t_i/s_i).
Vom Zeit-Weg-Diagramm zu unterscheiden ist die **Bahnkurve,** die die durchlaufenen Orte bei der Bewegung bilden. Für den Wagen (*Abb. 1–1*) ist die Bahnkurve eine Strecke auf der s-Achse, für die Kugel eine Aufeinanderfolge von Parabelbögen in einem x-y-Koordinatensystem (*Abb. 1–2*).
Der Physiker ist immer bestrebt, die Ergebnisse des Experiments in der formalen Sprache der Mathematik wiederzugeben und eine Beziehung zwischen den Größen aufzustellen, die die Meßwerte aus Tabelle und Diagramm möglichst genau wiedergibt. Eine Gleichung ist die kürzeste und präziseste Form, den Zusammenhang zwischen physikalischen Größen auszudrücken.
Im *Versuch 1/1* liefert das Experiment die Wertepaare der *Tab. 1–1*. Im Diagramm (*Abb. 1–3*) liegen die zugehörigen Meßpunkte auf einer Geraden. Aus dem Achsenabschnitt $s = 0{,}36$ m und der Steigung $m = 1{,}44$ m/s ergibt sich die Gleichung
$s = 1{,}44\ \text{m/s}\ t + 0{,}36\ \text{m}$ der Zeit-Weg-Funktion.

Im Experiment kann man Wege und Zeiten auf verschiedene Weise messen. Im Fahrbahnversuch lassen sich, falls die Bewegung genügend langsam ist, die jeweiligen Wege zu den Schlägen eines Metronoms markieren und ablesen: Die zurückgelegten Wege werden zu vorgegebenen Zeiten bestimmt (*Abb. 1–1*). Oder es lassen sich, indem man den Versuch mehrmals wiederholt, die Zeiten nacheinander für verschiedene Wege mit Hilfe elektrischer Kontakte messen: Die Zeiten werden zu vorgegebenen Wegen bestimmt. Oder die Wege werden in einem Versuch mittels der Staubfigurenmethode (→ *Abb. 1–5*) oder mit einem Funkenschreiber (→ *Abb. 1–10, Abb. 1–11*) (→ *1.1.3*) in zeitlich

1) Die eckige Klammer bedeutet „ist Einheit der physikalischen Größe".
2) Statt $s = f\,(t)$, wie aus der Mathematik gewöhnt, schreibt man in der Physik $s = s\,(t)$.

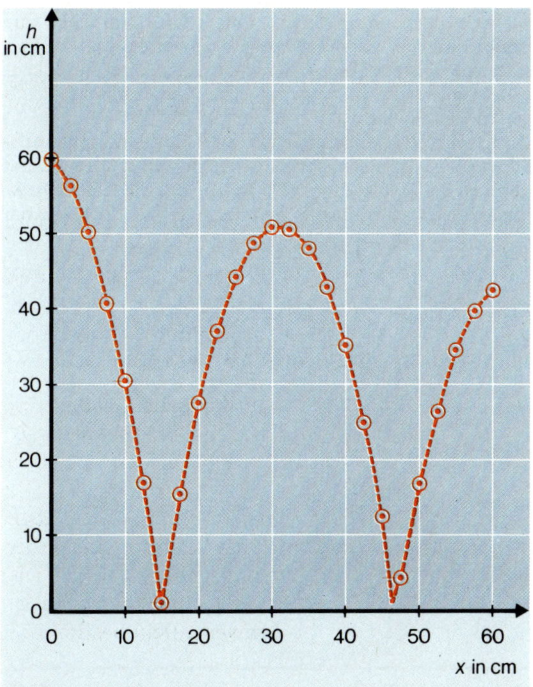

Abb. 1–2: Registrierung einer stroboskopischen Aufnahme (Ausschnitt, schematisch) der Sprünge einer Stahlkugel auf einer Glasplatte. Blitzfrequenz 20 Hz.

t in s	0,0	1,0	2,0	3,0	4,0	5,0
s in cm	36	49	66	81	94	108

Tab. 1–1: Zeit-Weg-Tabelle einer linearen Bewegung.

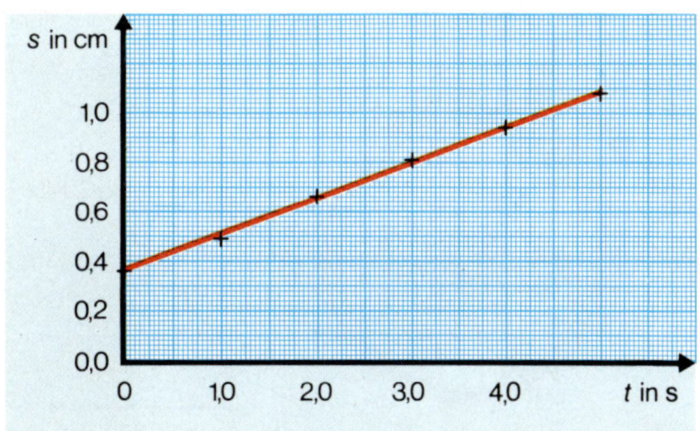

Abb. 1–3: t-s-Diagramm nach *Tab. 1–1*. Die Meßpunkte liegen auf der Geraden mit der Gleichung
$s = 1{,}44\ \text{m/s}\ t + 0{,}36\ \text{m}$.

gleichen Abständen markiert. – Die Bewegung der Kugel könnte man filmen; man könnte auf den in gleichen Zeitabständen aufeinanderfolgenden Aufnahmen des Films jeweils die (beiden in x- und in y-Richtung zurückgelegten) Wege ausmessen. Oder man könnte mit einem Stroboskop in einer Aufnahme die in gleichen Zeitabständen durchlaufenen Orte aufnehmen (→ *Abb. 1–2*).

Bezugssystem und Bewegung

Bei genauerer Erörterung des Begriffes Bewegung sieht man, daß die Bewegung und ihr Sonderfall, die Ruhe, keine **absoluten,** sondern nur **relative** Begriffe sind. Denn ob ein Körper sich bewegt oder ob er sich in Ruhe befindet, läßt sich nur in bezug auf einen anderen Körper, den Bezugskörper, samt dem mit ihm verbundenen Koordinatensystem angeben. Entscheidend ist, welches **Bezugssystem** man für die Beschreibung einer Bewegung zugrunde legt. Ein Boot, das auf einem Fluß dahintreibt, befindet sich gegenüber dem Wasser in Ruhe, gegenüber dem Ufer bewegt es sich. – Das Ventil eines Fahrrades beschreibt, von einem mit dem Fahrradrahmen verbundenen Bezugssystem aus, einen Kreis (*Abb. 1–4 a*), vom Bezugssystem Straße aus ist seine Bahn eine komplizierte Kurve (*Abb. 1–4 b*). – Die Fahrbahn aus dem *Versuch 1/1* ruht gegenüber der Erde; sie bewegt sich mit der Erde gegenüber der Sonne; gegenüber der Milchstraße führt sie wieder eine andere Bewegung aus.
Die **Relativitätstheorie** (→ *Kapitel 8*) verneint die Frage, ob es irgendwo – im Weltall – ein absolutes Bezugssystem gibt, von dem aus eine Bewegung „richtig" beschrieben würde. – Man wählt im allgemeinen das Bezugssystem, von dem aus sich die betrachtete Bewegung am einfachsten beschreiben läßt. Das ist für viele Experimente die Erde. Bezieht man das Bezugssystem auf den Experimentierraum, spricht man auch vom Laborsystem.

Länge und Zeit – Einheiten und Messung

Damit man beim Messen von Längen und Zeiten überall und zu jeder Zeit zu vergleichbaren Ergebnissen kommt, müssen ihre **Einheiten** Meter und Sekunde durch Vorgänge so definiert werden – das definierende Verfahren oder den die Einheit festlegenden Gegenstandsbereich nennt man dann das **Normal der Einheit** –, daß im Prinzip das Längen- wie das Zeitnormal in jedem Labor der Erde im Idealfall herzustellen, also zu reproduzieren sind, und sich im Laufe der Zeit nicht ändern, also auf Vorgänge bezogen werden, die zeitlich stabil bleiben.
Zeit- und Längennormal sind daher immer wieder nach dem neuesten Stand der Meß- und Experimentiertechnik durch das **Internationale Einheitensystem** (abgekürzt: SI-System) (→ *1.2.7*) festgelegt worden.

Grund- oder Basiseinheit der Zeit t im SI-System ist die Sekunde: $[t] = 1$ s. Zeitnormal ist seit 1967 die Strahlung des Caesium-Atoms.

Definition: Die **Sekunde** ist das 9 192 631 770fache der Periodendauer der dem Übergang zwischen den beiden Hyperfeinstrukturniveaus des Grundzustandes von Atomen des Nuklids ^{133}Cs entsprechenden Strahlung.

Sekunde und Minute sind als Unterteilung der Stunde seit dem Mittelalter gebräuchlich. Bis 1960 war das Zeitnormal der mittlere Sonnentag und die Sekunde sein 86 400. Teil. Der **mittlere Sonnentag** ist der Jahresdurchschnitt der wahren Sonnentage, und der wahre Sonnentag ist die Zeitdauer zwischen zwei aufeinanderfolgenden Höchstständen der Sonne. Da die (wahre) Sonne sich ungleichmäßig durch die **Ekliptik,** die jährliche scheinbare Bahn der Sonne vor dem Himmel, bewegt, nämlich bei Sonnennähe im Januar schneller und bei Sonnenferne im Juli langsamer, läßt man eine fiktive mittlere Sonne gleichmäßig über den Himmelsäquator laufen und bezieht auf diese den mittleren Sonnentag. Wahrer und mittlerer Sonnentag weichen in ihrer Dauer bis zu dreißig Sekunden voneinander ab.
Seit der Entwicklung der Quarzuhren ist eine Reihe von Unregelmäßigkeiten der Erdrotation bekannt: Die Erdrotation verlangsamt sich infolge der Gezeitenreibung pro Jahrhundert um 0,0016 s. Vermutlich infolge von Massenverlagerungen im Erdinnern rotiert die Erde über Jahrzehnte hinweg einmal schneller, einmal langsamer. Zusätzliche jahreszeitliche Schwankungen sind zurückzuführen auf Luftmassenverlagerungen und Abschmelzungen an den Polen.
Das Bedürfnis, bei Vergleichen mit dem Zeitnormal unabhängig von astronomischen Beobachtungen zu sein, hat dann zu der jetzt gültigen Definition mit Hilfe der Strahlung des Caesium-Atoms geführt, wie sie 1967 von der

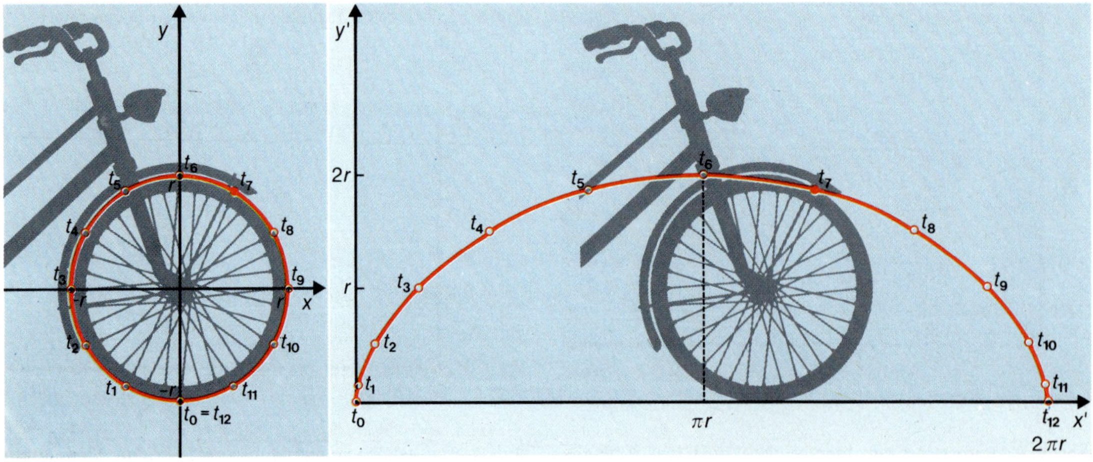

Abb. 1–4: Bezugssystem und Bewegung. Der Einfachheit halber wird ein Punkt auf dem Kreis betrachtet. a) Im Bezugssystem Fahrrad ist die Bahnkurve des Ventils ein Kreis. b) Im Bezugssystem Straße beschreibt das Ventil eine Zykloide.

13. Generalkonferenz für Maße und Gewichte neu definiert und später auch als SI-Basiseinheit übernommen ist. Von entscheidendem Vorteil ist, daß sich das Normal nun in jedem Laboratorium mit verhältnismäßig geringem technischen Aufwand realisieren läßt, und daß die Präzision des Zeitnormals durch die Verwendung der Lasertechnik um einige Zehnerpotenzen gesteigert werden kann.

Zur Messung der Zeit benutzt man ebenfalls **periodische Vorgänge.** Nur die Sand- und Wasseruhren, die von der Antike bis ins 18. Jahrhundert in Gebrauch waren, messen die Zeit an einmalig ablaufenden Vorgängen. Pendel-, Unruhe-, Quarz- und Atomuhren haben eine Schwingungsvorrichtung (Pendel, Unruhe, Quarzschwingung, Atomschwingung) als Zeitgeber. Die Energie wird den Uhren durch Rückkopplung zugeführt; sie wird geliefert durch Gewichtskraft, Aufzugsfeder mit Anker, elektrische Schwingkreise (bei Atom- und Quarzuhren). Mechanische Pendeluhren messen die Sekunde mit einer Genauigkeit von 10^{-8} s wie auch Quarzuhren, Atomuhren erreichen eine Genauigkeit von 10^{-13} s.
Längere Zeiten werden indirekt bestimmt, z. B. durch den radioaktiven Zerfall (z. B. C-14-Methode). Die Messung kürzerer Zeiten unterhalb 10^{-12} bis etwa 10^{-24} s führt man auf kernphysikalische Vorgänge wie Lebensdauererwartungen von Mesonen u. a. zurück. Der Physiker benutzt zur Zeitmessung häufig die Netzfrequenz (z. B. beim Staubfigurenverfahren: → *1.1.2*), das Stroboskop oder das Kathodenstrahl-Oszilloskop.

Grund- oder Basiseinheit der Länge l im SI-System ist das **Meter:** $[l] = 1$ m. Längennormal ist seit 1983 die Lichtgeschwindigkeit im Vakuum.

Definition: Das **Meter** ist die Länge der Strecke, die Licht im Vakuum während der Dauer von (1/299 792 458) Sekunden durchläuft.

Das **Meter** wurde 1791 von der französischen Nationalversammlung als der vierzigmillionste Teil der Länge des durch Paris gehenden Erdmeridians vorgeschlagen. Damit wollte man die bis dahin von Land zu Land abweichenden Einheiten wie Elle, Fuß, Zoll, Meile usw. durch ein überall anerkanntes, einheitliches Maß ersetzen. 1889 wurde der Erdmeridian als Bezugsgröße verworfen und durch den Abstand zweier Striche auf einem Stab aus Platin-Iridium ersetzt. Der internationale **Prototyp,** das **„Urmeter“,** wird in Sèvres bei Paris aufbewahrt, der nationale Prototyp der Bundesrepublik liegt in Braunschweig in der Physikalisch-Technischen Bundesanstalt. 1960 wurde der von Materialeigenschaften abhängige Prototyp aufgegeben und durch eine abstrakte Wellenlängendefinition ersetzt. Danach war das Meter als ein Vielfaches der Wellenlänge einer bestimmten Strahlung eines Krypton-Nuklids ersetzt. Die Entwicklung der Lasertechnik führte dann 1983 zur Laufzeitdefinition über die Lichtgeschwindigkeit im Vakuum.

Zur Messung der Länge benutzt man verschiedene **Verfahren,** die direkt oder indirekt auf dem Vergleich der zu messenden Länge mit der Längeneinheit beruhen. Nur die Längen im Bereich von ca. 100 m bis zu 10^{-6} m werden unmittelbar durch Anlegen und Abtragen mit dem Maßstab (Meßband, Meßlatte, Schieblehre, Mikrometerschraube) gemessen.
Schon Längen von über 10 m bestimmt man, ausgehend von einer genau vermessenen Basis, mit Hilfe von Winkelmessungen auf trigonometrischem Wege (Triangulation). Wählt man als Basis den Durchmesser der Erde bzw. den der Bahn der Erde um die Sonne, lassen sich Entfernungen bis zu einem Lichtjahr ($0{,}946 \cdot 10^{16}$ m) messen.
Andere Entfernungsbestimmungen im Weltraum stützen sich auf astrophysikalische Methoden (Leuchtkraft, Spektraltyp der Sterne); sie reichen heute bis zu Entfernungen von 10^{28} m. Mit dem Mikroskop lassen sich Längen bis zu 10^{-7} m, mit dem Elektronenmikroskop bis zu 10^{-9} m erfassen. Längen im Bereich des Atoms und seiner Bestandteile erschließt man indirekt auf theoretischem Wege.

Aufgaben

1/1: Messen Sie *Abb. 1–2* aus, und fertigen Sie von $t = 0$ bis $t = 0{,}60$ s Zeit-Weg-Tabellen in x-Richtung (Weg s_x) und in y-Richtung (Weg s_y) an. Zeichnen Sie beide Zeit-Weg-Diagramme (Maßstab 1 cm ≙ 0,2 cm, 0,1 s ≙ 2,0 cm).
1/2: Konstruieren Sie aus der Bahnkurve der *Abb. 1–4 a* die beiden Zeit-Weg-Diagramme in x- bzw. y-Richtung. Dazu zeichne man die Abbildung mit dem Radius $r = 3{,}0$ cm nach und entnehme ihr die Wege; für die Umlaufzeit wähle man $T = 4{,}0$ s (auf der t-Achse: 1 s ≙ 3 cm).
1/3: Stellen Sie (aus Lexika usw.) je eine Liste von Längen und Zeiten von kleinstem bis größtem Betrag zusammen.

1.1.2 Die geradlinige Bewegung mit konstanter Geschwindigkeit

Versuch 1/2: Eine Fahrbahn mit Zeitschreibung wird so geneigt, daß der Wagen nach dem Anstoß Zeitmarken in gleichbleibenden Abständen schreibt (*Abb. 1–5*). (Dazu prüft man, ob am Anfang oder Ende der Meßstrecke auf z. B. zehn Zeitmarken die gleichen Wegdifferenzen entfallen.) Dann wird der Wagen am Anfang der Fahrbahn einmal kurz angestoßen.

In der Anordnung nach *Abb. 1–5* werden die Zeitmarken mittels Staubfiguren erzeugt. Bei diesem **Kurzzeitmeßverfahren** sind das Laufschienenpaar und die Mittelschiene der Fahrbahn über je einen hochohmigen Schutz-Widerstand mit dem Wechselstromnetz (220 V) verbunden. Dadurch wird die Mittelschiene mit der Frequenz der Wech-

Abb. 1–5: Registrierung einer Bewegung nach der Staubfigurenmethode. Man erkennt, daß entlang der Meßstrecke (Ausschnitt) auf die Zeit $\Delta t = 0{,}06$ s (drei Doppelzeitmarken) stets die gleiche Strecke $\Delta s = 2{,}8$ cm entfällt.

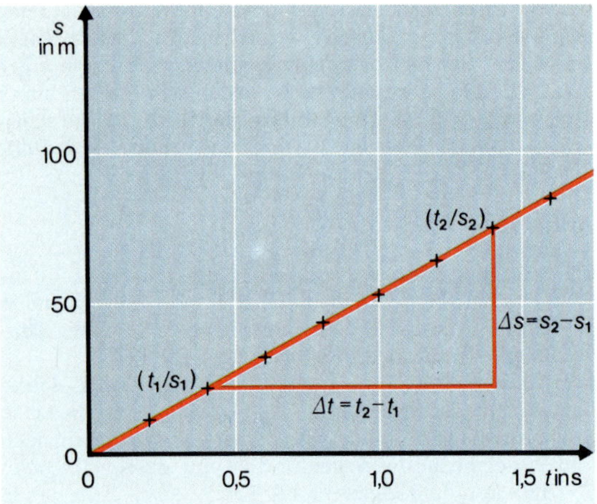

Abb. 1–6: Das *t*-*s*-Diagramm der Bewegung mit konstanter Geschwindigkeit ist eine Gerade: Die Steigung der Geraden ist die Geschwindigkeit. Jeder Punkt P_i (t_i/s_i) im Diagramm entspricht einer Messung der Zeit t_i und des zugehörigen Weges s_i.

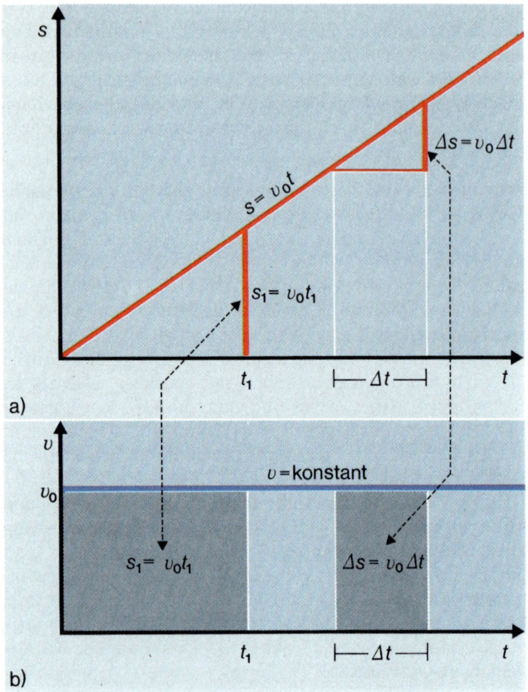

Abb. 1–7: a) *t*-*s*-Diagramm und b) *t*-*v*-Diagramm der gleichförmigen Bewegung. Die Fläche unter der *t*-*v*-Kurve entspricht dem Weg im *t*-*s*-Diagramm.

selspannung, also in der Sekunde fünfzigmal negativ und fünfzigmal positiv aufgeladen. Bestäubt man die Mittelschiene mit Schwefelpulver, so schiebt der Gleiter an der Unterseite des Wagens das durch die Reibung negativ aufgeladene Pulver während der negativen Halbwelle der Wechselspannung weiter. Während der positiven Halbwelle haftet es an der dann positiv aufgeladenen Schiene.

Beginnen wir im Zeitpunkt und am Ort des Startes mit der Zeit- und der Wegmessung ($t_0 = 0$, $s_0 = 0$), so führen die Messungen auf ein einfaches Gesetz (*Tab. 1–2*). Der Quotient aus dem Weg *s* und der Zeit *t* ist konstant: $s/t = v = konstant$. Damit ist das **Zeit-Weg-Gesetz** gefunden. Die Meßpunkte (t_i/s_i) liegen auf einer Geraden durch den Nullpunkt. Das Zeit-Weg-Diagramm ist eine Ursprungsgerade (*Abb. 1–6*). Weg *s* wächst proportional zur Zeit *t*: $s = v\,t$. Die Bewegung heißt gleichförmig.
Die Bedeutung der Konstanten *v*[1]) ist aus der Mittelstufe bekannt. Der Quotient $v = s/t$ aus dem Weg *s* und der Zeit *t* gibt die **Geschwindigkeit** an. Damit lautet die Zeit-Weg-Funktion $s = v \cdot t$.
Wir erhalten dieselbe Konstante, wenn wir aus den Wegdifferenzen $\Delta s = s_2 - s_1$ und den Zeitdifferenzen $\Delta t = t_2 - t_1$ zweier beliebiger Meßpunkte (t_1/s_1) und (t_2/s_2) den Quotienten bilden (*Abb. 1–6*): $v = \Delta s / \Delta t$.
Unabhängig von der Art der Bewegung hat der Quotient $\Delta s / \Delta t$ allgemeine Bedeutung. Er gibt die **mittlere Geschwindigkeit** auf der Teilstrecke Δs an.

Definition: Die **Durchschnitts-** oder **Intervallgeschwindigkeit** $\bar{v}$ zwischen zwei beliebigen Meßpunkten (t_1/s_1) und (t_2/s_2) einer Bewegung ist der Quotient aus dem zurückgelegten Wegabschnitt $\Delta s = s_2 - s_1$ und der verflossenen Zeit $\Delta t = t_2 - t_1$:

$$\bar{v} = \frac{\Delta s}{\Delta t} = \frac{s_2 - s_1}{t_2 - t_1}.$$

In der Mathematik gibt der Quotient $\Delta s / \Delta t$ die Steigung der Geraden an (*Abb. 1–6*). Die **Steigung** der Zeit-Weg-Geraden entspricht also der **Geschwindigkeit.**
Die (Intervall-)Geschwindigkeit läßt sich mit Hilfe der beiden Grundgrößen Weg und Zeit ausdrücken;

[1]) velocitas (lat.), Geschwindigkeit

t in s	0,0	0,2	0,4	0,6	0,8	1,0	1,2	1,4	1,6
s in cm	0,0	10,4	21,1	31,3	42,2	52,4	63,5	74,0	84,2
v in cm/s		52,0	52,8	52,2	52,7	52,4	52,9	52,8	52,6

Tab. 1–2: Zeit-Weg-Tabelle zu *Versuch 1/2* mit errechneten Geschwindigkeiten $v = s/t$.

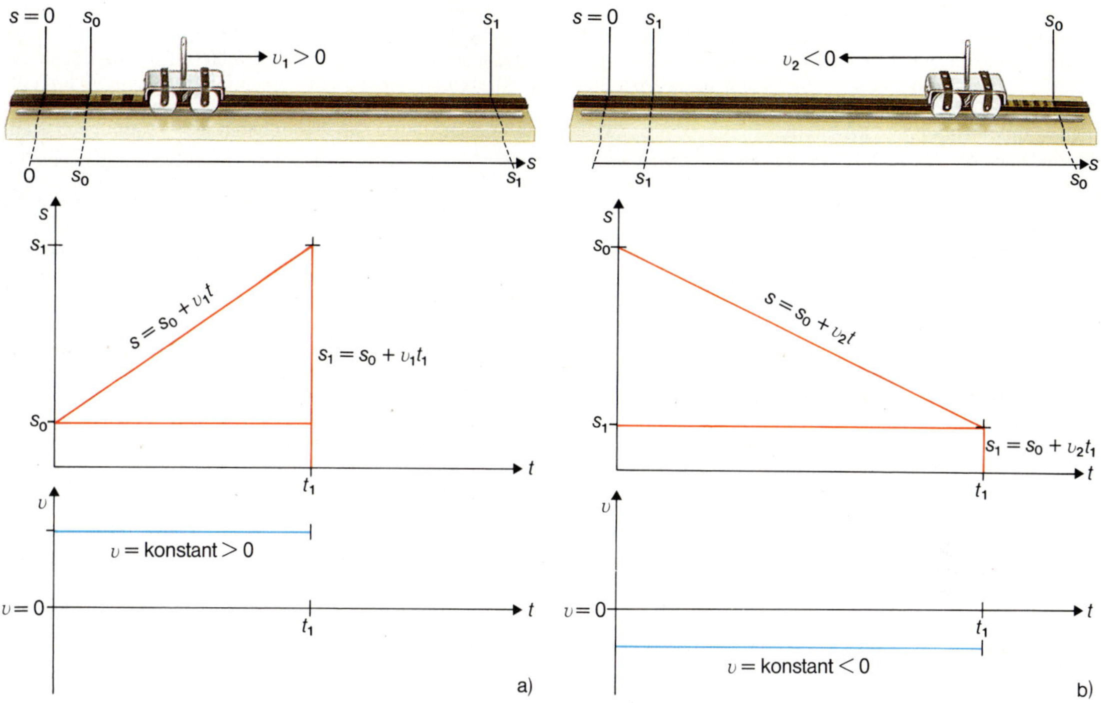

Abb. 1–8: a) *t-s*-Diagramm und b) *t-v*-Diagramm einer gleichförmigen Bewegung mit Beginn der Zeitzählung bei $s = s_0 \neq 0$. Für die Bewegung I ist die Geschwindigkeit v_1 positiv: Die Steigung der Geraden ist positiv. Für II ist sie negativ. Der absolute Größenwert von v_2 ist kleiner als der von v_1.

sie ist eine **abgeleitete Größe.** Ihre SI-Einheit ist

$$[\bar{v}] = \frac{[\Delta s]}{[\Delta t]} = \frac{1\ \text{m}}{1\ \text{s}} = 1\,\frac{\text{m}}{\text{s}}\,.$$

Die Umrechnung in andere gebräuchliche Einheiten ist mit Hilfe der Umrechnungen der Einheiten des Weges und der Einheiten der Zeit möglich, z. B.

$$1\ \text{m} = 1 \cdot 10^{-3}\ \text{km} \quad \text{und} \quad 1\ \text{s} = \frac{1}{3600}\ \text{h} = \frac{1}{3{,}6} \cdot 10^{-3}\ \text{h}$$

$$\text{in } 1\,\frac{\text{m}}{\text{s}} = \frac{1\ \text{m}}{1\ \text{s}} = \frac{1 \cdot 10^{-3}\ \text{km}}{\frac{1}{3{,}6} \cdot 10^{-3}\ \text{h}} = 3{,}6\,\frac{\text{km}}{\text{h}}\,.$$

Die Geschwindigkeit ist ein **Vektor.** Zu ihrer vollständigen Angabe gehören **Größenwert** und **Richtung,** in der der Körper sich bewegt. Bei geradlinigen Bewegungen wie hier, in der sich der Wagen nur in der einen oder in der entgegengesetzten Richtung bewegen kann, erkennt man die Vektoreigenschaft am **Vorzeichen:** Bewegt er sich (*Abb. 1–5*) von links nach rechts, ist $\bar{v} = \Delta s / \Delta t$ positiv, weil $\Delta s = s_2 - s_1 > 0$ ist; umgekehrt ist bei einer Bewegung nach links $\bar{v}$ negativ.

Wir kehren zum *Versuch 1/2* zurück. Die dort untersuchte Bewegung gehört zu einer Form besonders einfacher Bewegungen, die sich dadurch auszeichnen, daß sich die Geschwindigkeit während dieser Bewegungen nicht ändert (*Tab. 1–2*).

Definition: Eine geradlinige Bewegung mit konstanter Geschwindigkeit (bei der die Geschwindigkeit nach Betrag und Richtung konstant bleibt) heißt **geradlinige gleichförmige Bewegung.**
Ihre Zeit-Weg-Funktion lautet (*Abb. 1–7 a*)

$$s = v\,t\,.$$

Ihr Kennzeichen ist es, daß in gleichen Zeitabschnitten Δt gleiche Wegstücke Δs in derselben Richtung zurückgelegt werden.

Auch die Geschwindigkeit läßt sich in einem Zeit-Geschwindigkeit-Diagramm (*t-v*-Diagramm) darstellen. Die *t-v*-Kurve der gleichförmigen Bewegung ist eine Gerade parallel zur *t*-Achse: Die Geschwindigkeit v hat zu allen Zeiten t den gleichen (konstanten) Wert (*Abb. 1–7 b*).
Nicht immer fallen Beginn der Zeit- und der Wegmessung zusammen. Wenn zur Zeit $t = t_0 = 0$ die Bewegung an der Stelle $s = s_0$ beginnt, lautet die Bewegungsgleichung $s = s_0 + vt$ (*Abb. 1–8*).

Aufgaben

1/4: Ein Wagen durchfährt eine 1,6 km lange Teststrecke in 24 s. Wie groß ist die Geschwindigkeit in m/s, km/h, m/min?
1/5: Wie groß ist die Geschwindigkeit in m/s und km/h, mit der a) die Erde um die Sonne, b) der Mond um die Erde läuft? (Astronomische Daten *im Anhang*).

1/6: An der Straße von A-Stadt nach der 20 km entfernten C-Stadt liegt 4 km von A-Stadt entfernt B-Dorf. Ein Radfahrer (I) startet in B-Dorf und kommt nach 1,5 Std. in C-Stadt an. Zur gleichen Zeit wie Radfahrer I in B-Dorf fährt ein anderer Radfahrer (II) in C-Stadt los und erreicht zur selben Ankunftszeit wie I A-Stadt.

a) Zeichnen Sie das Zeit-Weg-Diagramm (1 km ≙ 0,5 cm; 1 h ≙ 6 cm).
b) Berechnen Sie die Geschwindigkeiten beider Radfahrer.
c) Konstruieren Sie das Zeit-Geschwindigkeit-Diagramm (1 km/h ≙ 0,5 cm; 1 h ≙ 6 cm).
d) Wann begegnen sich die Radfahrer? Zeichnerische und rechnerische Lösung.

1/7:

a) Zeichnen Sie das Zeit-Weg-Diagramm folgender linearer Bewegung (zwischen den Punkten verläuft die Bewegung gleichförmig):

	P_0	P_1	P_2	P_3	P_4	P_5
t in s	0,0	1,5	4,5	6,0	9,0	10,5
s in cm	4,0	5,0	6,0	6,0	3,0	0,0

b) Bestimmen Sie die Wege $s_{12} = x_2 - x_1$ und $s_{24} = x_4 - x_2$.
c) Bestimmen Sie die Geschwindigkeiten im Intervall von $\overline{P_0P_1}$, $\overline{P_1P_2}$, $\overline{P_2P_3}$ usw.
d) Stellen Sie die Zeit-Weg-Funktion für die in *c)* genannten Intervalle auf.

Beachten Sie auch die Vorzeichen.

1/8: Zu einer geradlinigen Bewegung gehört das Zeit-Weg-Diagramm *Abb. 1–9*.

a) Berechnen Sie die Geschwindigkeiten in den einzelnen Intervallen.
b) Zeichnen Sie das zugehörige Zeit-Geschwindigkeit-Diagramm.

1/9: Ein Wagen fährt von A nach B (Entfernung $\overline{AB} = 150$ km) mit der Durchschnittsgeschwindigkeit $v_1 = 120$ km/h.

a) Wann muß ein zweiter Wagen von C (zwischen A und B 76 km vor B) aus starten; wenn er mit der Geschwindigkeit $v_2 = 80$ km gleichzeitig mit dem ersten Wagen in B ankommen will?
b) Wie weit ist der erste Wagen beim Start des zweiten noch vom Ziel entfernt?

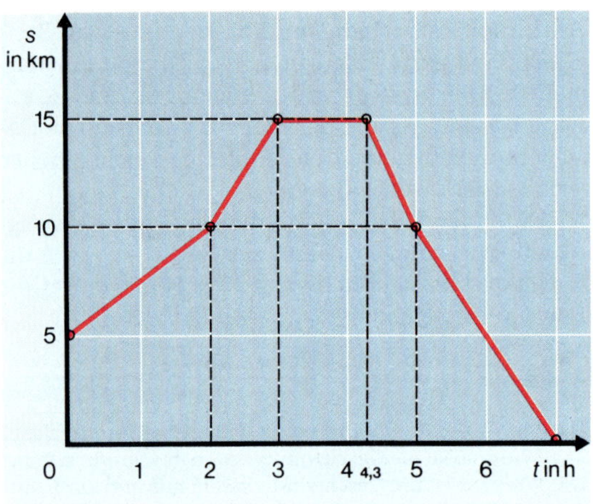

Abb. 1–9: Zu *Aufgabe 1/8.*

c) Zeichnen Sie den Zeit-Weg-Graph, und geben Sie an, wie man die Aufgabe zeichnerisch löst!

***1/10:** In A startet ein Lkw um 9.00 Uhr und fährt mit der mittleren Geschwindigkeit $v_1 = 50$ km/h zum 80 km entfernten B. 30 Minuten später startet ein zweiter Lkw mit der mittleren Geschwindigkeit $v_2 = 78$ km/h von B aus nach A.

a) Wann und wo treffen sich die Fahrzeuge?
b) Zeichnen Sie den Zeit-Weg-Graph, und lösen Sie die Aufgabe auch graphisch!

***1/11:** Auf der Autobahn überholt ein 15 m langer Lastzug mit der Geschwindigkeit $v_1 = 95$ km/h einen 20 m langen Lkw mit Anhänger, der mit der Geschwindigkeit $v_2 = 90$ km/h fährt.

a) Wie groß sind Überholzeit und Überholweg, wenn der Lastzug 20 m hinter dem Anhänger zum Überholen ansetzt und 30 m vor dem Lkw wieder einschert?
b) Beschreiben Sie den Vorgang in dem mit dem Lkw verbundenen Bezugssystem, das sich wie der Lkw mit der Geschwindigkeit v_2 gegenüber der Autobahn bewegt, und lösen Sie die Aufgabe in diesem System!
c) Fertigen Sie den Zeit-Weg-Graphen für *a)* und *b)* an!

***1/12:** Der Wagen A mit der Geschwindigkeit v_1 überholt den Wagen B mit der Geschwindigkeit v_2. Beide Wagen haben die Länge l. Der Überholvorgang beginnt und endet mit dem Abstand a zwischen beiden Fahrzeugen. Als Abstand ist der Sicherheitsabstand zu wählen, der gleich der Strecke ist, die das überholende Fahrzeug in 1,5 Sekunden durchfährt.

a) Stellen Sie den Ausdruck für die Überholzeit $t_{ü}$ und den Überholweg $s_{ü}$ mit l (in m), v_1 und v_2 (in km/h) als Variable auf.
b) Berechnen Sie Überholzeit und -weg mit $l = 5{,}0$ m für folgende Beispiele:

v_1 in km/h	60	100	130	180
v_2 in km/h	50	90	110	160

1.1.3 Die geradlinige Bewegung mit konstanter Beschleunigung

Neigt man die Fahrbahn, so daß der Wagen (Gleiter) von selbst zu laufen anfängt, oder beschleunigt man ihn durch ein angehängtes Gewichtsstück, so ergibt sich eine zweite wichtige Bewegungsform.

Versuch 1/3: Auf einer waagerecht justierten (Luftkissen-)Fahrbahn mit Zeitschreibung wird ein Wagen (Gleiter) durch ein angehängtes Metallstück in Bewegung gesetzt (*Abb. 1–10*).

Die Auswertung des Metallpapierstreifens zeigt (*Abb. 1–11*), daß der Quotient aus dem Weg s und dem Quadrat der Zeit t konstant ist (*Tab. 1–3 a*): $s/t^2 = C_1$. Die Zeit-Weg-Funktion lautet $s = C_1t^2$. Der Weg s wächst mit dem Quadrat der Zeit t. Die Zeit-Weg-Kurve ist eine Parabel (*Abb. 1–12*). Die physikalische Bedeutung der Konstanten C_1 bleibt zu untersuchen.

Was läßt sich über die Geschwindigkeit sagen? Die Intervallgeschwindigkeit $\Delta s/\Delta t$ zwischen zwei beliebigen Meßpunkten kann sofort aus den Meßwer-

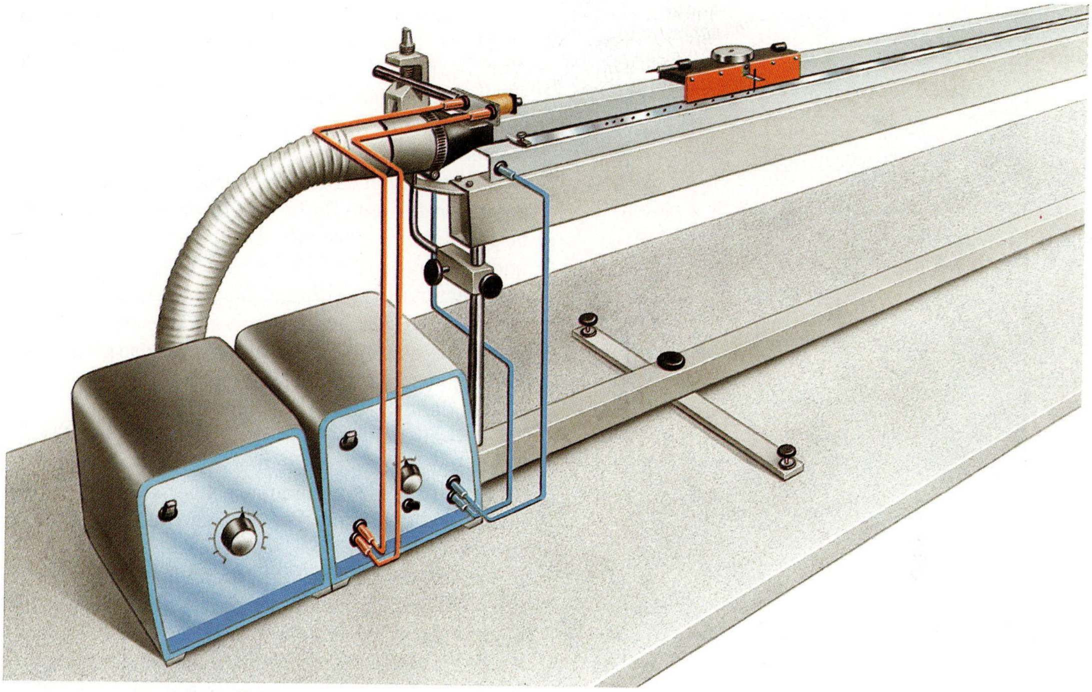

Abb. 1–10: Luftkissenfahrbahn mit Gleiter.
Der Frequenzgeber schreibt in zeitlich konstanten Abständen durch Funkenschlag zwischen dem geerdeten Kontaktbügel mit Stift und dem an die Hochspannung angeschlossenen Metallpapier kleine schwarze Markierungen (*Abb. 1–11*). Wird der Stromkreis des Haltemagneten unterbrochen, setzt sich der Wagen in Bewegung, und gleiehzeitig werden Hochspannungsimpulse ausgelöst.

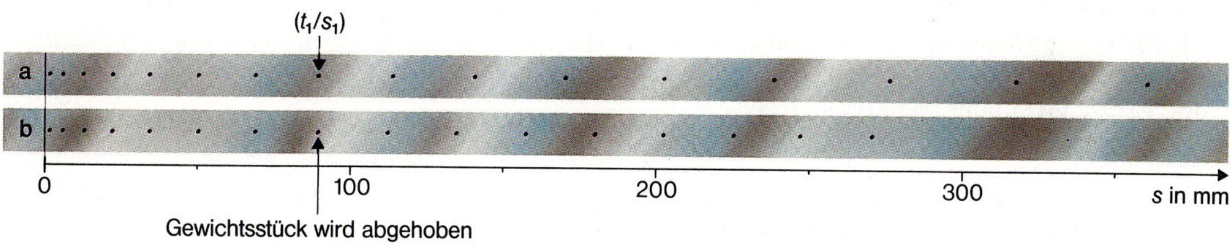

Abb. 1–11: Metallpapierstreifen für *Versuch 1/3*. Funkenschläge im zeitlichen Abstand $\Delta t = 0{,}1$ s. In b) ist das Metallstück beim Meßpunkt (t_1/s_1) abgehoben worden.

t in s	0,1	0,2	0,3	0,4	0,5	0,6	0,7	0,8	0,9	1,0	1,1	1,2	1,3	1,4	1,5	1,6
(a) s in mm	1,6	5,8	12,9	22,4	34,9	50,5	68,8	89,9	114,0	140,7	170,7	203,1	238,5	276,5	317,6	361,4
s/t^2 in mm/s²	(160,0)	145,0	143,3	140,0	139,6	140,3	140,4	140,5	140,7	140,7	141,1	141,0	141,1	141,1	141,2	141,2
Δs in mm	1,6	4,2	7,1	9,5	12,5	15,6	18,3	21,1	24,1	26,7	30,0	32,4	35,4	38,0	41,1	43,8
$\bar{v} = \Delta s/\Delta t$ in mm/s	16	42	71	95	125	156	183	211	241	267	300	324	354	380	411	438
$\bar{v}/t_m$ in mm/s²	320	280	284	271	278	284	282	281	284	281	286	282	283	281	283	283
(b) s in mm	1,6	5,8	12,9	22,4	34,9	50,5	68,8	89,9	112,4	135,0	157,4	180,2	202,8	225,3	247,5	270,5

Tab. 1–3: Zeit-Weg-Tabelle zu *Versuch 1/3* und ihre Auswertung. In (*a*) ist der Versuch registriert und ausgewertet, in (*b*) wird das Metallstück an der Stelle ($t_1 = 0{,}8$ s/$s_1 = 89{,}9$ mm) angehoben.

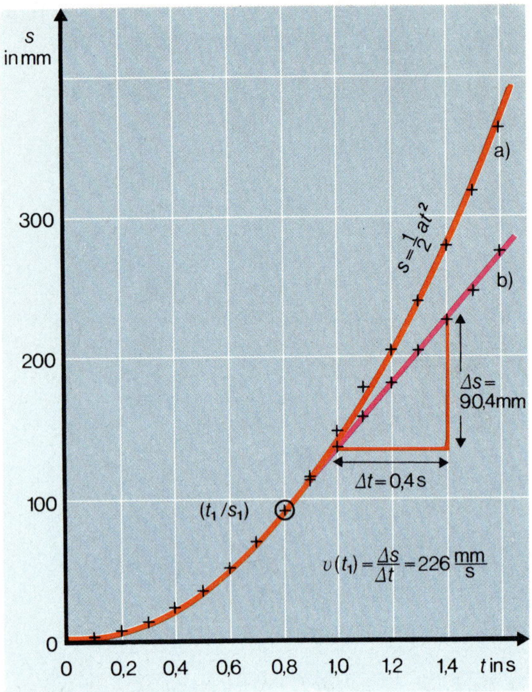

Abb. 1–12: t-s-Diagramm nach *Versuch 1/3 a)* und *b)*. Das Geradenstück ab (t_1/s_1) gibt die gleichförmige Bewegung in *b)* wieder.

ten errechnet werden (*Tab. 1–3a; Abb. 1–12*). Dagegen kann man die **Momentangeschwindigkeit** v, die der Gleiter besitzt, während er eine bestimmte Stelle durchläuft, nicht ohne weiteres angeben.

Zur Bestimmung der Momentangeschwindigkeit verfährt man experimentell so: Man fängt an dem Zeitpunkt, z. B. zur Zeit t_1 (*Abb. 1–11*), an dem der Gleiter die betreffende Stelle s_1 durchfährt, das beschleunigende Metallstück mit einer Platte auf. Von diesem Zeitpunkt ab bewegt sich der Gleiter gleichförmig (bei vorher sorgfältig justierter Fahrbahn) mit der gesuchten Momentangeschwindigkeit (*Tab. 1–3b*).

Rechnerisch läßt sich die Momentangeschwindigkeit zu einer bestimmten Zeit, z. B. t_1, aus den Meßwerten der *Tab. 1–3a* nur angenähert bestimmen. Dazu berechnet man die Durchschnittsgeschwindigkeiten für eine Reihe von Intervallen, die in den betrachteten Meßpunkt (t_1/s_1) endigen (*Tab. 1–4*), und für eine andere Reihe von Intervallen, die mit dem Meßpunkt beginnen. Man erhält zwei Folgen von Intervallgeschwindigkeiten: Die Geschwindigkeiten der ersten Folge werden größer, je kleiner das Intervall (immer mit dem Endpunkt (t_1/s_1)) gewählt ist, die der zweiten Folge werden kleiner.

Im Ausschnitt des Zeit-Weg-Diagramms werden die Sekantensteigungen, die der Intervallgeschwindigkeit der ersten Folge entsprechen, steiler, und die Sekantensteigungen der zweiten Folge nehmen ab (*Abb. 1–13*).

Beide Folgen der Intervallgeschwindigkeiten grenzen die gesuchte Momentangeschwindigkeit im Meßpunkt (t_1/s_1) ein (*Tab. 1–4*). Aus *Abb. 1–13* erkennt man, daß offenbar die Steigung der Tangente im Meßpunkt dieser gesuchten Momentangeschwindigkeit entspricht.

Gedanklich läßt sich der Prozeß, die Intervalle immer kleiner zu machen, unbegrenzt fortsetzen. Es entstehen dann zwei Folgen von (unendlich) vielen Intervallgeschwindigkeiten, deren **Grenzwert** – so die Sprache der Mathematik – die Momentangeschwindigkeit ist.

Definition: Die **Momentangeschwindigkeit** v ist der Grenzwert der Folge von zugehörigen Intervallgeschwindigkeiten mit immer kleiner werdenden Zeitintervallen:

$$v = \lim_{\Delta t \to 0} \bar{v} = \lim_{\Delta t \to 0} \frac{\Delta s}{\Delta t} = \lim_{t_2 \to t_1} \frac{s_2 - s_1}{t_2 - t_1}$$

t in s	0,1	0,2	0,3	0,4	0,5	0,6	0,7	0,8	0,9	1,0	1,1	1,2	1,3	1,4	1,5	1,6
s in mm	1,6	5,8	12,9	22,4	34,9	50,5	68,8	89,9	114,7	140,7	170,7	203,1	238,5	276,5	317,6	361,4
$\bar{v} = \Delta s/\Delta t$ in mm/s		126												325		
			140										311			
				154								297				
					169						283					
						183				269						
							197		254							
								211	241							
	Grenzwert der Intervallgeschwindigkeiten: $v = 221$ mm/s															

Tab. 1–4: Berechnung der Momentangeschwindigkeit für den Meßpunkt (t_1/s_1) aus der Folge der Intervallgeschwindigkeiten.

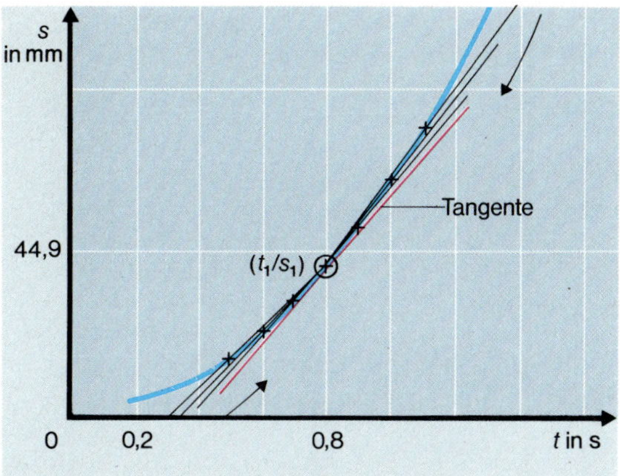

Abb. 1–13: Die Sekanten, deren Steigungen den Intervallgeschwindigkeiten der *Tab. 1–4* entsprechen, nähern sich bei Verringerung der Intervallzeiten der Tangente an die Zeit-Weg-Kurve, deren Steigung die Momentangeschwindigkeit darstellt.

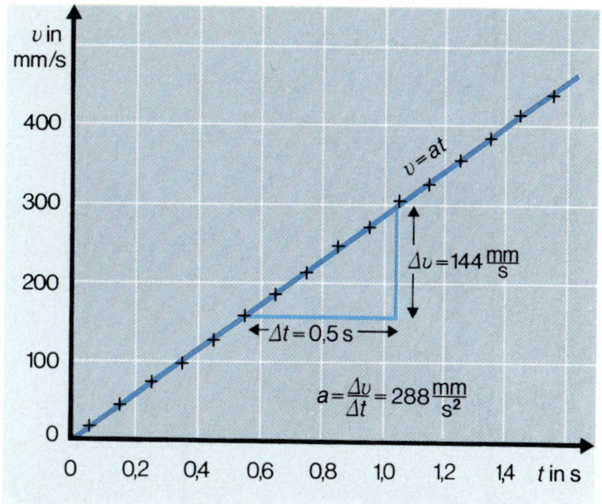

Abb. 1–14: Der Graph der Momentangeschwindigkeiten in Abhängigkeit der Zeit ist eine Gerade. Die Momentangeschwindigkeiten sind jeweils in der zeitlichen Intervallmitte aufgetragen.

Die Schreibweise $\lim\limits_{\Delta t \to 0} \frac{\Delta s}{\Delta t}$, gesprochen „limes Δs durch Δt für Δt gegen Null" symbolisiert diesen Prozeß: Es werden immer kleinere Intervalle Δt gebildet; für jedes Intervall wird die Intervallgeschwindigkeit $\Delta s/\Delta t$ berechnet; aus der Folge der Intervallgeschwindigkeiten bestimmt man als Grenzwert die Momentangeschwindigkeit.

Im t-s-Diagramm (→ *Abb. 1–13*) ist die Steigung der Sekante zwischen zwei Meßpunkten gleich der Intervallgeschwindigkeit. Die Steigung der Tangente an die Zeit-Weg-Kurve ist gleich der Momentangeschwindigkeit im betreffenden Berührpunkt.

Der Tachometer eines Autos zeigt zu jedem Zeitpunkt die Momentangeschwindigkeit an. Die Intervallgeschwindigkeit würde man aus einem Wegabschnitt Δs und der zugehörigen Zeit Δt errechnen, unabhängig davon, wie sich zwischen den beiden Meßpunkten die Momentangeschwindigkeit des Autos geändert hat.

Als erster hat NEWTON diese Überlegung angestellt und daraus die **Differentialrechnung** entwickelt (*1.1.4*).

Die Momentangeschwindigkeiten, die man experimentell oder rechnerisch angenähert nach den beschriebenen Verfahren (oder auch auf andere Weise) für verschiedene Zeiten erhält, liegen im Zeit-Geschwindigkeit-Diagramm auf einer Ursprungsgeraden (*Abb. 1–14*). Der Quotient aus (Momentan-)Geschwindigkeit v und Zeit t ist eine Konstante: $v = C_2 t$. Angenähert gilt das auch für den Quotienten $\bar{v}/t_m$ aus Intervallgeschwindigkeit $\bar{v}$ und Zeit t_m in Intervallmitte, wie *Tab. 1–3a* zeigt. Die Geschwindigkeit v nimmt bei dieser Bewegungsart proportional zur Zeit t zu.

Die Konstante C_2 hat eine einfache physikalische Bedeutung. Aus *Abb. 1–14* ergibt sich bei einer ähnlichen Überlegung wie in (→ *1.1.2*) für die Geschwindigkeit, daß die Quotienten aus beliebig gewählten Geschwindigkeitsänderungen Δv und den zugehörigen Zeiten Δt konstant und gleich C_2 sind. Das bedeutet: In gleichen Zeiten Δt nimmt die Geschwindigkeit um den gleichen Betrag Δv zu; man sagt, der Gleiter wird gleichmäßig beschleunigt, und legt fest:

$$\bar{a} = \frac{\Delta v}{\Delta t} = \frac{v_2 - v_1}{t_2 - t_1}.$$

Definition: Die **Intervall-** oder **Durchschnittsbeschleunigung** $\bar{a}$ zwischen zwei beliebigen Meßpunkten $(t_1|v_1)$ und $(t_2|v_2)$ ist der Quotient aus der Geschwindigkeitsänderung $\Delta v = v_2 - v_1$, und der dabei verflossenen Zeit $\Delta t = t_2 - t_1$:

$$[\bar{a}] = \frac{\Delta v}{\Delta t} = \frac{v_2 - v_1}{t_2 - t_1}.$$

Die SI-Einheit der (Intervall-)Beschleunigung ist

$$|\bar{a}| = \frac{[v]}{[t]} = \frac{1\ \text{m/s}}{1\ \text{s}} = 1\ \text{m/s}^2.$$

Eine Beschleunigung dieses Größenwertes besitzt z.B. ein Körper, wenn sich seine Geschwindigkeit während der Zeit $\Delta t = 1$ s um den Betrag $\Delta v = 1$ m/s ändert.

Wie bei der Bildung des Begriffes Momentangeschwindigkeit setzt man weiterhin fest:

Definition: Die **Momentanbeschleunigung** a ist der Grenzwert der Folge zugehöriger Intervallbeschleunigungen:

$$a = \lim_{\Delta t \to 0} \frac{\Delta v}{\Delta t} = \lim_{t_2 \to t_1} \frac{v_2 - v_1}{t_2 - t_1}.$$

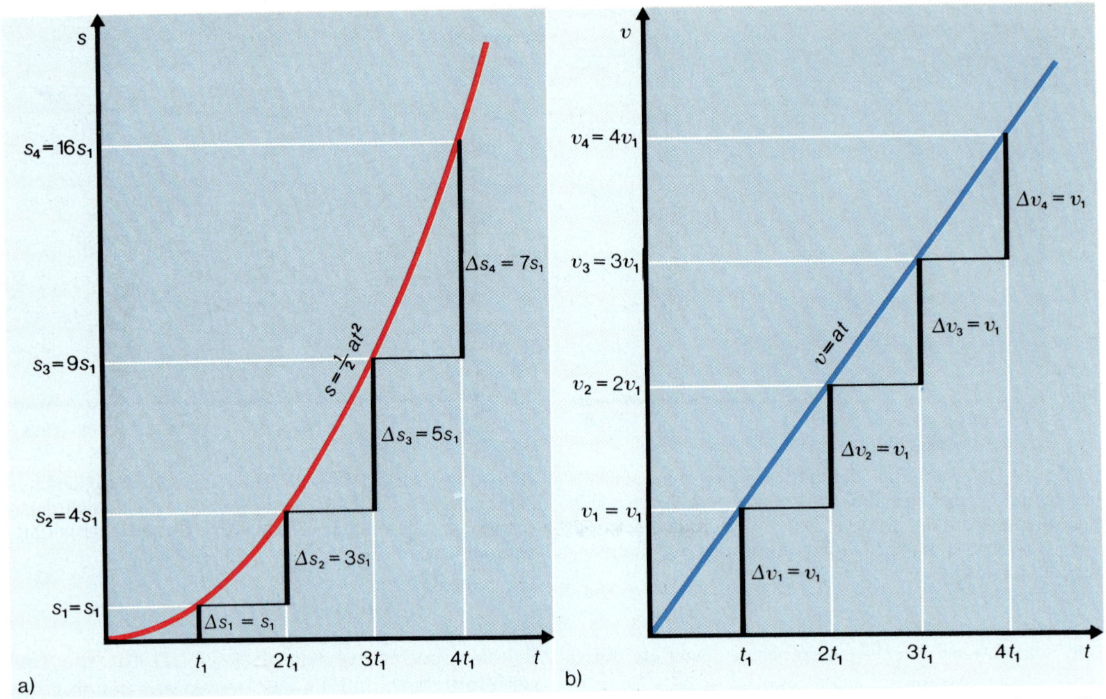

Abb. 1–15: Geradlinige gleichmäßig beschleunigte Bewegung. Wachsen die Zeiten um gleiche Beträge, so nehmen die Wege wie die ungeraden Zahlen zu (*a*), während die Geschwindigkeiten stets um den gleichen Betrag steigen (*b*).

Die Beschleunigung a ist wie die Geschwindigkeit v ein Vektor. Sie ist durch Größenwert und Richtung hinreichend bestimmt.
Die Konstante C_2 in der Zeit-Geschwindigkeit-Gleichung ist danach die (Intervall- und auch Momentan-)Beschleunigung: $C_2 = a$. Das entscheidende Merkmal der untersuchten Bewegung ist damit gefunden: Die Beschleunigung ist nach Betrag und Richtung konstant.

Definition: Eine geradlinige Bewegung mit konstanter Beschleunigung (bei der die Beschleunigung nach Größe und Richtung konstant bleibt) heißt **geradlinige gleichmäßig beschleunigte Bewegung.**

Aus der Proportionalität zwischen der Geschwindigkeit v und der Zeit t ergibt sich die Zeit-Geschwindigkeit-Funktion $v = a\,t$ (mit konstanter Beschleunigung a). Ein Vergleich von $C_2 = a$ mit der Konstanten C_1 der Zeit-Weg-Funktion dieses Versuchs legt die Vermutung nahe, daß $C_1 = \frac{1}{2} C_2 = \frac{1}{2} a$ ist und daß daher die Zeit-Weg-Funktion $s = \frac{1}{2}\,a\,t^2$ lautet.
Damit sind die **Bewegungsgesetze** für die Abhängigkeit von Weg, Geschwindigkeit und Beschleunigung von der Zeit ermittelt.

Zusammenfassung: Eine geradlinige gleichmäßig beschleunigte Bewegung ist beschrieben durch die **Bewegungsgesetze**

Zeit-Weg-Funktion $s = \frac{1}{2}\,a\,t^2$
Zeit-Geschwindigkeit-Funktion $v = a\,t$

und durch eine **konstante Beschleunigung** $a = $ *konst.* (*Abb. 1–15*)

Ihr Kennzeichen ist, daß sich die Wege s wie die Quadrate t^2 der Zeiten (*Abb. 1–15 a*)

$$s_1 : t_1^2 = s_2 : t_2^2 = \ldots = konstant$$

und die Geschwindigkeiten v wie die Zeiten t selbst verhalten (*Abb. 1–15 b*)

$$v_1 : t_1 = v_2 : t_2 = \ldots = konstant\,.$$

Löst man die Beziehung $v = a\,t$ nach t auf und setzt den Ausdruck in $s = \frac{1}{2}\,a\,t^2$ ein, so erhält man als Zusammenhang zwischen der (Momentan-)Geschwindigkeit v und dem Weg s, den ein Körper bis zu dieser Stelle (bei konstanter Beschleunigung a) durchlaufen hat, die wichtige Beziehung

$$v^2 = 2\,a\,s \quad \text{oder} \quad v = \sqrt{2\,a\,s}\,.$$

Die Beschleunigung a kann auch negativ sein, wenn man z. B. im *Versuch 1/3* das Fahrbahnende leicht anhebt und dem Gleiter zu Beginn eine bestimmte Geschwindigkeit erteilt, die dann (Versuch) proportional zur Zeit abnimmt: Der Gleiter wird negativ beschleunigt. Die Beschleunigung a ist negativ:

$a < 0$. Man spricht auch gelegentlich von einer gleichmäßig **verzögerten** Bewegung.

Der experimentelle Befund zwischen den Bewegungsgesetzen $s = C_1 t^2$ und $v = C_2 t$ läßt sich auch deduktiv herleiten:

Vorgegeben sei eine Bewegung, für die das Zeit-Weg-Gesetz $s = Ct^2$ gilt, für die also der zurückgelegte Weg s dem Quadrat der verflossenen Zeit t proportional ist. Nach der Definition der Intervallgeschwindigkeit $\bar{v}$ gilt dann

$$\bar{v} = \frac{\Delta s}{\Delta t} = \frac{s_2 - s_1}{t_2 - t_1} = \frac{Ct_2^2 - Ct_1^2}{t_2 - t_1}$$

$$= C\frac{t_2^2 - t_1^2}{t_2 - t_1} = C\,(t_2 + t_1)\,,$$

wie die Umformung $t_2^2 - t_1^2 = (t_2 - t_1)\,(t_2 + t_1)$ ergibt. Die gesuchte Momentangeschwindigkeit v ergibt sich aus der Intervallgeschwindigkeit $\bar{v}$ dadurch, daß das Zeitintervall Δt immer kleiner gewählt wird und im Grenzfall die Zeiten t_1 und t_2 zusammenfallen: man setzt daher $t_2 = t_1 = t$ und erhält für die (Momentan-)Geschwindigkeit:

$$v = \lim_{\Delta t \to 0} \frac{\Delta s}{\Delta t} = \lim_{t_2 \to t_1 = t} C\,(t_2 + t_1) = 2\,Ct.$$

Auf ähnliche Weise findet man für Intervallbeschleunigung:

$$\bar{a} = \frac{\Delta v}{\Delta t} = \frac{v_2 - v_1}{t_2 - t_1} = \frac{2\,Ct_2 - 2\,Ct_1}{t_2 - t_1}$$

$$= 2\,C\frac{t_2 - t_1}{t_2 - t_1} = 2\,C.$$

Danach ist die Intervallbeschleunigung und damit auch die Momentanbeschleunigung konstant: Sie hat jederzeit denselben Wert $a = 2\,C$.

Ergebnis: Hängt bei einer Bewegung der Weg quadratisch von der Zeit ab: $s = C\,t^2$, so wächst die Geschwindigkeit proportional der Zeit: $v = 2\,C\,t$, und die Beschleunigung ist konstant: $a = 2\,C$.

Bewegungen, die im Alltag stattfinden wie z. B. die Fahrt eines Radfahrers, eines Autos oder eines Zuges, sind verwickelter als die bisher besprochenen Bewegungen. Dennoch lassen sich solche Bewegungen wie die oben genannten ebenso wie viele andere unregelmäßige Bewegungen in Abschnitte gleichförmiger und (im Durchschnitt) gleichmäßig beschleunigter Bewegung zerlegen. Näherungsweise werden dann die Bewegungen abschnittsweise nach den in diesem Abschnitt behandelten Grundformen der Bewegung behandelt.

Aufgaben

1/13: Ein Rennschlitten hat vom Start an die gleichbleibende Beschleunigung von 2 m/s^2.

a) Wie schnell fährt der Bob 5 Sekunden nach dem Start?
b) Welchen Weg hat er bis dahin zurückgelegt?
c) Wie groß ist bis zu dieser Zeit seine Durchschnittsgeschwindigkeit?
d) Wie weit ist er gefahren, wenn seine Geschwindigkeit auf 20 m/s angewachsen ist?

1/14: Ein Auto wird aus dem Stand in 10,2 s auf eine Geschwindigkeit von 100 km/h beschleunigt und dann nach einem Bremsweg von 96 m wieder zum Stehen gebracht.

a) Wie groß sind in beiden Fällen die (konstanten) Beschleunigungen?
b) Wie groß sind der Weg beim Anfahren und die Zeit beim Bremsen?

1/15: Die Beschleunigung des ICE-Höchstgeschwindigkeitszuges der Deutschen Bundesbahn kann bis zu 1,2 m/s^2 betragen.

a) Nach welcher Zeit würde danach der Zug seine Höchstgeschwindigkeit von 350 km/h erreichen?
b) Welche Strecke hätte er dann zurückgelegt?
c) Der Zug komme danach auf der Strecke von 3500 m aus der Höchstgeschwindigkeit zum Stillstand. Berechnen Sie die (mittlere) Bremsbeschleunigung und die Bremszeit.

1/16: Ein Auto steigert seine Geschwindigkeit gleichmäßig von v_1 = 120 km/h auf v_2 = 150 km/h. Wie groß ist die Beschleunigung, wenn die Geschwindigkeitserhöhung

a) in der Zeit von 10 Sekunden,
b) entlang einer Strecke von 500 m erfolgt.

Berechnen Sie jeweils zusätzlich den Weg bzw. die Zeit des Beschleunigungsvorganges.

1/17: Zu einer geradlinigen Bewegung gehört das Zeit-Geschwindigkeit-Diagramm in *Abb. 1–16*.

a) Berechnen Sie die Beschleunigungen in den einzelnen Intervallen.
b) Zeichnen Sie das zugehörige Zeit-Beschleunigung-Diagramm.
c) Wie lauten die Zeit-Geschwindigkeit-Funktionen in den Intervallen von 0 s bis 2 s, von 2 s bis 5 s und von 5 s bis 6 s?
d) Wie groß sind die Teilwege in den Intervallen nach c), und wie groß ist der Gesamtweg?

1/18: Bei einem Versuch auf der Fahrbahn registriert der Spurenschreiber folgende Werte:

t in s	0,0	0,2	0,4	0,6	0,8	1,0
s in cm	3,2	4,5	8,4	14,8	23,8	35,4

t in s	1,2	1,4	1,6	1,8	2,0
s in cm	49,6	65,1	80,6	96,0	111,5

a) Zeichnen Sie das Zeit-Weg-Diagramm.
b) Berechnen Sie die Intervallgeschwindigkeiten.
c) Zeichnen Sie das zu b) zugehörige Zeit-Geschwindigkeit-Diagramm. Tragen Sie dazu die Geschwindigkeiten über der Mitte der Intervallzeiten ab.
d) Berechnen Sie die Intervallbeschleunigungen.

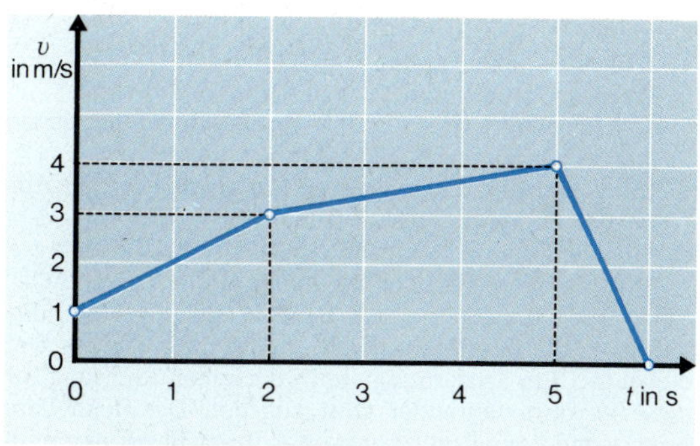

Abb. 1–16: zu Aufgabe 1/17.

***1/19:** Die gleichmäßig beschleunigte Bewegung eines Fahrbahnwagens wird mit Meßlatte und elektrischer Stoppuhr registriert:

s in cm	0	10	20	30	40	50
t in 10^{-2} s	0	105	151	183	213	237
Δt in 10^{-3} s	–	–	54,9	–	39,7	–

s in cm	60	70	80	90	100
t in 10^{-2} s	263	285	304	323	337
Δt in 10^{-3} s	32,6	–	28,3	–	25,4

In der letzten Zeile wird die Zeit Δt angegeben, in der ein Δs = 1,48 cm breiter Bügel des Fahrbahnwagens eine Lichtschranke passiert.

a) Berechnen Sie durch Mittelwertbildung die Beschleunigung, und geben Sie die Bewegungsgleichungen an.
b) Berechnen Sie die mit der Lichtschranke gemessenen (Intervall-)Geschwindigkeiten.
c) Bestimmen Sie aus den (Intervall-)Geschwindigkeiten in *b*) ebenfalls durch Mittelwertbildung die Beschleunigung.
d) Geben Sie für *a*) und *c*) die mittleren Fehler an, und überprüfen Sie, ob die Beschleunigungen innerhalb der Fehlergrenzen der anderen Messung liegen (→*1.1.9*).
e) Überprüfen Sie die Geschwindigkeiten in *b*) aus dem Weg s und der in *a*) ermittelten Beschleunigung a rechnerisch.
f) Zeichnen Sie das Zeit-Weg- und nach den Rechnungen in *b*) das Zeit-Geschwindigkeit-Diagramm.

1/20:

a) Welche Beschleunigung ergibt sich aus der bekannten Regel: Den Bremsweg in m erhält man, wenn man die Geschwindigkeit in km/h durch 10 teilt und das Ergebnis quadriert?
b) Reicht die bekannte Regel für den Sicherheitsabstand „Tachometerabstand (Abstand in m wie die Geschwindigkeit in km/h) halten" bei einer Geschwindigkeit von 100 km/h, wenn zwei Wagen mit der polizeilich verlangten Verzögerung von 2,5 m/s² bremsen können, und der Fahrer des zweiten Wagens eine Reaktionszeit von t_1 = 1,0 s bzw. t_2 = 4,0 s besitzt?

***1/21:** Ein Auto (A) startet bei Grün vor einer Ampel und erreicht nach 5 Sekunden bei konstanter Beschleunigung die Geschwindigkeit v_A = 60 km/h, mit der es weiterfährt. Im Moment des Starts wird es von einem anderen Auto (B) mit der (konstanten) Geschwindigkeit v_B = 40 km/h überholt.

a) Wie lange dauert es, bis A so schnell fährt wie B?
b) Welchen Vorsprung besitzt zu dieser Zeit B vor A?
c) Welcher Wagen liegt am Ende des Beschleunigungsvorganges von A vorne? Wie weit?
d) In welcher Zeit und in welcher Entfernung von der Ampel holt A das andere Auto ein?
e) Wie sieht der Vorgang im t-v-Diagramm und im t-s-Diagramm aus? (Zeichnung in den Einheiten m und s).

***1/22:** Vor einem Schnellzug, der mit einer Geschwindigkeit v_1 = 120 km/h dahinfährt, taucht plötzlich aus dem Nebel in 1 km Entfernung ein in derselben Richtung mit v_2 = 40 km/h fahrender Güterzug auf. Der Schnellzug bremst und kommt mit konstanter Bremsbeschleunigung nach 4 km zum Halten.

a) Wie lange dauert der Bremsvorgang des Zuges?
b) Wie läßt sich mit der Antwort zu *a*) entscheiden, ob beide Züge zusammenstoßen?
c) Wie könnte man Zeit und Ort eines möglichen Zusammenstoßes mit Hilfe der Bewegungsgleichungen berechnen?

***1/23:** Ein Autofahrer, der sich auf einer Ausfallstraße (zugelassene Höchstgeschwindigkeit 60 km/h) mit v_1 = 100 km/h bewegt, entdeckt plötzlich 150 m vor sich einen parkenden Streifenwagen der Polizei.

a) Mit welcher Beschleunigung müßte der Fahrer (Reaktionszeit t = 0,5 s) bremsen, wenn er den Streifenwagen mit 60 km/h passieren möchte?
b) Leider hatte der Fahrer einen ersten Polizeiposten übersehen, der 250 m vor dem zweiten stand. Welche Durchschnittsgeschwindigkeit mißt die Polizei, wenn das Auto am zweiten Posten mit der vorgeschriebenen Höchstgeschwindigkeit vorbeifährt?
c) Wie groß hätte die Bremsbeschleunigung (statt der in *a*) sein müssen, wenn die Polizei zwischen beiden Posten eine (Durchschnitts-)Geschwindigkeit von 70 km/h hätte messen sollen?

***1/24:** Praktischer Versuch: Als Beifahrer nehme man auf einer Autofahrt vom Start an für einige Minuten z. B. alle 30 Sekunden die Geschwindigkeit auf und teile die Intervalle ein in solche mit (durchschnittlich) gleichförmiger und beschleunigter Bewegung. Man berechne die Beschleunigungen und zeichne das Zeit-Geschwindigkeit-Diagramm.

1.1.4 Allgemeine Gesetze der geradlinigen Bewegung

Wir stellen die Gesetze der beiden behandelten Grundformen für die geradlinige Bewegung zusammen und vergleichen sie miteinander (*Abb. 1–17*).

Aus den Diagrammen sieht man, daß die **Steigung** $\Delta s/\Delta t$ der Kurve im t-s-Diagramm durch die Kurve im t-v-Diagramm und deren Steigung $\Delta v/\Delta t$ wiederum durch die Kurve im t-a-Diagramm wiedergegeben werden.

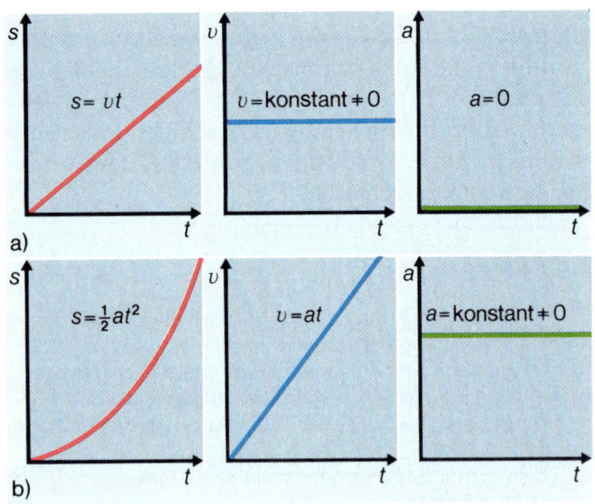

Abb. 1–17:
a) Geradlinige gleichförmige Bewegung.
b) Geradlinige gleichmäßig beschleunigte Bewegung.

Das gilt für jede Bewegung:

Die Geschwindigkeit v ist gleich der Steigung der Tangente im t-s-Diagramm, die Beschleunigung a der Steigung der Tangente im t-v-Diagramm.

Der Steigung einer Sekante im t-s-Diagramm entspricht die Intervallgeschwindigkeit $\overline{v} = \Delta s/\Delta t$ zwischen den beiden Sehnenendpunkten, der Steigung der Tangente die Momentangeschwindigkeit im Berührpunkt (*Abb. 1–18*); gleiches gilt für die Intervall- und Momentanbeschleunigung im t-v-Diagramm.

In der Sprache der Differentialrechnung bedeutet die Definition der Geschwindigkeit bzw. der Beschleunigung

$$v = \lim_{\Delta t \to 0} \frac{\Delta s}{\Delta t} \quad \text{bzw.} \quad a = \lim_{\Delta t \to 0} \frac{\Delta v}{\Delta t},$$

daß man durch **Ableiten** aus der t-s-Funktion $s = s\,(t)$ die t-v-Funktion $v = v\,(t)$, bzw. aus der t-v-Funktion $v = v\,(t)$ die t-a-Funktion $a = a\,(t)$ erhält.

Ergebnis: Die **Geschwindigkeit** $v = v\,(t)$ als Funktion der Zeit t erhält man als **erste Ableitung der Zeit-Weg-Funktion** $s = s\,(t)$ nach der Zeit t

$$v = \dot{s}\,(t)\,.$$ [1]

Die **Beschleunigung** $a = a\,(t)$ als Funktion der Zeit t erhält man als erste Ableitung der Zeit-Geschwindigkeit-Funktion $v = v\,(t)$ nach der Zeit t und als **zweite Ableitung der Zeit-Weg-Funktion**

$$a = \dot{v}\,(t) = \ddot{s}\,(t)\,.$$

So erhält man aus der Zeit-Weg-Funktion $s = \frac{1}{2}\,a\,t^2$ durch Ableiten nach der Zeit $v = \dot{s} = \frac{1}{2}\,a\,(2\,t) = a\,t$ und durch nochmaliges Ableiten $a = \dot{v} = a$.

Die Bedeutung dieser Zusammenhänge liegt darin, daß man allein aus der Zeit-Weg-Funktion durch Ableiten Geschwindigkeit und Beschleunigung in Abhängigkeit von der Zeit ermitteln kann. Diese Methode läßt sich auch anwenden, wenn der Zusammenhang zwischen Zeit und Weg einer Bewegung nicht in Form einer Funktionsgleichung vorliegt.

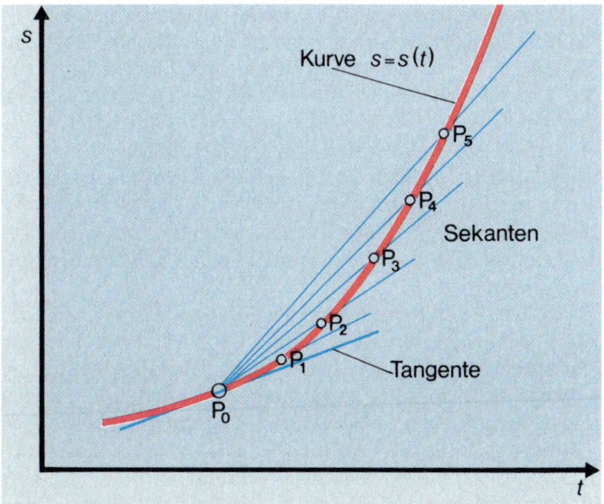

Abb. 1–18: Die Grenzlage von Sekanten durch denselben Kurvenpunkt ist die Tangente. Den Steigungen der Sekanten entsprechen Intervallgeschwindigkeiten, der Steigung der Tangente die Momentangeschwindigkeit.

In vielen Anwendungen, vor allem der Technik, liefern die Messungen den Zusammenhang von Weg und Zeit nur in Form von Tabellen. Mit dem Rechner oder Computer berechnet man die Intervallgeschwindigkeiten und danach die Intervallbeschleunigungen und erhält so angenähert den zeitlichen Verlauf von Geschwindigkeit und Beschleunigung.

Auch der umgekehrte Weg ist wichtig. In vielen Fällen kennt man (nur) die Beschleunigung. Die mathematische Methode, die dann weiterführt, ist die Integralrechnung.

Ist die Beschleunigung einer Bewegung als Funktion der Zeit in Form einer Gleichung gegeben, so kann man durch **Integration** die Geschwindigkeit als Funktion der Zeit und durch nochmalige Integration den Weg als Funktion der Zeit berechnen. Auch dieser Weg läßt sich wie oben mittels Rechner oder Computer gehen, wenn man nur eine Wertetabelle für die Zeit und die Beschleunigung zur Verfügung hat.

Integrieren bedeutet geometrisch im Schaubild einer Funktion: Berechnen der Fläche unter einer Kurve. So wie bei der gleichförmigen Bewegung die Fläche unter der Zeit-Geschwindigkeit-Kurve den Weg darstellt (*Abb. 1–7*), so ist es auch hier in *Abb. 1–19 a* und *b*. Und die Fläche unter der Zeit-Beschleunigung-Kurve stellt die Geschwindigkeit dar. Flächen unter einer Kurve berechnet man durch Integrieren:

Für die **gleichmäßig beschleunigte Bewegung** liefert die Integration aus $a = konst$:

$$v = \int a \,\mathrm{d}t = a\,t + C\,.$$

Die Integrationskonstante C erhält man, wenn man für $t = 0$ einsetzt; dann ist nämlich $v = v_0$, die Geschwindigkeit ist gleich der Anfangsgeschwindigkeit, und die Konstante C ergibt sich zu v_0. Also ist

$$v = a\,t + v_0\,.$$

Eine nochmalige Integration liefert

$$s = \int v \,\mathrm{d}t = \int (a\,t + v_0)\,\mathrm{d}t = \tfrac{1}{2}\,a\,t^2 + v_0\,t + C\,,$$

woraus man mit $t = 0$ und mit dem Weg $s = s_0$ bei Beginn der Zeitzählung für C schließlich s_0 erhält, also

$$s = \tfrac{1}{2}\,a\,t^2 + v_0\,t + s_0\,.$$

Die so gewonnenen **allgemeinen Bewegungsgleichungen für die gleichmäßig beschleunigte Bewegung**

Zeit-Weg-Funktion $s = s_0 + v_0\,t + \frac{1}{2}\,at^2$
Zeit-Geschwindigkeit-Funktion $v = v_0 + a\,t$
Zeit-Beschleunigung-Funktion $a = a = konstant$

beschreiben einen Vorgang, bei dem zur Zeit $t = 0$ die Bewegung bei $s = s_0$ mit der Geschwindigkeit $v = v_0$ beginnt.

Wichtig ist die Beziehung $v^2 = {v_0}^2 + 2\,a\,(s - s_0)$, die man aus den beiden ersten Gleichungen durch Elimination von t gewinnt und nach der man die Endgeschwindigkeit v berechnen kann, wenn der Weg, beginnend mit der Anfangsgeschwindigkeit v_0, von s_0 bis s mit der konstanten Beschleunigung a zurückgelegt ist.

So wie man aus der allgemeinen Zeit-Weg-Funktion $s = s\,(t)$ durch Ableiten die Zeit-Geschwindigkeit-Funktion $v = v\,(t)$ und durch nochmaliges Ableiten die Zeit-Beschleu-

[1]) In der Physik kennzeichnet man die Ableitungen einer Funktion nach der Zeit t durch einen Punkt: $\dot{s}\,(t)$. Der in der Mathematik gebräuchliche Strich $f'\,(x)$ ist der Ableitung nach der Variablen x vorbehalten.

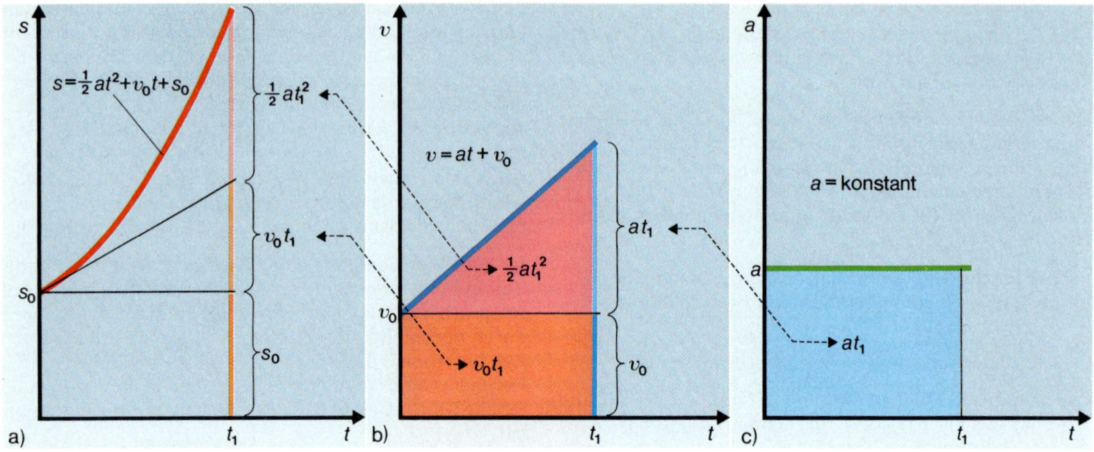

Abb. 1–19: „Integration" in den Diagrammen der gleichmäßig beschleunigten Bewegung: Die Fläche unter der t-a-Kurve stellt betragsmäßig den Teil dar, um den die Ordinate der t-v-Kurve von $t = 0$ bis $t = t_1$ im t-v-Diagramm zunimmt. Analog entsprechend den Flächen im t-v-Diagramm Ordinatenteile im t-s-Diagramm.

nigung-Funktion $a = a\,(t)$ erhält, so führt der umgekehrte Weg ebenso allgemein zu dem

Ergebnis: Kennt man die Beschleunigung a als Funktion der Zeit $a = a(t)$, so erhält man durch Integration von $a(t)$ die Zeit-Geschwindigkeit-Funktion

$$v(t) = v_0 + \int_0^t a(t)\,\mathrm{d}t$$

und durch nochmalige Integration die Zeit-Weg-Funktion

$$s(t) = s_0 + \int_0^t v(t)\,\mathrm{d}t.$$

Bekannt sein müssen bei der Integration als Integrationskonstanten die Geschwindigkeit v_0 und der Weg s_0 bei Beginn der Bewegung zur Zeit $t_0 = 0$.

Beispiel: Ein Körper, der zur Zeit $t_0 = 0$ die Geschwindigkeit $v_0 = 4$ m/s besitzt, erfährt 3 s lang eine linear mit der Zeit zunehmende Beschleunigung von Null bis auf $a_1 = 6\ \mathrm{m/s^2}$. Wie verläuft während dieser Zeit seine Geschwindigkeit, und wie weit kommt er dabei?

Es ist $a(t) = k\,t$ mit $k = a_1/3\mathrm{s} = 2\ \mathrm{m/s^3}$ und durch Integration

$$v(t) = v_0 + \int_0^t k\,t\,\mathrm{d}t = v_0 + \frac{1}{2}k\,t^2$$
$$= 4\ \mathrm{m/s} + \frac{1}{2}(2\ \mathrm{m/s^3})\,t^2$$

als Zeit-Geschwindigkeit-Funktion sowie mit $s_0 = 0$

$$s(t) = \int_0^t (v_0 + \frac{1}{2}k\,t^2)\,\mathrm{d}t = v_0\,t + \frac{1}{6}k\,t^3$$
$$= 4\ \mathrm{m/s}\,t + \frac{1}{3}\mathrm{m/s^3}\,t^3.$$

Daher ist der zurückgelegte Weg nach 3 s

$$s(3\ \mathrm{s}) = 4\ \mathrm{m/s}\,(3\ \mathrm{s}) + \frac{1}{3}\mathrm{m/s^3}\,(3\ \mathrm{s})^3 = 19\ \mathrm{m}.$$

Zusammenfassung: Mit Hilfe der Differential- bzw. **Integralrechnung** berechnet man aus einer bekannten Bewegungsgleichung, nämlich der Zeit-Weg-Gleichung bzw. der Zeit-Beschleunigung-Gleichung, die anderen beiden Bewegungsgleichungen.

Aufgaben

1/25: Ein Körper bewegt sich längs der x-Achse nach der Zeit-Weg-Funktion

$$s = (\tfrac{1}{2}\ \mathrm{m/s^3})\,t^3 + (2\ \mathrm{m/s^2})\,t^2 + 3\ \mathrm{m}\,.$$

a) Bestimmen Sie durch Differenzieren die Geschwindigkeit und die Beschleunigung als Funktion der Zeit.
b) Wie groß sind danach der zurückgelegte Weg, die Geschwindigkeit und die Beschleunigung nach bzw. zu den Zeiten $t_1 = 2{,}0$ s bzw. $t_2 = 3{,}0$ s?

***1/26:** Zu gleicher Zeit starten bei $t_0 = 0$ zwei Körper und bewegen sich nach den Zeit-Weg-Gesetzen $s_1 = \frac{1}{20}\ \mathrm{m/s^2}\ t^2$ und $s_2 = \frac{1}{2}\ \mathrm{m/s}\ t$.
a) Berechnen Sie Geschwindigkeit und Beschleunigung als Funktion der Zeit für beide Bewegungen, und zeichnen Sie die Diagramme für Weg, Geschwindigkeit und Beschleunigung bis jeweils $t_e = 12$ s .
b) Berechnen und prüfen Sie anhand der Zeichnungen: Wann und wo überholt der erste den zweiten Körper? Wann besitzen beide die gleiche Geschwindigkeit?

***1/27:** Ein Körper bewegt sich mit konstanter Beschleunigung $a_0 = -\ 3{,}0\ \mathrm{m/s^2}$. Zu Beginn der Bewegung hat er die Lage $s_0 = 24$ m und die Anfangsgeschwindigkeit $v_0 = 6$ m/s.
a) Stellen Sie die drei Bewegungsgleichungen auf.
b) Wo und zu welcher Zeit kehrt der Körper seine Bewegungsrichtung um?
c) Nach welcher Zeit erreicht er wieder die Ausgangslage?
d) Zeichnen Sie die Diagramme der drei Bewegungsgleichungen.

***1/28:** Die Beschleunigung eines Körpers, der sich auf der x-Achse bewegt, nimmt ständig proportional zur Zeit vom Anfangswert $a_0 = 4{,}0\ \mathrm{m/s^2}$ nach der Gleichung $a = 4{,}0\ \mathrm{m/s^2} - (2{,}0\ \mathrm{m/s^3})\,t$ ab. Zur Zeit $t_0 = 0$ besitzt der Körper im Nullpunkt der x-Achse die Geschwindigkeit $v_0 = -5/3$ m/s.
a) Wie lauten die Bewegungsgleichungen?
b) Wann und an welcher Stelle ändert der Körper seine Bewegungsrichtung?
c) Wann und mit welcher Geschwindigkeit passiert der Körper den Nullpunkt der x-Achse?
d) Zeichnen Sie das t-s-, das t-v- und das t-a-Diagramm.

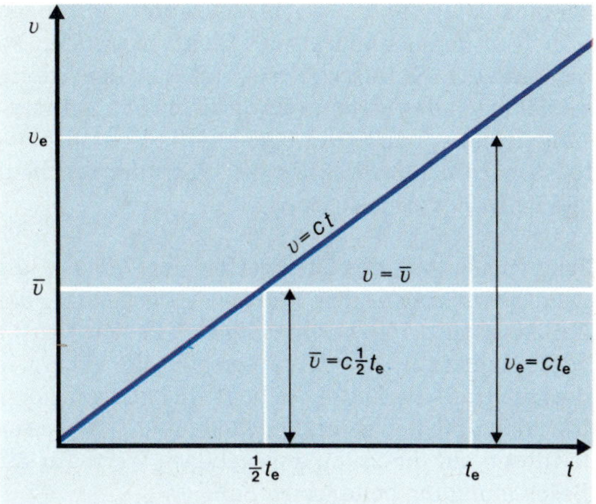

Abb. 1–20: Wächst die Geschwindigkeit gleichmäßig mit der Zeit, so ist die mittlere Geschwindigkeit $\bar{v}$ gleich der halben Endgeschwindigkeit v_e.

1.1.5 Der freie Fall

Die Fallgesetze hat GALILEI durch Überlegung und nicht durch Versuche am schiefen Turm von Pisa – so die Legende – gewonnen. Er ging davon aus, daß in Quecksilber nur das Gold sinkt, während ein Körper aus Blei schwimmt, daß weiter im Wasser beide „fallen", Gold deutlich dem Blei voraus, und daß sich beim Fall in Luft beide fast gleich bewegen. „Angesichts dessen glaube ich, daß, wenn man den Widerstand der Luft ganz aufhöbe, alle Körper gleich schnell fallen" (GALILEI in den „Discorsi").

GALILEI war überzeugt, daß die Fallgeschwindigkeit einem besonders einfachen Gesetz genügt, und verwarf von den Alternativen, sie wachse direkt proportional dem Fallweg oder der Fallzeit, die erste. Wenn aber die Geschwindigkeit gleichmäßig von der Anfangsgeschwindigkeit $v_0 = 0$ bis zur Endgeschwindigkeit v_e mit der Fallzeit ansteigt: $v = C\,t$, legt ein fallender Körper in der Zeit t_e dieselbe Strecke s_e zurück wie ein anderer, der sich während dieser Zeit gleichförmig mit der mittleren Fallgeschwindigkeit $\bar{v}$ bewegt. Daher ist $s_e = \bar{v}\,t_e$, oder mit $\bar{v} = \frac{1}{2}(0 + v_e) = \frac{1}{2}v_e$ wird $s_e = \frac{1}{2}v_e\,t_e$ (*Abb. 1–20*), und mit $v_e = C\,t_e$ ist schließlich $s_e = \frac{1}{2}C t_e^{\,2}$. Man erhält so das bekannte Zeit-Weg-Gesetz $s = \frac{1}{2}\,a\,t^2$ der gleichmäßig beschleunigten Bewegung.

Versuch 1/4: In einer (längeren) Glasröhre läßt man eine Holzkugel und eine Feder zugleich fallen, indem man die Röhre umwendet und dann senkrecht hält. Den Versuch führt man a) mit luftgefüllter Röhre und b), nachdem die Röhre mit einer Pumpe evakuiert ist, durch.
Beide Körper erreichen in der evakuierten Röhre zu gleicher Zeit den Boden.

Definition: Unter dem **freien Fall** versteht man die Bewegung, die ein Körper ausführt, der im luftleeren Raum fällt.

Eine im Experimentierraum fallende Stahlkugel führt angenähert diese Bewegung aus, da wegen ihrer Form und Dichte vom Einfluß des Luftwiderstandes abgesehen werden kann.

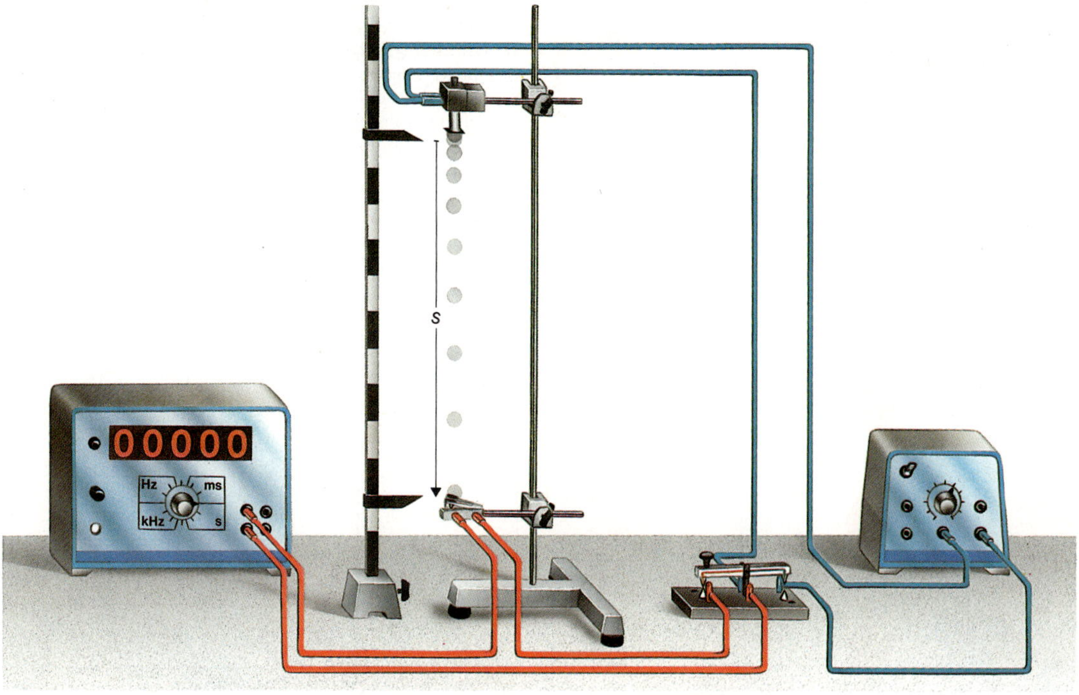

Abb. 1–21: Untersuchung der Fallbewegung. Der Fallweg *s* ist der Abstand von Unterkante Kugel bis Oberseite Kontaktplatte.

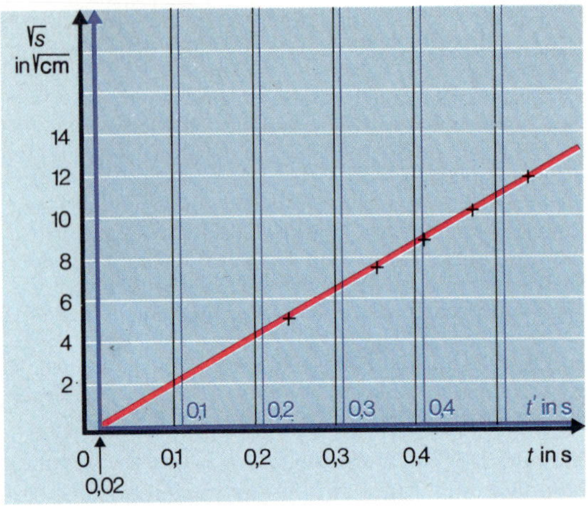

Abb. 1–22: t-s-Diagramm zu *Versuch 1/5*. Die Gerade, auf der die Meßpunkte der *Tab. 1–5* liegen, schneidet die t-Achse bei $\Delta t = 0{,}02$ s: Der Anfang der Fallzeit muß korrigiert werden. Die Uhr startet nicht genau zur Zeit, an dem die Kugel zu fallen beginnt, sondern um Δt verzögert.

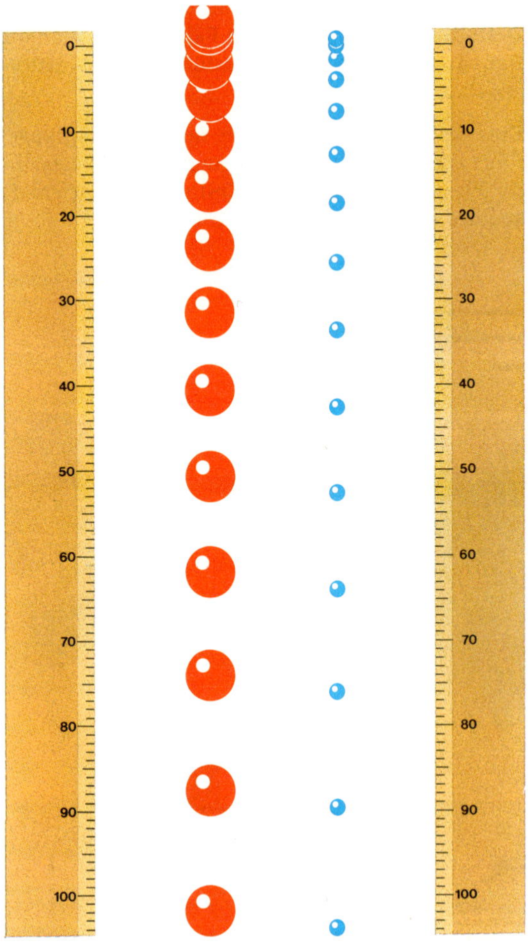

Abb. 1–23: Stroboskopische Aufnahme des freien Falls zweier Kugeln verschiedener Masse. Jeweils die untere Kante der Kugeln wird zur Ortsbestimmung benutzt.

Versuch 1/5: Öffnet man in der Anordnung nach *Abb. 1–21* den Stromkreis des Elektromagneten, so beginnt die Stahlkugel zu fallen. Gleichzeitig schließt sich der Stromkreis der Uhr: Die Zeitmessung beginnt. Trifft die Kugel auf die Kontaktplatte, so wird der Stromkreis der Uhr unterbrochen: Die Fallzeit wird gestoppt.

Trägt man nach den Meßwerten der *Tab. 1–5* die Quadratwurzel aus dem Fallweg $\sqrt{s}$ gegenüber der Fallzeit t auf (*Abb. 1–22*), so bestätigt sich $\sqrt{s} \sim t$ oder quadriert $s \sim t^2$: Die Wege verhalten sich wie die Quadrate der Zeiten, es liegt eine gleichförmige beschleunigte Bewegung vor. Genauere Experimente führen auf die unten angegebenen Werte für die Beschleunigung beim freien Fall.

Ergebnis: Der freie Fall ist eine geradlinige Bewegung mit einer für alle Körper am gleichen Ort konstanten Beschleunigung, der Fall- bzw. Erdbeschleunigung g. Die Erdbeschleunigung beträgt in Meereshöhe auf 45° Breite

$$g = 9{,}81 \text{ m/s}^2 .$$

Die **Bewegungsgesetze des freien Falls** lauten:

$$s = \tfrac{1}{2} g t^2, \qquad v = g t, \qquad a = g.$$

Für den Zusammenhang zwischen der Endgeschwindigkeit v und der durchfallenen Strecke s gilt $v^2 = 2 g s$ oder $v = \sqrt{2 g s}$.

Die **Fall- oder Erdbeschleunigung** g ist eine der wichtigsten Konstanten der Mechanik. Sie hängt von der geographischen Breite und von der Höhe über dem Meeresspiegel ab. Die Abhängigkeit von der geographischen Breite in Meeresspiegelhöhe steht in Zusammenhang mit der Abplattung und der Drehung der Erde. Am Äquator gilt $g = 9{,}78$ m/s² und am Pol $g = 9{,}83$ m/s².
Am genauesten bestimmt man die Erdbeschleunigung aus Pendelversuchen (→ 3.1.6).
Die Fallbeschleunigung ist nicht nur für jeden Ort der Erdoberfläche, sondern auch für jeden Ort im Weltall charakteristisch und daher für Astronomie und Raumfahrt eine wichtige Größe.

t in s	0,25	0,36	0,42	0,48	0,55
s in cm	25,5	56,6	78,4	104,2	138,7
$\sqrt{s}$ in $\sqrt{\text{cm}}$	5,05	7,52	8,85	10,21	11,78
t' in s	0,23	0,34	0,40	0,46	0,53
s/t'^2 in cm/s²	482	490	490	492	494

Tab. 1–5: Freier Fall. Zeit-Weg-Tabelle zu *Versuch 1/5* mit dem nach *Abb. 1–22* korrigierten Zeiten und den Quotienten s/t^2.

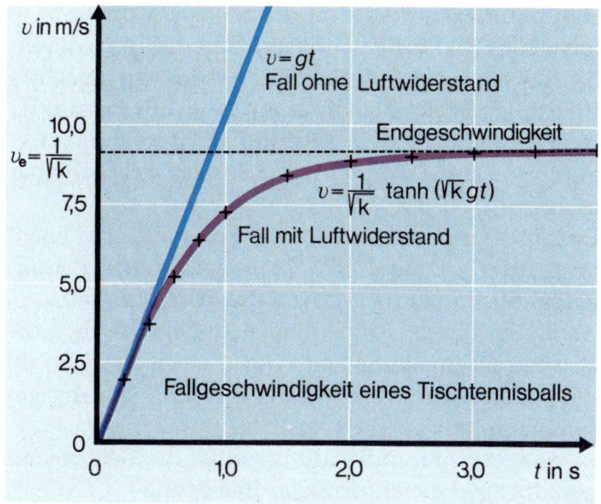

Abb. 1–24: Im lufterfüllten Raum fallen viele Körper nach anfänglicher Geschwindigkeitssteigerung mit konstanter Geschwindigkeit. Für ihre Beschleunigung gilt $a = g\,(1 - k\,v^2)$.

Besonders eindrucksvoll zeigt die stroboskopische Aufnahme, daß unter den genannten Bedingungen verschiedene Körper die gleiche Fallbewegung ausführen (*Abb. 1–23*).

Ein Stroboskop liefert intensive Lichtimpulse von einigen Mikrosekunden Lichtblitzdauer mit einstellbarer Blitzfrequenz. Photographiert man den mit einem Stroboskop beleuchteten Bewegungsvorgang, so kann man aus der bekannten Blitzfrequenz die Zeiten für die aufeinander folgenden Bilder bestimmen. Kennt man außerdem den Abbildungsmaßstab, lassen sich auch die Wege ausmessen.

Beim Fall im lufterfüllten Raum verhindert der **Luftwiderstand,** daß der fallende Körper seine Geschwindigkeit ständig steigert, wie es nach den Gesetzen des freien Falles sein müßte. Regentropfen fallen mit konstanter Geschwindigkeit. Fallschirmspringer treffen mit konstanter Endgeschwindigkeit von etwa 7 m/s auf den Boden auf. In vielen Fällen gilt beim Fall im lufterfüllten Raum für die Beschleunigung $a = g\,(1 - k\,v^2)$, wobei k eine Konstante und v die (Momentan-)Geschwindigkeit ist (*Abb. 1–24*).

Aufgaben

1/29: Ein Körper fällt aus einer Höhe von 130 m frei herab.

a) Welche Strecke hat er nach 2 bzw. 4 Sekunden durchfallen, und welche Geschwindigkeit besitzt er dann?
b) Nach welcher Zeit und mit welcher Geschwindigkeit trifft er auf dem Boden auf?

1/30: Von der Spitze eines Turms läßt man einen Stein fallen. Nach 4 Sekunden sieht man ihn auf den Boden aufschlagen.

a) Wie hoch ist der Turm?
b) Mit welcher Geschwindigkeit trifft der Stein auf den Erdboden auf?
c) Nach welcher Zeit hat der Stein die Hälfte seines Fallweges zurückgelegt?
d) Welche Zeit braucht der Stein zum Durchfallen der letzten 20 m?
e) Nach welcher Zeit (vom Loslassen aus gerechnet) hört man den Stein aufschlagen? Die Schallgeschwindigkeit sei 320 m/s.

1/31: Welche der in *Abb. 1–25* dargestellten Kurven stellt das Zeit-Geschwindigkeit-Diagramm eines Steines dar, der zur Zeit $t = 0$ senkrecht in die Höhe geworfen wird und zur Zeit $t = t_e$ wieder den Boden erreicht?
Beschreiben Sie, wie die Bewegungen in den beiden anderen Diagrammen ablaufen.

***1/32:** Zur Bestimmung der Erdbeschleunigung läßt man mehrmals einen Stein von einem $s = 19{,}85$ m hohen Turm herabfallen und bestimmt aus dem Mittel mehrerer Zeitmessungen mit verschiedenen Stoppuhren jeweils die Fallzeit. Aus neun Versuchen ergibt sich:

t in s					
	2,00	2,04	1,99	2,02	2,06
	1,96	1,97	2,01	2,07	

a) Aus dem Mittel aller Zeitmessungen bestimme man g.
b) Man vergleiche den Meßwert mit dem theoretisch zu erwartenden Wert $g_\varphi = g_{90°}\,(1 - \frac{1}{191}\cos^2\varphi)$ mit $g_{90°} = 9{,}8309$ m/s² (φ geographische Breite). Die Messung fand auf der Breite $\varphi = 54{,}3°$ statt.
c) Man bestimme den mittleren Fehler der Zeitmessung und mit Hilfe des Fehlerfortpflanzungsgesetzes (→ *1.1.9*) den Fehler von g, wobei als Fehler der Fallhöhe $\Delta s = \pm\,2$ cm anzunehmen ist. Liegt der theoretisch bestimmbare Wert innerhalb der Fehlergrenzen?

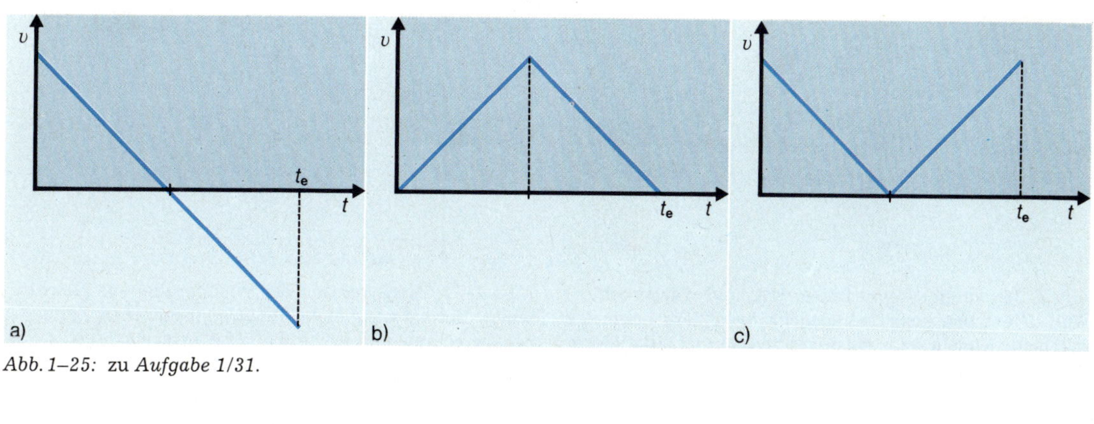

Abb. 1–25: zu *Aufgabe 1/31.*

1/33: Auf einer Fallschnur sind Eisenschrauben in Abständen von a) 10 cm, 30 cm, 50 cm, 70 cm und 90 cm bzw. b) 40 cm, 40 cm, 40 cm, 40 cm und 40 cm hintereinander aufgereiht. In welchen zeitlichen Abständen schlägt die zweite, dritte, vierte und fünfte Schraube jeweils hinter der vorhergehenden auf, wenn man die Fallschnur so hochhält, daß die erste gerade den Boden berührt, und sie dann auf eine Blechplatte fallen läßt?

***1/34:** Handversuch: Messung der Reaktionszeit. Jemand drückt ein vertikal gehaltenes Lineal (Skala verläuft von unten nach oben) mit der einen Hand an eine glatte Wand und verdeckt sie mit der anderen durch ein Stück Papier. Die Testperson hält einen Finger wenige Millimeter über der Nullmarke. Wenn die erste Person nun plötzlich das Lineal fallen läßt, muß die zweite zudrücken. Aus der (Fall-) Strecke zwischen Nullmarke und der Stelle, an der die Testperson das Lineal festhält, läßt sich die Reaktionszeit berechnen.

1.1.6 Der Wurf; Prinzip der ungestörten Überlagerung von Bewegungen

Der waagerechte Wurf

Als Beispiel einer Bewegung auf gekrümmter Bahn untersuchen wir den Wurf. Die Wurfbewegung läßt sich durch eine Kombination der Gesetze geradliniger Bewegungen beschreiben.

Versuch 1/6: Auf einer waagerechten Rampe wird eine Kugel beschleunigt. Beim Verlassen der Rampe öffnet die Kugel einen Kontakt und unterbricht den Stromkreis des Elektromagneten, so daß gleichzeitig eine zweite Kugel aus der gleichen Höhe zu fallen beginnt (*Abb. 1–26*).

Beschleunigt man die erste Kugel genügend, stoßen stets beide Kugeln im Fallen zusammen.

Den Grund zeigt die stroboskopische Aufnahme. In lotrechter Richtung vollführen beide Kugeln dieselbe Bewegung des freien Falles. In waagerechter Richtung bewegt sich die erste Kugel mit konstanter Geschwindigkeit. Waagerechte und lotrechte Bewegung der ersten Kugel beeinflussen sich offenbar nicht.

Daraus kann man die Bahn der ersten Kugel leicht konstruieren (*Abb. 1–27*). Die Bewegung heißt **waagerechter Wurf;** die Bahn ist die **Wurfparabel.**

Nach denselben Überlegungen stellen wir auch die **Bewegungsgleichung** auf. Die erste Kugel verläßt die Rampe mit der (waagerechten) Anfangsgeschwindigkeit v_0.

In **waagerechter** x-Richtung gelten die Gesetze der geradlinigen gleichförmigen Bewegung

$$s_x = v_0 t\,, \qquad v_x = v_0\,,$$

in **lotrechter** y-Richtung (y-Achse nach unten) die Gesetze des freien Falles

$$s_y = \frac{1}{2} g t^2\,, \qquad v_y = gt\,, \qquad a_y = g\,.$$

Damit berechnet man für jeden Zeitpunkt t die Ortskoordinaten der Wurfparabel und Geschwindigkeiten in x- und in y-Richtung (*Abb. 1–28*). Eliminiert man aus den Gleichungen für s_x und s_y die Zeit, indem man s_x nach t auflöst und den Term für t in die Gleichung für s_y einsetzt:

$$s_y = \frac{1}{2} g \left(\frac{s_x}{v_0}\right)^2 = \frac{1}{2} \frac{g}{v_0^2}\, s_x{}^2\,,$$

so erhält man die Gleichung der **Wurfparabel** $s_y \sim s_x{}^2$ mit dem Scheitelpunkt als Anfangspunkt der Bewegung.

Durchfällt der Körper die Höhe $s_y = h$, so ist die Wurfweite

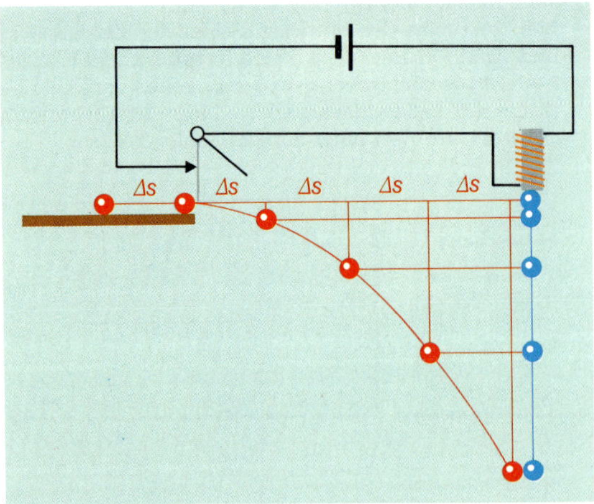

Abb. 1–26: Vergleich von freiem Fall und waagerechtem Wurf. Die stroboskopische Beleuchtung läßt erkennen, daß sich beide Kugeln während des Fallens immer auf gleicher Höhe befinden.

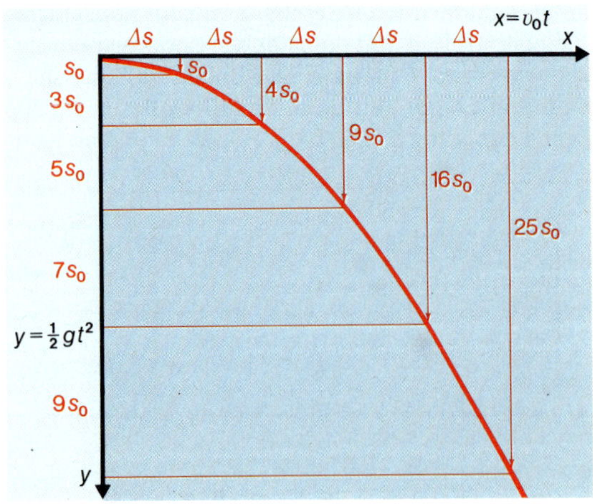

Abb. 1–27: Konstruktion der Wurfparabel aus gleichförmiger Bewegung (gleiche Teilwege in gleichen Zeiten) in waagerechtem und freiem Fall (Teilwege wachsen im Verhältnis ungerader Zahlen) in lotrechter Richtung.

$$s_x = \sqrt{\frac{2\,v_0^2\,h}{g}} = \sqrt{\frac{2\,h}{g}}\;v_0\,.$$

Prinzip der ungestörten Überlagerung der Bewegungen

Die Bewegung des waagerechten Wurfes kann man danach so verstehen, daß man sie sich aus zwei Bewegungen zusammengesetzt denkt. Beide Bewegungen in waagerechter und lotrechter Richtung laufen scheinbar ungestört und unabhängig voneinander ab und überlagern sich zur Wurfbewegung.
Analoges gilt für viele Bewegungen. Der Ruderer (*Abb. 1–29*), der den Fluß senkrecht zum Ufer überqueren will, wird von der Strömung abgetrieben. Er legt zwei Wege zurück, einen senkrecht zur Stromrichtung gegenüber dem strömenden Wasser – diesen Eindruck hat der Ruderer, wenn er nur die Wasseroberfläche betrachtet – und einen anderen, um den das Wasser in Stromrichtung gegenüber dem Ufer weiterfließt. Die Bewegung des Bootes setzt sich aus diesen zwei Teilbewegungen zusammen, die sich gegenseitig ungestört überlagern und sich zur Gesamtbewegung über dem Grund des Flusses zusammensetzen. Wege und Geschwindigkeiten beider Teilbewegungen addieren sich vektoriell zu Weg und Geschwindigkeit über dem Grund.
Die bisher betrachteten Beispiele zeigen, daß Weg und Geschwindigkeit vektorielle Größen sind und sich folglich wie Vektoren addieren. Das gilt auch für die Beschleunigung.

Damit haben wir ein allgemeines Prinzip gefunden, das für die Beschreibung und die Analyse komplizierter Bewegungen wichtig ist und auf alle Bewegungen angewendet werden kann.

Prinzip der ungestörten Überlagerung von Bewegungen

Führt ein Körper gleichzeitig zwei oder mehrere Bewegungen aus, so überlagern sich diese Bewegungen ungestört zur Gesamtbewegung. Wege, Geschwindigkeiten und Beschleunigungen addieren sich vektoriell.

Das Prinzip der ungestörten Überlagerung von Bewegungen gehört wie andere Prinzipien zu den grundlegenden Aussagen der Physik, die allein aus der **Erfahrung** gewonnen sind und die nicht aus anderen Gesetzen hergeleitet werden können. Das Prinzip der ungestörten Überlagerung von Bewegungen gilt allerdings nicht mehr für Bewegungen mit Geschwindigkeiten, die vergleichbar der Lichtgeschwindigkeit sind: Derartige Geschwindigkeiten lassen sich nicht nach den Gesetzen der Vektorrechnung addieren – das ist eine Aussage der **Relativitätstheorie.**

Lotrechter Wurf

Beim lotrechten Wurf überlagert sich eine Bewegung mit konstanter Geschwindigkeit v_0 nach oben (in positiver Richtung der s-Achse, *Abb. 1–30*) nach den Bewegungsgleichungen

$$s = v_0\,t\,, \qquad v = v_0\,, \qquad a = 0$$

mit einer Fallbewegung in **entgegengesetzter** Richtung (daher das Minuszeichen) nach den Gleichungen

$$s = -\tfrac{1}{2}\,g\,t^2\,, \qquad v = -\,g\,t\,, \qquad a = -\,g\,.$$

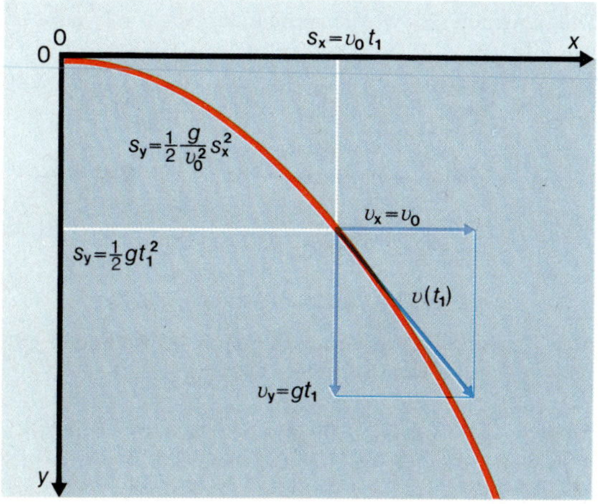

Abb. 1–28: Zur Berechnung der Wurfparabel. Die Geschwindigkeit in x-Richtung und die Geschwindigkeit in y-Richtung lassen sich vektoriell addieren: Der Geschwindigkeitsvektor liegt tangential zur Bahn.

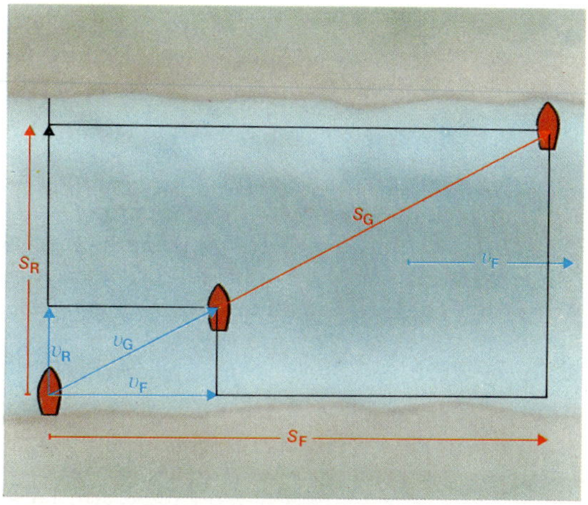

Abb. 1–29: Weg s_R und Geschwindigkeit v_R durch das (strömende) Wasser addieren sich zum Weg s_F und zur Geschwindigkeit v_F des Flusses zum Weg s_G und zur Geschwindigkeit v_G gegenüber dem Grund.

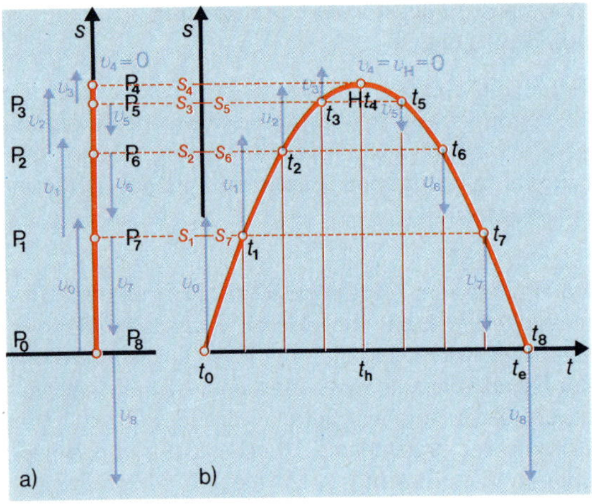

Abb. 1–30: Senkrechter Wurf. a) Bahnkurve, b) t-s-Diagramm; zusätzlich eingetragen sind die Geschwindigkeiten.

Die Überlagerung beider Bewegungen wird daher beschrieben durch die Bewegungsgleichungen

$$s = v_0\, t - \tfrac{1}{2} g\, t^2\,, \qquad v = v_0 - g\, t, \qquad a = -\, g\,.$$

Im höchsten Punkt der Bahn ist die Geschwindigkeit Null. Damit errechnet man durch Nullsetzen der t-v-Gleichung die Zeit $t_h = v_o/g$, in der der Körper den höchsten Punkt seiner Bahn erreicht, und durch Einsetzen von t_h in die t-s-Gleichung die **Wurfhöhe**

$$h = v_0\, t_h - \tfrac{1}{2} g\, t_h^2 = \tfrac{1}{2} v_0^2/g\,.$$

Der Wurf ist beendet, wenn der Weg s wieder Null ist. Die t-s-Gleichung liefert für $s = 0$ neben der Lösung $t_0 = 0$, dem Beginn des Wurfes, die **Wurfdauer**

$$t_e = 2\, v_0/g = 2\, t_h$$

und durch Einsetzen von t_e in die t-v-Gleichung die Endgeschwindigkeit

$$v_e = v_0 - g\, t_e = v_0 - g\, (2\, v_0/g) = -\, v_0\,.$$

Die Endgeschwindigkeit ist gleich der Anfangsgeschwindigkeit, nur in umgekehrter Richtung.
Die **Wurfbahn** und das Zeit-Weg-Diagramm verlaufen symmetrisch. Der zweite Teil des lotrechten Wurfes stellt den freien Fall aus der Wurfhöhe dar.

Schräger Wurf

Versuch 1/7: Mit einem Wurfgerät wird eine Kugel durch eine gespannte Feder mit fester Anfangsgeschwindigkeit v_0 unter beliebig einstellbarem Abwurfwinkel α abgeschossen (*Abb. 1–31*). Die Auftreffstellen registriert man auf einem Auffangbrett.
Die größte **Wurfweite** wird mit einem Winkel von $\alpha = 45°$ erreicht. Für Ergänzungswinkel α und $90° - \alpha$ ergeben sich (fast) gleiche Wurfweiten.

Der experimentelle Befund läßt sich anhand der Bewegungsgleichungen bestätigen. (Die (feste) Anfangsgeschwindigkeit v_0 für das Wurfgerät ermittelt man experimentell über Wurfweite und -tiefe beim waagerechten Wurf):

Der Körper möge mit der Anfangsgeschwindigkeit v_0 unter dem Wurfwinkel α (gegenüber der Horizontalen) abgeworfen werden (*Abb. 1–32*). In Richtung der x-Achse liegt eine Bewegung mit konstanter Geschwindigkeit vor:

$$s_x = v_0 t \cos\alpha, \qquad v_x = v_0 \cos\alpha, \qquad a_x = 0.$$

In Richtung der y-Achse folgt die Bewegung den Gesetzen des lotrechten Wurfes mit der Anfangsgeschwindigkeit $v_0 \sin\alpha$:

$$s_y = v_0 t \sin\alpha - \frac{1}{2} g\, t^2\,,$$
$$v_y = v_0 \sin\alpha - g\, t\,,$$
$$a_y = -\, g\,.$$

Die **Gleichung der Bahnkurve** erhält man durch Elimination von t aus den Zeit-Weg-Gleichungen, indem man s_x nach t auflöst: $t = s_x/(v_0 \cos\alpha)$, und in s_y einsetzt:

$$s_y = s_x \tan\alpha - \frac{1}{2} \frac{g}{v_0^2 \cos^2\alpha}\, s_x^{\,2}\,.$$

Das ist die Gleichung einer nach unten geöffneten Parabel. Der höchste Punkt S, der **Scheitelpunkt** der Bahn, zeichnet sich dadurch aus, daß der Körper in diesem Punkt in y-Richtung die Geschwindigkeit $v_y = 0$ besitzt, weil er im Scheitelpunkt der Bahn gerade seine Bewegungsrichtung in y-Richtung umkehrt:

$$v_y = v_0 \sin\alpha - g\, t_s = 0.$$

Die dadurch bestimmte Zeit, die **Steigzeit** $t_s = (v_0 \sin\alpha)/g$, setzt man in die beiden Bewegungsgleichungen ein und erhält mit $2 \sin\alpha \cos\alpha = \sin 2\alpha$ die Koordinaten x_s, y_s des **Scheitel- oder Gipfelpunktes S** der Wurfbahn:

$$x_s = \frac{1}{2}\, (v_0^2/g) \sin 2\alpha,$$
$$y_s = \frac{1}{2}\, (v_0^2/g) \sin^2\alpha.$$

Die Wurfhöhe y_s wird maximal für $\sin\alpha = 1$, also für $\alpha = 90°$.

Für den Auftreffpunkt E mit den Koordinaten x_e, y_e (*Abb. 1–32*) ist die Weg-Koordinate in y-Richtung wieder Null. Aus

$$y_e = (v_0 \sin\alpha)\, t_e - \tfrac{1}{2} g\, t_e^{\,2} = 0$$

erhält man die (gesamte) **Wurfzeit** $t_e = 2 v_0 \sin\alpha/g$ und aus der t-x-Gleichung die **Wurfweite**

$$x_e = v_0 \cos\alpha\, (2\, v_0 \sin\alpha)/g = (v_0^2/g) \sin 2\alpha.$$

Der Term $\sin 2\alpha$ wird maximal 1 für $\alpha = 45°$. Außerdem gilt: $\sin[2(90° - \alpha)] = \sin(180° - 2\alpha) = \sin 2\alpha$.

Ergebnis: Die größte Wurfweite stellt sich bei einem Wurfwinkel von 45° ein; gleiche Wurfweiten ergeben sich für einen beliebigen Wurfwinkel und seinen Ergänzungswinkel zu 90°.

In der Wirklichkeit – besonders bei größeren Wurfweiten und -höhen – sehen die Wurfbahnen anders aus. Denn bei den obigen Betrachtungen ist insbesondere der Einfluß des

Luftwiderstandes unberücksichtigt geblieben. Ein fallender Körper wird nach einer gewissen Zeit eine Höchstgeschwindigkeit erreichen und dann mit dieser konstanten Geschwindigkeit weiter fallen. Regentropfen z. B. fallen so. Beim Wurf wird sich auch die von der Anfangsgeschwindigkeit v_0 herrührende Komponente verringern. Die Bahnen sind daher keine Parabeln, sondern sogenannte (unsymmetrische) ballistische Kurven (*Abb. 1–33*).
Die verschiedenen Bahnkurven des schiefen Wurfs in Abhängigkeit vom Winkel ohne und mit Berücksichtigung des Luftwiderstandes lassen sich mit Hilfe des Computers berechnen und auf dem Bildschirm darstellen.

Aufgaben

1/35: Ein Körper wird mit der Geschwindigkeit v_0 = 18 m/s senkrecht nach oben geworfen. Vom Luftwiderstand sehe man ab.

a) Stellen Sie die Bewegungsgleichungen auf.
b) Berechnen Sie Wurfhöhe und die Zeit bis zum Erreichen des höchsten Punktes der Bahn.
c) Berechnen Sie die Wurfzeit und die Auftreffgeschwindigkeit.

1/36: Ein Stein fällt aus der Höhe h = 40 m senkrecht zur Erde. Gleichzeitig wird von unten ein zweiter Stein mit der Geschwindigkeit v_0 = 20 m/s senkrecht hoch geworfen.

a) Nach welcher Zeit und in welcher Höhe fliegen die beiden Steine aneinander vorbei?
b) In welchem zeitlichen Abstand treffen die beiden Steine auf dem Boden auf?
c) Welche Anfangsgeschwindigkeit müßte der zweite Stein haben, wenn beide zu gleicher Zeit auf dem Boden auftreffen sollen?

***1/37:** Ein Körper wird waagerecht mit der Geschwindigkeit v_0 = 10 m/s, 20 m/s, 30 m/s abgeschossen und trifft 5 m, 10 m tiefer auf.

a) Berechnen Sie die Wurfweiten (*Tabelle!*).
b) Tragen Sie die Wurfparabeln in ein x-y-Koordinatensystem ein (10 m ≙ 5 cm).
c) Zeigen Sie allgemein, daß die Wurfweiten proportional zur Anfangsgeschwindigkeit v_0 sind.

***1/38:** Ein Stein wird mit der Geschwindigkeit v_0 = 20 m/s horizontal von der Höhe h aus abgeworfen. Er erreicht in der Horizontalen eine Wurfweite von x_e = 40 m.

a) Wie groß sind die Abwurfhöhe und die Flugzeit?
b) Mit welcher Geschwindigkeit und unter welchem Winkel zur Horizontalen trifft der Stein auf dem Boden auf?
c) Wie lauten die Lösungen zu (*a* und (*b*) allgemein?

***1/39:** Ein Geschoß verläßt ein Gewehr mit der Geschwindigkeit v_0 = 780 m/s. (Vom Luftwiderstand werde abgesehen.) Welche Höhe und Weite erreicht das Geschoß, wenn es unter dem Winkel von a) 90°, b) 60°, c) 45° zur Waagerechten abgeschossen wird?

***1/40:** Ein Wasserstrahl, der unter dem Winkel von 40° zur Horizontalen die Düse eines Gartenschlauchs verläßt, erreicht das in 30 m Entfernung stehende Buschwerk in gleicher Höhe wie die Düse. (Vom Luftwiderstand werde abgesehen.)

a) Mit welcher Geschwindigkeit verläßt der Strahl die Düse?
b) Wie groß ist die Gipfelhöhe des Wasserstrahls?
c) Welche Zeit benötigt ein einzelner Wassertropfen vom Verlassen der Düse bis zum Auftreffen?

***1/41:** Ein Sportler stößt eine Kugel aus der Höhe h = 1,8 m unter dem Winkel α = 30° zur Horizontalen und erreicht die Weite von 19,3 m.
Mit welcher Anfangsgeschwindigkeit v_0 hat er die Kugel gestoßen?

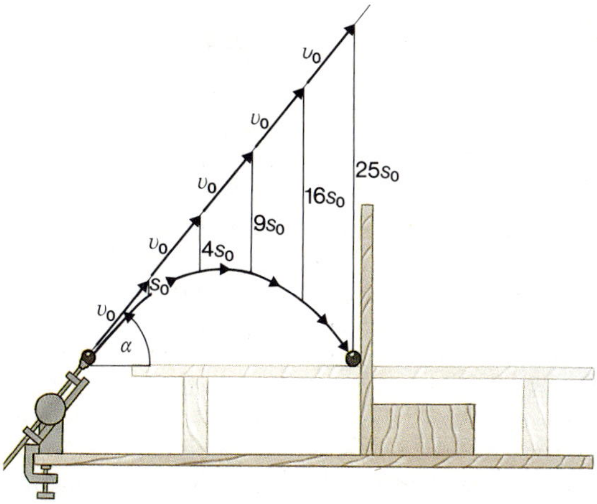

Abb. 1–31: Die Bahnkurve des schrägen Wurfes wird punktweise durch Verschieben des Auffangbrettes aufgenommen. – Konstruiert ist die Bahnkurve nach dem Überlagerungsprinzip: konstante Geschwindigkeit in Abwurfrichtung, Fallbewegung senkrecht nach unten. – Das Auffangbrett ist gestrichelt eingezeichnet für den Fall, daß die Wurf**weite** untersucht werden soll.

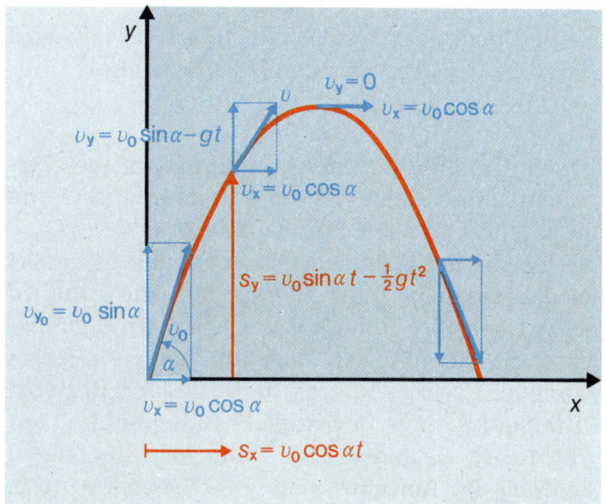

Abb. 1–32: Bahnkurve des schrägen Wurfes. Die Geschwindigkeit v ist an mehreren Stellen in Komponenten zerlegt.

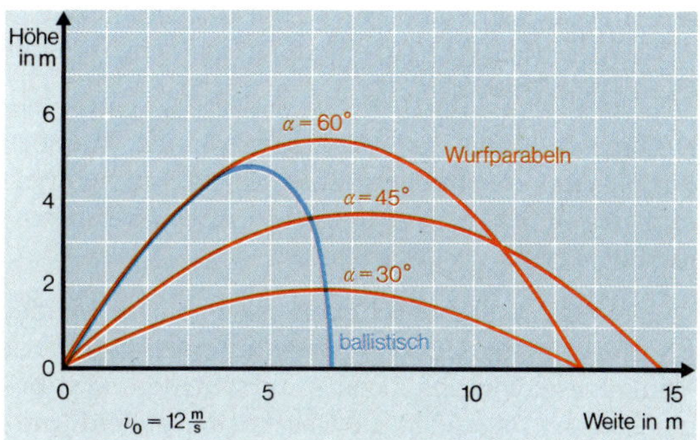

Abb. 1–33: Bahnkurven des schrägen Wurfes für Wurfwinkel α = 30°, 45°, 60°.
Zum Vergleich eine ballistische Kurve.

***1/42:** Ein Körper wird von einer Klippe der Höhe h mit der Geschwindigkeit v_0 unter dem Winkel α, von der Horizontalen nach unten gemessen, abgeschossen.
Stellen Sie die Gleichungen auf, die die Bewegung in horizontaler und vertikaler Richtung beschreiben, und ermitteln Sie die Gleichung der Wurfparabel.

1.1.7 Die gleichförmige Kreisbewegung

Viele Bewegungsabläufe in Umwelt und Technik sind **Kreisbewegungen.** Wir betrachten im folgenden einen Massenpunkt, der sich im Abstand r vom Mittelpunkt auf einem Kreis bewegt (*Abb. 1–34*), z. B. einen Stein, den wir an einer Schnur im Kreise herumschleudern. Aus der Messung der Zeit t, die der Massenpunkt für n Umdrehungen benötigt, berechnet man Umlaufdauer und Frequenz.

Definition: Die **Umlaufdauer** T einer Kreisbewegung ist der Quotient aus der für n Umläufe benötigten Zeit t und der Zahl n der Umläufe; der Kehrwert der Umlaufdauer T ist die **Frequenz** f der Kreisbewegung.
Umlaufdauer $T = \frac{t}{n}$; Frequenz $f = \frac{1}{T}$

Die SI-Einheit der Frequenz ist $[f] = 1\ \mathrm{s}^{-1}$, sie wird nach dem Physiker Heinrich HERTZ benannt:

$$1\ \mathrm{s}^{-1} = 1\ \mathrm{Hz}\ (= 1\ \mathrm{Hertz}).$$

Je mehr Umläufe ein Massenpunkt in derselben Zeit t macht, um so kleiner ist seine Umlaufdauer T und um so größer ist seine Frequenz f.
Die **Geschwindigkeit** v des Massenpunktes ändert bei der Kreisbewegung ständig ihre Richtung. In jedem Punkt der Bahn hat der Geschwindigkeitsvektor die Richtung der Tangente. Er steht in jedem Bahnpunkt senkrecht zum Radiusvektor, der vom Mittelpunkt zum jeweiligen Bahnpunkt zeigt (*Abb. 1–34*). Läßt man den Stein los, fliegt er in Richtung der Tangente weiter; verliert ein Auto in der Kurve die Bodenhaftung, wird es tangential zu seiner Bahn „aus der Kurve getragen".
Der Betrag der Geschwindigkeit des Massenpunktes bei der Kreisbewegung ist nach der Definition der Geschwindigkeit (→ *1.1.2*) der Quotient aus dem zurückgelegten Weg Δs, einem Kreisbogen, und der dazu benötigten Zeit Δt: $v = \Delta s / \Delta t$.

Definition: Eine Kreisbewegung eines Massenpunktes mit konstantem Betrag der Bahngeschwindigkeit $v = \Delta s / \Delta t$ heißt **gleichförmige Kreisbewegung.**

Von der **Bahn**geschwindigkeit sprechen wir bei der Kreisbewegung, um sie von der unten eingeführten **Winkel**geschwindigkeit zu unterscheiden. Wir betrachten im folgenden die **Gesetze der gleichförmigen Kreisbewegung.**
Häufig interessiert bei einer Kreisbewegung nicht so sehr die Geschwindigkeit, mit der der Massen-

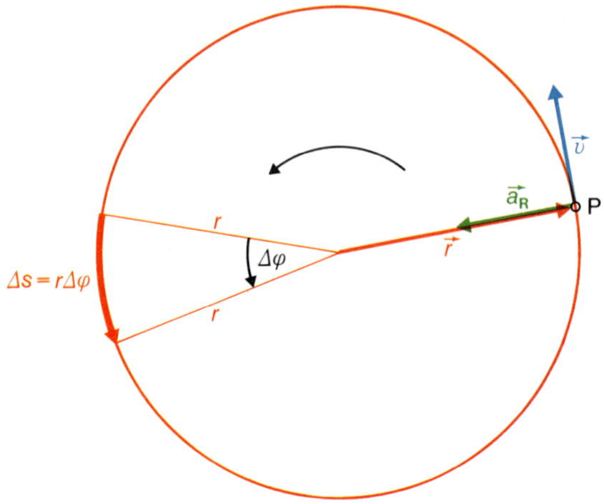

Abb. 1–34: Ein Massenpunkt P bewegt sich gleichförmig auf dem Kreis mit dem Radius r. Der Geschwindigkeitsvektor $\vec{v}$ steht stets senkrecht zum Radiusvektor $\vec{r}$ und tangential zur Kreisbahn. Der Beschleunigungsvektor $\vec{a}_R$ zeigt stets radial vom Massenpunkt zum Zentrum der Kreisbahn.

punkt seine Kreisbahn durchläuft, sondern die Geschwindigkeit, mit der sein Radius(-vektor) den Winkel mit dem Scheitelpunkt im Mittelpunkt des Kreises überstreicht (*Abb. 1–34*).

Definition: Die **Winkelgeschwindigkeit** ω einer Kreisbewegung ist der Quotient aus dem vom Radiusvektor überstrichenen Winkel $\Delta\varphi$ und der dabei verflossenen Zeit Δt:

$$\omega = \frac{\Delta\varphi}{\Delta t}. \qquad (\omega\ \text{„Omega"})$$

Da der Winkel φ im **Bogenmaß**[1] als Verhältniszahl ohne Einheit[2] angegeben wird, ergibt sich für die Einheit der Winkelgeschwindigkeit:

$$[\omega] = \frac{[\varphi]}{[t]} = \frac{1}{\mathrm{s}} = \mathrm{s}^{-1}.$$

Aus der Definition des Bogenmaßes ergibt sich der Zusammenhang zwischen Bahn- und Winkelgeschwindigkeit mit $\Delta s = r\,\Delta\varphi$

$$v = \frac{\Delta s}{\Delta t} = \frac{r\,\Delta\varphi}{\Delta t} = r\,\omega\,.$$

Der Betrag der **Bahngeschwindigkeit** v eines Punktes ist das Produkt aus der Winkelgeschwindigkeit ω und seinem Bahnradius r: $v = \omega r$.

[1]) Das Bogenmaß φ eines Winkels ist definiert als Verhältnis(-zahl) aus dem zu dem Winkel gehörigen Bogen b und dem zu dem Bogen gehörigen Radius r: $\varphi = b/r$. Der Vollwinkel (360°) hat das Bogenmaß $\varphi_{360°} = 2\,\pi r/r = 2\,\pi$, der Rechte Winkel (90°) $\varphi_{90°} = \frac{\pi}{2}\,r/r = \frac{\pi}{2}$.
[2]) Im SI-System wird als Einheit des Winkels im Bogenmaß der Radiant (1 rad) eingeführt. Hier ist aus Zweckmäßigkeitsgründen auf die Einführung einer Einheit für das Bogenmaß verzichtet.

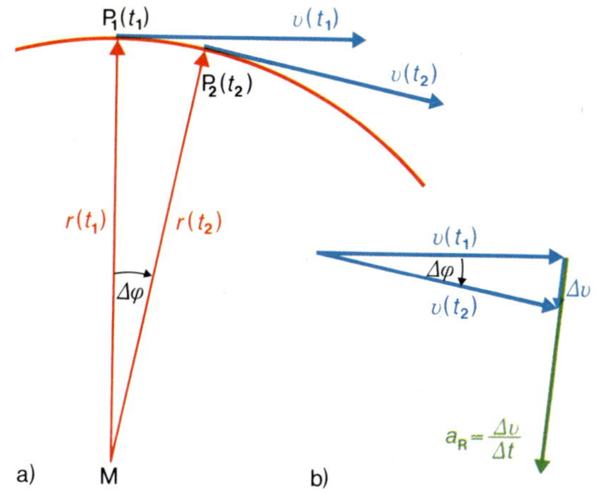

Abb. 1–35: Zur Bestimmung der Radialbeschleunigung aus der Differenz der Bahngeschwindigkeiten. Die Radiusvektoren $\vec{r}(t_1)$ und $\vec{r}(t_2)$ schließen in (*a*) den gleichen Winkel $\Delta\varphi$ ein wie die Geschwindigkeitsvektoren $\vec{v}(t_1)$ und $\vec{v}(t_2)$ in (*b*).

Bei der gleichförmigen Kreisbewegung kann man Bahn- und Winkelgeschwindigkeit aus den Angaben für einen vollen Umlauf berechnen: In der Umlaufzeit $\Delta t = T$ wird im Abstand r vom Mittelpunkt als Kreisbogen der Kreisumfang $\Delta s = 2\pi r$ durchlaufen und vom Radiusvektor der Winkel $\Delta\varphi = 2\pi$ überstrichen.

Ergebnis: Die **Bahngeschwindigkeit** einer gleichmäßigen Kreisbewegung ist (dem Betrage nach)

$$v = \frac{2\pi r}{T} = 2\pi r f$$

und die **Winkelgeschwindigkeit**

$$\omega = \frac{2\pi}{T} = 2\pi f\,.$$

Zwischen Bahn- und Winkelgeschwindigkeit gilt die Beziehung $v = \omega\, r$.
Der Vektor der Bahngeschwindigkeit zeigt stets in Richtung der Tangente der Kreisbahn (*Abb. 1–34*).

Die Bahngeschwindigkeit ändert nicht ihren Betrag, sie ändert aber ständig ihre Richtung. Jede zeitliche Änderung der Geschwindigkeit, also nicht nur ihres Betrages, sondern auch ihrer Richtung, bedeutet eine **Beschleunigung.** In der Tat erfährt ein Körper, der sich gleichförmig auf einer Kreisbahn bewegt, ständig eine Beschleunigung.
Diese Bahnbeschleunigung überlegen wir uns anhand der *Abb. 1–35 a* und *b*. Bewegt sich der Körper von P_1 nach P_2, so legt er in der Zeit Δt die Wegstrecke Δs zurück. Dabei schließen die **Radiusvektoren** zu P_1 und P_2 denselben Winkel $\Delta\varphi$ ein wie die beiden Geschwindigkeitsvektoren (*Abb. 1–35 a*). Trägt man die beiden Geschwindigkeitsvektoren von einem gemeinsamen Punkt N aus ab, so entspricht die Verbindung ihrer Endpunkte der (vektoriellen) Geschwindigkeitsänderung Δv (*Abb. 1–35 b*).
Bei kleinem Winkel $\Delta\varphi$ (im Bogenmaß!) ergibt sich aus dem einen Dreieck $\Delta s = r\Delta\varphi$ und aus dem anderen $\Delta v = v\Delta\varphi$. Löst man beide Gleichungen nach $\Delta\varphi$ auf und setzt die Terme gleich

$$\frac{\Delta s}{r} = \frac{\Delta v}{v} \quad \text{bzw.} \quad v\,\Delta s = r\,\Delta v\,,$$

so erhält man nach Division durch Δt:

$$v\frac{\Delta s}{\Delta t} = r\frac{\Delta v}{\Delta t}\,.$$

Für kleine Zeiten Δt ist $\Delta s/\Delta t$ die Bahngeschwindigkeit v und $\Delta v/\Delta t$ die (gesuchte) Beschleunigung a_R. Man erhält

$$v^2 = r\,a_R \text{ oder } a_R = v^2/r$$

und mit Hilfe von $v = \omega r$

$$a_R = \omega^2\, r\,.$$

Damit ist die Beziehung zwischen den Beträgen von Beschleunigung a_R, Bahngeschwindigkeit v bzw. Winkelgeschwindigkeit ω und dem Bahnradius r gefunden.
Über die Richtung der Beschleunigung a_R gibt die *Abb. 1–35 b* Auskunft. Der Vektor $\Delta v/\Delta t$ zeigt für kleine Winkel in die gleiche Richtung wie der Vektor Δv, nämlich auf *Abb. 1–35 a* übertragen, senkrecht zum Geschwindigkeitsvektor v radial zum Kreismittelpunkt: Die Beschleunigung der gleichförmigen Kreisbewegung heißt daher Radialbeschleunigung.

Ergebnis: Die **Radialbeschleunigung** einer gleichförmigen Kreisbewegung ist (dem Betrage nach)

$$a_R = \frac{v^2}{r} \text{ oder } a_R = \omega^2\, r\,.$$

Der Vektor der Radialbeschleunigung ist stets zum Mittelpunkt der Kreisbahn gerichtet (*Abb. 1–34*).

Die Zusammenhänge zwischen Beschleunigung, Geschwindigkeit, Radius, die wir hier aus einer Überlegung gewonnen haben, werden wir später (→ *1.2.5*) im Versuch überprüfen können.

Verläuft eine Kreisbewegung nicht gleichförmig, so zeigt der Beschleunigungsvektor nicht mehr radial zum Mittelpunkt der Kreisbahn. Er läßt sich dann in eine Komponente in Richtung der Tangente (Bahnbeschleunigung) und in eine in Richtung zum Mittelpunkt (Radial- oder Normalbeschleunigung) zerlegen (*Abb. 1–36*).
Eine Bewegung mit einer dem Betrage nach konstanten Beschleunigung, deren Vektor ständig **parallel** zur Richtung des Geschwindigkeitsvektors zeigt, ist geradlinig gleichmäßig beschleunigt. – Eine Bewegung mit einer dem Betrage nach konstanten Beschleunigung, deren Vektor ständig **senkrecht** zum Geschwindigkeitsvektor zeigt, ist eine gleichförmige Kreisbewegung. – Im ersten Fall ändert sich dauernd der Betrag der Geschwindigkeit, nicht aber ihre Richtung. Im zweiten Fall bleibt der Betrag der Geschwindigkeit erhalten, dagegen ändert sich dauernd ihre Richtung.

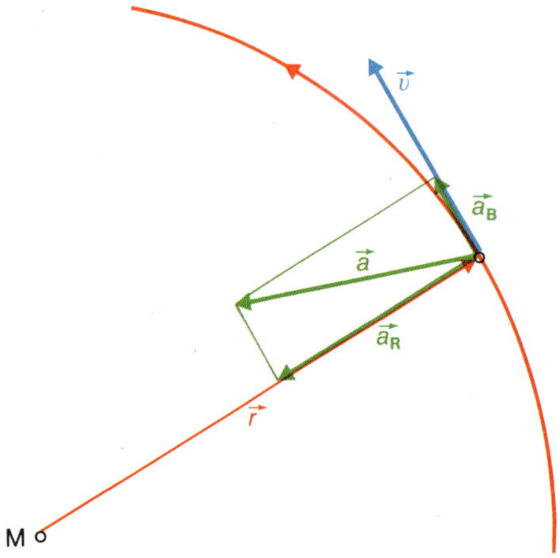

Abb. 1–36: Ungleichförmige Kreisbewegung. Die Komponente $\vec{a}_B$, die Bahnbeschleunigung, verändert die Bahngeschwindigkeit. Der Anteil $\vec{a}_R$ der Gesamtbeschleunigung $\vec{a}$ entspricht der Radialbeschleunigung; er hält den Körper auf seiner Bahn.

Aufgaben

1/43: Berechnen Sie die Winkelgeschwindigkeit
a) des Sekundenzeigers,
b) des Minutenzeigers und
c) des Stundenzeigers einer Uhr.

1/44: Die Radien der Außenrille bzw. Innenrille einer Langspielplatte mit 33 U/min betragen $r_1 = 16{,}2$ cm bzw. $r_2 = 6{,}8$ cm.
a) Wie groß sind die Winkel- und Bahngeschwindigkeiten eines Punktes der Außen- bzw. der Innenrille?
b) Welche Radialbeschleunigungen ergeben sich?

1/45: Wie groß ist die Radialbeschleunigung absolut und im Vergleich zur Erdbeschleunigung ($g = 9{,}81$ m/s^2)
a) einer Wäschetrommel (Durchmesser 32 cm, 3000 U/min),
b) einer Astronautentestmaschine (Abstand Drehachse – Kabine 6,5 m, 20 U/min),
c) auf der Erde am Äquator bzw. auf 45° Breite infolge der Drehung der Erde um ihre Achse,
d) auf dem Mond infolge seiner Bewegung um die Erde,
e) auf der Erde infolge ihrer Bewegung um die Sonne?

1/46: Berechnen Sie die Winkelgeschwindigkeit, die Bahngeschwindigkeit und die Radialbeschleunigung eines Punktes auf dem Radkranz einer Schnellzuglokomotive, die mit 220 km/h dahinfährt (Radkranz $r = 72$ cm).

1/47: Ein Körper durchläuft mit konstanter Winkelgeschwindigkeit einen Kreis.
Drücken Sie die Umlaufzeit T, die Frequenz f und die Anzahl der Umläufe n in einer Minute durch die Winkelgeschwindigkeit aus.

1.1.8 Vektorielle Darstellung der Bewegung

Wurf und Kreisbewegung zeigen, daß die physikalischen Größen Weg, Geschwindigkeit und Beschleunigung **Vektoren** sind. Im Gegensatz dazu ist die physikalische Größe Zeit ein **Skalar;** ein Zeitpunkt wird durch die Angabe seines Größenwertes, z. B. $t_1 = 3{,}5$ s, hinreichend bestimmt. Für die vollständige Charakterisierung eines Weges, einer Geschwindigkeit oder einer Beschleunigung reicht die Angabe des **Größenwertes,** z. B. für eine Geschwindigkeit $v_0 = 3$ m/s, nicht aus. Ebenso wichtig wie der Größenwert ist hier die Angabe der **Richtung,** in der die Ortsveränderung erfolgt. Die Geschwindigkeit als physikalische Größe aus Betrag und Richtung ist ein *Vektor:* $\vec{v}$. (Mit Betrag ist der Größenwert gemeint, der gleich Zahlenwert mal Einheit ist: $v = 3{,}0$ m/s.)
Ob eine physikalische Größe ein Vektor ist, ist nicht schon dadurch gegeben, daß sie eine Richtung besitzt. Entscheidend ist der Nachweis, daß sie sich nach den Gesetzen der Vektorrechnung addieren läßt.
So enthält das **Prinzip der ungestörten Überlagerung** (→ *1.1.6*) die Feststellung, daß sich Wege, Geschwindigkeiten oder Beschleunigungen **vektoriell** addieren. Wenn ein Körper gleichzeitig zwei Bewegungen mit den Geschwindigkeiten $\vec{v_1}$ und $\vec{v_2}$ ausführt, werden sich beide Bewegungen zu einer (resultierenden) Gesamtbewegung mit der Geschwindigkeit $\vec{v} = \vec{v_1} + \vec{v_2}$ zusammensetzen (*Abb. 1–37*).
Bei der Untersuchung physikalischer Vorgänge, beim Lösen von Aufgaben, bei der Einführung neuer physikalischer Größen wird man sich überlegen müssen, ob die betrachteten physikalischen Größen Vektoren sind oder nicht, um Richtungsabhängigkeiten zu berücksichtigen. Deshalb müßte man eigentlich stets vektorielle Größen mit einem Vektorpfeil versehen schreiben.
Wir werden dies in diesem Buch nicht durchgängig tun. Wir werden zwar immer vermerken, ob es sich bei einer neu eingeführten Größe um eine solche mit Vektorcharakter handelt, aber wir werden diese Größen durchweg nicht als Vektoren schreiben. Die meisten physikalischen Zusammenhänge lassen sich sowieso eindimensional darstellen. Und auch für Vorgänge, die in einer Ebene oder in einem Raum vor sich gehen wie zum Beispiel die Wurfbewegung, wäre die vektorielle Schreibweise recht aufwendig.

Dennoch soll am Beispiel der bisher behandelten Bewegungen die vektorielle Schreibweise einmal vorgeführt werden.
In Vektoren geschrieben, lauten die **Bewegungsgesetze der gleichmäßig beschleunigten Bewegung**
t-$\vec{s}$-Gleichung: $\vec{s} = \vec{s_0} + \vec{v_0}t + \frac{1}{2}\vec{a_0}\,t^2$
t-$\vec{v}$-Gleichung: $\vec{v} = \vec{v_0} + \vec{a_0}\,t$
t-$\vec{a}$-Gleichung: $\vec{a} = \vec{a_0}$
$\vec{s_0}$, $\vec{v_0}$, $\vec{a_0}$ sind konstante Vektoren, die die Anfangsbedingungen zur Zeit $t = 0$ wiedergeben, nämlich den Ort $\vec{s_0}$ des Startes, die Anfangsgeschwindigkeit $\vec{v_0}$ und die Anfangsbeschleunigung $\vec{a_0}$.
In einem x-y-Koordinatensystem mit der x-Achse z. B. in horizontaler und der y-Achse z. B. in vertikaler Richtung schreibt man die obigen **Vektorgleichungen** (*Abb. 1–38*) in Matrixform:

$$\vec{s} = \begin{pmatrix} x \\ y \end{pmatrix} = \begin{pmatrix} x_0 \\ y_0 \end{pmatrix} + \begin{pmatrix} v_{0x} \\ v_{0y} \end{pmatrix} t + \frac{1}{2}\begin{pmatrix} a_{0x} \\ a_{0y} \end{pmatrix} t^2,$$

$$\vec{v} = \begin{pmatrix} v_x \\ v_y \end{pmatrix} = \begin{pmatrix} v_{0x} \\ v_{0y} \end{pmatrix} + \begin{pmatrix} a_{0x} \\ a_{0y} \end{pmatrix} t \quad ,$$

$$\vec{a} = \begin{pmatrix} a_x \\ a_y \end{pmatrix} = \begin{pmatrix} a_{0x} \\ a_{0y} \end{pmatrix} .$$

Ein Sonderfall dieser Gleichungen sind die **Gesetze der gleichmäßig beschleunigten Bewegung** in x-Richtung. Die y-Komponenten sind dann gleich Null, und mit $v_{x0} = v_0$ und $a_{x0} = a_0$ erhält man die bekannten Gleichungen:

$$s = x_0 + v_0\,t + \tfrac{1}{2}\,a_0\,t^2$$
$$v = v_0 + a_0\,t$$
$$a = a_0$$

Für den **schrägen Wurf** setzt man $x_0 = y_0 = 0$, $v_{x0} = v_0 \cos \alpha$, $v_{0y} = v_0 \sin \alpha$, $a_{x0} = 0$ und $a_{y0} = -g$ und erhält aus der Komponentenzerlegung unmittelbar die bekannten Gleichungen:

$$x = v_0 \cos \alpha\, t,\ y = v_0 \sin \alpha\, t - \tfrac{1}{2} g\, t^2$$
$$v_x = v_0 \cos \alpha,\ v_y = v_0 \sin \alpha - g\, t$$
$$a_x = 0,\ a_y = -g$$

Die Beispiele lassen erkennen, daß man mit Hilfe der Vektorschreibweise zusammenfassen und verallgemeinern kann.

Wir stellten oben fest, daß es wichtig ist, den vektoriellen Charakter von physikalischen Größen zu berücksichtigen. Die Definitionen von Geschwindigkeit und Beschleunigung führen zu neuen Einsichten, wenn man sie in Vektorform schreibt. Wir entnehmen die Definitionen aus *1.1.2* und *1.1.3* und schreiben die Größen als Vektoren:

$$\vec{v} = \lim_{\Delta t \to 0} \frac{\Delta \vec{s}}{\Delta t} = \lim_{\Delta t \to 0} \frac{\vec{v_2} - \vec{v_1}}{t_2 - t_1} = \dot{\vec{s}}\ ,$$
$$\vec{a} = \lim_{\Delta t \to 0} \frac{\Delta \vec{v}}{\Delta t} = \lim_{\Delta t \to 0} \frac{\vec{v_2} - \vec{v_1}}{t_2 - t_1} = \dot{\vec{v}}\ .$$

In der **vektoriellen Schreibweise** sieht man, daß nun auch die Richtungsänderung der Wege bzw. der Geschwindigkeiten berücksichtigt werden muß. Eine Geschwindigkeitsänderung $\Delta \vec{v}$ ungleich Null liegt jetzt auch vor, wenn die Beträge von $\vec{v_1}$ und $\vec{v_2}$ zwar übereinstimmen, die **Richtungen** aber nicht. Das ist zum Beispiel bei der gleichförmigen Kreisbewegung der Fall: Dem Betrag nach ändert sich die Geschwindigkeit beim Umlauf eines Körpers um den Kreis nicht. Die in *1.1.2* gegebene Definition liefert eine Beschleunigung Null oder, wie wir auch sagen können, keine Beschleunigung. Die Definition der Beschleunigung in vektorieller Schreibweise weist darauf hin, daß allein schon die Richtungsänderung der Geschwindigkeit bei der Kreisbewegung einer Beschleunigung gleichkommt. Wie wir sahen, erfährt ein Körper, der sich gleichförmig auf einem Kreis bewegt, ständig eine Beschleunigung.
Die Berücksichtigung des vektoriellen Charakters physikalischer Größen führt also zu wichtigen Einsichten.

Aufgaben

1/48: Ein Flugzeug fliegt mit der Geschwindigkeit $v_f = 250$ km/h in Richtung N 30° O. Es weht ein Wind aus Südwest mit einer Geschwindigkeit von $v_w = 60$ km/h. Wie groß ist die Geschwindigkeit des Flugzeuges, und welchen Kurs steuert es, jeweils orientiert an der Erdoberfläche? Die Aufgabe ist zeichnerisch (vektoriell) und rechnerisch zu lösen.

***1/49:** Ein Schiff steuert auf See mit 10 Knoten den Kurs N 100° O (1 Knoten = 1 Seemeile/Stunde; 1 Seemeile = 1,852 km). Die See weist eine Strömung von 3 Knoten in Richtung N 20° W auf.

a) Zeichnen Sie den Weg des Schiffes in einer Stunde über dem Grund (der See), und bestimmen Sie aus der Zeichnung Kurs und Geschwindigkeit (in Knoten) über dem Grund (1 Knoten ≙ 1 cm).
b) Tragen Sie die Vektoren Geschwindigkeit durchs Wasser v_w, Geschwindigkeit der See v_s (oder des Stromes, wie der Seemann sagt) und Geschwindigkeit über dem Grund v_g in die Zeichnung ein, und stellen Sie die Vektorgleichung für diese Geschwindigkeit auf.
c) Lösen Sie die Fragen zu *a*) rechnerisch, und geben Sie die Geschwindigkeit auch in km/h an.

***1/50:** Ein Flugzeug startet von einem Flugplatz aus in westlicher Richtung mit 300 km/h Fluggeschwindigkeit und steigt dabei 500 m pro Minute. Nach 20 Minuten Flugzeit dreht es nach Norden ab und steigt weiter zu denselben Bedingungen.

a) Welche Höhe hat das Flugzeug 30 Minuten nach dem Start erreicht?
b) In welcher Entfernung und in welcher Richtung, vom Startpunkt aus gesehen, befindet sich das Flugzeug in diesem Augenblick (Richtung zum Punkt auf dem Boden unterhalb des Flugzeugs)?
c) Berechnen Sie den Ortsvektor (mit seinen drei Komponenten) vom Startpunkt bis zum Ort des Flugzeuges nach 20 min und nach 30 min sowie den Geschwindigkeitsvektor (auch mit seinen drei Komponenten) für den Flug während der ersten 20 min und während der letzten 10 min. Der Rechnung lege man ein dreidimensionales Koordinatensystem zugrunde mit dem Nullpunkt am Startort, dessen x-Achse nach Norden, dessen y-Achse nach Osten und dessen z-Achse senkrecht in die Höhe zeigt. Die Komponenten gebe man in km, bzw. in km/h an.

***1/51:** Ein Körper wird unter dem Winkel α zur Horizontalen mit der Anfangsgeschwindigkeit v_0 geworfen. Luftwiderstand usw. vernachlässige man.
Bestimmen Sie als Funktion der Zeit in Vektorform

a) den Beschleunigungsvektor,
b) daraus den Geschwindigkeitsvektor und
c) daraus den Wegvektor.

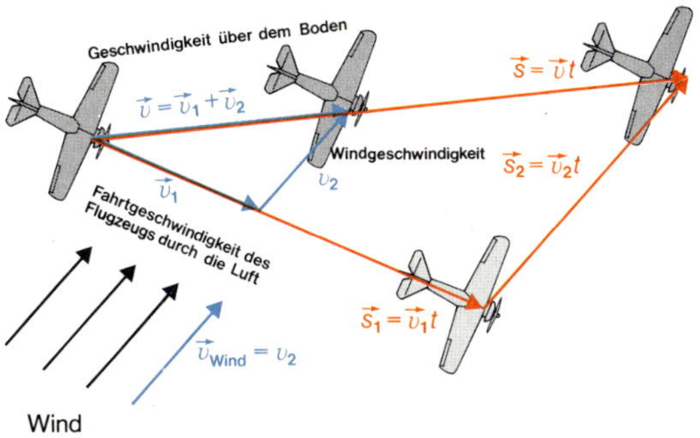

Abb. 1–37: Addition zweier Geschwindigkeitsvektoren $\vec{v_1} + \vec{v_2} = \vec{v}$. Ein Flugzeug wird durch den Wind von seinem Kurs abgetrieben.

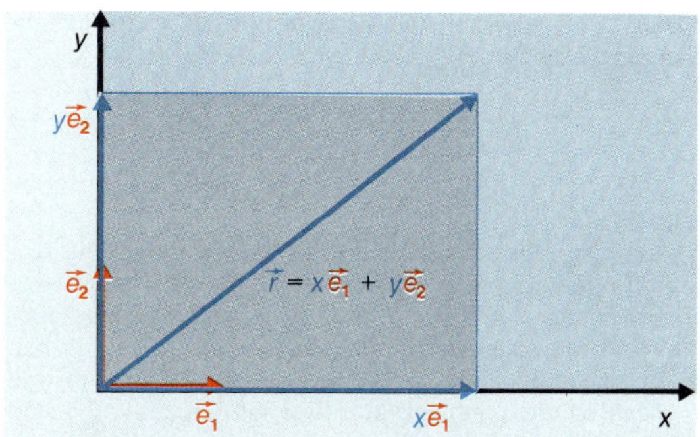

Abb. 1–38: Darstellung eines zweidimensionalen Vektors mit seinen Komponenten in x- und in y-Richtung. $\vec{e_1}$ und $\vec{e_2}$ sind die Einheitsvektoren in Richtung der Achsen.

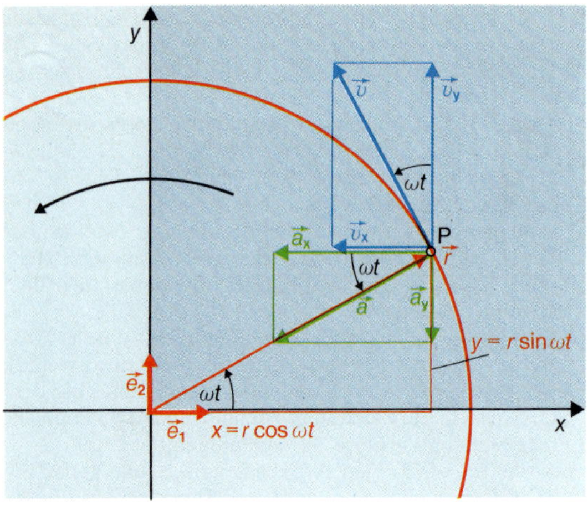

Abb. 1–39: Zu *Aufgabe 1/52:*
Der Vektor $\vec{s} = (r \cos \omega t)\ \vec{e_1} + (r \sin \omega t)\ \vec{e_2}$ rotiert mit der Winkelgeschwindigkeit ω um den Nullpunkt des Koordinatensystems.

d) Berechnen Sie als Funktion der Zeit den Betrag der Geschwindigkeit und den Tangens des Winkels, den die Bahnrichtung jeweils mit der Horizontalen bildet.

***1/52:** Die Spitze des Vektors

$$\vec{r} = \begin{pmatrix} r \cos \omega t \\ r \sin \omega t \end{pmatrix}$$

beschreibt in Abhängigkeit von der Zeit t einen Kreis mit dem Radius r um den Nullpunkt eines x-y-Koordinatensystems (*Abb. 1–39*).

a) Fertigen Sie eine Zeichnung an, und tragen Sie für die Zeit $t = 0, \frac{1}{12}\ T, \frac{1}{4}\ T, \frac{1}{2}\ T$ die Stellung des Vektors $\vec{r}$ ein ($r = 5{,}0$ cm).

b) Einen Vektor leitet man ab, indem man die Komponenten nach der Zeit ableitet.
Bilden Sie den Geschwindigkeitsvektor $\vec{v} = \dot{\vec{r}}$ und den Beschleunigungsvektor $\vec{a} = \dot{\vec{v}}$, und zeigen Sie, daß $\vec{a} = -\omega^2\ \vec{r}$ ist!

c) Zeichnen Sie für $t = \frac{1}{12}\ T$ die Vektoren $\vec{v}$ und $\vec{a}$ in die Zeichnung zu *a*) ein (wählen Sie für die Zeichnung $T = 3\ \pi$).
Erläutern Sie, daß beide Vektoren $\vec{v}$ und $\vec{a}$ die in *1.1.7* verlangte Richtung besitzen!

***1/53:** Der Ortsvektor einer Bewegung sei durch die zeitabhängige Vektorform

$$\vec{r} = \begin{pmatrix} 2\ \text{m/s}\ t \\ 8\ \text{m/s}\ t - 2\ \text{m/s}^2\ t^2 \end{pmatrix}$$

gegeben.

a) Ermitteln Sie die Gleichung der Bahnkurve im x-y-Koordinatensystem, und zeichnen Sie (1 m ≙ 1 cm).

b) Bestimmen Sie durch Ableiten den Geschwindigkeitsvektor und den Beschleunigungsvektor.

c) Berechnen Sie den Orts-, den Geschwindigkeits- und den Beschleunigungsvektor für $t = 0$, 1 s, 2 s, ... 5 s, und tragen Sie die Vektoren in die Zeichnung der Bahnkurve ein (1 m/s ≙ 1 cm; 1 m/s² ≙ 1 cm).

d) Beschreiben Sie die Bewegung, und vergleichen Sie sie mit den Ihnen bekannten Bewegungsformen.

1.1.9 Der Meßprozeß; Fehlerrechnung

GALILEI hat gefordert, alles zu messen, was meßbar ist, und alles meßbar zu machen, was nicht gemessen werden kann. Das ist noch heute Ausgangspunkt für die experimentelle Forschung nicht nur in der Physik.

Eine **Messung** ist die empirische Bestimmung des tatsächlichen Größenwertes einer physikalischen Größe. Messen heißt Vergleichen; das beobachtete Merkmal, z. B. die Länge eines Weges, wird mit einem quantitativ bekannten Merkmal, z. B. einem Maßstab, derselben physikalischen Größe (Normal) verglichen und zahlenmäßig bestimmt.

Für die Messung selbst gilt, daß jede Einzelmessung mit systematischen und zufälligen Fehlern behaftet ist. **Systematische Fehler,** z. B. infolge der Ungenauigkeiten der Meßapparatur, verfälschen die Ergebnisse in derselben Richtung. Zufällige Fehler liegen in unkontrollierbaren Einflüssen wie Temperaturschwankungen, mechanischen Erschütterungen, elektrischen und magnetischen Störfeldern und in Ableseungenauigkeiten beim Schätzen von Skalenteilen. Im Gegensatz zu den systematischen Fehlern, die häufig gar nicht zu erkennen sind, lassen sich die **zufälligen Fehler** durch mehrfache Messungen weitgehend ausschalten.

Sind in einer Meßreihe n voneinander unabhängige Einzelwerte $x_1, x_2, \ldots, x_n$ gemessen worden, so gilt als Ergebnis das arithmetische Mittel aus diesen n Einzelwerten, der **Mittelwert** $\bar{x}$: Ein Beispiel zeigt *Tab. 1–6*.

$$\bar{x} = \frac{1}{n}(x_1 + x_2 + \ldots + x_n) = \frac{1}{n} \sum_{i=1}^{n} x_i\,.$$

Mit Hilfe der zufälligen Abweichungen der Einzelwerte von ihrem Mittelwert $\Delta x_i = x_i - \bar{x}$ kann man die Genauigkeit der Messung beurteilen. Dazu dient der mittlere (quadratische) Fehler oder die **Standardabweichung**

$$\Delta x = \sqrt{\frac{1}{n-1}\left[(x_1 - \bar{x})^2 + (x_2 - \bar{x})^2 + \ldots + (x_n - \bar{x})^2\right]}$$
$$= \sqrt{\frac{1}{n-1} \sum_{i=1}^{n} (x_i - \bar{x})^2}\,.$$

Das Ergebnis einer Meßreihe wird in der Form $x = \bar{x} \pm \Delta x$ angegeben.

Für die Beurteilung einer Messung anschaulicher als die Angabe des mittleren Fehlers Δx, den man auch als **absoluten Fehler** bezeichnen kann, ist der **relative Fehler** $\frac{\Delta x}{\bar{x}}$ oder der **prozentuale Fehler** $\frac{\Delta x}{\bar{x}}\ 100\,\%$.

Häufig ist ein Größenwert gesucht, der mit Hilfe mehrerer Meßergebnisse nach einer Größengleichung zu errechnen ist. Den Fehler des berechneten Endergebnisses schätzt man nach dem **Fehlerfortpflanzungsgesetz** aus den Fehlern der einzelnen Meßergebnisse ab. Das Fehlerfortpflanzungsgesetz läßt sich mit Mitteln der Differentialrechnung herleiten. Für einfache Fälle ist in *Tab. 1–7* der Fehler Δx eines Größenwertes $\bar{x}$ aus den Meßergebnissen $\overline{x_1}$ und $\overline{x_2}$ mit den Fehlern Δx_1 und Δx_2 errechnet. Nach dieser Tabelle ist im allgemeinen die Angabe des relativen Fehlers am einfachsten.

Ein Beispiel für die Anwendung der *Tab. 1–7* auf ein konkretes Problem zeigt *Tab. 1–8*.

$\frac{x_i}{\text{cm/s}^2} = \frac{s_i/t_i^2}{\text{cm/s}^2}$	$\frac{\Delta x_i}{\text{cm/s}^2} = \frac{x_i - \bar{x}}{\text{cm/s}^2}$	$\frac{\Delta x_i^2}{(\text{cm/s}^2)^2}$
5,92	+ 0,01	0,0001
5,97	+ 0,06	0,0036
5,93	+ 0,02	0,0004
5,92	+ 0,01	0,0001
5,90	− 0,01	0,0001
5,88	− 0,03	0,0009
5,82	− 0,09	0,0081
5,91	0,00	0,0000
5,92	+ 0,01	0,0001
$\sum_{i=1}^{9} x_i = 53{,}17\ \text{cm/s}^2$	$\sum_{i=1}^{9} \Delta x_i = -0{,}02\ \text{cm/s}^2$	$\sum_{i=1}^{9} \Delta x_i^2 = 0{,}0134\ \text{cm/s}^2$
Mittelwert: $\bar{x} = \frac{1}{9}\sum_{i=1}^{9} x_i = 5{,}91\ \text{cm/s}^2$	mittlerer Fehler: $\Delta x = \sqrt{\frac{1}{8}\sum_{i=1}^{9} x_i} = 0{,}04\ \text{cm/s}^2$	
Ergebnis:	$x = (5{,}91 \pm 0{,}04)\ \text{cm/s}^2$	

Tab. 1−6: Bestimmung des Mittelwerts $\bar{x}$ und des mittleren Fehlers Δx einer Meßreihe $s/t^2 = (5{,}91 \pm 0{,}04)\ \text{cm/s}^2$. Zur mittleren Spalte: Die Summe der Abweichungen vom genauen, nicht gerundeten Mittelwert müßte Null ergeben.

Term	gesuchte Größe	absoluter Fehler	relativer Fehler
Summe	$\bar{x} = C\,(\bar{x}_1 + \bar{x}_2)$	$\Delta x = C\,(\Delta x_1 + \Delta x_2)$	$\frac{\Delta x}{\bar{x}} = \frac{\Delta x_1 + \Delta x_2}{\bar{x}_1 + \bar{x}_2}$
Differenz	$\bar{x} = C\,(\bar{x}_1 - \bar{x}_2)$		$\frac{\Delta x}{\bar{x}} = \frac{\Delta x_1 + \Delta x_2}{\bar{x}_1 - \bar{x}_2}$
Produkt	$\bar{x} = C\,\bar{x}_1\,\bar{x}_2$	$\Delta x = C\,(\bar{x}_2\,\Delta x_1 + \bar{x}_1\,\Delta x_2)$	$\frac{\Delta x}{\bar{x}} = \frac{\Delta x_1}{\bar{x}_1} + \frac{\Delta x_2}{\bar{x}_2}$
Quotient	$\bar{x} = C\,\frac{\bar{x}_1}{\bar{x}_2}$	$\Delta x = C\,\frac{\bar{x}_2\,\Delta x_1 + \bar{x}_1\,\Delta x_2}{\bar{x}_2^2}$	
Potenz	$\bar{x} = C\,\bar{x}_1^{\,n}$	$\Delta x = C\,n\,\bar{x}_1^{\,n-1}\,\Delta x_1$	$\frac{\Delta x}{\bar{x}} = n\,\frac{\Delta x_1}{\bar{x}_1}$
Bemerkung: Die Regel für die Potenz läßt sich auch bei gebrochenen Exponenten wie z. B. bei Wurzeltermen wie $\sqrt{a} = a^{\frac{1}{2}}$, also $n = 1/2$ anwenden.			

Tab. 1−7: Berechnung des Fehlers nach dem Fehlerfortpflanzungsgesetz aus zwei Meßgrößen x_1 und x_2. C steht für eine Konstante, $\bar{x}_1$, $\bar{x}_2$ und $\bar{x}$ stehen für die Mittelwerte der Größen x_1, x_2 und x sowie Δx_1, Δx_2 und Δx für deren mittlere Fehler.

Größe	Mittelwert	mittlerer Fehler
a	$\bar{x}_1 = \bar{a} = 3{,}62\ \text{m/s}^2$	$\Delta x_1 = \Delta a = 0{,}08\ \text{m/s}^2$
s	$\bar{x}_2 = \bar{s} = 14{,}67\ \text{m}$	$\Delta x_2 = \Delta s = 0{,}05\ \text{m}$
$v = \sqrt{2\,a\,s}$	$\bar{x} = \bar{v} = \sqrt{2\,\bar{a}\,\bar{s}} = 10{,}31\ \text{m/s}$	$\Delta x = \Delta v = \frac{2\,(\Delta a\,\bar{s} + \bar{a}\,\Delta s)}{2\sqrt{2\,\bar{a}\,\bar{s}}} = 0{,}13\ \text{m/s}$
Ergebnis:	$v = (10{,}31 \pm 0{,}13)\ \text{m/s}$	
relativer Fehler:	$\frac{\Delta x}{\bar{x}} = \frac{\Delta v}{\bar{v}} = \frac{\Delta a}{2\bar{a}} + \frac{\Delta s}{2\bar{s}}$	

Tab. 1−8: Beispiel für das Fehlerfortpflanzungsgesetz: Fehlerbetrachtung für die Geschwindigkeit $v = \sqrt{2\,a\,s}$. Der Fehler des Wurzelterms errechnet sich nach der Potenzregel und der Produktregel:

Aus $v = (2\,a\,s)^{\frac{1}{2}}$ wird $\Delta v = \frac{1}{2}\,(2\,a\,s)^{-\frac{1}{2}}\,2\,(\Delta a\,s + a\,\Delta s) = \frac{\Delta a\,s + a\Delta s}{\sqrt{2\,a\,s}}$

Häufig begnügt man sich bei der Feststellung des Fehlers auch mit einer einzigen Messung und schätzt den Fehler aus der Genauigkeit der Skaleneinteilung oder mit Hilfe anderer Überlegungen ab.

1.2 Dynamik; Masse und Kraft

In der **Kinematik** haben wir die wichtigsten Bewegungsformen untersucht und durch die Größen Weg, Geschwindigkeit und Beschleunigung in Abhängigkeit von der Zeit beschrieben, ohne auf die Ursachen der Bewegung einzugehen.

Das ist Aufgabe der **Dynamik.** In diesem Teilgebiet der Mechanik untersucht man, welche äußeren Einwirkungen die verschiedenen Formen der Bewegung zustande bringen. Die von NEWTON gefundenen Grundgesetze der Dynamik, insbesondere die Grundgleichung der Mechanik, stehen im Mittelpunkt der folgenden Betrachtungen. Die Kräfte ergeben sich als Wechselwirkung der Umgebung mit dem bewegten Körper, und die Masse des Körpers wird als diejenige Körpereigenschaft erkannt, die sich auf die Bewegung unter dem Einfluß äußerer Kräfte auswirkt.

1.2.1 Der Begriff von Kraft und Masse auf der Sekundarstufe I

Der **Begriff der Kraft** geht auf unser Muskelgefühl zurück. Kräfte kann man nur an ihren Wirkungen erkennen.

Kräfte können (festgehaltene) Körper **verformen.**
Kräfte können (bewegliche) Körper **beschleunigen,** allgemeiner: sie können den Bewegungszustand von (beweglichen) Körpern ändern.

Die **verformende Wirkung** von Kräften untersucht man am einfachsten, wenn der Körper, auf den die Kräfte wirken, sich in Ruhe befindet. So bestimmt man die Ausdehnung einer Schraubenfeder durch die Gewichtskraft eines angehängten Wägestückes, nachdem Wägestück und Schraubenfeder zur Ruhe gekommen sind. Man betrachtet die **statische** Kraftwirkung.

Die **beschleunigende Wirkung** von Kräften kann man dagegen nur untersuchen, wenn der Körper, auf den die Kräfte wirken, sich auch unter dem Einfluß der Kräfte bewegt. Wir werden sehen, daß man hier aus der Art der Bewegung des Körpers auf die Kräfte schließen kann. Man betrachtet die **dynamische** Kraftwirkung.

Kräfte sind, wie wir in der Sekundarstufe I kennenlernten, **Vektoren.** Ihre Wirkung hängt ab vom Größenwert der Kraft, von der Kraftrichtung und vom Angriffspunkt. Kräfte lassen sich wie Vektoren addieren und in Komponenten zerlegen (*Abb. 1–40*). Das Formelzeichen für die Kraft ist F.[1])

[1]) fortitudo (lat.), Stärke, Kraft

Als **Definition der Kraft** legten wir in der Sekundarstufe I vorläufig mit Hilfe ihrer verformenden Wirkung (statische Kraftmessung) fest:

1. Zwei Kräfte sind gleich groß, wenn sie denselben Körper gleich stark verformen (Kräftegleichheit).
2. Eine Kraft ist n-mal so groß wie eine andere, wenn sie denselben Körper gleich stark verformt wie n Kräfte der zweiten Art, die in gleicher Richtung wirken und am gleichen Punkt angreifen (Kräftevielfachheit).
3. Die SI-Einheit der Kraft F ist das Newton: $[F] = 1\ \text{N}$. Die Krafteinheit gaben wir uns auf der Sekundarstufe I zuerst durch in Newton geeichte Kraftmesser vor (Kräfteeinheit).

Diese **Definition der Kraft,** die auf der verformenden Wirkung von Kräften beruht, haben wir in der Sekundarstufe I später durch eine Definition ersetzt, die auf der beschleunigenden Wirkung von Kräften, der dynamischen Kraftwirkung, beruht.

Daß Kräfte mit Hilfe von Kraftmessern verglichen werden können, beruht auf dem **Hookeschen Gesetz** (*Abb. 1–41*).

Die Kraft F_s einer Schraubenfeder ist ihrer Verlängerung s direkt proportional:

$$F_s = -Ds$$

D ist die **Federkonstante.** Federkraft F_s und Federauslenkung s weisen in entgegengesetzte Richtung: daher das Minuszeichen.

Wichtigste Eigenschaft eines Körpers ist seine **Masse.** Sie ist – wie wir in der Sekundarstufe I sahen – eine ortsunabhängige Eigenschaft jedes Körpers. Die Masse als Körpermerkmal darf nicht verwechselt werden mit dem Körper

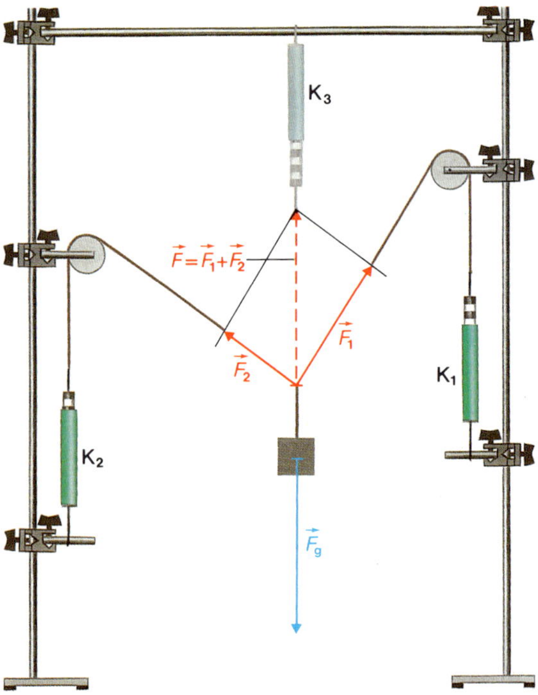

Abb. 1–40: Kräfteparallelogramm.
Die Kräfte (Komponenten) $\vec{F_1}$ und $\vec{F_2}$ haben als Resultierende die Kraft $\vec{F}$, die der Gewichtskraft $\vec{F_G}$ das Gleichgewicht hält.

selbst, dem Merkmalsträger, oder mit dem Stoff, aus dem der Körper besteht.
Ein Körper kann aus Holz, Stahl oder einem anderen Material sein. Seine Masse wird unabhängig von seiner stofflichen Zusammensetzung durch das folgende Verfahren gemessen:
Zur **Definition der Masse** m[1]) eines Körpers und zu ihrer Messung benutzten wir in der Sekundarstufe I die (ortsabhängige) Gewichtskraft des Körpers:

1. Zwei Körper haben die gleiche Masse, wenn sie am selben Ort die gleiche Gewichtskraft erfahren (Massengleichheit).
2. Ein Körper hat die n-fache Masse eines anderen, wenn seine Gewichtskraft am selben Ort gleich der n-fachen Gewichtskraft des anderen Körpers ist (Massenvielfachheit).
3. Die SI-Einheit der Masse m ist das Kilogramm: $[m] = 1$ kg. Ein Kilogramm ist die Masse des Internationalen Kilogrammprototyps (Masseneinheit).

Das SI-System benutzt als **Normal** oder **Normkörper** den Internationalen Kilogramm-Prototyp, der in Sèvres bei Paris aufbewahrt wird; es ist ein zylindrischer Körper aus Platin-Iridium der definierten Masse 1 kg. Jedes Land besitzt einen Nationalen Kilogramm-Prototyp, mit dem direkt oder indirekt die Bezugs-, Gebrauchs- und Kontrollnormale verglichen werden.
Die Eigenschaft Masse eines Körpers ist in der Sekundarstufe I so ebenfalls über den **statischen Kraftbegriff** eingeführt.

Als wichtige Beziehung zwischen der **Masse** m und dem Volumen V eines Körpers lernten wir die Dichte kennen:

Die **Dichte** ϱ eines (homogenen) Stoffes ist der Quotient aus der Masse m und dem Volumen V eines Körpers, der aus diesem Stoff besteht:

$$\varrho = \frac{m}{V}\,, \; m = \varrho\, V.$$

Die SI-Einheit der Dichte ist $[\varrho] = 1\ \mathrm{kg/m^3}$.

Die Dichten verschiedener fester, flüssiger und gasförmiger Stoffe sind *im Anhang* aufgeführt.

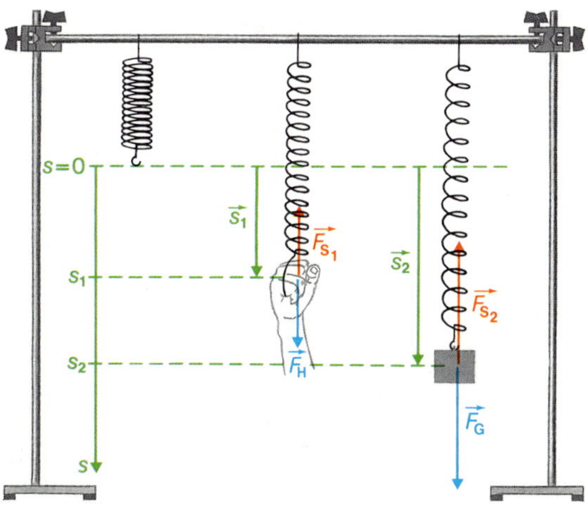

Abb. 1–41: Hookesches Gesetz. Die Ausdehnung $\vec{s}$ der Feder ist proportional zur Federkraft $\vec{F}_S$; Federkraft $\vec{F}_S$ und Ausdehnung $\vec{s}$ sind entgegengesetzt gerichtet. Die äußere Kraft – Muskelkraft $\vec{F}_H$ oder Gewichtskraft $\vec{F}_G$ – kompensiert die Federkraft.

Im folgenden werden wir uns mit der **dynamischen Wirkung** von Kräften beschäftigen.

Aufgaben

1/54: Nennen Sie (mindestens je drei) Beispiele über die verformende und über die den Bewegungszustand ändernde Wirkung von Kräften.
1/55: Eine Straßenlampe ist an einem Drahtseil zwischen zwei Masten aufgehängt. Konstruieren Sie aus der Gewichtskraft der Straßenlampe die Zugkraft auf beide Masten.
1/56: Ein Körper wird auf einer schiefen Ebene (Steigungswinkel α) durch eine Kraft im Gleichgewicht gehalten. Wie muß die Kraft F im Vergleich zur Gewichtskraft G des Körpers gewählt werden, wenn sie
a) parallel zur schiefen Ebene (Lösung Kraft F_1),
b) horizontal (F_2),
c) unter dem (beliebigen) Winkel β zur Horizontalen (F_3) wirkt?
1/57: Eine Schraubenfeder wird mit Wägestücken belastet. Die Stellung x des unteren Federendes wird an einem Meßstab abgelesen.

Belastung F in N	0,00	0,50	1,00	1,50	2,00	2,50
Stellung x in cm	49,6	51,1	52,6	54,2	55,7	57,3

Werten Sie den Versuch – auch in einer Zeichnung – aus, und bestimmen Sie die Federkonstante.
***1/58:** Handversuch: Überprüfen Sie das Hookesche Gesetz an einer Gummischnur. Was zeigt sich?
***1/59:** Zwei Schraubenfedern mit der Federkonstanten D_1 und D_2 werden aneinandergehängt. (Vom Eigengewicht der Schraubfeder sehe man ab.)
a) Wie lautet das Hookesche Gesetz für die Kombination der Schraubenfedern (Federkonstante D)?
b) Welche Gesetze über Kräfte hat man zu berücksichtigen?
***1/60:** Zur Messung der Dichte von Körpern unregelmäßiger Gestalt. Um die in vielen Fällen schwierige Volumenbestimmung unregelmäßiger Körper zu umgehen, benutzt man das Archimedische Prinzip. Man hängt den Körper zuerst frei an eine Schraubenfeder, Auslenkung s_1, und taucht ihn dann in eine Flüssigkeit bekannter Dichte ϱ_{Fl}, z. B. Wasser, Auslenkung der Schraubenfeder nun $s_2 < s_1$.
a) Zeigen Sie, daß man die Dichte ϱ eines Körpers bestimmen kann als

$$\varrho = \varrho_{Fl}\,\frac{s_1}{s_1 - s_2}\,.$$

b) Man mißt mit einer Schraubenfeder $s_1 = 20{,}4$ cm und $s_2 = 12{,}9$ cm. ($\varrho_{Wasser} \approx 1{,}00 \cdot 10^3\ \mathrm{kg/m^3}$)
Berechnen Sie die Dichte des Körpers.

1.2.2 Trägheitsgesetz

Wie verhält sich ein Körper, der sich – einmal angestoßen – ohne weiteren Antrieb auf einer waagerechten Fläche bewegt wie ein Ball auf einem ebenen Platz oder ein Stein auf einer Eisfläche? Die

[1]) massa (lat.), Klumpen, Teig, Masse

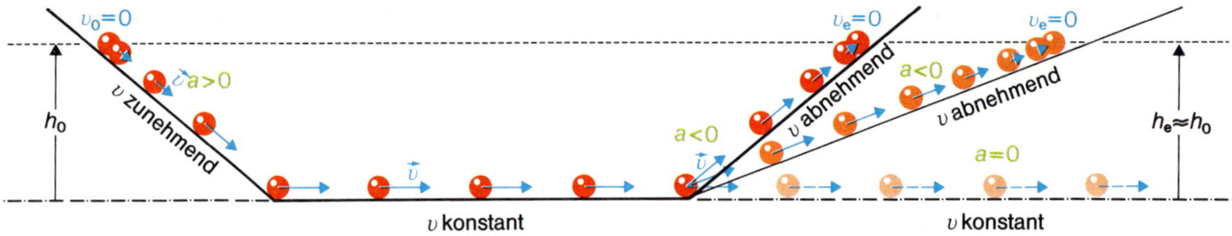

Abb. 1–42: GALILEIS Gedankenexperiment. Aus der Beobachtung der Bewegung auf geneigten Ebenen schloß GALILEI, daß die Kugel auf einer horizontalen Ebene ständig weiterrollen müsse.

Erfahrung zeigt, daß unter den angegebenen Umständen jeder Körper nach einiger Zeit zur Ruhe kommt.
Die Tatsache, daß jede Bewegung schließlich zum Stillstand kommt, könnte man als allgemeine Eigenschaft festhalten, die charakteristisch für alle Körper ist. GALILEI war der erste, der diese Erfahrung anders interpretierte. Er idealisierte den folgenden

Versuch 1/8: Eine Kugel rollt von immer der gleichen Höhe einen Glasstreifen hinab, läuft auf einem zweiten horizontal weiter und rollt auf einem dritten wieder bergan (*Abb. 1–42*).

Die Kugel erreicht stets unabhängig von der Neigung des dritten Streifens fast wieder die Ausgangshöhe. – GALILEI erkannte, daß sie genau zur Ausgangshöhe zurückkehren würde, könnte man Reibung und Luftwiderstand ausschalten. Das müßte auch gelten, wenn man bei immer kleinerer Neigung den dritten Glasstreifen immer länger machen könnte. Schließlich müßte die Kugel auf horizontaler Ebene immer geradeaus mit gleicher Geschwindigkeit weiterrollen.

Aus diesem Gedankenexperiment schloß GALILEI auf ein grundlegendes Merkmal aller Körper, das er als **Trägheit** oder als **Beharrungsvermögen** bezeichnete.
Das grundlegende Verhalten jedes Körpers besteht nicht darin, daß er, einmal in Bewegung versetzt und sich dann selbst überlassen, irgendwann zur Ruhe kommt, sondern daß er ohne äußere Einflüsse seine nach Richtung und Betrag konstante Geschwindigkeit nicht ändert oder – als Sonderfall – immer in Ruhe bleibt.

Diese grundlegende Körpereigenschaft zeigen auch die folgenden Beispiele.
In *Abb. 1–43* rollt die Kugel vom Wagen, sobald der Wagen bremst oder schneller wird oder in die Kurve fährt. Nur bei der Fahrt mit konstanter Geschwindigkeit auf gerader Strecke bleibt die Kugel auf dem Wagen. Sie „beharrt" in ihrem einmal angenommenen Bewegungszustand.

In *Abb. 1–44* wird die Kugel zuerst langsam, dann ruckartig nach unten gezogen.
Beim ersten Versuch reißt die obere Schnur, weil sie zusätzlich zur Zugkraft der Hand auch noch die Gewichtskraft der Kugel auszuhalten hat.
Beim zweiten Versuch reißt der untere Faden, da die Kugel der plötzlichen Bewegungsänderung nicht so schnell zu folgen vermag. Sie ist „träge", sie „beharrt" in ihrem Zustand der Ruhe.

Die **Trägheit** als Merkmal aller Körper äußert sich in vielen Vorgängen: Beim plötzlichen Anfahren eines Autos werden die Insassen in die Sitze gedrückt, beim plötzlichen Bremsen fallen sie nach vorne. Auf glatter Straße wird ein Auto „aus der Kurve getragen". Beim Abschleppen reißt bei ruckartigem Anfahren leicht das Seil.
NEWTON faßte die Erfahrungen im **Trägheitsgesetz** zusammen; es wird als **Erstes Newtonsches Axiom** bezeichnet:

Ein Körper beharrt im Zustand der Ruhe oder der gleichförmig geradlinigen Bewegung, solange keine äußeren Kräfte auf ihn wirken. Die Geschwindigkeit eines solchen sich „frei" bewegenden Körpers ist nach Betrag und Richtung konstant:

$v = konst.$ mit dem Sonderfall $v = 0$.

Bis zur Formulierung des Trägheitsgesetzes durch GALILEI und NEWTON hatte man nach ARISTOTELES angenommen, daß eine Bewegung nur durch eine „lebendige Kraft" aufrechterhalten werden könnte – was immer man sich auch darunter vorstellte. Ließe diese Kraft nach, dann höre auch jegliche Bewegung auf. Allein die Ruhe sei der „natürliche" Zustand jedes Körpers. – Erst GALILEI erkannte, daß hier die Folge äußerer Einwirkungen auf einen bewegten Körper mit seinem grundsätzlichen Bewegungsverhalten verwechselt worden war.

Das Trägheitsgesetz ist kein physikalisches Gesetz im üblichen Sinne. Es ist ein allgemeiner **Erfahrungssatz** und insofern eine Abstraktion. Es wird nicht als Ergebnis eines bestimmten Experiments gewonnen, sondern es bezieht sich auf den Idealfall, bei dem man von allen äußeren Einflüssen absieht. Versuche können fast nie ohne **Reibung**, den wichtigsten äußeren Einflüssen, ablaufen. Vollkommen reibungsfreie Bewegung hat man nur bei tiefen

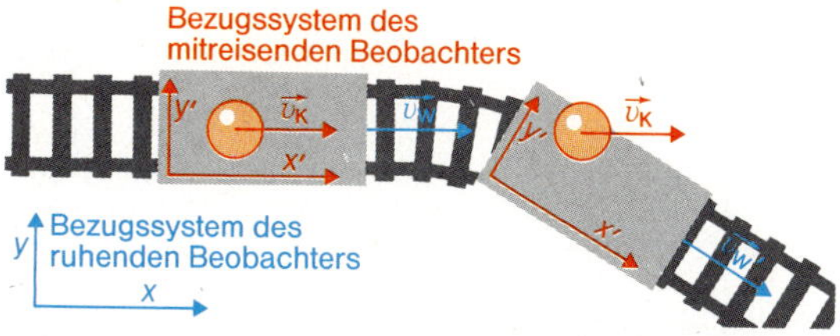

Abb. 1–43: Trägheitsverhalten in der Bewegung. Wagen und Kugel werden vorsichtig auf gleiche Geschwindigkeit gebracht. Die Kugel behält im Raum (Laborsystem) ihre Geschwindigkeit nach Betrag und Richtung bei.

Temperaturen beobachtet; so bewegen sich bei Temperaturen in der Nähe des absoluten Nullpunkts (→ *Kapitel 4*) Körper in superflüssigem Helium oder Elektronen in supraleitenden Metallen ganz ohne Reibung.
Der geniale Beitrag GALILEIs und NEWTONs bestand darin, von den fast immer vorhandenen äußeren Einflüssen abzusehen und in der Trägheit eine allgemeine Eigenschaft aller Körper zu erkennen.

Trägheitsgesetz und Bezugssystem

Im *Abschnitt 1.1.1* sahen wir, daß es eine Bewegung an sich nicht gibt, sondern daß man eine Bewegung immer nur in bezug auf ein bestimmtes **Bezugssystem** beschreiben kann. Im Beispiel der *Abb. 1–43* ist das **Laborsystem** das Bezugssystem. Man kann aber auch die Bewegung der Kugel vom Wagen aus betrachten. Im Beispiel der *Abb. 1–43* bewegt sich die Kugel in diesem Bezugssystem nur dann nach dem Trägheitsgesetz, solange der Wagen seine konstante Geschwindigkeit auf gerader Bahn beibehält.
In allen anderen Fällen folgt die Kugel für den Beobachter im bewegten Bezugssystem nicht mehr dem Trägheitsgesetz. Wird der Wagen in *Abb. 1–43* z. B. schneller, so stellt der mitbewegte Beobachter fest, daß die Kugel negativ beschleunigt ist. Bremst der Wagen, beobachtet er eine positive Beschleunigung. Geht der Wagen in die Kurve, registriert der mitfahrende Beobachter wieder, daß die Kugel sich nicht nach dem Trägheitsgesetz verhält.
Der Einwand, die Kugel folge „an sich" doch dem Trägheitsgesetz, wie es der Beobachter im Laborsystem feststellt, für den die Kugel unabhängig von der Bewegungsänderung des Wagens auf ihrer geradlinigen Bahn mit konstanter Geschwindigkeit bleibt, ist falsch. Für den mitbewegten Beobachter bewegt sich in den angenommenen Fällen die Kugel eben nicht mehr nach dem Trägheitsgesetz. Eine Bewegung wird immer nur relativ zu einem Bezugssystem beschrieben.
Damit lassen sich alle denkbaren Bezugssysteme einteilen in solche, in denen „frei" bewegliche Körper dem Trägheitsgesetz folgen, und in solche, in denen das Trägheitsgesetz nicht gilt.

Definition: Ein Bezugssystem, in dem sich ein „frei" beweglicher Körper nach dem Trägheitsgesetz verhält, heißt **Inertialsystem**[1]).

Bewegt sich ein Körper in einem Inertialsystem mit betrags- und richtungsmäßig konstanter Geschwindigkeit $\vec{v}$, so ist sein Geschwindigkeitsvektor $\vec{v}$ in jedem anderen System, das sich gegenüber dem ersten mit konstanter Geschwindigkeit $\vec{v}_r$ bewegt, ebenfalls konstant mit $\vec{v}' = \vec{v} + \vec{v}_r$. Folglich ist auch das neue System ein Inertialsystem.

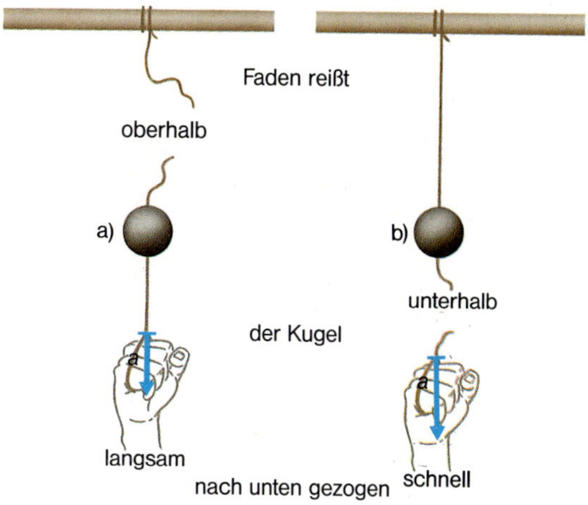

Abb. 1–44: Trägheitsverhalten in Ruhe. In *a*) reißt der Faden im oberen Teil, weil dort Gewichtskraft und Zugkraft wirken. In *b*) reißt der Faden im unteren Teil, weil die Kugel der plötzlichen Bewegungsänderung nicht folgt.

Demnach gibt es unendlich viele Inertialsysteme. Denn verhält sich ein Körper in einem System nach dem Trägheitsgesetz, so verhält er sich nach demselben Gesetz in allen anderen Systemen, die sich relativ zum ersten mit konstanter Geschwindigkeit bewegen.
Für viele Versuche kann das Laborsystem – wenigstens näherungsweise – als Inertialsystem gelten, wenn man die Eigenbewegung der Erde und den Einfluß der Erdanziehung vernachlässigen kann. Das ist zum Beispiel bei einer Bewegung auf einer waagerechten Schiene der Fall.

Aufgaben

1/61: Beschreiben Sie das Verhalten eines Mitfahrers in einem Auto bei verschiedenen Verkehrssituationen, und begründen Sie es mit dem Trägheitsgesetz.
1/62: Geben Sie (mindestens drei) Beispiele aus anderen Bereichen als oben für das Trägheitsgesetz an (mit Begründung).
1/63: Legt man eine Postkarte zusammen mit einem Geldstück auf ein Glas, so fällt das Geldstück ins Glas, wenn man die Postkarte ruckartig waagerecht wegzieht. Führen Sie den Versuch aus. Beschreiben und begründen Sie.
1/64: Legt man ein dünnes Brett, z. B. aus einer Obstkiste, auf eine Tischkante und breitet über dem auf dem Tisch liegenden Teil eine Zeitung aus, so drückt man den über die Tischkante herausragenden Teil des Brettes leicht herunter, wenn die Bewegung nur langsam genug vor sich geht. Schlägt man dagegen schnell und kräftig auf das Brett, so bricht das Brett, und die Zeitung bleibt liegen. Führen Sie den Versuch aus. Beschreiben und begründen Sie.

1.2.3 Grundgleichung der Mechanik

Nach dem Trägheitsgesetz bleibt der **Bewegungszustand** eines Körpers unverändert, solange keine äußeren Kräfte auf ihn einwirken. Damit hat NEWTON indirekt beschrieben, was unter einer Kraft zu verstehen sei: eine Einwirkung auf einen Körper, die

[1]) inertia (lat.), Trägheit

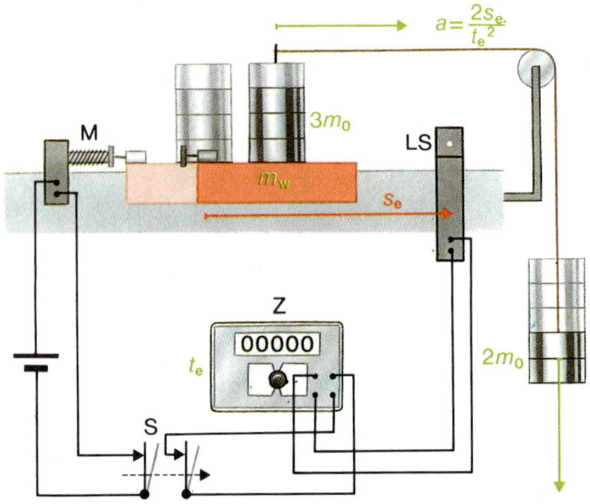

Abb. 1–45: Zusammenhang zwischen Kraft und Beschleunigung und Masse. Wagen und Wägestücke mit ihrer Masse $m = m_W + n\,m + m_e$ (m_e Rollersatzmasse von Rädern und Umlenkrolle) erfahren durch die Gewichtskraft F die Beschleunigung a, die aus Weg s und Zeit t berechnet wird: $a = 2\,s\,/\,t^2$.

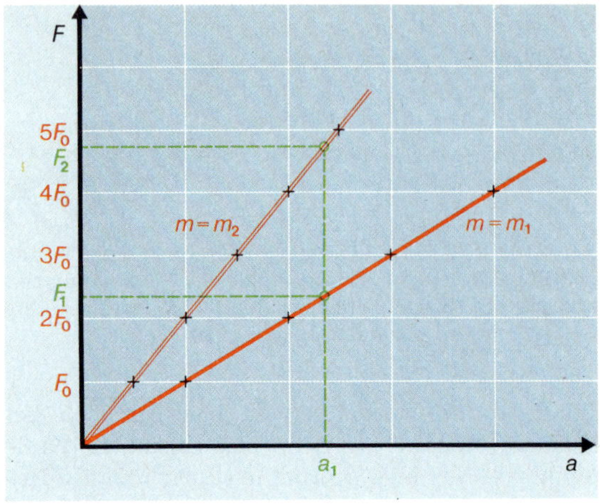

Abb. 1–46: Auswertung des Fahrbahnversuchs. Für jeden Körper (Wagen und Wägestücke) bestimmter Masse m liegen die Meßwerte aus der Kraft F und erzeugter Beschleunigung a auf einer Geraden: Der Quotient F/a ist eine für das Trägheitsverhalten des Körpers charakteristische Konstante. Bei gleicher Beschleunigung a_1 verhalten sich die Kräfte wie die Massen: Der Quotient F/m ist *konstant.*

zur Folge hat, daß er seinen Bewegungszustand ändert. Ändert daher ein Körper seinen Bewegungszustand, so kann man daraus schließen, daß eine Kraft auf ihn einwirkt.
Wir untersuchen mit der Fahrbahn die Wirkung einer Kraft auf den Bewegungszustand eines Körpers.

Versuch 1/9: Auf einer Fahrbahn wird ein Wagen (oder ein Gleiter auf einer Luftkissenfahrbahn) durch angehängte Wägestücke in Bewegung gesetzt (*Abb. 1–45*).

Die Kraft, die den Wagen in Bewegung setzt, ist die Gewichtskraft der angehängten Wägestücke. Die Gewichtskraft des Wagens spielt für die Bewegungsänderung des Wagens keine Rolle; sie wird durch das Fahrbahngestell aufgehoben.
Anders verhält es sich mit der Trägheitswirkung des Wagens und der Wägestücke. Durch die Gewichtskraft werden beide, Wagen und Wägestücke, in Bewegung gesetzt. Der „Körper“, auf den die Gewichtskraft wirkt und dessen Trägheitsverhalten die Bewegung bestimmt, besteht also aus dem Wagen und den Wägestücken. Soll daher in einer Versuchsreihe die Masse des beschleunigten Körpers gleich bleiben, müssen die nicht zum Antrieb benutzten Wägestücke auf dem Wagen mitfahren.
Bei genauerer Messung muß auch die Trägheitseigenschaft der Umlenkrolle durch die sogenannte Rollersatzmasse berücksichtigt werden, die man der Masse von Gleiter und Wägestücken zuschlägt.
Der Versuch zeigt nun, daß die Beschleunigung während eines Bewegungsverlaufs konstant ist: **Konstante** Kraft ergibt **konstante** Beschleunigung.
In einer ersten Versuchsreihe wird die beschleunigende Kraft F (die Anzahl der angehängten Wägestücke) variiert.
Die Auswertung (*Abb. 1–46*) zeigt: Wird ein und derselbe Gleiter beschleunigt, so ist – gleichgültig, wie groß die Kraft gewählt ist – der Quotient aus beschleunigender Kraft und erzielter Beschleunigung konstant: $F/a = konstant$. Der Quotient F/a ist offenbar ein **Maß für die Trägheit** des Körpers.
In einer zweiten Versuchsreihe wird der Wagen zusätzlich durch Metallscheiben belastet. Mit einer Waage wird die Masse m (aus Wagen, Metallstükken, Wägestücken) in jedem Versuch gemessen.
Die Auswertung (*Abb. 1–46*) zeigt: Der Quotient F/a aus der beschleunigenden Kraft F und der erzielten Beschleunigung a, der die Eigenschaft Trägheit des bewegten Körpers angibt, ist nicht nur der durch Wägung bestimmten Masse m des beschleunigten Körpers proportional, sondern zahlenmäßig sogar (fast) gleich, wenn wir die Kraft F in Newton, die Beschleunigung a in m/s^2 und die Masse m in kg messen: $F/a = m$.
Damit ist ein einfacher **Zusammenhang** zwischen der äußeren Kraft F, der Beschleunigung a des Körpers und seiner Masse m gefunden: $F = ma$.
Wir machen uns nun frei von der Festlegung der Kraft durch die Definition der Sekundarstufe I (→ *1.2.1*) und definieren die Kraft durch die Gleichung $F = m\,a$.
Die **Masse** m übernehmen wir aus *1.2.1* als Grundgröße nach dem SI-System mit der Einheit 1 kg: $[m] = 1$ kg und definieren:

1 **Kilogramm** ist die Masse des Internationalen Kilogrammprototyps.

Man benutzt in Wissenschaft und Technik Waagen der verschiedensten Art zum Vergleich der Masse m von Körpern nach dem Meßverfahren aus *1.2.1*.
Damit ist die Kraft eine **abgeleitete** Größe mit der Definition $F = ma$ und der Einheit $[F] = 1$ kg m/s², für die zu Ehren NEWTONs die Einheit 1 Newton (N) eingeführt ist: $[F] = 1$ kg m/s² = 1 N. Die Kraft ist (wie die Beschleunigung) ein **Vektor** (→ *1.2.1*).
Gesetzlich ist festgelegt: Die Krafteinheit 1 Newton (N) ist gleich der konstanten Kraft, die das Urkilogramm (1 kg) in der Zeit 1 s aus der Ruhe auf die Geschwindigkeit 1 m/s beschleunigt.
Die Gleichung $F = m\,a$ geht weit über ihre Bedeutung als **Definition der Kraft** hinaus. Sie ist eine der wichtigsten Beziehungen der Mechanik. Denn die Gleichung gibt ganz allgemein den Zusammenhang an zwischen Kraft, Beschleunigung und Masse, die unabhängig voneinander bekannt sein können. Daher wird dieser Zusammenhang auch **Grundgleichung der Mechanik** genannt. Die **Grundgleichung der Mechanik** ist also auch **Definitionsgleichung für die Kraft.**

Grundgleichung der Mechanik oder **Zweites Newtonsches Axiom (Definition der Kraft):**
Die Kraft F, die einem Körper der Masse m die Beschleunigung a erteilt, ist das Produkt aus dieser Masse m und der Beschleunigung a (*Abb. 1–47*):

$$F = m\,a \text{ oder } F = m\,\frac{\Delta v}{\Delta t}.$$

Die letzte Gleichung $F = m\,\Delta v/\Delta t$ ist deshalb für viele Anwendungen besonders hilfreich, weil mit ihrer Hilfe aus der Geschwindigkeitsänderung Δv und der Zeit Δt, in der diese erfolgt, zumindest angenähert die Beschleunigung $a = \Delta v/\Delta t$ und damit bei bekannter Masse z. B. auch die Kraft berechnet werden kann.

Die **Grundgleichung der Mechanik** läßt verschiedene Anwendungen zu:

1. Kennt man die wirkende Kraft F und die Beschleunigung a, so kann man die Masse m des beobachteten Körpers nach der Grundgleichung ermitteln: $m = F/a$.

   So bestimmt man die Masse des Elektrons oder des Protons beispielsweise aus der Beschleunigung, die sie unter dem Einfluß bekannter Kräfte in elektrischen oder magnetischen Feldern erfahren.

2. Aus der beobachteten Beschleunigung a, die ein Körper bekannter Masse m erfährt, kann auf die wirkende Kraft F geschlossen werden: $F = m\,a$.

   Nach den Gesetzen des freien Falles fällt jeder Körper der Masse m mit der Beschleunigung $a = g$. Folglich wirkt nach der Grundgleichung der Mechanik auf ihn ständig eine (konstante) Kraft $F = m\,g$. Das ist, wie bekannt, die Gewichtskraft $G = m\,g$, die auch wirksam ist, wenn der Körper nicht frei fällt.

   Ergebnis: Die **Gewichtskraft** G, die auf einen Körper der Masse m wirkt, ist das Produkt aus seiner Masse m und der Fallbeschleunigung g am Beobachtungsort: $G = m\,g$.

   Auf dem Mond erfährt ein Körper die Fallbeschleunigung g_M, die etwa ⅙ der Erdbeschleunigung ist. Nach der Grundgleichung beträgt damit seine Gewichtskraft $G = m\,g_M$ auf dem Mond auch nur ein Sechstel seiner Gewichtskraft auf der Erde.

3. Kennt man die Kraft F, die auf einen Körper bekannter Masse m wirkt, läßt sich seine Beschleunigung a und damit seine Bewegung berechnen: $a = F/m$.

   Wirkt z. B. in einem Fahrbahnversuch auf einen Wagen der Masse $m = 202$ g die Gewichtskraft eines Wägestücks von der Masse $m_0 = 50$ g, so ist mit der Gewichtskraft $G = m_0\,g = 0{,}4905$ N die Beschleunigung $a = F/m = G/m = 2{,}43$ m/s² und folglich die Geschwindigkeit zur Zeit t nach Bewegungsbeginn $v = a\,t = 2{,}43$ m/s² t sowie der zur Zeit t zurückgelegte Weg $s = \frac{1}{2}g\,t^2 = 1{,}21$ m/s² t^2.
   Allgemein folgt für die Beschleunigung, wenn eine Kraft F auf einen Körper der Masse m wirkt: $a = F/m$, und daraus für die Geschwindigkeit, wenn diese Kraft konstant ist: $v = a\,t + v_0$ sowie für den Weg: $s = \frac{1}{2}\,a\,t^2 + v_0\,t + s_0$, wobei v_0 die Anfangsgeschwindigkeit und s_0 der Anfangsweg zu Beginn zur Zeit $t_0 = 0$ sind.

Die Grundgleichung enthält als Sonderfall das **Trägheitsgesetz.** Wenn auf einen Körper keine äußeren Kräfte wirken: $F = 0$, so ist nach $F = m\,a$ mit der Kraft auch die Beschleunigung gleich Null: $a = 0$. Ist aber die Beschleunigung Null, so bewegt sich der Körper entweder mit nach Betrag und Richtung konstanter Geschwindigkeit, oder er befindet sich in Ruhe.

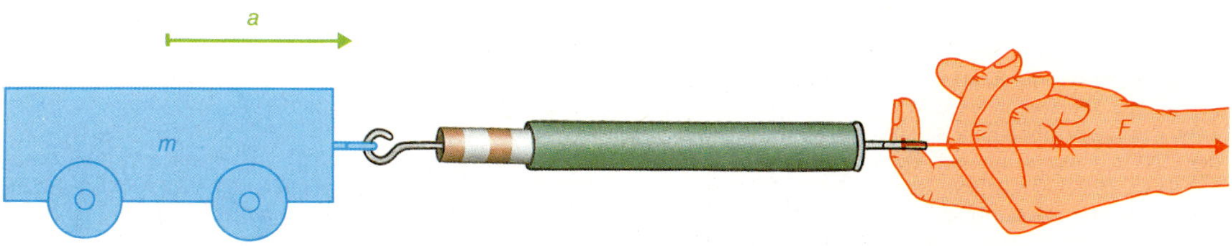

Abb. 1–47: Zur Grundgleichung der Mechanik. Die Kraft F, die z. B. die Hand auf einen Körper der Masse m ausgeübt, kann aus der Masse m des Körpers und der Beschleunigung a, die der Wagen erfährt, ermittelt werden: $F = m\,a$.

Die Gleichungen $F = m\,a$ bzw. $F = m\,\Delta v/\Delta t$ verleiten häufig zu einem Fehlschluß: Ist die Beschleunigung a Null, so braucht der Körper keinesfalls kräftefrei zu sein. Es können auch mehrere Kräfte gleichzeitig auf ihn einwirken, deren Resultierende Null ist. So wirken auf ein Auto, das mit konstanter Geschwindigkeit auf horizontaler gerader Straße fährt, durchaus Kräfte ein. Nur heben sich Reibungskräfte und Luftwiderstand sowie Antriebskraft auf. Die Gesamtkraft als Resultierende der äußeren Kräfte ist Null, und das Auto erfährt keine Beschleunigung.
In komplizierten Fällen kann man mit Hilfe der Grundgleichung der Mechanik aus den Gesetzen über die Kraft und damit für die Beschleunigung durch Integration die Bewegungsgesetze für v und s oder aus der Bahngleichung durch Differentiation die Beschleunigung und damit die Kraft oder die Masse bestimmen (→ *1.1.8*). Ein Beispiel für das erste ist der Raketenflug: Aus der Kenntnis der Kräfte, die auf die Rakete wirken, läßt sich die Flugbahn ermitteln. Ein Beispiel für das zweite: Aus der beobachteten Zeit-Weg-Funktion einer Planetenbahn kann man auf die Beschleunigung und damit auf die Kräfte schließen, denen der Planet auf seiner Bahn unterliegt; die Planeten Neptun (1859) und Pluto (1930) sind aufgrund derartiger Berechnungen entdeckt worden.

Anmerkung zum Begriff der Masse eines Körpers

Eine genauere Überlegung zeigt, daß wir in diesem *Abschnitt 1.2.3* mit der Masse m eines Körpers zwei verschiedene Eigenschaften, die jeder Körper offenbar unabhängig voneinander aufweist, angesprochen haben. Im *Versuch 1/9* haben wir die Masse m des bewegten Körpers mit einer Waage, wie es in Wissenschaft und Technik allein üblich ist, bestimmt. Wir haben dabei seine Eigenschaft ausgenutzt, mit der Gewichtskraft $G = mg$ von der Erde angezogen zu werden. Von einem prinzipiellen Standpunkt aus gesehen, haben wir damit eine Eigenschaft des Körpers bestimmt, die nichts mit seiner Trägheit, wie in *1.2.2* beschrieben, sondern nur mit der Anziehung des Körpers durch die Erde, also mit der **Schwerkraft,** zu tun hat. Man nennt von diesem prinzipiellen Standpunkt aus die durch die statische Messung der Gewichtskraft festgestellte Eigenschaft des Körpers auch seine **schwere Masse** m.
Mit dem Quotienten F/a, den wir im *Versuch 1/9* ermittelten, haben wir dagegen eine Eigenschaft des bewegten Körpers ermittelt, die nichts mit seiner Gewichtskraft, sondern nur mit seiner Trägheit zu tun hat. Die Gewichtskraft des Gleiters wird durch das Fahrbahngestell aufgefangen und spielt für die Beschleunigung keine Rolle. Gemessen haben wir mit Hilfe von F/a das Trägheitsverhalten des Körpers, seine **träge Masse.**
Von einem prinzipiellen Standpunkt aus muß man sich bewußt sein, daß man bei der dynamischen Messung einer Kraft, bei der man ihre Wirkung ausnutzt, einen Körper zu beschleunigen, diese Kraft aus der Beschleunigung und der trägen Masse des Körpers ermittelt.

Aufgaben

1/65: Ein Auto (m = 900 kg) erfährt eine Beschleunigung a = 4,5 m/s². Welche Kraft muß dabei von den Rädern auf den Wagen übertragen werden?
1/66: Ein Junge gibt einem Ball mit der Masse m = 0,5 kg in der Zeit t = 0,2 s aus der Ruhe eine Geschwindigkeit v = 8 m/s. Welche (mittlere) Kraft übt er auf den Ball aus?
1/67: Ein Zug (Gesamtmasse m = 600 t) erreicht beim Anfahren von der Haltestelle aus auf der Strecke von 2,45 km die Fahrgeschwindigkeit 120 km/h. Wie groß ist die Kraft, mit der die Lokomotive den Zug zieht?

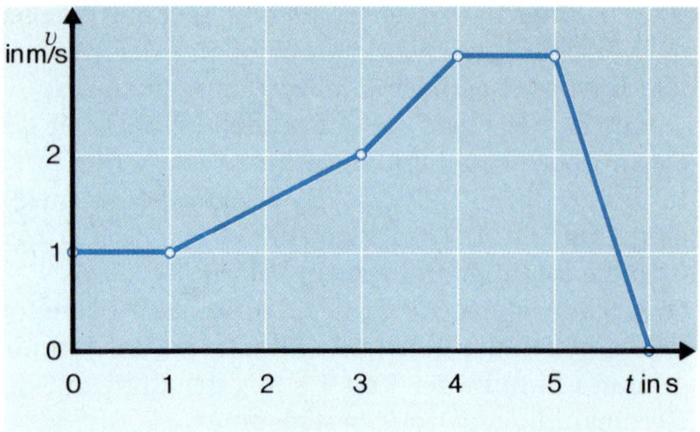

Abb. 1–48: Zur *Aufgabe 1/69.*

1/68: Ein Auto mit der Masse m = 600 kg wird auf einer Strecke von 50 m durch die konstante Kraft F = 900 N abgebremst. – Wie groß war die Anfangsgeschwindigkeit?
1/69: Ein Körper der Masse m = 2 kg wird geradlinig nach dem Zeit-Geschwindigkeit-Diagramm in *Abb. 1–48* bewegt. Man berechne daraus für die einzelnen Intervalle der Bewegung die wirkende Kraft und zeichne das Zeit-Kraft-Diagramm.
1/70: Der Düsengleiter einer Luftkissenfahrbahn (m = 83 g) wird durch die Gewichtskraft eines Gewichtstellers (m_t = 5 g) mit zwei Schlitzgewichten (je m_0 = 2,6 g) angetrieben. – Welche Beschleunigung erfährt der Gleiter?
1/71: Bei einem Experiment nach *Versuch 1/9* (Fahrbahnversuch) benutzt man einen Wagen mit der Masse m_W = 0,5 kg und 3 Wägestücke von jeweils m_0 = 10 g, die man entweder an die Antriebsschnur hängt oder auf den Wagen legt. Die Rollersatzmasse wird zu m_e = 50 g angenommen.

Zahl der Wägestücke auf dem Wagen	an der Schnur	Beschleunigungszeit t in s auf der s = 1,00 m langen Strecke
2	1	3,52
1	2	2,61
0	3	2,01

a) Berechnen Sie jeweils die Beschleunigung a und (nach dem Grundgesetz der Mechanik) die Kraft F, die sich aus Beschleunigung und Masse des beschleunigten Körpers ergibt.
b) Bestimmen Sie aus dieser Kraft und aus der Masse der die Antriebskraft liefernden Gewichtsstücke im Mittel die Erdbeschleunigung.

1/72: Ein Auto (m = 1000 kg) fährt bergan auf einer Straße mit dem Steigungswinkel $\alpha = 20°$. Berechnen Sie die Kraft, die der Motor erzeugt, wenn das Auto bergan fährt
a) mit konstanter Geschwindigkeit,
b) mit einer (konstanten) Beschleunigung von 0,2 m/s².
c) Mit welcher Kraft drückt das Auto in beiden Fällen auf die Straße?
d) Wie lautet die Antwort, wenn das Auto unter den Bedingungen a) und b) bergab fährt?

***1/73:** Ein Auto (m = 720 kg) wird durch eine (konstante) Bremskraft $F = 4{,}37 \cdot 10^3$ N auf einem Weg s = 68 m auf die Hälfte seiner Geschwindigkeit abgebremst.
a) Wie lange dauert der Bremsvorgang?
b) Aus welcher Geschwindigkeit wurde das Auto abgebremst?

***1/74:** Ein Auto ($m = 900$ kg) soll auf einer Strecke von 150 m von der Geschwindigkeit $v_1 = 10$ m/s auf die Geschwindigkeit $v_2 = 40$ m/s beschleunigt werden.
a) In welcher Zeit geht der Beschleunigungsvorgang vor sich?
b) Wie groß ist die Beschleunigung?
c) Welche (konstante) Kraft ist erforderlich?
***1/75:** Eine Kraft $F = 7{,}6$ N vermittelt einem Körper der Masse m_1 eine Beschleunigung $a_1 = 5{,}7$ m/s^2 und einem Körper der Masse m_2 eine Beschleunigung $a_2 = 19{,}6$ m/s^2. Welche Beschleunigung erfährt durch dieselbe Kraft der Körper, der durch Vereinigung beider entsteht?
***1/76:** Über eine feste Rolle wird eine Schnur gehängt, an die an den beiden Enden zwei Körper mit den Massen m_1 und m_2 ($m_1 < m_2$) gehängt werden. – Was geschieht? Beschreiben und analysieren Sie den Bewegungsvorgang.
***1/77:** Auf zwei Körper der Massen m_1 und m_2 mögen jeweils die gleichen Kräfte $F = F_1 = F_2$ während der gleichen (zu bestimmenden) Zeit $t = t_1 = t_2$ wirken. Ist es möglich, daß beide Körper nach der Zeit t die gleiche Geschwindigkeit $v = v_1 = v_2$ besitzen, wenn zu Beginn der erste Körper die Geschwindigkeit Null und der zweite die Geschwindigkeit v_0 besitzen? – Überlegen Sie zunächst qualitativ die Lösungsmöglichkeiten für die drei Fälle $m_1 < m_2$, $m_1 = m_2$ und $m_1 > m_2$ und rechnen Sie dann.

1.2.4 Wechselwirkungskräfte; Reibung

Kräfte zwischen Körpern treten nie einzeln, sondern immer paarweise auf.

NEWTON machte dazu folgenden Versuch: Er setzte vorsichtig einen Korken mit einem Magneten und einen zweiten mit einem Stück Eisen aufs Wasser (*Abb. 1–49*). Ließ er die Korken los, schwammen sie aufeinander zu und blieben nach dem Zusammentreffen in Ruhe.
NEWTON schloß daraus, daß nicht nur der Magnet das Eisen, sondern auch das Eisen den Magneten anzieht, und zwar mit gleich großen Kräften. Denn sonst müßte die größere Kraft beide Körper nach dem Zusammentreffen fortbewegen. Der Magnet übt auf das Eisenstück eine Kraft aus, und das Eisenstück übt umgekehrt auf den Magneten eine gleich große, aber entgegengesetzt gerichtete Kraft aus.
Dasselbe demonstriert der folgende

Versuch 1/10: Zwischen zwei Fahrbahnwagen, die über ein Seil verbunden sind, lassen wir Kräfte ausüben, die an Kraftmessern abgelesen werden (*Abb. 1–50*).
Wie auch die Versuchsbedingungen gewählt werden, jede Kraft, die auf den einen Wagen ausgeübt wird, ruft eine gleich große, entgegengesetzt gerichtete hervor, die auf den anderen wirkt. Eine **Kraft** bewirkt stets eine gleich große **Gegenkraft.** Das gilt auch, wenn zwischen zwei Körpern abstoßende Kräfte wirken.

Versuch 1/11: Auf einer Luftkissenfahrbahn werden zwei Gleiter, eine Feder zwischen sich spannend, durch einen Faden zusammengehalten (*Abb. 1–51*). Der Faden wird durchgebrannt.

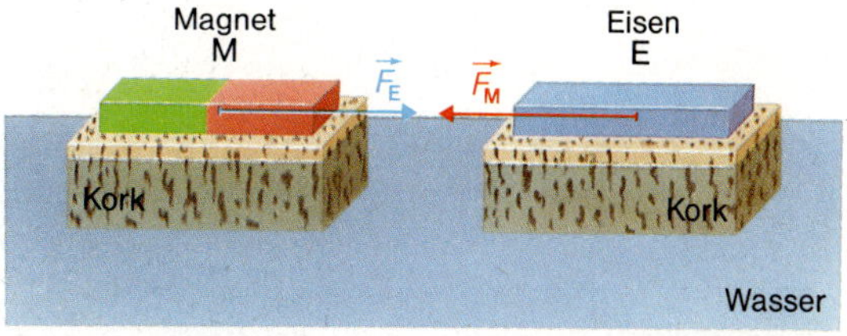

Abb. 1–49: NEWTONs Versuch zu **actio** und **reactio.** Magnet und Eisenstück, auf Kork im Wasser schwimmend, ziehen sich mit gleich großer, aber entgegengesetzt gerichteter Kraft an, der Magnet das Eisen mit der Kraft F_M, das Eisen den Magneten mit der Kraft F_E : Es gilt $F_M = - F_E$.

Beide Gleiter werden in der gleichen Zeit Δt beschleunigt, solange nämlich die Feder zwischen ihnen wirkt. Danach bewegen sich die Gleiter mit konstanter Geschwindigkeit.

Die Beschleunigung bestimmen wir als Quotient aus der Geschwindigkeitszunahme Δv und der Zeit Δt. Die Geschwindigkeit nimmt jeweils von 0 auf v_1 bzw. v_2 zu: $\Delta v_1 = v_1$ und $\Delta v_2 = v_2$. Die Kraft, die ein Gleiter erfährt, bestimmt man als Produkt aus seiner Masse und Beschleunigung $F_1 = m_1\, \Delta v_1/\Delta t$ bzw. $F_2 = m_2\, \Delta v_2/\Delta t$.
Weil die Zeit Δt für die Beschleunigung beider Gleiter gleich ist, läßt sich das Versuchsergebnis

$$m_1\, v_1 = -\, m_2\, v_2$$

so deuten, daß – durch Vermittlung der Feder – der Gleiter 1 auf den Gleiter 2 die Kraft F_1 ausgeübt hat, die entgegengesetzt gleich groß ist wie die Kraft F_2, die der Gleiter 2 auf den Gleiter 1 ausgeübt hat:

$$F_1 = m_1\, v_1/\Delta t = -\, F_2 = -\, m_2\, v_2/\Delta t\, .$$

Das gilt allgemein. Zu jeder Kraft (actio) gibt es stets eine Gegenkraft (reactio). In dieser Wechselwirkung treten alle Kräfte auf, wie zuerst NEWTON in dem nach ihm benannten 3. Newtonschen Axiom festgestellt hat (in Vektoren geschrieben):

Wechselwirkungsgesetz (Gleichheit von actio und reactio oder Drittes Newtonsches Axiom):
Übt ein Körper A auf einen Körper B die Kraft $\vec{F}_A$ aus (actio), so übt auch B auf A die Kraft $\vec{F}_B$ aus, Gegenkraft (reactio) genannt, die entgegengesetzt gleich der ersten Kraft ist (*Abb. 1–52*):

$$\vec{F}_A = -\, \vec{F}_B\, .$$

$\vec{F}_A$ und $\vec{F}_B$ sind die zusammengehörigen **Wechselwirkungskräfte.** Zu jeder Kraft $\vec{F}_A$ gibt es eine Kraft $\vec{F}_B = -\, \vec{F}_A$, die zu ihr in Wechselwirkung steht. Man beachte, daß Wechselwirkungskräfte nie an ein und demselben Körper angreifen.

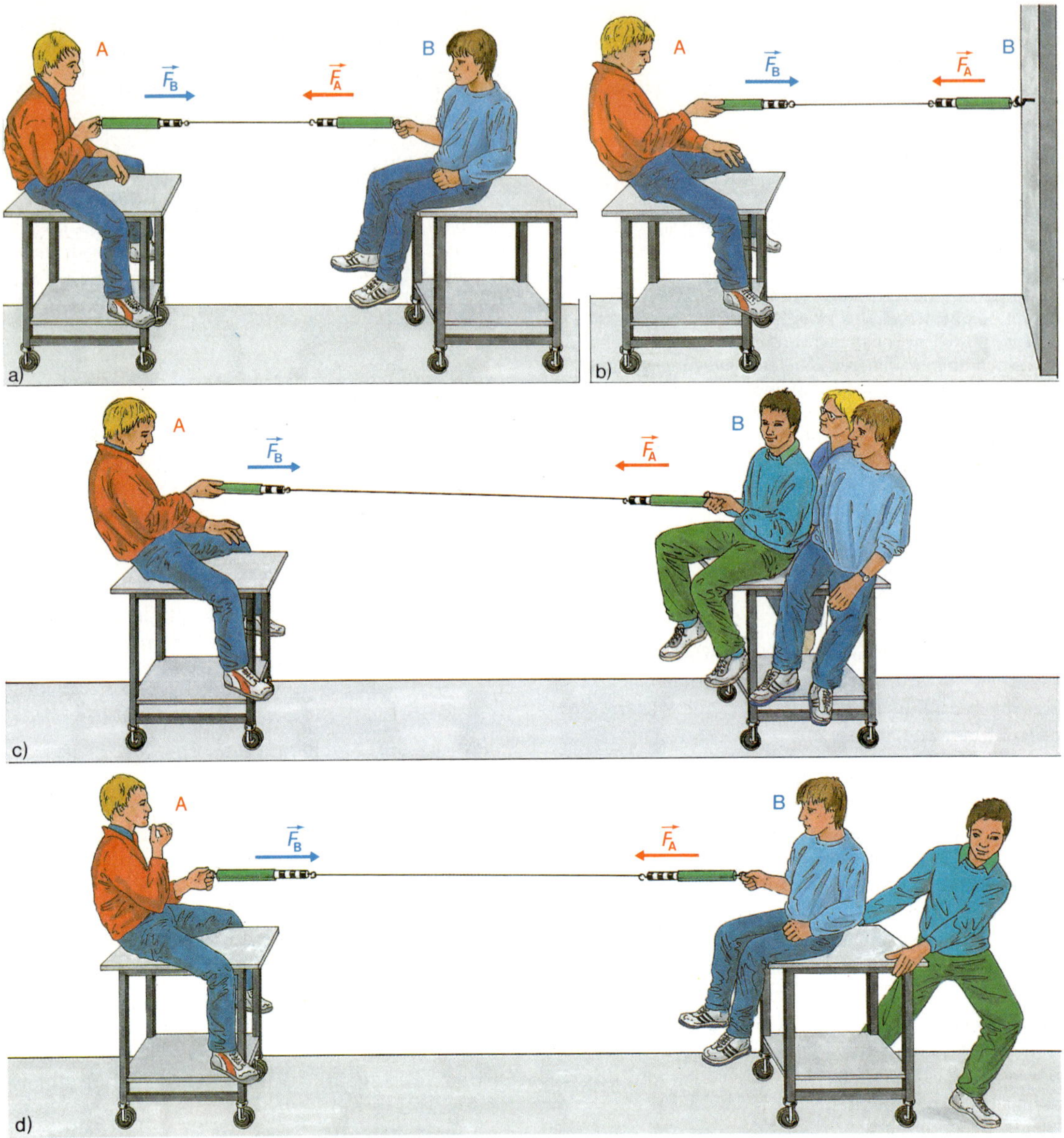

Abb. 1–50: Kraft gleich Gegenkraft. Unabhängig davon, ob auf beiden Seiten je eine Person wirkt (*a*) oder ob die Gegenkraft von der Wand ausgeht (*b*) oder ob zwei Personen fahrbar (*c*) oder festgehalten die Gegenkraft ausüben, immer sind Kraft und Gegenkraft entgegengesetzt gleich groß.

Beispiele für Wechselwirkungskräfte sind:

1. Jeder Körper wird von der Erde mit seiner Gewichtskraft $G = mg$ angezogen. Umgekehrt zieht auch jeder Körper mit der entgegengesetzt gleichen Kraft $\vec{F} = -\vec{G}$ die Erde an. Angriffspunkt der Gewichtskraft ist der Schwerpunkt des Körpers, Angriffspunkt der Gegenkraft der Schwerpunkt (Mittelpunkt) der Erde (*Abb. 1–53 a*).

2. Stemmt man sich mit der Hand gegen eine Wand (*Abb. 1–53 b*), so übt die Hand eine Kraft $\vec{F}_{\mathrm{H}}$ auf die Wand aus. Eine gleich große, entgegengesetzt gerichtete Kraft $\overline{F_{\mathrm{H}}}$ wirkt aber auch von der Wand auf die Hand.

3. Beim Zusammenstoß zweier Autos sind die Kräfte, die beide Wagen erfahren, entgegengesetzt gleich groß, und zwar ist das unabhängig von der unterschiedlichen Größe der Wagen und unabhängig von der unterschiedlichen Geschwindigkeit, mit der sie zusammenstoßen, der Fall (*Abb. 1–53 c*).

Die Wechselwirkung zwischen zwei Körpern kann auch direkt durch einen dritten Körper wie z. B. das Seil in *Versuch 1/10* oder die Feder in *Versuch 1/11* zustande kommen. Sie kann aber auch durch das Magnetfeld wie im Beispiel mit den Korken oder durch das Schwerefeld der Erde wie bei der Gewichtskraft vermittelt werden. Das

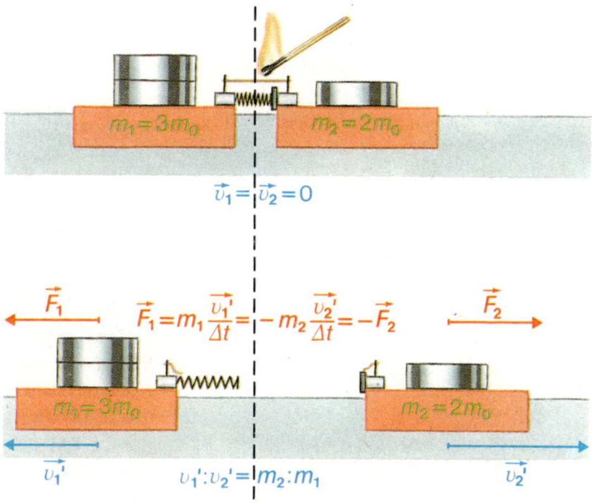

Abb. 1–51: Kraft gleich Gegenkraft. Vermittelt durch die Feder, üben beide Gleiter gleich große, aber entgegengerichtete Kräfte aufeinander aus.

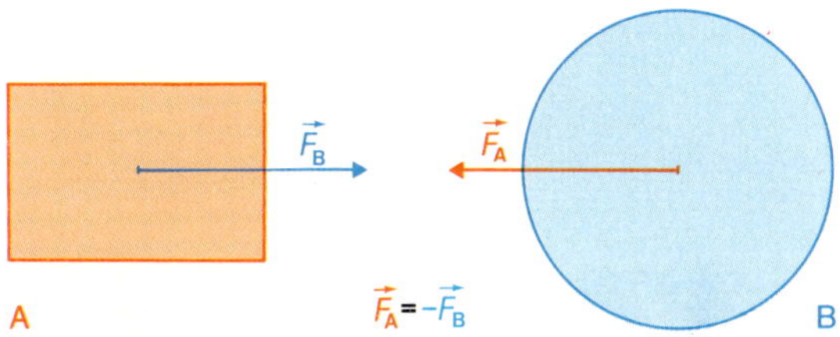

Abb. 1–52: Wechselwirkungsgesetz. Die Kraft $\vec{F}_A$ die A auf B ausübt, greift im Schwerpunkt von B an. Die entgegengesetzt gleiche Kraft $\vec{F}_B = -\vec{F}_A$ die B auf A ausübt, greift im Schwerpunkt von A an.

Wechselwirkungsgesetz gilt unabhängig davon, ob die Körper ruhen oder bewegt werden.
Wechselwirkungskräfte darf man nicht mit Kompensationskräften verwechseln. Die Gegenkraft zu einer vorgegebenen Kraft greift nie am selben Körper an. Eine vorgegebene Kraft kann durch eine **Kompensationskraft** aufgehoben, d. h. kompensiert werden, die am selben Körper in entgegengesetzter Richtung wie die Ausgangskraft angreift.
In *Abb. 1–54* ist ein Beispiel von Wechselwirkungskräften und ihren Kompensationskräften dargestellt.
Paare von Wechselwirkungskräften sind (*Abb. 1–54 a*): Die Anziehungskraft $\vec{F}_E$ der Erde auf den Stein und die des Steins $\vec{F}_S$ auf die Erde: $\vec{F}_E = -\vec{F}_S$. Die Zugkraft $\vec{F}_G$ des Steins auf die Feder und die der Feder $\vec{F}_1$ auf den Stein: $\vec{F}_G = -\vec{F}_1$. Die Kraft $\vec{F}_2$ der Feder auf die Hand und die der Hand $\vec{F}_H$ auf die Feder: $\vec{F}_2 = -\vec{F}_H$. Die Kraft $\vec{F}_A$ des Arms auf die Hand usw. Kompensationskraft zu $\vec{F}_E$ ist $\vec{F}_1$ und umgekehrt: $\vec{F}_E = -\vec{F}_1$, ebenso $\vec{F}_G$ zu $\vec{F}_H$: $\vec{F}_G = -\vec{F}_H$, weiter $\vec{F}_2$ zu $\vec{F}_A$: $\vec{F}_2 = -\vec{F}_A$ usw.
Bewegt man die Hand mit der konstanten Beschleunigung $a < g$ nach unten, dann bleiben zwar alle Wechselwirkungskräfte paarweise entgegengesetzt gleich, doch hat $\vec{F}_E$ keine Kompensationskraft mehr. Die Differenz aus $\vec{F}_E$ und $\vec{F}_1$ bzw. $\vec{F}_E$ und $\vec{F}_A$ ist für die Beschleunigung des Systems verantwortlich (*Abb. 1–54 b*).
Läßt man schließlich Kraftmesser und Stein frei fallen, so gilt zwar immer noch **actio** gleich **reactio,** aber die meisten Kräfte sind gleich Null. Für die Bewegung des Systems Stein – Kraftmesser ist die Kraft $\vec{F}_E$ verantwortlich (*Abb. 1–54 c*).
Der Bewegungszustand des Systems Feder – Stein wird durch die von außen auf das System wirkenden Kräfte $\vec{F}_E$ und $\vec{F}_H$ bestimmt. Die inneren Kräfte $\vec{F}_1$ und $\vec{F}_G$ heben sich stets auf. Sie haben unabhängig von ihrer jeweiligen Größe keinen Einfluß auf die Bewegung des Systems.

Allgemein gilt:
Kräfte zwischen den Körpern eines Systems – **die inneren Kräfte** – halten sich bezüglich des Systems das **Gleichgewicht.** Denn es gehört immer zur Kraft auf irgendeinen Körper des Systems die entgegengesetzt gleiche Wechselwirkungskraft auf einen anderen Körper des Systems.

Die **Bewegung** des Systems als Ganzes wird durch **die äußeren Kräfte** bestimmt: Das sind Kräfte, die zwar an Körpern des Systems angreifen, deren Wechselwirkungskräfte (Gegenkräfte) aber auf Körper wirken, die nicht zum System gehören. Die Resultierende der äußeren Kräfte beschreibt die Bewegung des Systemschwerpunktes (Schwerpunktsatz), wenn man von Drehungen und Verformungen des Systems absieht.
In der **Statik,** der Lehre vom Gleichgewicht der Kräfte, die die Grundlage vieler technischer Disziplinen ist, greifen an jedem Körper mehrere Kräfte an, die sich – bei vektorieller Addition – gegenseitig kompensieren. (Bliebe eine Resultierende ungleich Null übrig, müßte sich unter ihrem Einfluß der Körper bewegen.) Bei der **statischen Kraftmessung** mißt man eine bestimmte Kraft dann auch stets durch ihre Kompensationskraft. So gibt man z. B. die Gewichtskraft eines Körpers durch ihre Kompensationskraft an: Gewichtskraft und Kompensationskraft (des Kraftmessers) halten sich das Gleichgewicht. Bei der **dynamischen Messung** dagegen mißt man eine Kraft an ihrer dynamischen Wirkung, nämlich an der Änderung des Bewegungszustandes des Körpers, auf den die Kraft einwirkt.

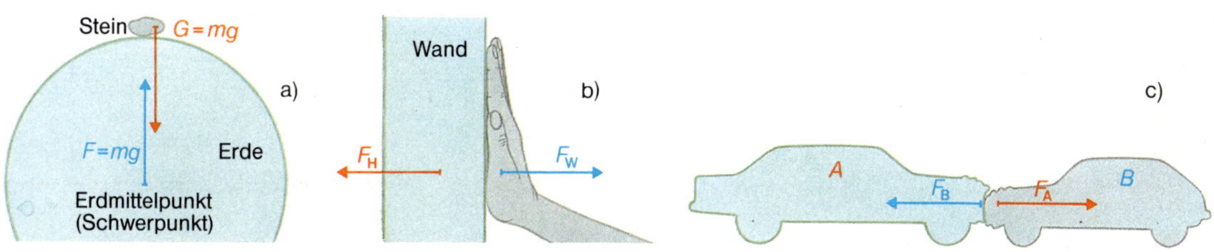

Abb. 1–53: Kraft gleich Gegenkraft. a) Die Erde zieht den Stein mit gleicher Kraft an wie der Stein die Erde. b) Die Hand übt auf die Wand die gleiche Kraft aus wie die Wand auf die Hand. c) Beim Zusammenstoß übt jedes Auto auf das andere die gleiche Kraft aus.

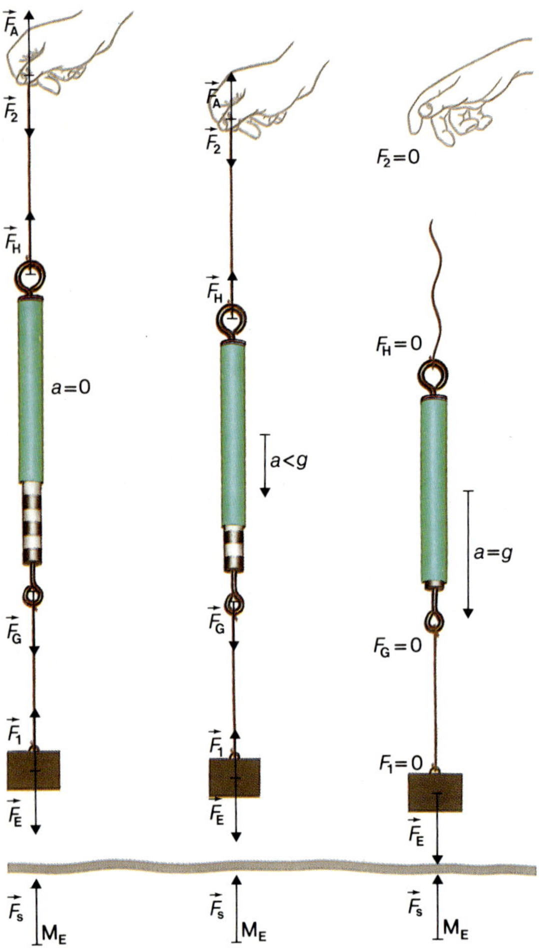

Abb. 1–54: Wechselwirkungs- und Kompensationskräfte am System Kraftmesser – Stein. a) Das System ist im Ruhezustand. b) Es wird beschleunigt ($a < g$). c) Es fällt frei.

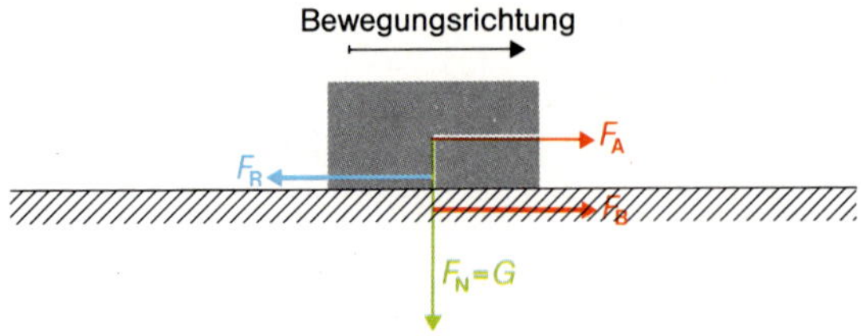

Abb. 1–55: Reibungskräfte. Wird der Körper mit der Antriebskraft F_A (nach rechts) gezogen, so wirkt damit auf die Unterlage des Körpers eine gleich große Kraft F_B, falls der Körper nicht beschleunigt wird. Nach dem 3. Newtonschen Axiom übt die Unterlage ihrerseits eine gleich große, aber entgegengesetzte Kraft, die Reibungskraft F_R (nach links), auf den Körper aus. Diese Reibungskraft ist nur abhängig von der Normalkraft F_N, mit der der Körper aufgrund seiner Gewichtskraft senkrecht auf die Unterlage drückt (im Bild ist, weil die Unterlage horizontal verläuft, $F_N = G$).

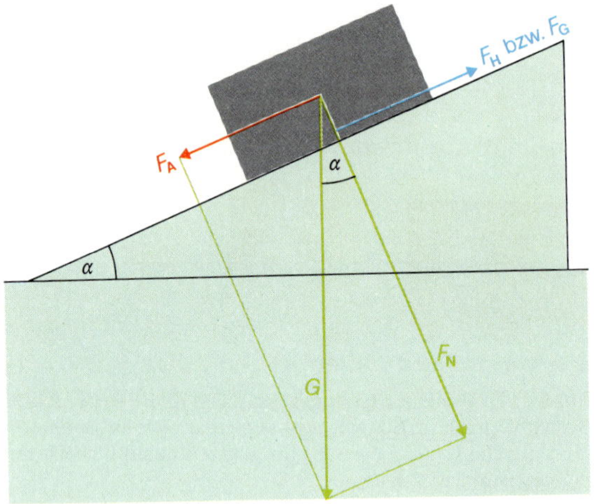

Abb. 1–56: Experimentelle Bestimmung der Reibungskoeffizienten. Der Neigungswinkel α der schiefen Ebene wird so eingestellt, daß die Hangabtriebskraft F_A gerade gleich der entsprechenden Reibungskraft F_H oder F_G ist.

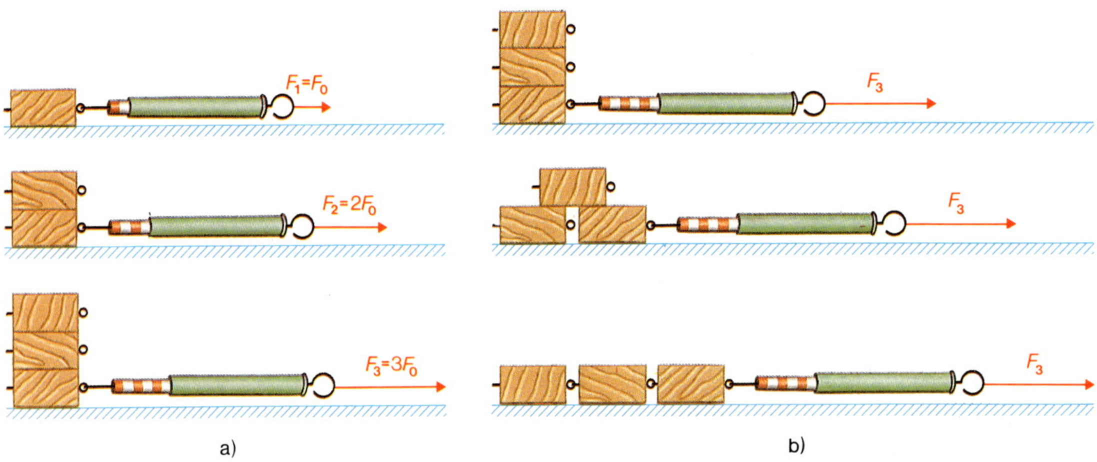

Abb. 1–57: Die Reibungskraft F_G ist a) proportional der Normalkraft F_N, aber b) unabhängig von der Größe der Berührungsfläche.

Reibungskräfte

So störend bei vielen Vorgängen wie z. B. bei den Versuchen, die wir bisher durchgeführt haben, die Reibung ist, so groß ist in anderen Fällen ihre praktische Bedeutung. Reibungskräfte treten z. B. dort auf, wo sich Körper berühren. Sie sind einerseits erwünscht, weil ohne sie z. B. das Gehen und Laufen, die Bewegung von Rädern auf der Straße und auf der Schiene nicht möglich wären. Nägel und Schrauben, Keilriemen und Kupplungen halten nur, weil es Reibung gibt. Andererseits ist sie unerwünscht wie z. B. bei rotierenden Maschinenteilen wie Achsen usw., denn sie führen zu Materialverschleiß und Energieverlust.

Will man einen Körper auf ebener Unterlage in Bewegung versetzen (*Abb. 1–55*), benötigt man anfangs eine vergleichsweise große Kraft, um ihn überhaupt aus dem Zustand der Ruhe herauszubringen. Danach genügt eine kleinere Kraft, um den Körper mit gleichförmiger Geschwindigkeit über die Unterlage zu ziehen.

An der Berührungsfläche zwischen zwei festen Körpern treten die eine oder die andere Art von Reibungskräften auf, die beide entgegen der Kraft F_A wirken, mit der der bewegliche Körper über die Unterlage gezogen werden soll. Solange die Zugkraft F_A die **Haftreibungskraft** F_H nicht übersteigt, haftet der Körper an seiner Unterlage. Bewegt sich der Körper mit konstanter Geschwindigkeit, muß die Zugkraft F_A lediglich der kleineren **Gleitreibungskraft** F_G gleichkommen.

Versuch 1/12: Die Neigung der schiefen Ebene wird so angehoben, daß sich der Körper gerade langsam in Bewegung setzt (*Abb. 1–56*). Die Hangabtriebskraft F_A ist dann entgegengesetzt gleich der Haftreibungskraft F_H. – Verringert man den Neigungswinkel α geringfügig, so daß sich der Körper, durch einen leichten Stoß in Bewegung gesetzt, langsam mit konstanter Geschwindigkeit bergab bewegt, ist die Hangabtriebskraft gleich der Gleitreibungskraft F_G.

Beide Kräfte hängen nicht von der Größe der Berührungsfläche, sondern nur von der Beschaffenheit der Oberfläche von Körper(-unterseite) und Unterlage sowie von der Normalkraft F_N ab, mit der der Körper senkrecht auf seine Unterlage drückt. Das zeigt auch ein Versuch nach *Abb. 1–57*.

Ergebnis: Die **Haftreibungskraft** F_H eines Körpers ist direkt proportional der **Normalkraft** F_N, mit der der Körper auf seine Unterlage drückt:

$$F_H = f_H \, F_N \, .$$

Die **Haftreibungszahl** f_H hängt nicht von der Größe, sondern nur von der Beschaffenheit der Berührfläche zwischen Körper und Unterlage ab.

Entsprechendes gilt für die **Gleitreibungskraft** F_G und die **Gleitreibungszahl** f_G:

$$F_G = f_G \, F_N \, .$$

Die Gleitreibungskraft F_G ist unabhängig von der Geschwindigkeit.

Aus dem Versuch (*Abb. 1–56*) erhält man die **Haftreibungszahl** f_H und die **Gleitreibungszahl** f_G durch Bestimmung des Neigungswinkels:

$$f_H = \tan \alpha_H \, , f_G = \tan \alpha_G \, .$$

Die Haftreibungskräfte sind im allgemeinen größer als die Kräfte der Gleitreibung (*Tab. 1–9*). Die Gleitreibung versucht man meistens herabzusetzen, z. B. durch Schmiermittel zwischen beweglichen Maschinenteilen. Die Haftreibung ist unerläßlich für viele Bewegungen; wir könnten z. B. nicht gehen, wenn es keine Haftreibung zwischen Schuhsohle und Unterlage gäbe.

	Haftreibungszahl f_H	Gleitreibungszahl f_G
Stahl auf Eis	0,03	0,015
Stahl auf Stahl		
trocken	0,15–0,5	0,1–0,4
gefettet	0,1	0,01
Stahl auf Teflon	0,04	0,04
Holz auf Holz	0,5	0,3
Ski auf Schnee	0,1–0,3	0,04–0,2
Autoreifen auf Straße		
Straße trocken	0,7–0,9	0,5–0,8
Straße naß	0,1–0,8	
Straße vereist	0,1–0,4	

Tab. 1–9: Haft- und Gleitreibungszahlen. Beachten Sie den niedrigen Wert Stahl auf Teflon.

Antriebs- und Reibungskräfte eines Fahrzeugs

Fahrzeuge auf Rädern wie Kraftfahrzeuge und Schienenfahrzeuge bewegen sich, weil der Antriebskraft F_A als Wechselwirkungskraft die gleich große **Haftreibungskraft** F_H zwischen Rad (Reifen oder Radkranz) und Unterlage (Straße oder Schiene) entgegenwirkt: Die Haftreibungskraft F_H treibt das Fahrzeug an.

Beim Auto z. B. wirkt als Normalkraft F_N, die senkrecht auf die Straßenoberfläche gerichtet ist, der auf der Antriebsachse lastende Teil der Gewichtskraft (*Abb. 1–58*). Die maximale Haftreibungskraft F_H, die zwischen Straße und Reifen wirksam sein kann, hängt von der Haftreibungszahl f_H, die den Reifenzustand (Profil, Unwucht) und den Straßenzustand (trocken, naß, vereist) wiedergibt, von der Normalkraft F_N ab:

Die Antriebskraft F_A, die vom Motor auf die Räder übertragen wird, kann höchstens gleich der maximalen Haftreibungskraft F_H sein. Das Beschleunigungsvermögen eines Autos wird durch die maximale Haftreibungskraft begrenzt, eine größere Kraft kann durch das Rad nicht auf die Straße übertragen werden.

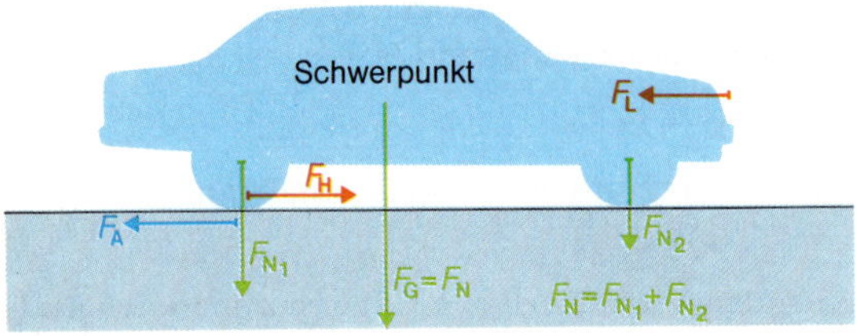

Abb. 1–58: Kräfte am fahrenden Auto. Die Antriebsräder üben auf die Straße die Antriebskraft F_A aus, als Gegenkraft wirkt die Straße mit der Haftreibungskraft F_H auf die Antriebsräder und treibt das Fahrzeug voran. Die Haftreibungskraft ist proportional der Normalkraft F_N der Antriebsachse. Der Luftwiderstand wirkt als Kraft F_L entgegengesetzt der Fahrtrichtung.

Die **Haftreibungszahl** f_H ist praktisch nie ganz ausnutzbar. Sie liegt bei trockner Straße bei 0,7 bis 0,9, bei nasser Straße je nach Wassertiefe und Geschwindigkeit z. B. bei etwa 0,6 für 40 km/h und 0,1 bis 0,5 bei 120 km/h. Für Glatteis ist sie von der Temperatur abhängig: Um 0° C beträgt sie ungefähr 0,1 und um − 20° C etwa 0,4.
Auf einer Straße mit Glatteis ist die Haftreibungskraft (fast) Null, die Räder drehen durch. (Dann findet die Antriebskraft ihre Wechselwirkungskraft in der Reibungskraft der Achse usw.) Bei einer Vollbremsung (Blockierung der Räder) ist die Reibung zwischen Reifen und Straße stark herabgesetzt (statt Haftreibung Gleitreibung).
Für das Fahrverhalten des Autos sind die Rollreibung und der Luftwiderstand wichtig.
Die **Rollreibungskraft** tritt auf durch die Verformung der Reifen und den Zustand der Straße. Sie ist wieder proportional zur Normalkraft auf die Achsen, ist aber auch von der Geschwindigkeit abhängig. Die Rollreibungszahl liegt bei guten Reifen (und normaler Straße) bei 0,01 bis 0,03.
Die **Luftwiderstandskraft** F_L eines Fahrzeuges ist proportional dem **Luftwiderstandsbeiwert** C_w (er liegt beim Pkw zwischen 0,3 und 0,4), der Querspannfläche A des Fahrzeugs, der Dichte ϱ der Luft und dem Quadrat der Geschwindigkeit v:

$$F_L = \frac{1}{2}\, C_w\, A\, \varrho\, v^2 .$$

Die Querspannfläche A ergibt sich aus der Projektion des Fahrzeugs auf eine Ebene senkrecht zur Bewegungsrichtung; sie liegt für einen Pkw bei 1,7 m² bis 2,0 m².

Zusammenfassung: Bei konstanter Geschwindigkeit v ist die Antriebskraft F_A, die höchstens der Haftreibungskraft F_H entspricht, gleich der Summe aus der Rollreibungskraft F_R und dem Luftwiderstand F_L:

$$F_A = F_R + F_L .$$

Fährt das Fahrzeug einen Berg hinauf, ist der Hangabtrieb der Gewichtskraft hinzuzufügen.

Aufgaben

1/78: Nennen Sie (mindestens fünf) Beispiele für das Wechselwirkungsgesetz, und geben Sie jeweils an, wo die Kräfte angreifen.

1/79: Ein Schlepper zieht vier gleich hintereinander gekoppelte Lastkähne (gleiche Masse, gleicher Widerstand bei der Fahrt durch das Wasser) mit der Kraft F = 2000 N.
a) Wie groß ist jeweils die Kraft, die das Seil zwischen dem ersten und zweiten, dem zweiten und dritten und zwischen dem dritten und vierten Kahn belastet?
b) Ergibt sich ein Unterschied, wenn der Schlepper den Schleppzug beschleunigt oder ihn nur mit konstanter Geschwindigkeit durch das Wasser zieht?

***1/80:** Auf einer Tafelwaage wird ein Becherglas mit Wasser durch ein Wägestück im Gleichgewicht gehalten (I). Dann wird eine Eisenkugel über eine Federwaage an ein Stativ gehängt und in das Becherglas gesenkt; zum Ausgleich wird das Wägestück gegen ein größeres ausgetauscht (II). Zeichnen Sie a) für die Anordnung (I), b) für die Anordnung (II) die Kräfte (Vektoren) ein, und ordnen Sie sie nach Wechselwirkungs- und Kompensationskräften.

1/81: Legt man einen Besenstiel waagerecht auf die beiden Zeigefinger bei ausgebreiteten Händen und bewegt die Finger nun langsam aufeinander zu, bleibt der Besenstiel stets im Gleichgewicht. Erklären Sie! Beachten Sie die Reibungskräfte zwischen Finger und Besenstiel!

1/82: Ein Klotz (m = 0,85 kg) wird auf einer horizontalen Tischfläche mit einer konstanten Kraft F = 1,9 N gezogen und legt dabei aus der Ruhe in t = 6,2 s den Weg s = 4,5 m zurück.
a) Welche Beschleunigung erfährt der Körper?
b) In welchem Verhältnis steht die Kraft F zur Masse m?
c) Die Antwort zu b) stimmt nicht mit der zu a) überein. – Was kann man daraus über die Bewegung schließen? Die Antwort ist möglichst zahlenmäßig zu ergänzen.
d) Wie groß ist die Gleitreibungszahl f_G?

***1/83:** Auf einer schiefen Ebene aus Holz (Neigungswinkel α = 30°) ruht ein Holzklotz vom Gewicht G = 2,0 N, an dem zusätzlich parallel zur schiefen Ebene nach oben eine Kraft F angreift.
a) Wie groß muß F mindestens und darf F höchstens sein, damit der Klotz auf der schiefen Ebene haften bleibt?
b) Wie stellt sich die Frage bei einem Neigungswinkel α = 20°? Berechnen Sie ebenfalls die Grenzen von F.

***1/84:** Für den Luftwiderstand eines Fallschirms ist A seine auf die Horizontale projizierte Fläche. Für die hier betrachtete Fallschirmsorte sei C_w = 2,0.
a) Mit welcher (konstanten) Geschwindigkeit fällt ein Springer von 100 kg Masse, Radius des Schirms 1,8 m?
b) Aus welcher Höhe würde ein Körper im freien Fall dieselbe Geschwindigkeit erreichen? Vergleichen Sie: Für einen geübten Springer ist ein Sprung aus einer Höhe bis zu 4 m noch ungefährlich.
c) Wie groß ist der Fallschirm zu wählen, wenn mit ihm ein Auto (m= 1000 kg) abgesetzt werden soll? Dabei gehe man davon aus, daß das Auto bei freiem Fall aus einer Höhe bis zu 3 m fast unbeschädigt bleibt.

***1/85:** Für ein Auto (m = 1000 kg) mit Hinterradantrieb betrage – vereinfacht angenommen – die Normalkraft auf die Hinterachse die Hälfte der Gesamtnormalkraft (f_H = 0,7).
a) Wie groß ist die Beschleunigung beim Anfahren auf ebener Straße?
b) Berechnen Sie die Beschleunigung beim Anfahren auf einer Straße mit 20 % Steigung!

***1/86:** Welche Antriebskraft ist erforderlich, um ein Auto (m = 1300 kg) auf horizontaler Straße unter Berücksichtigung seines Luftwiderstand (A = 1,9 m², C_W = 0,4) und seiner Rollreibung (f_R = 0,03) auf der Geschwindigkeit von v = 50, 100, 150, 200 km/h zu halten?

***1/87:** Ein Auto (m = 1000 kg, A = 2,0 m², C_w = 0,4, f_r = 0,03) mit Allradantrieb fährt auf einer Straße (f_H = 0,6) mit dem Steigungswinkel α = 10° hinan. Berechnen Sie unter Berücksichtigung von Luftwiderstand und Rollreibung, welche Beschleunigung jeweils aus der Geschwindigkeit v = 0, 50, 100, 150, 200 km/h noch möglich wäre. Allradantrieb heißt hier: Das gesamte Gewicht trägt zur Normalkraft bei.

Abb. 1–59: Zentralkraftgerät. Die Zentripetal- oder Radialkraft F_R ist gleich groß der Federkraft F_F. Beides sind Wechselwirkungskräfte.

1.2.5 Kräfte bei der Kreisbewegung

Der Hammerwerfer, der die Eisenkugel aus einer mehrfachen Drehung heraus fortschleudert, zieht während des Drehens die Kugel ständig zu sich hin, während er sich gleichzeitig gegen den Boden abstützt. Die Kraft, mit der er auf die Kugel wirkt und sie im Kreis herumbewegt, ist zum Drehmittelpunkt hin gerichtet. Gegen den Boden muß er sich stemmen, weil der Hammer nach dem Wechselwirkungsprinzip eine entgegengesetzt gleiche Kraft auf ihn ausübt.

Soll sich ein Körper auf einer Kreisbahn bewegen, muß auf ihn eine zur Kreismitte gerichtete Kraft, die **Zentripetalkraft,** wirken. Nach den Gesetzen der gleichförmigen Kreisbewegung (→ *1.1.7*) erfährt ein Massenpunkt, der einen Kreis mit konstanter Winkelgeschwindigkeit durchläuft, ständig eine Beschleunigung zur Kreismitte hin, die **Zentripetalbeschleunigung.**

$$a_R = -\omega^2 r = -v^2/r,$$

die dem Betrag nach konstant bleibt und nur ständig ihre Richtung ändert. Das Minuszeichen besagt, daß die Beschleunigung zum Mittelpunkt hin gerichtet ist. Folglich müßte nach dem Grundgesetz der Mechanik $F = m\,a$ die Zentripetalkraft

$$F_R = -m\,\omega^2 r = -m\,v^2/r$$

wirken.

Versuch 1/13: Wir untersuchen mit einem Zentralkraftgerät (*Abb. 1–59*) die Zentripetalkraft F_R in Abhängigkeit vom Bahnradius r, von der Winkelgeschwindigkeit ω und von der Masse m des Wagens.

Die Kraft F_R zeigt der Kraftmesser an, die Lage des Schwerpunktes des Wagens und damit den Bahnradius liest man an einer Marke auf dem Maßstab ab, und die Winkelgeschwindigkeit bestimmt man aus der Drehzahl.

Der Versuch bestätigt die Beziehungen $F_R \sim m$ mit ω und r konstant, $F_R \sim \omega^2$ mit m und r konstant sowie $F_R \sim r$ mit ω und m konstant. Durch Einsetzen von Meßwerten läßt sich auch $F_R/m\,\omega^2 r = 1$ nachweisen. Der Versuch bestätigt also den Ansatz aus der

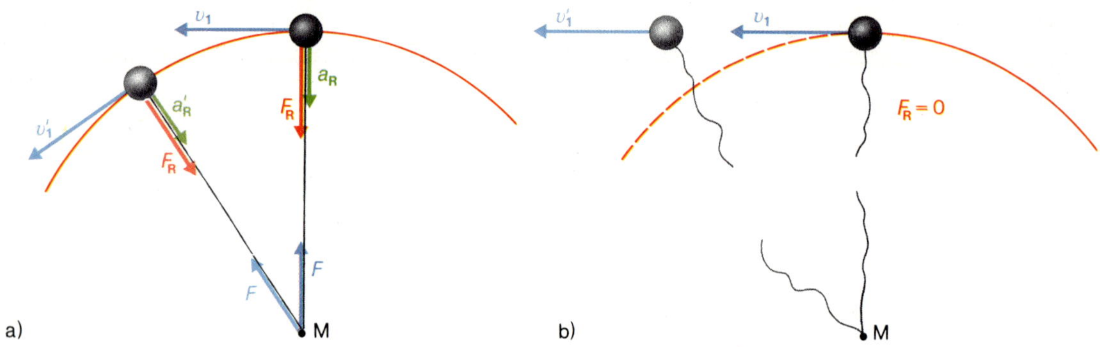

Abb. 1–60: a) Gleichförmige Kreisbewegung. b) Die Radialkraft ist Null: Der Körper fliegt nach dem Trägheitsgesetz tangential davon.

Grundgleichung der Mechanik, daß die Kraft gleich dem Produkt aus der Masse und der Beschleunigung ist.

Ergebnis: Die (stets zum Drehzentrum gerichtete) **Zentripetalkraft,** die einen Körper der Masse m mit konstanter Winkel- bzw. Bahngeschwindigkeit ω bzw. v auf einem Kreis mit dem Bahnradius r hält, ist

$$F_R = -m\,\omega^2\,r = -m\,v^2\,/\,r\,.$$

Man darf die **Zentripetalkraft** F_R nicht mit der Gegenkraft F verwechseln, die der umlaufende Körper auf den Kreismittelpunkt ausübt (*Abb. 1–60 a*). Sie ist außerdem von der **Zentrifugalkraft** zu unterscheiden, die ein mit dem Körper umlaufender Beobachter festzustellen meint. Diese läßt sich nur in einem Bezugssystem beobachten, das die Bewegung mitmacht (→ *1.2.6*).

Hört die Wirkung der Zentripetalkraft plötzlich auf, so behält der Körper nach dem Trägheitsgesetz seinen gerade erreichten Bewegungszustand bei: Er bewegt sich mit konstanter Geschwindigkeit **tangential** zu seiner bisherigen Kreisbahn weiter (*Abb. 1–60 b*) (solange nicht andere Kräfte wie Reibungskräfte oder seine Gewichtskraft diesen Bewegungszustand ändern).

Eine **Zentripetalkraft** tritt nicht nur bei der Kreisbewegung, sondern bei jeder nichtgeradlinigen Bewegung auf. Sie ist stets zum Krümmungsmittelpunkt der Kurve hin gerichtet.

Ist die Bewegung bei konstantem Bahnradius nicht gleichförmig, sondern wächst (wie beim Hammerwurf) die Bahngeschwindigkeit, so läßt sich die wirkende Kraft F in die Radialkraft F_R und in die tangential wirkende Kraft F_T zerlegen, die für die Bahnbeschleunigung verantwortlich ist.

Zentripetalkräfte sind keine neue Art von Kräften. Jede Kraft kann die Rolle einer Zentripetalkraft spielen. Zentripetalkräfte sind zum Beispiel die Zugkraft einer Schnur, die Kraft, die die Wandung einer Wäscheschleuder ausübt, die Gravitationskraft der Sonne auf die Erde bei deren jährlichem Umlauf um die Sonne oder die elektrische Kraft des Atomkerns auf das Elektron, das den Atomkern umkreist. Charakteristisch für alle Zentripetalkräfte ist, daß sie in jedem Augenblick senkrecht zur jeweiligen Bewegungsrichtung $\vec{v}$ des Körpers und zum Krümmungsmittelpunkt der Bahn hin gerichtet sind und daß sie den Betrag $F = m\,\omega^2\,r$ bzw. $F = m\,v^2\,/\,r$ besitzen.

Aufgaben

1/88: Vom Wasserstoffatom kann man sich folgende Modellvorstellung machen: Das Elektron ($m_e = 9{,}1\cdot10^{-31}$ kg) umkreist das Proton auf einem Kreis mit dem Radius $r = 0{,}5\cdot10^{-10}$ m mit einer Geschwindigkeit $v = 2{,}2\cdot10^6$ m/s. – Wie groß müßte danach die Kraft zwischen Elektron und Proton sein?

1/89: Ein Körper ($m = 0{,}1$ kg) wird an einer Schnur ($l = 0{,}5$ m) auf einem Kreis, dessen Ebene senkrecht zur Erdoberfläche steht, herumgeschleudert.

a) Wie groß müssen mindestens die Winkelgeschwindigkeit und die Drehzahl pro Minute sein, damit der Körper im oberen Punkt seiner Bahn nicht herunterfällt?
b) Welche Reißfestigkeit (in N) muß die Schnur besitzen? (Beachten Sie die Verhältnisse im unteren Punkt der Bahn.)

***1/90:** Stößt man ein Fadenpendel (Masse m, Pendellänge l) so an, daß sich das Pendel mit der Winkelgeschwindigkeit ω auf einem Kreis bewegt (Kreispendel; *Abb. 1–61*), wobei

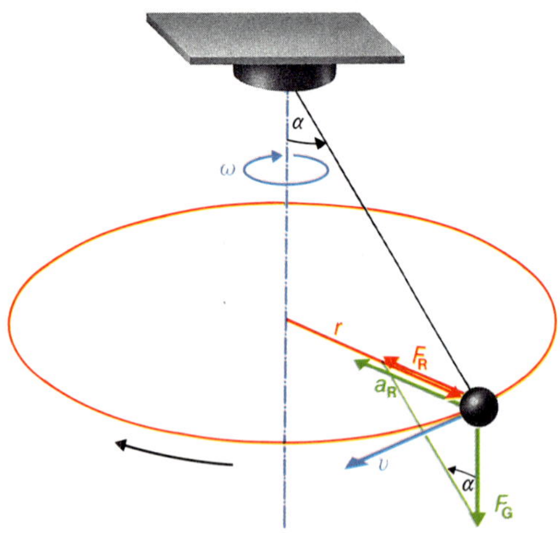

Abb. 1–61: Zu *Aufgabe 1/90.*

Pendelfaden und Drehachse den Winkel α bilden, so gehört zu jeder Winkelgeschwindigkeit ω ein fester Winkel α (Versuch!).

a) Berechnen Sie die Zentripetalkraft F_r und zeigen Sie, daß $\cos \alpha = g / (\omega^2 l)$ gilt.

b) Berechnen Sie Winkelgeschwindigkeit, Bahngeschwindigkeit und die Zugkraft auf den Pendelfaden (l = 0,6 m), wenn das Kreispendel (m = 2 kg) einen Winkel von 15° mit der Drehachse bildet.

1/91: Ein Körper (m = 0,4 kg) wird an einer 0,8 m langen Schnur 80mal in der Minute auf einem Kreis herumgeschleudert (*Abb. 1–61*).

a) Welche Zugkraft muß die Schnur aushalten?

b) Bei welcher Umdrehungszahl reißt die Schnur, wenn ihre Zugfestigkeit mit 500 N angegeben ist?

1/92: Die Erde dreht sich in 24 h einmal um ihre Achse. Wie groß ist die Zentrifugalkraft auf einen Menschen (m = 70 kg) in der geographischen Breite $\varphi = 0°$, $\varphi = 30°$, $\varphi = 60°$ und $\varphi = 90°$?

1/93: Ein Wagen (m = 1200 kg) fährt mit einer Geschwindigkeit v = 120 km/h durch eine Kurve mit einem Krümmungsradius von r = 2500 m.

a) Berechnen Sie die Zentrifugalkraft.

b) Wie groß ist das Verhältnis Zentrifugalkraft zu Gewichtskraft des Wagens? Was bedeutet das für die Haftreibungskraft?

***1/94:** Ein Schnellzug durchfährt mit der Geschwindigkeit v = 120 km/h eine Kurve vom Radius r = 2500 m. Wie groß muß man die Überhöhung $\ddot{u}$ (in mm) der äußeren Schiene (Spurweite w = 1435 mm) wählen, damit beide Schienen gleich belastet werden?

***1/95:** Eine Straßenkurve mit dem Radius 300 m sei nicht überhöht, so daß ein Auto in der Kurve allein durch die Haftreibungskraft zwischen Reifen und Straße gehalten wird. (Das wirkliche Kurvenverhalten eines Autos kann auf diese Weise allerdings nicht ermittelt werden.)
Mit welcher Höchstgeschwindigkeit kann ein Auto (m = 900 kg) die Kurve auf a) trockener (f_H = 0,8), b) nasser (f_H = 0,5) und c) vereister (f_H = 0,1) Straße durchfahren?

***1/96.** Ein Pkw (m = 1300 kg) fährt mit konstanter Geschwindigkeit v = 40 km/h über eine gewölbte Brücke. Der Radius des mittleren Brückenbogens beträgt R = 50 m.

a) Mit welcher Normalkraft belastet der Pkw die Brückenmitte?

b) Bei welcher Geschwindigkeit würde der Wagen abheben?

***1/97:** Eine Diesellokomotive (m = 80 t, Höhe des Schwerpunktes h = 2,1 m) durchfährt mit konstanter Geschwindigkeit v_1 = 120 km/h eine Kurve mit dem Krümmungsradius R = 700 m. (Spurweite w = 1435 mm, Überhöhung $\ddot{u}$ = 150 mm.)

a) Wie groß ist bei der Kurvenfahrt die Sicherheit gegen Kippen? Als Sicherheit bezeichnet man das Verhältnis des Tangens des Winkels, um den die Resultierende der Kräfte vom Lot abweichen darf, zu dem Tangens des tatsächlich von der Resultierenden zum Lot gebildeten Winkels.

b) Wie groß sind die gesamten Kräfte F_A und F_B senkrecht zu den Achsen auf die äußere und auf die innere Schiene?

c) Wie groß ist die gesamte Kraft F_C gegen die Schienen parallel zu den Achsen?

d) Bei welcher Geschwindigkeit wäre F_C Null?

e) Bei welcher Geschwindigkeit würde die Lokomotive kippen?

f) Wie groß müßte die Überhöhung $\ddot{u}$ bei der vorgegebenen Geschwindigkeit sein, damit F_C Null wäre?

1.2.6 Trägheitskräfte im beschleunigten Bezugssystem: Galilei-Transformation und Inertialsystem

Häufig wird die für das Zustandekommen einer Kreisbewegung erforderliche Zentripetalkraft mit der Zentrifugalkraft verwechselt. Die Zentrifugalkraft gehört zu den Schein- oder Trägheitskräften, die nur in beschleunigten Bezugssystemen auftreten.
Dazu sollen einige Versuche von verschiedenen Bezugssystemen aus betrachtet werden, nämlich einmal vom Laborsystem und zum anderen von einem mitbewegten Bezugssystem aus.

Versuch 1/14: Auf der Platte eines Fahrtisches steht ein frei beweglicher Wagen. Der Tisch wird nach rechts (*Abb. 1–62*) beschleunigt.
Den Vorgang beobachten der Beobachter A, der neben dem

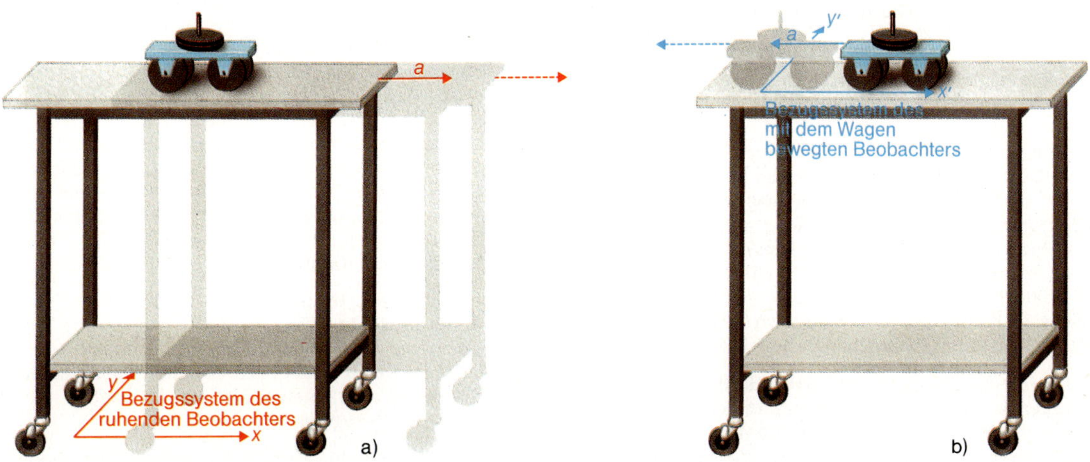

Abb. 1–62: Schein- oder Trägheitskraft. a) Für den ruhenden Beobachter (im Laborsystem) bleibt der Wagen wegen seiner Trägheit in Ruhe; er erfährt keine Kraft. b) Der mitbewegte Beobachter stellt eine Beschleunigung des Wagens fest; für ihn wirkt auf den Wagen eine Kraft, die Trägheits- oder Scheinkraft.

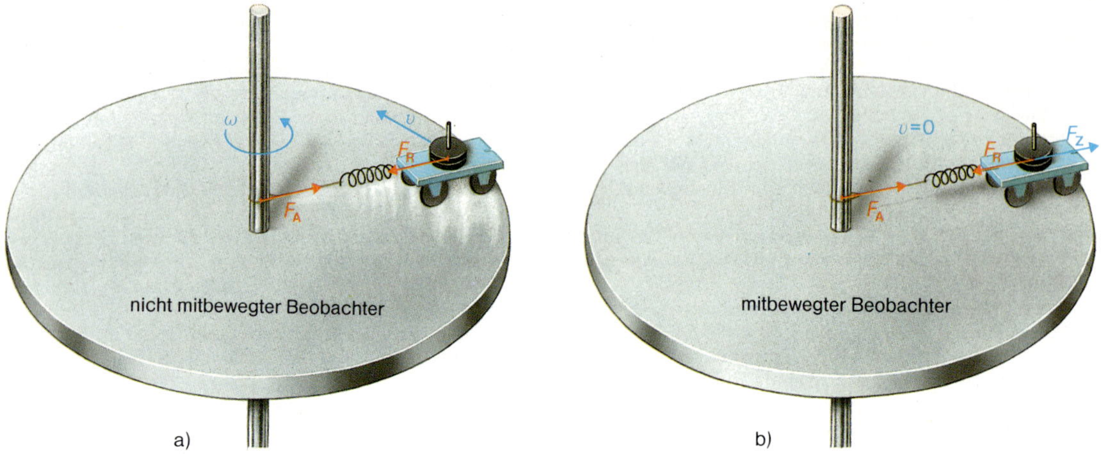

Abb. 1–63: Beschleunigtes Bezugssystem. a) Für den ruhenden Beobachter (im Laborsystem wird der Wagen ständig zum Drehpunkt hin beschleunigt). b) Für den mitbewegten Beobachter ruht der Wagen. Er schließt daher auf die Zentrifugalkraft F_Z, die die von ihm auch beobachtete Zentripetalkraft F_R kompensiert.

Tisch steht **(Laborsystem)**, und der Beobachter B, der auf dem Tisch sitzt **(bewegtes System)**.

1. A stellt fest, daß der Tisch eine Beschleunigung a nach rechts erfährt, während der Wagen (wegen seiner Trägheit) in Ruhe bleibt, also keine Kraft erfährt (*Abb. 1–62 a*).
2. B stellt fest, daß sich der Wagen beschleunigt nach links bewegt. Nach seiner Ansicht wirkt auf ihn eine Kraft nach links (*Abb. 1–62 b*).
3. Beide Beobachter stellen denselben Vorgang verschieden dar. Für B wirkt auf den Wagen eine Kraft $F = m\,a$ nach links, für A tritt keine Kraft auf. Welche Beobachtung ist „richtig"?

Versuch 1/15: Auf einer Kreisscheibe, die sich mit konstanter Winkelgeschwindigkeit bewegt, wird ein Wagen mit Schnur und Kraftmesser gehalten, so daß der Wagen sich mit der Kreisscheibe mitdreht (*Abb. 1–63*).
Wieder beobachten den Vorgang der Beobachter A, der neben dem Tisch steht (im Laborsystem), und der Beobachter B, der sich – gedacht – mit der Kreisscheibe mitbewegt.

1. A erkennt am Auszug der Feder, daß ständig eine Kraft auf den Wagen zum Kreismittelpunkt hin ausgeübt wird. Diese **Zentripetal-** oder **Radialkraft** F_R erzeugt die Kreisbewegung des Wagens (*Abb. 1–63 a*). Die Beobachtung von A stimmt mit der Grundgleichung der Mechanik überein: Der Wagen ändert ständig seine Richtung, erfährt also eine Beschleunigung, und diese Beschleunigung ruft die Radialkraft F_R hervor.
2. B sieht auch an der Feder, daß auf den Wagen ständig eine Kraft zum Mittelpunkt hin wirkt. Er sieht aber gleichzeitig, daß in seinem System der Wagen in Ruhe, also im Gleichgewicht ist. Daher schließt er auf eine **Kompensationskraft,** die nach außen wirkt. Diese Kraft bezeichnet er als **Zentrifugal-** oder **Fliehkraft** F_Z (*Abb. 1–63 b*).
3. Beide Beobachter registrieren also die zum Mittelpunkt wirkende Kraft F_R. B stellt zusätzlich die Zentrifugalkraft F_Z fest. Für A ist eine solche Kraft nicht vorhanden.

Die **Zentrifugalkraft** ist eine **Scheinkraft,** die man auch **Trägheitskraft** nennt. Sie kommt durch ein Verhalten des Körpers zustande, das der Beobachter im Laborsystem als Trägheitsverhalten analysiert, der Beobachter im beschleunigten Bezugssystem aber als Kraft deutet.
Nach dem **Dritten Newtonschen Axiom** gibt es zu jeder Kraft eine Gegenkraft, eine Wechselwirkungskraft. Zu der Zentripetalkraft F_R finden A und B eine solche Kraft. Ein zweiter Kraftmesser, zwischen Achse und Schnur eingebaut, zeigt sie (*Abb. 1–63 a*): Die Gegenkraft F_A zu F_R greift an der Achse an. Dagegen findet B zu der Zentrifugalkraft F_Z, auf deren Existenz er schließt, weil der Wagen in seinem System in Ruhe, also im Gleichgewicht ist, keine Wechselwirkungskraft. Für die Zentrifugalkraft gilt also das Dritte Newtonsche Axiom nicht.
Allgemein gilt:

Trägheits- oder **Scheinkräfte** erkennt man daran, daß sie keine **Gegenkräfte** besitzen.

Auch wenn man die Trägheitskräfte als Scheinkräfte bezeichnet, so haben sie doch für den Beobachter, der sie (z. B. an fehlenden Gegenkräften) in seinem System feststellt, reale Existenz. Bei der Kreisbewegung ist im mitgedrehten System die Zentripetalkraft die Kompensationskraft zur Zentrifugalkraft. Fehlt die Zentripetalkraft, weil z. B. im *Versuch 1/15* die Schnur reißt, wird für den Beobachter im mitbewegten System die Zentrifugal- oder Fliehkraft wirksam.
So „erlebt" der Besucher eines Karussells die Zentrifugalkraft ebenso wie der Autofahrer, der durch eine Kurve fährt. Von einem Inertialsystem aus beurteilt verhalten sich Besucher und Autofahrer dagegen nur nach dem Trägheitsgesetz.
Aus der Beobachtung einer Scheinkraft kann man feststellen, daß man sich in einem beschleunigten System befindet. Läßt sich zu jeder Kraft ihre Gegenkraft finden, treten also für den Beobachter in diesem System nur Wechselwirkungskräfte auf, so befindet man sich in einem nichtbeschleunigten System, in dem der Impulssatz gilt. Ein solches System ist ein **Inertialsystem** (→ *1.2.2*).

Zusammenfassung: In Inertialsystemen treten nur Wechselwirkungskräfte auf. In anderen Systemen, die keine Inertialsysteme sind und folglich ihnen gegenüber beschleunigt sind, treten außer den Wechselwirkungskräften auch Schein- oder Trägheitskräfte auf. Sie werden nur in beschleunigten Bezugssystemen beobachtet.

Da die Erde sich dreht, ist sie kein Inertialsystem. Das hat FOUCAULT 1850 eindrucksvoll mit seinem Pendelversuch nachgewiesen. Hängt man an einen langen Draht (z. B. 10 m) einen schweren Pendelkörper und läßt ihn nach einer

Auslenkung los, so wird das Pendel auf der nördlichen Halbkugel ständig nach rechts hin abgelenkt (*Abb. 1–64*). Für die ablenkende Kraft ist keine Gegenkraft vorhanden. Der **Foucaultsche Pendelversuch** zeigt, daß die Erdoberfläche ein beschleunigtes Bezugssystem ist, und „beweist" damit, daß die Erde sich dreht.
Die beim Foucaultschen Pendelversuch beobachtete Trägheitskraft wirkt auf alle Körper, die sich auf der Erdoberfläche bewegen. Nach ihrem Entdecker CORIOLIS bezeichnet man sie als **Corioliskraft**. Sie bewirkt auf der Nordhalbkugel eine Rechtsablenkung jeder Bewegung, auf der Südhalbkugel eine Linksablenkung. Das gilt für Windsysteme (Passate, Zyklone) ebenso wie für Meeresströmungen und Flüsse. Flußufer sind auf der Nordhalbkugel auf der rechten Seite stärker ausgewaschen. Eisenbahnschienen sind auf der Nordhalbkugel stärker rechts in Fahrtrichtung belastet usw.

Die **Corioliskraft** ist eine Scheinkraft oder Trägheitskraft, die in rotierenden Bezugssystemen auftritt; sie wirkt senkrecht zur Relativgeschwindigkeit des Körpers im bewegten Bezugssystem. Auf der Nordhalbkugel wirkt sie rechtsablenkend, auf der Südhalbkugel linksablenkend.

Das Zustandekommen der **Corioliskraft** soll anhand der *Abb. 1–65* einsichtig gemacht werden. Dazu betrachten wir eine Rakete, die vom Punkt $A = A_1$ auf dem Breitenkreis φ_1 mit der Geschwindigkeit v_1 nach Norden abgeschossen wird. Beim Abschuß besitzt sie neben der Geschwindigkeit v_1 auch die Bahngeschwindigkeit v, mit der ihr Startpunkt A um die Erdachse (von Westen nach Osten) rotiert. Wenn sie nach der Zeit Δt den Breitenkreis φ_2 erreicht, möge sich ihr Startpunkt A gerade von A_1 nach A_2 bewegt haben. Um

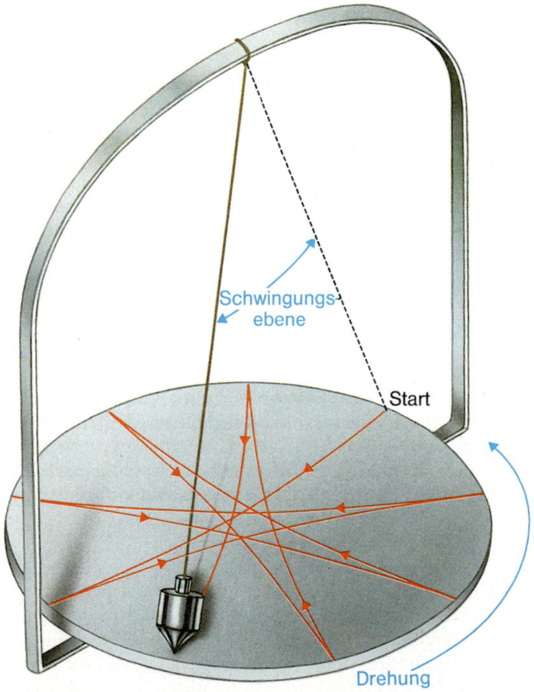

Abb. 1–64: Foucaultsches Pendel. Unter der sich drehenden Unterlage (Erde) bleibt die Schwingungsebene im Raum (im Inertialsystem) fest: Die Bahn auf der sich drehenden Unterlage gibt die gezeichnete Kurve.

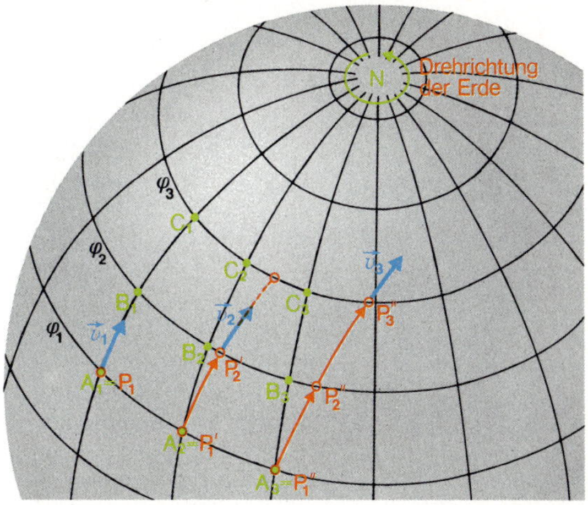

Abb. 1–65: Corioliskraft. Eine auf dem Breitenkreis φ_1 nach Norden abgeschossene Rakete eilt der Erddrehung um so mehr voraus, je weiter sie nach Norden kommt, weil der Breitenkreis φ_1 sich mit höherer Geschwindigkeit um die Erdachse bewegt als alle nördlicheren Breitenkreise.

dieselbe Strecke wird sich die Rakete auch auf dem Breitenkreis φ_2 nach Osten bewegt haben. Sie trifft auf dem Breitenkreis φ_2 in P_2' ein: $\overline{P_2B_1} = \overline{A_2A_1}$. Der beim Start angesteuerte Zielpunkt B auf dem Breitenkreis φ_2 wird sich in derselben Zeit Δt allerdings nur bis B_2 bewegt haben: $\overline{B_2B_1} < \overline{A_2A_1}$. Denn der Punkt B bewegt sich auf dem Breitenkreis φ_2 mit einer geringeren Bahngeschwindigkeit um die Erdachse. Die Rakete ist also – scheinbar – von ihrem ursprünglichen Kurs nach Osten, also nach rechts, abgelenkt worden.

Galilei-Transformation

Einfach liegen die Verhältnisse, wenn sich ein Bezugssystem B (z. B. der Fahrtisch) gegenüber einem anderen Bezugssystem A (z. B. dem Laborsystem) mit (nach Betrag und Richtung) konstanter Geschwindigkeit $\vec{v_0}$ bewegt ($\vec{v_0}$ beschreibe die Geschwindigkeit, mit der sich das System B gegenüber dem System A bewegt).
Bewegt sich dann im System B (auf dem Fahrtisch) ein Körper mit der Geschwindigkeit $\vec{v'}$, so registriert ein Beobachter von A aus als Geschwindigkeit des Körpers $\vec{v} = \vec{v_0} + \vec{v'}$.
Wenn zur Zeit $t = 0$ die Koordinatenachsen beider Systeme zusammenfallen, so wird zur Zeit t der Ort $\vec{s'}$ im System B von System A aus als $\vec{s} = \vec{v_0}\,t + \vec{s'}$ gemessen (*Abb. 1–66*).
Die Umrechnungen von Wegen und Geschwindigkeiten zweier Systeme, die sich relativ zueinander mit konstanter Geschwindigkeit bewegen, nennt man **Galilei-Transformation:**

$$\vec{s} = \vec{v_0}\,t + \vec{s'}\,,$$
$$\vec{v} = \vec{v_0} + \vec{v'}\,.$$

Diese Umrechnungen treffen insbesondere für Inertialsysteme (→ *1.2.2*) zu.

In allen Inertialsystemen sind die (gleichen) Gesetze der Newtonschen Mechanik gültig. Kein Inertialsystem ist gegenüber dem anderen ausgezeichnet.

Gilt nämlich in einem Inertialsystem für einen Vorgang das Zeit-Weg-Gesetz $s = f(t)$, so kann das Gesetz von einem

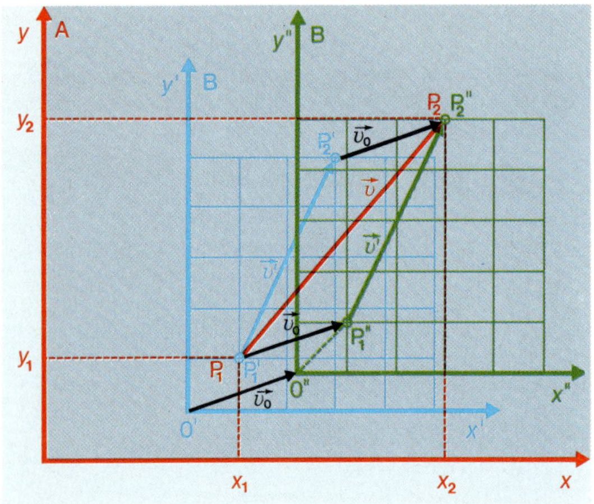

Abb. 1–66: Galilei-Transformation. Das System B bewegt sich gegenüber dem System A mit der Geschwindigkeit v_0. Im Bezugssystem B bewegt sich der betrachtete Körper mit der Geschwindigkeit v'. Der Beobachter im System A registriert für ihn die Geschwindigkeit $v = v_0 + v'$.

zweiten Inertialsystem aus nur $s' = f(t) + v_0\,t + s_0$ lauten, wenn das zweite sich mit der Geschwindigkeit v_0 gegenüber dem ersten bewegt und die Nullpunkte beider Systeme zur Zeit $t = 0$ den Abstand s_0 haben. Die zweiten Ableitungen von s und s' stimmen überein: $\ddot{s} = \ddot{s}' = \ddot{f}(t)$. Die Beschleunigung des beobachteten Körpers wird demnach von beiden Systemen aus in gleicher Größe gemessen, und mit der Beschleunigung sind für beide Systeme auch die Kräfte gleich.

Aufgaben

1/98: Ein Fahrzeug durchfährt eine Kurve mit der konstanten Geschwindigkeit $v = 90$ km/h. Ein Kraftmesser, an dem eine Kugel ($m = 500$ g) hängt, zeigt während der Kurvenfahrt $F = 6{,}0$ N.

a) Beschreiben Sie die Beobachtung von zwei Bezugssystemen aus!
b) Wie groß ist der Kurvenradius?

***1/99:** Konstruieren Sie die Bahn einer Kugel, die auf einer mit der Winkelgeschwindigkeit $\omega = 1/12\ \mathrm{s}^{-1}$ rotierenden Scheibe vom Mittelpunkt gegenüber dem Laborsystem mit der Geschwindigkeit $v = 6$ cm/s abgeschossen wird, im

a) Laborsystem,
b) im System der drehenden Scheibe.

1/100: Ein Fahrstuhl bewegt sich mit konstanter Beschleunigung $a < g$ nach unten. Im Fahrstuhl hängt an einem Kraftmesser eine Kugel.
Beschreiben Sie, was ein Beobachter A im System 1, in dem der Fahrstuhl beschleunigt wird, und ein Beobachter B im System 2, das mit dem Fahrstuhl verbunden ist, beobachten.

***1/101:** In einem Fahrstuhl steht ein Mann auf einer Personen-(Feder-)waage. Sie zeigt beim Anfahren des Fahrstuhls $F = 950$ N, beim Halten 880 N an.

a) In welcher Richtung fährt der Fahrstuhl an?
b) Berechnen Sie die Beschleunigung!
c) Welche Verhältnisse stellen sich ein, wenn der Fahrstuhl mit einer dem Betrage nach gleichen Beschleunigung anhält?
d) Zeichnen Sie die Verhältnisse beim Anfahren und Anhalten!

***1/102:** Auf einem Tanker, der 15 Knoten *(s. Aufgabe 1/49)* Fahrt macht, startet vom Heck aus ein Moped mit konstanter Beschleunigung von $0{,}8\,\mathrm{m/s^2}$. Wie lauten die Bewegungsgleichungen beim Beschleunigungsvorgang, bezogen auf ein mit dem Tanker bzw. dem Meeresgrund verbundenes System?

***1/103:** Ein Körper wird mit der Geschwindigkeit v_0 unter dem Winkel α zur Horizontalen abgeworfen. Von welchem Bezugssystem aus erscheint die Bewegung

a) als freier Fall,
b) als waagerechter Wurf,
c) als senkrechter Wurf?

Anzugeben ist – neben der Beschreibung – die Geschwindigkeit v, mit der sich das neue Bezugssystem gegenüber dem Laborsystem bewegt.

1.2.7 Begriffsbildung in der Physik; Größensysteme und Größengleichungen

Die Erfassung der Vielfalt der Erscheinungen, mit denen es die Physik zu tun hat, und die Darstellung ihrer Gesetzmäßigkeiten sind nur möglich durch die Verwendung einer Fachsprache mit fest umrissenen Begriffen. Die Alltagssprache erweist sich für diesen Zweck als ungeeignet, da ihre Worte häufig vieldeutig sind. Das Wort Kraft z. B. wird außerhalb der Physik in anderer Bedeutung verwendet, als es der Physiker gewohnt ist.

Die Begriffsbildung in der Physik

Für die Physik charakteristisch ist die Verwendung **metrischer** oder **quantitativer Begriffe** wie Länge, Gewichtskraft, Spannung, Feldstärke usw. Das sind Begriffe, die es gestatten, einem physikalischen Objekt einen Zahlenwert zuzuordnen. Die Definition der Kraft z. B. enthält eine **Meßvorschrift,** nach der einer bestimmten Kraft als einem physikalischen Objekt ein Zahlenwert (mit Einheit) zugeordnet werden kann.
Neben ihnen gibt es wissenschaftstheoretisch zwei weitere Gruppen von Begriffen. Da sind die **klassifikatorischen** oder **qualitativen Begriffe,** die zum Beispiel der Biologe benutzt, wenn er Tiere oder Pflanzen einer bestimmten Klasse, nämlich einer Art, einer Familie oder einer Gattung zuordnet. Und es gibt die **topologischen** oder **komparativen Begriffe,** die es gestatten, Objekte in eine Reihenfolge zu bringen, indem sie eine Gleichheitsbeziehung und eine Größer-Kleiner-Beziehung einführen, wie sie aus der Mathematik her bekannt sind. Beide Gruppen von Begriffen sind stets Vorstufen für die Bildung metrischer Begriffe. Der Mineraloge z. B. teilt die Steine, die er draußen findet, ein in Minerale, das sind Steine einheitlicher Natur, und in Gestein, das aus verschiedenen Teilen zusammengesetzt ist. Mineral und Gestein sind Beispiele **klassifikatorischer** oder **qualitativer** Begriffe. – Die Kristalle teilt der Mineraloge nach ihrer Härte ein. Härte ist ein **topologischer** oder **komparativer** Begriff: Kristalle lassen sich aufgrund ihrer Härte in eine Reihenfolge bringen, wobei ein Kristall jeweils härter als der vorausgehende ist.
Die Physik wird häufig als diejenige Wissenschaft definiert, die sich auf die Erfassung quantitativer Erscheinungen beschränkt. Sie verwendet eine ganze Reihe von quantitativen oder metrischen Begriffen. Sie lassen sich alle aus wenigen Begriffen, den **Grundbegriffen,** aufbauen und entwickeln. Somit verfügt die Physik über ein geschlossenes Begriffssystem, das bei Bedarf erweitert wird.
Die Einführung des physikalischen Begriffssystems beruht nicht nur (wie in der Mathematik) auf reinen Festsetzungen. Schon bei der Einführung qualitativer oder klassifika-

torischer Begriffe spielen die Erfahrung und ihre hypothetische Verallgemeinerung eine wichtige Rolle. Genauso wichtig ist die Überlegung, ob ein neuer Begriff zu möglichst einfachen Gesetzen führt und ob er möglichst vielfältig anwendbar ist.
Beim Aufbau des **physikalischen Begriffssystems** wirken diese fünf Faktoren zusammen, nämlich Konventionen (Festsetzungen), empirische Befunde (Erfahrungen), hypothetische Annahmen (Verallgemeinerungen), Einfachheits- und Fruchtbarkeitsbetrachtungen.
Das soll am Beispiel der Temperaturmessung erläutert werden. Zu den **Festsetzungen** gehört es zweifelsohne, die Temperatur des siedenden Wassers mit 100° Celsius zu bezeichnen. Aus **Einfachheitsgründen** wird man Wasser für diese Festsetzung wählen. **Empirisch** oder der **Erfahrung** nach liegt dem auch der Befund zugrunde, daß es dabei gleichgültig ist, woher das Wasser stammt, aus der Wasserleitung oder aus einem Gebirgsbach. Die Einteilung der Celsiusgrade anhand der Ausdehnung einer Quecksilbersäule hat sich als außerordentlich fruchtbar erwiesen; andere, ursprünglich vorgeschlagene Temperaturskalen sind verschwunden. Der Temperaturbegriff ist dann später **verallgemeinert** und von der Ausdehnung der Quecksilbersäule unabhängig gemacht worden (→ *Kap. 4*).
Die Einführung **quantitativer** oder **metrischer** Begriffe bietet eine Reihe von Vorteilen:
Das wissenschaftliche Vokabular wird bedeutend handlicher, übersichtlicher und genauer. – Ohne den (quantitativen) Temperaturbegriff müßte man allein mit (klassifikatorischen) Begriffen wie „sehr heiß", „heiß", „warm", „lauwarm" usw. auskommen. Mit ihm dagegen kann man alle denkbaren Wärmezustände mit einer Zahl (z. B. der Temperatur in °C) versehen und so unterscheiden.
Mit **quantitativen** Begriffen lassen sich die Naturgesetze so formulieren, daß auf sie die am weitesten formalisierte Sprache, die Mathematik, anwendbar ist. Gesetze können mit quantitativen Begriffen viel einfacher und kürzer formuliert werden, als es mit qualitativen oder komparativen Begriffen möglich ist. Mit ihrer Hilfe können die Gesetze durch mathematische Funktionen ausgedrückt werden, so daß in wirkungsvoller und präziser Weise Vorhersagen gemacht werden können.
Die Einführung quantitativer oder metrischer Begriffe bezeichnet man als **Metrisierung.** Erst wenn die Metrisierung einer physikalischen Größe festgelegt ist, kann die Messung erfolgen. Erst wenn man z. B. definiert hat, was man unter der Kapazität eines Kondensators verstehen will, kann man von einem bestimmten Kondensator die Kapazität messen. Metrisierung und Messung sind also zu unterscheiden.

Metrisierung von Merkmalen; physikalische Größen

Die Objekte physikalischer Untersuchungen (z. B. Körper, Zustände, Vorgänge) sind **Träger von Eigenschaften** oder **Merkmalen.**
Ein Objekt in diesem Sinn ist ein Auto auf einer Testfahrt; seine Merkmale sind seine Geschwindigkeit, seine Motorleistung usw. Ein anderes Objekt ist der Vorgang, der sich beim Auslaufen von Flüssigkeiten aus einem Behälter mit bestimmter Öffnung abspielt; seine Merkmale sind die Ausflußgeschwindigkeit, die Dichte der Flüssigkeiten usw.
Merkmale derselben Art fassen wir zu einer **Merkmalsart** zusammen. So gehören zu derselben Merkmalsart die Breite, Tiefe und Höhe eines Körpers, der Abstand zweier Lichtquellen. Merkmale einer anderen Art sind die Dauer eines Lichtblitzes, die Länge eines bestimmten Tages. Für die erste Merkmalsart ist der Begriff Länge, für die zweite der Begriff Zeit üblich.
Die Metrisierung einer Merkmalsart besteht darin, Regeln anzugeben, nach denen einem bestimmten Merkmal eine bestimmte Zahl zugeordnet wird. Eine Merkmalsart, für die eine Metrisierung definiert ist, heißt (allgemeine) **physikalische Größe.**

Definition: Eine (allgemeine) physikalische Größe wird durch ein Metrisierungsverfahren einer Merkmalsart festgelegt, nach dem
1. ein bestimmtes Merkmal der betrachteten Art als Einheit gewählt und benannt sowie das Normal, der Merkmalsträger der Einheit, festgesetzt wird **(Einheitsregel),**
2. zwei Merkmale derselben Art als gleich gelten **(Gleichheitsregel),**
3. das Zusammenfügen zweier Merkmale derselben Art bestimmt wird **(Additivitätsregel).**

Beispiele haben wir bei der Festlegung der Kraft oder der Masse kennengelernt (*1.2.1*).
Das **Normal** einer physikalischen Größe muß reproduzierbar sein, d. h., es muß im Laboratorium exakt (mit genau festgesetzten Abweichungen) und jederzeit hergestellt werden können. Je nach dem Stand der experimentellen Technik werden Normale neu definiert. Besonders bei den Grundgrößen ist es das Ziel, das Normal auf Naturkonstanten zurückzuführen und es somit von zufälligen Materialeigenschaften unabhängig zu machen (z. B. Längennormal). Das Normal ist der Merkmalsträger für die Einheit einer physikalischen Größe. Die Einheiten der Grundgrößen sind zumeist aus historischen Gründen entstanden (z. B. Meter, Kilogramm); die Einheiten der anderen Größen ergeben sich aus den Einheiten der Grundgrößen.

Eine (allgemeine) **physikalische Größe** als metrisierte Merkmalsart ist ein metrischer oder quantitativer Begriff. Der spezielle Wert, den eine physikalische Größe in einem bestimmten Fall annehmen kann, heißt (spezielle) physikalische Größe oder physikalischer Größenwert.

Im mathematischen Sinne ist ein Metrisierungsverfahren eine Funktion. Denn es enthält eine Vorschrift, nach der man den Merkmalen einer Merkmalsart jeweils eine Zahl – mit einer Einheit zur Bezeichnung der Art – zuordnen kann. Eine physikalische Größe ist in dieser Sprechweise eine Variable, die für ein bestimmtes physikalisches Objekt spezielle Werte – mit der entsprechenden Einheit –, nämlich Größenwerte, annimmt.

Es gilt: **Größenwert = Zahlenwert** mal **Einheit.**

Physikalische Größen werden mit bestimmten Buchstaben (schräg gedruckt) bezeichnet: Länge l, Zeit t, Kraft F usw. Ihre Einheiten kürzt man ebenfalls im allgemeinen mit Buchstaben ab (aufrecht gedruckt): m Meter, s Sekunde usw. Die in eckige Klammern gesetzte Größe bezeichnet

Tera	Giga	Mega	Kilo	–	Dezi	Zenti
10^{12}	10^{9}	10^{6}	10^{3}	10^{0}	10^{-1}	10^{-2}
T	G	M	k	–	d	c

Milli	Mikro	Nano	Piko	Femto	Atto
10^{-3}	10^{-6}	10^{-9}	10^{-12}	10^{-15}	10^{-18}
m	μ	n	p	f	a

Tab. 1–10: Vorsätze zu Einheiten. Beispiel: 1 pF = 1 Picofarad.

ihre Einheit: $[l] = 1$ m, $[t] = 1$ s usw. Beispiele für Größenwerte sind: $l_1 = 3{,}5$ m, $F_0 = 0{,}4$ N.
Die Zahlenwerte der (speziellen) physikalischen Größen schreibt man häufig in Zehnerpotenzen, z. B. Entfernung Erde – Mond $e = 384\,000\,000$ m $= 3{,}84 \cdot 10^8$ m. Oder man verwendet für die Angabe von Zehnerpotenzen Vorsilben vor den Einheiten, Vorsätze genannt (*Tab. 1–10*), wie z. B. im obigen Fall $e = 384\,000\,000$ m $= 384\,000$ km.

Größensysteme und Größengleichungen

Die meisten physikalischen Größen kann man so festlegen, daß man sie auf schon eingeführte Größen zurückführt (z. B. $F = m\,a$, $v = \Delta s/\Delta t$). Unabhängig von anderen Größen müssen nur die Basisgrößen durch eine sogenannte **Fundamentalmetrisierung** definiert werden. Die übrigen Größen werden durch abgeleitete Metrisierung eingeführt.

Physikalische Größen, die nicht auf andere zurückgeführt werden, heißen **Basisgrößen,** alle anderen sind **abgeleitete Größen.**

Durch die Wahl einer Anzahl von Größen als Basisgrößen mit ihren Einheiten, den Basiseinheiten, wird für den systematischen Aufbau eines Teilgebietes oder der gesamten Physik ein Größensystem festgelegt. Auswahl und Anzahl der Basisgrößen hängen von verschiedenen Faktoren ab. Internationale Vereinbarungen haben zu der Entwicklung eines Größensystems mit Einheiten geführt, das auch diesem Buch zugrunde liegt.
Das **Internationale Einheitensystem** (abgekürzt SI – Système International d'Unités) ist auf den sieben Basisgrößen Länge, Zeit, Masse, Stromstärke, Temperatur, Lichtstärke und Stoffmenge und ihren Basiseinheiten (*Tab. 1–11*) aufgebaut.
Nach dem am 5. Juli 1970 in Kraft getretenen „Gesetz über Einheiten im Meßwesen" der Bundesrepublik Deutschland ist das Internationale Einheitensystem auch für den Unterricht verbindlich.
Die Einheiten der abgeleiteten Größen im SI-System sind so festgesetzt, daß sie sich ausschließlich durch solche Gleichungen auf die Basiseinheiten zurückführen lassen, in denen kein anderer Zahlenfaktor als 1 vorkommt. So gelten z. B. für die Einheiten von elektrischer Ladung und Kraft folgende Beziehungen:

$$1\ \mathrm{C} = 1\ \mathrm{As\ bzw.\ } 1\ \mathrm{N} = 1\ \frac{\mathrm{kg\,m}}{\mathrm{s}^2}\,.$$

Einheiten eines Systems von physikalischen Größen, zwischen denen nur der Faktor 1 in den Einheitengleichungen auftritt, heißen **kohärent;** ihre Einheiten sind aufeinander abgestimmt. Das SI-System ist ein **kohärentes Einheitensystem.**

Physikalische Größen sind in **Größengleichungen** verknüpft. Diese treten in zwei verschiedenen Bedeutungen auf:
1. als Gleichungen, in denen bis auf eine alle anderen Größen schon eingeführt sind. Sie stellen **Definitionsgleichungen** für die neue (unbekannte) Größe dar und führen sie auf bekannte Größen zurück.
2. als Gleichungen, in denen nur bereits bekannte physikalische Größen auftreten. Sie geben den Zusammenhang zwischen diesen Größen wieder und stellen somit **physikalische Gesetze** dar.

Einheit	Einheitszeichen	physikalische Größe
das Meter	1 m	Länge
das Kilogramm	1 kg	Masse
die Sekunde	1 s	Zeit
das Ampere	1 A	elektrische Stromstärke
das Kelvin	1 K	thermodynamische Temperatur
die Candela	1 cd	Lichtstärke (Helligkeitsempfindung des menschlichen Auges)
das Mol	1 mol	Stoffmenge

Tab. 1–11: Die Basiseinheiten des SI-Systems.

1.3 Energie und Arbeit; Erhaltungssätze

Energie ist das Schlagwort, das viele Diskussionen unserer Zeit beherrscht. Die Physik kann als die Wissenschaft von der Energie geschrieben werden. Energie kommt in verschiedensten Formen vor, z. B. als Gravitationsenergie, kinetische Energie, Wärmeenergie, elastische, elektrische, magnetische, chemische Energie, Kernenergie und Strahlungsenergie, wie wir in den verschiedenen Kapiteln dieses Buches noch sehen werden.
Der Energiebegriff ist der Mechanik entnommen. Deshalb wird er hier im Zusammenhang mit dem physikalischen Begriff der mechanischen Arbeit eingeführt.
Energie kann bei den in der Natur ablaufenden Prozessen weder neu erzeugt noch vernichtet, sondern nur in andere Energieformen umgewandelt werden;

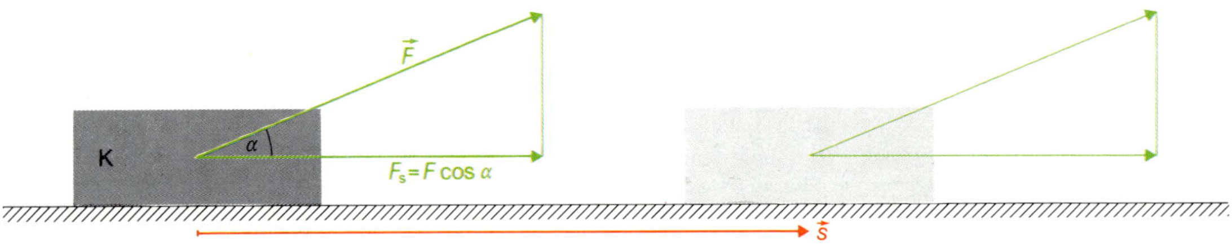

Abb. 1–67: Der Körper wird durch die Kraft $\vec{F}$ längs des Weges $\vec{s}$ verschoben. Wirksam für die Verschiebung ist die Kraftkomponente F_s in Richtung des Weges.

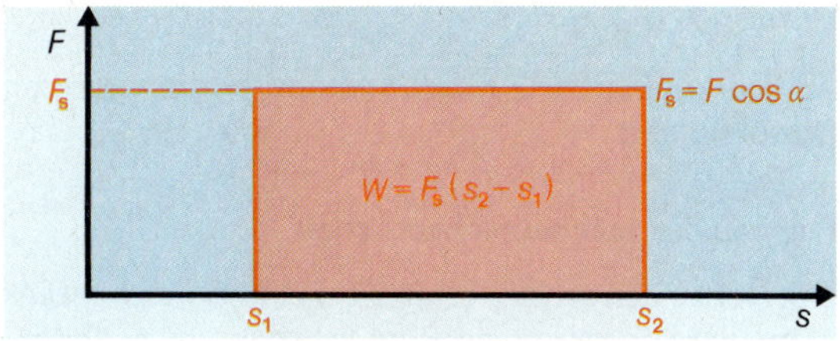

Abb. 1–68: Arbeitsdiagramm. Die Fläche $W = F_s\,(s_2 - s_1)$ gibt die Arbeit an, die durch die (äußere) Kraft $F_s = F \cos\alpha$ längs des Weges $s = s_2 - s_1$ verrichtet wird.

ob dabei die neue Energieform dem Menschen nutzbar bleibt, ist eine andere Frage.
Die für die gesamte Physik wichtigen Grundprinzipien wie die Erhaltungssätze von Energie und Impuls werden wir hier am Beispiel der Mechanik studieren.

1.3.1 Arbeit und ihre Sonderformen; Leistung

Aus der Sekundarstufe I ist die Kurzform **„Arbeit ist gleich Kraft mal Weg"** bekannt. Diese Definition soll präzisiert werden.
Mechanische Arbeit wird immer dann verrichtet, wenn ein Körper unter dem Einfluß einer von außen aufzubringenden Kraft längs eines Weges bewegt wird.
Ein Körper soll um die Strecke s verschoben werden. Dieser Verschiebung wirkt im allgemeinen eine Kraft entgegen. Daher muß man zu seiner Verschiebung (mindestens) eine entgegengesetzt große Kraft, die äußere Kraft F, aufbringen. Aus dieser äußeren Kraft F und der Verschiebung s wird die mechanische Arbeit W[1]) berechnet.
Greift die äußere Kraft F nicht parallel zur Verschiebung an, wirkt nur die Komponente F_s parallel zur Verschiebung s. Die wirkende Kraft(-Komponente) F_s kann aus der von außen in beliebiger Richtung angreifenden Kraft F berechnet werden: $F_s = F \cos\alpha$. Dabei ist α der Winkel, den äußere Kraft F und Verschiebung s (als Vektoren) einschließen.

Definition der mechanischen Arbeit
Die Arbeit W, um einen Körper mit Hilfe der äußeren Kraft F entlang der Strecke s zu verschieben, ist das Produkt aus der Kraftkomponente F_s der äußeren Kraft parallel zur Verschiebung und der Verschiebung s (*Abb. 1–67*):

$$W = F_s\, s = F\, s \cos\alpha\,.$$

Man kann auch sagen: Die Arbeit ist das Produkt aus der Komponente der Kraft in Richtung des Weges und aus dem Weg, oder: Die Arbeit ist das Produkt aus dem Betrag der Kraft, dem Betrag des Weges und dem Cosinus des von Kraft und Weg eingeschlossenen Winkels.
Die Arbeit ist eine **skalare Größe,** ohne Richtung; sie wird aus zwei vektoriellen Größen bestimmt. Sie ist eine abgeleitete Größe, für die man eine neue Einheit, das Joule (J), zu Ehren des englischen Physikers JOULE eingeführt hat:

$$[W] = [F]\,[s] = 1\ \text{Nm} = 1\ \text{J}\,.$$

Geometrisch wird die Arbeit im Weg-Kraft-Diagramm (*Abb. 1–68*) durch die Fläche des Rechtecks aus der Kraft(-Komponente) $F_s = F \cos\alpha$ und dem Weg s dargestellt.

Die Arbeit W kann positiv, negativ und auch Null sein:

a) Wirkt die äußere Kraft (mit einer Komponente) in Richtung der Verschiebung, ist die Arbeit positiv (*Abb. 1–69 a*).
Es ist $\alpha < 90°$, $\cos\alpha > 0$ und $W = F\, s \cos\alpha > 0$.
b) Ist die äußere Kraft senkrecht zur Verschiebung gerichtet (so daß keine Komponente in Richtung des Weges wirkt), so ist die Arbeit Null (*Abb. 1–69 b*).
Es ist $\alpha = 90°$, $\cos\alpha = 0$ und $W = F\, s \cos\alpha = 0$.
c) Wirkt die äußere Kraft (mit einer Komponente) in umgekehrter Richtung der Verschiebung, so ist die Arbeit negativ (*Abb. 1–69 c*).
Es ist $\alpha > 90°$, $\cos\alpha < 0$ und $W = F\, s \cos\alpha < 0$.

Ein Beispiel für den Fall *(b)* zeigt *Abb. 1–70 a*. Äußere Kraft (senkrecht nach oben) und Verschiebung (in waagerechter Richtung) stehen senkrecht aufeinan-

[1]) work (engl.), Arbeit

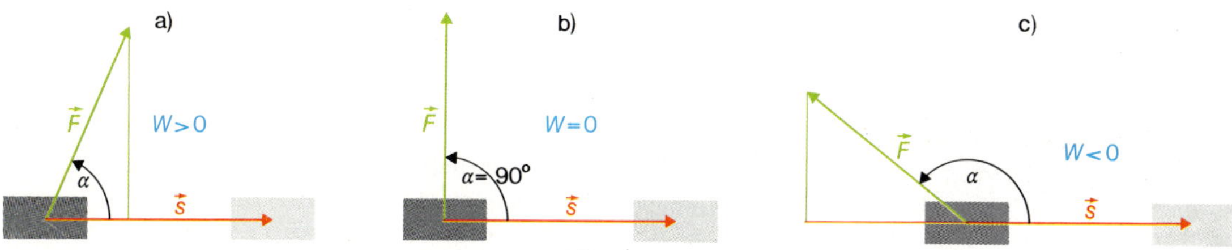

Abb. 1–69: Zum Vorzeichen der Arbeit. Äußere Kraft $\vec{F}$ und Weg $\vec{s}$ können verschiedene Winkel: a) $\alpha < 90°$, b) $\alpha = 90°$, c) $\alpha > 90°$ einschließen. Je nachdem ist die Arbeit a) positiv, b) Null, c) negativ.

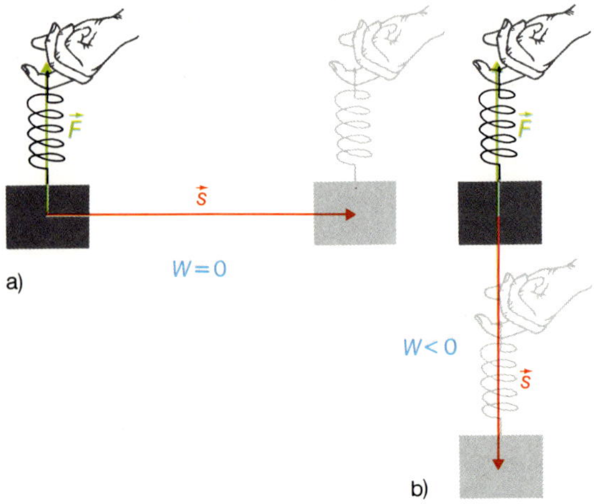

Abb. 1–70: a) Bewegt man einen Körper (langsam) horizontal, so wird physikalisch keine Arbeit verrichtet. b) Bewegt man einen Körper (langsam) nach unten, so wird an ihm negative Arbeit verrichtet.

der. Im physikalischen Sinne wird keine Arbeit verrichtet, auch wenn man – falls z. B. der Körper sehr schwer und der (waagerechte) Weg lang ist – einen anderen Eindruck hat. – So leistet auch ein Fußgänger, der auf einem ebenen (horizontalen) Weg geht, physikalisch keine Arbeit; Weg und äußere Kraft, entgegen der Gewichtskraft eines Körpers, bilden einen Winkel von 90°. Faktisch vollführt der Schwerpunkt des Menschen beim Gehen eine Art Wellenbewegung, verrichtet also ständig gegenüber der Gewichtskraft, der Schwerkraft des Körpers, eine Arbeit.

Den Fall *(c)* aus *Abb. 1–69* veranschaulicht *Abb. 1–70 b*. Äußere Kraft (nach oben gerichtet) und Verschiebung (senkrecht nach unten) zeigen in entgegengesetzte Richtung: Die verrichtete Arbeit ist negativ. – Daß es sinnvoll ist, von negativer Arbeit zu sprechen, wird bei der Betrachtung des Zusammenhanges zwischen Arbeit und Energie (→ *1.3.3*) verständlich.

Die Definition der Arbeit setzt voraus, daß die Kraft F_s längs des Weges konstant und der Weg s geradlinig ist. Im anderen Fall teilt man den Weg in Abschnitte Δs ein, für die man jeweils näherungsweise die Kraft F_s konstant annimmt. Man berechnet die Teilarbeiten

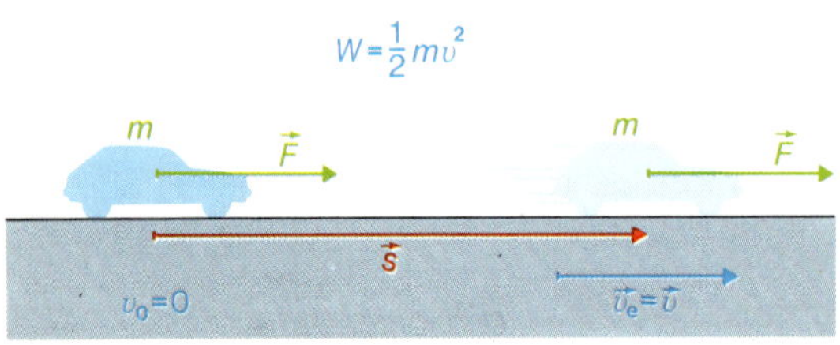

Abb. 1–71: Beschleunigungsarbeit. Der Körper der Masse m wird durch die äußere Kraft F längs des Weges s auf die Geschwindigkeit v beschleunigt: $W_a = \frac{1}{2} m v^2$.

$$\Delta W = F_s \, \Delta s$$

für jeden einzelnen Abschnitt und addiert sie zur Gesamtarbeit.

Formen der mechanischen Arbeit

Durch das Einwirken einer Kraft längs eines Weges kann verschiedenes erreicht werden. Je nachdem unterscheidet man:

a) **Beschleunigungsarbeit** W_a

Unter der Einwirkung der (konstanten) äußeren Kraft F, die in Richtung des Weges s auf einen Körper der Masse m wirkt, wird dieser aus der Ruhe ($v_0 = 0$) auf die Geschwindigkeit $v_e = v$ gleichmäßig beschleunigt (*Abb. 1–71*). Die Arbeit ist dann mit $F = m\,a$ und $s = \frac{1}{2} a\,t^2$ sowie $v = a\,t$

$$W_a = F\,s = m\,a\,\frac{1}{2}\,a\,t^2 = \frac{1}{2}\,m\,(a\,t)^2 = \frac{1}{2}\,m\,v^2 \,.$$

Die Beschleunigungsarbeit, die einen Körper der Masse m aus der Ruhe auf die Geschwindigkeit v beschleunigt, ist

$$W_a = \frac{1}{2}\,m\,v^2 \,.$$

Auch bei nichtkonstanter Beschleunigung hängt die Größe der Beschleunigungsarbeit nur von der Masse m und der Endgeschwindigkeit v_e – wie oben – ab:

$$W_a = \frac{1}{2}\,m\,v_e^{\,2} \,.$$

b) **Hubarbeit** W_h

Soll ein Körper auf die Höhe h gehoben werden (*Abb. 1–72*), so kann das in lotrechter Richtung geschehen. Dazu ist die Kraft $F = -\,G$ mit dem Betrag $F = G = m\,g$ aufzubringen. Äußere Kraft F und Weg s mit dem Betrag h haben die gleiche Richtung:

$$W_h = F\,s = G\,h = m\,g\,h \,.$$

Zieht man den Körper, um ihn auf die Höhe h zu bringen, jedoch entlang einer schiefen Ebene mit dem Neigungswinkel α hinauf, so ist nur der Anteil der Gewichtskraft G aufzuwiegen, der parallel zur schiefen Ebene wirkt: $G \sin \alpha$. Die Arbeit ist $W = F_s\,s = G\,s \sin \alpha$ und mit $h = s \sin \alpha$ (*Abb. 1–72*) wieder $W = G\,h = m\,g\,h$.

Die Hubarbeit W_h, die erforderlich ist, um einen Körper der Masse m um die Höhe h zu heben, ist unabhängig davon, ob der Körper senkrecht nach oben oder auf längerem ansteigenden Wege um die Höhe h gehoben wird:

$$W_h = G\,h = m\,g\,h \,.$$

c) **Spannarbeit** W_s

Das Spannen einer Feder ist ein einfaches Beispiel für eine Arbeit, bei der die wirkende Kraft nicht konstant bleibt, sondern vom Weg abhängt. Die zum Spannen einer Feder aufgewendete (äußere) Kraft

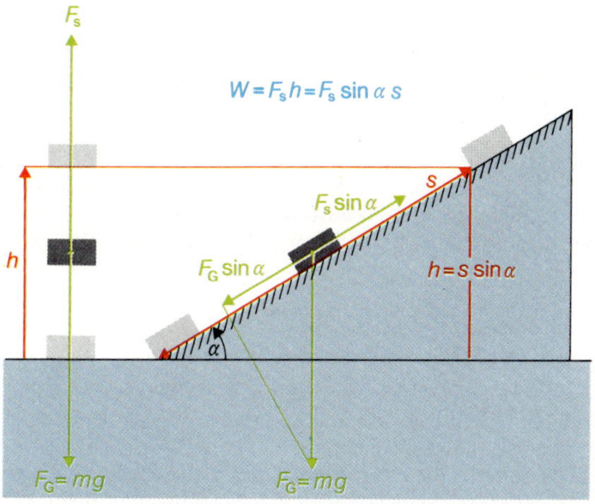

Abb. 1–72: Hubarbeit. Der Körper der Masse m wird lotrecht oder entlang der schiefen Ebene auf die Höhe h gehoben: $W_h = m\,g\,h$.

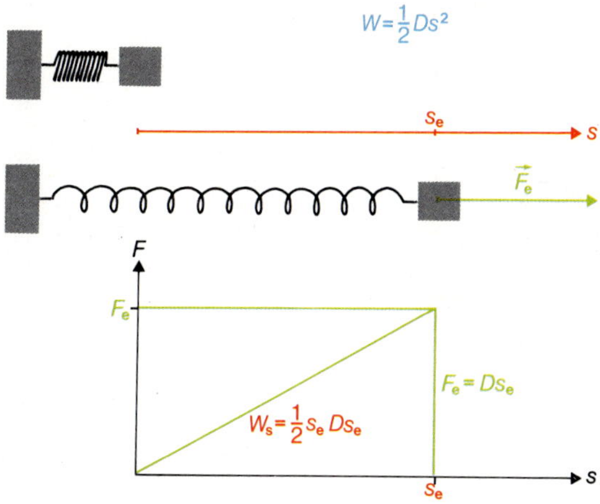

Abb. 1–73: Spannarbeit. Die Feder wird durch die äußere Kraft $F = D\,s$ um die Strecke s gedehnt: $W_s = \frac{1}{2} D\,s^2$.

F, die entgegen der Federkraft F_F wirkt, ist direkt proportional zur Ausdehnung s der Feder: $F = D\,s$ (Hookesches Gesetz → *1.2.1*). Dehnt man daher die Feder (*Abb. 1–73 a*) vom entspannten Zustand ($s_0 = 0$) um die Strecke s, so wächst die von außen aufzubringende Kraft F proportional zum Weg s. Die Arbeit wird im Weg-Kraft-Diagramm (*Abb. 1–73 b*) durch die Fläche unter der Ursprungsgeraden $F(s) = D\,s$ dargestellt. Den Inhalt der Dreiecksfläche berechnet man z. B. elementargeometrisch aus der Grundseite s_e und der Höhe Ds_e zu

$$W_s = \frac{1}{2} s_e D s_e = \frac{1}{2} D s_e^2 .$$

Die Spannarbeit, die eine Feder mit der Federkonstanten D aus entspanntem Zustand um die Strecke s_e dehnt, ist

$$W_s = \frac{1}{2} D s_e^2 .$$

d) **Reibungsarbeit** W_r

Arbeit wird auch verrichtet, wenn ein Auto mit konstanter Geschwindigkeit auf einer ebenen Straße (ohne Steigung) fährt. Der Motor muß ständig eine Kraft aufbringen, die der Rollreibungskraft und der Luftwiderstandskraft (→ *1.2.4*) entgegenwirkt. Die Reibungskraft (aus Rollreibung, Luftwiderstand), die der Antriebskraft entgegenwirkt, ist dem durchfahrenen Weg entgegengerichtet. – Das gilt für viele Bewegungsvorgänge, bei denen Reibungskräfte auftreten:

Die Reibungsarbeit W_r, die die (von außen) bei seiner Bewegung entlang des Weges s auf einen Körper wirkenden Reibungskräfte F_r verrichten, ist (stets) negativ:

$$W_r = F_r\, s < 0 .$$

Leistung

Bei vielen Anwendungen und Vorgängen ist es wichtig zu wissen, in welcher Zeit eine (mechanische) Arbeit verrichtet wird.

Zwei Kraftwagen mit gleicher Masse fahren einen Berg hinauf, der eine schnell, der andere langsam. An beiden wird die gleiche Hubarbeit verrichtet. Der Motor des schnelleren Wagens verrichtet diese Arbeit in einer kleineren Zeit. Er ist auch in der Lage, den Wagen in einer kürzeren Zeit auf eine bestimmte Geschwindigkeit zu beschleunigen. Wir sagen, daß der Motor des schnelleren Wagens „mehr leistet“ als der andere, seine Leistung ist größer.

Definition: Die Leistung P[1]) ist der Quotient aus einer Arbeit W und der Zeit t, in der diese Arbeit verrichtet wird, wenn W zeitlich konstant ist:

$$P = \frac{W}{t} \text{ oder } P = \frac{\Delta W}{\Delta t} .$$

Die Leistung ist wie die Arbeit und die Zeit eine skalare Größe. Ihre SI-Einheit ergibt sich aus der Arbeitseinheit 1 J und der Zeiteinheit 1 s zu $[P] = 1$ J/s.

Hierfür ist abkürzend die SI-Einheit 1 Watt[2]) (W) eingeführt: 1 W = 1 J/s. Mit dieser neuen Einheit wird auch häufig die Arbeit W gemessen.

$$[W] = 1\text{ J} = 1\text{ W s} .$$

Eine früher gebräuchliche Leistungseinheit leitet sich aus der historischen Krafteinheit 1 kp her. 1 **PS (Pferdestärke)** beträgt die Leistung, wenn die Arbeit

[1]) power (engl.), Leistung
[2]) J. Watt, engl. Physiker (1736–1819)

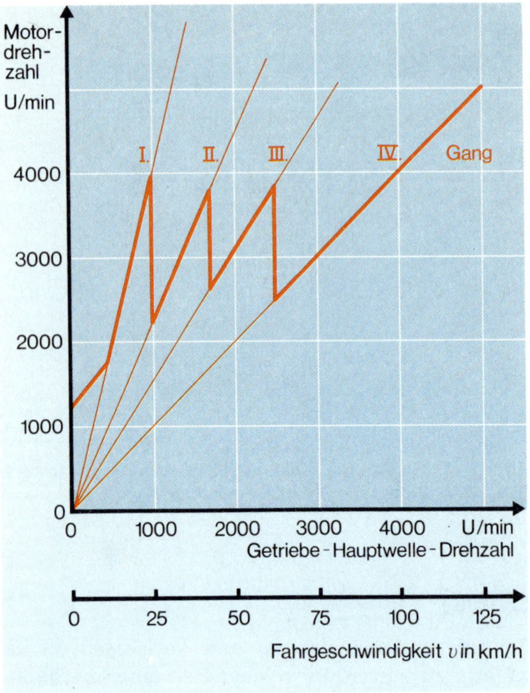

Abb. 1–74: Drehzahlschaubild für ein Vierganggetriebe.

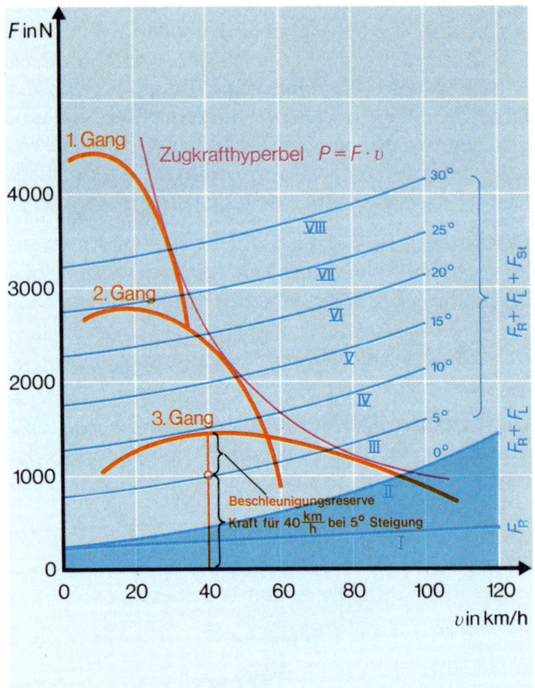

Abb. 1–75: Antriebskraft F eines Autos bei verschiedenen Gängen. Die Geschwindigkeit-Kraft-Kennlinien des 1., 2. und 3. Ganges werden begrenzt durch die Kurve $F = P/v$ oder $P = F\,v$. F muß den Rollwiderstand F_R (Kurve I), den Luftwiderstand F_L (II) und je nach Steigung den Steigungswiderstand F_{St} (für 5° Kurve III usw.) aufbringen. Die Kennlinien gelten für ein Auto der Masse m = 700 kg.

75 mkp in der Zeit 1 s verrichtet wird: 1 PS = 75 mkp/s. Da die Kraft 1 kp in mittlerer Breite etwa 9,81 N entspricht, ergibt sich für die Umrechnung: 1 PS = 735,5 W oder ungefähr: 1 PS ≈ $\frac{3}{4}$ kW.

Bewegt sich ein Körper unter dem Einfluß der Kraft F mit der Geschwindigkeit v, so berechnet sich die (momentane) Leistung P aus dem Produkt beider Größen: $P = F\,v$.
Denn aus der Multiplikation von $\Delta W = F\,\Delta s$ und $v = \Delta s/\Delta t$ folgt

$$P = \frac{\Delta W}{\Delta t} = \frac{F\,\Delta s}{\Delta t} = F\frac{\Delta s}{\Delta t} = F\,v\,.$$

Bewegt sich z. B. ein Fahrzeug mit der (konstanten) Geschwindigkeit v bei ständig wirkender Antriebskraft F, so bringt die Maschine dazu die Leistung $P = F\,v$ auf.
Beim Auto ist die Kraftübertragung auf die Antriebsräder von der Gangübersetzung (*Tab. 1–12*) abhängig. Beim Anfahren benötigt man zur Beschleunigung des Wagens eine große Kraft. Man wählt eine große Übersetzung; der Motor dreht sich wesentlich schneller als die Antriebsräder (*Abb. 1–74*). Die maximal auf die Antriebsräder übertragene Kraft ist dabei von der Leistung P und der Geschwindigkeit v nach der Beziehung $P = F\,v$ abhängig. Im 1. Gang entwickelt der Motor die größte Antriebskraft (*Abb. 1–75*). Im Geschwindigkeit-Kraft-Kennlinienfeld (*Abb. 1–75*) liest man ab, welche Kraftreserve der Motor bei verschiedenen Steigungen bereithält. Im 3. Gang z. B. verfügt der Motor noch über eine Kraft von ca. 400 N, wenn das Auto eine Steigung von 5° herauffährt. Je nach der Masse des Wagens ist der Motor zu einer Beschleunigung fähig, z. B. bei m = 700 kg zu a = 400 N / 700 kg = 0,57 m/s².

Gang	Viergang-getriebe	Fünfgang-getriebe
I	3,6–4,0	5,0–8,0
II	1,8–2,3	3,0–4,0
III	1,25–1,5	1,6–2,5
IV	0,7–1,0	1,0–1,5
V		0,65–1,0

Tab. 1–12: Gangübersetzungen. Verhältnis von Motordrehzahl zu Drehzahl der Antriebsräder.

Aufgaben

1/104: Berechnen Sie die Arbeit, die eine konstante Kraft F = 12 N entlang einer horizontalen Strecke s = 7 m verrichtet, wenn Kraft und Weg einen Winkel von a) 0°, b) 60°, c) 90°, d) 145°, e) 180° einschließen.

1/105: Ein Auto (m = 950 kg) wird in 4 s von v_1 = 50 km/h auf v_2 = 90 km/h beschleunigt.
a) Wie groß ist die Beschleunigungsarbeit?
b) Welche Geschwindigkeit hätte der Wagen mit der gleichen Beschleunigungsarbeit erreicht, wenn er aus dem Stand beschleunigt wäre?

1/106: Ein Körper (m = 25 kg) wird eine 5,0 m lange schiefe Ebene (Steigungswinkel α = 30°) hinaufgezogen.
a) Wie groß ist die Hubarbeit?
b) Wie groß müßte eine horizontal angreifende Zugkraft sein, wenn von der Reibung abgesehen werden kann?

1/107: Eine Schraubenfeder wird durch eine Kraft F = 0,6 N um s = 3,5 cm gedehnt. – Wie groß ist die Spannarbeit, um die Feder um weitere 7,0 cm auszuziehen?

1/108: Eine Schraubenfeder erhält schrittweise durch Wägestücke der Masse m die Ausdehnung s.

m in g	50	100	150	200	250	300
s in cm	1,6	3,15	4,8	6,3	8,85	9,35

a) Ermitteln Sie die Federkonstante D, und berechnen Sie die Spannarbeit für die gesamte Dehnung der Feder.
b) Berechnen Sie zu jeder Teilstrecke Δs die Teilarbeit ΔW, die beim Auflegen eines neuen Wägestückes verrichtet wird, und vergleichen Sie die Summe der Teilarbeiten mit *a*).

***1/109:** Ein Körper der Masse 40 kg werde auf horizontaler Fläche (Gleitreibungszahl $f_H = 0{,}25$) über eine Strecke von 5 m mit konstanter Geschwindigkeit durch eine Kraft, die mit der Horizontalen einen Winkel von 30° einschließt, bewegt.
Wie groß ist die Kraft, und welche Arbeit leistet sie?

***1/110:** Ein Güterzug erhöht auf einer Strecke von 1,8 km Länge und 8 % Steigung die Geschwindigkeit von 30 km/h auf 55 km/h (Rollreibungszahl 0,005).
Berechnen Sie die Reibungsarbeit, die Hubarbeit, die Beschleunigungsarbeit und die Gesamtarbeit!

1/111: Eine Diesellokomotive zieht mit der Kraft 60 000 N einen Güterzug auf ebener Strecke mit konstanter Geschwindigkeit 50 km/h. Welche Arbeit verrichtet die Maschine auf 1 km Länge, und welche Leistung entwickelt sie? (ohne Reibung usw.)

***1/112:** Welche Arbeit ist erforderlich, eine Schraubenfeder um 2 cm zu dehnen? Für die Feder gelte, daß ein Körper der Masse 4 kg, an die Feder gehängt, diese um 1,5 cm verlängert.

1/113: Ein Auto fährt mit 20 km/h eine Steigung von 5° aufwärts. Welche Kraft steht ihm zur Beschleunigung im II. bzw. im III. Gang nach *Abb. 1–75* zur Verfügung?

1/114: Ein Mann (m = 80 kg) geht mit einer Geschwindigkeit v = 6 km/h eine Straße mit der Steigung $\alpha = 10°$ bergan. – Wie groß ist seine Leistung?

1/115: Ein Bootsmotor besitzt die Leistung 3000 W. Er treibt das Boot mit einer Geschwindigkeit von v = 9 km/h an. – Wie groß ist die Kraft (Wasserwiderstand), die der Bewegung entgegenwirkt?

1/116: Ein Auto (m = 1,2 t) wird vom Stand aus in 12 s auf 100 km/h beschleunigt. – Berechnen Sie die (konstante) beschleunigende Kraft, die Beschleunigungsarbeit, die Leistung des Motors und den Weg, auf dem die Endgeschwindigkeit erreicht wird.

1/117: Ein Lastwagen (m = 3,5 t) fährt 4,8 km auf einer Straße mit 8 % Steigung mit 40 km/h hinauf.
a) Berechnen Sie die Hubarbeit.
b) Wie groß ist die Leistung des Motors, wenn man davon ausgeht, daß ⅓ für die Hubarbeit und ⅔ für Reibungsarbeit (Rollreibung, Luftwiderstand) zu veranschlagen sind?

1.3.2 Arbeit als skalares Produkt; Arbeit als Integral

Die Definition der Arbeit W als Produkt aus der Kraftkomponente in Richtung des Weges und der Verschiebung s entspricht in Vektorschreibweise dem skalaren Produkt aus $\vec{F}$ und $\vec{s}$ (→ *Abb. 1–67*).

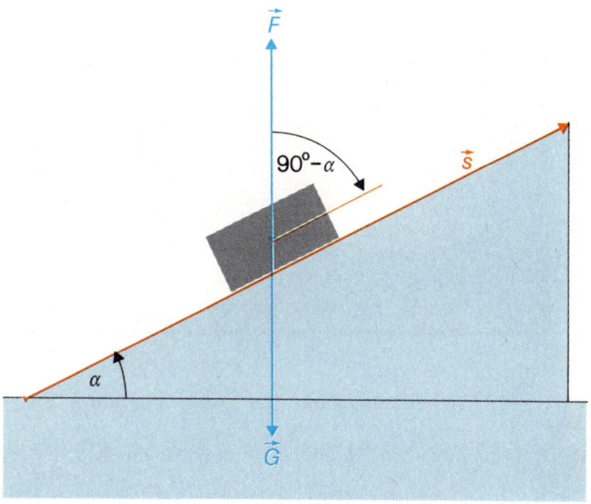

Abb. 1–76: Arbeit an der schiefen Ebene als skalares Produkt von äußerer Kraft $\vec{F}$ und Weg $\vec{s}$: $W = \vec{F}\cdot\vec{s} = m\,g\,s\sin\alpha$.

Definition: Die Arbeit W ist das skalare Produkt aus der äußeren Kraft $\vec{F}$ und der Verschiebung $\vec{s}$:

$$W = \vec{F}\cdot\vec{s} = F\,s\cos\sphericalangle(\vec{F},\vec{s})\,.$$

F und s sind in dieser Definition die absoluten Beträge von Kraft und Weg.

Die Formel des skalaren Produktes enthält alle in *1.3.1* diskutierten Fälle:

$$W = \vec{F}\cdot\vec{s} > 0,\ \text{falls}\ \sphericalangle(\vec{F},\vec{s}) < 90°,$$
$$W = \vec{F}\cdot\vec{s} = 0,\ \text{falls}\ \vec{F}\ \text{senkrecht}\ \vec{s}\ \text{oder}\ \sphericalangle(\vec{F},\vec{s}) = 90°,$$
$$W = \vec{F}\cdot\vec{s} < 0,\ \text{falls}\ \sphericalangle(\vec{F},\vec{s}) > 90°\,.$$

Ein Körper der Masse m soll die **schiefe Ebene** heraufgebracht werden (*Abb. 1–76*). Auf den Körper wirkt die Gewichtskraft $\vec{G} = m\,\vec{g}$. Die äußere Kraft, die ihr das Gleichgewicht hält, ist $\vec{F} = -\vec{G}$ mit dem Betrag $|\vec{F}| = |\vec{G}| = m\,g$. Unter ihrem Einfluß wird die Arbeit längs des Weges $\vec{s}$ die schiefe Ebene aufwärts verrichtet:

$$W = \vec{F}\cdot\vec{s} = |\vec{F}|\ |\vec{s}|\cos\sphericalangle(\vec{F},\vec{s}) = m\,g\,s\cos(90° - \alpha)$$
$$= m\,g\,s\sin\alpha\,.$$

Die Definition der Arbeit setzt voraus, daß die äußere Kraft $\vec{F}$ längs des Weges $\vec{s}$ konstant ist. Ändert sich die Kraft längs des Weges, kann man näherungsweise auf den Teilstrecken $\Delta\vec{s}_i$ die Teilarbeiten als skalare Produkte $\Delta W_i = \vec{F}_i\cdot\Delta\vec{s}_i$ berechnen, indem man für jede Teilstrecke die Kraft als konstant annimmt, und die Teilarbeiten addieren (*Abb. 1–77*):

$$W \approx \sum_i \Delta W_i = \sum_i \vec{F}_i\cdot\Delta\vec{s}_i = \sum_i F_i\cos\alpha_i\,\Delta s_i\,.$$

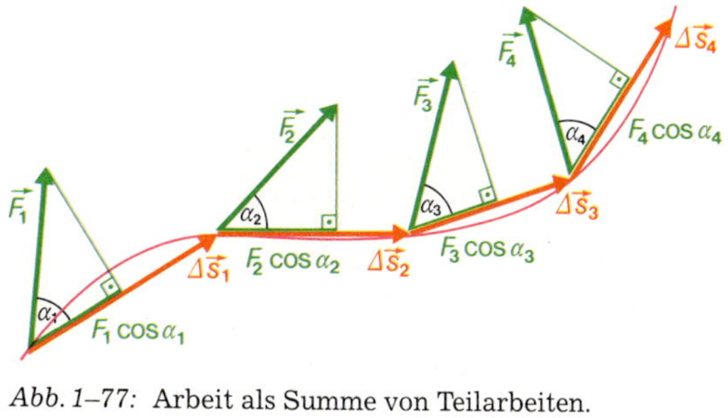

Abb. 1–77: Arbeit als Summe von Teilarbeiten.

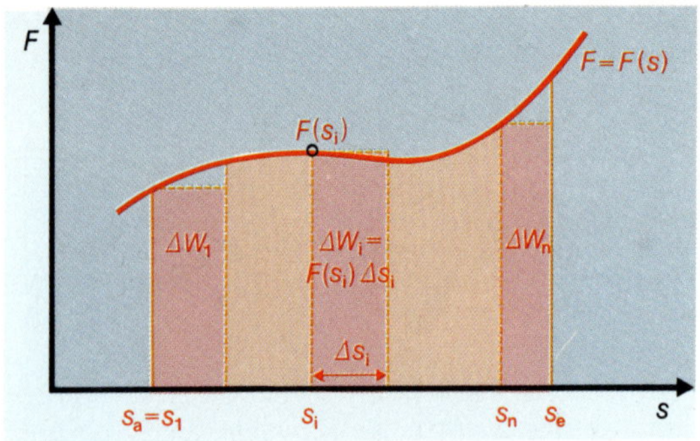

Abb. 1–78: Arbeitsdiagramm bei nicht konstanter Weg-Kraft-Funktion: Die Fläche $\int_{s_a}^{s_e} F(s)\,ds$ unter der Kurve $F(s)$ gibt die Arbeit an, die durch die mit dem Weg sich ändernde Kraft $F(s) = F_a(s) \cos \alpha(s)$ längs des Weges verrichtet wird:

$$\int_{s_a}^{s_e} F(s)\,ds = \lim_{n\to\infty} \sum_{i=1}^{n} F(s_i)\,\Delta s_i\,.$$

Den genauen Wert der Gesamtarbeit erhält man durch **Integration.** Dazu muß die Kraft als Funktion des Weges gegeben sein: $F = F(s)$. Im Weg-Kraft-Diagramm (*Abb. 1–78*) entspricht dann der Arbeit die Fläche unter der Kurve $F = F(s)$.

Ergebnis: Die Arbeit ist das (sogenannte) **Wegintegral der Kraft**

$$W = \int_{s_1}^{s_2} \vec{F(s)} \cdot \vec{ds} = \int_{s_1}^{s_2} F_s(s)\ ds\,,$$

wenn $F_s(s)$ jeweils die Komponente in Richtung des Weges ist.

Ein Beispiel ist die Spannarbeit einer Schraubenfeder (*Abb. 1–79*). Die äußere Kraft $\vec{F}$ ist proportional zur Auslenkung $\vec{s}$: $\vec{F} = D\vec{s}$. Das Wegintegral der Kraft lautet dann

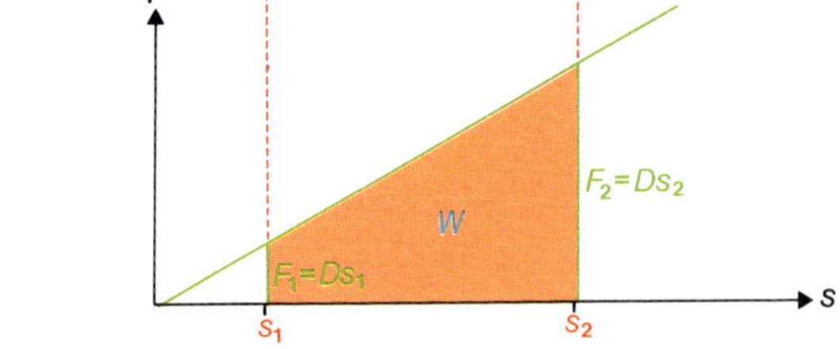

Abb. 1–79: Arbeit als Wegintegral der Kraft beim Spannen einer Feder:

$$W = \int_{s_1}^{s_2} D\,s\ ds = \frac{1}{2} D\,(s_2^2 - s_1^2)\,.$$

$$W = \int_{s_1}^{s_2} \vec{F} \cdot \vec{ds} = \int_{s_1}^{s_2} D\,\vec{s} \cdot \vec{ds}\,.$$

Der Winkel zwischen $\vec{s}$ und $\vec{ds}$ ist Null, der Cosinus 1, und die Arbeit wird

$$W = D \int_{s_1}^{s_2} s\ ds = \frac{1}{2} D\,(s_2^2 - s_1^2)\,.$$

Diese Arbeit rechnet man unschwer elementargeometrisch über den Flächeninhalt des Trapezes nach: $W = \frac{1}{2}(Ds_2 + Ds_1)(s_2 - s_1)$, denn die Arbeit ist gleich der Fläche unterhalb der Kurve $F = F(s) = D\,s$ von $s = s_1$ bis $s = s_2$ (*Abb. 1–79*).

Aufgaben

1/118: Ein Körper der Masse m werde auf lotrechtem Wege von der Höhe h_1 auf die Höhe h_2 gebracht. Dabei gelte $h_1 < h_2$ (Fall I) und $h_1 > h_2$ (Fall II).

a) Fertigen Sie für beide Fälle eine Zeichnung mit den Wegen und Kräften als Vektoren an.
b) Berechnen Sie in beiden Fällen die Hubarbeit mit Hilfe des skalaren Produktes.

1/119: Ein Körper der Masse m wird an eine Feder, Federkonstante D, gehängt, Auslenkung $s = 0$, und langsam bis zur Gleichgewichtsstellung ($s = s_e$) herabgelassen. Auf dem Wege nach unten wirken auf den Körper die Gewichtskraft G und die Federkraft F_F.

a) Fertigen Sie eine Zeichnung an, und berechnen Sie die auf den Körper wirkende Kraft in Abhängigkeit von der nach unten positiv gezählten Auslenkung s.
b) Berechnen Sie die Spannarbeit als Wegintegral, und zeigen Sie mit Hilfe der Gleichgewichtsbedingung für $s = s_e$, daß sich $W = \frac{1}{2} D\,s_e^2$ ergibt.

1/120: Ein quaderförmiges Wasserbecken der Grundfläche A und der Höhe h werde durch einen am Beckenboden befindlichen Einlauf mit Wasser gefüllt.

a) Erläutern Sie, daß die Hubarbeit, um vom Einlauf auf dem Beckenboden aus das Becken mit Wasser zu füllen, gegeben ist durch $W = \frac{1}{2}\varrho\,A\,h^2\,g = \frac{1}{2}\varrho\,V\,g\,h = \frac{1}{2} m_w\,g\,h$, wobei V das Volumen des Beckens und m_w die Gesamtmenge des Wassers ist (Zeichnung).
b) Berechnen Sie die Hubarbeit mit Hilfe des Wegintegrals der Kraft, indem Sie davon ausgehen, daß, um eine Wasserschicht der Dicke Δx auf die Höhe x zu heben, die Teilarbeit $\Delta W = \varrho\,g\,A\,x\,\Delta x$ zu verrichten ist (Zeichnung).

1.3.3 Mechanische Energie und Energieerhaltungssatz

Energie als Zustandsgröße

In *1.3.1* ist untersucht worden, wie auf verschiedene Weise Arbeit an einem Körper verrichtet werden kann: Durch die Einwirkung einer äußeren Kraft F längs einer Strecke s wird der Körper beschleunigt (Beschleunigungsarbeit) oder hochgehoben (Hubarbeit) oder gedehnt (Spannungsarbeit) oder über eine rauhe Unterlage gezogen (Reibungsarbeit). Durch die an ihm verrichtete Arbeit ändert sich der Zustand des Körpers: Im ersten Fall besitzt er nun eine Geschwindigkeit, im zweiten eine höhere Lage, im

dritten ist er gedehnt, im vierten stellt man vielleicht eine Erwärmung (Reibungswärme) fest.
Den Zustand eines Körpers oder eines Systems von Körpern, der sich durch von außen verrichtete Arbeit verändert, beschreibt man mit einer neuen Größe. Diese Zustandsgröße eines physikalischen Systems bezeichnet man als Energie, weil das System aufgrund dieses Zustandes die Fähigkeit besitzt, an einem anderen Körper oder System Arbeit zu verrichten. So könnte im ersten Fall der Körper gegen einen anderen stoßen oder im zweiten durch seine Gewichtskraft über Schnur und Rolle auf einen anderen wirken und damit wieder Arbeit verrichten. Das soll an einem anderen Beispiel erläutert werden.

In einem Pumpspeicherwerk (*Abb. 1–80*) wird nachts Wasser vom Unter- in das Oberbecken gepumpt. Dazu wird positive Hubarbeit verrichtet. Tagsüber wird bei Bedarf dem Pumpspeicherbekken Wasser zum Antrieb der stromerzeugenden Turbinen entnommen. Es wird negative Hubarbeit verrichtet.
Wir betrachten hier nicht einen einzelnen Körper wie in den oberen Beispielen, sondern ein System, das Pumpspeicherwerk mit Ober- und Unterbekken. Wird daran von außen positive Arbeit verrichtet, also Wasser nach oben geschafft, so erhöht sich die Energie des Systems. Wird an diesem System (von außen) negative Arbeit verrichtet oder wird – wie man auch sagen kann – vom System Arbeit verrichtet, also Wasser vom Ober- in das Unterbecken gelassen, nimmt seine Energie ab. Der Zustand des Systems ist durch seine Energie beschrieben. Die Änderung des Zustandes wird durch die Arbeit bewirkt, die an dem System verrichtet wird.

Definition: Die **Energie** E eines Körpers oder eines Systems ist eine Zustandsgröße, deren Änderung ΔE gleich der Arbeit W ist, die an dem Körper oder an dem System (von außen) verrichtet wird:

$$\Delta E = W\,.$$

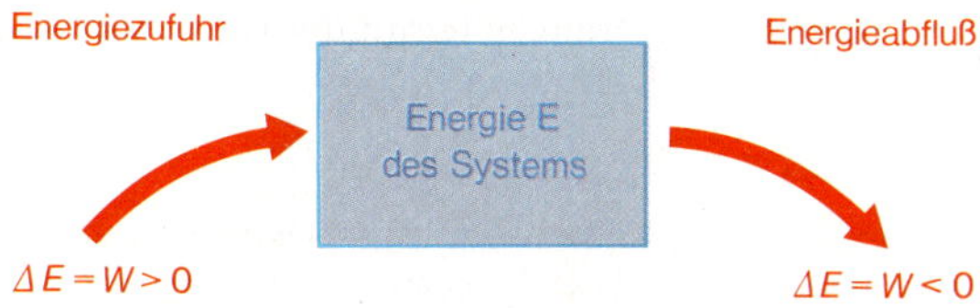

Abb. 1–81: Ein System als Energiespeicher. Seine Energie wird durch die an ihm (von außen) verrichtete Arbeit erhöht oder erniedrigt.

Positive Arbeit am System erhöht seine Energie, negative verringert sie, oder: Verrichtet man an einem System (von außen) Arbeit, so erhöht sich seine Energie, verrichtet das System (nach außen) Arbeit, so erniedrigt sich die Energie des Systems (*Abb. 1–81*).

Aus der Definition folgt, daß die Energie die gleiche Einheit hat wie die Arbeit:

$$[E] = [W] = 1\ \text{Nm} = 1\ \text{J}\,.$$

Mechanische Energieformen

Entsprechend den Sonderformen der Arbeit unterscheidet man auch besondere Formen, in denen Energie auftreten kann.

a) **Kinetische Energie** E_{kin}
Zur Beschleunigung eines Körpers auf die Geschwindigkeit v braucht man die Arbeit $W_a = \frac{1}{2} m v^2$. Das in diesem bewegten Körper enthaltene Arbeitsvermögen bezeichnet man als Energie der Bewegung oder **kinetische Energie.** Sie ist gleich der an ihm verrichteten Beschleunigungsarbeit.

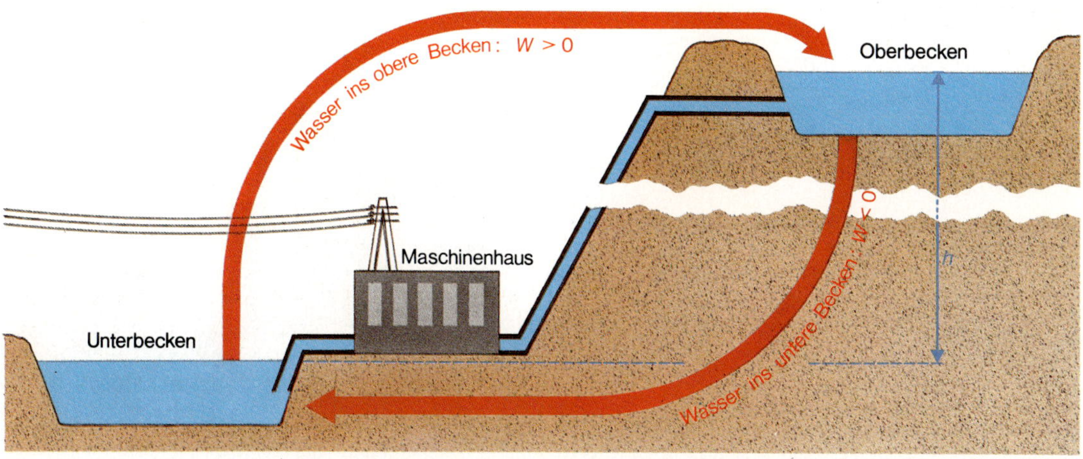

Abb. 1–80: Wasser wird in das Oberbecken gepumpt: $W > 0$, die Energie des Systems erhöht sich. Wasser fließt aus dem Oberbecken ab: $W < 0$, die Energie vermindert sich.

Die **kinetische Energie** eines mit der Geschwindigkeit v bewegten Körpers ist

$$E_{\text{kin}} = \frac{1}{2}\, m\, v^2 .$$

Zur eindeutigen Angabe der kinetischen Energie ist es erforderlich, das Bezugssystem zu nennen, relativ zu dem die Geschwindigkeit gemessen werden soll.

b) **Potentielle Energie** E_{pot}
Um einen Körper um die Höhe h zu heben, muß die Hubarbeit $W_{\text{h}} = m\, g\, h$ verrichtet werden. Er besitzt dann gegenüber seinem Ausgangspunkt eine Energie der Lage oder **potentielle Energie.** Diese Größe ist gleich der an ihm verrichteten Hubarbeit, wenn man dem Körper auf der Höhe $h = 0$ die Energie Null zuordnet.

Die **potentielle Energie** eines Körpers gegenüber der Höhe $h = 0$ ist

$$E_{\text{pot}} = m\, g\, h .$$

Um die Größe der potentiellen Energie eindeutig angeben zu können, muß man einen Bezugspunkt ($h = 0$) festlegen.

Ein Stein auf dem Tisch hat im System Stein – Erde gegenüber dem Fußboden eine bestimmte potentielle Energie. Wählt man den Bezugspunkt in Tischhöhe, so ist $E_{\text{pot}} = 0$. Gegenüber der Zimmerdecke hat der Stein sogar eine negative potentielle Energie.

c) **Spannenergie** E_{s}
Zum Spannen einer Feder muß Arbeit verrichtet werden. Diese ist als **Spannenergie** in der gespannten Feder enthalten.

Die Spannenergie einer um die Strecke s gespannten Feder ist

$$E_{\text{s}} = \frac{1}{2}\, D\, s^2 .$$

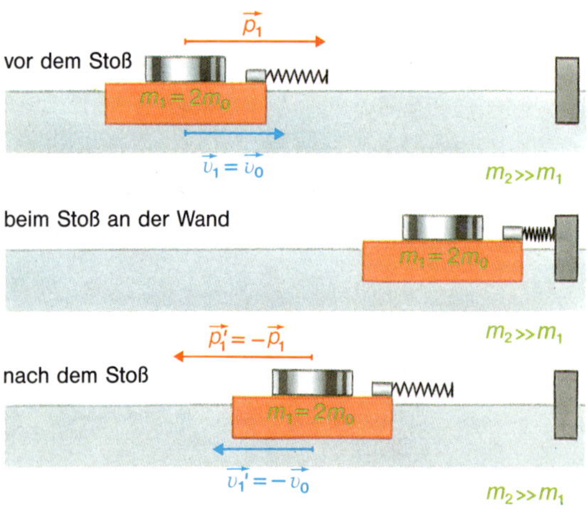

Abb. 1–82: Energieumwandlung beim elastischen Stoß. Die kinetische Energie verwandelt sich in Spannenergie und dann wieder in kinetische Energie, die gleich groß der Ausgangsenergie ist.

Kinetische Energie und potentielle Energie sind die wichtigsten mechanischen Energieformen. Zu der potentiellen Energie rechnet man auch häufig die Spannenergie, weil auch sie wie die potentielle Energie den Ruhezustand eines Körpers oder eines Systems beschreibt.

Satz von der Erhaltung der Energie

Die verschiedenen Energieformen stellen nicht verschiedene Energien, sondern nur verschiedene **Erscheinungsformen** der Energie dar.

Versuch 1/16: Auf einer Luftkissenfahrbahn (*Abb. 1–10*) fährt ein Gleiter mit der gleichförmigen Geschwindigkeit v_0 gegen einen Puffer mit Feder (*Abb. 1–82*). Die Geschwindigkeit auf dem Hin- und Rückweg wird mit Funkenschreiber oder Lichtschranke mit Kurzzeitmesser gemessen.
Die Auswertung der Messung bestätigt: die kinetische Energie vor dem Stoß ist genauso groß wie nach dem Stoß.
Der anlaufende Wagen besitzt kinetische Energie. Er verrichtet Spannarbeit an der Feder und verliert dabei seine Energie völlig. Die Energie ist vom Wagen auf die Feder übergegangen; sie ist als Spannenergie in der Feder gespeichert. Wenig später jedoch verrichtet die Feder Beschleunigungsarbeit am Wagen und verliert dabei ihre Energie. Der Wagen besitzt nach dem Stoß (fast) die gleiche Ge-

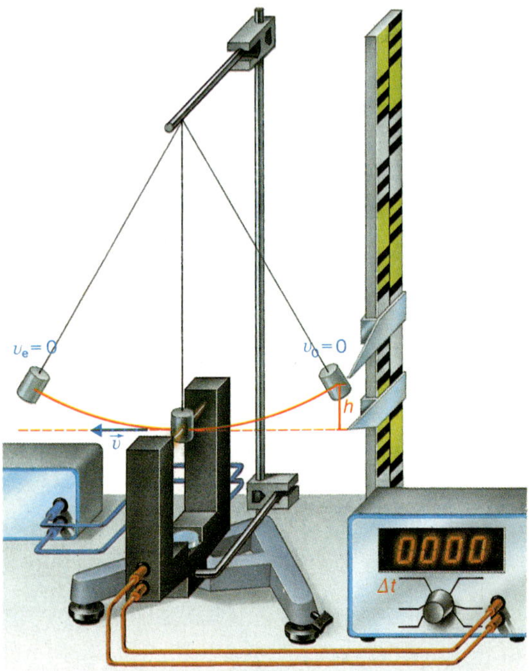

Abb. 1–83: Energieumwandlung bei einer Pendelschwingung. Die potentielle Energie in den Umkehrpunkten verwandelt sich in gleich große kinetische Energie im tiefsten Punkt der Bahn.

schwindigkeit und damit (fast) die gleiche kinetische Energie wie am Anfang.

Versuch 1/17: Ein Pendel (*Abb. 1–83*) wird um die Strecke h gehoben und losgelassen. Mit Lichtschranke und Kurzzeitmesser wird die Geschwindigkeit v_1 im tiefsten Punkt der Pendelbahn gemessen.
Die Auswertung der Messungen bestätigt, daß die potentielle Energie $E_{pot} = m\,g\,h$ im Umkehrpunkt der Bahn (etwa) so groß ist wie die kinetische Energie $E_{kin} = \frac{1}{2}\,m\,v_1^2$ im tiefsten Punkt der Bahn.
Beim Heben wird Hubarbeit verrichtet, der Pendelkörper gewinnt potentielle Energie gegenüber der Ruhelage. Nach der Freigabe verrichtet er Beschleunigungsarbeit und verliert dabei potentielle Energie. Im untersten Punkt besitzt der Pendelkörper nur noch kinetische Energie. Er verrichtet dann wieder Hubarbeit, verliert dabei kinetische und gewinnt potentielle Energie.

Versuch 1/18: Auf einer Luftkissenbahn (*Abb. 1–84*) wird ein Gleiter durch die Gewichtskraft eines Wägestückes beschleunigt. Aus der Registrierung mit dem Funkenschreiber werden für mehrere Wegepunkte s_i die zugehörigen Geschwindigkeiten v_i bestimmt.
Die Auswertung zeigt, daß in jedem Punkt die Summe der kinetischen Energie von Gleiter und Antriebskörper und der potentiellen Energie des Antriebskörpers (gemessen gegenüber der Endlage) konstant ist.
Betrachtet man Gleiter und Wägestück im System Gleiter – Wägestück – Erde, so nimmt die kinetische Energie des Systems ständig zu, während seine potentielle Energie abnimmt.

Damit sind zwei wichtige Erkenntnisse gewonnen: Die Energie tritt in verschiedenen Formen auf. Man sagt, daß sich die Energie von einer in die andere Form umwandelt.

Energie kann von einer Energieform in eine andere übergeführt werden.

Bei den betrachteten Versuchen bleibt die gesamte mechanische Energie, d. h. die Summe aus potentieller (auch aus der Spannenergie) und kinetischer Energie, erhalten. Das gilt für einen einzelnen Körper (z. B. das Pendel) ebenso wie für ein System aus mehreren Körpern (z. B. Gleiter und Antriebskörper).
Solche Systeme aus einem oder mehreren Körpern treten bei der Umwandlung ihrer Energieformen nicht in Wechselwirkung mit der Umgebung, sie sind **abgeschlossen.** Ein Austausch von Energie mit der Umgebung findet nicht statt.
Diese Vorgänge idealisiert man, indem man von möglichen Reibungsverlusten, die zwangsläufig bei allen mechanischen Vorgängen auftreten, absieht.

Satz von der Erhaltung der mechanischen Energie: In einem energetisch abgeschlossenen System bleibt die Summe der mechanischen Energien konstant, solange die mechanischen Vorgänge reibungsfrei ablaufen. Energie geht hierbei weder verloren, noch entsteht sie neu; sie wandelt sich nur von der einen in eine andere mechanische Energieform um.

Nach diesem Satz gibt es für ein energetisch abgeschlossenes System eine Zustandsgröße, mechanische Energie genannt, die in verschiedenen Formen auftreten kann, deren Betrag aber immer erhalten bleibt. Die Energie eines solchen Systems ist daher eine **Erhaltungsgröße.**

Mit dem Energieerhaltungssatz lassen sich zahlreiche Probleme elegant lösen.
Beispiel 1: Ein Körper der Masse m wird aus der Höhe h fallen gelassen. Welche Geschwindigkeit besitzt er in einem beliebigen Punkt (Höhe $s < h$) seiner Bahn? – Nach dem Energiesatz gilt für den höchsten Punkt: $E(h) = m\,g\,h$ (weil $v_h = 0$) und für einen beliebigen Punkt $E(s) = m\,g\,s + \frac{1}{2}\,m v_s^2$ (*Abb. 1–85*). Gleichsetzen ergibt

$$v_s = \sqrt{2g(h-s)} \qquad (\rightarrow 1.1.4).$$

Beispiel 2: Ein Skispringer mit der Masse m verläßt die Sprungschanze mit der Geschwindigkeit v_0. Wie groß ist seine Geschwindigkeit beim Auftreffen (ohne Berücksichtigung des Luftwiderstandes)? – Man findet nach dem Energiesatz beim Absprung $E_s = \frac{1}{2}\,m\,v_0^2 + m\,g\,h$, beim Auftreffen $E_s = \frac{1}{2}\,m\,v_e^2$, also $v_e = \sqrt{2gh + v_0^2}$. Über den genauen Verlauf der Bahn braucht nichts bekannt zu sein.

Bei allen Versuchen bleibt die mechanische Energie nur annähernd erhalten. Die Endenergie ist stets (etwas) kleiner als die Anfangsenergie. Das ist kein Widerspruch zum Erhaltungssatz der mechanischen Energie. Denn normalerweise tritt bei mechanischen Vorgängen eine weitere Energie auf, die durch die mechanische Energie nicht erfaßt wird.

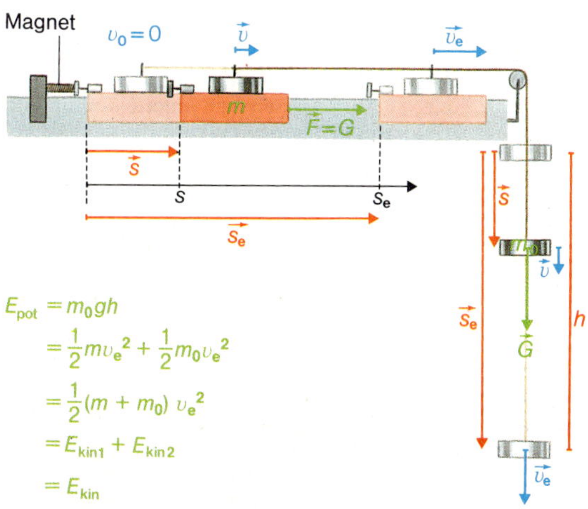

Abb. 1–84: Energieumwandlung beim Fahrbahnversuch. Die potentielle Energie des Antriebskörpers verwandelt sich in gleich große kinetische Energie von Gleiter und Wägestücken.

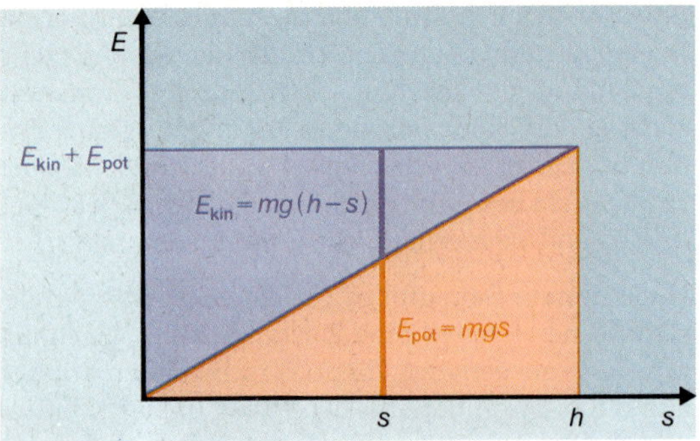

Abb. 1–85: Die Summe von potentieller und kinetischer Energie beim freien Fall ist konstant, die Anteile ändern sich linear mit der Fallhöhe:

$$E(s) = \frac{1}{2} m \left(\sqrt{2g(h-s)}\right)^2 + m\,g\,s = m\,g\,h.$$

Die Körper verrichten in jedem Fall auch noch **Reibungsarbeit;** dadurch wird ein Teil der mechanischen Energie in eine Energieform umgewandelt, aus der sie nicht in mechanische Energie zurückverwandelt werden kann, sondern als **Wärmeenergie** oder **innere Energie** (→ *Kap. 4*) an die Umgebung im oder außerhalb des Systems abgegeben wird.

Aufgaben

1/121: Ein Körper der Masse 20 kg wird senkrecht nach oben mit der Anfangsgeschwindigkeit von 50 m/s katapultiert. Berechnen Sie die kinetische, potentielle und die gesamte Energie a) zu Beginn, b) nach 3 Sekunden, c) in 100 m Höhe und d) in einer Höhe, in der die kinetische Energie auf 80% ihres Ausgangswertes abgenommen hat.

1/122: Lösen Sie die *Aufgabe 1/121* für den Fall, daß der Abschuß des Körpers unter einem Winkel von 80° zur Horizontalen erfolgt.

1/123: Ein Schlitten der Masse 60 kg startet aus der Ruhe von einem Hügel aus 20 m Höhe und erreicht den Fuß des Hügels mit einer Geschwindigkeit von 16 m/s.
Welchen Betrag an Energie hat er durch Reibung usw. verloren?

1/124: Ein Stein (m = 0,2 kg) wird an einer 0,5 m langen Schnur mit 2 Umdrehungen pro Sekunde auf einer waagerechten Kreisbahn herumgeschleudert.
a) Welche kinetische Energie besitzt er?
b) Welche Zentripetalkraft wirkt auf ihn?
c) Wie groß ist die von der Zentripetalkraft bei einer Umdrehung verrichtete Arbeit?

1/125: Der Boden eines quaderförmigen Pumpspeichersees (l = 60 m, b = 35 m, Wassertiefe t = 6,4 m) liegt 72 m über dem Kraftwerk. – Berechnen Sie die im Wasser enthaltene potentielle Energie.

1/126: Eine Kraft F = 30 N beschleunigt einen Körper (m = 2,0 kg) aus der Ruhe auf einer Strecke von 3,0 m auf ebener, reibungsloser Unterlage. Dann ändert die Kraft ihren Betrag auf F = 15 N und wirkt weitere 2,0 m.
a) Welche kinetische Energie besitzt der Körper am Ende des Vorganges?
b) Wie groß ist dann seine Geschwindigkeit?

1/127: Ein Wagen (m = 0,32 kg) rollt eine schiefe Ebene (Steigungswinkel α = 30°) herab.
a) Welche Geschwindigkeit v_1 und v_2 hat er nach Durchlaufen der Strecken s_1 = 15 cm, bzw. s_2 = 65 cm erreicht?
b) Wie groß ist der Zuwachs an kinetischer Energie von s_1 nach s_2?

1/128: Ein Kraftwagen (m = 800 kg) prallt mit der Geschwindigkeit v = 60 km/h gegen eine feste, unnachgiebige Mauer.
a) Wie groß ist seine kinetische Energie?
b) Aus welcher Höhe müßte das Auto frei fallen, um beim Auftreffen auf den Boden die gleiche kinetische Energie zu entwickeln?

1/129: Ein Stein (m = 100 g) wird von einem hohen Turm fallen gelassen. Er erreicht nach einem Fallweg von 100 m die Geschwindigkeit v = 20 m/s. – Welche Energie ist an die Luft übertragen worden?

***1/130:** Eine lotrecht stehende Schraubenfeder wird durch eine darauf gelegte Kugel (m = 50 g) um Δs = 2 mm zusammengedrückt. – Wie hoch (vom oberen Rand der entspannten Feder aus gemessen) fliegt die Kugel, wenn die Feder um weitere 15 cm zusammengedrückt und dann plötzlich entspannt wird?

***1/131:** Ein Fahrbahnwagen (m = 0,5 kg) wird längs einer horizontalen Strecke s = 1,00 m durch Wägestücke (m_w), die auf den Auflageteller (m_t = 5 g) gelegt werden, beschleunigt. Am Ende der Strecke mißt ein Kurzzeitmesser die Zeit (Δt), während der Δs = 1,45 cm breite Bügel des Wagens die Lichtschranke durchläuft:

m_w in g	20	30	40	50
Δt in ms	15,12	12,54	11,38	10,09

Berechnen Sie für jeden Versuch
a) die Hubarbeit von Wägestück und Auflageteller,
b) die kinetische Energie am Ende der Strecke und vergleichen Sie.

***1/132:** Eine Pendelkugel (d = 2,4 cm, m = 300 g) wird an einem Band (l = 1,20 m) auf die Höhe h = 20 cm gehoben. Im untersten Punkt braucht sie zum Durchlaufen der Lichtschranke ($\Delta s = d$) die Zeit Δt = 0,012 s. Berechnen Sie die kinetische Energie im untersten Punkt der Bahn auf zwei Arten.

***1/133:** Rechnen Sie die Ergebnisse des senkrechten und schiefen Wurfs (*1.1.6*) mit Hilfe des Energieerhaltungssatzes nach.

***1/134:** Berechnen Sie mit Hilfe des Energiesatzes: Von welcher Höhe h (über dem tiefsten Punkt der Schleifenbahn) muß eine Kugel der Masse m entlang einer Schiene auf einer schiefen Ebene herablaufen, um danach eine kreisförmige Schleifenbahn ($d = 2r$ = 0,2 m) zu durchlaufen, ohne im oberen Punkt der Schleifenbahn herabzufallen? (Von der Rotationsenergie sehe man ab.)

***1/135:** Ein Pendel der Länge l = 95 cm wird um 15 cm angehoben und dann losgelassen. Im tiefsten Punkt der Bahn wird der Pendelkörper (m = 150 g) durch eine Rasierklinge vom Faden getrennt und fällt auf den 1,6 m tiefer gelegenen Boden.
a) Wo trifft der Körper auf?
b) Welche Geschwindigkeit (insgesamt und horizontal) besitzt er beim Auftreffen auf den Boden?

***1/136:** Hakt man eine Kugel an eine entspannte Schraubenfeder, die an einem Stativ aufgehängt ist, und läßt die Kugel los, so zieht sie die Feder um die doppelte Strecke nach unten, die sich ergibt, wenn man die Kugel langsam mit der Hand nach unten führt, bis sie ihre Gleichgewichtslage, an der Feder hängend, erreicht hat.
Begründen Sie Ihre Lösung mit einer Energiebetrachtung!

1.3.4 Impuls und Impulserhaltungssatz

Impuls

Nach dem Trägheitsgesetz (→ *1.2.2*) kann der Bewegungszustand eines Körpers durch eine Kraft geändert werden. Der Bewegungszustand eines Körpers ist durch seine Geschwindigkeit v, aber auch durch seine Masse m bestimmt. Denn die Änderung des Bewegungszustandes eines Körpers durch eine Kraft wird davon abhängen, welches Trägheitsverhalten, also welche (träge) Masse, er besitzt.
Daher liegt es nahe, den **Bewegungszustand** eines Massenpunktes durch das Produkt aus Geschwindigkeit v und Masse m als neue physikalische Größe einzuführen.

Definition: Der Impuls p eines Körpers ist das Produkt aus seiner Masse m und seiner Geschwindigkeit v:

$$p = m\,v\,.$$

Die Einheit des Impulses ist $[p] = 1$ m kg/s .
Der Impuls ist eine vektorielle Größe mit der Richtung der Geschwindigkeit.

NEWTON hat die Wirkung der Kraft, die auf einen Körper ausgeübt wird, mit Hilfe des Impulses umfassender formuliert, also es in der **Definition der Kraft** $F = m\,a$ (→ *1.2.2*) zum Ausdruck kommt:

Die Kraft F, die auf einen Körper wirkt, ist der Quotient aus der Änderung Δp des Impulses und der Zeit Δt, in der die Änderung erfolgt:

$$F = \frac{\Delta p}{\Delta t}$$

Bemerkungen

1. Die Impulsänderung kann dadurch erfolgen, daß der Körper der Masse m lediglich seine Geschwindigkeit ändert. Dann beträgt die Änderung des Impulses $\Delta p = m\,\Delta v$, und die Kraft F wird $F = m\,\Delta v/\Delta t = m\,a$. Das ist die Definition der Kraft, wie wir sie in *1.2.3* kennengelernt haben.
2. Der Impuls $p = m\,v$ eines Körpers kann sich aber auch dadurch ändern, daß sich die Masse des Körpers um Δm ändert, seine Geschwindigkeit aber gleich bleibt. Dann beträgt die Änderung des Impulses $\Delta p = v\,\Delta m$, und die Kraft ist $F = v\,\Delta m/\Delta t$.

Eine **Anwendung** zeigt der folgende Versuch:

Versuch 1/19: Gegen ein an einem Doppelfaden aufgehängtes Brettchen ist ein Wasserstrahl gerichtet (*Abb. 1–86*), der das Brett um einen bestimmten Winkel auslenkt. Mit Hilfe eines Kraftmessers wird die Kraft bestimmt, die für diese Auslenkung erforderlich ist.

Die Kraft F, die das Brettchen auslenkt, wird vom Wasserstrahl erzeugt. Fängt man das Wasser während der Zeit Δt in einem Becherglas auf, so läßt sich die zeitliche Änderung $\Delta m/\Delta t$ bestimmen. Die Geschwindigkeit v berechnet man nach den Gesetzen des waagerechten Wurfes aus der Düsenhöhe h und der Reichweite s des (waagerechten) Strahls.
Der Versuch zeigt, daß die Kraft F auf das Brettchen gleich dem Produkt aus $\Delta m/\Delta t$ und v ist: $F = v\,\Delta m/\Delta t$.
Als Wechselwirkungskraft wirkt auf die Düse eine Kraft in entgegengesetzter Richtung: Die Düse, aus der der Wasserstrahl kommt, muß befestigt sein.

Ein anderes Beispiel ist die **Schubkraft** einer Rakete.
Aus der Rakete strömen in der Zeit Δt Gase der Masse Δm mit der (konstanten) Geschwindigkeit v_s relativ zum Raketenkörper. Dann gilt für die Schubkraft F_s, die auf die Rakete ausgeübt wird

$$F_s = \frac{\Delta m}{\Delta t}\,v_s = D\,v_s\,.$$

$D = \Delta m/\Delta t$ bezeichnet man als **Durchsatz;** der Durchsatz gibt an, welche Gasmasse pro Sekunde ausgestoßen wird.

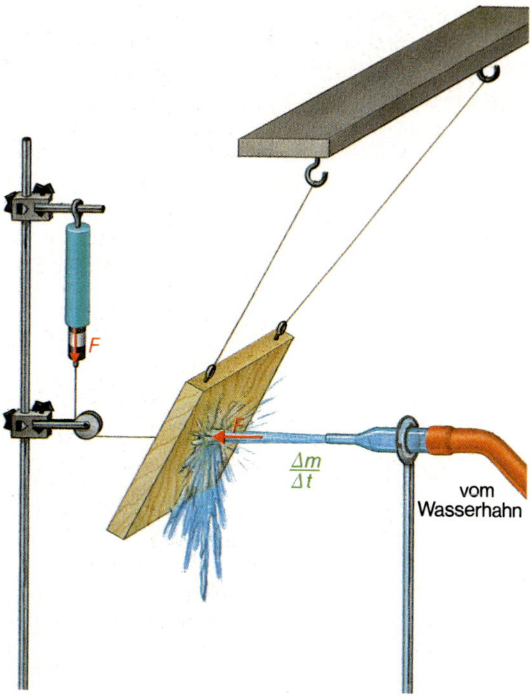

Abb. 1–86: Der Wasserstrahl übt eine Kraft $F = v\,\Delta m/\Delta t$ auf das Brettchen aus, die durch den Kraftmesser nachgemessen werden kann.

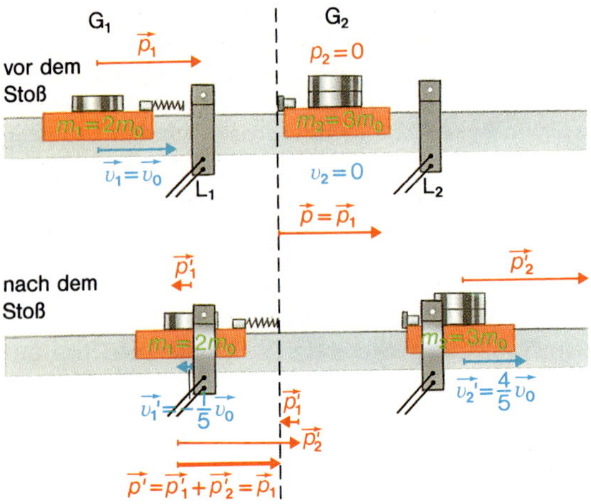

Abb. 1–87: Impulssatz. Der Gleiter G_1 läuft an der Lichtschranke L_1 vorbei (Messung von v_1) und auf den ruhenden Gleiter zu. Nach dem Stoß mißt man (nochmals) mit L_1 und L_2 die beiden Geschwindigkeiten v_1' und v_2' nach dem Stoß.

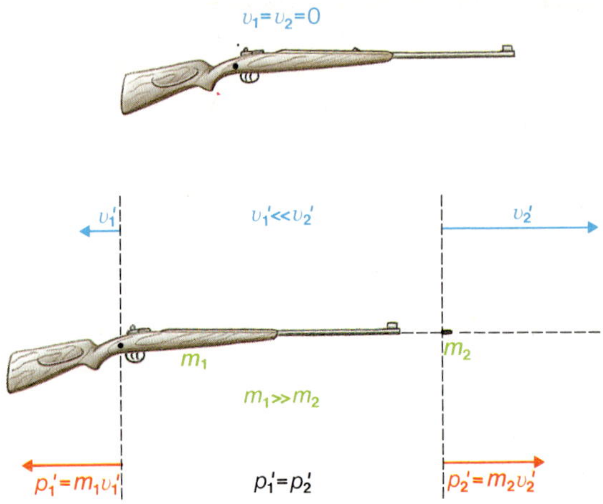

Abb. 1–88: Rückstoß. Der Impuls des Gewehrs und der Impuls des Geschosses sind entgegengesetzt gleich groß.

Impulserhaltungssatz

Wie die Energie kann auch der Impuls zwischen Systemen ausgetauscht werden. Wir untersuchen auf der (Luftkissen-)Fahrbahn die Regeln über den Impulsaustausch.

Versuch 1/20: Auf der Luftkissenfahrbahn stoßen zwei Gleiter G_1 und G_2 (*Abb. 1–87*) unter unterschiedlichen Bedingungen aufeinander.

1. Wie im *Versuch 1/22* werden beide Gleiter aus der Ruhe durch eine gespannte Feder auseinanderbewegt.
2. Der eine Gleiter bewegt sich auf den zweiten zu, der vor dem Stoß ruht (*Abb. 1–87*). Der Versuch ist Beispiel eines **elastischen Stoßes** (→ *1.3.5*).
3. Beide Gleiter laufen aufeinander zu. Eine Vorrichtung sorgt dafür, daß sie nach dem Zusammenstoß verbunden bleiben. Man nennt den Stoß **unelastisch** (→ *1.3.5*).

Wir messen die Geschwindigkeiten v_1 und v_2 vor und v_1' sowie v_2' nach dem Stoß. Dabei ergibt sich:

1. Die Impulse nach dem Entspannen der Feder sind gleich, aber entgegengesetzt gerichtet:
$$m_1 v_1' = - m_2 v_2' .$$
2. Der Impuls des ersten Gleiters vor dem Stoß ist gleich der Summe der Impulse nach dem Stoß:
$$m_1 v_1 = m_1 v_1' + m_2 v_2'$$
3. Die beiden einzelnen Impulse zusammen vor dem Stoß ergeben den Impuls der verbundenen Gleiter nach dem Stoß:
$$m_1 v_1 + m_2 v_2 = (m_1 + m_2) v' .$$

In der Auswertung wird die Richtung der Geschwindigkeiten durch Vorzeichen der Größenwerte von v berücksichtigt.

Die Ergebnisse lassen sich zusammenfassen. Stellt man das Ergebnis des ersten Versuches um: $0 = m_1 v_1' + m_2 v_2'$, so gilt für alle drei Fälle: Die Summe der Impulse vor dem Stoß ist gleich der Summe der Impulse nach dem Stoß, gleich, ob die Gleiter nach dem Stoß getrennt weiterlaufen oder nicht. Für den dritten Fall gilt $v_1' = v_2' = v'$.
Die Gleichung für den zentralen Stoß (die Massenpunkte bewegen sich auf einer gemeinsamen Geraden)

$$m_1 v_1 + m_2 v_2 = m_1 v_1' + m_2 v_2'$$

faßt die Ergebnisse zusammen in dem allgemein gültigen

Impulserhaltungssatz: Die Summe der Impulse vor dem Stoß ist gleich der Summe der Impulse nach dem Stoß.

Beide Gleiter bilden ein System. Im ersten Fall wird ihm bei Versuchsbeginn kein Impuls zugeführt; die Gleiter befinden sich in Ruhe, und nur zwischen ihnen, innerhalb des Systems, tritt dann eine Kraft auf. Im zweiten und dritten Versuch wird dem System zu Beginn Impuls übertragen; dann wird das System sich selbst überlassen. Die Aussage über die Konstanz der Impulssumme gilt also in einem System, auf das von außen nicht eingewirkt wird.

Ein Beispiel für die Erhaltung des Impulses ist der Rückstoß: Vor dem Schuß ist das System aus Gewehr und Geschoß (*Abb. 1–88*) in Ruhe; nach dem Schuß ist die Summe der Impulse wieder Null: Der Impuls des Geschosses kompensiert den Impuls des Gewehrs.

Impuls, Kraft als Impulsänderung und Impulssatz in vektorieller Formulierung

Der **Impuls** ist wie die Geschwindigkeit ein **Vektor:**

$$\vec{p} = m\vec{v}\,.$$

Die **Kraft** als zeitliche Impulsänderung schreibt man vektoriell

$$\vec{F} = \frac{\Delta\vec{p}}{\Delta t} = \frac{\Delta m}{\Delta t}\vec{v} + m\,\frac{\Delta\vec{v}}{\Delta t}\,,$$

wenn man als Änderung $\Delta\vec{p}$ des Impulses die Änderung der Masse Δm und die der Geschwindigkeit $\Delta\vec{v}$ als gleichmäßig annimmt.

Die Konstanz der Impulssumme gilt nicht nur für den zentralen Stoß, sondern auch für Zusammenstöße, bei denen sich die Schwerpunkte der stoßenden Körper nicht längs einer Geraden aufeinander zubewegen.

Versuch 1/21: Auf einem Luftkissentisch stoßen zwei Körper elastisch zusammen. Der Vorgang wird mit dem Stroboskop beleuchtet und mit einer Kamera aufgenommen. Die Auswertung erfolgt auf graphischem Wege (*Abb. 1–89*). Auch hier ist die Summe

$$m_1\,\vec{v_1} + m_2\,\vec{v_2} = m_1\,\vec{v_1}' + m_2\,\vec{v_2}'$$

der Impulse vor dem Stoß genauso groß wie nach dem Stoß. Alle Versuche bestätigen die Gültigkeit eines universalen Naturgesetzes, das auch für mehr als nur zwei Körper gilt:

Impulserhaltungssatz: Die vektorielle Summe der Impulse eines abgeschlossenen Systems ist zeitlich konstant:

$$m_1\,\vec{v_1} + m_2\,\vec{v_2} + \ldots + m_n\vec{v_n} = \overrightarrow{konstant}.$$

Als **abgeschlossenes System** bezeichnet man eine räumlich begrenzte Anordnung von Körpern, die untereinander in Wechselwirkung stehen, aber keinen Impuls- und keinen Energieaustausch mit der Umgebung außerhalb des Systems besitzen. Die in den obigen Versuchen betrachteten Körper gelten als abgeschlossenes System, weil sich Wechselwirkungen nur zwischen diesen Körpern abspielen – im strengen Sinne gibt es keine abgeschlossenen Systeme.

Der Impulserhaltungssatz ist für die Physik von fundamentaler Bedeutung. Häufig haben die Physiker aus dem scheinbaren Nichterfülltsein des Impulserhaltungssatzes auf bis dahin unbekannte Erscheinungen oder Körper geschlossen. Das Neutron, das Neutrino, das Photon und Elementarteilchen hat man auf diese Weise entdeckt.

Das **Trägheitsgesetz** (→ *1.2.2*) ist nur ein Sonderfall des Impulserhaltungssatzes. Wenn nämlich ein Körper nicht in Wechselwirkung mit anderen Körpern steht, bleibt nach dem Impulserhaltungssatz sein Impuls $p = m\,v$ stets gleich; damit ist aber auch – bei konstanter Masse m – seine Geschwindigkeit v nach Betrag und Richtung konstant.

Eine Folgerung aus dem Impulssatz ist der **Schwerpunktsatz.**

Versuch 1/22: Zwei Wagen auf einer Fahrbahn, die eine Feder zusammendrücken, werden durch einen Faden zusammengehalten. Der Faden wird durchgebrannt.

Die Wagen durchlaufen in der Zeit Δt die Wege s_1 bzw. s_2 mit den Geschwindigkeiten $v_1 = s_1/\Delta t$ bzw. $v_2 = s_2/\Delta t$. Nach dem Impulssatz gilt für die Impulsbeträge $m_1\,v_1 = m_2\,v_2$ und nach Einsetzen und Umformung $m_1 s_1 = m_2 s_2$ oder $m_1 : m_2 = s_2 : s_1$.

Das aber bedeutet, daß der Schwerpunkt beider Körper, der vor dem Durchbrennen des Fadens etwa zwischen beiden Wagen lag, auch danach in diesem Punkt bleibt. Der Impulssatz läßt sich daher auch als Aussage über den gemeinsamen Schwerpunkt des Systems formulieren.

Schwerpunktsatz: Der (gemeinsame) Schwerpunkt aller Körper eines abgeschlossenen Systems bewegt sich unabhängig von den Wechselwirkungen innerhalb des Systems.

Ein Beispiel für den Schwerpunktsatz ist die Flugbahn eines Geschosses, das in der Luft gesprengt wird. Seine Einzelteile bewegen sich zwar alle in verschiedenen Richtungen fort, der Schwerpunkt aller Einzelteile bleibt jedoch auf der gleichen Bahn, die das Geschoß vorgezeichnet hat.

Aufgaben

***1/137:** Ein Wasserstrahl lenkt ein Brettchen um denselben Winkel aus wie eine Kraft von 0,087 N (*Abb. 1–86*). Man mißt, daß 480 ml Wasser in 60 Sek. aufgefangen werden können und daß der Strahl aus einer Höhe von h = 1,0 m eine Reichweite von 4,7 m hat.

1/138: Zwei Gleiter einer Luftkissenfahrbahn, A mit der Masse m_A = 120 g und B mit der unbekannten Masse m_B, bewegen sich mit den Geschwindigkeiten v_A = 0,12 m/s und v_B = 0,15 m/s aufeinander zu. – Welche Masse besitzt jeweils B, wenn sich beide Gleiter nach dem unelastischen Stoß

a) in der Richtung wie A vor dem Stoß mit v' = 0,08 m/s,

b) in der Richtung wie B vor dem Stoß mit v' = 0,06 m/s weiterbewegen?

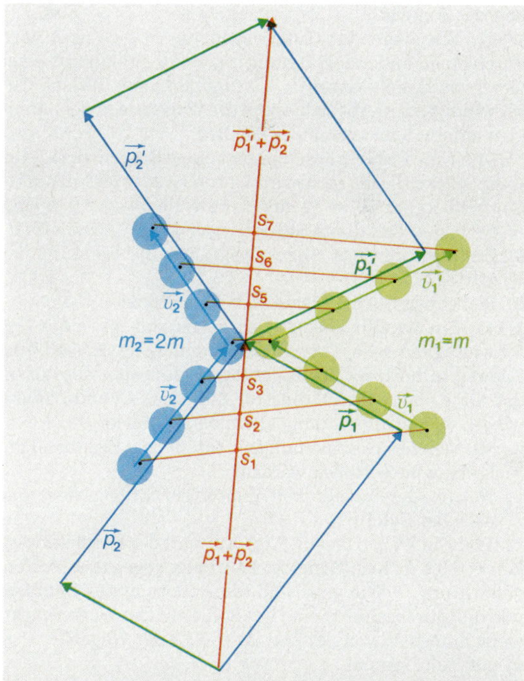

Abb. 1–89: Impulssatz beim nichtzentralen Stoß. Die Auswertung der stroboskopischen Aufnahme eines Stoßes auf dem Luftkissentisch ergibt: Die Impulssumme vor dem Stoß ist gleich der Impulssumme nach dem Stoß. Die Masse der blauen Scheibe ist doppelt so groß wie die der grünen. Daher ist der Impulsvektor der blauen Scheibe doppelt so lang gewählt wie der Geschwindigkeitsvektor.

c) Welche (gemeinsame) Geschwindigkeit ergäbe sich jeweils nach dem Stoß, wenn sich B vor dem Stoß in Ruhe befände (v_A wie oben)?

1/139: Ein Wagen A der Masse m_1 trifft in einem ersten Versuch in zentralem Stoß auf einen ruhenden Wagen B der Masse m_2 mit der Geschwindigkeit $v_1 = 50$ cm/s. Nach dem Zusammenstoß bewegt sich A in umgekehrter Richtung mit der Geschwindigkeit $v_1' = 10$ cm/s, während sich B mit $v_2' = 30$ cm/s bewegt. In einem zweiten Versuch wird A mit einem Gewicht der Masse 1 kg beladen und stößt wiederum auf B mit der Geschwindigkeit von $v_1 = 50$ cm/s. Nach dem Stoß bleibt A in Ruhe, während B mit $v_2' = 50$ cm/s weiterfährt. – Man berechne die Masse beider Wagen.

1/140: Ein Körper A ($m_A = 0{,}4$ kg) stößt mit der Geschwindigkeit $v_A = 2$ m/s auf einen Körper B ($m_B = 0{,}6$ kg), der sich in gleicher Richtung mit $v_B = 1{,}5$ m/s bewegt, unelastisch zusammen.

a) Mit welcher Geschwindigkeit bewegen sich beide Körper nach dem Stoß weiter?

b) Was ergibt sich, wenn sich die Körper vor dem Stoß mit den angegebenen Geschwindigkeiten aufeinander zubewegen?

1/141: Von einem Rollwagen ($m_1 = 20$ kg), der sich mit einer Geschwindigkeit $v_1 = 2{,}0$ m/s bewegt, springt ein Junge ($m_2 = 60$ kg) während der Fahrt ab. Beim Auftreffen auf den Boden

a) bewegt er sich mit der gleichen Geschwindigkeit wie der Wagen, bevor der Junge abspringt,

b) ist er gegenüber dem Boden in Ruhe,

c) bewegt er sich mit der doppelten Anfangsgeschwindigkeit des Wagens.

Wie ändert sich jeweils beim Abspringen die Geschwindigkeit des Wagens?

1/142: Ein stehender Güterwagen ($m_1 = 2 \cdot 10^4$ kg) wird durch einen anderen Güterzug ($m_2 = 3{,}0 \cdot 10^4$ kg) mit einer Geschwindigkeit von $v_2 = 1{,}0$ m/s gerammt. Welche Geschwindigkeit ergibt sich, wenn die Wagen nach dem Rammen miteinander verbunden bleiben?

***1/143:** Eine Explosion zersprengt einen Stein in drei Teile. Zwei Stücke fliegen rechtwinklig zueinander fort, das erste ($m_1 = 1{,}0$ kg) mit $v_1 = 12$ m/s, das zweite ($m_2 = 2{,}0$ kg) mit $v_2 = 8{,}0$ m/s. Das dritte Stück fliegt mit $v_3 = 40$ m/s fort.

a) Ermitteln Sie aus einem Diagramm die Richtung des dritten Stücks.

b) Berechnen Sie die Masse m_3 dieses Stücks.

1/144: Ein Satellit bewegt sich horizontal mit einer Geschwindigkeit $v_1 = 8$ km/s relativ zur Erde. Er soll eine Ladung in horizontaler Richtung nach hinten ausstoßen, daß diese senkrecht auf die Erde fällt. Satellit und Ladung wiegen 450 kg, die Ladung allein beträgt 50 kg.

a) Mit welcher Geschwindigkeit relativ zur Erde muß die Ladung ausgestoßen werden?

b) Welche Geschwindigkeit relativ zur Erde besitzt danach der Satellit?

***1/145:** Ein Wagen ($m = 1{,}5$ kg) läuft mit der Geschwindigkeit $v = 0{,}5$ m/s am Ende der Fahrbahn gegen eine Puffervorrichtung. – Wie groß sind die Änderung des Impulses und die (durchschnittliche) Kraft, die auf den Wagen wirkt, wenn innerhalb von der Zeit $\Delta t = 0{,}1$ s der Wagen

a) zur Ruhe kommt,

b) mit der Geschwindigkeit $v' = 0{,}1$ m/s zurückläuft.

c) Was läßt sich in beiden Fällen über die Impulserhaltung sagen?

***1/146:** Eine Feder ($D = 200$ N/m) wird um $s = 0{,}10$ m zusammengedrückt. Ein Körper ($m = 0{,}5$ kg) wird vor ihr Ende gesetzt, und dann wird die Feder losgelassen.

a) Mit welchem Impuls verläßt der Körper die Feder?

b) Wie groß ist seine kinetische Energie?

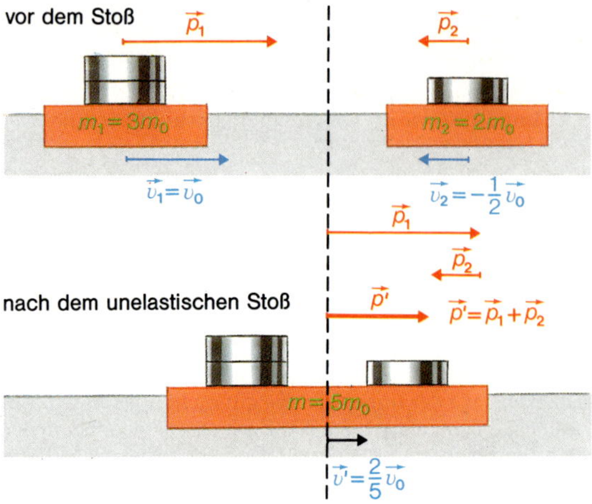

Abb. 1–90: Zentraler unelastischer Stoß. Die Körper bleiben nach dem Stoß zusammen.

1.3.5 Stoßvorgänge und Erhaltungssätze

Alle Stoßvorgänge als Wechselwirkungen zwischen Körpern lassen sich ohne die Kenntnis dessen, was beim Stoß im einzelnen vor sich geht, allein durch die beiden Erhaltungssätze des Impulses und der Energie (→ *1.3.3* und *1.3.4*) genau beschreiben.
Im folgenden werden der zentrale unelastische und elastische Stoß sowie der schiefe Stoß untersucht. Auf der Luftkissenfahrbahn oder auf dem Luftkissentisch können die Ergebnisse messend verfolgt werden. Zu beachten ist, daß die Gleichungen als Komponentengleichungen in Richtung der Stoßachse zu lesen sind: $v > 0$ bedeutet z. B. Bewegung nach rechts, $v < 0$ nach links.

a) Zentraler unelastischer Stoß

Der **unelastische Stoß** ist dadurch gekennzeichnet, daß sich die beiden Körper nach dem Stoß gemeinsam weiterbewegen: $v_1' = v_2' = v'$ (*Abb. 1–90*). Wenn man die Massen der stoßenden Körper und ihre Geschwindigkeiten vor dem Stoß kennt, so kann man mit dem Satz von der **Erhaltung des Impulses** $m_1 v_1 + m_2 v_2 = (m_1 + m_2)\, v'$ die Geschwindigkeit v' nach dem Stoß berechnen:

$$v' = \frac{m_1 v_1 + m_2 v_2}{m_1 + m_2}$$

Die kinetische Energie nach dem Stoß

$$E'_{\text{kin}} = \frac{1}{2}(m_1 + m_2)\, v'^2$$

ist kleiner als die vor dem Stoß:

$$E_{\text{kin}} = \frac{1}{2}\, m_1 v_1^2 + \frac{1}{2}\, m_2 v_2^2$$

Die Differenz

$$\Delta E = E_{\text{kin}} - E'_{\text{kin}} = \frac{1}{2}\,\frac{m_1 m_2}{m_1 + m_2}\,(v_1 - v_2)^2$$

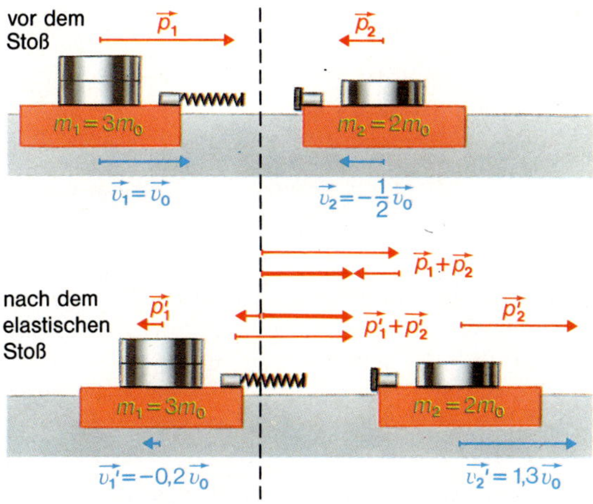

Abb. 1–91: Zentraler elastischer Stoß. Für ihn gilt der Energiesatz der Mechanik.

wird offenbar in andere Energieformen wie Verformungsenergie und Wärmeenergie umgewandelt und steht als kinetische Energie nach dem Stoß nicht mehr zur Verfügung.
Ein Sonderfall liegt vor, wenn die stoßenden Körper gleiche Masse haben. Dann ist die Endgeschwindigkeit $v' = (v_1 + v_2)/2$ der Mittelwert aus den Anfangsgeschwindigkeiten. Gilt insbesondere noch $v_2 = -v_1$, so ist $v' = 0$.
Der unelastische Stoß läßt sich also allein aus dem Impulserhaltungssatz vollständig erfassen.

b) **Zentraler elastischer Stoß**

Im Gegensatz zum unelastischen Stoß, bei dem kinetische Energie verlorengeht, bezeichnet man einen Stoß als **elastisch,** wenn die Summe der kinetischen Energien der Stoßpartner vor und nach dem Stoß gleich bleibt. Für den zentralen elastischen Stoß (*Abb. 1–91*) gelten daher Impulssatz und Energiesatz, d. h.:

$$m_1 v_1 + m_2 v_2 = m_1 v_1' + m_2 v_2'$$

(Erhaltung des Impulses),

$$\frac{1}{2} m_1 v_1^2 + \frac{1}{2} m_2 v_2^2 = \frac{1}{2} m_1 v_1'^2 + \frac{1}{2} m_2 v_2'^2$$

(Erhaltung der kinetischen Energie).
Das sind zwei Gleichungen für die Berechnung der beiden Geschwindigkeiten v_1' und v_2' nach dem Stoß. Eine einfache Auflösung dieses Gleichungssystems ergibt sich, wenn beide Seiten der umgeformten zweiten Gleichung

$$m_1 (v_1^2 - v_1'^2) = m_2 (v_2'^2 - v_2^2)$$

durch die Terme auf beiden Seiten der ersten Gleichung

$$m_1 (v_1 - v_1') = m_2 (v_2' - v_2)$$

dividiert werden (Voraussetzung $v_1 \neq v_1'$):

$$v_1 + v_1' = v_2' + v_2.$$

Die beiden linearen Gleichungen

$$v_1' - v_2' = v_2 - v_1 ,$$
$$m_1 v_1' + m_2 v_2' = m_1 v_1 + m_2 v_2$$

lassen sich (z. B. nach der Determinantenmethode) nach v_1' und v_2' auflösen:

$$v_1' = \frac{m_1 v_1 + m_2 (2v_2 - v_1)}{m_1 + m_2} \text{ und}$$

$$v_2' = \frac{m_2 v_2 + m_1 (2v_1 - v_2)}{m_1 + m_2} .$$

Damit sind die Geschwindigkeiten nach dem Stoß aus den Erhaltungssätzen bestimmt.
Ein Sonderfall der Gesetze des elastischen Stoßes ergibt sich für **gleiche Massen** ($m_1 = m_2$). Dann lassen sich die Endgeschwindigkeiten $v_1' = v_2$ und $v_2' = v_1$ besonders einfach und ohne Kenntnis der Masse angeben: Die Körper tauschen ihre Geschwindigkeiten aus.
Einen weiteren Sonderfall bildet der senkrechte **Stoß auf eine Wand.** Um ihn erfassen zu können, läßt man m_2 immer größer werden und bildet den Grenzwert für $m_2 \to \infty$. Aus

$$v_1' = \frac{\frac{m_1}{m_2} v_1 + (2v_2 - v_1)}{\frac{m_1}{m_2} + 1} \quad \text{und} \quad \frac{m_1}{m_2} \to 0$$

ergibt sich $\lim\limits_{m_2 \to \infty} v_1' = 2v_2 - v_1$

und entsprechend $\lim\limits_{m_2 \to \infty} v_2' = v_2$.

Befindet sich nun insbesondere die Wand in Ruhe ($v_2 = 0$), so erhält man $v_1' = -v_1$ und $v_2' = 0$: Der Körper wird beim elastischen Stoß auf eine ruhende Wand mit der entgegengesetzten Geschwindigkeit zurückgeworfen.
Bemerkenswert daran ist, daß die Impulsänderung $\Delta p = p_1' - p_1 = m(-v_1) - m v_1 = -2 m v_1$ doppelt so groß ist wie der Impuls vor oder nach dem Stoß.

c) **Schiefer elastischer Stoß**

Ein Sonderfall des schiefen Stoßes (→ *Abb. 1–89*) ist der schiefe Stoß einer Kugel auf eine Wand (*Abb. 1–92*). Es bleibt die Komponente der Bewegungsgröße p parallel zur Wand ungeändert: $p_\parallel' = p_\parallel$. Für die Komponente senkrecht zur Wand gilt: $p_\perp' = -p_\perp$. Daraus kann man sofort das Gesetz herleiten, daß die Anfangsgeschwindigkeit v, das Einfallslot und die Endgeschwindigkeit v' in einer Ebene liegen und der Einfallswinkel gleich dem Ausfallswinkel ist. Dieses **Reflexionsgesetz** entspricht dem Reflexionsgesetz der Optik für Lichtstrahlen.

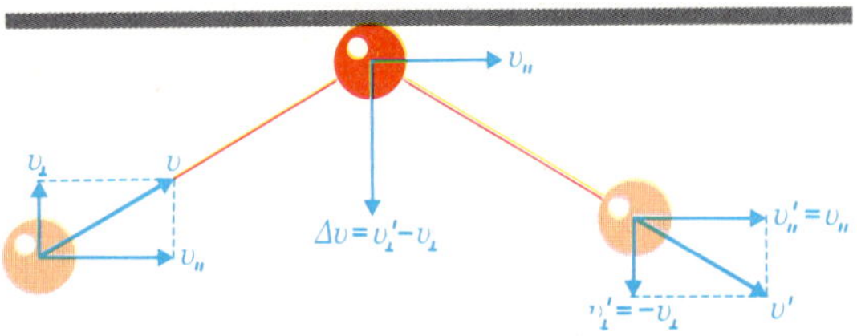

Abb. 1–92: Schiefer elastischer Stoß einer Kugel gegen eine Wand. Für ihn gilt das Reflexionsgesetz:

$$\tan \alpha = \frac{v_\parallel}{v_\perp} = \frac{v'_\parallel}{v_\perp'} = \tan \beta, \text{ folglich } \alpha = \beta.$$

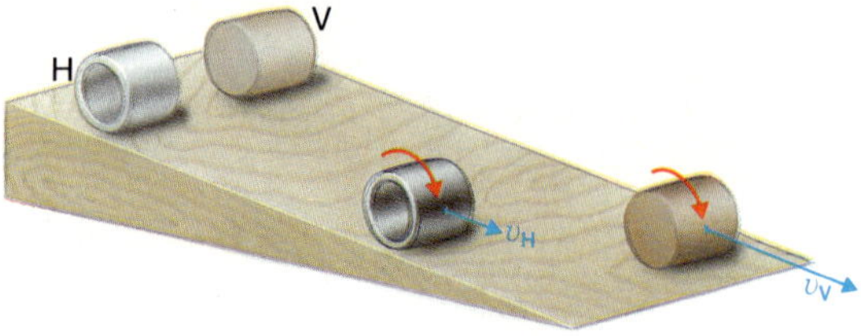

Abb. 1–93: Ein Hohlzylinder H und ein Vollzylinder V gleicher Masse und von gleichem Radius rollen eine schiefe Ebene hinab.

Damit ist am Beispiel von Stoßvorgängen die Bedeutung der Erhaltungssätze für das **deduktive** Vorgehen in der Physik gezeigt. Setzt man sie als allgemein gültige Prinzipien voraus, so kann man aus ihnen Gesetze für Sonderfälle ableiten.

Aufgaben

1/147: Zwei Wagen $m_1 = 200$ g, $m_2 = 500$ g) bewegen sich mit $v_1 = 32$ cm/s und $v_2 = 21$ cm/s aufeinander zu (Vorzeichen!). – Bestimmen Sie die Geschwindigkeiten nach einem elastischen und einem unelastischen Stoß.

1/148: Ein Wagen ($m_1 = 4$ kg) trifft mit einer Geschwindigkeit $v_1 = 1{,}2$ m/s auf einen zweiten ($m_2 = 5$ kg), der sich in gleicher Richtung mit $v_2 = 0{,}6$ m/s bewegt.

a) Wie groß sind ihre Geschwindigkeiten nach dem zentralen elastischen Stoß?
b) Wie haben sich die kinetischen Energien der Wagen geändert?
c) Wie lauten die Lösungen, wenn die Wagen aufeinander zulaufen?

***1/149:** Eine Stahlkugel der Masse m stößt zentral mit der Geschwindigkeit v gegen mehrere gleiche, die hintereinander liegen und sich berühren. – Weshalb fliegt nur eine Kugel fort?

***1/150:** Ein leerer Güterwagen A ($m_A = 2{,}5 \cdot 10^4$ kg) rollt auf einer horizontalen Strecke mit $v_A = 2{,}0$ m/s gegen einen stehenden Wagen B ($m_B = 5{,}0 \cdot 10^4$ kg). Beide Wagen sind sogleich gekoppelt.

a) Mit welcher Geschwindigkeit bewegen sich die beiden zusammengekoppelten Wagen?
b) Welches ist die gesamte Energie vor und nach dem Stoß? Liegt ein elastischer Stoß vor? Die Reibung bleibe unberücksichtigt.

***1/151:** Eine Kugel ($m_1 = 3$ kg) stößt mit der Geschwindigkeit $v_1 = 6$ m/s gegen eine zweite ($m_2 = 2$ kg), die ihr mit $v_2 = 8$ m/s genau entgegenkommt. Nach dem Stoß hat die erste die Geschwindigkeit $v_1' = 2{,}4$ m/s, die zweite $v_2' = 4{,}6$ m/s, beide in umgekehrter Richtung als ursprünglich.

a) Berechnen Sie Impuls- und Energiesumme vor und nach dem Stoß.
b) Was für ein Stoß liegt vor? Geben Sie den möglicherweise vorhandenen Unterschied zu den Idealformen des Stoßes auch zahlenmäßig an.

1.4 Die Rotation starrer Körper

Bisher sind bei unseren Untersuchungen über Bewegungen und Kräfte Körper nur als Massenpunkte betrachtet worden.
Die Bewegung eines realen Körpers wird aber erst dann vollständig beschrieben, wenn man nicht nur die Bewegung seines Schwerpunktes erfaßt, also die Gesetze der Translation eines Massenpunktes kennt, sondern wenn man auch die Bewegung eines ausgedehnten Körpers um bestimmte Achsen, also die Rotation, berücksichtigt. Für den Konstrukteur eines Fahrzeuges z. B. ist die „Geradeausfahrt“ nur ein Teilproblem. Viel schwieriger sind die Beherrschung anderer Bewegungen wie Drehungen um Längs- und Querachsen und Schwingungen (→ *Kap. 3*), die ebenfalls während der Fahrt auftreten.
Unser Ziel ist es, die wichtigsten Eigenschaften und Gesetze der Drehbewegung, der Rotation, kennenzulernen. Dabei werden wir sie vielfach in Analogie zu den Gesetzen der Translation darstellen.

1.4.1 Die gleichmäßig beschleunigte Drehbewegung; das Drehmoment

Bei der Rotation ausgedehnter Körper spielen Form und Zusammensetzung des Körpers eine Rolle. Läßt man einen Hohl- und einen Vollzylinder von gleicher Masse und sonst gleichen Maßen eine schiefe Ebene herunterrollen (*Abb. 1–93*), kommt der Vollzylinder als erster unten an.
Die ausgedehnten Körper (im Gegensatz zum Massenpunkt) stellen wir uns als sogenannte **starre Körper** vor, die (auch bei Belastung und schnellen Drehungen) keinen Formveränderungen unterliegen.

Ein **starrer Körper** ist eine Anordnung von Massenpunkten mit festen gegenseitigen Abständen.

Zur Beschleunigung eines Massenpunktes greift eine Kraft im Schwerpunkt des Körpers an. Ein um eine feste Achse drehbarer starrer Körper wird durch eine Kraft in Bewegung gesetzt, die an einem Punkt außerhalb der Achse ansetzt.
Aus der Sekundarstufe I ist bekannt, daß die Wirkung einer solchen Kraft nach dem Hebelgesetz vom Abstand der Wirkungslinie der Kraft von der Achse abhängt. Für die Drehung eines starren Körpers entscheidend ist das **Drehmoment** der Kraft (*Abb. 1–94*).

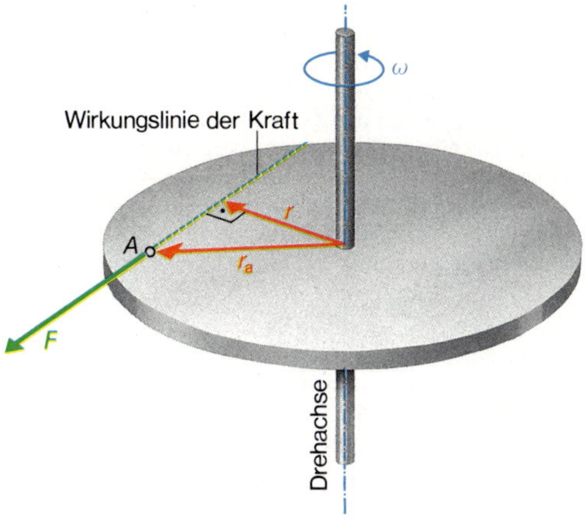

Abb. 1–94: Drehmoment. Die Wirkung der Kraft F wird durch das Produkt aus der Kraft F und dem senkrechten Abstand r des Drehpunktes von der Wirkungslinie der Kraft bestimmt.

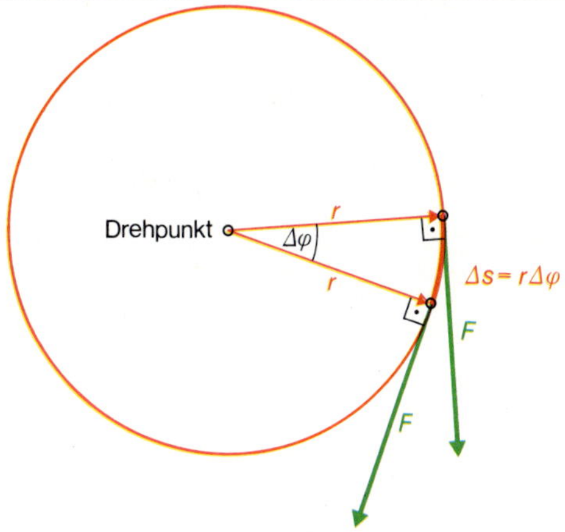

Abb. 1–95: Drehmoment und Arbeit. Wird der Körper durch die Kraft F um den Winkel $\Delta\varphi$ gedreht, so wird die Arbeit $\Delta W = F\,\Delta s$ mit $\Delta s = r\,\Delta\varphi$ geleistet.

Definition: Das **Drehmoment** M ist das Produkt aus der Kraft F und dem Abstand r ihrer Wirkungslinie von der Drehachse:

$$M = r\,F$$

Die SI-Einheit des Drehmomentes ist $[M] = 1$ N m

Das Drehmoment spielt für die Rotation eines starren Körpers dieselbe Rolle wie die Kraft für die Translation eines Massenschwerpunktes.
Wird ein starrer Körper durch das Drehmoment $M = r\,F$ (*Abb. 1–95*) und den Winkel $\Delta\varphi$ gedreht, so hat die (äußere) Kraft F längs des Weges $\Delta s = r\,\Delta\varphi$ gewirkt: Die verrichtete Arbeit ist $\Delta W = F\,r\,\Delta\varphi$ oder $\Delta W = M\,\Delta\varphi$. Geschieht diese Drehung in der Zeit Δt, so beträgt die Leistung

$$P = \frac{\Delta W}{\Delta t} = M\frac{\Delta\varphi}{\Delta t} = M\,\omega\,,$$

wobei ω die Winkelgeschwindigkeit (→ *1.1.7*) ist.

Ergebnis: Wirkt auf einen starren Körper ein konstantes Moment M, so ist die **Arbeit** W, die bei der Drehung um den Winkel φ verrichtet wird, gleich dem Produkt aus Drehmoment M und Winkel φ:

$$W = M\,\varphi$$

und die (augenblickliche) **Leistung** P gleich dem Produkt aus Drehmoment M und Winkelgeschwindigkeit ω.

$$P = M\,\omega\,.$$

Für ein Kraftfahrzeug berechnet man aus seiner Leistung P und der in eine Winkelgeschwindigkeit ω umgerechneten Drehzahl des Motors das Drehmoment $M = P/\omega$ des Motors. Durch das Getriebe mit der Gangübersetzung i erhält man das Drehmoment des Antriebsrades $M_a = i\,M = i\,P/\omega$ und daraus die Antriebskraft des Rades (Radius R) zu $F_A = i\,M/R$. Meistens muß dabei noch der Wirkungsgrad $\eta < 1$ der Übertragung vom Motor auf Rad als Faktor berücksichtigt werden.
Greifen mehrere Kräfte an einem starren Körper an, der um eine feststehende Achse drehbar ist (*Abb. 1–96*), so hat man bei ihrem Zusammenwirken als erstes zu betrachten, ob sie den Körper in der einen oder in der anderen Richtung drehen. Entsprechend legen wir fest, Drehmomente, die einen Körper rechtsherum drehen, mit einem positiven Vorzeichen und linksdrehende Drehmomente mit einem negativen Vorzeichen zu versehen.
Wichtig ist der Fall, daß sich die Drehwirkungen mehrerer Drehmomente aufheben und der Körper folglich in Ruhe bleibt, die Drehmomente also im Gleichgewicht sind (*Abb. 1-96*).

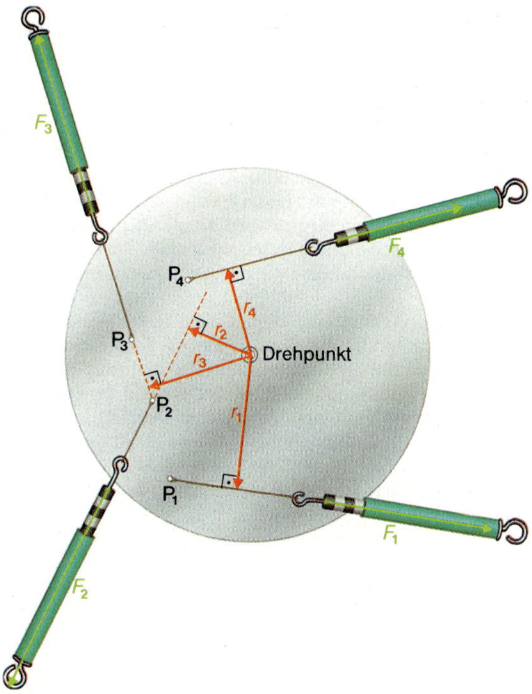

Abb. 1–96: Gleichgewicht von Drehmomenten. Die Summe der Drehmomente $-r_1\,F_1 - r_2\,F_2 + r_3\,F_3 + r_4\,F_4$ ist Null, die Scheibe bleibt im Gleichgewicht.

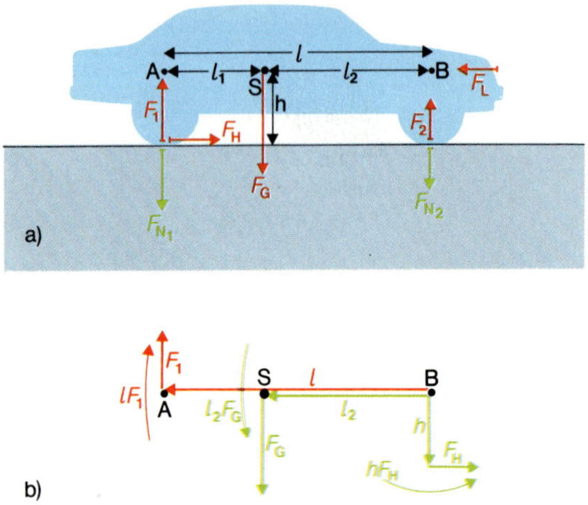

Abb. 1–97: Hinterradantrieb. a) Die Haftreibungskraft F_H treibt entgegen der Luftwiderstandskraft F_L das Auto an. Auf das Auto wirken weiter die Gewichtskraft F_G in S (Höhe h über der Straße) nach unten und die Wechselwirkungskräfte F_1 und F_2 der Straße in P_1 und P_2 nach oben. l ist der Radstand, l_1 und l_2 sind die Abstände der Achsen vom Schwerpunkt.
b) Das Drehmoment $l\,F_1$ wirkt im Uhrzeigersinn, die Momente wirken $l_2\,F_G$ und $h\,F_H$ ihm entgegen.

Gleichgewichtsbedingung der Drehbewegung
Ein starrer Körper, an dem mehrere Kräfte angreifen, bleibt im Gleichgewicht, wenn die Summe ihrer Drehmomente Null ist:

$$M_1 + M_2 + \ldots = \Sigma M_i = 0\,.$$

Das **Hebelgesetz** ist ein Beispiel dieser Gleichgewichtsbedingung.

Kräfte am fahrenden Auto

Ein anderes Beispiel liefert die Berechnung des Antriebs eines Autos. Der Grundgedanke ist folgender: Auf das Auto wirken während der Fahrt verschiedene Kräfte, die jeweils für sich ein Drehmoment erzeugen. Da das Auto beim Fahren seine Lage beibehält und sich keinesfalls um irgendeine Körperachse dreht, müssen diese Drehmomente im Gleichgewicht sein.
Im Schwerpunkt des Autos (*Abb. 1–97 a*) in der Höhe h über der Fahrbahn greift die Gewichtskraft F_G an. Sie wird wirksam über die beiden Normalkräfte F_{N_1} und F_{N_2}, mit denen die Gewichtskraft über die Hinter- und Vorderachse die Straße belastet. Nach dem Wechselwirkungsprinzip übt die Straße ihrerseits die Kraft $F_1 = F_{N_1}$ auf die Hinter- und die Kraft $F_2 = F_{N_2}$ auf die Vorderachse aus. Für die Beträge dieser drei von außen auf das Auto wirkende Kräfte gilt

$$F_1 + F_2 = F_G\,. \qquad (1)$$

Ist ihre Summe nicht Null, weil z. B. die Straße (etwa auf einer Brücke) der Gewichtskraft nicht gewachsen ist, so erfährt das Auto eine Beschleunigung nach unten. (Man beachte: Fährt das Auto eine Steigung hinauf, ist nur die Komponente der Gewichtskraft senkrecht zur Straßenoberfläche zu beachten.)
Nach *1.2.4* wird das Auto durch die parallel zur Straßenoberfläche wirkende Haftreibungskraft F_H angetrieben. Sie kann nicht größer sein als der von der Haftreibungszahl f_H (Straßen- und Reifenzustand) abhängige Anteil der Kraft, mit der die Gewichtskraft im Bereich der Antriebsachse(n) senkrecht auf die Straße wirkt. Bei Hinterradantrieb, wie hier angenommen, ist also $F_H = f_H\,F_1$, weil F_1 betragsmäßig gleich F_{N_1} ist. Sehen wir einstweilen von der Luftwiderstandskraft F_L ab, so ist die maximale Haftreibungskraft F_H diejenige Kraft, die dem Auto mit der Masse m die Beschleunigung a erteilt:

$$F_H = f_H\,F_1 = m\,a\,. \qquad (2)$$

Sei der Punkt B (*Abb. 1–97 a*) als Drehpunkt angenommen, so gilt für die vier auf das Auto wirkenden äußeren Kräfte F_G, F_1, F_2 und F_H als Gleichgewichtsbedingung für ihre Drehmomente (*Abb. 1–97 b*):

$$l\,F_1 - l_2\,F_G - h\,F_H = 0\,. \qquad (3)$$

Dabei sind l der Radstand und l_1 sowie l_2 die in der Waagerechten gemessenen Abstände der Achse vom Schwerpunkt. Die Kraft F_2 erzeugt kein Drehmoment.
Ersetzt man hierin mit (*2*) F_1 durch F_H und multipliziert die Gleichung mit f_H:

$$l\,F_H - f_H\,l_2\,F_G - f_H\,h\,F_H = 0\,,$$

so erhält man nach Ausklammern und Umstellen

$$F_H = F_G\,\frac{f_H\,l_2}{l - f_H\,h}$$

oder mit $F_H = m\,a$, wenn wie angenommen der Luftwiderstand unberücksichtigt bleibt, und $F_G = m\,g$ schließlich die maximale Beschleunigung

$$a = g\,\frac{f_H\,l_2}{l - f_H\,h}\,.$$

Berücksichtigt man den Luftwiderstand, geht das Drehmoment der Luftwiderstandskraft F_L in die Rechnung ein. Vereinfachend kann man annehmen, daß F_L in der Höhe h des Schwerpunktes parallel zur Straßenoberfläche angreift. Dann wäre sie lediglich von der Haftreibungskraft abzuziehen, und die zur Beschleunigung zur Verfügung stehende Antriebskraft wäre maximal $F_H - F_L = m\,a$. Fährt der Wagen außerdem noch eine Steigung hinan, entspricht die Summe der Normalkräfte und damit auch die Summe $F_1 + F_2$ nicht mehr der Gewichtskraft, sondern nur ihrer Komponente senkrecht zur Straßenoberfläche. Die Antriebskraft verringert sich dann um den Steigerungswiderstand $F_s = F_G \sin\alpha$, wenn α der Steigungswinkel der Straße ist.
Daß es im übrigen gleichgültig ist, welchen Punkt man als Drehpunkt für die Anwendung der Gleichgewichtsbedingung der Drehmomente nimmt, zeigt sich, wenn man den Schwerpunkt S als Drehpunkt wählt (*Abb. 1–97 a*). Dann gilt $l_1\,F_1 - l_2\,F_2 - h\,F_H = 0$. Mit (*1*) $F_2 = F_G - F_1$ und $l_1 = l - l_2$ erhält man (*3*). Es ist also gleich, welchen Punkt man als Drehpunkt für die Aufstellung der Gleichgewichtsbedingung der Drehmomente annimmt.

Aufgaben

1/152: Ein Radfahrer übt auf die Pedale (r = 18 cm) eine Kraft F = 480 N aus. Berechnen Sie das Drehmoment für den Fall, daß der eingeschlossene Winkel 0°, 45°, 90° und 180° beträgt.
1/153: Was kann ein Radfahrer tun, um das Drehmoment auf die Pedale zu vergrößern?
***1/154:** Berechnen Sie für ein Auto (*Abb. 1–97*) mit a) Vorderradantrieb, b) Vierradantrieb die maximale Beschleunigung (ohne Rollreibung und Luftwiderstand).

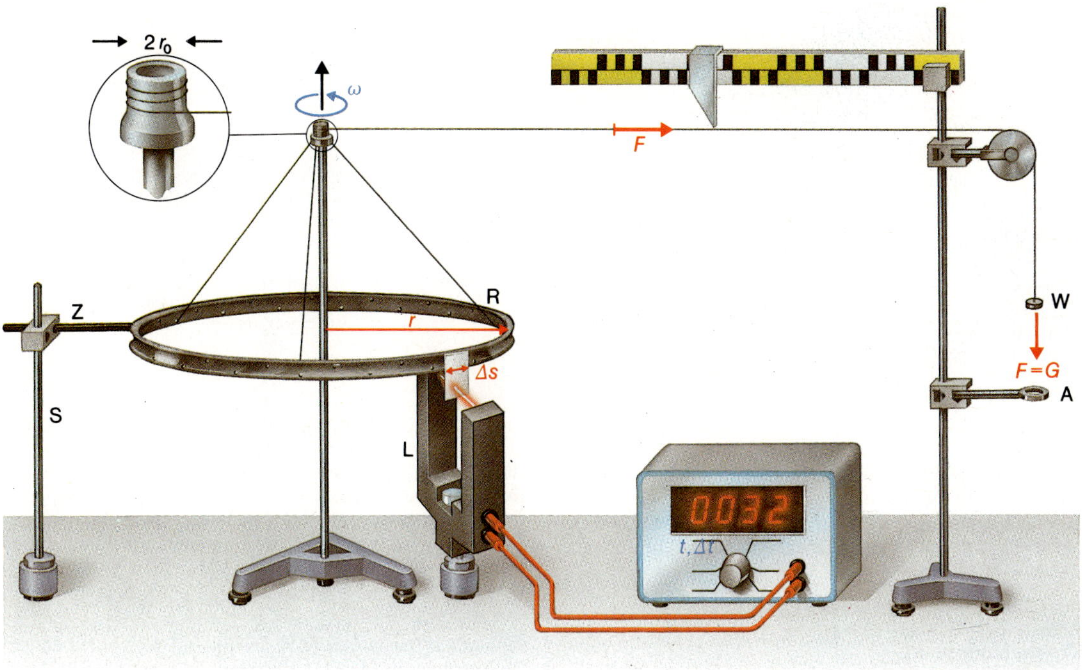

Abb. 1–98: Reifenapparat. Die Kraft F des Wägestückes W greift an der Trommel T mit dem Radius r_0 an und setzt den Reifen R mit dem Radius r in Bewegung. Mit dem Zeiger Z zählt man beim Vorbeilaufen an der Stange S die Umdrehungen. Zur Messung der Bahngeschwindigkeit mißt der Digitalzähler die Zeit t, während der Papierstreifen der Breite Δs den Lichtstrahl der Lichtschranke L unterbricht. – Der Ring A dient zum Auffangen des Wägestückes, wenn der Beschleunigungsvorgang beendet werden soll.

***1/155:** Ein Pkw (m = 800 kg) hat den Radabstand 2,40 m und seinen Schwerpunkt 0,55 m über dem Boden und 1,00 m vor der Hinterachse. Die Haftreibungszahl sei 0,6. Berechnen Sie die mögliche Beschleunigung bei
a) Hinterradantrieb, b) Allradantrieb.

***1/156:** a) Berechnen Sie das Drehmoment des Motors eines Autos mit der Leistung 90 kW bei 5100 Umdrehungen pro Minute.
b) Berechnen Sie die Antriebskraft, die auf die Hinterräder (R = 0,31 m) wirkt, wenn die Gangübersetzung i = 1 (im 4. Gang) ist und der Wirkungsgrad des Getriebes usw. mit η = 0,8 angesetzt wird.
c) Wie groß ist die Haftreibungskraft an den Hinterrädern und das Beschleunigungsvermögen, wenn der Radstand l = 2,6 m, der Abstand Hinterachse – Schwerpunkt l_1 = 1,1 m, die Höhe des Schwerpunktes h = 0,58 m und die Masse des besetzten Wagens m = 1500 kg betragen (Haftreibungszahl f_H = 0,7)?

1.4.2 Trägheitsmoment und Rotationsenergie

Die **Gesetze der Drehbewegung** untersuchen wir mit dem Reifenapparat. Dabei lassen wir uns von der Analogie zwischen der Translationsbewegung eines Massenpunktes und der Rotationsbewegung eines starren Körpers, wie es oben schon angedeutet ist, leiten.
Bei der Translationsbewegung eines Massenpunktes interessieren die Bahngeschwindigkeit v und die Bahnbeschleunigung a. Bei der Rotationsbewegung eines starren Körpers um eine feststehende Achse bewegen sich alle seine Teile mit der gleichen Winkelgeschwindigkeit ω. Für die Änderung der Winkelgeschwindigkeit mit der Zeit definiert man analog zur Bahnbeschleunigung a die für alle Teile des starren Körpers gleiche Winkelbeschleunigung α der Rotationsbewegung.

Definition: Die (mittlere) **Winkelbeschleunigung** α ist der Quotient aus der Änderung der Winkelgeschwindigkeit $\Delta\omega$ und der dabei verflossenen Zeit Δt:

$$\alpha = \frac{\Delta\omega}{\Delta t}\text{[1]}.$$

Versuch 1/23: Ein waagerecht aufgehängter Reifen wird durch eine Gewichtskraft über Schnur und Rolle (*Abb. 1–98*) in Drehung versetzt.
Bei konstanter Kraft, also konstantem Drehmoment für den Reifenapparat, vollführt der Reifen eine gleichmäßig beschleunigte Drehbewegung. Aus dem Winkel $n\,2\,\pi$ bei n Umdrehungen und der Zeit t ermittelt man als Konstante $\alpha = 2\,\varphi/t^2 = 4\,\pi n/t^2$. Wird das Gewichtsstück nach der Zeit t abgehoben und wird die Winkelgeschwindigkeit ω durch Messung von weiteren m Umdrehungen und der Zeit Δt gemessen: $\omega = 2\,\pi m/\Delta t$, so ergibt sich der zur Translationsbewegung analoge Zusammenhang $\omega = \alpha\,t$.

Die **Bewegungsgesetze der gleichförmig beschleunigten Rotationsbewegung** lauten

$$\varphi = \tfrac{1}{2}\,\alpha\,t^2,\ \omega = \alpha\,t,\ \alpha = konst.$$

[1]) Zur Bezeichnung des Winkels in SI-Einheiten siehe *1.1.7*.

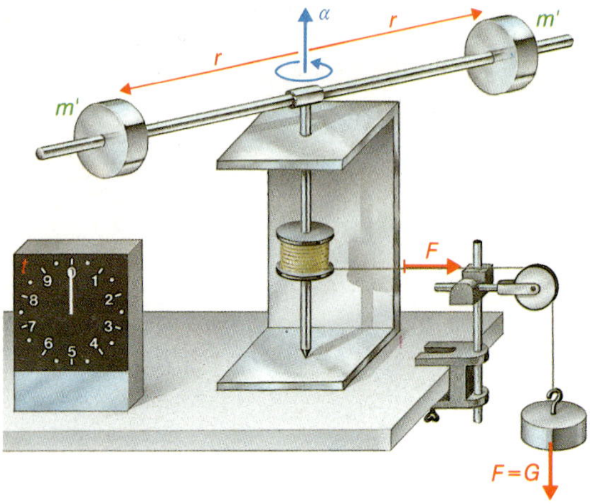

Abb. 1–99: Messung des Trägheitsmomentes. Aus dem wirkenden Drehmoment $M = F\,r$ und der Winkelbeschleunigung α, die man aus der Drehzahl n und der Zeit t berechnet: $\alpha = 4\,\pi n/t^2$, läßt sich das Trägheitsmoment bestimmen: $J = M/\alpha$.

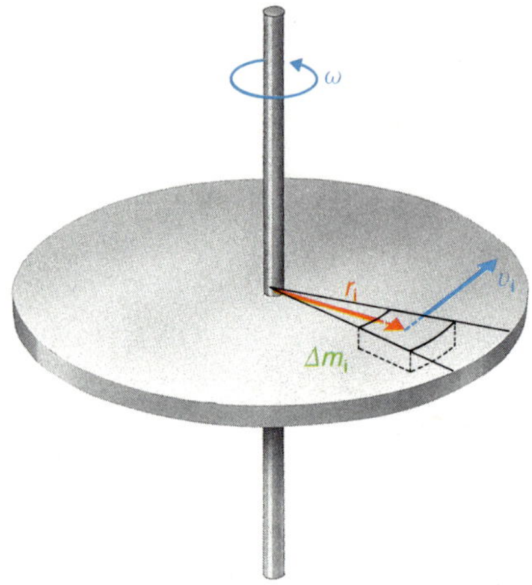

Abb. 1–100: Zur Berechnung des Trägheitsmoments eines Körpers. Der Körper wird in Teilkörper der Masse Δm_i zerlegt, für die einzeln das Trägheitsmoment $\Delta J_i = \Delta m_i\, r_i^2$ berechnet wird und deren Trägheitsmomente dann addiert werden.

Trägheitsmoment

Die Analogie zur Translationsbewegung ist deutlich. Die Frage ist, welche Größe bei der Rotation der Masse m des Massenpunktes bei der Translationsbewegung entspricht. Dazu wird die Masse der Reifen verändert. Man findet, daß für ein und dieselbe Reifenanordnung die Winkelbeschleunigung α direkt proportional zum beschleunigten Drehmoment M ist: $M \sim \alpha$. Die Konstante $J = M/\alpha$ ist offenbar charakteristisch für den starren Körper, der in Rotation versetzt ist. Sie heißt **Trägheitsmoment** des Körpers in bezug auf die betrachtete Achse.

Definition: Das **Trägheitsmoment** J eines starren Körpers ist der Quotient aus dem wirkenden Drehmoment M und der dadurch erzeugten Winkelbeschleunigung α:

$$J = \frac{M}{\alpha}\,.$$

Die SI-Einheit des Trägheitsmomentes J ist $[J] = 1\ \text{Nms}^2 = 1\ \text{kg m}^2$.

Damit läßt sich das **Grundgesetz der Rotation** formulieren.

Wirkt auf einen starren Körper das Drehmoment M, so erfährt der Körper eine Winkelbeschleunigung α, die dem Drehmoment proportional ist:

$$M = J\,\alpha\,.$$

Die Porportionalitätskonstante J ist das Trägheitsmoment des starren Körpers.

Die Beziehung $M = J\,\alpha$ entspricht der **Grundgleichung der Mechanik** $F = m\,a$.

Es soll nun untersucht werden, von welchen Eigenschaften des Körpers sein Trägheitsmoment abhängt. Zunächst betrachtet man den Sonderfall, daß alle Massenpunkte des Körpers den gleichen Abstand r von der Drehachse haben:

Versuch 1/24: An einem waagerechten Stab von vernachlässigbar kleiner Masse befinden sich zwei Gewichtsstücke mit der Gesamtmasse m in gleichem Abstand r von einer vertikalen Drehachse (*Abb. 1–99*). Bei gleichbleibendem Drehmoment wird die Winkelbeschleunigung α gemessen.

Für den Fall, daß alle Massenpunkte den gleichen Abstand r von der Drehachse haben, ist der Quotient aus M und α und damit das Trägheitsmoment J eines Körpers dem Produkt aus seiner Masse m und dem Quadrat ihres Abstandes r von der Drehachse direkt proportional:

$$J \sim m\,r^2\,.$$

Der Proportionalitätsfaktor $c = J/(m\,r^2)$ ist nach der Definition von J dimensionslos und ergibt sich aus den Meßwerten des *Versuchs 1/24*.

Das Trägheitsmoment J eines Körpers, dessen Masse m den Abstand r von der Drehachse hat, ist

$$J = m\,r^2\,.$$

Damit läßt sich für folgende Körper das Trägheitsmoment unmittelbar nach der Beziehung $J = m\,r^2$ berechnen, nämlich für

1. zwei Körper der Gesamtmasse m, die im Abstand $d = 2\,r$ um eine feste Achse senkrecht zur Verbindung d rotieren (*Abb. 1–99*),
2. den Reifen der Masse m (*Versuch 1/23*), dessen Massenpunkte ebenfalls überall den Abstand r von der feststehenden Radachse besitzen,
3. den Hohlzylinder (*Abb. 1–93*) bei Drehung um die Längsachse.

Für die Berechnung des Trägheitsmoments anderer Körper hat man zu berücksichtigen, daß für jedes einzelne Teilstück des Körpers im Abstand r_i von der Drehachse mit der Masse Δm_i das Trägheitsmoment zu berechnen ist und die Trägheitsmomente $\Delta J_i = \Delta m\, r_i^2$ aller Teile dann zu addieren sind (*Abb. 1–100*):

$$J \approx \sum_i J_i = \sum_i r_i^2\,\Delta m_i\,.$$

Mit Hilfe der Integralrechnung läßt sich das Trägheitsmoment J auch für andere Körper ermitteln:

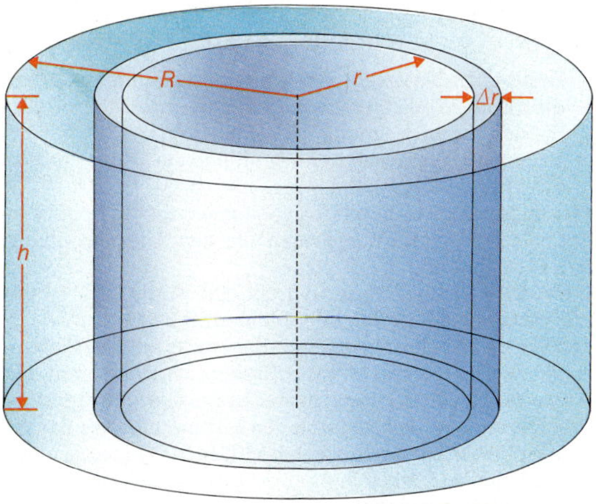

Abb. 1–101: Zur Integration des Trägheitsmoments eines Vollzylinders. Das Trägheitsmoment des Teilzylinders von der Dicke Δr im Abstand r von der Achse und der Höhe h läßt sich leicht berechnen: Teilvolumen gleich Grundfläche mal Höhe $\Delta V = 2\,r\,\Delta r\,h$.

$$J = \int_0^m r^2\,\mathrm{d}m\,.$$

Für den Vollzylinder (*Abb. 1–101*) ergibt sich als Trägheitsmoment ΔJ eines Teilzylinders vom Radius r, von der Dicke Δr und der Höhe h (Dichte ϱ):

$$\Delta J = \varrho\,\Delta V r^2 = \varrho\,2\pi r h\,\Delta r\;\;r^2\,.$$

Die Integration von $r = 0$ bis $r = R$ liefert das Trägheitsmoment des Vollzylinders:

$$J = \int_0^R 2\pi\varrho\,h\,r^3\,\mathrm{d}r = \frac{1}{2}\pi\,\varrho\,h\,R^4\,.$$

Mit der Masse $m = \varrho\,\pi\,h\,R^2$ des Vollzylinders erhält man

$$J = \frac{1}{2}m\,R^2\,.$$

Entsprechend findet man für die Vollkugel $J = \frac{2}{5}m\,R^2$ und für einen Stab der Länge $l = 2\,r$, Drehachse senkrecht zur Längsachse, $J = \frac{1}{3}m\,r^2$ oder $J = \frac{1}{12}m\,l^2$.

Der Versuch in der *Abb. 1–93* findet seine Erklärung. Der Vollzylinder ist wegen seines kleineren Drehmomentes leichter in Drehung zu versetzen als der Hohlzylinder.

Rotationsenergie

Die Kraft, die einen Körper in Drehbewegung versetzt, verrichtet Arbeit, indem sie alle Massenpunkte des starren Körpers beschleunigt. Ein Teilchen des Körpers mit der Masse Δm_i, das im Abstand r_i von der Drehachse auf die Geschwindigkeit $v_i = \omega\,r_i$ gebracht ist (*Abb. 1–100*), besitzt dann die **Bewegungsenergie** $\Delta E_i = \frac{1}{2}\,\Delta m_i\,v_i^2$ oder $\Delta E_i = \frac{1}{2}\,\Delta m_i\,r_i^2\,\omega^2$.

Für den ganzen Körper müssen alle Teilenergien addiert werden

$$E \approx \sum_i \Delta E_i = \sum \tfrac{1}{2}\,r_i^2\,\Delta m_i\;\;\omega^2$$
$$= \tfrac{1}{2}\,(\sum_i r_i^2\,\Delta m_i)\,\omega^2\,.$$

Der Ausdruck in der Klammer ist das Trägheitsmoment des Körpers

$$J \approx \sum r_i^2\;\;\Delta m_i\,.$$

Die zur Beschleunigung des Körpers aufgewendete Arbeit ist in dem Körper als Rotationsenergie gespeichert.

Die **Rotationsenergie** eines Körpers, der ein Trägheitsmoment J besitzt und sich mit der Winkelgeschwindigkeit ω dreht, ist

$$E_{\mathrm{rot}} = \frac{1}{2}\,J\,\omega^2\,.$$

Die **Rotationsenergie** ist eine **Teilform der kinetischen Energie.** Eine rollende Kugel besitzt kinetische Energie ihrer Translationsbewegung $E_1 = \frac{1}{2}\,m\,v_0^2$ und ihrer Rotationsbewegung $E_2 = \frac{1}{2}J\,\omega^2 = \frac{1}{2}\,(\frac{2}{5}\,m\,r^2)\,\omega^2 = \frac{1}{5}\,m\,v^2$ mit $r\,\omega = v$. Ihre gesamte kinetische Energie ist $E_{\mathrm{kin}} = \frac{7}{10}\,m\,v^2$.
Das Schwungrad eines Generators speichert Energie in Form von Rotationsenergie. Es kann sie jederzeit auch teilweise abgeben und sichert so den gleichmäßigen Lauf des Generators.
Im Versuch von *Abb. 1–93* setzen beide Zylinder die gleiche potentielle Energie in Bewegungsenergie um. Der Hohlzylinder nimmt einen größeren Anteil als Rotationsenergie auf als der Vollzylinder. Seine kinetische Energie der Translationsbewegung ist geringer als die des Vollzylinders, und er bewegt sich am Fuße der schiefen Ebene langsamer als der Vollzylinder.
Die Umsetzung von potentieller Energie in beiden Formen kinetischer Energie zeigt sehr eindrucksvoll das Maxwellsche Rad (*Abb. 1–102*).

Abb. 1–102: Maxwellsches Rad. Potentielle Energie in der oberen Endlage des Rades setzt sich um in Rotationsenergie in der unteren Endlage.

Rollersatzmasse

Der Ausdruck für die (gesamte) kinetische Energie der rollenden Kugel $E_{kin} = \frac{7}{10}\, m\, v^2$ kann auch so gelesen werden, daß bei der Translationsbewegung der Kugel mit der Masse m zusätzlich für die gleichzeitige Rotationsbewegung eine Rollersatzmasse $m_R = \frac{2}{5}$ m zugefügt werden muß:

$$E_{kin} = \frac{1}{2}\,(m + \tfrac{2}{5}\,\text{m})\,v^2 = \frac{7}{10}\,m\,v^2\,.$$

Ein Massenpunkt von gleicher Geschwindigkeit v hätte die gleiche kinetische Energie (der Translationsbewegung), betrüge seine Masse $m_M = \frac{7}{5} m_{\text{Kugel}}$.
Die Trägheitswirkung von rotierenden Teilen von Körpern, die sich im wesentlichen translatorisch bewegen, wie zum Beispiel den Rädern an Fahrbahnwagen oder der Rolle bei den Fahrbahnversuchen, lassen sich rechnerisch oder auch experimentell in eine Rollersatzmasse umrechnen. Man schlägt diese Rollersatzmasse der Masse des sich translatorisch bewegenden Körpers zu, wenn man auf ihn z. B. die Grundgleichung der Mechanik $F = m\,a$ anwenden will.

Aufgaben

***1/157:** An einem Reifenapparat (Reifen $m = 0{,}823$ kg, $r = 0{,}31$ m, Trommeldurchmesser $d = 2{,}0$ cm) werden auf das Gewichtstellerchen ($m_0 = 0{,}54$ g) nacheinander eine bzw. zwei Scheiben von 10 g gelegt (Ausgleichsmasse für die Reibung $m_R = 0{,}65$ g).
Man mißt jeweils für 2 Umdrehungen die Zeit t und danach die Geschwindigkeit mit dem Papierstreifen der Breite $\Delta s = 2{,}0$ cm (*Abb. 1–98*), der die Lichtschranke für die Zeit Δt unterbricht, nachdem der Reifen unbeschleunigt weiterläuft.

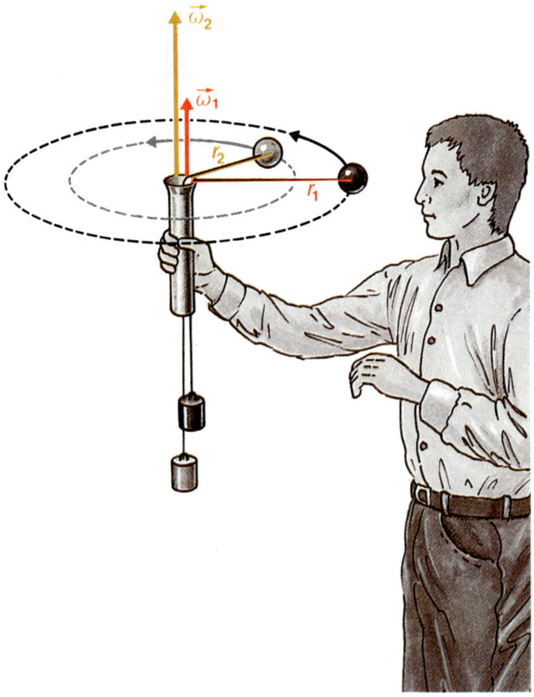

Abb. 1–103: Drehimpulserhaltungssatz. Je kürzer der Bahnradius r der sich drehenden Kugel, um so größer die Winkelgeschwindigkeit ω.

Eine Scheibe: $t = 45{,}1$ s, $\Delta t = 1{,}17\cdot10^{-1}$ s
Zwei Scheiben: $t = 31{,}8$ s, $\Delta t = 8{,}19\cdot10^{-2}$ s

a) Bestimmen Sie jeweils die Winkelbeschleunigung α und die (End-)Winkelgeschwindigkeit ω, und überprüfen Sie den Zusammenhang.
b) Berechnen Sie jeweils das Drehmoment M und mit *a)* das Trägheitsmoment J.

***1/158:** Berechnen Sie das Trägheitsmoment des Reifens in *Aufgabe 1/157*, und überprüfen Sie den Zusammenhang zwischen M, J und α.

1/159. Eine Eiskunstläuferin dreht eine Pirouette. – Ist ihr Trägheitsmoment größer oder kleiner als 80 kg m^2?

***1/160:** An den vier Ecken eines Rechtecks mit den Seitenlängen von 30 cm und 40 cm befinden sich Kugeln mit der Masse von je 200 g. – Berechnen Sie das Gesamtträgheitsmoment um eine Achse durch den Mittelpunkt des Rechtecks senkrecht zur Rechteckebene. (Der Durchmesser einer Kugel kann im Vergleich zu den Seitenlängen des Rechtecks als klein angesehen werden.)

***1/161:** Eine Vollkugel ($r = 4{,}4$ cm, $m = 0{,}62$ kg) rollt mit der Geschwindigkeit $v = 36$ cm/s auf dem Tisch. Berechnen Sie ihre kinetische (Translations-)Energie und ihre Rotationsenergie.

***1/162:** Berechnen Sie mit einem Energieansatz für das Gerät in → *Abb. 1–99* ($m = 1{,}15$ kg, $r = 31$ cm) die Winkelgeschwindigkeit, die ein Gewicht ($F = 0{,}3$ N) mit einem Kraftarm von $r_F = 1{,}0$ cm beim Herabsinken um $h = 34$ cm bewirkt.

***1/163:** Auf welche Höhe hat man die Kugel in einer Schleifenbahn (*Aufgabe 1/134*) zu bringen, wenn man die Rotationsenergie berücksichtigt?

***1/164:** Eine schiefe Ebene (Länge l, Neigungswinkel 30°) rollen eine Kugel, ein Hohlzylinder und ein Vollzylinder von der gleichen Masse ($m = 300$ g, $r = 2{,}1$ cm) herab (von Reibungskräften sehe man ab).

a) Mit welcher Bahn- und welcher Winkelgeschwindigkeit und nach welcher Zeit treffen die Körper am Ende der schiefen Ebene ein?
b) Wie groß ist dort ihre kinetische Energie der Translations- und der Rotationsbewegung?
c) Welche Bahn- und welche Winkelbeschleunigung erfahren sie?

***1/165:** Auf einer horizontalen Stange (*ähnlich Abb. 1–99*) ($J = 0{,}40$ kg m^2), die sich mit 200 Umdrehungen pro Minute symmetrisch um eine vertikale Achse dreht, sitzen zwei Gleitkörper von je 1,3 kg jeweils im Abstand $r = 0{,}15$ m von der Drehachse. Dann werden die Gleitkörper, die zunächst durch Fäden gehalten waren, freigelassen und durch eine Halterung auf der Stange im Abstand von je 0,6 m von der Drehachse wieder festgehalten.
Wie groß ist nun die Umdrehungszahl? Die Reibung ist zu vernachlässigen.

1.4.3 Der Drehimpuls und seine Erhaltung

Der **Drehimpuls** L charakterisiert die Rotationsbewegung in ähnlicher Form wie der Impuls p die Translationsbewegung. Man ersetzt in der Gleichung $p = m\,v$ die Masse m durch das Trägheitsmoment J und die Geschwindigkeit v durch die Winkelgeschwindigkeit ω als analoge Größe.

Definition: Der **Drehimpuls** eines um eine feste Achse rotierenden Körpers ist das Produkt aus seinem Trägheitsmoment J (bezüglich dieser Achse) und seiner Winkelgeschwindigkeit ω:

$$L = J\,\omega\,.$$

Der Drehimpuls ist eine der Winkelgeschwindigkeit gleichgerichtete Größe. Seine SI-Einheit ist $[L] = 1$ Nms $= 1$ kgm^{2}s^{-1}.

Analog zur Definition der Kraft als zeitliche Änderung des Impulses $F = \Delta p / \Delta t$ (→ *1.3.4*) findet man als Zusammenhang zwischen Drehimpuls L und Drehmoment M:

Das an einem Körper wirkende Drehmoment M ist gleich dem Quotienten aus der Änderung ΔL des Drehimpulses und der dazu benötigten Zeit Δt:

$$M = \frac{\Delta L}{\Delta t}$$

Für den folgenden Sonderfall sieht man diese allgemein gültige Beziehung leicht ein: Ein Massenpunkt m im Abstand r von der Drehachse werde durch die Kraft F senkrecht zum Radiusvektor r in Bewegung gesetzt. Dann gilt für die Impulsänderung $\Delta p = F\,\Delta t$ und damit für die Änderung ΔL des Drehimpulses $L = p\,r$:

$$\Delta L = \Delta(p\,r) = (\Delta p)\,r = (F\,\Delta t)\,r = F\,r\,\Delta t = M\,\Delta t$$

und nach einfacher Umformung: $M = \Delta L \,/\, \Delta t$.
Aus der Beziehung liest man ab: Wirkt auf einen starren Körper kein Drehmoment, ist die Änderung ΔL des Drehimpulses in der Zeit Δt Null. Es gilt der **Drehimpulserhaltungssatz.**

Der Drehimpuls eines starren Körpers bezüglich einer festen Achse ist konstant, solange kein äußeres Drehmoment auf ihn wirkt:

$$L = J\,\omega = konstant\,.$$

Man kann die Gleichung auch als **Trägheitsgesetz der Rotation** auffassen, analog des Trägheitsgesetzes $p = mv = konstant$ der Translation.
Das bedeutet für einen Körper von konstantem Trägheitsmoment J, daß Betrag und Richtung seiner Winkelgeschwindigkeit ω erhalten bleiben.
Der Drehimpulserhaltungssatz gilt allgemein. Er gilt nicht nur für einen starren Körper, sondern er gilt auch für ein System von Massenpunkten, die ihre Lage zueinander verändern können. Er gilt darüber hinaus auch für ein System mehrerer sich drehender Körper, solange dieses System nicht in Wechselwirkung mit der Außenwelt tritt.

In allgemeiner Form lautet der **Drehimpulserhaltungssatz:**

Der Gesamtdrehimpuls eines abgeschlossenen Systems ist konstant. Abgeschlossen ist das System, wenn kein äußeres Drehmoment wirkt.

Die folgenden Beispiele bestätigen qualitativ den Drehimpulserhaltungssatz:
Ein Schwungrad behält seine Drehung bei. Der Teller eines Jongleurs, der Kinderspielreifen, das Fahrrad und die Diskusscheibe sind andere Beispiele. Ein Kreisel wirkt stabilisierend auf eine freie Achse. Die Erde rotiert bei ihrer täglichen Umdrehung um eine raumfeste Achse. Der Körper, der an einem Band im Kreis herum geschleudert wird (*Abb. 1–103*), erhöht seine Winkelgeschwindigkeit, wenn man den Bahnradius verkürzt.
Der Junge auf dem Drehschemel (*Abb. 1–104*) erhöht seine Winkelgeschwindigkeit, wenn er die Hanteln zu sich heranholt. Das Drehmoment verringern der Schlittschuhläufer bei der Pirouette und der Turmspringer beim Salto.
Daß der Drehimpuls Vektoreigenschaften besitzt, zeigt der Versuch nach *Abb. 1–105*. Der Person auf dem Drehschemel übergibt man ein rotierendes Rad, dessen Achse senkrecht zur Drehachse des Schemels steht. Bringt nun die Versuchsperson die Radachse in eine Parallele zur Schemelachse, drehen sich beide. – Ähnliche Beobachtungen macht man, wenn die Versuchsperson das Rad übernimmt und es selbst in Drehung versetzt.
Beim Tandem-Hubschrauber mit zwei gleichen Rotoren heben sich die Drehimpulse beider Rotoren gegenseitig auf.
Die Erhaltung des Drehimpuls ist für viele Übungen im Sport entscheidend, so bei der Pirouette des Schlittschuhläufers oder beim Salto des Turmspringers (*Abb. 1–106*).

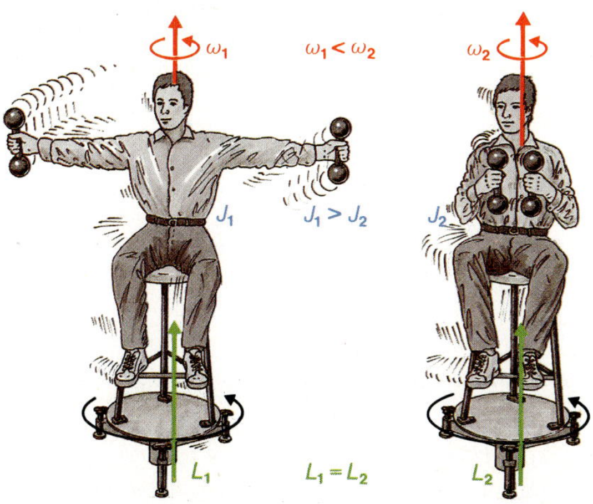

Abb. 1–104: Drehimpulserhaltungssatz. Das Trägheitsmoment J ändert sich, weil sich der Radius zu den Kugeln ändert. Er verringert sich mit dem Quadrat des Verhältnisses der Abstände, die die Kugeln jeweils zur Drehachse bilden. Um den gleichen Faktor erhöht sich die Winkelgeschwindigkeit.

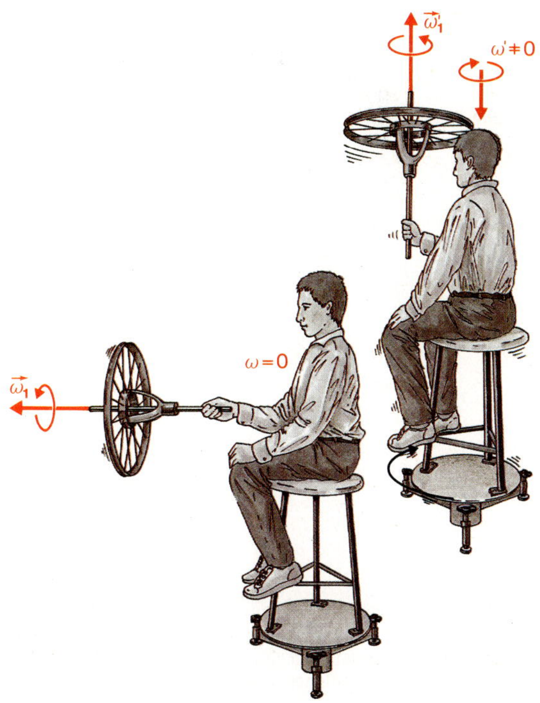

Abb. 1–105: Drehimpulserhaltungssatz. In waagerechter Stellung ist das Drehmoment des sich drehenden Rades unwirksam auf die Drehung der Person auf dem Drehschemel. Stellt die Versuchsperson die Drehachse parallel zur Drehachse des Schemels, dreht dieser sich im umgekehrten Drehsinn.

Abb. 1–106: Drehimpulserhaltung. Die Erhöhung der Winkelgeschwindigkeit durch Verkleinerung des Trägheitsmomentes beim a) Schlittschuhläufer und b) beim Turmspringer.

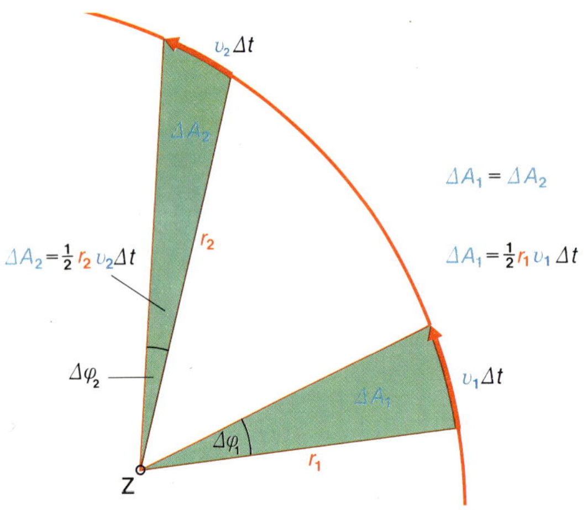

Abb. 1–107: Flächensatz. Die Fläche, die vom Bahnradius r in der Zeit t überstrichen wird, ist konstant.

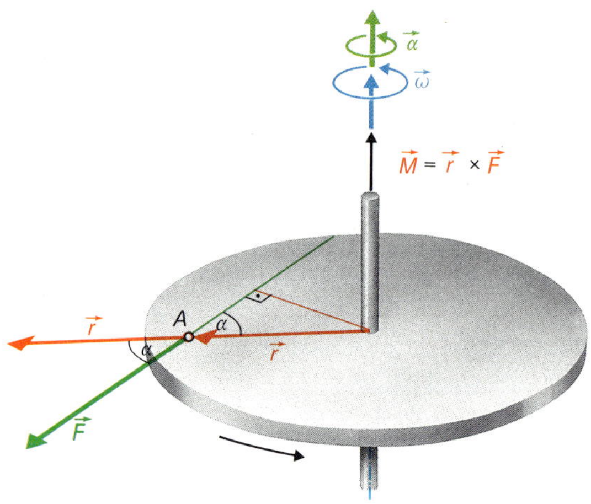

Abb. 1–108: Zum Drehmoment. Das Drehmoment $\vec{M}$ ist das Vektorprodukt aus der Kraft $\vec{F}$ und dem Vektor $\vec{r}$ von der Drehachse zum Angriffspunkt A der Kraft: $\vec{M} = \vec{r} \times \vec{F}$

Ein Sonderfall des Drehimpulserhaltungssatzes ist der

Flächensatz: Bei einer Zentralbewegung ohne äußere Einflüsse überstreicht der vom Zentrum zum Körper reichende Radiusvektor in gleichen Zeiten gleiche Flächen.

Auch er läßt sich im einfachen Fall, daß der Massenpunkt wie in *Abb. 1–103* bei kürzerem Abstand r zur Drehachse eine größere Winkelgeschwindigkeit ω besitzt, einsehen. Für einen Körper, der im Abstand r ein Zentrum umkreist und ständig zu ihm hingezogen wird (*Abb. 1–107*), gilt für die Fläche, die der Radiusvektor r in der Zeit Δt überstreicht:

$$\Delta A = \frac{1}{2} r\, v\, \Delta t\,.$$

Multipliziert man mit der doppelten Masse $2m$ des Körpers, erhält man

$$2m\, \Delta A = m\, r\, v\, \Delta t\,.$$

Das Produkt $m\,r\,v$ ist aber der Drehimpuls L eines Massenpunktes m, der sich mit der Geschwindigkeit v im Abstand

r vom Zentrum bewegt. Es gilt daher mit $2\,m\,\Delta A = L\,\Delta t$, daß bei konstantem Drehimpuls L auch die vom Radius r in der Zeit Δt überstrichene Fläche ΔA konstant bleibt.

Aufgaben

1/166: Zeigt der Drehimpulsvektor der Erde, durch den ihre tägliche Umdrehung dargestellt wird, von Süden nach Norden oder von Norden nach Süden?
1/167: Ein Vollzylinder (m = 350 g, r = 2,7 cm) rollt mit einer konstanten Geschwindigkeit v = 0,9 m/s auf der Tischfläche. Berechnen Sie seinen Drehimpuls.
1/168: Wie groß ist der Drehimpuls eines Körpers von der Masse 1 kg, der am Erdäquator auf dem Boden liegt? (Äquatorradius 6378 km).
1/169: Vergleichen Sie den Drehimpuls der Erde (r_E = 6370 km, m_E = 5,97·10^{24} kg), der sich aus ihrer täglichen Umdrehung ergibt, mit dem Drehimpuls des Mondes (m_M = 0,0123 m_E, mittlere Entfernung Erde–Mond 384 000 km), den er infolge seines Umlaufs um die Erde (27,3 Tage) besitzt. Die Erde soll dabei als homogene Kugel betrachtet werden.
1/170: Zwei Wasserstoffatome von je 1,67·10^{-27} kg Masse bilden ein Wasserstoffmolekül H_2. Der Abstand der Atome beträgt 7,4·10^{-11} m. Bestimmen Sie das Trägheitsmoment des Moleküls um eine Achse, die in der Mitte zwischen beiden Atomen senkrecht auf der Verbindungslinie steht. Nehmen Sie dabei an, daß die Masse in den Atomkernen mit vernachlässigbar kleinem Durchmesser konzentriert ist. – Wie groß ist die Rotationsenergie, wenn der Drehimpuls um die Achse L = 1,05·10^{-34} Js beträgt?

1.4.4 Beschreibung der Drehbewegung durch Vektoren; Vergleich von Translation und Rotation

Das Drehmoment, für dessen Betrag nach *Abb. 1–108* $M = aF = r \sin \alpha\, F$ gilt, wird physikalisch sinnvoll durch das Vektorprodukt

$$\vec{M} = \vec{r} \times \vec{F}$$

wiedergegeben. $\vec{M}$ wird damit zu einem Vektor, der in Richtung der Drehachse weist.

Die **Winkelgeschwindigkeit** $\vec{\omega}$ gibt als Vektor Richtung der Drehachse und Drehsinn (neben dem Betrag der Winkelgeschwindigkeit) an. In den Gleichungen der gleichförmig beschleunigten Drehbewegung ist $\vec{\alpha}$ ebenfalls ein Vektor in Richtung der Achse, z. B. $\vec{\omega} = \vec{\alpha} t$. Die **Winkelbeschleunigung** $\vec{\alpha} = \frac{\Delta\vec{\omega}}{\Delta t}$, oder mit Hilfe der Ableitung geschrieben $\vec{\alpha} = \dot{\vec{\omega}}$, kann aber auch bedeuten, daß die Drehachse sich ändert. Die Auffassung physikalischer Größen als Vektoren weist sofort auf neue physikalische Möglichkeiten hin.

Das **Drehmoment** $J = \int r^2\, dm$ und die **Rotationsenergie** $E = \frac{1}{2} J\omega^2$ sind (wie die Masse m und die kinetische Energie $E_{kin} = \frac{1}{2} m\, v^2$ der Translation) erwartungsgemäß skalare Größen.

Die **Grundgleichung der Drehbewegung** lautet

$$\vec{M} = J\vec{\alpha},$$

und der **Drehimpuls** wird vektoriell geschrieben:

$$\vec{L} = J\vec{\omega}.$$

Der Drehimpulserhaltungssatz sagt in vektorieller Fassung, daß auch die Drehachse konstant bleibt (solange J konstant ist).

Der Zusammenhang zwischen Drehmoment und Drehimpuls

$$\vec{M} = \frac{\Delta\vec{L}}{\Delta t} \quad \text{oder} \quad \vec{M} = \dot{\vec{L}}$$

weist darauf hin, daß ein Drehmoment auch die Achsenrichtung eines rotierenden Körpers ändern kann.
Die Kreiseltheorie ist ein bekanntes Beispiel. Wirkt auf eine Kreiselachse eine Kraft, so ändert sich danach die Kreiselachse der Richtung $\vec{\omega}$ senkrecht zur einwirkenden Kraft $\vec{F}$ und $\vec{\omega}$: Ein Kreisel weicht typischerweise einem Anstoß gegen seine Achse durch eine Nickbewegung aus (Präzession der Erdachse).

Der Analogie zwischen den Größen der Translation und der Rotation zeigt *Tab. 1–13*. In gleicher Zeile stehende Größen entsprechen einander.

Translation		Rotation	
Weg	$\vec{s}$	Winkel	φ
Geschwindigkeit	$\vec{v} = \frac{d\vec{s}}{dt} = \dot{\vec{s}}$	Winkelgeschwindigkeit	$\omega = \frac{d\varphi}{dt} = \dot{\varphi}$
Beschleunigung	$\vec{a} = \frac{d\vec{v}}{dt} = \frac{d^2\vec{s}}{dt^2} = \ddot{\vec{s}}$	Winkelbeschleunigung	$\alpha = \frac{d\omega}{dt} = \frac{d^2\varphi}{dt^2} = \ddot{\varphi}$
Masse	m	Trägheitsmoment	$J = \int_0^m r^2\, dm$
Impuls	$\vec{p} = m\vec{v}$	Drehimpuls	$\vec{L} = J\vec{\omega}$
Kraft	$\vec{F} = \frac{d\vec{p}}{dt} = \dot{\vec{p}}$	**Drehmoment**	$\vec{M} = \frac{d\vec{L}}{dt} = \dot{\vec{L}}$
(im Sonderfall $m = const.$)	$\vec{F} = m\vec{a}$	(im Sonderfall $J = const.$)	$\vec{M} = J\vec{\alpha}$
kinetische Energie	$E_{kin} = \frac{1}{2} mv^2$	Rotationsenergie	$E_{rot} = \frac{1}{2} J\,\omega^2$
Es gilt der Erhaltungssatz: In einem abgeschlossenen System ist die Summe			
der Impulse	$\vec{p}$,	der Drehimpulse	$\vec{L}$ konstant.

Tab. 1–13: Vergleich zwischen den Größen und Gesetzen der Translation und der Rotation.

2 Gravitation

Als **Gravitation** bezeichnet man die gegenseitige Anziehung von Körpern allein aufgrund ihrer Masse. Unter den Naturkräften, auf die sich alle Kraftwirkungen zurückführen lassen und zu denen u. a. die **elektromagnetischen Kräfte** (→ *Kapitel* 5 und 6) und die **Kernkräfte** (→ *Kapitel 12*) gehören, ist sie die schwächste Wechselwirkung. Dennoch ist die Gravitation nicht nur für unsere Erfahrungswelt von größter Bedeutung: die Gewichtskraft der Körper und die Fallgesetze finden durch sie ihre Erklärung. Für die großen Objekte des Weltalls stellt die Gravitation die entscheidende Wechselwirkung dar: Sowohl die Bewegungen der Planeten im Sonnensystem als auch die Bewegungen und Strukturen von Sternen und Sternensystemen in der Tiefe des Weltraums (→ *Kapitel 14*) werden durch Gravitationskräfte beherrscht.

In diesem Kapitel beschäftigen wir uns mit dem **Gravitationsgesetz.** Wir lernen das **Gravitationsfeld** als Überträger der Gravitationskräfte im Raum kennen und studieren die **Bewegungen** von Planeten und künstlichen Raumobjekten **im Gravitationsfeld** von Erde und Sonne.

2.1 Das Gravitationsgesetz

Die Entdeckung des Gravitationsgesetzes durch NEWTON steht am Ende einer langen historischen Entwicklung, in der die Menschen sich ein Bild über ihren Heimatplaneten Erde und seine Umgebung, das Sonnensystem, machten.

Wir folgen den wichtigsten Stationen des Weges, auf dem sich die Menschheit eine Vorstellung über Größe und Gestalt ihres Planeten gebildet und auf dem sie sich in die nähere und fernere Umgebung der Erde vorgetastet hat, bis zur physikalischen Begründung der Planetenbewegung durch das Gravitationsgesetz.

2.1.1 Die Erforschung von Gestalt und Größe der Erde und von der Bewegung der Planeten

Die Griechen übernahmen das Weltbild der Ägypter und Babylonier. Sie stellten sich die Erde als flache **Scheibe** vor, im Mittelpunkt den Olymp, ringsherum den Okeanos, darüber das Himmelsgewölbe.

Doch schon die Pythagoräer (um 500 v. Chr.) waren von der **Kugelgestalt** der Erde überzeugt. ARISTOTELES (384–322 v. Chr.) nennt als Beweis: Für einen Beobachter an Land tauchen bei Annäherung eines Schiffes an die Küste zuerst die Masten über der Kimm auf; bei Mondfinsternis zeichnet sich der Erdschatten auf dem Mond kreisförmig ab; Auf- und Untergang der Sonne (und der Sterne) findet für verschiedene Orte der gleichen Breite zu verschiedenen Zeiten statt; bei Veränderung des Standpunktes nach Norden oder Süden tauchen am Horizont neue Sterne auf.

Den **Erdumfang** bestimmte als erster ERATOSTHENES (275–195 v. Chr.). Wenn zur Zeit der Sommersonnenwende die Sonne in Syene (Ägypten) senkrecht über dem Beobachter kulminiert (*Abb. 2–1*), beträgt die Mittagshöhe im nördlich davon gelegenen Alexandria 82,8°. Dem Winkelunterschied von 7,2°, den auch die nach Syene bzw. Alexandria weisenden Erdradien einschließen, entspricht die Entfernung von Syene nach Alexandria, die ERATOSTHENES mit 5000 Stadien (1 Stadie hatte vermutlich für ERATOSTHENES die Länge von 148,5 m) angab. Er erhielt für den Erdumfang 250 000 Stadien oder umgerechnet 37 125 km (40 076)[1]).

Die **relative Größe und Entfernung von Sonne und Mond** ermittelte ARISTARCH von Samos (320–250 v. Chr.) mit Hilfe des rechtwinkligen Dreiecks (*Abb. 2–2*), das der Mond in seinem ersten und letzten Viertel mit Erde und Sonne bildet. Aus dem Winkel von 87° (89°51′), unter dem Mond und Sonne bei Halbmond von der Erde aus erscheinen, schloß er auf ein Entfernungsverhältnis Erde–Mond zu Erde–Sonne von 1 : 19 (1 : 389), das noch bis in KEPLERs Zeiten als gültig angenommen wurde. Auch **die absolute Größe und Entfernung von Sonne und Mond** bestimmte er als erster. Da nämlich Mond und Sonne für den Beobachter auf der Erde scheinbar gleichen Durchmesser besitzen, galt nach ARISTARCH das Verhältnis 1 : 19 auch für ihre Durchmesser. Aus der Dauer der Mondfinsternis gelang es ARISTARCH weiter, den Radius des Mondes zu 0,36 (0,27) Erdradien und den der Sonne zu 6,75 (109) Erdradien und ebenso die Entfernungen in Erdradien und schließlich mit dem Wert für den Erdradius nach ERATOSTHENES auch die absoluten Entfernungen zu diesen beiden Himmelskörpern anzugeben.

ARISTARCH wurde zum Vorläufer von KOPERNIKUS. Er hielt entgegen allgemeiner Lehrmeinung nicht die Erde, sondern die nach seinen Berechnungen wesentlich größere Sonne für den Mittelpunkt der Welt. Seine **heliozentrische Theorie**[2]) setzte sich nicht durch. Denn – so die Gegenargumente – die Wolken müßten bei einer täglichen Drehung der Erde um ihre Achse zurückbleiben und ständig nach Westen wandern, und die erdnächsten Sterne müßten sich bei der jährlichen Bewegung der Erde um die Sonne vor dem Hintergrund des fernen Himmels verschieben, also eine Parallaxe aufweisen (*Abb. 2–3*). ARISTARCHs Einwand, daß selbst die nächsten Sterne wegen ihrer großen Entfernung keine Parallaxe zeigen könnten, blieb unglaubwürdig. (Eine solche Sternparallaxe wurde erst 1838 von HERSCHEL nachgewiesen.)

Die größte Leistung der griechischen Astronomie war eine

---

[1]) Jeweils in Klammern zum Vergleich die heute bekannten Werte.

[2]) helios (griech.), Sonne

[3]) ge (griech.), Erde

[4]) Die Tierkreiszeichen sind die Sternbilder, die die Sonne auf ihrer jährlichen Bahn über den Himmel durchwandert.

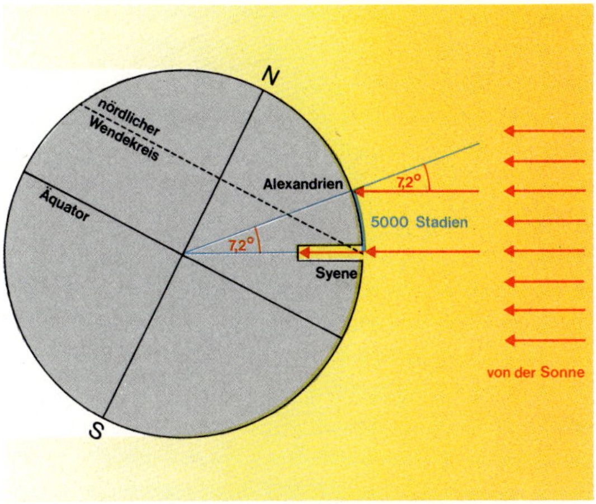

Abb. 2–1: Messung des Erdumfangs durch ERATOSTHENES. Die Sonne, die sich in Syene zur Zeit der Sommersonnenwende „um Mittag in einem tiefen Brunnen spiegelt“, steht zur selben Zeit in dem 5000 Stadien weiter nördlich gelegenen Alexandrien um 7,2° tiefer als die Senkrechte.

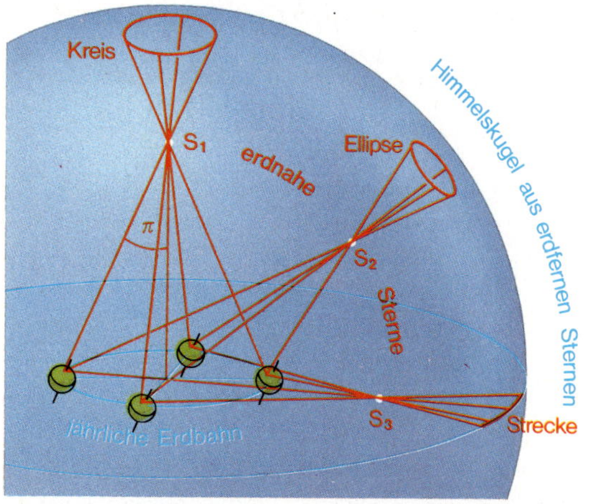

Abb. 2–3: Fixsternparallaxe. Projiziert man von verschiedenen Punkten der Erdbahn einen erdnahen Stern auf die entferntere Himmelskugel, so verschiebt sich der Stern vor den hinter ihm stehenden Sternen und beschreibt in der Projektion einen Kreis (wie S_1), eine Ellipse (wie S_2) oder schließlich eine Strecke (wie S_3), falls der Stern in der Ebene der Erdbahn, der Ekliptik, steht.

vollständige **Theorie der Planetenbewegung.** Die Griechen suchten nach keiner physikalischen Erklärung im Sinne heutiger Naturwissenschaft; sie suchten sich den Mechanismus der Planetenbewegung modellmäßig und rein kinematisch-geometrisch mit Hilfe von Kreisen vorzustellen, die sie als die vollkommensten aller Bahnformen ansahen. HIPPARCH (190–125 v. Chr.), der u. a. mit Hilfe der Horizontalparallaxe (*Abb. 2–4*) die Entfernung Erde–Mond zu 59 (60) Erdradien und die zur Sonne mit 1200 (23 466) Erdradien berechnete, lieferte wesentliche Beiträge und Erkenntnisse über die Bewegung von Sonne, Mond und Planeten und stellte u. a. einen Katalog zusammen, in dem fast 1000 Sterne und ihre Lage am Fixsternhimmel verzeichnet waren.

Darauf fußend, begründete PTOLEMÄUS (100–178 n. Chr.) mit seinem Werk, dem „Almagest“, das **geozentrische**[3]) **Weltbild:**

1. Die Erde steht im Mittelpunkt der Welt.
2. Die Planeten, zu denen im Altertum Sonne, Mond und die (eigentlichen) Planeten Merkur, Venus, Mars, Jupiter und Saturn zählten, bewegen sich auf (sieben) Kristallkugeln um die Erde.
3. Umschlossen ist das Weltall von einer (achten) Kugel, die die Fixsterne trägt.

Die Sonne bewegt sich täglich über den Himmel und wandert während des Jahres einmal durch die zwölf Tierkreiszeichen[4]), während die Planeten zusätzlich noch rückläufige Bahnen beschreiben oder sogar zeitweilig stehen bleiben

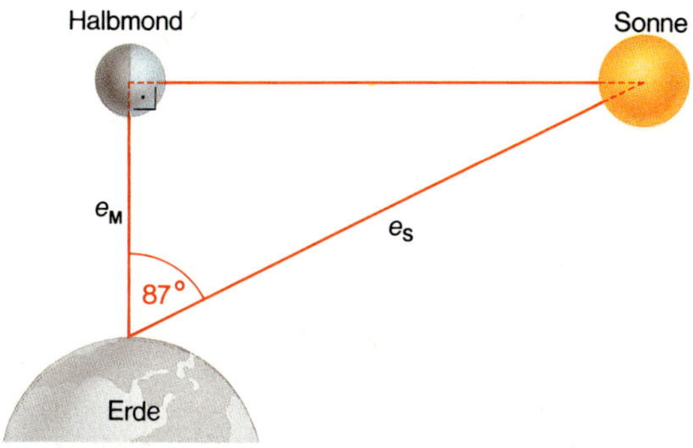

Abb. 2–2: Bestimmung der relativen Entfernung von Mond und Sonne nach ARISTARCH: Aus dem rechten Winkel von Erde, Mond und Sonne bei Halbmond und dem Winkel von 87°, unter dem dann Mond und Sonne erscheinen, schloß ARISTARCH auf ein Entfernungsverhältnis $e_M : e_S = 1 : 19$. Die Ungenauigkeit der Winkelmessung rührt von der Schwierigkeit her, den Zeitpunkt zu erfassen, an dem die Schattengrenze auf dem Mond (bei Halbmond) eine gerade Linie bildet.

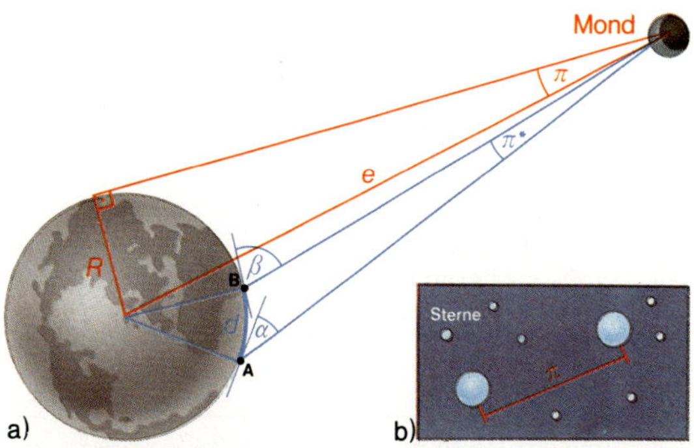

Abb. 2–4: Horizontalparallaxe. Der Winkel π, unter dem man von einem Gestirn, z. B. dem Mond, aus den Erdradius sehen würde, dient als Entfernungsmaß im Sonnensystem: $e = R/\pi$ (π in Bogenmaß). Die Horizontalparallaxe π läßt sich aus einer beliebigen Parallaxe π^* berechnen, die sich ergibt, wenn man das Gestirn erst von A und dann von B aus betrachtet.

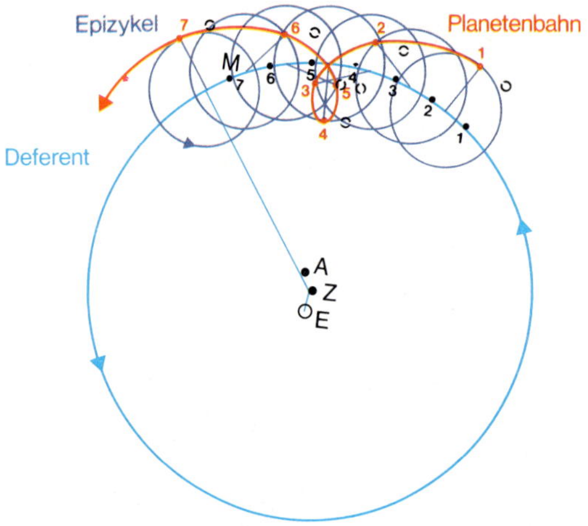

Abb. 2–5: Epizykeltheorie. Der Planet bewegt sich auf einem kleinen Kreis, dem Epizykel, dessen Mittelpunkt M auf einem großen Kreis, dem Deferenten mit dem Mittelpunkt Z umläuft: Damit war die Schleifenbahn der Planeten erklärt. – Die Erde E steht aber nicht im Mittelpunkt des Deferenten: Damit besaß der Planet von der Erde nicht immer den gleichen Abstand. – Während der Epizykel sich gleichförmig drehte, bewegt sich sein Mittelpunkt M nicht gleichmäßig um Z, sondern mit gleicher Winkelgeschwindigkeit um einen weiteren Punkt A, den Äquanten: Damit war die unterschiedliche Bahngeschwindigkeit der Planeten erklärt.

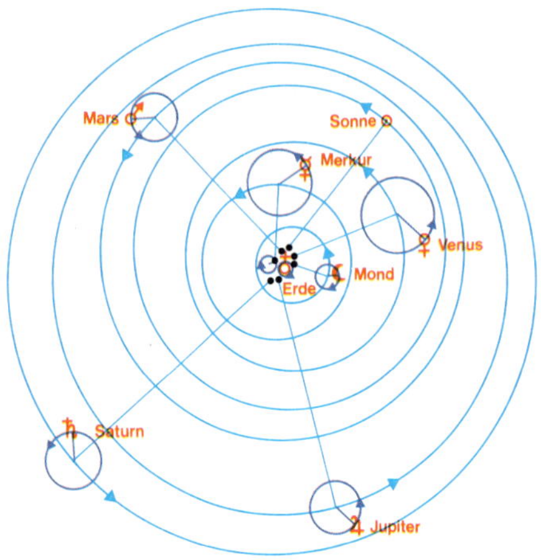

Abb. 2–6: Geozentrisches Weltbild nach PTOLEMÄUS. Die Erde steht im Mittelpunkt der Welt. Die Planeten bewegen sich auf Epizykeln und Deferenten wie in *Abb. 2–5*. Die Sonne besitzt keinen Epizykel. Komplizierter sind auch die Bewegungen von Mond und Merkur.

1. Januar	16,3′	1. Juli	15,8′
1. Februar	16,3′	1. August	15,8′
1. März	16,2′	1. September	15,9′
1. April	16,0′	1. Oktober	16,0′
1. Mai	15,9′	1. November	16,1′
1. Juni	15,8′	1. Dezember	16,2′

Tab. 2–1: Scheinbarer Sonnenradius in Bogenminuten im Laufe eines Jahres.

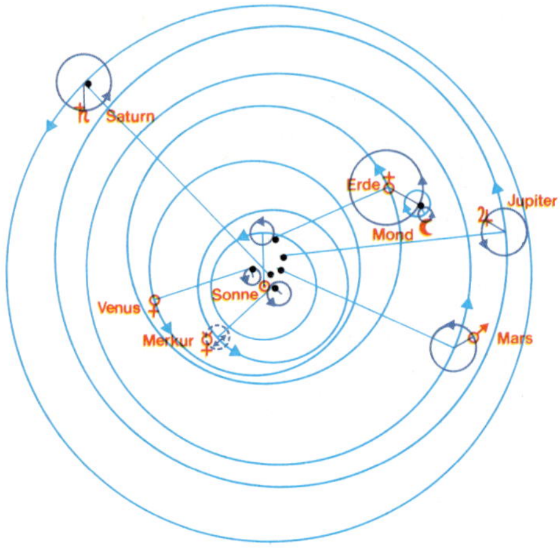

Abb. 2–7: Heliozentrisches Weltbild nach KOPERNIKUS. Die Sonne steht im Mittelpunkt der Welt. Das System von Epizykeln und Deferenten ist beibehalten, nur die Positionen von Sonne und Erde hat KOPERNIKUS gegenüber PTOLEMÄUS vertauscht.

(Planeten: „Wandelsterne"). PTOLEMÄUS ließ daher in seiner **Epizykeltheorie,** für die man schließlich insgesamt 80 Kreise benötigte, Sonne und Mond direkt auf Kreisen um die Erde laufen. Die (anderen) Planeten bewegten sich jeweils auf einem Beikreis (Epizykel) (*Abb. 2–5*), dessen immaterieller Mittelpunkt seinerseits auf einem Trägerkreis (Deferent) mit der Erde als Mittelpunkt abrollt.
Das ptolemäische Weltbild (*Abb. 2–6*) herrschte bis ins 15. Jahrhundert unangefochten. Ein verändertes Denken, demzufolge man nicht mehr die Natur aus den Werken der „Alten" zu erforschen versuchte, und bessere Beobachtungsmethoden leiteten den Umbruch ein.
Nikolaus KOPERNIKUS (1473–1543) hat mit seinem Werk „De revolutionibus orbium coelestium libri" 1543 das **heliozentrische Weltbild** mit der Sonne im Mittelpunkt der Welt begründet:

1. Die Erde dreht sich täglich einmal um ihre Achse.
2. Die Erde bewegt sich einmal im Jahr um die Sonne.
3. Die Planeten bewegen sich auf Kreisen um die Sonne.

KOPERNIKUS ging es in erster Linie um eine einfachere Theorie, die die Bewegung der Planeten und den Kalender hinreichend genau vorauszuberechnen gestattete. Er fand sie durch einen Wechsel im Standort des Beobachters von der Erde zur Sonne (*Abb. 2–7*). An der Kreisbewegung als der „natürlichsten und unvermeidlichen" Bewegungsform hielt er fest. Statt der früheren achtzig brauchte er nurmehr vierunddreißig Kreise.
Das korpernikanische System war nicht einfacher als das ptolemäische und auf Dauer auch nicht besser in der Berechnung von Planetenorten, aber es konnte vor allem durch die Annahme einer 24stündigen Rotation der Erde um ihre Achse und einer jährlichen Revolution der Erde um die Sonne die scheinbaren Bewegungen der Planeten allein durch das gleiche Prinzip der Relativbewegung zur Erde erklären, und die Theorie konnte auf die riesige Geschwindigkeit der Fixsternsphäre verzichten. Im übrigen führt auch KOPERNIKUS die fehlende Fixsternparallaxe als Argument für die Größe des Weltraums an.
Durch die Annahme, daß sich die Erde um die Sonne bewegt – KOPERNIKUS hatte sich auf ARISTARCH berufen –, konnte er die scheinbare Schleifenbewegung der Planeten

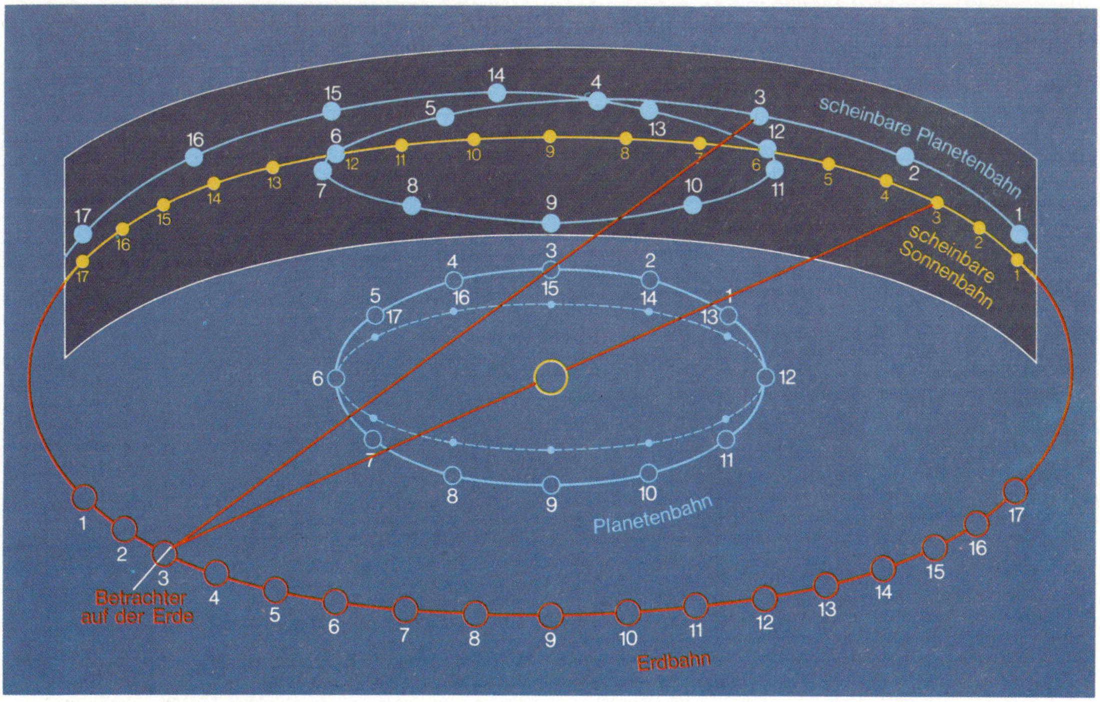

Abb. 2–8: KOPERNIKUS Erklärung für die rückläufige Schleifenbahn eines Planeten. Die rückläufige Bewegung kommt durch die unterschiedliche Winkelgeschwindigkeit von Erde und Planet um die Sonne zustande; die Schleife bildet sich, weil die Bahn des Planeten nicht ständig in der Bahnebene der Erde liegt.

(*Abb. 2–8*) und die scheinbare Ungleichheit ihrer Umlaufzeiten sehr einfach auch ohne Zuhilfenahme von Epizyklen und Deferenten erklären. Beides waren die wesentlichen Unregelmäßigkeiten in der Bewegung der Himmelskörper, die die Astronomen der Antike zur Verwendung von Kreisen in einem geozentrischen Weltsystem geführt hatten.

Tycho BRAHE (1546–1601) bestimmte mit Hilfe neuer Beobachtungsmethoden (ohne Fernrohr!) Planeten- und Sternorte mit einer bis dahin nicht gekannten Genauigkeit bis zu einer Bogenminute, die an das Auflösungsvermögen des Auges heranreicht, während man vom Altertum bis KOPERNIKUS nicht über 10′ (10 Bogenminuten) Genauigkeit hinausgekommen war.

Johannes KEPLER (1571–1630) leitete den Schritt zu einer physikalischen Erklärung des Planetensystems ein. Er wertete in jahrzehntelanger Arbeit das Beobachtungsmaterial von Tycho BRAHE aus. In den „Astronomia nova" 1609 und den „Harmonices mundi" 1619 legte er seine **Keplerschen Gesetze** vor (*Abb. 2–9*):

1. Die Planeten bewegen sich auf Ellipsen, in deren einem (gemeinsamen) Brennpunkt die Sonne steht.
2. Der Radiusvektor eines Planeten zur Sonne überstreicht in gleichen Zeiten gleiche Flächen.
3. Die Quadrate der Umlaufszeiten zweier Planeten verhalten sich wie die Kuben ihrer großen Bahnhalbachsen:

$$\frac{T^2}{r^3} = \mathit{konstant}$$

Das erste Gesetz, das die **Form der Bahnkurve** festlegt, ermittelte KEPLER u. a. aus der Veränderung des scheinbaren Sonnendurchmessers (*Tab. 2–1*).

Das zweite Gesetz, das dem **Flächensatz** (→ *1.4.3*) entspricht, beschreibt die Bewegungsform, in der die Bahnkurve durchlaufen wird. KEPLER sah in ihm einen Hinweis auf eine Kraft, die auf kurze Entfernung am stärksten wirkt.

Das dritte Gesetz legt die **Bahnparameter** fest und weist auf den Zusammenhang im Sonnensystem durch die gemeinsame Konstante $c = T^2/r^3$ hin (*Tab. 2–2*).

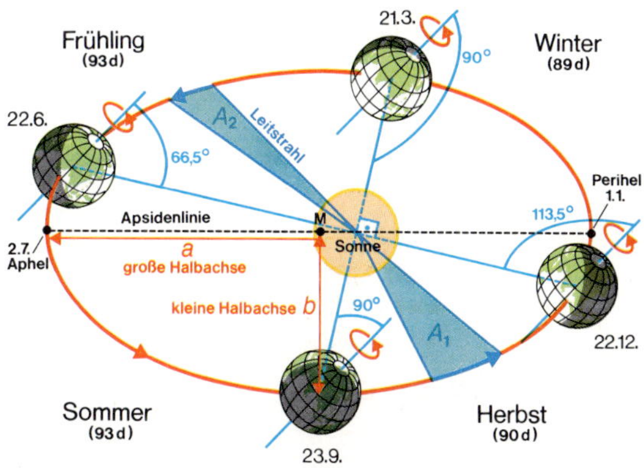

Abb. 2–9: Die Bewegung der Erde um die Sonne nach KEPLER. Die Erdachse bildet mit der Ebene der Erdbahn stets einen Winkel von 66,5°. Bei Frühlings- und Herbstanfang steht die Erdachse senkrecht zur Verbindungslinie Sonne–Erde. Bei Sommer- und Winteranfang liegt die Erdachse in einer Ebene durch die Sonne, die die Bahnebene der Erde senkrecht schneidet.

		Masse m des Planeten		Mittlere Entfernung e zur Sonne		Umlaufdauer (in Jahren)	Äquatorialer Radius
Planet	Zeichen	absolut (in 10^{24} kg)	relativ zur Masse m_E der Erde	absolut (in 10^{12} m)	relativ zum Erdbahnradius r_E		
		m in 10^{24} kg	m/m_E	e in 10^{12} m	e/r_E	T in a	R in km
Merkur	☿	0,328	0,053	0,0579	0,387	0,24	2 489
Venus	♀	4,83	0,815	0,108	0,723	0,62	6 052
Erde	♁	5,98	1,000	0,149	1,00	1,00	6 378
Mars	♂	0,637	0,107	0,228	1,52	1,88	
Jupiter	♃	1 900	318,00	0,778	5,20	11,9	71 398
Saturn	♄	567	95,22	1,43	9,54	29,5	60 330
Uranus	⛢	88,0	14,55	2,87	19,2	84	25 400
Neptun	♆	103	17,23	4,50	30,1	165	24 300
Pluto	♇	0,66	0,11	5,91	39,4	248	(1 500)
zum Vergleich							
Sonne	☉	1 989 000	332 600	–	–	–	1 390 000
Mond	☾	0,0735	0,012	–	–	–	1 738

Tab. 2–2: Die wichtigsten Daten der Planeten des Sonnensystems und einige Vergleichsdaten.

Den entscheidenden Beweis gegen das geozentrische und für das heliozentrische Weltbild lieferten aber nicht die kinematisch-geometrischen Theorien von KOPERNIKUS bis KEPLER, sondern die **Beobachtungen** GALILEIS (1564–1642) und die Mechanik NEWTONS (1642–1727), die KEPLER vorgedacht hat. GALILEI entdeckte 1609 mit dem von ihm erfundenen Fernrohr vier Monde des Jupiter und ihren freien Umlauf um den Planeten, ein kopernikanisches System im kleinen. Er beobachtete die Mondgebirge und die Sonnenflecken und sah im Fernrohr zum ersten Male, daß die Milchstraße, die dem bloßen Auge nur als schwacher Schimmer am Himmel erscheint, aus unzähligen Sternen besteht. Er beobachtete die Phasen der Venus und konnte an ihnen nachweisen, daß die Venus sich gemäß den Keplerschen Gesetzen um die Sonne bewegt.

Aufgaben

2/1: Bestimmen Sie den Erdumfang nach ERATOSTHENES.

2/2: Wie groß ist nach den Messungen des ARISTARCHS das Volumen der Erde im Vergleich zu dem der Sonne bzw. dem des Mondes?

2/3: ARISTARCH beobachtete bei einer Mondfinsternis, bei der der Mond durch die Mitte des Erdschattens ging, daß die Zeit zwischen dem Eintritt des Mondrandes in den Erdschatten und dem Beginn der totalen Mondfinsternis gleich der Dauer der totalen Verfinsterung war (*Abb. 2–10*).

a) Bestimmen Sie den Durchmesser von Mond (d_M) und Sonne (d_S) in Erdbahndurchmessern (d_E).

b) Den scheinbaren Durchmesser von Mond und Sonne nahm ARISTARCH als gleich groß zu 0,5° an. Berechnen Sie die Entfernungen der Erde von Mond und Sonne in Erdbahndurchmessern, und geben Sie die Distanzen mit Hilfe des Wertes für den Erdradius nach ERATOSTHENES in Kilometern an.

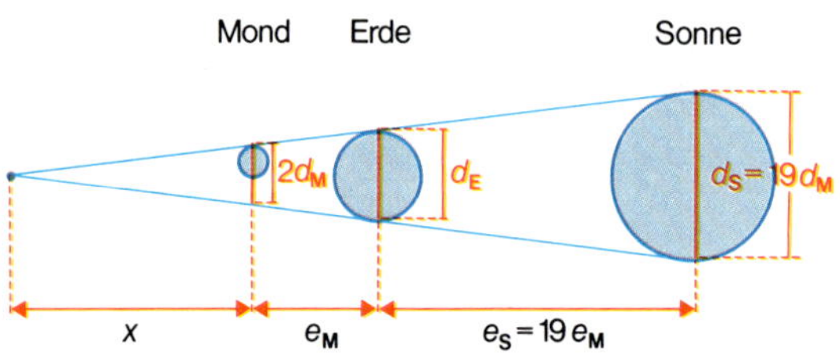

Abb. 2–10: Zu *Aufgabe 2/3*.

***2/4:** a) Zeigen Sie, daß die (mittlere) Entfernung Erde–Sonne, die sogenannte Astronomische Einheit (AE), einer Horizontalparallaxe der Sonne von 8,7964 Bogensekunden entspricht (*Abb. 2–4*).

b) Die Parallaxe (*Abb. 2–3*) des sonnennächsten Sterns α Centauri beträgt 0,754 Bogensekunden. Welcher Entfernung in Metern bzw. Lichtjahren entspricht das? (1 Lichtjahr ist die Strecke, die das Licht bei einer Geschwindigkeit von $2{,}99792 \cdot 10^8$ m/s im Jahr zurücklegt.) – Bis zu welchen Entfernungen kann man den Weltraum mit der kleinstmöglichen (meßbaren) Sonnenparallaxe von 0,016 Bogensekunden ausmessen?

***2/5:** a) Bestimmen Sie aus dem scheinbaren Sonnendurchmesser (→ *Tab. 2–1*) die relative Entfernung Erde–Sonne für den sonnenfernsten (r_{max}; Aphel) und den sonnennächsten (r_{min}; Perihel) Punkt der Erdbahn.

b) Die relative Exzentrizität ε der Ellipsenbahn der Erde um die Sonne errechnet man aus

$$\epsilon = \frac{r_{max} - r_{min}}{r_{max} + r_{min}}.$$

Vergleichen Sie den aus *Tab. 2–1* zu errechnenden Wert mit dem genauen Wert $\varepsilon = 0{,}01674$.

2/6: Aus den Angaben für die Planeten (*Tab. 2–2*) berechne man die Konstanten nach dem 3. Keplerschen Gesetz und bestimme den Mittelwert.

2.1.2 NEWTONs Gravitationsgesetz

NEWTON hat als erster die Gesetze der Mechanik auf die Bewegung der Himmelskörper angewandt und damit gezeigt, daß auch im Sonnensystem dieselben Gesetze wie auf der Erde gelten. In seiner berühmten „Mondrechnung" von 1666, auf die er durch einen herabfallenden Apfel gebracht war, überprüfte er KEPLERs Vermutung, daß die gegenseitige Anziehung zwischen zwei Körpern umgekehrt zum Quadrat ihrer Entfernung abnimmt.

Infolge der Erdanziehung fällt der Apfel gleichmäßig beschleunigt. Aus dem gleichen Grunde „fällt" nach NEWTON auch der Mond ständig in Richtung auf die Erde. Denn damit er auf seiner Bahn um die Erde bleibt, muß der Mond mit seiner Bewegung in Richtung der Tangente gleichzeitig jedesmal ein Stück zur Erde hin „fallen", damit er auf seiner Kreisbahn bleibt. Wenn diese Radialbeschleunigung des Mondes auf seiner Bahn um die Erde und die Fallbeschleunigung des Apfels von der gleichen Anziehungskraft der Erde herrühren sollen, müßten sie sich umgekehrt wie die Quadrate ihrer Entfernungen verhalten. Denn – so NEWTON – die Wirkung einer Anziehungskraft wird umgekehrt mit dem Quadrat der Entfernung abnehmen. Der Mond umkreist die Erde in einem siderischen Monat[1]) von 27,32 Tagen. Seine Radialbeschleunigung $a_R = \omega^2 r$ mit der Entfernung Erde–Mond $r = 3{,}84 \cdot 10^8$ m beträgt $a_M = 2{,}72 \cdot 10^{-3}\,\text{m/s}^2$, die Fallbeschleunigung des Apfels ist $a_A = g = 9{,}81\,\text{m/s}^2$. Damit stimmt das Verhältnis

$$a_A : a_M = 9{,}81\,\text{m/s}^2 : 2{,}72 \cdot 10^{-3}\,\text{m/s}^2 = 3600$$

mit dem Quadrat des (umgekehrten) Verhältnisses der Entfernungen Erdmittelpunkt–Erdoberfläche und Erde–Mond, nämlich

$$R^2 : (60\,R)^2 = 1 : 3600,$$

überein; denn die Entfernung Erde–Mond beträgt rund 60 Erdradien.

NEWTON schloß daraus:

Die Kraft, die den freien Fall eines Körpers auf der Erdoberfläche bestimmt, und die Kraft, die den Mond auf seiner Kreisbahn um die Erde hält, sind gleichen physikalischen Ursprungs. Ein fallender Körper und der Mond unterliegen der gleichen von der Erde ausgehenden Zentralkraft.

Zwanzig Jahre nach seiner Mondrechnung, 1686, legte NEWTON in seinem Hauptwerk „Philosophia Naturalis Principia Mathematia" seine Mechanik und seine Gravitationstheorie vor. Er zeigte, daß das zweite Keplersche Gesetz durch die Annahme einer Zentralkraft, also einer Kraft, die von einem Zentralkörper, der Sonne, ausgeht, erklärt werden kann. Mit Hilfe des dritten Keplerschen Gesetzes fand er heraus, daß diese Zentralkraft umgekehrt dem Quadrat des Abstandes abnehmen mußte, und entdeckte so das Gravitationsgesetz, das wir im folgenden ähnlich wie NEWTON ableiten werden. Umgekehrt zeigte er, daß sich aus dem Gravitationsgesetz und seinen Axiomen, die wir in *Kapitel 1* kennengelernt haben, die Keplerschen Gesetze folgern lassen.

Das **Gravitationsgesetz** läßt sich besonders einfach herleiten, wenn man annimmt, daß sich der Planet auf dem einfachen Kegelschnitt, dem Kreis, bewegt: Auf den mit der Bahngeschwindigkeit v umlaufenden Körper, den Planeten mit der Masse m, übt der Zentralkörper, die Sonne mit der Masse M, die Radialkraft (→ *1.2.5*) mit dem Betrag $F = m\,(2\,\pi / T)^2\, r$ aus. Für diese Bewegung gilt das dritte Keplersche Gesetz $T^2 = C\,r^3$ mit der für Planeten, die sich um die Sonne bewegen, gleichen Konstanten C. Damit erhält man für die Anziehungskraft:

$$F_1 = m\,\frac{4\,\pi^2}{T^2}\,r = \frac{4\,\pi^2}{C}\,\frac{m}{r^2} = C_1\,\frac{m}{r^2}\,.$$

Der Proportionalitätsfaktor C_1 ist unabhängig von der Masse m des angezogenen Körpers, des Planeten, und unabhängig von dem Abstand r.

Nach dem Wechselwirkungsgesetz (→ *1.2.4*) übt damit auch der umlaufende Körper, der Planet, auf den Zentralkörper, die Sonne, die entgegengesetzt gerichtete gleichgroße Kraft aus, die nach einer entsprechenden Überlegung proportional zur Masse M des Zentralkörpers Sonne sein muß: $F_2 = C_2\,M / r^2$. Die Beträge beider Kräfte sind nach dem dritten Newtonschen Axiom gleich: $C_1\,m / r^2 = C_2\,M / r^2$. Da C_2 wieder unabhängig von M ist, muß C_1 porportional zu M sein, d. h. $C_1 = \gamma\,M$. Die Zentralkraft, die von dem Zentralkörper, der Sonne, auf einen Körper der Masse m, den Planeten, ausgeht, hat also den Betrag $F_1 = \gamma\,m\,M / r^2$.

Nach NEWTON gilt dieses Gesetz nicht nur zwischen der Sonne und den Planeten, sondern zwischen allen Körpern. NEWTON zeigte mit Hilfe der von ihm entwickelten Infinitesimalrechnung, daß dieses Gesetz gleich lautet unabhängig davon, ob der Zentralkörper und der angezogene Körper ausgedehnt sind oder nur Massenpunkte darstellen: Die Anziehungskraft geht vom Schwerpunkt aus und hängt bei homogen verteilter Masse nur von der Gesamtmasse und nicht von ihrer Verteilung ab.

Gravitationsgesetz:
Zwei beliebige Körper mit der Masse m_1 und m_2 ziehen sich gegenseitig mit der Gravitationskraft F in Richtung der Verbindungslinien ihrer Schwerpunkte an. Die Gravitationskraft ist proportional dem Produkt ihrer Massen m_1 und m_2 und umge-

[1]) Nach einem siderischen Monat nimmt der Mond, von der Erde aus betrachtet, wieder die gleiche Stellung vor den Sternen ein.

Abb. 2–11: Gravitationsgesetz. Der Körper K_1 zieht den Körper K_2 mit der Kraft F_1 an, die gleichgroß, aber entgegengesetzt gerichtet ist wie die Kraft F_2, mit der der Körper K_2 seinerseits den Körper K_2 anzieht.

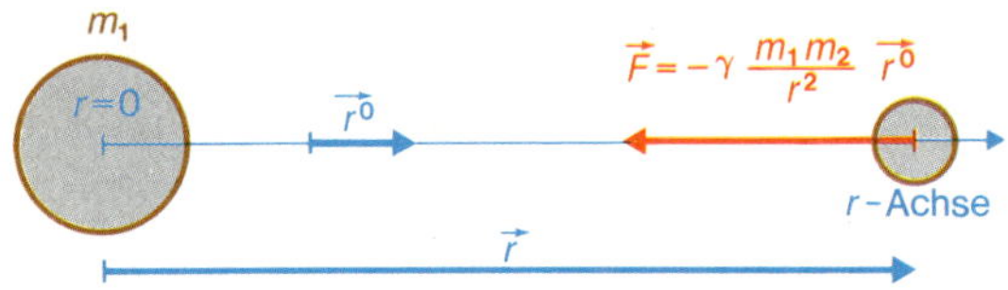

Abb. 2–12: Gravitationsgesetz. Zur Orientierung von Einheitsvektor $\vec{r^0}$ und Kraft $\vec{F}$ in einem Koordinatensystem des Zentralkörpers.

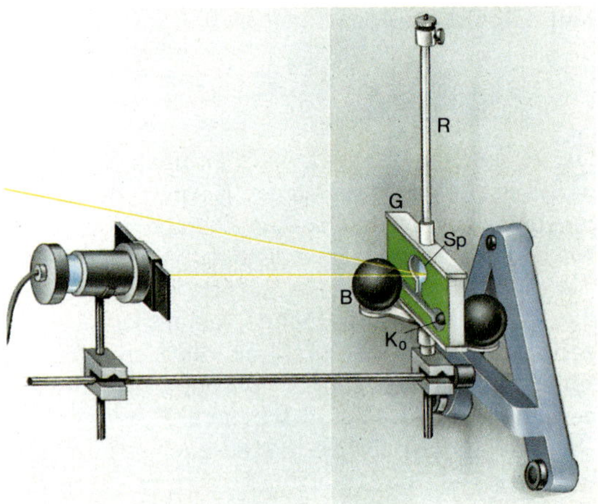

Abb. 2–13: Gravitationsdrehwaage. Im Gehäuse G hängt an einem Torsionsfaden, der oben im Rohr R befestigt ist, eine Querstange mit zwei kleinen Bleikugeln an den Enden, die frei um die Achse des Fadens beweglich ist.

kehrt proportional zum Quadrat ihres Abstandes r (*Abb. 2–11*):

$$F = \gamma \frac{m_1 \; m_2}{r^2}.$$

Dabei ist γ eine Konstante, die **Gravitationskonstante** $\gamma = 6{,}672 \cdot 10^{-11}\ \mathrm{Nm^2/kg^2}$.

Vektoriell schreibt sich das Gravitationsgesetz

$$\vec{F} = -\gamma \frac{m_1 \; m_2}{r^2} \vec{r^0}$$

Die Kraft $\vec{F}$, mit der der Körper K_1 den Körper K_2 anzieht, ist umgekehrt orientiert wie der Einheitsvektor $\vec{r^0}$, der von K_1 zu K_2 zeigt (*Abb. 2–12*).

Messungen der Gravitationskonstanten

Die Gravitationskonstante γ kann man grundsätzlich nicht aus astronomischen Messungen gewinnen. Denn zu ihrer Bestimmung muß die Masse der beiden Körper bekannt sein. Die Bestimmung der Gravitationskonstanten gelang durch die Messung der Anziehungskraft zweier Körper auf der Erde erstmalig CAVENDISH 1798 mit der von ihm entwickelten Drehwaage (*Abb. 2–13*). Sie besteht aus einem Querarm der Länge $2d$, an dessen Enden zwei kleine Bleikugeln der Masse m an einem Torsionsfaden aufgehängt sind.
Auf einem zweiten von außen drehbaren Querarm sind zwei große Bleikugeln mit der Masse M untergebracht.

Versuch 2/1: Zuerst bringt man die großen Kugeln in Stellung I auf den Abstand r der Kugelschwerpunkte. Wenn der Lichtzeiger zur Ruhe gekommen ist, schwenkt man (vorsichtig) die großen Kugeln in Stellung II herum, so daß die Kugelmittelpunkte wieder den Abstand r besitzen.
Beobachtung: Mit den kleinen Kugeln setzt sich der Lichtzeiger in Bewegung und beschreibt am Anfang eine gleichmäßig beschleunigte Bewegung, die man messend verfolgt. Beschleunigend auf beiden kleinen Kugeln mit der Gesamtmasse $2m$ wirken zwei Kräfte, nämlich die Verdrillung des Torsionsfadens, die sich in Stellung I ergeben hat, und die Gravitationskraft in Stellung II. Dadurch daß die beiden großen Kugeln auf die Drehwaage gesetzt und in Stellung I gebracht waren, war der Querarm mit den kleinen Kugeln im entgegengesetzten Uhrzeigersinn (*Abb. 2–14*) um den Winkel $\frac{1}{2}\varphi$ durch die zweifach auftretende Gravitationskraft $F_G = \gamma\, m\, M / r^2$ zwischen kleiner und großer Kugel im Abstand r verdrillt.
Werden jetzt die großen Kugeln in die Stellung II gebracht, so wird diese Torsionskraft frei und dreht den Querarm mit den kleinen Kugeln im Uhrzeigersinn. Gleichzeitig wirken die beiden großen Kugeln mit der Gravitationskraft $2\,F_G$ zusätzlich auf den Querarm, so daß insgesamt die Kraft $F = 4\,F_G = 4\,\gamma\, m\, M / r^2$ beschleunigend auf den Querarm wirkt (r ist dabei ein mittlerer Abstand zwischen kleiner und großer Kugel, der der Einfachheit halber als konstant angenommen wird).
Der direkt kaum zu messende Weg s, den die kleinen Kugeln beschleunigend zurücklegen (für die rechte Kugel ist er in *Abb. 2–14* eingezeichnet), ergibt sich aus dem Weg x des Lichtzeigers an der Wand zu $s : x / 2 = d : e$ (*Abb. 2–14*) oder $s = d\,x / 2\,e$. Aus der Beschleunigung $a = 2\,s / t^2$ und dem Ansatz $(2\,m)\,a = 4\,\gamma\, m\, M / r^2$ nach der Grundgleichung der Mechanik läßt sich die Gravitationskonstante bestimmen.
Genauere Messungen zeigen:

Die Gravitationskonstante beträgt

$$\gamma = 6{,}673 \cdot 10^{-11}\ \mathrm{N\,m^2 / kg^2}.$$

Danach ziehen sich zwei Körper mit je der Masse 1 kg im Abstand 1 m mit der Kraft $F = 6{,}673 \cdot 10^{-11}$ N an. Die Gravitationskraft zwischen zwei Körpern unserer Umgebung ist also außerordentlich klein; daher spielt sie als Anziehungskraft zwischen den Gegenständen unserer täglichen Umgebung auch keine Rolle.

Aufgaben

2/7: Wie groß ist die Gravitationskraft zwischen
a) zwei Schiffen von je 100 000 t, die sich mit dem Schwerpunktabstand $d = 200$ m begegnen?

b) zwei Autos von je 900 kg, die im (Schwerpunkt-)Abstand von 5 m aneinander vorbeifahren?
c) zwei Wasserstoffatomen (m_H = 1,6734 · 10^{-27} kg) im Abstand von $d = 10^{-8}$ cm?

2/8: Mit welcher Kraft ziehen sich die kleine (m_1 = 20 g) und die große (m_2 = 1,46 kg) Bleikugel der Gravitationsdrehwaage im Abstand r = 4,5 cm an)

***2/9:** Zur Bestimmung der Gravitationskonstanten mißt man den Weg x und die Zeit t, den der Lichtzeiger an der e = 8,90 m entfernten Skala zurücklegt. Die halbe Länge des Querarms ist d = 5,0 cm, der mittlere Abstand zwischen großer und kleiner Kugel beträgt r = 4,5 cm, und eine große Kugel besitzt die Masse m = 1,46 kg.

x in cm	0	1,3	2,8	4,9	7,4	11,3	15,0	19,2
t in s	0	30	45	60	75	90	105	120

a) Stellen Sie an Skizzen erläutert den Weg dar, der von der Auswertung der Meßwertpaare x, t zur Bestimmung der Gravitationskonstanten führt.
b) Werten Sie die Meßreihe aus, und vergleichen Sie mit dem Literaturwert.

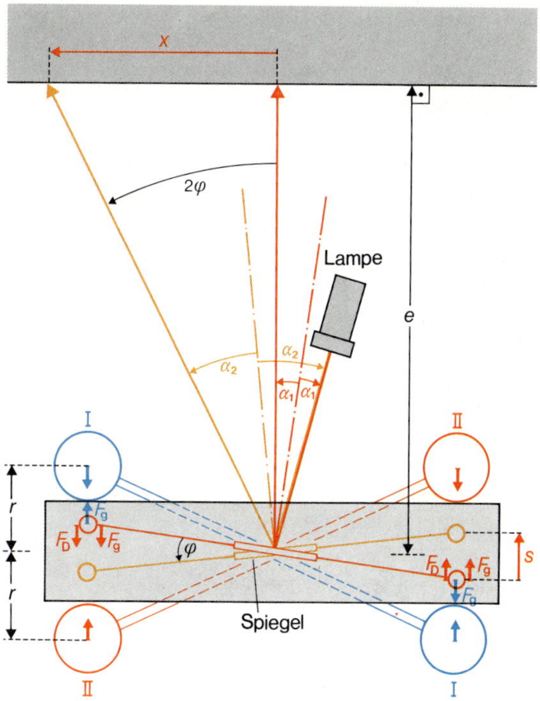

Abb. 2–14: Zur Physik der Gravitationsdrehwaage. In Stellung I zieht jede große die benachbarte kleine Kugel mit der Kraft F_G (blau) soweit an, bis durch die Verdrillung des Fadens durch die Kraft F_D (rot) ein Gleichgewicht auftritt. Diese Kraft wird frei, wenn die großen Kugeln in der Stellung II sind, und zusätzlich wird jede kleine Kugel durch die nun neu auftretende Gravitationskraft F_G (rot) beschleunigt.

2.1.3 Anwendungen des Gravitationsgesetzes

Astronomische Massenbestimmung

Mit Hilfe des Gravitationsgesetzes lassen sich die Massen M eines Zentralkörpers (z. B. Sonne, Erde) bestimmen, wenn die Umlaufzeit T und die (mittlere) Entfernung r eines seiner Satelliten[1]) (im Beispiel Erde, Mond) bekannt sind (*Abb. 2–15*). Die für die Kreisbewegung des Satelliten erforderliche Radialkraft $F_R = m\,\omega^2\,r$ ist durch die vom Zentralkörper ausgehende Gravitationskraft $F = \gamma\,m\,M\,/\,r^2$ gegeben. Durch Gleichsetzung beider Kräfte erhält man die Masse des Zentralkörpers zu

$$M = \frac{\omega^2\,r^3}{\gamma} = \frac{4\,\pi^2\,r^3}{\gamma\,T^2}\,.$$

Wie man sieht, benötigt man die Masse des Satelliten (z. B. Erde, Mond) zur Berechnung der Masse des Zentralkörpers nicht; man kann die Satellitenmasse auf diesem Weg allerdings auch nicht bestimmen.

Die **Masse der Sonne** erhält man aus der Umlaufzeit T = 365 d 6 h 9 min 10 s der Erde um die Sonne, dem siderischen Jahr[2]), und der mittleren Entfernung der Erde von der Sonne r = 1,496 · 10^{11} m zu

$$\text{Masse der Sonne } M_\odot = 1{,}989 \cdot 10^{30}\ \text{kg}\,.$$

Für die **Masse der Erde** erhielte man nach dem gleichen Ansatz aus der Umlaufzeit des Mondes um die Erde, dem siderischen Monat[2]), und seiner mittleren Entfernung von der Erde r = 3,844 · 10^8 m mit M = 6,031 · 10^{24} kg einen vom üblichen **Tabellenwert**

$$\text{Masse der Erde } M_♁ = 5{,}976 \cdot 10^{24}\ \text{kg}$$

nicht unbeträchtlich abweichenden Wert.

Der Grund ist, daß der Mittelpunkt der Mondbahn nicht im Mittelpunkt der Erde liegt, sondern daß sich Erde und Mond um einen gemeinsamen, noch innerhalb der Erde liegenden Schwerpunkt drehen (*Abb. 2–16*). Dieser Schwerpunkt S liegt, wie genauere Berechnungen zeigen, 4671 km oder 0,733 Erdradien vom Erdmittelpunkt entfernt.

Sind die Abstände des gemeinsamen Schwerpunktes vom Erdmittelpunkt r_1 bzw. vom Mondmittelpunkt r_2, so gilt nach dem Schwerpunktsatz (→ *1.3.4*) $M\,r_1 = m\,r_2$. Der Mond bewegt sich um den Schwerpunkt im Abstand $r_2 = M\,r\,/\,(m + M)$ mit der Radialkraft $F = m\,\omega^2\,r_2$, die durch die Gravitationskraft der Erde $F = \gamma\,m\,M\,/\,r^2$ gegeben ist. Man erhält

[1]) satelles (lat.), Trabant. Als Satelliten bezeichnet man jeden natürlichen oder künstlichen Körper im Weltall, der einen anderen Körper umkreist.

[2]) Siderisches Jahr und siderischer Monat bezeichnet die Zeitspanne, die ein Himmelskörper braucht, um wieder vor demselben Fixstern, von der Erde aus beobachtet, zu stehen.

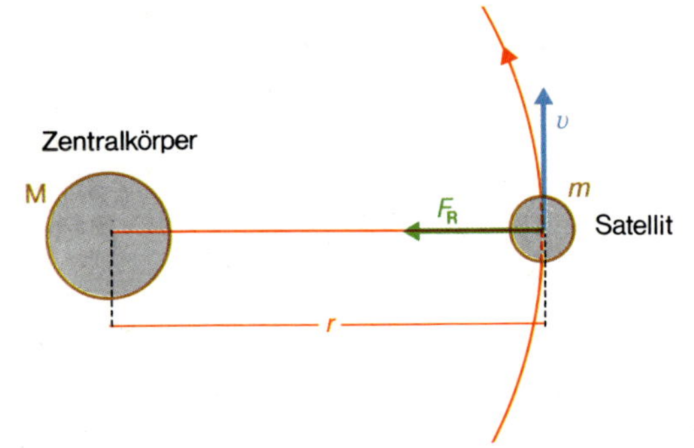

Abb. 2–15: Astronomische Massenbestimmung. Aus dem Abstand r und der Bahngeschwindigkeit v des Satelliten läßt sich die Masse M des Zentralkörpers berechnen.

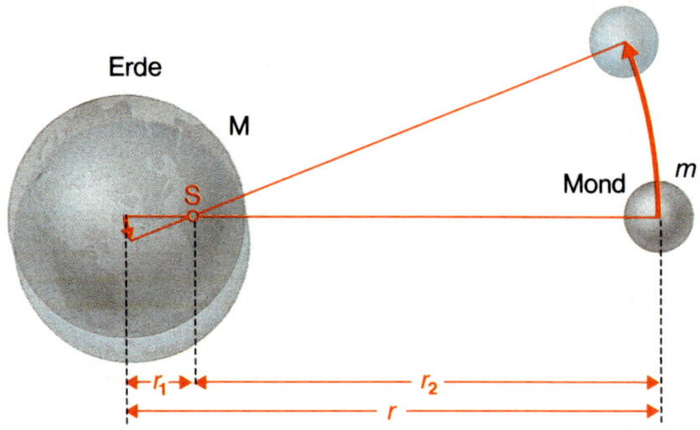

Abb. 2–16: Erde und Mond drehen sich beim Umlauf des Mondes um die Erde um einen gemeinsamen Schwerpunkt S, der im Erdinneren liegt.

bei dieser Betrachtung durch Gleichsetzen die Summe der Masse von Erde und Mond zu

$$m + M = \frac{\omega^2 r^3}{\gamma} = 6{,}031\ 10^{24}\ \mathrm{kg}$$

nach einer Formel, die nach dem obigen Ansatz allein für die Masse der Erde gelten sollte. Die Masse der Erde berechnen wir direkt aus der Überlegung, daß die Gewichtskraft $G = m\,g$ auf einen beliebigen Körper der Masse m im Abstand R vom Erdmittelpunkt (R Erdradius) durch die Gravitationskraft $F = \gamma\, m\, M\, /\, R^2$ gegeben ist. Mit $g = 9{,}81\ \mathrm{m/s^2}$, $R = 6{,}371 \cdot 10^6$ m und γ erhält man für die Erdmasse den Wert $M = 5{,}968 \cdot 10^{24}$ kg und aus der Differenz $(m + M) - M$ die Mondmasse $m = 6{,}33 \cdot 10^{22}$ kg als Näherung statt des aus Satellitenbeobachtungen bekannten, genaueren Wertes der

Masse des Mondes $m = 7{,}35 \cdot 10^{22}$ kg.

Die Rechnung nach dem Schwerpunktsatz führt deshalb zu ungenauen Werten wie auch zu einem zu kleinen Wert für den Schwerpunktabstand $r_1 = 0{,}63\,R$, weil man es nicht mit einem Zweikörperproblem Erde – Mond zu tun hat. Sonne und Planeten wirken nämlich ebenfalls auf die Drehung von Erde und Mond um ihren gemeinsamen Schwerpunkt, und die nicht homogene Zusammensetzung von Erde und Mond sowie die Abweichung ihrer Form von der Kugelgestalt spielen auch eine Rolle. Eine genauere Berechnungsmethode von Erd- und Mondmasse kann hier nicht vorgestellt werden.
Bei der Bewegung der Erde um die Sonne liegt wegen der Größe der Sonnenmasse und des wesentlich größeren Abstandes Erde – Sonne der gemeinsame Schwerpunkt fast im Mittelpunkt der Sonne. Hier liefert die obige Rechnung daher einen brauchbaren Wert für die Sonnenmasse.

Einen Hinweis darauf, daß die Masse der Erde nicht homogen verteilt ist, gewinnt man, wenn man aus Masse und Volumen die

mittlere Dichte der Erde $\varrho_{♁} = 5{,}52 \cdot 10^3\ \mathrm{kg/m^3}$

berechnet. Aus dem Vergleich mit der durchschnittlichen Dichte der uns zugänglichen Erdkruste von etwa $\varrho = 2{,}8 \cdot 10^3\ \mathrm{kg/m^3}$ schließt man auf einen wesentlich schwereren Kern im Erdinneren, der etwa ab 5000 km Tiefe überwiegend aus Eisen und Nickel besteht.

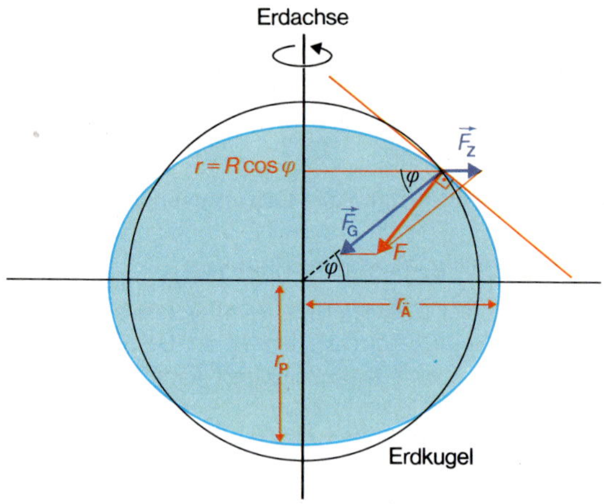

Abb. 2–17: Die Erde als Rotationsellipsoid. Die Gravitationskraft F_G und die Zentrifugalkraft F_Z setzen sich zur Gewichtskraft F zusammen, zu der sich die Erdoberfläche senkrecht eingestellt hat.

Die oben mit Hilfe des Gravitationsgesetzes aus der Erdmasse berechnete **Erdbeschleunigung** bedarf ebenfalls einer Korrektur. Die Gewichtskraft $G = m\,g$ kommt durch zwei Kräfte zustande, durch die zum Schwerpunkt der Erde gerichtete Gravitationskraft $F_G = \gamma\, m\, M\, /\, R^2$ und durch die Zentrifugalkraft $F_Z = m\,\omega^2\, r$ mit $r = R \cos \varphi$ (φ geographische Breite) (*Abb. 2–17*). Die Zentrifugalbeschleunigung, nimmt man die Erde als beschleunigtes Bezugssystem, hat zwar einen um einen Faktor Hundert kleineren Wert als die Gravitationsbeschleunigung. Beide zusammen ergeben die Erdbeschleunigung g, die sowohl der Größe als auch der Richtung nach sich mit der geographischen Breite ändert. Die Erdoberfläche hat sich senkrecht zur Erdbeschleunigung eingestellt; sie ist daher in erster Näherung keine Kugel, sondern ein abgeplattetes Rotationsellipsoid. Die wirkliche Erdoberfläche ist ein unregelmäßiges Gebilde, angenähert als Geoid bezeichnet.

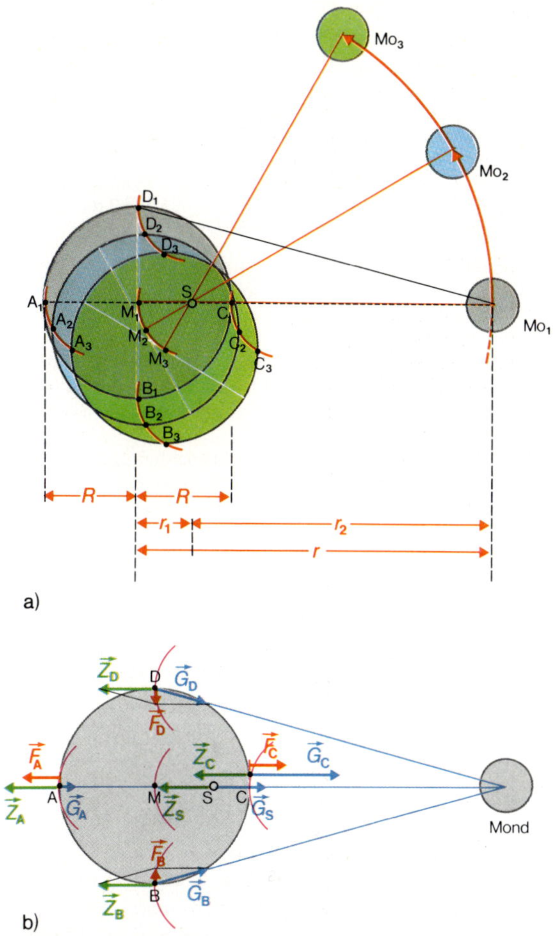

Abb. 2–18: Entstehung von Ebbe und Flut. a) Während der Mond bei seiner Bewegung um den gemeinsamen Schwerpunkt S der Erde fast immer die gleiche Seite zuwendet, schiebt sich die Erde im Kreis um den Schwerpunkt, so daß jeder Punkt der Erde die gleiche Kreisbewegung ausführt. b) Die gezeitenerzeugenden Kräfte setzen sich als Summe der überall gleichen Zentrifugalkräfte und der mit der Entfernung vom Mond abnehmenden Gravitationskräfte zusammen.

Gezeiten

Die Gravitationskräfte sind auch Ursache für **Ebbe und Flut,** da sich das Wasser der Weltmeere, das durch die Gravitationskräfte von Mond und Sonne angezogen wird, weitgehend frei verschieben kann. Der Mond zeigt dabei wegen seiner größeren Nähe eine etwa zweifach so große Wirkung, so daß wir uns in der folgenden Rechnung auf das System Erde – Mond beschränken können. Vermerkt werden soll, daß ein besonders großer **Tidenhub** (Unterschied zwischen Hoch- und Niedrigwasser) entsteht, wenn Erde, Mond und Sonne auf einer Linie liegen, was bei Neumond und Vollmond der Fall ist (Springflut). Wenn der Mond im ersten oder letzten Viertel steht, die Verbindungslinie Sonne – Erde also senkrecht zur Verbindungslinie Mond – Erde verläuft, ist der Tidenhub am geringsten (Nippflut).

Im folgenden soll rechnerisch gezeigt werden, weshalb nicht nur auf der mondzugewandten Seite der Erde Hochwasser entsteht, wie unmittelbar als Folge der Gravitationswirkung einleuchtet, sondern daß sich auch auf der mondabgewandten Seite ein gleich großer Flutberg ausbildet.

Zur **Erklärung der Gezeitenwirkung des Mondes** betrachtet man die Gravitationskräfte des Mondes und die Zentrifugalkräfte in verschiedenen Punkten der Erde. Die Zentrifugalkräfte entstehen durch die Drehung von Erde und Mond um den gemeinsamen Schwerpunkt S (*Abb. 2–18*). Er befindet sich immer im Abstand von etwa 0,73 Erdradien vom Erdmittelpunkt auf der Linie Erde–Mond und wandert, während der Mond die Erde umkreist, auf einem Kreis mit diesem Radius $r_1 = 0{,}73\,R$ um den Erdmittelpunkt. In *Abb. 2–18* ist das Bezugssystem **raumfest** auf diesen gemeinsamen Schwerpunkt bezogen, um den sich nun Erde und Mond drehen. Während der Mond dabei der Erde ständig (fast) dieselbe Seite zuwendet, behält die Erde dagegen aufgrund der täglichen Drehung um die Erdachse (von der hier für die Betrachtung der Kräfte abgesehen wird) ihre Richtung im Raum bei; sie schiebt sich nur parallel unter S hindurch, wobei der Erdmittelpunkt M einen Kreis um S mit dem Radius MS = r_1 beschreibt und dabei die Punkte M_1, M_2, M_3 usw. (*Abb. 2–18 a*)) durchläuft. Kreise gleicher Größe durchlaufen auch alle anderen Punkte der Erde, während der Mond die Erde umkreist.

Der Mond stehe jetzt in Mo_1: Die Gravitationskräfte in den Erdpunkten A_1, B_1, C_1, D_1 sind je nach Abstand vom Mond verschieden groß. Die Zentrifugalkräfte sind aber überall gleich, weil alle Erdpunkte gleichgroße Kreise durchlaufen. Die Zentrifugalkräfte weisen parallel zur Linie Erde – Mond vom Mond weg. Für den Erdmittelpunkt M_1 heben sich Gravitationskraft und Zentrifugalkraft auf. Danach gilt hier für die Zentrifugalbeschleunigung und für die Gravitationsbeschleunigung auf einen Körper der Masse m

$$m\,\omega^2\,r_1 = \gamma\,\frac{m_M\,m}{r^2}\,,$$

wobei m_M die Masse des Mondes ist (*Abb. 2–18b*). Daraus entnimmt man, daß in allen Punkten der Erde die (gleiche) Zentrifugalbeschleunigung, vom Mond weg gerichtet,

$$g_Z = \omega^2\,r_1 = \gamma\,\frac{m_M}{r^2}$$

herrscht. In A wirkt zum Mond hin die Gravitationsbeschleunigung

$$g_A = \gamma\,\frac{m_M}{(r+R)^2}\,,$$

die Differenz ist

$$\Delta g_A = g_Z - g_A = \gamma\,m_M\,\frac{2rR + R^2}{r^2\,(r+R)^2}\,.$$

Für den mondzugewandten Punkt C ist die Zentrifugalbeschleunigung wieder g_Z, die Gravitationsbeschleunigung ist nun größer:

$$g_C = \gamma\,\frac{m_M}{(r-R)^2}\,.$$

Die Differenz in C ist

$$\Delta g_C = g_Z - g_C = \gamma m_M\,\frac{-\,2rR - R^2}{r^2\,(r-R)^2}\,.$$

Vernachlässigt man in beiden Ausdrücken für Δg_A und Δg_C R^2 gegenüber $2\,r\,R$ im Zähler und R gegenüber r im Nenner, so sind beide Differenzen bis auf das Vorzeichen näherungsweise gleich:

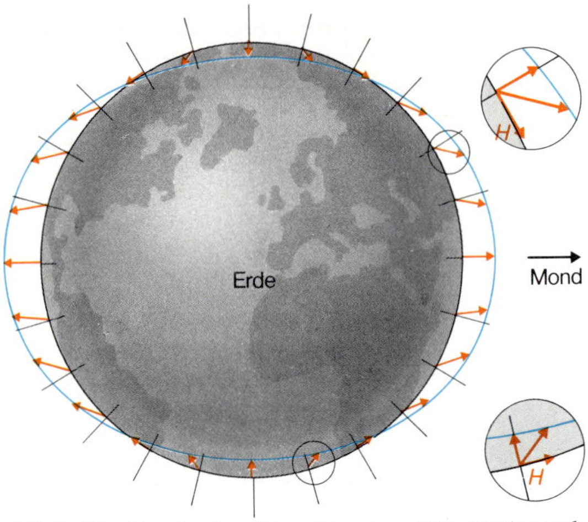

Abb. 2–19: Gezeitenbeschleunigungen. Die Horizontalkomponenten der Beschleunigungen parallel zur Erdoberfläche sind für Ebbe und Flut verantwortlich.

$$\Delta g_A \approx 2\,\gamma\,\frac{m_M}{r^3}\,,\qquad \Delta g_C \approx -\,2\,\gamma\,\frac{m_M}{r^3}\,.$$

Die resultierenden Gezeitenbeschleunigungen sind auf der dem Mond zugewandten Seite der Erde und auf der dem Mond abgewandten Seite gleich groß und vom Erdmittelpunkt weg gerichtet. In den Punkt B und D weisen die Gezeitenbeschleunigungen auf den Erdmittelpunkt hin.
Wirksam für die Verschiebung der Wassermassen sind die **Horizontalkomponenten der Gezeitenbeschleunigungen** (*Abb. 2–19*). (Die Vertikalkomponenten rufen eine leichte Deformation des Erdkörpers hervor und heben die Erdoberfläche bis zu 26 cm bzw. senken sie bis zu 13 cm.) Es entstehen auf der vom Mond abgewandten und der dem Mond zugewandten Seite der Erde zwei gleich hohe Flutberge, während auf einer Kugelzone zwischen diesen Bereichen Niedrigwasser herrscht.
Die beiden Flutberge und die Ebbezone wandern mit dem Mond um die Erde herum, die sich außerdem täglich um ihre Achse unter den Flutbergen und der Ebbezone hindurch dreht. Der Mond, dessen Bahnebene von der Äquatorebene der Erde periodisch höchstens um ± 6,7° abweicht, läuft in der gleichen Richtung um die Erde, in der die Erde sich um ihre Achse dreht. Daher ist der „Mondtag" um 50 Minuten im Mittel länger als der (Sonnen-)Tag. Folglich tritt alle 12 Stunden und 25 Minuten im Mittel Hochwasser oder Niedrigwasser ein.

Aufgaben

2/10: Berechnen Sie die Masse der Erde aus den Daten folgender künstlicher Satelliten:

Satellit	Abstand von der Erde im Perigäum	Apogäum	Umlaufszeit
Nimbus	1 095 km	1 100 km	107,3 min
Skynet 2	270 km	36 041 km	636,5 min
Nato 1	34 429 km	35 786 km	1 401,6 min

2/11: Für die vier von Galilei entdeckten Monde des Jupiters gilt:

Name	mittlerer Abstand	siderische Umlaufszeit
Jo	412 000 km	1,769 d
Europa	670 900 km	3,551 d
Ganymed	1 070 000 km	7,155 d
Callisto	1 880 000 km	16,689 d

Berechnen Sie die Masse des Jupiters.
2/12: Besäße der Mond die doppelte Masse und bewegte er sich auf der gleichen Umlaufbahn, wie groß wäre dann seine (siderische) Umlaufzeit?
2/13: Wie groß wäre die (siderische) Umlaufzeit des Mondes, wenn sich seine Bahngeschwindigkeit verdoppelte?
***2/14:** Berechnen Sie die Lage des gemeinsamen Schwerpunktes von Erde und Mond.
***2/15:** Berechnen Sie die Gezeitenbeschleunigungen auf der mondzu- und mondabgewandten Seite der Erde, und vergleichen Sie sie mit der Beschleunigung durch die Sonne.
***2/16:** Wie groß sind die Gravitationskraft des Mondes und die Zentrifugalkraft infolge der Drehung um den gemeinsamen Schwerpunkt von Erde und Mond, die auf eine Wassermenge der Masse $m = 1$ kg auf der mondzugewandten und auf der mondabgewandten Seite der Erdoberfläche wirken? Wie groß ist die resultierende Kraft in beiden Fällen?

2.2 Das Gravitationsfeld

Die Wechselwirkung zwischen Körpern, die sich wie beim Stoß direkt berühren oder wie beim Schleudern eines Steines mit einem Seil direkt oder durch eine materielle Verbindung aufeinander einwirken, bereitet der alltäglichen Vorstellung keine Schwierigkeiten. Anders ist es dagegen, wie man sich die Wirkung der Sonne beispielsweise auf einen anderen Körper, die Erde, ohne materielle Vermittlung durch den mehr oder weniger materiefreien Raum hindurch vorstellen soll.
Am Beispiel der Gravitation werden wir in diesem Teilkapitel den für die Physik außerordentlich wichtigen **Feldbegriff** kennenlernen, mit dessen Hilfe Wechselwirkungen zwischen Körpern und auch Feldern beschrieben werden.

2.2.1 Feldbegriff und Feldstärke

So wie die Planeten und künstlichen Satelliten im innerplanetarischen Raum Gravitationskräften unterliegen, so wird auch überall im Weltraum auf jeden Körper eine Kraft ausgeübt, die auf die Gravitationswirkung aller Materie aufgrund ihrer Masse zurückzuführen ist. Diese Kraft wirkt unabhängig davon, ob der Raum materieerfüllt ist oder nicht.
Der – auch materiefreie, leere – Raum wird zum

Träger einer physikalischen Eigenschaft. Einen solchen Raum nennt man ein Feld.

Den Raum, in dem an jedem Punkt auf einen dorthin gebrachten Körper allein aufgrund seiner Masse eine Kraft, die Gravitationskraft, ausgeübt wird, bezeichnet man als **Gravitationsfeld.**

Aus der Sekundarstufe I kennen wir als Beispiele von Feldern das elektrische und das magnetische Feld. In der Umgebung eines elektrisch geladenen Körpers, im elektrischen Feld, wird auf einen anderen geladenen Körper eine Kraft ausgeübt, ebenso wie in der Umgebung eines Magneten, also im magnetischen Feld, eine Kraft auf ein Stück Eisen wirkt.

Die Existenz des Gravitationsfeldes in unserer unmittelbaren Umgebung läßt sich leicht nachweisen. Jede Gewichtskraft $F = m\,g$, die wir an einer bestimmten Stelle im Raum, z. B. mit einem Kraftmesser nachweisen können, ist ein Beweis für seine Existenz. Die Gewichtskraft ist an dieser Stelle je nach der Masse m des Körpers verschieden groß. Gemeinsam allen Messungen jeweils an ein- und demselben Punkt aber ist, daß der Quotient aus der Kraft F und der Masse m gleich ist, und zwar in unserer unmittelbaren Umgebung gleich der Fall- oder Erdbeschleunigung $g = F / m$ (→ *1.1.5*).

Der Quotient F / m und die Richtung, in der die Kraft wirkt, kann als Eigenschaft des betrachteten Punktes im Raum angesehen werden, weil unabhängig von dem Körper, mit dem die Gravitationswirkung untersucht wird, diese Größen an einem bestimmten Punkt konstant sind.

Dieses Verfahren läßt sich zur Untersuchung der Eigenschaften jedes anderen Punktes auch außerhalb der Erde und im Weltraum verwenden. Wir bringen an die betrachtete Stelle einen Körper der Masse m, messen die Gravitationskraft F und bestimmen die Richtung, in der diese Kraft wirkt. Den Quotienten F / m und die Richtung sehen wir dann als Eigenschaft des Gravitationsfeldes in diesem Punkte an und bezeichnen sie als seine Gravitationsfeldstärke.

Definition: Die **Gravitationsfeldstärke** G^* einer bestimmten Stelle des Gravitationsfeldes ist der Quotient aus der Gravitationskraft F, die ein Körper aufgrund seiner Masse an dieser Stelle erfährt, und seiner Masse m:

$$G^* = F / m \, .$$

Die Gravitationsfeldstärke ist ein **Vektor,** dessen Richtung der Richtung der Kraft auf den Körper entspricht.

Auf der Erde entspricht die Gravitationsfeldstärke $G^* = F / m$, wie wir sahen, der Erdbeschleunigung $g = F / m$.

Die Gravitationsfeldstärke auf der Erdoberfläche ist gleich der Erdbeschleunigung:

$$G^* = g \, .$$

In einer nicht zu großen Umgebung auf der Erde ist die Gravitationsfeldstärke nach Betrag und Richtung angenähert konstant. Man sagt dann, daß das Gravitationsfeld in dieser Umgebung homogen, also überall gleich ist.

Zur Veranschaulichung von Feldern benutzt man **Feldlinien,** so wie sie z. B. schon von magnetischen Feldern her bekannt sind. (Man darf allerdings ein Gravitationsfeld nicht mit einem Magnetfeld verwechseln.) Setzt man einen Körper den Kräften eines Gravitationsfeldes aus, läßt ihn also frei fallen, so beschreibt seine Bahn eine (gedachte) Feldlinie. Die Feldlinien eines homogenen Feldes verlaufen parallel, weil die Körper auf parallelen Bahnen fallen. Bei einer zeichnerischen Darstellung eines Feldes veranschaulicht man nicht nur die Richtung der Feldstärke (durch die Richtung, die die durch diesen Punkt gehende Feldlinie zeigt), sondern auch die relative Größe der Feldstärke durch die Feldliniendichte, indem man die Feldlinien enger beieinanderlaufend zeichnet, dort wo die Feldstärke größer, und in größeren Abständen, dort wo die Feldstärke geringer ist. So kann man in einer Zeichnung (*Abb. 2–20 a* und *b*) die Richtungs- und Größenverhältnisse der Feldstärke anschaulich darstellen.

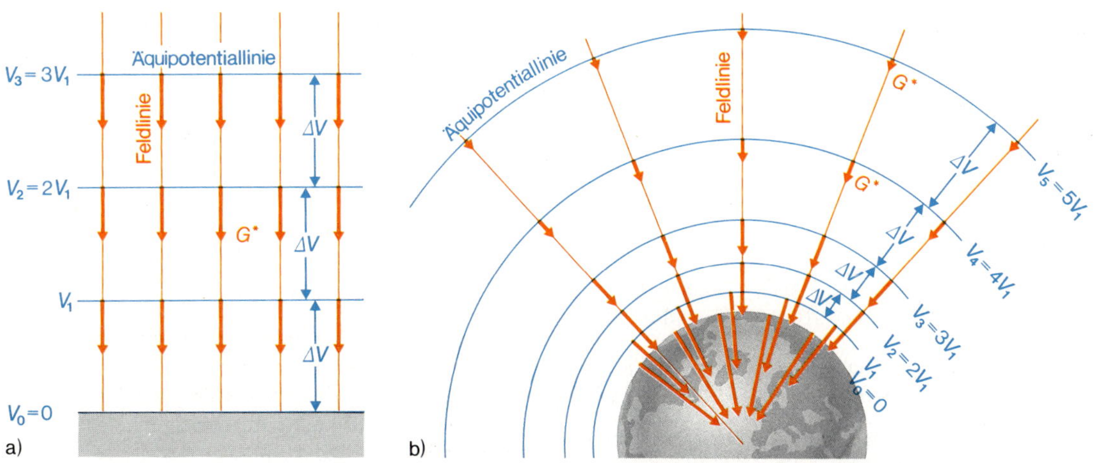

Abb. 2–20: Kennzeichen des Gravitationsfeldes. Feldstärke und Feldlinien (rot) beschreiben die Kräfte in den Punkten des Feldes, Potentiallinien (blau) die Energien zwischen den Punkten des Feldes. a) Homogenes Feld. b) Radialfeld.

In einem **homogenen Feld** hat die Feldstärke überall den gleichen Betrag und die gleiche Richtung (*Abb. 2–20 a*). Ein homogenes Feld stellt man durch Feldlinien dar, die parallel (entsprechend der überall gleichen Richtung der Feldstärke) und in gleichen Abständen (entsprechend dem gleichen Betrag der Feldstärke) verlaufen.

Betrachten wir nun das Gravitationsfeld in einer weiteren Umgebung der Erde. Die Feldstärke ist überall radial auf den Erdmittelpunkt gerichtet: Das Gravitationsfeld der Erde ist ein Radialfeld. Die Gravitationsfeldstärke der Erde berechnet sich aus dem Gravitationsgesetz zu

$$G^* = F/m = \gamma \frac{m\,M}{r^2} \,/\, m = \gamma \frac{M}{r^2},$$

wobei M die Masse der Erde und r der Abstand vom Erdmittelpunkt ist. Die gleiche Formel gilt für jedes Radialfeld in der (weiteren) Umgebung eines (größeren) Körpers. Die Feldlinien verlaufen radial auf den Mittelpunkt zu.

Ein kugelförmiger Körper der Masse M (wie z. B. Erde, Sonne, Mond) bildet um sich ein **Radialfeld** (*Abb. 2–20 b*). Die Gravitationsfeldstärke in einem Radialfeld nimmt mit dem Quadrat der Entfernung vom Zentrum des felderzeugenden Körpers ab:

$$G^* = \gamma M / r^2 .$$

Kennt man die Gravitationsfeldstärke in der Umgebung eines felderzeugenden Körpers, so kennt man damit auch die Kräfte, die in dieser Umgebung auf einen beliebigen Körper aufgrund seiner Masse m ausgeübt werden. Denn auf einen Körper der Masse m, der an eine Stelle des Feldes mit der (bekannten) Gravitationsfeldstärke G^* gebracht wird, wirkt dort die Gravitationskraft

$$F = m\,G^* .$$

Die Richtung der durch diesen Punkt verlaufenden Feldlinie gibt auch gleichzeitig die Bahn an, auf der sich dieser Körper frei bewegt.

NEWTON hatte ursprünglich angenommen, daß die Gravitationskräfte zwischen Himmelskörpern den Raum zwischen den Körpern überspringen (**Fernwirkung**). Er hat aber schon die logische Schwierigkeit erkannt, daß dann die Kraft sich unendlich schnell ausbreiten muß, und die Existenz von Fernkräften abgelehnt: „Hypotheses non fingo." Erst durch FARADAY setzte sich der Begriff des Feldes und damit der Nahwirkung durch: Das Feld vermittelt die Kräfte. Durch das Feld wird die Kraft von Ort zu Ort mit endlicher Geschwindigkeit weitergegeben. Das gilt auch für das Gravitationsfeld; seit EINSTEIN nimmt man an, daß es sich mit Lichtgeschwindigkeit ausbreitet.

Aufgaben

2/17: Berechnen Sie die Gravitationsfeldstärken auf den Planeten, der Sonne und dem Mond nach *Tab. 2–2*.

***2/18:** a) Berechnen Sie die Gravitationsfeldstärke mit Hilfe des Gravitationsgesetzes jeweils aus Masse und Radius auf der Oberfläche der Erde am Pol und am Äquator, auf der Mondoberfläche und auf der Oberfläche der Sonne.

b) Wie muß die Gravitationsfeldstärke am Äquator korrigiert werden, wenn man dort die Erdbeschleunigung angeben will?

c) Wie groß wäre an den genannten Stellen die Gravitationskraft auf einen Körper der Masse 80 kg?

***2/19:** Im Innern der Erde zählt für die Gravitationskraft nur die Masse jener Kugel, deren Radius gleich der Entfernung des betrachteten Punktes vom Erdmittelpunkt ist. Homogene Massenverteilung vorausgesetzt, berechne man

a) die Gravitationsfeldstärke in 1000 km Tiefe,

b) die Abhängigkeit der Gravitationsfeldstärke im Innern der Erde vom Abstand vom Erdmittelpunkt.

***2/20:** Berechnen Sie die Feldstärke des Erdfeldes im Abstand $r_1 = R$, $r_2 = 2\,R$, ... $r_{10} = 10\,R$ (R: Erdradius) in Einheiten der Feldstärke g auf der Erdoberfläche und stellen Sie die Abhängigkeit graphisch dar.

2.2.2 Das Potential des Gravitationsfeldes

Für kleine Wege – klein im Vergleich zum Radius der Erde – kann man das Gravitationsfeld der Erde jeweils als homogen ansehen. Die Hubarbeit im homogenen Erdfeld und damit die potentielle Energie, die ein Körper im homogenen Feld in einem bestimmten Punkt gegenüber einem anderen Punkt besitzt, ist nur von der Höhendifferenz abhängig. Denn es gilt (→ *1.3.3*):

$$W_h = m\,G^*\,(h_2 - h_1) = E_{pot} .$$

Die Erdbeschleunigung g (in Kapitel *1.3.3*) ist hier durch die als konstant angenommene Feldstärke G^* ersetzt.

Bei größeren Höhenunterschieden ist das Gravitationsfeld der Erde nicht mehr als homogen anzusehen. Die Gravitationsfeldstärke ändert sich von Punkt zu Punkt auf der Bahn, auf der man den Körper durch das Feld bewegt. Die Arbeit entlang dieses Weges kann man daher nicht mehr als Produkt aus (konstanter) Kraft und Weg berechnen.

Man zerlegt daher den Weg zwischen zwei beliebigen Punkten P_1 und P_2 (*Abb. 2–21*) in Teilwege, die durch Verschiebungen parallel und senkrecht zu den Feldlinien ersetzt werden. Für jeden kleinen Teilweg berechnet man nun die Teilarbeit und addiert sie. Auf den Teilwegen parallel zur Erdoberfläche stehen die Kraft F, die man gegenüber der Gravitationskraft aufzubringen hat, und das Wegstück Δs senkrecht aufeinander; es wird hier keine Arbeit verrichtet. Für die Berechnung der Arbeit wichtig sind nur die Wegstücke in Richtung der Feldlinien. Man erkennt, daß offenbar entscheidend für die Arbeit nur der Unterschied der Abstände beider Punkte P_1 und P_2 vom Mittelpunkt der Erde ist. Man kann das auch so ausdrücken: Die Verschiebungsarbeit zwischen zwei Punkten P_1 und P_2 im Radialfeld ist nur von der Lage dieser Punkte, und zwar lediglich von ihrer Entfernung zum Mittelpunkt der Erde, nicht aber von dem speziellen Weg abhängig, den man zwischen den beiden Punkten einschlägt. Ist der Endpunkt P_2 der Verschiebung weiter von der Erde entfernt als der Anfangspunkt P_1, so wird positive Arbeit geleistet: Die potentielle Energie des Körpers an der Stelle P_2 gegenüber seiner Lage im Punkte P_1 ist positiv. Liegt der Endpunkt P_2 der Verschiebung näher zur Erde als der Anfangspunkt P_1, so ist die Arbeit negativ, der Körper gibt bei seiner Verschiebung Energie ab, die potentielle Energie des erdnahen Punktes P_2 ist negativ gegenüber dem erdferneren Ausgangspunkt P_1.

Die **genaue Berechnung der Arbeit** W_{12}, um einen Körper der Masse m von P_1 nach P_2 im Gravitationsfeld eines Zentralkörpers der Masse M zu verschieben, erfolgt durch eine Integration nach *1.3.2.* Bei der Umformung des skalaren Produktes unter dem Integral zwischen äußerer Kraft $\vec{F} = -\vec{F}_G$ mit $\vec{F}_G = -(\gamma\, m\, M / r^2)\,\vec{r}^0$ und Wegstück $\vec{\Delta s}$ berücksichtigt man, daß nur die Arbeit entlang einer Feldlinie von einem Punkt mit dem Abstand r_1 vom Erdmittelpunkt bis zu einem Punkt mit dem Abstand r_2 vom Erdmittelpunkt berechnet zu werden braucht (*Abb. 2–21*).

$$W_{12} = \int_{P_1(r_1)}^{P_2(r_2)} \vec{F} \cdot \vec{ds} = \int_{r_1}^{r_2} \gamma\, m\, M\, \frac{dr}{r^2}$$

$$= \gamma\, m\, M \left[-\frac{1}{r}\right]_{r_1}^{r_2} = \gamma\, m\, M \left(\frac{1}{r_1} - \frac{1}{r_2}\right).$$

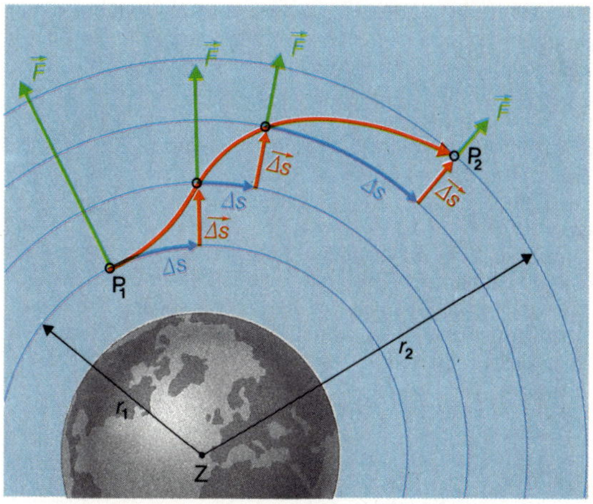

Abb. 2–21: Arbeit im Gravitationsfeld. Der Weg s wird durch Teilwege Δs parallel (blau) und senkrecht (rot) zur Erdoberfläche ersetzt. Entlang der blauen Teilwege ist die Arbeit Null, weil die von außen aufzubringenden Kräfte (grün) senkrecht zu diesen Wegstücken stehen.

Die **Verschiebungsarbeit** W_{12}, um einen Körper der Masse m im Gravitationsfeld eines Zentralkörpers der Masse M vom Punkt P_1 (r_1) zum Punkt P_2 (r_2) zu bringen, und damit die potentielle Energie E_{pot}, die der Körper mit der Masse m im Abstand r_2 vom Mittelpunkt des Zentralkörpers gegenüber einer Lage im Abstand r_1 besitzt, ist

$$W_{12} = \gamma\, m\, M \left(\frac{1}{r_1} - \frac{1}{r_2}\right) = E_{pot}\,.$$

Man erkennt an der Differenz der Kehrwerte aus r_1 und r_2: Die potentielle Energie ist positiv, falls r_1 kleiner ist als r_2, und umgekehrt, wie oben anschaulich dargestellt.

Ohne Integration kommt man mit einer **Näherungsrechnung** zum gleichen Ergebnis, wenn man im Weg-Kraft-Diagramm (*Abb. 2–22*) den Weg von $r_1 = r_0$ bis $r_2 = r_n$ in n Teilstücke zerlegt und bei der Berechnung der Teilarbeiten $\Delta W_{i,\,i+1}$ von r_i bis r_{i+1} den variablen Abstand r im Ausdruck $F = \gamma\, m\, M / r^2$ näherungsweise durch das geometrische Mittel $\sqrt{r_i\, r_{i+1}}$ ersetzt. (Es gilt nämlich $r_i > \sqrt{r_i\, r_{i+1}} > r_{i+1}$, wie man durch Quadrieren erkennt. Damit erhält man für die Teilarbeit

$$\Delta W_{i,\,i+1} = F\,\Delta r = \gamma\, \frac{m\, M}{\left(\sqrt{r_i\, r_{i+1}}\right)^2}\,(r_{i+1} - r_i)$$

$$= \gamma\, m\, M \left(\frac{r_{i+1}}{r_i\, r_{i+1}} - \frac{r_i}{r_i\, r_{i+1}}\right)$$

$$= \gamma\, m\, M \left(\frac{1}{r_i} - \frac{1}{r_{i+1}}\right).$$

Addiert man alle Teilarbeiten vom Anfangspunkt r_0 bis zum Endpunkt r_n:

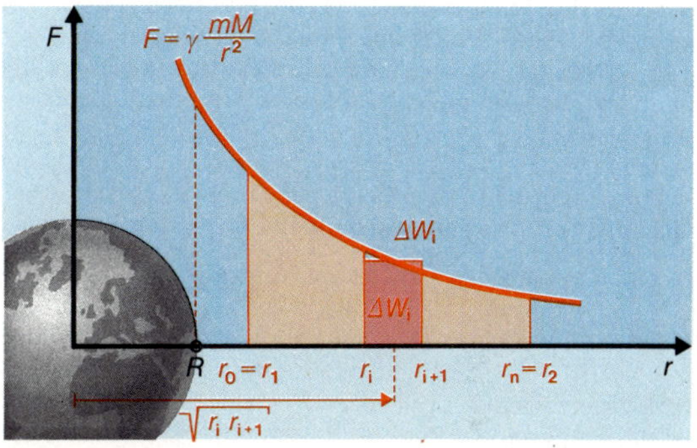

Abb. 2–22: Arbeit im Gravitationsfeld. Für die Verschiebung von r_i bis r_{i+1} setzt man als mittlere Entfernung in diesem Abschnitt $\sqrt{r_i\, r_{i+1}}$ ein (Verlauf der Kurve nicht gemäß $F \sim 1/r^2$!).

$$W_{0,\,n} = W_{0,\,1} + W_{1,\,2} + W_{2,\,3} + \ldots$$
$$\ldots + W_{i,\,i+1} + \ldots + W_{n-1,\,n}\,,$$

so erhält man, weil sich die meisten Terme aufheben, für die Gesamtarbeit denselben Ausdruck wie oben:

$$W_{0,\,n} = \gamma\, m\, M \left[\left(\frac{1}{r_0} - \frac{1}{r_1}\right) + \left(\frac{1}{r_1} - \frac{1}{r_2}\right) + \ldots\right.$$

$$\left. + \left(\frac{1}{r_i} - \frac{1}{r_{i+1}}\right) + \ldots + \left(\frac{1}{r_{n-1}} - \frac{1}{r_n}\right)\right]$$

$$= \gamma\, m\, M \left(\frac{1}{r_0} - \frac{1}{r_n}\right)$$

Die Verschiebungsarbeit ist also nur von den Abständen r_0 und r_n des Ausgangs- und des Endpunktes vom Mittelpunkt des Zentralkörpers abhängig.

Die **potentielle Energie** des Körpers in P_2 gegenüber seiner Lage in P_1 ist einerseits von Größen wie der Masse M des Zentralkörpers und der Abstände r_1 und r_2 im Feld abhängig, die sich nur auf das Gravitationsfeld beziehen; andererseits wird die potentielle Energie je nach der Masse m des Körpers, der verschoben wird, anders ausfallen. Um daher eine von der Masse m des speziellen Körpers unabhängige Aussage der Feldeigenschaft des Punktes P_2 gegenüber dem Punkt P_1 zu machen, liegt es nahe, den Quotienten aus der potentiellen Energie und der Masse des verschobenen Körpers zu betrachten. Dieser Quotient charakterisiert unabhängig von dem verschobenen Körper die Verhältnisse der potentiellen Energie im Feld. Der Quotient beschreibt damit Eigenschaften, die dem Feld zukommen.

Definition: Das **Potential** V_{12} eines Punktes P_2 gegenüber einem Punkt P_1 im Gravitationsfeld ist der Quotient aus der Arbeit W_{12}, die man verrichtet, um einen Körper von P_1 nach P_2 zu verschieben, und seiner Masse m:

$$V_{12} = W_{12} / m .$$

Das Potential ist wie die Arbeit und die potentielle Energie eine skalare Größe.
Im Physiksaal z. B., in dem das Gravitationsfeld als homogen angesehen werden kann, wäre das Potential V eines Punktes, der 1 m über dem Experimentiertisch gedacht ist, gegenüber einem Punkt auf dem Experimentiertisch $V = g\,h = 9{,}81\ \mathrm{m/s^2} \cdot 1\ \mathrm{m} = 9{,}81\ \mathrm{m^2/s^2}$. Mit Hilfe dieses Potentials kann man sogleich angeben, wie groß die potentielle Energie eines Körpers in 1 m Höhe über dem Tisch gegenüber einem Punkt auf der Tischplatte ist: Man braucht nur seine Masse m mit dem Potential zu multiplizieren. Damit hat das Potential eine sehr anschauliche Bedeutung.

In einen **homogenen Gravitationsfeld** mit der Feldstärke $G^* = g$, wie es angenähert für jeweils eine kleine Umgebung auf der Erdoberfläche der Fall ist, ist das Potential $V_{12} = g\,(h_2 - h_1)$. Im radialen Gravitationsfeld eines Zentralkörpers wie der Erde oder der Sonne mit der Masse M ist das Potential des Punktes P_2 gegenüber dem Punkt P_1

$$V_{12} = \gamma\, M \left(\frac{1}{r_1} - \frac{1}{r_2}\right) .$$

Ein anschauliches Bild über den Verlauf des Potentials in einem Gravitationsfeld gewinnt man, wenn man Punkte gleichen Potentials (zwischen denen bei Verschiebung also keine Arbeit verrichtet wird) miteinander verbindet und dies in Abständen mit gleicher Differenz der Potentiale, mit gleicher Potentialdifferenz, wiederholt (→ *Abb. 2–20*). Räumlich gesehen erhält man so im Radialfeld und im homogenen Gravitationsfeld Potentialflächen; in der Abbildung, die keine räumliche Darstellung wiedergibt, sind Potentiallinien dargestellt. Sind die Potentialflächen bzw. -linien mit gleichen Potentialdifferenzen wie in *Abb. 2–20* konstruiert, so bedeutet das anschaulich, daß man, um Körper gleicher Masse von Fläche zu Fläche bzw. von Linie zu Linie zu bewegen, die gleiche Arbeit aufwenden muß. Die Energieverhältnisse bei der Bewegung eines Körpers im Gravitationsfeld werden also durchsichtig.
Darin liegt auch die Bedeutung der physikalischen Größe **Potential.** Die energetischen Verhältnisse spielen in allen physikalischen Systemen wie z.B. auch dem Atom oder dem Kern eine große Rolle.
Das Potential kann auch in einem Diagramm dargestellt werden (*Abb. 2–23*). Nimmt man als Bezugspunkt P_1 des Potentials immer denselben Punkt, z.B. einen Punkt auf der Erdoberfläche, so sieht man am Verlauf der Potentialkurve, daß man in Erdnähe große Energie aufwenden muß, um einen Körper um eine bestimmte Höhe anzuheben, und daß man für dieselbe Höhendifferenz in größerer Entfernung der Erde dafür nur geringe Energien braucht. In *Abb. 2–24* sind die Darstellungen der Potentialkurve im Diagramm und der Potentiallinien in der Umgebung von Erde und Mond aufeinander bezogen. Eine Rakete, die auf der Erde startet, befindet sich in einem Potentialtrichter. Die Rakete muß erhebliche Energie aufwenden, um sich aus der näheren Umgebung der Erde zu entfernen. Bei richtigem Kurs „fällt" die Rakete in der Nähe des Mondes in dessen Potentialtrichter, aus dem sie sich bei Rückkehr auf die Erde mit wesentlich geringerem Energieaufwand lösen kann. Bei Annäherung an die Erde gewinnt die Rakete dann wieder größere Energie zurück.

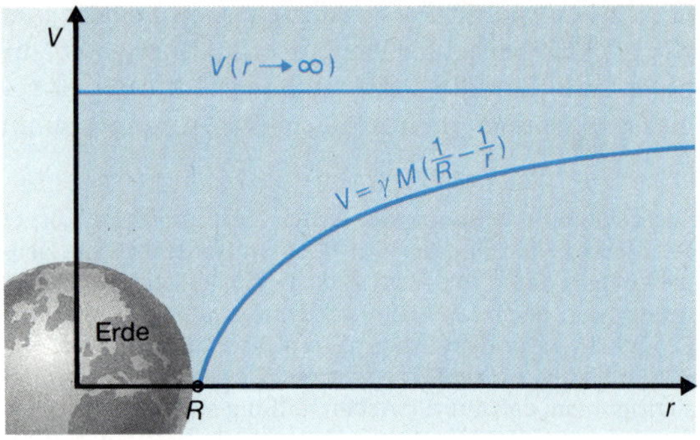

Abb. 2–23: Verlauf der Potentialkurve in der Umgebung der Erde. Das Potential auf der Erdoberfläche ist Null gesetzt.

Aufgaben

2/21: a) Wie groß ist die potentielle, die kinetische und die gesamte Energie eines Satelliten auf einer stabilen, kreisförmigen Umlaufbahn? Drücken Sie diese Energien ausschließlich durch die Erdmasse M, die Satellitenmasse m, den Radius r der Umlaufbahn und die Gravitationskonstante γ aus.
b) Begründen Sie, ob und weshalb der Radius der Umlaufbahn zu- oder abnimmt, wenn die Reibungskraft der äußeren Lufthülle der Erde die Gesamtenergie vermindert.

2/22: Ein Körper (m = 1,5 t) wird von der Erdoberfläche 25 000 km hoch gehoben. – Berechnen Sie die Arbeit a) mit der Näherung, daß die Feldstärke konstant (wie auf der Erdoberfläche) ist, und b) unter Berücksichtigung dessen, daß die Gravitationsfeldstärke abnimmt.

***2/23:** Berechnen Sie die potentielle Energie (bezüglich der Sonne) der Sonnensonde Helios (m = 370,5 kg) für den sonnenfernsten Punkt (Aphel; Entfernung zur Sonne 147,3 Millionen km) und für den sonnennächsten Punkt (Perihel; 46,5 Millionen km).

***2/24:** Berechnen Sie das Potential des Erdfeldes im Innern der Erde (unter Berücksichtigung der *Aufgabe 2/19*) mit dem Potential-Null auf der Erdoberfläche
a) in 1000 km Tiefe,
b) in Abängigkeit vom Abstand zum Erdmittelpunkt.
c) Stellen Sie den Verlauf graphisch dar.

***2/25:** Berechnen Sie das Potential des Erdfeldes im Abstand $r_1 = R$, $r_2 = 2\,R, \ldots, r_{10} = 10\,R$ (R = Erdradius) vom Erdmittelpunkt in Einheiten des Potentials auf der Erdoberfläche, wenn man die Potentiale auf einen unendlich entfernten Punkt bezieht, und stellen Sie die Abhängigkeit graphisch dar.

***2/26:** Berechnen Sie auf der Verbindungslinie Erde–Mond das Potential beider Körper

a) auf der Erdoberfläche,
b) auf der erdab- und erdzugewandten Seite der Mondoberfläche,
c) $5 \cdot 10^7$ m oberhalb der Erde und
d) $5 \cdot 10^7$ m vor und hinter dem Mond.

2.2.3 Schwere und träge Masse

Seit NEWTON unterscheidet man zwischen träger (m_t) und schwerer (m_s) Masse als verschiedenen Eigenschaften eines Körpers. (Die Bezeichnungen m_t für träge und m_s für schwere Masse gelten nur für diesen Abschnitt.)
Wirkt auf einen Körper eine Kraft F, so ist die Beschleunigung a, die der Körper erfährt, umgekehrt proportional seiner trägen Masse m_t. Die Größe, die das Trägheitsverhalten eines Körpers beschreibt, ist seine träge Masse m_t.

Die **träge Masse** m_t eines (freibeweglichen) Körpers ist der Quotient aus der Kraft F und der Beschleunigung a, die er unter der Einwirkung dieser Kraft F erfährt:

$$m_t = \frac{F}{a}.$$

Der Gravitations- oder Schwerkraft unterliegt ein Körper, unabhängig davon, ob er beschleunigt wird oder nicht, ob er sich also frei bewegen kann oder ob er festgehalten wird. Die Größe, die die Eigenschaft eines Körpers beschreibt, in einem Gravitationsfeld einer Kraft zu unterliegen, ist seine schwere Masse m_s.

Die schwere Masse m_s eines (frei beweglichen) Körpers ist der Quotient aus der Gravitationskraft F und der Gravitationsfeldstärke G^*, beides an einem Ort gemessen:

$$m_s = F/G^* = \frac{F}{\gamma M/r^2}.$$

Die beiden Körpereigenschaften – träge Masse m_t und schwere Masse m_s – sind begrifflich völlig verschieden. Sie sollen nun verglichen werden.
Dazu läßt man einen Körper A fallen und mißt seine Fallbeschleunigung $a_A = \frac{F_A}{m_{tA}}$, die er aufgrund seiner trägen Masse m_t und der an dieser Stelle wirkenden Kraft F_A erfährt. Diese Kraft wiederum, die Gewichts- oder Gravitationskraft F_A, zieht ihn aufgrund seiner schweren Masse m_s an. Es gilt:

$$m_{tA}\, a_A = \gamma \frac{m_{sA}\, M}{R^2}.$$

Für einen zweiten Körper B gilt entsprechend an derselben Stelle des Gravitationsfeldes:

$$m_{tB}\, a_B = \gamma \frac{m_{sB}\, M}{R^2}.$$

Berücksichtigt man das Versuchsergebnis, daß die Beschleunigungen in beiden Fällen gleich sind: $a_A = a_B = g$, so erhält man durch Division das Verhältnis von träger und schwerer Masse

$$\frac{m_{tA}}{m_{tB}} = \frac{m_{sA}}{m_{sB}}.$$

Das gilt auch für andere Versuche, in denen die träge und die schwere Masse von Körpern verglichen werden.

Ergebnis: Alle Experimente zeigen, daß die träge und die schwere Masse eines Körpers streng proportional zueinander sind.

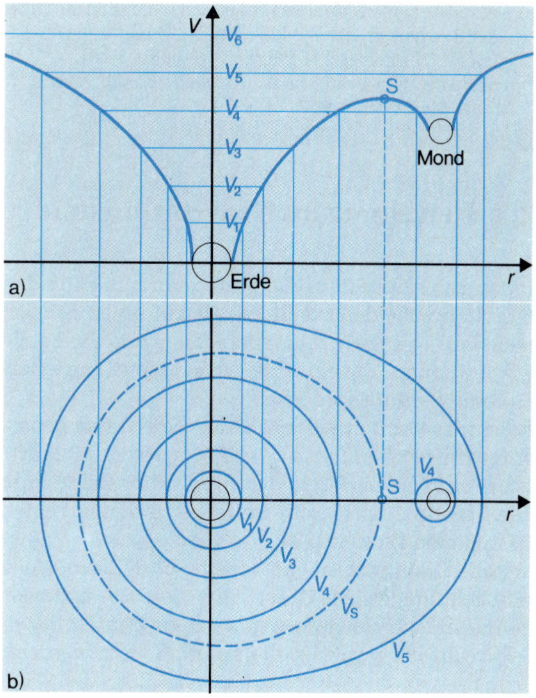

Abb. 2–24: Das Gravitationsfeld von Erde und Mond. Erde und Mond liegen in je nach Masse verschieden tiefen Potentialtrichtern. Die Potentialkurve in a), aufgenommen auf der Verbindungslinie zwischen Erde und Mond, ist auf die Potentiallinien in b) bezogen, die sich in der Ebene durch Erd- und Mondmittelpunkt ergeben.

Wählt man demnach für die Einheit der trägen und der schweren Masse die entsprechende Eigenschaft desselben Körpers, so sind die **Maßzahlen** beider Massen für jeden Körper gleich. Auf eine Unterscheidung zwischen träger und schwerer Masse kann man verzichten. Nach der allgemeinen Relativitätstheorie sind Trägheitskräfte prinzipiell nicht von Gravitationskräften unterscheidbar. Träge und schwere Masse sind sich gleich. Man spricht auch von der Äquivalenz zwischen träger und schwerer Masse.
Wegen der Gleichheit zwischen träger und schwerer Masse werden wir in diesem Buch im allgemeinen nur von der Masse eines Körpers sprechen.

Aufgabe

***2/27:** Schwere (m_s) und träge (m_t) Masse. Läßt man an einem Faden der Länge l eine Kugel aus Blei, danach eine Kugel aus Eisen einen Kreis mit gleicher Winkelgeschwindigkeit ω beschreiben, so daß sich die Kugeln ähnlich wie der Körper eines Fliehkraftreglers bewegen und der Faden mit der Senkrechten einen Winkel α bildet, so ist der Quotient aus den Beträgen der Gewichtskraft G und Zentripetalkraft Z

$$\frac{G}{Z} = \frac{m_s\, g}{m_t \omega^2\, r} = \cot \alpha.$$

a) Weisen Sie die Gültigkeit der Beziehungen nach. Dabei ist zu beachten, daß die Körpereigenschaften träge Masse und schwere Masse zu unterscheiden sind.

b) Versuche zeigen, daß unabhängig vom Material (Blei oder Eisen usw.) der Winkel α konstant bleibt, wenn die gleiche Winkelgeschwindigkeit gewählt wird. – Wie kann man daraus auf die Äquivalenz von schwerer und träger Masse schließen?

2.3 Bewegung im Gravitationsfeld

In einem Gravitationsfeld kann man mit Hilfe der Gravitationsfeldstärke die Kraft auf einen Körper nach Betrag und Richtung berechnen und die Energie bestimmen, die bei seiner Verschiebung an einen anderen Punkt erforderlich ist.
Es leuchtet ein, daß damit auch die Bahnen genau vorgeschrieben sind, die ein Körper durchläuft, wenn er in einem Punkt des Gravitationsfeldes mit einer bestimmten Geschwindigkeit und damit einer bestimmten Energie gestartet wird.
Welche Bahnformen in einem Gravitationsfeld möglich sind, welche Gesetze für diese Bewegungen gelten und wie solche Bewegungen im Gravitationsfeld realisiert werden, soll nun untersucht werden.

2.3.1 Zentralkraft und Keplersche Gesetze

Planeten und Kometen unterliegen bei ihrer Bewegung um die Sonne der Gravitationskraft der Sonne, die zum Sonnenschwerpunkt gerichtet ist. Ebenso zieht die Gravitationskraft der Erde den Mond und die (künstlichen) Satelliten auf ihren Bahnen um die Erde zum Erdschwerpunkt hin.
Eine Kraft, die überall, wo sie im Raum auftritt, auf einen (einzigen) raumfesten Punkt, Zentrum genannt, gerichtet ist, heißt Zentralkraft.

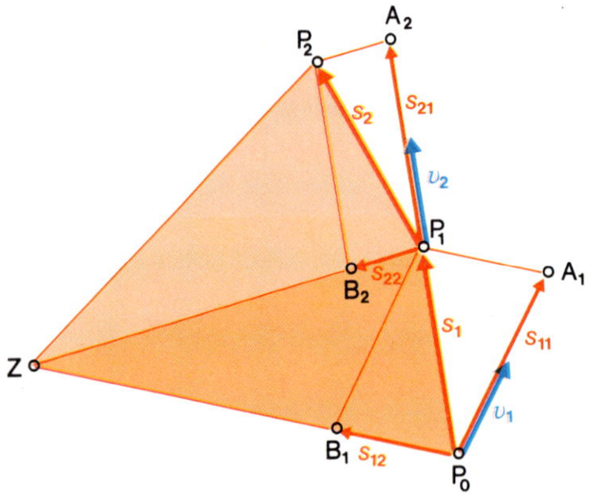

Abb. 2–25: Zum Flächensatz. Der Körper bewegt sich von P_0 über P_1 nach P_2. Dabei überstreicht der Radiusvektor ZP bei der Bewegung von $\overline{ZP_0}$ nach $\overline{ZP_1}$ dieselbe Fläche wie bei der von $\overline{ZP_1}$ nach $\overline{ZP_2}$: $\triangle ZP_0P_1$ flächengleich $\triangle Z\,P_1P_2$.

Die Gravitationskraft $F = \gamma\, m\, M / r^2$ ist eine Zentralkraft.

Allein aus dieser Eigenschaft läßt sich der Flächensatz (→ *1.4.3*), wie NEWTON zuerst gezeigt hat, elementar herleiten (*Abb. 2–25*). Wir überlegen uns dazu, welche Punkte ein Körper nacheinander in gleichen Zeiten Δt unter dem Einfluß einer Zentralkraft erreicht. In P_0 besitze er die Geschwindigkeit v_1; dann müßte er nach dem Trägheitssatz, wenn keine Kraft auf ihn einwirkte, in der Zeit Δt die Strecke $s_{11} = v_1\, \Delta t$ zurücklegen und damit A_1 erreichen. In P_0 wirkt aber auf ihn die auf Z gerichtete Zentralkraft, so daß er gleichzeitig in Richtung Z beschleunigt wird und um die Strecke $s_{12} = \frac{1}{2}\, a_1\, (\Delta t)^2 = \overline{P_0B_1}$ „fällt".
Er gelangt folglich von P_0 nach P_1. – Hier wiederholt sich der Vorgang: Würde er nicht beschleunigt, müßte er in der Zeit Δt in Richtung $\overline{P_0P_1}$ nach A_2 gelangen, wobei nach dem Trägheitssatz beide Strecken $s_1 = \overline{P_0P_1}$ und $s_{21} = \overline{P_1A_2}$ gleich sein müßten. Der Körper wird aber wiederum in Richtung Z beschleunigt und „fällt" um die Strecke $s_{22} = \frac{1}{2}\, a_2\, (\Delta t)^2 = \overline{P_1B_2}$. Er gelangt so nach P_2.
Die beiden Dreiecke $\triangle$ Z P_0P_1 und $\triangle$ Z P_1P_2 sind flächengleich. $\overline{ZP_1}$ ist ihre gemeinsame Grundlinie; ihre Eckpunkte P_0 und P_2 besitzen wegen $A_2P_2 \parallel ZP_1$ und wegen $\overline{P_0P_1} = \overline{P_1A_2}$, wobei P_0, P_1 und A_2 auf einer Geraden liegen, den gleichen Abstand von der Grundlinie. Da v_2 in derselben Ebene liegt wie das Dreieck $\triangle$ Z P_0 P_1, so findet die Bewegung auch in einer Z enthaltenen Ebene statt.

Flächensatz: Bewegt sich ein Körper unter dem Einfluß einer Zentralkraft, so überstreicht der von ihm ausgehende Radiusvektor in gleichen Zeiten gleiche Flächen.
Die Bahn des Körpers liegt dabei in einer das Zentrum enthaltenen raumfesten Ebene.

Dieser **Flächensatz** ist das **zweite Keplersche Gesetz,** das damit aus der Annahme, daß die Gravitationskraft eine Zentralkraft ist – die genauere Abhängigkeit dieser Kraft, z. B. vom Quadrat der Entfernungen, geht nicht ein –, bewiesen ist.

Nach dem zweiten Keplerschen Gesetz bewegt sich ein Körper auf seiner (elliptischen) Bahn um den Zentralkörper in dessen Nähe schneller als in größerer Entfernung von ihm (*Abb. 2–26*).

Der Flächensatz läßt sich mit Hilfe der Gesetze der Drehbewegung (→ *1.4*) beweisen. Das Drehmoment $\vec{M} = \vec{F_z} \times \vec{r}$ ist für eine Zentralbewegung Null, weil Zentralkraft $\vec{F}$ und Radiusvektor $\vec{r}$ stets parallel gerichtet sind (*Abb. 2–27*). Der Drehimpulsvektor $\vec{L}$, für den gilt: $\dot{\vec{L}} = \vec{M}$ (→ *1.4.3*), ist damit konstant: $\vec{L} = m\, \vec{v} \times \vec{r}$. Konstante Richtung von $\vec{L}$ bedeutet, daß $\vec{r}$ und $\vec{v}$ immer in der gleichen Ebene senkrecht zu $\vec{L}$ liegen, die Bewegung erfolgt also in einer raumfesten Ebene; konstanter Betrag heißt, daß die Fläche $\vec{A} = \frac{1}{2}\, \vec{v} \times \vec{r}$, die der Radiusvektor in der Zeiteinheit überstreicht, konstant ist.

Das **dritte Keplersche Gesetz** läßt sich für den Sonderfall, daß die Bahn ein Kreis ist, leicht aus dem Gravitationsgesetz herleiten. Die Gravitationskraft stellt die für eine Kreisbewegung erforderliche Zentripetalkraft dar:

$$m\frac{v^2}{r} = \gamma\frac{m\,M}{r^2}.$$

Setzt man für die Bahngeschwindigkeit $v = \frac{2\pi}{T}r$ ein, so ergibt sich nach einer Umformung das dritte Keplersche Gesetz in der Form:

$$\frac{r^3}{T^2} = \frac{\gamma M}{4\pi^2} = C.$$

Die Konstante $C = \gamma\, M/4\pi^2$ des dritten Keplerschen Gesetzes hängt nur von der Masse M des Zentralkörpers ab.

Die Konstante C ist daher für alle Planeten, die sich ja um denselben Zentralkörper, die Sonne, drehen, konstant.

Ebenfalls aus dem Gravitationsgesetz läßt sich das erste Keplersche Gesetz herleiten, nach dem sich die Planeten auf Ellipsen bewegen, in deren einen Brennpunkt die Sonne steht, wie NEWTON zuerst gezeigt hat. Bei Zentralkräften, die – wie die Gravitationskraft – mit dem Quadrat der Entfernung vom Zentrum abnehmen, ergeben sich Kegelschnitte als Bahnformen:

Die **Bahnformen** der Bewegung eines Körpers im Gravitationsfeld sind Kegelschnitte (Ellipsen, Parabeln, Hyperbeln), in deren (einen) Brennpunkt der Zentralkörper steht.

Die **drei Keplerschen Gesetze** folgen nach den Gesetzen der Mechanik aus dem Gravitationsgesetz. Mit dieser Leistung hatte NEWTON die Gesetze, nach denen sich die Planeten am Himmel bewegen, auf Gesetzmäßigkeiten zurückgeführt, die zusammen mit dem Gravitationsgesetz auch für die Bewegung von Körpern auf der Erde gelten.

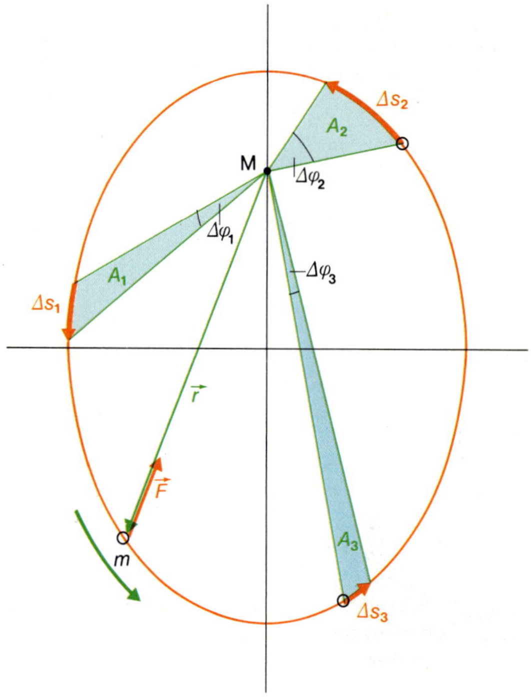

Abb. 2–26: Flächensatz und Bewegung auf einer Ellipsenbahn. In der Nähe des Zentralkörpers durchläuft der Planet in gleicher Zeit eine größere Wegstrecke als fern von ihm: $\Delta s_2 > \Delta s_1 > \Delta s_3$. Denn der Radiusvektor überstreicht in gleichen Zeiten gleiche Flächen: $A_1 = A_2 = A_3$.

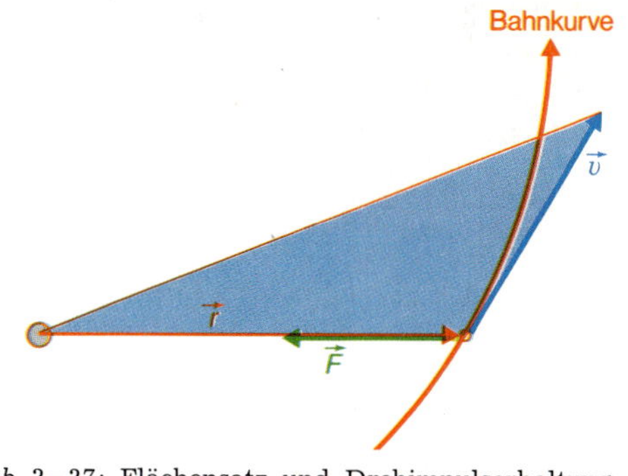

Abb. 2–27: Flächensatz und Drehimpulserhaltung. Das vektorielle Produkt aus $\vec{r}$ und $\vec{v}$ gibt den Flächeninhalt des Dreiecks an: $A = \left|\frac{1}{2}(\vec{r}\times\vec{v})\right|$.

Schrittweise Berechnung der Planetenbahnen

Während die Berechnung der Bahngleichungen mit Hilfe des Gravitationsgesetzes tiefere mathematische Kenntnisse voraussetzt, ist die schrittweise numerische Berechnung der Bahnpunkte z. B. mit dem Computer leicht zu verstehen. Der Grundgedanke eines solchen Verfahrens, das sich auch auf andere Bewegungsaufgaben übertragen läßt, besteht darin, daß man den Ort des Planeten zur Zeit $t + \Delta t$ aus dem Ort zur Zeit t nach den Gesetzen der gleichförmigen Bewegung ($s_{i+1} = s_i + v_i\,\Delta t$) näherungsweise berechnet. Dabei wählt man (nach dem sogenannten **Halbschrittverfahren**) als beste Näherung für die sich in Wirklichkeit ständig ändernde Geschwindigkeit ihren Betrag in der Mitte des Zeitintervalls:

$$x(t+\Delta t) = x(t) + \Delta t\, v(t+\frac{\Delta t}{2}),$$

$$y(t+\Delta t) = y(t) + \Delta t\, v(t+\frac{\Delta t}{2}).$$

Die **Geschwindigkeit** berechnet man – ebenfalls näherungsweise – nach den Gesetzen der gleichmäßig beschleunigten Bewegung ($v_{i+1} = v_i + a_i\,\Delta t$) bei diesem Halbschrittverfahren wie folgt:

$$v_x(t+\frac{\Delta t}{2}) = v_x(t-\frac{\Delta t}{2}) + \Delta t\, a_x(t),$$

$$v_y(t+\frac{\Delta t}{2}) = v_y(t-\frac{\Delta t}{2}) + \Delta t\, a_y(t).$$

Die **Beschleunigungen** a_x und a_y erhält man aus dem die Bewegung bestimmenden Kraftgesetz nach der Grundgleichung der Mechanik ($F = m\,a$), hier aus dem Gravitationsgesetz. Weil die Gravitationskraft $F = -\gamma\, m\, M/r^2$ eine Zentralkraft ist, gilt (*Abb. 2–28*)

$$\frac{F_x}{F} = \frac{x}{r} \text{ und } F_x = \frac{x}{r} F = -\gamma\, m\, M \frac{x}{r^3}$$

und ebenso $\quad F_y = \frac{y}{r} F = -\gamma\, m\, M \frac{y}{r^3}$

und daraus

$$a_x(t) = -\gamma M \frac{x(t)}{r^3(t)}, \quad a_y(t) = -\gamma M \frac{y(t)}{r^3(t)}$$

mit $\quad r(t) = \sqrt{x^2(t) + y^2(t)}\,.$

Für den Start in $x(0) = x_0$ und $y(0) = y_0$ mit der Geschwindigkeit $v_x(0) = v_{0x}$ und $v_y(0) = v_{0y}$ setzt man abweichend von dem obigen Verfahren

$$v_x\left(\frac{\Delta t}{2}\right) = v_{x0} + \frac{\Delta t}{2} a_x(0)\,,$$

$$v_y\left(\frac{\Delta t}{2}\right) = v_{y0} + \frac{\Delta t}{2} a_y(0)\,.$$

Man geht nun so vor, daß man die Koordinaten des Startpunktes x_0, y_0 und der Startgeschwindigkeit v_{x0}, v_{y0} – meistens in bequemen Einheiten (das ändert ebenso wie die Setzung $\gamma M = 1$ nur den Maßstab) – vorgibt und schrittweise Punkt für Punkt berechnet (*Abb. 2–29*).

Energie und Bahnform

Wir betrachten nun die **Energie,** die z. B. ein Satellit beim Umlauf auf einer Kreisbahn um die Erde besitzt. Die kinetische Energie ergibt sich aus dem Ansatz, daß die Zentripetalkraft durch die Gravitationskraft geliefert wird: $m\,v^2/r = \gamma\, m\, M/r^2$. Multipliziert man mit $r/2$, erhält man die kinetische Energie und die Umlaufgeschwindigkeit (die unabhängig von m ist):

$$E_{kin} = \frac{1}{2}\gamma \frac{m\,M}{r} \quad , \quad v = \sqrt{\gamma \frac{M}{r}}\,.$$

Für die potentielle Energie eines Körpers auf seiner Kreisbahn im Abstand r vom Erdmittelpunkt im Vergleich zu einer Position im Abstand r_0 ergab sich (→ *2.2.2*):

$$E_{pot} = \gamma\, m\, M \left(\frac{1}{r_0} - \frac{1}{r}\right).$$

Legt man, wie üblich, den Vergleichspunkt ins Unendlichferne, läßt als r_0 gegen Unendlich gehen, so erhält man für die potentielle Energie

$$E_{pot} = -\gamma \frac{m\,M}{r}\,.$$

Die gesamte Energie E eines Körpers der Masse m, der einen Zentralkörper der Masse M im Abstand r auf einer Kreisbahn umläuft, ist

$$E = E_{pot} + E_{kin} = -\frac{1}{2}\gamma \frac{m\,M}{r} = -\frac{1}{2} E_{pot}\,.$$

Der Vergleichspunkt für die Berechnung der potentiellen Energie ist dabei so gelegt, daß die Energie im Unendlichfernen Null ist. Am Verlauf der Kurve der Gesamtenergie (*Abb. 2–30*) erkennt man, daß man Energie aufwenden muß, wenn ein Körper auf eine höhere (weiter von der Erde entferntere) Kreisbahn gehoben werden soll.

Man erkennt am Kurvenverlauf weiter, daß ein Körper mit negativer Gesamtenergie an den Zentralkörper gebunden bleibt.

Das gilt auch für Bewegungen auf nichtkreisförmigen Bahnen. Die Gesamtenergie

$$E = E_{kin} + E_{pot} = \frac{1}{2} m\, v^2 - \gamma \frac{m\,M}{r}\,,$$

die ein Körper im (beliebigen) Abstand r mit der (beliebigen) Geschwindigkeit v besitzt, muß mindestens Null sein, soll der Körper den Einflußbereich des Zentralkörpers verlassen können. Für diese Grenzgeschwindigkeit folgt

$$v^2 = 2\gamma \frac{M}{r}\,.$$

Das folgende Ergebnis von Überlegungen, die hier nicht angestellt werden können, bezieht sich auf diese Grenzgeschwindigkeit.

Wird ein Körper im Abstand r_0 senkrecht zur Verbindungslinie Körper–Zentralkörper mit der Geschwindigkeit v_0 gestartet, so ergeben sich je nach Geschwindigkeit v_0 bzw. Gesamtenergie E folgende Bahnformen (*Abb. 2–31*):

für	$v_0^2 > 2\gamma \frac{M}{r_0}$	eine Hyperbel,	$(E > 0)$,
für	$v_0^2 = 2\gamma \frac{M}{r_0}$	eine Parabel,	$(E = 0)$,
für	$v_0^2 < 2\gamma \frac{M}{r_0}$	eine Ellipse	$(E < 0)$
für	$v_0^2 = \gamma \frac{M}{r_0}$	und als Sonderfall ein Kreis.	$(E < 0)$.

Mit Hilfe des Flächensatzes, angewandt z. B. auf die Erdbahn im sonnennächsten (Perihel) und sonnenfernsten

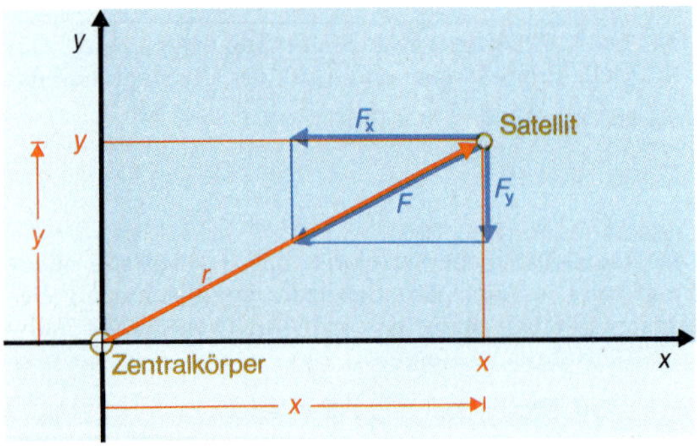

Abb. 2–28: Zentralkraftkomponenten. Da die Zentralkraft in Richtung des Radiusvektors wirkt, verhalten sich ihre Komponenten wie die Koordinaten des Punktes, in dem die Zentralkraft angreift: $F_x : F_y = x : y$.

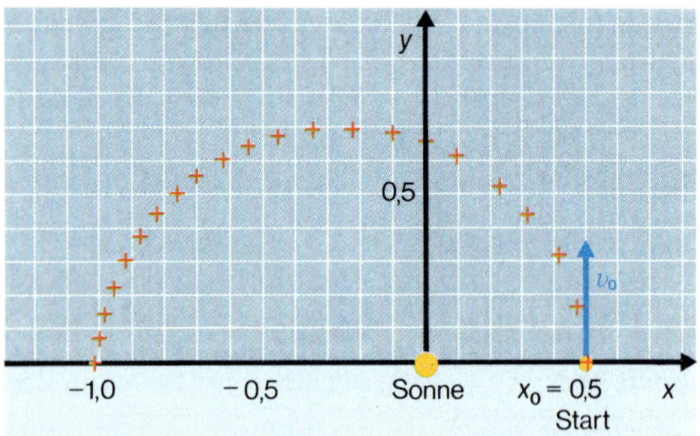

Abb. 2–29: Numerisch berechnete Punkte der Bahnkurve (Ellipse), deren zeitliche Abstände konstant sind. In der Nähe der Sonne läuft der Planet schneller.

(Aphel) Punkt ihrer Bahn um die Sonne, findet man eine Beziehung zwischen der Gesamtenergie E, die nach dem Energiesatz für alle Punkte der Bahn konstant ist, und der Halbachse a der Bahnellipse.

Für beide Punkte gilt

$$E_A = \frac{1}{2} m v_A^2 - \gamma m M \frac{1}{r_A},$$

$$E_P = \frac{1}{2} m v_P^2 - \gamma m M \frac{1}{r_P}.$$

Setzt man in E_P nach dem Flächensatz $v_P r_P = v_A r_A$ (*Abb. 2–32*) für v_P ein:

$$E_P = \frac{1}{2} m v_A^2 \frac{r_A^2}{r_P^2} - \gamma m M \frac{1}{r_P}$$

und formt den Ausdruck um in

$$\frac{1}{2} m v_A^2 = \frac{r_P^2}{r_A^2} (E_P + \gamma m M \frac{1}{r_P}),$$

so kann man diesen Ausdruck in E_A einführen:

$$E_A = \frac{r_P^2}{r_A^2} (E_P + \gamma m M \frac{1}{r_P}) - \gamma m M \frac{1}{r_A}$$

und die so erhaltene Gleichung unter Berücksichtigung von $E = E_A = E_P$ nach der Gesamtenergie E auflösen:

$$E = -\gamma \frac{m M}{r_A + r_P} = -\gamma \frac{m M}{2a}.$$

Dabei ist $r_A + r_P = 2a$ (*Abb. 2–32*) gesetzt. a ist die aus dem dritten Keplerschen Gesetz bekannte große Halbachse.

Auf allen Ellipsenbahnen mit der gleichen großen Halbachse a (einschließlich des Kreises mit dem Radius a) besitzt ein den Zentralkörper umlaufender Satellit der Masse m die gleiche Gesamtenergie E (*Abb. 2–33 a* und *b*):

$$E = -\gamma m M/2a.$$

Für die Berechnung einer Ellipsenbahn kann man aus der Gesamtenergie E des Satelliten der Masse m die Halbachse a seiner Bahn und aus dem Abstand r_0 vom Zentralkörper im Scheitelpunkt der großen Halbachse die Exzentrizität $e = a - r_0$ (*Abb. 2–32*) und daraus die kleine Halbachse $b = \sqrt{a^2 - e^2}$ ermitteln.

Die Geschwindigkeit v_0 in diesem Scheitelpunkt kann man im übrigen aus der weiter oben stehenden Formel für E_P (oder E_A) berechnen, wenn man r_P gleich r_0, v_P gleich v_0 und E_P gleich $E = -\gamma m M/2a$ setzt und nach v_0 auflöst:

$$v_0 = \sqrt{\frac{\gamma M}{a} \frac{(2a - r_0)}{r_0}} \quad (Abb.\ 2\text{–}33\,a).$$

Schwieriger zu konstruieren wäre die Bahnellipse für den Fall, daß der Körper im Abstand r eine Geschwindigkeit v in beliebiger Richtung besitzt. Doch auch hier gilt, daß mit der Angabe seiner Gesamtenergie die große Halbachse seiner Ellipsenbahn festgelegt ist (*Abb. 2–33 b*).

Aufgaben

2/28: a) Wie groß ist die Umlaufzeit eines Satelliten auf einer Kreisbahn um die Erde in Abhängigkeit von der Entfernung zum Erdmittelpunkt?

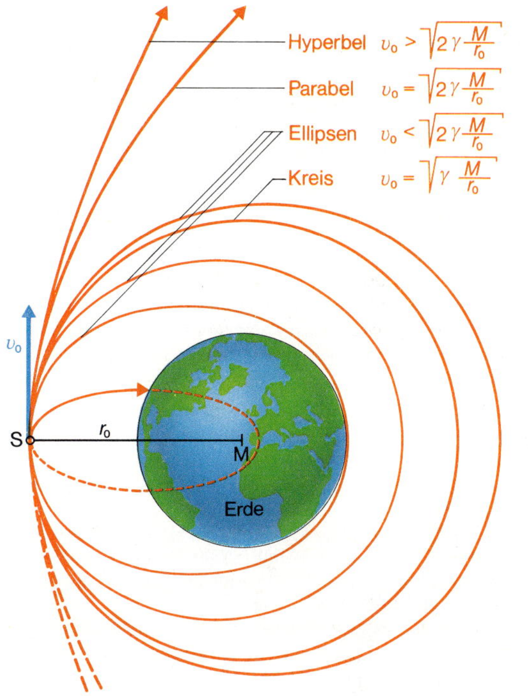

Abb. 2–31: Bahnformen in Abhängigkeit der Startgeschwindigkeit. Der Satellit wird im Abstand r_0 senkrecht zur Verbindungslinie zur Erde mit der Geschwindigkeit v_0 gestartet.

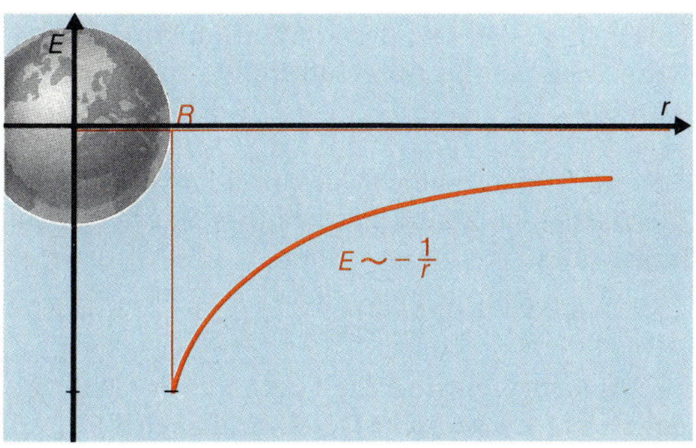

Abb. 2–30: Kurve der Gesamtenergie für die Kreisbahnen im Abstand r um die Erde. Die Gesamtenergie auf einer Kreisbahn ist negativ; im Unendlichen ist sie Null.

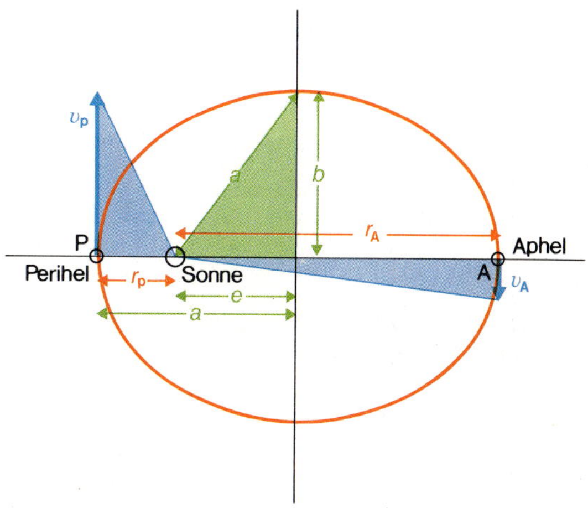

Abb. 2–32: Bestimmungsstücke der Bahnellipse eines Planeten. Im Perihel und Aphel steht der Geschwindigkeitsvektor senkrecht zur Verbindungslinie Planet–Sonne. Eingezeichnet sind große Halbachse a, kleine Halbachse b und Exzentrizität $e = \sqrt{a^2 - b^2}$ der Ellipse.

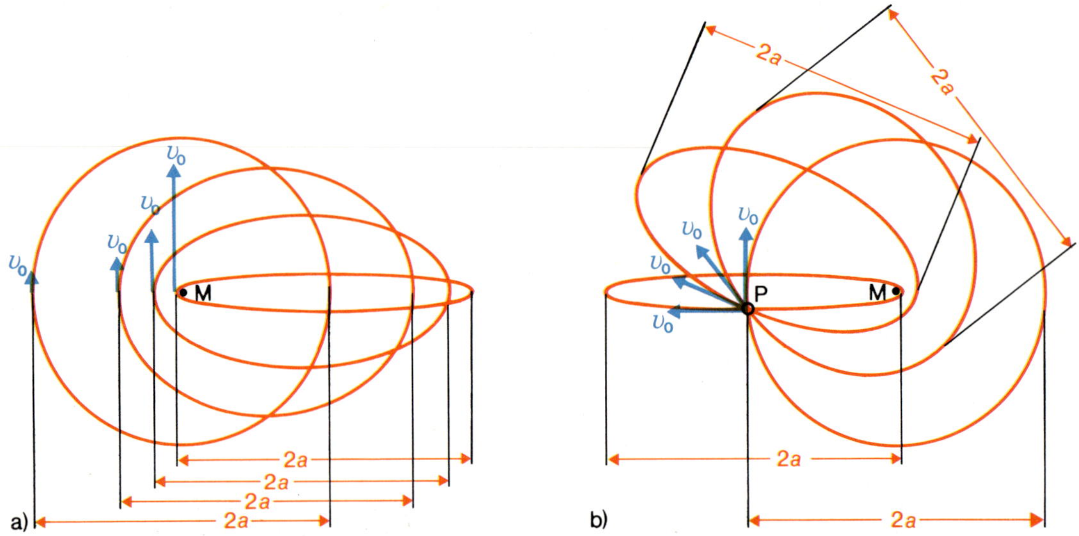

Abb. 2–33: Bahnellipsen gleicher Gesamtenergie. Die Halbachsen aller Bahnellipsen gleicher Gesamtenergie sind gleich groß. Die Ellipsen in a) kann man aus E und r_0 berechnen. In b) gilt für alle Ellipsen die gleiche Geschwindigkeit, nur die Richtungen dieser Geschwindigkeiten sind verschieden.

b) Für welchen Radius der Satellitenbahn und für welche Höhe über der Erdoberfläche bleibt der Satellit über ein- und demselben Punkt der Erde stehen (Synchronsatellit)?

***2/29:** a) Ein Satellit der Masse $m = 50$ kg soll im Abstand R (R Erdradius) von der Erdoberfläche eine Kreisbahn um die Erde beschreiben. – Wie groß ist seine Geschwindigkeit v_1 auf dieser Bahn?

b) Ein zweiter Satellit gleicher Größe soll lediglich auf die gleiche Höhe gebracht werden (und von dort wieder zur Erde herabfallen). – Mit welcher Geschwindigkeit v_0 muß er von der Erdoberfläche abgeschossen werden?

c) Mit welcher Geschwindigkeit muß der Satellit von a) von der Erdoberfläche abgeschossen werden?

Die Lösungen sind in Termen, in denen jeweils nur γ, M (Erdmasse), R und ggf. m vorkommen, anzugeben und wertemäßig auszurechnen.

***2/30:** Berechnen Sie punktweise die Bahn eines Planeten, indem Sie für die Anfangsdaten (in einem x, y-Koordinatensystem) $x(0) = 1{,}0$, $y(0) = 0$, $v_x(0) = 0{,}0$, $v_y(0) = 1{,}630$ und $\Delta t = 0{,}1$ wählen. Setzen Sie für $\gamma M = 1$.

***2/31:** Aus einer kreisförmigen Umlaufbahn um die Erde in 40 000 km Höhe wird ein Satellit kurzfristig durch einen Raketenschub tangential beschleunigt.

a) Wie groß muß die Geschwindigkeitserhöhung sein, damit der Satellit auf eine Ellipsenbahn mit dem erdfernsten Punkt (Apogäum) in 120 000 km von der Erde kommt?

b) Welche Geschwindigkeit besitzt der Satellit dann im Apogäum?

2.3.2 Fluchtgeschwindigkeit

Soll ein Körper der Masse m von der Oberfläche eines Zentralkörpers wie Erde oder Mond (Masse M, Radius R) zum einen auf eine bestimmte Höhe gehoben und zum zweiten dort in eine Umlaufbahn gebracht werden, wird ihm im allgemeinen die dazu erforderliche Energie beim Abschuß auf der Oberfläche des Zentralkörpers als kinetische Energie $E_{kin} = \frac{1}{2} m v_0^2$ mitgegeben (*Abb. 2–34*). Wird er nur auf eine bestimmte Höhe $h = r - R$ gehoben, Endgeschwindigkeit $v_e = 0$, so ist diese Energie gleich der Arbeit im Zentralkraftfeld (→ *2.2.2*):

$$E_{kin} = \frac{1}{2} m v_0^2 = \int_R^r (-\gamma \frac{m M}{r^2} \mathrm{d}r)$$
$$= \gamma m M (\frac{1}{R} - \frac{1}{r}) .$$

Soll der Körper zusätzlich in der Höhe eine kreisförmige Umlaufbahn beschreiben, so muß ihm auch die kinetische Energie für diese Bahnbewegung mitgegeben werden.

Nach *2.3.1* läßt sich die kinetische Energie beim Umlauf auf einer Kreisbahn als $E_{kin} = \frac{1}{2} \gamma \frac{m M}{r}$ schreiben, so daß sich durch Addition für die kinetische Energie beim Abschluß ergibt:

$$E_{kin} = \frac{1}{2} m v_0^2 = \gamma M m \left(\frac{1}{R} - \frac{1}{2r}\right) .$$

Für eine Umlaufbahn in unmittelbarer Nähe der Oberfläche des Zentralkörpers ($r \approx R$) erhält man daraus über

$$\frac{1}{2} m v_1^2 = \gamma m M \frac{1}{2R}$$

die Abschußgeschwindigkeit (im Falle der Erde die sogenannte **1. kosmische Geschwindigkeit**)

$$v_1 = \sqrt{\gamma \frac{M}{R}} .$$

Soll der Körper das Gravitationsfeld des Zentral-

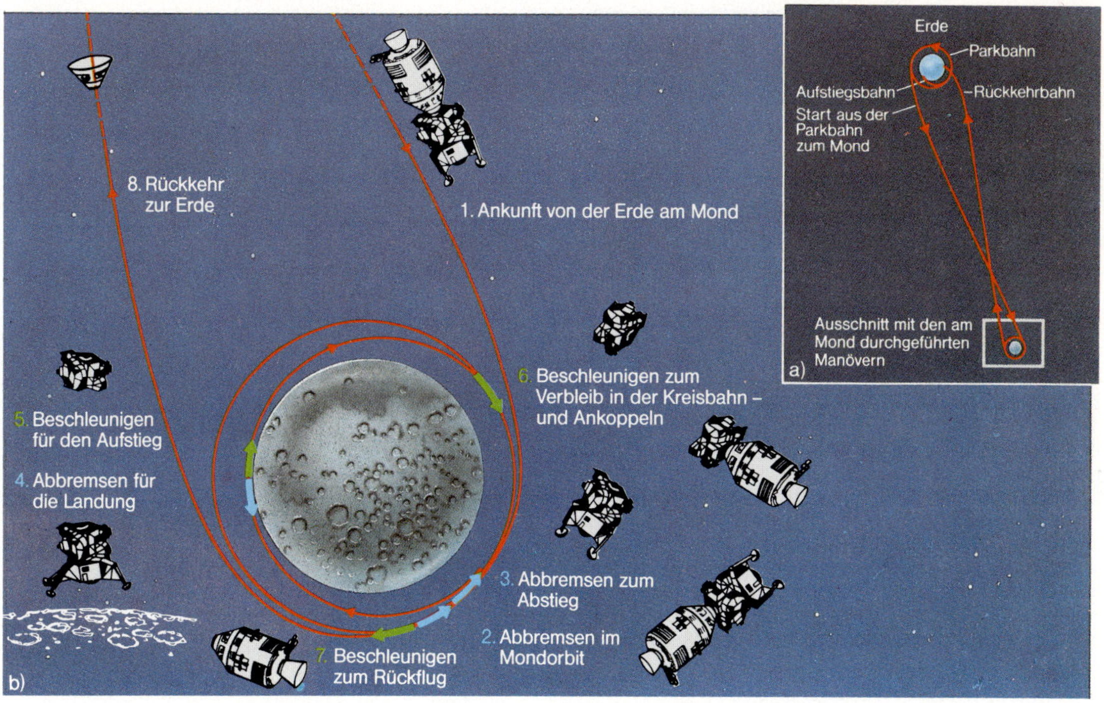

Abb. 2–34: Der Flug von Apollo XI vom 16. 7. 1969 bis 24. 7. 1969 zum Mond und die Landung der Amerikaner ARMSTRONG und COLLINS am 20. 7. 1969 auf dem Mond ist eines der spektakulärsten Weltraumunternehmungen. Aus der Parkbahn um die Erde (a) in 197 km Höhe, die die 111 m hohe Saturnrakete mit 2904 t Startgewicht 12 min nach dem Start am 16. 7. (14.32 MEZ) erreicht, begibt sich Apollo durch das „Mondfenster" mit der Fluchtgeschwindigkeit von 10,8 km/s auf den Weg zum Mond und erreicht fast ohne weiteren Antrieb am 18. 7. (18.26) nach kurzer Zündung eines Antriebswerkes die Mondumlaufbahn in 111 km Höhe über dem Mond (b). Am 20. 7., 18.47, trennt sich die 13,5 t schwere Mondeinheit (LM) vom Apollo-Schiff und geht auf eine elliptische Bahn, von deren mondnächstem Punkt in 15 km Höhe die Ladung der „Eagle" beginnt. Am 21. 7., 03.56, betritt der erste Mensch, ARMSTRONG, wenig später COLLINS den Mond. Um 06.06 kehren sie zum Mondschiff zurück und zünden die Antriebswerke der 4,8 t schweren Mondfähre. Um 23.33 koppelt das Mondschiff am 5,5 t schweren Apollo-Schiff an, und am 22. 7., 05.56, geht Apollo nach Abstoßen des Mondschiffes auf Erdkurs (a). Am 24. 7., 17.24, trennt sich die Kommandokapsel vom Versorgungsteil und taucht, mit dem Schutzschild voran, mit 10,9 km/s in die Erdatmosphäre ein. Am 27. 7., um 17.51, prallt die Kapsel mit der Geschwindigkeit von 8,3 m/s auf die Meeresoberfläche auf.
(LM Lunar-Modul; Mondeinheit. CM Command-Modul; Kommandoeinheit. SM Service-Modul; Versorgungseinheit)

körpers verlassen, so führt der Ausdruck über die kinetische Energie mit $r \to \infty$ über

$$\frac{1}{2} m v_2^2 = \gamma m M \frac{1}{R}$$

zur Abschußgeschwindigkeit (im Falle der Erde die **2. kosmische Geschwindigkeit**)

$$v_2 = \sqrt{2\gamma \frac{M}{R}} \,.$$

Die Geschwindigkeit stimmt mit der Abschußgeschwindigkeit im Scheitelpunkt überein, die für eine Parabelbahn (→ *2.3.1*) gegeben sein muß.

Aufgaben

***2/32:** Die Umlaufgeschwindigkeit v_1 im Abstand $r \approx R$ (Erdradius) vom Erdmittelpunkt (1. kosmische Geschwindigkeit) und die Fluchtgeschwindigkeit v_2 von der Erde (2. kosmische Geschwindigkeit) lassen sich allein durch den Erdradius R und die Erdbeschleunigung g ausdrücken. – Zeigen Sie, daß gilt: $v_1 = \sqrt{g\,R}$ und $v_2 = \sqrt{2\,g\,R}$.

***2/33:** Die Fluchtgeschwindigkeit v_f aus dem Bereich des Erdfeldes ist abhängig von der Entfernung r vom Erdmittelpunkt.

a) Wie stellt sich die Fluchtgeschwindigkeit v_f als Funktion von r dar?

b) Es gilt $v_f = v_2 \sqrt{\frac{R}{r}}$, wenn v_2 die Fluchtgeschwindigkeit von der Erde und R der Erdradius ist.

c) Berechnen Sie die Fluchtgeschwindigkeit v_f im Abstand $r = R, 2R, \ldots, 5R, 10R$ und stellen Sie $v_f = f(r)$ graphisch dar.

***2/34:** Setzt man für v_f in *Aufgabe 2/33* $v = \frac{ds}{dt}$, so kann man die Zeit t vom Start von der Erdoberfläche bis zum Erreichen des Abstandes r vom Erdmittelpunkt durch Integration ermitteln.

a) Bestätigen Sie durch Herleitung des Integrals, daß sich die Zeit zu $t = \frac{1}{\sqrt{2\gamma M}} \frac{2}{3} [r^{\frac{3}{2}}\ R^{\frac{3}{2}}]$ darstellen läßt.

b) Berechnen Sie die Zeit t vom Verlassen der Erdoberfläche bis zum Erreichen der Entfernung $r = 2\,R, 5\,R, 10\,R$.

c) Wie lange braucht danach eine Rakete bis zum schwerefreien Punkt zwischen Erde und Mond?

***2/35:** Ein Körper starte in 2000 km Höhe über der Erdoberfläche senkrecht zur Verbindungslinie Erde–Startpunkt mit einer Geschwindigkeit v_0.

a) Bei welcher Startgeschwindigkeit v_0 umfliegt er die Erde auf einem Kreis?

b) Bei welcher Startgeschwindigkeit v_0 verläßt er das Gravitationsfeld der Erde auf einer Parabelbahn?

c) Wie groß sind die größte (r_{max}) und die kleinste (r_{min}) Entfernung vom Erdmittelpunkt auf einer Bahn, die der Körper bei einer Startgeschwindigkeit $v_0 = 4{,}0 \cdot 10^3$ m/s bzw. $v_0 = 8{,}0 \cdot 10^3$ m/s beschreibt?

***2/36:** a) In welcher Entfernung von der Erde (Erdmittelpunkt) liegt der schwerefreie Punkt zwischen Mond und Erde?

b) Wie lange braucht eine Rakete bis zu diesem schwerefreien Punkt?

c) Eine Rakete soll von der Erdoberfläche so abgeschossen werden, daß sie den schwerefreien Punkt (fast) mit der Fluchtgeschwindigkeit aus dem Gravitationsfeld des Mondes erreicht, weil sie dann (gerade noch) vom Gravitationsfeld des Mondes eingefangen wird. – Wie groß darf höchstens die Startgeschwindigkeit von der Erde sein?

***2/37:** Die Fluchtgeschwindigkeit von der Erde aus dem Bereich der Sonne **(3. kosmische Geschwindigkeit)** beträgt $v_3 = 16{,}7 \cdot 10^3$ m/s, falls man beim Start die Geschwindigkeit der Erde um die Sonne ausnutzt.

a) Berechnen Sie die Fluchtgeschwindigkeit v_3 aus dem Gravitationsfeld der Sonne ohne Ausnutzung der Bewegung der Erde um die Sonne.

b) Berechnen Sie die Bahngeschwindigkeit v_E der Erde um die Sonne.

c) Zeigen Sie über eine Energiebetrachtung, daß für die gesuchte Fluchtgeschwindigkeit v_3 gilt:

$$v_3^2 = v_2^2 + (v_3 - v'_E)^2,$$

und berechnen Sie v_3 (v_2 bedeutet die 2. kosmische Geschwindigkeit).

2.3.3 Rakete und Raketengleichung

Für den Antrieb von Flugkörpern innerhalb des Gravitationsfeldes der Erde, des Mondes oder auch der Sonne kommt nur die Rakete in Frage.

Das Prinzip der Rakete leitet sich aus dem Impulssatz her.

Eine Rakete möge sich kräftefrei, ohne Einfluß des Gravitationsfeldes, zur Zeit t mit der Masse $m\,(t)$ (Raketenkörper und Brennstoff) und mit der Geschwindigkeit v bewegen. Während der folgenden Zeit Δt stößt sie die Gasmenge Δm mit der relativen Ausströmgeschwindigkeit c aus, wobei die Rakete mit dem restlichen Brennstoff mit der neuen Gesamtmasse $m\,(t + \Delta t) = m\,(t) - \Delta m$ den Geschwindigkeitszuwachs Δv erfährt (*Abb. 2–35*).

In dem Bezugssystem, das sich zur Zeit t mit der Rakete in gleicher Geschwindigkeit bewegt, gilt nach dem Impulserhaltungssatz

$$(m - \Delta m)\,\Delta v + c\,\Delta m = 0\,.$$

Vernachlässigt man das Produkt $\Delta v\,\Delta m$, so erhält

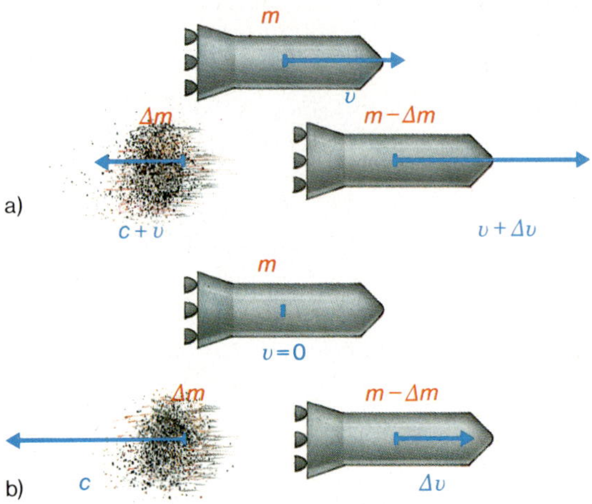

Abb. 2–35: Zur Ableitung der Raketengleichung. a) Darstellung in einem (ruhend gedachten) System, gegenüber dem sich die Rakete bewegt. b) Die Verhältnisse im Schwerpunktsystem der Rakete.

man aus $\Delta v + c\,\dfrac{\Delta m}{m} = 0$ durch Integration

$$\int_{v_0}^{v} \mathrm{d}v = -\,c \int_{m_0}^{m} \frac{\mathrm{d}m}{m}$$

schließlich die **Raketengleichung**

$$v\,(t) = v_0 + c \ln \frac{m_0}{m}\,.$$

Eine Rakete, die während eines Bewegungsabschnittes Treibstoff der Masse $\Delta m = m_0 - m$ (m_0 Anfangsmasse, m Endmasse der Rakete einschließlich des Treibstoffes) mit der konstant bleibenden Ausströmgeschwindigkeit c ausstößt, erhöht ihre Geschwindigkeit um

$$\Delta v = v\,(t) - v_0 = c \ln \frac{m_0}{m}\,.$$

Ergebnis: Ist m_0 die Startmasse und m_e die Masse der Rakete(-nstufe) bei Brennschluß, dann erreicht die Rakete insgesamt die **Endgeschwindigkeit**

$$v_e = v_0 + c \ln \frac{m_0}{m_e}\,.$$

Für eine einstufige Rakete, die z. B. auf der Erdoberfläche startet, ist im allgemeinen $v_0 = 0$ zu setzen. Außerdem wird die Bewegung normalerweise nicht im kräftefreien Raum, sondern in einem **Gravitationsfeld** vor sich gehen. Für den Startvorgang von der Erdoberfläche kann häufig die Gravitationsfeldstärke als konstant und gleich der Erdbeschleunigung g angenommen werden. Dann ist für die Zeit der Beschleunigung von der oben berechneten Geschwindigkeitsänderung die Fallgeschwindigkeit abzuziehen:

$$\Delta v = v_e - v_0 = c \ln \frac{m_0}{m_e} - g\,t\,.$$

Der Geschwindigkeitszuwachs einer Rakete hängt von der **Ausströmgeschwindigkeit** c des Treibstoffes, die bei Feststoffraketen 2500 bis 3000 m/s, bei Flüssigkeitsraketen bis zu 4600 m/s beträgt, und vom Verhältnis Startgewicht m_0 zum Leergewicht m_e ab, das technisch bis auf 6 : 1 zu brin-

gen ist und meistens 3 : 1 bis 4 : 1 beträgt. Damit läßt sich leicht nachrechnen, daß **einstufige Raketen,** die zum Verlassen des Gravitationsfeldes der Erde erforderliche Geschwindigkeit nicht erreichen können.
Einen entscheidenden Schritt zur Erreichung der verlangten Geschwindigkeiten stellt die **Mehrstufenrakete** dar. Sie besteht aus mehreren (zwei bis vier) hintereinandergeschalteten Stufen mit eigenem Antrieb. Nach Verbrauch ihres Treibstoffes wird die jeweils ausgebrannte Stufe abgetrennt und die nächste Stufe gezündet. Der verbleibende Restkörper fliegt, um die Leermasse der abgetrennten Stufe erleichtert, weiter und kann eine größere Geschwindigkeitserhöhung erreichen, als es mit dem Ballast der abgebrannten Brennstoffbehälter und des funktionslosen Raketenmotors möglich wäre.

Aufgaben

2/38: Eine einstufige Rakete (Gesamtmasse m = 280 t, Treibstoffmasse 230 t, Ausströmgeschwindigkeit c = 2500 m/s, Brennzeit t = 60 s) wird senkrecht von der Erdoberfläche aus gestartet. –
a) Welche Geschwindigkeit erreicht die Rakete nach Brennschluß ohne Berücksichtigung der Fallbewegung im Gravitationsfeld der Erde?
b) Welche Geschwindigkeit erreicht sie unter Berücksichtigung der Fallbewegung im Erdfeld (g werde für die Bewegung als konstant angenommen)?
c) Welche Höhe erreicht die Rakete in a)?

***2/39:** Eine zweistufige Rakete (Gesamtmasse m = 2400 t) hat als 1. Stufe eine Kerosin-Sauerstoff-Rakete (Treibstoffmasse m_1 = 1800 t, Ausströmgeschwindigkeit c_1 = 2500 m/s, Leergewicht m_{10} = 200 t) und als 2. Stufe eine Wasserstoff-Sauerstoff-Rakete (m_2 = 320 t, m_{20} = 79,95 t, c_2 = 4500 m/s) mit einer Nutzlast von 50 kg. –
a) Welcher Geschwindigkeitszuwachs ergibt sich nach Brennschluß jeweils der 1. bzw. der 2. Stufe?
b) Welche Endgeschwindigkeit erreicht die Rakete?
c) Welche Höhe erreicht die Rakete?
d) Die Brenndauer der 1. Stufe sei t_1 = 150 s, die der 2. Stufe t_2 = 400 s. – Welche Geschwindigkeit erreicht die Rakete unter Berücksichtigung des Gravitationsfeldes der Erde (g konstant)?

***2/40:** Eine dreistufige Rakete hat die Startmasse m = 800 t, die Nutzlast m_0 = 100 kg und die 1. Stufe (Treibstoff m_1 = 600 t, Leermasse m_{10} = 160 t), die 2. Stufe (m_2 = 30 t, m_{20} = 8 t), die 3. Stufe (m_3 = 1,5 t, m_{30} = 400 kg). Die Brenngeschwindigkeit betrage für alle Stufen c = 2800 m/s.
a) Berechnen Sie jeweils für Start und Brennschluß jeder Stufe die Start- und die Leermasse.
b) Berechnen Sie den Geschwindigkeitszuwachs, den jede Stufe erzeugt.
c) Berechnen Sie die Endgeschwindigkeit der Rakete.
d) Wie kann man die Endgeschwindigkeit aufgrund des gleichen Massenverhältnisses jeder Stufe angeben?

***2/41:** Wie groß müßte das Massenverhältnis einer einstufigen Rakete sein, die das Gravitationsfeld der Erde verlassen soll, wenn die Brenngeschwindigkeit des Treibstoffes a) c = 2500 m/s, b) c = 4600 m/s bzw. c) c = 8000 m/s (Elektronenraketen) beträgt?

2.4 Geschichte der Mechanik und die klassische Newtonsche Physik; Kausalität und Determinismus

Die Geschichte der Mechanik reicht weit zurück in die Anfänge der Menschheit. Jedes Werkzeug und jedes Gerät, das im Laufe der Menschheitsentwicklung erfunden wurde, beruht in irgendeiner Form auf Erkenntnissen über Gesetzmäßigkeiten aus der Mechanik, die der Mensch durch Erfahrung gewonnen hat. Die Erfindungen von Rad und Keil markieren bedeutende Stufen in der Geschichte der Menschheitsentwicklung. Das Denken des Menschen ist seit frühester Zeit so stark von dem Umfang und der Verwendung mechanischer Vorgänge mitgeprägt, daß man als Folge dieser frühen Denkgewohnheiten noch bis an unser Jahrhundert heran alle physikalischen Erscheinungen auf mechanische Vorgänge zurückzuführen versuchte. Die Pyramidenbauten der Ägypter aus der Zeit von 3000 bis 2000 v. Chr. wären ohne Kenntnisse über mechanische Gesetzmäßigkeiten, z. B. über Rolle und schiefe Ebene, nicht möglich gewesen. Die Griechen besaßen in einzelnen physikalischen Fragen einen beachtlichen Wissensstand. Der Name Physik von *Physis,* die Natur, stammt von ARISTOTELES (384–322 v. Chr.). ARCHIMEDES von Syrakus (287–212 v. Chr.) formulierte die Gesetze von Hebel und schiefer Ebene, er konstruierte den Flaschenzug und entdeckte das nach ihm benannte Archimedische (hydrostatische) Prinzip. Er begründete die Statik, zu der bis zur Renaissance nichts Bemerkenswertes hinzukam.
In ihrer Naturphilosophie versuchten die Griechen zu einer einheitlichen Welterklärung zu kommen. Das Entwerfen mathematischer Theorien, um physikalische Vorgänge zu deuten oder vorherzusagen, war der Antike jedoch genauso fremd wie der Wille, die Natur technisch zu beherrschen. GALILEI (1564–1642) ist der Begründer der modernen Naturwissenschaft.

Die **naturwissenschaftliche Methode,** die er begründete, läßt sich folgendermaßen formulieren:
1. Der Naturvorgang, der nach GALILEI nur beschrieben (und nicht mehr im Sinne der Antike erklärt) werden kann, wird aus seinem natürlichen Zusammenhang gelöst und von allen störenden Umständen getrennt betrachtet.
2. Es werden Vermutungen, Hypothesen, über den Vorgang aufgestellt und mathematisch formuliert, wobei das Prinzip möglichst großer Einfachheit gilt.
3. Die Hypothesen werden im Experiment überprüft, und zwar so, daß diese Überprüfung von jedermann wiederholt und nachvollzogen werden kann.

GALILEI hat diese Methode in klassischer Weise in seinen Überlegungen zum freien Fall vorgeführt:
Er machte als erster einsichtig, daß es nicht auf die Art des fallenden Körpers – z. B. Stein oder Kanonenkugel – ankäme und daß der Luftwiderstand zu vernachlässigen sei. – In der Überzeugung, daß es zwischen den interessierenden Größen Fallgeschwindigkeit, Fallstrecke und Fallzeit einen einfachen Zusammenhang geben müsse, untersuchte er zuerst die Hypothese, daß die Geschwindigkeit in jedem Punkt der durchfallenden Strecke proportional sei, und führte die Überlegung ad absurdum. Aus der zweiten ebenso einfachen Hypothese, daß die Geschwindigkeit auch der Fallzeit proportional sein könne, entwickelt er dann seine bekannten Fallgesetze. – Er überprüfte sie im Experiment an der Bewegung auf der schiefen Ebene, weil

er mit den damals zur Verfügung stehenden experimentellen Mitteln den freien Fall selbst nicht messend verfolgen konnte. Dazu überlegte er sich, daß der freie Fall als Grenzfall der Bewegung auf der schiefen Ebene angesehen werden kann, indem man den Steigungswinkel auf 90° erhöht. In eine ca. 10 Meter lange Rinne schnitzte er Kerben in quadratischen Abständen, vom Start aus gemessen, und maß mit einer eigens entwickelten Wasseruhr, daß eine Kugel die Kerben in gleichen Zeitabständen passierte.

GALILEI hat mit dem von ihm zuerst beschriebenen Trägheitsgesetz, nach dem jeder Körper, falls keine äußeren Einflüsse auf ihn einwirken, in Ruhe verharrt oder sich mit konstanter Geschwindigkeit weiterbewegt, die Dynamik begründet und sich von den Vorstellungen der Antike gelöst, in der nach ARISTOTELES für jede Bewegung ein ständiger Beweger – z. B. auch beim freien Fall – erforderlich sei.

NEWTON (1642–1727) griff GALILEIs Ideen auf und erhob die Mechanik in den Rang einer exakten Wissenschaft. In seinem Hauptwerk **„Philosophia naturalis principia mathematica“** („Mathematische Prinzipien der Naturlehre“) entwickelte er aus den Newtonschen Axiomen (*Kapitel 1*) die Gesetze der Mechanik. Die Newtonsche Physik gründete auf der Annahme eines absoluten Raumes, auf den sich alle Vorgänge beziehen ließen, und einer absoluten Zeit, die für alle Vorgänge gleich dahinfließe. Diese Vorstellungen blieben – ungeprüft – bestimmend bis in unser Jahrhundert hinein, bis EINSTEIN (1879–1955) die Relativität von Raum und Zeit erkannte (*Kapitel 8*).

NEWTONs zweite großartige wissenschaftliche Leistung war die Entdeckung des Gravitationsgesetzes, das er aufgrund von Beobachtungen der Mond- und Planetenbewegungen und dem Vergleich mit den Fallgesetzen irdischer Körper herleitete (*Kapitel 2*). Der Eindruck dieses Gravitationsgesetzes war seinerzeit so groß, daß zuerst auch für die elektrischen Kräfte zwischen zwei geladenen Körpern durch COULOMB (1736–1806) und für die magnetischen Kräfte zwischen zwei Magnetpolen ein quadratisch-reziprokes Abstandsgesetz nach dem Vorbild des Gravitationsgesetzes gefunden wurde.

In der Newtonschen Mechanik werden alle physikalischen Erscheinungen auf die Bewegung von materiellen Teilchen im Raum zurückgeführt, die durch ihre gegenseitige Anziehung aufgrund der Gravitationskraft verursacht wird. Beschrieben werden die Bewegungen durch die Newtonschen Bewegungsgleichungen, die aus dem Grundgesetz der Mechanik entwickelt sind, und die die Grundlage der klassischen Mechanik bilden.

Im achtzehnten und zu Beginn des neunzehnten Jahrhunderts wurde die Newtonsche Mechanik durch den Ausbau der Differential- und Integralrechnung, die NEWTON begründet hatte, vervollständigt und zu einem geschlossenen Gedankengebäude ausgebaut. Die Newtonsche Mechanik war in der Lage, die Bewegung der Planeten, des Mondes, der Kometen, den Wechsel der Gezeiten und viele mit der Gravitationskraft zusammenhängende Phänomene zu erklären. Sie erklärte ebenso die Bewegung der Flüssigkeiten und die Schwingungen elastischer Körper. Schließlich konnte sogar die Wärmelehre auf die Mechanik zurückgeführt werden (*Kapitel 4*), Wärme wurde als Bewegung der Moleküle verstanden. Erscheinungen wie das Verdampfen einer Flüssigkeit oder die Temperatur oder der Druck eines Gases lassen sich in der kinetischen Gastheorie mit rein mechanischen Gesetzen beschreiben.

Die Newtonsche Mechanik mit ihren großen Erfolgen in der Erklärung von Naturvorgängen wurde zum Vorbild jeder wissenschaftlichen Theorie. Bis weit ins neunzehnte Jahrhundert hinein glaubte man einen Vorgang erst dann verstanden zu haben, wenn man ihn mit den Gesetzen der Mechanik erklären konnte. So hat z. B. MAXWELL (1831–1879), der die Elektrodynamik theoretisch begründete (*Kapitel 7*), noch vergeblich versucht, seine auch heute noch gültige Theorie auf ein mechanisch erklärbares Modell zurückzuführen.

Die Entwicklung der Elektrizitätslehre und der Optik am Ende des neunzehnten Jahrhunderts führten so zwar schon über die eigentliche Mechanik hinaus, aber auch diese beiden Gebiete waren von den gleichen Grundprinzipien geprägt wie die Newtonsche Mechanik. So stellte sich an der Schwelle zum zwanzigsten Jahrhundert die Physik, aufbauend auf den Ideen NEWTONs, mit den Teilgebieten Mechanik, Wärmelehre, Elektrizitätslehre und Optik als ein geschlossenes wissenschaftliches Gebäude dar, das als **klassische Physik** bezeichnet wird und das auch heute noch den Grundstock jedes Studiums der Physik (wie auch hier in diesem Buch mit dem *Kapitel 1 bis 7*) bildet. Relativitätstheorie (*Kapitel 8*) und Quantentheorie (*Kapitel 9*) sind die beiden Gebiete, mit denen die moderne Physik (in diesem Buch behandelt in den *Kapiteln 10 bis 14*) über die klassische Physik hinausgeht.

Kausalität und Determinismus

Die klassische Physik läßt sich inhaltlich durch die Angabe ihrer Teilgebiete Mechanik, Wärmelehre, Optik und Elektrizitätslehre beschreiben. Das **Weltbild der klassischen Physik,** das in der Beherrschung des Denkens weit über die Fachwissenschaft Physik hinausging, beruht auf dreierlei: auf dem Prinzip der Kausalität, auf dem mit ihm verbundenen Prinzip des Determinismus und auf dem Prinzip der Objektivierbarkeit.

Die klassische Physik sagt: Alles Geschehen läuft nach dem Kausalitätsprinzip ab, d. h. unter gleichen Umständen führen die Naturgesetze zu gleichen Ergebnissen. Genauer formuliert man das

Kausalitätsprinzip

Das Ergebnis, bzw. der Zustand A, als Ursache bezeichnet, bringt unter bestimmten Bedingungen ein bestimmtes Ergebnis bzw. einen bestimmten Zustand B, als Wirkung bezeichnet, mit Notwendigkeit hervor, wobei die Ursache A der Wirkung B zeitlich vorausgeht und wobei außerdem die Wirkung B niemals eintritt, ohne daß die Ursache A vorher bestanden hat.

Das (physikalische) Ereignis bzw. der (physikalische) Zustand B folge nach dem Kausalitätsprinzip auf das (physikalische) Ereignis bzw. den (physikalischen) Zustand A, heißt also mit anderen Worten, daß man mit Hilfe der Naturgesetze aus der vollständigen Beschreibung des Ereignisses bzw. des Zustandes A das Ereignis bzw. den Zustand B logisch ableiten oder umgekehrt aus dem Vorliegen vom Ereignis bzw. Zustand B das Ereignis bzw. den Zustand A als (zeitlich) vorausgegangen betrachten darf.

Dieses Denken in Kausalzusammenhängen, das der klassischen Physik zugrunde liegt, entspricht weitgehend der täglichen Erfahrung: keine Wirkung ohne Ursache.

Das Weltbild der klassischen Physik war ein mechanistisches Weltbild, in dem nichts ohne Ursache geschah und in dem infolgedessen jedes Geschehen unabänderlich ablief. Das Kausalprinzip der klassischen Physik ist daher mit dem Prinzip des Determinismus eng verknüpft.

Prinzip des Determinismus

Alles Geschehen in der Welt ist durch (kausale) Gesetzmäßigkeiten in seinem Verlauf unabänderlich bestimmt.

Der Determinismus behauptet also, daß man aus einer vollständigen Beschreibung des gesamten Zustandes der Welt zu einem bestimmten Zeitpunkt allein mit Hilfe der Naturgesetze jedes Ereignis oder jeden Zustand der Welt in der Vergangenheit oder in der Zukunft logisch herleiten kann. Der französische Mathematiker LAPLACE (1749–1827) hat dem Determinismus mit dem Bild vom Laplaceschen Dämon den klassischen Ausdruck gegeben: „Wenn der Zustand der Welt bei ihrer Erschaffung einem unendlich begabten und unendlich fleißigem Mathematiker bis in alle Einzelheiten dargelegt worden wäre, so müßte ein solches Wesen imstande sein, daraus die ganze folgende Weltgeschichte abzuleiten. Für ihn würde es keine Unsicherheit geben, und Zukunft sowohl wie Vergangenheit wären seinen Augen allgegenwärtig.“

Die klassische Physik geht schließlich aus von dem Prinzip der Objektivierbarkeit.

Prinzip der Objektivierbarkeit

Der beobachtete Naturvorgang läuft unabhängig und unbeeinflußt von dem Beobachter ab. Das Naturgeschehen ist objektivierbar, es läßt sich unabhängig vom Beobachter **objektiv** beschreiben.

Diese drei Prinzipien der klassischen Physik hat die moderne Physik infrage gestellt oder – wie das Prinzip des Determinismus – zu Fall gebracht. Nach herrschender Meinung läßt sich aus der Quantentheorie (*Kapitel 9*) folgern, daß man auch bei genauer Kenntnis des Zustandes A den Zustand B nicht in jedem Falle voraussagen kann. Zum einen gilt nach dieser Meinung nicht das Prinzip der Objektivierbarkeit: Bei mikrophysikalischen Prozessen beeinflußt der Beobachter den beobachteten Vorgang. Zum anderen sind viele Gesetze der Physik rein statistischer Natur. (Ein Beispiel: Zwar läßt sich stets angeben, wie viele Atome einer radioaktiven Substanz im nächsten Zeitabschnitt zerfallen; es läßt sich aber nicht voraussagen, ob ein bestimmtes Atom in diesem Zeitabschnitt zerfallen wird oder nicht.)

Damit wird auch der Determinismus verworfen. Denn wenn das Kausalitätsprinzip nicht mehr gilt, kann auch ein Zustand aus dem anderen nicht mehr berechnet werden.

Mit diesen wenigen Bemerkungen kann nur angedeutet werden, was sich hinter den drei Prinzipien verbirgt und was Physik und Erkenntnistheorie dazu – auch kontrovers – zu sagen haben.

3 Mechanische Schwingungen und Wellen

Es gibt in unserer Umwelt viele technische und natürliche Prozesse, die periodisch ablaufen. Die Vorgänge wiederholen sich ständig und durchlaufen in regelmäßigen zeitlichen oder räumlichen Abständen gleiche Zustände. Es handelt sich dabei vielfach um Schwingungsvorgänge oder Wellenerscheinungen. Eine Schaukel, eine Feder, eine Stimmgabel schwingen, und es gibt Wasserwellen, Schallwellen und Lichtwellen. Auch in Bereichen, die der Anschauung nicht unmittelbar zugänglich sind, können solche Vorgänge aufgewiesen werden. Ein elektrischer Schwingkreis und ein Atomkern schwingen, und man spricht von Materiewellen und Wahrscheinlichkeitswellen.
Schwingungen und Wellen gehören zu den grundlegenden Strukturen, die in allen Gebieten der Physik auftreten. Sie lassen sich am anschaulichsten an mechanischen Beispielen darstellen und mathematisch erfassen. Deshalb werden sie hier im Rahmen der Mechanik behandelt.

3.1 Die harmonische Schwingung

Alle Bewegungsvorgänge lassen sich zurückführen auf fortschreitende Bewegungen (Translationen → *1.1*), auf Drehbewegungen (Rotationen → *1.4*) und auf Schwingungsbewegungen. Unter diesen ist die wichtigste die harmonische Schwingung, aus der sich alle anderen Schwingungsformen zusammensetzen lassen.

3.1.1 Schwingungsvorgänge und -größen

Versuch 3/1: Verschiedene schwingungsfähige Systeme – Oszillatoren genannt – werden nach *Abb. 3–1* durch Auslenkung oder Anstoßen der Körper (bzw. vorsichtiges Anblasen bei der Wassersäule) in Bewegung gesetzt.

Beobachtung: Bei allen Oszillatoren führen die Körper, die auch als Massenpunkte aufgefaßt werden können, ständige Hin- und Herbewegungen aus. Die Bewegungen der Körper zeigen bei diesen Versuchen die charakteristischen Merkmale der Schwingung:
1. Die Bewegung ist **periodisch,** d.h. die Bewegungszustände wiederholen sich in gleichen Zeitabständen.
2. Die Bewegung verläuft zwischen zwei Umkehrpunkten zeitlich und räumlich symmetrisch durch einen ausgezeichneten Punkt, die **Ruhelage** des Oszillators.

Die Schwingung unterscheidet sich von der Kreisbewegung, die auch periodisch verläuft, für die aber keine ausgezeichnete Ruhelage angegeben werden kann.
Der Schwingungsvorgang bei einem Federpendel (*Abb. 3–2*) soll ausführlicher beschrieben werden.

Versuch 3/2: An das untere Ende einer elastischen Schraubenfeder wird ein geeigneter Körper angehängt. Durch die Gewichtskraft $\vec{G}$ des Körpers dehnt sich die Feder, bis die Gleichgewichts- bzw. die Ruhelage erreicht ist. Zieht man den Körper in vertikaler Richtung aus der Ruhelage nach unten und läßt ihn los, so führt er eine periodische Bewegung durch die Ruhelage aus (*Abb. 3–2*).

Beobachtung und Deutung: Durch die zusätzliche Dehnung der Feder über die Gleichgewichtslage hinaus, wird der Betrag der Federkraft F_s größer als die Gewichtskraft des Körpers G. Beim Loslassen zieht die Feder den Körper beschleunigt nach oben. Kraft und Beschleunigung nehmen dabei wie die Federdehnung stetig ab, bis die Gleichgewichtslage erreicht ist. Dabei nimmt die Geschwindigkeit nach oben ständig zu und erreicht in der Gleichgewichtslage ihren größten Wert. Durch die Trägheit bewegt sich der Körper weiter nach oben. Oberhalb der Gleichgewichtslage ist die Gewichtskraft $\vec{G}$ größer als die Federkraft $\vec{F_s}$ und der Körper wird bis zur Ruhe im oberen Umkehrpunkt abgebremst. Dort hat die rücktreibende Kraft $\vec{F}$, die Differenz zwischen Gewichtskraft $\vec{G}$ und Federkraft $\vec{F_s}$ ihren größten Betrag. Sie beschleunigt den Körper nach unten, und der Bewegungsablauf wiederholt sich in umgekehrter Richtung, bis der untere Umkehrpunkt wieder erreicht ist. Dann setzt in derselben Weise die zweite Periode der Schwingung ein.

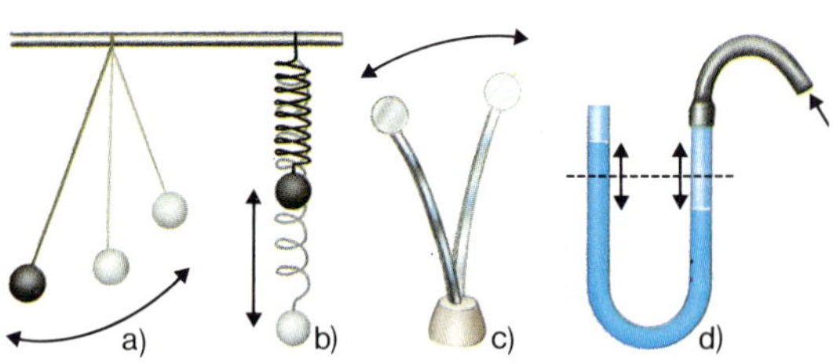

Abb. 3–1: Typische Schwingungsvorgänge. a) Fadenpendel, b) Federpendel, c) Blattfederpendel, d) schwingende Wassersäule.

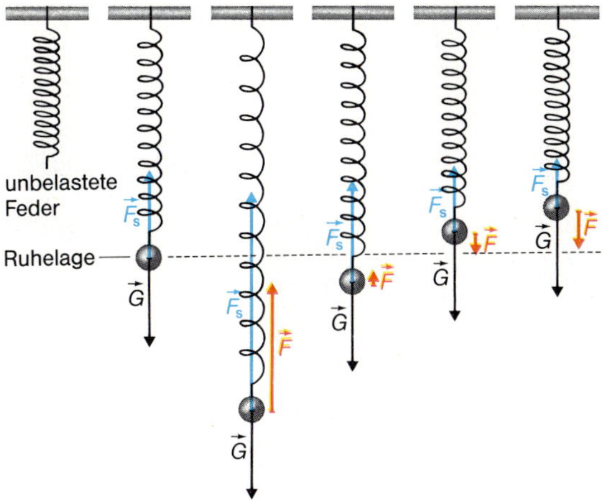

Abb. 3–2: Kräftebeziehungen bei der Schwingung eines Feder-Schwere-Pendels.

Definition: Führt ein Körper periodische, räumlich und zeitlich symmetrische Hin- und Herbewegungen durch eine Ruhelage aus, so nennt man diesen Bewegungsvorgang eine Schwingung.

Bewegt sich die schwingende Masse eines Oszillators auf einer geradlinigen Bahn, so bezeichnet man die Schwingung als **linear.** Oft weicht die Bahnkurve von einer Geraden, z. B. bei kleinen Auslenkungen, nur wenig ab, so daß diese Schwingungen noch als annähernd linear angesehen werden können.

Zur Beschreibung und mathematischen Erfassung der Schwingung dienen folgende Größen:

1. Die **Schwingungsdauer** oder **Periodendauer** T ist die zeitliche Dauer einer vollen Schwingung. Sie ist die Zeitdauer zwischen zwei aufeinanderfolgenden gleichen Schwingungszuständen, in denen der schwingende Körper irgendeinen Punkt seiner Bahn wieder in gleicher Richtung durchläuft.
Die Periodendauer T ist der Quotient aus der Zeit t für n Schwingungen und der Anzahl n dieser Schwingungen:

$$T = \frac{t}{n}.$$

Die Einheit der Periodendauer ist $[T] = 1$ s.

2. Die **Frequenz** oder **Schwingungszahl** f ist der Quotient aus der Anzahl von n Schwingungen und der dazu benötigten Zeit t:

$$f = \frac{n}{t}.$$

Die Einheit der Frequenz ist $[f] = 1\ \text{s}^{-1} = 1$ Hz.
Da der Quotient t/n gerade der Kehrwert von n/t ist, besteht zwischen der Periodendauer T und der Frequenz f der einfache Zusammenhang:

$$f = \frac{1}{T} \quad \text{und} \quad T = \frac{1}{f}.$$

3. Die **momentane Auslenkung** oder **Elongation** y gibt den Weg an, um den sich der schwingende Massenpunkt aus der Ruhelage entfernt hat. Sie ändert sich ständig und ist eine Funktion der Zeit: $y = y(t)$.
Für die Ruhelage ist die Elongation Null, sie heißt daher auch **Nullage.** Da die Auslenkungen nach beiden Seiten von der Nullage erfolgen, unterscheidet man sie im Vorzeichen voneinander.
Die Einheit der Elongation ist $[y] = 1$ m.

4. Die **Schwingungsweite** oder **Amplitude** $\hat{y}$ (gelesen „y Dach") ist die größte Elongation einer Schwingung. Sie wird immer positiv angegeben. Sie ist die Entfernung zwischen Nullage und einem Umkehrpunkt.
Die Amplitude nimmt in allen Beispielen des *Versuchs 3/1* mehr oder weniger schnell ab, am schnellsten bei der schwingenden Wassersäule und am langsamsten beim Fadenpendel. Nach dem zeitlichen Verhalten der Amplitude unterscheidet man zwei Schwingungsformen:

Definition: Eine Schwingung mit konstanter Amplitude heißt ungedämpft. Nimmt die Amplitude mit der Zeit ab, so heißt die Schwingung gedämpft.

Die Schwingung des Fadenpendels ist schwach gedämpft, die der Wassersäule stark gedämpft.

Aufgaben

3/1: Wie kann man die Periodendauer T eines Oszillators (*Abb. 3–1*) möglichst genau bestimmen? In welchem Punkt des Bewegungsablaufs kann die Zeitmessung beginnen, wann muß sie gestoppt werden?

3/2: Das Pendel einer Wanduhr macht in 2 Minuten 150 Schwingungen. Berechnen Sie Periodendauer und Frequenz des Pendels.
Wieviel Schwingungen macht das Pendel in einem Tag, in einem Jahr?

3/3: Zwei Pendel mit den Schwingungsdauern $T_1 = 1{,}5$ s und $T_2 = 1{,}6$ s starten gleichzeitig aus der Ruhelage. Nach welcher Zeit gehen beide wieder genau gleichzeitig durch die Ruhelage? Wie viele Schwingungen hat jedes Pendel in dieser Zeit gemacht?

3.1.2 Gesetze der harmonischen Schwingung

Die ungedämpfte Schwingung soll quantitativ untersucht werden. Das geschieht an Oszillatoren, deren Amplitude sich während der Beobachtungsdauer nur wenig ändert, also praktisch als konstant angesehen werden kann.

Versuch 3/3: An das freie Ende einer schwingenden Blattfeder wird ein kleiner Spiegel befestigt. Mit einem hellen Lichtbündel nach *Abb. 3–3* wird der Schwingungsvorgang über einen Drehspiegel auf einen Schirm abgebildet.
Beobachtung: Der Lichtfleck beschreibt eine sinusförmige Kurve.

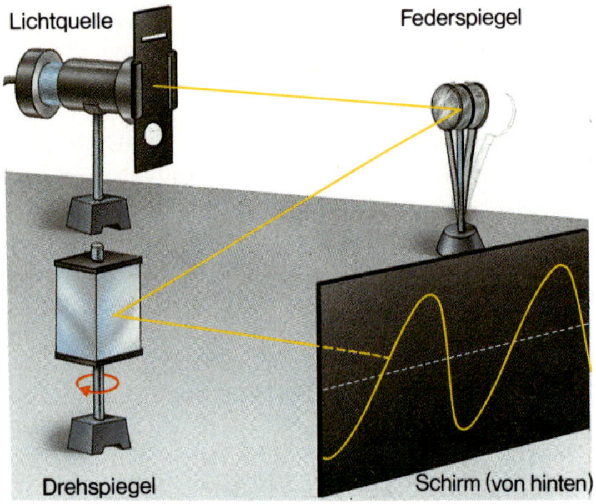

Abb. 3–3: Abbildung der Schwingungen eines Blattfederpendels mit Hilfe eines Drehspiegels.

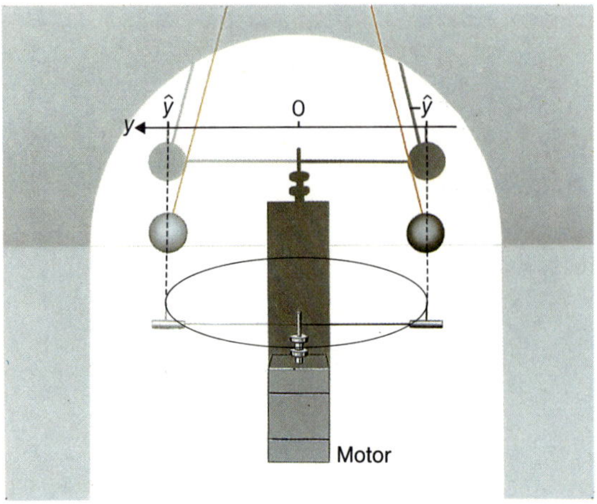

Abb. 3–5: Harmonische Schwingung als Projektion einer Kreisbewegung. Im Schattenwurf führen Metallstift und Pendel die gleiche Bewegung aus.

Der Versuch führt zu der Vermutung, daß sich die Schwingung durch eine Sinusfunktion mathematisch beschreiben läßt. Da die Sinusfunktion durch Projektion am Kreis hergeleitet werden kann, vermuten wir auch eine Beziehung zwischen Schwingungsbewegung und Kreisbewegung.

Versuch 3/4: An einem langen Faden wird eine Kugel der Masse m zwischen zwei geeigenten Schraubenfedern aufgehängt, Abb. 3–4. Die Kugel wird ausgelenkt und aus verschiedenen Ausgangslagen losgelassen; Frequenz und Amplitude werden im Schattenwurf gemessen.
Die Gewichtskraft der Kugel wird durch die Aufhängung weitgehend kompensiert und kann im folgenden vernachlässigt werden. Für die Bewegung entscheidend sind die träge Masse der Kugel und die Kräfte der elastischen Federn.

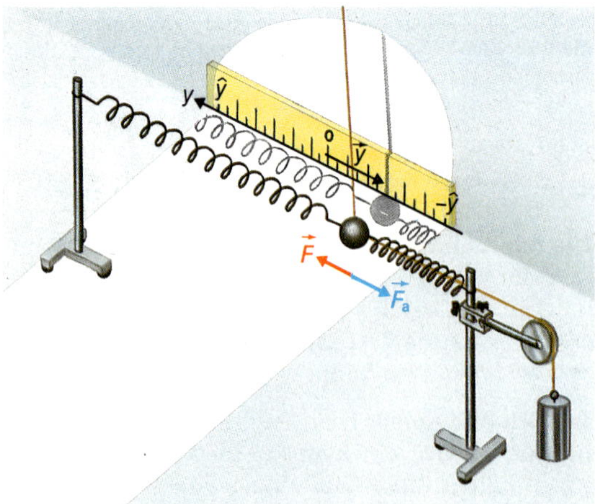

Abb. 3–4: Harmonischer Oszillator. Die Auslenkung mißt man im Schattenwurf; die rücktreibende Kraft wird über Schnur und Rolle mit Hilfe von Gewichtsstücken bestimmt.

Ergebnis: Schwingungsdauer und (damit) Frequenz des Oszillators sind konstant und unabhängig von der Amplitude.

Versuch 3/5: Vor dem Oszillator des *Versuchs 3/4* läßt man mit Hilfe eines Motors einen Stift eine gleichförmige Kreisbewegung ausführen und regelt die Drehzahl des Motors und die Amplitude der Pendelschwingung so, daß in der Projektion beide Schatten zu gleicher Zeit die gleiche Endlage erreichen (*Abb. 3–5*).
Beobachtung: Im Schattenwurf decken sich ständig (nicht nur in den Endlagen) die Bewegungen des schwingenden Pendelkörpers und des auf dem Kreis umlaufenden Stiftes.

Ergebnis: Es besteht eine eindeutige Zuordnung zwischen der gleichförmigen Kreisbewegung und den bisher betrachteten linearen Schwingungen.

Durch diese Möglichkeit der Zuordnung wird eine bestimmte Klasse von Schwingungen ausgezeichnet.

1. Definition: Eine lineare Schwingung, die mit der **Projektion einer gleichförmigen Kreisbewegung** übereinstimmt, heißt **harmonische Schwingung.**

Zu den harmonischen Schwingungen gehören z. B. die Schwingungen eines Federpendels, des Fadenpendels (bei kleinen Amplituden), einer Kette und einer Flüssigkeitssäule in einem U-Rohr. Zu dieser Klasse gehören z. B. nicht: Schwingungen eines Galilei-Pendels, Kippschwingungen und Schwingungen einer Doppelfeder (*Abb. 3–6*).
Durch Parallelprojektion der gleichförmigen Kreisbewegung können die Bewegungsgesetze der har-

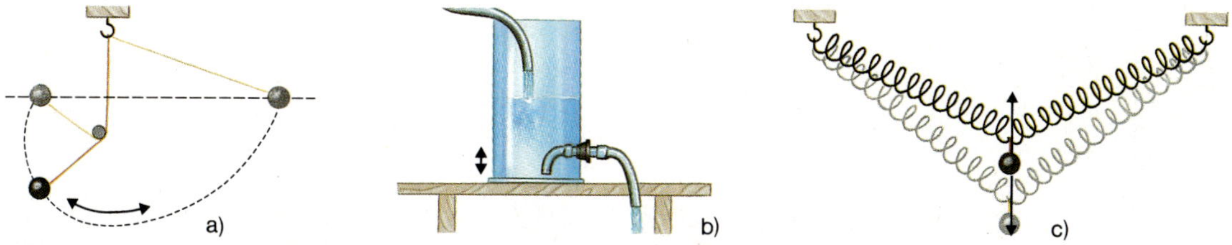

Abb. 3–6: Beispiele für nicht-harmonische Oszillatoren:
a) Galilei-Pendel, b) Kippschwingung, c) Schwingung einer Doppelfeder.

monischen Schwingung abgeleitet und mathematisch beschrieben werden. Nach *Abb. 3–7* entspricht zu einer bestimmten Zeit t ein Bewegungszustand der Kreisbewegung einer Elongation y der Schwingung. Zu diesem Zeitpunkt schließt der Radiusvektor der Kreisbewegung den Winkel φ mit der positiven Richtung der x-Achse ein.

Definition: Die **Phase** φ einer Schwingung zu einem bestimmten Zeitpunkt t ist der Winkel, den der Radiusvektor in der zugehörigen Kreisbewegung mit der positiven x-Achse einschließt.

Die Phase – auch **Phasenwinkel** genannt – kennzeichnet den momentanen Schwingungszustand. Durch den Phasenwinkel lassen sich in den Bewegungsgesetzen die augenblicklichen Werte der Schwingungsgrößen bestimmen.
Der Radius r der Kreisbewegung entspricht der Amplitude $\hat{y}$ der Schwingung. Umlaufszeit T und Frequenz f der Kreisbewegung entsprechen Periodendauer T und Frequenz f der Schwingung und die Winkelgeschwindigkeit $\omega = 2\,\pi\,f$ der Kreisbewegung der (so benannten) **Kreisfrequenz** $\omega = 2\,\pi f$ der Schwingung.
Die Projektion des Radiusvektors r liefert bei der Anfangsbedingung $t = 0$, $y = 0$ die Elongation $y = \hat{y} \sin \omega\, t$. Hat der Oszillator zur Zeit $t = 0$ eine dem Phasenwinkel φ_0 entsprechende Auslenkung, so lautet (*Abb. 3–8*) die Beziehung
$y = \hat{y} \sin(\omega\, t + \varphi_0)$.
Damit wird auch die Vermutung aus *Versuch 3/3* bestätigt.

Ergebnis: Die harmonische Schwingung ist eine Sinus-Schwingung (*Abb. 3–8*).

Da man die Kreisbewegung nach dem Überlagerungsprinzip der Mechanik in zwei unabhängig voneinander verlaufende Bewegungen, zum Beispiel längs zweier senkrecht stehender Achsen, zerlegen kann, lassen sich auch Geschwindigkeit und Beschleunigung des schwingenden Massenpunktes aus der Projektion ableiten. Nach *Abb. 3–9* liefert die Projektion der Bahngeschwindigkeit auf die y-Achse $v_B = \omega\, r$ die Geschwindigkeit $v_y = v_B \cos \omega\, t = \omega\, \hat{y} \cos \omega\, t$ des schwingenden Massenpunktes und die Projektion der Radialbeschleunigung $a_R = -\omega^2 r$ seine Beschleunigung $a_y = a_R \sin \omega\, t = -\omega^2\, \hat{y} \sin \omega\, t$.

Ergebnis: Die Bewegungsgesetze der ungedämpften harmonischen Schwingung lauten mit der Anfangsbedingung $t = 0$, $y = 0$ (*Abb. 3–10*):

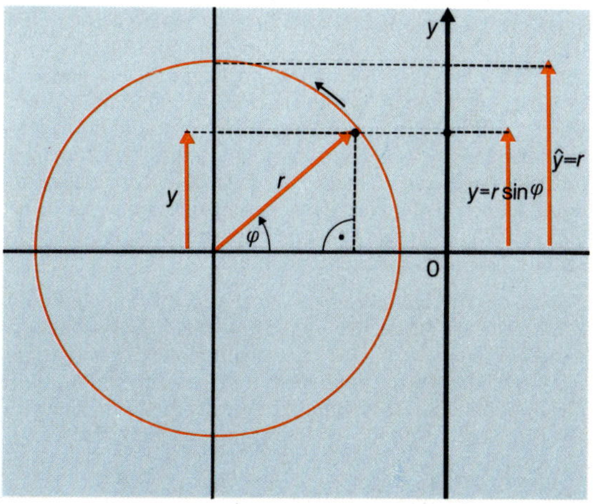

Abb. 3–7: Projektion der Kreisbewegung auf die y-Achse.

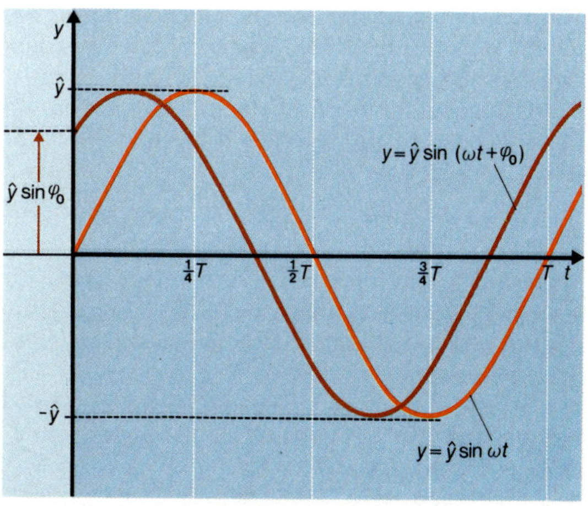

Abb. 3–8: Zeit-Weg-Gesetz der harmonischen Schwingung.

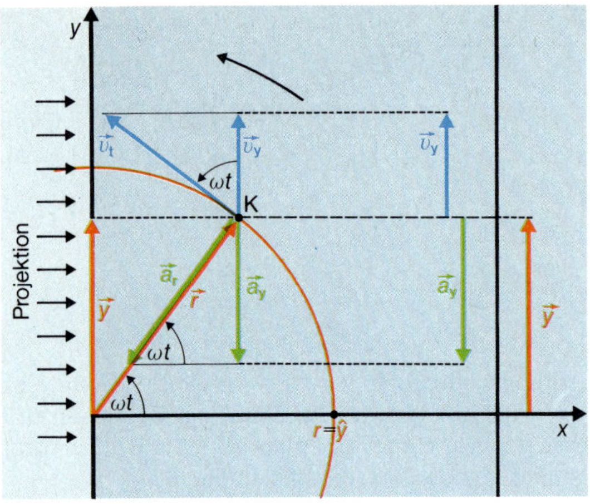

Abb. 3–9: Projektion der Bahngeschwindigkeit und Radialbeschleunigung einer Kreisbewegung auf die y-Achse.

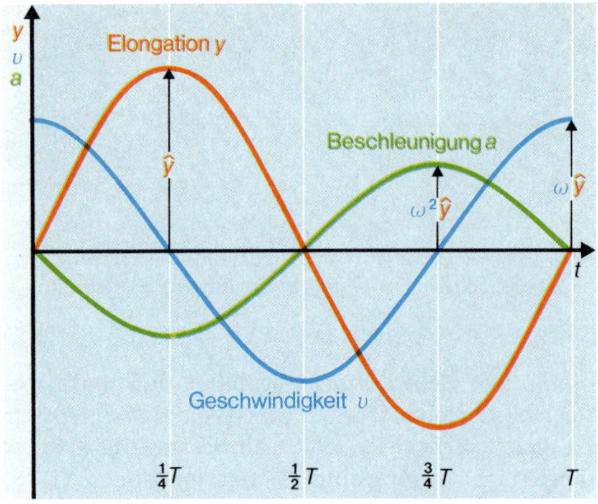

Abb. 3–10: Zeit-Weg-, Zeit-Geschwindigkeit- und Zeit-Beschleunigung-Diagramm einer harmonischen Schwingung.

1. Zeit-Weg-Funktion:

$$y = \hat{y} \sin \omega\, t = \hat{y} \sin \frac{2\pi}{T}\, t$$

2. Zeit-Geschwindigkeit-Funktion:

$$v = \dot{y} = \omega\, \hat{y} \cos \omega\, t = \frac{2\pi}{T}\, \hat{y} \cos \left(\frac{2\pi}{T}\, t\right)$$

3. Zeit-Beschleunigung-Funktion:

$$a = \ddot{y} = -\,\omega^2\, \hat{y} \sin \omega\, t = -\left(\frac{2\pi}{T}\right)^2 y$$
$$= -\left(\frac{2\pi}{T}\right)^2 \hat{y} \sin \left(\frac{2\pi}{T}\, t\right)$$

Die rücktreibende Kraft bei der harmonischen Schwingung

Die Analyse der Federschwingung (*Abb. 3–2*) zeigte, daß bei der Schwingung eine periodische Kraft wirkt, die immer auf die Ruhelage hin gerichtet ist. Die rücktreibende Kraft $\vec{F}$, auch Rückstellkraft genannt, kann experimentell bestimmt oder aus dem Zeit-Beschleunigungs-Gesetz abgeleitet werden.
Diese Rückstellkraft wirkt unabhängig davon, ob das Pendel sich durch einen bestimmten Punkt schwingend bewegt oder ob es in diesem Punkt etwa durch eine Kompensationskraft $\vec{F}_a$ festgehalten wird, für die gilt: $\vec{F}_a = -\vec{F}$.

Versuch 3/6: Die rücktreibende Kraft $\vec{F}$ wird für verschiedene Auslenkungen nach *Abb. 3–4* mit Hilfe der als Kompensationskraft wirkenden Gewichtskraft bestimmt.
Der Versuch bestätigt das aus der Sekundarstufe I bekannte im Elastizitätsbereich einer Feder geltende **Hookesche Gesetz.**

Ergebnis: Die beim Schwingungsvorgang wirkende rücktreibende Kraft $\vec{F}$ ist proportional der jeweiligen Auslenkung und ihr entgegengerichtet:

$$\vec{F} = -\,D\,\vec{y} \text{ in Komponenten } F = -\,D\,y.$$

Der Proportionalitätsfaktor D, das Verhältnis aus rücktreibender Kraft F und Elongation y, heißt **Richtgröße** oder **Direktionsgröße** D des schwingenden Systems.
Sie ist für jeden Oszillator ebenso charakteristisch wie die Frequenz. Ihre Einheit ist $[D] = 1$ N/m.
Das einfache Kraftgesetz kann man auch zur Definition der harmonischen Schwingung benutzen.

2. Definition: Eine periodische Bewegung, die durch die Rückstellkraft $\vec{F}$ hervorgerufen wird, für die ein **lineares Kraftgesetz** in der Form $\vec{F} = -\,D\,\vec{y}$ gilt, heißt harmonische Schwingung.

Die folgende Ableitung zeigt, daß aus der 1. Definition, nach der eine harmonische Schwingung als Projektion einer gleichförmigen Kreisbewegung aufgefaßt werden kann, für die harmonische Schwingung ein lineares Kraftgesetz folgt. Umgekehrt wird in *3.1.3* nachgewiesen, daß eine rücktreibende Kraft, für die ein lineares Kraftgesetz gilt, eine Sinus-Schwingung, d. h. eine harmonische Schwingung erzeugt. Beide Definitionen sind äquivalent. Bei der Untersuchung, ob eine Schwingung auch harmonisch ist, läßt sich häufig sehr viel einfacher feststellen, ob die rücktreibende Kraft einem linearen Kraftgesetz genügt, während der Vergleich der Projektionen mit einer gleichmäßigen Kreisbewegung experimentell oft sehr viel schwieriger oder gar nicht möglich ist.

Nach der Grundgleichung der Mechanik erhält man für die rücktreibende Kraft F_y mit Hilfe der Zeit-Beschleunigungs-Funktion $a_y = -\,w^2 r \sin \omega t$ ein lineares Kraftgesetz. Damit wird bestätigt, daß nach der 1. Definition über die gleichmäßige Kreisbewegung für die harmonische Schwingung auch die Aussage der *2. Definition* richtig ist:

$$F_y = m\, a_y = -\,m\,\omega^2\, r \sin \omega t = -\,m\,\omega^2 y.$$

Aus dem Vergleich mit dem Kraftgesetz in der Form $F = -\,D\,y$ erkennt man den Zusammenhang zwischen der

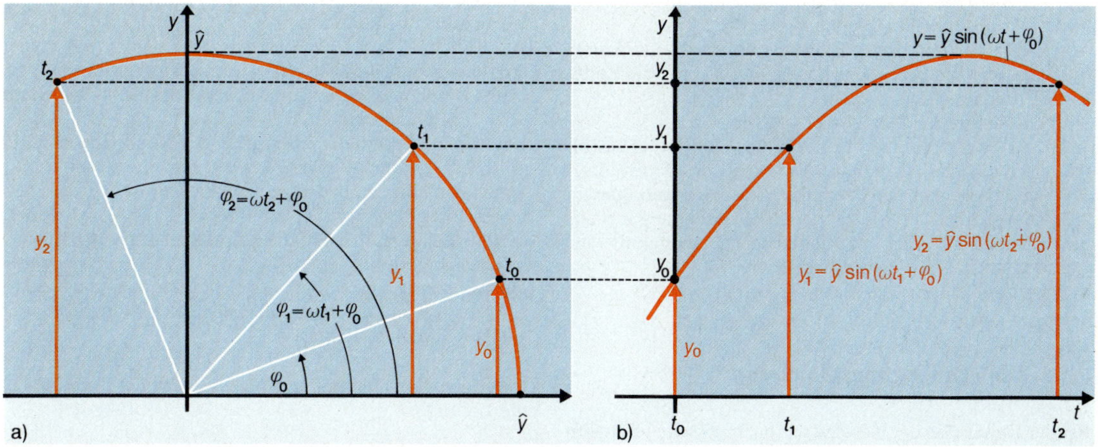

Abb. 3–11: Zeigerdarstellung a) und Zeit-Weg-Diagramm b) einer harmonischen Schwingung. Die Projektionen des Radiusvektors (Zeigers) trägt man als Elongationen in Richtung der y-Achse auf, die den Drehwinkeln entsprechenden Zeiten auf der x-Achse.

Kreisfrequenz ω, der Richtgröße D und der Masse m des schwingenden Massenpunktes: $D = \omega^2 m$. Durch die Vorgabe je zweier dieser Größen, z. B. der Richtgröße D und der Masse m des Körpers, ist die harmonische Schwingung vollständig bestimmt, wenn man auch noch die Amplitude $\hat{y}$ angibt, die von den übrigen Schwingungsgrößen nicht abhängig ist.

Ergebnis: Die Richtgröße D des schwingenden Systems und die Masse m bestimmen als charakteristische Größen des harmonischen Oszillators die Kreisfrequenz ω bzw. die Frequenz f und damit die Periodendauer T folgendermaßen:

$$\omega = \sqrt{\frac{D}{m}}, \qquad f = \frac{\omega}{2\pi} = \frac{1}{2\pi}\sqrt{\frac{D}{m}},$$

$$T = \frac{1}{f} = 2\pi\sqrt{\frac{m}{D}}.$$

Zeigerdarstellung der harmonischen Schwingung

Von dem Zusammenhang zwischen harmonischer Schwingung und gleichförmiger Kreisbewegung macht man bei der Zeigerdarstellung der Schwingung Gebrauch. Man läßt einen Pfeil der Länge $\hat{y}$, den Zeiger, mit der Winkelgeschwindigkeit ω um den Ursprung des Koordinatensystems rotieren und erhält aus seiner Projektion auf die y-Achse die Elongation y (*Abb. 3–11*).

Zwei Schwingungen können sich in ihren Frequenzen ω_1 und ω_2 und in ihren Amplituden $\hat{y}_1$ und $\hat{y}_2$ unterscheiden. Sie können zusätzlich zu einem bestimmten Zeitpunkt in ihren Phasen voneinander abweichen. In *Abb. 3–12* besitzen die beiden Schwingungen gleiche Kreisfrequenzen $\omega_1 = \omega_2 = \omega$ und verschiedene Amplituden $\hat{y}_1 \neq \hat{y}_2$. Die Schwingungen erreichen nicht zur selben Zeit ihre Ruhelage oder ihre größte Auslenkung, sie sind „phasenverschoben". Die **Phasenverschiebung** oder **Phasendifferenz** $\Delta\varphi = \varphi_2 - \varphi_1$ kann aus den Phasen der beiden Schwingungen zu einem beliebigen Zeitpunkt t ermittelt werden, z. B. zum Zeitpunkt t_1 wie in der *Abb. 3–12*. Bei der Angabe der Phasendifferenz beschränkt man sich im allgemeinen auf den Bereich $0 \leqq \varphi < 2\pi$.

Häufig interessiert man sich für die Phasendifferenz verschiedener Größen ein- und desselben Schwingungsvorganges. So läuft (*Abb. 3–10*) die Geschwindigkeit v der Elongation y um $\Delta\varphi = \pi/2$ voraus, während die Phasendifferenz $\Delta\varphi = \varphi_a - \varphi_y$ zwischen Elongation y und Beschleunigung a gerade $\Delta\varphi = \pi$ beträgt.

Aufgaben

3/4: Ein Körper vollführt eine harmonische Schwingung mit der Amplitude $\hat{y} = 10$ cm und der Periodendauer $T = 2{,}0$ s.

a) Stellen Sie die Werte der Elongation, Geschwindigkeit und Beschleunigung für die Zeiten $t = \frac{n}{8}T$ (für $n = 0, 1, \ldots, 8$) in einer Tabelle zusammen.
b) Zeichnen Sie die Graphen der drei Größen in Abhängigkeit der Zeit jeweils mit geeignetem Maßstab (z. B. $T \mathrel{\hat{=}} 12$ cm).

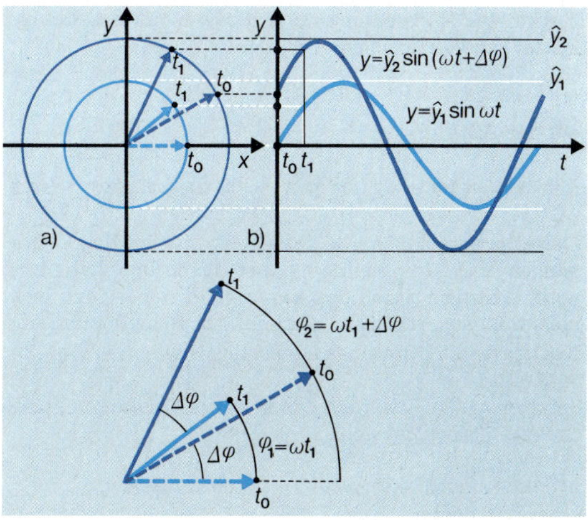

Abb. 3–12: Zeigerdarstellung a) und Zeit-Weg-Diagramm b) zweier phasenverschobener Schwingungen gleicher Frequenz.

3/5: Zeichnen Sie das Zeit-Weg-Diagramm eines harmonischen Oszillators mit $D = 0{,}5\ N/m$, $m = 2{,}0$ kg und $\hat{y} = 4{,}0$ cm, und tragen Sie maßstäblich die Geschwindigkeits- und die Beschleunigungsvektoren für die Zeiten $t = \frac{n}{8}$ T (für $n = 0{,}1, \ldots, 8$) ein.
Wählen Sie auf der Zeitachse $T \triangleq 12$ cm.

3/6: Die Elongation eines harmonischen Oszillators beträgt 0,2 s nach dem Nulldurchgang $y = 4$ cm. Die Amplitude ist $\hat{y} = 6$ cm. Berechnen Sie Frequenz und Periodendauer.

3/7: Zu welchen Zeiten nach dem Nulldurchgang erreicht die Elongation einer harmonischen Schwingung mit $\hat{y} = 5$ cm und $f = 0{,}4$ Hz die Werte
a) $y_1 = 8$ mm, b) $y_2 = 2$ cm, c) $y_3 = 4$ cm?

3.1.3 Die Schwingungsgleichung

Bei der Deduktion der Gesetze der harmonischen Schwingung geht man von dem linearen Kraftgesetz

$$F = -D\,y$$

aus, durch das die harmonische Schwingung hier definiert ist. Nach der Grundgleichung der Mechanik

$$F = m\,a$$

läßt sich bei bekannter Masse m aus der Kenntnis des Kraftgesetzes die Beschleunigung $a = \ddot{y}$ (weil die Bewegung längs der y-Achse erfolgt) berechnen. Man erhält so die **Schwingungsgleichung** (in Koordinaten):

$$m\,\ddot{y} = -D\,y\,,$$

die den Zusammenhang zwischen der Richtgröße D des schwingenden Systems, der Masse m des schwingenden Körpers sowie seiner Beschleunigung $\ddot{y}$ und seiner Elongation y beschreibt.
Eine solche Gleichung, die außer der gesuchten Zeit-Weg-Funktion $y = f(t)$ auch ihre zweite Ableitung $\ddot{y} = \ddot{f}(t)$ enthält, heißt **Differentialgleichung zweiter Ordnung.**
Die Lösung für die Zeit-Weg-Funktion $y = f(t)$ muß so beschaffen sein, daß die zweite Ableitung bis auf den Faktor $-D/m$ mit der Grundfunktion übereinstimmt.
Daher und weil es sich aus physikalischen Gründen um eine periodische Zeit-Weg-Funktion handeln muß, liegt es nahe, als Lösung die Sinusfunktion mit zwei vorläufig unbestimmten Konstanten ω und α sowie einem beliebigen Faktor A heranzuziehen:

$$y = A \sin(\omega t + \alpha)$$

mit den Ableitungen

$$\dot{y} = \omega A \cos(\omega t + \alpha) \text{ und } \ddot{y} = -\omega^2 A \sin(\omega t + \alpha) = -\omega^2 y\,.$$

Der Lösungsansatz $y = A \sin(\omega t + \alpha)$ ist mit den Überlegungen in *3.1.2* in Einklang, aber davon unabhängig. Er wird außerdem durch das Experiment nahegelegt, wenn man z. B. den zeitlichen Verlauf der Schwingung einer Blattfeder mit Hilfe eines Drehspiegels wie in → *Abb. 3–3* darstellt.
Setzt man den Ausdruck für $\ddot{y}$ in die Schwingungsgleichung ein, so ergibt sich

$$m\,(-\omega^2 A \sin(\omega t + \alpha)) = -DA \sin(\omega t + \alpha) \text{ bzw.}$$
$$-m\omega^2 y = -D\,y\,.$$

Aus der letzten Gleichung geht hervor, daß von den drei Konstanten des Lösungsansatzes nur die Konstante ω durch D und m festgelegt ist, während A und α beliebige Werte annehmen können.
Die Konstante ω ist als Kreisfrequenz des harmonischen Oszillators zu interpretieren, weil sie durch dessen Parameter D und m über die für ω charakteristische Beziehung $\omega^2 = D/m$ bestimmt ist.
Die Konstante A in der Lösung der Schwingungsgleichung gibt den größtmöglichen Wert an, den die Elongation y annehmen kann. A bedeutet also die Amplitude $\hat{y}$ der harmonischen Schwingung, die beliebig gewählt werden kann, solange nur das lineare Kraftgesetz für die Auslenkung gültig bleibt.
Die Konstante α gibt die Phase φ_0 der Schwingung zur Zeit $t = 0$ an und legt den Nullpunkt der Zeitzählung fest; auch sie ist willkürlich zu wählen.

Ergebnis: Die Schwingungsgleichung $m\ddot{y} = -Dy$ besitzt die Lösung

$$y = \hat{y} \sin(\omega t + \varphi_0).$$

Aufgaben

3/8: Weisen Sie nach, daß auch die Zeit-Weg-Funktion $y = A\cos(\omega t + \alpha)$ die Differentialgleichung $m\,\ddot{y} = -D\,y$ erfüllt.

3/9: Ein harmonischer Oszillator mit $T = 2$ s erreicht zur Zeit $t_1 = 0{,}4$ s die Amplitude $\hat{y} = 5$ cm. Wie groß ist die Phase φ_0 und die Elongation $y(0)$ für $t = 0$?

3/10: Bei welchen Randbedingungen wird man die sin-Funktion bzw. die cos-Funktion zur Beschreibung einer harmonischen Schwingung einsetzen?

3.1.4 Die Energie des harmonischen Oszillators

Bei einem Oszillator ist die Ruhelage eine Lage stabilen Gleichgewichts. Wird die Masse zur Anregung einer Schwingung aus dieser Lage ausgelenkt, so muß gegen die rücktreibende Kraft eine Arbeit verrichtet werden. Dadurch nimmt die potentielle Energie des Oszillators zu. Sie liegt beim Federpendel durch das Dehnen oder Zusammendrücken der Feder als Spannenergie und beim Fadenpendel oder bei der Wassersäule im U-Rohr durch Anheben der Masse gegen die Schwerkraft als Lageenergie vor. Die potentielle Energie des Oszillators hat in der Ruhelage ihr Minimum und erreicht in der Endlage, wenn die Elongation (dem Betrag nach) gleich der Amplitude ist, ihren größten Wert.
Läßt man den Körper in der Endlage los, so wird er beschleunigt und erhält mit der Geschwindigkeit v kinetische Energie E_{kin}. Beim Durchgang durch die Nullage erreichen v und E_{kin} ihr Maximum, die potentielle Energie E_{pot} ihr Minimum. Die potentielle Energie hat sich in kinetische Energie umgewandelt. In dem nächsten Abschnitt der Schwingung bis zur anderen Endlage verläuft der umgekehrte Prozeß.
Die **potentielle Energie** des harmonischen Oszillators zu einem beliebigen Zeitpunkt t errechnet sich aus der Arbeit, die beim Verschieben des Massenpunktes aus der Gleichgewichtslage bis zu der augenblicklichen Auslenkung gegen die rücktreibende Kraft $F = -D\,y$ zu leisten ist. Sie beträgt nach *1.3.3*

$$E_{pot} = \frac{1}{2} D\,y^2 = \frac{1}{2} D\,\hat{y}^2 \sin^2 \omega t\,.$$

In der Gleichgewichtslage ($y = 0$) ist die potentielle Energie Null, in den Endlagen ($y = \pm\hat{y}$) besitzt sie ein Maximum.
Die **kinetische Energie** des harmonischen Oszillators zu

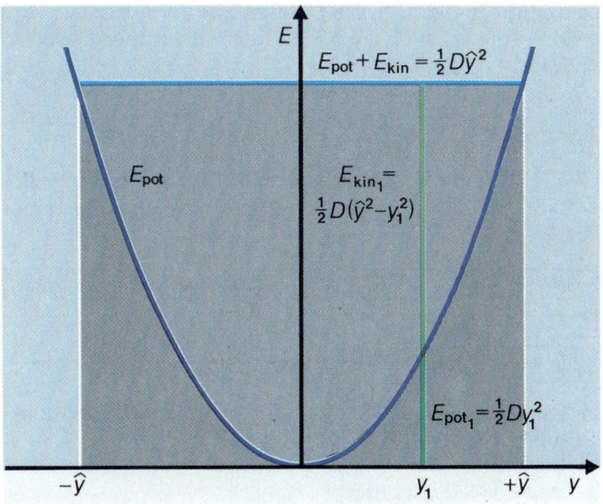

Abb. 3–13: Verteilung der Gesamtenergie eines harmonischen Oszillators auf kinetische und potentielle Energie in Abhängigkeit von der Elongation.

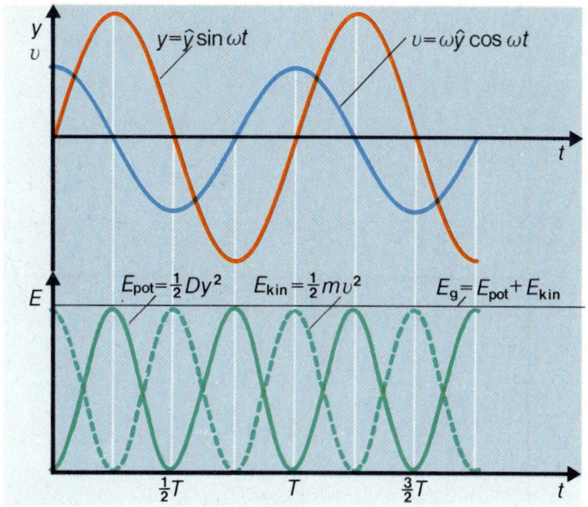

Abb. 3–14: Energie eines harmonischen Oszillators in Abhängigkeit von der Zeit und im Vergleich zum Verlauf der Elongation und der Geschwindigkeit.

einem beliebigen Zeitpunkt t ergibt sich aus der Geschwindigkeit v zu

$$E_{kin} = \frac{1}{2}\, m\, v^2 = \frac{1}{2}\, m\, \omega^2\, \hat{y}^2 \cos^2 \omega\, t = \frac{1}{2}\, D\, \hat{y}^2 \cos^2 \omega t,$$

oder mit $\cos^2 \omega t = 1 - \sin^2 \omega t$ und $y = \hat{y} \sin \omega t$ zu

$$E_{kin} = \frac{1}{2}\, D\, (\hat{y}^2 - y^2)\,.$$

In der Gleichgewichtslage ($y = 0$) hat die kinetische Energie ein Maximum, in den Endlagen ($y = \pm\, \hat{y}$) ist sie Null. Die Summe der beiden Energieanteile, die **Gesamtenergie**

$$E_{pot} + E_{kin} = \frac{1}{2}\, D\, y^2 + \frac{1}{2} D(\hat{y}^2 - y^2) = \frac{1}{2}\, D\, \hat{y}^2 = \frac{1}{2}\, m\omega^2 y^2$$

ist konstant, wie nach dem Energieerhaltungssatz zu erwarten war.

Ergebnis: In einem harmonischen Oszillator wandeln sich periodisch potentielle und kinetische Energie ineinander um. Die Gesamtenergie kann als maximale potentielle oder maximale kinetische Energie angegeben werden. Sie ist proportional zum Quadrat der Amplitude und zum Quadrat der Frequenz. Bei einer ungedämpften Schwingung ist die Gesamtenergie konstant.

Der harmonische Oszillator ist ein Beispiel für einen (mechanischen) **Schwingkreis,** in dem die Energie des Systems ständig zwischen zwei Energiespeichern (z. B. Feder und Körper) hin und her „schwingt". In einer Endlage liegt die gesamte Energie als Spannenergie der Federn vor, und der ruhende Körper kann in diesem Augenblick keine Arbeit verrichten. Beim Durchgang durch die Nulllage ist die Energie als kinetische Energie des Körpers vorhanden, und die Federn können in dieser Lage keine Arbeit verrichten. Das Diagramm der kinetischen und potientiellen Energie in Abhängigkeit von der Elongation (*Abb. 3–13*) läßt sich modellhaft deuten. Der schwingende Massenpunkt bewegt sich in der parabelförmigen „Potentialmulde" (→ *2.2.2*), dargestellt durch die Kurve der potentiellen Energie E_{pot}. An den Randpunkten der Mulde kehrt der Körper seine Bewegungsrichtung um, seine Geschwindigkeit ist dort Null, und gleitet mit zunehmender Geschwindigkeit zurück bis zum tiefsten Punkt der Parabel. Läuft er dann auf der anderen Seite der Mulde hinauf, so verliert er seine Geschwindigkeit wieder. Jeder Massenpunkt, der an eine Gleichgewichtslage gebunden ist, befindet sich in einer solchen Potentialmulde. Das gilt nicht nur für die angeführten mechanischen Beispiele der verschiedenen Pendel, sondern z. B. auch für Atome innerhalb eines Molekülverbandes, für Elektronen innerhalb eines Atoms und für Neutronen oder Protonen innerhalb eines Kerns.

Die zeitliche Änderung der Energieanteile E_{pot} und E_{kin} erfolgt mit der doppelten Frequenz der Schwingung. Denn jede Endlage des Pendels entspricht einem Maximum an potentieller und jeder Nulldurchgang einem Maximum an kinetischer Energie (*Abb. 3–14*).

Aufgaben

***3/11:** a) Berechnen Sie die kinetische, potentielle und gesamte Energie der harmonischen Schwingung nach *Aufgabe 3/4* für die angegebenen Zeiten unter der Annahme, daß der schwingende Körper eine Masse $m = 0{,}5$ kg besitzt.
b) Fertigen Sie eine Zeichnung der kinetischen und der potentiellen Energie als Funktion der Zeit bzw. als Funktion der Auslenkung an.

***3/12:** Berechnen Sie die maximale kinetische und die maximale potentielle Energie des Pendels nach *Aufgabe 3/5*.

3.1.5 Die gedämpfte harmonische Schwingung

Bei jedem Schwingungsvorgang wird dem schwingenden System durch Reibungsverluste verschiedenster Art Energie entzogen. Dadurch wird die Amplitude ständig kleiner und eine freie, d. h. sich selbst überlassene Schwingung kommt nach einiger Zeit zur Ruhe.

Ergebnis: Jede freie Schwingung ist gedämpft.

Beim Drehpendel z. B. (→ *Abb. 3–25*) kann die Dämpfung durch einen Elektromagneten in einem weiten Bereich variiert werden.

Versuch 3/7: Ein Drehpendel wird ausgelenkt und dann sich selbst überlassen. Die Ausschläge (zu einer Seite) werden gezählt und die Amplituden an einer Skala abgelesen. Die Auswertung zeigt zwei wichtige Eigenschaften der gedämpften Schwingung:

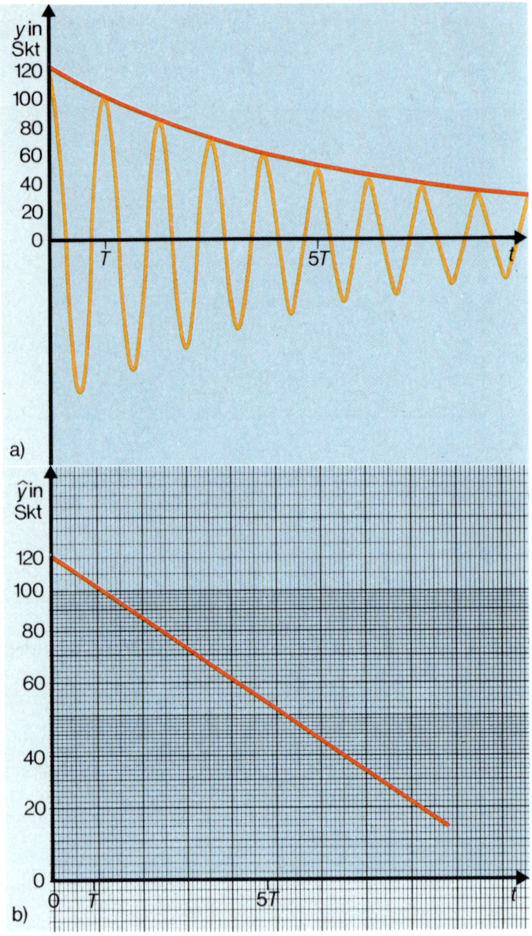

Abb. 3–15: Darstellung einer gedämpften Schwingung. a) Zeit-Weg-Diagramm, b) Darstellung der Amplitude auf halblogarithmischem Papier.

1. Der Quotient $\hat{y}_{n+1} : \hat{y}_n$ zweier aufeinanderfolgender Amplituden ist konstant. Das gilt auch für Amplituden, die nach jeweils einer bestimmten Anzahl von Schwingungen aufeinander folgen.
2. Die Zeit, in der die Amplitude jeweils auf die Hälfte ihres willkürlich gewählten Anfangswertes sinkt, ist ebenfalls konstant. Man nennt sie die **Halbwertszeit** der Schwingung.

Abb. 3–15 a zeigt die Zeit-Weg-Funktion der aufgenommenen gedämpften Schwingung. Auf halblogarithmischem Papier ergibt die Darstellung der Amplitude allein eine Gerade (*Abb. 3–15 b*). Das bedeutet, daß die Amplitude exponentiell abnimmt.
Eine gedämpfte Schwingung wird durch die Gleichung

$$y = \hat{y}_0 e^{-kt} \sin(\omega t + \varphi_0)$$

beschrieben.
Die Größe k im Exponenten heißt Dämpfungskonstante, sie ist ein Maß für die Abnahme der Amplitude mit der Zeit. Eine gedämpfte Schwingung ist ein **Abklingvorgang,** wie er für viele Naturereignisse typisch ist, bei dem das physikalische System – hier der Oszillator – in ständigem Energieaustausch mit der Umgebung steht. – Solange die Dämpfung nicht zu groß ist, stimmt die Periodendauer der gedämpften Schwingung mit der der ungedämpften überein.

Aufgaben

***3/13:** Im Schattenwurf mißt man die Amplitude y der 1., 50., 100., ... Schwingung mit der Periodendauer $T = 8{,}0 \cdot 10^{-1}$ s.

n	1	50	100	150	200	250	300
$\hat{y}$ in cm	5,0	4,0	3,2	2,6	2,2	1,7	1,4

a) Ermitteln Sie aus der Darstellung auf halblogarithmischem Papier die Dämpfungskonstante k.
b) Berechnen Sie aus den Versuchsdaten die Halbwertszeit der Schwingung.

3/14: Die Amplituden der 3. und 4. Schwingung eines Pendels betragen 8 cm bzw. 7 cm. Wie groß ist die Amplitude der 1. Schwingung?

3/15: Die Amplitude der 10. Schwingung eines gedämpften Oszillators ist halb so groß wie die Amplitude der 1. Schwingung. Bei der wievielten Schwingung beträgt die Amplitude ein Zehntel des Anfangswertes?

3.1.6 Beispiele harmonischer Schwingungen

Das Fadenpendel (Schwerependel)

Versuch 3/8: Mit Fäden verschiedener Länge l und Kugeln verschiedener Masse m wird die Abhängigkeit der Schwingungsdauer T von der Pendellänge, der Masse und der Amplitude ($\alpha < 10°$) untersucht (*Abb. 3–16*).

Ergebnis: T ist unabhängig von der Masse m und der Amplitude. T ist proportional zu $\sqrt{l}$.
Pendel gleicher Länge l haben am gleichen Ort dieselbe Schwingungsdauer T.

Die rücktreibende Kraft bei einem Fadenpendel liefert die Gewichtskraft $\vec{G}$ der angehängten Kugel. Um sie zu bestimmen, wird die Kraft $\vec{G}$ nach *Abb. 3–16* in zwei Komponenten zerlegt. Die Komponente $\vec{F}_r$ in Richtung des Fadens wird durch seine Spannkraft kompensiert. Die Komponente $\vec{F}_t$ tangential an den Kreisbogen ist der Elongation entgegengerichtet, sie ist die rücktreibende Kraft. Für sie gilt $F_t = -G \sin\alpha$, und mit $y = l\alpha$ (α im Bogenmaß) wird

$$\frac{F_t}{y} = -\frac{G}{l}\frac{\sin\alpha}{\alpha}.$$

Für kleine Winkel α ist $\frac{\sin\alpha}{\alpha} \approx 1$ (für $\alpha < 10°$ ist der Unterschied zwischen $\sin\alpha$ und α kleiner als 0,5 %), in diesem Bereich kann auch der Bogen y angenähert als linear betrachtet werden. Daraus folgt:

$$F_t = -\frac{G}{l}y = -\frac{mg}{l}y, \qquad F_t \text{ ist proportional } y.$$

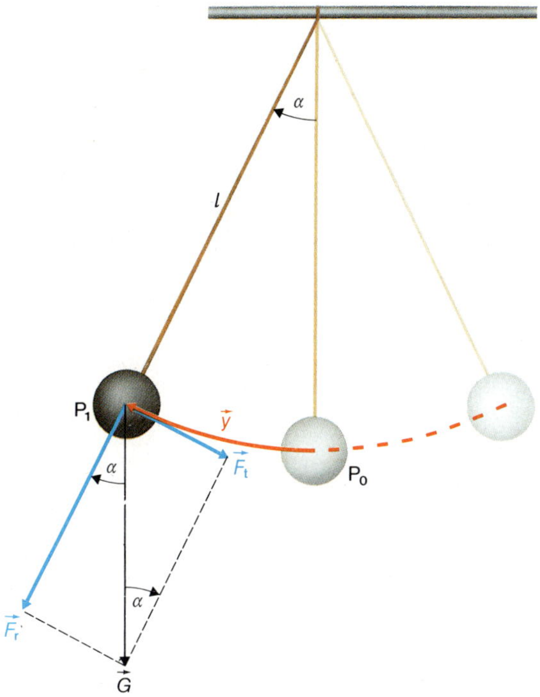

Abb. 3–16: Kräfte am Schwerependel. Die rücktreibende Kraft ist die Komponente der Gewichtskraft tangential zur Pendelbahn $\vec{F} \sim \vec{F_t}$.

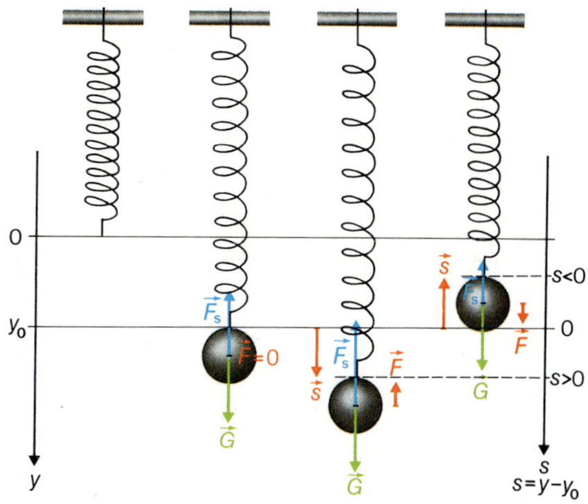

Abb. 3–17: Kräfte am Federpendel. Die rücktreibende Kraft F ist die Differenz aus Gewichtskraft G und Federkraft F_s : $F = G - F_s$. In der Ruhelage ist $F = 0$. Rückstellkraft $\vec{F}$ und Auslenkung aus der Ruhelage $\vec{s}$ sind entgegengerichtet: $\vec{F} = -D\vec{s}$.

Ergebnis: Für kleine Auslenkungen gilt beim Fadenpendel ein lineares Kraftgesetz; es ist ein harmonischer Oszillator.

Aus dem Kraftgesetz ergeben sich die Richtgröße D und nach *3.1.2.* auch die Kreisfrequenz und die Periodendauer T:

$$D = \frac{mg}{l} \text{ sowie } \omega^2 = \frac{D}{m} = \frac{g}{l} \text{ und}$$

$$T = \frac{2\pi}{\omega} = 2\pi\sqrt{\frac{l}{g}}$$

Die Herleitung gilt nur, wenn man die Masse des Fadens gegenüber der Masse des Pendelkörpers vernachlässigen und die Pendelmasse als punktförmig annehmen kann. Ein solches Pendel heißt mathematisches Pendel.

Ergebnis: Ein Fadenpendel schwingt bei hinreichend kleiner Auslenkung harmonisch; seine Periodendauer ist $T = 2\pi\sqrt{l/g}$.

In der Beziehung für die Periodendauer sind die Größen T und l im Experiment gut zu messen. Daher eignet sich das Schwerependel zur Bestimmung der Erdbeschleunigung g. Auf diese Weise hat zuerst in großem Umfang BESSEL 1826 die Abhängigkeit der Erdbeschleunigung von der geographischen Breite nachgewiesen. Sie nimmt an der Erdoberfläche vom Äquator zu den Polen kontinuierlich zu. Aus Abweichungen von den theoretischen Werten können wichtige Rückschlüsse auf den unterschiedlichen Aufbau der Erdkruste gezogen werden (z. B. große Erz- und Erdöllagerstätten).

Das Federpendel (Schwere-Federpendel)

Nach dem Hookeschen Gesetz ist die Dehnung einer Schraubenfeder der die Feder dehnenden Gewichtskraft proportional. Als Kompensationskraft ist die Spannkraft der Feder $\vec{F_s}$ damit ihrem Betrage nach ebenfalls proportional der Federdehnung $\vec{y}$, solange die Feder innerhalb der Elastizitätsgrenzen belastet wird. Es gilt (*Abb. 3–17*): $\vec{F_s} = -D\,\vec{y}$, in Koordinaten $F_s = -D\,y$, wenn die y-Werte nach unten positiv gezählt werden. Wird nun an die Schraubenfeder ein Körper der Masse m_1 gehängt, so wird sie durch dessen Gewichtskraft $\vec{G} = m\,\vec{g}$ um $\vec{y_0}$ gedehnt, wobei für die Gleichgewichtslage des Pendels gilt:

$$\vec{G} = m\vec{g} = D\,\vec{y_0} = -\vec{F_{S_0}}.$$

Versetzt man das Pendel in vertikale Schwingungen, so bleibt die nach unten gerichtete Kraft $\vec{G}$ konstant, während sich die Spannkraft $\vec{F_s}$ der Feder mit der Elongation ändert. Die vektorielle Summe beider Kräfte (oder die Differenz ihrer Beträge) ergibt als Resultierende jeweils die Rückstellkraft, die den Pendelkörper in die Ruhelage zurücktreibt.
Die Rückstellkraft beim Federpendel ist

$$\vec{F} = \vec{F_s} + \vec{G} = -D\,\vec{y} + D\,\vec{y_0} \text{ in Koordinaten:}$$
$$F = -D\,(y - y_0) = -D\,s.$$

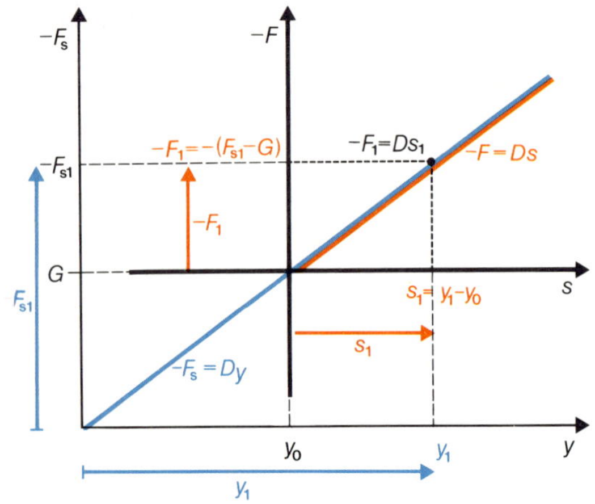

Abb. 3–18: Lineares Kraftgesetz einer Feder. Der dargestellte Fall entspricht der tiefsten Stellung der Kugel in *Abb. 3–17*.

Damit gilt für die Rückstellkraft F beim Federpendel ein lineares Kraftgesetz. Sie ist der Auslenkung $y - y_0 = s$ aus der Ruhelage des Pendels proportional und ihr immer entgegengerichtet. Ist z. B. $s < 0$, d. h. $y < y_0$, so ist $F > 0$ und nach unten und für $y > y_0$ entsprechend nach oben gerichtet.
Dies zeigt auch das y-F-Diagramm der Feder (*Abb. 3–18*), wenn man für die Ruhelage des Pendels im Punkt $(G;\ y_0)$ ein s-F-Hilfskoordinatensystem einführt. Mit der Direktionsgröße D, die für die unbelastete und belastete Feder gleich ist, kann man die Periodendauer nach *3.1.2* berechnen.

Ergebnis: Das Federpendel mit der Pendelmasse m und der Federkonstanten D vollführt um seine Ruhelage harmonische Schwingungen mit der Periodendauer $T = 2\pi\sqrt{\frac{m}{D}}$.

Die Herleitung berücksichtigt nicht den Einfluß der Federmasse; sie gilt nur dann, wenn diese gegenüber der Masse des Pendelkörpers vernachlässigt werden kann.

Aufgaben

3/16: Eine Kugel der Masse $m = 2{,}0$ kg hängt an einem leichten Faden der Länge $l = 2{,}40$ m (Fadenpendel). –
a) Berechnen Sie die Periodendauer T für einen Ort, an dem die Erdbeschleunigung $g = 9{,}81\ \text{m/s}^2$ beträgt.
b) An einem anderen Ort mißt man mit demselben Pendel die Schwingungsdauer $T = 3{,}12$ s. – Wie groß ist dort die Erdbeschleunigung?

3/17: Die Länge eines Sekundenpendels – das ist ein Pendel, das für eine Halbschwingung eine Sekunde braucht – beträgt am Äquator $l_1 = 99{,}09$ cm, am Pol $l_2 = 99{,}61$ cm und auf 45° Breite $l_3 = 99{,}35$ cm. – Berechnen Sie die zugehörigen Erdbeschleunigungen.

3/18: Bei einem Federpendel sind $f = 8$ Hz und $D = 380\ \frac{\text{N}}{\text{m}}$. Wie groß ist m?

3/19: Bei einem Federpendel wird die Periodendauer T dreimal so groß, wenn die anhängende Masse m um $m_1 = 50$ g vergrößert wird. Wie groß ist die ursprüngliche Masse m?

3/20: Wie groß wird die Periodendauer, wenn bei gleicher Masse m zwei Federn mit den Konstanten D_1 und D_2 aneinander gehängt werden? (Berechnen Sie zuerst die Federkonstante der Kombination.)

3/21: Ein Federpendel nach *Abb. 3–4* mit der Masse $m = 0{,}854$ kg wird durch ein angehängtes Wägestück der Masse $m_\perp = 150$ g um $y = 12{,}3$ cm ausgelenkt. – Berechnen Sie die Periodendauer T und für die Amplitude $\hat{y} = 15$ cm die maximale Geschwindigkeit und Beschleunigung.

3/22: Eine an einer Feder angehängte Kugel ($m = 2{,}0$ kg), die um 2,0 cm nach unten ausgelenkt und dann sich selbst überlassen wurde, schwingt mit einer Frequenz $f = 4$ Hz.
a) Wie groß ist die Richtgröße D der Feder?
b) Wie weit hat sich die Feder ausgedehnt, als die Kugel vor Beginn der Schwingung an ihrem Ende aufgehängt wurde?
c) Wie groß ist die auf die Kugel wirkende Kraft in den Umkehrpunkten der Schwingung?

3/23: In einem U-Rohr konstanten Querschnitts befindet sich eine Flüssigkeitssäule der Gesamtlänge l. – Berechnen Sie die Periodendauer der Schwingung, die entsteht, wenn man kurz in das eine Rohrende bläst (→ *Abb. 3–1d*). Zeigen Sie, daß die Periodendauer nur von der Länge der Flüssigkeitssäule abhängt. (Dazu betrachte man den Schwingungszustand, in dem die Flüssigkeitssäule in dem einen Rohr z. B. um die Strecke y_0 gestiegen, in dem anderen dann um die Strecke y_0 gesunken ist, und bestimme die rücktreibende Kraft.)

***3/24:** Ein mit Bleikugeln beschwertes Reagenzglas der Gesamtmasse m vom Querschnitt A schwimmt in einer Flüssigkeit der Dichte ϱ. Drückt man es etwas tiefer in die Flüssigkeit und läßt es los, schwingt es, wenn auch stark gedämpft. Man beweise, daß es sich um eine harmonische Schwingung handelt, und berechne die Periodendauer T (Archimedisches Prinzip!).

***3/25:** Quer durch den Erdkörper wird ein gerader, durch den Erdmittelpunkt gehender Tunnel gebohrt. Zeigen Sie, daß ein Körper, den man in diesen Tunnel fallen läßt, eine harmonische Schwingung ausführt (Reibungskräfte vernachlässigen), und berechnen Sie seine Periodendauer (→ *Aufgabe 2/19*). (Die Dichte der Erde sei überall gleich.)

3.2 Zusammenwirken mehrerer Schwingungen

In vielen Fällen sind an einem Bewegungsvorgang verschiedene Schwingungen beteiligt. So können sich mehrere Schwingungen zu einer einzigen zusammensetzen oder überlagern. Oder bei der Wechselwirkung zwischen Oszillatoren kann eine Schwingung eine andere hervorrufen. Dabei ist die Kenntnis der Schwingungsrichtungen und der Phasendifferenz wichtig. Die Lage einer linearen Schwingung im Raum gibt der **Schwingungsvektor** an, der in die Richtung positiver Auslenkung zeigt und dessen Betrag durch die Amplitude der Schwingung gegeben ist.

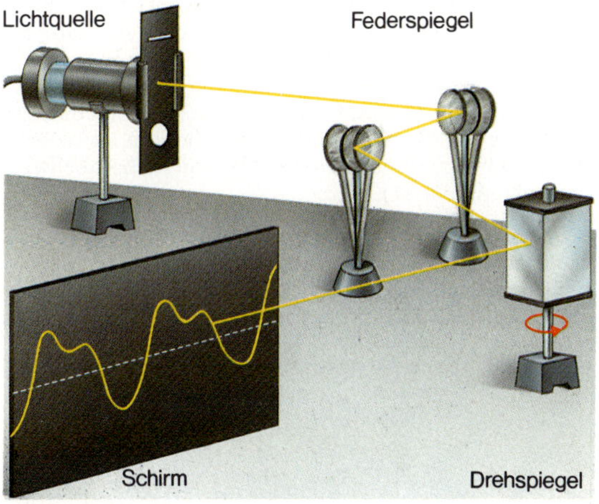

Abb. 3–19: Abbildung der Überlagerung zweier paralleler Schwingungen mit Hilfe eines Drehspiegels.

3.2.1 Überlagerung zweier harmonischer Schwingungen

Parallele Schwingungsvektoren

Versuch 3/9: Zwei Blattfedern (mit Spiegel), deren Frequenzen durch Klammern verändert werden können, werden nach *Abb. 3–19* parallel schwingend aufgestellt. Ein Lichtstrahl zeichnet über einen Drehspiegel auf der Wand das zeitliche „Nacheinander" als ein räumliches „Nebeneinander" auf.
Beobachtung: Durch Veränderung der Amplituden, der Frequenzen und der Phasendifferenz erhält man verschiedenartige Schwingungskurven. Sie stellen angenähert das Zeit-Weg-Diagramm der resultierenden Schwingung dar.
Man erhält die graphische Darstellung der resultierenden Schwingung auch durch punktweise Addition der beiden Elongationen. *Abb. 3–20* zeigt einige Beispiele.

Besonders wichtig sind die Fälle, in denen die beiden Schwingungen $y_1 = \hat{y} \sin \omega_1 t$ und $y_2 = \hat{y} \sin (\omega_2 t + \Delta\varphi)$ gleiche Frequenz $\omega_1 = \omega_2 = \omega$ besitzen:

1. Sind die Schwingungen phasengleich ($\Delta\varphi = 0$), so addieren sich die Amplituden und die Überlagerung ergibt maximale Verstärkung (*Abb. 3–20 a*):

$$y = y_1 + y_2 = \hat{y}_1 \sin \omega t + \hat{y}_2 \sin \omega t = (\hat{y}_1 + \hat{y}_2) \sin \omega t .$$

2. Sind die Schwingungen um $\Delta\varphi = \pi$ phasenverschoben, so subtrahieren sich die Amplituden, und die Schwingungen heben sich teilweise auf (*Abb. 3–20 b*):

$$y = y_1 + y_2 = \hat{y}_1 \sin \omega t + \hat{y}_2 \sin (\omega t + \pi)$$

$$\hat{y}_1 \sin \omega t - \hat{y}_2 \sin \omega t = (\hat{y}_1 - \hat{y}_2) \sin \omega t .$$

Sind die beiden Amplituden gleich ($\hat{y}_1 = \hat{y}_2$), so heben sich die beiden Schwingungen gegenseitig auf (vollständige Auslöschung).

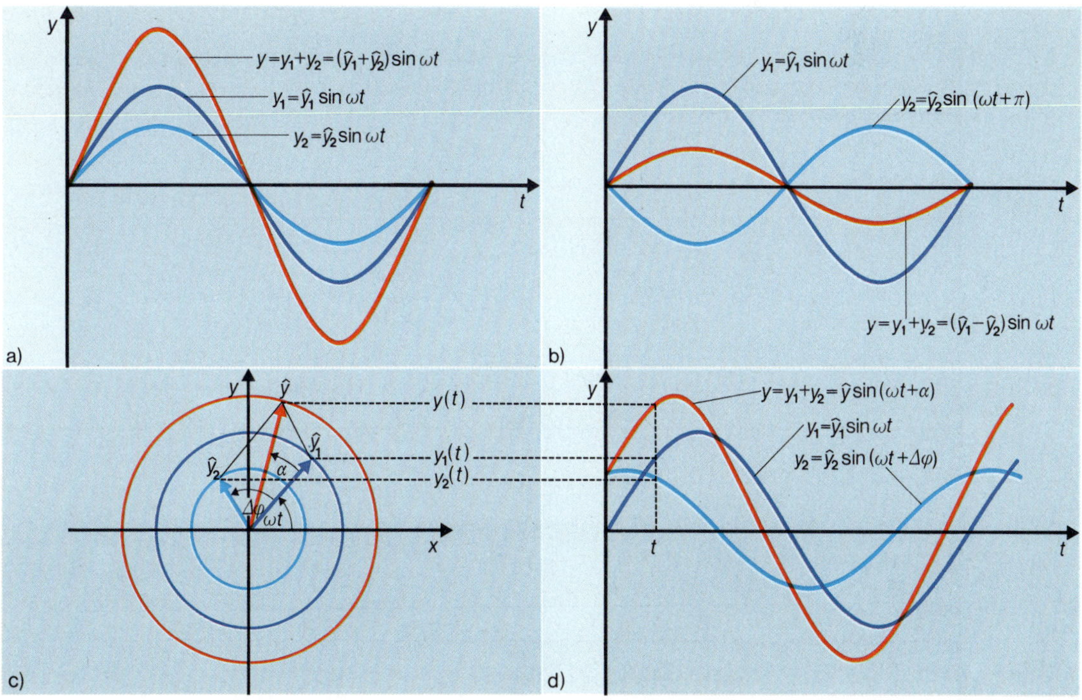

Abb. 3–20: Überlagerung zweier harmonischer Schwingungen. Das Amplitudenverhältnis ist mit 2 : 1 angenommen. Phasenverschiebung a) $\Delta\varphi = 0$, b) $\Delta\varphi = \pi$, c) Zeigerdiagramm, d) $0\ \Delta\varphi = \alpha < \pi$.

3. Für eine beliebige Phasenverschiebung $\Delta\varphi$ ergibt sich eine Schwingung gleicher Frequenz, deren Amplitude und Phase man graphisch aus der Zeigerdarstellung ermitteln kann (*Abb. 3–20c*).

Ergebnis: Die Überlagerung gleichfrequenter harmonischer Schwingungen mit parallelen Schwingungsvektoren ergibt wieder eine harmonische Schwingung gleicher Frequenz.
Sind zwei Schwingungen gleichphasig, so addieren sich ihre Amplituden. Sind sie mit gleicher Amplitude gegenphasig, so löschen sie sich gegenseitig aus.
Überlagern sich harmonische Schwingungen verschiedener Frequenzen, so ist die resultierende Schwingung nicht mehr harmonisch (*Abb. 3–20d*).

Der Sachverhalt läßt sich auch umgekehrt formulieren: Jede (harmonische oder unharmonische) Schwingung läßt sich als Überlagerung von (evtl. sehr vielen) harmonischen Schwingungen darstellen und erzeugen, deren Frequenzen Vielfache einer bestimmten Frequenz f_0, der **Grundfrequenz**, sind. Eine Schwingung mit der Grundfrequenz f_0 heißt **Grundschwingung**, Schwingungen mit Frequenzen $f = n f_0$ $(n = 2, 3, \ldots)$, die Vielfache der Grundschwingungsfrequenz f_0 sind, heißen **Oberschwingungen**.
Das Verfahren zur Bestimmung der harmonischen Schwingungen, aus denen sich eine zu analysierende Schwingung zusammensetzt, heißt **Fourieranalyse**. Sie ist – auch technisch – von grundlegender Bedeutung, weil man die harmonischen Schwingungen technisch verhältnismäßig einfach herstellen kann und damit alle möglichen Schwingungsformen durch Überlagerung zu erzeugen imstande ist.

Einen wichtigen Sonderfall der Überlagerung zweier Schwingungen erhält man, wenn sich die Frequenzen der beiden Oszillatoren nur wenig unterscheiden.

Versuch 3/10: Zwei Stimmgabeln (1700 Hz), von denen eine durch Erwärmen verstimmt wird, werden gleichzeitig angeschlagen.
Beobachtung: Man hört nur einen Ton mit charakteristischem An- und Abschwellen der Lautstärke. Gibt man den Ton über ein Mikrofon auf ein Oszilloskop, so zeigt es Sinusschwingungen, deren Amplitude periodisch schwanken (vgl. *Abb. 3–21*).

Diese Schwingungsüberlagerung mit der typischen Amplitudenmodulation heißt **Schwebung**.
Im einfachsten Fall gleicher Amplituden erhält man nach dem Additionstheorem der trigonometrischen Funktionen

$$\begin{aligned} y &= \hat{y} \sin \omega_1 t + \hat{y} \sin \omega_2 t \\ &= 2\hat{y} \cos \frac{\omega_1 - \omega_2}{2} t \sin \frac{\omega_1 + \omega_2}{2} t \\ &= 2\hat{y} \cos \omega_{\text{mod}} t \sin \omega t \end{aligned}$$

mit $\omega_{\text{mod}} = \dfrac{\omega_1 - \omega_2}{2}$ und $\omega = \dfrac{\omega_1 + \omega_2}{2}$.

Der erste Faktor $2\,\hat{y} \cos \omega_{\text{mod}}\, t$ ändert sich nur langsam, er beschreibt die zeitliche Schwankung der Amplitude mit der Schwebungsfrequenz $2\,\omega_{\text{mod}}$. Der zweite Faktor $\sin \omega t$ stellt den eigentlichen Schwingungsterm mit der höheren Grundfrequenz ω dar (*Abb. 3–21*).
In der Elektroakustik erzeugt man (mit einem Tonfrequenzgenerator) aus zwei Schwingungen hoher (unhörbarer) Frequenz Schwingungen im Hörbereich; zu hören ist der Ton der **Schwebungsfrequenz** (Differenzton). – Umgekehrt kann man aus dem Auf- und Abschwellen einer Schwingung auf die Überlagerung zweier Schwingungen mit nur wenig verschiedener Frequenz schließen. Davon macht man beim Stimmen von Musikinstrumenten Gebrauch.

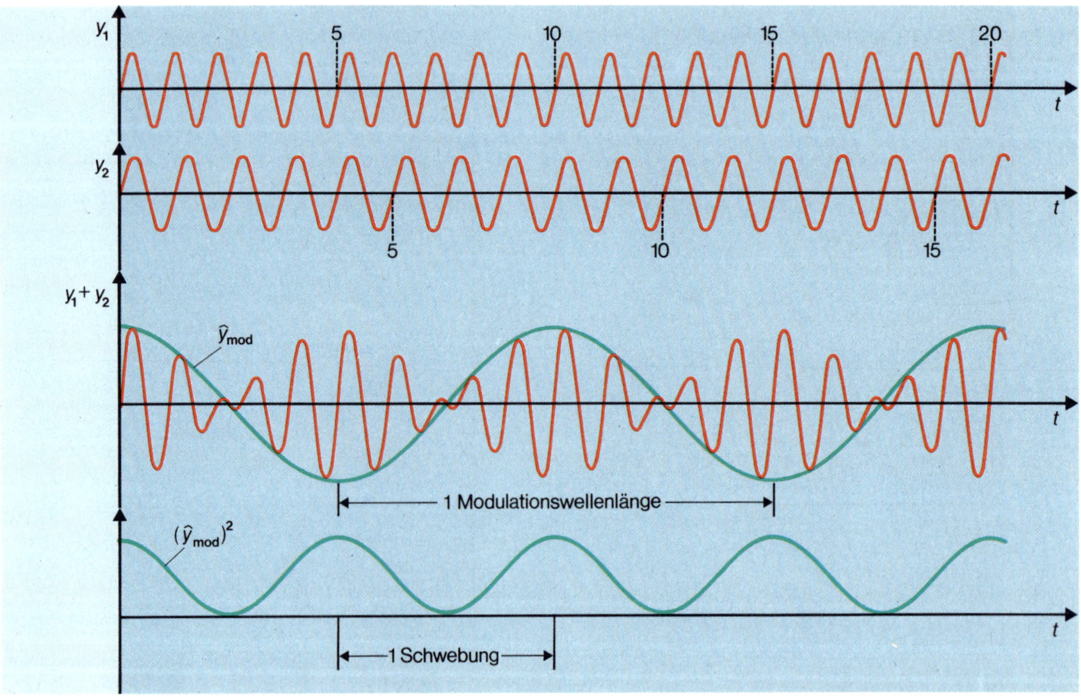

Abb. 3–21: Schwebung.

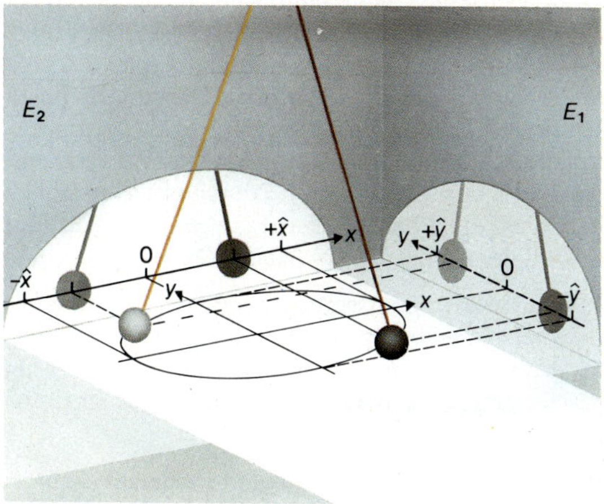

Abb. 3–22: Kreispendel. Zerlegung einer Kreisbewegung in zwei senkrecht zueinander verlaufende Schwingungen oder Zusammensetzung zweier Schwingungen zu einer Kreisbewegung.

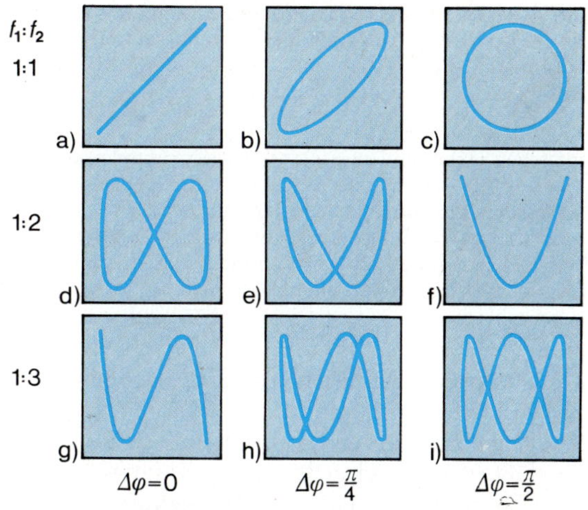

Abb. 3–23: Lissajous-Figuren. Links das Verhältnis der Frequenzen, unten die Phasendifferenz.

Orthogonale Schwingungsvektoren

Der einfachste Fall besteht darin, daß beide Schwingungen $y = \hat{y} \sin \omega_1 t$ und $x = \hat{x} \sin(\omega_2 t + \Delta\varphi)$ gleiche Frequenz und gleiche Amplitude haben. Frequenzgleichheit erreicht man z. B. mit folgender Versuchsanordnung.

Versuch 3/11: Ein Fadenpendel wird zu Schwingungen entlang einer beliebigen Geraden angeregt. Nach kurzer Zeit wird der Pendelkörper in einem Umkehrpunkt senkrecht zu seiner ursprünglichen Schwingungsrichtung so angestoßen, daß er annähernd eine Kreisbahn beschreibt.
Beobachtung: Projiziert man die Bewegung in x- und y-Richtung auf die Wand, so zeigt der Schatten des Pendelkörpers auf beiden Projektionsebenen dieselbe harmonische Schwingung wie beim linearen Pendel (*Abb. 3–22*).
Beginnt die Schwingung in y-Richtung zur Zeit $t = 0$ nach der Beziehung $y = \hat{y} \sin \omega t$, so muß die Schwingung in x-Richtung mit der Phasendifferenz $\Delta\varphi = -\pi/2$ nach der Zeit $\Delta t = T/4$ einsetzen: $x = \hat{x} \sin(\omega t - \pi/2) = \hat{x} \cos \omega t$. Quadriert und addiert man beide Gleichungen, so erhält man mit $\hat{x} = \hat{y}$ die Gleichung eines Kreises

$$x^2 + y^2 = \hat{x}^2 \cos^2 \omega t + \hat{x}^2 \sin^2 \omega t = \hat{x}^2.$$

Ergebnis: Die Überlagerung zweier harmonischer Schwingungen gleicher Frequenz und gleicher Amplitude mit orthogonalen Schwingungsvektoren ergibt eine gleichmäßige Kreisbewegung.

Dieses Ergebnis läßt sich, wie auch die nachfolgenden Untersuchungen bestätigen werden, für beliebige Schwingungen verallgemeinern: Führt ein Massenpunkt zwei oder mehrere Schwingungen gleichzeitig aus, so überlagern sich die Schwingungen ungestört.
Danach läßt sich die Bahnkurve der resultierenden Schwingung punktweise aus den Elongationen der einzelnen Schwingungen durch Addition konstruieren.

Versuch 3/12: Zwei Blattfedern (mit Spiegeln), auf gleiche Frequenz abgestimmt, werden so aufgestellt, daß sie senkrecht zueinander schwingen. Ein auf den ersten Spiegel gerichteter Lichtstrahl wird auf den zweiten reflektiert und beschreibt an der Wand die Bahnkurve der Überlagerungsschwingung.
Beobachtung: Stößt man beide Pendel mit verschiedener Phase und Amplitude an, so ergeben sich Kreise, Geraden und Ellipsen (*Abb. 3–23 a, b, c*).
Für unterschiedliche Frequenzen beider Oszillatoren erhält man verwickeltere Bahnkurven, nach ihrem Entdekker **Lissajous-Figuren** genannt. Mit ihrer Hilfe werden z. B. unbekannte Frequenzen einer zweiten Schwingung ermittelt, wenn die erste bekannt ist (*Abb. 3–23 a–i*).

Aufgaben

3/26: Berechnen und zeichnen Sie die Überlagerungen der Schwingungen

$$y_1 = 2\,\hat{y} \sin \omega t \text{ und } y_2 = 3\,\hat{y} \sin(\omega t + \Delta\varphi)$$

für die Phasendifferenzen

a) $\Delta\varphi = 0$, b) $\Delta\varphi = \pi$, c) $\Delta\varphi = \pi/2$.

Benutzen Sie zur Konstruktion jeweils das zugehörige Zeigerdiagramm.
***3/27:** Zeigen Sie anhand der Zeigerdarstellung in *Abb. 3–20 c*, daß die beiden Schwingungen

$$y_1 = \hat{y}_1 \sin(\omega t + \Delta\varphi) \text{ und } y_2 = \hat{y}_2 \sin \omega t$$

sich zu einer resultierenden Schwingung y mit der Amplitude

$$\hat{y} = \sqrt{\hat{y}_1^{\,2} + \hat{y}_2^{\,2} + 2\,\hat{y}_1 \hat{y}_2 \cos \Delta\varphi}$$

und der Phasendifferenz α zwischen y und y_2 mit

$$\tan \alpha = \frac{\hat{y}_1 \sin \Delta\varphi}{\hat{y}_2 + \hat{y}_1 \cos \Delta\varphi}$$

zusammensetzen.
3/28: Konstruieren Sie punktweise die Überlagerung der Schwingungen

$$y_1 = \hat{y} \sin \omega t \text{ und } y_2 = \hat{y} \sin 2\,\omega t\,.$$

***3/29:** Diskutieren Sie mit Hilfe eines Zeigerdiagramms die resultierenden Schwingungen, die aus der Überlagerung von

$$y_1 = \hat{y}_1 \sin \omega_1 t \text{ und } y_2 = \hat{y}_2 \sin (\omega_2 t + \Delta\varphi)$$

entstehen. Dabei sind die Fälle a) $\omega_1 = \omega_2 = \omega$ und b) $\omega_1 \neq \omega_2$ jeweils für $\hat{y}_1 = \hat{y}_2$ und für $\hat{y}_1 < \hat{y}_2$ zu untersuchen.

3/30: Von zwei Stimmgabeln der Frequenz $f = 1700$ Hz wird die eine durch Erwärmung verstimmt, so daß sich 10 Schwebungen innerhalb von 8 Sekunden ergeben. Welche Frequenz besitzt die verstimmte Stimmgabel?

3.2.2 Erzwungene Schwingungen; Resonanz

Stößt man ein schwingungsfähiges System an und überläßt es dann sich selbst, so schwingt es frei mit einer Frequenz, die man auch als **Eigenfrequenz** bezeichnet. Wird es dagegen ständig mit einer bestimmten Erregerfrequenz angestoßen, so führt es als **Resonator** erzwungene Schwingungen aus.

Versuch 3/13: Der Exzenter eines Motors regt mit unterschiedlicher Frequenz, aber konstanter Amplitude ein Federpendel zu erzwungenen Schwingungen an (*Abb. 3–24*).

Beobachtung: Das Pendel führt Schwingungen mit der Erregerfrequenz bei unterschiedlich großen Amplituden und unterschiedlichen Phasendifferenzen (zur Erregerschwingung) aus.

Mit einem Drehpendel (*Abb. 3–25*) kann man Amplitude und Phasendifferenz des Resonators in Abhängigkeit von der Erregerfrequenz gut quantitativ untersuchen. Trägt man die Amplitude gegen die Erregerfrequenz auf, so erhält man eine **Resonanzkurve** (*Abb. 3–26 a*). Sie zeigt jeweils für eine bestimmte Frequenz, die **Resonanzfrequenz,** ein je

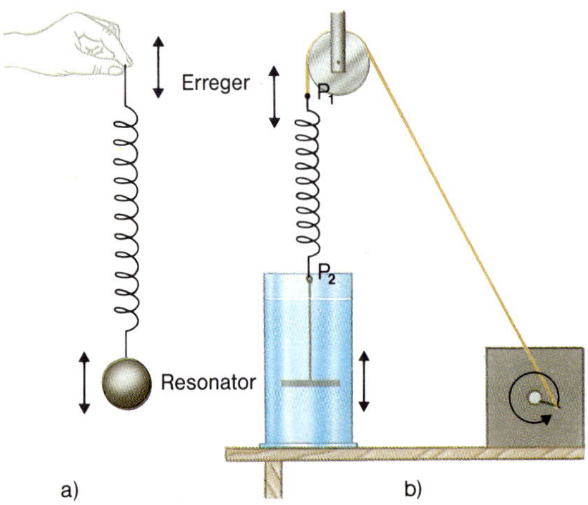

Abb. 3–24: Erzwungene Schwingungen. a) Die Hand ist der Erreger, der Pendelkörper der Resonator. b) An P_1 läßt sich die Elongation des Erregers, an P_2 die des Resonators ablesen.

nach Dämpfung mehr oder weniger ausgeprägtes Maximum. Die Resonanzfrequenz stimmt etwa mit der Eigenfrequenz des Resonators überein. Bei Frequenzen unterhalb dieser Resonanzfrequenz schwingen Erreger und Resonator in Phase. Im Resonanzfall stellt sich eine Phasendifferenz von $\Delta\varphi = \pi/2$ ein. Bei weiterer Frequenzerhöhung nähert sich die Phasendifferenz je nach Dämpfung schnell dem Wert $\Delta\varphi = \pi$ (*Abb. 3–26 b*).

Ergebnis: Wird ein Oszillator mit seiner Resonanzfrequenz zu erzwungenen Schwingungen angeregt, so erreichen seine Amplituden besonders große Werte. Erreger und Resonator schwingen in Resonanz.

Bei erzwungenen Schwingungen wird dem Resonator periodisch Energie zugeführt, so daß er ungedämpft schwingen kann. Besonders wirkungsvoll ist die Energiezufuhr im Resonanzfall. Hat z. B. der Resonator gerade seine größte Elongation erreicht, so geht der Erreger mit größter Geschwindigkeit durch seine Nullage und beschleunigt den für einen Augenblick stillstehenden Resonator optimal. Zu jedem Zeitpunkt unterstützt der Erreger die Bewegungstendenz des Resonators, so daß die vom Erreger zugeführte Energie während des gesamten Schwingungsvorgangs die Schwingungsenergie des Resonators erhöht. Wegen der unvermeidlichen Reibungsverluste infolge der Dämpfung steigt im allgemeinen dennoch seine Schwingungsenergie nicht über einen bestimmten Betrag.

In der optimalen Energieübertragung im Resonanzfall liegt auch dessen physikalische Bedeutung: Im Resonanzfall kann man eine Schwingung mit einem Minimum an Energie aufrecht erhalten. – Ein Oszillator spricht besonders stark auf eine andere Schwingung an, wenn seine Eigenfrequenz mit der anderen Frequenz übereinstimmt (Rundfunk- und Fernsehempfang). – Die Vorgänge im atomaren Bereich sind vielfach Resonanzvorgänge, weil auch dort schwingungsfähige Systeme wie Atome, Kerne usw. besonders auf Schwingungen in ihren Resonanzfrequenzen ansprechen. – Die Energiezufuhr kann im Resonanzfall bei zu geringer Dämpfung zur **Resonanzkatastrophe** führen, wenn sich die Amplitude immer weiter „aufschaukelt". So kann eine Brücke zum Einsturz gebracht werden, wenn sie in einer Eigenschwingung durch Windstöße zu stark angeregt wird. Gebäude können durch Motoren gefährdet werden, wenn deren Drehfrequenz mit der Eigenfrequenz eines Gebäudeteils (Decke) übereinstimmt.

Die Energiezufuhr erfolgt dann besonders wirkungsvoll, wenn die Frequenz des Erregers im Resonanzfall vom Resonator selbst gesteuert wird **(Rückkopplung)**.

Versuch 3/14: Ein Federpendel hängt an einer Schnur, die über einer Rolle an einer Blattfeder befestigt ist. Schwingt das Pendel nach unten aus, so schließt es einen elektrischen Kontakt. Dadurch wird die Blattfeder von dem Elektromagneten angezogen (*Abb. 3–27*).

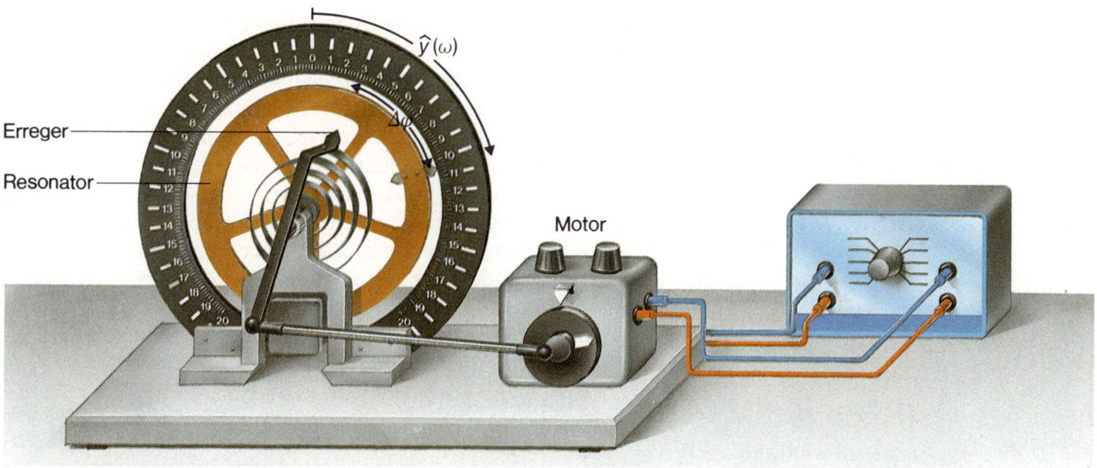

Abb. 3–25: Drehpendel zur Ermittlung von Resonanzkurven und Phasenverschiebungen.

Das Federpendel führt erzwungene Schwingungen aus. Die Frequenz, mit der dem Federpendel Energie zugeführt wird, wird durch die Schwingung des Pendels selbst bestimmt. Der Oszillator, der zu erzwungenen Schwingungen angeregt wird, steuert die Energiezufuhr. Von dieser Selbststeuerung oder Rückkopplung macht man in der Technik vielfach Gebrauch.

Aufgaben

3/31: Geben Sie weitere Beispiele für Resonanzphänomene an.

3/32: Warum ist bei der Resonanzfrequenz und Phasendifferenz von $\Delta\varphi = \pi/2$ die Energieübertragung zwischen Erreger und Resonator besonders günstig?

3/33: Welche Bedingungen sollte bei Musikinstrumenten ein guter „Resonanzkörper" (z. B. Geige, Cello) hinsichtlich der Eigenfrequenzen erfüllen?

3.2.3 Gekoppelte Schwingungen

Versuch 3/15 a: Zwei Fadenpendel werden durch eine Feder oder durch ein Band, das mit einem kleinen Gewichtsstück belastet wird, miteinander gekoppelt (*Abb. 3–28*).

Beobachtung: Stößt man das eine Pendel in Richtung auf das andere Pendel (longitudinal) oder senkrecht dazu (transversal) an, so gerät auch das zweite Pendel in Schwingungen. Seine Amplitude nimmt mit der Zeit ständig zu, während die Schwingungsweiten des ersten Pendels abnehmen. Dann wiederholt sich der Vorgang in umgekehrter Richtung.

Der Vorgang kann als erzwungene Schwingung aufgefaßt werden. Nur ist jetzt der Energievorrat des anregenden Oszillators begrenzt. Sind die Pendel auf gleiche Frequenz abgestimmt, so wird in diesem Resonanzfall die Energie nach einiger Zeit vollständig übertragen (*Abb. 3–29*). Besitzen die Pendel verschiedene Eigenfrequenzen, so wird ein Teil der Energie zurückbehalten. Die Zeit, in der die Energie übertragen wird, hängt von der **Kopplung** ab. Man kann sie z. B. ändern, indem man das Gewichtsstück in der Mitte verschieden groß wählt oder das Band zwischen den Pendelfäden weiter unten anbringt.

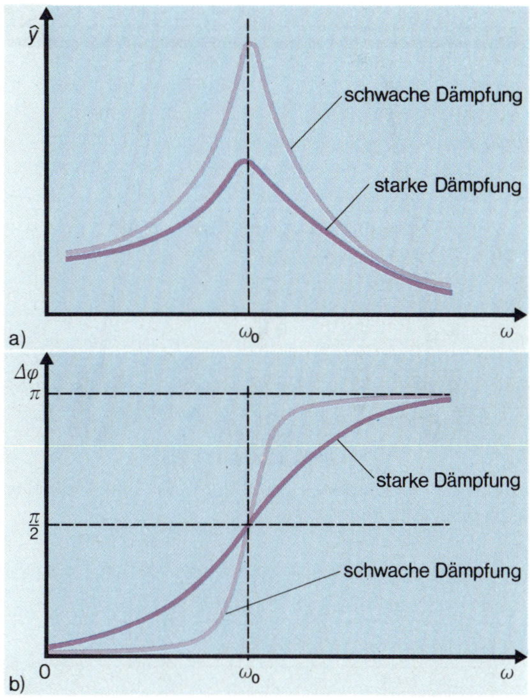

Abb. 3–26: Resonanzkurve. a) Verlauf der Amplitude des Resonators, b) Verlauf der Phasendifferenz zwischen Erreger und Resonator – beides in Abhängigkeit der Erregerfrequenz. ω_0 bezeichnet die Eigenfrequenz des Resonators.

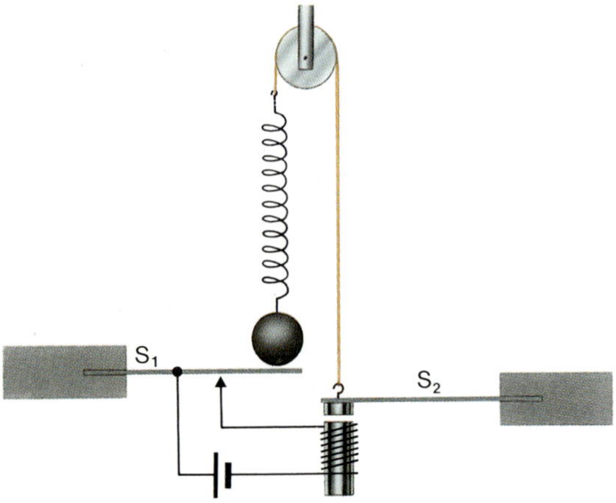

Abb. 3–27: Elektromechanische Rückkopplung. Der Stromkreis liefert bei Kontaktschluß (S_1) die Schwingungsenergie (Erregersystem), die das Schraubenfederpendel (über S_2) als Resonatorsystem in Schwingung versetzt.

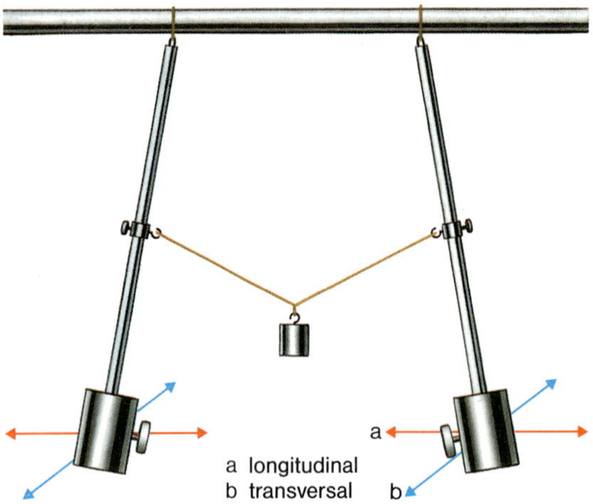

Abb. 3–28: Gekoppelte Pendel in a) longitudinaler, b) transversaler Schwingung.

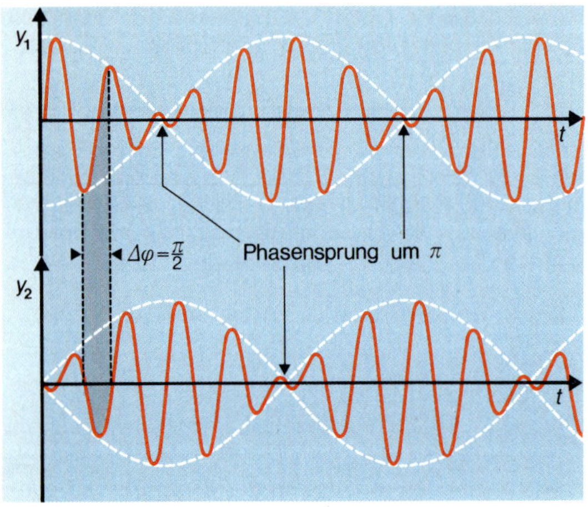

Abb. 3–29: Gekoppelte Schwingung. Man beachte, daß jeweils das eine Pendel dem anderen während der Energieabgabe um $\Delta\varphi = \pi/2$ vorauseilt.

Bei fester Kopplung wandert die Energie schneller als bei loser Kopplung zwischen den beiden schwingungsfähigen Systemen hin und her.
Solange die Energie vom ersten auf das zweite Pendel übertragen wird, eilt die Schwingung des ersten Pendels der Schwingung des anderen mit der Phasendifferenz $\Delta\varphi = \pi/2$ voraus. An einem mit gleicher Frequenz schwingenden Metronom erkennt man, daß bei maximaler Schwingungsweite des zweiten Pendels das erste Pendel einen Phasensprung von π ausführt, so daß nunmehr das zweite Pendel mit der Phasendifferenz $\pi/2$ dem ersten vorauseilt und die Energie wieder auf das erste übertragen kann.

Ergebnis: In einem System zweier gekoppelter Oszillatoren gleicher Frequenz wird die Energie ständig von dem einen Oszillator vollständig auf den anderen übertragen und umgekehrt.

Versuch 3/16 b: Die beiden Pendel in der Anordnung des *Versuchs 3/15* werden gleichzeitig bei gleicher Frequenz um die gleiche Strecke in dieselbe Richtung (Phasenverschiebung $\Delta\varphi = 0$) oder in die entgegengesetzte Richtung (Phasenverschiebung $\Delta\varphi = \pi$), und zwar longitudinal oder transversal, ausgelenkt und sich dann selbst überlassen.
Beobachtung: Das System der beiden gekoppelten Pendel führt sogenannte **Eigenschwingungen** oder **Fundamentalschwingungen** mit jeweils verschiedenen Frequenzen aus.

Während ein einfaches schwingungsfähiges System wie ein Fadenpendel nur eine Eigenschwingung mit einer bestimmten Eigenfrequenz ausführt, sind Systeme aus mehreren gekoppelten schwingungsfähigen Oszillatoren zu einer größeren Anzahl von Eigenschwingungen fähig und besitzen damit eine größere Anzahl von Eigenfrequenzen (Resonanzfrequenzen). Man kann solche Schwingungssysteme studieren, wenn man mehrere Pendel nach *Abb. 3–28* koppelt und sie longitudinal oder transversal schwingen läßt (→ *Abb. 3–30*). Solche Eigenschwingungen treten z. B. bei Molekülen auf.

3.3 Entstehung und Ausbreitung von Wellen

Der Schall ist wohl das bekannteste Beispiel für eine Wellenbewegung im Raum. Wasserwellen sind anschauliche Beispiele einer Wellenbewegung, die sich in einer Ebene, also zweidimensional, abspielt. Lineare Wellen beobachtet man z. B. an Seilen, Schraubenfedern oder an einer Reihe gekoppelter Pendel. Wellen entstehen bei der Ausbreitung einer Störung durch ein System gekoppelter schwingungsfähiger Teilchen.

3.3.1 Entstehung linearer Wellen; Wellengleichung

Das einfachste Modell eines linearen Wellenträgers ist eine **Kette gekoppelter Pendel** (*Abb. 3–30*).

Versuch 3/17: Das erste einer Reihe von gleichartigen Pendeln wird kurz senkrecht (transversal) oder parallel (longitudinal) zur Richtung der Oszillatorkette angestoßen. Der Versuch (transversaler Anstoß) wird an der Torsionswellenmaschine wiederholt.

Beobachtung: Das angestoßene Pendel schwingt und bringt mit einer Phasendifferenz das nächste Pendel zum Schwingen. Die Bewegung überträgt sich von Pendel zu Pendel, wobei jedes Pendel nach einiger Zeit wieder zur Ruhe kommt.
Durch den Impuls beim Anstoßen wird die Gleichgewichtslage der Oszillatorkette an einer Stelle gestört. Die Störung pflanzt sich infolge der Kopplung von Pendel zu Pendel fort. Die Energie, die durch den Anfangsimpuls auf das System übertragen wurde, wandert mit der Störung als Schwingungsenergie durch die Oszillatorkette.

Versuch 3/18: Der Anfang der Oszillatorkette (Pendelkette, Schraubenfederseil, Torsionswellenmaschine) wird transversal mit konstanter Frequenz hin und her bewegt.

Beobachtung: Nacheinander wiederholen die Oszillatoren, sobald sie von der Störung erfaßt worden sind, die Schwingungsbewegung des Erregers und der vorausgehenden Oszillatoren mit gleicher Frequenz und etwa gleicher Amplitude. Die Schwingungen der einzelnen Oszillatoren sind gegeneinander phasenverschoben. Über die Oszillatorkette läuft eine **fortschreitende Welle**.
(Die Erscheinungen am Ende der Kette infolge der „Reflexion" bleiben vorläufig außer acht.)

Ergebnis: Eine lineare fortschreitende Welle entsteht, wenn einem Oszillator einer Kette periodisch Energie zugeführt wird und die miteinander gekoppelten, gleichartigen Oszillatoren nacheinander gleichartige Schwingungen ausführen. Die einzelnen Schwingungszustände schreiten längs der Kette mit konstanter Geschwindigkeit fort.
Wenn die Oszillatoren der Kette harmonische Schwingungen ausführen, so entsteht eine harmonische lineare Welle.

Die Wellenbewegung läßt sich in ihrem zeitlichen Ablauf gut überblicken, wenn einmal der Schwingungsvorgang eines Pendels an derselben Stelle, zum anderen die räumliche Verteilung der Schwingungszustände aller Pendel zu derselben Zeit beobachtet wird. Zu diesem Zweck werden **Filmaufnahmen** von der Bewegung eines Oszillators und **Momentbilder** von den Bewegungszuständen aller Pendel gemacht.

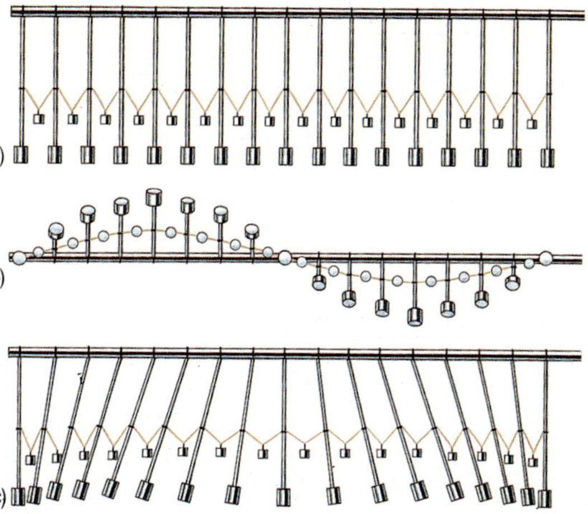

Abb. 3–30: Pendelkette. (a) von der Seite in Ruhe, (b) transversal angestoßen – von unten betrachtet –, (c) longitudinal angestoßen – von der Seite gesehen.

Diese Aufnahmen zeigen, daß sich an jeder Stelle gleiche Schwingungszustände nach einer bestimmten Zeit, der Schwingungsdauer T, als zeitlicher Periode wiederholen. **Momentaufnahmen** ergeben, daß sich zu jedem Zeitpunkt gleiche Schwingungszustände in gleichen Abständen der (sogenannten) Wellenlänge λ, als räumlicher „Periode" wiederholen (*Abb. 3–31*).
Der Eindruck einer **fortschreitenden Welle** kommt dadurch zustande, daß benachbarte Oszillatoren ihre erzwungenen Schwingungen mit konstanter Phasendifferenz ausführen.

Eine Welle ist ein zeitlich und räumlich periodischer Vorgang. Die zeitliche Periode ist die Schwingungsdauer T, die räumliche „Periode" die Wellenlänge λ.

Definition: Die **Wellenlänge** λ ist der kürzeste Abstand zweier Oszillatoren, die in gleicher Phase schwingen.

Die Wellenlänge ist z. B. der Abstand von einem Wellenberg bis zum nächsten oder von einem Wellental zum nächsten. Ihre Einheit ist $[\lambda] = 1\,\mathrm{m}$.
Mit der Welle bewegen sich nur die Schwingungszustände, die Phasen der Schwingung, etwa die Wellenberge oder die Wellentäler (*Abb. 3–31*). An der Bewegung der Phasen mißt man auch die Geschwindigkeit einer Welle.

Definition: Unter der **Ausbreitungsgeschwindigkeit** c einer Welle versteht man die Geschwindigkeit, mit der sich die Schwingungszustände gleicher Phase bewegen (**Phasengeschwindigkeit**).

Die Ausbreitungsgeschwindigkeit einer Welle hängt in einfacher Weise mit der zeitlichen und der räumlichen Periode der Welle zusammen: Während ein Oszillator eine volle Schwingung in der Periodendauer T ausführt, sind über ihn ein Wellental und ein

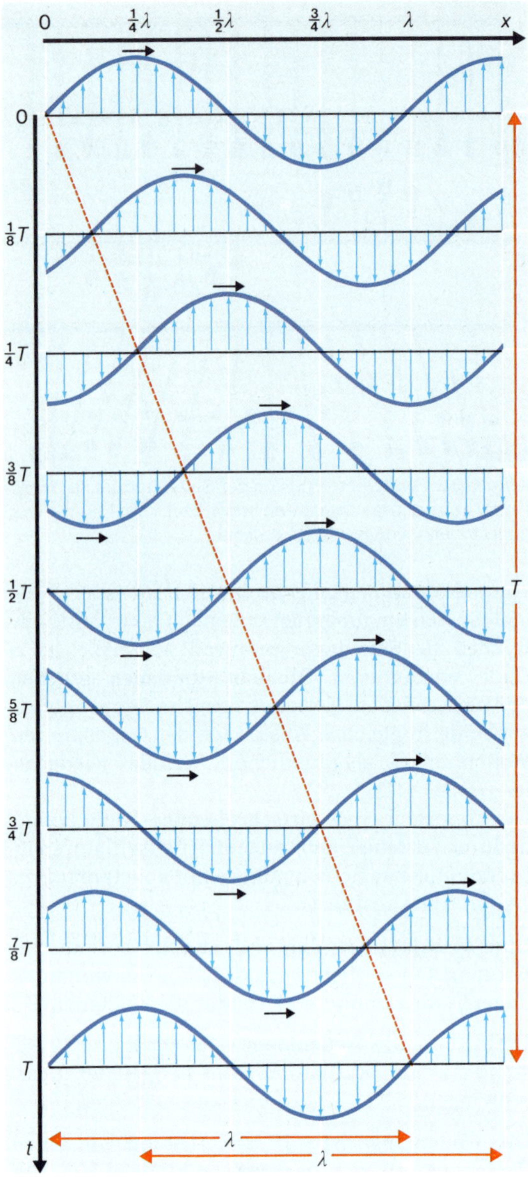

Abb. 3–31: Entstehung einer Welle. In der Zeit $\Delta t = T$ kommt die Welle um die Strecke $\Delta s = \lambda$ voran.

Wellenberg hinweggelaufen. Die Welle ist also in der Zeit T um die Strecke λ vorangekommen. Daher gilt $c = \lambda/T$, und mit $T = 1/f$ auch $c = \lambda f$.

Ergebnis: Die Ausbreitungsgeschwindigkeit (Phasengeschwindigkeit) c einer Welle ist gleich dem Produkt aus der Wellenlänge λ und der Frequenz f: $c = \lambda f$.

Auf ein und demselben Wellenträger (z. B. bei gleichartigen Oszillatoren und gleicher Kopplung) ist die Geschwindigkeit c der Wellen konstant und unabhängig von der Frequenz. Ändert man daher die Frequenz, mit der die Wellen erzeugt werden, so ändert sich auch umgekehrt proportional dazu die Wellenlänge nach der Gleichung $c = \lambda f$.

Wichtigste Eigenschaft einer fortschreitenden Welle ist der Transport von Energie, die als Schwingungsenergie durch den Wellenträger wandert. Grundsätzlich gibt es zwei Arten von **Energietransport**: Häufig bewegt sich Materie von einem Ort zum andern und nimmt Energie z. B. als chemische Energie, als Wärmeenergie, als elektrische Energie oder als kinetische Energie mit. Anders aber wird die Energie mit einer Welle transportiert: Hierbei braucht Materie nicht fortbewegt zu werden (außer vielleicht der Bewegung der Materieteilchen – Pendel – um ihre Gleichgewichtslage).

Die Schwingungsenergie breitet sich mit einer Welle ohne Materietransport aus.

Hierauf beruht die Energieübertragung vieler Arten von **Strahlung**.

Gleichung der fortschreitenden linearen Welle

Am Anfang einer Kette in P_0 ($x = 0$) setze die Schwingung eines Oszillators zum Zeitpunkt $t = 0$ nach der Schwingungsgleichung $y(0,t) = \hat{y} \sin\omega t$ ein. Sie breite sich mit der Geschwindigkeit $c = \lambda f$ aus, so daß der Oszillator im Punkt P (x_1) in der Entfernung x_1 vom Anfang der Kette (*Abb. 3–32*); erst nach der Zeit $t_1 = x_1/c$ zu schwingen beginnt. Für ihn heißt die Schwingungsgleichung

$$y(x_1, t) = \hat{y} \sin \omega (t - t_1).$$

Mit den Umformungen $t_1 = \frac{x_1}{c} = \frac{x_1 T}{\lambda}$ (mit $c = \frac{\lambda}{T}$) und $\omega(t - t_1) = \frac{2\pi}{T}\left(t - \frac{x_1 T}{\lambda}\right) = 2\pi\left(\frac{t}{T} - \frac{x_1}{\lambda}\right)$ erhält man für $x_1 = x$ die **Wellengleichung**

$$y(x, t) = \hat{y} \sin 2\pi \left(\frac{t}{T} - \frac{x}{\lambda}\right).$$

Die Wellengleichung beschreibt die Auslenkung $y(x, t)$ an der Stelle x des linearen Wellenträgers zur Zeit t, hervorgerufen durch eine Welle mit der Geschwindigkeit c und der (Kreis-)Frequenz ω bzw. mit der Periodendauer T und der Wellenlänge λ. $y(x, t)$ ist eine **„doppelt-periodische" Funktion:** für konstantes x ist die Periode T und für konstantes t ist die Periode λ.

Die Gleichung ist verallgemeinerungsfähig. Während x *als* Ort und t als Zeit Bedeutung beibehalten, kann y irgendeine physikalische Größe wie Schalldruck, elektrische Feldstärke usw. sein, deren periodische Abhängigkeit von Ort und Zeit die Wellengleichung beschreibt.

Aufgaben

3/34: Während 12 Schwingungen innerhalb von 3 Sekunden ablaufen, breitet sich eine Störung um 3,6 m aus. – Berechnen Sie Wellenlänge, Frequenz und Ausbreitungsgeschwindigkeit der Welle.

3/35: Gleiche Pendel sind in einer Reihe im Abstand von 0,4 m aufgestellt. Sie werden nacheinander im zeitlichen Abstand von 0,5 Sekunden angestoßen, so daß das 1. und 5., das 2. und 6. usw. Pendel phasengleich schwingen. – Mit welcher Geschwindigkeit, Wellenlänge und Frequenz läuft die Welle über die Pendelkette?

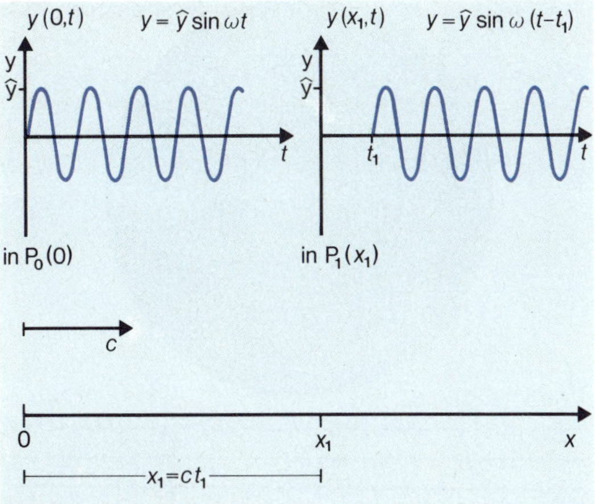

Abb. 3–32: Zur Wellengleichung. In $x = x_1$ setzt die Schwingung um die Zeit $t_1 = x_1/c$ später ein als in $x = 0$.

***3/36:** Zeigen Sie an der Wellengleichung, daß sich für t und $t + T$ bzw. für x und $x + \lambda$ gleiche Schwingungszustände ergeben.

***3/37:** Weisen Sie nach, daß sich aus der Wellengleichung deduktiv die Geschwindigkeit, mit der sich ein bestimmter Schwingungszustand bewegt (Phasengeschwindigkeit), zu $c = \lambda/T$ ergibt.

***3/38:** Eine harmonische Schwingung $y(t) = \hat{y} \sin\omega t$ breite sich vom Nullpunkt als transversale Störung längs der x-Achse mit der Geschwindigkeit $c = 7{,}5 \cdot 10^{-3}$ m/s aus. Es sei weiter $\hat{y} = 1 \cdot 10^{-2}$ m, $\omega = \pi/2\ \mathrm{s}^{-1}$.

a) Berechnen Sie die Periodendauer T, die Frequenz f und die Wellenlänge λ.
b) Wie heißt die Wellengleichung?
c) Zeichnen Sie das Momentanbild der Störung nach $t_1 = 4$ s, $t_2 = 6$ s und $t_3 = 9$ s (Maßstäbliche Zeichnung).
d) Wie heißen die Schwingungsgleichungen für die Oszillatoren, die in der Entfernung $x_1 = 5{,}25$ cm bzw. $x_2 = 7{,}5$ cm vom Nullpunkt von der Störung erfaßt werden?

3.3.2 Transversal- und Longitudinalwellen; Polarisation

Bei der periodischen Anregung des ersten Pendels senkrecht (transversal) zur Richtung der Oszillatorkette (*Versuch 3/18*) entsteht die bekannte Erscheinung einer fortschreitenden Welle. Erfolgt die Anregung in Richtung (longitudinal) des Wellenträgers, so durchläuft die Kette auch eine Wellenbewegung. Es laufen nicht Wellenberge und Wellentäler wie im ersten Fall über den Wellenträger, sondern **Verdichtungen** und **Verdünnungen.** Die Ausbreitungsrichtung der Welle wird durch die Richtung des Wellenträgers gegeben; die Bewegungen der Oszillatoren beschreibt der Schwingungsvektor.

Definition: In einer **Transversalwelle** steht der Schwingungsvektor der einzelnen Oszillatoren senkrecht, in einer **Longitudinalwelle** parallel zur Ausbreitungsrichtung der Welle.

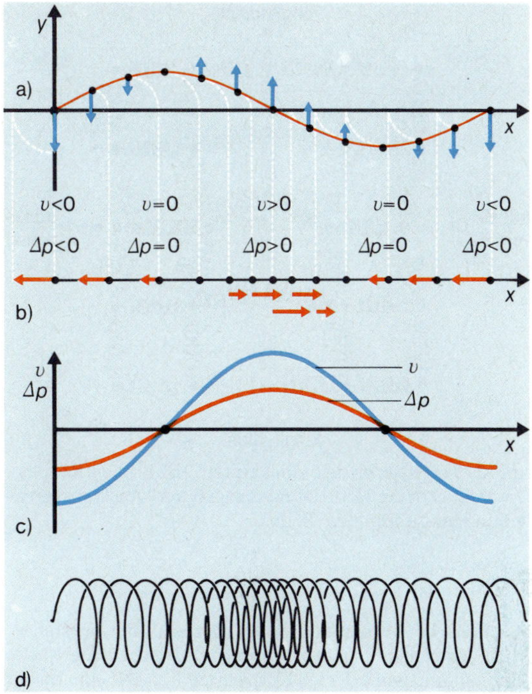

Abb. 3–33: Verteilung von Druck und Geschwindigkeit einer fortschreitenden Longitudinalwelle.

Die Wellengleichung beschreibt beide Vorgänge. Trägt man die Auslenkung $y\ (x,\ t)$ senkrecht oder parallel zur Ausbreitungsrichtung (x-Achse) von der Gleichgewichtslage des betreffenden Oszillators ab, so erhält man im ersten Fall die Darstellung einer Transversalwelle und im zweiten die einer Longitudinalwelle.

In der Momentaufnahme der Transversalwelle (*Abb. 3–33a*) sind die Auslenkungen und Geschwindigkeiten eingezeichnet, mit denen die einzelnen Oszillatoren sich um ihre Gleichgewichtslage bewegen. Durch Umklappen in die x-Achse erhält man das entsprechende Bild der Longitudinalwelle (*Abb. 3–33b*). Man erkennt auf dem Wellenträger Stellen mit größerer und geringerer Dichte der schwingenden Teilchen und solche mit Bewegungen in Ausbreitungsrichtung und entgegengesetzt dazu.

Man kann die Dichte als Druck und die Dichteschwankungen als **Druckschwankungen** gegenüber dem Normaldruck auffassen. Stellen größeren Drucks werden als Wellenberg, solche kleineren Drucks (Unterdruck) als Wellental dargestellt (*Abb. 3–33 c*). Entsprechend kann man die Geschwindigkeit der Oszillatoren als Geschwindigkeitswelle deuten. Die Geschwindigkeit der Oszillatoren ist zu unterscheiden von der Ausbreitungsgeschwindigkeit der Welle, mit der sich die Phase fortpflanzt.

Ergebnis: Eine Longitudinalwelle läßt sich durch eine Druck- und durch eine Geschwindigkeitswelle darstellen. Beide sind in Phase und besitzen dieselbe Ausbreitungsgeschwindigkeit und Wellenlänge wie die fortschreitende Longitudinalwelle.

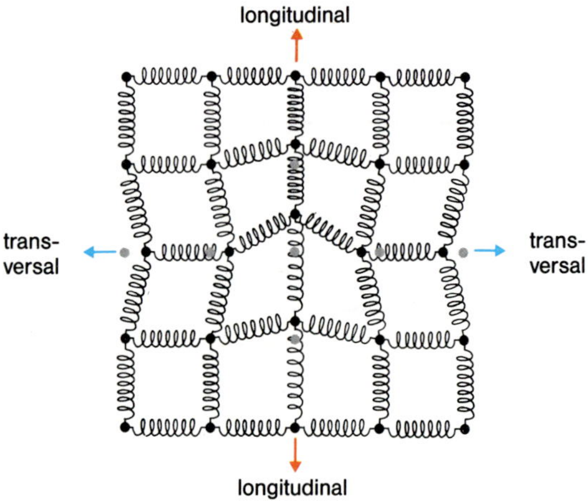

Abb. 3–34: Gittermodell eines festen, elastischen Körpers. Das Pendel in der Mitte ist Ausgangspunkt von transversalen und longitudinalen Wellen.

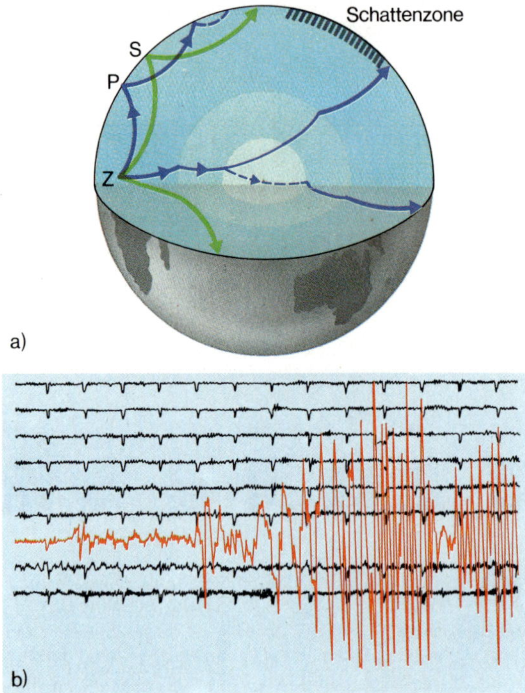

Abb. 3–35: Erdbeben. a) Vom Herd eines Erdbebens gehen P-Wellen (Primär-, Longitudinalwellen) und S-Wellen (sekundär-, Transversalwellen) aus. Die Wellengeschwindigkeit nimmt mit der Tiefe zu; daher verlaufen die Wellenfronten asymmetrisch. Aus den abrupten Änderungen der Ausbreitungsgeschwindigkeit in bestimmten Tiefen schließt man auf einen schalenförmigen Aufbau des Erdkörpers. Beim Durchgang durch die Grenzschichten der „Erdschalen" werden die Wellen gebrochen und reflektiert. Da S-Wellen unterhalb einer Tiefe von 2900 km nicht mehr auftreten, nimmt man an, daß das Gesteinsmaterial dort flüssig ist.
b) Ausschnitt aus einem Seismogramm. Die Geschwindigkeit der P-Wellen ist größer als die der S-Wellen. Es werden zuerst die P-Wellen, dann die S-Wellen registriert. Es folgen dann die langsameren Oberflächenwellen (R- und L-Wellen).

Mechanische Transversalwellen können nur entstehen, wenn zwischen den Oszillatoren elastische Querkräfte wirksam sind wie in festen Körpern (*Abb. 3–34*) oder an der Oberfläche von Flüssigkeiten. **Mechanische Longitudinalwellen** können immer dann entstehen, wenn zwischen den Oszillatoren elastische Längskräfte wirksam sind. Elastische Längskräfte existieren nicht nur zwischen den Teilchen eines Festkörpers, sondern auch in Flüssigkeiten und Gasen. Eine Störung der Gleichgewichtslage der Moleküle z. B. eines Gases wird in Richtung dieser Störung weitergegeben, obwohl die Teilchen nicht fest aneinander gebunden sind.
In festen Körpern können sich Transversal- und Longitudinalwellen fortpflanzen. In Flüssigkeiten und Gasen sind nur Longitudinalwellen möglich.
Da bei gleicher Auslenkung die Querkräfte kleiner sind als die Längskräfte, die auf benachbarte Oszillatoren ausgeübt werden, gilt:
Die Ausbreitungsgeschwindigkeit von Longitudinalwellen ist unter gleichen Bedingungen größer als die von Transversalwellen. Sie wächst, je fester die Kopplung der Oszillatoren ist. Dieser Sachverhalt ist wesentlich bei der Auswertung von Erdbebenwellen (*Abb. 3–35*).

Polarisation

Man kann meistens nicht ohne weiteres feststellen, ob in einem gegebenen Fall eine Transversal- oder eine Longitudinalwelle vorliegt.

Versuch 3/19: Auf einem Federseil läßt man kurze transversale und longitudinale Wellenzüge gegen einen Spalt laufen, der aus zwei Stativstangen gebildet ist (*Abb. 3–36*).
Beobachtung: Während die Longitudinalwellen den Spalt ungehindert passieren, werden die Transversalwellen entweder gar nicht hindurchgelassen oder ändern beim Durchgang ihre Schwingungsrichtung.
Bei Longitudinalwellen kann keine Polarisation erzeugt und beobachtet werden. Damit ergibt sich folgende Unterscheidungsmöglichkeit zwischen Transversal- und Longitudinalwellen:
Transversalwellen sind polarisierbar, Longitudinalwellen dagegen nicht.

Definition: Eine Transversalwelle mit parallelen Schwingungsvektoren, die in ein- und derselben Schwingungsebene liegen, heißt **linear polarisiert.**

Für das Verhalten der **Transversalwelle** hat man folgende Fälle zu unterscheiden:
1. Liegt der Schwingungsvektor in Spaltrichtung, wird die Welle ungehindert hindurchgelassen (*Abb. 3–36a*).
2. Stehen Schwingungsvektor und Spaltrichtung senkrecht aufeinander, so ist die Welle hinter dem Spalt ausgelöscht; sie wird, soweit sie nicht verschluckt (absorbiert) wird, reflektiert (*Abb. 3–36b*).

3. In allen übrigen Fällen wird die Komponente des Schwingungsvektors in Spaltrichtung hindurchgelassen, die Komponente senkrecht dazu (teilweise) reflektiert (*Abb. 3–36 c*).

Wird bei einer Transversalwelle nur eine Komponente mit einer bestimmten Schwingungsrichtung herausgefiltert, so bezeichnet man diesen Vorgang als **Polarisation.** Die dazu benötigte Vorrichtung heißt **Polarisator.**

Der Schwingungsvektor kann aber auch seine Lage im Raum stetig ändern (*Abb. 3–36 d*). Bewegt sich dabei die Spitze des Schwingungsvektors auf einem Kreis (räumlich auf einer Kreisspirale), so heißt die Welle **zirkular polarisiert;** ist es eine Ellipse, so spricht man von einer **elliptisch polarisierten** Transversalwelle. Solche Wellen kann man sich nach den Ergebnissen über die Zusammensetzung zweier senkrecht aufeinanderstehender Schwingungen (→ *3.2.1*) aus zwei linear polarisierten Wellen entstanden denken, die frequenzgleich, aber phasenverschoben sind. Durch den Polarisator wird eine Komponente, d. h.eine linear polarisierte Welle, wieder herausgefiltert.

Bei der Untersuchung von Wellen genügt im allgemeinen nicht ein Polarisator. Denn die Veränderung der Transversalwelle ist häufig nicht so leicht wie im Modellversuch zu beobachten. Man läßt deshalb die Welle nochmals durch einen zweiten Polarisator laufen. Steht der zweite Spalt senkrecht zum ersten, die Polarisatoren sind gekreuzt, so wird jede Transversalwelle ausgelöscht, während eine Longitudinalwelle beide Polarisatoren ungehindert passiert. Da erst der zweite Polarisator endgültig über die Art der Welle und die Schwingungsrichtung entscheidet, nennt man ihn auch **Analysator.**

Ergebnis: Wird durch Polarisator und Analysator in gekreuzter Stellung eine Welle völlig ausgelöscht, so handelt es sich um eine Transversalwelle. Polarisierbarkeit ist eine charakteristische Eigenschaft der Transversalwellen.

3.3.3 Die Entstehung ebener und räumlicher Wellen

Die Wasserwellen sind wohl das anschaulichste Beispiel für eine Wellenbewegung, die sich in einer Ebene, also zweidimensional abspielt. Zur Demonstration eignet sich eine Wellenwanne, die einige Millimeter tief mit Wasser gefüllt ist. Mit einem Wellenerreger werden Oberflächenwellen erzeugt, deren Frequenzen sich in bestimmten Grenzen verändern lassen. Das entstehende **Wellenfeld** betrachtet man in Projektion an der Zimmerdecke oder auf einem Schirm. Wellenberge wirken wegen der konvexen Aufwölbung der Wasseroberfläche als Sammellinsen: sie werden als helle Streifen projiziert. Die Wellentäler zerstreuen infolge ihrer konkaven Gestalt das Licht: sie erscheinen in der Projektion als dunkle Streifen (*Abb. 3–37*).

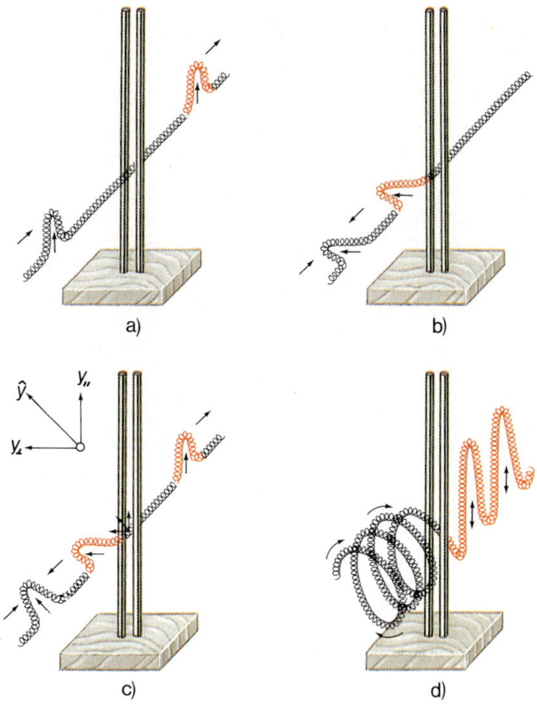

Abb. 3–36: Polarisation. a) bis c) Lineare Polarisation. d) Aus einer zirkular polarisierten Welle entsteht hinter dem Poarisator eine linear polarisierte Welle.

Versuch 3/20: Ein punktförmiger bzw. gerader Wellenerreger taucht kurzzeitig oder ständig mit verschiedenen Frequenzen in das Wasser. Über die Wasseroberfläche werden zuvor einige Korkstückchen regellos verteilt.

Beobachtung: Bei kurzzeitiger Erregung breitet sich eine Gruppe kreisförmiger bzw. gerader Wellen über die Oberfläche aus und bringt die Korkstückchen ebenso kurz zum Mitschwingen. – Schwingt der Wellenerreger ständig, so wandern ständig Wellen über die Wasseroberfläche. Die Korkstückchen (als Modell für einzelne Oszillatoren) bewegen sich mit gleicher Frequenz wie der Erreger auf und ab, ohne sich von der Stelle zu bewegen.

Als Modell eines eindimensionalen (linearen) Wellenträgers eignet sich eine Kette gekoppelter Oszillatoren (*Abb. 3–30*). Als Modell eines zweidimensionalen (ebenen) Wellenträgers stellt man sich ein Netz gekoppelter Oszillatoren vor. In diesem Modell läßt sich die Ausbreitung ebener Wellen wie folgt beschreiben:

1. Die Oszillatoren werden durch den Wellenerreger zu erzwungenen Schwingungen angeregt. Diese Schwingungen breiten sich von Oszillator zu Oszillator aus und erreichen jeden Punkt des Netzes nach einer bestimmten Zeit, die sich aus dem Weg und der Ausbreitungsgeschwindigkeit der Störung ergibt.

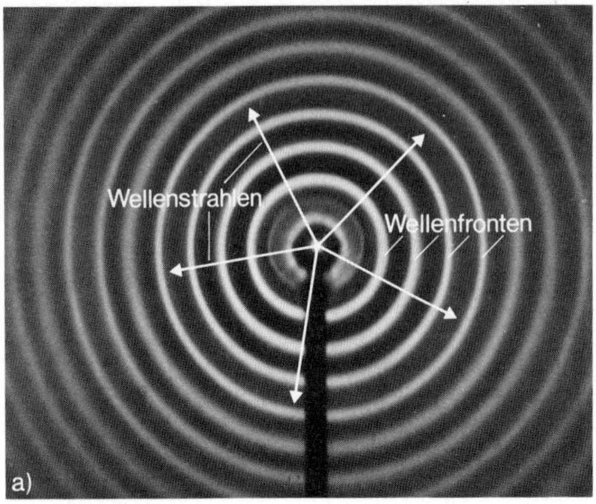

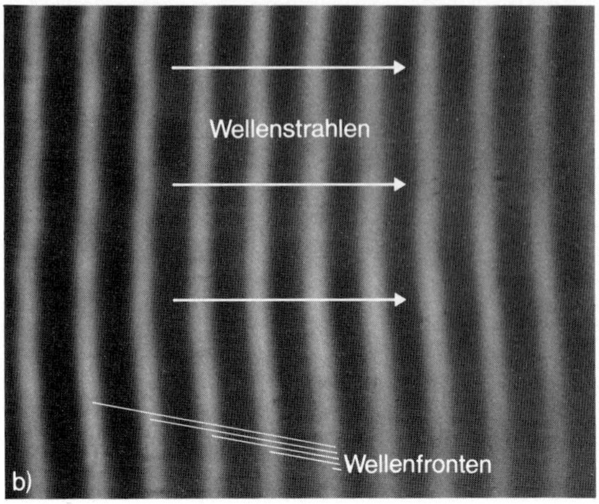

Abb. 3–37: Grundformen ebener Wellen. a) Kreiswelle, b) gerade Welle.

Der an dieser Stelle befindliche Oszillator führt dann ebenfalls erzwungene Schwingungen in der Erregerfrequenz aus.

2. Zwischen der erzwungenen Schwingung an einer bestimmten Stelle im Wellenfeld und der Schwingung des Erregers besteht im allgemeinen eine Phasendifferenz. Benachbarte Punkte gleicher Phase bilden eine **Wellenfront.** Senkrecht zu den Wellenfronten verlaufen die **Wellennormalen** oder Wellenstrahlen. Sie geben die Ausbreitungsrichtung der Wellenbewegung an. Je nach der Form der Wellenfronten unterscheidet man (*Abb. 3–37*):

a) **Kreiswellen:** Sie bilden konzentrische Kreise um das Erregerzentrum. Die Wellenstrahlen gehen radial vom Zentrum aus.

b) **Gerade Wellen:** Die Wellenfronten sind Geraden. Die Wellenstrahlen verlaufen parallel zueinander.

3. Alle Punkte, die vom Erregerzentrum um ein gleiches ganzzahliges Vielfaches der Wellenlänge entfernt sind, schwingen in der gleichen Phase wie der Erreger. Für die Ausbreitungsgeschwindigkeit der Störung, die von der Stärke der Kopplung abhängig ist, gilt $c = \lambda f$.

4. Die Wellen transportieren **Impuls** und **Energie**, die der Wellenerreger in das Wellenfeld gibt. Bei kurzfristigem Anstoß des Erregers breitet sich der Impuls als **Wellenpaket** über die Oberfläche aus. Bei ständiger Erregung werden fortlaufend Wellen über das Oszillatornetz geschickt.

So einfach sich die Wasserwellen zunächst darstellen, so kompliziert ist ihre Theorie. In erster Näherung kann man sie als Transversalwellen auffassen. Für die Ausbildung von **Oberflächenwellen** auf Flüssigkeiten sind zwei Kräfte entscheidend: die **Oberflächenspannung,** die durch die Anziehung der Teilchen untereinander zustande kommt (Kohäsionskräfte), und die **Schwerkraft,** der jedes Teilchen (auch) an der Oberfläche unterliegt. Bei einer Gleichgewichtsstörung der Oberfläche wirken beide als rücktreibende Kräfte. Bei kürzeren Wellen ($\lambda \leqq 1\,\text{cm}$) wirkt fast ausschließlich die Oberflächenspannung als rücktreibende Kraft, sie heißen deshalb **Kapillarwellen.** Längere Wellen (λ einige dm) sind reine **Schwerewellen;** für sie ist die Oberflächenspannung praktisch ohne Einfluß. Dazwischen liegt das Gebiet der Kapillar-Schwerewellen, mit denen man es vorzugsweise in der Wellenwanne zu tun hat.

Eine genauere Untersuchung der Oberflächenwellen zeigt, daß sich die Flüssigkeitsteilchen nicht einfach auf und ab bewegen, sondern Kreise und in tieferen Schichten mehr oder weniger langgestreckte Ellipsen beschreiben (*Abb. 3–38*). Der Durchmesser der Kreisbahn ist gleich dem Höhenunterschied zwischen Wellenberg und Wellental.

Der Schall ist Beispiel für eine Longitudinalwelle, die sich im Raum, also dreidimensional ausbreitet. Dreidimensionale Wellen haben in isotropen[1]) Medien die Form von ebenen Wellen, Kugelwellen bzw. Zylinderwellen. Die Punkte mit gleicher Phase liegen auf (zweidimensionalen) Flächen. Die Wellenfronten bilden Ebenen, Kugelflächen bzw. Zylinderflächen (*Abb. 3–39*).

Ebene Wellen sind durch ihre Ausbreitungsrichtung besonders charakterisiert. Legt man in diese Richtung eine Koordinatenachse, etwa die x-Achse, so lassen sie sich im wesentlichen mathematisch wie eindimensionale Wellen behandeln. – **Kugelwellen** bilden sich aus, wenn die Wellen von einem punktförmigen Erregerzentrum in alle Richtungen gleichartig ausgestrahlt werden, das dann den Mittelpunkt der Wellenfronten (Kugelflächen) bildet. In größeren Abständen vom Zentrum können Ausschnitte der Wellenflächen näherungsweise als ebene Wellen aufgefaßt werden. – Sind die Wellenerreger längs einer Geraden angeordnet oder trifft eine ebene Welle senkrecht auf einen Spalt, so bilden sich in erster Näherung **Zylinderwellen** aus. In der Ebene senkrecht zum Spalt lassen sie sich wie Kreiswellen behandeln. Bei der Veranschaulichung räumlicher Wellen beschränkt man sich meist auf die Darstellung zweidimensionaler Schnitte.

Aufgaben

3/39: Bei stroboskopischer Beleuchtung beobachtet man die scheinbar stillstehenden kreisförmigen Wellen in der Wellenwanne und mißt zwischen dem ersten und sechsten Wellenberg einen Abstand von 10 cm.

a) Wie groß ist die Wellenlänge?

b) Wie groß ist die Wellengeschwindigkeit, wenn der Wellenerreger eine Schwingungsdauer von $T = 0{,}25$ s besitzt?

***3/40:** Die Amplitude $\hat{p}$ des Schalldrucks hängt mit der Dichte ϱ der Luft, der Schallgeschwindigkeit v, der Frequenz f und der Amplitude $\hat{y}$ der Schwingung eines Luftmoleküls, das von der Schallwelle erfaßt wird, über die Beziehung $\hat{p} = 2\,\pi\, f\, v\, \varrho\, \hat{y}$ zusammen.
Ein Ton der Frequenz $f = 400$ Hz ist (bei 20° C) eben noch zu hören, wenn seine Schalldruckamplitude $\hat{p} = 8 \cdot 10^{-5}$ N/m² beträgt.

a) Wie groß ist die Amplitude der Schwingung der Luftmoleküle?
b) Mit Hilfe der ersten Ableitung der Wellengleichung läßt sich daraus die maximale Geschwindigkeit (Amplitude der Schallschnelle) des Teilchens berechnen.
c) Die obige Beziehung für $\hat{p}$ ist auf die Gleichheit der Einheiten im linken und im rechten Term zu untersuchen.

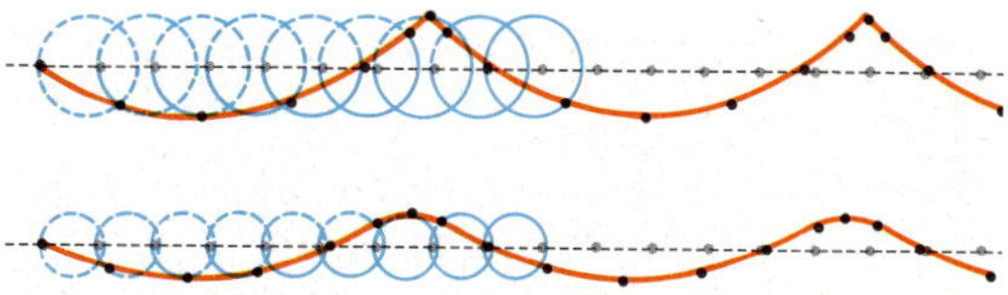

Abb. 3–38: Entstehung von Wasserwellen.

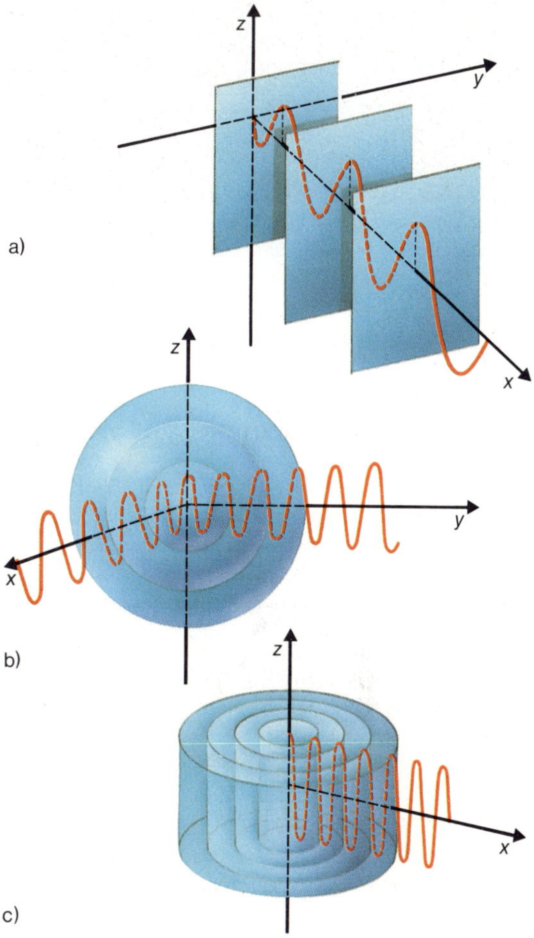

Abb. 3–39: Räumliche Wellen: a) Ebene Wellen, b) Kugelwellen, c) Zylinderwellen.

3.3.4 Der Doppler-Effekt

Fährt eine Schallquelle (Motorrad, Signalhorn) schnell an einem Beobachter vorbei, so sinkt im Augenblick des Übergangs vom Annähern zum Entfernen die Tonlage des Geräuschs deutlich ab. Offenbar hängt die Frequenz für den Beobachter von der Relativgeschwindigkeit zwischen Beobacher und Schallquelle ab. Diese bekannte Alltagserfahrung hat zuerst DOPPLER untersucht.

Bewegter Beobachter, ruhender Sender

Bewegt sich ein Beobachter mit der Geschwindigkeit v auf den Sender, der eine Welle mit der Frequenz f und Geschwindigkeit c abstrahlt, zu oder von ihm weg, so erreichen ihn die fortschreitenden Wellen früher bzw. später. Die Wellenlänge bleibt konstant, jedoch ist die Geschwindigkeit relativ zum Beobachter jetzt $c + v$ bzw. $c - v$. Die Frequenz wird damit für den Beobachter

$$f_\mathrm{b} = \frac{c \pm v}{\lambda} = f\,\frac{c \pm v}{c} = f\,(1 \pm \frac{v}{c}).$$

Das Pluszeichen gilt beim Annähern, das Minuszeichen beim Entfernen des Beobachters zum Sender.

Bewegter Sender, ruhender Beobachter

Solange sich Sender und Beobachter nicht bewegen, ist der Abstand zweier auf den Beobachter zulaufender Wellenberge gleich der Wellenlänge λ. Bewegt sich der Sender aber mit der Geschwindigkeit v_s auf den Beobachter zu, kommt er in der Zeit T, in der sich die Welle um die Strecke λ ausbreitet, selbst um das Stück $\Delta s = v_\mathrm{s} T = v_\mathrm{s}/f$ voran, so daß der Abstand zweier Wellenberge dem Beobachter um dieses Stück kleiner zu sein scheint. Für ihn scheint die Wellenlänge

$$\lambda_\mathrm{e} = \lambda - \frac{1}{f} v_\mathrm{s} = \lambda - v_\mathrm{s}\frac{\lambda}{c} = \lambda\,(1 - \frac{v_\mathrm{s}}{c})$$

(*Abb. 3–40*) zu sein. Nach der Gleichung $c = \lambda_\mathrm{e}\, f_\mathrm{e}$ hört der Beobachter eine Schwingung mit der Frequenz

$$f_\mathrm{e} = \frac{c}{\lambda_\mathrm{e}} = \frac{\lambda f}{\lambda\,(1 - \frac{v_\mathrm{s}}{c})} = \frac{f}{(1 - \frac{v_\mathrm{s}}{c})}\,.$$

---

[1]) isos (griech.), gleich; tropos (griech.), Richtung: nach allen Richtungen gleiche Eigenschaften aufweisend

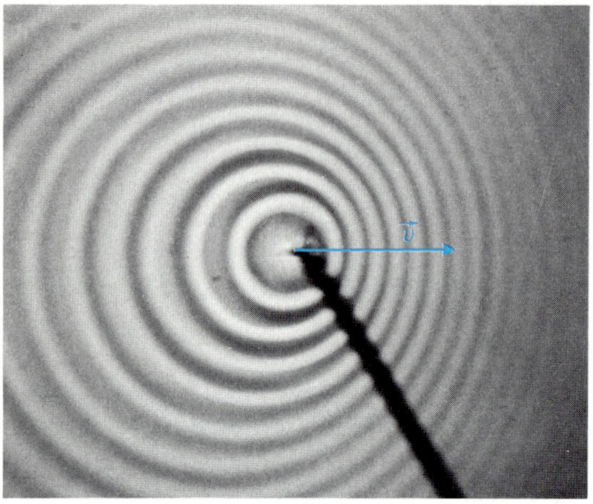

Abb. 3–40: Doppler-Effekt in der Wellenwanne. Vor dem bewegten Sender treten kürzere, hinter ihm längere Wellen als im ruhenden Zustand des Senders auf.

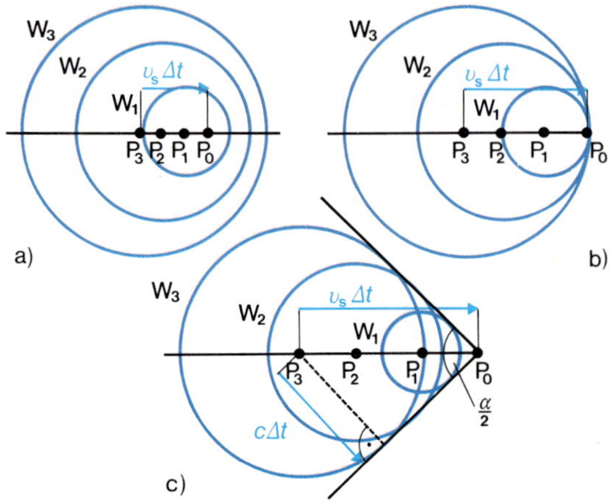

Abb. 3–41: Momentbilder der Wellenfronten, die eine bewegte Schallquelle aussendet. Der Sender, im Augenblick der Aufnahme in P_0, befand sich in P_1, P_2, P_3, als die Wellenfronten W_1, W_2, W_3 im Abstand $T = T,\ 2T,\ 3T$ ausgesandt wurden. a) $v_s < c$, b) $v_s = c$, c) $v_s > c$. (v_s Geschwindigkeit der Schallquelle, c Schallgeschwindigkeit).

Daß sich in beiden Fällen *a)* und *b)* auch bei gleicher Relativitätsgeschwindigkeit $v = v_s = v_e$ zwei verschiedene Beziehungen für die vom Beobachter empfangene Frequenz ergeben, liegt daran, daß die als Übertrager wirkende Luft als festes Bezugssystem vorhanden ist, durch das sich im ersten Fall der Beobachter bewegt und gegenüber dem er im zweiten Fall in Ruhe bleibt.

Ergebnis: Bewegt sich ein Beobachter relativ zum Wellenträger, so ändert sich für ihn die Ausbreitungsgeschwindigkeit der Welle. Bewegt sich ein Sender relativ zum Wellenträger, so ändert sich die Wellenlänge.

Dies führt zum **Doppler-Effekt:** Nähern sich ein Sender und ein Beobachter, so nimmt dieser eine höhere Frequenz wahr, als der Sender ausstrahlt. Entfernen sie sich voneinander, so verringert sich die Frequenz für den Beobachter.
Der Doppler-Effekt tritt bei allen Wellenvorgängen auf, so auch beim Licht (→ *8.2.6.*).

Überschallgeschwindigkeit

Abb. 3–41 zeigt für verschiedene Geschwindigkeiten einer Schallquelle die Lage dreier aufeinander folgender Wellenberge. Der Sender befindet sich in allen verschiedenen Fällen im dargestellten Augenblick t_0 in P_0. Eine Periodendauer früher, also zur Zeit $t_1 = t_0 - T$, war er in P_1; von diesem Punkt hat sich inzwischen ein Wellenberg als Kugel mit dem Radius λ ausgebreitet. Entsprechend hat sich vom Standort P_2 des Senders zur Zeit $t_2 = t_0 - 2T$ eine Kugel mit dem Radius 2λ ausgebreitet, von P_3 eine mit 3λ.
In *Abb. 3–41 a* ist die Geschwindigkeit der Schallquelle kleiner als die Schallgeschwindigkeit. In *Abb. 3–41 b* bewegt sich der Sender mit Schallgeschwindigkeit. In Fortschreitungsrichtung des Senders bewegen sich die Wellenberge und bilden die sogenannte **Schallmauer,** die mit dem Sender mitläuft. Zu hören ist diese **Kopfwelle** für einen ruhenden Beobachter als lauter Knall. – Steigt die Geschwindigkeit des Senders noch weiter, so wird die Schallmauer durchstoßen. Die Kugelwellen überlagern sich längs eines Kegelmantels (*Abb. 3–41 c*) zu einer verstärkten Druckwelle, zum **Überschallknall,** während sie sich innerhalb des Kegels größtenteils auslöschen.
Die drei Fälle lassen sich durch das Verhältnis von Sendergeschwindigkeit v_s zur Schallgeschwindigkeit c charakterisieren. Dieses Verhältnis, das nach MACH benannte **Machsche Zahl** $M = v_s/c$, ist im ersten Fall kleiner, im zweiten gleich und im zuletzt betrachteten Fall größer als 1. In diesem dritten Fall ist der Öffnungswinkel α des sogenannten **Machschen Kegels** durch die Beziehung

$\sin \alpha/2 = 1/M$ gegeben.

Die Kopf- oder Stoßwelle des Machschen Kegels wird nicht nur bei Schallwellen (Düsenflugzeug, Geschoß) beobachtet, sondern auch beim Licht. Wenn sich ein geladenes Teilchen schneller als die Phasengeschwindigkeit in einem Medium der Brechzahl $n > 1$ bewegt, sendet das Teilchen Licht aus (**Tscherenkow-Strahlung**).

Aufgaben

3/41: Welchen Ton hört ein Fußgänger, an dem eine pfeifende Lokomotive (1500 Hz) vorbeifährt, vorher und nachher? Der Zug hat eine Geschwindigkeit von $v = 120$ km/h, die Schallgeschwindigkeit werde zu $c = 340$ m/s angenommen.
3/42: Ein Bahnreisender, der in einem Zug mit der Geschwindigkeit $v = 120$ km/h fährt, nähert sich einem mit der Frequenz $f = 400$ Hz schwingenden Läutewerk an einem Bahnübergang. – Welche Frequenz hört der Reisende vorher und nachher?
3/43: Ein punktförmiger Wellenerreger erzeugt Kreiswellen mit der Wellenlänge $\lambda = 1{,}2$ cm. Bewegt man den Erreger relativ zur Wanne, so mißt man vor dem Erreger eine Wellenlänge $\lambda = 0{,}8$ cm.

a) Wie groß ist das Verhältnis der Wellengeschwindigkeit zu der Geschwindigkeit des Wellenerregers?
b) Welche Wellenlänge beobachtet ein Beobachter hinter dem Wellenerreger?

***3/44:** Man ergänze die Ausdrücke des Doppler-Effekts für den Fall, daß sich Sender und Beobachter relativ voneinander entfernen. Wie lautet dann die Herleitung?

***3/45:** Ein Düsenflugzeug überfliegt einen Beobachter in 2000 m Höhe. Es „durchbricht die Schallmauer", als es abfliegend unter einem Erhebungswinkel von 25° beobachtet wird. (Die Schallgeschwindigkeit sei 340 m/s.) –
a) Wie groß ist seine Geschwindigkeit?
b) Wie weit ist das Flugzeug vom Beobachter entfernt, wenn der Beobachter es (plötzlich) hört?

3.3.5 Phasen- und Gruppengeschwindigkeit; Dispersion

Die Ausbreitungsgeschwindigkeit c der Wellen in einem Medium ist durchaus nicht für alle Frequenzen gleich groß. Die Schallgeschwindigkeit hängt im allgemeinen nicht von der Frequenz eines Tones bzw. der Wellenlänge im Medium ab. Das gilt z. B. nicht für Wasserwellen.

Versuch 3/21: In der Wellenwanne werden gerade Wellenfronten mit verschiedenen Frequenzen des Wellenerregers erzeugt.
Beobachtung: Die Ausbreitungsgeschwindigkeit der Wasserwellen nimmt bei kleinerer Frequenz und damit größerer Wellenlänge zu.

Die Abhängigkeit der Wellengeschwindigkeit innerhalb des gleichen Mediums von der Wellenlänge bezeichnet man als **Dispersion.** Bei normaler Dispersion (wie bei den Wasserwellen) wächst die Geschwindigkeit mit der Wellenlänge.

Versuch 3/22: In der Wellenwanne wird durch kurzes Eintauchen des Wellenerregers ein Wellenzug begrenzter Länge erzeugt.
Beobachtung: Eine von ruhigem Wasser vorn und hinten begrenzte Wellengruppe läuft langsamer über die Oberfläche als die Wellenberge innerhalb der Gruppe. Kleine Wellen entstehen an der Rückseite der Gruppe, durchlaufen sie und verschwinden an ihrer Vorderseite.

Bei der Ausbreitung einer **Wellengruppe** oder – wie man auch sagt – eines **Wellenpaketes** bewegen sich die Wellenfronten innerhalb der Gruppe nicht mit der gleichen Geschwindigkeit wie die Gruppe insgesamt. Man unterscheidet daher die **Gruppengeschwindigkeit** von der Geschwindigkeit der Wellenfronten, der **Phasengeschwindigkeit.** Sie ist für einfache Sinuswellen definiert und bezeichnet die Geschwindigkeit einer bestimmten Phase, z. B. eines Wellenberges in einem Wellenzug unbegrenzter Länge und konstanter Amplitude (*Abb. 3–42*).
Die Energie, die mit der Wellenbewegung transportiert wird, steckt in der Wellengruppe. Für die Übertragung der Energie in einem endlichen Wellenzug ist die Gruppengeschwindigkeit daher entscheidend, mit der sich das Wellenpaket ausbreitet, und nicht die Phasengeschwindigkeit.

Ergebnis: Phasen- und Gruppengeschwindigkeit weichen voneinander ab, wenn die Ausbreitungsgeschwindigkeit einer Welle (ihre Phasengeschwindigkeit) von der Wellenlänge abhängt, wenn also Dispersion vorliegt.

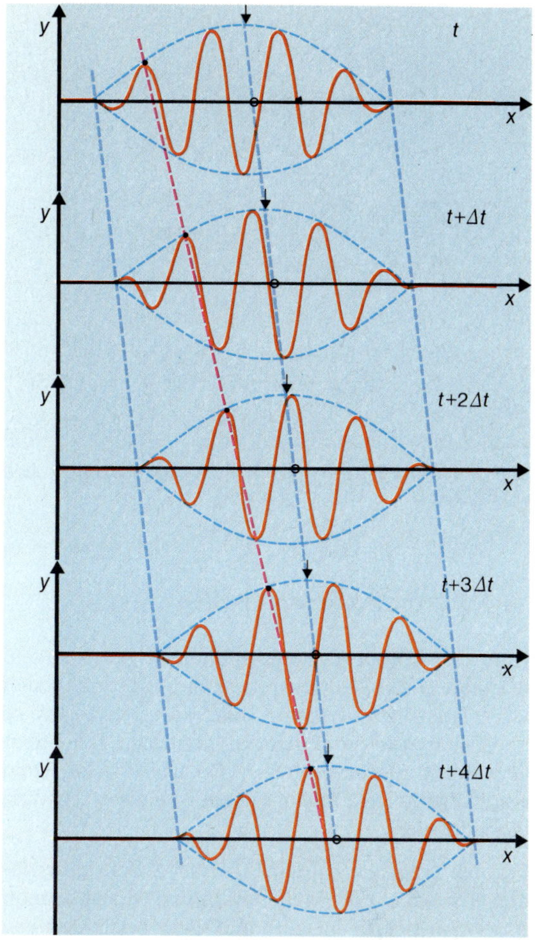

Abb. 3–42: Die Gruppe der Wellen kommt langsamer voran als die einzelne Welle: die Gruppengeschwindigkeit ist kleiner als die Phasengeschwindigkeit.

Aufgabe

***3/46:** Konstruieren Sie nach *Abb. 3–42* ein Wellenpaket, in dem die Gruppengeschwindigkeit größer ist als die Phasengeschwindigkeit.

3.4 Die Eigenschaften von Wellen

Nach der Entstehung und Ausbreitung von Wellen in einem einheitlichen Medium sollen nun besondere Wellenerscheinungen untersucht werden. Sie treten auf, wenn sich Wellen in verschiedenen Medien mit unterschiedlicher Ausbreitungsgeschwindigkeit fortpflanzen **(Reflexion** und **Brechung)**, wenn Wellen auf verschiedenen Wegen zum gleichen Ort gelangen **(Interferenz),** wenn sie auf Hindernisse stoßen **(Beugung)** oder wenn sie sich auf einem begrenzten Wellenträger ausbilden **(stehende Wellen, Eigenschwingungen)**.

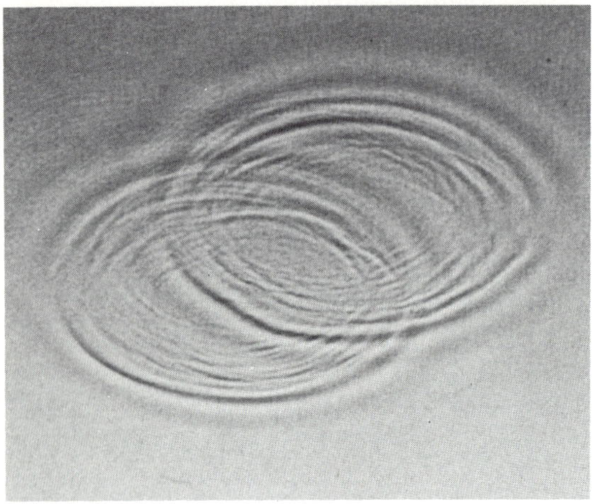

Abb. 3–43: Zwei Kreiswellensysteme durchdringen sich ungestört.

3.4.1 Interferenz linearer Wellen

Wenn zwei Wassertropfen gleichzeitig in einigem Abstand in die Wellenwanne fallen, so breiten sich zwei Kreiswellensysteme aus, die sich teilweise überlagern und durchdringen, ohne sich dabei aber gegenseitig zu stören (*Abb. 3–43*). Die Überlagerung von Wellen wird zunächst wieder bei linearen Wellen untersucht.

Versuch 3/23: An beiden Enden des Schraubenfederseils oder der Wellenmaschine erzeugt man durch einen kräftigen Impuls zwei Auslenkungen zur gleichen *(a)* oder zur entgegengesetzten Seite *(b)* (*Abb. 3–44*).

Beobachtung: Beide Wellenberge laufen vor und nach dem Zusammentreffen völlig unverändert über den Wellenträger. An der Stelle, an der sie zusammentreffen, entsteht entweder ein überhöhter Wellenberg (*a*) oder es verschwinden die Ausschläge fast völlig (*b*).

Daß zwei Wellenberge auf demselben Wellenträger übereinander hinweglaufen, ohne danach ihre Form zu ändern, folgt aus dem Überlagerungsprinzip der Schwingungen (→ *3.2.1*). Wird ein Oszillator von mehreren Wellenbewegungen gleichzeitig erfaßt, so addieren sich die Elongationen der Schwingungen, solange die Amplituden klein genug und die Rückstellkräfte proportional zur Auslenkung bleiben.

Prinzip der ungestörten Überlagerung von Wellen: Treffen an einer Stelle eines Wellenträgers mehrere Wellenbewegungen aufeinander, so addieren sich dort die Elongationen vektoriell. Die Wellen laufen nach dem Zusammentreffen ungestört weiter.

Versuch 3/24: Man verbindet das Ende eines Schraubenfederseils mit den Enden von zwei anderen, kurzen Schraubenfederseilstücken und erregt an deren Enden jeweils eine Wellenbewegung.

Beobachtung: Bewegt man beide Enden gleichsinnig auf und ab, so setzen sich die Störungen zu einer neuen Welle mit größerer Amplitude zusammen. Bei gegensinniger Bewegung heben sich die Wellen auf dem langen Teil des Seils auf.

Diese beiden Fälle gehören zu einem wichtigen Sonderfall der Überlagerung von Wellen:

Definition: Die ungestörte Überlagerung mehrerer Wellen von gleicher Frequenz (und damit gleicher Wellenlänge) am selben Ort mit fester Phasenbeziehung bezeichnet man als **Interferenz.**

Wellen von nicht zu großer Amplitude überlagern sich immer ungestört, auch wenn ihre Wellenlängen nicht übereinstimmen. Es entstehen dann im allgemeinen komplizierte Schwingungsformen. Von In-

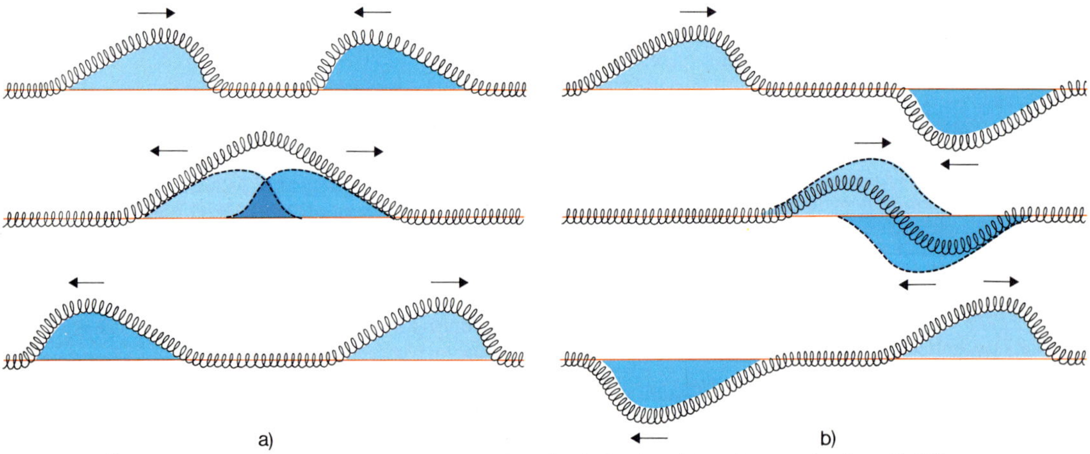

Abb. 3–44: Überlagerung zweier aufeinander zulaufender gleichphasiger (*a*) und gegenphasiger (*b*) Störungen.

terferenz spricht man aber nur dann, wenn die Wellenlängen übereinstimmen und die Phasenbeziehungen der Wellen über längere Zeit konstant bleiben.
Für die neue Wellenform, die sich bei Interferenz zweier Wellenzüge ergibt, ist die Strecke maßgebend, um die man eine der beiden Wellen gegenüber der andern verschieben müßte, damit sie überall phasengleiche Schwingungen ausführen. Diese Verschiebung, Gangunterschied genannt, gibt man zweckmäßig in Bruchteilen der Vielfachen der Wellenlänge an.

Definition: Unter dem **Gangunterschied** zweier Wellen (an einer bestimmten Stelle) versteht man die Strecke Δs, um die man eine der Wellen verschieben müßte, damit beide (dort) Schwingungen mit gleicher Phase erzeugen.

Zwischen dem Gangunterschied zweier Wellen und der Phasendifferenz der von ihnen hervorgerufenen Schwingungen besteht eine einfache Proportion:

$$\frac{\Delta s}{\lambda} = \frac{\Delta\varphi}{2\pi} \quad \text{oder}$$

$$\Delta s = \frac{\lambda}{2\pi}\Delta\varphi \quad \text{bzw.} \quad \Delta\varphi = \frac{2\pi}{\lambda}\Delta s\,.$$

Die Beobachtungen über die beiden in *Versuch 3/24* betrachteten Sonderfälle der Interferenz kann man folgendermaßen zusammenfassen (*Abb. 3–45*):

Zwei Wellen, die miteinander interferieren, verstärken bzw. schwächen sich (an einer bestimmten Stelle) maximal, wenn (dort) der Gangunterschied Null bzw. eine halbe Wellenlänge beträgt. Sie löschen sich dort völlig aus, falls beim Gangunterschied von $\Delta s = \lambda/2$ die Amplituden gleich sind.

Im ersten Fall addieren sich die Amplituden (Verstärkung durch Interferenz), im zweiten Fall subtrahieren sie sich (Abschwächung oder – bei gleichen Amplituden – Auslöschung). Da eine Verschiebung von Wellen um ein ganzzahliges Vielfaches ihrer Wellenlänge an den Interferenzerscheinungen nichts ändert, gilt:

Bei Interferenz zweier Wellen erhält man
1. **maximale Verstärkung** bei einem Gangunterschied

   $\Delta s = 0, \lambda, 2\lambda, \ldots$, allgemein
   $\Delta s = n\lambda \qquad (n = 0, 1, 2, \ldots)$

   entsprechend einer Phasendifferenz
   $\Delta\varphi = 2n\,\pi \qquad (n = 0, 1, 2, \ldots)$,
2. **maximale Abschwächung** bei einem Gangunterschied

   $\Delta s = \frac{1}{2}\lambda, \frac{3}{2}\lambda, \frac{5}{2}\lambda, \ldots$, allgemein
   $\Delta s = (2n + 1)\frac{\lambda}{2} \qquad (n = 0, 1, 2, \ldots)$

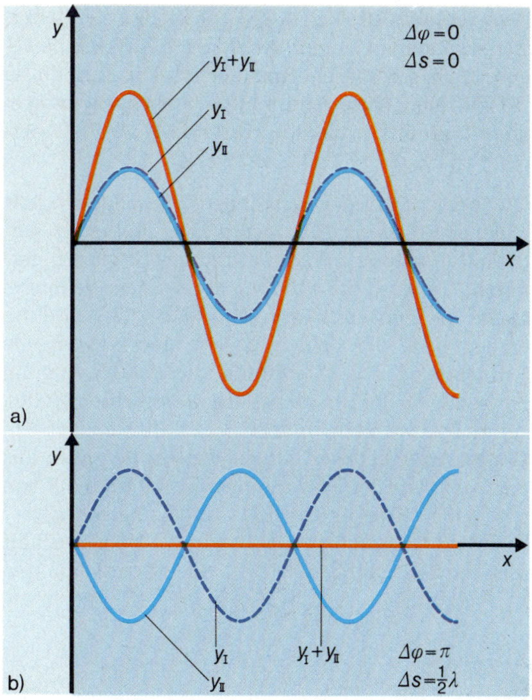

Abb. 3–45: Interferenz gleichfrequenter Wellen mit gleicher Amplitude. Phasengleich verstärken sie sich maximal (*a*), gegenphasig löschen sie sich gegenseitig aus (*b*).

   entsprechend einer Phasendifferenz

   $$\Delta\varphi = (2n + 1)\,\pi \qquad (n = 0, 1, 2, \ldots).$$

Aufgaben

3/47: Berechnen Sie die Gleichung der entstehenden Welle, die sich bei Interferenz zweier gleichlaufender Wellen gleicher Frequenz mit den Amplituden $\hat{y}_1 = \hat{y}$ und $\hat{y}_2 = \hat{y}/2$
a) bei einem Gangunterschied von $\Delta s = 0$,
b) bei einem Gangunterschied von $\Delta s = \lambda/2$ ergibt. Konstruieren Sie beide Überlagerungen mit $\hat{y} = 2$ cm und $\lambda = 6$ cm zur Zeit $t = 0$ (Momentaufnahme).

***3/48:** Untersuchen Sie mathematisch die Interferenz zweier gleichlaufender Wellen gleicher Frequenz und Amplitude mit dem Gangunterschied $\Delta s = \Delta x$.
Anleitung: In die Wellengleichung setze man einmal $x + \Delta x$ statt x ein.
Für welchen Gangunterschied ergibt sich aus der Rechnung maximale Verstärkung bzw. völlige Auslöschung?

3.4.2 Interferenz zweier Kreiswellen

Versuch 3/25: In der Wellenwanne werden zwei Kreiswellensysteme erzeugt. Hierfür werden zwei Erreger für Kreiswellen (mit regulierbarem Abstand voneinander) in den Schwinger des Wellenerzeugers eingeklemmt, dessen Frequenz variiert wird. Man beobachtet bei stroboskopischer Beleuchtung (*Abb. 3–46*).

Beobachtung: Im Wellenfeld beider Kreiswellensysteme entstehen Linien, auf denen die Wellenbewegung (fast) zur Ruhe gekommen ist. Die Zahl dieser wellenfreien Kurven nimmt mit wachsender Frequenz und mit größerem Abstand beider Wellenerreger zu.

Die beiden Erreger schwingen phasengleich mit gleicher Frequenz. Man nennt zwei Wellenerreger, die mit konstanter Phasendifferenz schwingen, **kohärent**[1], ebenso die von ihnen erzeugten Wellensysteme. In einem beliebigen Punkt P des Wellenfeldes erzeugt jede der beiden Wellen eine erzwungene Schwingung. Die Amplitude dieser Schwingung hängt ab von der Phasendifferenz der beiden Wellen $\Delta\varphi$ im betrachteten Punkt P. Sie ergibt sich aus dem Gangunterschied der beiden Wellen, den man aus der Differenz der Entfernungen des Punktes P von den beiden Erregerzentren L_1 und L_2 berechnet:
Aus dem **Gangunterschied** $\Delta s = L_2P - L_1P$ erhält man die **Phasendifferenz** der beiden Schwingungen

$$\Delta\varphi = \frac{2\pi}{\lambda}\Delta s = \frac{2\pi}{\lambda}(L_2P - L_1P),$$

mit deren Hilfe sich die Gleichung der zusammengesetzten Schwingung im Punkt P ermitteln läßt.
Längs der Symmetrieachse beider Zentren ist der Gangunterschied andauernd Null, hier verstärken sich die Schwingungen maximal (Interferenzmaximum 0. Ordnung). In allen Punkten der hieran auf beiden Seiten angrenzenden wellenfreien Kurven beträgt der Gangunterschied zu jeder Zeit eine halbe Wellenlänge; die Schwingungen heben sich hier auf (Interferenzminimum 1. Ordnung). Daran schließen sich auf beiden Seiten die Maxima 1. Ordnung an usw. (*Abb. 3–47*).
Die Maxima und Minima liegen auf Kurven, für deren Punkte die Differenz der Abstände zu den beiden Erregerzentren konstant, und zwar gleich dem jeweiligen Gangunterschied ist. Diese Kurven sind Hyperbeln mit den gemeinsamen Brennpunkten L_1 und L_2, sogenannte **konfokale**[2]) **Hyperbeln.**

Ergebnis: Zwei kohärente Kreiswellenerreger erzeugen durch Interferenz ein symmetrisches Wellenfeld aus (konfokalen) Interferenzhyperbeln maximaler Verstärkung und (fast) völliger Auslöschung. – Linien mit Punkten vom Gangunterschied $\Delta s = n\lambda$ $(n = 0, 1, 2, \ldots)$ bilden die **Interferenzmaxima** n. Ordnung, solche vom Gangunterschied

$$\Delta s = (2n-1)\frac{\lambda}{2} \quad (n = 1, 2, \ldots)$$

bilden **Interferenzminima** n. Ordnung.

[1]) cohaerere (lat.), zusammenhängend
[2]) focus (lat.), Brennpunkt

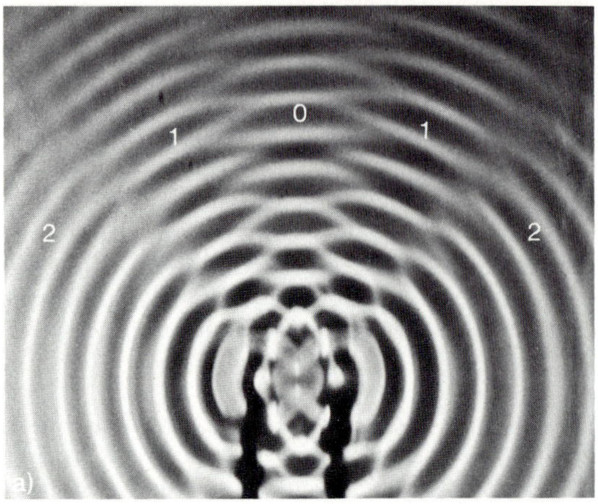

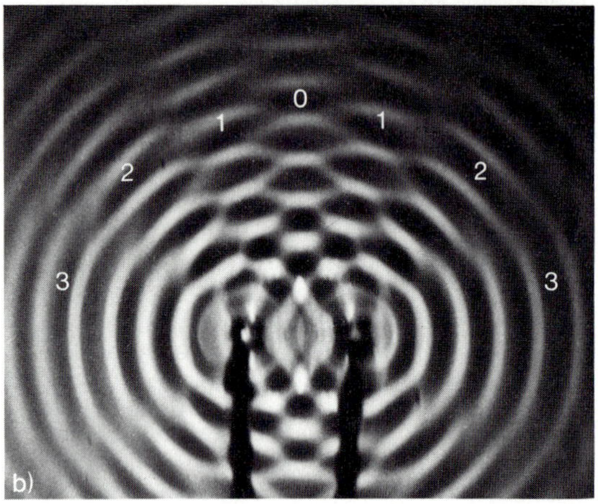

Abb. 3–46: Interferenz zweier Kreiswellensysteme. Bei kleinem Abstand der Erreger (*a*) entstehen wenige, bei größerem (*b*) mehrere Interferenzhyperbeln. Angegeben sind die Ordnungen der Interferenzmaxima.

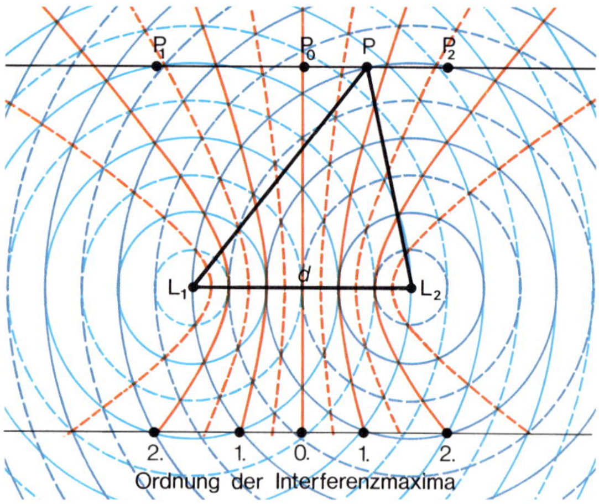

Abb. 3–47: Interferenzhyperbeln im Wellenfeld zweier Kreiswellensysteme.

Energieverteilung im Interferenzfeld

Jeder Erreger für sich erzeugt an jeder Stelle P auf der Linie P_1P_2 (*Abb. 3–47*) Schwingungen mit annähernd gleicher Amplitude $\hat{y}$. Damit verbunden ist die Übertragung der Energie $E \sim \hat{y}^2$ von jedem Wellenzentrum aus nach P. Ohne Interferenz würde daher zu jedem Punkt P auf der betrachteten Linie ständig dieselbe Energie $E \sim 2\hat{y}^2$ transportiert.
Durch Interferenz entstehen längs P_1P_2 jedoch Schwingungen verschiedener Amplitude. So hat die Amplitude an den Schnittstellen mit den gestrichelt dargestellten Hyperbeln stets den Wert Null, während sie an den Schnittstellen mit den durchgezogen dargestellten Hyperbeln dauernd ungefähr den Wert $2\hat{y}$ besitzt. Stellt man sich die Verteilung der Amplituden stark vereinfacht so vor, daß die Hälfte aller Punkte (nämlich in den Umgebungen von Maxima) diesen Amplitudenwert $2\hat{y}$ hätten und die übrige Hälfte den Wert Null, so erkennt man: Zur einen Hälfte der Punkte wird bei Interferenz die Energie $E \sim (2\hat{y})^2 = 4\hat{y}^2$ transportiert, zur anderen Hälfte die Energie $E = 0$. Im Mittel erhält wieder jeder Punkt die Energie $E \sim 2\hat{y}^2$.

Ergebnis: Durch Interferenz wird die Energieverteilung im Wellenfeld geändert. Die Energiesumme bleibt jedoch erhalten.

Die überraschende Tatsache, daß an die Stellen der Interferenzminima kaum Energie gelangt, obwohl jeder Sender dorthin Energie entsendet, folgt aus der Wellennatur. Die Amplituden addieren sich entsprechend ihrer Phasendifferenz, nicht aber die Energien; die Energie wird infolge der Interferenz anders verteilt.
Damit besitzt man ein Kriterium, das in allen Gebieten der Physik bei der Frage herangezogen wird, ob eine Energieübertragung durch Materietransport oder durch Wellen erfolgt. Entstehen in einem Überlagerungsgebiet, in das zwei Sender Energie ausstrahlen, **energiefreie Zonen,** hat man dies als entscheidenden Hinweis auf die Welleneigenschaft der betrachteten Strahlung zu werten.

Aufgaben

3/49: Zeichnen Sie eine Interferenzfigur ähnlich *Abb. 3–47*, die entsteht, wenn der Erreger L_2 gegenüber L_1 mit der Phasenverschiebung $\Delta\varphi = \pi$ schwingt. (Zeichnung $L_1L_2 = 7{,}0$ cm; $\lambda = 2{,}0$ cm; Wellenberge ausziehen, Wellentäler stricheln; Interferenzstreifen durch den Phasenunterschied kennzeichnen.)
***3/50:** Zwei phasengleich schwingende Wellenerreger erzeugen Kreiswellen der Wellenlänge λ. Ihr Abstand beträgt die fünffache Wellenlänge.
a) Welchen Winkel bildet der „gerade Teil" des Interferenzmaximums 1. Ordnung mit der Symmetrieachse?
b) Wie viele Interferenzhyperbeln (Interferenzmaxima) werden erzeugt?
c) Läßt sich eine Gesetzmäßigkeit zwischen der Anzahl der Interferenzhyperbeln und dem Abstand der Wellenerreger bei vorgegebener Wellenlänge aufstellen?
***3/51:** Ist $d = L_1L_2$ der Abstand der beiden phasengleich schwingenden Erreger, Δs der Gangunterschied eines weit von L_1 und L_2 entfernten Punktes und α der Winkel zwischen der Symmetrieachse von L_1 und L_2 und der Richtung von der Mitte L_0 zwischen den Erregern zum Punkt P, so gilt (*Abb. 3–47*)
a) $\sin\alpha = \frac{\Delta s}{d}$ und $\tan\alpha = \frac{PP_0}{L_0P_0} = \frac{a_n}{e}$
oder für kleine Winkel $\frac{\Delta s}{d} = \frac{a_n}{e}$,
b) für Interferenzmaxima $\sin\alpha = \frac{n\lambda}{d}$ oder $n\lambda \approx \frac{a_n}{e}d$
und
c) für Interferenzminima $\sin\alpha = \frac{2n+1}{2}\,\frac{\lambda}{d}$ oder
$(n+\frac{1}{2})\lambda \approx \frac{a_n}{e}d$.
Man begründe die Beziehungen anhand der Zeichnung.

3.4.3 Reflexion linearer Wellen

Bei den Modellversuchen zur linearen Welle mit der Oszillatorkette (→ *3.3.1*) wurden die Vorgänge am Ende der Kette zunächst nicht beachtet. Erreicht die Störung das Ende, so wird sie reflektiert, sie kehrt zurück und erzeugt dabei meist komplizierte Überlagerungen.

Versuch 3/26: Ein Schraubenfederseil, dessen Ende mit einem Band beweglich gehalten oder fest eingespannt wird (*Abb. 3–48*), wird am Anfang durch einen kräftigen Querimpuls einmal ausgelenkt. Der Versuch wird mit einer Pendelkette und mit der Wellenmaschine wiederholt, deren eines Ende frei ausschwingen kann (Fall a) bzw. fest eingespannt ist (Fall b).

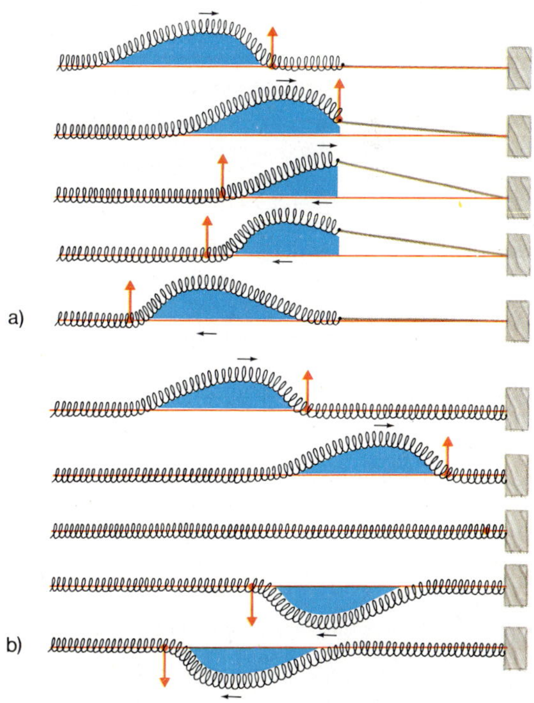

Abb. 3–48: Reflexion einer Transversalwelle am freien (*a*) und am festen (*b*) Ende. Wellenberg bleibt Wellenberg (*a*), Wellenberg wird als Wellental reflektiert (*b*).
Die vertikalen Pfeile verdeutlichen, wie neben der „Elongation" auch die „Geschwindigkeit" am freien und festen Ende verschieden reflektiert wird.

Beobachtung: Über den Wellenträger wandert ein einzelner Wellenberg auf das Ende zu. Er wird im Fall (a) durch Auslenkungen zur selben Seite als Wellenberg, im Fall (b) als Wellental reflektiert.

Die Art der Reflexion hängt davon ab, ob das Ende frei ausschwingen kann (*a*) – **freies Ende** – oder ob das Ende festgehalten wird (*b*) – **festes Ende** – und deshalb nicht mitschwingen kann. Das unterschiedliche Reflexionsverhalten wird aus der gegensätzlichen Relativitätsbewegung der beiden letzten Oszillatoren am Ende der Kette verständlich.
Wird ein Oszillator von der Störung erfaßt, schwingt er aus und beschleunigt damit den nächsten Oszillator in gleiche Richtung. Dadurch wird aber die Beschleunigung des ersten Oszillators verzögert, so daß der zweite wenig später an ihm vorbeischwingt. Am freien Ende schwingt der letzte Oszillator genau wie alle anderen, beschleunigt dann aber den vorletzten, so daß sich nach der Reflexion nur die Ausbreitungsrichtung der Störung, nicht aber die Richtung der Auslenkungen im Raum ändert (→ *Abb. 3–48 a*). Am festen Ende kann sich der letzte Oszillator nicht bewegen. Der vorletzte Oszillator muß nach der Reflexion zur anderen Seite ausschwingen, wenn er sich relativ gegenüber dem letzten Oszillator bewegt. Mit der Ausbreitungsrichtung der Störung kehrt sich in diesem Fall auch die Richtung der Auslenkungen im Raum um (→ *Abb. 3–48 b*).

Ergebnis: Eine Transversalwelle wird am freien Ende ohne **Phasensprung,** am festen Ende mit einem Phasensprung von $\Delta\varphi = \pi$ reflektiert. Der Wellenberg kehrt am freien Ende als Wellenberg und am festen Ende als Wellental zurück.

Versuch 3/27: Der Pendelkette bzw. der Schraubenfeder wird ein kräftiger Impuls longitudinal in Richtung auf das freie (*a*) oder feste (*b*) Ende erteilt. Der Versuch wird mit einigen Fahrbahnwagen, die durch Federn gekoppelt sind, oder mit einigen linear aufgereihten Magnetscheiben wiederholt.
Beobachtung: Eine Verdichtung läuft über den Wellenträger. Jedes Pendel wird von der Störung zuerst in Ausbreitungsrichtung angestoßen. Am freien Ende (*a*) wird die Verdichtung als Verdünnung, am festen Ende (*b*) als Verdichtung reflektiert.

Am freien Ende wird auch das letzte Pendel wie seine Vorgänger in Richtung der Ausbreitung angestoßen. Es zieht aber nun nach der Reflexion das vorletzte zu sich heran, dieses das nächste usw. Dadurch bewegen sich die Pendel nach der Reflexion entgegengesetzt zur neuen Ausbreitungsrichtung. Die Verdichtung läuft als Verdünnung (Unterdruck) zurück.
Am festen Ende kann das vorletzte Pendel seinen Impuls nicht an das letzte Pendel abgeben, sondern schwingt wieder über seine Gleichgewichtslage zurück und gibt damit nach der Reflexion seinen Impuls in der neuen Ausbreitungsrichtung weiter. Die Verdichtung läuft als Verdichtung (Überdruck) zurück.

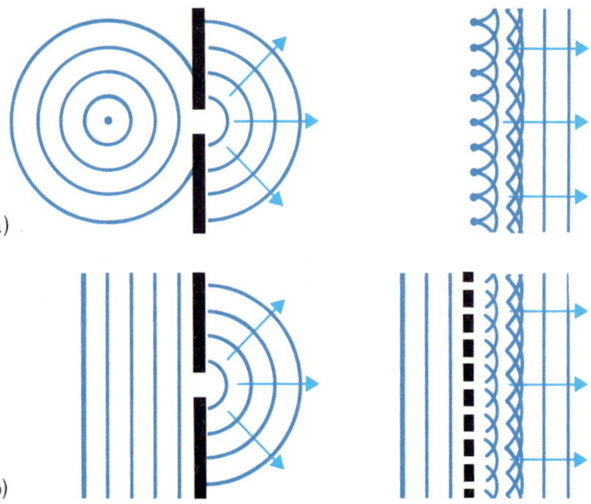

Abb. 3–49: Zum Huygensschen Prinzip: So wie viele Kreiswellen sich zu einer geraden Wellenfront zusammensetzen (*a*), so kann man eine gerade Wellenfront in viele Kreiswellen auflösen (*b*), die sich dann ebenfalls wieder zu einer geraden Wellenfront zusammensetzen.

Ergebnis: Sind in einer Longitudinalwelle Druck und Geschwindigkeit in Phase, so weisen beide nach der Reflexion die Phasendifferenz $\Delta\varphi = \pi$ auf.
Am freien Ende wird die Druckwelle mit einem Phasensprung von $\Delta\varphi = \pi$ und die Geschwindigkeitswelle ohne Phasensprung reflektiert. Am festen Ende ist es umgekehrt.

3.4.4 Das Huygenssche Prinzip

Versuch 3/28: In der Wellenwanne erzeugt man Kreiswellen bzw. gerade Wellen und läßt sie durch eine enge Öffnung oder mehrere linear angeordnete Spaltöffnungen hindurchlaufen.
Beobachtung: Von einem Erregerzentrum oder einem Spalt breiten sich Kreiswellen aus. In den übrigen Fällen überlagern sich die Kreiswellen in einiger Entfernung (wieder) zu geraden Wellen (*Abb. 3–49*).

Sobald die Welle eine Spaltöffnung erreicht, wiederholt sich dort als neuem Zentrum die Entstehung und Ausbreitung einer Kreiswelle. Nicht nur von einem punktförmigen Erreger, sondern auch von jedem Punkt eines ausgedehnten Erregers, den man sich aus punktförmigen Erregerzentren zusammengesetzt vorstellen kann, gehen solche Kreiswellen aus.
Durch Interferenz bildet sich wieder eine neue Wellenfront, die sich geometrisch als **Einhüllende** der Kreiswellen konstruieren läßt. Die fundamentale Bedeutung der Kreiswellen hat zuerst HUYGENS er-

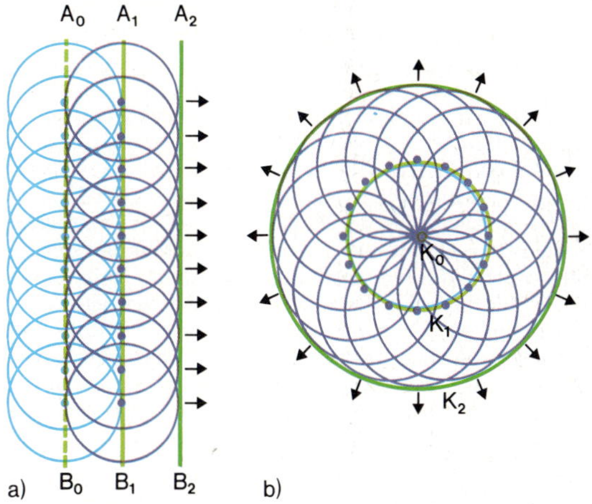

Abb. 3–50: Zum Huygensschen Prinzip: Die Einhüllende der von der Wellenfront A_0B_0 *(a)* bzw. vom Punkt K_0 *(b)* ausgehenden Elementarwellen bilden die neuen Wellenfronten A_1B_1, A_2B_2,... *(a)* bzw. K_1, K_2... *(b)*. Eine gerade Welle *(a)* bzw. eine Kreiswelle *(b)* breiten sich aus.

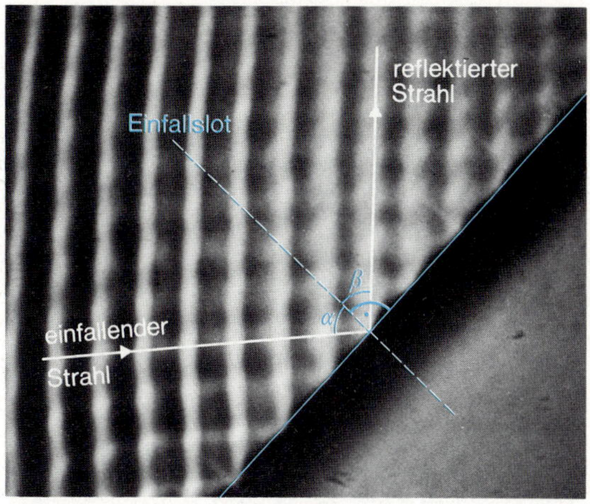

Abb. 3–51: Reflexion einer geraden Welle an einer geraden Wand.

kannt und sie in der Abstraktion als Elementarwellen in der Theorie eingeführt. HUYGENS hat aus dieser Grundannahme das Verhalten von Wellen abgeleitet, um damit vor allem die physikalischen Eigenschaften des Lichts erklären zu können.

Huygenssches Prinzip: Jeder Punkt einer Wellenfront kann als Ausgangspunkt von Elementarwellen angesehen werden, die sich mit gleicher Geschwindigkeit und Wellenlänge wie die ursprüngliche Welle ausbreiten. – Die Einhüllende aller Elementarwellen stellt die neue Wellenfront dar (*Abb. 3–50*).

Später hat FRESNEL das besondere für die Optik wichtige Huygenssche Prinzip mit dem **Interferenzprinzip** in Verbindung gebracht. Danach wird der Schwingungszustand in einem beliebigen Punkt des Wellenfeldes durch alle Elementarwellen bestimmt, die von einer beliebigen Wellenfront ausgehen, wenn man dort ihre Wirkungen unter Berücksichtigung ihrer Phasenlage addiert.

Aufgaben

***3/52:** Konstruieren Sie für 8 Erregerpunkte, die gleichmäßig auf einer Kreislinie angeordnet sind, die Überlagerung der Elementarwellen zu neuen Frontwellen.

***3/53:** Konstruieren Sie nach dem Huygensschen Prinzip die Reflexion von Kreiswellen, die von einem Erregerzentrum Z ausgehen, an einem geraden Hindernis (Reflexionsgerade). Zeichnen Sie dazu mehrere Kreisbögen um Z mit Abstand von 1 cm, die die Reflexionsgerade schneiden. Zeigen Sie, daß der Mittelpunkt Z′ der reflektierten Wellenfronten, das Spiegelbild von Z an der Geraden ist.
Führen Sie die Konstruktion auch für ebene Wellen aus, die an einem Hohlspiegel (Kreislinie mit $r = 8$ cm) reflektiert werden.

3.4.5 Reflexion und Brechung ebener Wellen

Mit dem Huygensschen Prinzip lassen sich die bekannten Phänomene der Reflexion und Brechung ebener Wellen auf einfachere Prozesse zurückführen und damit erklären. Tritt eine Welle von einem Medium in ein anderes über, in dem sie auch eine andere Ausbreitungsgeschwindigkeit besitzt, so gehen von der Grenzzone zwei Wellen aus. Zurück läuft die reflektierte, weiter bewegt sich mit anderer Richtung die gebrochene Welle.

Versuch 3/29: Gegen ein gerades, schräg in die Wellenwanne gestelltes Hindernis läßt man gerade Wellen anlaufen und beobachtet sie in stroboskopischer Beleuchtung.
Beobachtung: Die reflektierten Wellenfronten schließen mit dem Hindernis denselben Winkel ein wie die ankommenden Wellen.

Zeichnet man die Wellennormalen der ankommenden und der reflektierten Welle zum Einfallslot auf die reflektierende Fläche, so bestätigt eine Messung des Einfallswinkels und des Ausfallswinkels das Reflexionsgesetz (*Abb. 3–51*):

Ergebnis: Bei der Reflexion von Wellen ist der Einfallswinkel gleich dem Ausfallswinkel: $\alpha = \beta$.

Die **Erklärung** liefert das Huygenssche Prinzip (*Abb. 3–52 a*): Die gerade Wellenfront AB trifft in der Stellung A_1B_1 im Punkt A_1 auf die ebene, reflektierende Fläche. Während der Punkt B der Wellenfront in der Zeit Δt die Strecke $B_1B_2 = c\ \Delta t$ durchläuft und in B_2 ebenfalls die reflektierende Fläche erreicht, breitet sich mit gleicher Geschwindigkeit c um A_1 eine Elementarwelle vom Radius

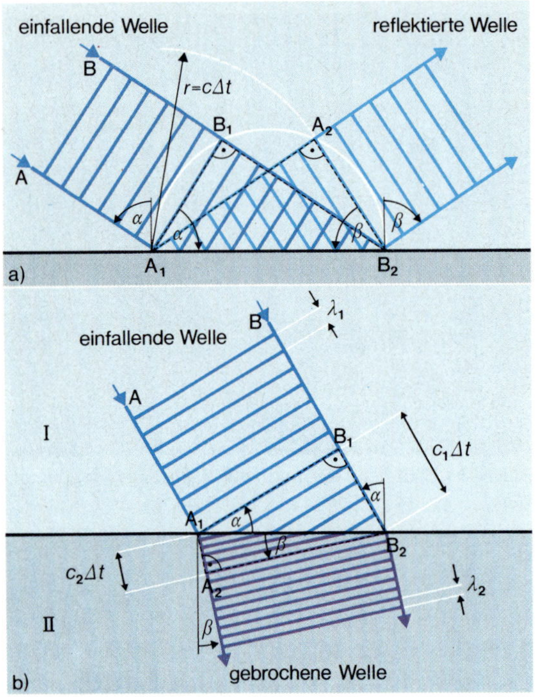

Abb. 3–52: a) Reflexion. b) Brechung. – Konstruktion nach dem Huygensschen Prinzip.

$r = c\,\Delta t = B_1B_2$ aus. Die Tangente von B_2 an diesen Kreis (Konstruktion mit dem Thaleskreis über A_1B_2, Berührungspunkt A_2) ergibt als Einhüllende der von A_1 und B_2 ausgehenden Elementarwellen die reflektierte Wellenfront A_2B_2.
Der Einfallswinkel α und der Ausfallswinkel β finden sich in den Dreiecken $A_1B_1B_2$ und $A_1A_2B_2$. Aus ihrer Kongruenz folgt das Reflexionsgesetz $\alpha = \beta$.

Versuch 3/30: Gerade Wellen laufen schräg auf eine Glasplatte zu, die im hinteren Teil der Wellenwanne liegt und nur dünn mit Wasser bedeckt ist.
Beobachtung: Die Wellenfronten vor und über der Glasplatte zeigen in verschiedene Richtungen: die Wellen sind gebrochen (*Abb. 3–53*). Bei stroboskopischer Beleuchtung scheinen die Wellen sowohl im tiefen als auch im flachen Wasser stillzustehen. Die Wellenlänge im flachen Wasser ist kleiner als im tiefen.

Nach dem Huygensschen Prinzip schwingen alle Erregerzentren von Elementarwellen mit derselben Frequenz wie der reale Wellenerreger. Demnach ist das unveränderliche Kennzeichen einer Welle ihre Frequenz, während sich ihre Wellenlänge mit der Ausbreitungsgeschwindigkeit ändert. Gemäß der Beziehung $c = \lambda f$ muß die Ausbreitungsgeschwindigkeit im flachen Wasser geringer als im tiefen sein.
Die Brechung erklärt sich demnach daraus, daß die im flachen Wasser langsamer vorankommenden Wellenfronten einen geringeren Abstand λ zueinander einnehmen müssen; um hierbei nicht „abzureißen“, müssen sie zum Einfallslot „einschwenken“.

Im einzelnen ergibt sich mit dem Huygensschen Prinzip (*Abb. 3–52 b*):
Die Wellenfront AB erreicht in A_1 die Grenzlinie zwischen tiefem Wasser (Medium I) und flachem Wasser (Medium II). Im Medium I wandert der Punkt B mit der Geschwindigkeit c_1 um $B_1B_2 = c_1\,\Delta t$ weiter, bis er in B_2 ebenfalls die Grenzlinie erreicht. Währenddessen breitet sich um A_1 im Medium II eine neue Elementarwelle mit der (geringen) Geschwindigkeit c_2 aus, die zum Zeitpunkt, da B in B_2 eintrifft, den Radius $c_2\,\Delta t$ angenommen hat. Die Tangente von B_2 an diesen Kreis beschreibt die Wellenfront nach der Brechung. Für den Einfallswinkel α und den Brechungswinkel β in den Dreiecken $A_1B_1B_2$ und $A_1A_2B_2$ gilt:

$$\frac{\sin\alpha}{\sin\beta} = \frac{B_1B_2}{A_1B_2} : \frac{A_1A_2}{A_1B_2} = \frac{c_1\,\Delta t}{c_2\,\Delta t} = \frac{c_1}{c_2}.$$

Die Gleichung gilt für jeden Einfallswinkel.

Brechungsgesetz: Treten (lineare) Wellen aus einem einheitlichen Medium in ein anderes über, so besitzen die Wellennormalen der einfallenden und der gebrochenen Welle verschiedene Richtungen. Dabei gilt:

$$\frac{\sin\alpha}{\sin\beta} = \frac{c_1}{c_2}.$$

Legt man in die Wellenwanne statt der dreieckigen Glasplatten schräg zur Ausbreitungsrichtung einen schmalen Glasstreifen mit parallelen Seiten oder senkrecht zur Ausbreitungsrichtung eine als Konvex- oder als Konkavlinse geschnittene Glasplatte, so werden die Wellennormalen durch das planparallele Gebiet flachen Wassers seitlich versetzt, während sie hinter der Konvexlinse zusammenlaufen (konvergieren) und hinter der Konkavlinse zerstreut werden. Die Analogie zu optischen Versuchen liegt auf der Hand.
Das Einschwenken von Wellenfronten im flacheren Wasser läßt sich am Meeresstrand gut beobachten: die Meereswellen laufen auch bei verschiedenen Windrichtungen immer fast genau senkrecht auf den Strand auf.

Aufgaben

3/54: In einer Wellenwanne läuft eine Welle von einer seichten Stelle in ein Gebiet mit tieferem Wasser unter dem Einfallswinkel von 45° und dem Brechungswinkel von 60°.
a) Bestimmen Sie das Verhältnis der Geschwindigkeiten in beiden Teilen der Wellenwanne.
b) Bestimmen Sie die Geschwindigkeit im flachen Teil, wenn sie im tiefen 25 cm/s ist.

3/55: Wasserwellen bewegen sich in tiefem Wasser mit der Geschwindigkeit $v_1 = 34$ cm/s. Sie treffen unter dem Winkel $\alpha = 60°$ auf die Grenzlinie zu einem flacheren Teil, wo sie sich mit $v_2 = 24$ cm/s bewegen. Erhöht man die Frequenz ein wenig, so sinkt die Geschwindigkeit im tieferen Teil auf $v_1 = 32$ cm/s.
a) Berechnen Sie in beiden Fällen den Brechungswinkel.
b) Die Wellenlänge im tieferen Teil beträgt im ersten Versuch $\lambda = 1{,}7$ cm. – Wie groß ist die Wellenlänge im flacheren Teil und welche Frequenz hatte die Welle?

3.4.6 Beugung von Wellen; Streuung

Versuch 3/31: Gerade Wellen verschiedener Frequenz laufen in der Wellenwanne gegen unterschiedlich breite (gerade) Hindernisse, bzw. gegen Hindernisse mit verschieden breiten Öffnungen (*Abb. 3–54*).

Beobachtung: Die Wellen werden durch die Hindernisse nicht scharf begrenzt, sondern treten um so mehr in den geometrischen „Schattenraum" hinter dem Hindernis ein, je schmaler das Hindernis oder je enger die Öffnung wird.

Definition: Das Eindringen von Wellen hinter Hindernissen oder Öffnungen in den geometrischen Schattenraum nennt man **Beugung.**

Nach dem Huygensschen Prinzip ist zu erwarten, daß von den Randstellen der Hindernisse Elementarwellen ausgehen, die sich im Schattenraum ausbreiten und überlagern. Entscheidend für die Beugungserscheinung ist das Verhältnis der Größe des beugenden Hindernisses zur Wellenlänge. Wellen mit kleiner Wellenlänge werden schwächer gebeugt als Wellen mit größerer Wellenlänge. Die Beugung ist besonders stark, wenn die Ausmaße des beugenden Hindernisses von gleicher Größenordnung wie die Wellenlänge sind (*Abb. 3–55*).
Die Beugungserscheinung entsteht im einzelnen dadurch, daß für die Konstruktion der neuen Wellenfront aus den Elementarwellen der alten Wellenfront durch das Hindernis einige Teile fehlen. In einem Punkt der neuen Wellenfront muß die Überlagerung oder Interferenz aller übrigen Elementarwellen unter Berücksichtigung ihrer Phase betrachtet werden. Dies bezeichnet man als das **Fresnel-Huygenssche-Prinzip.** Weil beide Erscheinungen eng miteinander verbunden sind, bezeichnet man das entstandene Wellenfeld manchmal als Interferenzfigur, manchmal auch als Beugungsfigur.
Sind die Hindernisse klein im Vergleich zur Wellenlänge, so werden sie zu Zentren einzelner Elementarwellen, die sich ungestört nach allen Richtungen ausbreiten. Man bezeichnet die Ablenkung der Wellen durch kleine Hindernisse als **Streuung** (z.B. Streuung des Himmelslichtes → *7.3.6*).

3.4.7 Stehende Wellen; Eigenschwingungen

Ist der Wellenträger begrenzt, so kommt es im allgemeinen durch die Reflexion am Ende des Wellenträgers zur Interferenz zwischen der einlaufenden und der reflektierten Welle.

Versuch 3/32: Der Anfang des Schraubenfederseils oder der Wellenmaschine wird transversal periodisch erregt. Die Wellen läßt man am festen Ende reflektieren (*Abb. 3–56*).

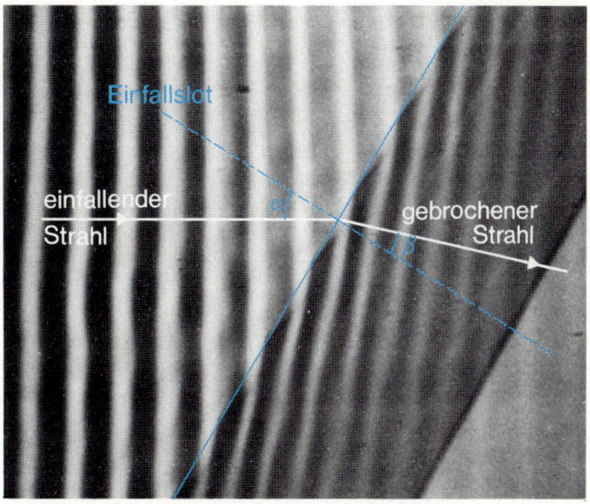

Abb. 3–53: Brechung einer geraden Welle an einer geraden Grenzlinie zwischen verschiedenen Medien.

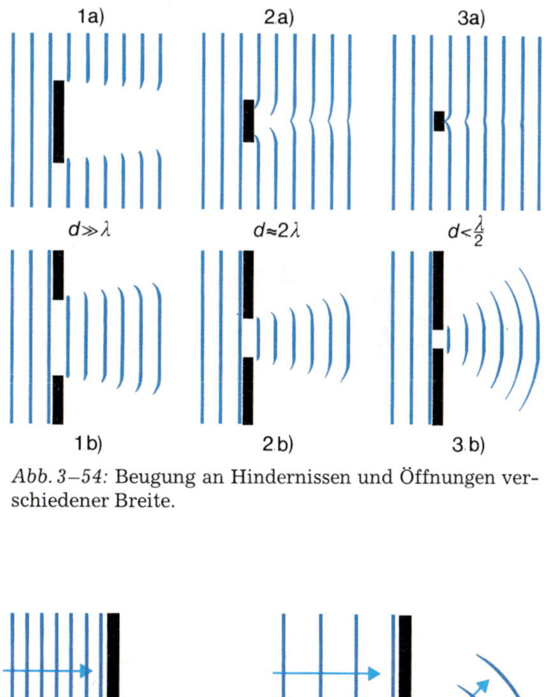

Abb. 3–54: Beugung an Hindernissen und Öffnungen verschiedener Breite.

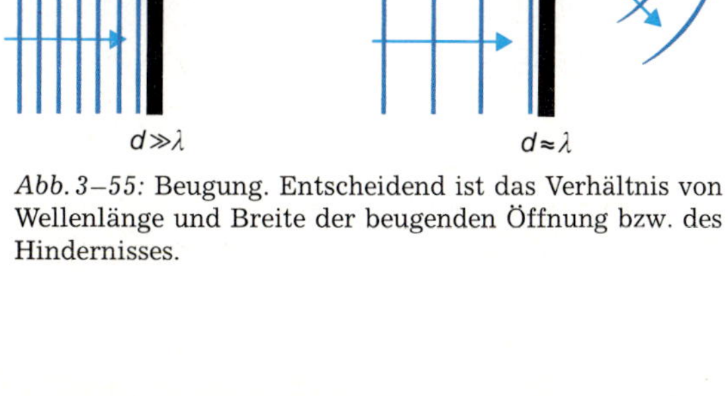

Abb. 3–55: Beugung. Entscheidend ist das Verhältnis von Wellenlänge und Breite der beugenden Öffnung bzw. des Hindernisses.

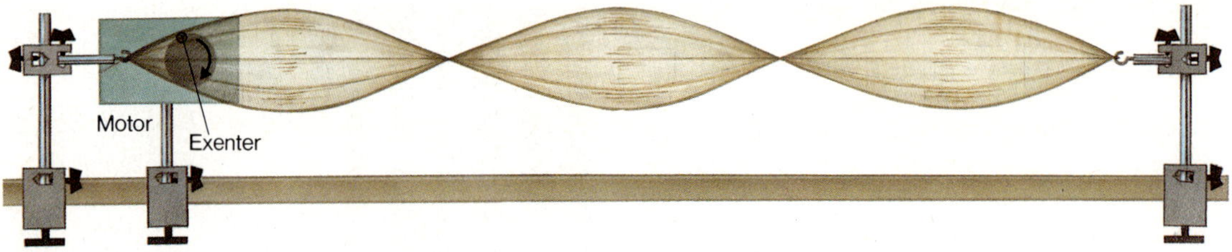

Abb. 3–56: Stehende Welle auf einem Seil.

Beobachtung: Bei bestimmten Erregerfrequenzen entstehen Schwingungszustände, die nicht über den Wellenträger wandern, sondern stehenbleiben. Es bilden sich „stehende Wellen" aus.

Bei einer **stehenden Welle** schwingen einzelne Abschnitte des Trägers mit gleicher Phase und Frequenz, aber mit verschiedener Amplitude. Die Amplitude hängt vom Ort ab. In den **Schwingungsknoten** ist die Amplitude dauernd (fast) Null; die Oszillatoren bleiben an diesen Stellen dauernd in Ruhe. In der Mitte zwischen den Knoten liegen die **Schwingungsbäuche,** in denen die Oszillatoren dauernd mit maximaler Amplitude schwingen. Alle Oszillatoren gehen gleichzeitig durch ihre Gleichgewichtslage und erreichen ebenfalls zur gleichen Zeit ihre größte Elongation (*Abb. 3–57*).
Bei der stehenden Welle kann man einfacher als bei einer fortschreitenden Welle aus dem Abstand der Knoten (oder Bäuche) die **Wellenlänge** messen. Bei bekannter Frequenz f erhält man die Ausbreitungsgeschwindigkeit der beiden Grundwellen nach der Gleichung $c = \lambda f$.
In einer stehenden Welle wird die **Energie** nicht wie in der fortschreitenden Welle weitertransportiert, sondern gespeichert. Lediglich aufgrund der nicht zu vermeidenden Dämpfung muß ständig in die Schwingungsbäuche Energie nachgeliefert werden. Zur Erzeugung einer stehenden Welle auf einem langen, nicht zu leichten Seil ist so mehr Energie aufzubringen, als zu ihrer Aufrechterhaltung später nötig ist.

Die **Gleichung** der linearen stehenden Welle läßt sich aus der Wellengleichung (→ *3.3.1*) entwickeln. Eine in Richtung der positiven x-Achse laufende Welle und eine ihr (in Richtung der negativen x-Achse) entgegenkommende Welle (x ersetzt durch $-x$) mit gleicher Amplitude $\hat{y}$ und gleicher Kreisfrequenz ω überlagern sich:

$$y(x,t) = \hat{y} \sin 2\pi \left(\frac{t}{T} - \frac{x}{\lambda}\right) + \hat{y} \sin 2\pi \left(\frac{t}{T} + \frac{x}{\lambda}\right).$$

Nach dem Additionstheorem für die Sinus-Funktion

$$\sin\alpha + \sin\beta = 2 \sin \frac{\alpha+\beta}{2} \cos \frac{\alpha-\beta}{2}$$

erhält man

$$y(x,t) = 2\hat{y} \sin 2\pi \frac{t}{T} \cos 2\pi \frac{-x}{\lambda}$$
$$= 2\hat{y} \cos 2\pi \frac{x}{\lambda} \sin 2\pi \frac{t}{T}$$

oder abgekürzt mit $\frac{2\pi}{T} = \omega$ als Gleichung der stehenden Welle

$$y(x,t) = \hat{y}_0(x) \sin \omega t \qquad \text{mit } \hat{y}_0(x) = 2\hat{y} \cos 2\pi \frac{x}{\lambda}.$$

Diese Gleichung zerfällt in ein Produkt mit einem nur vom Ort x und einem nur von der Zeit t abhängigen Faktor. Die Amplitude $\hat{y}_0(x)$ der einzelnen Schwingungen hängt nur vom Ort x ab; im Abstand $\Delta x = \lambda/2$ wiederholen sich die Schwingungsknoten mit $\hat{y}_0(x_k) = 0$ bzw. die Schwingungsbäuche mit $\hat{y}_0(x_b) = 2\hat{y}$. Der Term $\sin\omega t$ ist für alle Oszillatoren gleich; zwischen zwei Knoten schwingen sie phasengleich.

Ergebnis: Eine stehende Welle entsteht durch Überlagerung zweier gegenläufiger Wellen gleicher Frequenz und Amplitude.
Eine Gegenüberstellung von fortschreitender Welle und stehender Welle zeigt die Eigenarten beider Wellenformen (*Abb. 3–57*):

Fortschreitende Welle	**Stehende Welle**
Das räumliche Wellenbild wandert mit der (Phasen-)Wellengeschwindigkeit c.	Das räumliche Wellenbild steht.
Die Phasen der Schwingungen ändern sich von Ort zu Ort; gleiche Phasen wiederholen sich in Abständen von λ.	Alle Schwingungen zwischen zwei Knoten haben gleiche oder entgegengesetzte Phase.
Alle Schwingungen haben gleiche Amplitude.	Die Amplituden der Schwingungen sind von Ort zu Ort unterschiedlich groß; sie wiederholen sich in Abständen von $\lambda/2$.
Die Welle transportiert Energie.	Die Welle speichert Energie; sie „steht" in den Schwingungsbäuchen.

Während auf einem langen Wellenträger die Überlagerung zweier gegenläufiger Wellen mit gleicher Frequenz und Amplitude immer zu stehenden Wellen führt, gelingt dies bei begrenzten Wellenträgern nur bei bestimmten Frequenzen. In diesen Fällen müssen die Reflexionen an beiden Enden des Wellenträgers berücksichtigt werden. Eine stehende Welle kann nur dann entstehen, wenn sämtliche

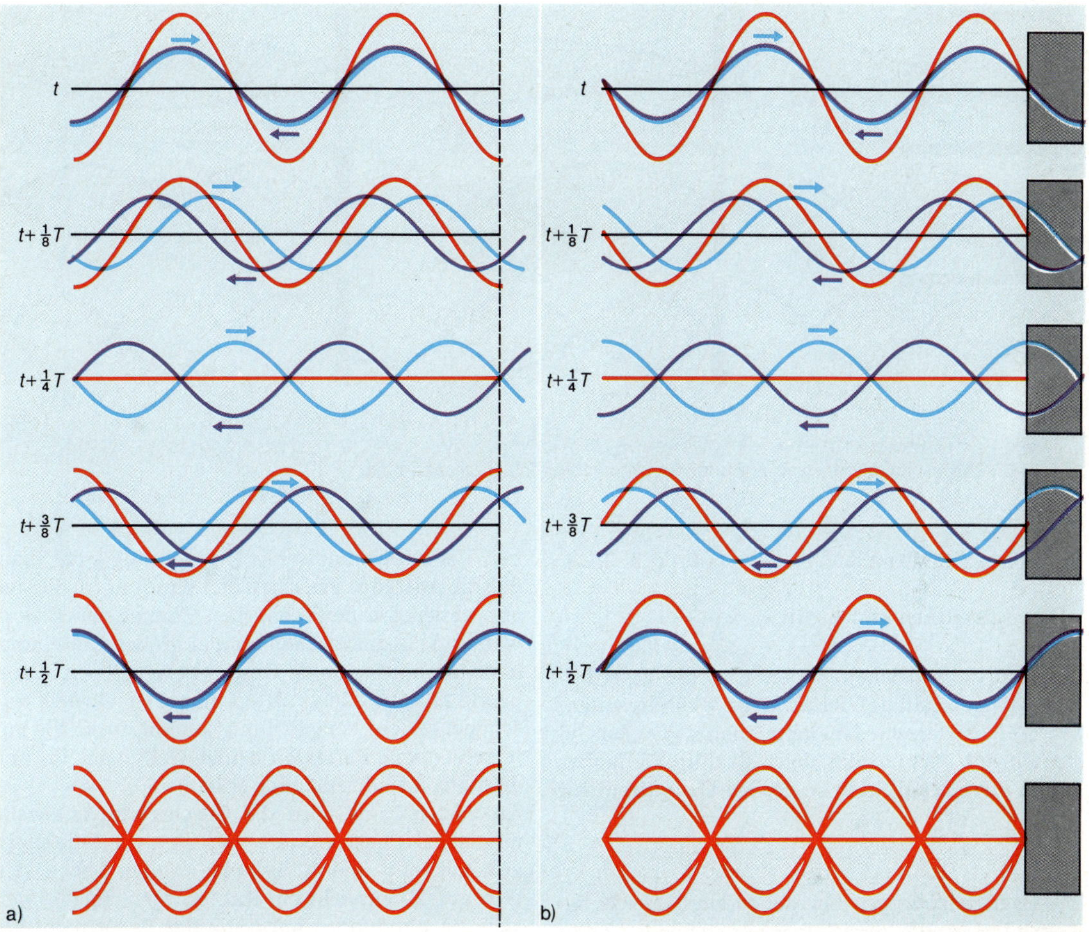

Abb. 3–57: Ausbildung einer stehenden Welle am freien (*a*) und am festen (*b*) Ende. Die ankommende Welle (hellblau) wird phasengleich (*a*) oder gegenphasig (*b*) als zurücklaufende Welle (dunkelblau) reflektiert und setzt sich mit dieser zu der stehenden Welle (rot) zusammen.

(durch Reflexion an den Enden) hin und herlaufenden Wellen sich gleichsinnig überlagern. Man spricht dann häufig statt von stehenden Wellen von **Eigenschwingungen** des Systems, da der Eindruck einer Schwingung des gesamten Trägers vorherrscht. – Die Eigenschwingungen eines Systems folgen nur einem einfachen Bildungsgesetz:

Versuch 3/33: Die an den Enden jeweils freigelassene oder festgehaltene Pendelkette einer Wellenmaschine wird mit verschiedenen Frequenzen zu Schwingungen angeregt. Versuche gleicher Art lassen sich mit eingespannten Blattfedern, Stahlstäben, Drähten (Saitenmusikinstrumenten) u. a. m. anstellen.

Beobachtung: Auf dem Wellenträger bilden sich stehende Wellen aus, wenn die Anregungsfrequenz bestimmte, diskrete Werte annimmt. Diese Eigenschwingungen treten auf, wenn sich am festen Ende des Wellenträgers ein Knoten und am freien Ende ein Schwingungsbauch einstellen kann (*Abb. 3–58*).

Die einfachste Form der Eigenschwingung, die **Grundschwingung,** entsteht, wenn bei beidseitig festem oder freiem Ende für die Länge l des Wellenträgers die Bedingung gilt: $l = \lambda/2$. Bei einem freien und einem festen Ende ist $l = \lambda/4$. Wenn sich auf dem System zusätzlich noch n weitere Halbwellen ausbilden, ergibt sich das Bild der n-ten Oberschwingung; es gilt dann:

$$2\,l = \lambda + \mathrm{n}\,\lambda \text{ bzw. } 4\,l = \lambda + \mathrm{n}\,2\,\lambda.$$

Bezeichnet man die Wellenlänge der **n-ten Oberschwingung** ($n = 0$: Grundschwingung) mit λ_n, so läßt sich die zugehörige Anregungsfrequenz f_n nach der Beziehung $c = \lambda_n \cdot f_n$ bestimmen.
Anhand von *Abb. 3–58* bestätigt man leicht das folgende

Ergebnis: Auf einem linearen Wellenträger der Länge l bilden sich je nach den Randbedingungen (freie bzw. feste Enden) Eigenschwingungen mit den Wellenlängen λ_n und den Eigenfrequenzen f_n aus.

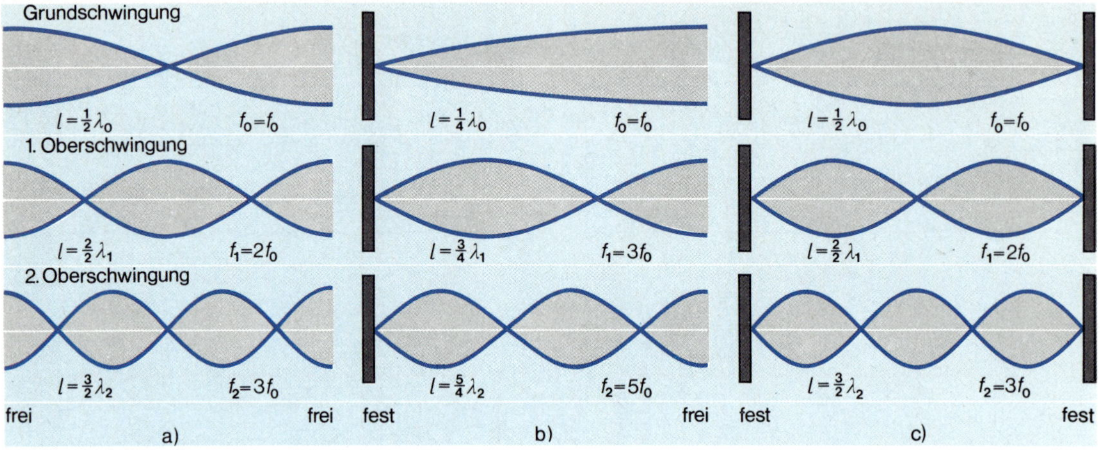

Abb. 3–58: Eigenschwingungen einer Saite, die unterschiedlich eingespannt ist.

Bei gleichen Enden gilt: $\lambda_n = \frac{2}{n+1}\,l\ (n = 0, 1, 2, ...)$.

Bei verschiedenen Enden gilt: $\lambda_n = \frac{4}{n+1}\,l$.

Bei beidseitig gleichen Enden sind die Eigenfrequenzen ganzzahlige Vielfache der Grundfrequenz $f_0 = c/2\,l$, bei verschiedenen Enden und gleicher Systemlänge treten nur die ungeradzahlig Vielfachen der in diesem Fall halb so großen Grundfrequenz

$$f_0 = \frac{c}{4\,l}\ \text{auf.}$$

Die Begriffsbildungen bei stehenden Transversalwellen lassen sich unmittelbar auf stehende Longitudinalwellen übertragen.

Versuch 3/34: Eine Schraubenfeder wird an einem Ende fest eingeklemmt und am anderen Ende mit einer Schnur verbunden, die über den Exzenter eines Motors geführt ist (*Abb. 3–59*).
Beobachtung: Bei bestimmten Frequenzen bilden sich auf der Schraubenfeder stehende Wellen oder Eigenschwingungen aus.

An einigen Stellen bleiben die Windungen der Feder (fast) in Ruhe; genau in der Mitte dazwischen bewegen sie sich mit größter Geschwindigkeit hin und her. Bei stroboskopischer Beleuchtung sieht man, daß die Abstände zwischen den Windungen, die sich am schnellsten bewegen, (fast) immer gleich sind, während sie dazwischen einmal größer und einmal kleiner sind. Stehende Geschwindigkeits- und stehende Druckwelle sind um eine Viertelwelle verschoben. Diese Verschiebung kommt durch die unterschiedliche Reflexion beider Wellen an ein- und demselben Ende zustande (*Abb. 3–60*).
Am festen Ende wird die Geschwindigkeitswelle mit einem Phasensprung von $\Delta\varphi = \pi$ reflektiert, ankommende und reflektierte Wellen heben sich dort auf. Es entsteht ein Knoten der Schnelle, weil sich die Windungen am Ende der Feder nicht hin und her bewegen. Die Druckwelle wird dagegen am festen Ende ohne Phasensprung reflektiert (Druckbauch). Am festen Ende der Feder werden nämlich die Windungen abwechselnd zusammengedrückt (Überdruck) oder auseinandergezogen (Unterdruck).
Umgekehrt liegen die Verhältnisse am freien Ende der Feder. Hier können die letzten Windungen die Bewegungen mitmachen (Schnellebauch), ihre Abstände bleiben aber immer gleich (Druckknoten).

Ergebnis: In einer stehenden Longitudinalwelle treten am freien Ende Schnellebauch und Druckknoten und am festen Ende Schnelleknoten und Druckbauch auf. Geschwindigkeitswelle und Druckwelle sind um $\lambda/4$ gegeneinander verschoben.

Stehende Longitudinalwellen sind z. B. die Eigenschwingungen von Luftsäulen. Bei ihnen lassen sich die Knoten und Bäuche besonders gut in der **Kundtschen Röhre** (*Abb. 3–61*) beobachten, wie sie KUNDT 1896 zuerst beschrieben hat:

Versuch 3/31: Vor einem offenen (oder halboffenen) Glasrohr, das feinverteiltes trockenes Korkmehl enthält, wird ein Schallgeber (Kopf eines Tonfrequenzgenerators) aufgestellt.

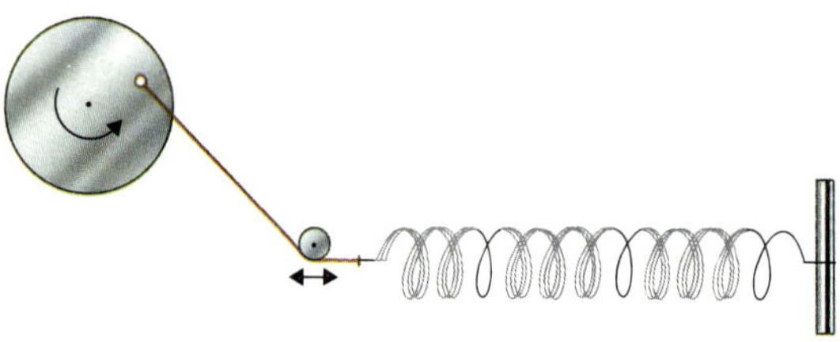

Abb. 3–59: Erzeugung stehender Longitudinalwellen.

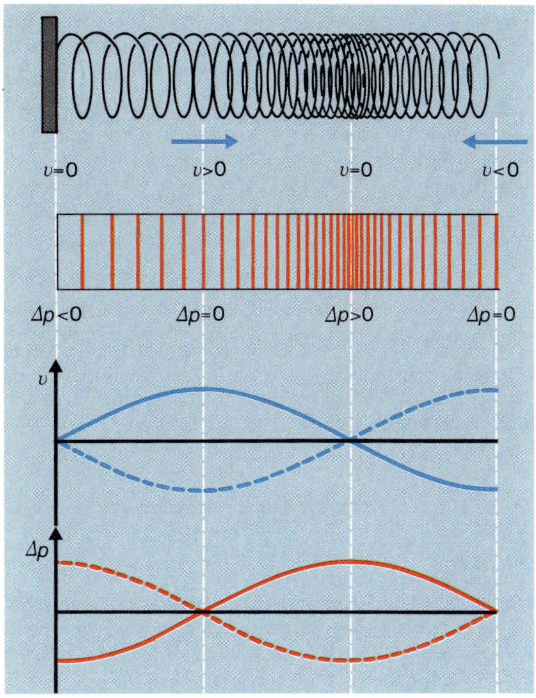

Abb. 3–60: Schallschnelle v und Schalldruck Δp einer schwingenden Luftsäule im Vergleich zur Schwingung einer einseitig eingespannten Schraubenfeder.

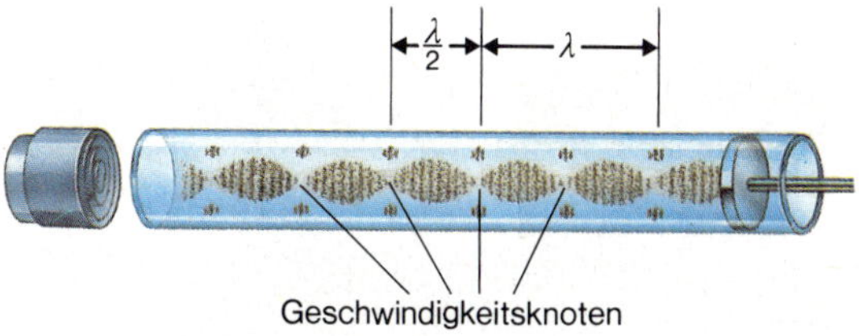

Abb. 3–61: Kundtsche Staubfiguren.

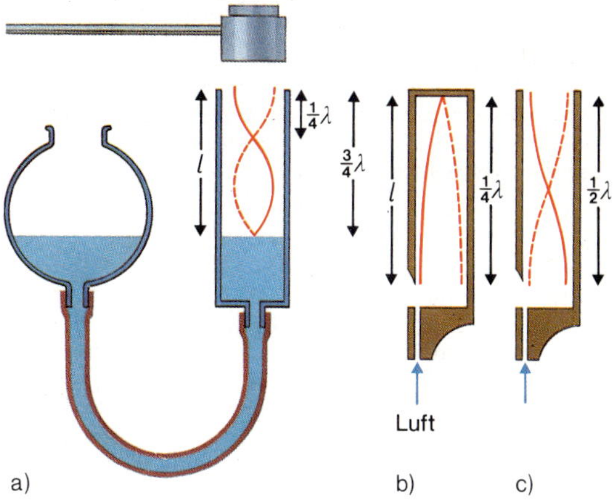

Abb. 3–62: a) Eigenschwingung einer Luftsäule. Eingestellt ist die 1. Oberschwingung. Im Experiment ergibt sich zwischen Rohrende und 1. Knoten nicht genau der Abstand einer Viertelwellenlänge. Grundschwingung einer gedeckten (*b*) und einer offenen (*c*) Pfeife.

Beobachtung: Bei bestimmten Frequenzen wird an Stellen mit gleichem Abstand das Korkmehl zusammengeschoben; es bilden sich dort eng nebeneinanderliegende dünne Querrippen aus (**Kundtsche Staubfiguren**).

Die Ausbildung der Eigenschwingung einer Luftsäule (*Abb. 3–62*) ergibt sich aus dem Reflexionsverhalten an den Röhrenenden. Am offenen Ende können sich die Luftmoleküle frei bewegen, es kann sich hier nur ein Bauch der Schallschnelle ergeben. Dagegen gleichen sich die Druckschwankungen am offenen Ende der Röhre stets aus (Knoten des Schalldrucks). – Am geschlossenen Ende liegen die Verhältnisse umgekehrt. – Auch in einer stehenden Schallwelle sind Schallschnelle und Schalldruck um $\lambda/4$ gegenseitig verschoben.
Die Eigenschwingungen gespannter Saiten, Luftsäulen, Platten, Membrane und Stäbe erzeugen die Töne und Klänge bei den **Musikinstrumenten.** Bei den Saiteninstrumenten (Geige, Gitarre, Klavier) werden die Saiten durch Streichen, Zupfen oder Anschlagen zum Schwingen gebracht. Dabei werden neben der Grundschwingung, die durch Länge, Spannung und Material der Saite bestimmt wird, auch verschiedene Oberschwingungen angeregt. Das gilt für die meisten Instrumente; sie strahlen keinen reinen Ton (einfache Sinusschwingung), sondern einen Klang ab. Anzahl, Stärke und Folge der mit dem Grundton angeregten Obertöne ergeben die charakteristische **Klangfarbe** eines Instruments. Klänge, die durch die Eigenschwingungen von Luftsäulen entstehen, liefern die Blasinstrumente (Flöte, Trompete, Orgel). Das Ende der Luftsäule kann offen oder geschlossen sein. Eine offene Pfeife gibt einen Ton in derselben Höhe wie eine geschlossene (gedeckte oder gedackte) Pfeife mit der halben Länge. Offene und gedeckte Pfeifen unterscheiden sich bei derselben Tonhöhe wesentlich in der Klangfarbe, weil bei den gedeckten Pfeifen nur ungradzahlige Oberschwingungen auftreten können. Die große Vielfalt der Schwingungsformen bei Platten und Membranen kann man demonstrieren, indem man z. B. runde oder rechteckige Platten mit feinem Sand bestreut, an verschiedenen Stellen einspannt und an anderen Stellen mit einem Geigenbogen oder Schallkopf zu Schwingungen anregt. Der Sand sammelt sich an den ruhenden Stellen (Schwingungsknoten), die bei einer Platte Knotenlinien bilden und so die **Chladnischen Klangfiguren** (*Abb. 3–63*) ergeben.
Werden begrenzte Wellenträger in einer Eigenfrequenz angestoßen, so übernehmen sie besonders leicht die Energie der anregenden Schwingung. Umgekehrt vermag ein Oszillator seine Energie kaum auf ein schwingungsfähiges System zu übertragen, wenn er nicht in **Resonanz** zu den Eigenfrequenzen des Systems schwingt.
Atome und Kerne kann man auch als Gebilde auffassen, die zu Eigenschwingungen fähig sind. Bei Energieübertragung in einer der Eigenfrequenzen bilden sich im Atom bzw. Kern Eigenschwingungen aus, die man auch als stehende Wellen auffassen kann (**de-Broglie-Wellen**). Auf diese Weise kann man die Energie von Atomen bzw. Kernen erhöhen.
Untersucht man allgemein stehende Wellen, so kommt es auf die Art der physikalischen Größe an, deren stehende Wellen beschrieben werden soll. Die Enden eines begrenzten Wellenträgers wird man daher nicht nach ihrer äußeren Form, sondern nach dem Verhalten der betrachteten physi-

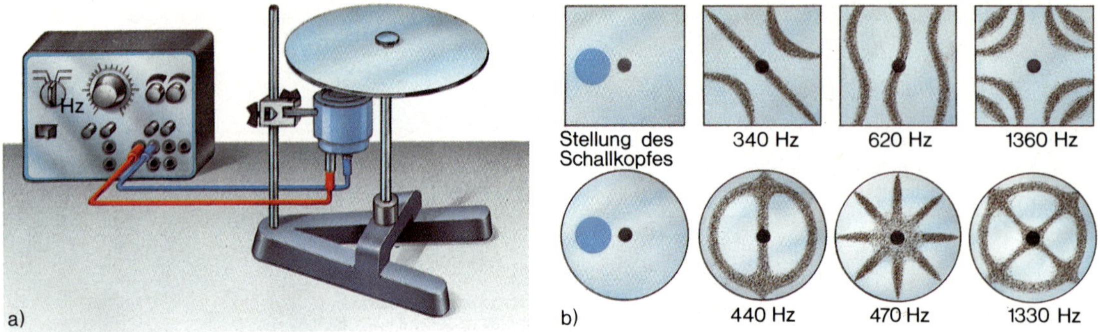

Abb. 3–63: Chladnische Klangfiguren. a) Eine quadratische oder kreisrunde Glas- oder Metallplatte wird fest eingespannt, mit Sand oder trockenem Korkmehl bestreut und mit einem Baßbogen, einer Galtonpfeife oder einem Schallkopf (Abb.) angeregt. b) Je nach den verschiedenen Eigenfrequenzen der Platten bilden die Schwingungsknoten, an denen der Sand oder das Korkmehl sich ablagern, die charakteristischen Chladnischen Figuren.

kalischen Größe an dieser Stelle als offen oder geschlossen (fest) bezeichnen. Man hat nur zu prüfen, ob an dem betreffenden Ende die betrachtete physikalische Größe einen festen Wert annimmt oder nicht. Im ersten Fall (geschlossenes Ende) wird die Welle mit einem Phasensprung von $\Delta\varphi = \pi$ reflektiert; im zweiten Fall besitzt die physikalische Größe hier einen Schwingungsbauch. – Das ist z. B. bei der Ausbildung **stehender elektromagnetischer Wellen** zu beachten.

Für die Ausbreitung von **Schallwellen** in einem Raum, für die Raumakustik, sind Reflexion und Absorption entscheidend. (Unter **Absorption** versteht man den Verlust an Energie.) Bei geringer Absorption können – besonders in großen Räumen – vielfache **Reflexionen** auftreten; es entsteht dann ein störender **Nachhall.** Daher sorgt man durch eine entsprechende Wandgestaltung für ausreichende Absorption. – Ebenso spielen in der Akustik Beugungsphänomene eine Rolle, weil die Wellenlängen des (hörbaren) Schalls mit den Maßen der Gegenstände in einem Raum vergleichbar sind. So beruht die Erscheinung, daß man „um die Ecke hören" kann, auf **Beugung.** Sie ist in Übereinstimmung mit der Theorie für tiefe Töne (große Wellenlänge) stärker als für hohe Töne. Aus dem gleichen Grund werden hohe Frequenzen von einem Lautsprecher vorzugsweise nach vorn abgestrahlt, während tiefe Töne auch seitlich vom Lautsprecher zu hören sind. – Schallstrahler mit unterschiedlichen Richtcharakteristiken kann man durch **Interferenz** der mit gleicher bzw. entgegengesetzter Phase ausgesandten Schallwellen aus geometrisch verschieden angeordneten Schallköpfen erzeugen. – Die Raumakustik ist demnach ein typisches Beispiel für alle Wellenphänomene.

Aufgaben

3/56: Ein mit Wasser teilweise gefülltes Rohr (*Abb. 3–62*) zeigt Resonanz bei einer Länge $l_1 = 24{,}9$ cm der Luftsäule, dann bei $l_2 = 41{,}5$ cm. Die Schallgeschwindigkeit beträgt $c = 339{,}7$ m/s.

a) Zeichnen Sie die stehende Welle für Schallschnelle und Schalldruck für die Länge l_2 ein.

b) Welche Wellenlänge und Frequenz hat der ausgesandte Ton? Welche (Ober-)Schwingungen wurden gemessen?

3/57: In einem 40 cm langen, beiderseits offenen Glasrohr bilden sich bei der Frequenz $f_1 = 1222$ Hz an vier Stellen (einschließlich beider Enden) und bei $f_2 = 1634$ Hz an fünf Stellen jeweils in gleichem Abstand Kundtsche Staubfiguren aus.

a) Zeichnen Sie die stehende Welle für Schallschnelle und Schalldruck für beide Fälle.

b) Berechnen Sie die Schallgeschwindigkeit als Mittelwert aus beiden Messungen.

3/58: Ein Messingstab der Länge $l = 30$ cm, dessen Ende mit Stempel in eine Kundtsche Röhre gesteckt ist, wird zu Schwingungen in der Grundfrequenz erregt. Es ergeben sich in der Röhre Kundtsche Staubfiguren im Abstand von $\Delta s = 3{,}0$ cm. (Schallgeschwindigkeit in Luft: $c = 340$ m/s.)

a) Berechnen Sie die Schallgeschwindigkeit in Messing.

b) Zeichnen Sie die stehende Welle des Messingstabes und die der Schallschnelle in der mit Luft gefüllten Röhre.

3/59: Eine offene Pfeife der Länge l_1 und eine gedackte Pfeife (gedackt: ein geschlossenes Ende) seien auf gleichen Grundton abgestimmt. (Zungen- und Lippenpfeifen besitzen an dem Ende, an dem sich die Metallzungen oder die Schneide befindet, ein offenes Ende.)

a) Welcher Zusammenhang besteht zwischen den Längen beider Pfeifen?

b) Welche Töne kann man zu dem Grundton, der Prime, durch sogenanntes „Überblasen" (so heißt das Erzeugen der Oberschwingungen) mit der offenen und welche mit der gedackten Pfeife erzeugen?

c) Welche Noten entsprechen diesen Tönen, wenn der Grundton, die Prime, mit der Note c bezeichnet ist?

4 Elemente der Wärmelehre

In der Mechanik werden bei der Untersuchung der Bewegungsvorgänge keine weiteren Vorstellungen über den Aufbau der Körper, über die Struktur der Materie entwickelt. Die Körper werden als Massenpunkte idealisiert. Festkörper, Flüssigkeiten und Gase unterliegen in derselben Weise den Gesetzen der Kinematik und Dynamik. In diesem Kapitel sollen Aufbau und Erscheinungsformen der Materie und ihre Änderungen bei Prozessen vor allem in Abhängigkeit von der Temperatur und bei Energieumwandlungen betrachtet werden.

4.1 Aufbau der Stoffe

4.1.1 Atome und Moleküle

Es ist möglich, ein Stück Materie durch Reiben und Mahlen und schließlich durch Auflösen in einer Flüssigkeit in kleinere Teilchen zu zerlegen, die auch mit einem Mikroskop nicht mehr sichtbar gemacht werden können. Andere Beobachtungen an dünnen Gold- oder Ölschichten und Seifenblasen zeigen, daß diese Zerteilung nicht beliebig weit fortgesetzt werden kann, sondern bei einer Teilchengröße mit etwa 10^{-9} m eine Grenze findet. Diese experimentellen Erfahrungen stützen neben vielen anderen Beobachtungen das folgende

Ergebnis: Jeder Stoff besteht aus kleinsten, mit einfachen physikalischen und chemischen Mitteln nicht weiter zerlegbaren Teilchen.

Die Vorstellung vom Aufbau der Materie aus kleinsten Teilchen, den Atomen[1]), wurde zuerst von den griechischen Philosophen LEUKIPP und DEMOKRIT (im 5. Jh. v. Chr.) entwickelt. Nach ihnen bewegen sich die stofflich gleichartigen Atome, die sich nur durch ihre Form und Größe voneinander unterscheiden, im leeren Raum und bilden durch Vereinigung und Trennung die Mannigfaltigkeit aller Dinge im Universum.
Die atomistische Auffassung vom Aufbau der Materie steht im Gegensatz zur Anschauung, die z. B. von ARISTOTELES vertreten wurde, daß die Materie im Raum kontinuierlich verteilt und leerer Raum unmöglich sei. Diese beiden Auffassungen sind im Laufe der historischen Entwicklung der Naturwissenschaft von vielen Forschern vertreten worden. So haben DESCARTES und LEIBNIZ die Atomtheorie abgelehnt, weil sie die Möglichkeit eines leeren Raumes verneinten. Dagegen haben GASSENDI und NEWTON in ihren naturwissenschaftlichen Arbeiten die atomistische Ansicht vertreten.
Während im Altertum der Atombegriff ein rein spekulativer Ansatz zur Deutung des Seienden darstellt, wird dieser Begriff in der neuzeitlichen Naturwissenschaft zu einem exakten Maßbegriff. Zur Entwicklung der neuzeitlichen Atomvorstellung haben im 18. und 19. Jahrhundert die quantitativen Untersuchungen in der Chemie einen wesentlichen Beitrag geliefert. Bei den chemischen Reaktionen der Stoffe gelten folgende Gesetze:

1. Gesetz von der Erhaltung der Masse:
Bei allen chemischen Vorgängen bleibt die Gesamtmasse der Reaktionsteilnehmer unverändert.
2. Gesetz der äquivalenten Proportionen:
Elemente vereinigen sich stets im Verhältnis bestimmter Verbindungsmassen oder ganzzahliger Vielfacher dieser Massen zu chemischen Verbindungen.

Das zweite Gesetz wird vielfach in der Form der beiden Teilgesetze der konstanten und multiplen Proportionen angegeben. Diese Erfahrungstatsachen finden eine einfache und einleuchtende Erklärung durch die von DALTON im Jahre 1808 aufgestellte **Atomhypothese**. Sie besagt:
1. Jedes Element ist aus kleinsten, mit chemischen Methoden nicht weiter zerlegbaren Teilchen, den Atomen, aufgebaut.
2. Alle Atome eines Elements haben untereinander gleiche Masse und gleiche Größe, während Masse und Größe der Atome zweier verschiedener Elemente sich charakteristisch voneinander unterscheiden.
3. Bei der Vereinigung zweier oder mehrerer Elemente zu einer Verbindung reagieren einzelne Atome der Elemente miteinander und setzen sich zu einem Teilchen der Verbindung, einem **Molekül**[2]) zusammen.
Diese von DALTON zunächst als Arbeitshypothese eingeführten Annahmen haben sich als brauchbar erwiesen und wurden durch die Ergebnisse der naturwissenschaftlichen Forschung in Chemie und Physik bei allen weiteren Beobachtungen und Versuchen bestätigt, so daß die Existenz der Atome heute als Tatsache feststeht.
Die vorstehenden Erklärungen zu den Begriffen Atom und Molekül sind keine präzisen Definitionen. Beide Begriffe lassen sich erst mit den Kenntnissen der Atomphysik genau bestimmen. Zum Verständnis dieses Kapitels genügen diese vorläufigen Umschreibungen.

4.1.2 Relative Atommasse und relative Molekülmasse

Es ist unser Ziel, weitere Kenntnisse über die Eigenschaften der einzelnen Teilchen zu gewinnen. Dabei interessieren zuerst Masse und Größe der Atome und Moleküle.
Die Kenntnisse der Massenverhältnisse der Elemente bei der Bildung der chemischen Verbindungen läßt noch nicht auf die Massenverhältnisse der einzelnen Atome schließen, da nicht bekannt ist, in welchem Zahlenverhältnis sich die Atome zu einer Verbindung vereinigen.
Genaue Messungen bei chemischen Reaktionen gasförmiger Stoffe liefern das

Ergebnis: Das Volumenverhältnis gasförmiger, an einer chemischen Reaktion beteiligter Stoffe läßt sich durch einfache ganze Zahlen ausdrücken.

---
[1]) atomos (griech.), unteilbar
[2]) molecula (lat.), kleine Masse

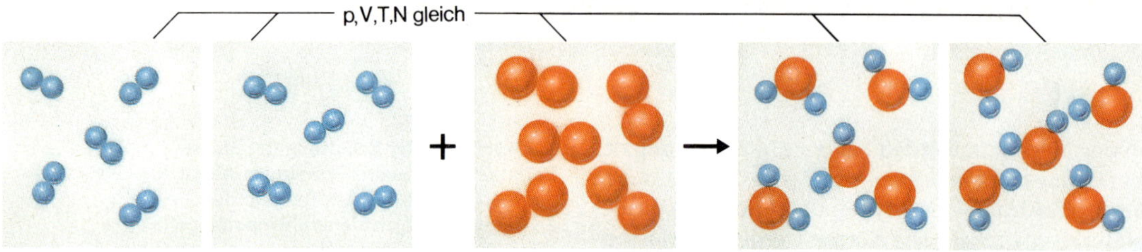

Abb. 4–1: Bei Gasreaktionen sind die Volumenverhältnisse immer einfach und ganzzahlig.

Beispiel: Wasserstoff und Sauerstoff verbinden sich im Massenverhältnis 1 : 7,936 zu Wasser, das Volumenverhältnis beträgt dabei 2 : 1.
Der italienische Physiker A. AVOGADRO konnte dieses Ergebnis mit Hilfe der Atomvorstellung deuten, wenn er eine Annahme über die Anzahl der Teilchen in den Volumina der reagierenden Stoffe machte. Nach ihm gilt der – heute als **Avogadrosche Hypothese** bezeichnete – Satz:
Gleiche Volumina gasförmiger Körper enthalten bei gleichem Druck und gleicher Temperatur die gleiche Anzahl Teilchen, Atome oder Moleküle (*Abb. 4–1*).
Dieser Satz führt zu zwei wichtigen Folgerungen:
1. Es lassen sich aus chemischen Versuchen Angaben über die Massenverhältnisse einzelner Atome bzw. Moleküle der beteiligten Stoffe machen.
2. Der für chemische Reaktionen und die Gasgesetze wichtige Begriff der Stoffmenge läßt sich durch die Anzahl der Teilchen erfassen.
Nach der Avogadroschen Hypothese ist das Massenverhältnis der Gasvolumina gleich dem Massenverhältnis ihrer Teilchen. Das Massenverhältnis der Gase läßt sich experimentell bestimmen und für die Atome oder Moleküle dann auf eine atomare Einheit beziehen.

Für die **relative Atom-** bzw. **Molekülmasse** gilt folgende

Definition: Die relative Atommasse A_r (Molekülmasse M_r) eines Stoffes ist das Verhältnis der Masse des betreffenden Atoms (Moleküls) zur Masse eines vereinbarten Bezugatoms. Das Bezugsatom ist das Kohlenstoffnuklid ^{12}C; seine relative Atommasse ist mit 12,0000 festgesetzt[1]).

Damit gelten die Gleichungen:

Relative Atommasse

$$A_r = \frac{\text{Masse } m \text{ des Atoms}}{\frac{1}{12}\,\text{Masse des Kohlenstoffnuklids } ^{12}\text{C}},$$

Relative Molekülmasse

$$M_r = \frac{\text{Masse } m \text{ des Moleküls}}{\frac{1}{12}\,\text{Masse des Kohlenstoffnuklids } ^{12}\text{C}}.$$

Die relative Molekülmasse ist demnach gleich der Summe der relativen Atommassen der in dem Molekül enthaltenen Atome.
Im Gegensatz zum bisherigen Sprachgebrauch beschreiben die Größen relative Atom- und relative Molekülmasse keine trägen oder schweren Massen. Es sind reine Zahlen, die ein Massenverhältnis angeben.

4.1.3 Stoffmenge

Bei chemischen Prozessen reagieren die einzelnen Teilchen der Reaktionspartner miteinander. Für einen günstigen Reaktionsablauf muß man ganz bestimmte Stoffmengen einsetzen, d. h. die Anzahl der Teilchen muß aufeinander abgestimmt sein. Auch die thermodynamischen Gesetze werden besonders einfach, wenn man sie auf spezifische Stoffmengen, d. h. auf bestimmte Teilchenzahlen, bezieht. Es ist daher sinnvoll, die Stoffmenge und ihre Einheit durch eine Teilchenzahl als Grundgröße festzulegen.

Definition: Ein System hat die Stoffmenge 1 mol, wenn es aus ebenso vielen Teilchen besteht, wie Atome in 12 g des reinen Kohlenstoffnuklids ^{12}C enthalten sind. Die Einheit der Stoffmenge n heißt Mol: $[n]$ – 1 mol

Die Teilchen eines Systems müssen dabei spezifiziert werden. Es können Atome, Moleküle, Ionen, Elektronen usw. oder eine Gruppe solcher Teilchen genau angegebener Zusammensetzung sein.

[1]) Der in der Natur vorkommende Kohlenstoff enthält mehrere Atomarten (Isotope), die sich durch die relative Atommasse unterscheiden.

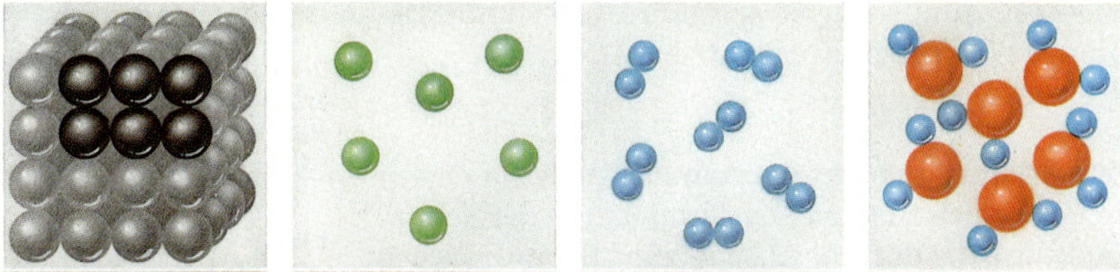

	Kohlenstoff C Festkörper	Helium He Gas	Wasserstoff H_2 Gas	Wasser H_2O Flüssigkeit
Teilchenzahl	N Atome	N einatomige Moleküle	N zweiatomige Moleküle	N dreiatomige Moleküle
Relative Atom-/Molekül-Masse M_r	12	4	2	18
Teilchenzahl 1 mol	$6{,}022 \cdot 10^{23}$	$6{,}022 \cdot 10^{23}$	$6{,}022 \cdot 10^{23}$	$6{,}022 \cdot 10^{23}$
Masse 1 mol	12 g	4 g	2 g	18 g
Masse 1 Teilchen	12 u	4 u	2 u	18 u
Masse N Teilchen	N · 12 u	N · 4u	N · 2u	N · 18u

$1 u = 1{,}66 \cdot 10^{-27} kg$

Abb. 4–2: Stoffmenge, Teilchenzahl, Masse.

Neben der Einheit Mol (mol) wird meist die (abgeleitete) Einheit Kilomol (kmol) benutzt: 1 kmol = 10^3 mol. Die Definition der Stoffmenge ist unabhängig von der Stoffart oder dem Zustand, in dem sich ein Körper oder System befindet. Es gilt daher der Satz: Jede Stoffmenge $n = 1$ kmol enthält unabhängig von den physikalischen Bedingungen[1]) und der chemischen Beschaffenheit immer dieselbe Anzahl von Teilchen (Molekülen).

Berücksichtigt man die Definition der relativen Molekülmassen, so enthalten 12 g Kohlenstoff (^{12}C) ebenso viele Atome wie 4,0026 g Helium (He) oder ebenso viele Moleküle wie 31,998 g Sauerstoff (O_2) oder 58,443 g Kochsalz (NaCl). Bei einer chemischen Reaktion verbinden sich 1 mol Natrium (Na-Atome) mit 1 mol Chlor (Cl-Atome) bzw. 0,5 mol Chlormoleküle (Cl_2) zu 1 mol Kochsalz (NaCl-Moleküle).

Stoffmenge und Masse einer Stoffportion (bzw. eines Körpers) sind zwei verschiedene Größen, die man unterscheiden muß. Bei der Stoffmenge muß die Art der Teilchen, z. B. Atome, Moleküle beachtet werden (*Abb. 4–2*).

Mit Hilfe der relativen Atom-, Molekülmasse läßt sich aus der Masse m einer Stoffportion ihre Stoffmenge n berechnen. Es gilt $n = \frac{m}{M_r \text{ kg}}$ kmol .

Beispiel: Eine Portion Kochsalz mit der Masse $m = 0{,}2$ kg hat die Stoffmenge

$$n = \frac{0{,}2 \text{ kg}}{58{,}44 \text{ kg}} \text{ kmol} = 3{,}42 \text{ mol}.$$

Mißt man das Volumen, das gleiche Stoffmengen verschiedener Gase bei gleichem Druck und gleicher Temperatur einnehmen, so stellt man fest, daß dieses Volumen immer gleich groß ist. Diese Gasportionen enthalten auch dieselbe Anzahl Teilchen. Man kann diesen Sachverhalt mit der Größe **Molvolumen** einfach formulieren.

[1]) Druck, Volumen, Temperatur, Aggregatzustand

Definition: Unter dem molaren Volumen oder Molvolumen V_m eines Stoffes versteht man den Quotienten aus dem Volumen V und der Stoffmenge n, die dieses Volumen einnimmt: $V_m = \frac{V}{n}$.

Die Einheit des Volumens ist $[V_m] = 1 \text{ m}^3/\text{mol}$.

Für Gase erhält man damit das einfache

Ergebnis: Das Molvolumen aller (idealer) Gase unter Normalbedingung (0 °C, 1 013 hPa) ist

$$V_{mo} = 22{,}414 \cdot 10^{-3} \text{ m}^3/\text{mol}.$$

Aufgaben

4/1: Welche Masse haben die Stoffmengen der folgenden Teilchenarten: 0,3 mol CO_2-Moleküle, 0,2 mol O_2-Moleküle, 1 mol N-Atome, 1 mol $C_6H_{12}O_6$-Moleküle?

4/2: Bei der chemischen Analyse von 3,610 g Harnstoff wurden 0,722 g Kohlenstoff, 0,962 g Sauerstoff, 1,685 g Stickstoff und 0,241 g Wasserstoff festgestellt. Die relative Molekülmasse wurde experimentell mit $M_r = 60$ ermittelt. Wieviel Atome C, O, N, H enthält ein Molekül des Stoffes?

4/3: Welches Volumen haben unter Normalbedingung 24 g Sauerstoff, 20 g Wasserstoff, 1 mol CO_2?

4.1.4 Die Avogadro-Konstante

Die Stoffmenge n ist nach ihrer Definition eine Zählgröße. Es ist nun das Ziel, die Anzahl der Moleküle in einem Mol zu bestimmen.

Bezeichnet man die Teilchenzahl pro Mol mit N_A, die Teilchenzahl einer Stoffportion oder eines Systems von Teilchen mit N, so gilt nach der Definition der Stoffmenge: $N = n\, N_A$.

Die Konstante N_A heißt **Avogadro-Konstante.** Der genaue Wert dieser Konstante ist:

$$N_A = 6{,}022 \cdot 10^{23}\ \mathrm{mol}^{-1}\,.$$

Zur Bestimmung der Konstanten wiederholen wir einen Versuch aus dem Physikunterricht der Sekundarstufe I, der dort zur Abschätzung der räumlichen Größe von Molekülen eingesetzt wird.

Versuch 4/1: Wir lassen aus einer feinen Pipette einen (zwei, drei) Tropfen von einer unmittelbar vor dem Versuch hergestellten Lösung einer Ölsäure (Triolein) in Leichtbenzin (1 Vol-%) auf eine hinreichend große, fettfreie und mit Bärlappsamen bestreute Wasseroberfläche fallen (*Abb. 4–3*).

Beobachtung: Das sich auf der Wasseroberfläche ausbreitende Öl schiebt den Bärlappsamen vor sich her, so daß deutlich sichtbar eine Kreisfläche entsteht. Auf dem Wasser sieht man den dünnen Ölfilm selbst wegen seiner geringen Dicke nicht. Ölflecke aus je einem Tropfen bilden immer dieselbe Kreisfläche, die aus zwei oder drei Tropfen gebildeten Ölschichten nehmen den doppelten bzw. dreifachen Flächeninhalt ein.

Die entstehende Ölschicht hat also bei jedem Versuch dieselbe Dicke. Daraus hat man geschlossen, daß sich das Öl zu einer monomolekularen Schicht auf dem Wasser auseinanderzieht. Die Dicke dieser Schicht stimmt mit der Ausdehnung eines Ölmoleküls überein. Stellt man sich vor, daß diese Schicht aus vielen nebeneinanderliegenden Würfeln besteht, wobei in jeden Würfel gerade ein Molekül hineinpaßt, so läßt sich aus den geometrischen Abmessungen die Anzahl der Würfel (bzw. der Moleküle) berechnen. Die Anzahl der Tropfen, die 1 cm^3 der Lösung enthält, und die Dichte der Ölsäure müssen vorher bestimmt werden, damit die mit einem Tropfen auf die Wasseroberfläche aufgebrachte Ölmenge berechnet werden kann. V sei das Volumen und n die Stoffmenge der Ölsäure, die in einem Tropfen enthalten ist. Die Dicke der Ölschicht ergibt sich aus dem Volumen V und dem Radius R des kreisförmigen Ölflecks: $d = \frac{V}{\pi R^2}$. Damit haben wir die Seitenlänge und das Volumen $V_1 = d^3$ eines Würfels gefunden. Die Zahl n der Würfel in der Schicht ergibt sich durch $n = \frac{V}{V_1}$. Nimmt man die doppelte (k-fache) Stoffmenge der Ölsäure, so erhält man die doppelte (k-fache) Teilchenzahl. Der Ölfleckversuch bestätigt, daß die Stoffmenge direkt proportional zur Teilchenzahl ist.

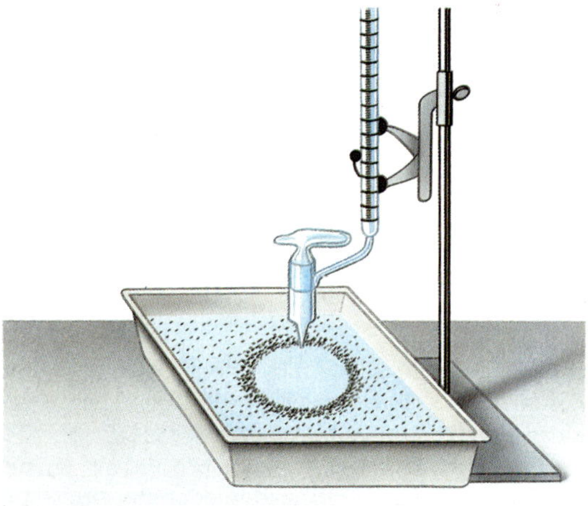

Abb. 4–3: Ölfleckversuch zur Bestimmung der Avogadro-Konstante.

Die Avogadro-Konstante ist eine für die gesamte Physik überaus wichtige Größe. Ihr Wert ist daher nach vielen verschiedenen und völlig voneinander unabhängigen Methoden bestimmt worden (z. B. aus der Oberflächenspannung verdünnter Lösungen, aus der elektrischen Ladung kleiner Öltröpfchen, aus der Zerstreuung des Sonnenlichts in der Atmosphäre, aus der Größe der Elementarwürfel von Kristallen, aus radioaktiven Prozessen). Alle Methoden liefern dasselbe Ergebnis. Daher kann der Zahlwert als unbedingt sicher angesehen werden. Die Größenordnung dieser Zahl liegt außerhalb unseres unmittelbaren Vorstellungsbereichs.

Folgende Angaben können zur Veranschaulichung des Zahlwerts beitragen.
Die in einem Stecknadelkopf (1 mm^3) enthaltene Anzahl von rund 10^{20} = 100 Trillionen Eisenatome ergeben zu einer Perlenkette aufgereiht eine Strecke von $2 \cdot 10^7$ km, das ist mehr als die 50fache Entfernung zwischen Erde und Mond, wobei auf jeden Millimeter dieser Strecke noch 5 Millionen Atome entfallen.
Eine Zählmaschine, die in der Sekunde 1 Million Moleküle registrieren kann, brauchte 20 Milliarden Jahre, um die Moleküle von 1 kmol eines Stoffes zu zählen.
Eine Vakuumpumpe kann ein Gefäß auf einen Druck von 1 mbar evakuieren. Ein Kubikmillimeter des Restgases enthält immer noch 80 Billionen Gasmoleküle.

Mit Hilfe der Avogadro-Konstanten kann die absolute Masse einzelner Atome oder Moleküle berechnet werden. Beispiel: 1 kmol Wasserstoff (H_2) hat die Masse 2,016 kg und enthält $6{,}022 \cdot 10^{26}$ Moleküle. 1 Molekül Wasserstoff hat die Masse $\frac{2{,}016}{6{,}022 \cdot 10^{26}}$ kg $= 3{,}347 \cdot 10^{-27}$ kg. Da ein Wasserstoff-Molekül aus zwei H-Atomen besteht, ist die Masse eines H-Atoms $m_H = 1{,}673 \cdot 10^{-27}$ kg.

Aufgaben

4/4: 17 Tropfen einer Triolein-Benzinlösung (0,1 Vol.-%) ergeben 1 cm^3. Läßt man einen Tropfen auf die mit Bärlappsamen bestreute Wasseroberfläche fallen, so entsteht ein Kreis mit 31 cm Durchmesser. Berechnen Sie aus diesen Angaben die Avogadro-Konstante. (Dichte und relative Molekularmasse des Trioleins: $\varrho = 0{,}90\ \mathrm{gcm}^{-3}$, $M_r = 282$.) Wie groß ist der Fehler?
4/5: Berechnen Sie aus den Angaben zu *Aufgabe 4/1* die Dicke der Ölschicht und daraus das Volumen $d^3 = V_1$ eines Ölmoleküls. Welches mittlere Volumen entfällt auf ein einzelnes Atom des Ölmoleküls (Triolein: $C_{18}H_{34}O_2$)?
4/6: Berechnen Sie die absolute Masse eines Sauerstoff-, Eisen-, Uran-Atoms.
4/7: Berechnen Sie mit Hilfe der Avogadro-Konstante das Volumen, das ein Wassermolekül einnimmt. ($M_{H_2O} = 18$, $\varrho = 1\ \mathrm{gcm}^{-3}$).
Vergleichen Sie dieses Volumen mit dem Raumanteil, der auf ein einzelnes Gasmolekül bei Normalzustand entfällt.

4/8: Wieviel Atome enthalten 12 g Kohlenstoff, 18 g Sauerstoff, 27 g Aluminium? Welche Masse haben $3 \cdot 10^{12}$ Uranatome?

4.2 Kinetische Gastheorie

Bei Temperaturänderungen zeigen die verschiedenen Stoffe ein unterschiedliches Verhalten, das bei den Festkörpern und Flüssigkeiten stark von der Stoffart abhängig ist. Die Gase haben dagegen weitgehend übereinstimmende thermische Eigenschaften, die im folgenden Kapitel untersucht und durch ihre atomistische Struktur erklärt werden.

4.2.1 Temperatur und Druck

Zur Untersuchung des thermischen Verhaltens der Stoffe haben wir im Physikunterricht der Sekundarstufe I eine physikalische Größe eingeführt, die den Wärmezustand der Körper erfaßt. Diese Grundgröße ist die Temperatur.

Definition: Die Einheit der Temperatur ist der hunderste Teil des Fundamentalabstandes, d. h. des Temperaturunterschiedes zwischen den beiden Fixpunkten des schmelzenden Eises und des siedenden Wassers bei Normaldruck $p = 1013$ mb. Sie heißt 1 **Kelvin** (1 K).

Neben der Einheit muß noch die Temperaturskala mit Nullpunkt festgelegt werden. Legt man den Nullpunkt der Skala in den Schmelzpunkt des Eises, so erhält man die Temperaturskala nach CELSIUS. Temperaturen, die nach der Celsiusskala angegeben werden, bezeichnet man mit ϑ und Grad Celsius (°C). Die Einheit Grad Celsius ist gleich groß wie die Einheit Kelvin. Temperaturdifferenzen können in Grad Celsius oder in Kelvin angegeben werden.
Zur Temperaturmessung eignet sich für ein Thermometer jede meßbare Größe eines Körpers (oder Systems), die sich mit der Temperatur eindeutig und reproduzierbar ändert. Im allgemeinen werden Volumen oder Länge eines Körpers bei konstantem Druck (Flüssigkeits-, Gas-, Bimetallthermometer) als Meßgrößen bei Thermometern verwandt.
Neben der Temperatur ist der Druck eine wichtige Größe zur Beschreibung des Zustandsverhaltens eines Körpers, insbesondere eines Gases. Die Definition dieser Größe übernehmen wir aus dem Physikunterricht der Sekundarstufe I.

Definition: Der Druck ist der Quotient aus der Kraft F und der Fläche A, auf die diese flächenhaft verteilte Kraft wirkt: $p = \frac{F}{A}$.

Die Einheit des Drucks ist $[p] = 1\ \mathrm{N/m^2} = 1\ \mathrm{Pa}$ (Pascal).

Die Einheit 1 Pa ist relativ klein. Daher werden häufig abgeleitete Einheiten benutzt:
$1\ \mathrm{hPa} = 10^2\ \mathrm{Pa}$ und $1\ \mathrm{MPa} = 10^6\ \mathrm{Pa}$.
Neben der Einheit Pascal ist auch die Einheit Bar gebräuchlich. Es ist 1 bar = 0,1 MPa = 100 000 Pa.
Die früher üblichen Druckeinheiten Technische Atmosphäre (at) mit $1\ \mathrm{at} = 1\ \mathrm{kp/cm^2} = 98\,100\ \mathrm{Pa}$ und Physikalische Atmosphäre (atm) mit 1 atm = 760 Torr = 1 013 mb dürfen heute nicht mehr benutzt werden.

4.2.2 Thermische Gasgesetze

Nach der Festlegung der Thermometerskala und des Meßverfahrens für Temperaturen kann das Verhalten der Gase in Abhängigkeit von der Temperatur untersucht werden. Die grundlegenden Versuche sind in der Sekundarstufe I durchgeführt worden. Die wichtigen Ergebnisse werden hier zusammengefaßt.

Ergebnis 1: Gesetz von GAY-LUSSAC
Bei den Gasen ist die Volumenzunahme ΔV direkt proportional der Temperaturerhöhung $\Delta\vartheta$, oder

$$V = V_0\,(1 + \beta\vartheta) \mid p = \mathit{konstant}.$$

Das Gesetz gilt, wenn der Versuch **isobar**, d. h. bei konstantem Druck durchgeführt wird. V_0 ist das Volumen bei 0 °C (*Abb. 4–4 a*).

Ergebnis 2: Gesetz von AMONTONS
Bei den Gasen ist die Druckerhöhung Δp direkt proportional der Temperaturerhöhung $\Delta\vartheta$, oder

$$p = p_0\,(1 + \gamma\vartheta) \mid V = \mathit{konstant}.$$

Das Gesetz gilt, wenn der Versuch **isochor**, d. h. bei konstantem Volumen durchgeführt wird. p_0 ist der Druck bei 0 °C (*Abb. 4–4 b*).

Ergebnis 3: Die isobaren Volumenausdehnungskoeffizienten β und die isochoren Spannungskoeffizienten γ sind bei allen Gasen nahezu gleich groß:

$$\beta = \gamma = \frac{1}{273{,}15}\ \frac{1}{°\mathrm{C}} = 3{,}661 \cdot 10^{-3}\ (°\mathrm{C})^{-1}.$$

Das ideale Gas

Nach den beiden Gasgesetzen von GAY-LUSSAC und AMONTONS besteht zwischen Volumen und Temperatur bzw. zwischen Druck und Temperatur eine für alle Gase einheitliche und einfache Beziehung. Bei der graphischen Darstellung der Versuchsergebnisse liegen die Meßpunkte in einem großen Temperaturbereich (im Gegensatz zu den Ergebnissen bei den Festkörpern und Flüssigkeiten) auf einer Geraden.

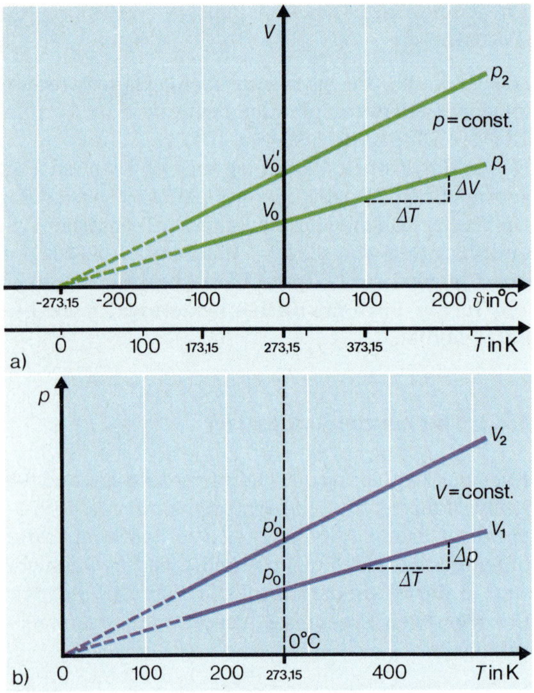

Abb. 4–4: a) ϑ-V-Diagramm eines Gases. Einführung des absoluten Nullpunkts und der absoluten Temperatur.
b) T-p-Diagramm eines Gases. Gesetz von AMONTONS.

Die *Tabelle 4–1* zeigt, daß Ausdehnungskoeffizient β und Spannungskoeffizient γ von der Art des Gases weitgehend unabhängig sind.

Man kann sich ein Gas vorstellen, für das in allen Druck- und Temperaturbereichen die beiden Gesetze streng gelten, und dessen Ausdehnungskoeffizient β sowie Spannungskoeffizient γ den genauen und von Druck und Temperatur unabhängigen Wert $3{,}661 \cdot 10^{-3}\ (°C)^{-1}$ hat.

Definition: Ein Gas, das den beiden Gesetzen streng folgt und für das $\beta = \gamma = 3{,}661 \cdot 10^{-3}\ (°C)^{-1}$ gilt, bezeichnet man als **ideales Gas**.

Damit wird der reale Sachverhalt idealisiert und ein Modellgas eingeführt. Die realen Gase erfüllen die Gesetze von GAY-LUSSAC und AMONTONS nicht streng. Bei hohen Temperaturen und kleinen Drukken können sie nach den experimentellen Erfahrungen als **quasi-ideale Gase** angesehen werden. Wasserstoff und Helium verhalten sich unter normalen Bedingungen (ca. 20 °C, 1 013 mb) fast wie ideale Gase.

Gas	$\beta/(°C)^{-1}$	$\gamma/(°C)^{-1}$
ideales Gas	$3{,}6604 \cdot 10^{-3}$	$3{,}6604 \cdot 10^{-3}$
Wasserstoff (H_2)	$3{,}6627 \cdot 10^{-3}$	$3{,}6603 \cdot 10^{-3}$
Helium (He)	$3{,}6613 \cdot 10^{-3}$	$3{,}6591 \cdot 10^{-3}$
Stickstoff (N_2)	$3{,}672 \cdot 10^{-3}$	$3{,}671 \cdot 10^{-3}$
Kohlendioxid (CO_2)	$3{,}711 \cdot 10^{-3}$	$3{,}725 \cdot 10^{-3}$

Tabelle 4–1: Ausdehnungs- und Spannungskoeffizienten einiger Gase

Die absolute Temperatur

In einem ϑ-*V*-Diagramm wird für verschiedene Ausgangsvolumina das Gesetz von GAY-LUSSAC eines idealen Gases dargestellt (*Abb. 4–4 a*). Die einzelnen Geraden werden bis zu ihrem Schnittpunkt mit der Temperaturachse verlängert.

Anmerkung: Da jedes reale Gas bei einer spezifischen Temperatur kondensiert, verliert das Gesetz von GAY-LUSSAC bei tiefen Temperaturen unterhalb des Kondensationspunktes seine Gültigkeit. Bei einer weiteren Abkühlung verkleinert sich das Volumen der Flüssigkeit nicht mehr nach dem Gasgesetz. Die Verlängerung der Ausdehnungsgeraden im ϑ-*V*-Diagramm ist zunächst nur eine formale mathematische Operation.

In der gleichen Weise läßt sich das Gesetz von AMONTONS für verschiedene Ausgangsdrucke p_0 in einem p-ϑ-Diagramm darstellen.

Ergebnis: Alle Geraden schneiden sich in einem Punkt der Temperaturachse bei $\vartheta_0 = -\,273{,}15\,°C$. Für diesen ϑ-Wert errechnet man für das Volumen jedes idealen Gases $V(\vartheta_0) = 0$.

Nach dieser Feststellung ist es sinnvoll, den gemeinsamen Schnittpunkt ϑ_0 auf der Temperaturachse anstelle des bisher ebenso willkürlich gewählten Eispunktes (0 °C) zum neuen Nullpunkt der Temperaturskala zu wählen. Man bezeichnet diesen Punkt als den **absoluten Nullpunkt** und die von diesem Punkt aus zählende Temperaturskala auf Vorschlag des englischen Physikers Sir W. THOMSON (Lord KELVIN) als **absolute Temperaturskala**.

Die absolute Temperatur wird zum Unterschied zur Celsius-Temperatur als **Kelvin-Temperatur** und mit dem Buchstaben *T* bezeichnet. Nur die Nullpunkte der beiden Skalen sind voneinander verschieden. Temperaturdifferenzen $T_1 - T_2$ und $\vartheta_1 - \vartheta_2$ haben denselben Zahlenwert.

Nach Einführung der absoluten Temperatur lassen sich die Gesetze von GAY-LUSSAC und AMONTONS in einer besonders einfachen Form darstellen.

Für die Volumina V_1 und V_2 bei den Temperaturen ϑ_1 und ϑ_2 unter gleichem Druck gilt zunächst

$$V_1 = V_0\,(1 + \beta\,\vartheta_1) \text{ und}$$
$$V_2 = V_0\,(1 + \beta\,\vartheta_2)\,\big|_{p\,=\,konst.}\,.$$

Daraus folgt mit $\beta = \dfrac{1}{273{,}15}\,\dfrac{1}{°C}$:

$$\frac{V_1}{V_2} = \frac{(273{,}15\,°C + \vartheta_1)}{(273{,}15\,°C + \vartheta_2)} = \frac{T_1}{T_2}\,.$$

Demnach lautet das **Gesetz von GAY-LUSSAC:**

$$\frac{V_1}{V_2} = \frac{T_1}{T_2} \Big|_{p = konst.}$$

und das **Gesetz von AMONTONS:**

$$\frac{p_1}{p_2} = \frac{T_1}{T} \Big|_{V = konst.}$$

Bei konstantem Druck ist das Volumen, bei konstantem Volumen ist der Druck einer abgeschlossenen Gasmenge direkt proportional seiner absoluten Temperatur (*Abb. 4–4 a, b*).

Die einfache Beziehung zwischen Druck und absoluter Temperatur bei einem idealen Gas eröffnet die Möglichkeit, die Einheit der Temperatur und die Einteilung der Temperaturskala, d. h. die Vielfachen der Temperatureinheit, unabhängig von dem thermischen Verhalten eines bestimmten Materials festzulegen. Durch das Gesetz über Einheiten im Meßwesen von 1969 hat man jedoch im Anschluß an internationale Vereinbarungen eine weitere Möglichkeit zur Festlegung der Temperatureinheit gewählt.

Definition: Die Einheit der Temperatur ist 1 Kelvin (1 K). 1 Kelvin ist der 273,15te Teil der thermodynamischen Temperatur (→ *4.4.5*) des Tripelpunktes des Wassers (→ *4.3.4*).

In dem p-V-Zustandsdiagramm eines Stoffes geben die Koordinaten des „Tripelpunktes" an, bei welchem Druck und welcher Temperatur die drei Phasen gasförmig, flüssig und fest des Stoffes nebeneinander bestehen können. Für Wasser ist das bei $p_1 = 6{,}12$ mb und $\vartheta_1 = 0{,}0075\,°C$ der Fall.

Die Temperatureinheit 1 K ist die **fünfte Grundgröße** im physikalischen Einheitensystem.

4.2.3 Die allgemeine Gasgleichung

Von einer abgeschlossenen Gasmenge können wir stets Volumen, Druck und Temperatur messen. Mit Angabe dieser drei Größen ist der Zustand des Gases bestimmt.

Definition: Volumen, Druck und Temperatur bezeichnet man als einfache **Zustandsgrößen**.

Das Zustandsverhalten eines Gases bei gleichzeitiger Änderung der drei Zustandsgrößen soll nun untersucht werden.

Versuch 4/2: Bei abgeschlossenen Mengen verschiedener Gase oder Gasgemische (Luft) werden in der Apparatur nach *Abb. 4–5* gleichzeitig Druck p und Temperatur T verändert und das zugehörige Volumen gemessen. Für jede Messung wird der Quotient pV/T berechnet.

Ergebnis: Für eine beliebige abgeschlossene Gasmenge ist in jedem Zustand – gegeben durch Druck,

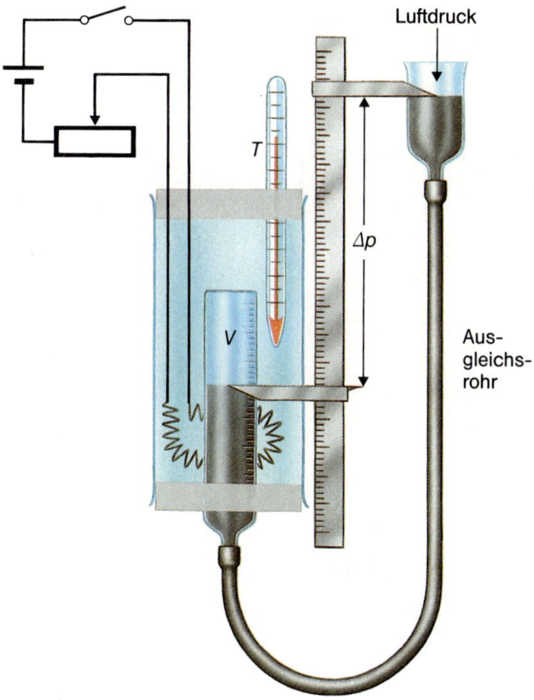

Abb. 4–5: Versuchsanordnung zur Untersuchung des thermischen Verhaltens der Gase.

Volumen und Temperatur – der Quotient pV/T konstant. Damit erhält man die Zustandsgleichung der Gase oder die **allgemeine Gasgleichung**

$$p\,V = C\,T.$$

Das Gesetz ist nur für ein ideales Gas streng gültig, von den realen Gasen wird es mit guter Näherung erfüllt.

Die allgemeine Gasgleichung läßt sich auch deduktiv aus den Gesetzen von GAY-LUSSAC und BOYLE-MARIOTTE herleiten. Dazu wird die Zustandsänderung des Gases in zwei Teilschritte zerlegt (*Abb. 4–6*).

Ausgehend vom Zustand I mit p_1, V_1 und T_1 wird zunächst bei konstantem Druck die Temperatur von T_1 auf T_2 erhöht. Man erhält den Zwischenzustand mit p_1, V_x und T_2:

$$V_x = V_1 \frac{T_2}{T_1} \quad \text{(nach GAY-LUSSAC).}$$

Bei konstanter Temperatur T_2 wird dann der Druck von p_1 auf p_2 verändert. Es gilt dann für den Zustand II mit p_2, V_2 und T_2

$$p_1\,V_x = p_2\,V_2 \quad \text{(nach BOYLE-MARIOTTE).}$$

Wird die Zwischengröße V_x eliminiert, so erhält man

$$p_1\,V_1 \frac{T_2}{T_1} = p_2\,V_2 \quad \text{oder}$$

$$\frac{p_1\,V_1}{T_1} = \frac{p_2\,V_2}{T_2}.$$

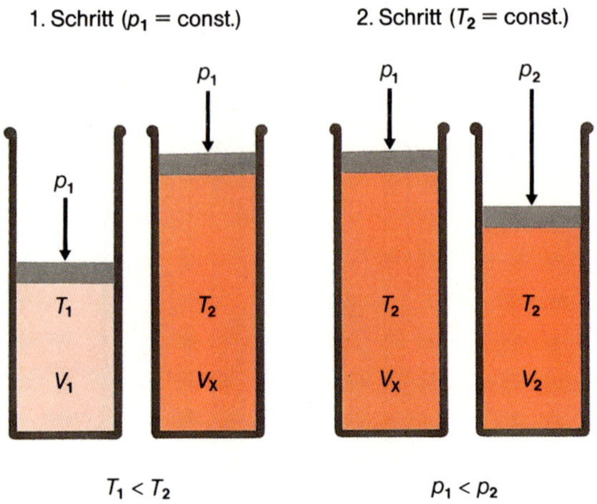

Abb. 4–6: Zur Herleitung der allgemeinen Gasgleichung.

Die funktionale Beziehung zwischen p, V und T nach der allgemeinen Gasgleichung läßt sich in einem räumlichen Koordinatensystem graphisch darstellen. *Abb. 4–7* zeigt die Zustandsfläche eines idealen Gases.
Schneidet man die Fläche mit Ebenen $T = konst.$, so erhält man als Schnittkurven gleichseitige Hyperbeln: $p\,V = konst.$ (Gesetz von BOYLE-MARIOTTE).
Schneidet man mit Ebenen $p = konst.$, so sind die Schnittkurven Geraden, die alle die p-Achse schneiden:

$$\frac{V}{T} = konst. \text{ (Gesetz von GAY-LUSSAC).}$$

Schneidet man mit Ebenen $V = konst.$, so erhält man ebenfalls Schnittgeraden, die alle die V-Achse schneiden:

$$\frac{p}{T} = konst. \text{ (Gesetz von AMONTONS).}$$

Die drei Gesetze von BOYLE-MARIOTTE, GAY-LUSSAC und AMONTONS sind als Sonderfälle in der allgemeinen Gasgleichung enthalten.

Der Zahlwert der Konstanten $C = p_0\, V_0/T_0$ hängt von der Wahl der Größen p_0, V_0 und T_0 für einen Ausgangszustand ab. Unter Normalbedingungen $p_0 = 1013$ mb und $T_0 = 273{,}15$ K (entsprechend 0 °C) nimmt eine abgeschlossene Gasmenge ihr sogenanntes Normalvolumen ein. Diesem Normalvolumen ist die Konstante C in der allgemeinen Gasgleichung direkt proportional. Für verschiedene Gasmengen erhält sie demnach auch verschiedene Werte. Bezieht man die Konstante jedoch auf das Molvolumen, so hat sie für alle Gase denselben Wert. Sie wird mit R bezeichnet und heißt **universelle Gaskonstante:**

$$R = \frac{p\,V_\mathrm{m}}{T} = \frac{p_0\,V_\mathrm{m0}}{T_0} = 8{,}315\,\frac{\mathrm{kJ}}{\mathrm{K}\cdot\mathrm{kmol}}\,.$$

Für ein Gas mit der Stoffmenge n und dem Volumen $V = n\,V_\mathrm{m}$ geht die Gasgleichung über in die Form:

$$p\,V = n\,R\,T\,.$$

Diese Gleichung wird als **universelle Gasgleichung** bezeichnet.

Nach der universellen Gasgleichung zeigen alle idealen Gase unter denselben Anfangsbedingungen das gleiche thermische Zustandsverhalten. Diese merkwürdige Eigenschaft der Gase wird verständlich, wenn man bedenkt, daß jedes Mol oder Kilomol eines Gases dieselbe Anzahl von Teilchen enthält. Offenbar hängt das Zustandsverhalten eines Gases viel weniger von der Stoffart, sondern viel mehr von der Anzahl seiner Teilchen ab.

Aufgaben

4/9: Ein Gas nimmt bei 20 °C ein Volumen von 3 l ein. Auf welche Temperatur muß das Gas bei gleichem Druck erwärmt werden, damit es 4 l, das doppelte, das dreifache Volumen einnimmt?
4/10: Während einer Unterrichtsstunde steigt im Physikraum (12 m · 5 m · 4 m) die Temperatur von 18 °C auf 20 °C. Wieviel Luft entweicht?
4/11: In einer Stahlflasche von 10 l Inhalt steht ein Sauerstoffgas unter einem Druck von 200 bar. Wieviel Liter Sauerstoff kann man der Flasche bei gleicher Temperatur unter normalem Luftdruck entnehmen?
4/12: Ein abgeschlossenes Luftvolumen steht bei 20 °C unter einem Druck von 1 bar. Bei welcher Temperatur beträgt der Druck $\frac{1}{2}$ $(\frac{1}{3})$ bar?
4/13: Eine Stahlflasche mit einem Volumen von 10 l enthält 45 g Wasserstoff. Bei welcher Temperatur erreicht der Innendruck 50 bar?
4/14: Welches Volumen nehmen 7 kg Stickstoff bei Zimmertemperatur (20 °C) unter einem Druck von 100 bar ein?
4/15: Wieviel Gramm Argon enthält ein 300 cm^3 großer Glühlampenkolben, wenn der Innendruck bei 15 °C 2,6 mbar beträgt?
4/16: Wieviel Teilchen enthält 1 cm^3 des idealen Gases bei der Temperatur 20 °C und dem Druck 10^{-5} mbar?

4.2.4 Grundgleichung der kinetischen Gastheorie

Gase breiten sich in dem ganzen ihnen zur Verfügung stehenden Raum aus.

Versuch 4/3: Zwei Standzylinder, von denen der obere mit Luft und der untere mit Bromdampf gefüllt ist, werden mit den Öffnungen aufeinander gestellt. Nach einiger Zeit kann man auch in dem oberen Gefäß eine Gelbfärbung durch Brom beobachten. Alle Gase mischen sich (ohne Strömungsvorgänge) von selbst miteinander. Dieser selbständige Mischungsvorgang heißt **Diffusion**.

Versuch 4/4: Durch ein Mikroskop wird eine mit Tabakrauch gefüllte und verschlossene „Rauch-

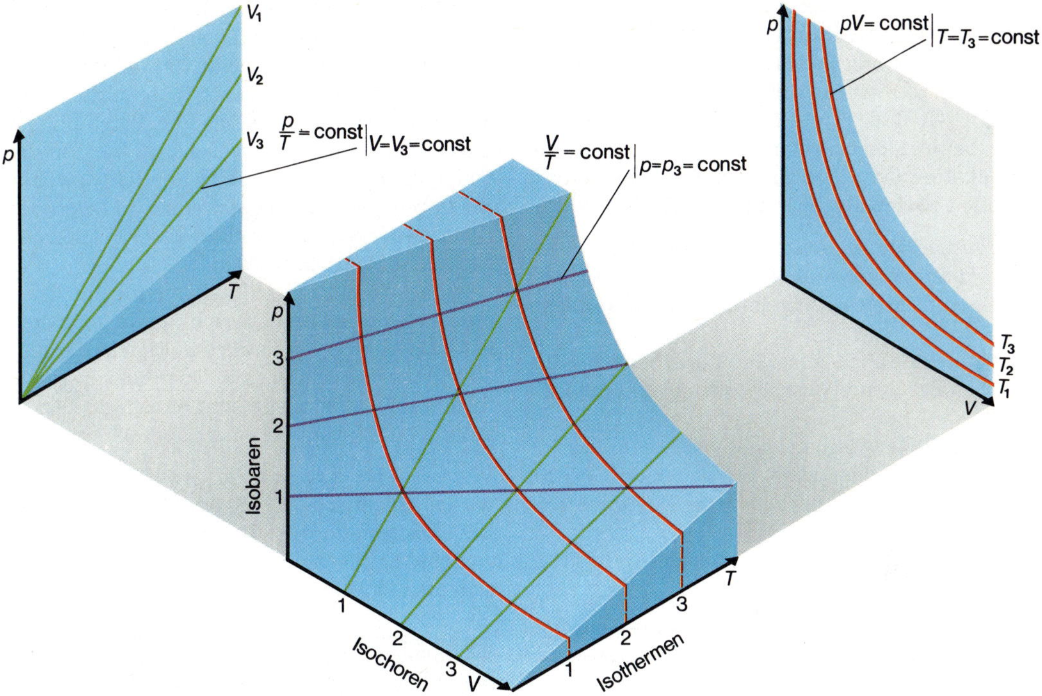

Abb. 4–7: Räumliche Darstellung der Zustandsgleichung des idealen Gases.

kammer", die von der Seite beleuchtet wird, beobachtet; ebenso verdünnte Milch oder eine verdünnte Lösung von Kaltleim.

Die größeren Teilchen führen in den Gasen und Flüssigkeiten unregelmäßige Zickzack- und Zitterbewegungen aus. Man nennt diese Bewegung der Teilchen die **Brownsche Bewegung** (*Abb. 4–8*) nach dem Botaniker BROWN, der sie 1827 entdeckte.

Deutung: Die Brownsche Bewegung wird dadurch hervorgerufen, daß die Moleküle des Gases oder der Flüssigkeit ständig von allen Seiten und völlig unregelmäßig auf die größeren sichtbaren Teilchen stoßen.

Ergebnis: Die Moleküle aller flüssigen und gasförmigen Stoffe sind in ständiger Bewegung.

Flüssigkeiten und Gase unterscheiden sich durch die Packungsdichte ihrer Teilchen. Die $6{,}022 \cdot 10^{26}$ Moleküle eines Gases nehmen im Normalzustand (0 °C, 1013 mb) ein Volumen von $22{,}4\ m^3$ ein, d. h., auf ein Molekül entfällt ein Raumanteil von $22{,}4\ m^3 : (6{,}022 \cdot 10^{26})$. Dieser Raumanteil hat einen Durchmesser von etwa $35 \cdot 10^{-10}$ m; die einzelnen Moleküle haben aber nur einen Durchmesser von etwa 1 bis $5 \cdot 10^{-10}$ m. Der von einem Gas eingenommene Raum ist also relativ „leer", und die einzelnen Moleküle haben einen großen Abstand voneinander. Die Kräfte, die zwischen den Molekülen eines Festkörpers oder einer Flüssigkeit wirken, können zwischen den Teilchen eines Gases wegen der größeren Abstände nur klein sein oder fehlen vielleicht völlig. Daraus erklärt es sich, daß Festkörper und Flüssigkeiten ein von der Stoffart abhängiges thermisches Verhalten zeigen, was bei den Gasen nicht der Fall ist. Wir können daher annehmen, daß es am einfachsten bei den Gasen gelingen wird, aus ihrem atomaren Aufbau das thermische Verhalten zu erklären.

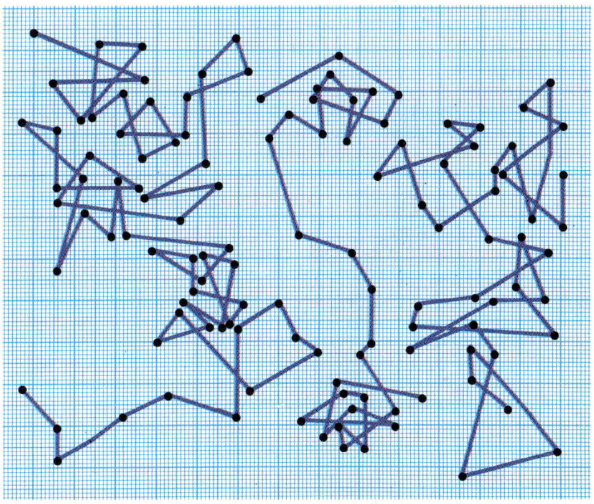

Abb. 4–8: Brownsche Molekularbewegung dreier Teilchen in einer Rauchkammer. Die eingezeichneten Punkte markieren die Orte, an denen sich die Teilchen nach gleichen Zeitabständen befanden.

Schon im 18. Jahrhundert wurden von BERNOULLI erste brauchbare Annahmen aufgestellt. In späteren Arbeiten von KRÖNIG, von CLAUSIUS und vor allem von BOLTZMANN wurden diese Vorstellungen weiterentwickelt und zu einer vollständigen Theorie ausgearbeitet. Man bezeichnet diese Theorie, die die Eigenschaften der Gase aus den Bewegungen der Moleküle ableitet, als die kinetische Gastheorie.

Die Grundannahmen dieser Theorie sind:

1. Das Volumen der Moleküle ist im Vergleich zu ihren gegenseitigen Abständen verschwindend klein.
2. Die Moleküle üben, außer im Augenblick des Zusammenstoßes, keine Wechselwirkungen aufeinander aus.
3. Für den Stoß zwischen zwei Molekülen oder einem Molekül und der Gefäßwand gelten die Gesetze des elastischen Stoßes, bei dem keine Energie verloren geht.
4. Es gilt das Prinzip der molekularen Unordnung.

Die ersten drei Bedingungen charakterisieren das ideale Gas. Die vierte Grundannahme besagt, daß bei gleichbleibender Temperatur die Bewegung der Teilchen völlig regellos erfolgt und daß keine Richtung im Raum bevorzugt wird.
Wenn es gelingt, aus diesen Grundannahmen die experimentellen Ergebnisse abzuleiten, so sind die Vorstellungen vom idealen Gas brauchbar.

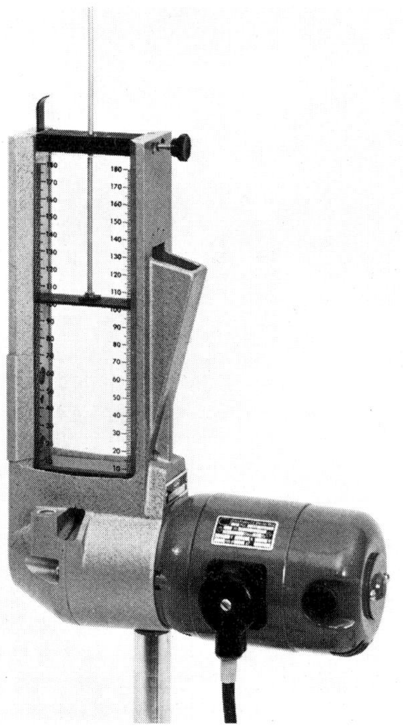

Abb. 4–9: Flache Kammer zur Veranschaulichung eines Modellgases.

Dies besagt aber nicht, daß die Moleküle eines Gases in Wirklichkeit kleine vollelastische, etwa kugelförmige Teilchen sind. Führen die Folgerungen aus den Grundannahmen zu einem Widerspruch mit den Meßergebnissen, so müssen die Vorstellungen ergänzt oder abgeändert werden. In der Physik entwickelt man ständig solche **Modellvorstellungen**. Sie liegen vor beim Massenpunkt und werden beim Licht, in der Atomphysik und in der Festkörperphysik wieder deutlich werden.
Nach der Modellvorstellung vom idealen Gas kann eine makroskopische Vorrichtung angefertigt werden, bei der die geforderten Eigenschaften ganz oder teilweise erfüllt sind. So veranschaulicht der folgende Versuch mit einem Modellgas den Druck auf die Gefäßwand bei einem abgeschlossenen Gas.

Versuch 4/5: Eine flache projizierbare Kammer wird mit elastischen Glas- oder Stahlkugeln gefüllt. Ein Elektromotor regt die Bodenplatte der Kammer zu Schwingungen und dadurch die Kugeln zu ungeordneten Bewegungen an (*Abb. 4–9*).

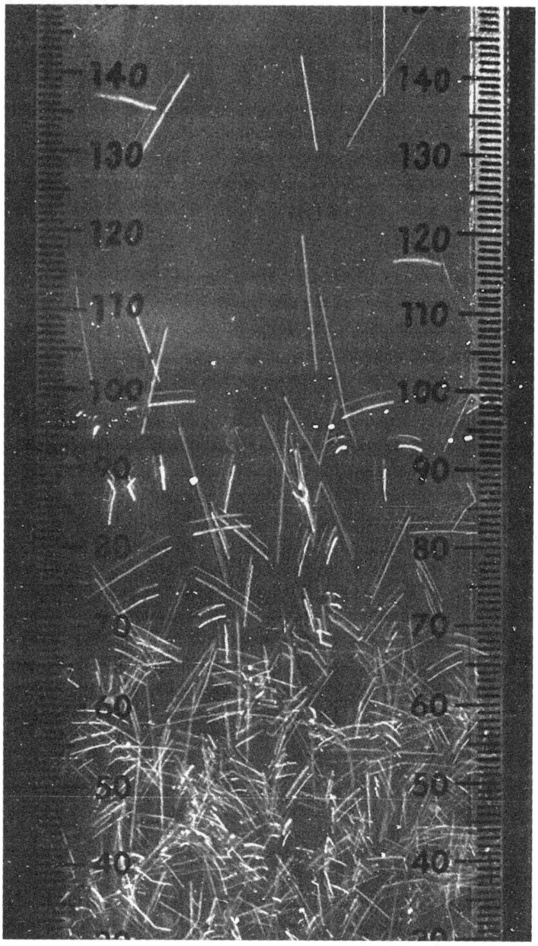

Abb. 4–10: Kurzzeitaufnahme des Modellgases in der flachen Kammer.

Beobachtung: In der Kurzzeitaufnahme zeichnen sich die beleuchteten Kugeln (*Abb. 4–10*) als helle Spuren ab. Man erkennt deutlich elastische Stöße der Teilchen untereinander und mit den Wänden der Kammer.

Versuch 4/6: Der frei bewegliche Deckel der Kammer wird mit verschiedenen Gewichtsstücken belastet. Sie verändern den äußeren Druck, unter dem das Modellgas steht.

Beobachtung: Mit zunehmendem äußeren Druck wird das „Volumen" des Modellgases kleiner. Das Modellgas folgt in einer sehr groben Näherung dem BOYLE-MARIOTTEschen Gesetz.

Ergebnis: Eine genügend große Anzahl von Einzelstößen wirkt wie ein gleichbleibender Druck. Der Druck eines abgeschlossenen Gases auf die Gefäßwand ist eine Folge der beim Aufprall vieler Teilchen übertragenen Impulse.

Wäre der Impuls jedes Teilchens eines Gases zu einem Zeitpunkt bekannt, so könnten das Verhalten des Gases in allen Einzelheiten und auch der Druck auf die Gefäßwand berechnet werden. Diese Kenntnis ist jedoch bei der großen Teilchenzahl (Avogadro-Konstante) völlig unmöglich. Mit Hilfe statistischer Überlegungen, die gerade eine große Anzahl von Objekten voraussetzt, kommt man trotzdem zum Ziel. Zur Beschreibung des Gesamtverhaltens genügt dann die Kenntnis von Mittelwerten.
Der Druck eines Gases auf die Gefäßwand entsteht durch die Impulsänderung, die jedes Teilchen bei seiner Reflexion an der Wand erfährt. Aus den Grundannahmen läßt sich diese Größe berechnen. Das eingeschlossene Gas bestehe aus N Teilchen, von denen jedes die Masse m hat. Die Geschwindigkeit $\vec{v}$ eines Teilchens läßt sich vektoriell in Komponenten zerlegen: $\vec{v} = \vec{v_x} + \vec{v_y} + \vec{v_z}$. Trifft ein Teilchen

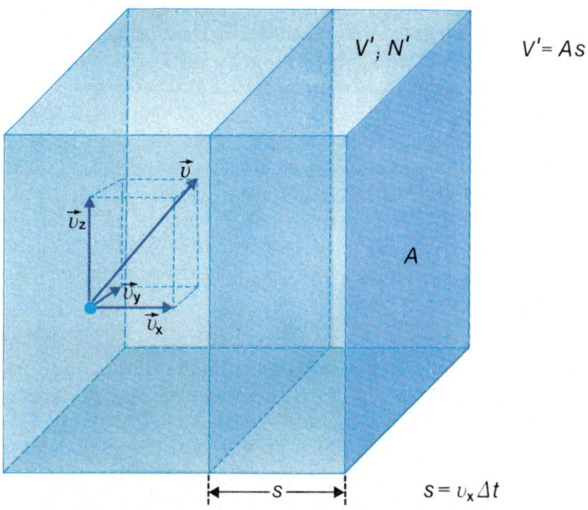

Abb. 4–11: Zur Ableitung der Grundgleichung der kinetischen Gastheorie.

mit dem Geschwindigkeitsbetrag $\vec{v_x}$ senkrecht auf die Wand, so wird es beim vollelastischen Stoß mit der Geschwindigkeit $(-v_x)$ reflektiert. Da nach dem Impulserhaltungssatz (→ *1.3.*) die Summe der Impulse des abgeschlossenen Systems Wand – Teilchen konstant bleibt, wurde die Impulsänderung $2\,m\,v_x$ als Impuls auf die Wand übertragen.
In dem Zeitintervall Δt treffen die $\frac{1}{2}N'$-Teilchen mit der Geschwindigkeitskomponente v_x auf die Wandfläche A, die sich in dem Quader mit der Grundfläche A und der Höhe $s = v_x\,\Delta t$ also in dem Teilvolumen $V' = A\,v_x\,\Delta t$ befinden (*Abb. 4–11*). Der Faktor $\frac{1}{2}$ bei N' tritt auf, weil nur die Hälfte der Teilchen in dem Quader zu berücksichtigen ist, die sich auf die Wand hin bewegen. Zwischen der Anzahl der Teilchen N' im Teilvolumen V' und der Teilchenzahl N im Gesamtvolumen V besteht die Beziehung:

$$\frac{N'}{N} = \frac{V'}{V} = \frac{A\,v_x\,\Delta t}{V} \quad \text{d.h.} \quad N' = N\frac{A}{V}\,v_x\,\Delta t\,.$$

Die Teilchen mit der Geschwindigkeitskomponente v_x übertragen also auf die Fläche A durch ihren Impuls den Kraftstoß

$$F\,\Delta t = \frac{1}{2}N\frac{A}{V}\,v_x\,\Delta t\;2\,m\,v_x = m\frac{A}{V}\Delta t\,N\,v_x^2\,.$$

Die Teilchen eines Gases haben nicht dieselbe Geschwindigkeit. Zur genauen Bestimmung des Kraftstoßes müßten die verschiedenen Impulse der Teilchen summiert werden. Die statistische Rechnung erfaßt die Geschwindigkeitsverteilung durch das mittlere Geschwindigkeitsquadrat $\overline{v_x^2}$ und liefert für den Druck des Gases auf die Gefäßwand:

$$p = \frac{F}{A} = \frac{m}{V}\,N\,\overline{v_x^2}\,.$$

Nach dem Prinzip der molekularen Unordnung müssen die mittleren Geschwindigkeitsquadrate der drei Komponenten v_x, v_y und v_z gleich groß sein. Es gilt:

$$\overline{v_x^2} = \overline{v_y^2} = \overline{v_z^2} = \frac{1}{3}\overline{v^2}\,.$$

Damit läßt sich die Gleichung für den Druck eines Gases auf die Gefäßwand in der Form schreiben:

$$p = \frac{1}{3}\frac{N}{V}\,m\,\overline{v^2} \text{ oder } p\,V = \frac{1}{3}Nm\,\overline{v^2}\,.$$

Diese Gleichung wird als die **Grundgleichung der kinetischen Gastheorie** bezeichnet.

Anmerkung: Das Quadrat der mittleren Geschwindigkeit $\bar{v}^2$ ist nicht identisch mit dem mittleren Geschwindigkeitsquadrat $\overline{v^2}$. Die Beträge der beiden Größen unterscheiden sich aber nur geringfügig.

In der Form $p = \frac{2}{3}\frac{N}{V}\cdot\frac{1}{2}m\,\overline{v^2} = \frac{2}{3}\cdot\frac{N}{V}\cdot\overline{E_{kin}}$

oder $\quad pV = \frac{2}{3}N\overline{E_{kin}}\,,$

wobei $\overline{E_{kin}}$ die mittlere kinetische Energie der Schwerpunktsbewegung eines Moleküls ist, liefert die Gleichung das

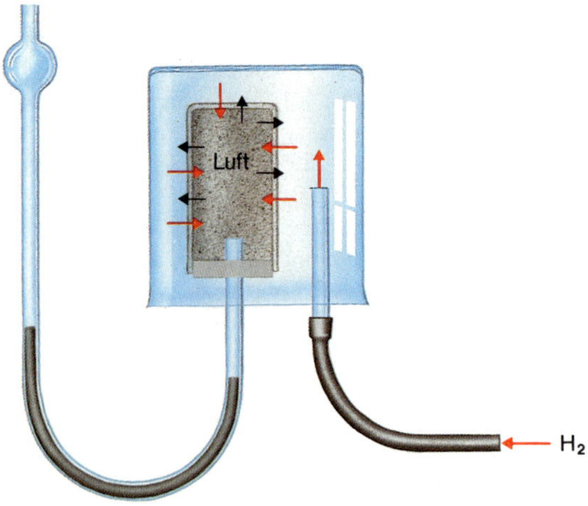

Abb. 4–12: Diffusion von Gasen durch eine Tonzelle.

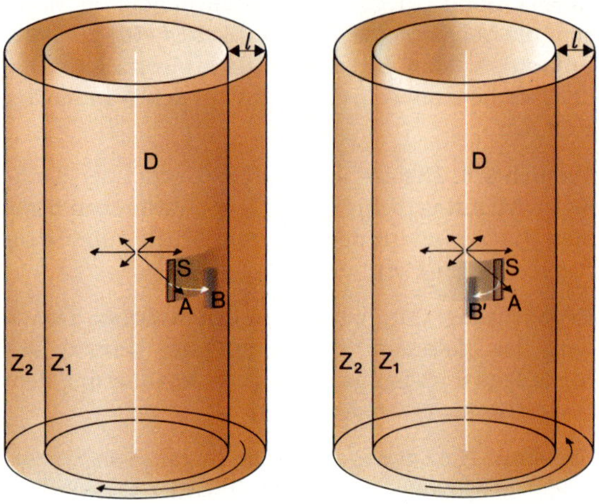

Abb. 4–13: Schematische Darstellung des Sternschen Versuchs zur Bestimmung der Atom- bzw. Molekülgeschwindigkeiten.

Ergebnis: Der Druck eines Gases ist proportional zur Anzahl und zur mittleren kinetischen Energie seiner Teilchen.

Für die abgeschlossene Menge eines idealen Gases haben die Größen N, m und $\overline{v^2}$ bei derselben Temperatur einen konstanten Wert. Die Grundgleichung der kinetischen Gastheorie stimmt daher mit dem Gesetz von BOYLE-MARIOTTE überein. Mit Hilfe der vier Grundannahmen wurde das Boyle-Mariottesche Gesetz abgeleitet. Dieser Weg ist ein Beispiel für die **deduktive Methode.** Die durch Deduktion gefundenen Gesetze bedürfen jedoch der experimentellen Bestätigung. Die Übereinstimmung der Ergebnisse bedeutet eine Stütze für die Richtigkeit der Annahmen.

4.2.5 Folgerungen aus der Grundgleichung

Geschwindigkeit der Moleküle

In der Grundgleichung bedeuten $N\,m = M$ die Masse des in dem Volumen V enthaltenen Gases und $M/V = \varrho$ seine Dichte. Durch eine Umformung erhält man $p = \frac{1}{3}\,\varrho\,\overline{v^2}$ und für zwei verschiedene Gase bei gleichem Druck und gleicher Temperatur

$$\overline{v_1^2} : \overline{v_2^2} = \varrho_2 : \varrho_1 \,.$$

Ergebnis: Die mittleren Geschwindigkeitsquadrate der Moleküle zweier Gase verhalten sich unter gleichen Bedingungen umgekehrt wie ihre Dichten.

Beispiel: Da das Dichteverhältnis von Sauerstoff zu Wasserstoff etwa 16:1 beträgt, verhalten sich die mittleren Geschwindigkeiten der Moleküle beider Gase etwa wie 1:4. Diese Folgerung aus dem Gesetz läßt sich durch einen Versuch unmittelbar veranschaulichen.

Versuch 4/7: Ein Becherglas wird nach *Abb. 4–12* über einen porösen Tonzylinder, der mit einem Manometer verbunden ist, gestülpt. Unter das Becherglas läßt man für kurze Zeit kräftig Wasserstoff strömen und entfernt nach einiger Zeit das Becherglas.

Beobachtung: Das Manometer zeigt zuerst einen Überdruck im Zylinder an, der nach einiger Zeit wieder zurückgeht. Nach dem Abheben des Becherglases tritt für kurze Zeit im Zylinder ein Unterdruck auf.

Deutung: Infolge ihrer größeren Geschwindigkeit diffundieren zuerst die Wasserstoffmoleküle schneller in den Tonzylinder hinein als die Stickstoff- und Sauerstoffmoleküle (der Luft) heraus. Dadurch tritt im Zylinder wegen der größeren Teilchenzahl im Volumen solange ein Überdruck auf, bis sich ein neuer Gleichgewichtszustand eingestellt hat. Beim Entfernen des Glases treten gerade die umgekehrten Verhältnisse auf. Die Wasserstoffmoleküle sind schneller aus dem Tonzylinder heraus als die Luftmoleküle hinein diffundiert.

Da in der Gleichung $p = \frac{1}{3}\,\varrho\,\overline{v^2}$ bis auf $\overline{v^2}$ alle Größen bekannt sind, läßt sich auch die mittlere Geschwindigkeit der Moleküle eines Gases berechnen.
Unter Normalbedingungen (0 °C, 1013 mb) beträgt die Dichte des Wasserstoffs $\varrho = 0{,}0899\ \mathrm{g/dm^3}$, und man erhält für die mittlere Molekülgeschwindigkeit $\overline{v_{H_2}} = 1\,840\ \mathrm{m/s}$. Die berechneten Geschwindigkeiten sind sehr groß. Das Ergebnis scheint der Erfahrung zu widersprechen. Denn die Beobachtung von Diffusionsvorgängen zeigt, daß es eine relativ lange Zeit dauert, bis sich ein Gas im Raum gleichmäßig verteilt hat. Es bleibt daher die Aufgabe, das deduktiv ermittelte Ergebnis auch experimentell zu bestätigen. Dies gelang zuerst STERN im Jahre 1920. Er konnte die Atom- und Molekülgeschwindigkeiten unmittelbar bestimmen.

Versuch von STERN: Ein versilberter Platindraht D wird in der Symmetrieachse zweier konzentrisch und starr miteinander verbundener Kupferzylinder Z_1 und Z_2 aufgespannt und elektrisch zum Glühen gebracht (*Abb. 4–13*). Die Zylinder sind gut evakuiert und können um ihre gemeinsame Achse in schnelle Rotation versetzt werden. Die vom Platindraht abdampfenden Silberatome durchfliegen ungehindert den Innenraum und schlagen sich auf den Wänden nieder. (So entsteht auch bei Glühlampen nach längerer

Brenndauer die Schwärzung des Glaskolbens durch die vom heißen Glühdraht abdampfenden Wolframatome.) Der innere Zylinder Z_1 hat in der Wand eine schmale parallel zum Draht verlaufende Schlitzblende S. Die durch diese Blende in den äußeren Zylinder gelangenden Silberatome schlagen sich bei ruhender Anordnung als scharf begrenzter Streifen bei A nieder. Versetzt man die Zylinder vor dem Aufheizen des Drahtes in schnelle Rotation, so entsteht der Niederschlag bei B. Denn während die Silberatome den Abstand l der beiden Zylinderwände durchfliegen, legt der äußere Zylinder den Weg AB zurück. Kehrt man die Rotationsrichtung um, entsteht der Niederschlag B'.
Aus dem Abstand der Streifen, der Drehgeschwindigkeit und dem Abstand l läßt sich die Geschwindigkeit der Atome berechnen. Die Auswertung der Versuche lieferte in Übereinstimmung mit den Berechnungen nach den Gesetzen der kinetischen Gastheorie für die Geschwindigkeit der Silberatome bei 1 200 °C Werte zwischen 643 m/s und 675 m/s. Bei niedrigen Temperaturen ergeben sich für die Geschwindigkeit kleinere Werte. Damit bestätigt der Sternsche Versuch die Ergebnisse der kinetischen Gastheorie.
Der Silberniederschlag, der während der Rotation der Zylinder bei A' entsteht, ist im Vergleich zum Niederschlag bei ruhender Anordnung ziemlich verwaschen. Dies bestätigt wieder, daß nicht alle Atome bei derselben Temperatur die gleiche Geschwindigkeit haben, sondern daß ihre Geschwindigkeit um einen Mittelwert verteilt ist.

Das Modellgas aus *Versuch 4/5* liefert ebenfalls einen Einblick in die Geschwindigkeitsverteilung seiner Teilchen.

Versuch 4/8: Bei der flachen Kammer wird in einer Seitenwand eine Lochblende geöffnet, die dafür sorgt, daß nur Teilchen mit einer Geschwindigkeit in Richtung der Horizontalen die Kammer verlassen. Vor die Blende wird eine Filterkammer mit Ringsektoren gesetzt. Damit während des Versuchs die Bedingungen im Modellgas gleich bleiben, müssen so viele Kugeln nachgefüllt werden, wie die Kammer durch die Blende verlassen (*Abb. 4–14*).
Teilchen, die die Kammer verlassen haben, unterliegen den Gesetzen des horizontalen Wurfs. Ihre Wurfweite ist proportional zum Betrag ihrer Geschwindigkeit. Da die Ringsektoren eine endliche Breite Δs haben, sammeln sich im n-ten Sektor mit der Wurfweite zwischen s_n und $s_n + \Delta s$ die Teilchen mit der zugehörigen Geschwindigkeit zwischen v_n und $v_n + \Delta v$. Die Kugeln, die in die einzelnen Sektoren fallen, sammeln sich in einer darunterstehenden entsprechend unterteilten Flachkammer. Die Füllhöhe in den einzelnen Abteilungen ist ein Maß für die Häufigkeit der Teilchen in den verschiedenen Geschwindigkeitsintervallen (*Abb. 4–15*).
In einem Diagramm wird in Abhängigkeit von v die Teilchenzahl n_i eingetragen (*Abb. 4–16*). Die unstetige Treppenkurve wird um so glatter, je dichter die Geschwindigkeitsintervalle eingerichtet werden können.
Der Versuch bestätigt, daß die Teilchen des Modellgases nicht alle dieselbe Geschwindigkeit haben, sondern daß die Beträge über einen weiten Bereich streuen. Das Diagramm zeigt, daß eine Geschwindigkeit v_0, die bei dem Zustand des Gases am wahrscheinlichsten ist, auch infolge der unregelmäßigen Zusammenstöße von den meisten Teilchen angenommen wird. Die Kurve verläuft nicht symmetrisch zu ihrem Maximum, das der wahrscheinlichsten Geschwindigkeit v_0 entspricht. Die Anzahl der Teilchen, die eine größere Geschwindigkeit als v_0 haben, ist größer als diejenige der Teilchen mit kleinerer Geschwindigkeit. Daher ist die mittlere Geschwindigkeit $\overline{v}$ aller Teilchen nicht identisch mit der wahrscheinlichsten Geschwindigkeit v_0. Beide stimmen nicht mit der Wurzel aus dem mittleren Geschwindigkeitsquadrat $\sqrt{\overline{v^2}}$ überein. Im einzelnen gilt: $\overline{v} = 1{,}128\, v_0$ und $\sqrt{\overline{v^2}} = 1{,}224\, v_0$ mit $v_0 < \overline{v} < \sqrt{\overline{v^2}}$ (*Abb. 4–17*).

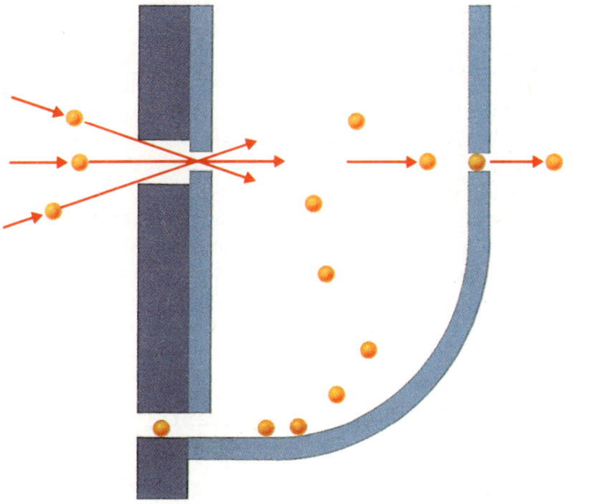

Abb. 4–14: Blende an der flachen Kammer zur Aussonderung der Teilchen des Modellgases mit Geschwindigkeiten in Richtung der Horizontalen.

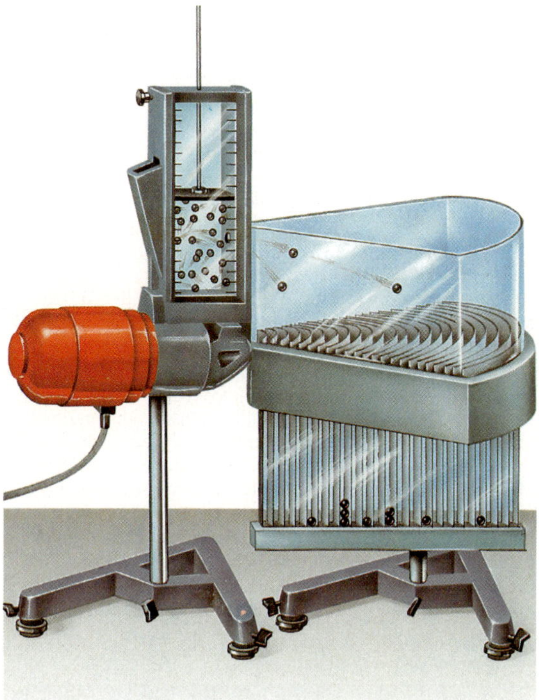

Abb. 4–15: Versuchsanordnung mit Filterkammer zur Analyse der Geschwindigkeitsverteilung der Teilchen des Modellgases.

Obgleich die einzelnen Gasmoleküle ständig bei den Zusammenstößen ihre Geschwindigkeit ändern, bleibt bei wiederholten Versuchen die Anzahl der Teilchen, deren

Geschwindigkeit etwa im Interval zwischen v_0 und $v_0 + \Delta v$ liegt, bei allen Beobachtungen dieselbe. Wir können auch sagen, die Wahrscheinlichkeit, unter allen Teilchen des Gases eines mit der Geschwindigkeit zwischen v_0 und $v_0 + \Delta v$ anzutreffen, ist bei allen Beobachtungen unter denselben Bedingungen gleich groß. Bei der Geschwindigkeitsverteilung handelt es sich mithin um ein Problem der Wahrscheinlichkeitsrechnung. Daher konnte MAXWELL auf der Grundlage der mathematischen Theorie diese Wahrscheinlichkeit auch berechnen und das Verteilungsgesetz theoretisch ableiten (*Abb. 4–17*). Das Gesetz enthält die Masse der Gasmoleküle nicht. Seine Form ist daher von der Art des Gases unabhängig und für alle quasi-idealen Gase gültig.

Mittlere freie Weglänge und Stoßzahl

In der Photographie des Modellgases (→ *Abb. 4–10*) sind Teilchenbahnen abgeknickt. Durch die gegenseitigen Stöße ändern die Teilchen ständig ihre Richtung. Trotz der großen Geschwindigkeit kommt das einzelne Teilchen nicht weit. Das erklärt auch die Beobachtung, daß ein Gas sich durch Diffusion nur langsam in einem Raum ausbreitet. Die geradlinigen Strecken der Teilchenbahnen zwischen zwei Zusammenstößen sind unterschiedlich lang. Den Mittelwert dieser Strecken bezeichnet man als die **mittlere freie Weglänge** λ eines Gasmoleküls.

Es gibt verschiedene Möglichkeiten, aus Diffusionsversuchen die mittlere freie Weglänge der Moleküle bei den verschiedenen Gasen zu bestimmen. Man erhält für λ unter Normalbedingungen (0 °C, 1 013 mb) folgende Werte:

Wasserstoff	$1{,}13 \cdot 10^{-7}$ m
Sauerstoff	$0{,}64 \cdot 10^{-7}$ m
Stickstoff	$0{,}58 \cdot 10^{-7}$ m
Kohlenstoffdioxid	$0{,}39 \cdot 10^{-7}$ m

Aus der mittleren freien Weglänge λ und der mittleren Molekülgeschwindigkeit v läßt sich die durchschnittliche Zeit t zwischen zwei Zusammenstößen berechnen. Es ist $t = \lambda / v$. Der Kehrwert $\bar{z} = 1/z = 1/\lambda$ heißt **mittlere Stoßfrequenz.**

In einem Wasserstoffgas erfährt unter Normalbedingungen jedes Waserstoffmolekül durchschnittlich $1\,840 : 1{,}13 \cdot 10^{-7} = 1{,}6 \cdot 10^{10}$ Zusammenstöße pro Sekunde.

Mittlere Stoßfrequenz $\bar{z}$ und mittlere freie Weglänge λ eines Gases hängen vom Druck und von der Temperatur ab. Man kann die mittlere freie Weglänge der Moleküle eines Gases dadurch vergrößern, daß man den Druck herabsetzt. Wird die freie Weglänge mit den Abmessungen des Gefäßes vergleichbar, so treten ganz neue Erscheinungen auf. Die Moleküle des Gases können jetzt ungestört von einer Gefäßwand zur anderen fliegen. Wegen der fehlenden Zusammenstöße im Gas erfolgt kein Ausgleich der Bewegungsvorgänge mehr, und die geringe Teilchenzahl läßt eine vernünftige Mittelwertbildung nicht mehr zu. Der Begriff der mittleren freien Weglänge und auch die übrigen statistischen Begriffe der kinetischen Gastheorie verlieren ihren Sinn. Man bezeichnet diesen Zustand als Hochvakuum. Bei den üblichen Gefäßen (mit Abmessungen um 10 cm) macht sich das neuartige Verhalten der Gase bei Drucken unterhalb von 10^{-3} mb bemerkbar; die freie Weglänge beträgt dann etwa 10 cm.

4.2.6 Absolute Temperatur und Molekularbewegung

Bezieht man die Grundgleichung auf 1 kmol eines Gases, so erhält man wegen $N/V = N_A/V_m$
(N_A Avogadro-Konstante, V_m Molvolumen):

$$pV_m = \frac{1}{3} N_A \, m\overline{v^2} \, .$$

Diese Gleichung hat dieselbe Struktur wie die experimentell gefundene allgemeine Zustandsgleichung der Gase $pV_m = RT$. Die beiden Gleichungen werden identisch, wenn man setzt:

$$RT = \frac{1}{3} N_A \, m\overline{v^2} = \frac{2}{3} N_A \, \frac{1}{2} m\overline{v^2} \, .$$

Daraus folgt für die absolute Temperatur T des Gases:

$$T \sim \frac{1}{2} m \, \overline{v^2} = \overline{E_{kin}} \, .$$

Damit ergibt sich:

$$RT = \frac{2}{3} N_A \frac{m\overline{v^2}}{2} = \frac{2}{3} N_A \, \overline{E_{kin}} \quad \text{bzw.}$$

$$\overline{E_{kin}} = \frac{3}{2} \frac{R}{N_A} T = \frac{3}{2} kT .$$

Die in der zweiten Gleichung auftretende universelle Konstante $k = R/N_A$ wird zu Ehren des österreichischen Physikers L. BOLTZMANN als **Boltzmannsche Konstante** bezeichnet. Ihr Wert beträgt: $k = 1{,}3805 \cdot 10^{-23}$ JK^{-1}.

Ergebnis: Die absolute Temperatur T eines Gases ist der mittleren kinetischen Energie $\overline{E_{kin}}$ der Schwerpunktsbewegung seiner Moleküle proportional.

Auf ein einzelnes Teilchen des Gases entfällt der Energieanteil $\frac{3}{2} kT$. Nach unserer 4. Grundannahme der kinetischen Gastheorie, dem Prinzip der molekularen Unordnung, wird keine Richtung des Raumes bevorzugt. Entsprechend den drei räumlichen Richtungen besitzt jedes Teilchen drei

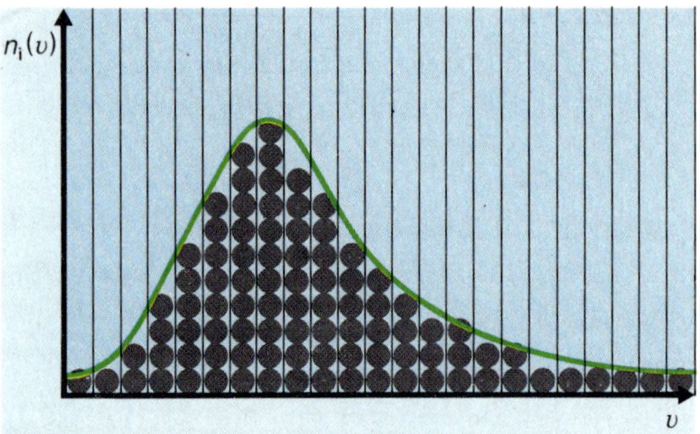

Abb. 4–16: Geschwindigkeitsverteilung der Teilchen eines Modellgases nach *Versuch 4/8*.

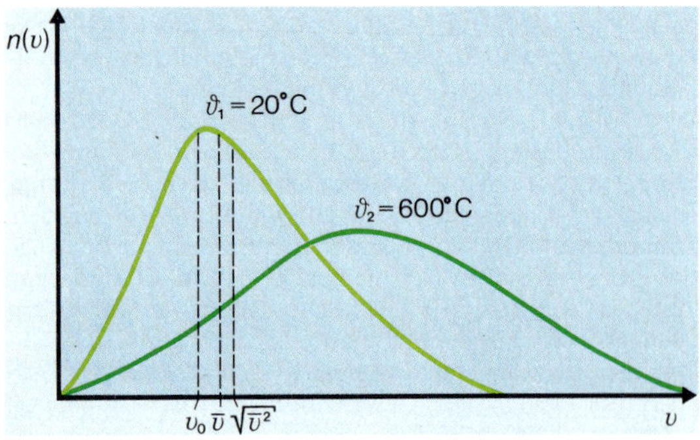

Abb. 4–17: Maxwellsche Geschwindigkeitsverteilung der Moleküle eines Gases bei verschiedenen Temperaturen.

voneinander unabhängige Bewegungsmöglichkeiten. Man sagt auch kurz: Jedes Teilchen besitzt drei Freiheitsgrade der translatorischen Bewegung.
Nach demselben Prinzip entfällt dann auf jeden Freiheitsgrad für das einzelne Teilchen die thermische Energie $\frac{1}{2}\,kT$.
Die absolute Temperatur, die zunächst rein formal zur vereinfachten Darstellung der Gasgesetze eingeführt wurde, erhält durch diese Beziehung eine anschauliche physikalische Bedeutung. Nicht nur der Druck eines Gases, sondern auch seine Temperatur wird durch die Bewegung seiner Teilchen bestimmt. Es kommt dabei nur auf die ungeordnete oder thermische Bewegung der Teilchen an. Temperatur und Druck sind statistische Größen, die sich nur auf eine sehr große Anzahl von Teilchen beziehen lassen. Für ein einzelnes Teilchen verlieren diese Begriffe ihren Sinn; man kann nicht von der Temperatur eines Atoms oder eines Moleküls sprechen.
Durch die kinetische Deutung der Temperatur wird jetzt auch die Bezeichnung absoluter Nullpunkt verständlich. Für $T = 0$ ist auch $\overline{E_{kin}} = 0$, d. h. die Teilchen sind in „Ruhe". Da die kinetische Energie keine negativen Werte annehmen kann, ist dies für $\overline{E_{kin}}$ der kleinste überhaupt mögliche Wert. Damit ist für die Temperatur eine untere Grenze – ein absoluter Nullpunkt – festgelegt.

Aufgaben

4/17: Ein Wasserstoffgas hat die Temperatur $\vartheta = -100\,°C$.
a) Wie groß ist die mittlere Geschwindigkeit eines H_2-Moleküls? (Vereinfachung $\overline{v^2} = \bar{v}^2$)
b) Wie groß sind die mittlere kinetische Energie und der mittlere Impuls eines H_2-Moleküls?
c) Welcher Impuls wird von einem Teilchen auf die Wand bei einem senkrechten elastischen Stoß übertragen?
d) Welche Energie steckt bei dieser Temperatur in 1 mol H_2-Gas?
e) Berechnen Sie die verschiedenen Größen in den Teilaufgaben (*a*) bis (*d*) für die Temperatur $\vartheta = 1000\,°C$.
4/18: Ein Volumen von 1000 cm^3 enthält $3{,}24 \cdot 10^{20}$ Teilchen eines idealen Gases mit der Energie 6 J. Berechnen Sie Druck und Temperatur des Gases.
4/19: Welche Temperatur hat ein Gas, das beim Druck von 10^{-8} mb 10^8 Teilchen pro cm^3 enthält?
4/20: Welche Temperatur *T* hat ein Sauerstoffgas, wenn die mittlere Geschwindigkeit der O_2-Moleküle $\bar{v} = 540$ m/s beträgt?
4/21: Unter Normalbedingung (0 °C, 1 013 mb) ist in einem Stickstoffgas die mittlere freie Weglänge $\lambda = 0{,}58 \cdot 10^{-7}$ m. Berechnen Sie
a) die mittlere Zeit zwischen zwei aufeinander folgenden Stößen eines N_2-Moleküls und
b) die Anzahl der Stöße eines N_2-Moleküls pro Sekunde.

4.2.7 Innere Energie

Die Ableitung der Grundgleichung der kinetischen Gastheorie setzt kleine, einheitliche, vollelastische Teilchen voraus. Diese Vorstellung erfaßt die einatomigen Gasmoleküle. Die meisten realen Gase haben jedoch zwei- und mehratomige Moleküle. Diese können neben der Translationsbewegung auch Rotationsbewegungen um verschiedene Achsen und Schwingungsbewegungen der einzelnen Atome innerhalb des Moleküls ausführen. Dadurch kommen weitere Freiheitsgrade und andere Energieformen hinzu.
Bei den Flüssigkeiten und Festkörpern ist der Abstand der Teilchen sehr gering. Daher ist neben der Bewegungsenergie auch die potentielle Energie der Wechselwirkung zwischen den Molekülen bzw. Atomen zu berücksichtigen. Beim Schmelzen eines festen Stoffes bleibt die Temperatur konstant, obgleich dem Körper ständig Energie (Schmelzwärme) zugeführt wird. Diese Energie erhöht also nicht die kinetische Energie der Teilchen, sondern wird gebraucht, um die Teilchen von den Gitterplätzen zu lösen.
Man nennt die Gesamtenergie eines Körpers oder Systems von Körpern, die sich aus den verschiedenen Bewegungsenergien (Schwerpunktbewegung, Schwingung, Rotation) und potentiellen Energien (Gitterenergie, Oberflächenenergie, u. a.) zusammensetzt, die **innere Energie** *U* des Systems.
Die innere Energie kann in zwei verschiedenen Körpern durchaus verschieden groß sein, auch wenn ihre Temperaturen übereinstimmen. Denn die Temperatur ist nur ein Maß für die mittlere kinetische Energie der Schwerpunktsbewegung der Teilchen.
Die Änderung der inneren Energie eines Körpers kann auf verschiedene Weise erfolgen. Bei der Berührung eines heißen Körpers mit einem kalten Körper wird Energie in der Energieform Wärme übertragen. Die mit der Temperaturänderung zugeführte bzw. abgegebene Wärme oder Wärmemenge *Q* beschreibt die aus der Sekundarstufe I bekannte Gleichung

$$Q = c\, m\, \Delta T\,.$$

Der Proportionalitätsfaktor *c* hat einen für jeden Stoff charakteristischen Wert, er ist eine Materialkonstante und wird als spezifische Wärmekapazität bezeichnet.
In der Thermodynamik hat es sich als günstig erwiesen, spezifische Größen nicht auf die Masse eines Körpers, sondern auf seine Stoffmenge *n* zu beziehen.

Definition: Die **molare Wärmekapazität** (oder Molwärme) C_m eines Stoffes ist gleich dem Quotienten aus der zugeführten Wärmemenge *Q* und dem Produkt aus der Stoffmenge *n* des erwärmten Stoffes und der zugehörigen Temperaturerhöhung ΔT:

$$C_m = \frac{Q}{n\,\Delta T}\,.$$

Die Einheit der Molwärme ist $[C_m] = 1\,\frac{J}{kmol\,K}$.

Die spezifische und molare Wärmekapazität fester und flüssiger Stoffe werden durch Mischungsversuche bestimmt. Bei den Gasen erhält man für die Wärmekapazitäten verschiedene Werte, je nachdem, ob man die Erwärmung bei konstantem Druck oder bei konstantem Volumen durchführt. Bei isobarer Erwärmung erhält man die molare Wärmekapazität C_{mp}, bei isochorer Erwärmung die molare Wärmekapazität C_{mV}.

Versuch 4/9: Einer abgeschlossenen Gasmenge (*Abb. 4–18*) wird über einen Glühdraht durch einen kurzzeitigen Stromstoß eine bestimmte Wärmemenge zugeführt. Ein angeschlossenes Flüssigkeitsmanometer zeigt die bei konstantem Volumen eintretenden Druckzunahme Δp an.
Aus der Druckzunahme läßt sich nach dem Gesetz von AMONTONS die Temperaturerhöhung ΔT errechnen. Die zugeführte Wärmemenge ergibt sich aus der Stromarbeit $W_{el} = U\,I\,t$.

Versuch 4/10: An den Gasbehälter wird zusätzlich ein Kolbenprober angeschlossen, mit dem das Volumen nach dem Stromstoß so vergrößert wird, daß am Manometer keine Druckerhöhung auftritt.

Aus der Volumenzunahme ΔV läßt sich nach dem Gesetz von GAY-LUSSAC die Temperaturerhöhung ΔT errechnen. Die zugeführte Wärmemenge wird wie beim ersten Versuch bestimmt. Die folgende Tabelle (*Tab. 4–2*) enthält die spezifischen und molaren Wärmekapazitäten einiger Gase.

Ergebnis: Die spezifische und molare Wärmekapazität eines Gases bei konstantem Druck ist stets größer als bei konstantem Volumen.

Dies bedeutet, daß wir einem Gas bei konstantem Druck eine größere Wärmemenge zuführen müssen, um dieselbe Temperaturerhöhung zu erreichen. Die Temperaturerhöhung eines Gases bedeutet eine Zunahme seiner inneren Energie. Erwärmen wir ein Gas bei konstantem Volumen, so wird die zugeführte Wärmemenge vollständig in innere Energie umgesetzt. Wird dagegen das Gas bei konstantem Druck erwärmt, so dehnt es sich gleichzeitig aus und

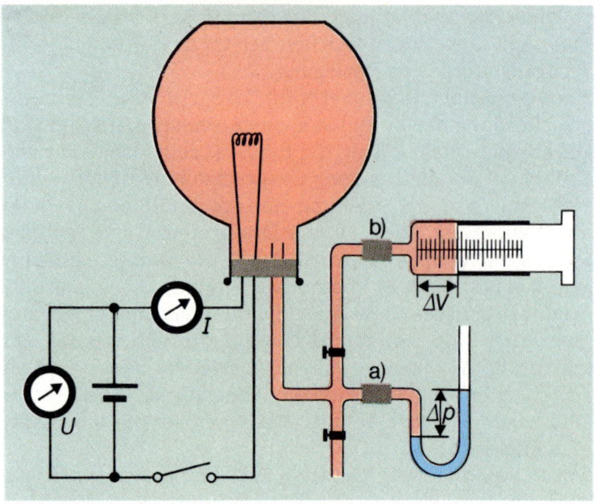

Abb. 4–18: Versuchsanordnung zur Bestimmung der spezifischen Wärmekapazität eines Gases; (a) bei einem konstanten Volumen (c_V) und (b) bei einem konstanten Druck (c_p).

verrichtet dabei gegen den äußeren Druck eine Arbeit W. Die zugeführte Wärme wird also teilweise in eine Zunahme der inneren Energie ΔU und teilweise in äußere Arbeit W umgesetzt. Zur genaueren Klärung der verschiedenen Zustandsänderungen müssen wir daher den Zusammenhang zwischen den verschiedenen Energieformen untersuchen.

Aufgaben

4/22: Berechnen Sie die Energie, die einem H_2-Gas mit dem konstanten Volumen $V = 5\ dm^3$ zugeführt werden muß, damit der Druck von 2 MPa auf 3 MPa ansteigt.
4/23: Durch die Zufuhr von 40 kJ Wärmeenergie werden 50 l O_2-Gas bei konstantem Druck erwärmt. Dadurch verdoppelt sich das Volumen. Berechnen Sie den Druck.

Gas		$\frac{c_p}{\text{kJ/(kg K)}}$	$\frac{c_V}{\text{kJ/(kg K)}}$	$\frac{C_{mp}}{\text{kJ/(kmol K)}}$	$\frac{C_{mV}}{\text{kJ/(kmol K)}}$	$\frac{C_{mp}-C_{mV}}{\text{kJ/(kmol K)}}$	$\frac{C_{mp}}{C_{mV}}$
		Einatomige Gase					
Argon	(Ar)	0,523	0,318	20,905	12,707	8,198	1,65
Helium	(He)	5,234	3,211	20,941	12,853	8,088	1,63
Neon	(Ne)	1,022	0,624	20,619	12,590	8,029	1,64
		Zweiatomige Gase					
Chlorwasserstoff	(HCl)	0,804	0,578	29,312	21,068	8,244	1,39
Sauerstoff	(O_2)	0,917	0,657	29,341	21,030	8,311	1,40
Stickstoff	(N_2)	1,038	0,741	29,089	20,762	8,327	1,40
Wasserstoff	(H_2)	14,319	10,157	28,868	20,478	8,390	1,41
		Drei- und mehratomige Gase					
Kohlenstoffdioxid	(CO_2)	0,837	0,649	36,852	28,567	8,285	1,29
Methan	(CH_4)	2,219	1,696	35,600	27,202	8,398	1,31

Tab. 4–2: Spezifische und molare Wärmekapazitäten einiger Gase

4.3 Energieumwandlungen

Bis zur Mitte des 19. Jahrhunderts hielt man die Wärme für einen besonderen Stoff, der unerschaffbar und unzerstörbar sein sollte. Die Temperatur eines Körpers wird nach dieser Vorstellung von der Menge des Wärmestoffes bestimmt, die der Körper aufgenommen hat. Eine Reihe von Erscheinungen (insbesondere Mischungsversuche) ließen sich mit diesen Annahmen über die Natur der Wärme sehr gut erklären. Dagegen blieben andere Vorgänge nach dieser Stoffhypothese völlig unverständlich, so z. B. die Änderung des Aggregatzustandes, bei der trotz Zufuhr bzw. Entzug von Wärmestoff keine Temperaturänderung eintritt. Insbesondere führte die Entstehung von Wärme durch mechanische Arbeit zu einem Widerspruch mit der Voraussetzung der Nichterschaffbarkeit des Wärmestoffes. Darauf hat bereits B. THOMPSEN (Graf RUMFORD) 1798 hingewiesen. Er stellte fest, daß beim Ausbohren von Kanonenrohren erhebliche Wärmemengen entstehen, und folgerte daraus, daß die Wärme kein Stoff sein könne. Die grundlegende Erkenntnis, daß es sich bei der Wärme um eine Form der Energie handelt, gewann der Heilbronner Arzt J. R. MAYER.

4.3.1 Der erste Hauptsatz der Wärmelehre

Aus seiner Entdeckung, daß zwischen Arbeit und Wärme ein bestimmtes Umrechnungsverhältnis besteht, zog J. R. MAYER den Schluß: Der Satz von der Erhaltung der Energie kann auch auf die Wärme ausgedehnt werden. Darüber hinaus vermutete MAYER, daß es auch in den übrigen Gebieten der Physik Energiegrößen gibt, die sich nach einem bestimmten Zahlenverhältnis in mechanische oder thermische Energie umwandeln lassen.

Unabhängig von ihm hat der Engländer J. P. JOULE in den Jahren 1840 bis 1849 zahlreiche Versuche durchgeführt, um die gesetzmäßige Beziehung zwischen mechanischer Arbeit und Wärme auf empirischem Wege zu bestimmen.

J. P. JOULE hat nicht nur die Beziehung zwischen mechanischer Arbeit und Wärme, sondern auch die Umwandlung von elektrischer Energie in Wärme eingehend untersucht. Dabei konnte er auch bei diesem Umwandlungsprozeß konstante Beziehungen zwischen den Energieformen nachweisen.

Von diesen Grundlagen ausgehend, hat HELMHOLTZ den ersten Hauptsatz auf alle Gebiete der Physik und ihre Energieformen (elektrisch, optisch, magnetisch) übertragen und als erster das **Prinzip von der Erhaltung der Energie** ausgesprochen und begründet (1877):

In einem abgeschlossenen System, in dem beliebige Vorgänge ablaufen, bleibt die vorhandene Gesamtenergie unverändert. Energie kann weder verlorengehen noch aus dem Nichts entstehen.

Dieses Prinzip von der Erhaltung der Energie hat auch technische Konsequenzen. Es ist ein alter Traum der Menschen, eine Maschine zu konstruieren, die Arbeit liefert, d. h. fortwährend Energie abgibt, ohne daß ihr Energie zugeführt wird. Man bezeichnet eine solche Maschine als **Perpetuum mobile.** Diese Bezeichnung ist irreführend, weil die Maschine sich nicht nur ständig bewegen, sondern zusätzlich Arbeit abgeben soll. Trotz größter Bemühungen ist es niemals gelungen, eine solche Maschine zu erfinden. Da sich die Energie nach allen Erfahrungen stets in einem bestimmten Zahlenverhältnis in ihre verschiedenen Formen umwandelt, kann eine solche Maschine nicht existieren. Wir können das Prinzip von der Erhaltung der Energie auch so formulieren:

Es ist unmöglich, ein Perpetuum mobile zu konstruieren.

Man kann die innere Energie eines Körpers nicht nur durch Zufuhr einer Wärmemenge erhöhen, sondern auch durch mechanische Arbeit, z. B. Reibungsarbeit oder Kompressionsarbeit, die man an ihm verrichtet. Der umgekehrte Vorgang, die Umwandlung von Wärmeenergie in mechanische Arbeit, ist nicht so einfach zu bestimmen. Für diesen Umwandlungsprozeß hat jedoch J. R. MAYER durch ein Gedankenexperiment eine Berechnungsmöglichkeit gefunden. Er ging davon aus, daß die molare Wärmekapazität C_{mp} eines idealen Gases bei konstantem Druck stets größer ist als die molare Wärmekapazität bei C_{mV} bei konstantem Volumen (→ *4.2.7*). Bei gleichbleibendem Druck dehnt sich ein Gas aus, und die zugeführte Wärmemenge wird auch in Ausdehnungsarbeit umgesetzt. Es war der geniale Gedanke J. R. MAYERs, daß er die Differenz der Wärme genau gleich der mechanischen Arbeit annahm, die das Gas bei der Vergrößerung seines Volumens unter konstantem Druck verrichtet. Für die Differenz der zugeführten Wärmemengen bei der Menge n eines idealen Gases gilt:

$$Q = Q_p - Q_V = (C_{mp} - C_{mV})\, n\, \Delta T\,.$$

Für die äußere Arbeit W, die das Gas bei der Temperaturerhöhung mit der Ausdehnung verrichtet, erhält man:

$$W = p\, \Delta V = n\, R\, \Delta T\,.$$

Wenn beide Energieformen den gleichen Betrag haben, dann ist:

$$Q = W \text{ und damit } C_{mp} - C_{mV} = R\,.$$

Die Tabelle (*Tab. 4–2*) zeigt, daß bei den Gasen tatsächlich die Differenz der Molwärmen $C_{mp} - C_{mV}$ mit der universellen Gaskonstanten R übereinstimmt.

Die Auswertung der verschiedenen Umwandlungsprozesse der Energieformen liefert das gleiche Ergebnis. Den quantitativen Zusammenhang erfaßt der

Erste Hauptsatz der Wärmelehre:
Die Summe der einem System von außen zugeführten Wärme und zugeführten Arbeit ist gleich der Zunahme der inneren Energie:

$$\Delta U = Q + W .$$

Wird von einem System Wärme abgeben oder äußere Arbeit verrichtet, so erhalten die Größen Q und W in der Gleichung ein negatives Vorzeichen ($Q, W < 0$).

Die in einem System gespeicherte innere Energie können wir nicht in einen thermischen und einen mechanischen Anteil aufspalten. Die innere Energie ist eine Zustandsgröße, während die Energie, die während eines Prozesses in Form von Wärme oder mechanischer Arbeit ausgetauscht wird, keine Zustandsgröße ist.

Aufgaben

4/24: 1 mol Sauerstoffgas (O_2) hat bei Normalbedingungen (0 °C, 1 013 mbar) das Volumen $V = 22{,}4$ l.
a) Berechnen Sie die Wärmeenergie Q_1, die man zuführen muß, damit die Temperatur des Gases bei konstantem Volumen um $\Delta T = 50$ K steigt. Wie groß sind jetzt Druck und Dichte des Gases?
b) Berechnen Sie die Wärmeenergie Q_2, die man zuführen muß, damit die Temperatur bei konstantem Druck um $\Delta T = 50$ K steigt. Wie groß sind jetzt Volumen und Dichte des Gases?
c) Vergleichen Sie die Differenz der Wärmeenergien $Q_2 - Q_1$ mit der Arbeit, die das Gas bei der Ausdehnung in (*b*) verrichtet hat ($W = p\,\Delta V$).

4.3.2 Anwendung des ersten Hauptsatzes; Zustandsänderungen bei Gasen

Isochore Zustandsänderungen

Bei einer isochoren Zustandsänderung ist $V = const.$ (*Abb. 4–19*). Aus der allgemeinen Zustandsgleichung folgt: $T/p = const.$ Die Isochore im p-V-Diagramm eines Gases ist eine Parallele zur p-Achse. Da das Volumen konstant bleibt, wird keine äußere Arbeit verrichtet: $W = 0$, und nach dem ersten Hauptsatz ist $\Delta U = Q$. Die zugeführte Wärmemenge Q wird vollständig in innere Energie umgesetzt. Bei einem einatomigen idealen Gas ist die innere Energie gleich der mittleren kinetischen Energie seiner Teilchen, da Schwingungen, Rotationen und andere Wechselwirkungen nicht vorkommen. Wir können die Zunahme der inneren Energie daher berechnen (→ *4.2.1*). Es ist

vor der Erwärmung $U = \overline{E_{kin}} = \frac{3}{2}\, n\, R\, T$

nach der Erwärmung $U + \Delta U = \frac{3}{2}\, n\, R\, (T + \Delta T)$.

Daraus folgt: $\Delta U = \frac{3}{2}\, n\, R\, \Delta T$.

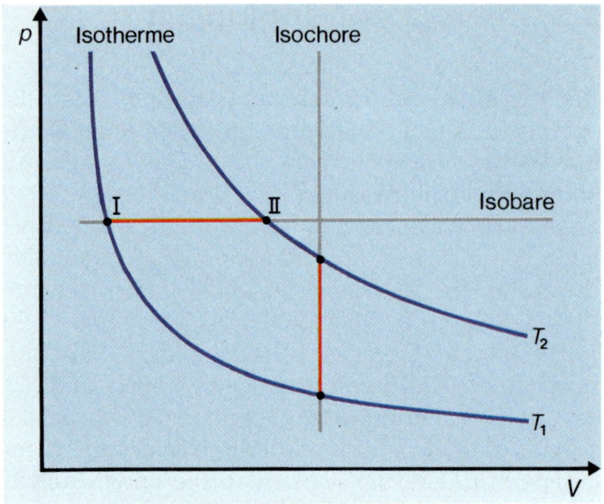

Abb. 4–19: Isochore, Isobare und Isotherme im p-V-Diagramm eines Gases.

Die zugeführte Wärmemenge bei konstantem Volumen beträgt:

$$Q_v = C_{mV}\, n\, \Delta T.$$

Nach dem ersten Hauptsatz ist $\Delta U = Q$ und damit:

$$C_{mV}\, n\, \Delta T = \tfrac{3}{2}\, n\, R\, \Delta T \text{ oder } C_{mV} = \tfrac{3}{2}\, R\, .$$

Ergebnis: Die molaren Wärmekapazitäten C_{mV} aller idealen (einatomigen) Gase sind konstant:

$$C_{mV} = \tfrac{3}{2} R = 12{,}5 \text{ kJ/kmol K}.$$

Dieser theoretische Wert stimmt mit den experimentell gefundenen Ergebnissen (→ *Tab. 4–2*) für einatomige Gase gut überein, d. h., Energie, die einem einatomigen Gas bei konstantem Volumen zugeführt wird, erhöht nur die kinetische Energie der Schwerpunktbewegungen seiner Teilchen.

Isobare Zustandsänderungen

Bei einer isobaren Zustandsänderung ist $p = const.$ Aus der allgemeinen Gasgleichung folgt $T/V = const.$ Die Isobare ist im p-V-Diagramm eine Parallele zur V-Achse. Nach dem ersten Hauptsatz ist $Q = \Delta U + W$.

Zur Berechnung der äußeren Arbeit W, die ein ideales Gas bei der Volumenzunahme gegen den Druck p verrichtet, denken wir uns sein Volumen V durch einen Kolben (*Abb. 4–20*) abgeschlossen, der sich reibungsfrei bewegen kann. Auf den Kolben mit der Fläche A wirkt beim Druck p die Kraft $F = pA$. Bei der Ausdehnung des Gases verschiebt sich der Kolben um das Stück Δs und verrichtet dabei die Arbeit

$$W = p\, A\, \Delta s = p\, \Delta V .$$

Die Gleichung $Q = \Delta U + W$ geht damit über in

$$Q_p = \Delta U + p\, \Delta V .$$

Für die innere Energie gelten die gleichen Überlegungen wie bei der isochoren Zustandsänderung. Die äußere Arbeit läßt sich nach der allgemeinen Zustandsgleichung auch in anderer Form ausdrücken. Es ist vor der Erwärmung

$$p\,V = n\,R\,T$$

nach der Erwärmung

$$p\,(V + \Delta V) = n\,R\,(T + \Delta T)$$

und damit

$$p\,\Delta V = n\,R\,\Delta T\,.$$

Damit ergibt sich weiter:

$$Q_p = \Delta U + W = \tfrac{3}{2}\,n\,R\,\Delta T + n\,R\,\Delta T = \tfrac{5}{2}\,n\,R\,\Delta T\,.$$

In derselben Weise wie oben erhält man daraus für die molare Wärmekapazität C_{mp} eines idealen (einatomigen) Gases:

$$C_{mp} = \tfrac{5}{2}\,R = 20{,}8\ \text{kJ/kmol K}.$$

Auch dieser Wert stimmt mit den experimentellen Ergebnissen (→ *Tab. 4–2*) für einatomige Gase sehr gut überein. Bildet man den Quotienten der aus der kinetischen Theorie berechneten Wärmekapazitäten C_{mp} und C_{mV}, so erhält man:

$$\frac{C_{mp}}{C_{mV}} = \frac{c_p}{c_V} = \frac{5}{3} \approx 1{,}67.$$

4.3.3 Gleichverteilungssatz

Diese Beziehungen gelten exakt nur für ideale Gase. Für reale Gase stellen diese Werte Grenzwerte dar, die nur bei hohen Temperaturen und kleinen Drucken erreicht werden. Die Tabelle (*Tab. 4–2*) zeigt, daß einatomige quasiideale Gase diese Beziehungen sehr gut erfüllen. Dagegen weichen die Molwärmen und der Quotient C_{mp}/C_{mV} bei zwei- und mehratomigen Gasen von dem theoretischen Wert $\frac{5}{3}$ ab.

Bei der Berechnung der thermischen Energie eines idealen Gases wurde bisher nur die Translationsenergie seiner Teilchen berücksichtigt. Wir haben schon darauf hingewiesen, daß bei mehratomigen Molekülen weitere Freiheitsgrade der Bewegung hinzukommen können.

Ein zweiatomiges Gasmolekül kann außer der geradlinigen Bewegung noch Rotationsbewegungen um drei räumliche Achsen ausführen (*Abb. 4–21*). Da das Trägheitsmoment des Moleküls in bezug auf seine Längsachse sehr klein ist, kann die Rotationsenergie für die Drehbewegung um diese Achse praktisch vernachlässigt werden. Es kommen also zu den Translationsbewegungen nur zwei Drehbewegungen – d. h. zwei Freiheitsgrade – hinzu. Bei den mehratomigen Molekülen kann keine Rotationsbewegung vernachlässigt werden. Wir kommen damit zu dem

Ergebnis: Die Freiheitsgrade der Bewegung betragen
bei einatomigen Gasen 3,
bei zweiatomigen Gasen 5,
bei drei- und mehratomigen Gasen 6.

Berücksichtigt man nach dem Prinzip der molekularen Unordnung alle Freiheitsgrade bei der Berechnung der thermischen Energie in gleicher Weise, so erhält man für zweiatomige Gase nach derselben Rechnung, wie wir sie für das einatomige Gas durchgeführt haben:

$$C_{mV} = \tfrac{5}{2}\,R = 20{,}8\ \text{kJ/kmol K}\,,$$

$$C_{mp} = \tfrac{7}{2}\,R = 29{,}1\ \text{kJ/kmol K}\,.$$

$$C_{mp} : C_{mV} = 7 : 5 = 1{,}4\,.$$

Für drei- und mehratomige Gase erhält man:

$$C_{mV} = \tfrac{6}{2}\,R = 24{,}9\ \text{kJ/kmol K}\,,$$

$$C_{mp} = \tfrac{8}{2}\,R = 33{,}3\ \text{kJ/kmol K},$$

$$C_{mp} : C_{mV} = 8 : 6 = 1{,}33\,.$$

Diese theoretischen Werte stimmen, wie die Tabelle (*Tab. 4–2*) zeigt, mit den experimentellen Befunden sehr gut überein. Es müssen mithin bei der thermischen Energie eines Gases alle Freiheitsgrade der Bewegung berücksichtigt werden.

Ergebnis: Im thermodynamischen Gleichgewicht ist die Gesamtenergie eines Gases auf alle Freiheitsgrade der Bewegung gleichmäßig verteilt und hat bei der Temperatur T pro Freiheitsgrad und Molekül den Wert $\frac{1}{2}\,k\,T$ **(Gleichverteilungssatz).**

Der Gleichverteilungssatz ist selbstverständlich wieder als eine Idealisierung anzusehen. Er gilt als Grenzfall für reale Gase bei hohen Temperaturen. Exakte Messungen beim zweiatomigen Wasserstoffgas zeigen, daß die molare Wärmekapazität C_{mV} von der Temperatur abhängig ist. Bei hohen Temperaturen hat sie ziemlich genau den Wert $\frac{5}{2}\,R$, bei tieferen Temperaturen wird der Wert kleiner und erreicht schließlich den Wert $\frac{3}{2}\,R$, den Wert für einatomige Gase (*Abb. 4–22*). Man kann die Abnahme von C_{mV} dadurch deuten, daß bei tieferen Temperaturen die Rotationen allmählich „einfrieren" und die Moleküle nur noch Translationsbewegungen wie einatomige Gase durchführen. Bei noch tieferen Temperaturen versagen die Methoden der klassischen Physik zur Deutung der Phänomene.

Dulong-Petitsche Regel

In Kristallen sind die Atome an bestimmte Gitterplätze gebunden, um die sie Schwingungen ausführen (→ *4.1.3*). Auch ein solches Atom hat drei Freiheitsgrade der Bewe-

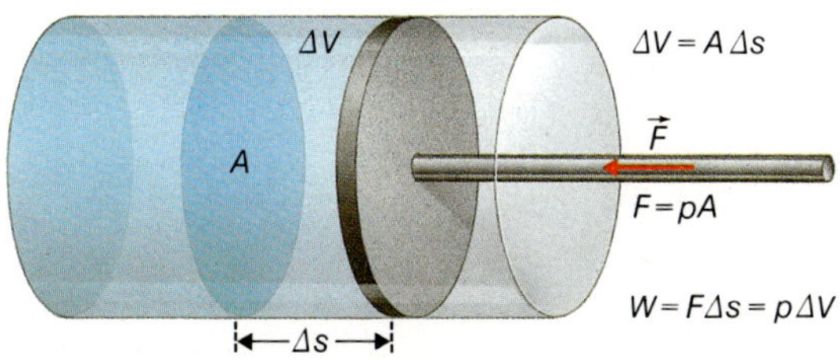

Abb. 4–20: Zur Berechnung der mechanischen Arbeit *W*, die ein ideales Gas bei der Ausdehnung ΔV gegen den äußeren Druck *p* verrichtet.

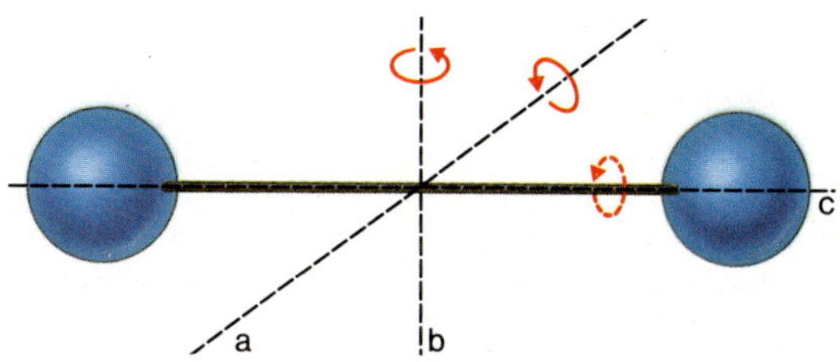

Abb. 4–21: Modell eines zweiatomigen Moleküls zur Veranschaulichung der Freiheitsgrade der Rotation. Rotation um Achse c kommt nicht vor.

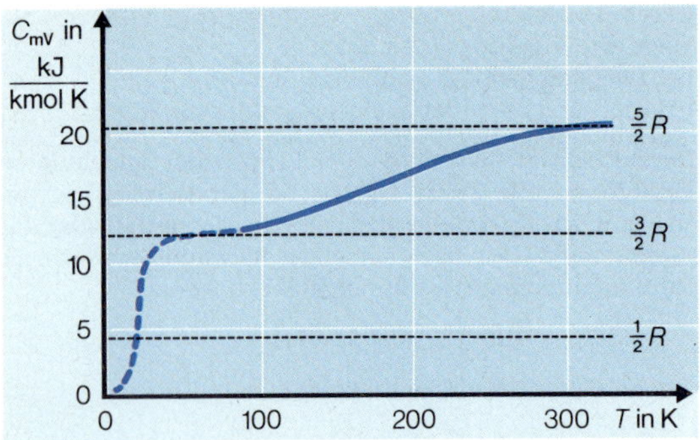

Abb. 4–22: Molare Wärmekapazität C_{mV} des Wasserstoffs in Abhängigkeit von der Temperatur. Im gestrichelten Bereich ist Wasserstoff flüssig bzw. fest (R – universelle Gaskonstante).

gung. Bei jeder elastischen Schwingung ist aber neben der kinetischen Energie auch potentielle Energie vorhanden, deren Mittelwert gleich dem der kinetischen Energie ist. Jedem Atom kommen daher $2 \cdot 3 = 6$ Freiheitsgrade und die Gesamtenergie

$$6 \cdot \tfrac{1}{2}\, k\, T = 3\, k\, T \text{ zu.}$$

Die innere Energie eines Festkörpers mit der Stoffmenge n und der Teilchenzahl $n\, N_A$ beträgt dann

$$U = n\, N_A\, 3\, k\, T = n\, 3\, R\, T\,.$$

Führen wir dem Festkörper die Wärmeenergie $Q = C_{mV}\, n \Delta T$ zu, so erhöht sich die Energie um

$$\Delta U = C_{mV}\, n \Delta T = n\, 3\, R\, \Delta T\,,$$

daraus folgt: $C_{mV} = 3R$.

Ergebnis: Die molare Wärmekapazität hat bei chemisch einfachen, kristallinen Stoffen etwa den Wert $3\,R = 24{,}9$ kJ/kmol K **(Dulong-Petitsche Regel).**

Es gibt zahlreiche Abweichungen von dieser Regel. Insbesondere ist zu beachten, daß bei allen Festkörpern die molare Wärmekapazität bei tiefen Temperaturen wie bei den Gasen abnimmt und in der Nähe des absoluten Nullpunkts gegen den Wert Null strebt. Dieses Verhalten ist nur quantentheoretisch zu erklären.

4.3.4 Isotherme Zustandsänderungen

Bei einer isothermen Zustandsänderung ist $T = const.$ Aus der allgemeinen Gasgleichung folgt $p\, V = const.$ Eine Isotherme ist im p-V-Diagramm ein Hyperbelast. Da die Temperatur sich nicht ändert, bleibt auch die innere Energie konstant, $\Delta U = 0$ und nach dem ersten Hauptsatz ist $Q = W$.
Damit bei der Ausdehnung des Gases die Temperatur konstant bleibt, muß das Gas von außen Wärme aufnehmen. Die zugeführte Wärmemenge Q wird in mechanische Arbeit W gegen den äußeren Druck p umgewandelt. Bei einer kleinen Volumenänderung $\Delta\, V$ wird der Druck p (Mittelwert) als konstant angenommen und die Arbeit $W = p\, \Delta V$ ist durch die Fläche des Rechtecks unter dem Graphen $p\,(V)$ ge-

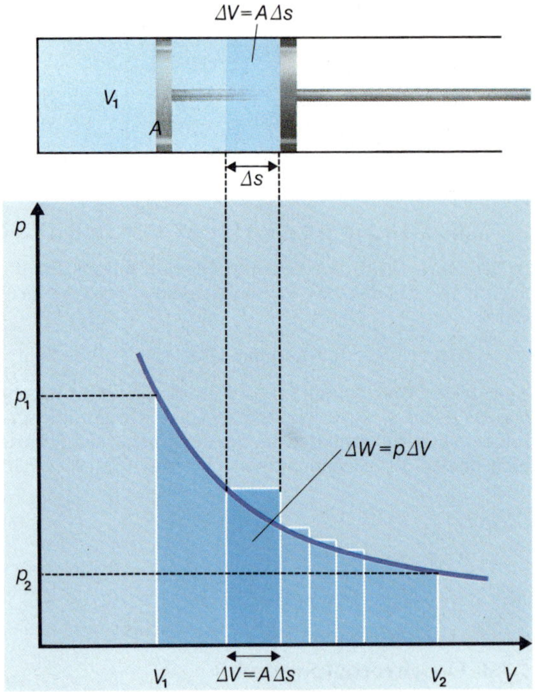

Abb. 4–23: p-V-Diagramm eines idealen Gases zur Bestimmung der Ausdehnungsarbeit beim Übergang von Zustand I in den Zustand II; ▬ Fläche unter der Isothermen.

geben (*Abb. 4–23*). Bei einer größeren Volumenänderung und immer feinerer Aufteilung des Volumenzuwachses wird die vom Gas bei der Expansion verrichtete Arbeit durch die Fläche unter der Kurve dargestellt.
Diese Energieumwandlung bei isothermer Zustandsänderung ist das grundlegende Prinzip der Wärmeenergiemaschinen. Sie wandeln Wärme in Arbeit um. Damit der Prozeß ständig abläuft, muß der Ausgangszustand immer wiederhergestellt werden, d. h. die Maschinen müssen periodisch arbeiten.
Bei einer isothermen Verdichtung des Gases ändert sich das Vorzeichen von W, d. h. dem Gas muß, damit die Temperatur konstant bleibt, die Wärmemenge $-Q = -W$ entzogen werden.
Die mathematische Berechnung der Fläche liefert für W:

$$W = \int_{I}^{II} p\, \mathrm{d}V \quad \text{und mit} \quad p = nRT\,\frac{1}{V}$$

$$W = nRT \int_{I}^{II} \frac{\mathrm{d}V}{V} = nRT\, \ln \frac{V_2}{V_1}\,.$$

Aufgaben

4/25: Mit einem Arbeitsbetrag von 100 kJ werden 10 m^3 Luft isotherm von einem Anfangsdruck von 1 bar komprimiert. Welcher Enddruck wird erreicht?

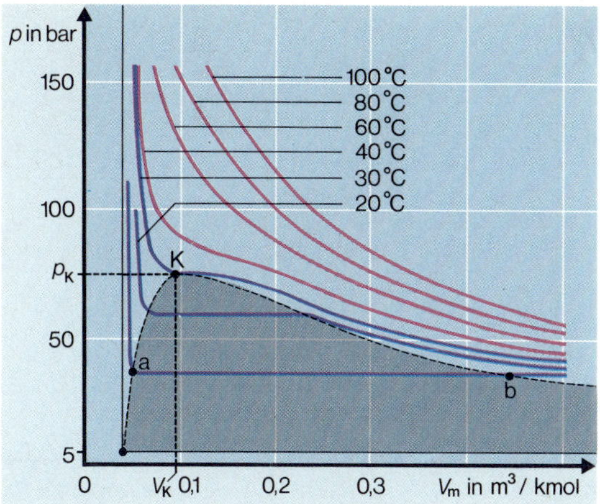

Abb. 4–24: Isothermen des Kohlenstoffdioxids (CO_2).

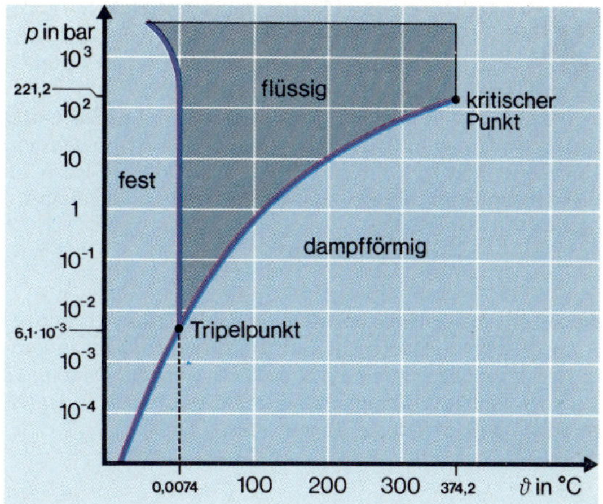

Abb. 4–25: Dampfdruckkurven von Wasser (*ϑ-p*-Diagramm).

4/26: Welche Energie muß aufgebracht werden, um 100 m³ Luft von 1 bar bei konstanter Temperatur auf 12 bar zu verdichten?

Reale Gase, van der Waalssche Zustandsgleichung

Bei einem idealen Gas stellen die Isothermen eine Schar gleichseitiger Hyperbeln dar. Reale Gase folgen bei der isothermen Zustandsänderung dem Boyle-Mariotteschen Gesetz nicht streng. Vor allem ist bei besonderen Ausgangsbedingungen zu beachten, daß reale Gase bei Druckerhöhung in die flüssige Phase übergehen. Der englische Chemiker ANDREWS hat das Verhalten der realen Gase eingehend untersucht und den Sachverhalt für alle Stoffe grundsätzlich geklärt. *Abb. 4–24* zeigt Isothermen des Kohlenstoffdioxids. Bei hohen Temperaturen stimmen sie mit den Hyperbeln des idealen Gases überein. Bei tieferen Temperaturen weichen die Kurven von dieser Form stark ab. Sie verlaufen in einem Abschnitt parallel zur *V*-Achse (Strecke a ... b im Diagramm). Das Gas geht hier bei einer Kompression bei konstantem Druck in den flüssigen Zustand über. Wenn das gesamte Gas verflüssigt ist, steigt bei weiterer Volumenverminderung der Druck sehr stark an (wegen der geringen Kompressibilität der Flüssigkeit), und die Kurve verläuft nahezu senkrecht zur *V*-Achse. Für eine bestimmte Temperatur (31 °C) hat die Isotherme einen Wendepunkt. Bei dieser Temperatur steigt der Druck des Gases bei Volumenverminderung ständig an. Flüssige und gasförmige Phase lassen sich nicht mehr voneinander unterscheiden, und es tritt keine Kondensation mehr ein.
Der Grenzpunkt K heißt der **kritische Punkt,** die betreffende Temperatur die **kritische Temperatur** und der zu diesem Punkt gehörende Druck der **kritische Druck.** Die durch den kritischen Punkt gehende Isotherme wird als die **kritische Isotherme** bezeichnet. Die Verbindung der Knickpunkte der unterhalb von K verlaufenden Isothermen nennt man die **Grenzkurve.** Sie umschließt das **Sättigungsgebiet,** innerhalb dessen der Dampf kondensiert.
Bei der Untersuchung anderer Gase erhält man ähnliche Diagramme, nur gehört bei ihnen zur kritischen Isotherme eine sehr viel tiefere Temperatur.

Ergebnis: Jedes reale Gas besitzt eine bestimmte kritische Temperatur, oberhalb derer seine Verflüssigung auch bei größten Drucken nicht mehr möglich ist.

Die Tabelle (*Tab. 4–3*) enthält die kritischen Daten einiger Gase. Zum Vergleich wird der Siedepunkt bei Normaldruck angegeben.

Die Grenzkurve des Sättigungsgebietes (*Abb. 4–24*) endet bei Kohlenstoffdioxid bei einem Druck von 5 bar. Unterhalb dieses Druckes ist CO_2 fest. Für diesen Druck endet der rechte Teil der Grenzkurve bei der Isotherme für −56,2 °C. Bei dem Druck 5 bar und der Temperatur −56,2 °C existieren alle drei Phasen des Kohlenstoffdioxids fest, flüssig und gasförmig nebeneinander.

Definition: Der Punkt in einem Phasendiagramm, bei dem die drei Phasen eines Stoffes gleichzeitig nebeneinander existieren, heißt **Tripelpunkt.**

Der kritische Punkt und der Tripelpunkt sind für einen Stoff die eigentlichen Fixpunkte, während Schmelz- und Siedepunkt veränderlich, z. B. druckabhängig sind. Mißt man Dampf-, Schmelz- und Sublimationsdruck eines Stoffes in Abhängigkeit von der Temperatur, so erhält man z. B. für Wasser das in *Abb. 4–25* dargestellte *ϑ-p*-Diagramm.

Stoff		Kritische Temperatur (°C)	Kritischer Druck (bar)	Siedepunkt (°C) bei 1,013 bar
Helium	(He)	− 267,9	2,22	− 268,9
Wasserstoff	(H_2)	− 239,9	12,95	− 252,8
Stickstoff	(N_2)	− 147,1	33,94	− 195,8
Sauerstoff	(O_2)	− 118,8	50,4	− 183,0
Methan	(CH_4)	− 82,5	46,4	− 161,4
Kohlenstoffdioxid	(CO_2)	+ 31,0	73,8	− 78,5[1]
Äthan	(C_2H_6)	+ 32,3	49,3	− 88,6
Ammoniak	(NH_3)	+ 132,4	113,0	− 33,4
Benzol	(C_6H_6)	+ 288,5	48,7	+ 80,2
Wasser	(H_2O)	+ 374,2	221,2	+ 100,0

[1]) Sublimationspunkt

Tab. 4–3: Kritische Zustandsgrößen einiger Stoffe

Das p-V-Diagramm eines idealen Gases enthält keine kritische Isotherme. Es läßt sich grundsätzlich nicht verflüssigen. Es wird vorausgesetzt, daß zwischen seinen Teilchen keinerlei Wechselwirkungen vorhanden sind.
Bei einem realen Gas müssen diese Molekularkräfte und das Eigenvolumen der Teilchen berücksichtigt werden. Der niederländische Physiker VAN DER WAALS hat für reale Gase theoretisch folgende Zustandsgleichung abgeleitet:

$$\left(p + \frac{a}{V^2}\right)\,(V_m - b) = RT.$$

In dieser **van der Waalschen Zustandsgleichung** werden die Molekularkräfte durch die Konstante a und das Eigenvolumen der Teilchen durch die Konstante b erfaßt. Da a und b von der Stoffart abhängig sind, stellt diese Zustandsgleichung keine universelle Gasgleichung dar.

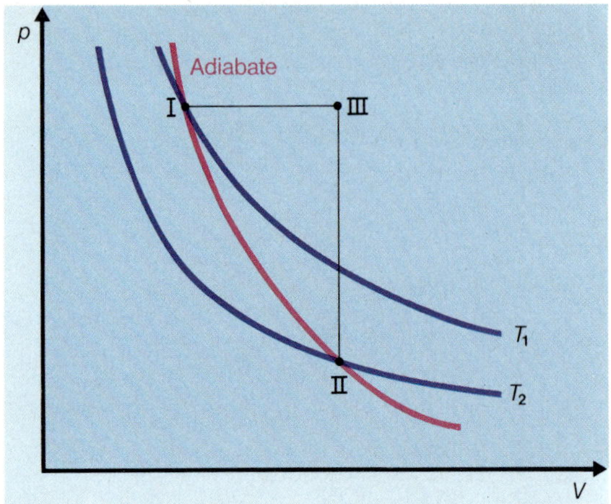

Abb. 4–26: Adiabate im p-V-Diagramm eines idealen Gases.

4.3.5 Adiabatische Zustandsänderungen

Bei einer adiabatischen Zustandsänderung ist $Q = 0$. Das Gas geht vom Zustand I in den Zustand II ohne Wärmeaustausch mit der Umgebung über (*Abb. 4–26*). Zur Herleitung der Gleichung der Adiabaten im p-V-Diagramm wird der Prozeß in zwei Zustandsänderungen aufgeteilt. Zuerst wird eine isobare Ausdehnung (I–III) und anschließend eine isochore Druckabnahme (III–II) durchgeführt. Bei der isobaren Zustandsänderung (I–III) muß dem Gas die Wärmemenge $Q_1 = n\,C_{mp}\,\Delta T_p$ zugeführt werden. Bei der isochoren Zustandsänderung (III–II) wird dem Gas die Wärmemenge $Q_2 = n\,C_{mV}\,\Delta T_v$ entzogen. Da bei der adiabatischen Zustandsänderung kein Wärmeaustausch erfolgt, muß die Summe der beiden Wärmemengen Null sein, d. h.:

$$n\,C_{mp}\,\Delta T_p = -\,n\,C_{mV}\,\Delta T_V\,.$$

Aus der allgemeinen Gasgleichung für ideale Gase folgt für die Temperaturänderungen:

$$\Delta T_p = \frac{p}{nR}\Delta V \text{ und } \Delta T_V = \frac{V}{nR}\Delta p\,.$$

Ersetzt man in der oberen Gleichung jeweils die Temperaturänderungen, so erhält man

$$\frac{C_{mp}\cdot p}{R}\cdot\Delta V = -\,\frac{C_{mV}\cdot V}{R}\Delta p$$

und mit $\frac{C_{mp}}{C_{mV}} = \frac{c_p}{c_V} = \kappa$ die Differentialgleichung

$$\frac{dp}{dV} = -\,\kappa\frac{p}{V}\,.$$

Diese Gleichung besagt, daß auf der Adiabaten die Druckänderung $\varkappa$-mal so groß ist wie auf der Isothermen. Der Druck sinkt bei der adiabatischen Zustandsänderung nicht nur wegen der Volumenzunahme, sondern gleichzeitig zusätzlich wegen der damit verbundenen Abkühlung. Die Adiabate fällt also steiler als eine Isotherme.
Die Differentialgleichung läßt sich auch in der Form $\frac{dp}{p} = -\,\kappa\frac{dV}{V}$ schreiben, durch Integration erhält man:

$$\ln p = -\,\varkappa\ln V + c \text{ oder } p\,V^{\varkappa} = const.$$

(Poissonsches Gesetz).

Gase sind schlechte Wärmeleiter, daher erfolgt der Wärmeaustausch mit der Umgebung relativ langsam. Schnell ablaufende Prozesse sind daher weitgehend adiabatische Zustandsänderungen. Die Erwärmung der Luft bei schneller Kompression spüren wir z. B. deutlich bei der Fahrradpumpe. Wird eine abgeschlossene Luftmenge ($\varkappa = 1{,}4$) bei Zimmertemperatur (20 °C oder 293 K) adiabatisch auf $\frac{1}{10}$ ihres Ausgangsvolumens komprimiert, so steigt die Temperatur um den Faktor 2,5 auf 735 K oder 462 °C („pneumatisches Feuerzeug"). Meteorologische Vorgänge verlaufen ebenfalls adiabatisch. Beim Aufsteigen und Absinken von Luftschichten können erhebliche Temperaturänderungen auftreten (Föhn).
Die Abkühlung eines Gases bei adiabatischer Ausdehnung wird bei der **Nebelkammer** (→ *Kap. 12*) ausgenutzt. Sie enthält ein mit Dampf gesättigtes Gas. Bei der adiabatischen Expansion des Gases sinkt die Temperatur, und der Dampf wird übersättigt. Läßt man während der Expansion Strahlen in die Kammer eindringen, die auf ihrer Bahn Ionen erzeugen, so dienen diese als Kondensationskerne, und es entsteht eine Nebelspur. Man hat auch kontinuierlich arbeitende Nebelkammern gebaut, bei denen durch eine geeignete Temperaturverteilung im Innern der Kammer dauernd ein Gebiet mit übersättigtem Dampf aufrechterhalten wird.

Aufgaben

4/27: Auf welchen Bruchteil des Ausgangsvolumens muß Luft unter Normalbedingung (0 °C, 1 013 mbar) adiabatisch komprimiert werden, damit die Temperatur auf 600 °C steigt. Wie groß ist dann der Druck? ($\varkappa = 1{,}4$)
4/28: Bei einem Dieselmotor wird die angesaugte Luft (60 °C, 1 bar) adiabatisch komprimiert. Das Verdichtungsverhältnis ist 15 : 1. Wie groß sind Endtemperatur und Enddruck? ($\varkappa = 1{,}4$)
4/29: Ein Lastkraftwagen mit der Masse $m = 2{,}5$ t wird aus der Geschwindigkeit 50 km/h zum Stehen gebracht; wie groß ist die Bremswärme?
4/30: Ein Radfahrer durchfährt mit Rücktrittbremse einen Höhenunterschied von 100 m. Die Gesamtmasse von Fahrer und Rad beträgt 80 kg. Wie heiß wird die Rücktrittbremse (1 kg Stahl, $c = 0{,}46$ kJ/kg K), wenn 40 % der entstehenden Wärme an die Umgebung abgegeben werden?
4/31: Ein 0,5-kg-Massestück fällt aus 1 m Höhe auf einen kleinen Bleiklotz von 100 g Masse und gibt seine gesamte Bewegungsenergie in Form von Wärme an das Blei ab ($c = 0{,}13$ kJ/kg K). Wie groß wird die Temperaturerhöhung des Bleikörpers?

4.4 Der zweite Hauptsatz der Wärmelehre

Der erste Hauptsatz erfaßt die natürlichen Vorgänge nicht vollständig. Er besagt nur, daß bei allen Prozessen die Energiesumme konstant bleibt. Bei gleicher Energiebilanz können die Vorgänge aber in verschiedenen Richtungen ablaufen. Im folgenden Kapitel sollen daher weitere Bedingungen für den Ablauf eines Prozesses untersucht werden.

4.4.1 Reversible und irreversible Vorgänge

Die folgenden Beobachtungen verdeutlichen die Richtung, in der natürliche Vorgänge ablaufen.
Bei allen Mischungsversuchen geht vom wärmeren Körper so lange Wärme zum kälteren über, bis die Temperatur ausgeglichen ist. Nach dem Energiesatz wäre es möglich, daß der kältere Körper sich weiter abkühlt und dem wärmeren Körper zusätzlich Wärme zuführt.
Bei der Diffusion von Gasen durchmischen sich die Stoffe völlig gleichmäßig. Die Teilchen der verschiedenen Gase verteilen sich vollständig in dem zur Verfügung stehenden Raum. Es wäre denkbar, daß nach einiger Zeit eine Entmischung einträte und die Gase wieder in ihren Ausgangsvolumina getrennt vorlägen.
Solche Prozesse kommen in der Natur niemals vor. Es gibt also Vorgänge, die nur in einer Richtung ablaufen. Man nennt sie nicht umkehrbar oder **irreversibel.** Entsprechend nennt man solche Vorgänge, die so rückgängig gemacht werden können, daß an keiner Stelle ihrer Umgebung eine Veränderung zurückbleibt, umkehrbar oder **reversibel.** Reversible Prozesse kommen in der Natur nicht vor, sie sind wohl denkbar und können auch annähernd realisiert werden. Nach allen Erfahrungen kann man sagen: Alle natürlichen Prozesse sind irreversibel.
Durch eine äußere Einwirkung kann man auch bei einem irreversiblen Vorgang den Urzustand wiederherstellen. Dabei tritt jedoch immer eine Auswirkung oder Veränderung in der Umgebung auf. Irreversible Vorgänge sind durch zwei Merkmale gekennzeichnet. Sie verlaufen grundsätzlich nur in einer Richtung. Bei ihrer Umkehrung erhält man eine nicht mehr zu behebende Veränderung in ihrer Umgebung.
Nach diesen Feststellungen ist es z. B. nicht möglich, eine periodisch arbeitende Maschine zu konstruieren, die Wärmeenergie von einem Körper aufnimmt und diese restlos in Arbeit umwandelt. Mit ihr könnte ein irreversibler Prozeß ohne Nachwirkungen in der Umwelt rückgängig gemacht werden.

Wir betrachten dies am Beispiel der Plastilinkugel. Die nach dem Fall vollständig in innere Energie umgesetzte potentielle Energie der Kugel verteilt sich auf ihre Umgebung. Mit der Maschine ließe sich die Wärme der Umwelt wieder entziehen und vollständig in Arbeit, d. h. durch Anheben der Kugel in ihre Ausgangslage, in potentielle Energie, zurückverwandeln. Damit wäre der irreversible Vorgang des Fallens spurlos rückgängig gemacht.

Es ist wichtig, daß die Maschine periodisch arbeiten soll. Mit einem nur einmal ablaufenden Prozeß (z. B. isotherme Ausdehnung eines Gases 4.3.4) kann durchaus Wärmeenergie vollständig in Arbeit umgesetzt werden. Das führt aber nicht zu einer brauchbaren Maschine.
Die Maschine könnte dann auch die Luft oder das Meerwasser abkühlen und dadurch Arbeit liefern. Da der Energievorrat ungeheuer groß ist, würde sie praktisch wie ein Perpetuum mobile ständig Energie erzeugen. Man bezeichnet daher eine solche Maschine, die nach dem Energiesatz durchaus denkbar wäre, als ein **Perpetuum mobile zweiter Art.**
Damit erhält man als

Ergebnis: Es ist unmöglich, ein Perpetuum mobile zweiter Art zu konstruieren.

Dieser Erfahrungssatz stellt bereits eine spezielle Formulierung des zweiten Hauptsatzes der Wärmelehre dar. Er kann auf verschiedene Weise formuliert werden, nach M. PLANCK lautet er:

Zweiter Hauptsatz der Wärmelehre:
Es ist unmöglich, eine periodisch funktionierende Maschine zu konstruieren, die keine weitere Veränderung in der Umwelt bewirkt als die Hebung eines Gewichtsstücks und eine entsprechende Abkühlung eines Wärmereservoirs.

4.4.2 Kreisprozesse

Nach dem zweiten Hauptsatz kann eine Maschine die von einem heißen Wärmespeicher aufgenommene Wärme Q_1 nicht vollständig, sondern nur teilweise in Arbeit W umwandeln. Ein Restbetrag wird von ihr bei einer tieferen Temperatur wieder in Form von Wärme Q_2 an einen kälteren Wärmespeicher abgegeben. Es ist für Forschung und Technik wichtig, den größten Anteil zu bestimmen, der im günstigsten Fall von der Wärmeenergiemaschine in mechanische Arbeit umgesetzt werden kann. Man möchte den maximalen Wert des **thermischen Wirkungsgrades** einer Maschine kennen (*Abb. 4–27*).

Definition: Der thermische Wirkungsgrad einer Wärmeenergiemaschine ist der Quotient aus der abgegebenen mechanischen Arbeit W und der aufgenommenen Wärmemenge Q_1:

$$\eta = \frac{-W}{Q_1}.$$ [1]

[1] Bei einer abgegebenen Arbeit ist $W < 0$; daher das negative Vorzeichen, damit $\eta > 0$ ist.

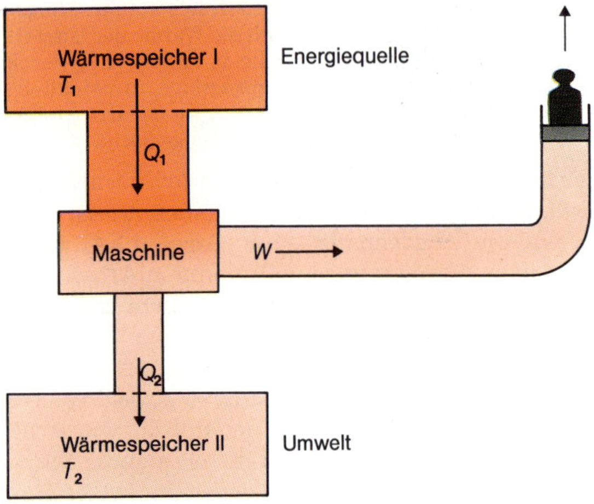

Abb. 4–27: Energieschema einer Wärmeenergiemaschine. Q_1 von der Maschine aufgenommene, Q_2 von ihr abgegebene Wärmemenge; W abgegebene mechanische Arbeit.

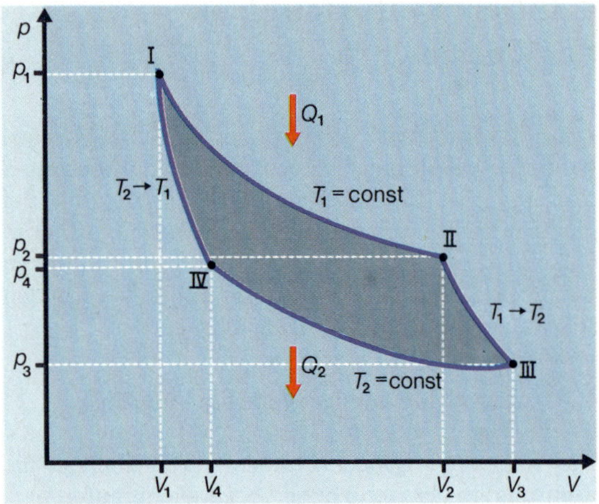

Abb. 4–28: Carnotscher Kreisprozeß. Isotherme (I–II) adiabatische Expansion (II–III); isotherme Kompression (III–IV); adiabatische Expansion (IV–I).

Sieht man von allen Besonderheiten der technischen Bauart und Funktionsweise der verschiedenen Wärmeenergiemaschinen (bekannt aus der Sekundarstufe I) ab, so gelten für alle gemeinsam folgende Merkmale:

1. Es wird Wärme von einem wärmeren auf einen kälteren Körper durch einen bestimmten Prozeß übertragen.
2. Dieser Prozeß läuft periodisch ab, d. h., der Anfangszustand der Maschine wird in periodischer Folge wiederhergestellt.
3. Die mechanische Arbeit wird durch die Zustandsänderungen eines Arbeitsstoffes (Dampf, Gas) erzeugt.

Eine Zustandsänderung, die zum Anfangszustand wieder zurückführt, nennt man einen **Kreisprozeß.** Jede periodisch arbeitende Maschine führt einen Kreisprozeß aus. Der größte, theoretisch mögliche Wirkungsgrad wird erreicht, wenn der Prozeßablauf reversibel erfolgt. Das läßt sich nur in einem Gedankenexperiment vorstellen. Es sind beliebig viele reversible Kreisprozesse denkbar.

Carnotscher Kreisprozeß

In Abb. 4–28 wird der Kreisprozeß, den der Franzose S. CARNOT in seinen theoretischen Arbeiten untersucht hat, in einem *p-V-* oder Arbeitsdiagramm dargestellt. Der Kreisprozeß besteht aus vier Teilprozessen. Als Arbeitsstoff wird ein ideales Gas vorausgesetzt.

1. Teil: Vom Zustand I aus dehnt sich das Gas isotherm von (V_1, p_1) nach (V_2, p_2) aus. Dabei verrichtet es Arbeit und nimmt eine aequivalente Wärmemenge Q_1 aus dem Wärmespeicher (T_1) auf.
2. Teil: Das Gas dehnt sich vom Zustand II zum Zustand III weiter adiabatisch aus (V_3, p_3). Die dabei verrichtete Arbeit wird von der inneren Energie des Gases geliefert, das sich von T_1 auf T_2 abkühlt.
3. Teil: Nun wird das Gas isotherm von (V_3, p_3) nach (V_4, p_4) isotherm komprimiert. Die dabei zugeführte Arbeit wird bei konstanter Temperatur T_2 als Wärme an den zweiten Wärmespeicher abgegeben.
4. Teil: Durch eine adiabatische Kompression wird das Gas wieder in den Anfangszustand zurückgeführt. Die zugeführte Arbeit erhöht die innere Energie des Gases.

Die insgesamt vom idealen Gas bei diesem Carnotschen Kreisprozeß verrichtete Arbeit und die Wärmemengen lassen sich nach dem ersten Hauptsatz und der Zustandsgleichung für Gase berechnen. Im *p-V*-Diagramm wird der Betrag der beim Kreisprozeß nach außen abgegebenen mechanischen Arbeit durch die Maßzahl des Flächeninhalts der von den vier Kurvenabschnitten umschlossenen Fläche (I, II, III, IV) erfaßt.
Die Berechnung der Fläche im Arbeitsdiagramm wird mathematisch einfacher, wenn die Kurven teilweise durch Geraden ersetzt werden. Dazu muß ein anderer, ebenso möglicher Kreisprozeß durchlaufen werden, der sich auch leichter experimentell realisieren läßt.

Stirlingscher Kreisprozeß

Der Stirlingsche Kreisprozeß (*Abb. 4–29*) unterscheidet sich nur im zweiten und vierten Teilprozeß vom Carnotschen Kreisprozeß. Die Zustandsänderung des idealen Gases erfolgt in diesen Teilen nicht adiabatisch, sondern isochor. Bei der Abkühlung von T_1 nach T_2 im zweiten Teil wird keine Arbeit verrichtet, sondern vom Gas Wärme abgegeben. Diese kann dem Gas im vierten Teil beim Übergang vom Zustand III zum Ausgangszustand zur Erwärmung von T_2 auf T_1 wieder zugeführt werden.
Die Arbeit bei den isothermen Zustandsänderungen (1. Teil- und 3. Teilprozeß) ist nach *4.3.4*
$W = nRT\ln (V_1/V_2)$. Eine aequivalente Wärmemenge wird dabei aufgenommen bzw. abgegeben, und man erhält für den Wirkungsgrad beim Stirlingschen oder Carnotschen Kreisprozeß:

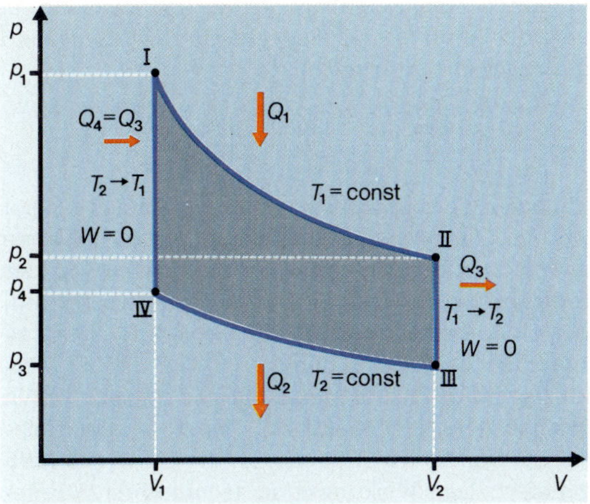

Abb. 4–29: Stirlingscher Kreisprozeß. Isotherme Expansion (I–II); isochore Abkühlung (II–III); isotherme Kompression (III–IV); isochore Erwärmung (IV–I).

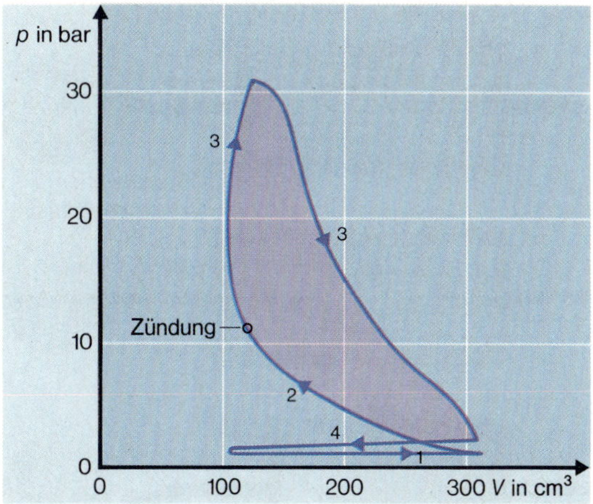

Abb. 4–30: Arbeitsdiagramm eines Viertaktmotors. Vier Takte: (1) Ansaugen; (2) Kompression; (3) Verbrennen und Expansion (Arbeitstakt); (4) Ausschieben.

Maschine	Arbeitstemperatur	Abgastemperatur	$\eta_{theor.}$	η_{real}
Ottomotor	2 500 K	800 K	0,68	0,20–0,30
Dieselmotor	2 900 K	800 K	0,72	0,30–0,40
Dampfturbine	800 K	320 K	0,60	0,25–0,35

Tabelle 4–4: Wirkungsgrad einiger Maschinen

$$\eta = \frac{Q_1 + Q_2}{Q_1} = \frac{nR\,(T_1 - T_2)\,ln\,\frac{V_1}{V_2}}{nRT_1\,ln\,\frac{V_1}{V_2}}$$

$$= \frac{T_1 - T_2}{T_1} = 1 - \frac{T_2}{T_1}\,.$$

Der Wirkungsgrad einer idealen Wärmeenergiemaschine ist also unabhängig vom Arbeitsstoff und der technischen Bauart, er wird nur bestimmt durch die Temperaturen T_1 und T_2 der beiden Wärmespeicher. Je größer die Temperaturdifferenz $T_1 - T_2$ gemacht werden kann, um so größer ist auch der Energieanteil, der in Arbeit umgesetzt wird.

Die Überlegungen und Herleitungen gelten für eine Maschine, die einen reversiblen Kreisprozeß durchläuft. Bei einer realen Wärmeenergiemaschine können irreversible Vorgänge niemals ausgeschlossen werden. Daher ist ihr Wirkungsgrad immer kleiner (*Abb. 4–30*), es ist

$$\eta_{irr} = \frac{Q_1 + Q_2}{Q_1} < \frac{T_1 - T_2}{T_1}\,.$$

4.4.3 Wärmeenergiemaschinen

Bei den meisten Wärmeenergiemaschinen wird der Arbeitsstoff nach jedem Kreisprozeß erneuert, so auch bei der Dampfmaschine. Bei den Verbrennungsmotoren (Otto-, Dieselmotoren) wird ein Kraftstoff-Luft-Gemisch zugeführt, das nach der Verbrennung als Abgas den Arbeitszylinder verläßt (*Abb. 4–31*). Zeichnet man das p-V-Diagramm eines Viertaktmotors für einen Durchlauf der vier Takte auf, so sieht man, daß im wesentlichen nur im zweiten Takt zur Verdichtung Arbeit aufgewandt werden muß, während im dritten Takt Arbeit nach außen abgegeben wird. Die Fläche *A* gibt die bei einem Kreislauf verrichtete Arbeit an (*Abb. 4–30*).

Heißluftmotor

Beim Heißluftmotor bleibt die Gasmenge im Zylinder erhalten und durchläuft periodisch einen Stirlingschen Kreisprozeß. Die beiden Wärmespeicher mit den Temperaturen T_1 und T_2 sind ständig mit der linken bzw. rechten Seite des Zylinders in Berührung. Neben dem Arbeitskolben befindet sich im Zylinder ein Verdrängerkolben mit mehreren Durchbohrungen, der mit einer Phasenverschiebung von etwa 90 Grad gegen den Arbeitskolben hin- und hergeschoben wird. Er dient einmal als Verdränger, der das Gas abwechselnd zum heißen und kalten Wärmespeicher strömen läßt. Zum anderen dient er als Zwischenspeicher, der die Wärmemenge des Gases beim zweiten Teilprozeß der isochoren Abkühlung aufnimmt und beim vierten Teilprozeß wieder an das Gas beim Zurückströmen abgibt. *Abb. 4–31* erläutert im einzelnen die Funktionsweise dieser Wärmeenergiemaschine.

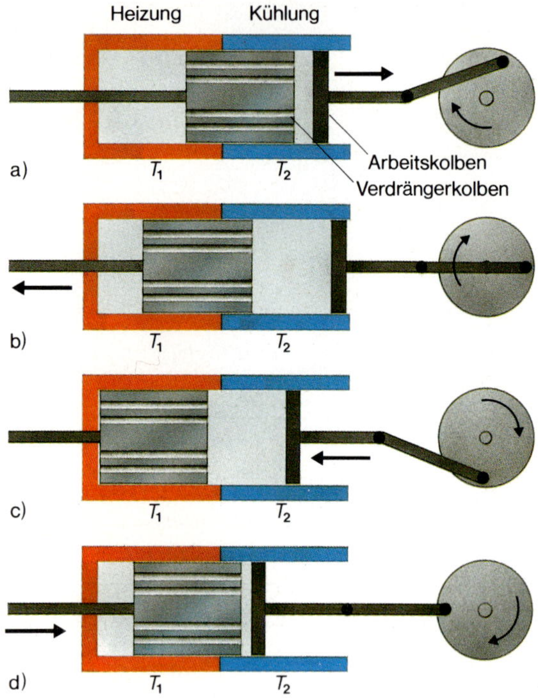

Abb. 4–31: Heißluftmotor mit Verdrängerkolben als Zwischenspeicher.
a) Die Heizung (Wärmespeicher I) gibt Wärme (Q_1) an die Luft im Zylinder ab, die sich bei der Temperatur T_1 ausdehnt und den Arbeitskolben nach rechts drückt.
b) Der Verdrängerkolben bewegt sich nach links. Er nimmt Wärme (Q_3) von der heißen Luft auf, die sich auf T_2 abkühlt.
c) Der Arbeitskolben komprimiert die Luft. Das Kühlwasser (Wärmespeicher II) nimmt Wärme (Q_2) auf und hält die Temperatur T_2 konstant.
d) Der Verdrängerkolben bewegt sich nach rechts. Er gibt Wärme ($Q_4 = Q_3$) an die Luft ab, deren Temperatur sich auf T_1 erhöht.
Arbeits- und Verdrängerkolben bewegen sich etwa 90° gegeneinander phasenverschoben, so daß sich die einzelnen Prozesse überlagern.

Wärmepumpe, Kältemaschine

Wenn bei einer Wärmeenergiemaschine der Kreisprozeß zeitlich in umgekehrter Reihenfolge durchlaufen wird, so erfolgt die Energieübertragung bei den Teilprozessen in umgekehrter Richtung. Der Maschine wird von außen Arbeit zugeführt, dem kälteren Wärmespeicher wird bei der tieferen Temperatur T_2 Wärme entzogen und dem wärmeren Speicher bei der höheren Temperatur T_1 entsprechend Wärme zugeführt (*Abb. 4–32*). Nach der technischen Aufgabe, die eine solche Maschine erfüllen soll, wird sie als Wärmepumpe oder Kältemaschine bezeichnet. Nach der Verwendungsart ist auch der Wirkungsgrad zu definieren. Der theoretische Wirkungsgrad η_{Wp} einer reversibel arbeitenden Wärmepumpe ist der Quotient aus der von der Maschine bei höherer Temperatur T_1 abgegebenen Wärme Q_1 und der zugeführten Arbeit W:

$$\eta_{\mathrm{wp}} = \frac{Q_1}{W} = \frac{T_1}{T_1 - T_2}\,.$$

Mit einer Wärmepumpe kann ein Wohnhaus geheizt werden. Die mechanische Arbeit liefert ein Elektromotor, und die Maschine nimmt Wärme von der Außenluft, dem Erdboden oder Grundwasser auf. Bei einer Temperaturdifferenz von z.B. 30 Grad zwischen $T_1 = 300$ K und $T_2 = 270$ K ist der Wirkungsgrad $\eta = 10$. Im Idealfall erhält man für 1 kWh mechanische oder elektrische Energie eine Heizenergie von 10 kWh, davon hat die Umwelt 9 kWh geliefert. Der Wirkungsgrad technischer Wärmepumpen ist jedoch wesentlich geringer.
Für Kältemaschinen sind Gase als Arbeitsstoff wenig geeignet. Der Wärmeaustausch mit den Speichern erfolgt zu langsam, und die isothermen Teilprozesse lassen sich nicht günstig realisieren. Daher arbeitet man mit Dämpfen, die sich in dem Temperaturbereich leicht durch Kompression verflüssigen lassen. Bei der Kompression im Kondensator des Kühlschranks (*Abb. 4–33*) entsteht Wärme, die an die Umgebung abgegeben wird. Im Verdampfer geht die Flüssigkeit wieder in den gasförmigen Zustand über und nimmt von der Umgebung Wärme auf. Eine Pumpe saugt den Dampf vom Verdampfer ab und komprimiert ihn gleichzeitig. Es wird also ständig Wärme dem kälteren Speicher (Innenraum des Kühlschranks) entzogen und dem wärmeren Speicher (Umgebung) zugeführt. Ein wesentlicher Teilprozeß ist die Abkühlung des Arbeitsstoffes beim Verdampfen. Die Verdampfungswärme wird von der Flüssigkeit und durch Wärmeleitung von der Umgebung geliefert. Auch bei der Ausdehnung realer Gase muß gegen die molekularen Anziehungskräfte Arbeit verrichtet werden. Sie wird von der inneren Energie des Gases geliefert und führt zu einer Abkühlung des Gases. Auf diesem Abkühlungseffekt beruhen die Maschinen zur Erzeugung tiefer Temperaturen und Verflüssigung der Gase (*Abb. 4–34*).

Aufgaben

4/32: Der Motor eines Autos verbraucht stündlich 14 kg Benzin mit einem Heizwert von $42 \cdot 10^3$ kJ/kg. Die Motorleistung beträgt 35 kW; wie groß ist der Wirkungsgrad?
4/33: Ein Wärmekraftwerk hat den Wirkungsgrad $\eta = 0{,}3$ und eine Nutzleistung von 300 MW. Wie groß ist die Wärmeenergie (Abwärme), die an die Umwelt abgegeben wird? Diese Abwärme wird von einem Fluß aufgenommen, der pro Sekunde 500 m^3 Wasser führt. Wie groß ist die Temperaturerhöhung des Flußwassers?

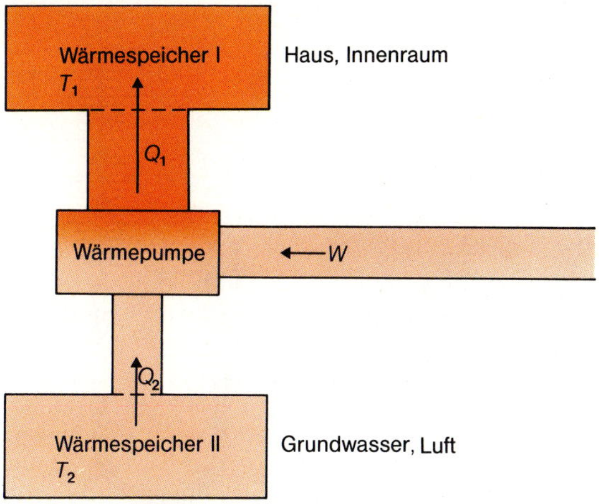

Abb. 4–32: Energieschema einer Wärmepumpe.

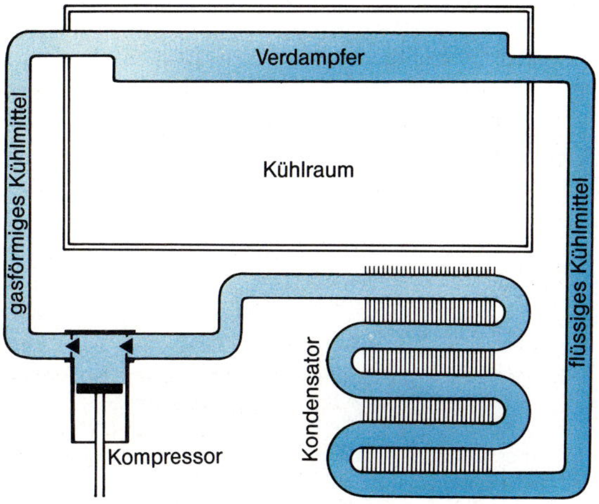

Abb. 4–33: Schema eines Kompressorkühlschranks.

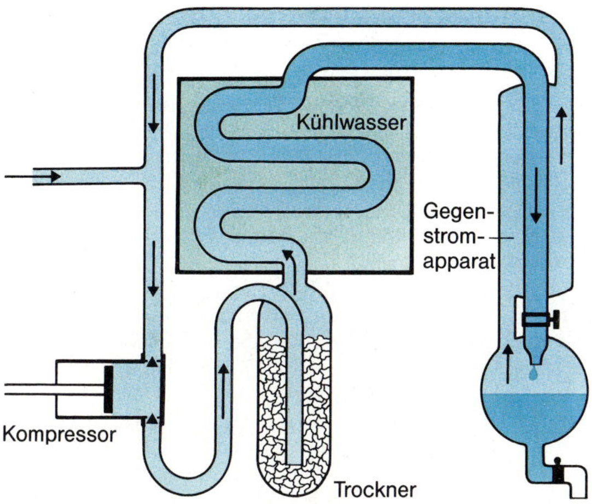

Abb. 4–34: Schema einer Luftverflüssigungsanlage nach Linde.

4.4.4 Zweiter Hauptsatz und Entropie

Bei einem reversiblen Kreisprozeß liefert die Carnotsche Untersuchung für den Wirkungsgrad

$$\eta = \frac{Q_1 + Q_2}{Q_1} = 1 - \frac{T_2}{T_1}.$$

Durch eine Umformung erhält man:

$$1 + \frac{Q_2}{Q_1} = 1 - \frac{T_2}{T_1} \quad \text{oder} \quad \frac{Q_1}{T_1} + \frac{Q_2}{T_2} = 0.$$

Für den irreversiblen Prozeß gilt:

$$\frac{Q_1}{T_1} + \frac{Q_2}{T_2} < 0.$$

Den Quotienten $\frac{Q}{T}$ bezeichnet man nach CLAUSIUS als **reduzierte Wärmemenge.** Mit dieser Größe kann die Untersuchung der Kreisprozesse einfach zusammengefaßt werden.

Ergebnis: Bei einem reversiblen Kreisprozeß ist die Summe der reduzierten Wärmemenge gleich Null $\sum \frac{Q_i}{T_i} = 0$; bei einem irreversiblen Kreisprozeß ist die Summe kleiner Null.

Dieses Ergebnis gilt auch, wenn sich der Kreisprozoß über beliebige Wege im Zustandsdiagramm aus mehreren verschiedenen Zustandsänderungen (Teilprozesse) zusammensetzt. Die Summe der reduzierten Wärmemengen $\sum \frac{Q_i}{T_i}$ beim Übergang von einem Zustand (1) in einen Zustand (2) ist vom Weg unabhängig. Sie ist ein Maß für die Systemänderung und nur von dem Anfangs- und Endzustand abhängig. Es ist daher zweckmäßig, eine weitere Zustandsgröße S einzuführen, deren Änderung ΔS diesen Vorgang erfaßt. Diese Zustandsgröße heißt **Entropie.**

Die Entropieänderung ΔS ist der Quotient aus der reversibel aufgenommenen Wärmemenge Q und der absoluten Temperatur T bei der Aufnahme $\Delta S = \frac{Q_{rev}}{T}$.
Die Einheit der Entropie ist $[S] = 1 \frac{\mathrm{J}}{\mathrm{K}}$.

Die Definition setzt voraus, daß die Temperatur T bei der Wärmeaufnahme konstant ist. Ändert sich die Temperatur, so ist eine Summenbildung bzw. Integration erforderlich. Bei der potentiellen Energie eines Körpers oder bei seiner inneren Energie kann der Nullpunkt für diese Größe willkürlich festgesetzt werden. Man kann bei einem Energieaustausch, z. B. $\Delta E_{pot} = mgh$, immer nur die Änderung der Größe messen. Ebenso verhält es sich bei der Zustandsgröße Entropie. Der Nullpunkt kann beliebig festgelegt werden. Bei einer Zustandsänderung läßt sich stets nur die Entropieänderung bestimmen. Mit der Zustandsgröße Entropie läßt sich die Aussage des zweiten Hauptsatzes und das Ergebnis unserer bisherigen Untersuchung auch in folgender Form zusammenfassen:

Die **Entropieänderung** bei einem beliebigen reversiblen Prozeß, bei dem das System von einem Zustand (1) in einen Zustand (2) übergeht, ist gleich der Summe der reduzierten Wärmemengen, die dem System in diesem Prozeß zugeführt wird. Bei einem reversiblen Kreisprozeß ist die Entropieänderung gleich Null.

Enthält ein Kreisprozeß eine irreversible Zustandsänderung, so ist die Summe der reduzierten Wärmemengen kleiner als Null.
Wenn z. B. die Zustandsänderung von (1) nach (2) irreversi-

bel abläuft, so kann man sie durch eine reversible Rückführung von (2) nach (1) zu einem Kreisprozeß ergänzen. Es gilt dann

$$\sum_{\text{irr}} \frac{Q_i}{T_i} + \sum_{\text{rev}} \frac{Q_i}{T_i} < 0$$

Für den reversiblen Vorgang gilt:

$$\sum_{\text{rev}} \frac{Q_i}{T_i} = S\,(1) - S\,(2)$$

und daher $\sum_{\text{irr}} \frac{Q_i}{T_i} + S\,(1) - S\,(2) < 0$

oder $\sum_{\text{irr}} \frac{Q_i}{T_i} < S\,(2) - S\,(1)\,.$

Ergebnis: Bei einem irreversiblen Prozeß ist die Entropieänderung stets größer als die Summe der aufgenommenen reduzierten Wärmemengen.

Die Zustands- und Entropieänderungen wurden bisher für den Arbeitsstoff einer periodisch arbeitenden Maschine betrachtet, d. h., das System, dessen Änderung beschrieben wurde, beschränkte sich auf die Gasmenge im Arbeitskolben. Erweitert man dieses System um die Wärmespeicher, so findet zwischen diesem erweiterten und abgeschlossenen System und der übrigen Umgebung kein Wärmeaustausch ($Q = 0$) statt. Die Summe der reduzierten Wärmemenge ist Null, und damit wird $0 < S(2) - S(1)$ oder $S(1) < S(2)$.

Ergebnis: In einem abgeschlossenen System nimmt die Entropie bei einem irreversiblen Prozeß stets zu.

Damit ergibt sich die Möglichkeit, den zweiten Hauptsatz in einer umfassenden und allgemeingültigen Weise zu formulieren:

Zweiter Hauptsatz der Wärmelehre:
In einem abgeschlossenen System verlaufen die natürlichen Vorgänge immer so, daß die Entropie zunimmt (Prinzip von der Vermehrung der Entropie).

4.4.5 Die thermodynamische Temperaturskala

Bei einem reversiblen Kreisprozeß ist die Summe der reduzierten Wärmemenge gleich Null:

$$\frac{Q_1}{T_1} + \frac{Q_2}{T_2} = 0\,.$$

Diese Gleichung läßt sich umformen zu

$$T_2 = -\frac{Q_1}{Q_2}\,T_1\,.$$

Legt man eine Temperatur T_1, z. B. den Tripelpunkt des Wassers, mit $T_1 = 273{,}16$ K fest, so wird damit die gesamte Temperaturskala bestimmt. Man kann die Temperatur zweier Körper nun dadurch vergleichen, daß man sie als Wärmebehälter ansieht und zwischen ihnen einen reversiblen Kreisprozeß ablaufen läßt. Es sind dann nur die beiden Wärmemengen Q_1 und Q_2 zu messen. Lord KELVIN hat diese Methode zur Festlegung einer absoluten thermodynamischen Temperaturskala, die unabhängig ist von irgendeiner Thermometersubstanz, vorgeschlagen. Da es jedoch nicht möglich ist, einen völlig reversiblen Kreisprozeß zu realisieren, hat diese Methode nur eine theoretische Bedeutung.

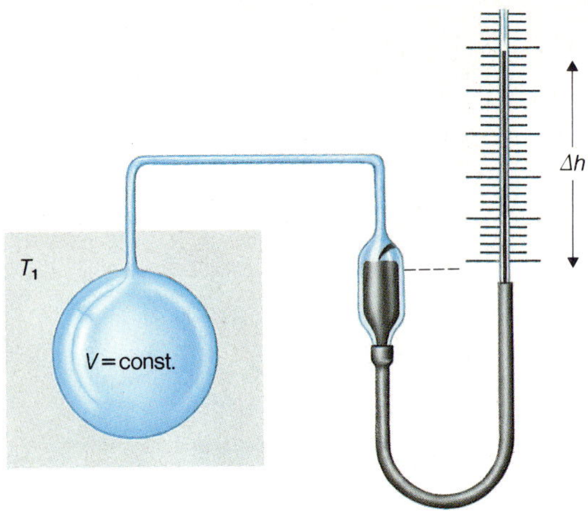

Abb. 4–35: Gasthermometer.

Die absolute thermodynamische Temperaturskala stimmt jedoch mit der Temperaturskala eines Gasthermometers überein. Sie beruht auf der isochoren Zustandsänderung eines idealen Gases nach dem Gesetz von AMONTONS (→ *4.2.1*). Helium und Wasserstoff kann man bei kleinen Drucken als ideale Gase ansehen und damit als Thermometersubstanz verwenden.
Ein solches Thermometer besteht aus einer Glaskugel (*Abb. 4–35*) mit dem Volumen *V*, die mit einem quasi-idealen Gas (H_2 oder He) gefüllt wird. Eine enge Kapillare verbindet das Gasvolumen mit einem Quecksilber-Ausgleichsrohr. Zur Bestimmung einer unbekannten Temperatur T_1 wird der Gasbehälter auf diese Temperatur gebracht und das Quecksilberrohr so verstellt, bis das Gas auf das festgelegte Anfangsvolumen zusammengedrückt ist. Man berechnet aus der Höhendifferenz der Quecksilberoberflächen (und dem Barometerstand) den Druck p_1 des Gases. Mit dem zuvor bestimmten Druck p_0 des Gases beim Tripelpunkt des Wassers erhält man für T_1:

$$T_1 = \frac{p_1}{p_2}\,T_0.$$

4.4.6 Wahrscheinlichkeit und Entropie

Man erhält einen tieferen Einblick in den Ablauf irreversibler Prozesse, wenn man die Vorgänge nach BOLTZMANN molekularkinetisch betrachtet. Vor dem Wärmeausgleich zweier Körper (mit verschiedener Temperatur) besitzen die Moleküle des wärmeren Körpers eine größere Energie, d. h. bei einem idealen Gas eine größere mittlere kinetische Energie als die Moleküle des kälteren Körpers. Beim Mischungsversuch gleichen sich durch die regellosen Zusammenstöße der Moleküle die Energien aus, bis die Moleküle beider Körper die gleiche mittlere kinetische Energie besitzen, d. h., die Körper haben dieselbe Temperatur. Die vorhandene Gesamtenergie hat sich bei diesem Vorgang auf beide Körper gleichmäßig verteilt.
Bei Diffusionsvorgängen findet ein ähnlicher Ausgleich statt. Zunächst nehmen die Teilchen verschiedener Gase (oder Flüssigkeiten) jeweils ein bestimmtes abgesondertes Volumen für sich in Anspruch. Während der Diffusion verteilen sich die Moleküle der beteiligten Stoffe infolge ihrer thermischen Bewegung und unregelmäßigen Zusammen-

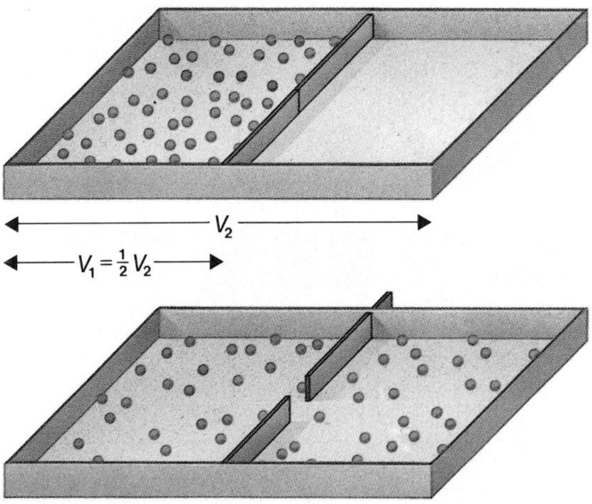

Abb. 4–36: Modellversuch zur Veranschaulichung eines irreversiblen Vorgangs.

stöße gleichmäßig über den gesamten zur Verfügung stehenden Raum. Auch die übrigen dargestellten Vorgänge führen zu dem Erfahrungssatz:

Die natürlichen Vorgänge verlaufen so, daß ein Zustand erreicht wird, in dem Masse und Energie möglichst gleichmäßig über den zur Verfügung stehenden Raum verteilt sind.

Versuch 4/11: Ein flacher Kasten wird durch eine Wand mit verstellbarer Öffnung in zwei Hälften unterteilt. In der linken Hälfte befinden sich 50 kleine Kugeln. Nach unregelmäßigen Schüttelbewegungen wird in regelmäßigen Zeitabständen bei verschiedenen Öffnungen die Anzahl der Kugeln in den beiden Hälften ausgezählt (*Abb. 4–36*).

Beobachtung: Je nach Öffnungsbreite der Wandöffnung gelangen in derselben Versuchszeit zunächst mehr oder weniger viele Kugeln aus der linken in die rechte Kastenhälfte. Einige Kugeln kehren auch wieder in die linke Hälfte zurück. Nach längerer Versuchszeit sind die Kugeln auf beide Hälften gleich verteilt.
Eine Fortsetzung des Versuchs führt zu geringen Abweichungen von der Gleichverteilung, jedoch nicht zu einer Häufung in einer Kastenhälfte.

Der Prozeß von der ursprünglichen ungleichen Verteilung zur erreichten Gleichverteilung ist irreversibel. Die Umkehrung dieses Verteilungsprozesses wäre durchaus denkbar und möglich, jedoch ist seine Wahrscheinlichkeit extrem gering.
Mit Hilfe der Wahrscheinlichkeitsrechnung lassen sich diese Vorgänge mathematisch exakt behandeln. BOLTZMANN hat diese mathematischen Methoden zur Erfassung der Naturvorgänge eingeführt.
In der Wahrscheinlichkeitsrechnung versteht man unter der Wahrscheinlichkeit w (einer bestimmten Verteilung der Teilchen in einem System) den Quotienten aus der Anzahl n der (zu dieser Verteilung gehörigen) günstigen Fälle und der Anzahl N der überhaupt möglichen Fälle: $w = n/N$.

Wenn bei unserem Modellversuch in dem Kasten nur ein Teilchen (eine Kugel) umherfliegt, so beträgt die Wahrscheinlichkeit, es im Gesamtvolumen des Kastens V_2 anzutreffen, $w_2 = \frac{1}{1}$, es in einer bestimmten Kastenhälfte mit dem Volumen $V_1 = \frac{1}{2} V_2$ anzutreffen, nur $w_1 = \frac{1}{2}$. Für 2 Kugeln betragen diese Wahrscheinlichkeiten

$w_2 = \frac{1}{1}$ bzw. $w_1 = (\frac{1}{2})^2$ und für 50 Kugeln:

$$w_2 = \tfrac{1}{1} \text{ bzw. } w_1 = (\tfrac{1}{2})^{50}.$$

Überträgt man diese Betrachtung auf die Menge n eines idealen Gases mit $n\,N_A$ Teilchen, so ist die Wahrscheinlichkeit, daß alle Teilchen sich im Gesamtvolumen V_2 aufhalten, $w_2 = \frac{1}{1}$, daß sich alle Teilchen im Teilvolumen V_1 gleichzeitig aufhalten:

$$w_1 = (\tfrac{1}{2})^{\mathrm{nN_A}}.$$

Das Verhältnis $W = w_2 : w_1$ der Wahrscheinlichkeiten gibt an, wievielmal wahrscheinlicher sich alle Teilchen im Volumen V_2 als im Volumen V_1 aufhalten. Es ist

$$W = 2^{\mathrm{nN_A}} = \left(\frac{V_2}{V_1}\right)^{\mathrm{nN_A}}.$$

Daraus folgt

$$\ln W = nN_A \ln\left(\frac{V_2}{V_1}\right),$$

und wenn N_A durch die universelle Gaskonstante ersetzt wird:

$$k \ln W = n\,R \ln\left(\frac{V_2}{V_1}\right).$$

Der Term auf der rechten Seite der Gleichung ist aus *4.3.4* bekannt. Berechnet man die Entropieänderung bei einer isothermen Zustandsänderung eines Gases, so erhält man

$$\Delta S = \int_{(1)}^{(2)} \frac{\mathrm{d}Q}{T} = \frac{n\,R\,T}{T}\int_{(1)}^{(2)} \frac{\mathrm{d}V}{V} = n\,R \ln\frac{V_2}{V_1}.$$

Ein Vergleich mit $k \ln W = n\,R \ln \frac{V_2}{V_1}$ führt zu der Gleichung

$$\Delta S = k \ln W.$$

Die Änderung der Entropie wird durch diese Überlegung auf das Verhältnis zweier Wahrscheinlichkeiten zurückgeführt. Wenn in einem System ein Prozeß von einem ersten Zustand zu einem zweiten, dessen Wahrscheinlichkeit größer ist, abläuft, so nimmt dabei auch die Entropie des Systems zu. BOLTZMANN hat diesen Zusammenhang zwischen Entropie und Wahrscheinlichkeit erkannt und die Allgemeingültigkeit der fundamentalen Gleichung $\Delta S = k \ln W$ nachgewiesen. Daher wird die Konstante k nach ihm benannt.
Das Geschehen in der Natur wird somit nicht nur durch den **Energiesatz** (1. Hauptsatz), sondern ebenso auch durch den **Entropiesatz** (2. Hauptsatz) festgelegt. Die Entropie ist eine statistische Größe, sie hängt daher eng mit der Bedingung der molekularen Unordnung zusammen. Der 2. Hauptsatz ist danach ein **statistisches Gesetz.** Die Theorie der Statistik und Wahrscheinlichkeit ist nur dann anwendbar, wenn eine genügend große Anzahl von Individuen vorliegt. Bei den natürlichen Vorgängen werden die extremen Grenzfälle wegen der großen Anzahl (Avogadro-Konstante!) der beteiligten Moleküle so unwahrscheinlich, daß sie mit strenger Sicherheit nicht eintreten können. Handelt es sich dagegen um Vorgänge in sehr kleinen Bereichen mit geringerer Teilchenzahl, so werden Abweichungen vom statistischen Mittelwert möglich, und der zweite Hauptsatz verliert seine strenge Gültigkeit. Ein Beispiel für solche Vorgänge im molekularen Bereich bildet die **Brownsche Bewegung.**
Aus dem 2. Hauptsatz hat man weitreichend Folgerungen gezogen. Setzt man das Universum als ein abgeschlossenes System voraus, so nimmt bei allen Naturvorgängen die Entropie des Weltalls ständig zu. Die Welt strebt damit einem Zustand der vollständigen Gleichverteilung aller Energie zu. Bei dem schließlich zu erwartenden vollständigen Temperaturausgleich ist keine Energieumwandlung und damit keine Veränderung mehr möglich. Man hat die-

sen Zustand als den **Wärmetod der Welt** bezeichnet. Nach unseren jetzigen Kenntnissen läßt sich aber nicht mehr mit Sicherheit sagen, ob das Universum ein abgeschlossenes System ist und ob der zweite Hauptsatz darauf überhaupt angewandt werden kann.
Schließlich hat man noch darauf hingewiesen, daß nach dem 2. Hauptsatz ein Ablauf der Zeit bestimmt werden kann. Bei einem reversiblen Vorgang läßt sich nicht feststellen, welcher Zustand „früher“ und welcher „später“ eingetreten ist. Bei einem irreversiblen Vorgang dagegen nimmt die Entropie zu. Damit ist von zwei Zuständen derjenige von ihnen der spätere, der die größere Entropie besitzt.

4.5 Theorie, Hypothese; Gesetz; Modell

Im folgenden werden in stark verkürzter Form Entstehung und Aufbau einer physikalischen Theorie dargestellt.
Zugrunde liegt jeder **physikalischen Theorie** ein Bereich von Objekten, von denen die Theorie handelt und die die Merkmalsträger physikalischer Größen sind. In der kinetischen Gastheorie z. B. bilden die Gase selbst und die Vorgänge wie Volumenänderungen, Druckänderungen u. a., die sich in den Experimenten abspielen, den **Objektbereich** oder den **Gegenstandsbereich der Theorie.**
Der erste Schritt beim Aufbau einer Theorie besteht nun darin, daß auf der Basis vorliegender Beobachtungen und Erfahrungen im Objektbereich gewisse theoretische Vorstellungen entwickelt werden. Der Zusammenhang der in diesen theoretischen Vorstellungen auftretenden Größen wird in **Experimenten** untersucht und in **Protokollaussagen** (Versuchsbeschreibungen und -skizzen, Tabellen von Meßwerten u. ä.) festgehalten. Diese Protokollaussagen sind mehr als reine Beschreibungen, denn in ihnen werden schon physikalische Begriffsbildungen – im Beispiel der Gastheorie etwa Druck, Temperatur usw. – verwendet. Protokollaussagen über den Objektbereich bilden die unterste Schicht einer physikalischen Theorie (*Abb. 4–37*).
Beim weiteren Aufbau der Theorie werden aus den Protokollaussagen **Hypothesen** abgeleitet und entwickelt; Hypothesen sind hier Vermutungen über den allgemeingültigen Zusammenhang der beobachteten Größen. Entwickelt man die Gastheorie in dieser Weise aus Experimenten, so wäre die Zusammenfassung der Versuchsergebnisse und deren Verallgemeinerung in der Formulierung des Boyle-Mariotteschen Gesetzes eine Hypothese. Eine andere Hypothese wäre die Zusammenfassung und Verallgemeinerung anderer Versuche des Gay-Lussacschen Gesetzes. (Beide Vermutungen wären auf dieser Stufe noch keine Gesetze!)
Eine Hypothese wird nun durch weitere Experimente untersucht, sie wird **verifiziert.** Durch **Verifikation,** d. h. durch Bestätigung in einem oder mehreren neuen Experimenten, wird sie dann zum **Gesetz.** – Wichtig ist die Einsicht, daß durch eine Verifikation eine Hypothese nur wahrscheinlicher, aber nie absolut gültig werden kann. Dagegen könnte sie durch ein einziges Experiment mit anderem Ausgang als falsch erwiesen, **falsifiziert,** oder zumindest eingeschränkt werden. Eine Hypothese kann man auch dadurch überprüfen (bestätigen oder widerlegen), indem man aus ihr auf logischem Wege Protokollaussagen ableitet und diese in Experimenten untersucht (*Abb. 4–37*).

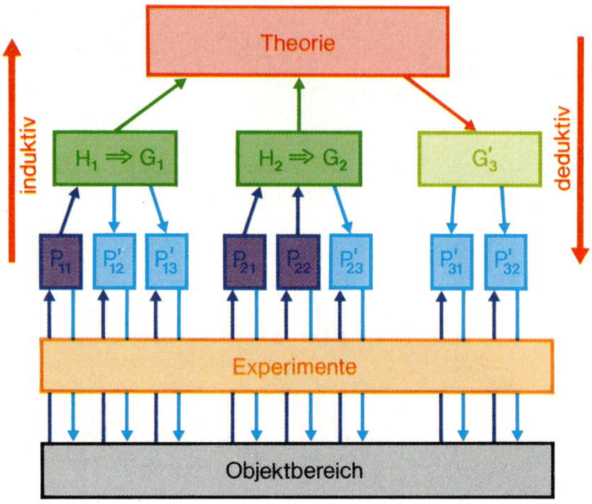

Abb. 4–37: Aufbau einer Theorie. Experimente über dem Objektbereich führen zu Protokollaussagen P_{11}, P_{21}, P_{22}, die, in Hypothesen formuliert und durch neue Protokollaussagen P'_{12}, P'_{13}, P'_{23} verifiziert, Gesetze G_1, G_2 ergeben und zu einer Theorie zusammengefaßt werden.
Aus der Theorie lassen sich dann wieder Gesetze G'_3 ableiten, die mit Hilfe von neuen Protokollaussagen P'_{31}, P'_{32} überprüft werden.

Wenn beim Aufbau einer physikalischen Theorie auf diese Weise durch Verifikation im Experiment eine Reihe von empirischen Gesetzen entstanden ist, können in einem dritten Schritt die Gesetze zu einem „Obergesetz“, zu einer **Theorie,** zusammengefaßt werden. Das Boyle-Mariottesche, das Gay-Lussacsche Gesetz u. a. m. werden z. B. zur kinetischen Gastheorie zusammengefaßt. Eine solche Theorie besitzt wiederum hypothetischen Charakter; denn sie stützt sich zwar auf bestätigte Gesetze, aber sie stellt in ihrer Zusammenfassung eine Verallgemeinerung dar. Eine Theorie läßt sich dann wiederum verifizieren (oder falsifizieren), wenn sich aus ihr auf logischem Wege ein Gesetz und aus diesem eine bisher noch nicht überprüfte Protokollaussage herleiten läßt, die dann im Experiment bestätigt wird.
Aus dieser Betrachtung wird deutlich, daß unser theoretisches Wissen in Form von Hypothesen, Gesetzen und Theorien im Grunde nur hypothetischen Charakter besitzt. Es ist zwar in sich widerspruchsfrei und in hohem Maße durch Erfahrung bestätigt. Es stellt aber kein absolut endgültiges Wissen dar (wie es etwa mathematische Gesetze und Theorien sind). Denn logisch kann nicht begründet werden, daß nicht irgendwann ein Experiment einer Theorie widerspricht. Insofern besitzen physikalische Gesetze und Theorien nur eine **hohe Wahrscheinlichkeit** an Wahrheitsgehalt.
Aus dem Aufbau einer Theorie wird auch der zweifache Charakter des Experiments deutlich. Es dient einerseits zur Gewinnung neuer Erfahrungen und zum Aufstellen neuer Hypothesen, andererseits wird es zur Verifikation oder Falsifikation, also zur Bestätigung oder Verwerfung, von Theorien benötigt. So gibt es in der Geschichte der Physik viele Beispiele, in denen ein Experiment als „experimentum crucis“ („Schlüsselexperiment“) über die Richtigkeit einer Theorie zu entscheiden hatte (z. B. der Michelson-Versuch über die Äthertheorie).
An dem Schema (*Abb. 4–37*), in dem die Pfeile die Richtung der Denkbewegung angeben, lassen sich auch die Begriffe **induktiv** und **deduktiv** erklären. Das Voranschreiten vom

Experiment zur Hypothese oder vom Gesetz zur Theorie bezeichnet man als **induktive Methode,** man geht **vom Besonderen zum Allgemeinen.** Die Ableitung eines Gesetzes aus einer Theorie oder die Formulierung einer Protokollaussage nach einem Gesetz, den Weg also vom **Allgemeinen zum Besonderen,** zum Einzelfall, nennt man **deduktive Methode.** Die empirischen Wissenschaften – so auch die Physik – gehen zwar vorzugsweise induktiv vor, sie können aber andererseits nicht auf den deduktiven Weg verzichten.

In der Physik gibt es eine ganze Reihe von Theorien für die verschiedensten Objektbereiche, die klassische Mechanik ist eine große, umfassende Theorie, die kinetische Gastheorie eine andere usw. Das **Verhältnis verschiedener Theorien zueinander** veranschaulicht *Abb. 4–38.* Die Objektbereiche zweier Theorien können voneinander völlig getrennt sein, sie können sich teilweise überlagern, der Objektbereich der einen Theorie kann aber auch den einer anderen umfassen. Im ersten Fall haben die Theorien nichts miteinander zu tun. Im zweiten Fall enthalten beide einen Teil gemeinsamer Aussagen, im dritten stellt die eine eine Erweiterung der anderen dar. Die Thermodynamik, die Wärmelehre, enthält als Teil die kinetische Gastheorie; das Wellenmodell und das Teilchenmodell des Lichtes, die wir beide später studieren werden, beschreiben teilweise den gleichen physikalischen Erfahrungsbereich.

Eine wichtige Rolle in vielen Theorien spielen die in ihnen aufgestellten **Modelle.** Modelle sind **Vorstellungshilfen,** die das Verstehen physikalischer Zusammenhänge erleichtern. Modelle sind Mittel zum Aufstellen, zum Weiterentwickeln und zum Anwenden einer Theorie. Modelle als Veranschaulichungen einer Theorie spielen bei der Entwicklung physikalischer Theorien eine wichtige Rolle. Entstanden ist das Denken in Modellen in einer Zeit, als man glaubte, die gesamte Physik auf die Mechanik zurückführen zu können. Die ersten Modelle waren gedankliche mechanische Modelle.

Beispiele für ein Modell sind das „Modell" des Massenpunktes oder die Atommodelle. Das „ideale Gas", nach dem man sich Atome und Moleküle eines Gases als elastische Kugeln vorstellt, ist ebenfalls solch ein Modell. Das „ideale Gas" zeigt, wie wir sahen, viele Eigenschaften eines realen Gases; als Modell bildet es daher die Grundlage für eine realistische kinetische Gastheorie. – Bohr beschreibt das Wasserstoffatom im Modell als Kern, um den ein Elektron kreist. – Heute verwendet man in allen Gebieten der Physik Modelle und Modellvorstellungen, die keinesfalls immer so anschaulich wie die genannten sind.

Den **Modellbegriff** kann man so beschreiben: Man sucht ein Denkgebilde, ein „Modell", dessen logische Struktur mit der logischen Struktur der Theorie, also ihrer Gesetze, Hypothesen und Protokollaussagen, weitgehend übereinstimmt. Mathematisch gesprochen, besteht zwischen den Eigenschaften des Modells einerseits und den Aussagen der Theorie über den Objektbereich andererseits ein Isomorphismus, eine Strukturgleichheit. Die Frage ist dann stets, wieweit den Folgerungen innerhalb des Modells Folgerungen entsprechen, die dem betrachteten Objektbereich zukommen. Das Modell des idealen Gases in der kinetischen Gastheorie hat uns beispielsweise dazu verleitet, Vorstellungen über die Geschwindigkeitsverteilung der Gasmoleküle zu entwickeln und diese dann im Experiment zu überprüfen.

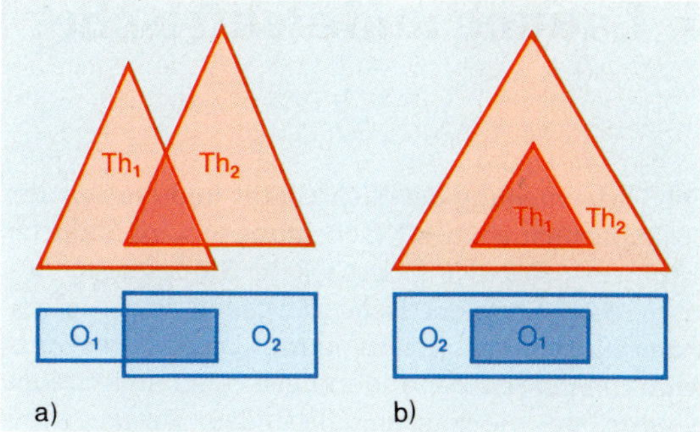

Abb. 4–38: Zwei Theorien Th_1 und Th_2 können sich in ihren Objektbereichen und in ihren Aussagen teilweise überdecken (a), es kann auch die eine Theorie die andere umfassen (b).

HERTZ formulierte: *„Wir machen uns innere Scheinbilder oder Symbole der äußeren Gegenstände, und zwar machen wir sie von solcher Art, daß die denknotwendigen Folgen der Bilder stets wieder Bilder seien von den naturnotwendigen Folgen der abgebildeten Gegenstände."*

Modelle werden in mehrfacher Hinsicht verwendet. Sie können zum Beispiel die Aufgabe haben, mit Hilfe des Modells einen Sachverhalt möglichst einfach zu beschreiben (zu idealisieren). Man beschränkt sich dann bei der Konstruktion des Modells auf nur wenige entscheidende Eigenschaften des betrachteten Objektbereichs. So erfaßt man mit dem Strahlenmodell des Lichtes nur einen Teilbereich der Optik, der sich aber mit diesem Modell besonders einfach beschreiben läßt.

Man kann auch ein Modell für eine Theorie konstruieren, um damit neue Gesetzmäßigkeiten aufzufinden. Dabei kann sich zweierlei herausstellen: entweder reicht die Analogie zwischen betrachtetem Objektbereich und Modell weiter als die bisher zugrunde gelegte Strukturgleichheit. Oder es lassen sich im Modell Aussagen herleiten, die im betrachteten Objektbereich kein Gegenstück besitzen. In diesem Fall wird man das Modell auf einen bestimmten Objektbereich beschränken, so, wie man das Modell des idealen Gases auf Gase geringerer Dichte und höherer Temperatur beschränkt, oder man wird es durch ein neues Modell, in diesem Fall durch das Modell des realen Gases, ersetzen.

Für den **Lernenden** stellt die erste Art der Modellbildung eine wichtige Hilfe dar. Für die **physikalische Forschung** ist die zweite Art von Modellanwendungen wichtiger. Durch die Konstruktion von Modellen versucht der Forscher, neue Objektbereiche systematisch darzustellen, zu strukturieren und dadurch neue Ansatzpunkte für die Forschung zu gewinnen.

Wir werden auch im folgenden häufig von Modellen Gebrauch machen. Immer aber werden wir uns vor Augen halten müssen, daß die Modelle und ihre Eigenschaften nicht die physikalische Wirklichkeit sind, sondern daß ein Modell lediglich die in physikalischen Begriffen formulierten Zusammenhänge des Objektbereiches wiedergibt. Das Modell des idealen Gases beschreibt gewisse Zusammenhänge zutreffend, die Gasmoleküle sind aber keinesfalls elastische Kügelchen.

5 Ladung und elektrisches Feld

Die Untersuchung der Elektrizität und der mit ihr zusammenhängenden Erscheinungen wird dadurch erschwert, daß der Mensch kein Sinnesorgan besitzt, das ihn elektrische Vorgänge unmittelbar wahrnehmen läßt. Er ist darauf angewiesen, aus wahrnehmbaren Veränderungen der materiellen Körper auf die zugrundeliegenden Vorgänge zu schließen.

Um sich von den sinnlich nicht erfaßbaren Erscheinungen eine Vorstellung machen zu können, schafft sich der Mensch Modelle. Er entnimmt sie gern der sinnlich begreifbaren Umwelt. Im Unterricht der Sekundarstufe I ist es üblich, den elektrischen Strom durch das Fließen von Wasser zu veranschaulichen. Die Modellvorstellung des Strömens einer mit dem Wasser verglichenen elektrischen Ladung kann die Begriffe des elektrischen Widerstandes; der elektrischen Leitfähigkeit und der elektrischen Spannung gut veranschaulichen.

Die Analogie zwischen den elektrischen Leitungsvorgängen und denen des fließenden Wassers hat eine Reihe von Bezeichnungen der Elektrizitätslehre geprägt. Man spricht vom elektrischen Strom, von der Stromstärke, einer Stromverzweigung, einer Stromquelle usw. Darin liegt die Gefahr begründet, daß man die elektrischen Vorgänge als mechanische auffaßt und sie mit den Grundgrößen und den Hilfsmitteln der Mechanik behandeln will. Man darf jedoch nicht die Analogie für eine Gleichheit nehmen, sondern muß sich der Grenzen der Modellvorstellung bewußt bleiben.

Zunächst werden einige Grundtatsachen über den elektrischen Gleichstromkreis, die aus dem Unterricht der Sekundarstufe I bekannt sind, zusammengestellt (*5.1.1*). Dann werden die elektrischen Begriffe und Größen in einem streng systematischen Aufbau eingeführt; dabei wird auch an dieser Stelle deutlich, daß in der Physik neben den Experimenten auch theoretische Betrachtungen zu neuen Erkenntnissen führen. Bei theoretischen Betrachtungen wird die mathematische Beschreibung zunehmend an Bedeutung gewinnen. Die Differential- und die Integralrechnung dienen einer eleganten Beschreibungsweise; für das grundlegende Verständnis kann man jedoch auf sie verzichten.

5.1 Der elektrische Stromkreis

5.1.1 Grundtatsachen

Ein **einfacher elektrischer Gleichstromkreis** ist durch die angelegte Spannung U und die Stromstärke I gekennzeichnet (*Abb. 5–1*). Die Spannung wird in der Einheit 1 Volt (1 V) und die Stromstärke in der Einheit 1 Ampere (1 A) gemessen.

Die Stromstärke ist bei vorgegebener Spannung von der Beschaffenheit des „Verbrauchers" abhängig: Der Quotient aus der zwischen den Enden des Verbrauchers liegenden Spannung U und der in ihm herrschenden Stromstärke I heißt elektrischer Widerstand R:

$$R = \frac{U}{I}.$$

Die SI-Einheit des Widerstandes ist

$$1\,\frac{\mathrm{V}}{\mathrm{A}} = 1\,\Omega\ (1\ \mathrm{Ohm}).$$

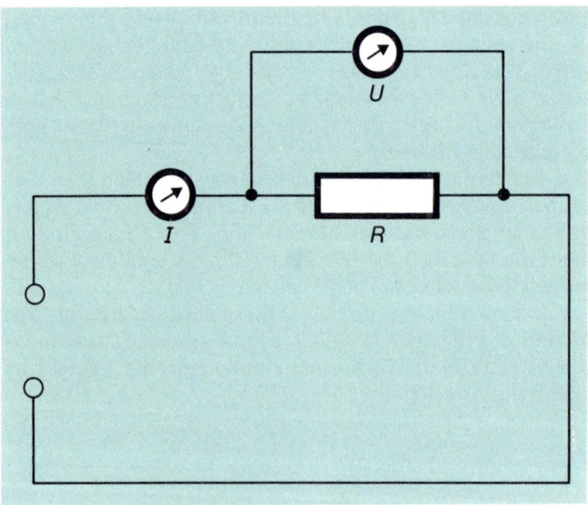

Abb. 5–1: Einfacher elektrischer Stromkreis.

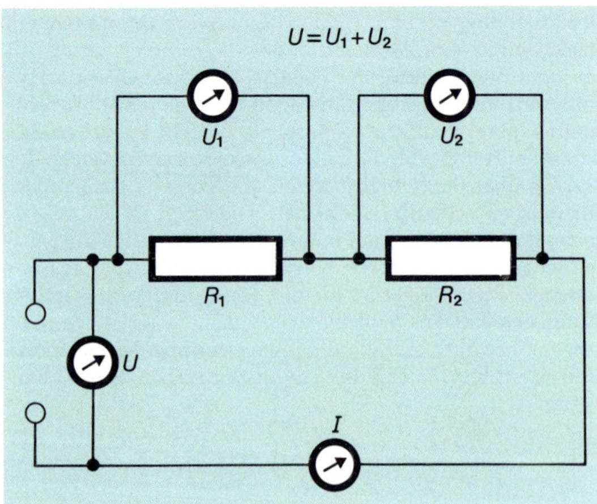

Abb. 5–2: Reihenschaltung von zwei Verbrauchern.

Die im Verbraucher umgesetzte **elektrische Energie,** auch „Stromarbeit" W genannt, ergibt sich als Produkt aus der Spannung U, der Stromstärke I und der Zeit t, während der sich die Energieumwandlung vollzieht, also der Strom I fließt:

$$W = U I t .$$

Die **elektrische Leistung** P des Verbrauchers, als Quotient aus Arbeit und Zeit, ergibt sich demnach zu

$$P = \frac{W}{t} = U I .$$

Die Leistung mißt man in der Einheit 1 V A = 1 W (1 Watt), die elektrische Energie in der Einheit 1 W s = 1 J (1 Joule).
Formt man die Gleichung um:

$$U = \frac{P}{I} ,$$

so kann man sie als Definitionsgleichung für die elektrische Spannung interpretieren. Die elektrische Spannung, zunächst als „Eigenschaft der Spannungsquelle" eingeführt, läßt sich als „Leistungsfähigkeit des Stromes" auffassen.
Bei einer **Reihenschaltung** von Verbrauchern (*Abb. 5–2*) ist die Summe der an den Verbrauchern anliegenden Teilspannungen U_1 und U_2 gleich der angelegten Gesamtspannung:

$$U = U_1 + U_2 .$$

Da in beiden Verbrauchern dieselbe Stromstärke I herrscht

$$I = I_1 = I_2 ,$$

ergibt sich der Gesamtwiderstand R als Summe der Einzelwiderstände:

$$R = \frac{U}{I} = \frac{U_1}{I_1} + \frac{U_2}{I_2} = R_1 + R_2 ,$$

$$R = R_1 + R_2 ;$$

allgemein: $R = R_1 + R_2 + R_3 \dots + R_n .$

Bei einer **Parallelschaltung** von Verbrauchern (*Abb. 5–3*) liegt an beiden Verbrauchern dieselbe Spannung

$$U_1 = U_2 = U .$$

Daher gilt wegen $U_1 = I_1R_1$ und $U_2 = I_2R_2$:

Die Stromstärken in den Parallelzweigen verhalten sich umgekehrt wie die Widerstände:

$$\frac{I_1}{I_2} = \frac{R_2}{R_1} .$$

An der Verzweigungsstelle teilt sich der Strom I in die beiden Teilströme I_1 und I_2; dabei gilt

$$I = I_1 + I_2 .$$

Daraus läßt sich leicht für den Gesamtwiderstand R herleiten:

$$\frac{1}{R} = \frac{I}{U} = \frac{I_1}{U_1} + \frac{I_2}{U_2} = \frac{1}{R_1} + \frac{1}{R_2} .$$

Der Kehrwert des Gesamtwiderstandes ist gleich der Summe der Kehrwerte der Einzelwiderstände:

$$\frac{1}{R} = \frac{1}{R_1} + \frac{1}{R_2} ;$$

allgemein: $\frac{1}{R} = \frac{1}{R_1} + \frac{1}{R_2} + \frac{1}{R_3} + \dots + \frac{1}{R_n} .$

Für den Vergleich und die Addition von Spannungen in einem Stromkreis erweist es sich als hilfreich, der Spannung eine Orientierung zuzuordnen: Man legt fest, daß die über einem Verbraucher gemessene Spannung mit dem elektrischen Strom gleichgerichtet ist, und gibt sie als positive Größe an; die über einer Spannungsquelle gemessene Spannung ist dem Strom entgegengerichtet und wird daher mit einem negativen Vorzeichen versehen. Durch die Länge der Pfeile können in einem Schaltbild die Beträge der Spannung angedeutet werden (*Abb. 5–4*).

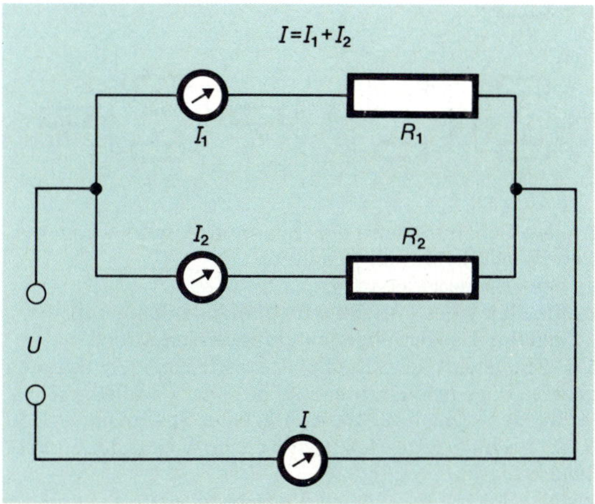

Abb. 5–3: Parallelschaltung von zwei Verbrauchern.

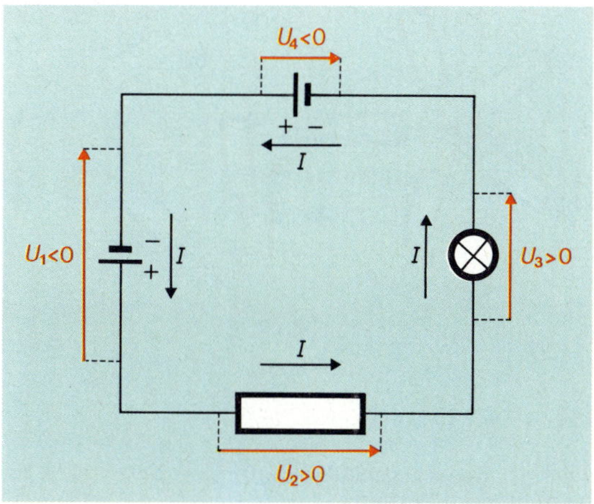

Abb. 5–4: In einem Stromkreis wird der Spannung eine Orientierung und ein Vorzeichen zugeordnet.

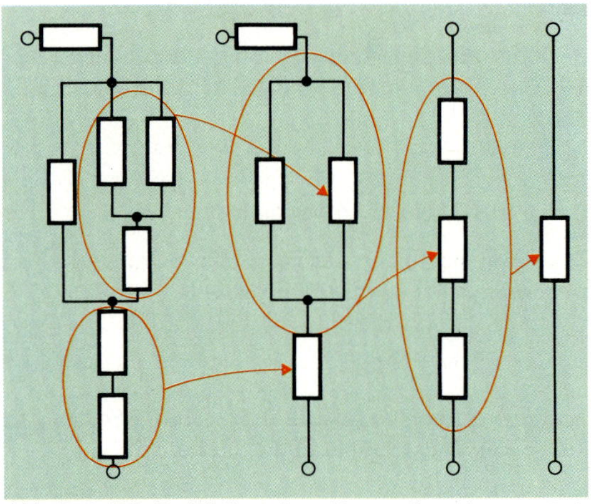

Abb. 5–5: Die Reduktion eines Netzwerkes, das nur Reihen- und Parallelschaltungen enthält.

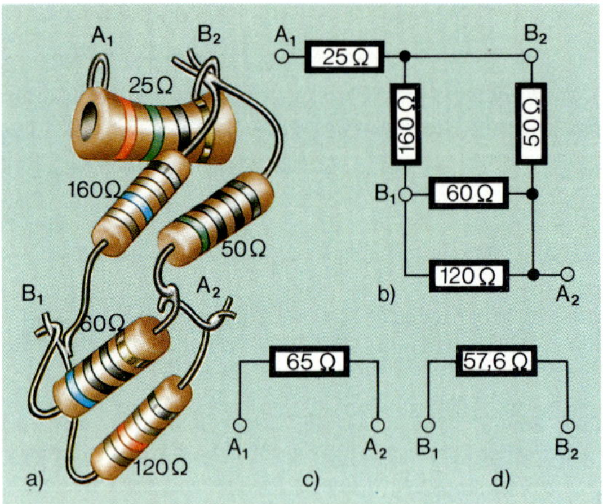

Abb. 5–6: Ein unübersichtliches Netzwerk (a) wird durch ein Schaltbild (b) und Ersatzschaltbild (c und d) analysiert.

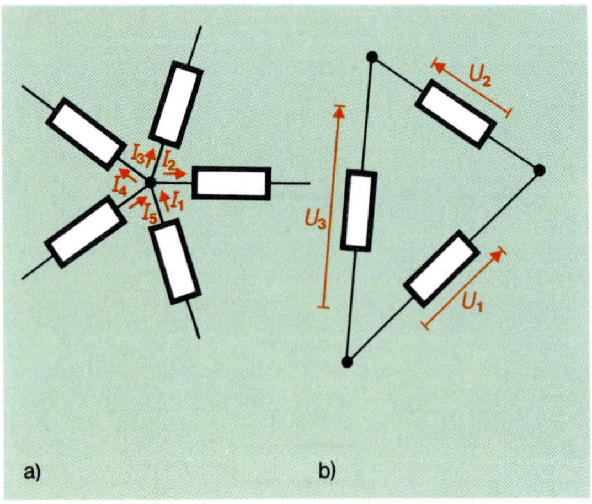

Abb. 5–7: Knoten (a) und Masche (b) eines Netzwerkes. Es gilt a) für den Knoten $I_1 - I_2 - I_3 - I_4 + I_5 = 0$, b) für die Masche $U_1 + U_2 - U_3 = 0$

Komplizierte Netzwerke lassen sich häufig auf Reihen- und Parallelschaltungen zurückführen (*Abb. 5–5*). Man ersetzt die einzelnen Widerstände durch die nach den obigen Gleichungen berechenbaren „Ersatzwiderstände". Von einem zunächst unübersichtlichen Netzwerk wird ein Schaltbild entworfen (*Abb. 5–6*). Der Widerstand zwischen zwei beliebigen Anschlüssen (A_1, A_2 oder B_1, B_2 in *Abb. 5–6*) kann durch einen äquivalenten Kreis (*Abb. 5–6 c* und *d*) ersetzt werden.
Nicht alle Netze sind auf diese Weise reduzierbar. Durch Hinzunahme der Kirchhoffschen Gesetze erhält man jedoch stets die zur Lösung notwendige Anzahl von Gleichungen.

1. Kirchhoffsches Gesetz: An jedem Knoten eines Netzwerkes (*Abb. 5–7 a*) ist die Summe der zum Knoten fließenden Ströme (wegfließende sind negativ) gleich Null.

2. Kirchhoffsches Gesetz: An jeder Masche eines Netzwerkes (*Abb. 5–7 b* und *5–4*) ist die Summe der Spannungen über einen geschlossenen Weg gleich Null.

Aufgaben

5/1: Erklären Sie die Arbeitweise eines Drehspulmeßgerätes und eines Weicheisenmeßgerätes. Erinnern Sie sich dabei an das, was Sie in der Sekundarstufe I über Wirkungen des elektrischen Stroms gelernt haben!
5/2: Wie müssen Amperemeter in den Stromkreis eingeschaltet werden? Wie kann man den Meßbereich eines Amperemeters ändern?
5/3: Wie sind im Haushalt alle Elektrogeräte geschaltet? Weshalb sind sie so geschaltet?
5/4: Aus vier Widerständen $R_1 = 10\ \Omega$, $R_2 = 20\ \Omega$, $R_3 = 50\ \Omega$, $R_4 = 100\ \Omega$ werden die abgebildeten Schaltungen aufgebaut.

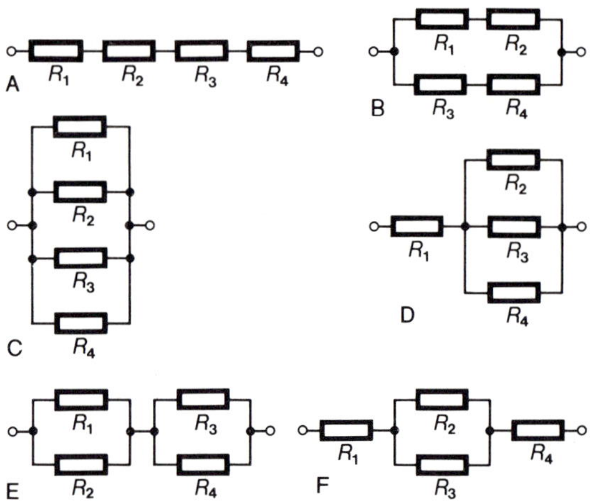

An jede Schaltung wird eine Spannung von 24 V angelegt. Berechnen Sie für jede Schaltung
a) den Gesamtwiderstand,
b) die über jeden Widerstand abfallende Spannung,
c) den durch jeden Widerstand fließenden Strom.
5/5: Eine elektrische Kochplatte wird von zwei Spiralen geheizt, die einzeln, hintereinander oder parallel geschaltet werden können (4 Stufen). Bei einer Spannung von 220 V ist die niedrigste Heizleistung 200 W und die höchste 2000 W.
Welche Widerstände haben die Heizspiralen? Wie groß ist die Leistung bei den beiden anderen Schaltstufen?

5/6: Bei der Sparschaltung eines Heizofens wird die Heizspannung um 15% gesenkt. Um wieviel Prozent sinkt die elektrische Leistung? ($R = konstant$)

5/7: Wie ändert sich bei einem Heizofen die aufgenommene Leistung, wenn die angelegte Spannung halbiert wird? ($R = konstant$)

***5/8:** Welchen Strom liefert die Batterie in der abgebildeten Schaltung? Welcher Strom fließt durch den 20 Ω-Widerstand?

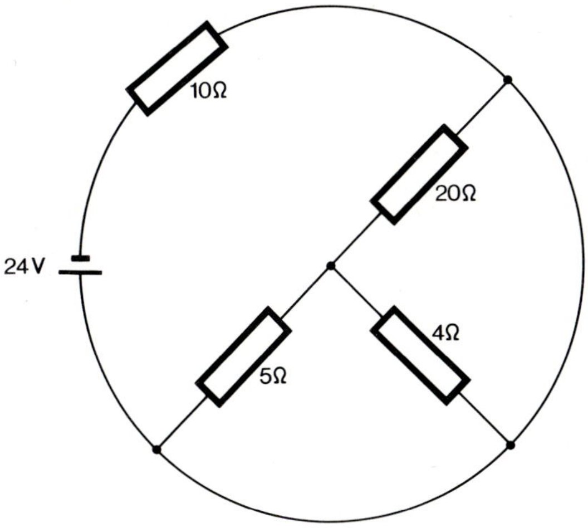

***5/9:** Aus Konstantandraht wurde ein Kantenmodell eines Würfels hergestellt. Jede Kante hat einen Widerstand von 1 Ω. An zwei gegenüberliegende Ecken des Würfels wird eine Spannung von 2 V gelegt. Welchen Strom muß die Spannungsquelle liefern? (Anleitung: Der Strom verteilt sich an den Eckpunkten auf 3 bzw. 2 gleiche Wege.)

5.1.2 Die elektrische Stromstärke als Grundgröße

Nach der Zusammenstellung der Grundkenntnisse aus der Sekundarstufe I wird nun die Elektrizitätslehre in einem systematischen Aufbau behandelt. Wir werden zur Beschreibung der elektrischen Erscheinungen zusätzlich zu den aus der Mechanik und der Wärmelehre bekannten Größen Länge, Masse und Zeit die **Stromstärke als vierte Basisgröße** einführen.

Die Stromstärke ist das Merkmal des elektrischen Stromes, von dem seine Wirkungen abhängen. In der Sekundarstufe I wurden folgende Wirkungen des elektrischen Stromes beobachtet:

a) Der stromdurchflossene Leiter erwärmt sich und dehnt sich aus: **Wärmewirkung.**
b) Fließt ein Strom durch eine Lösung, so werden Stoffe abgeschieden: **chemische Wirkung.**
c) In der Umgebung eines elektrischen Stromes werden magnetische Kräfte ausgeübt: **magnetische Wirkung.**

Die magnetische Wirkung benutzt man zur Defintion der Einheit der elektrischen Stromstärke. Zwei stromdurchflossene Leiter üben Kräfte aufeinander aus:

Zwei parallele stromdurchflossene Leiter ziehen sich bei gleicher Stromrichtung an und stoßen sich bei entgegengesetzter Stromrichtung ab (*Abb. 5–8*).

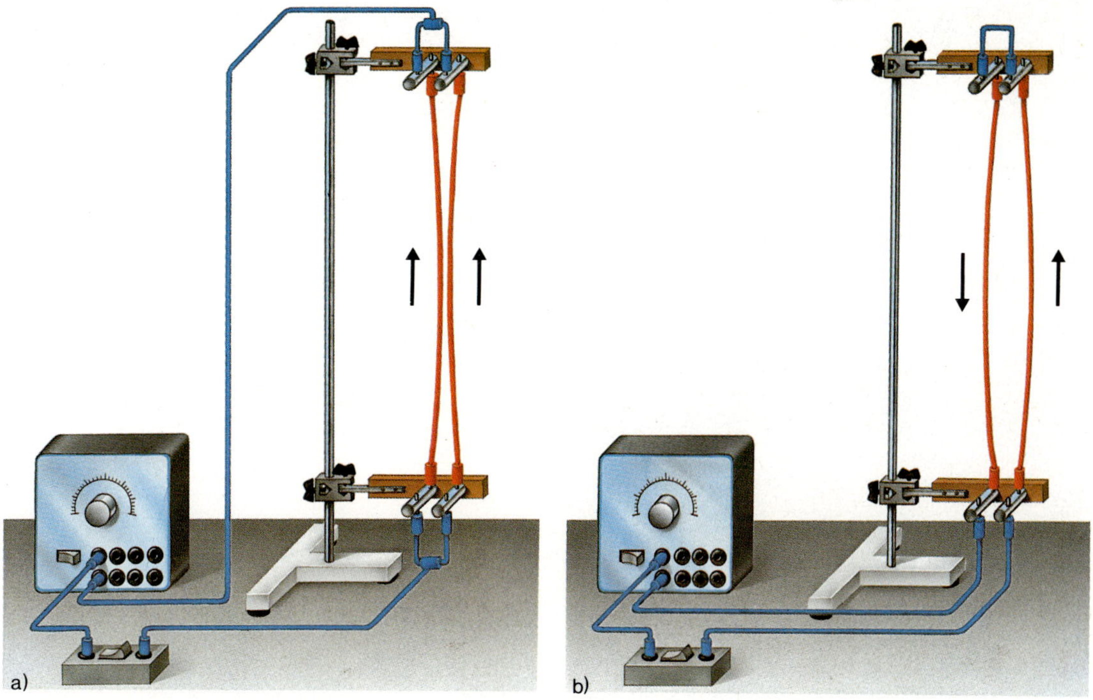

Abb. 5–8: Zwei parallele stromdurchflossene Leiter ziehen sich bei gleicher Stromrichtung an und stoßen sich bei entgegengesetzter Stromrichtung ab.

Definition der Einheit der Stromstärke:
Die Basiseinheit 1 Ampere ist die Stärke eines zeitlich unveränderlichen elektrischen Stromes, der, durch zwei im Vakuum parallel im Abstand 1 m voneinander angeordnete, geradlinige, unendlich lange Leiter von vernachlässigbar kleinem, kreisförmigem Querschnitt fließend, zwischen diesen Leitern je 1 m Leiterlänge elektrodynamisch die Kraft $2 \cdot 10^{-7}$ N hervorrufen würde.

Die SI-Einheit der Stromstärke ist $[I] = 1$ A.

Sie erhielt ihren Namen nach dem französischen Wissenschaftler André Marie AMPÈRE.
In elektrischen Geräten treten sehr unterschiedliche Stromstärken auf. *Tab. 5–1* vermittelt einen Eindruck von deren Größenordnung.

Taschenrechner	0,001 mA = 1 μA
Glimmlampe	0,1 bis 3 mA
Glühlampe (Haushalt)	0,1 bis 0,5 A
Bügeleisen	2 bis 5 A
Scheinwerferlampe	1 bis 10 A
Heizofen	5 bis 10 A
Straßenbahn	150 A
E-Lok	1000 A
Blitz	100 000 A

Tab. 5–1: Stromstärken.

Technisch gibt es die verschiedensten Möglichkeiten zur Messung von Stromstärken. Für Schulversuche stehen mehrere Amperemeter mit verschiedenen Meßbereichen zur Verfügung (*Tab. 5–2*).

Abb. 5–9: Stromwaage nach AYRTON-JONES der Physikalisch-Technischen Bundesanstalt in Braunschweig zur experimentellen Darstellung der Basiseinheit 1 Ampere.

Gerät	Meßbereich
normale Amperemeter	1 mA ... 10 A
empfindliche Amperemeter	1 μA ... 100 μA
Spiegelgalvanometer	10^{-9} A ... 10^{-6} A
Meßverstärker	10^{-12} A ... 10^{-8} A

Tab. 5–2: Strommeßgeräte.

Es ist durchaus möglich, ohne eine weitere Basisgröße auszukommen oder irgendeine andere elektrische Größe, z. B. die Ladung oder die Spannung, als vierte Basisgröße zu wählen, um dann die anderen elektrischen Größen als abgeleitete zu definieren.
Wir schließen uns dem → Internationalen Einheitssystem (Système International d'Unités; Abkürzung: SI) an, in dem die elektrische Stromstärke als Basisgröße festgelegt wurde.
Für die neue Grundgrößenart muß man die Gleichheit und das Verhältnis zweier Größen sowie ihre Einheit festsetzen. Man benutzt dazu ebenfalls die magnetische Wirkung des elektrischen Stromes. (Auf ihr beruht die Arbeitsweise der meisten elektromechanischen Meßgeräte: Drehspulgeräte, Spiegelgalvanometer). Aus der Sekundarstufe I ist bekannt, daß ein Magnetfeld Kraft auf einen stromdurchflossenen Leiter ausübt. Diese Kraft ist mit einer Stromwaage meßbar (→ *Kap. 6.1.1, Abb. 6–6*).

Definition der Gleichheit von Stromstärken: Zwei Ströme haben die gleiche Stromstärke I, wenn sie an demselben Leiterstück, das in ein unverändertes homogenes Magnetfeld eintaucht, die gleiche Kraft F bewirken.

Definition des Verhältnisses von Stromstärken: Das Verhältnis der Stromstärke I_2 zur Stromstärke I_1 ist gleich dem Verhältnis der durch sie bewirkten Kräfte F_2 und F_1, die auf dasselbe Leiterstück wirken, wenn es in ein unverändertes homogenes Magnetfeld eintaucht. D. h. die Stromstärke I_2 ergibt sich aus der Stromstärke I_1 nach der

Gleichung $I_2 = \frac{F_2}{F_1} I_1$.

Die Formulierung der Ampere-Definition wurde aus dem Gesetz über Einheiten im Meßwesen übernommen. Praktisch ist die Meßvorschrift wegen der Bedingung „unendlich lange Leiter" nicht zu realisieren. Sie läßt sich auf eine realisierbare Meßvorschrift über die Kraftwirkung zwischen stromdurchflossenen Spulen reduzieren. *Abb. 5–9* zeigt die Meßanordnung zur Darstellung des Ampere in der Physikalisch-Technischen Bundesanstalt (PTB) in Braunschweig: An einer Waage hängt eine bewegliche Spule, die in eine feste Spule eintaucht.

5.2 Die Ladung

5.2.1 Die Ladung als abgeleitete Größe

Man stellt sich das Fließen eines elektrischen Stromes als Bewegung geladener Teilchen vor. Die elektrische Eigenschaft dieser Teilchen beschreibt man durch die Größe **Elektrizitätsmenge** oder **elek-**

trische Ladung. Das für (elektrische) Ladung eingeführte Symbol ist Q.
Danach ist es plausibel, daß bei konstanter Stromstärke in n-facher Zeit die n-fache Ladung fließt und daß in gleichen Zeitintervallen bei n-facher Stromstärke ebenfalls die n-fache Ladung fließt.
Man definiert daher Ladung als abgeleitete Größe mit Hilfe der Größen I und t.

Definition der elektrischen Ladung: Mißt man in einem Leiterkreis die zeitlich unveränderliche Stromstärke I, so ist die während der Zeit t durch einen Querschnitt des Leiters geflossene Ladung gleich dem Produkt aus Stromstärke und Zeit.
Für konstante Stromstärke I gilt:

$$Q = I\,t\,.$$

Daraus ergibt sich die aus Basiseinheiten abgeleitete SI-Einheit für die Ladung:

$$[Q] = [I]\,[t] = 1\ \mathrm{As} = 1\ \mathrm{C}\ (\text{Coulomb})\,.$$

Sie wurde nach dem französischen Physiker C. A. DE COULOMB benannt.
1 C ist gleich der Ladung, die während der Zeit 1 s bei einem zeitlich unveränderlichen Strom der Stärke 1 A durch den Querschnitt eines Leiters fließt.
Wir werden später durch Messung nachweisen, daß 1 C die Ladung von $6{,}242\cdot 10^{18}$ Elektronen ist (→ *5.4.3*).
Von der Sekundarstufe I her sind auch ruhende geladene Körper bekannt, d. h. ruhende Körper, die die Eigenschaft Q besitzen.
Durch Experimente ließen sich die folgenden Ergebnisse gewinnen:

a) Es gibt zwei Arten von Ladung. Sie werden als positive und negative Ladung bezeichnet.
b) Gleichnamig geladene Körper stoßen sich ab, ungleichnamig geladene ziehen sich an.
c) Ein elektrisch neutraler Körper besitzt gleich viel positive und negative Ladung.

Früher wurde die Ladungseinheit als Basiseinheit über die chemische Wirkung fließender Ladung (→ Elektrolyse) festgelegt. Die Masse von abgeschiedenem Silber galt als Maß für die geflossene Ladung.

Aufgaben

5/10: Wie kann man bei einem elektrisch geladenen Körper feststellen, ob seine Ladung positiv oder negativ ist?
5/11: Beschreiben Sie die Wirkungsweise eines Elektroskops.
5/12: Welche Ladung ist durch den Leiterquerschnitt geflossen, wenn eine Stromstärke $I = 1{,}8$ mA 5 min 12 s lang gemessen wird?
5/13: Durch einen Leiterquerschnitt fließt in 20 s die Ladung 5,6 C. Wie groß ist die Stromstärke?
5/14: Eine Autobatterie kann Ladung von 88 Ah abgeben. Wie lange kann man ihr einen Strom von 0,5 A entnehmen?
***5/15:** Zehn kleine geladene Körper sind gleichmäßig auf einem Kreis mit dem Radius 80 cm verteilt. Jeder Körper besitzt eine Ladung von $9\cdot 10^{-8}$ C. Wie groß ist die Stromstärke auf dem Kreisbogen, wenn der Kreis mit 1200 Umdrehungen pro Minute rotiert?
5/16: Beschreiben Sie einfache Experimente, die für die Erhaltung der elektrischen Ladung sprechen.
5/17: Begründen Sie, weshalb sich die Ladungen eines geladenen metallischen Körpers auf der Außenfläche verteilen.

5.2.2 Messung der Ladung; Ladungsdefinition bei zeitlich veränderlicher Stromstärke

Nach der Ladungsdefinition läßt sich durch Messen der Stromstärke I und der Zeit t die durch den Leiterquerschnitt geflossene Ladung Q bestimmen.

Versuch 5/1: In einem Stromkreis wird mit einem Amperemeter die Stromstärke gemessen. Mit dem Schalter, der den Kreis ein- und ausschaltet, koppelt man eine elektrische Stoppuhr. Sie mißt die Dauer des Stromflusses (*Abb. 5–10 a*).
Auswertung: Aus der Stromstärke I und der Zeit t berechnet man die Ladung $Q = I\,t$. Ist t_1 der Zeitpunkt zu Beginn der Messung und t_2 der Zeitpunkt am Ende, so ist t gleich der Differenz $t_2 - t_1$. Die Ladung Q wird im Zeit-Stromstärke-Diagramm durch das (getönte) Rechteck unterhalb der Stromstärkekurve veranschaulicht (*Abb. 5–10 b*).

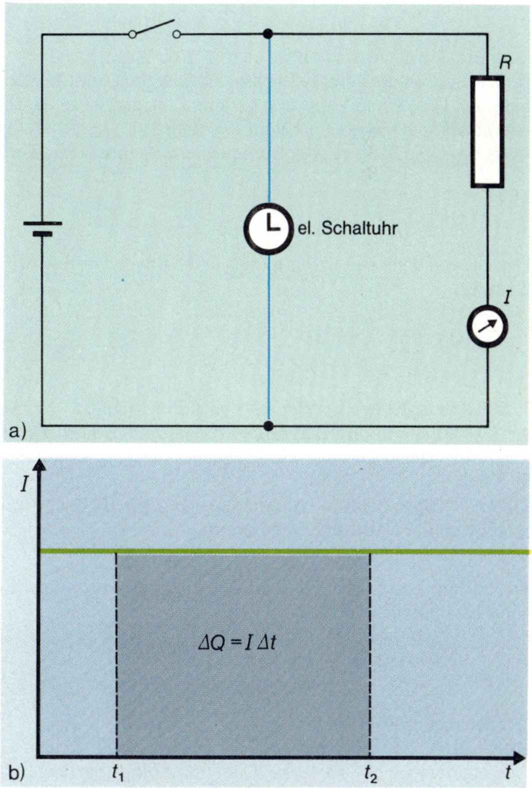

Abb. 5–10: a) Versuchsaufbau zur Bestimmung der Ladung aus Stromstärke- und Zeitmessung. b) Ladungsberechnung bei konstanter Stromstärke: $\Delta Q = I\,\Delta t$.

Dieses einfache Verfahren, die Ladung mit dem Amperemeter und der Stoppuhr zu bestimmen, verlangt neben konstanter Stromstärke genügend große Zeiten. Die Dauer $\Delta t = t_2 - t_1$ des Stromflusses muß mindestens so groß sein, daß sich der Zeiger des Meßinstrumentes auf den zugehörigen Vollausschlag einstellen kann.
Es soll nun der allgemeine Fall, daß der Strom I nicht konstant ist, untersucht werden.

Versuch 5/2: Mit Hilfe der in *Abb. 5–11* dargestellten Schaltung wird bei Schalterstellung 1 ein Kondensator aufgeladen. Man legt dann den Schalter in die Stellung 2.
Beobachtung: Die Stromstärke ist bei der Kondensatorentladung nicht konstant. Von einem Anfangswert I_0 geht sie zuerst schnell und dann immer langsamer auf Null zurück.

Um den Verlauf der Stromstärke besser beobachten zu können, verändert man die Schaltung etwas:

Versuch 5/3: Man nimmt einen sehr großen Widerstand ($R = 10\ \text{M}\Omega$), ein entsprechend empfindliches Amperemeter (Meßbereich 100 μA) und untersucht nach *Abb. 5–12* den Entladevorgang durch Öffnen des Schalters.
Auswertung: Die Vorgänge erstrecken sich über einen großen Zeitraum, so daß man den zeitlichen Verlauf der Stromstärke aufnehmen kann. Das Ergebnis der Messung ist durch die Kurve in *Abb. 5–13* dargestellt.

Zur Bestimmung der abgeflossenen Kondensatorladung reicht die Definition $Q = I\,t$ nicht mehr aus. Nimmt man an, daß für ein kleines Intervall Δt die Stromstärke I ungefähr gleich dem Mittelwert I_i dieses Intervalls ist (*Abb. 5–13*), so beträgt die in der Zeit Δt durch das Meßgerät geflossene Teilladung

$$\Delta Q_i = I_i\,\Delta t\,;$$

sie wird durch die getönte Rechteckfläche dargestellt. Teilt man den Entladevorgang in n gleiche Zeitintervalle Δt, so berechnet sich die gesamte vom Kondensator abgeflossene Ladung angenähert aus der Summe der n Rechteckflächen:

$$Q \approx \sum_{i=1}^{n} I_i\,\Delta t\,.$$

Der genaue Wert der Ladung ergibt sich durch Grenzwertbildung:

$$Q = \lim_{n \to \infty} \sum_{i=1}^{n} I_i\,\Delta t = \int_{t_1}^{t_2} I\,\mathrm{d}t\,.$$

Für das Beispiel der Kondensatorentladung (*Abb. 5–13*) ist $t_1 = 0$ und $t_2 = \infty$. Im Zeit-Stromstärke-Diagramm ergibt sich auch hier die Ladung als Inhalt der Fläche unter der Kurve.
Damit erhält man die auch für zeitabhängigen Strom gültige allgemeine Definition der Ladung.

Definition: Die Ladung Q ist das Zeitintegral der elektrischen Stromstärke I:

$$Q = \int_{t_1}^{t_2} I\,\mathrm{d}t\,.$$

Umgekehrt ergibt sich:

Die elektrische Stromstärke I ist die Ableitung der Ladung Q nach der Zeit t:

$$I = \frac{\mathrm{d}Q}{\mathrm{d}t} = \dot{Q}\,.$$

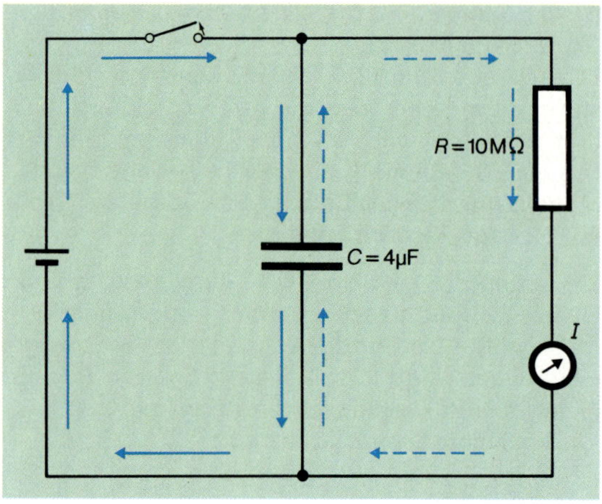

Abb. 5–11: Versuchsanordnung zur Auf- und Entladung eines Kondensators.

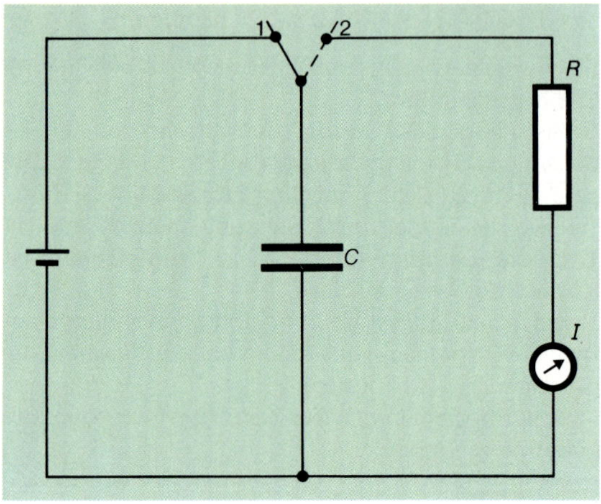

Abb. 5–12: Versuchsanordnung zur genauen Untersuchung der Abhängigkeit der Stromstärke von der Zeit beim Entladen eines Kondensators.

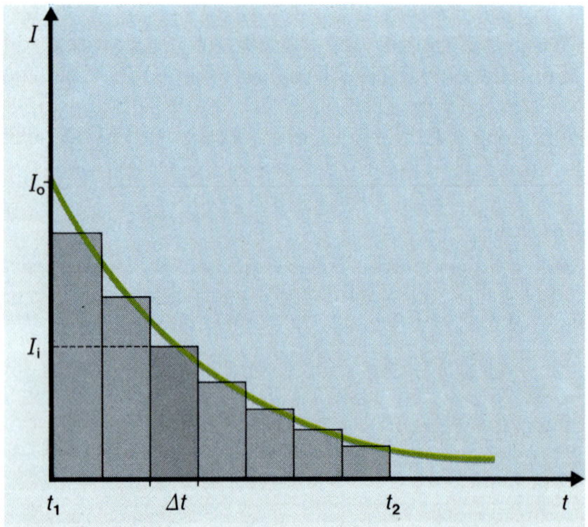

Abb. 5–13: Zeitlicher Verlauf der Stromstärke beim Entladen eines Kondensators.

Man kann zeigen, daß bei kurzer Entladezeit der Stoßausschlag des Amperemeters der abgeflossenen Ladung proportional ist. Amperemeter lassen sich daher als Ladungsmeßgeräte eichen. Die Ladungsmessung über den Stoßausschlag eines Drehspulinstruments nennt man **ballistische Ladungsmessung.** Früher konnten Ladungen nur ballistisch gemessen werden.

Durch Verbesserung der Meßtechnik in den vergangenen Jahrzehnten stehen heute hochempfindliche Geräte zur **statischen Ladungsmessung** zur Verfügung. Es sind Meßverstärker in Elektrometerschaltung, die nicht auf Stoßmessung geeicht zu werden brauchen; die Ladung wird durch einen konstanten Zeigerausschlag angezeigt. Das Prinzip der statischen Ladungsmessung beruht auf der Messung der Spannung eines mit der Ladung Q aufgeladenen Kondensators. Durch Veränderung der „Meßkapazität" C_M des Kondensators kann der Ladungsmeßbereich variiert werden. *Tab. 5–3* vermittelt einen Eindruck von der Empfindlichkeit der im Unterricht verwendeten Meßverstärker.

Der Meßverstärker ist so empfindlich, daß man mit ihm sogar die Ladung eines Elektroskops messen und so das Elektroskop auf Ladungsmessung eichen kann. Dadurch wird es zum Elektrometer.

Meßkapazität C_M	Meßbereich für die Ladung Q
10^{-9} F	0 . . . . $3 \cdot 10^{-10}$ C
10^{-8} F	0 . . . . $3 \cdot 10^{-9}$ C
10^{-7} F	0 . . . . $3 \cdot 10^{-8}$ C

Tab. 5–3: Die Größe der Meßkapazität bestimmt bei einem auf stationäre Ladungsmessung geeichten Meßverstärker den Meßbereich.

Aufgaben

***5/18:** Bei der Entladung eines Kondensators erhält man folgende Meßwerte:

t in s	0	4	8	12	16	20	24
I in 10^{-6} A	50	43	35	29	24	20	17
t in s	28	32	36	40	44	48	52
I in 10^{-6} A	14	12	10	9	7,5	6	5

Tragen Sie die Meßwerte in ein Achsenkreuz ein (mm-Papier), und bestimmen Sie die Ladung durch Auszählung der Fläche.

***5/19:** Gegeben ist folgende Zeit-Strom-Funktion: $I(t) = 0{,}2\, t^4\, \text{A/s}^4$. Berechnen Sie die zwischen der 2. und 3. Sekunde geflossene elektrische Ladung.

***5/20:** Wie läßt sich im (t, Q)-Diagramm die Stromstärke zu einer bestimmten Zeit t_1 ablesen?

5.3 Das elektrische Feld

Elektrisch geladene Körper üben Kräfte aufeinander aus. Diese elektrische Erscheinung haben wir in der Sekundarstufe I kennengelernt als eine Kraft, die ohne Vermittlung des Zwischenraumes von einem Körper auf einen anderen wirkt.

Analog wie bei der → Gravitationskraft wollen wir auch hier das Modell des Kraftfeldes einführen. Die elektrischen Kräfte werden dann beschrieben als Kräfte des elektrischen Feldes auf elektrisch geladene Körper. Kennt man Stärke und Richtung des elektrischen Feldes in einem Punkt des Raumes, so kann man über das Verhalten dort befindlicher elektrisch geladener Körper Voraussagen machen.

5.3.1 Das elektrische Feld als Raum mit physikalischer Eigenschaft

Versuch 5/4: Man berührt eine auf ein Elektroskop gesetzte Metallkugel mit dem Pol einer Hochspannungsquelle. Eine kleine, isoliert aufgehängte metallische Kugel wird positiv (dann negativ) aufgeladen und in die Nähe der großen Kugel gebracht (*Abb. 5–14*).

Beobachtung: Das Elektroskop zeigt an, daß die große Kugel aufgeladen ist. Der kleine Probekörper wird je nach Art der Aufladung angezogen oder abgestoßen.

Dieser Versuch erinnert an Beobachtungen und Aussagen, die bereits im Physikunterricht der Sekundarstufe I gemacht wurden:

Abb. 5–14: Der Raum in der Umgebung eines geladenen Körpers hat elektrische Eigenschaft: Auf einen elektrisch geladenen Körper wirkt eine Kraft.

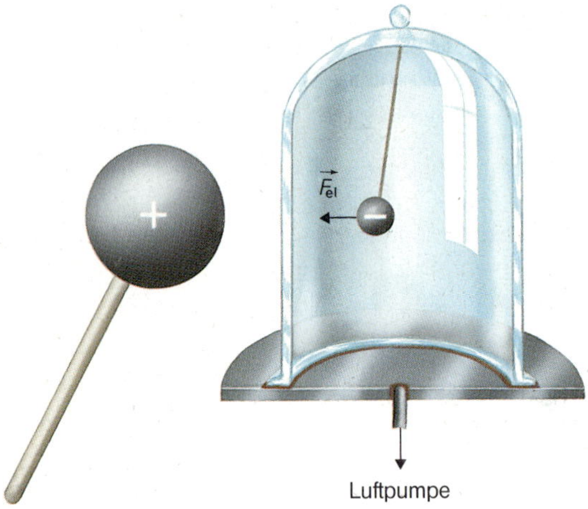

Abb. 5–15: Das elektrische Feld besteht auch im luftleeren Raum.

Abb. 5–16: Das elektrische Feld wird durch ein Metallgitter abgeschirmt.

Der Raum in der Umgebung eines geladenen Körpers befindet sich in einem besonderen Zustand. Dieser Zustand äußert sich durch eine Kraftwirkung auf geladene Körper. Man spricht von einem **elektrischen Feld,** das den geladenen Körper umgibt.

Ein elektrisches Feld ist ein Raum, in dem auf elektrisch geladene Körper Kräfte ausgeübt werden.

Wird das Feld insbesondere durch einen ruhenden geladenen Körper erzeugt, so nennt man es ein elektrostatisches Feld. Es zeigt keine zeitliche Änderung.
Das elektrische Feld ist wie das Gravitationsfeld Träger einer physikalischen Eigenschaft.

Versuch 5/5: Man hängt die geladene Probekugel unter eine Glasglocke und nähert ihr die das Feld erzeugende Kugel (*Abb. 5–15*). Dann wird die Luft aus der Glocke herausgepumpt.
Beobachtung: Vor und nach dem Evakuieren der Glasglocke wirkt eine Kraft.

Ergebnis: Das elektrische Feld wirkt durch Glas hindurch.
Das elektrische Feld besteht auch im luftleeren Raum.

Versuch 5/6: Die Probekugel wird unter eine aus Drahtgeflecht hergestellte Haube gehängt. Die das Feld erzeugende Kugel wird in die Nähe gebracht. (Abb. 5–16)
Beobachtung: Die Probekugel zeigt keine Auslenkung.

Ergebnis: Das elektrische Feld ist durch den Metallzylinder abgeschirmt worden. Der Raum innerhalb eines solchen **Faraday-Käfigs** ist feldfrei.

Damit wurde ein wesentlicher Unterschied des elektrischen Feldes zum Gravitationsfeld gefunden, dessen Wirkung man nicht abschirmen kann.

5.3.2 Darstellung des Feldes

Will man das elektrische Feld um einen geladenen Körper untersuchen, so muß man Probekörper in das Feld einführen, die sich unter dem Einfluß der Kraft bewegen können.

Versuch 5/7: In das Feld zweier entgegengesetzt geladener Kugeln werden an dünnen Nylonfäden leichte Körper (Watteflocken, Styroporkugeln, Papierbüschel) gehängt.
Beobachtung: Unter dem Einfluß des Feldes bewegen sie sich und beschreiben Kurven. Bei der Berührung mit einer der Kugeln werden sie umgeladen und wieder abgestoßen.

Die Tangentialrichtung der Bewegungskurven ist angenähert gleich der jeweiligen Kraftrichtung. Eine Übersicht über die Gesamtheit der Kraftrichtungen erhält man, wenn man gleichzeitig viele Probekörper ins Feld bringt.

Versuch 5/8: Auf dem Boden einer flachen, mit Rizinusöl gefüllten Glasschale sind zwei Metallscheiben angebracht. Man lädt die Metallscheiben entgegengesetzt auf und streut Grieß auf die Ölschicht (*Abb. 5–17*). Der Versuch läßt sich für unterschiedlich geformte Metallplatten wiederholen.
Beobachtung: Die Grießkörner schließen sich zu Ketten zusammen, die von der einen geladenen Platte zur anderen führen.

Diese Versuche führen uns zu der von Michael FA-

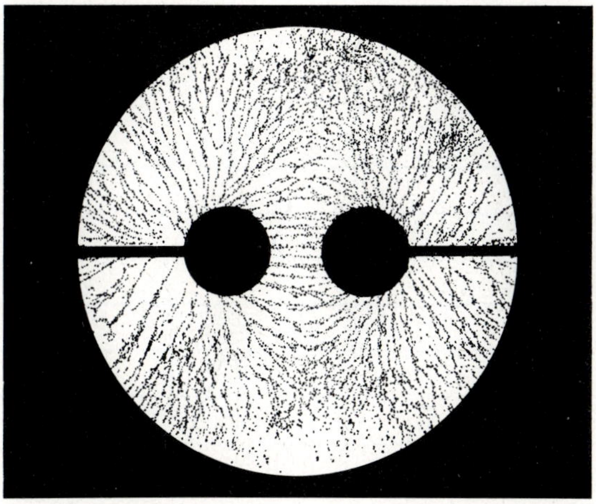

Abb. 5–17: Veranschaulichung des elektrischen Feldes: Ebener Schnitt durch das räumliche Feld zweier entgegengesetzt aufgeladener Metallkugeln.

RADAY entwickelten Vorstellung der **elektrischen Feldlinien.**

Festlegung: Elektrische Feldlinien geben in jedem Punkt des Feldes die Richtung der Kraft auf eine positive Probeladung Q_0 an. Sie beginnen in der positiven felderzeugenden Ladung und enden in der negativen.

Dabei versteht man unter der Richtung einer gekrümmten Linie in einem Punkt die Richtung der Tangente in diesem Punkt.

Das Feldlinienbild gibt einen Überblick über das gesamte Feld (*Abb. 5–18*). Die Bilder dürfen jedoch nicht in der Weise fehlinterpretiert werden, daß etwa von einer Ladung (z. B. einem Elektron) nur genau eine Feldlinie ausgeht. Dennoch läßt sich eine relative Feldliniendichte quantitativ interpretieren (→ *5.3.3*).

Bei allen Feldlinienbildern stehen die Feldlinien senkrecht auf den Leiteroberflächen. Das wird in *5.3.6* begründet.

Zwei besondere Felder werden noch genauer untersucht:

1. Das radialsymmetrische Feld:
   Die Feldlinien sind Strahlen, die von einer Kugeloberfläche radial nach außen zeigen. Es entsteht in der Umgebung einer frei aufgestellten geladenen Kugel (*Abb. 5–18 a*).
2. Das Feld zwischen zwei parallelen Platten:
   Die Feldlinien sind parallel verlaufende, gerade Linien (*Abb. 5–18 b*) (homogenes Feld).

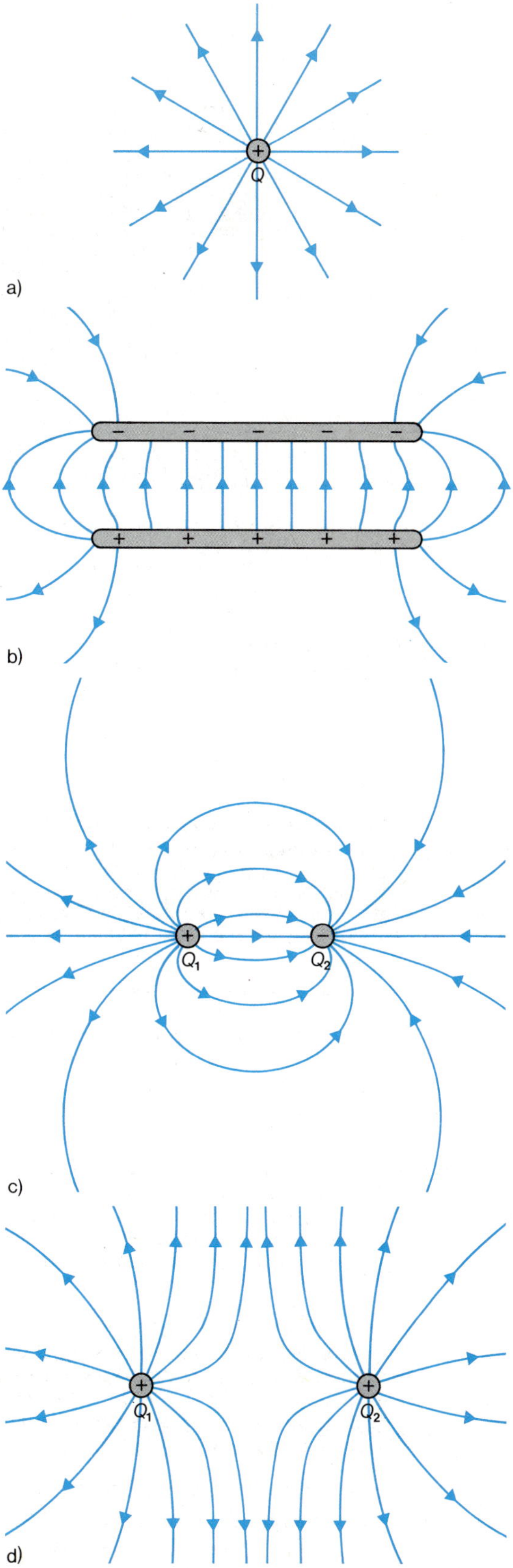

Abb. 5–18: Feldlinienbilder: a) in der Umgebung einer geladenen Kugel, b) zwischen zwei ungleichnamig geladenen Platten, c) zwischen zwei ungleichnamig geladenen Kugeln, d) zwischen zwei gleichnamig geladenen Kugeln.

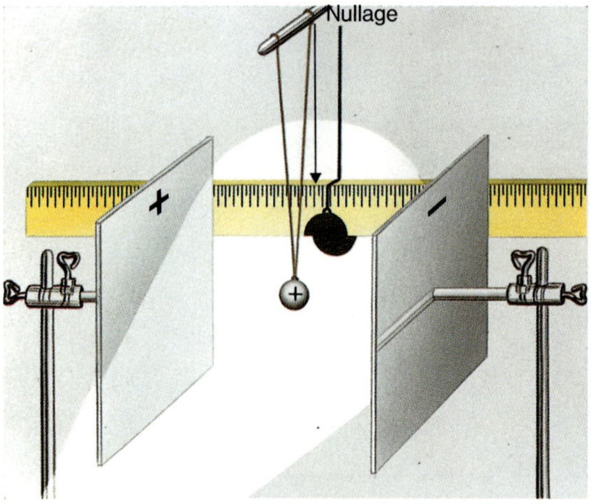

Abb. 5–19: Das homogene Feld eines Plattenkondensators wird mit einer Probekugel ausgemessen.

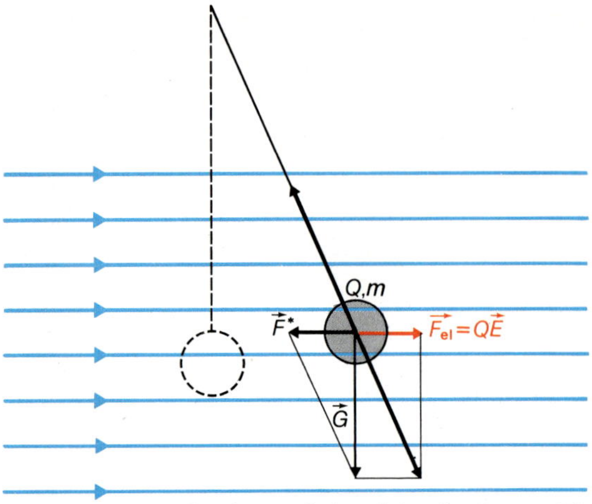

Abb. 5–20: Bei ruhender Probekugel ist der Betrag F^* gleich dem Betrag F_{el} der Feldkraft.

5.3.3 Die elektrische Feldstärke

Zur Beschreibung des elektrischen Feldes muß nicht nur die **Richtung** der Kraftlinien angegeben werden. Es muß auch noch für jeden Punkt der **Betrag** der Kraft angegeben werden können, die das Feld auf einen dort hineingebrachten geladenen Probekörper ausübt; zusätzlich zur Feldrichtung muß eine Aussage über die Stärke des Feldes gemacht werden.
Es soll die Kraft gemessen werden, die auf einen Probekörper mit der Ladung Q ausgeübt wird. Die Probeladung Q muß sehr klein sein, da größere Ladungen das zu untersuchende Feld stören würden. Durch diese Bedingung wird aber auch die Kraft klein und ihre Messung schwierig sein.
Zunächst wird das homogene Feld eines Plattenkondensators untersucht.

Versuch 5/9:
a) Eine ungeladene leichte Kugel mit leitender Oberfläche wird im homogenen Feld eines Plattenkondensators bifilar an dünnen Nylonfäden aufgehängt (*Abb. 5–19*).
b) Die Probekugel wird mit einem geriebenen Hartgummistab aufgeladen.
c) Man berührt die Probekugel von unten mit einer gleich großen, isoliert gehalterten Metallkugel.

Beobachtung:
a) Die ungeladene Kugel erfährt keine Kraft.
b) Die Probekugel wird ausgelenkt. Die Auslenkung ist durch Schattenprojektion der Kugel auf einem Maßstab ablesbar.
c) Die Auslenkung halbiert sich. Entlädt man die zweite Kugel und berührt die Probekugel erneut, so halbiert sich die Auslenkung wiederum.

Auswertung: Die Probekugel wird jeweils so weit ausgelenkt, bis die durch das elektrische Feld bewirkte Kraft und die durch das Gewicht der Kugel hervorgerufene rücktreibende Kraft den gleichen Betrag haben: $F_{el} = F^*$. Durch die Berührung der beiden gleich großen Kugeln wird die Ladung der Probekugel wiederholt halbiert. Da beim → Pendel für kleine Auslenkungen die rücktreibende Kraft proportional der Auslenkung ist, kann man aus der Beobachtung schließen, daß sich mit der Ladung des Probekörpers auch die vom Feld auf ihn ausgeübte Kraft wiederholt halbiert.

Ergebnis: Die Kraft F_{el} im elektrischen Feld auf die Probekugel ist zu deren Ladung Q proportional:

$$F_{el} \sim Q \, .$$

Genauere Untersuchungen der Proportionalität sind möglich, indem man die Probeladung Q mit dem Meßverstärker mißt. Dabei sollte man auch darauf achten, daß sich während der Messungen die Probekugel immer im gleichen Punkt des Feldes befindet; das ist durch Verschieben der Kondensatorplatten erreichbar.
Die Kraft auf den Probekörper ist zur eindeutigen Beschreibung der Stärke eines Feldes noch nicht geeignet, da sie von der Größe der Ladung abhängt. Der Quotient F/Q aus der Kraft und der Ladung ist dagegen unabhängig von der in das Feld gebrachten Ladung. Er stellt eine Größe dar, mit der sich das Feld an dem betrachteten Punkt beschreiben läßt. Man wird das Feld als stärker bezeichnen, wenn auf den gleichen Probekörper eine größere Kraft wirkt, wenn also F/Q einen größeren Wert hat.

Definition: Die elektrische Feldstärke $\vec{E}$ ist der Quotient aus der Kraft $\vec{F}$, die ein positiv geladener Körper im betrachteten Feldpunkt erfährt, und seiner Ladung Q:

$$\vec{E} = \frac{\vec{F}}{Q} \, .$$

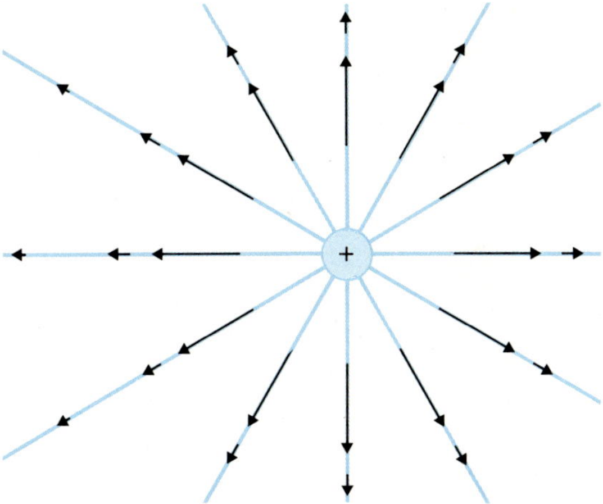

Abb. 5–21: Im Radialfeld nimmt die Feldstärke symmetrisch nach außen hin ab.

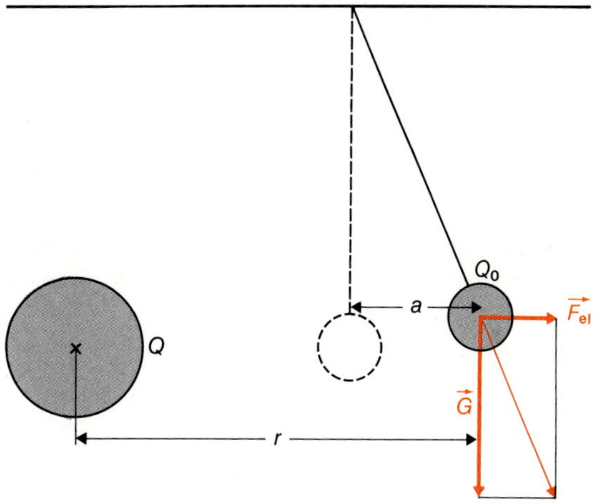

Abb. 5–22: Versuchsanordnung zum Ausmessen des radialsymmetrischen Feldes.

Die elektrische Feldstärke ist wie die im Feld ausgeübte Kraft eine vektorielle Größe. Ihre Richtung stimmt mit der Richtung der Kraft auf einen positiv geladenen Probekörper überein. Ist die Ladung negativ, so sind Feldstärke und Kraft entgegengerichtet.

Die SI-Einheit der elektrischen Feldstärke ist

$$[E] = 1\,\frac{\mathrm{N}}{\mathrm{C}}\,.$$

Kennt man die Masse der Probekugel, so läßt sich aus der Auslenkung die Kraft berechnen. Die Ladung der Probekugel wird mit dem Meßverstärker gemessen. Damit kann man die elektrische Feldstärke bestimmen (*Abb. 5–20*). Wenn man die elektrische Feldstärke in einem Punkt des elektrischen Feldes kennt, so ist dessen Wirkung in diesem Punkt damit voll beschrieben. Für jede dort hingebrachte Ladung Q kann man die Kraft berechnen, die das Feld auf ihren Träger ausübt:

$$\vec{F} = Q\,\vec{E}.$$

Um auch im Falle negativer Ladung die Richtung der Kraft zu erhalten, muß man in den Ausdruck für die Kraft die Ladung Q mit Vorzeichen einsetzen.

Zwischen den Platten eines Plattenkondensators ist der Vektor der elektrischen Feldstärke in jedem Raumpunkt gleich, wenn die Plattenfläche relativ zum Abstand der Platten groß ist. Ein solches Feld, in dem die Richtung und der Betrag von $\vec{E}$ überall gleich sind, heißt **homogenes** Feld. Im **inhomogenen** Feld ergeben entsprechende Messungen mit einer Probekugel an unterschiedlichen Punkten unterschiedliche Feldstärken.

Aufgaben

5/21: Berechnen Sie die elektrische Feldstärke an einem Ort, in dem auf einen Körper mit der Ladung $Q = 2{,}6 \cdot 10^{-8}$ C die Kraft $F = 3{,}7 \cdot 10^{-5}$ N wirkt.

5/22: Berechnen Sie die Kraft, die ein Körper mit der Ladung $Q = 7{,}8 \cdot 10^{-8}$ C in einem Feldpunkt mit der Feldstärke $E = 8{,}1 \cdot 10^{5}$ N/C erfährt.

5/23: Warum beginnen elektrische Feldlinien nicht im leeren Raum?

***5/24:** Die Kugel in *Abb. 5–19* sei mit der Ladung $Q = 5{,}2 \cdot 10^{-8}$ C geladen und habe die Masse $m = 0{,}40$ g. Sie hänge an einem $l = 1{,}80$ m langen Faden. In dem homogenen elektrischen Feld wird sie um $d = 15$ mm ausgelenkt. Wie groß ist die Feldstärke E des homogenen Feldes?

***5/25:** Wie groß ist der Ausschlag d einer Probekugel der Masse $m = 0{,}25$ g, die an einem Faden der Länge $l = 1{,}5$ m in einem elektrischen Feld der Stärke $E = 5{,}6 \cdot 10^{5}$ N/C hängt, wenn sie die Ladung $Q = 6{,}0 \cdot 10^{-8}$ C trägt?

5/26: Die Feldlinien eines Plattenkondensators verlaufen vertikal von unten nach oben. Ein in den Plattenraum eingebrachtes positiv geladenes Öltröpfchen, dessen Gewicht $G = 4{,}6 \cdot 10^{-9}$ N ist, schwebt gerade. Messungen ergaben eine Feldstärke $E = 7{,}2 \cdot 10^{9}$ N/C. Berechnen Sie die Ladung des Öltröpfchens.

***5/27:** Gibt es im elektrostatischen Feld geschlossene Feldlinien? Begründen Sie Ihre Antwort.

5.3.4 Das radialsymmetrische Feld; das Coulombsche Gesetz

Im Feld einer frei aufgestellten Kugel nimmt die Feldstärke kugelsymmetrisch nach außen hin ab (*Abb. 5–21*); man nennt es **Radialfeld.**

Die Feldstärke eines Radialfeldes kann ebenfalls mit einer leichten geladenen Probekugel (*Versuch 5/9*) experimentell untersucht werden. Die Auslenkung a der Probekugel aus der Ruhelage ist für kleine a proportional der Kraft F, die sie vom Feld erfährt. Wenn die Ladung Q_0 der Probekugel konstant gehalten wird, ist daher die Auslenkung proportional zur Feldstärke $E = (F/Q_0)$.

Versuch 5/10: Man hängt die geladene Probekugel in das Feld (*Abb. 5–22*), ändert die felderzeugende

Ladung Q und mißt die jeweilige Auslenkung a der Probekugel. Dabei hält man (durch Nachschieben der großen Kugel) den Abstand r der beiden Kugeln konstant. Um das Feld nicht durch die Messung zu stören, mißt man die Auslenkung in Schattenprojektion, oder man führt das Experiment auf dem Schreibprojektor durch.

Ergebnis: Für konstanten Abstand r von der felderzeugenden Kugel ist die Feldstärke E direkt proportional zur Ladung Q dieser Kugel:

$$E \sim Q, \text{ wenn } r \text{ konstant ist.}$$

Durch Messungen mit demselben Versuchsaufbau bei unveränderter felderzeugender Ladung Q und bei verschiedenen Abständen r erhält man das Ergebnis:

$$E \sim \frac{1}{r^2}, \text{ wenn } Q \text{ konstant ist.}$$

Zusammengefaßt ergibt sich:

Die Feldstärke E in einem Punkt des radialsymmetrischen Feldes ist proportional zu Q/r^2:

$$E \sim \frac{Q}{r^2} \quad \text{oder} \quad E = f\frac{Q}{r^2}.$$

Man ersetzt den Proportionalitätsfaktor f durch $\frac{1}{4\pi\varepsilon_0}$, wobei sich

$$\varepsilon_0 = 8{,}8542 \cdot 10^{-12}\,\frac{\text{C}}{\text{V m}}$$

ergibt. ε_0 heißt **elektrische Feldkonstante.**

Für die Kraft, die im radialsymmetrischen Feld, das von einer Ladung Q_1 erzeugt wird, auf eine zweite Ladung Q_2 ausgeübt wird, erhält man durch die Beziehung $F = Q_2\,E$ folgendes Gesetz:

Coulombsches Gesetz:
Die Kraft zwischen zwei Punktladungen ist dem Produkt der Ladungen direkt und dem Quadrat ihres Abstandes umgekehrt proportional. Die Kraftrichtung ist durch die Verbindungslinie der beiden Ladungen gegeben:

$$F = \frac{1}{4\pi\varepsilon_0}\,\frac{Q_1 Q_2}{r^2}.$$

Wegen der Gleichheit von actio und reactio (→ 3. Newtonsches Axiom) ist die Kraft, die die Ladung Q_1 auf die Ladung Q_2 ausübt, entgegengesetzt gleich der Kraft, die die Ladung Q_2 auf die Ladung Q_1 ausübt. Haben Q_1 und Q_2 ungleiche Vorzeichen, so ziehen sich die geladenen Körper an, haben sie gleiche Vorzeichen, so stoßen sie sich ab.
Dieses Kraftgesetz wurde 1785 von Charles Augustin DE COULOMB durch Versuche mit einer Torsionswaage gefunden. Es hat die gleiche Form wie das Newtonsche → Gravitationsgesetz. Es ist hinsichtlich der beiden elektrischen Ladungen symmetrisch. Man braucht nicht mehr zwischen den felderzeugenden und der vom Feld beeinflußten Ladung zu unterscheiden. Auch die bisherige Bedingung, daß die Probeladung Q_2 so klein sein muß, damit sie das Feld nicht stört, kann fortgelassen werden.

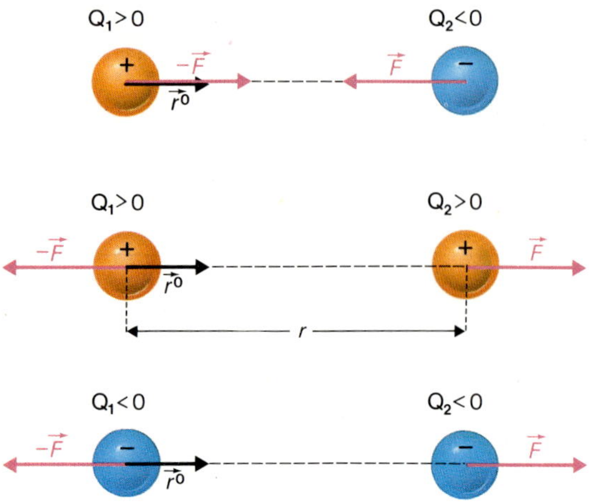

Abb. 5–23: Zum Coulombschen Gesetz.

Durch vektorielle Schreibweise des Coulombschen Gesetzes wird die Richtung der Kraftwirkung mit erfaßt:

$$\vec{F} = \frac{1}{4\pi\varepsilon_0}\,\frac{Q_1 Q_2}{r^2}\,\vec{r}^{\,0}.$$

Dabei ist $\vec{r}^{\,0}$ der von Q_1 auf Q_2 gerichtete Einheitsvektor und F die Kraft, die Q_1 auf Q_2 ausübt (*Abb. 5–23*). Die Ladungen Q_1 und Q_2 gehen mit Vorzeichen in die Gleichung ein.
Die Begründung für die Einführung des Faktors 4π wird im nächsten Abschnitt (*5.3.5*) gegeben. Den Proportionalitätsfaktor f und damit die elektrische Feldkonstante ε_0 könnte man durch Messung von Kraft, Ladung und Abstand mit dem *Versuchsaufbau 5/10* bestimmen. Es gibt jedoch eine einfachere Methode, um ε_0 mit größerer Genauigkeit zu messen: Bei Verwendung eines Plattenkondensators kann man auf die mit großen Meßfehlern behaftete Kraftmessung verzichten (→ *5.3.8*).
Die experimentell gefundene Proportionalität $E \sim 1/r^2$ führt noch zu einer weiteren Interpretation des Feldlinienbildes: Da die Kugeloberfläche mit r^2 zunimmt, wird die Feldliniendichte mit wachsendem r in gleichem Maß wie E kleiner. Das gilt auch, wenn in der Darstellung der *Abb. 5–21* mehr Linien gezeichnet werden. Die Feldliniendichte (Anzahl der eine Fläche senkrecht durchsetzenden Feldlinien dividiert durch die Fläche) ist also ein dem Betrag der Feldstärke proportionales Maß.
Ein von verschiedenen Ladungen erzeugtes Feld kann man sich aus mehreren Feldern entstanden denken. Die Felder überlagern sich so zu einem resultierenden Feld, daß sich die Einzelfeldstärken zur Gesamtfeldstärke vektoriell addieren. Das folgt wegen $\vec{E} = \vec{F}\,/\,Q$ aus der Vektoraddition von Kräften. So kann man z. B. das Feldlinienbild zweier

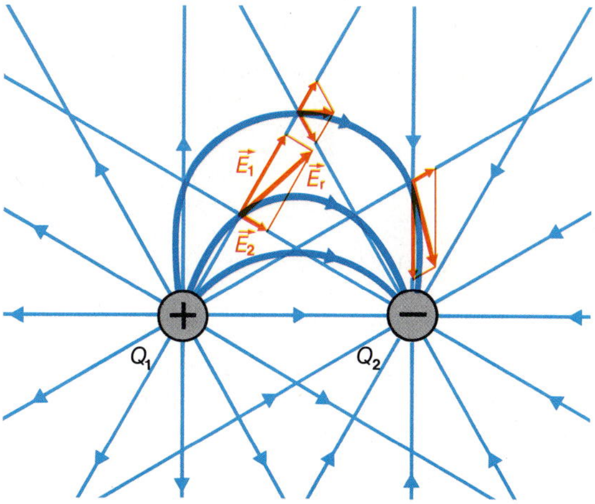

Abb. 5–24: Das Feldlinienbild zweier entgegengesetzt geladener Kugeln kann als Überlagerung ihrer Radialfelder verstanden werden.

entgegengesetzt geladener Kugeln durch Überlagerung ihrer beiden Radialfelder durch Konstruktion finden (*Abb. 5–24*).

Aufgaben

5/28: Coulomb und Faraday hatten verschiedene Auffassungen von der Wirkung elektrischer Kräfte. Beschreiben Sie den Unterschied!

5/29: Berechnen Sie die Kraft, mit der sich zwei gleichgeladene Körper mit der Ladung a) $Q = 3{,}5 \cdot 10^{-5}$ C im Abstand $r = 12$ cm, b) $Q = 1$ C im Abstand $r = 1$ m abstoßen.

5/30: Zwei gleiche Ladungen stoßen sich im Abstand $d = 20$ cm mit einer Kraft $F = 1{,}5 \cdot 10^{-2}$ N ab. Wie groß sind die Ladungen?

5/31: Der Abstand zwischen Proton und Elektron im Wasserstoffatom beträgt $d = 10^{-10}$ m. Das Proton trägt die Ladung $Q = 1{,}6 \cdot 10^{-19}$ C, das Elektron hat eine gleiche negative Ladung.

a) Wie groß ist die Coulomb-Kraft, mit der sich die beiden Teilchen anziehen?
b) Wie groß ist die Gravitationskraft zwischen den beiden Teilchen? ($m_p = 1{,}7 \cdot 10^{-27}$ kg, $m_e = 9{,}1 \cdot 10^{-31}$ kg)
c) In welchem Verhältnis stehen elektrostatische Anziehungskraft und Gravitationskraft? Hängt das Verhältnis vom Abstand der Teilchen ab?

5/32: 2 m von einer Ladung $Q_1 = 3 \cdot 10^{-9}$ C entfernt befindet sich eine Ladung $Q_2 = -2 \cdot 10^{-9}$ C. Wie groß ist die elektrische Feldstärke im Mittelpunkt der Verbindungslinie zwischen beiden Ladungen?

5/33: Begründen Sie die Festigkeit des abgebildeten Ionengitters.

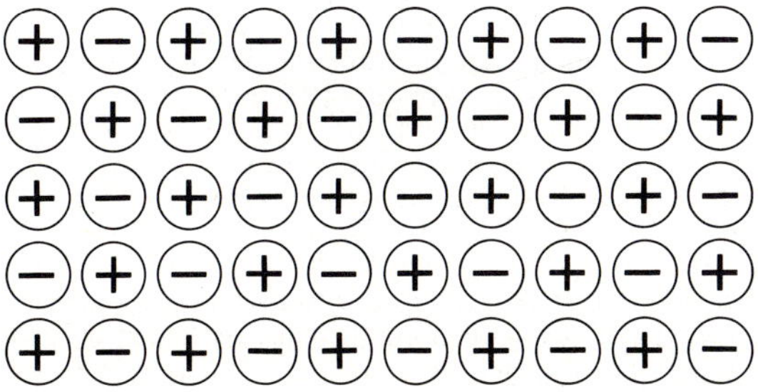

***5/34:** Zwei Punktladungen $Q_1 = +2$ C und $Q_2 = +8$ C haben den Abstand $d = 1$ m. In welchem Punkt ist die Feldstärke Null?

***5/35:** Zwei Punktladungen $Q_1 = 1$ C und $Q_2 = -1$ C sind im Abstand 2 cm starr miteinander verbunden; sie bilden einen elektrischen „Dipol". Der Dipol liege in einem rechtwinkligen Koordinatensystem auf der *y*-Achse punktsymmetrisch zum Ursprung; Q_1 liege im Punkt (0 | 1 cm).
Bestimmen Sie die Koordinaten und den Betrag des elektrischen Feldstärkevektors $\vec{E}$ in den Punkten P_0 (0 | 0), P_1 (1 cm | 0), P_2 (− 1 cm | 0), P_3 (0 | 2 cm) und P_4 (1 cm | 1 cm).

***5/36:** In der Anordnung von *Aufg. 5/35* befinde sich ein zweiter gleicher Dipol Q_3Q_4, und zwar liege die positive Ladung Q_3 im Punkt (10 cm | − 1 cm) und die negative Ladung Q_4 im Punkt (10 cm | 1 cm).

a) Ziehen sich die Dipole an? Begründen Sie Ihre Antwort.
b) Berechnen Sie die wirkenden Kräfte, und vergleichen Sie die Kräfte zwischen den Dipolen mit den Kräften zwischen den Punktladungen.
c) Die Kraft zwischen den Dipolen nennt man „kurzreichweitig". Begründen Sie diese Bezeichnung.

***5/37:** An einer Ecke eines Rechtecks mit den Kantenlängen $a = 2$ cm und $b = 4$ cm befindet sich eine elektrische Punktladung $Q_1 = 3 \cdot 10^{-8}$ C, an der diagonal gegenüberliegenden Ecke eine Punktladung $Q_2 = -4 \cdot 10^{-8}$ C.
Wie groß ist die elektrische Feldstärke E an den beiden anderen Ecken des Rechtecks?

***5/38:** Wie ändert sich die Feldliniendichte, wenn man die Ladung einer Kugel verdreifacht?

5.3.5 Der elektrische Fluß und der Gaußsche Satz

Feldlinienbilder beschreiben durch den Verlauf der Feldlinien die Richtung elektrostatischer Kräfte, die das Feld auf in ihm befindliche geladene Körper ausübt. Im vorhergehenden Abschnitt (*5.3.4*) haben wir erkannt, daß Feldlinienbilder auch **quantitativ** gedeutet werden können, daß sie also nicht nur Aussage über die **Richtung** des Feldes machen, sondern auch über seine **Stärke:** Die Dichte der Feldlinien ist ein Maß für die Stärke des Feldes, d. h. für den Betrag des Feldstärkevektors $\vec{E}$.
Nicht nur die Richtung der Feldlinien soll daher für unsere weiteren Betrachtungen eine Rolle spielen, sondern auch die Anzahl der Linien, die ein vorgegebenes Flächenstück durchsetzen. Wir sprechen von dem eine Fläche durchsetzenden „elektrischen Fluß". Die elektrische Feldstärke ist dann interpretierbar als Dichte des elektrischen Flusses.
Wir werden den elektrischen Fluß als physikalische Größe mit dem Symbol Ψ systematisch einführen und dann erkennen, daß diese Größe uns dazu verhilft, einen quantitativen Zusammenhang zwischen dem elektrischen Feld und den Quellen des Feldes, also den felderzeugenden Ladungen, herzustellen.
Zum besseren Verständnis dieser neuen Größe stelle man sich Wasser vor, das mit einer Geschwindigkeit $\vec{v}$ (gemessen z. B. in cm/s) fließt. Durch eine senkrecht dazu stehende Fläche A (*Abb. 5–25a*) fließt dann pro Sekunde die Wassermenge $v\,A$ (z. B. in cm^3/s). Das Produkt $v\,A$ wird der **Fluß** durch die Fläche A genannt.
Bei einer um den Winkel φ zur Geschwindigkeitsrichtung geneigten Fläche A wird deren Projektion $A_n = A \cos\varphi$ von den v-Linien senkrecht durchsetzt; der Fluß ergibt sich zu $v\,A \cos\varphi = v\,A_n$ (*Abb. 5–25c*).
Ordnet man dem ebenen Flächenstück A den Vektor $\vec{A}$ derart zu, daß dessen Betrag durch die Größe des Flächen-

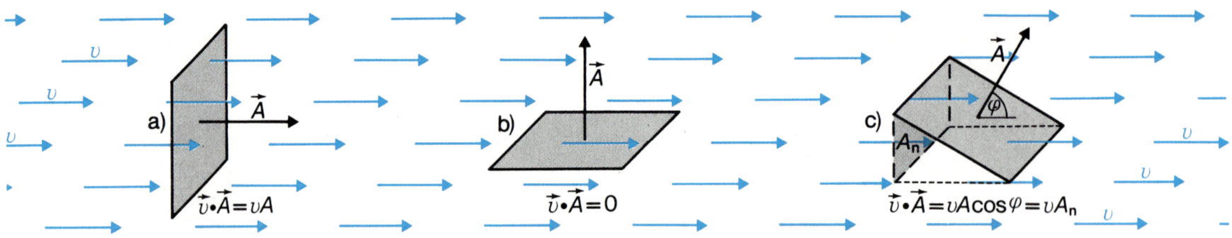

Abb. 5–25: Der Fluß $v\,A_n$ ist die Flüssigkeitsmenge, die pro Zeiteinheit die Fläche A durchströmt.

stücks und dessen Richtung durch die Flächennormale gegeben ist, so läßt sich der Fluß als skalares Produkt $\vec{v}\cdot\vec{A}$ schreiben.
Auf beliebige Vektorfelder, welche physikalische Variable die Vektoren auch darstellen mögen, sind entsprechende Definitionen des Flusses anwendbar.
Es ist naheliegend, für das elektrische E-Feld einen Fluß $E\,A_n$ zu definieren. Aus Gründen, die erst im folgenden einsichtig werden, wählt man jedoch für eine derartige Definition nicht den Vektor $\vec{E}$, sondern den sich von $\vec{E}$ nur um einen konstanten Faktor unterscheidenden Vektor $\varepsilon_0\vec{E}$. Dabei ist ε_0 die im vorherigen Abschnitt (*5.3.4*) bereits eingeführte elektrische Feldkonstante. Ihr Wert ergibt sich aufgrund einer noch zu treffenden Festlegung.

Definition: Unter dem **elektrischen Fluß** Ψ durch ein Flächenstück A versteht man das Produkt aus der elektrischen Feldkonstanten ε_0, der die Fläche durchsetzenden Feldstärke E und der senkrecht zu den Feldlinien stehenden Flächenprojektion A_n:

$$\Psi = \varepsilon_0\,E A_n\,.$$

Benutzt man die vektorielle Schreibweise, so ist der elektrische Fluß in Form eines skalaren Produktes darstellbar:

$$\Psi = \varepsilon_0\,\vec{E}\cdot\vec{A}\,.$$

Die am Ende von *5.3.4* dargestellte Überlegung, daß die Flächendichte der Feldlinien ein dem Betrag der Feldstärke proportionales Maß ist ($\Psi/A_n = \varepsilon_0\,E$), führt zu einer anschaulichen Interpretation des elektrischen Flusses: Der elektrische Fluß Ψ durch eine Fläche A ist ein der Anzahl der diese Fläche durchsetzenden Feldlinien proportionales Maß.

Wenden wir uns nun der felderzeugenden Ladung zu. Man denke sich die Ladung Q von einer Kugel mit dem Radius r_1 umgeben (*Abb. 5–26*). Die Feldlinien durchsetzen die gedachte Kugeloberfläche überall senkrecht. Der elektrische Fluß durch die Kugeloberfläche ergibt sich daher zu

$$\Psi = \varepsilon_0\,E\,A = \varepsilon_0 f \frac{Q}{r_1^2}\,4\pi\,r_1^2 = 4\pi\varepsilon_0 f\,Q\,;$$

er ist unabhängig vom Kugelradius r_1, gilt also für jede beliebige die Ladung Q umschließende Kugel.

Da Ψ ein Maß für die Zahl der die Fläche durchsetzenden Feldlinien ist, heißt das, daß durch jede Kugeloberfläche dieselbe Anzahl von Feldlinien hindurchtritt – ein von der Anschauung her unmittelbar einleuchtendes Ergebnis; es wurde ja bereits vorher gesagt, daß Feldlinien nur auf Ladungen beginnen oder enden.
Das konstante Produkt $4\,\pi\,\varepsilon_0 f = c$ kann als Proportionalitätsfaktor für die Beziehung zwischen dem elektrischen Fluß Ψ und der felderzeugenden Ladung Q aufgefaßt werden. Da bei der Definition des elektrischen Flusses noch keine Festlegung des Faktors ε_0 erfolgte, kann das an dieser Stelle geschehen. Man hat sich darauf geeinigt, ε_0 so festzulegen, daß der Proportionalitätsfaktor c gleich 1 wird. Es gilt dann also:

$$4\pi\varepsilon_0 f = 1 \quad \text{oder} \quad f = \frac{1}{4\pi\varepsilon_0} \quad \text{und} \quad \Psi = Q\,.$$

Diese Festlegung haben wir bei der Formulierung des Coulombschen Gesetzes (→ *5.3.4*) bereits benutzt. Durch Kraftmessung im Radialfeld könnte man die elektrische Feldkonstante ε_0 bestimmen. Es gibt jedoch noch meßtechnisch einfachere Methoden für die ε_0-Bestimmung (→ *5.3.8*).
Der Zusammenhang zwischen dem elektrischen Fluß Ψ und der felderzeugenden Ladung Q hat durch die Festlegung für ε_0 eine sehr einfache Form erhalten:

Der von einer Ladung Q ausgehende, eine sie umschließende Kugeloberfläche durchsetzende elektrische Fluß Ψ ist gleich der Ladung Q:

$$\Psi = Q\,.$$

Die SI-Einheit des elektrischen Flusses ist $[\Psi] = 1$ C.

Dieser Satz ist nur ein Spezialfall eines viel allgemeineren grundlegenden Satzes der Elektrostatik. Ist die die Ladung Q umschließende Fläche keine Kugel und durchsetzen die Feldvektoren die geschlossene Oberfläche mit unterschiedlicher Richtung, so kann die für den elektrischen Fluß gegebene Definition nur auf Teilflächen ΔA angewandt werden, die durch Aufteilung der gekrümmten

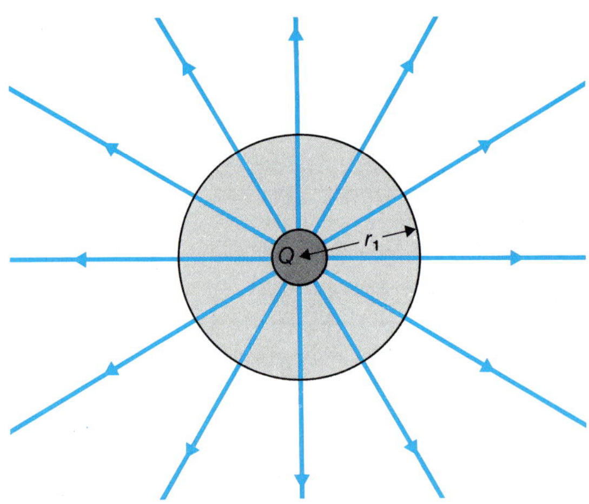

Abb. 5–26: Die von einer Punktladung ausgehenden Feldlinien schneiden die Oberfläche einer gedachten sie umschließenden Kugel.

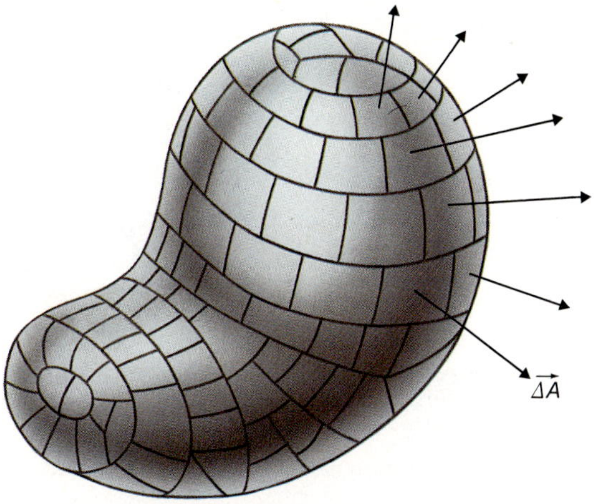

Abb. 5–27: Die geschlossene Oberfläche wird in ebene Flächenelemente ΔA aufgeteilt; ihre Richtungen sind durch die Flächenvektoren $\Delta\vec{A}$ gegeben.

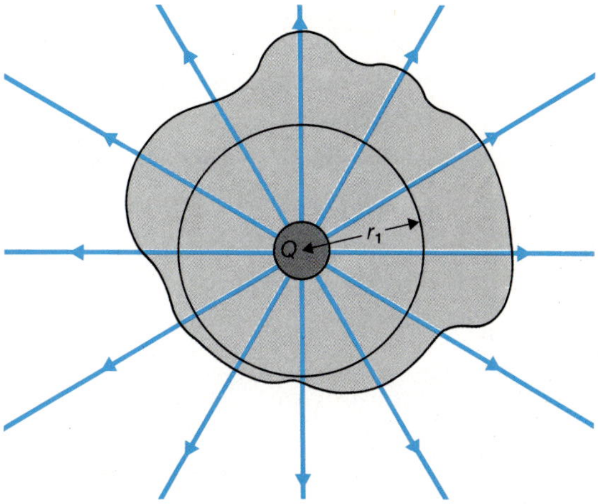

Abb. 5–28: Der von einer Punktladung Q ausgehende elektrische Fluß durch eine sie umschließende beliebig geformte Oberfläche ist gleich dem Fluß durch eine sie umschließende Kugeloberfläche.

Oberfläche genügend klein gewählt werden müssen, so daß sie angenähert als eben betrachtet werden können (*Abb. 5–27*). Für die mit i numerierte Teilfläche ergibt sich für den elektrischen Fluß $\varepsilon_0 E_i (\Delta A_i)_n$ und damit für alle N Teilflächen der Gesamtfluß ($(\Delta A_i)_n$ ist die Projektion der Teilfläche A_i senkrecht zu E_i)

$$\Psi \approx \varepsilon_0 E_1 (\Delta A_1)_n + \varepsilon_0 E_2 (\Delta A_2)_n + \ldots + \varepsilon_0 E_N (\Delta A_N)_n$$

$$= \varepsilon_0 \sum_{i=1}^{N} E_i (\Delta A_i)_n$$

$$\text{(oder vektoriell:} \quad \Psi \approx \varepsilon_0 \sum_{i=1}^{N} \vec{E}_i \cdot \Delta\vec{A}_i \text{).}$$

Den mathematisch präzisen Wert für den Fluß erhält man durch Grenzwertbildung:

$$= \lim_{N\to\infty} \varepsilon_0 \sum_{i=1}^{N} \vec{E}_i \cdot \Delta\vec{A}_i = \varepsilon_0 \int_{\substack{\text{gesamte}\\ \text{Oberfläche}}} \vec{E} \cdot d\vec{A} = \varepsilon_0 \oint \vec{E} \cdot d\vec{A}\,.$$

Es läßt sich zeigen und ist anschaulich unmittelbar einsichtig (*Abb. 5–28*), daß auch der elektrische Fluß durch eine beliebig geformte geschlossene Oberfläche gleich der eingeschlossenen Ladung Q ist:

$$\varepsilon_0 \oint \vec{E} \cdot d\vec{A} = Q \qquad \text{(Gaußscher Satz).}$$

Werden mehrere Punktladungen von der Fläche umschlossen, so ist wegen der unabhängigen Überlagerung der elektrischen Felder der Gesamtfluß gleich der gesamten eingeschlossenen Ladung:

$$\Psi_{\text{gesamt}} = \varepsilon_0 \oint \vec{E} \cdot d\vec{A} = \varepsilon_0 \oint (\vec{E}_1 + \vec{E}_2 + \ldots + \vec{E}_n) \cdot d\vec{A}$$

$$= \varepsilon_0 \oint \vec{E}_1 \cdot d\vec{A} + \varepsilon_0 \oint \vec{E}_2 \cdot d\vec{A} + \ldots + \varepsilon_0 \oint \vec{E}_n \cdot d\vec{A}$$

$$= Q_1 + Q_2 + \ldots + Q_n\,.$$

Außerhalb des umschlossenen Volumens liegende Ladungen haben auf die Größe von Ψ keinen Einfluß, denn der von ihnen ausgehende Fluß durchsetzt die Oberfläche beim Eintritt von außen nach innen und beim Austritt in umgekehrter Richtung, so daß er sich für die geschlossene Oberfläche aufhebt.

Der Satz von Gauß ist eine der vier grundlegenden Maxwellschen Gleichungen, die die gesamte elektromagnetische Theorie erfassen. Durch seine Anwendung lassen sich auf elegante Weise elektrische Felder berechnen (→ *5.3.8*).

Aufgaben

***5/39:** Welches Vorzeichen hat der elektrische Fluß Ψ um eine negative Punktladung. Begründen Sie Ihre Antwort auch mit Hilfe des skalaren Produktes.

***5/40:** In einem Würfel befindet sich ein elektrischer Dipol (zwei im Abstand a starr verbundene Punktladungen Q und $-Q$). Wie groß ist der elektrische Fluß Ψ durch die Würfeloberfläche? Was ergibt sich, wenn die Beträge der beiden Ladungen unterschiedlich groß sind? Skizzieren Sie Feldlinienbilder zur Erläuterung der Ergebnisse.

***5/41:** Eine Kugel (r = 6,2 cm) wird negativ aufgeladen ($Q = -2{,}8 \cdot 10^{-8}$ C). Berechnen Sie die elektrische Flußdichte a) auf der Kugeloberfläche, b) im Abstand a = 3,1 cm von der Oberfläche.

***5/42:** Leiten Sie mit Hilfe des Gaußschen Satzes die Feldstärke in der Umgebung einer Punktladung Q in Abhängigkeit vom Abstand r – und damit das Coulombsche Gesetz – her.

5.3.6 Influenz und Polarisation

Leiter im Feld

Versuch 5/11: Eine neutrale Metallkugel wird isoliert aufgestellt und in das Feld eines Plattenkondensators gebracht (*Abb. 5–29*). Man verbindet eine Seite der Kugel kurzzeitig mit dem Eingang des Meßverstärkers. Dann entfernt man die Kugel aus dem Feld und berührt sie nochmals mit dem Meßverstärker.

Ergebnis: Die im Feld abgeflossene Ladung ist entgegengesetzt gleich der außerhalb des Feldes abgeflossenen Ladung.

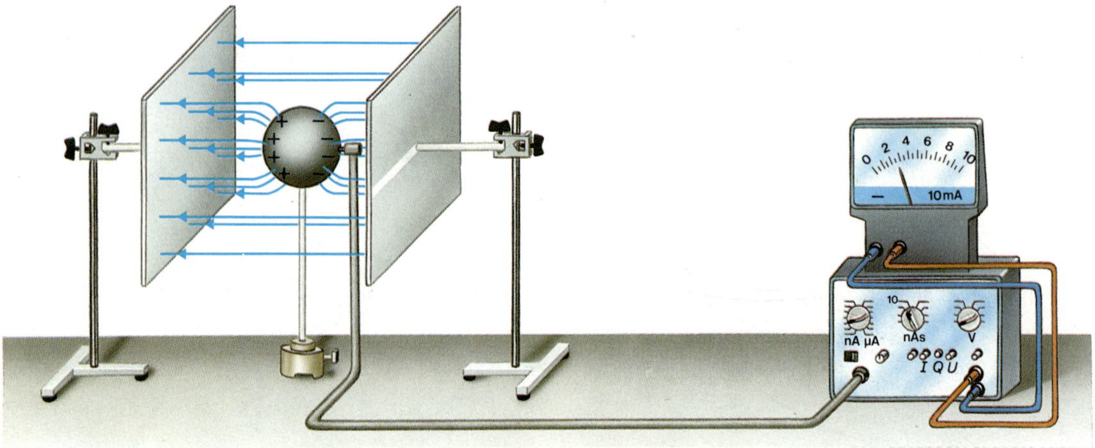

Abb. 5–29: Im elektrischen Feld werden die Ladungen der Kugel getrennt.

Versuch 5/12: Zwei auf isolierendem Stiel angebrachte Metallplatten werden neutralisiert und, sich berührend, in das Feld eines aufgeladenen Kondensators gebracht. Dort trennt man sie, führt sie getrennt heraus und mißt ihre Ladung.
Ergebnis: Die Platten sind entgegengesetzt geladen; die Beträge ihrer Ladungen sind gleich.

Deutung: Es sind keine Ladungen von außen auf die Platten (auf die Kugel) geflossen. Die gemessenen Ladungen mußten vorher bereits auf dem elektrisch neutralen Plattenpaar (auf der neutralen Kugel) vorhanden gewesen sein. Im elektrischen Feld haben sich **gebundene Ladungen** getrennt. Diesen Vorgang bezeichnet man als **Influenz.**

Alle Körper besitzen elektrische Ladungen. Wenn sich gleich große, entgegengesetzte Ladungen binden, so nennt man den Körper elektrisch neutral. Ein geladener Körper enthält dagegen einen Überschuß von positiven oder negativen Ladungen.

Definition: Die Trennung der Ladungen eines leitenden Körpers unter dem Einfluß eines elektrischen Feldes nennt man **Influenz.**

Aus der Verschiebbarkeit der Ladungen in Leitern werden weitere Aussagen über elektrostatische Felder verständlich:

Das Innere eines Leiters enthält im elektrostatischen Gleichgewicht weder ein elektrisches Feld noch überschüssige Ladungen.
Überschüssige Ladungen befinden sich nur auf der Oberfläche eines Leiters.

Begründung: Befänden sich überschüssige Ladungen im Innern, so wäre in ihrer Umgebung ein Feld vorhanden. Ein im Leiter bestehendes Feld würde Kräfte auf die überschüssigen Ladungen ausüben und diese so lange verschieben, bis keine Kräfte mehr auf sie wirken. Daß keine Kräfte wirken, bedeutet, daß kein elektrisches Feld existiert.

Sind die Enden eines Leiters mit einer Stromquelle verbunden, so besteht zwischen ihnen im Leiter ein elektrisches Feld. Dieses ist die Ursache für das Fließen von Ladung.

Feldlinien stehen bei elektrostatischem Gleichgewicht senkrecht auf Oberflächen von Leitern (*Abb. 5–18*).

Begründung: Wenn die Feldkraft $\vec{F}$ an der Leiteroberfläche eine tangentiale Komponente $\vec{F_t}$ hätte, so würde diese eine Verschiebung der Ladung bewirken. Ein elektrostatisches Gleichgewicht stellt sich erst dann ein, wenn die Kräfte senkrecht zur Oberfläche stehen (*Abb. 5–30*). Wenn alle Tangentialkomponenten gleich Null sind, stehen die Feldlinien senkrecht auf der Oberfläche.

Neutrale Körper im inhomogenen Feld

Versuch 5/13: Man bringt ein neutrales, mit einer Bronzeschicht überzogenes Styroporkügelchen in das inhomogene Feld einer aufgeladenen Kugel (*Abb. 5–31*) oder eines geriebenen Hartgummistabes.
Beobachtung: Das neutrale Probekügelchen wird von der geladenen Kugel angezogen.

Deutung: Durch Influenz werden die Ladungen auf dem Probekügelchen getrennt. Die negativen erfahren eine Kraft $\vec{F_1}$, die positiven eine Kraft $\vec{F_2}$ in entgegengesetzter Richtung. Da die beiden Influenzladungen gleich groß sind, muß wegen der Inhomogenität des Feldes $\vec{F_1}$ größer als $\vec{F_2}$ sein. Die resultierende Kraft $\vec{F_1} + \vec{F_2}$ ist daher von Null ver-

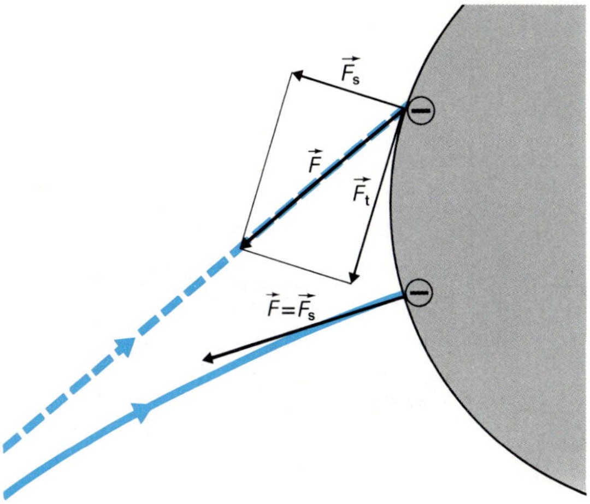

Abb. 5–30: An einer Leiteroberfläche ist die Tangentialkomponente $\vec{F}_t$ der Feldkraft gleich Null.

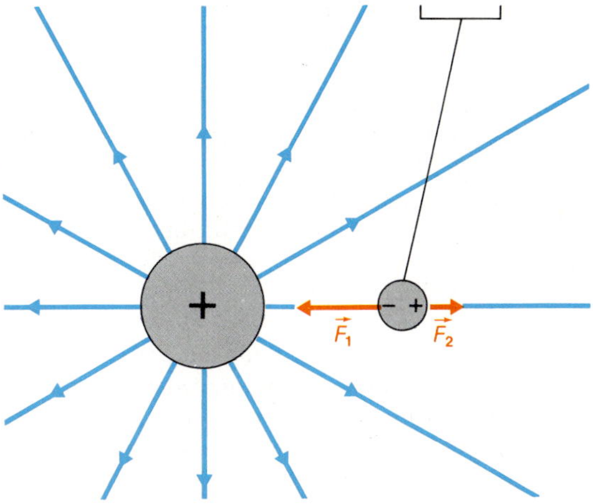

Abb. 5–31: Ein neutraler Körper wird in die Richtung wachsender Feldstärke gezogen.

schieden und zeigt in die Richtung wachsender Feldstärke.

Versuch 5/14: Der *Versuch 5/13* wird wiederholt; als Probekörper nimmt man jedoch einen Isolator (z. B. Holundermarkkügelchen, Styroporkügelchen, Papierhütchen).

Beobachtung: Auch Körper aus isolierendem Material werden angezogen.

Deutung: Da auf isolierenden Körpern eine freie Verschiebung der Ladung nicht möglich ist, kann diese Beobachtung nicht mit Influenz gedeutet werden. Aber die miteinander (im Atom oder im Molekül) gebundenen Ladungen richten sich unter dem Einfluß des Feldes aus (*Abb. 5–32*). Dadurch entstehen an den Außenflächen (wie beim Leiter durch Influenz) Flächenladungen. Auf sie übt das Feld verschieden große Kräfte aus. Diesen Vorgang bezeichnet man als **elektrische Polarisation.**

Definition: Die unter dem Einfluß eines elektrischen Feldes in den Molekülen von Isolatoren auftretende Ladungsausrichtung heißt **elektrische Polarisation.**

Ergebnis: Im inhomogenen elektrischen Feld wirkt auf neutrale Körper eine Kraft in Richtung wachsender Feldstärke.

Aufgaben

5/43: Erklären Sie die Abschirmwirkung der Drahthaube in *Abb. 5–16*.

5/44: In einem isoliert aufgestellten Faraday-Käfig hängt eine mit der Ladung Q aufgeladene Kugel, ohne ihn zu berühren. Wie kann man Q messen, ohne Zugang in das Innere des Käfigs zu haben? Begründen Sie das Verfahren!

5/45: Zwei negativ geladene Körper können einander anziehen. Unter welcher Voraussetzung ist das möglich?

5/46: Welche Unterschiede bestehen zwischen elektrostatischen Feldern und Gravitationsfeldern?

***5/47:** Mit zwei an Isolierstielen gehaltenen Metallplatten gleicher Form und Größe lassen sich der die Platten durchsetzende elektrische Fluß Ψ eines homogenen elektrischen Feldes und damit auch die Feldstärke E experimentell bestimmen. Beschreiben und begründen Sie das Meßverfahren.

***5/48:** Im Mittelpunkt einer metallischen Hohlkugel befindet sich eine Punktladung $+Q$. Auf die Oberfläche der Kugel wird von außen ebenfalls die Ladung $+Q$ aufgebracht.
Welche Ladung befindet sich a) auf der inneren Wandfläche der Hohlkugel und b) auf ihrer Oberfläche?
Wie groß ist der elektrische Fluß durch eine geschlossene Fläche, die c) die Hohlkugel und d) nur die im Mittelpunkt befindliche Punktladung umgibt?

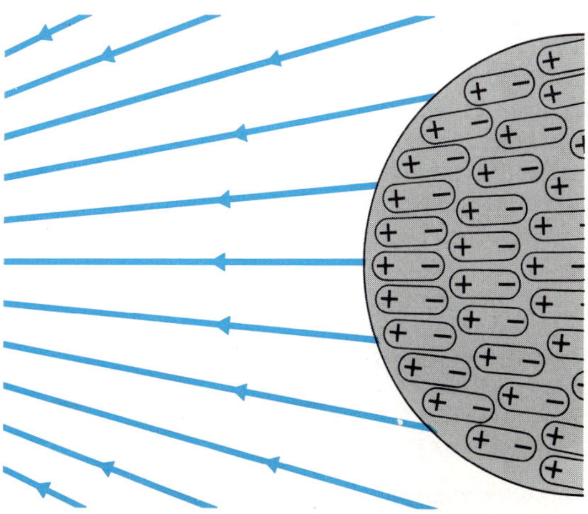

Abb. 5–32: Die nicht verschiebbaren gebundenen Ladungen in Nichtleitern richten sich unter dem Einfluß eines elektrischen Feldes aus.

5.3.7 Elektrisches Potential und elektrische Spannung

In *Abschnitt 5.1.1* wurde aufgrund der Gleichung $U = P/I$ die elektrische Spannung interpretiert als „Leistungsfähigkeit des Stromes". Die Erweiterung dieser Gleichung mit der Zeit t führt zu einer Interpretation des Spannungsbegriffs im elektrostatischen Feld:

$$U = \frac{P\,t}{I\,t} = \frac{W}{Q}.$$

Die Spannung ist „Arbeitsfähigkeit der Ladung".
Zur Präzisierung dieser Interpretation soll zunächst nach der Arbeit gefragt werden, die man bei der Bewegung eines geladenen Probekörpers im elektrischen Feld verrichten muß.

Arbeit im elektrischen Feld

Zu Beginn soll das homogene Feld zwischen zwei großen Platten untersucht werden.

Versuch 5/15: In das Feld zwischen zwei großen geladenen Platten wird eine leichte Kugel gehängt und dann positiv geladen.
Beobachtung: Die geladene Kugel wird in Richtung auf die negative Platte beschleunigt. Es wird Beschleunigungsarbeit an der Kugel verrichtet; die Kugel gewinnt kinetische Energie.

Die Beschleunigung der Kugel läßt sich durch die Einwirkung der Feldkraft

$$\vec{F}_{el} = Q\vec{E}$$

erklären.
Soll die Kugel zwischen den Platten in Ruhe bleiben, so muß man eine Kraft $\vec{F}_a$ von außen auf die Kugel ausüben, die entgegengerichtet gleich der Feldkraft $\vec{F}_{el}$ ist:

$$\vec{F}_a = -\vec{F}_{el}.$$

Die äußere Kraft $\vec{F}_a$ ist bei einer aufgehängten Pendelkugel als Komponente der Gewichtskraft $\vec{G}$ gegeben (*Abb. 5–33*). Wird die geladene Kugel im homogenen elektrischen Feld zwischen den Platten gleichförmig gegen das Feld bewegt, so wird eine Arbeit verrichtet, deren Betrag sich berechnet zu

$$W = F_a\,s = F_{el}\,s\,.$$

Dabei ist s der unter dem Einfluß von $\vec{F}_a$ zurückgelegte Weg in Richtung von $\vec{F}_a$ (*Abb. 5–34*).
Die verrichtete Arbeit läßt sich durch die Feldstärke E ausdrücken:

$$W = Q\,E\,s\,.$$

Bewegt man insbesondere den geladenen Probekörper von einem Punkt P_0 der negativen Platte zu dem gegenüberliegenden Punkt P_1 der positiven Platte und ist d der Plattenabstand, so erhält man

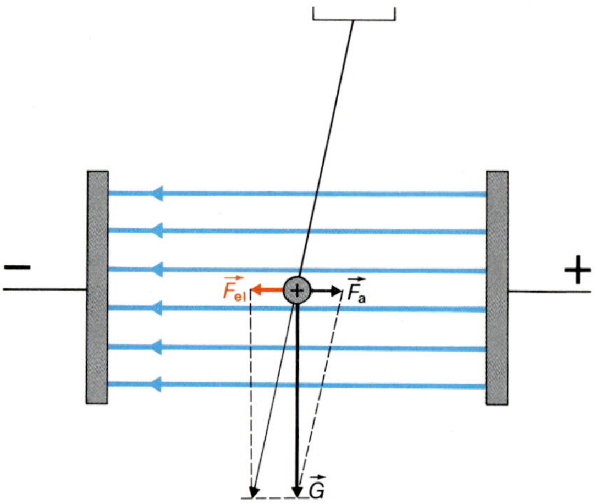

Abb. 5–33: Die Kraft $\vec{F}_{el}$, die das elektrische Feld auf die geladene Kugel ausübt, wird durch die Kraft $\vec{F}_a$ kompensiert. Die äußere Kraft $\vec{F}_a$ ist bei einer an einem Faden aufgehängten Kugel als Komponente der Gewichtskraft $\vec{G}$ gegeben.

$$W_{01} = Q\,E\,d\,.$$

Die gleiche Arbeit ist zu verrichten, wenn der Körper vom Punkt P_0 zu einem anderen Punkt P_2 auf der gegenüberliegenden Platte gebracht wird (*Abb. 5–35*); denn nach der aus der Mechanik bekannten Definition ist die verrichtete Arbeit gleich dem Produkt aus dem Betrag der Kraft, dem Betrag des Weges und dem Cosinus des von Kraft und Weg eingeschlossenen Winkels (→ *1.3.1*):

$$\begin{aligned} W_{02} &= F_a\,s\cos\varphi \\ &= F_a\,d \\ &= Q\,E\,d\,. \end{aligned}$$

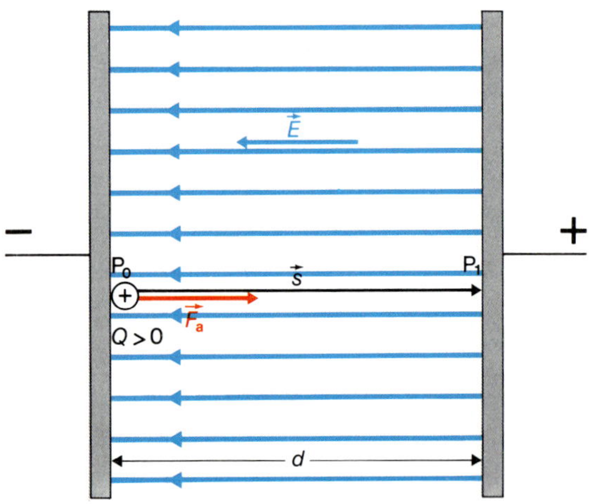

Abb. 5–34: Die Kugel wird von P_0 nach P_1 bewegt. Die dabei verrichtete Arbeit ist $W = Q\,E\,d$.

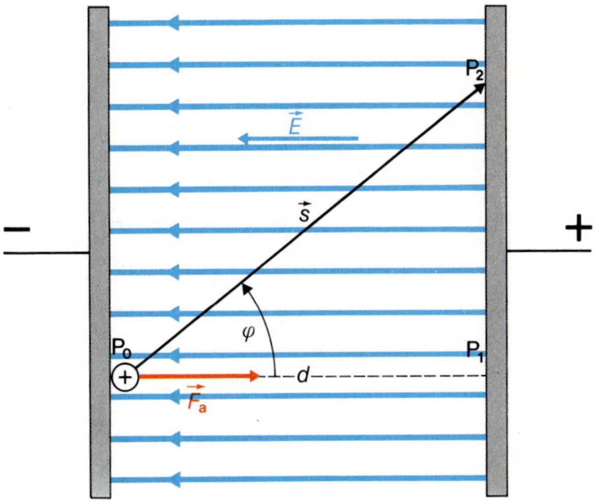

Abb. 5–35: Bei der Bewegung der Kugel von P_0 zu einem anderen Punkt P_2 der anderen Platte wird die gleiche Arbeit $W = Q\,E\,d$ verrichtet wie bei der Bewegung nach P_1.

Aus dieser Herleitung läßt sich schließen: Für die Überführung zu jedem Punkt P_i der positiven Platte ergibt sich die gleiche Arbeit W_{0i}.
Auf dieselbe Weise läßt sich die Arbeit berechnen, die zu verrichten ist, um den Körper von P_0 zu einem beliebigen Punkt P_i des homogenen Feldes zu transportieren (*Abb. 5–36*). Ist der Abstand des Punktes P_i von der Platte, auf der P_0 liegt, gleich a, so gilt:

$$\begin{aligned} W_{0i} &= F_a\,s\cos\varphi \\ &= F_a\,a \\ &= Q\,E\,a\,. \end{aligned}$$

Allgemein können wir sagen:

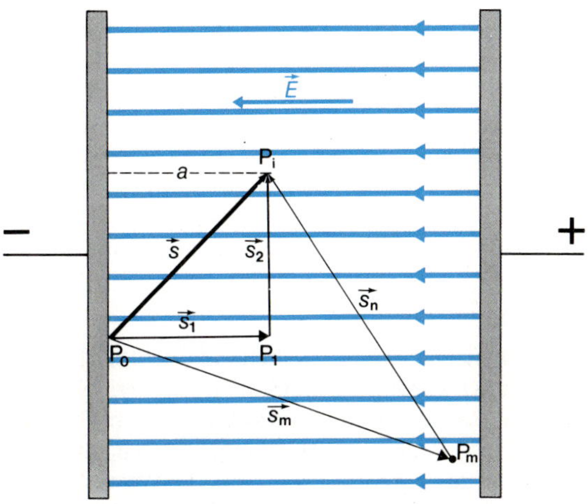

Abb. 5–36: Bewegt man einen geladenen Körper von P_0 nach P_i, so ist die verrichtete Arbeit unabhängig vom eingeschlagenen Weg.

Transportiert man eine Ladung Q längs eines Weges $\vec{s}$ gegen die Feldlinienrichtung eines homogenen elektrischen Feldes der Feldstärke $\vec{E}$, so ist die verrichtete Arbeit gleich dem Produkt aus der Ladung, dem Betrag der Feldstärke und dem Betrag der Wegkomponente in Richtung des Feldes:

$$W = Q\,E\,a\,.$$

Dabei kann der Probekörper positiv ($Q > 0$) oder negativ ($Q < 0$) geladen sein. Im ersten Fall ist die Arbeit W positiv, d. h. es muß Arbeit aufgewendet werden. Im zweiten Fall wird W negativ, d. h. bei der Bewegung des Körpers wird Arbeit gewonnen. Ist die Wegkomponente nicht gegen, sondern ebenso wie $\vec{E}$ gerichtet, so gilt diese Aussage entsprechend mit entgegengesetztem Vorzeichen: $W = -\,Q\,E\,a$.
Wenn man den geladenen Probekörper auf dem in *Abb. 5–36* dargestellten Umweg über P_1 transportiert, erhält man den gleichen Betrag für die aufzuwendende Arbeit:

$$\begin{aligned} W_{0i} &= W_{01} + W_{1i} \\ &= Q\,E\,s_1\cos 0° + Q\,E\,s_2\cos 90° \\ &= Q\,E\,a\,. \end{aligned}$$

Bewegt man die Ladung auf einem beliebigen krummlinigen Weg von P_0 nach P_1 (*Abb. 5–37*), so führt eine entsprechende Überlegung zu demselben Ergebnis: Man teilt den Weg in kleine Abschnitte, die angenähert geradlinig verlaufen, und ersetzt jeden Abschnitt durch die beiden Wegstücke parallel und senkrecht zu den Feldlinien.
Damit wurde gezeigt:

Will man im homogenen elektrischen Feld einen geladenen Probekörper von einem Punkt P_0 zu einem Punkt P_i bringen, so ist die zu verrichtende Arbeit unabhängig von dem eingeschlagenen Weg.

Bei der Einführung der **mechanischen** Arbeit wurde bereits deutlich, daß mit Hilfe der Vektoralgebra der Sachverhalt angemessener beschrieben werden kann (→ *1.3.2*). Die Arbeit wurde dort als skalares Produkt von Kraft und Weg

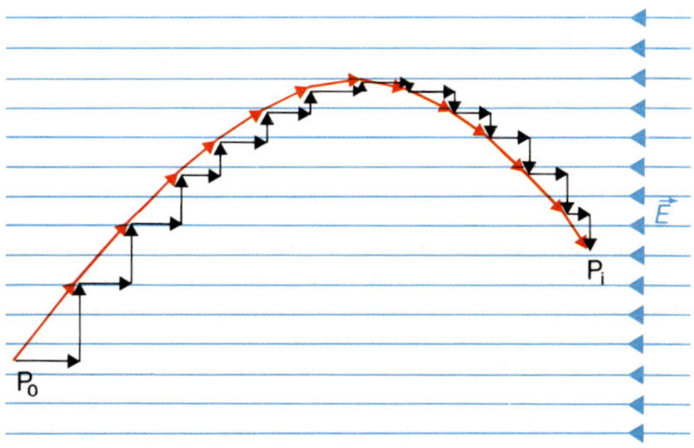

Abb. 5–37: Ein krummliniger Weg im elektrischen Feld wird in kleine, angenähert geradlinige Wegstücke aufgeteilt.

definiert. Mit **einer** Gleichung können auch für die **elektrische** Arbeit alle Fälle erfaßt werden (Ladung positiv oder negativ; Bewegung in Feldrichtung, gegen die Feldlinien oder senkrecht zu ihnen): $W = \vec{F_a} \cdot \vec{s}$ und wegen $\vec{F_a} = -\vec{F_{el}}$:

$$W = -Q\vec{E} \cdot \vec{s}.$$

Die Unabhängigkeit der verrichteten Arbeit von dem durchlaufenen Weg ergibt sich durch einfache Rechnung (*Abb. 5–36*):

$$\begin{aligned} W_{0i} &= W_{01} + W_{1i} \\ &= -Q\vec{E} \cdot \vec{s_m} - Q\vec{E} \cdot \vec{s_n} \\ &= -Q\vec{E} \cdot (\vec{s_m} + \vec{s_n}) \\ &= -Q\vec{E} \cdot \vec{s}. \end{aligned}$$

Das Potential

Jeder Punkt P_i des elektrischen Feldes ist also gekennzeichnet durch die Arbeit, die man benötigt, um einen geladenen Körper von P_0 nach P_i zu bringen. Teilt man die Überführungsarbeit W_{0i} durch die Ladung Q, so ist diese Kennzeichnung des Punktes P_i von der Ladung, die bewegt wird, unabhängig:

$$\frac{W_{0i}}{Q} = E\,a\,.$$

Auf diese Weise läßt sich jedem Punkt P_i des Feldes ein Wert des Quotienten W_{0i}/Q zuordnen. Man kann den Quotienten als neue Größe einführen, die das elektrische Feld in jedem Punkt beschreibt. Man bezeichnet diese Größe als das elektrische **Potential** und verwendet dafür den Buchstaben V.

Definition: Das elektrische Potential V_{0i} eines Punktes P_i (in bezug auf P_0) im elektrischen Feld ist der Quotient aus der Arbeit W_{0i}, die man verrichten muß, um einen geladenen Probekörper vom Punkt P_0 nach P_i zu bringen, und seiner Ladung Q:

$$V_{0i} = \frac{W_{0i}}{Q}.$$

Das Potential ist wie die Arbeit eine skalare Größe. Aus der Definition ergibt sich die SI-Einheit als

$$[V] = 1\frac{\text{J}}{\text{C}}.$$

Ersetzt man in dieser Definition die Ladung Q des Probekörpers durch seine Masse m, so ergibt sich die Potentialdefinition für das Gravitationsfeld (→ *2.2.2*).

Die Punkte, die den gleichen Abstand a von der Platte des Bezugspunktes haben, besitzen das gleiche Potential. In homogenen Feldern liegen alle Punkte gleichen Potentials auf parallelen Ebenen. Diese Ebenen werden **Äquipotentialflächen** genannt. In *Abb. 5–38* ist der Potentialverlauf für das homogene Feld eines Plattenkondensators mit der Feldstärke E = 5000 N/C und dem Plattenabstand d = 5 cm im Querschnitt dargestellt.

Den in der Definition genannten Punkt P_0 bezeichnet man als den Bezugspunkt für das Potential. Dieser Bezugspunkt braucht nicht unbedingt auf der

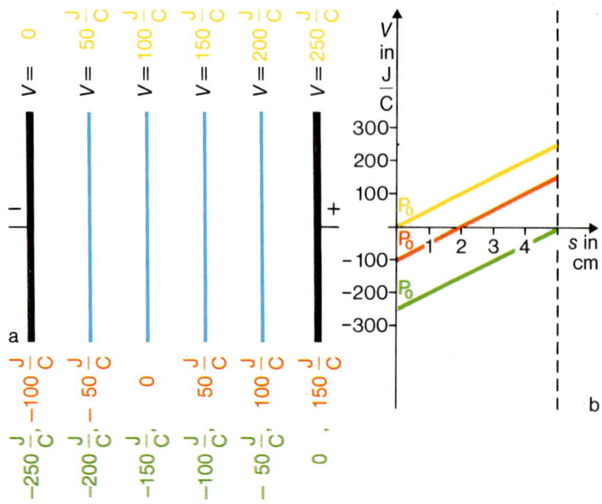

Abb. 5–38: Der Potentialverlauf im homogenen Feld eines Plattenkondensators. a) Ebener Schnitt durch die Potentialflächen, b) Darstellung der Funktion $V = V(s)$; die Lage der Geraden hängt von der Wahl des Punktes P_0 ab.

negativen Platte zu liegen. Man kann ihn beliebig wählen und bekommt für jede Lage des Bezugspunktes andere Potentiale für die Feldpunkte.

Die Bedeutung der Feldbeschreibung durch das Potential liegt darin, daß man mit Hilfe der Potentialwerte sehr leicht die Arbeit berechnen kann, die man bei der Bewegung eines geladenen Körpers verrichten muß. Soll der Körper von P_0 nach P_1 gebracht werden, so ist die erforderliche Arbeit

$$W_{01} = Q\,V_{01}\,.$$

Auch die Arbeit bei der Bewegung von P_1 nach P_2 läßt sich mit den Potentialen berechnen.

Man bestimmt zunächst die Arbeit W_{02} bei der Bewegung von P_0 nach P_2 und dann die Arbeit W_{01} bei der Bewegung von P_0 nach P_1 (*Abb. 5–39*). Die Differenz $W_{02} - W_{01}$ ist gleich der gesuchten Arbeit von P_1 nach P_2. Man erhält:

$$W_{12} = Q\,V_{02} - Q\,V_{01} = Q\,(V_{02} - V_{01}).$$

Die Arbeit bei der Bewegung eines Körpers mit der Ladung Q von P_1 nach P_2 ist gleich dem Produkt aus der Ladung des Körpers und der Differenz der Potentiale der beiden Punkte. Die Potentialdifferenz ist unabhängig von der Wahl des Bezugspunktes P_0.

Elektrische Spannung

Das Potential des elektrischen Feldes ist theoretisch eingeführt worden. Es bleibt die Frage, wie man das Potential eines Punktes P_i experimentell bestimmen kann. Im folgenden soll gezeigt werden, daß eine Messung des Potentials auf einfache Weise möglich ist, da ein Zusammenhang mit der schon bekannten und gut meßbaren elektrischen Spannung besteht. Man betrachtet den Ausschnitt eines Leiters, der an

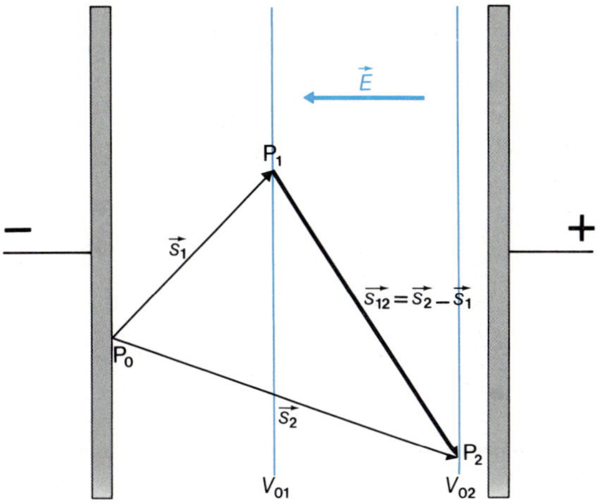

Abb. 5–39: Die Arbeit, die man bei der Bewegung des geladenen Körpers von P_1 nach P_2 verrichtet, läßt sich aus der Differenz der Potentiale berechnen.

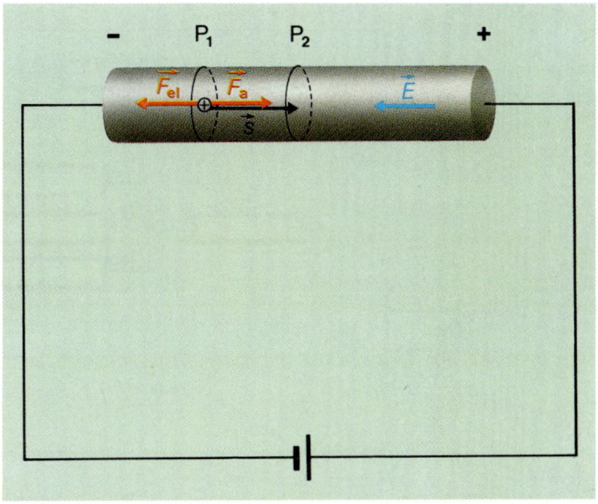

Abb. 5–40: Zur Berechnung der Arbeit, die der fließende Strom verrichtet, benötigt man die Potentialdifferenz zwischen P_2 und P_1.

eine elektrische Energiequelle angeschlossen ist und in dem daher ein elektrisches Feld besteht. Die Querschnittsflächen des Leiters sind Äquipotentialflächen (*Abb. 5–40*).
Um ein positiv geladenes Teilchen von der Äquipotentialfläche bei P_1 zur Äquipotentialfläche bei P_2 zu bewegen, ist die Arbeit

$$W_{12} = Q\,(V_{02} - V_{01})$$

erforderlich. Bewegt sich das Teilchen von P_2 nach P_1 unter dem Einfluß der Feldkraft zurück, so wird die gleiche Arbeit wieder frei. Die Energiezunahme des Teilchens bei der Hinbewegung wird bei der Rückbewegung wieder abgegeben. Eine Potentialdifferenz im Leiter bewirkt eine Bewegung von geladenen Teilchen.
Die Bewegung von geladenen Teilchen durch den Leiter stellt einen elektrischen Strom dar. Es wurde also die vom Strom verrichtete Arbeit durch die Ladung Q der hindurchwandernden Teilchen und durch die Potentialdifferenz zwischen P_2 und P_1 ausgedrückt. Diese Arbeit läßt sich aber auch durch die elektrische **Spannung** U zwischen P_1 und P_2 angeben.
Man definiert die Spannung als Potentialdifferenz:

Definition: Die Spannung U zwischen den Punkten P_1 und P_2 ist gleich der Differenz ihrer Potentiale:

$$U = V_{02} - V_{01}\,.$$

Die Spannung hat die SI-Einheit

$$[U] = 1\,\frac{\mathrm{J}}{\mathrm{C}} = 1\,\frac{\mathrm{J}}{\mathrm{As}}$$

oder abgekürzt 1 V (Volt), nach Alessandro VOLTA, also die gleiche Einheit wie das Potential. Das Potential läßt sich daher auch in der Einheit Volt angeben.
Aus diesem Zusammenhang wird deutlich, daß man immer nur von der Spannung zwischen zwei Punkten sprechen kann. Man sollte noch genauer von der Spannung des Punktes P_2 gegenüber dem Punkt P_1 sprechen. Dann erhält man für die Spannung ein Vorzeichen: Die Spannung von P_2 gegenüber P_1 ist positiv, wenn P_2 ein höheres Potential besitzt. Sonst ist sie negativ, oder, wenn die Punkte gleiches Potential besitzen, auch Null.
Aus $W = Q\,\Delta V = Q\,U$ ergibt sich für konstante Stromstärke mit $Q = I\,t$ die von der Sekundarstufe I her bekannte Beziehung für die Stromarbeit

$$W = U\,I\,t\,.$$

Von praktischer Bedeutung ist der Zusammenhang zwischen Spannung und Potential insofern, als man nun Potentialdifferenzen mit Spannungsmeßgeräten messen kann. Die meisten Spannungsmesser beruhen darauf, daß die Stromstärke in einem Leiter der Spannung an seinen Enden direkt proportional ist (Ohmsches Gesetz). Man kann also Strommesser auch als Spannungsmesser verwenden.
Es gibt aber auch Spannungsmesser, in denen kein Strom fließt. Man nennt sie statische Voltmeter; ein Beispiel ist das aus dem Elektroskop entwickelte Elektrometer. Quasistatisch arbeiten Meßgeräte, die einen so großen Innenwiderstand haben, daß nur ein vernachlässigbar kleiner Strom fließt. Ein Beispiel ist der Meßverstärker. Mit solchen Spannungsmessern läßt sich auch die Potentialdifferenz zwischen zwei Punkten eines elektrischen Feldes ausmessen.
Im homogenen Feld kann man durch eine Span-

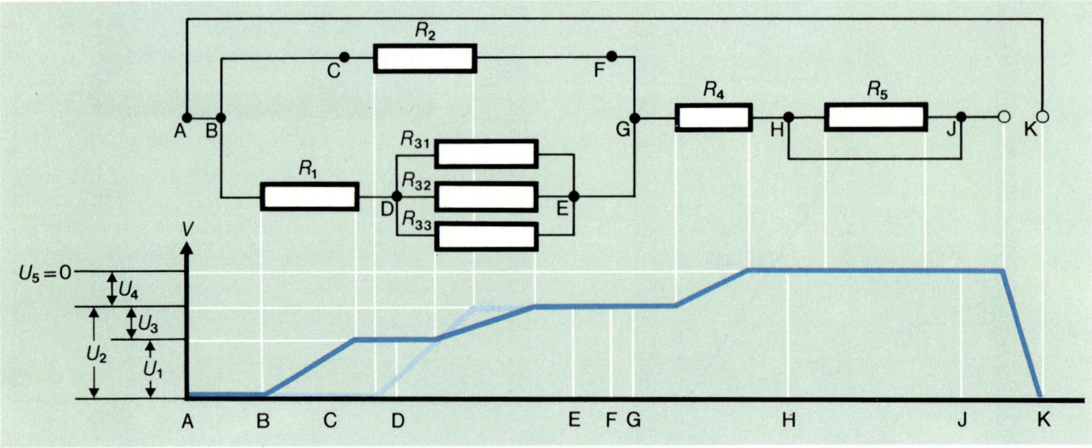

Abb. 5–41: Der Potentialverlauf in einem geschlossenen Stromkreis. U_i gibt die Spannung zwischen den Endpunkten von R_i an.

nungsmessung die Feldstärke E bestimmen. Beim Plattenkondensator ergibt sich für die positive Platte die Potentialdifferenz $V_{02} = E\, d$. Diese Potentialdifferenz ist als Spannung U zwischen den Platten meßbar. Daraus ergibt sich:

Liegt an einem Plattenkondensator mit dem Plattenabstand d die Spannung U, so hat das homogene Feld in seinem Innern die Feldstärke

$$E = \frac{U}{d}.$$

Bei geschlossenen Stromkreisen läßt sich der Spannungsabfall über die Widerstände als Potentialdifferenz darstellen (*Abb. 5–41*). Man gibt dem Erdpotential den Wert Null. Erdet man irgendeinen Punkt des Schaltkreises (Netzwerkes), so fließt zwischen diesem Punkt und Erde kein Strom. Die Verbindungsdrähte werden als widerstandslos betrachtet; d. h., die Punkte A, B und C oder H und I in *Abb. 5–41* liegen jeweils auf gleichem Potential. An R_5 liegt also keine Spannung (Potentialdifferenz); es fließt kein Strom durch R_5.

Potential im inhomogenen Feld

Das elektrische Potential wurde bisher nur für den Sonderfall des homogenen Feldes eingeführt. Die Definition ist jedoch so allgemein gehalten, daß sie sich auf andere Felder übertragen läßt.

Im allgemeinen ist auf dem Weg von P_0 nach P_1 die Feldstärke $\vec{E}$ im Gegensatz zum homogenen Feld des Plattenkondensators nicht konstant. Zur Berechnung der Überführungsarbeit teilt man den Weg von P_0 nach P_1 in n kleine Wegstücke $\overrightarrow{\Delta s_i}$ (*Abb. 5–42*). Für jedes Intervall $\overrightarrow{\Delta s_i}$ nimmt man die Feldstärke $\vec{E_i}$ als konstant an und erhält für dieses Wegstück die Teilarbeit

$$\Delta W_i = -Q\, \vec{E_i} \cdot \overrightarrow{\Delta s_i}.$$

Die gesamte Arbeit bei der Bewegung der Ladung vom Punkt P_0 zum Punkt P_1 ergibt sich durch Addition der Teilarbeiten und anschließende Grenzwertbildung:

$$W_{01} = \lim_{n\to\infty} \sum_{i=1}^{n} (-Q\vec{E}_i \cdot \overrightarrow{\Delta s_i})$$

$$= -Q \int_{P_0}^{P_1} \vec{E} \cdot \vec{ds}.$$

Auch hier gilt, daß die Arbeit nur von dem Feld und vom Anfangs- und Endpunkt der Bewegung abhängt, nicht aber von dem Weg, auf dem der Probekörper von P_0 nach P_1 gebracht wird. Diese Unabhängigkeit vom Weg ist für zwei besondere Wege sofort einzusehen. Auf den beiden Kreisbögen P_0A und BP_1 ist die Arbeit Null, da $\vec{E}$ und $\overrightarrow{\Delta s}$ senkrecht aufeinander stehen (*Abb. 5–43*). Die Arbeit auf den gleichlangen Wegen $\overline{AP_1}$ und $\overline{P_0B}$ ist wegen der radialen Symmetrie gleich groß. Daher sind die Arbeiten auf beiden Wegen über A und B gleich. Jeden anderen Weg kann man in Teilabschnitte zerlegen, die jeweils senkrecht oder parallel zu den Feldlinien laufen. Daraus wird verständlich, daß für alle Wege die gleiche Arbeit verrichtet werden muß. Ganz analoge Überlegungen wurden bereits in → *2.2.2* über das Gravitationsfeld angestellt (vgl. *Abb. 2–21*).

Legt man P_0 als Bezugspunkt für das gesamte Feld fest, so hat der Quotient W_{01}/Q für jeden Punkt P_1 des Feldes einen bestimmten Wert. Dieser Wert ist das Potential des Punktes P_1.

Das Potential im Punkt P_1 eines elektrischen Feldes ist gegeben durch

$$V_{01} = \frac{W_{01}}{Q} = -\int_{P_0}^{P_1} \vec{E} \cdot \vec{ds}.$$

Dabei ist P_0 als Bezugspunkt mit Potential Null festgelegt.

Die Spannung U eines Punktes P_2 gegenüber dem Punkt P_1 ergibt sich als Differenz der Potentiale in diesen Punkten:

$$U = V_{02} - V_{01} = -\int_{P_0}^{P_2} \vec{E} \cdot \vec{ds} + \int_{P_0}^{P_1} \vec{E} \cdot \vec{ds}$$

$$= -\int_{P_1}^{P_0} \vec{E} \cdot \vec{ds} - \int_{P_0}^{P_2} \vec{E} \cdot \vec{ds}$$

$$U = -\int_{P_1}^{P_2} \vec{E} \cdot \vec{ds}.$$

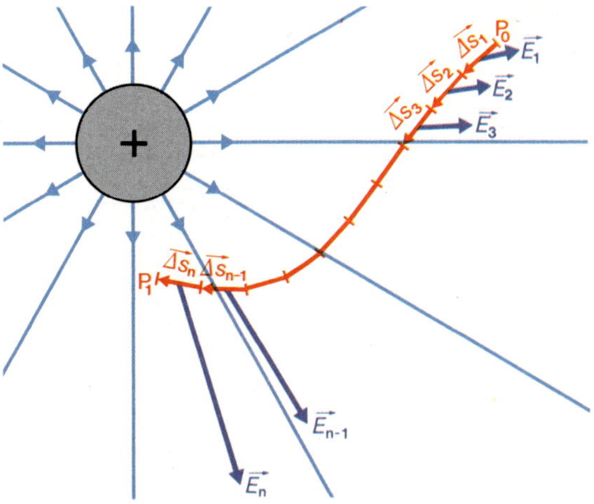

Abb. 5–42: Arbeit im inhomogenen Feld.

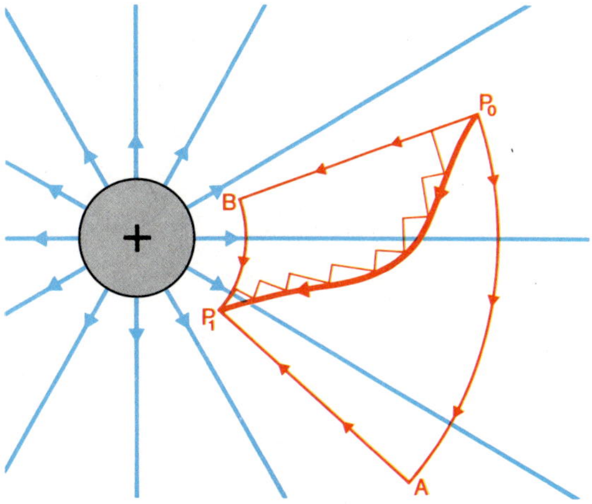

Abb. 5–43: Die Arbeit W_{01} ist vom Weg unabhängig.

Die Arbeit W_{12} läßt sich auch im inhomogenen Feld als Produkt aus der Ladung Q und der Potentialdifferenz berechnen:

$$W_{12} = Q\,(V_{02} - V_{01}) = Q\,U\,.$$

So ergibt sich auch hier die Möglichkeit, Potentialdifferenzen mit einem Spannungsmesser zu messen.

Versuch 5/16: Eine saugfähige Pappe wird mit Wasser angefeuchtet und dadurch schwach leitfähig. Man legt auf die Pappe Metallplättchen unterschiedlicher Form (z. B. parallele Streifen, Kreisscheiben, Spitzen), die – verbunden mit einer Spannungsquelle – aufgeladen werden. Einen Pol des Meßverstärkers verbindet man mit der Elektrode, auf der der Bezugspunkt P_0 festgelegt wird. Den anderen Pol führt man als Sonde im Feld umher (*Abb. 5–44*).
Beobachtung: Für jeden Punkt des Feldes läßt sich die Spannung und damit das Potential messen. Man kann die Sonde des Meßgerätes so im Feld bewegen, daß sich der Ausschlag nicht ändert. Die Punkte der dabei beschriebenen Kurve haben das gleiche Potential. Man versieht die Sonde mit einem Zeichenstift und nimmt punktweise ein ebenes Schnittbild von Äquipotentialflächen auf.

Die Sonde zeigt, daß im Feld einer geladenen Kugel (Kreisplatte) die Äquipotentialflächen (-linien) konzentrische Kugeln (Kreise) sind. Der Abstand der Kugeln (Kreise) wird bei gleicher Potentialdifferenz nach außen größer (*Abb. 5–45 a*). Analog verlaufen die Potentialflächen im Gravitationsfeld einer Kugel (→*2.2.2*). Im Innern eines Plattenkondensators sind die Äquipotentialflächen Ebenen parallel zu den Platten. Ihr Abstand ist für $\Delta V = const.$ konstant. Am Rand des Kondensators vergrößert sich der Abstand (*Abb. 5–45 b*).

Die Darstellung des elektrischen Feldes durch Äquipotentiallinien kann mit den Höhenlinien auf einer Landkarte (Tiefenlinien auf einer Seekarte) verglichen werden (*Abb. 5–45 c* und *d*).
Wie schon in → *2.2.2* dargestellt, läßt sich auch hier ablesen:

Alle Äquipotentialflächen werden von den elektrischen Feldlinien stets senkrecht durchstoßen.

Die Sonde zeigt auch, daß die Oberfläche des geladenen Leiters eine Äquipotentialfläche ist. Das kann auch aus der Aussage gefolgert werden, daß die elektrischen Feldlinien senkrecht zur Leiteroberfläche stehen (→ *5.3.6*). Es wird keine Arbeit verrichtet, wenn man eine Ladung Q auf der Oberfläche des Leiters verschiebt, da Kraft und Weg senkrecht aufeinander stehen:

Im elektrostatischen Gleichgewicht ist die Leiteroberfläche eine Äquipotentialfläche.

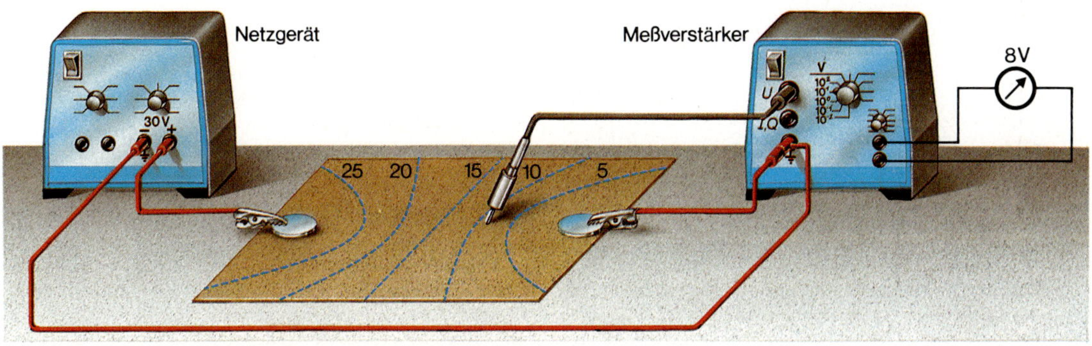

Abb. 5–44: Messung des Potentials und Aufzeichnung von Äquipotentiallinien.

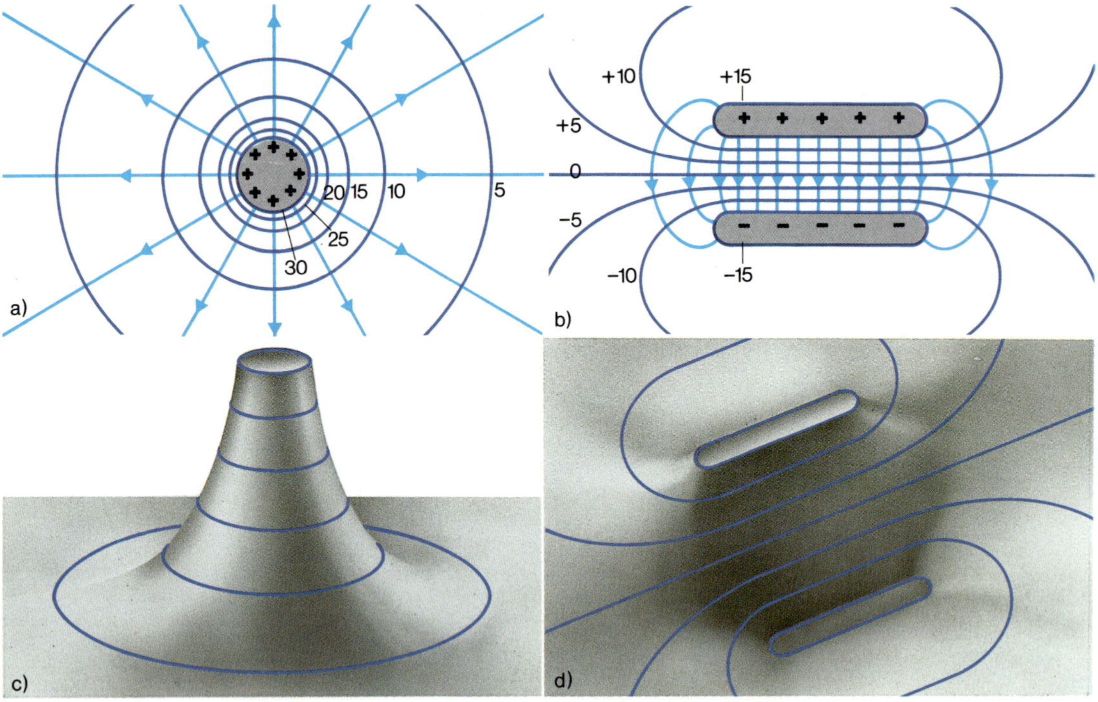

Abb. 5–45: Äquipotentiallinien und Feldlinien a) im radialsymmetrischen und b) im homogenen Feld. (Die Zahlen geben das Potential V in 10^2 J/C = 100 V an.) c) und d) Räumliche Veranschaulichung der Äquipotentiallinien: Die Äquipotentiallinien können mit den Höhenlinien eines Gebirges verglichen werden.

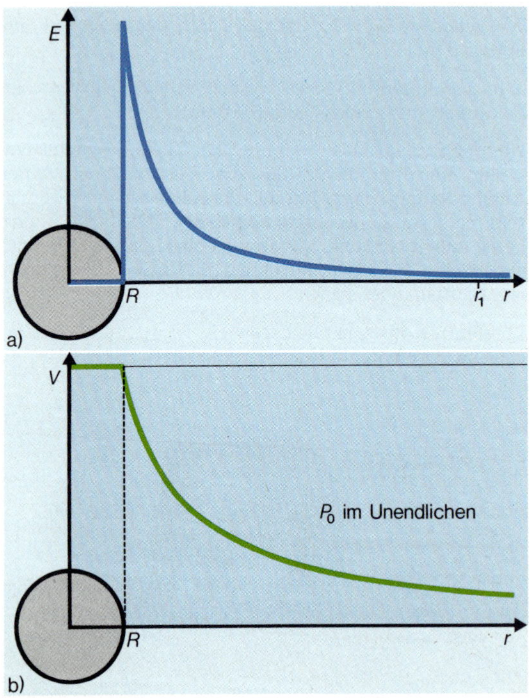

Abb. 5–46: a) Die Feldstärke des radialsymmetrischen Feldes nimmt mit dem Quadrat der Entfernung ab. b) Das Potential des radialsymmetrischen Feldes nimmt umgekehrt proportional zu r ab. (R Kugelradius).

Weil alle Punkte der Leiteroberfläche das gleiche Potential haben, kann man auch von der Spannung des Leiters gegenüber einem anderen Leiter sprechen. Bei der Messung der Spannung ist der Punkt, in dem der Leiter berührt wird, beliebig.

Potential im Radialfeld

In der Atomphysik wird uns das elektrische Feld um den positiv geladenen Atomkern noch besonders beschäftigen. Daher soll hier als ein Beispiel das Potential im Radialfeld berechnet werden.

Da die Feldstärke im Radialfeld einer Leiterkugel bekannt ist (→ *5.3.4*), läßt sich der Potentialverlauf in der Umgebung der Kugel leicht bestimmen. Im radialsymmetrischen Feld ist die Feldstärke E im Abstand r vom Mittelpunkt des felderzeugenden Körpers mit der Ladung Q

$$E = \frac{1}{4\pi\varepsilon_0}\frac{Q}{r^2}\,.$$

Das ergibt sich auch unmittelbar aus der Tatsache, daß der elektrische Fluß Ψ durch die geschlossene Kugeloberfläche A gleich der Ladung Q ist (→ *5.3.5*): $\Psi = e_0\,E\,A = Q$.

Trägt man den Betrag der elektrischen Feldstärke in Abhängigkeit vom Abstand r auf, so erhält man für $r > R$ (R Kugelradius) eine Hyperbel 2. Ordnung (*Abb. 5–46 a*). In doppeltem Abstand ist die Feldstärke E auf den vierten Teil zurückgegangen. Im Innern der Kugel ($r < R$) existiert kein elektrisches Feld; daher gilt dort $E = 0$. Die → Gravitationsfeldstärke ist dagegen im Erdinnern ungleich Null.

Bei der Berechnung des Potentials kann auf die Vektorschreibweise verzichtet werden, da $\vec{E}$ und $\vec{r}$ gleichgerichtet sind:

$$V_{01} = -\int_{P_0}^{P_1} E\,ds = -\int_{r_0}^{r_1} \frac{Q}{4\pi\varepsilon_0 r^2}\,dr$$

$$= \frac{Q}{4\pi\varepsilon_0}\left(\frac{1}{r_1} - \frac{1}{r_0}\right).$$

Es ist üblich, den frei wählbaren Bezugspunkt P_0 ins Unendliche zu verlegen (→ *2.2.2*). Dann gilt:

Im radialsymmetrischen Feld ist das Potential

$$V = \frac{1}{4\pi\varepsilon_0}\,\frac{Q}{r}.$$

Die Darstellung des Potentials in Abhängigkeit vom Abstand r ergibt eine Hyperbel 1. Ordnung (*Abb. 5–46 b*). In doppeltem Abstand ist das Potential auf den halben Wert zurückgegangen.

Aufgaben

5/49: In einem Kondensator mit dem Plattenabstand d = 5 cm besteht ein elektrisches Feld der Stärke $E = 9{,}4 \cdot 10^3$ N/C. Welche Arbeit ist erforderlich, um eine Ladung $Q = 5{,}5 \cdot 10^{-12}$ C von der einen Platte zur anderen zu transportieren?

5/50: Im homogenen Feld eines Plattenkondensators mit der Feldstärke $E = 8{,}5 \cdot 10^4$ N/C wird ein geladenes Teilchen ($Q = 2{,}5 \cdot 10^{-8}$ C) a) parallel zu den Feldlinien und b) unter einem Winkel von 30° zu den Feldlinien 1,2 cm weit gegen das Feld transportiert.
Berechnen Sie die aufzuwendende Arbeit.

5/51: An einem Plattenkondensator liegt die Spannung U = 1,5 kV. Welche Arbeit ist erforderlich, um die Ladung $Q = 8{,}2 \cdot 10^{-9}$ C von einer Platte zur anderen zu transportieren?

5/52: Der Plattenkondensator von *Aufg. 5/50* hat einen Plattenabstand von d = 1,8 cm. Eine Platte ist geerdet. Welches Potential hat die andere Platte gegenüber Erde?

5/53: Wie groß ist nach *Abb. 5–38* das Potential der negativ geladenen Kondensatorplatte, wenn der Bezugspunkt P_0 3 cm von ihr entfernt im Feld des Kondensators liegt? Geben Sie die (s, V)-Funktion als Gleichung an.

5/54: Zwischen welchen Punkten in *Abb. 5–45* herrscht die Spannung 1 kV?

5/55: Warum sinkt das Potential, wenn man sich von einem positiv geladenen Körper entfernt?

5/56: Welche Arbeit ist erforderlich, um im elektrostatischen Feld einen geladenen Körper auf einer geschlossenen Kurve einmal herum zu bewegen?

5/57: Weshalb gibt es keine geschlossenen Feldlinien im elektrostatischen Feld?

***5/58:**

a) Durch welchen Widerstand wird in dem abgebildeten Netzwerk die 18-V-Batterie insgesamt belastet?
b) Wie groß ist das Potential im Punkt A?
c) Der Draht wird an den mit den Pfeilen markierten Stellen unterbrochen. Wie groß ist dann das Potential im Punkt A?

***5/59:** Eine Kugel (r = 6,2 cm) wird negativ aufgeladen ($Q = -2{,}8 \cdot 10^{-8}$ C). Berechnen Sie die Feldstärke, die elektrische Flußdichte und das Potential (P_0 im Unendlichen) a) auf der Kugeloberfläche, b) im Abstand a = 3,1 cm von der Oberfläche.

***5/60:** Berechnen Sie im Feld einer positiv geladenen Kugel (r = 3,6 cm, $Q = 8{,}4 \cdot 10^{-8}$ C) die Feldstärke in den Punkten P_1 und P_2, die r_1 = 5,3 cm und r_2 = 12 cm von ihrem Mittelpunkt entfernt sind. Berechnen Sie die Spannung zwischen ihnen.

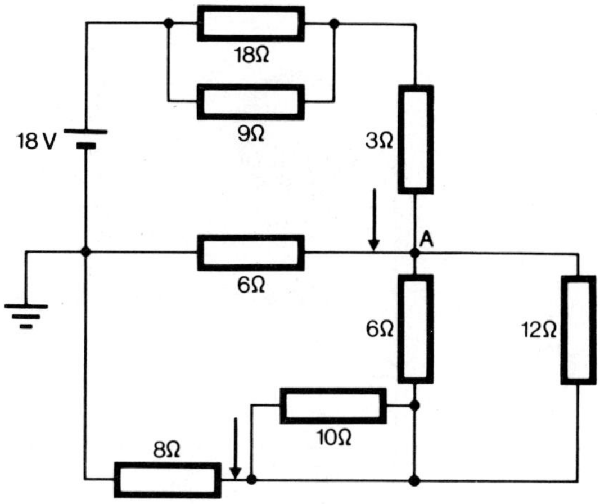

Zu *Aufgabe 5/58.*

***5/61:** Bestimmen Sie die elektrische Feldstärke und das elektrische Potential (P_0 im Unendlichen) in einem Punkt, der 10^{-10} m von einem Elektron ($Q = 1{,}6 \cdot 10^{-19}$ C) entfernt ist.

***5/62:** Im Wasserstoffatom hat das Elektron ($Q_e = -1{,}6 \cdot 10^{-19}$ C) einen Abstand von etwa 10^{-10} m vom Proton ($Q_p = +1{,}6 \cdot 10^{-19}$ C). Wird das Elektron aus dem Anziehungsbereich des Protons (ins Unendliche) entfernt, so sagt man, das Wasserstoffatom wurde ionisiert. Berechnen Sie die Ionisierungsarbeit.

***5/63:** Zwei Punktladungen $Q_1 = -4 \cdot 10^{-8}$ C und $Q_2 = 6 \cdot 10^{-8}$ C befinden sich in einem Abstand von 15 cm zueinander. Eine dritte Ladung $Q_3 = 4 \cdot 10^{-8}$ C soll von einem Punkt P_1, der auf der Mitte der Verbindungslinie von Q_1 und Q_2 liegt, zu einem Punkt P_2 gebracht werden, der 12 cm von Q_1 und 7 cm von Q_2 entfernt liegt. Berechnen Sie die zu verrichtende Arbeit. (Anleitung: Wie die Feldstärken so überlagern sich auch die Potentiale zweier Felder ungestört).

***5/64:** Zwei Punktladungen $Q_1 = Q$ und $Q_2 = 3\,Q$ stehen sich im Abstand d gegenüber. Ein Punkt P_1 habe von Q_1 die Entfernung $\frac{1}{2}\,d$ und von Q_2 die Entfernung $\frac{4}{5}d$. P_2 sei der an der Mittelsenkrechten von $Q_1\,Q_2$ gespiegelte Punkt P_1.

a) Welche Spannung mißt man zwischen den Punkten P_1 und P_2? (Anleitung: siehe *Aufgabe 5/63*)
b) Welches Meßergebnis erhält man für einen Punkt P_2', der Spiegelpunkt von P_1 bezüglich der Achse $Q_1\,Q_2$ ist?

5.3.8 Die Kapazität

Versuch 5/17: Man stellt einen metallischen Körper in der Nähe einer Metallplatte isoliert auf und berührt ihn mit dem Pol einer Spannungsquelle, deren anderer Pol mit der Metallplatte verbunden ist (*Abb. 5–47*). Dann mißt man seine Ladung Q. Das wird mehrfach wiederholt.

Ergebnis: Die Ladung des Körpers ist für eine bestimmte Spannung immer gleich groß. Der Körper hat eine bestimmte **Aufnahmefähigkeit** für überschüssige Ladung.

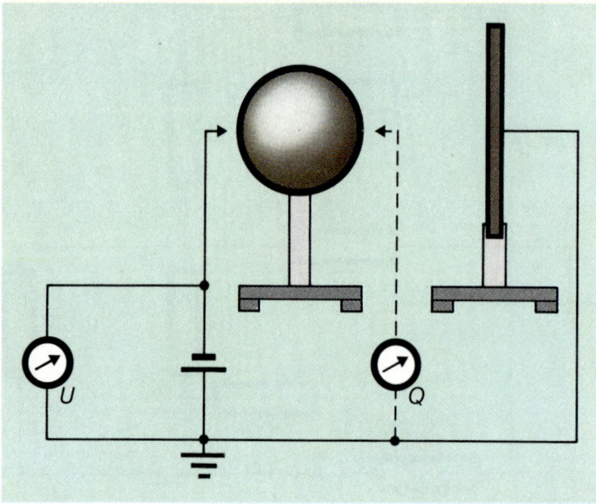

Abb. 5–47: Anordnung zur Messung des Fassungsvermögens eines Körpers für überschüssige Ladung.

Weitere Versuche zeigen, daß die Aufnahmefähigkeit von der Größe, der Form und der geometrischen Anordnung der leitenden Körper sowie von der angelegten Spannung abhängt. Diese Abhängigkeiten sollen genauer untersucht werden.

Versuch 5/18: Es wird ein Aufbau wie bei *Versuch 5/17* verwendet. Ein Leiterpaar (und danach andere) wird bei verschiedenen Spannungen U aufgeladen, und die jeweils aufgebrachte Ladung Q wird gemessen.

Ergebnis: Die Ladung Q eines Körpers ist der angelegten Spannung U direkt proportional: $Q \sim U$ für das gleiche Leiterpaar bei gleicher Anordnung.

Für verschiedene Leiterpaare sind die Quotienten $\frac{Q}{U}$ nicht gleich groß. Ihre Größe beschreibt die Aufnahmefähigkeit für überschüssige Ladung. Der Quotient Q/U wird als **Kapazität** bezeichnet.

Definition: Die Kapazität C eines Leiterpaares ist der Quotient aus der Ladung Q, die bei der Spannung U auf einen der Leiter fließt, und der Spannung:

$$C = \frac{Q}{U}.$$

Die Kapazität ist eine skalare Größe. Ihre SI-Einheit ist

$$[C] = 1\,\frac{\mathrm{C}}{\mathrm{V}} = 1\,\mathrm{F}\ (\text{Farad})$$

nach Michael FARADAY.
Ein Leiterpaar hat die Kapazität 1 F, wenn es bei einer Spannung 1 V die Ladung 1 C aufnimmt.
Da die von den gebräuchlichen Körpern aufgenommene Ladung im allgemeinen viel kleiner als 1 C ist, verwendet man die kleineren Einheiten

$$1\,\mu\mathrm{F} = 10^{-6}\,\mathrm{F}$$
$$1\,\mathrm{nF} = 10^{-9}\,\mathrm{F}$$
$$1\,\mathrm{pF} = 10^{-12}\,\mathrm{F}.$$

Die Kapazität beschreibt eine Eigenschaft des betrachteten Leiterpaares. Sie hängt von Größe, Form und Anordnung der Leiter ab.

Kapazität eines Plattenkondensators

Bei einer Anordnung, bei der zwei Leiterplatten parallel zueinander aufgestellt sind, spricht man statt von der Kapazität einer Platte gegenüber der anderen kurz von der Kapazität des Plattenpaares oder des Plattenkondensators. Dennoch ist mit der Ladung Q die überschüssige Ladung auf **einer** Platte gemeint; die überschüssige Ladung auf der anderen Platte ist dann $-Q$.

Versuch 5/19: Es wird nun mit einer entsprechenden Anordnung wie in *Versuch 5/17* jeweils durch Messung von Q und U untersucht, wie die Kapazität eines parallel aufgestellten Plattenpaares von der Fläche A und dem Abstand d der Platten abhängt.

Ergebnisse:
1. $C_p \sim A$, wenn d konstant ist,
2. $C_p \sim \frac{1}{d}$, wenn A konstant ist;
   zusammengefaßt: $C_p \sim \frac{A}{d}$.

Aus den Meßreihen des Versuchs läßt sich auch der Proportionalitätsfaktor ermitteln. Es ergibt sich $9 \cdot 10^{-12}\,\frac{\mathrm{C}}{\mathrm{V\,m}}$. Die Vermutung liegt nahe, daß es sich hier um die elektrische Feldkonstante ε_0 handelt (→ *5.3.4*). Theoretische Überlegungen bestätigen die Richtigkeit dieser Vermutung.

Wir können also zusammenfassen:

Die Kapazität C_P eines Plattenkonensators ist der Plattenfläche A direkt und dem Abstand d der Platten umgekehrt proportional. Die Proportionalitätskonstante ist die elektrische Feldkonstante ε_0:

$$C_P = \varepsilon_0\,\frac{A}{d}.$$

Es soll nun gezeigt werden, daß sich die Formel für die Kapazität eines Plattenkondensators auch aus der Theorie ergibt. Sowohl die Spannung als auch die Ladung lassen sich mit Hilfe von Feldgrößen ausdrücken:

$$U = E\,d \qquad (\to 5.3.7)$$
$$Q = \Psi = \varepsilon_0\,E\,A \qquad (\to 5.3.5)$$
$$C_P = \frac{Q}{U} = \frac{\varepsilon_0\,E\,A}{E\,d} = \varepsilon_0\,\frac{A}{d}.$$

Bei der zweiten Gleichung handelt es sich um eine Anwendung des Gaußschen Satzes. Setzt man voraus, daß die Plattenfläche gegenüber dem Plattenabstand groß ist, so kann man das inhomogene Feld am Plattenrand vernachlässigen. Bestimmt man den von der einen Platte ausgehenden elektrischen Fluß als Integral über eine sie umschließende geschlossene Oberfläche (*Abb. 5–48*), so liefern die Flächenteile außerhalb des Plattenraumes keinen Beitrag, da diese nicht von Feldlinien durchsetzt werden. Im Plat-

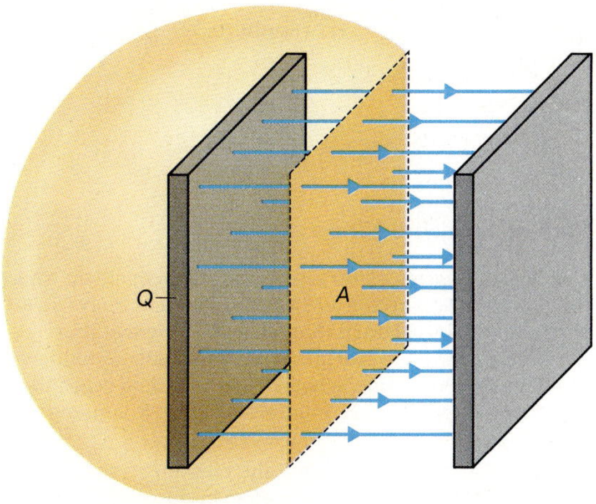

Abb. 5–48: Der elektrische Fluß im Plattenkondensator ist $\Psi = \varepsilon_0\, E\, A = Q$.

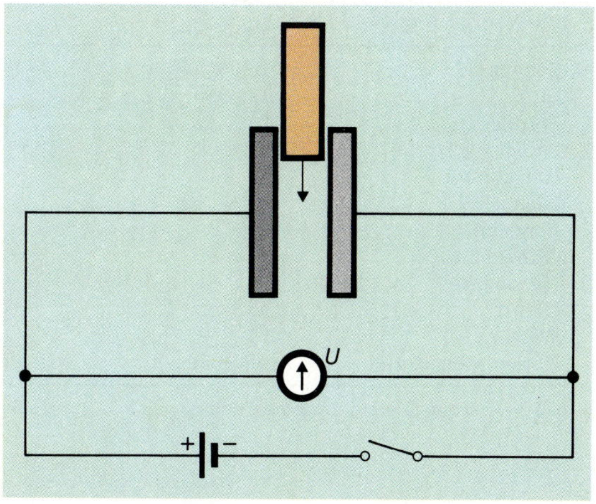

Abb. 5–49: In das Kondensatorfeld wird ein Dielektrikum eingeführt.

tenraum ist der Feldvektor $\vec{E}$ konstant und durchsetzt die Fläche A überall senkrecht.
Daher erhält man den Fluß Ψ durch einfache Produktbildung:

$$Q = \Psi = \varepsilon_0 \oint \vec{E} \cdot \mathrm{d}\vec{A} = \varepsilon_0 \int\limits_{\substack{\text{außerh.}\\ \text{d. Plattenr.}}} \vec{E} \cdot \mathrm{d}\vec{A} + \varepsilon_0 \int\limits_{\substack{\text{innerh.}\\ \text{d. Plattenr.}}} \vec{E} \cdot \mathrm{d}\vec{A}$$

$$= 0 + \varepsilon_0\, E\, A = \varepsilon_0\, E\, A\,.$$

Über die Gleichung

$$\frac{Q}{U} = \varepsilon_0 \frac{A}{d}$$

läßt sich einfacher als durch die sehr empfindliche Kraftmessung im Radialfeld (→ *5.3.4*) die elektrische Feldkonstante ε_0 bestimmen: Die elektrischen Größen Q und U und die geometrischen Größen A und d sind leicht meßbar.

Plattenkondensator mit Dielektrikum

Die bisherigen Untersuchungen wurden an elektrischen Feldern vorgenommen, die im luftgefüllten Raum bestehen. Die gefundenen Ergebnisse gelten daher auch nur für diesen Sonderfall.
Nun soll untersucht werden, wie sich die Einführung eines anderen Stoffes in ein elektrisches Feld bemerkbar macht. Als Medium oder **Dielektrikum** können nur nichtleitende Stoffe verwendet werden, da die felderzeugende Ladung sonst abfließt.

Versuch 5/20: Man lädt einen Plattenkondensator auf und mißt die Spannung U zwischen seinen Platten mit einem statischen Voltmeter (Elektrometer). Dann trennt man den aufgeladenen Kondensator von der Spannungsquelle (d. h. Q bleibt konstant) und führt eine Platte aus Glas (Glimmer, Hartgummi) zwischen die Platten ein (*Abb. 5–49*).

Beobachtung: Die Spannung zwischen den Platten wird beim Einführen eines Dielektrikums kleiner.

Folgerung: Da Q konstant geblieben ist, hat sich der Quotient

$$C = \frac{Q}{U}$$

vergrößert.

Ein Dielektrikum vergrößert die Kapazität eines Kondensators.

Das Verhältnis der Kapazität C mit Dielektrikum zur Kapazität C_0 ohne Dielektrikum (im Vakuum)

$$\varepsilon_r = \frac{C}{C_0}$$

nennt man **Dielektrizitätszahl**[1]). ε_r ist eine für das jeweilige Dielektrikum charakteristische Stoffkonstante. (Sie ist nur für isotrope Medien eine Konstante.) Löst man die Gleichung nach C auf, so ergibt sich:

Die Kapazität eines Plattenkondensators berechnet sich nach

$$C = \varepsilon_r \varepsilon_0 \frac{A}{d}.$$

In *Tab. 5–4* sind die Dielektrizitätszahlen einiger Stoffe, die wie die Dichte, Leitfähigkeit oder spezifische Wärmekapazität eine Stoffeigenschaft beschreiben, zusammengestellt. Man erkennt, daß die Dielektrizitätszahlen der Luft (und anderer Gase) nur wenig größer als 1 sind. Daher gelten die bisherigen Versuchsergebnisse auch angenähert für das Vakuum.

Die Wirkung des Dielektrikums soll nun verständlich gemacht werden. Die Verminderung der Spannung bedeutet wegen $U = E\,d$ eine Schwächung des

[1]) Eine übliche Bezeichnung ist auch „relative Dielektrizitätskonstante“.

Stoff	ε_r
Sauerstoff	1,00055
Luft	1,00059
Petroleum	2 ... 2,3
Papier	2 ... 2,5
Hartgummi	3 ... 4
Glas	2 ... 12
Porzellan	4 ... 5
Glimmer	4 ... 8
Nitrobenzol	36
Glyzerin	43
Wasser	81
Keramische Stoffe	bis 8000

Tab. 5–4: Einige Dielektrizitätszahlen ε_r.

Feldes zwischen den Platten. Diese Schwächung des Feldes kann man durch Ladungsausrichtung (Polarisation) erklären (→ *5.3.6*). Unter dem Einfluß des äußeren elektrischen Feldes richten sich im Dielektrikum die verbundenen Ladungen aus (elektrische Dipole). Dadurch entsteht auf den Außenflächen des Dielektrikums eine Oberflächenladung Q'. Diese Oberflächenladung bindet einen Teil der auf den Kondensatorplatten befindlichen Ladung Q (*Abb. 5–50*).

Nach dem Gaußschen Satz ist der elektrische Fluß $\Psi = \varepsilon_0 E A$ gleich der von der geschlossenen Fläche eingeschlossenen Überschußladung (*Abb. 5–50*):

$$\varepsilon_0 E A = Q - Q' .$$

Daraus ergibt sich die Feldstärke im Plattenraum zu

$$E = \frac{Q - Q'}{\varepsilon_0 A} .$$

Die Kapazität des Kondensators mit Dielektrikum ist dann also

$$C = \frac{Q}{U} = \frac{Q}{E d} = \frac{Q \varepsilon_0 A}{(Q - Q')d} = \frac{1}{1 - \frac{Q'}{Q}} \varepsilon_0 \frac{A}{d} .$$

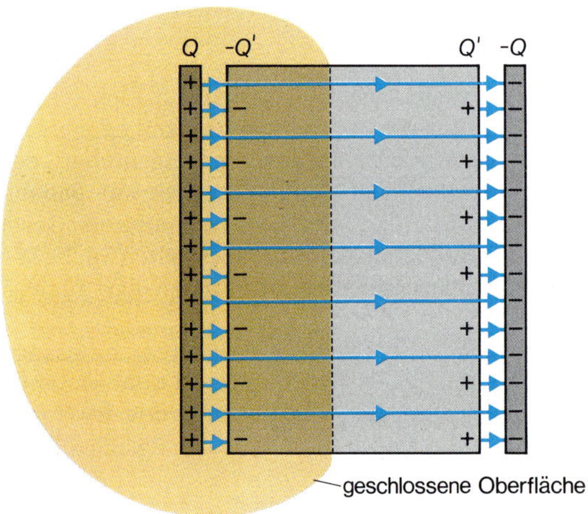

Abb. 5–50: Der elektrische Fluß im Kondensator wird durch ein Dielektrikum verkleinert.

Ein Vergleich mit $C = \varepsilon_r \varepsilon_0 \frac{A}{d}$ ergibt für die Dielektrizitätszahl die Beziehung

$$\varepsilon_r = \frac{1}{1 - \frac{Q'}{Q}} .$$

Piezoelektrischer Effekt

Das Vorhandensein elektrischer Ladungen in einem Isolator ist durch den im Jahre 1880 von Irène und Pierre CURIE entdeckten **piezoelektrischen Effekt**[1]) nachweisbar: Bei Kristallen wie Quarz, Turmalin, Seignettesalz, Zinkblende u. a. tritt durch mechanischen Druck zwischen gegenüberliegenden Grenzflächen eine elektrische Spannung auf (*Abb. 5–51*).

In letzter Zeit wurden keramische piezoelektrische Stoffe (Piezoxide) entwickelt, bei denen man durch einen Druck von einigen MPa Spannungen von mehreren kV erzeugen kann. (Anwendung: Gasanzünder, Schallplattenabtaster, Mikrophone, Ultraschallempfänger).

Technisch wichtig ist auch der umgekehrte Effekt **(Elektrostriktion):** Durch ein elektrisches Feld wird der Piezokristall mechanisch deformiert. Ein elektrisches Wechselfeld regt ihn zu mechanischen Schwingungen an, die im Resonanzfall recht energiereich sein können. Die Frequenzen liegen im allgemeinen im Ultraschallbereich ($f > 20$ kHz). Dieser Effekt findet Anwendung beim Bau von Ultraschallgeneratoren.

Bei konstanter Temperatur ist die Eigenfrequenz von Quarz **(Schwingquarz)** nahezu konstant. Der Schwingquarz ist daher ein gut geeignetes **Frequenznormal.** Die heutige Verstärkertechnik ermöglicht es, mit Hilfe eines Schwingquarzes Uhren zu steuern **(Quarzuhr).**

Schaltung von Kondensatoren

Wenn man mehrere Kondensatoren zusammenschaltet, so ergibt sich eine Gesamtkapazität. Man unterscheidet zwischen einer Parallel- und einer Reihenschaltung von Kondensatoren.

Bei **parallelgeschalteten** Kondensatoren (*Abb. 5–52 a*) liegt an jedem Kondensator die gleiche Spannung U:

$$U_1 = U_2 = U_3 = \ldots = U_n .$$

Die Gesamtladung Q ergibt sich als Summe der Einzelladungen:

$$Q = Q_1 + Q_2 + Q_3 + \ldots + Q_n .$$

Mit $Q = C\,U$ ergibt sich

$$C = \frac{Q}{U} = \frac{Q_1 + Q_2 + Q_3 + \ldots + Q_n}{U}$$

$$= \frac{Q_1}{U_1} + \frac{Q_2}{U_2} + \frac{Q_3}{U_3} + \ldots + \frac{Q_n}{U_n} ,$$

und daraus mit $\frac{Q_i}{U_i} = C_i$

$$C = C_1 + C_2 + C_3 + \ldots + C_n .$$

Bei Parallelschaltung von Kondensatoren ist die Gesamtkapazität gleich der Summe der Einzelkapazitäten.

[1]) piezein (griech.), drücken

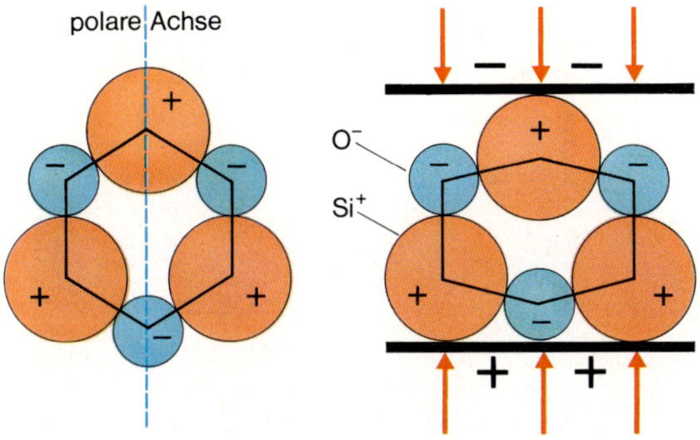

Abb. 5–51: Durch Druck auf die zu einer „polaren Achse“ senkrechten Flächen eines Quarzkristalls verschieben sich die Ionen. An den Grenzflächen treten entgegengesetzte Ladungen auf.

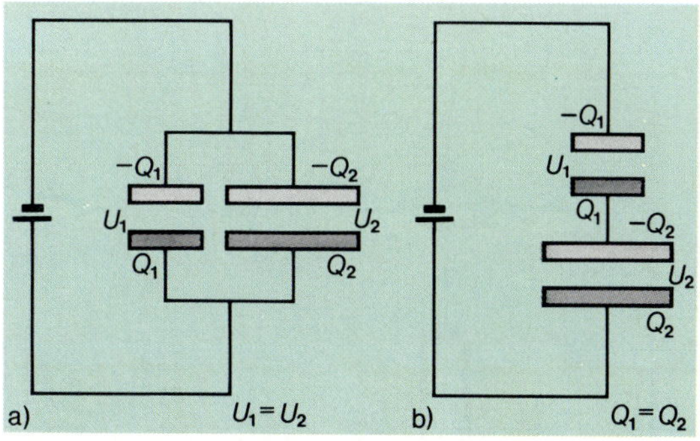

Abb. 5–52: Schaltung von Plattenkondensatoren: a) Parallelschaltung, b) Reihenschaltung.

Bei **hintereinandergeschalteten** Kondensatoren (*Abb. 5–52 b*) ergibt sich die Gesamtspannung U aus der Summe der Teilspannungen:

$$U = U_1 + U_2 + U_3 + \ldots + U_n .$$

Durch elektrische Influenz fließt auf jede Platte die gleiche Ladungsmenge $Q_1 = Q_2 = Q_3 = \ldots = Q_n$.

Aus $Q = C\,U$ errechnet sich für die Gesamtkapazität die Gleichung

$$\frac{1}{C} = \frac{U}{Q} = \frac{U_1 + U_2 + U_3 + \ldots + U_n}{Q}$$

$$= \frac{U_1}{Q_1} + \frac{U_2}{Q_2} + \frac{U_3}{Q_3} + \ldots + \frac{U_n}{Q_n},$$

und mit $\frac{U_i}{Q_i} = \frac{1}{C_i}$ schließlich:

$$\frac{1}{C} = \frac{1}{C_1} + \frac{1}{C_2} + \frac{1}{C_3} + \ldots + \frac{1}{C_n}.$$

Bei Hintereinanderschaltung von Kondensatoren ist der Kehrwert der Gesamtkapazität gleich der Summe der Kehrwerte der Einzelkapazitäten.

Alle anderen kombinierten Schaltungen von Kondensatoren kann man berechnen, indem man sie in die Elemente zerlegt.

Aufgaben

5/65: Ein zylindrischer Topf nimmt bei der Spannung $U = 3000$ V die Ladung $Q = 2{,}4 \cdot 10^{-8}$ C auf. Berechnen Sie die Kapazität.

5/66: Berechnen Sie die Ladung Q, die ein Kondensator mit $C = 2\ \mu$F bei einer Spannung $U = 220$ V aufnimmt.

5/67: Ein Plattenkondensator wird mit einer Spannungsquelle aufgeladen und dann von ihr getrennt.

a) Wie ändern sich die Feldstärke E und die Spannung U, wenn man den Plattenabstand halbiert?

*b) Wie ändert sich in diesem Fall der elektrische Fluß Ψ?

5/68: Ein Plattenkondensator ($d = 2$ mm, $A = 314$ cm^2) wird a) bei konstanter Spannung $U = 180$ V, b) bei konstanter Ladung $Q = 3{,}7 \cdot 10^{-4}$ C mit Glimmer ($\varepsilon_r = 7$) ausgefüllt. Untersuchen Sie

a) das Verhalten von E und Q (bzw. U),

*b) das Verhalten von Ψ.

5/69: Auf einem Plattenkondensator ($d = 4$ mm, $A = 400$ cm^2) wird bei einer Spannung $U = 200$ V ohne Glasfüllung $Q_0 = 2{,}0 \cdot 10^{-8}$ C und mit Glasfüllung $Q_1 = 11 \cdot 10^{-8}$ C gemessen. Bestimmen Sie ε_r für Glas.

5/70: Berechnen Sie die Kraft, mit der sich zwei entgegengesetzt geladene Körper ($Q_1 = -Q_2 = 1{,}5 \cdot 10^{-9}$ C) im Abstand $r = 2{,}0 \cdot 10^{-2}$ m a) in Luft, b) in Glycerin, c) in Wasser anziehen. (Siehe *Tabelle 5–4*).

5/71: Berechnen Sie die Folienfläche, die mit einer Glimmerschicht ($d = 0{,}2$ mm) aufgewickelt werden muß, um eine Kapazität $C = 1$ nF zu erhalten. (Siehe *Tabelle 5–4*).

***5/72:** Zeigen Sie: $C_K = 4\pi\varepsilon_0 r$ ist die Kapazität einer freistehenden Leiterkugel mit dem Radius r. (Anleitung: Betrachten Sie die Potentialdifferenz zwischen Kugeloberfläche und Erde [unendlich ferner Punkt].)

***5/73:** Ein Kugelkondensator besteht aus zwei konzentrischen leitenden Kugelflächen mit den Radien r_a und r_i. Berechnen Sie die Kapazität eines Kugelkondensators. (Anleitung: *Siehe Aufgabe 5/72*).

***5/74:** Berechnen Sie die Kapazität der Erdkugel. (Mittlerer Radius $R = 6370$ km.)

***5/75:** Eine Metallkugel mit dem Radius $r_1 = 5{,}5 \cdot 10^{-2}$ m und der Ladung $Q_1 = 8 \cdot 10^{-10}$ C wird von einer neutralen zweiten Kugel von doppeltem Radius berührt. Wie verteilt sich die Ladung?

***5/76:** Eine in der Technik häufig vorkommende Kondensatorform ist der Zylinderkondensator, der aus zwei koaxialen Zylindern besteht (ohne Deckflächen). Berechnen Sie die Kapazität eines Zylinderkondensators mit der Höhe h und den Radien r_a und r_i für den Fall, daß $r_a - r_i \ll r_a$ ist. Wegen $h \gg r_a - r_i$ sollen Randstörungen vernachlässigt werden. (Anleitung: Benutzen Sie die Formel für den Plattenkondensator.)

***5/77:** Welche Gesamtkapazität erhält man, wenn man Kondensatoren mit $C_1 = 0{,}5\ \mu$F und $C_2 = 8\ \mu$F hintereinanderschaltet?

***5/78:** Berechnen Sie alle möglichen Kapazitäten, die man aus $C_1 = 300$ pF, $C_2 = 500$ pF und $C_3 = 1$ nF erhalten kann. (8 Möglichkeiten.)

***5/79:** Berechnen Sie die größte und die kleinste Gesamtkapazität aus $C_1 = 1\ \mu$F, $C_2 = 1\ \mu$F, $C_3 = 2\ \mu$F und $C_4 = 4\ \mu$F.

5.3.9 Auf- und Entladung eines Kondensators

In *Abschnitt 5.2.2* wurde zur Ladungsmessung ein Kondensator entladen (→ *Versuch 5/3*). Der Ent- und Aufladevorgang soll nun genauer untersucht werden.

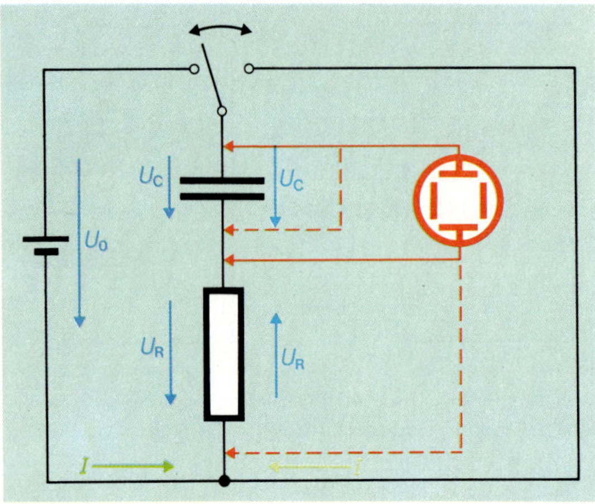

Abb. 5–53: Schaltung zur Untersuchung des Auf- und Entladevorgangs eines Kondensators.

Versuch 5/21: Mit einem Pendelschalter wird nach der Schaltung in *Abb. 5–53* ein Kondensator mit der Kapazität C über einen Widerstand R aufgeladen und entladen. Auf dem Schirm des Oszillographen wird der zeitliche Verlauf der Spannung $U_C(t)$, die über dem Kondensator abfällt, registriert. Durch Abgriff über den Widerstand erhält man einen dem Auf- bzw. Entladestrom $I(t)$ proportionalen Spannungsverlauf. *Abb. 5–54* zeigt beide Kurven auf dem Schirm eines Zweistrahloszillographen.

Die Funktionen $U_C(t)$ und $I(t)$ sollen nun untersucht werden. Ist $Q(t)$ die zur Zeit t auf den Kondensator geflossene Ladung, so gilt für den Auf- bzw. Entladestrom

$$I(t) = \dot{Q}(t);$$

dabei fällt an dem Widerstand R nach dem Ohmschen Gesetz die Spannung

$$U_R(t) = R\,I(t) = R\,\dot{Q}(t)$$

ab.
Hat die angelegte Spannungsquelle die Spannung U_0, so fällt über dem Kondensator die Spannung

$$U_C(t) = U_0 - U_R(t) = U_0 - R\,\dot{Q}(t)$$

ab. Nach der Kondensatorgleichung $Q(t) = CU_C(t)$ folgt daraus

$$U_0 - R\,\dot{Q}(t) = \frac{1}{C}Q(t)$$

$$\dot{Q}(t) + \frac{1}{R\,C}\,Q(t) = \frac{U_0}{R}.$$

Diese Gleichung enthält außer der gesuchten Funktion $Q(t)$ noch deren Ableitungsfunktion $\dot{Q}(t)$. Es handelt sich daher um eine **Differentialgleichung.** Durch sie werden der Auf- und Entladevorgang im Kondensator in mathematischer Form beschrieben.
Zunächst soll die Gleichung für den **Entladevorgang** gelöst werden. Der Kondensator ist zu Beginn ($t_0 = 0$) mit der Ladung Q_0 auf die Spannung U_0 aufgeladen. Da die von außen angelegte Spannung gleich Null ist, vereinfacht sich die Differentialgleichung zu

$$\dot{Q}(t) + \frac{1}{R\,C}\,Q(t) = 0\,.$$

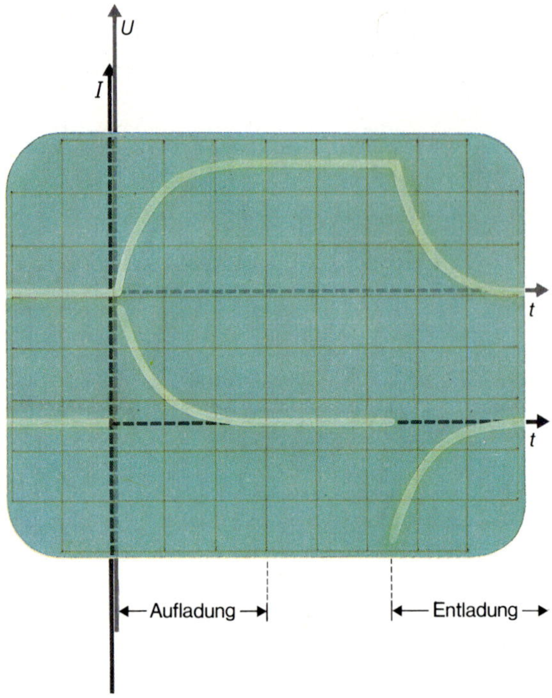

Abb. 5–54: Auf dem Schirm eines Zweikanaloszillographen werden die Zeit-Spannungs- und die Zeit-Strom-Funktion aufgezeichnet.

Diese Gleichung wird durch Integration gelöst:

$$\frac{\dot{Q}(t)}{Q(t)} = -\frac{1}{R\,C},$$

$$\int \frac{\dot{Q}(t)}{Q(t)}\,\mathrm{d}t = -\int \frac{1}{R\,C}\,\mathrm{d}t\,,$$

$$\ln \frac{Q(t)}{Q(t_0)} = -\frac{1}{R\,C}(t - t_0)\,,$$

$$e^{\ln \frac{Q(t)}{Q(t_0)}} = e^{-\frac{1}{RC}(t - t_0)},$$

$$\frac{Q(t)}{Q(t_0)} = e^{-\frac{1}{RC}t}\,e^{+\frac{1}{RC}t_0}.$$

Ist für $t_0 = 0$ die Ladung auf dem Kondensator $Q(t_0) = Q_0$, so lautet die Lösung

$$Q(t) = Q_0\,e^{-\frac{1}{RC}t}.$$

Für den Spannungsabfall am Kondensator gilt:

$$U_C(t) = \frac{Q(t)}{C} = \frac{Q_0}{C}\,e^{-\frac{1}{RC}t},$$

$$U_C(t) = U_0\,e^{-\frac{1}{RC}t},$$

und für den Stromverlauf ergibt sich:

$$I(t) = \dot{Q}(t) = -\frac{Q_0}{R\,C}\,e^{-\frac{1}{RC}t}$$

$$I(t) = -\frac{U_0}{R}\,e^{-\frac{1}{RC}t}$$

$$= -I_0 e^{-\frac{1}{RC}t} \text{ mit } I_0 = \frac{U_0}{R}.$$

Die Stromstärke ist also dem Spannungsabfall proportional; das entgegengesetzte Vorzeichen ist dadurch begründet, daß es sich um einen Entladungsvorgang handelt. Die Größe $\tau = RC$ heißt **Zeitkonstante** des RC-Glieds; je größer das Produkt RC ist, desto länger ist die Entladezeit.
Die Zeit T_H, in der die Spannung am Kondensator auf die Hälfte ihres Ausgangswertes absinkt, heißt **Halbwertszeit.** Man erhält sie durch folgende Rechnung:

$$U_C(t + T_H) = \frac{1}{2} U_C(t) ,$$

$$U_0\, e^{-\frac{1}{RC}(t+T_H)} = \frac{1}{2} U_0\, e^{-\frac{1}{RC}t} ,$$

$$e^{-\frac{1}{RC}T_H} = \frac{1}{2} , \text{ oder}$$

$$e^{\frac{1}{RC}T_H} = 2 ,$$

$$T_H = R\,C \ln 2 = \tau \ln 2 .$$

Die Halbwertszeit T_H ist eine vom Aufladezustand unabhängige Konstante.

Zur Untersuchung des **Aufladevorganges** ist die inhomogene Differentialgleichung

$$\dot{Q}(t) + \frac{1}{R\,C}\, Q(t) = \frac{U_0}{R}$$

zu lösen. Durch Differenzieren entfällt das konstante Glied:

$$\ddot{Q}(t) + \frac{1}{R\,C}\, \dot{Q}(t) = 0 .$$

Wegen $I(t) = \dot{Q}(t)$ handelt es sich um eine homogene Differentialgleichung für $I(t)$, die die gleiche Form besitzt wie die für den Entladevorgang bereits gelöste Gleichung für $Q(t)$:

$$\dot{I}(t) + \frac{1}{R\,C}\, I(t) = 0 .$$

Ihre Lösung lautet entsprechend

$$I(t) = I_0\, e^{-\frac{1}{RC}t} ,$$

$$I(t) = \frac{U_0}{R}\, e^{-\frac{1}{RC}t}$$

$$= I_0\, e^{-\frac{1}{RC}t} \text{ mit } I_0 = \frac{U_0}{R} .$$

Die Strom-Zeit-Funktion hat also mit umgekehrter Stromrichtung (entgegengesetztes Vorzeichen) denselben Verlauf wie bei der Entladung.
Für den Spannungsabfall am Kondensator ergibt sich

$$U_C(t) = U_0 - R\,I(t) = U_0 - U_0\, e^{-\frac{1}{RC}t} ,$$

$$U_C(t) = U_0\,(1 - e^{-\frac{1}{RC}t}) .$$

Aufgaben

***5/80:** In *Aufgabe 5/18* wurden Meßwerte für die Entladung eines Kondensators gegeben. Zeichnen Sie den Graphen der (t, I)-Funktion und bestimmen Sie daraus die Halbwertszeit T_H des Entladevorgangs. Wie groß war der Vorwiderstand, wenn die Kapazität des Kondensators $C = 8\ \mu F$ betrug?
***5/81:** Ein Kondensator wird über einen Widerstand $R = 50\ k\Omega$ entladen. Zur Zeit $t_0 = 0$ liegt an ihm die Spannung $U_0 = 200$ V. Nach 10 s ist die Spannung auf $U_1 = 180$ V gesunken. Berechnen Sie Kapazität, Zeitkonstante, Halbwertszeit und die zur Zeit t_0 gespeicherte Ladung Q_0.

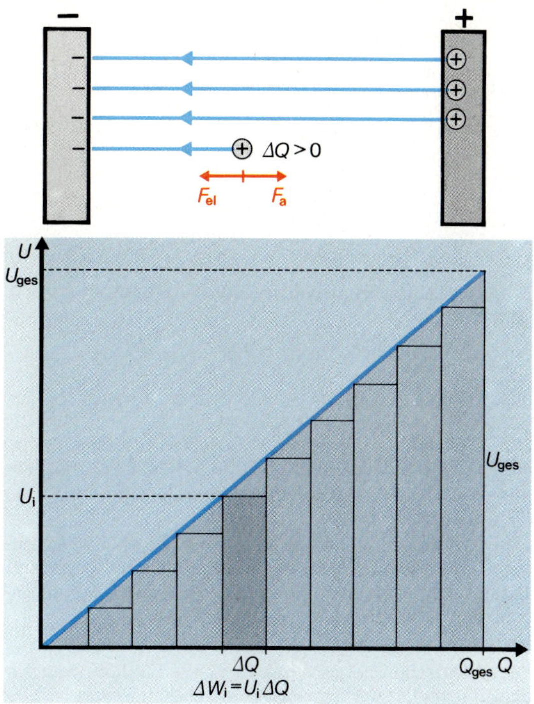

Abb. 5–55: Zur Berechnung der Arbeit beim Aufladen eines Kondensators.

***5/82:** a) Zeichnen Sie mit den Daten von *Aufgabe 5/81* das zugehörige (t, U)-Diagramm, das (t, I)-Diagramm und das (t, Q)-Diagramm.
b) Wie ändern sich die Diagramme,
1. wenn R halbiert wird und
2. wenn C halbiert wird?

***5/83:** Beschreiben Sie alle Ihnen bekannten Möglichkeiten, die Kapazität eines Plattenkondensators experimentell zu bestimmen.
***5/84:** Weisen Sie nach, daß die Zeitkonstante $\tau = RC$ im Internationalen Einheitsystem (SI) die Einheit Sekunde hat.

5.3.10 Energie des elektrischen Feldes

Zum Aufladen einer Kugel oder eines Kondensators und damit zum Aufbau eines elektrischen Feldes braucht man eine Energiequelle. Es soll nun die Energie berechnet werden, die von ihr während des Feldaufbaus geliefert wird.
Als Vereinfachung stellt man sich vor, daß die Ladung in gleichen Teilladungen ΔQ auf den aufgeladenen Körper gebracht wird (*Abb. 5–55*). Für die erste Teilladung ΔQ braucht keine Arbeit verrichtet zu werden, da noch kein Feld besteht. Dann wird die Teilarbeit

$$\Delta W_i = U_i\, \Delta Q$$

mit zunehmender Spannung U_i immer größer. Die gesamte Arbeit erhält man angenähert durch Addition der Teilarbeiten für die einzelnen ΔQ. Den genauen Wert gibt das Integral (*Abb. 5–55*):

$$W_{ges} = \int_0^{Q_{ges}} U \, dQ .$$

Die darin vorkommende Spannung hängt nach $U = \frac{Q}{C}$ von der jeweils schon vorhandenen Ladung Q ab. Damit erhält man $W_{ges} = \frac{1}{C} \int_0^{Q_{ges}} Q \, dQ$ und kann integrieren:

$$W_{ges} = \frac{1}{2} \frac{Q_{ges}^2}{C} .$$

Mit $Q_{ges} = C \, U_{ges}$ kann man den Ausdruck auch umformen:

$$W_{ges} = \frac{1}{2} Q_{ges} U_{ges}$$

oder $$W_{ges} = \frac{1}{2} C \, U_{ges}^2 .$$

Dieses Ergebnis ist wegen des linearen Zusammenhangs von Q und U auch ohne Integration bereits aus der Zeichnung (*Abb. 5–55*) als Flächeninhalt des Dreiecks unter der (Q, U)-Geraden ablesbar.
Damit ist die Arbeit berechnet worden, die man beim Aufladen eines Kondensators der Kapazität C verrichten muß. Diese Arbeit ist dann im Feld des aufgeladenen Kondensators als elektrische Energie gespeichert.

Die elektrische Energie eines durch die Ladung Q auf einem Körper mit der Kapazität C erzeugten Feldes ist

$$E_{el} = \frac{1}{2} \frac{Q^2}{C} = \frac{1}{2} QU = \frac{1}{2} CU^2 .$$

Diese Energie kann man als „potentielle" Energie der Ladungen auffassen. Es entspricht aber der Feldvorstellung, daß man sich die Energie im Feld gebunden vorstellt. Die Energie ist beim Aufbau des Feldes aus der Spannungsquelle hineingesteckt worden und kann aus dem Feld auch wieder zurückgewonnen werden. Gemäß dieser Vorstellung von einer im Feld gebundenen Energie hat es auch Sinn, von einer **Energiedichte** des Feldes zu sprechen.

Definition: Die Energiedichte ϱ_{el} eines elektrischen Feldes in einem Punkt P_1 ist der Quotient aus der Energie ΔW, die das Feld in einem P_1 umgebenden Volumen ΔV enthält, und dem Volumen ΔV:

$$\varrho_{el} = \frac{\Delta W}{\Delta V} .$$

Man darf annehmen, daß das Feld in der Nähe einer geladenen Kugel mehr Energie in einem bestimmten Volumen enthält als in größerer Entfernung im gleichen Volumen.
Für ein homogenes Feld darf man die Energiedichte als konstant annehmen. Man kann für den Plattenkondensator daher die gesamte Energie des Feldes durch das eingeschlossene Volumen dividieren:
Mit $W = \frac{1}{2} CU^2$, $U = E \, d$, $C = \varepsilon_r \, \varepsilon_0 \frac{A}{d}$ und $V = A \, d$ erhält man dann die (konstante) Energiedichte $\varrho_{el} = \frac{1}{2} \varepsilon_r \, \varepsilon_0 \, E^2$.
Den für das homogene Feld hergeleiteten Ausdruck der Energiedichte kann man auf allgemeine Felder erweitern, da sie in genügend kleinen Bereichen als (nahezu) homogen betrachtet werden dürfen.

Die Energiedichte eines elektrischen Feldes in einem Punkt P ist gegeben durch

$$\varrho_{el} = \frac{1}{2} \varepsilon_r \, \varepsilon_0 \, E^2 .$$

Die in einem elektrischen Feld gespeicherte Energie kann wieder in andere Energieformen verwandelt werden. Wenn man eine leitende Verbindung schafft, so fließt die Ladung ab, das Feld bricht zusammen. Dabei wird Wärme und magnetische Energie aus der elektrischen Energie gewonnen.

Aufgaben

***5/85:** Drücken Sie die im homogenen Feld eines Plattenkondensators gespeicherte elektrische Energie aus durch den elektrischen Fluß Ψ und die Potentialdifferenz $\Delta V = U$ zwischen den durch die Platten gegebenen Begrenzungsflächen des Feldes.

***5/86:** Berechnen Sie die im Plattenkondensator (A = 314 cm², d = 0,5 mm) bei einer Spannung U = 220 V gespeicherte Energie (Dielektrikum sei Glimmer). Berechnen Sie die Energiedichte.

***5/87:** Zeigen Sie, daß im radialsymmetrischen Feld die Energiedichte mit der 4. Potenz des Abstandes abnimmt.

***5/88:** Welche Energiedichte kann ein elektrisches Feld in feuchter Luft höchstens haben, wenn es bei einer Feldstärke $E = 2 \cdot 10^6$ N/C zum Funkenüberschlag kommt? Berechnen Sie die Spannung, die man unter dieser Voraussetzung an einen luftgefüllten Plattenkondensator mit einem Plattenabstand von d = 4 mm höchstens legen kann.

***5/89:** Ein auf die Spannung U_1 = 100 V aufgeladener Kondensator der Kapazität C_1 = 20 μF wird einem ungeladenen Kondensator der Kapazität C_2 = 10 μF parallelgeschaltet. Berechnen Sie die Spannung U, die an beiden Kondensatoren anliegt.
Untersuchen Sie, ob bei diesem Vorgang a) die Ladung und b) die elektrische Energie erhalten bleibt. Begründen Sie Ihre Aussage (gegebenenfalls auch mit quantitativen Angaben).

***5/90:** Wie groß müßte die Plattenfläche eines luftgefüllten Plattenkondensators sein, der bei einem Plattenabstand von d = 1 mm und einer Spannung von U = 220 V die gleiche Energie speichert wie eine Autobatterie von 12 V und 88 Ah?

***5/91:** Begründen Sie:

a) Verdoppelt man den Plattenabstand eines von der Spannungsquelle getrennten Plattenkondensators, so verdoppelt sich auch der Energieinhalt des Feldes. Woher kommt die gewonnene elektrische Energie?
b) Durch Veränderung des Plattenabstandes bei einem von der Spannungsquelle getrennten Plattenkondensator bleibt die Kraft, mit der sich die beiden geladenen Platten anziehen, konstant.
c) Die Kraft auf eine Platte des Plattenkondensators ist $F = \frac{1}{2} Q \, E$. Sehen Sie einen Widerspruch zur Definition der Feldstärke: $E_{def} = F/Q$ (→ *5.3.3*)?

5.4 Bewegung geladener Teilchen im elektrischen Feld

Das elektrische Feld übt auf geladene Teilchen die Kraft $\vec{F} = Q \, \vec{E}$ aus. Sind die Ladungsträger beweglich, so werden sie von der Kraft beschleunigt. Es entsteht ein Transport von Ladung, ein elektrischer Strom.

5.4.1 Ionenleitung in Flüssigkeiten

An zwei Metallplatten, die in destilliertes Wasser gesetzt werden, legt man eine Spannung. Ein in den Kreis geschaltetes Strommeßgerät zeigt keinen oder einen nur sehr kleinen Ausschlag.
Gibt man nun aber eine Säure, eine Lauge oder ein lösliches Salz in das Wasser, so steigt die Stromstärke stark an. Um diese Erscheinung zu deuten, wird ein weiterer Versuch mit färbender Lösung durchgeführt.

Versuch 5/22: In einen flachen wassergefüllten Trog (Projektion) oder auf Wasser getränktes Filterpapier (Schülerversuch) legt man einen kleinen Kristall Kaliumpermanganat ($KMnO_4$). Man beobachtet, daß sich eine Violettfärbung langsam nach allen Seiten ausbreitet. Legt man nun ein elektrisches Feld an, so wandert die Violettfärbung gegen den positiven Pol, die **Anode** (*Abb. 5–56*). Ein Umpolen bewirkt die Umkehr der Bewegungsrichtung.

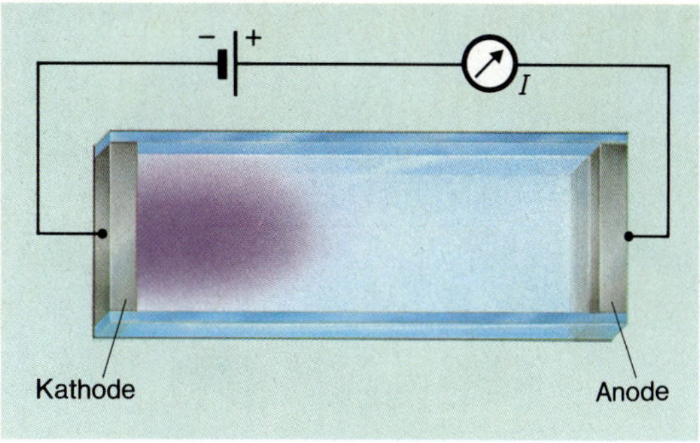

Abb. 5–56: Unter dem Einfluß eines elektrischen Feldes wandern die Ionen.

Diesen Vorgang und die mit ihm verbundenen stofflichen Veränderungen untersucht die Chemie genauer: Das Salz $KMnO_4$ dissoziiert[1]) in wäßriger Lösung in positive K^+-Ionen[2]) und negative MnO_4^--Ionen:

$$KMnO_4 \xrightarrow{\text{wäßrige Lösung}} K^+ + MnO_4^- .$$

Unter dem Einfluß des elektrischen Feldes wandern die MnO_4^--Ionen zur Anode **(Anionen)** und sind dabei durch die Violettfärbung zu erkennen. Die K^+-Ionen wandern zur **Kathode (Kationen)** und können dort durch entstehende Kalilauge (K(OH)) nachgewiesen werden. Diese Ionenwanderung durch die Flüssigkeit ist mit einem Ladungstransport verbunden. Damit ist die größere Leitfähigkeit der Lösungen gegenüber der reinen (destillierten) Wassers verständlich.

Die Leitung durch Flüssigkeit beruht auf Ionenwanderung.

Den Vorgang der Ionenwanderung im elektrischen Feld und die damit verbundenen stofflichen Veränderungen bezeichnet man als **Elektrolyse.** Ihre Untersuchung ist Aufgabe der physikalischen Chemie. Die Chemie untersucht die Vorgänge der Dissoziation und der Sekundärreaktionen, die an den Elektroden stattfinden, wenn die Ionen ihre Ladung abgegeben haben.
Die Physik untersucht die elektrischen Vorgänge, also die Bindung der Ladung an Materie, die Wanderung der Ionen im elektrischen Feld und die Abgabe der Ladung an den Elektroden. Auf diesen Bereich wollen wir uns hier beschränken und ihn mit den Hilfsmitteln und in der Arbeitsweise der Physik untersuchen.

Versuch 5/23: Man schaltet in einen Stromkreis mehrere Elektrolyte (z. B. Kupfersulfatlösungen) verschiedener Konzentration und verschiedener Temperatur in Reihe (*Abb. 5–57*). An den Kathoden scheidet sich bei Stromfluß Kupfer ab. Die abgeschiedenen Kupfermengen kann man nach Trocknen der Kathode durch Wägen bestimmen. Man benutzt dazu eine hochempfindliche Waage (Differenzenwaage) (*Abb. 5–58*).

Ergebnis: Die abgeschiedene Menge ist in allen seriengeschalteten Gefäßen gleich, sie ist also von der Temperatur und der Konzentration der Lösung unabhängig. Sie ist auch von der Form und vom Stoff der Elektroden unabhängig.

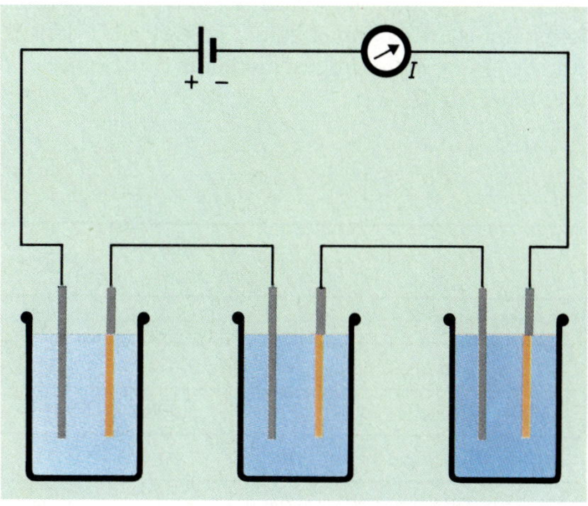

Abb. 5–57: In allen seriengeschalteten Elekrolyten wird die gleiche Menge Kupfer abgeschieden.

[1]) dissociare (lat.), trennen
[2]) ion (griech.), wandernd

Abb. 5–58: Differenzenwaage zur Messung von Stoffabscheidungen.

5.4.2 Gesetze der Elektrolyse

Wir werden nun die quantitativen Zusammenhänge bei der Elektrolyse genauer untersuchen.

Versuch 5/24: Bei der Elektrolyse einer Kupfersulfatlösung wird die Masse m des abgeschiedenen Kupfers für verschiedene Stromstärken I und nach unterschiedlich langer Zeit t gemessen.

Versuch 5/25: Im Wasserzersetzungsgerät (*Abb. 5–59*) oder mit dem Knallgasvoltameter (Schülerversuch) untersucht man die Abhängigkeit der Masse m der abgeschiedenen Gase von der Stromstärke I und der Zeit t. An der Anode scheidet sich Sauerstoff, an der Kathode Wasserstoff ab. Aus den gemessenen Volumina wird die Masse der abgeschiedenen Gase berechnet (→ *Kap. 4.1.3*).

Ergebnis: Aus jedem der beiden Versuche erhält man: $m \sim I$, wenn t konstant ist, und $m \sim t$, wenn I konstant ist. Zusammengefaßt ergibt sich daraus für die Masse m des abgeschiedenen Stoffes $m \sim I\,t$ und mit $I\,t = Q$

$$m \sim Q\,.$$

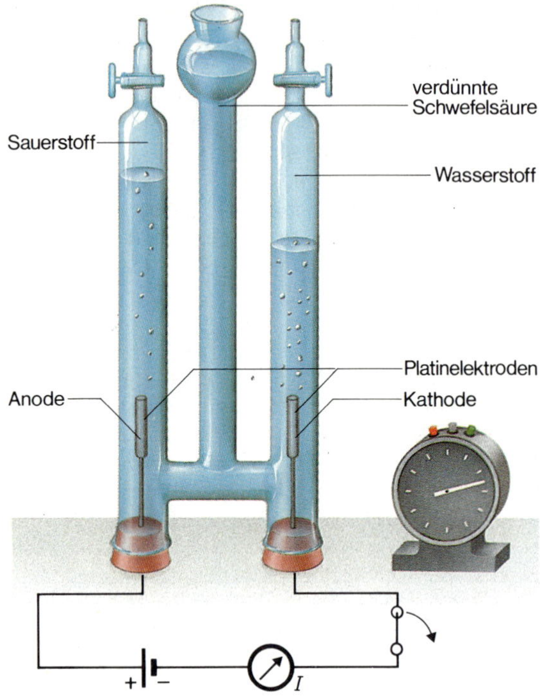

Abb. 5–59: Gerät (nach HOFMANN) zur elektrolytischen Zersetzung von Wasser.

Damit ist das Gesetz der Elektrolyse bestätigt, das der Physiker Michael FARADAY um 1833 aufgestellt hat.

1. Faradaysches Gesetz
Die Masse m eines aus einem Elektrolyten abgeschiedenen Stoffes ist der transportierten elektrischen Ladung Q proportional:

$$m = \ddot{A}\,Q\,.$$

Die Proportionalitätskonstante $\ddot{A} = m/Q$ ist für unterschiedliche Stoffe verschieden. Sie heißt **elektrochemisches Äquivalent** des abgeschiedenen Stoffes. In *Tab. 5–5* ist das elektrochemische Äquivalent für einige Stoffe angegeben.
Dividiert man $\ddot{A}$ durch die molare Masse M_m des

	Wasserstoff	Silber	Chlor	Kupfer	Sauerstoff	Aluminium	Platin
Wertigkeit z	1	1	1	2	2	3	4
$\ddot{A} = m/Q$ in mg/C	0,015	1,118	0,368	0,329	0,0829	0,0932	0,5059
M_m in kg/kmol	1,008	107,9	35,5	63,5	16,0	27,0	195,1
$\ddot{A}/M_m = n/Q$ in 10^{-8} kmol/C	1,04	1,04	1,04	0,518	0,518	0,345	0,259
zn/Q in 10^{-8} kmol/C	1,04	1,04	1,04	1,04	1,04	1,04	1,04

Tab. 5–5: Elektrochemische Äquivalente einiger Stoffe.

Stoffes (→ *Kap. 4.1.2*), so erhält man den Quotienten aus der abgeschiedenen Stoffmenge n und der transportierten Ladung Q:

$$\frac{\ddot{A}}{M_m} = \frac{m}{Q\,M_m} = \frac{n}{Q}.$$

(Die Einheit der Stoffmenge n ist 1 mol oder 1 kmol.) Dieser Quotient ist für Stoffe mit gleicher Wertigkeit gleich. Man erhält für **alle** Stoffe den gleichen Wert, wenn man den Quotienten mit der Wertigkeit z multipliziert:

$$\frac{n\,z}{Q} = konst.$$

Der Kehrwert dieses Quotienten $F = Q/nz = 9{,}6\cdot10^7$ C/kmol hat die Maßzahl der bei Abscheidung von 1 kmol eines einwertigen Stoffes transportierten Ladung.

Damit hat man ein zweites Gesetz der Elektrolyse gefunden. Das erste sagt etwas über die Abscheidung eines einzelnen Stoffes aus, das zweite vergleicht die verschiedenen Stoffe (*Abb. 5–60*).

2. Faradaysches Gesetz
Unabhängig von der chemischen Natur eines aus einem Elektrolyten abgeschiedenen z-wertigen Stoffes wird bei Ausscheidung der Stoffmenge n an einer Elektrode die Ladung

$$Q = n\,z\,F$$

abgegeben oder aufgenommen.

Dabei ist $F = 9{,}6485 \cdot 10^7 \,\frac{\mathrm{C}}{\mathrm{kmol}}$ eine Konstante; sie heißt **Faraday-Konstante.**

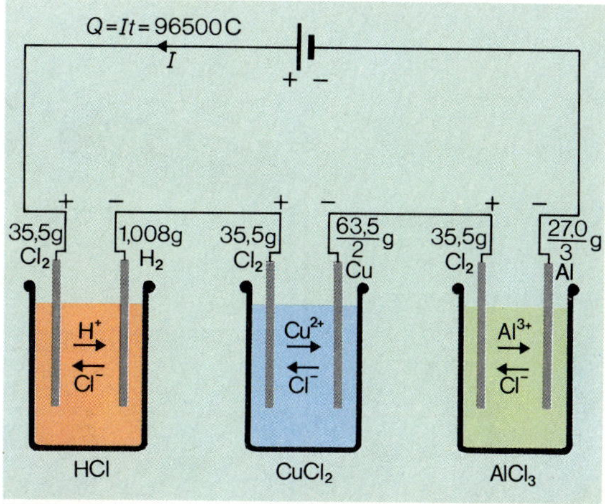

Abb. 5–60: Beim Ladungstransport von 96 500 C in einem Elektrolyten wird an einer Elektrode $1/z$ Mol eines Stoffes abgeschieden.

Aufgaben

5/92: Berechnen Sie das elektrochemische Äquivalent von einwertigem Kupfer.
5/93: Wie lange muß ein Strom der Stärke $I = 0{,}45$ A fließen, damit aus einer $CuCl_2$-Lösung 3,5 g Kupfer abgeschieden wird?
5/94: Eine Schale ($A = 120$ cm^2) soll durch Elektrolyse einen $d = 0{,}2$ mm dicken Silberüberzug ($\varrho_{Ag} = 10{,}5\cdot10^3$ kg/m^3) erhalten. Berechnen Sie die dazu erforderliche Zeit, wenn die Stromstärke $I = 10$ A beträgt. (→ *Tab. 5–5*)
5/95: Berechnen Sie die Dicke der Kupferschicht ($\varrho_{Cu} = 8{,}9\cdot10^3$ kg/m^3), die ein Strom der Stärke $I = 5{,}8$ A in der Zeit $t = 3$ h auf der Oberfläche einer Kugel ($r = 8{,}3$ cm) gleichmäßig abscheidet. (→ *Tab. 5–5*)
5/96: Zur Abscheidung von 12,5 mg eines zweiwertigen Stoffes ist ein Ladungsfluß von 150,7 C erforderlich. Berechnen Sie die molare Masse M_m des Stoffes. Um welches Element handelt es sich?

5.4.3 Die Elementarladung

Im vorhergehenden Kapitel (*5.4.2*) haben wir erkannt, daß durch die einwertigen (bzw. z-wertigen) Ionen einer Stoffmenge von 1 kmol die elektrische Ladung $Q = 9{,}6485\cdot10^7$ C (bzw. $z\cdot9{,}6485\cdot10^7$ C) in einem Elektrolyten transportiert wird. Die in 1 kmol enthaltenen Ionen sind also Träger dieser Ladung. Da 1 kmol aus $6{,}022\cdot10^{26}$ Molekülen besteht (→ Avogadro-Konstante N_A), ergibt sich unter der Annahme, daß die Ladung auf die Ionen gleichmäßig verteilt ist, für die Ladung eines einwertigen (bzw. z-wertigen) Ions

$$Q_{Ion(1)} = \frac{9{,}6485 \cdot 10^7\ \mathrm{C}}{6{,}022 \cdot 10^{26}} = 1{,}602 \cdot 10^{-19}\ \mathrm{C}$$

$$(\text{bzw. } Q_{Ion(z)} = z \cdot 1{,}602 \cdot 10^{-19}\ \mathrm{C}).$$

Man kann aber noch nicht entscheiden, ob diese Ladung für alle Ionen wirklich gleich groß ist. Der errechnete Wert kann auch ein Mittelwert sein, um den die verschieden großen Ionenladungen streuen. So wurde in der → kinetischen Gastheorie trotz verschiedener Einzelgeschwindigkeiten der Molekeln nur mit einem Geschwindigkeitswert gearbeitet. Dies war der Mittelwert, von dem die Einzelgeschwindigkeit erheblich abweichen konnte.

Ob die gefundene Ladung eines Ions ein Mittelwert ist oder ob alle Ionen genau die gleiche Ladung tragen, kann der elektrolytische Versuch nicht entscheiden. Die Frage soll mit einem ganz anders angelegten Versuch untersucht werden. Er wurde 1916 von Robert Andrews MILLIKAN zuerst ausgeführt.

Millikan-Versuch 5/26: In einen Kondensator, dessen Platten horizontal gestellt werden, sprüht man Öltröpfchen ein. Durch ein Mikroskop können die Teilchen beobachtet werden (*Abb. 5–61*). Legt man nun eine Spannung U an die Platten, so beobachtet man je nach Polung ein gleichmäßiges Sinken oder ein langsameres gleichmäßiges Steigen der Tröpfchen. Die Sinkgeschwindigkeit v_1 und die Steiggeschwindigkeit v_2 werden gemessen.

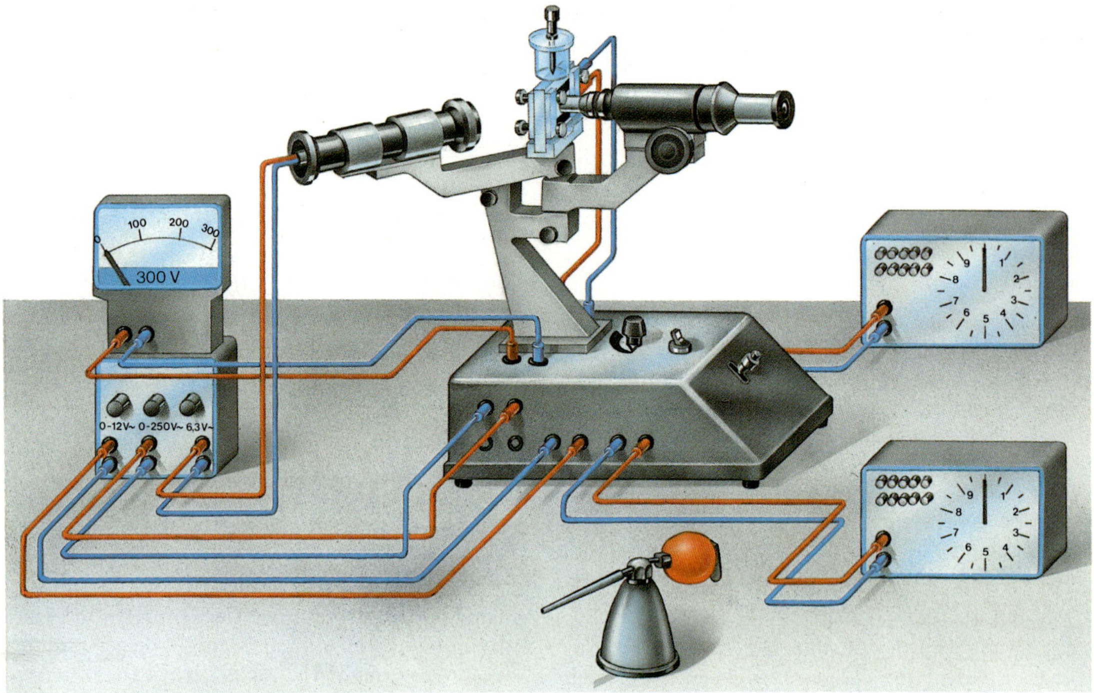

Abb. 5–61: Aufbau des Millikan-Versuchs zum Nachweis der Quantelung der Ladung und zur Bestimmung der Elementarladung *e*.

Auswertung: Beim Sinken wirken die Gewichtskraft $\vec{G} = m\,\vec{g}$ und die elektrische Kraft $\vec{F}_{el} = Q\,\vec{E}$ gleich-, beim Steigen entgegengesetzt gerichtet (*Abb. 5–62*). Die Tröpfchen bewegen sich gleichförmig, sobald die wirkenden Kräfte durch die Luftreibung kompensiert werden. Nach dem **Stokesschen Gesetz,** das hier nicht bewiesen werden kann, ist die Reibungskraft F_R proportional dem Tröpfchenradius r und der Geschwindigkeit v:

$$F_R = 6\,\pi\,\eta\,r\,v\,.$$

Dabei ist η eine Materialkonstante des Stoffes, in dem die Tröpfchen fallen, – hier also der Luft. η heißt Zähigkeit.
Aus dem Kräftegleichgewicht für das gleichförmige Sinken

$$F_{R1} = Q\,E + m\,g$$

und für das gleichförmige Steigen

$$F_{R2} = Q\,E - m\,g$$

ergibt sich für die Geschwindigkeiten

des Sinkens $$v_1 = \frac{Q\,E + m\,g}{6\,\pi\,\eta\,r}$$

und des Steigens $$v_2 = \frac{Q\,E - m\,g}{6\,\pi\,\eta\,r}\,.$$

Um Q zu berechnen, bildet man nun $v_1 + v_2$ und $v_1 - v_2$. Aus den sich ergebenden Gleichungen wird die schwer meßbare Größe r eliminiert, und man erhält eine Gleichung, die man nach Q auflöst. Setzt man darin $E = U/d$ (d Plattenabstand des Kondensators) und die Tröpfchenmasse $m = \frac{4}{3}\pi\,r^3\,\varrho$ (ϱ Dichte des Öls), so erhält man für die Ladung des Tröpfchens

$$Q = \frac{9}{2}\,\pi\,\sqrt{\frac{\eta^3\,d^2}{\varrho\,g}}\;\frac{1}{U}\,(v_1 + v_2)\,\sqrt{v_1 - v_2}\,.$$

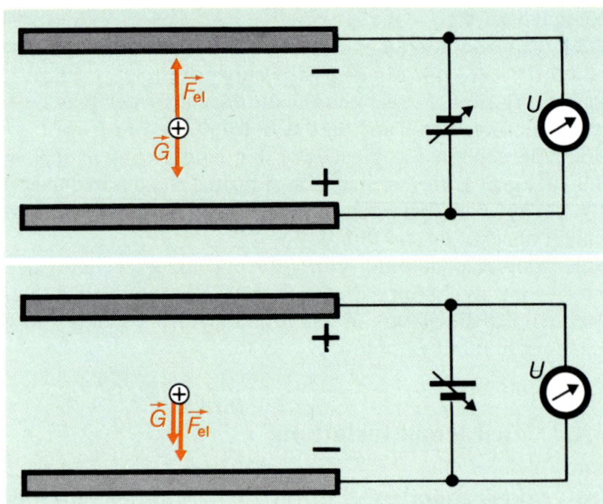

Abb. 5–62: Je nach Polung des Plattenkondensators wirken die Gewichtskraft und die elektrische Kraft gleich- oder entgegengerichtet.

Durch Messung von U, v_1 und v_2 läßt sich also bei Vorgabe der Konstanten η, ϱ, g und d die Ladung eines Tröpfchens bestimmen. Die auftretenden Tröpfchenladungen häufen sich bei ganzzahligen Vielfachen einer Ladung $e = 1{,}602 \cdot 10^{-19}$ C (*Abb. 5–63*). Dieses Ergebnis kann nur so gedeutet werden, daß man eine kleinste, immer gleiche Ladung e annimmt, von der alle Ladungen Q ganzzahlige Vielfache sind:

$$Q = n\,e\,.$$

Diese kleinste Ladung bezeichnet man als **Elementarladung** e.

Alle Ladungen sind ganzzahlige Vielfache der Elementarladung. Ladung ist gequantelt.

Es wurde bereits erörtert, daß die Materie aus kleinsten Teilchen, den Atomen, aufgebaut ist. Auch Ladungen kann man nicht weiter als bis zur Elementarladung unterteilen. Daß man beim Fließen eines elektrischen Stromes nichts von der Quantelung merkt, liegt daran, daß die Elementarladung im allgemeinen sehr klein gegenüber der gesamten fließenden Ladung ist. Der mit dem Millikan-Versuch bestimmte Wert der Elementarladung stimmt mit der berechneten Ladung eines einwertigen Ions überein. Damit ist bestätigt, daß der berechnete Wert nicht der Mittelwert verschiedener Ionenladungen ist. Jedes Ion trägt genau die Elementarladung oder ein Vielfaches davon. Die Beziehung

$$e = \frac{F}{N_A}$$

zwischen der Faraday-Konstanten F, der Avogadro-Konstanten N_A und der Elementarladung e ist damit eine wichtige Bestätigung der drei auf anderem Wege gefundenen Konstanten. Später wird das Ionisieren des bisher neutralen Atoms (Moleküls) als Abgabe oder Aufnahme eines Elektrons oder mehrerer Elektronen gedeutet (→ *Kap. 10*). Damit kann man die Elementarladung e als den Betrag der Ladung eines Elektrons auffassen.

Der Betrag der Ladung eines Elektrons ist

$$e = 1{,}602 \cdot 10^{-19}\ \text{C (Elementarladung).}$$

Jedes Ion trägt genau die Elementarladung oder ein Vielfaches davon.

Aufgaben

5/97: Ein Öltröpfchen ($m = 3{,}5 \cdot 10^{-9}$ mg, $\varrho = 0{,}950$ g/cm^3 schwebt zwischen den Platten eines Kondensators mit dem Plattenabstand $d = 0{,}50$ cm bei einer Spannung $U = 214$ V.
a) Wieviel Elementarladungen trägt es?
b) Mit welcher Geschwindigkeit würde es in Luft ohne elektrisches Feld sinken? ($\eta_{Luft} = 1{,}828 \cdot 10^{-5}$ N s/m^2)
c) Bei welcher Spannung würde es mit der in *b*) errechneten Geschwindigkeit steigen?

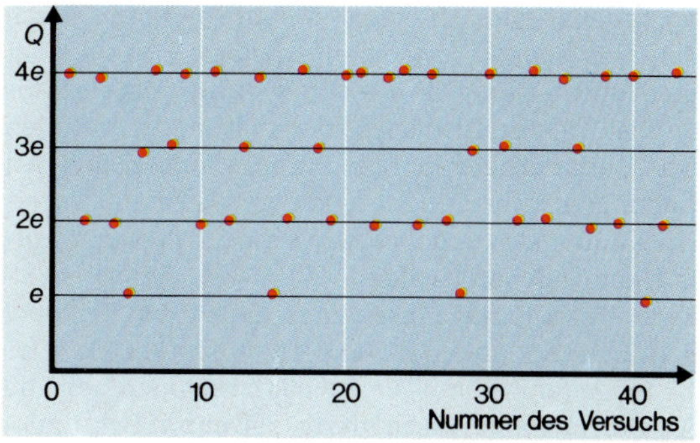

Abb. 5–63: Graphische Darstellung der Versuchsergebnisse aus dem Millikan-Versuch.

***5/98:** Berechnen Sie die Anzahl der überschüssigen Elementarladungen auf einer metallischen Kugel ($r = 6{,}5$ cm), deren Spannung gegenüber Erde $U = 4{,}5$ kV beträgt. Warum wurde bei den Versuchen mit fließender Ladung in *Kapitel 5.2* und bei den elektrostatischen Versuchen in *Kapitel 5.3* die Ladungsquantelung nicht beobachtet?
***5/99:** Der Kern eines Sauerstoffatoms enthält 8 Protonen, die Schale 8 Elektronen.
a) Wie groß ist die negative Ladung von 10 mg Sauerstoff? (Benutzen Sie *Tab. 5–5*)
b) Man stelle sich die Ladung der Elektronen und die Ladung der Protonen von 10 mg Sauerstoff jeweils punktförmig konzentriert vor. Welche Kraft würden sie im Abstand von 2 cm aufeinander ausüben?

5.4.4 Elektronenleitung in Metallen

Versuch 5/27: Durch einen Stromkreis, der eine Grenzschicht von zwei verschiedenen Metallen enthält, fließt ein starker Strom (*Abb. 5–64*). Bei einer Ionenleitung, bei der die Ladung an Cu- oder Ag-Atome gebunden ist, müßte man im Kupferdraht Silber oder im Silberdraht Kupfer erhalten.

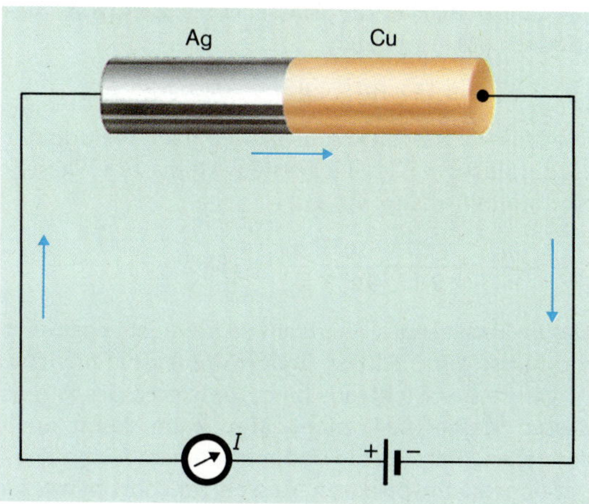

Abb. 5–64: Auch bei starkem Strom und in langer Zeit geht kein Silber in das Kupfer über. In Metallen findet keine Ionenleitung statt.

Trotz genauester Messung ist kein Übergang durch die Grenzschicht festgestellt worden. Also scheidet eine Ionenleitung, die mit Materietransport verbunden ist, für die Erklärung der Leitung in Metallen aus. Damit erhebt sich die Frage, wie man sich den Ladungstransport in Metallen vorstellen muß, welche Ladungsart und welche Masse die bewegten geladenen Teilchen besitzen.

Eine Antwort auf diese Frage liefert der Versuch, den TOLMAN und STEWART 1916 ausführten. Der Grundgedanke dieses Versuches ist sehr einfach, die Ausführung aber so schwierig, daß er mit Schulmitteln (noch) nicht nachvollzogen werden kann.

Befinden sich im starren Ionengitter eines Metalles frei bewegliche, mit Masse behaftete Ladungsträger, so müßte man sie aufgrund ihrer Trägheit nachweisen können. TOLMAN und STEWART ließen eine Drahtspule stark beschleunigt um ihre Achse rotieren und wiesen zwischen den Leiterenden eine Spannung nach. Diese entstand dadurch, daß sich frei bewegliche **negative** Ladungsträger während der beschleunigten Bewegung am hinteren Ende des Drahtes stauten, dort also mit größerer Dichte auftraten als am vorderen Ende. Beim Abbremsen trat die Spannung mit umgekehrter Polung auf. Die quantitative Auswertung des Versuches von TOLMAN ergab, daß die frei beweglichen Ladungsträger dieselbe „spezifische Ladung“ Q/m besitzen, wie man sie in anderen Experimenten für Elektronen nachweisen kann (→ *6.1.5*).

In Metallen besteht der elektrische Strom aus bewegten Elektronen.

Für die **spezifische Ladung des Elektrons** wurde der Wert

$$\frac{Q_e}{m_e} = 1{,}76 \cdot 10^{11} \, \frac{\text{C}}{\text{kg}}$$

gemessen. Nimmt man nun an, daß ein Elektron gerade die Elementarladung besitzt, so kann man mit $e = 1{,}602 \cdot 10^{-19}$ C die **Masse eines Elektrons** bestimmen. Es ergibt sich

$$m_e = 9{,}11 \cdot 10^{-31} \text{ kg} \, .$$

Die Masse eines Elektrons ist demnach viel kleiner als die Masse m_H des leichtesten Atoms, des Wasserstoffatoms (→ *Kap. 4.1.4*):

$$\frac{m_H}{m_e} = \frac{1{,}673 \cdot 10^{-27} \text{ kg}}{9{,}11 \cdot 10^{-31} \text{ kg}} = 1836 \, .$$

Da die Masse eines Elektrons so klein ist gegenüber der Masse eines Atoms, ändert die Aufnahme bzw. Abgabe eines Elektrons beim Ionisieren des Atoms dessen Masse (fast) nicht. Man kann damit auch verstehen, daß sich die Ladung in einem festen Körper ohne nachweisbaren Massentransport bewegt.

Die wirklichen Vorgänge bei der metallischen Leitung sind sehr kompliziert. Die Bewegung von Elektronen ist lediglich eine brauchbare Modellvorstellung zur Beschreibung der Elektrizitätsleitung in Metallen.

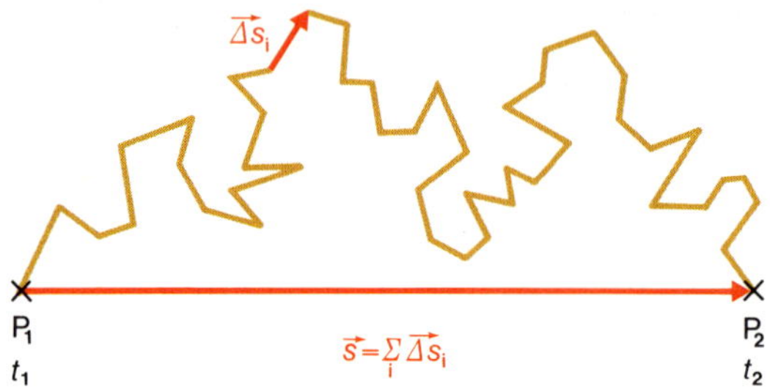

Abb. 5–65: Die Driftgeschwindigkeit eines Elektrons ist ein Mittelwert $\bar{v} = \dfrac{|\Sigma \Delta \vec{s_i}|}{t_2 - t_1}$.

Wir wollen nun diese Modellvorstellung noch für einige weitergehende Überlegungen anwenden. Legt man an die Enden eines metallischen Leiters eine Spannung, so entsteht in ihm ein elektrisches Feld, das auf die freien Leitungselektronen Kräfte ausübt. Diese durch das elektrische Feld bewirkte beschleunigende Kraft auf die beweglichen Ladungen $F_{el} = QE$ wird durch eine mit der Reibungskraft vergleichbaren Kraft F_R kompensiert, so daß sich die Elektronen im Mittel gleichförmig bewegen. Durch Stöße mit Metallionen und anderen Elektronen ist die Bewegung jedoch keineswegs geradlinig. Man spricht von einer Driftgeschwindigkeit der Elektronen und versteht darunter den Mittelwert $\bar{v} = \dfrac{|\Sigma \Delta \vec{s_i}|}{\Delta t}$ (*Abb. 5–65*).

Durch folgende Überlegungen lassen sich Aussagen über die Wander- oder Driftgeschwindigkeit der Elektronen machen:

Die Stromstärke $I = \dfrac{\Delta Q}{\Delta t}$ läßt sich durch

$$I = \frac{n\,e\,A\,v\,\Delta t}{\Delta t} = neAv$$

ausdrücken, worin n die Teilchendichte (= Anzahl/Volumen) der Elektronen, A die Querschnittsfläche des Leiters und v die Driftgeschwindigkeit der Elektronen ist (*Abb. 5–66*). Aus dem in der Sekundarstufe I experimentell nachgewiesenen Ohmschen Gesetz für die metallische Leitung $I = U/R$ folgt

$$n\,e\,A\,v = \frac{U}{\varrho \frac{l}{A}} \text{ bzw. } v = \frac{1}{\varrho\,n\,e}\,\frac{U}{l} \, .$$

Dabei ist ϱ der spezifische Widerstand und l die Länge des Leiterstücks.

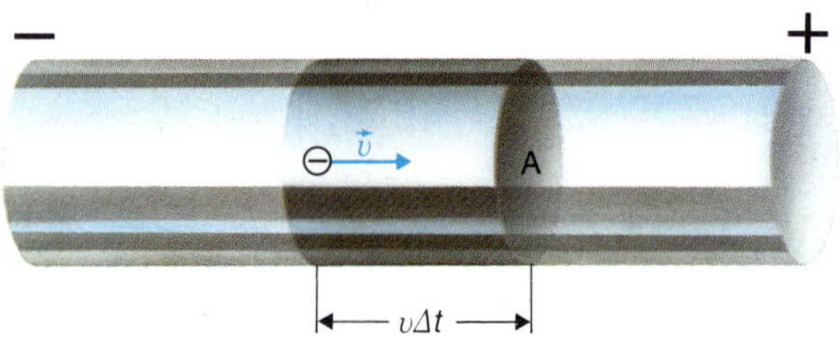

Abb. 5–66: Die Ladung $\Delta Q = I\,\Delta t$ ergibt sich als Gesamtladung der Elektronen, die aus dem Volumen $Av\Delta t$ *in der Zeit* Δt durch die Querschnittsfläche A hindurchtreten.

Damit ist theoretisch nachgewiesen, daß bei der Konstanz der anderen Größen die Driftgeschwindigkeit der angelegten Feldstärke proportional ist:

$$v \sim \frac{U}{l} \text{ bzw. } v \sim E\,.$$

Der Proportionalitätsfaktor $u = v/E$ heißt **Beweglichkeit der Elektronen.**

Ersetzt man in der Gleichung $n\,e\,A\,v = U/R$ für das Ohmsche Gesetz v durch $u\,E$ oder $u\,U/l$ wegen $E = U/l$, so ergibt sich für den **Widerstand eines Leiters**

$$R = \frac{1}{u\,n\,e}\,\frac{l}{A}\,.$$

Für den **spezifischen Widerstand** ϱ erhält man

$$\varrho = \frac{1}{u\,n\,e}\,.$$

$\sigma = \frac{1}{\varrho} = u\,n\,e$ heißt **spezifische Leitfähigkeit.**

Man erkennt daraus die Gültigkeitsgrenzen des Ohmschen Gesetzes. Nur wenn die Elektronendichte n und die Beweglichkeit u konstant bleiben, gilt das Gesetz. Daher muß insbesondere die Temperatur, von der die Beweglichkeit abhängt, konstant gehalten werden.

Die spezifischen Widerstände kann man messen. Wenn dann die Dichte der Elektronen bekannt ist, läßt sich mit der bekannten Elementarladung ihre Beweglichkeit bestimmen. In *Tabelle 5–6* sind einige Elektronenbeweglichkeiten von Metallen und zum Vergleich von anderen festen Körpern angegeben. Die Driftgeschwindigkeit der Elektronen in einem Kupferdraht, bei dem über die Länge l = 2,5 m die Spannung U = 2 V abfällt, berechnet sich unter Verwendung der in der Tabelle angegebenen Beweglichkeit u zu

$$v = u\,\frac{U}{l} = 3{,}1 \cdot 10^{-3} \cdot \frac{2}{2{,}5}\,\frac{\text{m}}{\text{s}}$$
$$= 2{,}48 \cdot 10^{-3}\,\frac{\text{m}}{\text{s}}\,.$$

Die berechnete Driftgeschwindigkeit der Elektronen ist nur klein. Später wird ein Versuch durchgeführt, mit dem man sie experimentell bestimmen kann (→ *6.1.4*).

Daß die Elektronen für eine bestimmte angelegte Feldstärke eine konstante Driftgeschwindigkeit erreichen, ist durch die der beschleunigenden elektrischen Kraft entgegengerichtete Kraft begründet, die wie die Reibungskraft geschwindigkeitsabhängig ist. Sie erreicht bei der Driftgeschwindigkeit gerade die Größe der vom Feld ausgeübten Kraft $F = QE$. Die vom Feld bei der Bewegung der Ladung Q durch die Leiterlänge l verrichtete Arbeit $W_{el} = QEl = QU$ wird nicht zur Erhöhung der kinetischen Energie der Elektronen verwendet. Sie wird dem Leiter in Form von Wärme zugeführt. Mit $Q = It$ ist die vom Strom verrichtete Arbeit

$$W_{el} = U\,I\,t\,,$$

die Leistung ist

$$P_{el} = \frac{W_{el}}{t} = U\,I = R\,I^2\,.$$

Das ist das schon von der Sekundarstufe I her bekannte Joulesche Gesetz.

In diesem Kapitel wurde die elektrische Leitfähigkeit von Metallen durch ein Modell beschrieben, in dem sich geladene Teilchen (Elektronen) wie elastische Kügelchen im Ionengitter des Metalls fortbewegen. Man wird in *Kapitel 11* erkennen, daß dieses Modell zur Beschreibung vieler Leitungsphänomene nicht ausreicht. *Tabelle 5–7* gibt einen Überblick über das Leitungsverhalten einiger repräsentativer Substanzen.

Stoff	u in 10^{-3} m²/Vs
Silber	5,6
Kupfer	3,1
Indium-Arsenid	2700
Wismut	400
Germanium	390
Silizium	190

Tab. 5–6: Elektronenbeweglichkeit u einiger Stoffe bei ϑ = 20°C.

Stoff	σ in $(\Omega\text{m})^{-1}$	Bemerkungen
Kupfer Blei	$6{,}5 \cdot 10^7$ $5{,}2 \cdot 10^6$	Leitung durch freie Elektronen
Kohlenstoff Germanium Silizium	$2{,}9 \cdot 10^4$ $2{,}2 \cdot 10^0$ $4{,}6 \cdot 10^{-3}$	Leitung durch thermisch angeregte Elektronen
Natrium-chlorid Glas	$1{,}7 \cdot 10^{-7}$ $10^{-13} \ldots 10^{-10}$	Leitung durch Ionen, die durch den Festkörper diffundieren

Tab. 5–7: Die elektrische Leitfähigkeit einiger repräsentativer Substanzen.

Aufgaben

***5/100:** Obwohl die Driftgeschwindigkeit von Elektronen in einem metallischen Leiter sehr klein ist, leuchtet eine elektrische Lampe fast sofort nach dem Schließen des Schalters auf. Erklären Sie dies.

***5/101:** Berechnen Sie mit der in der *Tabelle 5–6* gegebenen Beweglichkeit die Dichte der Elektronen in Silber und in Wismut. (Spezifische Widerstände ϱ_{Ag} = 0,016 Ω mm²/m , ϱ_{Bi} = 1,1 Ω mm²/m).

***5/102:** Berechnen Sie die Driftgeschwindigkeit der Elektronen in einem Silberdraht der Länge d = 3,5 m bei einer Spannung U = 1 V.

***5/103:** Eine Spule (n = 5000, r = 12 cm) wird aus der Achsendrehung (f = 20 s^{-1}) abgestoppt. Dabei wird eine Ladung $\Delta Q = 6 \cdot 10^{-10}$ C gemessen. Spule und Meßgerät haben den Gesamtwiderstand R = 504 Ω. Berechnen Sie daraus die spezifische Ladung eines Elektrons. (Tolman-Versuch!) Anleitung: Die Kräfte $F_{mech} = ma = m\,\Delta v/\Delta t$ und $F_{el} = QE$ sind im Gleichgewicht; der meßbare Spannungsstoß ist $U\,\Delta t = R\,I\,\Delta t = R\,\Delta Q$.

5.4.5 Austritt von Elektronen aus der Leiteroberfläche

Glühelektrischer Effekt

Versuch 5/28: In einer evakuierten Röhre ist eine Elektrode als Spirale, die andere als gegenüberstehende Platte ausgebildet. Legt man eine Spannung an, so fließt kein meßbarer Strom, auch nicht nach Umpolen. Der (fast) luftleere Raum zwischen den Elektroden enthält keine Ladungsträger.

Nun läßt man einen Heizstrom durch die Wendel fließen und bringt sie zum Glühen (*Abb. 5–67*).
Beobachtung: Wird die glühende Wendel als Kathode geschaltet, zeigt sich eine (von der Temperatur der Wendel abhängige) Stromstärke im Anodenstromkreis. Bei umgekehrter Polung fließt kein Strom.

Aus dem glühenden Draht der Wendel müssen negative Ladungsträger ausgetreten sein, die den Strom durch die Röhre hindurch bewirken. Diese Erscheinung bezeichnet man als **glühelektrischen Effekt.**

Aus einem glühenden Metalldraht treten Elektronen aus.

Aus einer kalten Metalloberfläche treten (bei kleinen Feldstärken) keine Elektronen aus.
Eine ähnliche Erscheinung ist das Austreten von Wassermolekülen aus einer Wasseroberfläche. Um die Kohäsionskräfte zu überwinden, muß das Wassermolekül eine bestimmte kinetische Energie besitzen. Bei normaler Temperatur haben nur wenige Moleküle die zum Austreten erforderliche Geschwindigkeit (Verdunsten). Erst wenn man die Temperatur des Wassers und damit die kinetische Energie der Moleküle erhöht, treten mehr aus. Bei jeder Temperatur stellt sich über der Flüssigkeitsoberfläche ein dynamischer Gleichgewichtszustand zwischen austretenden und wieder eintretenden Molekülen ein.
Der glühelektrische Effekt legt die Vorstellung nahe, daß auch beim Austritt von Elektronen eine Kraft überwunden werden muß, die das Elektron bindet: die elektrostatische Anziehungskraft zwischen dem Elektron und dem positiven Kristallverband.

Es muß eine **Austrittsarbeit** verrichtet werden, wenn ein Elektron aus der Metalloberfläche ausgelöst werden soll.

Diese Austrittsarbeit wird beim glühelektrischen Effekt als Wärmeenergie und damit als kinetische Energie den Elektronen zugeführt. Auch hier stellt sich ein dynamisches Gleichgewicht ein. Aus der Wolke der ausgetretenen Elektronen gehen dann genausoviel Elektronen in die positiv zurückgebliebene Metalloberfläche zurück wie neu austreten.
Die Austrittsarbeit der Elektronen gibt man in einer neuen Energieeinheit an, die man auf die Elementarladung bezieht. Die Arbeit bei der Bewegung einer Ladung Q im elektrischen Feld ist allgemein $W_{el} = QU$. Insbesondere braucht man, um eine Elementarladung gegen die Spannung 1 V zu bewegen, $W_1 = e \cdot 1\,\text{V} = 1{,}602 \cdot 10^{-19}$ J.

Diese Arbeit bezeichnet man als 1 eV **(Elektronvolt)** und benutzt sie als Einheit der Arbeit (der Energie) bei Prozessen, in denen Ladungen von der Größe der Elementarladung beteiligt sind.

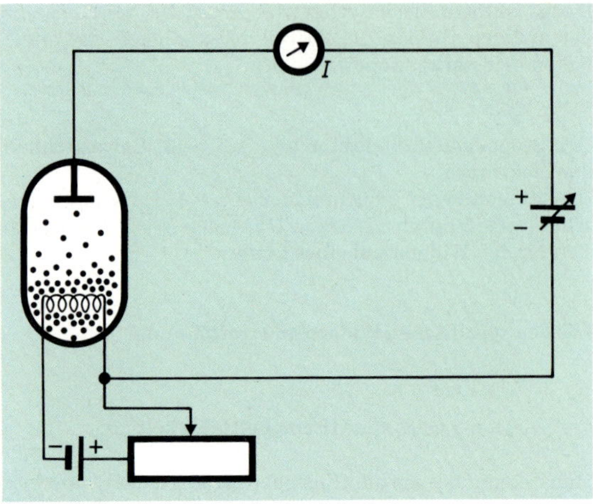

Abb. 5–67: Aus dem glühenden Metalldraht treten Elektronen aus. Sie bilden vor der Kathode eine negative Ladungswolke.

Stoff	W_a in eV
Cäsium	1,94
Kalium	2,25
Barium	2,52
Silizium	3,59
Blei	4,04
Aluminium	4,20
Zink	4,27
Kupfer	4,48
Wolfram	4,53
Germanium	4,62
Silber	4,70
Platin	5,36

Tab. 5–8: Einige Austrittsarbeiten W_a.

Definition: 1 Elektronvolt $1\,\text{eV} = 1{,}602 \cdot 10^{-19}$J.

Die Größe der Austrittsarbeit hängt von der Art des Metalles ab (*Tab. 5–8*). In *9.1.1* wird ein Verfahren beschrieben, mit dem man die Austrittsarbeit der Elektronen bestimmen kann. Die Stoffe mit besonders kleiner Austrittsarbeit verwendet man in den Geräten, in denen man den glühelektrischen Effekt praktisch anwendet, als Oberflächenbelag der Glühkathode.

Anwendung des glühelektrischen Effektes

Die wichtigste Anwendung des glühelektrischen Effektes bilden die **Elektronenröhren.** Man unterscheidet die Röhren nach der Anzahl ihrer Elektroden: z. B. Diode, Triode, Pentode.

Versuch 5/29: Zwischen die Anode und die geheizte Kathode wird eine regelbare Gleichspannung gelegt. Die Anodenstromstärke wird gemessen (*Abb. 5–68*).
Ergebnis: Die Anodenstromstärke nimmt mit steigender Anodenspannung zu und nähert sich einem Sättigungs-

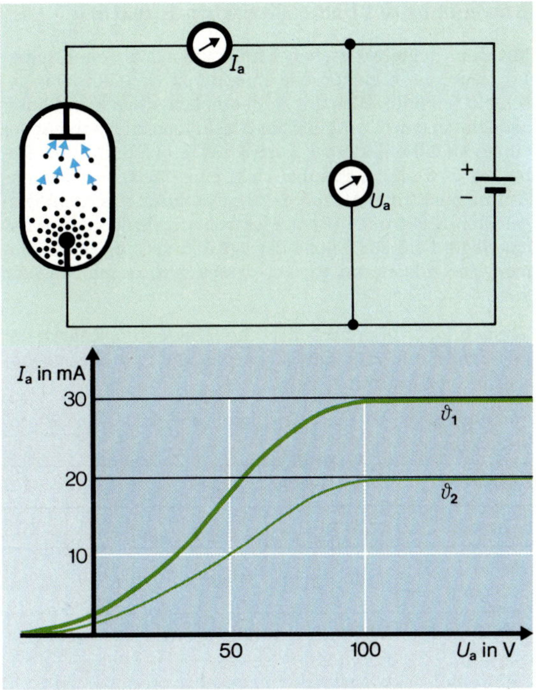

Abb. 5–68: Die Aufnahme der (U_a, I_a)-Kennlinie einer Diode bei unterschiedlicher Temperatur.

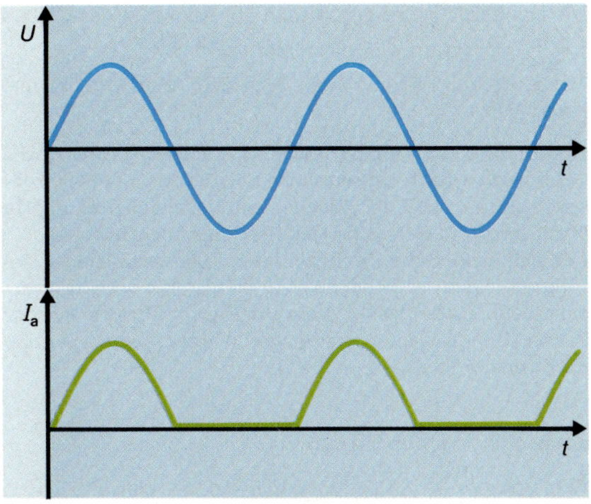

Abb. 5–69: Eine Diode läßt den Strom nur in einer Richtung durch. Sie wirkt als Ventil.

wert. Die Abhängigkeit für verschiedene Kathodentemperaturen zeigen die (U_a, I_a)-Kennlinien in *Abb. 5–68.*

Bei niedriger Temperatur ist der Sättigungsstrom geringer, da weniger Elektronen für den Leitungsvorgang in der Röhre zur Verfügung stehen.
Die **Diode** verwendet man zum Gleichrichten eines Wechselstromes. Legt man eine Wechselspannung an, so kann der Strom nur fließen, wenn die Anode positiv gegenüber der Kathode ist (*Abb. 5–69*).
Eine technische Weiterentwicklung der Diode ist die **Triode.** Bei einer Triode befindet sich zwischen Kathode und Anode eine dritte Elektrode; sie wird als „Gitter" bezeichnet.

Versuch 5/30: An das Gitter einer Triode legt man eine gegenüber der Kathode negative Spannung U_g. Bei konstanter Anodenspannung U_0 wird die Gitterspannung U_g verändert und dabei die Anodenstromstärke I_a gemessen (*Abb. 5–70*).
Ergebnis: Erhöht man den Betrag der (negativen) Gittervorspannung, so nimmt die Anodenstromstärke ab. Die Abhängigkeit der Anodenstromstärke I_a von der Gitterspannung U_g zeigt die (U_g, I_a)-Kennlinie in *Abb. 5–70* für eine feste Anodenspannung U_0.

Mit der Triode kann man Spannungsschwankungen verstärken. Kleine Änderungen der Gitterspannung rufen durch die zugehörigen Anodenstromänderungen an einem großen Arbeitswiderstand R große Spannungsänderungen hervor. Der Quotient $\Delta U_a/\Delta U_g$ ist der Verstärkungsfaktor. Er ist im Bereich des linearen Anstiegs, dem Arbeitsbereich der Röhre, konstant. Bei den Potentialschwankungen des Gitters fließen wegen der kleinen Gitterkapazität nur sehr

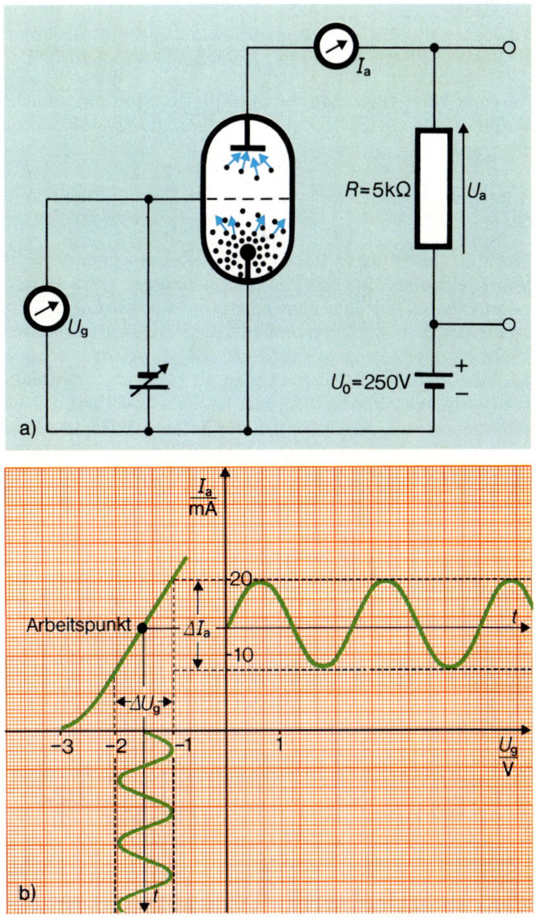

Abb. 5–70: Spannungsverstärkung durch eine Triode: Für ΔU_g = 1 V ist ΔU_a = R ΔI_a = 5 kΩ·12 mA = 60 V. a) Schaltung. b) (U_g, I_a)-Diagramm.

geringe Ladungsmengen zu und ab. Daher ist der Gitterstrom vernachlässigbar klein. Das bedeutet:

Mit Hilfe einer Triode kann man den Anodenstrom fast leistungslos steuern.

Heute sind Elektronenröhren weitgehend von Transistoren verdrängt worden; für sehr hohe Leistungen, wie bei Großsendern und bei der Hochspannungsgleichrichtung in Fernsehempfängern, sind sie allerdings unentbehrlich.
Der glühelektrische Effekt findet in allen technischen Geräten Anwendung, in denen freie Elektronen benötigt werden: beim Kathodenstrahloszillograph (→ *5.4.8*), bei der Fernsehbild-Aufnahmeröhre und -Wiedergaberöhre, beim Elektronenmikroskop (→ *6.1.5*).

Lichtelektrischer Effekt

Beim Deuten des glühelektrischen Effektes wurde erkannt, daß zum Auslösen von Elektronen eine Austrittsarbeit verrichtet werden muß. Die erforderliche Energie kann auch in anderer Form als durch Wärme zugeführt werden.

Versuch 5/31: Auf einem Elektroskop befindet sich eine (blankgeschmirgelte) Zinkplatte. Das Elektroskop wird positiv aufgeladen und die Zinkplatte mit dem Licht einer Quecksilberdampflampe bestrahlt. Der Ausschlag bleibt erhalten.
Lädt man das Elektroskop negativ auf und bestrahlt man wieder die Platte, so geht der Ausschlag schnell zurück.

Versuch 5/32: Zwischen der Zinkplatte und einem davor aufgestellten Gitter liegt eine hohe Spannung (*Abb. 5–71*). Bestrahlt man nun wieder die Zinkplatte, so weist der Meßverstärker einen Strom nach, wenn die Zinkplatte negativ aufgeladen wurde. Bei umgekehrter Polung fließt kein Strom.

Diese Beobachtungen lassen sich wieder mit dem Austritt von Elektronen aus der Zinkplatte deuten; sie wandern beim zweiten Versuch zum positiv geladenen Gitter. Die Austrittsarbeit wird von dem auf die Platte auftreffenden Licht verrichtet. Das Auslösen von Elektronen durch Lichtbestrahlung bezeichnet man als (äußeren) **lichtelektrischen Effekt, Photoeffekt** oder **Hallwachs-Effekt.** Durch eine genauere Untersuchung dieses Effektes wird man später (→ *9.1.1*) wichtige Aufschlüsse über die Vorstellung vom Licht erhalten.

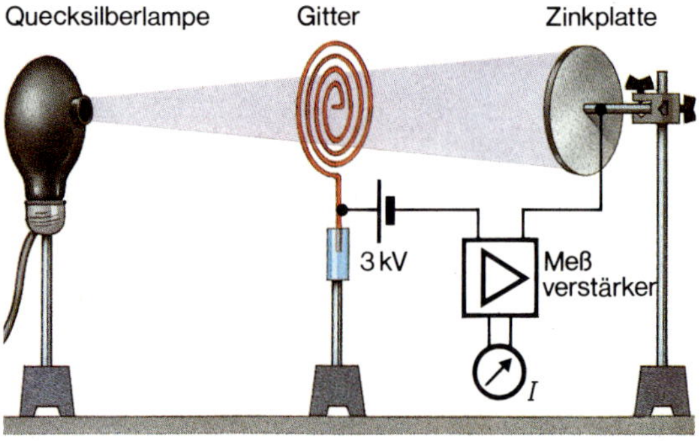

Abb. 5–71: Aus der Zinkplatte treten Elektronen aus, wenn sie mit Licht einer Quecksilberdampflampe bestrahlt wird.

Anwendung des lichtelektrischen Effektes

Mit dem lichtelektrischen Effekt kann man unmittelbar Lichtenergie in elektrische Energie umwandeln. Das geschieht in **Photozellen** und in **Photoelementen.** Eine Photozelle hat in einem evakuierten Glaskolben eine Schicht aus einem Metall mit kleiner Austrittsarbeit (z. B. Cäsium, siehe *Tab. 5–8*). Ihr gegenüber steht eine (meist ringförmige) Auffangelektrode A (*Abb. 5–72*). Die durch das Licht ausgelösten Elektronen (Photoelektronen) werden durch das angelegte Feld zur Anode bewegt und von ihr aufgenommen. Sie bilden den Strom, dessen Stärke man messen kann.

Versuch 5/33: Man verändert die Beleuchtungsstärke der Photozelle durch Abstandsänderung und mißt die zugehörige Stromstärke (*Tab. 5–9*).

Messungen (a Abstand der Lichtquelle von der Photokathode):

a in cm	10	20	30	40	50	60
I in mA	58	15	6,5	3,7	2,4	1,7
Ia^2 in mAcm^2	5800	6000	5850	5920	6000	6120

Tab. 5–9: Photostrom I in Abhängigkeit des Abstandes a.

Da die Beleuchtungsstärke umgekehrt proportional zu a^2 ist, ergibt die Auswertung der Meßreihe folgendes Ergebnis:

Die Stromstärke ist der Beleuchtungsstärke direkt proportional.

Damit kann man die Photozelle für die Messung der Beleuchtungsstärke verwenden. Änderungen der Beleuchtungsstärke werden (fast) ohne Verzögerung in Änderung der Stromstärke umgesetzt. Daher kann man Schwankungen (Modulationen) des Lichtes in ganz entsprechende Schwankungen der elektrischen Stromstärke umformen. Darauf beruht die Anwendung der Photozelle in vielen Geräten, insbesondere beim Fernsehen und beim Tonfilm. Eine Fernsehbild-Aufnahmeröhre (→ Ikonoskop) wird in *6.1.5* beschrieben.

Weitere Möglichkeiten, Elektronen aus metallischen Oberflächen herauszulösen

Es gibt noch weitere Möglichkeiten, Elektronen aus metallischen Oberflächen herauszulösen. Man kann z. B. die nötige Austrittsarbeit aus einem elektrischen Feld gewinnen. Das Herauslösen bei hohen Feldstärken beobachtet man als Absprühen der Ladung von Spitzen **(Spitzeneffekt).** An Spitzen ist die Ladungsdichte größer als auf weniger gekrümmten Oberflächen.

Elektronen treten an Stellen genügend großer Feldstärke aus der Leiteroberfläche aus.

Daraus ergibt sich, daß der Aufladung eines Körpers eine Grenze gesetzt ist. Die angelegte Spannung darf nicht so hoch werden, daß die Feldstärke zum Auslösen von Elektronen ausreicht. Dann tritt eine Entladung durch den Austritt von Elektronen ein, und die Ladung kann nicht weiter erhöht werden.
Man wird später sehen, daß die Austrittsarbeit der Elektronen auch durch das Aufprallen anderer Teilchen auf die Metalloberfläche verrichtet werden kann. Insbesondere

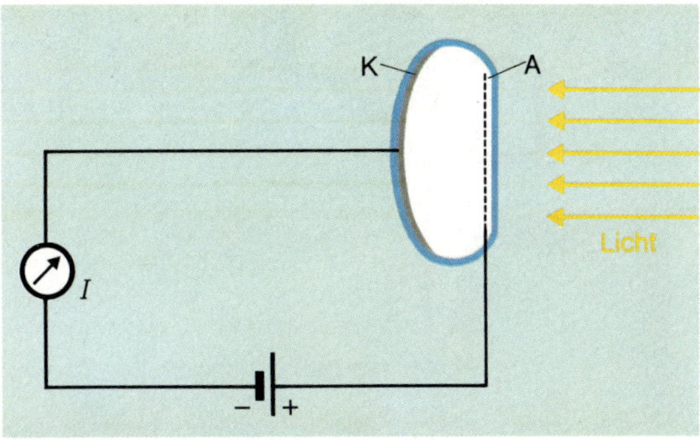

Abb. 5–72: Aufbau und Schaltung einer Vakuumphotozelle (K Kathode, A Anode).

können Elektronen selbst beim Auftreffen auf die Oberfläche neue Elektronen **(Sekundärelektronen)** auslösen. Das wendet man z. B. in Sekundärelektronenvervielfachern **(Photomultipliern)** an, um die Zahl der Elektronen zu erhöhen (*Abb. 5–73*).

Aufgaben

5/104: Nennen Sie Unterschiede und Gemeinsamkeiten beim Vergleich des Elektronenaustritts aus Metalloberflächen mit dem Austritt von Wassermolekülen aus der Wasseroberfläche.
5/105: Durch eine Elektronenröhre fließt ein Strom von 8,5 μA. Wie viele Elektronen treffen pro Sekunde auf die Anode?
5/106: Erklären Sie, weshalb in einer Elektronenröhre bei konstanter Anodenspannung die Anodenstromstärke größer wird, wenn die Heizspannung erhöht wird.
***5/107:** Die (U_a, I_a)-Kennlinie einer Triode wird bei abnehmender Gitterspannung nach rechts verschoben. Begründen Sie das.
***5/108:** Im Anodenkreis einer Triode liegt ein Arbeitswiderstand von $R = 15$ kΩ. Bei einer Änderung der Gitterspannung U_g von $-2{,}5$ V auf $-1{,}0$ V erhöht sich die Anodenstromstärke I_a von 5 mA auf 12 mA. Wie groß ist der Verstärkungsfaktor?
***5/109:** Warum legt man den Arbeitspunkt einer Triode auf den linearen Teil der (U_g, I_a)-Kennlinie?

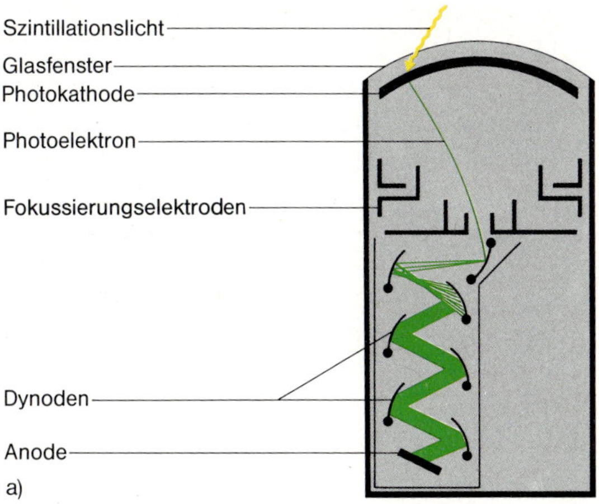

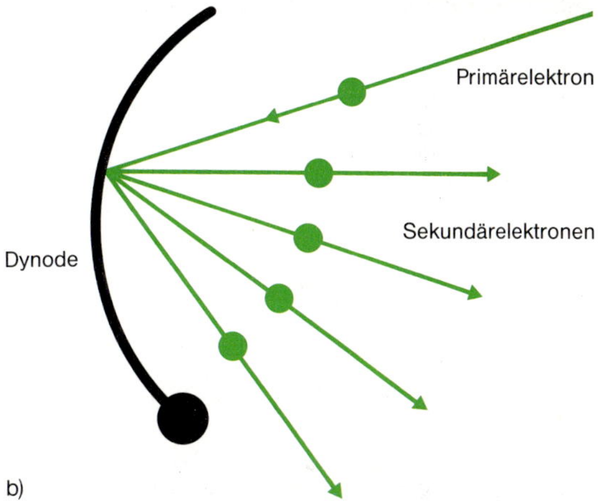

Abb. 5–73: Der Photomultiplier *(a)* dient dazu, aus schwachen Lichtblitzen elektrische Impulse zu machen. Trifft ein Elektron auf eine Dynode, so löst es mehrere Sekundärelektronen aus *(b)*. Durch elektrische Felder zwischen Photokathode und Dynode bzw. zwischen gegenüberliegenden Dynoden werden die Elektronen beschleunigt und an der Anode gesammelt.

5.4.6 Berührungspotential

Versuch 5/34: Man bringt eine Aluminium- und eine Kupferplatte, die vorher gut gereinigt wurden und die man an isolierenden Griffen hält, in enge Berührung. Dann reißt man die Platten schnell auseinander, ohne sie dabei zu verkanten.
Beobachtung: Der Meßverstärker zeigt, daß die Aluminiumplatte eine positive und die Kupferplatte eine negative Ladung gleicher Größe bekommen hat.

An der Grenzschicht von Metallen entsteht durch verschiedene Ladungsbeweglichkeit eine innere Spannung. Weitere Versuche zeigen, daß die Aufladung und damit die Größe und Polung der inneren Spannung von der Art der berührenden Metalle abhängen. Man ordnet die Metalle in einer **Spannungsreihe** an, aus der man die Polung und die Größe der Spannung für jede Grenzschicht ablesen kann. Man hat festgestellt, daß die Potentialdifferenz einer Grenzfläche zweier Metalle der Differenz der → Austrittsarbeiten proportional ist.

Versuch 5/35: Ein Kupferstab wird an beiden Seiten in enge Berührung mit einem Aluminiumdraht gebracht. In eine Unterbrechung des Aluminiumdrahtes schaltet man ein Spannungsmeßgerät mit einem Mikrovoltverstärker (*Abb. 5–74*).
Das Meßgerät kann die innere Spannung nicht nachweisen. Die Summe der inneren Spannung in einem geschlossenen Kreis ist stets Null.
Erwärmt man eine der beiden Berührstellen, dann schlägt das Meßgerät aus. Erwärmt man auch die andere Kontaktstelle, so geht der Ausschlag wieder zurück.

Diese Erscheinung bezeichnet man als **thermoelektrischen Effekt** (Seebeck-Effekt). Der Versuch zeigt, daß die Berührungsspannung an der Grenzschicht zweier Metalle (wie deren Austrittsarbeit) von der Temperatur abhängig ist. Wenn die Temperatur der beiden Grenzschichten verschieden ist, so ist die Summe der inneren Spannungen nicht mehr Null, und mit dem äußeren Meßgerät kann eine Spannung nachgewiesen werden.

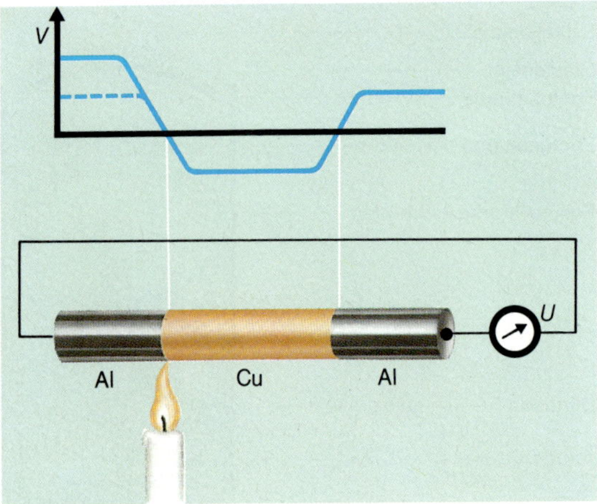

Abb. 5–74: Prinzip des Thermoelements. An der erwärmten Berührungsstelle ändert sich die innere Potentialdifferenz.

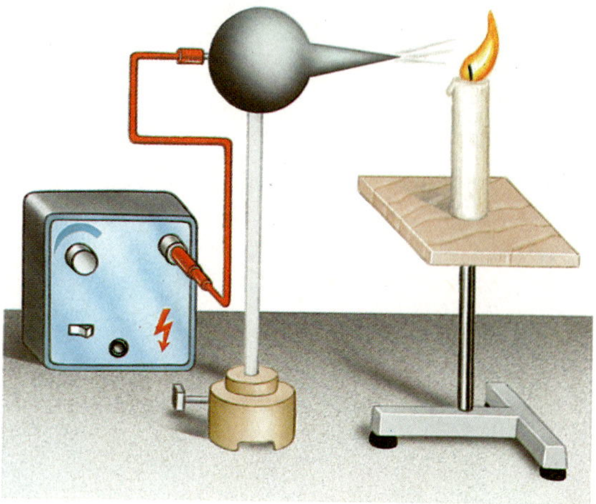

Abb. 5–75: Ionisierte Luftmoleküle werden an der Spitze infolge der dort besonders hohen Feldstärke stark beschleunigt.

Mit einem solchen **Thermoelement** kann man Temperaturen messen. Die Spannung an einem einzelnen Thermoelement ist nur gering (etwa 10^{-5} V bei 1 K Temperaturdifferenz). Will man höhere Spannungen erreichen, schaltet man viele Berührungsstellen hintereinander. So erhält man eine **Thermosäule.** Mit Thermosäulen kann man beispielsweise Strahlungswärme nachweisen und messen.

Die Umkehrung des thermoelektrischen Effektes ist der **Peltier-Effekt.** Fließt durch die Verbindungsstelle zweier Metalle ein Strom, so tritt je nach der Stromrichtung eine Erwärmung bzw. Abkühlung der Verbindungsstelle ein. Die andere Verbindungsstelle desselben Stromkreises wird dann umgekehrt abgekühlt bzw. erwärmt. Die von der einen Lötstelle zur anderen transportierte Wärme (Peltier-Wärme) ist im Gegensatz zur Jouleschen Wärme dem Strom I proportional:

$$\Delta W = \Pi \, I \, \Delta t \, ;$$

Π heißt Peltier-Koeffizient. → Halbleiter haben einen bedeutend größeren Peltier-Koeffizienten als Metalle. Den Peltier-Effekt in Halbleitern benutzt man zur Herstellung ökonomischer und leistungsfähiger Kühleinrichtungen.

5.4.7 Leitungsvorgänge in Gasen

Ein aufgeladenes Elektroskop oder ein geladener Plattenkondensator halten (lange) ihre Ladung. Luft leitet also nicht.

Versuch 5/36: Die Platten eines Kondensators werden über einen Meßverstärker an eine Hochspannungsquelle geschaltet. Es wird zwischen die Platten des aufgeladenen Kondensators a) eine Flamme, b) ein glühender Draht, c) ein radioaktives Präparat (→ *12.1.1*) gehalten.

Beobachtung: Der Meßverstärker zeigt jeweils einen Stromfluß an.

In diesen Versuchen ist die Luft leitend gemacht worden. Bei dieser **unselbständigen Entladung** werden die erforderlichen Ladungsträger durch äußere Einwirkungen (Wärme, Energie der radioaktiven Strahlung) erzeugt, die mit dem Transport der erzeugten Ladungsträger nichts zu tun haben.

Versuch 5/37: Auf die Kugel eines Bandgenerators wird eine Spitze gesetzt. Lädt man die Kugel auf, so beobachtet man bei einer bestimmten Spannung eine Spitzenentladung. Hält man vor die Spitze eine Flamme, so wird sie durch einen Luftstrom, der von der Spitze ausgeht, abgelenkt (elektrischer Wind) (*Abb. 5–75*).

Dieser Versuch kann nur gedeutet werden, wenn man annimmt, daß Luftmoleküle ionisiert worden sind. Die entstandenen Ionen erfahren im elektrischen Feld eine Kraft und werden beschleunigt.

Der Strom wird in der Luft (unter Normaldruck) von bewegten Ionen gebildet.

Der Spitzeneffekt bewirkt eine Entladung, die ohne weitere äußere Einwirkung vom elektrischen Feld ausgelöst und aufrechterhalten wird. Man nennt sie eine **selbständige Entladung.**

Versuch 5/38: Der Spitze wird ein mit der Erde verbundener leitender Körper genähert.

Beobachtung: Bei einem bestimmten Abstand springt ein Funke über und entlädt die Kugel.

Diese **Funkenentladung** gehört auch zu den selbständigen Entladungsvorgängen. Die dabei durch die Luft bewegte Ladung ist bedeutend größer als bei der Spitzenentladung. Der Grund dafür liegt in einer zusätzlichen Bildung von Ladungsträgern durch **Stoßionisation.** Die in der Luft vorhandenen oder durch Anlagerung von Elektronen gebildeten Ionen werden durch das elektrische Feld so stark beschleunigt, daß ihre kinetische Energie ausreicht, andere Luftmoleküle zu ionisieren, auf die sie stoßen. Dieser lawinenartige Vorgang erfordert Anfangsionen, eine genügend hohe Feldstärke und eine ausreichend große → freie Weglänge (Weg zwischen zwei Stößen) der Ionen. Man verwendet Funkenstrecken zum Schutz gegen Überspannung. Die bekannteste Funkenentladung ist der Blitz.

Die Stoßionisation wird im → **Geigerschen Spitzenzähler** und im → **Geiger-Müller-Zählrohr** angewendet. Diese Geräte dienen zum Nachweis ionisierender Strahlen. Der Geiger-Müller-Zähler besteht aus einem zylindrischen Rohr, das als Außenelektrode dient, und einem in der Zylinderachse verlaufenden dünnen Draht als Innenelektrode. Es ist mit einem verdünnten Gas (meist Argon) gefüllt.

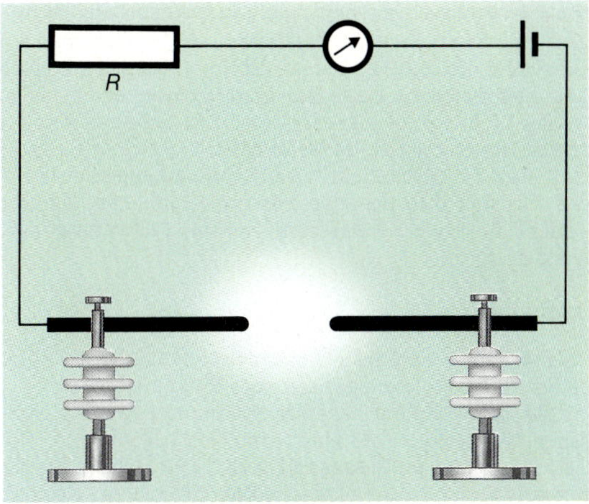

Abb. 5–76: Erzeugung eines Lichtbogens. (R ist wegen der fallenden Charakteristik als Begrenzungswiderstand erforderlich.)

Eine weitere Entladung unter Normaldruck beobachtet man im **Lichtbogen.**

Versuch 5/39: Zwei Nägel in einem Stromkreis (mit dem Begrenzungswiderstand $R \approx 50\ \Omega$) berühren sich zunächst und werden dann langsam auseinandergezogen (*Abb. 5–76*).
Beobachtung: Auch nach der Trennung zeigt das Amperemeter einen Strom an. Die Luft zwischen den Nägeln ist leitend geworden. Im Lichtbogen werden durch die hohen Temperaturen Ionen erzeugt **(thermische Ionisation).**

Nun sollen die Entladungsvorgänge in einem Gas bei verringertem Druck untersucht werden.

Versuch 5/40: Ein zylindrisches Glasrohr wird auf eine Evakuierungspumpe gesetzt. An die Elektroden in den Stirnflächen wird eine hohe Spannung (ca. 6 kV) gelegt (*Abb. 5–77*).
Beobachtung: Beim Normaldruck tritt keine Entladung ein. Erst wenn das Rohr ausgepumpt wird, zeigt sich bei einem bestimmten Druck plötzlich ein mit einer Leuchterscheinung verbundener Stromdurchgang. Beim weiteren Evakuieren kann man mehrere Phasen der Entladung unterscheiden:

a) Ein Leuchtfaden zieht sich von der Anode zur Kathode.
b) Eine **positive Säule** füllt von der Anode her fast das ganze Rohr. Über der Kathode liegt eine Glimmschicht.
c) Die positive Säule zieht sich (oft geschichtet) zurück und wird weniger hell. Das **negative Glimmlicht** breitet sich von der Kathode her weiter aus.
d) Die Leuchterscheinungen verblassen und verschwinden ganz. Es bleibt ein grünes Fluoreszieren des Glases.

Versuch 5/41: Um die Vorgänge genauer zu untersuchen, mißt man in einem dazu geeigneten Rohr (*Abb. 5–78 a*) den Potentialverlauf bei einem bestimmten Druck in der dritten Phase. Mit einem statischen Voltmeter wird die Potentialdifferenz der Abgriffpunkte gegenüber der Anode (Bezugspunkt) gemessen *(Tab. 5–10)*.
Der Potentialverlauf wird mit Hilfe der Meßwerte in einem Diagramm dargestellt. Durch Berechnung der Intervallfeldstärken $\overline{E} = \Delta U / \Delta a$ erhält man E in Abhängigkeit von a (*Abb. 5–78 b*). Die Kurve der Potentialverteilung zeigt, daß

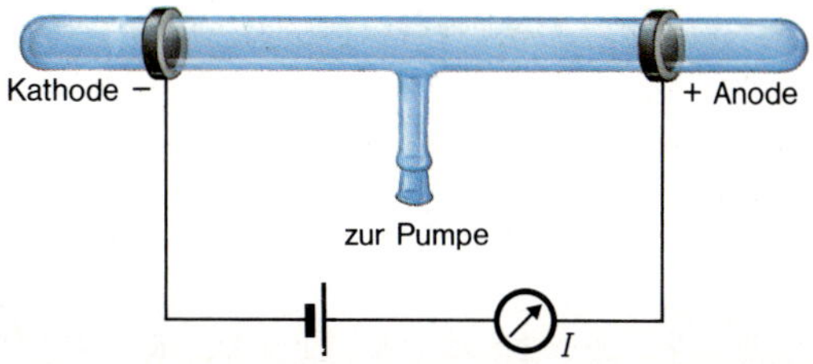

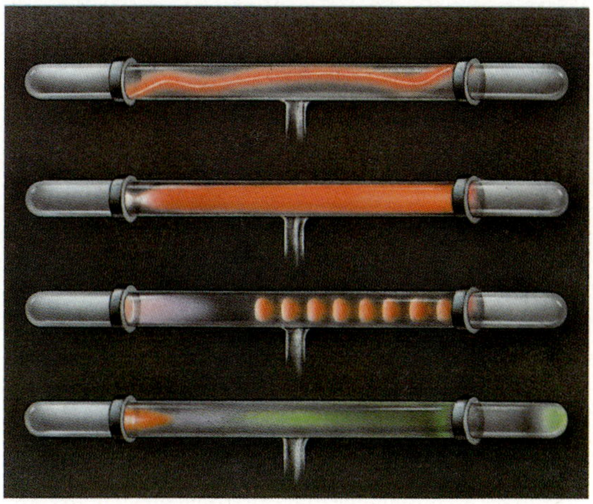

Abb. 5–77: Anordnung zur Untersuchung der Gasentladung bei verringertem Druck. Einzelne Phasen der Entladung:
a) Ein Leuchtfaden zieht sich durch das Rohr.
b) Vor der Kathode entsteht ein Glimmlicht. Die leuchtende positive Säule füllt das Rohr aus.
c) Das Kathodenglimmlicht breitet sich aus. Die positive Säule zieht sich geschichtet zurück.
d) Das Leuchten wird schwächer und verschwindet ganz. Das Glas des Rohres leuchtet grün auf.

a in cm	0	2,5	7,7	12,2	17,5	22,5
U in V	0	−30	−50	−70	−85	−100
a in cm	27,5	32,5	37,5	42,5	47,5	50
U in V	−110	−120	−120	−120	−300	−1700

Tab. 5–10: Spannung U gegenüber der Anode in Abhängigkeit des Abstandes a von der Anode.

der größte Teil der angelegten Spannung in einem kleinen Bereich vor der Kathode abfällt (im ersten Dunkelraum). In diesem **Kathodenfall** herrscht eine große Feldstärke, gegenüber der die Feldstärken in den anderen Bereichen vernachlässigbar klein sind.

Im Bereich des Kathodenfalls geschehen die wesentlichen Vorgänge der Entladung: Durch das Evakuieren ist die freie Weglänge der Ionen so groß geworden, daß die im Feld gewonnene Energie nicht gleich wieder durch Stoß an Gasmoleküle abgegeben wird. Die positiven Ionen werden durch die große Feldstärke im Kathodenfall stark beschleunigt. Sie treffen mit solcher Geschwindigkeit (kinetischen Energie) auf die Kathode, daß sie dort Elektronen auslösen können.

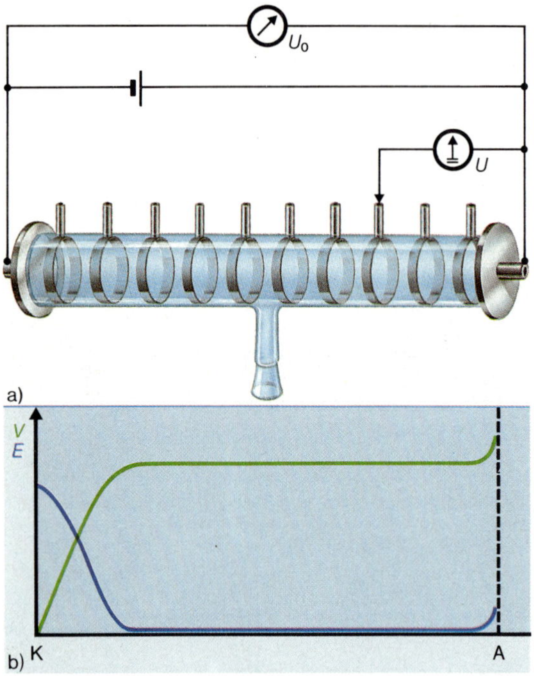

Abb. 5–78: a) Entladungsrohr zur Untersuchung der Potentialverteilung. b) Im Kathodenfall fällt fast die gesamte Spannung ab. Die Feldstärke ist dort sehr groß. A Anode, K Kathode.

Die aus der Kathode emittierten Elektronen werden im Feld des Kathodenfalls so stark beschleunigt, daß sie Gasmoleküle zum Leuchten anregen und sogar ionisieren können. Dadurch werden neue Ionen gebildet, mit denen sich die dargestellten Abläufe wiederholen.
Es bleibt noch die Entstehung des Kathodenfalls zu erklären: Die ausgelösten und die beim Ionisieren freiwerdenden Elektronen haben eine viel kleinere Masse als die Luftionen, sie erhalten daher eine größere Beschleunigung. Daher verlassen sie den Raum vor der Kathode schneller. Es bildet sich eine Wolke positiver Ionen vor der Kathode. Die zwischen dieser positiven Ladungswolke und der negativen Kathode sich ausbildende Spannung ist der Kathodenfall.
Man kann das Auftreffen der Ionen auf die Kathode sichtbar machen, wenn man die Kathode durchbohrt. Hinter der Öffnung (Kanal) beobachtet man eine büschelartige Leuchterscheinung. Diese **Kanalstrahlen** werden von den Ionen gebildet, die aufgrund ihrer Trägheit durch die Öffnung hindurchfliegen und hinter der Kathode Gasmoleküle durch Stoß zum Leuchten anregen.

Anwendung der Gasentladung

Die Leuchterscheinungen in der positiven Säule verwendet man in gasgefüllten Leuchtröhren (Neonröhren). Jedes Gas zeigt eine besondere Färbung des Leuchtens. Das zeigt, daß die Atome des Gases das Licht aussenden. Durch spektrale Untersuchung des von den verschiedenen Gasen ausgesendeten Lichtes kann man die Art des Gases angeben (→ Spektralanalyse).

Die „Neonröhren“ verwendet man zu Reklamebeleuchtungen. Will man helleres Licht erhalten, so überzieht man die Glaswand des (mit Hg-Dampf gefüllten) Rohres mit einer Leuchtstoffschicht. Diese **Leuchtstoffröhren** senden helles weißes Licht aus, wenn energiereiche Strahlung der angeregten Hg-Atome auf die Wand trifft.
Das negative Glimmlicht wird in **Glimmlampen** verwendet. Da sich ihre negative Elektrode mit einer Glimmschicht überzieht, kann man sie zur Polprüfung verwenden.

Aufgaben

***5/110:** Die bekannteste Funkenentladung ist der Blitz. Geben Sie die Wirkungsweise eines Blitzableiters an.
***5/111:** Ein Blitz hat bei einer Spannung $U = 10^8$ V zwischen Wolke und Erde eine Stromstärke $I = 10^4$ A. Die Zeitdauer einer Entladung ist $t \approx 10^{-4}$ s. Berechnen Sie die bewegte Ladung, die elektrische Energie und die „Kosten“ eines Gewitters, das 100 Blitze entlädt. (1 kWh kostet 0,15 DM.)
***5/112:** Geben Sie Beispiele für die Verwendung von Funkenstrecken zum Schutz gegen Überspannung an.
***5/113:** Nennen und beschreiben Sie Anwendungen der Bogenentladung.
***5/114:** Warum verlöscht ein Lichtbogen, wenn seine Länge einen bestimmten Wert überschreitet?

5.4.8 Freie Ladungsträger im Vakuum

Wird der Druck im Entladungsrohr weiter erniedrigt, so hört die Leuchterscheinung (deren Entstehen in *Kapitel 10.1* genauer untersucht wird) fast ganz auf. Das Amperemeter zeigt aber weiterhin einen Strom an.

Versuch 5/42: An ein Rohr mit genügend niedrigem Druck wird eine Spannung gelegt. Hinter der mit einem Spalt versehenen Anode ist ein Fluoreszenzschirm aufgestellt. Auf ihm beobachtet man einen grün leuchtenden Streifen.
Von der Kathode gehen unsichtbare Strahlen aus, die beim Auftreffen auf den Schirm oder auf die Glaswand ein Fluoreszieren bewirken. Diese **Kathodenstrahlen** breiten sich geradlinig aus. Im Schattenkreuzrohr (*Abb. 5–79*) erkennt man auf dem Schirm einen scharf begrenzten Schatten.

Die negativen Ladungsträger, aus denen die Kathodenstrahlen gebildet werden, sind keine Gasionen. Das Verschwinden der Leuchterscheinung zeigt, daß fast keine Gasatome mehr am Ladungstransport beteiligt sind. Die Vorstellung von den Vorgängen im Entladungsrohr führt zu der Vermutung, daß die Kathodenstrahlen aus Elektronen gebildet werden. Durch die Bestimmung der → spezifischen Ladung Q/m (→ *6.1.5*) wird diese Vermutung bestätigt.

Die Kathodenstrahlen bestehen aus Elektronen, die aus der Kathode austreten.

Versuch 5/43: In den Kathodenstrahl wird ein dünnes Platinblech gespannt.

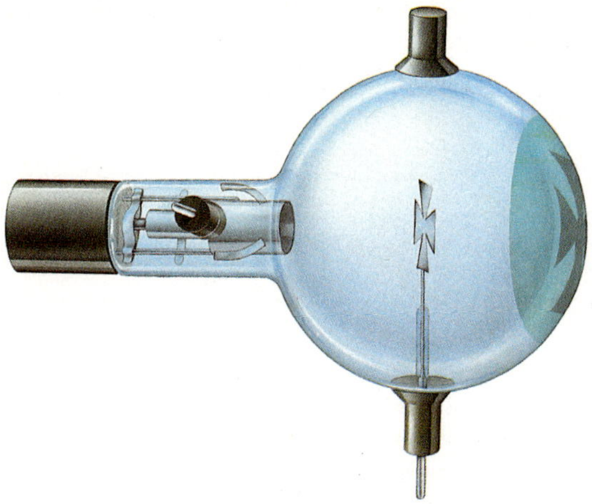

Abb. 5–79: Das Schattenkreuzrohr zeigt die geradlinige Ausbreitung der Kathodenstrahlen.

Beobachtung: Das Blech beginnt im Auftreffpunkt zu glühen.

Die auf das Blech treffenden Elektronen haben eine erhebliche kinetische Energie, die beim Aufprallen in Wärmeenergie umgewandelt wird. Da ihre Masse sehr klein ist, müssen sie eine große Geschwindigkeit besitzen. (Das zeigt sich auch daran, daß man keine Ablenkung des Strahles unter Einwirkung des Gravitationsfeldes beobachten kann.)

Zur Berechnung der **Geschwindigkeit der Elektronen** betrachtet man eine elektrische Ladung Q in einem homogenen elektrischen Feld. Es wirkt, wenn man die Gravitationskraft vernachlässigt, die Kraft $F = QE$ auf den Ladungsträger. Bei konstanter Feldstärke E ist die Kraft $F = ma$ und damit auch die Beschleunigung $a = E\,Q/m$ konstant. Der Ladungsträger beschreibt also eine → gleichmäßig beschleunigte Bewegung (*Abb. 5–80*). Hat er den Weg d durchlaufen, so ist die von ihm gewonnene Energie

$$W_Q = F\,d = Q\,E\,d = Q\,U\,,$$

worin U die auf diesem Wege durchlaufene Potentialdifferenz ist. (Dieses Ergebnis gilt auch für nicht homogene Felder!) Diese Energie besitzt der Ladungsträger in Form von kinetischer Energie

$$W_{kin} = \tfrac{1}{2}\,m\,v^2\,.$$

Damit kann man die erreichte Geschwindigkeit angeben:

$$W_Q = W_{kin}\,,$$
$$Q\,U = \tfrac{1}{2}\,m\,v^2\,,$$
$$v = \sqrt{2\frac{Q}{m}\,U}\,.$$

Sie ist nicht von d abhängig, sondern nur von der Spannung U und der spezifischen Ladung Q/m.

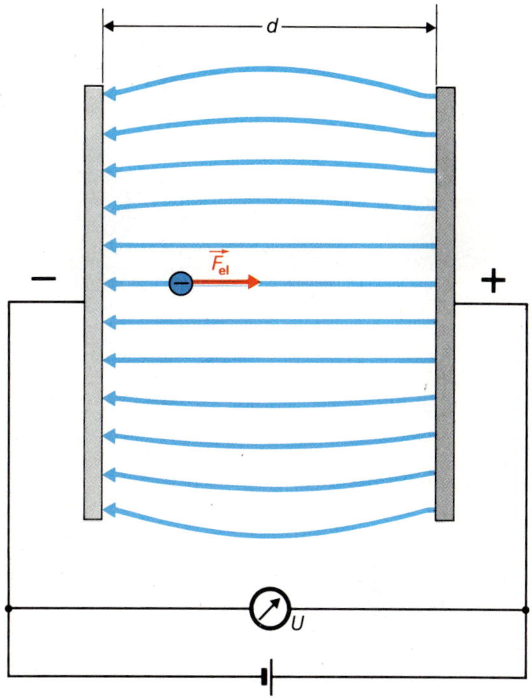

Abb. 5–80: Ein Elektron wird gegen die Richtung der elektrischen Feldlinien beschleunigt.

Insbesondere ergibt sich für Elektronen:

Die Geschwindigkeit eines Elektrons nach Durchlaufen der Spannung U ist

$$v = \sqrt{2\frac{e}{m_e}\,U}\,.$$

Diese Gleichung gilt auch für inhomogene Felder. Mit $e/m_e = 1{,}76 \cdot 10^{11}$ C/kg (→ *5.4.4* und *6.1.5*) erhält ein Elektron nach Durchlaufen der Spannung 1 V die Geschwindigkeit $v = 5{,}9 \cdot 10^5$ m/s.

Ablenkung eines Elektronenstrahls im elektrischen Feld

Die Elektronen bewirken den Stromfluß in Metallen. Dort kann man sie nicht beobachten, man kann nur indirekte Aussagen machen. Daher ist es so bedeutsam, daß man die Bahn der Elektronen in Gasen als Kathodenstrahlen sichtbar machen kann. Es soll nun das Verhalten von Elektronen untersucht werden, die quer in ein elektrisches Feld eintreten.

Versuch 5/44: In eine Kathodenstrahlröhre ist ein Plattenkondensator so eingebaut, daß die Elektronen senkrecht zur Feldrichtung in das elektrische Feld eintreten. Zwischen den Platten befindet sich ein Leuchtschirm, auf dem der Verlauf des Elektronenstrahls sichtbar wird (*Abb. 5–81*).

Beobachtung: Legt man eine Spannung an den Kondensator, so wird der Elektronenstrahl in Richtung auf die positive Platte abgelenkt. Die Ablenkung wird mit wachsender Ablenkspannung größer.

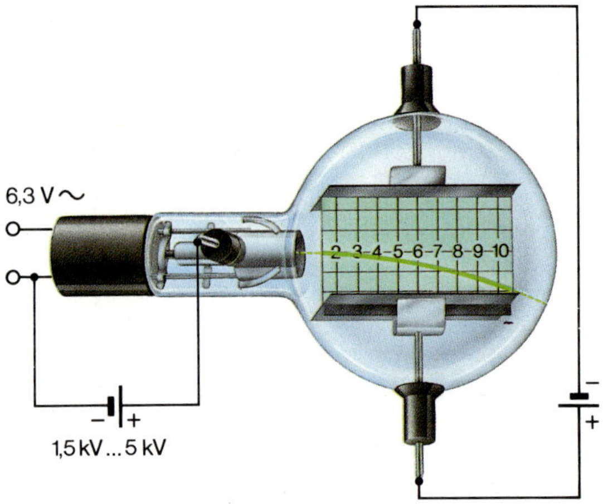

Abb. 5–81: Elektronenstrahl-Ablenkröhre.

Es soll die Größe der Ablenkung allgemein für eine Ladung Q berechnet werden, die mit der Geschwindigkeit $\vec{v}_0$ senkrecht zu den Feldlinien in ein homogenes Feld eintritt. Man führt ein Koordinatensystem ein, in dessen x-Richtung die Anfangsgeschwindigkeit und in dessen y-Richtung die elektrische Feldstärke $\vec{E}$ und damit auch die Kraft $\vec{F}_{el} = Q\,\vec{E}$ und die Beschleunigung $\vec{a} = (Q/m)\,\vec{E}$ des Ladungsträgers zeigen *(Abb. 5–82)*.
Es überlagern sich die gleichförmige Bewegung in x-Richtung mit $x = v_0 t$ und die gleichmäßig beschleunigte Bewegung in y-Richtung mit $y = \frac{1}{2}\frac{Q}{m}\frac{U}{d}t^2$. Eliminiert man aus diesen beiden Gleichungen den Parameter t, so erhält man die

Gleichung der Bahnkurve: $y = \frac{1}{2}\frac{Q}{m}\frac{U}{d}\frac{1}{v_0^2}x^2$.

Das Elektron beschreibt innerhalb eines homogenen elektrischen Feldes eine Parabel.

Wegen $Q = -e$ ist die Parabel nach unten geöffnet.

Will man die Ablenkung y_1 auf dem Schirm berechnen, so muß die Gleichung der Tangente an die Parabel für $x = s$ bestimmt werden. Dort verläßt der Ladungsträger das Feld. Es ist

$$y(s) = \frac{1}{2}\frac{Q}{m}\frac{U}{d}\frac{1}{v_0^2}s^2$$

und $$y'(s) = \frac{Q}{m}\frac{U}{d}\frac{1}{v_0^2}s\,.$$

Das kann man in die Geradengleichung $y = y'(s)(x - s) + y(s)$ einsetzen. Man erhält die Ablenkung y_1, wenn man $b + s$ für x einsetzt:

$$y_1 = \frac{Q}{m}\frac{U}{d}\frac{1}{v_0^2}s\left(b + \frac{s}{2}\right).$$

Die Ablenkung y_1 des Elektronenstrahls, der senkrecht zu den Feldlinien in ein homogenes elektrisches Feld eintritt, ist proportional zur Ablenkspannung U.

In dem Ausdruck für die Ablenkung des Elektronenstrahls sind alle Größen außer Q/m und v_0 meßbar. Man könnte meinen, daß damit eine Bestimmungsmöglichkeit für Q/m gegeben ist, wenn für v_0 die Anfangsgeschwindigkeit

$v = \sqrt{2\frac{Q}{m}U_a}$, die beim Durchlaufen einer Beschleunigungsspannung U_a erreicht wird, eingesetzt wird. Man erhält dann aber

$$y_1 = \frac{1}{2}\frac{U}{d}\frac{1}{U_a}s\left(b + \frac{s}{2}\right).$$

Die gesuchte Größe Q/m fällt heraus. Die Ablenkung y_1 ist also von der spezifischen Ladung der Ladungsträger unabhängig.
Im **Kathodenstrahloszillograph** wird die Proportionalität von Ablenkung und Ablenkspannung zur Messung von Spannungen und die wegen der kleinen Elektronenmasse sehr geringe Trägheit des Ablenkvorganges zum Aufzeichnen des zeitlichen Verlaufs hochfrequenter periodischer Spannungsschwankungen ausgenutzt. Kernstück eines Kathodenstrahloszillographen ist die **Braunsche Röhre** (*Abb. 5–83*). Das von der Glühkathode K ausgehende Elektronenstrahlbündel wird durch den Wehnelt-Zylinder W und einen weiteren Zylinder Z so fokussiert, daß es nach Verlassen der Anode A als kleiner Fleck auf dem Leuchtschirm Sch sichtbar wird.
Der Wehneltzylinder *W* ist an eine niedrige, gegenüber der Kathode negative Spannung angeschlossen. Die Elektronen werden durch diese negative Spannung mehr oder we-

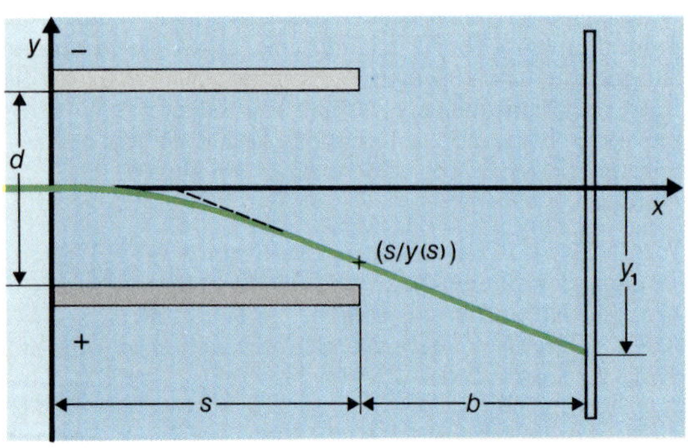

Abb. 5–82: Ein Elektron bewegt sich auf einer Parabel, wenn es senkrecht zu den Feldlinien in ein homogenes elektrisches Feld eintritt.

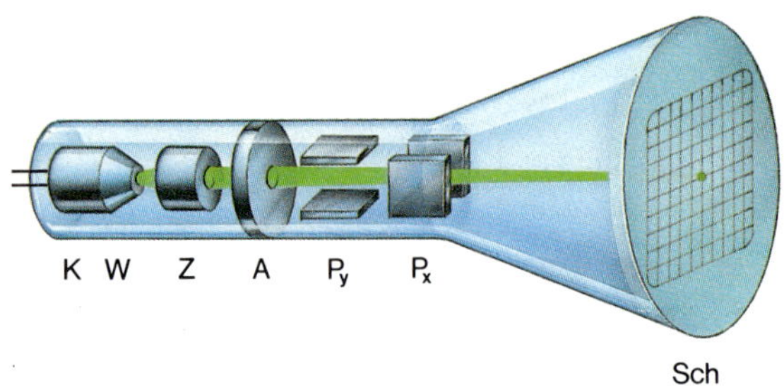

Abb. 5–83: Schematische Darstellung der Braunschen Röhre.

niger abgestoßen. Je größer die negative Vorspannung des Wehneltzylinders gegenüber der Kathode ist, desto kleiner ist die Anzahl der Elektronen, die den Wehneltzylinder passieren können. Mit der an den Wehneltzylinder angelegten Spannung wird also die Helligkeit des Leuchtflecks auf dem Leuchtschirm Sch gesteuert.
Z ist eine Hilfsanode, die eine um einige hundert Volt geringere positive Spannung gegenüber der Kathode als die Anode A besitzt. Durch die Anodenspannung von bis zu mehreren tausend Volt werden die Elektronen in Richtung auf den Leuchtschirm beschleunigt. Das System von Hilfsanode und Anode dient als sogenannte elektrische Linse; es gibt dem Elektronenstrahl die gewünschte scharfe Bündelung im Auftreffspunkt auf dem Leuchtschirm. Das elektrische Feld von Hilfsanode und Anode kann durch die geometrische Form und Anordnung der Anoden so gestaltet werden, daß die Bahnen der Elektronen wie Lichtstrahlen, die durch eine Linse gehen, gebündelt werden. Daher nennt man eine solche Anordnung von Anoden mit ihrem elektrischen Feld eine elektrische Linse.
Durch zwei senkrecht zueinander stehende Plattenkondensatoren P_x und P_y kann der Strahl horizontal und vertikal abgelenkt werden. Legt man an die x-Ablenkplatten eine Sägezahnspannung, so läuft der Leuchtfleck auf dem Schirm gleichförmig in horizontaler Richtung und springt dann plötzlich in die Ausgangslage zurück. Es wird, ähnlich wie durch einen Drehspiegel, der zeitliche Verlauf einer an den y-Platten liegenden Spannung aufgezeichnet.
Bei höherer Frequenz der Sägezahnspannung wird der Elektronenstrahl derart schnell in x-Richtung über den Leuchtschirm bewegt, daß man wegen der Trägheit des Auges und wegen des Nachleuchtens des Leuchtschirmmaterials eine stillstehende, horizontale Linie sieht – falls keine zeitlich veränderliche Spannung an die y-Ablenkplatten gelegt ist. Legt man die Meßspannung an die y-Ablenkplatten, so wird die Bewegung des Elektronenstrahls in y-Richtung durch die Sägezahnspannung in x-Richtung aufgelöst: Die Meßspannung an den y-Ablenkplatten wird als Funktion der Zeit (in x-Richtung) dargestellt.
Da der Elektronenstrahl den Spannungen, die an die Ablenkplatten gelegt werden, praktisch trägheitslos folgt, kann man hohe zeitliche Auflösungen erreichen. Die Kippfrequenzen von modernen Oszillographen gehen bis über 500 Mhz.

Aufgaben

5/115: Berechnen Sie die Geschwindigkeit und die kinetische Energie von Elektronen, die eine Beschleunigungsspannung $U = 300$ V im Vakuum durchlaufen haben.

5/116: Berechnen Sie, ohne die Formeln der klassischen Physik in Frage zu stellen, die Spannung, die ein Elektron aus der Ruhelage durchlaufen müßte, um eine Geschwindigkeit zu erreichen, die gleich der Lichtgeschwindigkeit ($3 \cdot 10^8$ m/s) wäre.

5/117: Geben sie die Geschwindigkeit eines Elektrons mit der kinetischen Energie $W_{kin} = 220$ eV in km/s an.

***5/118:** Wie ändert sich die Bahn der geladenen Teilchen in der Braunschen Röhre, wenn sich statt der Elektronen a) Teilchen mit der dreifachen Masse, b) Teilchen mit der dreifachen Ladung oder c) Teilchen mit dreifacher Masse und dreifacher Ladung bewegten?
Kann man mit der Braunschen Röhre (*Abb. 5–83*) die Masse oder die Ladung der Elektronen bestimmen?

***5/119:** Die Beschleunigungsspannung und die Ablenkspannung an einer Braunschen Röhre ändern sich im gleichen Verhältnis. Wie ändert sich die Elektronenbahn?

***5/120:** Ein Elektron, das die Beschleunigungsspannung $U_a = 150$ V durchlaufen hat, fliegt senkrecht zum elektrischen Feld in die Mitte zwischen zwei parallele geladene Platten mit dem Abstand $d = 1{,}5$ cm. Zwischen den Platten liegt die Spannung $U = 250$ V.

a) Wie lange dauert es, bis das Elektron auf eine der beiden Platten aufschlägt?
b) Wie weit ist der Auftreffpunkt vom Rand der Platte entfernt?

***5/121:** Ein Elektronenstrahl wird mit der Anodenspannung $U_a = 500$ V beschleunigt, durch den Ablenkkondensator der *Abb. 5–82* ($d = 2$ cm, $s = 10$ cm, $b = 20$ cm) geschickt. Während die Ablenkspannung von $U_1 = -24$ V bis $U_2 = 40$ V linear mit der Zeit steigt, wird der Elektronenstrahl durch eine Sägezahnspannung vertikal gerade von $x_1 = -5$ cm bis $x_2 = 5$ cm über den Leuchtschirm abgelenkt. Berechnen Sie die Bahnpunkte, und zeichnen Sie die Bahn des Leuchtflecks auf dem Leuchtschirm in ein (x,y)-Koordinatensystem ein (Nullpunkt des Systems durch den unabgelenkten Elektronenstrahl gekennzeichnet).

6 Bewegte Ladungsträger und magnetisches Feld

Der Magnetismus war schon im 12. Jahrhundert bekannt. Seefahrer verwendeten Magnetstein als Kompaß zur Orientierung auf dem Meer. Man kannte Magnetpole und wußte, daß sich ungleichnamige Pole anziehen und gleichnamige abstoßen.

Erst nach der Entdeckung der Elektrizität und nachdem es durch die Erfindung der Batterie (Alessandro VOLTA, 1745–1827) möglich war, elektrische Ströme zu erzeugen, wurde der Magnetismus weiter erforscht. Die romantische Naturphilosophie des 19. Jahrhunderts sah alle Naturerscheinungen als Einheit an. Der dieser Philosophie nahestehende dänische Physiker Christian ØRSTED suchte nach einem Zusammenhang zwischen Elektrizität und Magnetismus. Er entdeckte 1820 während einer Vorlesung in Kopenhagen, daß elektrische Ströme auf Magnetnadeln Kräfte ausüben.

Analog wie bei der Beschreibung der Gravitationskraft und der elektrischen Kraft benutzt man auch hier das Modell des Kraftfeldes. Es bestehen magnetische Felder in der Umgebung von Permanentmagneten und von stromdurchflossenen Leitern. Auch im Kristall des Permanentmagneten geschieht die Erregung des magnetischen Feldes durch bewegte elektrische Ladung, sogenannte Elementarströme (André Marie AMPÈRE, 1823). Man kann allgemein annehmen:

Magnetische Felder werden durch bewegte geladene Teilchen erregt.

Die Beobachtung eines magnetischen Feldes ist ein Beweis für die Relativbewegung zu einer elektrischen Ladung. Der mitbewegte Beobachter kann kein magnetisches Feld feststellen, da sich für ihn keine Ladung bewegt.

Abb. 6–1: Mit Eisenfeilspänen veranschaulichtes Feld eines Stabmagneten.

Bei der Behandlung der → Festkörperphysik wird deutlich, daß zur Beschreibung von Leitungsvorgängen eine neue Modellvorstellung entwickelt werden muß.

Umgekehrt werden auch bewegte elektrisch geladene Teilchen durch ein Magnetfeld beeinflußt. In diesem Kapitel werden wir uns mit den Wechselwirkungen magnetischer und elektrischer Erscheinungen befassen.

6.1 Kraftwirkung des magnetischen Feldes

Zur quantitativen Erfassung des magnetischen Feldes geht man von der Kraftwirkung des Feldes auf einen stromdurchflossenen Leiter aus. Der Leiter übernimmt hier die Rolle des in den Analogfällen beim Gravitationsfeld und beim elektrischen Feld verwendeten Probekörpers. Die Verwendung eines Probemagneten brächte experimentelle und prinzipielle Schwierigkeiten mit sich, da man die magnetischen Pole nicht trennen kann.

6.1.1 Definition der magnetischen Flußdichte

In der Sekundarstufe I wurden magnetische Felder durch Eisenfeilspäne sichtbar gemacht. Die Eisenfeilspäne schließen sich unter dem Einfluß eines Feldes zu Ketten zusammen. Die dadurch veranschaulichten Linien werden als **Feldlinien des magnetischen Feldes** bezeichnet (*Abb. 6–1*).

Es soll nun ein magnetischer Feldvektor $\vec{B}$ eingeführt werden, dessen Richtung in jedem Punkt des Feldes tangential zur Feldlinie liegt und dessen Betrag ein Maß für die Stärke des Feldes ist. Man legt die Orientierung so fest, daß die Feldlinie in einem Feld, das von Permanentmagneten erzeugt wird, vom Nordpol ausgeht und in den Südpol hineingeht (*Abb. 6–2*).

Um die Richtung der Feldlinien für alle Magnetfelder, auch für die nicht durch Permanentmagnete erzeugten, eindeutig angeben zu können, muß diese Aussage verallgemeinert werden (*Abb. 6–3*):

Die Richtung des magnetischen Feldvektors $\vec{B}$ ist die Richtung, in die sich der Nordpol einer dort freibeweglich aufgestellten Magnetnadel einstellt.

In der Sekundarstufe I wurden bereits folgende Experimente durchgeführt:

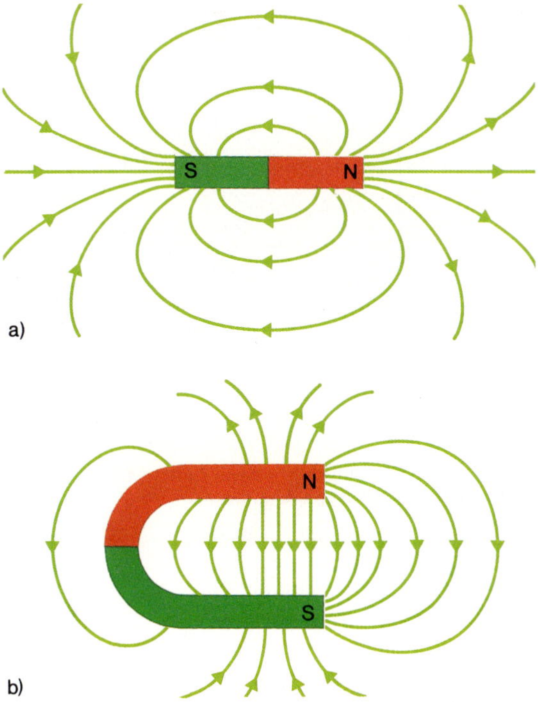

Abb. 6–2: Schematische Darstellung des Feldes a) eines Stabmagneten, b) eines Hufeisenmagneten.

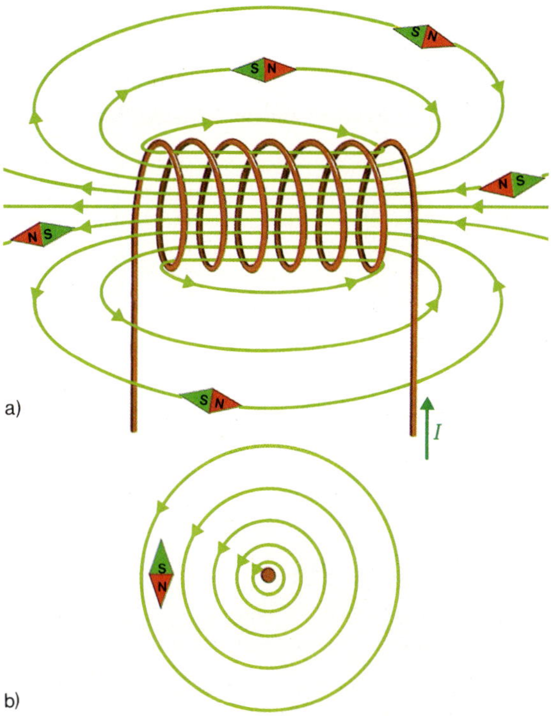

Abb. 6–3: Feldlinienbild a) einer stromdurchflossenen Spule, b) eines stromdurchflossenen geradlinigen Leiters. Die Ausrichtung einer Magnetnadel definiert Richtung und Orientierung der Feldlinien.

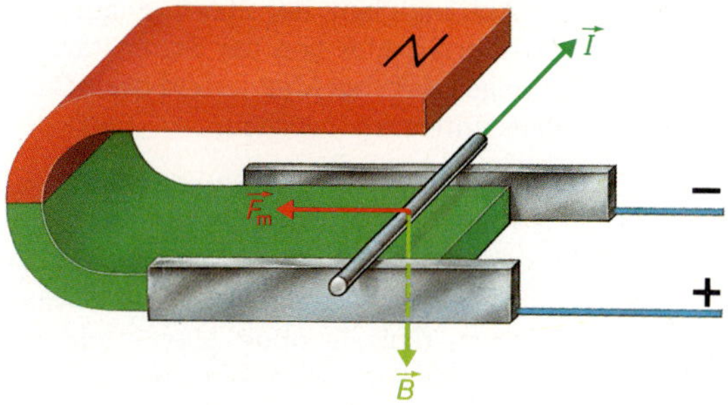

Abb. 6–4: Der stromdurchflossene Stab beginnt im Magnetfeld zu rollen.

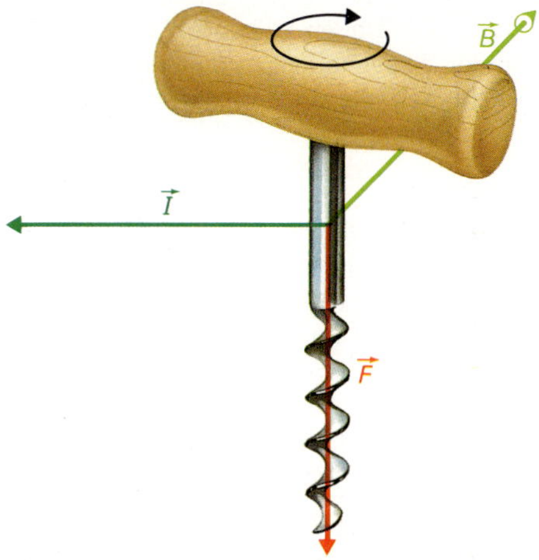

Abb. 6–5: Mit der Korkenzieherregel erhält man aus Stromrichtung und Magnetfeldrichtung die Richtung der Kraft.

Versuch 6/1: Ein Leiter wird in einem Magnetfeld beweglich aufgehängt. Läßt man einen Strom hindurchfließen, so zeigt sich eine Ablenkung des Leiters. Ihre Richtung hängt von der Stromrichtung und der Richtung des Magnetfeldes ab.

Versuch 6/2: Ein zylindrischer Metallstab wird auf zwei Schienen gelegt. Man läßt einen Strom hindurchfließen und legt ein Magnetfeld an. Der Stab beginnt zu rollen (*Abb. 6–4*).

Ein im Magnetfeld senkrecht zur Feldrichtung verlaufender stromdurchflossener Leiter erfährt eine Kraft, die sowohl senkrecht auf dem Leiter als auch senkrecht auf der Feldrichtung steht.

Die Orientierung der Kraft läßt sich folgendermaßen bestimmen:

Dreht man einen in Stromrichtung verlaufenden Pfeil auf kürzestem Wege in die Richtung des Magnetfeldes, so würde sich ein in der Drehachse befindlicher Korkenzieher (Rechtsgewinde) in Richtung des Kraftvektors fortbewegen (*Abb. 6–5*).

Jetzt soll die Abhängigkeit der Kraft F auf den stromdurchflossenen Leiter von der Stromstärke I und von der Länge l des vom Magnetfeld beeinflußten Leiterstücks untersucht werden.

Versuch 6/3: Ein an einem Waagebalken befestigter, von einem Strom I durchflossener rechteckiger Drahtbügel wird zwischen die Polschuhe eines starken Elektromagneten gebracht (*Abb. 6–6*). Die Waage wird so tariert, daß sie ohne Magnetfeld im Gleichgewicht ist. Wird der Elektromagnet mit geeigneter Polung eingeschaltet, so zieht eine Kraft $\vec{F}$ den Drahtbügel nach unten (*Abb. 6–7*). (Die auf die vertikalen Teile des Drahtbügels wirkenden Kräfte $\vec{F_1}$ und $\vec{F_2}$ kompensieren sich gegenseitig.) Durch einen senkrecht nach oben ziehenden Federkraftmesser wird der Waagebalken in die Ausgangslage zurückgebracht und der Betrag der Kraft $\vec{F}$ gemessen.

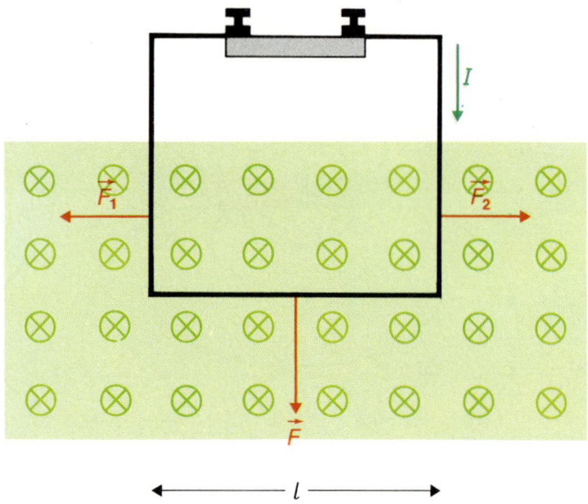

Abb. 6–7: Der stromdurchflossene Leiter erfährt in dem Magnetfeld eine Kraft nach unten.

Ergebnis:

1. Bei unveränderter Leiterlänge l und unverändertem Magnetfeld ergibt sich zwischen dem Leiterstrom I und der Kraft F die Abhängigkeit $F \sim I$.
2. Bei unverändertem Leiterstrom I und unverändertem Magnetfeld ergibt sich für Leiterbügel unterschiedlicher Größe zwischen der Leiterlänge l und der Kraft F die Abhängigkeit $F \sim l$.

Zusammenfassend erhält man:

Die Kraft F auf einen stromdurchflossenen Leiter ist direkt proportional der Stromstärke I und der Länge l des Leiters:

$$F \sim I\,l\,.$$

Der Proportionalitätsfaktor $\frac{F}{I\,l}$ ist von den Eigenschaften (Dicke, Material usw.) des Leiterstückes unabhängig. Er hängt nur von der Stärke des Magnetfeldes ab. Daher führt man den Quotienten $F/(Il)$ aus der Kraft F, die auf den mit der Stromstärke I durchflossenen Leiter der Länge l wirkt, und dem Produkt $I\,l$ als Betrag der feldbeschreibenden Größe ein. Diese Größe nennt man magnetische Flußdichte $\vec{B}$[1]).

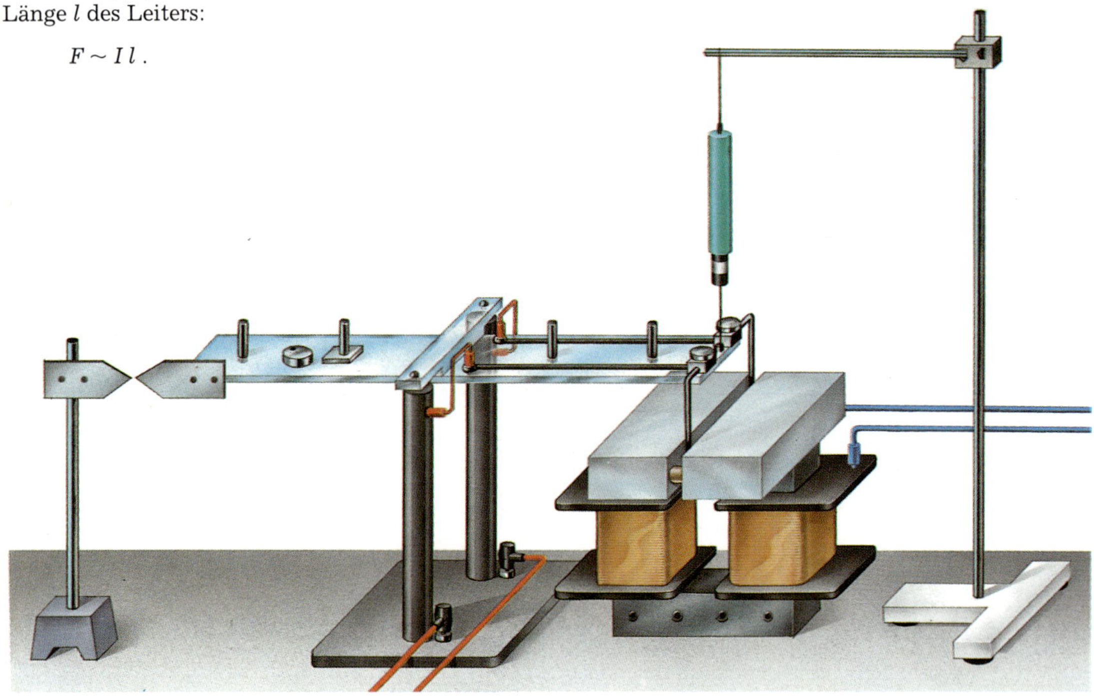

Abb. 6–6: Die auf einen stromdurchflossenen Probeleiter wirkende Kraft des Feldes eines Elektromagneten wird mit einer Stromwaage gemessen.

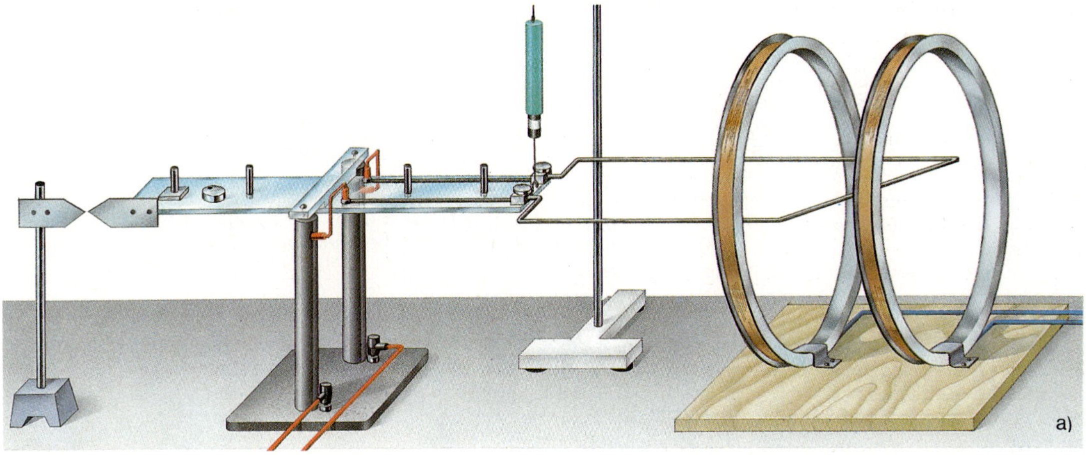

Abb. 6–8: a) Der Leiterbügel der Stromwaage befindet sich in einem ausgedehnten homogenen Magnetfeld zweier Helmholtz-Spulen. Die Spulen werden so aufgestellt, daß $\vec{B}$ und $\vec{I}$ einen Winkel $\alpha \neq 90°$ bilden.

Definition: Die magnetische Flußdichte $\vec{B}$ hat den Betrag $F/(Il)$. Ihre Richtung ist die oben festgelegte Richtung der magnetischen Feldlinien.

$$B = \frac{F}{Il}.$$

Aus dieser Festlegung ergibt sich die Einheit

$$[B] = 1\,\frac{\text{N}}{\text{A m}} = 1\,\frac{\text{N m}}{\text{A m}^2} = 1\,\frac{\text{W s}}{\text{A m}^2} = 1\,\frac{\text{V s}}{\text{m}^2}.$$

Für diese Einheit benutzt man das Zeichen T (nach N. TESLA).

Die SI-Einheit der magnetischen Flußdichte ist 1 Tesla:

$$1\,\text{T} = 1\,\frac{\text{Vs}}{\text{m}^2}.$$

Für die Kraft F auf einen vom Strom I durchflossenen Leiter der Länge l, der senkrecht zu den Feldlinien in einem Magnetfeld der Flußdichte B verläuft, gilt

$$F = B\,I\,l.$$

Verändert man *Versuch 6/3* so, daß das Leiterstück der Länge l nicht senkrecht zu den magnetischen Feldlinien verläuft, also mit dem Feldvektor $\vec{B}$ einen Winkel $\alpha \neq 90°$ bildet (*Abb. 6–8*), so ergibt sich

$$F \sim I\,l \sin\alpha \quad \text{oder } F = B\,I\,l \sin\alpha.$$

Man benötigt dazu ein ausgedehnteres homogenes Magnetfeld. Dieses wird näherungsweise durch ein Helmholtz-Spulenpaar erzeugt.

Ordnet man der skalaren Größe I einen Vektor $\vec{I}$ zu, durch den Stromrichtung und Stromstärke beschrieben werden,

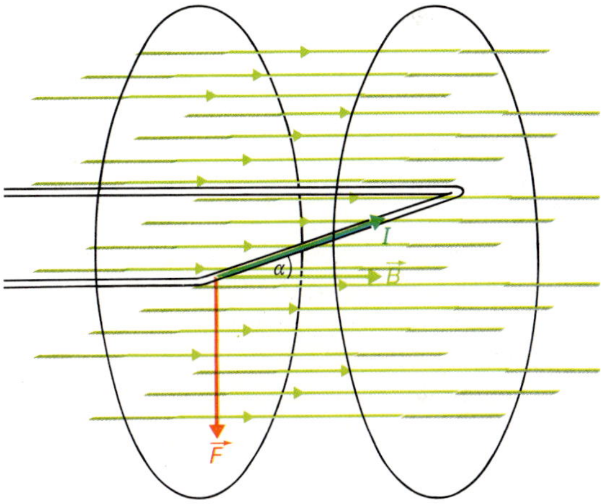

Abb. 6–8: b) Die senkrecht zu $\vec{B}$ und senkrecht auf den Leiter wirkende Kraft hat den Betrag $F = B\,I \sin\alpha$.

so läßt sich unter Berücksichtigung der Korkenzieherregel (*Abb. 6–5*) die Kraft $\vec{F}$ als vektorielles Produkt schreiben: $\vec{F} = l\,\vec{I} \times \vec{B}$.

Das magnetische Feld der Stärke $\vec{B}$ übt auf den von der Stromstärke $\vec{I}$ durchflossenen Leiter der Länge l die Kraft

$$\vec{F} = l\,\vec{I} \times \vec{B}$$

aus.

Durch diese Gleichung wird der feldbeschreibende Vektor $\vec{B}$ definiert, ohne daß dabei die Voraussetzung $\vec{I} \perp \vec{B}$ gelten muß.

Aufgaben

6/1: Die Horizontalkomponente der Flußdichte B des magnetischen Erdfeldes beträgt ungefähr $B_H = 1{,}9 \cdot 10^{-5}$ T. Berechnen Sie die Kraft auf eine in Ost-West-Richtung verlaufende Freileitung ($I = 100$ A, Abstand zwischen zwei Masten $a = 150$ m).

[1]) Es wäre konsequent, $\vec{B}$ hier als „magnetische Feldstärke“ zu bezeichnen. Einige Lehrbuchautoren tun das auch. Wir schließen uns mit der Bezeichnung „magnetische Flußdichte“ der DIN (Deutsche Industrie-Norm) an. Ein anderer gebräuchlicher Name für $\vec{B}$ ist auch „magnetische Induktion“.

6/2: Ein gerader Draht von 0,5 m Länge verläuft lotrecht und wird von einem Strom von 6 A von unten nach oben durchflossen. Er ist von einem Magnetfeld der Flußdichte $B = 7 \cdot 10^{-5}$ Vs/m² umgeben, das horizontal nach Norden gerichtet ist. Geben Sie Betrag und Richtung der auf ihn wirkenden magnetischen Kraft an.

6/3: Ein waagerechter Draht von 15 cm Länge wird von einem Strom von 5 A durchflossen. Geben Sie Betrag und Richtung der magnetischen Flußdichte des kleinsten Magnetfeldes an, das den Draht mit der Masse 4 g in der Schwebe hält.

***6/4:** In einem horizontalen Magnetfeld der Flußdichte $B = 2 \cdot 10^{-1}$ Vs/m² befindet sich unter einem Winkel von 30° ein ebenfalls horizontal verlaufender gerader Draht von 75 cm Länge, der von einem Strom von 10 A durchflossen wird. Geben Sie Betrag und Richtung der auf ihn wirkenden magnetischen Kraft an.

***6/5:** Mit welcher Kraft wirkt ein homogenes Magnetfeld auf einen stromdurchflossenen Draht, der parallel zu den Feldlinien liegt?

***6/6:** Ein von einem Strom $I = 4$ A durchflossener Probeleiter der Länge $l = 5$ cm erfährt in einem homogenen Magnetfeld der Flußdichte $B = 0{,}3$ T die Kraft $F = 0{,}04$ N. Welchen Winkel bildet der Leiter mit den magnetischen Feldlinien?

6.1.2 Der magnetische Fluß

Analog zum elektrischen Fluß Ψ (→ *5.3.5*) wird der magnetische Fluß Φ definiert (*Abb. 6–9*).

Definition: Das (skalare) Produkt aus der magnetischen Flußdichte$B$ (oder $\vec{B}$) und der von dem Magnetfeld durchsetzten Fläche A_n (oder $\vec{A}$) heißt magnetischer Fluß Φ:

$$\Phi = B\,A_n = B\,A \cos\varphi$$
$$\text{oder } \Phi = \vec{B} \cdot \vec{A}$$

und für inhomogene Felder oder gekrümmte Flächen $\Phi = \int_A \vec{B} \cdot d\vec{A}$.

Die SI-Einheit des magnetischen Flusses ist 1 Weber[1]):

$$[\Phi] = 1\ \text{T m}^2 = 1\ \frac{\text{V s}}{\text{m}^2}\ \text{m}^2 = 1\ \text{V s} = 1\ \text{Wb}\,.$$

Es ist leicht einzusehen, daß der magnetische Fluß durch eine geschlossene Oberfläche immer gleich Null ist: Die in den umschlossenen Raum eintretenden $\vec{B}$-Linien treten an anderer Stelle der Oberfläche wieder aus und umgekehrt, da die magnetischen Feldlinien stets geschlossen sind (*Abb. 6–10*).

In jedem Magnetfeld ist der magnetische Fluß durch eine geschlossene Oberfläche gleich Null

$$\oint \vec{B} \cdot d\vec{A} = 0\,.$$

Dieser Satz sagt aus, daß es im Magnetfeld nicht wie im elektrischen Feld „Magnetladungen“ gibt, von denen Feldlinien ausgehen. Man sagt: Magnetfelder haben keine Quellen.

6.1.3 Die Lorentzkraft

Wir wollen nun untersuchen, wie sich frei im Raum bewegliche elektrisch geladene Teilchen in einem Magnetfeld verhalten.

Der Elektronenstrahl des Kathodenstrahloszillographen läßt sich durch einen Magneten ablenken (*Abb. 6–11*). Ein Magnetfeld übt also eine Kraft auf freie bewegte Ladungsträger aus. Hierbei handelt es sich um dieselbe Kraft, die für die an einen Leiter gebundenen Ladungen beschrieben wurde (→ *6.1.1*). Elektrischer Strom ist in beiden Fällen, ob die Ladungsträger an einen Leiter gebunden sind oder nicht, Transport von geladenen Teilchen. Die Richtung des Stromes I ist festgelegt als die Bewegungsrichtung positiv geladener Teilchen. Der Geschwindigkeitsvektor $\vec{v}$ positiv geladener Teilchen und der Strom I sind also gleichgerichtet. Beim Transport von negativ geladenen Teilchen ist $\vec{v}$ dem Strom I entgegengerichtet.

[1]) nach dem deutschen Physiker W. WEBER

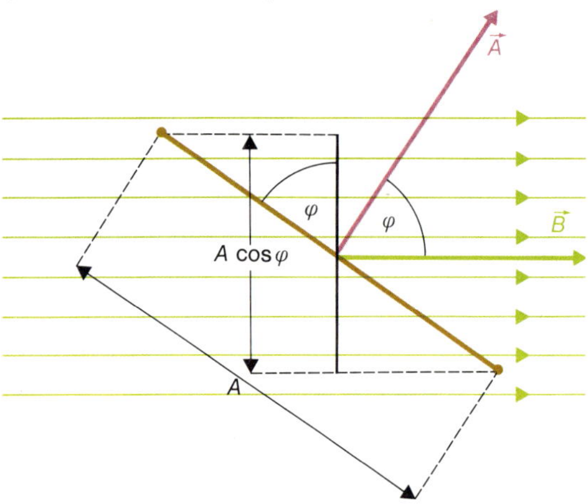

Abb. 6–9: Die senkrecht zu den Feldlinien liegende Projektion $A_n = A\cos\varphi$ der Fläche A ist für die Größe des magnetischen Flusses maßgeblich.

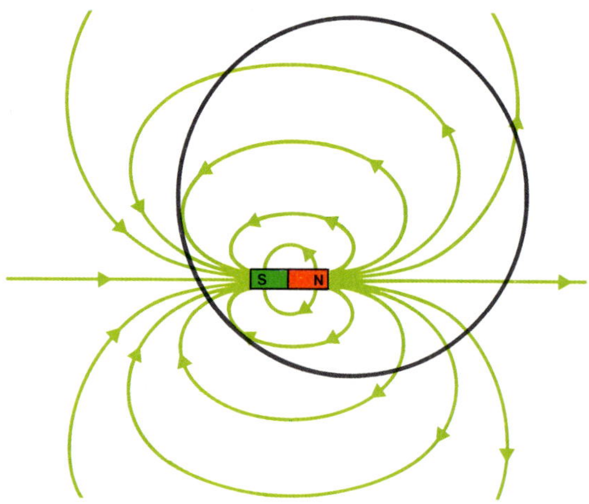

Abb. 6–10: Der magnetische Fluß durch die Oberfläche eines geschlossenen Raumes, in dem sich ein Stabmagnet befindet, ist Null.

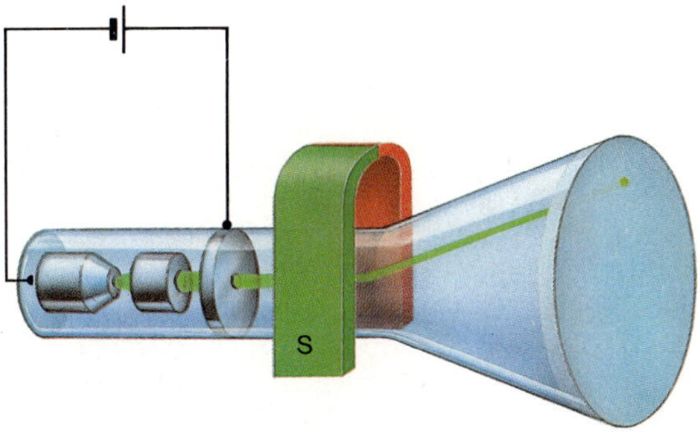

Abb. 6–11: Ein Elektronenstrahl wird durch ein magnetisches Feld abgelenkt.

Um die Kraft auf ein bewegtes geladenes Teilchen quantitativ zu erfassen, betrachtet man einen Leiter, in dem sich Ladungsträger bewegen (*Abb. 6–12*). $\vec{v}$ sei die Driftgeschwindigkeit der Ladungsträger im Leiter. In einer Zeit Δt treten die beweglichen Ladungsträger durch den Leitungsquerschnitt A, die sich in dem Leiterstück der Länge $\Delta l = v\,\Delta t$ und damit in dem Volumenabschnitt $\Delta V = v\,\Delta t\,A$ befinden. Ist n die Anzahl der beweglichen Ladungsträger in der Volumeneinheit und Q die Ladung jedes Teilchens, so tritt in der Zeit Δt die Ladung $Q\,n\,\Delta V$ durch den Leiterquerschnitt A. Die Stromstärke ist also

$$I = \frac{Q\,n\,\Delta V}{\Delta t} = \frac{Q\,n\,A\,v\,\Delta t}{\Delta t}$$

$$= n\,A\,Q\,v\,.$$

Multipliziert man diese Gleichung mit der Leiterlänge l, so ergibt sich

$$I\,l = n\,A\,l\,Q\,v = n\,V\,Q\,v = N\,Q\,v\,.$$

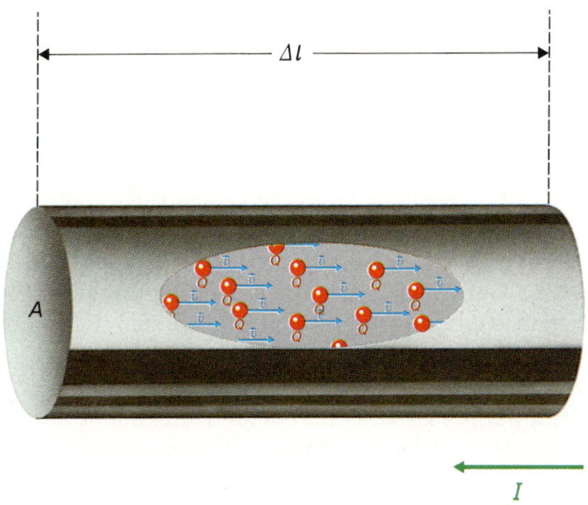

Abb. 6–12: In einem stromdurchflossenen Leiter bewegen sich Teilchen, die die Ladung Q transportieren, mit der Geschwindigkeit $\vec{v}$.

Dabei ist N die Anzahl der in dem Leiterstück der Länge l befindlichen freibeweglichen Ladungsträger und $N\,Q$ ihre Ladung.
In einem Magnetfeld mit der magnetischen Flußdichte B wirkt nun nach dem Ergebnis aus *6.1.1* auf das Leiterstück der Länge l die Kraft

$$F = I\,l\,B = N\,Q\,v\,B\,.$$

Diese Kraft läßt sich als Kraft auf die N in dem Leiterstück befindlichen bewegten Ladungsträger deuten. Ebenso wie man jedem dieser Teilchen dieselbe Ladung Q und dieselbe Geschwindigkeit $\vec{v}$ gedanklich zuordnet, kann man annehmen, daß die Gesamtkraft auf alle bewegten Ladungsträger gleichverteilt ist. Damit erhält man:

Ein Magnetfeld mit der magnetischen Flußdichte B übt auf ein mit der Geschwindigkeit v senkrecht zu den Feldlinien bewegtes Teilchen, das die Ladung Q trägt, die Kraft

$$F = Q\,v\,B$$

aus.

$\vec{F}$ steht senkrecht auf $\vec{v}$ und $\vec{B}$. Die Orientierung von $\vec{F}$ bestimmt sich nach *Abbildung 6–5;* dabei ist zu beachten, daß der Strom der Elektronengeschwindigkeit entgegengerichtet ist.
Man nennt diese Kraft, die ein Magnetfeld auf bewegte geladene Teilchen ausübt, **Lorentzkraft**[1]). Sie steht immer senkrecht auf der Bewegungsrichtung der bewegten Teilchen. Sie ändert daher nicht den Betrag, sondern nur die Richtung der Geschwindigkeit.

Führt man wieder einen Vektor $\vec{I}$ ein, der in die definierte Stromrichtung zeigt, so gilt

$$l\,\vec{I} = N\,Q\,\vec{v}\,.$$

Das Vorzeichen von Q bestimmt, ob $\vec{v}$ dieselbe oder die entgegengesetzte Orientierung von $\vec{I}$ hat.
In vektorieller Schreibweise ergibt sich dann für die Lorentzkraft

$$\vec{F} = Q\,\vec{v} \times \vec{B}\,.$$

Schließen $\vec{v}$ und $\vec{B}$ den Winkel α ein, so gilt für ihren Betrag

$$|\vec{F}| = Q\,v\,B\,\sin\alpha\,.$$

Abbildung 6–13 zeigt, wie die Orientierung von $\vec{F}$ vom Vorzeichen der Ladung abhängt.

Aufgaben

6/7: Wie ist die magnetische Kraft auf ein Elektron gerichtet, das sich in einem waagerecht nach Norden gerichteten Magnetfeld waagerecht nach Osten bewegt?
6/8: Ein Körper mit der Ladung $Q = -\,2\cdot 10^{-10}$ C bewegt sich in einem waagerecht nach Süden gerichteten Magnetfeld der Flußdichte $B = -\,5\cdot 10^{-2}$ Vs/m² mit der Geschwin-

---

1) nach dem niederländischen Physiker H. A. LORENTZ

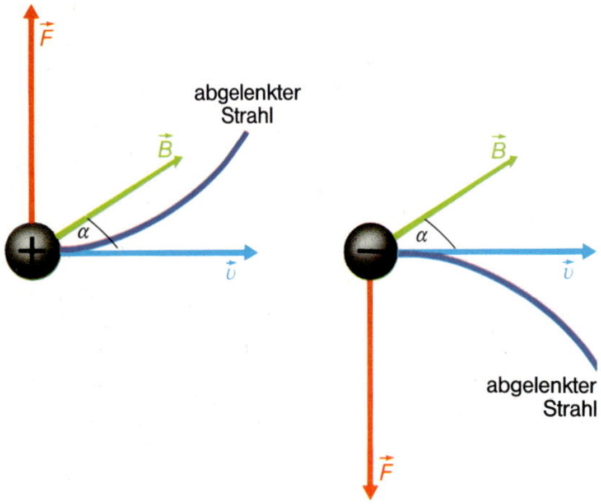

Abb. 6–13: Die Lorentzkraft wirkt senkrecht zur Geschwindigkeit der bewegten Teilchen und senkrecht zu den magnetischen Feldlinien. Das Vorzeichen der Ladung bestimmt die Orientierung.

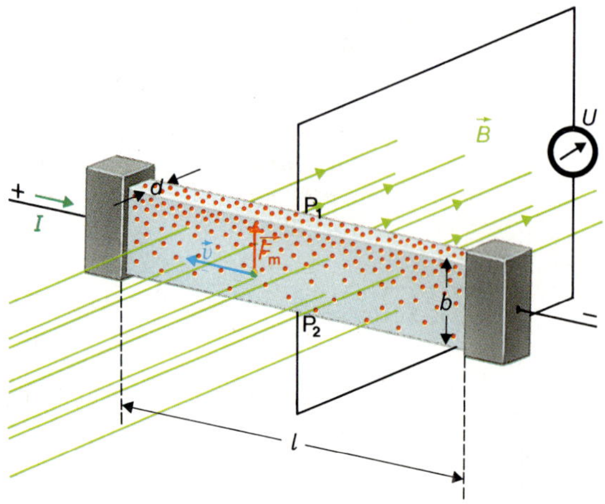

Abb. 6–14: Zwischen den Rändern der stromdurchflossenen Folie entsteht im Magnetfeld die Hall-Spannung.

digkeit $v = 3 \cdot 10^3$ m/s in Richtung Westen. Geben Sie Betrag und Richtung der magnetischen Kraft auf den geladenen Körper an.

6/9: Ein Proton besitzt in einem senkrecht nach unten gerichteten Magnetfeld mit $B = 40$ Vs/m² eine nach Westen gerichtete Geschwindigkeit von $7{,}5 \cdot 10^6$ m/s. Geben Sie Betrag und Richtung der wirkenden Kraft an.

6/10: Mit welcher Kraft wirkt ein Magnetfeld der Flußdichte B auf ein ruhendes elektrisch geladenes Teilchen?

6/11: Geben Sie Betrag und Richtung der magnetischen Flußdichte des Feldes an, das das Gewicht eines Elektrons mit einer waagerecht nach Westen gerichteten Geschwindigkeit von 2 cm/s kompensieren kann.

***6/12:** Ein α-Teilchen ($Q = 2\,e$) durchläuft eine Beschleunigungsspannung $U = 200$ V und tritt dann in ein Magnetfeld der Stärke $B = 1{,}2 \cdot 10^{-1}$ Vs/m² ein. Berechnen Sie die magnetische Kraft für die Fälle, daß die Geschwindigkeit mit $\vec{B}$ einen Winkel von a) $\varphi_1 = 90°$, b) $\varphi_2 = 60°$, c) $\varphi_3 = 30°$ und d) $\varphi_4 = 0°$ einschließt.

6.1.4 Der Hall-Effekt

Die Lorentzkraft ermöglicht eine besonders einfache Magnetfeldmessung. Um das Meßprinzip zu verstehen, untersuchen wir die Kraft des magnetischen Feldes auf bewegte Ladungsträger mit einer anderen Versuchsanordnung: Der in einem Magnetfeld befindliche stromdurchflossene Leiter ist fest eingespannt, so daß die auf ihn wirkende Kraft ihn nicht bewegen kann.

Versuch 6/4: Eine dünne Kupferfolie wird zwischen zwei dicke Metallplatten eingespannt. Sie wird von einem Strom der Stärke I gleichmäßig durchflossen. Zwei einander gegenüberliegende Kontaktstellen P_1 und P_2 am Rande der Folie werden über einen Mikrovoltverstärker mit einem Spannungsmeßgerät verbunden.

Legt man nun ein starkes magnetisches Feld senkrecht zur Folienebene an, so zeigt das Spannungsmeßgerät einen Ausschlag. Die Polung der angezeigten Spannung ist von der Stromrichtung und der Richtung der magnetischen Flußdichte abhängig (*Abb. 6–14*).

Das Auftreten einer Querspannung in einem im Magnetfeld befindlichen Leiterstück bezeichnet man als **Hall-Effekt**[1]). Das Versuchsergebnis läßt sich mit Hilfe der Lorentzkraft deuten:

Die Elektronen bewegen sich entgegen der technischen Stromrichtung durch den Leiter. Die auf sie wirkende Lorentzkraft bewirkt eine Verschiebung der Elektronen in der Folie senkrecht zur Stromrichtung und damit eine **Hall-Spannung** U_H zwischen gegenüberliegenden Randpunkten mit der im Experiment beobachteten Polung.

Die Wirkung der Lorentzkraft auf **positive** bewegte Ladungsträger würde eine entgegengesetzte Polung der Hall-Spannung hervorrufen. Denn bei gleicher Stromrichtung würde die Geschwindigkeit $\vec{v}$ entgegengesetzt gerichtet sein, und wegen des umgekehrten Vorzeichens der Ladung Q würde die Lorentzkraft auf die positiv geladenen Teilchen in dieselbe Richtung wirken wie auf die negativ geladenen Teilchen. Daher wäre die Querspannung entgegengesetzt gepolt. Der Versuch zeigt also, daß die in der Metallfolie bewegten Ladungsträger **negativ** geladen sind.

Man kann nachweisen, daß die Hall-Spannung U_H zur magnetischen Flußdichte B proportional ist:

$$U_H \sim B\,.$$

[1]) nach dem amerikanischen Physiker E. H. HALL

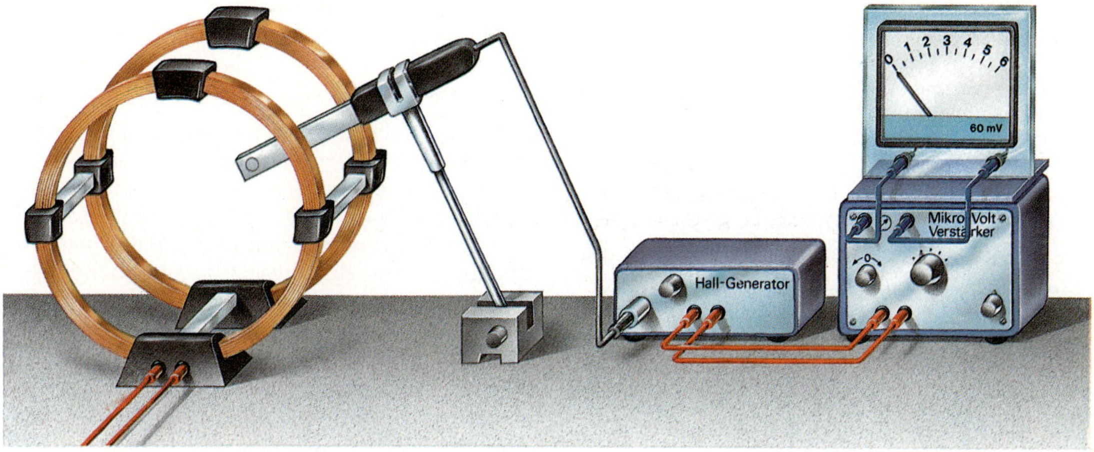

Abb. 6–15: Magnetfeldmeßgerät: Halbleitersonde mit Hallgenerator und Mikrovoltverstärker mit Zeigerinstrument. Das Magnetfeld wird durch ein Helmholtz-Spulenpaar erzeugt, bei dem der Abstand der Spulen gleich dem Spulenradius ist.

Da in Halbleitern die Dichte n der für den Leitungsvorgang zur Verfügung stehenden Ladungsträger um den Faktor 10^{-5} bis 10^{-10} kleiner ist als bei Metallen, vollzieht sich bei gleicher Stromstärke der Ladungstransport mit viel größerer Driftgeschwindigkeit. Der Hall-Effekt tritt daher bei Halbleitern erheblich stärker auf als bei Metallen. Schon bei Stromstärken von einigen mA und schwachen Magnetfeldern ist eine Hall-Spannung nachweisbar.
Die große Hall-Spannung bei Halbleitern wird bei der **Hall-Sonde** (*Abb. 6–15*) zum Ausmessen von Magnetfeldern genutzt. Wegen der Proportionalität $U_{\mathrm{H}} \sim B$ ist die Hall-Spannung U_{H} ein Maß für die magnetische Flußdichte B. Die Eichung des an eine Hall-Sonde angeschlossenen Spannungsmeßgerätes kann durch eine Vergleichsmessung mit der Stromwaage (→ *Versuch 6/3*) erfolgen. Da das verwendete Halbleiterplättchen klein sein darf, kann man mit einer Hall-Sonde das Magnetfeld fast punktweise ausmessen. Durch Drehen der Sonde in einem Raumpunkt des Magnetfeldes läßt sich die Vektoreigenschaft von $\vec{B}$ nachweisen. Man mißt jeweils die zu dem Halbleiterplättchen der Sonde senkrecht stehende Komponente von $\vec{B}$.

Versuch 6/5: Mit einer geeichten Hall-Sonde wird das Magnetfeld eines stromdurchflossenen Helmholtz-Spulenpaares (→ *Abb. 6–8 a* und *6–15*) punktweise ausgemessen. Man erkennt, daß das Magnetfeld zwischen den Spulen weitgehend homogen ist.

Der Hall-Effekt soll nun für den Fall der Elektronenleitung quantitativ ausgewertet werden. Die Hall-Spannung zwischen den Plattenrändern bewirkt bei einer Breite b der Kupferfolie ein elektrisches Feld mit der Feldstärke

$$E_{\mathrm{H}} = \frac{U_{\mathrm{H}}}{b}.$$

Die Elektronen mit der Ladung $Q = -e$ werden im Leiter durch die Lorentzkraft $\vec{F_L}$ so lange senkrecht zur Stromrichtung verschoben, bis die Lorentzkraft durch die Kraft $\vec{F_{\mathrm{el}}}$ des dadurch entstandenen elektrischen Feldes kompensiert wird. Im Gleichgewicht gilt

$$\vec{F_{\mathrm{L}}} = -\vec{F_{\mathrm{el}}}$$
$$-e\,\vec{v} \times \vec{B} = e\,\vec{E_{\mathrm{H}}}\,.$$

Da $\vec{v}$ senkrecht auf $\vec{B}$ steht, gilt für die Beträge

$$e\,v\,B = e\,E_{\mathrm{H}}$$
$$v = \frac{E_{\mathrm{H}}}{B}$$
$$v = \frac{U_{\mathrm{H}}}{b\,B}.$$

Damit kann man die mittlere Geschwindigkeit v der Elektronen experimentell bestimmen.

Beispiel: Für $B = 0{,}28\ \mathrm{Vs/m^2}$ mißt man zwischen den Rändern der Folie ($b = 2{,}5$ cm) die Spannung $U_{\mathrm{H}} = 1{,}2 \cdot 10^{-5}\,\mathrm{V}$; die Geschwindigkeit der Elektronen beträgt dann $v = 1{,}7 \cdot 10^{-3}$ m/s. In *5.4.4* wurde die mittlere Geschwindigkeit der Elektronen mit Hilfe der → Elektronenbeweglichkeit u berechnet. Die Elektronenbeweglichkeit $u = v/E_{\mathrm{a}}$ stellt als Quotient aus der Driftgeschwindigkeit und der Feldstärke, durch die sich diese Geschwindigkeit einstellt, eine Materialeigenschaft dar.
Die Geschwindigkeit v der Elektronen kann man also durch die Beweglichkeit u der Elektronen und die äußere angelegte Feldstärke E_{a} ausdrücken:

$$v = u\,E_{\mathrm{a}}\,.$$

Die äußere elektrische Feldstärke E_{a} läßt sich durch die Stromstärke I, die Länge l und den Widerstand R der Folie angeben:

$$E_{\mathrm{a}} = \frac{U_{\mathrm{a}}}{l} = R\,\frac{I}{l}\,.$$

Für R läßt sich $R = \varrho\,\frac{l}{A} = \varrho\,\frac{l}{d\,b}$ einsetzen, worin ϱ der spezifische Widerstand und d die Dicke der Folie ist.

Damit ergibt sich für die Hall-Spannung

$$U_H = u\, E_a\, b\, B = u\, \varrho \frac{I\, B}{d} = R_H \frac{I\, B}{d}\,.$$

Die Hall-Spannung U_H ist der Stromstärke I und der magnetischen Flußdichte B direkt und der Dicke d der Leiterfolie umgekehrt proportional:

$$U_H = R_H \frac{I\, B}{d}\,.$$

Die stoff- und temperaturabhängige Größe $R_H = u\, \varrho$ nennt man **Hall-Konstante**. Sie läßt sich mit $\varrho = \frac{1}{u\, n\, e}$ (→ *5.4.4*) für Stoffe mit Elektronenleitung durch

$$R_H = \frac{1}{n\, e}$$

ausdrücken. (n ist die Dichte der Elektronen.) Man kann daraus die Einheit der Hall-Konstanten ablesen:

$$[R_H] = 1\, \frac{\mathrm{m}^3}{\mathrm{C}}\,.$$

Da alle anderen Größen meßbar sind, kann man mit dem Folienversuch die Hall-Konstante bestimmen. Damit erhält man auch die Beweglichkeit u und die Dichte n der Leitungselektronen in den Stoffen.

Stoff	R_H in m^3/C
Kupfer	$-\,5{,}3 \cdot 10^{-11}$
Silber	$-\,8{,}9 \cdot 10^{-11}$
Wismut	$-\,5{,}0 \cdot 10^{-7}$
Indium-Arsenid	$-\,10^{-4}$
Indium-Arsen-Phosphid	$-\,2 \cdot 10^{-4}$
Cadmium	$+\,6{,}0 \cdot 10^{-11}$
Zink	$+\,1{,}0 \cdot 10^{-10}$

Tab. 6–1: Die Hall-Konstanten einiger Stoffe.

In *Tabelle 6–1* sind die Hall-Konstanten einiger Stoffe angegeben. Man versieht die Hallkonstante $R_H = 1/(n\, e)$ mit einem Vorzeichen, je nach der Polung der Hall-Spannung. Elektronenleitung ergibt eine negative Hall-Konstante. Es fällt auf, daß einige Stoffe der Tabelle eine positive Konstante haben. In ihnen beruht der Leitungsvorgang nicht allein auf freien Elektronen. Bei Cadmium und Zink, wie auch bei Halbleitern, kommen als Ladungsträger auch → „Defektelektronen" in Betracht. Diese wirken quasi wie positiv geladene Teilchen.

Aufgaben

6/13: Diskutieren Sie die Polung der Hall-Spannung, wenn a) nur positive und b) positive und negative Ladungsträger gleichermaßen frei beweglich wären.

6/14: Was können Sie über die Hall-Spannung aussagen, wenn in *Abbildung 6–14* die $\vec{B}$-Linien parallel zur Fläche der Folie verlaufen?

6/15: Wie kann man experimentell mit Hilfe einer Hallsonde die Richtung der Feldlinien eines Magnetfeldes bestimmen?

***6/16:** Eine Kupferfolie ($d = 10^{-5}$ m) wird von einem Strom der Stärke 10 A durchflossen. Im Magnetfeld $B = 4{,}3 \cdot 10^{-1}$ T wird die Hall-Spannung $U_H = 2{,}2 \cdot 10^{-5}$ V gemessen. Berechnen Sie die Hall-Konstante von Kupfer, die Beweglichkeit u und die Dichte n der Elektronen. Berechnen Sie daraus die Anzahl der freien Elektronen in 1 mol Kupfer und vergleichen Sie sie mit der Avogadro-Konstante.

6.1.5 Anwendung der Kraft auf bewegte Ladungsträger im Magnetfeld

Blasenkammer

Wie die → Nebelkammer, so dient auch die Blasenkammer zur Sichtbarmachung der Bahnen energiereicher Teilchen. In der Kammer befindet sich eine überhitzte Flüssigkeit (meist flüssiger Wasserstoff). Die Teilchen erzeugen längs ihrer Bahn Ionen, die als Kerne für die Bildung von Dampfbläschen in der durch plötzliche Drucksenkung überhitzten Flüssigkeit dienen (→ *4.3.5*). Die Teilchenbahn ist als Blasenspur sichtbar und photographierbar.

Wird die Blasenkammer von einem Magnetfeld durchsetzt, so macht sich die elektrische Ladung der Teilchen durch Krümmung der Bahnen bemerkbar (*Abb. 6–16*). Aus der Krümmung der Bahn kann man quantitative Aussagen über die Teilcheneigenschaften machen: Die Krümmung der Bahnkurve hängt von der Teilchengeschwindigkeit $\vec{v}$, der magnetischen Flußdichte $\vec{B}$ und der spezifischen Ladung Q/m (Quotient aus Ladung und Masse) des Teilchens ab.

Seit ihrer Erfindung durch D. GLASER 1952 hat sich die Blasenkammer von der Größe einiger Kubikzen-

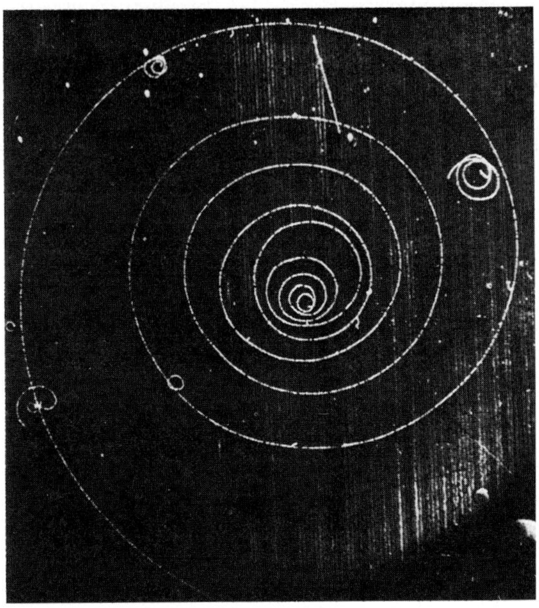

Abb. 6–16: Blasenkammeraufnahme eines sehr schnell durch ein Magnetfeld bewegten Elektrons. Das Elektron tritt von links unten in den Bildausschnitt ein. Die magnetische Flußdichte ist senkrecht zur Bildebene gerichtet und weist vom Betrachter weg. Auf seiner Bahn verliert das Elektron Energie, da es Wasserstoffmoleküle ionisiert. Die Energieabnahme des Elektrons bedeutet eine Verringerung seiner Geschwindigkeit und macht sich als stärkere Krümmung der Bahnkurve bemerkbar.

Abb. 6–17: Die 3,7 m-Blasenkammer BEBC (Big European Bubble Chamber) in Genf. Die Kammer und die Feldspulen sind von einer zylindrischen Eisenabschirmung umgeben; das Kamerasystem sieht von oben in die Flüssigkeit.

timeter zu großtechnischen Anlagen von 35 m^3 entwickelt. Für diese großen Volumina verwendet man zur Erzeugung homogener Magnetfelder von einigen Tesla supraleitende Spulen. Eine derartige Anlage zeigt *Abb. 6–17*. Heute werden zur Untersuchung von Kernprozessen Bahnen von Elementarteilchen mit hochauflösenden räumlichen Anordnungen von Detektoren vermessen und mit Rechnern ausgewertet.

Fadenstrahlrohr

Ein Verfahren zur Bestimmung der spezifischen Ladung e/m von Elektronen ergibt sich mit dem Fadenstrahlrohr.

Versuch 6/6: Im Fadenstrahlrohr wird ein Elektronenstrahl durch das homogene magnetische Feld eines Helmholtz-Spulenpaares auf eine geschlossene Kreisbahn abgelenkt (*Abb. 6–18*). Für verschiedene Spulenstromstärken werden die magnetischen Kraftflußdichten B mit der Hallsonde und der Radius r der Kreisbahn z. B. durch Spiegelablesung gemessen.

Deutung und Auswertung: Die aus der glühenden Kathode austretenden Elektronen werden im elektrischen Feld zwischen Kathode und Anode beschleunigt und treten mit der Geschwindigkeit $v = \sqrt{2 \frac{e}{m} U_a}$ (→ *5.4.8*) durch die Öffnung der Anode.

Der (durch das Leuchten angeregter Gasmoleküle sichtbar gemachte) Strahl breitet sich geradlinig zur gegenüberliegenden Glaswand aus, wenn kein Magnetfeld eingeschaltet wird. Durch das senkrecht zur Geschwindigkeit der Elektronen gerichtete Magnetfeld der Stärke B erfahren die Elektronen

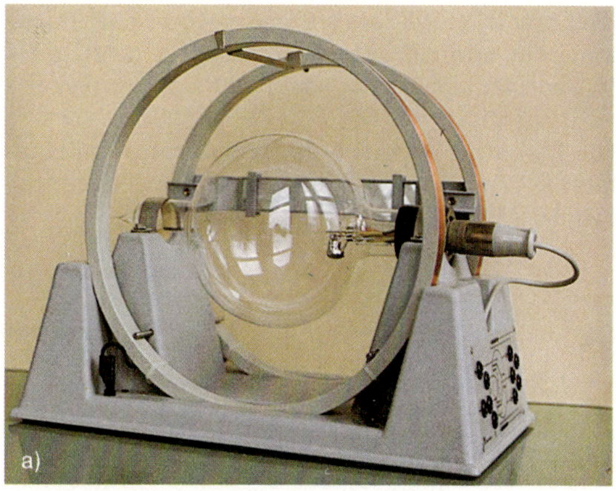

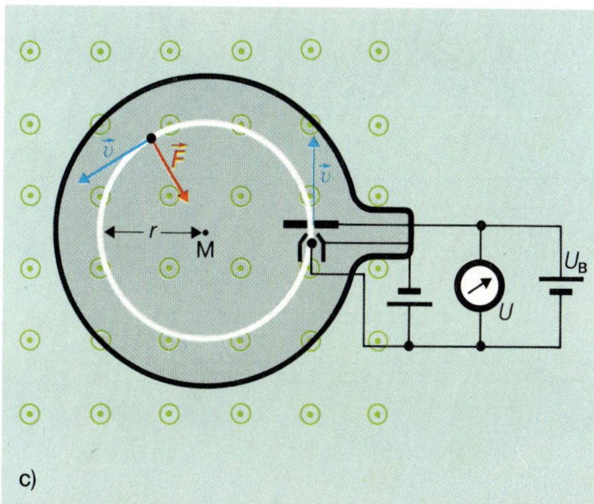

Abb. 6–18: a) Fadenstrahlrohr mit Helmholtz-Spulenpaar. b) Das in Betrieb befindliche Rohr. Die magnetische Flußdichte ist senkrecht zur Bildebene gerichtet und weist auf den Betrachter zu. c) Schaltung des Rohres.

die Lorentzkraft $F_L = e\,v\,B$. Sie bewirkt eine Ablenkung des Strahles auf eine Kreisbahn, da sie stets mit konstantem Betrag senkrecht zur Bewegungsrichtung wirkt.
Die Lorentzkraft wirkt als Radialkraft (Zentripetalkraft) $F_R = m\,v^2/r$. Die beiden Ausdrücke für die gleiche Kraft können gleichgesetzt werden:

$$e\,v\,B = m\,v^2/r\,.$$

Daraus ergibt sich, wenn $v = \sqrt{2\frac{e}{m}U_a}$ eingesetzt wird, für die spezifische Ladung der Ausdruck

$$\frac{e}{m} = \frac{2\,U_a}{B^2\,r^2}\,.$$

Durch Messung der Größen U_a, B und r ergibt sich:

Die spezifische Ladung eines Elektrons ist

$$\frac{e}{m} = 1{,}76 \cdot 10^{11}\,\frac{\mathrm{C}}{\mathrm{kg}}\,.$$

Abb. 6–20: Gesamtansicht des riesigen Berkeley-Synchrozyklotrons. Grenzenergie 680 MeV, Magnetgewicht 4000 t, Polschuhdurchmesser 4,50 m, Durchmesser der Öldiffusionsvakuumpumpen (vorn links, nur eine sichtbar) 0,80 m. Die Aufnahme wurde vor Errichtung der Bedienungsplattform und des 3 m dicken Beton-Strahlungsschutzpanzers gemacht.

Zyklotron

Im Zyklotron werden geladene Teilchen durch ein elektrisches Feld beschleunigt. Die gekrümmten Bahnkurven der Teilchen werden durch die Lorentzkraft $F_L = Q\,v\,B$ bewirkt.

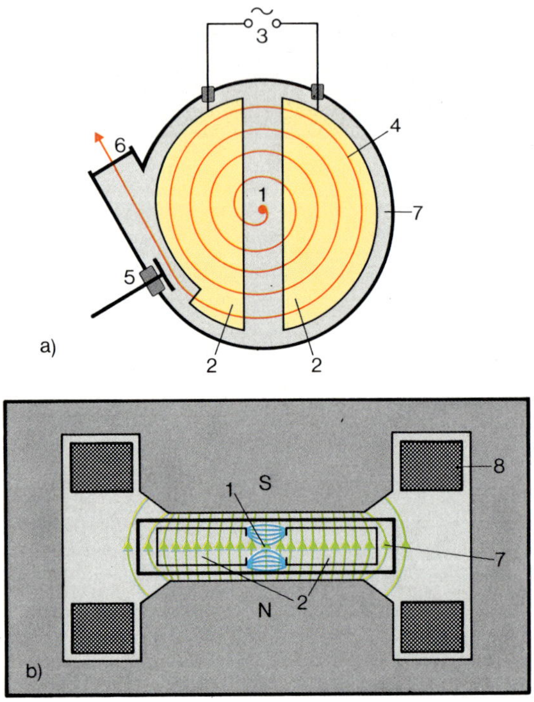

Abb. 6–19: Schema eines Zyklotrons; a) Grundriß, b) Aufriß. 1 Ionenquelle, 2 D-förmige Elektroden, 3 hochfrequente Wechselspannung, 4 Teilchenbahn, 5 Ablenkplatte, 6 Austrittsfenster, 7 Vakuumkammer, 8 Magnetspulen.

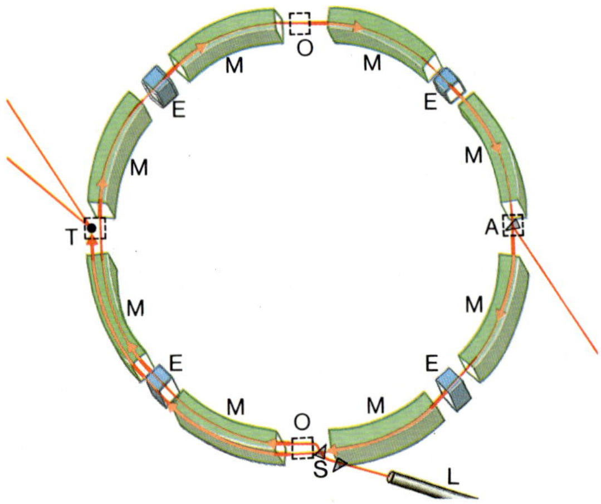

Abb. 6–21: Prinzip des Synchrotrons. Ein Teilchenstrom wird durch einen Linearbeschleuniger L vorbeschleunigt und mit Hilfe von Steuermagneten S in den Synchrotronring gelenkt. Starke Magnete M, die als Kreisbogenstücke ausgebildet sind, sorgen dafür, daß die Teilchen in eine Kreisbahn gezwungen werden. In regelmäßigen Abständen werden sie beim Durchlaufen von elektrischen Feldern E stufenweise beschleunigt. Ebenso in regelmäßigen Abständen durchläuft der Strahl offene Strecken O, in denen er gradlinig ist. Dort kann Energie, Querschnitt und Position des Teilchenstrahls gemessen werden. Die offenen Stellen dienen auch zur Aufnahme von Ablenkungsmagneten A, um den Teilchenstrahl aus dem Ring herauszulenken, oder von Targets T. Die bei der Wechselwirkung zwischen den beschleunigten Teilchen und dem Target entstehende Sekundärstrahlung läuft nach außen weg und kann untersucht werden.

In einem starken magnetischen Feld befinden sich im evakuierten Raum zwei hohle D-förmige Elektroden, die durch einen schmalen Spalt getrennt sind (*Abb. 6–19*). Aus einer Ionenquelle in der Mitte treten Ionen in das Feld ein. Sie beschreiben unter dem Einfluß der Lorentzkraft eine halbkreisförmige Bahn. Bei jedem Durchgang durch den Spalt werden sie durch eine Wechselspannung geeigneter Frequenz immer weiter beschleunigt, so daß ihre Geschwindigkeit und der Bahnradius wachsen. Schließlich werden die beschleunigten Teilchen mit einem Ablenkkondensator herausgelenkt und treffen auf das Ziel (Target).

Die Richtung des elektrischen Feldes muß nach jedem halben Umlauf der Teilchen umgekehrt werden. Das ist durch eine konstante Wechselfrequenz nur möglich, weil die für einen Umlauf benötigte Zeit konstant bleibt: Aus der Gleichung $Q\,v\,B = m\,v^2/r$ ergibt sich wegen $v = \omega r$

$$Q\,v\,B = \mathrm{m}\,\omega\,v$$

oder $\omega = \dfrac{Q}{m} B$ bzw. $T = \dfrac{2\pi\,m}{B\,Q}$.

Die Kreisfrequenz ω bzw. die Umlaufzeit T ist also sowohl vom Bahnradius r als auch von der Teilchengeschwindigkeit v unabhängig.

Bei hoher Teilchengeschwindigkeit ist die Masse m wegen der relativistischen → Massenveränderlichkeit nicht mehr konstant; sie nimmt mit wachsender Geschwindigkeit zu. Das wirkt sich besonders stark aus, wenn die Teilchen angenähert Lichtgeschwindigkeit erreichen. Damit ändert sich auch die Kreisfrequenz ω. Man kann aus diesem Grunde Protonen mit einem konventionellen Zyklotron nur auf eine Energie von etwa 20 MeV beschleunigen. Die erreichbare Energie der Teilchen kann jedoch erheblich gesteigert werden, wenn man die Frequenz der Wechselspannung laufend im richtigen Maße verkleinert. Diese Art Zyklotron, bei der die Frequenz des Wechselstromgenerators verändert wird, nennt man Synchrozyklotron (*Abb. 6–20*).

In anderen heute verwendeten → Teilchenbeschleunigern erfolgt die Bahnführung ebenfalls durch Magnetfelder (*Abb. 6–21*). Im Deutschen Elektronen-Synchrotron (DESY) in Hamburg werden Elektronenenergien von 9 GeV erreicht. Im Super-Protonen-Synchrotron in Genf werden Protonen auf 400 GeV beschleunigt. Auf dem DESY-Gelände ist eine Hadron-Elektron-Ring-Anlage (HERA) im Bau, die 1990 in Betrieb genommen werden soll. In einem z. T. unterirdischen Tunnel von 6,3 km Länge sollen dort Elektronen mit Energien von 30 GeV und Protonen mit Energien von 820 GeV zur Kollision gebracht werden (*Abb. 6-22*).

Abb. 6–22: Lage der Speicherringe HERA und PETRA in Hamburg-Bahrenfeld. Der HERA-Tunnel verläuft zu großen Teilen unter dem Volksparkgelände. Er hat einen Umfang von etwa 6,3 km. Auf den vier je 360 m langen Geraden werden die gegensinnig umlaufenden Protonen und Elektronen zur Kollision gebracht. An diesen Wechselwirkungspunkten (weiße Rechteckflächen) befinden sich (ebenfalls unterirdisch) die Experimentierhallen.

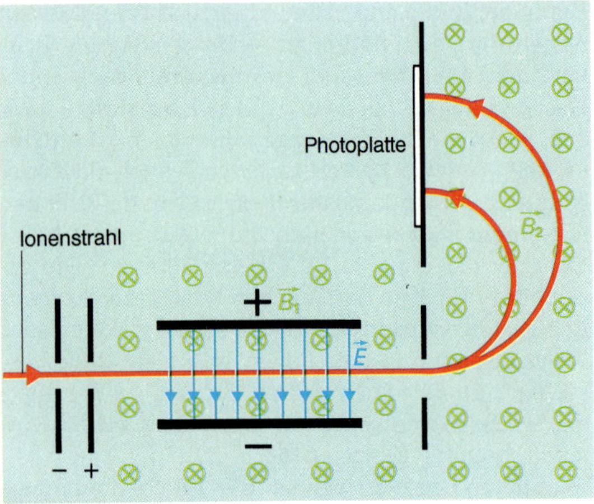

Abb. 6–23: Der Kondensator dient als Geschwindigkeitsfilter für Ionenstrahlen.

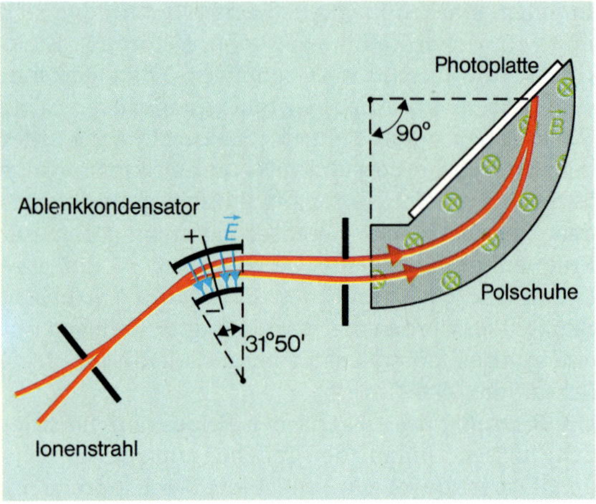

Abb. 6–24: Massenspektrograph mit Geschwindigkeits- und Richtungsfokussierung nach MATTAUCH.

Massenspektrograph

Die Entwicklung des Massenspektrographen war ein wichtiger Schritt auf dem Wege zur Erforschung der Atomkerne. Im Massenspektrographen arbeitet man mit Strahlen aus ionisierten Atomen bzw. Molekülen. Man kann mit diesem wichtigen Hilfsmittel der Kernphysik zwei Aufgaben lösen:

1. Präzisionsmessungen von Q/m und damit genaue Bestimmung der Masse bzw. der → relativen Atom- oder Molekülmasse,
2. Bestimmung des Häufigkeitsverhältnisses von Teilchen mit verschiedenen Massen.

Zur Trennung der Teilchen läßt man sie nacheinander oder gleichzeitig im Vakuum elektrische und magnetische Felder durchlaufen.

F. W. ASTON (Nobelpreis 1922) konstruierte 1919 ein Gerät, das auf der Methode der gekreuzten Felder beruhte: Ein aus einem engen Spalt austretender Ionenstrahl tritt senkrecht in ein elektrisches Feld $\vec{E}$, das von einem magnetischen Feld $\vec{B}$ so durchsetzt ist, daß die elektrischen und die magnetischen Kraftlinien senkrecht aufeinanderstehen (*Abb. 6–23*). Das elektrische Feld übt auf die Ionen die Kraft $F_{el} = Q\,E$ aus, das magnetische Feld die entgegengesetzt gerichtete, von der Geschwindigkeit v der Ionen abhängige Kraft $F_m = Q\,v\,B$. Der Ionenstrahl durchsetzt die gekreuzten Felder geradlinig und durchfliegt den gegenüberliegenden Austrittsspalt, wenn sich die beiden Kräfte kompensieren, wenn also gilt

$$Q\,E = Q\,v\,\mathrm{B} \text{ bzw. } v = \frac{E}{B}.$$

Alle Teilchen, die den Austrittsspalt verlassen, haben die gleiche Geschwindigkeit $v = E/B$. Damit wirkt die Anordnung als **Geschwindigkeitsfilter.** Treten die Teilchen nun in ein zweites magnetisches Ablenkfeld (*Abb. 6–23*), so sind Unterschiede im Bahnradius nicht mehr durch Geschwindigkeitsdifferenzen, sondern nur noch durch Unterschiede in der spezifischen Ladung Q/m begründet.
In der Anordnung von ASTON durchliefen die Teilchen nicht gleichzeitig, sondern nacheinander ein elektrisches

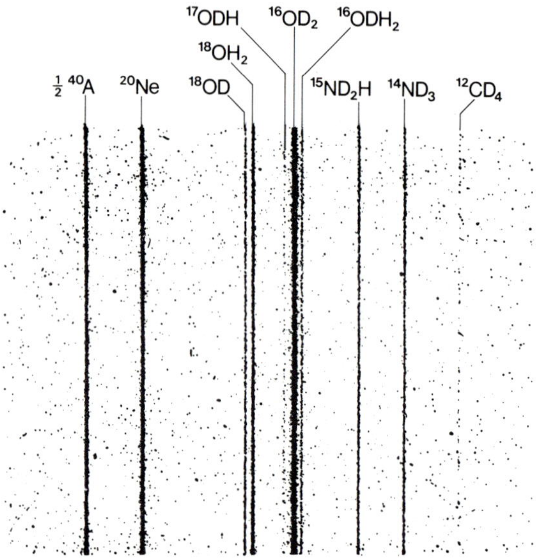

Abb. 6–25: Feinstruktur-Massenspektrogramm zum Nachweis kleinster Massendifferenzen. Trennung von 10 verschiedenen Ionen der Massenzahl 20, deren relative Atom- bzw. Molekülmassen zwischen 19,9878 und 20,0628 liegen.

und ein magnetisches Feld und trafen dann auf eine Photoplatte. Durch eine bestimmte Beziehung zwischen den Ablenkwinkeln im elektrischen und magnetischen Feld und bei einer bestimmten geometrischen Anordnung der Felder und der Photoplatte zueinander gelang es, alle Ionen gleicher Masse trotz verschiedener Geschwindigkeiten am gleichen Ort der Photoplatte zu fokussieren. Teilchen mit abweichender Masse wurden an einem anderen Ort fokussiert.
Da die Teilchen jedoch nicht nur mit unterschiedlichen Geschwindigkeiten, sondern auch in unterschiedlicher Richtung die Ionenquelle verlassen, war eine Weiterentwicklung des Astonschen Massenspektographen erforder-

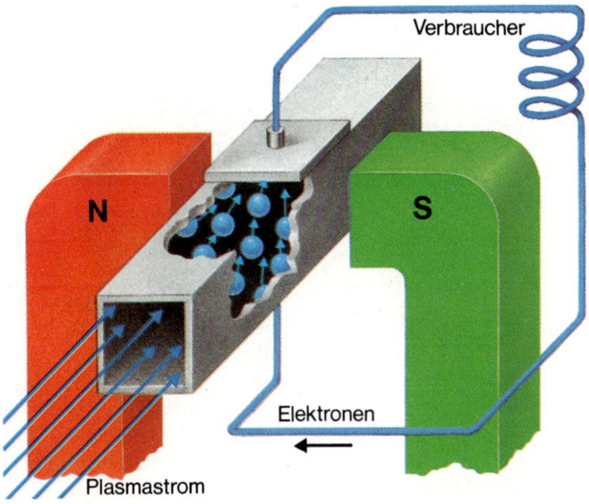

Abb. 6–26: Das Prinzip des MHD-Generators.

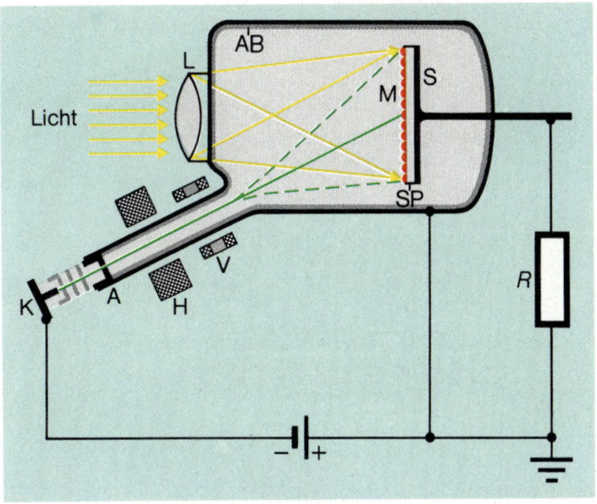

Abb. 6–27: Schema eines Ikonoskops. – K Kathode, A Anode, H Ablenkspulen (horizontal), V Ablenkspulen (vertikal), AB Anodenbelag, SP Speicherplatte mit Mosaikplatte (M) und Signalelektrode (S), L Linsensystem.

lich. MATTAUCH und HERZOG gelang es 1934, durch genau berechnete Wahl der Abmessungen und Ablenkwinkel die Ionen bezüglich Geschwindigkeit und Richtung für alle Massen gleichzeitig zu fokussieren: Der Ionenstrahl passiert zuerst ein elektrisches Radialfeld von 31°50′, in dem er nach Geschwindigkeiten aufgespalten wird, und wird dann in einem Magnetfeld um 90° abgelenkt und dort nach den verschiedenen Massen aufgespalten und gleichzeitig nach Geschwindigkeit und Richtung fokussiert (*Abb. 6–24*).

Die Gesamtablenkung in der Ebene der photographischen Platte ist bei einem solchen Massenspektrographen mit **Doppelfokussierung** unabhängig von der Anfangsgeschwindigkeit und -richtung, zur spezifischen Ladung Q/m der Ionen aber proportional. Wenn die Ionen die gleiche Ladung tragen, aber verschiedene Massen besitzen, werden sie verschieden abgelenkt. Auf dem Auffangschirm entsteht eine dem → Spektrum vergleichbare Verteilung der verschiedenen Massen (*Abb. 6–25*). Mit Massenspektrographen ist festgestellt worden, daß fast alle Elemente aus verschiedenen → Isotopen bestehen.

Magnetohydrodynamischer Generator

Strömt ein ionisiertes Gas von einigen 1000 K (Plasma) mit hoher Geschwindigkeit (etwa 1000 m/s) durch ein senkrecht zur Strömung gerichtetes Magnetfeld, so werden die negativ und positiv geladenen Teilchen senkrecht zum Magnetfeld und senkrecht zur Strömungsrichtung in entgegengesetzte Richtungen durch die Lorentzkraft abgelenkt. In diesen Richtungen angebrachte Elektroden werden entgegengesetzt aufgeladen (*Abb. 6–26*). Verbindet man die Elektroden über einen Verbraucher, so läßt sich elektrische Energie entnehmen.

Das ist das Prinzip des magnetohydrodynamischen Generators (kurz MHD-Generator). Er wird in vielen technischen Varianten erprobt. Im Zusammenhang mit den sehr heißen Strömungsgasen treten schwierige technologische Probleme auf. Man ist noch heute weitgehend im Versuchsstadium. In den USA und in der UdSSR ist je ein Prototyp in der Planung bzw. im Bau. In Deutschland arbeitet ein MHD-Generator in der Kernforschungsanlage Jülich.

Da bei MHD-Generatoren im Gegensatz zu konventionellen Kraftwerken die Umwandlung von kinetischer in elektrische Energie ohne rotierende mechanische Teile erfolgt, erreicht man mit ihnen einen erheblich größeren Wirkungsgrad (50–60%). Daraus erhofft man sich eine geringere Umweltbelastung und eine intensivere Nutzung der Primärenergiereserven. Ein weiterer Vorteil ist die im Vergleich zu anderen Generatoren kurze Anschaltzeit. Mit Gasturbinen kombiniert können MHD-Generatoren für Großkraftwerke einsetzbar sein.

Bildaufnahme- und -wiedergaberöhre

Die starke Ablenkung des Elektronenstrahls in der Fernsehaufnahme- und -wiedergaberöhre erfolgt durch das inhomogene Feld eines Elektromagneten.

Das **Ikonoskop**[1]) (*Abb. 6–27*) als die verbreitetste Form einer Fernsehaufnahmeröhre ist eine technische Kombination von → Braunscher Röhre und → Photoelement. Durch ein Linsensystem (L) wird auf der Speicherplatte (Sp) ein Bild erzeugt. Die Speicherplatte besitzt eine aus 500 000 Einzelelementen (625 Zeilen mit je 8000 Elementen) bestehende photoelektrisch aktive Schicht (Mosaikplatte M). Aus ihr werden durch den Lichteinfall nach Lichtintensität elementweise unterschiedlich viele Elektronen herausgeschlagen und von der Anode abgesaugt. Es entsteht ein dem optischen Bild entsprechendes „Ladungsbild“. Hinter der Mosaikplatte befindet sich, durch eine Isolatorschicht getrennt, eine metallische Schicht (Signalelektrode S). Damit besteht die Speicherplatte aus 500 000 unterschiedlich geladenen Mikrokondensatoren.

Ein Elektronenstrahl tastet nun zeilenweise, durch einen Elektromagneten (H) mit einer Kippfrequenz waagerecht und einen zweiten Elektromagneten (V) senkrecht gesteuert, 25mal in der Sekunde das Bild ab. Der Elektronenstrahl ersetzt die durch den Photoeffekt herausgeschlagenen Elektronen, d. h. er neutralisiert die Mikrokondensatoren. Dadurch werden vorher gebundene Elektronen auf der

[1]) eikon (griech.), Bild; skopein (griech.), sehen

Abb. 6–28: a) Fernsehbildröhre, b) Magnetsystem einer Fernsehbildröhre.

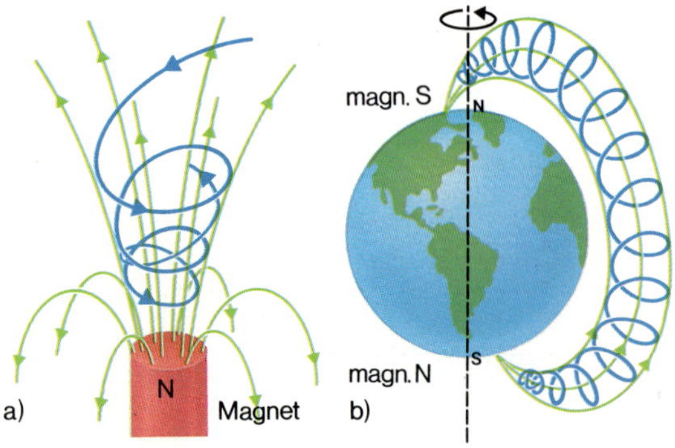

Abb. 6–31: In der Nähe eines Poles kommt es zur Umkehr der Teilchenbahnen (*a*), daher werden die geladenen Teilchen in einem „Strahlungsgürtel" eingeschlossen, ohne die Erdoberfläche zu erreichen (*b*).

Abb. 6–29: Werden die Elektronen in einem von 90° verschiedenen Winkel zur Feldrichtung in ein Magnetfeld geschossen, so bilden sich schraubenförmige Bahnen aus.

Abb. 6–32: Nordlicht, aufgenommen in Tromsö, Nordschweden.

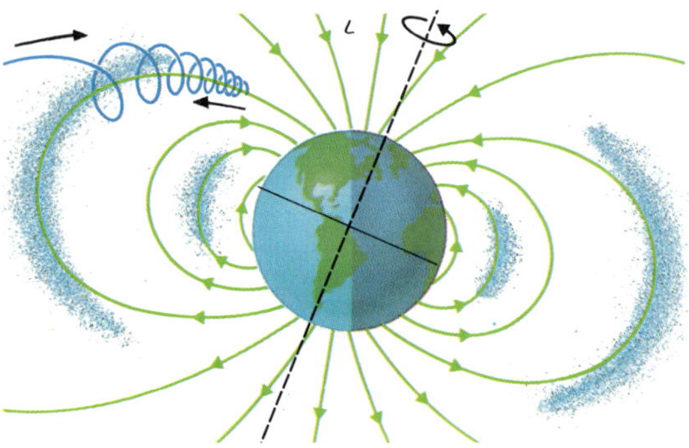

Abb. 6–30: Aus dem Weltraum kommende elektrische Teilchen werden durch das Magnetfeld der Erde in Schraubenlinien abgelenkt.

Abb. 6–33: Fadenstrahlrohr im Modellversuch zur magnetischen Flasche. Bei abgeschalteten Helmholtz-Spulen wird durch geeignete Halterung zweier Stabmagneten ein inhomogenes Magnetfeld derart erzeugt, daß die bewegten Elektronen auf einen abgeschlossenen Raumbereich konzentriert werden.

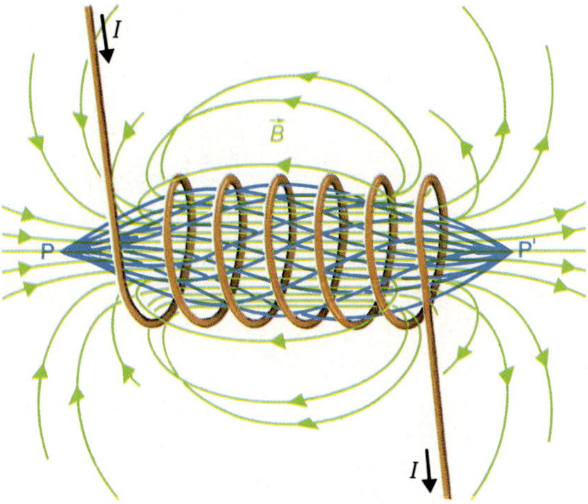

Abb. 6–34: Die vom Punkt P ausgehenden Elektronenstrahlen werden durch ein rotationssymmetrisches Magnetfeld im Punkt P' vereinigt.

Signalelektrode frei und fließen ab; es entsteht ein Strom, der in $\frac{1}{25}$ Sekunde 500 000 mal in der Reihenfolge der abgetasteten Kondensatorelemente seine Intensität wechselt. Die Stromstöße werden verstärkt und über Sende- und Empfangseinrichtungen der Wiedergaberöhre zugeleitet.
Andere Formen von Bildaufnahmeröhren sind das **Orthikon**[1]) und das **Vidikon**[2]). Beim Orthikon wird ein stark gebremster, langsamer Elektronenstrahl vor der Speicherplatte (je nach Aufladung des abgetasteten Speicherteils) zur Umkehr gezwungen, wobei die Dichte des reflektierten Elektronenstrahls entsprechend der Aufladung des Speichers moduliert wird. Das Vidikon beruht auf der Leitfähigkeitsveränderung einer Halbleiterschicht bei Belichtung. Es ist einfacher als das Ikonoskop und das Orthikon und daher auch sehr robust.

---
[1]) orthós (griech.), richtig
[2]) videre (lat.), sehen

In der Wiedergaberöhre **(Bildröhre)** des Fernsehgerätes (*Abb. 6–28*) tastet ein Elektronenstrahl in gleichem Takt wie in der Bildaufnahmeröhre (synchron), ebenfalls durch einen Elektromagneten (rechts im Bild, von der Röhre abgezogen) gesteuert, den Leuchtschirm ab. Die Intensität des Strahls wird durch die empfangenen elektrischen Impulse gesteuert. Es entsteht auf dem Leuchtschirm das aus 500 000 Rasterpunkten zusammengesetzte Bild.
Auf die Probleme des Farbfernsehens soll hier nicht eingegangen werden.

Magnetische Flasche

Versuch 6/7: Das Fadenstrahlrohr (→ *Versuch 6/6*) wird um seine waagerechte Achse gedreht, so daß der Elektronenstrahl nicht mehr senkrecht zu den magnetischen Feldlinien verläuft.
Beobachtung: Der Elektronenstrahl windet sich schraubenförmig um die magnetischen Feldlinien (*Abb. 6–29*).

Bei inhomogenen Feldern macht man dieselbe Beobachtung. Aus dem Weltraum kommende elektrisch geladene Teilchen werden durch das Magnetfeld der Erde in Schraubenlinien abgelenkt (*Abb. 6–30*). In Polnähe kommt es zu einer Umkehr der Teilchenbahnen (*Abb. 6–31*), so daß die Teilchen in einem Strahlungsgürtel eingeschlossen bleiben, ohne die Erde zu erreichen („magnetische Flasche"). In hohen Schichten der Erdatmosphäre nahe den Polgebieten erzeugen die Teilchen der kosmischen Strahlung durch Zusammenstöße mit Gasmolekülen Leuchterscheinungen (Nordlicht) (*Abb. 6–32*).
Das Prinzip der magnetischen Flasche wird angewandt, um ionisiertes Gas (→ Plasma) unter extremen Bedingungen (hoher Druck und hohe Temperatur) einzuschließen (*Abb. 6–33*).

Elektronenmikroskop

Durch rotationssymmetrische Magnetfelder ist es möglich, von einem Punkt ausgehende Elektronenstrahlen wieder in einem Punkt zu vereinigen (*Abb. 6–34*). Gehen von einem Gegenstand Elektronenstrahlen aus, so kann dieser punktweise durch ein Magnetfeld abgebildet werden. Durch inhomogene rotationssymmetrische Magnetfelder sind ver-

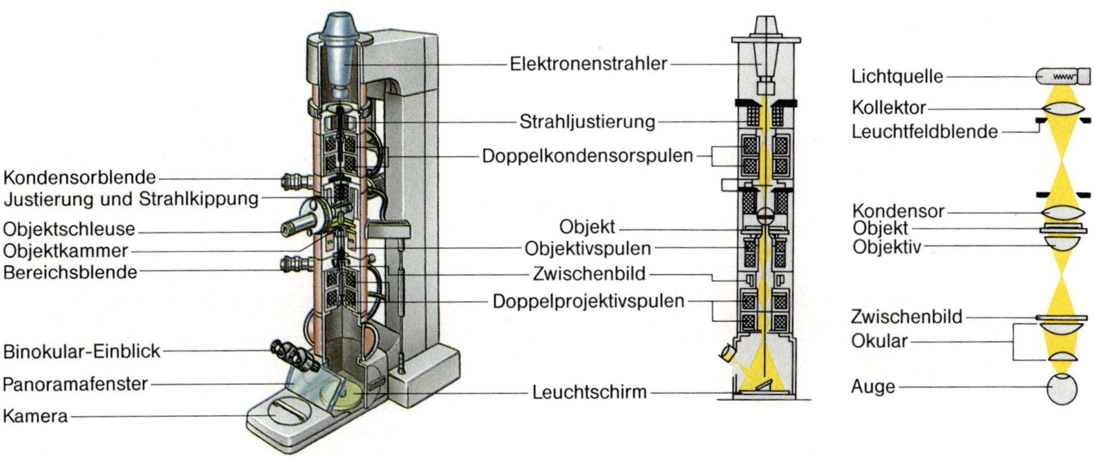

Abb. 6–35: Elektronenmikroskop und schematische Darstellung seines Strahlengangs (links), Strahlengang in einem Lichtmikroskop (rechts). Beim Lichtmikroskop ist oben und unten vertauscht.

größerte Bilder des Gegenstandes erzeugbar. Derartige „Magnetlinsen“ fokussieren Elektronenstrahlen wie Glaslinsen Lichtstrahlen. Man kann ihnen in gleicher Weise eine Brennweite zuordnen. Die Brennweite ist durch die Beschleunigungsspannung des Elektronenstrahls und durch den Spulenstrom stetig regelbar.
Ein Durchstrahlungs-Elektronenmikroskop besteht aus drei solchen Magnetlinsen. Es ist analog zu einem Lichtmikroskop aufgebaut (*Abb. 6–35*). Der Lichtquelle entspricht eine Elektronenquelle. Das Endbild wird auf einem Leuchtschirm oder einer Photoplatte aufgefangen. *Abb. 6–36* zeigt ein modernes Hochleistungselektronenmikroskop.
Das Elektronenmikroskop zeichnet sich gegenüber dem Lichtmikroskop durch sein höheres → Auflösungsvermögen aus. Durch das Lichtmikroskop sind höchstens Strukturen von der Größenordnung der Wellenlänge des benutzten Lichtes sichtbar zu machen. Die den Elektronen von der Energie 1 MeV zuzuschreibende → elektromagnetische Welle (→ De Broglie-Wellen) besitzt jedoch eine 2000mal kleinere Wellenlänge. Deshalb ist es gelungen, mit dem Elektronenmikroskop Viren, große Moleküle und Atomabstände in Kristallgittern sichtbar zu machen (*Abb. 6–37* und *38*).

Abb. 6–37: Elektronenmikroskopische Aufnahme von Al_2O_3-Haarkristallen („Whiskers“), Primärvergrößerung 712fach. Whiskers finden u. a. Verwendung zur Erhöhung der Festigkeit von Kunststoffen sowie zur Steigerung der Widerstandsfähigkeit bestimmter Legierungen.

Aufgaben

6/17: Bestimmen Sie aus der spezifischen Ladung des Elektrons und aus der Elementarladung die Elektronenmasse.
6/18: In welcher Masse Wasserstoff ist 1 g Elektronen enthalten?

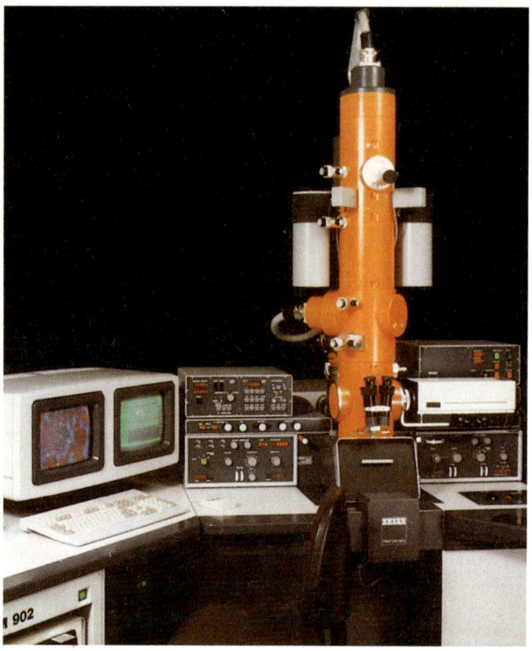

Abb. 6–36: Transmissionselektronenmikroskop mit integriertem Spektrometer für Abbildung und Elementanalyse und mit integriertem Bildverarbeitungssystem für Bildanalyse und Computersteuerung (Zeiss CEM 902).

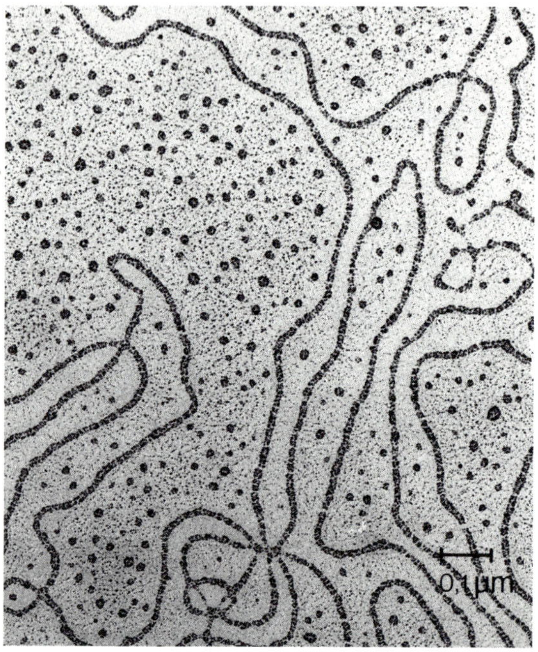

Abb. 6–38: Elektronenmikroskopische Aufnahme eines fadenförmigen Desoxyribonucleinsäuremoleküls (DNS), 70 000fach, Negativ-Kontrastierung.

6/19: Ein Proton bewegt sich in einem homogenen Magnetfeld der Flußdichte $B = 2\ \mathrm{Vs/m^2}$ mit einer Geschwindigkeit $v = 7{,}5 \cdot 10^{-5}$ m/s senkrecht zu den Feldlinien. Berechnen Sie den Radius seiner Kreisbahn.

6/20: In einem bestimmten Gebiet des interstellaren Raumes gibt es freie Elektronen mit der kinetischen Energie 10^{-3} eV, die sich auf Kreisbahnen vom Radius $2{,}5 \cdot 10^4$ m bewegen. Wie groß ist die magnetische Flußdichte, die diese Bahn verursacht?

6/21: Ein α-Teilchen besitzt eine Masse von $6{,}64 \cdot 10^{-27}$ kg. Berechnen Sie den Radius der Kreisbahn, die ein α-Teilchen beschreibt, das sich nach *Aufgabe 6/12 a* bewegt.

6/22: Die magnetische Flußdichte im homogenen Teil des Helmholtz-Spulenfeldes wird mit einer Hall-Sonde zu $B = 9{,}65 \cdot 10^{-4}$ T bestimmt. Bei einer Beschleunigungsspannung von $U = 210$ V wird im Fadenstrahlrohr der Durchmesser der Kreisbahn $d = 10{,}2$ cm gemessen. Berechnen Sie die spezifische Ladung e/m der Elektronen.

6/23: In einem Zyklotron ist der maximale Krümmungsradius der Bahnkurve von geladenen Teilchen $R = 0{,}8$ m. Die magnetische Flußdichte beträgt $B = 1{,}5$ T. Welche Potentialdifferenz in einem elektrischen Feld müßten Protonen durchlaufen, damit sie dieselbe Endgeschwindigkeit wie in dem betrachteten Zyklotron erhalten?

6/24: Ein Zyklotron gibt α-Teilchen mit einer Energie von $2{,}5 \cdot 10^{-12}$ J ab. Die magnetische Flußdichte beträgt 2 T. Berechnen Sie den größten Krümmungsradius der Bahnkurven dieser α-Teilchen.

***6/25:** In einem Zyklotron wird bei einem Magnetfeld der Flußdichte B zur Beschleunigung von Protonen eine Hochfrequenz von 10 MHz benötigt. Welche Frequenz ist erforderlich, um a) Deuteronen ($m_D = 2\ m_P$, $Q = e$), b) einfach ionisierte Heliumatome He^+ ($m_{He} = 4\ m_P$) und c) zweifach ionisierte Heliumatome He^{++} (α-Teilchen) bei gleich starkem Magnetfeld zu beschleunigen?

***6/26:** Das elektrische Feld zwischen den Platten eines Geschwindigkeitsfilters in einem Massenspektrographen nach *Abb. 6–18* hat die Stärke $E = 1{,}2 \cdot 10^5$ V/m, und die beiden Magnetfelder haben die Flußdichte $B = 0{,}6$ T.

a) Ein Strahl einfach ionisierter Neonatome bewegt sich auf einer Kreisbahn mit einem Radius von 7,28 cm. Bestimmen Sie die Masse des Neonisotops.

b) Ein anderes (häufigeres) Neonisotop besitzt die Masse $m = 3{,}32 \cdot 10^{-26}$ kg. Welchen Radius beschreibt ein Strahl aus solchen Neonisotopen?

***6/27:** Ist ein Massenspektrograph besser geeignet, die Isotope leichter oder die Isotope schwerer Elemente zu trennen?

***6/28:** In einem Bereich des Strahlungsgürtels der Erde ist die magnetische Flußdichte des Erdfeldes $B = 10^{-4}$ T. Mit welcher Frequenz umlaufen dort α-Teilchen die magnetischen Feldlinien?

6.2 Untersuchung besonderer magnetischer Felder

Wir werden nun mit der Hallsonde Magnetfelder in der Umgebung stromdurchflossener Leiter experimentell untersuchen. Dabei stoßen wir auf einfache Zusammenhänge zwischen der magnetischen Flußdichte B und dem elektrischen Strom I, der das magnetische Feld erzeugt.

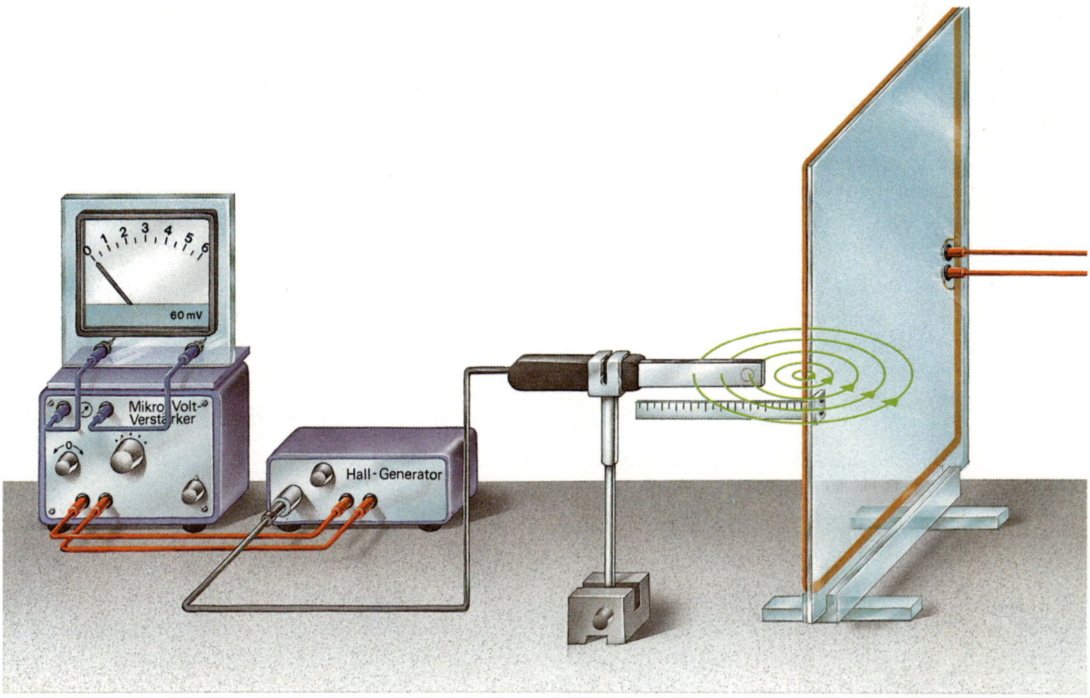

Abb. 6–39: Ausmessung des Magnetfeldes eines langen, geraden stromdurchflossenen Leiters mit der Hall-Sonde.

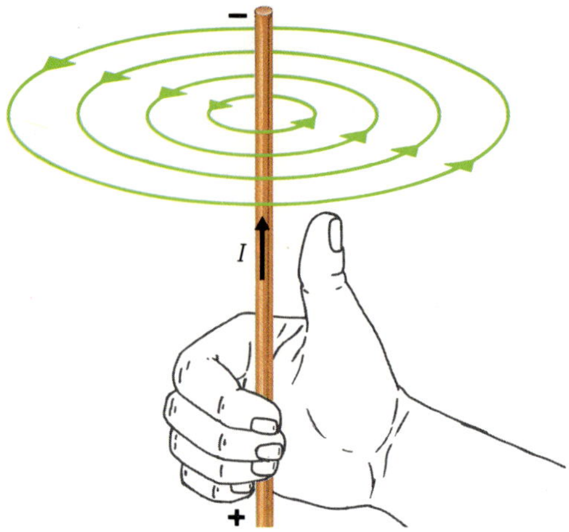

Abb. 6–40: Die magnetischen Feldlinien um einen stromdurchflossenen Leiter sind konzentrische Kreise. Ihre Orientierung merkt man sich mit der Regel der rechten Hand.

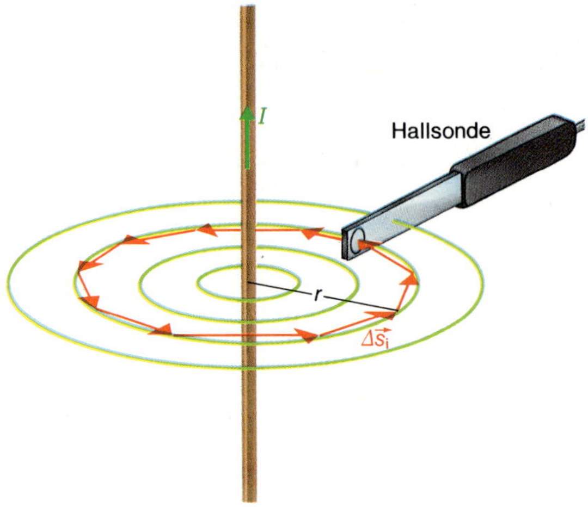

Abb. 6–41: Zur Herleitung des Linienintegrals. Es wird ein Leiter mit der Stromstärke I umschlossen.

6.2.1 Das magnetische Feld eines langen, geraden stromdurchflossenen Leiters; die magnetische Feldkonstante

Versuch 6/8a: Mit der Hallsonde soll das magnetische Feld in der Umgebung eines stromdurchflossenen langen, geraden Leiters untersucht werden. Man verwendet eine große Rechteckspule mit 10 dicht nebeneinanderliegenden, gleichsinnig vom Strom durchflossenen Kupferdrähten (*Abb. 6–39*). Das an den drei entfernten Rechteckseiten erzeugte Magnetfeld kann vernachlässigt werden.
Man erkennt: Die magnetischen Feldlinien um einen langen Leiter sind konzentrische Kreise. Die Richtung der Flußdichte $\vec{B}$ bildet mit der Stromrichtung im Leiter eine Rechtsschraube (*Abb. 6–40*): Legt man den Daumen der rechten Hand an den Leiter in Richtung des Stromes (also entgegen der Bewegungsrichtung der Elektronen), so zeigen die Fingerspitzen der um den Leiter gelegten Hand die Richtung von $\vec{B}$.

Versuch 6/8b: Es werden zwei Meßreihen aufgenommen.

1. Die magnetische Flußdichte B in Abhängigkeit von der Stromstärke I in einem festen Punkt des Raumes.
2. B in Abhängigkeit vom Abstand r vom felderzeugenden Leiter.

Ergebnis: Die Auswertung der Meßreihen ergibt

1. $B \sim I$ an jedem festen Ort,
2. $B \sim 1/r$ bei konstanter Stromstärke I.

Die Flußdichte B im Magnetfeld eines langen Leiters ist also direkt proportional zur Stromstärke I und umgekehrt proportional zum Abstand r vom Leiter:

$$B \sim \frac{I}{r} \text{ oder } B = k\frac{I}{r}.$$

Die Konstante k in dieser Gleichung ist durch die Festlegung der Stromstärkeneinheit 1 A (→ *5.1.2*) und durch die Definition der magnetischen Flußdichte B (→ *6.1.1*) gegeben:
Mißt man die magnetische Flußdichte über die Kraft auf ein Leiterstück der Länge l, das vom Strom I_1 durchflossen wird, so gilt

$$B = \frac{F}{I_1\, l}.$$

Nennt man den Strom durch den felderzeugenden Leiter I_2, so ergibt sich durch Gleichsetzen

$$\frac{F}{I_1\, l} = k\,\frac{I_2}{r}$$

oder

$$F = k\,\frac{l}{r}\, I_1\, I_2\,.$$

Nach der Amperedefinition ist für $l = r = 1$ m und $F = 2 \cdot 10^{-7}$ N die Stromstärke $I_1 = I_2 = 1$ A.
Daraus ergibt sich die Konstante zu

$$k = \frac{F\, r}{l\, I_1\, I_2} = 2 \cdot 10^{-7}\,\frac{\text{N}}{\text{A}^2}$$

oder wegen 1 Nm = 1 VAs auch $2 \cdot 10^{-7}\,\frac{\text{Vs}}{\text{Am}}$.

Für die magnetische Flußdichte B gilt damit

$$B = 2 \cdot 10^{-7}\,\frac{\text{Vs}}{\text{Am}}\,\frac{I}{r}.$$

Durch Erweitern mit 2π erhält man

$$B = 4\pi \cdot 10^{-7}\,\frac{\text{Vs}}{\text{Am}}\,\frac{I}{2\pi\, r}.$$

Der Grund für das Erweitern mit 2π wird am Ende dieses Kapitels einsichtig. Dort ergibt sich der Kreisumfang $2\pi\, r$ als Integrationsweg. Die Konstante $4\pi \cdot 10^{-7}\,\frac{\text{Vs}}{\text{Am}}$ wird mit μ_0 bezeichnet.

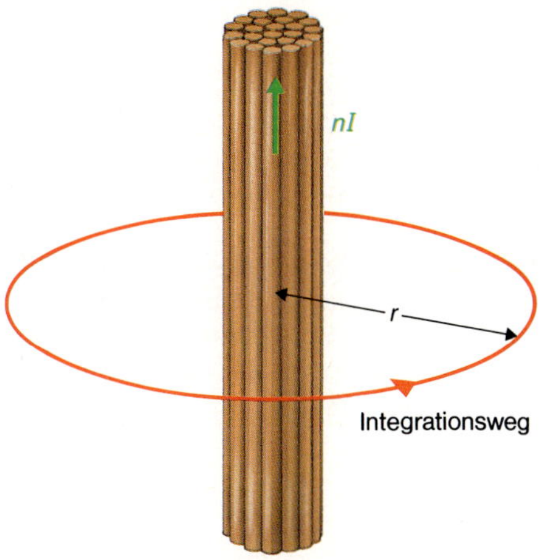

Abb. 6–42: Zur Herleitung des Linienintegrals. Es werden n Leiter mit der Gesamtstromstärke $n\,I$ umschlossen.

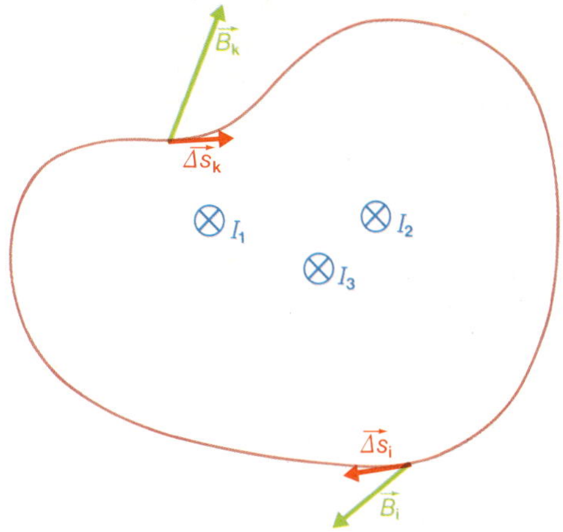

Abb. 6–43: Das geschlossene Linienintegral ist proportional zu den umschlossenen Strömen: $\oint \vec{B} \cdot d\vec{s} = \mu_0\,(I_1 + I_2 + I_3)$.

Die magnetische Flußdichte $\vec{B}$ im Abstand r von einem langen, geraden, vom Strom I durchflossenen Leiter mit kleinem Querschnitt hat den Betrag

$$B = \mu_0 \frac{I}{2\pi r}$$

mit $\mu_0 = 4\pi \cdot 10^{-7}\,\frac{\text{Vs}}{\text{Am}} \approx 1{,}26 \cdot 10^{-6}\,\frac{\text{Vs}}{\text{Am}}$.

Die Konstante μ_0 heißt **magnetische Feldkonstante**; ihr Wert ist durch Festlegung der Stromstärkeeinheit 1 Ampere gegeben. Sie ist unabhängig von der Art (Material, Temperatur) des Leiters. Sie tritt auch bei magnetischen Feldern, die durch anders angeordnete Leiter erzeugt werden, auf (→ *6.2.2*).

Aus dieser experimentell gefundenen Beziehung läßt sich eine allgemeine Gesetzmäßigkeit herleiten:

Beim Umfahren des Leiters mit der Hall-Sonde längs einer Feldlinie zeigt das Meßgerät eine konstante magnetische Flußdichte an. Bildet man die Liniensumme $\Sigma\,\vec{B}_i \cdot \vec{\Delta s}_i$ (*Abb. 6–41*), so erhält man bei beliebig kleinen Wegelementen $\vec{\Delta s}_i$, da $\vec{B}$ und $\vec{\Delta s}_i$ gleichgerichtet sind:

$$\lim_{\Delta s_i \to 0} \Sigma\,\vec{B}_i \cdot \vec{\Delta s}_i = B \cdot \lim_{\Delta s_i \to 0} \Sigma\,\Delta s_i = B\,2\pi r = \mu_0\,I\,.$$

Dieses geschlossene Linienintegral

$$\oint \vec{B} \cdot d\vec{s} = \mu_0\,I$$

ist von dem Radius und damit von der Auswahl der geschlossenen Feldlinie unabhängig; es hängt nur von der Stärke des umschlossenen Stromes ab. Man sieht leicht ein, daß es nicht erforderlich ist, den Strom längs einer Feldlinie zu umschließen.

Vergrößert man die Stromstärke, indem man n Leiter der Stromstärke I umschließt (*Abb. 6–42*), so wird auch B n-mal so groß. Es gilt wegen

$$B = n\,\mu_0 \frac{I}{2\pi r}:$$

$$\oint \vec{B} \cdot d\vec{s} = B \cdot \oint ds = \frac{n\,\mu_0\,I}{2\pi r}\,2\pi r = \mu_0\,n\,I = \mu_0\,I_{\text{gesamt}}\,.$$

Dieser Zusammenhang gilt ganz allgemein für beliebige Integrationswege um beliebig angeordnete stromdurchflossene Leiter (*Abb. 6–43*). Er wird als **Durchflutungssatz** oder **Amperesches Gesetz** bezeichnet:

Das über einer geschlossenen Linie gebildete Linienintegral der magnetischen Flußdichte ist gleich dem Produkt aus der magnetischen Feldkonstante μ_0 und der von der Linie umlaufenden Ströme:

$$\oint \vec{B} \cdot d\vec{s} = \mu_0\,I\,.$$

Aufgaben

6/29: Durch einen unendlich langen Leiter fließt ein Strom von 6 A. Wie groß ist die magnetische Flußdichte in einem Punkt, der 2,5 cm von ihm entfernt ist?

6/30: Zwei geradlinig unendlich lange Leiter verlaufen in einem Abstand von 10 cm parallel zueinander. Sie werden in entgegengesetzter Richtung von den Strömen $I_1 = 15$ A und $I_2 = 25$ A durchflossen. Berechnen Sie die magnetische Flußdichte in einem Punkt in der von den Leitern aufgespannten Ebene, der a) von beiden Leitern gleich weit entfernt ist, b) 2 cm von Leiter 1 und 8 cm von Leiter 2 entfernt ist, c) 2 cm von Leiter 1 und 12 cm von Leiter 2 entfernt ist. In welchen Punkten ist die magnetische Flußdichte gleich Null?

6/31: Lösen Sie *Aufgabe 6/30* für den Fall, daß die beiden Ströme gleichgerichtet sind.

6/32: Zwei geradlinige unendlich lange Leiter verlaufen in einem Abstand von 20 cm parallel zueinander. Sie werden von den Strömen $I_1 = I_2 = 10$ A in entgegengesetzter Richtung durchflossen. Geben Sie Betrag und Richtung der magnetischen Flußdichte in einem Punkt an, der von jedem Leiter den Abstand 20 cm besitzt.

***6/33:** Weshalb ziehen sich zwei parallele stromdurchflossene Leiter bei gleicher Stromrichtung an und stoßen sich bei entgegengesetzter Stromrichtung ab?

***6/34:** Durch einen langen geraden senkrechten und einen langen geraden waagerechten Draht fließt der gleiche Strom I. Der Abstand beider Drähte beträgt $2\,r$. Geben Sie Betrag und Richtung der magnetischen Flußdichte für den Mittelpunkt ihres Verbindungslotes an.

***6/35:** Mit einer Geschwindigkeit von $5{,}45 \cdot 10^6$ m/s bewegt sich ein Elektron parallel zu einem langen geraden Draht, der von einem Strom von 35 A durchflossen wird. Wie groß ist die Kraft auf das Elektron, wenn es 12 cm vom Draht entfernt ist?

6.2.2 Das magnetische Feld einer langen stromdurchflossenen Spule

Besonders wichtig ist das Feld einer langen Spule, die durch Aneinanderreihen vieler Schleifen entsteht. Das Feld außerhalb der Spule hat die gleiche Form wie das eines Stabmagneten. Im Innern der Spule ist das Feld bedeutend stärker als außen. Wenn man mit der Sonde auf der Spulenachse entlangfährt, so kann man in der Umgebung der Mitte ein gut homogenes Feld nachweisen. Erst wenn man die Sonde dem Spulenende nähert, nimmt die Flußdichte ab. An den Enden ist sie etwa auf die Hälfte ihres Betrages im homogenen Teil zurückgegangen (*Abb. 6–44*).

Versuch 6/9: Mit der Hall-Sonde wird die Abhängigkeit der magnetischen Flußdichte B im homogenen Teil des Spulenfeldes von der Stromstärke I, die durch die Spulenwindungen fließt, untersucht (*Abb. 6–45*). Anschließend wird bei konstanter Stromstärke I die Spule zusammengeschoben, d. h. die Länge l der Spule verändert, und jeweils B gemessen. Durch die Verwendung anderer geeigneter Spulen werden die Windungszahl n und die Querschnittsfläche A der Spule, jeweils unter Konstanthaltung der anderen Größen, variiert und die magnetische Flußdichte B gemessen.

Ergebnis: Die Flußdichte B des homogenen Teils des Feldes ist proportional zur Stromstärke I und zur Windungszahl n der Spule und umgekehrt proportional zu ihrer Länge l; sie ist von der Querschnittsfläche A der Spule unabhängig:

$$B \sim \frac{I\,n}{l}\,.$$

Durch genaue Messungen ergibt sich als Proportionalitätskonstante

$$1{,}26 \cdot 10^{-6}\ \text{Tm/A} = 1{,}26 \cdot 10^{-6}\ \text{Vs/Am}\,.$$

Die Vermutung ist richtig, daß es sich um die magnetische Feldkonstante $\mu_0 = 4\,\pi \cdot 10^{-7}$ Vs/Am handelt.

Die magnetische Flußdichte B des homogenen Teils des Feldes einer langen vom Strom I durchflossenen Spule der Länge l und der Windungszahl n beträgt

$$B = \mu_0 \frac{I\,n}{l}\,.$$

Bildet man das Linienintegral um die n Windungen einer langen, geraden Spule der Länge l (relativ zur Länge kleiner Querschnitt), so durchläuft man innerhalb der Spule ein Feld mit annähernd konstanter magnetischer Flußdichte B und außerhalb ein Feld mit vernachlässigbar kleiner Komponente der magnetischen Flußdichte in Richtung des Weges; für die senkrecht zu $\vec{B}$ verlaufenden Wegstücke ist das skalare Produkt $\vec{B} \cdot \vec{s}$ ebenfalls gleich Null (*Abb. 6–46*). Es ergibt sich

$$\oint \vec{B} \cdot \mathrm{d}\vec{s} = B\,l = \mu_0\,n\,I\,.$$

Daraus berechnet sich

$$B = \mu_0\,n\,I/l\,.$$

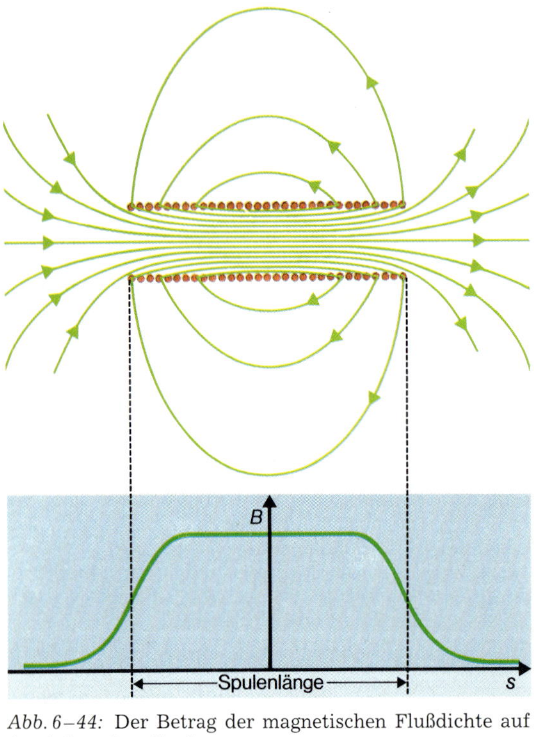

Abb. 6–44: Der Betrag der magnetischen Flußdichte auf der Achse einer Spule.

Aufgaben

6/36: Bestimmen Sie den Betrag der magnetischen Flußdichte für die folgenden Spulen:
a) $n = 340$, $l = 0{,}7$ m, $d = 8$ cm und $I = 3$ A,
b) $n = 715$, $l = 23$ cm, $d = 3{,}5$ cm und $I = 2{,}3$ A,
c) $n = 8550$, $l = 52$ mm, $d = 15$ mm und $I = 120$ mA.

6/37: In einer Spule ($l = 70$ cm, $n = 300$) wird für die Stromstärke $I = 1{,}5$ A die magnetische Flußdichte $B = 8{,}4 \cdot 10^{-4}$ T gemessen. Berechnen Sie daraus die magnetische Feldkonstante μ_0.

***6/38:** Durch Kompensation mit einer langen Spule soll die Horizontalkomponente B_H der magnetischen Flußdichte des Erdfeldes bestimmt werden. Mit einer in Nord-Süd-Richtung aufgestellten Spule ($n = 340$, $l = 60$ cm) wird mit einer Stromstärke $I = 31$ mA Feldfreiheit erreicht. Bestimmen Sie B_H. Berechnen Sie daraus mit dem Inklinationswinkel $\varphi = 67°$ den Betrag der gesamten magnetischen Flußdichte des Erdfeldes.

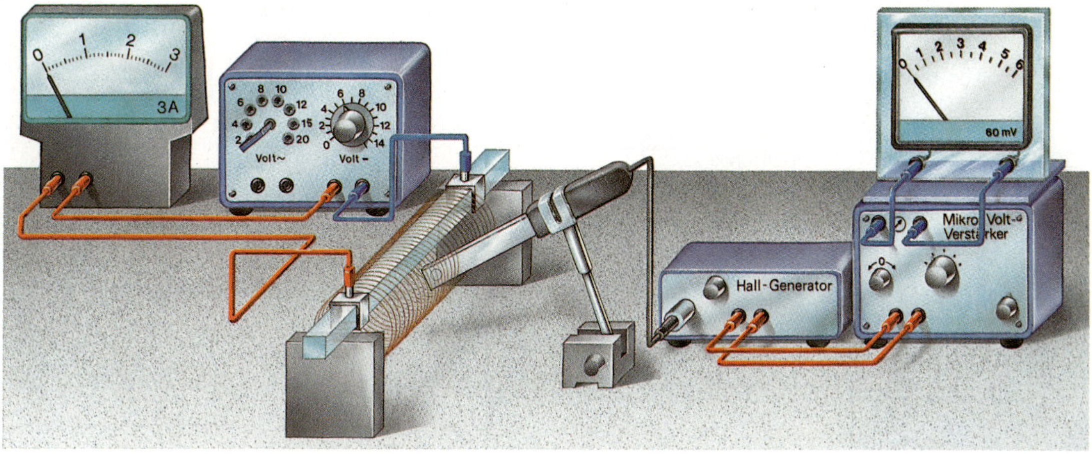

Abb. 6–45: Messung der magnetischen Flußdichte im Innern einer langen Spule.

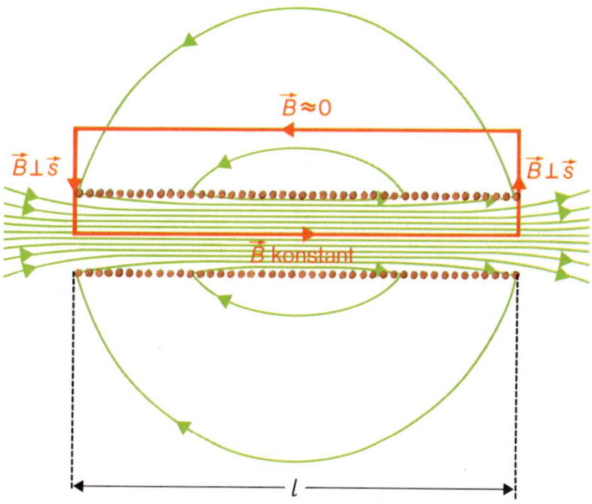

Abb. 6–46: Zur Berechnung der magnetischen Flußdichte einer langgestreckten Spule mit Hilfe des Linienintegrals.

Abb. 6–47: Das Magnetfeld einer Ringspule. Die Eisenfeilspäne weisen nach, daß nur innerhalb des Spulenkörpers ein Magnetfeld besteht.

***6/39:** Eine senkrecht aufgehängte Spiralfeder ist Teil eines Stromkreises. Das am Ende der Feder hängende metallische Gewichtsstück berührt eine Kontaktstelle, über die der Stromkreis geschlossen ist. Was ist bei Einschalten des Stromes zu beobachten? Welche Probleme ergeben sich daraus für den Bau von Spulen zur Erzeugung starker Magnetfelder?

***6/40:** Berechnen Sie unter Anwendung des Durchflutungssatzes die magnetische Flußdichte B im Innern einer vom Strom I durchflossenen Ringspule mit dem Halbmesser R (*Abb. 6–47*).

6.2.3 Materie im magnetischen Feld

Bisher wurden alle Versuche im lufterfüllten Raum ausgeführt. Es soll jetzt untersucht werden, ob und wie sich das magnetische Feld ändert, wenn andere Stoffe als Medium in das Feld hineingebracht werden.

Versuch 6/10: In das Feld einer langen Spule wird die Hall-Sonde gehalten, um die magnetische Flußdichte B zu messen. Dann schiebt man von beiden Seiten a) Holzstäbe, b) Glasstäbe, c) Stahlstäbe und andere Stoffe in die Spule hinein (*Abb. 6–48*).
Ergebnis: Bei gleichbleibender Stromstärke wird beim Hineinnehmen von Eisen (Stahl, Kobalt, Nikkel) die magnetische Flußdichte B beträchtlich vergrößert.

Das in *Abb. 6–48* dargestellte Meßverfahren ist jedoch für die genaue Bestimmung der magnetischen Flußdichte des Feldes eines mit einem Medium erfüllten Raumes ungeeignet, da durch die Hall-Son-

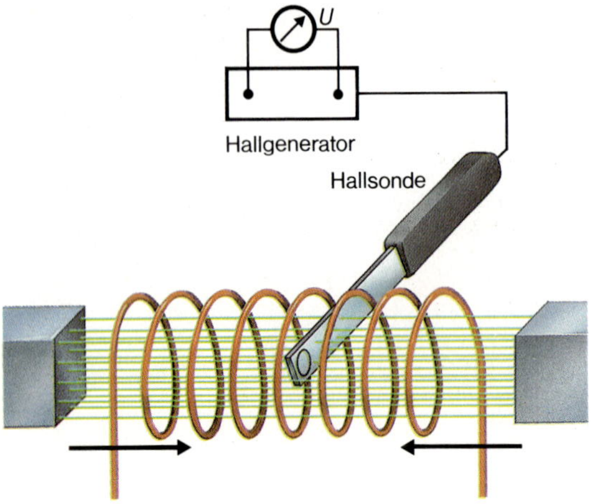

Abb. 6–48: In ein Spulenfeld werden andere Medien eingeführt. Dadurch wird die magnetische Flußdichte geändert.

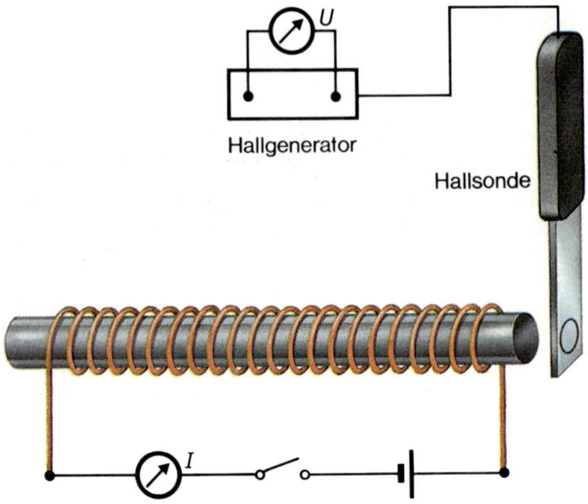

Abb. 6–49: Versuch zur Aufnahme der Hysteresiskurve.

de B lediglich in dem lufterfüllten Zwischenraum gemessen wird. Eine präzise Bestimmung von B kann nur über die Messung einer → Induktionsspannung (→ *6.3*) erfolgen: Statt mit einer Hall-Sonde wird mit einer Induktionsspule gemessen, die das im materieerfüllten Raum befindliche $\vec{B}$-Feld umschließt.

Die Vergrößerung der magnetischen Flußdichte B in einem Stoff gegenüber der im Vakuum erfaßt man mit einer **Permeabilitätszahl** μ_r. Sie gibt als unbenannte Zahl das Verhältnis der Kraftflußdichte B im Stoff zu der im Vakuum B_0 an: $\mu_r = B/B_0$. Dann ist allgemein

$$B = \mu_r B_0 .$$

Für die magnetische Flußdichte einer langen Spule gilt dann

$$B = \mu_r \mu_0 \frac{n I}{l} ,$$

für eine Ringspule (*Abb. 6–47* und *Aufg. 6/40*) gilt

$$B = \mu_r \mu_0 \frac{n I}{2\pi R} .$$

Alle Stoffe zeigen ein magnetisches Verhalten, die meisten aber nicht so stark wie Eisen. Nach der Größe der Permeabilitätszahl unterscheidet man drei Gruppen von Stoffen (*Tab. 6–2*):

1. **Ferromagnetische Stoffe:** μ_r ist sehr groß gegen 1, die magnetische Flußdichte B im Stoff ist wesentlich größer als B_0 im Vakuum. Bemerkenswert ist, daß μ_r nicht konstant ist, sondern von der jeweiligen Stärke des Feldes abhängt.
2. **Paramagnetische Stoffe:** μ_r ist etwas größer als 1, die magnetische Flußdichte im Stoff ist etwas größer als die im Vakuum.
3. **Diamagnetische Stoffe:** μ_r ist etwas kleiner als 1. Die magnetische Flußdichte im Stoff ist etwas kleiner als die im Vakuum. Dieses Verhalten entspricht dem aller Dielektrika im elektrischen Feld.

Das unterschiedliche magnetische Verhalten der Stoffe ist im molekularen Aufbau begründet (→ *Kap. 11*).

Das wichtige Sonderverhalten der **ferromagnetischen Stoffe** soll hier experimentell untersucht werden:

Versuch 6/11: In eine lange Spule legt man nacheinander eine Stahlstange, einen Weicheisenstab und einen Ferritstab. Man erhöht die Stromstärke I in der Spule. Dann geht man mit der Stromstärke auf Null zurück und läßt den Strom in der entgegengesetzten Richtung anwachsen (*Abb. 6–49*).

Ferromagnetika		Paramagnetika		Diamagnetika	
Stoff	μ_r	Stoff	$\mu_r - 1$	Stoff	$\mu_r - 1$
Eisen	bis 5 000	Luft	$+\ 0{,}4 \cdot 10^{-6}$	Wasser	$-\ 9 \cdot 10^{-6}$
Nickel	bis 1 000	Aluminium	$+\ 20 \cdot 10^{-6}$	Kupfer	$-\ 10 \cdot 10^{-6}$
Legierungen	bis 200 000	Platin	$+\ 2{,}7 \cdot 10^{-4}$	Schwefel	$-\ 10 \cdot 10^{-6}$
				Gold	$-\ 29 \cdot 10^{-6}$
				Wismut	$-\ 168 \cdot 10^{-6}$

Tab. 6–2: Permeabilitätszahlen einiger Stoffe. Für para- und diamagnetische Stoffe wird allgemein $\mu_r - 1$ statt μ_r angegeben.

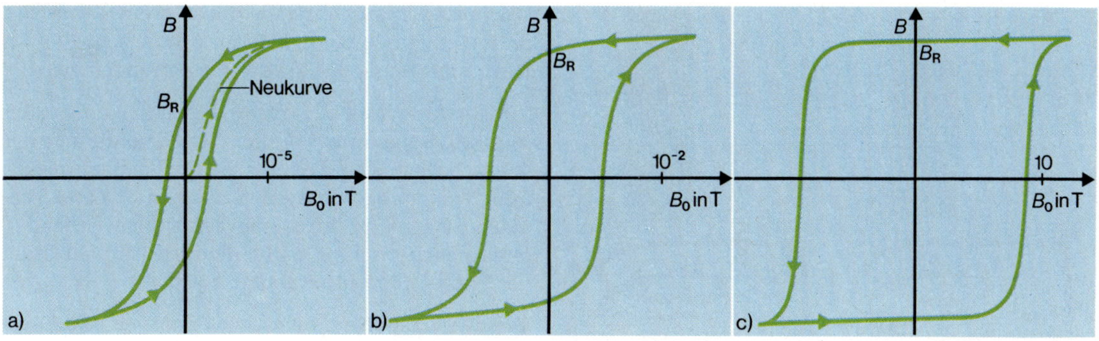

Abb. 6–50: Die Hysteresiskurve a) für Weicheisen, b) für Stahl, c) für Ferrite.

Man trägt die magnetische Flußdichte B in Abhängigkeit von $B_0 = \mu_0\, n\, I/l$ in einem Diagramm auf (*Abb. 6–50*).
Zur Messung der magnetischen Flußdichte wird die Hall-Sonde benutzt. Man erhält, da die Sonde sich **außerhalb** des Stabes befindet, nur relative Meßwerte, die aber der Flußdichte **im** Stab angenähert proportional sind.

Aus der erhaltenen **„Hysteresiskurve"**[1]) erkennt man: Die magnetische Flußdichte B wächst mit der Stromstärke an. Das Anwachsen ist nicht linear, die Permeabilitätszahl μ_r ist also nicht konstant. Wenn die Feldstärke auf Null zurückgeht, bleibt eine Flußdichte B_R **(Restmagnetismus, Remanenz**[2])) erhalten. Diese Remanenz ist abhängig vom Material; sie ist z. B. für Stahl größer als für Weicheisen. (Es gibt besondere Legierungen, deren Remanenz fast gleich der Maximalflußdichte ist; sie werden erst bei einer Feldstärke in entgegengesetzter Richtung fast schlagartig ummagnetisiert.) Um die Flußdichte auf Null zurückzubringen, muß der Strom I in die andere Richtung gehen. Dann wiederholt sich der Vorgang symmetrisch. Die Fläche, die die Hysteresisschleife umfaßt, ist ein Maß für die Ummagnetisierungsarbeit.

Die dafür benötigte Energie setzt sich in Wärme um; man bezeichnet sie als Hystereseverlust.
Stoffe mit hoher Remanenz nennt man **magnetisch hart.** (Die Hysteresiskurve umschließt eine große Fläche). Sie sind schwer magnetisierbar. Besonders für die technische Fertigung von Permanentmagneten haben sie große Bedeutung erlangt. Es sei hier auf die Verwendung von Magneten in Datenspeichern, Meßgeräten und als Haftelemente hingewiesen.

[1]) hysterein (griech.), zurückbleiben
[2]) remanere (lat.), zurückbleiben

Beim Bau von Transformatoren und Wechselstrommotoren benötigt man **weiche ferromagnetische** Stoffe. (Die Hysteresisschleife ist schmal). Zur Ummagnetisierung sind nur geringe Feldstärken erforderlich; dadurch werden die Energieverluste gering gehalten.

Aufgaben

6/41: Im Feld einer Spule ($n = 500$, $l = 0{,}60$ cm) wird bei einer Stromstärke $I = 1{,}2$ A mit Eisenfüllung die Flußdichte $B = 7{,}5 \cdot 10^{-1}$ T gemessen. Berechnen Sie die Permeabilitätszahl μ_r für Eisen.

***6/42:** Ferromagnetische und paramagnetische Stoffe werden von einem Magneten angezogen, diamagnetische Stoffe werden abgestoßen. Versuchen Sie, diese Beobachtung aufgrund der in diesem Kapitel beschriebenen Eigenschaften dieser Stoffe zu erklären.

6.3 Elektromagnetische Induktion

Ruhende Träger elektrischer Ladung erzeugen elektrostatische Felder und dienen zum Nachweis dieser Felder.
Bewegte Ladungsträger (elektrische Ströme) erzeugen auch magnetische Felder, und mit ihnen werden auch diese Felder nachgewiesen. ØRSTED entdeckte im Jahre 1820, daß elektrische Ströme von einem Magnetfeld begleitet sind.
FARADAY ging der umgekehrten Fragestellung nach: Können magnetische Felder elektrische Ströme erzeugen? Nach neunjährigem Experimentieren machte er 1831 die entscheidende, auch für ihn überraschende Entdeckung: Nicht durch die bloße Existenz eines Magnetfeldes wird – wie Faraday lange annahm – in einem Leiter ein elektrischer Strom hervorgerufen (induziert), sondern durch die zeitliche Veränderung eines Magnetfeldes. Man nennt diese Erscheinung **Induktion.**

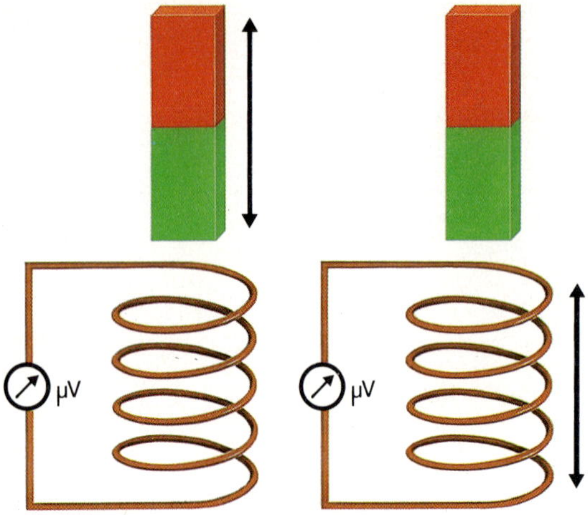

Abb. 6–51: Bewegen sich ein Magnet und eine Spule relativ zueinander, so wird eine Spannung induziert.

6.3.1 Das Induktionsgesetz

Versuch 6/12: Eine Spule, die sogenannte Induktionsspule, wird über ein empfindliches Spannungsmeßgerät kurzgeschlossen. In die Spule wird mit unterschiedlicher Geschwindigkeit ein Stabmagnet gesteckt und wieder aus ihr herausgezogen (*Abb. 6–51*). Dann wird der Magnet festgehalten und die Spule bewegt.

Beobachtung: Beim Hineinstecken des Stabmagneten zeigt das Meßgerät einen Spannungsstoß an; beim Herausziehen des Magneten wird eine entgegengesetzt gepolte Spannung induziert. Bewegt man statt des Magneten die Induktionsspule, so beobachtet man dasselbe. Es kommt also nur auf die Relativbewegung von Induktionsspule und magnetischem Feld an.

Die Induktionsspannung ist umso größer, je größer die Relativgeschwindigkeit ist, d. h. je schneller im Innern der Spule das Magnetfeld verändert wird.

Zur quantitativen Erfassung der Abhängigkeit der Induktionsspannung U_i von der Veränderung der magnetischen Flußdichte B soll die Versuchsanordnung etwas abgewandelt werden: Statt eines Permanentmagneten wird eine Feldspule verwendet, deren magnetische Flußdichte durch die Variation des Spulenstromes verändert wird.

Versuch 6/13a: Eine Feldspule ist mit einem „Dreieck-Generator" verbunden, der einen mit der Zeit linear ansteigenden und bei einer bestimmten Spannung schlagartig auf Null zurückgehenden Strom liefert, d. h. der Quotient $\Delta I/\Delta t$ ist während des Anstiegs konstant. Am Generator kann die „Stromänderungsgeschwindigkeit" $\Delta I/\Delta t$ unterschiedlich eingestellt werden. Im Inneren der Feldspule befindet sich eine Induktionsspule. Die Induktionsspannung wird mit Hilfe eines Meßverstärkers (Mikrovoltverstärker) gemessen (*Abb. 6–52*).

Beobachtung:

1. Bei linearem Anstieg des Spulenstroms ist die Induktionsspannung konstant; wegen $B = \mu_0 \, n \, I/l$ ist U_i konstant, wenn $\Delta I/\Delta t$ bzw. $\Delta B/\Delta t$ konstant sind (*Abb. 6–53 a* und *b*).
2. Mißt man U_i für unterschiedliche „Änderungsgeschwindigkeiten" des Spulenstroms, so ergibt sich eine Proportionalität zwischen U_i und $\Delta I/\Delta t$ bzw. $\Delta B/\Delta t$ (*Abb. 6–53 c*).

Damit erhält man folgendes **Ergebnis:**

Die Induktionsspannung ist der zeitlichen Änderung der magnetischen Flußdichte proportional:

$$U_i \sim \frac{\Delta B}{\Delta t}, \quad \text{oder differentiell:}$$

$$U_i \sim \frac{dB}{dt} = \dot{B}\,.$$

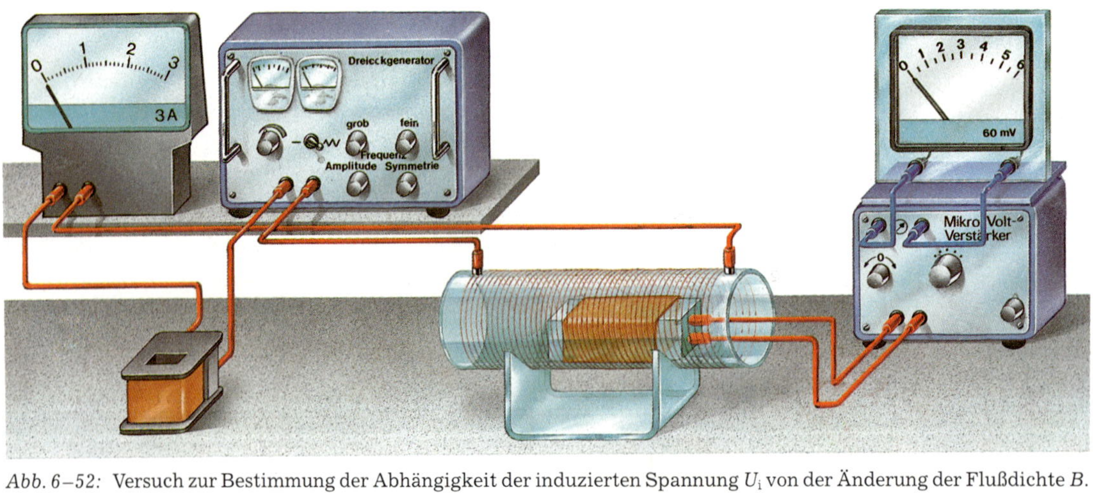

Abb. 6–52: Versuch zur Bestimmung der Abhängigkeit der induzierten Spannung U_i von der Änderung der Flußdichte B.

Versuch 6/13b: Bei der Induktionsspule in *Versuch 6/13a* wird die Spannung bei konstantem $\Delta B/\Delta t$ nun über der Hälfte, einem Drittel und einem Viertel der Windungen abgegriffen.

Ergebnis: Die Induktionsspannung U_i ist bei konstanter zeitlicher Änderung der magnetischen Flußdichte der Windungszahl n der Induktionsspule proportional.

Faßt man beide Ergebnisse zusammen, so gilt

$$U_i \sim n \frac{\Delta B}{\Delta t}, \text{ bzw.}$$

$$U_i = const. \cdot n \frac{\Delta B}{\Delta t}, \text{ oder differentiell:}$$

$$U_i = const. \cdot n \dot{B}.$$

Durch eine Einheitenbetrachtung erhält man für die Konstante dieser Gleichung die Einheit

$$\frac{[U_i]}{[n]\ [\Delta B/\Delta t]} = \frac{1\ \text{V}}{1\ \text{Vs/m}^2\ \text{s}} = 1\ \text{m}^2.$$

Das legt die Vermutung nahe, daß die Konstante von einer Fläche, z. B. der Querschnittsfläche der Spulen, abhängt.

Versuch 6/13c: Der *Versuch 6/13a* wird mit Feldspulen (*Abb. 6–54 a*) und mit Induktionsspulen (*Abb. 6–54 b*) unterschiedlicher Querschnittsfläche, aber gleicher Windungszahl bei jeweils konstanter zeitlicher Änderung der magnetischen Flußdichte durchgeführt.

Ergebnis:
1. Die Induktionsspannung ist von der Querschnittsfläche der Feldspule unabhängig. Das ist auch unmittelbar einsichtig, da die magnetische Flußdichte B der Feldspule vom Spulenquerschnitt unabhängig ist (→ *Versuch 6/9*) und sich damit die Verhältnisse in der Induktionsspule nicht ändern.

2. Die Induktionsspannung U_i ist bei konstanter zeitlicher Änderung der magnetischen Flußdichte B und bei konstanter Windungszahl n der Induktionsspule der Querschnittsfläche A der Induktionsspule proportional.

Zusammengefaßt ergibt sich

$$U_i \sim n\, A\, \Delta B/\Delta t$$

oder differentiell

$$U_i \sim n\, A \frac{\mathrm{d}B}{\mathrm{d}t} = n\, A\, \dot{B}.$$

Dreht man die Induktionsspule relativ zu den Kraftlinien des magnetischen Feldes um den Winkel φ (*Abb. 6–9*), so erkennt man durch Messungen, daß nur die senkrecht zu den Feldlinien liegende Projektion der Fläche A, also $A_n = A \cos \varphi$ wirksam ist:

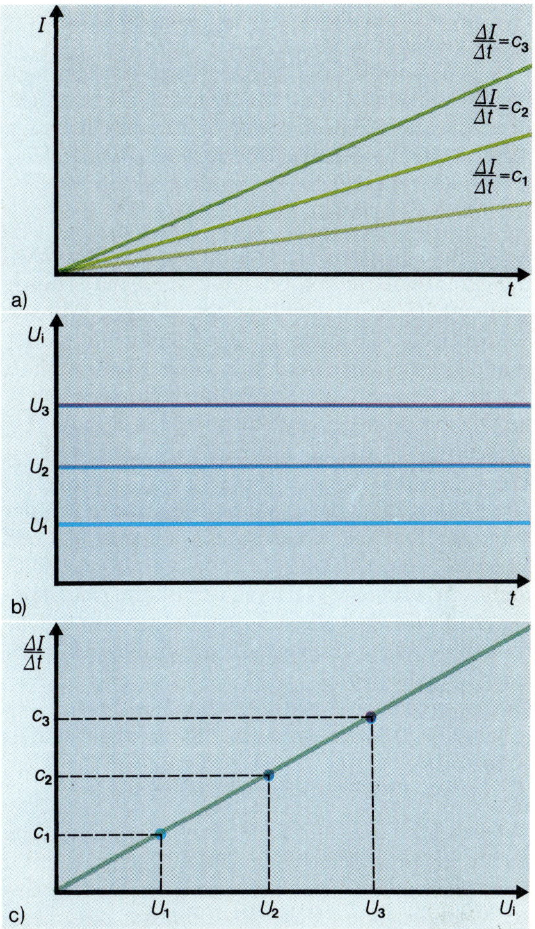

Abb. 6–53: a) Die Stromstärke in der Feldspule steigt linear mit der Zeit an. b) Bei linearem Anstieg des Spulenstroms ist die Induktionsspannung konstant. c) Zusammenfassung der Messungen aus *(a)* und *(b)*: Die Induktionsspannung U_i ist dem Quotienten $\Delta I/\Delta t$ proportional.

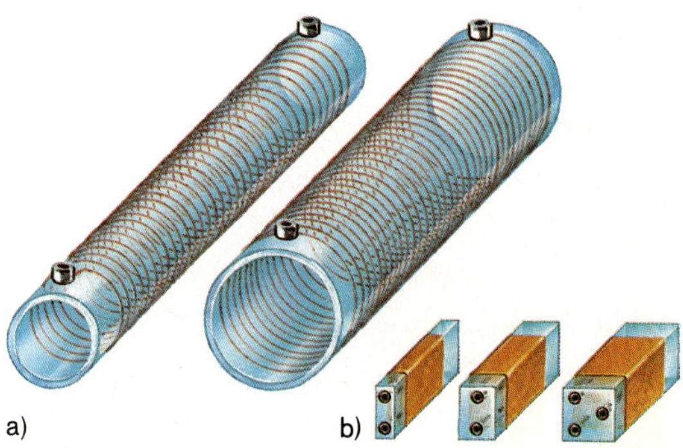

Abb. 6–54: Feldspulen *(a)* und Induktionsspulen *(b)* von unterschiedlicher Querschnittsfläche und jeweils gleicher Windungszahl.

$$U_i \sim n\,A_n\,\dot{B} = n\,A\cos\varphi \cdot \dot{B}$$
oder $U_i = k\,n\,A_n\,\dot{B}$.

Die Messungen lassen vermuten, daß die nunmehr dimensionslose Konstante k in dieser Gleichung gleich 1 ist. Theoretische Überlegungen werden zeigen (→ *6.3.2*), daß diese Vermutung richtig ist. Damit erhält man zusammenfassend:

Bei festbleibender Fläche A und konstanter Windungszahl n der Induktionsspule ist die Induktionsspannung U_i gleich dem Produkt aus der zeitlichen Änderung $\dot{B}$ der magnetischen Flußdichte in der Spule, der Windungszahl n und dem Flächeninhalt A_n der senkrecht zu den Feldlinien liegenden Projektion des Spulenquerschnitts:

$$U_i = n\,A_n\,\dot{B}\,.$$

Die Abhängigkeit der Induktionsspannung von der Querschnittsfläche A der Induktionsspule legt den Versuch nahe, bei konstanter magnetischer Flußdichte die wirkende Fläche zu verändern. Das Experiment ergibt, daß allein durch Drehen der Induktionsspule im unveränderten Magnetfeld eine Spannung induziert wird.
Um eine konstante zeitliche Flächenänderung zu erhalten, wird der Versuchsaufbau abgewandelt (*Abb. 6–55*):

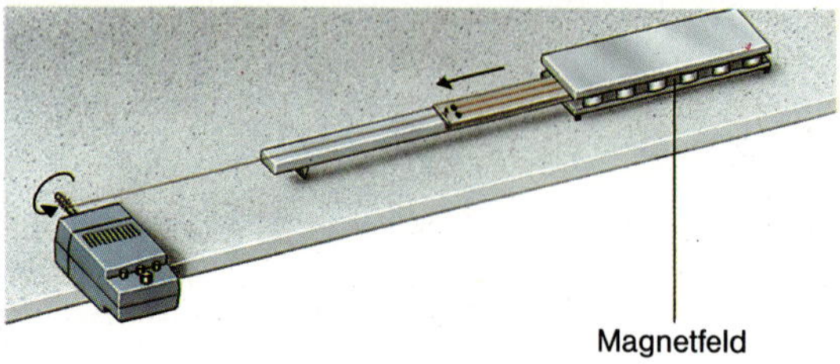

Abb. 6–55: Induktionsgerät. Eine auf einem Schlitten befindliche rechteckige Leiterschleife wird mit konstanter Geschwindigkeit aus einem homogenen Magnetfeld herausgezogen.

Versuch 6/14: Bei einer im Magnetfeld befindlichen rechteckigen Leiterschleife (Induktionsspule mit $n = 1$) wird durch Verschieben mit konstanter Geschwindigkeit die Fläche des Induktionskreises linear mit der Zeit verändert: $\Delta A_n/\Delta t = const.$ (*Abb. 6–56 a*). Man mißt die Induktionsspannung U_i in Abhängigkeit von der Geschwindigkeit v.

Beobachtung:
1. Bei konstanter zeitlicher Änderung der Fläche ist die Induktionsspannung konstant (*Abb. 6–56 a, b*).
2. Die Induktionsspannung U_i ist der zeitlichen Änderung $\Delta A_n/\Delta t$ der Fläche proportional (*Abb. 6–56c*):

$$U_i \sim \frac{\Delta A_n}{\Delta t} \text{ oder differentiell}$$
$$U_i \sim \frac{dA_n}{dt} = \dot{A}_n\,.$$

Als Proportionalitätsfaktor ergibt sich die magnetische Flußdichte B (→ auch *6.3.2*):

$$U_i = B\,\frac{dA_n}{dt} = B\,\dot{A}_n\,,$$

und für n Windungen erhält man

$$U_i = n\,B\,\frac{dA_n}{dt} = n\,B\,\dot{A}_n\,.$$

Ergebnis: Verändert man bei einer sich in einem Magnetfeld mit konstanter Flußdichte B befindlichen Spule konstanter Windungszahl n die Querschnittsfläche A_n, so ist die Induktionsspannung U_i gleich dem Produkt aus der Windungszahl, der magnetischen Flußdichte und der zeitlichen Änderung $\dot{A}_n$ der (wirkenden) Querschnittsfläche:

$$U_i = n\,B\,\dot{A}_n\,.$$

Für konstante Flußdichte B entsteht bei einer Flächenänderung $\dot{A}_n$ in n Windungen die Spannung $U_{i1} = n\,B\,\dot{A}_n$. Bei fester Fläche A_n entsteht durch die Änderung $\dot{B}$ der magnetischen Flußdichte die Spannung $U_{i2} = n\,A_n\dot{B}$. Ändern sich gleichzeitig die Fläche und die Feldstärke, so addieren sich die beiden Spannungen zur Gesamtspannung

$$U_i = U_{i1} + U_{i2} = n\,(\dot{A}_n\,B + A_n\,\dot{B})\,.$$

Mit der Regel für die Ableitung eines Produktes kann man diese Gleichung umformen zu

$$U_i = n\,\frac{d}{dt}\,(A_n\,B)\,.$$

Das Produkt aus der Fläche A_n und der sie senkrecht durchsetzenden Flußdichte B bezeichnet man als magnetischen Fluß Φ (*siehe auch 6.1.2*). Unter Verwendung dieser Größe ergibt sich für die Induktionsspannung

$$U_i = n\,\frac{d\Phi}{dt} = n\dot{\Phi} \text{ mit } \Phi = A_n\,B\,.$$

Über die Polung der induzierten Spannung können wir erst mit Hilfe der Lenzschen Regel (→ *6.3.3*) eine Aussage machen. Wir werden dazu die in *Abschnitt 5.1.1* (*Abb. 5–4*) eingeführte Orientierung der Spannung zugrundelegen und erkennen, daß die Vorzeichen von U_i und $\dot{\Phi}$ entgegengesetzt sind. Damit ergibt sich die endgültige Formulierung des Induktionsgesetzes:

Induktionsgesetz: Die Induktionsspannung U_i ist das Produkt aus der Windungszahl n und der zeitlichen Änderung des magnetischen Flusses Φ:

$$U_i = -\,n\,\frac{d\Phi}{dt} = -\,n\dot{\Phi}\,.$$

Aufgaben

6/43: In einem homogenen magnetischen Feld mit der Flußdichte 0,2 T befindet sich senkrecht zu den Feldlinien eine kreisförmige Leiterschleife mit dem Radius 4,5 cm und einem Widerstand von 0,32 Ω. Die magnetische Flußdichte nimmt linear in $3 \cdot 10^{-3}$ s auf Null ab. Welcher Strom fließt während dieses Vorgangs durch die Schleife?

6/44: In einem Magnetfeld der Flußdichte $B = 5{,}8 \cdot 10^{-1}$ T wird in der Zeit $\Delta t = 0{,}1$ s die Fläche einer kreisförmigen Leiterschleife ($d = 10{,}5$ cm) halbiert. Berechnen Sie die induzierte Spannung, wenn die Fläche A a) senkrecht zu $\vec{B}$ steht, b) mit $\vec{B}$ den Winkel $\varphi = 30°$ einschließt und c) parallel zu $\vec{B}$ liegt.

6/45: In einer Spule ($n = 2000$, $l = 3{,}1$ cm, $d = 4{,}8$ cm) wird die magnetische Flußdichte $B = 2{,}7 \cdot 10^{-2}$ T in 2 s gleichmäßig auf Null geregelt. Berechnen Sie die induzierte Spannung.

***6/46:** Eine kreisförmige Leiterschleife ($d = 6{,}5$ cm) liegt in einem homogenen Magnetfeld der Flußdichte $B = 3{,}3 \cdot 10^{-2}$ Vs/m^2. Berechnen Sie den magnetischen Fluß für die Fälle, daß der Winkel φ zwischen dem Flächenvektor $\vec{A}$ und der Flußdichte $\vec{B}$ a) $\varphi_1 = 90°$, b) $\varphi_2 = 60°$, c) $\varphi_3 = 45°$, d) $\varphi_4 = 0°$ und e) $\varphi_5 = 180°$ beträgt.

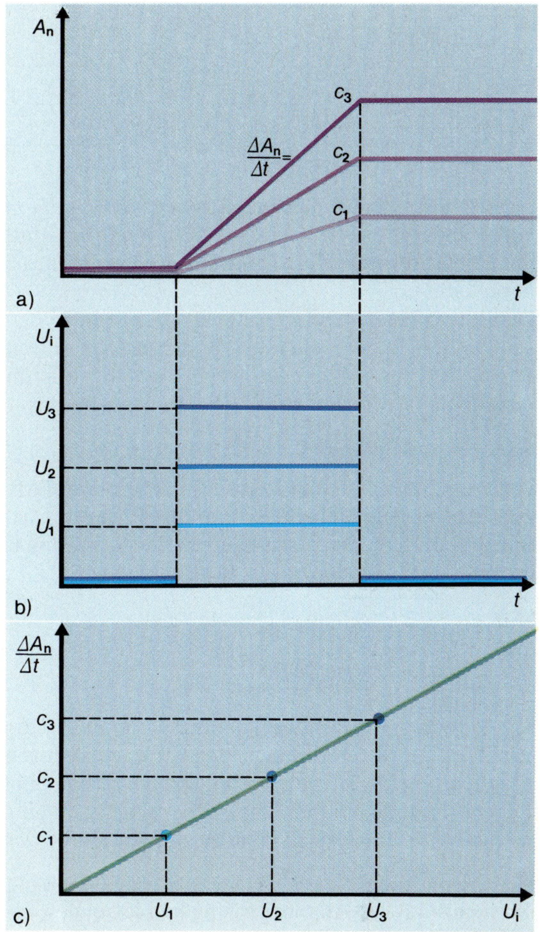

Abb. 6–56: a) Der Flächeninhalt A_n wächst linear mit der Zeit. b) Bei linearer Vergrößerung des Flächeninhaltes ist die Induktionsspannung konstant. c) Zusammenfassung der Messungen aus *(a)* und *(b)*: Die Induktionsspannung U_i ist dem Quotienten $\Delta A_n/\Delta t$ proportional.

6.3.2 Induktion und Lorentzkraft

Beim Generator macht man sich die Induktion zunutze, um kinetische Energie in elektrische umzuwandeln: Durch Rotation einer Spule im Magnetfeld ändert sich der sie durchsetzende magnetische Fluß. Im MHD-Generator (→ *6.1.5*) wird ebenfalls kinetische Energie in elektrische verwandelt. Sein Prinzip beruht jedoch auf der Lorentzkraft.
Zwischen diesen beiden Arten der Spannungserzeugung lassen sich durchaus Zusammenhänge aufzeigen:
Bei der Erzeugung der Induktionsspannung im Generator wird ein Leiter im Magnetfeld bewegt. Damit bewegen sich auch die im Draht befindlichen Leitungselektronen im Magnetfeld. Das ist jedoch die Voraussetzung für das Auftreten der Lorentzkraft.
Um diesen Gedanken weiter zu verfolgen, betrachtet man eine ähnliche Anordnung, wie sie in Versuch 6/14 verwendet wurde (*Abb. 6–57*). Auf die mit der Geschwindigkeit v bewegten Leitungselektronen wirkt die Lorentzkraft

$$F_L = e\, v\, B\,.$$

Diese bewirkt eine Verschiebung der Elektronen und damit die Erzeugung einer elektrischen Spannung U_i zwischen den beiden Enden des bewegten Stabes. Das dadurch erzeugte elektrische Feld mit der Feldstärke $E = U_i/d$ wirkt mit der Kraft

$$F_{el} = e\, E = e\, U_i/d\,,$$

der Lorentzkraft entgegengerichtet, auf die Leitungselektronen. In sehr kurzer Zeit stellt sich ein Gleichgewicht zwischen den Kräften ein; es gilt:

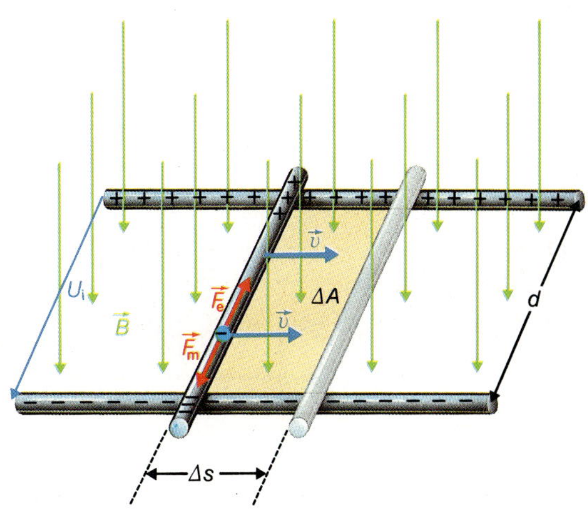

Abb. 6–57: Die Induktionsspannung ist eine Folge der durch die Lorentzkraft bewirkten Ladungsverschiebung.

$$-F_{el} = F_L\,,$$
$$e\,U_i/d = e\,v\,B\,,$$
$$U_i = v\,d\,B\,.$$

Wegen $v = \Delta s/\Delta t$ und $\Delta s\ d = \Delta A$ folgt daraus

$U_i = \frac{\Delta A}{\Delta t}\,B$ und differentiell $U_i = \frac{dA}{dt}\,B = \dot{A}\,B\,.$

Das ist aber genau das Induktionsgesetz für $B = const.$ und $n = 1$. Es wurde also für diesen Spezialfall das Induktionsgesetz als Folge aus der Lorentzkraft hergeleitet.

Denkt man sich eine Änderung $\dot{B}$ der magnetischen Flußdichte in der **ruhenden** Leiterschleife durch Bewegung eines Magneten hervorgerufen, so kann man bei der Entstehung der Induktionsspannung

$$U_i = A\,\frac{dB}{dt} = A\,\dot{B}$$

von einer Bewegung der Leitungselektronen **relativ** zum Magnetfeld sprechen und damit für diesen Spezialfall auch den zweiten Term des Induktionsgesetzes mit Hilfe der Lorentzkraft verstehen.

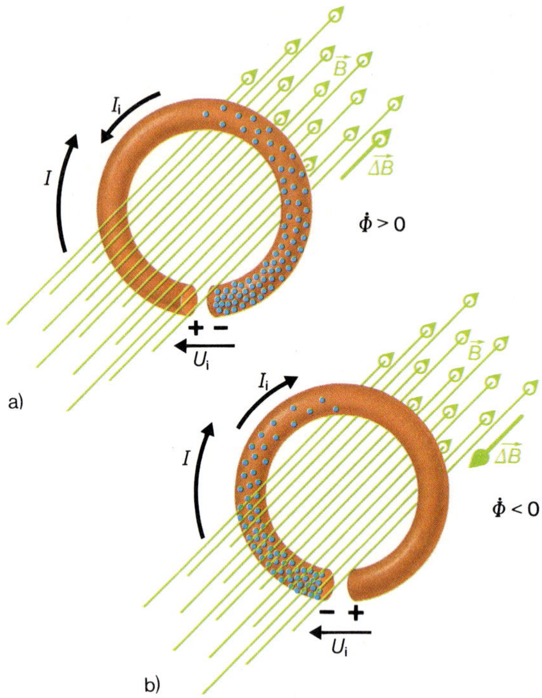

Abb. 6–59: Ändert sich in einer Leiterschleife der magnetische Fluß Φ, so ist die induzierte Spannung U_i a) negativ, wenn $\dot{\Phi}$ positiv ist, und b) positiv, wenn $\dot{\Phi}$ negativ ist.

6.3.3 Die Lenzsche Regel

Die Polung der Induktionsspannung und damit die Richtung des durch sie bewirkten Stromes ist durch die Richtung der Lorentzkraft gegeben. Es soll eine Regel hergeleitet werden, die es ermöglicht, auf einfache Weise eine Aussage über die Richtung des Induktionsstroms zu machen.

Versuch 6/15: Ein Aluminiumring hängt frei beweglich vor einer Spule mit Eisenkern. Seine Achse hat die Richtung der Spulenachse (*Abb. 6–58*). Der Strom in der felderregenden Spule wird ein- und ausgeschaltet.

Beobachtung: Beim Einschalten wird der Ring stets (unabhängig von der Polung der Spule) von der Spule fortbewegt, beim Ausschalten zur Spule hingezogen.

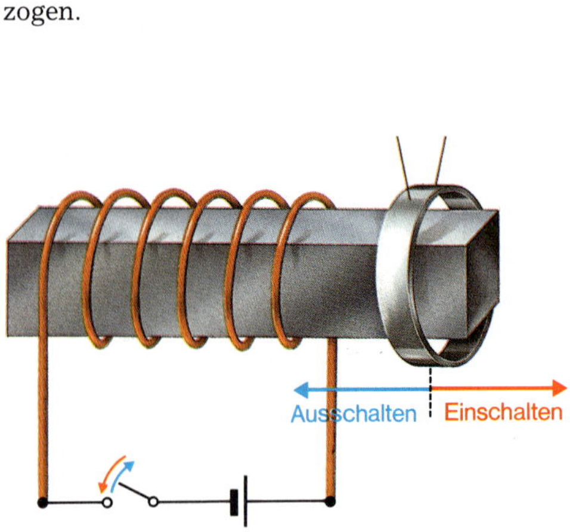

Abb. 6–58: Der Aluminiumring wird beim Einschalten des Feldes abgestoßen, beim Ausschalten angezogen.

Diese Beobachtung kann nur gedeutet werden, wenn für Ein- und Ausschaltvorgang beim Ring magnetische Eigenschaften angenommen werden. Diese können aber nur durch im Ring fließende Ströme erregt werden.

Aus der Beobachtung der Bewegung des Ringes kann man also schließen, daß auch im **geschlossenen** Ring bei der Änderung des magnetischen Flusses Ladungen bewegt werden. Der Ring bekommt durch den fließenden Strom Eigenschaften eines Magneten. Dieser zeigt beim Einschalten zur Spule hin stets den gleichen Pol, den der Spulenmagnet zum Ring hin aufbaut. Dadurch wird der Ring abgestoßen. Beim Ausschalten ist er ebenso gepolt wie der Spulenmagnet, denn er wird angezogen.

Betrachtet man das aus beiden Magneten resultierende Feld, so kann man die Beobachtung auch folgendermaßen beschreiben:

Wird der Spulenmagnet eingeschaltet (verstärkt), so wird sein Feld durch den Induktionsstrom geschwächt; d. h. das Anwachsen des Magnetfeldes der Spule wird verzögert. Wird der Spulenmagnet ausgeschaltet (geschwächt), so wird sein Feld durch den Induktionsstrom verstärkt; d. h. das Magnetfeld der Spule wird mit Verzögerung abgebaut.

Diesen Zusammenhang zwischen Ursache der Induktion und Induktionsstrom hat H. LENZ in einer nach ihm benannten Regel ausgesprochen.

Lenzsche Regel: Der Induktionsstrom ist stets so gerichtet, daß er der Ursache seiner Entstehung entgegenwirkt.

Mit Hilfe der Lenzschen Regel kann die Richtung des Induktionsstroms auf einfache Weise bestimmt werden. Die Lenzsche Regel hat gegenüber formalen Bestimmungen der Richtung den Vorzug, daß in ihr durch das Energieerhaltungsprinzip eine tiefere Begründung für die Richtung des Induktionsstromes gegeben wird.

Das Minuszeichen im Induktionsgesetz (→ *6.3.1*) wird nun verständlich:
Beim Einschaltvorgang nimmt der magnetische Fluß Φ zu, $\dot{\Phi}$ ist also positiv. Der Induktionsstrom I_i ist nach der Lenzschen Regel dem Spulenstrom I entgegengerichtet (*Abb. 6–59 a*). Stellt man sich vor, daß der Aluminiumring in *Versuch 6/15* nicht geschlossen ist, so bewirkt der Induktionsvorgang eine Ansammlung der Elektronen in der in der *Abbildung 6–59 a* dargestellten Weise. Die offenen Enden des Ringes wirken als Pole einer Spannungsquelle mit der Spannung U_i. Die Induktionsspannung U_i ist nach der in → *5.1.1* getroffenen Festlegung dem Einschaltstrom entgegengerichtet, also negativ.
Beim Ausschaltvorgang nimmt der magnetische Fluß Φ ab; $\dot{\Phi}$ ist also negativ. Der Induktionsstrom ist dem Spulenstrom gleichgerichtet. Die Polung von U_i kehrt sich um; U_i ist daher positiv (*Abb. 6–59 b*).

Aufgaben

6/47: Ein horizontal gerichtetes homogenes Magnetfeld zeigt nach Norden. Senkrecht zu seinen Feldlinien befindet sich in waagerechter Lage ein Metallstab. Welches Ende des Stabes wird negativ aufgeladen, wenn man ihn frei fallen läßt?

***6/48:** Die 6,0 m langen Rotorblätter eines Hubschraubers drehen sich horizontal mit 9 Umdrehungen je Sekunde an einem Ort, in dem die senkrecht nach unten gerichtete Komponente der Flußdichte des magnetischen Erdfeldes $5{,}8 \cdot 10^{-5}$ T beträgt. Wie groß ist die zwischen Drehachse und Flügelspitzen induzierte Spannung?

6/49: Ein Stabmagnet wird in eine Spule hineingeführt. Bestimmen Sie (für alle Möglichkeiten) die Richtung des Induktionsstromes a) nach der Lenzschen Regel und b) mit Hilfe der Lorentzkraft.

6/50: Eine Spule wird in axialer Richtung auf eine stromdurchflossene Spule gleicher Bauart zubewegt. Fließt der in ihr induzierte Strom in gleicher oder in entgegengesetzter Richtung wie der Strom in der zweiten Spule?
In welcher Richtung fließt der Induktionsstrom, wenn die stromdurchflossene Spule von der ersten entfernt wird?

***6/51:** An einem Pendel schwingt eine senkrecht zu den Feldlinien gerichtete Aluminiumscheibe durch ein begrenztes Magnetfeld hindurch. Beschreiben Sie den Vorgang a) mit Hilfe der Lenzschen Regel und b) mit der Lorentzkraft. (In der Scheibe treten sogenannte Wirbelströme auf.)

***6/52:** Wenn ein Leiterstück durch ein Magnetfeld bewegt wird (→ *Abb. 6–55*), muß man zum Erhalten seiner gleichförmigen Bewegung dauernd eine äußere Kraft ausüben. Zeigen Sie, daß der Satz von der Erhaltung der Energie erfüllt ist.

***6/53:** Durch eine waagerechte Leiterschleife fällt ein Stabmagnet. Beschreiben Sie qualitativ den Verlauf der induzierten Spannung! Wie wirkt der Induktionsstrom auf die Bewegung des Stabmagneten?

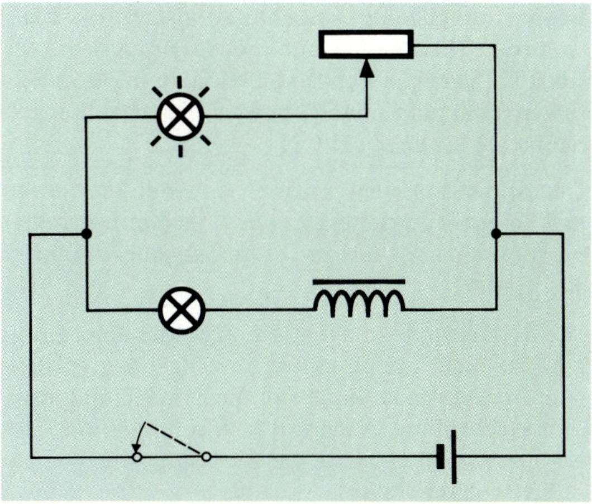

Abb. 6–60: Die Glühlampe im Spulenzweig leuchtet beim Einschalten später auf.

6.3.4 Selbstinduktion

Versuch 6/16: An eine Spannungsquelle werden parallel zwei Glühlampen geschaltet. In den Zweig der einen wird eine Spule mit Eisenkern, in den der anderen ein Widerstand geschaltet (*Abb. 6–60*). Diesen regelt man so ein, daß beide Lampen gleich hell brennen. Man vergleicht die beiden Lampen beim Ein- und Ausschalten.

Beobachtung: Beim Einschalten leuchtet die Glühlampe im Widerstandszweig sofort, die im Spulenzweig dagegen merklich später auf. Man erkennt, daß der Strom des Spulenzweiges nicht sofort seine volle Höhe erreicht.

Versuch 6/17: Man schaltet eine Glimmlampe parallel zu einer Spule mit Eisenkern an eine Spannungsquelle (U = 20 V). Sie glimmt nicht, da ihre Zündspannung (U_z = 150 V) viel höher als die angelegte Spannung ist. Dann schaltet man aus (*Abb. 6–61*).

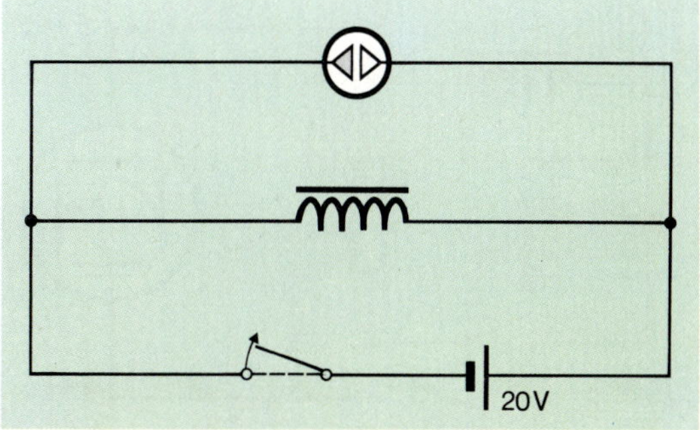

Abb. 6–61: Die Glimmlampe weist nach, daß nach dem Ausschalten eine hohe Spannung auftritt.

Beobachtung: Beim Ausschalten glimmt die Elektrode der Glimmlampe auf, die vorher an dem positiven Pol der Spannungsquelle lag. Beim Ausschalten entsteht also eine Spannung, die erheblich größer ist als die angelegte.

Die beiden Versuche müssen so gedeutet werden, daß bei einer Änderung des in einer Spule erregten magnetischen Feldes in ihr selbst eine Induktion stattfindet.

Die Änderung des magnetischen Feldes einer Spule bewirkt nicht nur in einem davor gehängten Ring oder in einer davor aufgestellten Spule eine Induktionserscheinung. Auch in den Windungen der felderregenden Spule wird die Änderung des von ihr selbst erregten Feldes wirksam.

Die Induktionswirkung eines sich ändernden Magnetfeldes im eigenen Leiterkreis bezeichnet man als **Selbstinduktion.**
Die Lenzsche Regel beschreibt auch für diesen Sonderfall die Wirkung der Spule. Die Selbstinduktion hindert beim Einschalten das Anwachsen der erregenden Stromstärke und beim Ausschalten ihr Zurückgehen auf Null.
Die Wirkung der Selbstinduktion ist vergleichbar mit der einer trägen Masse, die einen Widerstand gegenüber Bewegungsänderungen darstellt. Die Selbstinduktion ist gleichbedeutend mit einem „Widerstand", den der Leiterkreis und in besonderem Maße eine Spule den Änderungen der Stromstärke entgegensetzt.
Den zeitlichen Verlauf der Stromstärke beim Ein- und Ausschaltvorgang kann man mit einem Kathodenstrahloszillographen sichtbar machen:

Versuch 6/18: In einer Reihenschaltung einer Spule mit einem Widerstand ist der Spannungsabfall am Widerstand proportional zur Stromstärke. Man legt den Widerstand an die Vertikalplatten eines Oszillographen und schaltet (in der Ablenkfrequenz) periodisch ein und aus (*Abb. 6–62*).

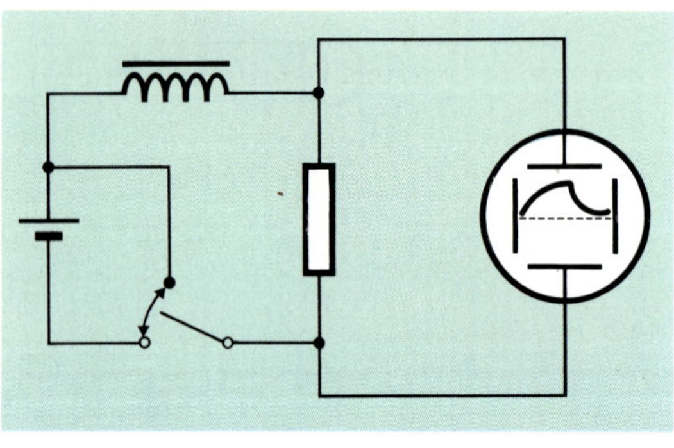

Abb. 6–62: Versuchsanordnung zur Demonstration des Stromverlaufs in einer Spule beim Ein- und Ausschalten.

Beobachtung: Das Schirmbild zeigt den langsamen Anstieg der Stromstärke beim Einschalten. Beim Ausschalten fließt der Strom noch weiter und geht allmählich auf Null zurück.

Um den Stromverlauf mathematisch beschreiben zu können, geht man vom allgemeinen Induktionsgesetz $U_i = -n\,\dot{\Phi}$ aus. Mit ihm muß man auch den Sonderfall der Selbstinduktion erfassen können. Bei der Selbstinduktion in einer Spule ist die Querschnittsfläche A konstant. Sie wird von den $\vec{B}$-Linien senkrecht durchsetzt. Es gilt

$$U_i = -n\,(A\,\dot{B})\,.$$

Die magnetische Flußdichte B ist stets proportional der Stromstärke I. Damit ergibt sich das

Gesetz der Selbstinduktion: Die im felderregenden Leiter induzierte Spannung U_i ist proportional der zeitlichen Änderung seiner Stromstärke I:

$$U_i \sim \frac{dI}{dt} = \dot{I} \quad \text{oder} \quad U_i = -L\,\dot{I}\,.$$

Den Proportionalitätsfaktor $L = -U_i/\dot{I}$ bezeichnet man als **Selbstinduktionskoeffizienten** oder als **Induktivität** des Leiters. Die SI-Einheit der Induktivität ist

$$[L] = 1\ \text{Vs/A} = 1\ \text{H (Henry}^{1)}).$$

Die Induktivität beschreibt eine elektrische Eigenschaft des Leiters (wie die träge Masse eine mechanische Eigenschaft eines Körpers angibt). Für besonders geformte Leiter kann die Induktivität aus den geometrischen Abmessungen bestimmt werden. Für eine lange Spule kann man die magnetische Flußdichte $B = \mu_r \mu_0\, n I/l$ angeben und in $U_i = -n\,(A\,\dot{B})$ einsetzen. Dann ist $U_i = -\mu_r \mu_0 \dfrac{n^2 A}{l}\dot{I}$, und aus dem Vergleich mit $U_i = -L\dot{I}$ kann man die Induktivität ablesen:

Die Induktivität einer langen Spule der Länge l, der Querschnittsfläche A und der Windungszahl n ist

$$L_{Sp} = \mu_r\,\mu_0\,n^2\,A/l\,.$$

Mit dem Gesetz der Selbstinduktion $U_i = -L\,\dot{I}$ kann man den zeitlichen Verlauf der induzierten Spannung angeben, wenn man den Verlauf der Stromstärke kennt. $\dot{I}$ gibt die Steigung der Stromstärke-Zeit-Kurve an, und U_i ist dazu proportional (*Abb. 6–63*).
Besonders groß ist die Spannung beim Ausschalten (Öffnungsfunken), wie auch schon beim Glimmlampenversuch beobachtet wurde.

Die in *Versuch 6/18* auf dem Oszillographenschirm dargestellte Zeit-Strom-Funktion erhält man theoretisch durch Lösen einer Differentialgleichung:

[1]) nach dem amerikanischen Physiker J. HENRY

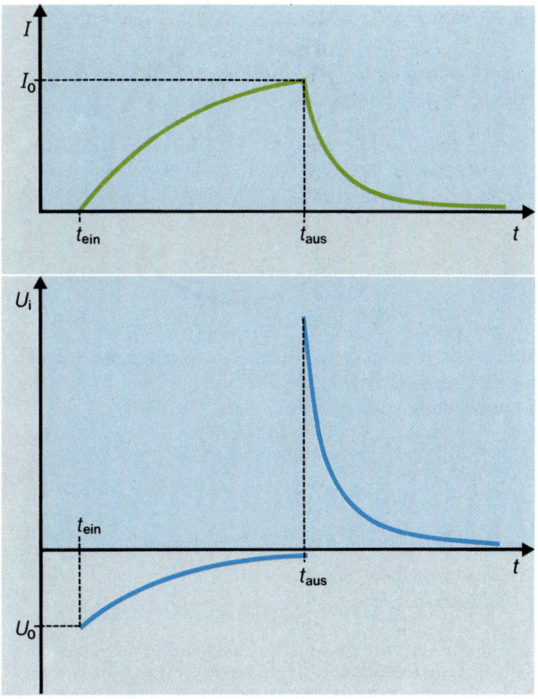

Abb. 6–63: Zeitlicher Verlauf der Stromstärke I und der Spannung U_i beim Ein- und Ausschalten eines Kreises mit Selbstinduktion.

Ist der Ohmsche Widerstand der Spule R und ihre Induktivität L, so gilt bei angelegter Spannung U_0

$$U_0 = U_R + U_s \qquad \text{mit } U_R = R\,I\,(t)$$

$$\text{und } U_s = -\,U_i \text{ sowie } U_i = -\,L\,\dot{I}\,(t)\,,$$

$$\text{also } U_0 = R\,I\,(t) + L\,\dot{I}\,(t)$$

$$\text{oder } \dot{I}\,(t) + \frac{R}{L}\,I\,(t) = \frac{U_0}{L}\,.$$

Diese Differentialgleichung gleicht formal der Gleichung, die den Auf- und Entladevorgang eines Kondensators beschreibt (→ *5.3.9*). Ersetzt man dort $Q\,(t)$ durch $I(t)$, $1/RC$ durch R/L und R durch L, so ergeben sich bei Berücksichtigung der Anfangsbedingungen ganz analog die Lösungen:

Ausschaltvorgang mit $I\,(0) = I_0$

$$I\,(t) = I_0\,e^{-\frac{R}{L}t}$$

Einschaltvorgang mit $I\,(0) = 0$:

$$I\,(t) = \frac{U_0}{R}\left(1 - e^{-\frac{R}{L}t}\right).$$

Aufgaben

6/54: In einer luftgefüllten Spule ($l = 70$ cm, $n = 500$, $d = 12$ cm) wird die Stromstärke in der Zeit $\Delta t = 2$ s von $I_1 = 1$ A auf $I_2 = 8$ A gesteigert. Berechnen Sie die Induktivität der Spule und die Selbstinduktionsspannung.

6/55: In einer Spule ($n = 700$, $l = 30$ cm, $d = 4$ cm, $\mu_r \approx 200$) beträgt die Stromstärke $I = 5$ A. Berechnen Sie die Induktivität und die beim Ausschalten ($\Delta t \approx 0{,}02$ s) induzierte Spannung.

6/56: Eine Spule (Querschnittsfläche $A = 20$ cm^2, $n = 600$, $l = 40$ cm) hat mit Eisenkern bei $I = 6$ A eine Induktivität $L = 2$ H. Wie groß ist die Permeabilitätszahl des Eisenkerns unter diesen Bedingungen?

6/57: Ein starker mit Gleichstrom betriebener Elektromagnet wird abgeschaltet. Was könnte passieren?

6.3.5 Energie des magnetischen Feldes

Nach dem Ausschalten der Spannungsquelle fließt der Strom im Spulenkreis durch die Selbstinduktion noch weiter, bis er auf Null absinkt. Da auch eine Induktionsspannung U_i vorhanden ist, ist das Weiterfließen mit einer elektrischen Leistung $U\,I$ und dem Verrichten einer Arbeit verbunden. Aus der Spannungsquelle kann diese Arbeit nicht geliefert werden, da sie abgeschaltet ist. Wegen der Gültigkeit des Prinzips von der Energieerhaltung muß die elektrische Energie aus einer anderen Energieform umgewandelt worden sein. Man muß annehmen, daß die nach dem Ausschalten verrichtete Arbeit aus dem Magnetfeld stammt, das in diesem Moment zusammenzubrechen beginnt.

Die vorher in dem magnetischen Feld gespeicherte Energie kann berechnet werden, indem man die elektrische Arbeit bestimmt, die nach dem Ausschalten noch verrichtet wird. Aus den Kurven der Stromstärke und der Spannung (*Abb. 6–63*) erkennt man, daß die Leistung $U\,I = P_{el}$ nach dem Ausschalten positiv ist und damit auch die verrichtete Arbeit. Der Kreis gibt Energie ab. Nach dem Einschalten ist die Leistung und die dabei verrichtete Arbeit negativ. Der Kreis nimmt Energie für den Aufbau des magnetischen Feldes auf.

Die elektrische Arbeit kann mit $W_{el} = U\,I\,t$ berechnet werden, wenn U und I konstant sind. Nach dem Ausschalten nehmen jedoch U und I stetig ab. Daher muß man integrieren:

$$W_{el} = \int_{t_{aus}}^{t_2} U\,I\,\mathrm{d}t\,.$$

Die untere Grenze t_{aus} des Integrals ist der Zeitpunkt des Ausschaltens, die obere Grenze t_2 der Zeitpunkt, für den I praktisch auf Null zurückgegangen ist. Setzt man nach dem Gesetz der Selbstinduktion $U_i = -\,L\,\dot{I} = -\,L\,\mathrm{d}I/\mathrm{d}t$ ein, so erhält man

$$W_{el} = -\,L\int_{t_{aus}}^{t_2} I\,\frac{\mathrm{d}I}{\mathrm{d}t}\,\mathrm{d}t = -\,L\int_{I_0}^{0} I\,\mathrm{d}I\,.$$

Die Grenzen der neuen Variablen sind $I_{aus} = I_0$ und $I_2 = 0$. Nach Ausführen der Integration und Einsetzen der Grenzen erhält man

$$W_{el} = \frac{1}{2}\,L\,I_0^2\,.$$

Diese Arbeit wird nach dem Ausschalten verrichtet. Nimmt man an, daß die gesamte Energie des magnetischen Feldes in diese Form übergeht, so stellt der Ausdruck die Größe der magnetischen Energie dar.

Die Energie des Magnetfeldes eines von der Stromstärke I durchflossenen Leiters der Induktivität L ist

$$E_m = \frac{1}{2} L I^2 .$$

Der Ausdruck für die magnetische Energie stimmt mit denen anderer Energieformen in der mathematischen Formulierung überein. Es fällt insbesondere auf, daß in der kinetischen Energie $E_{kin} = \frac{1}{2} m v^2$ die zu L und I analogen mechanischen Größen m und v auftreten.
Für eine stromdurchflossene lange Spule kann man die magnetische Energie durch die geometrischen Abmessungen und die Größen des Feldes ausdrücken, wenn man

$$L = \mu_r \mu_0 \frac{n^2 A}{l} \text{ und } I = \frac{l}{n} \frac{1}{\mu_r \mu_0} B \text{ einsetzt:}$$

$$E_m = \frac{1}{2} L I^2 = \frac{1}{2} A l \frac{1}{\mu_r \mu_0} B^2 .$$

Darin ist $A\, l = V$ das Volumen innerhalb der Spule (und damit angenähert auch das Volumen, in dem die magnetische Energie gespeichert ist). Dividiert man durch das Volumen V des Feldes, so erhält man die Energiedichte $\varrho_m = E_m / V$ des magnetischen Feldes:

Die Energiedichte des magnetischen Feldes in einem beliebigen Feldpunkt der magnetischen Flußdichte $\vec{B}$ ist

$$\varrho_m = \frac{1}{2} \frac{1}{\mu_r \mu_0} B^2 .$$

Die Verallgemeinerung vom Spulenfeld auf allgemeine Felder ist möglich, da ein Teilfeld in der Umgebung eines Punktes als nahezu homogen und von einer Spule erregt aufgefaßt werden kann.

Aufgaben

***6/58:** Eine Spule ($n = 230$, $l = 20$ cm, $A = 15$ cm^2) wird von einem Strom der Stärke $I = 5$ A durchflossen. Berechnen Sie die magnetische Energie, wenn a) Luft und b) ein Eisenkern mit $\mu_r = 200$ in der Spule ist.
***6/59:** Beschreiben Sie ein homogenes elektrisches Feld, das jeweils die gleiche Energie wie das in *Aufgabe 6/58* gegebene magnetische Feld speichert.
***6/60:** Was kann man über die Energiedichte an den Enden einer langen Spule gegenüber der im Inneren sagen, wenn die Flußdichte B dort auf die Hälfte des Innenwertes zurückgegangen ist?
***6/61:** Man kann in Luft elektrische Felder mit Feldstärken bis zu 10^7 V/m und magnetische Felder mit magnetischen Flußdichten bis zu 3 T erzeugen. Berechnen Sie die Energiedichte dieser Felder.
***6/62:** Der Heizwert von 1 kg Steinkohle beträgt 29 230 kJ. Berechnen Sie die Energiedichte von Steinkohle.
***6/63:** Eine 12 V-Autobatterie speichert eine Ladung von 88 Ah. Die Zellen haben ein Volumen von 7,8 dm^3. Berechnen Sie die Energiedichte.

6.3.6 Die Kopplung von elektrischem und magnetischem Feld

Elektrische und magnetische Felder können sich ohne gegenseitige Beeinflussung überlagern. In einem Punkt P können eine elektrische Feldstärke und eine magnetische Flußdichte nebeneinander und gleichzeitig bestehen. Auf

Abb. 6–64: Durch die zeitliche Veränderung des magnetischen Flusses entsteht eine Spannung an den Enden einer Leiterschleife.

eine dort hineingebrachte Probeladung Q_0 wirken zwei Kräfte, die sich zur Gesamtkraft

$$\vec{F}_g = Q_0\,(\vec{E} + \vec{v} \times \vec{B}) \text{ (Gesamt-Lorentzkraft)}$$

addieren. Ruht die Probeladung gegenüber den Feldern, so tritt nur die erste Teilkraft in Erscheinung.
Die enge Verbindung des elektrischen und des magnetischen Feldes und ihre gegenseitige Beeinflussung zeigt sich, wenn man eine Änderung der Felder mit der Zeit betrachtet.
Nach dem Induktionsgesetz wird in einem zeitlich veränderlichen Magnetfeld eine Spannung an den Enden einer darin befindlichen Leiterschleife induziert (*Abb. 6–64*):

$$U_i = -\frac{d\Phi}{dt},$$

die mit einem Voltmeter nachweisbar ist. Für diese Spannung ist die zeitliche Veränderung des magnetischen Flusses $\Phi = \vec{B} \cdot \vec{A}$ durch die Leiterschleife verantwortlich.
Wird die Leiterschleife kurzgeschlossen, so fließt in ihr ein elektrischer Strom; d. h. Elektronen bewegen sich in einem elektrischen Feld.
Die elektrische Feldstärke E dieses Feldes ist durch die Spannung U_i und die Länge l des kreisförmigen Leiters gegeben:

$$E = U_i / l .$$

Damit läßt sich das Induktionsgesetz in anderer Form schreiben:

$$E\, l = -\frac{d\Phi}{dt} .$$

Diese Formulierung legt nahe, daß auch ohne das Vorhandensein einer Leiterschleife (die ja lediglich dem experimentellen Nachweis der Induktionsspannung und des Induktionsstroms diente) ein ringförmiges elektrisches Feld induziert wird. Denkt man sich statt der Leiterschleife eine geschlossene mathematische Hilfslinie als Integrationsweg, so gilt dann

$$\oint_{\text{über eine geschlossene Schleife}} \vec{E} \cdot d\vec{s} = -\frac{d\Phi}{dt},$$

wobei Φ der magnetische Fluß durch die Schleife ist.
In → *5.3.7* haben wir gesehen, daß im elektrostatischen Feld dagegen $\int_{P_1}^{P_1} \vec{E} \cdot d\vec{s}$ gleich Null ist.

Ein elektrisches Feld mit geschlossenen Feldlinien tritt immer dann auf, wenn ein zeitlich veränderliches Magnetfeld vorhanden ist.

Ein derartiges elektrisches Feld läßt sich experimentell demonstrieren:

Versuch 6/19: Eine elektrodenlose, unter einem Druck von 400 Pa mit Neon gefüllte Glaskugel ist von einer Ringspule umschlossen. Man legt hochfrequente Wechselspannung an die Spule und erzeugt so ein torusförmiges, sich schnell änderndes magnetisches Wechselfeld. Das magnetische Wechselfeld umgibt sich mit einem elektrischen Wechselfeld. Im Innern der Glaskugel entsteht dadurch entlang der geschlossenen elektrischen Feldlinien ein leuchtender Ring von angeregten Neon-Ionen (*Abb. 6–65*).

Es liegt nun nahe, die umgekehrte Frage zu stellen: Erzeugt ein zeitlich veränderliches elektrisches Feld auch ein magnetisches Feld?
Man betrachtet ein elektrisches Feld, das zwischen den Platten eines Kondensators aufgebaut wird (*Abb. 6–66*): Wird der Schalter geschlossen, so fließt ein Strom I bis der Kondensator geladen ist. Der Strom I ist von einem Magnetfeld $\vec{B}$ begleitet, das den Leiter kreisförmig umgibt. Zwischen den Kondensatorplatten wird keine Ladung transportiert; daher müßte dort nach den bisherigen Vorstellungen kein Magnetfeld vorhanden sein.
Im Kondensator wird jedoch ein elektrisches Feld E mit dem elektrischen Fluß $\Psi = \varepsilon_0 \vec{E} \cdot \vec{A}$ ($\vec{A}$ Flächenvektor einer Kondensatorplatte) aufgebaut. Nach dem Gaußschen Satz (→ *5.3.5*) ist der elektrische Fluß gleich der sich auf einer Kondensatorplatte befindlichen Ladung Q:

$$\Psi = Q .$$

Abb. 6–65: Eine gasgefüllte Glaskugel ist von einer Ringspule umgeben. Ein leuchtender Ring von angeregten Neonionen demonstriert geschlossene elektrische Feldlinien.

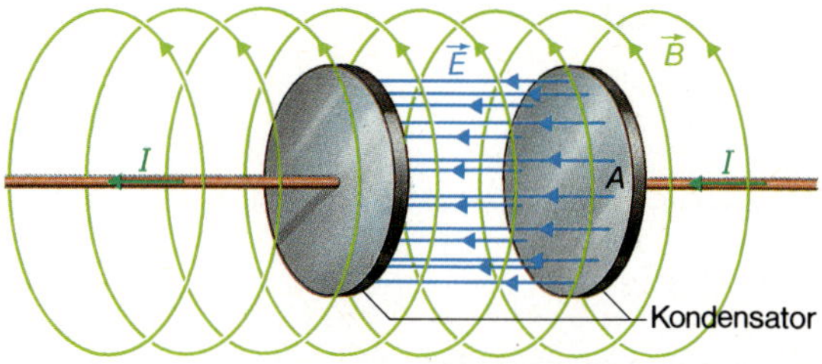

Abb. 6–66: Durch den bei der Aufladung eines Kondensators fließenden Strom wird ein magnetisches Feld in der Umgebung des Leiters erregt. Auch das sich ändernde elektrische Feld im Kondensator ist von einem magnetischen Feld umgeben.

Im Zeitintervall Δt fließt die Ladung $\Delta Q = I\,\Delta t$ auf die Kondensatorplatte und bewirkt eine Zunahme des elektrischen Flusses um

$$\Delta\Psi = \Delta Q = I\Delta t .$$

Schreibt man die Gleichung um: $\Delta\Psi/\Delta t = I$, so kann man sie folgendermaßen interpretieren:
Dem Ladungsstrom I im Leiter entspricht ein „Verschiebungsstrom" $\Delta\Psi/\Delta t$ zwischen den Kondensatorplatten. Es ist experimentell nachweisbar, daß dieser Verschiebungsstrom ebenfalls von einem ringförmigen Magnetfeld umgeben ist. Der Durchflutungssatz (→ *6.2.1*) ist also zu erweitern:

$$\oint_{\substack{\text{über eine}\\\text{geschlossene}\\\text{Schleife}}} \vec{B} \cdot d\vec{s} = \mu_0 \left(I + \frac{d\Psi}{dt}\right),$$

wobei Ψ der elektrische Fluß durch die Schleife ist.
Die oben gestellte Frage führt also für das zeitlich veränderliche elektrische Feld zu einer analogen Aussage: Ein zeitlich veränderliches elektrisches Feld ist von einem Magnetfeld begleitet.
Zeitlich veränderliche elektrische und magnetische Felder treten also immer gemeinsam auf; sie bedingen sich gegenseitig.

Zusammenfassung:

In den vorstehenden Abschnitten wurden vier grundlegende Gleichungen über elektromagnetische Felder hergeleitet:

Durchflutungssatz

$$\oint_{\substack{\text{über eine}\\\text{geschlossene}\\\text{Schleife}}} \vec{B} \cdot d\vec{s} = \mu_0 \left(I + \frac{d\Psi}{dt}\right) \qquad (\rightarrow 6.2.1. \text{ und } 6.3.6.)$$

Elektrische Ströme und zeitlich veränderliche elektrische Felder sind von magnetischen Feldern umschlossen.

Induktionsgesetz

$$\oint_{\substack{\text{über eine}\\\text{geschlossene}\\\text{Schleife}}} \vec{E} \cdot d\vec{s} = -\frac{d\Phi}{dt} \qquad (\rightarrow 6.3.1 \text{ und } 6.3.6)$$

Zeitlich veränderliche magnetische Felder sind von elektrischen Feldern umschlossen.

Gaußscher Satz

$$\varepsilon_0 \oint_{\substack{\text{über eine}\\ \text{geschlossene}\\ \text{Oberfläche}}} \vec{E} \cdot \mathrm{d}\vec{A} = Q \qquad (\to 5.3.5)$$

Elektrische Ladungen sind Quellen eines elektrischen Flusses.

Satz vom magnetischen Fluß

$$\oint_{\substack{\text{über eine}\\ \text{geschlossene}\\ \text{Oberfläche}}} \vec{B} \cdot \mathrm{d}\vec{A} = 0 \qquad (\to 6.1.2)$$

Magnetische Felder haben keine Quellen; es gibt keine „Magnetladungen".

Diese vier Gleichungen hat J. C. MAXWELL (1831–1879) zur Grundlage seiner Theorie des Elektromagnetismus gemacht. Diese Theorie ist eines der schönsten Beispiele dafür, wie es gelingt, die vielfältigen Erscheinungen eines großen Gebietes in ganz wenigen Gleichungen zu vereinigen.

Aus diesen Gleichungen kann man die qualitativen Beziehungen bei den Einzelerscheinungen deduktiv herleiten. So geht die theoretische Physik vor. Sie stellt die vier Grundgleichungen wie Axiome an den Beginn der Untersuchungen und folgert aus ihnen alle Einzelerscheinungen. Bei dieser Arbeitsweise kann es geschehen, daß eine Erscheinung gefolgert wird, die bisher noch nicht beobachtet worden ist. Ein Beispiel dafür gab MAXWELL selbst. Aus seinen Gleichungen hat er die Existenz elektromagnetischer Wellen vorausgesagt, deren Geschwindigkeit

$$v = \frac{1}{\sqrt{\varepsilon_0 \mu_0}}$$

nur von den Feldkonstanten abhänge (→ *7.2.5*). Er konnte diese Wellen aber nicht experimentell nachweisen. Erst nach dem Tode MAXWELLs hat H. HERTZ 1886 den experimentellen Nachweis für die Existenz elektromagnetischer Wellen geführt.

Aufgabe

***6/64:** Zeigen Sie, daß das elektrische Wechselfeld des Plattenkondensators in *Abb. 6–66* von einem Magnetfeld umgeben sein muß. (Anleitung: Zeichnen Sie in *Abb. 6–66* einen geeigneten Integrationsweg, für den gilt: $\oint \vec{B} \cdot \mathrm{d}\vec{s} = 0$).

7 Elektromagnetische Schwingungen und Wellen

Das Kapitel „Elektromagnetische Schwingungen und Wellen“ umfaßt eine Reihe von Erscheinungen aus den verschiedenartigsten Gebieten der Physik. Die elektrischen Wellen aus Rundfunk und Fernsehen zählen ebenso dazu wie das Licht, die Wärmestrahlung oder die Röntgen- und Gammastrahlen. Alle Phänomene lassen sich auf die gleiche physikalische Struktur zurückführen. Sie bilden, angefangen vom Wechselstrom bis zu den Gammastrahlen, das **elektromagnetische Spektrum,** dessen einzelne Bereiche sich letztlich nur in der Größenordnung der physikalischen Bestimmungsstücke unterscheiden.

Wir beginnen mit der Wechselstromlehre und lernen Kondensator und Spule als die wichtigsten passiven Bauelemente – neben dem Widerstand – kennen, aus denen sich in verschiedensten Kombinationen alle elektrischen Schaltungen zusammensetzen und aus denen auch der für die Erzeugung elektrischer Wellen wichtige Schwingkreis aufgebaut ist. Grundlegend für die Erzeugung von Wechselspannung ist das Induktionsgesetz, dessen Entdeckung durch FARADAY die großtechnische Erzeugung elektrischer Energie einleitete.

7.1 Wechselstromtechnik

Elektrizitätswerke liefern über das elektrische Netz Energie für Haushalte und Industrie. Dabei kommt der Wechselstromtechnik eine grundlegende Bedeutung zu, denn die vom elektrischen Netz bereitgestellte Spannung ist eine Wechselspannung von 220 V mit einer Frequenz von 50 Hz. Die Transformierbarkeit von Wechselspannungen sowie der einfache Aufbau von Wechselstrommotoren gaben den Ausschlag für die öffentliche Versorgung mit Wechselstrom statt mit Gleichstrom.

7.1.1 Erzeugung einer Wechselspannung

Versuch 7/1: Eine Spule dreht sich in einem Magnetfeld. Auf dem Schirm eines an die Spule angeschlossenen Oszillographen zeigt sich eine sinusförmige Wechselspannung (*Abb. 7–1*).

Dreht sich die Spule mit der konstanten Winkelgeschwindigkeit ω in einem homogenen Magnetfeld mit der magnetischen Flußdichte B, so ändert sich

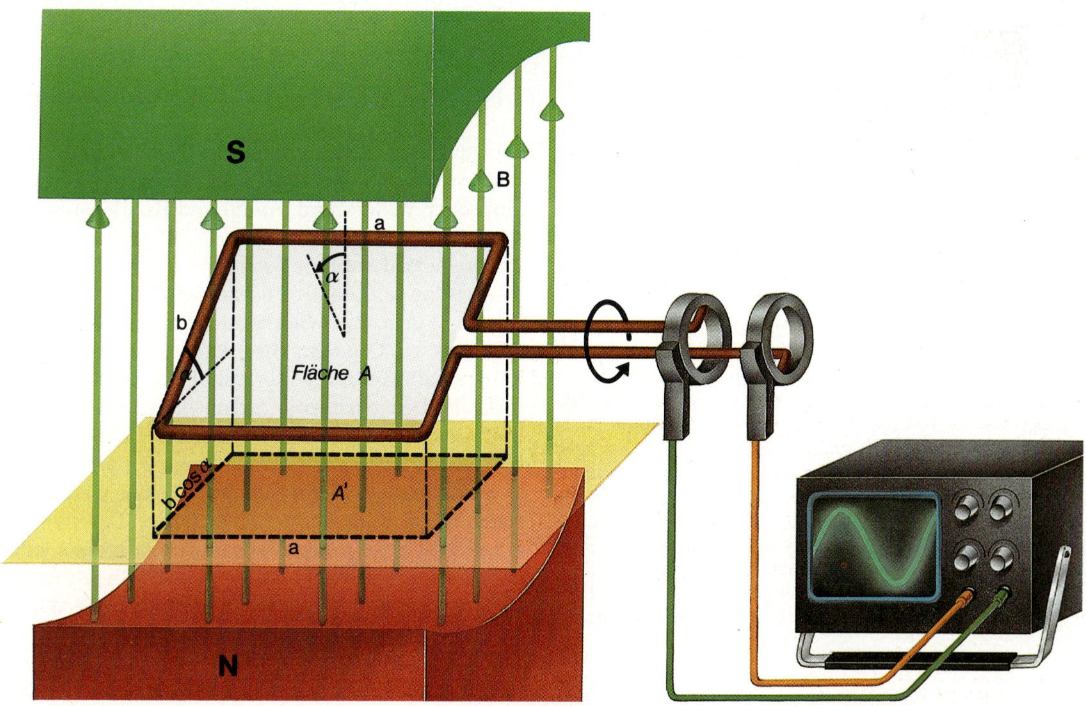

Abb. 7–1: Dreht sich eine Spule, von der nur eine Windung gezeichnet ist, mit konstanter Winkelgeschwindigkeit ω in einem homogenen Magnetfeld, so wird eine sinusförmige Wechselspannung induziert.

periodisch der magnetische Fluß Φ, der die Spule durchsetzt. Dadurch wird in der Spule eine elektrische Spannung induziert.
Die effektive Fläche A' der Spule, die senkrecht vom magnetischen Fluß durchsetzt wird, ergibt sich aus der Projektion der Spulenfläche $A = a\,b$ auf die Ebene senkrecht zum Vektor des magnetischen Feldes (*Abb. 7–1*). Ist α der Drehwinkel, so berechnet sich die Fläche A' aus der Spulenlänge a und der projizierten Spulenbreite $b' = b \cos\alpha$ zu

$$A' = a\,b' = a\,b \cos\alpha = A \cos\alpha\,.$$

Der magnetische Fluß Φ, der die Spulenfläche A' senkrecht durchsetzt, ergibt sich damit zu

$$\Phi = B\,A' = B\,A \cos\alpha\,.$$

Mit dem Induktionsgesetz (→ *Abschnitt 6.3.1*) folgt für die in einer Spule mit n Windungen induzierte Spannung

$$U_{\text{ind}} = -\,n\frac{\mathrm{d}\Phi}{\mathrm{d}t} = -\,n\frac{\mathrm{d}(B\,A\cos\alpha)}{\mathrm{d}t} = -\,n\,B\,A\frac{\mathrm{d}(\cos\alpha)}{\mathrm{d}t}.$$

Zwischen dem Drehwinkel α und der konstanten Winkelgeschwindigkeit (Kreisfrequenz) ω besteht die Beziehung $\alpha = \omega\,t$. Setzt man dies in obige Gleichung ein und differenziert, so gilt für die induzierte Wechselspannung

$$u^{1)} = -\,n\,B\,A\frac{\mathrm{d}(\cos\omega\,t)}{\mathrm{d}t} = n\,B\,A\,\omega\sin\omega\,t\,.$$

Ergebnis: Bei der Drehung einer Spule im homogenen Magnetfeld wird die **Momentanspannung** u induziert, die sich sinusförmig mit der Winkelgeschwindigkeit ω ändert. Die Amplitude dieser Wechselspannung heißt **Scheitelspannung** $\hat{u}$. Es gilt $\hat{u} = n\,B\,A\,\omega$ und damit

$$u = \hat{u}\sin\omega\,t = n\,B\,A\,\omega\sin\omega\,t\,.$$

Die Momentanspannung u läßt sich auch mit der Lorentzkraft $F_m = e\,v\,B$ (→ *Abschnitt 6.3.2*) herleiten. Die Lorentzkraft F_m wirkt auf die durch die Drehung der Spule mitbewegten Leitungselektronen, wobei nur die Geschwindigkeitskomponente v wirksam ist, die senkrecht zum Vektor der magnetischen Flußdichte B gerichtet ist. So gesehen, bewegt sich in *Abb. 7–1* der vordere Teil der Spule nach hinten, der hintere nach vorn. Nach der Dreifingerregel wirkt daher im vorderen Teil die Lorentzkraft nach links auf die Leitungselektronen, im hinteren Teil nach rechts. In den Längsseiten (a) der Spule, wo Leiter und Kraft parallel gerichtet sind, kommt es zu einer Verschiebung der Elektronen und demzufolge zum Aufbau eines elektrischen Feldes. Die sich daraus ergebende elektrische Kraft $F_e = e\,E$ (E ist die elektrische Feldstärke) hält der magnetischen Kraft $F_m = e\,v\,B$ das Gleichgewicht; aus $F_e = F_m$ folgt $E = v\,B$. Die induzierte Spannung U_{ind} berechnet sich als Produkt aus der elektrischen Feldstärke E und dem Weg $2\,a$, längs dessen das Feld vorhanden und dem Weg gleichgerichtet ist:

$$U_{\text{ind}} = 2\,a\,E = 2\,a\,B\,v\,.$$

Die Längsseiten der Spule bewegen sich mit der Winkelgeschwindigkeit ω auf einer Kreisbahn mit dem Radius $\frac{b}{2}$. Die Bahngeschwindigkeit ist demnach $\omega\,\frac{b}{2}$; die Komponente dieser Geschwindigkeit senkrecht zum magnetischen Feldvektor ist

$$v = \omega\frac{b}{2}\sin\alpha\,,$$

denn für $\alpha = 0°$ bewegt sich der Leiter parallel, für $\alpha = 90°$ senkrecht zum Feldvektor (*Abb. 7–1*). Damit erhält man für die Momentanspannung u, wenn man noch die Windungszahl n der Spule und $\alpha = \omega\,t$ berücksichtigt,

$$u = n\,U_{\text{ind}} = n\,2\,a\,B\,\omega\frac{b}{2}\sin\alpha = n\,B\,A\,\omega\sin\omega\,t\,.$$

Aufgaben

7/1: Im homogenen Feld eines Magneten dreht sich eine Spule mit 300 U/min. Wie groß ist die induzierte Scheitelspannung, wenn $n = 550$, die Spulenfläche $A = 20\ \text{cm}^2$ und die magnetische Flußdichte $B = 750$ mT betragen?

7/2: Mit einer rotierenden Spule soll die magnetische Flußdichte eines Magneten gemessen werden. Mit einem Stroboskop wird die Drehfrequenz zu $f = 800$ Hz bestimmt. Wie groß ist B, wenn $n = 1000$, $A = 4\ \text{cm}^2$ und die Scheitelspannung zu 810 mV gemessen wurde?

*** 7/3:** Skizzieren Sie *Abb. 7–1* im Querschnitt, und begründen Sie anschaulich sowohl mit der magnetischen Flußänderung als auch mit der Lorentzkraft, wann die induzierte Spannung maximal bzw. minimal ist.

7.1.2 Phasenbeziehungen im Wechselstromkreis

Das elektrische Verhalten eines Wechselstromkreises wird durch die Eigenschaften seiner Bauteile ohmscher Widerstand, Spule und Kondensator bestimmt.
Ohmsche Widerstände werden von der Industrie für elektrische und elektronische Schaltungen in vielfältiger Form mit Widerstandswerten von einigen Ohm bis zu Gigaohm hergestellt. Am häufigsten kommen die Schichtwiderstände vor: Auf ein Keramikröhrchen wird eine dünne Schicht aus Kohle, Metalloxid oder Metall aufgebracht. Unterschiedliche Widerstandswerte erreicht man vor allem durch Veränderung der Schichtdicke und eine wendelförmige Ausformung der Schicht. Bei den Drahtwiderständen wird ein Konstantandraht unterschiedlicher Länge und Dicke aufgewickelt. Sie vertragen höhere Leistungen, daher werden kleinere Widerstände meist in dieser Form ausgeführt.
Die **Induktivität $L = \mu_r\,\mu_0\,n^2\,A/l$ von Spulen** (→ *Abschnitt 6.3.4*) wird durch ihre Windungszahl n, ihre Querschnittfläche A, ihre Länge l und das Material (Permeabilität μ_r) bestimmt. Eine eisenlose Experi-

[1]) Einer DIN-Empfehlung folgend, schreiben wir Wechselspannungen und Wechselströme mit kleinen Buchstaben u und i.

Bauteil	Ohmscher Widerstand	Spule	Kondensator
Symbol			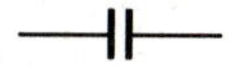
Kenngröße	Widerstand	Induktivität	Kapazität
kleine Werte	< 100 Ω	< 1 mH	<1 nF
mittlere Werte	100 Ω ... 100 kΩ	10 mH ... 10 H	10 nF ... 10 μF
große Werte	> 1 MΩ	> 100 H	> 1 mF

Tab. 7–1: Gebräuchliche Werte bei Widerständen, Spulen und Kondensatoren.

mentierspule mit 500 Windungen hat etwa eine Induktivität von $L = 11$ mH, eine Spule mit 23 000 Windungen von $L = 25$ H. Durch einen geschlossenen Eisenkern lassen sich diese Werte um einen Faktor 25 bis 35 vergrößern.
Vielfältig sind auch die Ausführungsformen von **Kondensatoren.** Kleinste scheiben- oder röhrenförmige Keramikkondensatoren mit Kapazitäten von einigen Pikofarad bis zu Bruchteilen von Nanofarad verwendet man in der Hochfrequenztechnik. Wikkelkondensatoren, in denen Metall-, Kunststoff- oder Papierfolien aufgerollt und luftdicht vergossen sind, besitzen größere Kapazitäten von Nanofarad bis zu einigen Mikrofarad. Noch größere Kapazitätswerte bis zu Millifarad erreichen bei relativ kleinen äußeren Abmessungen Elektrolytkondensatoren, in denen eine elektrisch leitende Flüssigkeit den einen Plattenbelag und eine Oxidschicht auf einem aufgerauhten Metallstreifen die andere Platte bilden (*Tab. 7–1*).

Versuch 7/2: Ein Sinusgenerator erzeugt Wechselspannung geringer Frequenz, z. B. von $f = 0{,}1$ Hz. Diese Wechselspannung wird nacheinander an einen ohmschen Widerstand, an eine Spule hoher Induktivität und an einen Kondensator mit großer Kapazität angelegt. Mit Meßinstrumenten wird der Verlauf von Strom und Spannung verfolgt (*Abb. 7–2*).

Bei angeschlossenem ohmschen Widerstand beobachtet man, daß Strom und Spannung zur gleichen Zeit ihre Höchstwerte erreichen, zur gleichen Zeit ihren Nulldurchgang haben usw. Man sagt, Strom und Spannung sind **in Phase.** Anders verhält es sich im Stromkreis mit einer Spule. Erreicht die Spannung über der Spule ihren Höchstwert, hat der Strom erst seinen Nulldurchgang. Erreicht der Strom seinen Höchstwert, ist die Spannung bereits Null: Man sagt, die Spannung **eilt** dem Strom eine Viertelperiode **voraus.**
Entgegengesetztes Verhalten beobachtet man in einem Stromkreis mit Kondensator. Hier **eilt** die Spannung über dem Kondensator dem Strom eine Viertelperiode **nach:** Der Strom erreicht sein Maximum, wenn die Spannung gerade ihr Vorzeichen von negativen zu positiven Werten ändert.

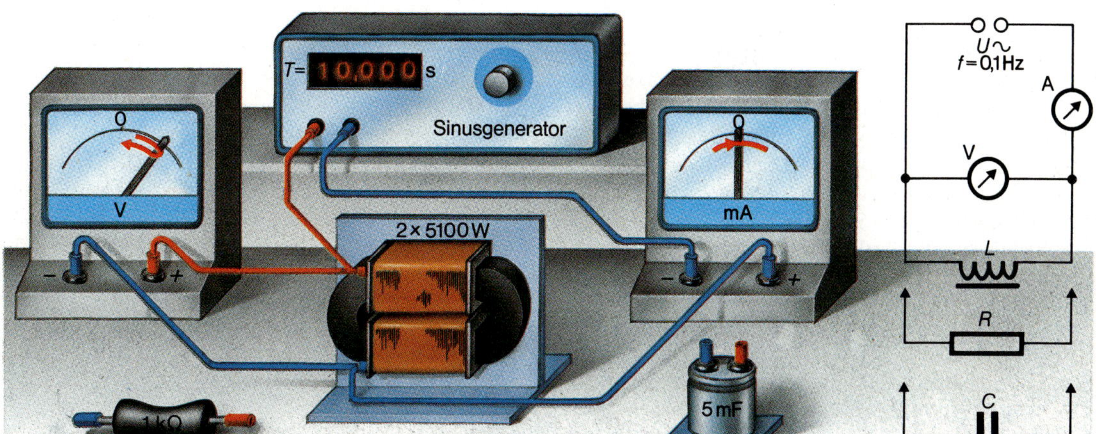

Abb. 7–2: Liegt eine Wechselspannung von $f = 0{,}1$ Hz an einer Spule, so läßt sich beobachten, wie der Zeiger des Spannungsmessers dem des Strommessers um eine viertel Schwingungsdauer vorauseilt.

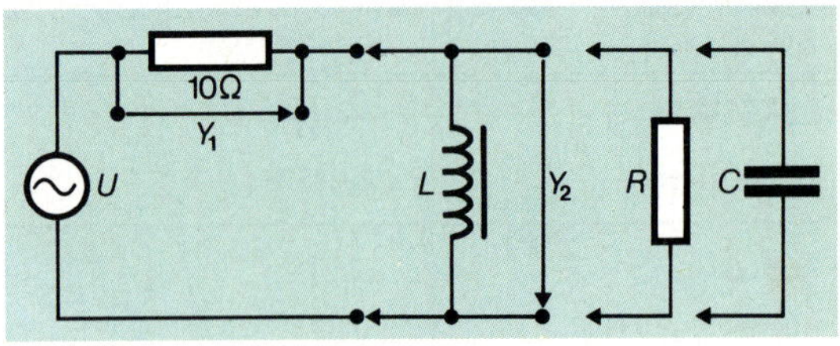

Abb. 7–3: Mit einem Zweistrahloszillograph läßt sich zeigen, daß die Spannung über der Spule dem Strom (Y_2), gemessen durch den Spannungsabfall über einem 10-Ω-Widerstand (Y_1), um 90° vorauseilt.

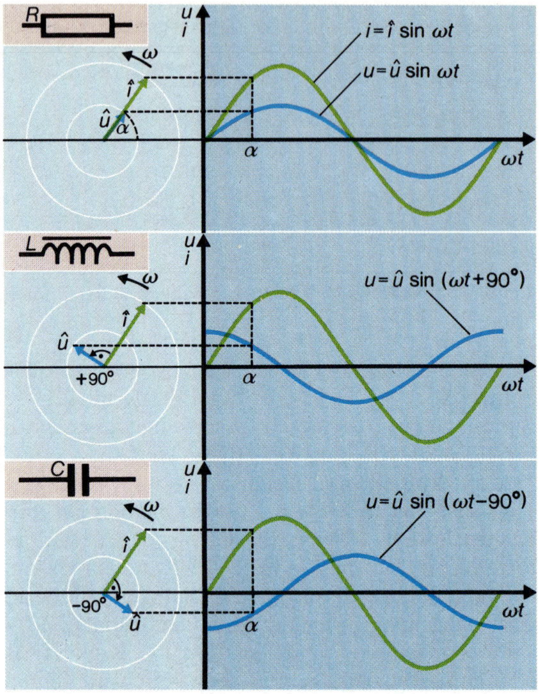

Abb. 7–4: In einem Phasendiagramm (links) läßt sich der Phasenverschiebungswinkel φ der Spannung gegenüber dem Strom bei ohmschem Widerstand (φ = 0°), Spule (φ = +90°) und Kondensator (φ = −90°) anschaulich darstellen.

Versuch 7/3: Die Frequenz der Wechselspannung in *Versuch 7/2* wird erhöht; als Beobachtungsgerät dient ein Zweistrahloszillograph, mit dem der zeitliche Verlauf der Stromstärke (Y_1) und der Spannung (Y_2) aufgezeichnet werden. (Zur Strommessung schalten wir einen ohmschen Widerstand R = 10 Ohm in Reihe, denn nach *Versuch 7/2* sind die Spannung über diesem Widerstand und die Stromstärke in Phase.) (*Abb. 7–3*)

Unabhängig von der Frequenz und den Scheitelwerten erhält man die bereits im vorhergehenden Versuch beobachteten Phasenverschiebungen. Man definiert einen **Phasenverschiebungswinkel** φ, der die Verschiebung der Spannung u gegenüber dem Strom i angibt.[1])

Ergebnis: Die Phasenverschiebung zwischen Stromstärke und Spannung beträgt bei rein induktivem Widerstand einer Spule (der ohmsche Widerstand ist vernachlässigbar) $\varphi = \frac{\pi}{2}$ (oder +90°); die Spannung u eilt dem Strom i eine viertel Schwingungsdauer voraus. Bei rein kapazitivem Widerstand (der ohmsche Widerstand des Kondensators wird vernachlässigt) beträgt die Phasenverschiebung $\varphi = -\frac{\pi}{2}$ (oder −90°); die Spannung u eilt dem Strom i eine Viertelperiode hinterher (*Abb. 7–4*).

Mit der **Zeigerdarstellung** (→ *Kapitel 3.1*) – man nennt sie in der Wechselstromlehre Phasendiagramm – lassen sich diese Phasenverschiebungen veranschaulichen (*Abb. 7–4*). Einfach läßt sich verstehen, daß die über Spule und Kondensator gemessenen Wechselspannungen ihre Extremwerte in den Nulldurchgängen des Stromes haben. In den Nulldurchgängen ist nämlich dem Betrage nach die Stromänderung am größten. Folglich hat in diesen Momenten die Flußänderung durch die Spule ihre Extremwerte und damit auch die selbstinduzierte Spannung.

Für den Kondensator ist zu beachten, daß in den Nulldurchgängen der Strom seine Richtung ändert. Die Ladung ist also in diesem Moment maximal, denn mit der Richtungsänderung des Stroms beginnt die Umladung. Da die Kondensatorspannung proportional zur Ladung ist, ist sie bei den Nulldurchgängen des Stroms dem Betrage nach am größten. Strom- und Spannungsmaxima sind also um eine Viertelperiode verschoben.

Vereinfacht kann man nun sagen, daß beim Kondensator die Spannung dem Strom nacheilt, weil erst der Strom während einer Halbperiode in einer Richtung fließen muß, bevor der Kondensator maximal geladen ist. Bei der Spule eilt der Strom der Spannung nach, weil die Stromänderungen durch die entgegengerichtete Selbstinduktion **(Lenzsche Regel)** zeitlich verzögert werden.

[1]) Wir folgen bei dieser Definition der DIN-Norm, denn natürlich könnte man auch umgekehrt den Strom auf die Spannung beziehen. Die DIN-Normierung ist naheliegend, wenn man sagt, durch einen Bauteil in einer elektrischen Schaltung fließt ein Strom, und die über dem Bauteil gemessene Spannung hat dazu eine bestimmte Phasenbeziehung.

Aufgaben

7/4: Zeichnen Sie den sinusförmigen Stromverlauf in einer Spule. Diskutieren Sie die zeitliche Änderung des Stromes

in den Nulldurchgängen und in den Extrema nach Vorzeichen und qualitativ nach Größe.
Zeichnen Sie damit den Spannungsverlauf an der Spule.
7/5: Zeichnen Sie den sinusförmigen Verlauf des Stromes in einem Kondensator. Diskutieren Sie den augenblicklichen Ladungszustand des Kondensators in den Nulldurchgängen und den Extremwerten des Stroms nach Vorzeichen und qualitativ nach Größe. Zeichnen Sie damit den Spannungsverlauf am Kondensator.
7/6: Zeichnen Sie mit Hilfe eines rotierenden Phasendiagramms den Strom- und den Spannungsverlauf an einem Kondensator für eine Periode der Netzfrequenz.

7.1.3 Die Leistung im Wechselstromkreis

Fließt durch einen ohmschen Widerstand R ein Wechselstrom $i = \hat{\imath} \sin \omega t$, so mißt man über dem Widerstand die phasengleiche Spannung $u = \hat{u} \sin \omega t$. Für die in dem Widerstand umgesetzte elektrische Leistung P_{el} gilt in jedem Moment die aus der Gleichstromlehre (→ *Abschnitt 5.1.1*) bekannte Formel $P_{el} = U\,I$. Für die Gleichstromgrößen U und I sind nun die zeitlich veränderlichen Größen u und i einzusetzen, so daß man für den **Momentanwert** $P(t)$ der Wechselstromleistung erhält:

$$P(t) = u\,i = \hat{u}\,\hat{\imath} \sin^2 \omega t\,.$$

In *Abb. 7–5a* ist der Verlauf der Momentanleistung $P(t)$ dargestellt. Die Funktion ändert sich periodisch mit der Kreisfrequenz 2ω in dem Wertebereich $0 \leqq P(t) \leqq \hat{u}\,\hat{\imath}$. Mit dem Additionstheorem

$$\cos 2\alpha = \cos^2\alpha - \sin^2\alpha = 1 - 2\sin^2\alpha$$

bestimmt sich die Momentanleistung zu

$$P(t) = \hat{u}\,\hat{\imath} \sin^2\omega\,t = \hat{u}\,\hat{\imath}\,\frac{1 - \cos 2\,\omega\,t}{2}\,.$$

Sie pendelt periodisch mit der Kreisfrequenz 2ω um den zeitlichen Mittelwert

$P = \dfrac{\hat{u}\,\hat{\imath}}{2}$; man bezeichnet diesen Mittelwert als **Wirkleistung** P. Führt man die **Effektivwerte** U und I ein, für die wie im Gleichstromfall gelten soll

$P = U\,I = \dfrac{\hat{u}\,\hat{\imath}}{2}$ und $U = I\,R$, so folgt mit $\hat{u} = \hat{\imath}\,R$ die Beziehung $U = \hat{u} / \sqrt{2}$ für den Effektivwert der Spannung. Entsprechend ergibt sich aus den Gleichungen für den Effektivwert des Stroms $I = \hat{\imath} / \sqrt{2}$.

Eine sinusförmige Wechselspannung mit dem Scheitelwert $\hat{u}$ hat den **Effektivwert** U; ein sinusförmiger Wechselstrom mit dem Scheitelwert $\hat{\imath}$ hat den **Effektivwert** I. Es gelten die Beziehungen

$$U = \frac{\hat{u}}{\sqrt{2}} \quad \text{und} \quad I = \frac{\hat{\imath}}{\sqrt{2}}\,.$$

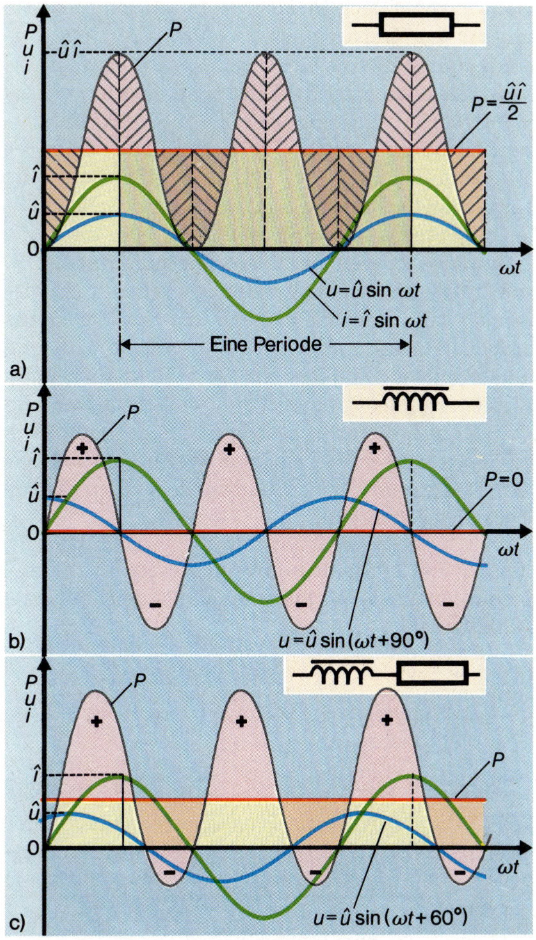

Abb. 7–5: Der zeitliche Verlauf der momentanen Leistung $P(t) = u\,i$ bei einem ohmschen Widerstand (*a*), einer idealen Spule (*b*) und einer realen Spule, deren ohmscher Widerstand nicht vernachlässigbar klein ist (*c*). Der Phasenwinkel beträgt bei (*c*) etwa $\varphi = 60°$.

Strom- und Spannungsmeßgeräte sind so geeicht, daß sie Effektivwerte anzeigen. In der Praxis spricht man meist von der Wechselspannung U und dem Wechselstrom I und meint damit die Effektivwerte.

Die **Wirkleistung** P eines sinusförmigen Wechselstroms an einem ohmschen Widerstand ist der zeitliche Mittelwert der in dem Widerstand umgesetzten Leistung. Die Wirkleistung an einem ohmschen Widerstand berechnet sich zu

$$P = U\,I\,.$$

Bei einer Spule berechnet sich die Momentanleistung $P(t)$ als Produkt des Stroms $i = \hat{\imath} \sin \omega\,t$ und der Spannung $u = \hat{u} \sin(\omega\,t + 90°) = \hat{u} \cos \omega\,t$ mit Hilfe der Umformung $\sin 2\alpha = 2 \sin \alpha \cos \alpha$ zu

$$P(t) = u\,i = \hat{u}\,\hat{\imath} \sin \omega\,t \cos \omega\,t = \frac{\hat{u}\,\hat{\imath}}{2} \sin 2\,\omega\,t\,.$$

Danach ändert sich die Momentanleistung sinusförmig mit der Kreisfrequenz 2ω (*Abb. 7–5 b*). Die Leistung nimmt hier im Gegensatz zum ohmschen Widerstand auch negative Werte an. Negative Leistungswerte bedeuten, daß die Spule während dieser Zeit Energie abgibt. Da das zeitliche Mittel der Momentanleistung $P(t)$ Null ist, gibt die Spule ebensoviel Leistung ab, wie sie aufnimmt. Die Wirkleistung einer idealen Spule ist also Null, da keine elektrische Energie in andere Energieformen, z. B. in Wärme, umgewandelt wird. Das Produkt $U\,I$ verwendet man hier als Maß für die von der Spule aufgenommene und wieder abgegebene Leistung und nennt es **Blindleistung** $Q = U\,I$. Auch beim idealen Kondensator tritt nur eine Blindleistung $Q = U\,I$ auf, da Strom und Spannung ebenfalls um 90° phasenverschoben sind und die Energie im Kondensator nur gespeichert und wieder an den Stromkreis abgegeben wird.

Bei der idealen Spule und beim idealen Kondensator gibt es keine Wirkleistung P, sondern nur eine **Blindleistung**

$$Q = U\,I\,,$$

die die aufgenommene und wieder zurückgegebene Leistung beschreibt.

Versuch 7/4: Mit dem Versuchsaufbau von *Versuch 7/3* (*Abb. 7–3*) wird die Phasenverschiebung einer eisenlosen Experimentierspule mit 10 000 Windungen und dem ohmschen Widerstand von $R = 1350\ \Omega$ gemessen.

Man beobachtet auf dem Oszillographenschirm einen Phasenverschiebungswinkel φ, der kleiner als 90° ist. Bei einer Frequenz von $f = 80$ Hz mißt man etwa $\varphi = 60°$. Dies ist so zu verstehen, daß man hier neben dem induktiven Widerstand der Spule den ohmschen Widerstand nicht vernachlässigen kann. Allgemein berechnet sich die Momentanleistung $P(t)$ bei einem Strom $i = \hat{\imath} \sin \omega t$ und einer über der Spule gemessenen Spannung $u = \hat{u} \sin (\omega t + \varphi)$, die um den Winkel φ gegenüber dem Strom phasenverschoben ist, zu

$$P(t) = u\,i = \hat{u}\,\hat{\imath} \sin \omega t \sin (\omega t + \varphi)\,,$$

oder mit $\sin (\alpha + \beta) = \sin \alpha \cos \beta + \cos \alpha \sin \beta$ zu

$$\begin{aligned} P(t) &= \hat{u}\,\hat{\imath} \sin \omega t\,(\sin \omega t \cos \varphi + \cos \omega t \sin \varphi) \\ &= \hat{u}\,\hat{\imath} \sin^2 \omega t \cos \varphi + \hat{u}\,\hat{\imath} \sin \omega t \cos \omega t \sin \varphi . \end{aligned}$$

Bei der zeitlichen Mittelung liefert der erste Summand einen von Null verschiedenen Wert, der zweite Summand ergibt Null. Entsprechend der Rechnung beim ohmschen Widerstand erhält man aus dem ersten Summanden die **Wirkleistung** P einer realen Spule und entsprechend der Rechnung bei der idealen Spule aus dem zweiten Summanden die **Blindleistung** Q der realen Spule. Ein Vergleich der Rechnungen ergibt die Beziehungen

$$P = U\,I \cos \varphi \text{ und } Q = U\,I \sin \varphi\,;$$

$\cos \varphi$ heißt der **Leistungs- oder Wirkfaktor.** Im *Versuch 7/4* betrug der Leistungsfaktor $\cos 60° = 0{,}5$; die Wirkleistung demnach $P = 0{,}5\ U\,I$. Die Blindleistung berechnet sich zu $Q = U\,I \sin 60° = 0{,}866\ U\,I$ (*siehe Abb. 7–5 c*).

Die Rechnung für die reale Spule läßt sich auch auf den realen Kondensator anwenden. Der Phasenverschiebungswinkel φ wird dann negativ. Während für die reale Spule gilt $0 < \varphi < +90°$, gilt für den realen Kondensator $0 > \varphi > -90°$. Damit gelten auch für den Kondensator die obigen Formeln für die Wirk- und die Blindleistung sowie einige weitere, in der Elektrotechnik übliche Begriffe:
Die Wirkleistung $P = U\,I \cos \varphi$ wird erzeugt durch die Spannung U und den **Wirkstrom** $I_w = I \cos \varphi$, wie man aus der Produktbildung abliest. Entsprechend kann man den **Blindstrom** $I_b = I \sin \varphi$ einführen, der die Blindleistung $Q = U\,I_b$ bildet. Bezeichnet man außerdem das Produkt $U\,I$ als **Scheinleistung** $S = U\,I$, so läßt sich mit $\cos^2 \varphi + \sin^2 \varphi = 1$ die Beziehung

$$P^2 + Q^2 = S^2$$

aufstellen.

Fließt durch einen Wechselstromwiderstand der Strom $i = \hat{\imath} \sin \omega t$ und mißt man über dem Widerstand die Spannung $u = \hat{u} \sin (\omega t + \varphi)$, so definiert man mit den Effektivwerten U und I:

Wirkleistung	P	$= U\,I \cos \varphi$	
Blindleistung	Q	$= U\,I \sin \varphi$	
Scheinleistung	S	$= U\,I$	$= \sqrt{P^2 + Q^2}$
Wirkstrom	I_w	$= I \cos \varphi$	
Blindstrom	I_b	$= I \sin \varphi$	

Die Phasenverschiebung φ gibt den Winkel an, um den die Spannung u gegenüber dem Strom i vor- ($\varphi > 0$) oder nacheilt ($\varphi < 0$).

Die Einheit für alle Leistungen, also auch für die Schein- und die Blindleistung ist das Watt:

$$[P] = [Q] = [S] = 1\ \text{W}.$$

Aufgaben

***7/7:** Zeichnen Sie ein Phasendiagramm für einen Wechselstrom mit $\hat{\imath} = 10$ mA und einer um $\varphi = 55°$ phasenverschobenen Spannung mit $\hat{u} = 6$ V.

a) Konstruieren Sie in der Zeichnung die Wirkstromkomponente I_w und die Blindstromkomponente I_b. Vergleichen Sie die Zeichnung mit der Rechnung. Wie liegen I_w und I_b in der Zeichnung?

b) Machen Sie dasselbe für den Phasenwinkel $\varphi = -75°$. Ist der Wechselstromwiderstand induktiv oder kapazitiv?

7/8: Eine 100 W-Glühlampe wird an die Netzspannung (220 V) angeschlossen. Berechnen Sie Effektiv- und Scheitelwert der Stromstärke sowie die elektrische Energie, die die Lampe in der Zeit 3 h verbraucht.

***7/9:** Ein elektrisches Gerät gibt bei Anschluß an eine 110 V-Wechselspannung eine Wärmeleistung von 450 W ab. Dabei fließt ein Strom von $I = 5{,}3$ A. Berechnen Sie die Schein-, Wirk- und Blindleistung. Geben Sie den Leistungsfaktor und den Phasenwinkel φ an.

7/10: Durch einen Kondensator fließt ein Wechselstrom von $I = 7$ mA, der Scheitelwert der Wechselspannung beträgt $\hat{u} = 9$ V. Zeichnen Sie für eineinhalb Perioden den Strom-, Spannungs- und Leistungsverlauf.

7.1.4 Wechselstromwiderstände

Versuch 7/5: Im Versuchsaufbau mit dem Zweistrahloszillographen (*Abb. 7–3*) messen wir die Scheitelwerte von Spannung und Strom bei ohmschem Widerstand, Spule und Kondensator in Abhängigkeit von der Frequenz. Mit einem Volt- und einem Amperemeter messen wir außerdem die Effektivwerte (*Abb. 7–6*).

Wählt man eine beliebige Frequenz und hält sie zunächst konstant, so zeigen alle drei Bauteile ein übereinstimmendes Verhalten: Der Scheitelwert des Stroms ist proportional zum Scheitelwert der Spannung; das gleiche gilt auch für die Effektivwerte. Damit läßt sich ein konstanter Quotient definieren, den man als Wechselstromwiderstand (oder Impedanz) Z bezeichnet:

$$Z = \frac{\hat{u}}{\hat{i}} = \frac{U}{I} = \textit{konstant} \text{ (bei konstanter Frequenz).}$$

Beim ohmschen Widerstand zeigt die Messung, daß der Wechselstromwiderstand mit dem Gleichstromwert übereinstimmt, $Z = R$. Bei der Spule sprechen wir vom **induktiven Widerstand** $Z = R_L$, beim Kondensator vom **kapazitiven Widerstand** $Z = R_C$.
Ändert man die Frequenz, so zeigen die drei Bauteile unterschiedliches Verhalten. Während der Wechselstromwiderstand des ohmschen Widerstandes unabhängig von der Frequenz ist und damit konstant bleibt, wächst der induktive Widerstand R_L stetig mit zunehmender Frequenz, während der kapazitive Widerstand R_C stetig mit zunehmender Frequenz fällt. In *Abb. 7–7* sind die Ergebnisse einer Meßreihe dargestellt.
Das unterschiedliche Verhalten von Spule und Kondensator läßt sich qualitativ verstehen. Bei der Spule bedeutet zunehmende Frequenz schnellere Stromänderung, d. h. der Quotient $\mathrm{d}I / \mathrm{d}t$ und damit die induzierte Gegenspannung $U_i = -L\mathrm{d}I / \mathrm{d}t$ (→ *Abschnitt 6.3.4*) werden größer, so daß der Quotient U/I und damit der induktive Widerstand zunehmen. Beim Kondensator erfolgt die Umladung in kürzerer Zeit, d. h. der Quotient $\mathrm{d}Q / \mathrm{d}t$ wird größer und damit auch der Strom $I = \mathrm{d}Q / \mathrm{d}t$. Der Quotient U / I und damit der kapazitive Widerstand werden kleiner.
Qualitativ erhält man aus dem Kondensatorgesetz $Q = C\,U$ mit $u = \hat{u} \sin \omega t$ die Stromstärke $i = \dot{Q} = \omega C \hat{u} \cos \omega t$ mit dem Scheitelwert $\hat{i} = \omega C \hat{u}$. Daraus ergibt sich für den kapazitiven Widerstand

$$R_C = \frac{\hat{u}}{\hat{i}} = \frac{\hat{u}}{\omega C \hat{u}} = \frac{1}{\omega C}.$$

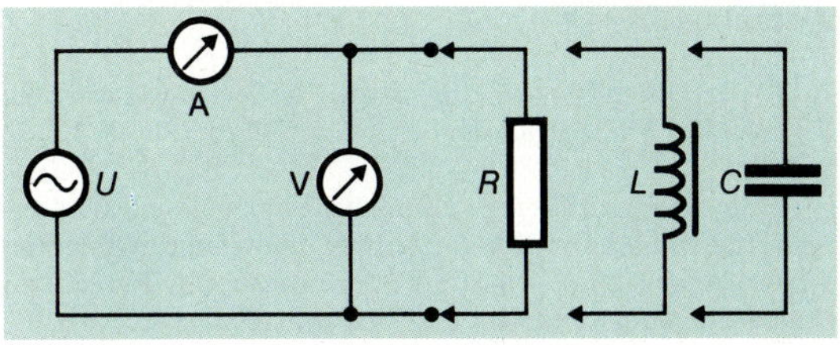

Abb. 7–6: Zur Messung der Effektivwerte von Strom und Spannung bei ohmschem Widerstand, Spule und Kondensator.

Für den induktiven Widerstand erhält man mit $i = \hat{i} \sin \omega t$ aus dem Gesetz über die Selbstinduktion $u_i = -L\mathrm{d}i / \mathrm{d}t$ mit $\mathrm{d}i / \mathrm{d}t = \omega \hat{i} \cos \omega t$ für die induzierte Gegenspannung $u_i = -\omega L \hat{i} \cos \omega t$ mit dem Scheitelwert $\hat{u} = \omega L \hat{i}$:

$$R_L = \frac{\hat{u}}{\hat{i}} = \frac{\omega L \hat{i}}{\hat{i}} = \omega L.$$

Die Kurven in *Abb. 7–7* zeigen den Verlauf von R_C und R_L bei Veränderung von ω.

Ergebnis: Der Wechselstromwiderstand eines (idealen) Kondensators ist

$$R_C = \frac{1}{\omega C}; \quad \text{kapazitiver Widerstand.}$$

Der Wechselstromwiderstand einer (idealen) Spule ist

$$R_L = \omega L; \quad \text{induktiver Widerstand.}$$

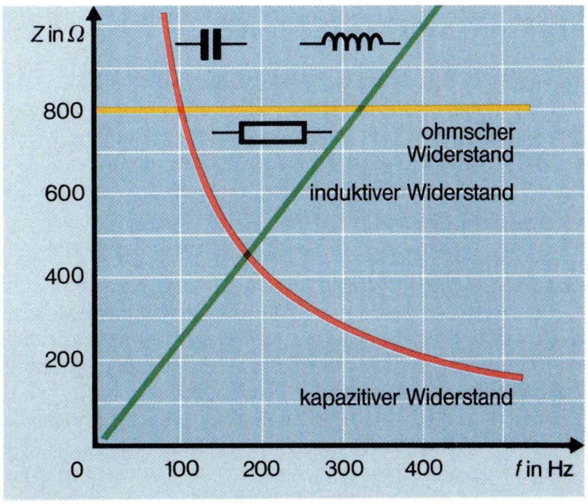

Abb. 7–7: Die Wechselstromwiderstände Z von ohmschem Widerstand, Spule und Kondensator als Funktion der Frequenz.

Aufgaben

7/11: Berechnen Sie den kapazitiven Widerstand für $f = 50$ Hz (400 Hz, 3 kHz, 1,8 MHz) und $C = 500$ pF (20 nF, 12 μF, 3 mF).

7/12: Die Kapazität eines Kondensators läßt sich bestimmen, indem man bei bekannter Frequenz einer angelegten Wechselspannung Strom und Spannung mißt. Berechnen Sie bei folgenden Werten die Kapazität C:
a) $f = 50$ Hz, $U = 6{,}3$ V, $I = 2{,}2$ mA,
b) $f = 3{,}5$ kHz, $U = 20$ V, $I = 0{,}88$ A.

7/13: Stellen Sie für einen Kondensator von 10 μF den Wechselstromwiderstand R_C als Funktion der Frequenz von 50 Hz bis 1 kHz graphisch dar.

7/14: Berechnen Sie die Induktivität einer Luftspule von 60 cm Länge und einer Querschnittfläche 12 cm^2 mit 800 Windungen. Wie groß ist der Wechselstromwiderstand bei $f = 50$ Hz (3,5 kHz, 100 kHz, 8 MHz)?

7/15: Eine Luftspule von 50 cm Länge wird auf einen Spulenkörper mit kreisförmigem Querschnitt ($d = 6{,}5$ cm) gewickelt. Für die 2500 Windungen wird ein Kupferdraht von 0,2 mm Durchmesser verwendet. Bei welcher Frequenz f ist der induktive Widerstand der Spule gleich ihrem ohmschen Widerstand? (Der spezifische Widerstand von Kupfer beträgt $\varrho = 1{,}55 \cdot 10^{-8}\ \Omega$ m.)

7/16: Berechnen Sie die Induktivität L einer Spule, durch die bei einer Wechselspannung von $U = 12$ V und $f = 300$ Hz ein Strom von $I = 38$ mA fließt.

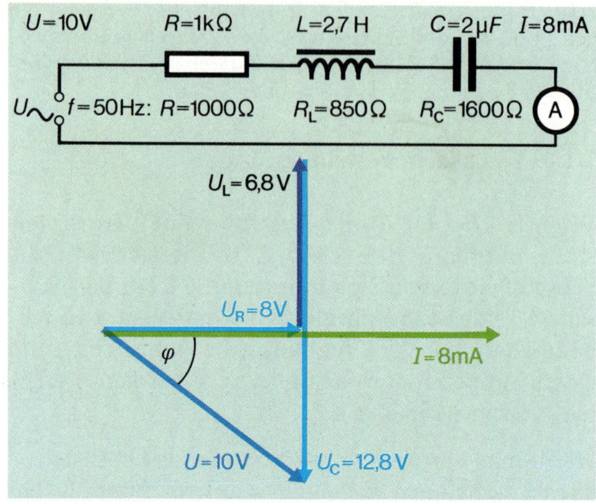

Abb. 7–8: Bei einer Reihenschaltung von R, L und C fließt phasengleich durch jeden Bauteil der gleiche Strom I. Die Spannungen U_R, U_L und U_C über den Bauteilen addieren sich vektoriell im Phasendiagramm zur anliegenden Spannung U. (Verschiebt man bei einer Spule mit $2 \cdot 1000$ Windungen das Joch auf dem U-Kern, so läßt sich der Wert $L = 2{,}7$ H einstellen.)

7.1.5 Wechselstromnetzwerke

In Wechselstromnetzwerken werden Bauteile mit ohmschen, induktiven und kapazitiven Widerständen zu verzweigten Stromkreisen verschaltet. Fließt in einem solchen Netzwerk ein Strom $i = \hat{i} \sin \omega t$ durch einen Bauteil, so mißt man über dem Bauteil im allgemeinen eine phasenverschobene Spannung $u = \hat{u} \sin (\omega t + \varphi)$. Der Phasenverschiebungswinkel φ hat einen Wert im Bereich von $-90°$ bis $+90°$.

Bei der Berechnung von Widerständen, Spannungen, Strömen und Phasenverschiebungen sind Phasendiagramme ein geeignetes Hilfsmittel zum Verständnis der Schaltungen.

Reihenschaltung von R, L und C

Versuch 7/6: Ein ohmscher Widerstand mit $R = 1$ kΩ, eine Spule mit der Induktivität $L = 2{,}7$ H und ein Kondensator mit der Kapazität $C = 2$ μF werden in Reihe an eine Wechselspannung von $U = 10$ V mit der Netzfrequenz ($f = 50$ Hz) gelegt (*Abb. 7–8 oben*). Ein in den Kreis geschaltetes Amperemeter mißt eine Stromstärke von $I = 8$ mA.

Die für $f = 50$ Hz berechneten Widerstände sind in *Abb. 7–8* eingetragen. Eine überschlägige Rechnung zeigt, daß man die Einzelwiderstände nicht wie im Gleichstromfall zum Gesamtwiderstand addieren darf; denn dann würde nur ein kleiner Strom von 3 mA fließen. Mißt man die Spannungen über den einzelnen Widerständen, erhält man $U_R = 8$ V, $U_L = 6{,}8$ V und $U_C = 12{,}8$ V; die Summe der Spannungen ist größer als die angelegte Spannung von 10 V. Man darf also die Spannungen nicht einfach summieren, sondern muß sie vektoriell im Phasendiagramm addieren.

Bei der Konstruktion eines Phasendiagramms für eine Reihenschaltung beginnt man mit dem Strompfeil, weil der Strom in allen Bauteilen die gleiche Stärke und die gleiche Phase hat. Die Spannungen über den Bauteilen werden in ihrer Phasenlage zum Strom gezeichnet und vektoriell zur Gesamtspannung addiert (*Abb. 7–8 unten*). Aus dem Phasendiagramm liest man $U = 10$ V ab und berechnet mit dem Satz des Pythagoras $U^2 = (8\text{ V})^2 + (12{,}8\text{ V} - 6{,}8\text{ V})^2 = 100\text{ V}^2$ oder $U = 10$ V. Allgemein gilt

$$U^2 = U_R^2 + (U_L - U_C)^2.$$

Für den Wechselstromwiderstand Z folgt damit

$$Z = \frac{U}{I} = \frac{\sqrt{U_R^2 + (U_L - U_C)^2}}{I} = \sqrt{\left(\frac{U_R}{I}\right)^2 + \left(\frac{U_L}{I} - \frac{U_C}{I}\right)^2}.$$

Mit $U_R / I = R$, $U_L / I = \omega L$ und $U_C / I = 1 / (\omega C)$ wird

$$Z = \sqrt{R^2 + \left(\omega L - \frac{1}{\omega C}\right)^2}.$$

Für den Phasenwinkel φ liest man in *Abb. 7–9* ab:

$$\tan \varphi = \frac{U_L - U_C}{U_R} = \frac{U_L / I - U_C / I}{U_R / I} = \frac{\omega L - \frac{1}{\omega C}}{R}.$$

Für obigen Versuch berechnet sich der Phasenwinkel φ zu $\tan \varphi = (6{,}8\text{ V} - 12{,}8\text{ V}) / 8\text{ V} = -0{,}75$ und daraus $\varphi = -36{,}9°$. Der Phasenwinkel ist negativ, weil die Spannung dem Strom nacheilt (*Abb. 7–8*).

Parallelschaltung von R, L und C

Versuch 7/7: Die Widerstände des *Versuchs 7/6* werden nun parallel geschaltet. Bei gleicher Spannung $U = 10$ V wird der Gesamtstrom zu $I = 11{,}4$ mA gemessen (*Abb. 7–9*). Die Einzelströme werden zu $I_R = 10$ mA, $I_L = 11{,}8$ mA und $I_C = 6{,}3$ mA gemessen. Auch hier ergibt die Messung des Gesamtstroms nicht die algebraische Summe der Einzelströme.

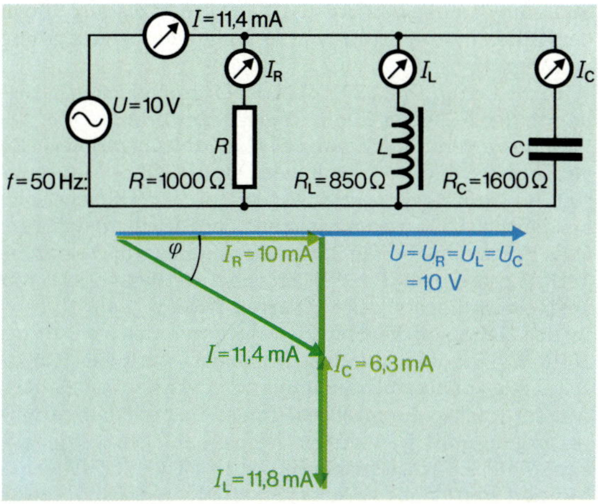

Abb. 7–9: Bei einer Parallelschaltung von *R, L* und *C* liegt phasengleich an jedem Bauteil die Spannung *U* an. Die Ströme I_R, I_L und I_C addieren sich vektoriell im Phasendiagramm zum Gesamtstrom *I*.

Im Phasendiagramm der Parallelschaltung zeichnet man zuerst den Spannungspfeil der angelegten Spannung *U*, weil sie an allen Bauteilen mit gleicher Größe und gleicher Phase anliegt. Sodann zeichnet man die Einzelströme unter Berücksichtigung ihrer Phasenlage zur Spannung *U* und addiert die Ströme vektoriell zum Gesamtstrom *I*, der sich in *Abb. 7–9* zu 11,4 mA ergibt. Allgemein liest man aus dem Phasendiagramm ab:

$$I^2 = I_R{}^2 + (I_L - I_C)^2$$

Für den Wechselstromwiderstand folgt damit

$$Z = \frac{U}{I} = \frac{U}{\sqrt{I_R{}^2 + (I_L - I_C)^2}} = \frac{1}{\sqrt{(I_R / U)^2 + (I_L / U - I_C / U)^2}}.$$

Mit $I_R / U = 1 / R$, $I_L / U = 1 / (\omega L)$ und $I_C / U = \omega C$ wird

$$Z = \frac{1}{\sqrt{\left(\frac{1}{R}\right)^2 + \left(\frac{1}{\omega L} - \omega C\right)^2}}.$$

Für den Phasenverschiebungswinkel φ liest man aus *Abb. 7–9* ab:

$$\tan \varphi = \frac{I_L - I_C}{I_R} = \frac{I_L / U - I_C / U}{I_R / U} = \frac{\frac{1}{\omega L} - \omega C}{\frac{1}{R}}.$$

Für obigen Versuch berechnet sich der Phasenwinkel zu $\tan \varphi = (11{,}8\text{ mA} - 6{,}3\text{ mA}) / 10\text{ mA} = 0{,}55$ und daraus $\varphi = 28{,}8°$. Der Phasenwinkel ist positiv, weil die Spannung *U* dem Strom *I* vorauseilt.

Ergebnis: Für den Wechselstromwiderstand *Z* und den Phasenverschiebungswinkel φ gilt bei einer Reihenschaltung von *R, L* und *C*:

$$Z = \sqrt{R^2 + \left(\omega L - \frac{1}{\omega C}\right)^2} \; ; \; \tan \varphi = \frac{\omega L - \frac{1}{\omega C}}{R}$$

und bei einer Parallelschaltung von *R, L* und *C*:

$$Z = \frac{1}{\sqrt{\left(\frac{1}{R}\right)^2 + \left(\frac{1}{\omega L} - \omega C\right)^2}} \; ; \; \tan \varphi = \frac{\frac{1}{\omega L} - \omega C}{\frac{1}{R}}.$$

Den Wechselstromwiderstand *Z* bezeichnet man auch als Scheinwiderstand, *R* als Wirkwiderstand und $\left(\omega L - \frac{1}{\omega C}\right)$ als Blindwiderstand.

Aufgaben

*** 7/17:** Berechnen Sie die Teilspannungen über dem ohmschen Widerstand $R = 250\ \Omega$, dem Kondensator $C = 12\ \mu F$ und der Spule $L = 1{,}8$ H, die in Serie geschaltet von einem Wechselstrom $I = 0{,}12$ A ($f = 50$ Hz) durchflossen werden. Zeichnen Sie ein maßstabgerechtes Phasendiagramm. Wie groß ist die Impedanz der Reihenschaltung? Welche Spannung liegt an? Wie groß ist der Phasenwinkel?

*** 7/18:** Ein ohmscher Widerstand $R = 1{,}5$ k Ω, eine Spule $L = 75$ mH und ein Kondensator $C = 12$ nF werden an eine Wechselspannung von 24 V ($f = 4{,}5$ kHz) parallel angeschlossen. Wie groß sind die Ströme in den einzelnen Bauteilen? Zeichnen Sie ein maßstabgerechtes Phasendiagramm. Wie groß sind der Wechselstromwiderstand, der Gesamtstrom und der Phasenwinkel?

*** 7/19:** Ein ohmscher Widerstand $R = 150\ \Omega$ und eine Spule $L = 2{,}1$ H werden hintereinander geschaltet und an eine Wechselspannung $U = 12$ V ($f = 650$ Hz) geschlossen. Wie groß sind die Stromstärke und der Phasenwinkel? Welche Leistung wird im Widerstand umgesetzt? Wie groß muß die Kapazität eines in Serie geschalteten Kondensators sein, damit der Strom maximal wird? Welchen Wert hat dann die Stromstärke?

*** 7/20:** Legt man an eine Reihenschaltung aus ohmschem Widerstand *R* und Kondensator *C* eine Eingangsspannung U_1, und greift die Ausgangsspannung U_2 entweder über dem Kondensator oder über dem Widerstand ab, so hat man einen frequenzabhängigen Spannungsteiler. Der Abgriff über dem Kondensator heißt *RC*-Tiefpaß, der über dem Widerstand *RC*-Hochpaß, weil im ersten Fall die tiefen Frequenzen, im zweiten Fall die hohen Frequenzen übertragen werden.

a) Geben Sie für Hoch- und Tiefpaß das Verhältnis von Ausgangsspannung zu Eingangsspannung U_2/U_1 als Funktion der Frequenz *f* an. Zeichnen Sie für $C = 10$ nF und $R = 120$ k Ω die Frequenzgangkurven, d. h. die Abhängigkeit des Verhältnisses U_2/U_1 von der Frequenz *f*.

b) Bei der sogenannten Grenzfrequenz f_g sind ohmscher und kapazitiver Widerstand gleich groß. Wie groß ist dann der Phasenwinkel zwischen Ausgangs- und Eingangsspannung? Wie berechnet sich die Grenzfrequenz f_g bei Hoch- und Tiefpaß aus *R* und *C*? Berechnen Sie f_g für $C = 10$ nF und $R = 120$ k Ω.

c) Welchen Wert hat das Spannungsverhältnis U_2/U_1 bei der Grenzfrequenz f_g für Hoch- und Tiefpaß?

*** 7/21:** Ein Tiefpaß soll eine Grenzfrequenz $f_g = 10$ kHz haben.

a) Wie groß muß bei $R = 47$ k Ω die Kapazität *C* des *RC*-Gliedes sein?

b) Zeichnen Sie die Frequenzgangkurve des Tiefpasses.

c) Bei welcher Frequenz beträgt die Ausgangsspannung U_2 nur noch 10% der Eingangsspannung U_1?

Abb. 7–10: In den Umspannwerken des elektrischen Netzes formen leistungsstarke Transformatoren die Höchstspannung auf niedrigere Spannungen um.

7.1.6 Der Transformator

Der Transformator ist einer der wichtigsten Bauteile der Wechselstromtechnik. Sein Einsatz reicht vom Umspanner in der Starkstromtechnik (*Abb. 7–10*), über den Netztransformator in elektrischen Geräten bis hin zum nur Zentimeter großen Übertrager in elektrischen Schaltungen.
Bei der Versorgung mit elektrischer Energie spielt der Transformator eine zentrale Rolle. Die Kraftwerke geben die elektrische Energie mit den **Höchstspannungen** von 380 kV oder 220 kV ab. Damit läßt sich die Energie über große Entfernungen relativ verlustfrei transportieren. Beispielsweise hat eine Freileitung von 20 km Länge, bestehend aus Kupferdrähten von 1,5 mm^2 Querschnittfläche, einen Widerstand von $R = 480\ \Omega$. Der Widerstand der Freileitung ist damit ebenso groß wie der Widerstand einer 220-V-Glühlampe von 100 W. Würde die Leitung mit 220 V betrieben, so fiele bei Anschluß der Glühlampe die halbe Spannung an der Leitung ab. Die gleiche Leistung, die in der Glühlampe umgesetzt würde, ginge auch in der Leitung verloren.
Wird die Leitung mit 220 kV betrieben, braucht man natürlich in der Nähe der Lampe einen Transformator, der die Spannung von 220 kV auf 220 V herabtransformiert. So verringert sich der Strom in der Leitung auf ein Tausendstel des vorherigen Wertes. Wegen $P = UI$ verkleinert sich bei gleicher Übertragungsleistung der Strom um den gleichen Faktor, um den die Spannung erhöht wird. Da sich die Verlustleistung mit $P = I^2R$ berechnet, beträgt sie jetzt nur noch ein Millionstel des vorherigen Wertes.
In der Nähe von Verbraucherschwerpunkten von 10 bis 100 MW – Städte und Industrieanlagen – wird die Höchstspannung auf die **Hochspannung** von 110 kV transformiert. Auf der Hochspannungsebene findet die regionale Stromversorgung statt. In weiteren Umspannanlagen werden die 110 kV auf die **Mittelspannung** von 10 kV oder 20 kV transformiert und damit einzelne Stadtteile und Landbezirke versorgt.
Schließlich wird in Ortsnetzstationen die Mittelspannung für einen Leistungsbedarf bis 1000 kW auf die **Niederspannung** von 380 V/220 V transformiert. Mit dieser Spannung versorgen die Niederspannungsleitungen die umliegenden Häuser und Gewerbebetriebe mit elektrischer Energie.
Die beiden Wicklungen des Transformators – Primär- und Sekundärwicklung – sind meist auf einen Eisenkern aufgebracht, der aus dünnen, gegeneinander isolierten Platten zusammengesetzt ist, um Wirbelströme zu unterdrücken.

Versuch 7/8: Mit verschiedenen Experimentierspulen werden Transformatoren aus einer Primärspule (Windungszahl n_1) und einer Sekundärspule (Windungszahl n_2) und einem geschlossenen Eisenkern aufgebaut.
Gemessen werden die primärseitig angelegte Wechselspannung U_1 und die sekundärseitig abgegriffene, transformierte Spannung U_2. Dabei wird der Transformator nicht belastet, sekundärseitig fließt also kein Strom.

Man sagt, der Transformator wird im **Leerlauf** betrieben. Als Ergebnis erhält man das Transformatorgesetz:

Ergebnis: Im Leerlauf ist das Verhältnis von Primär- und Sekundärspannung gleich dem Verhältnis der Windungszahlen von Primär- und Sekundärspule:

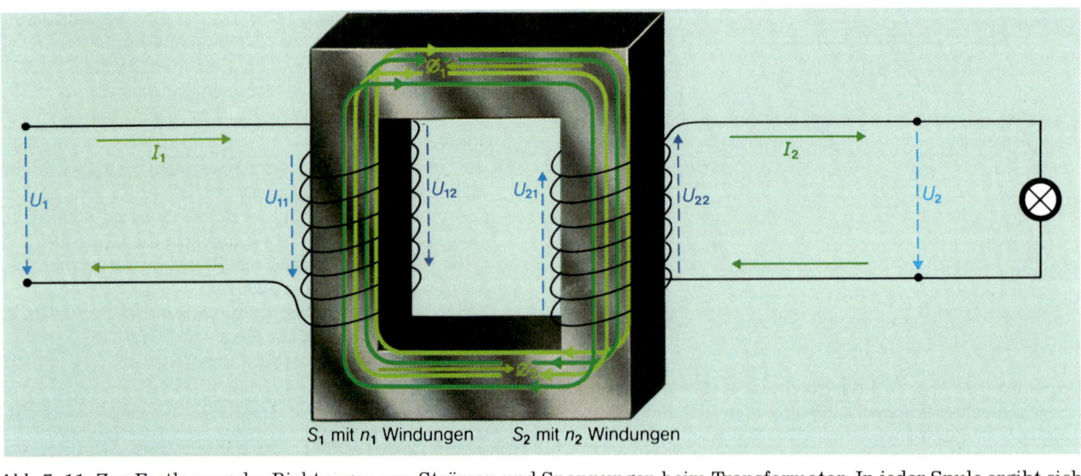

Abb. 7–11: Zur Festlegung der Richtungen von Strömen und Spannungen beim Transformator. In jeder Spule ergibt sich die Spannung aus der Gegeninduktion der anderen Spule und der Selbstinduktion der betrachteten Spule.

$$\frac{U_1}{U_2} = \frac{n_1}{n_2}$$

n_1 / n_2 heißt Übersetzungsverhältnis.

Das Transformatorgesetz läßt sich herleiten. Ein in der Primärspule fließender Strom I_1 ruft einen magnetischen Fluß Φ_1 im Eisenkern hervor, der beide Spulen in gleicher Weise durchsetzt. Nach dem Induktionsgesetz werden dadurch die Spannungen

$$U_1 = n_1 \frac{\mathrm{d}\Phi_1}{\mathrm{d}t} \quad \text{und} \quad U_2 = n_2 \frac{\mathrm{d}\Phi_1}{\mathrm{d}t}$$

in den Spulen induziert (Vorzeichen lassen wir außer Betracht). U_1 ist gleich der angelegten Spannung, U_2 ist die abgegriffene Spannung. Durch Division beider Gleichungen erhält man $U_1 / U_2 = n_1 / n_2$.
Im folgenden wird vereinfachend über den Transformator angenommen: Die Spulen sollen keinen ohmschen Widerstand besitzen. Im Eisenkern sollen keine Energieverluste, z. B. durch Ummagnetisierung oder durch Wirbelströme auftreten. Der gesamte magnetische Fluß soll im Eisenkern bleiben und beide Spulen gleichermaßen durchsetzen: Normalerweise tritt ein Streufluß auf. Schließlich soll der magnetische Fluß proportional zum Strom sein, der ihn hervorruft: In realen Transformatoren tritt bei einer bestimmten Stromstärke für den Fluß Sättigung ein (→ Hysteresis *6.2.3*).

Versuch 7/9: An einen Transformator mit einer Primärspule von $n_1 = 250$ Windungen und einer Sekundärspule von $n_2 = 1000$ Windungen wird eine Primärspannung von $U_1 = 3$ V angelegt. Sekundärseitig mißt man entsprechend dem Transformatorgesetz im Leerlauf $U_2 = 12$ V. An die Sekundärspule wird eine 12 V/0,1 A-Glühlampe angeschlossen.

Die Lampe leuchtet nur schwach, denn die Sekundärspannung ist auf 5 V abgefallen. Dieser Abfall läßt sich nicht mit Verlusten in der Sekundärspule erklären, denn deren ohmscher Widerstand beträgt nur 9,5 Ω, was höchstens zu einem Spannungsabfall von 9,5 Ω · 0,1 A = 1 V führt, wenn die Lampe normal hell brennt.
Der Spannungsabfall beim belasteten Transformator beruht auf einer grundsätzlichen Eigenschaft des Transformators. Fließt in der Sekundärspule ein Strom I_2, so ruft dieser Strom ebenso wie der Strom I_1 in der Primärspule einen magnetischen Fluß im Eisenkern hervor. Dieser Fluß Φ_2 induziert nun ebenfalls in beiden Spulen Spannungen, die sich zu den vom magnetischen Fluß Φ_1 induzierten Spannungen addieren. Dabei treten aber Phasenverschiebungen auf, die bei der Addition der Spannungen zu berücksichtigen sind.
Bei der Behandlung des Transformators legt man üblicherweise die Vorzeichen der Ströme und Spannungen am Eingang und Ausgang wie in *Abb. 7–11* fest. Dadurch erscheint die Primärseite, der Eingang des Transformators, als Verbraucher, denn U_1 und I_1 sind an der Eingangsspule gleichgerichtet und die Sekundärseite, der Ausgang des Transformators, als Generator, denn U_2 und I_2 sind an der Sekundärspule entgegengerichtet. Am sekundärseitig angeschlossenen Verbraucher sind dann U_2 und I_2 wieder gleichgerichtet. Außerdem wird der Wicklungssinn der Spulen so angenommen, daß positive Ströme I_1 und I_2 magnetische Flüsse in gleicher Richtung hervorrufen.
Damit werden in jeder Spule zwei Spannungen unterschiedlicher Herkunft induziert. In der Spule S_1 induziert der Strom I_1 aufgrund der Selbstinduktion eine um 90° vorauseilende Spannung $U_{11} = \omega L_{11} I_1$ mit $L_{11} = \mu_r \mu_0 A n_1^2/l$

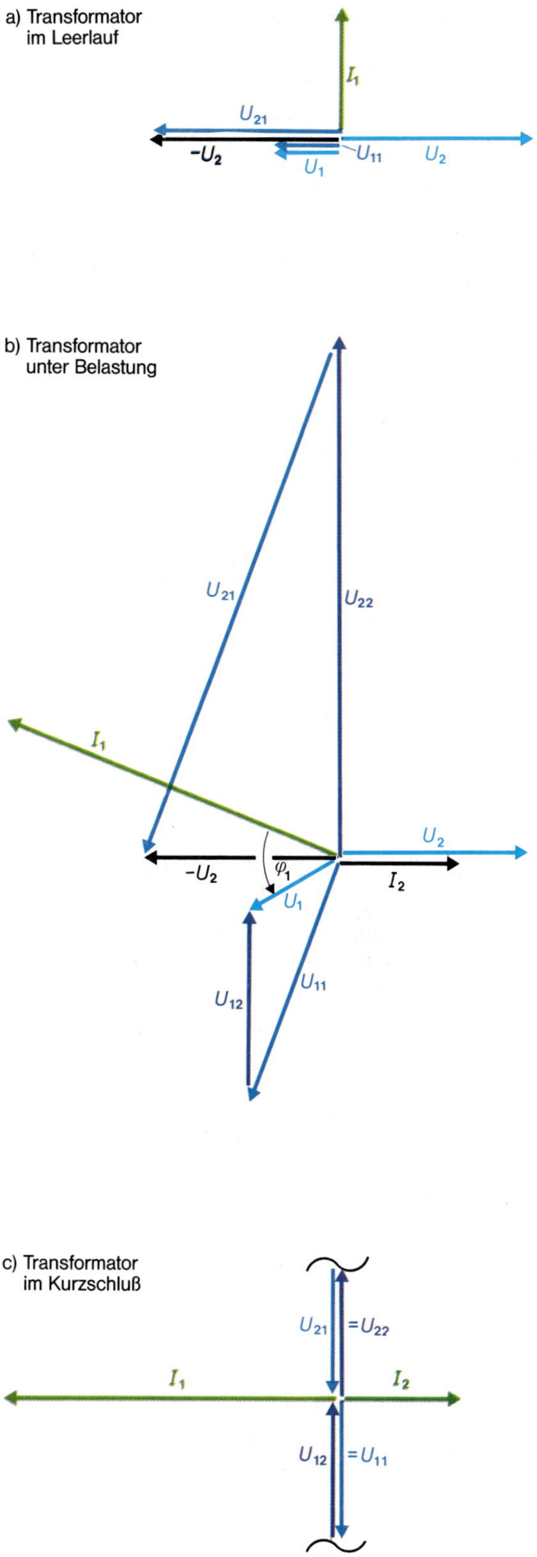

Abb. 7–12: Aus dem Phasendiagramm des Transformators unter Belastung (*b*) ergibt sich das des Transformators im Leerlauf (*a*) und im Kurzschluß (*c*).

(→ *Kapitel 6.3.4*). Der erste der beiden Indizes für die Spannungen bzw. die Induktivitäten weist auf den Ort der Induktion, die Spulen S_1 oder S_2, der zweite auf die Ursache der Induktion, die Ströme I_1 oder I_2, hin. Der Strom I_2 induziert in der Spule S_1 die um 90° vorauseilende Spannung $U_{12} = \omega L_{12} I_2$ mit $L_{12} = \mu_r \mu_0 A n_1 n_2 / l$; man bezeichnet dies als Gegeninduktion. Entsprechend treten in der Sekundärspule die Spannungen
$U_{22} = \omega L_{22} I_2$ und $U_{21} = \omega L_{21} I_1$ mit $L_{22} = \mu_r \mu_0 A n_2^2 / l$ und $L_{21} = \mu_r \mu_0 A n_2 n_1 / l = L_{12}$
auf. Damit gelten für die Primärseite und die Sekundärseite folgende „Additionen im Phasendiagramm":

$$U_1 = U_{11} \oplus U_{12}$$
$$-U_2 = U_{21} \oplus U_{22}$$

(Das Zeichen ⊕ kennzeichnet die vektorielle Addition im Phasendiagramm; das Minuszeichen bei U_2 ergibt sich aus *Abb. 7–11*.) In *Abb. 7–12 b* ist ein Phasendiagramm für den belasteten Transformator dargestellt und erklärt; es gibt die Zusammenhänge des *Versuchs 7/9* wieder. Man erkennt, daß die Spannung U_2 im belasteten Zustand wesentlich kleiner ist als die Leerlaufspannung U_{21}.
Zwischen I_1 und U_1 besteht im allgemeinen ein Phasenwinkel φ_1; mit unserer Annahme, daß keine Verlustleistungen auftreten, gilt, daß die Eingangsleistung des Transformators gleich der Ausgangsleistung ist:

$$U_1 I_1 \cos \varphi_1 = U_2 I_2$$

Tritt durch eine induktive oder kapazitive Last auf der Sekundärseite auch ein Phasenwinkel φ_2 zwischen Spannung U_2 und Strom I_2 auf, so gilt

$$U_1 I_1 \cos \varphi_1 = U_2 I_2 \cos \varphi_2 \,.$$

Ergebnis: Das Verhalten des belasteten Transformators wird durch die Gegeninduktion und die Selbstinduktion sowohl des primärseitigen sowie des sekundärseitigen Stroms bestimmt. Sind durch einen Verbraucher auf der Sekundärseite der Strom I_2, die Spannung U_2 und der Phasenwinkel φ_2 vorgegeben, ermitteln sich aus einem Phasendiagramm (wie in *Abb. 7–12 b*) der primärseitige Strom I_1 sowie die anzulegende Spannung U_1, zwischen denen im allgemeinen ein Phasenwinkel φ_1 besteht. Primärseitig nimmt dann der Transformator die Wirkleistung $P = U_1 I_1 \cos \varphi_1$ auf.

Für den Leerlauf ($I_2 = 0$) reduziert sich das Phasendiagramm auf das einfache Bild in *Abb. 7–12a*. U_1 und U_2 sind in Gegenphase und I_1 ist ein reiner Blindstrom. Mit $U_1 = U_{11} = \omega L_{11} I_1$ und $-U_2 = U_{21} = \omega L_{21} I_1$ folgt die Transformatorgleichung

$$\frac{U_1}{U_2} = -\frac{\omega L_{11} I_1}{\omega L_{21} I_1} = -\frac{\mu_r \mu_0 \frac{A}{l} n_1^2}{\mu_r \mu_0 \frac{A}{l} n_2 n_1} = -\frac{n_1}{n_2} \,.$$

Der Leerlauf ist der eine Grenzfall, der Transformator im **Kurzschluß** der andere. Jetzt ist $U_2 = 0$, und aus dem Phasendiagramm folgt, daß $U_{21} = \omega L_{21} I_1$ und $U_{22} = \omega L_{22} I_2$ entgegengesetzt und von gleichem Betrag sind (*Abb. 7–13c*). Damit sind die Ströme I_1 und I_2 in Gegenphase und stoßen sich ab; siehe Versuch in *Abb. 7–13*. Aus $U_{21} = -U_{22}$ folgt $\omega L_{21} I_1 = \omega L_{22} I_2$ und daraus

$$\frac{I_2}{I_1} = -\frac{L_{21}}{L_{22}} = -\frac{\mu_r \mu_0 \frac{A}{l} n_2 n_1}{\mu_r \mu_0 \frac{A}{l} n_2^2} = -\frac{n_1}{n_2} \,.$$

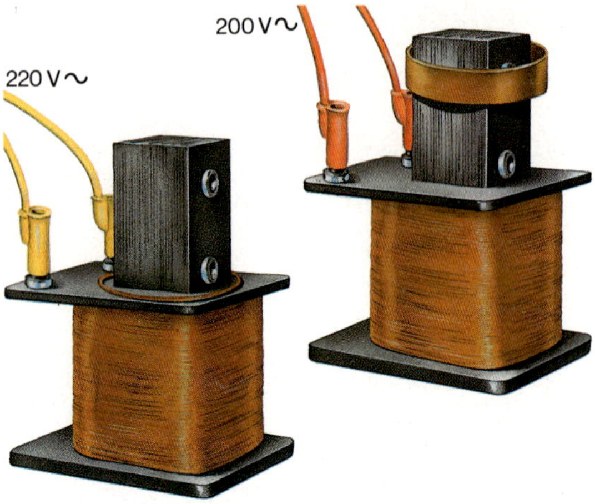

Abb. 7–13: Der dicke Ring bildet die kurzgeschlossene Sekundärspule eines Transformators mit $n_2 = 1$ Windung. Wegen der Gegenphasigkeit der Ströme in der Primär- und in der Sekundärspule schwebt der Ring (entgegengerichtete Ströme stoßen sich ab). Warum schwebt der dünne Ring nicht?

Mit kleiner sekundärer Windungszahl erzielt man einen hohen Kurzschlußstrom I_2.

Aufgaben

***7/22:** Erklären Sie anhand des Phasendiagramms in *Abb. 7–12 b*, warum beim kurzgeschlossenen Transformator die Ströme I_1 und I_2 gegenphasig sind.
a) Warum schwebt in *Abb. 7–13* der dicke Ring?
b) Warum schwebt in *Abb. 7–13* der dünne Ring nicht?
7/23: Wie groß ist die Ausgangsspannung eines Hochspannungstransformators mit $n_1 = 250$ und $n_2 = 23\,000$ im Leerlauf, wenn primärseitig die Netzspannung angelegt wird?
7/24: Ein Hochstromtransformator hat sekundärseitig eine einzige Windung aus sehr dickem Kupferdraht. Wie groß ist der darin fließende Strom, wenn die Primärspule mit 500 Windungen bei Netzanschluß eine Leistung von 60 W aufnimmt? ($\varphi_1 = 0°$).
7/25: Wieviel Windungen sind sekundärseitig auf einen geschlossenen Eisenkern zu wickeln, um einen Klingeltrafo für 6 V zu erhalten? Die Primärseite mit 500 Windungen wird an das Netz angeschlossen.
***7/26:** Ein Experimentiertransformator mit geschlossenem U-Kern und den Windungszahlen $n_1 = 46$ und $n_2 = 125$ wird mit einer 6 V/0,5 A-Lampe am Ausgang belastet. Wie groß muß die Eingangsspannung U_1 ($f = 50$ Hz) sein, damit die Lampe normal hell brennt? Zeichnen Sie dazu ein maßstabsgerechtes Phasendiagramm. Der Wechselstromwiderstand aufgrund der Gegeninduktion beträgt bei 50 Hz $R_{12} = R_{21} = \omega L_{12} = \omega L_{21} = 12\,\Omega$. Berechnen Sie daraus ωL_{11} und ωL_{22} sowie die anderen zum Zeichnen benötigten Werte. Wie groß sind der Primärstrom I_1 und der Phasenwinkel φ_1?
7/27: Eine 60-W-Lampe für 110 V soll an das 220-V-Netz angeschlossen werden. Wie groß muß die Induktivität einer vorgeschalteten Spule sein, damit die Lampe normal hell brennt? (Der ohmsche Widerstand der Spule werde vernachlässigt.)

7/28: Bei einer Gleichspannung von 12 V wird in einer Drosselspule die Stromstärke 0,6 A gemessen. Legt man an die Spule die Netzspannung (220 V/50 Hz), so mißt man einen Strom von 1,5 A. Berechnen Sie die Induktivität und den Phasenwinkel.

7/29: Eine Drosselspule hat einen ohmschen Widerstand von 4,5 Ω und eine Induktivität von 0,3 H. Wie groß ist der Leistungfaktor bei 50 Hz?

***7/30:** Bei Leuchtstofflampen wird zur Strombegrenzung der Röhre ein Vorschaltgerät (Drosselspule) in Serie geschaltet und an das Netz (220 V/50 Hz) angeschlossen. Über der Röhre wird eine Spannung von 60 V, über der Drossel von 205 V gemessen, wobei ein Strom von 0,38 A fließt. Zeichnen Sie ein maßstabsgerechtes Phasendiagramm. Wie groß ist der Phasenwinkel? (Die Röhre sei ein reiner Wirkwiderstand.) Wie groß sind die in der Röhre und im Vorschaltgerät umgesetzten Leistungen? Welche Werte haben Induktivität und ohmscher Widerstand des Vorschaltgeräts? Wie groß ist die Blindstromkomponente?

***7/31:** In Gebäuden mit vielen Leuchtstofflampen schreiben die Elektrizitätswerke eine Blindstromkompensation vor, um die Verluste in den Zuleitungen möglichst gering zu halten. Dazu werden jeweils zwei Lampen zu einer DUO-Schaltung zusammengefaßt. Einer Lampe mit Vorschaltgerät wird eine zweite parallel geschaltet, die zusätzlich zum Vorschaltgerät mit einem Kondensator in Serie geschaltet ist. Dieser Kondensator ist so bemessen, daß die zweite Lampe die gleiche Blindstromkomponente wie die erste hat, jedoch nicht induktiv, sondern kapazitiv, so daß beide Lampen zusammen einen reinen Wirkstrom haben. Wie groß muß die Kapazität sein? Gehen Sie von den Daten der vorhergehenden Aufgabe aus. (Der Kondensator kann als ideal angesehen werden.) Wie groß ist die Spannung am Kondensator?

7.2 Elektrische Schwingungen und elektromagnetische Wellen

Im Jahre 1880 konnte Heinrich HERTZ durch die schnelle Entladung eines Kondensators mit einem Funken nachweisen, daß elektrische und magnetische Felder zu Schwingungen fähig sind, die sich als Welle im Raum ausbreiten. Mit dem Nachweis elektromagnetischer Wellen durch Heinrich HERTZ hatte die „Funktechnik" ihren Anfang gefunden, die uns heute als „Rundfunk" über Radio und Fernseher drahtlos mit Informationen versorgt. Vom tragbaren Funksprechgerät bis hin zur großen Sendestation eines Rundfunksenders gibt es eine Vielzahl von Sendern unterschiedlicher Leistung, die Radiowellen mit bestimmter Frequenz und Wellenlänge ausstrahlen. Kernstück eines jeden Senders ist ein elektrischer Schwingkreis, der die abzustrahlende Schwingung erzeugt.

7.2.1 Der elektrische Schwingkreis

Versuch 7/10a: Eine Spule mit geschlossenem Eisenkern und hoher Induktivität $L = 600\,\text{H}$ und ein Kondensator mit der Kapazität $C = 40\,\mu\text{F}$ werden zu einem Schwingkreis zusammengeschlossen (*Abb. 7–14*). Mit einem Umschalter kann man den Kondensator über eine 100-V-Gleichspannungsquelle aufladen und dann durch Umschalten über die Spule entladen.

Man beobachtet, daß die Zeiger der Meßinstrumente gedämpfte Schwingungen mit einer Frequenz von etwa 1 Hz ausführen. Spannung und Strom sind dabei um 90° phasenverschoben.

Versuch 7/10b: In einem weiteren Versuch mit kleinerer Induktivität und Kapazität können die Instrumente wegen ihrer Trägheit den schnelleren Schwingungen nicht folgen. Lädt man den Kondensator nicht nur einmal, sondern periodisch mit einer Rechteckspannung von etwa 100 Hz auf, so kann man die gedämpfte elektrische Schwingung mit einem Oszillographen beobachten (*Abb. 7–15*).

Die Dämpfung rührt von den unvermeidlichen Energieverlusten her, insbesondere durch den Wirkwiderstand der Spule hervorgerufen.

Definition: Ein Kreis aus Kondensator und Spule heißt **elektrischer Schwingkreis,** da in ihm (gedämpfte) elektrische Schwingungen stattfinden können.

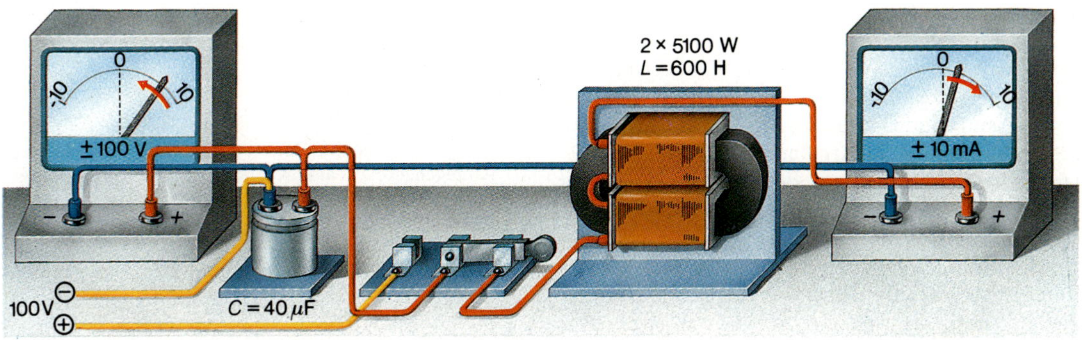

Abb. 7–14: Wird der aufgeladene Kondensator über die Spule hoher Induktivität entladen, so beobachtet man an Spannungs- und Strommesser abklingende Schwingungen. Strom und Spannung sind um 90° phasenverschoben.

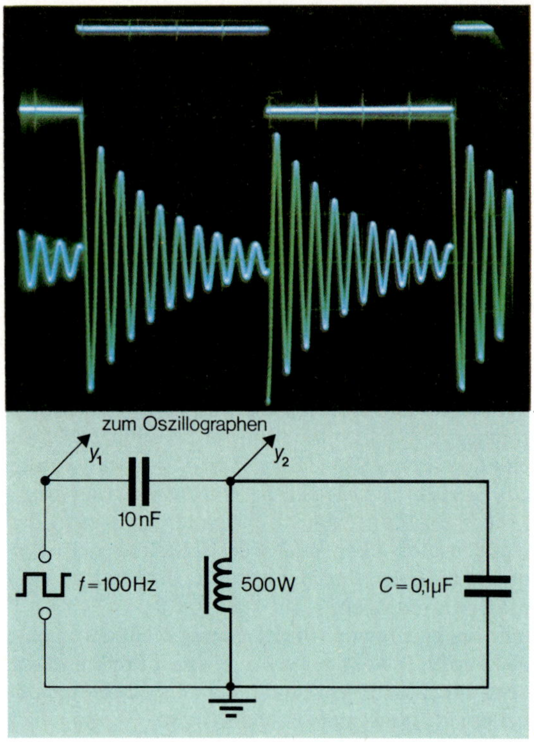

Abb. 7–15: Regt man den elektrischen Schwingkreis mit einer Rechteckspannung immer wieder neu an, so läßt sich die gedämpfte elektrische Schwingung auf dem Oszillographen beobachten.

Die elektrische Schwingung kann man mit einer mechanischen Schwingung vergleichen. In *Abb. 7–16* sind die Vorgänge im Schwingkreis den Schwingungen eines Federpendels gegenübergestellt. Aus dem Vergleich mit den mechanischen Energieformen erhält man als Ergebnis:

Im elektrischen Schwingkreis findet eine periodische Energieumwandlung zwischen elektrischer und magnetischer Energieform statt.

Den quantitativen Zusammenhang zwischen der kleiner werdenden Schwingungsdauer bei kleineren Induktivitäten und Kapazitäten findet man, wenn man in *Versuch 7/10b* zuerst die Kapazität C und dann die Induktivität L variiert und die Schwingungsdauer T auf dem geeichten Oszillographenschirm mißt. Als Ergebnis erhält man:
Die Schwingungsdauer T des Schwingkreises ist proportional zu $\sqrt{C}$, wenn die Induktivität konstant ist. Sie ist proportional zu $\sqrt{L}$, wenn die Kapazität konstant ist, also gilt $T \sim \sqrt{LC}$. Als Proportionalitätskonstante liefert der Versuch angenähert den unten theoretisch hergeleiteten Wert 2π. Der Kehrwert der Schwingungsdauer heißt **Eigenfrequenz** des Schwingkreises.

Beschreibung der *Abb. 7–16:*
Eine gedämpfte elektrische Schwingung (oben) verläuft analog zur Schwingung eines Federpendels. Das zeigt ein Vergleich der elektrischen mit der mechanischen Schwingung zu verschiedenen Zeitpunkten.

a) t_0:
Der Kondensator ist zur vollen Spannung $\hat{u}$ aufgeladen. Sein Feld enthält die elektrische Energie $E_{el} = \frac{1}{2}\, C\, \hat{u}^2$. Es bewegen sich noch keine Ladungen, die magnetische Energie ist Null.

Die Kugel ist zur vollen Elongation $\hat{s}$ ausgelenkt. Die Feder enthält die Spannungsenergie $E_{Sp} = \frac{1}{2}\, D\hat{s}^2$, die Kugel besitzt keine kinetische Energie.

b) $t_0 + \frac{1}{8}\, T$:
Der Kondensator entlädt sich über die Spule mit steigender Stromstärke. Die magnetische Energie des Spulenfeldes wächst, während die elektrische Energie des Kondensators um den gleichen Betrag abnimmt:
$E_{el} + E_m = const.$

Die Kugel schwingt mit steigender Geschwindigkeit v zur Ruhelage zurück. Sie gewinnt kinetische Energie, während die Spannungsenergie um den gleichen Betrag abnimmt:
$E_{kin} + E_{Sp} = const.$

c) $t_0 + \frac{1}{4}\, T$:
Der Kondensator ist ganz entladen und besitzt keine Energie mehr. Der Entladestrom hat seine größte Stärke $\hat{\imath}$ erreicht. Das Spulenfeld enthält die magnetische Energie $E_m = \frac{1}{2}\, L\, \hat{\imath}^2$.

Die Kugel ist zurückgeschwungen und geht mit größter Geschwindigkeit $\hat{v}$ durch die Ruhelage. Ihre kinetische Energie ist $E_{kin} = \frac{1}{2}\, m\, \hat{v}^2$. Eine Spannungsenergie ist nicht vorhanden.

d) $t_0 + \frac{3}{8}\, T$:
Die Induktivität der Spule bewirkt das Weiterfließen des Stromes über die Ladungsgleichverteilung hinaus. Die Stromstärke und die magnetische Energie nehmen ab. Der Kondensator lädt sich in entgegengesetzter Polung auf und gewinnt elektrische Energie.

Die Trägheit der Kugel bewegt sie über die Ruhelage hinaus zur anderen Seite. Dabei nehmen ihre Geschwindigkeit und ihre kinetische Energie ab. Die Spannenergie wächst wieder an.

e) $t_0 + \frac{1}{2}\, T$:
Der Kondensator ist entgegengesetzt aufgeladen. Wenn keine Verluste auftraten, so hat er die gleiche Spannung $\hat{u}$ und damit die Anfangsenergie
$E_{el} = \frac{1}{2}\, C\, \hat{u}^2$ erreicht.

Die Kugel ist voll zur anderen Seite ausgelenkt. Wenn keine Verluste auftraten, so ist wieder die Elongation $\hat{s}$ und damit die Anfangsenergie
$E_{Sp} = \frac{1}{2}\, D\, \hat{s}^2$ erreicht.

Nun wiederholt sich der Vorgang in umgekehrter Richtung.

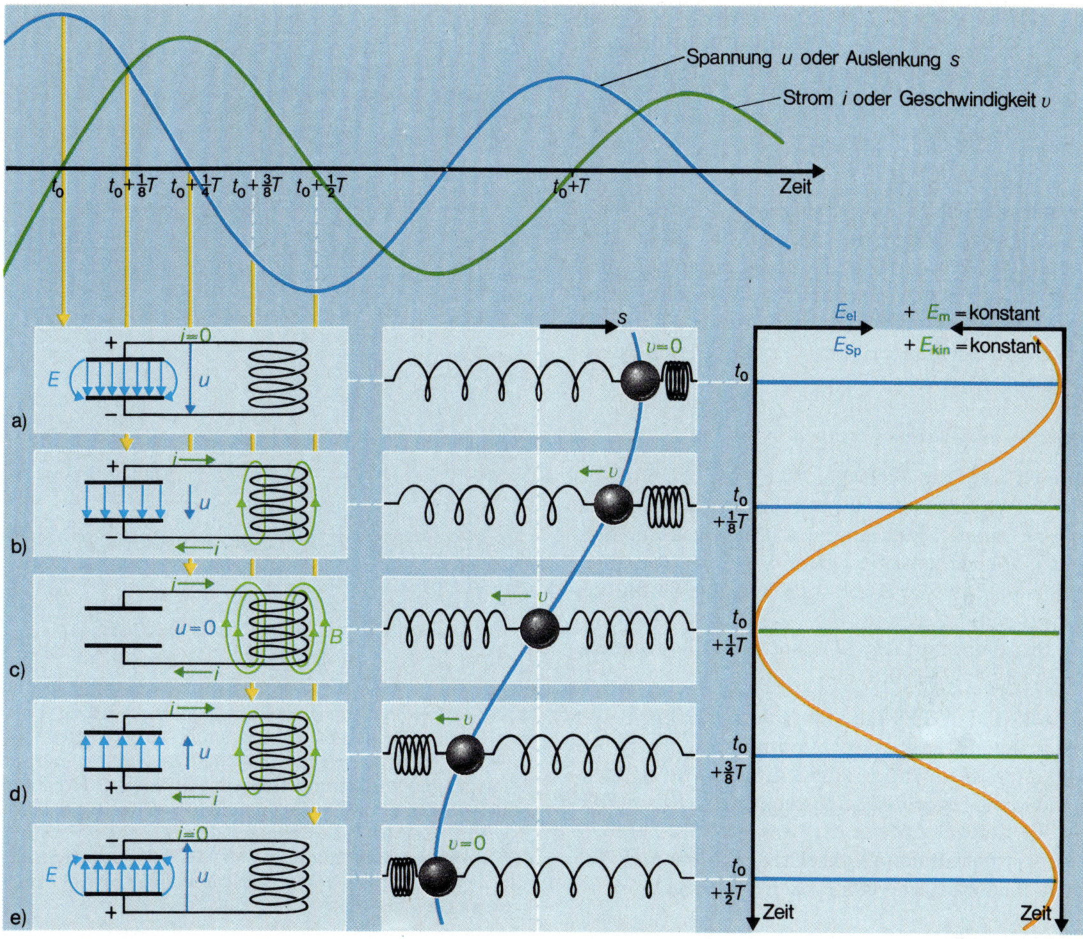

Abb. 7–16: Beschreibung siehe Seite 270.

Ergebnis: Die Schwingungsdauer des elektrischen Schwingkreises ist $T = 2\pi\sqrt{LC}$, seine Eigenfrequenz ist

$$f = \frac{1}{2\pi\sqrt{LC}} \qquad \text{(Thomsonsche Gleichung).}$$

Bei der Herleitung der Thomsonschen Gleichung gehen wir von dem Ansatz aus, daß die Spannung u_C am Kondensator in jedem Moment gleich der Spannung u_L an der Spule ist (*Abb. 7–17*). Mit $u_C = \frac{1}{C}Q$ und $u_L = L\frac{di}{dt} = L\,\dot{i}$ folgt aus dem Ansatz $u_C = u_L$

$$\frac{1}{C}Q = L\,\dot{i}.$$

Differenziert man diese Gleichung nach der Zeit, so erhält man auf der linken Seite $\dot{Q}$, also den Strom i:

$$\frac{1}{C}\dot{Q} = L\,\ddot{i}$$

Beim Einsetzen müssen wir beachten, daß der in *Abb. 7–17* eingeführte Strom i für den Kondensator ein Entladestrom ist. Es gilt also $-\dot{Q} = i$, womit man eine Differentialgleichung für den Strom erhält:

$$-\frac{1}{C}i = L\,\ddot{i}$$

Diese Gleichung wird mit dem Ansatz $i = \hat{i}\sin\omega t$, erfüllt. Zweimaliges Differenzieren ergibt $\ddot{i} = -\omega^2\,\hat{i}\sin\omega t$. Die Terme, für i und $\ddot{i}$ in die Differentialgleichung eingesetzt, ergeben

$$-\frac{1}{C}\hat{i}\sin\omega t = -\omega^2 L\,\hat{i}\sin\omega t\,.$$

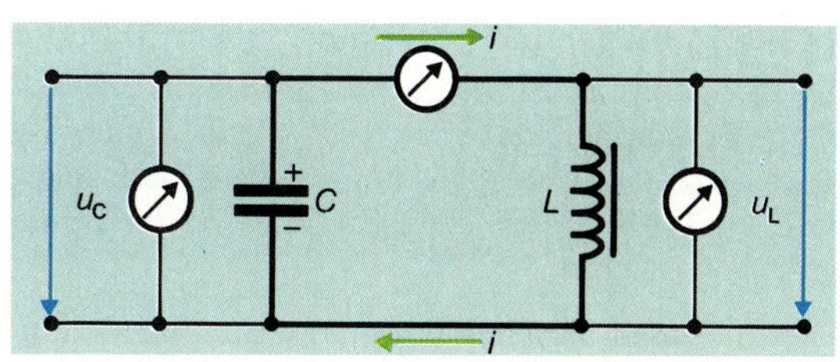

Abb. 7–17: Strom und Spannung beim elektrischen Schwingkreis: Die Richtung des momentanen Stroms i ist so festgelegt, daß der Strom den Kondensator entlädt.

Die Gleichung ist nur dann für alle Zeiten t erfüllt, wenn die Beziehung $\frac{1}{C} = \omega^2 L$ gilt. Daraus folgt die Thomsonsche Gleichung

$$\omega = 2\,\pi\, f = \frac{1}{\sqrt{LC}} \;.$$

Mechanische Schwinger kann man zu erzwungenen Schwingungen anregen (→ *Kapitel 3.2*). Sie schwingen mit der Erregerfrequenz und geraten bei Anregung mit ihrer Eigenfrequenz in Resonanz, wobei die Auslenkung maximal wird. Auch elektrische Schwingkreise kann man zu erzwungenen Schwingungen anregen.

Serienresonanzkreis

Versuch 7/11: Ein ohmscher Widerstand, eine Spule und ein Kondensator werden in Reihe geschaltet und an einen Sinusgenerator mit variabler Frequenz, aber konstanter Spannung $U = 10\,\text{V}$ angeschlossen. Mit der Thomsonschen Gleichung berechnet sich aus den in *Abb. 7–18* angegebenen Daten der Spule und des Kondensators die Eigenfrequenz zu $f_0 = 230\,\text{Hz}$.

Verändert man die Frequenz, so erreicht der Strom bei der Eigenfrequenz ein Maximum. Der Schwingkreis ist in Resonanz. In *Abb. 7–18* sind die Meßwerte sowie die theoretische Kurve für den Strom dargestellt, der sich mit der in *Abschnitt 7.1.5* hergeleiteten Formel für den Wechselstromwiderstand Z einer Reihenschaltung von R, L und C berechnet:

$$I = \frac{U}{Z} = \frac{1}{\sqrt{R^2 + \left(\omega L - \frac{1}{\omega C}\right)^2}}$$

Aus der Formel folgt, daß der Strom für $\omega = \omega_0 = 1 / \sqrt{LC}$ seinen Höchstwert erreicht, denn dann ist der **Blindwiderstand** $(\omega_0 L - 1 / (\omega_0 C)) = 0$, und der maximale Strom I_0 wird allein durch den Wirkwiderstand R bestimmt : $I_0 = U / R$.
Bei Resonanz können die Spannungen über der Spule und dem Kondensator größer als die angelegte Spannung sein. Aus den in *Abb. 7–18* angegebenen Daten $I_0 = 400\,\text{mA}$, $f_0 = 230\,\text{Hz}$ und $L = 0{,}24\,\text{H}$ berechnet man für die Spannung U_L über der Spule im Resonanzfall
$U_L = I_0\, \omega_0 L = 400\,\text{mA} \cdot 2\,\pi \cdot 230\,\text{Hz} \cdot 0{,}24\,\text{H} = 139\,\text{V}$.
Diese Spannung ist wesentlich größer als die angelegte Spannung von $U = 10\,\text{V}$. Die Spannung $U_C = I_0 / (\omega_0 C)$ am Kondensator berechnet sich ebenfalls zu 139 V; sie ist der Spannung an der Spule entgegengerichtet.

Eindrucksvoll läßt sich diese Spannungserhöhung mit einer Glimmlampe (Neonröhrchen mit einer Zündspannung von etwa 95 V) nachweisen, die zunächst an den Generator geschlossen und anschließend parallel zur Spule oder dem Kondensator geschaltet wird: Die Spannungen U_L und U_C zünden die Lampe, die angelegte Spannung U vermag das nicht. Erhöht man den Widerstand R, so ist der Kreis stärker gedämpft, und die Resonanz tritt nicht mehr so deutlich in Erscheinung (*Abb. 7–18*).

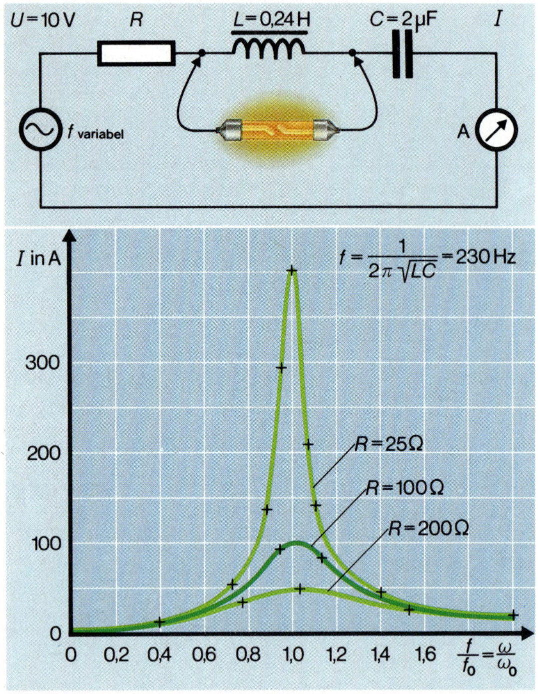

Abb. 7–18: Stromresonanz bei einer Reihenschaltung von L und C: Eine Spule von 1000 Windungen mit Eisenkern ($L = 0{,}24\,\text{H}$) und ein Kondensator ($C = 2\,\mu\text{F}$) werden in Reihe geschaltet und der Strom I bei variabler Frequenz f gemessen. Der ohmsche Widerstand dieses Kreises beträgt $R = 10\,\Omega$. Bei der Eigenfrequenz des Schwingkreises hat der Strom ein Maximum. Die Meßergebnisse lassen sich mit der Formel für den Wechselstromwiderstand der Reihenschaltung berechnen.

Ergebnis: Der Widerstand eines Serienresonanzkreises hat ein Minimum bei der Eigenfrequenz

$$f_0 = \frac{1}{2\,\pi\,\sqrt{LC}} \,.$$

Parallelresonanzkreis

Versuch 7/12: In *Abb. 7–19* wird ein Schwingkreis aus Spule und Kondensator von einem Sinusgenerator mit variabler Frequenz parallel angeregt. Die Glühlampen zeigen qualitativ die Ströme an.

Bei tiefen Frequenzen leuchtet die Lampe in der gemeinsamen Zuleitung gleich hell wie die Lampe im Spulenzweig, während die Lampe im Kondensatorzweig nicht leuchtet. Der Wechselstromwiderstand $R_L = \omega L$ ist klein, der des Kondensators

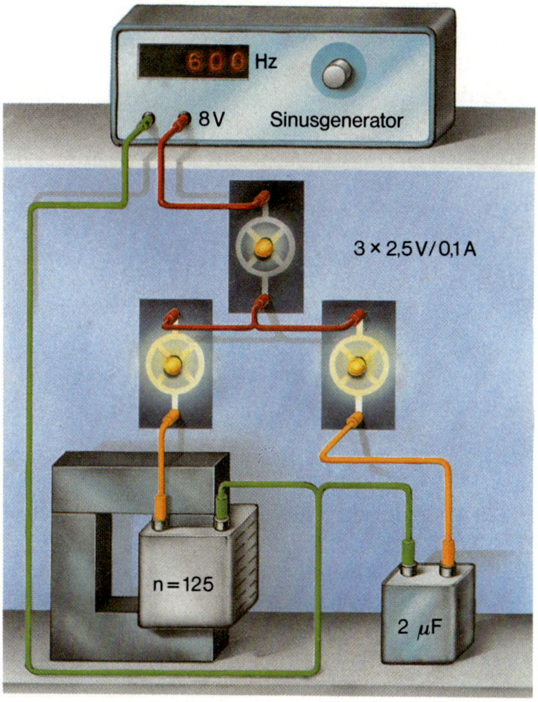

Abb. 7–19: Im Parallelresonanzkreis hat sich ein kräftiger Blindstrom aufgeschaukelt, während in der Zuleitung nur ein schwacher Wirkstrom fließt, der die Verluste ausgleicht.

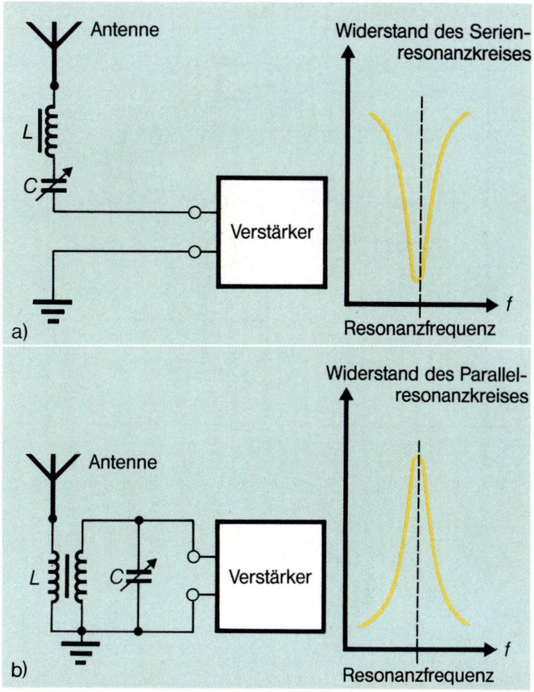

Abb. 7–20: Das selektive Verhalten von Resonanzkreisen macht man sich in der Rundfunktechnik zunutze. *a)* Serienresonanzkreis *b)* Parallelresonanzkreis.

$R_C = 1 / (\omega C)$ ist groß, so daß der Strom größtenteils über die Spule fließt. Bei hohen Frequenzen ist es umgekehrt. Jetzt leuchten die Lampen in der Zuleitung und im Kondensatorzweig gleichhell, während die Lampe im Spulenzweig erloschen ist.
Wird der Kreis mit seiner Eigenfrequenz f_0 erregt, so gerät er in Resonanz. Die beiden Lampen im Spulen- und Kondensatorzweig leuchten jetzt gleich hell, während die Lampe in der Zuleitung nur schwach leuchtet (*Abb. 7–19*).

Im Resonanzkreis hat sich ein hoher Blindstrom aufgeschaukelt, während der um 90° phasenverschobene Wirkstrom in der Zuleitung nur die Energieverluste ausgleicht. Der Parallelkreis hat bei Resonanz einen hohen Widerstand, denn es fließt bei konstanter Spannung in der Zuleitung ein kleinerer Strom als bei Frequenzen, die ober- oder unterhalb der Resonanzfrequenz liegen.
Quantitativ läßt sich der Strom mit der in *Abschnitt 7.1.5* hergeleiteten Formel für den Widerstand einer Parallelschaltung von *R*, *L* und *C* beschreiben.

Ergebnis: Der Widerstand eines Parallelresonanzkreises hat ein Maximum bei der Eigenfrequenz

$$f_0 = \frac{1}{2\,\pi\,\sqrt{LC}}\,.$$

Den frequenzabhängigen Widerstand von Resonanzkreisen nutzt man in der Rundfunktechnik, indem man Schwingkreise als **elektronische Filter** oder **Siebkreise** verwendet. Was geschieht prinzipiell beim Abstimmen eines Empfängers auf einen Sender? Mit der Antenne werden Spannungen und Ströme von vielen Sendern mit unterschiedlichen Trägerfrequenzen empfangen (→ *Abschnitt 7.2.4*). Nur die Spannung und der Strom mit der Trägerfrequenz des gewünschten Senders soll zum Eingang des Verstärkers gelangen. Dazu wird mit einem Kondensator veränderlicher Frequenz (Drehkondensator) die Eigenfrequenz eines Resonanzkreises, den man als Abstimmkreis bezeichnet, auf die Trägerfrequenz eingestellt. Bei Verwendung eines Serienresonanzkreises (*Abb. 7–20 a*) kann wegen des kleinen Widerstandes im Resonanzfall der Strom mit der Trägerfrequenz des gesuchten Senders über den Verstärkereingang fließen, Ströme mit anderen Frequenzen werden wegen des hohen Widerstandes vom Serienkreis abgeblockt.
Noch besser eignet sich meist der Parallelkreis als Senderabstimmkreis (*Abb. 7–20 b*) oder in gleicher Funktion als **Sperrkreis** bei der Ansteuerung von Verstärkerstufen. Wegen des hohen Widerstandes im Resonanzfall gelangt die Trägerfrequenzspannung an den Eingang des Verstärkers, während die

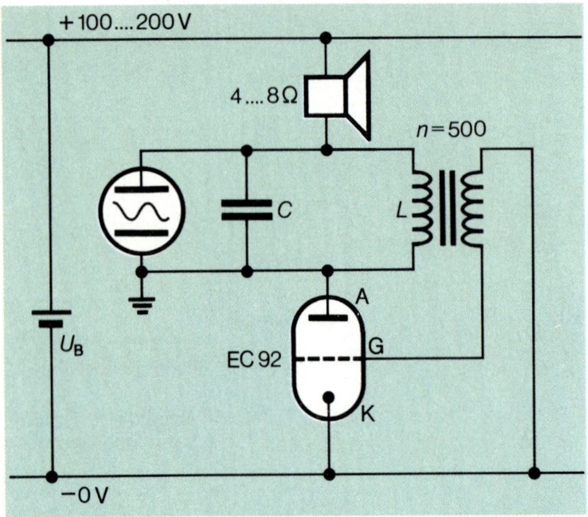

Kondensator C	Spule L mit Windungszahl n		Frequenz f in Hz
10 µF	1000	U-Kern	20
5 µF	1000	Fe-Kern	170
0,1 µF	1000	Fe-Kern	600
0,1 µF	1000	eisenlos	2500
47 nF	250	eisenlos	15000

a)

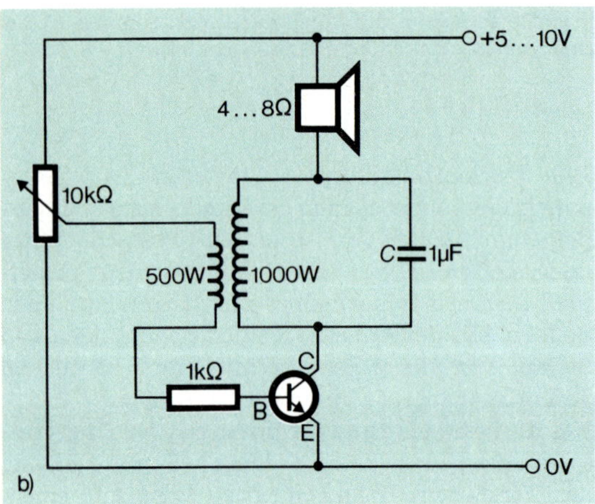

Abb. 7–21: a) Mit einer Rückkopplungsschaltung nach MEISSNER lassen sich tonfrequente Sinusschwingungen erzeugen. Dazu sind ein Lautsprecher, ein Parallelschwingkreis und eine Triode in Reihe geschaltet und an eine Gleichspannung angeschlossen. b) Statt mit einer Triode läßt sich die Meißner-Schaltung auch mit einem Transistor betreiben. Mit dem Potentiometer (10 kΩ) wird der Arbeitspunkt des Transistors eingestellt.

Spannungen mit anderen Frequenzen wegen des dann niedrigen Widerstandes des Parallelkreises praktisch kurzgeschlossen werden. Der Parallelkreis wird dann dem Serienkreis vorgezogen, wenn der nachfolgende Verstärker einen hohen Eingangswiderstand besitzt. Wegen des hohen Widerstandes des Parallelkreises im Resonanzfall wird die Leistung besser übertragen (Leistungsanpassung).

Aufgaben

7/32: Ein Kondensator mit $C = 0{,}1\,\mu F$ und eine Spule mit $L = 44\,mH$ bilden einen Schwingkreis. Berechnen Sie die Eigenfrequenz. Durch Einschieben eines Eisenkerns in die Spule vergrößert sich deren Induktivität um den Faktor 23. Wie groß ist jetzt die Eigenfrequenz?

7/33: Eine lange Spule ($n = 340$, $l = 60\,cm$, $d = 8\,cm$) wird mit einem Kondensator der Kapazität $C = 0{,}1\,\mu F$ und einem Widerstand $R = 200\,\Omega$ in Serie geschaltet. Berechnen Sie die Resonanzfrequenz.

7/34: Ein Schwingkreis mit einer Kapazität von $C = 47\,nF$ schwingt bei einer Frequenz von $f = 3{,}7\,kHz$. Wie groß ist die Induktivität?

7.2.2 Ungedämpfte elektrische Schwingungen

Die Schwingungen eines elektrischen Schwingkreises sind normalerweise wegen der Energieverluste gedämpft. Wenn es durch eine **Rückkopplung** (→ *Kapitel 3.2.2*) gelingt, daß sich der Schwingkreis selbständig im richtigen Moment an eine Gleichspannungsquelle anschließt und sich damit Energie zuführt, erhält man einen ungedämpft schwingenden Oszillator. MEISSNER schlug 1913 als erster eine solche Schaltung vor und führte sie in die Rundfunktechnik ein.

Rückkopplungsschaltung nach Meißner

Versuch 7/13: Ein Lautsprecher, ein Parallelschwingkreis und eine Triode werden in Serie geschaltet und an eine Gleichspannungsquelle von ca. 100 V angeschlossen. Neben die Schwingkreisspule stellen wir eine Induktionsspule und schließen deren Enden an Gitter und Kathode der Röhre an (*Abb. 7–21a*).
Aus dem Lautsprecher hört man bei richtiger Polung der Induktionsspule einen Ton. Mit einem an den Schwingkreiskondensator angeschlossenen Oszillographen weist man den sinusförmigen Verlauf der Schwingung nach und mißt die Frequenz. Entsprechend den in der Tabelle in *Abb. 7–21* angegebenen Werten lassen sich Frequenzen von 20 Hz bis zur oberen Grenze des hörbaren Bereichs bei 15 kHz herstellen. Beim Herausziehen des Eisenkerns aus der Spule erhöht sich die Frequenz kontinuierlich.

Zur Funktionsweise der Meißner-Schaltung betrachten wir *Abb. 7–22*. Die angelegte Gleichspannung U teilt sich auf in die Spannung über dem Schwingkreis $u_C = u_L$ und die Anodenspannung u_A über der Triode: $U = u_C + u_A =$ konstant. Mit der Gitterspannung u_G läßt sich der Innenwiderstand der Triode vergrößern oder verkleinern und damit vergrößert oder verkleinert sich der Spannungsabfall u_A über der Triode. Nach obiger Gleichung verkleinert oder vergrößert sich dann die Spannung u_C über dem Schwingkreis. Damit läßt sich der Schwingkreis entdämpfen: Ist die an den Schwingkreis angelegte Spannung groß, wenn ihre Polung mit u_C übereinstimmt, und klein bei entgegengesetzter Polung, so wird dem Schwingkreis in der ersten Phase mehr Energie zugeführt, als ihm in der zweiten entzogen wird.

Wie die Gitterspannung anzulegen ist, zeigt ebenfalls *Abb. 7–22:* Während der Halbperiode, in der die Spannung über dem Schwingkreis positiv ist, soll der Innenwiderstand der Röhre klein sein. Während dieser Phase ist die Stromänderung positiv, das Magnetfeld der Schwingkreisspule wächst und induziert nach der Lenzschen Regel in der Induktionsspule einen Strom in der eingezeichneten Richtung, der das Gitter positiv gegenüber der Kathode auflädt. Die Triode wird dadurch leitend, ihr Innenwiderstand klein. Während der Halbperiode, in der die Spannung über dem Schwingkreis negativ ist, kehren sich alle Vorzeichen um, und der Röhrenwiderstand wird groß.

Zur Funktion der Röhre muß man noch wissen, daß bereits ohne Wechselspannung Elektronen auf das Gitter treffen. Es fließt also ein Gleichstrom vom Gitter zur Kathode und zurück über die Induktionsspule; dieser Gitterstrom steuert die Röhre in einem mittleren Widerstandsbereich. Diesem Gitterruhestrom addiert sich der induzierte Steuerstrom und verändert periodisch den Röhrenwiderstand. Vom Pluspol der Spannungsquelle fließt ein periodisch pulsierender Gleichstrom als Wirkstrom i_W über die Schwingkreisspule und die Röhre zum Minuspol. Der Wechselspannungsanteil dieses Stroms wird mit dem Lautsprecher nachgewiesen.

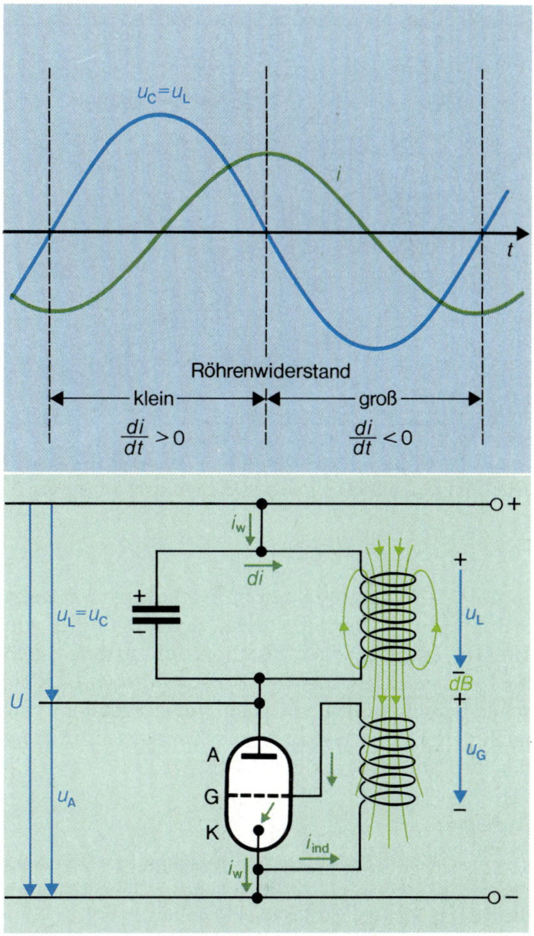

Abb. 7–22: Zur Funktion der Meißner-Schaltung: Der Innenwiderstand der Triode muß klein sein, wenn der Strom im Schwingkreis zunimmt; dann hat die angelegte Spannung die gleiche Richtung wie die Spannung am Schwingkreis.

Dreipunktschaltung

Die Meißner-Schaltung läßt sich zur Dreipunktschaltung vereinfachen, wenn man als Schwingkreisspule eine Spule mit Mittelabgriff verwendet. Dazu denke man sich in *Abb. 7–22* den Pluspol der Gleichspannungsquelle nicht am oberen Ende der Schwingkreisspule angeschlossen, sondern an deren Mittelabgriff. Das jetzt freie obere Ende wird mit dem Gitter verbunden. Zwischen Gitter und Kathode liegt nun ein Teil der Spannung u_L mit der richtigen Polung: man beachte, daß die Gleichspannungsquelle einen Kondensator großer Kapazität darstellt, Plus- und Minuspol sind also wechselspannungsmäßig kurzgeschlossen.

Versuch 7/14: Die Dreipunktschaltung in *Abb. 7–23* arbeitet im Prinzip wie die Meißner-Schaltung: Sie schwingt mit einer Frequenz von 2,5 kHz. Da ein Teil der Schwingkreisspule als Gitterspule benutzt wird, muß vor das Gitter ein Kondensator C_G geschaltet werden, um die angelegte Gleichspannung U vom Gitter fernzuhalten. Die Kapazität C_G muß in Abstimmung mit dem Abgriff an der Spule so dimensioniert sein, daß die Röhre richtig ausgesteuert wird. Außerdem muß nun ein Gitterableitwiderstand R_G eingebaut werden, damit ein Gitterruhestrom fließen kann.

Der Vorteil der Dreipunktschaltung liegt darin, daß man durch die Einsparung einer Gitterspule die Induktivität L der Schwingkreisspule nahezu beliebig verkleinern kann, indem man die Zahl der Windungen reduziert. Bei entsprechender Verkleinerung der Kapazität C erhöht sich damit die Schwingungsfrequenz f. Man kann Dreipunktschaltungen aufbauen, deren Spule nur noch aus einem Bügel zwischen Anode und Gitter besteht. Damit erreicht man Frequenzen bis zu 100 MHz.

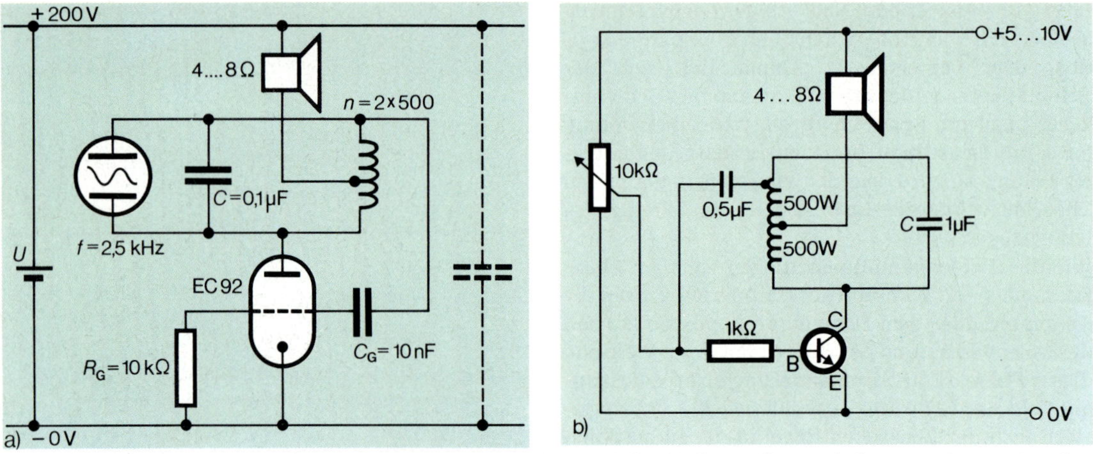

Abb. 7–23: a) Durch einen Abgriff an der Spule des Schwingkreises läßt sich die Meißner-Schaltung zu einer Dreipunktschaltung vereinfachen. b) Die Dreipunktschaltung als Transistorschaltung.

In *Abb. 7–24a* ist eine Dreipunktschaltung mit neun Windungen in Betrieb, deren Schwingungen von 10 MHz ein einfacher Oszillograph gerade noch nachweisen kann. Mit der Erzeugung von elektrischen Schwingungen von solch hoher Frequenz war nach dem Ersten Weltkrieg das Tor zur Einführung der Rundfunktechnik geöffnet.

Aufgaben

7/35: Zeichnen Sie in eine Dreipunktschaltung Ströme und Spannungen wie in *Abb. 7–22* ein, und erklären Sie damit die richtige Phasenlage der Rückkopplung.

7/36: Wie groß ist die Induktivität eines Schwingkreises, der mit 1,5 MHz schwingt, wenn die Kapazität 50 pF beträgt? Wieviel Windungen müßte die Spule haben, wenn man sie auf einen Bleistift (d = 6 mm, l = 4 cm) wickelt?

7/37: Eine Dreipunktschaltung schwingt mit C = 25 pF mit der UKW-Frequenz 70 MHz. Wie groß ist die Induktivität der nur noch als Bügel vorhandenen Spule?

7.2.3 Elektromagnetische Wellen

Mit einem fest aufgebauten Hochfrequenzoszillator (*Abb. 7–25*) soll eine Versuchsreihe durchgeführt werden. Mit einem Frequenzmesser wird die Frequenz des Oszillators zu f = 434 MHz bestimmt. Die Schwingkreisspule des Oszillators besteht nur noch aus einem Bügel zwischen Anode und Gitter der Oszillatorröhre. Auch die Kapazität des Schwingkreiskondensators ist weitestgehend verkleinert und besteht nur noch aus der Gitter-Kathodenkapazität und Gitter-Anodenkapazität der Röhre. Dem Oszillator ist eine Verstärkerstufe nachgeschaltet, deren hochfre-

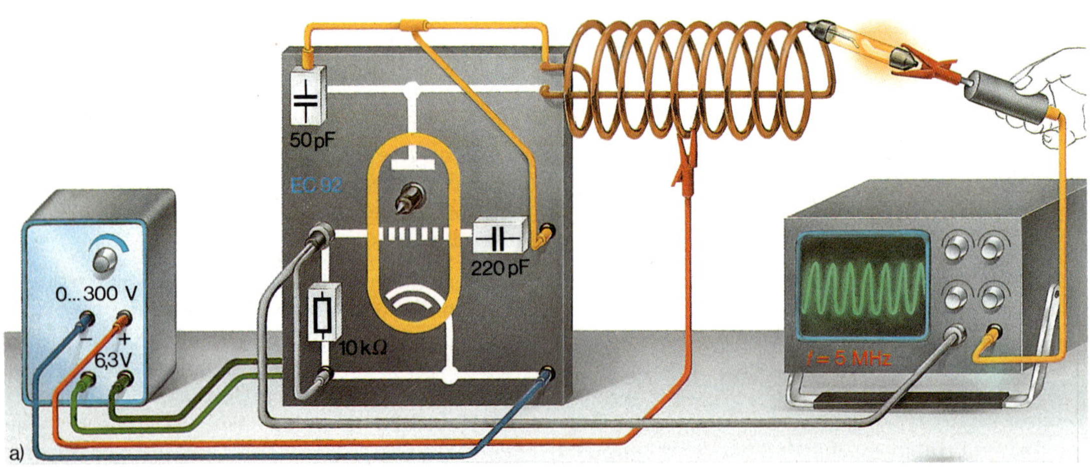

Abb. 7–24a: Ein Röhrenoszillator mit einem Schwingkreiskondensator von C = 50 pF und einer Spule mit neun Windungen in Dreipunktschaltung schwingt mit der Frequenz f = 5 MHz. Nur wenn der Oszillator schwingt, leuchtet die über einen Schutzwiderstand von 10 kΩ an Masse angeschlossene Glimmlampe auf.

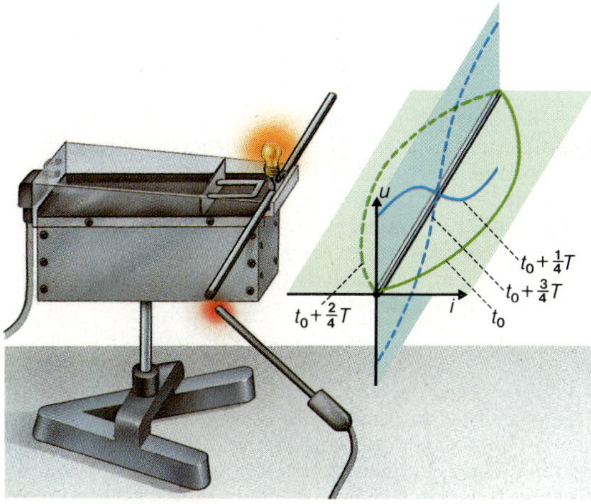

Abb. 7–25: Ein Oszillator (f = 434 MHz) regt einen Metallstab zu elektrischen Schwingungen an. Die Schwingungen lassen sich durch eine in die Mitte des Stabes eingesetzte Glühlampe und an den Enden des Stabes mit einer Feldindikatorlampe nachweisen.

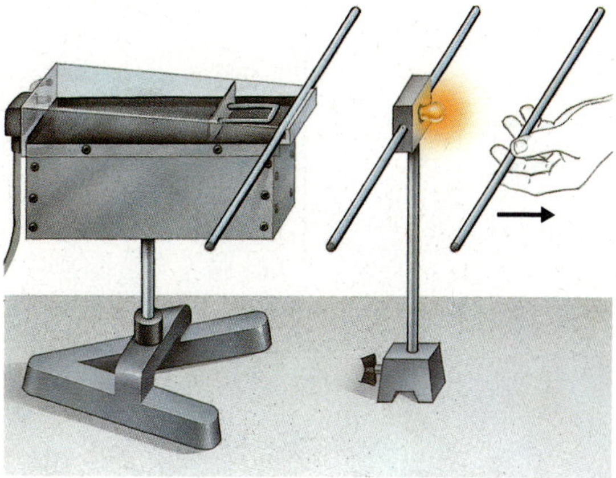

Abb. 7–26: Ein auf den Oszillator gelegter Metallstab wirkt als Hertzscher Dipol und sendet elektromagnetische Wellen aus. Die Lampe am Empfängerdipol leuchtet einmal stärker und einmal schwächer auf, wenn man den Reflektordipol (rechts) langsam entfernt.

quente Leistung an einer Schleife am Ausgang abgenommen werden kann. Man zeigt dies, indem man ein kurzes Kabel zu einer Windung über den Ausgang legt und ein angeschlossenes Glühlämpchen zum Aufleuchten bringt.

Der Hertzsche Dipol

Versuch 7/15: Über den Ausgang des Oszillators wird ein Metallstab gelegt, der in seiner Mitte unterbrochen und mit einem Glühlämpchen überbrückt ist. Überraschenderweise leuchtet auch dieses Lämpchen, obwohl kein geschlossener Stromkreis vorhanden ist. Mit einer Feld-Indikatorlampe weist man an den Enden des Stabes ein elektrisches Feld nach; die Feld-Indikatorlampe besteht aus einer Glimmlampe, die, über eine Widerstandskombination an das elektrische Netz angeschlossen, gerade schwach leuchtet. In einem hochfrequenten elektrischen Wechselfeld leuchtet die Lampe dann intensiv auf (*Abb. 7–25*).

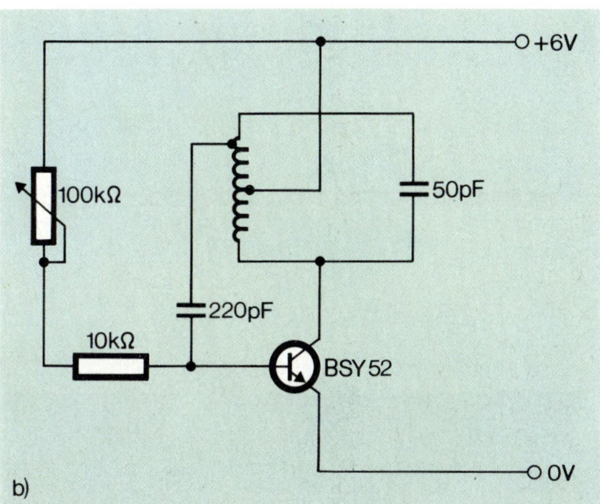

Abb. 7–24b: Ein Hochfrequenzoszillator als Transistorschaltung.

Die Beobachtung läßt sich so deuten, daß längs des Stabes elektrische Ladung hochfrequent hin- und herschwingt. Durch diese elektrischen Schwingungen entsteht an den Stabenden ein hochfrequentes elektrisches Dipolwechselfeld, das beim Umladen einen Strom fließen läßt. Einen derart angeregten Stab bezeichnet man als **Hertzschen Dipol.** Man kann den Hertzschen Dipol als **offenen Schwingkreis** ansehen, dabei sind die Stabenden die rudimentären Reste eines Plattenkondensators, und die Spule besteht nur noch aus einem Stab. Strom und Spannung zeigen die gleiche Phasenverschiebung wie in einem normalen Schwingkreis (*Abb. 7–25*).

Ein Metallstab, in dem eine hochfrequente elektrische Schwingung stattfindet, bezeichnet man als **Hertzschen Dipol.** Er stellt einen offenen elektrischen Schwingkreis dar.

Versuch 7/16: Legt man einen Dipolstab auf den Ausgang des Oszillators, so kann man mit dem zuerst benutzten Empfängerdipol auch noch in einigen Dezimetern Entfernung die Lampe zum Leuchten bringen. Offensichtlich können Hertzsche Dipole Energie aussenden und empfangen. Hält man hinter den Empfängerdipol einen weiteren Dipolstab und bewegt diesen langsam weg (*Abb. 7–26*), so leuchtet bei einem Abstand von ca. 20 cm die Lampe besonders hell, bei etwa 40 cm geht sie aus und bei 60 cm leuchtet sie wieder heller auf.

Dies läßt sich nur so verstehen, daß der erste Dipol eine Welle aussendet, die vom dritten Dipol reflektiert wird. Beim Empfängerdipol überlagern sich die direkte und die reflektierte Welle und interferieren miteinander. Bei Gleichphasigkeit kommt es zu einem stärkeren Aufleuch-

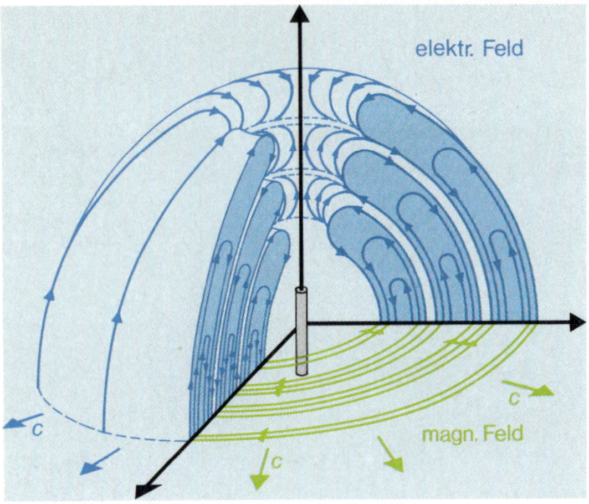

Abb. 7–27: Ein Hertzscher Dipol strahlt eine elektromagnetische Welle ab: Ein hochfrequenter Wechselstrom erzeugt ein magnetisches Feld und durch die Ladungsverschiebung auch ein elektrisches Feld. Bei der Stromumkehr kehren die Felder nicht zum Stab zurück, sondern schälen sich ab und laufen selbständig als elektromagnetische Welle mit Lichtgeschwindigkeit in den Raum.

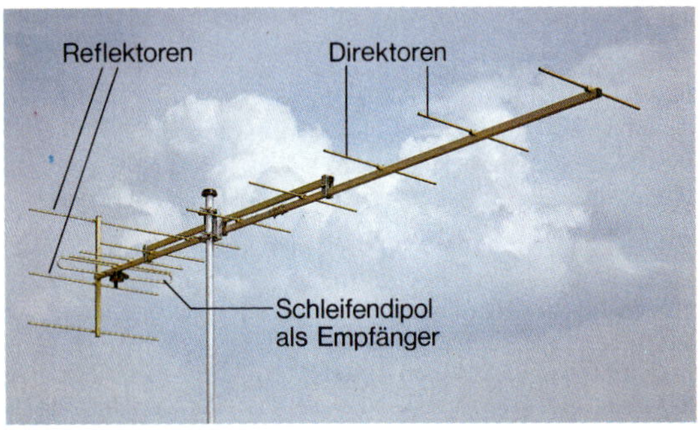

Abb. 7–28: Eine Fernsehantenne besitzt neben dem eigentlichen Empfangsdipol noch andere Dipole, die als Direktoren oder Reflektoren wirken.

ten der Lampe, bei Gegenphasigkeit zum Erlöschen. Mit den Interferenzmaxima läßt sich auch die Wellenlänge abschätzen. Damit die Lampe wieder maximal hell aufleuchtet, muß der Reflektordipol um etwa 40 cm nach hinten verschoben werden. Diesen Weg durchläuft die reflektierte Welle hin und zurück und ist dann wieder gleichphasig. Die Wellenlänge beträgt demnach ungefähr 80 cm. Der nachfolgende Versuch läßt eine genauere Wellenlängenmessung zu und liefert $\lambda = 69$ cm. Multipliziert man diesen Wert mit der eingangs gemessenen Frequenz $f = 434$ MHz des Oszillators, so erhält man nach der Wellengleichung $v = f\lambda$ die Ausbreitungsgeschwindigkeit v der Welle:

$$v = f\lambda = 434\ \text{MHz} \cdot 0{,}69\ \text{m} = 3 \cdot 10^8\ \text{m/s} = c$$

Die Welle breitet sich mit Lichtgeschwindigkeit aus!
Die Vermutung liegt nahe, daß es sich bei der vom Hertzschen Dipol abgestrahlten Welle um das elektrische und magnetische Feld handelt, das sich in der Umgebung des elektrisch schwingenden Metallstabs bildet. Offenbar verschwinden die Felder beim Umpolen bzw. bei der Stromumkehr nicht wieder, sondern lösen sich vom Dipol und laufen eigenständig als elektromagnetische Welle mit Lichtgeschwindigkeit in den Raum hinaus. Das Feldlinienbild eines Hertzschen Dipols ist in *Abb. 7–27* dargestellt. Die elektromagnetische Welle ist transversal, denn die Feldstärkevektoren des elektrischen und des magnetischen Feldes $\vec{E}$ und $\vec{B}$ sind senkrecht zur Ausbreitung gerichtet. Daher leuchtet die Lampe nicht mehr auf, wenn man den Empfängerdipol um 90° dreht.

Das hochfrequente elektrische und magnetische Feld in der Umgebung eines Hertzschen Dipols kehrt beim Umpolen nicht zu dem Dipol zurück, sondern schnürt sich ab und läuft als transversale elektromagnetische Welle mit Lichtgeschwindigkeit in den Raum.

Die in dem Versuch benutzten Dipolstäbe sind mit ihrer Länge von 31 cm auf die Sendefrequenz abgestimmt. Verkürzt oder verlängert man die Stäbe, so erkennt man am schwächeren Aufleuchten der Lampe des Empfängerdipols, daß die elektrische Schwingung nicht mehr so stark ist. Die abgestimmten Dipolstäbe sind damit etwas kürzer als die halbe Wellenlänge von 34,5 cm. Dipolstäbe verwendet man bei UKW- und Fernsehantennen als Direktoren und Reflektoren, um die auf den Empfänger einfallende

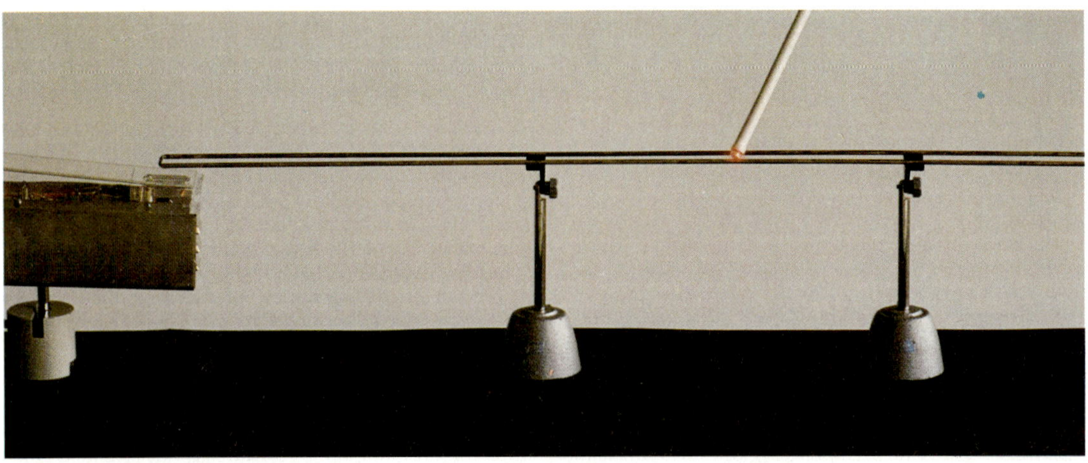

Abb. 7–29: Eine Lecher-Leitung aus zwei parallelen Drähten im Abstand von 2 cm. Zur induktiven Ankopplung ist die Leitung mit dem kurzgeschlossenen Ende über den Ausgang des Röhrenoszillators gelegt.

Leistung zu erhöhen. Speziell bei Fernsehantennen erzielt man damit auch eine ausgeprägte Richtcharakteristik, mit der man den Empfang von an Bergen oder Gebäuden reflektierten Wellen unterdrückt, denn diese führen auf dem Schirm zu Mehrfachkonturen (*Abb. 7–28*).

Die Lecher-Leitung

Der deutsche Physiker Ernst LECHER hatte 1890 entdeckt, daß zwei parallel geführte, isoliert angebrachte Drähte eine elektromagnetische Welle weiterleiten. Dabei läuft die Welle zwischen den beiden Drähten und wird nicht wie beim Dipol in den Raum abgestrahlt.

Versuch 7/17: Das Lecher-System (*Abb. 7–29*) besteht aus zwei 84 cm langen Drähten im Abstand von 2 cm, die an einem Ende miteinander verbunden sind. Das kurzgeschlossene Ende wird zur induktiven Ankopplung über die Ausgangsschleife des 434-MHz-Oszillators gelegt. Über das offene Ende wird ein Schleifendipol gesteckt.

Mit einem Empfangsdipol weist man nach, daß der Schleifendipol eine elektromagnetische Welle abstrahlt, die vom Oszillator über die Lecher-Leitung zum Schleifendipol läuft. Eine an der Lecher-Leitung entlanggeführte Feld-Indikatorlampe leuchtet an keiner Stelle auf.

Versuch 7/18: *Versuch 7/17* wird verändert, indem der Schleifendipol vom Ende der Lecher-Leitung abgezogen wird. Mit dem Empfangsdipol läßt sich nun keine abgestrahlte Welle mehr nachweisen. Führt man die Indikatorlampe, mit der sich ein starkes elektrisches Hochfrequenzfeld nachweisen läßt, an der Lecher-Leitung entlang, so leuchtet sie am offenen Ende und an zwei weiteren Stellen in gleichen Abständen auf. An denselben Stellen leuchtet auch ein Tastkopf auf, der „kapazitiv angekoppelt" über die Lecher-Leitung geführt wird (*Abb. 7–30 a*). Der Tastkopf besteht aus einem kurzen Stück Lecher-Leitung, das eine viertel Wellenlänge mißt. Mit einem offenen und einem geschlossenen Ende stellt die kurze Lecher-Leitung einen abgestimmten Schwingkreis für die Sendefrequenz dar; zum Nachweis der Schwingung ist dem geschlossenen Ende ein Glühlämpchen parallel geschaltet. Hält man den Tastkopf aufrecht, das offene Ende der Lecher-Leitung zugewandt, so vermag ein starkes hochfrequentes elektrisches Feld den Schwingkreis anzuregen, so daß das Lämpchen aufleuchtet; man spricht von elektrischer oder kapazitiver Ankopplung. Führt man den Tastkopf liegend über die Lecher-Leitung, so vermag ein starkes hochfrequentes magnetisches Feld den Schwingkreis anzuregen; man spricht daher von magnetischer oder induktiver Ankopplung. Ein Versuch mit dem induktiv angekoppelten Tastkopf zeigt, daß dieser jetzt genau in der Mitte zwischen den Stellen aufleuchtet, an denen zuvor der kapazitiv angekoppelte Tastkopf aufleuchtete (*Abb. 7–30 c*).

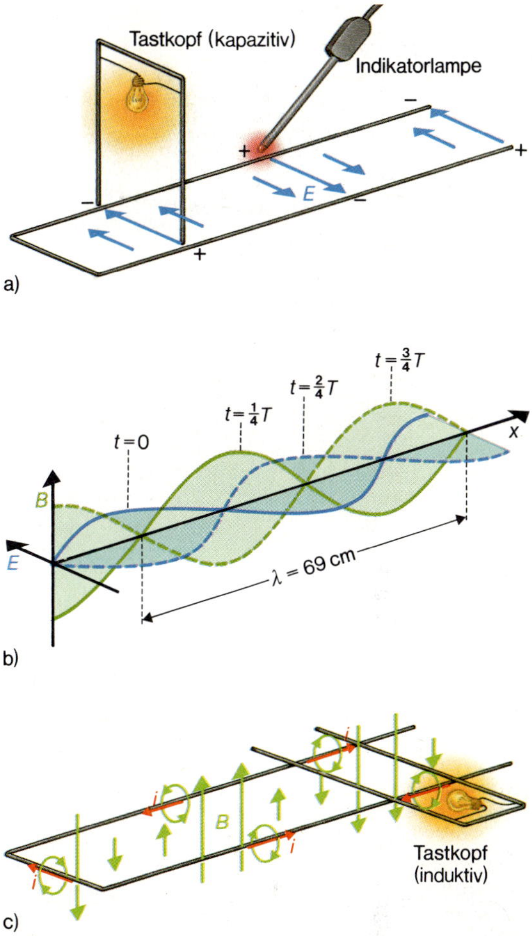

Abb. 7–30: Stehende elektromagnetische Wellen auf einer Lecher-Leitung lassen sich mit einem Tastkopf nachweisen. Der Tastkopf besteht aus einem kurzen Stück der Lecher-Leitung; am kurzgeschlossenen Ende ist eine Glühlampe eingesetzt.
a) Führt man den Tastkopf aufrecht und damit kapazitiv angekoppelt über die Lecher-Leitung, so leuchtet die Glühlampe an den Stellen, wo das elektrische Feld einen Schwingungsbauch hat. *c)* Führt man den Tastkopf liegend und damit induktiv angekoppelt über die Lecher-Leitung, so leuchtet die Lampe an den Stellen, wo das magnetische Feld einen Schwingungsbauch hat. Das stehende Wellenbild aus elektrischen und magnetischen Feldern ist in *(b)* dargestellt.

Die Beobachtungen erklären sich so, daß nach Abnehmen des Schleifendipols die elektromagnetische Welle am offenen Ende der Lecher-Leitung reflektiert wird und hin- und rücklaufende Wellen sich zu einer stehenden elektromagnetischen Welle überlagern. Dabei bilden sich Schwingungsbäuche des elektrischen Feldes, dort leuchtet der kapazitiv angekoppelte Tastkopf auf, und Schwingungsbäuche des magnetischen Feldes, dort leuchtet der induktiv angekoppelte Tastkopf auf (*Abb. 7–30 b*). Die Schwingungsbäuche des elektrischen und des magnetischen Feldes haben einen Abstand von einer Viertelwellenlänge. Damit läßt sich die Wellenlänge bestimmen; die Messung liefert den Wert $\lambda = 69$ cm.

Ergebnis: Mit einer Lecher-Leitung, bestehend aus zwei parallel geführten, isolierten Drähten, lassen sich elektromagnetische Wellen weiterleiten. Treten Reflexionen auf, so bilden sich stehende elektromagnetische Wellen auf der Lecher-Leitung.

Mikrowellen

Elektromagnetische Wellen im cm- und mm-Bereich heißen Mikrowellen. Bei der Wellenlänge $\lambda = 3$ cm beträgt die Frequenz $f = c/\lambda = 10$ GHz und die Schwingungsdauer $T = 1/f = 10^{-10}$ s. Die Schwingungen sind so schnell, daß sie

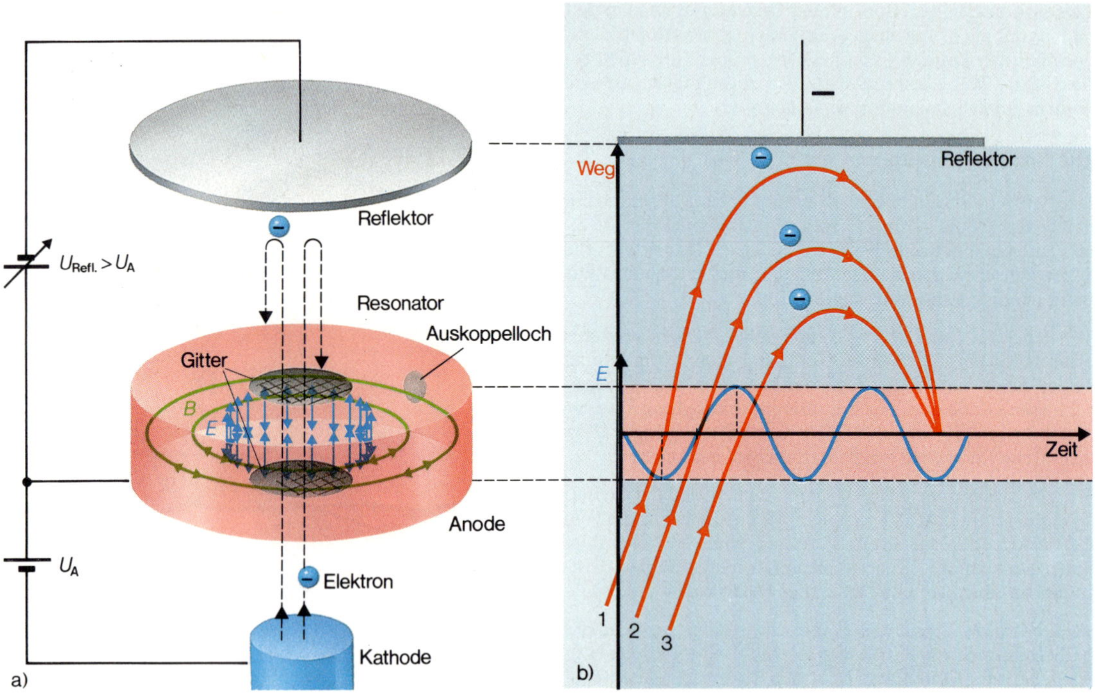

Abb. 7–31: In einem Reflexklystron fliegen beschleunigte Elektronen durch einen Hohlraumresonator und anschließend gegen einen Reflektor, von dem sie zu dem Resonator zurückgelenkt werden (a). In (b) ist in einem Weg-Zeit-Diagramm dargestellt, wie der Elektronenstrahl beim Durchtritt durch den Resonator vom hochfrequenten elektrischen Feld geschwindigkeitsmoduliert wird. Auf der Laufstrecke zwischen Resonator und Reflektor entsteht dadurch ein dichtemodulierter Strahl. Die Elektronenpakete stoßen bei richtiger Phasenlage bei ihrer Rückkehr die hochfrequente Schwingung an. Durch ein Loch in der Resonatorwand wird die Mikrowelle in einen Hohlleiter ausgekoppelt.

mit den bisher verwendeten Oszillatorschaltungen nicht mehr erzeugt werden können. Die Wellenlänge ist nämlich jetzt vergleichbar mit den Abmessungen der Elektronenröhre: Die Elektronen, deren Geschwindigkeit wesentlich kleiner als die Lichtgeschwindigkeit ist, können während einer Schwingung die Röhre nicht durchfliegen. Damit verliert die Röhre die Fähigkeit, Ströme mit solch hoher Frequenz zu steuern. In den sogenannten Laufzeitröhren macht man sich den Effekt der nicht mehr vernachlässigbaren Elektronenlaufzeit zunutze und erreicht damit die Rückkopplung bei elektrischen Schwingungen höchster Frequenz. Eine häufig verwendete Laufzeitröhre ist das **Reflexklystron.**

Der Schwingkreis eines Reflexklystrons besteht aus einem sogenannten Hohlraumresonator, in dem die Schwingung im Gigahertz-Bereich erzeugt wird. Der Resonator besteht aus einer zylinderförmigen Metalldose (*Abb. 7–31*). Boden und Deckel bilden einen Plattenkondensator, die Zylinderwand stellt die Spule dar. Kapazität und Induktivität sind damit sehr klein, was notwendig ist, um Schwingungen im Gigahertz-Bereich zu erhalten. Dabei treten abwechselnd elektrische Felder in achsialer Richtung zwischen Boden und Deckel und magnetische Felder auf, die die Dose in konzentrischen Kreisen ausfüllen. Bei der hochfrequenten Umladung des Plattenkondensators werden in der Innenwand des Zylinders Ströme induziert. Die Eigenfrequenz des Hohlraumresonators ist durch seine geometrischen Abmessungen festgelegt. Durch Verschieben des Bodens läßt sich die Eigenfrequenz und damit auch die Sendefrequenz in einem kleinen Frequenzbereich, z. B. von 8,5 GHz bis 10 GHz, verändern.

Für die Rückkopplung sind in den Boden und den Deckel des Resonators Gitter eingelassen. Durch sie fliegen Elektronen hindurch, die aus einer Glühkathode austreten und von einer Anodenspannung U_A beschleunigt werden (*Abb. 7–31*). Beim Durchfliegen des Resonators treffen die Elektronen auf das hochfrequente elektrische Wechselfeld; wir nehmen an, die Schwingung sei bereits entfacht. Entsprechend der Phase des elektrischen Wechselfeldes können die Elektronen beim Durchtritt durch den Resonator beschleunigt oder abgebremst werden. In *Abb. 7–31* sind in einem Weg-Zeit-Diagramm die Bahnen von drei nacheinander durch den Resonator fliegenden Elektronen dargestellt. Elektron (*1*) wird von dem elektrischen Feld beschleunigt, Elektron (*2*) bleibt unbehelligt, da es beim Nulldurchgang des Feldes den Resonator passiert, während Elektron (*3*) abgebremst wird. Die Elektronen haben nun verschiedene Geschwindigkeiten; man sagt, der Elektronenstrahl ist geschwindigkeitsmoduliert.

Nach dem Durchtritt durch den Resonator laufen die Elektronen gegen einen Reflektor an, an den eine gegenüber dem Resonator negative Spannung U_R angelegt ist. Da die Reflektorspannung größer als die Anodenspannung ist, gelangen die Elektronen nicht zum Reflektor, sondern kehren um und fliegen ein zweites Mal von rückwärts kommend durch den Resonator. Entscheidend dabei ist, daß sich der

geschwindigkeitsmodulierte Elektronenstrahl auf der Laufstrecke zwischen Resonator und Reflektor in einen dichtemodulierten Strahl umgewandelt hat: Die Elektronen treffen nicht mehr als gleichmäßiger Elektronenstrahl ein, sondern gebündelt in einzelnen Paketen.
Weil die beschleunigten Elektronen weiter gegen den Reflektor anlaufen und damit einen größeren Weg zurücklegen als die später gestarteten, vom elektrischen Wechselfeld abgebremsten Elektronen, kommen sie gleichzeitig zum Resonator zurück. Der Zeitpunkt des Eintreffens muß nun mit Hilfe der Reflektorspannung so eingestellt werden, daß das Elektronenbündel von dem augenblicklich anliegenden elektrischen Wechselfeld abgebremst wird, wie es in *Abb. 7–31* der Fall ist. Dann geben die Elektronen einen Teil ihrer kinetischen Energie an das elektrische Wechselfeld ab. Durch diese Energiezufuhr wird die Schwingung aufrecht erhalten. Wie bei anderen Oszillatoren auch schaukelt sich die Schwingung anfangs von kleinen statistischen Schwankungen ausgehend selbst auf.
Durch ein Loch in der Resonatorwand oder mittels einer kleinen Antenne wird die Hochfrequenzenergie aus dem Klystron in einen Hohlleiter ausgekoppelt. Der Hohlleiter leitet ähnlich wie die Lecher-Leitung die elektromagnetische Welle weiter. Über eine Hornantenne kann die Mikrowelle fast reflexionsfrei in den Raum abgestrahlt werden (*Abb. 7–32*).

Ergebnis: Das Reflexklystron ist eine Laufzeitröhre, mit der Mikrowellen im cm- und mm-Bereich erzeugt werden.

Versuch 7/19: Einem Mikrowellensender mit Hornantenne steht in einigen Metern Abstand ein Empfänger gegenüber. Der Empfänger besteht aus einer Hornantenne mit angeschlossenem Hohlleiter, in den eine Hochfrequenzdiode eingebaut ist (*Abb. 7–33*). Ein angeschlossenes Milliamperemeter weist die empfangene Mikrowelle nach. Zwischen Sender und Empfänger wird ein Gitter aus Metallstäben gestellt. Die Metallstäbe sind parallel zum elektrischen Feldvektor der Mikrowelle gerichtet (*Abb. 7–34 a*).
Der Hornempfänger weist keine Mikrowelle mehr nach. Vor dem Gitter kann man mit einer HF-Diode stehende Mikrowellen nachweisen und wie in *Versuch 7/16* die Wellenlänge bestimmen.

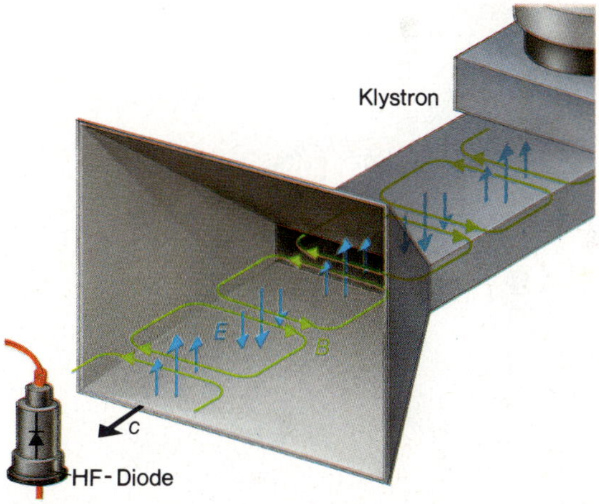

Abb. 7–32: Durch einen Hohlleiter läuft eine polarisierte elektromagnetische Welle und wird mit einer Hornantenne abgestrahlt. Mit einer HF-Diode kann man die Welle nachweisen.

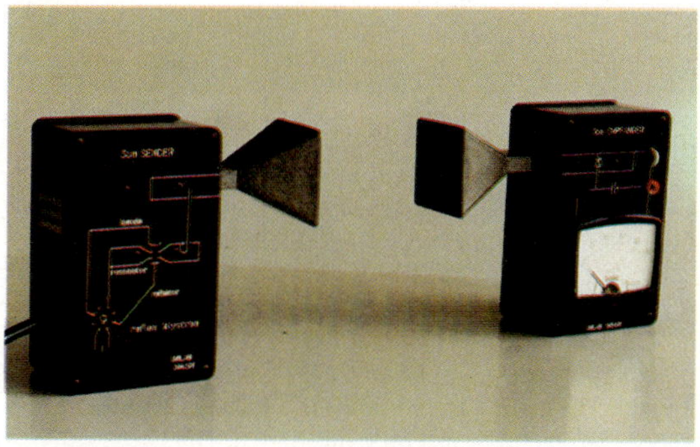

Abb. 7–33: Mikrowellensender und Empfänger.

Dies erklärt sich folgendermaßen: Die vom Klystron ausgesendete Welle regt in den Gitterstäben elektrische Schwingungen an, so daß die Stäbe zu Hertzschen Dipolen werden und ihrerseits eine Mikrowelle nach vorn und hinten aussenden. Die nach vorn zum Klystron laufende Welle überlagert sich mit der ursprünglichen zu einer stehenden Welle. Die nach hinten laufende Welle hat gegenüber der zum Teil durch das Gitter hindurchgehenden Welle eine Phasenverschiebung von 180° und löscht sich mit dieser aus.
Die Phasenverschiebung begründet sich so: Am Gitterstab müssen sich die beiden Wellen auslöschen, denn im Metallstab kann sich keine Potentialdifferenz ausbilden. Einfacher sagt man natürlich zu dieser Erscheinung, die Welle wird am Gitter reflektiert. Falls Dipol und Gitterstäbe nicht mehr parallel zueinander stehen, wird nach hinten eine Welle ausgesandt, wie der *folgende Versuch* zeigt.

Versuch 7/20: Die dem Sender gegenüberstehende Hornantenne des Empfängers wird um 90° gedreht. Man empfängt keine Mikrowelle mehr; die Hornantenne erweist sich damit als Analysator für die Polarisierungsrichtung der Mikrowelle. Zwischen Sender und dem „gekreuzten“ Empfänger werden wieder die Gitterstäbe gestellt, jetzt aber um 45° gedreht (*Abb. 7–34 b*).

Der Vektor E_1 der ankommenden Welle hat eine Komponente $E_{\parallel}$ parallel zu den Stäben, die nach der obigen Erklärung den durchgehenden Teil von $E_{\parallel}$ auslöscht. Die senkrecht zu den Stäben stehende Komponente $E_{\perp}$ von E_1 tritt ungehindert durch das Gitter. Von ihr wird die Komponente E_3 parallel zum Dipol empfangen (*Abb. 7–34b*).
Mikrowellenversuche lassen sich besonders eindrucksvoll vorführen, wenn man der Reflektorgleichspannung eine kleine Wechselspannung mit einer akustischen Frequenz (z. B. 1 kHz) hinzuaddiert. Die Elektronen kommen dann bei ihrer Rückkehr vom Reflektor periodisch etwas früher oder später am Resonator an, wodurch die Schwingung amplitudenmoduliert wird (*siehe nachfolgenden Abschnitt*). Die an der HF-Diode abgegriffene Spannung ist dann eine im Takt der Hörfrequenz pulsierende Gleichspannung. Verstärkt man den Wechselspannungsanteil und gibt ihn an einen Lautsprecher, so „hört“ man, ob Mikrowellenleistung empfangen wird oder nicht.

Ergebnis: Mit Mikrowellen im cm-Bereich lassen sich die Welleneigenschaften elektromagnetischer Wellen besonders gut demonstrieren. Außer den Versuchen zur Interferenz und Polarisation, lassen sich auch solche zur Brechung und Beugung durchführen. Dabei beobachtet man

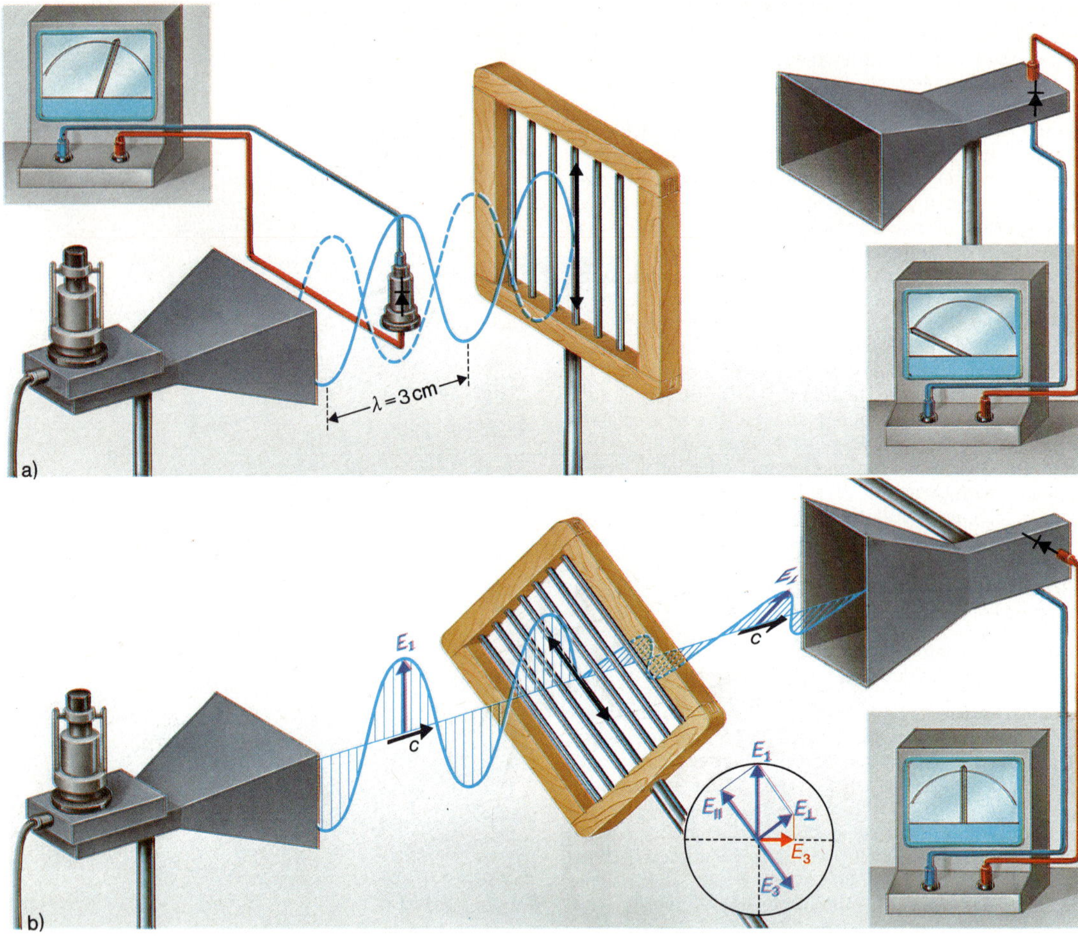

Abb. 7–34: Versuche mit Mikrowellen: a) Die Gitterstäbe wirken als Hertzsche Dipole und reflektieren die elektromagnetische Welle. Vor dem Gitter läßt sich mit einer HF-Diode eine stehende Welle nachweisen. b) Der „gekreuzte" Empfänger weist eine Welle mit der Amplitude E_3 nach, wenn das Gitter zwischen Sender und Empfänger um ca. 45° gedreht ist.

die ausgeprägte Richtwirkung der Mikrowellen: Wegen der kleinen Wellenlänge erfolgt eine merkliche Beugung nur an kleinen Öffnungen von Zentimetergröße (→ *Abschnitte 7.3.2 und 7.3.4*).

Aufgaben

***7/38:** In welcher Richtung strahlt ein Hertzscher Dipol maximal, in welcher Richtung überhaupt nicht ab? Wie läßt sich das einfach erklären?

***7/39:** Eine elektromagnetische Welle läuft in nördlicher Richtung. Der momentane elektrische Feldstärkevektor zeigt vertikal nach oben. Welche momentane Richtung hat dann der *B*-Vektor? Wie ist es, wenn die Welle vor einer Metallwand reflektiert wird?

***7/40:** Der UKW-Kanal 11 arbeitet mit der Frequenz 90,3 MHz. Wie lang muß ein dafür abgestimmter Dipol etwa sein?

***7/41:** Bei einer an einer Metallwand reflektierten elektromagnetischen Welle beträgt der Abstand der Maxima 1,24 m. Berechnen Sie die Frequenz der Welle.

7.2.4 Rundfunktechnik

Die Geschichte des Rundfunks begann 1888, als Heinrich HERTZ mit einem Funkeninduktor die von James C. MAXWELL theoretisch vorhergesagten elektromagnetischen Wellen erzeugte und nachwies. Der italienische Funktechniker Guglielmo MARCONI arbeitete an dem Ausbau der Funktelegraphie, und im Jahre 1895 gelang ihm die erste drahtlose Signalübertragung über 5 km in der Nähe von Bologna. 1901 stellte er die erste Funkverbindung über den Atlantik zwischen Poldhu (Cornwall) und St. Johns (Neufundland) her, wofür er 1909 den Nobelpreis für Physik erhielt.

Ein weiterer wichtiger Schritt war 1913 die Erfindung der Rückkopplungsschaltung durch Alexander MEISSNER. In Deutschland baute seit 1908 der Funkpionier Hans BREDOW, den man als Vater des deutschen Rundfunks bezeichnet, den Schiffs- und Überseefunkdienst auf. Von 1922 bis 1926 schuf er mit neun privaten Rundfunkgesellschaften die erste deutsche Rundfunkorganisation. Auch das Fernsehen begann zu dieser Zeit seine Entwicklung. Bereits

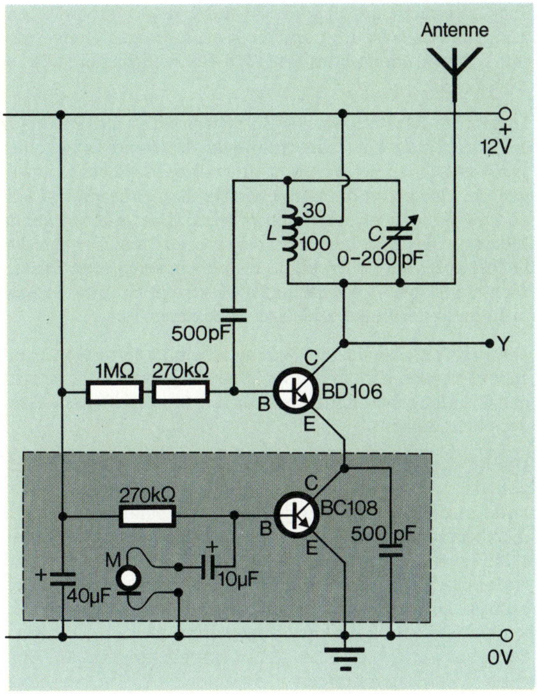

Abb. 7–35: Ein Radiosender im Mittelwellenbereich. Die Spule besteht aus ca. 130 auf einen Bleistift gewickelten Windungen, der Kondensator ist ein Drehkondensator von 200 pF. Der Sender darf nur mit einer kurzen Antenne innerhalb eines Gebäudes betrieben werden.

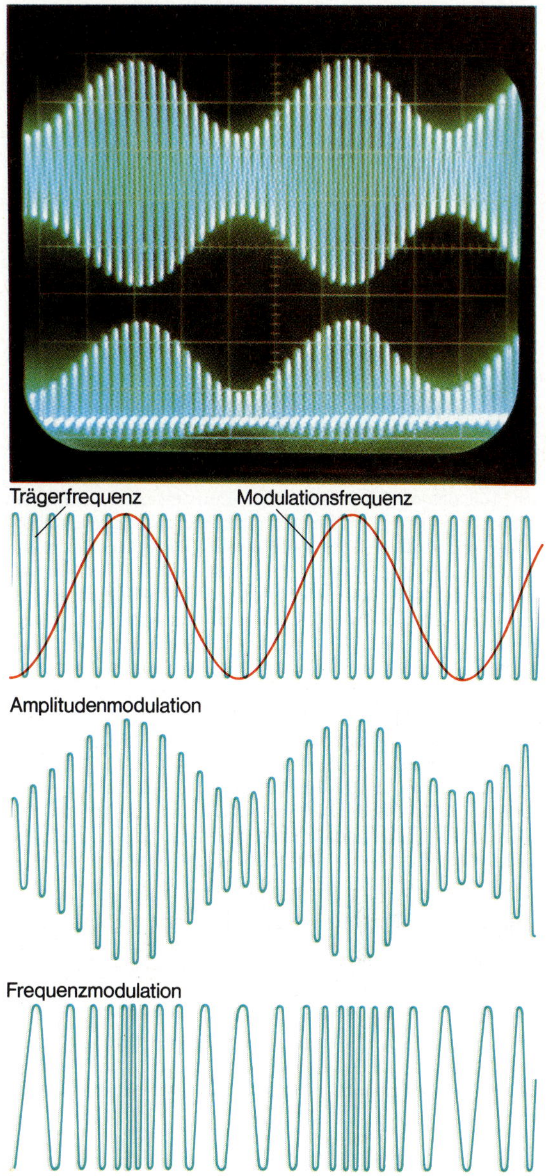

Abb. 7–36: Das Oszillographenbild zeigt eine amplitudenmodulierte Schwingung und darunter deren gleichgerichteten Anteil. Eine Trägerschwingung kann durch eine Modulationsschwingung durch geeignete Schaltung amplituden- oder frequenzmoduliert werden.

1919 konnte D. V. MILHALY mit einer Braunschen Röhre einfache Schattenbilder über mehrere Kilometer hinweg sichtbar machen. 1925 wurden die ersten Fernsehvorführungen durchgeführt, und 1935 wurde in Deutschland der erste regelmäßige Fernseh-Rundfunk-Dienst eröffnet.
Heute besteht eine internationale Zusammenarbeit in der Rundfunktechnik. Grundlage bildet der 1959 in Genf geschlossene internationale Fernmeldevertrag, dem fast alle Länder beigetreten sind. Sie bilden den internationalen Fernmeldeverein (IFV), dem die Überwachung der Wellenpläne obliegt, in denen die Frequenzen eingeteilt und an die Rundfunksender verteilt sind (*siehe Tabelle 7–2*). Die wichtigsten Grundlagen der Rundfunktechnik sollen in einigen Versuchen erkannt werden.

Versuch 7/21: Ein Mittelwellensender wird nach *Abb. 7–35* aufgebaut. An den Ausgang Y wird ein Oszillograph angeschlossen, mit dem die Schwingung aufgezeichnet und ihre Frequenz gemessen wird. Sie läßt sich mit dem Drehkondensator des Schwingkreises auf einen Wert zwischen 750 kHz und 1100 kHz einstellen. Ein Kabel wirkt als Antenne und strahlt Energie im Mittelwellenbereich ab. Ein Radio mit Mittelwellenteil wird auf die Sendefrequenz eingestellt; spricht man in das Mikrofon, so hört man die Stimme im Empfänger. Gleichzeitig beobachtet man auf dem Bildschirm, wie die Amplitude der hochfrequenten Schwingung größer und kleiner wird.

Zum besseren Verständnis des Senders denke man sich zunächst den in *Abb. 7–35* eingegrenzten Modulationsteil weg und den Emitter (E) des Transistors BD 106 direkt mit Masse verbunden. Dieser Transistor ist mit dem Schwingkreis in einer Dreipunktschaltung zu einem HF-Oszillator verbunden (Vergleiche mit der Schaltung in *Abb. 7–23*; entsprechend der Funktion der Triode nimmt auch beim Transistor der Widerstand der Kollektor-Emitter-Strecke (CE) ab, wenn über die Basis-Emitter-Strecke (BE) ein Steuerstrom fließt.).

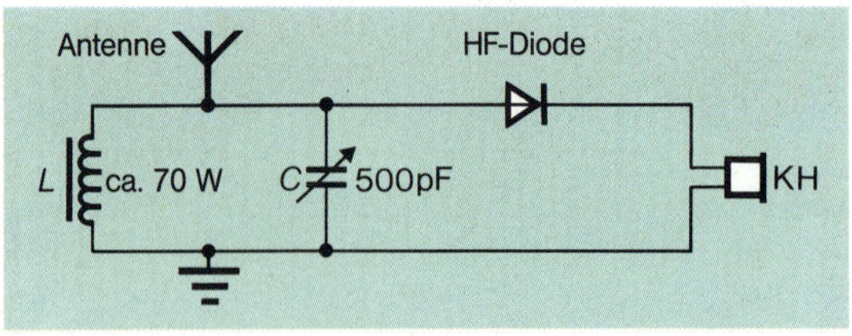

Abb. 7–37: Ein einfacher Diodenempfänger mit Kopfhörer.

Die Informationsübertragung erfolgt nun dadurch, daß der sich ausbreitenden hochfrequenten elektromagnetischen Welle, die man als Trägerwelle bezeichnet, eine niederfrequente Schwingung aufgeprägt wird. Man sagt, die Trägerwelle wird **moduliert.** Im *Versuch 7/21* geschieht dies mit einem Kristallmikrofon und einem zweiten Transistor BC 108, dessen CE-Strecke in die Emitterleitung des ersten Transistors gelegt ist. Spricht man in das Mikrofon, so liegt eine tonfrequente Wechselspannung zwischen Basis und Emitter des Transistors BC 108. Dadurch fließt ein Steuerstrom, der den Innenwiderstand der CE-Strecke dieses Transistors im Takt der Tonfrequenz verändert. Der Innenwiderstand des BC 108 addiert sich zu dem des BD 106 und je nach Größe wird die Hochfrequenzschwingung stärker oder schwächer angeregt und verändert dadurch ihre Amplitude. Auf dem Schirm des Oszillographen sieht man eine **amplitudenmodulierte** Schwingung (*Abb. 7–36 a und b*).
Die hier untersuchte **Amplitudenmodulation** (AM) wendet man bei Kurz-, Mittel- und Langwelle sowie beim Fernsehen an. UKW-Sender werden dagegen frequenzmoduliert. Bei der **Frequenzmodulation** (FM) wird die Frequenz der Trägerwelle im Takt der Tonschwingung vergrößert oder verkleinert (*Abb. 7–36 c*).

Versuch 7/22: Ein Diodenempfänger wird nach *Abb. 7–37* aus einer Spule mit Ferritkern und einem Drehkondensator aufgebaut. Die Spannung am Schwingkreis wird mit einer HF-Diode gleichgerichtet und an einen Kopfhörer angelegt.
Mit einer guten Außenantenne und einer Erdung hört man den nächstgelegenen Sender, wenn man mit dem Drehkondensator die Resonanzfrequenz des Schwingkreises auf die Trägerfrequenz des Senders einstellt. Legt man die Spannung an einen Oszillographen, so erhält man gleichgerichtete, amplitudenmodulierte HF-Schwingungen wie in *Abb. 7–36 a.*

Durch die Einstellung des Schwingkreises auf Resonanz schaukelt sich die Trägerfrequenz des Senders zu einer größtmöglichen Schwingung auf, während gleichzeitig wegen der Selektivität des Schwingkreises (*Abschnitt 7.2.2*) andere Sender unterdrückt werden. Die tonerzeugende Membran des Kopfhörers vermag wegen ihrer Trägheit den hochfrequenten Halbwellen des gleichgerichteten Stroms nicht zu folgen. Sie schwingt niederfrequent mit den Amplitudenänderungen und erzeugt so einen Ton.

Versuch 7/23: Nach *Abb. 7–38* wird ein zweistufiger Transistorverstärker mit Lautsprecher aufgebaut. Bei günstigen Empfangsbedingungen lassen sich verschiedene Sender einstellen.

Die RC-Kombination $C = 4{,}7\,\text{nF}$, $R_1 = 1\,\text{k}\Omega$ wirkt als **Tiefpaß,** der nur den niederfrequenten Anteil des gleichgerichteten Stroms an den Verstärkereingang gelangen läßt: Für die hochfrequenten Halbwellen stellt der Kondensator von 4,7 nF einen Kurzschluß dar, während sein Wechselstromwiderstand für die niederfrequenten Stromänderungen groß ist. Dieser Strom fließt daher über den Potentiometerwiderstand und kann dort abgegriffen werden. Der Kondensator von $C = 1\,\mu\text{F}$ am Verstärkereingang hat die Aufgabe, Gleichspannungen „abzublocken“, da er einen unendlich großen Widerstand darstellt; den tonfrequenten Anteil des gleichgerichteten Stroms läßt er hingegen durch.
Der *Versuch 7/23* läßt erkennen, daß der Empfang eines Senders durch Überlagerungen benachbarter Sender gestört ist. Eine weitere Verstärkung würde auch die Störungen verstärken, daher muß es das Ziel sein, die „Trennschärfe“ des Empfängers zu erhöhen. Man erreicht dies durch den Einbau weiterer Schwingkreise, die ein gewünschtes Frequenzband herausfiltern.
Der Nachteil eines solchen Mehrkreisempfängers ist, daß bei jedem neuen Sender eine aufwendige Neueinstellung der Filter erfolgen muß. Daher verwendet man heute nur noch die schon auf Meißner zurückgehenden **Überlagerungsempfänger** (Superheterodyn-Empfänger). *Abb. 7–39* zeigt das Blockschaltbild eines solchen Empfängers. Der Überlagerungsempfänger hat neben dem Empfangsschwingkreis einen eigenen Oszillator. Die Schwingungen

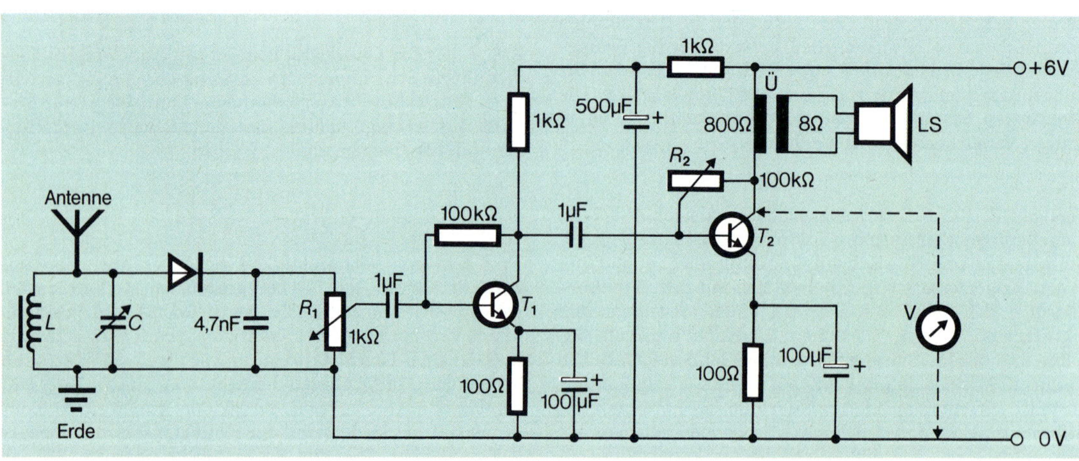

Abb. 7–38: Ein Diodenempfänger mit angeschlossenem zweistufigen Transistorverstärker.

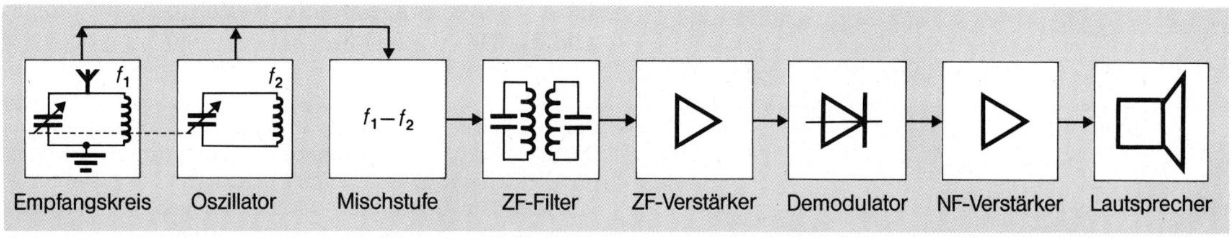

Abb. 7–39: Blockschaltbild eines Überlagerungsempfängers.

beider Kreise werden in einer Mischstufe miteinander multipliziert, wodurch man einen Schwingungsanteil erhält, der die Differenz der beiden Eingangsfrequenzen besitzt. Diese **Zwischenfrequenz** (ZF) ist bei jedem Sender gleich, denn die Drehkondensatoren der beiden Schwingkreise sitzen auf einer gemeinsamen Welle, so daß die beiden Frequenzen um den gleichen Betrag verändert werden. In der konstanten Zwischenfrequenz liegt der große Vorteil des „Superhet", denn das nachfolgende Zwischenfrequenzfilter braucht nur einmal im Werk eingestellt zu werden. Die für alle Rundfunkgeräte einheitliche Zwischenfrequenz liegt für KW, MW und LW bei 467 kHz, für UKW bei 10,7 MHz.

Bei der Ausbreitung von Rundfunkwellen treten zwei Wellentypen auf: die **Oberflächenwelle** und die **Raumwelle.** Die Oberflächenwelle breitet sich an der Erdoberfläche aus und folgt der Erdkrümmung. Ihre Energiedichte nimmt mit der Entfernung vom Sender weniger schnell ab als die der Raumwelle, die sich vom Sender aus als Kugelwelle in den Raum ausbreitet. Langwellen (2000–1050 m), die sich als Oberflächenwellen ausbreiten, haben daher eine große Reichweite. Mit abnehmender Wellenlänge nimmt die Dämpfung der Oberflächenwelle rasch zu, so daß bei Kurzwellen (100–10 m) nur noch die Raumwelle auftritt.

Dennoch kann man mit Kurzwellen durch die Reflexion an der Ionensphäre eine große Reichweite erzielen. Bei Ultrakurzwellen (unter 10 m) fällt die Reflexion aus und die Reichweite geht nur wenig über den optischen Horizont hinaus. Bei cm- und mm-Wellen ist die Ausbreitung „quasioptisch" und man hat am Horizont eine Schattengrenze. Aus dem unterschiedlichen Verhalten der Rundfunkwellen ergibt sich ihre Anwendung (*Tab. 7–2*). Für die Funknavigation und die Funkpeilung verwendet man Lang- und Mittelwellen, ebenso für die weitreichende Rundfunkaussendung. Der Kurzwellenbereich ist zum großen Teil Amateurfunkbändern vorbehalten, während im UKW-Bereich die regionale Radio- und Fernsehversorgung erfolgt.

Die cm-Wellen werden insbesondere zur interkontinentalen Übertragung von Fernsehsendungen über Satelliten benutzt, da sich diese Wellen ungestört duch die Atmosphäre ausbreiten. Es gibt noch einen weiteren Grund, hier sehr kurzwellige, also hochfrequente Wellen zu verwenden. Muß man, wie bei einer Fernsehsendung, in kurzer Zeit eine große Datenmenge übertragen, so braucht man dazu hohe Modulationsfrequenzen. Für das Fernsehbild benötigt man eine Modulationsfrequenz von 6 MHz. Es leuchtet ein, daß man dann nur eine Trägerwelle verwenden kann, deren Frequenz sehr viel größer als 6 MHz ist, beispielsweise 9 GHz bei 3-cm-Wellen. Eine Kurzwelle, die selbst nur mit 6 MHz schwingt, ist dazu ungeeignet. Sie läßt sich mit Frequenzen des Hörbereichs, also bis etwa 15 kHz, modulieren.

Bei der Modulation von Sendern ergibt sich eine physikalische Erscheinung, die es notwendig macht, Wellenpläne zu erstellen, um die gegenseitige Störung von Sendern zu vermeiden. Um eine Hörfunksendung im gesamten Hörbe-

Frequenzbereich		Wellenlängenbereich		Anwendungsbereich
30 kHz–300 kHz	LF	10 000 m–1 000 m	LW	Funknavigation Langwellen-Rundfunk
300 kHz–3 MHz	MF	1 000 m–100 m	MW	Funkpeilung Mittelwellen-Rundfunk See-Sprechfunk
3 MHz–30 MHz	HF	100 m–10 m	KW	Kurzwellen-Rundfunk Amateurfunk CB-Sprechfunk
30 MHz–300 MHz	VHF	10 m–1 m	m-Wellen	Fernsehkanäle UKW-Rundfunk Flugfunk
300 MHz–3 GHz	UHF	1 m–10 cm	dm-Wellen	Satellitenfunk Fernsehkanäle Radar
3 GHz–30 GHz	SHF	10 cm–1 cm	cm-Wellen	Nachrichten-Satelliten Funkastronomie

Tab. 7–2: Einteilung und Anwendungen der Radiowellen.

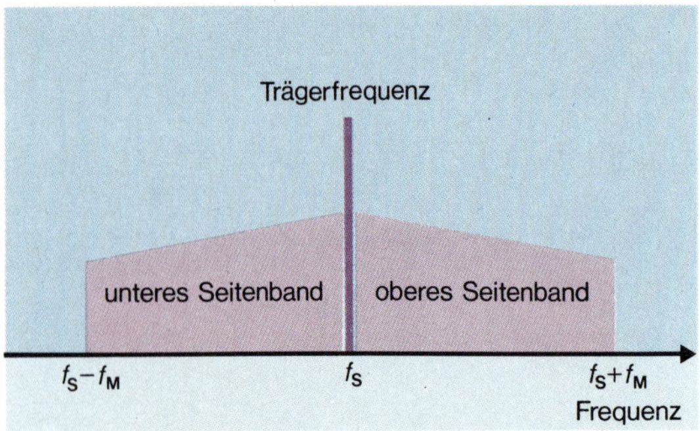

Abb. 7–40: Durch die Modulation einer Trägerfrequenz f_S entstehen Seitenbänder. Ist f_M die größte Modulationsfrequenz, so ist die gesamte Bandbreite 2 f_M.

reich zu übertragen, müßte der Sender mit Frequenzen zwischen 0 und 15 kHz moduliert werden. Mit einer von dem Mathematiker FOURIER aufgestellten Theorie läßt sich zeigen, daß ein derart modulierter Sender nicht mehr allein mit seiner ursprünglichen Sendefrequenz f_S strahlt, sondern die modulierte Schwingung sich aus der Addition von Schwingungen aus dem Frequenzbereich von $f_S - f_M$ bis $f_S + f_M$ zusammensetzt, wobei f_M die maximale Modulationsfrequenz ist. In der Rundfunktechnik spricht man von **Seitenbändern** (*Abb. 7–40*). Zwei Hörfunksender müßten demnach mindestens einen Abstand von $2f_M = 30$ kHz haben, um sich nicht zu stören.

Für den Mittelwellenbereich würde dies bedeuten, daß man nur (1605 kHz–525 kHz): 30 kHz = 36 Sender unterbrächte. Im Kopenhagener Wellenplan wurde daher die **Kanalbreite** für einen Sender im LW-, MW- und KW-Bereich auf 9 kHz festgelegt. Damit ist die Modulationsfrequenz auf maximal 4,5 kHz beschränkt. Dies führt zu einer verminderten Tonqualität dieser Sender. Sendungen mit HiFi-Qualität sind daher nur im UKW-Bereich möglich, wo es diese Einschränkung nicht gibt. Obwohl hier die Sender wegen der Frequenzmodulation einen sehr viel größeren Abstand haben müssen – er wurde auf 100 kHz festgelegt –, bringt man Sender in genügender Anzahl wegen der höheren Sendefrequenz unter:

$$(104 \text{ MHz} - 87{,}5 \text{ MHz}) / 100 \text{ kHz} = 165 \text{ Sender.}$$

Die Gefahr der gegenseitigen Störung ist wegen der geringeren Reichweite der Ultrakurzwellen zudem geringer. Die eigentliche Kanalbreite eines UKW-Senders beträgt 38 kHz, aus technischen Gründen nutzt man aber nur eine Modulationsfrequenz von maximal 10 kHz.

Aufgaben

***7/42:** Im Bereich des CB-Sprechfunks gibt es 12 Kanäle. Wie groß ist die Bandbreite eines Kanals?

***7/43:** Durch Reflexionen der Fernsehwellen können „Geisterbilder“ auftreten. Warum gibt es beim Hörfunk keine derartige Beeinträchtigung?

***7/44:** Die Frequenzmodulation hat den Vorteil, von Störsignalen nicht beeinträchtigt zu werden. Wie ist das zu verstehen?

7.2.5 Elektromagnetische Wellen und die Maxwellschen Gleichungen

Dem englischen Physiker James Clerk MAXWELL war es 1864 gelungen, die Arbeiten seines Landsmanns FARADAY zur Elektrizität in einer einheitlichen Theorie zusammenzufassen. Die Gesamtheit der elektrischen und magnetischen Erscheinungen wird im wesentlichen in nur zwei Gleichungen wiedergegeben. Diese beiden Gleichungen wurden in *Abschnitt 6.3.6* hergeleitet. Sie lauten

$$(1)\ \oint B_s\,\mathrm{d}\,s = \mu_0 I_n + \mu_0 \frac{\mathrm{d}\Psi}{\mathrm{d}t}\,; \qquad (2)\ \oint E_s\,\mathrm{d}\,s = -\frac{\mathrm{d}\Phi}{\mathrm{d}t}$$

Darin sind Ψ der Fluß des elektrischen und Φ der Fluß des magnetischen Feldes. E und B sind die elektrische bzw. die magnetische Flußdichte, oder anders bezeichnet, die Feldstärkevektoren des elektrischen bzw. des magnetischen Feldes. I_n ist der Strom, der senkrecht durch die betrachtete Fläche fließt. Im leeren Raum, in dem es keine Ladungen und damit auch keine Ströme gibt, vereinfachen sich die Gleichungen zu:

$$(1)\ \oint B_s\,\mathrm{d}\,s = \mu_0 \frac{\mathrm{d}\Psi}{\mathrm{d}t}\,; \qquad (2)\ \oint E_s\,\mathrm{d}\,s = -\frac{\mathrm{d}\Phi}{\mathrm{d}t}\,.$$

In dieser Form weisen die Gleichungen eine auffallende Symmetrie auf. Gleichung (*1*) besagt, daß ein sich zeitlich ändernder elektrischer Fluß von einem magnetischen Feld umgeben ist, und Gleichung (*2*), daß ein sich zeitlich ändernder magnetischer Fluß von einem elektrischen Feld umgeben ist. Die besondere Leistung einer physikalischen Theorie besteht darin, daß sie nicht nur die bereits bekannten Erscheinungen quantitativ richtig zu beschreiben vermag, sondern darüber hinaus auf noch unbekannte Phänomene hinweist und deren Verhalten vorweg beschreibt. So konnte MAXWELL aus seinen Gleichungen auf die Existenz von elektromagnetischen Wellen schließen, eine zu seiner Zeit völlig unbekannte Vorstellung.

Heinrich HERTZ wies diese Wellen 1888 nach. Wir wollen den Gedankengang MAXWELLs in vereinfachter Form nachvollziehen, indem wir zeigen, daß die von uns experimentell erkannten elektromagnetischen Wellen in Übereinstimmung mit den Maxwellschen Gleichungen sind.

Wir stellen uns vor, zur Zeit $t = 0$ werde in einer sehr großen, ebenen, aufrecht stehenden Metallplatte ein lotrecht nach unten fließender Flächenstrom eingeschaltet (*Abb. 7–41 a*). Senkrecht zu dieser Platte (in *Abb. 7–41* nach rechts) breitet sich dann eine elektromagnetische Wellenfront mit einer bestimmten Geschwindigkeit v aus. Im gesamten Raum vor dieser Wellenfront ist noch kein elektrisches und kein magnetisches Feld vorhanden, hinter dieser Wellenfront hat sich ein homogenes elektromagnetisches Feld aufgebaut. Die elektrische Feldstärke, die den Wert E_0 haben soll, zeigt senkrecht nach oben, die magnetische Feldstärke (oder Flußdichte), die den Wert B_0 haben soll, zeigt waagerecht nach vorn.

Wir legen nun zwei rechteckige Integrationsflächen parallel zur x-Achse; die Flächen liegen waagerecht (*Abb. 7–41 b*) und lotrecht (*Abb. 7–41 c*). Durch die obere Fläche tritt der elektrische Fluß Ψ, durch die untere der magnetische Fluß Φ. Die beiden Flächen haben die Länge Δx und die Breite a, wobei in der Zeitspanne Δt die Wellenfront die Länge Δx gerade durchlaufen soll. Damit betragen die Flußänderungen in der oberen Fläche A

$$\Delta\Psi = \varepsilon_0 E_0 A = \varepsilon_0 E_0 a\ \Delta x$$

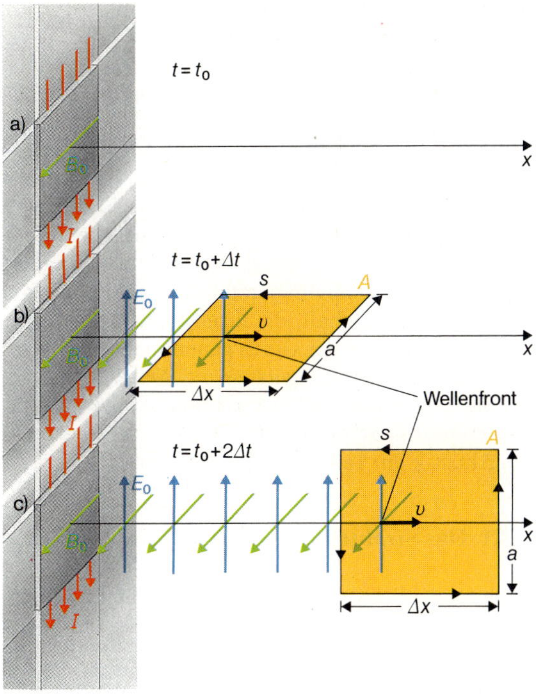

Abb. 7–41: In einer unendlich ausgedehnten Metallplatte wird ein Strom eingeschaltet. Dadurch breitet sich eine elektromagnetische Wellenfront aus, die den Maxwellschen Gleichungen genügt.

und in der unteren Fläche A

$$\Delta\Phi = B_0 A = B_0 a\, \Delta x\,.$$

Für die beiden Maxwellschen Gleichungen brauchen wir die zeitlichen Flußänderungen; sie ergeben sich zu

$$\frac{\Delta\Psi}{\Delta t} = \frac{\varepsilon_0 E_0 a\, \Delta x}{\Delta t} = \varepsilon_0 E_0 a \frac{\Delta x}{\Delta t} = \varepsilon_0 E_0 a\, v\,, \text{ also } \frac{\mathrm{d}\Psi}{\mathrm{d}t} = \varepsilon_0 E_0 a\, v$$

und

$$\frac{\Delta\Phi}{\Delta t} = \frac{B_0 a\, \Delta x}{\Delta t} = B_0 a \frac{\Delta x}{\Delta t} = B_0 a\, v\,, \text{ also } \frac{\mathrm{d}\Phi}{\mathrm{d}t} = B_0 a\, v\,.$$

Damit kennen wir die rechten Seiten der beiden Maxwellschen Gleichungen. Nun ist auf der linken Seite das Linienintegral längs der Randkurve der beiden Flächen zu bilden. Während die Flußänderungen durch die Flächen erfolgen, ist der jeweilige Fluß auf der linken Seite schon eingetreten, auf der rechten Seite aber noch nicht ausgetreten. Die Produkte $B_s ds$ bzw. $E_s ds$ aus dem Wegelement ds und den dazu parallelen Feldstärken B_s bzw. E_s liefern daher nur auf den linken Seiten einen Beitrag zum Linienintegral. Rechts sind die Feldstärken null, oben und unten sind sie senkrecht zum Weg gerichtet. Damit folgt aus den Maxwellschen Gleichungen:

$$(1)\ \oint B_s\, \mathrm{d}s = \mu_0 \frac{\mathrm{d}\Psi}{\mathrm{d}t}, \text{ folglich } B_0 a = \mu_0 \varepsilon_0 E_0 a\, v\,;$$

$$(2)\ \oint E_s\, \mathrm{d}s = -\frac{\mathrm{d}\Phi}{\mathrm{d}t}, \text{ folglich } E_0 a = -B_0 a\, v\,.$$

Beide Gleichungen lassen sich nach B_0 / E_0 auflösen; dabei dividiert sich in beiden Gleichungen a heraus. Auf eine Vorzeichenbetrachtung verzichten wir:

$$(1)\ \frac{B_0}{E_0} = \mu_0\, \varepsilon_0\, v \quad \text{und} \quad (2)\ \frac{B_0}{E_0} = \frac{1}{v}\,.$$

Durch Gleichsetzen erhält man eine Formel zur Berechnung der Ausbreitungsgeschwindigkeit v der elektromagnetischen Wellenfront:

$$v = \frac{1}{\sqrt{\mu_0\, \varepsilon_0}} = \frac{1}{\sqrt{4\pi\, 10^{-7}\, \frac{\text{Vs}}{\text{Am}} \cdot 8{,}85 \cdot 10^{-12}\, \frac{\text{As}}{\text{Vm}}}} = 3 \cdot 10^8\, \frac{\text{m}}{\text{s}}$$

Elektromagnetische Wellen breiten sich mit Lichtgeschwindigkeit c aus. Dieses experimentell bekannte Ergebnis folgt aus den Maxwellschen Gleichungen.

Ergebnis: Aus den Maxwellschen Gleichungen folgt die Existenz elektromagnetischer Wellen, die sich im Vakuum mit Lichtgeschwindigkeit ausbreiten. Zwischen der Lichtgeschwindigkeit c und den Feldkonstanten μ_0 für das magnetische und ε_0 für das elektrische Feld gilt die Beziehung

$$c = \frac{1}{\sqrt{\mu_0\, \varepsilon_0}}$$

Breitet sich die Welle nicht im Vakuum, sondern in einem Stoff mit der Permeabilitätszahl μ_r und der Dielektrizitätszahl ε_r aus, so ist zu schreiben:

$$v = \frac{1}{\sqrt{\mu_r\, \mu_0\, \varepsilon_r\, \varepsilon_0}} = \frac{1}{\sqrt{\mu_r\, \varepsilon_r}\ \sqrt{\mu_0\, \varepsilon_0}} = \frac{c}{\sqrt{\mu_r\, \varepsilon_r}}\,.$$

Da für μ_r und ε_r gilt $\mu_r, \varepsilon_r > 1$, ist die Ausbreitungsgeschwindigkeit in einem Stoff kleiner als in Vakuum.

Versuch 7/24: In einem Tank befindet sich ein Hertzscher Dipol von 31 cm Länge und darüber ein zweiter von 6 cm Länge. Vor den Tank wird der Dezimeterwellen-Sender (*Abschnitt 7.2.3*) gestellt (*Abb. 7–42*). Nur die Glühlampe

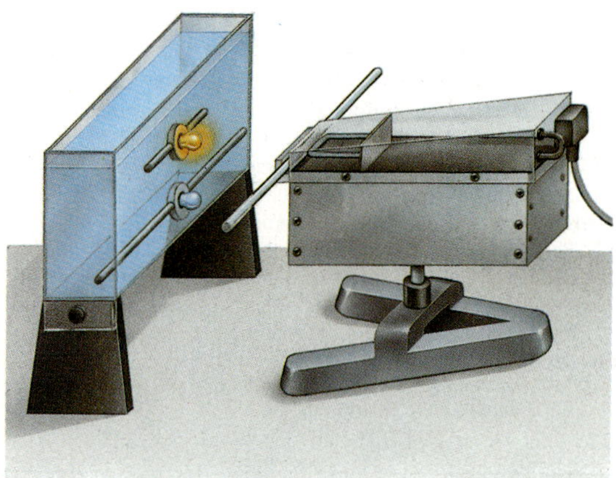

Abb. 7–42: Ohne Wasser leuchtet nur die Lampe des unteren Dipols. Füllt man Wasser in das Gefäß, so ist wegen der kleineren Wellenlänge der obere Dipol abgestimmt und dessen Lampe leuchtet.

des unteren Dipols leuchtet, denn der obere ist nicht abgestimmt. Nun wird Wasser in das Gefäß gefüllt. Man beobachtet, daß die Lampe des unteren Dipols ausgeht, während die des oberen leuchtet. Jetzt ist der obere Dipol abgestimmt und hat etwa halbe Wellenlänge. Der Grund ist folgender: Da sich die Frequenz f der Schwingung nicht ändert, wird im Wasser die Wellenlänge entsprechend der kleineren Ausbreitungsgeschwindigkeit kleiner. Da für Wasser $\mu_r = 1$ ist, folgt aus obiger Gleichung mit der Wellenlänge λ_w in Wasser und λ_v im Vakuum:

$$\frac{v}{c} = \frac{f\lambda_w}{f\lambda_v} = \frac{1}{\sqrt{\varepsilon_r}} \quad \text{und damit}$$

$$\varepsilon_r = \left(\frac{\lambda_v}{\lambda_w}\right)^2 = \left(\frac{31}{6}\right)^2 = 27\,.$$

Wegen der hohen Frequenz und der Trägheit der Wassermoleküle ergibt sich hier nicht der aus der Elektrostatik bekannte hohe Wert von 81 für die Dielektrizitätszahl des Wassers.

Aufgaben

***7/45:** Wie groß ist etwa die Permeabilität eines 10 cm langen Ferritstabes, den man als Hertzschen Dipol zum Empfang von Mittelwellen benutzen kann?

***7/46:** Zeigen Sie, daß das homogene Wellenfeld in *Abb. 7–40* den Maxwellschen Gleichungen entspricht.

***7/47:** Zeigen Sie mit den Maxwellschen Gleichungen, daß bei einer laufenden Welle die Amplituden der elektrischen und magnetischen Feldvektoren in Phase sind.

7/48: Ein Plattenkondensator mit einem Plattenabstand von 0,2 mm und einer Plattenfläche von 200 cm^2 wird mit einer Spule der Induktivität $2 \cdot 10^{-5}$ H verbunden. Als Oszillator strahlt der Kreis eine elektromagnetische Welle mit einer Wellenlänge von 800 m ab. Wie groß ist die Dielektrizitätszahl ε_r des Dielektrikums, das sich zwischen den Kondensatorplatten befindet?

7/49: Die Strom-Zeit-Funktion eines elektrischen Schwingkreises ist durch $i = 0{,}03\ \text{A} \cdot \sin(350\,\pi \frac{t}{\text{s}})$ gegeben. Die Induktivität des Schwingkreises beträgt 0,5 H. Berechnen Sie die Schwingungsdauer T, die Kapazität C des Kreises, den Scheitelwert $\hat{u}$ und die maximale Energie des elektrischen und magnetischen Feldes.

***7/50:** Stellen Sie die Resonanzkurve eines Parallelschwingkreises (Impedanz Z als Funktion der Frequenz f) im Bereich von $0{,}5 f_0$ bis $2 f_0$ graphisch dar. Es sei $R = 50\,\Omega$, $L = 0{,}24$ H und $C = 2\,\mu$F. Bei welchen Frequenzen ist der Wechselstromwiderstand auf die Hälfte seines maximalen Wertes abgesunken?

***7/51:** Eine beidseits geschlossene Lecher-Leitung wird mit $f = 800$ MHz angeregt. Berechnen Sie die kürzeste Abstimmlänge und zwei weitere Längen.

***7/52:** Erhöht man bei einem Klystronsender kontinuierlich die Reflektorspannung, so setzt die Senderleistung ein, bricht dann wieder ab, setzt bei höheren Spannungen wieder ein usw. Das wiederholt sich drei- bis viermal. Wie ist das zu erklären?

7.3 Das Wellenmodell des Lichtes

Die Optik als Lehre vom Licht galt lange Zeit als selbständiges Gebiet der Physik, weil sie sich mit den Erscheinungen beschäftigte, die dem Menschen durch die Sinneseindrücke des Auges unmittelbar zugänglich waren. Mit fortschreitender Erkenntnis hat sich diese Sonderstellung der Optik ebensowenig aufrechterhalten lassen wie die ursprünglich auch angenommene Sonderstellung der Akustik als der Lehre vom Schall, die ihren Ausgang von den Sinneseindrücken des Ohres genommen hatte.
Heute ist die Optik – genauer die Wellenoptik, mit der wir uns in diesem Teilkapitel beschäftigen werden, – ein Teilgebiet der Elektrizitätslehre, so wie die Akustik ein Teilgebiet der Mechanik ist.

7.3.1 Das Strahlenmodell des Lichtes

Viele aus der Sekundarstufe I bekannte optische Erscheinungen lassen sich durch das Strahlenmodell des Lichtes beschreiben, das die Grundlage der geometrischen Optik ist. In der **geometrischen Optik** vollzieht man die Gesetzmäßigkeiten des Lichtes durch geometrische Konstruktionen mit Hilfe von Strahlen nach, denen man – als Inhalt des **Strahlenmodells** des Lichtes – die folgenden Eigenschaften zugrunde legt:

1. Die Lichtausbreitung beschreibt man nach dem Strahlenmodell des Lichtes vereinfachend durch Lichtstrahlen; sie stellen eine Idealisierung von Lichtkegeln kleiner Öffnungswinkel dar.

Licht breitet sich geradlinig aus.

2. Ein Lichtstrahl kann durch Reflexion und Brechung mit Hilfe von Spiegel, Prisma und Linse in eine andere Richtung gelenkt werden:

Reflexionsgesetz: Einfallender und reflektierter Strahl bilden mit dem Einfallslot gleiche Winkel und liegen mit ihm in einer Ebene:

$$\alpha = \beta\,.$$

Beim Übergang von einem (durchsichtigen) Medium in ein anderes ändert der Lichtstrahl an der Grenzfläche seine Richtung. Dabei liegen einfallender und gebrochener Strahl mit dem Einfallslot in einer Ebene. Wird der Strahl zum Einfallslot hin gebrochen, so sagt man, daß das Licht vom optisch dünneren zum optisch dichteren Medium geht. Für die Brechung gilt (*Abb. 7–43*), daß das Verhältnis der beiden Strecken a und b konstant ist: $a\,/\,b = n$. Die trigonometrischen Beziehungen $\sin\alpha = a/r$ und $\sin\beta = b/r$ gestatten eine elegantere mathematische Formulierung für das

Brechungsgesetz: $$\frac{\sin\alpha}{\sin\beta} = n = \mathit{konstant}.$$

Das Verhältnis vom Sinus des Einfallswinkels zum Sinus des Brechungswinkel ist nur abhängig von den beiden Medien, zwischen denen der Übergang stattfindet, und unabhängig vom Einfalls- und Brechungswinkel.

Die für beide Medien charakteristische Konstante n heißt **Brechzahl** oder **Brechungsindex.**

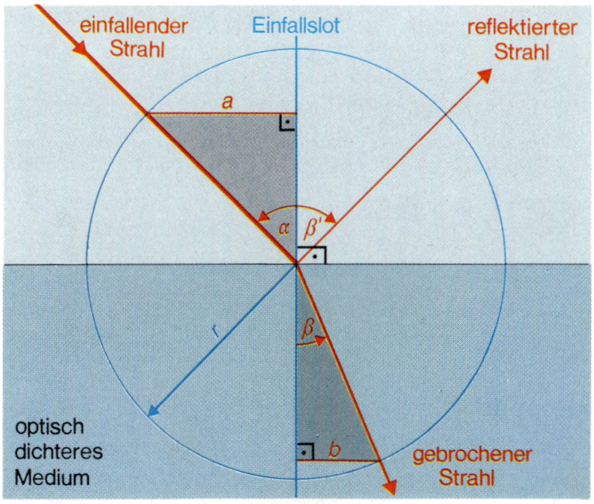

Abb. 7–43: Brechung und Reflexion am optisch dichteren Medium.

3. Im Strahlengang optischer Geräte (Lupe, Fernrohr, Mikroskop u. a.) werden die von einem Gegenstand ausgehenden Strahlen punktweise wirklich oder in ihren Verlängerungen scheinbar wieder zu einem **reellen** oder **virtuellen** Bild vereinigt. Den Bildpunkt zu einem Gegenstandspunkt konstruiert man bei einer Abbildung durch eine Linse mit Hilfe der **Mittelpunktsstrahlen,** die ungebrochen durch die Linsenmitte gehen, der **Parallelstrahlen,** die parallel zur optischen Achse einfallen und durch den jenseitigen Brennpunkt gebrochen werden, und der **Brennstrahlen,** die durch den Brennpunkt einfallen und parallel zur optischen Achse gebrochen werden.

Für die Abbildungen gelten die Linsengleichung:

$\frac{1}{f} = \frac{1}{g} + \frac{1}{b}$ und der Abbildungsmaßstab: $A = \frac{B}{G} = \frac{b}{g}$,

b Bildweite, g Gegenstandsweite,
B Bildgröße, G Gegenstandsgröße.

4. Beim Durchgang durch ein Prisma wird das „weiße" Licht in die reinen **Spektralfarben** Rot, Orange, Gelb, Grün, Blau, Indigo und Violett zerlegt. Dabei wird das rote Licht am wenigsten, das violette am stärksten aus der ursprünglichen Richtung abgelenkt. Die Brechung richtet sich nach den für die Farben und die Glassorte des Prismas geltenden Brechungsindizes. Die Spektralfarben lassen sich nicht weiter zerlegen. Die Überlagerung aller Spektralfarben ergibt Weiß.

Aufgaben

7/53: Zeigen Sie, daß sich bei Drehung eines Spiegels um eine in der Spiegelebene gelegene Achse um den Winkel α der reflektierte Strahl um den doppelten Winkel, nämlich um 2 α, dreht.

7/54: Konstruieren Sie zu einem Gegenstandspunkt P, den Sie außerhalb der optischen Achse annehmen, seinen Bildpunkt P' mit Hilfe von Mittelpunkts-, Parallel- und Brennstrahlen, falls der Gegenstandspunkt
a) außerhalb der doppelten Brennweite einer Linse,
b) in doppelter Brennweite,
c) zwischen einfacher und doppelter Brennweite,
d) im Abstand einfacher Brennweite und
e) innerhalb der einfachen Brennweite liegt.

***7/55:** Leiten Sie die Abbildungsgesetze

$$\frac{1}{f} = \frac{1}{g} + \frac{1}{b} \quad \text{und} \quad A = \frac{B}{G} = \frac{b}{g}$$

für eine Sammellinse her („Strahlen"-Sätze!).

7/56: Zeichnen Sie den Strahlengang für die Bildentstehung
a) in der Lupe,
b) im Mikroskop und
c) im Keplerschen Fernrohr.

7.3.2 Lichtgeschwindigkeit; Brechung und Dispersion

Das Strahlenmodell beschreibt zwar eine Reihe von optischen Erscheinungen hinreichend genau. Es sagt aber nichts über den eigentlichen Mechanismus der Lichtausbreitung aus.
Einen Hinweis auf die Art der Lichtausbreitung gibt die **Messung der Lichtgeschwindigkeit.** Ihre Größe hat lange Zeit ihre Messung mit irdischen Maßstäben verhindert.

Die erste Bestimmung auf astronomischem Wege gelang ROEMER 1676. ROEMER beobachtete die Umläufe des innersten Jupitermondes und fand zu seiner Überraschung, daß die Zeiten zwischen zwei aufeinanderfolgenden Austritten des Mondes aus dem Jupiterschatten nicht konstant sind. Die Umlaufzeit vergrößert oder verkürzt sich, je nachdem ob sich die Erde vom Jupiter entfernt oder ob sie sich ihm nähert. Diese zuerst für ihn völlig unerklärliche Beobachtung deutete ROEMER so, daß im ersten Fall das Licht hinter der Erde herläuft und daß im zweiten Fall die Erde dem Licht entgegeneilt.
Befindet sich die Erde in Stellung I oder III (*Abb. 7–44*), so ist der Weg, den das Licht nach dem Auftauchen des Mondes aus dem Schatten bis zur Erde zurückzulegen hat, zwischen zwei aufeinanderfolgenden Austritten gleich groß. Bewegt sich die Erde vom Jupiter weg, so muß das Licht immer noch zusätzlich den Weg zurücklegen, um den sich die Erde zwischen zwei aufeinanderfolgenden Austritten vom Jupiter entfernt hat. Aus der in I oder III beobachteten Umlaufzeit von 42,5 h berechnete ROEMER nun, wann – ausgehend von der Stellung I oder III – der Jupitermond ein halbes Jahr später auftauchen müßte. Dabei ergab sich eine

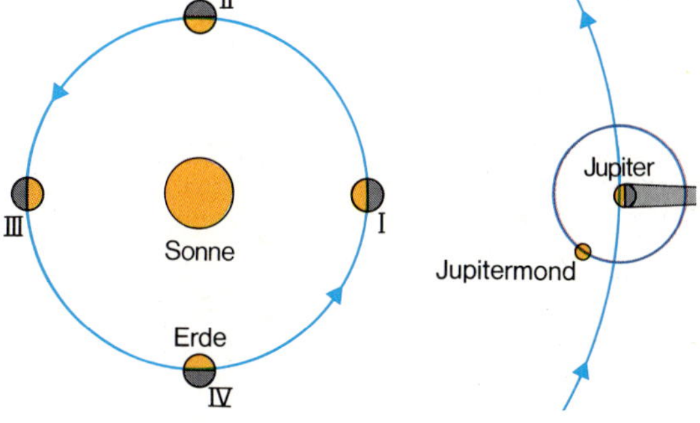

Abb. 7–44: Bestimmung der Lichtgeschwindigkeit nach ROEMER.

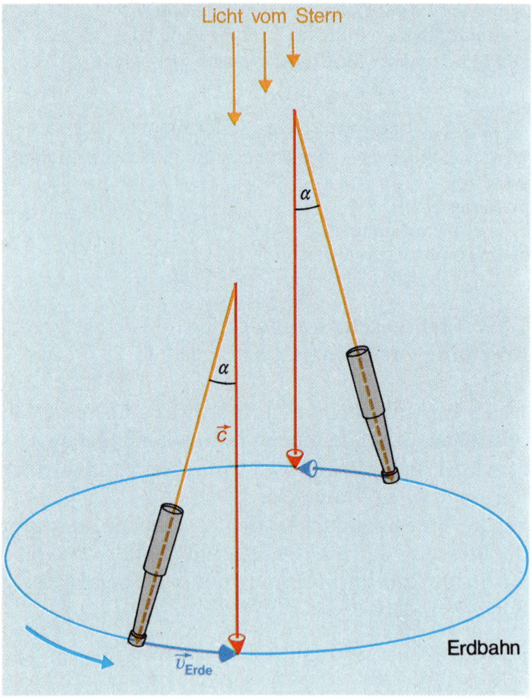

Abb. 7–45: Aberration. Das Fernrohr muß in Richtung der Erdbewegung vorgehalten werden. α Aberrationswinkel. Nur für einen Stern in der Lage der Abbildung behält α das ganze Jahr über den für alle Sterne gleichen Maximalmalwert der Aberration.

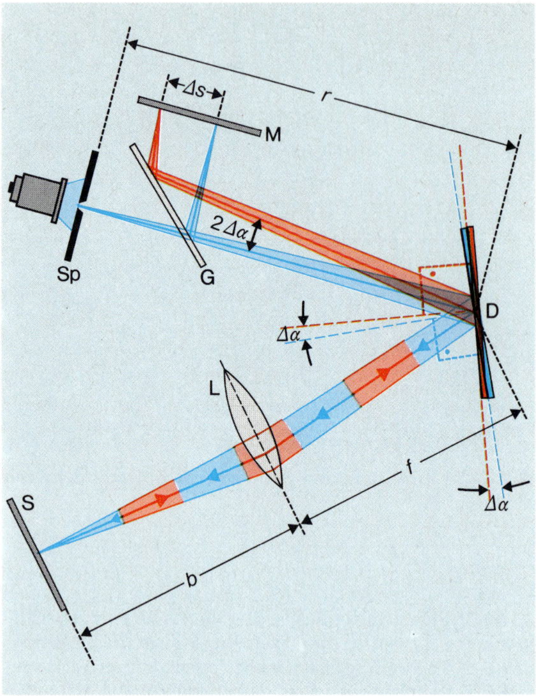

Abb. 7–46: Versuchsaufbau zur Lichtgeschwindigkeitsmessung nach Michelson-Foucault. Sp beleuchteter Spalt, G halbdurchlässige Glasplatte, D Drehspiegel, L Linse (Brennpunkt in D), S Spiegel, M Maßstab.

Verzögerung (von I nach III) oder Verkürzung (von III nach I) um $\Delta t = 1\,000$ s. Diese Zeit benötigt das Licht also für das Durchlaufen des Durchmessers der Erdbahn. Aus den damals bekannten Größen berechnete ROEMER die Lichtgeschwindigkeit zu

$$c = \frac{s}{t} = \frac{2R}{\Delta t} = \frac{2{,}3 \cdot 10^8\ \text{km}}{1000\ \text{s}} = 2{,}3 \cdot 10^5\ \frac{\text{km}}{\text{s}}\,.$$

Ebenfalls auf astronomischem Wege bestimmte BRADLEY 1727 die Lichtgeschwindigkeit aus der Aberration des Sternenlichtes. Er beobachtete, daß das Licht aller Sterne um den gleichen Winkel $\alpha = 21''$ in Richtung der Geschwindigkeit der Erde bei ihrem Umlauf um die Sonne abgelenkt wird. Da dieser Winkel für alle Sterne gleich war, konnte der Effekt nichts mit der Sternparallaxe (*2.2.1, Abb. 2–3*) zu tun haben; denn als Sternparallaxe gedeutet, bedeutete ein gleicher Winkel, daß alle Sterne gleich weit von der Erde entfernt seien. (Die erste Parallaxenmessung gelang erst hundert Jahre später.) BRADLEY erklärte den Winkel mit der endlichen Lichtgeschwindigkeit: Damit das Sternlicht (entlang der optischen Achse) durch das Fernrohr laufen könne (*Abb. 7–45*), müsse das Fernrohr in Bewegungsrichtung der Erde geneigt sein – genauso wie ein Spaziergänger bei Regen (die Regentropfen mögen senkrecht von oben fallen) seinen Schirm schräg nach vorn geneigt hält, und zwar um so mehr, je schneller er geht.

Der Aberrationswinkel α ergibt sich nach *Abb. 7–45* als Verhältnis Erdgeschwindigkeit v und Lichtgeschwindigkeit c (α in Bogenmaß): $\alpha = v/c$. BRADLEY erhielt aus seinen Messungen der Aberration und mit Hilfe des damals allerdings noch nicht genau bekannten Erdbahndurchmessers einen Wert für die Lichtgeschwindigkeit, der nur um ca. 1% von dem heute geltenden abweicht.

Durch direkte Messungen auf der Erde bestimmten FIZEAU 1849 und FOUCAULT 1850 zum ersten Male den Wert der Lichtgeschwindigkeit.

FIZEAU ließ einen Lichtstrahl durch die Lücke des Zahnkranzes eines drehbaren Zahnrades laufen und nach Reflexion am Ende einer 8 km langen Meßstrecke wieder denselben Weg zurück nehmen. Er versetzte das Zahnrad nun in Drehungen und erhöhte seine Drehgeschwindigkeit, bis Dunkelheit eintrat, weil der reflektierte Lichtstrahl nicht mehr dieselbe Lücke im Zahnkranz traf, durch die er ausgetreten war, sondern den nächsten Zahn traf. Bei Verdopplung der Drehgeschwindigkeit war der Lichtstrahl wieder zu beobachten. Daraus bestimmte er die Lichtgeschwindigkeit. Übrigens benutzte man damals den so auf der Erde bestimmten Wert für die Lichtgeschwindigkeit, um daraus mit Hilfe der Aberration die mittlere Entfernung Erde – Sonne zu ermitteln.

FOUCAULT verwendete statt des Zahnrades einen sich schnell drehenden Spiegel. Das Verfahren ist von MICHELSON mehrmals verbessert worden. Nach FOUCAULT und MICHELSON ist auch folgender Versuchsaufbau entwickelt, der die Bestimmung der Lichtgeschwindigkeit im Physikraum ermöglicht.

Versuch 7/25: Das vom beleuchteten Spalt Sp (*Abb. 7–46*) kommende Lichtbündel fällt auf einen im Abstand r stehenden Drehspiegel D und von hier (bei geeigneter Stellung von D) auf eine im Abstand ihrer Brennweite aufgestellte Linse L, die ein Bild des Spaltes Sp auf dem in geeigneter Entfernung b von der Linse befindlichen ebenen Spiegel S entwirft. Da der verhältnismäßig kleine Drehspiegel D praktisch im Brennpunkt der Linse L steht, wird der vom Spalt ausgehende Hauptstrahl des Lichtbündels von D aus als Brennstrahl auf die Linse geworfen und durch sie in einen Parallelstrahl verwandelt. Der senkrecht zur optischen Achse und also auch senkrecht zum Parallelstrahl stehende ebene Spiegel S wirft den Parallelstrahl in sich zurück, und unabhängig von der Stellung des Drehspiegels gelangt der Hauptstrahl auf dem gleichen Lichtweg wieder in den Spalt zurück, solange der Drehspiegel inzwischen seine Stellung nicht geändert hat. Der Spalt Sp wird damit erst auf den Spiegel S und dann wieder in sich abgebildet. Sein Bild beobachtet man über eine schräg in den Strahlengang gestellte Glasplatte G auf dem Glasmaßstab M mit Hilfe einer Lupe.

Versetzt man nun den Drehspiegel in **Rotation** mit der Winkelgeschwindigkeit ω, so dreht sich in der Zeit Δt der Drehspiegel um den Winkel $\Delta\alpha = \omega\, \Delta t$, während der das Lichtbündel die Meßstrecke $s = 2\,(f + b)$ von D über L nach S und zurück nach D durchläuft. Dadurch wird das Lichtbündel auf seinem Rückweg durch den Drehspiegel um den Winkel $2\,\Delta\alpha$ abgelenkt; das Spaltbild ist dann auf dem Glasmaßstab um die Strecke $\Delta s = 2\,\Delta\alpha\, r$ verschoben. Aus dieser Verschiebung Δs lassen sich der Winkel $\Delta\alpha = \Delta s / 2\,r$ und bei bekannter Winkelgeschwindigkeit ω die Zeit $\Delta t = \Delta\alpha/\omega$ ermitteln und aus letzterer und der Meßstrecke s die Lichtgeschwindigkeit errechnen:

$$c = \frac{s}{\Delta t} = \frac{2\,(f+b)\,\omega}{\Delta\alpha} = \frac{4\,(f+b)\,\omega\, r}{\Delta s}\,.$$

Die Winkelgeschwindigkeit $\omega = 2\pi f$ mißt man, indem man die hörbare Frequenz f des rotierenden Drehspiegels mit einem Tongenerator einstellt und mit einem Digitalzähler registriert. Besonders bei Verwendung von Laserlicht kann man die Frequenz f auch über ein Fotoelement mit Digitalzähler auszählen, über das man den reflektierten Lichtstrahl laufen läßt.

Ergebnis: Versuche mit der Anordnung nach Michelson-Foucault ergeben, daß die Lichtgeschwindigkeit in der Größenordnung $c = 3 \cdot 10^8$ m/s liegt.

Ein Wert dieser Größenordnung ergab sich auch bei der Untersuchung des Hertzschen Dipols (*7.2.3*) für die Ausbreitungsgeschwindigkeit elektromagnetischer Wellen.

Wir messen diese Geschwindigkeit anhand stehender Wellen mit dem **Mikrowellensender** (*7.2.3*) nach:

Versuch 7/26: Senkrecht zur Ausbreitungsrichtung der elektromagnetischen Wellen wird in geringer Entfernung vor dem Klystronsender eine reflektierende Metallplatte aufgestellt (*Abb. 7–47*). Bei geeigneter Stellung des Schirms weist man mit dem Empfangsdipol (ohne Trichter) stehende Wellen nach.

Aus dem Abstand a = 12,8 cm zwischen 1. und 9. Knoten, der damit 8 halben Wellenlängen entspricht, erhält man die Wellenlänge λ = 3,2 cm und berechnet mit der werkseitig angegebenen Frequenz des Mikrowellensenders f = 9 450 MHz die Ausbreitungsgeschwindigkeit der im Klystron erzeugten elektromagnetischen Wellen zu

$c = \lambda f = 9\,450\ \text{MHz} \cdot 3{,}2 \cdot 10^{-2}\ \text{m} = 3{,}024 \cdot 10^8\ \text{m/s}$.

Die **Ausbreitungsgeschwindigkeit elektromagnetischer Wellen** und des Lichtes im Vakuum ist heute die am genauesten bekannte **Naturkonstante.** Sie ist (als Lichtgeschwindigkeit) nicht nur mit der immer wieder verbesserten Drehspiegelmethode nach Michelson-Foucault, sondern auch mit Hilfe anderer

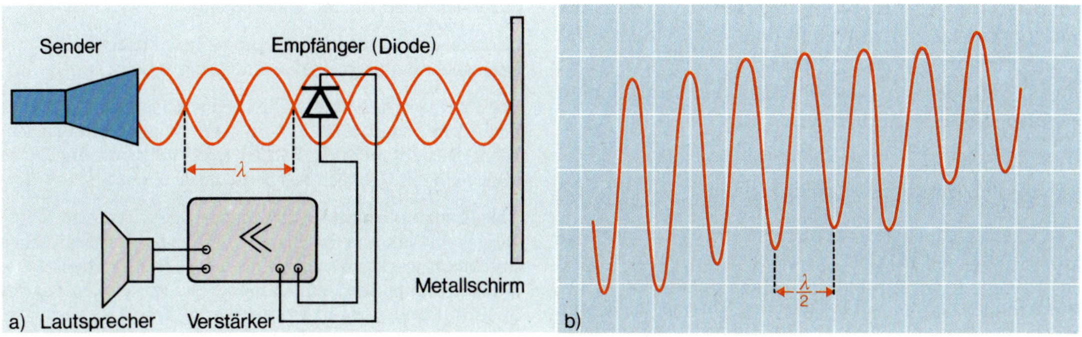

Abb. 7–47: Bestimmung der Ausbreitungsgeschwindigkeit elektromagnetischer Wellen. a) Versuchsanordnung. b) Mit dem XY-Schreiber aufgenommene Intensitätskurve: Maxima an den Bäuchen, Minima an den Knoten der stehenden Welle.

Methoden wie z. B. mit dem Michelson-Interferometer (*8.1.2*) ständig nachgemessen worden. Sie ist ebenso als Ausbreitungsgeschwindigkeit elektronisch erzeugter elektromagnetischer Wellen wie zum Beispiel durch Frequenzmessungen nach der Gleichung $c = \lambda f$ immer wieder überprüft worden, indem man die Wellenlänge λ mit Hilfe stehender Wellen beispielsweise in sogenannten Hohlraumresonatoren gemessen hat, in denen sich stehende elektromagnetische Wellen ähnlich den Eigenschwingungen von Luftsäulen z. B. bei Pfeifen ausbilden.

Die Ausbreitungsgeschwindigkeit c von elektromagnetischen Wellen (im engeren Sinn) und von Licht (gleich welcher Farbe) ist gleich. Sie beträgt im Vakuum

$$c = 299\,792\,458 \text{ m/s} .$$

Für die Astronomen ist die Lichtgeschwindigkeit ein bequemes Maß, die Entfernungen im Weltraum anzugeben. Als Einheit wird die Strecke zugrunde gelegt, die das Licht in einem Jahr zurückgelegt hat. Da ein Jahr etwa $3{,}16 \cdot 10^7$ s hat, ist die neue Entfernungseinheit

$$1 \text{ Lichtjahr} = 9{,}46 \cdot 10^{15} \text{ m} .$$

Der der Sonne nächste Fixstern α-Centauri ist 4,3 Lichtjahre von der Erde entfernt.
Eine Vorstellung von der Größe der Lichtgeschwindigkeit geben folgende Beispiele:
1. Das Licht legt in 1 s 300 000 km zurück; das entspricht einer Strecke von ungefähr dem $7\frac{1}{2}$fachen des Erdumfangs.
2. Die mittlere Entfernung Sonne – Erde beträgt $r = 149{,}5 \cdot 10^6$ km. Für diese Strecke benötigt das Licht ungefähr $8\frac{1}{3}$ min.

Damit ist ein bedeutender Hinweis gegeben, die Erscheinungen des Lichtes mit Hilfe der Vorstellung zu erklären, daß sich das Licht in Form von Wellen ausbreitet. Diese Hypothese über die physikalische Natur des Lichtes bezeichnet man als **Wellenmodell des Lichtes.**

Das Wellenmodell des Lichtes beschreibt die Ausbreitung des Lichtes als elektromagnetischen Wellenvorgang.

Im weiteren werden wir untersuchen, ob sich die Folgerungen aus dem Wellenmodell (*3.3*) auch beim Licht nachweisen lassen und ob alle Eigenschaften des Lichtes durch das Wellenmodell hinreichend beschrieben werden können.

Lichtgeschwindigkeit und Brechung

Den Zusammenhang zwischen Licht und elektromagnetischen Wellen hat MAXWELL, lange bevor elektromagnetische Wellen experimentell nachgewiesen wurden, in der nach ihm benannten **Maxwellschen Theorie** (*6.3.6 und 7.2.5*) vorausgesagt. In seiner elektromagnetischen Lichttheorie zeigte er, daß die optischen Erscheinungen aus einer umfassenden Theorie der elektrischen und magnetischen Erscheinungen abgeleitet werden können.

Für die Ausbreitungsgeschwindigkeit elektromagnetischer Wellen liefert die Maxwellsche Theorie:

Elektromagnetische Wellen, zu denen auch das Licht gehört, breiten sich mit der Geschwindigkeit

$$c = \frac{1}{\sqrt{\varepsilon_r \, \varepsilon_0 \, \mu_r \, \mu_0}} \quad \text{aus.}$$

ε_0 ist die elektrische (*5.3.4*), μ_0 die magnetische (*6.2.1*) Feldkonstante, ε_r die Dielektrizitätszahl (*5.3.8*) und μ_r die Permeabilitätszahl (*6.2.3*). Für das Vakuum mit $\varepsilon_r = \mu_r = 1$ ergibt sich als Lichtgeschwindigkeit in Übereinstimmung mit den Messungen

$$c = \frac{1}{\sqrt{\varepsilon_0 \, \mu_0}} = \frac{1}{\sqrt{8{,}8542 \cdot 10^{-12} \dfrac{\text{As}}{\text{Vm}} \cdot 1{,}2566 \cdot 10^{-6} \dfrac{\text{Vs}}{\text{Am}}}}$$
$$= 2{,}9979 \cdot 10^8 \text{ m/s}.$$

Auch Messungen der Lichtgeschwindigkeit in Materie – im Versuch von Foucault-Michelson läßt man z. B. dazu das Licht auf der Strecke LS durch Materie laufen – bestätigen vollauf die Theorie. Für Wasser beispielsweise ergibt sich theoretisch mit $\varepsilon_r = 81$ und $\mu_r = 1$ sowie experimentell der gleiche Wert $c = 3{,}33 \cdot 10^7$ m/s .

Die Maxwellsche Theorie beschreibt die Lichtausbreitung als elektromagnetischen Wellenvorgang. Die Messungen der Lichtgeschwindigkeit in Vakuum und in Materie stützen diese Theorie.

Die **Brechung** ist nach dem Wellenmodell (*3.4.5*) auf eine kleinere Ausbreitungsgeschwindigkeit c_m der Wellen im dichteren Medium (dem Medium mit dem kleineren Brechungswinkel) zurückzuführen. Nach der Wellentheorie gilt $\sin \alpha \,/\, \sin \beta = c \,/\, c_m > 1$, nach dem Brechungsgesetz $\sin \alpha \,/\, \sin \beta = n > 1$. Versuche bestätigen den Schluß aus beiden Beziehungen, daß die Ausbreitungsgeschwindigkeit c_m in einem optisch dichteren Medium, z. B. Glas oder Wasser, um den Faktor $1/n$ geringer ist als die Geschwindigkeit c im Vakuum.

Der Brechungsindex n gibt an, um wieviel langsamer sich Licht in einem dichteren Medium (c_m) als im Vakuum (c) ausbreitet:

$$c_m = \frac{1}{n} \, c .$$

Nach dem Wellenmodell ändert sich beim Übergang in ein anderes Medium mit der Geschwindigkeit $c = \lambda f$ der Welle auch ihre Wellenlänge λ, während die **Frequenz** f gleichbleibt. Licht einer Spektralfarbe oder – wie man auch sagt – monochromatisches[1]) Licht kann nicht weiter zerlegt werden; eine Spektralfarbe ändert sich beim Durchgang durch ein Prisma nicht. Daraus folgt:

Nach dem Wellenmodell ist monochromatisches Licht gekennzeichnet durch eine bestimmte Frequenz.

Die Frequenz der Lichtwelle ist das physikalische Merkmal einer Spektralfarbe bzw. von monochromatischem Licht. Das gilt nicht für Farben schlechthin, da eine Farbe allgemein ein Gemisch aus Spektralfarben ist.

Absoluter und relativer Brechungsindex. Für den Übergang vom Vakuum in ein optisches Medium ergibt das Brechungsgesetz $\sin \alpha / \sin \beta = n$ den **absoluten Brechungsindex,** der genaugenommen immer nur zusammen mit der Spektralfarbe genannt werden kann (*Tab. 7–3*). Das Brechungsgesetz gilt auch für den Übergang von einem opti-

[1]) monos (griech.), allein, einzig; chroma (griech.), Farbe

Eis (bei 0°C)	1,31	Plexiglas	1,50–1,52
Wasser	1,33	Kronglas	1,51–1,62
Alkohol	1,36	Flintglas	1,6–1,76
Benzol	1,50	Diamant	2,42
Schwefelkohlenstoff	1,63		
Luft*	1,000 292	*Optische Gläser*	
Stickstoff*	1,000 298	Schwerkron SK1	1,61
Kohlendioxid*	1,004 490	Schwerflint SF4	1,76
Quarzglas	1,46	schwerstes Flint	1,90

Tabelle 7–3: Absoluter Brechungsindex einiger Stoffe für Licht der Na-D-Linie bei 20 °C, für Gase* bei 0 °C.

schen Medium in ein anderes. Seine Formulierung erhält man aus der Wellentheorie. Nach ihr lautet das Brechungsgesetz:

$$\frac{\sin \alpha_1}{\sin \alpha_2} = \frac{c_2}{c_1},$$

wenn α_1 der Winkel und c_1 die Geschwindigkeit im Medium 1 – entsprechend α_2 und c_2 im Medium 2 – sind. Für die absoluten Brechungsindizes dieser Medien gilt $n_1 = c/c_1$ und $n_2 = c/c_2$, so daß das Brechungsgesetz für den Übergang vom Medium 1 in das Medium 2 gilt

$$\frac{\sin \alpha_1}{\sin \alpha_2} = \frac{c_2}{c_1} = \frac{c_2}{c} : \frac{c_1}{c} = n_2 : n_1 = n_{12} .$$

Der **relative Brechungsindex** n_{12} für den Übergang vom Medium 1 in das Medium 2 ist der Quotient aus den absoluten Brechungsindizes n_2 und n_1 beider Medien:

$$n_{12} = n_2 \,/\, n_1 .$$

So ist der relative Brechungsindex für den Übergang von Kronglas ($n_1 = 1{,}51$) in das (optisch dichtere) Flintglas ($n_2 = 1{,}61$) $n_{12} = n_2 / n_1 = 1{,}61 / 1{,}51 = 1{,}07$, d. h. die Strahlen werden bei diesem Übergang zum Einfallslot hin gebrochen. Für die Brechung von Flintglas in Kronglas gilt umgekehrt: $n_{21} = n_1 / n_2 = 0{,}94$ (*Abb. 7–48*).

Totalreflexion. Tritt Licht aus einem optisch dichteren in ein optisch dünneres Medium (*Abb. 7–49*), so wird der

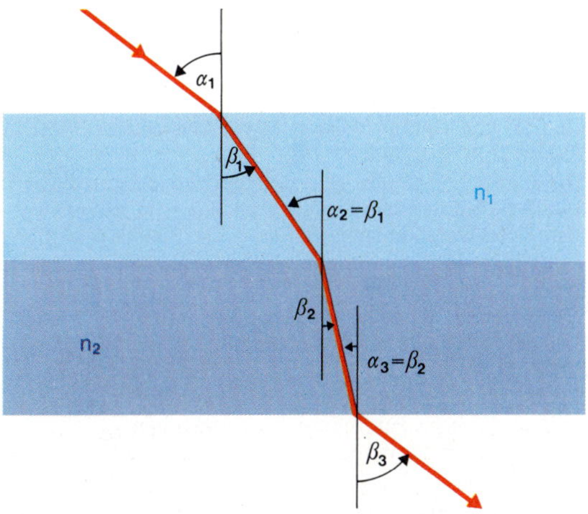

Abb. 7–48: Brechung eines Lichtstrahls durch zwei aneinander grenzende Medien, z. B. Kronglas n_1, Flintglas n_2 mit $n_2 > n_1$.

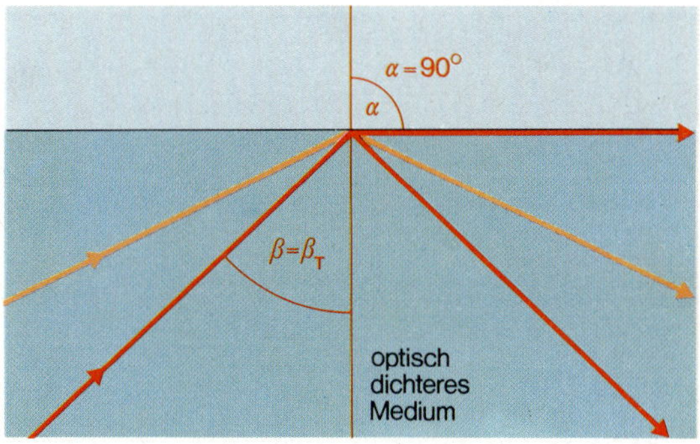

Abb. 7–49: Totalreflexion. Zur Herleitung der Beziehung für den Winkel β_T der Totalreflexion.

Lichtstrahl vom Einfallslot weg gebrochen. Wächst der Einfallswinkel β, so wird schließlich der Brechungswinkel $\alpha = 90°$:

$$\frac{\sin \alpha}{\sin \beta} = \frac{\sin 90°}{\sin \beta_T} = n \quad \text{oder} \quad \sin \beta_T = \frac{1}{n} .$$

β_T nennt man den Winkel der Totalreflexion.

Tritt Licht aus einem optisch dichteren Medium auf die Grenzfläche zu einem optisch dünneren Medium unter einem Winkel β, der größer ist als der Winkel der Totalreflexion β_T (mit $\sin \beta_T = 1/n$), so wird das Licht vollständig reflektiert.

Für Wasser hat der Winkel der Totalreflexion die Größe $\beta_T = \arcsin (1 / 1{,}33) = 48{,}8°$, für Glas $\beta_T = \arcsin (1 / 1{,}50) = 41{,}8°$.
Während bei der Reflexion an der Grenzfläche zu einem optisch dichteren Medium, z. B. an einem Spiegel, eine gleichzeitige Brechung nicht auszuschließen und damit die Reflexion nicht 100%ig ist, wird bei Totalreflexion das Licht vollständig ohne Verlust reflektiert. Ein 45°-Prisma, wie es z. B. im Feldstecher oder in anderen optischen Geräten zur Umlenkung des Strahlenganges eingebaut ist, reflektiert das Licht daher besser als jeder Spiegel.

Dispersion. Die Zerlegung des weißen Mischlichtes im Prisma kommt dadurch zustande, daß das Prisma für jede Spektralfarbe einen anderen Brechungsindex besitzt. Das gilt – wie wir schon sahen – immer: Der Brechungsindex eines Stoffes ist von der Spektralfarbe (oder der Frequenz des Lichtes) abhängig.

Farbe		Wellenlänge in nm	Brechungsindex Flintglas F3	Brechungsindex Schwefelkohlenstoff
dunkelrot	A	760,8	1,603	1,609
rot	B	686,7	1,606	1,615
orange	C	656,3	1,608	1,618
gelb	D	589,3	1,613	1,628
grün	E	527,0	1,619	1,641
blau	F	486,1	1,625	1,652
indigo	G	430,8	1,636	1,677
violett	H	396,8	1,645	1,699

Tabelle 7–4: Dispersion von Flintglas F3 und Schwefelkohlenstoff. (Die Buchstaben bezeichnen die Fraunhoferschen Linien → *7.4.2.* D ist die Na-D-Linie.)

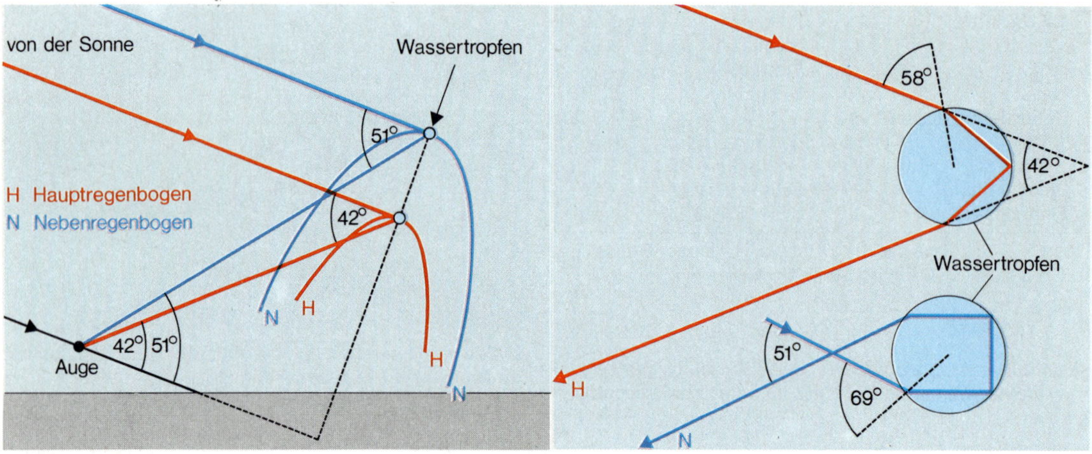

Abb. 7–50: Haupt- und Nebenregenbogen. a) Lage im Raum. b) Entstehung durch Brechung und einmalige bzw. zweimalige Reflexion.

Die Abhängigkeit des Brechungsindex von der Spektralfarbe beim Übergang vom Vakuum in ein Medium bezeichnet man als **Dispersion** (*Tab. 7–4*). Im sichtbaren Spektrum nimmt der Brechungsindex stetig vom roten zum violetten Ende zu **(normale Dispersion).**

Die Dispersion tritt nicht nur bei der Brechung am Prisma, sondern bei jeder Brechung von nichtmonochromatischem Licht an einer Grenzfläche zwischen verschiedenen optischen Medien auf. Sie spielt vor allem in optischen Geräten, in denen Linsen und Prismen verwendet werden, eine Rolle. Die Dispersion ist die Ursache für die chromatische Aberration, nach der z. B. parallel zur optischen Achse einfallendes Licht verschiedener Spektralfarben verschiedene Brennpunkte für ein und dieselbe Linse besitzt. Der Fehler wird weitgehend durch Achromate behoben, Linsen, die aus einer Kombination von Sammel- und Zerstreuungslinsen verschiedener Glassorten mit unterschiedlichen Brechungsindizes bestehen. – Die Dispersion ist neben der Brechung für die Entstehung des Regenbogens verantwortlich, wie schon DESCARTES verständlich machte. Das Sonnenlicht wird beim Eintritt in die Wassertröpfchen durch Brechung und Dispersion zerlegt und tritt nach einmaliger oder zweimaliger Reflexion an der Grenzfläche zwischen Wasser und Luft und nochmaliger Brechung aus dem Wassertröpfchen aus. Im ersten Fall bildet der einfallende Sonnenstrahl mit dem ausfallenden einen Winkel von 42° (Hauptregenbogen), im zweiten einen Winkel von 51° (Nebenregenbogen), so daß das Auge die beiden Regenbogen an verschiedenen Stellen des Himmels sieht (*Abb. 7–50*).

Aufgaben

7/57: Berechnen Sie mit der heute bekannten Aberration $\alpha = 20{,}49''$ die Lichtgeschwindigkeit nach BRADLEY.

***7/58:** FIZEAU benutzte ein Zahnrad mit $z = 720$ Zähnen, das sich mit der Umdrehungszahl $n = 12{,}6\ \text{s}^{-1}$ drehte, als zum ersten Mal Dunkelheit eintrat. Die benutzte Meßstrecke hatte die Länge $d = 8{,}633$ km. – Beschreiben Sie die Versuchsanordnung, und berechnen Sie die von ihm gemessene Lichtgeschwindigkeit.

7/59: Welche Bedingung gilt für die Strecken in der Versuchsanordnung von Foucault-Michelson (*Abb. 7–46*)?

7/60: In einem Versuch zur Messung der Lichtgeschwindigkeit (*Abb. 7–46*) wird der Lichtstrahl (Laserstrahl) nach seiner Reflexion am Drehspiegel über einen Phototransistor geleitet. Aus dem Signalabstand auf dem Oszillographen entnimmt man als Umdrehungszeit des Spiegels $T = 3{,}25 \cdot 10^{-3}$ s. Die anderen Maße waren $\Delta s = 3{,}6$ mm, $r = 10{,}49$ m, $f = 5{,}12$ m, $b = 7{,}62$ m. Bestimmen Sie (mit Fehlerrechnung) die Lichtgeschwindigkeit.

7/61: Ein Lichtsignal wird auf den Mond geschickt (mittlere Entfernung Erde – Mond $e = 384\,000$ km). Wie groß ist seine Laufzeit?

***7/62:** Die Meßstrecke b in *Abb. 7–46* sei mit einem Medium des Brechungsindex n gefüllt. Wie kann man die Geschwindigkeit in diesem Medium messen, wenn man die Lichtgeschwindigkeit im Vakuum c_0 kennt? Formel?

7/63: Licht tritt aus dem Vakuum in *a)* Wasser, *b)* Glas, *c)* Diamant über. Wie groß ist die Lichtgeschwindigkeit in diesen Stoffen?

7/64: Wie groß ist der absolute Brechungsindex der Ölsäure, wenn der relative Brechungsindex für den Übergang vom Wasser in Ölsäure 0,91 und der absolute Brechungsindex des Wassers 1,33 betragen?

7/65: Welches ist der Winkel der Totalreflexion, wenn Licht *a)* von Glas in Wasser, *b)* von schwerstem Flint in Schwerkron übergeht?

***7/66:** Ein Lichtstrahl (Frauenhoferlinie A (rot) bzw. F (blau)) fällt unter dem Einfallswinkel $\alpha = 30°$ auf *a)* Flintglas, *b)* Schwefelkohlenstoff. Berechnen Sie den jeweiligen Brechungswinkel und die jeweilige Lichtgeschwindigkeit in dem neuen Medium.

***7/67:** Vom Boden eines Gefäßes, in dem in gleicher Dicke Schwefelkohlenstoff, Wasser und Benzol aufeinandergeschichtet sind, ohne sich zu vermischen, durchläuft ein Lichtstrahl die erste Schicht (aus Schwefelkohlenstoff) unter dem Winkel α zur Senkrechten nach oben.

a) Unter welchem Winkel zur Senkrechten tritt der Strahl nach Durchlaufen der drei Schichten schließlich in Luft ein, wenn $\alpha = 5°$ war?

b) Für welchen kleinsten Wert von α_0 wird der Lichtstrahl an der Grenzfläche von Schwefelkohlenstoff und Wasser bzw. an der von Benzol und Luft totalreflektiert?

7.3.3 Interferenz

Zweistrahlinterferenz am Doppelspalt

Das „experimentum crucis", das entscheidende Experiment der Wellentheorie des Lichtes, war der Doppelspaltversuch, den YOUNG 1802 zum ersten Male ausgeführt und beschrieben hat, lange bevor MAXWELL 1861 die elektromagnetischen Eigenschaften des Lichtes vorhersagte.

Versuch 7/27: Von dem durch einen Kondensator K gut ausgeleuchteten Beleuchtungsspalt Bsp fällt das Licht einer Lampe L durch ein Farbfilter F auf den Doppelspalt Dsp und wird in einigen Metern Entfernung auf einem durchscheinenden Schirm S aufgefangen (*Abb. 7–51*).

Beobachtungen:

1. Das ursprünglich scharfe Bild des Einfachspaltes ist bei Einfügen des Doppelspaltes stark verbreitert und nicht mehr scharf begrenzt.
2. Der helle breite Streifen auf dem Schirm besteht aus einer Anzahl schmaler und gleichbreiter Streifen, die von ebenso schmalen dunklen Streifen getrennt sind (*Abb. 7–52*).
3. Benutzt man statt des einfarbigen Farbfilters eine je zur Hälfte rote und blaue Farbscheibe, so liegen die blauen Linien enger beieinander als die roten (*Abb. 7–53*).
4. Ohne Farbfilter treten – symmetrisch zum mittleren hellen Streifen – an den nun fast weißen Streifen farbige Ränder auf.
5. Öffnet man den Spalt über eine bestimmte Breite, so verschwindet das Streifenmuster.

Nach dem Strahlenmodell wären nun zwei schwache helle Streifen (Doppelspalte) zu erwarten. Statt dessen treten in dem hell ausgeleuchteten Mittelstreifen mehrere dunkle und helle Linien in gleichmäßigen Abständen auf. Auf eine Erklärung weisen die ähnlich verlaufenen Versuche (*Abb. 7–54*) in der Wellenwanne und mit dem Tonfrequenzgenerator mit **mechanischen Wellensystemen** hin. Ein solcher Versuch läßt sich auch mit den vom Klystronsender erzeugten **elektromagnetischen Wellen** ausführen.

Aus zwei breiten und einem schmalen Metallschirm wird ein Doppelspalt gebildet und vor den Mikrowellensender gestellt. Der Empfänger tastet das Gebiet hinter dem Doppelspalt auf einem Kreisbogen ab: Zu beiden Seiten eines Maximums in der Symmetrieachse der Versuchsanordnung treten einige wenige Minima und Maxima in zunächst etwa gleichen Abständen auf (*Abb. 7–54 c*).

Die Versuche mit den Wasserwellen (*Abb. 7–54 a*), den Schallwellen (*Abb. 7–54 b*) und den elektromagnetischen Wellen (*Abb. 7–54 c*) zeigen dieselbe Struktur wie der Doppelspaltversuch der Optik (*Abb. 7–54 d*). Es handelt sich um die gleichen Interferenzvorgänge, die immer auf Wellenphänomene

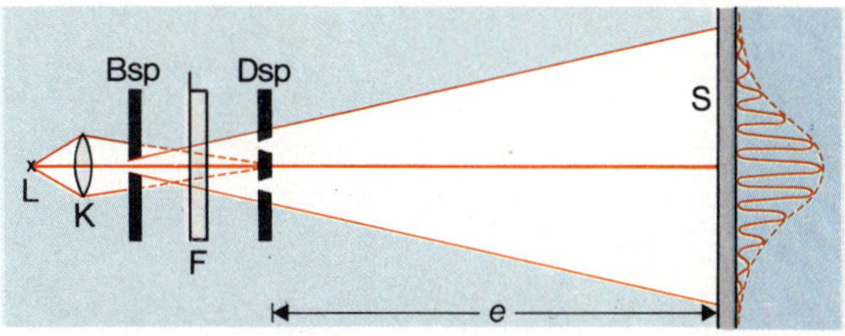

Abb. 7–51: Youngscher Doppelspaltversuch. Der Kondensor K bildet die Lichtquelle in den Doppelspalt ab. – Bei Verwendung von Laserlicht benötigt man lediglich den Doppelspalt.

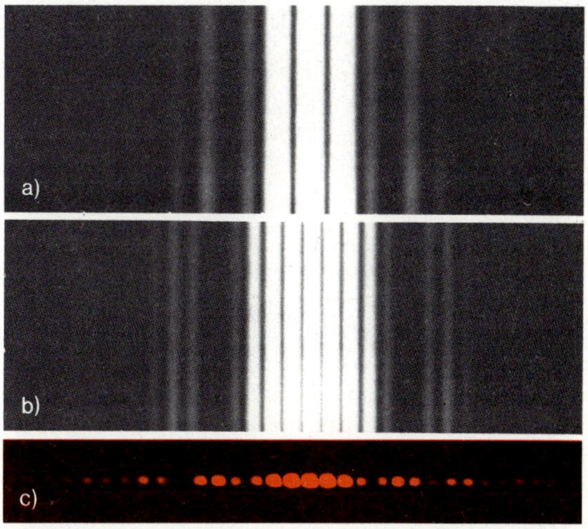

Abb. 7–52: Interferenzbilder am Doppelspalt. Mit weißem Licht: a) Spaltabstand d = 0,6 mm, Spaltbreite b = 0,24 mm; b) d = 1,2 mm, b = 0,24 mm. c) Mit Laserlicht: d = 0,5 mm, b = 0,1 mm.

Abb. 7–53: Interferenzbilder am Doppelspalt unter gleichen geometrischen Bedingungen bei Verwendung von weißem, rotem und blauviolettem Licht.

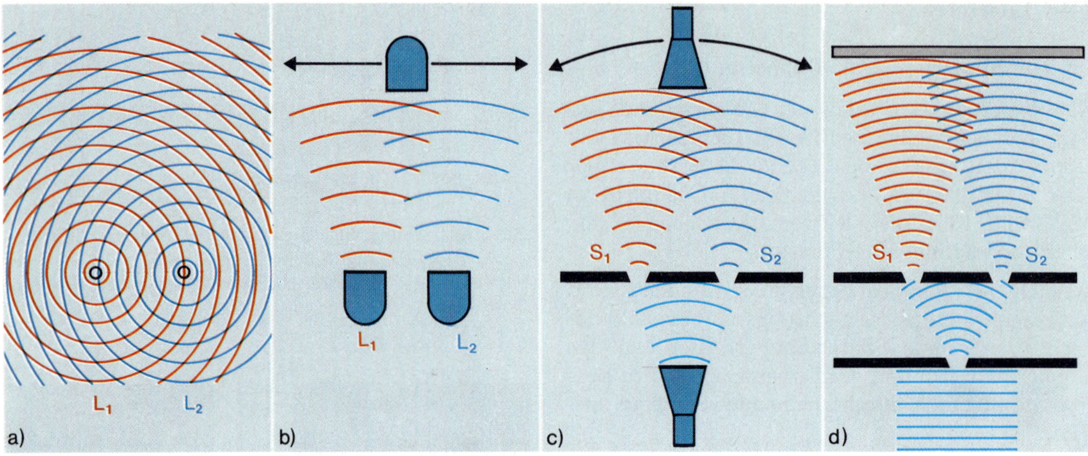

Abb. 7–54: Interferenzen der Wellen zweier „punktförmiger“ Erreger. a) Wasserwellen von zwei Tupfern, b) Schallwellen aus zwei Schallstrahlern, c) Mikrowellen aus einem Doppelspalt, d) Lichtwellen aus einem Doppelspalt. (Beachten Sie, daß die Verhältnisse der Wellenlängen nicht der Realität entsprechen.)

hinweisen. Sie unterscheiden sich lediglich in der Größenordnung der Wellenlänge.

Der Youngsche Doppelspaltversuch läßt sich durch die Annahme erklären, daß sich das Licht in Form von Wellen ausbreitet. Für einige Stellen auf dem Schirm ergibt sich die merkwürdige Beziehung: Licht plus Licht gibt Dunkelheit.

Im Wellenmodell finden die Beobachtungen folgende **Erklärung:**

1. Die Verbreiterung des erwarteten scharfen Spaltbildes kommt durch **Beugung** zustande (1. Beobachtung im *Versuch* 7/27).

2. Die einfarbigen hellen und die dazwischenliegenden dunklen Streifen sind durch **Interferenz** der beiden Wellensysteme entstanden, die von den beiden Öffnungen des Doppelspalts ausgehen (2. Beobachtung).

3. Damit kann man dem einfarbigen Licht eine (wenn auch sehr kleine) Wellenlänge zuordnen. Sie ist für blaues Licht offenbar kleiner als für rotes, denn die blauen Interferenzstreifen liegen enger beieinander als die roten (3. Beobachtung).

4. Die bunten Ränder an den hellen Streifen (4. Beobachtung) erklären sich aus der Überlagerung von Interferenzfiguren verschiedener Farben. In der Mitte der Interferenzstreifen, wo sich alle Farben überlagern, entsteht „weiß“, nach außen sind die Ränder rot, weil die Interferenzstreifen des roten Lichtes weiter auseinander liegen, innen sind sie dagegen bläulich-grün.

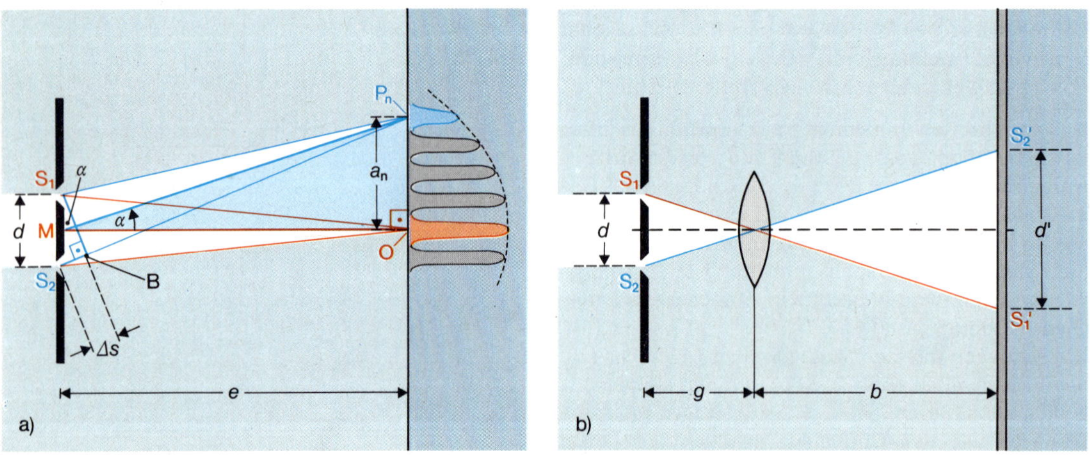

Abb. 7–55: Zur Auswertung des Doppelspaltversuchs. a) Zusammenhang zwischen dem Gangunterschied Δs und dem Abstand a_n des n. Maximums vom 0. Maximum. b) Experimentelle Ermittlung des Abstandes d der beiden Spalte.

Damit ist eine entscheidende experimentelle Stütze für die Brauchbarkeit des Wellenmodells des Lichtes gegeben.

Es soll nun die Wellenlänge des Lichtes angenähert mit dem Doppelspaltversuch aus den Abständen der Interferenzstreifen bestimmt werden. Im *Versuch 7/27* werden dazu auch ein Blau- und ein Rotfilter in den Strahlengang gestellt.
Wenn es nur um die Bestimmung einer Wellenlänge des Lichtes geht, kann der Versuch auch mit dem Laser durchgeführt werden. Man benötigt dann nur den Doppelspalt und eine kurzbrennweitige Linse zum Auffächern des Laserstrahls.
Wie sich aus den Abständen die Wellenlänge ausmessen läßt, überlegt man sich wie folgt. Nach dem Wellenmodell sind die Öffnungen S_1 und S_2 des Doppelspaltes (*Abb. 7–55*) Erregerzentren von Kreiswellen (räumlich: Zylinderwellen). Sie überlagern sich und erzeugen auf dem Schirm die Interferenzfigur. Für den mittleren Streifen O, das Interferenzmaximum 0. Ordnung, ist der Gangunterschied der von S_1 und S_2 phasen- und amplitudengleich ausgehenden Wellen Null, für die benachbarten hellen Streifen (Interferenzmaxima 1., 2., … n-ter Ordnung) ist der Gangunterschied ein ganzzahliges Vielfaches der Wellenlänge, also $\Delta s = n\,\lambda$, so daß die Wellen sich dort verstärken. Für die dunklen Streifen, die Interferenzminima, gilt entsprechend $\Delta s = (2n-1)\,\frac{1}{2}\,\lambda$ mit $n = 1, 2, \ldots$
Den Zusammenhang zwischen dem Gangunterschied Δs und den Größen der Versuchsanordnung entnimmt man *Abb. 7–55 a*. Die beiden Wellenzüge, die von S_1 und S_2 phasengleich ausgehen und sich in P_n überlagern, verlaufen fast parallel zueinander, da der Abstand e Doppelspalt – Schirm um ein Vielfaches größer als alle anderen Strecken ist. Ihre gemeinsame Richtung ist MP_n. Beschreibt man mit S_1P_n den Kreis um P_n, der S_2P_n in B schneidet, so gibt die Strecke S_2B als Differenz von S_2P_n und S_1P_n den Gangunterschied Δs an. Die beiden Dreiecke MOP_n und S_1S_2B sind (angenähert) ähnlich. Daher liest man für den Richtungswinkel α der Wellenzüge ab:

$$\sin\alpha = \frac{S_2\,B}{S_1\,S_2} = \frac{\Delta s}{d}, \quad \tan\alpha = \frac{OP_n}{OM} = \frac{a_n}{e}.$$

Für kleine Winkel gilt mit $\sin\alpha \approx \tan\alpha$:

$$\frac{\Delta s}{d} = \frac{a_n}{e} \text{ oder } \Delta s = \frac{a_n d}{e}.$$

Ergebnis:
Liegt P_n im Maximum n-ter Ordnung, so gilt $\Delta s = n\lambda$. Damit gilt für die Bestimmung der Wellenlänge am Doppelspalt aus der Entfernung e Doppelspalt – Schirm, aus dem Abstand d der beiden Spalte und aus dem Abstand a_n der Maxima 0. und n-ter Ordnung:

$$\lambda = \frac{a_n d}{ne}.$$

Zur Bestimmung von λ benötigt man den Abstand d der beiden Spalte S_1 und S_2. Dazu projiziert man nach *Abb. 7–55 b* die Spaltebene mit Hilfe einer Linse auf den Schirm und berechnet aus den Größen g, b und d' den Abstand d nach der Proportion
$d : d' = g : b$.
Meßbeispiel: Im Rotfilterlicht sind die Mitten zweier heller Streifen, zwischen denen vier dunkle und drei helle liegen (also ist $n = 4$), 2,0 cm entfernt. Weiter mißt man $e = 2{,}81$ m, $d' = 1{,}2 \cdot 10^{-2}$ m, $b = 2{,}61$ m und $g = 7{,}5 \cdot 10^{-2}$ m. Also ist

$$\lambda = \frac{a_4 g}{4\,eb}\,d'$$
$$= \frac{2{,}0 \cdot 10^{-2}\,\text{m} \cdot 7{,}5 \cdot 10^{-2}\,\text{m}}{4 \cdot 2{,}81\,\text{m} \cdot 2{,}61\,\text{m}} \cdot 1{,}2 \cdot 10^{-2}$$
$$= 6{,}14 \cdot 10^{-7}\,\text{m} = 614\,\text{nm}.$$

Die erste, noch recht ungenaue Wellenlängenbestimmung ergibt: Nach dem Wellenmodell kann man den verschiedenen Spektralfarben von Violett bis Rot Wellenlängen etwa von 400 nm bis 750 nm zuordnen.

Weitere Interferenzversuche

Nur auf Interferenz, nicht auf Beugung beruht der **Doppelspiegelversuch** von FRESNEL.

Versuch 7/28: Von dem durch den Kondensor K gut ausgeleuchteten Spalt Sp fällt das Licht (durch Farbfilter oder nach Lichtquelle einfarbig) streifend auf einen Doppelspiegel Dsp, dessen Flächen nur ein wenig gegeneinander verkantet sind.

Beobachtung: Auf dem Schirm treten ähnliche, im allgemeinen schärfere Interferenzstreifen wie beim Youngschen Doppelspaltversuch auf.

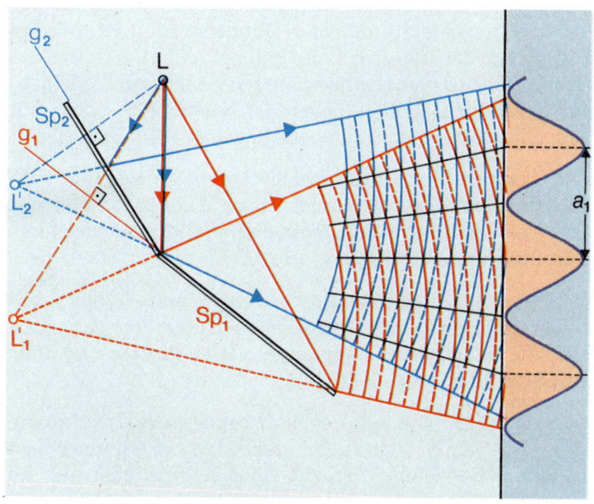

Abb. 7–56: Entstehung der Interferenzen im Fresnelschen Doppelspiegelversuch. Die Wellenfelder der virtuellen Lichtquellen L_1' und L_2' überlagern sich. g_1 und g_2 sind Symmetrieachsen, an denen die Lichtquelle L gespiegelt wird.

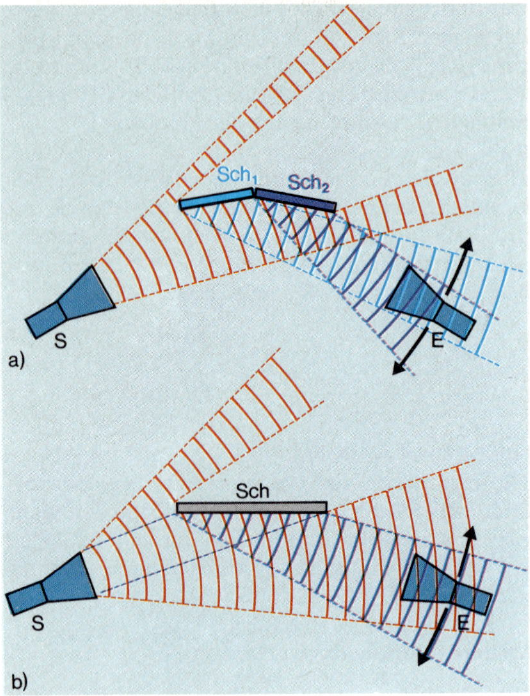

Abb. 7–57: a) Fresnelscher und b) Lloydscher Versuch mit Mikrowellen. S Sender, E Empfänger, Sch, Sch_1 und Sch_2 Reflektorschirme.

Erregerzentren sind die beiden virtuellen Lichtquellen, die sich bei rückwärtiger Verlängerung der Bündelbegrenzungen hinter den beiden Spiegeln ergeben (*Abb. 7–56*). Wie beim Doppelspaltversuch ermittelt man den Abstand d der beiden virtuellen Lichtquellen durch Projektion.

Ähnlich verläuft der von LLOYD 1837 angegebene Versuch, bei dem ein Lichtbündel streifend teilweise auf einen einzelnen Spiegel (statt auf einen Doppelspiegel) fällt. Dabei bringt man das Licht, das vom Spiegel reflektiert wird, mit dem direkt aus dem Spalt kommenden Licht zur Überlagerung. Als Lichtquellen dienen der beleuchtete Spalt und sein ebenfalls in der Spaltebene liegendes Bild im Spiegel.

Die Versuche am Fresnelschen Doppelspiegel und am Lloydschen Spiegel lassen sich in einfacher Weise auch mit den elektromagnetischen Wellen des Mikrowellensenders durchführen (*Abb. 7–57*).

Wichtiger für zahlreiche Anwendungen auch in der Technik als der Fresnelsche Spiegelversuch und seine Varianten sind die **Interferenzen an planparallelen Platten und dünnen Schichten** (*Abb. 7–58*).

Versuch 7/29: Vor eine monochromatische Lichtquelle (Na-, Hg-Lampe oder auch Laser) wird ein Glimmerblatt gehalten. Das Licht wird auf einen Schirm oder auf die Wand reflektiert (*Abb. 7–59*). Im Parallelversuch mit dem Mikrowellensender (*Abb. 7–60*) werden die Wellen teils an der Glasplatte, teils am Metallschirm reflektiert und kommen dann zur Überlagerung. Im Glimmerblattversuch findet die Reflexion an der Vorder- und an der Rückseite des dünnen Glimmerblättchens statt.

Nach *Abb. 7–61* ist für die Interferenz in einem Punkt P_k auf dem Schirm ausschlaggebend der Gangunterschied der beiden Wellenzüge, die von den virtuellen Lichtquellen L_1 und L_2 ausgehen und sich in P_k überlagern. Geometrisch beträgt ihr Wegunterschied $\Delta x = 2d \cos \beta_k$. Dieser Strecke entspricht als Weg für den längeren Wellenzug durch ein Medium (Glimmer) mit dem Brechungsindex n die sogenannte optische Weglänge $\Delta x' = n\,2d \cos \beta_k$. Daraus ergibt sich die Verstärkung in P_k für den Gangunterschied $m\,\lambda = n\,2d \cos \beta_k + \frac{1}{2}\lambda$, wobei der letzte Summand berücksichtigt, daß die Reflexion an der Vorderseite mit einem Phasensprung von π erfolgt (Reflexion am „geschlossenen" Ende → *3.4.3*).

Das räumliche Interferenzbild erhält man dadurch, daß man P_k und damit die Schar der Interferenzhyperbeln mit den Brennpunkten L'_1 und L'_2 um die Achse $L'_1\,L'_2$ rotieren läßt, so daß sich in der Schirmebene Kreise ergeben (*Abb. 7–63*). Der Gangunterschied Δs liegt in der Größenordnung der Dicke des Glimmerblattes von einigen Zehntel Millimeter. Das entspricht einer beträchtlichen Anzahl von Wellenlängen. Entsprechende Interferenzen sehr hoher Ordnung können nur im monochromatischen Licht (Laser) beobachtet werden (→ Kohärenzlänge). Bei Verwendung von Glühlicht, auch in Verbindung mit Farbfiltern, sind keine Ringe zu sehen (Versuch!).

Auf der Überlagerung des an der Vorder- und Rückseite dünner Schichten reflektierten Lichtes beruht auch die Entstehung der Interferenzfarben. Sind die Schichten dünn genug und folglich die Gangunterschiede nicht zu groß, so löschen sich einige im „weißen" Mischlicht enthaltene Farben aus, während die übrigen lebhafte, glänzende Farben ergeben. (Bei zu großer Schichtdicke gehen die Interferenzfarben in ein verwaschenes Weiß über.)

Man beobachtet sie in Ölschichten auf Wasser, an Seifenlamellen, an Luftschichten, in Sprüngen von Glas und als Anlauffarben auf erhitztem Metall. Die prächtigen Farben vieler Insekten, z. B. der Schmetterlinge, auch des Perlmutts, kommen auf gleiche Weise zustande. Interferenzfarben sind keine reinen Spektralfarben, sondern Mischfarben, d. h. sie entstehen durch Mischung von Anteilen weniger oder vieler Spektralfarben. Ebenso gehören hierher die beim Projizieren von eingeglasten Farbdias störenden Newtonschen Ringe, die man auch beobachten kann (Versuch), wenn man auf eine Spiegelglasplatte eine flache plankonvexe Linse legt. Im reflektierten Licht beobachtet man die konzentrisch angeordneten **Newtonschen Ringe** (*Abb. 7–62*). Die Ringe kommen durch Interferenz zwischen den an der Innenseite der Linse und den an der Oberseite der Glasplatte reflektierten Strahlen zustande. Ihr Gangunterschied beträgt $\Delta s_n = 2d_n + \lambda/2$, letzteres wegen des Phasensprunges $\Delta\varphi = \pi$ an der Plattenoberfläche. d_n berechnet sich nach dem Höhensatz aus $r_n^2 = d_n\,(2R - d_n) \approx d_n\,2R$, also $d_n = r_n^2 / 2R$. Für einen dunklen Ring ist $\Delta s_n = (2n + 1)\,\lambda/2$. Die Wellenlänge gewinnt man aus der Abstandsdifferenz zweier (dunkler) Ringe d_m und d_n zu $\lambda = (r_m^2 - r_n^2) / (m-n)\,R$.

Auf der Interferenz an dünnen Schichten beruht ebenfalls die Vergütung oder Mehrfachbeschichtung von Linsen. Bereits eine dünne $\lambda/4$-Schicht von einem Brechungsindex kleiner als dem des Glases führt zu deutlicher Reflexverminderung und Erhöhung des durchgehenden Lichtanteils (Energiebilanz!), da sich die an der Vorder- und Rückseite der Schicht reflektierten Wellen wegen des Gangunterschiedes von $\lambda / 2$ auslöschen. Beide Anteile reflektieren am dichteren Medium, am „geschlossenen" Ende, und erhalten daher einen gleichen Phasensprung von π (→ *3.4.3*). Durch

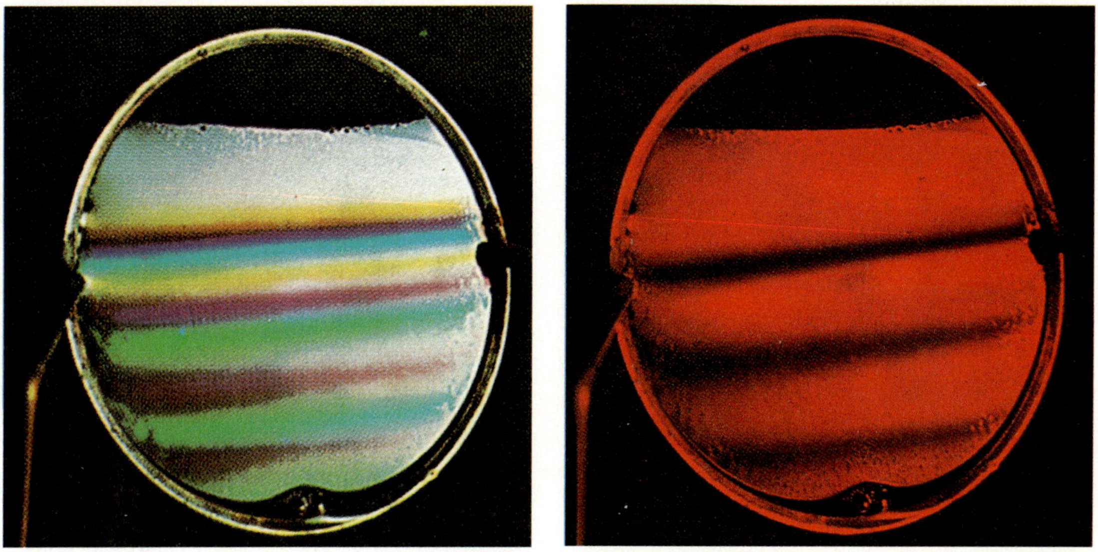

Abb. 7–58: Interferenzbilder in Reflexion an einer dünnen Seifenhaut in weißem und rotem Licht. Die Seifenhaut überspannt die gesamte Drahtschlinge. Die Aufnahme wurde gemacht, kurz nachdem sich die Dicke der Seifenhaut im oberen Teil auf weniger als ein Viertel der Wellenlänge aller Farben verringert hatte. Die Interferenzfarben im weißen Licht entstehen dadurch, daß sich einige Farben aus dem Spektrum auslöschen, die restlichen Farben bilden die Interferenzfarben. Im roten Licht löscht sich die rote Farbe in den dunklen Streifen aus.

Abb. 7–59: Interferenzbilder nach Reflexion am Glimmerblatt.

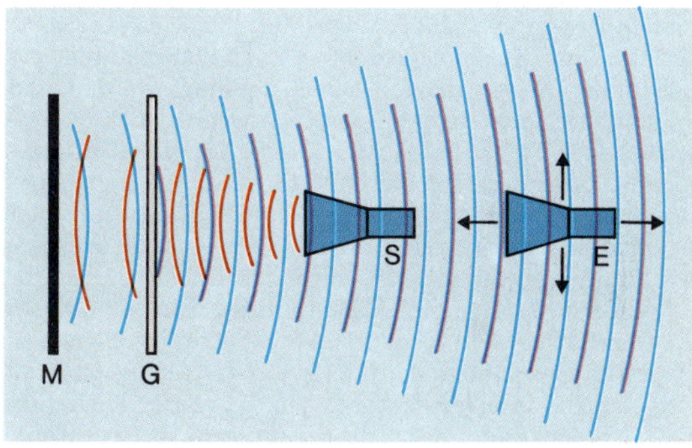

Abb. 7–60: Interferenz von Mikrowellen an „dünnen" Schichten. S Sender, E Empfänger, M Metallschirm, G Glasscheibe.

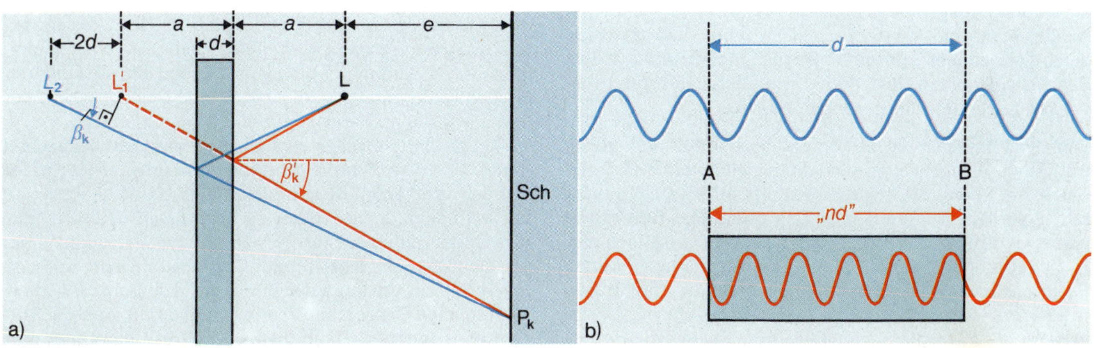

Abb. 7–61: Interferenzen an dünnen Schichten. a) Vereinfachte Konstruktion ohne Berücksichtigung der Brechung (-swinkel). b) Die optische Weglänge im Medium des Brechungsindex n ist $\Delta s = n\ d$: die Anzahl der Wellenlängen auf der Strecke AB für Blau ist $k_1 = d / \lambda$, für Rot aber $k_2 = n\ d / \lambda$.

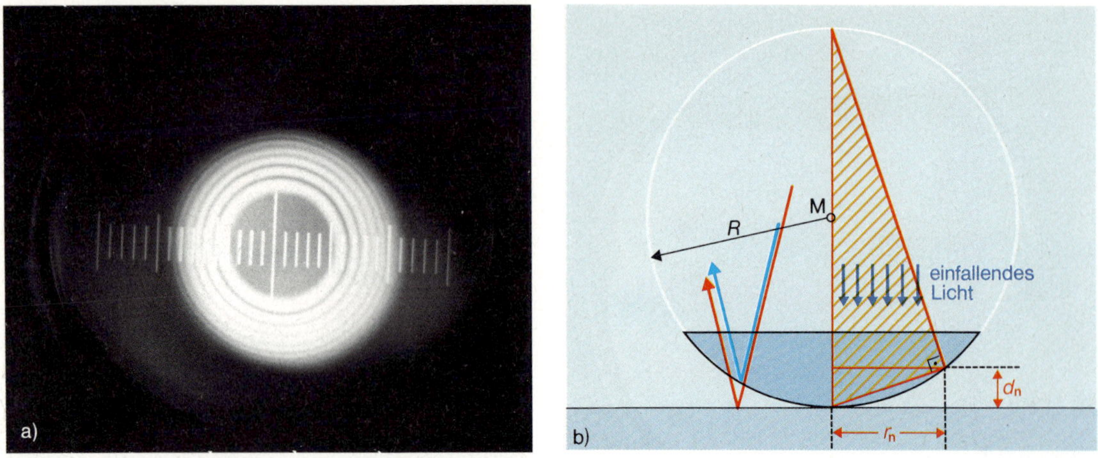

Abb. 7–62: Newtonsche Ringe. a) Interferenzbild. b) Blauer und roter Strahl interferieren miteinander. Je nach dem Gangunterschied $\Delta s = 2d_n + \lambda/2$ (wegen des Phasensprungs bei Reflexion an der Oberseite der Glasplatte) ergeben sich dunkle oder helle Ringe (hervorgehoben: das Thalesdreieck).

Aufdampfen mehrerer Schichten kann die Reflexion so bis zu 0,1% des einfallenden Lichtes herabgesetzt werden. – Umgekehrt lassen sich auf entsprechende Weise die Reflexionseigenschaften von Oberflächen, etwa von Spiegeln, erhöhen.

Technisch wird die Interferenz in allen Arten von **Interferometern** (→ *Abb. 7–85*) genutzt. Meistens wird ein Lichtstrahl in zwei Strahlen geteilt, die nach Durchlaufen verschiedener Wege wieder zusammengeführt werden und dann interferieren. In den einen Lichtweg wird das zu untersuchende Objekt gebracht. – Das → Michelson-Interferometer liefert die genaueste Methode zur → Längenbestimmung und Längenmessung, zur Prüfung optischer Bauelemente, zur Messung von Brechungsindizes u. a. m. – Als Interferometer arbeitet auch das Interferenzmikroskop, durch das man mit Hilfe von Mikroskopobjektiven die Oberflächenstrukturen von Werkstücken, biologischen Objekten usw. anhand der Interferenzstreifen beobachtet. Die hohen Interferenzordnungen in Interferometern (→ Kohärenz) gestatten es, die Strukturen von Spektrallinien bis in alle Feinheiten auszumessen.

Die Interferenz von Lichtwellen läßt sich in erster Näherung aus dem Vergleich mit mechanischen Wellen verstehen. Jedoch zeigen die Lichtwellen nicht jene idealen Eigenschaften wie diese, denn sie lassen sich nur unter besonderen Bedingungen beobachten (→ *7.3.5*).

Auslöschung und Verstärkung der Lichtwellen treten in den beschriebenen Interferenzversuchen nicht nur auf dem Schirm auf. Die Wellen bilden räumliche Interferenzen, wie die folgenden Überlegungen zeigen.

Von zwei Erregerzentren L_1 und L_2 (*Abb. 7–63*) gehen (räumliche) Kugelwellen aus, die miteinander interferieren. In der Ebene, die L_1 und L_2 enthält, bilden sich Interferenzhyperbeln (s. *Abb. 3–47*). Das räumliche Bild erhält man, wenn man die Interferenzhyperbeln um die Achse $L_1 L_2$ rotieren läßt (*Abb. 7–63 a*). Die Interferenzen bilden Rotationshyperboloide. Beobachtet man die räumlichen Interferenzen auf Ebenen, die parallel zur Achse L_1L_2 liegen (*Abb. 7–63 b*), dann schneiden diese Ebenen die Hyperboloide so an, daß man vor allem in der Mitte ein (etwa) senkrechtes Streifenmuster von Interferenzen erkennt (Querbeobachtung). Steht die Beobachtungsebene senkrecht zur Achse $L_1 L_2$ (*Abb. 7–63 b*), so bilden die Interferenzen Kreise (Längsbeobachtung),die sich aus der Symmetrie um die Rotationsachse erklären.

Beispiele für eine Querbeobachtung sind die Interferenzfiguren von Doppelspalt und Doppelspiegel. (Man beachte allerdings, daß die Erregerzentren bei beiden nicht punktförmig wie in *Abb. 7–63* sind.) Ein typisches Beispiel für eine Längsbeobachtung zeigt der Interferenzversuch mit dem Glimmerblatt.

Aufgaben

7/68: Im Licht einer Quecksilberlampe beobachtet man auf dem vom Doppelspalt (Abstand der beiden Spalte 1,2 mm) 2,73 m entfernten Schirm für jeweils 5 Streifenabstände im grünen Licht 6,2 mm und im blauen Licht 4,9 mm.
Berechnen Sie die Wellenlängen der beiden Quecksilberlinien.

7/69: Im Doppelspaltversuch mißt man für die Abstände von einem hellen Streifen zum übernächsten hellen bei Licht der angegebenen Farbe *a)* rot a = 3,9 cm, *b)* gelb a = 3,2 cm, *c)* grün a = 2,9 cm. Die übrigen Maße sind g = 33,5 cm, b = 4,615 m, d' = 2,5 mm und e = 4,950 m. Berechnen Sie die Wellenlängen.

7/70: Als Abstand von der Mitte des 3. bis zur Mitte des 7. dunklen Streifens einer Interferenzfigur des Doppelspiegels mißt man für verschiedene Farben *a)* rot a = 6,1 mm, *b)* grün a = 4,9 mm, *c)* blau a = 3,6 mm. Für die anderen Größen findet man g = 35,0 cm, b = 181 cm, d' = 0,54 cm und e = 2,160 m. Berechnen Sie die Wellenlängen.

***7/71:** Im Doppelspiegelversuch mit Laserlicht beobachtet man auf einem Schirm die typischen Interferenzstreifen mit dem Abstand 3,64 mm (gemittelt). Um den Abstand d der virtuellen Lichtquellen zu bestimmen, entwirft man ihre Bilder mit einer Linse (f = 30 cm), die man unmittelbar vor dem Doppelspiegel aufstellt, auf dem Schirm, Bildweite b = 385 cm, Abstand der Bilder auf dem Schirm 9,0 mm. Die fehlende Gegenstandsweite g (und damit auch die Entfernung e (virtuelle Lichtquelle – Schirm) berechnet man aus der Linsengleichung. Berechnen Sie die Wellenlänge.

7/72: Der Gangunterschied zwischen zwei zur Interferenz kommenden Wellenzügen sei

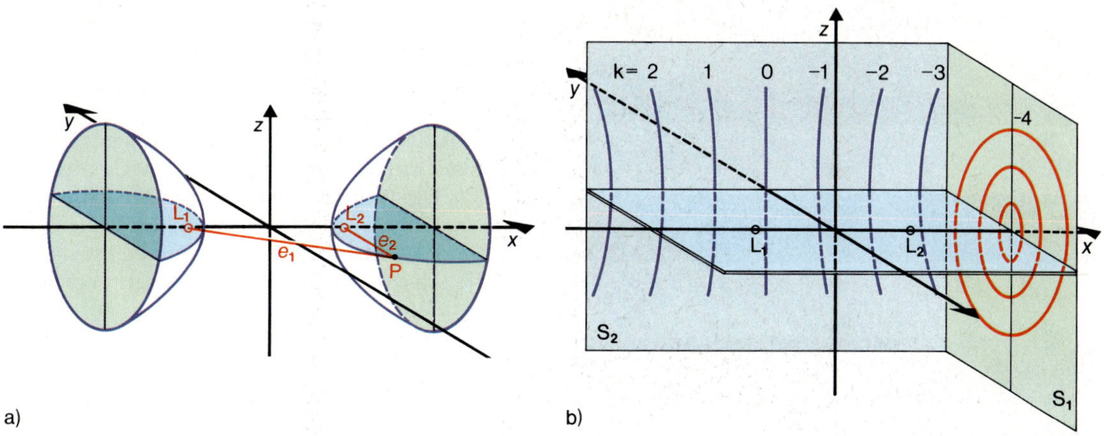

Abb. 7–63: a) Durch die Interferenz der von L_1 und L_2 ausgehenden Wellenfelder entstehen im Raum Rotationshyperboloide: $\Delta s = e_1 - e_2 = n\,\lambda$. b) Schneidet man sie durch Ebenen an, erhält man die Interferenzen am Doppelspalt (blau) oder die mit dem Glimmerblatt (rot).

a) $\Delta s = 10 \cdot 10^{-7}$ m bzw. b) $\Delta s = 100 \cdot 10^{-7}$ m.
Welche Wellen aus dem Bereich $\lambda = 400$ nm bis $\lambda = 750$ nm verstärken sich dann gerade maximal? Wie groß sind jeweils die Ordnungszahlen der Interferenzen?

7/73: Zum *Versuch 7/29* mit dem Glimmerblatt. Schätzen Sie die Ordnung des Gangunterschiedes für Licht mittlerer Wellenlänge ab, das an der Vorder- und an der Innenseite des Glimmerblattes (Dicke $d = 1{,}0$ mm) reflektiert wird.

***7/74:** Eine $7{,}50 \cdot 10^{-7}$ m dicke Seifenhaut ($n_s = 1{,}35$) wird senkrecht bestrahlt. Welches Licht (Wellenlängen) wird bei Reflexion *a)* ausgelöscht, welches *b)* verstärkt?

***7/75:** Die Oberfläche einer Linse ($n = 1{,}53$) wird mit einem Material ($n = 1{,}35$) vergütet, so daß die Wellenlänge $\lambda = 550$ nm im reflektierten Licht ausgelöscht wird. *a)* Wie dick muß die Schicht sein? *b)* Welche Phasenverschiebung erleiden das reflektierte violette Licht ($\lambda_v = 400$ nm) und das rote Licht ($\lambda_r = 700$ nm)?

***7/76:** Die Radien des 1. und 3. dunklen Ringes einer Newtonschen Plankonvexlinse (Krümmungshalbmesser $R = 118$ cm) sind 0,83 mm bzw. 1,45 mm.
Wie groß ist die Wellenlänge des benutzten Lichtes?

7.3.4 Beugung

Beugung und Interferenz am Gitter

Zur genauen Wellenlängenmessung benutzt man sogenannte Gitter, die als erster FRAUNHOFER aus parallel gespannten Drähten fertigte.
Ein **Gitter** besteht aus einer Vielzahl (N) von schmalen parallelen Stegen oder Gitteröffnungen gleicher Breite, deren Mitten gleichen Abstand, angegeben durch die **Gitterkonstante** g, besitzen. Man ritzt feine Rillen, die den undurchlässigen Teil des Gitters bilden, in gleichmäßigen Abständen auf Glas. Das Licht durchsetzt das Gitter durch die stehengebliebenen Stege, die als Spalte wirken, während es in den Rillen durch Brechung und Reflexion ausgefiltert wird.

Versuch 7/30: Man stellt ein Gitter vor einen Beleuchtungsspalt, den man mit einer Linse scharf auf einen Schirm abbildet (*Abb. 7–64*).

Beobachtung:
1. Im Kohlebogen- oder Glühlicht erscheinen neben dem hellen schmalen Streifen in der Mitte farbige Bänder wachsender Breite in den Spektralfarben, die nach außen lichtschwächer werden und sich überlagern (*Abb. 7–65 a*).
2. Verwendet man ein Farbfilter F, so verschwinden die Farben bis auf mehr oder weniger einfarbige Streifen, die in etwa gleichen Abständen auftreten.
3. Im monochromatischen Licht (Natrium- oder Qecksilberdampflampe oder Laser) entstehen statt der breiten Farbbänder einfarbige scharfe Linien, die um so schärfer sind, je höher die Zahl N der Gitteröffnungen ist (*Abb. 7–65 b*).

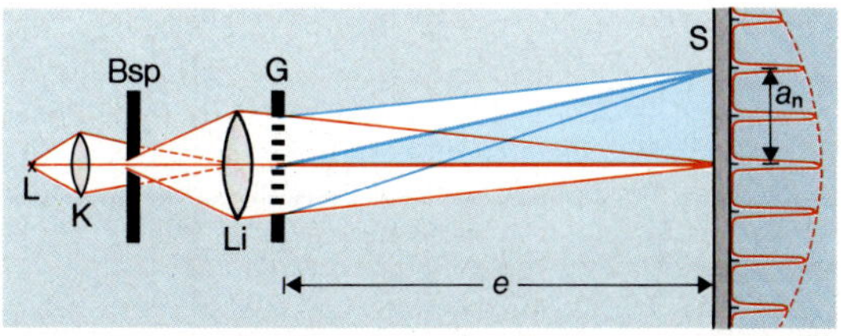

Abb. 7–64: Aufbau für den Gitterversuch (beim *Versuch 7/32* steht an der Stelle von G der Spalt). Der Kondensor bildet die Lichtquelle auf die Abbildungslinse Li ab, diese wiederum entwirft ein Bild des Beleuchtungsspaltes Bsp auf dem Schirm. – Für den Versuch mit Laserlicht benötigt man nur den Laser und das Gitter (den Spalt).

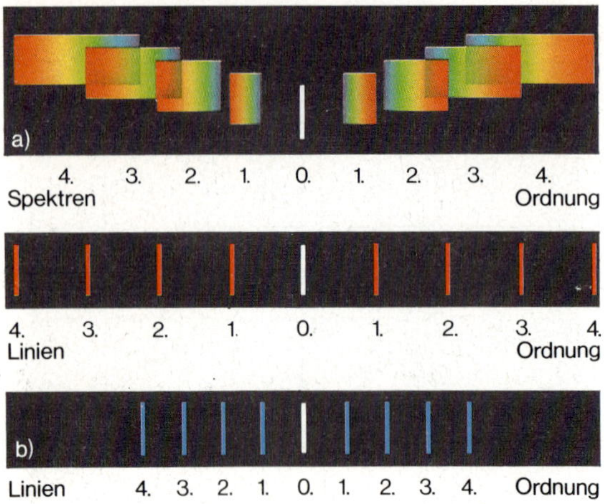

Abb. 7–65: Überlagerung der Gitterspektren höherer Ordnung (a), erklärt aus der Lage der Linienspektren des blauen und roten Lichtes (b). Die Spektren, die sich mit steigender Ordnung immer mehr überlagern, sind in (a) der Unterscheidbarkeit halber versetzt gezeichnet.

Offenbar entstehen die breiten Farbbänder im weißen Licht aus der Aneinanderreihung einfarbiger Linien, wie Versuche mit verschiedenen Farbfiltern zeigen.

Ergebnis: Ein Gitter erzeugt im „weißen" Licht neben einem weißen Streifen in der Mitte eine Reihe von nach außen hin breiter werdenden Farbbändern, die die reinen Spektralfarben von Violett (innen) nach Rot (außen) enthalten. Es sind die (kontinuierlichen) Gitterspektren 1., 2.,... n-ter Ordnung.

Bei Verwendung monochromatischen Lichtes entwirft das Gitter eine Reihe von scharfen Linien, den Spektrallinien 1., 2.,... n-ter Ordnung.

Man beachte, daß im Gegensatz zum Spektrum eines Prismas Violett am geringsten, Rot am stärksten abgelenkt wird.

Vereinfacht kann man nach HUYGENS die Gitteröffnungen als Ausgangspunkte phasengleicher Elementarwellen (räumlich: Zylinderwellen) auffassen, deren Einhüllende verschiedene Wellenfronten ergeben. Die Wellennormalen dieser Wellenfronten zeigen die Richtungen der entstehenden Wellenbündel, die das Gitter in diesen Richtungen verlassen und die scharfen Linien auf dem Schirm erzeugen (*Abb. 7–66*).

Man kann sich auch vorstellen, daß aus jeder Gitteröffnung in jeder Richtung jeweils ein Wellenstrahl hervortritt. Alle parallel laufenden Wellenstrahlen überlagern sich an derselben Stelle auf dem Schirm. Ist der Gangunterschied zwischen benachbarten Strahlen aus diesem Parallelstrahlbündel $n\ \lambda$, so verstärken sich alle maximal; in dieser Richtung sind also die hellen Streifen zu erwarten (*Abb. 7–67*). In allen anderen Richtungen besteht bei der großen Anzahl der Gitteröffnungen die Möglichkeit, daß sich zu einem beliebigen Strahl stets ein anderer Parallelstrahl mit einem Gangunterschied von einem ungeradzahligen Vielfachen einer halben Wellenlänge findet, so daß sie sich gegenseitig auslöschen.

Zur Festlegung der Richtungen, in denen sich alle parallelen Wellen maximal überlagern, liefern beide Betrachtungen denselben Gangunterschied benachbarter Wellen.

Ergebnis: Bei Beugung und Interferenz am Gitter liegen die Hauptmaxima in Richtungen, für die gilt:

$$\sin\alpha = \frac{n\lambda}{g} \quad \text{mit } n = 0, 1, 2, \ldots$$

(n Ordnungszahl der Hauptmaxima).

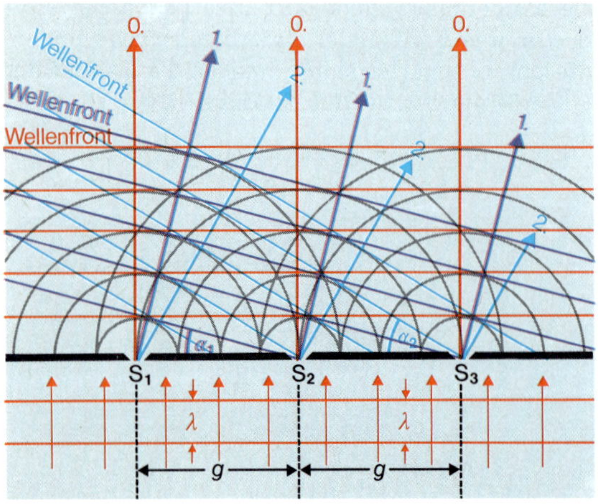

Abb. 7–66: Nach HUYGENS bilden die Einhüllenden aller Elementarwellen (aus den Gitteröffnungen) die neuen Wellenfronten. Sie führen je nach Gangunterschied von Welle zu benachbarter Welle zum Maximum 0., 1., 2.,... Ordnung.

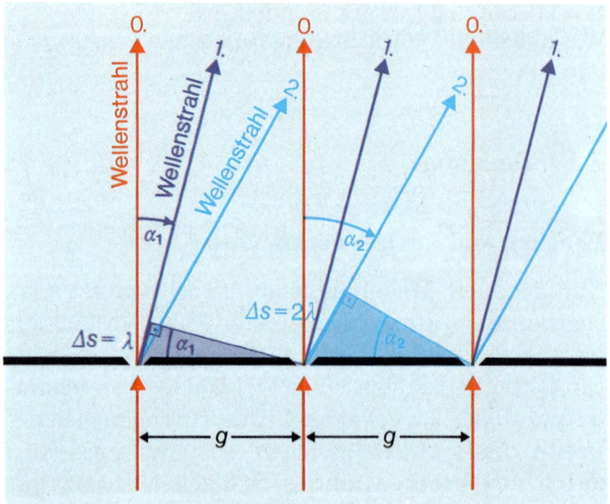

Abb. 7–67: Der Gangunterschied $\Delta s = 0, \lambda, 2\,\lambda, \ldots$ benachbarter Strahlen bestimmt die Ordnung des Maximums.

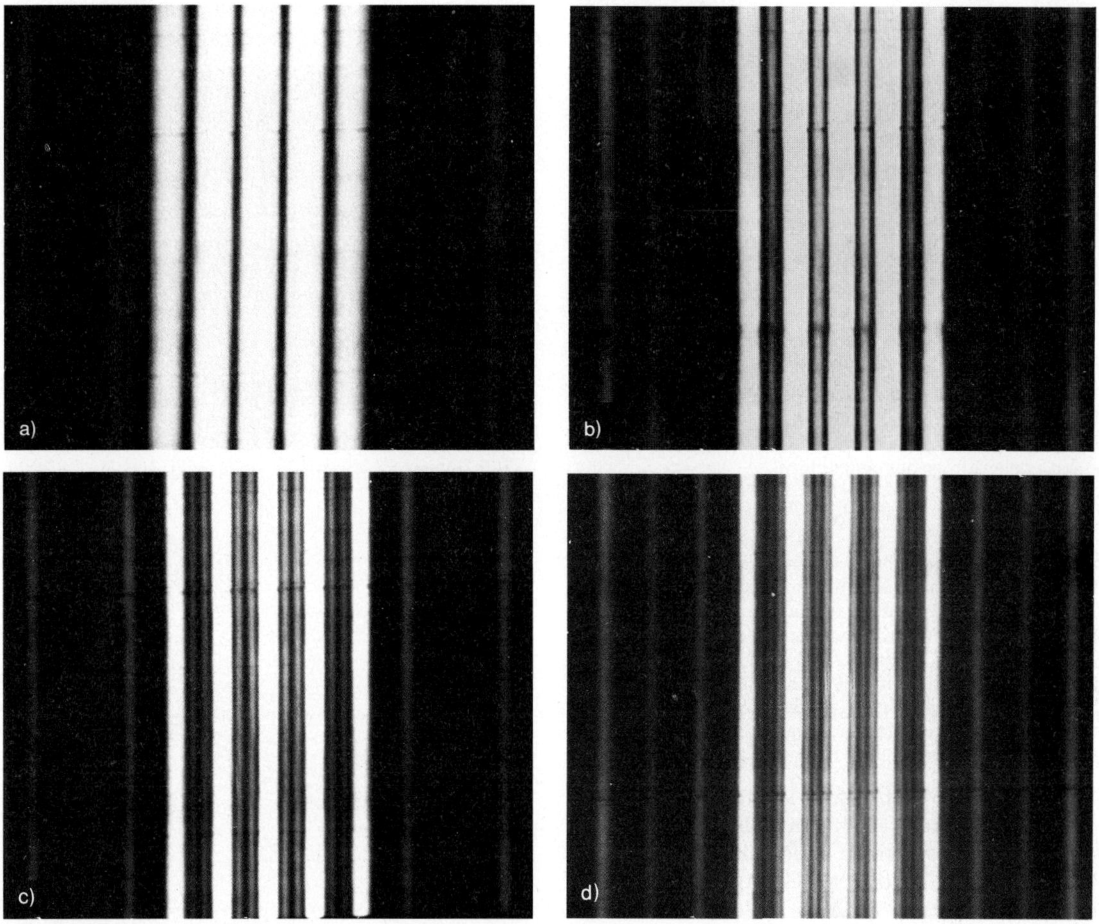

Abb. 7–68: Interferenzbilder eines „Gitters“ mit zwei (a), drei (b), vier (c) und fünf (d) Spalten aus weißem Licht. Bei den vier „Gittern“, die zu diesen Aufnahmen benutzt wurden, ist jeder einzelne Spalt 0,12 mm breit, und die Spalte haben jeweils einen Abstand von 0,6 mm.

Die Bereiche völliger Dunkelheit zwischen den scharfen Hauptmaxima bei Verwendung monochromatischen Lichtes kommen durch die vielfältigen Interferenzmöglichkeiten zustande, durch die sich bei großer Öffnungszahl N viele Minima zwischen den Hauptmaxima bilden. Benutzt man statt des Gitters in *Versuch 7/30* nacheinander einen Doppel-, Dreifach- und Vierfachspalt etwa im Laserlicht (oder gibt man nacheinander die Öffnungen eines feinen Staubkammes frei), so lassen sich die Nebenmaxima zwischen den Hauptmaxima (mit einer Lupe) beobachten (*Abb. 7–68*).

Am Beispiel von $N = 4$ Öffnungen wollen wir die Figur erklären. Es sei Δs der Gangunterschied zweier benachbarter Wellen. Ist $\Delta s = 0$, so erscheint in dieser Richtung das Maximum 0. Ordnung. Wird $\Delta s = \lambda / 4$, so löschen sich die Wellenzüge 1 und 3 sowie 2 und 4 aus; bei $\Delta s = \lambda / 2$ sind es die Kombinationen 1, 2 und 3, 4; bei $\Delta s = \frac{3}{4}\lambda$ wieder 1, 3 und 2, 4, die sich gegenseitig auslöschen. Für $\Delta s = \lambda$ erscheint das Hauptmaximum 1. Ordnung auf dem Schirm. Zwischen beiden Hauptmaxima liegen also $N - 1 = 3$ Minima, die zwischen sich $N - 2 = 2$ Nebenmaxima zulassen.

Die Spektren und Spektrallinien mit höherer Ordnung werden lichtschwächer, weil jede einzelne Gitteröffnung wiederum als Spalt wirkt und eine Beugungsfigur erzeugt, die wegen der Feinheit der Gitteröffnungen sehr in die Breite gezogen ist. Hauptsächlich innerhalb des Maximums 0. Ordnung dieser Beugungsfigur liegen dann die Gittermaxima, die deshalb zur Seite hin an Intensität verlieren (s. u. Betrachtungen zum Spalt sowie die *Abb. 7–79*).

Zur **Wellenlängenmessung** kann bei kleinen Ablenkungswinkeln wieder die bekannte Näherung $\sin\alpha \approx \tan\alpha$ benutzt werden.

Für kleine Ablenkungswinkel gilt für die Wellenlänge λ und für den Abstand a_n vom 0. bis zum n-ten Hauptmaximum auf dem Schirm:

$$n\,\lambda = \frac{g}{e}\,a_n \quad \text{oder} \quad a_n = n\,\lambda\,\frac{e}{g}\,.$$

Der zweite Ausdruck zeigt, daß die Abstände zwischen den Hauptmaxima bei kleinen Ablenkungen proportional zur Wellenlänge und zur Ordnungszahl sind. Legt man als Grenzen des sichtbaren Spektrums auf der roten Seite $\lambda_{rot} = 7{,}5 \cdot 10^{-7}$ m und auf der violetten $\lambda_{violett} = 4 \cdot 10^{-7}$ m zugrunde und zeichnet man die Linien 1., 2., ... Ordnung ein, so entsteht die Konstruktion der *Abb. 7–65,* aus der die teilweise Überdeckung der Spektren höherer Ordnung zu erkennen ist.

Ist aber die Gitterkonstante so klein und damit der Ablenkungswinkel so groß, daß die Näherung nicht mehr gilt, so berechnet man statt des Tangens den Sinus (vgl. *Abb. 7–64*) und findet mit

$$\sin \alpha_n = \frac{a_n}{\sqrt{e^2 + a_n^2}} \quad \text{und} \quad \sin \alpha_n = \frac{n\lambda}{g}$$

$$\text{dann } n\lambda = \frac{a_n g}{\sqrt{e^2 + a_n^2}}.$$

Mit dem Gitter vermag man bei genügend kleiner Gitterkonstante noch zwei nur wenig verschiedene Wellenlängen zu unterscheiden. Setzt man $\lambda_2 - \lambda_1 = \Delta\lambda$, dann ist der Abstand zweier Linien auf dem Schirm

$$\Delta a_n = a_{n2} - a_{n1} = n\lambda_2 \frac{e}{g} - n\lambda_1 \frac{e}{g} = n\Delta\lambda \frac{e}{g}$$

um so größer, in je höherer Ordnung man die Linien betrachtet und je kleiner die Gitterkonstante ist. Ersterem ist in dem Intensitätsabfall nach höheren Ordnungen hin, letzterem in der Anfertigung der Gitter eine Grenze gesetzt.
So liegen beim Gitter mit 5 700 Linien pro Zentimeter zwei Spektrallinien, die sich erst in der 3. Stelle der Maßzahl ihrer Wellenlänge unterscheiden, auf einem 2 m entfernten Schirm schon in der 1. Ordnung 1 mm auseinander.

Ergebnis: Jede Spektralfarbe ist physikalisch durch einen bestimmten Vakuumwellenlängen- oder durch einen bestimmten Frequenzbereich (der in Materie und im Vakuum gleich ist) gekennzeichnet (*Tab. 7–5*).

Das rote Ende des sichtbaren Spektrums liegt bei etwa 780 nm, das violette bei 390 nm. Damit umfaßt das sichtbare Licht im Sinne der Akustik etwa eine Oktave. – Die größte Empfindlichkeit des menschlichen Auges liegt bei $\lambda = 560$ nm.
Die farbige Spektraltafel (*im Anhang*) zeigt einige typische Prismenspektren. Kennzeichnend für die Gitterspektren ist im Gegensatz zu den Prismenspektren, daß die Abstände der Linien proportional zur Wellenlänge, also ohne Verzerrung des Maßstabes, abgebildet werden. Man kann daher die Linien bei nicht allzu großen Ablenkungswinkeln ohne Korrektur den Spektren entnehmen und muß nur aus bekannten Linien den Maßstab erschließen.

Farbe	Wellenlänge in nm	Frequenz in 10^{14} Hz
rot	660–780	4,50–3,85
orange	595–660	5,04–4,50
gelb	575–595	5,22–5,04
grün	490–575	6,12–5,22
blau	440–490	6,82–6,12
indigo	420–440	7,14–6,82
violett	390–420	7,69–7,14

Tabelle 7–5: Farbbereiche im Spektrum.

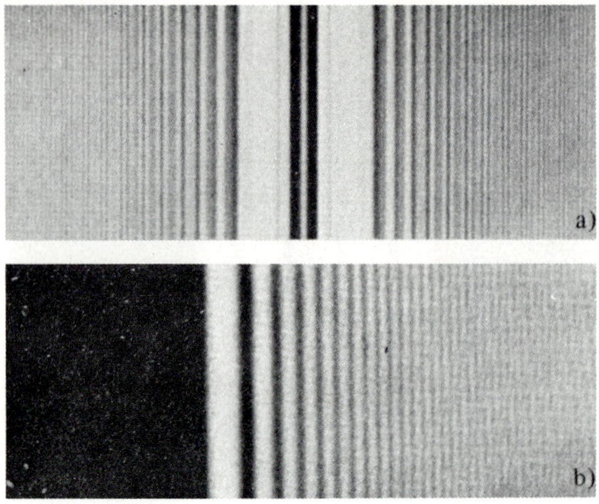

Abb. 7–69: Interferenzbilder eines Drahtes (a) und einer Halbebene (b).

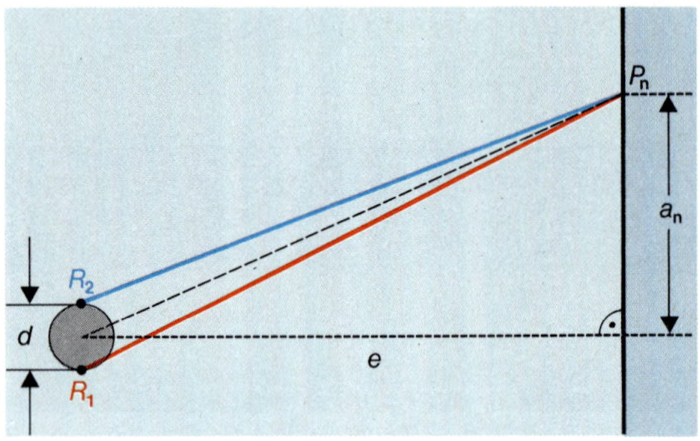

Abb. 7–70: Zur Entstehung der Interferenzfigur eines Drahtes. Die Randpunkte R_1 und R_2 kann man nach HUYGENS als Erregerzentren auffassen.

Beugung und Interferenz am Spalt

Daß das Licht sich geradlinig ausbreitet, erklärt auf einfachste Weise z. B. die Schattenbildung. Zur Bildung scharfer Schatten braucht man eine punktförmige Lichtquelle. Dazu dient ein schmaler, mit einem Kondensor gut ausgeleuchteter Beleuchtungsspalt, der in der Ebene der optischen Achse senkrecht zur optischen Achse angenähert als punktförmige Lichtquelle aufgefaßt werden kann.

Versuch 7/31: Vor dem Beleuchtungsspalt steht parallel zu ihm ein Draht oder eine Halbebene (Rasierklinge).
Beobachtung: Entgegen der Erwartung bilden sich innerhalb des Schattenraums des Drahtes je nach Drahtdicke ein oder mehrere helle oder dunkle Streifen. Auch im schattenfreien Raum neben dem Draht und neben der Halbebene treten Streifen auf (*Abb. 7–69*).

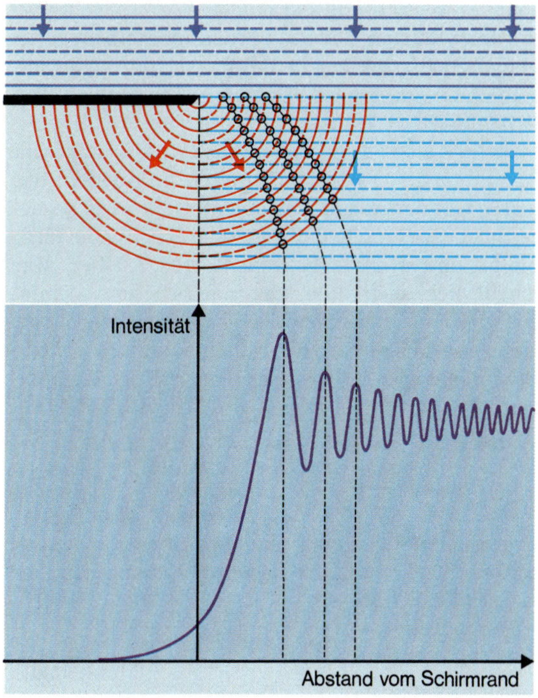

Abb. 7–71: Zur Interferenzfigur einer Halbebene. Die durch die Halbebene nicht abgedeckten ebenen Wellen überlagern sich mit den Kreiswellen, deren Zentrum der Eckpunkt der Halbebene ist.

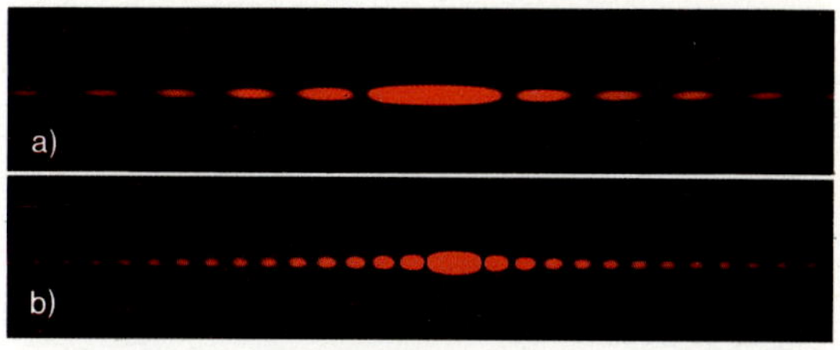

Abb. 7–73: Interferenzbild eines Spaltes im Laserlicht. Spaltbreite a) d = 0,12 mm, b) d = 0,25 mm.

Deutung: Die Streifen zeigen, daß das Licht sich nicht nur geradlinig ausbreitet, sondern an den Rändern von Hindernissen gebeugt wird. Die Deutung dieser Erscheinung ergibt sich aus *Abb. 7–70* und *Abb. 7–71.*

Solche Beugungserscheinungen hat zuerst GRIMALDI 1665 beschrieben: „Licht pflanzt sich fort oder breitet sich aus, nicht nur unmittelbar, gebrochen oder reflektiert, sondern auch auf eine gewisse vierte Art zerstreut."

Von grundlegender Bedeutung ist die **Beugung und Interferenz am Spalt.**

Versuch 7/32: Im *Versuch 7/30 (Abb. 7–64)* ersetzen wir das Gitter G durch einen Beugungsspalt.
Beobachtung: Neben einem hellen Streifen, dem Hauptmaximum, treten zu beiden Seiten mit wesentlich geringerer Intensität weitere helle Streifen, die Nebenmaxima, auf (*Abb. 7–72* und *Abb. 7–73*). Verengt man den Spalt, so werden die Streifen breiter und gleichzeitig quellen neue Streifen an den Seiten hervor.

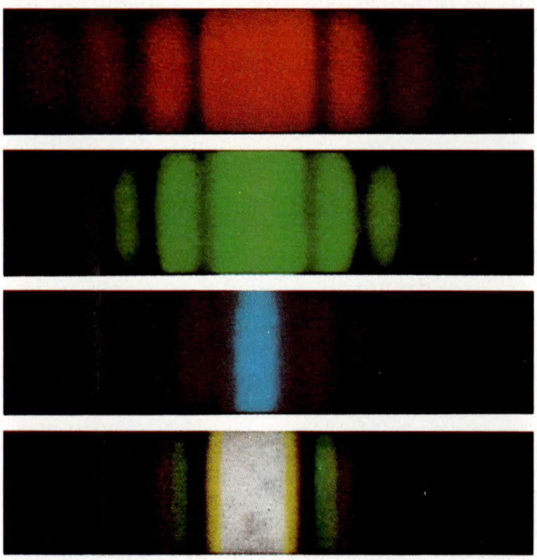

Abb. 7–72: Interferenzbild eines (Einzel-)Spaltes in rotem, grünem, blauem und weißem Licht bei gleicher Versuchsanordnung. Die Aufnahme zeigt, wie die Interferenzfigur im weißen Licht aus den Interferenzfiguren der Spektralfarben entsteht.

Zur Erklärung der Interferenzerscheinung stellt man sich nach dem Huygensschen Prinzip an allen Punkten in der Spaltebene phasengleich schwingende Erreger von Elementarwellen vor, die Wellenzüge in alle Richtungen hinter dem Spalt aussenden. Dabei beschränkt man sich auf die Betrachtung der Verhältnisse in einer Ebene senkrecht zum Spalt, die die optische Achse der Anordnung enthält. Man nimmt weiter an, daß alle diejenigen Wellenzüge, die diese Wellenzentren unter dem Winkel α zur optischen Achse parallel zueinander verlassen, auf dem (weit entfernten) Schirm jeweils in einem Punkt zur Überlagerung kommen.
Man betrachtet zuerst die Wellenzüge, die unter dem Winkel $\alpha = 0$ die Spaltebene verlassen (*Abb. 7–74 a*). Nur in diesem Fall weisen die Wellenzüge keinerlei Gangunterschiede untereinander auf, sie verstärken sich maximal. In dieser Richtung liegt also das Hauptmaximum mit der größten Helligkeit. Ebenso einfach ist einzusehen, unter welchen Bedingungen sich alle parallel laufenden Wellenzüge gegenseitig auslöschen. Das ist der Fall, wenn die

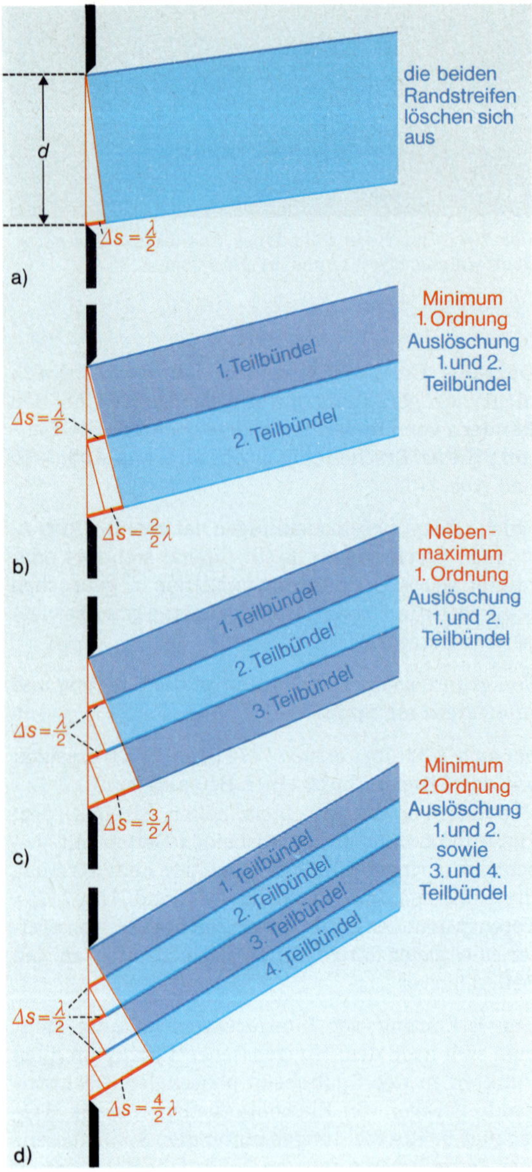

Abb. 7–74: Entstehung der Maxima und Minima am Spalt. In (a) löschen sich gerade die beiden Randstrahlen aus, in (b) und (c) jeweils das erste und zweite Teilbündel, in (d) das 1. und 2. sowie das 3. und 4. In (b) und (d) ergeben sich Minima, in (c) ergibt sich ein (relatives) Maximum.

beiden Randstrahlen des Parallelbündels einen Gangunterschied von einer oder mehreren, allgemein von n Wellenlängen aufweisen. Dann kann man das Bündel – im allgemeinen Fall – in $2\,n$ gleich breite Teilbündel derart zerlegen, daß sich je zwei benachbarte gegenseitig auslöschen (*Abb. 7–74 b* und *d*). Denn die Wellenzüge zweier benachbarter Teilbündel besitzen einen Gangunterschied von einer halben Wellenlänge. Umgekehrt wird man besonders in Richtung derjenigen Winkel Helligkeit erwarten dürfen, für die der Gangunterschied der beiden Randstrahlen ein dreifaches, fünffaches, allgemein ein ungerades Vielfaches einer halben Wellenlänge ist.

Dann läßt sich das gesamte Bündel in eine ungerade Anzahl (3, 5, ...) von gleichbreiten Teilbündeln zerlegen, von denen sich wie oben jeweils zwei gegenseitig auslöschen, so daß immer ein Teilbündel übrig bleibt und Helligkeit liefert (*Abb. 7–74 c*). Man macht sich leicht klar, daß nach dieser vereinfachenden Betrachtungsweise jeweils zwischen zwei Nebenminima ein solches Nebenmaximum auftritt. Bezeichnet man die Spaltbreite mit d, den Gangunterschied der Randstrahlen des Parallelbündels mit Δs, dann gilt allgemein

$$\sin \alpha = \frac{\Delta s}{d}.$$

Ergebnis: Bei Beugung und Interferenz am Spalt treten unter dem Richtungswinkel α zur optischen Achse mit $\Delta s = n\lambda$

Nebenminima n-ter Ordnung für $\sin \alpha = \dfrac{n\lambda}{d}$ (Dunkelheit),

Nebenmaxima n-ter Ordnung für (ungefähr)

$$\sin \alpha = \frac{(2n+1)\frac{\lambda}{2}}{d} \qquad \text{(Helligkeit)}$$

auf ($n = 1, 2, 3, \ldots$). Die Beugungsfigur wird um so breiter, je enger der Spalt eingestellt und je größer die Wellenlänge des verwendeten Lichtes gewählt ist.

Aus der Beugungsfigur (*Abb. 7–72*) könnte man die Wellenlänge nach *Abb. 7–64*, etwa aus dem Abstand $2a_n$ vom linken bis zum rechten Nebenminimum n-ter Ordnung, bestimmen. Man erhält aus den Beziehungen

$$\tan \alpha_n = \frac{a_n}{e} \quad \text{und} \quad \sin \alpha_n = \frac{n\lambda}{d},$$

die man wegen der Kleinheit des Winkels α gleichsetzen kann, für die Wellenlänge (bei monochromatischem Licht):

$$\lambda = \frac{d\,a_n}{n\,e}.$$

Die Spaltbreite mißt man direkt oder mittels einer vergrößernden Abbildung wie in *Abb. 7–55 b*.

Eine sehr grobe Abschätzung für den Intensitätsverlauf erhält man auf folgende Weise: Zum Maximum 1. Ordnung trägt nur ein Drittel aller Wellenzüge, zum 2. ein Fünftel usw. bei. Sieht man davon ab, daß diese noch untereinander Gangunterschiede aufweisen, so wird die Gesamtamplitude aller Wellen im ersten Fall etwa $\frac{1}{3}$, im zweiten Fall $\frac{1}{5}$ derjenigen im Maximum der Mitte sein. Entsprechend ist in diesen Stellen die Intensität, die proportional dem Quadrat der Amplitude ist, $\frac{1}{9}$ bzw. ein $\frac{1}{25}$ derjenigen im 0. Beugungsmaximum.
Den genauen Intensitätsverlauf zeigt *Abb. 7–75*.

Intensitätsverlauf bei Gitter und Spalt

Den Intensitätsverlauf der Interferenzfiguren hinter Gitter und Spalt (*Abb. 7–75*) nimmt man mit einem Fotoelement auf.

Versuch 7/33: Vor den Laser (*Abb. 7–76*) stellt man das Beugungsgitter bzw. den Beugungsspalt und tastet in einiger Entfernung quer zur optischen Achse mit Hilfe eines Silizium-Fotoelements den Intensitätsverlauf ab.

Mathematisch läßt sich der Intensitätsverlauf aus der Überlagerung von Schwingungen mit Hilfe des Zeigerdiagramms (*3.1.2*) berechnen. Mit Hilfe eines Rechners lassen sich die Kurven verhältnismäßig einfach auf dem Bildschirm darstellen. Den Ansatz entnimmt man den folgenden Betrachtungen, in denen auf rein rechnerischem Wege der Intensitätsverlauf ermittelt wird.

Intensitätsverlauf hinter dem Gitter

In *Abb. 7–77 a* verlassen N Wellenzüge phasengleich parallel zueinander in Richtung α zur optischen Achse die N Spalte des Gitters. Sie erzeugen auf dem Schirm im Punkt $P(\alpha)$ N Schwingungen von gleicher Amplitude, aber phasenverschoben. Der Schwingungsvektor jeder einzelnen Schwingung habe die Länge $\hat{A}_0 / N$, wenn $\hat{A}_0$ den Schwingungsvektor darstellt, den die Überlagerung aller N Schwingungen in Richtung $\alpha = 0$ ergibt. In $P(\alpha)$ besitzen Schwingungen, die aus benachbarten Spalten des Gitters stammen, jeweils die Phasendifferenz $\Delta\varphi = (2\pi / \lambda)\, \Delta s$, wenn $\Delta s = g \sin \alpha$ der Gangunterschied benachbarter Wellenzüge ist. Diese N Schwingungen überlagern sich in $P(\alpha)$: Im Zeigerdiagramm (*Abb. 7–77 b*) addieren sich die N Schwingungsvektoren der Länge $\hat{A}_0 / N$ vektoriell, jeweils um die Phasendifferenz $\Delta\varphi$ verdreht, und bilden einen Po-

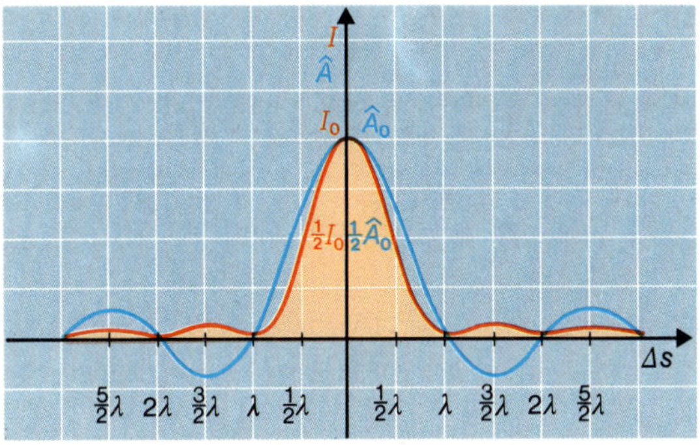

Abb. 7–75: Zur Interferenzfigur des Spaltes. Verlauf der Gesamtamplitude A (blau) und der Intensität I (rot) in Abhängigkeit des Gangunterschiedes der Randstrahlen.

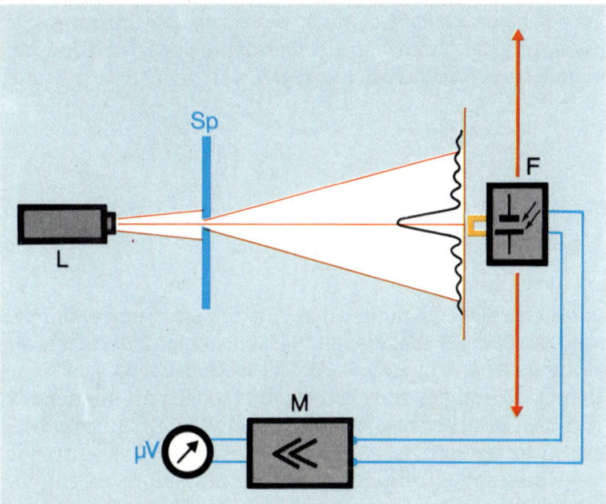

Abb. 7–76: Aufnahme des Intensitätsverlaufs hinter einem Spalt. L Laser, Sp Spalt (oder Gitter oder Doppelspalt), F Photoelement auf Stativ zur punktweisen Ausmessung oder auf Fahrbahnwagen zur Aufnahme mit dem TY-Schreiber, M Meßverstärker mit Meßgerät oder Schreiber.

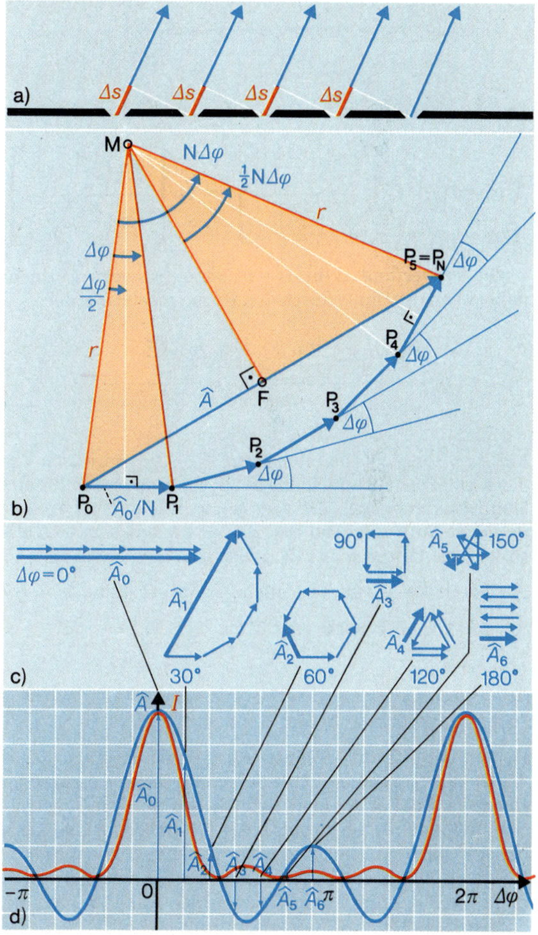

Abb. 7–77: Entstehung der Interferenzfigur eines Gitters mit 5 Öffnungen. Der Gangunterschied Δs benachbarter Parallelstrahlen (a) bestimmt die Phasendifferenz $\Delta\varphi = (2\pi / \lambda)\, \Delta s$, unter dessen Berücksichtigung im Zeigerdiagramm (b) die N Zeiger $\hat{A}_0/N$ zum Gesamtzeiger $\hat{A}$ zu addieren sind. Die Addition der 5 Zeiger – in (c) für die Phasendifferenzen $\Delta\varphi = 0°, 30°, 60°, 90°, 120°, 150°$ und $180°$ dargestellt – ergibt den Verlauf der Amplitude $\hat{A}$ (blau) und der Intensität I (rot) in (d).

lygonzug. Der Summenvektor $\hat{A}$ dieses Polygonzuges, die Sehne $P_0 P_n$, ist der Schwingungsvektor der in P (α) entstehenden Überlagerungsschwingung, der je nach der Phasendifferenz $\Delta\varphi$, also in verschiedenen Richtungen α, unterschiedliche Längen annimmt (*Abb. 7–77 c*). Vervollständigt man den Polygonzug, dessen Punkte $P_0, P_1, \ldots, P_n$ auf einem Kreisbogen liegen, nach *Abb. 7–77 b* um das Dreieck P_0P_nM, so ergeben sich aus den Dreiecken P_0FM und P_0P_1M die Beziehungen

$$\sin\frac{N\Delta\varphi}{2} = \frac{\frac{1}{2}\hat{A}}{r} \quad \text{und} \quad \sin\frac{\Delta\varphi}{2} = \frac{\frac{1}{2}\hat{A}_0/N}{r}$$

und daraus durch Elimination der reinen Rechengröße r der Zusammenhang zwischen der Gesamtamplitude $\hat{A}$ der Überlagerungsschwingung im Punkte P (α), der Gesamtamplitude $\hat{A}_0$ in Richtung $\alpha = 0$ und der Phasendifferenz $\Delta\varphi = (2\pi/\lambda)\Delta s$ bzw. dem Gangunterschied $\Delta s = g \sin\alpha$ zwischen zwei benachbarten Wellenzügen

$$\hat{A}(\alpha) = \hat{A} = \hat{A}_0 \frac{\sin\left(\frac{N\Delta\varphi}{2}\right)}{\sin\left(\frac{\Delta\varphi}{2}\right)} = \hat{A}_0 \frac{\sin\left(\frac{N\pi}{\lambda}\Delta s\right)}{\sin\left(\frac{\pi}{\lambda}\Delta s\right)}\,.$$

Daraus erhält man durch Quadrieren die Intensität in P (α):

$$\hat{A}^2(\alpha) \approx I(\alpha) = I_0 \left[\frac{\sin\left(\frac{N\Delta\varphi}{2}\right)}{\sin\left(\frac{\Delta\varphi}{2}\right)}\right]^2 = I_0 \left[\frac{\sin\left(\frac{N\pi}{\lambda}\Delta s\right)}{\sin\left(\frac{\pi}{\lambda}\Delta s\right)}\right]^2.$$

In der Auswertung ist für $\Delta s = n\lambda$ der Grenzwert zu bilden; dabei kann der Sinus durch den Bogen ersetzt werden:

$$\lim_{\Delta s \to n\lambda} \frac{\sin\left(N\pi\frac{\Delta s}{\lambda}\right)}{\sin\left(\pi\frac{\Delta s}{\lambda}\right)} = \lim_{\Delta s \to n\lambda} \frac{N\pi\frac{\Delta s}{\lambda}}{\pi\frac{\Delta s}{\lambda}} = N\,.$$

Für $\Delta s = n\lambda$ hängt die Intensität $I = I_0 N^2$ quadratisch von der Anzahl der Gitteröffnungen ab; sie ist hiernach für alle Hauptmaxima gleich. Ist $\Delta s \neq n\lambda$, so ist der Nenner stets ungleich Null, während der Zähler zwischen zwei Nullstellen des Nenners, so z.B. zwischen $\Delta s = 0$ und $\Delta s = \lambda$, insgesamt $N-1$ weitere Nullstellen im Abstand $\Delta s = \frac{z}{N}\lambda$ mit $z = 1, 2 \ldots, N-1$ besitzt (*Abb. 7–77 d*).

Intensitätsverlauf hinter dem Spalt

Den Intensitätsverlauf hinter dem Spalt erhält man aus der obigen Rechnung durch einen Grenzübergang. In der Ebene des Spaltes hat man nicht N diskrete, durch die endlich breiten Gitterstege getrennte Wellenzentren, sondern beliebig viele und beliebig dicht nebeneinander liegende Ausgangspunkte von Wellenzügen anzunehmen. $N\Delta\varphi$ stellt dann die Phasendifferenz φ der beiden Randstrahlen des Spaltes dar (*Abb. 7–78*), so daß mit $N\Delta\varphi = \varphi$

die Beziehung $\sin\frac{N\Delta\varphi}{2}$ in $\sin\frac{\varphi}{2}$

und die zweite Beziehung $\sin\frac{\Delta\varphi}{2} = \sin\frac{\varphi}{2N}$

wegen der Kleinheit des Winkels in $\frac{\varphi}{2N}$ übergeht. Damit lauten die Beziehungen der *Abb. 7–77 a* für den Spalt

$$\sin\frac{\varphi}{2} = \frac{\frac{1}{2}\hat{A}}{r} \quad \text{und} \quad \frac{\varphi}{2N} = \frac{\frac{1}{2}\hat{A}_0}{rN} \quad \text{oder} \quad \frac{\varphi}{2} = \frac{\hat{A}_0}{2r}.$$

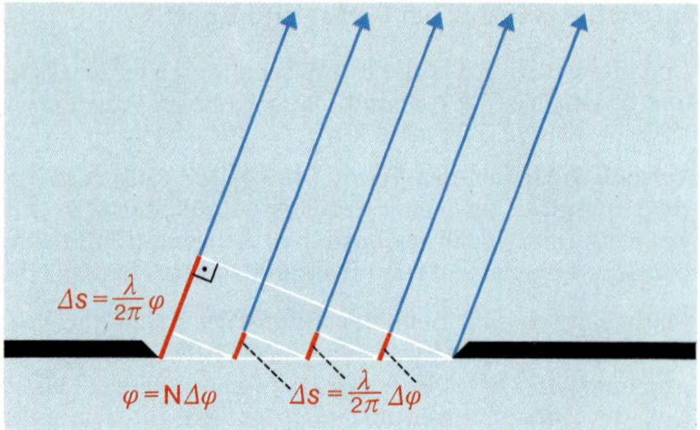

Abb. 7–78: Der Phasendifferenz $\varphi = (2\pi/\lambda)\,\Delta s$ der Randstrahlen eines Spaltes entspricht der N-fachen Phasendifferenz $\Delta\varphi$ benachbarter Strahlen eines Gitters mit N Öffnungen.

Die weitere Rechnung verläuft analog den Betrachtungen beim Gitter. Man erhält

$$\hat{A}(\alpha) = \hat{A}_0 \frac{\sin\frac{\varphi}{2}}{\frac{\varphi}{2}} \quad \text{und} \quad I(\alpha) = I_0 \frac{\sin^2\frac{\varphi}{2}}{\left(\frac{\varphi}{2}\right)^2}.$$

Ersetzt man φ durch den Gangunterschied des Randstrahlen $\varphi = \frac{2\pi}{\lambda}\Delta s$, so ergibt sich für den Intensitätsverlauf am Spalt

$$I(\alpha) = I_0 \frac{\sin^2\left(\frac{\pi}{\lambda}\Delta s\right)}{\left(\frac{\pi}{\lambda}\Delta s\right)^2}.$$

Die Minima ergeben sich für $\Delta s = n\lambda$ mit $n = 1, 2, \ldots$ Für $\Delta s = 0$ berücksichtigt man, daß nach der Infinitesimalrechnung der Grenzwert des Quotienten aus dem Sinus und dem Bogen für Winkel, die gegen Null gehen,

$$\lim_{\frac{\varphi}{2}\to 0} \frac{\sin\frac{\varphi}{2}}{\frac{\varphi}{2}} = 1$$

ist (*Abb. 7–75*).

Jede einzelne Öffnung eines Gitters oder eines Doppelspalts wirkt als Einzelspalt, weist also eine Intensitätsverteilung auf wie in *Abb. 7–75*. Die Wellenzüge aus verschiedenen Öffnungen von Gitter und Doppelspalt können also nur dort interferieren, wo der einzelne Spalt aufgrund seiner Interferenzfigur Wellen hinsendet. Wellen entsendet ein Einzelspalt praktisch nur in das Maximum 0. Ordnung. Wegen der großen Entfernung vom Gitter oder Doppelspalt zum Schirm im Vergleich zu den Ausmaßen eines Gitters oder gar des Abstandes der beiden Öffnungen des Doppelspalts darf man davon ausgehen, daß die 0. Maxima aller Gitteröffnungen bzw. der beiden Doppelspaltöffnungen auf dem Schirm denselben Bereich umfassen. Nur in diesem Bereich können, wenn wir einmal die wesentlich schwächeren Nebenmaxima der Einzelöffnungen außer acht lassen, daher die Wellenzüge verschiedener Öffnungen interferieren.

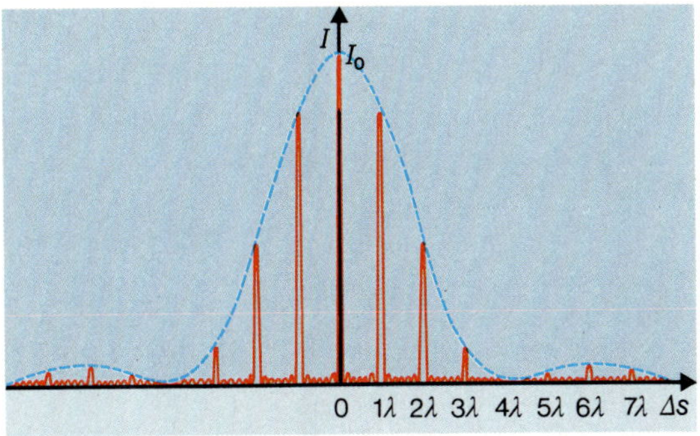

Abb. 7–79: Interferenzfigur eines Gitters mit 8 Öffnungen. Die Einhüllende der Gitterlinien ist durch den Intensitätsverlauf des Spaltes jeder einzelnen Gitteröffnung gegeben.

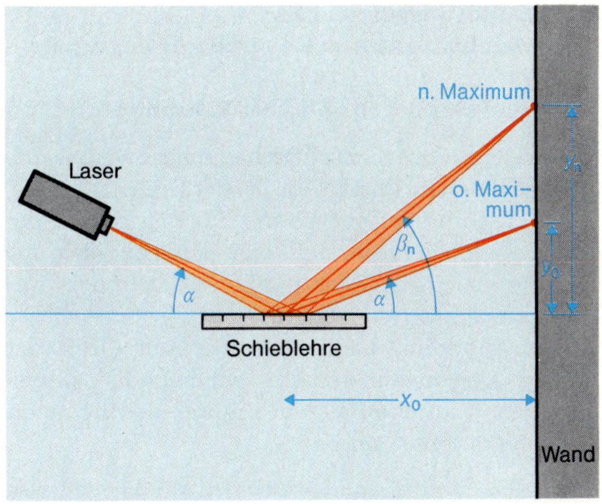

Abb. 7–80: Zu *Aufgabe 7/82.*

Die Interferenzerscheinungen von Gitter und Doppelspalt treten fast ausschließlich in dem Bereich auf, der dem 0. Maximum ihrer Einzelöffnungen entspricht.

Besonders deutlich ist auf den Interferenzbildern des Doppelspalts in der *Abb. 7–52* zu erkennen, wie nur in einem engen Bereich, der mit dem des Maximums 0. Ordnung der Einzelöffnung zu identifizieren ist, die typische Doppelspaltfigur entstanden ist. *Abb. 7–79* zeigt für ein Gitter, wie im Bereich des Hauptmaximums der Einzelöffnungen die Gitterlinien am stärksten ausgeprägt sind.

Aufgaben

7/77: Auf einem Schirm im Abstand $e = 2{,}55$ m vom Gitter (250 Linien pro Zentimeter) wird im monochromatischen Licht der Abstand der Maxima 1. Ordnung (links und rechts vom Hauptmaximum 0. Ordnung) zu 8,2 cm, der der 2. Ordnung zu 16,6 cm und der der 3. Ordnung zu 24,8 cm gemessen. Berechnen Sie die Wellenlänge.

7/78: Die beiden Maxima 1. Ordnung der grünen Hg-Linie $\lambda = 546{,}1$ nm haben auf einem $e = 3{,}45$ m entfernten Schirm einen Abstand von 18,8 cm. Wie groß ist die Gitterkonstante? Wie viele Gitterspalte kommen auf 1 cm?

***7/79:** Ein Gitter besitzt 20 000 Linien auf 4 cm.

a) Berechnen Sie den Winkel, unter dem das sichtbare Spektrum 1. Ordnung bzw. 2. Ordnung jeweils allein erscheint.

b) Wie groß ist der Winkel zwischen den Spektren 1. und 2. Ordnung? Das Spektrum sei zwischen 360 nm und 780 nm betrachtet.

7/80: Die gelbe Hg-Linie $\lambda_g = 578{,}0$ nm fällt in der 3. Ordnung fast genau mit der blauen Linie des Quecksilbers in 4. Ordnung zusammen. Berechnen Sie daraus die Wellenlänge der blauen Linie.

***7/81:** Ein Gitter mit 570 Linien pro Millimeter, das an der Vorderseite eines teilweise mit Wasser gefüllten Aquariums befestigt ist, wird mit dem Licht einer Hg-Lampe bestrahlt, so daß die Beugungs- und Interferenzfigur der drei Quecksilberlinien sowohl oberhalb als auch unterhalb der Wasseroberfläche an der Rückseite des Aquariums zu sehen sind. Man mißt für den Abstand $2a_1$ der beiden Linien 1. Ordnung:

blaue Linie: in Wasser 12,1 cm, in Luft 16,3 cm,
grüne Linie: in Wasser 15,3 cm, in Luft 20,8 cm,
gelbe Linie: in Wasser 16,3 cm, in Luft 22,3 cm.
Die Breite des Aquariums beträgt 32,0 cm.

Berechnen Sie

a) die drei Wellenlängen der Quecksilberlinien in Wasser und in Luft,

b) die Brechungsindizes und die Geschwindigkeit des Lichtes der drei Linien in Wasser.

***7/82:** Läßt man einen Laserstrahl streifend unter dem Winkel α auf die Millimetereinteilung (Strichabstand d) einer Schieblehre fallen (*Abb. 7–80*), so zeigt die gegenüberliegende Wand die Interferenzfigur eines Gitters. Zeigen Sie, daß sich zwei benachbarte Strahlen in der Richtung β_n des Maximums n. Ordnung verstärken, wenn gilt

$$n\,\lambda = d\,(\cos\alpha - \cos\beta_n)\,,$$

und geben Sie an, wie man daraus mit Hilfe der Versuchsgrößen der Abbildung die Wellenlänge bestimmen kann.

***7/83:** Man findet für den Abstand von einem bis zum übernächsten hellen Interferenzstreifen im geometrischen Schatten eines Drahtes (Breite $d = 1{,}5$ mm) $a = 3{,}2$ mm. Der Abstand Draht–Schirm ist $e = 4{,}12$ m. Wie groß ist die Wellenlänge des Lichtes?

7/84: An einer Beugungsfigur am Spalt mißt man als Abstand der beiden Beugungsminima 1. Ordnung 15 mm, weiter $e = 212$ cm und zur Bestimmung der Spaltbreite $d' = 2$ mm, $g = 15{,}3$ cm und $b = 197$ cm. Bestimmen Sie die Wellenlänge λ.

7/85: Licht einer Wellenlänge von 550 nm geht durch einen 0,15 cm breiten Spalt und fällt auf einen 2,5 m entfernten Schirm. Wie breit ist der Streifen des Maximums 0. Ordnung (vom rechten bis zum linken Minimum 1. Ordnung)?

***7/86:** Berechnen und zeichnen Sie schematisch den Intensitätsverlauf der Beugungs- und Interferenzfigur

a) eines Doppelspalts mit der Spaltbreite $a = 0{,}25$ mm und dem Spaltabstand $g = 0{,}75$ mm,

b) eines Gitters mit 4 Spalten der Breite $a = 0{,}25$ mm und der Gitterkonstanten (Spaltabstand) $g = 0{,}50$ mm.

c) Führen Sie die Versuche mit einem Laser aus.

***7/87:** Führen Sie die Rechnungen über den Intensitätsverlauf des Gitters im einzelnen aus, und entwerfen Sie für ein Gitter mit $N = 10$ Öffnungen die *Abb. 7–77 d* entsprechende Figur für den Amplituden- und Intensitätsverlauf.

***7/88:** Berechnen Sie allgemein die Intensitäten der Maxima 0., 1., 2., 3., ..., n. Ordnung des Spaltes nach der Formel für den Intensitätsverlauf.

7.3.5 Auflösungsvermögen optischer Instrumente; Kohärenz; Holographie

Auflösungsvermögen optischer Instrumente

Unvermeidlich in allen optischen Instrumenten sind die Beugung und ihr Einfluß bei der Bildentstehung. Jede Linsenfassung ebenso wie jede Begrenzung der Prismen, Spiegel usw. stellt eine beugende Öffnung dar, die von einem Objektpunkt eine mehr oder weniger große Beugungsfigur entwirft.
In der Abbildung kann man dann nur die Bilder zweier Gegenstandspunkte voneinander unterscheiden, wenn die Beugungsfiguren deutlich voneinander getrennt sind.

Versuch 7/34: Mit einer Linse wird ein beleuchtetes Drahtnetz (Gaze) scharf auf einem weit entfernten Schirm abgebildet. Dann stellt man vor die Abbildungslinse eine Kreisblende oder einen Spalt.

Beobachtung: Das zuerst scharfe Bild des Drahtnetzes wird bei Verengung der Spaltblende lichtschwächer, bis die Konturen der parallel zum Spalt verlaufenden Drähte nicht mehr zu erkennen sind, während die Drähte senkrecht zum Spalt scharf abgebildet bleiben.
Grund ist die Beugung. Die Beugungsbilder der Drähte parallel zum Beugungsspalt verbreitern sich mehr und mehr, je enger der Spalt wird.

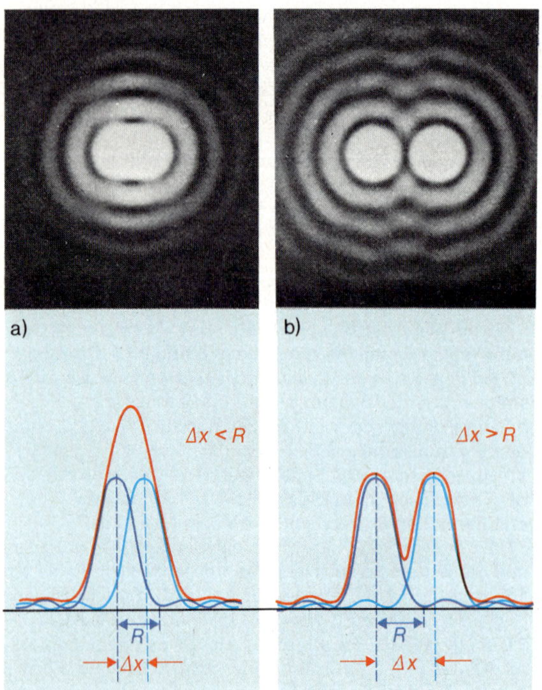

Abb. 7–81: Interferenzbild und Intensitätsverlauf zweier Beugungsscheibchen, die in (a) nicht zu trennen, in (b) aber zu unterscheiden sind.

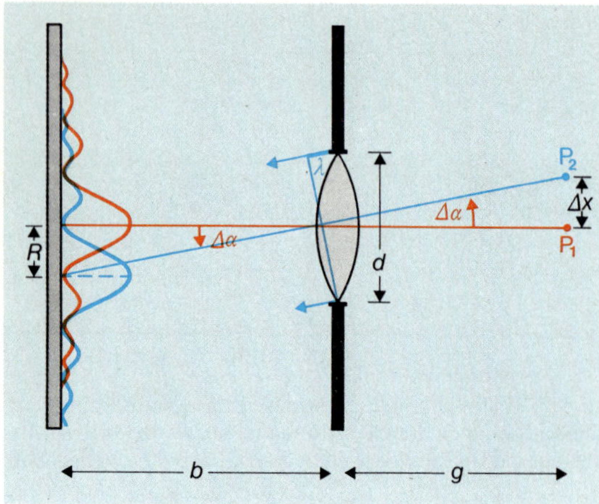

Abb. 7–82: Zur Herleitung des Auflösevermögens optischer Instrumente.

Allgemein gilt: Von jedem Punkt wird auf dem Schirm ein Beugungsscheibchen entworfen; zwei solche Scheibchen – Bildpunkte P_1 und P_2 – sind dann noch zu unterscheiden, wenn ihre Maxima mindestens um den Radius R der Beugungsscheibchen voneinander entfernt sind (*Abb. 7–81*). R ist dabei mit dem Abstand Zentrum–Minimum 1. Ordnung aus der Beugung am Spalt gleichzusetzen (theoretisch ist R wegen der kreisförmigen und nicht rechteckigen Öffnung der Kreisblende um den Faktor 1,22 größer). Aus *Abb. 7–82* liest man ab:

$$\Delta\alpha = \frac{\lambda}{d}\,.$$

Damit muß der Winkel $\Delta\alpha$ die Mindestgröße $\Delta\alpha \geqq \frac{\lambda}{d}$ besitzen, wenn beide Punkte noch getrennt erkannt werden sollen.
Als beugende Öffnung ist dabei der Durchmesser der Kreisblende oder in den meisten Fällen der Durchmesser der Linsenbegrenzung anzusehen. Damit der Abstand zweier erkennbarer Punkte klein genug bleibt, muß man also die begrenzende Öffnung d groß machen. Ein optisches Gerät wird daher um so mehr Einzelheiten eines abzubildenden Gegenstandes zeigen, je kleiner der Winkel $\Delta\alpha$ gewählt werden kann.

Unter dem Auflösungsvermögen A eines optischen Instrumentes versteht man deshalb den Kehrwert des Winkels $\Delta\alpha$ zweier Objektpunkte, die man trotz der Beugung gerade noch unterscheiden kann:

$$A = \frac{1}{\Delta\alpha}\,.$$

Aus der obigen Beziehung ergeben sich einige Folgerungen für das Fernrohr und das Mikroskop.
Betrachtet man ein Objekt durch ein **Fernrohr** (*Abb. 7–83*), so darf der Gegenstand praktisch im Unendlichen angenommen werden. Das Objektiv

entwirft dann in seiner Brennebene ein Bild, das mit der Lupe, dem Okular, betrachtet wird. Das Okular spielt nun für die Beugung keine Rolle, da zwei Punkte, deren Beugungsscheibchen sich schon in der Brennebene des Objektivs überlagern, auch nicht durch das Okular entzerrt werden können. Damit gilt dann für den gerade noch auflösbaren Winkelabstand zweier Punkte der obige Ausdruck unmittelbar:

$$\Delta\alpha \geqq \frac{\lambda}{d},$$

und für das Auflösungsvermögen gilt:

$$A = \frac{1}{\Delta\alpha} \leqq \frac{d}{\lambda}.$$

Ergebnis: Beim Fernrohr ist der Winkelabstand $\Delta\alpha$ zweier noch zu trennender Punkte der Wellenlänge λ des benutzten Lichtes direkt und dem Objektivdurchmesser d indirekt proportional.

Um ein hohes Auflösungsvermögen zu erzielen, baut man deshalb Fernrohre mit großem Linsen- oder (bei Spiegelteleskopen) mit großem Spiegeldurchmesser.

Betrachtet man ein Objekt durch ein **Mikroskop** (*Abb. 7–84*), so liegt der Gegenstand mit der Ausdehnung Δx praktisch in der Brennebene des Objektivs, so daß für den Winkel $\Delta\alpha = \frac{\Delta x}{f_1}$ zu setzen ist. Für den Abstand zweier noch zu trennender Punkte gilt damit

$$\Delta x = \frac{f_1}{d}\lambda = \lambda : \frac{d}{f_1},$$

und für das Auflösungsvermögen

$$A = \frac{1}{\Delta x} \leqq \frac{d}{f} : \lambda.$$

Das Auflösungsvermögen des Mikroskops ist zweckmäßigerweise durch den Abstand Δx zweier noch zu trennender Punkte und nicht wie beim Fernrohr durch den Winkelabstand $\Delta\alpha$ definiert. (Die Rolle des Okulars kann aus denselben Gründen wie beim Fernrohr unberücksichtigt bleiben.) Der Quotient d/f gibt die relative Öffnung des Objektivs an; bei guten Linsen liegt sie bei 1 : 0,8.

Ergebnis: Mit dem Mikroskop kann man höchstens Gegenstände erkennen, deren Ausmaße in der Größenordnung der Wellenlänge des benutzten Lichtes liegen.

Eine Steigerung des Auflösungsvermögens kann man also nur durch „Licht" mit kürzeren Wellenlängen erreichen. Darauf beruht die Wirksamkeit des Ultramikroskops und auch des Elektronenmikroskops (→ *6.1.5*).

Zusammenfassung: Die Welleneigenschaften setzen dem Auflösungsvermögen aller optischen Instrumente eine natürliche, prinzipiell nicht überschreitbare Grenze, die von der Wellenlänge des benutzten Lichtes abhängt.

Das über das Auflösungsvermögen Gesagte gilt im übrigen für alle Wellen, auch für die elektromagnetischen Wellen im engeren Sinne. Daher wählt man z. B. den Durchmesser von Radioteleskopen, mit denen man die elektromagnetische Strahlung aus dem Weltraum analysiert, möglichst groß. Stabilität setzt dem eine Grenze, die man dadurch überschreitet, daß man ein „Riesenteleskop" aus einem System räumlich verteilter, miteinander verbundener normaler Teleskope aufbaut – analog wie man einen Hohlspiegel aus kleinen Planspiegeln aufbauen

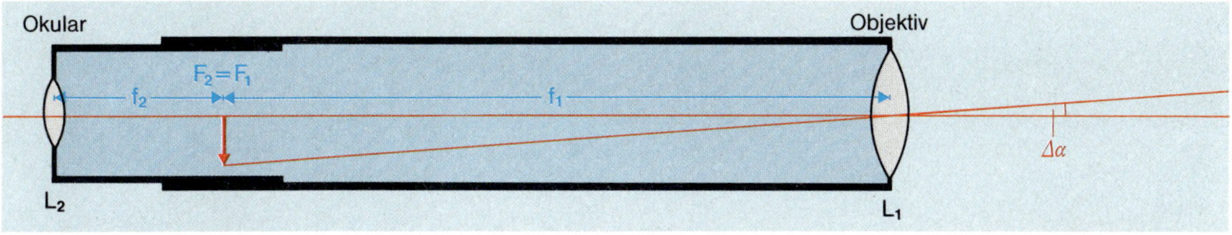

Abb. 7–83: Im Fernrohr entwirft das Objektiv L_1 ein reelles Bild in der Brennebene von L_1, das mit dem Okular L_2 als Lupe betrachtet wird.

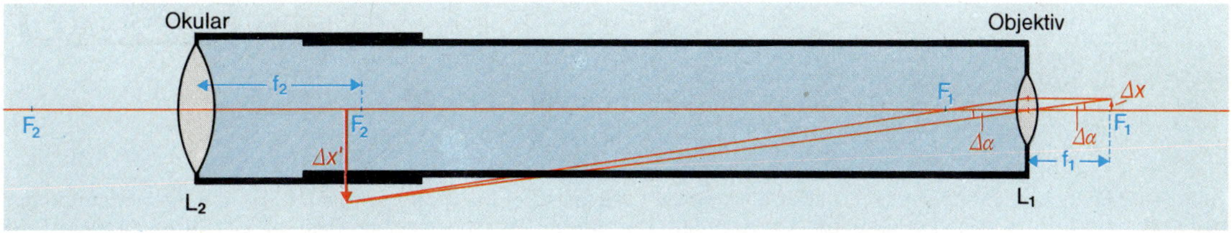

Abb. 7–84: Im Mikroskop steht das Objekt praktisch in der Brennebene des Objektivs L_1, das ein vergrößertes Bild für die Betrachtung durch die Lupe L_2 entwirft.

kann –, dessen „Durchmesser“ dann das Auflösungsvermögen bestimmt.

Kohärenz

Eine durch die tägliche Erfahrung gestützte und scheinbar hinreichend gesicherte Tatsache ist es, daß sich die Helligkeiten zweier Lichtquellen addieren, daß also keine Interferenzen auftreten. Gerade diese allgemeine Erfahrung hat es lange Zeit verhindert, eine Wellentheorie des Lichtes ernsthaft in Betracht zu ziehen. Wie die bisher behandelten Versuche zeigen, können solche Interferenzerscheinungen auch nur unter bestimmten, meistens sehr künstlich anmutenden Bedingungen beobachtet werden.
Es genügt keinesfalls, daß man sich zwei Lichtquellen gleicher Wellenlänge verschafft und ihr Licht zur Überlagerung bringt. Hier liegt ein deutlicher Unterschied zu den Verhältnissen z. B. der Akustik oder der elektromagnetischen Wellen vor. Dort senden z. B. zwei gleichfrequente Stimmgabeln, solange sie schwingen, kontinuierlich Wellen aus, die dann miteinander interferieren.
Um in der Optik Interferenzen zu erhalten, kann man nicht einfach zwei Lichtquellen nebeneinander stellen, sondern die beiden Lichtquellen, deren Wellen sich überlagern sollen, müssen durch einen Kunstgriff realisiert werden: Im Fresnelschen Spiegelversuch z. B. benutzt man die beiden Spiegelbilder ein- und derselben Lichtquelle als Wellenzentrum. Im Doppelspaltversuch sind es zwei dicht nebeneinander liegende Spalte, die ebenfalls von einer einzigen Lichtquelle beleuchtet werden.
Aber auch diese Lichtquelle muß besonderen Bedingungen genügen. Die Interferenzfähigkeit einer Lichtquelle sei mit dem Doppelspaltversuch (*Versuch 7/27*) untersucht.

Versuch 7/35: Nach *Abb. 7–51* erzeugt man mit dem Doppelspalt und einer Höchstdrucklampe eine Interferenzfigur.
Beobachtung: Die Interferenzfigur auf dem Schirm verschwindet, wenn man die Breite des Beleuchtungsspaltes über ein bestimmtes Maß hinaus vergrößert oder ganz aus dem Strahlengang herausnimmt. Es zeigt sich: Nur wenn der als Lichtquelle dienende Beleuchtungsspalt eng eingestellt ist, lassen sich Interferenzen nachweisen.

Das gilt bei Verwendung der meisten Lichtquellen. Nur beim Laserlicht benötigt man keinen Beleuchtungsspalt, wie wir bei den Versuchen zur Interferenz und Beugung sahen (*7.3.3* und *7.3.4*). Offenbar hängt das mit der besonderen Eigenschaft des Laserlichtes zusammen.
Ein Gas-Laser wie der Helium-Neon-Laser ist eine monochromatische Lichtquelle. Mit dem Gitter bestimmt man seine Wellenlänge zu $\lambda = 6{,}328 \cdot 10^{-7}$ m. Der Laser besteht im wesentlichen aus einer Gasentladungsröhre aus Quarz, die mit einem Gemisch von Helium und Neon gefüllt ist. Eingeschlossen ist die Röhre von zwei Spiegeln, von denen der eine den scharf gebündelten, intensiven Laserstrahl hindurchläßt. Die Entstehung des Laserlichtes wird in → *Kap. 10* beschrieben.
Wir untersuchen die Interferenzfähigkeit des Laserlichtes.

Versuch 7/36: Vor den Laser stellt man den Doppelspalt und führt den Interferenzversuch zuerst mit, dann ohne Beleuchtungsspalt durch.
Beobachtung: Die Interferenzerscheinungen am Doppelspalt (wie auch an anderen Hindernissen) treten auch ohne Benutzung eines Beleuchtungsspalts auf. – Führt man den Laserstrahl derart über den Doppelspalt, daß immer beide Öffnungen ausgeleuchtet sind, so ändert sich nichts am Interferenzbild auf dem Schirm.
Ergebnis I: Das Laserlicht ist im Gegensatz zum Licht der üblichen Lichtquellen interferenzfähig unabhängig davon, welchen Teil des Lichtbündels man benutzt und wie groß die leuchtende Fläche ist.

Zur weiteren Untersuchung der Interferenzfähigkeit des Lichtes benutzen wir ein Interferometer.

Versuch 7/37: Im Michelson-Interferometer (*Abb. 7–85*) wird das von der Lichtquelle kommende Licht durch einen halbdurchlässigen Spiegel in zwei Teilbündeln aufgeteilt, die nach der Reflexion an den beiden Spiegeln auf dem Schirm zur Überlagerung kommen. Als Lichtquelle werden im Schulversuch nacheinander eine Hg-Hochdrucklampe, eine Na-Spektrallampe und ein Laser benutzt.

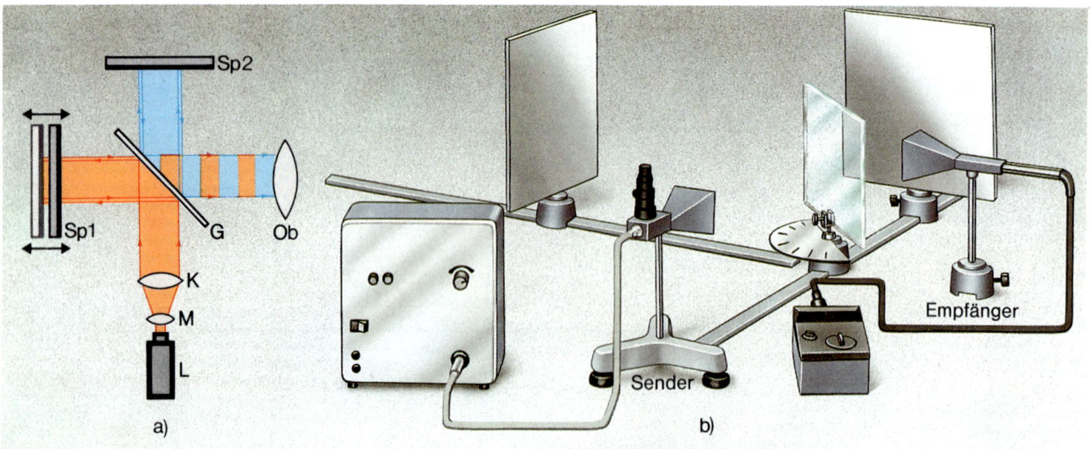

Abb. 7–85: Michelson-Interferometer. a) Der Laserstrahl wird mit einer kurzbrennweitigen Linse M aufgeweitet und mit der Kollimatorlinse K in ein Parallelbündel verwandelt. Der Spiegel Sp_1 ist beweglich. Das Objektiv Ob entwirft ein Bild der Interferenzfigur. b) Die vom Mikrowellensender ausgehenden Wellen erzeugen nach Teilung und Reflexion wie in (a) Interferenzen, die mit dem Empfänger nachgewiesen werden.

Abb. 7–86: Interferenzen im Laserlicht im Michelson-Interferometer.

Beobachtung: Bei ungefähr gleicher optischer Weglänge der beiden Teilbündel entstehen auf dem Schirm Interferenzen (*Abb. 7–86*). Bewegt man den Spiegel S_2 durch Drehen der Mikrometerschraube in einer Richtung, so wechseln Helligkeit und Dunkelheit in den Streifen periodisch. Vergrößert man den Gangunterschied der beiden Lichtbündel, so verschwinden nacheinander die Interferenzen der konventionellen Lichtquellen, während die Interferenzen des Laserlichtes auch bei beliebig großem Gangunterschied erhalten bleiben.
Ergebnis II: Laserlicht ist im Gegensatz zum Licht üblicher Lichtquellen, unabhängig vom Gangunterschied der zur Interferenz gelangenden Teilbündel, interferenzfähig.

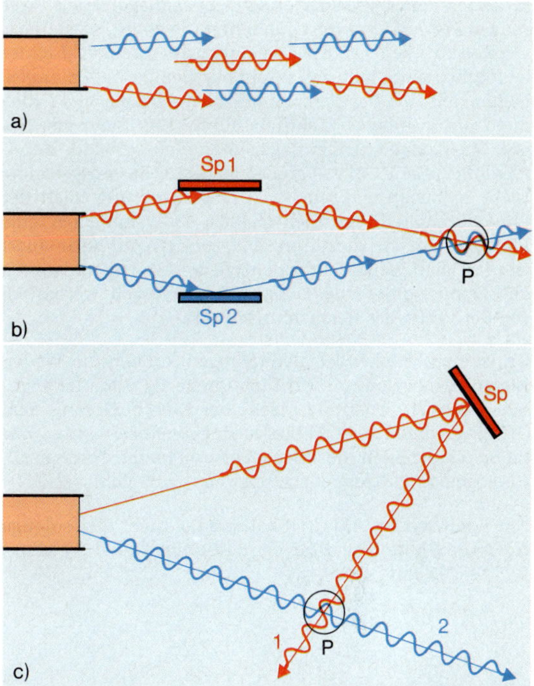

Abb. 7–87: Kohärenz. a) Die kurzen, die Lichtquelle ungeregelt verlassenden Wellenzüge ergeben bei Überlagerung keine dauerhaften Interferenzen. b) Räumliche Kohärenz: Die Wellenzüge interferieren auch, wenn sie längere, aber gleiche Wege zurücklegen. c) Zeitliche Kohärenz: Die Wellenzüge sind so lang, daß sie auch bei größerem Gangunterschied interferieren.

Im Wellenbild läßt sich die Lichtaussendung von normalen Lichtquellen wie folgt deuten:
1. Eine Lichtquelle kann nicht als einziges Zentrum von (Kugel-)Wellen angesehen werden. Jedes Atom oder Molekül sendet Wellen aus (→ *Kap. 10*).
2. Die vielen „Sender" einer Lichtquelle arbeiten mehr oder weniger unabhängig voneinander und beginnen mit dem Senden in unregelmäßigen Abständen. Sie senden in normalen Lichtquellen nur für kurze Zeiten ($\Delta t \approx 10^{-8}$ s) und strahlen daher auch nur endlich lange Wellenzüge aus (*Abb. 7–87 a*).
Das Ergebnis I zeigt, daß die monochromatischen Wellenzüge den Laser mit gleicher Phase, also mit konstanter Phasenbeziehung, verlassen. Laserlicht ist **räumlich** interferenzfähig (*Abb. 7–87 b*).
Das Ergebnis II zeigt, daß seine monochromatischen Wellenzüge praktisch unendlich lang sind und sich daher auch nach größeren Gangunterschieden stets mit konstant bleibender Phasenbeziehung überlagern können. Laserlicht ist **zeitlich** interferenzfähig (*Abb. 7–87 c*).

Wellensysteme mit fester Phasenbeziehung heißen kohärent[1]).

Das Laserlicht ist zeitlich und räumlich kohärent. Die Länge der Wellenzüge, die für die zeitliche Kohärenz verantwortlich ist, heißt **Kohärenzlänge.** Sie beträgt bei Glühlicht etwa 10^{-6} m, bei Licht von Spektrallampen unter sehr günstigen Umständen ca. 1 m, beim He-Ne-Laser bis zu 10^6 m. Der Laser stellt also im Gegensatz zu den herkömmlichen Lichtquellen eine ideale Lichtquelle dar.
Der Öffnungswinkel eines Laserlichtbündels läßt sich auf $\Omega = 10^{-8}$ sr verkleinern (1 sr – Steradiant – ist die Einheit eines Raumwinkels; der Vollraumwinkel – über die ganze Kugel – hat die Größe $\Omega_0 = 4\pi$ sr). Kleiner Öffnungswinkel, große Kohärenzlänge und ausgezeichnete Monochromasie (d. h. geringe spektrale Breite) bedingen einander.
Soll trotz fehlender Phasenbeziehungen das Licht konventioneller Lichtquellen Interferenzen erzeugen, so muß als **Kohärenzbedingung** erfüllt sein:
1. Nur Licht, das von einem Punkt einer Lichtquelle ausgegangen ist, kann zur Interferenz gebracht werden, nachdem es geteilt ist und verschiedene Wege durchlaufen hat.
2. Der Unterschied dieser beiden Wege darf nicht größer als die Kohärenzlänge sein, da sonst die aus ein- und derselben Wellengruppe stammenden Wellen nicht mehr miteinander interferieren können.
Zwei Wellenzüge können nur dann interferieren, wenn ihr Gangunterschied $N\lambda$ kleiner ist als die Kohärenzlänge. Die Zahl N der zu einem Wellenzug gehörenden Wellenlängen ist also mit der höchsten Ordnung des gerade noch beobachtbaren Interferenzstreifens vergleichbar. Daher kann man aus der Ordnungszahl N auf die Kohärenzlänge $N\lambda$

[1]) cohaerere (lat.), zusammenhängen

schließen. Im Doppelspalt- und Doppelspiegelversuch waren bei Verwendung von Glühlicht nur wenige Interferenzstreifen zu sehen. Die Kohärenzlänge des „weißen" Lichtes ist folglich sehr klein; sie beträgt nur wenige Wellenlängen. Daher läßt sich der Versuch mit dem Glimmerblatt auch nicht mit „weißem" Licht ausführen. Das Licht der Na- und Hg-Lampen besitzt dagegen eine viel größere Kohärenzlänge. Sie ist um so größer, je besser das ausgesandte Licht monochromatisch ist. – Die Forderung nach der Punktförmigkeit der Lichtquellen stellt natürlich eine Idealisierung dar, die nie erreicht, sondern nur angenähert werden kann. So hängt die Schärfe der Interferenzstreifen mit Doppelspalt- und Doppelspiegelversuch wesentlich von der Breite des Beleuchtungsspaltes ab.

Unter einschränkenden Bedingungen können die Wellen verschiedener Punkte einer Lichtquelle als kohärent angesehen werden, wenn die Fläche der Lichtquelle mit dem Öffnungswinkel des Lichtkegels in einem bestimmten Zusammenhang steht, der hier nicht begründet werden soll. Als sogenannte Kohärenzbedingung ergibt sich:

Ein Spalt sendet praktisch kohärentes Licht aus, solange für seine Breite d und für den Öffnungswinkel 2α seines Lichtkegels gilt:

$$d \sin \alpha < \frac{\lambda}{2}.$$

Danach kann bei kleiner Spaltbreite der Öffnungswinkel verhältnismäßig groß gemacht werden. Ist dagegen der Öffnungswinkel sehr klein, so kann der Spalt (oder – ohne Spalt – die leuchtende Fläche der Lichtquelle) sehr weit geöffnet sein. Im Doppelspalt- und Doppelspiegelversuch wird der Beleuchtungsspalt sehr eng eingestellt; dagegen ist der Öffnungswinkel zweier Strahlen, die beim Versuch mit dem Glimmerblatt von den beiden virtuellen Lichtquellen zu ein- und demselben Punkt auf dem Schirm ausgehen, sehr klein, und daher kann die Fläche der Lichtquelle sehr groß gewählt werden; man kann sie ohne Spalt benutzen.

Holographie

In der herkömmlichen Photographie wird von einem räumlichen Gegenstand nur das Bild in einer Ebene auf der photographischen Schicht festgehalten; alle anderen Ebenen des räumlichen Bildes werden nicht oder nur unscharf abgebildet. Die Information über die räumliche Tiefengestaltung des Objekts geht verloren. Das Bild gibt nur dann einen perspektivisch richtigen Eindruck des Objekts, wenn es aus einer bestimmten Richtung und Entfernung aufgenommen wird. Sieht man sich das Bild aus verschiedenen Blickrichtungen an, erhält man keine zusätzlichen Informationen.

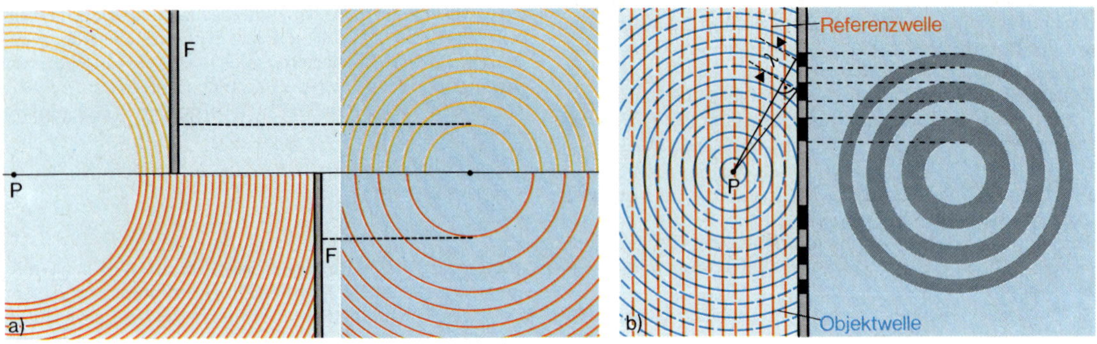

Abb. 7–88: Prinzip des Hologramms. a) Aus Abstand und Lage der Kreise ist die räumliche Lage des Wellenzentrums P zu erschließen. b) Die Interferenz zwischen Objekt- und Referenzwelle erzeugt ein System von Interferenzringen, die Fresnelsche Zonenplatte.

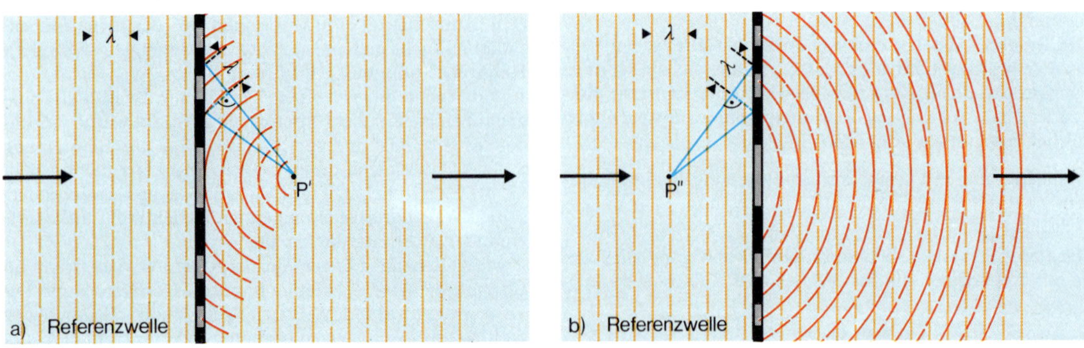

Abb. 7–89: Prinzip des Hologramms. Die an der Fresnelschen Zonenplatte gebeugte Referenzwelle erzeugt in P′ ein reelles (a) und in P″ ein virtuelles (b) Bild.

Im Gegensatz dazu wird in der Holographie dank der Kohärenz des Laserlichtes, mit dem Aufnahme und Wiedergabe des **Hologramms** erfolgen, ein Bild erzeugt, das die auf den Raum verteilte Abbildung festhält und das von verschiedenen Seiten verschiedene Informationen bietet, genauso als wenn man das Objekt direkt von verschiedenen Seiten ansieht.

Das Prinzip der Holographie ist wie folgt zu verstehen: Von einem Objektpunkt P gehe eine kugelförmige **Objektwelle** auf eine Fläche *F* aus und erzeuge dort zu einem bestimmten Zeitpunkt mit den gerade auf die Fläche auftretenden negativen Halbwellen eine Schwärzung (*Abb. 7–88*). Dann entstände auf der Fläche *F* ein System von Kreisringen, aus dem allein man die räumliche Lage von P rekonstruieren könnte, und zwar auch dann, wenn nur ein Teil des Kreissystems bekannt wäre.

Das Ringsystem, die **Fresnelsche Zonenplatte,** erzeugt man, indem die von P ausgehende **Objektwelle** mit der ebenen **Referenzwelle** gleicher Wellenlänge zur Interferenz gebracht wird. Auf dem Film (anstelle der Fläche *F*) entsteht das gleiche System von Interferenzringen mit der Gesetzmäßigkeit, daß sich die Entfernungen zweier aufeinander folgender Interferenzringe entsprechend der Wellenlänge λ des verwendeten Lichtes unterscheiden.

Damit ist auf dem Film die Information über die räumliche Lage von P gespeichert, das Hologramm ist aufgenommen.

Diese Information wird reproduziert, wenn die ebene Referenzwelle z. B. das Hologramm wieder durchstrahlt (*Abb. 7–89*) und dabei in alle Richtungen gebeugt wird. Ein Teil der durchgehenden Referenzwelle erzeugt das reelle Bild P′, für den die gleiche Bedingung wie für P gilt: Die Wellenzüge von benachbarten Interferenzringen weisen den Gangunterschied λ auf. Hinter dem Hologramm schneidet sich also ein Teil der Referenzwellenstrahlen in P′, dem reellen Bild von P. Für den Beobachter geht so von P′ eine Kugelwelle aus (*Abb. 7–89a)*.

Es entsteht aber auch ein virtuelles Bild P″ auf der anderen Seite des (durchscheinenden) Hologramms: Für P″ ist der Gangunterschied der Wellenzüge aus benachbarten Ringen ebenfalls λ. Damit scheint eine Kugelwelle auch von P″ her zu kommen (*Abb. 7–89b*).

Ein räumliches Objekt anstelle von P besteht nun aus vielen Punkten. Im Hologramm entstehen dann viele Systeme von Interferenzringen, die allerdings insgesamt keinerlei Struktur mehr erkennen lassen (*Abb. 7–90 a*). Am Prinzip der Holographie ändert sich jedoch nichts. Der Beobachter kann im Licht der Referenzwelle sowohl das reelle als auch das virtuelle Bild des Gegenstandes betrachten (*Abb. 7–90 b*), und zwar nicht nur aus einer, sondern aus vielen Richtungen, und gewinnt damit ein räumliches Bild des Gegenstandes, das er sich räumlich, von verschiedenen Seiten aus ansehen kann, als ob es der Gegenstand wäre.

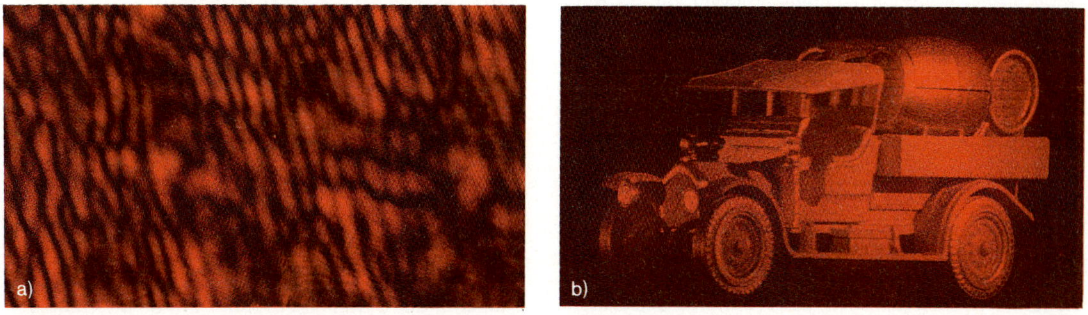

Abb. 7–90: a) Ausschnitt aus einem Hologramm. b) Hologramm-Aufnahme eines Spielzeugautos. (Die räumliche Wirkung des Bildes ist bei dieser gedruckten Wiedergabe allerdings nicht erkennbar.)

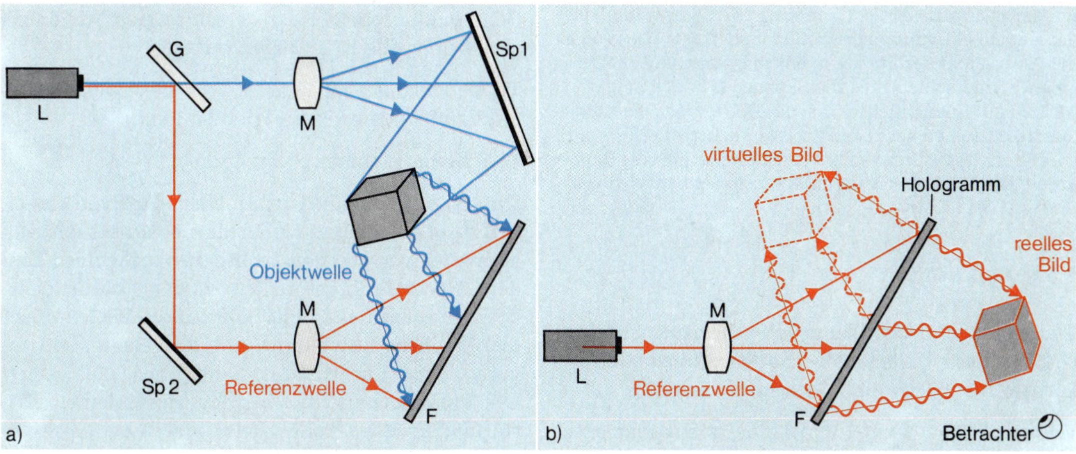

Abb. 7–91: a) Aufnahme eines Hologramms. Das Licht des Lasers L wird durch die Glasplatte G geteilt und durch die beiden Linsen M aufgeweitet. Die Interferenz von Objekt- und Referenzwelle erzeugt auf dem Film F das Hologramm. b) Wiedergabe. Vor bzw. hinter dem mit der Referenzwelle bestrahlten Hologramm entsteht ein virtuelles bzw. ein reelles Bild.

Aufnahme und Wiedergabe eines Hologramms setzt **kohärentes** Licht voraus, wie es der Laser liefert. Denn jede Phasenänderung während der Aufnahme z. B. würde das Hologramm verwaschen und unbrauchbar machen. Aus dem gleichen Grunde muß die Aufnahme erschütterungsfrei vorgenommen werden, sie erfordert also einigen technischen Aufwand.

Ein Hologramm entsteht durch Interferenz der Objektwelle mit der Referenzwelle einer kohärenten Lichtquelle (*Abb. 7–91a*). Durch Beugung und Interferenz entsteht dann bei Bestrahlung des Hologramms mit der Referenzwelle wieder ein Wellensystem, das der ursprünglichen Objektwelle gleich ist (*Abb. 7–91 b*).

Im Gegensatz zur üblichen Photographie nutzt die Holographie nicht nur die Lichtintensität, sondern auch die Phasenbeziehungen zur Schwärzung aus. Das Hologramm speichert in einer Ebene das Lichtwellenfeld mit seiner Intensitätsverteilung (die Intensität ist proportional zum Quadrat der Amplitude) und seinen Phasenbeziehungen. Wird das Hologramm durch die Wiedergabewelle beleuchtet, so gehen von ihm die Huygensschen Elementarwellen so aus, daß sich im gesamten Raum das vorher vorhandene Lichtwellenfeld in gleicher Intensitätsverteilung und mit gleichen Phasenbeziehungen rekonstruiert.
Hologramme werden u. a. zur Datenspeicherung benutzt. Auf einem winzigen Hologramm lassen sich so z. B. viele Buchseiten speichern, die man ablesen kann, je nachdem unter welchem Winkel der Referenzstrahl auf das Hologramm fällt. – Nimmt man das Hologramm mit farbigem Laserlicht auf, etwa mit drei Farben, die zusammen „weiß" ergeben, so lassen sich farbige Hologramme herstellen.

Aufgaben

7/89: Der Spiegel des Fernrohrs des Mount-Palomar-Observatoriums besitzt einen Durchmesser von etwa 5 m. Berechnen Sie den noch auflösbaren Winkelabstand in Bogenmaß und Grad im Licht von 550 nm.
7/90: Für das Auflösungsvermögen des Auges entscheidend ist der Pupillendurchmesser, der bei mittlerer Beleuchtung 3 mm beträgt. Welcher Abstand in 5 m Entfernung läßt sich mit unbewaffnetem Auge noch erkennen ($\lambda = 500$ nm)?
7/91: Die Angabe 8×30 auf einem Prismenfernrohr bedeutet, daß das Fernrohr achtfach vergrößert (Sehwinkel) und daß der Objektivdurchmesser 30 mm beträgt. Wie groß ist der Abstand zweier Punkte in 500 m Entfernung, die gerade noch unterschieden werden können ($\lambda = 500$ nm)?
***7/92:** Fällt Sonnenlicht durch das Blätterdach eines Baumes, so entstehen am Boden kreisrunde Lichtflecke von 12 cm Durchmesser. In welcher Höhe befindet sich die Baumkrone? Die Sonne erscheint unter einem Sehwinkel von 32′.

7.3.6 Polarisation

Elektromagnetische Wellen sind Transversalwellen (*7.2.3*): Diese Welleneigenschaft muß sich auch bei Lichtwellen nachweisen lassen.

Versuch 7/38: In ein Lichtbündel stellt man zwei Polarisationsfilter und beobachtet auf einem Schirm das durchgelassene Licht (*Abb. 7–92*).
Dreht man eines der Filter, so zeichnen sich – kenntlich an den Zeigern der Filter – vier Stellungen aus,

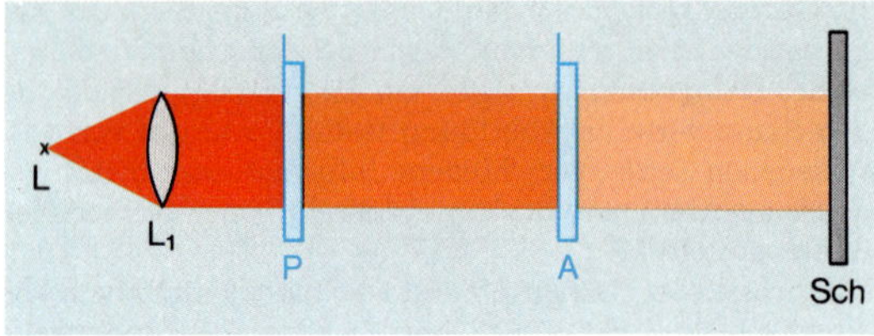

Abb. 7–92: Polarisation. Die relative Stellung von Polarisator P und Analysator A erzeugen auf dem Schirm Sch verschiedene Helligkeiten.

die auf dem Schirm in der Reihenfolge hell – dunkel – hell – dunkel maximale Helligkeit und Dunkelheit ergeben und durch Drehung um je 90° auseinander hervorgehen. Stehen die Zeiger beider Filter parallel zueinander, so wird das Licht hindurchgelassen; es wird ausgelöscht, wenn die Zeiger gekreuzt sind. Offenbar besitzt das Licht senkrecht zu seiner Ausbreitungsrichtung eine Vorzugsrichtung. Würde das Licht sich wie eine Longitudinalwelle verhalten, dürfte die Stellung der Filter zueinander keine Auswirkung auf ihre Durchlässigkeit haben. Wir folgern auch für das Licht:

Licht ist ein transversaler Wellenvorgang.

Der Versuch läßt sich so deuten, daß das erste Filter das Licht linear polarisiert passieren läßt, während man mit dem zweiten Filter dann die Polarisation nachweist. Wie bei den entsprechenden mechanischen Wellenversuchen (*Abb. 3–36*) wirkt das erste Filter als **Polarisator,** das zweite als **Analysator** (*Abb. 7–93*). Dabei kommt es nur auf die relative Stellung der Filter zueinander an, so daß man folgern kann:

Im Licht einer normalen Lichtquelle sind die Schwingungsebenen der verschiedenen Wellen regellos über alle Richtungen verteilt.

Verwendet man im *Versuch 7/38* Laserlicht, so genügt zum Nachweis ein Polarisationsfilter.

Laserlicht ist linear polarisiert.

Das Licht normaler Lichtquellen wird von einzelnen Atomen erzeugt, wobei die einzelnen Lichtwellen in den verschiedensten Ebenen schwingen können. Normale Lichtquellen senden „natürliches" Licht aus. Im Laserlicht besitzen die Wellen durch die Art ihrer Entstehung eine festgelegte Schwingungsebene, Laserlicht ist daher linear polarisiert.
Die Polarisationsfilter bestehen aus kleinen Kristallnadeln, die parallel zueinander in Zellulose eingeschmolzen und durch dünne Glasplättchen geschützt sind. Ihre Polarisationswirkung beruht auf der weiter unten behandelten Doppelbrechung von Kristallen.

Polarisation durch Reflexion

Polarisiertes Licht kann man auch durch **Reflexion** herstellen.

Versuch 7/39: Eine quadratische Glaspyramide Gp, auf ein Grundbrett montiert, wird nach *Abb. 7–94* parallel zur Pyramidenachse mit einem Lichtbündel ausgeleuchtet. Dann schiebt man in den Strahlengang einen Glasplattensatz Gl, der das Lichtbündel in der Ebene der Versuchsanordnung ablenkt.

Beobachtung: Auf der Grundplatte sieht man vier helle Dreiecke, die von der Reflexion des Lichtbündels an den vier Pyramidenflächen herrühren. Bringt man den Glasplattensatz in den Strahlengang, so verschwinden bei einem bestimmten Winkel in *Abb. 7–94* die beiden hellen Dreiecke, die von der Reflexion an den senkrecht zur Bildebene stehenden Pyramidenflächen herrühren. – Stellt man die Pyramide in das reflektierte Lichtbündel, so reflektieren die beiden anderen Pyramidenseiten.

Den Reflexionswinkel, unter dem die Auslöschung im durchgehenden und reflektierten Licht besonders groß ist, bestimmt man zu etwa 57°. Er stimmt mit dem Neigungswinkel der Pyramidenflächen und damit auch mit dem Reflexionswinkel überein, unter dem das Licht an den Pyramidenflächen reflektiert wird.

Mit einem Polarisationsfilter weist man nach, daß das reflektierte Licht und (zum großen Teil auch) das durchgelassene Licht senkrecht zueinander polarisiert sind. Der Glasplattensatz dient dabei als Polarisator, die Pyramide als Analysator.

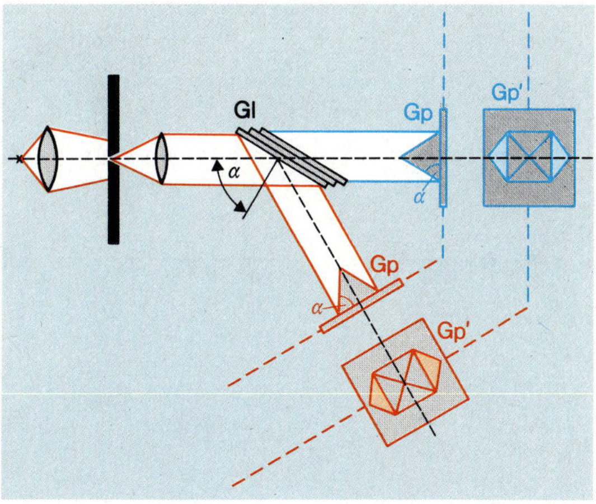

Abb. 7–94: Polarisation durch Reflexion und Brechung. Die Glaspyramide Gp („Spiegelanalysator") ist zusätzlich in beiden Stellungen um 90° in die Bildebene geklappt.

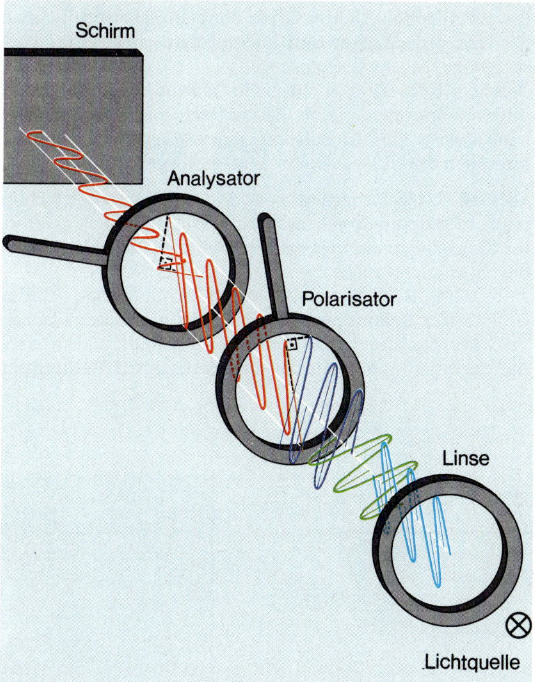

Abb. 7–93: Im Polarisationsfilter (Polarisator, Analysator) wird jeweils nur diejenige Komponente des Schwingungsvektors einer Welle hindurchgelassen, die parallel zur Polarisationsrichtung des Filters verläuft.

Brewster hat für die Polarisation durch Spiegelung und Brechung eine Deutung gegeben. In *Abb. 7–95 a* sind die Lichtvektoren der ankommenden Welle, identisch mit ihren Schwingungsvektoren, in der Reflexionsebene und senkrecht dazu eingezeichnet. Der Reflexionswinkel von 57° ist dadurch ausgezeichnet, daß für ihn reflektierter und gebrochener Strahl senkrecht aufeinander stehen. Nach dem Brechungsgesetz findet man mit $\beta = 90° - \alpha$ für den Polarisationswinkel α:

$$\frac{\sin\alpha}{\sin\beta} = \frac{\sin\alpha}{\sin(90° - \alpha)} = \frac{\sin\alpha}{\cos\alpha} = \tan\alpha = n\,,$$

und daraus $\alpha = 57°$ für $n = 1{,}5$ (Glas).

Licht wird durch Reflexion an Materialien mit dem Brechungsindex n unter dem Brewsterschen Winkel $\tan\alpha = n$ polarisiert.

Folgende Modellvorstellung kann man sich bilden:

Beim Reflexionsvorgang regen die einfallenden Wellen Oszillatoren in der oberen Schicht des Glases zu Schwingungen an, und zwar senkrecht nicht zum einfallenden, sondern zum gebrochenen Strahl, bevor dann durch diese Oszillatoren die Schwingung als reflektierte und als gebrochene Transversalwelle weitergegeben wird. – Liegt der Schwingungsvektor der einfallenden Wellen in der Reflexionsebene, so schwingen im obigen Fall die Oszillatoren gerade in Richtung der Reflexion, besitzen also keine Komponente senkrecht zu ihr: eine Transversalwelle kann in dieser Richtung nicht abgestrahlt werden. Infolgedessen wird keine Welle reflektiert. – Anders ist es, wenn der Lichtvektor senkrecht zur Reflexionsebene steht. Dann wird ein Teil der einfallenden Welle reflektiert, ein anderer gebrochen. – Bei beliebiger Lage des Schwingungsvektors wird die Komponente in der Reflexionsebene daher nicht reflektiert.

Unpolarisiertes Licht, das unter dem Polarisationswinkel auf Glas (für Metall gilt das nicht, Versuch!) trifft, wird linear polarisiert zurückgeworfen (Lichtvektor senkrecht zur Reflexionsebene)! Dementsprechend ist das durchgehende Licht teilweise senkrecht dazu polarisiert (Brewstersches Gesetz). Erst durch mehrfache Reflexion am Glasplattensatz wird auch das durchgehende Licht weitge-

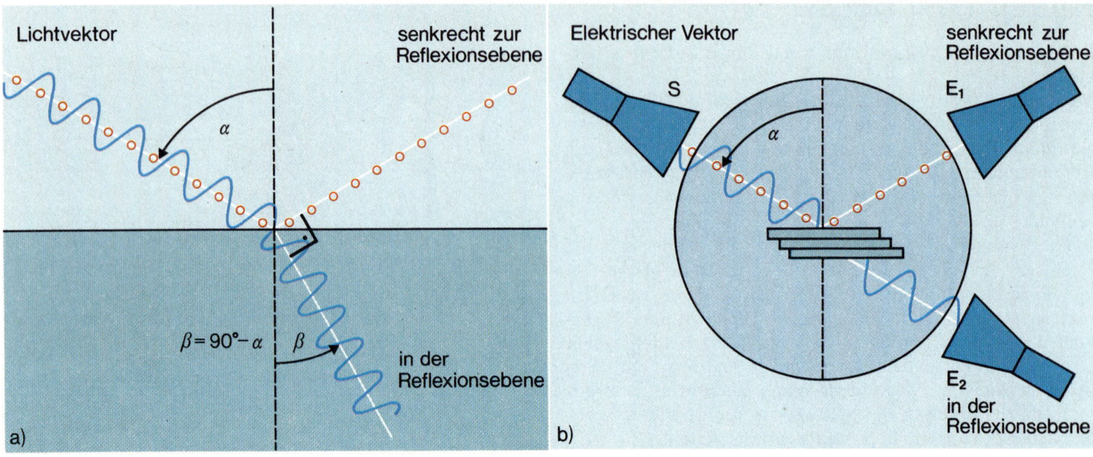

Abb. 7–95: a) Brewstersches Gesetz: Wellen mit dem Schwingungsvektor in der Reflexionsebene werden nicht reflektiert, Wellen mit dem Schwingungsvektor senkrecht zur Reflexionsebene werden reflektiert und gebrochen. b) Polarisation von Mikrowellen durch Reflexion und Brechung.

hend linear polarisiert. Daß gespiegeltes Licht polarisiert ist, ist jedem Photoamateur geläufig. Man versucht, die Spiegelung durch Polarisationsfilter auszuschalten.

Im analogen Versuch (*Abb. 7–95 b*) werden die vom Sender S ausgehenden Mikrowellen in der Stellung E_1 empfangen, falls die Dipole von Sender und Empfänger senkrecht zur Reflexionsebene stehen. Liegen die Dipole in dieser Ebene, so muß der Empfänger in E_2 aufgestellt werden. Da der elektrische Feldvektor parallel zum Dipol gerichtet ist, gilt nach dem Brewsterschen Gesetz:

Der Schwingungsvektor, der die Polarisationsebene des linear polarisierten Lichtes angibt, ist der elektrische Feldvektor der elektromagnetischen Welle.

Polarisation durch Doppelbrechung

Schickt man ein dünnes Lichtbündel durch einen Kalkspalt(-kristall), so wird es bei senkrechtem Ausfall in zwei Bündel aufgespalten. Ein Strahl, der ordentliche, geht ungebrochen hindurch, ein zweiter, der außerordentliche, wird gebrochen (*Abb. 7–96*). Beide sind linear, und zwar senkrecht zueinander, polarisiert. Legt man den Kalkspat auf eine Buchseite, so sieht man die Schrift doppelt.

Daß Licht je nach seiner Schwingungsebene in doppelter Weise gebrochen wird, bezeichnet man als **Doppelbrechung.** Die beiden durch Doppelbrechung entstandenen Lichtbündel sind senkrecht zueinander polarisiert.

Die Doppelbrechung, die zuerst HUYGENS untersucht und erklärt hat, beruht darauf, daß in manchen Körpern, so z. B. in Kristallen oder elastisch deformierten Gläsern oder Kunststoffen, die Lichtgeschwindigkeit nicht mehr unabhängig von Ausbreitungsrichtung und Schwingungsebene des einfallenden Lichtes ist. In doppelbrechenden Medien besitzen ordentlicher und außerordentlicher Strahl verschiedene Geschwindigkeiten.

Solche Stoffe sind nicht mehr **isotrop,** nicht mehr in allen Richtungen gleich beschaffen, sondern **anisotrop** (*Abb. 7–96*). Die Anisotropie eines Körpers kann auch künstlich durch Druck oder Zug hervorgerufen werden.

Versuch 7/40: Zwischen zwei Polarisationsfilter bringt man einen doppelbrechenden Körper, z. B. schnell gekühltes Glas oder spannungsoptische Modelle, und bildet sie im durchgehenden Licht mit einer Linse ab.

Auf dem Schirm entstehen farbenprächtige Bilder (*Abb. 7–97*). Spannungsoptische Modelle werden zwischen Polarisationsfilter in das Lichtbündel gestellt, und zwar so, daß das Bild des Modells bei einer bestimmten Stellung der

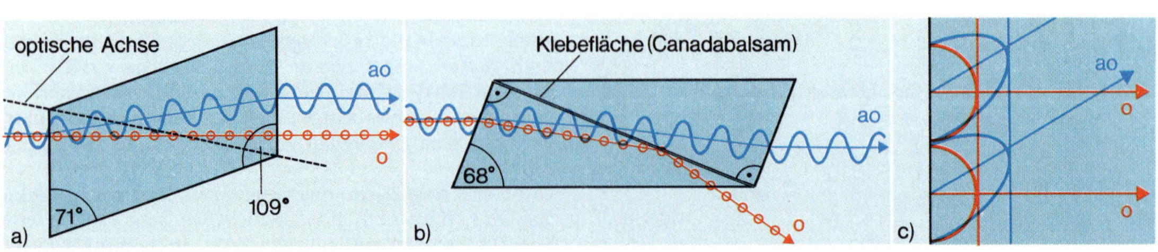

Abb. 7–96: Doppelbrechung. a) Natürliches Licht wird im Kalkspat in den ordentlichen (o) und den außerordentlichen (ao) Strahl aufgespalten, die senkrecht zueinander polarisiert sind. b) Im Nicolprisma wird der ordentliche Strahl reflektiert, der außerordentliche läuft polarisiert weiter. c) Der ordentliche Strahl erzeugt im Kristall eine Kugelwelle, der außerordentliche eine ellipsoide Welle; der Kristall ist anisotrop.

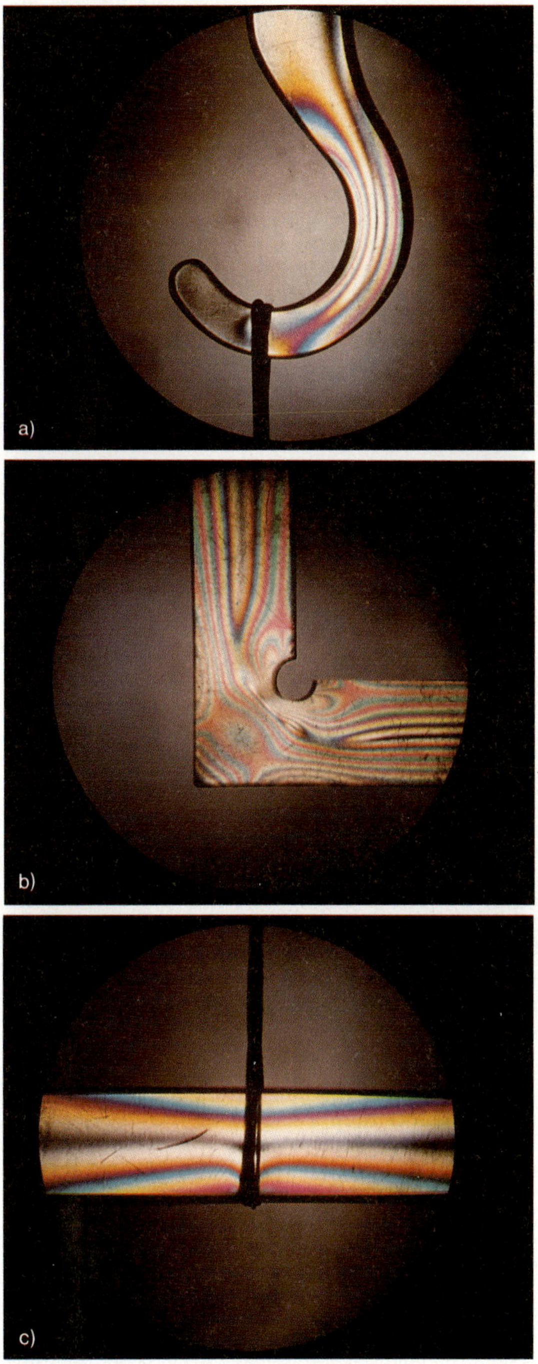

Abb. 7–97: Spannungsoptische Aufnahmen. Die Doppelbrechung erzeugt Interferenzfarben.

Filter abgedunkelt erscheint. Durch Druck oder Dehnung wird das Modell an einigen Stellen anisotrop, doppelbrechend. Das hier austretende Licht ist meistens elliptisch polarisiert, d. h., der Lichtvektor dreht sich längs der Ausbreitungsrichtung, so daß sich durch Interferenz je nach Drehung die verschiedensten Interferenzfarben ergeben können.

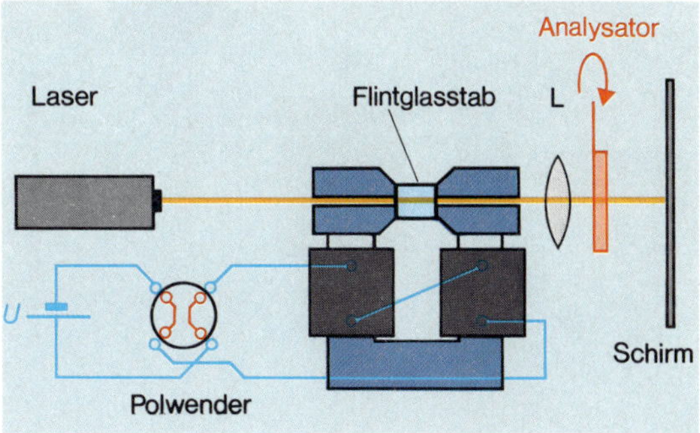

Abb. 7–98: Faraday-Effekt: Der durch die durchbohrten Polschuhe gehende Laserstrahl wird scharf auf dem Schirm abgebildet und durch Drehung des Analysators zum Verschwinden gebracht. Im eingeschalteten Magnetfeld hellt das Bild wieder auf: der Flintglasstab zerlegt im Magnetfeld linear polarisiertes Licht in zwei zirkular polarisierte Wellen.

Die Spannungsdoppelbrechung benutzt man in der Technik zur Untersuchung von Spannungen in Werkstücken (Brücken usw.), die Belastungen ausgesetzt sind. In dem entsprechend geformten Modell zeigt sich in den neutralen Zonen z. B. keine Doppelbrechung.
Die Drehung der Polarisationsebene benutzt man bei chemischen Analysen wie etwa bei der Bestimmung des Zuckergehalts (Saccharimeter). Dazu schickt man ein Lichtbündel zwischen zwei Polarisationsfilter durch ein mit Zucker gefülltes Glasrohr. Kreuzt man vorher die beiden Filter, so hellt sich nach dem Einführen des Rohres der Lichtfleck auf dem Schirm auf. Um wieder Dunkelheit zu erreichen, muß eines der beiden Filter um einen bestimmten Winkel nachgestellt werden.

Ergebnis: Die Schwingungsebene polarisierten Lichtes wird beim Durchgang durch eine Zuckerlösung gedreht. Die Konzentration der Zuckerlösung ist proportional zum Drehwinkel (bei konstanter Länge des Lichtweges im Rohr).

Die Drehung der Polarisationsebene kann auch durch elektrische und magnetische Felder hervorgerufen werden, allerdings nur, wenn das Licht während des Vorgangs Materie durchläuft. Es ist nicht möglich, die Polarisationsebene im Vakuum zu beeinflussen.
Im **Faraday-Effekt,** 1846 von FARADAY entdeckt, wird ein isotroper Körper doppelbrechend, wenn der Körper in ein magnetisches Feld gebracht wird, dessen Feldlinien parallel zur Ausbreitungsrichtung des Lichtes verlaufen (*Abb. 7–98*). Der Versuch war für FARADAY ein entscheidender Beweis für die elektromagnetische Eigenschaft des Lichtes.

Im **Kerr-Effekt,** 1877 entdeckt, werden ebenfalls isotrope Stoffe aller Aggregatzustände – in der Kerrzelle benutzt man häufig Nitrobenzol – in elektrischen Feldern senkrecht zur Strahlenrichtung doppelbrechend (*Abb. 7–99*). Der Kerr-Effekt tritt noch bei rasch wechselnden elektrischen Feldern praktisch trägheitslos auf. Stellt man eine Kerrzelle zwischen zwei gekreuzte Polarisationsfilter in ein hochfrequentes Wechselfeld, so läßt sie jeweils dann kein Licht durch, wenn die elektrische Feldstärke Null ist: Die Kerrzelle stellt einen mit dem Wechselfeld gleichge-

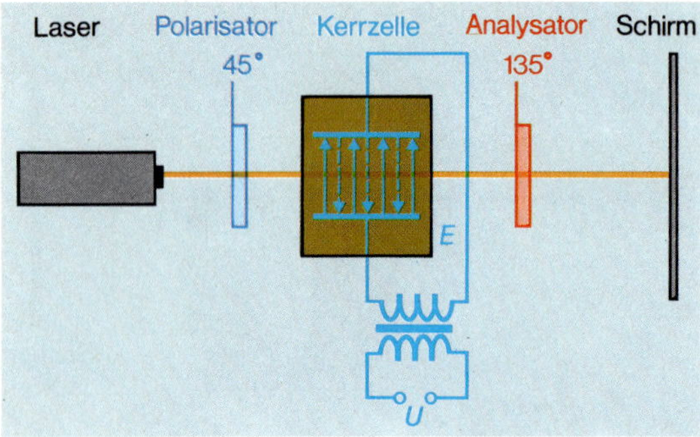

Abb. 7–99: Kerr-Effekt: Polarisator und Analysator in gekreuzter Stellung lassen Licht durch, wenn ein Wechselfeld an die Kerrzelle gelegt wird. Das normalerweise isotrope Nitrobenzol der Kerrzelle wird unter dem Einfluß eines elektrischen Feldes anisotrop und erzeugt zwei senkrecht zueinander polarisierte Komponenten, die hinter der Kerrzelle elliptisch polarisiertes Licht ergeben.

schalteten, hochauflösenden (wegen der kurzen Wechselzeiten bis zu 10^{-12} s) Lichtverschluß dar.
Auch das Himmelslicht ist polarisiert, wie man durch Beobachtung des (blauen) Himmels mit Hilfe eines Polarisationsfilters feststellen kann. Das Himmelslicht ist überwiegend senkrecht zu der Ebene polarisiert, die durch den Beobachter, seine Blickrichtung und die Richtung zur Sonne festgelegt ist.
Die Polarisation des von der Sonne stammenden Himmelslichtes kommt durch → Streuung des Sonnenlichtes an den Luftmolekülen zustande (außerhalb der Atmosphäre ist der Himmel schwarz). Das Streulicht ist blau, weil die Ausstrahlungsintensität der Luftmoleküle, die als Hertzsche Dipole wirken, mit der vierten Potenz der Frequenz wächst: Das blaue kurzwellige und höherfrequente Licht wird gestreut, das rote ungestreut hindurchgelassen (Abendrot in der Nähe der Sonne, roter untergehender Sonnenball bei langem Lichtweg durch die Atmosphäre).

Aufgaben

7/93: Worauf beruht die Wirkungsweise eines Polarisationsfilters eines Photoapparats?
7/94: Berechnen Sie allgemein die Amplitude $\hat{A}$, die von einer linear polarisierten Welle (Amplitude $\hat{A}_0$) durch ein Polarisationsfilter in beliebiger Stellung hindurchgelassen wird.
***7/95:** Berechnen Sie die Intensität einer durch ein Polarisationsfilter hindurchgehenden linear polarisierten Welle, und zeichnen Sie den Verlauf der Intensität in Abhängigkeit vom Winkel zwischen Schwingungsebene und Stellung des Polarisators.
7/96: Berechnen Sie den Brewsterschen Winkel für Kronglas und für Diamant.
***7/97:** Linear polarisiertes Licht wird im sogenannten $\lambda/4$-Plättchen in zwei Wellen mit dem Gangunterschied von $\lambda/4$, zerlegt, die senkrecht zueinander polarisiert sind. Überlegen Sie sich, daß – ähnlich wie die Schwingungen zweier senkrecht zueinander stehender Schwingungsvektoren in der Mechanik – beide Wellen sich hinter dem Blättchen zu einer elliptisch polarisierten Welle zusammensetzen, und diskutieren Sie die verschiedenen Möglichkeiten entsprechend dem Verhältnis der beiden Schwingungsamplituden.

7.3.7 Die Geschichte der Optik – ein Beispiel für die historische Entwicklung eines physikalischen Problems

Zwei Hypothesen über die physikalische Natur des Lichtes standen sich zu Beginn der Neuzeit gegenüber.

1678 legte HUYGENS seine Abhandlung „Traité de la lumière“ der Pariser Akademie vor und begründete damit die **Undulations- oder Wellentheorie.** Vor ihm hatten schon GRIMALDI und HOOKE eine Wellentheorie des Lichtes ins Auge gefaßt. HUYGENS nahm an, daß der leere Raum mit einem elastischen lichtfortpflanzenden Äther erfüllt sei und alle durchsichtigen Körper aus kleinsten schwingungsfähigen Teilchen beständen. Wie die Schallwellen durch die Luft, so sollten auch hier sich die Störungen von der Lichtquelle aus in Form von Kugelwellen durch den Raum ausbreiten.

HUYGENS: Die Undulationstheorie erklärt Licht als mechanische Longitudinalwellen, die sich mit endlicher Geschwindigkeit in einem alle Körper durchdringenden Äther durch den Raum ausbreiten.

Als Begründer der **Korpuskular- oder Emanationstheorie** gilt NEWTON, der seine Ideen erst 1704 – lange nach ihrer Verkündung – in den „Opticks“ niederlegte. Als erster hatte DESCARTES den Teilchencharakter des Lichtes vertreten. Danach geht von allen selbstleuchtenden Körpern ein Strom kleinster Korpuskeln aus, die sich nach den Gesetzen der Mechanik mit endlicher Geschwindigkeit durch das Vakuum und alle durchsichtigen Körper zu bewegen vermögen. Im Auge rufen sie je nach ihrer Größe verschiedene Lichtreize und Farbwirkungen hervor. NEWTON hat sich allerdings nicht so einseitig auf eine Korpuskulartheorie festgelegt, wie es seine Nachfolger dann mit um so größerem Eifer taten. Er hatte seine Korpuskulartheorie mit vielen Zusatzannahmen versehen, die das Bild einer Korpuskulartheorie eigentlich schon sprengten. Doch hatte man seine Vorbehalte nach seinem Tode bald vergessen.

NEWTON: Nach der Korpuskulartheorie besteht Licht aus kleinsten Teilchen, die sich nach den Gesetzen der Mechanik durch den Raum bewegen.

Beide Theorien vermochten die wichtigsten optischen Erscheinungen zu erklären, die zur damaligen Zeit bekannt waren. Für die Korpuskulartheorie war die gradlinige Lichtausbreitung die stärkste Stütze. Auch das Reflexionsgesetz, das schon im Altertum bekannt war, verstand sich nach NEWTON ganz von selbst: Die elastischen Korpuskeln prallen auf die elastische Spiegelfläche und werden unter demselben Winkel, unter dem sie auftreffen, reflektiert. Schwieriger war schon das Brechungsgesetz, das SNELLIUS im Jahre 1621 entdeckt hatte, aus der Korpuskulartheorie zu folgern, zumal gewöhnlich nur ein Teil des Lichtes gebrochen, ein anderer reflektiert wird. NEWTON half sich mit den „Anwandlungen“, wonach die Korpuskeln beim Auftreffen auf die Grenzfläche verschieden reagieren sollten. Die Brechung selbst kommt nach der Korpuskulartheorie durch die unterschiedlichen Gravitationswirkungen an der Grenzfläche zustande. Solange sich ein Teilchen in einem homogenen Medium bewegt, heben sich die Gravitationskräfte der umgebenden Materie auf: das Teilchen durcheilt mit konstanter Geschwindigkeit das Medium. An der Grenzfläche zweier Medien jedoch bildet sich eine resultierende Kraft (*Abb. 7–100*), die in das dichtere Medium gerichtet ist und auf das Teilchen in der kurzen Zeit Δt des Übergangs von dem einen in das andere Medium eine Be-

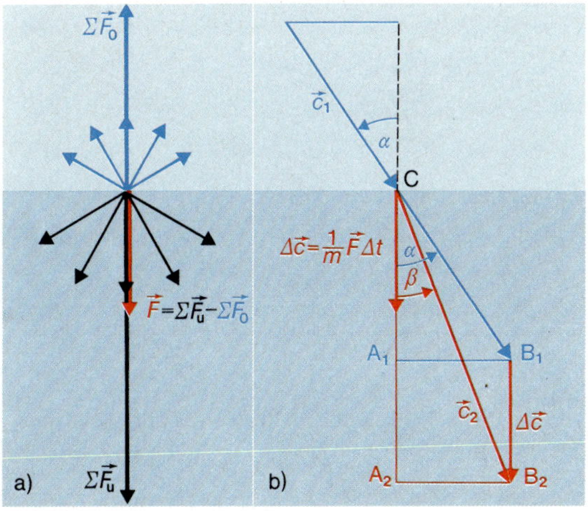

Abb. 7–100: Brechung nach NEWTON. a) Kräfte an der Grenzfläche. b) Vergrößerung der Geschwindigkeit im dichteren Medium.

schleunigung hervorruft. Die daraus folgende Geschwindigkeitsänderung $\Delta c = \frac{1}{m} F \Delta t$ setzt sich mit der bisherigen Geschwindigkeit c_1 zu der neuen Geschwindigkeit c_2 zusammen. Aus dem Brechungsgesetz folgt dann mit

$$\frac{\sin\alpha}{\sin\beta} = n > 1 \text{ und } \frac{\sin\alpha}{\sin\beta} = \frac{A_1B_1}{CB_1} : \frac{A_2B_2}{CB_2} = \frac{c_2}{c_1},$$

also $c_2 = n\, c_1$,
daß die Geschwindigkeit im optisch dichteren Medium (Brechungsindex $n > 1$) *auf das* n-fache gestiegen sein müßte.
Die Dispersion, für die HUYGENS keine Erklärung zu geben wußte, sollte nach NEWTON durch die unterschiedliche Teilchenmasse zu deuten sein.
HUYGENS beschrieb das Verhalten des Lichtes bei Reflexion und Brechung mit dem nach ihm benannten **Huygensschen Prinzip.** Auf dieses Prinzip war er durch die Beobachtung von Wasserwellen gestoßen. Nach HUYGENS müßte sich das Licht im optisch dünneren Medium schneller als im optisch dichteren bewegen, denn nach seiner Theorie sollte gelten:

$$\frac{\sin\alpha}{\sin\beta} = \frac{c_1}{c_2}$$

und nach dem Brechungsgesetz $\frac{\sin\alpha}{\sin\beta} = n > 1$, also

$c_1 = n\, c_2$. Damit war die Möglichkeit gegeben, durch die Messung der **Lichtgeschwindigkeit** den Streit zwischen beiden Theorien zu entscheiden.
Nach NEWTON sollte sich die Lichtgeschwindigkeit im optisch dichteren Medium vergrößern, nach HUYGENS sollte sie sich verkleinern. Für diese Entscheidung fehlten seinerzeit jedoch die technischen Voraussetzungen. Daß das Licht sich überhaupt mit endlicher Geschwindigkeit ausbreitet, was nachzuweisen sich noch DESCARTES vergeblich bemüht hatte, berücksichtigen beide Theorien. Sowohl NEWTON als auch HUYGENS hatten sich für die Ansicht ROEMERS eingesetzt, der 1676 aus der Beobachtung des innersten Jupitermondes auf eine endliche Lichtgeschwindigkeit geschlossen hatte.

Entschieden wurde der Streit statt dessen zu Anfang des 19. Jahrhunderts durch die Entdeckung der **Interferenz,** der **Beugung** und der **Polarisation.** Bis dahin hatte die überragende Autorität NEWTONs die Korpuskulartheorie als einzig richtig gelten lassen.
Das „heroische" Zeitalter der Wellentheorie leitete YOUNG mit seinem berühmten Interferenzversuch 1802 ein. Er erklärte mit der Wellentheorie ebenso die Beugung, wobei er darauf hinwies, daß trotz Beugung sich das Licht gradlinig ausbreiten und nahezu scharfe Schatten werfen müsse. FRESNEL hat die Ideen HUYGENS' und YOUNGs weiter ausgebaut und in seinem **Fresnelschen Prinzip** mathematisch begründet. Beide Forscher hielten aber anfangs noch an einer Erklärung durch longitudinale Wellen fest.

YOUNG, FRESNEL: Licht ist eine longitudinale Wellenerscheinung in einem alle durchsichtigen Körper durchdringenden Äther. Den Beweis für die Welleneigenschaften liefern Interferenz- und Beugungserscheinungen.

Die Entdeckung der Polarisation durch MALUS im Jahre 1808 schien anfänglich die Korpuskulartheorie zu bestätigen. Schon NEWTON hatte die Eigenschaften doppelbrechender Kristalle durch eine Art Seitlichkeit seiner Korpuskeln erklärt. 1817 deutete YOUNG die Polarisation als Hinweis auf den transversalen Charakter der Lichtwellen. Dieser Ansicht schloß sich auch bald FRESNEL an und verhalf ihr zu allgemeiner Anerkennung.

Die Polarisation ist ein Beweis für den transversalen Charakter der Lichtwellen.

Um die Mitte des 19. Jahrhunderts bestanden keine Zweifel mehr an der Richtigkeit der Wellentheorie. Ihre endgültige Bestätigung hatten damals zwischen 1849 und 1862 die Messungen der Lichtgeschwindigkeit in verschiedenen Medien durch FIZEAU und FOUCAULT gebracht.
Damit trat jedoch das **Problem des Äthers** in den Mittelpunkt der wissenschaftlichen Diskussion. Schon 1821 hatte FRESNEL darauf hingewiesen, daß transversale Schwingungen sich nur in einem Medium ausbreiten könnten, das die Eigenschaften fester Körper besäße. Es bereitete große Schwierigkeiten, sich einen Äther vorzustellen, der einerseits fest und elastisch genug war, um transversale Wellen mit großer Geschwindigkeit zu übertragen, zum anderen aber die Himmelskörper in ihrem Lauf nicht hemmen sollte. Viele geistreiche Hypothesen über den Äther wurden aufgestellt, jedoch keine konnte eine befriedigende Erklärung bringen.

Die mechanistische Erklärung einer transversalen Wellenausbreitung im Äther führt zu unüberwindlichen Schwierigkeiten.

Aus diesem Dilemma gab es offenbar nur einen Ausweg: Die Lichtwellen mußten auf andere als auf mechanische Art erklärt werden. Eine solche Annahme stand im Gegensatz zu den damaligen Anschauungen. Denn noch bis ans Ende des 19. Jahrhunderts wurde als einziges Ziel der Physik die Zurückführung aller Erscheinungen auf die Mechanik angesehen.
MAXWELL brachte 1867 die Klärung, niedergelegt in den „Treatises". Auf dem Feldgedanken FARADAYs aufbauend, entwickelte er seine elektromagnetische Theorie, nach der es elektromagnetische Wellen geben müsse, die damals noch keiner beobachtet hatte, wobei die Lichtwellen nur einen begrenzten Teil dieser Wellenfamilie darstellen sollten. Hinweise auf den elektromagnetischen Charakter des Lichtes hatten schon der **Faraday-Effekt** 1846 und – später – der **Kerr-Effekt** 1875 gegeben. Die experimentelle Bestä-

tigung der Maxwellschen Ideen erbrachte HERTZ in seinen klassischen Versuchen mit den Hertzschen Wellen 1888. In einer langen Reihe von Einzelversuchen bewies er die weitgehende Analogie zwischen Licht und elektrischen Wellen.

MAXWELL, HERTZ: Licht ist eine elektromagnetische Wellenerscheinung. Die Optik ordnet sich damit als Teilgebiet der Elektrizitätslehre unter.

Die Vorstellung eines Äthers, nunmehr in abgewandelter Form als Träger elektromagnetischer Wellen im Vakuum, wurde erst in der Relativitätstheorie überwunden. Der berühmte Versuch von MICHELSON und MORLEY, dessen negativer Ausfall 1881 zum Ausgangspunkt der → Relativitätstheorie werden sollte, galt noch seinem Nachweis. Heute ist man zu der Überzeugung gekommen, daß die elektromagnetischen Wellen sich auch im Vakuum, ohne materiellen Träger, ausbreiten können und sich lediglich als periodische Veränderungen der Zustände des Raumes fortpflanzen.
Damit schien am Ende des 19. Jahrhunderts die Deutung des Lichtes abgeschlossen zu sein. Die elektromagnetische Wellentheorie des Lichtes erklärte alle damals bekannten Phänomene.

7.4 Das elektromagnetische Spektrum

Die elektromagnetische Wellentheorie beschreibt neben dem Licht und den elektrischen Wellen noch eine Reihe weiterer elektromagnetischer Wellenerscheinungen als einheitliche Vorgänge, die sich nur durch ihre Wellenlänge unterscheiden. Man faßt sie als elektromagnetisches Spektrum zusammen.

7.4.1 Licht als elektromagnetischer Wellenvorgang

Die bisherigen Untersuchungen haben gezeigt, daß das Verhalten des Lichtes mit dem Wellenmodell zutreffend beschrieben werden kann. Für die Behauptung, daß es sich dabei um einen elektromagnetischen Wellenvorgang handelt, ist im vorhergehenden eine Reihe von Beweisen erbracht:

1. Die Ausbreitungsgeschwindigkeiten von Licht und elektromagnetischen Wellen sind im engeren Sinne gleich groß.
2. Licht zeigt wie die elektromagnetischen Wellen Welleneigenschaften. Reflexion, Brechung, Beugung, Interferenz und Polarisation können sowohl mit den elektromagnetischen Wellen des Mikrowellensenders als auch mit Licht in einander entsprechenden Versuchen nachgewiesen werden.
3. Im Gegensatz zu anderen Wellen, wie z. B. den mechanischen Wellen, bedürfen das Licht und die elektromagnetischen Wellen zur Fortpflanzung keines materiellen Trägers. Beide breiten sich auch im leeren Raum aus.

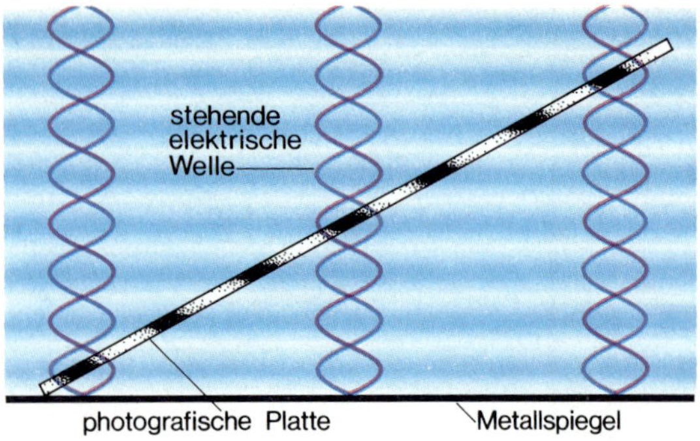

Abb. 7–101: Stehende Lichtwellen nach WIENER. Die Schwärzung erfolgt an den Stellen der Bäuche der stehenden elektrischen Welle.

4. Licht läßt sich mittelbar durch magnetische und elektrische Felder beeinflussen, wie der Faraday- und der Kerr-Effekt beweisen; mittelbar, weil in beiden Fällen die Beeinflussung nur auf dem Umweg über die Materie (Flintglasstab, Nitrobenzol) möglich war.
Ohne experimentellen Nachweis wird angefügt:
5. Im *Abschnitt 7.2* sind stehende elektromagnetische Wellen nachgewiesen. Ein entsprechendes Experiment mit Licht gelang WIENER 1890:

WIENER überwand die in der Kleinheit der Wellenlänge des Lichtes liegende Schwierigkeit dadurch, daß er in das Gebiet der stehenden Lichtwellen, die sich vor einem Silberspiegel ausbilden (*Abb. 7–101*), ein dünnes (etwa $\frac{1}{30}\ \lambda$ dickes) lichtempfindliches Chlorsilber-Kollodiumhäutchen brachte und sehr schräg ausspannte. WIENER beobachtete nun auf dem Häutchen Schwärzungen in gleichen Abständen. Damit war die Existenz stehender Lichtwellen bewiesen. Zum anderen muß nach den Gesetzen der Elektrizitätslehre eine stehende elektromagnetische Welle in der Ebene des Spiegels einen Schwingungsknoten der elektrischen Feldstärke aufweisen. Da nun der erste (durch das Licht) geschwärzte Streifen im Abstand $\lambda/4$ vom Spiegel auftrat, folgerte WIENER, daß bei Gleichheit von Licht und elektromagnetischen Wellen der Lichtvektor dem elektrischen Vektor entspricht (*7.3.6*).

Zusammenfassung: Das Licht kann als elektromagnetischer Wellenvorgang gedeutet werden. Es unterscheidet sich nur in der kleineren Wellenlänge von den elektromagnetischen Wellen, soweit sie durch elektrische Schwingkreise erzeugt und durch Dipole ausgestrahlt werden.

Aus dem (großen) Unterschied der Wellenlängen folgen einige Eigenschaften, die bei oberflächlicher Betrachtung als Gegensatz aufgefaßt werden könnten:

1. Die elektrischen Wellen zeigen nicht die geradlinige und durch Strahlen beschreibbare Ausbreitung wie das Licht. – Die Begründung der Wellen-

theorie lautet, daß sich die Beugungserscheinungen bei größerer Wellenlänge weitaus stärker bemerkbar machen.

2. Elektrische Wellen sind immer polarisiert, das Licht normalerweise nicht. Auch das ist verständlich: „Natürliches" Licht besteht aus Wellen der verschiedensten Schwingungsrichtung, während den elektrischen Wellen durch den Dipol eine bestimmte Richtung mitgeteilt wird.

3. Damit hängen auch die Unterschiede in der Kohärenz der Wellen zusammen. Ein elektrischer Sender sendet immer kohärente Wellen aus. Beim Licht ist die Kohärenz an bestimmte Voraussetzungen geknüpft.

7.4.2 Das sichtbare optische Spektrum

Optische Spektren untersucht man mit dem Gitter oder dem Prisma. Die Erzeugung und Auffächerung eines **Gitterspektrums** beruht auf der Beugung und der Interferenz, wobei die Ablenkung des Lichtes mit der Wellenlänge wächst. Die Erzeugung eines **Prismenspektrums** beruht auf der Dispersion, der Abhängigkeit des Brechungsindex von der Wellenlänge.

Gitter- und Prismenspektren unterscheiden sich in der Reihenfolge der Farben und in der Breite der Spektralbereiche. Im Gitterspektrum wird Blau wenig, Rot stark abgelenkt; im Prisma ist es umgekehrt. Die Spektralbereiche im Gitterspektrum sind proportional der Wellenlängenbereiche; im Prismenspektrum ist das blaue Ende auseinandergezogen (→ *Spektraltafel im Anhang*).

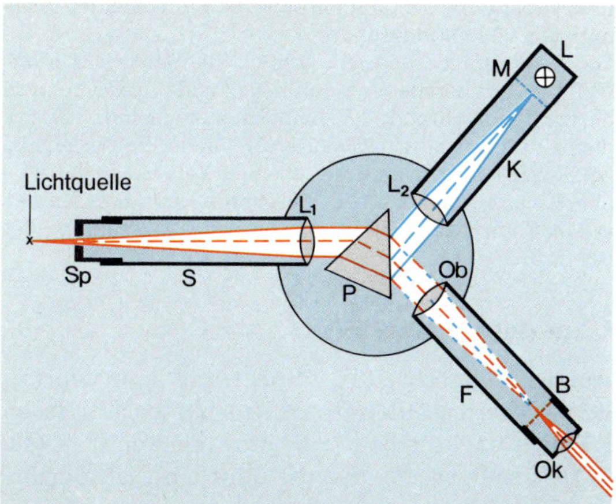

Abb. 7–102: Prismenspektralapparat. Der Spalt Sp im Spaltrohr S wird in der Brennebene B des auf Unendlich eingestellten Fernrohres F mit dem Objektiv Ob abgebildet, in die aus dem Skalenrohr K mit Lampe L das Bild einer Skala M eingespiegelt ist. Das durch das Prisma P erzeugte Spektrum beobachtet man durch das Okular Ok im Bild der Skala M.

Statt der früher üblichen Prismenspektralapparate (*Abb. 7–102*) benutzt man heute z. B. insbesondere für die spektrale Untersuchung von Sternen nurmehr Gitterspektrographen. Die Spektren werden photographisch oder photoelektrisch mit → Photozellen, Photowiderständen, → Photomultipliern oder auch mit → Thermoelementen ausgewertet.

Bei der Untersuchung verschiedener Lichtquellen ergeben sich folgende Arten von Spektren:

1. Die Glühlampe und der Kohlebogen senden ebenso wie die Sonne ein **kontinuierliches Spektrum** aus.

2. Mit Spektralröhren und -lampen – das sind mit Edelgasen oder Metalldämpfen gefüllte Entladungsröhren – entwirft man diskontinuierliche Spektren, die nur aus einzelnen, durch dunkle Zwischenräume getrennte scharfe **Spektrallinien** bestehen **(Linienspektrum).**

So sendet die Natriumdampflampe im sichtbaren Spektralbereich nur eine einzige gelbe Linie aus, die – bei großer Auflösung – aus den beiden eng nebeneinander liegenden Linien (in Klammern die Wellenlänge) D_1 (589,6 nm) und D_2 (589,0 nm) besteht. – Im Quecksilberspektrum sind zwei gelbe (579,1 nm und 577,0 nm), eine grüne (546,1 nm), eine grünblaue (491,6 nm), eine blaue (435,8 nm) und zwei violette (407,8 nm und 404,6 nm) Linien zu erkennen. – Im Spektrum des Neons sieht man schon gut 20 Linien.

3. Von diesen Linienspektren sind z. B. die Spektren von N_2, O_2 und H_2 zu unterscheiden, bei denen die sehr zahlreichen Linien sich an bestimmten Stellen, den **Bandenköpfen,** so häufen, daß diese Teile des Spektrums als fast kontinuierlich angesehen werden können. Besonders ausgeprägt sind sie im N_2-Spektralrohr zu beobachten **(Bandenspektrum).**

Eingehende Untersuchungen haben gezeigt:

Jeder leuchtende Körper sendet ein für ihn charakteristisches Spektrum aus. Glühende feste und flüssige Körper zeigen ein kontinuierliches Spektrum. Einatomige Gase (Atome und Atomionen der Edelgase und Metalldämpfe) senden ein Linienspektrum aus. Mehratomige Gase (Moleküle) besitzen ein linienreiches Bandenspektrum.

Auf der für jeden Stoff charakteristischen Lichtaussendung beruht die von KIRCHHOFF und BUNSEN begründete **Spektralanalyse,** die den Nachweis selbst kleinster Mengen eines Elements oder einer Verbindung und damit die Untersuchung des Aufbaus der lichtaussendenden Körper gestattet. Sie ist für die Chemie wie auch besonders für die Astronomie ein unentbehrliches Hilfsmittel.

Das Spektrum des von einem leuchtenden Körper unmittelbar ausgehenden Lichtes bezeichnet man als **Emissionsspektrum.** Man kann aber auch Körper in der Absorption beobachten, indem man z. B. das kontinuierliche Licht eines Kohlebogens o. ä.

durch die zu untersuchenden Gase, Flüssigkeiten oder durchsichtige feste Körper (Gläser usw.) laufen läßt und dann ein **Absorptionsspektrum** erhält. Durch die Absorption bestimmter Wellenbereiche ist es für den Aufbau und die Zusammensetzung des durchstrahlten Körpers charakteristisch.

Das Sonnenspektrum ist kontinuierlich; auf der Erde wird es als typisches Absorptionsspektrum mit einer großen Anzahl von Absorptionslinien **(Fraunhofersche Linien** *Tab. 7–4*) im kontinuierlichen Spektrum (→ *Spektraltafel*) beobachtet. Über 25 000 solcher Linien sind beobachtet und vermessen, von denen FRAUNHOFER die stärksten entdeckt hat. Sie entstehen durch Absorption der kontinuierlichen Sonnenstrahlung, die aus der Photosphäre stammt, schon in dieser Schicht oder beim Durchgang durch die Sonnenatmosphäre (Chromosphäre).
Die dunklen Linien kommen wie folgt zustande: Nach der Wellentheorie kann man die Gasteilchen der absorbierenden Schichten als Resonatoren ansehen, die durch die eingestrahlten Wellen zur Resonanz angeregt und zu Ausgangszentren gleichfrequenten Lichtes werden, das sie nach allen Seiten aussenden. Daher ist die Lichtausbeute für die Frequenz dieser Resonatoren in der ursprünglichen Ausbreitungsrichtung vermindert; im kontinuierlichen Spektrum erscheinen sie im Vergleich mit den ungeschwächten spektralen Nachbarbereichen als dunkle Linien.

7.4.3 Das erweiterte optische Spektrum

Die Begrenzung des sichtbaren Spektrums ist nur durch den physiologischen Bau des Auges und nicht durch physikalische Eigenschaften des Lichtes bedingt.

Ultraviolettes Licht

Hält man an das Ende des kontinuierlichen Spektrums z. B. der Kohlebogenlampe einen Zinksulfidschirm, so leuchtet der Schirm auch jenseits des Violetten, im Ultravioletten[1]), auf.

Versuch 7/41: Mit einer Hg-Höchstdrucklampe wird nach *Abb. 7–103* ein Gitterspektrum entworfen. Auf einem Zinksulfidschirm leuchtet innerhalb des Bereichs des ungebeugten Spaltbildes und des Spektrums 1. Ordnung eine ganze Anzahl bläulicher und grünlicher Spektrallinien auf.

[1]) ultra (lat.), jenseits von

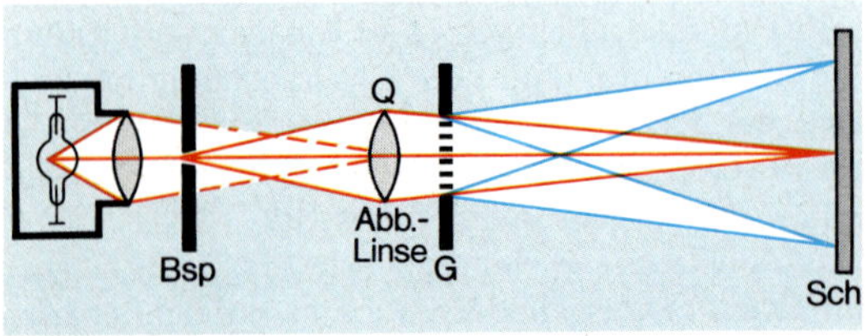

Abb. 7–103: Nachweis der ultravioletten Strahlung im Licht einer Hg-Höchstdrucklampe mit Quarzlinse Q und Gitter G auf einem Fluoreszenzschirm Sch.

An den violetten Teil des sichtbaren Spektrums schließt sich der Bereich des (unsichtbaren) ultravioletten Lichtes an.

Im Versuch muß man eine Quarzlampe verwenden, weil Glas UV-Licht nur bis etwa 340 nm durchläßt. Bei der Leuchterscheinung auf dem Schirm handelt es sich nicht um eine Reflexion im üblichen Sinne, sondern das unsichtbare Licht wird in sichtbares Licht verwandelt.
Die im Versuch beobachtete Wellenlängen- oder Frequenzumwandlung, die mit sofortiger Wiederausstrahlung verbunden ist, nennt man **Fluoreszenz.** Ist die Strahlung noch nach dem Abschalten der Lichtquelle zu beobachten, spricht man von **Phosphoreszenz.**
Auf diese Weise kann man das UV-Licht sichtbar machen. Zum Nachweis von UV-Licht eignen sich Photo-Platte, Photozelle und Sekundärelektronenvervielfacher.

Das UV-Licht zeigt starke photographische Wirkungen. Es bräunt die Haut („Höhensonne") und tötet Bakterien (Sterilisation). UV-Licht verwendet man in der Medizin. Im UV-Licht weisen organische Stoffe eine besonders charakteristische **Fluoreszenzstrahlung** auf (Fluoreszenzanalyse).
Den hohen Anteil vieler Lichtquellen (z. B. der Hg-Lampe) an unsichtbarem UV-Licht wandelt man durch Fluoreszenz in sichtbares um, indem man z. B. die Wandungen der Leuchtstoffröhren mit einer fluoreszierenden Masse bestreicht. Künstlich wird UV-Licht erzeugt durch Hg-Hochdruck- und Höchstdrucklampen, in Höhensonnen und im Vakuum beim Synchroton. (Die dort beschleunigten Elektronen strahlen UV-Strahlung ab.)
Die Sonne ist Quelle einer starken UV-Strahlung. Das ultraviolette Sonnenlicht ionisiert die Luftschichten oberhalb von 80 km (Ionosphäre).
Das langwellige UV-Licht bräunt die Haut. Das kurzwellige ruft bereits Entzündungen und Verbrennungen hervor (Sonnenbrand). UV-Licht ist photochemisch besonders aktiv. Es spaltet Moleküle, tötet daher Bakterien und bei längerer Einwirkung alle lebenden Zellen. Auf der Erdoberfläche kommt dank der Absorption des Ozons jenseits von 350 nm fast nichts mehr von der UV-Strahlung der Sonne an.

Ultra-(Infra-)rotes Licht

Auf der anderen Seite des Spektrums kann man mit der → Thermosäule oder einem photoelektrischen Element (Photodiode, Photowiderstand) (*Abb. 7–104*) nachweisen, daß die üblichen Lichtquellen im allgemeinen auch noch jenseits des roten Spektralbereichs eine unsichtbare Strahlung aussenden. Filtert man mit einem Infrarotfilter aus einem Lichtbündel einen engen Bereich infraroten Lichtes aus, so kann man mit Hilfe einer Photodiode z. B. alle Eigenschaften wie Reflexion (an einem (normalen) Spiegel), Brechung (an einem Glasprisma), Po-

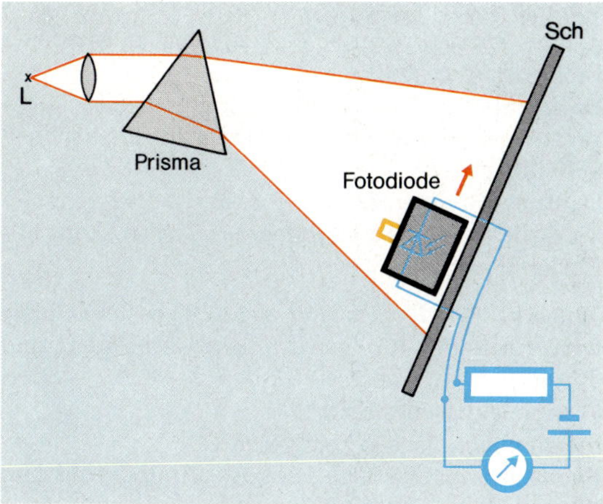

Abb. 7–104: Nachweis der infraroten Strahlung im Prismenspektrum mit einer Fotodiode F.

Abb. 7–105: Röntgenröhre. Der untere Zylinder enthält die Glühkathode, der obere die abgeschrägte Anode. Der massive Kupferblock der Anode leitet die Verlustwärme der Anode an den Kühlkopf weiter. Hochleistungsröntgenröhren haben entweder wassergekühlte Anoden, oder sie bestehen aus großen rotierenden Scheiben. Die Röntgenröhre ist evakuiert.

larisation (die allerdings nur mit Turmalinfiltern gelingt) und Beugung sowie Interferenz (mit dem Strichgitter) nachweisen.

An das rote Ende des sichtbaren Spektrums schließt sich der weite Bereich der infraroten[1]) Strahlung, auch Wärmestrahlung genannt, an. Das infrarote Licht hat dieselben Welleneigenschaften wie das sichtbare Licht; es unterscheidet sich von diesem nur durch seine größere Wellenlänge.

HERSCHEL machte schon 1800 die Entdeckung, daß ein geschwärztes Thermometer im kontinuierlichen Sonnenspektrum auch jenseits des roten Endes eine starke Erwärmung aufweist (Versuch!). Jeder erwärmte Gegenstand (Kochplatte, Ofen usw.) sendet ultrarote Strahlung aus; auch unser Körper gibt Energie in Form von ultraroter Strahlung an die Umgebung ab.
Wegen seiner größeren Wellenlänge wird das infrarote Licht durch die Trübungen der Atmosphäre viel weniger gestreut als das sichtbare. Darauf beruht die **Infrarotphotographie,** die schon auf die Temperaturunterschiede von Körpern anspricht, ohne daß von ihnen sichtbares Licht auszugehen braucht.

7.4.4 Das Röntgenspektrum

Ende 1895 bemerkte RÖNTGEN, wie ein fluoreszenzfähiger Körper (mit Bariumplatincyanid bestrichenes Papier) in der Nähe eines elektrischen Entladungsrohres zum hellen Leuchten angeregt wurde. Das geschah selbst dann, wenn die Entladungsröhre vollständig mit schwarzem Papier umgeben war. Er schloß aus seiner Beobachtung, daß von der elektrisch erregten Röhre eine bisher unbekannte Art Strahlung ausgehe, die schwarzes Papier zu durchdringen vermag und wie Licht andere Körper zum Leuchten anregen kann (→ Fluoreszenz). Er beobachtete ferner, daß es keine Kathodenstrahlen (Elektronen) sein konnten, daß die Strahlen dort entstehen, wo die Elektronen im Entladungsrohr die Glaswand treffen, daß sie sich gradlinig ausbreiten und alle Körper mehr oder weniger durchdringen, auch dünne Metallplatten, und daß sie photographische Platten schwärzen. Röntgen nannte die neue Strahlung X-Strahlen, im deutschsprachigen Raum tragen sie ihm zu Ehren den Namen Röntgenstrahlen.

Röntgenstrahlen werden in einem evakuierten Rohr, der Röntgenröhre, erzeugt (*Abb. 7–105*). Die von einer Glühkathode austretenden Elektronen werden durch eine hohe Anodenspannung U_A (einige 10 kV) sehr stark beschleunigt. Sie geben ihre hohe kinetische Energie zum größten Teil an die Anode ab, die bei großen Röhren gut gekühlt werden muß. Ein geringer Teil wird in Form von Röntgenstrahlung von der Anode abgestrahlt.

Versuch 7/42: In den Strahlengang eines Röntgengerätes wird z. B. eine Geldbörse plaziert. Der Röntgenschirm wird beobachtet. Danach wird in ungeöffneter Verpackung eine Photoplatte in das Röntgengerät vor den Schirm gestellt, entwickelt und fixiert.
Beobachtung: Das „Innenleben“ der in den Strahlengang gebrachten Körper wird auf dem Schirm sichtbar. Die entwickelte Photoplatte zeigt äußerlich nicht sichtbare Strukturen (*Abb. 7–106*).

[1]) infra (lat.), unterhalb von

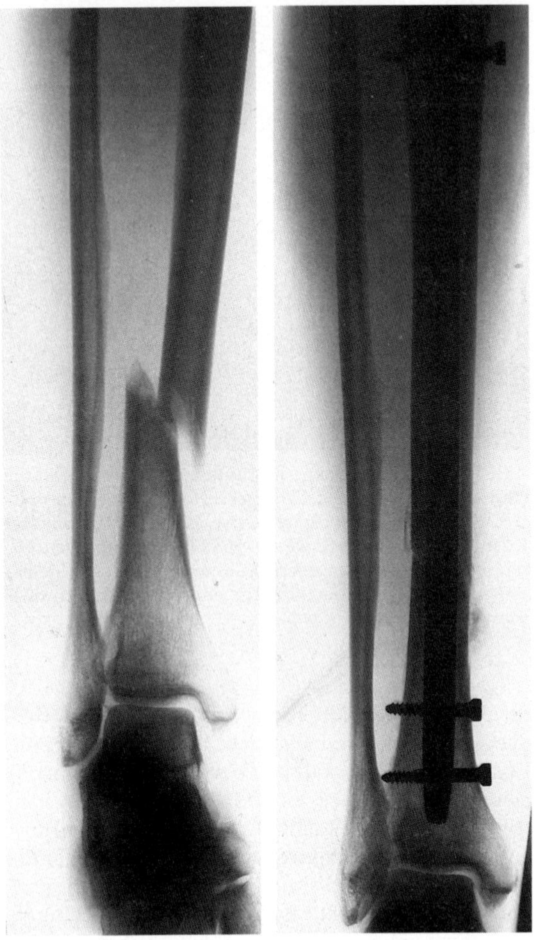

Abb. 7–106: Röntgenphoto (Positiv, d. h. hell und dunkel wurden vertauscht) einer komplizierten Schienbeinfraktur (links) und ihre Versorgung (rechts) mit einem langen Edelstahlnagel, durch Schrauben befestigt.

Versuch 7/43: In den Strahlengang eines Röntgengerätes wird für kurze Zeit ein vorher geladenes Elektroskop gestellt.
Beobachtung: Nach dem Einschalten des Röntgengerätes geht der Ausschlag des Elektroskops schnell auf Null zurück.
Deutung: Röntgenstrahlen ionisieren die Luftmoleküle, die dann die Ladungen des Elektroskops abfließen lassen.

Versuch 7/44: Durch eine enge Doppellochblende wird ein feiner Röntgenstrahl herausgefiltert und durch
a) ein elektrisches Feld,
b) ein magnetisches Feld geschickt.
Beobachtung: Die Lage des Auftreffpunkts auf dem Röntgenschirm hat sich nicht geändert.
Folgerung: Röntgenstrahlen lassen sich nicht durch elektrische oder magnetische Felder ablenken.

Zusammenfassung der Eigenschaften von Röntgenstrahlen:
1. Röntgenstrahlen sind unsichtbar.
2. Röntgenstrahlen können gewisse Substanzen (Röntgenschirm) zum Aussenden von Licht anregen.
3. Röntgenstrahlen breiten sich gradlinig aus.
4. Röntgenstrahlen durchdringen Materie je nach Dicke und Ordnungszahl ihrer Atome mehr oder weniger stark.
5. Röntgenstrahlen erzeugen Bilder auf photographischem Material.
6. Röntgenstrahlen ionisieren Gase.
7. Röntgenstrahlen werden durch elektrische und magnetische Felder nicht abgelenkt.

Das Laue-Diagramm

Nach diesen Beobachtungen liegt es nahe zu vermuten, daß es sich um eine elektromagnetische Strahlung ähnlich dem Licht handeln müßte. Doch lange Zeit war es nicht möglich, die Welleneigenschaft der Röntgenstrahlung nachzuweisen. Beugung an den in der Optik üblichen Gittern war nicht zu beobachten. Erst 1912 gelang es Max von LAUE nachzuweisen, daß Röntgenstrahlen an Kristallen gebeugt werden. In Kristallen sind die Atome regelmäßig angeordnet, sie bilden ein Raumgitter, an dem Interferenzen von Röntgenstrahlen beobachtet werden können. Die Abstände benachbarter Atome entsprechen viel besser der Wellenlänge des Röntgenlichtes als die Linienabstände optischer Strichgitter.

Versuch 7/45: Ein Kristall wird längs einer seiner Symmetrieachsen von Röntgenlicht durchstrahlt. Das gestreute Röntgenlicht wird mit einer Photoplatte nachgewiesen.
Ergebnis: Auf der entwickelten Photoplatte ist ein symmetrisches Beugungsbild zu sehen (*Abb. 7–107*). Damit war die Welleneigenschaft des Röntgenlichtes nachgewiesen.
Ein Verständnis für die verwickelten Vorgänge, die bei der Wechselwirkung zwischen Röntgenlicht und Kristallen zu diesen komplizierten Beugungsfiguren führen, verschafft uns die Reflexion nach BRAGG.

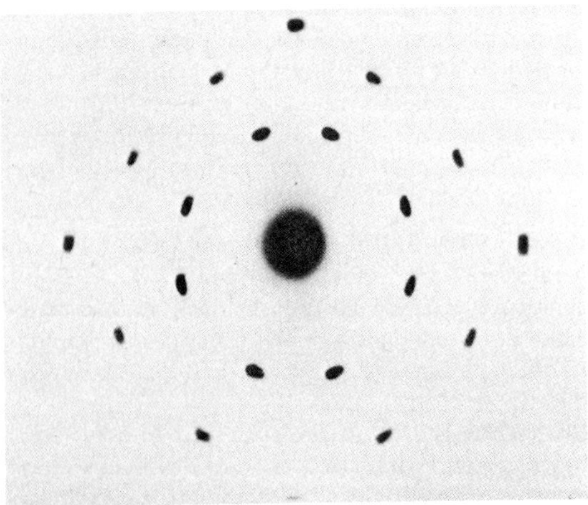

Abb. 7–107: Laue-Diagramm eines LiF-Kristalls.

Die Bragg-Reflexion

Um die Vorgänge bei der Bragg-Reflexion von Röntgenstrahlen an einem Kristall besser verstehen zu können, soll zunächst ein Modellversuch durchgeführt werden.

Versuch 7/46: Elektromagnetische Strahlung von 3,2 cm Wellenlänge wird mit einem Klystron erzeugt und durch einen Trichter gebündelt. Der Strahl wird auf eine Hartschaumplatte gerichtet, auf der Aluminiumplättchen ein regelmäßiges Punktraster erzeugen. Man mißt die in den Raum gestreute Strahlung mit einem Empfänger, der eine Richtantenne besitzt. Der Versuch wird mit einer Reihe von Ebenen, die regelmäßig hintereinander gestaffelt sind, wiederholt. Der Winkel zwischen einfallender Strahlung und der Ebene wird variiert. Die Intensität der reflektierten Strahlung wird unter verschiedenen Winkeln gemessen (*Abb. 7–108*).

Beobachtung: An einer Ebene wird stets ein geringer Teil der Strahlung nach dem Reflexionsgesetz zurückgeworfen. In anderen Richtungen wird keine gestreute Strahlung beobachtet. Werden mehrere Ebenen benutzt, findet man unter ganz bestimmten Winkeln einen allerdings kräftig reflektierten Strahl.

Erklärung: Die in einer Ebene liegenden Streuzentren $Z_1, \ldots, Z_6$ (*Abb. 7–109*) stellen für die von links kommende elektromagnetische Welle Störungen dar, die das Aussenden kugelförmiger Elementarwellen bewirken. Um herauszufinden, in welche Richtungen diese Elementarwellen durch Interferenz eine neue Strahlrichtung erzeugen, betrachtet man die Wellen 1 und 2, bzw. 1′, 2′. Die Intensität in dieser Richtung wird durch den Gangunterschied Δs bestimmt. Es ist

$$\Delta s = \Delta s_1 - \Delta s_2 = d\,(\cos\alpha - \cos\beta).$$

Für maximale Verstärkung erhält man $\Delta s = 0$[1]. Daraus folgt $\cos\alpha = \cos\beta$ oder $\alpha = \beta$[2]. Dann ist aber auch der Gangunterschied zwischen allen von diesen Zentren in diese Richtung gestreuten Wellen Null, und es ergibt sich eine intensive Strahlung unter der Winkelbedingung des Reflexionsgesetzes $\alpha = \beta$.

Beträgt der Gangunterschied zwischen den Wellen, die an benachbarten Ebenen reflektiert werden, ein Vielfaches der Wellenlänge λ, so addieren sich ihre Intensitäten durch Interferenz.

Nach *Abb. 7–110* ist der Gangunterschied benachbarter Strahlen $\Delta s = 2\,d \sin\vartheta$. Für $\Delta s = n\,\lambda$ ergibt sich maximale Verstärkung. Die so gewonnene **Bragg-Gleichung**

$$2\,d \sin\vartheta = n\,\lambda \qquad (n = 1, 2, 3, \ldots)$$

gibt die Bedingung für eine Reflexion an Gitterebenen an. In einem Kristall stellen die Atome die regelmäßig angeordneten Streuzentren dar. Sie liegen in Ebenen, die Netzebenen genannt werden. *d* ist der Netzebenenabstand.

Versuch 7/47: Drehkristallmethode nach Bragg. Durch eine doppelte Lochblende fällt ein schmales Röntgenlichtbündel auf einen Lithiumfluorid-Kristall (*Abb. 11–7*). Zur Registrierung der Intensität der gebeugten Röntgenstrahlen wird ein Geiger-Müller-Zählrohr, das die ionisierende Wirkung der Röntgenstrahlen ausnutzt, eingesetzt. Es bildet einen Winkel von $2\,\alpha$ zur Richtung des ursprünglichen Röntgenstrahls. Durch Drehen des LiF-Kristalls wird der Glanzwinkel α variiert, und jedesmal wird die Zählrate der

[1] $\Delta s = n\lambda$ $(n = 1, 2, \ldots)$ liefert ebenfalls Lösungen.

[2] Es gibt auch andere Lösungen, z. B. $\alpha = -\beta$.

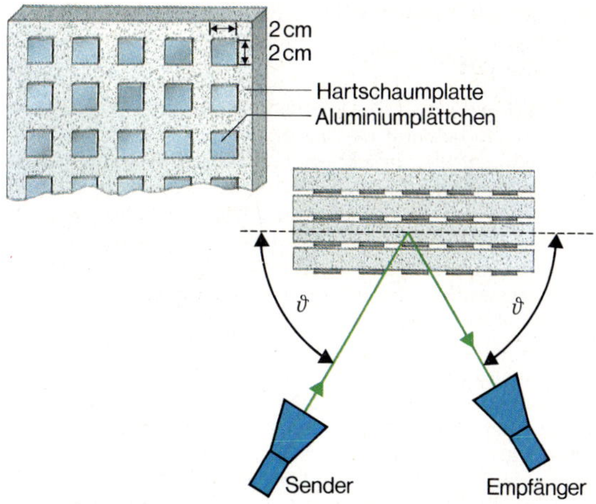

Abb. 7–108: Modellversuch zur Bragg-Reflexion. Röntgenstrahlen werden durch 3,2 cm-Wellen, die Netzebenen des Kristalls durch kleine Aluminiumquader auf Hartschaumplatten ersetzt.

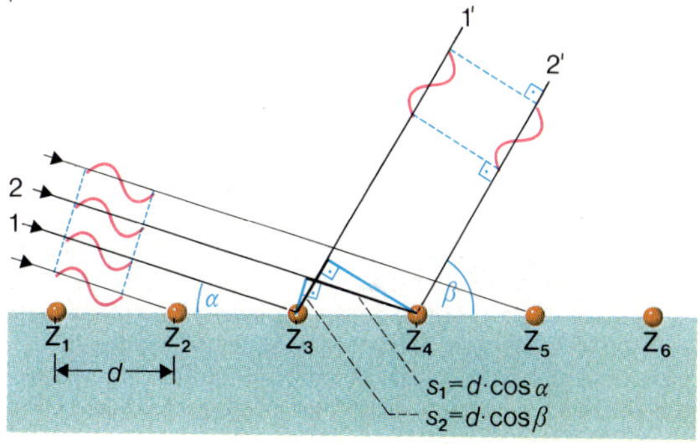

Abb. 7–109: Ein paralleles Wellenbündel wird an einer Kette von Streuzentren gebeugt.

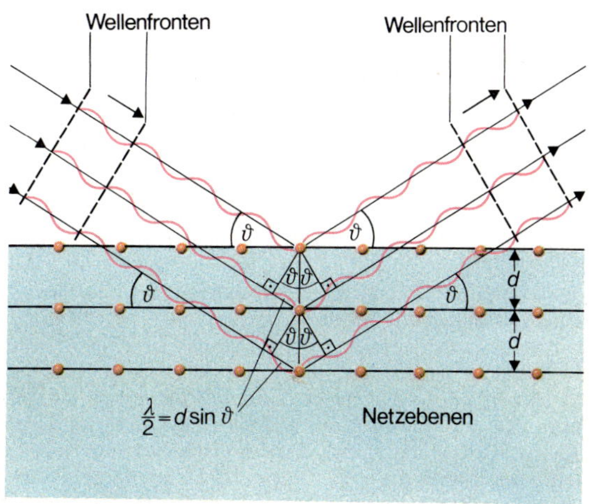

Abb. 7–110: Reflexion von Röntgenstrahlen auf einem Paket von Netzebenen.

reflektierten Strahlung gemessen. Der Versuch wird für verschiedene Anodenspannungen der Röntgenröhre durchgeführt.

Auswertung: Da der Netzebenenabstand des LiF-Kristalls mit 201 pm bekannt ist, lassen sich aus den Winkeln die Wellenlängen der reflektierten Strahlen bestimmen. Mit diesem Verfahren läßt sich also das Spektrum zerlegen und die Intensität der einzelnen Komponenten messen. *Abb. 10–43* (siehe Kapitel 10) zeigt die Intensität in Abhängigkeit von der Wellenlänge und von der Frequenz der Röntgenstrahlung bei verschiedenen Anodenspannungen. Die spektrale Energieverteilung läßt sich in zwei Teile zerlegen. Einmal ist eine über einen weiten Bereich verteilte Strahlung zu beobachten („weißes" Röntgenlicht); dieser Strahlung überlagert sieht man zwei scharf begrenzte Maxima. Verwendet man ein anderes Anodenmaterial in der Röntgenröhre, so werden sich die Maxima zu größeren oder kleineren Wellenlängen hin verlagern, während der weiße Teil unverändert bleibt. Der für das verwendete Material kennzeichnende Teil des Spektrums wird **charakteristische Strahlung,** der „weiße" Teil **Bremsstrahlung** genannt. Die Erzeugung der charakteristischen Strahlung läßt sich nicht durch das Abbremsen der Elektronen deuten. Erst die Quantentheorie liefert für sie (wie im übrigen auch für die Bremsstrahlung) eine einfache Erklärung.
Will man die Bragg-Gleichung benutzen, um Netzebenenabstände bei Kristallen zu bestimmen, muß die Wellenlänge der benutzten Röntgenstrahlung bekannt sein. Die Wellenlänge läßt sich mit optischen Gittern bestimmen, wenn man die Strahlung das Gitter unter sehr kleinen Winkeln (~ 10′) streifen läßt; dann erscheinen die Gitterlinien viel enger als bei senkrechtem Einfall. Die Interferenzmaxima können dann wie in der Optik gemessen und ausgewertet werden.
Mit der Bragg-Reflexion wird die Beugungsstruktur bei der Laue-Aufnahme verständlich. In einem Kristall gibt es viele mögliche, mit Atomen eng besetzte Netzebenen (*Abb. 11–11*), die vom Röntgenstrahl jeweils unter einem ganz bestimmten Winkel getroffen werden. Da weißes Röntgenlicht verwendet wird, ist Röntgenstrahlung mit der für eine Bragg-Reflexion nötigen Frequenz immer vorhanden. So liefert jede Netzebene genau eine Reflexion auf dem Diagramm. Ein Ausmessen der Reflexe liefert umfassende Erkenntnisse über den Aufbau eines Kristalls.

Das Pulververfahren nach Debye-Scherrer

Hat man einen genügend großen Einkristall nicht zur Verfügung, genügen auch viele kleine Kristallite in Pulverform oder in einem festen Körper (z. B. einem Blech), um Aussagen über den Kristallaufbau zu erhalten.

Versuch 7/48: Charakteristische Röntgenstrahlung wird durch Kristallpulver oder ein etwa 1 mm dickes Aluminiumblech gestreut und mit einem Röntgenfilm registriert (*Abb. 7–111*).
Auswertung: Im Kristallpulver bzw. Aluminiumblech sind alle Kristallorientierungen statistisch verteilt über den ganzen Raum anzutreffen. Die Richtungen, die die Bragg-Bedingung erfüllen, sind auch vorhanden, sie streuen die Strahlung in einen Kegel mit dem Öffnungswinkel $2\,\vartheta$ in den Raum, was als Kreis auf dem Film sichtbar wird. Aus den Radien der Kreise und der geometrischen Anordnung lassen sich dann die Glanzwinkel, bei denen Reflexe auftreten, berechnen. Aus den so ermittelten Glanzwinkeln und den beobachteten Intensitäten der Ringe läßt sich dann auf den vorliegenden Kristallaufbau schließen.

Abb. 7–113 b zeigt eine solche Aufnahme, bei der als streuendes Medium eine Nickel-Eisen-Legierung (81% Ni, 2% Mo und 17% Fe) benutzt wurde.

Die Röntgenstrahlen werden in der → Festkörperphysik zur Kristallstrukturanalyse verwendet. In der Medizin wird ihr großes Durchdringungsvermögen und die unterschiedliche Absorption durch verschiedene Materialien zu Untersuchungen der inneren Organe und Gewebe benutzt. Die Röntgenstrahlen können durch ihre ionisierende Wirkung auf Atome und Moleküle für den Organismus eine schädliche Wirkung haben, besonders bei intensiver Bestrahlung. Es sind deswegen strenge gesetzliche Bestimmungen für dem Umgang mit und die Anwendung von Röntgenstrahlen erlassen worden. Eine Überdosis von Röntgenstrahlung kann (oft erst nach langer Zeit) zu Strahlenkrebs, Erbschäden und sogar zum Tode führen.

Aufgaben

7/98: Röntgenlicht der Wellenlänge $\lambda = 150$ pm wird an einem NaCl-Kristall reflektiert. Schätzen Sie den Netzebenenabstand ab ($d = 278$ pm), und bestimmen Sie den Glanzwinkel ϑ, unter dem eine starke Reflexion zu erwarten ist.
7/99: Um Blutbahnen röntgenphotographisch zu erfassen, spritzt man besondere Kontrastmittel ins Blut. Welche Eigenschaften müssen diese Flüssigkeiten haben?
7/100: Eine Substanz wird nach dem Debye-Scherrer-Verfahren untersucht. Die benutzte Röntgenstrahlung ist monochromatisch. Auf dem Röntgenfilm erscheinen mehrere Kreislinien. Wie erklären Sie das?
7/101: Geben Sie ein Verfahren an, mit dem aus „weißem" Röntgenlicht (das ist ein Gemisch von Röntgenlicht aller Wellenlängen) monochromatisches Röntgenlicht ausgesondert werden kann.
7/102: Welche Eigenschaften machen Röntgenlicht für den Menschen so gefährlich?

7.4.5 Überblick über das elektromagnetische Spektrum

Für jeden Bereich des elektromagnetischen Spektrums, wie man die Gesamtheit aller elektromagnetischen Wellen nennt, gelten grundsätzlich dieselben Gesetze. Jede Wellenart läßt sich durch Wellenlänge (im Vakuum) oder Frequenz charakterisieren. Die elektromagnetischen Wellen der verschiedensten Bereiche unterscheiden sich nur durch die Art ihrer Erzeugung und damit auch durch die verschiedenen Methoden, um sie nachzuweisen.

Elektrische Wellen

Die auf elektrischem Wege erzeugten elektromagnetischen Wellen bezeichnet man auch als **elektrische Wellen.** Sie umfassen den sehr großen Bereich von einigen Hz bis zu 10^{12} Hz oder Wellenlängen von einigen Kilometern Länge bis zu wenigen Millimetern. Niedrige Frequenzen werden mit konventionellen Schwingkreisen aus konventionellen Induktivitäten und Kapazitäten unter Verwendung von Elektronenröhren oder Transistoren erzeugt. Für höhere und höchste Frequenzen ($f > 100$ MHz) benutzt man, da die üblichen Elektronenröhren wegen der großen Laufzeit zu träge arbeiten, Klystrons, Magnetrons oder Wanderfeldröhren.

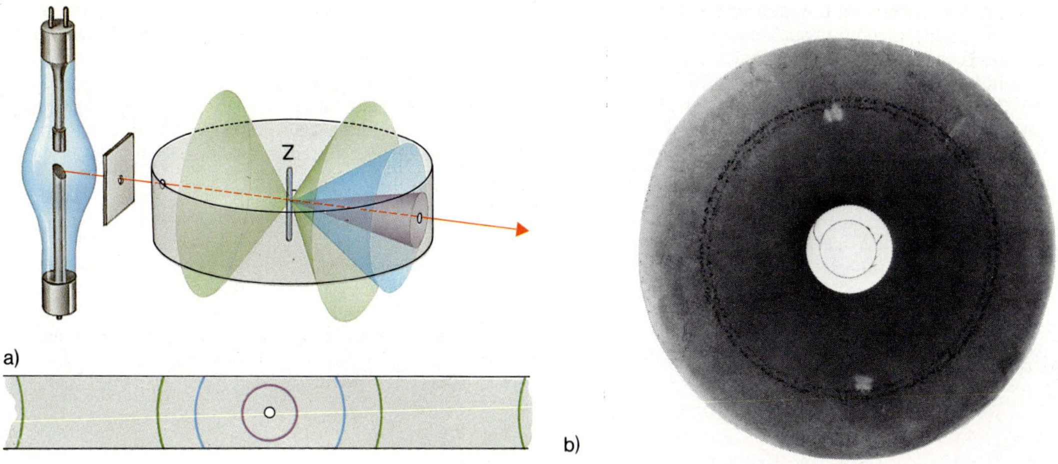

Abb. 7–111: a) Versuchsaufbau für eine Debye-Scherrer-Aufnahme. Links die Röntgenröhre, durch die Blende gelangt ein feiner Röntgenstrahl auf das Kristallpulver Z in der Mitte, zylinderförmig darum ist der Röntgenfilm angebracht. Darunter ein entwickelter Filmstreifen. b) Reflexionsaufnahme einer Nickel-Eisen-Legierung. Sie zeigt einen zentralen Ausschnitt eines Filmstreifens.

Im Bereich der **Niederfrequenz** liegen die technischen Wechselströme mit Frequenzen zwischen 16 Hz und 400 Hz. Dazu gehört auch der Netzwechselstrom von 50 Hz (Wellenlänge $6 \cdot 10^6$ m). Wechselströme erzeugt man mit Synchrongeneratoren; große Turbogeneratoren erzeugen eine Leistung bis zu 600 000 kW dank hochentwickelter Kühlungstechnik (z. B. mit Wasserstoff unter erhöhtem Druck). Man erreicht durch Isolierungsverbesserungen in den elektrischen Wicklungen Generatorspannungen von 20 000 V.
Hieran schließt sich das Niederfrequenzgebiet der sogenannten **tonfrequenten Wechselströme** an, das bis 15 000 Hz reicht (Wellenlänge bis zu $2 \cdot 10^4$ m abwärts). Man verwendet sie vorwiegend in der Nachrichtentechnik zur einwandfreien Übertragung von Sprache (meistens nur bis 4 000 Hz) oder Musik (bis 15 000 Hz).
Es folgen die Wellen der **Hoch- und Höchstfrequenzen,** die bis 10^{12} Hz reichen (Wellenlängen von $3 \cdot 10^4$ bis $3 \cdot 10^{-4}$ m). Rundfunk und Fernsehen benutzen davon den Frequenzbereich von 150 kHz bis 960 MHz mit den Langwellen (2 000 m bis 1 053 m), Mittelwellen (571,5 m bis 186,5 m), Kurzwellen (50,42 m bis 11,49 m), Ultrakurzwellen (7,32 m bis 0,31 m) und Mikrowellen (0,3 m bis 10^{-3} m).
Die Ausbreitung der elektrischen Wellen erfolgt zwar im allgemeinen gradlinig, doch macht sich besonders bei längeren Wellen der Einfluß der Beugung bemerkbar. Beugung an der gekrümmten Erdoberfläche tritt besonders im Lang- und Mittelwellenbereich auf (Bodenwelle), Ultrakurzwellen werden an Bergen, Häusern usw. gebeugt. Doch breiten sie sich schon ähnlich wie die Lichtwellen (quasioptisch) geradlinig gebündelt aus (Radar).
Die Kurzwellen können in hohen Schichten der Atmosphäre (F-Schicht) reflektiert und daher auf der ganzen Erde empfangen werden. Mittelwellen werden, besonders nachts, an der E-Schicht in 100 km Höhe zurückgeworfen.
Neben den technisch erzeugten Wellen sind für die Astronomie in neuerer Zeit die kosmischen Radiowellen (Radioastronomie) besonders bedeutsam geworden. Die Wellenlängen liegen zwischen 2 cm und 20 m, weil höhere Frequenzen durch die Atmosphäre absorbiert und niedrigere Frequenzen von der Ionosphäre nicht durchgelassen werden. Besonders wichtig ist die 21-cm-Linie (1 420 MHz) des atomaren Wasserstoffs.

Optischer Bereich

Die optischen Wellen werden in der überwiegenden Mehrzahl durch die Strahlung erhitzter Körper auf thermischem Wege hervorgebracht. Sie können auch durch elektrische Entladungen in Gasen, durch Fluoreszenz, Phosphoreszenz, chemische Umwandlungen usw. erzeugt werden. Dann rührt die Lichterscheinung nicht von der Temperatur der Lichtquellen her **(kaltes Licht).** Alle nicht durch die Temperatur verursachten Leuchterscheinungen faßt man unter dem Begriff **Lumineszenz** zusammen.
Abgesehen von diesen äußeren Unterschieden ist der Mechanismus der Lichtaussendung in allen Fällen gleich. Verstehen kann man ihn erst mit Hilfe der Quantentheorie (→*Kap. 9* und *10*). Es handelt sich um Atomschwingungen oder (besonders bei der Lichtaussendung im langwelligen Ultrarot) um Molekülschwingungen oder um Elektronenübergänge in der äußeren Atomhülle.
Die **infraroten Wellen** reichen von $3 \cdot 10^{11}$ Hz bis $4 \cdot 10^{14}$ Hz und damit von Wellenlängen über 1 cm bis zum roten Teil des sichtbaren Spektrums, so daß die langwelligen, infraroten, „optisch" erzeugten Wellen weit in das Gebiet der kurzwelligen „elektrischen" Wellen hineinreichen.
Es folgt der schmale Bereich des **sichtbaren Spektrums** von $4 \cdot 10^{14}$ Hz bis $8{,}2 \cdot 10^{14}$ Hz (Wellenlängen von 780 nm bis 360 nm).
Hieran schließt sich die **ultraviolette Strahlung** an, die Frequenzen umfaßt von $8{,}2 \cdot 10^{14}$ Hz bis 10^{17} Hz (Wellenlängen von $3 \cdot 10^{-7}$ m bis $3 \cdot 10^{-9}$ m).

Röntgen- und Gammastrahlung

Zum Teil überlappt sich das Gebiet des UV-Lichtes mit dem der **Röntgenstrahlen,** deren Frequenzen sich von 10^{16} Hz bis 10^{22} Hz erstrecken (Wellenlängen von $3 \cdot 10^{-8}$ m bis $3 \cdot 10^{-14}$ m).

Röntgenstrahlen werden in Röntgenröhren erzeugt, oder treten als Sekundärerscheinungen beim radioaktiven Zerfall oder bei Kernumwandlungen auf. Es handelt sich um Elektronenübergänge in der inneren Atomhülle.

Auf den Bereich der Röntgenstrahlung folgt der Bereich der **Gammastrahlen,** die beim radioaktiven Zerfall, bei Kernprozessen im Kernreaktor und im Teilchenbeschleuniger oder bei Zerstrahlung von Materie auftreten und denen Frequenzen zwischen 10^{18} und 10^{23} Hz zuzuordnen sind (Wellenlängen von 10^{-10} m bis 10^{-15} m). Aus dem Weltraum kommt die sogenannte Höhenstrahlung **(kosmische Strahlung),** deren Frequenzen bis 10^{25} Hz reichen (Wellenlängen bis $3 \cdot 10^{-17}$ m). Ihre Entstehung verdankt sie Übergängen von Energiezuständen des Atomkerns. Eine Übersicht über das gesamte Spektrum der elektromagnetischen Wellen liefert *Abb. 7–112*.

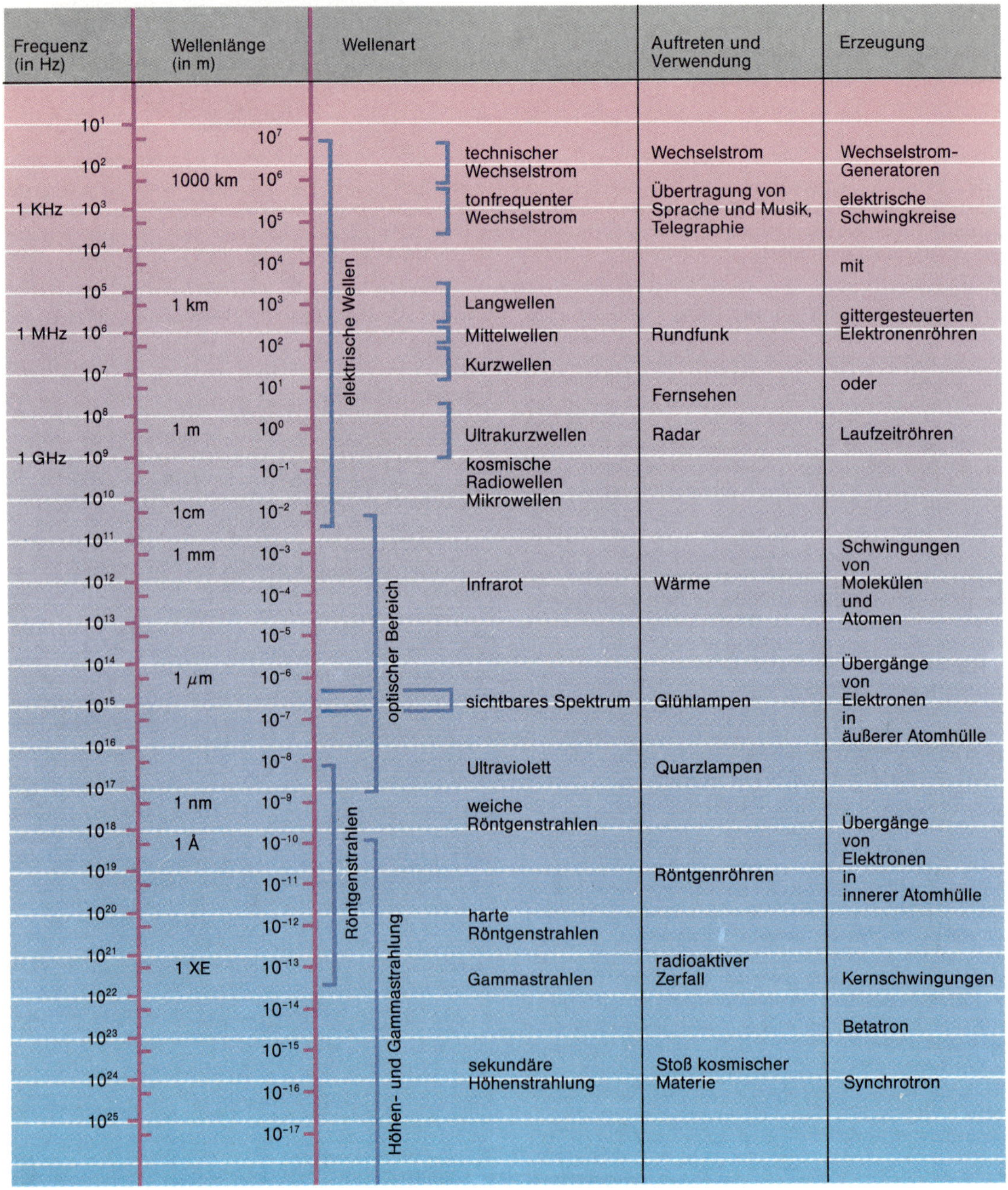

Abb. 7–112: Das elektromagnetische Spektrum.

8 Die spezielle Relativitätstheorie

Im Jahre 1905 veröffentlichte Albert EINSTEIN in der Zeitschrift *Annalen der Physik* eine Arbeit mit dem Titel *„Zur Elektrodynamik bewegter Körper“*, in der die neuen Ideen zur speziellen Relativitätstheorie ausgedrückt sind. Allein auf zwei grundlegende Prinzipien gestützt, werden die fundamentalen Größen *Zeit* und *Länge* und mit ihnen alle anderen physikalischen Größen in einer Weise neu definiert, daß dadurch das bis dahin geltende *klassische* Weltbild der Physik völlig verändert wurde. Heute bildet die Relativitätstheorie zusammen mit der Quantenphysik (→ *Kapitel 9*) das Fundament einer neuen Physik, die sich in unserem Jahrhundert entwickelt hat und als „moderne“ Physik bezeichnet wird. Die klassische Physik wurde dadurch nicht hinfällig, sondern wird von der modernen Physik als ein Teilbereich eingeschlossen.
Eine der wichtigsten Erkenntnisse der Relativitätstheorie drückt sich in der berühmten Formel $E = mc^2$ aus. Mit dieser Formel verstand man, wie Energie in großem Maßstab freigesetzt werden kann, und man erschloß mit ihr die Vorgänge der Kernfusion im Sonneninnern (→ *Kapitel 14*) ebenso wie die Prozesse bei der Kernspaltung in Kernreaktoren (→ *Kapitel 12*). Zum physikalischen Alltag ist die Relativitätstheorie heute in den Beschleunigeranlagen der Hochenergiephysik geworden, wo Elementarteilchen (→ *Kapitel 13*) mit nahezu Lichtgeschwindigkeit aufeinanderprallen und die Masse neu erzeugter Teilchen aus Energie gewonnen wird.

8.1 Von der klassischen Physik zur Relativitätstheorie

Um die Veränderungen zu verstehen, die die Relativitätstheorie mit sich brachte, ist es nützlich, noch einmal die grundlegenden Vorstellungen der klassischen Physik über Raum und Zeit zusammenzufassen.

8.1.1 Absoluter Raum und absolute Zeit

Für NEWTON, den Begründer der klassischen theoretischen Physik, stellt sich das Universum als das grundlegende physikalische Bezugssystem dar, das er als **absoluten Raum** bezeichnet. In seinem Hauptwerk *Philosophiae Naturalis Principia Mathematica* schreibt er dazu: „Der absolute Raum bleibt vermöge seiner Natur und ohne Beziehung auf einen äußeren Gegenstand stets gleich und unbeweglich.“
Ebenso wie der absolute Raum für sich allein vorhanden ist, vergeht auch die Zeit im Weltall überall stets gleich. Die absolute Zeit beschreibt NEWTON so: „Die absolute, wahre und mathematische Zeit verfließt an sich und vermöge ihrer Natur gleichförmig und ohne Beziehung auf irgendeinen äußeren Gegenstand. Sie wird so auch mit dem Namen Dauer belegt.“
Innerhalb des absoluten Raums bestehen bewegliche Teile, die NEWTON als **relative Räume** bezeichnet. Beispielsweise bildet der die Erde umschließende und mit ihr bewegte Raum einen **relativen Raum.** Relative Räume dienen zur Beschreibung von Naturvorgängen, indem sie Bezugssysteme bilden. Eine besonders ausgezeichnete Klasse von Bezugssystemen stellen Inertialsysteme (→ *1.2.2*) dar. In ihnen gilt das Trägheitsprinzip, das besagt, daß ein Körper im Zustand der Ruhe oder der gleichförmig geradlinigen Bewegung bleibt, solange keine Kraft auf ihn einwirkt.
Hat man mit Hilfe des Trägheitsprinzips ein Inertialsystem gefunden, so stellt jedes andere Bezugssystem, das sich relativ dazu mit konstanter Geschwindigkeit bewegt, ebenfalls ein Inertialsystem dar. Es gibt demnach unendlich viele Inertialsysteme. All diese Inertialsysteme sind gleichberechtigt, denn es gibt kein Experiment in der Mechanik, das ein System vor einem anderen auszeichnet. Dies ist das Galileische Relativitätsprinzip. Demnach kann die gleichförmige Bewegung eines Körpers nicht absolut, sondern nur relativ zu einem anderen Körper festgestellt werden.
Damit stellt sich die Frage, wie der von NEWTON als unbeweglich gekennzeichnete absolute Raum als solcher erkannt werden kann. Kein mechanisches Experiment, sei es das Herabfallen eines Steins oder der Stoß zweier Kugeln, läßt erkennen, ob der Vorgang im absoluten Raum beobachtet wird oder in einem relativ dazu bewegten Inertialsystem. Der absolute Raum mußte demnach auf andere Weise zu erkennen sein, und so findet man auch schon bei NEWTON die Vorstellung, daß der absolute Raum mit einem als Äther bezeichneten Stoff ausgefüllt sei. NEWTON schreibt in seinem Werk *Opticks* (1704) darüber: „Nimmt man an, dieser Äther (denn so will ich ihn nennen) sei 700 000 mal elastischer und dabei 700 000 mal dünner als unsere Luft, so würde sein Widerstand über 600 Millionen mal geringer sein als der des Wassers, und ein so geringer Widerstand würde auch in zehntausend Jahren an der Bewegung der Planeten keine merkliche Veränderung hervorbringen.“
Die These von einem das ganze Universum ausfüllenden Äther wurde zur scheinbaren Gewißheit, als es 1801 dem englischen Physiker Thomas YOUNG gelang, die Interferenzfähigkeit des Lichts (→ *7.3.4*) nachzuweisen. Man nahm an, daß Lichtwellen ebenso wie Schallwellen einen besonderen Stoff zur Ausbreitung brauchen, und im Äther sah man fortan den Träger der Lichtwellen.

Zu Beginn dieses Jahrhunderts hatte sich folgendes physikalische Weltbild ergeben:
1. Zur Beschreibung der Mechanik durfte jedes Inertialsystem herangezogen werden (Galileisches Relativitätsprinzip).
2. Für die Lichtausbreitung galt das Galileische Relativitätsprinzip hingegen nicht, denn nur im absoluten Raum sollte sich das Licht in allen Richtungen mit gleicher Geschwindigkeit $c \approx 300\,000$ km/s ausbreiten. In einem relativen Raum, der sich durch

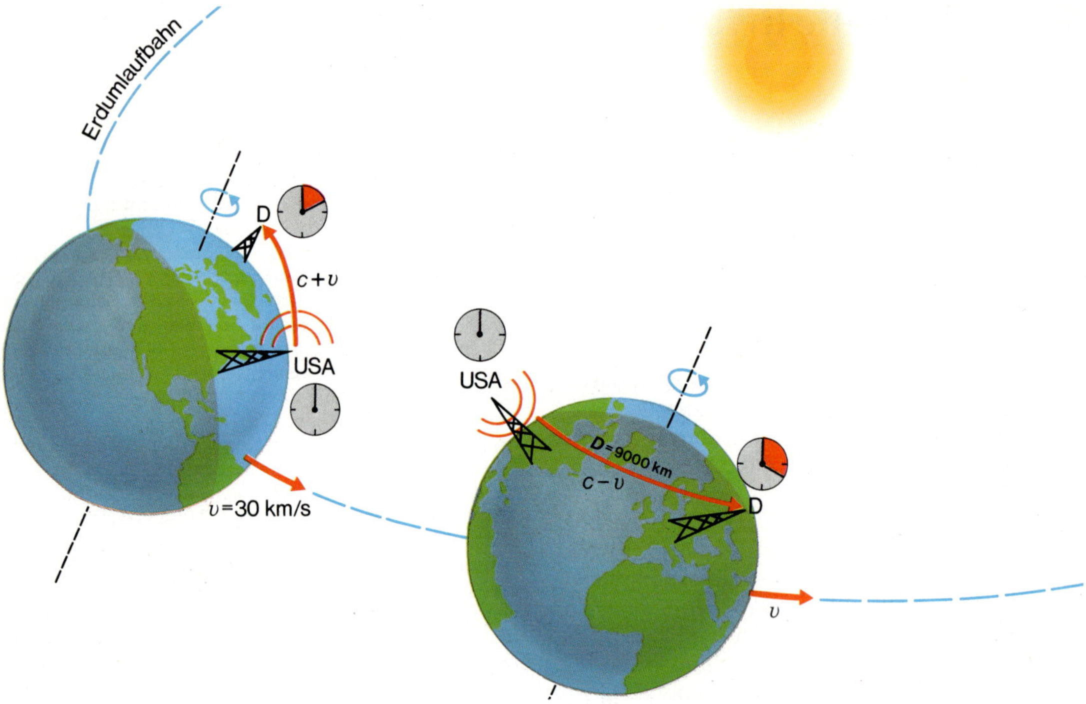

Abb. 8–1: Nach der Äthertheorie sollte sich die Erde bei ihrem Umlauf um die Sonne durch den Äther bewegen. Ein Funksignal von Amerika nach Europa würde dann am Tag, wenn es sich entgegen der Erdbewegung ausbreitet, schneller laufen als in der Nacht.

den Äther hindurchbewegt, sollte die Lichtgeschwindigkeit einmal größer und einmal kleiner sein.

Wir können uns heute anhand eines alltäglichen Experiments leicht davon überzeugen, daß die zweite Annahme nicht zutrifft. Dazu betrachten wir ein Zeitsignal, das per Funk von Amerika nach Europa übertragen wird (*Abb. 8–1*). Solche Zeitsignale werden ständig ausgetauscht, um den synchronen Gang aller Uhren des Weltuhrennetzes zu überwachen. Auf diese Weise können die Uhren in den nationalen Zeitinstituten, in der Bundesrepublik Deutschland ist dies die Physikalisch-Technische Bundesanstalt in Braunschweig, bis auf den zehnten Teil einer Mikrosekunde synchronisiert werden. Da sich die Erde mit der Geschwindigkeit $v = 30$ km/s um die Sonne und damit durch den Äther bewegt, würde das Funksignal am Tag eine größere Geschwindigkeit als c haben: Die Erde läuft dem Signal entgegen, so daß dieses relativ zur Erdoberfläche schneller ist als im Äther (*Abb. 8–1*). Nachts läuft die Erde dem Signal hinterher, so daß man zu unterschiedlichen Ausbreitungsgeschwindigkeiten für den Tag $(c + v)$ und für die Nacht $(c-v)$ käme.

Daraus berechnen sich unterschiedliche Signallaufzeiten. Nehmen wir eine Entfernung von $D = 9000\,\text{km}$ zwischen den beiden Funktürmen an, so folgt für die Laufzeiten t bei Tag und bei Nacht:

$$t_{\text{Tag}} = \frac{D}{c+v} = \frac{9000\text{ km}}{(300\,000+30)\text{ km/s}} = 0{,}029997\text{ s} = 30\text{ ms} - 3\,\mu\text{s}\,,$$

$$t_{\text{Nacht}} = \frac{D}{c-v} = \frac{9000\text{ km}}{(300\,000-30)\text{ km/s}} = 0{,}030003\text{ s} = 30\text{ ms} + 3\,\mu\text{s}\,.$$

Werden die Zeitsignale periodisch ausgesendet, so würden sie am Tag $3\,\mu$s früher, in der Nacht $3\,\mu$s später als erwartet eintreffen. Da die Ankunft der Signale auf $0{,}1\,\mu$s genau ermittelt werden kann, könnte der Effekt beobachtet werden. Daß er nicht auftritt, ist ein Beweis für die Ungültigkeit der Äthertheorie. Der folgende Abschnitt wird zeigen, daß es um die Jahrhundertwende sehr viel schwieriger war, die Äthertheorie experimentell zu widerlegen.

Aufgaben

8/1: Nennen Sie Beispiele für Inertialsysteme und für beschleunigte Bezugssysteme.

8/2: Zeigen Sie an einigen Beispielen aus der Mechanik die Gültigkeit des Galileischen Relativitätsprinzips.

8.1.2 Das Michelson-Experiment

Bereits vor der Jahrhundertwende hatte der amerikanische Physiker und spätere Nobelpreisträger Michael MICHELSON versucht, mit Hilfe der Interferenz (→ *Kapitel 7.3.4*) des Lichts die unterschiedlichen Ausbreitungsgeschwindigkeiten des Lichts in verschiedenen Richtungen auf der Erde wegen deren Bewegung durch den Äther nachzuweisen. Die Grundidee des auf einen Vorschlag von MAXWELL zurückgehenden Versuchs ist folgende:

Licht durchläuft eine bestimmte Strecke parallel zur Richtung der Erdbewegung um die Sonne hin und zurück und wird anschließend mit einem zweiten Lichtbündel überlagert, das die gleiche Strecke senkrecht zur Erdbewegung hin und zurück durchlaufen hat. *Abb. 8–2* zeigt den prinzipiellen Aufbau des Michelson-Interferometers. Ein Lichtbündel wird von einer halbverspiegelten Glasplatte in zwei Teilbündel aufgespalten. Die beiden Teilbündel durchlaufen die beiden gleichlangen, senkrecht zueinander stehenden Arme des Interferometers, von denen der eine parallel, der andere senkrecht zur Bewegungsrichtung der Erde steht. Am Ende der Arme werden die beiden Lichtbündel an Spiegeln reflektiert und gelangen über die halbverspiegelte Platte in einem Fernrohr zur Überlagerung. Wegen der unterschiedlichen Ausbreitungsgeschwindigkeiten sollten die beiden Teilbündel verschiedene Laufzeiten haben. Aus *Abb. 8–3* liest man für die Geschwindigkeit des Lichts in Richtung der Erdbewegung $c - v$ und in Gegenrichtung $c + v$ ab. Senkrecht zur Erdbewegung erhält man aus der Vektoraddition von c und v die Geschwindigkeit $\sqrt{c^2 - v^2}$.

Haben die beiden Spektrometerarme die gleiche Länge d, so lassen sich die Laufzeiten $t_\parallel$ parallel und $t_\perp$ senkrecht zur Bewegungsrichtung der Erde wie folgt berechnen:

$$t_\parallel = \frac{d}{c-v} + \frac{d}{c+v} = \frac{2dc}{c^2 - v^2} = \frac{2d}{c}\,\frac{1}{1 - v^2/c^2}$$

und

$$t_\perp = \frac{2d}{\sqrt{1 + v^2/c^2}} = \frac{2d}{c}\,\frac{1}{\sqrt{1 - v^2/c^2}}\,.$$

Aus beiden Gleichungen ergibt sich:

$$t_\perp = t_\parallel\ \sqrt{1 - v^2/c^2}\,;\ t_\perp < t_\parallel\,.$$

Die beiden Teilbündel haben unterschiedliche Laufzeiten; wegen $v : c = 30 : 300\,000 = 10^{-4}$ ist der Laufzeitunterschied allerdings sehr klein (siehe *Aufgabe 8/3*). Dennoch sollte er mit der Interferenzapparatur von MICHELSON nachweisbar sein. Dazu war das Interferometer auf einer Platte montiert, die in einem Steintrog auf Quecksilber schwamm. Dreht man das Spektrometer um 90°, so vertauschen die beiden Spektrometerarme ihre Rollen, und das Lichtbündel, das zunächst früher ins Fernrohr kam, gelangt jetzt später als das andere dorthin. Durch die Drehung ändert sich also die Phasenbeziehung der beiden Lichtbündel. Da die beiden Teilbündel im Fernrohr miteinander interferieren, sollte sich die Interferenzerscheinung ändern und je nach der ursprünglichen Phasenlage eine Aufhellung oder Verdunkelung beobachtet werden. Es war aber keine Veränderung zu erkennen, was nachweislich nicht an der Apparatur lag. Das Experiment wurde zu verschiedenen Zeiten an verschiedenen Orten der Erde wiederholt; stets war das Ergebnis negativ. MICHELSON selbst bezeichnete den Versuch enttäuscht als Fehlschlag und meinte, daß in der Theorie selbst noch ein Problem stecke, das noch nicht genügend geklärt sei.

Aufgaben

***8/3:** In dem von MICHELSON durchgeführten Experiment betrug die effektive Länge der Spektrometerarme $d = 11$ m. Berechnen Sie die erwartete Laufzeitdifferenz $t_\parallel - t_\perp$, und vergleichen Sie diese Zeit mit der Schwingungsdauer von Licht. Um welchen Phasenwinkel sollten sich die beiden Teilbündel bei einer Drehung der Apparatur um 90° gegeneinander verschieben?

8/4: Berechnen Sie die Geschwindigkeit, mit der sich die Erde um die Sonne bewegt. Die Erde bewegt sich näherungsweise auf einem Kreis mit $r = 149{,}6$ Millionen km. Mit welcher Geschwindigkeit bewegt sich die Sonne um das Zentrum des Milchstraßensystems? Die Bahn ist etwa

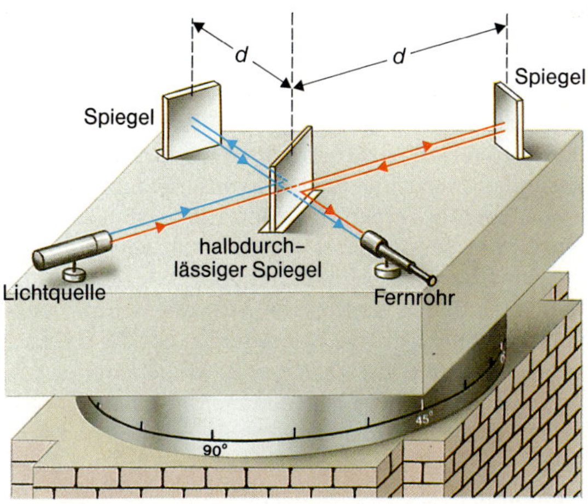

Abb. 8–2: Der Michelson-Versuch mit der halbverspiegelten Glasplatte in der Mitte. Die Apparatur schwamm in einem Trog, gefüllt mit Quecksilber, und führte während des Versuchs in fünf Minuten eine ganze Drehung aus.

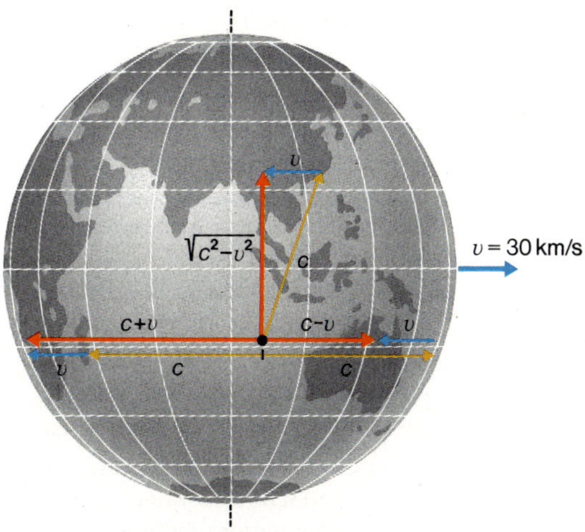

Abb. 8–3: Bewegt sich die Erde nach rechts mit der Geschwindigkeit v durch den Äther, so sollte sich in allen Richtungen zur Lichtgeschwindigkeit c nach links die Geschwindigkeit v vektoriell addieren.

kreisförmig mit einem Radius $R = 3{,}024 \cdot 10^{17}$ km, und ein Umlauf dauert 225 Millionen Jahre.
Warum hat man wohl das Michelson-Experiment zu verschiedenen Jahreszeiten an verschiedenen Orten der Erde wiederholt?

8.1.3 Die Grundprinzipien der Relativitätstheorie

EINSTEIN sah hinter dem Scheitern des Michelson-Versuchs ein grundlegendes Naturprinzip. Wenn es unmöglich ist, eine Bewegung durch den Äther nachzuweisen, so gibt es keinen Grund, weiterhin an der Äthervorstellung festzuhalten. Das Michelson-Experiment hatte gezeigt, daß sich Licht auf der Erde in allen Richtungen und zu allen Zeiten mit gleicher Geschwindigkeit ausbreitet. Das kann aber keine Besonderheit der Erde sein; stände das Michelson-Interferometer auf einem anderen Planeten oder einem anderen Stern, so sollte es das gleiche Ergebnis liefern. Daraus kann man den Schluß ziehen, daß sich Licht in jedem Inertialsystem in allen Richtungen mit der gleichen Geschwindigkeit ausbreitet; man bezeichnet dies als **Prinzip von der Konstanz der Lichtgeschwindigkeit.**
Der negative Ausgang des Michelson-Experiments hatte gezeigt, daß es auch mit einem optischen Versuch nicht möglich ist, den von NEWTON geforderten absoluten Raum nachzuweisen. Demnach gibt es offenbar kein grundlegendes Bezugssystem, das in irgendeiner Weise physikalisch vor anderen Systemen ausgezeichnet ist. Jedes Inertialsystem ist zur Beschreibung aller Naturvorgänge in gleicher Weise geeignet. EINSTEIN läßt daher das Galileische Relativitätsprinzip, das sich ursprünglich nur auf die Mechanik bezog, für die Gesamtheit aller Naturvorgänge gelten. Damit sind die beiden Postulate gefunden, die die Grundlage der Relativitätstheorie bilden:

1. Postulat: **Das Relativitätsprinzip**
Alle Inertialsysteme sind zur Beschreibung von Naturvorgängen gleichberechtigt. Die Naturgesetze haben in allen Inertialsystemen die gleiche Form.
2. Postulat: **Das Prinzip von der Konstanz der Lichtgeschwindigkeit**
In allen Inertialsystemen hat die Lichtgeschwindigkeit im Vakuum den gleichen Wert. Die Lichtgeschwindigkeit ist $c = 299\,792$ km/s.

Das Relativitätsprinzip und das Prinzip von der Konstanz der Lichtgeschwindigkeit bilden die Grundlage der Relativitätstheorie. Die beiden Postulate sind zwar einfach und einleuchtend, man sollte aber wissen, daß sie nicht zwingend aus den Beobachtungen hergeleitet werden können. „Zu den elementaren Gesetzen führt kein logischer Weg", sagt EINSTEIN, „sondern nur die auf Einfühlung in die Erfahrung sich stützende Intuition." Es kann daher auch nicht darum gehen, die beiden Prinzipien als die einzig möglichen und einzig richtigen zu erweisen. Vielmehr wird es die Aufgabe sein, auf deduktivem Weg Folgerungen aus den beiden Grundannahmen widerspruchsfrei herzuleiten und sie der experimentellen Überprüfung zu unterziehen. Dabei wird sich zeigen, daß die theoretischen Vorhersagen ausnahmslos durch das Experiment bestätigt werden. Durch eine Vielzahl experimenteller Bewährungen erlangte die Relativitätstheorie schließlich in der Mitte unseres Jahrhunderts allgemeine Anerkennung, nachdem sie zuvor von vielen Physikern als spekulativ und zweifelhaft angesehen worden war.

Aufgaben

8/5: Erläutern Sie, wie man mit den Postulaten der Relativitätstheorie den negativen Ausgang des Michelson-Experiments erklären kann.
8/6: In der Relativitätstheorie hat die Lichtgeschwindigkeit in jedem Inertialsystem den gleichen Wert c. Man bezeichnet dies als Invarianz der Lichtgeschwindigkeit. Gibt es auch in der klassischen Physik eine invariante Geschwindigkeit, die also bei einem Wechsel des Inertialsystems ihren Wert nicht ändert?
8/7: Stellen Sie sich vor, Sie hielten vor sich einen Handspiegel und würden mit Lichtgeschwindigkeit durch den Raum laufen. Könnten Sie sich dann in dem Spiegel sehen? Was sagt die klassische Physik und was die Relativitätstheorie zu diesem Problem?
***8/8:** Wieso widerspricht das Prinzip von der Konstanz der Lichtgeschwindigkeit der klassischen Addition von Geschwindigkeiten? Was folgt daraus für die klassische Addition von Geschwindigkeiten in der Relativitätstheorie?

8.2 Die relativistische Kinematik

Aus den beiden Grundprinzipien sollen nun die ersten Folgerungen hergeleitet werden. Dabei werden wir auf so eigenartige Begriffe wie Zeitdilatation[1] und Längenkontraktion[2] stoßen, deren Aussage Sie zu Recht mit Skepsis betrachten werden, da sie dem gesunden Menschenverstand völlig widersprechen. Experimente werden aber bestätigen, daß sich die Natur bei großen, mit der Lichtgeschwindigkeit vergleichbaren Geschwindigkeiten tatsächlich anders verhält, als es unserer Alltagserfahrung entspricht. Eine wichtige Konsequenz, auf die wir erst im *zweiten Teil dieses Kapitels* eingehen werden, soll hier schon vorweggenommen werden: Körper und Signale können sich nicht mit Überlichtgeschwindigkeit bewegen. Die Lichtgeschwindigkeit stellt eine obere Grenze dar!

---

[1] dilatare (lat.), ausdehnen
[2] contrahere (lat.), verkürzen

8.2.1 Die relative Gleichzeitigkeit

In der klassischen Physik war es unstrittig, was man unter **gleichzeitig** zu verstehen hatte: Die Existenz einer absoluten Zeit schloß eine absolut geltende Gleichzeitigkeit ein. Auch dann, wenn zwei Ereignisse an sehr weit voneinander entfernten Orten stattfanden, wenn man also nicht durch einfaches Hinsehen entscheiden konnte, ob ein Ereignis vor oder nach dem anderen eintrat, war klar, wie zu verfahren war; man mußte nur auf Uhren an den beiden Orten die Zeiten ablesen und diese miteinander vergleichen. EINSTEIN erkannte, daß man dabei den synchronen Gang der beiden Uhren als selbstverständlich voraussetzen muß. Synchroner Gang bedeutet, die Uhren müssen irgendwann einmal auf gleichen Stand gebracht oder gleichzeitig gestartet worden sein. Es fehlte jedoch eine Vorschrift, mit der voneinander entfernte Uhren synchronisiert werden konnten. Gestützt auf das Prinzip von der Konstanz der Lichtgeschwindigkeit legte EINSTEIN das folgende Verfahren fest (*Abb. 8–4*):

Einstein-Synchronisation
Zwei voneinander entfernte Uhren werden synchronisiert, indem von ihrer geometrischen Mitte zwei Lichtsignale gleichzeitig ausgesendet werden, die bei ihrer Ankunft die Uhren in Gang setzen.

Dieses Verfahren ist gleichwertig dem heute meist angewendeten Verfahren zur Synchronisation von Atomuhren, das wir in *Abbildung 8–1* kennengelernt haben: Ein Funksignal läuft von einer Uhr zur anderen, wobei man die Laufzeit berücksichtigt. Wegen der Konstanz der Lichtgeschwindigkeit ist es gleichgültig, in welcher Richtung das Signal läuft. Daß man die Laufzeit berücksichtigen muß, erkennt man daran, daß Atomuhren auf Nanosekunden (10^{-9}s) synchronisiert werden können, die Laufzeiten aber von der Größenordnung Millisekunden (10^{-3} s), also 10^6 mal größer sind.

Die Einstein-Synchronisation soll nun in einem Gedankenexperiment angewendet werden:
Zwei Raketen bewegen sich mit halber Lichtgeschwindigkeit aneinander vorbei, d. h. von jeder Rakete aus gesehen, bewegt sich die andere mit der Relativgeschwindigkeit $v = \frac{1}{2}\,c$ (*Abb. 8–5* und *8–6*). Im Bug und im Heck einer jeden Rakete befindet sich je eine Uhr, und die Aufgabe soll darin bestehen, die vier Uhren A, B, C und D zu synchronisieren. Dazu wird in dem Augenblick, in dem die beiden Raketenmitten aneinander vorbeikommen, eine dort befindliche Blitzlampe gezündet. Die Lichtsignale laufen zu den gleichweit entfernten Raketenenden und setzen die Uhren in Gang.
Betrachtet man den Ablauf aus der Sicht der unteren Rakete (*Abb. 8–5*), so sieht man, daß die Uhr B im Heck der oberen Rakete auf das Lichtsignal zuläuft

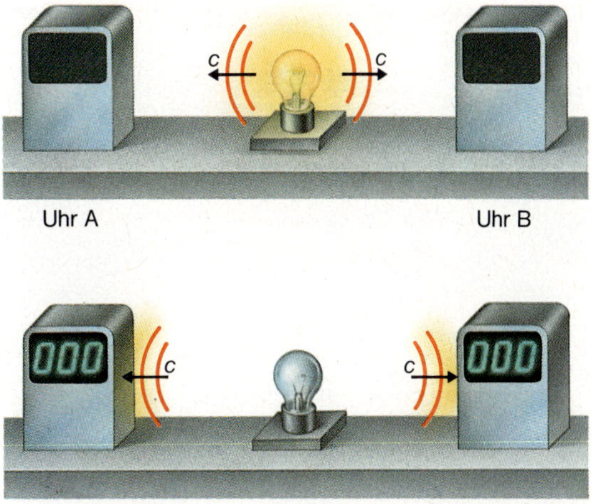

Abb. 8–4: Nach der Einstein-Synchronisation werden zwei Uhren gleichzeitig von zwei Lichtsignalen in Gang gesetzt, wenn die beiden Signale zugleich in der Mitte gestartet werden.

und daher zuerst in Gang gesetzt wird, während die davoneilende Uhr A in der Spitze der oberen Rakete erst später von dem Lichtsignal eingeholt wird. Dazwischen werden die beiden Uhren C und D in der unteren Rakete gleichzeitig erreicht und synchron gestartet. Nun verlangt aber das Relativitätsprinzip, daß die Betrachtung aus der oberen Rakete ebenfalls Gültigkeit besitzt. *Abb. 8–6* zeigt, daß die Verhältnisse nun gerade umgekehrt sind. Die untere Rakete fliegt davon und die Uhren C und D werden zu verschiedenen Zeiten gestartet, während die oberen Uhren A und B jetzt synchron gehen.
Wir fassen zusammen: Die vier Uhren A, B, C und D können nicht zusammen synchronisiert werden. Aus der Sicht der Uhren A und B gehen A und B synchron, C und D werden zu verschiedenen Zeiten in Gang gesetzt. Aus der Sicht der Uhren C und D ist es umgekehrt, C und D gehen synchron, A und B dagegen nicht. Was gleichzeitig ist, gilt demnach nicht mehr absolut, sondern hängt von dem Inertialsystem ab, auf das man sich bezieht. Gleichzeitigkeit ist relativ.

Zwei Ereignisse, die an verschiedenen Orten stattfinden und von einem Inertialsystem aus als gleichzeitig angesehen werden, finden aus der Sicht eines anderen, relativ zum ersten bewegten Inertialsystems zu verschiedenen Zeiten statt.
Gleichzeitigkeit ist demnach relativ.

Aufgaben

8/9: Der Relativitätsexpreß rast mit nahezu Lichtgeschwindigkeit dahin. Da schlägt ein Blitz in das vordere und ein Blitz in das hintere Ende des Zuges ein. Ein Reisender, der sich in der Mitte des Zuges befindet, und ein Bahnwärter draußen am Bahndamm sehen die Blitze gleichzei-

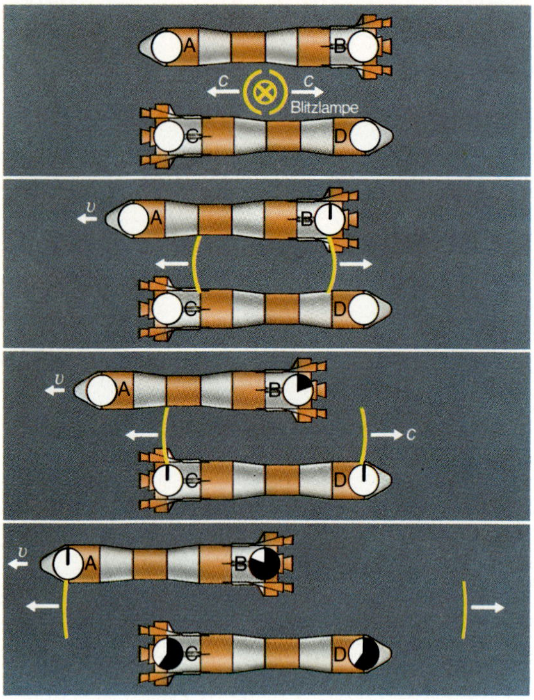

Abb. 8–5: Zwei Raketen fliegen mit der Relativgeschwindigkeit $c/2$ aneinander vorbei. Begegnen sich die Raketenmitten, so soll dort eine Blitzlampe gezündet werden. Aus der Sicht der unteren Rakete erreichen die Lichtsignale die Uhren C und D gleichzeitig, B dagegen früher und A später.

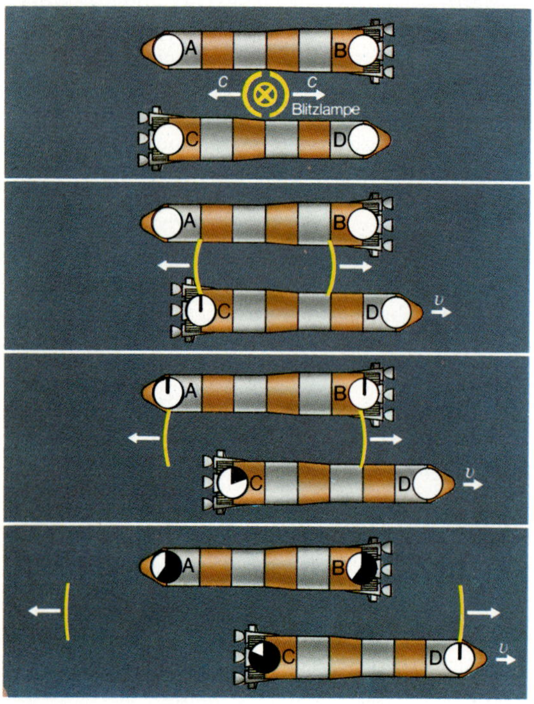

Abb. 8–6: Aus der Sicht der oberen Rakete erreichen die Lichtsignale die Uhren A und B gleichzeitig, C dagegen früher und D später.

tig. Beim Eintreffen der von den Blitzen ausgesandten Lichtsignale befinden sich der Reisende und der Bahnwärter auf gleicher Höhe. Welche Schlüsse ziehen beide daraus über die Zeiten, zu denen die Blitze einschlugen?

8/10: Zwei Raumschiffe fliegen mit halber Lichtgeschwindigkeit durch das Sonnensystem. Ihr Abstand im Sonnensystem beträgt konstant 600 000 km. Geben Sie ein Verfahren an, mit dem die Besatzung der beiden Raumschiffe die Uhren an Bord synchronisiert. Um wieviel werden die Uhren im hinteren Raumschiff für einen Beobachter auf einem Planeten eher in Gang gesetzt?

8.2.2 Die Zeitdilatation

Die Relativität der Gleichzeitigkeit läßt die Vorstellung von einer absoluten Zeit nicht mehr gelten. Dieser Abschnitt wird darüber hinaus zeigen, daß ein und derselbe Vorgang unterschiedlich lange dauert, wenn man ihn aus verschiedenen, relativ zueinander bewegten Bezugssystemen mißt. Um den grundsätzlichen Zusammenhang zu verstehen, erfinden wir eine „Lichtuhr", bei der als Taktgeber ein Lichtsignal dient, das ständig zwischen zwei Spiegeln hin und her reflektiert wird (*Abb. 8–7*). Jedesmal, wenn das Lichtsignal an einem Spiegel ankommt, soll die Anzeige eines Zählers um eine Einheit weiterspringen. Wenn wir den Abstand der beiden Spiegel zu $l = 30$ cm wählen, beträgt die Zeiteinheit der Uhr eine Nanosekunde (1 ns), wie folgende Rechnung zeigt:

$$\Delta t = l/c = 0{,}3 \text{ m}/\,(3 \cdot 10^8 \text{m/s}) = 10^{-9}\text{s} = 1 \text{ ns}.$$

Der besondere Vorteil der Lichtuhr besteht für uns darin, daß wir ihren Gang auch dann verfolgen können, wenn sie sich bewegt, denn nach dem Prinzip von der Konstanz der Lichtgeschwindigkeit bewegt sich der Taktgeber, das Lichtsignal, immer mit c !

Gedankenexperiment mit Lichtuhren:
Der Gang einer bewegten Lichtuhr C soll beobachtet werden (*Abb. 8–7*). Dazu werden zwei synchronisierte Uhren A und B aufgestellt, an denen sich die Uhr C vorbeibewegt. Kommt die Uhr C an der Uhr A vorbei, so soll C gestartet werden; die Anzeige der Uhren A und B betrage in diesem Moment gerade 100 ns. Läuft C an der Uhr B vorbei, so wird C gestoppt; die Anzeige der Uhren A und B betrage dann 104 ns. Mit diesem Meßverfahren ist es möglich, die Zeitspanne für den Vorgang „C läuft von A nach B" sowohl mit der bewegten Uhr C zu messen – dies sei Δt –, also auch mit den ruhenden Uhren A und B zu messen – dies sei Δt_{R}. Aufgrund der Annahmen gilt $\Delta t_{\mathrm{R}} = 4$ ns. Aus *Abb. 8–7* sieht man, daß das Lichtsignal in der bewegten Uhr C schräg läuft und daher auf dem Weg von A nach B nur einmal ab und wieder auf läuft, im Gegensatz zu den Uhren A und B, die viermal durchlaufen werden. Demnach ist die von der bewegten Uhr C angezeigte Zeitspanne $\Delta t =$ 2 ns; sie ist damit kleiner als die von den ruhenden

Uhren A und B gemessene Zeitspanne $\Delta t_R = 4$ ns. Es gilt:

Bewegte Uhren gehen langsamer als ruhende Uhren!

Eigentlich haben die Begriffe **bewegt** und **ruhend** in der Relativitätstheorie ihren Sinn verloren, da man ein bewegtes System auch als ruhend und ein ruhendes als bewegt ansehen kann; entscheidend ist nur die Relativbewegung. Da man die beiden Begriffe aber dennoch verwendet, muß man erklären, was man damit meint: Als „ruhend" bezeichnet man das Inertialsystem, in dem man sich zur Messung einen Satz synchronisierter Uhren (also mindestens zwei Uhren A und B) aufgestellt denkt. Dieses System ist dadurch meßtechnisch vor den anderen „bewegten" Inertialsystemen ausgezeichnet, in denen die Uhren dann nicht mehr synchron gemacht werden können (siehe *Abschnitt 8.2.1*)! Da eine „bewegte" Uhr mit anderen Uhren nicht synchron geht, kann man mit ihr nur Zeitspannen messen, deren Anfang und Ende an ihr selbst abgelesen werden; in unserem Gedankenexperiment wurde Δt allein von der bewegten Uhr C gebildet. Man bezeichnet die von einer bewegten Uhr gemessene Zeitspanne als **Eigenzeit.** Statt zu sagen, „bewegte Uhren gehen langsamer als ruhende", können wir etwas ausführlicher formulieren:

Die von einer „bewegten" Uhr gemessene Eigenzeit Δt ist kleiner als die von „ruhenden" synchronisierten Uhren gemessene Zeitspanne Δt_R für denselben Vorgang.

In der Relativitätstheorie verwendet man häufig den Begriff des **Beobachters;** man sagt zum Beispiel: „Ein Beobachter in diesem Inertialsystem mißt..." Mit dieser Sprechweise zeichnet man das Inertialsystem aus, das man als „ruhend" ansieht, in dem man sich also den Satz synchronisierter Uhren aufgestellt denkt.

Wir müssen die Analyse von Zeitmessungen noch weiter fortsetzen. Das Gedankenexperiment mit den Lichtuhren hätte auch so durchgeführt werden können, daß man die Uhr C zum zweiten Zeitvergleich nicht von A nach B laufen läßt, sondern nachdem die Uhr C die Uhr A passiert hat, bringt man C zum zweiten Zeitvergleich nach A zurück; man läßt beispielsweise die Uhr C auf einer Kreisbahn laufen, so daß sie immer wieder an der Uhr A vorbeikommt. Man könnte fälschlicherweise meinen, daß nun beide Uhren die Eigenzeit messen. Richtig ist, daß die auf der Kreisbahn bewegte Uhr C die Eigenzeit Δt mißt, während die Uhr A die größere Zeitspanne Δt_R anzeigt. Die Begründung ist folgende: Um zur Uhr A zurückzukehren, muß die Uhr C bei der Umkehr mindestens einmal beschleunigt werden (auf der Kreisbahn wird sie sogar ständig beschleunigt). Bei der Beschleunigung verläßt die Uhr C das Inertial-

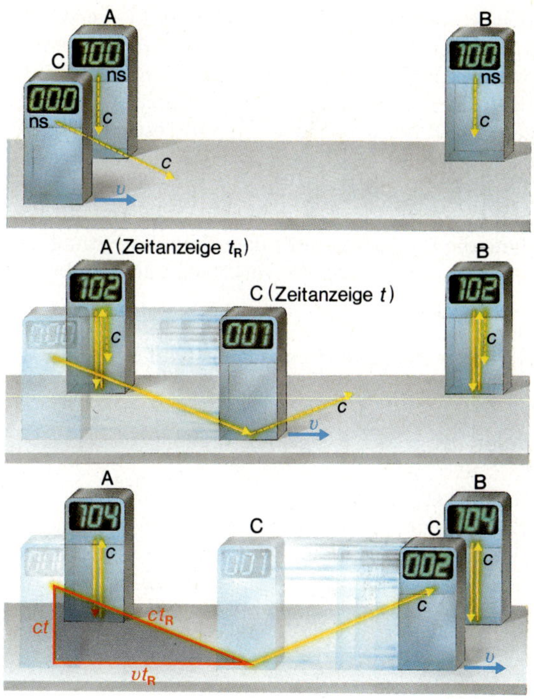

Abb. 8–7: In Lichtuhren läuft ein Lichtsignal ständig auf und ab; bei jeder Umkehr springt ein Zähler um eine Zeiteinheit weiter. In den ruhenden Uhren A und B läuft das Licht auf und ab: tick, tack, tick, tack. In der bewegten Uhr C muß das Licht schräg laufen, sie geht daher langsamer: tiiick, taaack...

system, in dem sie bisher ruhte, und verliert damit die Synchronisation mit den Uhren in diesem System. Die beschleunigte Uhr C kann nicht mit anderen Uhren synchron gemacht werden, sie ist die „bewegte" Uhr, die nur ihre Eigenzeit Δt messen kann. Anders verhält es sich mit der Uhr A: Sie ruht ständig in einem Inertialsystem und kann mit anderen Uhren dieses Systems synchron gemacht werden; diesen synchronen Uhrensatz könnten wir uns zum fortlaufenden Zeitvergleich sogar längs der Bahn der beschleunigten Uhr C aufgestellt denken.

Beschleunigte Uhren sind „bewegt" und gehen daher langsamer!

Der Zusammenhang zwischen der von der bewegten Uhr C gemessenen Eigenzeit Δt und der von den ruhenden Uhren A und B gemessenen Zeitspanne Δt_R soll nun quantitativ hergeleitet werden. Dazu betrachten wir in *Abb. 8–7* einen schrägen Ablauf des Lichtsignals in der bewegten Uhr C; für die Uhren A und B soll währenddessen Δt_R vergehen, für die Uhr C vergeht Δt. Für die Uhren A und B hat der schräge Ablauf des Lichtsignals die Länge $c\Delta t_R$. Für die Uhr C läuft das Lichtsignal nicht schräg, sondern senkrecht nach unten: Es durchläuft in der

Zeit Δt die Länge l der Uhr, so daß gilt $l = c\Delta t$. Die Strecken $c\Delta t_R$ und $l = c\Delta t$ bilden die Hypotenuse bzw. die senkrechte Kathete eines rechtwinkligen Dreiecks, das in *Abb. 8–7* eingezeichnet ist. Die waagerechte Kathete läßt sich mit der Geschwindigkeit v der bewegten Uhr C berechnen: Es ist die Strecke, die die Uhr C aus der Sicht der Uhren A und B in der Zeit Δt_R zurücklegt; also hat die waagerechte Kathete die Länge $v\Delta t_R$. Mit dem Satz des Pythagoras läßt sich daher folgende Gleichung aufschreiben:

$$(c\Delta t)^2 + (v\Delta t_R)^2 = (c\Delta t_R)^2.$$

Löst man diese Gleichung nach Δt auf, so folgt

$$\Delta t = \Delta t_R \sqrt{1 - v^2/c^2},$$

womit der gesuchte Zusammenhang gefunden ist.

Zeitdilatation

Die von einer bewegten Uhr für einen Vorgang als Eigenzeit Δt gemessene Zeitspanne ist kleiner als die von ruhenden Uhren ermittelte Zeitspanne Δt_R für denselben Vorgang. Es gilt der Zusammenhang

$$\Delta t = \Delta t_R \sqrt{1 - v^2/c^2},$$

wobei v die Geschwindigkeit der bewegten Uhr und c die Lichtgeschwindigkeit sind. Man spricht von der Zeitdilatation (Zeitdehnung), weil die kleinere Zeit Δt gedehnt erscheint; denn sie ist zwischen gleichem Anfang und Ende aufgespannt wie die größere Zeit Δt_R.

Die Zeitdilatation tritt nicht nur bei den hier betrachteten Lichtuhren auf, sondern gilt für alle Uhren und bei allen Vorgängen. Wäre das nicht so, dann hätten eine Lichtuhr und eine neben ihr aufgestellte andere Uhr unterschiedlichen Gang, wenn man sie aus verschiedenen Inertialsystemen betrachtet. Das widerspräche dem Relativitätsprinzip, denn dann würden in verschiedenen Inertialsystemen unterschiedliche Formeln für den Zusammenhang der Zeitanzeige der beiden Uhren gelten. Man kann weitergehen und jedes Werden und Vergehen der Natur als ein Maß für den Ablauf der Zeit ansehen. So stellen Pflanzen, Tiere und der Mensch ebenfalls Uhren dar, die aus den gleichen Gründen der Zeitdilatation unterworfen sind.

Eine Blume, die in einem Raumschiff in ihrer Eigenzeit nur eine Woche blüht, könnte bei entsprechend großer Geschwindigkeit des Raumschiffs von der Erde aus gesehen länger als ein Jahr blühen. Die Zeitdilatation ist ein allgemein geltendes Naturgesetz. Dies wird durch die Beobachtung bestätigt, daß schnell fliegende instabile Elementarteilchen weniger rasch zerfallen als die gleichen Teilchen, wenn sie ruhen. Am Beispiel des Myonenzerfalls soll dies näher betrachtet werden.

Myonenzerfall im Speicherring

Myonen sind Elementarteilchen, die zusammen mit den Elektronen zur Teilchengruppe der Leptonen gehören (→ *Kapitel 13.2* und *13.3*). Im Gegensatz zu den Elektronen sind die Myonen jedoch instabil. Sie zerfallen mit einer Halbwertszeit von 1,52 μs, d. h., nach dieser Zeit sind von 100 Millionen Myonen nur noch 50 Millionen vorhanden, nach weiteren 1,52 μs nur 25 Millionen usw. Myonen werden z. B. im europäischen Kernforschungszentrum CERN erzeugt, indem ein Strahl hochenergetischer Protonen auf Materie trifft. Neben vielen anderen Elementarteilchen entstehen dabei auch Myonen mit großer Geschwindigkeit. In dem betrachteten Experiment wurden Myonen mit der Geschwindigkeit $v = 0{,}9994\,c$ herausgefiltert und in einen Speicherring geleitet (*Abb. 8–8*). Von starken Magneten abgelenkt, laufen die Myonen auf einer Kreisbahn, die einen Durchmesser von 14 m hat. Zerfällt ein Myon, so entsteht ein Elektron, das wegen seiner sehr viel geringeren Masse von dem Magnetfeld ins Kreisinnere abgelenkt und dort von einem Detektor nachgewiesen wird. So kann man den Zerfall der Myonen verfolgen und daraus ihre Halbwerts-

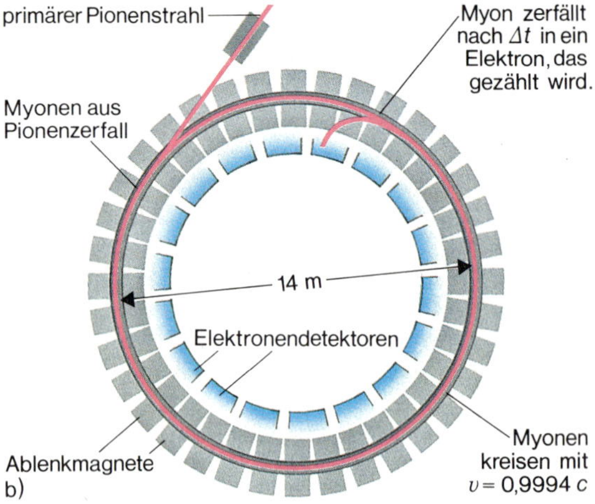

Abb. 8–8: Im Myonen-Speicherring des europäischen Kernforschungszentrums CERN bei Genf kreisen Myonen mit nahezu Lichtgeschwindigkeit. Die beim Myonenzerfall entstehenden Elektronen werden von Detektoren im Kreisinnern nachgewiesen. a) Aufnahme vom Bau des Speicherrings, b) schematische Darstellung.

zeit bestimmen. Die Uhren, die die Zerfallszeit bestimmen, ruhen ständig in einem Inertialsystem, während die auf der Kreisbahn beschleunigten Myonen „bewegt" sind. Die gemessene Halbwertszeit Δt_R ist daher größer als die „Eigen"-Halbwertszeit $\Delta t = 1{,}52\ \mu s$ der Myonen; sie berechnet sich aus der Formel für die Zeitdilatation zu

$$\Delta t_R = \frac{\Delta t}{\sqrt{1 - v^2/c^2}} = \frac{1{,}52\ \mu s}{\sqrt{1 - 0{,}9994^2}} = 43{,}9\ \mu s\ .$$

In *Abb. 8–9* sind die daraus berechnete Zerfallskurve für schnelle Myonen und die Meßergebnisse dargestellt. Im Rahmen der Meßgenauigkeit stimmen Theorie und Experiment überein. Die Zeitdilatation konnte damit bis auf ein Promille bestätigt werden.

Es ist heute möglich, die Zeitdilatation mit Atomuhren zu messen. Atomuhren sind extrem genaue Uhren, in denen Caesiumatome zu Schwingungen angeregt und diese Schwingungen elektronisch gezählt werden. Atomuhren sind in mehreren nationalen Zeitinstituten aufgestellt. Mit ihnen wird die internationale Atomzeit und daraus die Weltzeit UTC gebildet. Zum Zwecke des Uhrenvergleichs oder zur Navigation werden auch transportable Atomuhren hergestellt. Ausgestattet mit vier solcher Uhren, flogen 1971 die beiden Amerikaner HAFELE und KEATING in Linienmaschinen rund um die Erde. Ein Vergleich mit Atomuhren, die am Boden stationiert waren, bestätigte die Zeitdilatation mit einer Genauigkeit von 8%. Jüngste Messungen, mit größerer Präzision durchgeführt, erhöhten die Genauigkeit auf 1%.

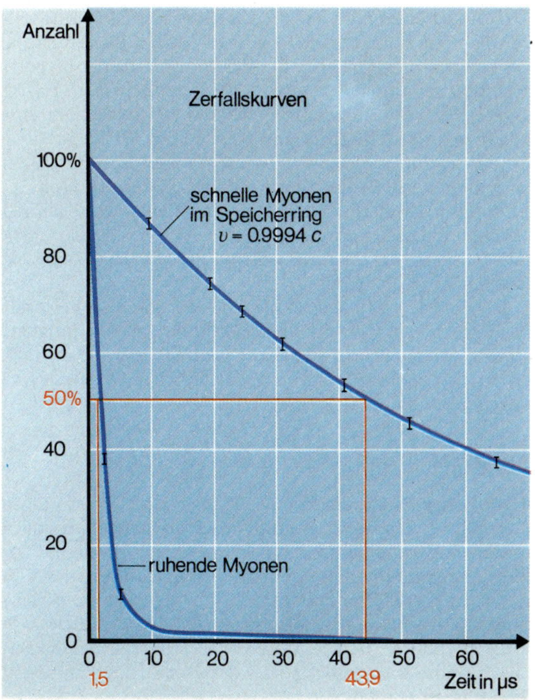

Abb. 8–9: Zerfallskurven von ruhenden und von schnellen Myonen. Während die Halbwertszeit von ruhenden Myonen nur 1,52 µs beträgt, wird die Halbwertszeit der im Speicherring mit 0,9994 *c* kreisenden Myonen zu 43,9 µs gemessen.

Aufgaben

8/11: Zwei synchronisierte Uhren A und B haben auf der Erde einen Abstand von 600 km. Eine Rakete fliegt mit der Geschwindigkeit $v = 12/13\ c$ über die Erde hinweg und kommt erst an Uhr A, dann an Uhr B vorbei. Bei A zeigt eine Uhr in der Rakete die gleiche Zeit wie Uhr A an. Welche Zeit zeigt die Raketenuhr im Vergleich zur Uhr B an, wenn sie über diese hinwegfliegt?

8/12: Astronauten benötigen für die Hin- und Rückreise zum Mond vier Tage. Berechnen Sie die mittlere Geschwindigkeit und die dadurch auftretende Zeitdilatation. Könnte man die Zeitdilatation mit Atomuhren messen? Die Ganggenauigkeit neuester Atomuhren beträgt $\Delta t/t = 10^{-14}$, und die kleinste meßbare Zeitspanne sei 0,1 ns.

8/13: Ein 30jähriger Weltraumfahrer startet im Jahre 1989 zu einer Reise durch das Weltall. Seine durchschnittliche Reisegeschwindigkeit beträgt relativ zur Erde gemessen $v = 40/41\ c$. Wie alt ist der Weltraumfahrer, wenn er im Jahre 2030 zurückkehrt?

8/14: Der nächste Fixstern ist Alpha-Centauri am südlichen Sternenhimmel. Seine Entfernung beträgt 4,5 Lichtjahre.

a) Wie lange bräuchte ein Raumschiff, um zu dem Stern zu gelangen, wenn seine Geschwindigkeit $v = 0{,}5\ c$ beträgt?
b) Wie lange würde der Flug für die Astronauten an Bord des Raumschiffs dauern?
c) Welche Geschwindigkeit müßte das Raumschiff haben, damit für die Besatzung während der Reise nur ein Jahr vergeht?

8/15: Ein Autorennen dauert zwei Stunden. Es wird dabei mit einer Durchschnittsgeschwindigkeit von 280 km/h gefahren.
Um wieviel ist ein Rennfahrer am Ende des Rennens weniger gealtert als die Zuschauer auf den Rängen?

8.2.3 Die Lorentz-Kontraktion

Zu einem überraschenden Ergebnis werden wir gelangen, wenn wir die Länge einer schnell fliegenden Rakete aus der Sicht verschiedener Inertialsysteme bestimmen.

Gedankenexperiment zur Längenmessung: Stellen wir uns vor, eine Rakete fliegt mit der Geschwindigkeit $v = 0{,}6\ c$ über uns hinweg, und wir bestimmen ihre Länge, indem wir mit einer Uhr C die Zeit messen, die die Rakete braucht, um über uns hinwegzufliegen (*Abb. 8–10*). Nehmen wir an, es vergeht die Zeit $\Delta t = 200$ ns, so berechnet sich die Raketenlänge l zu

$$l = v\,\Delta t = 0{,}6 \cdot 3 \cdot 10^8\ \frac{\text{m}}{\text{s}} \cdot 200 \cdot 10^{-9}\text{s} = 36\ \text{m}\ .$$

Ein Raketeninsasse wird die Längenmessung natürlich am einfachsten mit einem Metermaß durchführen. Wenn wir wissen wollen, zu welchem Ergebnis er dabei gelangt, müssen wir uns die Messung auf andere Weise durchgeführt denken. Dazu soll an der Raketenspitze und am Raketenende je eine Uhr angebracht sein.

Mit diesen beiden synchronisierten Uhren A und B wird die Zeit Δt_R gemessen, die die Rakete braucht, um die Uhr C zu überfliegen. Man beachte, daß bei

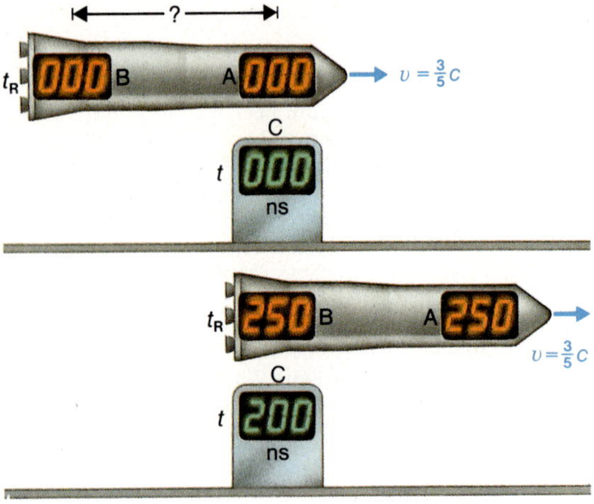

Abb. 8–10: Um die Länge einer Rakete zu bestimmen, wird die Zeit gemessen, die die Rakete zum Überfliegen der Uhr C braucht. In der Rakete und am Boden kommt man dabei zu unterschiedlichen Ergebnissen.

dieser Meßanordnung die Rakete „ruht", denn in der Rakete sind die synchronisierten Uhren aufgestellt. Die Uhr C auf der Erde ist „bewegt" und zeigt daher die im Vergleich zu Δt_R kleinere Zeit Δt = 200 ns an. Für Δt_R folgt mit der Formel für die Zeitdilatation

$$\Delta t_R = \frac{\Delta t}{\sqrt{1 - v^2/c^2}} = \frac{200 \text{ ns}}{\sqrt{1 - 9/25}} = 250 \text{ ns} .$$

Damit berechnet sich im Ruhsystem der Rakete deren Länge l_R zu

$$l_R = v\Delta t_R = 0{,}6 \cdot 3 \cdot 10^8 \frac{\text{m}}{\text{s}} \cdot 250 \text{ ns} = 45 \text{ m}.$$

In ihrem Ruhsystem hat die Rakete eine größere Länge als in einem Inertialsystem, in dem sie bewegt ist. Die Länge in der Bewegungsrichtung ist demnach keine feststehende Größe, sondern hängt vom Bezugssystem ab, in dem die Messung durchgeführt wird. Die Verkürzung der bewegten Rakete bezeichnet man als **Lorentz-Kontraktion.**

Die Kontraktion war nämlich bereits vor EINSTEIN von dem holländischen Physiker LORENTZ gefordert worden. Er erklärte damit den negativen Ausgang des Michelson-Versuchs. LORENTZ führte die Verkürzung eines bewegten Körpers auf eine Änderung der zwischenmolekularen Kräfte zurück. Diese Änderung sollte der durch den Körper wehende „Ätherwind" hervorrufen. Aus der Sicht der Relativitätstheorie ist die Kontraktion aber nicht die Folge eines Wirkungszusammenhanges. Sie ergibt sich vielmehr als eine aus den Relativitätspostulaten folgende grundlegende Eigenschaft des Raumes.

Allgemein läßt sich der Zusammenhang zwischen der Länge l im bewegten System und der Eigenlänge l_R im Ruhsystem mit den Gleichungen $l = v\Delta t$, $l_R = v\Delta t_R$ und $\Delta t = \Delta t_R\sqrt{1 - v^2/c^2}$ herleiten:

$$\frac{l}{l_R} = \frac{v\Delta t}{v\Delta t_R} = \sqrt{1 - v^2/c^2} .$$

Lorentz-Kontraktion

Die im Ruhsystem eines Körpers gemessene Länge heißt **Eigenlänge** l_R.

In einem Inertialsystem, das sich in der Längsrichtung des Körpers relativ zu dessen Ruhsystem mit der Geschwindigkeit v bewegt, wird eine kleinere **Länge** l gemessen. Es gilt die Beziehung

$$l = l_R \sqrt{1 - v^2/c^2} .$$

Die Länge eines Körpers in seiner Bewegungsrichtung ist relativ.

Die Ausdehnung eines Körpers senkrecht zu seiner Bewegungsrichtung wird in jedem Inertialsystem gleich gemessen. Dies folgt daraus, daß senkrecht zur Bewegungsrichtung hintereinander angeordnete Uhren in jedem Inertialsystem synchron gehen, wenn sie in ihrem Ruhsystem synchronisiert sind. Bei der Einstein-Synchronisation (→ *8.2.1*) entfernen sich derart bewegte Uhren in gleicher Weise von ihrer ursprünglichen geometrischen Mitte; die Lichtsignale müssen zwar einen längeren Weg zurücklegen, um die bewegten Uhren zu erreichen, kommen aber auch im bewegten Inertialsystem gleichzeitig an. Senkrecht zur Bewegungsrichtung gibt es also keine Zeitdilatation, und es gilt $\Delta t = \Delta t_R$; für diesen Fall folgt in der Herleitung der Lorentz-Kontraktion $l = l_R$.

Eine Naturerscheinung, die mit Hilfe der Lorentz-Kontraktion erklärt werden kann, betrifft die natürlich vorkommenden Myonen. Es ist zunächst nicht zu verstehen, daß Myonen, die in 20 km Höhe von der Höhenstrahlung erzeugt werden, in großer Zahl an der Erdoberfläche nachgewiesen werden: Auch wenn die Myonen mit nahezu Lichtgeschwindigkeit auf die Erde zufliegen, so sollte wegen ihrer kurzen Halbwertszeit von $t = 1{,}5\ \mu s$ bereits nach $s = c\,t = 3 \cdot 10^8 \text{m/s} \cdot 1{,}5 \cdot 10^{-6} \text{s} = 450$ m die Hälfte der Myonen zerfallen sein, nach weiteren 450 m wiederum die Hälfte usw., so daß am Boden praktisch keine Myonen mehr ankommen sollten. Tatsächlich aber wird noch etwa ein Siebtel der in 20 km Höhe erzeugten Myonen nachgewiesen. Man kann diese Beobachtung auf zwei Arten erklären:

1. Von der Erde aus betrachtet, sind die Myonen schnell bewegt, so daß sich ihre Halbwertszeit wegen der Zeitdilatation verlängert. Dann reicht die Zeit aus, um zur Erdoberfläche zu gelangen.
2. Von den Myonen aus gesehen, beträgt die Halbwertszeit zwar nur 1,5 μs, aber die mit nahezu Lichtgeschwindigkeit an den Myonen vorbeifliegende Erdatmosphäre ist so stark Lorentz-kontrahiert, daß ein großer Teil in 1,5 μs diese verkürzte Strecke durchfliegen kann.

Aufgaben

8/16: Zeigen Sie anhand einer Skizze, daß Uhren, die in ihrem Ruhsystem synchronisiert sind, auch in jedem anderen Inertialsystem synchron gehen, wenn sie senkrecht zur Bewegungsrichtung hintereinander angeordnet sind. Erläutern Sie, wie man damit senkrecht zur Bewegungsrichtung in allen Inertialsystemen gleiche Längen mißt.

8/17: Erläutern Sie, wie in *Abb. 8–10* jeder der beiden Beobachter die nach seiner Meinung falsche Längenmessung des anderen erklärt.

8/18: Myonen werden in 20 km Höhe erzeugt und fliegen mit $v = 0{,}9998\ c$ auf die Erde zu. Welche Ausdehnung hat für die Myonen die Atmosphärenschicht von 20 km?

8/19: Ein Raumschiff fliegt mit $v = 0{,}6\ c$ über eine synchronisierte Uhrenkette hinweg. Anfang und Ende des Raumschiffs befinden sich gleichzeitig über zwei Uhren, die einen Abstand von 48 m haben. Wie lang ist das Raumschiff für einen Astronauten, der sich im Raumschiff aufhält? Wie erklärt er sein anderslautendes Ergebnis?

8/20: Wie schnell muß eine Rakete an der Erde vorbeifliegen, damit ihre gemessene Länge die Hälfte ihrer Eigenlänge beträgt? Wie lange dauert in diesem Fall eine Sekunde an Bord der Rakete?

8/21: Um wieviel Zentimeter ist für einen Beobachter im Sonnensystem die Erde aufgrund ihrer Bewegung um die Sonne kontrahiert?

***8/22:** Zeigen Sie, daß sich in *Abb. 8–7* kein Widerspruch ergibt, wenn man die Uhr C als ruhend und die Uhren A und B als bewegt ansieht. Berücksichtigen Sie dabei,

a) daß der Abstand der Uhren A und B Lorentz-kontrahiert ist (um welchen Faktor?),

b) daß die Uhr B gegenüber der Uhr A um 3 ns vorgeht (woher kommt das?).

8.2.4 Ereignisse im Raum-Zeit-Diagramm

Der Zusammenhang zwischen relativer Gleichzeitigkeit, Zeitdilatation und Lorentz-Kontraktion läßt sich einfacher verstehen, wenn man die Bewegungen graphisch in Weg-Zeit-Diagrammen darstellt. Solche Diagramme sind bereits aus der Mechanik bekannt; anders als dort ist es jedoch in der Relativitätstheorie üblich, die Zeit an der Hochachse aufzutragen.

Die Ortskoordinate, deren Richtung mit der Bewegungsrichtung zusammenfällt, man bezeichnet sie üblicherweise als x-Koordinate, wird vereinbarungsgemäß an der Rechtsachse aufgetragen. Ein solches Diagramm, das man auch allgemeiner als Raum-Zeit-Diagramm bezeichnet, ist in *Abb. 8–11* dargestellt. Es zeigt die Relativbewegung eines Omnibusses zu einer Straßenbahn. Im oberen Teilbild ist als Bezugssystem das Ruhsystem der Straßenbahn gewählt; der Bus bewegt sich in diesem Bezugssystem nach rechts. Im unteren Teilbild wird derselbe Bewegungsablauf im Ruhsystem des Busses dargestellt; nun bewegt sich die Bahn nach links. Die Frage, ob sich dabei Bus oder Bahn relativ zur Erde bewegen, ist für die Relativbewegung von Bus und Bahn unerheblich und soll daher zunächst auch unbeantwortet bleiben. Punkte im Raum-Zeit-Diagramm geben an, wo sich ein Körper zu bestimmten Zeiten befindet; z. B. ist in *Abb. 8–11* markiert, wo sich nach 1s, 2s, 3s, … die vordere und hintere Stoßstange des Busses befindet.

Durch die Angabe einer Orts- und einer Zeitangabe wird ein bestimmtes **Ereignis** festgelegt (genaugenommen müßten wir drei Ortskoordinaten x, y, z angeben; wenn sich aber nur die erste ändert, geben wir nur diese an). Beispielsweise hat das in *Abb. 8–11* gekennzeichnete Ereignis E im Ruhsystem der Bahn die Koordinaten (x = 50 m; t = 3 s) und im Ruhsystem des Busses die Koordinaten (x' = 20 m; t' = 3 s). Man sieht, daß dasselbe Ereignis im allgemeinen verschiedene Ortskoordinaten $x \neq x'$, aber gleiche Zeitkoordinaten $t = t'$ hat. Letzteres ist allerdings nur eine Folge der in der klassischen Physik geltenden absoluten Zeit und wird sich ändern, wenn wir im folgenden Kapitel zur relativistischen Betrachtung übergehen.

Verbindet man die Bildpunkte der Ereignisse, die zu einem Körper gehören, so erhält man einen Weg-Zeit-Graphen, der die Bewegung des Körpers darstellt. Solche Weg-Zeit-Graphen heißen in der Relativitätstheorie **Weltlinien.** In *Abb. 8–11* sind die Weltlinien der beiden Stoßstangen gerade Linien, weil sich der Bus relativ zur Bahn gleichförmig

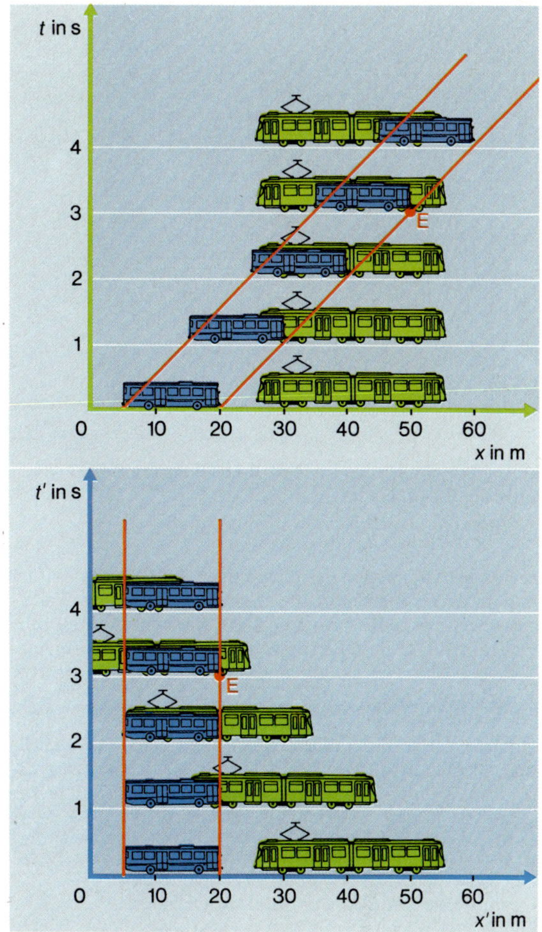

Abb. 8–11: Die Relativbewegung von Straßenbahn und Omnibus läßt sich sowohl im Ruhsystem der Straßenbahn (oben) als auch im Ruhsystem des Busses (unten) darstellen.

bewegt. Aus der Steigung der Geraden läßt sich die Geschwindigkeit des Busses ermitteln: Im Ruhsystem der Bahn (*Abb. 8–11, oben*) liest man ab, daß der Bus in Δt = 1 s die Strecke Δx = 10 m zurücklegt, damit ergibt sich $v = \Delta x / \Delta t$ = 10 m/s . Im Ruhsystem des Busses (*Abb. 8–11, unten*) liest man dagegen $\Delta x'$ = 0 m in $\Delta t'$ = 1 s ab, woraus sich natürlich v' = 0 m/s berechnet. Wir erkennen, daß vertikale Weltlinien, die also parallel zur Zeitachse verlaufen, Körper beschreiben, die in dem betrachteten System ruhen. Ist die Weltlinie geneigt, so bewegt sich der Körper, und zwar ist seine Geschwindigkeit um so größer, je flacher die Weltlinie verläuft.

Bei gekrümmten Weltlinien ändert sich die Geschwindigkeit, und wir ermitteln die Momentangeschwindigkeit aus der Steigung der Tangente (Weltlinien, a, b und c in *Abb. 8–12*). Die Bewegung eines Körpers, wie sie durch die Weltlinie d in *Abb. 8–12* dargestellt wird, ist allerdings nicht möglich, denn dies würde bedeuten, daß der Körper zur selben Zeit t_1 an zwei verschiedenen Orten x_1 und x_2 wäre. Der Fehler entsteht dadurch, daß auf dem rechten Teil der Weltlinie d die Zeit von größeren Werten zu kleineren, also rückwärts, läuft, wenn sich der Körper nach

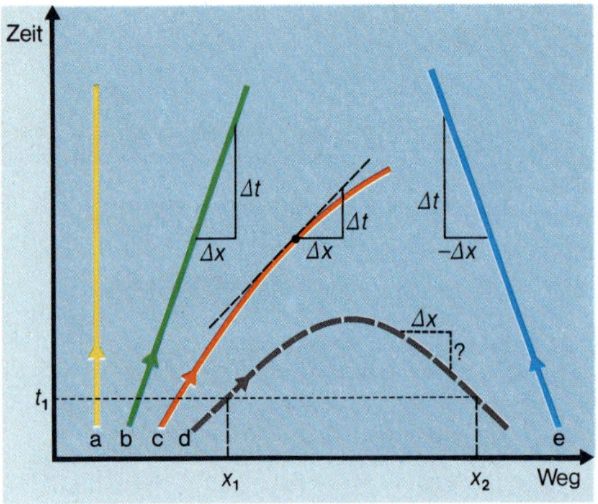

Abb. 8–12: Weltlinien im Weg-Zeit-Diagramm. Eine Weltlinie der Form d ist nicht möglich.

rechts bewegt; wegen des einsinnigen Ablaufs der Zeit ist das natürlich nicht möglich. Nach links geneigte Weltlinien, wie die Linie *e* in *Abb. 8–13,* können dagegen sehr wohl auftreten; sie geben die Bewegung eines Körpers wieder, der sich von rechts nach links, also in negativer x-Richtung bewegt.

Die bisherigen Überlegungen haben auch gezeigt, daß Ereignisse, deren Bildpunkte eine Parallele zur Zeitachse bilden, am gleichen Ort stattfinden, also ortsgleiche Ereignisse sind. Ereignisse, deren Bildpunkte eine Parallele zur Ortsachse bilden, sind dagegen zeitgleich.

In einem x-t-Diagramm liegen
- ortsgleiche Ereignisse parallel zur Zeitachse,
- zeitgleiche Ereignisse parallel zur Ortsachse.

Die x-Achse selbst gibt die Menge aller Ereignisse mit der Zeitkoordinate $t = 0$ wieder, die t-Achse die mit der Ortskoordinate $x = 0$.

Wir kehren nochmals zu *Abb. 8–11* zurück und lösen eine Aufgabe, die uns dann zu den relativistischen Raum-Zeit-Diagrammen im folgenden Kapitel führen wird. Es ist möglich, die beiden Diagramme, die in *Abb. 8–11* dargestellt sind, in ein einziges Diagramm zu zeichnen. Man muß dann allerdings darauf verzichten, nur rechtwinklige Achsenkreuze zu verwenden. Schiefwinklige Koordinatensysteme sind prinzipiell ebenso zu behandeln wie rechtwinklige, nur muß man sich daran gewöhnen, die Koordinaten von Punkten nicht mittels Senkrechten zu den Achsen einzutragen bzw. abzulesen, sondern mit Hilfe von Parallelen zur Orts- und Zeitachse. Nur solche Parallelen führen, wie wir oben gesehen haben, orts- bzw. zeitgleich zu den Achsen, wo man die Koordinaten ablesen oder eintragen kann. Wir wollen schrittweise vorgehen und zunächst das Ablesen in schiefwinkligen Koordinatensystemen üben. Dazu sind in *Abb. 8–13* nochmals die gleichen Bezugssysteme wie in *Abb. 8–11* dargestellt: beim Ruhsystem der Bahn (oben) bilden die Achsen einen stumpfen Winkel, beim Ruhsystem des Busses (unten) bilden die Achsen einen spitzen Winkel. Man lese in beiden Diagrammen die Koordinaten bestimmter Ereignisse ab und prüfe, ob man in *Abb. 8–11* dieselben Werte erhält. Es ist zunächst gleichgültig, welchen Winkel man beim Zeichnen eines schiefwinkligen Achsenkreuzes wählt. In *Abb. 8–13* wurde der stumpfe Winkel im oberen Koordinatensystem willkürlich vorgegeben. Der Winkel

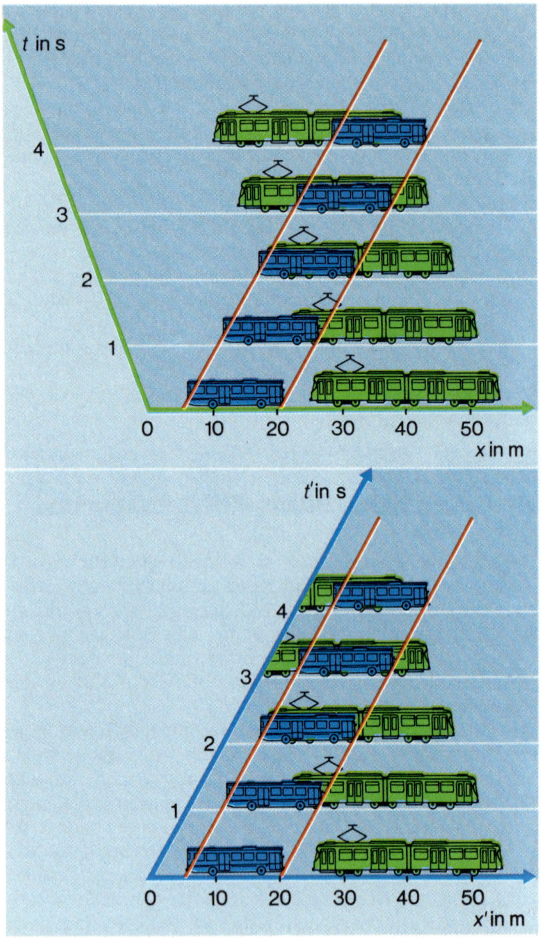

Abb. 8–13: Die Relativbewegung von Straßenbahn und Omnibus aus *Abb. 8–11* ist hier in schiefwinkligen Koordinatensystemen dargestellt.

des Achsenkreuzes im unteren Diagramm wurde dann allerdings so gewählt, daß die Weltlinien des Omnibusses in beiden Bildern parallel zueinander sind. Dazu mußte die t'-Achse im unteren Bild parallel zur Weltlinie des Busses im oberen Bild gezeichnet werden!

Nun ist aber leicht einzusehen, daß man beide Diagramme aus *Abb. 8–13* in einem einzigen Bild darstellen kann; das ist in *Abb. 8–14* geschehen. In dieses Diagramm kann man nun außerdem noch das Inertialsystem Erde eintragen. Stünde die Bahn, so wären die Achsen dieses Systems identisch mit den x-t-Achsen des Ruhsystems der Bahn, hielte der Bus an, so fielen sie mit den x'-t'-Achsen zusammen. Bus und Bahn fahren jedoch aufeinander zu, denn das Erdsystem I'' (x''; t'') ist in *Abb. 8–14* rechtwinklig eingezeichnet. Man lese selbst ab, daß die Bahn mit 4 m/s nach links und der Bus mit 6 m/s nach rechts fahren, woraus sich die Relativgeschwindigkeit von 10 m/s ergibt.

Ereignisse werden durch Bildpunkte in Raum-Zeit-Diagrammen dargestellt. Die Bildpunkte der Ereignisse eines Körpers ergeben dessen Weltlinie. Ist die Weltlinie gerade, so ist die Bewegung gleichförmig; ist sie gekrümmt, so ist die Bewegung beschleunigt.

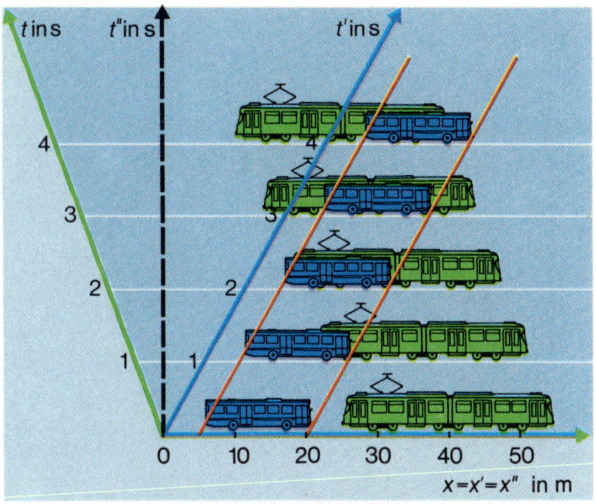

Abb. 8–14: Die Relativbewegung von Straßenbahn und Omnibus ist hier aus der Sicht von drei Inertialsystemen in einem einzigen Diagramm untergebracht.

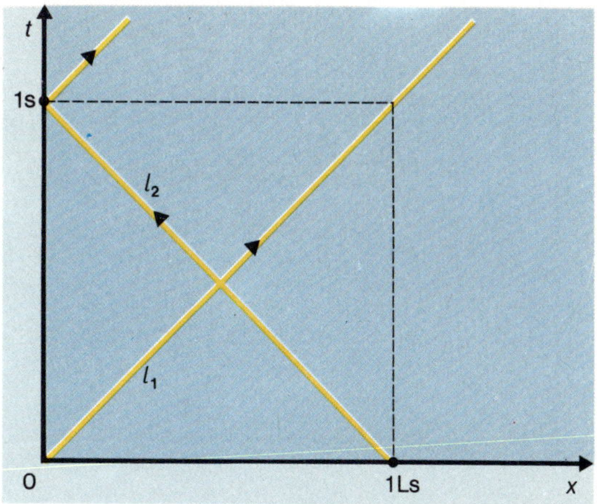

Abb. 8–15: Weltlinien von Lichtsignalen verlaufen in Minkowski-Diagrammen unter 45° zu den Achsen. Das Lichtsignal l_1 bewegt sich in Richtung der x-Achse l_2 entgegen; nach 1 s wird l_2 bei $x = 0$ reflektiert.

In schiefwinkligen wie in rechtwinkligen Raum-Zeit-Diagrammen liegen die Bildpunkte zeitgleicher Ereignisse auf einer Parallelen zur Ortsachse, die von ortsgleichen Ereignissen auf einer Parallelen zur Zeitachse.

Aufgaben

***8/23:** Ein Fluß hat eine Strömungsgeschwindigkeit von 50 m/min. Zeichnen Sie ein rechtwinkliges Koordinatensystem, das das Inertialsystem „Ufer" darstellt ($0 \leqslant x \leqslant 400\,\text{m}$: $0 \leqslant t \leqslant 3$ min). Zeichnen Sie ein schiefwinkliges Koordinatensystem hinein, das das Inertialsystem „Fluß" darstellt. Lösen Sie die folgende Aufgabe graphisch:
Ein Motorbootfahrer startet am Bootshaus H (250 m; 0 min) zu einer Fahrt stromaufwärts. Sein Boot fährt relativ zum Wasser mit einer Geschwindigkeit von 200 m/min. Nach einer Minute bemerkt er, daß ihm eine halbvolle Whiskyflasche über Bord gefallen ist. Er kehrt um und holt die Flache 100 m unterhalb des Bootshauses ein. Allerdings war ihm kurz nach dem Wenden der Motor für eine halbe Minute ausgefallen, und am Bootshaus mußte er 38 Sekunden wegen einer Fähre anhalten. Wann und wo fiel die Flasche über Bord? Zeichnen Sie in beiden Inertialsystemen ein Netz von Parallelen zu den Achsen und konstruieren Sie die Weltlinien von Boot und Flasche.
***8/24:** Tragen Sie in ein rechtwinkliges Koordinatensystem die Punkte A (3,5; 1,8), B (5,5; −5,5) und C (−5; 0) ein. Zeichnen Sie in das erste Koordinatensystem ein zweites, schiefwinkliges System, dessen Achsen einen Winkel von 120° einschließen. Beide Koordinatensysteme sollen dabei dieselbe Winkelhalbierende haben. Geben Sie die Koordinaten der Punkte im stumpfwinkligen System an, wenn dessen Einheitsstrecken 1,5mal größer als im rechtwinkligen System sind.

8.2.5 Minkowski-Diagramme

Raum-Zeit-Diagramme, die die Postulate der Relativitätstheorie erfüllen, werden nach dem deutschen Mathematiker Hermann MINKOWSKI benannt, der solche Diagramme als erster einführte. Er hatte erkannt, daß die geometrische Darstellung von Bewegungen das Verständnis der relativistischen Kinematik wesentlich erleichtert.

Einheiten im Minkowski-Diagramm

Als Einheiten für die Zeitachse werden dem Problem entsprechend die bekannten Maßeinheiten Sekunde (s), Minute (min), Stunde (h), Tag (d) oder Jahr (a) verwendet. Als Einheit für die Ortsachse verwendet man dann grundsätzlich die Länge, die das Licht in der Zeiteinheit zurücklegt. Sie ergibt sich als Produkt aus Lichtgeschwindigkeit c und Zeiteinheit Δt: Aus $c = \Delta x/\Delta t$ folgt für den Weg $\Delta x = c\Delta t$; damit erhält man z. B. die folgenden Maßeinheiten für die Ortsachse: Mit

$$\Delta t = 1\text{s folgt } \Delta x = c \cdot 1\text{s} = \mathbf{1\ Lichtsekunde\ (Ls)} = 300\,000\ \text{km}\,,$$
$$\Delta t = 1\text{a folgt } \Delta x = c \cdot 1\text{a} = \mathbf{1\ Lichtjahr\ (La)} = 9{,}5 \cdot 10^{15}\ \text{m}\,.$$

Mit dieser Vereinbarung über die Maßeinheiten verlaufen in Minowski-Diagrammen die Weltlinien von Lichtsignalen stets parallel zu den Winkelhalbierenden der Achsen (*Abb. 8–15*).

Die Achsen im Minkowski-Diagramm

Die Aufgabe besteht nun darin, ähnlich wie es in *Ab. 8–14* für den klassischen Fall durchgeführt wurde, für die relativistische Kinematik ein Raum-Zeit-Diagramm zu konstruieren, in dem zwei oder auch mehrere Inertialsysteme untergebracht sind. Wir gehen dabei von einem rechtwinkligen Koordinatensystem $I\,(x;\,t)$ aus.
In diesem Inertialsystem soll ein Raumschiff in x-Richtung fliegen, z. B. mit der Geschwindigkeit $v = 0{,}6\ c$ (*Abb. 8–16 a*). Mit einer Länge von 1 Ls ist das Raumschiff zugegebenermaßen etwas groß geraten, unsere Zeichnung wird dadurch aber übersichtlich. Nach einer Sekunde hat das Raumschiff den Weg $\Delta x = 0{,}6\ c \cdot 1\text{s} = 0{,}6$ Ls zurückgelegt. Damit können die Weltlinien von Anfang und Ende des Raumschiffs gezeichnet werden (*Abb. 8–16 a*). Nun sollen die Achsen des Inertialsystems $I'\ (x';\ t')$ konstruiert

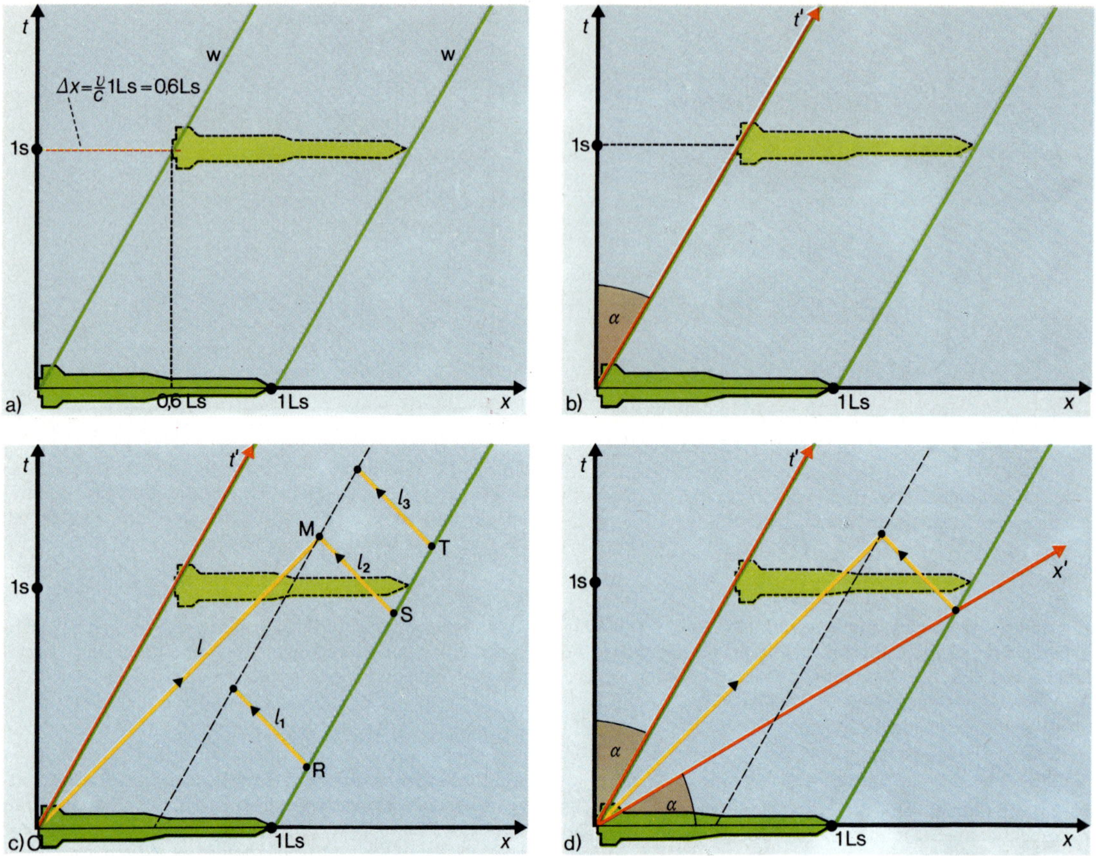

Abb. 8–16: Konstruktion der Achsen im Minkowski-Diagramm für das Ruhsystem des Raumschiffes: Aus den Weltlinien (a) entsteht die t'-Achse (b), aus Punkten O und S zeitgleichen Starts von Signalen (c) die x'-Achse (d).

werden, in dem das Raumschiff ruht. Die t'-Achse ist eine Ortsgleiche im Ruhsystem des Raumschiffs (siehe *Abschnitt 8.2.4*) und verläuft damit parallel zu dessen Weltlinien. Die t'-Achse läßt sich somit einzeichnen (*Abb. 8–16 b*). Der Einfachheit halber legt man die Ursprünge beider Systeme zusammen, dies ist aber nicht zwingend. Aus *Abb. 8–16 a* und *b* liest man für den Tangens des Winkels α zwischen der t- und der t'-Achse ab

$$\tan \alpha = \frac{v}{c},$$

denn die Zeicheneinheiten für die Orts- und die Zeit-Achse sind immer gleichgroß (z. B.: 5 cm entsprechen 1s und 1 Ls). Strebt v gegen c, so strebt der Winkel α gegen 45° und die t'-Achse nähert sich immer mehr der Winkelhalbierenden.
Nun ist die x'-Achse zu konstruieren. Dazu die folgende Vorüberlegung: In dem klassischen Beispiel in *Abb. 8–14* fielen die x- und die x'-Achse, die beide Zeitgleichen sind, zusammen. Dies war eine Folge der absolut geltenden Gleichzeitigkeit. In der Relativitätstheorie gilt Gleichzeitigkeit aber nur für ein Inertialsystem, so daß die x- und die x'-Achse jetzt nicht mehr parallel sein werden. Wie die x'-Achse zu zeichnen ist, überlegen wir uns mit *Abb. 8–16 c*. Dort wird vom Raumschiffende das Lichtsignal l zur Raumschiffmitte ausgesandt. Von der Raumschiffspitze werden nacheinander die Signale l_1, l_2 und l_3 zur Mitte ausgesandt. *Abb. 8–16 c* zeigt, daß zuerst l_1 in der Mitte eintrifft, dann l und l_2 gleichzeitig und danach l_3. Für einen Beobachter im Raumschiff wurden demnach die beiden Lichtsignale l vom Ende und l_2 von der Spitze gleichzeitig ausgesandt. Die beiden Ereignisse O (Aussenden von l) und S (Aussenden von l_2) sind im Ruhsystem des Raumschiffs gleichzeitige Ereignisse. Sie liegen demnach auf einer Parallelen zur x'-Achse. In *Abb. 8–16 c* liegen sie sogar auf der x'-Achse, die damit gezeichnet werden kann (*Abb. 8–16 d*). Aus Symmetriegründen läßt sich leicht einsehen, daß der Winkel zwischen der x- und der x'-Achse gleich dem Winkel α zwischen der t- und der t'-Achse ist: Das Lichtsignal l muß aufgrund der Konstanz der Lichtgeschwindigkeit sowohl im System I als auch in I' Lichtgeschwindigkeit besitzen. Das ist aber nur möglich, wenn die Weltlinie von l Winkelhalbierende sowohl in $I(x; t)$ als auch in I' $(x'; t')$ ist.

Die Zeicheneinheiten im Minkowski-Diagramm

Unter den Zeicheneinheiten e_t und e_x verstehen wir die Zeichenlänge pro Zeit- bzw. pro Ortseinheit, die in unserem Raum-Zeit-Diagramm benutzt werden; z. B. e_t = 5 cm/s und e_x = 5 cm/Ls. Da im Minkowski-Diagramm die Maßstäbe für x- und t-Achse eines Inertialsystems stets gleich sind, schreiben wir für x- und t-Achse einfach e (z. B. e = 5 cm/Einheit).
Ist im rechtwinkligen Koordinatensystem die Zeicheneinheit e vorgegeben, so kennt man zunächst nicht die Zeicheneinheit e' im Inertialsystem I'. Wir leiten den Zusammenhang zwischen e und e' anhand der *Abb. 8–17* her. In *Abb. 8–17* sind zwei Inertialsysteme gezeichnet, das recht-

winklige System $I\,(x;\,t)$ und das spitzwinklige System $I'\,(x';\,t')$, die die Relativgeschwindigkeit $v = 0{,}6\ c$ haben. Wir betrachten drei Uhren, von denen die beiden Uhren A und B (rund gezeichnet) in I ruhen, während die dritte Uhr C (quadratisch gezeichnet) in I' ruht. Die Weltlinien der drei Uhren sind eingezeichnet. Zur Zeit $t = 0$ s werden die drei Uhren synchron gestartet (*Abb. 8–17 a*). Während die Synchronisation der in I ruhenden Uhren A und B erhalten bleibt, geht die relativ dazu bewegte Uhr C langsamer. Nach $\Delta t = 1$ s zeigt die Uhr C erst die Zeit

$$\Delta t' = \Delta t\,\sqrt{1 - v^2/c^2} = 1\ \text{s}\,\sqrt{1 - (0{,}6)^2} = 0{,}8\ \text{s}$$

an (*Abb. 8–17b*). Die Uhr C ist jetzt um die Strecke z vom Ursprung entfernt. Mit dem Satz des Pythagoras berechnet sich diese Strecke zu (*Abb. 8–17b*)

$$z^2 = e^2 + e^2\,(v/c)^2 \Rightarrow z = e\,\sqrt{1 + v^2/c^2}\,.$$

Die Uhr C wird die Zeit $t' = 1$s anzeigen, wenn sie vom Ursprung aus im Raum-Zeit-Diagramm die Strecke

$$e' = z\,\frac{1}{\sqrt{1 - v^2/c^2}} \Rightarrow e' = e\,\frac{\sqrt{1 + v^2/c^2}}{\sqrt{1 - v^2/c^2}} = e\,\sqrt{\frac{c^2 + v^2}{c^2 - v^2}}$$

zurückgelegt hat. Damit ist der gesuchte Zusammenhang hergeleitet. Wenn die Uhr C die Zeit $\Delta t' = 1$ s anzeigt, zeigen die Uhren A und B die Zeit $\Delta t = 1\ \text{s} : 0{,}8 = 1{,}25$ s an (*Abb. 8–17 c*).

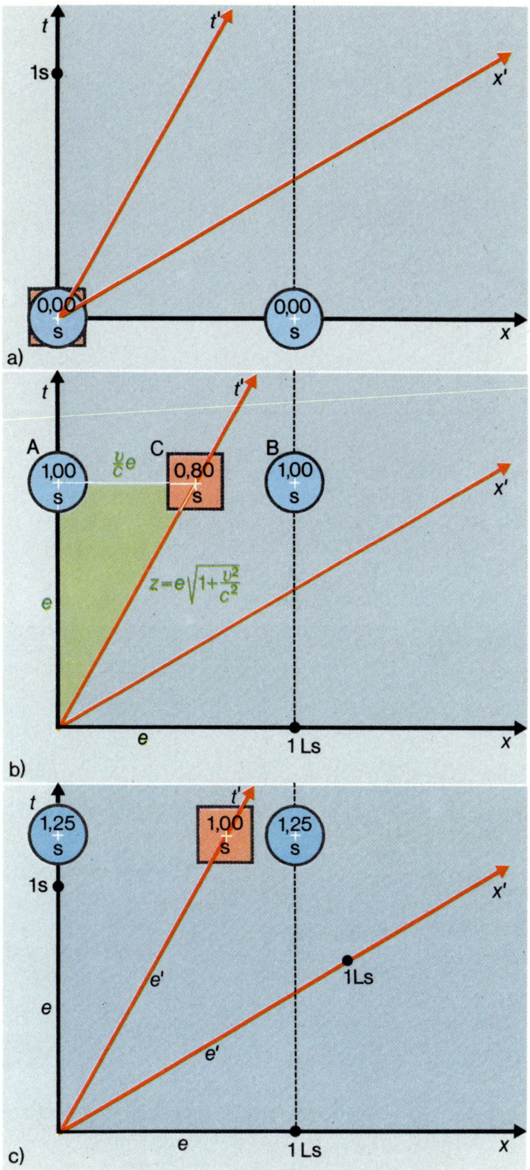

Abb. 8–17: Die Zeicheneinheiten im Minkowski-Diagramm. Die Kreise und das Quadrat stellen Uhren dar.

Zur Konstruktion von Minkowski-Diagrammen

Ist in einem Minkowski-Diagramm ein rechtwinkliges Koordinatensystem $I(x;t)$ mit der Zeicheneinheit e für die Orts- und Zeitachse gezeichnet, so lassen sich die Achsen des Inertialsystems $I'(x';t')$, das sich relativ zum System I mit der Geschwindigkeit v bewegt, mit Hilfe der Gleichung

$$\tan\alpha = \frac{v}{c}$$

zeichnen. α ist der Winkel, den die beiden Orts- und die beiden Zeit-Achsen einschließen. Ist der Wert von v positiv, so sind x'- und t'-Achse um den Winkel α von der rechtwinkligen Lage zur Winkelhalbierenden des 1. Quadranten hingedreht, bei negativem Wert weggedreht. Bei positivem Wert von v ist das Koordinatensystem spitzwinklig, bei negativem Wert stumpfwinklig (*Abb. 8–21*): $I''(x'';t'')$.
Die Zeicheneinheit e' des neuen Systems I' berechnet sich aus der Zeicheneinheit e des Systems I mit der Beziehung:

$$e' = e\,\sqrt{\frac{1 + v^2/c^2}{1 - v^2/c^2}} = e\,\sqrt{\frac{c^2 + v^2}{c^2 - v^2}}\,.$$

Die Lichtgeschwindigkeit als Grenze

In den Formeln für die Zeitdilatation und die Lorentz-Kontraktion

$$\Delta t = \Delta t_R\,\sqrt{1 - v^2/c^2} \quad \text{und} \quad l = l_R\,\sqrt{1 - v^2/c^2}$$

fällt auf, daß für $v > c$ die Radikanden negativ werden und die Wurzeln nicht mehr definiert sind. Für $v = c$ wird $\Delta t = 0$ und $l = 0$. Für die sich mit Lichtgeschwindigkeit bewegenden Photonen (→ siehe *Kapitel 9*) steht aus unserer Sicht die Zeit still; sie können daher auch nicht zerfallen. Umgekehrt ist für das Photon das Universum auf die Länge Null kontrahiert. Diese Überlegungen sollen zeigen, daß die Lichtgeschwindigkeit offenbar eine obere Grenze darstellt. Was wäre, wenn wir dennoch Signale mit Überlichtgeschwindigkeit zuließen? In *Abb. 8–18* ist die Weltlinie eines solchen „Hypersignals" gezeichnet. Während im System $I\,(x;\,t)$ eine gewisse Zeit vergeht, läuft das Signal mit Überlichtgeschwindigkeit die x-Achse entlang, denn die Weltlinie verläuft flacher als die Winkelhalbierende. Im System $I'\,(x';\,t')$ ist das Signal bei $t'_1 > 0$ am Ort $x'_1 = 0$ und erreicht den Ort $x'_2 > 0$ zur Zeit $t'_2 = 0$. Es läuft also in I' zeitlich rückwärts! Mit solchen Signalen könnte man Botschaften in die Vergangenheit senden, oder, anders ausgedrückt, Informationen aus der Zukunft erhalten. Die Erfahrung lehrt aber, daß es so etwas nicht gibt. Die Minkowski-Diagramme, die aus den Grundprinzipien hergeleitet wurden, haben uns unter der Annahme, daß sich Signale mit Überlichtgeschwindigkeit ausbreiten können, zu einer in der Natur nicht beobachteten Aussage geführt. Wir folgern daraus, daß diese Annahme nicht zutrifft.

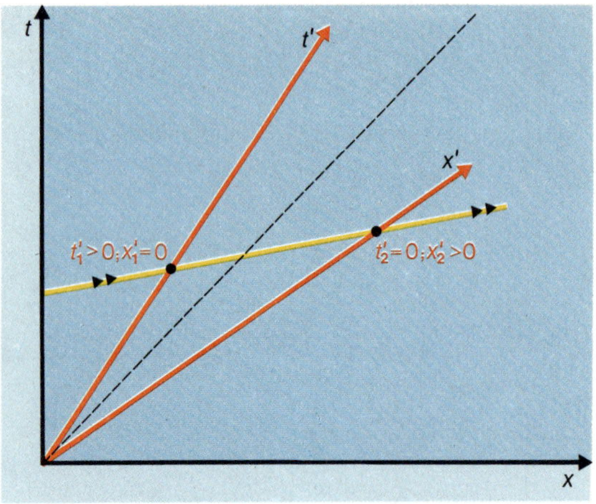

Abb. 8–18: Die Weltlinie eines „Hypersignals", das sich im System I $(x;\ t)$ mit Überlichtgeschwindigkeit bewegt. Im System I' $(x';\ t')$ läuft das Signal zeitlich rückwärts; so etwas gibt es nicht.

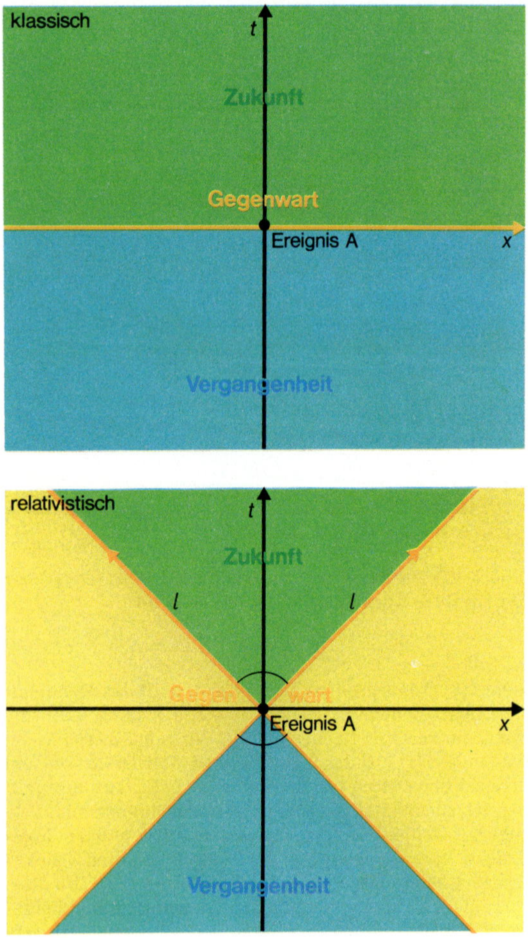

Abb. 8–19: Das klassische Verständnis von Vergangenheit, Gegenwart und Zukunft eines Ereignisses A (oben) ist der relativistischen Deutung (unten) gegenübergestellt.

| Signale laufen höchstens mit Lichtgeschwindigkeit.

Körper können sich dann auch nicht mit Überlichtgeschwindigkeit bewegen, denn mit ihnen lassen sich Signale übertragen; die relativistische Dynamik wird zeigen, daß sich die Geschwindigkeit von Körpern der Lichtgeschwindigkeit lediglich nähern kann, ohne sie zu erreichen.

Die Lichtgeschwindigkeit als Grenzgeschwindigkeit führt zu einem neuen Verständnis der Begriffe Vergangenheit, Gegenwart und Zukunft. In *Abb. 8–19* ist das klassische Bild (oben) der relativistischen Deutung (unten) gegenübergestellt: In beiden Bildern ist ein Ereignis A im Ursprung eines Raum-Zeit-Diagramms gezeichnet. Klassisch bilden alle Ereignisse oberhalb der x-Achse die Zukunft, unterhalb der x-Achse die Vergangenheit; die x-Achse selbst stellt die gleichzeitigen Ereignisse dar, sie bildet also die Gegenwart. Relativistisch (*Abb. 8–19 unten*) kann das Ereignis A nur von solchen Ereignissen Kenntnis haben oder von ihnen beeinflußt werden, die innerhalb oder auf dem Rand eines von zwei Lichtsignalen gebildeten, nach unten geöffneten 90°-Winkels liegen. In dem entsprechenden, sich nach oben öffnenden 90°-Winkel liegen alle Ereignisse, die von A Kenntnis haben oder von ihm beeinflußt sein können. Alle Ereignisse außerhalb der beiden 90°-Winkel können A weder beeinflussen noch von ihm beeinflußt werden. Jedes dieser Ereignisse ist aber in einem bestimmten Bezugssystem gleichzeitig zum Ereignis A. Es ist daher sinnvoll, all diese Ereignisse als die Gegenwart von A zu bezeichnen. Die Ereignisse in dem nach unten geöffneten Winkel bilden dann die Vergangenheit, in dem nach oben geöffneten Winkel die Zukunft.

Aufgaben

***8/25:** Zeichnen Sie in einem Minkowski-Diagramm ein rechtwinkliges Koordinatensystem I und ein System I', das sich relativ zu I mit $v = 0{,}8\ c$ bewegt. Zeigen Sie, daß aus der Sicht eines jeden Systems die Uhren im anderen System langsamer gehen, daß also die Zeitdilatation ein symmetrischer Effekt ist. Zeigen Sie, daß auch die Lorentz-Kontraktion ein symmetrischer Effekt ist.

***8/26:** Warum verlaufen in einem klassischen Raum-Zeit-Diagramm die Ortsachsen parallel, in einem relativistischen dagegen nicht?

***8/27:** Nehmen Sie in einem rechtwinkligen Koordinatensystem eine Zeicheneinheit von $e = 6$ cm für 1 s bzw. für 1 Ls an. Zeichnen Sie eine Folge von 10 Inertialsystemen mit den Relativgeschwindigkeiten

$$v = \pm \tfrac{1}{6}\,c;\ \pm \tfrac{2}{6}\,c;\ \pm \tfrac{3}{6}\,c;\ \pm \tfrac{4}{6}\,c;\ \pm \tfrac{5}{6}\,c$$

und tragen Sie jeweils 1 s und 1 Ls ein. Bei negativen Relativgeschwindigkeiten erhält man stumpfwinklige Koordinatensysteme.

***8/28:** Zwei Raumschiffe fliegen in entgegengesetzter Richtung mit den Geschwindigkeiten $v_1 = 0{,}6\ c$ und $v_2 = 0{,}3\ c$ an der Erde vorbei. Zeichnen Sie ein Minkowski-Diagramm, in dem das Erdsystem (rechtwinklig) und die Ruhsysteme der beiden Raumschiffe eingetragen sind. Lesen Sie ab, um welchen Faktor die Uhren des einen Raumschiffs langsamer im Vergleich zu den Uhren des anderen Raumschiffs gehen. Zeigen Sie, daß der Effekt symmetrisch ist. Zeigen Sie, daß die Raumschiffe um den gleichen Faktor Lorentz-kontrahiert sind.

8.2.6 Der optische Doppler-Effekt

In *Abschnitt 3.3.4* wurden die Formeln für den akustischen Doppler-Effekt hergeleitet:

Empfänger entfernt sich	**Sender entfernt sich**
$f_E = f_S\,(1 - \frac{v_E}{c})$,	$f_E = f_S \frac{1}{1 + v_s/c}$.

f_S ist die Frequenz des Senders, f_E ist die aufgrund der Bewegung geänderte Frequenz, die der Empfänger wahrnimmt; v_E ist die Geschwindigkeit, mit der sich der Empfänger vom Sender entfernt, v_S die Geschwindigkeit, mit der sich der Sender vom Empfänger entfernt. Bei Schallwellen ist zwischen diesen beiden Fällen zu unterscheiden, da die Luft als Wellenträger ein ausgezeichnetes Bezugssystem darstellt. Daher werden unterschiedliche Frequenzen empfangen, wenn sich Empfänger oder Sender relativ zur Luft bewegen.
Vom optischen Doppler-Effekt spricht man, wenn es sich um Lichtwellen, oder allgemein um elektromagnetische Wellen handelt. Für solche Wellen gibt es aber keinen Wellenträger, so daß man die obige Fallunterscheidung nicht mehr durchzuführen braucht, denn es kommt jetzt nur noch auf die Relativbewegung v zwischen Sender und Empfänger an. Wir wollen zeigen, daß die beiden obigen Formeln ineinander übergehen, wenn man die Zeitdilatation berücksichtigt; für v_E und v_S setzen wir die Relativgeschwindigkeit v ein, und c ist jetzt die Lichtgeschwindigkeit:

Die Uhren des bewegten Empfängers gehen langsamer; die Sendefrequenz ist daher um den Faktor	Die Uhren des bewegten Senders gehen langsamer; die Sendefrequenz ist daher um den Faktor
$1/\sqrt{1 - v^2/c^2}$ erhöht.	$\sqrt{1 - v^2/c^2}$ erniedrigt.

Mit diesen Korrekturen wird aus obigen Formeln

$$f_E = \frac{f_S}{\sqrt{1 - v^2/c^2}}(1 - v/c), \qquad f_E = f_S \sqrt{1 - v^2/c^2}\,\frac{1}{1 + v/c}\,.$$

Mit der Umformung $1 = v^2/c^2 = (1 + v/c)\ (1 - v/c)$ erweisen sich diese beiden Formeln als identisch:

$$f_E = f_S \sqrt{\frac{1 - v/c}{1 + v/c}}\,.$$

Mit der Wellengleichung $c = f_E\,\lambda_E = f_S\,\lambda_S$ erhält man daraus die Formel zur Berechnung der Verschiebung der Wellenlänge:

Entfernen sich Sender und Empfänger von elektromagnetischer Strahlung mit der Relativgeschwindigkeit v voneinander, so ist die im Ruhsystem des Empfängers gemessene Wellenlänge λ_E größer als die im Ruhsystem des Senders gemessene Wellenlänge λ_S; es gilt die Formel für den optischen Doppler-Effekt

$$\lambda_E = \lambda_S \sqrt{\frac{1 + v/c}{1 - v/c}}\,.$$

Bei Annäherung sind für v negative Werte einzusetzen.

Der optische Doppler-Effekt war im vergangenen Jahrhundert von Christian DOPPLER vorhergesagt worden und erwies sich in diesem Jahrhundert für die Astrophysik als eine der wichtigsten Meßmethoden: Durch die Spektralanalyse des Sternenlichts läßt sich die Bewegung von Doppelsternen erkennen, die Rotation von Galaxien ermitteln und die Strömung interstellarer Materie verfolgen (siehe *Kapitel 14*). Insbesondere war es die von Edwin HUBBLE im Jahre 1929 entdeckte Rotverschiebung ferner Galaxien, die weltweit für Aufregung sorgte. HUBBLE stellte fest, daß die Spektrallinien um so stärker zu längeren Wellenlängen verschoben sind, je weiter die Galaxie von uns entfernt ist. Wir werden darauf in *Kapitel 14* näher eingehen, wollen hier aber ein Beispiel rechnen:
Die höchste Rotverschiebung, die man bis heute entdeckt hat, stammt von dem Quasar OQ 172. Eine charakteristische Spektrallinie des Wasserstoffspektrums, die Lyman-alpha-Linie (siehe *Kapitel 10.1*), die bei ruhender Lichtquelle im ultravioletten Licht bei λ_S = 121,6 nm liegt, ist hier bis in den grünen Spektralbereich zu λ_E = 550,8 nm verschoben (*Abb. 8–20*). Löst man die obige Formel für die Rotverschiebung nach v/c auf und setzt die Werte ein, so erhält man

$$\frac{v}{c} = \frac{\left(\frac{\lambda_E}{\lambda_S}\right)^2 - 1}{\left(\frac{\lambda_E}{\lambda_S}\right)^2 + 1} = \frac{\left(\frac{550{,}8}{121{,}6}\right)^2 - 1}{\left(\frac{550{,}8}{121{,}6}\right)^2 + 1} = 0{,}91\,.$$

Der Quasar OQ 172 entfernt sich mit 91% der Lichtgeschwindigkeit von uns.

Aufgaben

8/29: Eine Wasserstofflinie im Spektrum des Spiralnebels Hydra hat eine Wellenlänge von 475 nm, während man im Labor die Linie bei einer Wellenlänge von 394 nm mißt. Wie groß ist die Fluchtgeschwindigkeit des Spiralnebels?
8/30: Worin unterscheiden sich akustischer und optischer Doppler-Effekt? Welche Frequenzen werden empfangen, wenn sich Sender und Empfänger mit Schall- bzw. mit Lichtgeschwindigkeit aufeinander zubewegen oder voneinander entfernen?
8/31: Ein Raumschiff nähert sich mit v = 0,6 c der Erde. Während einer Fernsehübertragung zur Erde vergeht im Raumschiff eine Stunde. Wie lange dauert die Sendung auf der Erde? (Verwenden Sie die Formel $f = 1/T$ und betrachten Sie T als Übertragungszeit.) Lösen Sie die Aufgabe auch mit einem Minkowski-Diagramm.

8.2.7 Das Additionstheorem der Geschwindigkeiten

Fliegt eine Rakete mit der Geschwindigkeit v = 0,6 c nach rechts an der Erde vorbei, und man verfolgt den Flug aus einem Inertialsystem I'', das sich mit u = −0,65 c nach links an der Erde vorbeibewegt, so hätte – klassisch gerechnet – die Rakete in diesem Inertialsystem die Geschwindigkeit 0,6 c − (−0,65 c) = 1,25 c ! Nach unseren Überlegungen in *Abschnitt 8.2.5* stellt aber die Lichtgeschwindigkeit eine obere Grenze dar, so daß v'', das ist die Geschwindigkeit der Rakete in I'', kleiner als c sein sollte. Ein solches Ergebnis liest man auch aus *Abb. 8–21* ab, wo das soeben besprochene Beispiel in einem Minkowski-Diagramm dargestellt ist: Das Ruhsystem der Rakete I' bewegt sich relativ zu I mit der Geschwindigkeit v = 0,6 c in positiver x-Richtung, denn es legt in Δt = 10 s die Strecke Δx = 6 Ls zurück. Das System I'' bewegt sich relativ zu I mit u = −0,65 c, denn es legt in Δt = 10 s die Strecke Δx = −6,5 Ls zurück. Im Inertialsystem I'' legt die Raketenspitze in $\Delta t''$ = 10 s den

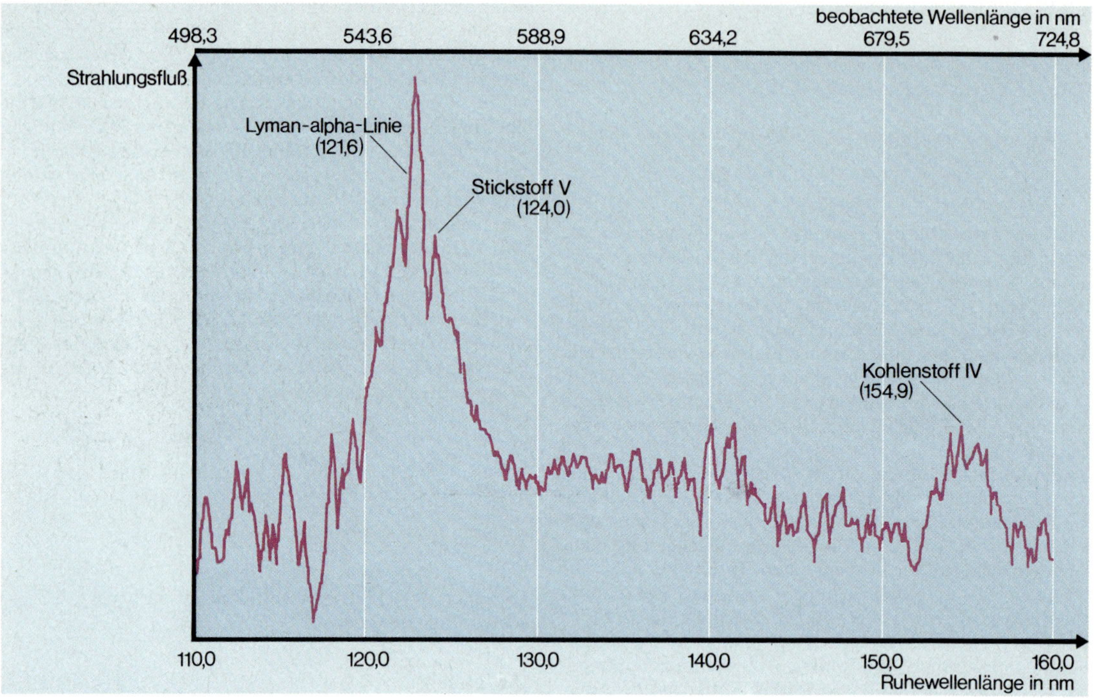

Abb. 8–20: Im Spektrum des Quasars OQ 172 wurde die höchste Rotverschiebung entdeckt, die man bisher beobachtet hat. Die Lyman-alpha-Linie des Wasserstoffs ist von 121,6 nm im Ultravioletten bis zu einer grünen Wellenlänge von 550,8 nm verschoben.

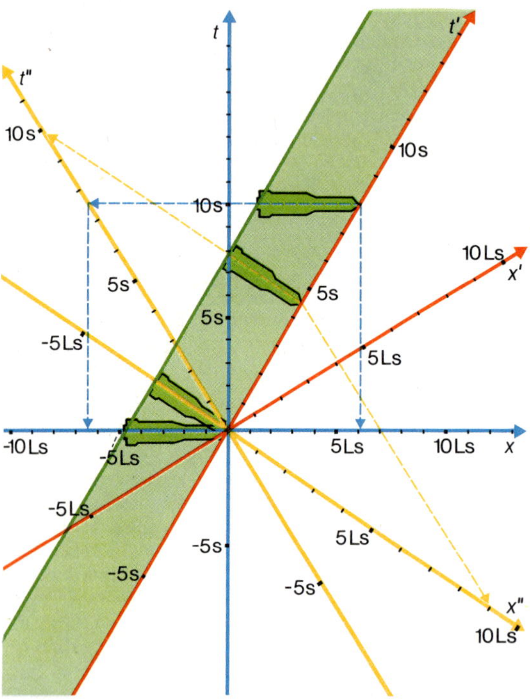

Abb. 8–21: Das Ruhsystem der Rakete I' bewegt sich mit $0{,}6\,c$ relativ zum System I nach rechts. Das Inertialsystem I'' bewegt sich relativ zu I mit $0{,}65\,c$ nach links. In I'' hat die Rakete die Geschwindigkeit $0{,}9\,c$.

Weg $\Delta x'' = 9$ Ls zurück, d. h., die Rakete hat die Geschwindigkeit $v'' = 0{,}9\,c$, die wie erwartet kleiner als c ist. Bei der relativistischen „Addition" von Geschwindigkeiten wird die Lichtgeschwindigkeit offenbar nicht überschritten. Wie diese Addition erfolgt, soll mit einem Minkowski-Diagramm hergeleitet werden.

Das Minkowski-Diagramm in *Abb. 8–22* enthält die beiden Inertialsysteme I und I'. Die Koordinaten eines Ereignisses E sind in beiden Inertialsystemen angegeben: $(x;\, c\,t)$ und $(x';\, c\,t')$. Da wir eine Addition von Strecken im Minkowski-Diagramm durchführen werden, wurden die Zeitkoordinaten mit c multipliziert, so daß sich auch hier eine Länge ergibt. Die im Diagramm gezeichneten Strecken auf den Achsen ergeben sich dann aus der Multiplikation der Koordinaten mit den Zeicheneinheiten e bzw. e'
(z. B. $x\,e = 1{,}5$ Ls $\cdot$ 2 cm/Ls = 3 cm, $c\,t\,e = c \cdot 3$ s $\cdot$ 2 cm/Ls = 6 cm).

Mit Hilfe der in *Abb. 8–22* eingezeichneten Dreiecke und der angegebenen trigonometrischen Beziehungen lassen sich die Strecken $x\,e$ und $c\,t\,e$ durch Strecken ausdrücken, die die Koordinaten x' und t' sowie den Winkel α enthalten, für den in *8.2.5* die Beziehung $\tan \alpha = v/c$ hergeleitet wurde. Aus *Abb. 8–22* liest man ab

$$x\,e = x'\,e' \cos\alpha + c\,t'\,e' \sin\alpha$$
$$c\,t\,e = x'\,e' \sin\alpha + c\,t'\,e' \cos\alpha$$

Bildet man die Quotienten der linken und rechten Seiten, so kürzen sich die Zeicheneinheiten e und e' heraus, und man erhält die Gleichung:

$$\frac{x}{c\,t} = \frac{x' \cos\alpha + c\,t' \sin\alpha}{x' \sin\alpha + c\,t' \cos\alpha}\,.$$

Die rechte Seite mit $t' \cos \alpha$ gekürzt und $\tan \alpha = v/c$ eingesetzt, ergibt:

$$\frac{x}{c\,t} = \frac{\dfrac{x'}{t'} + c \tan \alpha}{\dfrac{x'}{t'} \tan \alpha + c} = \frac{\dfrac{x'}{t'} + v}{\dfrac{x'\,v}{t'\,c} + c}\,.$$

Bewegt sich ein Körper gleichförmig vom Ursprung zum Ereignis E, so hat er im System I die Geschwindigkeit $u = x/t$ und im System I' die Geschwindigkeit $u' = x'/t'$. Setzt man diese Beziehungen ein, so ist der gesuchte Zusammenhang gefunden (die Nenner beider Seiten werden noch durch c dividiert):

Additionstheorem der Geschwindigkeiten
Hat ein Körper in einem Inertialsystem I' die Geschwindigkeit u', und bewegt sich dieses System I' relativ zu einem zweiten Inertialsystem I mit der Geschwindigkeit v, so mißt man in diesem System I eine Geschwindigkeit u des Körpers, die sich nach folgender Formel berechnet:

$$u = \frac{u' + v}{1 + \dfrac{u'\,v}{c^2}}\,.$$

Die Geschwindigkeiten u, u' und v haben bei positiven Werten die Richtung der x- bzw. x'-Achse; bei negativen Werten sind sie entgegengerichtet.

Für kleine Geschwindigkeiten u' und v gilt $u'\,v \ll c^2$, womit die Formel näherungsweise in die Geschwindigkeitsaddition $u = u' + v$ der klassischen Physik übergeht.
Das Additionstheorem erfüllt, wie es sein muß, das Prinzip von der Konstanz der Lichtgeschwindigkeit. Setzt man $u' = c$ ein, so folgt $u = c$, wie folgende Rechnung zeigt:

$$u = \frac{c + v}{1 + \dfrac{c\,v}{c^2}} = \frac{c + v}{\dfrac{c + v}{c}} = c\,.$$

1964 wurde im europäischen Kernforschungszentrum CERN die Formel überprüft, indem die von sehr schnellen Pi-Mesonen in Vorausrichtung ausgesandte Strahlung gemessen wurde. Pi-Mesonen sind Elementarteilchen, die unter Aussendung von Gammastrahlung zerfallen. In dem Experiment hatten die Pi-Mesonen eine Geschwindigkeit von $v = 0{,}99975\,c$ und stellten somit eine mit nahezu Lichtgeschwindigkeit bewegte Lichtquelle ($u' = c$) dar. Dennoch zeigte die Messung der in Vorausrichtung ausgesandten Strahlung keine Abweichung von der Lichtgeschwindigkeit ($u = c$), obwohl man noch einen Unterschied von einem Zehntel Promille hätte nachweisen können.

Aufgaben

*** 8/32:** Zwei Raketen fliegen in entgegengesetzter Richtung an der Erde vorbei. Die Geschwindigkeit beider Raketen beträgt relativ zur Erde $v = 0{,}8\,c$. Wie groß ist die Relativgeschwindigkeit der beiden Raketen?
*** 8/33:** Ein radioaktiver Kern fliegt mit $v = 0{,}5\,c$ und sendet in seinem Ruhsystem Elektronen mit einer Geschwindigkeit von $0{,}6\,c$ aus. Welche Geschwindigkeiten haben die Elektronen in und entgegen der Flugrichtung des Kerns im Laborsystem?
*** 8/34:** Ein Flugzeug fliegt mit einer Geschwindigkeit von 1000 km/h und feuert in Vorausrichtung ein Geschoß mit ebenfalls 1000 km/h ab. Wie genau müßte eine Geschwindigkeitsmessung des Geschosses sein, wollte man den relativistischen Effekt nachweisen?

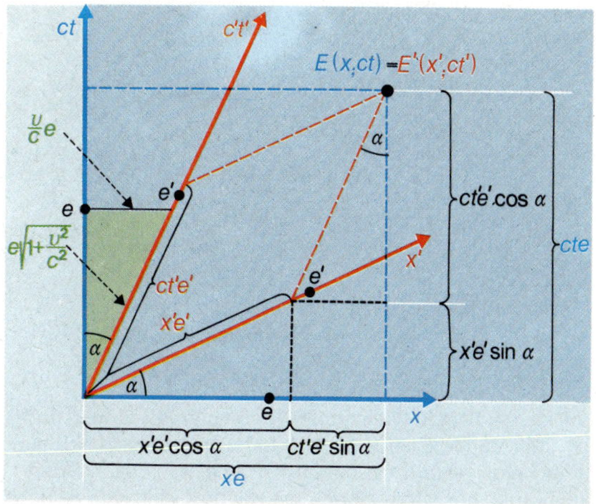

Abb. 8–22: Ein Minkowski-Diagramm zur Herleitung des Additionstheorems der Geschwindigkeiten und der Lorentz-Transformationsgleichungen.

8.2.8 Die Lorentz-Transformationsgleichungen

Ein Ereignis E ist in Raum und Zeit durch Angabe seiner drei Ortskoordinaten und seiner Zeitkoordinate (x; y; z; t) bezüglich eines Inertialsystems I festgelegt. Auf ein anderes Inertialsystem I' bezogen, hat es die Koordinaten (x'; y'; z'; t'). Will man die Koordinaten des Systems I in die des Systems I', das sich verabredungsgemäß mit der Relativgeschwindigkeit v in x-Richtung bewegen soll, umrechnen, so braucht man dazu Gleichungen, die die Koordinaten der beiden Systeme in Beziehung setzen. Diese Gleichungen bezeichnet man als Lorentz-Transformation.
Senkrecht zur Bewegungsrichtung, also in y- und in z-Richtung, sind die Transformationsgleichungen sehr einfach, da es hier keine Längenänderungen gibt. Es gilt $y = y'$ und $z = z'$. Man kann dies damit begründen, daß Uhren, die senkrecht zur Bewegungsrichtung hintereinander aufgestellt sind, aus der Sicht aller Inertialsysteme synchron gehen, wenn sie in ihrem Ruhsystem gleichzeitig in Gang gesetzt wurden. Eine Längenmessung senkrecht zur Bewegungsrichtung führt dann in jedem Inertialsystem zum gleichen Ergebnis. Für die x- und t-Koordinaten sind die Zusammenhänge komplizierter, wie wir von den Minkowski-Diagrammen her wissen. In *Abb. 8–22* des vorhergehenden Abschnitts ist der Zusammenhang jedoch schon geometrisch dargestellt, und man liest dort ab:

$$x\,e = x'\,e' \cos \alpha + c\,t'\,e' \sin \alpha,$$
$$c\,t\,e = x'\,e' \sin \alpha + c\,t'\,e' \cos \alpha.$$

Dies sind bereits die gesuchten Gleichungen, man muß sie nur noch in eine einfachere Form bringen. Dazu dividiert man beide Gleichungen durch e und klammert auf den rechten Seiten $e' \cos \alpha$ aus:

$$x = \frac{e'}{e} \cos \alpha\,(x' + c\,t' \tan \alpha),$$

$$c\,t = \frac{e'}{e} \cos \alpha\,(x' \tan \alpha + c\,t').$$

Aus *Abschnitt 8.2.5* kennen wir eine Gleichung für e'/e, und aus *Abb. 8–22* liest man Gleichungen für $\cos \alpha$ und $\tan \alpha$ ab:

$$\frac{e'}{e} = \sqrt{\frac{1 + v^2/c^2}{1 - v^2/c^2}} \text{ ; } \tan \alpha = \frac{v}{c} \text{ ; } \cos \alpha = \frac{1}{\sqrt{1 + v^2/c^2}} .$$

Setzt man diese Beziehungen in die beiden obigen Gleichungen ein, so erhält man:

$$x = \sqrt{\frac{1 + v^2/c^2}{1 - v^2/c^2}} \frac{1}{\sqrt{1 + v^2/c^2}} (x' + c\,t' \frac{v}{c}) ,$$

$$c\,t = \sqrt{\frac{1 + v^2/c^2}{1 - v^2/c^2}} \frac{1}{\sqrt{1 + v^2/c^2}} (x' \frac{v}{c} + c\,t') .$$

Diese beiden Gleichungen vereinfachen sich zu

$$x = \frac{x' + v\,t'}{\sqrt{1 - v^2/c^2}} \text{ und } c\,t = \frac{\frac{v}{c} x' + c\,t'}{\sqrt{1 - v^2/c^2}} .$$

Mit diesen beiden Gleichungen kann man die Koordinaten x' und t' in die Koordinaten x und t umrechnen. Will man umgekehrt verfahren, löst man die Gleichungen x' und t' auf. Einfacher ist es, wenn man erkennt, daß sich I und I' gerade vertauschen, wenn man v durch $-v$ ersetzt; in obigen Gleichungen tauschen sich dann x und x' sowie t und t' aus. Damit kennt man den vollständigen Satz der Transformationsgleichungen.

Lorentz-Transformationsgleichungen

Zwischen den Koordinaten (x; y; z; t) eines Ereignisses in einem Inertialsystem I und den Koordinaten (x'; y'; z'; t') desselben Ereignisses in einem relativ zu I mit der Geschwindigkeit v bewegten Inertialsystem gelten die Gleichungen:

$$x = k\,(x' + v\,t') \qquad x' = k\,(x - v\,t)$$
$$y = y' \qquad y' = y$$
$$z = z' \qquad z' = z$$
$$t = k\,(t' + \frac{v}{c^2} x') \qquad t' = k\,(t - \frac{v}{c^2} x)$$

mit $k = \dfrac{1}{\sqrt{1 - v^2/c^2}}$.

Für $v \ll c$ kann man die Terme mit c^2 im Nenner vernachlässigen. Damit nehmen die Gleichungen die Form der klassischen Galilei-Transformationsgleichungen an. Die klassische Physik ist als Grenzfall in der relativistischen Physik enthalten.

Aufgaben

*** 8/35:** Leiten Sie mit den Lorentz-Transformationsgleichungen die Formel für die Zeitdilatation her. Legen Sie zunächst zwei Ereignisse für die Ablesung einer in I bewegten, in I' ruhenden Uhr fest. Beachten Sie, daß die Ablesung in I' am gleichen Ort ($x'_1 = x'_2$), in I an verschiedenen Orten erfolgt.

*** 8/36:** Zwei Ereignisse haben im Inertialsystem I die Koordinaten E_1 (2 Ls; 2 s) und E_2 (6 Ls; 5 s).

a) Transformieren Sie die Koordinaten der beiden Ereignisse in das System I', das sich relativ zu I mit $v = 0{,}6\,c$ bewegt.
b) Bilden Sie in beiden Inertialsystemen den räumlichen Abstand Δx, den zeitlichen Abstand Δt und den sogenannten raum-zeitlichen Abstand $\Delta s = \sqrt{c^2\,\Delta t^2 - \Delta x^2}$ der beiden Ereignisse. Was fällt auf?

*** 8/37:** Auf dem Planeten Merkur (Umlaufgeschwindigkeit um die Sonne 48 km/s) und auf dem Planeten Pluto (Umlaufgeschwindigkeit 5 km/s) werden Bomben mit Zeitzünder gelegt. Um wieviel explodiert die Bombe auf dem Merkur später, wenn die Zeitzünder auf 100 Jahre eingestellt werden?

*** 8/38:** Um wieviel müßte aufgrund der Erddrehung eine Uhr am Äquator im Vergleich zu einer Uhr am Pol nach einem Jahr nachgehen? Könnte man diese Zeitdifferenz mit Atomuhren messen (siehe *Aufgabe 8/12*)?
(Anmerkung: Tatsächlich kann man diese Zeitdifferenz nicht messen. Der relativistische Effekt der Geschwindigkeit wird nämlich durch einen anderen relativistischen Effekt, den der Gravitation, gerade aufgehoben. In einem höheren Gravitationspotential gehen Uhren langsamer. Das ist am Pol aufgrund der Abflachung der Erde der Fall, so daß sich die beiden relativistischen Effekte etwa gerade aufheben.)

*** 8/39:** Werden Uhren bewegt, so gehen sie langsamer und zeigen daher im Vergleich zu ruhenden Uhren eine andere Zeit an. Man könnte daher annehmen, daß der Uhrentransport zur Synchronisation entfernter Uhren eine ungeeignete Methode ist. Tatsächlich werden aber transportable Atomuhren zur Herstellung der internationalen Atomzeitskala von den nationalen Zeitinstituten nach Paris zum BIH (Bureau International de l'Heure) gebracht. Zeigen Sie, daß die dabei auftretende Zeitabweichung kleiner als jeder vorgegebene Wert gemacht werden kann, wenn der Uhrentransport nur genügend langsam erfolgt.
(Benutzen Sie die Näherung $\sqrt{1 - v^2/c^2} \approx 1 - v^2/(2c^2)$.)
Mit welcher Geschwindigkeit darf demnach höchstens eine Uhr von Tokio nach Paris transportiert werden (Entfernung ca. 12 000 km), wenn der dabei auftretende Zeitfehler kleiner als 10^{-8} sein soll?

*** 8/40:** In einem Linearbeschleuniger wird ein Elektron auf die Geschwindigkeit $v = 0{,}6\,c$ beschleunigt. Anschließend durchfliegt es mit konstanter Geschwindigkeit eine Strecke AB von 9 m Länge.

a) Wie lange braucht das Elektron, um diese Strecke zu durchfliegen?
b) Wie lang ist die Strecke im Ruhsystem des Elektrons?
c) Welche Zeit vergeht im Ruhsystem des Elektrons, bis die Strecke durchflogen ist?

*** 8/41:** Ein Raumschiff der Eigenlänge $l_0 = 100$ m fliegt mit $v = 0{,}6\,c$ an einer interplanetaren Station vorbei. Als die Spitze des Raumschiffs einen Sendemast der Raumstation passiert, wird ein Radiosignal ausgesandt.

a) Nach welcher Zeit erreicht das Signal das Heck des Raumschiffs?
b) Nach welcher Zeit passiert das Heck des Raumschiffs den Sendemast?

Geben Sie die Zeiten jeweils in Raumschiffszeit und Stationszeit an. Lösen Sie rechnerisch und zeichnerisch mit einem Minkowski-Diagramm.

*** 8/42:** Um 8.00 Uhr passiert ein Raumschiff mit $v = 0{,}8\,c$ die Erde. Dabei wird auch die Raumschiffsuhr auf 8.00 Uhr gestellt. Um 9.30 Uhr fliegt das Raumschiff an einer Raumstation vorbei, die konstanten Abstand zur Erde hat. Die Uhren in der Station zeigen Erdzeit an.

a) Wieviel Uhr ist es während des Vorbeiflugs im Raumschiff?
b) Welche Entfernung hat die Raumstation von der Erde für einen Beobachter auf der Erde?

Zeichnen Sie ein Minkowski-Diagramm.

*** 8/43:** Ist es möglich, mit einem 15 m langen Panzer einen 10 m breiten Graben mit einer Geschwindigkeit von $v = 0{,}8\,c$ zu überqueren? Aus der Sicht des Panzerfahrers ist der Graben auf 6 m kontrahiert, und die Mitte des Panzers, dort sei der Schwerpunkt, steht noch fest auf der einen Seite, wenn die Vorderkante des Panzers die andere Grabenseite erreicht. Aus der Sicht der Verteidiger ist der Panzer auf 9 m kontrahiert. Er schwebt also einen Moment frei in der Luft und müßte in den Graben fallen! Wie löst sich dieser Widerspruch?

*** 8/44:** Ein Raumschiff startet am Neujahrstag des Jahres 1995 und fliegt mit der Geschwindigkeit $v = 0{,}8\ c$ zu dem erdnächsten Stern Alpha Centauri, der etwa 4 Lichtjahre von uns entfernt ist. Nach einem Aufenthalt von 2 Jahren kehrt das Raumschiff mit der Geschwindigkeit $v = 0{,}6\ c$ zur Erde zurück. Jeweils zur Jahreswende sollen von der Erde und vom Raumschiff Neujahrsgrüße per Funk ausgesendet werden. Zeichnen Sie in einem Minkowski-Diagramm den Verlauf der Weltraumreise. Tragen Sie auch die Funksprüche in das Diagramm ein. In welchem Jahr kehrt das Raumschiff zur Erde zurück? Wieviel Botschaften wurden ausgetauscht? Deuten Sie das Ergebnis mit Hilfe des Doppler-Effekts.

***8/45:** Zeichnen Sie den Graphen für die Rotverschiebung der Lichtwellenlänge $v/c \to \lambda_E/\lambda_S$. Bis zu welchen Werten v/c darf man die klassische Formel für den Doppler-Effekt $\lambda_E = \lambda_S\,(1 + v/c)$ verwenden? Tragen Sie diese Funktion ebenfalls in das Diagramm ein.

*** 8/46:** Ein Raumschiff fliegt mit $0{,}2\ c$ durch die Milchstraße, als es von einer gegnerischen Rakete überholt wird, die mit $0{,}8\ c$ die Galaxie durchquert. Sofort löst der Kommandant des Raumschiffs ein $0{,}7\ c$-Geschoß aus, das die Rakete kurze Zeit später einholt und zerstört. – Prüfen Sie im Inertialsystem „Galaxie" und im System „Raumschiff", ob diese Geschichte wahr sein kann.

*** 8/47:** Im Jahre 1995 startet ein 20jähriger Astronaut zu einer Weltraumreise. Da seine Rakete mit $v = \frac{60}{61}\,c$ fliegt und damit fast Lichtgeschwindigkeit erreicht, kann er während seiner 33 Jahre dauernden Reise auch den 9,7 Lichtjahre entfernten Sirius besuchen.

a) Welches Jahr schreibt man auf der Erde, wenn der Astronaut als 53jähriger zurückkehrt?
b) Wie alt ist der Astronaut, wenn er auf seinem direkten Flug zu Sirius diesen Stern passiert?
c) Wie schnell hätte der Astronaut fliegen müssen, um während seiner 33 Jahre dauernden Weltraumreise den 2 Millionen Lichtjahre entfernten Andromedanebel zu besuchen?

*** 8/48:** Ein mit der Geschwindigkeit $v = 0{,}6\ c$ fliegendes K-Meson zerfällt in zwei Pi-Mesonen. Im Ruhsystem des K-Mesons haben die Pi-Mesonen eine Geschwindigkeit von $0{,}85\ c$. Welche Geschwindigkeit haben die Pi-Mesonen maximal und minimal im Laborsystem?

*** 8/49:** Leiten Sie aus den Lorentz-Transformationsgleichungen das Additionstheorem der Geschwindigkeiten her.

*** 8/50:** Den Ausdruck $\Delta s = \sqrt{c^2\,\Delta t^2 - \Delta x^2}$ bezeichnet man als raum-zeitlichen Abstand. Zeigen Sie, daß dieser Ausdruck invariant gegenüber Lorentz-Transformationen ist.

*** 8/51:** Zum Zeitpunkt $t = t' = 0$ wird im gemeinsamen Ursprung zweier Inertialsysteme I und I' ein Lichtsignal ausgelöst. Nach der Zeit t erreicht das Licht im Inertialsystem I eine Kugelfläche mit der Gleichung $x^2 + y^2 + z^2 = c^2t^2$. Zeigen Sie durch Anwenden der Transformationsgleichungen, daß auch in I' das Licht eine Kugelfläche erreicht, in deren Mittelpunkt der Ursprung des Systems I' liegt.

8.3 Die relativistische Dynamik

„Das wichtigste Ergebnis der speziellen Relativitätstheorie betraf die träge Masse körperlicher Systeme. Es ergab sich, daß die Trägheit eines Systems von seinem Energieinhalt abhängen müsse, und man gelangte geradezu zur Auffassung, daß träge Masse nichts anderes sei als latente Energie. Der Satz von der Erhaltung der Masse verlor seine Selbständigkeit und verschmolz mit dem von der Erhaltung der Energie."

Mit diesen Worten faßt Albert EINSTEIN in einem Zeitschriftenartikel die Inhalte zusammen, mit denen wir uns nun befassen werden. Es ist im wesentlichen die Äquivalenz von Energie und Masse, die in der berühmten Formel $E = m\,c^2$ ihren Ausdruck findet.

8.3.1 Die Massenzunahme und der relativistische Impuls

Ein grundlegendes Ergebnis der Relativitätstheorie besagt, daß sich Körper nicht mit Überlichtgeschwindigkeit bewegen können (→ *Abschnitt 8.2.5*). Demnach kann man Elementarteilchen auch nicht auf Überlichtgeschwindigkeit beschleunigen. Um diese Aussage zu überprüfen, wurde 1974 ein Experiment am Linearbeschleuniger der Stanford-Universität durchgeführt.

In dem 3,2 km langen Linearbeschleuniger (*Abb. 8–23*) erhalten Elektronen aus hochfrequenten Wechselfeldern eine Energie von 20,5 Gigaelektronvolt (GeV = 10^9 eV). Die in Stanford beschleunigten Elektronen sind damit die schnellsten Elementarteilchen, die man im Labor zur Verfügung hat. Ziel des Experiments war es, mit einer Präzisionsmessung zu ermitteln, ob die Geschwindigkeit der Elektronen die Lichtgeschwindigkeit, wenn auch nur geringfügig, übersteigt. Nach klassischer Rechnung mit der Formel $E_{\text{kin}} = mv^2/2$, wobei m die Masse des Elektrons ist, sollte die Geschwindigkeit v den 280fachen Wert der Lichtgeschwindigkeit annehmen.

Abb. 8–23: Der 3,2 km lange Elektronen-Linearbeschleuniger der Stanford-Universität in den USA, der 1960 errichtet wurde; abgekürzt SLAC (Stanford Linear ACcelerator).

Das Experiment wurde so durchgeführt, daß man auf einer Laufstrecke von 1 km die Geschwindigkeit der Elektronen mit der eines Lichtsignals verglich. Dabei hätte man noch eine Geschwindigkeitsdifferenz von 90 m/s, das entspricht einem Wegunterschied von 0,3 mm auf 1 km, nachweisen können. Die Elektronengeschwindigkeit hatte sich jedoch so weit der Lichtgeschwindigkeit genähert, daß kein Unterschied festgestellt werden konnte. Die Messungen zeigten, daß die Elektronengeschwindigkeit die Lichtgeschwindigkeit nicht überschreitet.

Elementarteilchen können nicht auf Überlichtgeschwindigkeit beschleunigt werden, obwohl ihnen ständig Energie zugeführt wird. Das muß man so verstehen, daß die Masse der Teilchen mit der Geschwindigkeit zunimmt und bei Annäherung an die Lichtgeschwindigkeit über alle Grenzen wächst. Dann ist eine weitere Beschleunigung nicht mehr möglich. Mit einem Gedankenexperiment soll der quantitative Zusammenhang hergeleitet werden.

Gedankenexperiment zur Massenzunahme: Die Masse eine Körpers läßt sich mit einem Stoßversuch bestimmen. Als anschauliches Beispiel betrachten wir ein Auto, das gegen eine Mauer stößt (*Abb. 8–24*). Die Zerstörung der Mauer wird um so größer sein, je größer die Masse m des Autos und die Geschwindigkeit w sind, mit der das Auto gegen die Mauer fährt. An der Zerstörung der Mauer läßt sich der Impuls $p = m\,w$ (→ *Kapitel 1.3*) des Autos vor dem Stoß ablesen.

Zunächst muß diese Meßmethode „geeicht" werden. Dazu betrachten wir den Stoß im Inertialsystem I, in dem die Mauer ruht, und berechnen den Impuls $p = m\,w$ des Autos: Eine Wägung hat die Masse m = 1000 kg ergeben, und das Auto durchfährt vor dem Stoß die Strecke Δy = 100 m in Δt = 4 s, angezeigt von den Uhren C1 und C2. Damit berechnet sich die Geschwindigkeit zu $w = \Delta y/\Delta t$ = 100 m/4 s = 25 m/s. Der Impuls hat damit den Wert

$$p = m\,w = 1000\ \text{kg} \cdot 25\ \text{m/s} = 25\,000\ \text{kg m/s}.$$

Nun soll der Stoß aus dem Inertialsystem I' beobachtet werden, das sich mit der gegenüber w sehr großen Geschwindigkeit $v = 0{,}6\ c$ bewegt (*Abb. 8–24*). In diesem System hat das Auto die Geschwindigkeit $-v$, da man w gegenüber v als beliebig klein ansehen kann. Der Beobachter in I' sieht die Mauer ebenso tief eingedrückt wie der Beobachter in I, denn senkrecht zur Bewegungsrichtung gibt es keine Kontraktion. In I' hat das Auto vor dem Stoß daher den gleichen Impuls wie in I:

$$p' = p = 25\,000\ \text{kg}\,\frac{\text{m}}{\text{s}}.$$

Auch die Meßstrecke, die das Auto vor dem Stoß durchfährt, ist für den Beobachter in I' ebenso groß wie für den Beobachter in I: $\Delta y' = \Delta y$ = 100 m. Anders ist es jedoch bei der Zeit t', die das Auto zum Durchfahren der Meßstrecke braucht. Für den Beobachter in I' wird diese Zeit von den beiden Uhren A und B angezeigt, die in seinem System synchronisiert sind. Die Uhren C1 und C2 gehen aus der Sicht von I' zwar auch synchron, da sie senkrecht zur Bewegungsrichtung aufgestellt sind, sie gehen aber langsamer, da sie zu den beiden Uhren A und B relativ bewegt sind. Mit der Formel für die Zeitdilatation ergibt sich

$$\Delta t' = \Delta t\,\frac{1}{\sqrt{1 - v^2/c^2}} = 4\ \text{s}\,\frac{1}{\sqrt{1-(0{,}6)^2}} = 5\ \text{s}.$$

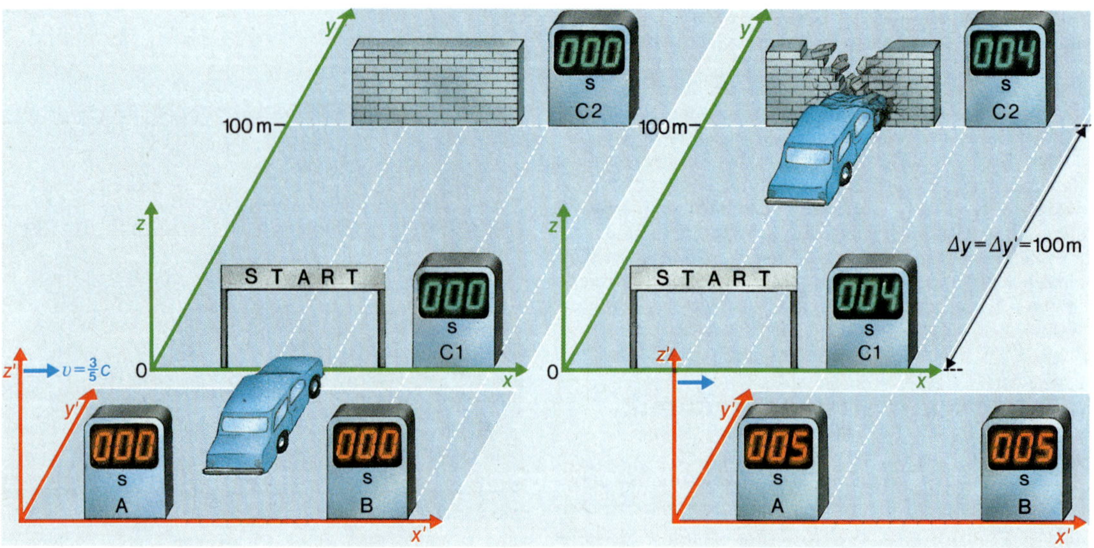

Abb. 8-24: Der Stoß eines Autos gegen eine Wand wird einmal (links) aus einem Inertialsystem I beobachtet, in dem die Wand ruht, und einmal (rechts) aus einem Inertialsystem I', das sich mit $v = 0{,}6\ c$ relativ zu I nach rechts bewegt.

In y'-Richtung hat das Auto demnach nur die Geschwindigkeit $w' = \Delta y' / \Delta t' = 100\,\text{m} / 5\,\text{s} = 20\,\text{m/s}$. Daß die Mauer trotz der kleineren Geschwindigkeit $w' = 20\,\text{m/s}$ gegenüber $w = 25\,\text{m/s}$ die gleiche Zerstörung aufweist, erklärt sich der Beobachter in I' mit einer größeren Masse m'. Aus $p = p'$ folgt

$$m\,w = m'\,w', \text{ daraus}$$
$$m' = m\frac{w}{w'} = 1000\,\text{kg}\frac{25\,\text{m/s}}{20\,\text{m/s}} = 1250\,\text{kg}.$$

Allgemein erhält man mit $\Delta y = \Delta y'$

$$m' = m\frac{w}{w'} = m\frac{\Delta y/\Delta t}{\Delta y'/\Delta t'} = m\frac{\Delta t'}{\Delta t} = m\frac{1}{\sqrt{1 - v^2/c^2}}.$$

Damit ist der gesuchte Zusammenhang hergeleitet. Die Masse eines Körpers ist am kleinsten, wenn er ruht. Man spricht dann von der **Ruhmasse** m_0. Bewegt sich der Körper, so nimmt seine Masse zu. Man spricht dann von der bewegten oder **dynamischen Masse** m. Der Zusammenhang ist in *Abb. 8–25* dargestellt. Nähert sich die Geschwindigkeit des Körpers der Lichtgeschwindigkeit, so verläuft der Graph immer steiler nach oben. Die Kurve läßt auch erkennen, daß man bis zu etwa 10% der Lichtgeschwindigkeit die Masse in guter Näherung als konstant und gleich der Ruhmasse ansehen kann.

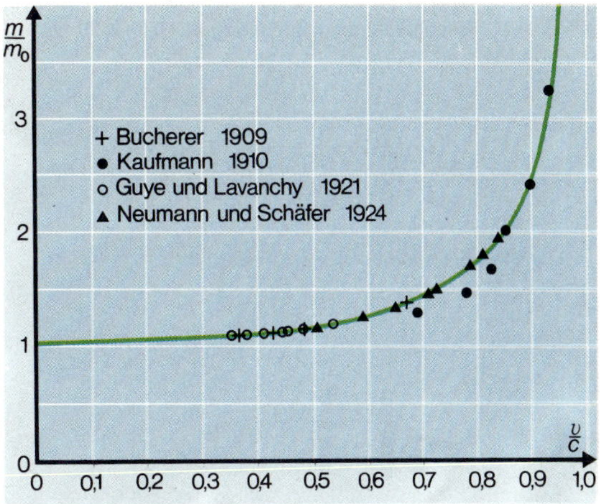

Abb. 8–25: Die relativistische Massenzunahme m/m_0 als Funktion von v/c. Eingetragen sind Meßergebnisse, die in den beiden ersten Jahrzehnten nach Erscheinen der Relativitätstheorie gewonnen wurden.

Relativistische Massenzunahme
Die **dynamische Masse** m eines mit der Geschwindigkeit v bewegten Körpers ist größer als seine **Ruhmasse** m_0 und berechnet sich nach der Formel

$$m = \frac{m_0}{\sqrt{1 - v^2/c^2}}.$$

Strebt v gegen c, so wird die dynamische Masse unendlich groß. Für $v \ll c$ hat die Wurzel etwa den Wert 1, und man hat den klassischen Fall $m = m_0 =$ *konstant*.

Die Formel zur relativistischen Massenzunahme war eine der ersten quantitativen Aussagen der Relativitätstheorie, die im Experiment überprüft werden konnte (*Abb. 8–25*). Man benutzte bei den ersten Versuchen schnelle Elektronen, die als Beta-Strahlung von radioaktiven Kernen ausgesendet werden. Durch die Ablenkung in elektrischen und magnetischen Feldern lassen sich die Geschwindigkeit und die Masse der Elektronen bestimmen (siehe hierzu den Versuch mit dem Fadenstrahlrohr und den Massenspektrograph in *Abschnitt 6.1.5*). Auch in einem Präzisionsexperiment, das 1963 an der Universität Zürich zur Bestimmung der relativistischen Massenzunahme durchgeführt wurde, verfuhr man nach diesem Prinzip.

Experiment zur Messung der Massenzunahme: Der prinzipielle Versuchsaufbau ist in *Abb. 8–26* skizziert. Mit einer Spannung von maximal 5,5 Millionen Volt werden Elektronen beschleunigt. Dabei erreicht die dynamische Masse etwa den sechsfachen Wert der Ruhmasse. Die Elektronen durchfliegen ein homogenes Magnetfeld, das so eingestellt ist, daß die Elektronen, auf einem genau vorgegebenen Sollkreis fliegend, um 180° abgelenkt werden. Anschließend gelangen die Elektronen in einen zylindersymmetrischen Plattenkondensator, dessen elektrische Feldstärke ebenfalls so eingestellt wird, daß die Elektronen, auf einem Sollkreis fliegend, um 90° abgelenkt werden. Die genaue Einstellung wird mit einem Detektor kontrolliert, in den die Elektronen gelangen. Aus einer genauen Messung der magnetischen Flußdichte B, der elektrischen Feldstärke E und der beiden Kreisradien R_m und R_e können die dynamische Masse m und die Geschwindigkeit v bestimmt werden, wie folgende Rechnung zeigt:
Bei der Bewegung auf einer Kreisbahn (Radius R) wird die ablenkende Zentripetalkraft

$$F_z = m\,v^2/R$$

im magnetischen Fall durch die → Lorentzkraft

$$F_m = e\,v\,B$$

und im elektrischen Fall durch die Coulombkraft

$$F_e = e\,E$$

aufgebracht (e ist die Elementarladung). Aus der Gleichsetzung der Kräfte

$$F_z = F_m \quad \text{(gemessener Radius } R_m\text{)}$$

und $F_z = F_e$ (gemessener Radius R_e)

folgen die beiden Gleichungen

$$m\,v^2/R_m$$

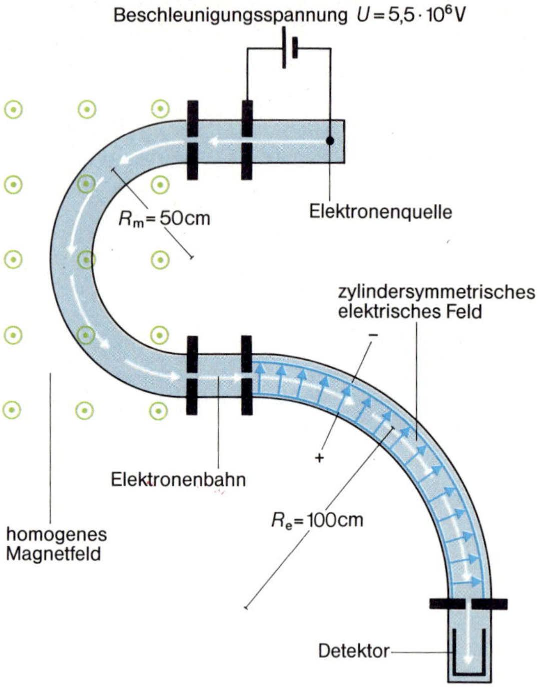

Abb. 8–26: Prinzipieller Aufbau des 1963 in Zürich durchgeführten Präzisionsexperiments zur Messung der relativistischen Massenzunahme.

und $m\,v^2/R_e = e\,E$.

Die Division beider Gleichungen liefert

$$\frac{R_e}{R_m} = \frac{v\,B}{E}\,.$$

Daraus folgt für die Geschwindigkeit

$$v = \frac{E\,R_e}{B\,R_m}\,.$$

Setzt man diese Gleichung in eine der beiden oberen Gleichungen ein, so erhält man für die dynamische Masse die Beziehung

$$m = e\,\frac{B^2\,{R_m}^2}{E\,R_e}\,.$$

Die Auswertung der Meßergebnisse (siehe *Aufgabe 8/71*) ließ keinerlei Abweichungen von der Formel für die relativistische Massenzunahme erkennen, obwohl man eine Massendifferenz von 0,5 Promille noch hätte nachweisen können.

Die Herleitung der Formel für die relativistische Massenzunahme hat gezeigt, daß sich der Impuls in der Relativitätstheorie als Produkt aus dynamischer Masse und Geschwindigkeit berechnet.

Relativistischer Impuls

Der Impuls p eines Körpers ist das Produkt aus dynamischer Masse m und Geschwindigkeit v:

$$p = m\,v = \frac{m_0\,v}{\sqrt{1 - v^2/c^2}}\,.$$

Aufgaben

8/52: Wie groß ist der prozentuale Fehler, wenn man bei einer Geschwindigkeit von 10% der Lichtgeschwindigkeit die relativistische Massenzunahme nicht berücksichtigt?

8/53: Berechnen Sie die Massenzunahme eines Satelliten (m_0 = 1000 kg), der auf seiner Erdumlaufbahn eine Geschwindigkeit von 28 000 km/h hat. Da auch hier noch $v \ll c$ ist, darf man die Näherung $\sqrt{1 - v^2/c^2} \approx 1 - v^2/(2\,c^2)$ verwenden.

8/54: Im deutschen Elektronensynchrotron DESY bei Hamburg werden Elektronen auf eine Geschwindigkeit von $v = 0{,}999\,999\,997\,c$ beschleunigt. Wievielmal größer ist dann ihre dynamische Masse im Vergleich zur Ruhmasse?

8/55: Auf welche Geschwindigkeit muß ein Elementarteilchen beschleunigt werden, damit sich seine Masse verdoppelt, verzehnfacht, verhundertfacht?

8/56: Ein Elektron hat eine Geschwindigkeit von 99,997% der Lichtgeschwindigkeit. Wie groß ist sein Impuls? Geben Sie den Impuls in kgm/s und in GeV/c an.

8/57: Ein Proton hat einen Impuls von 6 GeV/c. Wie groß ist seine Geschwindigkeit?

8.3.2 Die Trägheit der Energie

Wird in der klassischen Physik die kinetische Energie eines Körpers vervierfacht, so verdoppelt sich die Geschwindigkeit des Körpers. Diesen Zusammenhang drückt die klassische Formel für die kinetische Energie eines Körpers $E_{kin} = m\,v^2/2$ aus. Diese Gleichung kann in der relativistischen Mechanik nicht mehr gelten: Wird in einem Teilchenbeschleuniger die kinetische Energie eines Elektrons, das bereits eine Geschwindigkeit von $v = 0{,}99\,c$ hat, vervierfacht oder sogar noch weiter erhöht, so kann sich die Geschwindigkeit des Elektrons höchstens noch um 1% erhöhen, da es nicht auf Überlichtgeschwindigkeit beschleunigt werden kann.

Es stellt sich die Frage, wo die auf das Elektron übertragene Energie bleibt. Der vorhergehende Abschnitt hat gezeigt, daß mit der Beschleunigung eines Teilchens eine Zunahme seiner Masse einhergeht. Daher liegt die Vermutung nahe, daß die zugeführte Energie in der Massenzunahme verborgen ist: Bei kleinen Geschwindigkeiten äußert sich die zugeführte Energie in einer entsprechenden Erhöhung der Geschwindigkeit, während die Masse praktisch konstant bleibt. Mit zunehmender Geschwindigkeit tritt neben die Geschwindigkeitserhöhung eine Zunahme der Masse. Bei Annäherung an die Lichtgeschwindigkeit ändert sich die Geschwindigkeit nur noch sehr wenig, und die auf das Teilchen übertragene Energie führt fast ausschließlich zu einer Zunahme der Masse. Man kann daher vermuten, daß Masse eine Erscheinungsform von Energie ist.

Noch näher weisen Stoßprozesse zwischen Elementarteilchen auf diese Vermutung hin (siehe hierzu auch *Kapitel 13*). Solche Stöße zwischen Elementarteilchen werden in Blasenkammern (*Abb. 8–27*) beobachtet. Als Beispiel soll hier der Stoß zwischen zwei Protonen betrachtet werden.

Versuch: Stoßen zwei Protonen (p + p) mit ausreichend hoher Energie zusammen, so kann es passieren, daß die beiden Protonen einen wesentlichen Teil ihrer kinetischen Energie verlieren, dafür aber ein drittes Teilchen, das neutrale Pi-Meson (π^0), entsteht:

$$\mathrm{p} + \mathrm{p} \rightarrow \mathrm{p} + \mathrm{p} + \pi^0 .$$

Bemerkenswert ist, daß das Pi-Meson eine Ruhmasse besitzt, die 264 Elektronenmassen gleichkommt. (Die Ruhmasse der Protonen ist gleich 1836 Elektronenmassen.)
Der klassische Satz von der Erhaltung der (Ruh-) **Masse ist bei diesem Elementarteilchenstoß nicht mehr erfüllt.** Offensichtlich wird die Ruhmasse des Pi-Mesons neu erzeugt. Keineswegs entsteht jedoch diese Ruhmasse aus dem Nichts. Sie ist vielmehr verbunden mit einer Geschwindigkeitsabnahme und damit auch mit einer Abnahme der dynamischen Massen der stoßenden Protonen.

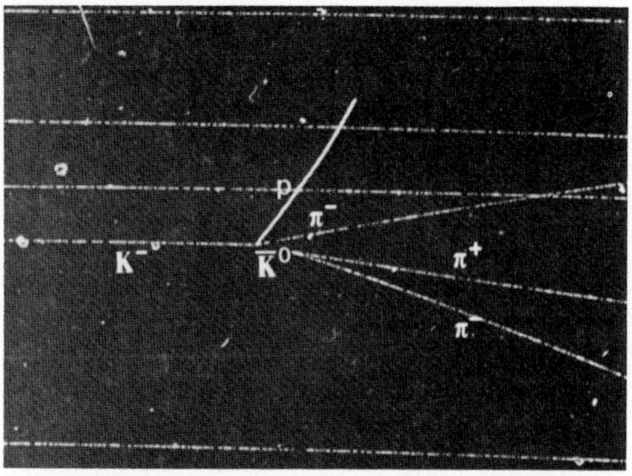

Abb. 8–27: Ein negatives K-Meson stößt von links kommend gegen ein Proton der Blasenkammerflüssigkeit. Dabei entstehen ein negatives Pi-Meson und ein neutrales Anti-K-Meson, das keine Spur hinterläßt. Das neutrale Anti-K-Meson zerfällt in ein positives und ein negatives Pi-Meson. Durch das Magnetfeld in der Blasenkammer sind die Bahnen der positiven Teilchen nach oben, die der negativen Teilchen nach unten gekrümmt.

Es hat sich gezeigt, daß die Abnahme der dynamischen Massen der beiden Stoßpartner gerade gleich der neu entstandenen Ruhmasse des Pi-Mesons ist. In der relativistischen Mechanik kann der Satz von der Erhaltung der Ruhmasse, so wie er in der klassischen Physik gültig ist, nicht mehr angewandt werden. An seine Stelle tritt der Satz von der Erhaltung der dynamischen Masse.
Um dies auch quantitativ zu verstehen, betrachten wir die Differenz zwischen dynamischer Masse m und Ruhmasse m_0, denn bei hohen Geschwindigkeiten äußert sich die einem Teilchen zugeführte Energie vornehmlich in dessen Massenzunahme:

$$m - m_0 = \frac{m_0}{\sqrt{1 - v^2/c^2}} - m_0 = m_0 \left(\frac{1}{\sqrt{1 - v^2/c^2}} - 1 \right).$$

Um diesen Term deuten zu können, versuchen wir einen Anschluß an die klassische Physik zu gewinnen und betrachten ihn zunächst für nicht allzu große Geschwindigkeiten $v < c$. Dann dürfen wir nämlich folgende Näherung verwenden:

$$\frac{1}{\sqrt{1 - v^2/c^2}} = (1 - v^2/c^2)^{-\frac{1}{2}} \approx 1 + \frac{1}{2}\frac{v^2}{c^2} .$$

Mit dieser Näherung folgt für die Massendifferenz

$$m - m_0 = m_0 \left(1 + \frac{1}{2}\frac{v^2}{c^2} - 1\right) = \frac{1}{2} m_0 v^2 \frac{1}{c^2} = E_{\text{kin}} \frac{1}{c^2} .$$

Die Differenz aus dynamischer Masse m und Ruhmasse m_0 liefert für kleine Geschwindigkeiten den klassischen Ausdruck für die kinetische Energie dividiert durch c^2. Wenn wir jetzt wieder zu großen Geschwindigkeiten zurückkehren, dürfen wir zwar die Näherung nicht mehr verwenden, bleiben aber dabei, daß die Differenz aus dynamischer Masse und Ruhmasse die kinetische Energie darstellt und definieren als korrekten relativistischen Ausdruck für die kinetische Energie eines Teilchens

$$E_{\text{kin}} = (m - m_0)\, c^2 .$$

Relativistische kinetische Energie
Die relativistische kinetische Energie eines Teilchens der dynamischen Masse m und der Ruhmasse m_0 berechnet sich aus der Differenz $(m - m_0)$ multipliziert mit c^2:

$$E_{\text{kin}} = (m - m_0)\, c^2 = m_0 c^2 \left(\frac{1}{\sqrt{1 - v^2/c^2}} - 1 \right).$$

Der relativistische Ausdruck für die kinetische Energie ist in *Abb. 8–28* dem klassischen Ausdruck gegenübergestellt. Abweichungen werden allerdings erst oberhalb 30% der Lichtgeschwindigkeit deutlich. Es liegt nun nahe, in der Gleichung

$$E_{\text{kin}} = (m - m_0)c^2 = m\, c^2 - m_0 c^2$$

den Term $m_0 c^2$ als Ruhenergie E_0 eines Teilchens anzusehen, denn es ist die Energie, die ein Teilchen auch schon bei $v = 0$ hat. $E = m\, c^2$ ist dann die Gesamtenergie eines Teilchens, die sich als Summe aus Ruhenergie und kinetischer Energie $E = E_0 + E_{\text{kin}}$ ergibt. Die Gleichung $E = m\, c^2$ drückt aus, daß die Gesamtenergie und die dynamische Masse eines Teilchens gleichwertige Größen sind. In der Masse hat man damit eine neue Energieform gefunden, und man spricht von der Äquivalenz von Energie und Masse.

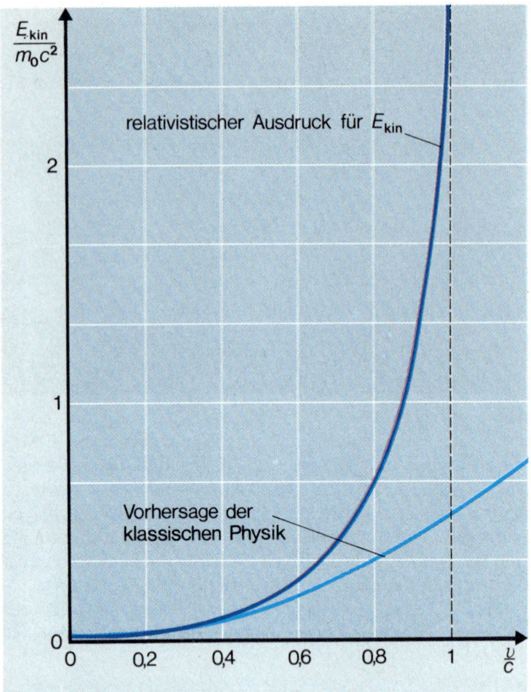

Abb. 8–28: Der Verlauf der relativistischen kinetischen Energie als Funktion von v/c ist hier dem klassischen Verlauf gegenübergestellt.

Die Äquivalenz von Energie und Masse

Zwischen der Gesamtenergie E und der dynamischen Masse m eines bewegten Teilchens gilt die Beziehung

$$E = m\,c^2\,.$$

Gesamtenergie und dynamische Masse sind äquivalente Größen, denn sie unterscheiden sich nur durch den konstanten Faktor c^2.

Ein ruhendes Teilchen besitzt die Ruhenergie E_0, die sich aus der Ruhmasse m_0 berechnet:

$$E_0 = m_0c^2.$$

Zwischen der Gesamtenergie E, der Ruhenergie E_0 und der kinetischen Energie E_{kin} gilt der Zusammenhang:

$$E = E_0 + E_{\text{kin}}.$$

Die grundlegende Bedeutung der Gleichung

$$E = m\,c^2,$$

die in den folgenden Kapiteln immer wieder zur Anwendung kommen wird, haben wir bereits in der Einleitung zur Relativitätstheorie herausgestellt. Die Äquivalenz von Energie und Masse brachte es mit sich, daß der klassische Satz von der Erhaltung der Masse aufging in dem erweiterten Satz von der Erhaltung der dynamischen Masse. Dieser Satz ist aber identisch mit dem Energieerhaltungssatz: Treten Elementarteilchen in Wechselwirkung, so können Teilchen erzeugt oder vernichtet werden. Dabei bleibt die Gesamtenergie, die sich als Summe der Energiewerte $E_1, E_2, E_3 \ldots$ der vorhandenen Teilchen berechnet, konstant:

Gesamtenergie

$$\begin{aligned} &= E_1 + E_2 + \ldots = \text{konstant} \\ &= (m_1 + m_2 + \ldots)c^2 \\ &= E_{0_1} + E_{\text{kin}_1} + E_{0_2} + E_{\text{kin}_2} + \ldots \\ &= (m_{0_1} + m_{0_2} + \ldots)c^2 + E_{\text{kin}_1} + E_{\text{kin}_2} + \ldots \end{aligned}$$

Die klassische Physik kennt diesen Erhaltungssatz nur getrennt als Satz von der Erhaltung der (Ruh-)Masse und der Erhaltung der kinetischen Energie.

In der Relativitätstheorie verschmelzen die beiden klassischen Erhaltungssätze von der Masse und der kinetischen Energie zu einem Erhaltungssatz von der Gesamtenergie, der äquivalent zum Erhaltungssatz der dynamischen Masse ist.

Es sei hier schon darauf hingewiesen, daß in obiger Energiebilanz auch die Energie von Photonen (→ *Kapitel 9*) zu berücksichtigen ist, wenn diese bei der Wechselwirkung von Teilchen erzeugt oder vernichtet werden.

Aufgaben

8/58: Wie groß ist die Ruhenergie eines Elektrons? Auf welche Geschwindigkeit muß man das Elektron beschleunigen, um seine Energie zu verdoppeln?

8/59: Wie groß ist die dynamische Masse der Elektronen, wenn sie im Stanford-Beschleuniger eine Energie von 20,5 GeV erhalten haben?

8/60: Um wieviel schwerer wird 1 kg Eis, wenn es schmilzt? Kann man diese Massenzunahme messen?

8/61: Zeigen Sie, daß für kleine Geschwindigkeiten die relativistische Formel für die kinetische Energie in die klassische Formel übergeht!

8/62: Im deutschen Elektronensynchrotron DESY in Hamburg können Elektronen auf eine Energie von 7,5 GeV beschleunigt werden.

a) Wie schnell sind dann die Elektronen?
b) Wie lang ist der Beschleunigungstunnel für die Elektronen? (Der ringförmige Beschleuniger hat einen Durchmesser von 100 m.)

***8/63:** Zwei Teilchen gleicher Ruhmasse m_0 und gleicher kinetischer Energie $E_k = 2\,m_0c^2$ stoßen zentral zusammen und bilden ein neues Teilchen.
Wie groß ist die Ruhmasse M_0 des neuen Teilchens?

8.3.3 Eine Energie-Impuls-Invariante

In der Elementarteilchenphysik stellt sich häufig die Frage, welche Energie ein Teilchen haben muß, um bei einem Stoß ein neues Teilchen zu erzeugen. So wollte man bei der Planung des 1953 in Betrieb genommenen Protonenbeschleunigers BEVATRON der California Universität in Berkeley (*Abb. 8–29*) sicherstellen, daß die Energie des beschleunigten Protons ausreicht, um bei einem Stoß ein An-

Abb. 8–29: Das Protonensynchrotron BEVATRON der Universität von Kalifornien in Berkeley (USA), mit dem 1955 zum erstenmal Antiprotonen nachgewiesen wurden.

tiproton zu erzeugen. Nachdem man 1932 das Positron als Antiteilchen des Elektrons entdeckt hatte, vermutete man, daß auch das Antiproton existiert: Es sollte die gleiche Masse wie das Proton besitzen, jedoch eine negative Elementarladung wie das Elektron haben. Um die Frage zu beantworten, welche Mindestenergie die Protonen haben müssen, verwenden wir eine in der relativistischen Dynamik wichtige Gleichung:

Zwischen der Gesamtenergie E miteinander wechselwirkender Teilchen, deren Gesamtimpuls p und deren gesamter Ruhenergie E_0 gilt die Beziehung

$$E^2 - (c\,p)^2 = E_0^2.$$

Diese Gleichung ist insofern bemerkenswert, als die Energie E und der Impuls p eines Teilchens sich ändern, wenn man das Bezugssystem wechselt. Der Term $E^2 - (c\,p)^2$ ändert sich dagegen nicht, denn er hat in jedem Bezugssystem den konstanten Wert E_0^2. Man bezeichnet daher den Term $E^2 - (c\,p)^2$ als Invariante (unveränderliche Größe). Invarianten sind für die theoretische Physik sehr wichtig, da man sich bei der Suche nach grundlegenden Zusammenhängen von dem Prinzip der Invarianz leiten läßt. So führte beispielsweise die hier erkannte Invarianz zur Zusammenfassung der Energie und der drei Impulskomponenten zu einem vierdimensionalen Energie-Impuls-Vektor, den man auf einer mathematisch höheren Stufe der Relativitätstheorie verwendet.

Zur Herleitung der oben aufgeschriebenen Beziehung stellen wir die ein Teilchen charakterisierenden Größen zusammen:

Impuls $p = mv$,

Ruhenergie $E_0 = m_0c^2$ mit $m = \dfrac{m_0}{\sqrt{1 - v^2/c^2}}$,

Energie $E = mc^2$.

Eliminiert man aus $p = mv$ und $E = mc^2$ die dynamische Masse m, so erhält man außerdem

$$Ev = c^2p.$$

Aus der klassischen Physik weiß man, daß die Arbeit $dW = F_s ds$, die an einem Teilchen verrichtet wird, die Energie des Teilchens um den gleichen Betrag erhöht. Dieses Gesetz gilt auch in der Relativitätstheorie. Erweitert man den Term $F_s ds$ mit dem Differential der Zeit dt, so wird man auf die Impulsänderung $dp = F_s dt$ und die Geschwindigkeit $v = ds\,/\,dt$ geführt:

$$dW = F_s ds = F_s dt \frac{ds}{dt} = dp\,v = dE.$$

Die Energieänderung dE eines Teilchens berechnet sich als Produkt aus seiner Geschwindigkeit und seiner Impulsänderung

$$dE = v\,dp \quad \text{; mit } E \text{ multipliziert, folgt}$$

$$E\,dE = E\,v\,dp \quad ; \; E\,v = c^2p \text{ eingesetzt, ergibt}$$

$$E\,dE = c^2\,p\,dp\,.$$

Diese Gleichung läßt sich integrieren:

$$\int E\,dE = c^2 \int p\,dp + C \Rightarrow \frac{1}{2}E^2 = \frac{1}{2}c^2p^2 + C.$$

Für $p = 0$ ist die Gesamtenergie $E = E_0$ der Ruhenergie; setzt man dies in die integrierte Gleichung ein, so ergibt sich als Wert für die Konstante $C = E_0^2\,/\,2$.

Damit lautet die Gleichung

$$\frac{1}{2}E^2 = \frac{1}{2}c^2p^2 + \frac{1}{2}E_0^2\,,$$

aus der wir die gesuchte Gleichung $E^2 - (c\,p)^2 = E_0^2$ erhalten.

Betrachten wir nun den Proton-Proton-Stoß im BEVATRON

$$p + p \rightarrow p + p + \bar{p} + p\,.$$

Diese Symbolik ist so zu lesen, daß ein Proton (p) gegen ein bei diesem Versuch ruhendes Proton stößt und nach dem Stoß drei Protonen und ein Antiproton ($\bar{p}$) beobachtet werden: Ein Antiproton kann wegen der Erhaltung der elektrischen Ladung nur gleichzeitig mit einem Proton erzeugt werden. Die Energie E_1 des stoßenden Protons muß dabei die Ruhenergie für die beiden zusätzlichen Teilchen mit den Ruhmassen m_0 mitbringen. Außer der zusätzlichen Ruhenergie $2\,m_0c^2$ muß das stoßende Teilchen aber auch noch die kinetische Energie der vier Teilchen nach dem Stoß liefern. Wegen der Impulserhaltung kann die kinetische Energie nach dem Stoß nämlich nicht Null sein. Wir kennen diese Energie nicht, können uns jedoch helfen, wenn wir den Stoß im Schwerpunktsystem betrachten (*Abb. 8–30*). Im Schwerpunktsystem brauchen nämlich die Teilchen nach dem Stoß keine kinetische Energie zu besitzen. Die Mindestenergie im Schwerpunktsystem beträgt daher $4\,m_0c^2$. Die vier Teilchen betrachten wir als eine Einheit und wenden auf sie die oben hergeleitete Invariante an. Für die Gesamtenergie E und den Gesamtimpuls p gilt dann im Laborsystem

$$E^2 - (c\,p)^2 = (4\,m_0c^2)^2\,.$$

Diese Gleichung gilt sowohl vor als auch nach dem Stoß im Laborsystem. Vor dem Stoß bewegt sich im Laborsystem nur das stoßende Proton (1), so daß sich die Gesamtenergie $E = E_1 + m_0c^2$ aus der Energie des stoßenden und der des ruhenden Protons zusammensetzt. Als Gesamtimpuls tritt nur der Impuls des stoßenden Protons auf $p = p_1$. Somit wird

$$(E_1 + m_0c^2)^2 - (c\,p_1)^2 = (4\,m_0c^2)^2\,.$$

Auf das stoßende Proton können wir ebenfalls die Invariante anwenden und erhalten $E_1^2 - (c\,p_1)^2 = (m_0c^2)^2$.

Dies eingesetzt und das Binom in der Gleichung ausmultipliziert, ergibt

$$E_1^2 + 2\,E_1m_0c^2 + (m_0c^2)^2 - E_1^2 + (m_0c^2)^2 = 16\,(m_0c^2)^2\,.$$

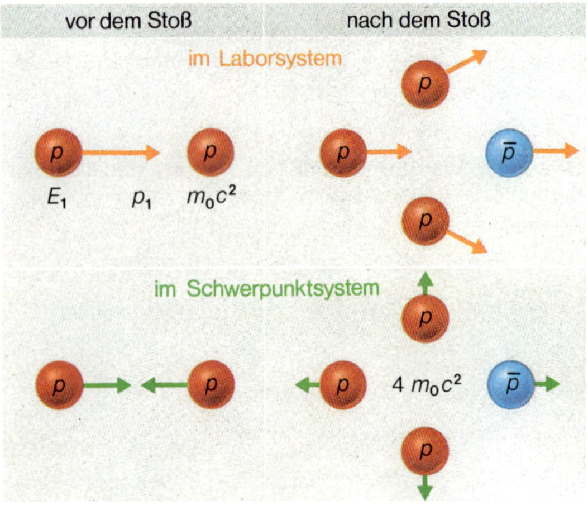

Abb. 8–30: Der Stoß eines Protons gegen ein Proton, bei dem ein Proton und ein Antiproton neu erzeugt werden, wird oben im Laborsystem und unten im Schwerpunktsystem der beiden stoßenden Protonen betrachtet.

Dies vereinfacht sich zu

$$2\ E_1 m_0 c^2 = 14\ (m_0 c^2)^2\ ,$$

oder

$$E_1 = 7\ m_0 c^2\ .$$

Die Energie des stoßenden Protons muß mindestens das Siebenfache seiner Ruhenergie betragen. Daher braucht es eine kinetische Energie vom sechsfachen Wert der Ruhenergie. Die Ruhenergie eines Protons beträgt 938 MeV. Daraus folgt 6 · 938 MeV = 5628 MeV = 5,6 GeV. Das Bevatron wurde bis 6,2 GeV ausgelegt, und mit ihm war es 1955 erstmals gelungen, Antiprotonen nachzuweisen.

Aufgaben

***8/64:** Wie groß ist der Impuls eines Teilchens, dessen Energie dreimal so groß wie seine Ruhenergie ist?

***8/65:** Ein Teilchen hat eine Energie von 5600 MeV und einen Impuls von 5520,6 MeV/*c*. Kann es sich bei dem Teilchen um ein Neutron handeln?

***8/66:** Im Superprotonensynchrotron des europäischen Kernforschungszentrums CERN können Protonen auf eine maximale kinetische Energie von 400 GeV beschleunigt werden; die Ruhenergie des Protons beträgt 938 MeV. Bei dem Stoß eines beschleunigten Protons (p) gegen ein ruhendes Proton (p) soll ein neues Teilchen X erzeugt werden:

$$\mathrm{p + p \rightarrow p + p + X}$$

Wie groß kann maximal die Ruhenergie M_0 des neuen Teilchens X sein?

8/67: In einer Röhre werden Elektronen mit einer Spannung $U = 20$ kV beschleunigt. Wie groß ist der prozentuale Fehler bei der Berechnung der Endgeschwindigkeit, wenn man die relativistische Massenzunahme nicht berücksichtigt?

8/68: Ein Elementarteilchen hat bei einer Geschwindigkeit von $2{,}996 \cdot 10^8$ m/s eine Masse von 28,1155 atomaren Masseneinheiten. Um welches Teilchen handelt es sich?

***8/69:** Ein Photon der Energie $E = 2\ m_0c^2$ trifft auf ein ruhendes Teilchen der Ruhmasse m_0 und wird von ihm absorbiert.
Wie groß ist die Geschwindigkeit des Teilchens nachher?

***8/70:** In der kosmischen Strahlung hat man Protonen mit Energiewerten bis zu 10^{21} eV entdeckt (Ruhenergie des Protons $0{,}938 \cdot 10^9$ eV).

a) Wie dick ist für ein Proton mit dieser Energie die Erde?
b) Wie alt ist die Erde für dieses Proton?
c) Unsere Galaxis hat einen Durchmesser von 10^5 Lichtjahren. Wie lange braucht ein solches Proton, um die Milchstraße zu durchfliegen (in Erdzeit und in Eigenzeit des Protons)?

***8/71:** Zum Präzisionsexperiment zur relativistischen Massenzunahme (*Abb. 8–26*).

a) Erklären Sie, warum die Elektronen in beiden Feldern auf Kreisbahnen fliegen.
b) Der Versuch wurde so durchgeführt, daß zunächst das Magnetfeld auf genau $B = 20$ mT eingestellt wurde. Dann wurde die Beschleunigungsspannung so eingeregelt, daß die Elektronen auf dem Sollkreis durch das Magnetfeld flogen, und anschließend wurde das elektrische Feld so eingestellt, daß die Elektronen auch auf ihrem Sollkreis im elektrischen Feld flogen; das elektrische Feld hatte den Wert $E = 2{,}95\,529 \cdot 10^6$ V/m. Berechnen Sie die dynamische Masse der Elektronen und ihre Geschwindigkeit. Rechnen Sie mit den genauen Werten für die Naturkonstanten.
c) Zeigen Sie mit einer Formel, daß nur Elektronen mit einem ganz bestimmten Impuls auf der vorgegebenen Kreisbahn durch das auf $B = 20$ mT eingestellte Magnetfeld fliegen können. Berechnen Sie diesen Impuls.
d) Berechnen Sie mit der dynamischen Masse die Gesamtenergie und mit (*c*) die Ruhenergie der Elektronen. Berechnen Sie damit die Ruhmasse.
e) Zeigen Sie mit den Ergebnissen aus (*b*) und (*d*), daß die Formel für die relativistische Massenzunahme erfüllt ist.
f) Berechnen Sie die kinetische Energie und daraus die Beschleunigungsspannung.

***8/72:** Ein K-Meson zerfällt in zwei Pi-Mesonen. Ein Pi-Meson ist nach dem Zerfall in Ruhe, d. h., das andere Pi-Meson übernimmt den gesamten Impuls des K-Mesons. Berechnen Sie die Energie des K-Mesons und des davonfliegenden Pi-Mesons (Ruhmasse des K-Mesons 494 MeV; Ruhmasse des Pi-Mesons 137 MeV).

***8/73:** Stößt ein Proton, dessen Geschwindigkeit kleiner als ein Zehntel der Lichtgeschwindigkeit ist, gegen ein ruhendes Proton, so fliegen die beiden Protonen unter einem Winkel von 90° auseinander. Zeigen Sie dies mit den klassischen Erhaltungssätzen für den Impuls und für die kinetische Energie. Ist das stoßende Proton relativistisch, so ist der Winkel kleiner als 90°. Erklären Sie dies qualitativ.

9 Einführung in die Quantenphysik

Die Quantenphysik ist die Physik der Atomhülle, der Atomkerne und der Elementarteilchen, im wesentlichen also Mikrophysik. Die in diesem Bereich auftretenden Phänomene können nicht mehr im Rahmen der klassischen Physik gedeutet werden. Wir werden in diesem einführenden Kapitel eine Verbindung zwischen der anschaulichen klassischen Physik und der Quantenphysik herstellen.

9.1 Experimentelle Grundlagen der Quantenphysik

In diesem Kapitel werden Erscheinungen betrachtet, in denen die Gesetzmäßigkeiten der Quantenphysik in möglichst einfacher Form auftreten. Das sind die Wechselwirkung elektromagnetischer Strahlung mit Materie und die Wechselwirkung von Elektronen mit Materie. Als Strahlung verwenden wir sichtbares Licht und Röntgenstrahlung. Unter Wechselwirkung verstehen wir die Gesamtheit der auftretenden Prozesse, wie z. B. die Erzeugung neuer Teilchen beim Auftreffen der Strahlung auf Materie oder die Veränderung der Strahlung.

9.1.1 Der lichtelektrische Effekt

Bestrahlt man eine negativ geladene Zinkplatte mit dem Licht einer Quecksilberdampflampe, so treten aus dem Metall Elektronen aus. Dieser → **lichtelektrische Effekt** (→ *5.4.5*) ist eine der Wechselwirkungen elektromagnetischer Strahlung mit Materie, die genauer untersucht werden soll. Dazu betrachtet man den Einfluß der Intensität und der Frequenz der Strahlung auf den Vorgang der Elektronenauslösung und untersucht, welche Rolle dabei die Art des Metalls spielt. Unter der Intensität I einer Strahlung an einem Ort des Raumes versteht man den Quotienten aus der Energie E, die in einem Zeitintervall Δt auf eine Fläche ΔA fällt, und dem Produkt aus dieser Zeit Δt und dieser Fläche ΔA:

$$I = \frac{E}{\Delta A \, \Delta t}.$$

Die Fläche ΔA am betrachteten Ort sei dabei so gewählt, daß sie senkrecht zur Ausbreitungsrichtung der Strahlung steht.

Versuch 9/1: In dem nach *Abb. 9-1* aufgebauten Versuch bewegen sich die Elektronen im elektrischen Feld von der Zinkplatte zum Gitter, so daß der Meßverstärker einen Strom anzeigt. Die Stromstärke ist proportional zur Anzahl der in der Zeiteinheit ausgelösten Elektronen.
Die Intensität des Lichtes auf der Zinkplatte kann man verändern, indem man den Abstand zwischen der Platte und der Quecksilberdampflampe variiert. Dies wird sofort klar, wenn man bedenkt, daß das Licht kegelförmig von der Lampe ausgeht. Den Einfluß der Frequenz des Lichtes kann man zeigen, indem man abwechselnd eine Glasplatte oder ein UV-Filter in den Strahlengang hält. Die Glasplatte absorbiert ultraviolettes Licht, das UV-Filter läßt nur ultraviolettes Licht durch.

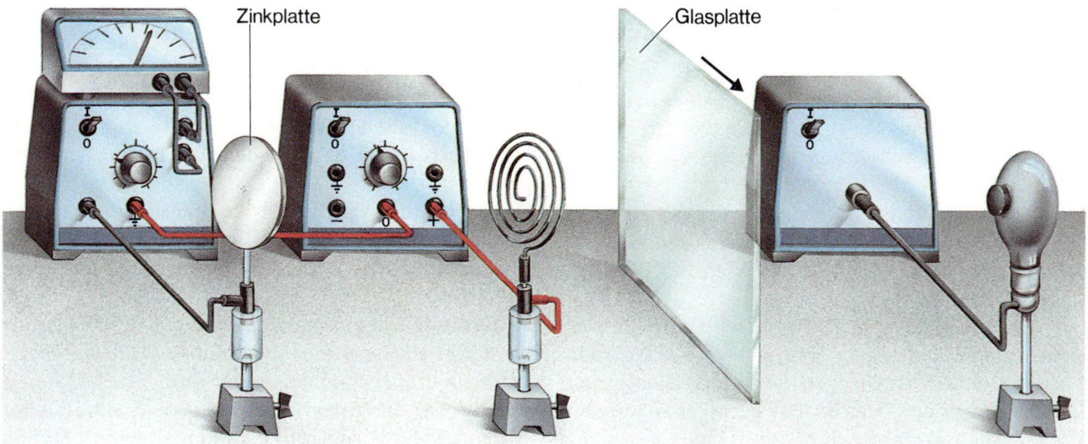

Abb. 9–1: Untersuchung der Abhängigkeit des Stromes beim lichtelektrischen Effekt von der Intensität und der Frequenz des Lichtes.

Beobachtung: Mit zunehmender Intensität wächst die Stromstärke, also die Anzahl der pro Zeiteinheit ausgelösten Elektronen. Befindet sich die Glasplatte im Strahlengang, so geht die Stromstärke trotz großer Intensität des Lichtes auf den Wert Null zurück, es werden also keine Elektronen mehr ausgelöst. Verwendet man das UV-Filter, so fließt nach wie vor ein Strom.

Ergebnis: Eine Veränderung der Intensität des Lichtes, mit dem die Zinkplatte bestrahlt wird, führt zu einer Veränderung der Anzahl der pro Zeiteinheit ausgelösten Elektronen. Jedoch ist offenbar nur das hochfrequente bzw. kurzwellige ultraviolette Licht in der Lage, Elektronen aus der Zinkplatte auszulösen.

Den ersten Teil des Versuches verstehen wir, wenn wir unsere Kenntnisse über Licht und die Auslösung von Elektronen aus Metallen anwenden: Zur Auslösung von Elektronen wird Energie benötigt, die man als **Austrittsarbeit** (→ *5.4.5*) bezeichnet. Licht ist eine elektromagnetische Welle, und Wellen transportieren Energie. Wir wissen, daß bei einer Welle wie bei einer Schwingung die Energie proportional zum Quadrat der schwingenden Größe ist (→ *3.1.4*). Dies ist beim Licht die elektrische Feldstärke E (→ *7.3.6*). Wird die Intensität des Lichtes, also die Amplitude der Welle, erhöht, so erhöht sich die pro Zeiteinheit und pro Flächeneinheit für die Auslösung der Elektronen zur Verfügung stehende Energie.

Bei der Erklärung des zweiten Teils des Versuchs ergibt sich aber ein Problem: Trotz großer Intensität löst Licht mit zu niedriger Frequenz keine Elektronen aus. Große Intensität bedeutet, daß ein großer Energiebetrag pro Zeit und Fläche vorhanden ist. Warum werden also keine Elektronen ausgelöst?

Um dieser Frage nachzugehen, untersuchen wir die Abhängigkeit des lichtelektrischen Effekts von der Frequenz genauer. Dazu verwenden wir eine Vakuumphotozelle mit einer Metallschicht aus Caesium.

Versuch 9/2: Die Photozelle wird an einen Meßverstärker angeschlossen und mit Tageslicht oder dem Licht einer Glühlampe beleuchtet (*Abb. 9-2*).

Ergebnis: Aus einer Caesiumschicht werden im Gegensatz zu Zink schon von dem niederfrequenten sichtbaren Licht Elektronen ausgelöst.

Es ist zu vermuten, daß die Ursache dafür darin liegt, daß Caesium ein Alkali-Metall mit einer kleineren Austrittsarbeit für Elektronen als Zink ist (→ *Kap. 5, Tab. 5-8*).

Der Versuch zeigt ferner, daß die Elektronen von der Metallschicht zur gegenüberliegenden Elektrode wandern, ohne daß zwischen den beiden Elektroden eine Spannung angelegt ist. Die Elektronen müssen also nach dem Verlassen des Metalls eine Geschwindigkeit besitzen. Sie haben also eine kinetische Energie, die vom Licht stammt.

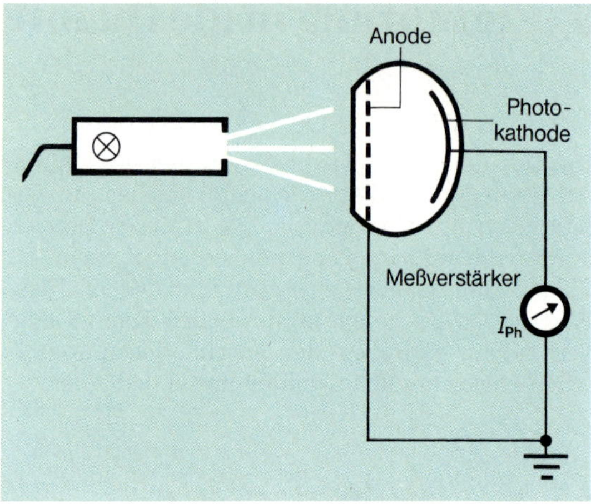

Abb. 9–2: Bestrahlung einer Vakuumphotozelle, deren Photokathode mit Cäsium beschichtet ist, mit sichtbarem Licht.
Die ausgelösten Elektronen erreichen auch ohne eine Spannung zwischen Gitter und Kathode die Anode, so daß der Meßverstärker einen Strom anzeigt.

Daher untersuchen wir im folgenden die kinetische Energie der Photoelektronen bei der Bestrahlung mit Licht verschiedener Frequenzen, indem wir die Elektronen gegen ein elektrisches Feld anlaufen lassen. Zuerst bestrahlen wir die Metallschicht einer Photozelle mit Licht einer bestimmten Frequenz bei konstanter Intensität.

Versuch 9/3: Das Licht einer Quecksilberdampflampe wird durch ein Geradsichtprisma spektral zerlegt. Mit dem Licht einer bestimmten Farbe, also einer bestimmten Frequenz, wird die Photozelle beleuchtet (*Abb. 9-3*). Zwischen den beiden Elektroden der Photozelle liegt eine veränderliche Spannung, die so gepolt ist, daß zwischen den Elektroden ein elektrisches Feld aufgebaut werden kann, das die Elektronen abbremst, also ihr Auftreffen auf die Anode evtl. verhindert. Die Stromstärke wird mit einem Meßverstärker gemessen. Die Photozelle wird mit dem blauen Licht der Frequenz $6{,}88 \cdot 10^{14}$ Hz beleuchtet und der Photostrom in Abhängigkeit von der Gegenspannung zwischen Anode und Kathode gemessen.

Beobachtung: Der Photostrom nimmt mit wachsender Gegenspannung auf Null ab und ändert bei weiter zunehmender Spannung sogar seine Richtung (*Abb. 9-4*).

Erklärung: Die ausgelösten Elektronen werden im elektrischen Gegenfeld abgebremst. Mit zunehmender Spannung erreichen immer weniger Elektronen die Anode, der Strom nimmt ab. Die allmähliche Abnahme der Stromstärke kann man dadurch deuten, daß die Elektronen unterschiedliche Geschwindigkeiten besitzen und nicht alle parallel zur Feld-

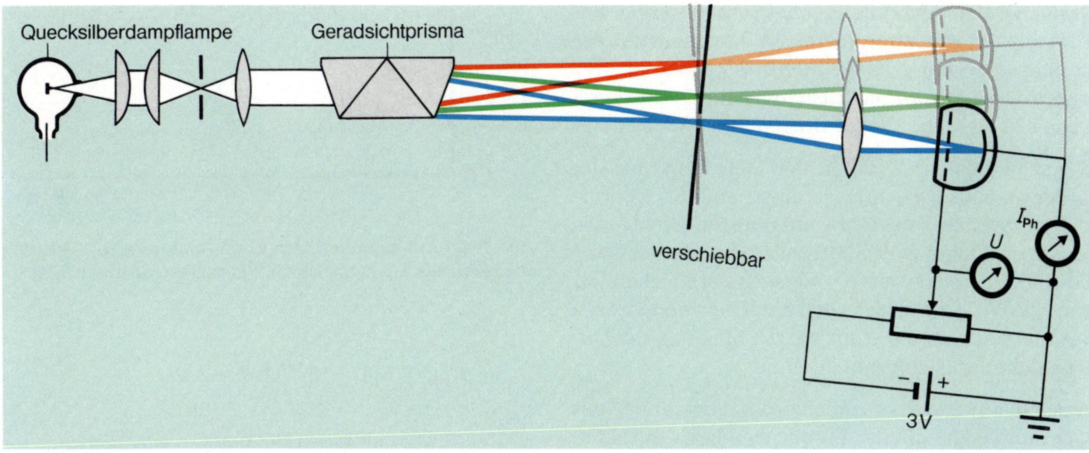

Abb. 9–3: Messung der maximalen kinetischen Energie der Photoelektronen, die durch Licht verschiedener Farben (Frequenzen) ausgelöst werden.
Durch Verschieben der Anordnung aus Spaltblende, Linse und Photozelle wird stets nur monochromatische Strahlung registriert. Die Anode erhält gegenüber der Kathode eine negative Spannung. Es wird diejenige Gegenspannung U_0 gesucht, bei der der Photostrom gleich Null ist.

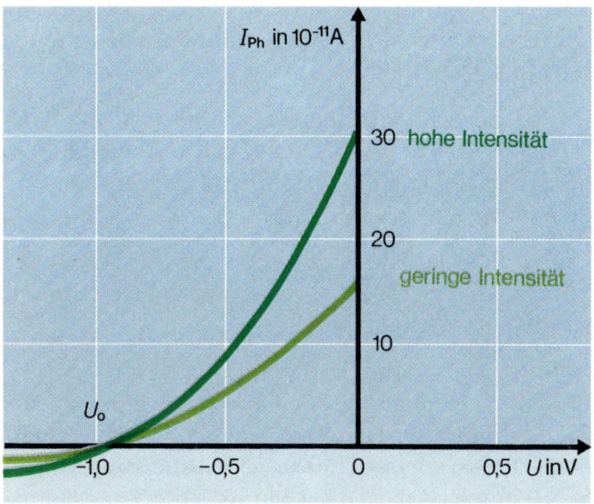

Abb. 9–4: Abhängigkeit des Photostroms von der Gegenspannung bei Beleuchtung mit blauem Licht (436 nm).
Die Kurven sind bei zwei verschiedenen Intensitäten aufgenommen. Die Gegenspannung U_0, für die der Photostrom gleich Null ist, beträgt unabhängig von der Intensität ca. 0,9 V.

richtung aus der Photokathode austreten. Wenn bei der Gegenspannung U_0 die Stromstärke Null ist, werden offenbar auch die schnellsten Elektronen, also die mit der größten kinetischen Energie, so stark gebremst, daß sie nicht mehr die Anode erreichen.

Aus der Größe der Gegenspannung U_0 kann man also die maximale kinetische Energie der Elektronen bestimmen: Laufen Elektronen der Ladung e in einem elektrischen Feld gegen die Spannung U an, so wird ihre kinetische Energie in potentielle Energie umgewandelt (→ *5.3.7*): $E_{pot} = e\,U$. Die maximale kinetische Energie der Elektronen bestimmt man mit der Spannung U_0, bei deren Durchlaufen die gesamte kinetische Energie in potentielle Energie umgewandelt wird:

$$E_{max} = \frac{1}{2}\,mv^2{}_{max} = e\,U_0$$

Die Richtungsumkehr des Stromes bei weiter wachsender Spannung entsteht dadurch, daß auch aus der Anode durch Streulicht Elektronen ausgelöst werden. Dies ist möglich, weil sich aus der Photokathode abgelöste Caesiumatome auf dem Anodenring niedergeschlagen haben. Aus der Anode treten ständig Elektronen aus, fließen unter dem Einfluß der Spannung zur Photokathode und kompensieren so einen Teil des Elektronenstroms, der von der Kathode zur Anode fließt. Dieser Effekt wird bei geringen Gegenspannungen durch den Strom der viel zahlreicheren Elektronen aus der Photokathode überdeckt. Dadurch wird die Messung der maximalen kinetischen Energie jedoch ein wenig verfälscht.

Jetzt soll der Einfluß der Intensität untersucht werden, wobei wir die Frequenz unverändert lassen.

Versuch 9/4: Wir wiederholen den *Versuch 9/3,* wobei wir jedoch einen Teil der Linse, die das Licht auf die Photokathode konzentriert, mit einem Schirm abdecken, so daß die Intensität des Lichtes geringer wird.

Beobachtung: Die Darstellung des Photostroms in Abhängigkeit von der Gegenspannung (*Abb. 9-4*) zeigt, daß bei gleicher Spannung bei geringerer Intensität ein geringerer Strom fließt. Jedoch ist der Photostrom bei derselben Spannung wie in *Versuch 9/3* gleich Null.

Ergebnis: Die maximale kinetische Energie der Photoelektronen hängt nicht von der Intensität des Lichtes ab. Eine größere Intensität bedeutet, daß eine größere Anzahl von Elektronen im Zeitintervall ausgelöst werden.

Wir sehen also, daß wir in der Lage sind, aus der Gegenspannung U_0 Rückschlüsse auf die Energie der schnellsten vom Licht ausgelösten Elektronen zu ziehen. Dabei ist die Intensität des Lichtes ohne Einfluß. In einem weiteren Versuch vergleichen wir nun die Wirkungen der verschiedenen Frequenzen des Lichtes, wobei wir uns auf die Messung der Gegenspannung U_0 konzentrieren.

Versuch 9/5: Die Photozelle wird nacheinander mit Licht unterschiedlicher Frequenzen bestrahlt. Man mißt zu jeder Frequenz die Gegenspannung U_0, für die der Photostrom Null ist.
Ergebnis: Die Gegenspannung U_0 nimmt mit wachsender Frequenz zu (*Abb. 9-5*). Die graphische Darstellung der Gegenspannung in Abhängigkeit von der Frequenz zeigt, daß die zu den verschiedenen Wertepaaren gehörenden Punkte auf einer Geraden liegen. Die Gerade schneidet die Achse, auf der die Frequenz abgetragen ist, bei der sogenannten Grenzfrequenz f_{gr}. Die Meßwerte, die sich für andere Frequenzen ergeben, ordnen sich in gleicher Weise an. Versuche mit Licht, dessen Frequenz kleiner ist als die Grenzfrequenz f_{gr}, zeigen, daß von diesem Licht keine Elektronen mehr ausgelöst werden.

Durch die Gegenspannung U_0 wird die kinetische Energie gemessen, die die energiereichsten Elektronen besitzen. Diese maximale kinetische Energie, die ein einzelnes ausgelöstes Elektron besitzt, hat den Wert $E_{max} = e\,U_0$. Aus dem Versuch folgt, daß die vom Licht einer bestimmten Frequenz f_i ausgelösten Elektronen unabhängig von der Intensität eine bestimmte maximale kinetische Energie $E_{max,i} = e\,U_{0,i}$ besitzen. *Abb. 9-6* zeigt die Abhängigkeit der maximalen kinetischen Energie von der Frequenz. Die Energie wird in der Einheit Elektronvolt gemessen. Für Licht der Grenzfrequenz f_{gr} ist die kinetische Energie der Elektronen Null.
In *Abb. 9-6* ist die Gerade bis zum Schnitt mit der Energieachse bei $E = -2$ eV durchgezeichnet. Den funktionalen Zusammenhang der maximalen kinetischen Energie der Elektronen mit der Frequenz des Lichts gibt die Gleichung $E_{max} = hf - W_a$ wieder. Die Konstante h läßt sich aus der Steigung der Geraden berechnen:

$$h = \frac{e\,U_{02} - e\,U_{01}}{f_2 - f_1} = \frac{(1{,}13 - 0{,}33)\ \text{eV}}{(7{,}41 - 5{,}49)\cdot 10^{14}\text{s}^{-1}}$$
$$= 4{,}17 \cdot 10^{-15}\text{eVs} = 6{,}67 \cdot 10^{-34}\text{Js}.$$

Die Konstante W_a hat den Wert 2 eV, so daß die Gleichung

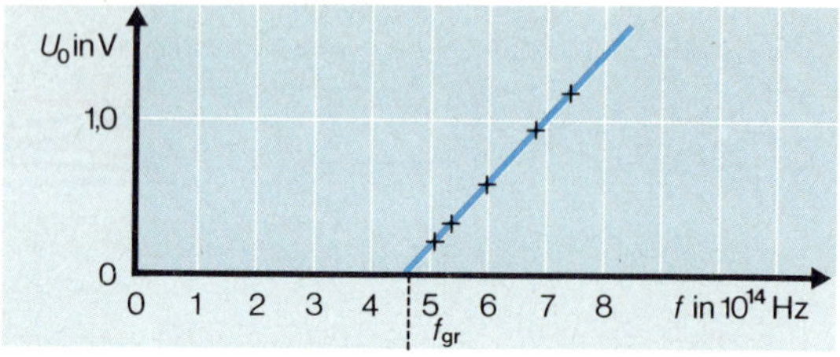

Abb. 9–5: Abhängigkeit der Gegenspannung U_0 von der Frequenz des Lichtes, das die Photoelektronen auslöst.

$$E_{max} = 6{,}67 \cdot 10^{-34}\ \text{Js}\,f - 2\ \text{eV}$$

heißt.
Nun muß die physikalische Bedeutung der Terme hf und W_a geklärt werden. Dazu betrachtet man Versuchsergebnisse mit anderen Metallschichten wie z. B. Natrium und Calcium. *Abb. 9-7* zeigt, daß wie beim Caesium die zu den Meßwerten gehörigen Punkte auf einer Geraden liegen, deren Gleichung in allen Fällen durch $E_{max} = hf - W_a$ gegeben ist. Die Steigung der Geraden, die durch den Faktor h beschrieben wird, ist für alle Metallschichten gleich. Der Faktor h erhielt von Max PLANCK den Namen **Wirkungsquantum.**

Das **Plancksche Wirkungsquantum** $h = (6{,}626\,0755 \pm 0{,}000\,0040) \cdot 10^{-34}$ Js ist eine für den Anwendungsbereich der Quantenphysik grundlegende Naturkonstante.

Die Einheit Js ist das Produkt der Einheiten der Energie und der Zeit. Größen mit solcher Einheit werden als **Wirkung** bezeichnet.

Abb. 9-7 zeigt ferner, daß sich für verschiedene Metalle verschiedene parallele Geraden ergeben, die die Energieachse an verschiedenen Stellen schneiden. Die Achsenabschnitte geben die **Austrittsarbeit** W_a für Elektronen bei den verschiedenen Metallen an. Aus der Abbildung kann man ferner ablesen, daß bei Bestrahlung mit Licht derselben Frequenz die maximale Energie der aus verschiedenen Metallen ausgelösten Elektronen verschieden ist. Ursache dafür ist die unterschiedliche Austrittsarbeit, die für Caesium kleiner ist als für Natrium und Calcium.

Ergebnis: Der lichtelektrische Effekt wird energetisch durch die Gleichung $E_{max} = hf - W_a$ beschrieben. E_{max} ist die maximale kinetische Energie der von dem Licht der Frequenz f ausgelösten Elektronen. Diese Energie ergibt sich als Differenz der vom Licht aufgenommenen Energie $E = hf$ und der für den Austritt aus dem Metall benötigten Energie W_a.

Die Energie $E = hf$ ist offenbar um so größer, je größer die Frequenz des verwendeten Lichtes ist, also für blaues Licht größer als für rotes. Für Licht

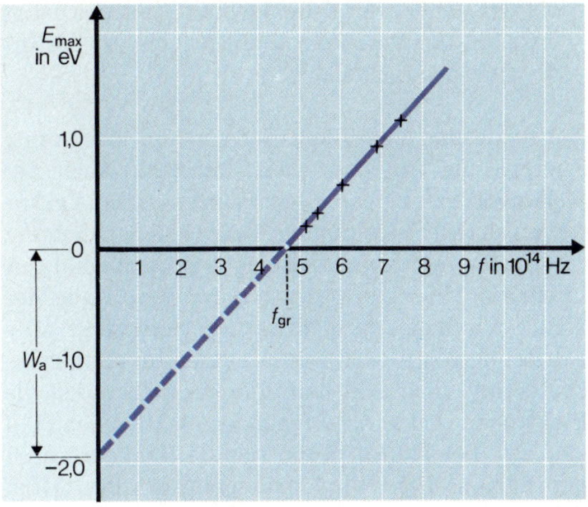

Abb. 9–6: Abhängigkeit der maximalen kinetischen Energie der Photoelektronen von der Frequenz des Lichtes. Multipliziert man den Wert der gemessenen Gegenspannung, z. B. 0,58 V, mit der Elementarladung $e = 1{,}6 \cdot 10^{-19}$ As, so erhält man die maximale kinetische Energie der Elektronen.
$E_{kin} = eU_0 = e \cdot 0{,}58\ \text{V} = 0{,}58\ \text{eV} = 9{,}28 \cdot 10^{-20}\ \text{Ws}$.

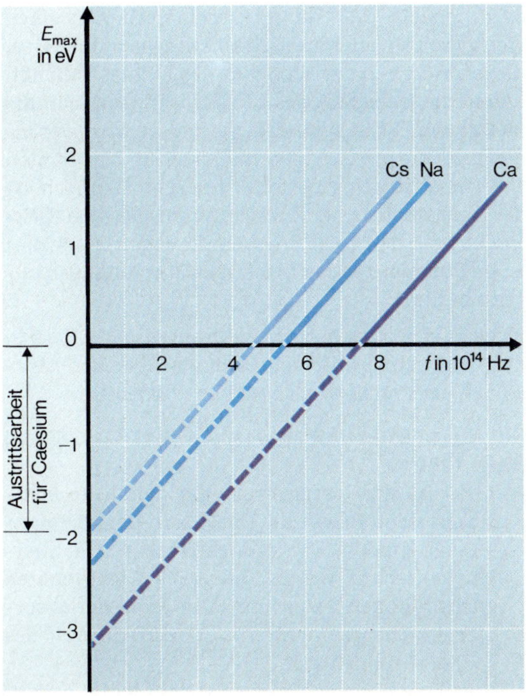

Abb. 9–7: Abhängigkeit der maximalen kinetischen Energie der Photoelektronen von der Frequenz des Lichtes für verschiedene Metalle (Cäsium, Natrium, Calzium).
Der Schnittpunkt der Geraden mit der Frequenzachse liefert die Grenzfrequenz. Der Abschnitt der verlängerten Geraden auf der Energieachse ergibt die Austrittsarbeit.

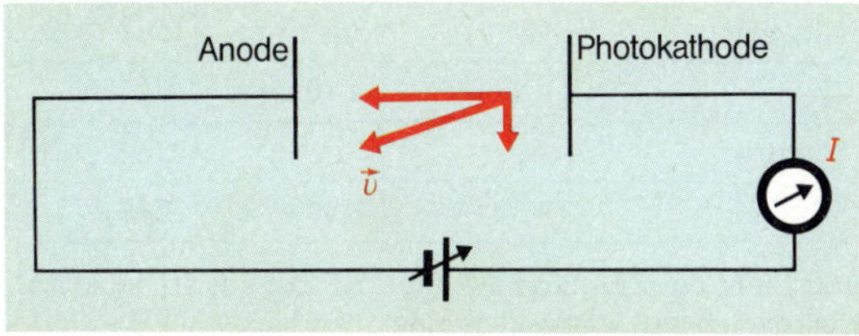

Abb. 9–8: Abbremsung von Elektronen, die nicht direkt in Richtung der Anode fliegen.

mit der Grenzfrequenz f_{gr} ist die kinetische Energie der ausgelösten Elektronen Null. Die in diesem Fall vom Licht bereitgestellte Energie reicht also gerade zum Verrichten der Austrittsarbeit: $h f_{gr} = W_a$. Diese Gleichung macht noch einmal deutlich, daß es für Metalle mit unterschiedlicher Austrittsarbeit unterschiedliche Grenzfrequenzen gibt und daß Licht mit einer Frequenz kleiner als die Grenzfrequenz keine Elektronen mehr auslösen kann.

Man kann nun noch fragen, warum die vom Licht einer Frequenz aus demselben Metall ausgelösten Elektronen unterschiedliche Energien besitzen. Die maximale kinetische Energie wird mit Hilfe der Gegenspannung bestimmt, die die schnellsten Elektronen soweit bremst, daß sie gerade nicht mehr zur Anode gelangen. Wie *Abb. 9-8* zeigt, hängt der Wert der zum Abbremsen eines Elektrons benötigten Spannung auch von der Richtung der Geschwindigkeit des Elektrons ab. Durch die Gegenspannung braucht nur die Geschwindigkeit in Richtung der Anode zu Null gemacht werden. Die Messung der maximalen kinetischen Energie erfolgt also nur an Elektronen, die genau in Richtung der Anode fliegen. Ein geeignetes Meßverfahren zeigt, daß auch diese Elektronen nicht alle exakt die gleiche kinetische Energie besitzen. Die Austrittsarbeit für die einzelnen Elektronen schwankt, weil sie auf ihren unterschiedlichen Wegen an die Metalloberfläche durch Stöße mit den Gitteratomen unterschiedliche Energiebeträge abgeben.

Aufgaben

9/1: Zur Messung der Austrittsarbeit werden einige Alkalimetalle mit dem Licht der Quecksilberdampflampe bestrahlt und die Gegenspannungen gemessen, bei denen gerade der Photostrom Null wird (*s. Tabelle*).

a) Welche Werte ergeben sich für das Wirkungsquantum bei den verschiedenen Metallen?
b) Wie groß sind die Werte der Austrittsarbeit?

Wellenlänge / Element	493 nm	405 nm
Li	0,06 V	0,60 V
Na	0,24 V	0,78 V
K	0,27 V	0,81 V
Rb	0,39 V	0,93 V
Cs	0,58 V	1,12 V

9/2: Berechnen Sie die Grenzwellenlänge beim lichtelektrischen Effekt aus den bekannten Werten für die Austrittsarbeiten bei den verschiedenen Elementen:

Element	Cu	Ag	Zn
W_a	4,48 eV	4,70 eV	4,27 eV
Element	Al	Si	Ge
W_a	4,20 eV	3,59 eV	4,62 eV

9/3: Licht der Frequenz $1{,}3 \cdot 10^{15}$ Hz löst aus einem Metall Elektronen der Maximalenergie 1,8 eV aus.

a) Wie groß ist die Austrittsarbeit für das Metall?

b) Wie groß ist die Frequenz des Lichts, das gerade noch Elektronen auslösen kann?

9/4: Licht der Wellenlänge $\lambda = 3{,}6 \cdot 10^{-7}$ m trifft auf Caesium, für das die Austrittsarbeit $W_a = 1{,}94$ eV beträgt. Berechnen Sie die kinetische Energie und die Geschwindigkeit der schnellsten Photoelektronen.

*** 9/5:** Die zur Untersuchung des lichtelektrischen Effekts verwendete Photozelle besitzt eine ringförmige Anode, auf der sich von der Kathode gelöste Caesiumatome niedergeschlagen haben. Dadurch ist für die Anode die Austrittsarbeit für Elektronen so groß wie für die Kathode. Also werden auch von der Anode durch Streulicht Elektronen ausgelöst.

a) Welche Auswirkungen hat dieser Nebeneffekt auf die Messung der Gegenspannung?

b) Wie wirkt sich dieser Effekt bei Licht verschiedener Frequenzen aus, wenn man berücksichtigt, daß die Gegenspannung für die Elektronen von der Anode eine Beschleunigungsspannung ist. Welche Auswirkungen hat dies auf eine Bestimmung von h?

9.1.2 Die Lichtquantenhypothese

Die in *Kapitel* 7 betrachteten Vorgänge der Lichtausbreitung wie z. B. Beugung, Brechung und Interferenz lassen sich verstehen, wenn man Licht als Welle ansieht. In dieser Vorstellung ist Licht einer Spektralfarbe eine Welle mit einer bestimmten Frequenz.

Der im vorangegangenen Abschnitt behandelte lichtelektrische Effekt ist eine Wechselwirkung von Licht mit Materie. Die Bausteine der Materie und damit auch die Elektronen sind für uns Teilchen, die Masse und Impuls besitzen und auch Ladungen tragen können.

Eine Erklärung des lichtelektrischen Effekts bedeutet seine Einordnung in ein bestimmtes Vorstellungsbild, also etwa in die Wellenvorstellung vom Licht und in die Teilchenvorstellung von Elektronen.

Wir wollen dazu noch einmal deutlich hervorheben, was zu erklären ist:

1. Aus einem bestimmten Metall werden Elektronen nur durch Licht mit einer Frequenz ausgelöst, die größer ist als die vom Material abhängige Grenzfrequenz f_{gr}. Bei Licht niedrigerer Frequenz führt auch eine Erhöhung der Intensität nicht zur Auslösung von Elektronen.
2. Die von Licht einer bestimmten Frequenz ausgelösten Elektronen besitzen eine kinetische Energie, die einen Höchstwert nicht überschreitet. Dieser Höchstwert des einzelnen Elektrons hängt nur von der Frequenz, nicht jedoch von der Intensität des Lichts ab.

Zu 1:

Zur Auslösung eines Elektrons wird eine bestimmte Energie, die Austrittsarbeit, benötigt. Nach der Wellenvorstellung vom Licht ist die in einem Zeitintervall an einer bestimmten Stelle (Fläche) im Raum zur Verfügung gestellte Energie proportional zur Intensität bzw. zum Quadrat der Amplitude der Welle, nämlich der elektrischen Feldstärke. Die Auslösung von Elektronen aus einer Metalloberfläche könnte man sich damit so vorstellen, daß die Elektronen in dem schwingenden elektrischen Feld eine der Feldstärke proportionale Kraft erfahren und so zum Mitschwingen angeregt werden. Dabei nehmen sie aus dem Feld Energie auf und können bei einem ausreichenden Wert der Energie das Metall verlassen. Bei einer Erhöhung der Intensität, also einer Erhöhung der elektrischen Feldstärke, müßten also bei jeder beliebigen Frequenz Elektronen ausgelöst werden. Daß dies bei Frequenzen unterhalb der Grenzfrequenz nicht der Fall ist, läßt sich im Rahmen der uns bisher bekannten Wellenvorstellungen nicht verstehen.

Zu 2:

Elektronen können grundsätzlich jeden beliebigen Wert kinetischer Energie annehmen. Der Versuch zeigt jedoch, daß sie in diesem Fall nur einen Höchstbetrag an kinetischer Energie aufnehmen, dessen Wert von der Frequenz des Lichtes abhängt. Indem die Intensität des Lichtes, mit dem man die Metalloberfläche bestrahlt, verändert wird, verändert man die pro Zeitintervall an einem bestimmten Ort zur Verfügung gestellte Energie. Dennoch ist der Höchstbetrag der Energie der ausgelösten Elektronen bei Licht einer Frequenz konstant. Auch dies ist im Rahmen unserer bisherigen Vorstellungen unverständlich.

Es zeigt sich also, daß der lichtelektrische Effekt in dem Vorstellungsbild von Licht als Welle und Elektronen als Teilchen nicht erklärt werden kann.

Eine Lösung des Problems fand Albert EINSTEIN im Jahre 1905:

1. Licht ist ein Energiestrom, aus dem beim lichtelektrischen Effekt die Energie in Energiequanten der Größe $E = hf$ absorbiert wird. Die Energiequanten hf werden auch als **Lichtquanten** oder **Photonen** bezeichnet. Die Größe der absorbierten Energiequanten ist der Frequenz f des Lichtes proportional.
2. Eine Erhöhung der Intensität des Lichtes bedeutet eine Vergrößerung der Anzahl der in einer bestimmten Zeit von einer Fläche absorbierten Energiequanten.
3. Ein Elektron absorbiert jeweils nur die Energie eines Lichtquants.

Nach dieser Vorstellung wird der lichtelektrische Effekt folgendermaßen erklärt: Aus dem Energiestrom, den das Licht darstellt, absorbieren die Elektronen des Metalls Energie in den Beträgen *hf*, wobei ein einzelnes Elektron stets nur ein Energiequant absorbiert. Nur dann, wenn der Betrag *hf* größer ist als die zum Austritt aus der Metalloberfläche benötigte Energie W_a, wird ein Elektron auch tatsächlich ausgelöst. Die Energie eines ausgelösten Elektrons ist gleich der Differenz aus der absorbierten Energie *hf* und der Austrittsarbeit W_a. Diese Energiedifferenz besitzt das Elektron als kinetische Energie: $E_{kin} = hf - W_a$. Da das Elektron auf seinem Weg an die Metalloberfläche evtl. noch Energie an das Metallgitter abgibt, kann seine kinetische Energie nie größer sein als der angegebene Betrag.

Eine Erhöhung der Intensität des Lichtes führt zu einer Vergrößerung der Anzahl der pro Zeiteinheit und Flächeneinheit absorbierten Lichtquanten, nicht jedoch zu einer Vergrößerung der von den Elektronen absorbierten Energiebeträge. Von intensiverem Licht werden also pro Zeiteinheit und Flächeneinheit mehr, jedoch nicht energiereichere Elektronen ausgelöst.

Aus dem Energiestrom des Lichtes wird die Energie also nicht kontinuierlich, sondern in Quanten absorbiert. Dies ist eine überraschende Feststellung, insbesondere wenn wir uns daran erinnern, daß wir Licht in der Interferenzoptik als eine Wellenstrahlung kennengelernt haben. Bei einer von einer Lichtquelle ausgehenden Welle, die sich nach allen Richtungen in den Raum ausbreitet, ist die Energie gleichmäßig über die ganze Wellenfront verteilt. Stellt man sich im Idealfall die Lichtquelle punktförmig vor, so bildet die Wellenfront eine Kugelfläche. Die Energiedichte, also der Quotient aus der Energie, die durch eine Fläche senkrecht zum Radius tritt, und dieser Fläche, wird mit zunehmender Entfernung von der Quelle immer geringer und kann bei entsprechend großem Radius unter jeden beliebigen Wert sinken. In diesem Vorstellungsbild vom Licht ist es schwer verständlich, daß z. B. das Licht von den in großer Entfernung befindlichen Sternen Photoelektronen auslöst. Diese Auslösung von Photoelektronen erfolgt in demselben Augenblick, in dem das Licht auf die Metallschicht fällt. Es ist also nicht so, daß zunächst eine Zeitlang Energie angesammelt wird, bis diese zur Auslösung eines Elektrons ausreicht.

Nach EINSTEINs Erklärung des lichtelektrischen Effekts erfolgt die Absorption der Energie des Lichts in Quanten der Größe *hf*. Sinkt bei wachsender Entfernung von der Quelle die Intensität des Lichtes, so bedeutet dies im Rahmen der Lichtquantenvorstellung eine geringere Dichte der absorbierten Quanten. Auf jeden Fall steht bei einem lichtelektrischen Prozeß auch bei Licht geringster Intensität stets ein ganzes Quant zur Verfügung.

Die Vorstellung der Lichtquanten läßt sich über die gequantelte Absorption der Energie des Lichtes hinaus noch sinnvoll erweitern. In der speziellen Relativitätstheorie hat sich gezeigt, daß Energie und Masse zueinander äquivalente Größen sind: $E = mc^2$. Mit der kinetischen oder mit der inneren Energie eines Körpers wächst auch seine träge Masse. Begreift man den Energiestrom des Lichtes als einen Strom von Lichtquanten oder Photonen, so kann man rein formal einem Photon der Energie $E = hf$ eine träge Masse $m_{Ph} = E/c^2 = hf/c^2$ zuordnen. Berücksichtigt man, daß sich der Energiestrom mit der Lichtgeschwindigkeit c bewegt, so läßt sich dem Photon der Impuls $p_{Ph} = m_{Ph}\, c = hf/c$ zuschreiben. Mit der für Wellen geltenden Beziehung $c = \lambda f$ ergibt sich $p_{Ph} = h/\lambda$. Auf diese Weise erhalten Photonen Teilcheneigenschaften.

Zusammenfassung: Lichtquanten bzw. Photonen können Teilcheneigenschaften zugeschrieben werden. Ist die Energie eines Photons $E = hf$, so kann dem Photon die Masse $m_{Ph} = hf/c^2$ und der Impuls $p_{Ph} = hf/c = h/\lambda$ zugeordnet werden.

Daß Photonen Teilchen besonderer Art sind, zeigt folgende Überlegung: In der speziellen Relativitätstheorie wird für Teilchen der Ruhenergie $E_0 = m_0\, c^2$ die Beziehung

$$E^2 - p^2c^2 = m_0^2\, c^4$$

hergeleitet (*8.3.3*). Setzt man in diese Gleichung die Terme für die Energie E und den Impuls p eines Photons ein, so ergibt sich

$$m_0^2\, c^4 = 0.$$

Photonen sind also Teilchen mit der Ruhmasse m_0 gleich Null. Dieses sonderbar anmutende Ergebnis wird verständlich, wenn man bedenkt, daß es keine ruhenden Photonen gibt. In jedem Bezugssystem breitet sich Licht mit derselben Geschwindigkeit c aus.

Daß Licht jedoch einen Impuls besitzt, zeigt sich eindrucksvoll am Schweif von Kometen. Dieser ist stets von der Sonne weggerichtet. Das Sonnenlicht überträgt seinen Impuls auf die Staubteilchen, aus denen der Schweif des Kometen teilweise besteht.

In der von EINSTEIN aufgestellten Lichtquantenhypothese spielt das Wirkungsquantum h eine besondere Rolle: Für Licht jeder beliebigen Frequenz ist der absorbierte Energiebetrag stets $E = hf$. Wir werden sehen, daß die Größe $E = hf$ auch bei der Emission von Strahlung auftritt.

Das Wirkungsquantum trägt den Namen des Physikers PLANCK. Er trat im Jahre 1900 mit einer theoretischen Herleitung eines Strahlungsgesetzes an die Öffentlichkeit, das die Abhängigkeit der Intensität der von einem Körper emittierten Strahlung von der Wellenlänge beschreibt. Die Oberfläche eines Körpers hoher Temperatur emittiert Strahlung verschiedener Wellenlängen. Trägt man die Energie, die pro Zeiteinheit und pro Flächeneinheit emittiert wird, in Abhängigkeit von der Wellenlänge auf, so erhält man die Kurve in *Abb. 9-9*. Bei der Herleitung wich PLANCK von den Vorstellungen der klassischen Physik ab, indem er von der Annahme ausging, daß die für die Emission der Strahlung verantwortlichen Oszillatoren, die mit der Frequenz f schwingen, nur Energie in Beträgen der Größe *hf* aufnehmen und abgeben können, daß also die Emission und Absorption der Energie gequantelt ist. PLANCK selbst war mit dieser gewaltsamen Annahme so

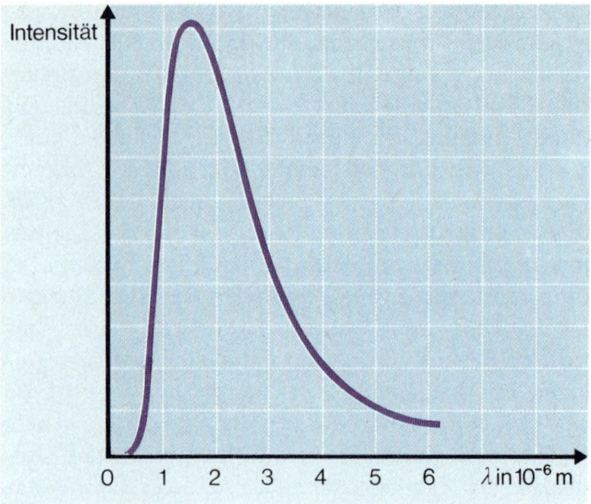

Abb. 9–9: Die Kurve gibt die Abhängigkeit der Intensität pro Wellenlängeneinheit von der Wellenlänge an.

wenig einverstanden, daß er noch mehrere Jahre versuchte, eine Herleitung des Strahlungsgesetzes auf der Basis der klassischen Physik, also ohne die Annahme der Energiequantelung, zu finden, was ihm jedoch nicht gelang. Die von PLANCK eingeführte Konstante h erwies sich in der Folge als die wichtigste Konstante der Mikrophysik, so daß ihre Entdeckung den ersten Schritt in die Atomphysik darstellt.

Aufgaben

9/6: Wie groß sind die Quanten einer Radiowelle ($\lambda = 200$ m), von Infrarotstrahlung ($\lambda = 10^{-6}$ m) und von Röntgenstrahlung ($\lambda = 10^{-9}$ m)?

9/7: Natriumatome emittieren oder absorbieren Strahlung der Wellenlänge $\lambda = 5{,}9 \cdot 10^{-7}$ m. Berechnen Sie die Energie der Photonen.

9/8: Berechnen Sie Frequenz und Wellenlänge von Photonen, die von folgenden Systemen absorbiert werden:

a) Atomkerne absorbieren Energie der Größenordnung 10^3 eV.

b) Ein Atom absorbiert etwa 1 eV.

c) Ein Molekül absorbiert ca. 10^{-2} eV.

9/9: Welche Höhe muß ein Körper der Masse $m = 10^{-8}$ kg (Sandkorn) durchfallen (ohne Berücksichtigung des Luftwiderstandes), um eine kinetische Energie zu erhalten, die gleich der Energie eines Lichtquants der Frequenz $f = 5 \cdot 10^{14}$ Hz (blaues Licht) ist?

9/10: Warum spricht die Existenz einer Grenzfrequenz beim lichtelektrischen Effekt gegen die Wellenvorstellung vom Licht und für die Lichtquantenhypothese?

9.1.3 Die kurzwellige Grenze der Röntgenbremsstrahlung

Die Vorgänge bei der Entstehung der Röntgenstrahlung sind in gewisser Weise eine Umkehrung des lichtelektrischen Effekts: In der Röntgenröhre werden von einer geheizten Kathode Elektronen emittiert, die dann in einem elektrischen Feld zwischen Kathode und Anode auf eine kinetische Energie von einigen zehntausend Elektronvolt beschleunigt werden. Die energiereichen Elektronen pral-

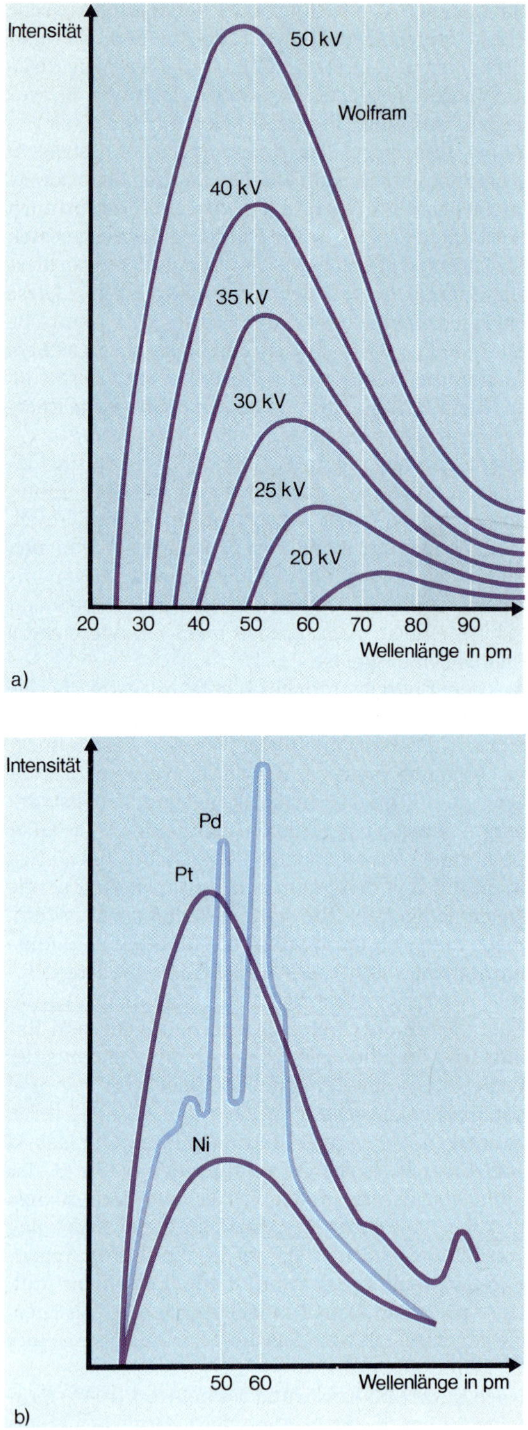

Abb. 9–10: a) Die Intensität der Strahlung einer Röntgenröhre mit einer Wolfram-Anode in Abhängigkeit von der Wellenlänge bei verschiedenen Beschleunigungsspannungen.
b) Die Intensität der Strahlung einer Röntgenröhre mit einer Platin (Pt)-, Palladium (Pd)- und Nickel (Ni)-Anode in Abhängigkeit von der Wellenlänge bei konstanter Beschleunigungsspannung.

len auf die Anode, werden abgebremst und geben ihre Energie in Form von Röntgenstrahlung ab. Wie bei der Untersuchung des lichtelektrischen Effekts interessiert auch hier der Zusammenhang zwischen der Energie der Elektronen und der Frequenz der Strahlung.
Untersucht man mit der Drehkristallmethode (→ *7.4.4*) die Abhängigkeit der Intensität der Röntgenstrahlung von der Wellenlänge bei verschiedenen Beschleunigungsspannungen, so erhält man das in *Abb. 9–10 a* wiedergegebene Ergebnis. Die Intensität ist kontinuierlich über einen bestimmten Wellenlängenbereich verteilt. Zu den kurzen Wellenlängen hin brechen die Spektren abrupt ab. Je größer die Beschleunigungsspannung ist, um so kleiner ist die Wellenlänge, bei der das Spektrum abbricht, die sogenannte kurzwellige Grenze des jeweiligen Spektrums.
Führt man entsprechende Untersuchungen bei gleichen Beschleunigungsspannungen mit Anoden aus unterschiedlichen Metallen durch, so ergeben sich Spektren, wie sie z. B. in *Abb. 9–10 b* dargestellt sind. Bei recht unterschiedlichem Verlauf der Spektren liegt die kurzwellige Grenze in allen Fällen bei demselben Wert.
Zum Verständnis der Versuchsergebnisse sollen die Vorgänge beschrieben werden, in denen die Elektronen im Anodenmaterial ihre Energie verlieren:
Ein wesentlicher Teil der Energie der Elektronen wird als Schwingungsenergie an die Gitteratome abgegeben und führt zu einer starken Temperaturerhöhung der Anode, die evtl. gekühlt werden muß.
Ein weiterer Teil der Energie der Elektronen wird von den Atomen selbst absorbiert und als elektromagnetische Strahlung diskreter Wellenlängen wieder emittiert. Es entsteht die sogenannte **charakteristische Strahlung**, die als Emissionsstrahlung der Anodenatome im Röntgenbereich des Spektrums für das Anodenmaterial kennzeichnend ist. Dazu gehören z. B. die beiden ausgeprägten Maxima im Röntgenspektrum des Palladium in *Abb. 9–10 b*. Diese Vorgänge werden in *Abschnitt 10.3.1* erklärt.
Schließlich können die Elektronen ihre Energie ganz oder teilweise beim Abbremsen im Feld der Atomkerne des Anodenmaterials abgeben. Wie wir bei der Behandlung der elektromagnetischen Wellen gesehen haben, emittieren beschleunigte Ladungen elektromagnetische Strahlung. Auf diese Weise wird ebenfalls kinetische Energie in Strahlungsenergie umgewandelt. Es entsteht die sogenannte **kontinuierliche Strahlung** oder **Bremsstrahlung**, die i. a. den Hintergrund für die charakteristische Röntgenstrahlung bildet.
Diese Bremsstrahlung besitzt, wie wir sahen, eine kurzwellige Grenze, deren Wert sich mit Hilfe der Lichtquantenhypothese bestimmen läßt: Das einzelne Elektron verliert beim Abbremsen im Feld eines Atomkerns einen Teil seiner Energie, die in Strahlungsenergie $E = hf$ umgewandelt wird. Je nach der Größe des Energiebetrags ergibt sich die Frequenz f der Strahlung bzw. die Wellenlänge. Es entsteht ein kontinuierliches Spektrum. Jedoch kann ein Elektron höchstens seine gesamte Energie $E = e\,U_a$, die es aus dem elektrischen Beschleunigungsfeld aufgenommen hat, verlieren und in einem einmaligen Prozeß in Strahlungsenergie umwandeln. Dann gilt die Beziehung $e\,U_a = hf_{max}$. Zu dem höchsten Wert der Frequenz gehört ein kleinster Wert der Wellenlänge, die kurzwellige Grenze des Bremsspektrums.

Ergebnis: Das Bremsspektrum einer Röntgenstrahlung besitzt eine durch die Anodenspannung U_a bestimmte Grenze, für deren Frequenz bzw. Wellenlänge gilt:

$$h\,f_{max} = e\,U_a, \text{ und mit } \lambda_{min} f_{max} = c \text{ wird } \lambda_{min} = \frac{hc}{e\,U_a}.$$

Diese Beziehungen sind durch Experimente vollauf bestätigt. Sie bieten überdies eine weitere Möglichkeit zur Bestimmung des Wertes für das Plancksche Wirkungsquantum.
Sie sind außerdem für die Röntgentechnik von Bedeutung: U_a bestimmt den maximalen Wert der Energiequanten und damit die Wirksamkeit und auch die Gefährlichkeit der Röntgenstrahlung.

Aufgaben

9/11: a) In einer Röntgenröhre durchlaufen Elektronen eine Potentialdifferenz von 40 kV.
Berechnen Sie die kurzwellige Grenze der Röntgenstrahlung.
b) Zeigen Sie, daß allgemein zwischen der kurzwelligen Grenze λ_{min} und der Beschleunigungsspannung U_a die Beziehung $\lambda_{min} = \frac{1240\text{ V}}{U_a}$ nm gilt.

***9/12:** Mit Hilfe der Bragg-Reflexion an einem Lithiumfluoridkristall mit der Gitterkonstante $g = 201$ pm wurden bei verschiedenen festeingestellten Reflexionswinkeln die Beschleunigungsspannungen gemessen, bei denen eine Emission von Röntgenstrahlung begann:

α in Grad	8	9	10	11	12	13
U_a in kV	19,8	17,6	15,8	14,6	13,5	12,5

a) Berechnen Sie zunächst aus der Braggschen Reflexionsbedingung die Wellenlängen, und stellen Sie dann die Spannung in Abhängigkeit von der Frequenz graphisch dar.
b) Bestimmen Sie aus der graphischen Darstellung das Plancksche Wirkungsquantum.

9/13: Welche Spannung muß wenigstens an eine Röntgenröhre gelegt werden, um eine Strahlung zu erzeugen, deren Quanten gleich der Ruhmassenenergie von Elektronen sind?

9/14: Warum ist die Existenz einer kurzwelligen Grenze bei der Röntgenbremsstrahlung nicht mit der Wellenvorstellung vom Licht vereinbar?

9.1.4 Der Compton-Effekt

Am Ende von *Abschnitt 9.1.2* haben wir zusammenfassend die Eigenschaften von Photonen dargestellt. Danach besitzen Photonen von Licht einer bestimmten Frequenz die Energie $E = hf$, den Impuls $p = E/c$ und die Masse $m = E/c^2$. Die Deutung des im folgenden beschriebenen Versuchs bestätigt die Gültigkeit der angegebenen Beziehungen.
Im Jahre 1922 untersuchte COMPTON die Streuung von Röntgenstrahlung an Kohlenstoff und fand, daß neben einer Streustrahlung, die dieselbe Frequenz und Wellenlänge wie die einfallende Strahlung besitzt, ein weiterer Strahlungsanteil mit einer etwas größeren Wellenlänge (*Abb. 9–11*) vorhanden war. Ferner stellte sich heraus, daß der Unterschied der Wellenlängen der beiden gestreuten Strahlungsanteile mit dem Streuwinkel zunahm (*Abb. 9–12*).
Mit der Wellenvorstellung von Strahlung läßt sich Streuung dadurch erklären, daß die an die Atome gebundenen Elektronen durch die elektromagnetischen Wellen in Schwingungen mit gleicher Frequenz versetzt werden und dann in alle Richtungen Strahlung mit derselben Wellenlänge emittieren. Es kann jedoch nicht erklärt werden,

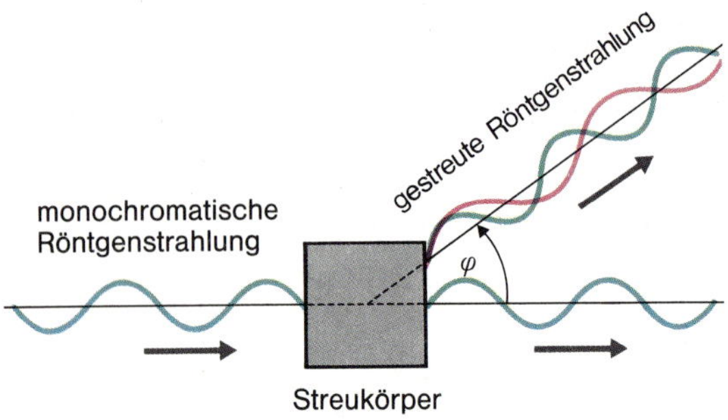

Abb. 9–11: Schematische Darstellung des Compton-Effekts.
Unter dem Winkel φ wird neben der Strahlung der ursprünglichen Wellenlänge auch solche mit größerer Wellenlänge beobachtet.

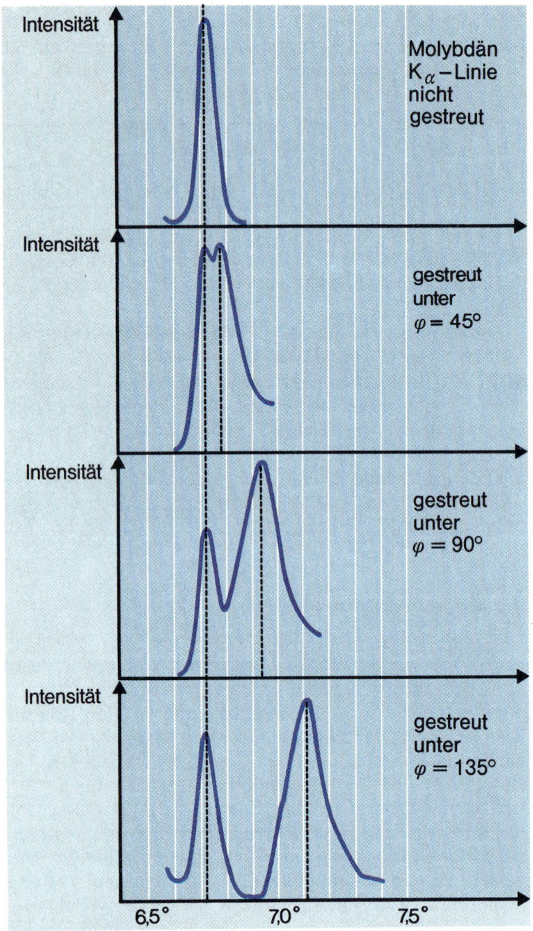

Abb. 9–12: Intensität der Röntgenstrahlung in Abhängigkeit von der Wellenlänge beim Compton-Effekt an Graphit für verschiedene Streuwinkel φ.
Die obere Kurve zeigt die Linie der verwendeten Strahlung mit 71 pm. Die weiteren Graphen zeigen, daß jeweils ein Teil der Strahlung die ursprüngliche Wellenlänge besitzt und ein weiterer Teil eine größere Wellenlänge hat. Die Veränderung der Wellenlänge wächst mit dem Streuwinkel. (Nach Messungen von A. H. COMPTON)

warum neben dieser Strahlung auch solche mit größerer Wellenlänge, also kleinerer Frequenz auftritt.
Nach der Lichtquantentheorie bedeutet Strahlung mit kleinerer Frequenz Photonen mit geringerer Energie. Das Auftreten von Photonen mit geringerer Energie neben denen mit der ursprünglichen Energie wird verständlich, wenn bei der Streuung einige Photonen einen Teil ihrer Energie verlieren. Aus der Mechanik wissen wir, daß beim Stoß von Teilchen Energie übertragen wird. Verhalten sich Photonen wie Teilchen, so können diese mit den Teilchen des Streukörpers stoßen und dabei auf diese Energie übertragen. Aus der Behandlung der Stoßprozesse makroskopischer Körper (→ Stoßgesetze) weiß man, daß die beim Stoß übertragene Energie vom Massenverhältnis der stoßenden Körper abhängt. Eine Rechnung (→ *1.3.5* und *Aufgabe 9/15*) zeigt, daß der Energieaustausch zwischen stoßendem und gestoßenen Teilchen maximal ist, wenn die Massen beider Teilchen gleich groß sind.
Eine meßbare Energieänderung der Photonen kann also nicht beim Stoß mit Atomen, sondern nur beim Stoß mit Elektronen auftreten. Und dann muß es sich noch um sehr energiereiche Photonen handeln, deren Masse $m = E/c^2$ in der Größenordnung der Elektronenmasse liegt, um eine meßbare Energieänderung zu erhalten. Dies ist bei Röntgenstrahlung der Fall. Zur Erklärung der Streustrahlung mit veränderter Frequenz nimmt man also an, daß ein Photon mit einem zunächst ruhenden Elektron zusammenstößt und einen Teil seiner Energie und seines Impulses auf das Elektron überträgt. Wegen der Größe der Geschwindigkeit der Elektronen nach dem Stoß muß die Rechnung relativistisch durchgeführt werden. Man behandelt den Stoß zwischen dem Photon und dem Elektron wie einen elastischen Stoß zwischen zwei Teilchen, d. h., es gelten der Energieerhaltungssatz und der Impulserhaltungssatz.
Wir bezeichnen mit m_{0e} die Ruhmasse eines Elektrons und mit m_e die dynamische Masse, dann ist $E_{0e} = m_{0e}c^2$ die Energie des Elektrons vor dem Stoß und $E_e = m_e c^2$ die Energie nach dem Stoß. Das Photon hat vor dem Stoß die Energie $E_{Ph} = hf$ und nach dem Stoß die Energie $E'_{Ph} = hf'$. Entsprechende Bezeichnungen gelten für die Impulse, so daß sich die folgenden Gleichungen ergeben:

Energieerhaltungssatz: $E_{Ph} + E_{0e} = E'_{Ph} + E_e$

Impulserhaltungssatz: $\overrightarrow{p_{Ph}} = \overrightarrow{p'_{Ph}} + \overrightarrow{p_e}$

Einsetzen der entsprechenden Terme für die Energie ergibt

$$hf + m_{0e}c^2 = hf' + E_e\,.$$

Aus *Abb. 9–13* ergibt sich für die Beträge der Impulse, bei denen es sich ja um Vektoren handelt, nach dem Cosinussatz

$$p_e^2 = (p_{Ph})^2 + (p'_{Ph})^2 - 2\,p_{Ph}p'_{Ph}\cos\varphi\,.$$

An Aussagen über die Energie E_e des gestoßenen Elektrons und dessen Impuls p_e ist man zunächst nicht interessiert und versucht, diese Größen aus den Gleichungen zu eliminieren. Man erkennt, daß dazu noch eine weitere Gleichung nötig ist, die die beiden Größen E_e und p_e enthält. Diese liegt vor in der allgemeingültigen Beziehung zwischen Energie und Impuls (*8.3.3* mit $E_0 = m_{0e}c^2$)

$$E_e^2 - p_e^2c^2 = m_{0e}^2c^4\,.$$

Setzt man in die letzte Gleichung die Terme für E_e und p_e aus dem Energie- bzw. Impulserhaltungssatz ein, so ergibt sich

$$(hf - hf' + m_{0e}c^2)^2 - (hf)^2 - (hf')^2 + 2\,h^2ff'\cos\varphi = m_{0e}^2c^4.$$

Eine einfache Rechnung mit nachfolgenden Umformungen liefert

$$m_{0e}c^2\,(f-f') = hff'\,(1-\cos\varphi),$$

$$\frac{f-f'}{ff'} = \frac{h}{m_{0e}c^2}\,(1-\cos\varphi),$$

$$\frac{1}{f'}-\frac{1}{f} = \frac{h}{m_{0e}c^2}\,(1-\cos\varphi).$$

Mit $\frac{c}{f} = \lambda$ folgt

$$\lambda' - \lambda = \frac{h}{m_{0e}c}\,(1-\cos\varphi),$$

$$\lambda' = \lambda + \frac{h}{m_{0e}c}\,(1-\cos\varphi).$$

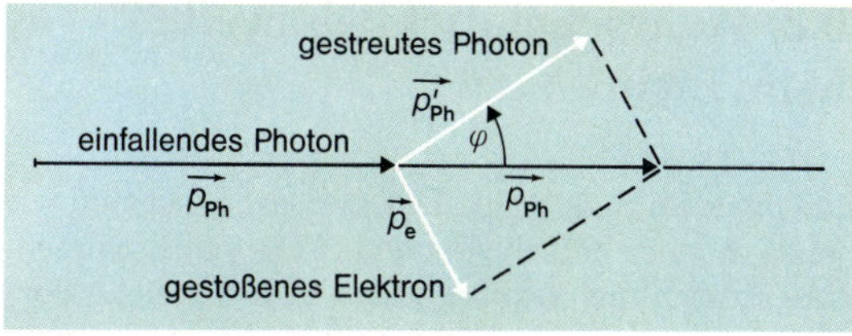

Abb. 9–13: Darstellung der Impulse des Photons und des Elektrons vor und nach der Streuung.

Ergebnis: Bei einer Streuung von Röntgenlicht an Elektronen vergrößert sich die Wellenlänge eines Teils der gestreuten Strahlung um

$$\Delta\lambda = \frac{h}{m_{0e}c}\,(1-\cos\varphi).$$

Die Vergrößerung der Wellenlänge hängt nur vom Streuwinkel φ und nicht von der Frequenz oder der Wellenlänge des eingestrahlten Röntgenlichts ab (*Abb. 9–12*). Für einen Streuwinkel von $\varphi = 90°$ ergibt sich eine Wellenlängenänderung von

$$\Delta\lambda = \lambda_c = \frac{h}{m_{0e}c} = 2{,}4 \cdot 10^{-12}\,\text{m},$$

die **Comptonwellenlänge** genannt wird.

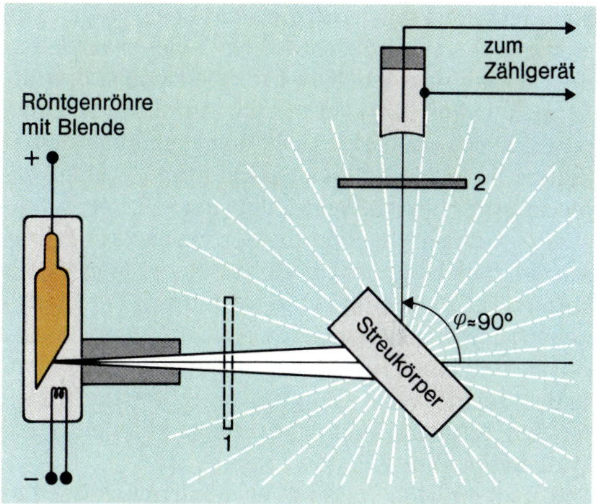

Abb. 9–14: Schematische Darstellung des Versuchsaufbaus zum Compton-Effekt.
Die gestreute Strahlung wird stärker absorbiert, wenn sich der Absorber in Stellung (*2*) befindet.

Da die Wellenlängenänderung sehr gering ist, kann der Effekt nur bei Strahlung mit kleiner Wellenlänge wie Röntgenlicht nachgewiesen werden. Ein nach *Abb. 9–14* durchgeführtes Experiment bestätigt die Größenordnung der Änderung der Wellenlänge. Dabei verwendet man die Tatsache, daß die Absorption von Röntgenstrahlung durch eine Aluminiumplatte von der Frequenz der Strahlung abhängt. In dem Experiment wird die Intensität der an einem Plexiglasblock gestreuten Strahlung gemessen. Eine Aluminiumplatte kann als Absorber in die Stellungen (1) und (2) gebracht werden. Der Versuch zeigt, daß die Absorption der gestreuten Strahlung stärker ist als die der noch nicht gestreuten Strahlung. Da Röntgenstrahlung geringerer Frequenz, also geringerer Energie, stärker absorbiert wird als Strahlung größerer Energie, zeigt der Versuch, daß die Frequenz der gestreuten Strahlung geringer bzw. die Wellenlänge größer geworden ist.
Die Deutung des Compton-Effekts und die Berechnung der Wellenlängenänderung sind überzeugende Bestätigungen der Lichtquantenhypothese: Der lichtelektrische Effekt deutet auf eine gequantelte Absorption der Energie des Lichtes hin. Unter Berücksichtigung der Ergebnisse der speziellen Relativitätstheorie lassen sich den Photonen Impuls und Masse zuordnen, so daß sich Teilcheneigenschaften ergeben. Behandelt man den Compton-Effekt wie eine Wechselwirkung zwischen den Teilchen Photon und Elektron, so ergeben sich mit der Realität übereinstimmende Ergebnisse.

Aufgaben

* **9/15:** Ein Körper der Masse m und der Geschwindigkeit v stoße elastisch mit einem ruhenden Körper, der Masse x. Bestimmen Sie unter Verwendung der Beziehungen für den elastischen Stoß zweier Körper, für welche Masse x die abgegebene Energie ein Maximum hat.

9/16: Welche Energie wurde bei einem Comptonprozeß an die Elektronen abgegeben, wenn die Frequenz der gestreuten Strahlung $0{,}990 \cdot 10^{19}$ Hz und die der ursprünglichen Strahlung 10^{19} Hz beträgt?

9/17: Die Frequenz der einfallenden Strahlung beträgt bei einem Compton-Prozeß $f = 1{,}2 \cdot 10^{20}$ Hz. Wie groß ist dann die Frequenz der gestreuten Strahlung, wenn die Geschwindigkeit der Elektronen nach dem Stoß $v = 1{,}5 \cdot 10^8$ m/s beträgt?

* **9/18:** Bestimmen Sie mit Hilfe von *Abb. 9–12* die Wellenlängenänderung der Strahlung, die unter 90° und unter 135° gestreut wird.

9/19: Wie groß kann die Änderung der Wellenlänge beim Compton-Effekt höchstens werden? Unter welchem Winkel tritt die Strahlung mit der größten Wellenlängenveränderung auf?
Warum bemerkt man beim sichtbaren Licht keinen Effekt, der dem Compton-Effekt entspricht?

* **9/20:** γ-Quanten radioaktiver Präparate rufen ebenso den Compton-Effekt hervor wie Röntgenquanten.

a) Welche Energie geben Quanten von 1,2 MeV an Elektronen ab, wenn sie um 180° zurückgestreut werden?
b) Welche Geschwindigkeit besitzen die gestoßenen Elektronen?

* **9/21:** Die Wirkungsweise von Szintillationszählern beruht auf der Erzeugung von Lichtquanten im sichtbaren Bereich durch schnelle Elektronen in Kristallen. Bestrahlt man den Kristall eines Szintillationszählers mit monochromatischer γ-Strahlung, so erhält man ein Spektrum der Art in *Abb. 12–15* (→*Kap. 12*).
Wie ist dieses Spektrum zu erklären?

9.2 Wahrscheinlichkeitswellen beim Licht

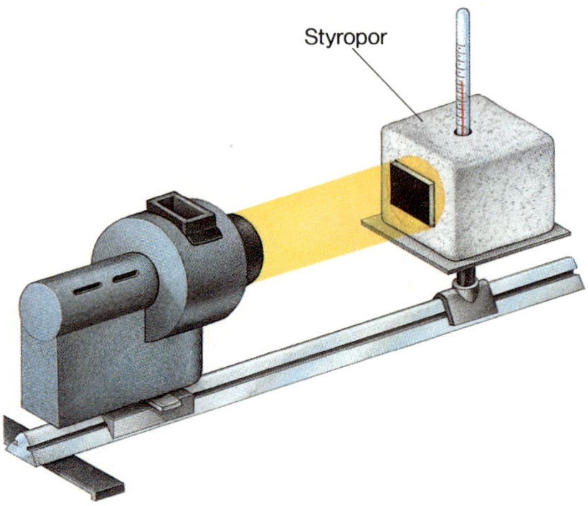

Abb. 9–15: Messung der Intensität einer Strahlung. Die Strahlung wird von der geschwärzten Fläche des Aluminiumklotzes absorbiert, der in Styropor eingebettet ist.

Bei unserem Einstieg in die Quantenphysik sind wir jetzt an einer entscheidenden Stelle angekommen: Wir müssen uns darüber klar werden, welche Vorstellungen wir vom Licht haben. Einerseits kann man Beugung, Brechung und Interferenz erklären und verstehen, wenn man Licht wie eine Wellenstrahlung behandelt, andererseits haben wir die Quanteneffekte bei der Absorption und Emission von Licht kennengelernt, die nicht in die Wellenvorstellung passen und eher auf ein Teilchenverhalten des Lichts hindeuten. Es wäre unbefriedigend, wollte man beide Betrachtungsweisen für den einen physikalischen Bereich Licht nebeneinander beibehalten. So wird in diesem Abschnitt auch eine Verbindung der beiden Vorstellungen vom Licht hergestellt. Daß zwischen den beiden Betrachtungsweisen ein Zusammenhang besteht, erkennt man an den Termen für die Energie und den Impuls der Photonen. Ordnet man einem Photon einen Energiebetrag $E = hf$ und einen Impuls $p = h/\lambda$ zu, so arbeitet man in der Teilchenvorstellung, doch gehören die beiden Größen Frequenz f und Wellenlänge λ eindeutig zur Wellenvorstellung.

Daß man mit einer Vorstellung allein nicht alle Phänomene erklären kann, zeigen genauere Untersuchungen und Betrachtungen der im vorangegangenen Abschnitt behandelten Effekte: Verwendet man z. B. beim lichtelektrischen Effekt polarisiertes Licht, so stellt man fest, daß in der Polarisationsrichtung, also in Richtung des elektrischen Feldstärkevektors der zugehörigen elektromagnetischen Welle, mehr Elektronen emittiert werden als in andere Richtungen. Also scheint die Welleneigenschaft des Lichts auch hier nicht ohne Einfluß zu sein. Ferner stellt man sich doch die Frage, warum beim lichtelektrischen Effekt das Photon seine gesamte Energie und beim Compton-Effekt nur einen Teil seiner Energie auf ein Elektron überträgt.

9.2.1 Die Intensität des Lichts

Eine Verbindung zwischen den beiden Vorstellungen vom Licht läßt sich herstellen, wenn man sich darüber klar wird, daß mit Hilfe der **Wellenvorstellung** vom Licht die Ausbreitung der Lichtenergie im Raum und mit der **Teilchenvorstellung** die Absorption oder Emission von Energie beschrieben werden.

Wir erläutern dies am Beispiel der Interferenz am Doppelspalt: Von einer punktförmigen Lichtquelle ausgehendes Licht erzeugt hinter einem Doppelspalt eine Interferenzfigur. Die Interferenzfigur besteht aus Bereichen, auf die viel Licht auftrifft, die sich mit Bereichen abwechseln, in denen wenig oder gar kein Licht beobachtet wird. Die von den beiden Doppelspalten kommende Lichtenergie wird also in einer ganz bestimmten Weise im Raum verteilt. Um diese Verteilung der Energie voraussagen zu können, benötigt man die Wegdifferenzen der Wellen von den beiden Spalten zum Ort der Beobachtung, bestimmt daraus die Phasendifferenz der sich überlagernden Schwingungen und dann die neue Amplitude. Das Quadrat der Amplitude ist dann proportional zur Intensität. Für Licht bedeutet das: Die Intensität ist proportional zum Quadrat der Amplitude der elektrischen Feldstärke $I \sim \hat{E}^2$.

Man ist also in der Lage, über die Verteilung der Energie im Raum, über die Intensität, mit Hilfe der Wellenvorstellung Voraussagen zu machen.

Wie man die Intensität mißt, sollen die folgenden Betrachtungen zeigen: Ein Beispiel für eine Messung der Intensität ist die Bestimmung der Solarkonstanten. Die Solarkonstante hat den Wert $S = 1{,}36\ \mathrm{kW/m^2}$. Das bedeutet, daß auf eine Fläche von $1\ \mathrm{m^2}$, die in der Entfernung eines Erdbahndurchmessers von der Sonne senkrecht zur Strahlung steht, pro Stunde eine Energie von ca. einer Kilowattstunde fällt.

$$I = \frac{E}{\Delta A\, \Delta t} \qquad (\rightarrow 9.1.1).$$

Bedenkt man, daß die pro Zeitintervall Δt auf die Fläche ΔA fallende Energie selbst mit der Zeit veränderlich sein kann, so versteht man, daß die Intensität auch als zeitlicher Mittelwert der Energieflußdichte bezeichnet wird.

Eine solche Intensitätsmessung ist auch im Physikraum möglich:

Versuch 9/5: Die Intensität der Strahlung einer Bogenlampe wird gemessen (*Abb. 9–15*). Das Licht fällt auf einen Aluminiumklotz der Masse m, dessen eine mit Ruß geschwärzte Fläche A senkrecht zur Strahlung steht. Die geschwärzte Fläche absorbiert sämtliche auffallende Energie. Die vom Alu-Klotz in der Zeit Δt absorbierte Energie wird mit Hilfe der Temperaturänderung bestimmt.
Ergebnis: Bei einem Klotz der Masse $m = 1250$g steigt die Temperatur ϑ in diesem Fall in der Zeit $\Delta t = 240$s um $\Delta\vartheta = 1$K. Die Fläche beträgt $A = 3{,}6 \cdot 10^{-3}\text{m}^2$. Aluminium hat die spezifische Wärmekapazität $c_{Al} = 0{,}9$ J/(gK). Es wurde also die Energie $E = c_{Al}\, m\Delta\vartheta = 0{,}9 \cdot 1250 \cdot 1$ J absorbiert, so daß sich eine Intensität von $I = 1300\ \text{W/m}^2$ ergibt.

Aufgaben

9/22: Die kleinste Lichtintensität, die das menschliche Auge noch wahrnehmen kann, liegt bei $10^{-10}\ \text{W/m}^2$.
Wie viele Photonen ($\lambda = 5{,}6 \cdot 10^{-7}$ m) treten bei dieser Intensität pro Sekunde in eine Pupille der Fläche $A = 0{,}5 \cdot 10^{-4}\ \text{m}^2$ ein?

9/23: Monochromatisches Licht der Wellenlänge 550 nm und der Intensität 1 kW/m² fällt auf eine Metallschicht und löst Elektronen aus.
a) Wie groß ist die Anzahl der Photonen, die pro Sekunde auf einen cm² treffen?
b) Welche Energie wird durch die ausgelösten Elektronen pro Sekunde und cm² abgeführt, wenn die Austrittsarbeit $W = 2$ eV beträgt, und 15 % der auftreffenden Photonen einen Photoeffekt bewirken?

9/24: Ein Laser habe eine Strahlungsleistung von 1 mW und einen Strahlquerschnitt von 4 mm².
a) Wie groß ist die Anzahl der Photonen, die pro Sekunde auf 1 mm² treffen, wenn der Laser bei 632,8 nm strahlt?
b) Vergleichen Sie die Intensität des Laserlichtes mit der des Sonnenlichts ($I_S = 1{,}36\ \text{kW/m}^2$).

9.2.2 Die Intensitätsverteilung am Doppelspalt

Bei der Untersuchung von Interferenzerscheinungen haben wir uns bislang im wesentlichen für die Lage der Intensitätsmaxima und -minima interessiert und weniger für die Registrierung der an den jeweiligen Orten vorhandenen Energie. Das soll jedoch in den folgenden Versuchen geschehen.

Versuch 9/6: Die Intensitätsverteilung hinter einem Doppelspalt wird mit einem Film (13 DIN) registriert (*Abb. 9–16*). Das Lichtbündel eines Lasers weitet man mit einer kurzbrennweitigen Konvexlinse auf und läßt es auf einen Doppelspalt fallen, dessen Spalte je 0,1 mm breit sind und 0,3 mm Abstand haben. Die Intensität des Lichtes kann mit einem Polarisationsfilter verändert werden. Die Interferenzfigur wird mit einem Fotoapparat ohne Objektiv ca. 1 m hinter dem Doppelspalt bei verschiedenen Belichtungszeiten registriert.
Ergebnis: Auf dem entwickelten Filmnegativ erkennt man die mit zunehmender Belichtungszeit immer deutlicher werdenden Interferenzmaxima als schwarze Streifen (*Abb. 9–17 a*).
Betrachtet man die Negative unter einem Mikroskop bei ca. 500facher Vergrößerung (*Abb. 9–17 b*), so erkennt man, daß sich das Interferenzbild aus einzelnen schwarzen Silberkörnern zusammensetzt, die in den Maxima stark gehäuft auftreten und in den Minima fehlen. Man erkennt ferner, daß die Dichte der Silberkörner mit der Belichtungszeit zunimmt und so der Eindruck größerer Intensität entsteht.

Man muß sich nun fragen, was dieser Versuch über das Licht aussagt. Wir wissen, daß eine lichtempfindliche Filmschicht z. B. aus einzelnen in Gelatine eingebetteten Silberbromidkristallen (AgBr) besteht. Die Kristalle sind aus Br^--Ionen und Ag^+-

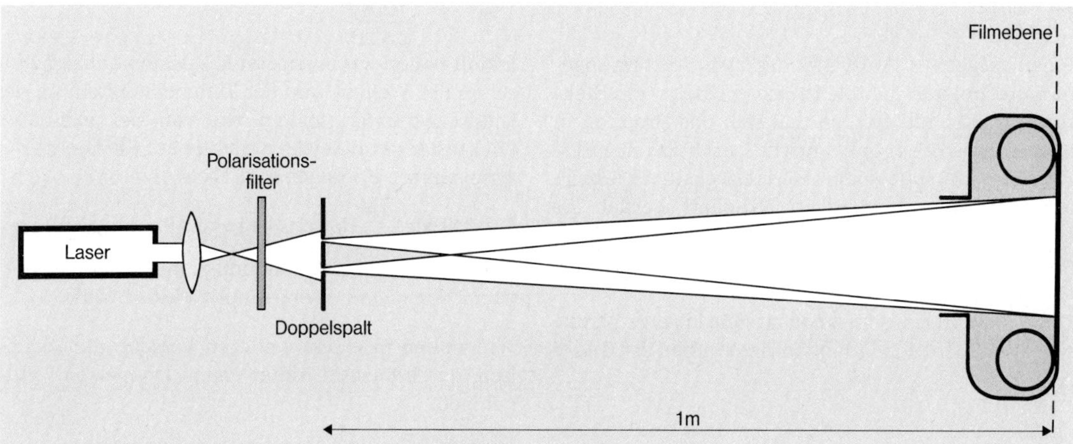

Abb. 9–16: Registrierung der Intensitätsverteilung hinter einem Doppelspalt mit einem Film. (Kameragehäuse ohne Objektiv). Der Abstand der jeweils 0,1 mm breiten Spalte beträgt 0,3 mm.

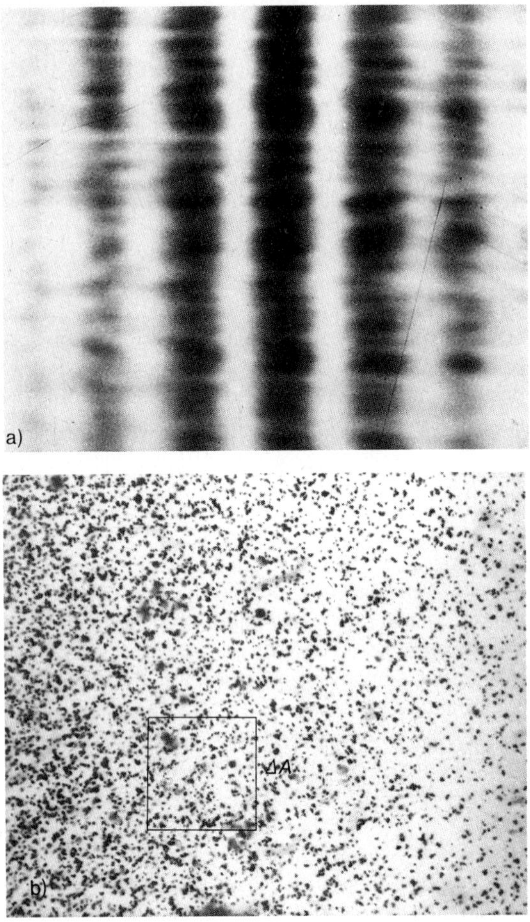

Abb. 9–17: a) Die obere Abbildung zeigt einen geringfügig vergrößerten Ausschnitt aus dem Interferenzbild, auf dem schon die unregelmäßige Verteilung der Energie zu erkennen ist.
b) Die untere Abbildung stellt eine ca. 1000fache Vergrößerung dar und zeigt, daß einzelne Kristalle geschwärzt wurden.

Ionen aufgebaut. Auftreffendes Licht setzt im sogenannten inneren lichtelektrischen Effekt[1] ein Elektron pro Kristall frei, so daß sich das Bromion in elementares Brom umwandelt. Durch das negative Elektron kann nun andererseits ein positives Silberion zu metallischem Silber reduziert werden. Es entstehen extrem kleine Silberspuren, die insgesamt das sogenannte latente Bild darstellen, das entwickelt und fixiert werden muß.

Das Filmmaterial selbst besitzt eine körnige Struktur, die jedoch nicht allein für den Aufbau des Bildes aus einzelnen schwarzen Silberkörnern verantwortlich sein kann. Wir haben gesehen, daß die geschwärzten Körner in den Maxima äußerst dicht liegen, während sich zu den Minima hin große Abstände zwischen den Silberkörnern ergeben. In diesen Bereichen liegen in der Filmschicht also zahlreiche unveränderte Kristalle neben solchen, die Licht absorbiert haben. Daraus muß man schließen, daß sich die vom Licht transportierte Energie an der Filmoberfläche nicht gleichmäßig verteilt, sondern daß auch die Photonen in gewisser Weise unregelmäßig verteilt sind. Jedoch ist in den Maxima die Dichte der Photonen größer als in den anderen Bereichen des Interferenzbildes.

Es geht uns darum, die Wellen- und die Teilchenvorstellung vom Licht miteinander in Verbindung zu bringen. Da wir wissen, daß die Intensität proportional zum Quadrat der Amplitude der Welle ist, versuchen wir, die Intensität mit Hilfe von Aussagen über die Verteilung von Photonen zu beschreiben. In *Abb. 9–17 b* ist eine Fläche ΔA in den Ausschnitt eines Interferenzbildes gezeichnet. Nehmen wir einmal vereinfachend an, daß jedes Photon gerade einen Kristall verändert hat, so hat das Licht mit ΔN Photonen des Energiebetrags hf in der Zeit Δt die Energie $E = \Delta N\, hf$ auf die Fläche ΔA übertragen und dabei ΔN Kristalle verändert. Also ergibt sich für die Intensität

$$I = \frac{\Delta N\, h\, f}{\Delta A\, \Delta t}.$$

Wir sind sicher, daß bei einer Wiederholung der „Messung" in gleicher Zeit Δt eine andere Zahl ΔN von veränderten Kristallen gezählt wird und daß die einzelnen Kristalle auch anders verteilt sein werden. Die Photonen sind also rein zufällig auf die Fläche verteilt. Allerdings werden alle Meßergebnisse um einen Mittelwert $\overline{\Delta N}$ schwanken. So sollten wir für die Intensitätsangabe genauer diesen Mittelwert benutzen

$$I = \frac{\overline{\Delta N}\, h\, f}{\Delta A\, \Delta t}.$$

Damit haben wir einen ersten Zusammenhang zwischen der Wellen- und der Teilchenvorstellung des Lichts gefunden, indem wir von der meßbaren Dichte der veränderten Kristalle auf die Dichte der absorbierten Photonen schließen:

Die Dichte $\frac{\overline{\Delta N}}{\Delta A}$ der absorbierten Photonen ist proportional zur Intensität und damit auch proportional zum Quadrat der Amplitude der Welle.

Wir wollen in einem weiteren Versuch die Verteilung der Intensität hinter einem Doppelspalt aufnehmen.

Versuch 9/7: Die Intensitätsverteilung hinter einem Doppelspalt wird mit einer hinter einem weiteren schmalen Spalt angebrachten Photodiode regi-

[1] Unter dem inneren lichtelektrischen Effekt versteht man die Erzeugung beweglicher Elektronen in einem Festkörper durch Lichtquanten (→ *11.5.1*).

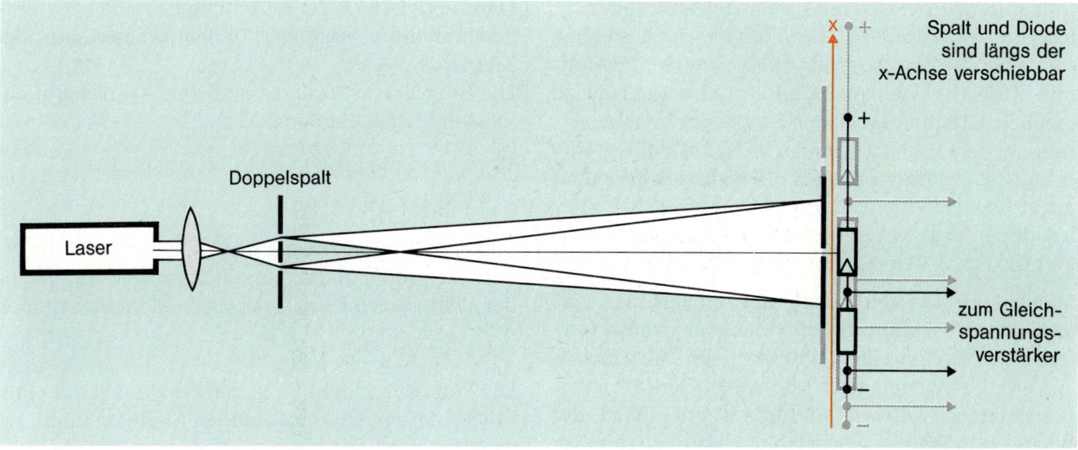

Abb. 9–18: Registrierung einer Intensitätsverteilung hinter einem Doppelspalt mit einer Photodiode. Der Spalt kann zusammen mit der Photodiode durch das Interferenzbild geschoben werden. Die Diode ist in Sperrichtung geschaltet. Die Spannung am Widerstand wird verstärkt.

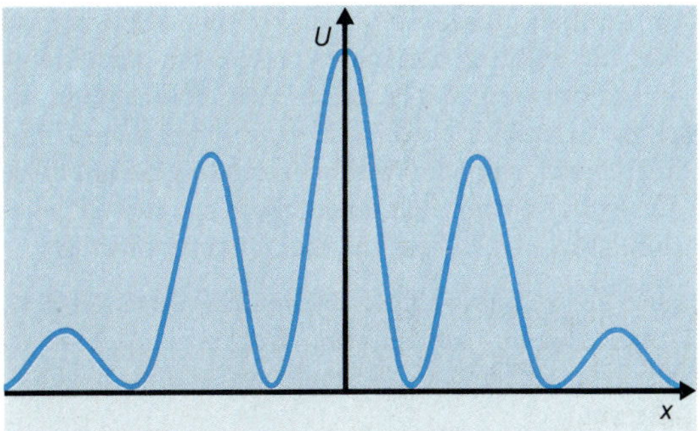

Abb. 9–19: Messung der Abhängigkeit der Intensität vom Ort. Die Spannung am Widerstand in *Abb. 9–18* ist proportional zur Stromstärke in Sperrichtung durch die Diode. Die Stromstärke ist proportional zur Anzahl der pro Zeiteinheit erzeugten Ladungsträger in der Sperrschicht, also proportional zur Intensität.

striert (*Abb. 9–18*). Die Spannung über dem Widerstand wird mit einem Gleichspannungsverstärker gemessen oder mit einem *xy*-Schreiber aufgezeichnet.

Ergebnis: Die Messung liefert den in *Abb. 9–19* dargestellten Verlauf. Die Diode ist in Sperrichtung geschaltet. Durch die Photonen werden in der Sperrschicht Ladungsträger erzeugt, so daß ein Strom fließt. Die Stromstärke ist der mittleren Anzahl der pro Zeiteinheit und Flächeneinheit einfallenden Photonen proportional und somit ein Maß für die Intensität des Lichtes. Das gleiche gilt für die Spannung am Widerstand. Da also statistische Schwankungen der Anzahl der Photonen nicht registriert werden, ist es verständlich, daß sich für die Intensitätsverteilung eine glatte Kurve ergibt.

9.2.3 Die Wahrscheinlichkeitsdichte am Doppelspalt

Im vorangegangenen Abschnitt haben wir erkannt, daß die Dichte der registrierten Photonen proportional zum Quadrat der Amplitude der Welle ist. Warum aber sammeln sich an manchen Stellen im Interferenzbild so viele Photonen und an anderen gar keine? Wenn man weiß, daß die Photonen in der Lichtquelle erzeugt werden, sich durch den Raum bewegen und dann an einer Stelle im Raum in einem Interferenzbild registriert werden, so fragt man sich, ob die Interferenzphänomene vielleicht durch eine Wechselwirkung zwischen den Photonen zustande kommen.

Um diese Frage zu beantworten, hat ein Physiker namens TAYLOR im Jahre 1909 Interferenzversuche mit sehr geringer Intensität durchgeführt. Er photographierte das Beugungsmuster einer Stecknadel, die von einer extrem schwachen Lichtquelle angestrahlt wurde. Die Intensität war so gering, daß er sicher sein konnte, daß sich immer nur sehr wenige Photonen zugleich in der Versuchsanordnung befanden, d. h., daß keine Wechselwirkung zwischen Photonen stattfinden konnte. Um dennoch ein sichtbares Bild zu erhalten, betrug die Belichtungszeit 2000 Stunden. Das Interferenzbild war jedoch so klar, als wäre es mit großer Intensität zustande gekommen.

Damit war experimentell gezeigt, daß sich auch bei äußerst geringer Intensität des Lichtes auf einem Film hinter einem Doppelspalt mit der Zeit das uns bekannte Interferenzbild entwickeln würde (*Abb. 9–17 a*). Das bedeutet, daß beim Aufbau eines Interferenzbildes aus nacheinander registrierten Photonen die einzelnen Photonen in derselben Weise verteilt sind, wie bei den mit großer Intensität erzeugten Interferenzbildern. Dann muß es auch möglich sein, über die Registrierung eines einzelnen Photons mit Hilfe der Wellenvorstellung eine Aussage zu machen. Offenbar ist an den Stellen im Interferenzbild, an denen sich nach dem Wellenbild die größte Intensität ergeben soll, auch die **Wahrscheinlichkeit** am größten, ein Photon zu registrieren. An den Stellen der Intensitätsminima ist die Wahrscheinlichkeit für das Auftreten eines Photons Null.

Machen wir uns am Beispiel des Würfels klar, was man unter der Wahrscheinlichkeit für das Eintreffen eines Ereignisses versteht: Beim mehrfachen Werfen des Würfels tritt jede Augenzahl mit einer bestimmten relativen Häufigkeit auf. Wird der Würfel sehr häufig geworfen, so stabilisieren sich für jede Augenzahl, z. B. für die Sechs, die Werte der relativen Häufigkeiten bei 1/6, wenn auch weiterhin Schwankungen um diesen Wert vorkommen.
Andererseits kann man auch vor dem Werfen des Würfels die Wahrscheinlichkeit für ein bestimmtes Ereignis angeben: Die Ergebnismenge besteht aus den Elementen 1, 2, 3, 4, 5, 6, die Ereignismenge besteht nur aus einem Element, z. B. der 4. Dann versteht man unter der (Laplace-)Wahrscheinlichkeit den Quotienten aus der Anzahl der Elemente der Ereignismenge, z. B. 1, und der Anzahl der Elemente der Ergebnismenge, z. B. 6. Bei einem idealen Würfel ist die relative Häufigkeit offenbar näherungsweise gleich der Wahrscheinlichkeit 1/6.
Wollte man also die relative Häufigkeit bestimmen, mit der Photonen in einer bestimmten Zeit Δt an einer bestimmten Stelle im Interferenzbild auftreffen, so würde man die Anzahl der Photonen bestimmen, die auf einer Fläche ΔA registriert werden, die an diese Stelle gebracht wird (*Abb. 9–17 b*). Diese Messung würde man mehrfach wiederholen, so daß man einen Wert $\overline{\Delta N}$ für die mittlere Anzahl der auf der Fläche ΔA registrierten Photonen erhält.
Die Wahrscheinlichkeit, daß ein Photon auf der Fläche ΔA an der betrachteten Stelle registriert wird, ist dann $p = \overline{\Delta N}/N$. Dabei ist N die Anzahl der in der Zeit Δt insgesamt registrierten Photonen.

Betrachten wir nun noch einmal den Term für die Intensität aus dem vorangegangenen Abschnitt: $I = \frac{\overline{\Delta N}\, h f}{\Delta A\, \Delta t}$. In diesem Term ist Δt proportional zu N, der Anzahl der in der Zeit Δt registrierten Photonen.
Damit ergibt sich folgende Proportionalität:

$$I \sim \frac{\overline{\Delta N}}{\Delta A\, N}.$$

Schreiben wir für $\overline{\Delta N}/N$ die Wahrscheinlichkeit p, so erhalten wir

$$I \sim \frac{p}{\Delta A}.$$

Der Quotient $p/\Delta A$ heißt **Wahrscheinlichkeitsdichte.**

Damit ergibt sich als Beziehung zwischen der Wellenvorstellung und der Teilchenvorstellung des Lichts:
Die Intensität ist proportional zur Wahrscheinlichkeitsdichte der Photonen.

Wenn man die Proportionalität umformt zu

$$p \sim I\, \Delta A$$

und den Zusammenhang berücksichtigt, daß die Intensität proportional zum Quadrat der Amplitude der elektrischen Feldstärke ist, $I \sim \hat{E}^2$, so erhält man

$$p \sim \hat{E}^2\, \Delta A.$$

Die Wahrscheinlichkeit p, daß ein Photon auf einer Fläche ΔA an einer bestimmten Stelle im Raum registriert wird, ist proportional zum Amplitudenquadrat $\hat{E}^2$ und der Fläche ΔA.

Damit haben wir eine Verbindung zwischen den beiden Vorstellungen über das Licht hergestellt: Mit Hilfe der Aussagen über Wellen gewinnt man Wahrscheinlichkeitsaussagen über die Photonen. Die Amplitudenquadrate der elektrischen Feldstärke bzw. Intensitäten des Lichts lassen sich bei beliebigen Anordnungen mit Hilfe der elektromagnetischen Lichttheorie (→ *7.4.1*) exakt berechnen. Über die Registrierung der Photonen erhält man auf diese Weise Wahrscheinlichkeitsaussagen. Dies ist eine grundsätzliche Erkenntnis der Quantenphysik:

Für Einzelprozesse lassen sich nur Wahrscheinlichkeitsaussagen machen, die Wahrscheinlichkeiten selbst lassen sich exakt angeben und sind genau bestimmt.

Aufgaben

9/25: Warum kann man aus der Art und Weise, in der ein Film geschwärzt ist, schließen, daß die Energie des Lichtes nicht gleichmäßig über eine Wellenfront verteilt ist?
9/26: Wie muß man sich Licht immer geringerer Intensität nach der Wellenvorstellung denken, wie unter Anwendung der Photonenvorstellung?
9/27: Welche Aussage kann man auf Grund der Kenntnis der Intensitätsverteilung hinter einem Doppelspalt über einzelne Photonen machen?

9.2.4 Die Lichtwelle als Wahrscheinlichkeitswelle

Nach den Überlegungen des letzten Abschnitts gewinnt man mit Hilfe der Lichtwelle eine Wahrscheinlichkeitsaussage über die Registrierung eines Photons an einem Ort. Wenn man die Werte der Amplitude der Lichtwelle an den verschiedenen Orten kennt, kann man die Wahrscheinlichkeiten angeben, mit denen an diesen Orten Photonen registriert werden.
Mit einem Computer kann die Entstehung eines Interferenzbildes hinter einem Doppelspalt auf einem Film simuliert werden. Dazu ist es notwendig, die Intensitätsvertei-

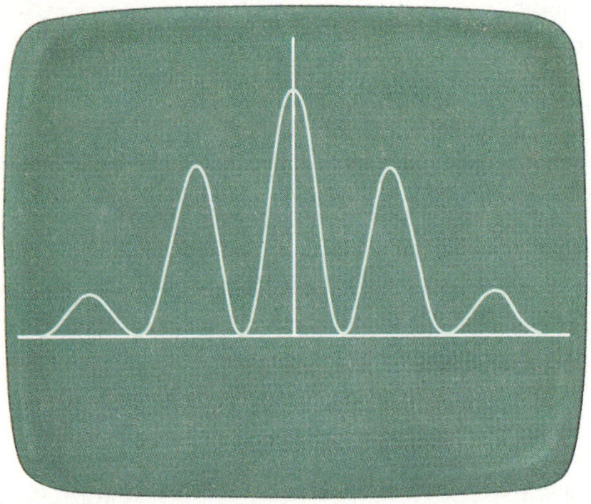

Abb. 9–20: Die graphische Darstellung der Funktion $\hat{y}^{*2}$, die zur Intensität proportional ist, auf dem Bildschirm eines Computers.

lung in der Ebene des Films zu kennen. Dem Film entspricht bei der Simulation der Bildschirm unseres Rechners. Auf dem Bildschirm müssen dann Leuchtpunkte gesetzt werden, die den vom Film registrierten Photonen entsprechen. Die Leuchtpunkte müssen jedoch entsprechend der durch die Intensitätsverteilung festgelegten Wahrscheinlichkeitsaussage verteilt werden, d. h., an den Stellen der Minima mit der Intensität Null werden keine Leuchtpunkte gesetzt, an den Stellen der Maxima besonders viele.

Die Berücksichtigung der Wahrscheinlichkeitsaussage beim Setzen der Leuchtpunkte geschieht folgendermaßen: Für die Amplitude der Lichtwelle hinter einem Doppelspalt gilt die Proportionalität

$$\hat{y} \sim \frac{\sin\left(\dfrac{\pi s x}{a\lambda}\right)}{\left(\dfrac{\pi s x}{a\lambda}\right)} \cos\left(\frac{\pi g x}{a\lambda}\right).$$

Diese Formel wird mit einer ähnlichen Betrachtung wie die Formel für die Gesamtamplitude hinter dem Gitter in *Abschnitt 7.4.4* hergeleitet, nur daß hier zusätzlich der Einfluß jeder einzelnen Gitteröffnung berücksichtigt ist. In dieser Formel bedeuten:

s die Breite der beiden Spalte,
g den Abstand der Spaltmitten,
a den Abstand Doppelspalt-Schirm,
λ die Wellenlänge des Lichts und
x die Ortskoordinate auf dem Schirm, von Maximum nullter Ordnung aus gemessen.

An der Stelle $x = 0$ ist der Term nicht definiert, hat aber für $x = 0$ den Grenzwert 1. Die Intensität ist proportional zum Quadrat des Terms, dessen Werte zwischen 0 und 1 liegen. Wir setzen also

$$\hat{y}^{*2} = \begin{cases} 1 & \text{für } x = 0 \text{ und} \\ \dfrac{\sin^2\left(\dfrac{\pi s x}{a\lambda}\right)}{\left(\dfrac{\pi s x}{a\lambda}\right)^2} \cos^2\left(\dfrac{\pi g x}{a\lambda}\right) & \text{für } x \neq 0. \end{cases}$$

Abb. 9–20 zeigt die graphische Darstellung der Funktion $\hat{y}^{*2}$ auf dem Bildschirm eines Computers. Betrachtet wird das Intervall [−6 mm; 6 mm] in einer Ebene, die $a = 1$ m vom Doppelspalt entfernt ist, wie es der realen Versuchsanordnung in *Abb. 9–18* entspricht. Die Maße des Doppelspalts sind $s = 0{,}1$ mm, $g = 0{,}3$ mm, die Wellenlänge beträgt 600 nm. Ein Vergleich mit *Abb. 9–18* zeigt, daß die Rechnung die Realität richtig wiedergibt. Die Funktion $\hat{y}^{*2}(x)$ ist proportional zur Intensität und damit zur Wahrscheinlichkeit $p(x)$.

Beim Setzen der Leuchtpunkte auf dem Bildschirm muß in dem Simulationsprogramm also die Funktion $\hat{y}^{*2}(x)$ berücksichtigt werden. Dies kann folgendermaßen geschehen: Für einen Leuchtpunkt (ein „Photon") wird mit dem Zufallsgenerator im Computer eine Koordinate x aus dem Intervall [−6 mm; 6 mm] gewählt. Der Zufallsgenerator liefert alle Werte aus einem Intervall mit gleicher Wahrscheinlichkeit. Um jetzt die Leuchtpunkte nach der durch $\hat{y}^{*2}(x) \sim p(x)$ gegebenen Wahrscheinlichkeit zu verteilen, lassen wir vom Zufallsgenerator eine zweite Zufallszahl $w(x)$ aus dem Intervall [0; 1] wählen. Wiederum ist die Wahrscheinlichkeit für alle Werte aus diesem Intervall gleich. Der zufällig gewählte Wert für $w(x)$ wird mit dem berechneten Wert $p(x)$ verglichen. Ist $w(x) \leq p(x)$, so wird an der Stelle mit der am Anfang gewählten x-Koordinate ein Leuchtpunkt gesetzt. Ist $w(x) > p(x)$, wird mit dem Zufallsgenerator ein neuer Wert für x und dann für $w(x)$ gewählt und abermals verglichen usw.

Wenn ein Leuchtpunkt bei einer bestimmten x-Koordinate gesetzt werden soll, so wird zu der x-Koordinate ebenfalls mit dem Zufallsgenerator eine y-Koordinate gewählt. Dann erst erscheint der Leuchtpunkt auf dem Bildschirm des Rechners. Das Programm ist so angelegt, daß man am Anfang die Werte für die Aufbauvariablen und die Anzahl der zu registrierenden „Photonen" eingeben kann. *Abb. 9–21* zeigt die Simulationen für 200, 500 und 1000 Photonen.

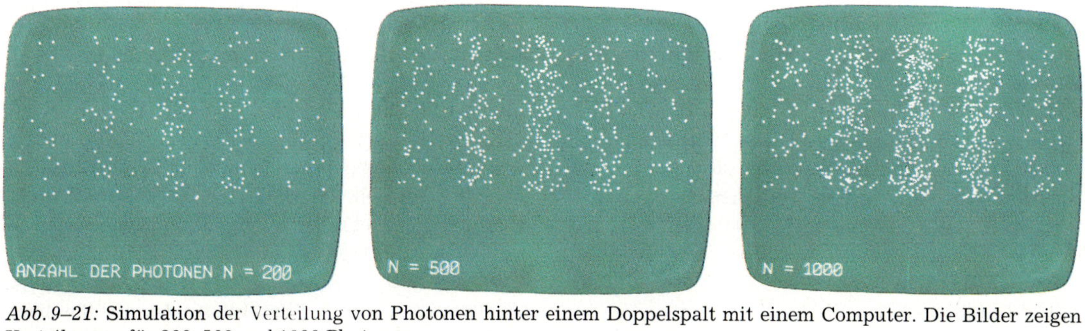

Abb. 9–21: Simulation der Verteilung von Photonen hinter einem Doppelspalt mit einem Computer. Die Bilder zeigen Verteilungen für 200, 500 und 1000 Photonen.

Die Bilder auf dem Schirm des Computers ähneln sehr stark den Interferenzbildern, die mit einem Film bei sehr geringer Intensität aufgenommen wurden. Wir sollten uns jedoch darüber klar sein, welche Bedeutung eine solche Simulation hat: Wir haben mit dem Computer eine Verteilung von Photonen hinter einem Doppelspalt berechnet, wie sie sich auch in der Wirklichkeit ergibt. Dabei haben wir die Intensitätsverteilung verwendet, die wir unter Anwendung der Wellenvorstellung von Licht berechnen konnten, und die Theorie, daß das Quadrat der Amplitude der Lichtwelle proportional zur Wahrscheinlichkeit ist, ein Photon nachzuweisen. Wenn die Anwendung dieser Theorie auf eine bestimmte Konstellation in der Realität zu Ergebnissen führt, die mit der Realität übereinstimmen, so ist das eine Bestätigung dafür, daß die Theorie vernünftig ist.
Die Simulation der Verteilung von Photonen hinter einem Doppelspalt bestätigt die Auffassung, daß das Quadrat der Amplitude der Lichtwelle proportional zur Wahrscheinlichkeit ist, ein Photon nachzuweisen. Die Lichtwelle macht also eine Wahrscheinlichkeitsaussage über Photonen.

9.3 Wahrscheinlichkeitswellen bei Elektronen

In diesem Abschnitt soll gezeigt werden, daß auch Materieteilchen Welleneigenschaften besitzen. Materieteilchen sind Teilchen wie z. B. Elektronen, die im Gegensatz zu Photonen eine Ruhmasse haben. Wir haben uns inzwischen damit abgefunden, daß Licht mit dem Vorhandensein von Welleneigenschaften und Teilcheneigenschaften ein etwas sonderbares physikalisches Verhalten zeigt. Daß nun jedoch auch Elektronen Welleneigenschaften besitzen, wirkt dennoch befremdend. Elektronen sind uns als Teilchen vertraut. Dies beruht darauf, daß uns bisher nur die Teilcheneigenschaften der Elektronen wie Masse, Impuls, Bahn usw. bekannt sind und daß ihre Welleneigenschaften, wie wir sehen werden, außerordentlich schwer nachzuweisen sind.

9.3.1 De Broglie-Wellen

Im Jahre 1923 veröffentlichte DE BROGLIE als erster Gedanken über eine Wellentheorie von Teilchen. Bei der Herleitung seiner Theorie ließ er sich von der Analogie zum Licht leiten: Das Verhalten von Licht kann man mit Hilfe von Strahlen, von Wellen und von Photonen beschreiben. Dabei stehen die Lichtstrahlen senkrecht zu den Wellenfronten, und man könnte sie als die Wege der Photonen ansehen. In allen drei Fällen handelt es sich um Modellvorstellungen, mit denen man Phänomene des Lichts beschreibt und erklärt.
Dementsprechend ordnete DE BROGLIE nun allen Teilchen, z. B. den Elektronen, Wellen zu und kam dabei zu folgenden Ergebnissen:

Hypothese von DE BROGLIE
1. Zu jedem bewegten Teilchen gehört eine Welle, deren Wellenlänge durch $\lambda = h/p$ gegeben ist. h ist das Plancksche Wirkungsquantum und p der Impuls des Teilchens.
2. Zwischen der Frequenz f der Welle und der Gesamtenergie E der Teilchen besteht die Beziehung $E = hf$.

Die Gleichung $\lambda = h/p$ wird als de Broglie-Gleichung bezeichnet, $\lambda = h/p$ heißt **de Broglie-Wellenlänge.**

Die Wellenlänge, die danach einem bewegten Teilchen, z. B. einem Elektron, zuzuordnen ist, läßt sich leicht abschätzen: Mit $h = 6{,}625 \cdot 10^{-34}$Js, der Masse des Elektrons $m_{0e} = 9{,}1 \cdot 10^{-31}$ kg und der Beschleunigungsspannung $U = 4000$ V ergibt sich aus $\frac{1}{2} m_{0e} v^2 = eU$ die Geschwindigkeit, aus $p = mv$ der Impuls und aus $\lambda = h/p$ die de Broglie-Wellenlänge $\lambda = 1{,}9 \cdot 10^{-11}$ m $= 19$ *pm*. Die Wellenlänge liegt im Bereich der Wellen von Röntgenstrahlung, so daß ein Nachweis von Welleneigenschaften bewegter Elektronen nur mit Methoden gelingen kann, die auch bei Röntgenstrahlung angewendet werden. Welleneigenschaften der Röntgenstrahlung zeigen sich in den Interferenzen bei der Durchstrahlung von Kristallen (→ *7.4.4*). Der Nachweis der Welleneigenschaften von Elektronen gelang DAVISSON und GERMER 1927. Sehr ähnlich ist auch der folgende Versuch:

Versuch 9/7: Auf die durchbohrte Anode einer Elektronenstrahlröhre ist eine dünne Graphitfolie geklebt (*Abb. 9–22*). Der gebündelte Elektronenstrahl durchläuft eine Spannung von ca. 4000 V, bevor er auf die Graphitschicht trifft.

Beobachtung: Auf dem Leuchtschirm der Röhre erkennt man ein kreisförmiges Bild mit einer ausgedehnten hellen Mitte und zwei deutlich voneinander getrennten hellen Ringen (*Abb. 9–23*).
Da die Elektronen beim Durchdringen der Graphitschicht aus ihrer ursprünglichen Richtung abgelenkt, also gestreut werden, erwartet man auf dem Leuchtschirm eine größere kreisförmige helle Fläche, bei der die Helligkeit von innen nach außen gleichmäßig abnimmt.
Das Auftreten der Ringe ist jedoch überraschend und deutet auf eine Interferenzerscheinung hin. Eine ganz ähnliche Figur erhält man beim Durchstrahlen von Metallfolien oder Proben von Kristallpulver mit Röntgenstrahlen (*Abb. 9–24*).
Deutung: Für Interferenzerscheinungen mit Röntgenstrahlen durch Reflexion an Netzebenen von Kristallen gilt die Braggsche Gleichung

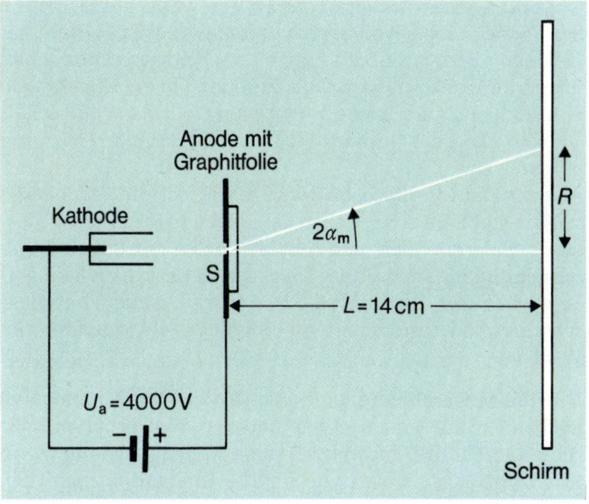

Abb. 9–22: Schematische Darstellung des Versuchsaufbaus zur Elektronenbeugung.
Unter der vereinfachenden Annahme $\tan 2\alpha_m \approx \sin 2\alpha_m \approx 2 \sin \alpha_m$ kann experimentell die Wellenlänge bestimmt werden.
$\lambda = 2\,d \sin \alpha_m \approx d \tan 2\alpha_m$, mit $\tan 2\alpha_m = \frac{R}{L}$ also $\lambda \approx \frac{d\,R}{L}$.

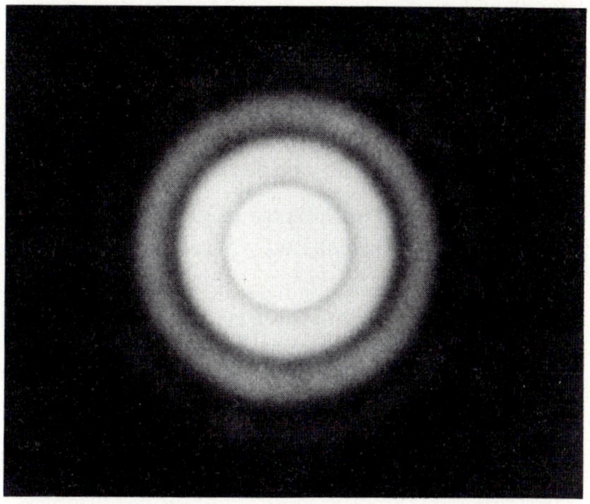

Abb. 9–23: Das beim Durchgang eines Elektronenstrahls durch eine Graphitfolie entstehende Beugungsbild.

$m\,\lambda = 2d \sin\alpha_m$ mit $m = 1, 2, \ldots$ Dabei ist d der Abstand der Netzebenen und α_m der Winkel, unter dem die Strahlung auf die Netzebene fällt und reflektiert wird, wenn die Intensität der reflektierten Strahlung ein Maximum erreicht (→*7.4.4*).
Die Interferenzringe kommen folgendermaßen zustande: Die Graphitschicht ist aus vielen einzelnen Mikrokristallen aufgebaut, die ungeordnet nebeneinander liegen. Die Netzebenen der Mikrokristalle bilden mit dem einfallenden Strahl alle möglichen Winkel und u. a. auch stets solche, für die die Braggsche Gleichung erfüllt ist. Einfallender und reflektierter Strahl liegen in einer Ebene, doch sind alle Ebenen möglich, die den einfallenden Strahl enthalten. Die reflektierten Strahlen liegen also auf dem Mantel eines Kegels, dessen Achse der einfallende Strahl ist und dessen Spitze in der Graphitfolie liegt (*Abb. 9–22*). Auf dem senkrecht zur Kegelachse stehenden Leuchtschirm ergibt sich als Schnittkurve von Kegelmantel und Schirm ein Kreis.
Auswertung: Bei den beiden hellen Ringen handelt es sich um Maxima 1. Ordnung, die durch Reflexionen an Netzebenen mit verschiedenen Abständen entstehen. Für die Wellenlänge ergibt sich also $\lambda = 2d \sin\alpha_m$. Aus der Geometrie des Aufbaus (*Abb. 9–22*) folgt $\tan 2\alpha_m = R/L$, und mit der vereinfachenden Annahme $\tan 2\alpha_m \approx \sin 2\alpha_m \approx 2 \sin\alpha_m$ ergibt sich $\lambda \approx (dR)/L$. Mit den Werten $R = 2$ cm und $L = 14$ cm aus dem Experiment berechnet man mit $d = 1{,}2 \cdot 10^{-10}$ m die de Broglie-Wellenlänge $\lambda \approx 18$ pm. Dieser Wert stimmt recht gut mit dem zuvor nach der Formel $\lambda = h/p$ bestimmten Wert überein.

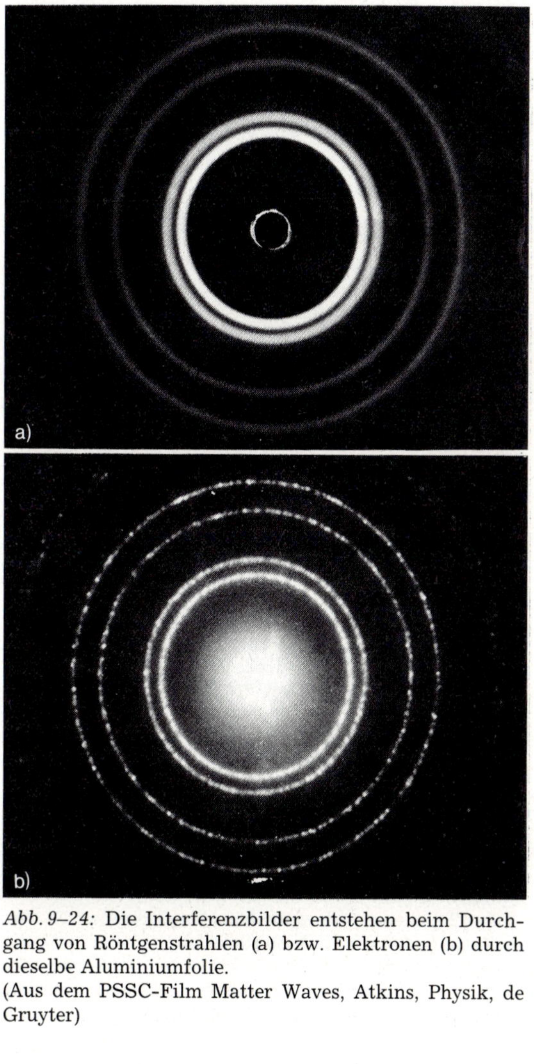

Abb. 9–24: Die Interferenzbilder entstehen beim Durchgang von Röntgenstrahlen (a) bzw. Elektronen (b) durch dieselbe Aluminiumfolie.
(Aus dem PSSC-Film Matter Waves, Atkins, Physik, de Gruyter)

Das Experiment ermöglicht es ferner, die Abhängigkeit der Wellenlänge vom Impuls zu zeigen: Eine höhere Beschleunigungsspannung führt entsprechend einer kleineren Wellenlänge zu Beugungsringen mit kleineren Radien. Insgesamt bestätigt der Versuch die Hypothese von de Broglie:

Teilchen mit einer Ruhmasse ungleich Null zeigen ebenso Welleneigenschaften wie z. B. Photonen.

Für Teilchen mit Geschwindigkeiten in der Größenordnung der Lichtgeschwindigkeit c muß bei der Berechnung der de Broglie-Wellenlänge relativistisch gerechnet werden: Der Impuls ergibt sich aus der uns schon bekannten Beziehung $E^2 - p^2c^2 = m_0^2c^4$ zu

$$p = \frac{1}{c}\sqrt{E^2 - m_0^2c^4}.$$

Unter Verwendung der Beziehung

$E = E_{\text{ruh}} + E_{\text{kin}} = m_0c^2 + E_{\text{kin}}$ erhält man

$p = \frac{1}{c}\sqrt{2m_0c^2\, E_{\text{kin}} + E_{\text{kin}}^2}$. Damit ergibt sich

$$\lambda = \frac{h}{\sqrt{2m_0\, E_{\text{kin}}\left(1 + \frac{E_{kin}}{2m_0c^2}\right)}}.$$

Aufgaben

***9/28:** Berechnen Sie die de Broglie-Wellenlänge von Elektronen, die verschiedene Beschleunigungsspannungen durchlaufen haben:

$$U_1 = 1\text{V},\ U_2 = 10^3\ \text{V},\ U_3 = 10^6\ \text{V},\ U_4 = 10^9\ \text{V}\,.$$

Geben Sie in tabellarischer Form zu jeder Beschleunigungsspannung die kinetische Energie, die Gesamtenergie, die Geschwindigkeit, den Impuls und die Wellenlänge an. Die Rechnung muß z. T. relativistisch durchgeführt werden.

9/29: Berechnen Sie für Lichtquanten und Elektronen der Wellenlänge 10^{-10}m den Impuls, die Gesamtenergie und die kinetische Energie.

***9/30:**

a) Zeigen Sie, daß für relativistische Teilchen zwischen Impuls und kinetischer Energie die Beziehung

$E_{\text{kin}} = \sqrt{p^2c^2 + m_0^2c^4} - m_0c^2$ gilt.

Verwenden Sie dazu die Terme für die relativistische Masse und die Beziehung $E_{\text{ges}} = E_{\text{kin}} + E_{\text{ruh}}$.

b) Welche kinetische Energie hat ein Elektron, dessen de Broglie-Wellenlänge gleich der Compton-Wellenlänge ist?

9.3.2 Phasengeschwindigkeit und Gruppengeschwindigkeit der Materiewellen

Elektronen, Neutronen und Protonen, die alle Welleneigenschaften zeigen, sind uns als elementare Bausteine der Materie bekannt. So bezeichnet man die Wellen, die man diesen Teilchen zuordnet, auch als **Materiewellen.** Es wird sich zeigen, daß mit den Materiewellen wie beim Licht eine Wahrscheinlichkeitsaussage über den Aufenthalt von Teilchen gemacht wird. Die Wellenlänge der Materiewelle läßt sich nach der de Broglie-Gleichung berechnen.

Über die Geschwindigkeit der Materiewelle, die man mit u bezeichnet, um sie von der Lichtgeschwindigkeit c und der Teilchengeschwindigkeit v zu unterscheiden, erhält man in folgender Weise eine Aussage: Man setzt in die Gleichung $u = \lambda f$ für λ und f die Terme $\lambda = h/p$ und $f = E/h$ ein und erhält $u = E/p$. Da E die Gesamtenergie ist, folgt mit $E = m\,c^2$ und $p = m\,v$, $u = c^2/v$.

Aus der Relativitätstheorie wissen wir, daß die Teilchengeschwindigkeit v stets kleiner ist als die Lichtgeschwindigkeit c. So ergibt sich, daß sich die Wellen mit Überlichtgeschwindigkeit ausbreiten. Dies ist nun deswegen kein Widerspruch zur Relativitätstheorie, weil u die Phasengeschwindigkeit und nicht die Signalgeschwindigkeit der Welle ist.

Die Phasengeschwindigkeit der Materiewelle kann man auch noch auf einem etwas anderen Weg erhalten: Wir schreiben für die Materiewelle eine Wellengleichung wie in *Abschnitt 3.3.1,* wobei wir für die Elongation nicht den Buchstaben y verwenden, sondern wie in der Quantenphysik für Materiewellen üblich den Buchstaben ψ.

$$\psi = \hat{\psi}\ \sin 2\pi\left(\frac{t}{T} - \frac{x}{\lambda}\right) \text{ oder mit } \omega = \frac{2\pi}{T} \text{ und } k = \frac{2\pi}{\lambda}$$

$$\psi = \hat{\psi}\ \sin\,(\omega t - kx).$$

Aus dieser Gleichung erhält man die Phasengeschwindigkeit u der Welle durch folgende Überlegung: Eine Welle ist bekanntlich zeitlich und räumlich periodisch. Die zeitliche Periode ergibt sich aus der Frage nach der Zeit Δt, in der sich das Argument der Sinusfunktion um $2\,\pi$ ändert, während x konstant bleibt. Man beobachtet eine fortschreitende Welle an einem festen Ort:

$$(\omega\,(t + \Delta t) - kx) = (\omega t - kx + 2\,\pi)\,.$$

Hieraus folgt $\omega\Delta t = 2\,\pi$ oder $\Delta t = 2\,\pi/\omega = T$. Δt ist die uns bekannte Periodendauer T.

Die räumliche Periode ergibt sich entsprechend: Δx veranschaulicht die Strecke, auf der sich das Argument um $2\,\pi$ ändert. Dabei ist t konstant. Man beobachtet also eine Momentaufnahme einer Welle:

$$(\omega t - k(x + \Delta x)) = (\omega t - kx - 2\,\pi)$$

Es folgt $k\Delta x = 2\,\pi$, Δx ist die Wellenlänge λ. Nach der Strecke Δx wiederholen sich bei der Momentaufnahme der Welle räumlich dieselben Schwingungszustände.

Die Zusammenfassung beider Überlegungen ergibt: In der Zeit Δt wandert die Phase der Welle um die Strecke Δx, also ist $u = \Delta x/\Delta t = \omega/k = \lambda/T$ die Phasengeschwindigkeit. Mit $f = 1/T$ und den Termen für λ und f erhält man wie oben für die Phasengeschwindigkeit $u = c^2/v$.

Beim Licht war die Wahrscheinlichkeit, ein Photon zu registrieren, proportional zum Quadrat der Amplitude der Lichtwelle. Der entsprechende Zusammenhang besteht auch zwischen Materiewelle und Elektron. Einem mit einer Geschwindigkeit v durch den Raum fliegenden Elektron ist dann eine Materiewelle zugeordnet, deren Amplitude nicht überall ungleich Null sein kann, denn der Aufenthalt des Elektrons ist zu jedem Augenblick sicher auf einen bestimmten endlichen Raumbereich beschränkt. Also ist dem Elektron keine unendlich ausgedehnte Welle, sondern ein endlicher Wellenzug zugeordnet (*Abb. 9–25*). Wir werden weiter unten zeigen, daß ein solcher Wellenzug durch eine Überlagerung von unendlich ausgedehnten Sinuswellen mit unterschiedlichen Wellenlängen entsteht. Die Geschwindigkeit, mit der sich der Wellenzug fortbewegt, auch Gruppengeschwindigkeit genannt, muß vernünfti-

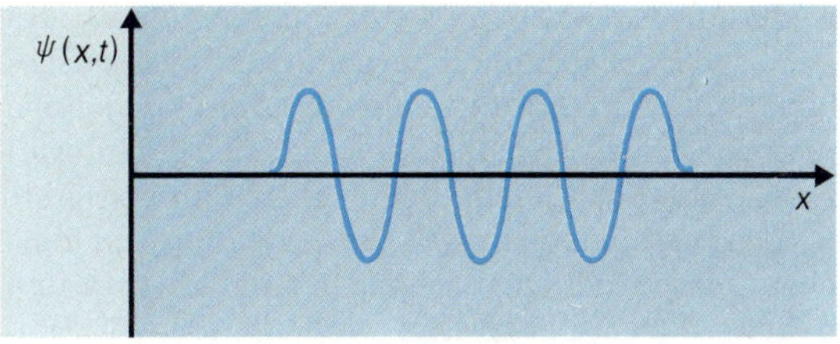

Abb. 9–25: Einem durch den Raum fliegenden Elektron wird ein Wellenzug endlicher Länge zugeordnet. In den Raumbereichen, in denen die Amplitude der Wellenfunktion ungleich Null ist, ist auch die Wahrscheinlichkeit, das Elektron nachzuweisen, ungleich Null.

gerweise gleich der Teilchengeschwindigkeit des Elektrons sein.
Wir zeigen an einem einfachen Beispiel, wie man die Gruppengeschwindigkeit eines Wellenzuges bestimmt: Dazu betrachten wir die Überlagerung zweier Wellen mit unterschiedlicher Frequenz und Wellenlänge (*Abb. 9–26*). Die beiden Wellen haben die Gleichungen

$$\psi_1 = \hat{\psi} \sin(\omega_1 t - k_1 x) \text{ und } \psi_2 = \hat{\psi} \sin(\omega_2 t - k_2 x)\,.$$

Die Gleichung der durch die Überlagerung entstehenden Welle wird dann wiedergegeben durch

$$\psi = \hat{\psi}\,[\sin(\omega_1 t - k_1 x) + \sin(\omega_2 t - k_2 x)]\,.$$

Durch Anwendung des Additionstheorems für Winkelfunktionen erhält man

$$\psi = 2\hat{\psi}\,\sin\left(\frac{\omega_1+\omega_2}{2}t - \frac{k_1+k_2}{2}x\right)\cdot\cos\left(\frac{\omega_1-\omega_2}{2}t - \frac{k_1-k_2}{2}x\right).$$

Zur Vereinfachung setzen wir $\frac{\omega_1+\omega_2}{2} = \omega$, $\frac{k_1+k_2}{2} = \text{k}$,

$\omega_1 - \omega_2 = \Delta\omega$, $k_1 - k_2 = \Delta k$ und erhalten

$$\psi = 2\hat{\psi}\,\sin(\omega t - kx)\cos\left(\frac{\Delta\omega}{2}t - \frac{\Delta k}{2}x\right).$$

Der Term $\sin(\omega t - kx)$ beschreibt wegen der größeren Werte für ω und k die zeitlich und räumlich schnelle Veränderung der Überlagerungswelle, während die Kosinusfunktion die langsame Veränderung der Amplitude angibt. Die Wellengruppe erstreckt sich also von einer Nullstelle der Kosinusfunktion zur nächsten. Dementsprechend führt eine analoge Betrachtung wie die zur Phasengeschwindigkeit (s.o.) zur Herleitung der Gruppengeschwindigkeit. Erhielten wir für die Phasengeschwindigkeit $u = \omega/k$, so erhalten wir jetzt für die Geschwindigkeit, mit der sich die Wellengruppe fortgewegt,

$$v = \Delta\omega/\Delta k.$$

Eine exakte Herleitung für eine Wellengruppe, die sich aus unendlich vielen Wellen aus einem bestimmten Frequenzbereich zusammensetzt, ergibt

$$v = \frac{\mathrm{d}\omega}{\mathrm{d}k}.$$

Damit sind wir in der Lage, die Gruppengeschwindigkeit der Materiewellen zu bestimmen, wenn wir ω in Abhängigkeit von k ausgedrückt haben: Ein mit der Geschwindigkeit v_e durch den Raum fliegendes Elektron hat die kinetische Energie $E = \frac{1}{2}\,m\,v_e^2 = \frac{p^2}{2m}$.
Aus $\lambda = h/p$ und $k = 2\pi/\lambda$ folgt $p = h/\lambda = h\,k/2\pi$. Damit ergibt sich für die kinetische Energie

$$E = \frac{h^2}{8\pi^2 m}k^2.$$

Aus $E = h\,f$ und $\omega = 2\pi\,f$ folgt durch Eliminieren von f für die Energie $E = h\,\omega/2\pi$. Aus den beiden Termen für die Energie ergibt sich damit

$$\omega = \frac{h}{4\,\pi\,m}k^2.$$

Die Ableitung von ω nach k liefert dann

$$v = \frac{\mathrm{d}\omega}{\mathrm{d}k} = \frac{h}{2\,\pi\,m}k$$

und mit $k = 2\,\pi/\lambda$ und $\lambda = h/\text{p}$ für die Gruppengeschwindigkeit

$$v = \frac{h}{2\,\pi\,m}\,\frac{2\,\pi\,\text{p}}{h} = \frac{\text{p}}{m} = v_e\,.$$

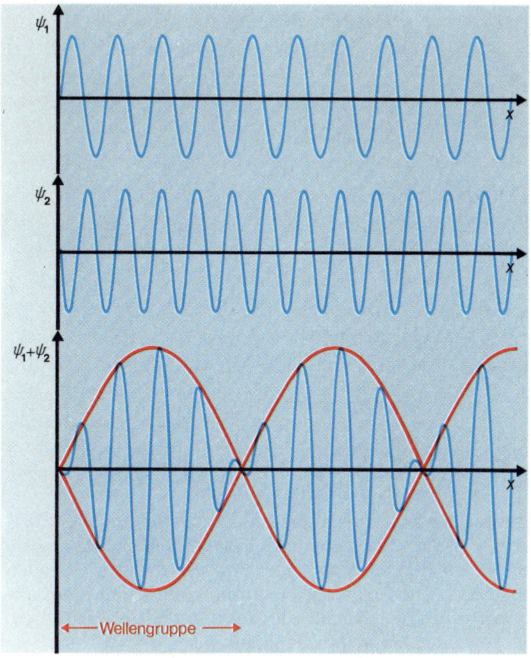

Abb. 9–26: Die Überlagerung zweier Wellen mit unterschiedlicher Wellenlänge ergibt eine Welle mit veränderlicher Amplitude.

Ergebnis: Die Geschwindigkeit, mit der sich die Wellengruppe einer Materiewelle ausbreitet, ist also gleich der Geschwindigkeit des Teilchens, über dessen Aufenthalt die Materiewelle eine Aussage macht.

Aufgabe

*** 9/31:** Versuchen Sie, den Unterschied zwischen Phasengeschwindigkeit und Gruppengeschwindigkeit an Wasserwellen zu beobachten. Werfen Sie dazu einen Stein in einen ruhigen Teich, und beobachten Sie die Ausbreitung des Wellenpakets. Bei genauem Hinsehen erkennt man, daß die Wellentäler und -berge innerhalb des Pakets sich ebenfalls bewegen. Sie entstehen an der Rückseite des Wellenzugs und wandern bis zur Vorderseite, wo sie verschwinden.

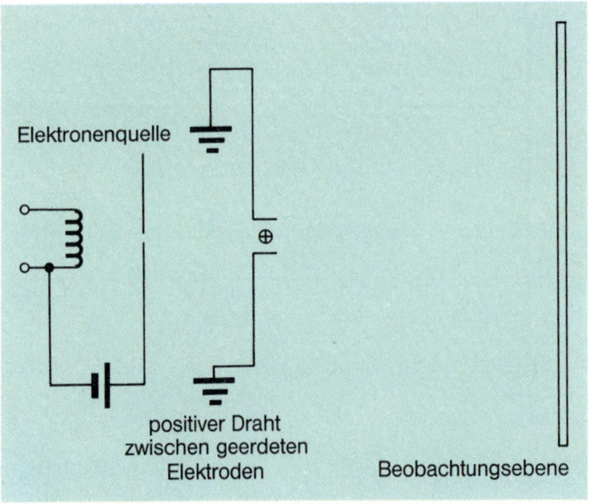

Abb. 9–27: Erzeugung von Elektronenstrahlinterferenzen nach MÖLLENSTEDT und DÜKER (1956).
Die aus der Elektronenquelle austretenden und beschleunigten Elektronen werden im Feld zwischen dem positiv geladenen dünnen Draht und den geerdeten Elektroden abgelenkt. Die Elektrodenanordnung wirkt auf die Elektronen wie ein Biprisma auf Licht. In der Beobachtungsebene entsteht eine Interferenzfigur.

9.3.3 Elektronenbeugung am Doppelspalt

Wir haben in den beiden vorangegangenen Abschnitten eine Wellenvorstellung für bewegte Teilchen am Beispiel von Elektronen entwickelt. Daß beim Durchgang von Elektronen durch Kristalle Beugungserscheinungen auftreten, ist ein Indiz dafür, daß dies Vorgehen vernünftig ist. Ein weiterer Versuch, der die Welleneigenschaften von Elektronen zeigt, wurde 1956 von MÖLLENSTEDT und DÜKER durchgeführt (*Abb. 9–27*). Da die Elektronen in einem elektrischen Feld zwischen dem positiven Faden und den Spaltkanten abgelenkt werden, entspricht der Versuch dem Biprismaversuch mit Licht. Ein Doppelspaltversuch mit Elektronen wurde 1961 von JÖNSSON mit extrem eng zusammenliegenden und feinen Spalten (1 bis 2 μm und 0,3 μm, 1 μm = 1/1000 mm) gemacht (*Abb. 9–28*).
Am Beispiel des Doppelspaltversuchs wollen wir noch einmal über die Teilchen- und Wellenvorstellung bei Elektronen nachdenken. Die Elektronen werden aufgrund des glühelektrischen Effekts aus der Metalloberfläche emittiert, in einem elektrischen Feld beschleunigt, treffen auf die Doppelspaltanordnung und werden dann mit einem Film registriert. Bei der Emission und beim Auftreffen der Elektronen auf dem Film stellen wir uns die Elektronen als einzelne Teilchen vor. Dann wäre es eigentlich auch naheliegend, sich vorzustellen, daß die Elektronen genauso als kleine Teilchen durch den Raum zum Doppelspalt gelangen und dort entweder durch den einen oder den anderen Spalt fliegen usw. Doch genau dann, wenn wir davon ausgehen, daß die Elektronen entweder durch den einen oder den anderen Spalt fliegen, läßt sich die Interferenzerscheinung nicht mehr erklären. Die *Abb. 9–29 a* zeigt, wie man sich die Verteilung von Teilchen, die durch einen schmalen Spalt fliegen und dabei ein wenig abgelenkt werden, vorstellt. Sind nun beide Spalte offen, so müßte die Summe der beiden Verteilungen die neue Verteilung ergeben (*Abb. 9–29 b*). Genau das ist aber nicht der Fall, sondern es ergibt sich ein Interferenzbild (*Abb. 9–29 c*). Es ist also falsch, anzunehmen, daß ein Elektron durch einen bestimmten Spalt geht, denn dies würde zu der absonderlichen Vorstellung führen, daß das Elektron wissen müßte, ob der andere Spalt offen oder geschlossen ist. (Ist nur ein Spalt geöffnet, so treffen Elektronen in Punkten auf dem Schirm auf, in denen sich bei zwei offenen Spalten keine Elektronen nachweisen lassen.)
Wie beim Licht kann man das Verhalten von Elektronen nur dann völlig beschreiben, wenn man die Wellen- und Teilcheneigenschaften nebeneinander verwendet.

Zur Beschreibung des Verhaltens von Elektronen in der Mikrophysik benötigt man eine Wellenfunktion, deren Amplitudenquadrat proportional zur Aufenthaltswahrscheinlichkeit der Elektronen ist.
Auf die Frage, ob Elektronen Teilchen oder Wellen sind, kann man mit dem Physiker FEYNMAN nur antworten: Elektronen sind keines von beiden.

Aufgabe

9/31: Versuchen Sie darzustellen, was man auf die Frage „Was sind Elektronen?“ antworten muß.

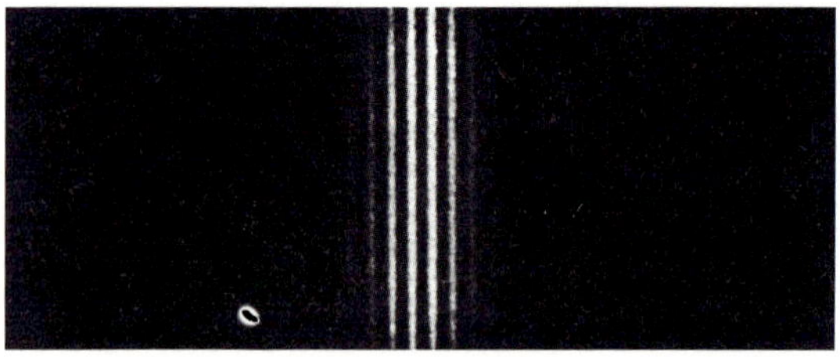

Abb. 9–28: Elektronenstrahlinterferenzen an einem Doppelspalt nach JÖNSSON in ca. 1000facher Vergrößerung.
JÖNSSON verwendete wegen der außerordentlich geringen de Broglie-Wellenlänge der Elektronen extrem eng zusammenliegende und feine Spalte. Die Breite der Spalte betrug 1/1000 mm, ihr Abstand 3/1000 mm.

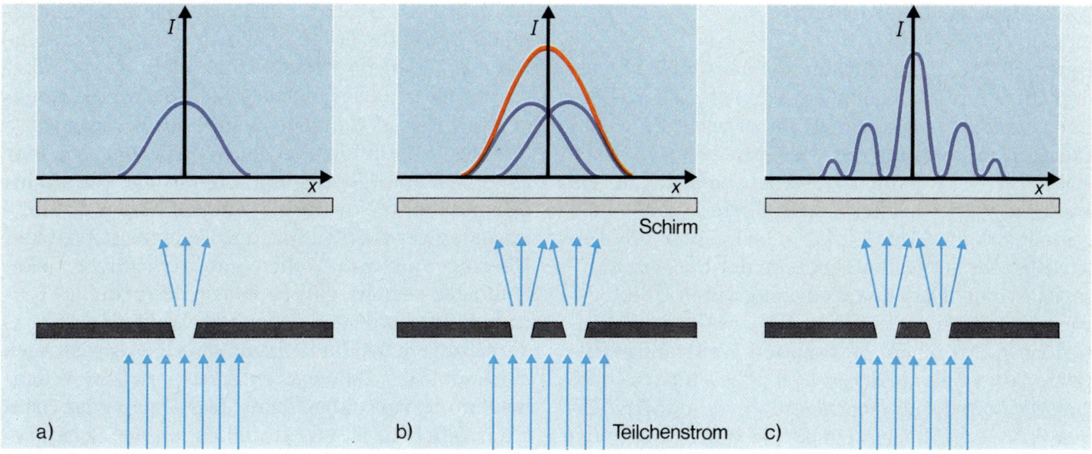

Abb. 9–29: a) Ein Strom von Teilchen, die durch einen Spalt treten und dabei in irgendeiner Weise abgelenkt werden, erzeugt auf einem Schirm die angegebene Intensitätsverteilung.
b) Bei zwei nebeneinander befindlichen Spalten erwartet man eine Verteilung, die sich durch Addition der Intensitäten der Einzelspalte ergibt.
c) Die tatsächlich auftretende Verteilung weicht jedoch erheblich von der erwarteten ab. Nicht Intensitäten werden addiert, sondern Amplituden unter Berücksichtigung der Phasendifferenz.

9.4 Quantenphysik und klassische Physik

Wir haben bei Licht und auch bei Elektronen Erscheinungen kennengelernt, die sich nur schwer in unser bislang recht brauchbares physikalisches System von Vorstellungen und Begriffen einfügen lassen. Man muß sich also fragen, inwieweit unsere Kenntnisse über Lichtwellen bzw. über Elektronen, die wir mit Hilfe der herkömmlichen Begriffe gewonnen haben, überhaupt noch gültig sind.

9.4.1 Die Wellenfunktion

Die Aussagen der vorangegangenen Abschnitte über Teilchen- und Wellenvorstellungen bei Licht und Elektronen gelten für alle bewegten Teilchen im Bereich der Mikrophysik. Das Verhalten der Teilchen wird durch eine Wellenfunktion $\psi(\vec{r}, t)$ beschrieben. Für die Wellenlänge gilt die de Broglie-Gleichung $\lambda = h/p$, für die Frequenz $E = h f$, wobei E die Gesamtenergie des Teilchens ist.
Auf die Wellenfunktion war Erwin SCHRÖDINGER im Jahre 1925 gestoßen, als er sich mit dem Problem befaßte, eine Wellengleichung für bewegte Elektronen aufzustellen, für die die de Broglie-Beziehung gilt. Mit der von ihm ausgearbeiteten sogenannten Wellenmechanik konnte er Fragestellungen der Atomphysik bearbeiten. Doch war den Physikern damals zunächst nicht klar, was man sich unter der ψ-Funktion real vorzustellen habe.[1] Da die ψ-Funktion komplexe Funktionswerte hat, was wir hier jedoch nicht zeigen, versucht man, das reellwertige Quadrat des Betrages $|\psi(\vec{r}, t)|^2$ zu interpretieren. Unter den verschiedenen Deutungsmöglichkeiten hat sich die zuerst von Max BORN gegebene statistische Interpretation durchgesetzt, entsprechend der die in den vorangegangenen Abschnitten dargestellten Überlegungen auch entwickelt wurden:

Die Wellenfunktion eines Teilchens gibt seine Wahrscheinlichkeitsverteilung in Raum und Zeit an. $\psi(\vec{r}, t)$ heißt Wahrscheinlichkeitsamplitude. Sie ist eine Funktion des Ortes $\vec{r}$ und der Zeit t. Die Wahrscheinlichkeit dafür, daß sich ein Teilchen zum Zeitpunkt t am Ort $\vec{r}$ in einem Raumvolumen $\mathrm{d}V$ aufhält, ist proportional zum Produkt aus dem Amplitudenquadrat der Wellenfunktion und dem Raumelement $|\psi(\vec{r}, t)|^2 \mathrm{d}V$. Die Wahrscheinlichkeitsdichte ist proportional zum Quadrat des absoluten Betrags der Wellenfunktion.

Hier soll noch einmal betont werden, daß die Wellenfunktion die mathematische Beschreibung *des physikalischen Zustandes* eines Teilchens der Mikrophysik ist, und nicht etwa die Beschreibung *des Teilchens* selbst wiedergibt.

Aufgabe

9/33: Begründen Sie unter Verwendung der experimentellen Ergebnisse, die bisher dargestellt worden sind, die statistische Deutung der Wellenfunktion von BORN.

[1] Dies zeigt ein kleines Spottgedicht von HÜCKEL aus dieser Zeit:
Gar Manches rechnet Erwin schon
Mit seiner Wellenfunktion.
Nur wissen möcht' man gerne wohl,
Was man sich dabei vorstell'n soll.

9.4.2 Das Unschärfeprinzip

Einem Elektron, das sich mit konstanter Geschwindigkeit durch den Raum bewegt, ist eine Wellenfunktion $\psi(x, t)$ zugeordnet. Dabei bewege sich das Elektron in Richtung der positiven x-Achse. Nach *Abschnitt 9.3.2* kann die Wellenfunktion als ein Wellenzug einer bestimmten endlichen Länge dargestellt werden (*Abb. 9–30 a*). Nach einem für Wellen aller Art geltenden Theorem, der Fourieranalyse, ist es möglich, jeden Wellenzug durch Überlagerung unendlich vieler reiner Sinuswellen mit Wellenlängen aus einem bestimmten Wellenlängenbereich darzustellen. *Abb. 9–30 a* zeigt einen Wellenzug, der sich durch Überlagerung von nur fünf Sinuswellen ergibt. Das zugehörige Teilchen befindet sich nach der statistischen Deutung der Wellenfunktion in dem Raumbereich, in dem die Amplitude nicht Null ist. D. h., aufgrund der Welleneigenschaft bewegter Teilchen kann der augenblickliche Ort des Teilchens grundsätzlich nicht genau angegeben werden. Die Ungenauigkeit Δx bei der Angabe des Ortes ist gleich der Länge des Wellenzugs.
Für den Impuls des bewegten Teilchens gilt eine entsprechende Überlegung: Impuls und Wellenlänge sind über die de Broglie-Gleichung $p = h/\lambda$ miteinander verknüpft. Da der Wellenzug aus einer Überlagerung von Wellen unterschiedlicher Wellenlängen besteht, gibt es zu dem betrachteten Teilchen keine eindeutig angebbare Wellenlänge, sondern nur ein Wellenlängenintervall. Also ist auch der Impuls des Teilchens entsprechend dem Wellenlängenintervall unbestimmt. Die Angabe des Ortes x des Teilchens ist grundsätzlich mit der Ortsungenauigkeit Δx behaftet, die Angabe des Impulses p mit der Impulsungenauigkeit Δp.

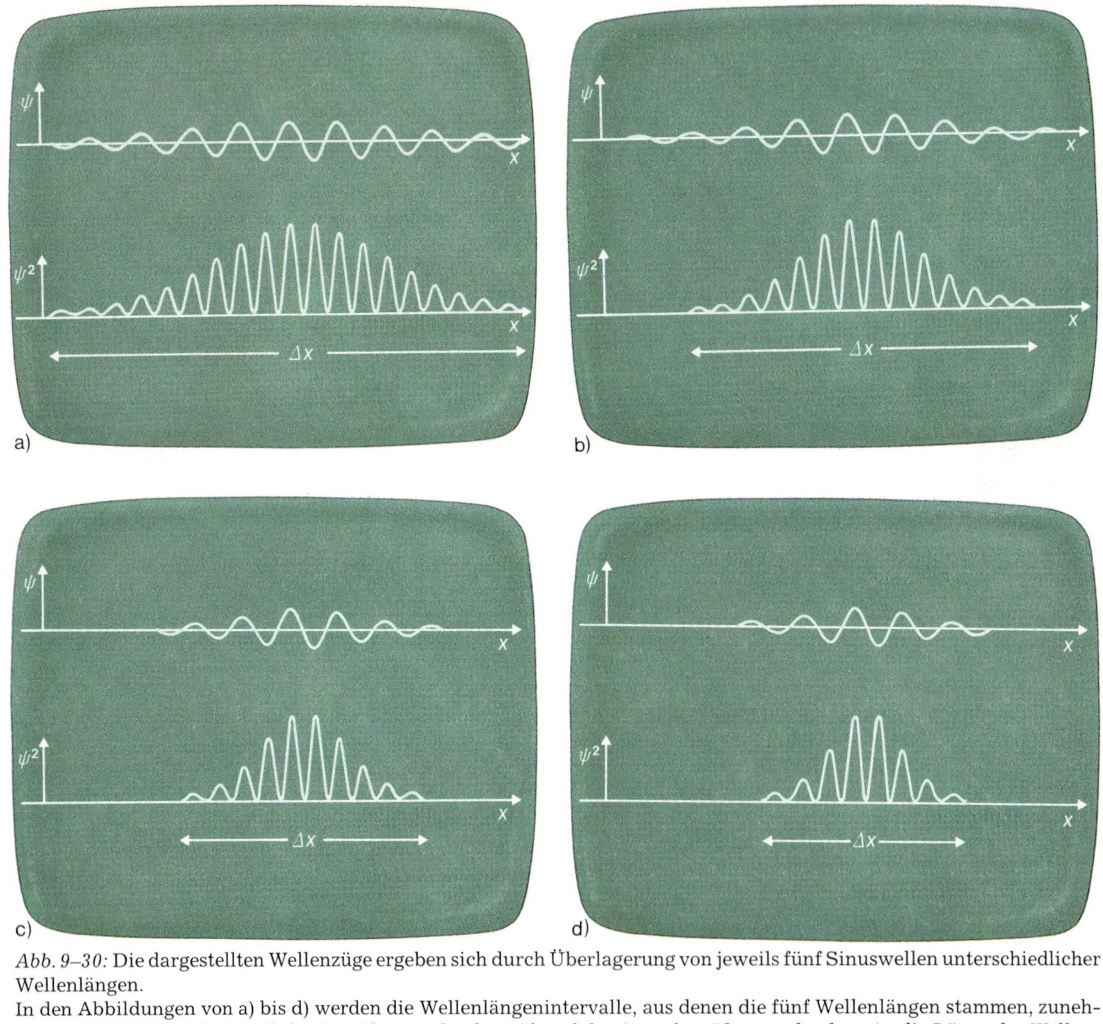

Abb. 9–30: Die dargestellten Wellenzüge ergeben sich durch Überlagerung von jeweils fünf Sinuswellen unterschiedlicher Wellenlängen.
In den Abbildungen von a) bis d) werden die Wellenlängenintervalle, aus denen die fünf Wellenlängen stammen, zunehmend größer. Man erkennt, daß mit größer werdendem $\Delta\lambda$ und damit auch größer werdendem Δp die Länge der Wellengruppe Δx zunehmend kleiner wird.

Die Erkenntnis, daß es grundsätzlich unmöglich ist, **gleichzeitig** die beiden Größen Ort und Impuls eines Teilchens genau zu bestimmen, wurde von HEISENBERG im Jahre 1927 formuliert. Man bezeichnet sie als das **Unschärfeprinzip.**

HEISENBERG formulierte das Unschärfeprinzip in der Form der sogenannten Unschärferelation, die wir an der *Abb. 9–30* erläutern wollen. *Abb. 9–30* zeigt Wellenzüge, die jeweils durch Überlagerung von fünf Sinuswellen entstanden sind, bei denen die fünf Wellen jedoch aus einem zunehmend größeren Wellenlängenintervall stammen. Man erkennt, daß mit zunehmendem $\Delta\lambda$, d. h. Δp, die Länge des Wellenzugs immer geringer wird, daß also Δx abnimmt. Die Größen x und p bezeichnet man als komplementäre Größen und meint damit, daß sie in gewisser Weise zusammengehören, aber dennoch einen Gegensatz bilden: Wenn die Ortsunschärfe abnimmt, wächst die Impulsunschärfe und umgekehrt.
Die Unschärferelation kann man sich folgendermaßen plausibel machen: Besteht ein Wellenzug aus n Wellenlängen, so ist die Ortsunschärfe

$$\Delta x \approx n\,\lambda = \frac{n\,h}{p}.$$

Wie wir aus der *Abb. 9–30* sehen, nimmt mit zunehmendem $\Delta\lambda$ die Anzahl n der Wellenlängen im Wellenzug ab. Die relative Ungenauigkeit der Wellenlänge ist ungefähr gleich $1/n$

$$\frac{\Delta\lambda}{\lambda} \approx \frac{1}{n}.$$

Da $\lambda = h/p$ ist, gilt für die relativen Ungenauigkeiten der Wellenlänge und des Impulses

$$\frac{\Delta\lambda}{\lambda} = \frac{\Delta p}{p}.$$

Also folgt

$$\frac{1}{n} \approx \frac{\Delta p}{p} \text{ oder } \Delta p \approx \frac{p}{n}.$$

Aus $\Delta x \approx \frac{n\,h}{p}$ und $\Delta p \approx \frac{p}{n}$ ergibt sich

$$\Delta x\,\Delta p \approx h.$$

Diese Form der Unschärferelation gilt für harmonische Wellen. Für Wellen beliebiger Form gilt die Relation

$$\Delta x\,\Delta p \geq h.$$

Unschärferelation:
Für alle quantenphysikalischen Teilchen wie Photonen, Elektronen und andere Elementarteilchen gilt, daß eine gleichzeitige Angabe der x-Koordinate des Ortes und der x-Koordinate des Impulses mit beliebiger Genauigkeit grundsätzlich unmöglich ist: $\Delta x\,\Delta p_x \geq h$.
Für jeden anderen Freiheitsgrad der Bewegung gilt eine entsprechende Ungleichung: $\Delta y \Delta p_y \geq h$, $\Delta z\,\Delta p_z \geq h$.

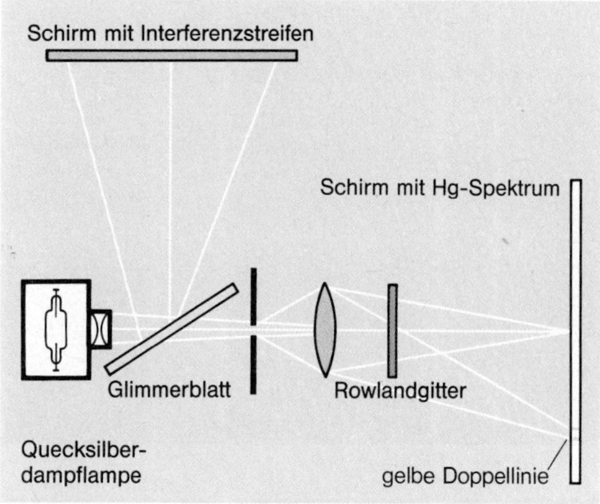

Abb. 9–31: Aufbau zur Bestätigung der Unschärferelation mit Licht.
Die Interferenzstreifen und das Spektrum werden gleichzeitig beobachtet. Ungefähr 4 Minuten nach dem Einschalten der Quecksilberhöchstdrucklampe verschwimmen die Interferenzen und die beiden gelben Linien des Spektrums. Alle anderen Linien zeigen ebenfalls eine Verbreiterung.

Es ist möglich, die Unschärferelation für Licht mit einem Versuch zu bestätigen, der den oben dargestellten Überlegungen entspricht. Dabei werden einmal im Licht einer Quecksilberhöchstdrucklampe die Interferenzen nach Reflexion an einem Glimmerblatt beobachtet (→ *7.3.3*), und zum anderen zerlegt man das Licht spektral mit einem Rowlandgitter und beobachtet die beiden gelben Linien des Quecksilbers.

Versuch 9/8: Der Versuch ist wie in *Abb. 9–31* aufgebaut. Der hinter dem Glimmerblatt angeordnete Spalt wird mit dem nicht reflektierten Licht beleuchtet. Sofort nach dem Einschalten der Quecksilberdampflampe beobachtet man in dem langsam intensiver werdenden Licht auf dem einen Schirm Interferenzringe und auf dem anderen Schirm die beiden eng benachbarten gelben Linien (*Abb. 9–32 a*). Doch nach ca. vier Minuten beginnen die Interferenzen zu verschwimmen, und die beiden gelben Linien werden unscharf. Nach einiger Zeit sind die Interferenzen völlig verschwunden, und die gelben Linien sind nicht mehr voneinander zu trennen (*Abb. 9–32 b*).
Erklärung: Die Interferenzen an einer dünnen Schicht wie dem Glimmerblatt entstehen durch die Überlagerung von Wellen, die an der vorderen Grenzfläche und an der hinteren Grenzfläche der Schicht reflektiert werden (*Abb. 9–33*). Interferenzen kommen jedoch nur dann zustande, wenn der Wegunterschied der Wellen kleiner ist als die Länge des Wellenzugs, die sogenannte Kohärenzlänge (→ *7.3.5*). Wenn die Interferenzen verschwinden, kann die Länge des Wellenzuges durch Δx, das größer ist als die doppelte Dicke d der Schicht, abgeschätzt werden. Da das Licht seinen Weg in einem Medium zurücklegt, das den Brechungsindex $n = 1{,}5$ hat, ist die optische Weglänge um den Faktor 1,5 größer als die geometrische Weglänge. Es ist also $\Delta x \approx 2d\ n$, und mit $d = 0{,}06$ mm wird $\Delta n \approx 1{,}8 \cdot 10^{-4}$ m. Damit ist die Ortsunschärfe der Photonen abgeschätzt.

Die Veränderung der Kohärenzlänge beruht auf einer Störung der Lichtemission. Durch den mit zunehmender

a)

b)

Abb. 9–32: a) Die Abbildung zeigt die beiden gerade getrennten gelben Linien und die Interferenzen. b) Nach einiger Zeit sind die Linien stark verbreitert und die Interferenzen verschwinden.

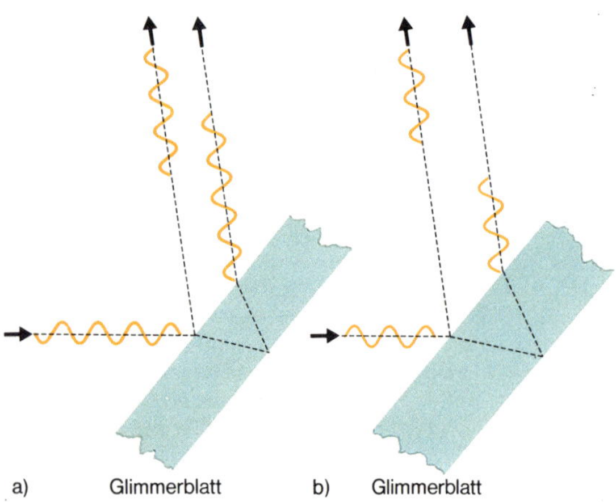

Abb. 9–33: Interferenzen entstehen nur dann, wenn die Kohärenzlänge größer ist als die optische Wegdifferenz.
In a) überlagern sich die beiden reflektierten Wellenzüge noch teilweise, so daß noch Interferenzen entstehen. In b) findet keine Überlagerung mehr statt, da die Wegdifferenz verglichen mit der Länge der Wellenzüge zu groß ist.

Brenndauer der Lampe ansteigenden Druck stoßen die das Licht emittierenden Quecksilberatome häufiger miteinander. Nimmt man an, daß durch einen Stoß die Emission des Wellenzugs unterbrochen wird, so verringert sich die Kohärenzlänge. Eine Verringerung der Länge des Wellenzugs bedeutet eine Vergrößerung des Wellenlängenintervalls $\Delta\lambda$ (*Abb. 9–30*). Man erkennt dies an der Verbreiterung der Linien im Spektrum. Da dann die beiden zunächst getrennten gelben Linien ineinander übergehen, kann man durch die Wellenlängendifferenz der Linien das Wellenlängenintervall abschätzen:

$$\lambda_1 = 579 \text{ nm}, \lambda_2 = 577 \text{ nm}, \Delta\lambda = 2 \text{ nm}.$$

Zur Bestätigung der Heisenbergschen Unschärferelation ist man an der Impulsunschärfe interessiert. Aus der de-Broglie-Gleichung ergeben sich für die beiden Wellenlängen die Impulse

$$p_1 = 1{,}148 \cdot 10^{-27} \text{ kg m/s und } p_2 = 1{,}144 \cdot 10^{-27} \text{ kg m/s},$$

also $\Delta p \approx 4 \cdot 10^{-30}$ kg m/s . Daraus folgt

$$\Delta x\, \Delta p \approx 1{,}8 \cdot 10^{-4} \text{ m} \cdot 4 \cdot 10^{-30} \text{ kg m/s} = 7{,}2 \cdot 10^{-34} \text{ J} \geq h\,.$$

Das Experiment bestätigt also die Unschärferelation.
Für den Impuls von Photonen gilt die Beziehung $p = h\,f/c$. Mit der Impulsunschärfe Δp ist eine Frequenzunschärfe Δf

und somit die Energieunschärfe ΔE verknüpft: $\Delta p = \Delta E/c$. Setzt man diesen Term in die Unschärferelation ein, so folgt

$$\Delta x \frac{\Delta E}{c} \geq h \quad \text{oder} \quad \frac{\Delta x}{c} \Delta E \geq h\,.$$

$\Delta x/c$ ist die Zeit Δt, die ein Wellenzug zum Durchlaufen der Strecke Δx benötigt, und auch die Zeit, in der er vom Atom emittiert wird. Wir verallgemeinern:

Eine Energieunschärfe ΔE des atomaren Zustandes ist mit einer Zeitunschärfe Δt bei der Emission des Energiequants verbunden. E und t sind ebenfalls komplementäre Größen. $\Delta E\, \Delta t \geq h$ ist ebenfalls eine Formulierung der Heisenbergschen Unschärferelation.

Aufgaben

9/34: Die Lage des Schwerpunktes einer Kugel der Masse 2 mg kann mit einer Genauigkeit $\Delta x = 2 \cdot 10^{-6}$ m gemessen werden. Welche Bedeutung hat die Unschärferelation bei der Messung der Geschwindigkeit?

9/35: Der Ort eines Elektrons, das zu einem Wasserstoffatom gehört, ist nur mit einer Genauigkeit von 10^{-10} m anzugeben. Dies entspricht dem Durchmesser des Atoms. Berechnen Sie die Unschärfe der Geschwindigkeit.

*** 9/36:** Zeigen Sie mit Hilfe der Unschärferelation, daß die Energie eines Elektrons, das sich im Atomkern mit einem Durchmesser von 10^{-14} m aufhalten würde, die aus Experimenten bestimmte Energie von 10 MeV aufgrund der Wirkung der Kernkräfte bei weitem überschreiten würde, so daß ein Aufenthalt im Kern unmöglich ist.
Wenn der Impuls zwischen $-\vec{p}$ und $+\vec{p}$ wechselt, ist die Impulsungenauigkeit $\Delta p = 2p$.
Für die relativistisch durchzuführende Rechnung ist die Beziehung

$$E_{\text{kin}} = \sqrt{p^2\, c^2 + m^2{}_0\, c^4} - m_0\, c^2$$

zu verwenden.

9/37: Zeigen Sie entsprechend *Aufgabe *9/36*, daß ein Aufenthalt von Neutronen der Masse $m_N = 1{,}67 \cdot 10^{-27}$ kg im Kern möglich ist.

9.4.3 Die Grenzen der Begriffe der klassischen Physik

Wir haben gesehen, daß das Unschärfeprinzip sich aus der Tatsache ergeben hat, daß quantenphysikalische Objekte wie z. B. Photonen oder Elektronen zugleich Teilcheneigenschaften und Welleneigenschaften besitzen. Die Unschärferelationen, also die Aussagen über die gleichzeitige Unbestimmtheit zweier komplementärer Größen, kommen also nicht durch eine meßtechnische Unzulänglichkeit zustande, sondern sind grundsätzlicher Natur.

Die Unschärferelation legt die Grenze fest, über die hinaus Begriffe der klassischen Physik, wie z. B. Ort und Impuls eines Teilchens, nicht angewendet werden können. Es ist physikalisch sinnlos, gleichzeitig Lage und Impuls eines quantenphysikalischen Teilchens mit beliebiger Genauigkeit angeben zu wollen.

Versuchen wir uns darüber klar zu werden, wo die Grenze liegt, von der ab man ein Elektron wie eine durch den Raum fliegende Billardkugel ansehen kann: *Abb. 9–34* zeigt schematisch das Verhalten von Elektronen, die auf einen schmalen Spalt treffen. Alle Elektronen des Strahls haben eine Beschleunigungsstrecke durchlaufen und besitzen in dem in y-Richtung verlaufenden Parallelstrahl dieselben Impulse $p_y = p$. Die Impulse in x- und in z-Richtung sind Null.
Wir wissen, daß auf einem Schirm hinter dem Spalt eine Beugungsfigur entsteht, d. h., die Elektronen haben auch Impulse in x-Richtung. Man kann diese Anordnung als einen Versuch ansehen, die x-Koordinate des Ortes zu bestimmen. Je genauer diese bestimmt wird, um so größer wird die Impulsunschärfe in x-Richtung. Nimmt man an, daß die meisten Elektronen in den Bereich des Maximums 0-ter Ordnung fallen, so kann man die Impulsunschärfe Δp_x durch die Lage des Minimums erster Ordnung am Einfachspalt abschätzen (→ *7.3.4*). Es gilt $\sin\alpha = \lambda/\Delta x$, und mit $\lambda = h/p$ ergibt sich $\sin\alpha = h/p\Delta x$. Aus *Abb. 9–34* liest man ferner ab $\sin\alpha \approx \Delta p_x/p$, und aus beiden Gleichungen erhält man $\Delta x\, \Delta p_x \approx h$, entsprechend der Unschärferelation.
Wo liegt also die Grenze für die Anwendung der klassischen Begriffe? Die Beugung wird bekanntlich dann wahrnehmbar, wenn die Größe der Öffnung Δx in der Größenordnung der Wellenlänge λ liegt. Ein Blick auf die de Broglie-Gleichung $\lambda = h/p$ offenbart die Bedeutung der Größe des Wirkungsquantums: Da h außerordentlich klein ist, wird auch λ sehr klein und somit auch Δx. Eine Öffnung von 0,1 mm Breite ist für Elektronen als groß anzusehen und ruft noch keine Beugungseffekte hervor: Wie man mit der Unschärferelation nachrechnet, ergibt

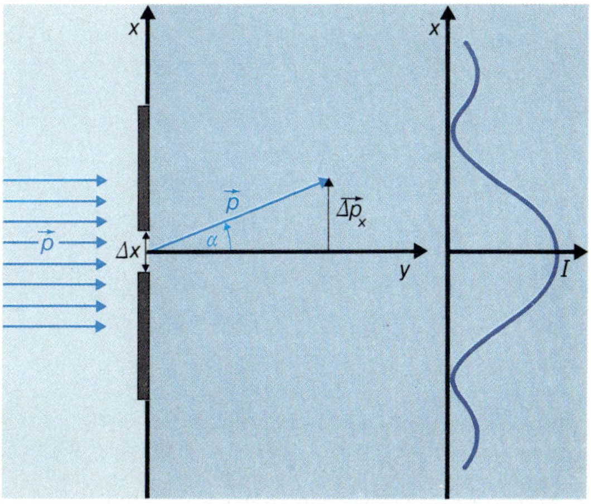

Abb. 9–34: Treffen Elektronen auf einen schmalen Spalt, so tritt Beugung auf. Der Versuch die x-Koordinate des Ortes zu bestimmen, führt zu einer Unschärfe der x-Koordinate des Impulses.

sich $\Delta p \approx 6 \cdot 10^{-30}$ kg m/s. Haben die Elektronen, die durch diese Öffnung treten, eine Beschleunigungsspannung von $U = 100$ V durchlaufen, so ist ihr Impuls $p = 5{,}4 \cdot 10^{-24}$ kg m/s. Dadurch ergibt sich beim Durchlaufen einer Strecke von $y = 1$ m hinter der Öffnung eine Abweichung Δx, für die gilt: $\Delta x/y = \Delta p/p$. Man berechnet also $\Delta x = 1 \cdot 10^{-3}$ mm, eine Abweichung, die weit unterhalb dessen liegt, was noch nachweisbar ist.
Bei der Diskussion des Verhaltens von Elektronen am Doppelspalt haben wir andererseits gesehen, daß es falsch ist, z. B. den in der klassischen Physik benutzten Begriff der Bahn zu verwenden, sobald die Größenordnung der Versuchsanordnungen im Bereich der Wellenlänge der Teilchen liegen.
In der klassischen Physik kann man einem Satelliten oder einem Geschoß ohne weiteres gleichzeitig Ort und Impuls zuordnen und von seiner Bahn und seiner Geschwindigkeit reden. Wegen der Kleinheit des Wirkungsquantums ist die Unschärferelation gegenüber sonstigen Ungenauigkeiten ohne jegliche Bedeutung. Wir sind uns jetzt jedoch darüber klar, daß die Begriffe der klassischen Physik in gleicher Weise in der Quantenphysik nicht angewendet werden können.

Wir haben bei unserer bisherigen Beschäftigung mit der Physik gelernt, daß man das Verhalten eines physikalischen Systems vorhersagen kann, wenn sein Zustand zu einem bestimmten Zeitpunkt bekannt ist. Das weitere Geschehen ist dann vorhersagbar, man sagt, es ist **determiniert.** Für jeden Vorgang beim Ablauf des Geschehens gibt es eine Ursache, d. h., das Geschehen ist **kausal** bedingt. Wie weit gelten **Determinismus** und **Kausalität** noch in der Quantenphysik? Da der Zustand eines quantenphysikalischen Teilchens im klassischen Sinne nicht bestimmt werden kann, wie wir oben gezeigt haben, kann natürlich auch keine Vorhersage über Ort und Impuls zu einem späteren Zeitpunkt gemacht werden.
Jedoch besteht ein Determinismus in anderer Weise: Sind die Bedingungen eines quantenphysikalischen Versuchs (siehe Doppelspalt) bekannt, so ist die ψ-Funktion des Teilchens streng determiniert. Also sind auch in der Quantenphysik Determinismus und Kausalität in entsprechender Weise gültig.

Eine abschließende Bemerkung soll noch zum Licht gemacht werden: Wir hatten erkannt, daß Licht eine elektromagnetische Welle ist, die man messend erfassen kann (→ *7.4.1*). Die Lichtwelle besitzt also eine physikalische Realität. In der Quantenphysik haben wir nun andererseits gelernt, daß die Lichtwelle eine Wahrscheinlichkeitswelle ist, die als ein rein theoretisches Gebilde Wahrscheinlichkeitsaussagen über den Nachweis von Photonen ermöglicht. Eine genaue Untersuchung des Sachverhaltes zeigt, daß dies kein Widerspruch ist, sondern daß die Untersuchung der elektromagnetischen Wellen bei so großen Photonendichten stattfindet, daß keine Quanteneffekte auftreten.

Aufgabe

***9/38:** Durch einen Spalt der Breite 10^{-5} m fällt ein Elektronenstrahl auf einen Schirm im Abstand von 3 m hinter dem Spalt.

a) Wie groß ist die Breite des mittleren Streifens des Beugungsbildes, wenn die Elektronen eine Beschleunigungsspannung von 100 V durchlaufen haben?

b) Welche Geschwindigkeit haben Elektronen, für die die Breite des mittleren Streifens des Beugungsbildes 2,9 mm beträgt?

10 Atomphysik

Im Kapitel Atomphysik wird das physikalische Verhalten der Atomhülle untersucht. Die Eigenschaften des Atomkerns werden im Kapitel Kernphysik behandelt.
Die Atome sind die Bausteine aller Stoffe. Ihre Größe erweist sich als so gering, daß sie unsichtbar sind. Ihr Durchmesser ist kleiner als ein Tausendstel der Lichtwellenlänge (etwa 300 pm), so daß einzelne Atome keine regelmäßige Reflexion hervorrufen können (*Abb. 10–1*). Eine zweite Eigenschaft ist, daß Atome eines Elements identisch und damit ununterscheidbar sind. Man kann also nicht einzelne Atome identifizieren. Viele von der klassischen Physik her bekannte Untersuchungsmethoden sind wegen dieser beiden Eigenschaften auf Atome nicht anwendbar.
Nach der Heisenbergschen → Unschärferelation sind Ort und Impuls bzw. Zeit und Energie eines atomaren Teilchens nicht gleichzeitig beliebig genau bestimmbar. Weiter wird sich zeigen, daß Impuls und Energie gequantelte Größen sind. Die Entwicklung der Atommodelle Ende des 19. und Anfang des 20. Jahrhunderts führt zwangsläufig zu einem Bruch mit der klassischen Physik. Die Quantenphysik wird weiterentwickelt, und ihre Erfolge bei der Beschreibung und Vorhersage des Verhaltens von Atomen hat ihr endgültig zum Durchbruch verholfen.

Abb. 10–1: Ein „Photo" einer Siliziumkristalloberfläche. Die einzelnen Atome sind an den kleinen Hügeln erkennbar. Aufgenommen wurde das Bild nach der dreidimensionalen Tunnel-Abtast-Mikroskopie. Der Abstand der Atome ist etwa $6 \cdot 10^{-10}$ m. Eine sehr feine Spitze mit nur einem Goldatom am äußersten Ende hat die Oberfläche in einer extrem kleinen Entfernung „abgetastet", d. h. sie wurde elektronisch so nachgeführt, daß ein konstanter Tunnelstrom entsteht, wobei ähnlich wie beim → Tunneleffekt die Ladungsträger den Potentialwall „durchtunneln". Die Hügel werden durch den Aufenthalt der Elektronen in der Hülle der Siliziumatome gebildet. Die Spitze hat die Oberfläche zeilenweise abgetastet, aus der vertikalen Nachführung wurde diese Computergraphik erstellt.

10.1 Entwicklung der Atommodelle

Einige der wichtigsten Atommodelle auf dem langen Weg zum jetzt benutzten quantenmechanischen Atommodell sollen hier vorgestellt werden, um zu zeigen, wie neue physikalische Erkenntnisse zu immer vollkommeneren Modellvorstellungen führen.

10.1.1 Das Kügelchenmodell von DALTON

Zwei aus dem Chemieunterricht bekannte Gesetzmäßigkeiten waren die Grundlage für die ersten genaueren Vorstellungen DALTONs von den Atomen:

1. Das **Gesetz der konstanten Proportionen:** Das Verhältnis der Massen zweier Elemente, die sich zu einer chemischen Verbindung vereinigen, ist stets gleich (→ *Kap. 4*).
   Beispiel: 1 g Wasserstoff verbindet sich mit 8 g Sauerstoff zu Wasser, ebenso 2 g Wasserstoff und 16 g Sauerstoff, 5 g und 40 g, 100 g und 800 g usw. Immer ist das Verhältnis der Massen 1 : 8.
2. Das **Gesetz der multiplen Proportionen:** Wenn sich zwei Elemente zu verschiedenen chemischen Verbindungen vereinigen können, so verhalten sich die Massenverhältnisse wie (kleine) ganze Zahlen zueinander.
   Beispiel: 14 g Stickstoff und 16 g Sauerstoff verbinden sich zu 30 g NO, 28 g N und 16 g O zu 44 g N_2O:
   $$\frac{14}{16} : \frac{28}{16} \text{ oder } 1:2.$$
   Vergleichen wir NO und N_2O_3, so erhalten wir:
   $$\frac{14}{16} : \frac{28}{48} \text{ oder } 3:2.$$

DALTON folgerte Anfang des 19. Jahrhunderts daraus:

1. Jedes Element besteht aus charakteristischen untereinander gleichen und unteilbaren Atomen.
2. Die Atome verschiedener Elemente unterscheiden sich nur in der Masse.
3. Die Atome sind Kugeln mit homogen verteilter Masse.
4. Der Zusammenstoß zweier Atome ist vollkommen elastisch.

Aus diesem Atommodell leitete BOLTZMANN 1856 die Gasgesetze her. Diffusion, Brownsche Bewegung und Änderung der Aggregatzustände ließen sich mit dieser Vorstellung erklären und auch quantitativ verstehen.

Da im Atommodell von DALTON keine Ladungen vorkommen, bleiben alle elektrochemischen und elektrophysikalischen Phänomene außerhalb dieses Erklärungsmodells, z. B. die Ionisierbarkeit von Atomen und Molekülen in Gasen und Flüssigkeiten, die Ladungstrennung in Metallen (Influenz), die Elektronenleitung in Metallen und die Herauslösbarkeit der Elektronen aus Metalloberflächen (Photoeffekt, Glühemission). Dieser Mangel wurde von J. J. THOMSON in seinem Atommodell behoben.

Aufgaben

10/1: Welche Eigenschaften der Atome sind mit dem Kügelchenmodell nicht erklärbar? Listen Sie sie auf, und geben Sie jeweils eine Begründung.

10/2: Das Kügelchenmodell ist ja nicht unsinnig; geben Sie physikalische Phänomene an, und begründen Sie sie mit diesem Modell.

10.1.2 Atommodell von THOMSON

J. J. THOMSON ließ die bei Gasentladungen entstehenden geladenen Teilchen elektrische und magnetische Felder durchlaufen. Aus den beobachteten Ablenkungen ergab sich, daß es sich einerseits um positiv geladene Teilchen handelte, die einen für die benutzte Gasart charakteristischen Quotienten von Ladung Q und Masse m besaßen, und daß andererseits negativ geladene Teilchen auftraten, die immer den gleichen Q/m-Wert besaßen. Die von ihm so entdeckten positiv geladenen Ionen und Elektronen erfordern ein Atommodell, in dem positive Ladungen und Elektronen gleichermaßen vorhanden sind. Nach THOMSONs Atommodell besteht ein Atom aus einer gleichmäßig positiv geladenen Materiekugel, in die Elektronen regelmäßig verteilt eingebettet sind (*Abb. 10–2*).

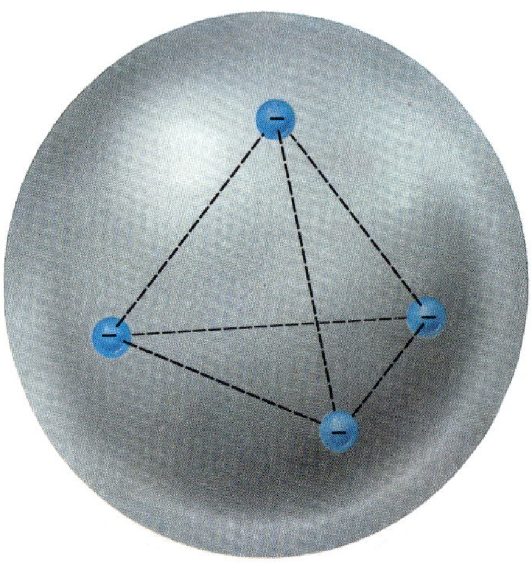

Abb. 10–2: Das Rutherfordsche Atommodell. In einer homogenen Masse mit gleichmäßig verteilter positiver Ladung sind die negativ geladenen Elektronen regelmäßig verteilt („Rosinenkuchenmodell"). Im Bild ist die Kernladungszahl Z gleich 4, und Elektronen bilden die Eckpunkte eines Tetraeders.

10.1.3 Das Rutherfordsche Atommodell

Über den inneren Aufbau der Atome gaben Versuche von LENARD und RUTHERFORD um die Jahrhundertwende Aufschluß.

Im Versuchsaufbau nach *Abb. 10–3* gelang es LENARD die durch eine Gasentladung entstandenen Elektronen stark zu beschleunigen und durch ein Aluminiumfenster zu schießen. Eine Rechnung zeigt, daß die Elektronen beim Durchlaufen des Aluminiumfensters etwa 10 000 Atome durchflogen haben müssen. Es zeigte sich weiter, daß langsame Elektronen nur äußerst selten durchs Fenster ins Freie gelangen.

LENARD schloß daraus: „Das Innere des Atoms ist so leer wie das Weltall", jedoch von elektrischen Feldern erfüllt. Etwa der fünfmilliardste Teil des Atomvolumens ist für schnelle Elektronen undurchdringbar.

RUTHERFORD benutzte für seine Versuche zur Erforschung des Atominneren α-Teilchen, die von radioaktiven Präparaten ausgesandt werden, als Geschosse. Durch Ablenkung in elektrischen und magnetischen Feldern – wie THOMSON es gemacht hatte – bestimmte RUTHERFORD das Ladungs-Massen-Verhältnis von α-Teilchen und fand den halben Wert des Q/m-Quotienten von Wasserstoff. Ein α-Teilchen könnte also eine positive Elementarladung und die doppelte Masse des Wasserstoffatoms besitzen. Da man jedoch kein Element mit der Atommasse 2 kannte, schloß RUTHERFORD: α-Teilchen haben die vierfache Masse des Wasserstoffatoms und zwei positive Elementarladungen. Damit ist die Masse eines α-Teilchens gleich 7300 Elektronenmassen. Ihre Bahnen lassen sich durch Kraftfelder weniger stark beeinflussen, als das bei den Elektronen der Fall ist.

Für die Auswertung der Rutherfordschen Streuversuche (s. u.) muß die Geschwindigkeit der benutzten α-Teilchen bekannt sein. Dieses gelang in der → Wilsonschen Nebelkammer; in ihr werden die Spuren von α-Teilchen durch Kondensstreifen sichtbar gemacht (*Abb. 10–4*). Aus ihrer Reichweite in Luft (einige Zentimeter) kann ihre kinetische Energie – und damit ihre Geschwindigkeit – berechnet werden, da sie ihre Energie bei der Ionisierung der Luftmoleküle nach und nach abgeben. Im Mittel durchfliegt ein α-Teilchen nach einer freien Weglänge von 10^{-7} m ein Luftmolekül. Atome sind also für α-Teilchen durchlässig.

Abb. 10–3: Werden in einem evakuierten Glaskolben Elektronen durch eine hohe Anodenspannung stark beschleunigt, so können sie durch das 3 μm dicke Aluminiumfenster den Kolben verlassen und kleine Wegstrecken in der Luft zurücklegen. Trifft ein Elektron den Szintillationsschirm, wird ein Lichtblitz ausgesandt.

Der Rutherfordsche Streuversuch

Schießt man die α-Teilchen statt durch Luft durch eine sehr dünne Metallfolie, so beobachtet man vereinzelt starke Ablenkungen der Teilchen aus ihrer ursprünglichen Bahn (*Abb. 10–5*). RUTHERFORD und seine Mitarbeiter haben dieses Phänomen mit einer Apparatur nach *Abb. 10–6* sehr genau untersucht. Von einem Präparat wird ein sehr schmales α-Teilchen-Bündel ausgeblendet und auf eine extrem dünne (etwa 100 Atomschichten starke) Goldfolie geschossen. Die α-Teilchen, die um den Winkel ϑ abgelenkt werden, gelangen durch eine zweite Blende zum Szintillationsschirm, wo sie kleine Lichtblitze erzeugen. Diese werden durch das Mikroskop beobachtet und gezählt. Beobachtet man unter verschiedenen Winkeln ϑ, läßt sich feststellen, wie häufig α-Teilchen um bestimmte Winkel abgelenkt werden. Die Beobachtungen an verschiedenen Folien lieferten folgende Ergebnisse:

Abb. 10–4: Nebelkammeraufnahme der Kondensationsspuren von α-Teilchen in Luft.

1. Fast alle α-Teilchen gehen ungestreut durch die Folie hindurch (*Abb. 10–7, 10–8*). Kleine Ablenkungswinkel kommen häufiger, große außerordentlich selten vor. Auf 132 000 Streuungen unter 15° fielen 477 unter 60°, und nur 33 α-Teilchen konnten im gleichen Zeitraum unter einem Ablenkungswinkel von 150° beobachtet werden.
2. Verwendet man Folien unterschiedlichen Materials, so zeigt der Vergleich der Meßreihen, daß

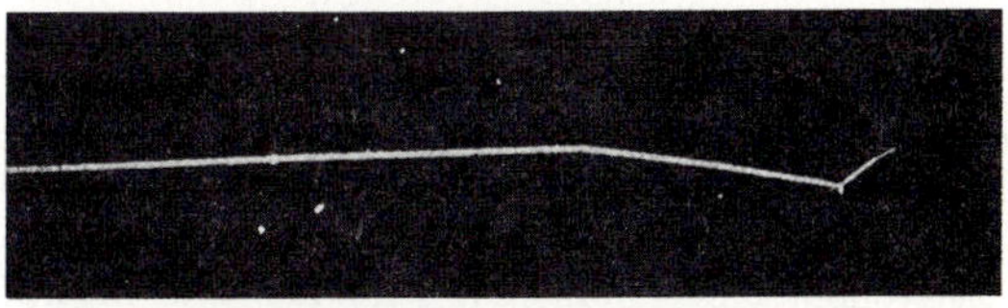

Abb. 10–5: Nebelkammeraufnahme eines α-Teilchens, das durch Luftmoleküle zweimal von seiner Bahn abgelenkt wird, ein äußerst seltenes Ereignis.

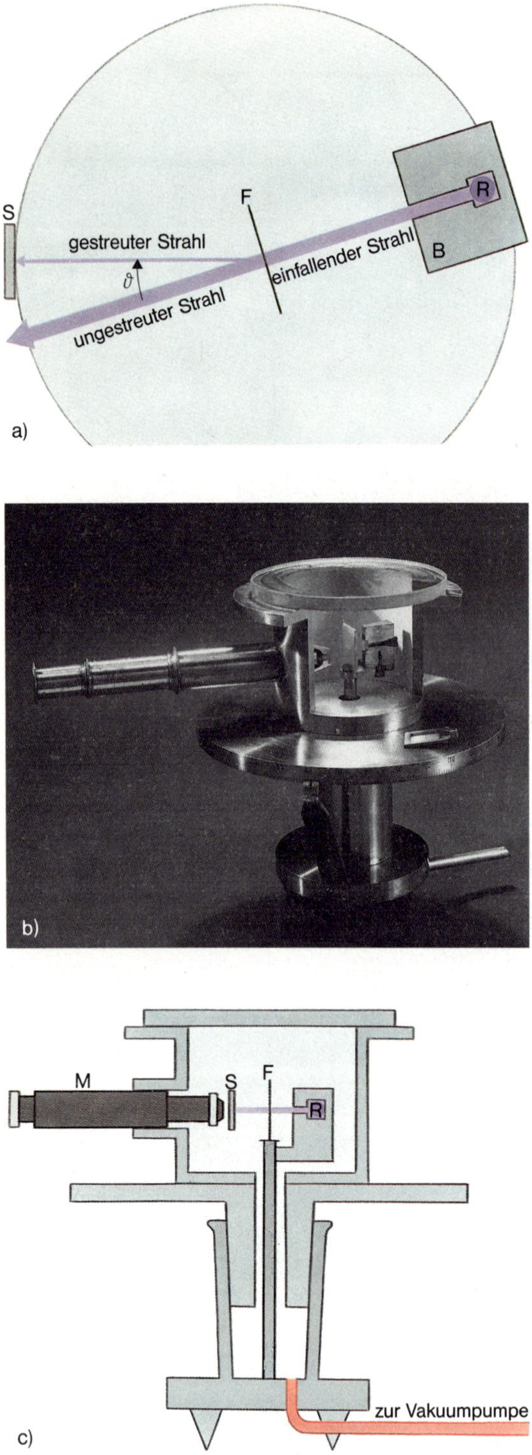

Abb. 10–6: Versuchsaufbau zum Rutherfordschen Streuversuch. Um Absorption in der Luft zu vermeiden, muß der Versuch im Vakuum durchgeführt werden. Am Objektiv des Beobachtungsmikroskops M befindet sich der Szintillationsschirm S; unter wechselnden Winkeln ϑ werden die Lichtblitze in jeweils gleicher Beobachtungszeit ausgezählt. R Präparat, B Metallblock, F Goldfolie.

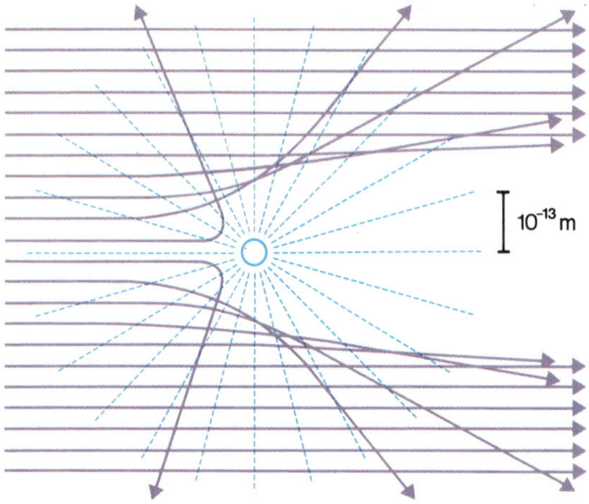

Abb. 10–7: Ablenkung von α-Teilchen, die sehr dicht am Atomkern vorbeifliegen. Die punktierten Radien geben die elektrischen Feldlinien an. In diesem Maßstab wäre der nächste Atomkern etwa 20 m entfernt.

die Wahrscheinlichkeit für die Ablenkung eines α-Teilchens um einen bestimmten Winkel proportional zum Quadrat der Ordnungszahl der Atome des Streumaterials ist.

Folgerungen aus den Beobachtungen:

1. Da auch Ablenkungen um 180° beobachtet werden, müssen diese α-Teilchen mit Teilchen zusammengestoßen sein, deren Massen größer als die des α-Teilchens sind (→ **Impuls- und Energieerhaltungssatz beim elastischen Stoß**). Bei kleinerer Masse würde das α-Teilchen keine Richtungsumkehr erfahren, bei gleicher würde es zum Stillstand kommen. Deswegen scheiden Elektronen als Streuzentren aus.
2. Nimmt man nun als Streuzentren positiv geladene Teilchen (Ladung Ze) an, so hat sich zum Zeitpunkt der größten Annäherung des stoßenden α-Teilchens bis auf die Entfernung b an das Streuzentrum die kinetische Energie des α-Teilchens (Ladung $2e$) vollständig in potentielle Energie umgewandelt:

$$\frac{1}{2} m_\alpha v^2 = \frac{1}{4\pi\varepsilon_0} \frac{Ze}{b} 2e .$$

Die Entfernung b, gemessen vom Mittelpunkt des streuenden Teilchens, kann man sich als seinen Radius denken. Für α-Teilchen des radioaktiven Wismuts mit $v = 2{,}09 \cdot 10^7$ m/s wird dann bei einer Goldfolie ($Z = 79$) z. B. $b = 3 \cdot 10^{-16}$ m.
3. Eine genaue statistische Berechnung der Bahnen von an positiven Ladungen der Größe Ze gestreuten α-Teilchen liefert folgender Zusammenhang:

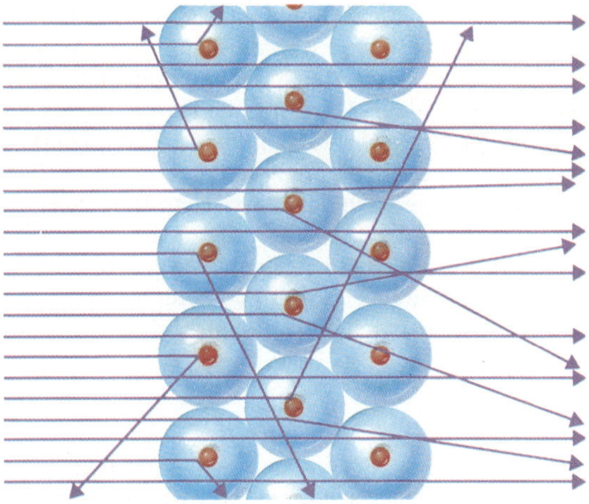

Abb. 10–8: Schematische Darstellung der Streuung von α-Teilchen an Atomkernen. Die Anzahl der gestreuten α-Teilchen ist stark übertrieben.

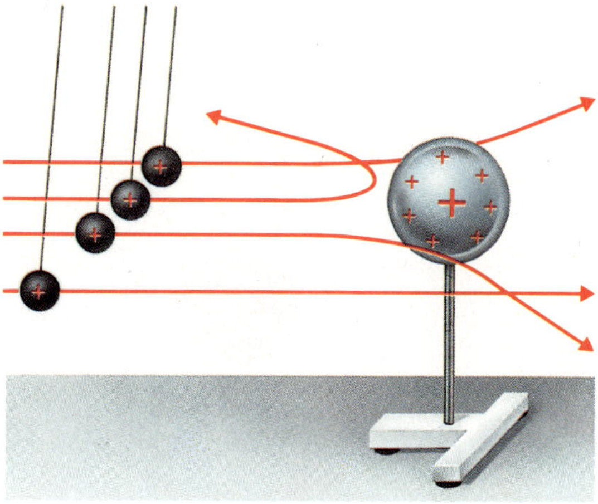

Abb. 10–9: Analogversuch zum Streuversuch von RUTHERFORD. Durch kurzes Berühren mit dem Generator wird das Kügelchen geladen. Es hängt an einem 3 m langen Faden. Es ergeben sich hyperbelförmige Bahnen.

$$\Delta N = N\, n\, d\, \frac{(Z\, e)^2\, e^2}{4\, \pi\, \varepsilon_0^2\, m_\alpha^2\, v^4}\; \frac{\cos\,(\frac{\vartheta}{2})}{\sin^3\,(\frac{\vartheta}{2})}\, \Delta\, \vartheta .$$

Dabei bedeuten

ΔN die Zahl der im Winkelbereich ϑ bis ϑ–$\Delta\vartheta$ gestreuten α-Teilchen,
N die Zahl der ankommenden Teilchen,
n die Dichte der Streuzentren und
d die Dicke der Streufolie.

In dieser Gleichung sind alle Größen bis auf Z bekannt oder meßbar. Damit ist Z, die Zahl der positiven Elementarladungen im Streuzentrum, dem Atomkern, bestimmbar. Z wird Kernladungszahl genannt und ist gleichzeitig die Zahl der Elektronen im Atom. CHADWICK zeigte, daß die Ladungszahl Z die Ordnungszahl im Periodensystem der Elemente ist.
In einem Analogieversuch soll die Streuung von α-Teilchen an Atomkernen deutlich gemacht werden:

Versuch 10/1: Das elektrische Feld des positiven Atomkerns wird durch das Feld der stark aufgeladenen Kugel eines Bandgenerators dargestellt. An einem langen Faden hängt ein positiv geladener Tischtennisball, der mit großer Geschwindigkeit auf den Bandgenerator zu bewegt wird. Er wird dann – wie die α-Teilchen – auf Hyperbelbahnen gezwungen und je nach ursprünglicher Bewegungsrichtung mehr oder weniger abgelenkt (*Abb. 10–9*).

Ein mechanisches Analogon zur Streuung von α-Teilchen zeigt *Abb. 10–10*. Die Höhe an jedem Ort des Hügels simuliert das elektrische Potential in der Nähe des Atomkerns. Die von links anrollenden Kügelchen werden über Hyperbelbahnen abgelenkt.

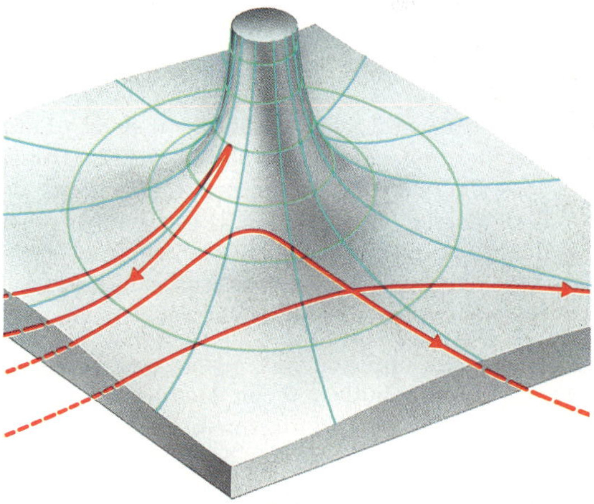

Abb. 10–10: Ein mechanischer Analogversuch zu den Rutherfordschen Streuversuchen. Die in der Nähe eines Atomkerns zunehmenden Abstoßungskräfte werden durch einen Hügel realisiert. Die entstehenden Laufbahnen der Kugeln ergeben Hyperbeln, wenn man sie auf die Unterlage (Experimentiertisch) projiziert.

Der theoretische Ansatz, daß die α-Teilchen sich ausschließlich im Coulomb-Feld des Atomkerns bewegen und nur durch die Coulomb-Kräfte zwischen positiv geladenem Kern und positiv geladenem α-Teilchen gestreut werden, war damit gerechtfertigt.

RUTHERFORD hat in seinem Atommodell diesen Erkenntnissen Rechnung getragen.

Das **Atommodell von RUTHERFORD:**

1. Atome haben einen Durchmesser von ca. 10^{-10} m (bekannt aus dem → Ölfleck-Versuch). Nahezu

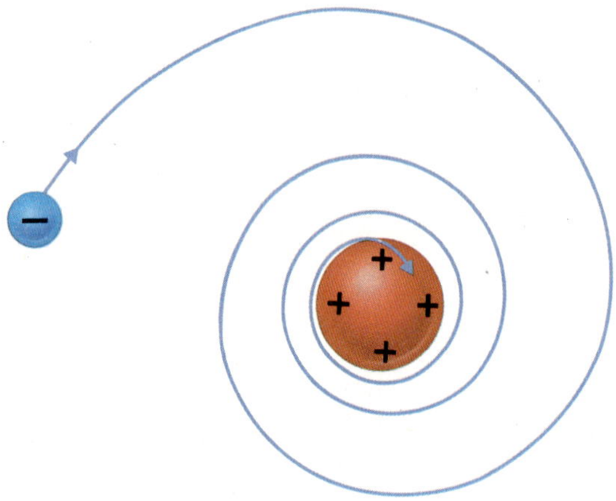

Abb. 10–11: Nach den Gesetzen der klassischen Physik müßte ein Elektron innerhalb kürzester Zeit in den Kern stürzen, da es während seiner Bewegung elektromagnetische Felder aussendet, also Energie abgibt und dadurch langsamer wird.

die gesamte Masse ist jedoch im Atomkern mit einem Durchmesser von 10^{-14} m konzentriert.
2. Die gesamte positive Ladung befindet sich im Kern.
3. Die negativen Ladungen befinden sich in Form von Elektronen in der Atomhülle. Die Elektronen bewegen sich auf Kreisbahnen um den Kern wie die Planeten um die Sonne. Diese Bahnen geben dem Atom seine Größe. Die Zentralkraft ist die elektrostatische Anziehungskraft zwischen positivem Kern und den negativen Elektronen.

RUTHERFORD unterscheidet also zwei Teile des Atoms, die **Atomhülle** und den **Atomkern.** Die Physik der Atomhülle wird allgemein als Atomphysik, die Physik des Atomkerns als Kernphysik bezeichnet. Das Zusammenwirken mehrerer Atomhüllen gleicher und unterschiedlicher Atome wird im wesentlichen in der Chemie untersucht.
Die Grenzen des Rutherfordschen Atommodells zeigen die folgenden Überlegungen:

a) Warum bewegen sich die Elektronen auf ganz bestimmten Kreisbahnen? Nach *Abb. 10–8* haben die Atome einen festen Durchmesser. Nach der klassischen Physik wären im Coulomb-Feld des Kerns alle Kreisbahnen, sowohl mit sehr großen als auch mit kleinen Radien möglich, wie bei den Satellitenbahnen um die Erde und die Planetenbahnen um die Sonne.
b) Ein kreisendes Elektron stellt als bewegte Ladung einen Dipol dar, was deutlich wird, wenn man die Projektion dieser Bewegung auf einen Durchmesser betrachtet. Ein schwingender Dipol sendet jedoch elektromagnetische Felder und damit Energie aus, die vom Dipol aufgebracht werden muß. Also müßte das Elektron Energie abgeben, mit der Folge, daß es sich dann auf einer spiralförmigen Bahn dem Kern nähern (*Abb. 10–11*) und – so hat man berechnet – nach nur 10^{-8} s in den Kern stürzen würde. Dieses widerspricht der Erfahrung, daß die Atome stabil sind und einen bestimmten Raum beanspruchen. Auch ist die nach der klassischen Elektrodynamik notwendige Abstrahlung von elektromagnetischen Feldern nie beobachtet worden.
c) Ein Atommodell müßte auch Aussagen zu den elementspezifischen Emissionsspektren der Gase machen können.

Aufgaben

10/3: In *Abb. 10–4* sind die Nebelspuren praktisch gleich lang. Welchen Schluß läßt das in bezug auf die Energie der vom radioaktiven Präparat ausgesandten α-Teilchen zu?
10/4: α-Teilchen der kinetischen Energie 3,7 MeV hinterlassen 2,5 cm lange Nebelspuren in der Wilsonschen Nebelkammer. Bestimmen Sie die Ionisierungsenergie der Luftmoleküle.
10/5: In einer reinen Sauerstoffatmosphäre ist die Reichweite der α-Teilchen nach *Aufgabe 10/4* 2,9 cm. Was läßt sich daraus schließen?
***10/6:** Warum muß die Folie, die man für den Rutherfordschen Streuversuch verwendet, sehr dünn sein?
***10/7:** Ein α-Teilchen stößt zentral auf einen ruhenden Goldkern. Die Geschwindigkeit des α-Teilchens beträgt in großer Entfernung vom Kern $2 \cdot 10^7$ m/s. Welches ist der kleinste Abstand zwischen den Teilchen? Welchen Impuls und welche Geschwindigkeit bekommt der Goldkern durch den „Rückstoß"?
10/8: Begründen Sie ausführlich, warum es nicht sinnvoll ist, Rutherfordsche Streuversuche in Gasen der Elemente H, He, Li, N oder O usw. statt mit Metallfolien durchzuführen.
***10/9:** Bei einer Versuchsserie mit einer Goldfolie im Rutherfordschen Streuversuch werden viele Millionen α-Teilchen ausgesendet, aber nur 52 Szintillationen werden unter dem Streuwinkel 120° beobachtet. Das klingt doch sehr unwahrscheinlich, wenn man dazu *Abb. 10–7* betrachtet. Woran mag das liegen?
10/10: Prüfen Sie, welche physikalischen Erkenntnisse durch das Rutherfordsche Atommodell gedeutet werden können und welche nicht.
***10/11:** Von den Hüllenelektronen hört man bei den Rutherfordschen Streuversuchen nichts. Können sie einfach vernachlässigt werden? Untersuchen und begründen Sie es genau.

10.1.4 Die quantenhafte Emission

Jedes zum Leuchten gebrachte Gas (z. B. Natriumgas) hat ein charakteristisches Emissions- bzw. Absorptionsspektrum (→ *7.4.2*). Die Vermutung liegt nahe, daß zwischen der Emission und der Absorption von Licht und dem Aufbau der Atome dieser Gase ein ursächlicher Zusammenhang besteht. Deswegen soll die Abgabe und die Aufnahme von Energie bei Atomen untersucht werden.

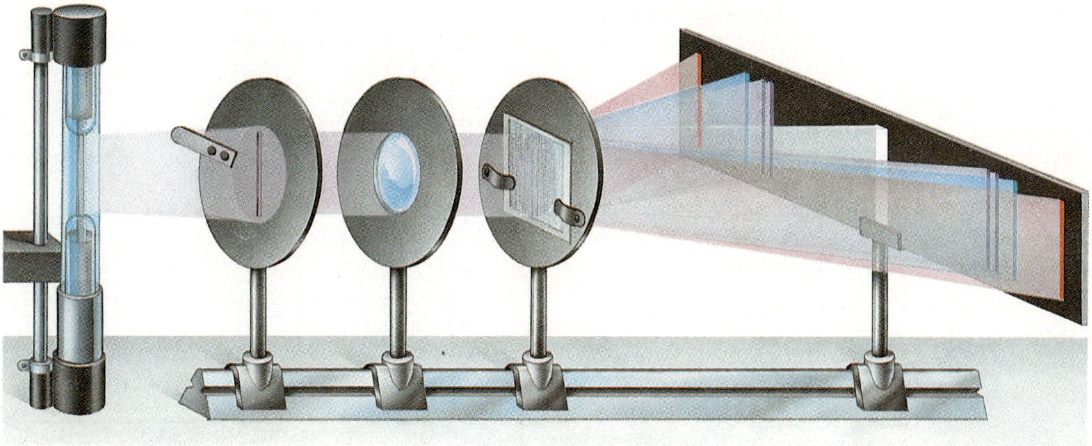

Abb. 10–12: Versuchsaufbau zum Ausmessen des Wasserstoffspektrums. Ganz rechts sieht man das Zentralbild und das Spektrum erster Ordnung. Das Bild ist sehr lichtschwach, man muß deshalb die Lichtstrahlen direkt mit dem Auge beobachten.

Linie	Wellenlänge λ	Frequenz f	Energie E
H_α	656 nm	$4{,}57 \cdot 10^{14}$ Hz	$3{,}03 \cdot 10^{-19}$ Ws = 1,89 eV
H_β	486 nm	$6{,}17 \cdot 10^{14}$ Hz	$4{,}09 \cdot 10^{-19}$ Ws = 2,55 eV
H_γ	434 nm	$6{,}91 \cdot 10^{14}$ Hz	$4{,}58 \cdot 10^{-19}$ Ws = 2,86 eV
H_δ	410 nm	$7{,}32 \cdot 10^{14}$ Hz	$4{,}85 \cdot 10^{-19}$ Ws = 3,02 eV

Tab. 10–1: Linien des Wasserstoffspektrums im sichtbaren Licht

Versuch 10/2: Mit einer Gasentladung werden Wasserstoffatome zum Leuchten angeregt. Das emittierte Licht wird anschließend mit einem Gitter spektral zerlegt (→ *7.3.4*). Wegen der geringen Lichtintensität kann man das Spektrum nicht mit einem Schirm auffangen, sondern muß das ankommende Licht direkt mit dem Auge beobachten (*Abb. 10–12*).

Beobachtung: Das Wasserstoffspektrum besteht im sichtbaren Teil aus vier einzelnen (diskreten) Linien (*Tab. 10–1*). Zur Berechnung der Frequenz wird die Formel $\lambda f = c$ benutzt. BALMER entdeckte 1884 das Bildungsgesetz

$$f = C\left(\frac{1}{2^2} - \frac{1}{m^2}\right),$$

aus dem man durch Einsetzen von $m = 3, 4, 5$ und 6 die Frequenzen f der vier bekannten Wasserstofflinien im sichtbaren Teil des Spektrums erhält.

Aus der Optik wissen wir, daß alle Spektren leuchtender Gase Linienspektren sind (→ *Spektraltafel*) und daß die Spektrallinien der einelementigen Gase in den Spektren derjenigen Gemische wiedererscheinen, die diese Gase enthalten.

Nach der Quantenphysik (→ *9.1.2*) ist Licht einer bestimmten Frequenz f als Strom von Lichtquanten, Photonen, von gleicher Energie $E = hf$ aufzufassen.

Ergebnis: Die Aussendung (Emission) von Licht des Wasserstoffgases in diskreten Linien bedeutet, daß die Wasserstoffatome ihre Energie gequantelt abgeben (quantenhafte Emission). Auch die anderen Atome und Moleküle in Gasen zeigen diese quantenhafte Emission, denn auch sie geben nur Photonen mit ganz bestimmter und für sie charakteristischer Energie ab.

10.1.5 Die quantenhafte Absorption

Genauso, wie Atome nur ganz bestimmte Energiebeträge aussenden, können sie, wie nun gezeigt werden soll, nur bestimmte Energiebeträge absorbieren.

Versuch 10/3 (Franck-Hertz-Versuch): In einem evakuierten Glaskolben (Franck-Hertz-Rohr, *Abb. 10–13*) befindet sich ein Tropfen Quecksilber. Durch Erwärmen des ganzen Gefäßes auf eine Temperatur von etwa 200° C wird eine Quecksilberdampfatmosphäre mit einem Druck von 200 Pa erzeugt. An der Glühkathode K werden Elektronen emittiert, die durch das elektrische Feld zwischen der Kathode und dem Gitter G beschleunigt werden. Die Beschleunigungsspannung U_b ist zwischen 0 und 60 V variabel. Zwischen dem Maschinengitter und der Anode A liegt eine kleine Gegenspannung von 1,5 V. Der Anodenstrom I_a wird in Abhängigkeit von der Beschleunigungsspannung U_b gemessen.

Beobachtung: Bis zu einer Beschleunigungsspannung von ca. 7 V steigt der Anodenstrom wie bei einer Diode überproportional an (*Abb. 10–14*). Danach fällt er jedoch wieder fast auf 0 bei $U_b \approx 10$ V, um erneut steil anzusteigen mit einem Maximum bei etwa 12 V. Dieses Fallen und Steigen wiederholt sich dann immer wieder periodisch, wenn U_b um 4,9 V erhöht wird.

Erklärung: Durch die Beschleunigung im Feld zwischen Kathode und Gitter erhalten die Elektronen kinetische Energie:

$$E_{\text{kin}} = \frac{1}{2} m v^2 = e U_b.$$

Ihre Geschwindigkeit wäre dann im Bereich des Gitters

$$v = \sqrt{2 \frac{e}{m} U_b}\,.$$

Durch die herrschende Quecksilberdampfatmosphäre können sich die Elektronen jedoch nicht ungehindert bewegen. Die mittlere freie Weglänge für Elektronen beträgt in diesem Gas nur einige Tausendstel Millimeter. Da die Masse eines Quecksilberatoms 370 000 mal so groß wie die Masse eines

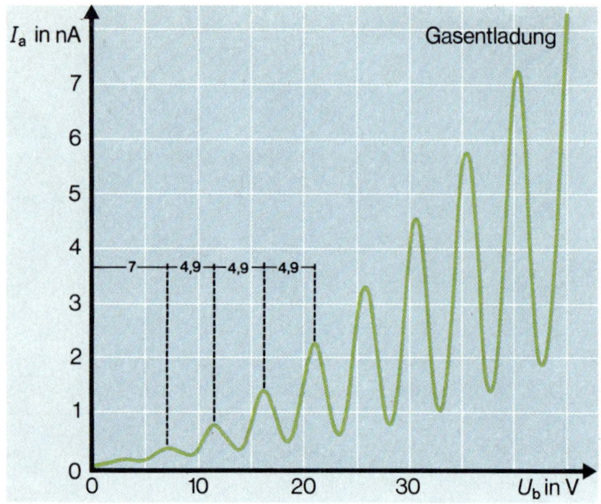

Abb. 10–14: Der Strom I_a gemessen in Abhängigkeit von der Beschleunigungsspannung U_b beim Franck-Hertz-Versuch.

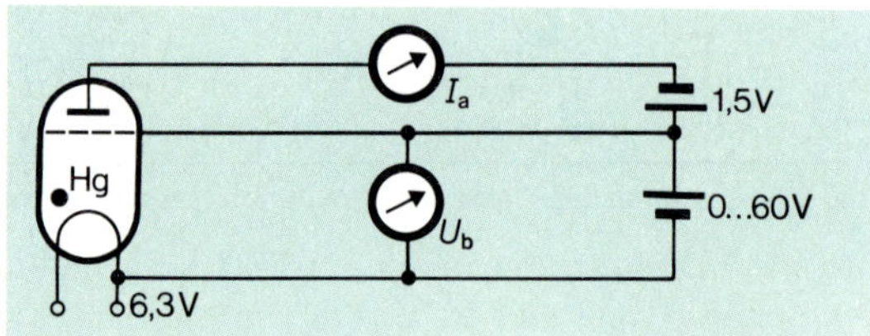

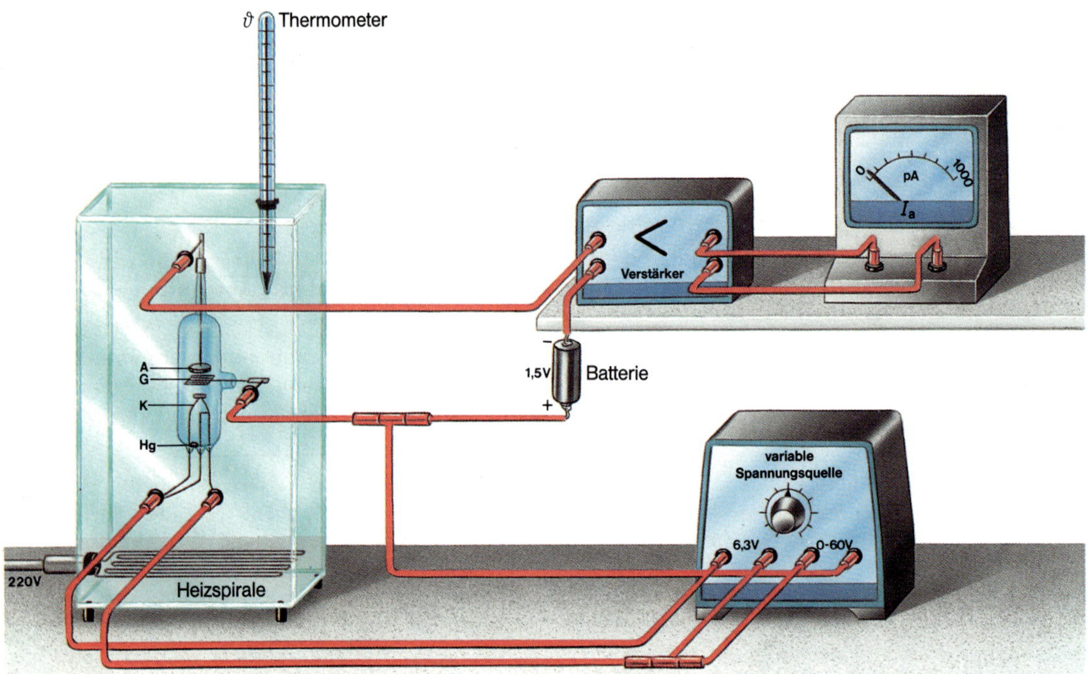

Abb. 10–13: Versuchsanordnung zum Elektronenstoßversuch nach FRANCK und HERTZ. Der sehr kleine Strom I_a muß mit einem Meßverstärker gemessen werden. Das Rohr befindet sich in einem Ofen, damit der Quecksilberdampfdruck erhöht werden kann.

Elektrons ist, werden die Elektronen bei einem elastischen Zusammenstoß mit einem Atom wie an einer Wand abprallen und ihre Energie beibehalten, nur die Richtung wird bei jedem Zusammenstoß geändert. Das Feld sorgt aber immer wieder von neuem durch seine auf die Elektronen wirkende Kraft in Richtung auf das Gitter dafür, daß sie, wenn auch über Zickzackkurse, zum Gitter gelangen.

Haben die Elektronen elastische Stöße dieser Art durchgeführt, werden sie am Gitter eine genügend große kinetische Energie besitzen – denn diese hängt nur von der durchflogenen Spannungsdifferenz ($E = e\ U_b$) ab –, um auch gegen das Bremsfeld von 1,5 V zwischen Gitter und Anode anlaufen zu können: Es fließt ein Anodenstrom.

Der Abstand Gitter–Anode ist sehr klein gehalten worden, damit in diesem Bereich möglichst wenige Zusammenstöße mit Quecksilberatomen stattfinden. Steigert man die Beschleunigungsspannung auf über 7 V, so sinkt der Anodenstrom. Es gelangen offenbar nur noch wenige Elektronen durch das Bremsfeld zur Anode, obgleich sie durch das Beschleunigungsfeld eine größere Energiezufuhr bekommen haben. Ein großer Teil der Elektronen muß soviel Energie durch unelastische Stöße abgegeben haben, daß er das Bremsfeld nicht mehr überwinden kann.

Da diese Energieabgabe – beobachtbar durch das Absinken des Anodenstromes – jeweils nach Erhöhen der Beschleunigungsspannung um jeweils genau 4,9 V sich wiederholt, liegt es nahe zu vermuten, daß die Elektronen nach einer Beschleunigung durch 4,9 V (ihre kinetische Energie beträgt dann 4,9 eV) einen unelastischen Stoß, bei denen die Elektronen die Energie von 4,9 eV abgeben, mit den Quecksilberatomen durchführen. Beträgt die Energie der Elektronen weniger als 4,9 eV, können die Quecksilberatome diese Energie offensichtlich nicht absorbieren.

In Abständen von 4,9 V scheinen sich diese Vorgänge zu wiederholen, d. h. wenn die Elektronen eine um 4,9 eV höhere Energie besitzen, treten verstärkt Energieabgaben an Hg-Atome auf. Da sehr viele Stöße stattfinden, können Elektronen mehrmals hintereinander den Energiebetrag von 4,9 eV an Quecksilberatome abgeben. Es ist offenbar, daß – entsprechend der Lichtemission bei Atomen – nur **ganz bestimmte Energiequanten** und nicht beliebige Energiebeträge von Atomen absorbiert werden können.

Auch mit anderen Gasen läßt sich der Franck-Hertz-Versuch durchführen: Bei Helium erhält man 21 eV, bei Natrium 2,12 eV und bei Kalium 1,63 eV für die charakteristischen Energien.

Ein entsprechendes Phänomen wurde schon beim Entladungsrohr nach *Abb. 5–77* in *Kapitel 5* beobachtet. Bei einem bestimmten Druck sieht man während einer elektrischen Entladung in Luft eine Schichtung des Kathodenglimmlichtes. Immer dann, wenn die Energie der Elektronen, die von der Kathode ausgesendet werden, für einen unelastischen Stoß ausreicht, werden die Gasteilchen durch diesen Energieübertrag zum Leuchten angeregt. Da die Elektronen danach wieder von neuem im Feld beschleunigt werden, wiederholt sich dieser Vorgang laufend, die beobachtete Schichtung entsteht.

Ergebnis: Atome absorbieren Energie nur in bestimmten **Quanten** (quantenhafte Absorption). Die Größe dieser Energiequanten ist charakteristisch für die betreffende Atomart.

Die Frage, ob zwischen den absorbierten Energiequanten eines Atoms und den von dieser Atomart emittierten Photonen ein Zusammenhang besteht, bleibt noch zu untersuchen.

10.1.6 Die Resonanzabsorption

Die Absorption und Emission von Energien bei Atomen soll exemplarisch an Natriumdampf genauer bestimmt werden. Die Energien werden die Energien von Photonen sein, ihr Betrag wird aus der Wellenlänge ermittelt.

Umkehr der Natriumlinie

Versuch 10/4: In die nichtleuchtende Flamme eines Bunsenbrenners wird Natriumchlorid (Kochsalz) gestreut. Das entstehende Licht wird mit einem Geradsichtprisma spektral zerlegt (*Abb. 10–15a*).
Beobachtung: Durch das Natriumchlorid wird die Flamme intensiv gelb gefärbt. Das Spektrum zeigt eine einzige gelbe Linie, die Natriumlinie.

Versuch 10/5: Das Licht einer Glühlampe zeigt ein kontinuierliches Spektrum. In den Strahlengang wird ein Glaskolben mit Natriumgas gehalten (*Abb. 10–15b*). Das Natrium-Gas erhält dadurch den nötigen Gasdruck, daß man den Glasbehälter, in dem sich etwas metallisches Natrium befindet, stark erhitzt; dabei verdampft ein Teil des Natriums.
Beobachtung: Das Spektrum zeigt genau an der Stelle, wo das Natriumspektrum seine gelbe Linie hat, eine schwarze Linie. Das Natriumgas leuchtet dabei gelb auf.

Versuch 10/6: Eine Quecksilberdampflampe liefert ein Spektrum aus 6 einzelnen Spektrallinien. Das Licht geht durch den Glaskolben mit Natriumdampf (*Abb. 10–15c*).
Beobachtung: Durch Einfügen des mit Natriumdampf gefüllten Kolbens ändert sich am Spektrum nichts.

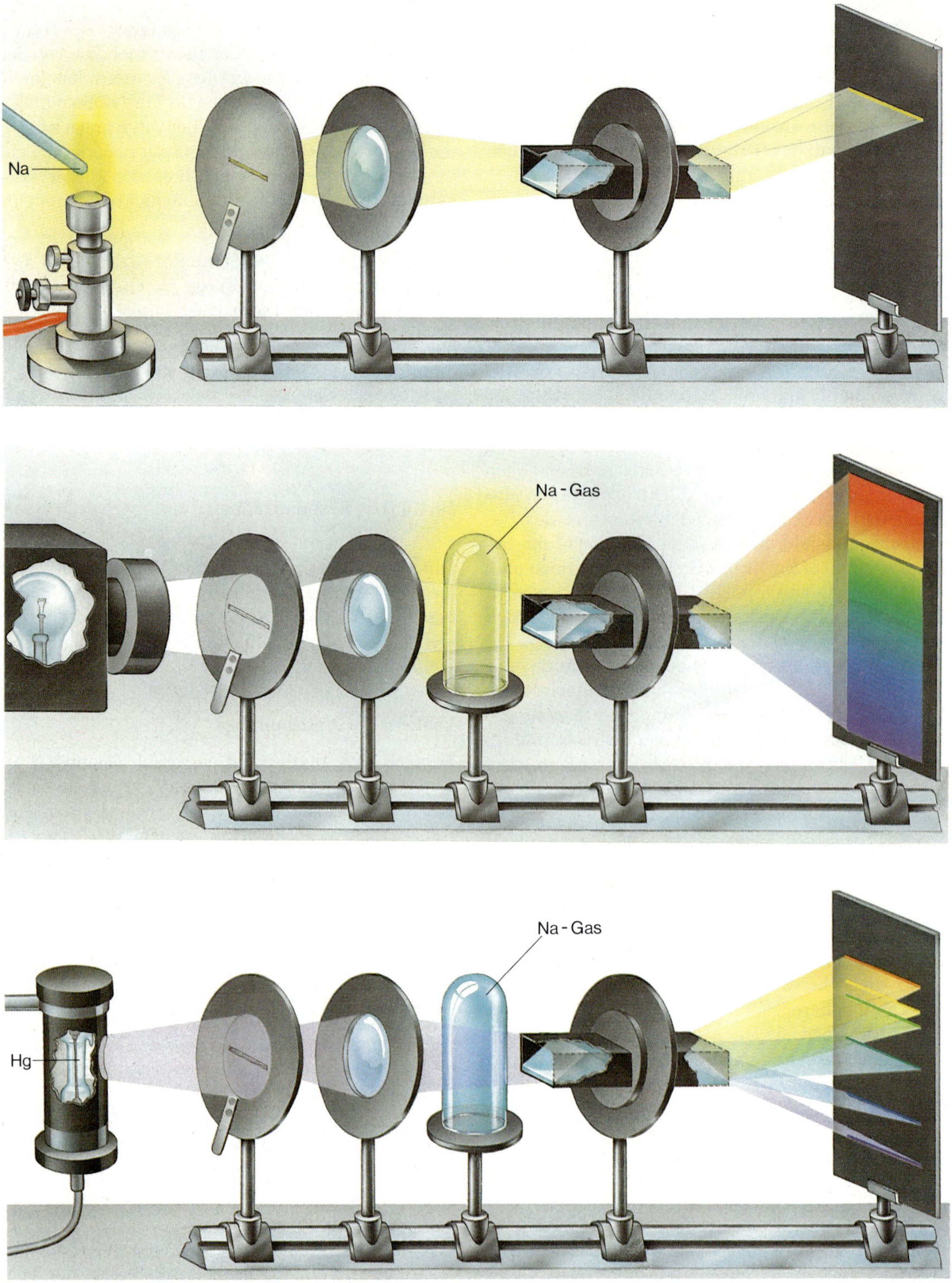

Abb. 10–15: Umkehr der Natriumlinie.
a) In die Bunsenflamme wird Kochsalz (NaCl) gestreut; das entstehende gelbe Licht besitzt eine Spektrallinie.
b) Im Licht einer Glühlampe erhitztes Natriumgas. Es entsteht anstelle der Na-Linie eine schwarze Linie im Spektrum. Das Natriumgas leuchtet gelb auf.
c) Quecksilberdampflicht liefert spektral zerlegt sechs diskrete Linien. Der Durchgang durch das Natriumgas ändert daran nichts; das Gas leuchtet nicht auf.

Deutung:

1. Natriumatome geben im sichtbaren Bereich nur Lichtquanten mit einer bestimmten Energie $E = hf$ ab (*Versuch 10/4*).
2. Nur Energiequanten von genau gleichem Betrag werden auch absorbiert (*Versuch 10/5*). (Wird eine Na-Lampe statt der Glühlampe verwendet, wird die gelbe Linie stark geschwächt.) Dabei werden die absorbierten Energiequanten wieder in alle Richtungen vom Na-Dampf abgegeben, wodurch die Schwächung eintritt.
3. Lichtquanten mit einer anderen Energie werden nicht absorbiert (*Versuch 10/6;* die Wellenlänge der Na-Linie ist 589 nm, die der gelben Hg-Linie 578 nm).

Lichtquanten genau der Wellenlänge, die von den Natriumatomen ausgesendet werden, können also auch absorbiert werden, andere nicht. Dieser spezielle Effekt heißt **Umkehr der Natriumlinie.**
Werden statt Natrium andere Stoffe verwendet, kann man eine entsprechende Linienumkehr wahrnehmen. Den Vorgang, daß ein Atom durch Absorption eines Lichtquants angeregt wird und bei Rückkehr in den ursprünglichen Zustand ein gleiches Lichtquant wieder aussendet, bezeichnet man als **Resonanzabsorption.**

Versuch 10/7: Das Licht der Sonne wird spektral zerlegt.
Beobachtung: Bis auf eine Reihe von dunklen Linien (**Fraunhofersche Linien**), sind alle Spektralfarben vorhanden (→*Spektraltafel am Ende des Buches*).
Deutung: Das zu uns gelangende Sonnenlicht wird von der Sonnenoberfläche (Photosphäre) ausgesendet; es durchstrahlt auf dem Wege zum Beobachter erst die 10 000 km breite Sonnenatmosphäre (Chromosphäre), durchläuft dann den Raum zwischen Sonne und Erde und schließlich die Erdatmosphäre. Ein Vergleich mit Emissionsspektren verschiedener Stoffe zeigt, daß die Fraunhoferschen Linien im Sonnenspektrum gerade Absorptionslinien derjenigen Gase sind, die in der Sonnen- und Erdatmosphäre vorhanden sind.

Ergebnis: Atome absorbieren genau diejenigen Energiequanten, die sie auch emittieren.

Auch beim Franck-Hertz-Versuch läßt sich diese Umkehrung nachweisen, denn leuchtendes Quecksilbergas sendet außerhalb des sichtbaren Teils des Spektrums im Ultravioletten eine Linie mit der Wellenlänge 253,7 nm aus. Ein solches Quant hat die Energie $h f = 4{,}9$ eV. Dieses Phänomen wurde schon von FRANCK und HERTZ beobachtet.

Zusammenfassung der Erkenntnisse, die mit dem Rutherfordschen Atommodell nicht erklärt werden können:

1. Die Elektronen kreisen offenbar auf genau bestimmten Bahnen.
2. Die Elektronen strahlen bei ihrer Bewegung keine Energie ab.
3. Atome emittieren Energie (wenn sie dazu angeregt werden) nur in bestimmten, für die betreffende Atomart charakteristischen Quanten.
4. Von Atomen werden nur solche Energiequanten absorbiert, die sie auch emittieren können.

10.1.7 Das Bohrsche Atommodell

1913 ergänzte BOHR das Rutherfordsche Atommodell durch zwei Postulate, wodurch die Emission und Absorption nur bestimmter Energiequanten beim Wasserstoffatom erklärt werden konnten.
Durch das 1. Postulat wird für das Elektron im Wasserstoffatom, wie wir sehen werden, eine Reihe von bestimmten Bahnen festgelegt.

1. Bohrsches Postulat (Quantenbedingung):
Der Bahndrehimpuls $L = r\, m\, v$ nimmt nur ein Vielfaches von $h/2\pi$ an:

$$L = n\, h/2\pi \qquad (n = 1, 2, \ldots).$$

Auf jeder dieser Bahnen bewegt sich das Elektron strahlungsfrei.
n ist die Quantenzahl, die die Bahn bestimmt. Auf jeder dieser Bahnen besitzt das Elektron eine bestimmte Energie E_n – wie wir sehen werden –, die Summe aus potentieller und kinetischer Energie.

2. Bohrsches Postulat:
Beim Übergang von einer energiereicheren (Energie E_n) zu einer energieärmeren (Energie E_m) Bahn wird die Energiedifferenz in Form eines Photons abgestrahlt (Emission):

$$h\, f = E_n - E_m = \Delta E.$$

Beim umgekehrten Vorgang wird dieses Energiequant aufgenommen (Absorption).

Das 1. Postulat widerspricht in zwei Punkten der klassischen Physik: Das Elektron umkreist strahlungsfrei den Kern. Es gibt nur bestimmte, diskrete Bahnen entsprechend bestimmter Bahndrehimpulse.
Das 2. Postulat beschreibt modellhaft die Emission und Absorption eines Lichtquants durch die Energieänderung des Elektrons beim Übergang von einer auf eine andere Bahn (*Abb. 10–16*).
Wegen des großen Massenverhältnisses $m_{\text{Kern}} : m_{\text{Elektron}} = 1\,836$ liegt der gemeinsame Schwerpunkt fast im Schwerpunkt des Kerns. Der Kern ruht also, und nur das Elektron bewegt sich.

Berechnung der diskreten Energiezustände des Wasserstoffatoms

Nach dem Bohrschen Atommodell umkreist das Elektron (Ladung $Q = -e$) mit der Geschwindigkeit v_n den Kern ($Q = +e$) auf dem Kreis mit dem Radius

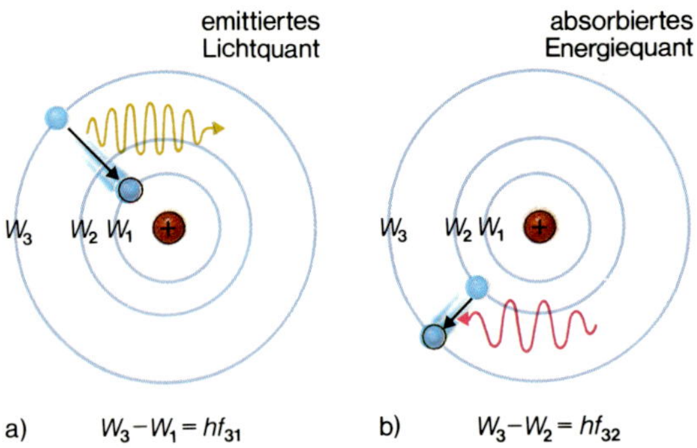

Abb. 10–16: Vorstellungen nach dem Bohrschen Atommodell: a) Emission eines Energiequants. b) Absorption eines Energiequants.

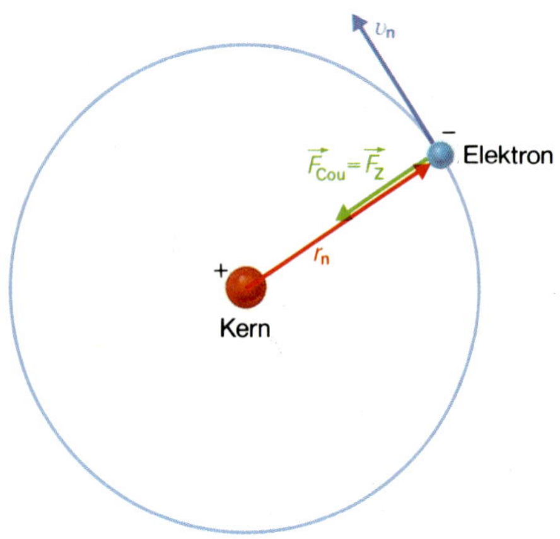

Abb. 10–17: Das Bohrsche Atommodell. Das Elektron umfliegt den Kern auf einer Kreisbahn, dazu ist eine Zentralkraft F_Z nötig.

r_n strahlungsfrei. Die Zentralkraft $F_Z = m_e v_n^2 / r_n$ für die Kreisbewegung liefert die Coulomb-Kraft $F_{Cou} = e^2 / 4\pi \varepsilon_0 r_n^2$:

$$\frac{m_e v_n^2}{r_n} = \frac{e^2}{4\pi \varepsilon_0 r_n^2} \quad (Abb.\ 10-17),$$

oder umgeformt

$$r_n m_e v_n^2 = \frac{e^2}{4\pi \varepsilon_0}. \qquad (1)$$

Ersetzt man nach dem 1. Bohrschen Postulat

$$r_n m_e v_n = L = n h/2\pi,$$

so wird $$L v_n = \frac{e^2}{4\pi \varepsilon_0}$$

oder $$v_n = \frac{e^2}{2 h n \varepsilon_0}, \qquad (2)$$

in *(1)* eingesetzt:

$$r_n = \frac{h^2 \varepsilon_0}{m_e e^2 \pi} n^2. \qquad (3)$$

Ergebnis:

1. Auf Grund der Quantenbedingung (1. Bohrsches Postulat) ergeben sich für das Elektron nur ganz bestimmte, feste Bahnen, deren Radien r_n sich allein aus Naturkonstanten berechnen lassen.

2. Für $n = 1$ ergibt sich der Radius der innersten Bahn mit $r_1 = 5{,}29 \cdot 10^{-11}$ m. Auf der innersten Bahn befindet sich das Elektron im Grundzustand mit dem sogenannten Bohrschen Radius von etwa $0{,}5 \cdot 10^{-10}$ m. Damit liegt nach dieser Vorstellung der Atomdurchmesser bei etwa 10^{-10} m; dieser Wert stimmt mit auf anderen Wegen gefundenen Werten (z. B. in der kinetischen Gastheorie) gut überein.

Die kinetische Energie E_{kin_n} auf der n-ten Bahn ist

$$E_{kin_n} = \frac{1}{2} m_e v_n^2$$

und ergibt mit Gleichung (2)

$$E_{kin_n} = \frac{1}{2} m_e \frac{e^4}{4\varepsilon_0^2 h^2 n^2}.$$

Die potentielle Energie E_{pot_n}, die das Elektron im Abstand r_n vom Kern besitzt, berechnet sich – falls der Bezugspunkt im Unendlichen angenommen wird *(→ Kap. 5)* – aus der Arbeit, die verrichtet werden muß, um das Elektron mit der Ladung $Q_1 = -e$ im Radialfeld des Kerns mit der Ladung $Q_2 = +e$ vom Unendlichen bis auf den Abstand r_n an den Kern heranzubringen.

$$E_{pot_n} = \frac{1}{4\pi \varepsilon_0} \frac{Q_1 Q_2}{r_n} \quad \text{oder mit} \quad Q_1 = -Q_2 = -e$$

$$E_{pot_n} = -\frac{e^2}{4\pi \varepsilon_0 r_n}.$$

Wird r_n aus Gleichung (3) eingesetzt, ergibt sich

$$E_{pot_n} = -\frac{m_e e^4}{4\varepsilon_0^2 h^2 n^2}.$$

Die Gesamtenergie E_n des Elektrons auf der n-ten Bahn ist dann

$$E_n = E_{kin_n} + E_{pot_n}$$

$$E_n = \frac{1}{8} \frac{m_e e^4}{\varepsilon_0^2 h^2 n^2} - \frac{1}{4} \frac{m_e e^4}{\varepsilon_0^2 h^2 n^2}$$

$$E_n = -\frac{1}{8} \frac{m_e e^4}{\varepsilon_0^2 h^2 n^2}.$$

Trägt man entlang einer Energieachse die Gesamtenergie E_n des Elektrons für $n = 1, 2, 3 \ldots$ auf, so hält man das Energieniveauschema des Atoms (*Abb. 10–18*).

Bahnradien r_n und Energie E_n hängen also nur von n (und von Naturkonstanten) ab. n ist die Quantenzahl, die den Energiezustand des Elektrons beschreibt. Für $n = 1$ ist diese Energie am geringsten. Dieser Zustand heißt Grundzustand.

Bemerkung: Die Gesamtenergie des Elektrons eines Wasserstoffatoms auf der n-ten Bahn ist negativ, denn der Bezugspunkt für die potentielle Energie ist willkürlich im Unendlichen festgesetzt worden. Damit hat das Elektron im unendlich weiten Abstand vom Kern die Energie Null. Es muß also dem Elektron Energie zugeführt werden, damit es von der n-ten Bahn entfernt wird (gegen die anziehende Kraft des Kerns muß eine Kraft aufgebracht werden). Das Elektron auf der m-ten Bahn besitzt also eine größere Energie als auf der n-ten, wenn $m > n$, d.h., wenn es auf einer weiter vom Kern entfernten Bahn umläuft.

Ergebnis:

1. Nach dem 2. Bohrschen Postulat besitzt das Elektron auf jeder der diskreten Bahnen eine bestimmte Energie

$$E_n = -\frac{1}{8}\,\frac{m_e\,e^4}{\varepsilon_0^2\,h^2\,n^2}\,.$$

2. Für $n = 1$ (Grundzustand) beträgt die Energie

$$E_1 = -\frac{1}{8}\,\frac{m_e\,e^4}{\varepsilon_0^2\,h^2}$$

$$E_1 = -2{,}18 \cdot 10^{-18}\,\text{Nm} = -\,13{,}6\,\text{eV}\,,$$

mit der Umrechnung $1\,\text{eV} = 1{,}602 \cdot 10^{-19}\,\text{Nm}$.

3. Befindet sich das Elektron auf der n-ten Bahn, so läßt sich die Energie E_n aus der im Grundzustand berechnen:

$$E_n = E_1\,\frac{1}{n^2} \quad \text{oder} \quad E_n = -13{,}6\,\text{eV}\,\frac{1}{n^2}\,.$$

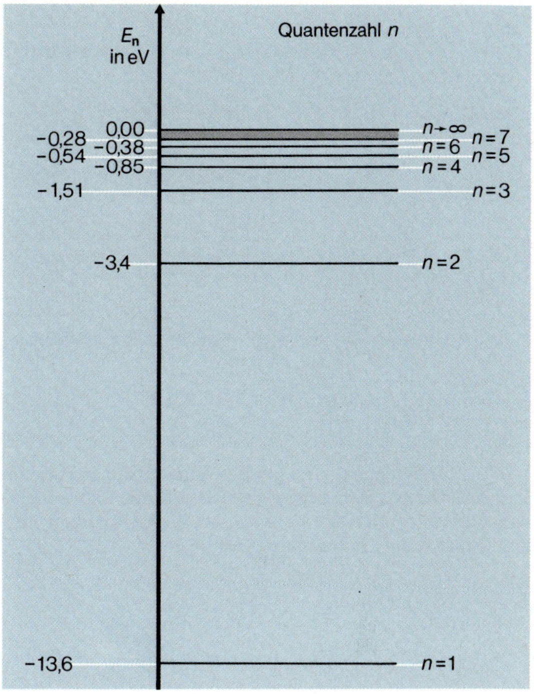

Abb. 10–18: Das Energieniveauschema des Wasserstoffatoms.

Die Energien E_n, die das Elektron annehmen kann, nennt man Energieniveaus. In *Abb. 10–18* ist das Energieniveauschema des Elektrons im Wasserstoffatom dargestellt.

Die Spektralserien des Wasserstoffatoms

Im Bild des Energieniveauschemas bedeutet die Emission eines Lichtquants, daß das Elektron von einem energiereichen (höheren) Energieniveau E_m in ein niedrigeres Energieniveau E_n ($m > n$) oder von dem m-ten in den n-ten Quantenzustand übergeht und damit die Energie $\Delta E = E_m - E_n$ als Lichtquant $h\,f = \Delta E$ emittiert:

$$\Delta E = -\frac{m_e\,e^4}{8\,\varepsilon_0^2\,h^2}\,\frac{1}{m^2} - \left[-\frac{m_e\,e^4}{8\,\varepsilon_0^2\,h^2}\,\frac{1}{n^2}\right]$$

$$\Delta E = \frac{m_e\,e^4}{8\,\varepsilon_0^2\,h^2}\left(\frac{1}{n^2} - \frac{1}{m^2}\right).$$

Mit $h\,f = \Delta E$ berechnet sich die Frequenz des ausgesandten Lichtquants zu

$$f = \frac{m_e\,e^4}{8\,\varepsilon_0^2\,h^3}\left(\frac{1}{n^2} - \frac{1}{m^2}\right).$$

Die Formel erinnert an das Bildungsgesetz für die Balmer-Serie des Wasserstoffspektrums

$$f = C\left(\frac{1}{2^2} - \frac{1}{m^2}\right),$$

aus dem man durch Einsetzen von $m = 3, 4, 5, 6$ die Frequenzen f der vier bekannten Wasserstofflinien im sichtbaren Teil des Spektrums berechnen kann. Das gefundene Gesetz zeigt nicht nur für $n = 2$ die gleiche Form, sondern liefert für $m = 3, 4, 5, 6$ auch genau die beobachteten Frequenzen der Balmer-Serie des Wasserstoffs. Die im Bildungsgesetz experimentell gefundene Größe C heißt **Rydberg-Konstante**. Sie läßt sich nach dem oben gefundenen Gesetz allein aus den angegebenen Naturkonstanten berechnen:

$$C = \frac{m_e\,e^4}{8\,\varepsilon_0^2\,h^3}$$

Es war eine großartige Bestätigung für das Bohrsche Atommodell, daß aus ihm die empirisch gewonnene Balmer-Formel hergeleitet und auf Naturkonstanten zurückgeführt werden konnte.

Die Lichtquanten der Balmer-Serie werden, da $n = 2$ ist, bei Übergängen in den zweiten Quantenzustand ausgesendet. Da die Hauptquantenzahl des Ausgangszustandes aber beliebig groß werden kann, muß die Serie über die vier bekannten Spektrallinien hinaus noch weitere besitzen. Sie sind im Ultravioletten auch gefunden worden.

Da auch andere Bahnen außer $n = 2$ als Endzustand in Frage kommen, gibt es eine Vielzahl von möglichen Spektrallinien. Die Übergänge sind in *Abb. 10–19* und *Abb. 10–20* schematisch dargestellt. Sie

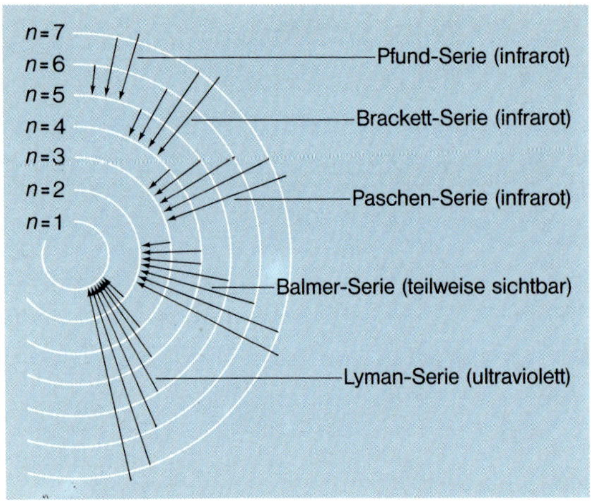

Abb. 10–19: Schema der möglichen Quantensprünge beim Wasserstoff nach Serien geordnet. Die Radien sind nicht maßstäblich gezeichnet, sie wachsen in Wirklichkeit mit dem Quadrat der Hauptquantenzahl n.

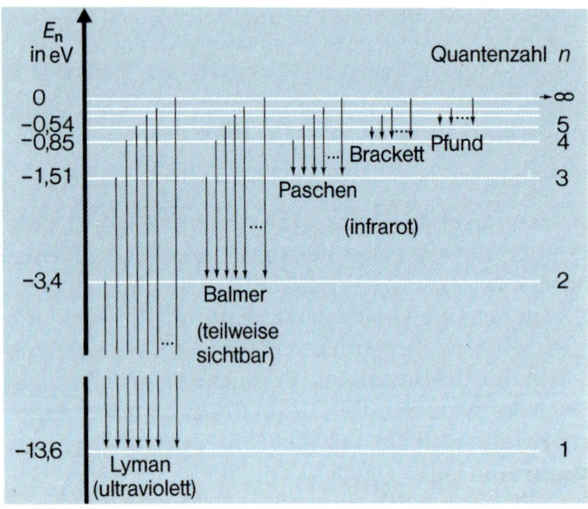

Abb. 10–20: Darstellung der Übergänge von einem Quantenzustand zu einem anderen im Energieniveauschema. Der Abstand zwischen erstem und zweitem Zustand ist nicht maßstabsgetreu.

werden in Serien mit gemeinsamem Endzustand zusammengefaßt. Die **Lyman-**, **Balmer-** und **Paschen-Serien** waren schon vor der Aufstellung des Bohrschen Atommodells bekannt. Die **Brackett-** und **Pfund-Serien** wurden aber nach der Bohrschen Theorie vorausberechnet und in den Jahren 1922 und 1924 experimentell nachgewiesen. Sie waren eine weitere glänzende Bestätigung der Bohrschen Postulate.

Ergebnis: Nach dem Bohrschen Atommodell sendet ein Wasserstoffatom beim Übergang seines Elektrons vom m-ten auf den n-ten Energiezustand ein Lichtquant ($\Delta E = h f$) der Frequenz

$$f = \frac{m_e e^4}{8 \varepsilon_0^2 h^3} \left(\frac{1}{n^2} - \frac{1}{m^2}\right) = C \left(\frac{1}{n^2} - \frac{1}{m^2}\right)$$

aus. Die Frequenzen werden in Serien, gekennzeichnet durch die Quantenzahl des Endzustandes, zusammengefaßt (*Tab. 10–2, Abb. 10–19* und *Abb. 10–20*).

Aus den Abständen der Energieniveaus (*Abb. 10–20*) erkennt man, daß die Lichtquanten der Lyman-Serie energiereicher sind als die der Balmer-Serie, die Linien liegen also im ultravioletten Teil des Spektrums. Entsprechend liegen die energieärmeren Serien – Paschen-, Brackett- und Pfund-Serien – im infraroten Teil.

Die Linien dieser Serien stellen genau die Energiequanten dar, die von Wasserstoffatomen absorbiert werden können.

Ionisierungsenergie und Korrespondenzprinzip

1. Läßt man die Quantenzahl m des Ausgangszustandes in einer Serie (also bei fester Hauptquantenzahl n des Endzustandes) anwachsen, so nähern sich die Energien $\Delta E = E_m - E_n$ einem Grenzwert:

$$\lim_{m \to \infty} (E_m - E_n) = \lim_{m \to \infty} \left[\frac{m_e e^4}{8 \varepsilon_0^2 h^2} \left(\frac{1}{n^2} - \frac{1}{m^2}\right)\right] = \frac{m_e e^4}{8 \varepsilon_0^2 h^2 n^2}.$$

$n = 1$	$f = \frac{m_e e^4}{8 \varepsilon_0^2 h^3} \left(\frac{1}{1^2} - \frac{1}{m^2}\right)$ mit $m = 2, 3, 5, \ldots$ Lyman-Serie
$n = 2$	$f = \frac{m_e e^4}{8 \varepsilon_0^2 h^3} \left(\frac{1}{2^2} - \frac{1}{m^2}\right)$ mit $m = 3, 4, 5, \ldots$ Balmer-Serie
$n = 3$	$f = \frac{m_e e^4}{8 \varepsilon_0^2 h^3} \left(\frac{1}{3^2} - \frac{1}{m^2}\right)$ mit $m = 4, 5, 6, \ldots$ Paschen-Serie
$n = 4$	$f = \frac{m_e e^4}{8 \varepsilon_0^2 h^3} \left(\frac{1}{4^2} - \frac{1}{m^2}\right)$ mit $m = 5, 6, 7, \ldots$ Brackett-Serie
$n = 5$	$f = \frac{m_e e^4}{8 \varepsilon_0^2 h^3} \left(\frac{1}{5^2} - \frac{1}{m^2}\right)$ mit $m = 6, 7, 8, \ldots$ Pfund-Serie

Tab. 10–2: Die Serien des Wasserstoffspektrums

Das bedeutet, daß die Linien im Spektrum immer enger aneinanderrücken und sich an einer Stelle häufen (*Abb. 10–21*). Die entsprechenden Bahnradien des Elektrons im Ausgangszustand

$$r_m = \frac{\varepsilon_0 \ h^2}{m_e \ \pi \ e^2} m^2$$

wachsen mit dem Quadrat der Quantenzahlen m an. Im Grenzfall wird $r = \infty$, d.h., das Elektron fällt von außerhalb des Wasserstoffatoms auf die Bahn mit dem Radius r_n.
Soll umgekehrt das Wasserstoffatom ionisiert werden, muß die entsprechende Energie von außen zugeführt werden. Ist das Elektron unendlich weit vom Kern entfernt, wird $E_n = E_\infty = 0$. Wird das Elektron aus dem Grundzustand das Atom verlassen, ist dazu die Energie

$$\Delta E = E_\infty - E_1 = -E_1 = 13{,}6 \text{ eV}$$

nötig. Diese Energie wird Ionisierungsenergie genannt. Sie läßt sich auch experimentell bestimmen; der so gewonnene Wert weicht nur sehr wenig vom theoretisch hergeleiteten ab.

Ergebnis: Wird ein Elektron aus dem Zustand mit der Quantenzahl n auf den Energiezustand für $m \to \infty$ gehoben, so wird das Elektron vom Kern gelöst, das Atom wird ionisiert. Die Ionisierungsenergie des Wasserstoffatoms ist

$$E_1 = 13{,}6 \text{ eV}.$$

In dieser Größenordnung liegen auch die Ionisierungsenergien anderer Atome.

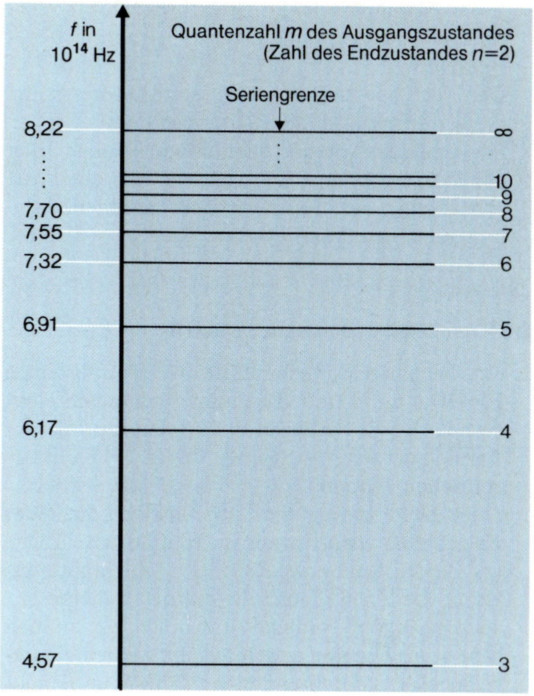

Abb. 10–21: Spektrum der Balmerserie mit der Seriengrenze im Ultravioletten.

2. Da in der klassischen Physik die Umlauffrequenzen mit der Frequenz der ausgesandten Strahlung übereinstimmen müssen, sollen diese am Bohrschen Wasserstoffmodell verglichen werden. Die Umlauffrequenz auf der n-ten Bahn sei

$$f_n = \frac{1}{2\pi} \omega = \frac{1}{2\pi} \frac{v_n}{r_n},$$

und mit

$$v_n = \frac{e^2}{2 \ \varepsilon_0 \ h \ n} \text{ und } r_n = \frac{\varepsilon_0 \ h^2 \ n^2}{m_e \ \pi \ e^2}$$

ergibt sich nach klassischer Vorstellung:

$$f_n = \frac{m_e \ e^4}{4 \ \varepsilon_0^2 \ h^3 \ n^3}.$$

Die Frequenz f des ausgesandten Lichtquants ist beim Sprung von der m-ten Bahn auf die n-te wegen $h \ f = \Delta E$

$$f = \frac{\Delta E}{h} = \frac{m_e \ e^4}{8 \ \varepsilon_0^2 \ h^3} \left(\frac{1}{n^2} - \frac{1}{m^2}\right).$$

Die Frequenzen stimmen nicht überein. Es soll jedoch angenommen werden, daß der Sprung zwischen zwei benachbarten Zuständen stattfindet; dann wird

$$f = \frac{m_e \ e^4}{8 \ \varepsilon_0^2 \ h^3} \left(\frac{1}{n^2} - \frac{1}{(n+1)^2}\right)$$
$$= \frac{m_e \ e^4}{8 \ \varepsilon_0^2 \ h^3} \left(\frac{2n+1}{n^2 \ (n+1)^2}\right).$$

Lassen wir n immer größer werden, erhalten wir

$$f \approx \frac{m_e \ e^4}{4 \ \varepsilon_0^2 \ h^3 \ n^3}.$$

Dieses ist jedoch die Umlauffrequenz der n-ten Bahn, der Wert also, der nach der klassischen Rechnung zu erwarten war.

Ergebnis: Für große Quantenzahlen nähert sich die Frequenz des beim Übergang zwischen benachbarten Bahnen ausgesandten Lichtes derjenigen Frequenz, die das Atom nach klassischer Vorstellung beim Umlauf auf solch einer Bahn aussendet.
Oder da sich für große Quantenzahlen das Elektron vom Kern entfernt: Beim Übergang eines gebundenen Elektrons in ein freies gehen auch die Ergebnisse der Quantenphysik in die der klassischen Physik über.
Diesen Zusammenhang nennt man Korrespondenzprinzip.

Die Leistungen des Bohrschen Atommodells

1. BOHR erkannte, daß die klassische Physik nicht in der Lage ist, das Verhalten der Atome richtig zu beschreiben. Das Bohrsche Atommodell bricht an entscheidenden Stellen (strahlungsfreier Umlauf der Elektronen, diskrete Bahnen) mit den Vorstellungen der klassischen Physik und gibt damit den Weg frei für neue Überlegungen.
2. Nach BOHR lassen sich grundsätzlich alle Emissions- und Absorptionsquanten als Energieänderung des betreffenden Elektrons erklären.
3. Das Wasserstoffspektrum läßt sich sehr genau theoretisch herleiten. Dabei wird die Konstante

C der Balmer-Formel auf Naturkonstanten zurückgeführt und die Ionisierungsenergie berechenbar.
4. Der Durchmesser des Wasserstoffatoms wird größenordnungsmäßig richtig bestimmt.
5. Die Spektren wasserstoffähnlicher Ionen (nur ein Elektron in der Hülle) lassen sich berechnen ebenso wie die charakteristische Röntgenstrahlung nach dem Moseleyschen Gesetz (→ *Kapitel 10.3*).

Die Grenzen des Bohrschen Modells

1. Das Verhalten der Atomhülle mit mehr als einem Elektron kann (mit Ausnahme der Leuchtelektronen der Elemente in der I. Hauptgruppe des Periodensystems Li, Na, K, Rb, Cs, Fr) nicht beschrieben werden.
2. Nach BOHR bewegt sich das Elektron auf einer Kreisbahn, also in einer raumfesten Ebene (→ *Zentralbewegung Kap. 2*); damit müßte das Atom die Form einer sehr dünnen Scheibe mit sehr geringem Volumen annehmen. Es müßten sehr große Dichten erzielbar sein, wenn man diese Scheiben „aufeinanderlegt". Dieses wird nicht beobachtet. Wasserstoffatome zeigen Kugelsymmetrie; in der kinetischen Gastheorie wurde das Kugelmodell erfolgreich angewendet.
3. Die exakten Bahnen des Bohrschen Modells stehen im Widerspruch zur Forderung der später (1927) aufgestellten Unbestimmtheitsrelation HEISENBERGS: $\Delta p \, \Delta x \approx h$. Mit $\Delta p = m_e \, \Delta v$ folgt daraus:

$$\Delta x \, \Delta v \approx \frac{h}{m_e} .$$

Damit kann nicht gleichzeitig der Radius und die Geschwindigkeit scharf bestimmt sein, die Unschärfen Δx und Δv wären sonst beide gleichzeitig Null. Ist die eine Größe genau bekannt, muß die andere völlig unbestimmt bleiben. Nach BOHR sind aber sowohl r_n als auch v_n exakt bekannt.
4. Damit im Zusammenhang steht die Bohrsche Forderung, daß die Spektren aus wirklich diskreten (einzelnen) Linien bestehen. Sehr genaue Messungen zeigen aber immer eine natürliche Linienbreite, wie sie in *Abb. 10–22* für die rote Kadmiumlinie wiedergegeben ist. Die Heisenbergsche Unschärferelation fordert: Alle physikalischen Größen, deren Produkt die Dimension einer Wirkung haben, sind gleichzeitig nicht genau bestimmbar, sondern das Produkt ihrer Unschärfen liegt in der Größenordnung von h. Dieses gilt z. B. auch für die Energie E und die Zeit t:

$$\Delta E \, \Delta t = h.$$

Die Verweildauer t des Elektrons auf einer angeregten (höheren) Bahn ist aber sehr klein – etwa 10^{-8} s, wie man aus Messungen weiß. Somit wird eine Unbestimmtheit ΔE existieren, die für die Linienbreite $\Delta f = h/\Delta E$ verantwortlich ist.
5. Die Intensitätsverteilung zwischen den einzelnen Spektrallinien (z. B. der Balmer-Serie) und damit die Übergangswahrscheinlichkeit von einem Zustand in einen anderen können nicht mit dem Bohrschen Atommodell erklärt werden. Das gleiche gilt für die Polarisation des ausgesandten Lichtquants.
6. Die Wellennatur der Elektronen nach DE BROGLIE (→ *9.3.1*) steht im Widerspruch zu den Bohrschen Bahnen (Kreisbahnen). Die de Broglie-Beziehung

$$\lambda = \frac{h}{p} = \frac{h}{m\,v}$$

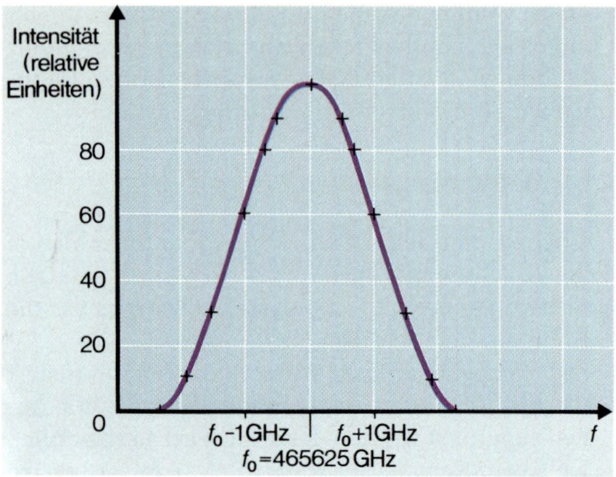

Abb. 10–22: Die Intensitätsverteilung in der roten Cadmiumlinie. Bei dieser Auflösung (Maßstab!) wäre das ganze Spektrum 4 km lang.

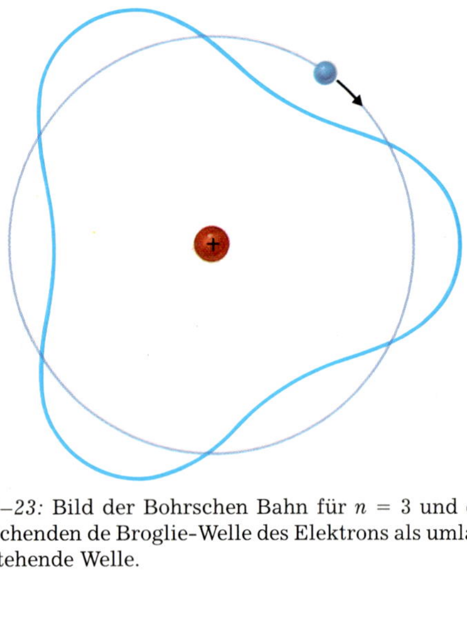

Abb. 10–23: Bild der Bohrschen Bahn für $n = 3$ und der entsprechenden de Broglie-Welle des Elektrons als umlaufende stehende Welle.

liefert für die n-te Bohrsche Bahn:

$$\lambda_n = \frac{2\,\pi\, r_n}{n} \quad \text{oder} \quad n\,\lambda_n = 2\,\pi\, r_n\,.$$

Das n-fache der de Broglie-Wellenlänge ist also der Umfang der Bahn (*Abb. 10–23*). Es dürfen also keine Kreisbahnen, sondern nur stehende Wellen existieren, deren Null-Linie dann eine Kreisbahn wäre.

7. Die Bohrschen Postulate sind willkürliche Annahmen, die es ermöglichen, Spektrallinien vorauszuberechnen. Die Bohrsche Theorie findet keine Begründung, weshalb z. B. das Elektron auf seinem Umlauf nicht strahlen sollte.
8. Wie Doppelspaltversuche zeigen, können atomare Teilchen nur durch die ψ-Funktion, deren Quadrat $|\psi|^2$ die Wahrscheinlichkeitsdichte angibt, beschrieben werden (→ *9.4.1*). Dieses steht im Widerspruch zu den aus der klassischen Mechanik übernommenen Vorstellungen BOHRS.

Aufgaben

***10/12:** Die Ergebniskurve des Franck-Hertz-Versuches ist selten so deutlich wie in *Abb. 10–14*.

a) Woran kann es liegen, daß bei ungünstigem Gasdruck (falsche Kolbentemperatur) die Maxima und Minima nur ganz schwach – manchmal gar nicht – ausgeprägt werden?

b) Bei den Minima geht der Anodenstrom nie auf den Wert Null zurück, warum eigentlich nicht?

c) Die Minima sind nie spitz zulaufend, sondern breit abgerundet. Geben Sie dafür eine Erklärung.

d) Bei der Kolbentemperatur 170° C erhält man drei ausgeprägte Maxima und Minima, dann folgt die Gasentladung. Bei 250° C gibt es bei niedriger Beschleunigungsspannung kaum meßbare Ströme, aber ab $U_b = 30$ V sieben „Schwingungen" mit der folgenden Gasentladung. Der Anodenstrom ist aber niedriger, als nach dem ersten Versuch zu erwarten gewesen wäre. Geben Sie eine plausible Begründung hierfür.

10/13: Warum ist es nicht möglich, das Zentrum des Wasserstoffatoms zum Bezugspunkt für die potentielle Energie zu machen?

10/14: Berechnen Sie die potentielle und die kinetische Energie eines Elektrons auf der ersten und zweiten Bahn des Wasserstoffatoms.

10/15: Berechnen Sie das Verhältnis von Coulomb-Kraft und Gravitationskraft zwischen Elektron und Kern in einem Wasserstoffatom.

***10/16:** Bestimmen Sie die Bahngeschwindigkeit als Funktion der Quantenzahl n.

***10/17:** Bestimmen Sie die Umlauffrequenzen auf der ersten und zweiten Bahn des Elektrons im Wasserstoffatom und vergleichen Sie sie mit der Frequenz des Lichtquants, das beim Sprung von der zweiten auf die erste Bahn emittiert wird.

10/18: Wenden Sie die Bohrschen Postulate auf Ionen mit nur einem Elektron in der Hülle an. Bestimmen Sie die Gesamtenergie dieser Elektronen W_n im n-ten Quantenzustand für He^+, Li^{++} und Be^{+++}.

***10/19:** Die Aufgabe: „Bestimmen Sie die Energieniveaus des Heliumatoms" fehlt hier. Warum eigentlich?

10.2 Das wellenmechanische Atommodell

Da die klassische Physik im atomaren Bereich versagt und auch die Atome selbst nicht sichtbar gemacht werden können, hat es viele Bemühungen gegeben, auf nicht nachprüfbare Annahmen zu verzichten und sich im wesentlichen auf das zu beschränken, was genau beobachtbar ist:

1. Die Lichtquanten, die ein Atom absorbiert bzw. emittiert,
2. die Intensitätsverteilung zwischen den einzelnen Spektrallinien,
3. die Wellenlänge λ der Elektronen (→ *Kapitel 9.3*).

1925 entwickelte HEISENBERG ein völlig neues Konzept: die **Matrizenmechanik.** Sie verzichtet auf jede Anschaulichkeit und behandelt nur die Energiestufen des Elektrons und die Übergangswahrscheinlichkeiten nach einem abstrakten mathematischen Formalismus. Diese Quantenmechanik ist mathematisch schwierig, kommt aber zu den gleichen Ergebnissen, die der Österreicher SCHRÖDINGER mit seiner 1926 formulierten **Wellenmechanik** fand, die anschaulicher und eher verständlich ist und deren Grundzüge hier behandelt werden.

SCHRÖDINGER benutzt weitgehend die Vorstellung, das Elektron sei durch eine Materiewelle darstellbar, die im stationären Zustand, etwa auf einer Quantenbahn eines Atoms, eine stehende Welle bildet (*Abb. 10–23*), die nicht strahlt. Seine Bemühungen gingen darauf hinaus, solche stehenden Wellen, die gewissen Randbedingungen genügen, aufzufinden.

Parallelen zu diesem Problem sind:

1. Ein Seil, das von außen zu erzwungenen Schwingungen angeregt wird (→ *Kap. 3.2.2*), zeigt nur bei den diskreten Eigenschwingungen stationäre Zustände. Dann ist die Amplitude groß, und die Schwingung kann nach Fortfall der Beeinflussung lange anhalten.
2. Satelliten können auf beliebigen Kreisbahnen die Erde umfliegen. Elektronen können jedoch nach Bohr den Kern nur auf diskreten Bahnen umkreisen. Die auf dieser Bahn stehende de Broglie-Welle bildet die Verbindung zur Wellenmechanik.

10.2.1 Der lineare Potentialtopf

An einem einfachen Beispiel soll das Prinzip der Wellenmechanik deutlich gemacht werden.

Man stellt sich vor, ein Elektron wird in einem eindimensionalen Behälter (linearer Potentialtopf) eingeschlossen. Die genaue Untersuchung seiner möglichen Bewegungen ergibt, daß es nicht in Ruhe sein kann, sondern daß die zugehörige ψ-Funktion

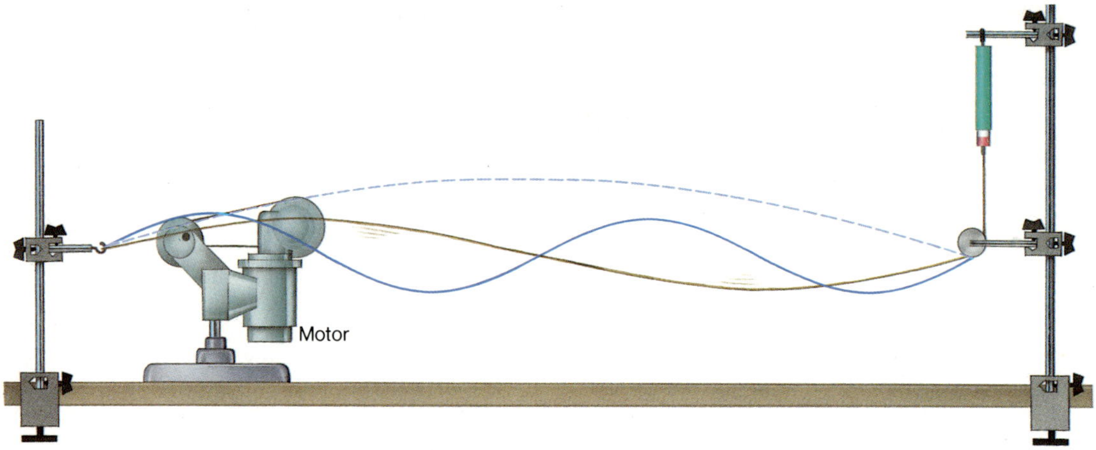

Abb. 10–24: Eine stramm gespannte Saite wird mit einem Exzenter zu einer stehenden Welle angeregt. Man beginnt bei sehr niedriger Drehzahl, die dann langsam erhöht wird. Plötzlich schwingt die ganze Saite mit großer Amplitude auf und ab mit einem Bauch in der Mitte und einem Knoten an jedem Ende (gestrichelt). Bei wachsender Drehzahl kommt die Saite wieder zur Ruhe, um dann bei genau der doppelten Drehzahl die durchgezogene stehende Welle zu zeigen usf.

(→ *9.4.1.*) eine stehende Welle ist. Mit ihrer Hilfe kann die Aufenthaltswahrscheinlichkeit als Funktion mit periodisch wiederkehrenden Maxima und Nullstellen berechnet werden.
Dazu machen wir einen mechanischen Analogieversuch. Da das Elektron Welleneigenschaft hat, aber auf einen kleinen Raum beschränkt ist, muß im stationären Zustand eine stehende Welle zu beobachten sein (Resonanz).

Versuch 10/8: Eine Saite wird durch einen Exzenter, der dicht an einem Ende angreift, in Schwingungen versetzt (*Bild 10–24*).
Beobachtung: Bei einer bestimmten Frequenz der Drehbewegung gerät die ganze Saite in Schwingung. Wird der Exzenter schneller gedreht, folgt in einem gewissen Abstand wieder eine stehende Welle usw. Immer wenn eine ganze Anzahl von halben Wellenlängen zwischen die festen Wände paßt, erhält man auf der Saite Punkte, die in Ruhe bleiben, sogenannte **Knoten**, und eine **stehende Welle** (*Bild 10–25*).

Übertragen wir diese Erkenntnis auf ein Elektron, das sich in einem geschlossenen Rohr frei auf einer Strecke bewegen kann (*Bild 10–26 a*). Es wirke keine Kraft auf das Elektron ($F = 0$), und seine potentielle Energie E_{pot} sei Null. In die Wände soll es nicht eindringen können, d. h. E_{pot} wird dort unendlich groß. Das Elektron kann die Energie, die nötig ist, um dort hinzugelangen, nicht aufbringen (*Abb. 10–26 b*).
Nach der Unbestimmtheitsrelation ist

$$\Delta x \, \Delta p \approx h.$$

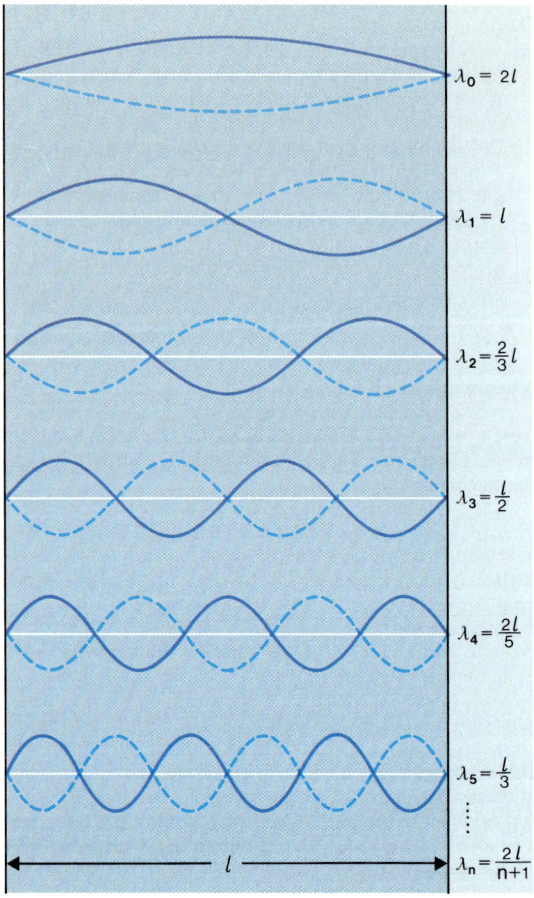

Abb. 10–25: Die ersten sechs stehenden Wellenformen einer schwingenden Saite.

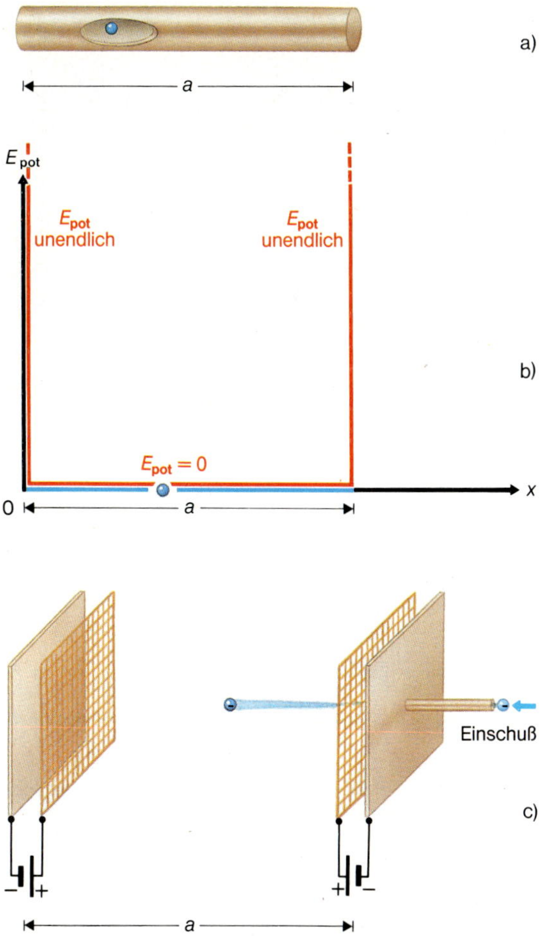

Abb. 10–26: Der lineare Potentialtopf.
a) Das Elektron kann sich auf einer Strecke (geschlossenes Rohr) kräftefrei bewegen. b) Das Elektron im linearen Potentialtopf. Da das Elektron die Enden des Rohres nicht durchdringen kann, sind dort die potentiellen Energien unendlich groß. c) Eine denkbare Realisierung des Versuches.

Da die Unbestimmtheit im Ort Δx die Länge des Potentialtopfes a ist, wird die Unbestimmtheit des Impulses

$$\Delta p \approx \frac{h}{a}.$$

Wenden wir jetzt die **de Broglie-Beziehung** $\lambda = \frac{h}{p}$ an, so kommt dem Elektron eine **Wellenfunktion** ψ zu mit einer bestimmten Wellenlänge, denn das Elektron kann, da es einen Impuls verschieden von Null hat, nicht in Ruhe sein. In den Wänden und außerhalb des Topfes muß die Aufenthaltswahrscheinlichkeit $|\psi|^2$ Null sein. Da die Wellenfunktion ψ, die die Wahrscheinlichkeitsamplitude angibt, stetig ist, muß sie an den Innenseiten der Wände auch Null sein. Die dann noch möglichen Wellenfunktionen mit stehendem Bild sind in *Abb. 10–27* links dargestellt.

Für diese Funktionen gilt:

$$\frac{\lambda}{2}\,n = a \qquad (n = 1, 2, 3, 4 \ldots) \qquad (1)$$

Aus Gleichung (1) folgt $\lambda = \frac{2a}{n}$, und nach DE BROGLIE ist

$$\lambda = \frac{h}{m_e v}, \text{ also ist } \frac{2a}{n} = \frac{h}{m_e v} \text{ oder}$$

$$v = \frac{h\,n}{2\,a\,m_e}. \qquad (2)$$

Für die Gesamtenergie des Elektrons erhält man:

$$E = E_{pot} + E_{kin} = 0 + \frac{1}{2}\,m_e v^2.$$

Mit Gleichung (2) ergibt sich:

$$E_n = \frac{h^2}{8\,a^2\,m_e}\,n^2 \qquad (n = 1, 2, 3, 4 \ldots).$$

Diese Energie eines auf einer Strecke a eingeschlossenen Elektrons ist gequantelt, sie wächst proportional mit dem Quadrat der Quantenzahl n an.

Um die **Wahrscheinlichkeitsdichte** längs der Strecke a in einem gegebenen Zustand zu erhalten, muß ψ^2 gebildet werden (→ *9.4.1*). In *Abb. 10–27 Mitte* sind diese Funktionen eingezeichnet, sie zeigen das Elektron nicht lokalisiert, sondern nach einer Wellenfunktion über die ganze Strecke a verteilt. Dieses stimmt damit überein, daß weder der Ort des Elektrons gemessen, noch über ihn eine Aussage gemacht wurde, außer, daß das Elektron sich im Potentialtopf befinden soll.

Ergebnisse:

1. Ein auf der Strecke a eingeschlossenes Teilchen der Masse m hat als niedrigste Energiestufe

   $$E_1 = \frac{h^2}{8\,m\,a^2},$$

   auch wenn die Temperatur 0 K beträgt.
   Diese Energie wird **Nullpunktenergie** genannt.
2. Das gleiche Teilchen kann zu bestimmten höheren Energiezuständen angeregt sein, die der Quantenvorschrift

   $$E_n = \frac{h^2}{8\,m\,a^2}\,n^2 \quad (n = 1, 2, 3, 4 \ldots)$$

   unterliegen.
3. Die Wahrscheinlichkeitsdichte des Teilchens längs der Strecke a hat die Form einer $\sin^2$-Funktion.

Ein Vergleich mit BOHRs Ergebnissen zeigt, daß die Quantenzahl n die gleiche Stellung wie im Bohrschen Modell einnimmt, nur daß sich im Wellenmodell die Quantelung zwangsläufig ergibt. Aussagen über den Ort (der Radius im Bohrschen Modell) werden im Wellenmodell nur sehr vage in Form einer Antreffwahrscheinlichkeit gemacht.

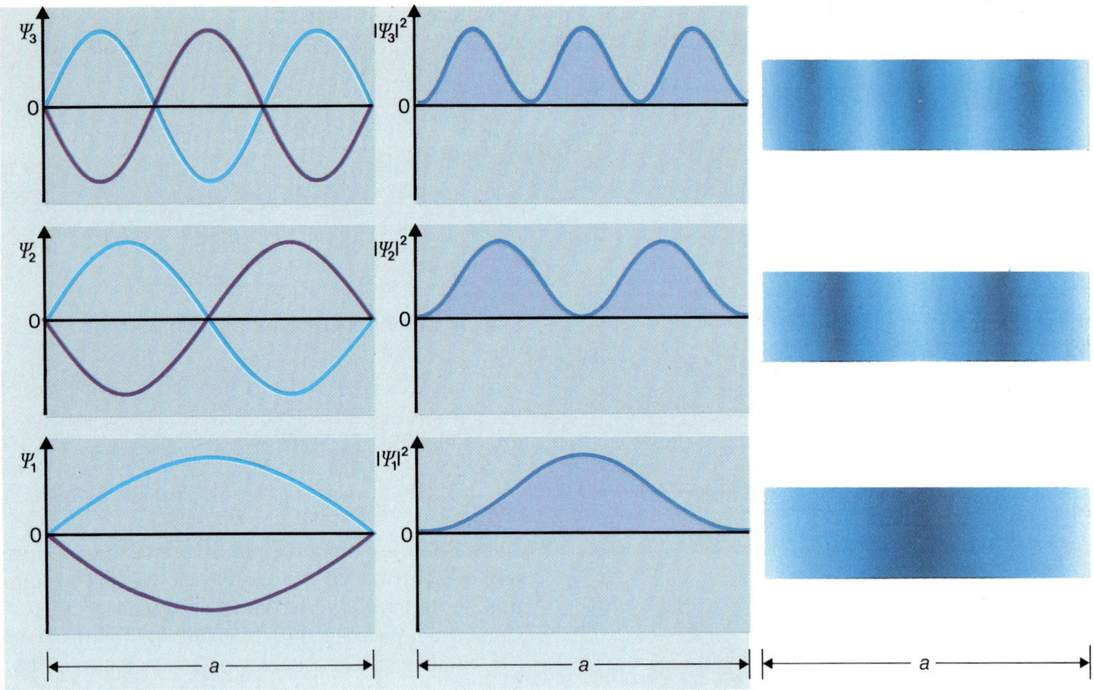

Abb. 10–27: Links: Die ersten drei ψ-Funktionen im linearen Potentialtopf, gezeichnet zu den Zeitpunkten maximaler Elongationen.
Mitte: Die entsprechenden Funktionen der Wahrscheinlichkeitsdichte $|\psi|^2$.
Rechts: Die Farbgebung gibt die Wahrscheinlichkeitsdichte als ein Maß für die Aufenthaltswahrscheinlichkeit des Elektrons längs der Strecke *a* an.

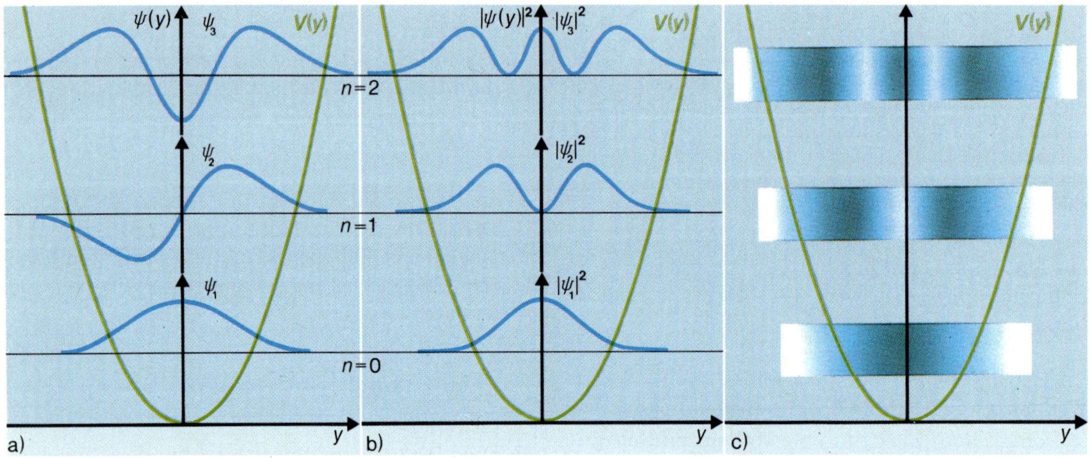

Abb. 10–28: Dargestellt sind die Verhältnisse in einem parabelförmigen Potentialtopf.
Links *(a)* sieht man die drei ersten ψ-Funktionen, rechts davon den Verlauf der Wahrscheinlichkeitsdichte $|\psi|^2$. Ganz rechts ist die Wahrscheinlichkeitsdichte durch eine Farbtönung dargestellt. Je dunkler das Gebiet, um so höher die Wahrscheinlichkeit, daß sich das Elektron dort aufhält.

Zu den Abb. 10–27 und 10–28. Die Abbildungen vermitteln den Grundgedanken der Wellenmechanik: Den stehenden Wellen mit wachsender Knotenzahl in *Abb. 10–27*, in abgewandelter Form in *Abb. 10–28*, entsprechen jeweils als Lösungen der Schrödinger-Gleichung ψ-Funktionen (jeweils links in den Abbildungen). Sie kennzeichnen einen bestimmten Zustand des Elektrons, dem eine bestimmte, hier durch eine einzige Quantenzahl, die Hauptquantenzahl n, festgelegte Energie entspricht. Durch Quadrieren entstehen die Wahrscheinlichkeitsfunktionen $|\psi|^2$ (jeweils Mitte), deren anschauliche Darstellung (jeweils rechts) die Aufenthaltswahrscheinlichkeit des Elektrons wiedergibt.

Eine denkbare Realisierung des linearen Potentialtopfes zeigt *Abb. 10–26 c*. Die Potentialwände werden durch elektrische Felder zwischen einem feinen nicht störenden Maschendraht und einem Blech realisiert. Die Felder reflektieren das Elektron zurück in den Topf. Durch eine winzige Öffnung in der rechten Wand kann das Elektron eingeschossen werden.

Dieses Beispiel des linearen Potentialtopfes ist stark idealisiert gewählt, denn die „Potentialwände" sind meistens weder unendlich hoch noch senkrecht. Aber auch andere Fälle lassen sich berechnen, und man bekommt gequantelte Energiezustände, die zu bestimmten Wahrscheinlichkeitsfunktionen $|\psi|^2$ gehören (*Abb. 10–28*). Die Aufgabe besteht darin, aus einem bestimmten Potentialverlauf die zugehörigen ψ-Funktionen und aus ihnen die Energiewerte zu berechnen.

Wie die Saite ein mechanisches Analogon zum linearen Potentialtopf war, so zeigt eine schwingende Platte (→ *3.4.7*), was beim zweidimensionalen Potentialtopf zu erwarten ist:

Eine quadratische oder kreisrunde Platte ist in der Mitte gehaltert und mit feinem Sand gleichmäßig bestreut. Ein Lautsprecher ist dicht unter ihr angebracht, er ist an einem Sinus-Generator angeschlossen. Die Frequenz des Schallsignals wird langsam variiert.

Man beobachtet bei bestimmten scharf begrenzten Frequenzen Figuren, die aus **Geraden** und **Kreisen** bestehen. Je komplizierter die Figur, um so höher war die erzeugende Frequenz. Der Sand bleibt dort liegen, wo die Platte in Ruhe ist, zeichnet also die **Knotenlinien** auf.

Ergebnis: Platten sind zu **Eigenschwingungen** mit diskreten Frequenzen fähig. Ihre Knotenlinien sind Geraden und Kreise (→ Chladnische Klangfiguren). Entsprechendes gilt auch für räumliche Körper; sie haben scharf begrenzte Eigenfrequenzen, und ihre Knotenflächen sind Ebenen, Kugeloberflächen und Kegelmäntel.

Bei einem Teilchen, das sich in einem begrenzten dreidimensionalen Raum aufhält, ist Analoges zu erwarten. Diese Aufgabe läßt sich mit der Schrödinger-Gleichung lösen.

Aufgaben

10/20: Betrachten Sie das Wasserstoffatom in erster Näherung als einen linearen Potentialtopf mit der Länge 10^{-10} m. In dem Topf befindet sich ein Elektron, dessen Nullpunktsenergie bestimmt werden soll. Vergleichen Sie diese mit den Ergebnissen nach dem Bohrschen Atommodell.

***10/21:** Kann sich ein Elektron im Kern eines Atoms befinden? Ersetzen Sie den Kern durch einen linearen Potentialtopf der Länge $l = 10^{-14}$ m. Welche Geschwindigkeit würde es haben? Versuche zeigen, daß Energien in der Größenordnung von 10 MeV notwendig sind, um einen Atomkern in seine Bestandteile zu zerlegen. Welchen Schluß ziehen Sie daraus?

10/22: Auf der Luftkissenfahrbahn kann sich ein Wagen (m = 100 g) reibungslos auf einer Strecke von 1 m bewegen. An den Enden wird er durch vollkommen elastische Stöße „reflektiert". Bestimmen Sie den Quantenzustand, wenn v = 1 m/s beträgt. Geben Sie n und die ψ- bzw. $|\psi|^2$-Funktionen an. In welchen Abständen erscheinen die Knoten und Bäuche der Wahrscheinlichkeitsdichte? Welche Folgerung ist daraus für die Widersprüche zwischen klassischer Physik und Quantenphysik zu ziehen?

10/23: Erklären Sie mit dem Wellenmodell, warum es niemals möglich sein wird, durch ein auch noch so gutes Mikroskop ein Elektron „sichtbar" zu machen.

***10/24:** Wie ungenau ist der Ort eines Elektrons, wenn seine Geschwindigkeit nur 1 m/s beträgt? Wie wäre es bei einem entsprechenden α-Teilchen?

10/25: Bewerten Sie den Ausspruch: „Auch am absoluten Nullpunkt ist noch alles in Bewegung".

***10/26:** In einem LiF-Kristall beträgt der Netzebenenabstand etwa 200 pm. Schätzen Sie die mittlere Geschwindigkeit des Fluor-Kerns ab.

10.2.2 Die Schrödinger-Gleichung

Ein Teilchen im linearen Potentialtopf kann durch stehende Wellen nach *Abb. 10–27* (links) beschrieben werden. Die Elongation, die an der Stelle x auftreten kann, wird durch

$$\psi(x) = \hat{\psi} \sin\left(\frac{2\pi}{\lambda} x\right) \qquad \text{(Gleichung einer stehenden Welle)}$$

beschrieben. Differenziert man zweimal nach x, erhält man:

$$\frac{d\psi}{dx} = \hat{\psi}\left(\frac{2\pi}{\lambda}\right) \cos\left(\frac{2\pi}{\lambda} x\right) \text{ und}$$

$$\frac{d^2\psi}{dx^2} = -\hat{\psi}\left(\frac{2\pi}{\lambda}\right)^2 \sin\left(\frac{2\pi}{\lambda} x\right).$$

Damit wird:

$$-\frac{d^2\psi}{dx^2} + \frac{4\pi^2}{\lambda^2}\psi = 0\,.$$

Dieses ist die Gleichung, der die Wellenfunktion ψ genügen muß. Dreidimensional muß für $\psi\ (x, y, z)$ entsprechend gelten:

$$\frac{d^2\psi}{dx^2} + \frac{d^2\psi}{dy^2} + \frac{d^2\psi}{dz^2} + \frac{4\pi^2}{\lambda^2}\psi = 0\,.$$

Dieses ist die Gleichung der de Broglie-Welle eines freien Elektrons, also eines solchen, auf das keine Kraft wirkt, wie es im Potentialtopf angenommen ist. Auf die Elektronen in der Atomhülle wirken aber die Coulombschen Anziehungskräfte des positiv geladenen Kerns. Damit wird

$$E = E_{pot} + E_{kin} \text{ oder}$$

$$E = E_{pot} + \frac{1}{2} mv^2.$$

Für die Geschwindigkeit des Elektrons erhält man

$$v = \sqrt{\frac{2}{m_e}(E - E_{pot})}\,.$$

Mit der de Broglie-Beziehung $\lambda = \dfrac{h}{m_e v}$ wird dieser Aus-

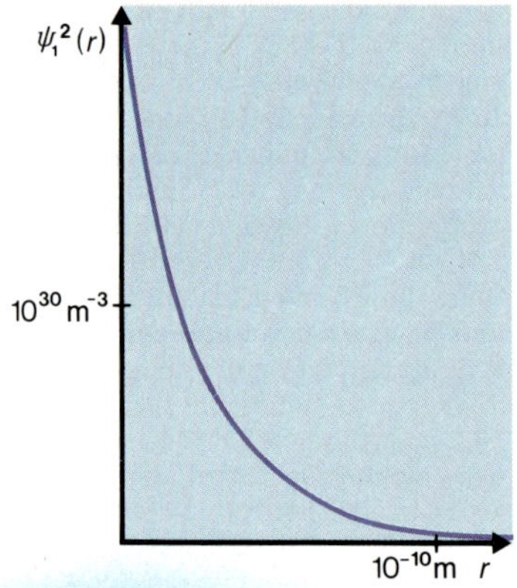

Abb. 10–29 (oben): Die Wahrscheinlichkeitsdichte für das Elektron des Wasserstoffatoms im Grundzustand als Funktion des Radius.

Abb. 10–30 (unten): Räumliche Darstellung der Wahrscheinlichkeitsdichte des 1s-Elektrons des Wasserstoffatoms. Die Verteilung ist kugelsymmetrisch.

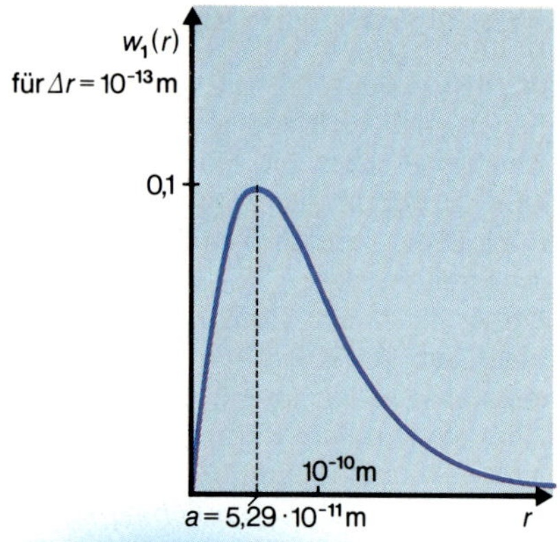

Abb. 10–31 (oben): Die Wahrscheinlichkeitsfunktion, die angibt, mit welcher Wahrscheinlichkeit das Elektron in einer Kugelschale mit dem Radius r und der Dicke $\Delta r = 10^{-13}$ m zur Wirkung kommt, für das Wasserstoffatom im Grundzustand. a ist der Bohrsche Radius für den ersten Quantenzustand.

Abb. 10–32 (unten): Räumliche Darstellung der Wahrscheinlichkeitsfunktion für das 1s-Elektron. An der dunkelblauen Tönung erkennt man, daß die Aufenthaltswahrscheinlichkeit des 1s-Elektrons in der Umgebung der Kugelschale mit dem Radius a am größten ist.

druck in die dreidimensionale Wellengleichung eingesetzt, und man erhält damit die Schrödinger-Gleichung für die Bewegung eines Elektrons:

$$\frac{d^2\psi}{dx^2} + \frac{d^2\psi}{dy^2} + \frac{d^2\psi}{dz^2} + \frac{8\pi^2\, m_e}{h^2}(E - E_{pot})\,\psi = 0.$$

10.2.3 Das wellenmechanische Modell des Wasserstoffatoms

Die potentielle Energie des Elektrons im Wasserstoffatom ist (nach *10.1.7*):

$$E_{pot} = -\frac{e^2}{4\pi\,\varepsilon_0\, r}.$$

Führt man r (Abstand vom Kern) als Variable ein mit

$$r = \sqrt{x^2 + y^2 + z^2}\,,$$

so liefert der Ansatz

$$\psi_1 = C\, e^{-\frac{r}{a}}$$

die einfachste kugelsymmetrische Lösung. Durch Einsetzen in die Schrödinger-Gleichung erhält man:

$$a = \frac{\varepsilon_0\, h^2}{\pi\, m_e\, e^2} \quad \text{und} \quad E_1 = -\frac{m_e\, e^4}{8\,\varepsilon_0^2\, h^2}\,.$$

Ein Vergleich mit den Ergebnissen des Bohrschen Modells zeigt, daß a der Radius der Bohrschen Bahn im Quantenzustand $n = 1$ und E_1 die dazugehörige Energie ist.

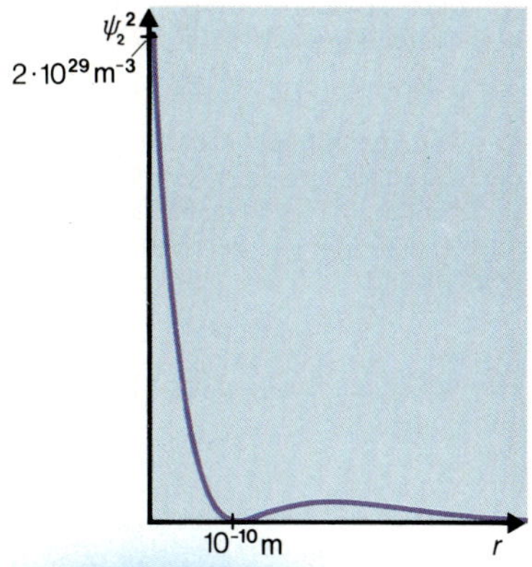

Abb. 10–33 (oben): Die Wahrscheinlichkeitsdichte des 2s-Elektrons

$$\psi_2{}^2 = \frac{1}{8\pi a^3}\left(1 - \frac{r}{2a}\right) e^{-\frac{r}{a}}$$

als Funktion des Radius.

Abb. 10–34 (unten): Räumliche Darstellung der Wahrscheinlichkeitsdichte des 2s-Elektrons. Die Wahrscheinlichkeitsdichte des 2s-Elektrons ist ebenso wie die des 1s-Elektrons kugelsymmetrisch verteilt.

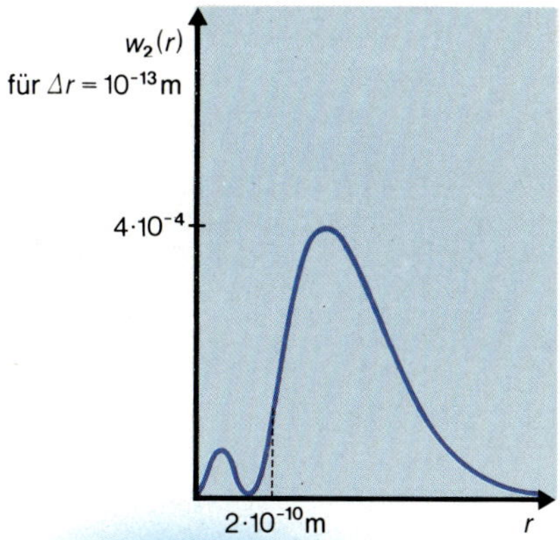

Abb. 10–35 (oben): Die Wahrscheinlichkeit, ein 2s-Elektron in der Kugelschale mit dem Radius r und der Dicke $\Delta r = 10^{-13}\,\mathrm{m}$ anzutreffen, als Funktion des Radius.

Abb. 10–36 (unten): Räumliche Darstellung der Wahrscheinlichkeitsfunktion für das 2s-Elektron. Die Aufenthaltswahrscheinlichkeit des 2s-Elektrons ist am größten in der Umgebung der beiden dunkelblau getönten Kugelschalen.

Die Wellenfunktion ist jetzt bis auf die Konstante C bekannt.

Die Wahrscheinlichkeitsdichte als Quadrat der Wellenfunktion ist

$$\psi_1^2 = C^2 e^{-\frac{2r}{a}}.$$

Wird diese Funktion über das gesamte Volumen integriert, muß das Integral den Wert 1 ergeben, denn die Wahrscheinlichkeit, das Elektron irgendwo anzutreffen, ist 1:

$$\int_0^\infty \psi_1^2 \,\mathrm{d}V = 1.$$

Da $\mathrm{d}V = 4\pi r^2\,\mathrm{d}r$, folgt

$$4\pi C^2 \int_0^\infty r^2 e^{-\frac{2r}{a}}\,\mathrm{d}r = 1, \text{ daraus folgt:}$$

$$C^2 = \frac{1}{\pi a^3}.$$

Damit erhält man die Wahrscheinlichkeitsdichtefunktion

$$\psi_1^2 = \frac{1}{\pi a^2} e^{-\frac{2r}{a}} \text{ mit } a = \frac{\varepsilon_0 h^2}{\pi m_e e^2},$$

ihr Graph besitzt den in *Abb. 10–20* gezeigten Verlauf. Da die Funktionswerte nur von r abhängen, erhalten wir Kugelsymmetrie mit dem Kern als Zentrum; dieses soll in *Abb. 10–30* veranschaulicht werden. Nach BORN liefert die ψ^2-Funktion die Dichte der Wahrscheinlichkeit (*9.4.1*), mit der man das Elektron an dem betreffenden Ort antreffen würde. Nach dieser Anschauung stellt *Abb. 10–32* eine „Wahrscheinlichkeitswolke“ dar; der Chemiker nennt sie **Orbital.**

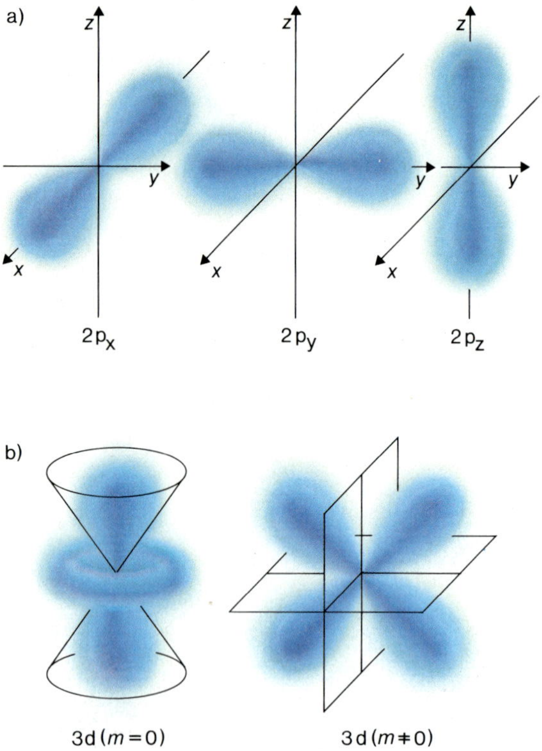

Abb. 10–37: a) Versuch einer räumlichen Darstellung der $2p_x$-, $2p_y$- und $2p_z$-Zustände.
b) Modell des 3p-Elektrons. Man muß sich die Keulen bis ins Unendliche ausfließend vorstellen.

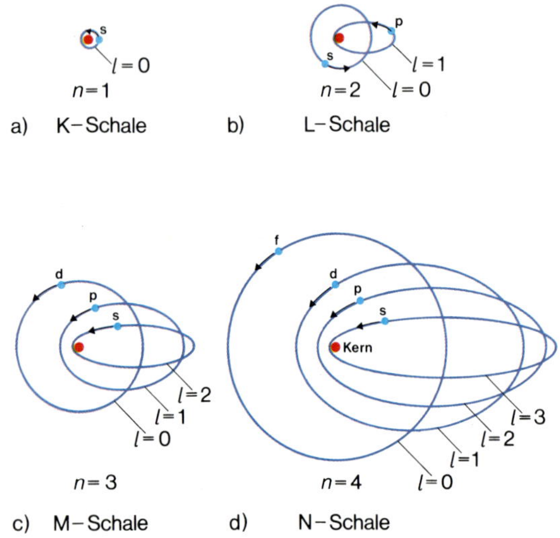

Abb. 10–38: Die möglichen Elektronenbahnen nach der Bohr-Sommerfeldschen Atomtheorie. Im Grundzustand ist nur die Kreisbahn möglich (oben links). Im ersten angeregten Zustand gibt es zusätzlich noch eine Ellipsenbahn mit der Bahnquantenzahl $l = 1$. Die Bahnen des zweiten und dritten angeregten Zustandes sind unten gezeichnet.

Die oben erwähnte Bornsche Auslegung der ψ-Funktion besagt etwas genauer formuliert, daß

$$w = |\psi|^2 \; \Delta V$$

die Wahrscheinlichkeit dafür angibt, daß das Elektron in dem Volumenelement ΔV zur Wirkung kommt (beobachten selbst kann man es ja nicht). Ist ΔV die sehr dünne Kugelschale, begrenzt von den Radien r und $r + \Delta r$, so ist $\Delta V = 4\pi\, r^2 \, \Delta r$ und

$$w = |\psi|^2 \; 4\pi\, r^2 \, \Delta r \, .$$

Für den ersten Zustand des Elektrons im Wasserstoffatom gilt dann:

$$w_1 = \frac{4r^2}{a^3} \; e^{-\frac{2r}{a}} \; \Delta r \text{ mit}$$

$$a = \frac{\varepsilon_0 \; h^2}{\pi \, m_e \, e^2} \, .$$

Der Verlauf dieser Wahrscheinlichkeitsdichte ist in *Abb. 10–31, 10–32* wiedergegeben. Der Graph zeigt ein Maximum dort, wo sich nach dem Bohrschen Atommodell die Bahn des Elektrons befindet.

Die angeregten Zustände

Es gibt noch weitere ψ-Funktionen, die die Schrödinger-Gleichung für das Wasserstoffatom erfüllen. Sie liefern jeweils einen Energiezustand und dazugehörige **Wahrscheinlichkeitsfunktionen**. Für den zweiten Energiezustand ergeben sich zwei verschiedene $|\psi|^2$-Funktionen. Beim sogenannten 2s-Elektron sieht man Kugelsymmetrie: eine Kugelwolke im Inneren, eingehüllt von einer Kugelschale, dazwischen ein verbotener Bereich, eine kugelförmige Knotenfläche (*Abb. 10–33, 10–34*). Die Wahrscheinlichkeit dafür, das 2s-Elektron in einem Volumenelement ΔV anzutreffen – die Antreffwahrscheinlichkeit also – ist in *Abb. 10–35* als Funktion dargestellt. Eine räumliche Darstellung zeigt *Abb. 10–36*. Das 2p-Elektron besitzt dagegen im wellenmechanischen Modell eine Ebene als Knotenfläche, die zwei Teile einer Hantel voneinander trennt. Diese Ebene kann die z-y-Ebene, die y-x-Ebene und die x-y-Ebene sein, es gibt also 3 verschiedene 2p-Elektronen (*Abb. 10–37 a*).
Für die Hauptquantenzahl $n = 3$ erhält man bei den wellenmechanischen „Bildern" jeweils 2 Knotenflächen, entweder 2 Kugelflächen (3s-Elektron) oder einen Doppelkegel, beziehungsweise 2 Ebenen (3d-Elektron) (*Abb. 10–37 b*).
Um die bei den verschiedenen angeregten Zuständen jeweils möglichen Wellenfunktionen zu ordnen, hat man weitere Quantenzahlen eingeführt:
Die Bahnquantenzahl[1] l:
Sie hat im von SOMMERFELD weiterentwickeltem Bohrschen Atommodell (Bohr-Sommerfeldsche Atomtheorie) eine anschauliche Bedeutung. Da auch elliptische Bahnen zugelassen sind, gibt die Zahl l den Grad der Exzentrizität an (*Abb. 10–38*). Wie aus der Abbildung hervorgeht, ist l eine natürliche Zahl oder Null. Wie man sieht, gilt:

$$l \leqq n - 1$$

Im wellenmechanischen Atommodell findet man zur Hauptquantenzahl n allgemein $(n - 1)$ Knotenflächen bei der Wahrscheinlichkeitsdichte-Funktion. Die Bahnquantenzahl l gibt unter ihnen die Zahl der Ebenen und Kegel-

[1]) Die Bahnquantenzahl l wird auch Neben- oder Drehimpuls-Quantenzahl genannt.

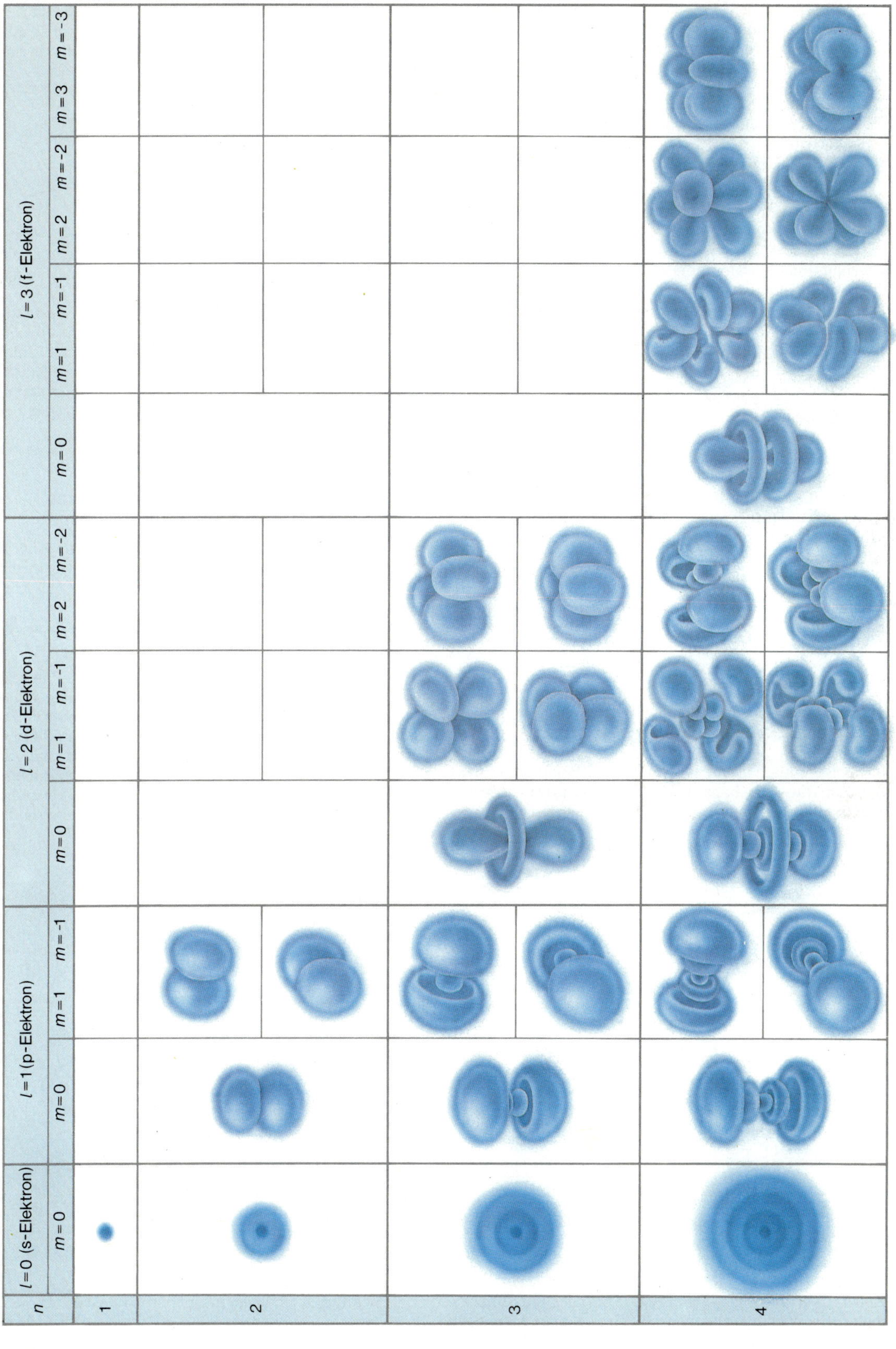

Abb. 10–39: Übersicht über die Knotenflächen zu den verschiedenen Tripeln der Quantenzahlen *n*, *l* und *m* bis *n* = 4.

flächen an (Doppelkegel zählen doppelt). So ist $l = 1$ im 2p-Zustand der Abbildung *10–37* und $l = 2$ im 3d-Zustand. Bei den Zustandsbezeichnungen bedeutet die Zahl die Hauptquantenzahl und der folgende Buchstabe nach dem Zusammenhang

Bahnquantenzahl l	0	1	2	3	4
Termbuchstabe	s	p	d	f	g

die Bahnquantenzahl. Für ein 2s-Elektron gelten also die Quantenzahlen $n = 2$ und $l = 0$, für ein 4d-Elektron entsprechend $n = 4$ und $l = 2$.

Die magnetische Quantenzahl [1] *m:*
Die Hauptquantenzahl n, die Bahnquantenzahl l und die magnetische Quantenzahl m ergeben sich zwangsläufig bei der Lösung der Schrödinger-Gleichung für ein Elektron in der Atomhülle. m ist immer ganzzahlig, positiv oder negativ und unterliegt der Bedingung

$$|m| \leqq l.$$

Für ein 2p-Elektron kann m also die Werte 1; 0 und -1 annehmen. Ein 4d-Elektron hat entsprechend fünf mögliche magnetische Quantenzahlen $m_1 = 2$, $m_2 = 1$, $m_3 = 0$, $m_4 = -1$ und $m_5 = -2$. $|m|$ gibt anschaulich die Zahl der Knotenflächen, die Ebenen sind, an. Es ist allerdings zu beachten: Für $l - |m| = 1$ entartet die Kegelfläche zu einer Ebene, während für $l - |m| = 2$ ein Doppelkegel und für $l - |m| = 3$ ein Doppelkegel und eine Ebene auftreten.

Zusammenfassung: Die Wellenfunktionen eines Elektrons im Atom werden durch drei Quantenzahlen n, l und m charakterisiert. Das Wellenmodell liefert:
$n - 1$ Knotenflächen, $|m|$ Ebenen, $n - 1 - l$ Kugeloberflächen, $l - |m|$ Kegelflächen.

Eine Übersicht der möglichen Kombinationen liefert *Abb. 10–39.* Das wellenmechanische Atommodell läßt sich auch auf Mehrelektronensysteme übertragen, die Wahrscheinlichkeitswolken der einzelnen Elektronen überlagern sich dann.

[1] Die Bahnquantenzahl gibt auch den Drehimpuls der Bahn an. Dieser Drehimpuls kann in bezug auf ein äußeres Feld nur bestimmte gequantelte Richtungen annehmen, sie werden durch m beschrieben.

Aufgaben

10/27: Man kann zeigen, daß auch

$$\psi^2(x, r) = \frac{1}{(2a)^5\,\pi}\, x^2\, e^{-\frac{r}{a}}$$

eine mögliche Verteilungsfunktion ist, die die Schrödinger-Gleichung erfüllt. Skizzieren Sie die Verteilung durch Einsetzen einiger fester Werte für x. Der Einsatz eines Rechners ist empfehlenswert.
10/28: Bestimmen Sie die Anzahl der möglichen Zustände in der N- ($n = 4$) und in der O-Schale ($n = 5$; *siehe 10.2.5*).
10/29: Allgemein gilt, daß es mit der Hauptquantenzahl n $2n^2$ mögliche Zustände gibt. Weisen Sie diese Formel nach.
10/30: Ein Neon-Atom befindet sich im Grundzustand, welche Quantenzustände halten die Hüllenelektronen besetzt?

10.2.4 Die Aufspaltung der Energieniveaus

Versuch 10/9: Das Licht einer Natriumdampflampe wird mit einem Prisma spektral zerlegt. Anstatt das Spektrum auf einem Schirm aufzufangen, wird es aus etwa 5 m Entfernung durch ein Fernrohr betrachtet.
Beobachtung: Die gelbe Natriumlinie besteht in Wirklichkeit aus zwei sehr eng benachbarten Linien.

Erklärung: Die für die Emission dieser Lichtquanten verantwortlichen Energieniveaus müssen sehr eng beieinander liegen. Der Energieterm zu einer Hauptquantenzahl n ist hier also aufgespalten. Die benutzte Schrödinger-Gleichung liefert jedoch zu jedem n nur einen einzigen Energiewert. Eine genaue Berechnung unter Berücksichtigung der Ergebnisse der Relativitätstheorie zeigt aber, daß diese Energieniveaus je nach dem Wert der Quantenzahl l etwas unterschiedliche Werte haben.

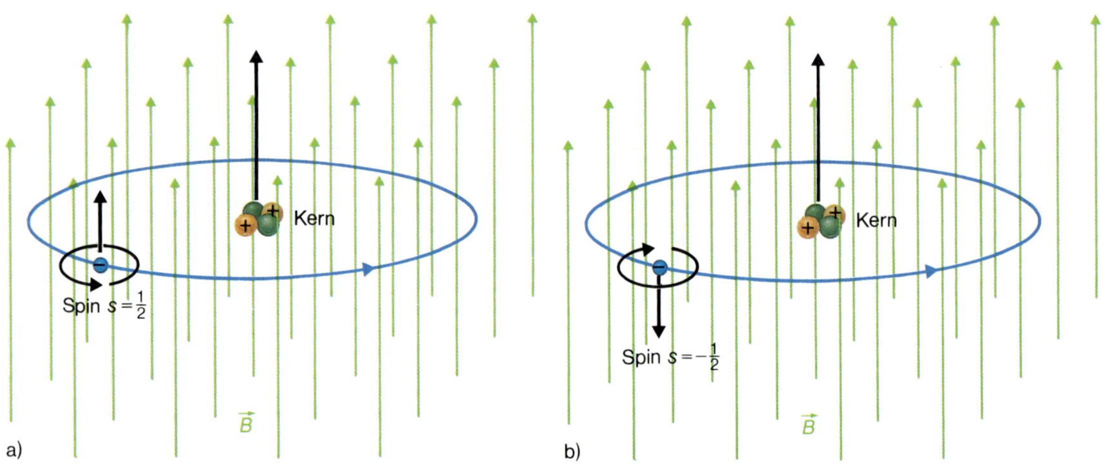

Abb. 10–40: Der Eigendrehimpuls (Spin) des Elektrons kann zwei Richtungen zu einem magnetischen Feld annehmen, man spricht von den Quantenzahlen $s = \frac{1}{2}$ (a) und $s = -\frac{1}{2}$ (b).

Schale	Quantenzahlen				Geometrie der Orbitale: Knotenflächen	Ebenen	Kegel	Kugeln	Orbitaltyp	Zahl der Zustände	
	n	l	m	s	n−1	|m|	l−|m|	(n−1)−l			
K	1	0	0	½ −½	0	0	0	0	s		2
L	2	0	0	½ −½	1	0	0	1	s	2	
	2	1	−1	½ −½	1	1	0	0			8
	2	1	0	½ −½	1	0	1	0	p	6	
	2	1	1	½ −½	1	1	0	0			
M	3	0	0	½ −½	2	0	0	2	s	2	
	3	1	−1	½ −½	2	1	0	1			
	3	1	0	½ −½	2	0	1	1	p	6	
	3	1	1	½ −½	2	1	0	1			
	3	2	−2	½ −½	2	2	0	0			18
	3	2	−1	½ −½	2	1	2	0			
	3	2	0	½ −½	2	0	1	0	d	10	
	3	2	1	½ −½	2	1	2	0			
	3	2	2	½ −½	2	2	0	0			
N	4	0	0	½ −½	3	0	0	3	s	2	
	4	1	−1	½ −½	3	1	0	2			
	4	1	0	½ −½	3	0	1	2	p	6	
	4	1	1	½ −½	3	1	0	2			
	4	2	−2	½ −½	3	2	0	1			
	4	2	−1	½ −½	3	1	1	1			
	4	2	0	½ −½	3	0	2	1	d	10	
	4	2	1	½ −½	3	1	1	1			
	4	2	2	½ −½	3	2	0	1			32
	4	3	−3	½ −½	3	3	0	0			
	4	3	−2	½ −½	3	2	1	0			
	4	3	−1	½ −½	3	1	2	0			
	4	3	0	½ −½	3	0	3	0	f	14	
	4	3	1	½ −½	3	3	2	0			
	4	3	2	½ −½	3	2	1	0			
	4	3	3	½ −½	3	1	0	0			

Abb. 10–41: Die möglichen Quantenzustände der Elektronen nach den Quantenzahlen *n, l, m* und *s* geordnet bis $n = 4$.

Hinzu kommen noch weitere Aufspaltungen, wenn die emittierenden Atome sich in starken elektrischen oder magnetischen Feldern befinden. Um diese Phänomene zu begreifen, muß man sich vorstellen, daß sich ein Elektron um seine eigene Achse dreht, also einen magnetischen Drehimpuls, genannt **Spin**, besitzt; er wird durch die vierte Quantenzahl s, die die Werte $\frac{1}{2}$ und $-\frac{1}{2}$ annehmen kann, beschrieben (*Abb. 10–40*).
Die Zustände, die ein Elektron im Atom annehmen kann, sind durch die vier Quantenzahlen *n, l, m* und *s* bestimmt, für die gilt:

$$1 \leqq n - 1,\ m \leqq 1,\ s = \tfrac{1}{2} \text{ oder } s = -\tfrac{1}{2}.$$

10.2.5 Das Pauli-Prinzip

Beobachtungen haben ergeben, daß ein bestimmtes Energieniveau – charakterisiert durch die vier Quantenzahlen – nur jeweils von höchstens einem Elektron besetzt gehalten werden kann. PAULI formulierte das nach ihm benannte Prinzip so:

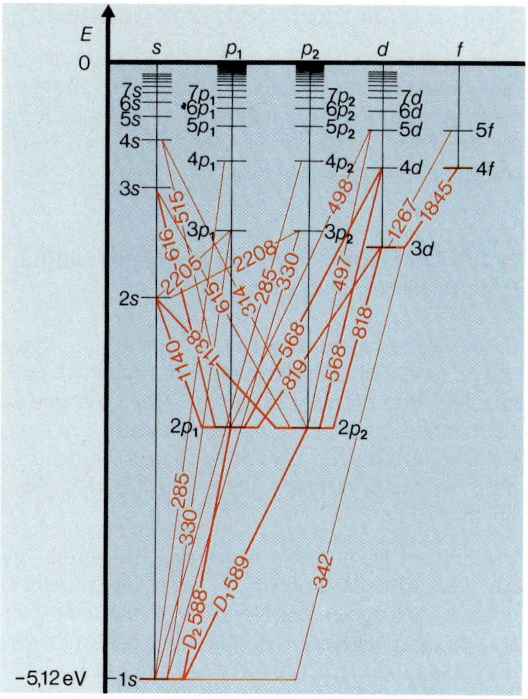

Abb. 10–42: Der untere Teil des kompletten Energieniveauschemas des Natriumatoms. D_1 und D_2 sind die beiden sehr starken gelben Linien im sichtbaren Teil des Spektrums.

Niemals können Elektronen eines Atoms gleichzeitig in allen vier Quantenzahlen *n, l, m, s* übereinstimmen.

Angewandt auf das Heliumatom ergeben sich für die beiden Elektronen im Grundzustand die Quantenzahlen:

n	l	m	s
1	0	0	$\frac{1}{2}$
1	0	0	$-\frac{1}{2}$

Für die ersten fünf Elemente im Periodensystem sieht die Elektronenkonfiguration so aus:

2p					↑
2s			↑	↑↓	↑↓
1s	↑	↑↓	↑↓	↑↓	↑↓
Element	H	He	Li	Be	B

Die Pfeile geben die Spinquantenzahl s an. Pfeil nach oben bedeutet $s = \frac{1}{2}$, Pfeil nach unten $s = -\frac{1}{2}$.
Die so entstehenden, oft eng benachbarten Energieniveaus werden zu Schalen zusammengefaßt. Die K-Schale enthält alle Terme zu der Hauptquantenzahl $n = 1$, die L-Schale zu $n = 2$ und so fort. Eine Übersicht liefert *Abb. 10–41*. Ein Beispiel für ein komplizierteres Energieniveauschema zeigt *Abb. 10–42*.

10.3 Leistungen der Atommodelle

An einigen Beispielen soll in diesem Abschnitt gezeigt werden, wie die behandelten Atommodelle zur Deutung von Versuchen und Erklärung der Ergebnisse benutzt werden können.

10.3.1 Die charakteristische Röntgenstrahlung (Das Moseleysche-Gesetz)

MOSELEY erkannte, daß jedes Element eine kennzeichnende Röntgenstrahlung besitzt und daß diese mit der Ordnungszahl im periodischen System der Elemente d. h. mit der Kernladungszahl Z in enger Beziehung steht. So konnte er damals Reihenfolge und noch unbekannte Lücken im Periodensystem nachweisen.

Versuch 10/10: Röntgenstrahlung, die durch den Aufprall schneller Elektronen auf ein Anodenblech entsteht, wird nach der Drehkristallmethode spektral zerlegt (→ *Kap. 7.4.4*). Mit einem Zählrohr wird die spektrale Intensitätsverteilung gemessen.
An den Netzebenen wird die Strahlung reflektiert, wenn die Bragg-Bedingung

$$n\lambda = 2d\sin\vartheta$$

(d = Netzebenenabstand und ϑ = Glanzwinkel) erfüllt ist; d. h. es kann durch Variieren des Winkels ϑ die Intensität der Strahlung in Abhängigkeit von der Wellenlänge gemessen werden.

Das **Ergebnis** zeigt *Abb. 10–43*. Auffallend ist, daß neben der kontinuierlichen – „weißen" – Röntgenstrahlung zwei scharf begrenzte intensive Spektrallinien auftreten.

Versuch 10/11: Röntgenstrahlung fällt auf ein Metallblech und wird anschließend spektral zerlegt. Es werden Nickel-, Kupfer-, Zink-, Zirkonium-, Silber- und Indiumbleche verwendet.
Die Meßergebnisse sind in *Abb. 10–44* dargestellt. Die Spektren zeigen eine Linie, teilweise mit mehreren Ordnungen. Die beiden Linien aus *Abb. 10–44* werden nicht mehr getrennt, und die weiße Röntgenstrahlung fehlt.
Auswertung: Die Wellenlängen der entstehenden Spektrallinien sind vom verwendeten Blechmaterial und damit von der Ordnungszahl des betreffenden Elements abhängig. Die Bleche werden zur Aussendung dieser charakteristischen Strahlung durch Röntgenstrahlen angeregt. Trägt man in einem Diagramm die Frequenz der charakteristischen Strahlung als Funktion von $(Z-1)^2$ auf, so erhält man, wie *Abb. 10–45* zeigt, eine Gerade.

Deutung: Führt man die Berechnung der Frequenz von zu erwartenden Spektrallinien beim Übergang

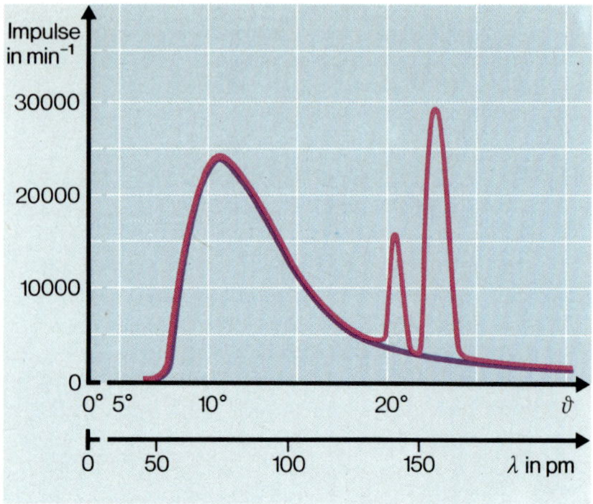

Abb. 10–43: Spektrum einer Röntgenstrahlung von einer Anode aus Kupfer, aufgenommen nach dem Bragg-Verfahren. Als Kristallmaterial wurde Lithiumfluorid mit dem Netzebenenabstand d = 201 pm verwendet. Die Intensität ist sowohl als Funktion des Glanzwinkels ϑ wie der Wellenlänge λ aufgetragen. Die violette Linie gibt den Verlauf der weißen Bremsstrahlung an.

von der n-ten auf die m-te Bahn für die Kernladungszahl Z, aber mit nur einem Elektron in der Hülle nach dem Bohrschen Atommodell durch, erhält man:

$$f = \frac{m_e}{8} \frac{e^4}{\varepsilon_0^2} \frac{Z^2}{h^3} \left(\frac{1}{m^2} - \frac{1}{n^2}\right)$$

oder $f \sim Z^2$. Das Experiment liefert aber $f \sim (Z-1)^2$. Wie läßt sich das erklären? Nach dem Pauli-Prinzip können sich zwei Elektronen auf der innersten Bahn befinden, ihre Quantenzahlen sind dann $n = 1$, $l = 0$, $m = 0$ und $s = \frac{1}{2}$ bzw. $s = -\frac{1}{2}$. Das eine wird nun durch Zufuhr von Energie (durch schnelle Elektronen im Röntgenrohr oder durch Röntgenlicht im externen Metallblech) entfernt. Aus dem zweiten (oder einem höheren) Energieniveau kann jetzt ein Elektron unter Aussendung eines Energiequants auf den jetzt leeren Platz im ersten Niveau springen (*Abb. 10–46*). Das zweite Elektron, daß sich auf diesem Energieniveau befindet, schirmt aber im statistischen Mittel eine positive Kernladung ab. Es muß für den Übergang in das erste Energieniveau also statt der positiven Kernladungszahl Z in die Rechnung $(Z-1)$ eingesetzt werden:

$$f = \frac{m_e}{8} \frac{e^4}{\varepsilon_0^2} \frac{(Z-1)^2}{h^3} \left(\frac{1}{m^2} - \frac{1}{n^2}\right).$$

Die Coulombschen Kräfte, die von Elektronen höherer Energiezustände ausgehen, können vernachlässigt werden, weil ihre räumlichen Abstände zu einem Elektron des unteren Energieniveaus relativ groß sind.

Die Gesetzmäßigkeit $f \sim (Z-1)^2$ heißt nach ihrem Entdecker Moseleysches Gesetz.

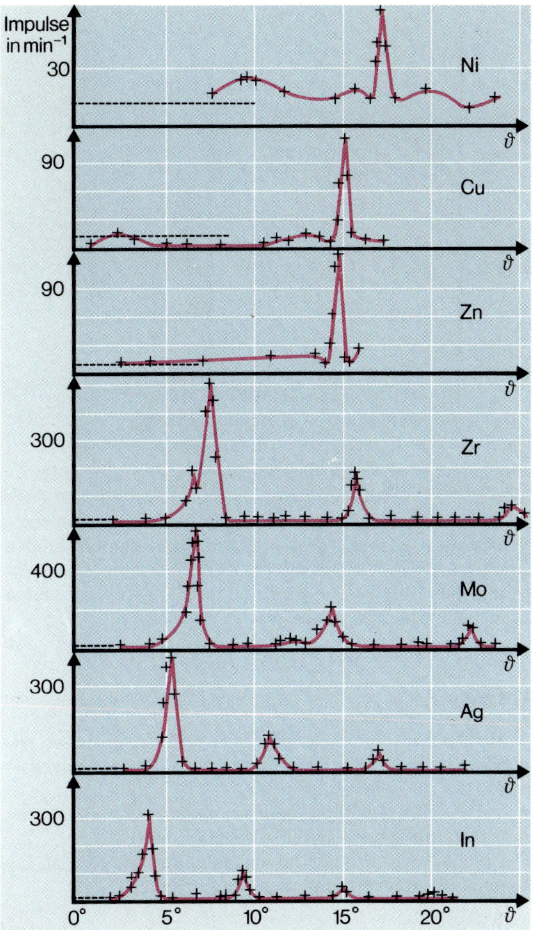

Abb. 10–44: Die Spektren der charakteristischen Strahlung einiger Metalle. Als Kristallmaterial wurde Kochsalz (NaCl) verwendet; es besitzt einen Netzebenenabstand von $d = 282$ pm. Schwarz gestrichelt ist die Nullrate.

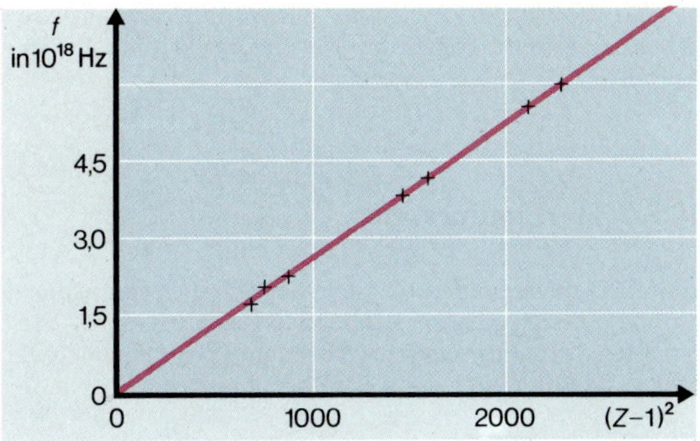

Abb. 10–45: Das Moseleysche Gesetz. Wird die Frequenz der charakteristischen Strahlung als Funktion von $(Z - 1)^2$ aufgetragen, ergibt sich eine Gerade.

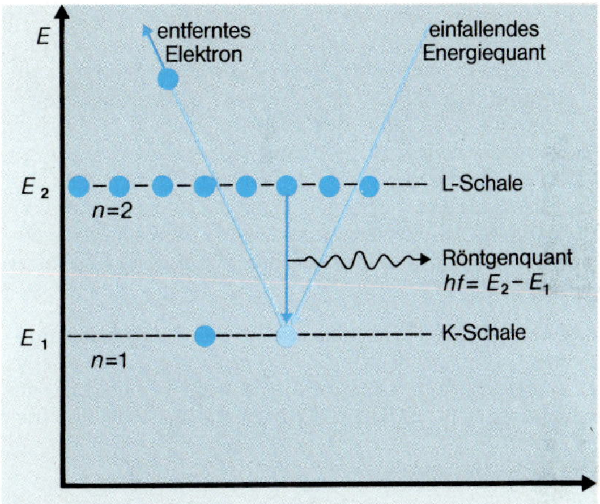

Abb. 10–46: Zur Entstehung der charakteristischen Strahlung. Ein Energiequant ausreichender Energie entfernt ein Elektron in der K-Schale. Ein Elektron aus der L-Schale kann „nachrücken“ und sendet dabei ein Röntgenquant der Energie $\Delta E = E_2 - E_1$ aus.

Diese Abhängigkeit benutzte MOSELEY 1913, um die Kernladungszahl einiger Elemente mit hoher Präzision zu bestimmen, seine Ergebnisse sind in *Tabelle 10–3* zusammengetragen. MOSELEY listete die Elemente, beginnend mit Wasserstoff, Helium, Lithium..., nach ihrem Atomgewicht auf und ordnete Calcium (Ca) die Nummer 20, Titan (Ti) 22 usw., schließlich Zink (Zn) die Nummer 30 zu. Bis auf wenige Ausnahmen gilt diese Regel für das ganze Periodensystem.

Element	Kernladungszahl Z
Calcium	20,00
Titan	21,99
Vanadium	22,96
Chrom	23,98
Magnesium	24,99
Eisen	25,99
Kobalt	27,00
Nickel	28,04
Kupfer	29,01
Zink	30,01

Tab. 10–3: Die von MOSELEY gemessenen Kernladungszahlen einiger Elemente.

Aufgaben

10/31: Bestimmen Sie Energie, Frequenz und Wellenlänge der charakteristischen Röntgenstrahlung einer Silberplatte.

10/32: Warum sind in *Abb. 10–44* nur Metalle aufgeführt?

10/33: Bei welchen Elementen könnte die Bestimmung der Wellenlänge der charakteristischen Röntgenstrahlung nach den beschriebenen Methoden unmöglich werden?

10/34: Eine genaue Untersuchung zeigt, daß die charakteristische Röntgenstrahlung eines Elements mehrere diskrete Spektrallinien enthält. Wie läßt sich dieses Phänomen erklären?

***10/35:** *Versuch 10/11* wird mit einem Stück Chrom-Nikkel-Stahlblech durchgeführt. Welches Spektrum ist zu erwarten?

10.3.2 Die Lumineszenz

Unter Lumineszenz versteht man das Anregen von Atomen durch Photonen mit dem Effekt, daß Licht mit einer anderen Frequenz ausgesendet wird. Man unterscheidet zwei Arten, die Fluoreszenz und die Phosphoreszenz.

Die Fluoreszenz

Versuch 10/12: Ultraviolettes Licht einer Quecksilberdampflampe oder Röntgenlicht fällt auf einen Uranglasquader bzw. auf einen Fluoreszenzschirm.
Beobachtung: Obwohl kein sichtbares Licht auf den Uranglasquader bzw. den Fluoreszenzschirm fällt, leuchten beide in gelb-grünlichem Licht auf.
Deutung: (*Abb. 10–47*). Durch Absorption eines Energiequants (1.) wird ein Elektron eines Atoms der Substanz auf ein freies Energieniveau B „gehoben". Unter Emission eines Photons (2.) „fällt" das Elektron nach der üblichen Verweildauer von ca. 10^{-7}s auf ein niedrigeres freies Niveau A zurück. Da die Energie eines Lichtquants im gelben Bereich des Spektrums geringer ist als die Energie eines UV-Lichtquants oder Röntgenquants, liegt dieses letztere Niveau höher als das ursprüngliche, von dem das Elektron stammt.

Ergebnis: Bei der Fluoreszenz muß die Energie des anregenden Quants größer als die des emittierten Quants sein[1]) (Stokesche Regel). Entsprechend ist die Wellenlänge des emittierten Photons länger als die des anregenden Photons.

Die Phosphoreszenz

Versuch 10/13: Ein „leuchtender" Lichtschalter (oder eine Armbanduhr) wird mit einer Bogenlampe kräftig beleuchtet und anschließend im verdunkelten Raum beobachtet.
Beobachtung: Nach Abschalten der Bogenlampe leuchtet der Schalter (Uhr) noch lange Zeit auf.
Erklärung: (*Abb. 10–47 b*). Durch Absorption eines Energiequants (1.) wird ein Elektron auf ein höheres freies Niveau B gehoben. Es verläßt dieses Niveau wieder (2.) nach der üblichen Verweildauer von ca. 10^{-8} s unter Abgabe von Energie in Form eines Photons oder als Wärmeenergie an das Kristallgitter und gelangt zum Niveau C. Hier verweilt das Elektron wesentlich länger (10^{-3} s bis einige Minuten Verweildauer); deshalb wird dieses Niveau auch metastabil genannt. Danach springt das Elektron (3.) zu einem tieferen freien Zustand A zurück, wobei ein Photon des beobachteten Lichtes entsteht.

Ergebnis: Bei der Phosphoreszenz geschieht die Anregung durch ein energiereiches Photon, das das Elektron auf ein höheres Niveau hebt; von hier springt es sofort auf ein niedrigeres metastabiles Niveau, von wo es nach einer längeren Verweildauer und unter Aussendung eines Lichtquants in den Grundzustand zurückspringt.

[1]) Ausnahmen gibt es; diesen Effekt erklärt man dadurch, daß zur Energie des erregenden Photons noch die Energie der Wärmebewegung des Atoms hinzukommt.

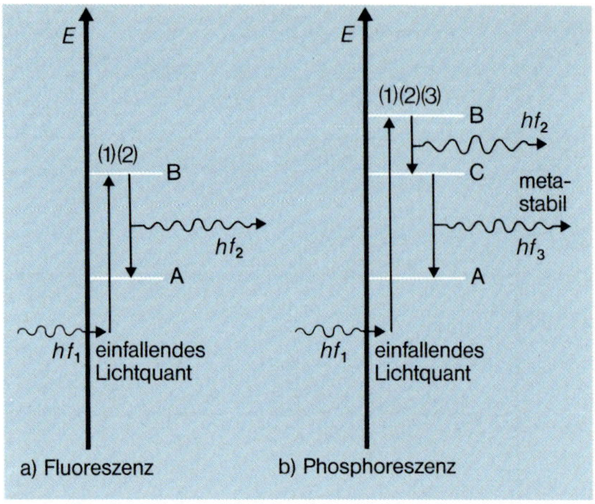

Abb. 10–47: Zur Erklärung der Fluoreszenz (a) und Phosphoreszenz (b). Ein Energiequant hebt ein Elektron auf das Niveau B. Von dort fällt es in a) sofort auf ein energieärmeres Niveau A zurück und sendet dabei ein Photon mit der Energie $\Delta E = E_B - E_A$ aus. Im Falle der Phosphoreszenz (*b*) gelangt das Elektron erst nach einem längeren Verweilen im metastabilen Zustand C zu diesem Vorgang.

Aufgabe

10/36: Die Phosphoreszenz wird bei Bildschirmen (Fernseher, Computerterminal, Oszilloskop) benutzt, um ein optisches Bild zu erhalten.
a) Mit welcher Spannung müssen die auftreffenden Elektronen mindestens beschleunigt werden?
b) Welche Verweildauer im metastabilen Niveau ist für welchen Anwendungszweck angebracht?

10.3.3 Die stimulierte Emission; der Laser

Bei Lichtverstärkern (Laser = **L**ight **A**mplification by **S**timulated **E**mission of **R**adiation) und Mikrowellenverstärkern (Maser) wird die Wechselwirkung zwischen Photonen und Elektronen in der Hülle von Atomen ausgenutzt. Schon 1917 erkannte EINSTEIN, daß zwischen Energiequanten, deren Energie genau die Größe der Differenzenergie zweier Zustände eines Atoms ist, und den Hüllenelektronen drei verschiedene Wechselwirkungen möglich sind (*Abb. 10–48*).

1. Trifft ein Photon der Energie $E = hf$ auf ein Atom, bei dem die Energiedifferenz zweier Energieniveaus $\Delta E = hf$ ist, während das untere besetzt und das obere leer ist, wird mit einer bestimmten Wahrscheinlichkeit das Quant vom Elektron absorbiert. Das Elektron befindet sich dann auf dem höheren Niveau (*Abb. 10–48 a*); das Atom ist angeregt **(Absorption)**. (Diese Anregung kann auch durch Energieübertragung bei Stößen entstehen.)
2. Ein angeregtes Atom wird nach einer bestimmten, für das betreffende Niveau charakteristi-

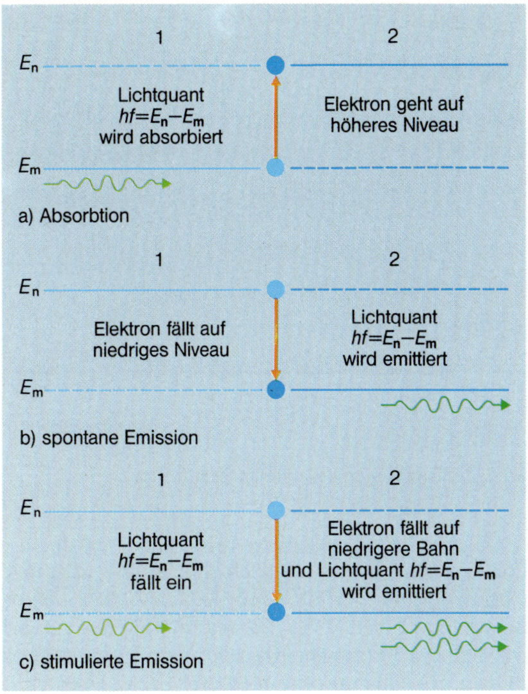

Abb. 10–48: Die möglichen Wechselwirkungen zwischen Photonen und Elektronen, wenn $h f = E_n - E_m$ ist.

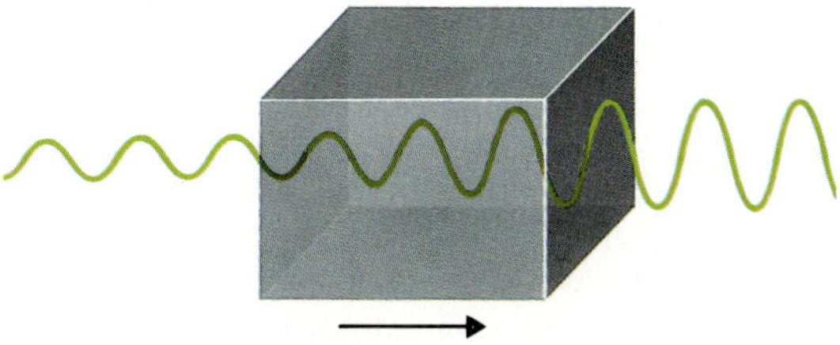

Abb. 10–49: Verstärkung durch stimulierte Emission. Von links kommt eine elektromagnetische Welle, die im aktiven Medium (Kasten) verstärkt wird.

schen, mittleren Verweilzeit spontan in seinen Grundzustand zurückkehren. Dabei wird die freiwerdende Energie in Form eines Photons abgestrahlt mit ($h\,f = \Delta E$) **(spontane Emission)** (*Abb. 10–48 b*).

3. Trifft ein Photon auf ein angeregtes Atom und ist die Energie des Photons so groß wie die Anregungsenergie des Atoms, kann das Photon das Atom zum Abstrahlen eines Photons dieser Energie anregen. Danach existieren also zwei Photonen gleicher Energie und somit gleicher Frequenz und Wellenlänge. Auch die Phasenlage und Polarisationsebene stimmen überein (*Abb. 10–48 c*). Die Wahrscheinlichkeit, daß diese **stimulierte** oder **induzierte Emission** eintritt, ist die gleiche wie bei der Absorption in Fall 1.

Kann man erreichen, daß sich weniger Atome im Grundzustand befinden als angeregt sind, so ist die Wahrscheinlichkeit, daß ein „passendes“ Photon absorbiert wird, geringer als die Wahrscheinlichkeit, daß das Photon zu stimulierter Emission anregt und sich somit verdoppelt. Ein solches Medium wirkt also für spezielle Photonen verstärkend; es wird aktives Medium genannt (*Abb. 10–49*).

Verstärkung tritt ein, wenn die stimulierte Emission gegenüber der Absorption überwiegt.

Das Problem besteht also darin, dafür zu sorgen, daß die Mehrzahl der Atome angeregt ist, damit eine Verstärkerwirkung eintritt. Dieses konnte lange Zeit nicht erreicht werden; so wurde erst 1960 ein funktionsfähiger Laser gebaut.

Die natürliche Besetzungsverteilung und ihre Inversion

Atome haben wie alle physikalischen Systeme das Bestreben, sich in einen Zustand minimaler Gesamtenergie zu begeben. Trotzdem befinden sich nicht alle Atome im Grundzustand, denn sie besitzen, wenn sie sich nicht gerade am absoluten Nullpunkt befinden, thermische Energie. Sie bewegen sich also und stoßen aneinander, wobei Energie ausgetauscht wird. Dadurch werden Atome angeregt. Nach dem Boltzmannschen Verteilungsgesetz bleiben aber immer die meisten Atome im Grundzustand, und die Besetzungszahlen der höheren Niveaus nehmen mit steigender Energie ab. Diese natürliche Besetzungsverteilung zeigt *Abb. 10–50 a*. Eine Verstärkung durch stimulierte Emission setzt aber eine Umkehr dieser Verhältnisse voraus. Es müssen sich mehr Atome in energiereicheren als in energieärmeren Zuständen befinden. Diese Besetzungsinversion ist in *Abb. 10–50 b* dargestellt.

Der Helium-Neon-Laser

Am Beispiel des Helium-Neon-Lasers soll hier gezeigt werden, wie eine Besetzungsinversion erreicht werden kann. Für den Lasereffekt verantwortlich sind nur die Neon-Atome; die Heliumatome dienen lediglich der Herstellung der Inversion. Beide Gase befinden sich gemeinsam in einem Glasbehälter bei niedrigem Druck. Der Partialdruck des Pumpgases Helium beträgt etwa 1 mbar, der Druck des Lasergases Neon sollte für eine optimale Laserstrahlung 0,1 mbar sein.

In *Abb. 10–51* sind die für Neonatome in diesem Zusammenhang wichtigen Energieniveaus angegeben. Beim Übergang vom Niveau Ne4(3s) zu Ne2(2p) wird die bekannte rote Laserlinie mit der Wellenlänge $\lambda = 633$ nm ausgesendet. Zwischen diesen beiden Niveaus soll also eine Inversion aufgebaut werden, d. h., es sollen stets mehr Atome im Zustand 3s als im Zustand 2p sein. Eine Gasentladung soll das

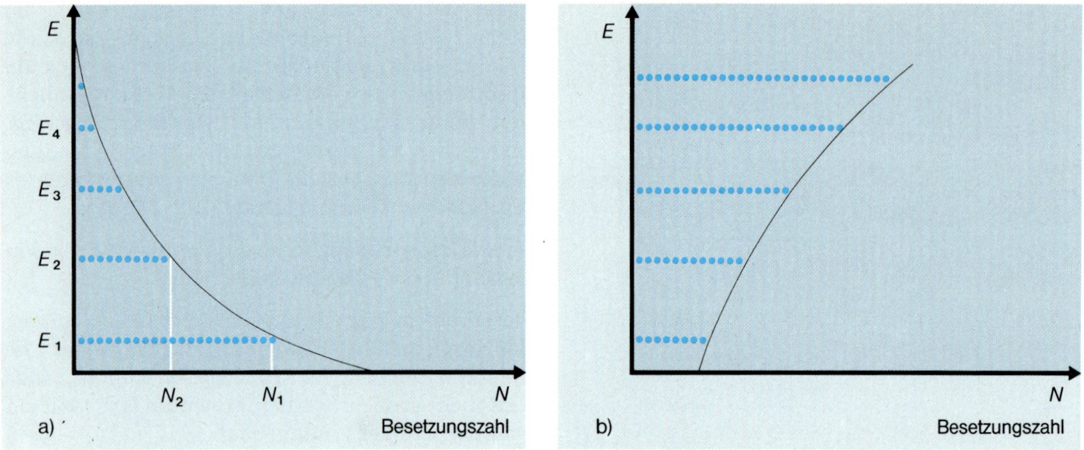

Abb. 10–50: a) Normale Besetzungsfunktion bei der Temperatur *T*. b) Invertierte Besetzungsverhältnisse.

vorbereiten. Die entstehenden freien energiereichen Elektronen regen durch Stöße Neonatome an. Nun ist die Wahrscheinlichkeit, daß der Zustand 2p angeregt wird, wesentlich größer als daß der Zustand 3s angeregt wird; eine Inversion kann also auf diese Weise nicht entstehen.

Es müssen zusätzliche Atome in den Zustand Ne4(3s) versetzt werden. Dazu sind die Helium-Atome sehr gut geeignet. Sie werden ebenfalls durch Elektronenstöße angeregt. Ein Helium-Niveau He4(3s) (*Abb. 10–51* links) besitzt fast die gleiche Energie wie das Ne3(2p)-Niveau (20,61 und 20,66 eV). Damit wird die Wahrscheinlichkeit sehr groß, daß Heliumatome im angeregten Zustand Neonatome aus dem Grundzustand in den Zustand 3s durch Energieübertragung heben.

Der kleine Unterschied in den Energien wird durch thermische Energie ausgeglichen. Bei geeignetem Druck ($p \approx 1$ mbar) und Mischungsverhältnis (10% Neon-Atome) läßt sich in einem Rohr eine Inversion der Zustände 3s und 2p erreichen. Dieser Vorgang wird Pumpen genannt. Ein so angeregtes Helium-Neon-Gemisch kann bestimmte Photonen vervielfachen, wobei Energie, Phase und Polarisationsebene erhalten bleiben (*Abb. 10–52*).

Der Laser-Oszillator

Ein geeignet aufbereitetes Helium-Neon-Gemisch kann also elektromagnetische Strahlung der Wellenlänge $\lambda = 633$ nm verstärken. Die Verstärkung ist aber nur sehr gering, liegt also nur wenig über 1. Ähnlich wie bei der Erzeugung ungedämpfter elektrischer Schwingungen kann man auch hier durch eine geeignete sehr verlustarme Rückkopplung einen Oszillator bauen.

Durch spontane Emission werden in einem solchen aktiven Medium immer Photonen der Wellenlänge 633 nm erzeugt, deren Ausbreitungsrichtung und Polarisationsebene statistisch gleichmäßig über den ganzen Raum verteilt sind (*Abb. 10–52 b oben*). Bringt man am Ende des Rohres einen Spiegel an, so werden die Photonen, die senkrecht zum Spiegel fliegen, in das aktive Medium zurückgeworfen (*Abb. 10–52 b Mitte*). Diese Strahlung wird beim Durchgang durch das Rohr durch stimulierte Emission verstärkt, bis sie am anderen Ende wieder zurückgeworfen wird (*Abb. 10–52 b unten*).

Zwischen den Spiegeln überlagern sich die hin- und herlaufenden Wellenzüge zu einer stehenden Welle; damit wird dieser Raum zu einem optischen Resonator.

Den Abstand zwischen den Spiegeln bestimmt die Wellenlänge des Oszillators, denn der Abstand l der Spiegel muß genau ein Vielfaches von $\lambda/2$ sein. Gleichzeitig muß λ innerhalb der natürlichen Linienbreite der Neonspektrallinie liegen. Die Linienbreite dieser Laser-Strahlung ist um ein Vielfaches geringer als die natürliche Linienbreite.

Um Verluste an den Enden des Rohres zu vermeiden, sind die Endflächen unter dem → Brewsterschen Winkel angebracht. Dadurch wird erreicht, daß Licht einer bestimmten Polarisationsebene ungeschwächt – d.h. ohne Reflexionsverluste – hindurchgelassen wird. Das Laserlicht ist somit vollständig linear polarisiert. Um die Laserstrahlung ausnutzen zu können, ist der eine Spiegel nur zu 98% verspiegelt, 2% der Strahlung gelangen nach außen und stehen somit für Versuche mit Laserlicht zur Verfügung. Durch Ausnutzung von unterschiedlichen Sprüngen zwischen möglichen Energieniveaus des Neons kann man außer der bekannten roten Laserlinie noch weitere 20 Wellenlängen erzeugen.

Außer dem HeNe-Laser, der weit verbreitet ist, gibt es noch viele weitere Gaslaser. So gibt es CO_2-N_2-He-Laser, die bis zu 150 W Strahlungsleistung ab-

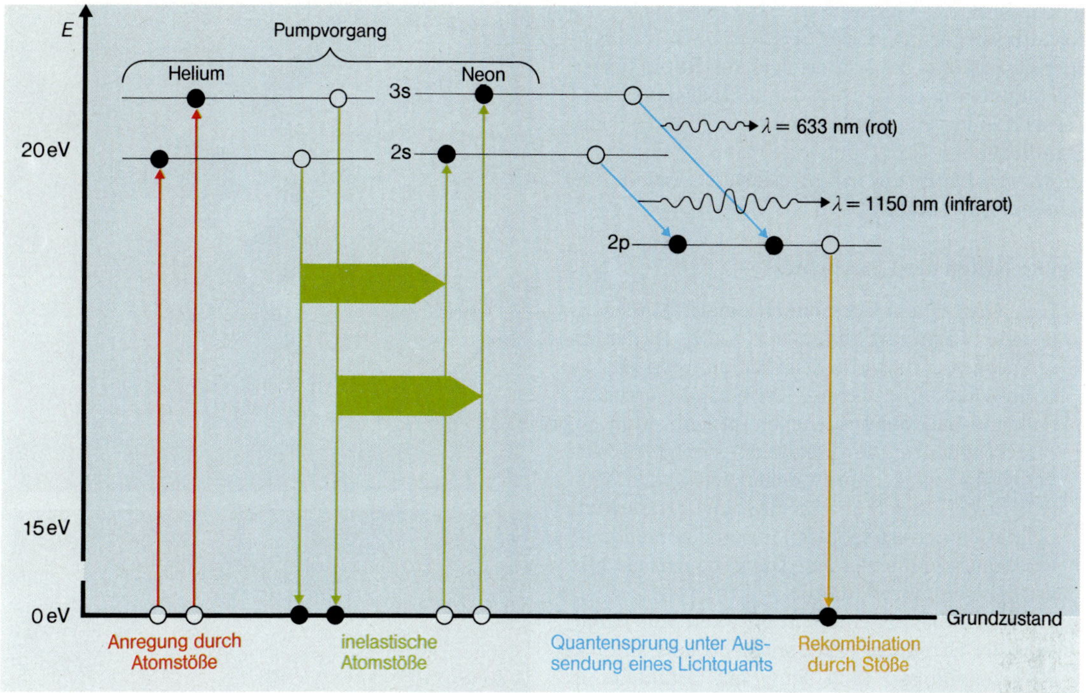

Abb. 10–51: Ausschnitt aus den Niveauschemata für Helium und Neon, soweit es für das Verstehen der Entstehung der roten Laserlinie nötig ist. Die Energie in den Grundzuständen ist willkürlich zu Null festgesetzt worden.

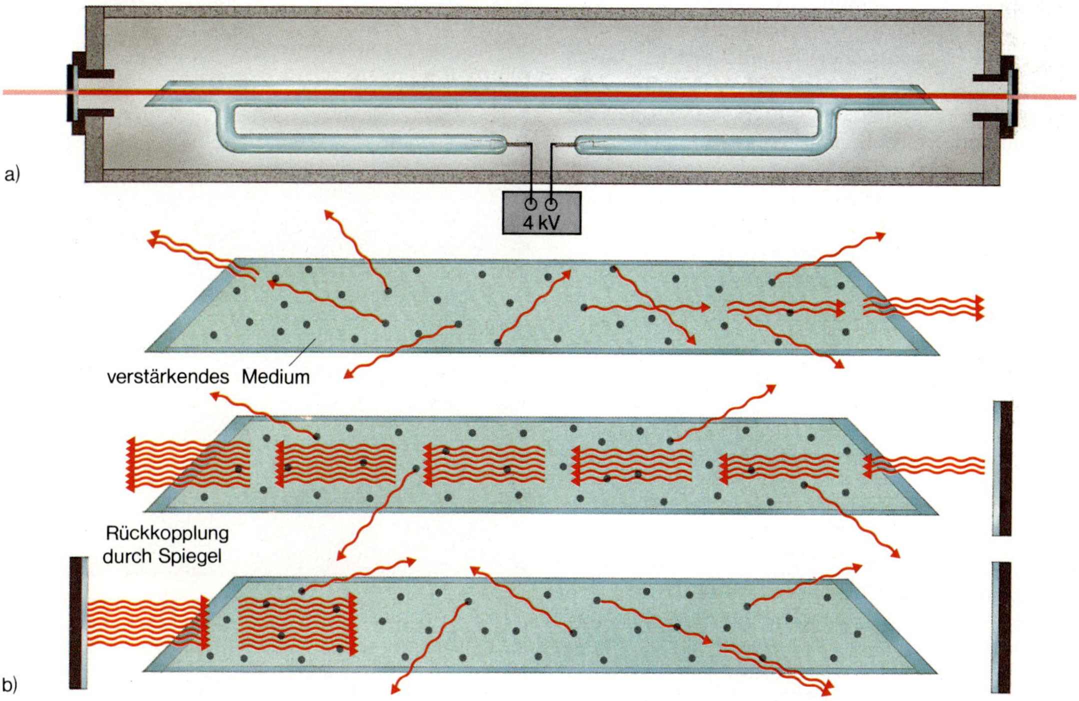

Abb. 10–52: a) Helium-Neon-Laser. b) Die stimulierte Emission kommt durch die Rückkopplung über die Spiegel zum Überwiegen.

geben. So wie es Gaslaser gibt, hat man auch Festkörperlaser gebaut, deren Leistung bis in den kW-Bereich geht. Am bekanntesten ist der Rubin-Laser; mit ihm gelang es zum erstenmal überhaupt, 1960 Laserlicht zu erzeugen, nachdem TOWNES seine grundlegenden Untersuchungen zum Erzeugen kohärenten Lichtes durch stimulierte Emission 1958 abgeschlossen hatte.

Abb. 10–53: Ein Laserimpuls wird über den Parabolspiegel des Lure-Observatoriums auf der Insel Maui, Hawaii, zum Mond geschickt, um dort über den von Astronauten aufgestellten Spiegel (Katzenaugenprinzip) zur Erde reflektiert zu werden. Der reflektierte Strahl wird über das Teleskop beobachtet und die Laufzeit gemessen, aus ihr wird die Entfernung berechnet.

Eigenschaften des Laserlichtes (→ *7.3.8*)

a) Laserlicht ist **extrem monochromatisch.** Es wurde eine Linienhalbwertsbreite von 1 kHz gemessen, während die natürliche Linienbreite der Neonlinie 800 MHz beträgt. Der Grund hierfür ist, daß innerhalb der natürlichen Linienbreite mehrere Frequenzen der möglichen stehenden Wellen im Resonanzraum zwischen den beiden Spiegeln liegen. Durch unterschiedliche Verstärkung bei diesen extrem scharfen Resonanzlinien kann eine ausgewählt werden. Die Frequenz ist also zeitlich sehr stabil, daraus folgt:
b) Laserlicht besitzt eine **sehr gute zeitliche Kohärenz** der Strahlung. Entsprechend lang sind die Kohärenzlängen (300 km). Im Grundmodus, wenn man es mit nur einer stehenden Welle und mit nur einer Spektrallinie zu tun hat, ergeben sich über den ganzen Querschnitt des Laserstrahls gleiche Phasen. Damit folgt:
c) Laserlicht besitzt eine **ausgezeichnete räumliche Kohärenz.**
d) Laserlicht ist **vollständig linear polarisiert,** denn die Laser-Photonen verlassen das Glasgefäß unter dem Brewsterschen Winkel. Bedingt durch die Rückkopplung über die Spiegel ergibt sich:
e) Laserlicht zeichnet sich durch eine sehr **geringe Divergenz** von wenigen Bogenminuten aus.
Diese mit thermischen Lichtquellen nicht oder nur unter größten Schwierigkeiten zu erreichenden Eigenschaften machen den Laser für viele Anwendungen hervorragend geeignet.

Einige Anwendungen des Laserlichtes

a) In Medizin und Biologie
In der Biologie werden Rubinlaser für Zellforschungen verwendet, da sich wegen der guten Fokussierbarkeit einzelne Teile einer lebenden Zelle beeinflussen lassen. In der Physiologie werden durch Abtöten einzelner Zellen mit einem Laserstrahl Fragen der Bedeutung dieser Zellen für den ganzen Organismus untersucht. Das Anheften („Schweißen") einer abgelösten Netzhaut mit Laserstrahlen ist heute schon eine alltägliche Angelegenheit.
b) Längenmessungen
Benutzt man beim → Michelson-Interferometer einen Laser als Lichtquelle, kann man Entfernungen über einige Meter auf eine Genauigkeit von $\frac{1}{20}$ Wellenlänge ausmessen. Für mittlere Entfernungen bis etwa 80 km werden modulierte Laserstrahlen eingesetzt. Die Phasenbeziehungen bei verschiedenen aufmodulierten

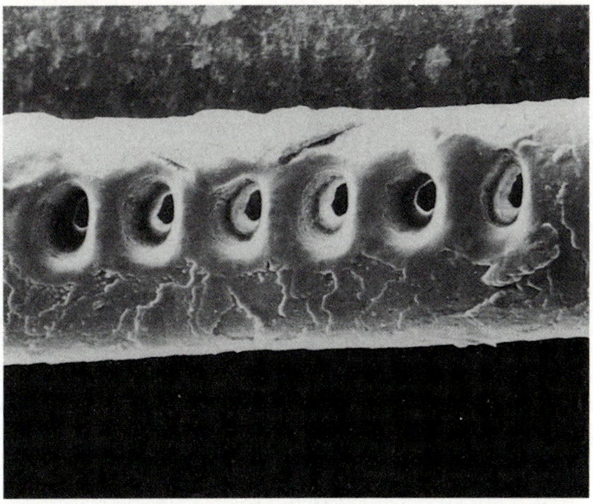

Abb. 10–54: Laserbohrungen durch ein menschliches Haar.

Frequenzen werden gemessen und ergeben die Entfernungen auf etwa 20 cm genau[1]). Große Entfernungen werden mit Hilfe der Laufzeit des Laserlichtes für den Hin- und Rückweg gemessen. So wurde die Entfernung Erde–Mond auf wenige Zentimeter genau gemessen, dazu wurde ein sehr kräftiger kurzer Laserimpuls von einem astronomischen Observatorium ausgesandt und an den von Astronauten aufgestellten großflächigen Spiegeln reflektiert (*Abb. 10–53*).

c) Holographie
Bei der Herstellung eines → Hologramms ist eine streng monochromatische kohärente Lichtquelle nötig. Heute wird diese linsenlose dreidimensionale Photographie ausschließlich mit Laserlicht hergestellt.

d) Technik
Wegen der hohen Energiedichte wird das Laserlicht beim Schmelzschweißen von Legierungen, die eine hohe Schmelztemperatur haben, angewandt. Feinste Löcher können von Laserstrahlen in schwierig zu bohrenden Materialien hergestellt werden (*Bild 10–54*).

e) Nachrichtentechnik
Laserstrahlen können Informationen → aufmoduliert werden. Es lassen sich gleichzeitig etliche Fernsehprogramme und viele Tausende von Ferngesprächen mit einem Laserstrahl in einem Glasleiter über viele Kilometer übertragen.

Aufgaben

10/37: Nach welchen Gesichtspunkten sollte man Pumpgase zu Lasergasen aussuchen?

***10/38:** Ein He-Ne-Laser hat einen Spiegelabstand von 0,5 m. Bestimmen Sie den Frequenzabstand benachbarter Resonanzfrequenzen dieses optischen Resonators im Bereich der Laserlinie (λ = 633 nm). Vergleichen Sie die so abzuschätzende Linienbreite mit der „natürlichen“ Linienbreite der Neonlinie. Will man monochromatische Laserlinien erhalten, bevorzugt man kurze optische Resonatoren. Begründen Sie das.

10/39: Nach dem Einschalten eines Lasers ist der Strahl nicht momentan „da“. Woran liegt das?

10/40: Gigantpuls-Laser senden Impulse von 10 ns Dauer bei einer Strahlungsleistung von 10 GW aus. Welche Energie enthält ein Puls? Warum ist ein solcher Puls trotzdem so gefährlich?

10/41: Quick-switch-Laser können Impulse von nur 3 ps Dauer abgeben. Wie genau könnte man mit ihm (theoretisch) eine Entfernung nach dem Laufzeitprinzip messen?

10/42: Mit einem Laserstrahl wird ein feines Loch „gebohrt“. Wo bleibt das entfernte Material?

10.3.4 Absorptionsspektren von Farbstoffmolekülen

Versuch 10/14: Weißes Licht wird durch eine verdünnte Lösung eines Farbstoffes gesandt und anschließend mit einem Prisma spektral zerlegt.

Ergebnis: Im Spektrum wird ein kleiner Bereich von der Flüssigkeit absorbiert. Die Farbe des verwendeten Farbstoffes ist die Komplementärfarbe dazu.

Diese Farbe eines Stoffes läßt sich in manchen Fällen, wenn die Molekülstruktur bekannt ist, vorausberechnen. Betrachtet man als Beispiel das Farbstoffmolekül in *Abb. 10–55*. Die Atome liegen in einer Ebene und bilden somit eine Zickzackkette. Die Kohlenstoffatome in den CH_3-Gruppen an den Enden der Kette haben alle vier Elektronen der äußeren L-Schale „gebunden“, wie der Chemiker sagt, d. h., sie haben ihre größte Aufenthaltswahrscheinlichkeit im Bereich zwischen dem Kohlenstoffatomkern und dem Wasserstoffatomkern bzw. einem Nachbaratomkern, zu dem ein Valenzstrich führt.
Bei den fünf Kohlenstoffatomen innerhalb der Kette sind nur drei der vier Valenzelektronen so gebunden, beim Stickstoffatom sind entsprechend zwei der fünf und beim Stickstoffion eines der vier Valenzelektronen frei. Die nicht gebundenen Valenzelektronen können sich innerhalb der in *Abb. 10–55* getönten Fläche annähernd frei bewegen. Dieser Raum reicht ungefähr bis zu den Kernen der Kohlenstoffatome in den CH_3-Gruppen. Vereinfacht dargestellt, befinden sich die nicht gebundenen Valenzelektronen (im obigen Beispiel sind es 8) in einem linearen Poten-

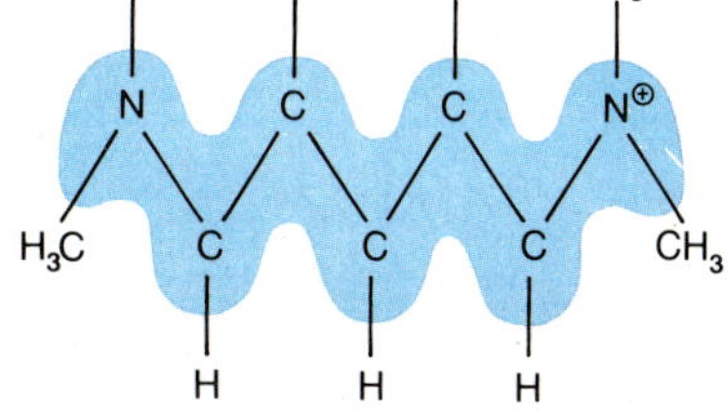

Abb. 10–55: Farbstoffmoleküle des symmetrischen Cyanins. Dunkel getönt ist der mögliche Aufenthaltsbereich der nicht durch Valenzstriche gebundenen Valenzelektronen.

[1]) Da in die Rechnung die Lichtgeschwindigkeit eingeht, muß sie längs der gesamten Meßstrecke sehr genau bekannt sein. Dazu müssen die Lufttemperatur, der Luftdruck und die Luftfeuchte genau gemessen sein.

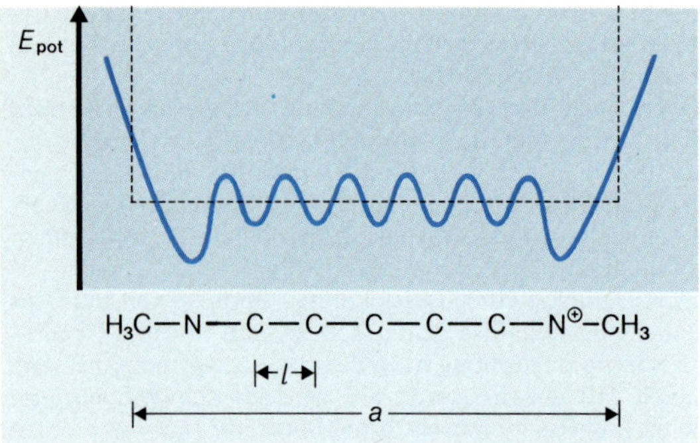

Abb. 10–56: Der Verlauf der potentiellen Energie eines nicht gebundenen Valenzelektrons in einem Farbstoffmolekül. Er wird bei einer vereinfachten Rechnung durch ein Kasten-Potential (gestrichelt) ersetzt.

tialtopf; dadurch wird der Verlauf der potentiellen Energie in *Abb. 10–56* durch eine Rechteckkurve ersetzt (gestrichelt gezeichnet).
Die zu erwartenden stehenden Wellen (ψ-Funktionen) der möglichen Quantenzustände sind bis $n = 5$ in *Abb. 10–57* eingetragen. Links sind auf der vertikalen Achse die dazugehörigen Energien angegeben:

$$E_n = \frac{h^2}{8\ m_e\ a^2}\ n^2$$

(a Länge des Potentialtopfes).

Der Abstand zweier benachbarter Atome des linearen Potentialtopfes ist konstant und wird mit l bezeichnet. Gehören i Moleküle zum Potentialtopf, beträgt seine Länge $a = (i + 1)\ l$; somit wird

$$E_n = \frac{h^2}{8\ m_e\ l^2\ (i+1)^2}\ n^2 .$$

Die Zahl der freien Elektronen im Topf ist $i + 1$, und im folgenden soll diese Zahl als gerade angenommen werden. Nach dem Pauli-Prinzip besetzen jeweils zwei von ihnen der Reihe nach die unteren Energiezustände. Es sind also die ersten $\frac{i+1}{2}$ Energiezustände aufgefüllt. Ein Elektron des höchsten besetzten Niveaus kann jetzt durch Absorption eines Photons auf das nächsthöhere gehoben werden. Das ist die niedrigste Energie, die ein solches Farbstoffmolekül aufnehmen kann:

$$\Delta E = E_{\frac{i+1}{2}+1} - E_{\frac{i+1}{2}}$$

$$= \frac{h^2}{8\ m_e\ (i+1)^2 l^2}\left[\left(\frac{i+3}{2}\right)^2 - \left(\frac{i+1}{2}\right)^2\right]$$

$$\Delta E = \frac{h^2}{8\ m_e\ l^2}\ \frac{i+2}{(i+1)} .$$

Mit $\lambda = \frac{hc}{E}$ wird die Wellenlänge des absorbierten Lichtes

$$\lambda = \frac{8\ c\ m_e\ l^2}{h}\ \frac{(1+i)^2}{i+2} .$$

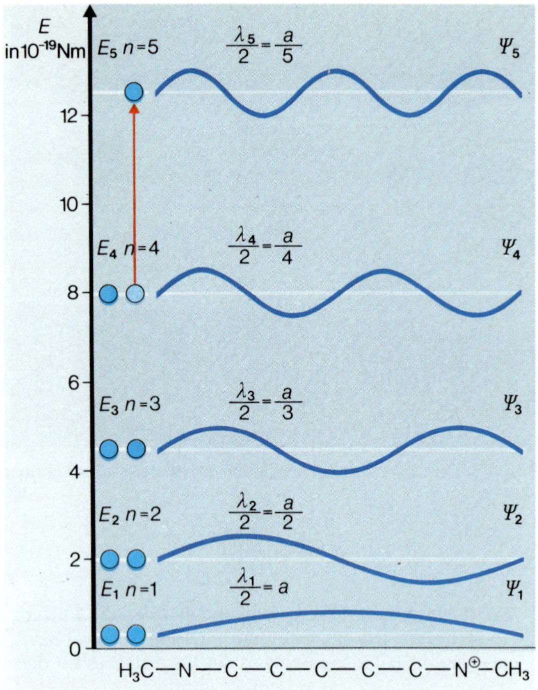

Abb. 10–57: Energiezustände und Wellenfunktionen von Elektronen, die sich längs einer Atomkette eines Farbstoffmoleküls frei bewegen können.

Versuch 10/15: Für die Farbstoffe

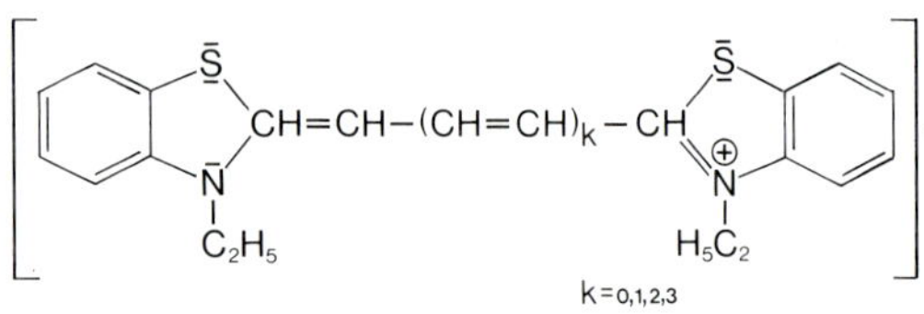

(3,3′-Diethylthiacyaniniodid; 3,3′-Diethylthiacarbocyaniniodid; 3,3′-Diethylthiadicarbocyaniniodid, 3,3′-Diethylthiatricarbocyaniniodid) wird das Absorptionsspektrum gemessen. Dazu sendet man weißes Licht einer Glühlampe durch eine Lösung dieser Farbstoffe und ermittelt mit einem Strichgitter die Lage der Absorptionsmaxima.

Ergebnis: Man findet vier Maxima für die Wellenlängen 309 nm, 428 nm, 590 nm und 710 nm. Diese Ergebnisse stimmen erstaunlich gut mit den Werten überein, die man nach der oben angegebenen Formel erhält, wenn man für $i = 2\ k + 5$ $\quad (k = 0, 1, 2, 3)$ einsetzt.

10.4 Das Periodensystem der Elemente

Die in diesem Kapitel gewonnenen Vorstellungen über das Verhalten von Elektronen in der Atomhülle sollen dazu dienen, den Aufbau des Periodensystems der Elemente zu verstehen.

10.4.1 Das Ordnungsprinzip im Periodensystem

Dem Aufbau des Periodensystems liegen folgende Prinzipien zugrunde:
1. Ordnungszahl gleich Kernladungszahl Z gleich Anzahl der Hüllenelektronen im nicht ionisierten Zustand.
2. In einer Atomhülle können nicht zwei Elektronen in allen vier Quantenzahlen übereinstimmen (**Pauli-Prinzip**).
3. Im Grundzustand besetzen die Elektronen diejenigen Zustände, deren zugeordnete Energien am niedrigsten sind. Es werden also diejenigen Zustände belegt, die eine Wahrscheinlichkeitswolke möglichst dicht am Kern ergeben; dabei werden kugelsymmetrische Wolken bevorzugt.

10.4.2 Der Aufbau des Periodensystems

Beim ersten Element im periodischen System, dem Wasserstoff, wird das Elektron den Zustand mit der Quantenzahl $n = 1$ belegen, wenn von außen keine Energie zugeführt wird. Da $l \leqq n - 1$ sein muß, ergibt sich $l = 0$ und damit $m = 0$. Das Wasserstoffatom besitzt also im Grundzustand ein 1 s-Elektron. Die vierte Quantenzahl s kann die Werte 1/2 und −1/2 annehmen.
Wird ein zweites Elektron in die Hülle eingebaut, muß die Kernladungszahl $Z = 2$ sein, damit das Atom nach außen neutral erscheint, und man erhält das Heliumatom. Diese beiden Elektronen können die Hauptquantenzahl $n = 1$ besitzen, müssen aber den Spin 1/2 und −1/2 haben, damit sie nicht in allen vier Quantenzahlen übereinstimmen. Dadurch wird die K-Schale voll besetzt. Das Helium besitzt zwei 1 s-Elektronen.
Der Aufbau der L-Schale beginnt beim dritten Element, dem Lithium. Das neu hinzugekommene Elektron bekommt die Hauptquantenzahl $n = 2$ und hat eine kugelsymmetrische Wahrscheinlichkeitsverteilung, also sind $l = 0$ und $m = 0$. Der Spin nimmt einen der beiden möglichen Werte an.
Beim Beryllium ($Z = 4$) kommt ein weiteres 2 s-Elektron mit entgegengesetztem Spin zum ersten in die L-Schale hinzu. Beim anschließenden Element Bor erhält man zum erstenmal ein Elektron in einem Quantenzustand mit $l = 1$. Mit dem Element Neon ($Z = 10$) ist dann die L-Schale aufgefüllt.
Nach diesen Regeln sind auch die weiteren Elemente aufgebaut. Beim Kalium beginnt eine scheinbare Unregelmäßigkeit (→ *Periodensystem der Elemente im Anhang*). Das 4 s-Elektron der N-Schale wurde eingebaut, ehe die M-Schale abgeschlossen war. Die Begründung hierfür ist, daß dieser Zustand eine niedrigere Energie besitzt. Solche Fälle kommen im Periodensystem häufiger vor.

10.4.3 Die Gruppen im Periodensystem

Im Periodensystem sind die Elemente fortlaufend nach ihrer Kernladungszahl Z aufgeführt. Gleichzeitig hat man gewisse Gruppen von Elementen mit verwandtem chemischem Verhalten zusammengefaßt, indem man diese vertikal übereinander angeordnet hat. Diese chemisch gefundene Zusammengehörigkeit tritt periodisch auf (daher der Name Periodensystem), läßt sich aber physikalisch aus dem Wellenmodell für die Atomhülle erklären (*siehe Tafel im Anhang*).

Die Gruppe der Edelgase

Die nullte Gruppe enthält die Edelgase Helium, Neon, Argon usw. Beim Helium ist die K-Schale voll besetzt mit zwei Elektronen, die entgegengesetzten Spin haben. Die Wahrscheinlichkeitswolke ist kugelsymmetrisch, der magnetische Gesamtdrehimpuls der Hülle Null. Die beiden Elektronen schirmen die beiden positiven Elementarladungen des Kerns vollständig ab. Es kann von außen kein weiteres Elektron in die Nähe des Kerns gelangen und dann gebunden werden. Wegen der starken Bindung an den Kern kann nur mit der sehr großen Ionisierungsenergie von 24,6 eV ein Elektron aus der Hülle entfernt werden. Bei chemischen Prozessen treten so hohe Energien nicht auf. Deswegen ist Helium chemisch inaktiv und bildet keine Moleküle.
Das gleiche gilt für Neon, hier ist die L-Schale aufgefüllt, die Ionisierungsenergie 21,6 eV. Die L-Schale enthält außer den beiden s-Elektronen drei Paare von p-Elektronen, deren Wolken – jeweils um 90° gedreht – zusammen etwa eine Kugelgestalt annehmen (*Abb. 10–37b*).
So wie die L-Schale beim Neon sind die M-Schale des Argon, N-Schale des Krypton, O-Schale des Xenon und die P-Schale des Radon aufgebaut, obwohl sie nicht voll besetzt sind. Das chemische Verhalten entspricht dem des Helium und Neon.

Die Gruppe der Halogene

Die Halogene Fluor, Chlor, Brom, Jod und Astat bilden die VII. Gruppe. Ihre äußeren Schalen, die für das chemische Verhalten verantwortlich sind, zeigen alle den gleichen Aufbau: 2 s-Elektronen und nur 5 p-Elektronen. Um die Schale stabil zu machen – wie beim Neon erklärt –, müßte noch ein Elektron aufgenommen werden. Es kann mit den drei Quantenzahlen *n, l* und *m* eines der 5 p-Elektronen übereinstimmen, der Spin müßte entgegengesetzt sein. Diese Elemente gehen bevorzugt chemische Verbindungen ein, bei denen sie ein Elektron aufnehmen.

Die Gruppe der Alkalimetalle

Die Gruppe I der Alkalimetalle beginnt mit dem Element Lithium. Wie Lithium besitzen die weiteren Alkalimetalle in der äußeren Schale jeweils nur ein Elektron, während die Schale darunter die stabile Edelgaskonfiguration zeigt. Da die Kernladungszahl um eins höher als bei den entsprechenden Edelgasen ist, sind diese Schalen besonders eng um den Kern geladen. Entsprechend „lose" ist das äußere Elektron gebunden, wie die Ionisierungsenergien für Lithium (5,4 eV) und Natrium (5,3 eV) zeigen. Die Energie zur Entfernung des zweiten Elektrons beträgt demgegenüber beim Lithium 75,6 eV. Die Alkalimetalle sind bereit, in einer chemischen Verbindung ein Elektron abzugeben.

Für die weiteren Gruppen des Periodensystems läßt sich das chemische Verhalten in gleicher Weise voraussagen.

Aufgaben

10/43: Vervollständigen Sie *Abb. 10–41* durch Ergänzung der O-Schale.

10/44: Leiten Sie eine Formel her, die es erlaubt, die maximale Anzahl der Elektronen in einer Schale zu bestimmen.

11 Festkörperphysik

Die Festkörperphysik befaßt sich mit Materie im festen Aggregatzustand. Es wird versucht, bestimmte Eigenschaften der Festkörper durch elementare physikalische Gesetzmäßigkeiten zu erklären. Dabei wird in diesem Kapitel auf die elektrischen Eigenschaften, die in der Elektronik (Halbleiter) und in der Datenverarbeitung (integrierte Schaltungen) von großer Bedeutung sind, besonders eingegangen.

11.1 Der Kristallaufbau fester Körper

Feste Körper besitzen eine unveränderliche Gestalt, solange sich die äußeren Bedingungen, wie Druck und Temperatur, nicht wesentlich ändern. Alle Festkörper besitzen – zumindest für kleine Bereiche – eine regelmäßige Anordnung ihrer Atome oder Moleküle.

11.1.1 Die vier Aggregatzustände

Außer den drei „klassischen" Aggregatzuständen (→ *Kap. 4*) fest, flüssig und gasförmig kennt man in der Physik den Plasmazustand (*Abb. 11–1*). Im Festkörper hat jedes Atom seinen bestimmten Platz. Die Gestalt ist unveränderlich, es sei denn, es finden starke Einwirkungen von außen statt.

Beim Biegen einer Blattfeder wird von außen Energie in Form von mechanischer Arbeit zugeführt. Auf der einen Seite der Blattfeder werden beim Biegen die Abstände benachbarter Atome vergrößert, auf der anderen Seite entsprechend verringert; in beiden Fällen muß dazu Energie aufgewendet werden. Wird die gespannte Blattfeder wieder losgelassen, geht sie in ihre Ausgangslage zurück; die vorher aufgewendete Energie wird dabei wieder frei.

Zwischen den Atomen wirken elektromagnetische Kräfte, so daß sich ein mittlerer Atomabstand einstellt. *Abb. 11–2* zeigt, daß für eine Annäherung wie für eine Entfernung zweier Atome Energie nötig ist. Um den mittleren Abstand kann ein Atom schwingen.

Um den Übergang **vom festen zum flüssigen Zustand** zu verstehen, muß auf das Verhalten eines Atoms in einem Festkörper näher eingegangen werden. Unterhalb der Schmelztemperatur liegt ein System von Atomen oder Molekülen in der Regel in kristalliner oder amorpher Form vor. Im Kristall

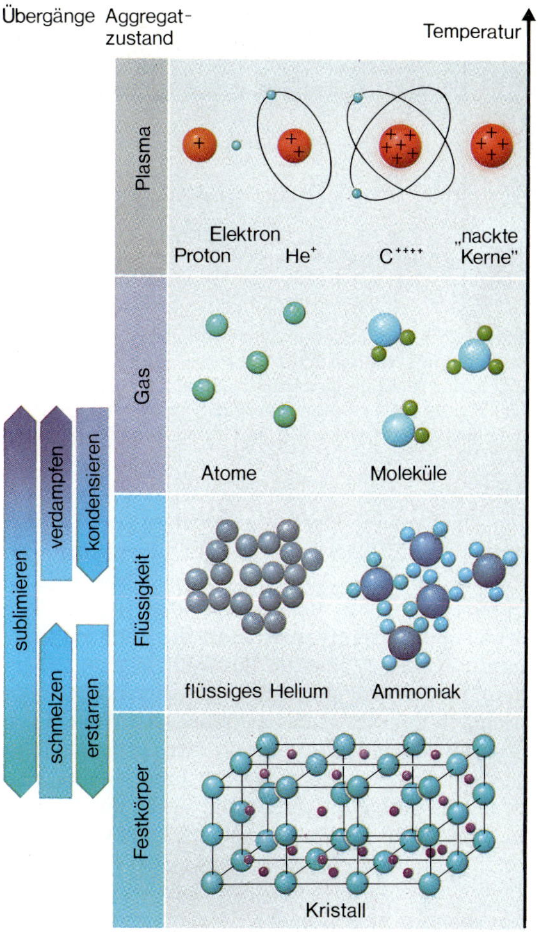

Abb. 11–1: Die vier Aggregatzustände. Rechts sind symbolhaft einige Beispiele angegeben.

sind die Atome in räumlich periodischer Form an einen festen Platz gebunden.

Wie bei der Behandlung des linearen Potentialtopfes festgestellt wurde (→ *Kap. 10*), können Teilchen, in einen Raum eingeschlossen, nicht in Ruhe sein. Sie bewegen sich und besitzen eine Nullpunktsenergie (Quantenzustand $n = 1$). Auf Festkörper übertragen bedeutet das, daß die einzelnen Atome auch bei der Temperatur 0 K um ihre Ruhelage schwingen.

Wird Energie z. B. durch Erhöhen der Temperatur zugeführt, so können die Atome in einen höheren Quantenzustand springen (*Abb. 11–2*). Diese Anregung ganzer Atome (Hülle und Kern) zum Schwingen um ihre Ruhelage darf nicht mit dem Anregen einzelner Elektronen eines Atoms verwechselt wer-

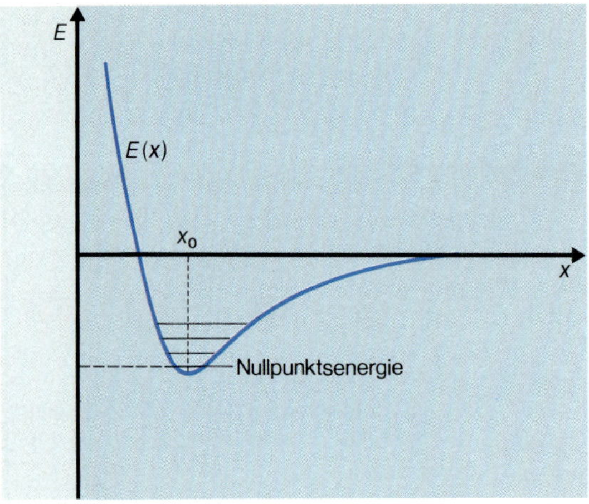

Abb. 11–2: Ein an andere Atome gebundenes Atom besitzt eine Nullpunktenergie und kann durch Zufuhr von Energie höhere diskrete Energiezustände annehmen. Die ausgezogene Kurve gibt die Gesamtenergie E_g an, sie ist die Summe aus potentieller Energie E_{pot} und kinetischer Energie E_{kin}.

den. Die Schwingungsenergien der Atome sind viel kleiner als die Energien, die bei Quantensprüngen von Elektronen im Atom ausgetauscht werden.

Durch Erhöhung der Temperatur nimmt die Schwingungsenergie und damit die Schwingungsamplitude der Atome um ihre Ruhelage zu. Übersteigt die Schwingungsamplitude einen bestimmten Bruchteil des Abstandes zwischen den Atomen, so sind die Atome nicht mehr an den Gitterplatz gebunden. Der inneratomare Abstand ändert sich zwar nur wenig, und die Atome lagern noch „dicht an dicht". Jedes Atom bewegt sich nach wie vor im Potentialtopf der Nachbaratome, aber die Gitterbindungen sind aufgebrochen. Der Festkörper ist geschmolzen, er geht in den **flüssigen Zustand** über. Die äußere Gestalt der Materie wird jetzt von der Form des Behälters bestimmt; das Volumen bleibt jedoch konstant. Eine Flüssigkeit kann, ähnlich wie ein Festkörper, nur wenig zusammengepreßt werden. Dieses wird ersichtlich aus dem starken Anstieg der Energie bei kleiner werdendem Abstand der Atome in *Abb. 11–2*.

Die mit einer weiteren Steigerung der Temperatur verbundene Erhöhung der kinetischen Energie führt dazu, daß die Atome durch ihre starken Schwingungen aufgrund der Asymmetrie der Kurve für die potentielle Energie mehr Raum in Anspruch nehmen. Der mittlere inneratomare Abstand ist nun groß gegenüber der Reichweite der Atome untereinander geworden. Hat die Energie den Wert erreicht, der notwendig ist, um die Atome voneinander zu trennen (d. h., daß sie sich nicht mehr gegenseitig beeinflussen), so bewegen sie sich frei im Raum: Der **gasförmige Zustand** ist erreicht. Die Atome füllen den gesamten zur Verfügung stehenden Raum aus.

Erreicht die kinetische Energie der Atome Werte über 10 eV, können Elektronen abgespalten werden. Das aus diesen Ionen, Elektronen und „nackten" Kernen bestehende „Gas" nennt man **Plasma.** Die besonderen Eigenschaften eines Plasmas ergeben sich daraus, daß die elektrischen Ladungen der Teilchen zu starken Wechselwirkungen zwischen den Teilchen führen.

In **Festkörpern** unterliegen die Atome starken Kräften, die sie an bestimmte Ruhelagen fesseln, um die sie dann schwingen.
In **Flüssigkeiten** ist die gegenseitige Bindung soweit gelockert, daß die Atome ihre Plätze untereinander austauschen können; dabei bleibt der mittlere Abstand benachbarter Atome konstant.
In **Gasen** gibt es keine gegenseitige Bindung der Atome mehr. Sie stoßen gelegentlich aneinander, sind jedoch sonst „frei".
Ein vollständig ionisiertes Gas bezeichnet man als **Plasma.** In ihm herrschen starke Wechselwirkungen mit großem Energieaustausch zwischen geladenen Teilchen.

Die Energie, die aufgewendet werden muß, um ein Atom aus dem Kristallverband eines Festkörpers zu lösen, nennt man **Bindungsenergie.** Die Bindungsenergie eines Atoms im Festkörper (in *Abb. 11–2* Nullpunktsenergie genannt) läßt sich in einem Versuch messen:

Versuch 11/1: Bestimmung der Schmelz-[1]) (a) und der Verdampfungswärme[2]) (b) des Wassers.
a) Die Schmelzwärme wird bestimmt, indem man Eis bekannter Masse der Temperatur 0 °C in das heiße Wasser in einem Thermosgefäß legt. Aus der Masse, der Anfangstemperatur und der Mischtemperatur des Wassers gewinnt man die Wärmemenge, die zum Schmelzen des Eises und Erwärmen des entstehenden Wassers benötigt wurde.
b) Wasser der Temperatur 100° C wird durch einen Tauchsieder weitere Energie zugeführt. Aus der Masse des verdampften Wassers, der Heizdauer und der Leistung des Tauchsieders läßt sich die Verdampfungswärme ermitteln.

Ergebnis: Die Schmelzwärme des Wassers beträgt $3{,}35 \cdot 10^5$ J/kg und die Verdampfungswärme $2{,}26 \cdot 10^6$ J/kg. Durch die Vorgänge des Schmelzens und Verdampfens werden die Moleküle des Wassers vollständig voneinander getrennt; die sogenannte Bindungsenergie ist die Summe der Schmelz- und Verdampfungswärmen bezogen auf ein Atom.

[1]) Die Schmelzwärme L_f eines Stoffes ist der Quotient aus der von außen zugeführten Energie E, die nötig ist, um den Stoff bei konstanter Temperatur zu schmelzen, und der Masse m des Stoffes.

[2]) Die Verdampfungswärme ist wie die Schmelzwärme definiert, nur daß es sich um den Verdampfungsvorgang handelt.

Bezogen auf ein Mol (1 mol H_2O = 18 g H_2O) beträgt die Schmelzwärme des Wassers $6{,}03 \cdot 10^3$ J/mol und die Verdampfungswärme $4{,}07 \cdot 10^4$ J/mol. Die Summe der Wärmen ist $4{,}67 \cdot 10^4$ J/mol. Ein Mol enthält $6{,}02 \cdot 10^{23}$ Moleküle (→ Avogadro-Konstante). Die Bindungsenergie E_B im Eis beträgt also:

$$E_B = \frac{4{,}67 \cdot 10^4\ \text{J}}{6{,}02 \cdot 10^{23}} = 7{,}76 \cdot 10^{-20}\ \text{J}$$

$$E_B = 0{,}485\ \text{eV}.$$

Dieses ist die Energie im untersten Quantenzustand nach *Abb. 11–2*.

Aufgabe

11/1: Für Eisen beträgt die Schmelzwärme 280 J/g und die Verdampfungswärme 6370 J/g. Berechnen Sie hieraus die Bindungsenergie im Eisen je Atom.
Benutzen Sie diesen Wert, um die Zerreißfestigkeit eines Eisenstabes mit 1 cm^2 Querschnittsfläche abzuschätzen. Hierbei soll angenommen werden, daß er auf das 1,2fache seiner Länge gestreckt werden muß, bis er zerreißt, und daß die Kraft längs dieses Weges konstant ist. Vergleichen Sie diesen Wert mit der tatsächlichen Bruchfestigkeit von Eisen, die bei etwa 25 kN/cm^2 liegt. Versuchen Sie diesen Unterschied zu erklären.

11.1.2 Die Kristallstruktur fester Körper und ihr Nachweis

Versuch 11/2: Es werden Kochsalz- und Zuckerkristalle durch das Mikroskop betrachtet.
Beobachtung: Die Kristalle haben häufig Quaderform. Die Ebenen schließen häufig einen Winkel von 90° ein.

Regelmäßig wiederkehrende gleiche Winkel beobachtet man bei allen Kristallen (*Abb. 11–3*). Auch in mikroskopisch kleinen Bereichen fester Körper ist dieser regelmäßige Aufbau sichtbar. Untersucht man Anordnungen von nur wenigen Atomen auf der Kathodenspitze eines Feldelektronenmikroskops (→ *Kap. 5*), so erkennt man ebenfalls eine geometrische Ordnung (*Abb. 11–4*). Die Positionen der Atome sind die Zentren der Kreise.
Bei allen Festkörpern ist durch genaue Untersuchungen der regelmäßige Bau nachgewiesen worden. Dies legt die Annahme nahe, daß dies durch ein geordnetes Aneinanderreihen kleinster Bauteile bedingt ist (*Abb. 11–5*).

Der Nachweis, daß die Bausteine von Festkörpern regelmäßig angeordnet sind, gelang überzeugend 1912 Max VON LAUE und seinen Mitarbeitern FRIEDRICH und KNIPPING mit Hilfe von Röntgenstrahlen. Einerseits erwiesen sich damals die Kristalle wegen ihres regelmäßigen Aufbaus aus Atomen als das geeignete Beugungsgitter, um die Welleneigenschaften der Röntgenstrahlen nachzuweisen und bei be-

b)

Abb. 11–3: a) Natürlich gewachsene Bergkristalle (Quarz). b) Mikroskopische Aufnahmen von Schneekristallen. Auffallend ist, daß nur Winkel von 60° auftreten.

Abb. 11–4: Feldelektronenmikroskopische Aufnahme mit einer Iridiumspitze. Die Zentren der konzentrischen Kreise geben die Lage von Atomen an.

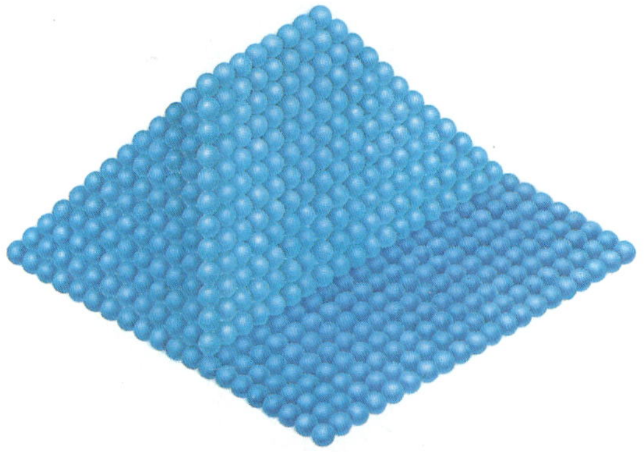

Abb. 11–5: Eine Möglichkeit der regelmäßigen Anordnung von gleichartigen Kugeln. Die regelmäßige Form der Kristalle stellt man sich durch das Aneinanderreihen gleicher Bausteine oder Bausteingruppen vor.

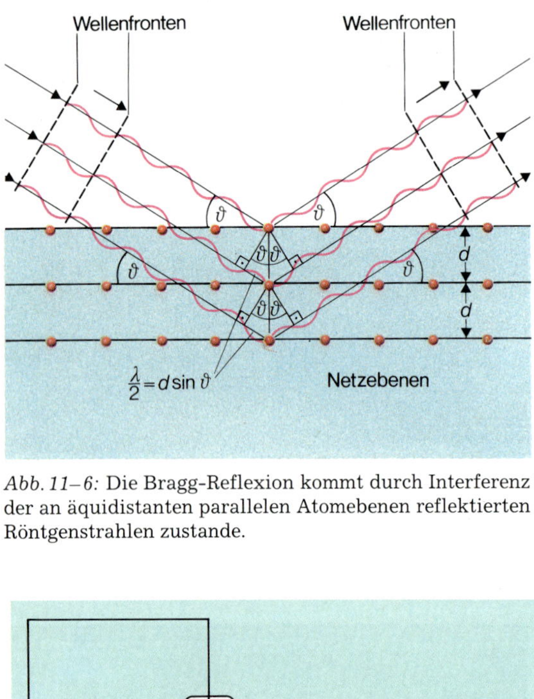

Abb. 11–6: Die Bragg-Reflexion kommt durch Interferenz der an äquidistanten parallelen Atomebenen reflektierten Röntgenstrahlen zustande.

kannter Gitterkonstante des Kristalls die Wellenlängen der Röntgenstrahlen zu messen (→ *7.4.4*). Andererseits stellen die Röntgenstrahlen seit der Entdeckung ihrer Welleneigenschaften das ideale Mittel dar, die Kristallstrukturen von Festkörpern zu untersuchen.

Die in *7.4.4* gefundene Bragg-Gleichung

$$2\, d \sin \vartheta = n\, \lambda \; (n = 1, 2, 3, \ldots)$$

gibt die Bedingung an (*Abb. 11–6*), unter welchem Glanzwinkel ϑ eine monochromatische Röntgenstrahlung der Wellenlänge λ an den Netzebenen eines Kristalls vom Gitterabstand d reflektiert wird. Ist λ bekannt und wird der Glanzwinkel ϑ im Versuch gemessen, kann man den Abstand benachbarter Ebenen berechnen. Wichtig ist, daß d nicht kleiner als $\lambda/2$ sein darf, um noch Reflexe zu bekommen. In Kristallen wird man den **Netzebenenabstand** (→ 7.4.4) in der Größenordnung der Atomdurchmesser vermuten, also wird $d \approx 10^{-10}$ m. Das bedeutet: Für eine Untersuchung kommen nur → Röntgenstrahlen in Frage.

Bestimmung des Netzebenenabstandes in einem Kristall

Versuch 11/3: In einem Versuchsaufbau nach *Abb. 11–7* wird die charakteristische Strahlung einer Röntgenröhre an einem Kristall reflektiert. Die Intensität (Zählrate) der reflektierten Strahlung wird als Funktion des Glanzwinkels ϑ gemessen.

Ergebnis: Werden eine Molybdänanode und ein Natriumchloridkristall verwendet, so erhält man eine Meßkurve nach *Abb. 11–8*. Man mißt also Reflexionen 1., 2. und 3. Ordnung. Die 1. Ordnung ist aufgespalten, weil die charakteristische K-Strahlung aus Strahlung zweier eng benachbarter Wellenlängen besteht. Bei der 2. und 3. Ordnung läßt sich die schwächere Strahlung nicht mehr erkennen. Aus

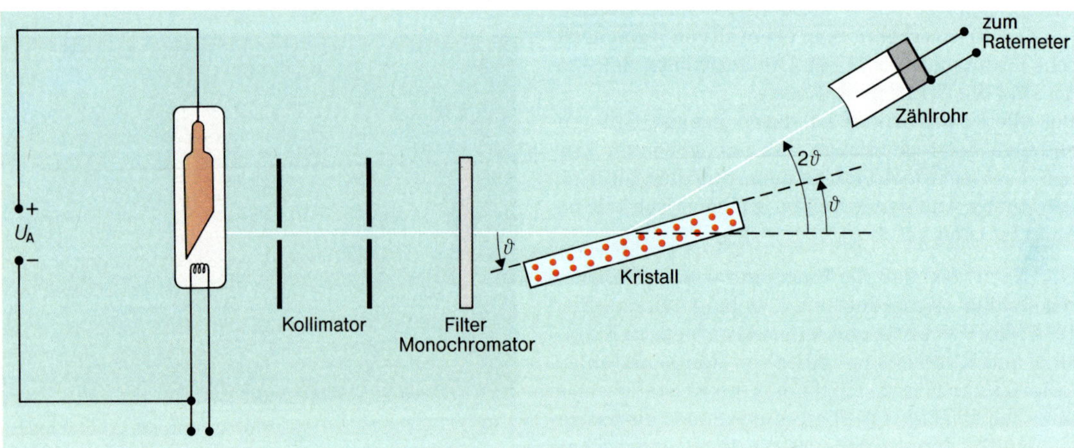

Abb. 11–7: Versuchsaufbau zur Bestimmung der Glanzwinkel für die Bragg-Reflexion von Röntgenstrahlen an Kristallen.

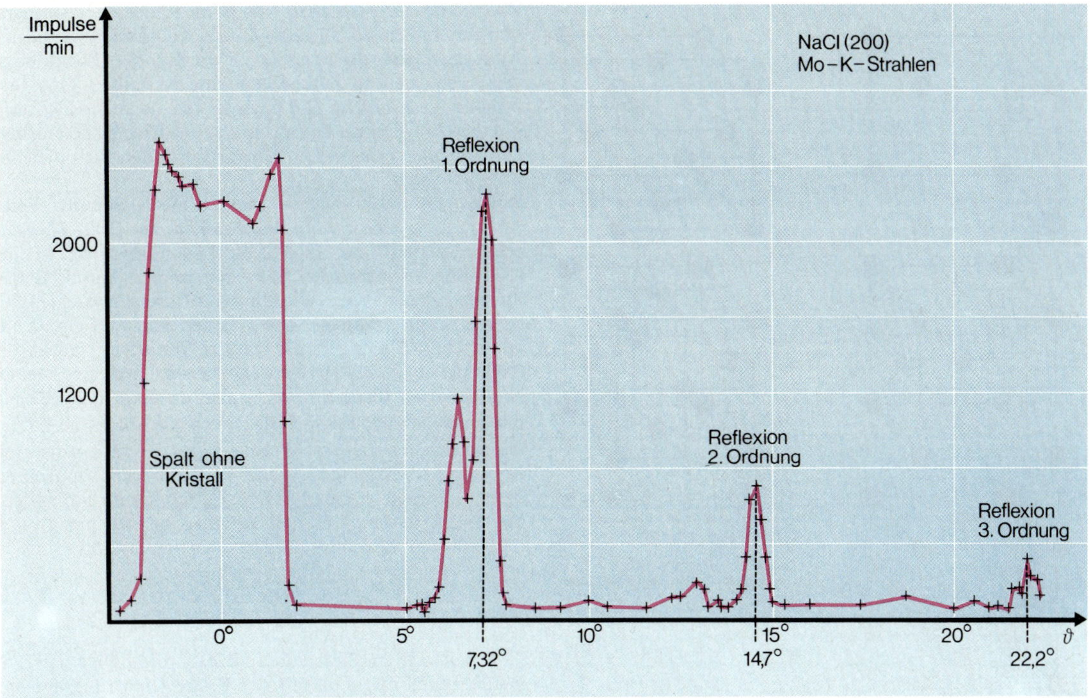

Abb. 11–8: Die Intensität reflektierter Röntgenstrahlung einer Molybdänanode an den (200)-Ebenen des Steinsalzes (NaCl). Beim 1. Maximum sind die K_α- und K_β-Strahlungen noch getrennt zu erkennen.

der Wellenlänge der K-Strahlung $\lambda = 71$ pm des Molybdäns ergibt sich aus der Winkelmessung der drei Ordnungen mit

$$d_n = \frac{n\lambda}{2 \sin \vartheta}$$

$d_1 = 279$ pm, $d_2 = 280$ pm und $d_3 = 282$ pm. Daraus gemittelt ist der Netzebenenabstand somit 280 pm.

Zusammenfassung: Den Kristallaufbau untersucht man nach der Bragg-Methode mit Hilfe von Röntgenstrahlen, deren Wellenlänge in der Größenordnung der Gitterabstände liegt.

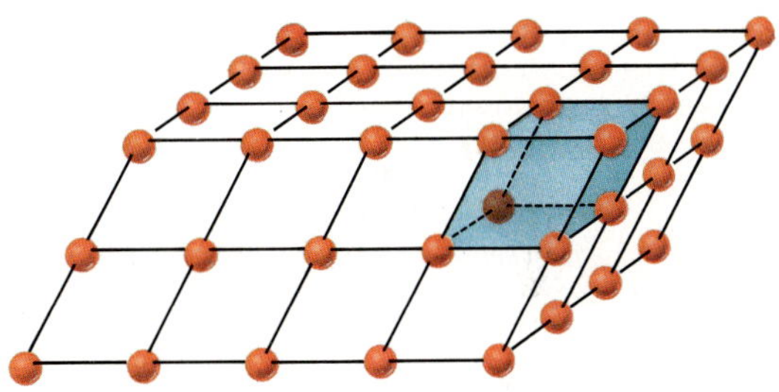

Abb. 11–9: Ein Kristall entsteht durch das Aneinanderreihen von gleichartigen Elementarzellen.

Kristallstrukturanalyse mit der Bragg-Reflexion

Man stellt sich den Aufbau der Kristalle durch regelmäßiges Aneinanderreihen von kleinsten Bausteinen, den sogenannten Elementarzellen vor (*Abb. 11–9*). Einige der in der Natur vorkommenden Elementarzellen sind in *Abb. 11–10* wiedergegeben.
Als Beispiel soll die Struktur der NaCl-Kristalle untersucht werden: Die Kristalle sind Quader, so daß man sich als einfachsten Aufbau eine kubische Elementarzelle (*Abb. 11–10,* untere Reihe) vorstellen könnte. In der Natur findet man drei Arten kubischer Kristallstrukturen:

a) **Kubisch primitive Kristalle** – je ein Atom in jeder Quaderecke (*Abb. 11–10 e*).
b) **Kubisch flächenzentrierte Kristalle** – in der Mitte jeder Quaderfläche jeweils ein Atom zusätzlich (*Abb. 11–10 g*).
c) **Kubisch raumzentrierte Kristalle** – wie die kubisch primitiven, jedoch mit einem Atom in der Mitte des Quaders (*Abb. 11–10 f*).

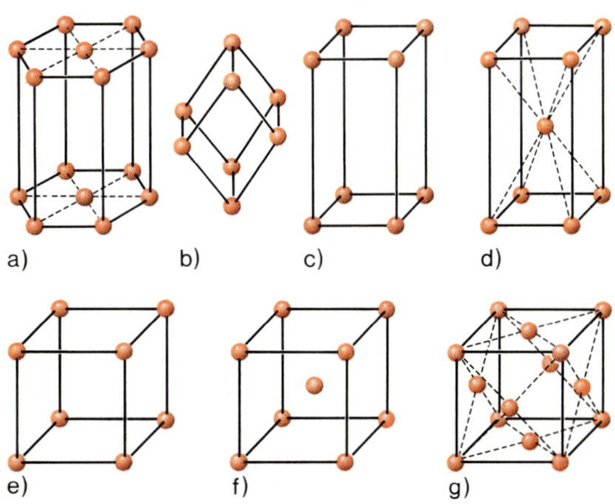

Abb.11–10: Verschiedene Gitterbausteine, wie man sie in Kristallen findet.

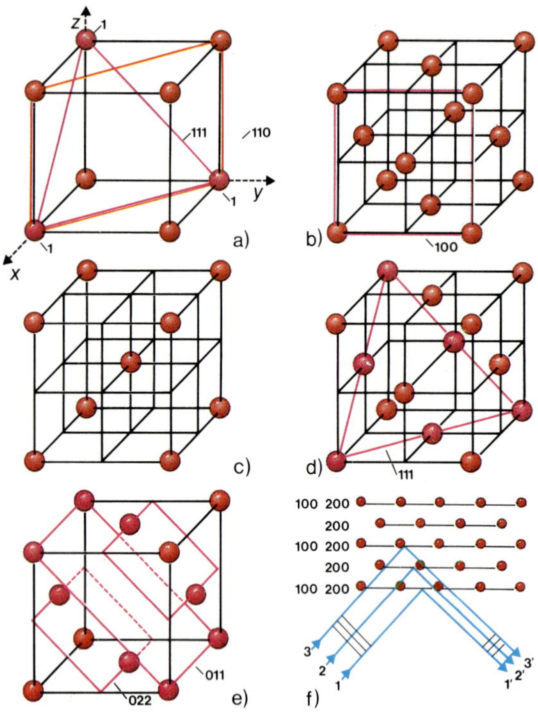

Abb. 11–11: a) Das kubisch primitive Gitter; der Grundbaustein hat Würfelform, seine Ecken werden von Atomkernen dargestellt. b) Das kubisch flächenzentrierte Gitter. c) Das kubisch raumzentrierte Gitter. d) Die (111)-Ebene im kubisch flächenzentrierten Gitter; auf der (222)-Ebene liegen keine Atomkerne. e) Die (220)-Ebenen des kubisch flächenzentrierten Gitters. f) Reflexionen an der (100)- und (200)-Ebene eines kubisch flächenzentrierten Gitters.

Um entscheiden zu können, zu welcher dieser drei Kristallformen NaCl gehört, müssen die möglichen Bragg-Reflexionen mit den gemessenen verglichen werden.

a) Reflexionen am kubisch primitiven Gitter
Beim kubisch primitiven Kristallgitter werden Bragg-Reflexionen an der (100)-Ebene (Würfelseitenfläche)[1]), an der (110)-Ebene und an der (111)-Ebene (beide sind in *Abb. 11–11 a* eingezeichnet) zu messen sein, denn zwischen zwei benachbarten Netzebenen gibt es keine Atome, die den Reflexionsvorgang stören könnten. Die (220)-Ebene z. B. tritt physikalisch nicht in Erscheinung, da sie nicht mit Atomen besetzt ist.

b) Reflexionen an einem kubisch flächenzentrierten Gitter
Betrachtet man in *Abb. 11–11 b* die (100)-Netzebene des flächenzentrierten Gitters, fällt auf, daß zwischen dieser Ebene und der y-z-Ebene, die ja die nächste (100)-Ebene ist, eine Netzebene, die (200)-Ebene, vorhanden ist, die mit Atomen genauso dicht besetzt ist wie die (100)-Ebene, denn verschiebt man die (100)-Ebene um die halbe Elementarzellenlänge zur Seite und nach hinten, so ist sie identisch mit der (200)-Ebene. Die an einer (100)-Ebene und an einer (200)-Ebene reflektierten Strahlen werden also gleicher Intensität sein.
Einen zur (100)-Ebene senkrechten Schnitt zeigt *Abb. 11–11 f.* Jede zweite Reihe gehört zur (100)-Ebenenschar, aber alle zur (200)-Netzebenenschar. Wären nur (100)-Ebenen vorhanden, hätte man immer dann ein Reflexionsmaximum, wenn die Phasendifferenz zwischen den reflektierten Strahlen 1′ und 2′ $n\lambda$ ist. Nun wird ein Strahl an der (200)-Ebene genauso stark reflektiert (3′) wie an der (100)-Ebene (1′, 2′). Die Phasendifferenz zwischen zwei an benachbarten (200)-Ebenen – also an einer (200)-Ebene und an einer (100)-Ebene reflektierten Strahlen – ist $\frac{n}{2}\lambda$. Ist n ungerade, löschen sie sich gegenseitig aus; man wird eine Reflexion 1. Ordnung an der (100)-Ebene nicht beobachten können. Die Reflexionen gerader Ordnung sind vorhanden; diese sind jedoch gerade die Reflexionen, die man an den (200)-Ebenen bekommt. Der Netzebenenabstand

$$\frac{a}{\sqrt{h^2 + k^2 + l^2}}$$

(h, k, l sind die Millerschen Indizes, a die Länge der Elementarzelle), den man mit der Bragg-Gleichung aus der Reflexion berechnen kann, ist also nicht a, sondern $\frac{a}{2}$.
In *Abb. 11–11 e* sind (011)- sowie zwei weitere (022)-Ebenen eingezeichnet. Diese Ebenen sind bei kubischen Kristallen identisch mit den (110)- und (220)-Ebenen. Auch hier ist die (220)-Ebene des kubisch-flächenzentrierten Gitters genauso dicht mit Atomen besetzt wie die (110)-Ebene. Wie an der (100)-Ebene wird an der (110)-Ebene die Reflexion ungerader Ordnung ausgelöscht. Man wird also nur Reflexionen der (220)-Ebenen messen können.
Anders ist es mit der (111)-Ebene; sie ist in *Abb. 11–11 d* zu sehen. Die (222)-Ebene ist mit Atomen nicht besetzt, deswegen treten alle nach der Bragg-Gleichung zu erwartenden (111)-Reflexe auf.

c) Reflexionen am kubischen raumzentrierten Gitter
Gleiche Überlegungen können am kubischen raumzentrierten Gitter (*Abb. 11–11 c*) durchgeführt werden. Die (200)-Ebene ist wie die (100)-Ebene mit Atomen besetzt. Reflexionen sind also nur an der (200)-Ebene zu erwarten. Die (220)-Ebene ist überhaupt nicht mit Atomen besetzt; anders als beim flächenzentrierten Gitter treten darum Reflexionen an der (110)-Ebene auf. Stellt man sich an jeder Würfelfläche noch eine Elementarzelle angebracht vor, wird man sehen, daß die (222)-Ebene genau wie die (111)-Ebene mit Atomen besetzt ist. Reflexionen an der (111)-Ebene sind nicht vorhanden, statt dessen treten (222)-Reflexe auf.

Die Ergebnisse dieser Überlegungen werden in *Tabelle 11–1* zusammengefaßt. Die beobachtbaren Netzebenenabstände sind in der 3. Zeile eingetragen. In der 4. Zeile sind die Verhältnisse dieser Abstände angegeben. Die Verhältniszahlen sind für alle drei Gitterstrukturen verschieden; sind diese aus Messungen bekannt, kann man auf den Gittertyp schließen.

Versuch 11/4: Die Abstände der (100)-, (110)- und der (111)-Netzebenen des NaCl werden nach der Drehkristallmethode nach Bragg bestimmt. Dazu benutzt man einen großen NaCl-Kristall, der nach *Abb. 11–12* abgeschrägte

[1]) Die Netzebenen werden durch drei ganze Zahlen, die Millerschen Indizes, angegeben. Sie werden folgendermaßen gewonnen: Die regelmäßige Anordnung der Atome liefert uns die drei Achsen eines dreidimensionalen Koordinatensystems (*Abb. 11–11 a*). Die Einheiten auf den Achsen werden durch die Abstände benachbarter Atome in Achsenrichtung festgelegt. Netzebenen in der Elementarzelle schneiden die drei Achsen, die Kehrwerte der Koordinaten dieser Schnittpunkte sind die Millerschen Indizes.

	Gittertyp								
	primitiv			flächenzentriert			raumzentriert		
ausgelassene Reflexe				100,	110		100,	111	
vorhandene Reflexe	100,	110,	111	200,	220,	111	200,	110,	222
Netzebenenabstände der meßbaren Reflexe	a,	$\frac{a}{\sqrt{2}}$,	$\frac{a}{\sqrt{3}}$	$\frac{a}{2}$,	$\frac{a}{2\sqrt{2}}$,	$\frac{a}{\sqrt{3}}$	$\frac{a}{2}$,	$\frac{a}{\sqrt{2}}$,	$\frac{a}{2\sqrt{3}}$
Verhältnis der	1	: $\frac{1}{\sqrt{2}}$	: $\frac{1}{\sqrt{3}}$	1	: $\frac{1}{\sqrt{2}}$	: $\frac{2}{\sqrt{3}}$	1	: $\sqrt{2}$	: $\frac{1}{\sqrt{3}}$
Netzebenenabstände	= 1	: 0,707	: 0,577	= 1	: 0,707	: 1,155	= 1	: 1,414	: 0,577

Tab. 11–1: Die Reflexe und meßbaren Netzebenenabstände der drei in der Natur vorkommenden kubischen Kristallstrukturen.

Seiten und Ecken hat, damit Seiten parallel zu den (110)- und (111)-Ebenen entstehen.

Ergebnisse der Messungen:

(100)- oder (200)-Ebene: $d = 278$ pm
(110)- oder (220)-Ebene: $d = 199$ pm
(111)- oder (222)-Ebene: $d = 323$ pm

Die Abstände verhalten sich wie 1 : 0,714 : 1,16; der NaCl-Kristall hat also ein kubisch flächenzentriertes Gitter (*Abb. 11–10 g* und *11–11 b*).

Nun streuen aber nicht alle Atome die Röntgenstrahlen gleich stark. Die oben genannten Auslöschbedingungen gelten nur, wenn die in *Abb. 11–11* gezeichneten Kreise Atome eines Elements bedeuten. Da die Chloratome etwa doppelt so stark streuen wie die Natriumatome, bestimmen die Cl-Atome den Reflexionsvorgang. Die Natriumatome sitzen dann genau um den Abstand $a/2$ in Richtung einer Koordinatenachse von den Cl-Atomen versetzt. Ein NaCl-Kristall besteht danach aus zwei symmetrisch ineinander verschachtelten kubisch flächenzentrierten Gittern mit jeweils nur Cl- oder Na-Atomen als Gitterpunkten (*Abb. 11–13*).

Genaue Untersuchungen nach diesem Verfahren ermöglichen es, die Struktur aller Kristalle zu bestimmen.

Technisch ist das Verfahren so verfeinert worden, daß computergesteuerte Automaten die Kristalle drehen und Zählrohre automatisch die Intensitäten unter den verschiedenen Reflexionswinkeln messen. Der Rechner bestimmt dann aus den Winkeln und Intensitäten die Lage der verschiedenen Atome in der Elementarzelle des Kristalls. So gelingt es auch, die Struktur von Riesenmolekülen, die durch trickreiche Verfahren zur Kristallisation gebracht

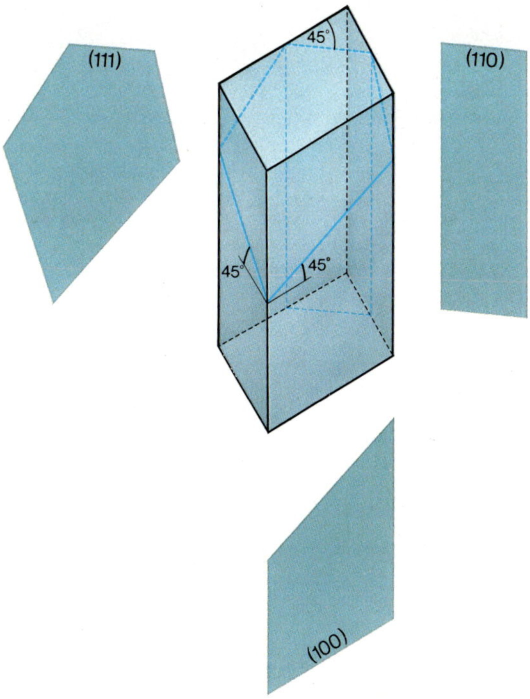

Abb. 11–12: Herstellung der (110)- und (111)-Ebenen an einem quaderförmigen Steinsalzkristall.

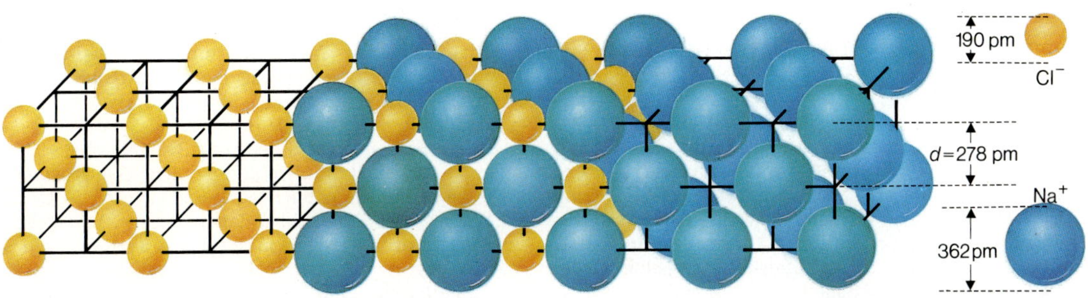

Abb. 11–13: Das Kristallgitter des NaCl besteht aus zwei ineinander verschachtelten kubisch flächenzentrierten Gittern, die jeweils nur aus Cl^--Ionen oder Na^+-Ionen bestehen. Links ist das Na-Gitter, rechts das Cl-Gitter und in der Mitte das NaCl-Gitter zu sehen.

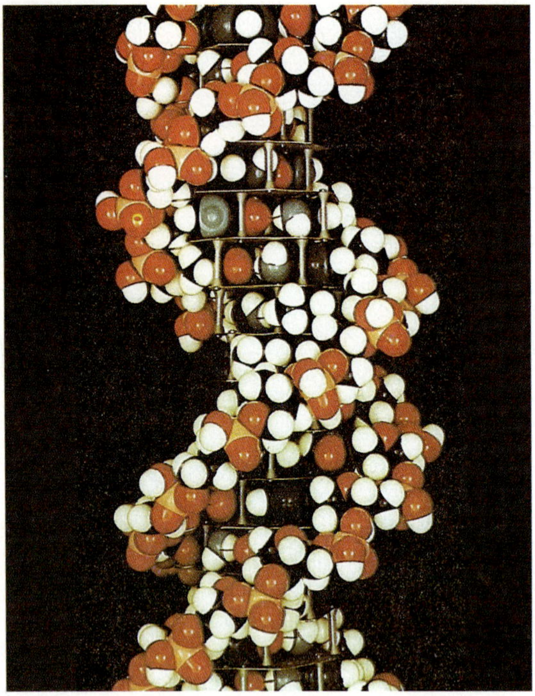

Abb. 11–14: Das Bild zeigt einen Teil der Doppelhelix des DNA-Moleküls. Sein Aufbau wurde mit der Röntgenstrukturanalyse entschlüsselt.

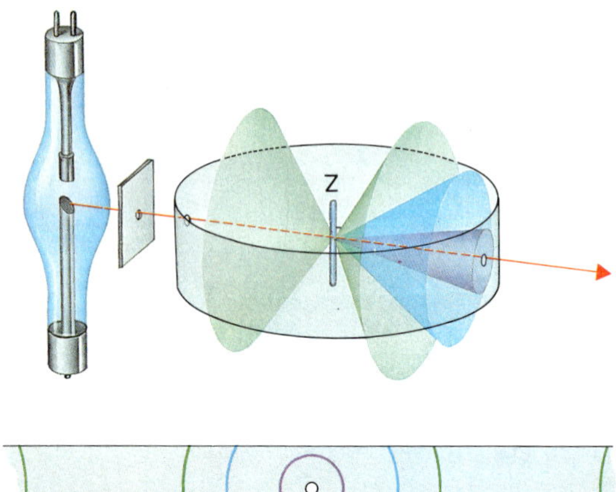

Abb. 11–15: Versuchsaufbau zur Bestimmung des Netzebenenabstandes nach der Debeye-Scherrer-Methode.

werden, zu analysieren. Eine Glanzleistung dieser aufwendigen und zeitraubenden Methode ist die Entschlüsselung der Struktur der Desoxyribonukleinsäure (DNA) als Träger des genetischen Codes (*Abb. 11–14*). Immerhin enthält das doppelschraubenförmige Molekül (Doppelhelix) bei Säugetieren bis zu 10^7 Atome.

Zur Strukturanalyse bevorzugt man das **Pulververfahren nach** DEBYE-SCHERRER. Hat man keinen ausreichend großen Einkristall zur Verfügung, genügen auch viele kleine

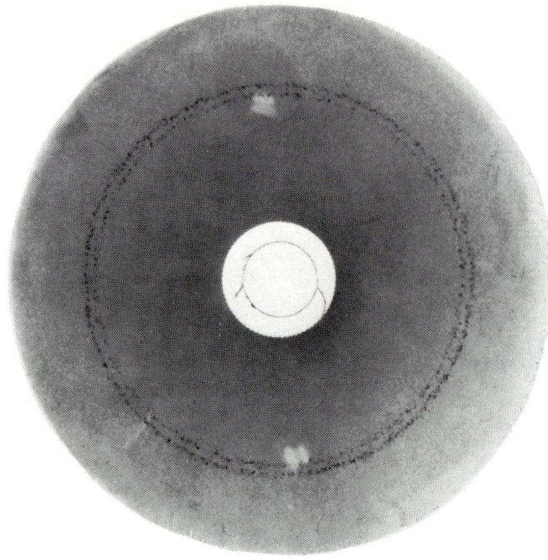

Abb. 11–16: Reflexionsaufnahme einer Legierung aus 81 % Ni, 2 % Mo und 17 % Fe. Die beiden Linien der K_α-Strahlung sind deutlich zu erkennen. Aus der 'Körnigkeit' der Reflexe kann man auf die Größe und Lage der Kristallite schließen.

Kristallite in Pulverform oder in einem festen Körper (z. B. einem Blech), um Aussagen über den Kristallaufbau zu erhalten.

Versuch 11/5: Charakteristische Röntgenstrahlung wird durch ein etwa 1 mm dickes Aluminiumblech gestreut und mit einem Röntgenfilm registriert (*Abb. 11–15*).
Auswertung: Im Aluminiumblech sind alle Kristallorientierungen statistisch verteilt über den ganzen Raum anzutreffen. Die Richtungen, die die Bragg-Bedingung erfüllen, sind auch vorhanden, sie streuen die Strahlung in einen Kegel mit dem Öffnungswinkel 2ϑ in den Raum, was als Kreisbogen auf dem Film sichtbar wird. Aus den Radien der Kreise und der geometrischen Anordnung lassen sich dann die Glanzwinkel, bei denen Reflexe auftreten, berechnen. Aus den so ermittelten Glanzwinkeln und den beobachteten Intensitäten der Ringe läßt sich dann auf den vorliegenden Kristallaufbau schließen. *Abb. 11–16* zeigt eine solche Aufnahme, bei der als streuendes Medium eine Nickel-Eisen-Legierung (81 % Ni, 2 % Mo und 17 % Fe) benutzt wurde.

Aufgaben

***11/2:** Wenn die kinetische Energie der Teilchen eines Gases ausreicht, um Atome durch Stoß zu ionisieren, ist die Wahrscheinlichkeit groß, daß das Gas zum Plasma wird. Nach *Kapitel 4* ist $E_{kin} = 3/2\ kT$. Schätzen Sie ab, bei welcher Temperatur Wasserstoff zum Plasma wird.
***11/3:** Aus gleich großen Kugeln sollen Kristalle gebaut werden. Welche Möglichkeiten für dichteste Kugelpackungen gibt es?
***11/4:** Latexkügelchen haben einen Durchmesser von ca. 1 μm, so daß Lichtstrahlen gut an ihnen gebeugt werden. Zwischen zwei verklebten Diagläsern läßt man eine Latexemulsion einige Tage ruhen, damit sich eine regelmäßige Anordnung der Kügelchen in Ebenen parallel zu den Glaswänden ergibt, und untersucht dann die Bragg-Reflexion von sichtbarem Licht. Unter einem Glanzwinkel von $\vartheta = 30°$ wird blaues Licht ($\lambda = 450$ nm) stark reflektiert. Bestimmen Sie den Abstand benachbarter Kugelebenen, wenn diese Reflexion erster Ordnung ist. Unter welchem

Winkel ist grün (λ = 520 nm) als reflektierter Strahl zu sehen?

***11/5:** Auf dem Röntgenfilm einer Debeye-Scherrer-Aufnahme, der im Abstand e = 32 mm vor der Pulverprobe angebracht war, erscheinen in der Röntgenstrahlung von 71 pm u. a. zwei Beugungsringe vom Durchmesser 16,5 mm und 24 mm. Berechnen Sie die Abstände der zugehörigen Netzebenen.

11.2 Mechanische Eigenschaften von Festkörpern

Festkörper werden häufig benötigt, um Kräfte zu übertragen. Die Gewichtskraft auf einen Körper, der an einem Kranhaken hängt, wird durch eine Gegenkraft kompensiert. Ein Stuhl, eine Brücke übertragen vertikale Kräfte auf die Unterlage. Die Pleuelstange einer Dampfmaschine muß Kräfte, die sich in Stärke und Orientierung längs einer Geraden ändern, in ein Drehmoment verwandeln. Die evakuierte Bildröhre eines Fernsehers muß dem äußeren Luftdruck standhalten können. Man sieht, die auf einen Festkörper einwirkenden Kräfte sind oft sehr wechselnd, so daß es wichtig ist zu wissen, wie Festkörper auf verschiedene mechanische Einwirkungen reagieren.

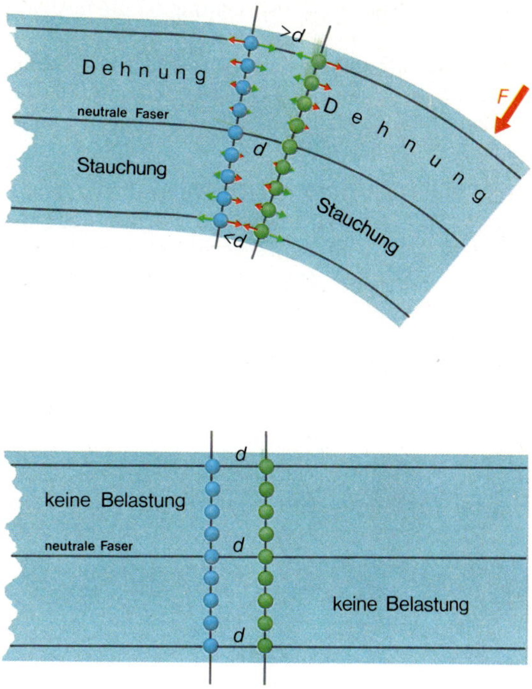

Abb. 11–17: Ein einseitig eingespannter Balken wird am freien Ende belastet. In der Mitte liegt die neutrale Faser; ihre Länge ist unabhängig von der Biegung. In der oberen Hälfte des Balkens treten Zugbelastungen auf, und zwar nach außenhin zunehmend. Im unteren Teil hat man es entsprechend mit einer Stauchung zu tun.

11.2.1 Die Elastizität

Beim technischen Einsatz fester Körper ist die Verformung unter der Einwirkung äußerer Kräfte von großer Bedeutung. Wirkt auf eine einseitig eingespannte Stange am freien Ende eine quergerichtete Kraft, so verformt sie sich, sie wird etwas gebogen. Wird die verursachende Kraft wieder entfernt, geht die Stange in ihre Ausgangslage zurück. Die Stange war elastisch verformt. Wird die Kraft statt dessen stark erhöht, wird die Stange verbogen, sie geht nach der Entlastung nicht in ihre ursprüngliche Form zurück: Die Stange ist plastisch verformt. Da bei der Biegung einer Stange sowohl Dehnung als auch Stauchung gleichzeitig auftreten (*Abb. 11–17*), soll der einfachere Fall der elastischen Längenausdehnung von Drähten untersucht werden.

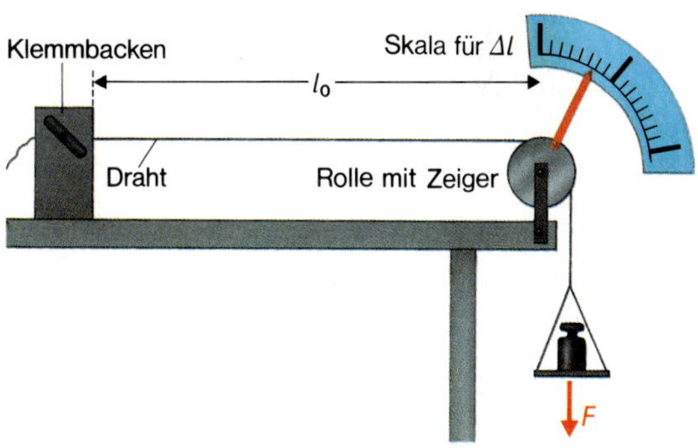

Abb. 11–18: Ein langer Metalldraht wird durch die Kraft F gedehnt. Die Länge des Drahtes ohne Belastung ist l_0, unter Zugbeanspruchung verlängert er sich um Δl.

Versuch 11/6: Ein langer Draht wird durch streckende Kräfte gespannt und die Änderung der Länge Δl in Abhängigkeit von der Kraft F gemessen (*Abb. 11–18*). Material, Drahtstärken und Längen werden variiert und der Versuch wiederholt.

Ergebnis:
a) Die als $\varepsilon = \frac{\Delta l}{l}$ definierte Dehnung ist proportional zur angreifenden Kraft

$$F \sim \varepsilon \text{ (Hookesches Gesetz)},$$

b) und mit der Definition $\sigma = \frac{F}{A}$ für die mechanische Spannung folgt

$$\sigma \sim \varepsilon.$$

Mit dem Proportionalitätsfaktor E ergibt sich

$$\sigma = E\,\varepsilon.$$

Bei nicht zu hoher Beanspruchung ist die mechanische Spannung σ proportional zur Dehnung ε. E ist eine Materialkonstante und wird Elastizitätsmodul genannt. Je größer E ist, um so größer muß die einwirkende Kraft sein, um eine bestimmte Dehnung hervorzurufen.

Die **atomare Deutung** des Hookeschen Gesetzes: Wird ein Körper gedehnt, so wird ihm Energie zugeführt. Bei der Dehnung werden die einzelnen Atome in den Kristallen etwas aus ihrer Ruhelage x_0 (*Abb. 11–2*) nach außen gezogen, ihre potentielle Energie wächst um ΔE_{pot} an. Da die Kurve für die potentielle Energie um die Ruhelage x_0 parabelförmig verläuft, ergibt sich

$$\Delta E_{\text{pot}} \sim (x - x_0)^2 \text{ oder}$$
$$\Delta E_{\text{pot}} \sim (\Delta x)^2 .$$

Ein solcher Zusammenhang ergibt sich, wie in *Kapitel 3* gezeigt wurde, wenn die rücktreibende Kraft F_{R} proportional zur Auslenkung ist:

$$F_{\text{R}} \sim \Delta x \text{ oder}$$
$$F_{\text{R}} = -D\Delta x .$$

Die von außen wirkende Kraft $F = -F_{\text{R}}$ genügt also der Gleichung

$$F = D\Delta x .$$

Genau dieses lineare Kraftgesetz ergibt sich aus *Versuch 11/6:*

$$\text{Aus } \sigma = E\varepsilon \quad \text{folgt } \frac{F}{A} = E\frac{\Delta l}{l_0} \quad \text{und} \quad F = \frac{AE}{l_0}\Delta l .$$

Die Symmetrie der Potentialkurve in *Abb. 11–2* bewirkt, daß bei der Stauchung eines Körpers entsprechende Gesetzmäßigkeiten herrschen.

Aufgaben

11/6: Begründen Sie, warum es sinnvoll ist, statt massiver Balken Doppel-T-Träger zu benutzen (Querschnittsform I). Wie sollte er bei vertikaler Last eingesetzt werden, so I oder so ⊢⊣ ?

***11/7:** Der Fahrstuhl eines 20stöckigen Hauses befindet sich im Erdgeschoß. Er hängt an einem 10 mm starken Eisenseil und wird mit 12 Personen zu je 75 kg belastet. Wie weit sinkt er ab? Wie groß ist die Spannung im Seil? Der E-Modul für Eisen ist $2{,}14 \cdot 10^5$ N/mm². (Ein Stockwerk hat die Höhe 3 m.)

11.2.2 Die Festigkeit

Über die Festigkeit eines Stoffes gibt der folgende Versuch Aufschluß:

Versuch 11/7: Ein Kupferdraht wird durch eine Kraft gedehnt. Spannung und Dehnung werden bis zum Bruch gemessen.

Ergebnis: Die Spannung σ in Abhängigkeit von der Dehnung zeigt den in der *Abb. 11–19* wiedergegebenen Verlauf.

Deutung: Bis zum Punkt A ist die Spannung proportional zur Dehnung, das Hookesche Gesetz gilt. Es ist der elastische Bereich der Probe. Bei A ist die Elastizitätsgrenze erreicht; bis zu dieser Spannung bzw. Dehnung erhält der Körper nach der Entlastung seine ursprüngliche Gestalt wieder. Von hier an steigt die Dehnung stärker als proportional zur Spannung. In den Kristallen tritt nun ein schrittweises Gleiten von Netzebenen aneinander auf (*Abb. 11–20*). Diese Verschiebung, oft nur um einen Atomabstand, ist irreversibel, d. h., die Versetzung tritt bei Entlastung nicht in die Ausgangslage zurück, der Körper hat sich plastisch verformt. Ein Teil der aufgewendeten Arbeit wird bei der plastischen Verformung in innere Energie umgesetzt, denn das ruckartige Lösen und Neubilden von Gitterbindungen regt die beteiligten Gitterbausteine zu stärkeren Gitterschwingungen an.
Ist die Streckgrenze bei Punkt B erreicht, so beginnt ein Gebiet, in dem bei praktisch konstanter Spannung eine sehr hohe Dehnung entsteht: Das Material fließt. Wie bei einer Kettenreaktion vermehren sich explosionsartig die Versetzungen im Kristall. Im Punkt C, der Festigkeitsgrenze, ist die maximale Spannung und damit die maximale Kraft, die dieser Körper übertragen kann, erreicht. Bei sinkender Spannung nimmt die Dehnung noch zu bis zur Bruchdehnung D.
Für den Bau von Maschinen und Bauteilen sind außer der oben untersuchten Zugfestigkeit noch die Druck-, Biege-, Torsions- und Scherfestigkeit von

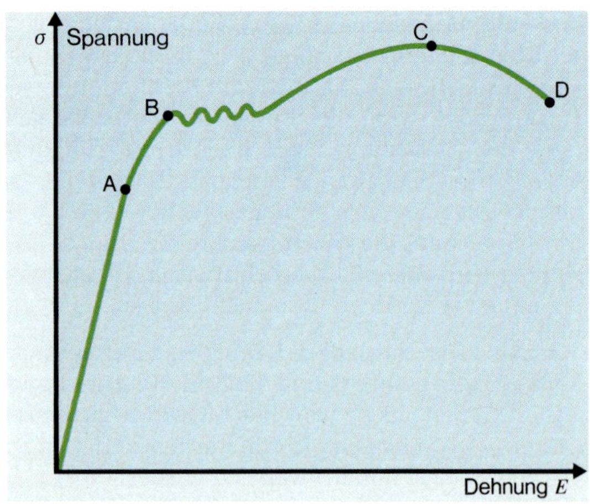

Abb. 11–19: Spannungs-Dehnungskennlinie eines Metalldrahtes. Bis zur Elastizitätsgrenze bei A reicht der Proportionalitätsbereich, hier gilt das Hookesche Gesetz. Bei B liegt die Streckgrenze, bei C die Festigkeitsgrenze, bei D ist die Bruchdehnung erreicht.

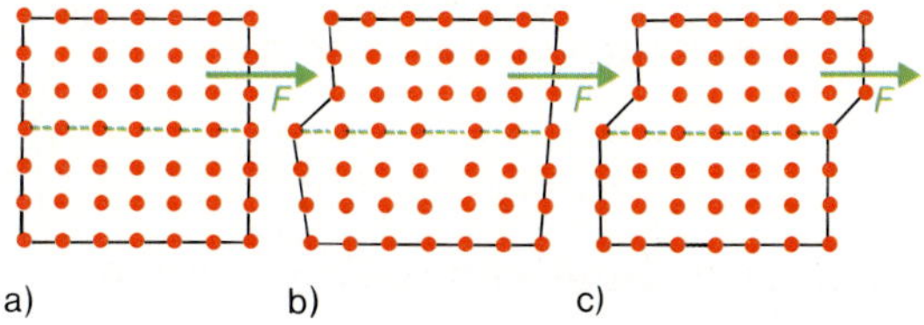

Abb. 11–20: Entstehung einer Versetzung. a) Der unbelastete Kristall. b) Auf die obere Hälfte wirkt eine Kraft nach rechts, und die Versetzung beginnt. c) Die Versetzung ist vollendet, der obere Teil ist um genau einen Atomabstand versetzt worden.

Bedeutung, und zwar einmal bei statischer Belastung und zum anderen bei wiederholter Belastung wie etwa bei Schwingungen (Marschkolonne über eine Brücke). Oft müssen bei Wechselbelastungen wegen der auftretenden Materialermüdung viel größere Materialstärken angesetzt werden, als bei statischer Belastung nötig wäre.

Aufgaben

11/8: Ein Stahlseil der Güte St37 hat eine Bruchspannung von 370 N/mm². Welchen Durchmesser muß das Seil haben, damit ein Mittelklassewagen (m = 1500 kg) daran hängen kann? Wie steht es mit der Sicherheit? Wie würde man in der Praxis das Seil dimensionieren?

***11/9:** Warum sind bei einer auf Zug beanspruchten Stange auch kleinste Einkerbungen zu vermeiden?

11.2.3 Der piezoelektrische Effekt

Bei der Verformung einiger Kristalle, die aus Ionen aufgebaut sind (Turmalin, Quarz, Seignettesalz), entsteht ein elektrisches Dipolmoment. Dieser sogenannte piezoelektrische[1]) Effekt wird im folgenden Versuch nachgewiesen.

Versuch 11/8:
a) Die auf einem Seignettesalz-Kristall angebrachten Metallelektroden werden an eine kleine Glimmlampe angeschlossen. Der Kristall wird kurz mit dem Finger zusammengedrückt und dann entlastet.
b) Statt der Glimmlampe werden ein Verstärker mit Lautsprecher und ein Oszilloskop angeschlossen. Eine angeschlagene Stimmgabel wird auf den Kristall gesetzt.
c) Ein Niederfrequenzgenerator wird an den Kristall angeschlossen, Frequenz und Spannung werden variiert.

Beobachtungen:
a) Bei Druck auf den Kristall leuchtet die eine Glimmlampenelektrode, bei Entlastung die andere auf.

b) Der Ton der Stimmgabel ist über den Lautsprecher zu hören, das Oszilloskop zeigt die entsprechende Sinuskurve.
c) Die vom Tongenerator gelieferte elektrische Schwingung wird als Schall vom Kristall abgestrahlt.

Deutung: *Abb. 11–21* zeigt modellhaft, wie die Piezoelektrizität bei Kristallen zustande kommt. Links sieht man den undeformierten Kristall. Er ist wegen seiner Symmetrie nach außen elektrisch neutral. Unter Druck von oben und unten verschieben sich die Ladungen (b), so daß die negativen Ladungen dichter an die obere Metalloberfläche gelangen. An der unteren Elektrode ist es umgekehrt. So erhält man durch Influenz oben negative und unten positive Ladungen. Bei Druck von der Seite oder beim Zurückschwingen nach plötzlicher Entlastung kehren sich die Verhältnisse um (c).
Ein von außen an den Kristall gelegtes elektrisches Feld verschiebt die Ladungen etwas und deformiert damit den Kristall. Seine Seitenflächen bewegen die angrenzenden Luftschichten mit, so daß Schall abgestrahlt wird.

Der piezoelektrische Effekt von Kristallen, besonders von Quarz, wird zum Erzeugen konstanter Schwingungen benutzt.

Versuch 11/9: Über einen Schwingquarz wird der Ausgang eines Verstärkers mit seinem Eingang verbunden. Die Spannung am Quarz wird auf dem Schirm eines Oszilloskops beobachtet. In die Rückkoppelleitung werden zusätzlich Widerstände und Kondensatoren eingebaut. Die Temperatur des

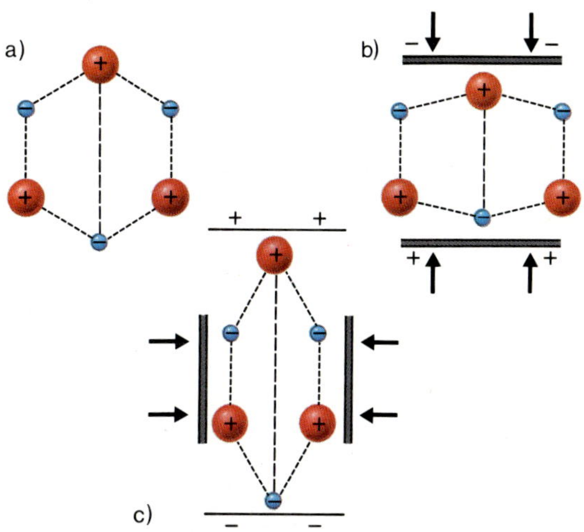

Abb. 11–21: Modell zum piezoelektrischen Effekt.
a) Vereinfachte Darstellung der Ionen im Quarz-Kristall.
b) Unter Druck gelangen die negativen Ladungen näher an die obere, die positiven an die untere Kontaktfläche, durch Influenz entstehen Ladungen an den Metallbelegungen.
c) Bei Druck von der Seite ist es umgekehrt.

[1]) piezein (griech.), drücken

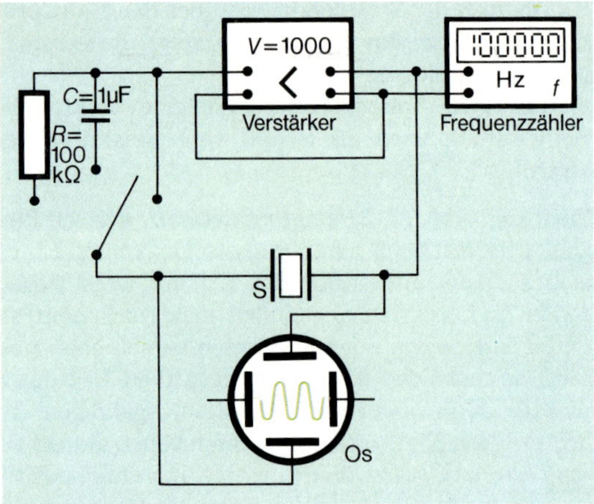

Abb. 11–22: Oszillatorschaltung mit Schwingquarz als frequenzbestimmendes Element. Der Schwingquarz S liegt in der Rückkoppelleitung des Verstärkers. Die Schwingung ist auf dem Oszilloskop zu sehen.

Quarzes wird mit einem Heißluftgebläse erhöht, und die Verstärkung wird verändert. Zweckmäßigerweise wird auch noch ein Frequenzzähler benutzt (*Abb. 11–22*).

Beobachtung: Auf dem Schirm ist eine Sinuskurve zu sehen, der Quarz schwingt. Seine Frequenz ist sehr stabil und von außen kaum zu beeinflussen.

Erklärung: Durch den Einschaltstromstoß wird der Quarz kurz angestoßen. Die an seinen metallisierten Flächen entstehende Wechselspannung wird dem Verstärker zugeführt und wird verstärkt dem Schwingquarz wieder zurückgegeben, so daß aus der gedämpften mechanischen Schwingung des Quarzes eine ungedämpfte wird.

Der piezoelektrische Effekt bei Schwingquarzen wird immer dann benutzt, wenn man eine frequenzkonstante Schwingung benötigt: in Armbanduhren, Frequenzzählern, Sendern. Als mechanisch-elektrischer Wandler findet er Verwendung in Mikrofonen, Tonabnehmern von Plattenspielern und in Feuerzeugen. Die Eigenschaft, elektrische Impulse in mechanische umzuwandeln, wird bei der Erzeugung von Ultraschall (z. B. im Echolot) ausgenutzt.

Aufgaben

11/10: Bei einem Schwingquarz können die Metallbeläge nicht beliebig angebracht werden. Wie geht es nicht? Siehe dazu *Abb. 11–21*.

***11/11:** Hochwertige Schwingquarze befinden sich in einem evakuierten Glasgehäuse. Warum?

11/12: Welche Eigenschaften müssen Kristalle besitzen, damit sie einen piezoelektrischen Effekt zeigen?

11/13: Warum kann ein Schwingquarz mit der Resonanzfrequenz 1 MHz auch mit der Frequenz 3 MHz schwingen?

11/14: Warum darf ein Schwingquarz in einer elektrischen Schaltung nur bis zu einer bestimmten Leistung belastet werden?

***11/15:** Warum kann ein Schwingquarz einen Resonanzkreis aus Spule und Kondensator ersetzen?

11.3 Die chemischen Bindungen

In diesem Abschnitt soll die Frage beantwortet werden, welche Kräfte die Festkörper zu einem starren Gebilde zusammenhalten. Diese Kräfte treten zwischen den Atomhüllen benachbarter Atome auf und sind für chemische Bindungen und Reaktionen verantwortlich. Sie sind bei der Bildung von Molekülen und Kristallen von Bedeutung.

11.3.1 Die Ionenbindung bei Molekülen und bei Kristallen

Die Ionenbildung bei Molekülen

Aus dem Chemieunterricht ist bekannt, daß das KCl-Molekül eine Verbindung aus den beiden Ionen K^+ und Cl^- ist; entsprechend ist das NaCl-Molekül aus Na^+- und Cl^--Ionen aufgebaut. Die Ionen selbst können auch aus mehreren Atomen bestehen, wie im HNO_3 (H^+ NO_3^-). Im Beispiel des K^+Cl^- hat das Kaliumatom ein Elektron abgegeben, es zeigt nach außen die Wirkung einer positiven Elementarladung. Das Chloratom hat dieses Elektron aufgenommen und ist entsprechend negativ geladen. Wie kommt diese Übergabe eines Elektrons zustande?
Das Element Kalium findet man in der 1. Hauptgruppe des Periodensystems, es besitzt demnach ein Elekron mehr, als die stabile Edelgaskonfiguration angibt. Dieses äußerste Elektron ist relativ lose an das Atom gebunden: Die Ionisierungsenergie beträgt nur 4,34 eV. Diese Energie muß also aufgebracht werden, um dieses Valenzelektron zu entfernen. Andererseits benötigt ein Chloratom genau ein Elektron, damit in der äußeren Schale die Edelgaskonfiguration des Argon entsteht. Dabei wird eine Energie von 3,82 eV freigesetzt. Beim Übergang $K + Cl \rightarrow K^+ + Cl^-$ muß also die Energie $\Delta E = 4{,}34\ \text{eV} - 3{,}82\ \text{eV} = 0{,}52\ \text{eV}$ zugeführt werden, sonst kann diese Umwandlung nicht stattfinden.
Bleiben die entstehenden Ionen sehr nahe beieinander – wie es im Molekül der Fall ist –, wird zusätzlich die potentielle Energie $E_{pot} = e^2/4\,\pi\,\varepsilon_0 r$ frei. Wird der Abstand der beiden Atomkerne r so klein, daß die Abnahme der potentiellen Energie 0,52 eV übersteigt, ist die Gesamtenergie nach der Bildung des Moleküls kleiner als vorher. Diesen Zustand streben die Atome an. Die Moleküle der meisten anorganischen Verbindungen werden durch diese Ionenbindung zusammengehalten.

Die Ionenbindung bei Kristallen

Auch bei dem Aufbau vieler Kristalle lassen sich Ionenbindungen feststellen. Hierzu betrachte man die Steinsalzkristalle (NaCl) in *Abb. 11–13*. Ein Natriumatom hat als nächste Nachbarn 6 Chloratome. Es gibt also sein lose gebundenes Valenzelektron an eines der Chloratome ab, so daß ein Ionengitter entsteht. Die elektrostatischen Anziehungskräfte zwischen den einzelnen verschieden geladenen Gitterbausteinen halten den Kristall zusammen. Von allen denkbaren räumlichen Anordnungen tritt diejenige auf, bei der die Gesamtenergie am geringsten ist: das kubisch flächenzentrierte verschachtelte Doppelgitter.
Weitere Beispiele für Kristalle mit Ionenbindung sind LiF, KCl, CsCl, CaF_2, ZnS und TiO_2.

Zusammenfassung und Folgerungen: Die Festkörper mit Ionenbindung besitzen keine freien (ungebundenen) Elektronen. Sie sind daher schlechte elektrische Leiter und schlechte Wärmeleiter. Wegen der relativ starken elektrostatischen Kräfte zwischen den Ionen sind sie gewöhnlich recht fest, spröde und besitzen einen hohen Schmelzpunkt.

11.3.2 Die kovalente Bindung (Elektronenpaarbindung) bei Molekülen und Kristallen

Die kovalente Bindung bei Molekülen (Elektronenpaarbindung)

Besteht ein Molekül aus zwei gleichen Atomen, wie H_2 oder O_2, so ist die Bindung zwischen den Atomen keine Ionenbindung. Die hier zu beobachtende kovalente Bindung tritt besonders häufig bei organischen Verbindungen auf.

Eine Erklärung dieser Bindung liefert uns die Quantenmechanik. Die mathematische Lösung der Schrödinger-Gleichung mit Näherungsverfahren soll hier durch einen einfachen Ansatz, der qualitativ alles Wesentliche liefert, umgangen werden.
Als Beispiel ist hier das Wasserstoffmolekülion H_2^+ gewählt.

Es sind zwei einfach positiv geladene Kerne A und B sowie ein Elektron vorhanden. Die möglichen ψ-Funktionen des Elektrons bezogen auf einen Kern sind die in *Kap. 10.2.3* angegebenen Funktionen für das Wasserstoffatom. Denkt man sich vereinfacht die entstehende Gesamtwellenfunktion des H_2^+-Moleküls ψ_{AB} im ersten Zustand durch Überlagerung der Einzelfunktionen entstanden, ergeben sich zwei Möglichkeiten (*Abb. 11–23*), die zu verschiedenen Wahrscheinlichkeitsfunktionen $(\psi_{AB})^2$ führen:
1. $(\psi_{AB_1})^2 = (\psi_A + \psi_B)^2$ (*Abb. 11–24 a.*)
2. $(\psi_{AB_2})^2 = (\psi_A - \psi_B)^2$ (*Abb. 11–24 b.*)

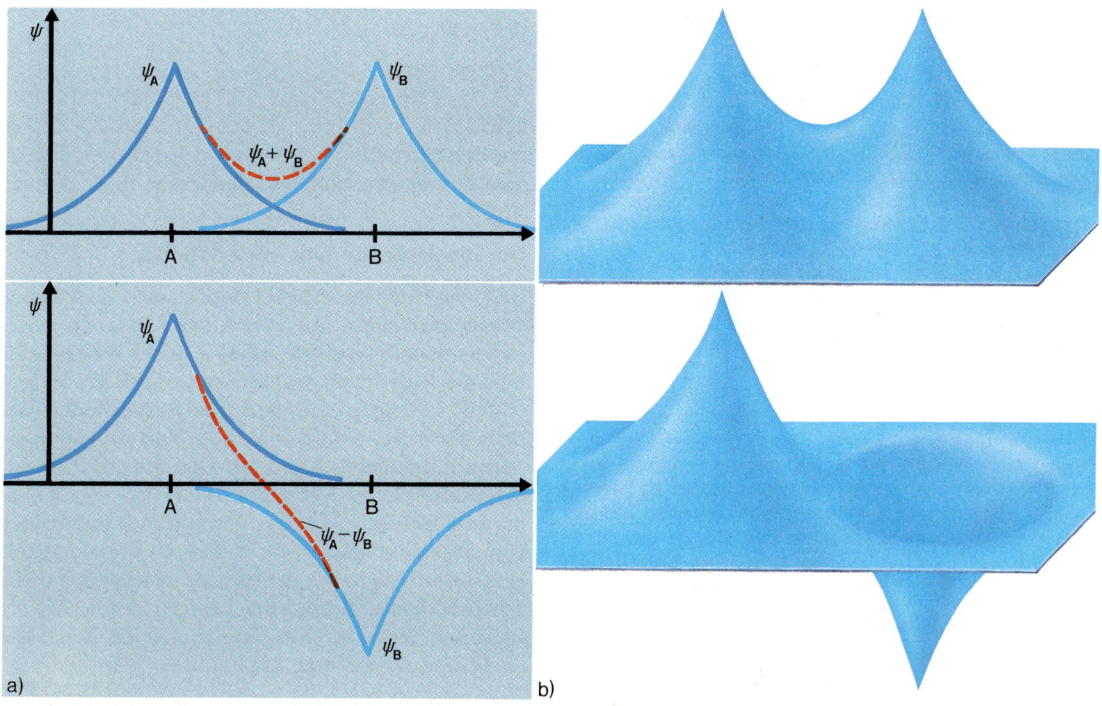

Abb. 11–23: Entstehung der Wellenfunktion eines H_2^+-Molekülions durch Überlagerung der Wellenfunktionen der einzelnen Atome.
a) Die beiden Funktionen haben gleiche Vorzeichen, es entsteht der bindende Zustand. b) Die beiden ψ-Funktionen haben entgegengesetzte Vorzeichen, es entsteht ein nicht bindender Zustand.

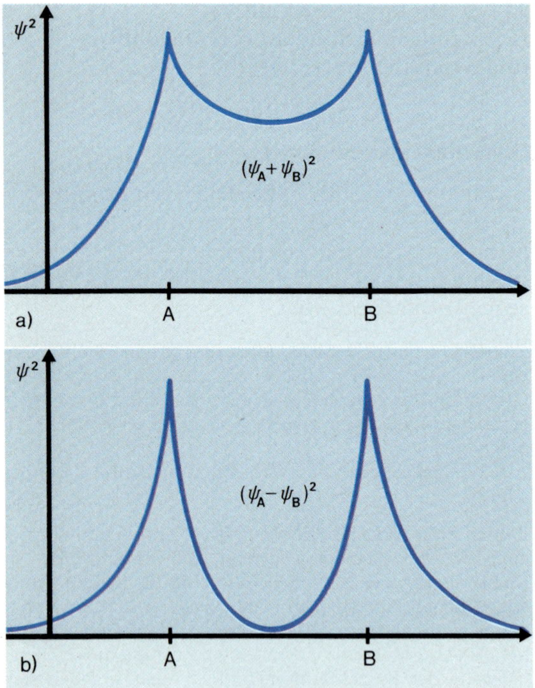

Abb. 11–24: Die Aufenthaltswahrscheinlichkeiten des Elektrons beim H_2^+. Die Funktion ist rotationssymmetrisch zu Verbindungsgeraden der beiden Kerne.
a) Der bindende Zustand. b) Der nicht bindende Zustand.

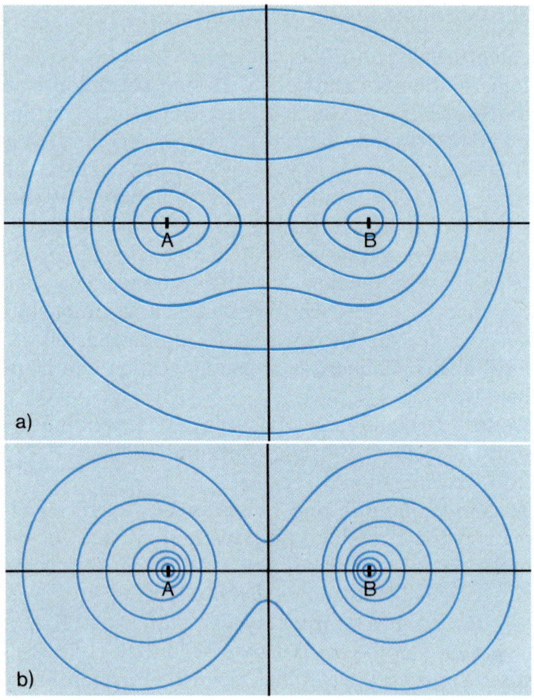

Abb. 11–25: Die beiden möglichen Quantenzustände des Wasserstoffmoleküls. a) Der bindende Zustand. b) Der nicht bindende Zustand. Die Niveaulinien verbinden Punkte mit gleicher Aufenthaltswahrscheinlichkeit. In Wirklichkeit sind es natürlich Niveauflächen, die durch Rotation der Linien um die Verbindungsachse der beiden Kerne entstehen.

Im ersten Fall ergibt sich für das Elektron eine hohe Aufenthaltswahrscheinlichkeit zwischen den beiden Kernen. Das Elektron hält wegen seines geringen Abstandes von den Kernen diese durch coulombsche Anziehungskräfte zusammen. Die Abstoßungskraft der beiden Kerne ist wegen ihres größeren Abstandes geringer.
Im zweiten Fall ist das Elektron sehr selten zwischen den Kernen anzutreffen – in der Mitte nie. Es handelt sich um einen nicht bindenden Quantenzustand. Der Unterschied zwischen bindendem und nichtbindendem Zustand wird in der Orbital-Darstellung der Niveauflächen gleicher Elektronendichte besonders deutlich (*Abb. 11–25*). Nach dem Pauli-Prinzip kann jetzt noch ein Elektron mit der gleichen Wahrscheinlichkeitsfunktion, aber entgegengesetztem Spin vorhanden sein; man erhält das Wasserstoffmolekül H_2. Die Elektronen gehören jetzt nicht mehr zu Atom A oder B, sondern jedes Elektron gehört zu beiden Atomen, sie stellen die Bindung zwischen den Kernen her. Dieses Verfahren läßt sich auf andere zwei- und mehratomige Moleküle übertragen.

Beim Methan (CH_4) führen entsprechende Überlegungen zu einem Modell nach *Abb. 11–26*. Jeweils ein Elektron der äußeren Schale des Kohlenstoffatoms und das Elektron eines Wasserstoffatoms mit entgegengesetztem Spin haben als Wahrscheinlichkeitsfunktion eine „Keule“ zwischen dem C- und dem H-Atom. Da die positiv geladenen Wasserstoffkerne sich gegenseitig abstoßen, haben die Keulen die Richtungen zu den Ecken eines Tetraeders mit dem Kohlenstoffatom als Zentrum. Diese Keulen sind die Valenzstriche des Chemikers.

Die kovalente Bindung bei Kristallen

Daß verschiedene Atome gemeinsame Elektronen haben, beobachtet man auch bei Kristallen. Auch bei dem Diamantgitter ergibt sich bei der Darstellung der Aufenthaltswahrscheinlichkeit für die vier Valenzelektronen eine tetraedische Anordnung (wie beim Methan – siehe *Abb. 11–26*). Das zum Methanmolekül im letzten Abschnitt Gesagte gilt hier entsprechend. Jedes Kohlenstoffatom hat vier Nachbarn im gleichen Abstand. Jeweils zwei Elektronen von benachbarten Atomen gehören diesen beiden gemeinsam, sie haben ihre größte Aufenthaltswahrscheinlichkeit zwischen den beiden Kernen. Weitere Beispiele für kovalente Bindungen in Kristallen sind Silizium, Germanium und SiS_4.

Zusammenfassung und Folgerungen: Die kovalente Bindung bildet sich zwischen Atomen ähnlicher Elektronenkonfiguration. Im Gegensatz zu den bindenden Kräften in einem Ionengitter, die von den

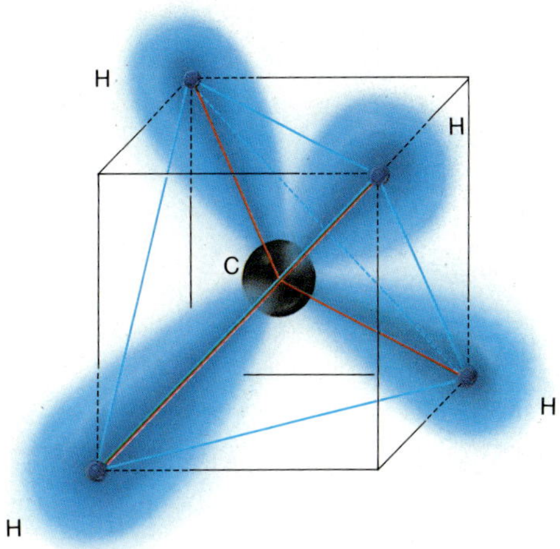

Abb. 11–26: Das Methan-Molekül (CH_4). Die tetraedrisch gerichteten Keulen geben den Aufenthaltsraum der vom Kohlenstoff und Wasserstoff gebildeten 4 Elektronenpaare an.

Ionen in alle Richtungen ausgehen, ist die kovalente Bindung gerichtet. Die Moleküle weisen daher bestimmte Raumrichtungen auf.
Kristalle mit kovalenter Bindung sind sehr fest und schwer zu deformieren. Sie sind schlechte elektrische Leiter und Wärmeleiter, da sie keine freien Elektronen für den Ladungstransport besitzen. Viele Festkörper mit kovalenter Bindung sind durchsichtig (wie Diamant), weil der energetische Abstand zum ersten angeregten Zustand mehr als 6 eV beträgt und damit größer ist als die Energie der Photonen des sichtbaren Lichtes.

11.3.3 Die Metallbindung

Die Metalle leiten den elektrischen Strom. Es existieren nahezu freie Elektronen, die das sogenannte **Elektronengas** bilden und für den Ladungstransport sorgen.
Typische Metallgitter zeigen *Abb. 11–10 f* und *g*. Im kubisch raumzentrierten Gitter *f* (Lithium) hat jedes Atom 8 nächste Nachbarn im Abstand R und 6 weitere im Abstand $2R/\sqrt{3}$. Im kubisch flächenzentrierten Gitter *g* (Kupfer) gibt es 12 Nachbaratome im gleichen Abstand. Hinzu kommt, daß die Abstände benachbarter Atome so gering sind, daß sich die äußeren Schalen stark überlappen. Da die Metallatome meistens nur ein oder zwei Elektronen in der äußersten Schale haben, können sie nicht kovalente Bindungen zu den vielen Nachbarn bilden.
Die Bindungen beziehen sich auf alle Nachbarn, die Elektronen sind deshalb nur sehr schwach gebunden, und die Ionisierungsenergie ist gering. Die Einzelatome sind ortsfest und geben ihre Valenzelektronen an den Festkörper insgesamt ab. Diese Elektronen bewegen sich nahezu frei zwischen den übriggebliebenen positiv geladenen Atomrümpfen. Die Anziehungskräfte zwischen den freien Elektronen und den Rümpfen halten den Kristall zusammen.

Zusammenfassung und Folgerungen: Die Metalle sind gute elektrische Leiter und besitzen große Wärmeleitfähigkeit; für beides sind die freien Elektronen verantwortlich. Weil die freien Elektronen die Photonen des sichtbaren Lichtes absorbieren können, sind die Metalle undurchsichtig.

11.4 Das Bändermodell

Festkörper unterscheiden sich in bezug auf ihre elektrische Leitfähigkeit. Es gibt Isolatoren, Halbleiter, Leiter und Supraleiter[1]). Eine Erklärung dafür liefert das Bändermodell des Festkörpers.

11.4.1 Herleitung des Bändermodells durch mechanische und elektrische Analogien

Zur Erklärung atomarer Eigenschaften wird das Verhalten von Elektronen im Atom durch die Wellenfunktion beschrieben, die man durch stehende Wellen auf einem Seil oder durch Eigenschwingungen einer Metallplatte veranschaulichen kann.
Zur Erklärung der Eigenschaften des Festkörpers werden wir ebenfalls die Wellenfunktion verwenden und zur Veranschaulichung gekoppelte Pendel und elektrische Schwingkreise verwenden.
a) Ein Atom im Grundzustand „schwingt" ähnlich einem Fadenpendel mit einer bestimmten Frequenz. Wird ein Fadenpendel in seiner Eigenfrequenz erregt, so tritt eine große Amplitude auf (→ *3.2.2 Versuch 3/13*). Liegt die Erregerfrequenz nur wenig daneben, wird die Amplitude schnell sehr gering.

Versuch 11/10: Es werden gleichartige Pendel miteinander gekoppelt und in Schwingung versetzt. Die Amplitude des letzten Pendels wird als Funktion der Erregerfrequenz gemessen *(Abb. 11–27)*.
Ergebnis: Für ein, zwei und drei Pendel sind die gemessenen Amplituden in *Abb. 11–27 b* aufgetragen. Bei zwei gekoppelten Pendeln erscheinen jetzt zwei Resonanzfrequenzen, die eine etwas höher, die andere etwas tiefer als die Resonanzfrequenz des ungestörten Pendels. Sind drei oder n Pendel miteinander gekoppelt, erhält man drei bzw. n unterschiedliche Resonanzfrequenzen.

[1]) Einige Stoffe zeigen die Eigenschaft, daß sie ihren elektrischen Widerstand bei einer Temperatur nahe am absoluten Nullpunkt verlieren; sie werden Supraleiter genannt.

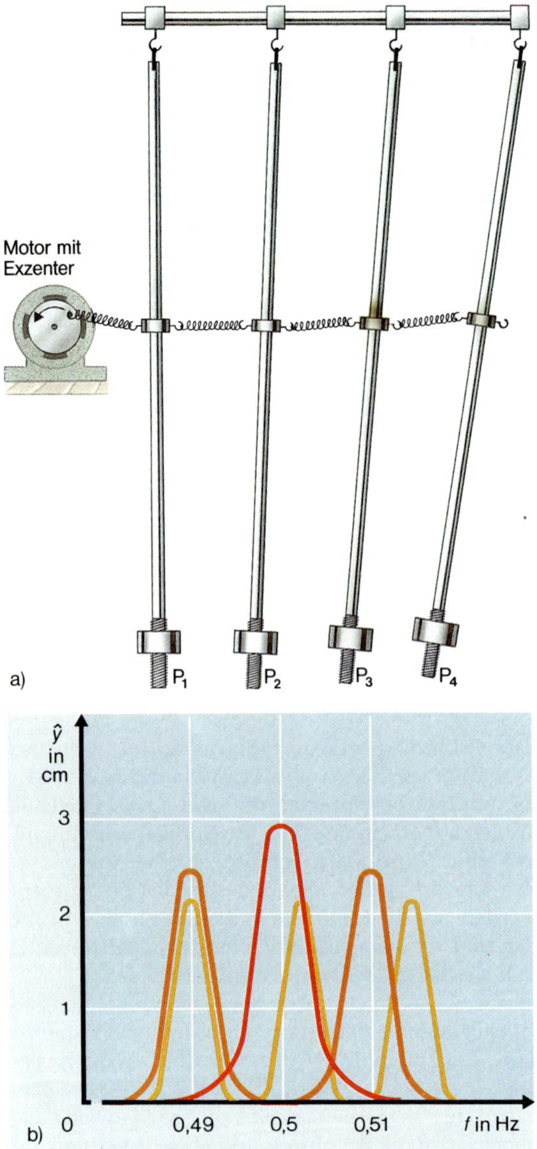

Abb. 11–27: Gekoppelte Pendel. a) Anordnung der Pendel P_1, P_2..., sie sind durch Spiralfedern gekoppelt. P_1 wird durch einen Exzenter zu einer erzwungenen Schwingung angeregt. b) Die Amplitude des letzten gekoppelten Pendels wird in Abhängigkeit von der Frequenz des Erregers ermittelt und graphisch aufgetragen. Die rote Kurve gibt den Amplitudengang für ein Pendel wieder, entsprechend die orange für zwei und die gelbe Kurve für drei gekoppelte Pendel.

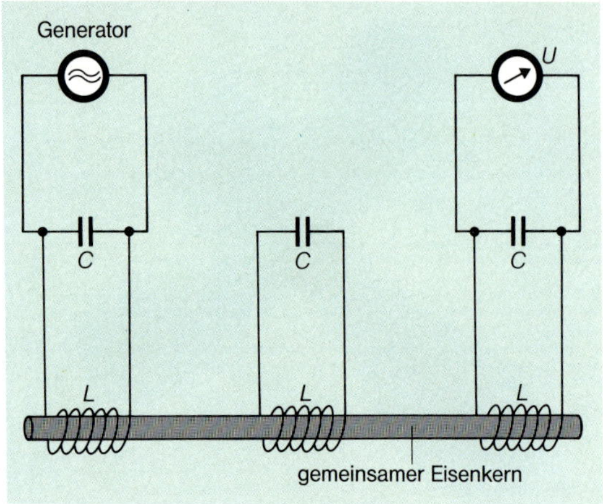

Abb. 11–28: Durch einen gemeinsamen Eisenkern gekoppelte elektrische Schwingkreise gleicher Resonanzfrequenz.

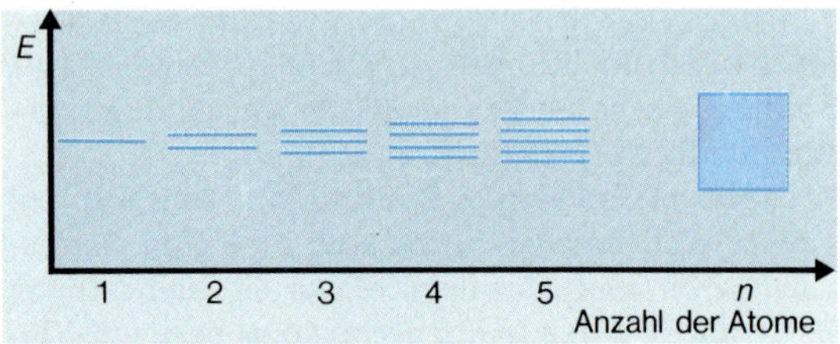

Abb. 11–29: Schematische Darstellung der Aufspaltung eines Energiezustandes durch Koppelung mehrerer gleichartiger Systeme.

b) Das entsprechende elektrische Analogon ist in *Abb. 11–28* zu sehen. Wird die Frequenz des Generators verändert, wird bei drei relativ eng benachbarten Frequenzen ein Ausschlag am Voltmeter zu beobachten sein. Es entstehen durch die starke Kopplung drei Resonanzfrequenzen.

Überträgt man dieses Ergebnis auf Atome, so entsprechen die Resonanzfrequenzen den Eigenwerten. Stören sich zwei gleichartige Atome (entsprechend der obigen Kopplung), weil sie sehr eng benachbart sind, wird eine Aufspaltung des einen Energiezustands in zwei diskrete Werte erwartet, genauso wie zwei gekoppelte Pendel zwei Resonanzfrequenzen zeigen. Ebenso wird bei drei Atomen die Aufspaltung dreifach. In einem Kristall stört sich eine sehr große Anzahl von Atomen. Aus diesem Grund entsteht zu jedem Energiewert des ungestörten Einzelatoms ein ganzes Energieband mit so vielen Niveaus, wie Atome im Kristall vorhanden sind (*Abb. 11–29*).

Eine Gegenüberstellung des Energieniveauschemas eines einzelnen Atoms mit den entsprechenden Bändern bei einem aus diesen Atomen durch regelmäßiges Aneinanderreihen erzeugten Einkristalls zeigt *Abb. 11–30*. Bei den höheren Niveaus wächst die gegenseitige Störung benachbarter Atome mit der Folge, daß die Bänder breiter werden.

Diese Erkenntnis soll nun auf eine ganze Kette von Atomen übertragen werden. Der periodische Verlauf der potentiellen Energie längs einer Atomkette

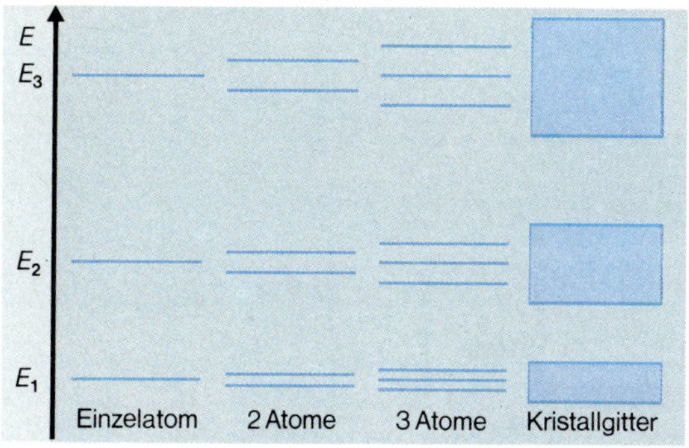

Abb. 11–30: Schematische Aufspaltung mehrerer Energiezustände eines Atoms durch Störung durch andere Atome.

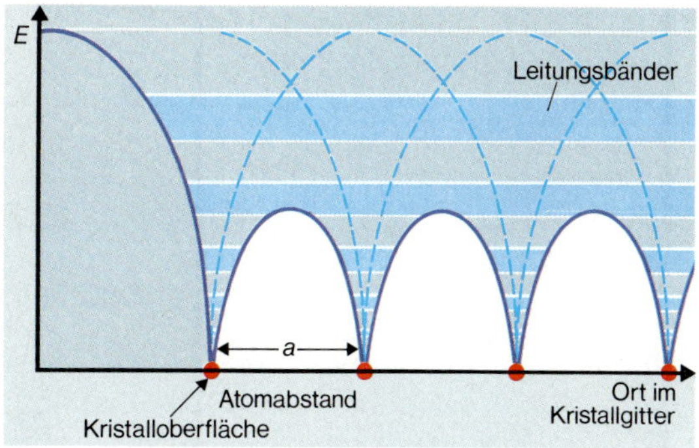

Abb. 11–31: Verlauf der Energiebänder im periodischen Gitter mit dem Atomabstand *a*.

ist in *Abb. 11–31* dargestellt. Einige Bänder sind durch die Kurven für die potentielle Energie unterbrochen; die Elektronen dieser Bänder sind an die entsprechenden Atome gebunden. Darüber gibt es Bänder, die durch den ganzen Kristall verlaufen. Elektronen in ihnen sind nicht mehr an bestimmte Atome gebunden, sie gehören dem Kristall als Ganzem an.

Zwischen den einzelnen Energiebändern gibt es die „verbotenen Zonen", dort kann sich ein Elektron nicht aufhalten. Absorbiert ein Elektron ein Energiequant passender Größe, kann es in ein höheres Band springen, wenn der „Platz" frei ist. Sind N Atome im Kristall, so wird jedes Niveau N-fach aufgespalten; da auch hier das Pauli-Prinzip gilt, kann jedes Band $2N$ Elektronen aufnehmen. Soll ein Elektron in dieses Band hineinspringen, muß das der Energie des Elektrons entsprechende Einzelniveau frei sein, d. h., es darf nur mit höchstens einem Elektron schon besetzt sein. In einem realen Kristall mit einem Volumen von 1 cm^3 gibt es etwa 10^{23} Atome. Jedes Energieband besteht also aus 10^{23} Einzelniveaus, die sich wegen der **natürlichen Linienbreite** stark überlappen. So entsteht ein **kontinuierliches Energieband.**

Zusammenfassung: In einem Kristall entstehen aus den Energiewerten des ungestörten Einzelatoms Energiebänder mit soviel Einzelniveaus, wie der Kristall Atome enthält. Die höheren Bänder verlaufen durch den ganzen Kristall.

11.4.2 Das Bändermodell und die Leitfähigkeit

Abb. 11–32 zeigt die Verhältnisse in einem Kristall, der über seine metallischen Anschlüsse an eine Spannungsquelle angeschlossen ist. Durch das elektrische Feld wirken im Kristall Kräfte auf die Elektronen und beschleunigen sie. Dadurch nimmt die Energie der Elektronen zu, d. h., sie steigen in ihrem Energieband langsam nach oben. Dies ist jedoch nur möglich, wenn das Band nicht voll besetzt ist.

Es muß also untersucht werden, wieweit die einzelnen Bänder des Kristalls mit Elektronen aufgefüllt sind. Im Grundzustand ist das höchste besetzte Energieniveau eines Atoms entweder mit einem Elektron (halb) oder mit zwei Elektronen (voll) besetzt. Entsprechend sind die Energiebänder eines Kristalls im Grundzustand (bei der Temperatur 0 K) entweder halb oder voll besetzt.

Leiter

Im Periodischen System der Elemente findet man einige bekannte Metalle mit einem Elektron auf dem höchsten Energieniveau: Kupfer, Silber, Gold, Platin u. a. Bei diesen Metallen ist im Kristall das höchste besetzte Band halb aufgefüllt. Die Elektronen auf den höchsten noch besetzten Einzelenergieniveaus dieses Bandes können im elektrischen Feld

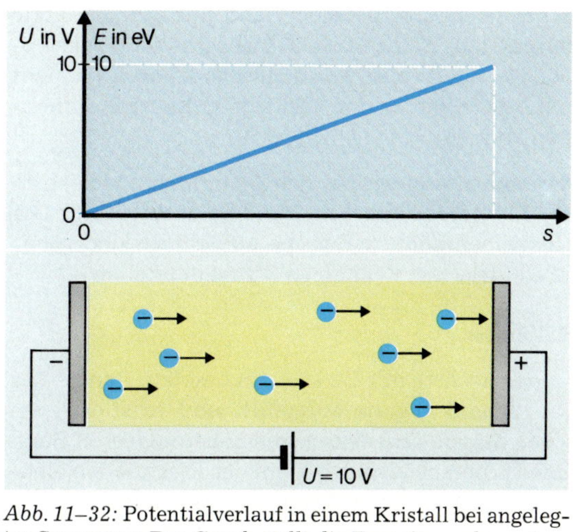

Abb. 11–32: Potentialverlauf in einem Kristall bei angelegter Spannung. Der Graph stellt die Energiezunahme eines sich im Feld bewegenden Elektrons dar, dessen Bewegung links im Kristall mit der Energie $E = 0$ beginnt.

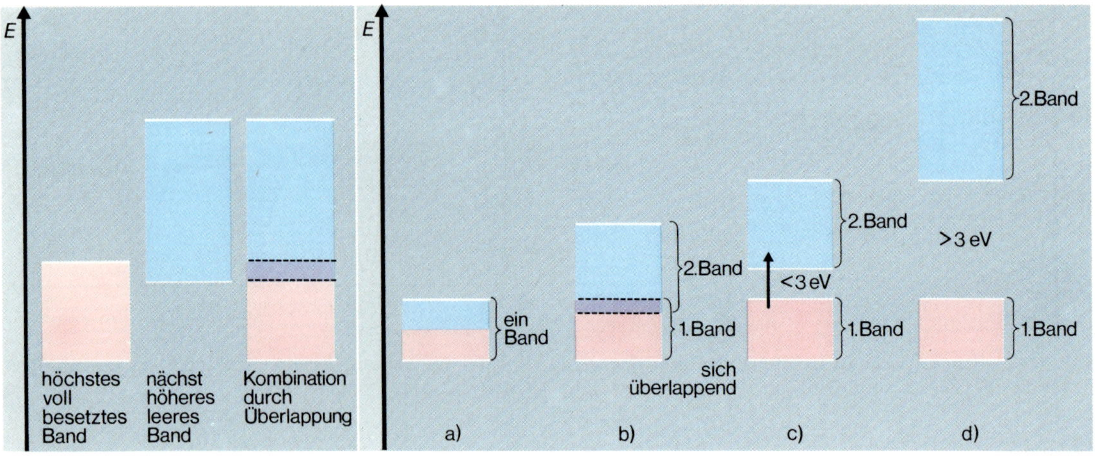

Abb. 11–33: Links: Entstehung eines teilweise besetzten Bandes durch Überlappung eines vollbesetzten und eines leeren Bandes.
Rechts: Erklärung der elektrischen Leitfähigkeit im Bändermodell. a) Metalle; Leitungsband halb besetzt. b) Metalle; Leitungsband durch Überlappung teilweise besetzt. c) Halbleiter. d) Isolatoren.

Energie aufnehmen und somit im freien Teil des Energiebands durch ihre Bewegung einen Strom darstellen (*Abb. 11–33 a*). Bevor durch immer weitere Energieaufnahme die obere Bandgrenze erreicht wird, geben die Elektronen spontan Energiequanten (sogenannte Phononen) an die Gitterstruktur ab. Diese Energieabgabe führt zu einer Temperaturerhöhung des Kristalls. Die nicht an einzelne Atome gebundenen Elektronen bilden das sogenannte **Elektronengas,** das die elektrische Leitfähigkeit eines Metalles bewirkt.
Bei einer ganzen Reihe von Metallen ist jedoch das höchste Band voll besetzt, und sie sind trotzdem gute Leiter, z. B. Eisen, Chrom, Zinn, Zink und Nikkel. Eine Erklärung hierfür erhält man nach dem Bändermodell, wenn man sich vorstellt, daß die Bänder soweit aufgefächert sind, daß sich das letzte vollbesetzte Band und das nächsthöhere überlappen. Sie bilden zusammen ein Band, das dann nicht voll besetzt ist, so daß Elektronen Energie aufnehmen können (*Abb. 11–33 b*).

Zusammenfassung: Bei den Leitern ist das höchste mit Elektronen besetzte Band halb aufgefüllt. Die Elektronen können Energie aufnehmen und somit im elektrischen Feld einen Strom darstellen.

Halbleiter

Ist das höchste mit Elektronen besetzte Band – das Valenzband – ganz aufgefüllt und existiert zwischen diesem und dem nächsthöheren, leeren Band eine verbotene Zone, so kann der Kristall den elektrischen Strom nicht leiten. Ist die verbotene Zone schmal (< 3 eV), so stellt man bei Zimmertemperatur eine geringe Leitfähigkeit fest (*Abb. 11–33 c*). Elemente, deren Kristallverband eine solche Energiebandkonfiguration zeigen, nennt man Halbleiter. Durch die thermische Energie des Kristalls überspringen einige Elektronen die verbotene Zone und können sich dann frei im Leitungsband bewegen. Diese sogenannte Eigenleitung verschwindet ganz bei der Temperatur 0 K. Halbleiter sind Bor, Schwefel, Selen, Tellur und vor allem Germanium und Silizium.[1])

Isolatoren

Ist die Breite der verbotenen Zone größer als rund 3 eV (*Abb. 11–33 d*), wird die Eigenleitung selbst bei hohen Temperaturen sehr gering, und man spricht von **Isolatoren.** Beispiele für Isolatoren sind der Diamant und Bernstein.

Zusammenfassung: Ist das höchste nicht leere Band mit Elektronen halb besetzt, ist der Kristall ein Leiter. Bei voll besetztem höchstem Band und einer schmalen verbotenen Zone zum nächsthöheren Band liegt ein Halbleiter vor. Ist diese verbotene Zone relativ breit, handelt es sich um einen Isolator.

11.4.3 Das Bändermodell und die optische Absorption

Versuch 11/11: Zur Untersuchung der Absorption verwendet man spektralzerlegtes Licht einer Glühlampe, das im Bereich des Infrarot mit einer Thermosäule registriert wird. Zwischen der Glühlampe

[1]) Auch viele chemische Verbindungen aus Elementen der III. und V. Gruppe im Periodensystem bilden Halbleiterkristalle (GaAs, InSb) und solche aus der II. und VI. Gruppe (CdS).

und dem Spektralapparat werden verschiedene Metallfolien gehalten, und die Absorptionsspektren werden ausgemessen.
Beobachtung: Über den Bereich des gesamten Spektrums werden die Lichtquanten vollständig absorbiert.

Versuch 11/12: In der gleichen Anordnung wie in *Versuch 11/11* werden jetzt dünne Halbleiterplättchen aus Germanium und Silizium untersucht.
Beobachtung: Totale Absorption herrscht im sichtbaren Bereich, jedoch läßt das Siliziumplättchen im kurzwelligen infraroten Teil des Spektrums, der Germaniumkristall aber erst bei sehr viel langwelligerem Licht die Photonen praktisch ungehindert hindurch.

Versuch 11/13: Ein kleiner Cadmiumsulfid-Kristall deckt die obere Hälfte des Spaltes ab.
Beobachtung: Im sichtbaren Teil des Spektrums werden alle Farben von Mitte grün bis violett absorbiert, während der übrige Teil und der ganze infrarote Bereich ungehindert hindurchgelassen werden (*Abb. 11–34*).

Deutung: Da sich Metallelektronen in einem nicht vollbesetzten Band befinden, können sie auch kleinste Energiebeträge absorbieren. Metalle werden auch für elektromagnetische Strahlung großer Wellenlängen nie durchsichtig. Das gilt für Wärmestrahlen wie für Radarwellen im cm-Bereich und Radiowellen im m- und km-Bereich. Metalle schirmen Strahlen aller Wellenlängen stets ab. Bei Halbleitern jedoch müssen die Photonen eine Mindestenergie besitzen, damit sie absorbiert werden können, denn die Elektronen des Halbleiters müssen mindestens die verbotene Zone überspringen, um ein freies Energieniveau zu erreichen. Diese Mindestenergie entspricht der „Breite" der verbotenen Zone. Sie war bei den drei untersuchten Halbleitern am geringsten beim Germanium und am größten beim CdS-Kristall. Gute Isolatoren wie Glas, Bernstein und Diamant sind lichtdurchlässig bis in den UV-Bereich hinein, denn hier ist die verbotene Zone noch breiter. Die Breite der verbotenen Zone ΔE für einige Substanzen gibt die *Tabelle 11–2* an.

Zusammenfassung: Existiert keine verbotene Zone, werden alle Energiequanten absorbiert. Ist eine verbotene Zone vorhanden, werden nur diejenigen Energiequanten absorbiert, die in der Lage sind, Elektronen über die verbotene Zone hinweg in das Leitfähigkeitsband zu heben.

Material	Ge	Si	Diamant	B	Se
ΔE	0,7 eV	1,1 eV	6 eV	1,1 eV	2,3 eV

Tab. 11–2: Die Breite der verbotenen Zonen einiger Halbleitermaterialien.

Abb. 11–34: Lichtabsorption eines CdS-Kristalls: Oben das vollständige Spektrum, unten das Spektrum nach Durchgang durch den Kristall.

Aufgaben

11/16: Ein Selen-Kristall wird von Licht durchstrahlt. Welche Wellenlängen bzw. Frequenzen hat das Licht?
11/17: Begründen Sie die Durchlässigkeit der Halbleiter in bezug auf Wärmestrahlen (Infrarot).
11/18: Warum sind alle Metalle für Mikrowellen undurchlässig?
***11/19:** Suchen Sie im periodischen System der Elemente die besten Leiter heraus. Was fällt bei der Besetzung der Schalen mit Elektronen auf?

11.5 Halbleiterphysik

In diesem Abschnitt werden wichtige Eigenschaften der Halbleiter untersucht, ihre technische Anwendung in diskreten Bauelementen und integrierten Schaltungen wird besprochen.

11.5.1 Die Eigenleitung von Halbleitern

Unter der Eigenleitung eines Halbleiters versteht man die geringe Leitfähigkeit des idealen Halbleiterkristalls ohne den Einfluß der Verunreinigung durch Fremdatome und Gitterfehler.
Bei der Bestimmung des Artwiderstandes ϱ von chemisch reinem Silizium oder Germanium, der am meisten benutzten Halbleitermaterialien, stellt man fest, daß der elektrische Strom fast so gut wie in einem Metall geleitet wird (*Abb. 11–35*). Allerdings ist der gemessene Artwiderstand je nach Probe sehr unterschiedlich. Erst bei Einkristallen mit sehr wenigen Gitterbaufehlern und sehr hohen Reinheitsgraden (auf 10^9 Siliziumatome ein Fremdatom) nähert sich der Artwiderstand einem festen, sehr hohen Wert. Die hohen Forderungen an die Reinheit und Fehlerfreiheit des Einkristalls haben die Entwicklung von Halbleitern sehr erschwert.

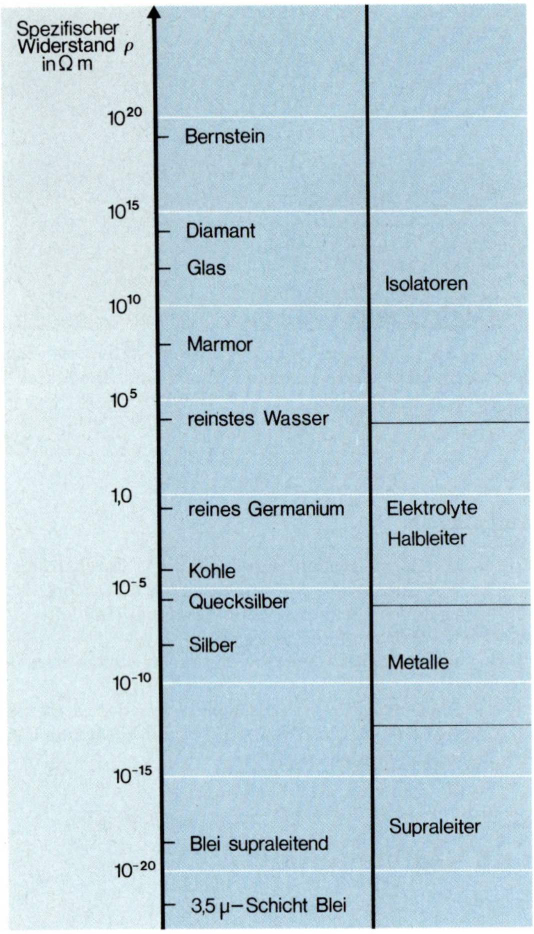

Abb. 11–35: Der Artwiderstand verschiedener Stoffe reicht über 40 Zehnerpotenzen. Die Restwiderstände sind bei 0 K gemessen, die anderen, bis auf die Supraleiter, bei Zimmertemperatur. Einige Stoffe verlieren ihren Widerstand fast völlig, wenn sie unter eine artspezifische Sprungtemperatur (wenige K) abgekühlt werden, sie werden supraleitend.

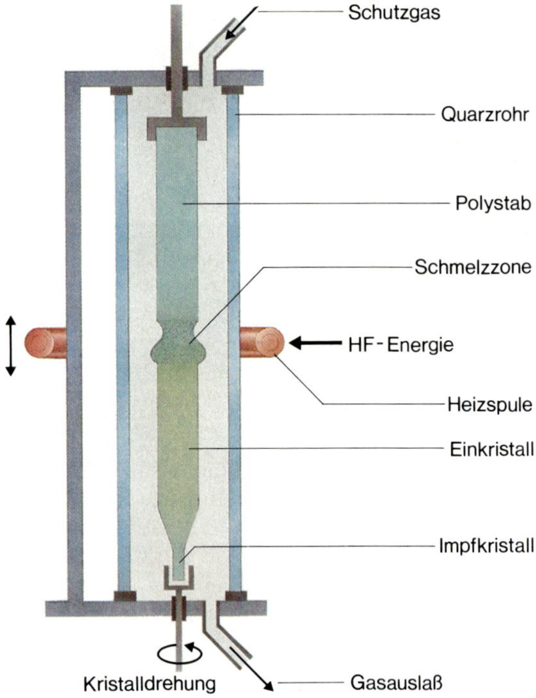

Abb. 11–36: Das Zonenschmelzverfahren wird zum Reinigen des Kristalls von Fremdatomen und Gitterbaufehlern benutzt. Eine von hochfrequentem Strom durchflossene schmale Spule erwärmt durch die im Halbleiter induzierten Ströme den Kristall in einer Ebene. Die Spule wird wiederholt über die gesamte Länge hin und her bewegt. Beim Erstarren nach Durchlauf der Schmelzebene wird der Kristall neu aufgebaut, wobei Originalatome vorzugsweise eingebaut werden; auch nehmen jedesmal die Gitterbaufehler ab. An den Enden sammeln sich die Fremdatome.

Die in der technischen Halbleiterfertigung benötigten großen Einkristalle (zylinderförmig, 10 cm Durchmesser, 0,5 m lang) werden im Vakuum aus flüssigem Silizium mit einem Impfkristall sehr langsam unter einer Drehbewegung gezogen (*Abb. 11–36*). Da trotz größter Sorgfalt bei der Herstellung immer noch zu viele Fremdatome und Kristallbaufehler auftreten, ist ein wiederholtes Anwenden des sogenannten Zonenschmelzverfahrens nötig.

Bei einem so hergestellten Einkristall kann die Eigenleitung bestimmt werden.

Die Eigenleitung eines Halbleiters kommt durch Sprünge von Elektronen aus dem vollbesetzten Valenzband ins Leitungsband zustande (*Abb. 11–37*). Ein Elektron ist dort frei beweglich. Im Valenzband

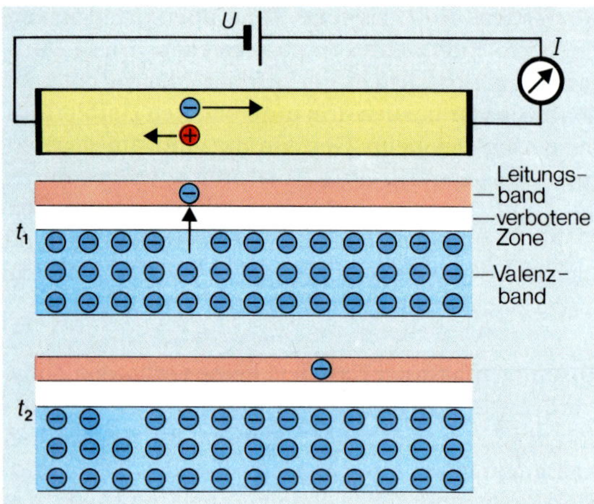

Abb. 11–37: Der Eigenleitungsmechanismus im reinen Halbleiter. – Lage der beweglichen Ladung zu zwei aufeinanderfolgenden Zeiten t_1 und t_2 im Bändermodell. – Durch thermische Energie gelangen vereinzelt Elektronen ins Leitungsband und sind dort frei beweglich. Sie hinterlassen im Valenzband ein Loch, das wie eine positive Ladung sich dort bewegen kann; allerdings ist seine Beweglichkeit geringer als die des erzeugenden Elektrons.

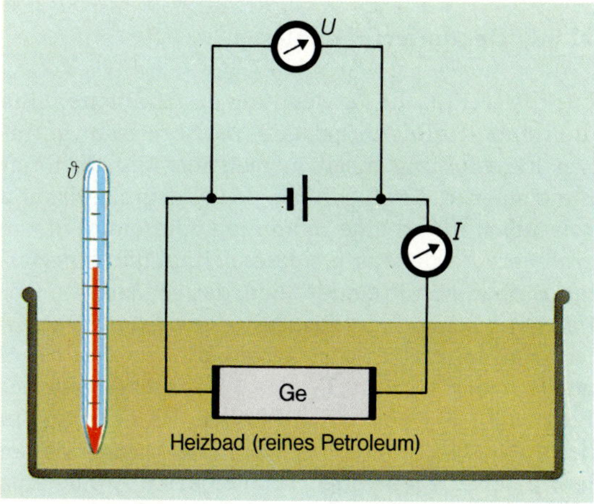

Abb. 11–38: Bestimmung des Artwiderstandes von Germanium in Abhängigkeit von der Temperatur durch Erhitzen im Petroleumbad.

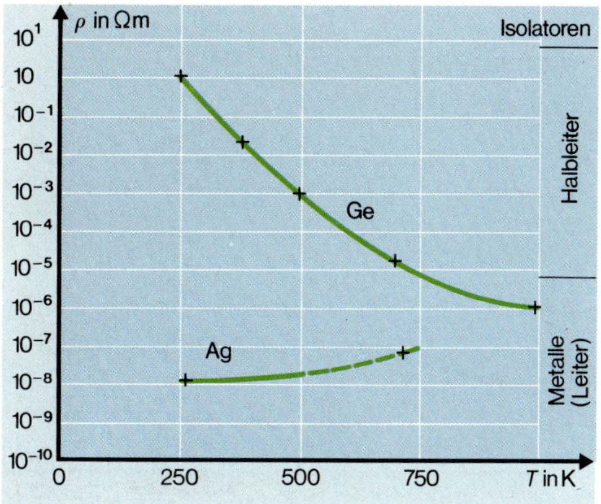

Abb. 11–39: Der Artwiderstand des Halbleiters Germanium und des Metalls Silber als Funktion der Temperatur.

entsteht gleichzeitig ein freier Platz (ein Loch), der von einem Elektron eingenommen werden kann. Kommt es aus dem Valenzband, entsteht dadurch ein neues Loch an anderer Stelle. Diese Löcher können also ihre Lage verändern. Sie verhalten sich wie positive Ladungen. Das gleichzeitige Erzeugen von freien Elektronen und Löchern nennt man **Paarbildung.** Springt ein freies Elektron unter Energieabgabe in ein Loch des Valenzbandes zurück, spricht man von **Rekombination.** Paarbildung und Rekombination halten sich im Dauerzustand das Gleichgewicht. Elektronen im Leitfähigkeitsband und Löcher im Valenzband wandern unter Einfluß eines elektrischen Feldes in entgegengesetzte Richtungen und erzeugen so einen Strom.

Versuch 11/14: Der Artwiderstand eines Germaniumkristalls wird in dem Versuchsaufbau nach *Abb. 11–38* in Abhängigkeit von der Temperatur gemessen. Für Temperaturen über der Zimmertemperatur benutzt man ein Heizbad aus reinem Petroleum, für tiefe Temperaturen eine Kältemischung, flüssige Luft oder Kältespray.

Beobachtung: Bei tiefen Temperaturen haben wir es mit einem Isolator zu tun. Mit wachsender Temperatur steigt die Leitfähigkeit jedoch stark an. Bei sehr hoher Temperatur kann man fast von einem Leiter sprechen. Eine über einen weiten Temperaturbereich aufgenommene Meßkurve zeigt *Abb. 11–39;* sie macht dieses besonders deutlich.

Ergebnis: Am absoluten Nullpunkt besetzen die Elektronen die niedrigsten Energieniveaus. Alle Energiezustände im Valenzband sind besetzt, so daß Elektronen in einem elektrischen Feld keine Energie aufnehmen können. Energie zum Überspringen der verbotenen Zone ist nicht vorhanden. Je höher die Temperatur und damit die Schwingungsenergie des Kristalls wird, um so häufiger wird ein Elektron die zum Verlassen des Valenzbandes nötige Energie erhalten. Im Leitungsband können die Elektronen dann Energie aufnehmen: Die Leitfähigkeit nimmt zu.

Zusammenfassung: Die Eigenleitung bei Halbleitern kommt dadurch zustande, daß Elektronen aus dem vollbesetzten Valenzband in das noch leere Leitungsband gehoben werden, wo sie unter Einfluß eines elektrischen Feldes einen Strom darstellen können. Gleichzeitig entsteht im Valenzband ein Loch, das sich als positive Ladung in die andere Richtung bewegt. Die für den Sprung ins Leitungsband notwendige Energie kann auch auf andere Weise als durch Temperaturerhöhung zugeführt werden, z. B. durch Absorption eines Photons.

Der Photowiderstand

Die Eigenleitung eines Halbleiterkristalls wird im Photowiderstand, dessen Widerstandwert von der Beleuchtungsstärke abhängig ist, ausgenutzt.

Versuch 11/15: Ein Cadmiumsulfid-Halbleiterkristall wird an eine Spannungsquelle von 10 V angeschlossen und mit einer Glühlampe beleuchtet. Durch Variieren des Abstandes zwischen dem Kristall und der Glühlampe wird die Beleuchtungsstärke verändert, dabei wird die Stromstärke beobachtet.

Beobachtung: Die Stromstärke steigt mit wachsender Lichtintensität bis zu einigen 10 mA und fällt bei Dunkelheit auf unter 1 μA.

Versuch 11/16: Der Strom eines an eine Spannungsquelle angeschlossenen CdS-Photowiderstandes wird in Abhängigkeit von der Farbe des auf ihn fallenden Lichtes gemessen (*Abb. 11–40 a*). Das

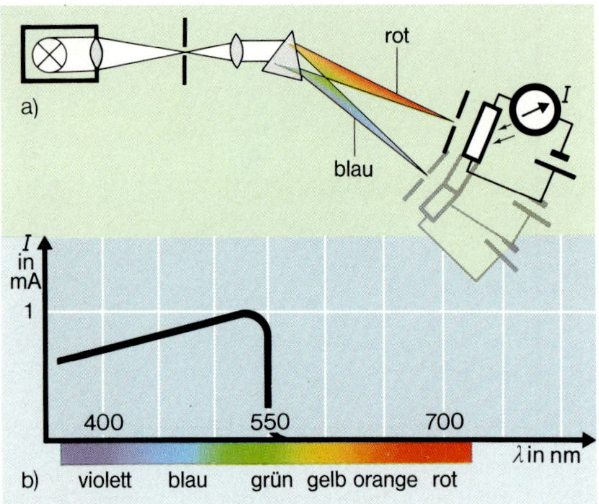

Abb. 11–40: Weißes Licht wird in seine Spektralfarben zerlegt; diese fallen nacheinander auf einen CdS-Photowiderstand, dessen Durchlaßstrom gemessen wird. Von Grün bis Violett zeigt sich ein kräftiger Photostrom, im langwelligen energiearmen Teil des Spektrums ist er Null.

Licht einer Glühlampe wird hier mit einem Prisma spektral zerlegt.

Beobachtung: Die Stromstärke steigt im Bereich violett bis grün leicht an, um mitten im Bereich des grünen Lichtes abrupt auf sehr kleine Werte abzufallen (*Abb. 11–40 b*).

Deutung der Ergebnisse: Hohe Lichtintensitäten sorgen für ein Anwachsen der Anzahl der freien Ladungsträger (Elektronen im Leitungsband), wenn die einzelnen Lichtquanten eine Mindestenergie (charakterisiert durch die grüne Farbe) haben. Mit $\lambda_{\text{grün}} = 540$ nm errechnet sich diese Energie zu

$$E_{\min} = hf = hc/\lambda\,,$$
$$E_{\min} = 3{,}68 \cdot 10^{-19}\ \text{J} = 2{,}30\ \text{eV}\,.$$

Diese Energie ist gleich dem Abstand der Energiebänder. Ist die Energie der Photonen größer, heben sie im CdS-Kristall Elektronen aus dem Valenzband in das Leitungsband, die dann zum Stromfluß beitragen.

Aufgaben

11/20: Will man die Eigenleitung von Halbleitern bestimmen, muß man bei tiefen Temperaturen sehr auf Verunreinigungen achten. Warum ist dies bei hohen Temperaturen nicht so wichtig?

11/21: Glas wird bei höherer Temperatur zum Halbleiter, bei sehr hoher sogar zum Leiter. Wie ist dies zu erklären?

11/22: Nicht alle Hableitermaterialien eignen sich als Photowiderstand. Worauf ist zu achten?

11.5.2 Der dotierte Halbleiter

Für die technische Anwendung der Halbleiter sind die reinen Halbleiterkristalle mit ihrer sehr geringen Eigenleitung meist ungeeignet. Man benötigt Bauelemente, deren Leitfähigkeit viel größer ist und von außen durch eine Spannung oder einen Strom gesteuert werden kann. Dieses gelingt durch gezielten Einbau von Fremdatomen, das sogenannte Dotieren[1]).

Die Halbleiterelemente Germanium und Silizium gehören zur Gruppe IV des Periodensystems der Elements (→ *Anhang*) und haben 4 Elektronen in der äußersten Schale. Im Halbleiterkristall bilden jeweils zwei Elektronen benachbarter Atome eine Elektronenpaarbindung (→ kovalente Bindung).

Ersetzt man im Gitter eines solchen Halbleiters ein Atom durch ein Phosphor- oder Arsenatom der Gruppe V, werden vier der fünf Valenzelektronen für die Valenzbindung zu den vier Nachbarn benötigt. Das fünfte Valenzelektron bleibt, da es keine Valenzbindung eingeht, nur schwach an das Fremdatom gebunden. Im Bändermodell gehört zu diesem Elektron ein Energiezustand knapp unterhalb des Leitungsbandes (*Abb. 11–41*). Es wird sehr viel wahrscheinlicher ins Leitungsband gehoben als ein anderes Elektron, da die dazu nötige Energie viel geringer ist. Ein so dotierter Halbleiter wird N-dotiert oder **N-Leiter** (N wie negativ) genannt, da die negativ geladenen Elektronen den Ladungstransport übernehmen. Fremdatome, die dem Halbleiter Elektronen für die elektrische Leitung liefern, werden Donatoren[2]) genannt.

Der umgekehrte Fall, die P-Dotierung (P wie positiv) liegt vor, wenn ein dreiwertiges Atom (z. B. Bor, Aluminium oder Indium) eingebaut wird (*Abb. 11–42*). Zur Herstellung der Bindung zu den vier benachbarten Silizium- oder Germaniumatomen fehlt dann ein Elektron. Im Bändermodell entspricht dem ein Energiezustand knapp oberhalb des Valenzbandes. Dieser ortsfeste Energiezustand kann bei geeigneter Energiezufuhr durch ein Elektron aus dem Valenzband besetzt werden, so daß im Valenzband ein freier Zustand entsteht, der die Leitung ermöglicht.

Solche Fremdatome, die zur Erzeugung von Löchern im Valenzband führen, werden Akzeptoren[3]) genannt.

Wenn die Löcherleitung durch entsprechend hohe Dotierung gegenüber der Eigenleitung überwiegt, spricht man von einem **P-Leiter.** Dotiert wird durch Erhitzen des Kristalls in einer Atmosphäre der gewünschten Fremdatome. Diese diffundieren dann in die Kristalloberfläche hinein. Die Dauer dieses Vor-

[1]) dos (lat.), Mitgift
[2]) donator (lat.), Geber
[3]) acceptor (lat.), Empfänger

gangs, der Druck des Gases und die Temperatur bestimmen den Dotierungsgrad und damit die Leitfähigkeit.

Nachweis der N- bzw. P-Leitung

Versuch 11/17: Ein N-dotiertes Halbleiterplättchen wird von einem Strom durchflossen und befindet sich in einem Magnetfeld, dessen Feldlinien im rechten Winkel zum Strom im Halbleiter stehen. An sich genau gegenüberliegenden Stellen oben und unten am Kristall wird mit einem empfindlichen Voltmeter die → Hall-Spannung gemessen (*Abb. 11–43*). – Der Versuch wird mit einem P-dotierten Halbleiter wiederholt.

Ergebnis: Sind Strom- und Magnetfeldrichtung wie in *Abb. 11–43* gewählt, stellt man für die Hall-Spannung oben den positiven, unten den negativen Pol fest, wie es links zu sehen ist. Strom- oder Magnetfeldrichtungsumkehr führen zu einem Vertauschen der Pole. Benutzt man einen P-dotierten Halbleiter, ist die Polung umgekehrt.

Erklärung: Im N-dotierten Halbleiter stellt die Elektronenleitung im Leitungsband den Strom dar. In *Abb. 11–43* sieht man links ein solches Elektron auf dem Weg zum positiven Pol der Stromquelle, seine Geschwindigkeit ist v_2 nach rechts. Das Magnetfeld bewirkt auf das sich bewegende Elektron eine → Lorentzkraft, die senkrecht nach unten zeigt. Diese Kraft lenkt die Leitungselektronen im Kristall etwas nach unten ab. So entsteht an der unteren Begrenzung des Halbleiterkristalls eine erhöhte Elektronenkonzentration, während an der oberen Begrenzung ein Mangel auftritt.
In der rechten Hälfte des Kristalls ist eine P-Dotierung angenommen. Die entsprechenden Überlegungen führen zu dem negativen Pol der Hallspannung oben. Mit diesem Versuch läßt sich also feststellen, ob die beweglichen Ladungsträger überwiegend positiv (Löcher) oder negativ (Elektronen) sind.

Anwendung dotierter Halbleiter

Ein N- oder P-Halbleiter wie in *Versuch 11/17* kann zum Ausmessen von Magnetfeldern benutzt werden, da die Hall-Spannung U_H proportional zur magnetischen Kraftflußdichte B ist. Dieses gelingt jedoch noch einfacher mit der **Feldplatte.**

Versuch 11/18: In einem Versuchsaufbau ähnlich *Abb. 11–43* – allerdings mit nur zwei Anschlüssen links und rechts – wird ein Indium-Arsenid-Plättchen von einem Magnetfeld durchsetzt. Stromstärke I und Spannung U werden in Abhängigkeit von der magnetischen Kraftflußdichte B gemessen und der Widerstand R des Plättchens errechnet.

Beobachtung: Mit wachsender magnetischer Induktion steigt der Widerstand des Halbleiterplättchens leicht an.

Erklärung: Wie beim Hall-Effekt erhält man eine Ablenkung der Elektronen quer zur Stromrichtung. Dadurch wird die Bahn etwas abgelenkt, und die Elektronen legen

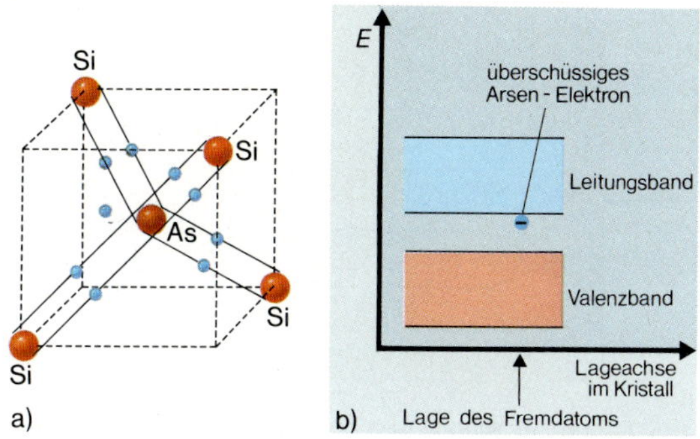

Abb. 11–41: Im Siliziumgitter ist ein Arsenatom eingebaut worden. Arsen hat 5 Elektronen in der äußeren Schale, eines zu viel für die vier Valenzdoppelbindungen zu den Nachbaratomen. Das überschüssige Elektron ist nur lose an das As-Atom gebunden.

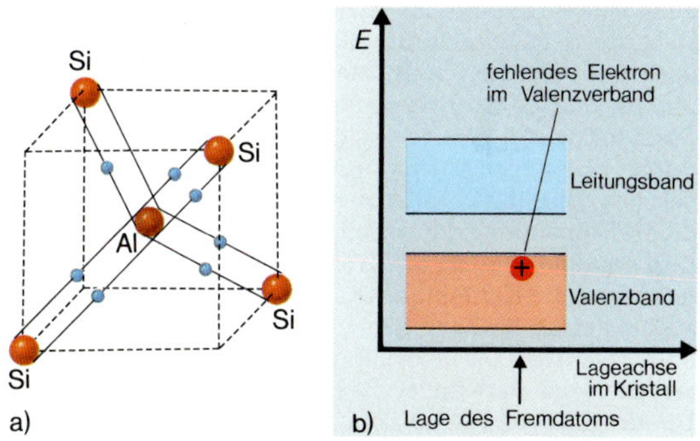

Abb. 11–42: Im Siliziumgitter ist ein Aluminiumatom eingebaut worden. Aluminium hat nur 3 Elektronen in der äußeren Schale, eines zu wenig für die vier Valenzdoppelbindungen zu den Nachbaratomen. An der Stelle, wo das eine Valenzelektron fehlt, entsteht ein 'Loch'; es verhält sich wie eine positive Ladung.

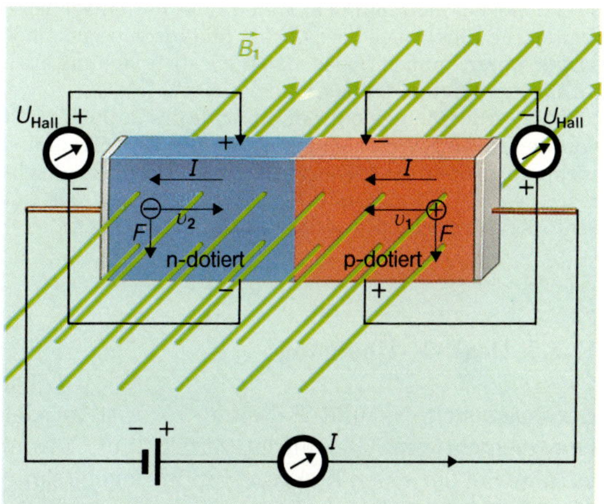

Abb. 11–43: Der Hall-Effekt. An der unterschiedlichen Polarität der Hall-Spannung kann man ablesen, welche Ladungsart in der Überzahl ist.

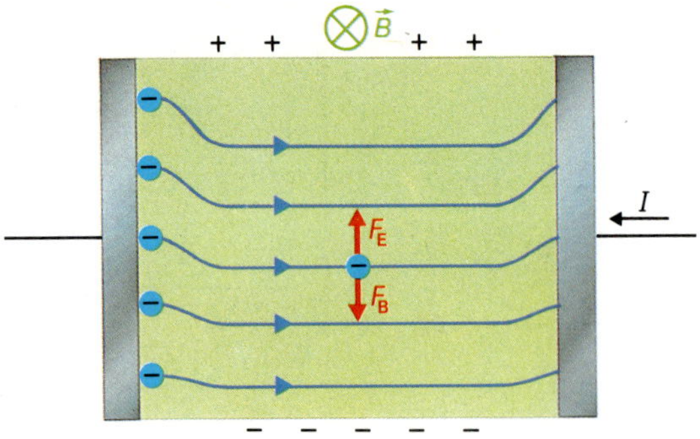

Abb. 11–44: Die Bahnen der in der Feldplatte abgelenkten Ladungen.

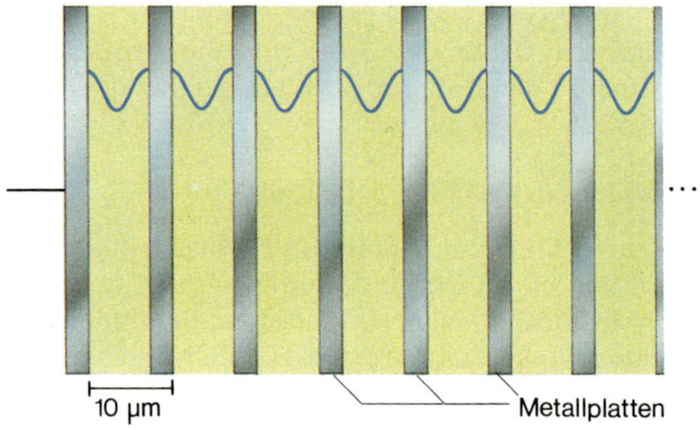

Abb. 11–45: Durch die vielen Metallstreifen werden die Bahnen der durch ein Magnetfeld abgelenkten Ladungen in einer Feldplatte zickzackförmig und damit sehr lang.

einen längeren Weg zurück. Das bedeutet jedoch – wie bei einem längeren Draht –, daß der Widerstand zunimmt. Dieser Effekt ist oft sehr gering, da durch die Hall-Spannung eine Feldstärke im rechten Winkel zum Strom entsteht, die der Lorentzkraft entgegenwirkt. Macht man jedoch das Plättchen breit, bleibt diese Feldstärke gering und ihr Einfluß wird vermindert. Die Bahnen nehmen die Form an, wie in *Abb. 11–44* gezeichnet. Am linken Rand erfolgt eine starke Ablenkung durch das Magnetfeld, dann verläuft die Bahn parallel zur äußeren Stromrichtung, da die Hall-Spannung die Lorentzkraft kompensiert. An dem rechten Rand sind die Elektronen wieder gleichmäßig verteilt, denn die Kontaktplatte aus Metall stellt einen Kurzschluß dar (in ihr kann kein elektrisches Feld aufrechterhalten werden). Die beiden Enden des Halbleiters sind also entscheidend, dort findet die Bahnverlängerung statt.
Um den Effekt zu verstärken, werden bei der praktischen Ausführung viele schmale Streifen hintereinandergeschaltet (*Abb. 11–45*). Durch die Zickzackbewegung wird der Weg sehr lang, der Widerstand entsprechend groß.

Aufgaben

11/23: Warum wird bei sehr hohen Temperaturen dotiert?
11/24: Warum soll beim Hall-Effekt die Richtung des Magnetfeldes im rechten Winkel zum Plättchen stehen?
11/25: Warum kann mit dem Hall-Effekt nur entschieden werden, ob Elektronen oder Löcher Majoritätsträger sind?
11/26: Woran kann es liegen, daß die Hall-Spannung auch im starken Magnetfeld recht klein bleibt?
***11/27:** An der Metallelektrode am Ende des Halbleiters ist von der Ladungsverschiebung durch die Hall-Spannung nichts zu merken, die Elektronen haben sich wieder gleichmäßig verteilt. Dazu mußte ihre Bahn entgegen der Lorentz-Kraft gekrümmt werden. Wie ist das möglich?

11.5.3 Der P-N-Übergang

Berühren sich N- und P-Leiter, so tritt an der Grenzschicht ein Gleichrichtereffekt auf, Strom wird nur in der einen Richtung hindurchgelassen.

Versuch 11/19: Ein Halbleiterkristall, in der einen Hälfte P-, in der anderen N-dotiert – eine sogenann-

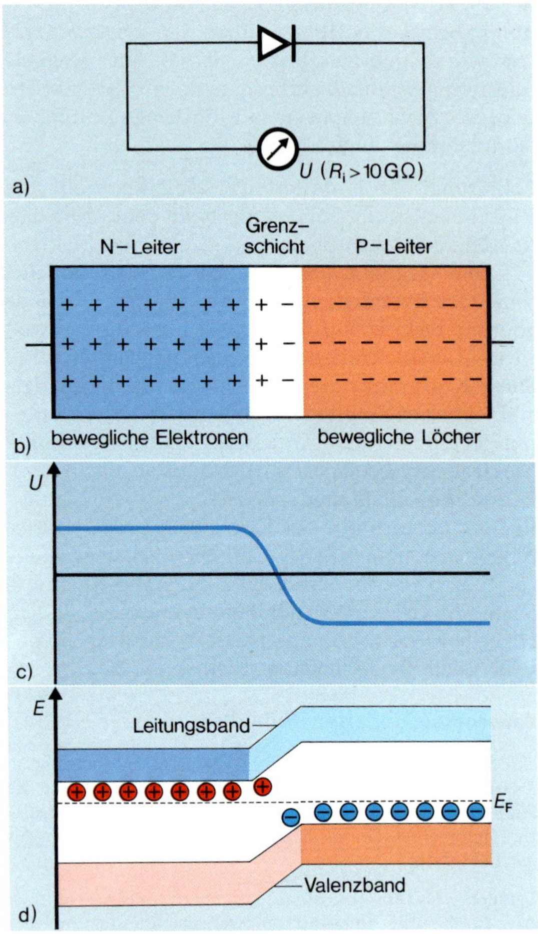

Abb. 11–46: Die Halbleiterdiode.
a) Die Potentialdifferenz zwischen dem N- und dem P-Leiter wird gemessen. b) Die Ladungsverteilung im Kristall. Die + und die – Zeichen geben ortsgebundene Ladungen an, die blaue Tönung bewegliche (freie) Elektronen, die rote Tönung Löcher (bewegliche positive Ladungen). c) Der Spannungsverlauf in der Diode bezogen auf die Sperrschichtmitte. d) Ladungsverteilung im Bändermodell.

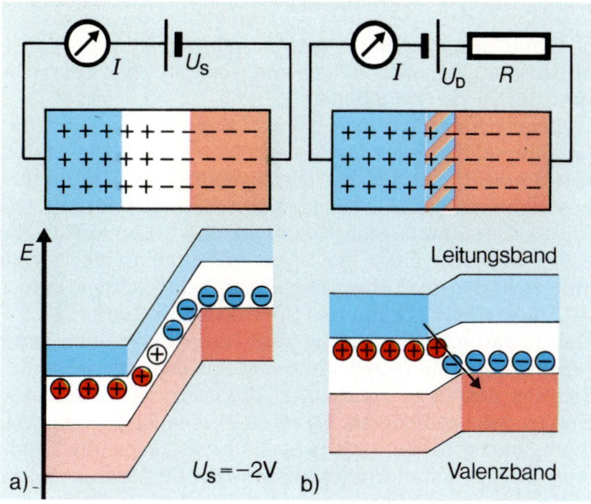

Abb. 11–47: Die Diode im Bändermodell. a) Im sperrenden Zustand. b) Im leitenden Zustand.

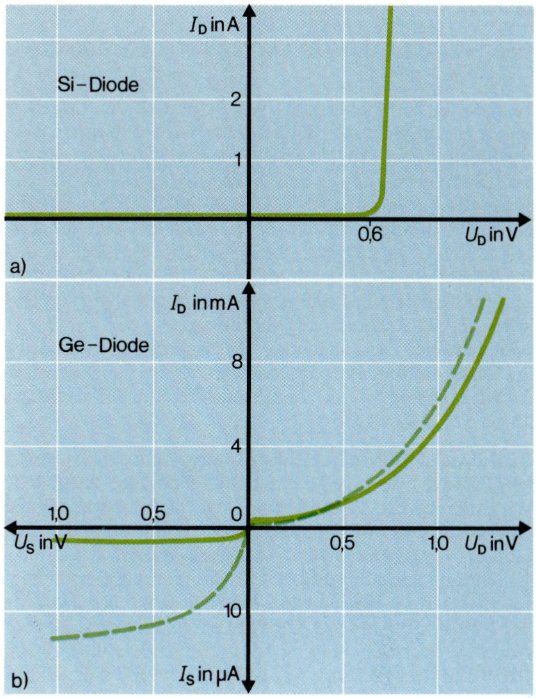

Abb. 11–48: Diodenkennlinien. a) Für eine Siliziumdiode. b) Für eine Germaniumdiode bei Zimmertemperatur (ausgezogen) und bei einer höheren Temperatur (gestrichelt). Man beachte den anderen Maßstab für den Sperrstrom.

te Diode –, wird an ein hochohmiges Voltmeter angeschlossen (Innenwiderstand > 10 GΩ, *Abb. 11–46 a*).

Beobachtung: Eine Spannung mit dem positiven Pol an der N-dotierten Seite wird angezeigt.

Erklärung: *Abb. 11–46 b* zeigt einen schematischen Längsschnitt durch eine Halbleiterdiode. Der ganze Halbleiterkristall sowie der N-dotierte und der P-dotierte Teil je für sich sind nach außen elektrisch neutral, da jeweils gleichviele positive wie negative Elementarladungen vorhanden sind. Im N-dotierten Teil sind die ortsfesten Donatoren durch ein + eingetragen, die blaue Tönung soll den Bereich der frei beweglichen Elektronen angeben. Analog sind im P-dotierten Teil feste Akzeptoren und freie Löcher bezeichnet. An der Grenze vereinigen sich in einem ganz schmalen Bereich die freien Elektronen mit den freien Löchern aufgrund des Konzentrationsgefälles. Es entsteht eine **Grenzschicht ohne freie Ladungsträger,** sie isoliert die beiden Hälften elektrisch voneinander. Der N-Leiter hat an die Grenzschicht Elektronen abgegeben und ist somit ihr gegenüber positiv geworden; das Entgegengesetzte gilt für den P-dotierten Teil. Dieses ist in *Abb. 11–46 c* graphisch eingetragen. Der N-dotierte Teil besitzt also eine positive Spannung gegenüber dem P-dotierten. Eine Darstellung im Bändermodell zeigt *Abb. 11–46 d,* die dadurch zustande kommt, daß sich die beiden Teile auf verschiedenen Potentialen befinden. Im P-Halbleiter haben Elektronen gegenüber der positiven Raumladung, die sich an der Grenze zum N-Halbleiter befindet, nie höhere potentielle Energie. Daher sind alle Bänder im P-Halbleiter gegenüber dem N-Halbleiter angehoben.

Wird eine höhere Spannung mit gleicher Polarität wie oben an eine Halbleiterdiode gelegt, werden die freien Ladungsträger von der Grenzschicht weggesogen, womit die isolierende Zone breiter wird. Gleichzeitig werden die Bänder in den beiden Kristallhälften energetisch noch weiter voneinander getrennt (*Abb. 11–47 a*). Zwischen den freien Elektronen im Leitungsband der N-dotierten Seite und den Löchern im Valenzband der P-Seite baut sich eine Energiedifferenz auf, die keine Rekombination zuläßt. Wird die äußere Spannungsquelle umgepolt, d. h., der positive Pol liegt am P-dotierten Ende, so läßt das angelegte elektrische Feld die freien Elektronen wie auch die freien Löcher zur Grenzschicht wandern, wo sie rekombinieren. Da die äußere Spannungsquelle laufend positive und negative Ladungen nachliefert, kommt dieser Prozeß nicht zum Stillstand. Die Diode ist in Durchlaßrichtung geschaltet, sie leitet (*Abb. 11–47 b*).

Der Graph, der den Diodenstrom als Funktion der angelegten Spannung zeigt, heißt Diodenkennlinie. Die Kennlinie einer realen Diode zeigt *Abb. 11–48.* In den verschiedensten Gebieten der Technik werden Dioden zur Gleichrichtung von Strömen eingesetzt. Für die unterschiedlichen Aufgaben werden Dioden mit entsprechenden Eigenschaften hergestellt.

Einige weitere Eigenschaften der Dioden werden technisch genutzt. Bei der **Kapazitätsdiode** wird die Änderung der

Sperrschichtkapazität bei unterschiedlichen Sperrspannungen ausgenutzt.

Versuch 11/20: Ein elektrischer Schwingkreis aus einer Spule L und einer Kapazitätsdiode wird mit einem Verstärker, in dessen Rückkoppelleitung er liegt, zum Oszillator. Die Sperrspannung der Diode wird geändert, die Resonanzfrequenz beobachtet (*Abb. 11–49*). Durch Änderung der Selbstinduktivität der Spule wird die Resonanzfrequenz auf etwa 100 MHz eingestellt und zwischen den Punkten A und B die Spannung eines Tongenerators eingeschleift. Tonfrequenz und Amplitude werden variiert und in einem UKW-Empfänger abgehört.
Beobachtung: Bei steigender Sperrspannung steigt auch die Resonanzfrequenz stark an. Der Ton des Tongenerators ist nach Frequenz und Amplitude im UKW-Empfänger hörbar.

Deutung: Eine Erhöhung der Sperrspannung vergrößert die Breite der Sperrschicht der Diode, hat also die gleiche Wirkung wie die Vergrößerung des Plattenabstandes bei einem Kondensator: Die Kapazität nimmt ab. Die Spannung des angeschlossenen Tongenerators läßt die Sperrschichtkapazität um einen Mittelwert hin und her pendeln. Die Frequenz des Resonanzkreises schwankt also im Takte der Tonfrequenz, seine Amplitude wird die Ausschläge bestimmen: Die Schwingung wird frequenzmoduliert. Im UKW-Empfänger wird sie demoduliert und hörbar gemacht.

Die **Zenerdiode** nutzt den Effekt aus, daß eine Diode bei genügend hoher Sperrspannung abrupt in den leitenden Zustand übergeht.

Versuch 11/21: Die Diodenkennlinie wird für hohe Sperrspannungen aufgenommen.
Das **Ergebnis** zeigt *Abb. 11–50.*

Erklärung: Da die Breite der Sperrschicht (*Abb. 11–46*) nur langsam und nicht proportional mit der Sperrspannung wächst, kann bei hoher Sperrspannung in der Sperrschicht eine extrem große elektrische Feldstärke entstehen. Bei einer typischen Sperrschichtbreite von 1 μm und 100 V wird $E = 10^8$ V/m. Dieses führt dazu, daß einzelne gebundene Elektronen im P-dotierten Teil sich vom Atom losreißen, also ins Leitungsband steigen und einen Strom in Sperrichtung der Diode ermöglichen.
Wellenmechanisch bedeutet die im Bändermodell horizontal sehr schmal gewordene verbotene Zone (*Abb. 11–51*) eine dünne Potentialwand. Die zugehörige Wellenfunktion ψ ist dann weder in der Wand noch außerhalb Null, dgl. gilt für die Aufenthaltswahrscheinlichkeit ψ^2. Also werden die Elektronen mit einer gewissen Wahrscheinlichkeit vom Valenzband in das Leitungsband „tunneln“ können. Dieser → **Tunneleffekt**[1]) bringt den Sperrstrom in Gang.
Durch die hohe Feldstärke sind diese Elektronen stark beschleunigt und reißen weitere Elektronen durch Stoßionisation aus ihren Bindungen, die dann wiederum freie Elektronen produzieren. Es entsteht eine Kettenreaktion, lawinenartig bilden sich neue Ladungsträger, die Diode wird abrupt leitend. Dieser Strom heißt Zenerstrom; er beginnt bei der Zenerspannung sprunghaft zu fließen. Da die Breite der Sperrschicht von der Größe der Dotierung abhängt (je höher um so breiter), lassen sich durch geeignete Konzentrationen der Donatoren und Akzeptoren Zenerspannungen zwischen 1 und 1000 V herstellen.
Zenerdioden werden technisch zur Amplitudenbegrenzung, Spannungsstabilisierung und wegen der Temperaturunabhängigkeit und Langzeitkonstanz der Durchbruchsspannung als Normalelement benutzt.

In der **Photodiode** werden die freien Ladungsträger in der Grenzschicht durch Absorption eines Photons gewonnen.

Versuch 11/22: Der Strom durch eine Photodiode wird als Funktion der Spannung bei verschiedenen Beleuchtungsstärken gemessen (*Abb. 11–52 a*).

Ergebnis: Bei unterschiedlichen Beleuchtungsstärken ergeben sich Diodenkennlinien nach *Abb. 11–52 b*. Bei größeren Sperrspannungen ist der Strom in Sperrichtung nur von der Beleuchtungsstärke, nicht von der Spannung abhängig. Trotz Sperrbetrieb werden in der Sperrschicht durch Absorption von Photonen viele Elektronen aus dem

[1]) In diesem Spezialfall heißt der Tunneleffekt auch Zenereffekt.

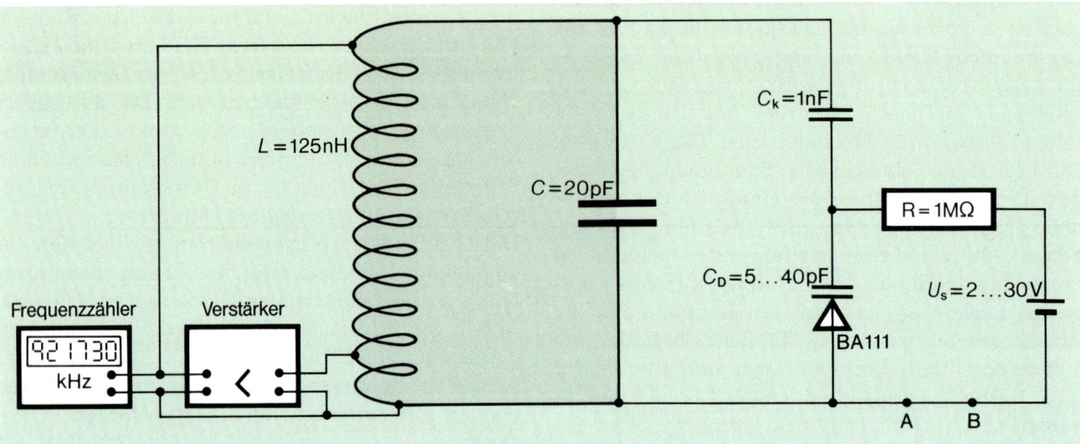

Abb. 11–49: Die Kapazitätsdiode BA 111 verändert die Resonanzfrequenz des aus der Spule *L* und dem Kondensator *C* bestehenden Schwingkreises. Die Sperrspannung U_s sperrt die Diode und bestimmt deren Kapazität und damit die Frequenz. An den Punkten A und B kann der Stromkreis aufgetrennt und eine kleine niederfrequente Spannung eingespeist werden, die die Frequenz der Schwingung moduliert.

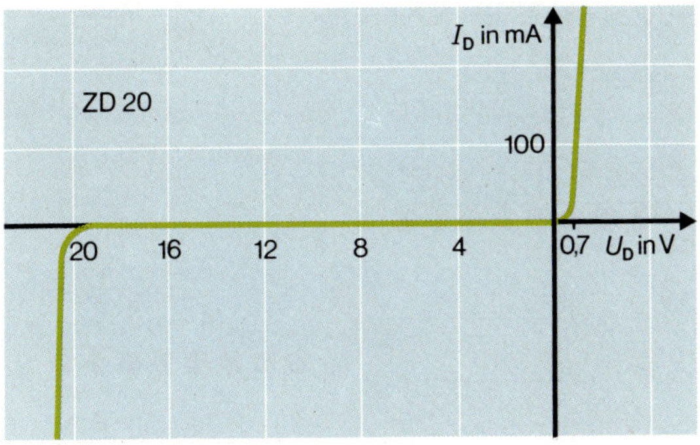

Abb. 11–50: Die auch im Sperrbereich vervollständigte Kennlinie einer Si-Diode. Ab −20 V Spannung beginnt der Zenerdurchbruch.

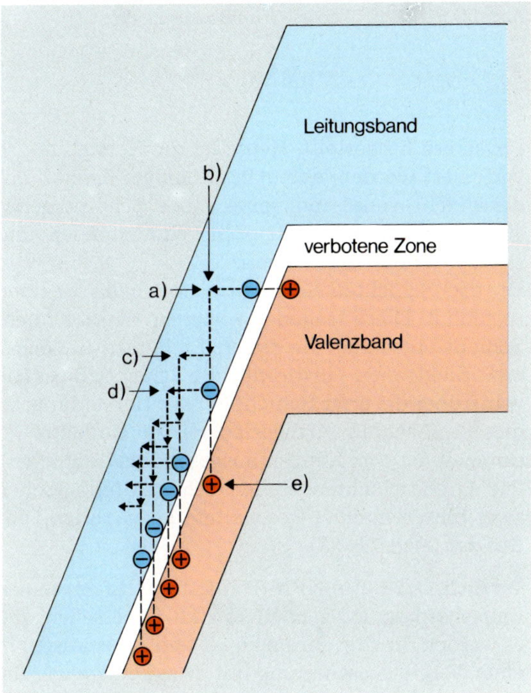

Abb. 11–51: Der Leitungsmechanismus beim Zenerdurchbruch. Gezeigt wird ein Ausschnitt aus *Abb. 11–47*. Durch die hohe Sperrspannung sind die Bandbegrenzungen in der Sperrschicht sehr steil; dadurch wird die verbotene Zone in horizontaler Richtung sehr schmal.

Ein Elektron „tunnelt" durch die verbotene Zone ins Leitungsband und hinterläßt im Valenzband ein Loch; es wird im Leitungsband weiter beschleunigt (Bewegung nach links auf dem Niveau (*a*)). In der Position (*b*) gibt dieses Elektron einen Teil seiner Energie an ein festes Elektron im Valenzband ab, „sinkt" also in der Zeichnung; das Energie abgebende Elektron „springt" dabei von Niveau (*a*) auf das Niveau (*c*), das Energie aufnehmende Elektron aus dem Valenzband (Niveau (*e*)) kann durch die aufgenommene Energie ins Leitungsband „aufsteigen" (Niveau (*d*)), es hinterläßt im Valenzband ein Loch (im Niveau (*e*)).

Diese Vorgänge wiederholen sich laufend, so daß ein lawinenartiger Anstieg von freien Ladungsträgern entsteht.

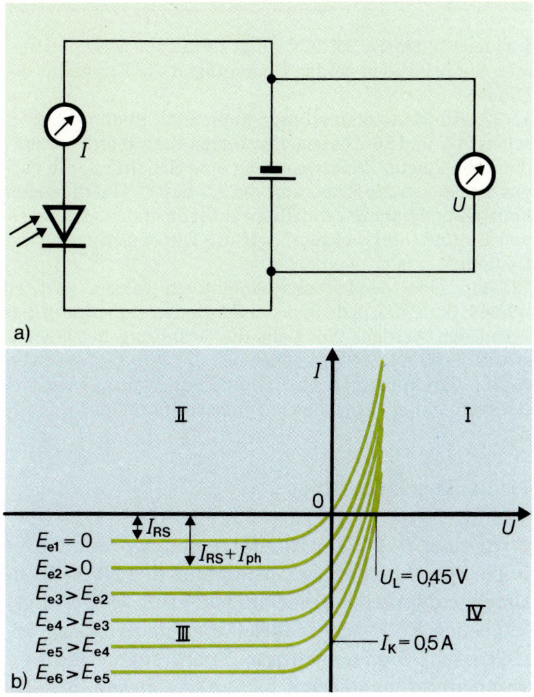

Abb. 11–52: a) Schaltung zum Messen der Kennlinie einer Photodiode. b) Das Kennlinienfeld einer Photodiode (Solarzelle). E_{ei} ist die Beleuchtungsstärke, sie wächst mit steigendem *i*.

Valenzband ins Leitungsband gehoben, so daß ein Strom fließt. Auch ohne Spannung (Kurzschluß) fließt noch ein Strom I_K: Die Diode wirkt als Stromgenerator. Beim Strom 0 A mißt man die Leerlaufspannung U_L (siehe *Abb. 11–52 b*). Beim Betrieb im IV. Quadranten ist der Strom der Spannung entgegengesetzt, der Innenwiderstand ist also negativ. Die Photodiode ist zur Stromquelle geworden und wird Photoelement oder Solarzelle genannt. Solarzellen werden z. B. als Stromerzeuger im Weltraum und an abgelegenen Orten ohne Anschluß an das öffentliche Stromnetz eingesetzt.

Aufgaben

11/28: In den Datenblättern für Dioden sind immer höchstzulässige Stoßströme angegeben. Was könnte passieren, wenn diese auch nur kurzzeitig überschritten werden?

11/29: Warum ist bei höherer Temperatur bei gleicher Durchlaßspannung die Stromstärke einer Diode und damit die Verlustleistung höher?

***11/30:** In einer Drehstromlichtmaschine eines Autos wird mit 6 Dioden gleichgerichtet. Welche Verlustleistung würden die Dioden als Wärme bei einem zeitlich konstanten Strom von 50 A etwa abgeben? Die tatsächliche Verlustleistung liegt beim Laden der Batterie jedoch wesentlich höher, deswegen die gute Kühlung. Woran liegt es?

***11/31:** Mit einer Kapazitätsdiode (10 – 100 pF) soll ein Schwingkreis auf den Mittelwellenbereich abgestimmt werden. Zeichnen Sie die Schaltung und geben Sie die Größe der einzelnen Bauelemente an.

***11/32:** Ein Parallelschwingkreis mit $L = 1\ \mu H$ und einer Kapazitätsdiode hat bei 1 V Sperrspannung die Resonanzfrequenz 100 MHz. Bei 20 V steigt sie auf 130 MHz. Bestimmen Sie bei diesen beiden Spannungen die Kapazität der Diode.

11/33: Ein Autoakkumulator kann eine Spannung zwischen 11 V und 16 V haben. Entwerfen Sie mit einer Zenerdiode geeigneter Zenerspannung eine Schaltung, die daraus eine konstante Spannung von 9 V liefert. Hat die dieser konstanten Spannungsquelle zu entnehmende Leistung einen Einfluß (und welchen?) auf die Dimensionierung der Bauteile?

***11/34:** Viele Modellbahnlokomotiven fahren viel zu schnell. Baut man in die Loks Zenerdioden ein, so kann dies vermieden werden. Wie sieht die Schaltung bei Gleichstrom- bzw. Wechselstromloks aus?

11/35: Warum reagiert eine Photodiode zwar auf weiches Röntgenlicht, nicht jedoch auf Infrarot-Strahlen?

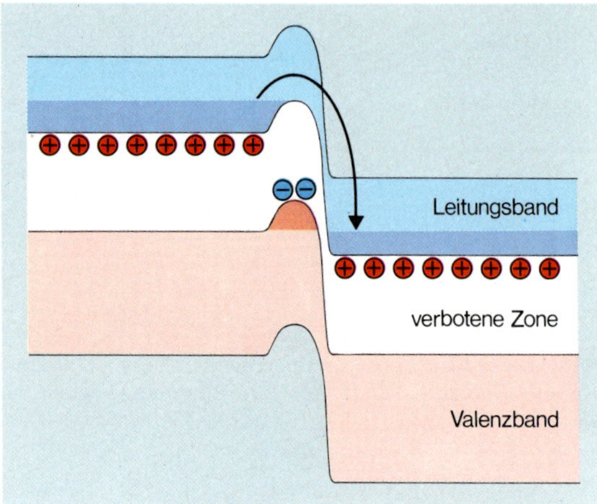

Abb. 11–54: NPN-Transistor im Bändermodell.

11.5.4 Der Transistor

Wird einer N-P-Schichtenfolge eine weitere N-dotierte Zone hinzugefügt, erhält man den **NPN-Transistor,** entsprechend bei umgekehrter Dotierungsfolge den **PNP-Transistor.** Da er in der Lage ist, elektrische Signale (Ströme, Spannungen und Leistungen) zu verstärken, hat er eine besondere Bedeutung erlangt. Das erste funktionierende Exemplar wurde 1948 bei den Bell-Laboratories in den Vereinigten Staaten von einer ganzen Gruppe von Physikern hergestellt. Heute ist die Herstellung so verfeinert worden, daß man auf einem Kristall mit der Fläche von 1 mm² eine ganze Schaltung mit einigen tausend Transistoren, Widerständen und Dioden „eindotieren" kann.

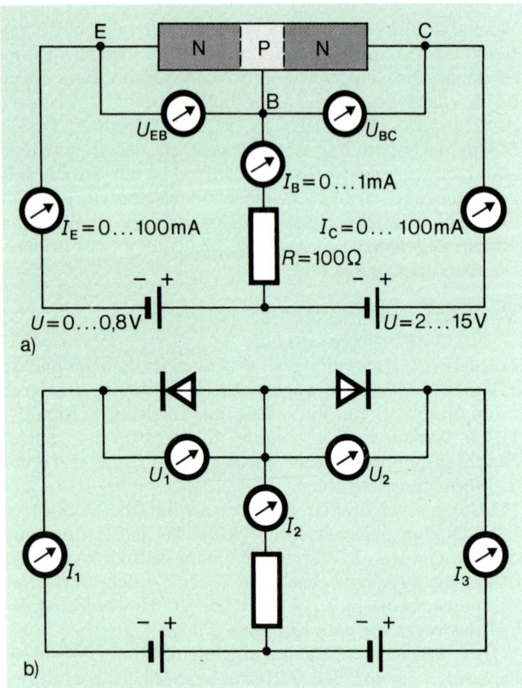

Abb. 11–53: a) Messung der drei Transistorströme bei angelegter Betriebsspannung. Da die Emitter-Basis-Diode in Durchlaßrichtung geschaltet ist, wird der Basisstrom durch einen Widerstand begrenzt.
b) Vergleichsschaltung mit zwei Dioden.

Die drei Schichten eines Transistors haben je einen Anschluß. Diese tragen die Namen **Emitter** (diese Schicht entsendet die freien Ladungen – Löcher bzw. Elektronen – in die mittlere Schicht), **Basis** (sie war früher die erste Schicht bei der Herstellung, an diesem Anschluß wird gesteuert) und **Kollektor** (er sammelt die vom Emitter ausgesandten Ladungen). Die Grenzschichten stellen schematisch gesehen zwei hintereinander geschaltete gegenpolige Dioden dar (*Abb. 11–53*).

Versuch 11/23: Ein NPN-Transistor wird mit seinen Betriebsspannungen nach *Abb. 11–53* versehen, und es werden die drei Ströme I_E, I_B und I_C gemessen. In einer Vergleichsschaltung mit zwei Dioden werden Kontrollmessungen durchgeführt.

Beobachtung: Beim Transistor läßt sich ein Kollektorstrom messen, und es gilt $I_B + I_C = I_E$. In der Einzeldiodenschaltung ist der I_C entsprechende Strom I_3 Null und $I_1 = I_2$.

Vermutung: Ein Teil des die Emitter-Basis-Grenzschicht durchfließenden Stromes I_E muß durch die in Sperrichtung betriebene Basis-Kollektor-Diode fließen und als I_C meßbar werden.

Erklärung: Der Transistor hat eine extrem dünne Basiszone, die relativ zum N-Leiter des Emitters sehr schwach dotiert ist. Da die Emitter-Basis-Diode in Durchlaßrichtung betrieben wird, gelangen viele freie Elektronen des Emitters in diese Grenzschicht, wo sie wegen der geringen Dichte der Löcher nur selten rekombinieren. Statt dessen diffundieren sie durch die schmale Basisschicht in den

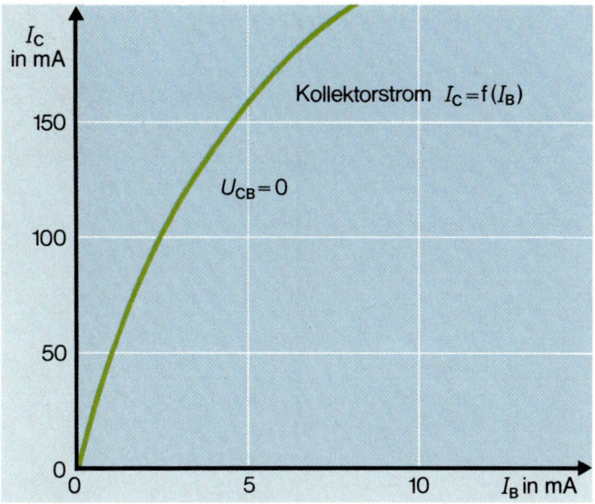

Abb. 11–55: Der Kollektorstrom I_C des Transistors ASY 26 als Funktion des Basisstromes I_B.

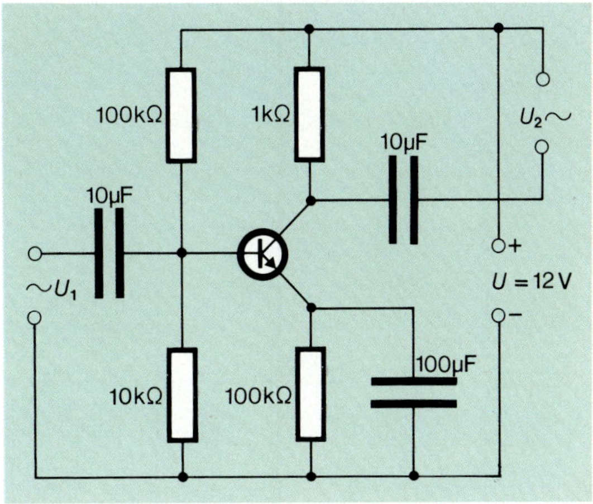

Abb. 11–56: Transistorverstärker für Wechselspannungen.

Kollektor, wo sie von dem positiven Potential angezogen werden.
Abb. 11–54 zeigt dieses auch im Bändermodell. Nur ein kleiner Teil der vom Emitter ausgesandten Elektronen gelangt, wie die Messungen zeigen, zum Basisanschluß; es gilt: $I_C \gg I_B$. Die **Stromverstärkung** $\beta = I_C / I_B$ liegt bei Transistoren je nach Typ zwischen 20 und 1000. Da die Elektronen, die zum Kollektor gelangen, immer vom Emitter kommen, muß die Emitter-Basis-Diode in Durchlaßrichtung betrieben werden. Es fließt also immer auch ein Basisstrom.

Versuch 11/24: Messung der Stromverstärkung eines Transistors in Emitterschaltung (beide Spannungsquellen liegen mit einem Pol am Emitter). Mit U_{EB} wird I_B eingestellt. Für verschiedene Basisströme wird der Kollektorstrom I_C gemessen.
Ergebnis: In einem relativ großen Bereich ergibt sich ein annähernd linearer Zusammenhang zwischen I_C und I_B (*Abb. 11–55*).

Diese lineare Funktion kann zum Verstärken von Strömen ausgenutzt werden. Da in einem kleinen Bereich auch U_{EB} und I_B linear voneinander abhängig sind, können auch Wechselspannungen verstärkt werden, wie folgender Versuch zeigt:

Versuch 11/25: In einer Transistorschaltung nach *Abb. 11–56* wird eine Wechselspannung U_1 auf den Eingang gegeben. Die an einem Arbeitswiderstand in der Kollektorzuführung abgegriffene Ausgangsspannung U_2 kann mit einem Oszilloskop gemessen werden.
Die zu erwartende **Spannungsverstärkung** läßt sich leicht abschätzen: Der differentielle Widerstand der Emitter-Basis-Diode ergibt sich bei einer angenommenen Spannung $U_{EB} = 0{,}5$ V aus *Abb. 11–48 b* zu 200 Ω. Es gilt dann

$$I_B = \frac{U_1}{200\ \Omega}\,;\ I_C = \beta\ I_B\,;$$

$$U_2 = I_C\, R_C = \beta \frac{U_1}{200\ \Omega}\ 1\ \text{k}\Omega = 5\,\beta\ U_1,$$

$$\text{somit}\ \frac{U_2}{U_1} = 5\,\beta\,.$$

Ist $\beta = 100$, liefert die Schaltung eine Spannungsverstärkung von 500.

Ein vollständiges Kennlinienfeld für einen Transistor in Emitterschaltung zeigt *Abb. 11–57*. In das Feld hineingezeichnet ist ein sinusförmiger Basisstrom, der den Transistor steuert, man sieht, wie sich daraus ein sinusförmiger, verstärkter Kollektorstrom und eine Ausgangsspannung ergeben. Teilt man ΔI_C durch ΔI_B, so erhält man die Stromverstärkung, $\frac{\Delta U_{CE}}{\Delta U_{BE}}$ ergibt die Spannungsverstärkung und $\frac{\Delta I_C\ \Delta U_{CE}}{\Delta I_B\ \Delta U_{BE}}$ ist die Leistungsverstärkung dieser Schaltung.

Transistoren werden von mikroskopisch kleinen Größen bis zur Fünfmarkstückgröße für Kollektorströme bis etwa 100 A und etwa 200 W Verlustleistung hergestellt. Bis zu Frequenzen von 100 MHz werden noch 100 W Ausgangsleistung erreicht, bei 4 GHz sind es noch 2 W.

Aufgaben

11/36: Früher hatten Transistoren oft ein schwarz lackiertes Glasgehäuse. Warum wurde davor gewarnt, die Lackschicht zu beschädigen?
11/37: Durch einen Transistor fließt bei konstanten Spannungen ein Strom. Er wird mit der Zeit immer etwas größer. Warum? Hat er gewisse Größen erreicht, kann es zur Katastrophe führen. Was ist passiert?
11/38: Welche Stromverstärkung hat der Transistor nach *Abb. 11–57*?

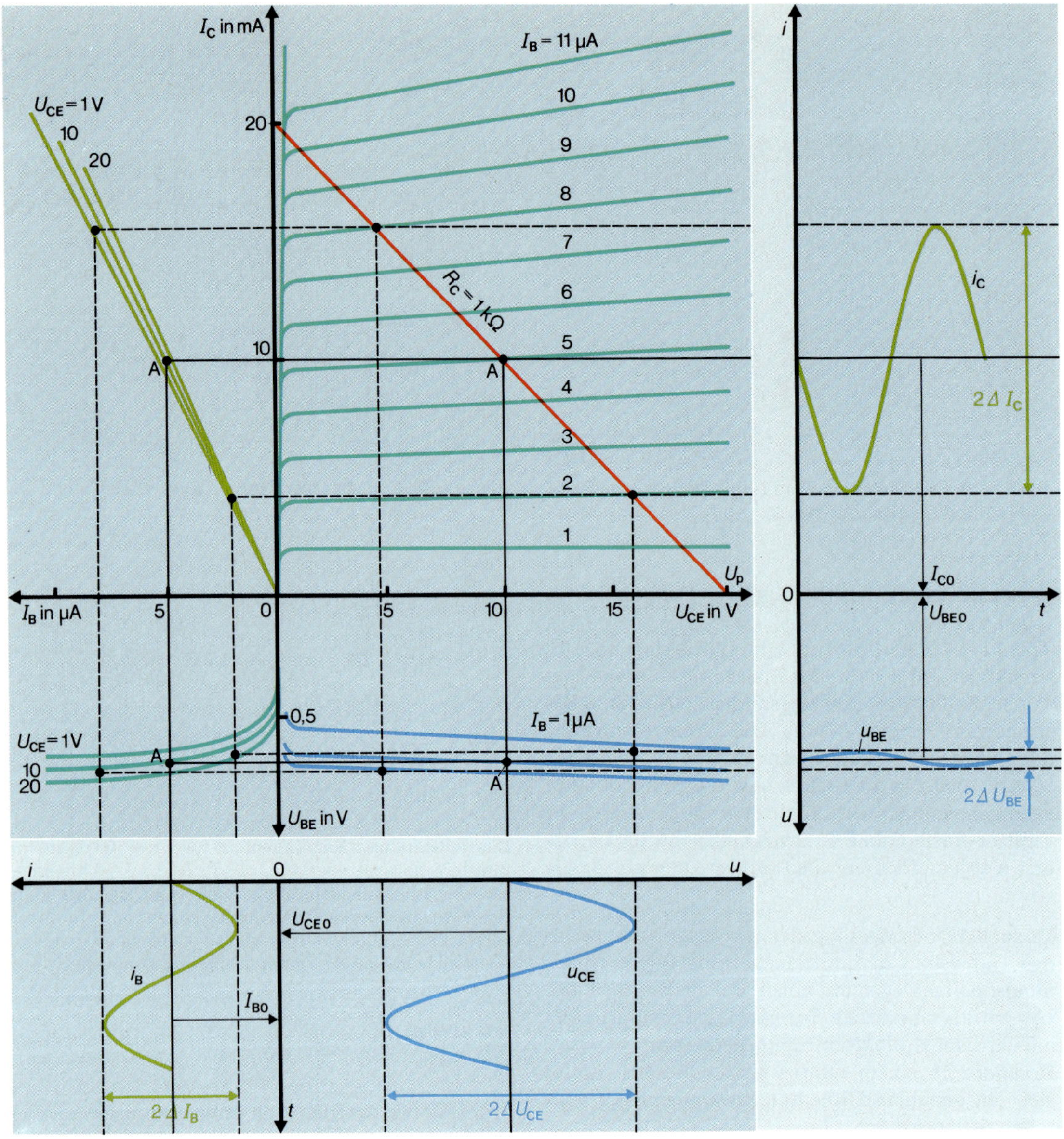

Abb. 11–57: Transistorkennlinienfeld. Ein sinusförmiger Basisstrom steuert den Transistor (links unten), er bedingt eine Schwankung der Spannung U_{BE} (rechts unten). Der gesteuerte Kollektorstrom ist rechts oben zu sehen. Bei einem Lastwiderstand von 10 kΩ ergibt sich die unten Mitte angegebene Kollektor-Emitter-Spannung.

11.5.5 Der Thyristor

Der Thyristor ist ein steuerbarer Gleichrichter, der sehr große Ströme schalten kann. Thyristoren erhält man, wenn den zwei Sperrschichten des Transistors eine weitere hinzugefügt wird. Zuerst soll die Wirkung dieser P-N-P-N-Schichtenfolge ohne Steuerelektrodenanschluß untersucht werden. Diese Thyristor- oder Vierschichtdiode zeigt *Abb. 11–58.*

Versuch 11/26: Die Vierschichtdiode 4 D 200-3 wird in der Schaltung nach *Abb. 11–59* auf ihre Eigenschaften untersucht. Auf dem Oszilloskopschirm 1 wird die Spannung U_D an den Anschlüssen der Diode und auf dem zweiten Schirm die Spannung über den Widerstand R und damit der Strom I_D durch die Diode sichtbar.

Beobachtung: Man erkennt für den Diodenstrom und die Diodenspannung den in *Abb. 11–60* skizzierten Verlauf.

Erklärung: Um die Wirkungsweise der Vierschichtdiode zu verstehen, denkt man sie in zwei Transistoren und eine Zenerdiode zerlegt. Damit erhält man

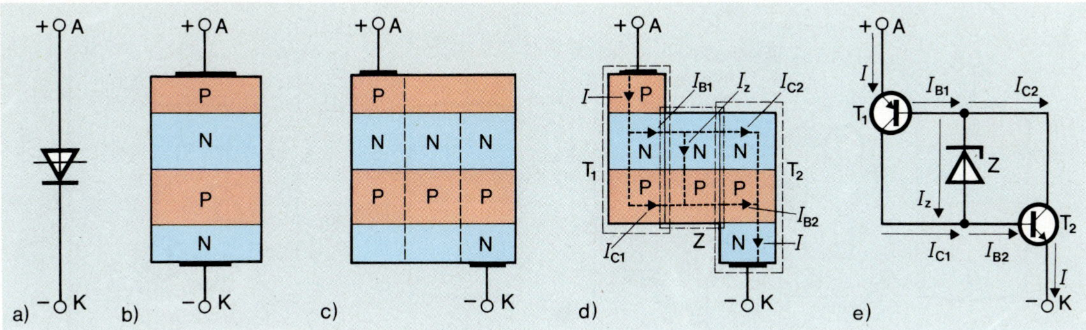

Abb. 11–58: Die Vierschichtdiode.
a) Schaltzeichen. b) Schichtenfolge. c), d) und e) Gedankliche Zerlegung in zwei Transistoren und eine Zenerdiode.

die Ersatzschaltung nach *Abb. 11–58 c*. Für die Ströme gelten dann folgende Beziehungen:

$$I = I_{B_1} + I_{C_1} = I_{B_2} + I_{C_2} \,,$$
$$I_{B_1} = I_Z + I_{C_2} \,,$$
$$I_{B_2} = I_Z + I_{C_1} \,.$$

Mit den Stromverstärkungen β_1 und β_2 für die Transistoren T_1 und T_2 ergibt sich:

$$I_{C_1} = \beta_1 \, I_{B_1} \text{ und}$$
$$I_{C_2} = \beta_2 \, I_{B_2} \,.$$

Eliminiert man I_{B_1}, I_{B_2}, I_{C_1} und I_{C_2}, so erhält man für den Strom durch die Vierschichtdiode

$$I = \frac{(\beta_1 + 1)\,(\beta_2 + 1)}{1 - \beta_1 \beta_2} \, I_Z$$

oder, wenn $\beta_1 = \beta_2 = \beta$ ist,

$$I = \frac{1 + \beta}{1 - \beta} \, I_Z \,.$$

Ist $\beta = 1$, ergibt sich ein unendlich großer Strom, der Widerstand der Diode wird also extrem niedrig, dies entspricht einem Kurzschluß (bis auf eine Restspannung von ca. 1 V).
An dem Ersatzschaltbild soll dieses Verhalten erläutert werden. Liegt an der Anode A der positive Pol der angelegten Spannung, sind die beiden äußeren Sperrschichten in Durchlaßrichtung gepolt, der mittlere P-N-Übergang sperrt jedoch. Basisströme können also nicht fließen, beide Transistoren sind gesperrt. Die außen angelegte Spannung liegt vollständig an der Zenerdiode Z. Übersteigt diese Spannung einen kritischen Wert U_Z, wird die Zenerdiode leitend, beide Basisströme beginnen zu fließen, die Transistoren schalten durch. Da der Basisstrom des einen Transistors der Kollektorstrom des anderen und umgekehrt ist, hat man es mit einer verstärkenden Rückkopplung zu tun. Der Übergang in den leitenden Zustand wird also sehr abrupt vor sich gehen.
Wird die äußere Polung vertauscht, sind die beiden Sperrschichten an den Anschlüssen immer gesperrt;

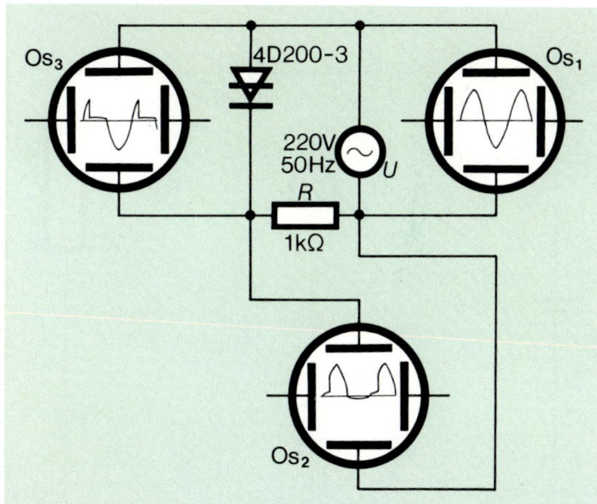

Abb. 11–59: Versuchsaufbau zum Aufnehmen der Kennlinie einer Vierschichtdiode.

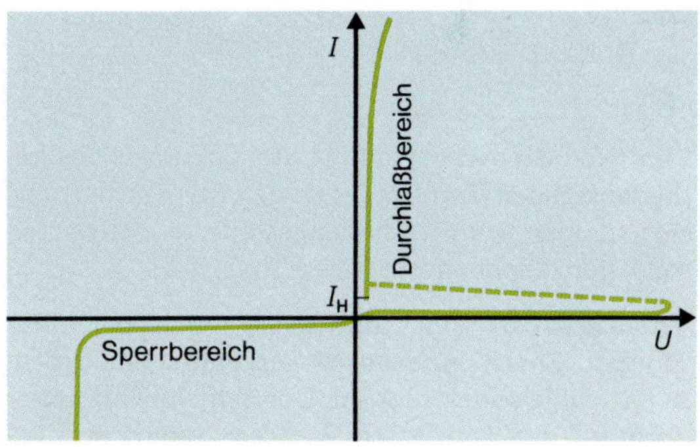

Abb. 11–60: Die Kennlinie einer Vierschichtdiode. I_H ist der minimale Strom zur Aufrechterhaltung des Durchbruchs im Durchlaßbereich.

es gibt einen Zenerdurchbruch bei hohen Spannungen, keinen Kurzschluß. *Abb. 11–60* zeigt die so erhaltene Kennlinie einer Vierschichtdiode.

Der **Thyristor** hat wie die Vierschichtdiode die Schichtenfolge P-N-P-N, nur ist an eine der mittleren Schichten ein Anschluß montiert (*Abb. 11–61*).

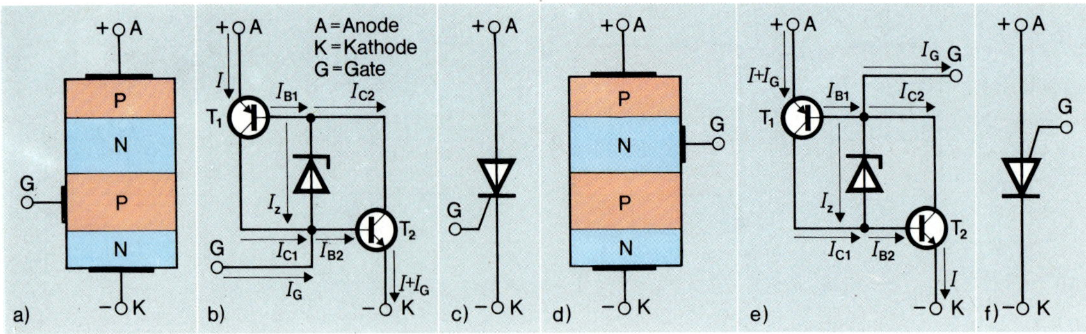

Abb. 11–61: Der Thyristor, links kathodengesteuert, rechts anodengesteuert. a), d) Schichtenfolge mit Elektrodenanschlüssen. b), e) Ersatzschaltbild. c), f) Schaltzeichen.

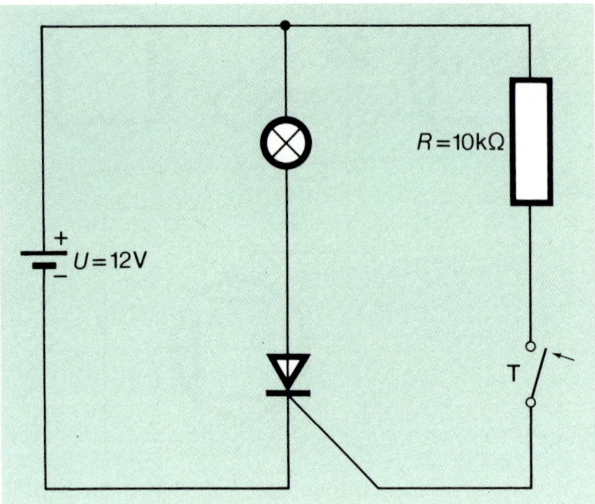

Abb. 11–62: Versuchsschaltung zum Steuern eines Thyristors.

Führt der Steueranschluß (Gate) zur Basis des kathodenseitigen Transistors in der Ersatzschaltung, spricht man vom kathodengesteuerten Thyristor, sonst vom anodengesteuerten Thyristor.

Versuch 11/27: Eine Glühlampe wird über einen Thyristor nach *Abb. 11–62* an eine Gleichspannungsquelle angeschlossen. Der Schiebewiderstand wird auf den geringsten Wert eingestellt und der Taster T kurz angetippt. Anschließend wird der Strom durch den Thyristor durch Erhöhen des Vorwiderstandes verringert. Der Versuch wird mit vertauschter Polung der Spannungsquelle wiederholt.
Beobachtung: Liegt der positive Pol an der Anode A des Thyristors, zündet er sofort, wenn der Taster angetippt wird. Der leitende Zustand bleibt erhalten, auch wenn der durchfließende Strom verringert wird. Unter einem gewissen Schwellenwert, dem Haltestrom I_H, geht der Thyristor in den Sperrzustand über. Bei umgekehrter Polung sperrt der Thyristor, was auch mit dem Gate passiert.

Erklärung: Mit einer positiven Spannung an dem Gate kann der Transistor T_2 durchgeschaltet werden, der Kollektorstrom schaltet, da er Basisstrom des Transistor T_1 ist, diesen durch, wenn der positive Pol an der Anode liegt. Damit ist der Thyristor gezündet, der Gatestrom kann entfallen. Erst nach Unterschreiten des Haltestroms hört der leitende Zustand auf.
Thyristoren werden in vielen Varianten gefertigt, so gibt es bidirektionale, die in beiden Richtungen zünden können, und neuerdings auch abschaltbare, die im gezündeten Zustand über eine Steuerelektrode abgeschaltet werden können.
Das größte Einsatzgebiet für Thyristoren ist die verlustlose Steuerung elektrischer Maschinen, im Haushalt sind es die Dimmer, die stufenlose Drehzahlregelung von Handbohrmaschinen und Herdplatten. Hochleistungsthyristoren regeln in den modernen Viersystemlokomotiven der Deutschen Bundesbahn Motoren von insgesamt einigen Megawatt Leistung.

Aufgaben

11/39: Zwei Vierschichtdioden werden gegensinnig parallel geschaltet und liegen mit einem Widerstand in Serie an einer Wechselspannungsquelle. Skizzieren Sie den zeitlichen Verlauf des Stromes und der Spannungen über den Dioden und dem Widerstand.
***11/40:** Mit einer Vierschichtdiode (Schwellspannung 2 V), einem Thyristor und einem Potentiometer soll ein Dimmer gebaut werden, der die Helligkeit einer Glühlampe am Netz regelt. Wie sieht die Schaltung aus?

11.5.6 Der Feldeffekttransistor

Der normale bipolare (NPN- oder PNP-)Transistor hat immer den Nachteil, daß er über einen Strom durch die Basis-Emitter-Diode gesteuert werden muß. Im Gegensatz zur Elektronenröhre muß beim Transistor immer eine Steuerleistung aufgebracht werden, der Eingangswiderstand ist mit ca. 100 Ω sehr niedrig. Man hat deshalb große Anstrengungen unternommen, leistungslos steuerbare Halbleiter zu entwickeln. Im **Feldeffekttransistor,** der etwa ab 1970 in Datenverarbeitungsanlagen fast ausschließlich verwendet wird, ist dieses Prinzip verwirklicht worden. Es beruht auf dem Feldeffekt. Ein elektrisches Feld soll den Strom in einem Leiter zur Seite drängen und damit den Widerstand erhöhen, der Strom wird also steuerbar.

Dieser Effekt läßt sich beim Halbleiter unter bestimmten Voraussetzungen verwirklichen, wie folgende Überlegungen zeigen: *Abb. 11–63* zeigt den prinzipiellen Aufbau eines Feldefekttransistors. Die obere Schicht aus Metall stellt die Steuerelektrode dar; zwischen ihr und dem Halbleiter, durch den der zu steuernde Strom fließt, liegt eine isolierende Schicht. Diese drei Schichten bilden einen Kondensator; bei angelegter Gatespannung entsteht ein elektrisches Feld, das Ladungen im Metall und Halbleiter hin zur Isolierschicht verschiebt. Diese Ladungen sollen für folgende praxisnahe Angaben berechnet werden:
Dicke der Isolierschicht 0,1 μm, Material SiO_2, Spannung zwischen den Kondensatorplatten 1 V, Metall- und Halbleiterschichtdicke je 1 μm.
Es gilt die Kondensatorgleichung $Q = CU$ mit $C = \varepsilon_r \varepsilon_0 \frac{A}{d}$ (A Plattenfläche, d Plattenabstand). Damit wird

$$Q = 4 \cdot 8{,}8 \cdot 10^{-12} \frac{\text{As}}{\text{Vm}} \frac{\text{A}}{10^{-7}\,\text{m}} = 35{,}2 \cdot 10^{-5} \frac{\text{As}}{\text{m}^2}$$

$$= 2{,}2 \cdot 10^{15} \frac{e}{\text{m}^2}\,.$$

Man vergleicht nun diese Anzahl von Elektronen, die je m^2 verschoben werden, mit den zur Verfügung stehenden freien Elementarladungen in den Schichten. Im Kupfer gibt es $8{,}5 \cdot 10^{28}$ freie Elektronen je m^3, damit ist die Flächenladungsdichte bei einer Schichtdicke von 1 μm $8{,}5 \cdot 10^{22}$ e/m^2. Es liegt auf der Hand, daß die verschobene Ladung im Metall keine Rolle spielt.
Im Halbleiter sei die Dotierungskonzentration

$$5 \cdot 10^{21} \frac{\text{Fremdatome}}{\text{m}^3} \quad \text{oder}$$

$$5 \cdot 10^{15} \frac{\text{freie Elementarladungen}}{\text{m}^2}\,.$$

Damit werden fast die Hälfte der vorhandenen freien Ladungsträger an die Oberkante der Halbleiterschicht gedrängt; ein Teil des Stromes fließt durch einen sehr dünnen Bereich des Halbleiters, womit sein Widerstand anwächst und der Strom schwächer wird. Der Strom durch den Halbleiter wird also durch die Spannung am Gate gesteuert.

Beim Feldeffekttransistor (FET) wird der Widerstand eines halbleitenden Kanals durch einen etwa in der Kanalmitte befindlichen Gate-Anschluß gesteuert. Die an den Kanalenden angebrachten Anschlüsse werden als Source (Quelle) und Drain (Abfluß) bezeichnet. Die Isolation zwischen dem Gate und dem Kanal kann durch einen in Sperrichtung betriebenen PN-Übergang (Sperrschicht-FET) oder durch eine Oxid-Schicht realisiert werden (MOS-FET[1])).

[1]) **M**etal **O**xid **S**emiconductor **F**ield **E**ffect **T**ransistor

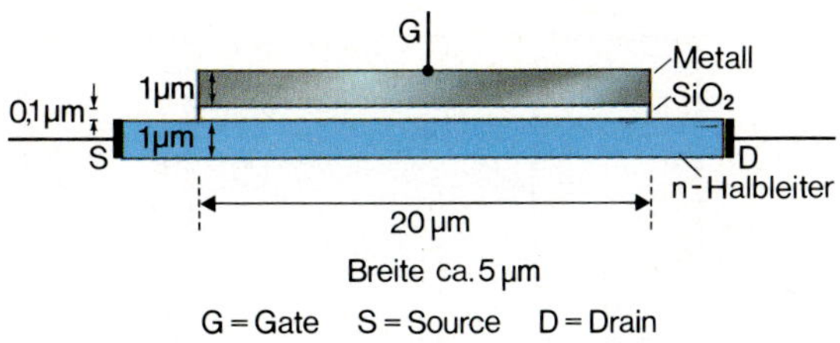

Abb. 11–63: Der prinzipielle Aufbau eines Feldeffekttransistors mit seinem Kondensator.

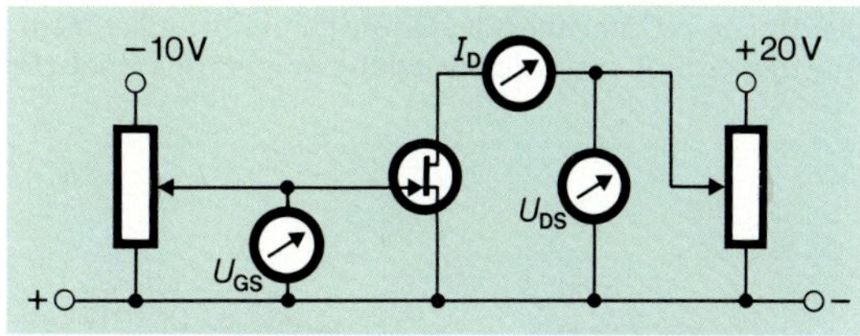

Abb. 11–64: Versuchsaufbau zum Bestimmen der Kennlinien eines N-Kanal-Sperrschicht-Feldeffekttransistors.

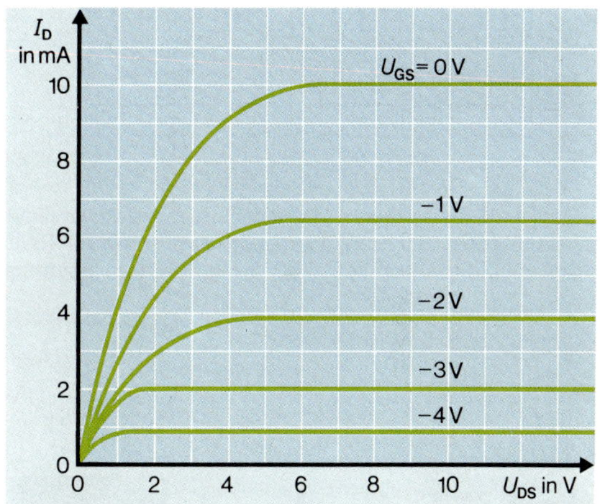

Abb. 11–65: Das nach *Abb. 11–64* aufgenommene Kennlinienfeld.

Die Kennlinien des Feldeffekttransistors

Versuch 11/28: Ein N-Kanal-Sperrschicht-FET wird durch verschiedene Gate-Source-Spannungen U_{GS} gesteuert. Der Drainstrom I_D wird in Abhängigkeit von der Drain-Source-Spannung U_{DS} gemessen (*Abb. 11–64*).
Ergebnis: Das Kennlinienfeld nach *Abb. 11–65* erscheint auf dem Schirm des Oszilloskops.

Erklärung: Bei der Gate-Spannung $U_{GS} = 0$ V beginnt bei kleinen Drainspannungen U_{DS} der Drainstrom mit der Drainspannung nach dem Ohmschen Gesetz zu steigen. Bei etwas höheren Drainspannungen beginnt der Verdrängungseffekt im Kanal,

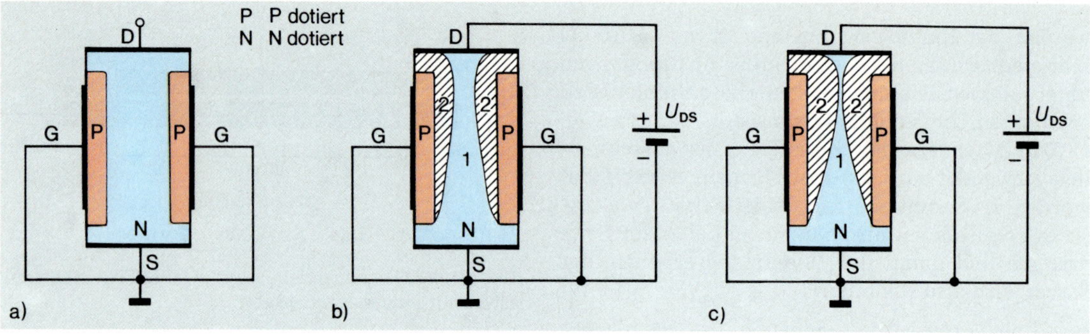

Abb. 11–66: Der N-Kanal im FET ohne Gatespannung. Durch das am negativen Pol angeschlossene Gate werden die Elektronen bei zunehmender Drainspannung immer mehr in die Mitte des Kanals gedrängt (*Bereich 1*); dadurch entsteht eine immer breiter werdende ladungsträgerarme Zone (*Bereich 2*), im Bild schraffiert.

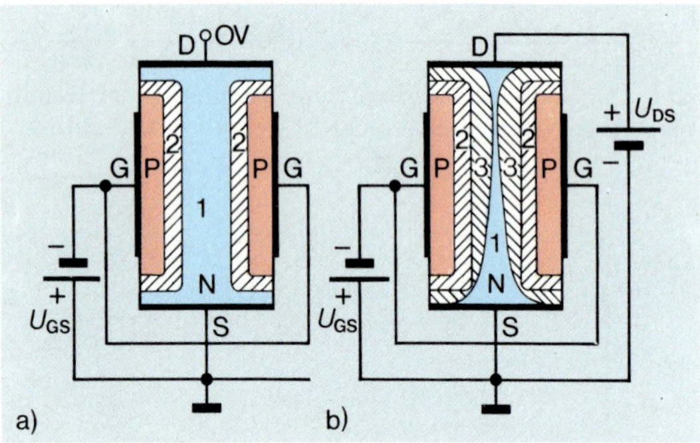

Abb. 11–67: Wie *Abb. 11–66,* jedoch mit negativer Gatespannung. Aus *Bereich 2* werden die Elektronen durch die Gatespannung verdrängt, aus *3* durch die Drainspannung.

wie *Abb. 11–66 b* zeigt, da sich die ladungsträgerarme Zone ausdehnt: Der Stromanstieg wird verlangsamt. Steigt die Spannung noch weiter, entsteht eine Einschnürung (*Abb. 11–66 c*), der Widerstand im Kanal wird stark erhöht, der Strom steigt kaum noch an, er ist praktisch unabhängig von der Drainspannung. Bei negativer Gate-Spannung geschieht dieses schon bei niedrigerer Drainspannung, wie *Abb. 11–67* verdeutlicht. Bei höheren Drainspannungen wird der Strom also nur von der Gate-Spannung bestimmt.

Aufgaben

11/41: Warum müssen beim Feldeffekttransistor so kleine Abmessungen auftreten?

11/42: Welche Vorzüge hat ein FET gegenüber einem bipolaren Transistor?

Abb. 11–68: Ein Speicher mit 1 048 576 Speicherzellen, Steuerelektronik zum Lesen, Speichern und Auffrischen sowie redundante Zellen auf einem Chip (Megachip). Das linke und rechte Bild zeigen unterschiedliche Vergrößerungen des Megachips.

11.5.7 Die integrierte Schaltung

Wenn auch die Herstellung eines Transistors sehr aufwendig ist und mit äußerster Präzision erfolgen muß, so können doch gleichzeitig aus einem Siliziumkristall zehntausende solcher Transistoren hergestellt werden. Auch brauchen die Transistoren nicht vom gleichen Typ zu sein, bipolare Transistoren, MOS-FETs, ja Dioden, Widerstände, kleine Kondensatoren und Leitungen können gleichzeitig entstehen. So werden ganze Mikrocomputer auf einem Chip[1]) hergestellt; *Abb. 11–68* zeigt einen solchen, die Kantenlänge ist etwa 2 cm, Details werden, je nach Vergrößerung (Bahnbreite 2 μm) sichtbar.
Solche integrierten Schaltungen haben insbesondere bei der Verarbeitung digitaler Signale große Verbreitung gefunden. Digitale Signale sind solche, die nur zwei Zustände kennen; sie werden meist durch Spannungen dargestellt:

Zustände	Spannungen	Zeichen
Zustand 1	0 V bis 0,4 V	0
Zustand 2	2,4 bis 5 V	L

Versuch 11/29: In der Schaltung nach *Abb. 11–69* wird der Eingang A in den Zustand 0, dann in L versetzt, dabei wird der Ausgang Q beobachtet.
Ergebnis: $\overline{A} = Q$

Eingang A	Ausgang Q
0	L
L	0

Die Schaltung kehrt die Zustände um, sie wird als **Inverter** bezeichnet.
Erklärung: Liegt die Spannung 0 V an der Basis des Transistors, ist dieser gesperrt, und Q besitzt die Spannung 5 V. Liegen jedoch mindestens 2,4 V über dem Strombegrenzungswiderstand an der Basis, ist der Transistor leitend und stellt einen sehr kleinen Widerstand dar. Lampe L leuchtet dann, und am Ausgang liegt die ganz geringe Restspannung.

Versuch11/30: Eine Schaltung mit zwei Eingängen nach *Abb. 11–70* wird auf ihre logische Funktion hin untersucht.
Ergebnis: $\overline{A \wedge B} = Q$

Eingänge		Ausgang
A	B	Q
0	0	L
0	L	L
L	0	L
L	L	0

Das ist die logische **NAND-Schaltung:** Der Ausgang ist genau dann 0, wenn beide Eingänge L sind.

Die Hintereinanderschaltung der NAND- und der Inverter-Schaltung nach *Abb. 11–71* liefert uns die **AND-Schaltung:** $A \wedge B = Q$

A	B	Q
0	0	0
0	L	0
L	0	0
L	L	L

[1]) Siliciumplättchen

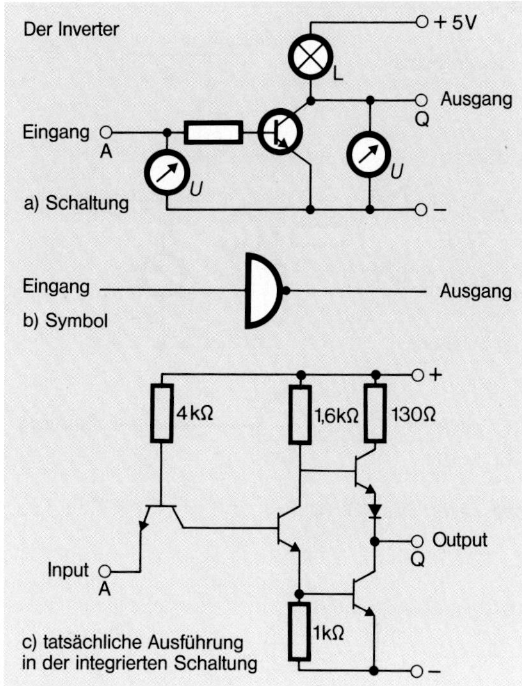

Abb. 11–69: Der Inverter.
a) Aus diskreten Bauelementen aufgebaut. b) Schaltsymbol, c) als integrierte Schaltung kommerziell gefertigt.

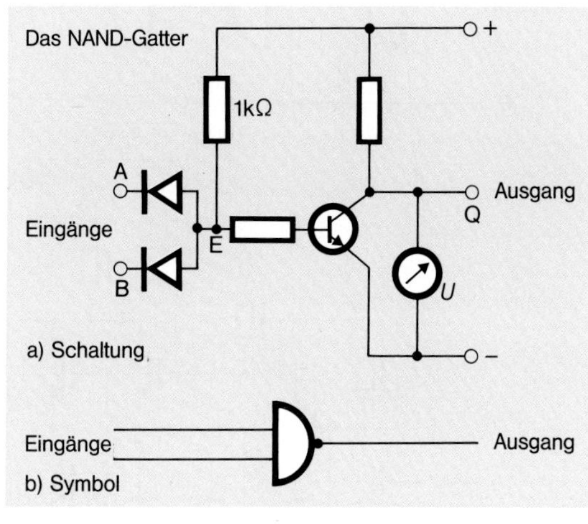

Abb. 11–70: Das NAND-Gatter.

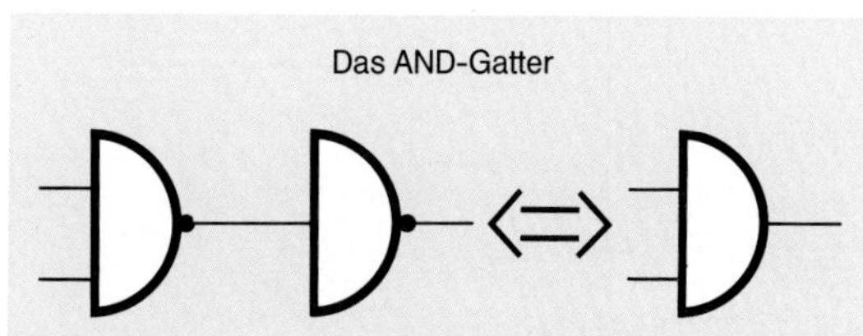

Abb. 11–71: Das AND-Gatter wird aus einem NAND-Gatter und einem Inverter gebildet.

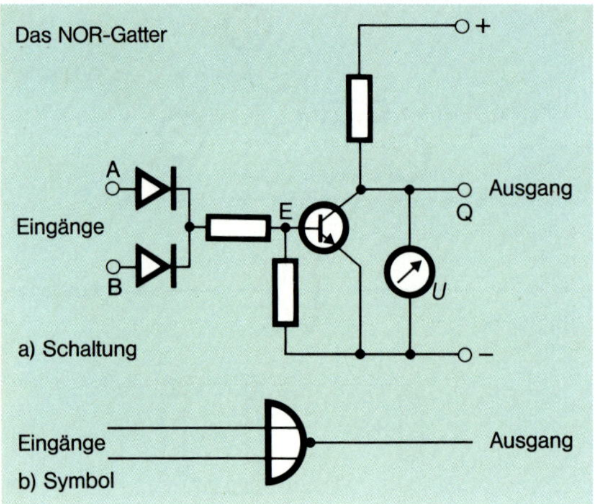

Abb. 11–72: Das NOR-Gatter.

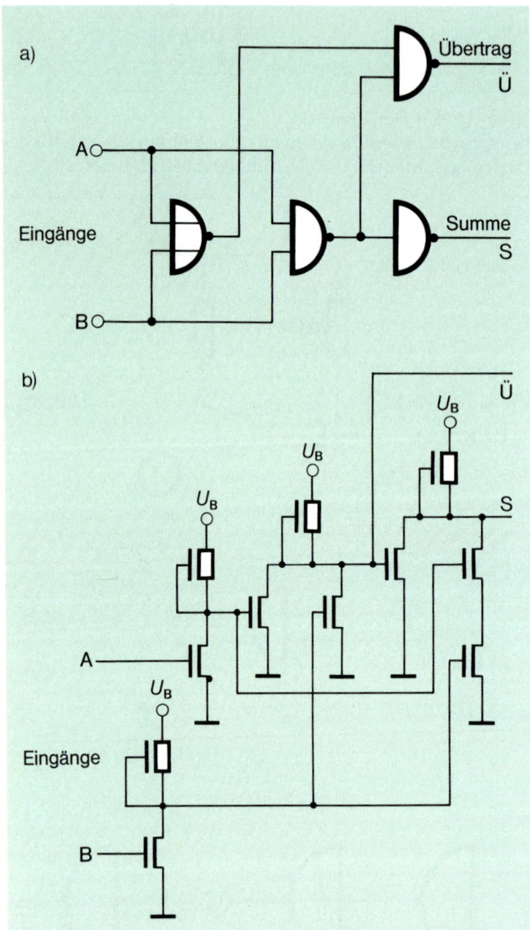

Abb. 11–73: Der Halbaddierer.
a) Durch vier Gatter realisiert. b) Die Halbaddiererschaltung in MOS-Technik. Die Transistorsymbole an den Eingängen stehen für den Anreicherungstyp, die mit dem Widerstandskasten für den Verarmungstyp.

Die logische Funktion der Schaltung nach *Abb. 11–72* ist: $\overline{A \vee B} = Q$

A	B	Q
0	0	L
0	L	0
L	0	0
L	L	0

Sie wird **NOR-Schaltung** genannt.

Wird hinter die NOR-Schaltung ein Inverter gesetzt, erhält man die **OR-Schaltung:** $A \vee B = Q$

A	B	Q
0	0	0
0	L	L
L	0	L
L	L	L

In elektronischen Rechenanlagen müssen Ziffern durch Dualzahlen dargestellt werden, da nur zwei unterschiedliche Zustände benutzt werden. Da alle Rechenarten auf die Addition zurückgeführt werden, ist der Addierer für zwei Dualzahlen sehr wichtig.
Der **Halbaddierer** kann zwei einstellige Dualzahlen addieren:

D_1	D_2	$D_1 + D_2$
0	0	0
0	1	1
1	0	1
1	1	10

Die Summe kann zweistellig sein, die Schaltung braucht deshalb zwei Ausgänge, S (Summe) und Ü (Übertrag). *Abb. 11–73* zeigt die elektronische Realisierung. Der Übertrag kann durch eine AND-Schaltung erhalten werden. Der Summenausgang soll L sein, wenn einer der Eingänge L ist, jedoch nicht, wenn beide L sind. Die OR-Schaltung liefert L, wenn jeweils beide Eingänge oder einer L ist, dessen Ausgang muß also noch zusammen mit dem invertierten Übertrag über ein AND-Gatter[1]) laufen.
Sollen mehrstellige Dualzahlen addiert werden, geschieht dieses stellenweise. Dabei kann der Fall auftreten, daß aus der vorhergehenden Stelle ein Übertrag mit zu addieren ist. Dazu ist ein sogenannter **Volladdierer** nötig, er muß drei Eingänge haben und nach folgender Funktion schalten:

$Ü_n$	A_n	B_n	$Ü_{n+1}$	S_n
0	0	0	0	0
0	0	1	0	1
0	1	0	0	1
0	1	1	1	0
1	0	0	0	1
1	0	1	1	0
1	1	0	1	0
1	1	1	1	1

Abb. 11–74 zeigt eine Schaltung, die dieses leistet.

[1]) Mit Gatter bezeichnet man in der digitalen Schaltungstechnik ein Verknüpfungsglied

Die integrierte Schaltung als Datenspeicher

In der Datenverarbeitung ist es neben der Verknüpfung von Dualzahlen wichtig, diese speichern zu können. Dazu benötigt man Schaltungen, deren Zustand von außen L und 0 gesetzt werden können und die diesen Zustand dann beibehalten.
Eine **statische Speicherzelle**[1]) für ein Bit[2]) zeigt in MOS-Technik *Abb. 11–75*. Der zu speichernde Zustand wird über die Leitung D, sein invertierter Zustand über $\overline{D}$ zum Speicher geliefert. In dem Moment, in dem die Wortleitung positiv (also L) ist, sind die Transistoren T_1 und T_2 leitend, damit liegen die Datenleitungen D und $\overline{D}$ an den Gate- und Drainanschlüssen der als Flipflop[3]) geschalteten Transistoren T_3 und T_4. Es kann dann „geschrieben" werden:

a) Ist D im L-Zustand, wird das Gate von T_4 positiv, der Transistor wird stark leitend. Die Drainspannung von T_4 wird ganz gering, genau wie die Gate-Spannung von T_3, denn sie sind leitend miteinander verbunden. T_3 sperrt, seine Drainspannung hat den Zustand L. Das Ganze wird von der Datenleitung $\overline{D}$ unterstützt. Der Drainanschluß von T_3 hat also den Dateninhalt von D übernommen, T_4 den von $\overline{D}$.
b) Ist D im 0-Zustand, ist $\overline{D}$ im L-Zustand und alles ist wegen der Symmetrie nur seitenvertauscht.

Soll der Speicherinhalt „gelesen" werden, muß die Wortleitung im L-Zustand sein. Über die Datenleitungen wird dann der Speicherinhalt gelesen, der Zustand vom Drain des T_3 (Speicherinhalt) geht an D, der Zustand des Drains von T_4 (invertierter Speicherinhalt) geht an $\overline{D}$.
Ist die Wortleitung im Zustand 0, wird weder geschrieben noch gelesen, aber gespeichert. Beim Abschalten der Versorgungsspannung geht der Speicherinhalt verloren, beim Wiedereinschalten wird ein zufälliger Inhalt geschrieben.
Diese Speicherzelle ist mit 6 Transistoren sehr aufwendig und nicht gerade platzsparend, wenn man z. B. in einem Personalcomputer 64 KByte[4]) = 524 288 Speicherzellen unterbringen will.

Die **dynamische Speicherzelle** kommt mit nur einem Transistor und einem sehr kleinen Kondensator aus. Ihr Inhalt ist jedoch flüchtig, er wird nur etwa 0,5 s gehalten. Der Grund ist die nie ideale Isolation zwischen den Kondensatorplatten, deren Spannung den Zustand speichert. Der Zustand einer Zelle wird deswegen etwa alle 50 ms aufgefrischt, indem der Inhalt gelesen und anschließend wieder geschrieben wird. Eine solche Zelle zeigt *Abb. 11–76*. Mit dieser Zelle gelingt Höchstintegration, 1987 waren bereits 1 MBit-Speicher auf einem Chip durchaus schon gebräuchlich.
Für viele andere Zwecke werden digitale integrierte Schaltkreise gefertigt: Schieberegister, Zähler, Kodierschaltungen, Dezimalzahl-Dualzahl-Umwandler, komplette Rechnerbausteine (CPU[5])), Uhrenbausteine und viele mehr. Oft sind sie so komplex, daß sie nur noch rechnergestützt entwickelt werden können, der Schaltplan liegt dann in Form von digital gespeicherten Daten auf einer Magnetplatte oder auf einem Magnetband vor.

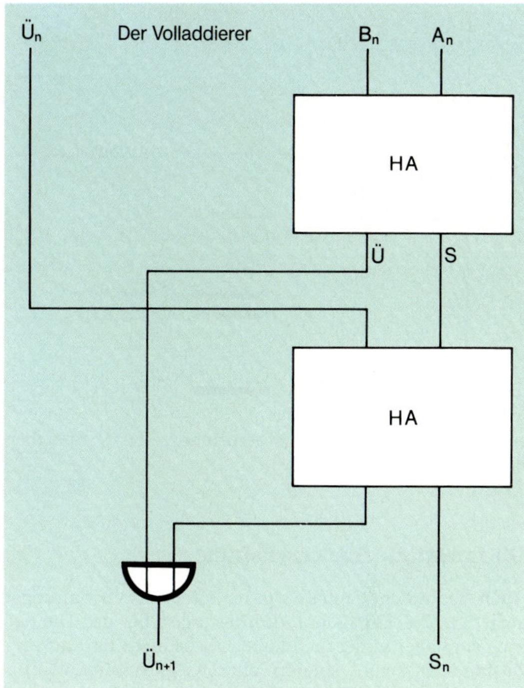

Abb. 11–74: Der Volladdierer, realisiert durch zwei Halbaddierer (HA) und ein OR-Gatter.

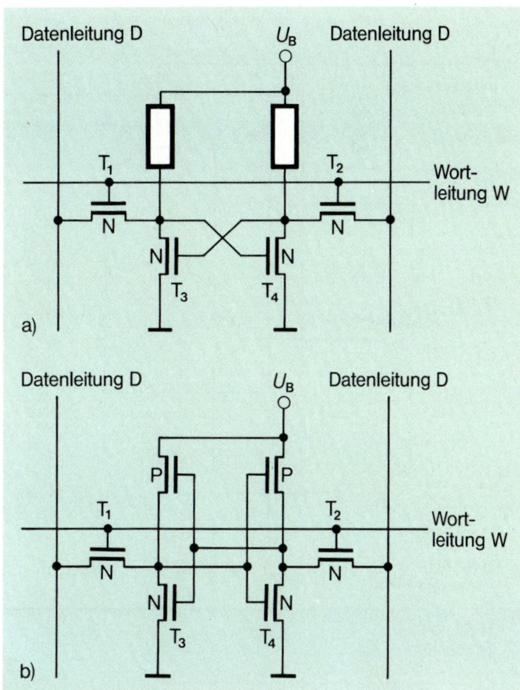

Abb. 11–75: Speicher-Flipflop.
a) In MOS-Technik mit Arbeitswiderständen. b) In komplementärer MOS-Technik (CMOS), es werden N-Kanal- und P-Kanal-FETs benutzt.

[1]) Der Inhalt bleibt beliebig lange erhalten.
[2]) Ein Bit ist eine Stelle einer Dualzahl, kann also L oder 0 sein.
[3]) Schaltung mit zwei stabilen Zuständen.
[4]) $1\ K = 2^{10} = 1024$ (gesprochen: Ein Ka), 1 Byte = 8 Bit
[5]) **C**entral **P**rocessing **U**nit, zentrale Recheneinheit

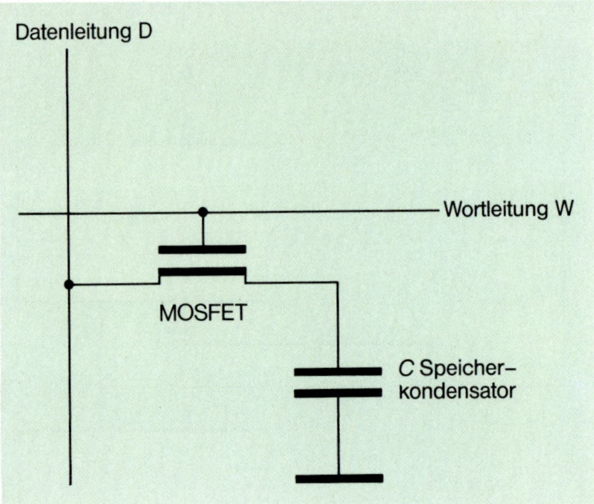

Abb. 11–76: Die Eintransistorspeicherzelle, *C* Speicherkondensator.

Die integrierte Analogschaltung

Auch für analoge Signale werden integrierte Schaltungen gefertigt. Die Fertigungsanforderungen bei der Herstellung sind aber wesentlich höher, da es nicht nur auf zwei Zustände ankommt, sondern alle Zwischenstufen von Belang sind, und meistens ein linearer Zusammenhang zwischen Eingangsspannung und Ausgangsspannung bestehen soll. Als Beispiel dient der **Operationsverstärker.**
Die Schaltung des Typs SN72 747 ist in *Abb. 11–77* zu sehen. Da ein Operationsverstärker immer auch negative Eingangs- und Ausgangsspannungen verarbeiten kann, benötigt er eine positive und eine negative Versorgungsspannung, und der Nullpunkt (Ausgangsspannung Null bei geerdeten Eingängen) muß eingestellt werden. *Abb. 11–78* zeigt diesen Vorgang. Die Versorgungsspannungen und der Nullabgleich werden meist in den Schaltungen weggelassen.

Versuch 11/31: Mit dem Versuchsaufbau nach *Abb. 11–79* werden Ein- und Ausgangsspannung eines Operationsverstärkers gemessen. Die Eingangsspannung wird verändert, dann werden die Eingänge vertauscht, und zuletzt werden sie zusammen an das Potentiometer gelegt, damit beide Eingänge die gleiche Spannung haben.
Ergebnis:
a) Die Verstärkung ist sehr hoch, ca. 100 000.
b) Ein- und Ausgangsspannungen sind zueinander proportional.
c) Wird der invertierte Eingang benutzt, vertauscht die Ausgangsspannung ihr Vorzeichen.
d) Liegt die gleiche Spannung an den Eingängen, bleibt die Ausgangsspannung Null. Beide Eingänge sind also gleich empfindlich.

Versuch 11/32: Der *Versuch 11/31* wird etwas variiert. Die Verbindung zwischen den beiden 100 Ω-Widerständen wird nicht an Masse, sondern an den invertierten Eingang gelegt. Die Spannung zwischen den beiden Eingängen (beide sind massefrei) wird verändert und gemessen. Die Ausgangsspannung wird beobachtet.
Ergebnis: Die Ausgangsspannung ist proportional zur Eingangsspannungsdifferenz.

Erklärung: Steigt am nicht invertierten Eingang E_1 (siehe *Abb. 11–77*) die Spannung, werden die Transistoren T_6 und T_7 stärker leiten, damit steigt die Spannung U_3, dann ist die Basis-Emitter-Spannung an T_8 größer, womit U_2 steigt. T_9 leitet dadurch besser, und U_1 fällt, was zur Folge hat, daß T_3

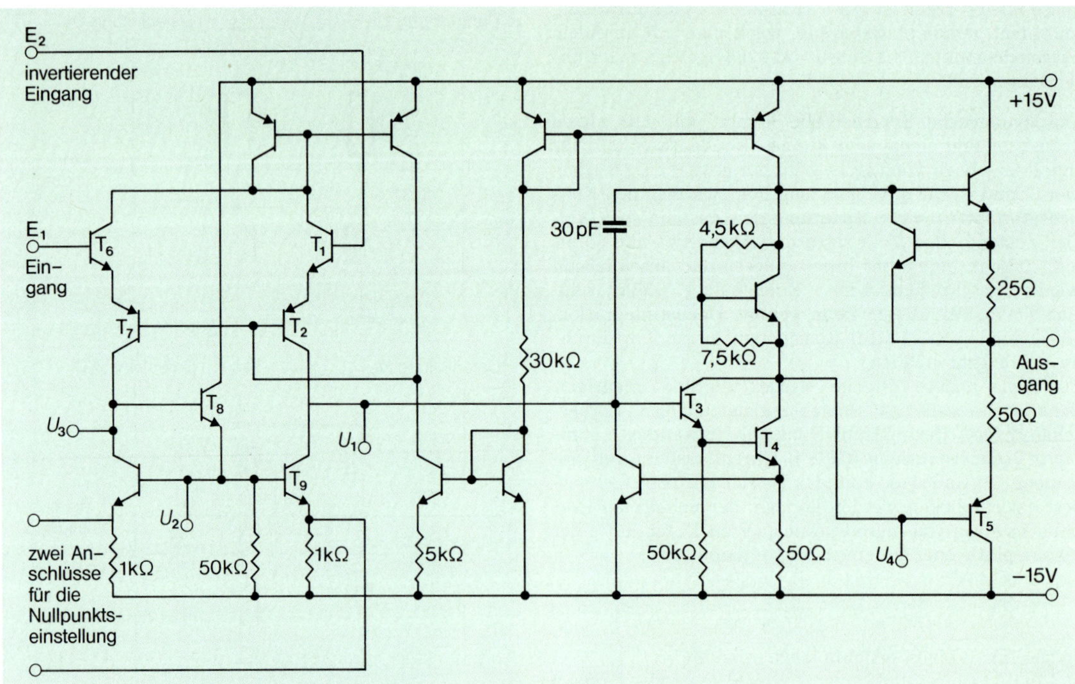

Abb. 11–77: Schaltung eines Operationsverstärkers (In integrierten Schaltungen werden Transistoren und Widerstände als Zickzacklinie dargestellt.).

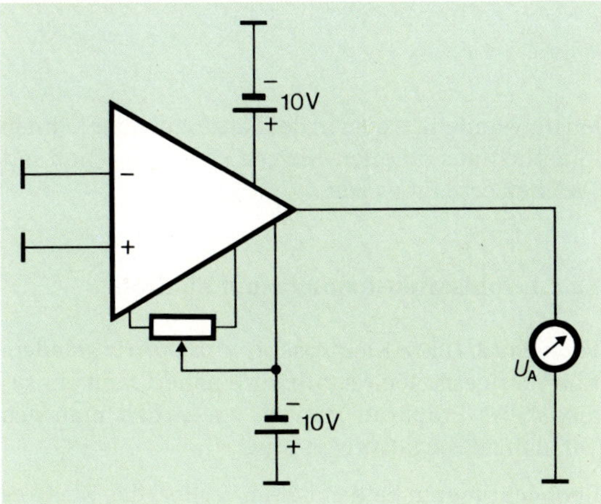

Abb. 11–78: Stromversorgung und Nullpunktsabgleich eines Operationsverstärkers.

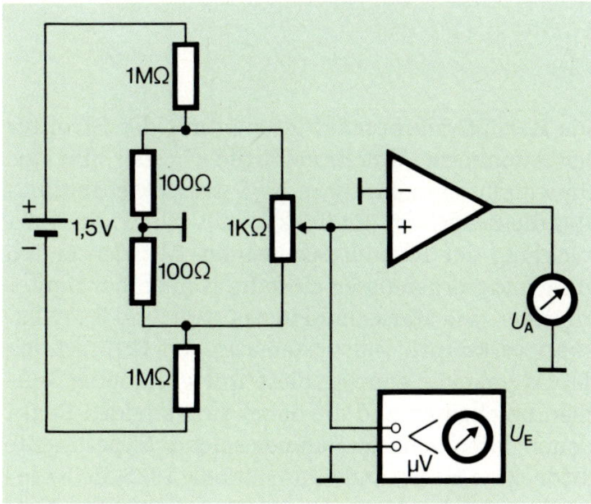

Abb. 11–79: Bestimmung der Verstärkung eines Operationsverstärkers.

und T_4 schlechter leiten. Also steigt U_4, wodurch die Ausgangsspannung steigt. Wird der invertierte Eingang E_2 benutzt, werden bei steigender Eingangsspannung T_1 und T_2 besser leiten, so daß U_1 steigt und die Ausgangsspannung fällt. Fallende Spannungen am Eingang bewirken Entsprechendes.

Versuch 11/33: Im Versuchsaufbau nach *Abb. 11–80* wird bei verschiedenen Stellungen des variablen Widerstandes sein Wert und die Verstärkung der Schaltung gemessen.
Ergebnis: Mit R als Größe des variablen Widerstandes und V als Verstärkung ergibt sich folgender Zusammenhang:

R	0 Ω	1 kΩ	2 kΩ	5 kΩ	10 kΩ	20 kΩ	50 kΩ	100 kΩ
V	1	2	3	6	11	21	50	100

Erklärung: Die Ausgangsspannung $U_A = VU_E$. Die Spannung U_A wird über den Spannungsteiler aus R und R_1 an den invertierten Eingang gelegt. Diese Teilspannung ist $VU_E \frac{R_1}{R_1 + R}$. Mit der Verstärkung V_0 des Operationsverstärkers (ohne Rückkopplungsnetzwerk) ergibt sich:

$$U_A = U_E\, V_0 - (U_E\, V \frac{R_1}{R_1 + R})\, V_0 \quad \text{und}$$

$$V = \frac{U_A}{U_E} = V_0 - V \frac{R_1}{R_1 + R} V_0 \Rightarrow V = \frac{1}{\frac{1}{V_0} + \frac{R_1}{R_1 + R}}.$$

Ist $V_0 \gg \frac{R_1 + R}{R_1}$, wird $V \approx \frac{R_1 + R}{R_1}$.

Die Verstärkung eines Operationsverstärkers kann also durch eine Gegenkopplung, die an den invertierten Eingang führt, in weiten Grenzen eingestellt werden.

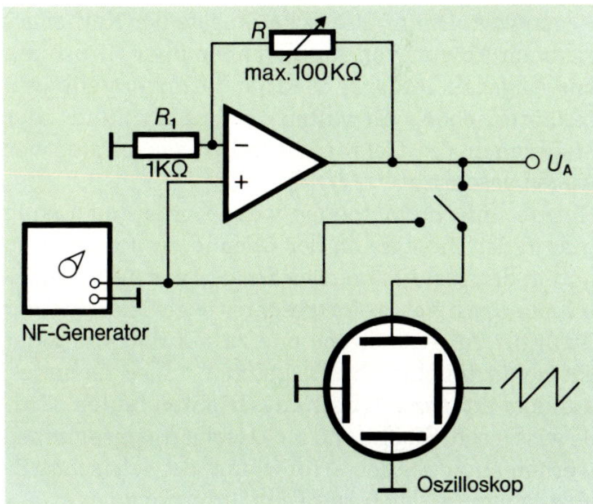

Abb. 11–80: Die Verstärkung eines Operationsverstärkers wird durch die Gegenkopplung mit den Widerständen R und R_1 bestimmt.

Aufgaben

***11/43:** Zeichnen Sie die Schaltung eines NAND-Gatters
a) mit FETs und Widerstand,
b) in CMOS-Technik.

11/44: Ein Operationsverstärker soll die Verstärkung 3,6 haben. Zeichnen Sie ein Schaltbild.

12 Kernphysik

Die Kernphysik beschäftigt sich mit der Struktur der Atomkerne, mit ihren Eigenschaften und den Umwandlungen. Im Jahre 1896 entdeckte BECQUEREL die natürliche Radioaktivität, womit die Entwicklung der Kernphysik begann. Mit den ersten Forschungsergebnissen sind die Namen berühmter Physiker, wie Marie und Pierre CURIE und RUTHERFORD verknüpft. Zur systematischen Erforschung der Atomkerne wurden diese mit geeigneten Teilchen beschossen und die dabei auftretenden Reaktionen untersucht. Im Rahmen solcher Experimente entdeckten HAHN und STRASSMANN 1938 die Kernspaltung und leiteten damit die energetische Nutzung der Kernenergie ein. Die Nutzung der Kernenergie ist heute von großer technischer und wirtschaftlicher Bedeutung und wegen der Gefahren der radioaktiven Strahlung ein kontroverses Thema der Gegenwart. Der militärische Einsatz der Kernenergie beim Abwurf von Atombomben über Hiroshima und Nagasaki im Jahre 1945 hat die unvorstellbaren zerstörerischen Gewalten offenbart und der Menschheit die Gefahr der Selbstvernichtung vor Augen geführt.
Kerntechnische Methoden wendet man mit Erfolg u. a. in der Biologie, in der Chemie, in der Medizin und in der Technik an. Der Einsatz von Teilchenbeschleunigern hat zu fortgeschrittenen Theorien der Struktur der Atomkerne und zur Entwicklung der Elementarteilchenphysik geführt, eines Gebietes, auf dem intensive Forschungsarbeiten laufen. Große wissenschaftliche und technische Anstrengungen werden auch bei der Erforschung der wirtschaftlichen Nutzung der Kernfusion unternommen.

12.1 Natürliche Radioaktivität

Henri BECQUEREL entdeckte die Radioaktivität bei der Untersuchung von Uransalzen. Er stellte fest, daß von diesen eine Strahlung emittiert wurde, die lichtempfindliche photographische Materialien noch durch schwarzes Papier hindurch veränderte. Nach BECQUERELs Entdeckung untersuchte das Ehepaar Marie und Pierre CURIE in systematischer Kleinarbeit alle Elemente auf Radioaktivität und fand sie beim Thorium und besonders stark bei zwei bislang unbekannten Elementen, dem Polonium und dem Radium.
Mit Radioaktivität bezeichnet man die bei der Umwandlung von Atomkernen auftretende Strahlung. Instabile Kerne, die sich unter Emission von Strahlen umwandeln, treten in der Natur auf oder können künstlich aus stabilen Kernen durch Beschuß mit Teilchen erzeugt werden.

12.1.1 Ionisationskammer und Zählrohr

Versuch 12/1: Ein Elektroskop wird positiv geladen. Einer aufgesetzten Metallplatte nähert man ein radioaktives Präparat. Danach wiederholt man den Versuch mit negativer Ladung.

Beobachtung: In beiden Fällen verliert das Elektroskop seine Ladung, nachdem man das Präparat in die Nähe der aufgesetzten Platte gebracht hat.
Deutung: Von dem Präparat geht eine Strahlung aus, die die Luft ionisiert. Es werden von den Gasmolekülen Elektronen abgespalten, die sich an zunächst neutrale Moleküle anlagern, so daß insgesamt positive und negative Ionen entstehen. Diese Ionen neutralisieren die positive bzw. negative Ladung auf dem Elektroskop.

Mit Hilfe der ionisierenden Wirkung der Strahlung kann diese also genauer untersucht werden:

Versuch 12/2: Ein radioaktives Präparat wird in eine Ionisationskammer gebracht, die ein bestimmtes Gasvolumen abschließt. Die in diesem Gasvolumen erzeugten Ionen werden durch ein elektrisches Feld abgesaugt. Der dadurch entstehende **Ionisationsstrom** wird in Abhängigkeit von der angelegten Spannung gemessen (*Abb. 12–1*).

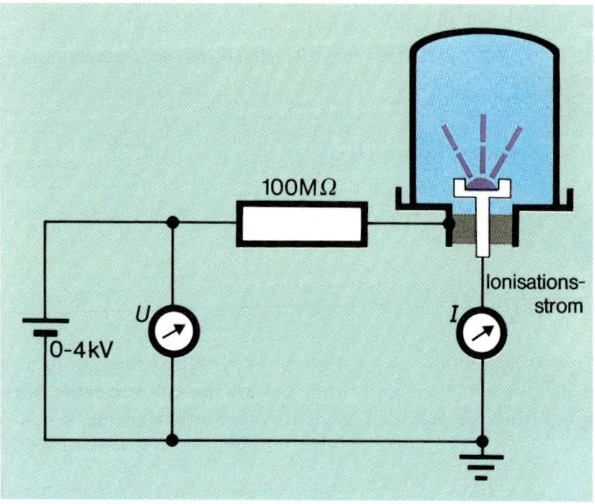

Abb. 12–1: Untersuchung der radioaktiven Strahlung mit Hilfe einer Ionisationskammer.
Zwischen dem Gehäuse und dem Präparat besteht ein elektrisches Feld, in dem die erzeugten Ionen zu den Elektroden wandern.

Beobachtung: Für kleine Spannungen steigt der Strom nahezu proportional zur Spannung an. Von einer bestimmten Spannung ab ist die Stromstärke fast konstant. Man bezeichnet diesen Strom als Sättigungsstrom (*Abb. 12–2*).
Deutung: Die im Gasvolumen erzeugten Ionen wandern unter dem Einfluß des Feldes zu den Elektroden. Dabei können sie sich vereinigen und neutralisieren, d. h., es findet eine **Rekombination** statt. Bei steigender Spannung erreichen immer mehr Ionen die Elektroden, ohne zu rekombinieren, die Stromstärke nimmt zu. Wenn alle in einem bestimmten Zeitintervall erzeugten Ionen, ohne zu rekombinieren, zu den Elektroden wandern, ist der Sättigungsstrom erreicht. Die Größe des Sättigungsstroms hängt vom Volumen der Ionisationskammer und von der Art des verwendeten Präparats ab.

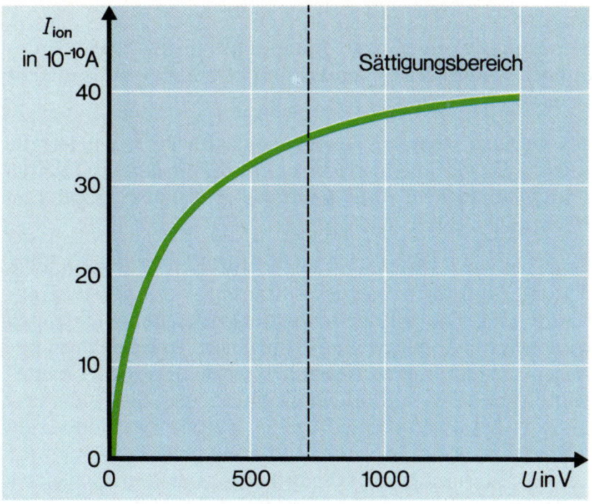

Abb. 12–2: Ionisationsstrom in Abhängigkeit von der Spannung.

Ein wesentlich empfindlicheres Nachweisgerät für Strahlung radioaktiver Präparate ist das **Geiger-Müller-Zählrohr** (*Abb. 12–3*). Es besteht aus einem zylindrischen Rohr, in dem axial ein dünner Draht isoliert aufgespannt ist. Das Rohr ist mit einem Edelgas bei vermindertem Druck (z. B. Argon bei 100 mbar) gefüllt. Zwischen dem Zylindermantel als Kathode und dem Draht als Anode liegt eine Spannung von einigen 100 Volt, deren Höhe das Verhalten des Zählrohrs beim Einfall ionisierender Strahlung entscheidend bestimmt.

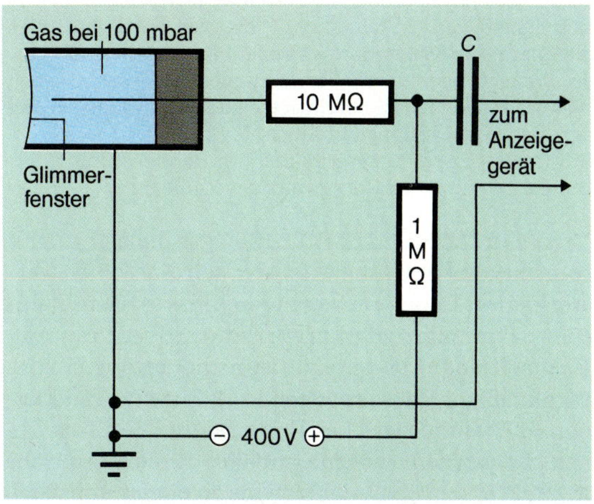

Abb. 12–3: Schematische Darstellung des Aufbaus und der Schaltung eines Geiger-Müller-Zählrohres.

Den Einfluß der Spannung auf das Verhalten des Zählrohrs gibt die **Zählrohrcharakteristik** (*Abb. 12–4*) wieder, in der die Abhängigkeit der von einem ionisierenden Teilchen (z. B. einem Elektron) erzeugten Ladung von der Spannung dargestellt ist. Im Bereich I (**Rekombinationsbereich**) gelangen aufgrund der Rekombination nicht alle erzeugten Ionen zu den Elektroden. Im Bereich II (**Sättigungsbereich**) wird der Sättigungsstrom erreicht.
Das Anwachsen der Ladung im Bereich III (**Proportionalbereich**) beruht auf der Erzeugung weiterer Ladungen durch Stoßionisation. Hierfür sind im wesentlichen die bei der Primärionisation erzeugten Elektronen verantwortlich, die im Raum hoher Feldstärke in der Nähe des Anodendrahtes so stark beschleunigt werden, daß ihre Energie zur Ionisation weiterer Gasmoleküle führt. Um zu verhindern, daß sich die für die sekundäre Stoßionisation entscheidenden Elektronen an neutrale Teilchen anlagern, verwendet man Edelgase als Füllgase. Edelgase bilden keine negativen Ionen. Die durch Sekundärionisation erzeugte Ladung ist proportional zur primär erzeugten Ladung, die wiederum von der Energie der Strahlung abhängt.

Mit einem im **Proportionalbereich** betriebenen Zählrohr kann die Energie ionisierender Teilchen gemessen werden.

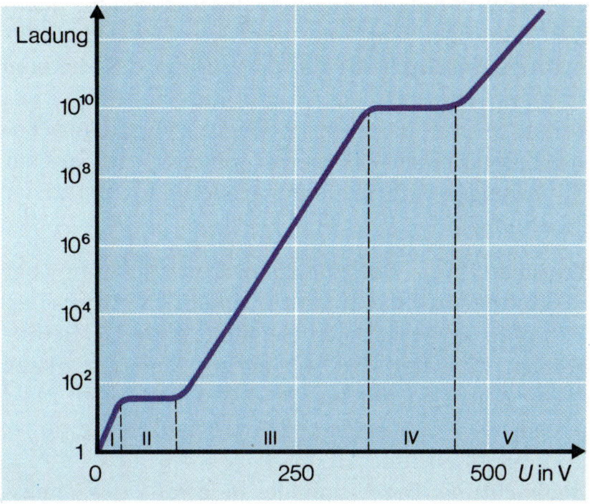

Abb. 12–4: Die Darstellung zeigt, wie bei der Registrierung einer bestimmten Strahlung die erzeugte Ladung von der Zählrohrspannung abhängt. Für die Messung der Ladung, die beim Nachweis eines Strahlungsteilchens registriert wird, wurden willkürliche Einheiten verwendet.

Im sogenannten **Auslösebereich IV** ist die Ladung von der Primärionisation unabhängig und bleibt bei zunehmender Spannung nahezu konstant. Die primär erzeugten Elektronen erzeugen weitere Ladungen durch Stoßionisation und regen Atome zur Emission von Photonen an, die wiederum über den lichtelektrischen Effekt Elektronen auslösen können. So breitet sich eine in irgendeinem Punkt des Zählrohrs begonnene Entladung schnell am gesamten Draht entlang aus. Im Auslösebereich sind alle von einem

Strahlungsteilchen oder Lichtquant ausgelösten Entladungen gleich: die Spannungsimpulse haben stets gleiche Größe.

Ein im **Auslösebereich** betriebenes Zählrohr registriert die Anzahl der einfallenden Strahlungsteilchen oder Quanten – unabhängig von ihrer Energie – und wirkt (somit) im eigentlichen Sinne als Zählrohr.

Begrenzt wird das Zählvermögen durch die Zeitspanne, in der das Zählrohr wegen des Entladungsvorganges unempfindlich ist: Die bei der Ionisation erzeugten Elektronen wandern zur Anode, während die positiven Ionen mit ihrer wesentlich geringeren Beweglichkeit eine positive Raumladung um den Draht bilden. Dadurch wird die Feldstärke so weit herabgesetzt, daß keine weitere Stoßionisation mehr möglich ist. In der Zeit, die die positiven Ionen für ihre Wanderung zur Kathode brauchen, können weitere ionisierende Teilchen nicht registriert werden. Dieses Zeitintervall wird als **Totzeit** bezeichnet; sie liegt bei normalen Zählrohren in der Größenordnung von 10^{-4} s. Das Erlöschen der Gasentladung erreicht man durch Zusatz eines Löschgases, z. B. Alkoholdampf, das den positiven Ionen die Energie zur Sekundärelektronenbildung an der Kathode entzieht, oder durch Verwendung eines hochohmigen Widerstandes, an dem bei Einsetzen der Entladung ein Teil der Zählrohrspannung abfällt (*Abb. 12–3*).
Eine weitere Spannungserhöhung im Bereich V führt zur Dauerentladung und Zerstörung des Zählrohres.

Versuch 12/3: Ein nach *Abb. 12–3* geschaltetes Zählrohr mit einem Glimmerfenster wird an einen Verstärker mit Lautsprecher angeschlossen. Dem Zählrohr nähert man langsam ein radioaktives Präparat.
Beobachtung: Aus dem Lautsprecher ertönen in unregelmäßiger Folge knackende Geräusche. Bei kleinerem Abstand zwischen Präparat und Zählrohr gehen die getrennt wahrnehmbaren Knackgeräusche in ein Prasseln über, das sich bis zu einem Rauschen steigern kann.
Deutung: Die einzelnen Knackgeräusche werden durch Entladungen des im Auslösebereich betriebenen Zählrohrs hervorgerufen. Die Unregelmäßigkeit der Geräusche deutet darauf hin, daß die vom Präparat emittierte Strahlung aus einzelnen voneinander unabhängigen Elementarvorgängen besteht. Bei kleinem Abstand erhöht sich die Zahl der Entladungen aufgrund einer größeren Intensität der Strahlung.

Versuch 12/4: Zur genauen Untersuchung der Strahlung wird das Zählrohr an ein elektronisches Zählgerät angeschlossen. Bei unveränderten Bedingungen wird der Zähler mehrere Male für gleich lange Zeiten in Betrieb gesetzt. Der Zähler zählt jeweils die Entladungen, also die Zahl der Impulse, in diesem Zeitintervall.
Beobachtung: Die Anzahl der in jeweils 10 s gemessenen Impulse ist nicht konstant, sie schwankt um einen Mittelwert $\bar{n} = 153{,}6$ (*Tab. 12–1*).

Mit der Zählerapparatur wird eine bestimmte Anzahl voneinander unabhängiger Ereignisse in einem Zeitintervall registriert. Dabei treten statistische Schwankungen auf; die **Impulsraten,** d. h. die Zahlen der Impulse in einem Zeitintervall, streuen um einen Mittelwert. Wenn im folgenden von der Impulsrate die Rede ist, so ist stets der Mittelwert gemeint.

Zur genaueren Bestimmung der Impulsrate wird man eine große Zahl von Einzelraten messen. Die Güte der Impulsrate charakterisiert man durch ihren mittleren Fehler Δn, der sich definitionsgemäß (→ *1.1.9*) aus den k gemessenen Einzelraten n_i ($i = 1, 2, \ldots, k$) zu

$$\Delta n = \sqrt{\frac{1}{k-1}\sum_{i=1}^{k}(n_i - \bar{n})^2} \text{ mit } \bar{n} = \frac{1}{k}\sum_{i=1}^{k} n_i$$

ergibt.
Zwischen Impulsrate $\bar{n}$ und ihrem mittleren Fehler Δn läßt sich (unter den vorliegenden Bedingungen des radioaktiven Zerfalls) der Zusammenhang $\Delta n \approx \sqrt{\bar{n}}$ nachweisen, der um so genauer gilt, je größer die Zahl k der Einzelraten ist. Damit hängt in diesem Fall der relative Fehler nur von der Impulsrate (dem Mittelwert $\bar{n}$) ab:
$\frac{\Delta n}{\bar{n}} \approx \frac{\sqrt{\bar{n}}}{\bar{n}} = \frac{1}{\sqrt{\bar{n}}}$. Da man immer bestrebt ist, ihn möglichst klein zu halten, wird man die Messungen so durchführen, daß die Einzelraten n_i und damit auch ihr Mittelwert $\bar{n}$ groß sind. Ist z. B. $\bar{n} = 100$, so ist $\Delta n \approx 10$ und der relative Fehler $\frac{\Delta n}{\bar{n}} \approx 0{,}1$; hat man jedoch einen Mittelwert $\bar{n} = 10\,000$, so ist $\Delta n \approx 100$, und der relative Fehler ist $\frac{\Delta n}{\bar{n}} \approx 0{,}01$.

Versuch 12/5: Der Zähler mit dem angeschlossenen Zählrohr wird wie im vorangegangenen Versuch mehrere Male in Betrieb gesetzt, diesmal jedoch, nachdem das radioaktive Präparat entfernt worden ist.
Beobachtung: Auch jetzt wird eine Impulsrate von ca. 20 min^{-1} angezeigt.
Erklärung: Diese als **Null-Effekt** bezeichnete Impulsrate wird durch die stets vorhandene Untergrundstrahlung hervorgerufen. Sie besteht zum Teil aus der → **Höhenstrahlung,** zum anderen aus einer **Umgebungsstrahlung,** die z. B. aus dem Erdboden

Nr. der Messung	Anzahl der Impulse in 10 s
1	171
2	154
3	145
4	161
5	151
6	132
7	168
8	162
9	163
10	129

Tab. 12–1: Statistische Schwankung der Impulsrate in einem bestimmten Zeitintervall.
Der Mittelwert ist $\bar{n} = 153{,}6\ (10\ \text{s})^{-1}$.

oder aus den Baumaterialien stammt. Der Null-Effekt ist bei Messungen zu berücksichtigen; sein Wert ist von der verwendeten Zählapparatur abhängig. Durch eine Abschirmung des Zählrohres mit einem dicken Bleimantel kann man den Nulleffekt nahezu zum Verschwinden bringen.

Aufgaben

*** 12/1:** Aus welchem Grunde ist der axiale Draht eines Zählrohres im allgemeinen mit dem Pluspol der Spannungsquelle verbunden? Berücksichtigen Sie bei Ihrer Überlegung die Form des Feldes und die Bedeutung der Elektronen.

*** 12/2:**

a) Erklären Sie das Zustandekommen der Totzeit eines Zählrohres. Die Totzeit beginnt im Augenblick des Anstiegs eines Spannungsimpulses, der durch die von einem Teilchen erzeugten Ladungen entsteht, und endet, wenn nahezu alle Ladungen abgeflossen sind.

b) Die Totzeit einer Zählapparatur betrage 10^{-4} s. Die angezeigte Impulsrate sei 1200 s^{-1}. Wieviel Impulse werden nicht angezeigt?

12.1.2 Strahlungsarten

Die Strahlung eines Radiumpräparats soll in weiteren Experimenten genauer untersucht werden.

Versuch 12/6: Das Präparat befindet sich in einer Ionisationskammer, deren oberer Teil verschiebbar ist. Bei konstanter Spannung wird der Ionisationsstrom für verschiedene Abstände *d* zwischen Präparat und Deckel gemessen.

Beobachtung: Die Stromstärke nimmt mit wachsendem Abstand zunächst zu und bleibt ab einem bestimmten Wert für *d* nahezu konstant (*Abb. 12–5*).

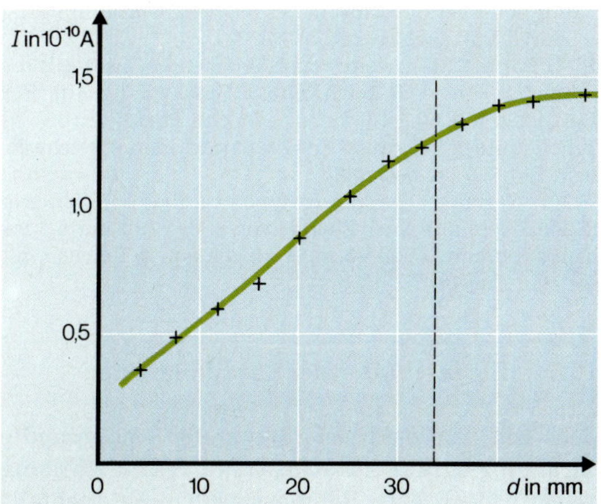

Abb. 12–5: Abhängigkeit des Ionisationsstroms vom freien Weg der α-Strahlen.

Deutung: Bei konstanter Spannung hängt die Stromstärke von der Zahl der im Zeitintervall erzeugten Ionen ab. Offenbar nimmt diese bei wachsendem Abstand zwischen Präparat und Kammerdeckel zu. Die Strahlung erzeugt entlang des von ihr zurückgelegten Weges Ionen. Je größer der Weg ist, um so mehr Ionen werden erzeugt. Wenn schließlich eine Vergrößerung des Abstandes zwischen Präparat und Deckel die Stromstärke nicht weiter erhöht, so bedeutet das, daß keine weiteren Ionen erzeugt werden.

Diese Erklärung bestätigt ein Experiment mit der → Nebelkammer. Die **Wilsonsche Expansions-Nebelkammer** enthält mit Wasser- und Alkoholdampf gesättigte Luft. Durch plötzliche → adiabatische Expansion wird die Temperatur erniedrigt, so daß bei Anwesenheit von Kondensationskeimen eine Tröpfchenbildung eintritt (*Abb. 12–6*).

Versuch 12/7: In eine Nebelkammer wird ein Radiumpräparat gebracht. Nachdem durch ein elektrisches Feld alle Ionen, die als Kondensationskeime dienen könnten, aus dem Raum entfernt sind, erfolgt die Expansion.

Beobachtung: Vor dem dunklen Kammerboden sieht man ein Bündel von geraden Nebelspuren, die vom Präparat ausgehen (*Abb. 12–7*).

Deutung: Von dem Präparat werden Teilchen ausgesandt, die entlang ihres Weges Ionen bilden. Diese Ionen sind die Kondensationskeime. Die Teilchen haben in Luft offenbar nur eine begrenzte Reichweite, die ungefähr zwischen 4 cm und 7 cm liegt. Da die Teilchen bei der Ionisation der Gasmoleküle Energie abgeben, besitzen sie offenbar eine bestimmte kinetische Energie. Diese in der Nebelkammer beobachtete Strahlung heißt **α-Strahlung.**

Wiederholt man den Versuch, nachdem man vor dem Präparat ein Stückchen Papier aufgebaut hat, so erkennt man, daß das Papier die α-Strahlung absorbiert.

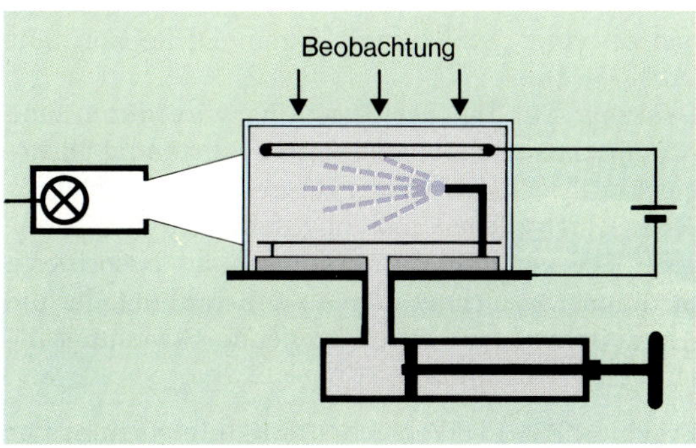

Abb. 12–6: Schematische Darstellung des Aufbaus einer Wilsonschen Nebelkammer.

Abb. 12–7: Nebelspuren der Strahlung eines Radium-Präparats in einer Wilsonschen Nebelkammer.

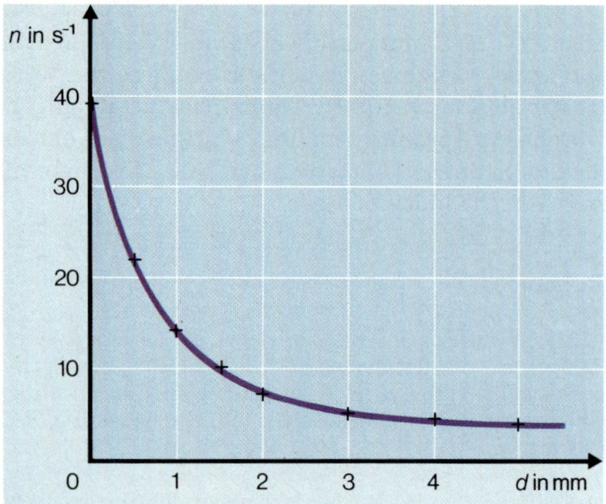

Abb. 12–8: Absorption der Strahlung eines Radium-Präparats durch Aluminium. Intensität (Impulsrate) in Abhängigkeit von der Schichtdicke.

Der *Versuch 12/3* mit dem Zählrohr hat gezeigt, daß bei einem Abstand zwischen Radiumpräparat und Zählrohr, der größer ist als 10 cm, noch Strahlung nachgewiesen wird, deren Reichweite größer ist als die der α-Strahlung. Dieser Anteil der Strahlung des Radiumpräparats soll jetzt untersucht werden.

Versuch 12/8: Mit einem Zählrohr wird die Strahlung eines Radiumpräparats registriert, dessen Abstand vom Zählrohr größer ist als die Reichweite der α-Strahlung in Luft. Zwischen Präparat und Zählrohr werden nacheinander Aluminiumplatten gebracht und so die Dicke der Aluminiumschicht laufend verändert. Bei jeder Schichtdicke wird die Impulsrate bestimmt.

Beobachtung: Die Impulsraten nehmen mit zunehmender Schichtdicke zunächst schnell ab und bleiben ab einer Schicht mit 3 mm Dicke konstant (*Abb. 12–8*).

Deutung: Ein Teil der Strahlung wird durch eine Aluminiumschicht von ca. 3 mm vollständig absorbiert, während ein weiterer Anteil auch durch größere Schichtdicken fast ungeschwächt hindurchgeht. Die von der Aluminiumschicht absorbierte Strahlung bezeichnet man als **β-Strahlung,** der die Aluminiumschicht durchdringende Strahlungsanteil heißt **γ-Strahlung.**

Ergebnis: Aus den Versuchen zur Untersuchung der Reichweite und der Absorption hat sich ergeben, daß die Strahlung eines Radiumpräparats aus drei verschiedenen Komponenten besteht:
1. Die α-Strahlung wird von einer wenige Zentimeter dicken Luftschicht oder einem Blatt Papier absorbiert.
2. Die β-Strahlung hat in Luft eine wesentlich größere Reichweite, sie wird jedoch von einer ca. 3 mm dicken Aluminiumschicht absorbiert.
3. Die γ-Strahlung durchdringt auch größere Aluminiumschichten fast ungeschwächt.

Aufgaben

12/3: Bei der vollständigen Abbremsung von α-Teilchen in Luft wird je 35 eV ein Ionenpaar erzeugt, obwohl die zur Ionisation erforderliche Energie nur ca. 15 eV beträgt.
a) Welche Energie haben α-Teilchen, die bei einer spezifischen Ionisation von 2000 Ionenpaaren/mm eine Reichweite von 6,8 cm besitzen?
b) Welche anderen Prozesse außer der Ionisation können für den Energieverlust der α-Teilchen beim Durchgang durch Luft verantwortlich sein?

12/4: Für die Reichweite von α-Teilchen in Gasen gilt die Formel $R = a\,v^3$ (R Reichweite, v Geschwindigkeit). Für Luft ist $a = 9{,}67 \cdot 10^{-24}\,s^3/m^2$. Welche Energie haben α-Teilchen eines Polonium-210-Präparates, deren Reichweite in Luft 3,7 cm beträgt?

***12/5:** Warum ist die spezifische Ionisation für β-Teilchen (Elektronen) mit einer Energie von 8 MeV mit nur 6,5 Ionenpaare/mm so viel geringer als die von α-Teilchen mit gleicher Energie?

12.1.3 Eigenschaften der Strahlungsarten

Die von radioaktiven Präparaten ausgesandte Strahlung wirkt stark ionisierend. Solche Wirkung zeigen jedoch auch Röntgenstrahlen, die ebenfalls mit Zählrohren nachweisbar sind, sowie schnelle

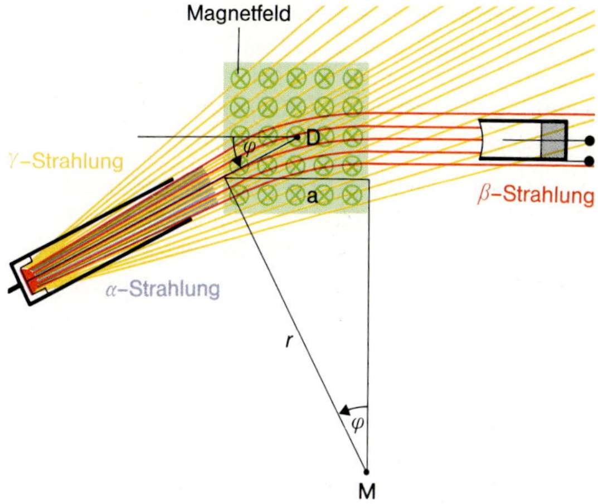

Abb. 12–9: Ablenkung radioaktiver Strahlen in einem Magnetfeld.
Das Radium-Präparat befindet sich in einem Kollimatorrohr, das zur Erzeugung eines schwach divergenten Bündels von β-Strahlung dient. Die γ-Strahlung wird nicht gebündelt, da sie die Rohrwände durchdringt. Das Kollimatorrohr ist um eine Achse durch die Mitte der Polschuhe, parallel zu den magnetischen Feldlinien, schwenkbar, so daß die Strahlung senkrecht zu den Feldlinien verläuft.

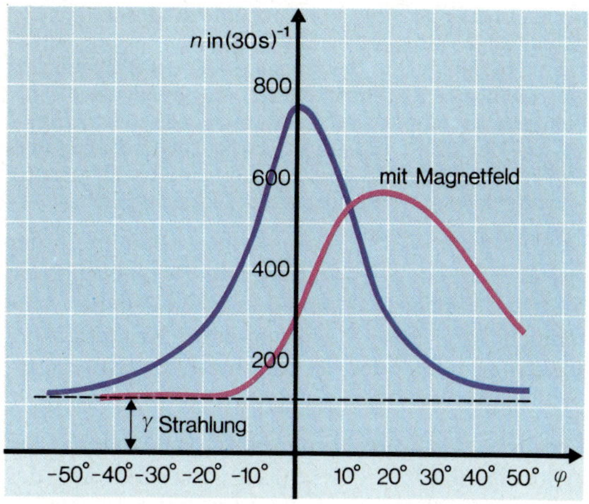

Abb. 12–10: Intensität der Strahlung (Impulsrate) in Abhängigkeit vom Winkel ohne und mit Magnetfeld.
Der durch das Magnetfeld abgelenkten Strahlung ist die nicht ablenkbare γ-Strahlung überlagert.

Elektronen und Ionen. Es muß also untersucht werden, welche Eigenschaften die drei Anteile der radioaktiven Strahlung besitzen. Wenn die Strahlung aus geladenen Teilchen besteht, so wird sie in einem elektrischen oder magnetischen Feld abgelenkt. Da die α-Strahlung in Luft nur eine geringe Reichweite hat, soll zunächst die β- und γ-Strahlung untersucht werden.

Versuch 12/9: Die β- und γ-Strahlung eines Radiumpräparats wird mit Hilfe eines Magnetfeldes untersucht (*Abb. 12–9*). Wegen ihrer geringen Reichweite erreicht die α-Strahlung das Zählrohr nicht. Zunächst werden ohne Magnetfeld die Impulsraten für verschiedene Winkel φ, die die Achsen des Zählrohrs und des Kollimatorrohrs miteinander bilden, gemessen. Anschließend werden die Messungen bei eingeschaltetem Magnetfeld wiederholt.
Beobachtung: Ohne Magnetfeld ist die Intensität der Strahlung in Richtung der Achse des Kollimatorrohres am größten. Bei eingeschaltetem Magnetfeld ist das Maximum der Intensität zu positiven Winkeln hin verschoben (*Abb. 12–10*). Das Maximum ist bei eingeschaltetem Magnetfeld kleiner, dafür ist die Kurve breiter auseinander gezogen.
Deutung: Offenbar wird die Strahlung zum Teil im Magnetfeld abgelenkt. Ein Teil der Strahlung muß also Ladung tragen. Wiederholt man die Messung, nachdem man die β-Strahlung durch eine Aluminiumplatte abgeschirmt hat, so erhält man unabhängig vom Winkel konstante Impulsraten, die so groß sind wie die Impulsraten für große Winkel bei nicht abgeschirmter β-Strahlung. Die Intensitätsmaxima werden also durch die β-Strahlung verursacht, die aus geladenen Teilchen bestehen muß.

Auf bewegte geladene Teilchen wirkt im Magnetfeld die Lorentz-Kraft $\vec{F} = Q\,\vec{v} \times \vec{B}$. Aus der Richtung der Ablenkung und der Richtung des Magnetfeldes ergibt sich, daß die Teilchen negative Ladung tragen. Die naheliegende Vermutung, daß es sich bei der β-Strahlung um Elektronen handelt, kann durch die Bestimmung der spezifischen Ladung in einem anderen geeigneten Versuchsaufbau bestätigt werden.
Die Verbreiterung des Maximums erklärt man folgendermaßen: In einem Magnetfeld werden Elektronen, deren Geschwindigkeit senkrecht zur Feldrichtung steht, auf Kreisbahnen abgelenkt (→ *6.1.5*).
Für die Radien der Kreisbahnen gilt $r = \frac{m\ v}{e\ B}$; der Radius ist also um so kleiner, je kleiner die Geschwindigkeit ist. Das kleinere Maximum und die Verbreiterung der Kurve (*Abb. 12–10*) sind darauf zurückzuführen, daß die vom Radiumpräparat emittierten Elekronen nicht alle dieselbe Geschwindigkeit haben. Langsamere Elektronen werden stärker abgelenkt als schnellere, was zur Kurvenverbreiterung führt.

Ergebnis: Die β-Strahlung besteht aus Elektronen, die keine einheitliche Geschwindigkeit und damit auch keine einheitliche Energie, sondern ein kontinuierliches Energiespektrum besitzen. Beim natürlichen radioaktiven Zerfall werden β-Teilchen mit Energien bis zu 3 MeV ausgesandt.

Für die in *Versuch 12/9* abgelenkten Elektronen kann man die Geschwindigkeit bestimmen: Aus dem Winkel φ und der Breite des Polschuhs berechnet man den Radius r z. B.

für die Elektronen, die zum Maximum der Intensitätsverteilung abgelenkt werden. Die spezifische Ladung ist bekannt, die Flußdichte B wird gemessen. Die Rechnung ergibt dann eine Geschwindigkeit, die größer ist als die Lichtgeschwindigkeit, was im Widerspruch zu der Grundaussage der Relativitätstheorie steht. Die Rechnung muß also relativistisch durchgeführt werden und die Massenveränderlichkeit der Elektronen berücksichtigen.

Der *Versuch 12/9* zeigte keine Ablenkung der durchdringenden γ-Strahlung im Magnetfeld, sie besteht offenbar nicht aus geladenen Teilchen. Untersuchungen der γ-Strahlung durch Kristallgitterspektrographen oder der durch γ-Quanten erzeugten Elektronen liefern folgende Ergebnisse:

Ergebnis: Die γ-Strahlung ist eine sehr kurzwellige elektromagnetische Strahlung von der Art der Röntgenstrahlung mit Wellenlängen von 10^{-10} m bis 10^{-13} m, denen Energiequanten der Größe 10^4 eV bis 10^7 eV entsprechen. Sie breitet sich mit Lichtgeschwindigkeit aus.

Wegen ihrer kurzen Reichweite in Luft untersucht man α-Strahlung im Vakuum. Ihre in der Nebelkammer gezeigte Fähigkeit zu ionisieren, deutet darauf hin, daß die α-Strahlung ebenfalls aus geladenen Teilchen besteht.

Versuch 12/10: Eine evakuierbare Kammer mit drei Spaltblenden wird zwischen die Polschuhe eines Elektromagneten gebracht. Die mittlere Spaltblende ist gegenüber den beiden anderen ein wenig versetzt (*Abb. 12–11*), so daß die drei Blenden auf einem Kreis mit einem Radius von ca. 1 m liegen. Die von einem Americiumpräparat ausgehende α-Strahlung wird mit einem Fensterzählrohr bei verschiedenen magnetischen Flußdichten registriert.
Beobachtung: Die Impulsraten ändern sich in Abhängigkeit von der Flußdichte B und haben bei einem bestimmten Wert ein Maximum (*Abb. 12–12*).
Deutung: Die α-Strahlen werden im Magnetfeld durch die Lorentzkraft $\vec{F} = Q\ \vec{v} \times \vec{B}$ abgelenkt. Aus den Richtungen von Kraft, Geschwindigkeit und Flußdichte folgt, daß die α-Strahlen positive Ladung tragen. Die Impulsrate hat ein Maximum, wenn sich sehr viele Teilchen auf Bahnen durch die drei Spalte bewegen. Stehen Geschwindigkeit und Flußdichte senkrecht zueinander, so bewegen sich geladene Teilchen auf Kreisbahnen mit den Radien

$$r = \frac{m\ v}{Q\ B} \qquad (\rightarrow 6.1.5).$$

Bei gleicher Geschwindigkeit und gleicher spezifischer Ladung Q/m bewegen sich alle Teilchen auf Bahnen mit gleichem Radius.
Die recht breite Kurve in *Abb. 12–12* entsteht dadurch, daß die α-Teilchen von dem Präparat in unterschiedliche Richtungen emittiert werden. Zum anderen haben die α-Teilchen auch unterschiedliche Geschwindigkeiten, da ihre Wege aus dem Präparat heraus verschieden lang sind und sie vor dem Verlassen des Präparats unterschiedliche Energiebeträge verlieren. Das Maximum bei einer Flußdichte $B = 0{,}27$ T wird von den α-Strahlen gebildet, die sich auf der Kreisbahn mit $r = 1{,}05$ m bewegen.

Mit Hilfe der Meßwerte für den Bahnradius und die Flußdichte aus *Versuch 12/10* kann die spezifische Ladung der α-Strahlen berechnet werden, wenn deren Geschwindigkeit bekannt ist. Zur Messung der Geschwindigkeit schießt man die α-Strahlen senkrecht zu den Feldlinien in zwei gekreuzte elektrische und magnetische Felder:

Versuch 12/11: Ein Plattenkondensator aus unmagnetischem Material wird zwischen die Polschuhe eines Elektromagneten gebracht. Bei eingeschaltetem elektrischen Feld wird die Abhängigkeit der Impulsrate von der Flußdichte gemessen.
Beobachtung: Für einen bestimmten Wert der Flußdichte hat die Impulsrate ein Maximum.

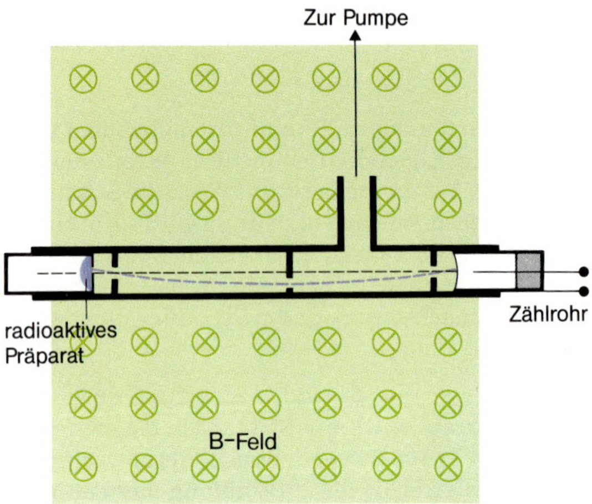

Abb. 12–11: Untersuchung der α-Strahlung eines Americium-Präparats in einem Magnetfeld. Die Untersuchung findet in einer evakuierten Kammer statt.

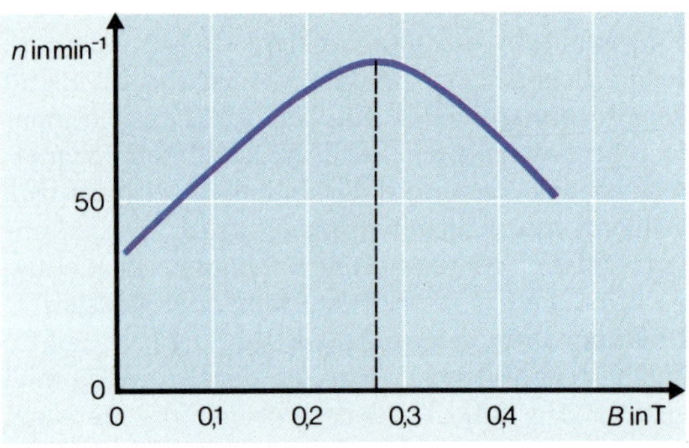

Abb. 12–12: Impulsrate in Abhängigkeit von der Flußdichte B für α-Teilchen in einem Magnetfeld. Die Bahn der α-Teilchen ist durch drei gegeneinander versetzte Spalte (*Abb. 12–11*) festgelegt.

Auswertung: Das Maximum entsteht, wenn die α-Strahlen den Kondensator unabgelenkt durchlaufen. Dann sind die entgegengesetzt wirkenden Kräfte durch das elektrische und magnetische Feld gleich groß: $Q\,E = Q\,v\,B$. Hieraus ergibt sich die Geschwindigkeit der Teilchen zu $v = E/B$. Für die α-Strahlung des Americiumpräparats erhält man z. B. $v = 1{,}5 \cdot 10^7$ m/s. Mit den Meßwerten aus *Versuch 12/10:* $r = 1{,}05$ m und $B = 0{,}27$ T ergibt sich $(Q/m)_\alpha = \frac{v}{rB} = 5{,}3 \cdot 10^7$ As/kg.
Der genaue Wert für die spezifische Ladung der α-Strahlen ist $(Q/m)_\alpha = 4{,}8 \cdot 10^7$ As/kg. Die absolute Messung der Ladung der α-Strahlen, zuerst von RUTHERFORD und GEIGER durchgeführt, ergibt einen Wert von $Q_\alpha = 3{,}2 \cdot 10^{-19}$ As $= 2\,e$, also den zweifachen Wert der Elementarladung. Aus diesen beiden Werten ergibt sich die Masse der α-Teilchen zu $m_\alpha = 6{,}64 \cdot 10^{-27}$ kg; gemessen in der atomaren Masseneinheit u $= 1{,}66 \cdot 10^{-27}$ kg ist die Masse der α-Teilchen $m = 4$ u genau so groß wie die Masse von Heliumatomen. Der experimentelle Beweis, daß es sich bei α-Teilchen um doppelt positiv geladene Heliumatome handelt, gelang RUTHERFORD durch die Beobachtung des Emissionsspektrums von eingefangenen α-Teilchen.

Ergebnis: Die α-Strahlung besteht aus zweifach positiv geladenen Heliumkernen mit Energien zwischen 2 und 10,5 MeV.

Aufgaben

U412/6: Bei der Untersuchung der β-Strahlung eines Radiumpräparats in einem Magnetfeld der Flußdichte $B = 2{,}25 \cdot 10^{-2}$ T ergibt sich eine Verschiebung des Maximums der Impulsrate um 20°. Die unter diesem Winkel registrierten β-Teilchen bewegen sich auf einer Kreisbahn mit dem Radius $r = 11{,}7$ cm.
Berechnen Sie unter Berücksichtigung der relativistischen Massenveränderlichkeit die Geschwindigkeit der β-Teilchen.

12/7: Indem man die β-Teilchen eines radioaktiven Präparates einen schmalen Spalt durchlaufen läßt, in dem ein elektrisches Feld und ein dazu senkrechtes magnetisches Feld bestehen, kann man β-Teilchen einer bestimmten Geschwindigkeit ausfiltern.
Zur Erzeugung des elektrischen Feldes wird eine Spannung von $U = 2{,}8$ kV an zwei Platten mit einem Abstand von $d = 0{,}9$ mm gelegt. Senkrecht zum elektrischen Feld besteht ein Magnetfeld von $B = 0{,}011$ T.
Welchen Radius hat eine Kreisbahn, auf der sich die ausgefilterten β-Teilchen in einem weiteren Magnetfeld mit der Flußdichte $B = 0{,}036$ T bewegen? Bei der Rechnung ist die relativistische Massenveränderlichkeit zu berücksichtigen.

12.1.4 Strahlungsdetektoren

Um bessere Informationen über Atomkerne und deren Veränderungen zu bekommen, benötigt man Nachweisgeräte, mit deren Hilfe die Strahlung eingehender untersucht werden kann. Aus der Vielzahl der Teilchendetektoren beschreiben wir den **Szintillationszähler** und den **Halbleiterdetektor.**

Der Szintillationszähler

Der erste Szintillationszähler, Spinthariskop genannt, bestand aus einem Zinksulfid-Schirm und einem Mikroskop. Treffen α-Teilchen auf den ZnS-Schirm, so beobachtet man Lichtblitze. Mit einem solchen Spinthariskop untersuchte RUTHERFORD die Streuung von α-Teilchen an Atomkernen. Da das Auge langsam und unzuverlässig ist, wurde das Spinthariskop bald nicht mehr benutzt und erst

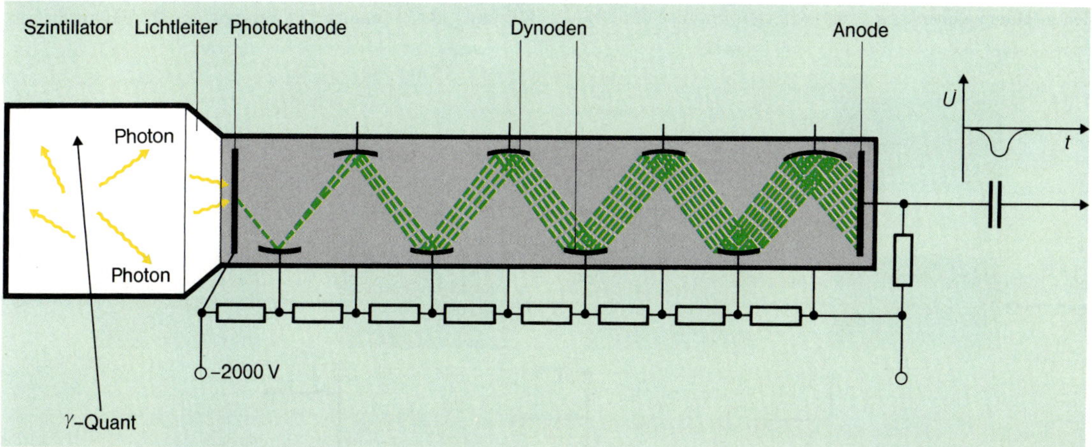

Abb. 12–13: Szintillationszähler. Szintillatoren sind entweder anorganische Ionenkristalle (NaJ) oder organische Szintillatoren (Plastik). Durch die hohe Dichte der Szintillatoren können Teilchen hoher Energie und schwacher Ionisationswirkung ganz im Szintillator gebremst werden. Die Intensität des dabei entstehenden Lichtblitzes ist eine Funktion der Energie. Die Photokathode des Multipliers besteht aus Mischoxiden (SbCsO), aus denen leicht Photoelektronen ausgelöst werden, auf einer durchsichtigen Metallschicht. Die 8 bis 14 Dynoden dienen der Verstärkung des Elektronenstroms durch Emission von Sekundärelektronen.

wieder verwendet, als es möglich wurde, die Lichtblitze mit Hilfe eines Photomultipliers (Sekundärelektronenvervielfacher) elektronisch zu verarbeiten.

Den grundlegenden Aufbau eines modernen Szintillationszählers zeigt *Abb. 12–13*. Ein Teilchen, das durch den Szintillator geht, verliert seine Energie, indem es in dem Kristall Elektronen in energetisch höhere Energiezustände hebt. Diese Anregungen werden durch Emission von Photonen wieder abgebaut. Ein Teil der Photonen gelangt durch einen Lichtleiter auf die Photokathode des Photomultipliers und löst dort Elektronen aus. Diese Elektronen werden in einer Kette von Elektroden, den sogenannten Dynoden, beschleunigt, so daß ein Elektron auf jeder Dynode zwei bis fünf weitere Elektronen auslöst. So erreicht man Gesamtverstärkungen bis zu 10^9. Eine geringe Anzahl Photonen erzeugt also am Ausgang des Multipliers einen meßbaren Impuls. Die Höhe des Impulses ist proportional zur Energie, die das einfallende Teilchen im Szintillator abgegeben hat. Man verwendet im allgemeinen Natriumjodidkristalle, die mit Thallium dotiert sind (NaJ(Tl)). Die Thalliumatome dienen als Leuchtzentren.

Die Spannungsimpulse werden durch eine Zählerelektronik verarbeitet, die für einen einfachen Fall in *Abb. 12–14* schematisch dargestellt ist. Der zur Energie des registrierten Teilchens proportionale Ausgangsimpuls des Multipliers wird im Analogteil der Elektronik verstärkt und geformt. Die Höhe des Ausgangsimpulses ist proportional zur Höhe des Eingangsimpulses. Im nachfolgenden Analog-Digital-Wandler wird die Information in digitale Form gebracht, d. h., dem Impuls bestimmter Größe wird eine digitale Zahl mit 8 Bits zugeordnet. Im einfachsten Fall werden nur Impulse registriert, deren Spannungswerte zwischen U und $U + \Delta U$ liegen. Liegt der Eingangsimpuls außerhalb dieses Fensters, so erscheint am Ausgang des Analog-Digital-Wandlers kein Impuls. Die Impulse können dann gezählt werden oder nach Umwandlung in eine zur Anzahl proportionale Spannung angezeigt werden. So ist es möglich, ein Energiespektrum der γ-Strahlung eines radioaktiven Präparates aufzunehmen.

Abb. 12–15 zeigt ein Spektrum, das man durch die monoenergetische γ-Strahlung eines Americium-241-Präparats erhält. Die nach rechts abgetragene Energie ist der Höhe der registrierten Primärimpulse proportional, die Anzahl der in einem Zeitintervall registrierten Impulse einer bestimmten Höhe entspricht der Intensität. Man erkennt ein relativ scharfes Maximum, den sogenannten Photopeak, der dadurch zustande kommt, daß das γ-Quant in einem einzigen Prozeß, dem Photoeffekt, seine gesamte Energie an ein Elektron abgibt. Das Elektron erzeugt dann im Kristall die Anregungen und bei deren Abbau die als Lichtblitz registrierten Photonen.

Außer dem Photopeak wird offenbar noch Strahlung geringerer Energie registriert. Hierfür ist der im Kristall stattfindende Compton-Effekt verantwortlich. Das γ-Quant gibt einen Teil seiner Energie an ein Elektron ab. Der Betrag der abgegebenen Energie hängt vom Streuwinkel ab und hat seinen höchsten Wert für eine Rückwärtsstreuung des γ-Quants. Die Energie der an diesem Prozeß

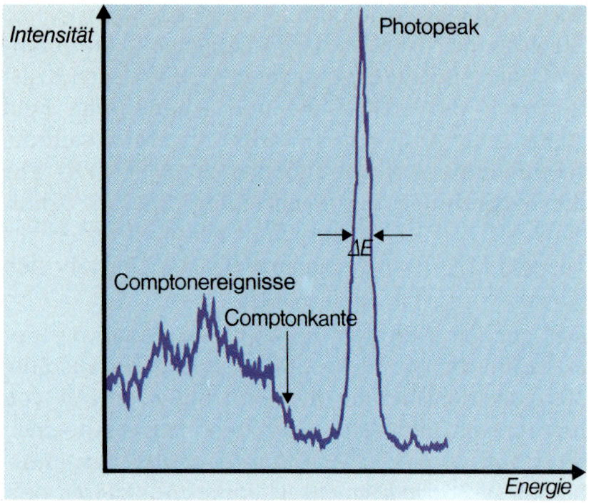

Abb. 12–15: Spektrum einer monoenergetischen γ-Strahlung.
Die Energie der Strahlung ist der Impulshöhe proportional, die Intensität entspricht der Anzahl der registrierten Ereignisse. Aufgrund des Compton-Effekts im Szintillator und der statistischen Prozesse im Szintillator und Multiplier ergibt sich nicht eine scharfe Linie bei einer bestimmten Energie.

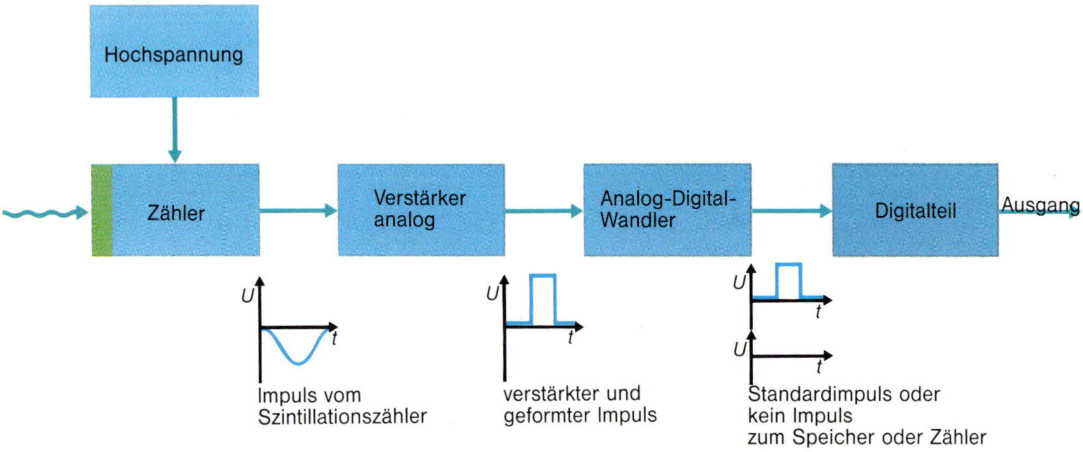

Abb. 12–14: Schematische Darstellung einer Zählerelektronik. Im Digitalteil werden die Standardimpulse verarbeitet, z. B. gezählt, und nach einer Digital-Analog-Umwandlung mit einem xy-Schreiber oder einem Oszilloskop registriert.

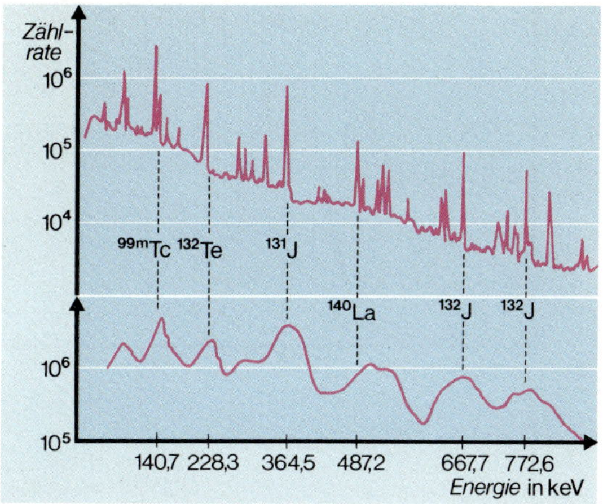

Abb. 12–16: Kompliziertes γ-Spektrum von schweren Spaltprodukten mit einem Germaniumdetektor aufgenommen (obere Kurve) und mit einem Szintillationszähler (untere Kurve).

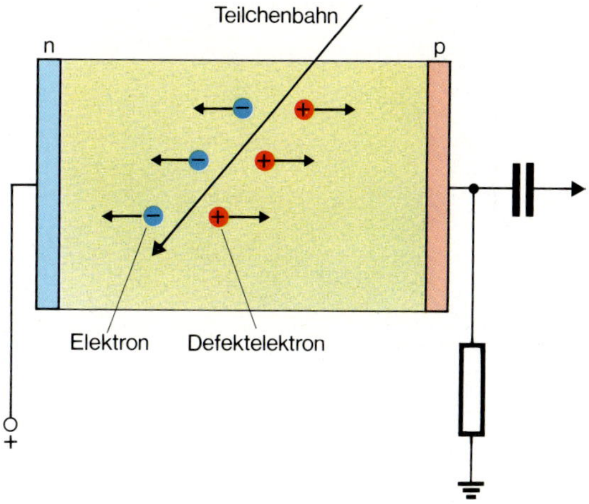

Abb. 12–17: Prinzipieller Aufbau eines PN-Halbleiterdetektors.
Die Strahlung wird durch die Erzeugung von Ladungen in der an Ladungsträgern völlig verarmten Sperrschicht registriert. Die Dicke der Sperrschicht ist auch beim Anlegen größerer Spannungen nur gering. Große Sperrschichtdiken erhält man z. B., indem man in N-leitendes, mit Bor dotiertes Germanium Lithium eindiffundieren läßt, so daß die Donatorstörstellen des Bors gerade kompensiert werden. Oberflächensperrschichten erhält man durch Aufdampfen einer dünnen Metallschicht auf N-leitendes Material. Direkt unter der Metallschicht bildet sich eine ladungsträgerfreie Zone aus.

beteiligten Elektronen wird wie oben als ein Lichtblitz bestimmter Intensität registriert. So entsteht die **Compton-Kante** im Spektrum. Ferner wird Strahlung mit einer Energie registriert, die kleiner ist als die Energie der Compton-Kante.
Eine ergänzende Bemerkung soll noch zur Verarbeitung der Impulse am Eingang des Analog-Digital-Wandlers gemacht werden: Wenn man nur die Impulse registriert, deren Spannungen in dem Intervall $[U, U + \Delta U]$ liegen, so verschwendet man Informationen. Dies vermeidet man, wenn man alle Impulse digitalisiert und sie in einem Speicher registriert, indem man ihnen einen Speicherplatz zuordnet, der der Impulshöhe entspricht. Für jeden Impuls aus einem Spannungsintervall erhöht sich dann der Inhalt des dem Intervall zugeordneten Speicherplatzes um 1.
Der Photopeak des Szintillationsspektrums hat in halber Höhe eine Breite ΔE. Diese Breite kommt durch statistische Schwankungen beim Prozeß der Registrierung der Strahlung zustande: Das γ-Quant erzeugt ein Photoelektron, das eine Anzahl von Lichtquanten hervorruft. Von denen trifft ein Teil auf die Photokathode und löst dort mit einer gewissen Wahrscheinlichkeit Elektronen aus. Eine weitere Verbreiterung des Photopeaks rührt von der Verstärkung im Multiplier her. Es gibt nun γ-Spektren, in denen die Energiewerte so dicht zusammenliegen, daß sie von einem Szintillationszähler nicht mehr getrennt werden können. Eine wesentlich bessere Energieauflösung als der Szintillationszähler besitzt ein Halbleiterdetektor.

Szintillationszähler sind besonders geeignet zur Spektrometrie von γ-Strahlung.

Der Halbleiterdetektor

Abb. 12–16 zeigt ein γ-Spektrum, einmal aufgenommen mit einem Germaniumdetektor und darunter aufgenommen mit einem Szintillationszähler. Das erheblich bessere Energieauflösungsvermögen kommt durch die völlig andere Methode der Registrierung der von einem Strahlungsteilchen im Halbleiter erzeugten Ladungen zustande. Zur Erzeugung eines Ladungspaars Elektron-Defektelektron werden bei Germanium ca. 2,9 eV und bei Silicium ca. 3,5 eV benötigt. Die Ladungspaare werden in der verarmten Sperrschicht erzeugt und fließen im elektrischen Feld zu den Elektroden ab (*Abb. 12–17*). Der dadurch entstehende Spannungsimpuls wird wie beim Szintillationszähler verarbeitet. Die hohe Energieauflösung beruht auf dem niedrigen Wert zur Erzeugung eines Ladungspaares und auf der Sammlung aller Ladungen. Ein Nachteil von Halbleiterdetektoren ist der durch thermische Anregung erzeugte unerwünschte Strom.
Halbleiterdetektoren, bei denen die Sperrschicht sehr dicht unter der Oberfläche liegt, sind geeignet, mit einer hohen Energieauflösung α-Teilchen zu untersuchen. Bei diesen Oberflächensperrschichtdetektoren ist die Sperrschicht ca. 100 μm dick, so daß α-Teilchen mit Energien bis zu 12 MeV in ihr absorbiert und damit registriert werden können. *Abb. 12–18* zeigt das α-Spektrum des Americium-241-Präparats und in der beigefügten Tabelle die Literaturwerte der Energien der α-Teilchen sowie die zugehörigen Übergangswahrscheinlichkeiten (*Tab. 12–2*).

Der Vorteil von Halbleiterzählern besteht in ihrer guten Energieauflösung.

Nr.	Energie in MeV	Übergangswahrscheinlichkeit
1	5,387	1,6 %
2	5,442	12,5 %
3	5,484	85,2 %
4	5,511	0,20%
5	5,543	0,34%

Tab. 12–2: α-Spektrum von Americium 241

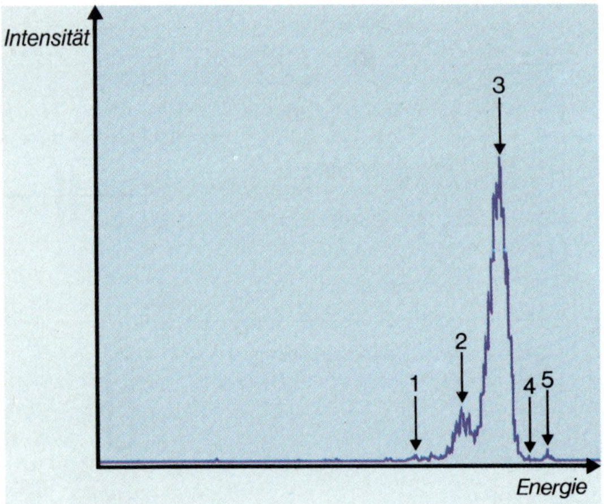

Abb. 12–18: Die Feinstruktur des α-Spektrums eines Americium 241-Präparats aufgenommen mit einem Silizium-Oberflächensperrschichtdetektor.

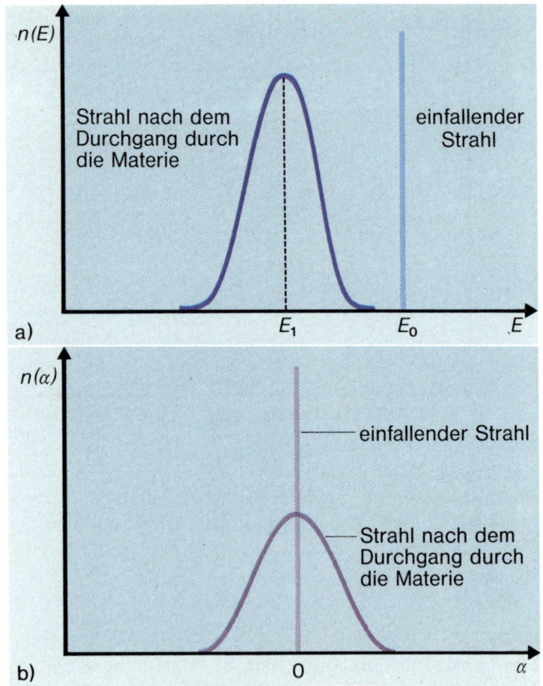

Abb. 12–19: a) Die Energieverteilung eines Strahls schwerer Teilchen nach dem Durchlaufen eines Absorbers.
b) Die Winkelverteilung nach dem Durchlaufen eines Absorbers.

Aufgaben

***12/8:** Monoenergetische γ-Strahlung erzeugt in einem Szintillationszähler einen Photopeak (*Abb. 12–15*) und ein kontinuierliches Spektrum, das auf der Erzeugung von Elektronen durch den Compton-Effekt beruht. Welche Energie können γ-Quanten von 1 MeV höchstens auf Elektronen im Compton-Effekt übertragen?

***12/9:** Ein Americium-241-Präparat emittiert außer den α-Teilchen mit den in *Abb. 12–18* angegebenen Energien γ-Quanten der Energien 0,026 MeV, 0,033 MeV, 0,043 MeV, 0,0595 MeV, 0,099 MeV, 0,103 MeV und 0,125 MeV.
Wie ist diese Strahlung zu erklären?

12.1.5 Wechselwirkung von Strahlung und Materie

Die Wechselwirkung von Strahlung mit Materie wird von der Atomphysik beschrieben. Es gibt zwar auch Wechselwirkungen von Strahlung mit Atomkernen, doch ist die weitaus häufigere die mit den Elektronen der Atomhülle. Dabei geht Energie verloren, und es treten Streueffekte auf. Die wesentlichen Prozesse sollen hier kurz zusammengefaßt werden.

Schwere geladene Teilchen

α-Teilchen und andere schwere geladene Teilchen verlieren ihre Energie über die Coulombwechselwirkung durch Stöße mit Elektronen der Atomhülle. Dabei werden die Elektronen in höhere Energiezustände gehoben (Anregung) oder aus dem Atom gestoßen (Ionisation). Bei Teilchen mit großer Energie überwiegt die Ionisation. Der Energieverlust ist proportional zum Quadrat der Ladung der Teilchen, zur Dichte der Elektronen im Absorber und zum Kehrwert des Geschwindigkeitsquadrats. Daher nimmt der Energieverlust eines Teilchens in Materie zu, wenn es langsamer wird. Bei jeder Wechselwirkung mit Elektronen verliert das α-Teilchen einen kleinen Energiebetrag und wird nur geringfügig aus seiner Bahn abgelenkt, da seine Masse rund 7000 mal so groß ist wie die eines Elektrons. Die Energieverluste und Ablenkungen addieren sich bei einem Strahl von α-Teilchen statistisch. Tritt ein zunächst monoenergetischer α-Teilchenstrahl durch einen Absorber hindurch, so ist er nicht mehr monoenergetisch und besitzt eine Winkelverteilung (*Abb. 12–19*). Wird er in dem Material absorbiert, so wird die Reichweite der Teilchen durch *Abb. 12–20* beschrieben: Bis zu einer gewissen Dicke werden alle Teilchen durchgelassen, dann nimmt die Anzahl der Teilchen rapide ab, und schließlich sind alle absorbiert. In Luft betragen die Reichweiten von α-Teilchen je nach Energie bis zu 9 cm.

Mit einer speziellen Ionisationskammer lassen sich einige der hier gemachten Aussagen bestätigen.

Versuch 12/12: Für unterschiedliche Abstände zwischen einem Radiumpräparat und der Ionisationskammer (*Abb. 12–21*) werden mit einem Meßverstärker die Ionisationsströme gemessen und die Stromstärke in Abhängigkeit vom Abstand graphisch dargestellt (*Abb. 12–22*).
Deutung: Zum Ionisationstrom tragen nur die Ionen bei, die im Raum zwischen dem Gitter G und der Auffangelektrode erzeugt werden. Die Meßkurve zeigt den Anstieg des Ionisationsvermögens der abgebremsten α-Teilchen. Es ist auch die rapide Absorption zu erkennen. Ferner sieht man, daß die α-Strahlung eine weitere energiereichere Komponente enthält. Die Ergebnisse werden dadurch verfälscht, daß die α-Teilchen schon in der Abdeckung des Präparats unterschiedliche Energiebeträge verlieren.

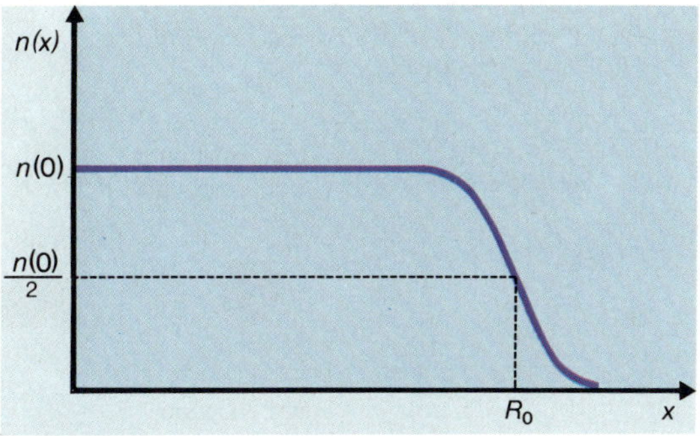

Abb. 12–20: Die Reichweite schwerer Teilchen in einem Absorber. R_0 heißt mittlere Reichweite.

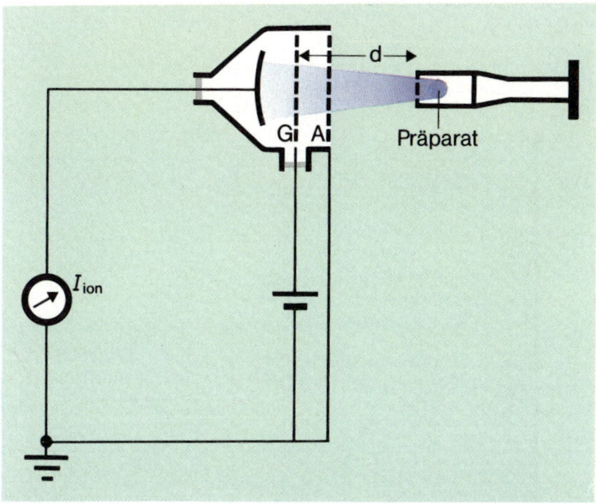

Abb. 12–21: Schematische Darstellung des Versuchs zur Bestimmung der Reichweite von α-Teilchen. Das Gitternetz A der Ionisationskammer ist geerdet, Gitternetz G ist mit der Hochspannungsquelle verbunden. Der Abstand zwischen Netz G und der Auffangelektrode beträgt 5–10 mm.

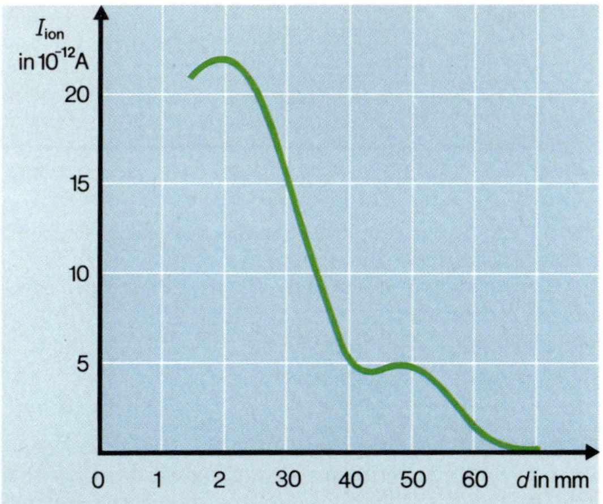

Abb. 12–22: Reichweite von α-Teilchen in Luft (Braggsche Kurve). An dem zweimaligen Abfall des Ionisationsstroms erkennt man, daß die Strahlung zwei Komponenten unterschiedlicher Energien enthält. Das Maximum des Ionisationsstroms entsteht durch die Zunahme des Ionisationsvermögens der fast abgebremsten α-Teilchen.

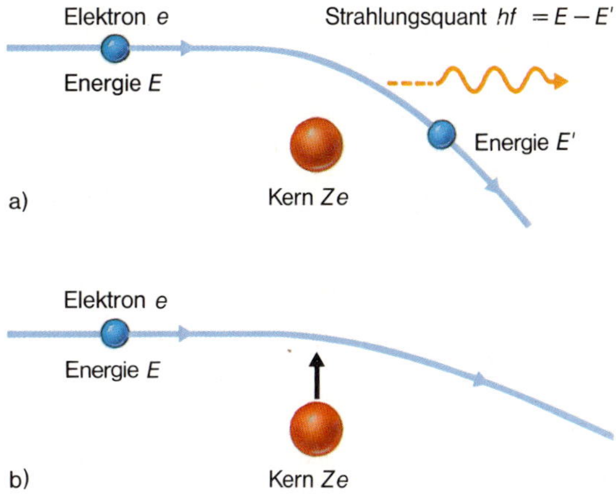

Abb. 12–23: Unelastische und elastische Zusammenstöße von Elektronen mit Atomkernen.
a) Elektronen hoher Energie emittieren aufgrund ihrer Beschleunigung im Coulombfeld von Atomkernen Bremsstrahlung.
b) Bei der Wechselwirkung von Elektronen geringer Energie mit Kernen bleibt die gesamte kinetische Energie erhalten.

Elektronen

Auch für die Absorption von Elektronen ist die Coulombwechselwirkung verantwortlich. Die β-Teilchen können ebenfalls ihre Energie an das Absorptionsmaterial abgeben, indem sie Anregungen und Ionisationen hervorrufen, doch sie erfahren dabei im Vergleich zu den α-Teilchen aufgrund ihrer geringen Masse viele Streuungen um beträchtliche Winkel.

Außerdem gibt es für energiereiche Elektronen bzw. β-Teilchen den wesentlich anderen Mechanismus des Energieverlustes durch Strahlung: Auf ein geladenes Teilchen, das an einem Kern mit der Ladung Ze vorbeifliegt, wirkt die Coulombkraft und lenkt es ab (*Abb. 12–23*). Dabei wird das Elektron beschleunigt oder gebremst. Und wie wir wissen, strahlen beschleunigte Ladungen. Bei Teilchenbeschleunigern ist diese Strahlung als **Synchrotronstrahlung** bekannt. Werden Teilchen im Feld eines Atomkerns abgelenkt, so heißt die Strahlung Bremsstrahlung. Solche Strahlung tritt nicht auf, wenn die Masse der geladenen Teilchen groß ist, wie bei Protonen oder α-Teilchen. Die Strahlungsquanten können Energien weit über 1 MeV haben und treten ihrerseits in Wechselwirkung mit der Materie.

Photonen

Für die Wechselwirkung von Photonen mit Materie gibt es im wesentlichen drei Prozesse (*Abb. 12–24*).

Beim **Photoeffekt** wird das Photon von einem Atom absorbiert, und ein Elektron wird aus der Hülle gelöst, das die gesamte Energie des Photons übernimmt. Die Energie des Photoelektrons ist gleich der Energie des Photons vermindert um die Bindungsenergie des Elektrons.

Beim **Compton-Effekt** wird das Photon an einem Elektron des Atoms gestreut. Das Photon ändert seine Richtung und gibt einen Teil seiner Energie an das Elektron ab.

Wenn die Energie des Photons größer ist als die zweifache Ruhenergie des Elektrons $W = m_e c^2 = 1{,}02$ MeV, so findet

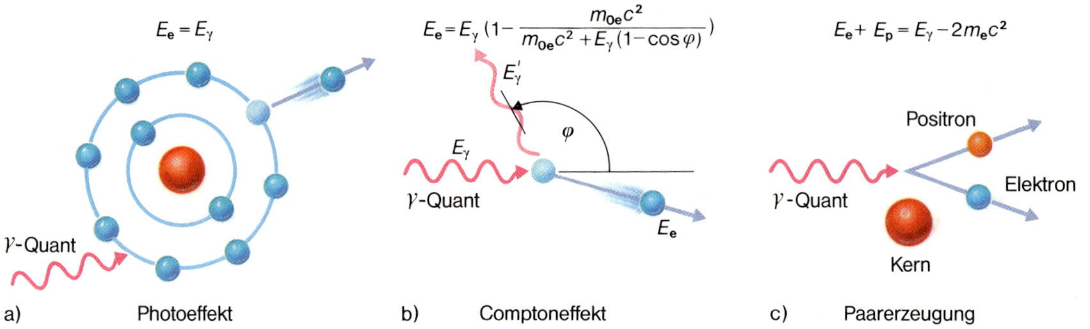

Abb. 12–24: Die Wechselwirkungen von γ-Strahlung mit Materie.
a) Beim Photoeffekt überträgt das γ-Quant seine gesamte Energie auf das Elektron. b) Der beim Compton-Effekt an das Elektron abgegebene Energiebetrag hängt vom Streuwinkel ab. c) Die Paarerzeugung tritt erst ein, wenn die Energie des Quants größer oder gleich der zweifachen Ruhenergie eines Elektrons ist.

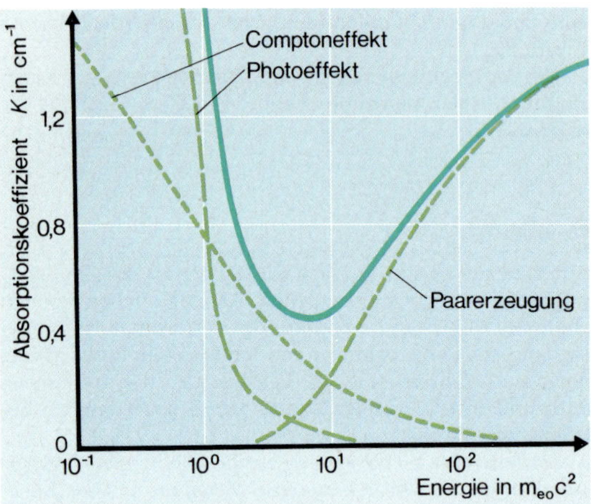

Abb. 12–25: Der Absorptionskoeffizient für γ-Strahlung in Blei (durchgezogene Kurve) besteht aus den drei Anteilen Photoeffekt, Compton-Effekt und Paarerzeugung. Die Energie ist in Einheiten der Ruhenergie des Elektrons $E_0 = m_{e0}\,c^2$ angegeben; 1 entspricht 0,511 MeV.

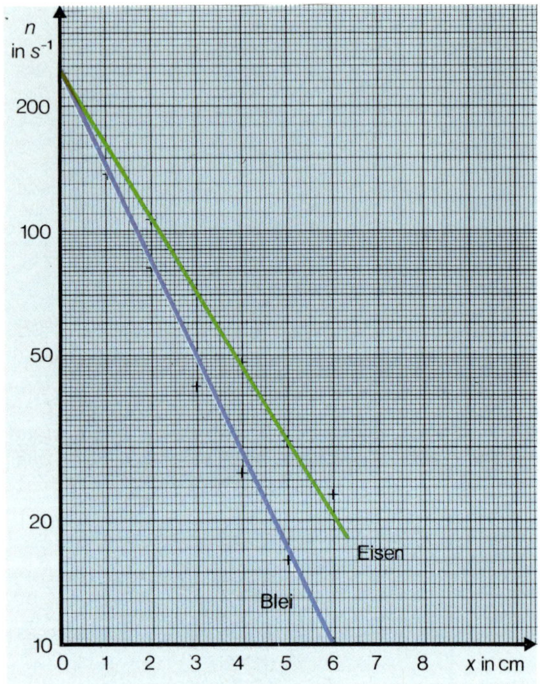

Abb. 12–26: Impulsrate in Abhängigkeit von der Dicke in halblogarithmischer Darstellung.
Die Schwächungskoeffizienten ergeben sich aus den Steigungen der Geraden:
$k_{Pb} = 0{,}56\ \text{cm}^{-1}$, $k_{Fe} = 0{,}41\ \text{cm}^{-1}$.

Paarerzeugung statt, d. h., das Photon erzeugt ein Elektron-Positron-Paar. Diese Reaktion ist jedoch nur im Coulombfeld eines Atomkerns möglich, da sonst nicht gleichzeitig der Energie- und der Impulserhaltungssatz ihre Gültigkeit behalten würden.
Alle drei Arten der Wechselwirkung können gemeinsam auftreten. Die Energieabhängigkeit der drei Reaktionen zeigt *Abb. 12–25*. Die Wechselwirkung von γ-Quanten mit Materie ist insgesamt also bei weitem nicht so stark wie die geladener Teilchen, so daß ihr Durchdringungsvermögen erheblich größer ist. Stellt man sich den Durchgang eines monoenergetischen γ-Strahls durch Materie vor, so wird dessen Intensität mit wachsender Schichtdicke immer geringer, da diejenigen γ-Quanten, die eine Wechselwirkung erfahren, aus dem Strahl ausscheiden: Ist n die Anzahl der γ-Quanten, k eine für die Energie der Quanten und das Material charakteristische Konstante (siehe *Abb. 12–25*) und x die Weglänge im Material, so gilt $\mathrm{d}n = -n\,k\,\mathrm{d}x$ oder $n(x) = n_0 e^{-kx}$. Dies bestätigt der folgende Versuch:

Versuch 12/13: Mit einem geeigneten Präparat (z. B. Kobalt 60), das monoenergetische γ-Strahlung emittiert, werden für verschiedene Schichtdicken x der Absorbermaterialien Blei und Eisen die Impulsraten gemessen.
Auswertung: Logarithmiert man die oben angegebene Gleichung zur Basis *e*, so ergibt sich $\ln\{n\} = -k\,x + \ln\{n_0\}$. (Da man den Logarithmus nur von einer Zahl, nicht von einer physikalischen Größe bestimmen kann, schreibt man $\ln\{n\}$. $\{n\}$ bedeutet „Zahlenwert von n".) Erfüllen also die

Meßwerte die Funktionsgleichung, so muß eine graphische Darstellung des natürlichen Logarithmus der Impulsrate in Abhängigkeit von der Schichtdicke x eine Gerade ergeben (*Abb. 12–26*).

Ergebnis: Für die Absorption monoenergetischer γ-Strahlung gilt das Gesetz

$$n = n_0\, e^{-kx}\,.$$

k heißt **Schwächungskoeffizient** und hängt vom Absorbermaterial ab. In grober Näherung ist er proportional zur Dichte des Materials.

Verwendet man für die Untersuchung der Absorption der γ-Strahlung ein Radiumpräparat, so ergibt die halblogarithmische Darstellung keine Gerade, sondern eine mit zunehmender Schichtdicke immer flacher verlaufende Kurve. Die γ-Strahlung des Radiums besteht aus mehreren Komponenten unterschiedlicher Energien.
Das Absorptionsvermögen eines Materials wird durch die **Halbwertsdicke** charakterisiert. Das ist diejenige Schichtdicke, nach deren Durchstrahlung sich die Intensität auf den halben Wert ihres Anfangsbetrages verringert hat. Die Halbwertsdicken sind von der Energie der γ-Quanten abhängig. Ist d_H die Halbwertsdicke, so gilt nach dem Absorptionsgesetz für monoenergetische Strahlung

$$n_0/2 = n_0 e^{-kd_H}, \quad \text{woraus } d_H = \ln 2/k \text{ folgt.}$$

Tabelle 12–3 gibt die Halbwertsdicken für γ-Quanten der Energie 1,5 MeV bei verschiedenen Materialien an.

Absorbermaterial	Halbwertsdicke in cm
Blei	1,2
Eisen	1,7
Aluminium	5,2
Beton	~ 5
Wasser	12,0

Tab. 12-3: Halbwertsdicken verschiedener Materialien für γ-Quanten der Energie 1,5 MeV.

Messung der Energie

Bei der Wechselwirkung von Strahlung mit Materie wird auf diese Energie übertragen. Die Stärke der Wechselwirkung läßt sich dadurch charakterisieren, daß man den Quotienten aus absorbierter Energie und durchstrahlter Materie angibt:

$$\text{Energiedosis} = \frac{\text{absorbierte Energie}}{\text{Masse}}\,, \quad D = \frac{W}{m}\,.$$

Die Einheit der Energiedosis ergibt sich aus der Definitionsgleichung zu $[D]$ = J/kg = Gy.
Gy ist die Abkürzung für Gray. Bis zum Jahre 1978 wurde die Energiedosis in der alten Einheit Rad (**r**adiation **a**bsorbed **d**ose), abgekürzt rd, gemessen. Der Zusammenhang der Einheiten Rad und Gray wird durch die Beziehung 1 rd = 10^{-2} Gy wiedergegeben.
Die Einheit 1 Gy ist eine sehr kleine Einheit, denn zur Erhöhung der Temperatur von 1 kg Wasser um 1 K ist eine Energie von E = 4186,8 J nötig, was einer Energiedosis von 4186,8 J/kg entspricht. Eine Energiedosis von 1 Gy würde also eine Temperaturerhöhung von $2 \cdot 10^{-4}$ K bei 1 kg Wasser ergeben. Da also die Messung der Energiedosis schwierig ist, mißt man die **Ionendosis** und rechnet diese in die Energiedosis um. Unter der Ionendosis versteht man den Quotienten aus der bei der Durchstrahlung eines Körpers erzeugten Ladung eines Vorzeichens und der Masse dieses Körpers:

$$\text{Ionendosis} = \frac{\text{erzeugte Ladung}}{\text{Masse}}\,, \quad D_{\text{ion}} = \frac{Q}{m}$$

mit der Einheit 1 As/kg.
Auch für die Ionendosis verwendete man bis 1978 eine andere Einheit, das Röntgen: 1 R = $2{,}58 \cdot 10^{-4}$ C/kg. Zwischen der in Röntgen gemessenen Ionendosis und der in Rad gemessenen Energiedosis besteht für Luft die Umrechnungsbeziehung $D = (0{,}88\text{rd/R})\, D_{\text{ion}}$.

Biologische Wirkung radioaktiver Strahlung

Nun ist aber bei radioaktiver Strahlung für den Menschen nicht so sehr die Energie von Bedeutung, die ein bestrahlter Körper aufnimmt, als vielmehr die biologische Schädigung, die er erleidet. Ursache für biologische Schäden ist die physikalische Veränderung an Atomen und Molekülen in dem bestrahlten biologischen Gewebe. Es treten Anregungen und Ionisationen auf, wodurch die Molekularverbände zerfallen können, so daß die biologischen Funktionen gestört werden. Es bilden sich sogenannte freie Radikale, die für eine Fülle chemischer und biologischer Folgereaktionen verantwortlich sind. So ist z. B. der Zusammenschluß der gebildeten Radikale zu neuen Verbindungen möglich, die dann teilweise toxisch sind. Man unterscheidet somatische und genetische Schäden. Das **Soma** umfaßt den ganzen Körper bis auf die Keimzellen und Keimdrüsen. Somatische Schäden äußern sich am bestrahlten Lebewesen, genetische Schäden in seiner Nachkommenschaft.
Die verschiedenen Strahlenarten haben eine unterschiedliche biologische Wirksamkeit, d. h., daß bei gleicher Energiedosis verschiedener Strahlenarten unterschiedliche Schäden auftreten. Um nun die schädigenden Wirkungen verschiedener Strahlen miteinander zu vergleichen, verwendet man einen auf Erfahrungswerten basierenden Qualitätsfaktor (q-Faktor). Der q-Faktor nimmt Werte zwischen 1 und 20 an und ist ohne eine Einheit. Die Multiplikation der Energiedosis mit dem q-Faktor ergibt die **Äquivalentdosis,** die die biologische Wirkung einer Strahlung beschreibt: Äquivalentdosis = q · Energiedosis.
Obwohl nach der obigen Gleichung Äquivalentdosis und Energiedosis die gleiche Einheit haben, verwendet man für Angaben der Äquivalentdosis die Einheit Sievert (Sv), um sie von Angaben zur Energiedosis zu unterscheiden. Entsprechendes gilt für die Verwendung der alten Einheiten Rem (**r**öntgen **e**quivalent **m**an), abgekürzt rem, als Einheit der Äquivalentdosis und rd als Einheit der Energiedosis. Es gilt

$$1 \text{ rem} = q \cdot 1 \text{ rd}.$$

Trotz der gesetzlichen Änderung der Energiedosiseinheit begegnet man auch heute noch in der Diskussion über schädigende Wirkungen von Strahlen der Einheit Rem.

Strahlenart	q-Faktor
Röntgenstrahlen	1
β-Strahlen	1
thermische Neutronen	3
α-Strahlen	10
Protonen	10
schwere Rückstoßkerne	20

Tab. 12–4: Tabelle mit einigen Qualitätsfaktoren

Über die schädigende Wirkung radioaktiver Strahlung wird besonders im Zusammenhang mit der wirtschaftlich-technischen Nutzung der Kernenergie, d. h. im Zusammenhang mit Kernkraftwerken, Wiederaufarbeitungsanlagen und der Endlagerung radioaktiver Abfälle nachgedacht. Vorschriften über den Umgang mit radioaktiven Präparaten und anderen Strahlenquellen, die auch für den Unterricht an Schulen gelten, sollen eine Schädigung von Menschen durch Strahlung verhindern.
Die im Augenblick in der Bundesrepublik Deutschland gültige Strahlenschutzverordnung vom 13. 10. 1976 orientiert sich bei allen Vorschriften am sogenannten „30-Millirem-Konzept". Danach sind kerntechnische Anlagen und Einrichtungen so zu bauen, daß die Äquivalentdosis für die mit diesen Anlagen nicht beruflich umgehenden Menschen jährlich kleiner als 30 mrem bleibt. Eine Bestrahlung kann zustande kommen aufgrund der Ableitung radioaktiver Bestandteile im Wasser und in der Luft.
Die Festsetzung solcher Grenzwerte ist außerordentlich schwierig, da es wohl keine völlig unschädliche Strahlendosis gibt und sich die Wirkungen vieler kleiner Dosen addieren können. Doch kann man sich in etwa an der Tatsache orientieren, daß alle Menschen auf der Erde aufgrund der kosmischen Strahlung aus dem Weltraum und der terrestrischen Strahlung in der Umgebung enthaltener natürlicher Radionuklide sowie aufgrund der in den Körper natürlicherweise aufgenommenen Radionuklide ständig einer gewissen Bestrahlung ausgesetzt sind. Die kosmische Primärstrahlung, im wesentlichen aus energiereichen Protonen und α-Teilchen bestehend, erzeugt in der Atmosphäre durch die Wechselwirkung mit Gasmolekülen weitere Strahlungsteilchen wie Protonen, Elektronen, Positronen, Mesonen und Photonen, die dann die eigentliche Bestrahlung der Menschen verursachen.
Die Strahlenbelastung durch die Höhenstrahlung ist in den verschiedenen Breiten auf der Erde unterschiedlich hoch und hängt außerdem wesentlich von der Höhe über dem Meeresspiegel ab. Sie schwankt in der Bundesrepublik Deutschland zwischen 30 mrem pro Jahr in Meereshöhe, 40 mrem pro Jahr in 1000 m Höhe und ca. 80 mrem pro Jahr in 3000 m Höhe. Radionuklide befinden sich im Boden, im Wasser und in der Luft und in den Baumaterialien der Gebäude. So ergibt sich in der Bundesrepublik Deutschland im Freien eine mittlere Belastung von ca. 40 mrem pro Jahr und in Gebäuden von ca. 60 mrem pro Jahr. Insgesamt kann man also davon ausgehen, daß man in einem Jahr eine mittlere Äquivalentdosis von ca. 120 mrem erhält. Diese Strahlenbelastung erhöht sich z. B. durch medizinische Maßnahmen oder durch Flüge in großer Höhe.
Doch trotz dieser scheinbar völlig wirkungslos bleibenden Bestrahlung sollte man jegliche nicht notwendige zusätzliche Bestrahlung vermeiden, gerade weil sich keine sicheren Aussagen über die Wirkungen kleinster Dosen machen lassen. Die sicherste Schutzmaßnahme gegen eine Bestrahlung ist ein großer Abstand zur Strahlenquelle, da die Intensität proportional zum Quadrat des Abstandes abnimmt. (Die bestrahlte Fläche, der Teil einer Kugel, wächst mit dem Quadrat des Radius.) Ein weiterer Schutz ist die Absorption der Strahlung durch Blei oder Beton. Dabei geht die größte Gefahr von der γ-Strahlung aus, die im Gegensatz zu der stark ionisierend wirkenden und damit leicht zu absorbierenden α- und β-Strahlung auch große Schichtdicken noch durchdringt. Wie wir später sehen werden, ist auch die Abschirmung von Neutronen schwierig.

Aufgaben

12/10: Wie erklärt man sich, daß das spezifische Ionisationsvermögen von α-Teilchen längs ihrer Bahn zunimmt und kurz vor ihrem Ende ein Maximum erreicht?

12/11: Woran liegt es, daß auch β-Teilchen einheitlicher Energie keine einheitliche Reichweite besitzen?

12/12: Wie ist es zu erklären, daß die Absorption von γ-Strahlung durch ein Material mit der Ordnungszahl des Materials größer wird?

12/13: Die Halbwertsdicke für Röntgenstrahlen der Wellenlänge 12 pm ist bei Aluminium $d_H = 1{,}44$ cm.
a) Welchen Schwächungskoeffizienten hat Aluminium?
b) Welcher Bruchteil der Strahlung durchdringt eine Aluminiumschicht von 2,5 cm Dicke?
c) Von welcher Schichtdicke ab ist die Intensität der durchdringenden Strahlung kleiner als $1/100$ ihres Anfangswertes?

12/14: Bei einem Röntgengerät wird ein mit Luft gefüllter Kondensator durchstrahlt. Das durchstrahlte Volumen beträgt 10 cm^3, die Stromstärke ist $6 \cdot 10^{-10}$ A.
Berechnen Sie die Ionendosisleistung (Ionendosis/Zeit) in den Einheiten A/kg und R/s und die Energiedosisleistung mit Hilfe der Beziehung $D = (0{,}88\ \mathrm{rd/R})\ D_{ion}$.

12/15: Worüber macht die Äquivalentdosisleistung eine Aussage?

12.2 Aufbau und Systematik der Atomkerne

Wir haben uns bisher mit der radioaktiven Strahlung, deren Nachweis und deren Wirkungen befaßt. Im folgenden soll nun dargestellt werden, wie man zu grundlegenden Erkenntnissen über Atomkerne gekommen ist. Daß Vorgänge in den Atomkernen Ursache für die Radioaktivität sind, folgt schon daraus, daß α-Teilchen selbst Atomkerne sind und daß Vorgänge in der Atomhülle nicht mit Energien im MeV-Bereich verbunden sind. Da sich zur Untersuchung von Atomkernen in der Schule kaum Experimente durchführen lassen, werden wir die Ergebnisse angeben und die Untersuchungsmethoden nur andeuten.

12.2.1 Ergebnisse von Untersuchungen der Atomkerne

a) In der Atomphysik werden Massen in einer eigens definierten **atomaren Masseneinheit u** angegeben, die etwa der Masse eines Wasserstoffatoms entspricht (→*4.1.4*).

Definition: Die Masseneinheit u ist $1/12$ der Masse des Atoms des Kohlenstoffisotops ^{12}C:

$$u = \frac{1}{12} m_{^{12}C} = 1{,}660\ 565 \cdot 10^{-27}\ \mathrm{kg}\,.$$

Das Kohlenstoffisotop ^{12}C ist ein Kohlenstoffatom, dessen Kern aus 12 Nukleonen (Kernbausteinen) besteht.

Zur Kennzeichnung von Atomen verwendet man die **relative Atommasse** A_r:

$$\text{relative Atommasse} = \frac{\text{Atommasse}}{\text{atomare Masseneinheit}},$$

$$A_r = \frac{m_{\text{Atom}}}{u}.$$

Für das Kohlenstoffisotop ^{12}C ist die relative Atom-Masse durch die Definition der atomaren Masseneinheit eine ganze Zahl:

$$A_{r,^{12}C} = \frac{m_{^{12}C}}{u} = \frac{m_{^{12}C}}{\frac{1}{12}\,m_{^{12}C}} = 12.$$

Die relativen Atommassen aller anderen Elemente sind nicht ganzzahlig.

b) Zu jedem Element gibt es **Isotope,** die mit Hilfe von Massenspektrographen (→*6.1.5*) getrennt werden können. Isotope sind Atome mit gleicher **Ordnungszahl,** also gleichen chemischen Verhaltens, und unterschiedlicher relativer Atommassen.

Die relativen Atommassen der Isotope weichen nur sehr wenig von ganzen Zahlen ab. Die auf eine ganze Zahl gerundete relative Atommasse A_r bezeichnet man als **Massenzahl** A. Sie gibt die Zahl der Nukleonen im Kern an, deren einzelne Masse ungefähr gleich u ist.

c) Die Zahl der positiven Elementarladungen im Atomkern, die **Kernladungszahl,** ist gleich der Ordnungszahl Z des Elements im Periodensystem (→ *Anhang*).

Eine Bestimmung der Kernladungszahl ist durch eine quantitative Auswertung von Streuversuchen mit α-Teilchen möglich, wie sie RUTHERFORD an Goldfolie (→ *10.1.3*) durchgeführt hat. Die zweifach positiv geladenen α-Teilchen werden im elektrischen Feld des Z-fach positiv geladenen Atomkerns abgelenkt.

d) Nahezu die gesamte Masse eines Atoms ist im Kern vereinigt.

Ein Atomkern mit der Massenzahl A hat einen Radius von $r = r_0\,A^{1/3}$ mit $r_0 = 1{,}46 \cdot 10^{-15}$ m.

Eine Messung von Kernradien ist nur durch Streuexperimente möglich. Dazu werden z. B. hochenergetische Elektronen aus → Teilchenbeschleunigern benötigt. Eine Untersuchung der Verteilung der elektrischen Ladung z. B. im Goldkern mit Elektronen liefert für den Kernradius einen Wert von $8{,}5 \cdot 10^{-15}$ m. Der Kernradius gibt bei diesem Verfahren also den größten Abstand vom Kernmittelpunkt an, in dem noch Ladung vorhanden ist. Die Untersuchung von Kernen mit verschiedenen relativen Atommassen liefert eine Proportionalität des Kernvolumens V und der Massenzahl A. Stellt man sich den Kern kugelförmig vor, so ist der Radius r proportional zu $A^{1/3}$, da $V = \frac{4}{3}\pi r^3$ ist. Mit der naiven Vorstellung, daß sich das Volumen des Kerns aus den ebenfalls kugelförmigen Volumina der A Nukleonen zusammensetzt, erhält man $V = A\,\frac{4}{3}\pi r_0^3$. Durch den Vergleich der beiden Formeln für das Kernvolumen ergibt sich $r = r_0\,A^{1/3}$, wobei r_0 der Radius eines Nukleons ist. Aus dem Wert für den Radius des Goldkerns und seiner Massenzahl $A = 197$ berechnet man z. B. $r_0 = 1{,}46 \cdot 10^{-15}$ m.

Aufgaben

12/16: Die atomare Masseneinheit ist definiert als 1/12 der Masse eines Atoms des Kohlenstoffisotops ^{12}C. Andererseits ist bekannt, daß 1kg-mol eines Elements $L = 6{,}02 \cdot 10^{26}$ Teilchen enthält. Daraus berechnet sich die atomare Masseneinheit zu $u = 1/L$ kg.

a) Wie viele Nukleonen bzw. Protonen enthalten 1 g ^{12}C?

b) Wie viele Neutronen gibt es in 1 g ^{1}H, ^{16}O, ^{235}U?

12/17: Durch Streuversuche mit hochenergetischen Elektronen wurde die Ladungsverteilung in Atomkernen untersucht. Dabei ergaben sich als Radien für die Kerne folgende Werte:

$r_{He} = 3 \cdot 10^{-15}$ m, $r_O = 4{,}6 \cdot 10^{-15}$ m, $r_{Sr} = 7 \cdot 10^{-15}$ m, $r_{Sb} = 7{,}8 \cdot 10^{-15}$ m, $r_{Au} = 8{,}5 \cdot 10^{-15}$ m und $r_{Bi} = 8{,}9 \cdot 10^{-15}$ m.

a) Untersuchen Sie, ob der Radius der Kerne proportional zur dritten Wurzel aus der Massenzahl ist.

b) Bestimmen Sie nach der Gleichung $r = r_0 A^{1/3}$ den Radius eines Nukleons r_0.

12/18: Beim Beschuß von Goldfolie mit α-Teilchen der Energie $E_{kin} = 5{,}49$ MeV werden einige α-Teilchen um 180° gestreut. Da α-Teilchen dieser Energie noch nicht in den Wirkungsbereich der Kernkräfte geraten, kann man den Radius des Goldkerns abschätzen, indem man den kürzesten Abstand der α-Teilchen vom Kern berechnet. In diesem Abstand ist die gesamte kinetische Energie in potentielle Energie umgewandelt.

12.2.2 Proton und Neutron als Kernbausteine

Das Auftreten nahezu ganzzahliger relativer Atommassen deutet auf einen Aufbau der Atomkerne aus gleichen Bausteinen mit der relativen Atommasse 1 hin. Ein solcher Baustein wäre der kleinste Atomkern, der Wasserstoffkern, bzw. ein **Proton.** Da die Kernladungszahl Z außer für Wasserstoff stets kleiner ist als die Massenzahl A, vermutete man zunächst einen Aufbau der Atomkerne aus A Protonen und $(A–Z)$ Elektronen zur Neutralisation der überschüssigen $(A–Z)$ positiven Elementarladungen der Protonen. Diese Vermutung, daß sich im Kern Elektronen aufhalten, erweist sich als falsch, wie eine energetische Überlegung zeigt:

Ist ein kreisendes Elektron im Abstand r an ein Proton durch elektrostatische Kräfte gebunden, so gilt entsprechend den Überlegungen zum Bohrschen Atommodell zwischen der potentiellen und der kinetischen Energie die Beziehung $E_{pot} = -\,2\,E_{kin}$ und für die potentielle Energie

$E_{pot} = -\frac{e^2}{4\pi\varepsilon_0 r}$. Setzt man für r den in *12.2.1* berechneten Radius eines Nukleons $r_0 = 1{,}46 \cdot 10^{-15}$ m ein, so ergibt sich $E_{pot} = -0{,}98$ MeV.

Die kinetische Energie eines in diesem Abstand r_0 das Nukleon umkreisenden Elektrons kann unter Anwendung der Welleneigenschaften abgeschätzt werden. Dazu ordnet man dem Elektron eine Wahrscheinlichkeitswelle zu, deren halbe Wellenlänge gleich dem Durchmesser des Protons ist: $\lambda/2 = 2\,r_0$. Mit der deBroglie-Gleichung $p = h/\lambda$ ergibt sich der Impuls. Wegen der großen Geschwindigkeit des Elektrons muß die Rechnung relativistisch durchgeführt werden. Zwischen Gesamtenergie und Impuls besteht die Beziehung: $E^2 - p^2c^2 = m_0^2c^4$, woraus mit $E_{kin} = E - m_0c^2$ für die kinetische Energie $E_{kin} = 133$ MeV folgt. Berücksichtigt man, daß man einem sich im Raum mit dem Durchmesser $2r_0$ aufhaltendenden Elektron auch kleinere Wellenlängen zuordnen kann, zu denen sich dann größere Werte für den Impuls und auch für die kinetische Energie ergeben, so erkennt man, daß durch den Wert 133 MeV eine untere Grenze der kinetischen Energie abgeschätzt ist.

Ein Vergleich der potentiellen Energie $E_{pot} = -0{,}98$ MeV mit der kinetischen Energie $E_{kin} \geqq 133$ MeV zeigt, daß die Bedingung $E_{pot} = -2\,E_{kin}$ nicht erfüllbar ist. Daraus folgt, daß sich keinesfalls ein Elektron im Kern eines Atoms aufhalten kann.

Da radioaktive Präparate α-Teilchen emittieren, könnte man einen Aufbau der Atomkerne aus Heliumkernen annehmen. Doch auch diese Annahme erweist sich als unhaltbar, da bei einem Aufbau aus Heliumkernen mit der Massenzahl 4 und der Kernladungszahl 2 alle Kerne eine doppelt so große Massenzahl A wie Kernladungszahl Z haben müßten. Bis auf wenige Ausnahmen ist jedoch $Z < A/2$.

Im Jahre 1920 sprach RUTHERFORD die Vermutung aus, daß es neben den Protonen weitere Kernbausteine, die **Neutronen,** mit der relativen Atommasse 1 und der Ladung Null geben müsse, die zusammen mit den Protonen den Kern bilden.

Ein Kern der Ordnungszahl Z ist aus Z Protonen und $(A–Z)$ Neutronen aufgebaut. Isotope haben Kerne gleicher Protonenzahl (Kernladungszahl) mit unterschiedlicher Anzahl von Neutronen.

Der Nachweis der Existenz der von RUTHERFORD postulierten Neutronen gelang 1932 CHADWICK.

Bei der Bestrahlung von Beryllium mit α-Teilchen entsteht eine äußerst durchdringende Strahlung, die man zunächst für energiereiche γ-Strahlung hielt. Untersuchungen dieser Strahlung in Ionisationskammern zeigten, daß sie einen Teil ihrer Energie bei elastischen Stößen auf die Atome des Füllgases überträgt. Dabei werden die Atome ionisiert und erhalten kinetische Energie, so daß sie ihrerseits weitere Atome ionisieren können. Zur Identifizierung der Strahlung maß man die Energien der gestoßenen Gasatome und stellte fest, daß die durchdringende Strahlung nicht aus γ-Quanten, sondern aus Teilchen der relativen Atomasse 1 und der Ladung Null besteht.

Die Masse der Neutronen kann man mit Hilfe der kinetischen Energien der gestoßenen Wasserstoffatome und Stickstoffatome berechnen. Die maximale Energie der Wasserstoffatome beträgt $E_H = 5{,}7$ MeV, die der Stickstoffatome $E_N = 1{,}6$ MeV. Unter der Annahme eines zentralen elastischen Stoßes zwischen den unbekannten Teilchen und den Wasserstoff- bzw. Stickstoffatomen gelten die Gleichungssysteme

beim Stoß des unbekannten Teilchens mit Wasserstoff:

$$E_{kin} = E'_{kin} + E_H, \quad p = p' + p_H,$$

beim Stoß des unbekannten Teilchens mit Stickstoff:

$$E_{kin} = E''_{kin} + E_N, \quad p = p'' + p_N.$$

E_{kin}: Energie des stoßenden Teilchens vor dem Stoß,
E'_{kin}, E''_{kin}: Energien des stoßenden Teilchens nach dem Stoß,
p: Impuls des stoßenden Teilchens vor dem Stoß,
p', p'': Impulse des stoßenden Teilchens nach dem Stoß.

Mit Hilfe der Beziehung $E_{kin} = \frac{p^2}{2m}$ (wegen $p = mv$ ist $E_{kin} = \frac{(mv)^2}{2m} = \frac{p^2}{2m}$) kann jedes Gleichungssystem durch Eliminierung von E'_{kin} bzw. E''_{kin} nach E_{kin} aufgelöst werden:

$$E_{kin} = \frac{(m_H + m)^2}{4\,m_H\,m} E_H, \quad E_{kin} = \frac{(m_N + m)^2}{4\,m_N\,m} E_N.$$

Aus diesen Gleichungen berechnet man nach dem Einsetzen der Werte für die maximalen kinetischen Energien E_H und E_N sowie der Atommassen $m_H = \text{u}$ und $m_N = 14$ u die unbekannte Masse der Neutronen zu $m = 1{,}15$ u (genauer Wert $m = 1{,}008$ u) und deren kinetische Energie $E_{kin} = 5{,}7$ MeV.

Da Neutronen ungeladen sind, ist ihre Wechselwirkung mit Materie sehr gering und ihr Nachweis entsprechend schwierig. Zu ihrem Nachweis nutzt man die Tatsache aus, daß sie beim zentralen Stoß mit Protonen aus wasserstoffhaltigen Substanzen auf diese ihre gesamte kinetische Energie übertragen. Die energiereichen, Ladung tragenden Protonen sind dann zu Ionisierungen fähig und können nachgewiesen werden. Langsame, sogenannte thermische Neutronen weist man durch (n, γ)-Reaktionen (→ *12.5.1*) nach. Bei dieser Reaktion entstehen Kerne, die β-Strahlung aussenden.

Zusammenfassung

1. Atomkerne sind aus Protonen und Neutronen, den sogenannten Nukleonen, aufgebaut. Beide Nukleonen haben eine Masse von ungefähr 1 u ($m_p = 1{,}007\,276$ u, $m_n = 1{,}008\,665$ u). Die Protonen tragen eine positive Elementarladung, die Neutronen sind elektrisch neutral.
2. Ein Kern der Massenzahl A und der Ordnungszahl Z besteht aus A Nukleonen: Z Protonen und $(A–Z) = N$ Neutronen.
3. Kerne werden durch Angabe von Massenzahl A und Ordnungszahl Z am Elementsymbol X gekennzeichnet ${}^A_ZX$[1], z. B. ${}^1_1H$, ${}^4_2He$, ${}^{12}_6C$, ${}^{16}_8O$, ${}^{17}_8O$ usw. In

[1]) Für eine eindeutige Kennzeichnung des Kerns reicht die Angabe des Elementsymbols X und der Massenzahl A, da das Element durch die Ordnungszahl Z (Kernladungszahl) eindeutig bestimmt ist. Z. B. sind ${}^{17}O$ und ${}^{18}O$ Kerne des Elements Sauerstoff mit der Ordnungszahl $Z = 8$, ${}^{12}C$ und ${}^{14}C$ sind Kerne des Kohlenstoffs mit der Ordnungszahl $Z = 6$.

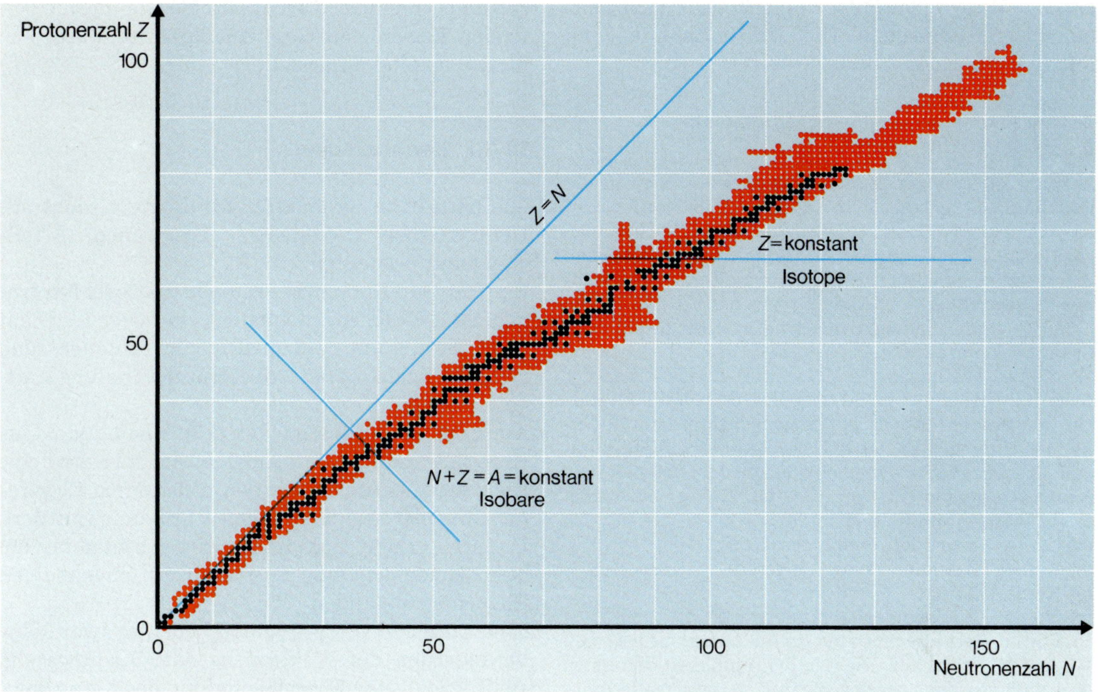

Abb. 12–27: Die Darstellung zeigt den Aufbau einer Nuklidkarte (*s. Anhang*). Die schwarzen Punkte kennzeichnen stabile Kerne, die roten Punkte instabile Kerne.

derselben Art können auch Proton, Neutron, Elektron und α-Teilchen gekennzeichnet werden: ${}^1_1$p, ${}^1_0$n, ${}^{\ 0}_{-1}$e, ${}^4_2\alpha$.
4. Die durch Massenzahl und Kernladungszahl charakterisierten Kerne werden als **Nuklide** bezeichnet.

Im *Anhang* sind in einer Tabelle die Daten einiger wichtiger Nuklide dargestellt. Im *Anhang* ist weiter im Auszug eine Nuklidkarte wiedergegeben. Auf der Erde findet man 275 „natürliche“ Nuklide. Insgesamt sind ungefähr 1300 Nuklide bekannt, die zum größten Teil nur künstlich hergestellt werden können. Die Nuklidkarte (*Abb. 12–27*) zeigt, daß nur für einige leichte Kerne $N = Z$ ist, bei höherer Ordnungszahl steigt die Zahl der Neutronen stärker als die der Protonen.

Aufgaben

12/19: Bestimmen Sie mit Hilfe der Gleichungen von *Seite 480* für die kinetische Energie der unbekannten Teilchen die Masse dieser Teilchen, indem Sie die im Text genannten zugehörigen Daten verwenden.
12/20: Bestimmen Sie für die Kerne aus *Aufgabe 12/17* von *12.2.1* die Dichten.

12.2.3 Ordnung der Kerne

Aus der Zusammensetzung der Nuklide ergibt sich eine Ordnung der Atomkerne:

Isotope sind Atome (bzw. Kerne) mit gleicher Protonenzahl Z.

Sie stehen im Periodensystem am selben Platz und unterscheiden sich nur durch die Zahl der Neutronen. In der Nuklidkarte (*Abb. 12–27*) liegen Isotope auf Geraden senkrecht zur Z-Achse. Die Zusammensetzung eines natürlich vorkommenden Isotopengemischs ist i. a. unabhängig vom Ort. Für Sauerstoff und Uran sind die Zusammensetzungen in der nachfolgenden *Tabelle 12–5* wiedergegeben.

Sauerstoff-Isotope	Anteil in %
${}^{16}_{8}$O	99,7587
${}^{17}_{8}$O	0,0374
${}^{18}_{8}$O	0,2039
Uran-Isotope	**Anteil in %**
${}^{234}_{92}$U	0,0056
${}^{235}_{92}$U	0,718
${}^{238}_{92}$U	99,276

Tab. 12–5: Prozentuale Zusammensetzung der Elemente Sauerstoff und Uran bei natürlichem Vorkommen.

Die Elemente in der Mitte des Periodensystems haben die meisten Isotope. Die höchste Zahl hat Zinn mit 10 Isotopen.

Isobare sind Elemente mit gleicher Massenzahl A.

Die Summe der Protonen- und Neutronenzahl isobarer Nuklide ist konstant. Isobare unterscheiden sich in der Ordnungszahl, gehören also stets zu verschiedenen Elementen. In der Nuklidkarte liegen Isobare auf Senkrechten zur Geraden $Z = N$. Zu jeder Massenzahl bis auf $A = 5$ und $A = 8$ gibt es mindestens einen stabilen Kern. Isobare mit der Massenzahl $A = 40$ sind $^{40}_{18}Ar$ (Argon), $^{40}_{19}K^*$ (Kalium), $^{40}_{20}Ca$ (Calzium). Radioaktive Kerne werden durch einen Stern * gekennzeichnet.
Zu Kernen mit ungerader Massenzahl A existiert in der Regel nur ein stabiles (nicht radioaktives) Nuklid. Zu Kernen mit gerader Massenzahl A können mehrere stabile Nuklide existieren.[1]) Es hat sich gezeigt, daß die Stabilität eines Kerns davon abhängt, ob die Zahl der Protonen bzw. Neutronen gerade oder ungerade ist. Man unterscheidet folgende Arten von Kernen:
gg-Kerne: Z gerade und N gerade,
gu-Kerne: Z gerade und N ungerade,
ug-Kerne: Z ungerade und N gerade,
uu-Kerne: Z ungerade und N ungerade.
Stabile uu-Kerne kommen bis auf die Ausnahmen $^{2}_{1}H$, $^{6}_{3}Li$, $^{10}_{5}B$ und $^{14}_{7}N$ nicht vor. Die relative Häufigkeit der ersten drei Nuklide ist recht gering, die von $^{14}_{7}N$ beträgt allerdings 99,6%. Unter den 276 natürlichen auf der Erde vorkommenden Nukliden sind die stabilen gg-Kerne mit 163 besonders stark vertreten. Sauerstoff $^{16}_{8}O$ ist mit 62% und Silicium $^{28}_{14}Si$ mit 21% an der Gesamtmasse beteiligt, die die äußere ca. 20 km dicke Schicht der Erdkruste unter Einbeziehung der Meere bildet. Zu den häufig vertretenen Elementen gehören auch Eisen $^{56}_{26}Fe$ und $^{40}_{20}Ca$. Die Anzahl der stabilen ug- bzw. gu-Kerne ist mit 57 bzw. 50 gering. Sie besitzen in bezug auf ihr Auftreten auf der Erde auch nur eine mittlere Häufigkeit.
Besonders viele stabile Isotope bzw. Isotone (Kerne mit gleicher Neutronenzahl) besitzen Kerne, bei denen die Kernladungszahl Z oder die Neutronenzahl $N = 2, 8, 20, 28, 50, 82$ oder 126 ist. Die angegebenen Zahlen heißen „magische Zahlen", Kerne mit solchen Protonen- oder Neutronenzahlen heißen „magische Kerne".

12.3 Kernumwandlung und radioaktive Strahlung

Instabile Atomkerne verändern sich durch Emission von Nukleonen, Elektronen oder γ-Quanten. Es entstehen neue Kerne, die z. T. ebenfalls instabil sind. Die durch Umwandlungen entstehenden Elemente bilden Familien, die Masse eines instabilen Elements verringert sich gesetzmäßig, und Elemente, die durch Zufall entstehen und auch selbst weiterzerfallen, stehen mit ihrer Mutter- bzw. Tochtersubstanz in einem Gleichgewicht. Die hierfür geltenden Regeln und Gesetzmäßigkeiten werden in diesem Kapitel dargestellt.

[1]) Ausnahmen sind die uu-Kerne (Z und N ungerade).

12.3.1 Zerfallsreihen

Die natürliche radioaktive Strahlung besteht aus Heliumkernen (α-Teilchen), Elektronen (β-Teilchen) und γ-Quanten.
Emittiert ein Kern zwei Protonen und zwei Neutronen als **α-Teilchen,** so entsteht ein neuer Kern mit einer jeweils um zwei niedrigeren Protonen- und Neutronenzahl. Es hat eine Kernumwandlung stattgefunden, der Kern ist zerfallen.
Auch bei einer Emission von **β-Teilchen** findet eine Kernumwandlung statt. Obwohl sich im Kern keine Elektronen befinden, werden von Kernen Elektronen mit einer negativen Elementarladung emittiert. Dadurch erhöht sich die positive Kernladung um eine Elementarladung. Es ist der Kern eines anderen Elements entstanden.
Eine Emission von **γ-Quanten** bedeutet zwar keine Veränderung der Nukleonen- oder Ladungszahl, stellt jedoch eine Energieänderung des Kerns dar.
Kerne, die in irgendeiner Form zerfallen, bezeichnet man als instabil. Ein instabiler Kern zerfällt i. a. nicht gleich in einen stabilen Kern, sondern in eine Folge weiter zerfallender Kerne. Am Ende einer Reihe von Kernzerfällen steht jedoch stets ein stabiler Kern.
Abb. 12–28 zeigt vier verschiedene Zerfallsreihen, die jeweils von der Ausgangssubstanz über die verschiedenen Tochtersubstanzen bis zu einem stabilen Endprodukt führen. Die Art der Darstellung soll am Beispiel der Thoriumreihe näher erläutert werden: Die Ausgangssubstanz $^{232}_{90}Th$ zerfällt unter Emission eines α-Teilchens in $^{228}_{88}Ra$, wobei sich die Massenzahl A um vier und die Kernladungszahl Z um zwei Einheiten erniedrigt. Das Element $^{228}_{88}Ra$ wandelt sich unter Emission eines Elektrons in $^{228}_{89}Ac$ mit gleicher Massenzahl, aber einer um eins höheren Kernladungszahl um.
Da die Kernladungszahl Z auf der Abszisse, die Massenzahl A auf der Ordinate aufgetragen sind, bedeutet ein α-Zerfall im Koordinatensystem eine Verschiebung nach links unten, um zwei bzw. vier Einheiten; ein β-Zerfall eine Verschiebung nach rechts um eine Einheit. Eine Emission von γ-Quanten kann aus dieser Form der Darstellung nicht entnommen werden.

Ergebnis:
1. Bei einem α-Zerfall erniedrigt sich die Massenzahl A um 4 und die Kernladungszahl Z um 2. Der α-Zerfall wird beschrieben durch die Reaktionsgleichung

$$^{A}_{Z}X \rightarrow {}^{A-4}_{Z-2}Y + {}^{4}_{2}\alpha \,.$$

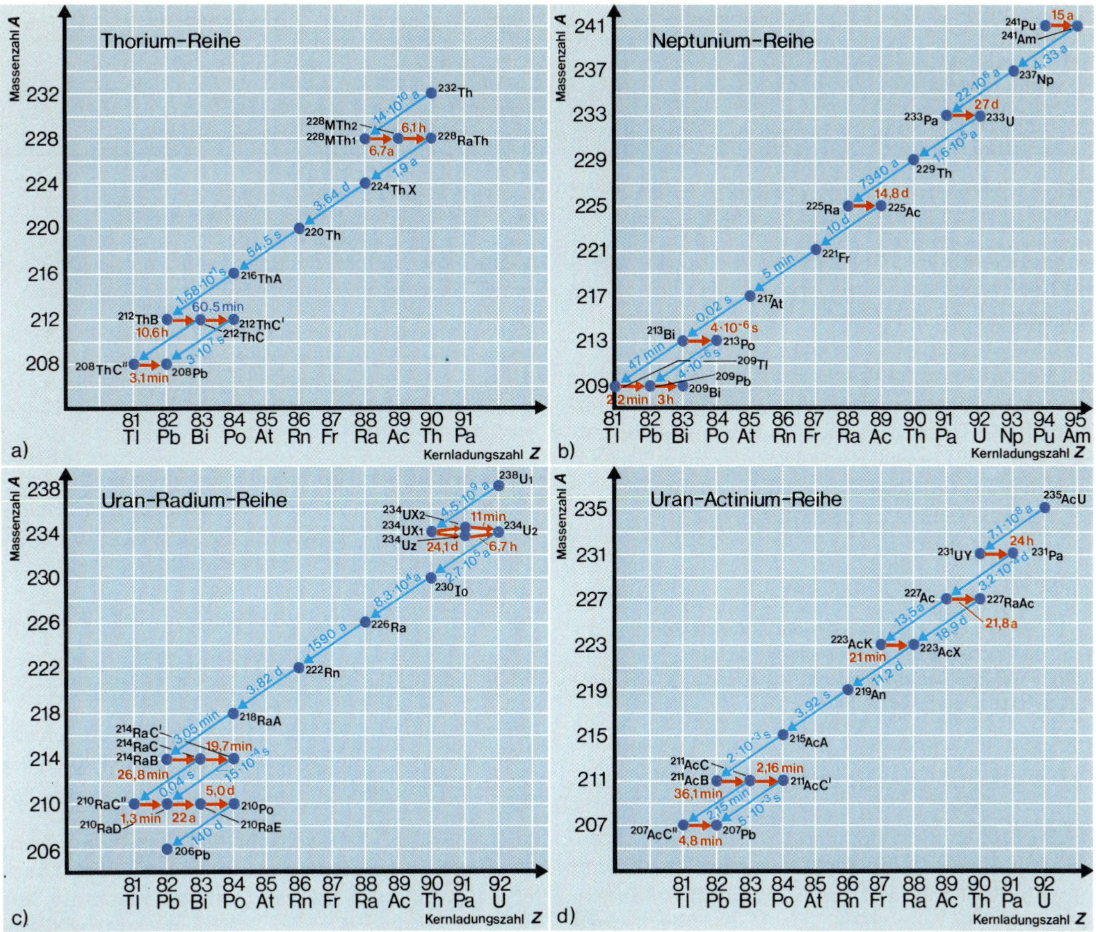

Abb. 12–28: Die vier radioaktiven Zerfallsreihen. a) Thorium-Reihe; b) Neptunium-Reihe; c) Uran-Radium-Reihe; d) Uran-Actinium-Reihe.
In den Darstellungen sind die Abkürzungen der historischen Bezeichnungen der Nuklide angegeben, z. B. für Wismutisotope 210, 211 und 212 die Bezeichnung ^{210}RaE, ^{211}Ac C, und ^{212}Th C. Die an die Übergänge geschriebenen Größen geben die Halbwertszeiten an (s. *12.3.2*).

2. Bei einem β-Zerfall bleibt die Massenzahl A konstant, die Kernladungszahl Z erhöht sich um 1:

$$^{A}_{Z}X \rightarrow {}^{A}_{Z+1}Y + {}^{0}_{-1}e\,.$$

3. Bei der Emission von γ-Quanten bleiben Massenzahl A und Kernladungszahl Z konstant.
4. Die Massenzahlen der Nuklide einer Zerfallsreihe unterscheiden sich stets durch ein ganzzahliges Vielfaches von 4, da sich nur beim α-Zerfall die Massenzahl ändert.

Aus der Änderung der Massenzahl beim α-Zerfall um vier Einheiten folgt, daß die radioaktiven Nuklide nach ihren Massenzahlen in vier verschiedene Zerfallsreihen (radioaktive Familien) eingeordnet werden können (*Tab. 12–6*).

Alle vier Zerfallsreihen enden mit stabilen Blei- bzw. Wismutisotopen: Die Thorium-Reihe mit ^{208}Pb, die Neptunium-Reihe mit ^{209}Bi, die Uran-Radium-Reihe mit ^{206}Pb und die Uran-Actinium-Reihe mit ^{207}Pb.

Die Nuklide der Neptunium-Reihe kommen in der Natur nicht (mehr) vor. Sie entstehen bei der künstlichen Kernumwandlung (→ *12.5.1*).
Wegen der im Vergleich zu den anderen Zerfallsreihen geringen Halbwertszeit (s. u.) des langlebigsten Isotops ^{237}Np der Neptunium-Reihe mit $t_H = 2{,}3 \cdot 10^6$a wird die Neptunium-Reihe, gemessen an irdischen Zeiträumen, sehr schnell durchlaufen und ist in der Natur praktisch bereits „ausgestorben".

Die Zerfallsreihen zeigen, daß für einige Nuklide zwei Arten des Zerfalls möglich sind. In der Thorium-Reihe können $^{213}_{83}$Bi und in der Uran-Actinium-Reihe $^{227}_{89}$Ac durch Emission eines α- oder β-Teilchens zerfallen. Die Zerfallswahrscheinlichkeiten für ein Nuklid, sich durch α- oder β-Zerfall umzu-

	Massenzahl	Ausgangsnuklid	Endnuklid
Thorium-Reihe	$4n$	Thorium 232	Blei 208
Neptunium-Reihe	$4n + 1$	Plutonium 241[1)]	Wismut 209
Uran-Radium-Reihe	$4n + 2$	Uran 238	Blei 206
Uran-Actinium-Reihe	$4n + 3$	Uran 235	Blei 207

Tab. 12 – 6: Ausgangs- und Endnuklide der vier Zerfallsreihen.

wandeln, sind verschieden groß. Für einen bestimmten Kern ist stets nur eine Art des Zerfalls möglich. Allerdings kann neben der α- oder β-Strahlung stets γ-Strahlung emittiert werden.
Ein beliebiges radioaktives Präparat wird i. a. alle drei Arten der Strahlung aussenden, da es alle Folgeprodukte eines radioaktiven Elements mitenthält, die verschiedene Zerfallsarten zeigen. Der radioaktive Zerfall eines Kerns ist ein spontaner Akt, der von außen nicht zu beeinflussen ist.

Aufgaben

12/21: Stellen Sie mit Hilfe der Nuklidkarte aus dem *Anhang* die Zerfallsreihe für Americium 241 auf.
12/22: Welches Isotop entsteht aus Thorium 232 nach vier α- und zwei β^--Zerfällen?

12.3.2 Gesetz des radioaktiven Zerfalls

Beobachtet man die Impulsraten eines Radiumpräparats, z. B. von Radium 226, so bemerkt man keine zeitliche Veränderung. Die Aktivität dieses Präparats erscheint unveränderlich. Man findet jedoch, daß die Radioaktivität bei isolierten Folgeprodukten, wie z. B. dem gasförmigen Radon 222, in kurzer Zeit abnimmt, hier in ungefähr 4 Tagen auf die Hälfte ihres Anfangswertes.
Wir untersuchen die zeitliche Änderung der Aktivität an einem gasförmigen Element, das sich einfach von den übrigen Elementen einer Zerfallsreihe trennen läßt.

Versuch 12/14: Das sich beim Zerfall eines Thoriumsalzes bildende gasförmige Radon 220 der Thorium-Reihe wird in eine Ionisationskammer gepumpt, in der es weiter zerfällt (*Abb. 12–29*).
Beobachtung: Der Meßverstärker zeigt einen mit der Zeit abnehmenden Ionisationsstrom an.
Deutung: Die beim Zerfall des Radon 220 emittierte Strahlung ionisiert die Luft in der Ionisationskammer. Die Abnahme des Ionisationsstromes beruht auf einer Abnahme der Zahl der im Zeitintervall erzeugten Ionen. Es werden in gleichen Zeitintervallen also immer weniger ionisierende Teilchen emittiert, d. h., es zerfallen immer weniger Kerne.

Aus der Thoriumreihe (*Abb. 12–28*) geht hervor, daß Radon 220 in die ebenfalls radioaktiven Folgeprodukte Polonium 216 und Blei 212 zerfällt. Deren Zerfälle beeinflussen aufgrund ihres Ablaufs und ihrer Art jedoch nicht die Untersuchung des Zerfalls des Radon.

Auswertung: Die graphische Darstellung des Ionisationsstroms deutet auf eine exponentielle Abhängigkeit von der Zeit hin, wie die halblogarithmische Darstellung (*Abb.12–30*) bestätigt. Die Gleichung der Geraden heißt
$\ln \{I\} = -\lambda t + \ln \{I_0\}$, die Steigung der Geraden ergibt sich zu $-\lambda = \dfrac{\ln \{I_2\} - \ln \{I_1\}}{t_2 - t_1}$ (zur Schreibweise siehe *12.1.5*). Die Abhängigkeit des Ionisationsstroms von der Zeit wird durch die Gleichung $I = I_0\, e^{-\lambda t}$ angegeben.

Die Konstante λ beschreibt die Geschwindigkeit, mit der sich der Ionisationsstrom, bzw. seine Ursache, die Aktivität des radioaktiven Präparats, ändert. Ein großer Wert von λ bedeutet eine schnelle Abnahme der **Aktivität,** also einen schnellen Zerfall. λ heißt **Zerfallskonstante.**

Die Stärke des Ionisationsstroms ist ein Maß für die Zahl der im Zeitintervall $\Delta t = t_2 - t_1$ zerfallenen

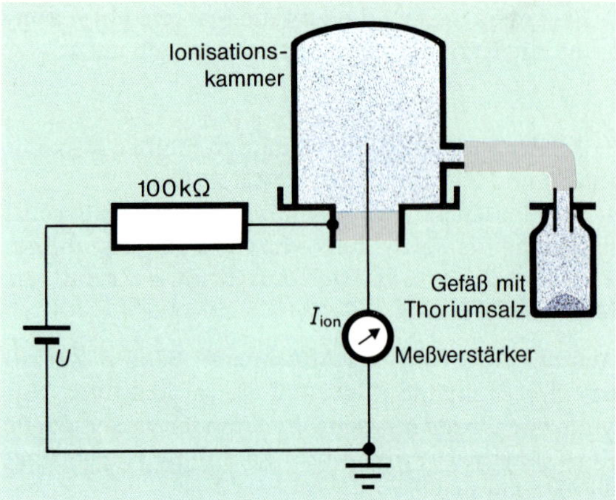

Abb. 12–29: Untersuchung der zeitlichen Änderung der Radioaktivität des gasförmigen Radon 220.

1) Die Neptunium-Reihe ist nach dem langlebigsten Isotop dieser Reihe benannt, obwohl sie ihren Ausgang vom Plutonium nimmt.

Element	Halbwertszeit	Art des Zerfalls	Teilchenenergie in MeV
Thorium 232	$1{,}4 \cdot 10^{10}$ a	α	4,0
Uran 238	$4{,}5 \cdot 10^{9}$ a	α	4,2
Uran 235	$6{,}5 \cdot 10^{8}$ a	α	4,4
Strontium 90	27,7 a	β	0,5
Polonium 210	138,5 d	α	5,3
Radon 220	55,6 s	α	6,3
Polonium 214	$1{,}6 \cdot 10^{-4}$ s	α	7,7

Tab. 12–7: Halbwertszeiten einiger radioaktiver Elemente.

Kerne $\Delta N = N_2 - N_1$. Bei jedem Kernzerfall wird durch die entstehende Strahlung dieselbe Anzahl von Ionen erzeugt. Die Zerfallsrate $-\frac{\Delta N}{\Delta t}$ ist der Stärke des Ionisationsstroms proportional, also ebenfalls eine Funktion der Zeit. Daher muß man den Grenzwert dieses Quotienten bestimmen, wenn man die Zerfallsrate zu einem bestimmten Zeitpunkt angeben will.

Definition: $A = \lim_{\Delta t \to 0} \left(-\frac{\Delta N}{\Delta t}\right) = -\frac{dN}{dt}$ heißt Aktivität des radioaktiven Elements.
Die Einheit der Aktivität ist $[A] = s^{-1} = 1$ Becquerel (Bq)[1]. Die Aktivität A gibt die Zahl der Kernzerfälle pro Sekunde an, die in einem bestimmten Präparat stattfinden.

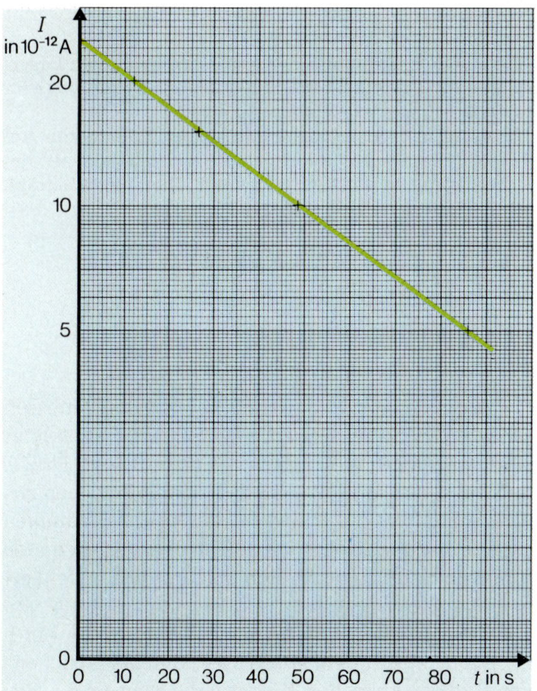

Abb. 12–30: Halblogarithmische Darstellungen des Ionisationsstroms in Abhängigkeit von der Zeit für Radon 220.

Da die Aktivität der Stärke des Ionisationsstroms proportional ist, wird ihre Abhängigkeit von der Zeit ebenfalls durch ein Exponentialgesetz angegeben: $A = A_0\, e^{-\lambda t}$.
Die Abnahme der Aktivität radioaktiver Stoffe spielt bei der Diskussion der Gefahren von Kernkraftwerken eine Rolle. Man charakterisiert die Abnahme der Aktivität eines Strahlers durch seine **Halbwertszeit** t_H. Sie gibt an, nach welcher Zeit die Aktivität auf die Hälfte ihres Anfangswertes gesunken ist:

$$\frac{A_0}{2} = A_0\, e^{-\lambda t_H}, \quad t_H = \frac{\ln 2}{\lambda}.$$

Die Halbwertzeiten radioaktiver Elemente variieren zwischen 10^{-7} s und 10^{18} a (*Tab. 12–7*).

Die Zahl $N(t)$ der zum Zeitpunkt t noch nicht zerfallenen Kerne eines radioaktiven Elements nimmt mit der Zeit ab. Sie kann mit Hilfe der Gleichung für die Aktivität $A = -\frac{dN}{dt}$ bestimmt werden. Aus

$$-\frac{dN}{dt} = A_0 e^{-\lambda t} \quad \text{folgt} \quad N = \frac{A_0}{\lambda} e^{-\lambda t} + C,$$

wie man durch Differenzieren bestätigt. Die Konstante C ergibt sich aus der Überlegung, daß die Zahl der Kerne für $t \to \infty$ gegen Null strebt, zu $C = 0$. Der Faktor A_0/λ gibt die Zahl N_0 der Kerne zum Zeitpunkt $t = 0$ an.

Das Gesetz des radioaktiven Zerfalls heißt $N = N_0 e^{-\lambda t}$. Es gibt die Zahl der zur Zeit t noch nicht zerfallenen Kerne an. Die **Zerfallskonstante** $\lambda = \ln 2/t_H$ bestimmt die **Halbwertszeit** t_H, nach der die Hälfte der am Anfang noch vorhandenen Kerne zerfallen sein wird.

Aus $\frac{dN}{dt} = -\lambda N_0\, e^{-\lambda t} = -\lambda N$ und $A = -\frac{dN}{dt}$ ergibt sich

$$A = \lambda N.$$

Die Aktivität eines radioaktiven Präparats ist proportional zur Zahl N der noch unzerfallenen Kerne. Für die Zerfallskonstante λ gilt die Beziehung

$$\frac{-\frac{dN}{dt}}{N} = \lambda.$$

Dies ist der Quotient aus der Aktivität und der Zahl der vorhandenen Kerne. Da dieser Quotient konstant ist, be-

[1] Bislang wurde für die Aktivität die Einheit 1 Curie verwendet.
1 Ci ist ungefähr gleich der Aktivität von 1 g Radium 226.
$1\ \text{Ci} = 3{,}7 \cdot 10^{10}\ s^{-1}$.

deutet das, daß die Wahrscheinlichkeit für einen Kern, in einem bestimmten Zeitintervall Δt zu zerfallen, konstant ist. Die Wahrscheinlichkeit p für den Zerfall eines Kerns im Intervall Δt ist gleich dem Quotienten aus der Zahl der zerfallenen Kerne $-\Delta N$ und der Zahl der am Anfang des Intervalls noch nicht zerfallenen Kerne N: $p = -\Delta N/N$. Das Minuszeichen berücksichtigt, daß die Zahl der zerfallenen Kerne $\Delta N = N_2 - N_1$ negativ ist. Da die Zerfallswahrscheinlichkeit proportional zur Länge des Intervalls Δt *ist*, gilt $-\Delta N/N = \lambda \Delta t$.
Die Zerfallswahrscheinlichkeit eines Kerns ist also unabhängig von der Zeit, d. h. von der Dauer seines Lebens. So ist z. B. die Wahrscheinlichkeit für seinen Zerfall innerhalb eines Zeitintervalls Δt von der Größe der Halbwertszeit t_H: $p = \frac{N/2}{N} = \frac{1}{2}$. Ist der Kern am Ende dieses Intervalls nicht zerfallen, so ist seine Zerfallswahrscheinlichkeit innerhalb der nächsten Halbwertszeit abermals $p = \frac{1}{2}$.

Aufgaben

12/23: Die Untersuchung der Aktivität des gasförmigen Elements Radon 220 in einer Ionisationskammer liefert folgende Meßwerte:

I in 10^{-12} A	30	20	15	10	5
t in s	0	38	62	95	162

Bestimmen Sie mit Hilfe einer halblogarithmischen Darstellung Halbwertszeit und Zerfallskonstante.
12/24: Welcher Bruchteil einer Menge Radium 226 mit der Halbwertzeit t_H = 1600 a ist nach 10 Jahren noch nicht zerfallen?
12/25: Wieviel Blei ist seit Bestehen der Erde ($2{,}5\cdot10^9$a) aus 1 kg Uran 238 entstanden, wenn die effektive Halbwertszeit des Uran beim Zerfall in Blei $t_H = 4{,}5\cdot10^9$a beträgt?
12/26: Durch eine Massenbestimmung und eine Messung der Aktivität lassen sich auch die Halbwertszeiten sehr langlebiger Substanzen bestimmen. Dabei ergibt sich für Thorium 232 $t_H = 1{,}39\cdot10^{10}$a.
Wie groß ist die Zahl der in einer Sekunde zerfallenden Kerne bei einer Thoriummasse von 1 g?
12/27:
a) Die Aktivität eines Americium-241-Präparats beträgt 9 μCi. Berechnen Sie seine Masse.
b) Wie groß ist die Masse eines Radium-226-Präparats, dessen Aktivität $A = 10^3 s^{-1}$ beträgt?
12/28:
a) Welche Aktivität haben 2 μg Polonium 214? (t_H = 138d)
b) Wie groß ist die Aktivität nach 2 Jahren?

12.3.3 Das radioaktive Gleichgewicht

Das von uns untersuchte Radionuklid Radon 220 ist ein Element einer Zerfallsreihe. Es eignet sich für die Untersuchung des Zerfallsgesetzes, weil es sich aufgrund seines gasförmigen Zustandes von seinen „Vorgängern" trennen läßt, und weil die bei seinem Zerfall entstehenden Radionuklide eine wesentlich kleinere oder größere Halbwertszeit als Radon 220 haben.
^{220}Rn entsteht durch α-Zerfall aus ^{224}Ra und zerfällt seinerseits in ^{216}Po. Es entstehen also innerhalb der Zerfallsreihe ständig neue ^{220}Rn-Kerne wie auch ständig schon vorhandene Kerne zerfallen. Man kann sich nun die Frage stellen: Ändert sich die Anzahl der Radonkerne im Laufe der Zeit, wird sie größer oder vielleicht kleiner? Die Anzahl der entstehenden Radonkerne ist gleich der Anzahl der zerfallenden Radiumkerne. Für den Zerfall aller Kerne gilt die Beziehung

$$\frac{dN}{dt} = -\lambda N,$$

d. h., die Anzahl der im Zeitintervall Δt entstehenden Radonkerne ΔN_{Rn} ist proportional zur Anzahl der vorhandenen Radiumkerne N_{Ra}.
Die Anzahl der zerfallenen Radonkerne ist andererseits proportional zur Anzahl der vorhandenen Radonkerne. Wenn also mehr Radonkerne entstehen, weil die Anzahl der Mutterkerne größer geworden ist, werden auch mehr Radonkerne zerfallen. Man erkennt, daß sich im Laufe der Zeit ein Gleichgewichtszustand zwischen den entstehenden und den zerfallenden Kernen einstellen wird. Die Anzahl der in der Zeit Δt zerfallenden Radiumkerne ist gleich der Anzahl der zerfallenden Radonkerne.

$$\Delta N_{Ra} = \Delta N_{Rn} \text{ oder wegen } \Delta N = -\lambda N \Delta t$$
$$\lambda_{Ra} N_{Ra} \Delta t = \lambda_{Rn} N_{Rn} \Delta t, \text{ also}$$
$$\lambda_{Ra} N_{Ra} = \lambda_{Rn} N_{Rn}.$$

Diese Überlegung gilt für alle Glieder innerhalb einer Zerfallsreihe, so daß man schreiben kann

$$\lambda_1 N_1 = \lambda_2 N_2 = \lambda_3 N_3 = \ldots$$

Alle Folgeprodukte haben die gleiche Aktivität.
Verwendet man anstelle der Zerfallskonstanten die Halbwertzeit t_H, so ergibt sich

$$\frac{N_1}{t_{H1}} = \frac{N_2}{t_{H2}} = \frac{N_3}{t_{H3}} = \ldots\ldots$$

Aufgaben

12/29: Welche Radiummenge entfällt in einer alten Lagerstätte auf 1 g Uran 238? Die Halbwertszeiten sind 1600 a für Radium 226 und $4{,}5\cdot10^9$a für Uran 238.
12/30: Natürliches Uranerz enthält ein Radiumatom auf $2{,}79\cdot10^6$ Uranatome. Berechnen Sie die Halbwertszeit des Urans, wenn die Halbwertszeit des Radium 1600 a beträgt.

12.4 Energie der Atomkerne und Kernmodelle

Da Atomkerne sehr stabile Teilchen sind, müssen zwischen den Nukleonen, aus denen sie aufgebaut sind, anziehende Kräfte existieren. Diese Kräfte müssen sogar so groß sein, daß sie die Protonen zusammenhalten, die ja alle gleiche positive Ladungen tragen und sich somit abstoßen. Aus der Behandlung von Satelliten, die sich im Gravitationsfeld eines Planeten bewegen, und der Behandlung von Elektronen, die sich im elektrischen Feld eines Atomkerns befinden, wissen wir, daß bei anziehenden Kräften zwischen Körpern die Energie des Systems, das diese Körper bilden, geringer wird, wenn sich die Körper einander nähern. Dementsprechend sind auch beim Zusammenfügen von Nukleonen, zwischen denen anziehende Kräfte bestehen, energetische Änderungen zu erwarten. Wir werden in diesem Abschnitt zeigen, wie sich die energetischen Veränderungen bemerkbar machen und wie man diese mit Hilfe eines einfachen Modells des Atomkerns beschreiben kann.

12.4.1 Massendefekt und Bindungsenergie

Im *Abschnitt 12.1* wurde erwähnt, daß die relativen Atommassen A_r nur sehr kleine Abweichungen von der Ganzzahligkeit aufweisen. Präzisionsmessungen haben für die Massen der Atombausteine folgende Werte ergeben:

Masse des Protons: $m_p = 1{,}007\ 276\ 470$ u,
Masse des Neutrons: $m_n = 1{,}008\ 665\ 012$ u,
Masse des Elektrons: $m_e = 0{,}000\ 548\ 580$ u.

Vergleicht man die Masse eines Atomkerns mit der Gesamtmasse seiner Nukleonen, so stellt man fest, daß die Masse des Kerns stets kleiner ist als die Summe der Nukleonenmassen. Dieser Unterschied Δm heißt **Massendefekt.**

Betrachtet man als Beispiel den Heliumkern: Die Masse des Heliumatoms ist $m_A = 4{,}002\ 604$ u, die Masse des Kerns beträgt dann
$m_K = m_A - 2\ m_e = 4{,}001\ 506$ u. Der Kern ist aus zwei Protonen und zwei Neutronen aufgebaut:
$2\ m_p + 2\ m_n = 2 \cdot 1{,}007\ 276$ u $+ 2 \cdot 1{,}008\ 665$ u
$= 4{,}031\ 882$ u;
so ergibt sich eine Massendifferenz
$\Delta m = 2\ m_p + 2\ m_n - m_K = 0{,}030\ 376$ u.

Der Massendefekt eines Nuklids ergibt sich aus der Masse seiner Z Protonen, seiner N Neutronen und der Kernmasse m_K: $\Delta m = Z\ m_P + N\ m_n - m_K$. Die Masse des Kerns m_K berechnet man aus der Masse des Atoms m_A und der Masse m_e der Z Hüllenelektronen: $m_K = m_A - Z\ m_e$.

Gemäß der Äquivalenz von Masse und Energie $E = m\ c^2$ wird beim Zusammenfügen der Nukleonen zu einem Kern eine **Bindungsenergie** $E_B = \Delta m\ c^2$ frei.

Definition: Die Bindungsenergie eines Kerns ist diejenige Energie, die dem Massendefekt äquivalent ist, der beim Zusammenfügen des Kerns aus seinen Nukleonen entsteht.

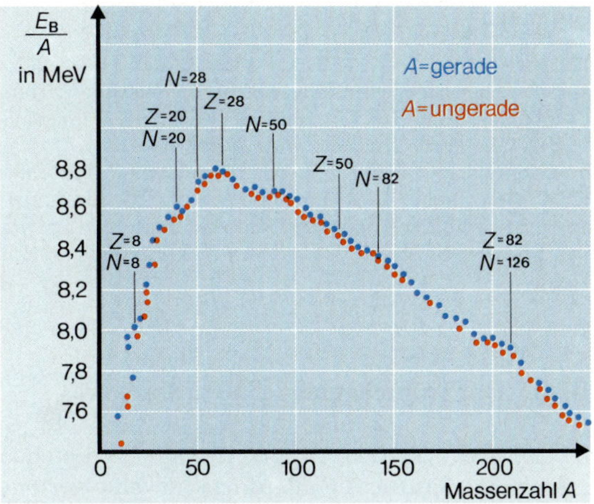

Abb. 12–31: Mittlere Bindungsenergie pro Nukleon E_B/A in Abhängigkeit von der Massenzahl.

Eine Zerlegung des Kerns in seine Nukleonen ist nur durch Zufuhr eines Energiebetrages in Höhe der Bindungsenergie möglich.

Der atomaren Masseneinheit u entspricht die Energie $E = m\ c^2 = 931{,}5$ MeV (≈ 1 GeV).

Die Bindungsenergie des Heliumkerns beträgt danach $E_B = 28{,}3$ MeV.
Aufgrund von Präzisionsmessungen mit Massenspektrographen, mit denen die Massen der Atome bestimmt werden, ist man in der Lage, die Massendefekte und damit die Bindungsenergien aller Atomkerne exakt anzugeben. Einen Überblick über die Bindungsenergien der Atomkerne erhält man, indem man für jede Massenzahl A die Bindungsenergie aller stabilen Kerne (Isobare) berechnet und die Mittelwerte bildet. *Tabelle 12–8* gibt für die leichtesten Nuklide die Bindungsenergie E_B und die Bindungsenergie pro Nukleon E_B/A an. Die mittleren Bindungsenergien pro Nukleon E_B/A sind in *Abb. 12–31* dargestellt. Die Darstellung liefert folgende Ergebnisse:

1. Die Größenordnung der mittleren Bindungsenergie pro Nukleon ist für alle Nuklide nahezu gleich. Sie liegt bei 8 MeV pro Nukleon.
2. Die mittlere Bindungsenergie pro Nukleon nimmt mit wachsender Massenzahl A zunächst zu, erreicht für Kerne mit den Massenzahlen zwischen $A = 60$ und $A = 70$ ein Maximum und nimmt dann wieder ab.

Nuklid	$^{2}_{1}H$	$^{3}_{1}H$	$^{3}_{2}He$	$^{4}_{2}He$	$^{6}_{3}Li$	$^{7}_{3}Li$	$^{8}_{4}Be$	$^{9}_{4}Be$	$^{10}_{5}Be$	$^{11}_{5}B$	$^{12}_{6}C$
E_B in MeV	2,22	8,48	7,72	28,29	31,99	39,24	56,49	58,19	64,75	76,20	92,16
E_B/A in MeV	1,11	2,83	2,57	7,07	5,33	5,60	7,06	6,46	6,47	6,93	7,67

Tabelle 12–8: Bindungsenergie der leichtesten Nuklide.

Aufgaben

12/31:

a) Berechnen Sie die Bindungsenergie der Nuklide Tritium ^{3}H und Helium ^{3}He. Entnehmen Sie dazu die Massen aus der Tabelle der Nuklide *im Anhang.*

b) Erklären Sie das Ergebnis der Lösung von *Aufgabe a).*

12/32: Berechnen Sie für folgende Nuklide die Bindungsenergie pro Nukleon nach dem Massendefekt: ^{6}Li, ^{7}Li, ^{12}C, ^{17}O. Entnehmen Sie die Massen der Nuklidtabelle *im Anhang.*

12.4.2 Das Tröpfchenmodell des Atomkerns

Zwischen den Nukleonen eines Atomkerns bestehen anziehende Kräfte, die allerdings nur eine geringe Reichweite haben können. Dies läßt sich aus den Streuversuchen mit α-Teilchen an Goldkernen schließen, die RUTHERFORD durchgeführt hat. Dabei zeigte sich, daß für α-Teilchen, die sich den Kernmittelpunkten bis auf einen Abstand von $13 \cdot 10^{-15}$m näherten, allein die Coulombschen Abstoßungskräfte wirksam waren. Erst bei noch geringeren Abständen machten sich weitere anziehende Kräfte bemerkbar.

Aus Streuversuchen mit Elektronen an Atomkernen weiß man, daß der Radius eines Goldkerns $8{,}5 \cdot 10^{-15}$m und der eines α-Teilchens $3 \cdot 10^{-15}$m beträgt. Wenn bei der Streuung eines α-Teilchens an einem Goldkern der Abstand der Mittelpunkte der beiden Kerne $13 \cdot 10^{-15}$m beträgt, so haben ihre Oberflächen einen Abstand von

$$d = 13 \cdot 10^{-15}\text{m} - (8{,}5 \cdot 10^{-15}\text{m} + 3 \cdot 10^{-15}\text{m}) = 1{,}5 \cdot 10^{-15}\text{m}.$$

Von diesem Abstand an lassen sich also die Wirkungen weiterer Kräfte nachweisen.

Zwischen den Nukleonen wirken (anziehende) **Kernkräfte,** die die Bindung der Nukleonen bewirken. Ihre Reichweite beträgt $r_K = 1{,}5 \cdot 10^{-15}$m.

Neben die uns bekannte **elektromagnetische Kraft** und die **Gravitationskraft** tritt damit eine dritte Art, die **Kernkraft.** Die Wirksamkeit der Kernkräfte sinkt mit wachsendem Abstand sehr viel schneller als die der elektromagnetischen Kräfte oder die der Gravitationskräfte, die beide umgekehrt proportional zum Quadrat des Abstands sind. Sind die Abstände der Nukleonen klein genug, so werden dagegen die elektrostatischen Abstoßungskräfte überwunden. Die Wirksamkeit der Kernkräfte ist bei kleinen Abständen also wesentlich größer als die der elektrostatischen Kräfte. Man spricht daher auch von der starken Wechselwirkung.

Die nur geringen Unterschiede der Bindungsenergien isobarer Kerne (Kerne mit gleicher Massenzahl, aber mit unterschiedlicher Zahl von Protonen und Neutronen) zeigen, daß die für die Bindungsenergien verantwortlichen Kernkräfte auf Protonen und Neutronen gleichartig wirken.

Ein Vergleich der Werte für den Radius eines Nukleons $r_0 = 1{,}46 \cdot 10^{-15}$ und für die Reichweite der Kernkräfte $r_K = 1{,}5 \cdot 10^{-15}$m zeigt:

Kernkräfte wirken nur zwischen benachbarten Nukleonen.

Denkt man sich einen Kern der Massenzahl A aus Nukleonen mit dem Volumen $V_0 = \frac{4}{3}\pi r_0^3$ zusammengesetzt, so ergibt sich das Volumen des Kerns näherungsweise zu $V = AV_0$. Daraus folgt, daß alle Kerne gleiche Dichte haben:

$$\varrho = \frac{m}{V} = \frac{Au}{AV_0} = \frac{u}{V_0} = \text{const.}$$

Die Tatsache der gleichen Dichte aller Kerne und die Eigenschaft der Kernkraft, nur auf benachbarte Nukleonen zu wirken, führen zum **Tröpfchenmodell** des Atomkerns. Tröpfchen einer Flüssigkeit haben bei verschiedener Größe stets gleiche Dichte und werden durch Kohäsionskräfte zusammengehalten, die ebenfalls nur zwischen benachbarten Molekülen wirksam sind.

Unter Anwendung des Tröpfchenmodells kann eine Näherungsformel für die mittlere Bindungsenergie pro Nukleon hergeleitet werden. Die gesamte **Bindungsenergie** setzt sich danach näherungsweise aus drei Anteilen zusammen: Ein als **Volumenenergie** E_V bezeichneter Anteil ist proportional zum Kernvolumen. In einem zweiten als **Oberflächenenergie** E_O bezeichneten Anteil wird berücksichtigt, daß einige Nukleonen an der Oberfläche des Kerns liegen, also nicht allseitig von anderen Nukleonen umgeben sind. Ein dritter Anteil berücksichtigt die elektrostatischen Abstoßungskräfte zwischen den Protonen als **elektrostatische Energie** E_E.

Die Volumenenergie ergibt sich aus der folgenden Überlegung: Bei der Vereinigung zweier Nukleonen wird eine dem Massendefekt entsprechende Energie frei. Die insgesamt frei werdende Energie ist proportional zur Zahl der Teilchen, also zum Volumen: $E_V \sim V$. Da für das Kernvolumen $V = \frac{4}{3}\pi r_0^3 A$ gilt, ist die Volumenenergie E_V proportional zur Massenzahl A, d. h., die Volumenenergie pro Nukleon E_V/A ist konstant. Die Volumenenergie pro Nukleon kann folgendermaßen abgeschätzt werden: Bei der Bildung eines Deuteriumkerns $^{2}_{1}H$ aus einem Proton und einem Neutron wird nach dem Massendefekt eine Bindungsenergie von ca. 2,2 MeV frei, also 1,1 MeV pro Nukleon. Bei dichtester Kugelpackung hat jedes Nukleon 12 Nachbarn (*Abb. 12–32*), mit denen es eine Bindung eingeht.

Wenn bei jeder Bindung 1,1 MeV frei werden, so stehen bei der Bindung von 12 Nukleonen insgesamt 13,2 MeV zur Verfügung. Die Volumenenergie pro Nukleon beträgt also $E_V/A = 13{,}2$ MeV.

Bei der Berechnung der Volumenenergie pro Nukleon wurde nicht berücksichtigt, daß nicht alle Nukleonen 12 Nachbarn haben können, da sie z. T. an der Oberfläche des Kerns liegen. Ein Wert von 13,2 MeV pro Nukleon kann also nicht von allen Nukleonen erreicht werden. Die Volumenenergie eines Kerns muß um einen Betrag vermindert werden, der zur Zahl der an der Oberfläche liegenden Nukleonen proportional ist. Diese Anzahl ist wiederum der Oberfläche proportional. Mit $r = r_0 A^{1/3}$ ergibt sich die Oberfläche eines Kerns aus A Nukleonen zu $O = 4\pi r^2 = 4\pi r_0^2 A^{2/3}$. Da die Oberflächenenergie E_O zur Oberfläche O proportional ist, $E_O \sim 4\pi r_0^2 A^{2/3}$, ergibt sich: Die Oberflächenenergie pro Nukleon ist $E_O/A \sim 4\pi r_0^2 A^{-1/3}$.

Abb. 12–33 zeigt eine graphische Darstellung der Differenz $E_V/A - E_O/A$. Dabei sind die Funktionsgleichungen $E_V/A = 14$ MeV und $E_O/A = 13\text{ MeV} \cdot A^{-1/3}$ verwendet worden. Die

Abb. 12–32: Dichteste Kugelpackung von 13 Nukleonen.

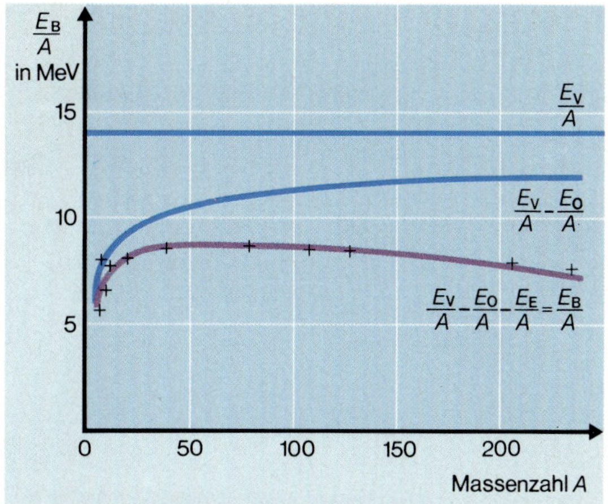

Abb. 12–33: Darstellung der Anteile der Bindungsenergie pro Nukleon. Volumenenergie pro Nukleon $E_V/A = 14$ MeV, Oberflächenenergie pro Nukleon $E_O/A = 13 \text{ MeV} \cdot A^{-1/3}$, elektrische Energie pro Nukleon $E_E/A = 0{,}12 \text{ MeV} \cdot A^{2/3}$. Zum Vergleich sind einige aus dem Massendefekt berechnete Werte der Bindungsenergie eingetragen.

Werte für die Konstante bzw. den Koeffizienten wurden durch Anpassung der Endformel an die aus den Massendefekten berechneten Werte der mittleren Bindungsenergie pro Nukleon gewonnen. Die Darstellung zeigt, daß der Anstieg der mittleren Bindungsenergie pro Nukleon für Massenzahlen kleiner als 60 schon näherungsweise richtig wiedergegeben wird. Jedoch nehmen für größere Massenzahlen die Werte der Bindungsenergie pro Nukleon noch nicht ab, wie es der Fall sein müßte.

Dies wird erst erreicht durch Berücksichtigung der elektrostatischen Energie E_E aufgrund der Coulombschen Abstoßung der Protonen. Für die Energie einer Kugel, in der die Ladung gleichmäßig verteilt ist, gilt, ähnlich wie für zwei punktförmige Ladungen der Größe Q im Abstand r, $E_E \sim \frac{Q^2}{r}$.

Mit $r = r_0 A^{1/3}$ und $Q = Z e$ ergibt sich $E_E \sim \frac{Z^2 e^2}{A^{1/3}}$ und für die elektrostatische Energie pro Nukleon $E_E/A \sim \frac{Z^2 e^2}{A^{4/3}}$.

Um diese Energie ebenfalls in die Darstellung eintragen zu können, ist für die Kernladungszahl Z die Näherung $Z = 0{,}45\, A$ verwendet worden, die den Zusammenhang von Z und A für große Massenzahlen A berücksichtigt. Damit ergibt sich

$$\frac{E_E}{A} \sim \frac{e^2\, 0{,}45^2\, A^2}{A^{4/3}}, \quad \text{also} \quad \frac{E_E}{A} \sim A^{2/3}.$$

Der Koeffizient in der Funktionsgleichung für die elektrostatische Energie pro Nukleon ist ebenfalls durch Anpassung der Endformel an die aus dem Massendefekt berechneten Werte gewonnen. Die elektrostatische Energie pro Nukleon ist $\Delta E_E/A = 0{,}12 \text{ MeV } A^{2/3}$.

Durch alle drei Abschätzungen ergibt sich für die Bindungsenergie pro Nukleon die Formel

$$\frac{E_B}{A} = \frac{E_V}{A} - \frac{E_O}{A} - \frac{E_E}{A},$$

$$\frac{E_B}{A} = 14 \text{ MeV} - 13 \text{ MeV } A^{-1/3} - 0{,}12 \text{ MeV } A^{2/3}.$$

Der Vergleich der aus dem Tröpfchenmodell entwickelten Formeln mit einigen aus dem Massendefekt berechneten Werten (*Abb. 12–33*) zeigt, daß es sich um eine brauchbare Näherung handelt. Man erkennt auch, daß der Einfluß der elektrostatischen Energie mit zunehmender Protonenzahl stärker wird. Ursache hierfür ist die im Vergleich zu den Kernkräften größere Reichweite der elektrischen Kräfte.

Es wird auch verständlich, warum bei den größeren Kernen die Zahl der Neutronen größer ist als die Zahl der Protonen: Die elektrostatischen Abstoßungskräfte müssen kompensiert werden.

Die dargestellten Überlegungen gehen auf eine Theorie zurück, die v. WEIZSÄCKER 1935 entwickelt hat. Dabei wurden jedoch noch das überproportionale Anwachsen der Neutronen im Kern und die höheren Bindungsenergien bei geraden Protonen- bzw. Neutronenzahlen berücksichtigt.

Aufgaben

12/33: In einem Heliumkern haben die Nukleonen voneinander einen mittleren Abstand von 10^{-14} m.

a) Wie groß sind die abstoßenden elektrischen Kräfte zwischen den Nukleonen?

b) Wie groß sind die Gravitationskräfte zwischen den Teilchen?

12/34: Berechnen Sie für folgende Nuklide die Bindungsenergien pro Nukleon nach der Näherungsformel
$E_B/A = 14 \text{ MeV} - 13 \text{ MeV}A^{-1/3} - 0{,}12 \text{ MeV}A^{2/3}$
auf der Basis des Tröpfchenmodells: ^{6}Li, ^{7}Li, ^{12}C, ^{17}O.

12/35:

a) Berechnen Sie zweimal die Bindungsenergie pro Nukleon für ^{235}Uran mit dem Massendefekt: einmal, indem Sie sich den Kern aus einzelnen Nukleonen zusammengesetzt denken, und zum anderen, indem Sie sich den Urankern durch den Einbau weiterer Nukleonen aus einem Kern des Bleiisotops ^{207}Pb entstanden denken.

b) Wie sind die unterschiedlichen Ergebnisse in *Aufgabe a)* zu erklären?

12.4.3 Das Potentialtopfmodell des Atomkerns

Das Tröpfchenmodell des Atomkerns hat die Herleitung einer Formel für die mittlere Bindungsenergie pro Nukleon ermöglicht. Dabei wurden die Werte für die Konstanten mit Hilfe von Meßwerten errechnet und ergaben sich nicht

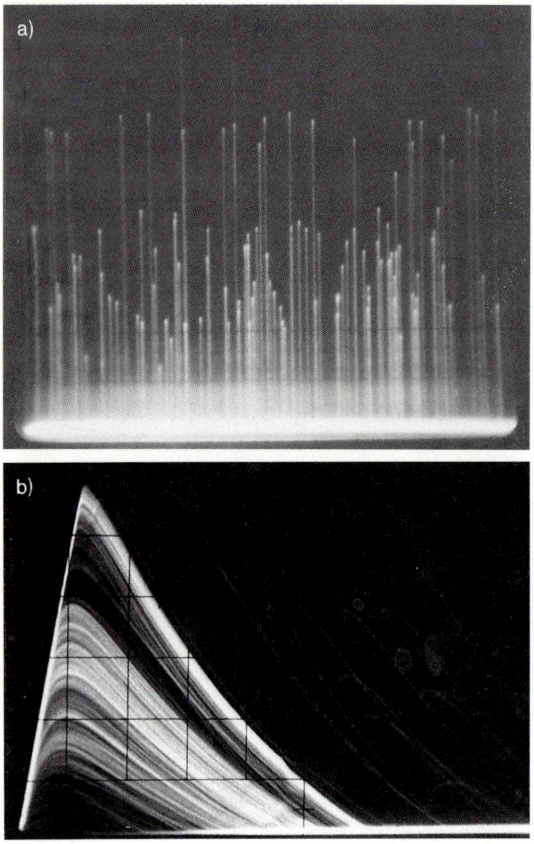

Abb. 12–34: a) Das α-Spektrum eines Radium-Präparats, aufgenommen mit einem Silizium-Oberflächensperrdetektor.
b) Dasselbe Spektrum wie in der vorangegangenen Abbildung, jedoch mit einer größeren Zeitablenkung, wodurch der zeitliche Verlauf der Impulse deutlich wird.

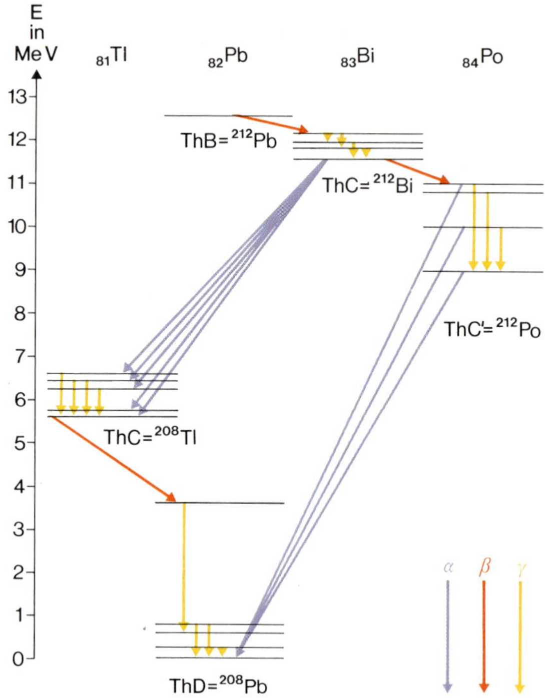

Abb. 12–35: Das Termschema zeigt die Zusammenhänge der α-, β- und γ-Übergänge für vier instabile Kerne am Ende der Thorium-Reihe.

aus der Theorie. Von der Kernkraft verwendete man nur die Kenntnis der kurzen Reichweite. Wir werden sehen, daß dies Modell geeignet ist, die energetischen Prozesse bei der Kernspaltung und der Kernfusion zu verstehen.
Das Modell erklärt jedoch nicht, warum ein Kern sich in einen anderen umwandelt, warum Kernteilchen sich vom Kern trennen und woher die Elektronen der β-Strahlung kommen. Das Modell erklärt auch nicht, warum die α- und die γ-Strahlen diskrete Energien besitzen. Dies zeigt z. B. der folgende Versuch:

Versuch 12/15: Die α-Strahlung eines Radiumpräparats trifft auf die Sperrschicht eines Halbleiterdetektors. Die Impulse werden mit einem Oszilloskop registriert (*Abb. 12–34 a, b*).
Beobachtung: Man erkennt aus beiden Abbildungen, daß es mehrere Gruppen nahezu gleicher Impulse gibt.
Erklärung: Die α-Teilchen, die im Halbleiter die Ladungen erzeugen, stammen aus unterschiedlichen Tiefen des Präparats und haben daher schon einen Teil ihrer Energie verloren, wenn sie aus dem Präparat austreten. Bei einem offenen Oberflächenpräparat beobachtet man Gruppen von α-Teilchen mit einheitlicher Energie. Da ein Radiumpräparat auch seine Folgeprodukte enthält, werden von

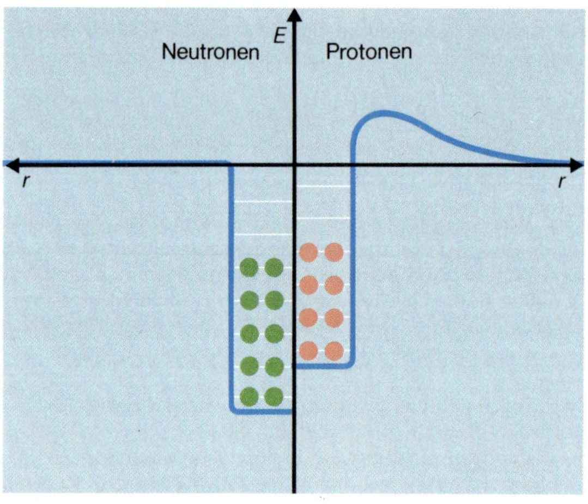

Abb. 12–36: Der lineare Potentialtopf ist ein quantenmechanisches Modell des Atomkerns. Für Neutronen und Protonen existieren getrennte Potentialtöpfe. Die Energieniveaus sind in beiden Töpfen bis in gleiche Höhen besetzt. Nach dem Pauliprinzip kann jeder Energiezustand von höchstens zwei Teilchen besetzt sein.

ihm eine Vielzahl von α-Teilchen mit verschiedenen Energien emittiert. Doch besitzen alle α-Teilchen diskrete Energien.

Eine Abschätzung der Größenordnung der Energie der α-Teilchen ist mit den Meßwerten von *Versuch 12/11* mit Americium möglich: Dort wurden α-Teilchen mit einer Ge-

schwindigkeit $v = 1{,}5 \cdot 10^7$m/s untersucht. Unter Verwendung der Masse m = 4u berechnet man die kinetische Energie zu $E_{kin} = 1/2\ m\ v^2 = 4{,}7$ MeV (*s. Abb. 12–18*).
Genaue Messungen liefern für α-Teilchen von Radium 226 $E = 4{,}78$ MeV und $E = 4{,}59$ MeV. Auch die Untersuchung von γ-Spektren mit Hilfe von Szintillationszählern zeigt, daß die γ-Quanten diskrete Energien besitzen (*Abb. 12–15* und *Abb. 12–16*). Alle diese Messungen ergeben, daß die Atomkerne diskrete Energiezustände haben.
Da beim radioaktiven Zerfall aufgrund der Kernumwandlung Energieübergänge zwischen verschiedenen Kernen stattfinden, werden die Energiezustände verschiedener Atomkerne nebeneinander dargestellt: *Abb. 12–35* zeigt das Energietermschema der letzten fünf Kerne der Thorium-Reihe. In vier Gruppen sind untereinander die Energiezustände von Thallium 208, Blei 208, Blei 212, Wismut 212 und Polonium 212 dargestellt. Übereinanderliegende Energieterme gehören zu Kernen mit gleicher Ordnungszahl. Bei der Emission von α-Teilchen oder β-Teilchen entstehen jeweils neue Kerne. Bei der Emission von γ-Strahlung ändert sich nur der Energiezustand eines Kerns.
Daß ein Teilchensystem diskrete Energiezustände besitzt, ist uns aus der Atomphysik bekannt. Das einfache Modell des linearen Potentialtopfes für Elektronen (→ *10.2.1*) liefert aufgrund der Randbedingungen für die Wellenfunktion die Nullpunktsenergie und die höheren Energiezustände. Protonen und Neutronen sind ebenfalls Mikrogebilde, deren Verhalten man wie das der Elektronen nur mit Hilfe von Wellenfunktionen beschreiben kann. Wegen der starken Wechselwirkung zwischen den Nukleonen ist deren Aufenthaltsbereich auf den Atomkern mit einem Durchmesser von ca. 10^{-14}m beschränkt. Da sich die Nukleonen im Gegensatz zu den Elektronen der Atomhülle nicht in einem Zentralfeld bewegen, ist für sie das Modell des Potentialtopfes geeigneter als für Elektronen. Eine Abschätzung der Nullpunktsenergie für ein Nukleon im Kern unter Anwendung der Unschärferelation und der Beziehung $E_{kin} = p^2/2m$ (→ *10.2.1*) ergibt $E = 2$ MeV. Da Nukleonen mit dieser Energie nicht den Kern verlassen und auch noch höhere Energiezustände existieren, muß der Potentialtopf tiefer sein als dieser Wert.
Wie sind nun die Energieniveaus durch Neutronen und Protonen besetzt? Nach dem Pauliprinzip wissen wir, daß in Teilchensystemen keine zwei Teilchen in allen Quantenzahlen übereinstimmen. Da Neutronen ungeladen und Protonen geladen sind (→ *13.1*), führt man für sie unterschiedliche Potentialtöpfe ein. Wegen der abstoßenden elektrischen Kräfte zwischen den Protonen, ist deren Energieänderung bei einer gegenseitigen Annäherung auch geringer als bei Neutronen. Daher ist der Potentialtopf für Protonen nicht so tief wie der für Neutronen. Bedenkt man ferner, daß ein Proton, das sich außerhalb des Kerns befindet, von diesem abgestoßen wird, so muß man in der Darstellung der potentiellen Energie eines Protons den Potentialtopf für größere Radien als den Kernradius noch durch einen Potentialwall ergänzen (*Abb. 12–36*).
Die einzelnen Energieniveaus für Neutronen und Protonen können wegen des Pauliprinzips jeweils mit höchstens zwei Teilchen besetzt werden, denn das Verhalten von Nukleonen wird wie das von Elektronen mit einer Spinquantenzahl beschrieben, die zwei verschiedene Werte annehmen kann.

Dieses quantenmechanische Modell des Atomkerns liefert nun die folgenden Erklärungen:
1. Wenn ein Atomkern diskrete Energiezustände besitzt, werden bei Energieänderungen auch γ-Quanten diskreter Energien emittiert.
2. Wandelt sich ein Atomkern durch Emission eines α-Teilchens in einen anderen Kern um, so haben beide Kerne diskrete Energiezustände, d. h., das α-Teilchen muß ebenfalls einen bestimmten Energiebetrag besitzen. Findet die Kernumwandlung nicht in einen Grundzustand, sondern in einen angeregten Zustand statt, so ist die Energie des α-Teilchens entsprechend geringer, und der Kern geht durch Emission von γ-Strahlung in den Grundzustand über.
3. Die Energieniveaus der Potentialtöpfe für Neutronen und Protonen müssen in etwa bis auf gleiche Höhe besetzt sein. Ist dies nicht der Fall und z. B. ein höher gelegenes Energieniveau mit einem Neutron besetzt, während ein tiefer gelegenes für Protonen noch frei ist, so kann das Nukleon das tiefer gelegene Niveau besetzen. Dabei muß jedoch aus dem Neutron ein Proton werden, d. h. eine negative Elementarladung abgegeben werden. Dies ist offenbar die uns bekannte β-Strahlung. Auch bei einer solchen Kernumwandlung muß nicht sofort ein Grundzustand erreicht werden. Es sind Übergänge möglich, bei denen im Anschluß γ-Quanten emittiert werden. Ein Beispiel dafür ist die γ-Strahlung, die bei der Umwandlung von ^{137}Cs in ^{137}Ba entsteht. Zunächst geht der Cs-Kern unter Emission von β-Strahlung in einen angeregten ^{137}Ba* über. Dann erfolgt der Übergang in den Grundzustand.

Das Verständnis des β-Zerfalls machte aus einem anderen Grund große Schwierigkeiten: Nach der eben gegebenen Erklärung wäre eigentlich zu erwarten, daß die β-Strahlung ebenfalls diskrete Energien aufweist. Das ist jedoch nicht der Fall. Das β-Spektrum ist kontinuierlich, d. h., die Geschwindigkeiten der bei einem Zerfallsprozeß auftretenden β-Teilchen nehmen alle möglichen Werte bis zu einem für diesen bestimmten Zerfall charakteristischen Höchstwert an. Also besitzen die β-Teilchen auch alle möglichen Energien bis zu einem Höchstwert. Ferner zeigte sich bei der Messung der Impulse des Rückstoßkerns und des β-Teilchens, daß der Impulserhaltungssatz nicht erfüllt war, und entsprechendes gilt für den Drehimpulserhaltungssatz.
Zur Lösung dieses Problems postulierte PAULI 1930 ein weiteres Teilchen, das **Antineutrino** $\bar{\nu}$ (→ *Kap. 13*), das zusammen mit dem Elektron emittiert wird und dafür sorgt, daß die Erhaltungssätze für die Energie, den Impuls und den Drehimpuls gültig bleiben. Der Nachweis des Antineutrino ist außerordentlich schwierig. Es trägt keine Ladung, hat keine Ruhmasse (oder höchstens eine sehr kleine) und zeigt kaum Wechselwirkungen mit anderen Teilchen.
Nach FERMI ist die Umwandlung eines Neutrons in ein Proton folgendermaßen zu beschreiben:

$$^1_0\text{n} \rightarrow {}^1_1\text{p} + {}^{0}_{-1}\text{e} + \bar{\nu}$$

Freie Neutronen zerfallen ebenfalls mit einer Halbwertszeit von 11 Minuten. Da die Ruhmasse des Neutrons größer ist als die Summe der Ruhmassen der Zerfallsprodukte, steht auch Masse für die Umwandlung in kinetische Energie zur Verfügung.
4. Eine weitere Leistung des Potentialtopfmodells des Atomkerns ist die Erklärung der Positronen-Strahlung: Ist im Teil des Potentialtopfes (*Abb. 12–36*) für die Protonen ein Energieniveau besetzt, unterhalb dessen sich noch ein freies Niveau für Neutronen befindet, so kann sich ein Proton unter Emission eines β^+-Teilchens (Positrons) und eines Neutrino ν in ein Neutron umwandeln und das niedrigere Energieniveau besetzen. Natrium 22 ist ein solcher Positronenstrahler.

Aufgaben

***12/36:** Schätzen Sie mit Hilfe der Unschärferelation die Größenordnung der kinetischen Energie eines Teilchens in einem Atomkern ab.
12/37: Wie erklärt man das Vorhandensein von α-Teilchen mit fünf verschiedenen Energien beim Zerfall von Americium 241 in Neptunium 237 (s. auch *Aufgabe 12/9* zu *12.1.4*)?

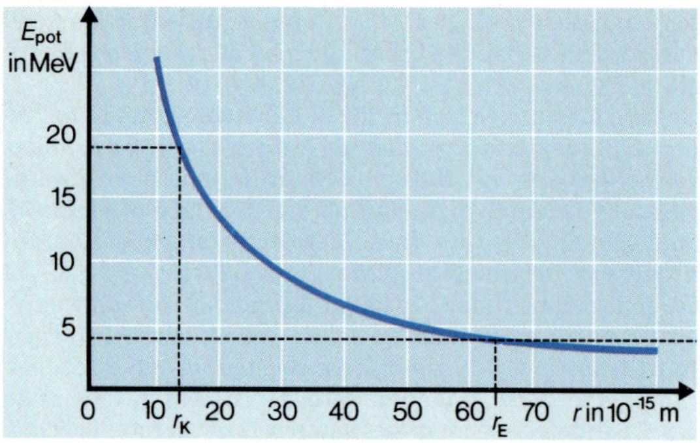

Abb. 12–37: Potentielle Energie eines α-Teilchens im elektrischen Feld nach Emission aus einem ^{238}U-Kern. Aufgrund seiner Energie von $E = 4{,}04$ MeV muß das Teilchen den Kern im Abstand r_E verlassen haben. Der Einfluß der Kernkräfte beginnt jedoch erst bei r_K.

12.4.4 Der α-Zerfall

Die Untersuchung radioaktiver Nuklide zeigt, daß der radioaktive Zerfall von außen nicht beeinflußt werden kann. Für den Zerfall eines Kerns innerhalb eines Zeitraums kann nur eine Wahrscheinlichkeit angegeben werden; der genaue Zeitpunkt ist unbestimmt. Dennoch gehört zu jedem radioaktiven Nuklid eindeutig eine bestimmte Zerfallswahrscheinlichkeit.

Es soll nun geklärt werden, wieso ein α-Teilchen aus einem Atomkern emittiert werden kann und wovon die Zerfallswahrscheinlichkeit abhängt. Über α-Teilchen haben wir folgende Kenntnisse: Die Energien der α-Teilchen liegen zwischen 2 MeV und 9 MeV. Im Kern wirken auf sie abstoßende elektrostatische Kräfte und anziehende Kernkräfte, deren Reichweite sehr gering ist.
Aus dem Kern des Uran 238 wird z. B. ein α-Teilchen mit einer Energie von 4,04 MeV emittiert. Diese Energie könnte es durch die abstoßenden elektrostatischen Kräfte erhalten haben, nachdem es den Wirkungsbereich der Kernkräfte verlassen hat. Im elektrischen Feld des Restkerns wird das Teilchen beschleunigt, es findet eine Umwandlung von potentieller in kinetische Energie statt.
Ob diese Idee richtig ist, überprüfen wir mit einer Rechnung. Die potentielle Energie zweier sich abstoßender elektrischen Ladungen ist durch den Term

$$E_{pot} = \frac{Q_1\,Q_2}{4\pi\varepsilon_0 r}$$

gegeben. Da man die kinetische Energie des α-Teilchens kennt, kann man den Abstand berechnen, von dem ab das Teilchen beschleunigt wurde: $Q_1 = 2\,e$ ist die Ladung des α-Teilchens, $Q_2 = 90\,e$ die Ladung des beim Zerfall entstehenden Thoriumkerns. Aus der Gleichung

$$4{,}04\ \text{MeV} = \frac{2\,e\;90\,e}{4\pi\varepsilon_0 r}$$

folgt $r_E = 64 \cdot 10^{-15}$ m.

Diesen Wert vergleichen wir mit dem Abstand der Teilchenmittelpunkte, bei dem die Kernkraft zu wirken aufhört: Der Radius des Thoriumkerns ist

$$r_{Th} = 1{,}46 \cdot 10^{-15}\,\text{m} \cdot 234^{1/3} = 9 \cdot 10^{-15}\,\text{m},$$

der Radius des α-Teilchens ist $r = 3 \cdot 10^{-15}$ m und die Reichweite der Kernkraft $r = 1{,}5 \cdot 10^{-15}$ m, so daß sich $r_K = 13{,}5 \cdot 10^{-15}$ m ergibt.

Abb. 12–37 zeigt eine Darstellung der potentiellen Energie des α-Teilchens in Abhängigkeit vom Abstand der Teilchenmittelpunkte, in die auch die Werte für r_K; und r_E eingezeichnet sind und die die Schwierigkeit, den α-Zerfall zu verstehen, verdeutlicht: Schon bei einem Abstand von $13{,}5 \cdot 10^{-15}$m ist das α-Teilchen nur noch den elektrischen Kräften ausgesetzt; würde es aus diesem Abstand beschleunigt, so betrüge seine Energie 19 MeV.
Damit ergibt sich folgendes Problem: Wie kommt das α-Teilchen aus dem Wirkungsbereich der Kernkräfte r_K in den Abstand r_E, ohne dabei im elektrischen Feld Energie aufzunehmen? *Abb. 12–38* zeigt den Verlauf der potentiellen Energie eines α-Teilchens, das für $r < r_K$ den anziehenden Kernkräften und für $r > r_K$ nur den abstoßenden elektrischen Kräften ausgesetzt ist. Der genaue Verlauf der potentiellen Energie für $r < r_K$ ist nicht bekannt, jedoch qualitativ richtig wiedergegeben. Die Gesamtenergie der emittierten α-Teilchen ist ebenfalls eingezeichnet. Dabei wird angenommen, daß die Nukleonen des α-Teilchens auch im Kern zusammenbleiben, so daß die Gesamtenergie des α-Teilchens innerhalb und außerhalb des Kerns gleich groß ist.
Aus *Abb. 12–38* folgt, daß das α-Teilchen im Kern eine kinetische Energie besitzt. Dies wird mit Hilfe der Unschärferelation sofort verständlich: Der Aufenthalt des α-Teilchens ist auf ein Kugelvolumen mit dem Durchmesser $\Delta x = 2\,r_K$ beschränkt, dem eine Impulsunschärfe $\Delta p \approx h/2\,r_K$ entspricht, d. h., das Teilchen besitzt kinetische Energie.

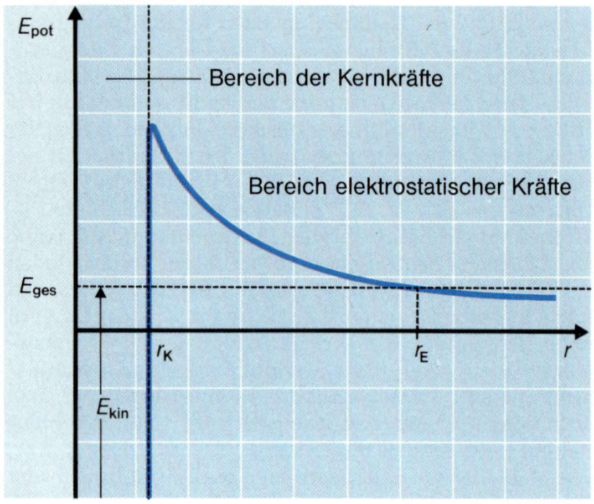

Abb. 12–38: Die ausgezogene Kurve gibt qualitativ die potentielle Energie eines α-Teilchens in Abhängigkeit von seinem Abstand vom Kern wieder. Die gestrichelte Gerade zeigt die Gesamtenergie des α-Teilchens.

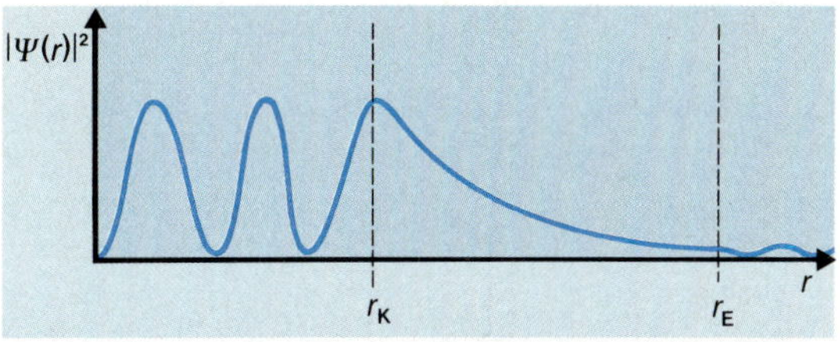

Abb. 12–39: Darstellung der Wahrscheinlichkeitsdichte $|\psi(r)|^2$ für ein Teilchen, dessen Gesamtenergie im Bereich $r_E < r < r_K$ kleiner als die maximale potentielle Energie ist.

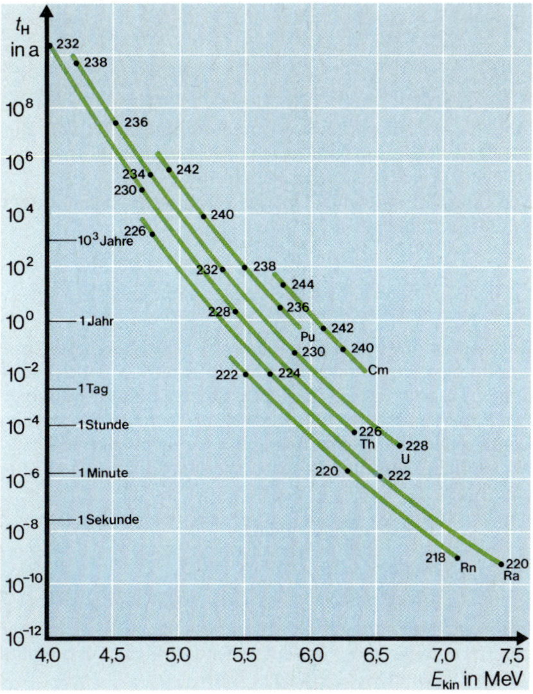

Abb. 12–40: Halbwertszeit einiger α-Strahler in Abhängigkeit von der Gesamtenergie der Teilchen. Die unterschiedlichen Kurvenzüge gehören zu verschiedenen Familien von Isotopen (Nuklide mit gleicher Kernladungszahl).

Nach der klassischen Physik gilt für die Gesamtenergie $E_{ges} = E_{pot} + E_{kin}$. Danach könnte das α-Teilchen nur dann aus dem Wirkungsbereich der Kernkräfte gelangen, wenn seine Gesamtenergie wenigstens so groß wie der größte Wert der potentiellen Energie wird. Diese Energie müßte das emittierte α-Teilchen dann aber auch als kinetische Energie besitzen, was nicht der Fall ist. Offenbar gelangen α-Teilchen aus dem Abstand $r < r_K$ von der einen Seite des Potentialwalls in den Abstand $r = r_E$ auf der anderen Seite des Potentialwalls, ohne daß ihre potentielle Energie die dazwischen liegenden Werte annimmt. Diese Erscheinung bezeichnet man als **Tunneleffekt.** Die α-Teilchen „durchtunneln" den Potentialwall. Der Tunneleffekt ist im Rahmen der klassischen Physik nicht zu erklären.
1928 wurde der Tunneleffekt von GAMOW unter Anwendung der Wellenfunktion gedeutet, die das Verhalten von Teilchen im atomaren Bereich beschreibt. *Abb. 12–39* zeigt das Quadrat der Wellenfunktion $|\psi|^2$, dem die Aufenthaltswahrscheinlichkeit eines α-Teilchens proportional ist. Danach ist auch in dem Bereich zwischen r_K und r_E die Aufenthaltswahrscheinlichkeit nicht gleich Null, d. h., es existiert eine gewisse Wahrscheinlichkeit, das α-Teilchen in dem Potentialwall und auch außerhalb des Walls zu finden.
Es ist einsichtig, daß die Wahrscheinlichkeit für den Austritt eines α-Teilchens aus dem Kern von der Höhe des Potentialwalls für das Teilchen ($E_{pot} - E_{ges}$) und von der Dicke des Walls ($r_E - r_K$) = d abhängt. Aus *Abb. 12–38* kann man ablesen, daß mit zunehmender Gesamtenergie E_{ges} die Höhe des Potentialwalls und damit auch seine Dicke abnehmen. Diesen Zusammenhang bestätigt das Experiment, in dem für verschiedene α-Strahler die Halbwertszeit und die Energie der α-Teilchen gemessen wurden (*Abb. 12–40*).
Nach *Abschnitt 12.3.2* ist die Zerfallswahrscheinlichkeit eines Kerns der Zerfallskonstanten λ proportional, die mit der Halbwertszeit durch die Beziehung $\lambda = \ln 2/t_H$ verknüpft ist. *Abb. 12–40* zeigt, daß mit wachsender kinetischer Energie der α-Teilchen die Halbwertszeit abnimmt. Eine abnehmende Halbwertszeit bedeutet eine zunehmende Zerfallswahrscheinlichkeit, wie sie nach der Theorie des Tunneleffekts für Teilchen höherer Energie zu erwarten ist.
Aus *Abb. 12–40* ist ferner zu entnehmen, daß sich für α-Teilchen gleicher Energie, z. B. 6,3 MeV, die Halbwertszeiten von 55s für Radon 220 bis 27d für Curium 240 ändert. Dies beruht auf einer Zunahme der potentiellen Energie. Die Kernladungszahl von Radon ist 86, von Curium 96. Entsprechend wächst für α-Teilchen die Höhe des Potentialwalls ($E_{pot} - E_{ges}$).

Abschließend soll noch die Frage beantwortet werden, warum nur sehr schwere Kerne unter Emission von α-Teilchen zerfallen. Für den α-Zerfall sind die elektrischen Kräfte verantwortlich, die mit dem Quadrat der Kernladungszahl zunehmen (→ *12.4.2*). Doch müssen zur Emission von Teilchen auch bestimmte energetische Voraussetzungen erfüllt sein. Zur Ablösung der vier Nukleonen eines α-Teilchens vom Kern wird Energie benötigt; wenn die vier Nukleonen zu einem α-Teilchen zusammengefügt werden, wird Energie frei. Aus *Abb. 12–31* entnimmt man, daß für schwere Kerne die mittlere Bindungsenergie pro Nukleon 7,5 MeV beträgt und für den Heliumkern nur 7 MeV. Danach wäre ohne Energiezufuhr kein α-Zerfall möglich.
Ein Vergleich der Massendefekte der schweren Kerne, z. B. Blei 208 und Uran 238, zeigt, daß beim Einbau der letzten Nukleonen nur eine mittlere Bindungsenergie von ungefähr 5 MeV frei wird. Danach wird zur Ablösung von 4 Nukleonen eine Energie von 20 MeV benötigt, während 28 MeV bei der Bildung eines α-Teilchens frei werden. Die Differenz von 8 MeV steht dem α-Teilchen als kinetische Energie zur Verfügung. Solche Energien werden bei α-Teilchen tatsächlich gemessen. Diese Überlegung zeigt, daß die energetischen Voraussetzungen für einen α-Zerfall bei schweren Kernen erfüllt sind.
Für Kerne mit Massenzahlen unter 210 ist der spontane α-Zerfall nicht mehr möglich. Wegen der Energieäquivalenz muß die Masse des zerfallenden Kerns stets größer oder gleich der Summe der Massen der entstehenden Teilchen sein: $m_A \geq m_{A-4} + m$. Diese Bedingung wird von Kernen mit Massenzahlen unter 210 nicht mehr erfüllt.

Aufgaben

***12/38:** Welche kinetische Energie hat ein α-Teilchen, das aus einem ^{226}R-Kern emittiert wird, wobei ein ^{222}Rn-Kern entsteht?

***12/39:** Das von einem ^{235}U-Kern emittierte α-Teilchen hat eine kinetische Energie von 4,58 MeV.
Welche Masse hat der entstehende ^{231}Th-Kern?

***12/40:** Die folgende Tabelle enthält Energien von α-Teilchen und die Halbwertszeiten von Elementen, die dem α-Zerfall unterliegen:

Element	Energie der α-Teilchen in MeV	Halbwertszeit
^{216}Rn	8,05	45 μs
^{218}Rn	7,12	30 ms
^{220}Rn	6,29	55,6 s
^{222}Rn	5,49	3,824 d
^{219}Rn	6,55	4 s
^{222}Ra	6,56	38 s
^{225}Th	6,5	8 min

Alle Nuklide im oberen Teil der Tabelle haben gleiche Kernladungszahl, dagegen nimmt die Kernladungszahl der drei Nuklide im unteren Teil der Tabelle zu.
Wie erklärt man die unterschiedlichen Halbwertszeiten unter Anwendung des Potentialtopfmodells des Atomkerns?

Abb. 12–41: Nebelkammeraufnahme der ersten von Rutherford entdeckten künstlichen Kernumwandlung beim Beschuß von Stickstoffkernen mit α-Teilchen.
Die Spur des entstehenden Sauerstoffkerns ^{17}O ist kürzer und dicker als die des Protons.

12.5 Künstliche Kernumwandlung und Kernspaltung

Unsere bisherigen Kenntnisse über Atomkerne stammen zu einem großen Teil aus der Untersuchung der natürlichen Radioaktivität. Weitere Aufschlüsse über den Bau und das Verhalten der Atomkerne gewinnt man durch systematischen Beschuß stabiler Kerne mit anderen atomaren Teilchen. Für solche Untersuchungen sind die → Beschleuniger zur Erzeugung energiereicher Geschosse von besonderer Bedeutung.

12.5.1 Kernreaktionen

1919 entdeckte RUTHERFORD auf Nebelkammeraufnahmen (*Abb. 12–41*) eine Kernreaktion, die er als Kernumwandlung identifizierte.
Bei diesem Experiment war in einer Nebelkammer Stickstoff dem Beschuß mit α-Teilchen ausgesetzt. In *Abb. 12–41* erkennt man die Gabelung der Bahnspur eines α-Teilchens in eine kurze dicke und eine lange dünnere Spur.
Zur Identifizierung von Teilchen mißt man deren Ionisationsvermögen. Daraus entnahm RUTHERFORD, daß die lange Spur zu einem Proton gehörte. Da die Kammer keinen Wasserstoff enthielt, mußte das Proton an der Stelle der Gabelung erzeugt worden sein.
Die Entstehung des Protons deutete RUTHERFORD durch folgende Kernreaktion: Das α-Teilchen dringt in den Stickstoffkern ein, aus dem entstehenden Gebilde wird ein Proton emittiert, und die restlichen Nukleonen bilden einen neuen Kern. Durch Vergleich der Massen- und Kernladungszahlen ergibt sich, daß ein Sauerstoffkern entstanden ist:

$$^{4}_{2}\alpha + ^{14}_{7}\mathrm{N} \rightarrow ^{17}_{8}\mathrm{O} + ^{1}_{1}\mathrm{p}.$$

Der Sauerstoffkern erzeugt die kurze Spur. Bei dieser Umwandlung eines Stickstoffkerns in einen Sauerstoffkern handelt es sich um die **erste künstliche Kernumwandlung.**
Auch die von BOTHE und BECKER untersuchte Kernreaktion, die 1932 zur Entdeckung des Neutrons durch CHADWICK führte, fand bei Beschuß von Beryllium mit α-Teilchen statt:

$$^{4}_{2}\alpha + ^{9}_{4}\mathrm{Be} \rightarrow ^{12}_{6}\mathrm{C} + ^{1}_{0}\mathrm{n} \text{ oder}$$

$$^{9}_{4}\mathrm{Be}\,(\alpha, \mathrm{n})\,^{12}_{6}\mathrm{C}.$$

Bei der zweiten Schreibweise dieser Kernreaktion stehen links von der Klammer der Ausgangskern, in der Klammer das Kerngeschoß und das entstehende Teilchen und rechts von der Klammer der erzeugte Kern.
Zur Untersuchung von Kernen verwendet man Neutronen $^{1}_{0}$n, Protonen $^{1}_{1}$p, Elektronen $^{0}_{-1}$e, Deuteronen $^{2}_{1}$d und Tritonen $^{3}_{1}$t (die Kerne der Wasserstoffisotope Deuterium $^{2}_{1}$H und Tritium $^{3}_{1}$H) sowie α-Teilchen und energiereiche γ-Quanten.
Neutronen bieten gegenüber ladungstragenden Geschossen den Vorteil, daß sie ungehemmt durch die elekrostatische Abstoßung in einen Kern eindringen können.
Bei Kernreaktionen mit Deuteronen und Tritonen wird stets ein Proton emittiert. Außerdem liefert ein Beschuß mit diesen Teilchen, die ja Ladungen tragen, eine ähnlich hohe Ausbeute an Reaktionen wie der Beschuß mit Neutronen. Daher liegt der Schluß nahe, daß das Deuteron bzw. das Triton beim Auftreffen auf den Zielkern gespalten werden. Das in beiden Kernen enthaltene Proton wird vom Zielkern reflektiert, und die Neutronen treten in den Kern ein.
Beim Beschuß von Kernen mit energiereichen γ-Quanten werden diese absorbiert, der Kern wird dadurch in einen höheren Energiezustand gebracht. Dadurch wächst die Wahrscheinlichkeit für einen Zerfall des angeregten Kerns ähnlich wie beim α-Zerfall. Bei der Auslösung von Nukleonen aus dem Kern durch γ-Quanten spricht man analog zum Auslösen von Elektronen durch Photonen vom **Kernphotoeffekt.**

Arten der Kernreaktion

Im folgenden sind einige Arten von Kernreaktionen dargestellt:

Austauschreaktionen
Bei einer **Austauschreaktion** wird ein anderes Teilchen emittiert als eingeschossen wurde. Tritt ein Geschoß in den Zielkern ein, so entsteht eine neue Konstellation von Nukleonen, für die BOHR die Bezeichnung Zwischenkern einführte. Z. B. bildet sich bei der Umwandlung eines Stickstoffkerns in einen Sauerstoffkern ein Fluor-Zwischenkern

$$^{14}_{7}N + ^{4}_{2}\alpha \rightarrow ^{18}_{9}F^*.$$

Der Stern am Elementsymbol kennzeichnet einen hochangeregten Zustand. Der Zwischenkern zerfällt innerhalb 10^{-22}s bis 10^{-20}s in einen Sauerstoffkern und ein Proton

$$^{18}_{9}F^* \rightarrow ^{17}_{8}O + ^{1}_{1}p$$

oder in ein anderes Fluorisotop und ein Neutron

$$^{18}_{9}F^* \rightarrow ^{17}_{9}F + ^{1}_{0}n.$$

Die relative Häufigkeit der beiden Arten der Umwandlung hängt von der Energie der α-Teilchen ab. Die Energie für die Anregung des Zwischenkerns stammt aus der Bindungsenergie und der kinetischen Energie der α-Teilchen. Sie verteilt sich im Zwischenkern gleichmäßig auf alle Nukleonen.
Weitere Beispiele für Austauschreaktionen sind:

$$^{7}_{3}Li\ (p, n)\ ^{7}_{4}Be; \quad ^{14}_{7}N\ (n, p)\ ^{14}_{6}C;$$
$$^{11}_{5}B\ (n, \alpha)\ ^{8}_{3}Li.$$

Bei Austauschreaktionen mit γ-Quanten muß deren Energie mindestens gleich der Bindungsenergie des abgelösten Nukleons sein.
Beispiele:

$$^{2}_{1}H\ (\gamma, n)\ ^{1}_{1}H; \quad ^{12}_{6}C\ (\gamma, p)\ ^{11}_{5}B.$$

Streuung
Eine **Streuung** ist eine Kernreaktion, bei der das Kerngeschoß oder ein gleiches schon im Kern vorhandenes Teilchen in eine andere Richtung emittiert wird.
Bei einer **elastischen Streuung** liegt nach der Wechselwirkung die kinetische Energie des Kerngeschosses ausschließlich in Form von kinetischer Energie des gestreuten Teilchens und des Kerns vor. Die kinetische Energie bleibt erhalten.
Bei einer **unelastischen Streuung** wird ein Teil der Energie des Kerngeschosses als Anregungsenergie an den Zielkern abgegeben.

Kernzersplitterung (Spallation)
Eine **Spallation** ist eine Spaltung des Kerns in zahlreiche Bruchstücke (*Abb. 12–42*). Sie tritt beim Beschuß schwerer Kerne mit Teilchen sehr hoher Energie (größer als 100 MeV) auf.
Zur Emission eines Teilchens aus einem Kern wird im Mittel eine Energie von 8 MeV benötigt. Zum Ausstoß mehrerer Nukleonen aus dem Kern muß die Energie des stoßenden Teilchens diesen Wert um ein Vielfaches überschreiten. Solche energiereichen Teilchen treten in der Höhenstrahlung auf oder werden in Beschleunigern erzeugt. Die symmetrische Anordnung der Bahnen der Kerntrümmer in *Abb. 12–42* beruht auf einer gleichmäßigen Verteilung der Energie auf alle Nukleonen vor der Zersplitterung.

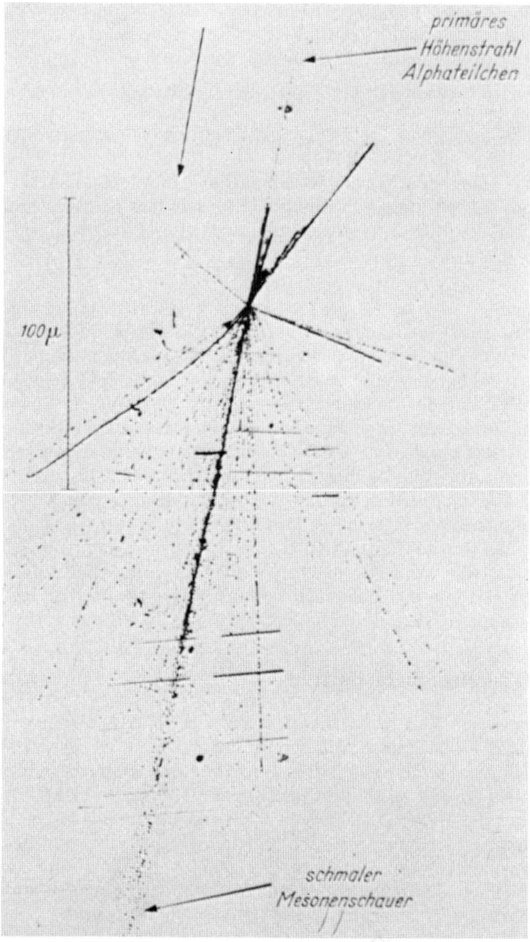

Abb. 12–42: Spallation (Zersplitterung) eines Kerns nach einem Treffer durch ein energiereiches Teilchen der Höhenstrahlung mit der Ordnungszahl 18.

Energiebilanz von Kernreaktionen

Die Art der Kernreaktion hängt von der Energie des stoßenden Teilchens ab. Man unterscheidet ebenso wie in der Chemie **exotherme** und **endotherme Reaktionen.**
Bei einer **exothermen Reaktion** wird Energie in Form kinetischer Energie der Teilchen frei. Diese Energie entsteht durch Umwandlung von Masse in Energie. Daher ist bei einer exothermen Reaktion die Summe der Massen der Teilchen nach der Reaktion kleiner als vor der Reaktion. Die Massendifferenz ist in Energie umgewandelt worden.
Beispiel:

$$^{7}_{3}Li + ^{1}_{1}p \rightarrow ^{4}_{2}He + ^{4}_{2}He$$

$$\begin{aligned} m_{Li} + m_p &= 7{,}014\,344\ u + 1{,}007\,276\ u \\ &= 8{,}021\,620\ u \\ 2\ m_{He} &= 8{,}003\,000\ u \\ \Delta m &= 0{,}018\,620\ u \end{aligned}$$

$$E = \Delta m\ c^2 = 17{,}34\ MeV$$

Zur Auslösung der Kernreaktion benötigt das Proton eine kinetische Energie von wenigstens 0,4 MeV, da es sich gegen die abstoßenden elektrischen Kräfte bis in den Wirkungsbereich der Kernkräfte nähern muß. So ergibt sich eine gesamte kinetische Energie von

$$E = 17{,}34 \text{ MeV} + 0{,}4 \text{ MeV} = 17{,}74 \text{ MeV}.$$

Die gemessene Energie der entstehenden Heliumkerne beträgt jeweils $E = 8{,}8$ MeV.
Bei einer **endothermen Kernreaktion** erfolgt umgekehrt eine Umwandlung von Energie in Masse. Das Kerngeschoß muß also für diese Reaktion eine gewisse Mindestenergie besitzen.

Beispiel: ${}^{7}_{3}\text{Li} + {}^{1}_{1}\text{p} \rightarrow {}^{7}_{4}\text{Be}^* + {}^{1}_{0}\text{n}$

Für diese Reaktion benötigt ein Proton eine Mindestenergie von $E = 1{,}88$ MeV. Die gesamte kinetische Energie der entstehenden Teilchen beträgt $E_{\text{kin}} = 0{,}23$ MeV. Daraus folgt, daß ein Energiebetrag von $E = 1{,}65$ MeV in Masse umgewandelt wird. Diese Energie entspricht einer Massendifferenz von $\Delta m = 0{,}00177$ u. Aus den bekannten Massen des Lithiumkerns, des Protons und des Neutrons ergibt sich dann die Masse des instabilen Berylliumkerns.
Man bedient sich dieses Verfahrens zur Bestimmung der Massen instabiler und auch stabiler Kerne. Dazu benötigt man jedoch die Massen einiger anderer Kerne als Bezugsgrößen, die mit Hilfe von › Massenspektrographen bestimmt werden.

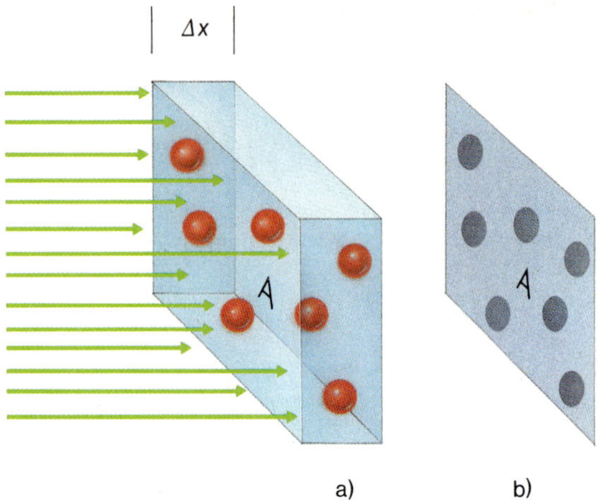

Abb. 12–43: Deutung des Wirkungsquerschnitts σ als Verhältnis der Zielfläche zur Gesamtfläche.
Die im Volumen $A\Delta x$ enthaltenen Einzelwirkungsquerschnitte denkt man sich in eine Ebene projiziert.

Wirkungsquerschnitt

Bei allen Kernreaktionen tritt nur ein Teil ΔN der insgesamt N Geschosse mit den Atomkernen in Wechselwirkung. Ist n die Anzahl der Atomkerne pro Volumeneinheit in einem durchstrahlten Volumen der Querschnittsfläche A und der Dicke Δx (*Abb. 12–43*), so ist die Zahl ΔN der in Wechselwirkung tretenden Teilchen proportional zur Gesamtzahl N der Geschosse, umgekehrt proportional zur Querschnittsfläche A des Teilchenstrahls und direkt proportional zur Anzahl nV der Teilchen im Volumen V:

$$\Delta N = \sigma \frac{N}{A} n\, V.$$

Mit $V = A\,\Delta x$ folgt:

$$\frac{\Delta N}{N} = \sigma\, n\, \Delta x\,.$$

Definition: $\sigma = \dfrac{\Delta N}{N\, n\, \Delta x}$ heißt **Wirkungsquerschnitt.**

Da n die Einheit 1 m^{-3} hat, trägt der Wirkungsquerschnitt die Einheit einer Fläche:

$$[\sigma] = 1 \text{ m}^2.$$

$\Delta N/N$ gibt die Wahrscheinlichkeit für das Eintreten einer Wechselwirkung an. Eine anschauliche Vorstellung des Wirkungsquerschnitts gewinnt man durch folgende Deutung der Formel

$$\frac{\Delta N}{N} = \frac{\sigma\, n\, V}{A}.$$

Die Wahrscheinlichkeit $\Delta N/N$, daß ein Geschoß mit einem Kern reagiert, ist gleich dem Verhältnis aus der gesamten sich dem Geschoß bietenden Zielfläche $n\,V\,\sigma$ und der durchstrahlten Fläche A (*Abb. 12–43b*). Dann ist σ die Zielfläche, die ein Kern dem Geschoß bietet.
Im Zusammenhang mit dieser Veranschaulichung des Wirkungsquerschnitts ist darauf hinzuweisen, daß der Wirkungsquerschnitt keinesfalls mit der tatsächlichen Querschnittsfläche eines Kerns identisch ist. Der Wirkungsquerschnitt hängt wesentlich von der Art der Wechselwirkung ab, z. B. ob es sich um elastische oder unelastische Streuung, um Einfang oder Spaltung handelt sowie davon, welcher Art der Reaktionspartner und wie groß die Energie der Geschosse ist. Die Gesamtheit aller möglichen Wechselwirkungen, die alle Reaktionen umfaßt, wird durch den totalen Wirkungsquerschnitt beschrieben.

Transurane

Bei Kernreaktionen durch Beschuß von schweren Elementen mit Neutronen oder α-Teilchen ist es möglich, Elemente mit Kernladungszahlen größer als 92, die sogen. **Transurane**, zu erzeugen. Die beim Einfang eines Neutrons oder α-Teilchens entstehenden Zwischenkerne wandeln sich z. T. unter β^--Zerfall in Kerne mit einer um eins größeren Kernladungszahl um. Im folgenden sind die Kernreaktionen zur Erzeugung einiger Transurane angegeben:

Neptunium ${}^{237}_{93}\text{Np}$:

$${}^{235}_{92}\text{U}\,(\text{n}, \gamma)\,{}^{236}_{92}\text{U}$$

$${}^{236}_{92}\text{U}\,(\text{n}, \gamma)\,{}^{237}_{92}\text{U} \xrightarrow{\beta^-} {}^{237}_{93}\text{Np}$$

Plutonium ${}^{239}_{94}\text{Pu}$:

$${}^{238}_{92}\text{U}\,(\text{n}, \gamma)\,{}^{239}_{92}\text{U} \xrightarrow{\beta^-} {}^{239}_{93}\text{Np} \xrightarrow{\beta^-} {}^{239}_{94}\text{Pu}$$

Americium ${}^{241}_{95}\text{Am}$:

$${}^{238}_{92}\text{U}\,(\alpha, \text{n})\,{}^{241}_{94}\text{Pu} \xrightarrow{\beta^-} {}^{241}_{95}\text{Am}$$

Curium ${}^{242}_{96}\text{Cm}$:

$${}^{239}_{94}\text{Pu}\,(\alpha, \text{n})\,{}^{242}_{96}\text{Cm}$$

Berkelium ${}^{244}_{97}\text{Bk}$:

$${}^{241}_{95}\text{Am}\,(\alpha, \text{n})\,{}^{244}_{97}\text{Bk}$$

Californium ${}^{245}_{98}\text{Cf}$:

$${}^{242}_{96}\text{Cm}\,(\alpha, \text{n})\,{}^{245}_{98}\text{Cf}$$

Es konnten bisher Transurane bis zur Ordnungszahl 105 hergestellt werden. Alle Transurane sind aufgrund ihrer großen Kernladungszahl und der sich daraus ergebenden elektrischen Abstoßungskräfte instabil, so daß der Nachweis ihrer Entstehung schwierig ist.

Die Stabilität von Kernen mit Kernladungszahlen größer als 105 nimmt zunächst noch weiter ab. Allerdings haben theoretische Untersuchungen ergeben, daß die Stabilität bei noch höheren Kernladungszahlen wieder anwächst, was auf den Schalenaufbau der Kerne zurückzuführen ist. Es besteht eine gewisse Wahrscheinlichkeit für die Existenz stabiler Kerne mit Kernladungszahlen von 114 bzw. 164, deren Massenzahlen bei 298 bzw. 482 liegen. Die Erzeugung solcher superschweren Kerne setzt den Einsatz geeigneter Beschleuniger zum Beschuß von Zielkernen mit anderen schweren Kernen voraus.

Aufgaben

*** 12/41:** Beim Beschuß von ^{6}Li-Kernen mit Deuteronen finden folgende Reaktionen statt:

$^6_3\mathrm{Li} + ^2_1\mathrm{H} \rightarrow ^7_4\mathrm{Be} + ^1_0\mathrm{n}$, $\quad ^6_3\mathrm{Li} + ^2_1\mathrm{H} \rightarrow ^4_2\mathrm{He} + ^3_2\mathrm{He} + ^1_0\mathrm{n}$.

a) Welche Energiebeträge werden frei?
b) Warum sind die Energiebeträge verschieden?

12/42: Wie groß ist die Mindestenergie der γ-Quanten, damit die angegebenen Reaktionen ablaufen?
a) $^7\mathrm{Li}\,(\gamma,\mathrm{n})^6\mathrm{Li}$, b) $^9\mathrm{Be}\,(\gamma,\mathrm{n})2^4\mathrm{He}$.

12/43:
a) Wie hoch ist die Mindestenergie, die zur Abspaltung eines Protons bzw. eines Neutrons von einem ^{4}He-Kern erforderlich ist?
b) Warum sind die Energien verschieden?

*** 12/44:** Beim Stoß eines Deuterons der Energie E = 1,2 MeV mit einem ruhenden Deuteron findet die Reaktion $^2_1\mathrm{H} + ^2_1\mathrm{H} \rightarrow ^3_1\mathrm{H} + ^1_1\mathrm{p}$ statt. Dabei stehen die Bewegungsrichtungen des stoßenden Deuterons und des entstehenden Protons senkrecht aufeinander.
a) Wie groß ist die Reaktionsenergie?
b) Wie groß ist die kinetische Energie des Protons?

12.5.2 Künstliche Radioaktivität

Bei der **künstlichen Radioaktivität** werden im Gegensatz zur natürlichen Radioaktivität die zerfallenden Ausgangskerne durch Beschuß mit geeigneten Teilchen künstlich hergestellt.
Die bei den Kernreaktionen künstlich erzeugten radioaktiven Nuklide bezeichnet man als **Radioisotope.** Bei Kernreaktionen entstehen zunächst z. T. sehr kurzlebige Zwischenkerne, die in ein Nuklid und ein anderes Teilchen zerfallen.
Diese Nuklide sind häufig instabil, d. h., sie bestehen aus mehr Protonen bzw. Neutronen, als zu einer stabilen Konfiguration gehören. Man kann ungefähr 1000 in der Natur nicht vorkommende instabile Nuklide erzeugen, die eine so große Halbwertszeit besitzen, daß ihre Trennung von anderen Isotopen und ihre Identifizierung möglich sind.

Zerfall der Radioisotope

Der Zerfall der Radioisotope gehorcht demselben statistischen Zerfallsgesetz, das für natürlich radioaktive Kerne gilt.

Versuch 12/16: In einer Neutronenquelle wird über einen längeren Zeitraum (z. B. 5h) ein Reagenzglas mit Ethyliodid aktiviert. Zur Erreichung einer größeren Impulsrate wird die aktivierte Lösung mit Kohlefiltern filtriert. Die Aktivität des Filters wird mit einem Zählrohr und angeschlossenem Zähler in Abständen von einer bis fünf Minuten gemessen.

Auswertung: Unter Berücksichtigung des Null-Effekts werden die Impulsraten in Abhängigkeit von der Zeit auf halblogarithmischem Papier dargestellt. Da die Meßpunkte auf einer Geraden liegen, gilt das Gesetz des radioaktiven Zerfalls. Aus der Darstellung entnimmt man Halbwertszeit und Zerfallskonstante.
Erklärung: In der Neutronenquelle findet die Kernreaktion $^{127}_{53}\mathrm{J}(\mathrm{n},\gamma)\ ^{128}_{53}\mathrm{J}$ statt. Das Radioisotop $^{128}_{53}\mathrm{J}$ wandelt sich unter Emission eines Elektrons in das Xenonisotop $^{128}_{54}\mathrm{Xe}$ um. Es läuft also der bekannte β-Zerfall

$$^1_0\mathrm{n} \rightarrow ^1_1\mathrm{p} + ^{\ 0}_{-1}\mathrm{e} + \bar{\nu}\ \text{ab.}$$

Die Aktivität eines Radioisotops wird in Abhängigkeit von der Dauer t der Aktivierung durch die Gleichung

$$A = A_s\,(1 - e^{-\lambda t})$$

wiedergegeben. Dabei ist die Sättigungsaktivität A_s von der Dichte der Neutronen und deren Energie abhängig. Da für die Zerfallskonstante $\lambda = \ln 2/t_H$ gilt, ergibt sich

$$A = A_s\,(1 - e^{-\frac{\ln 2}{t_H}t}).$$

Abb. 12–44 zeigt die relative Aktivität A/A_s in Abhängigkeit von der Dauer der Aktivierung, wobei die Zeit in Vielfachen der Halbwertszeit t_H angegeben ist. Nach der Darstellung ist die Sättigungsaktivität in ungefähr 10 Halbwertszeiten erreicht.

Das Positron

Im Gegensatz zur natürlichen Radioaktivität treten beim Zerfall künstlicher Radioisotope häufig positive Elektronen (β^+) oder **Positronen** auf. Sie unterscheiden sich von den Elektronen (β^-) lediglich durch das positive Vorzeichen ihrer Ladung. Positronen werden von solchen Kernen emittiert, die einen Überschuß an Protonen besitzen (→ *12.4.3*). Dabei wird ein Proton in ein Neutron umgewandelt:

$$^1_1\mathrm{p} \rightarrow ^1_0\mathrm{n} + ^0_1\mathrm{e} + \nu\,.$$

Wie bei der Umwandlung eines Neutrons in ein Proton tritt auch hier ein weiteres Teilchen, das **Neutrino** ν, auf (→ *13.2*). Durch Emission eines Positrons erniedrigt sich

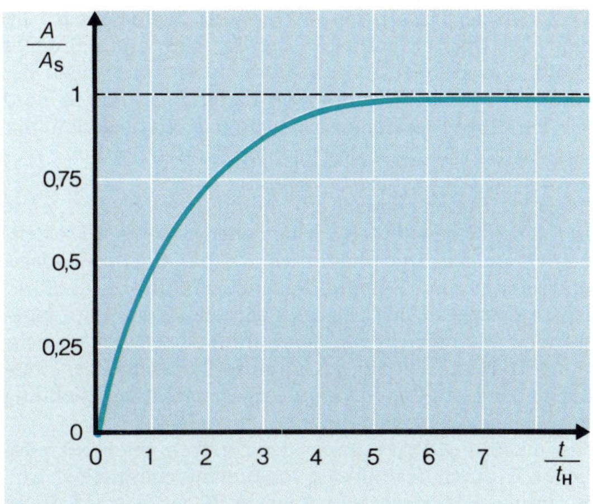

Abb. 12–44: Die relative Aktivität A/A_s nimmt mit der Dauer der Aktivierung zu. Nach der Halbwertszeit beträgt sie 0,5, nach fünf Halbwertszeiten 0,97.

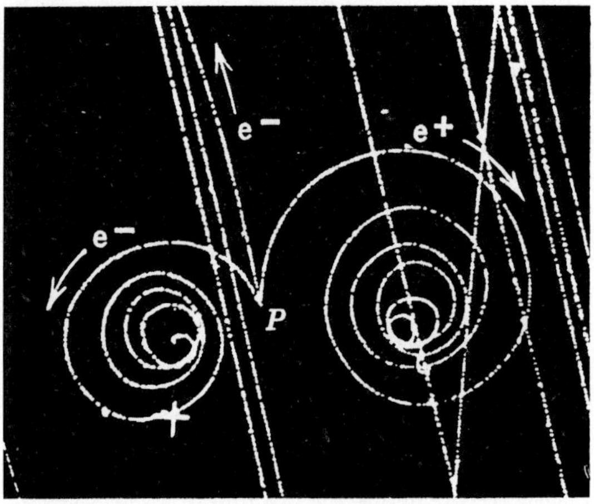

Abb. 12–45: Blasenkammeraufnahme der gekrümmten Bahnen eines Elektrons und eines Positrons.
Die Spiralen entstehen durch die Energieabnahme.

die Kernladungszahl um eins. Der Zerfall eines freien Protons in ein Neutron, ein Positron und ein Neutrino ist energetisch unmöglich, da die Masse des Protons kleiner ist als die des Neutrons.

Das Positron wurde 1932 von ANDERSON bei der Durchmusterung von Nebelkammeraufnahmen mit Teilchenspuren entdeckt, die durch Höhenstrahlung erzeugt worden waren. Dabei befand sich die Kammer in einem Magnetfeld, so daß sich die Bahnen von Elektronen und Positronen wegen ihrer entgegengesetzten Ladungen durch die Richtung der Krümmung ihrer Bahnen unterschieden (*Abb. 12–45*). 1934 entdeckte das Ehepaar JOLIOT-CURIE das Positron beim Zerfall künstlich radioaktiver Elemente.
Man kann sich fragen, warum ein Überschuß an Protonen nicht durch Emission eines Protons beseitigt wird. Für die Emission eines Protons muß eine Energie in der Größenordnung der mittleren Bindungsenergie pro Nukleon (ca. 8 MeV) zur Verfügung stehen. Dagegen wird zur Erzeugung eines Positrons die seiner Ruhmasse äquivalente Energie von 0,51 MeV sowie ein weiterer Energiebetrag, der der Differenz der Massen von Neutron und Proton entspricht, benötigt. Da sich außerdem bei der Umwandlung eines Protons in ein Neutron die Bindungsenergie wegen der Abnahme der elektrostatischen Ladung vergrößert, wird für den Prozeß der Emission eines Positrons insgesamt nur eine Energie von ca. 1 MeV benötigt, also wesentlich weniger als zur Emission eines Protons.
Freie Positronen kommen i. a. nicht vor, da sie sich sofort mit einem der zahlreich vorhandenen negativen Elektronen vereinigen. Dabei verschwindet das Elektronenpaar, und seine gesamte Energie, die kinetische und die der Ruhmasse entsprechende Energie, wird in Strahlung umgewandelt. Man spricht von **Zerstrahlung** bzw. von **Vernichtungsstrahlung.** Wegen des Impulserhaltungssatzes müssen dabei wenigstens zwei in entgegengesetzter Richtung auseinanderfliegende γ-Quanten entstehen.
In Umkehrung des Prozesses der Zerstrahlung ist es möglich, z. B. durch Bestrahlung von Blei mit energiereicher γ-Strahlung Positronen zu erzeugen. Wegen der Erhaltung der Ladung entsteht bei diesem Vorgang der **Paarerzeugung** neben dem Positron ein negativ geladenes Elektron. Es findet eine Umwandlung von Energie in Materie statt. Dazu muß die Energie des γ-Quants wenigstens so groß sein, wie es der doppelten Ruhmasse eines Elektrons entspricht:

$$h f = 2 m_e c^2 = 1{,}02 \text{ MeV}$$

Eine solche Paarerzeugung kann wegen des Impulserhaltungssatzes nur in Gegenwart von Materie stattfinden.

Elektroneneinfang

Ein relativer Überschuß von Protonen im Kern kann durch Einfang eines Elektrons aus der Hülle des Atoms beseitigt werden. Dadurch wird ein Proton in ein Neutron umgewandelt:

$$^1_1\text{p} + {}^{\;\,0}_{-1}\text{e} \rightarrow {}^1_0\text{n} + \nu\,.$$

Wegen des Impulserhaltungssatzes wird auch ein Neutrino emittiert. Das eingefangene Elektron stammt i. a. aus der kernnächsten Schale der Atomhülle, der K-Schale (→ *10.4.2*). In wenigen Fällen werden auch Elektronen aus der L-Schale in den Kern gezogen. Die in den Schalen entstehenden Lücken werden durch Elektronen aus den äußeren Schalen aufgefüllt. Dabei entsteht Röntgenstrahlung, die zum Nachweis des Elektroneneinfangs dient.
Beim Zerfall instabiler Kerne mit einem relativen Protonenüberschuß stehen also die beiden Prozesse der Positronenemission und des Elektroneneinfangs in Konkurrenz. Welcher dieser beiden Prozesse auftritt, hängt von der Größe der Ladung des Kerns und von seinem Energiezustand ab. Schwere Kerne mit großer Ladung zeigen aufgrund der großen elektrostatischen Kräfte fast ausschließlich Elektroneneinfang. Bei Kernen mit niedriger Kernladungszahl treten beide Prozesse nebeneinander auf. Beträgt die Energiedifferenz des instabilen Kerns zum stabilen Kern mehr als 1 MeV, so ist die Positronenemission wahrscheinlicher als der Elektroneneinfang.

Ergebnis: Der Zerfall künstlicher Radioisotope erfolgt im wesentlichen durch Emission von Elektronen (β^--Zerfall) oder Positronen (β^+-Zerfall) oder Elektroneneinfang. Nur in seltenen Fällen findet bei ausreichender Energie eine Kernumwandlung durch Aussendung eines Neutrons oder eines α-Teilchens statt.

Aufgaben

*** 12/45:** Natürliches Silber besteht zu 52 % aus dem Isotop ^{107}Ag und zu 48 % aus ^{109}Ag. Ein Silberzylinder wird in einer Neutronenquelle so lange der Bestrahlung ausgesetzt, bis die Sättigungsaktivität erreicht ist. Mit einem für β-Strahlung empfindlichen Zählrohr wird die Zahl n der registrierten Impulse in Abhängigkeit von der Zeit gemessen:

t in s	0	10	20	30	40	50	60	70	80
n	0	240	430	600	730	850	950	1040	1120

t in s	90	100	110	120	150	180	210	240	270
n	1190	1250	1310	1360	1492	1609	1711	1801	1882

Der Nulleffekt betrug 24 min^{-1}.

a) Erstellen Sie aus der Meßreihe eine Tabelle für die Impulsrate in Abhängigkeit von der Zeit, und stellen Sie die Meßwerte in einer halblogarithmischen Darstellung dar.

b) Bestimmen Sie unter Berücksichtigung der Tatsache, daß sich hier die Zerfallsvorgänge zweier Nuklide überlagern und daß das Silberisotop ^{108}Ag langsamer zerfällt als ^{110}Ag, die Halbwertszeiten beider Isotope.
c) Stellen Sie die für die Aktivierung und den Zerfall gültigen Reaktionsgleichungen auf.

12.5.3 Anwendung der Radionuklide

Radionuklide verwendet man zur **Zeitmessung,** als **Strahlenquellen** und als **Leitisotope** in den verschiedenen Naturwissenschaften sowie in der Technik, in der Medizin und in der Archäologie.

Zeitmessung

Bei der Zeitmessung handelt es sich um eine **Altersbestimmung** von Mineralien, Fossilien oder anderer archäologischer Funde aufgrund der Kenntnis des Zerfallsgesetzes. Alle Radionuklide zerfallen unbeeinflußbar durch irgendwelche Umstände. Wenn für ein bestimmtes Nuklid seine Anfangskonzentration bekannt ist, so kann nach Bestimmung der momentanen Konzentration die verstrichene Zeit berechnet werden.
Bei der **Radiokohlenstoffmethode (^{14}C-Methode)** mißt man die Aktivität des in der Atmosphäre durch Höhenstrahlung entstehenden Kohlenstoffisotops ^{14}C. Im Prozeß $^{14}_{7}$N (n, p) $^{14}_{6}$C erzeugen schnelle Neutronen aus dem Stickstoff der Luft das Kohlenstoffisotop, das als Kohlenstoffdioxid durch Wind und Meeresströmung gleichmäßig verteilt wird. Lebende Materie nimmt das radioaktive Isotop ^{14}C neben dem nicht radioaktiven Isotop ^{12}C im Kohlenstoffdioxid auf, so daß es ebenfalls am Stoffwechsel teilnimmt. Bei einer gleichmäßigen Erzeugung von ^{14}C stellt sich aufgrund des Zerfalls des Radioisotops in allen lebenden organischen Stoffen ein Gleichgewicht zwischen den Kohlenstoffisotopen ^{12}C und ^{14}C ein, so daß im Mittel 1 g Kohlenstoff lebender Substanz eine Aktivität von 12,5 β-Teilchen pro Minute besitzt. Scheidet die Substanz durch Tod aus dem Stoffwechselkreislauf aus, so ändert sich wegen des Zerfalls das Verhältnis der Kohlenstoffisotope und damit auch die Aktivität nach der Gleichung $A = A_0 e^{-\lambda t}$. Durch den Vergleich der momentanen Aktivität einer Probe mit der Aktivität lebender Substanz wird unter Verwendung der Halbwertszeit von 5760 Jahren das Alter der Probe bestimmt. Die nach dieser Methode durchgeführten Altersbestimmungen an archäologischen Funden, z. B. an Balken aus Pharaonengräbern, ergaben gute Übereinstimmungen mit nach anderen Methoden gefundenen Werten.
Bei der **Uran-Blei-Methode** verwendet man zur Altersbestimmung die Tatsache, daß sich bei einigen Elementen die Zusammensetzung aus Isotopen aufgrund radioaktiver Prozesse ändert. So entsteht beim Zerfall von ^{238}U das Nuklid ^{206}Pb und beim Zerfall von ^{235}U das Nuklid ^{207}Pb. Das Alter uranhaltiger Mineralien bestimmt man aus der Zahl N der Uranatome und der Zahl N' der Bleiatome, die durch Zerfall entstanden sind. Die Zahl der ursprünglich vorhandenen Uranatome ist $N_0 = N + N'$. Dann ergibt sich aus dem Zerfallsgesetz $N = N_0\, e^{-\lambda t}$ das Alter der Probe zu $t = \frac{1}{\lambda} \ln \frac{N + N'}{N}$.
Neben den genannten Isotopen gibt es noch eine Reihe weiterer, die ebenso Altersbestimmungen je nach ihrer Halbwertszeit (nämlich jeweils in der Größenordnung der Halbwertszeit) zulassen.

Radionuklide als Strahlenquellen

In der Medizin werden Radionuklide bei diagnostischen und therapeutischen Verfahren eingesetzt. Erkrankte Gewebe werden mit sogenannten „Kobaltkanonen" bestrahlt, die das γ-Quanten emittierende Kobalt 60 enthalten. In Form von Nadeln können radioaktive Präparate direkt in die zu bestrahlenden Bereiche eingeführt werden, um gesunde Gewebe vor einer Schädigung durch die Strahlung zu bewahren. Da einige Organe bestimmte Substanzen speichern, können ihnen entsprechende radioaktive Isotope zugeführt werden.
In der Technik werden Radionuklide bei der zerstörungsfreien Werkstoffprüfung und zur Messung der Dichte und Dicke von Materialien eingesetzt. Daneben wendet man sie bei der Aktivierung von Leuchtstoffen, zur Sterilisation von Arznei- und Lebensmitteln und bei der Erzeugung elektrischer Energie in sogenannten Radionuklidbatterien an. In diesen Batterien wird die beim Zerfall frei werdende Energie durch Absorption in Wärmeenergie umgewandelt, deren Umwandlung in elektrische Energie dann unter Anwendung des → thermoelektrischen Effekts erfolgt. Vorzugsweise verwendet man diese Batterien, wenn eine Wartung schwierig oder gar nicht möglich ist, wie in meteorologischen Stationen oder in Satelliten.

Leitisotope

Die Verwendung eines radioaktiven Nuklids als Leitisotop beruht auf der Möglichkeit, in einer chemischen Verbindung ein Element durch sein radioaktives Isotop zu ersetzen. Damit werden bestimmte Atome durch ihre Strahlung markiert, so daß es gelingt, in der Biochemie und in der Molekularbiologie Reaktionsmechanismen zu untersuchen und ihren Ablauf zu klären. So stellte sich z. B. heraus, daß der bei der Photosynthese in Pflanzen frei werdende Sauerstoff aus dem Wasser des Bodens stammt und nicht aus dem Kohlenstoffdioxid der Luft.
Auch in der Medizin untersucht man die Funktion bestimmter Organe mit Hilfe radioaktiver Leitisotope. Diese werden in geringen Mengen durch Injektion oder bei der Nahrungsaufnahme dem Körper zugeführt und lagern sich an bestimmten Stellen ab. Durch Registrierung der Strahlung lassen sich Lage und Ausdehnung der Organe feststellen und evtl. erkrankte Bereiche, wie z. B. Tumore, lokalisieren.
Neben den Radioisotopen werden auch stabile Isotope für manche Untersuchungen benutzt. Sie haben den Vorteil, daß sie nicht zerfallen und nach langer Zeit noch nachgewiesen werden können. Der Nachteil dieses Verfahrens besteht darin, daß man zum Nachweis der Isotope aufwendige massenspektroskopische Untersuchungen durchführen muß.

Aufgaben

12/46: Die Aktivität lebenden Holzes beträgt aufgrund seines ^{14}C-Gehaltes $A = 0{,}208\ \mathrm{s}^{-1}$ je Gramm Kohlenstoff. Die Halbwertszeit von ^{14}C ist $t_H = 5760$ a.
a) Welche Aktivität hat vor 50 Jahren geschlagenes Holz je Gramm Kohlenstoff?
b) Welches Alter hat Holz aus einem ägyptischen Königsgrab mit einer Aktivität von 6,5 min^{-1} je Gramm Kohlenstoff?

12/47: Die Halbwertszeit von Uran beträgt $4{,}5 \cdot 10^9$ a. Berechnen Sie das Alter eines Minerals, das ein Bleiatom auf zwei Uranatome enthält!

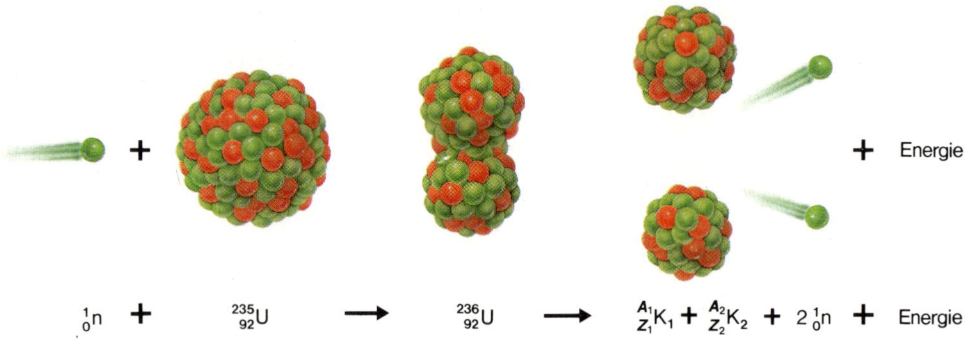

Abb. 12–46: Spaltung eines Urankerns in zwei Kerne mittlerer Größe und in zwei Neutronen.

12.5.4 Kernspaltung

Die Kernspaltung wurde 1938 von den Chemikern HAHN und STRASSMANN bei Experimenten zur Erzeugung neuer Elemente durch Kernumwandlung entdeckt. Sie beschossen Uran, ein Element mit hoher Ordnungszahl $Z = 92$, mit Neutronen und erhofften eine Umwandlung der durch Neutroneneinfang entstehenden Isotope bei anschließendem β-Zerfall in ein Element mit größerer Ordnungszahl. Die entstehenden Elemente wurden mit chemischen Methoden oder durch Messung ihrer Halbwertszeit identifiziert.
Dabei fanden HAHN und STRASSMANN ein radioaktives Nuklid, das sich chemisch ähnlich wie Barium verhielt. Wegen der geringen Ordnungszahl von Barium $Z = 56$ hielten sie es für ein bisher unbekanntes Radiumisotop mit der Ordnungszahl $Z = 88$. Überraschenderweise war es jedoch unmöglich, dieses Nuklid auf chemischem Wege von hinzugefügten Bariumsalzen zu trennen, wofür es nur die eine Erklärung gab, daß es sich bei dem radioaktiven Nuklid tatsächlich um ein Isotop des Barium handeln mußte. Die Entstehung dieses Isotops war nur durch eine Spaltung des mit Neutronen beschossenen Urankerns zu erklären. Diese Deutung wurde durch den Nachweis von Krypton mit der Ordnungszahl 36 als zweitem Kernbruchstück bestätigt.
Die ungeheure Tragweite dieser Entdeckung liegt in der Tatsache, daß bei der Spaltung eines schweren Kerns in zwei Kerne mittlerer Größe zugleich mehrere Neutronen frei werden (*Abb. 12–46*). Denn bei schweren Kernen ist der relative Anteil der Neutronen an der Zahl der Nukleonen größer als bei mittleren Kernen (→ *Nuklidkarte im Anhang*). Damit besteht die Möglichkeit einer Wiederholung des Spaltvorgangs durch eine **Kettenreaktion.**

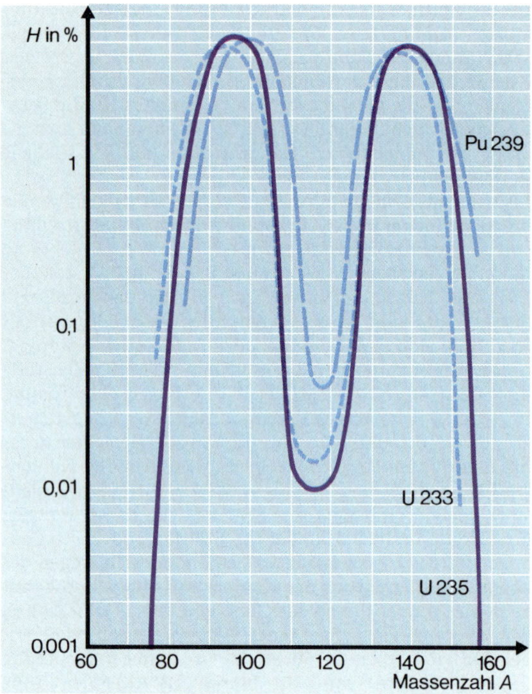

Abb. 12–47: Relative Häufigkeit H der Spaltprodukte in Abhängigkeit von der Massenzahl bei der Spaltung von Uran 235 durch langsame Neutronen.

Bei der **Kernspaltung** (Kernfission) zerfällt ein Kern durch eine Kernreaktion (z. B. mit einem Neutron) in (i. a. zwei) größere Kernbruchstücke, anstatt wie bei sonstigen Kernreaktionen nur einzelne Nukleonen oder α-Teilchen auszusenden.
Die bei einer Kernspaltung auftretenden Neutronen können zu weiteren Kernspaltungen führen (Kettenreaktion).

Eine genaue Untersuchung des Spaltvorgangs beim Uran ergibt, daß das Uranisotop $^{235}_{92}U$ durch langsame Neutronen gespalten wird und nicht das Isotop $^{238}_{92}U$. Bei jeder Spaltung entstehen neben den Kernbruchstücken mittlerer Massenzahl im Mittel 2,5 neue Neutronen. *Abb. 12–47* zeigt die relative Häu-

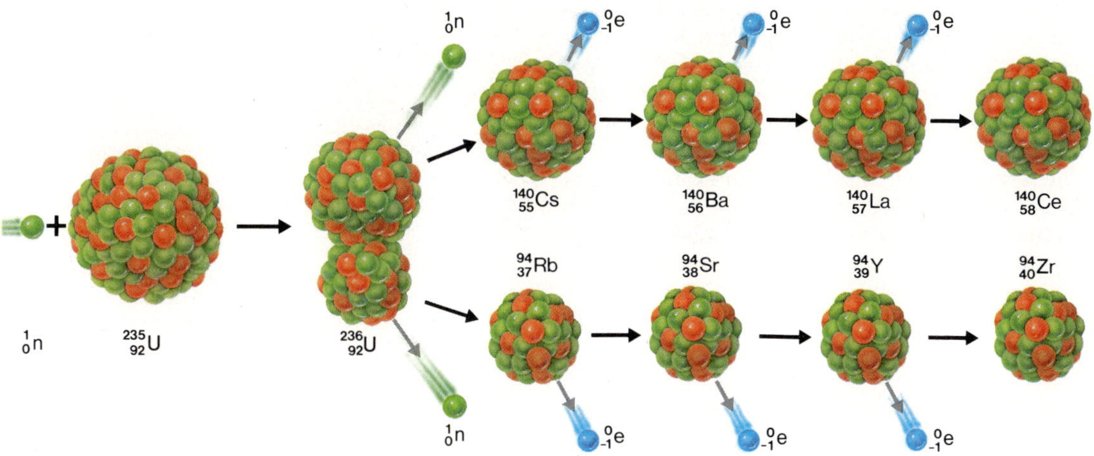

Abb. 12–48: Schematische Darstellung der Spaltung von Uran und des Zerfalls der Kerntrümmer.

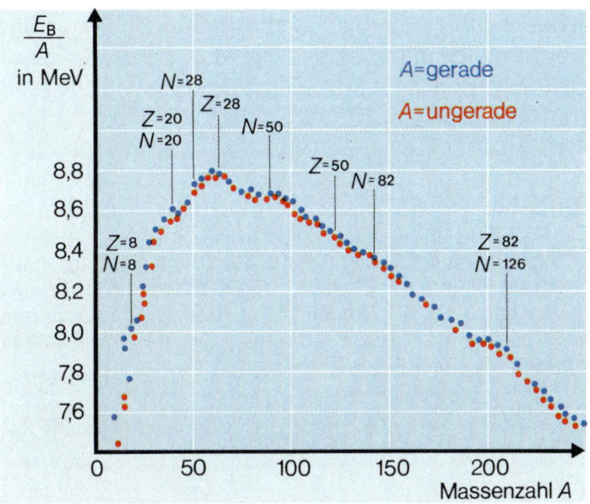

Abb. 12–49: Mittlere Bindungsenergie pro Nukleon E_B/A in Abhängigkeit von der Massenzahl.

figkeit der Spaltprodukte verschiedener Massenzahl in Abhängigkeit von der Massenzahl. Es sind offenbar viele verschiedene Spaltprodukte möglich, jedoch ist die Wahrscheinlichkeit für die Spaltung in zwei Bruchstücke, deren Massenzahlen sich ungefähr wie 2:3 verhalten, am größten.

Die Kernspaltung und der Zerfall der Bruchstücke sind in *Abb. 12–48* schematisch dargestellt. Durch den Einfang eines Neutrons bildet sich ein hoch angeregter Zwischenkern $^{236}_{92}$U, denn es wird Bindungsenergie frei. Obwohl die mittlere Bindungsenergie pro Nukleon für einen Kern der Massenzahl 236 nach *Abb. 12–49* ca. 7,5 MeV beträgt, wird bei der Anlagerung eines weiteren Nukleons an den U 235-Kern nur eine Energie von etwa 6,5 MeV frei. Die letzten Nukleonen sind weniger fest gebunden, wie schon beim α-Zerfall besprochen. Für eine Spaltung des U 235-Kerns ist eine Aktivierungsenergie von 6,1 MeV nötig, so daß jedes eingefangene Neutron aufgrund der frei werdenden Bindungsenergie von 6,5 MeV eine Spaltung hervorrufen kann. Es ist also nicht nötig, daß das Neutron weitere Energie in Form von kinetischer Energie mitbringt.

Die in *Abb. 12–48* angegebenen Kernbruchstücke Rubidium und Caesium zerfallen unter β^--Emission in die stabilen Nuklide Zirkon 94 und Cer 140. Der relative Überschuß der primären Spaltprodukte an Neutronen wird zuweilen auch durch Emission von Neutronen abgebaut. Dadurch entstehen neben den bei der Spaltung auftretenden „momentanen Neutronen" 0,1 s bis 100 s nach der Spaltung weitere Neutronen. Das verspätete Auftreten der Neutronen beruht auf der relativ großen Lebensdauer der Zwischenprodukte gegenüber einem β^--Zerfall.

Von den insgesamt bei der Spaltung eines U 235-Kerns auftretenden 2,5 Neutronen sind 0,75 %, also im Mittel 0,018 Neutronen, sogenannte „verspätete Neutronen" aus Folgekernen der Spaltung. Hierauf beruht die Möglichkeit einer **Reaktorsteuerung.** Da bei der Spaltung und bei der Umwandlung der primären Spaltprodukte angeregte Kerne entstehen, ist die Kernspaltung von intensiver γ-Strahlung begleitet.

Bei der Kernspaltung wird nach Zuführung einer geringen Aktivierungsenergie ein erheblicher Energiebetrag frei. Für Kerne mit einer Massenzahl von etwa $A = 60$ ist die mittlere Bindungsenergie pro Nukleon am größten, so daß bei einer Spaltung eines schweren Kerns in zwei Bruchstücke mittlerer Größe Energie frei wird.

Das ist aus der Darstellung der mittleren Bindungsenergie pro Nukleon (*Abb. 12–49*) zu verstehen: Für Uran beträgt die mittlere Bindungsenergie pro Nukleon etwa 7,5 MeV, für Bruchstücke mittlerer Größe etwa 8,4 MeV. Bei einer Differenz der Bindungsenergie pro Nukleon von 0,9 MeV und 235 Nukleonen wird insgesamt eine Energie von $235 \cdot 0{,}9$ MeV = 211 MeV frei. Eine Zersplitterung des Kerns in kleinere Bruchstücke würde keinen Energiegewinn liefern.

Eine Kernspaltung ist solange eine **exotherme Reaktion**, wie man sich auf der Kurve der mittleren Bindungsenergie pro Nukleon nach „oben" bewegt. Die Abnahme der mittleren Bindungsenergie pro Nukleon mit wachsender Massenzahl beruht auf der mit der Kernladung zunehmenden elektrostatischen Abstoßung zwischen den Protonen (→ *12.3.2*). Der Energiegewinn bei der Spaltung ist also auf eine Abnahme der elektrostatischen Energie zurückzuführen. Dies bestätigt auch die Berechnung der potentiellen Energie zweier gleicher Bruchstücke mit den Radien im Abstand $2r$:

$$E_{\text{pot}} = \frac{1}{4\pi\,\varepsilon_0}\,\frac{e^2(Z/2)^2}{2\,r}\,.$$

Für $Z = 92$ und die Massenzahl der Bruchstücke $A = 118$ ergibt sich $E_{\text{pot}} = 209$ MeV.

Der Betrag der frei werdenden Energie ändert sich nicht wesentlich, wenn die Spaltung in andere Bruchstücke erfolgt. Die frei werdende Energie verteilt sich über den gesamten Ablauf der Spaltung als kinetische Energie der Bruchstücke und der Neutronen und als Energie der γ-Quanten und β-Teilchen.

Im einzelnen treten folgende Energieanteile auf:

kinetische Energie der Spaltprodukte	170 MeV
Energie der momentanen γ-Strahlung	5 MeV
kinetische Energie der momentanen Neutronen	5 MeV
Energie der γ-Strahlung der Spaltprodukte	5 MeV
Energie der β^--Strahlung der Spaltprodukte	5 MeV
Energie der Antineutrinos	10 MeV

Nach dem Verlauf der Kurve der mittleren Bindungsenergie pro Nukleon (*Abb. 12–49*) müßte auch bei anderen schweren Kernen eine Spaltung unter Freiwerden von Energie möglich sein. Dies wird durch Versuche mit Teilchenbeschleunigern bestätigt, wenn die Energie der stoßenden Teilchen groß genug ist. Zur Spaltung des Thoriumisotops $^{232}_{90}$Th und des Uranisotops $^{238}_{92}$U benötigt man z. B. eine Aktivierungsenergie von 7,5 MeV bzw. 7 MeV. Bei beiden Nukliden reicht die bei der Anlagerung eines Neutrons frei werdende Bindungsenergie (5,4 MeV bzw. 5,5 MeV) zur Aktivierung und Spaltung nicht mehr aus. Hier müßte dem Neutron weitere Energie in Form kinetischer Energie mitgegeben werden. Entsprechendes gilt für die übrigen schweren Kerne.

Lediglich das zu 0,71% in natürlichem Uran enthaltene Isotop ^{235}U besitzt mit der Bindungsenergie von 6,5 MeV beim Einfangen eines Neutrons eine größere Energie als die zur Spaltung eines gleichen Isotops erforderliche Spaltungsenergie von 6,1 MeV. Auch bei dem in der Natur nicht vorkommenden Plutonium-Isotop Pu 239 ist die Bindungsenergie des eingefangenen Neutrons mit 6,6 MeV größer als die zur Spaltung erforderliche Energie von 5,0 MeV. Deshalb versucht man im → Brutreaktor Plutonium künstlich herzustellen. Ähnliches gilt für das Uran-Isotop 233: Bei ihm beträgt die Bindungsenergie des Neutrons 7,0 MeV und die Spaltungsenergie 6,0 MeV.

Aus der Existenz einer Aktivierungsenergie folgt, daß für die Spaltung eines Kerns ebenso wie für die Emission eines α-Teilchens eine Potentialbarriere besteht. *Abb. 12–50* gibt die potentielle Energie eines Spaltprodukts in Abhängigkeit vom Abstand der Schwerpunkte der Bruchstücke wieder. Ist der Abstand der Bruchstücke kleiner als der doppelte Radius, so werden die Kernkräfte wirksam, und die potentielle Energie nimmt ab. Eine Zufuhr von Energie ermöglicht ein Überwinden der Potentialbarriere. Die Aktivierungsenergie kann ebenso durch Beschuß mit α-Teilchen wie durch energiereiche γ-Quanten zugeführt werden.

Ergebnis: Uran 235 ist das einzige natürlich vorkommende Nuklid, bei dem eine Anlagerung eines Neutrons zur Spaltung führt. Bei der Spaltung entstehen weitere Neutronen, die die Möglichkeit einer Kettenreaktion schaffen. Bei der Spaltung eines Urankerns wird im Mittel eine Energie von 200 MeV frei.

Aufgabe

12/48: Bei einer Kernspaltung nach dem Einfang eines Neutrons entstehen aus dem ^{235}U-Kern zwei Kernbruchstücke und zwei Neutronen. Die mittlere Bindungsenergie des Urankerns beträgt 7,8 MeV, die der Bruchstücke 8,6 MeV. Welche Energie wird frei?

12.5.5 Kettenreaktion

Die Entstehung von zwei bis drei Neutronen bei der Spaltung des Uran 235 ermöglicht die technische Nutzung dieses Prozesses zur Energiegewinnung. Die entstehenden Neutronen können weitere Spaltungen hervorrufen. Folgt auf eine Reaktion mindestens eine gleiche, so spricht man von einer **Kettenreaktion.** *Abb. 12–51* zeigt eine schematische Darstellung der Kettenreaktion.

Für die technische Nutzung mit einer konstanten Leistung muß die Zahl der aufeinander folgenden Reaktionen konstant gehalten werden. Zur Charakterisierung einer Kettenreaktion verwendet man den **Multiplikationsfaktor** k, der das Verhältnis der Zahlen aufeinander folgender Reaktionen angibt. Ist k größer als 1, nimmt die Zahl der Reaktionen mit jedem Schritt zu, wie beim Anlaufen eines Reaktors oder bei der Explosion einer Bombe.

Der Wert des Multiplikationsfaktors hängt von verschiedenen Einflüssen ab: Im Mittel werden bei einer Spaltung von Uran 235 2,5 Neutronen frei, von

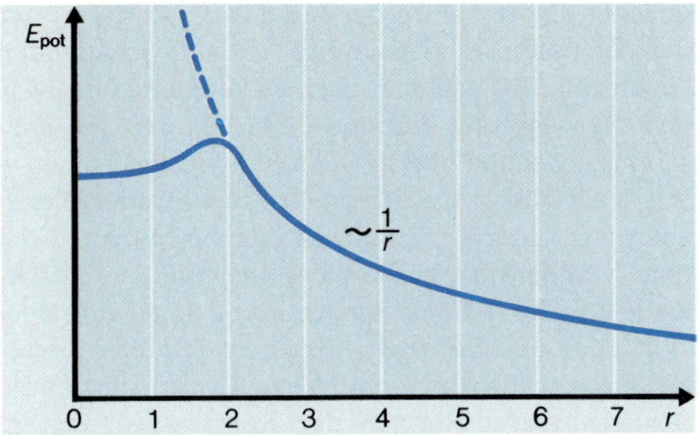

Abb. 12–50: Potentielle Energie zweier gleicher Kernbruchstücke von ^{235}U in Abhängigkeit vom Schwerpunktabstand r, gemessen in Radien der Bruchstücke.

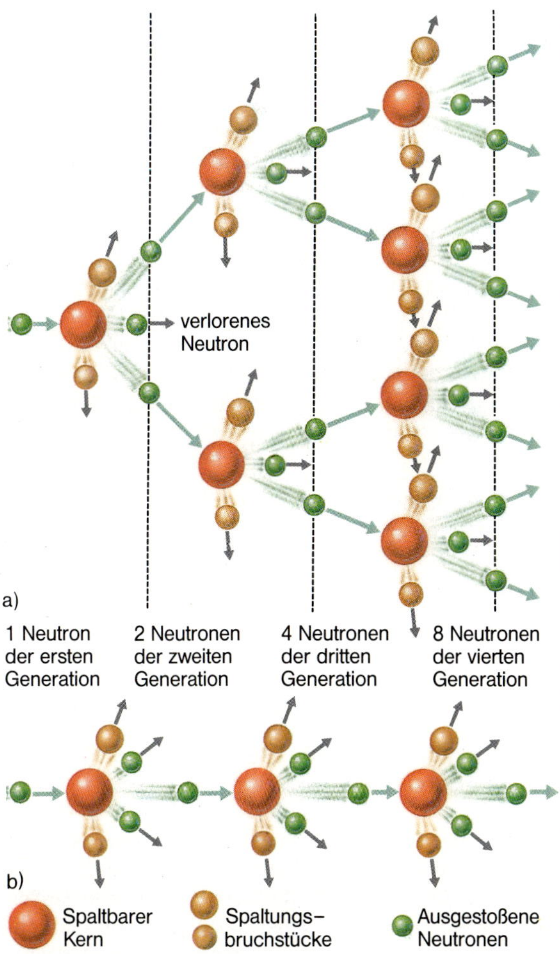

Abb. 12–51: Schematische Darstellung von Kettenreaktionen.
a) Eine unkontrollierte Kettenreaktion. Das Prinzip der Atombombe.
b) Eine kontrollierte Kettenreaktion. Das Prinzip des Kernreaktors.

denen wenigstens ein Neutron wieder zu einer Spaltung führen muß, um die Reaktion aufrecht zu erhalten. Wegen der geringen Wechselwirkung der Neutronen mit der Materie können diese bei zu kleinem Volumen des spaltbaren Materials in den Außenraum entweichen, bevor sie mit einem ^{235}U-Kern reagiert haben. Dasselbe kann auch bei einer ungünstigen geometrischen Form (z. B. einer flachen Platte) des Spaltmaterials auftreten. Die kleinste Masse, in der eine Kettenreaktion aufrechterhalten werden kann, bezeichnet man als **kritische Masse.** Bei reinem Uran 235 in Kugelform beträgt die kritische Masse ca. 50 kg. In einer solchen Urankugel von 17 cm Durchmesser wäre eine Kettenreaktion möglich.

Der Wert des Multiplikationsfaktors hängt außerdem von der Reinheit des spaltbaren Materials ab, da Neutronen durch (n, γ)-Reaktionen mit anderen Kernen für die Kettenreaktion verlorengehen können. Zur Bestimmung der kritischen Masse für ein bestimmtes Spaltmaterial benötigt man folgende Kenntnisse:

1. Reichweite der Neutronen im spaltbaren Material,
2. Verhältnis der Wahrscheinlichkeit für das Eintreten einer Spaltung und eines anderen Prozesses.

Die Wahrscheinlichkeit für das Eintreten einer bestimmten Kernreaktion ist durch den Wirkungsquerschnitt (→ *12.5.1*) bestimmt. *Abb. 12–52* gibt den totalen Wirkungsquerschnitt σ_t und den Wirkungsquerschnitt für die Spaltung σ_s für Neutronen in reinem Uran 235 in Abhängigkeit von der Energie der Neutronen wieder. Sie zeigt, daß für langsame Neutronen die Wahrscheinlichkeit, eine Spaltung

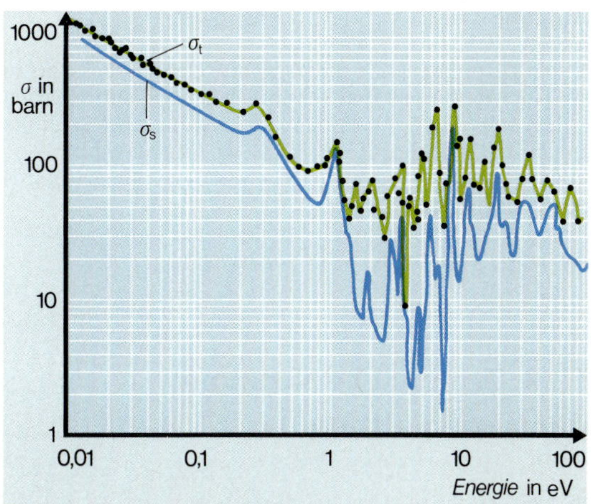

Abb. 12–52: Totaler Wirkungsquerschnitt und Wirkungsquerschnitt für die Spaltung von Neutronen in reinem Uran 235 in Abhängigkeit der Energie der Neutronen.
Die (heute nicht mehr gebräuchliche) Einheit zur Messung der Wirkungsquerschnitte ist Barn: 1 barn = 10^{-28} m^2.

hervorzurufen, am größten ist. Die unmittelbar bei der Spaltung entstehenden Neutronen haben Energien zwischen 0,1 MeV und 13 MeV. *Abb. 12–52* zeigt ferner, daß für Neutronen mit ganz bestimmten Energien eine hohe Wahrscheinlichkeit für Kernreaktionen besteht, die nicht zur Spaltung führen.
Eine Kettenreaktion ist im Uran 235 deshalb möglich, weil die Bindungsenergie für ein Neutron größer ist als die Aktivierungsenergie für die Spaltung. Dies ist bei allen anderen natürlich vorkommenden Nukliden nicht der Fall. Zur Spaltung anderer Kerne werden Neutronen erheblicher kinetischer Energie benötigt. Bei diesen Nukliden ist eine Kettenreaktion unmöglich, weil nicht ausreichend viele Neutronen, die bei einer Spaltung entstehen, eine entsprechend große Energie haben.
In den beiden künstlich hergestellten Nukliden Uran 233 und Plutonium 239 sind jedoch Kettenreaktionen möglich. Diese Nuklide werden in Kernreaktoren bei folgenden Reaktionen, die man als Brüten (breeding) bezeichnet, „erbrütet“:

$$^{232}_{90}\mathrm{Th}\,(n,\gamma)\,^{233}_{90}\mathrm{Th}\ \xrightarrow[22{,}4\ \mathrm{min}]{\beta^-}\ ^{233}_{91}\mathrm{Pa}\ \xrightarrow[27\ \mathrm{d}]{\beta^-}\ ^{233}_{92}\mathrm{U}\,.$$

Aus Thorium 232 entsteht Uran 233, das mit einer Halbwertszeit von $1{,}62 \cdot 10^5$ Jahren gegenüber einem α-Zerfall stabil genug ist, um als Spaltmaterial Verwendung zu finden:

$$^{238}_{92}\mathrm{U}\,(n,\gamma)\,^{239}_{92}\mathrm{U}\ \xrightarrow[23\ \mathrm{min}]{\beta^-}\ ^{239}_{93}\mathrm{Np}\ \xrightarrow[2{,}3\ \mathrm{d}]{\beta^-}\ ^{239}_{94}\mathrm{Pu}\,.$$

Plutonium 239 entsteht aus Uran 238. Es zerfällt unter α-Emission mit einer Halbwertszeit von $2{,}4 \cdot 10^4$ Jahren in Uran 235.
Andere künstlich erzeugte Kerne (Transurane) sind als Spaltmaterial wegen ihrer kurzen Halbwertszeit gegenüber einem α-Zerfall nicht geeignet.

Aufgabe

12/49: Denkt man sich die einzelnen Generationsschritte bei einer Kettenreaktion vereinfachend diskontinuierlich aufeinander folgend, so nimmt die Leistung eines Reaktors gemäß der Gleichung $P = P_0\, k^{t/\tau}$ zu, wobei k der Multiplikationsfaktor und τ die mittlere Lebensdauer einer Neutronengeneration ist.
In welcher Zeit steigt die Leistung eines Reaktors mit $k = 1{,}06$ und $\tau = 0{,}1$ s auf das 10^6-fache an?

12.6 Technische Nutzung der Kernspaltung

Die friedliche technische Nutzung der Kernenergie findet im wesentlichen in den **Kernkraftwerken** statt, in denen sie z. B. über die Erzeugung von Wasser oder Dampf hoher Temperatur in elektrische Energie umgewandelt wird. Eine verstärkte Verwendung des Dampfes hoher Temperatur bei chemischen Prozessen in der Industrie und der hinter den Turbinen im entspannten Dampf anfallenden Abwärme für Fernheizungen wird angestrebt. Weitere Verwendung finden Kernreaktoren zu Forschungszwecken und in Schiffsantrieben.
Bei einer unkontrollierten Freisetzung der Kernenergie in einer **Kernspaltungsbombe** können durch hohe Temperaturen, die damit verbundene Druckwelle und die radioaktive Strahlung ungeheure Zerstörungen und Schäden entstehen. Teile der Bevölkerung von Hiroshima und Nagasaki, die die unmittelbaren Auswirkungen der Kernexplosionen im August 1945 überlebt haben, leiden noch heute unter Spätfolgen, hervorgerufen durch die Strahlung des entstandenen radioaktiven Materials.

12.6.1 Funktionsprinzipien des Kernreaktors

Prinzip aller Kernreaktoren ist die Realisierung einer kontrollierten Kettenreaktion. Die Zahl der Kernspaltungen in einem bestimmten Zeitintervall, d. h. der Wert des Multiplikationsfaktors k (→ *12.5.5*) muß regelbar sein. Im folgenden werden die wesentlichen Maßnahmen zur Verwirklichung einer gesteuerten Kettenreaktion angegeben.

1. Als **Spaltmaterialien** stehen das natürliche Uran 235 und die künstlichen Nuklide Uran 233 und Plutonium 239 zur Verfügung. Die Herstellung reinen Spaltmaterials in Isotopentrennanlagen ist so kostspielig, daß man in der Praxis Brennstoffe verwendet, die nur einen Teil reinen Spaltmaterials enthalten, z. B. ein Gemisch aus Uran 235 und Uran 238, in dem das Uran 235 je nach Reaktortyp unterschiedlich hoch angereichert wird.

2. Die Entstehung einer Kettenreaktion in einem Gemisch aus Uran 235 und Uran 238 hängt von der Art der Reaktionen der Neutronen mit den Kernen ab. Da **langsamere Neutronen** einen höheren Wirkungsquerschnitt σ_s für die Spaltung haben (*Abb. 12–52*), versucht man die bei der Spaltung entstehenden Neutronen schnell abzubremsen. Jedoch kann die mittlere kinetische Energie der Neutronen nicht unter einen der Reaktortemperatur entsprechenden Wert von ca. 0,1 MeV sinken.
Eine Abbremsung der Neutronen durch Stöße mit den Kernen des Brennstoffs ist ungünstig: Da die Masse der Kerne viel größer ist als die der Neutronen, wird bei elastischen Stößen nur sehr wenig Energie übertragen, so daß eine Vielzahl von Stößen nötig ist. Dadurch wächst die Wahrscheinlichkeit, daß Neutronen in (n, γ)-Prozessen eingefangen werden und damit für die Spaltung verloren sind.
Bei bestimmten Neutronenenergien sind die Einfangquerschnitte besonders hoch (*Abb. 12–53*). Um zu verhindern, daß zu viele Neutronen durch Einfang verlorengehen, muß in möglichst wenig Stößen

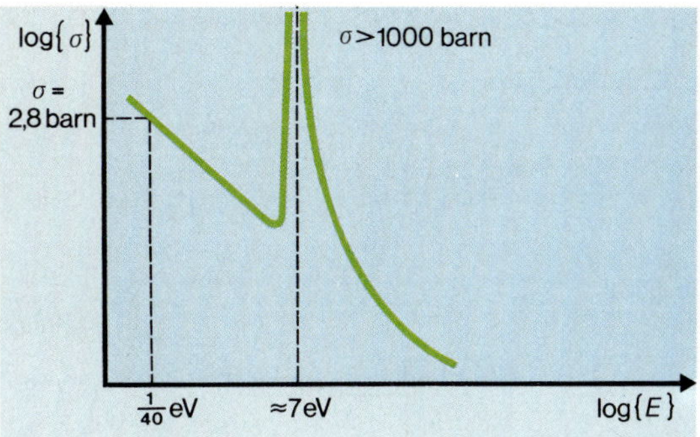

Abb. 12–53: Einfangquerschnitt von Uran 238 für langsame Neutronen.

eine schnelle Abbremsung erfolgen. Dies geschieht in Substanzen, deren Kerne für Neutronen einen kleinen Einfangquerschnitt haben und beim Stoß einen möglichst großen Energiebetrag aufnehmen, den **Moderatoren.**

Da bei einem elastischen Stoß zweier Körper die Energieübertragung bei gleichen Massen am größten ist, wäre Wasserstoff ein guter Moderator. Wegen technischer Schwierigkeiten verwendet man jedoch andere Moderatoren: leichtes Wasser ${}^1_1H_2O$, schweres Wasser ${}^2_1H_2O$, Graphit u. a. In schwerem Wasser wird ein Neutron in 25 Stößen mit Deuteriumkernen von 1,3 MeV auf 0,1 MeV abgebremst. Im **heterogenen Reaktor** wird der Moderator in großen Teilen zwischen das Spaltmaterial gegeben, im **homogenen Reaktor** wird der Moderator mit dem Spaltmaterial vermischt.

3. Zur Erhöhung des Multiplikationsfaktors umgibt man den Reaktorkern mit einem **Reflektor,** in dem die Neutronen, die das Spaltmaterial verlassen haben, stark gestreut und z. T. dem Reaktorkern wieder zugeführt werden. Die Wirksamkeit eines Reflektors mißt man durch den Quotienten A aus der Zahl der in den Kern zurückgestreuten und der Zahl der in den Reflektor eintretenden Neutronen (*Tab. 12–9*). Ein Reflektor aus schwerem Wasser ${}^2_1H_2O$ reduziert die kritische Masse für reines Uran 235 von 22,8 kg auf 0,6 kg.

Reflektormaterial	A
${}^1_1H_2O$ (leichtes Wasser)	0,82
${}^2_1H_2O$ (schweres Wasser)	0,92
Beryllium	0,88
Graphit	0,89

Tab. 12–9: Wirksamkeit verschiedener zylinderförmiger Reflektoren mit einer Schichtdicke von 40 cm.

$$A = \frac{\text{Zahl der in den Reaktor reflektierten Neutronen}}{\text{Zahl der in den Reflektor eindringenden Neutronen}}$$

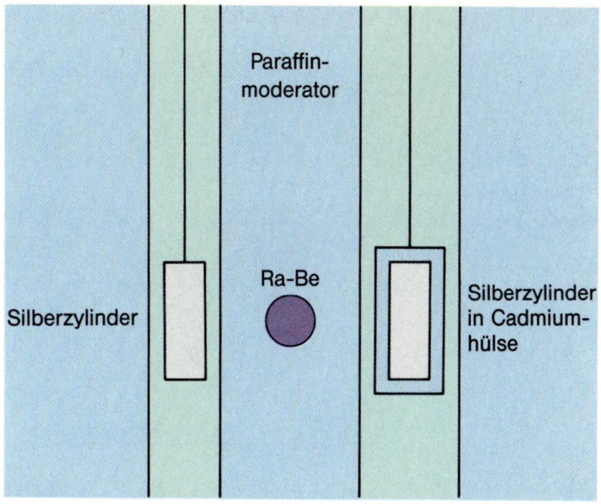

Abb. 12–54: Nachweis des großen Einfangquerschnitts von Cadmium für langsame Neutronen.

4. Der Reaktor kann durch folgende Maßnahmen gesteuert werden:
a) Entfernung von Spaltmaterial aus dem Kern,
b) Entfernung von Teilen des Reflektors,
c) Neutroneneinfang durch in den Kern eingeführte Stäbe aus Material mit einem großen Einfangquerschnitt für thermische Neutronen.

Meistens wendet man das letzte Verfahren an. Die **Regelstäbe** bestehen aus Borstahl oder Cadmium.

Versuch 12/17: In einer Neutronenquelle werden zwei Silberzylinder, von denen sich einer in einer Cadmium-Hülse befindet, unter sonst gleichen Bedingungen aktiviert (*Abb. 12–54*). Die Aktivitäten der Zylinder werden mit einem Zählrohr bestimmt.
Beobachtung: Die Aktivität des durch Cadmium abgeschirmten Silberzylinders ist wesentlich geringer als die des anderen.
Erklärung: Der Paraffin-Moderator bremst die Neutronen der Radium-Berylliumquelle auf thermische Energie ab, für die der Einfangquerschnitt von Cadmium besonders groß ist.

Die Reaktortemperatur übt ebenfalls eine steuernde Wirkung aus. Steigt infolge einer erhöhten Zahl von Spaltungen die Temperatur, so dehnen sich Brennstoff und Moderator aus, wodurch ihre Dichte sinkt. Dies führt zu einer Abnahme des Multiplikationsfaktors. Hinzu kommt, daß mit steigender Temperatur bzw. kinetischer Energie der Neutronen der Wirkungsquerschnitt für die Spaltung stärker abnimmt als der Einfangquerschnitt.

Eine Steuerung von Reaktoren durch Regelstäbe ist nur durch die Existenz der „verspäteten Neutronen“ möglich, die beim Zerfall der Spaltprodukte auftreten (→ *12.5.4*). Der Reaktor wird so eingestellt, daß er ohne die verspäteten Neutronen nicht

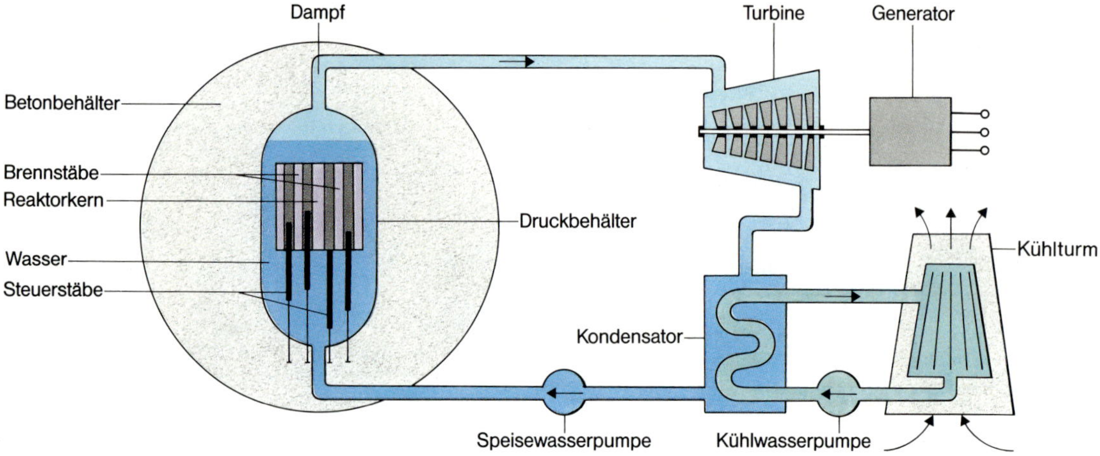

Abb. 12–55: Prinzipdarstellung eines Siedewasserreaktors. Der etwa 4 m hohe und ebenso breite zylindrische Reaktorkern (Beispiel Kernkraftwerk Brunsbüttel) ist aus 532 Brennelementen aufgebaut: Jedes Element ist ein Bündel aus 49 Brennstäben. Jeder Stab ist 3,6 m lang und 14 mm dick und enthält den Brennstoff in Form von Uran-Sinter-Tabletten. 129 etwa gleichlange Steuerstäbe mit Borcarbid als Absorbermaterial können von unten in den Reaktorkern eingefahren werden. Brennelemente und Steuerstäbe sind ständig von Wasser als Kühlmittel und Moderator umspült. Im oberen Teil des Druckbehälters sammelt sich der Dampf bei 70 bar und 285 °C. Er wird durch den Hoch- und Niederdruckteil der Turbine geleitet und treibt den 1000 MW-Generator, der die erzeugte Energie in das 380 kV-Netz speist. Der Dampf expandiert bis auf den Kondensatordruck von 0,04 bar und wird kondensiert wieder dem Druckbehälter zurückgegeben. Gekühlt wird der Kondensator durch Wasser aus Kühltürmen (in Brunsbüttel aus der Elbe).

„kritisch" würde, der Multiplikationsfaktor also unter 1 bliebe. Durch die verspäteten Neutronen kann der Multiplikationsfaktor größer als 1 werden. Beim Betrieb eines Reaktors hält man die Zeit, in der seine Leistung auf das *e*-fache ihres Anfangswertes wächst, stets größer als 100 s. Daher dauert eine Leistungssteigerung von 1 W auf 1 MW etwa 23 Minuten. Der Reaktor ist in bezug auf seine Leistungssteuerung außerordentlich träge.

5. Ungefähr 80 % der bei der Kernspaltung entstehenden Energie liegt als kinetische Energie der Kernbruchstücke vor. Diese im Reaktorkern und im Moderator anfallende Energie wird durch Flüssigkeiten, wie leichtes oder schweres Wasser, durch flüssige Metalle, z. B. Natrium oder Gase, wie z. B. Helium abgeleitet.

6. Besondere Bedeutung kommt beim Betrieb von Reaktoren dem **Strahlenschutz** zu. Dabei geht es im wesentlichen um die Neutronen- und γ-Strahlung. Ist diese Strahlung abgeschirmt, so auch die α- und β-Strahlung, deren Wechselwirkung mit Materie wesentlich größer ist. Ein Teil der γ-Strahlung stammt aus dem Reaktorkern, ein weiterer Teil entsteht in der Abschirmung durch (n, γ)-Prozesse. Durch eine Betonwand von 1 m Dicke sinkt die Intensität der γ-Strahlung um den Faktor 10^{-5}. Enthält der Beton etwa 7 % Wasser, so wirkt er im gleichen Maße abschirmend auf Neutronen. Bei transportablen Reaktoren verwendet man Stahl, Blei, Wasser und organische Substanzen, die man schichtweise anordnet, als Abschirmung. Die durch Kernkraftwerke verursachte zusätzliche Strahlenbelastung für Menschen in deren Nähe beträgt weniger als 1 % der natürlichen Strahlenbelastung.

Aufgaben

12/50: Welchen Bruchteil kinetischer Energie kann ein Neutron beim elastischen Stoß mit den in Ruhe befindlichen Kernen der Nuklide ^{2}H, ^{9}Be, ^{12}C und ^{238}U maximal abgeben?

12/51: Welche Masse ^{235}U wird bei der Explosion einer Kernspaltungsbombe gespalten, deren Sprengkraft 30 000 t TNT entspricht?
Bei der Explosion von 1 kg TNT werden ca. 4 kJ frei.

12.6.2 Reaktortypen

Aufgrund unterschiedlicher Zielsetzungen sind verschiedene Typen von Reaktoren entwickelt worden: Die **Leistungsreaktoren** in Kernkraftwerken dienen der Erzeugung elektrischer Energie. Man unterscheidet **Siedewasserreaktor** (SWR), **Druckwasserreaktor** (DWR) und **Hochtemperaturreaktor** (HTR). In allen drei Typen wird die im Reaktorkern entstehende Energie durch ein Kühlmittel abgeführt und Dampf erzeugt, der eine Turbine mit einem Generator treibt.
In Siedewasser- und Druckwasserreaktoren verwendet man als Spaltmaterial ein Urangemisch, das auf 3 % Uran 235 angereichert ist, als Kühlmittel benutzt man leichtes Wasser.

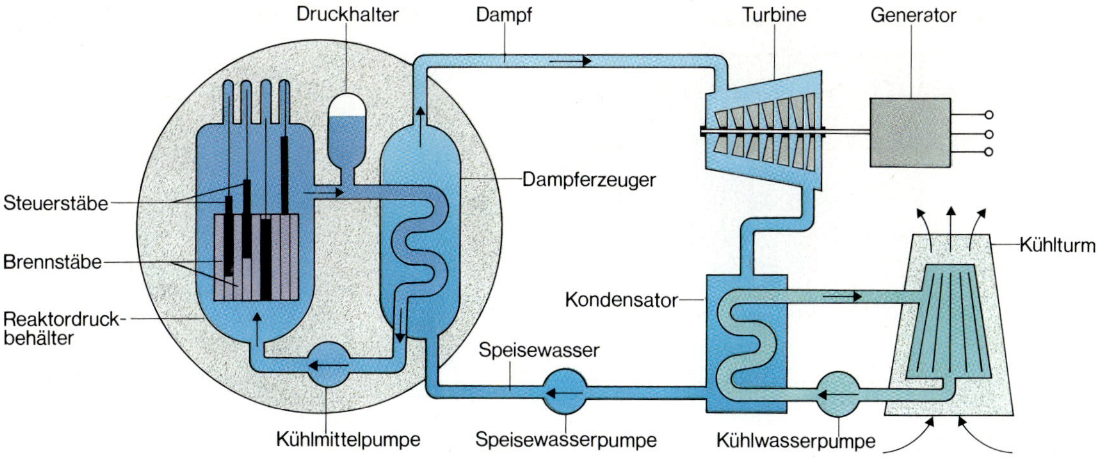

Abb. 12–56: Prinzipdarstellung eines Druckwasserreaktors. Der Reaktor (Beispiel Kernkraftwerk Biblis B) wird aus 193 Brennelementen gebildet, jedes Element ist ein Bündel aus 236 Brennstäben, in ganz ähnlichen Abmessungen wie im Beispiel Brunsbüttel. Der Reaktorkern wird von dem unter hohem Druck (155 bar) stehenden borhaltigen Wasser als Kühlmittel und Moderator durchflossen, das den Druckbehälter mit 320 °C verläßt und in 4 Dampferzeugern schwach überhitzten Dampf von 54 bar und 269 °C erzeugt. Der Druckhalter hält den Druck im Primärkreislauf bei Temperaturänderungen konstant. Für die Leistung von 1300 MW werden jährlich etwa 200 t Natururan benötigt.

Der **Siedewasserreaktor** (*Abb. 12–55*) hat nur einen Kühlkreislauf. Im Reaktorkern verdampft das Wasser bei einem Druck von 70 bar und einer Temperatur von 285 °C. Der Dampf wird direkt der Turbine zugeführt. Der Siedewasserreaktor hat die Nachteile, daß bei Schäden an den Brennelementen radioaktives Material in die Turbine gelangen kann, daß der Abbrand entlang der Brennelemente ungleichmäßig ist und die Steuerung der Kernreaktion von unten erfolgen muß.

Der **Druckwasserreaktor** besitzt einen zweiten Kühlkreislauf (*Abb. 12–56*). Der Primärkreislauf enthält nur flüssiges Wasser bei 150 bar und 300 °C. Der Dampf wird in einem Wärmeaustauscher erzeugt und in einem zweiten Kreislauf der Turbine zugeführt. Der Dampf kann nicht radioaktiv werden, und da der Reaktor von oben gesteuert wird, können die Steuerstäbe bei einer notwendigen Schnellabschaltung in den Kern fallen. Langfristig gesehen wird sich unter den Kernspaltungsreaktoren wohl der Druckwasserreaktor durchsetzen.

In einem **Hochtemperaturreaktor** (*Abb. 12–57*) hat das Kühlmittel Temperaturen zwischen 600 °C und 900 °C, wodurch sich der Wirkungsgrad erhöht. Als Kühlmittel wird Helium verwendet, das keine Neutronen einfängt und nicht radioaktiv werden kann. Dampf wird wie beim Druckwasserreaktor in einem Wärmeaustauscher erzeugt. Eine weitere Besonderheit des Hochtemperaturreaktors besteht darin, daß das Spaltmaterial dem Kern wegen der hohen Temperatur in Graphitkugeln eingeschlossen zugeführt wird. Zur Erzielung noch höherer Wirkungsgrade plant man, das erhitzte Helium direkt einer Heliumgasturbine zuzuleiten.

Die bisher beschriebenen Reaktoren verwenden alle natürliches Uran als Spaltstoff. In einem **Brutreaktor** wird nach den in *12.5.4* angegebenen Reaktionen mehr Spaltmaterial erbrütet als verbraucht wird. Durch Beschuß mit schnellen Neutronen entsteht aus Uran 238 das Spaltmaterial Plutonium 239. Da für die Brutreaktion schnelle Neutronen gebraucht werden, besitzt der Brutreaktor **(Schneller Brüter)** keinen Moderator. Als Kühlmittel verwendet man flüssiges Natrium bei 600 °C, dem in einem Wärmeaustauscher die zur Dampferzeugung nötige Energie entzogen wird. Ein Schneller Brüter hat einen sehr kleinen Reaktorkern. Das Erbrüten von Pu 239 aus U 238 erfolgt im Brutmaterial um den Reaktorkern.

Ein weiterer Typ ist der **Forschungsreaktor** zur Erzeugung von Neutronen, mit denen zu untersuchende Materialien beschossen werden. Die bei der Kernspaltung frei werdende Energie wird nicht genutzt. Ein Typ des Forschungsreaktors ist der Schwimmbadreaktor. Der Kern befindet sich in einem Becken mit gewöhnlichem Wasser, das gleichzeitig als Moderator zum Strahlenschutz und zur Ableitung der Energie dient.

Die Entwicklung von Leistungsreaktoren entspricht dem Bemühen um eine Erschließung neuer Energiequellen. Die Reserven der Erde an **Primärenergie** in Form fossiler Brennstoffe wie Kohle, Erdöl und Erdgas werden auf rund $8 \cdot 10^{12}$ tSKE (Tonne Steinkohleneinheit, 1 tSKE = 29,3 GJ) geschätzt. Heute beträgt der jährliche Verbrauch der Welt an Primärenergie ca. $9 \cdot 10^{9}$tSKE. Schätzungen des zukünftigen Bedarfs sind mit großer Unsicherheit be-

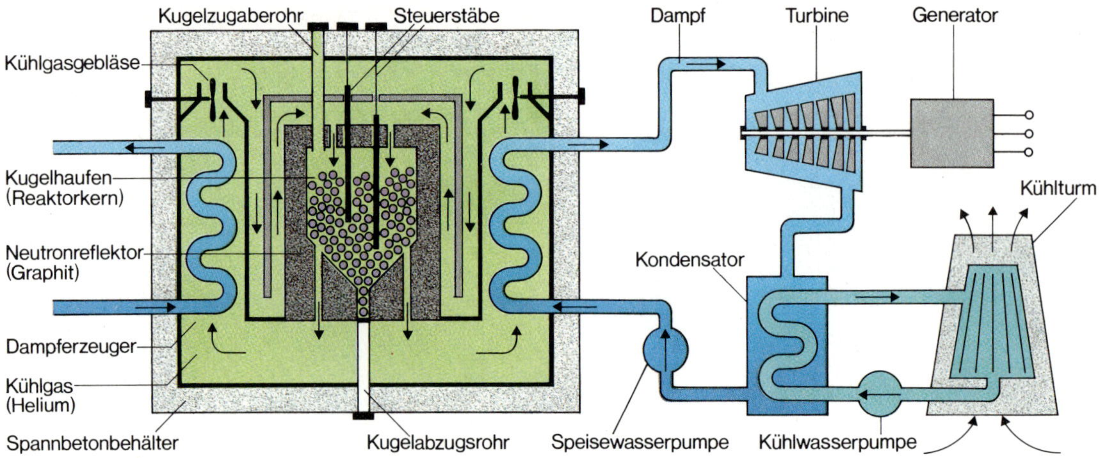

Abb. 12–57: Prinzipdarstellung eines Hochtemperaturreaktors. In dem auch als Kugelhaufenreaktor bezeichneten Kraftwerk (Beispiel Kernkraftwerk Uentrop) durchströmt Helium als Kühlgas den etwa 6 m hohen und 5,6 m breiten Reaktorkern. In ihm lagern in einer ungeordneten Schüttung die rund 600 000 kugelförmigen (Durchmesser 6 cm) Brennelemente, die von oben durch eine Beschickungsanlage kontinuierlich nachgefüllt und nach dem Abbrand unter dem Reaktorkern wieder entnommen werden, wo sie untersucht und dem Kreislauf erneut zugeführt oder ausgeschieden werden. Die Kugeln enthalten den Brennstoff, ein Gemisch aus Uran und Thorium, in Form von 1 mm großen Kügelchen, die in Graphit eingebettet sind. Der Reaktor wird durch 42 im Reaktorkern und 36 im Reflektor versenkbare Steuerstäbe gesteuert. Den Reflektor bildet die dickwandige, aus Graphit bestehende Hülle des Reaktors. Das auf 750 °C erhitzte Helium gibt seine Wärme in 6 im Spannbetonbehälter integrierten Dampferzeugern ab, deren Dampf von 530 °C und 181 bar die Turbine mit einer Leistung von 300 MW antreibt.

haftet, doch wird der Bedarf an Energie noch weiter zunehmen.
Die Uranvorräte sind mit $90 \cdot 10^9$ tSKE sehr gering; eine Verknappung des Uranangebots ist allerdings nach derzeitigen Schätzungen in den nächsten Jahren nicht zu erwarten. Daraus ergibt sich die Bedeutung der Schnellen Brüter. Allerdings wird trotz verstärkter Nutzung aller Energiequellen, wie z. B. der Sonnenenergie und Anstrengungen zur Energieeinsparung, das Energieproblem wohl nur mit Hilfe der **Kernfusion** (→ *12.7*) zu lösen sein.
Bis zur technischen Beherrschung der Kernfusion wird die Kernspaltung weiter eine bedeutende Rolle als Energiequelle spielen. Dabei ist zu bedenken, daß der in den Kernkraftwerken entstehende radioaktive Abfall aufgrund seiner großen Halbwertszeit eine ständige Gefahrenquelle darstellt und die mit Wiederaufarbeitungsanlagen, mit der Lagerung des Atommülls und der begrenzten Lebensdauer von Kernkraftwerken zusammenhängenden Probleme nicht gelöst sind.

12.6.3 Schwierigkeiten und Risiken bei der technischen Nutzung der Kernenergie

In diesem Abschnitt sollen einige Probleme, die sich bei der Erzeugung elektrischer Energie aus Kernenergie ergeben, kurz angedeutet werden.

Die Sicherheit beim Betrieb eines Kernreaktors

Die wesentliche Gefahrenquelle eines Reaktors ist die hohe Radioaktivität der in ihm enthaltenen Spaltprodukte. Daher zielen zahlreiche Maßnahmen bei der Konstruktion des Reaktors darauf ab, die radioaktiven Substanzen auf keinen Fall aus dem Reaktorkern nach draußen gelangen zu lassen, wie dies beim Reaktorunglück im April des Jahres 1986 in Tschernobyl in der Sowjetunion geschehen ist. Diese Maßnahmen beginnen bei den Brennstäben und enden bei der Konstruktion des Reaktorgebäudes und der Filteranlagen für die Luft aus dem Reaktor. Dazu gehören auch sämtliche Einrichtungen, die einer Kühlung des Reaktorkerns dienen, für den Fall, daß die normale Wärmeabfuhr unterbrochen sein sollte.
Ganz sicher ist, daß ein Kernreaktor nicht wie eine Atombombe explodieren kann. Dies ist aufgrund des geringen Anteils spaltbaren Materials im Kernbrennstoff unmöglich. Doch ist in die Sicherheitsüberlegungen der Fall des sogenannten Kernschmelzens einbezogen. Die Gefahr beim Schmelzen des Reaktorkerns besteht dann im Entweichen der leichtflüchtigen gasförmigen Spaltprodukte, die zum Teil kurze Halbwertszeiten haben.
Im Jahre 1978 kam es im Kernkraftwerk Three-Mile-Island bei Harrisburg in den USA zu einem inzwischen untersuchten Unfall, der sowohl durch technische Mängel als auch durch Fehler des Bedie-

nungspersonals verursacht wurde. Bei einer Wartung von Pumpen für die Noteinspeisung von Kühlwasser in den Sekundärkreislauf war vergessen worden, Ventile zu öffnen. So konnte die Notkühlung nicht funktionieren, als durch eine Störung der Pumpen im Sekundärkreislauf die Einspeisung von Wasser in die Dampferzeuger unterbrochen wurde. Aufgrund der verringerten Wärmeabgabe im Sekundärkreislauf stieg der Druck im Primärkreislauf, ein Abblaseventil am Druckhalter öffnete, und der Reaktor wurde automatisch abgeschaltet. Hier trat nun ein weiterer technischer Fehler auf: Das Abblaseventil schloß sich nicht wieder, so daß der Druck im Primärkreislauf weiter sank. Dadurch wurden die Hochdruckeinspeisepumpen für den Primärkreislauf gestartet. Wegen des offenen Abblaseventils und des damit zu geringen Drucks strömte das Wasser in den Druckhalter, während sich an anderen Stellen Dampfblasen bildeten. Aufgrund des hohen Wasserstandes im Druckhalter schaltete das Bedienungspersonal die Hochdruckeinspeisepumpen aus und begingen damit den entscheidenden Fehler. Der obere Teil des Reaktors wurde nur noch durch Dampf gekühlt. Aufgrund der Überhitzung reagierte das Zirkon der Brennstoffhüllenrohre mit Wasser. Es bildeten sich Wasserstoff und Zirkonoxid, so daß aus den defekten Rohren radioaktive Spaltprodukte in den Primärkreislauf gelangten.
Der radioaktive Dampf gelangte also aufgrund mehrerer Fehler in den Sicherheitsbehälter, kondensierte und sammelte sich an der tiefsten Stelle des Gebäudes. Von hier wurde er durch eine selbsttätig angesprungene Pumpe zur Gebäudeentwässerung in ein Nebengebäude befördert, ein weiterer technischer Fehler. Dies führte nach der Beschädigung der Hüllrohre zur Freisetzung von Radioaktivität.
Man erkennt an dieser nur skizzenhaften Darstellung, wie verwickelt die einzelnen Vorgänge des Störfalles sind. Ein Vergleich mit den in deutschen Kernkraftwerken verwendeten Anlagen zeigt, daß hier die dargestellten technischen Mängel nicht auftreten können. Dies gilt auch für den Unfall des graphitmoderierten Siedewasserreaktors im April 1986 in Tschernobyl. Dessen Ursachen bestanden in einer Kombination menschlichen Versagens und unzureichender Anlagen. Aufgrund der Trennung von Moderator (Graphit) und Kühlmittel (Wasser) zeigen die Reaktoren von Tschernobyl ein besonderes Störverhalten und bei zu geringer Leistung eine Neigung zu Instabilität.

Die Wiederaufarbeitung der Reaktorbrennelemente

Während der Kernreaktionen im Reaktor verändert sich die Zusammensetzung der Brennelemente: Der Anteil an U 235 nimmt ab, es entstehen die Plutoniumisotope Pu 239 bis Pu 242 und Spaltprodukte. In einem Jahr wird etwa ⅓ aller Brennelemente gegen neue ausgewechselt. Das sind bei einem Reaktor von 1300 MW elektrischer Leistung ca. 35 Tonnen Uran.
Eine Wiederaufarbeitung der Brennelemente ist aus mehreren Gründen wünschenswert: Der Anteil des für die Kernspaltung geeigneten Uran 235 ist in den abgebrannten Brennelementen ungefähr genauso hoch wie in Natururan. Man kann es also nach einer abermaligen Anreicherung weiter nutzen. Die Brennelemente enthalten ferner das spaltbare Isotop Pu 239, das ebenfalls für Kernreaktoren geeignet ist. Allerdings ist es dazu notwendig, die strahlenden und neutronenschluckenden Spaltprodukte abzutrennen.
Gegen eine Wiederaufarbeitung wird häufig die dabei durchgeführte Abtrennung des Plutoniums angeführt. Plutonium 239 wird zur Herstellung von Kernwaffen verwendet, doch ist auch das in Leichtwasserreaktoren erzeugte Plutoniumgemisch für Kernwaffen geeignet. Ferner ist Plutonium außerordentlich giftig und ein intensiver α-Strahler.
Seit 1971 wird in der Bundesrepublik Deutschland die WAK (Wiederaufbereitungsanlage Karlsruhe) mit 35 Tonnen Jahreskapazität als Forschungsanlage betrieben. Man verwendet zur Trennung der Bestandteile den sogenannten PUREX-Prozeß. Nachdem die von den Kernkraftwerken gelieferten Brennelemente eine Zeitlang in Wasserbecken gelagert worden sind, so daß ihre Radioaktivität entscheidend gesunken ist, werden die einzelnen Brennstäbe in einige Zentimeter lange Stücke zerschnitten. Dies geschieht in sogenannten heißen Zellen. Mit heißer Salpetersäure wird der Brennstoff aus den Hüllrohrstücken herausgelöst, wobei die gasförmigen Spaltprodukte frei werden. Die Lösung enthält Uran, Plutonium und die Spaltprodukte. Jetzt beginnt das eigentliche Trennverfahren, der PUREX-Prozeß, bei dem man als organische Flüssigkeit eine Lösung von Tributylphosphat in Kerosin verwendet. Diese Lösung ist leichter als eine wässrige Lösung und schwimmt daher oben. Vermischt man die organische und die wässrige Lösung miteinander, so treten Uran und Plutonium, die die organische Lösung bevorzugen, in diese über. Anschließend trennen sich die beiden Lösungen voneinander und die organische schwimmt auf. Die Spaltprodukte bleiben in der wässrigen Lösung zurück. Das Verfahren wird mehrmals nacheinander durchgeführt.
Bei der Durchführung dieses Verfahrens fallen verschiedene radioaktive Abfälle an: die Brennelementhülsen, gasförmiges Jod und Krypton, tritiumhaltiges Wasser, die hochradioaktiven Spaltprodukte und weitere mittelaktive Stoffe aus dem Reinigungsverfahren. Die gasförmigen Stoffe versucht

man in Filtern zurückzuhalten, die flüssigen Spaltprodukte werden verfestigt und in Glas eingeschmolzen.
Das Risiko beim Betrieb von Wiederaufarbeitungsanlagen besteht wie bei Kernkraftwerken in der Freisetzung radioaktiver Substanzen. Auch bei ordnungsgemäßem Betrieb einer Wiederaufarbeitungsanlage werden radioaktive Stoffe in der Abluft und im Abwasser an die Umwelt gelangen, dabei werden die Dosiswerte ca. zehnmal so groß sein wie in der Umgebung eines Kernkraftwerkes. Auch Störfälle, in deren Folge radioaktive Substanzen frei werden, sind nicht völlig auszuschließen. Es sind in Wiederaufarbeitungsanlagen bereits unbeabsichtigte Kettenreaktionen aufgetreten, verursacht durch Ansammlung von Spaltstofflösung, die zur Kritikalität führte. Es sind Explosionen beim Konzentrieren der Spaltstofflösung vorgekommen, und es könnte die Kühlung des Tanklagers für die hochradioaktive Spaltstofflösung ausfallen. Man versucht, solchen Unfällen durch vorbeugende Maßnahmen wie mehrfache Auslegung der Kühlung und den Einbau explosionssicherer Filter zu begegnen und ist der Ansicht, daß man die Sicherheitsprobleme beherrscht.

Die Endlagerung radioaktiver Abfälle

In der Bundesrepublik Deutschland verfolgt man das Konzept, radioaktive Abfälle in sogenannten Salzstöcken zu lagern. Diese sind Salzablagerungen, die vor ca. 100 Millionen Jahren durch tektonische Verschiebungen entstanden sind und sich seitdem kaum verändert haben. Daraus schließt man, daß eingelagerte Abfälle nicht in den Wasserkreislauf gelangen werden. Ferner besitzt Salz eine gute Wärmeleitfähigkeit, und es lassen sich relativ leicht große Hohlräume zur Lagerung der Abfälle anlegen. Positive Erfahrungen mit diesem Konzept hat man bereits mit der Einlagerung schwach- und mittelaktiver Abfälle in dem ehemaligen Salzbergwerk Asse II in der Nähe von Braunschweig gemacht. Dennoch gibt es Bedenken gegen dies Verfahren. Man fürchtet Wassereinbrüche, die durch mögliche Verschiebungen und Veränderungen im Gebirge bedingt sind und die zu einer Rückführung radioaktiver Stoffe führen könnten.

12.7 Kernfusion

Das Verschmelzen zweier Kerne zu einem neuen Kern bezeichnet man als **Kernfusion.** Die Bedeutung der Kernfusion besteht in der Möglichkeit der Energiegewinnung. *Abb. 12–49* zeigt die Darstellung der mittleren Bindungsenergie pro Nukleon in Abhängigkeit von der Massenzahl. Daraus geht hervor, daß beim Verschmelzen von Kernen so lange Energie frei wird, wie man sich dabei auf der Kurve nach oben bewegt. Bei der Kernfusion ist das Verhältnis von in Energie umgewandelter Masse ($E = \Delta mc^2$) und Gesamtmasse der beteiligten Kerne mit 7/1000 erheblich günstiger als bei der Kernspaltung mit 1/1000. Am größten ist der Energiegewinn bei der Fusion leichter Kerne.

12.7.1 Grundlagen der Kernfusion

Zunächst sollen einige Fusionsreaktionen angegeben werden, bei denen Energie frei wird. Die Energie verteilt sich als kinetische Energie auf die entstehenden Teilchen:

$$
\begin{aligned}
{}^2_1\mathrm{H} + {}^2_1\mathrm{H} &\rightarrow {}^3_1\mathrm{H} + {}^1_1\mathrm{p} \quad + 4{,}04\ \mathrm{MeV}\\
{}^2_1\mathrm{H} + {}^2_1\mathrm{H} &\rightarrow {}^3_2\mathrm{He} + {}^1_0\mathrm{n} \quad + 3{,}27\ \mathrm{MeV}\\
{}^2_1\mathrm{H} + {}^3_1\mathrm{H} &\rightarrow {}^4_2\mathrm{He} + {}^1_0\mathrm{n} \quad + 17{,}58\ \mathrm{MeV}\\
{}^2_1\mathrm{H} + {}^3_2\mathrm{He} &\rightarrow {}^4_2\mathrm{He} + {}^1_1\mathrm{p} \quad + 18{,}34\ \mathrm{MeV}\\
{}^3_1\mathrm{H} + {}^3_1\mathrm{H} &\rightarrow {}^4_2\mathrm{He} + 2\,{}^1_0\mathrm{n} + 11{,}32\ \mathrm{MeV}\\
{}^1_0\mathrm{n} + {}^6_3\mathrm{Li} &\rightarrow {}^4_2\mathrm{He} + {}^3_1\mathrm{H} \quad + 4{,}79\ \mathrm{MeV}
\end{aligned}
$$

Zur Realisierung einer Fusion müssen die Kerne einander gegen die abstoßenden elektrischen Kräfte genähert werden, bis der Wirkungsbereich der Kernkräfte erreicht ist. Die potentielle elektrische Energie beträgt für zwei Kerne, die einander auf den Abstand $r_1 + r_2$ genähert werden,

$$E_{\mathrm{pot}} = \frac{1}{4\pi\,\varepsilon_0}\,\frac{Z_1\,Z_2\,e^2}{r_1 + r_2}\,.$$

Dabei sind Z_1 und Z_2 die Kernladungszahlen und r_1 und r_2 die Kernradien. Für einen Deuterium- und einen Tritiumkern ergibt sich $E_{\mathrm{pot}} \approx 0{,}26$ MeV, die ein Kern in Form kinetischer Energie als Voraussetzung für eine Fusion besitzen muß.
Die Wahrscheinlichkeit für das Eintreten einer Fusion ist ferner vom Wirkungsquerschnitt abhängig. Aufgrund der geringen Wirkungsquerschnitte sind Reaktionen von Protonen mit Wasserstoffisotopen für eine technische Energiegewinnung ungeeignet. Am größten sind die Wirkungsquerschnitte für die Deuterium-Tritium-Reaktion und für die beiden etwa gleichwahrscheinlichen Deuterium-Deuterium-Reaktionen, mit denen man die Kernfusion technisch nutzbar machen will.
Man könnte sich vorstellen, daß man zur Verwirklichung von Kernfusionen zwei Deuteronenstrahlen gegeneinander schießt oder Deuteronen gegen Tritonen. Wegen der geringen Wirkungsquerschnitte ist dies Verfahren unbrauchbar. Ein erreichbarer Wert von 10^9 Fusionen pro Sekunde ergibt eine Lei-

stung von 3 mW, so daß die aufzuwendende Energie größer ist als der Gewinn. Für eine größere Leistung müssen die Teilchen, die miteinander reagieren sollen, über längere Zeit gemeinsam eingeschlossen werden und eine ausreichende mittlere kinetische Energie zur Überwindung der elektrischen Abstoßungskräfte besitzen. Sieht man diese Teilchen näherungsweise als ein Gas an, so gilt für die mittlere kinetische Energie $\overline{E}_{\text{kin}} = \frac{3}{2}kT$. Einer Energie von $E = 0{,}26$ MeV entspricht danach eine Temperatur von $2 \cdot 10^9$ K.

Bei solchen Temperaturen sind alle Atome eines Gases vollständig ionisiert. Elektronen und Ionen sind gleichmäßig über den Raum verteilt, so daß sich die Materie nach außen elektrisch neutral verhält. Diese Materie bezeichnet man als **Plasma.**

Ein Plasma enthält im Gegensatz zu einem Gas niedriger Temperatur mit den Elektronen und den Ionen zwei sehr verschiedene Arten von Teilchen, so daß man auf ein Plasma nicht die Gasgesetze anwenden kann. Es stellt sich zwischen den Teilchen auch kein thermodynamisches Gleichgewicht und damit keine einheitliche Temperatur ein. Elektronen und Ionen müssen unterschiedliche Temperaturen zugeordnet werden.

Eine Berücksichtigung der Eigenschaften eines Plasmas ergibt, daß ein Überschuß an Energie von einem Deuterium-Deuterium-Reaktor bei $T \approx 10^9$ K und von einem Deuterium-Tritium-Reaktor bei $T \approx 3 \cdot 10^8$ K geliefert wird. Daraus ergibt sich, daß man zunächst den Bau eines Deuterium-Tritium-Reaktors anstreben wird.

Da Tritium in der Natur nur in sehr geringen Mengen vorkommt, muß es künstlich erzeugt werden. Dies ist folgendermaßen möglich: Bei der Deuterium-Tritium-Reaktion entsteht ein Neutron:

$$^2_1\text{H} + ^3_1\text{H} \rightarrow ^4_2\text{He} + ^1_0\text{n}\,,$$

das mit Lithium 6 in einer weiteren exothermen Reaktion Tritium erzeugen kann:

$$^1_0\text{n} + ^6_3\text{Li} \rightarrow ^4_2\text{He} + ^3_1\text{H}\,.$$

Das Tritium kann in einem Fusionsreaktor erbrütet werden.

Ein energetischer Vergleich der Kernreaktionen Spaltung und Fusion ergibt folgendes:

Bei der Spaltung eines ^{235}U-Kerns werden 200 MeV und davon 80% als kinetische Energie der Bruchstücke frei, die thermisch verwertbar ist.

Eine Spaltung aller Kerne von 1 kg Uran 235 liefert einen Energiebetrag von $E \approx 1{,}8 \cdot 10^7$ kWh.

Bei der Fusion von Deuterium zu einem Helium-Kern werden ca. 3 MeV frei.

Eine Fusion aller Kerne in 1 kg Deuterium liefert einen Energiebetrag von $E \approx 1{,}9 \cdot 10^7$ kWh.

Könnte man die Fusion von 4 Nukleonen zu Helium realisieren, so wäre der Energiebetrag zehnmal so groß.

Bei der Verbrennung von 1 kg Steinkohle werden ungefähr $E = 10$ kWh frei.

Die bei der Spaltung oder Fusion frei werdende Energie ist etwa 10^6 mal so groß wie die Energie, die bei der Verbrennung einer gleichen Masse Steinkohle frei wird.

Die Vorteile der Fusion gegenüber der Spaltung bestehen darin, daß

1. der Ausgangsstoff Deuterium im Wasser enthalten ist und unbegrenzt zur Verfügung steht,
2. bei der Fusion außer Tritium, das ebenfalls zur Fusion verwendet werden kann, keine radioaktiven Stoffe entstehen, also geringere Entsorgungsprobleme vorhanden sind.

Ergebnis: Bei der Kernfusion werden große Energien frei. Ausgangsstoffe sind unbegrenzt vorhanden. Es entstehen keine radioaktiven Abfälle. Allerdings werden durch den Neutronenfluß in dem Material, das das Plasma umgibt, Radionuklide erzeugt.

12.7.2 Technische Probleme der Kernfusion

Die **Grundbedingungen für einen Fusionsreaktor** lassen sich wie folgt charakterisieren: Das Plasma der Reaktionspartner muß

1. auf eine hinreichend hohe **Temperatur** T_0 aufgeheizt sein,
2. eine ausreichend hohe **Teilchendichte** n_0 besitzen,
3. für eine genügend lange **Zeit** t_0 zusammengehalten werden.

Das ist erforderlich, damit einmal die kinetische Energie der Teilchen für einen Fusionsprozeß ausreicht und zum anderen die Wahrscheinlichkeit für einen Stoß zweier Partner, der zur Fusion führt, genügend groß bleibt. Dabei ist zu berücksichtigen, daß fast alle Stöße der Teilchen untereinander, auch wenn sie mit der notwendigen Energie stattfinden, elastisch sind und nicht zu einer Verschmelzung führen. Denn der Wirkungsquerschnitt der abstoßenden Coulomb-Kräfte ist um Zehnerpotenzen größer als der Wirkungsquerschnitt, der für eine Fusion gültig ist.

Überlegungen von LAWSON zeigen, daß für ein Deuterium-Tritium-Plasma für die notwendigen Teilchendichten und Zeiten Werte von $n_0 t_0 \geqq 10^{-8}\text{s m}^{-3}$ bei einer Minimaltemperatur von $T_0 = 10^8$ K erreicht werden müssen. Für ein reines Deuterium-Plasma liegen diese Werte um zwei Zehnerpotenzen höher, weil die Wirkungsquerschnitte für die Fusion bei Deuterium-Deuterium-Stößen entsprechend kleiner als bei Deuterium-Tritium-Stößen sind.

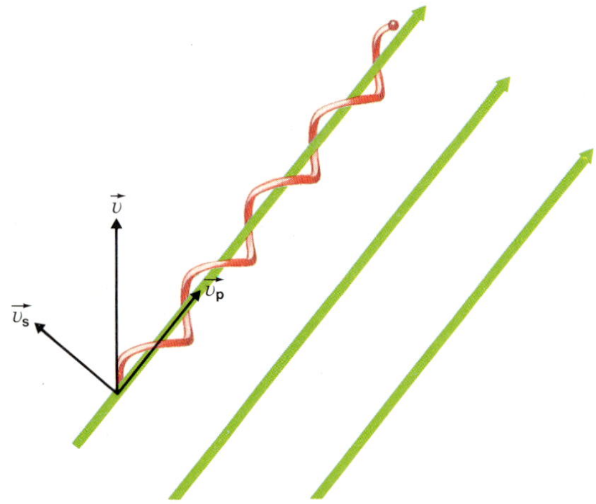

Abb. 12–58: Spiralförmige Bahn eines geladenen Teilchens in einem Magnetfeld.

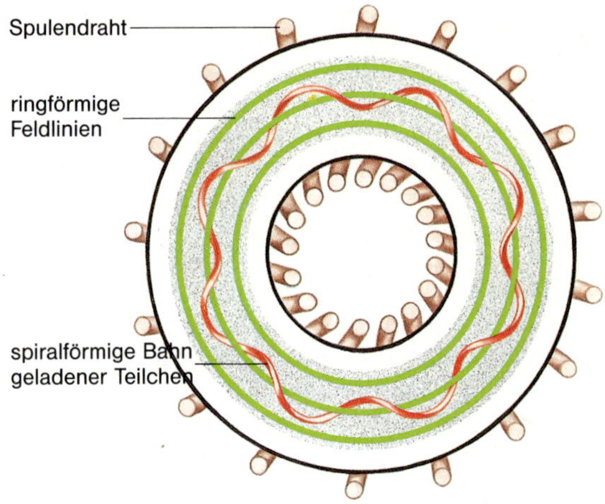

Abb. 12–60: Schematische Darstellung einer ringförmigen Plasmasäule.

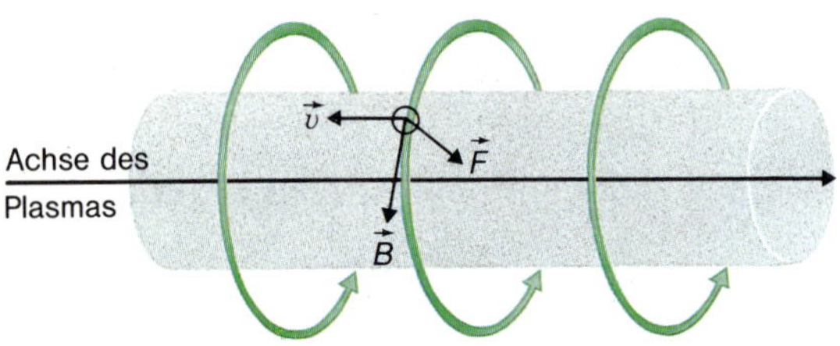

Abb. 12–59: Pinch-Effekt: Auf geladene Teilchen (Elektronen) wirken Kräfte in Richtung auf die Achse des Teilchenstromes.

Die notwendigen kinetischen Energien können durch Stromdurchgang (Gasentladung), mit Hilfe von Lasern, durch Kernspaltung oder durch schnelle Kompression erreicht werden. Das zur Zeit erfolgreichste Verfahren zur Erzeugung hoher Temperaturen in einem Plasma ist die **magnetische Kompression.** Durch zeitlich veränderliche Magnetfelder wird das Plasma sehr schnell zusammengepreßt, so daß sich wie bei adiabatischen Prozessen die Temperatur erhöht.

Das Hauptproblem der gesteuerten Kernfusion besteht darin, das Plasma über eine längere Zeit im aufgeheizten Zustand zusammenzuhalten. Die Plasmateilchen besitzen hohe kinetische Energie, die sie bei Berührung mit den Gefäßwänden an diese abgeben würden. Dies führt zum Absinken der Plasmatemperatur und zum Abdampfen von Wandmaterial, so daß sehr schnell ein abgekühltes verunreinigtes Plasma vorliegt.

Da das Plasma aus geladenen Teilchen besteht, kann es mit Magnetfeldern von den Wänden ferngehalten werden. Auf bewegte geladene Teilchen werden im Magnetfeld Kräfte ausgeübt, wenn sie sich nicht in Richtung der Feldlinien bewegen. Ein Teilchen mit einer Geschwindigkeitskomponente senkrecht zur Richtung des Magnetfeldes bewegt sich wegen der Lorentz-Kraft auf einer spiralförmigen Bahn, so daß es senkrecht zu den Feldlinien nicht aus dem Plasma entweichen kann (*Abb. 12–58*).

Bei großen Stromstärken im Plasma tritt eine als **Pinch-Effekt** bezeichnete Erscheinung auf, die auf der Wirkung des Magnetfeldes der bewegten Ladungen im Plasma beruht. Dieses Magnetfeld umschließt das Plasma in konzentrischen Ringen (*Abb. 12–59*). Auf parallel zur Achse des Plasmas bewegte Ladungen wirken Kräfte in Richtung auf die Achse, so daß das Plasma eingeschnürt und von der Wand eines Behälters gelöst wird. Dieser Effekt entspricht der Kraft zwischen zwei parallelen in gleicher Richtung vom Strom durchflossenen Leitern.

In solchen zylindrischen Plasmasäulen treten an den Enden Energieverluste auf. Außerdem sind die Säulen sehr instabil. Daher experimentiert man mit ringförmigen Anordnungen von Plasmen (*Abb. 12–60*). Ein ringförmiges Magnetfeld hält die Teilchen von der Wand fern. Dem ringförmigen Plasma führt man Energie zu, indem man es als Sekundärwicklung eines Transformators verwendet und durch die Primärwicklung einen starken Stromimpuls schickt. Auch bei diesem Aufbau tritt der Pinch-Effekt mit seiner einschnürenden und temperaturerhöhenden Wirkung auf. Es zeigt sich jedoch, daß auch diese Plasmen äußerst instabil sind und noch nicht über längere Zeit existieren können (*Abb. 12–61*).

Gegenwärtig wird die **Tokamak** (*Abb. 12–62*) genannte Fusionsmaschine als das aussichtsreichste System angesehen. Das von der Europäischen Ge-

Abb. 12–61: Stellarator Wendelstein II b im Max-Planck-Institut für Plasmaphysik zur Erzeugung einer ringförmigen Plasmasäule.

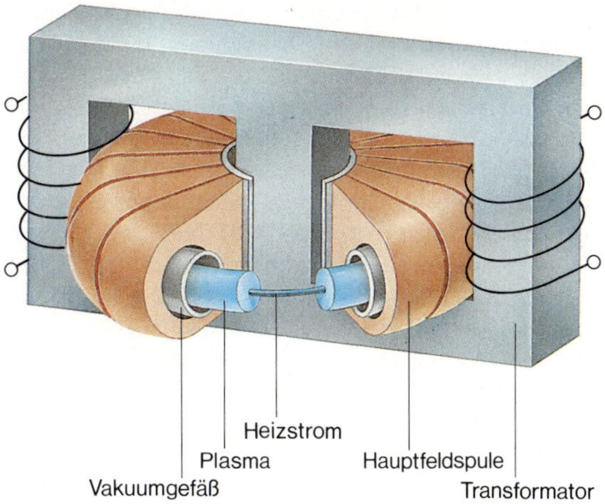

Abb. 12–62: Tokamak. Mit Hilfe der stationär betriebenen Hauptfeldspulen wird in dem Torus ein achsenparalleles starkes Magnetfeld erzeugt. In dieses Magnetfeld bringt man ein heißes Plasma, das sehr rasch gegen die äußere Wand des Torus driften würde, wenn diese Drift nicht durch ein zweites Magnetfeld, das durch den im Plasma selbstfließenden Strom erzeugt wird, ausgeglichen würde. Die angestrebten Temperaturen von 10^8 K erreicht man durch Einstrahlung von Hochfrequenzenergie und durch Einschuß energiereicher Wasserstoffteilchen in das Plasma.

meinschaft geplante Experiment **JET (Joint European Torus)** soll der Erforschung solch einer Tokamak-Anlage dienen. Diese Anordnung soll eine Stromstärke von über 3 MA und verschiedene zusätzliche Heizmethoden zu erproben gestatten. Mit einem solchen Tokamak hofft man zu Fusionsplasmen vorzustoßen, wie sie in Fusionsreaktoren vorliegen müßten.

12.7.3 Energieproduktion der Sterne

Die in den Fixsternen erzeugte Energie wird fast ausschließlich durch Kernfusion erzeugt. Für die Richtigkeit dieser Theorie spricht, daß die Materie des Universums zu 99 % aus Wasserstoff und Helium besteht, während die schweren Elemente oberhalb mittlerer Massenzahlen nur 10^{-6}% aller Teilchen ausmachen. Ferner kann die von der Sonne pro Sekunde ausgestrahlte ungeheure Energie von $4 \cdot 10^{27}$ J nur durch Fusionsprozesse gedeckt werden; die dazu nötigen Temperaturen von 10^7 K bis 10^8 K sind in den Fixsternen vorhanden.
Für die Erzeugung der Energie kommen im wesentlichen die **Proton-Proton-Kette** und der **Kohlenstoff-Stickstoff-Zyklus** (*Abb. 12–63*) in Frage. Bei beiden Prozessen entsteht Helium als Endprodukt aus insgesamt 4 Protonen, und es werden ungefähr 26 MeV pro gebildetem Heliumkern frei. Berechnungen ergeben, daß der Wasserstoffvorrat der Sonne für eine Lebensdauer von ungefähr 10^{11} Jahren ausreicht.
Die **Proton-Proton-Kette** besteht aus drei verschiedenen Kernreaktionen, von denen die beiden ersten zweimal durchlaufen werden müssen:

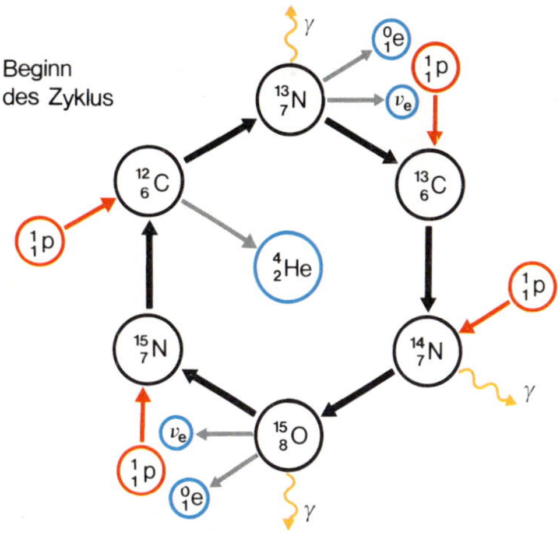

Abb. 12–63: Der Kohlenstoff-Stickstoff- bzw. Bethe-v.-Weizsäcker-Zyklus bei Temperaturen oberhalb von 10^7K ist ein Prozeß, bei dem vier Protonen zu einem Heliumkern fusionieren. Am Anfang und Ende des Zyklus steht ein Kohlenstoffkern.

$${}_1^1\text{p} + {}_1^1\text{p} \rightarrow {}_1^2\text{H} + {}_1^0\text{e} + \nu + 1{,}19\ \text{MeV}$$
$${}_1^1\text{p} + {}_1^2\text{H} \rightarrow {}_2^3\text{He} + \gamma + 5{,}49\ \text{MeV}$$
$${}_2^3\text{He} + {}_2^3\text{He} \rightarrow {}_2^4\text{He} + {}_1^1\text{p} + {}_1^1\text{p} + 12{,}85\ \text{MeV}$$

Aus vier Protonen werden in der ersten Reaktion unter Emission von zwei Positronen und zwei Neutrinos zwei Deuteronen gebildet, aus zwei Deuteronen und zwei Protonen entstehen unter Emission zweier γ-Quanten zwei Heliumkerne, die zu Helium 4 und zwei Protonen verschmelzen. Im Resultat wurde also aus vier Protonen ein Heliumkern aufgebaut und Energie von $E = 26{,}21$ MeV frei. Dieser Prozeß findet bei Temperaturen von $1{,}5 \cdot 10^6$ K bis $1{,}2 \cdot 10^7$ K statt.
Der **Kohlenstoff-Stickstoff-Zyklus** (BETHE-WEIZSÄCKER-Zyklus) setzt die Existenz von ^{12}C voraus. Er findet bei Temperaturen zwischen $1{,}2 \cdot 10^7$ K und $1{,}7 \cdot 10^7$ K statt. Dabei laufen die folgenden Reaktionen ab:

$$^{12}_{6}\mathrm{C} + {}^{1}_{1}\mathrm{p} \rightarrow {}^{13}_{7}\mathrm{N} + \gamma + 1{,}94\ \mathrm{MeV}$$

$$^{13}_{7}\mathrm{N} \rightarrow {}^{13}_{6}\mathrm{C} + {}^{0}_{1}\mathrm{e} + \nu + 1{,}51\ \mathrm{MeV}$$

$$^{13}_{6}\mathrm{C} + {}^{1}_{1}\mathrm{p} \rightarrow {}^{14}_{7}\mathrm{N} + \gamma + 7{,}54\ \mathrm{MeV}$$

$$^{14}_{7}\mathrm{N} + {}^{1}_{1}\mathrm{p} \rightarrow {}^{15}_{8}\mathrm{O} + \gamma + 7{,}29\ \mathrm{MeV}$$

$$^{15}_{8}\mathrm{O} \rightarrow {}^{15}_{7}\mathrm{N} + {}^{0}_{1}\mathrm{e} + \nu + 1{,}76\ \mathrm{MeV}$$

$$^{15}_{7}\mathrm{N} + {}^{1}_{1}\mathrm{p} \rightarrow {}^{12}_{6}\mathrm{C} + {}^{4}_{2}\mathrm{He} + 4{,}96\ \mathrm{MeV}$$

Der Zyklus besteht in einer Anlagerung von vier Protonen an einen ^{12}C-Kern und an die Folgeprodukte. Da am Ende des Prozesses wieder ein ^{12}C-Kern entsteht, wirkt der Kohlenstoff nur als Katalysator. Insgesamt wird eine Energie von 25,02 MeV frei.
Bei Temperaturen über 10^8 K werden aus Heliumkernen über Beryllium Kohlenstoffkerne gebildet:

$$^{4}_{2}\mathrm{He} + {}^{4}_{2}\mathrm{He} \rightarrow {}^{8}_{4}\mathrm{Be} + \gamma - 92\ \mathrm{keV}$$

$$^{8}_{4}\mathrm{Be} + {}^{4}_{2}\mathrm{He} \rightarrow {}^{12}_{6}\mathrm{C} + \gamma + 7{,}4\ \mathrm{MeV}$$

Die Entstehung weiterer Elemente des Periodensystems läßt sich folgendermaßen erklären:
Bei Temperaturen oberhalb von $5 \cdot 10^8$ K beginnt eine Verschmelzung von Kohlenstoffkernen und Heliumkernen. Durch Einfang von α-Teilchen entstehen die Kerne ^{16}O, ^{20}Ne, ^{24}Mg, ^{28}Si, ^{32}S, ^{36}Ar und ^{40}Ca. Für den Aufbau schwerer Kerne werden Neutronen benötigt, da die Energie der α-Teilchen nicht mehr ausreicht, die abstoßenden elektrischen Kräfte zu überwinden. Solche Neutronen entstehen z. B. bei der Reaktion $^{13}_{6}\mathrm{C} + {}^{4}_{2}\mathrm{He} \rightarrow {}^{16}_{8}\mathrm{O} + \mathrm{n}$. Mit den Kernen ^{16}O und ^{20}Ne sind ähnliche Reaktionszyklen wie der BETHE-WEIZSÄCKER-Zyklus möglich. Dabei entstehen weitere neutronenreiche Kerne ^{17}O und ^{21}Ne, die nach dem Einfang von α-Teilchen Neutronen emittieren. Die schweren Kerne des Periodensystems können dann durch Einfang von Neutronen und anschließendem β-Zerfall entstehen.

Aufgabe

12/52: Im Abstand der Erde von der Sonne beträgt die von der Sonne pro Quadratmeter und Sekunde abgegebene Energie 1,4 kJ. Man nimmt an, daß die Energieproduktion der Sonne konstant ist und durch Fusion von Wasserstoff zu Helium entsteht. Heute bestehen 5 % der Sonnenmasse aus Helium, während die Sonne am Anfang ihrer Existenz kein Helium enthielt.
Welche Abschätzung für das Alter der Sonne ergibt sich daraus?

13 Elementarteilchenphysik

In den vorangegangenen Kapiteln wurde besprochen, wie sich die Materie, die Atome und die Kerne aus ihren Bausteinen, den Protonen, Neutronen und Elektronen, zusammensetzen. Wie kann man nun sicher sein, daß diese elementare Bestandteile sind und nicht auch zusammengesetzte Teilchen?

Beim β^--Zerfall wandelt sich ein Neutron unter Emission eines Elektrons und eines Antineutrinos in ein Proton um:

$$n \rightarrow p + e^- + \bar{\nu}_e ,$$

beim Zerfall künstlicher Radionuklide tritt eine Umwandlung eines Protons in ein Neutron unter Emission eines Positrons und eines Neutrinos auf:

$$p \rightarrow n + e^+ + \nu_e .$$

Energetische Überlegungen zeigen, daß die bei diesen Umwandlungen entstehenden Teilchen keinesfalls in den sich umwandelnden Nukleonen enthalten sein können. Freie Neutronen zerfallen nach dem angegebenen Prozeß, da ihre Masse größer ist als die der entstehenden Teilchen. Freie Protonen sind dagegen stabil[1]), ihre Umwandlung im Atomkern erfolgt nur dann, wenn ein ausreichender Energiebetrag zur Verfügung steht. Beim β^+-Zerfall findet ebenso wie bei der Erzeugung eines Elektron-Positron-Paares durch energiereiche γ-Quanten eine Umwandlung von Energie in Materie statt. Die entstehenden Teilchen sind genauso elementar, wie die bei ihrer Erzeugung beteiligten Teilchen.

Der Beschuß von Teilchen mit anderen sehr energiereichen Teilchen in den modernen Beschleunigern hat zur Entdekkung einer Vielzahl bislang unbekannter Teilchen geführt, aber auch gezeigt, daß diese nicht wie Atomkerne in elementare Bestandteile zerlegt werden können.

Elementarteilchen sind nicht aus anderen Teilchen zusammengesetzt.

Man sollte sich auch klar darüber sein, was man unter einem Teilchen versteht. Zu den Teilchen zählt man das Proton ebenso wie das Photon und das Neutrino. Die Ruhmasse des Photons ist Null und die des Neutrinos sehr klein, kleiner als ein Zehntausendstel der Elektronenmasse. Teilchen sind auch das instabile Neutron und weitere Teilchen mit sehr viel kürzeren Halbwertszeiten.

Man versteht unter Teilchen physikalische Objekte, die Energie und Impuls in einem evtl. sehr kurzen Zeitraum besitzen.

Diesen Teilchen können möglicherweise auch weitere Eigenschaften wie Ruhmasse, Drehimpuls oder Ladung zugeschrieben werden. In *Kapitel 9* wurde gezeigt, daß diese Teilchen ebenfalls Welleneigenschaften haben.

[1]) Von neuen Teilchentheorien wird allerdings der Zerfall des Protons vorausgesagt. Da die vermutete Lebensdauer des Protons jedoch 10^{31} Jahre beträgt, ist der experimentelle Nachweis des Zerfalls außerordentlich schwierig und bisher nicht gelungen.

13.1 Elementarteilchen und ihre Eigenschaften

Die Zahl der Elementarteilchen, zu denen das Photon, die Neutrinos, das Elektron und das Positron, das Proton und das Neutron gehören, ist heute auf weit über 100 angewachsen. Ihre Zahl ist schon deshalb so groß, weil auch solche Teilchen mitgezählt werden, die sich als angeregte Zustände anderer Teilchen, als sogenannte Resonanzen, auffassen lassen. Im folgenden sollen einige grundlegende Aussagen über die Eigenschaften und die Wechselwirkungen der Elementarteilchen dargestellt werden.

13.1.1 Wechselwirkungen und Teilcheneigenschaften

Eigenschaften von Teilchen kann man nur dadurch finden, daß man ihr Verhalten, ihre Wechselwirkung mit anderen Teilchen beobachtet.

Die Eigenschaft, Ladung zu tragen, zeigt sich an der Fähigkeit zu ionisieren, an der möglichen Ablenkung im magnetischen Feld oder an der Wechselwirkung mit anderen ebenfalls Ladung tragenden Teilchen. Die an der Änderung des Bewegungszustandes erkennbaren Wechselwirkungen bezeichnet man als Kräfte. Solche Kräfte sind z. B. Gravitationskräfte, elektromagnetische Kräfte und Kernkräfte. Diese Arten von Kräften lassen sich durch ihre unterschiedlichen Wirkungen und ihre unterschiedliche Abhängigkeit vom Abstand der Körper, zwischen denen sie wirken, unterscheiden.

Zwischen einem Atomkern und einem α-Teilchen wirken bei relativ großem Abstand abstoßende elektrische Kräfte, die umgekehrt proportional zum Quadrat des Abstands sind. Bei einem ausreichend kleinen Abstand wirken zusätzlich anziehende Kräfte, die wesentlich größer sind als die ebenfalls noch vorhandenen elektrischen Kräfte. Diese Kernkräfte zeigen also eine ganz andere Abhängigkeit vom Abstand als die elektrischen Kräfte. Daß für die Anziehung der Teilchen nicht die Gravitationskräfte verantwortlich sind, wird an der Art der Abhängigkeit vom Abstand und durch eine Berechnung deutlich.

Aufgrund der Existenz dieser Kräfte schreibt man den Teilchen, zwischen denen sie wirken, bestimmte Eigenschaften zu. Aus der Existenz von **Gravitationskräften** folgert man die Eigenschaft **Masse**, aus der Existenz **elektromagnetischer Kräfte** die Eigenschaft **Ladung** und aus der Existenz der **Kernkräfte** die Eigenschaft **Kernkraftladung.** (Bei einer analogen Begriffsbildung könnte man die Masse als **Gravitationsladung** bezeichnen.)

Eine mathematische Behandlung des β^--Zerfalls, die zum erstenmal von FERMI durchgeführt wurde, führte zur Entdeckung einer weiteren Wechselwirkungskraft, die sehr viel schwächer ist als die Kernkräfte und auch wesentlich schwächer als die elektromagnetischen Kräfte. Nach dem oben angegebenen Vorgehen kann man auch den Teilchen, die der **schwachen Wechselwirkung** unterliegen, eine entsprechende Ladung zuordnen. Die vier Wechselwirkungskräfte werden miteinander in *Tabelle 13–1* verglichen, in

Art der Wechselwirkung	relative Stärke	Reichweite	betroffene Teilchen	Austauschteilchen
starke Wechselwirkung	1	10^{-15} m	Hadronen	Hadronen
elektromagnet. Ww.	10^{-2}	∞	geladene Teilchen	Photonen
schwache Ww.	10^{-5}	$\ll 10^{-16}$ m	Hadronen und Leptonen	intermediäre Vektorbosonen
Gravitation	10^{-40}	∞	alle	Gravitonen

Tab. 13–1: Relative Stärke und Reichweite der Wechselwirkungen. Die Stärke der Kraft wird durch eine dimensionslose Zahl charakterisiert, die jeweils auf die Beobachtungsbedingungen abgestimmt ist.

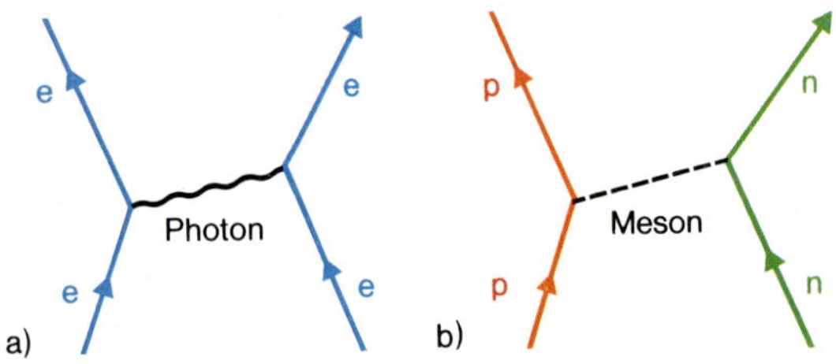

Abb. 13–1: Feynman-Graphen sind Raum-Zeit-Diagramme. Die hier nicht gezeichneten Achsen geben die Raumkoordinate und die Zeitkoordinate an. Jedem Teilchen entspricht eine Linie, die sogenannte Weltlinie.
a) beschreibt die Wechselwirkung zweier Elektronen.
b) beschreibt die Wechselwirkung eines Protons mit einem Neutron.

der neben ihrer Reichweite auch ihre relative Stärke angegeben ist. Ein Vergleich der relativen Stärke der Kräfte ist durch eine theoretische Behandlung der Kräfte mit der Quantenfeldtheorie möglich und hier nicht genauer zu erklären.
Im Rahmen der **Quantenelektrodynamik** kann man die elektrische Anziehung oder Abstoßung zwischen zwei geladenen Körpern mit Hilfe von Quanten beschreiben. Zwei dicht aneinander vorbeifliegende Elektronen beeinflussen sich gegenseitig in ihrer Bahn, sie werden aneinander gestreut. Diese Wechselwirkung der Elektronen läßt sich beschreiben durch den Austausch **virtueller**[1]) **Photonen.** Der Physiker FEYNMAN hat 1949 vorgeschlagen, Prozesse zwischen Elementarteilchen in Raum-Zeit-Graphen darzustellen. *Abb. 13–1 a* zeigt die Wechselwirkung zweier Elektronen in einem solchen Feynman-Graphen.
Entsprechend der Wechselwirkung zwischen geladenen Körpern durch Austausch eines Photons kann man sich die starke Wechselwirkung zwischen Nukleonen ebenfalls durch den Austausch eines Teilchens vorstellen. Dieser Vorschlag wurde zuerst 1935 von dem Japaner YUKAWA gemacht (*Abb. 13–1 b*). In der Quantentheorie besteht ein enger Zusammenhang zwischen der Reichweite der Kräfte und der Masse des ausgetauschten Teilchens: Die Reichweite der elektromagnetischen Kräfte ist unbegrenzt, die Masse des Photons Null. Da die Reichweite der Kernkräfte endlich ist, haben die ausgetauschten Teilchen eine Ruhmasse ungleich Null, denn bei der Emission eines solchen Teilchens bleibt die Energie eines Nukleons nicht unverändert, sie ändert sich um $\Delta E = mc^2$. Nach der Heisenbergschen Unschärferelation gilt $\Delta E \Delta t \approx h/2\pi$. Dabei ist Δt die Zeit, während der das Teilchen lebt. Diese läßt sich durch die Entfernung abschätzen, die es mit Lichtgeschwindigkeit zurücklegt: $\Delta t = \Delta x/c$. Δx ist der Abstand zwischen zwei Nukleonen, also ungefähr 10^{-15} m, so daß sich $\Delta t \approx 3 \cdot 10^{-24}$ s ergibt. Aus diesen Werten folgt für die Masse des ausgetauschten Teilchens $mc^2 \approx 208$ MeV[2]). Damit hatte YUKAWA die Existenz von Mesonen vorausgesagt. Die entsprechenden Teilchen wurden später in den Pionen mit allerdings etwas geringerer Masse gefunden.

Allgemein gilt: Je geringer die Reichweite der Kräfte ist, desto größer ist die Masse des Austauschteilchens. Eine Reichweite bis ins Unendliche erfordert Austauschteilchen der Masse Null, wie z. B. bei den Photonen und Gravitonen.

13.1.2 Erhaltungssätze und Teilcheneigenschaften

Beim Auffinden von Teilcheneigenschaften spielen Erhaltungssätze eine bedeutsame Rolle. Bekanntermaßen besitzen die beim β^--Zerfall emittierten Elektronen ein kontinuierliches Energiespektrum, während der Ausgangs- und Endkern jedoch ganz bestimmte Energiezustände haben. Der Energieerhaltungssatz scheint verletzt. Die Nukleonen Proton und Neutron besitzen ebenso wie das Elektron einen Eigendrehimpuls (Spin) vom Betrage $\frac{1}{2}\frac{h}{2\pi}$. Beim β^--Zerfall haben Ausgangs- und Endkern beide stets halbzahligen oder ganzzahligen Drehimpuls. Da das Elektron einen halbzahligen Spin hat, wäre auch der **Drehimpulserhaltungssatz** verletzt. Die Gültigkeit beider Sätze ist wiederhergestellt, wenn zusammen mit dem Elektron ein Teilchen emittiert wird, das die fehlende Energie besitzt und auch einen Spin vom Betrag $\frac{1}{2}\frac{h}{2\pi}$ hat.
Diese Überlegungen führten PAULI dazu, auf die Existenz des Antineutrino zu schließen.

Bei allen Teilchenprozessen gelten stets die Erhaltungssätze für Energie, Impuls und Drehimpuls.

Bei allen bisher betrachteten Teilchenprozessen wurde von dem **Erhaltungssatz der elektrischen Ladung** Gebrauch gemacht. Er gilt sowohl beim β^--Zerfall wie beim β^+-Zerfall, bei der Erzeugung eines Elektron-Positron-Paares und bei der Vernichtung dieses Paares. Nach dem **Energieerhaltungssatz** wären Zerfälle von Proton p oder Elektron e^- in γ-Quanten durchaus zulässig: $p \to \gamma + \gamma$, $e^- \to \gamma + \gamma$.
Sie wurden jedoch nie beobachtet.

Da die elektrische Ladung gequantelt ist, d. h. in Vielfachen der Elementarladung vorkommt, kann jedem Teilchen eine ganze (positive oder negative) Zahl zugeordnet werden. Bei Gültigkeit des Ladungserhaltungssatzes bleibt die Summe dieser Zahlen unverändert.

[1]) Die Lebensdauer dieser virtuellen Teilchen ist so gering, daß sie nicht nachgewiesen werden können.
[2]) Wegen der Äquivalenz von Masse und Energie gibt man die Masse eines Teilchens in der Einheit eV an.

	p	n	e^-	e^+	γ
Baryonenzahl B	+1	+1	0	0	0
Leptonenzahl L	0	0	+1	−1	0

Tab. 13–2: Zuordnung der Baryonenzahl B und der Leptonenzahl L.

Die einem Teilchen zugeordnete Zahl Q, für die gilt: Ladung $q = Q \cdot |\text{Elementarladung } e|$, heißt Ladungsquantenzahl.

Man kann sich weitere Teilchenprozesse ausdenken, bei denen z. B. der Energiesatz und der Ladungserhaltungssatz gelten und die dennoch nie beobachtet wurden: Der Prozeß $p + e^- \rightarrow \gamma + \gamma$ ist durch die Existenz des Wasserstoffs widerlegt. Der Prozeß $n \rightarrow \gamma + \gamma$ wurde ebenfalls nie beobachtet.

Aus dem Fehlen bestimmter Prozesse kann man auf bestimmte Eigenschaften der Teilchen schließen, die sich allerdings nicht als Kräfte zeigen. Zur Charakterisierung dieser Eigenschaften sucht man nach weiteren Erhaltungssätzen. Solche Erhaltungssätze findet man, indem man die Teilchen in Gruppen einteilt:

Die Gruppe der **Baryonen**[1]) enthält z. B. Proton und Neutron.

Die Gruppe der **Leptonen**[2]) enthält zunächst das Elektron und das Neutrino.

Eine weitere Gruppe bildet das **Photon.**

Die Zugehörigkeit eines Teilchens zu einer Gruppe charakterisiert man durch die Angabe bestimmter Quantenzahlen, der **Baryonenzahl** B und der **Leptonenzahl** L. *Tabelle 13–2* gibt die Zuordnungen der Quantenzahlen wieder.

Fordert man die Gültigkeit der Erhaltungssätze für die Baryonenzahl B und die Leptonenzahl L, so sind die oben hingeschriebenen Prozesse nicht möglich:

$$\begin{array}{lccccc} & p & + e^- & \rightarrow & \gamma & + \; \gamma \\ \text{Baryonenzahl } B\text{:} & (+1) & + \; 0 & \neq & 0 & + \; 0 \\ \text{Leptonenzahl } L\text{:} & 0 & + (+1) & \neq & 0 & + \; 0 \end{array}$$

Für den β^--Zerfall ergibt sich:

$$\begin{array}{lccccc} & n & \rightarrow & p & + \; e^- & + \; \bar{\nu}_e \\ \text{Baryonenzahl } B\text{:} & (+1) & = & (+1) & + \; 0 & + \; 0 \\ \text{Leptonenzahl } L\text{:} & 0 & = & 0 & + (+1) & + (-1) \end{array}$$

Dem zusammen mit dem Elektron emittierten Teilchen muß nach den Erhaltungssätzen die Baryonenzahl 0 und die Leptonenzahl (−1) zugeordnet werden. Es gehört zur Gruppe der Leptonen und trägt im Namen wegen der negativen Quantenzahl den Zusatz „Anti". Es ist das Antineutrino. Entsprechend folgt für den β^+-Zerfall:

$$\begin{array}{lccccc} & p & \rightarrow & n & + \; e^+ & + \; \nu_e \\ \text{Baryonenzahl } B\text{:} & (+1) & = & (+1) & + \; 0 & + \; 0 \\ \text{Leptonenzahl } L\text{:} & 0 & = & 0 & + (-1) & + (+1) \end{array}$$

Das Positron und das Neutrino gehören ebenfalls zur Gruppe der Leptonen. Sie sind die Antiteilchen zum Elektron und zum Antineutrino, wie sich in den entgegengesetzten Leptonenzahlen ausdrückt.

[1]) barys (griech.), schwer

[2]) leptos (griech.), klein, leicht

13.1.3 Antiteilchen und Antimaterie

Eine Unterscheidung von Teilchen durch Eigenschaften, die sich zunächst nur formal in einem Erhaltungssatz ausdrückt, ist ein wenig unbefriedigend. Die Teilchen Elektron und Positron unterscheiden sich immerhin noch in der Ladungsquantenzahl, was durch ihr Verhalten bei einer Bewegung im Magnetfeld sehr deutlich wird. Der Unterschied eines Neutrinos und eines Antineutrinos läßt sich ebenfalls experimentell zeigen: Die Umkehrung eines β^+-Zerfalls wäre die Umwandlung eines Neutrons in ein Proton durch Einfang eines Positrons und eines Neutrinos.

Nach der Quantenfeldtheorie ist die Absorption eines Teilchens, hier eines Positrons, äquivalent mit der Emission eines zugehörigen Antiteilchens, des Elektrons. Die Reaktion

$$n + \nu_e \rightarrow p + e^-$$

ist also die Umkehrreaktion zum β^+-Zerfall. Wenn Neutrinos und Antineutrinos gleich sind, muß diese Reaktion auch mit Antineutrinos stattfinden. Kernreaktoren sind intensive Antineutrino-Quellen, da pro Kernspaltung ca. sechs β^--Zerfälle der Kernbruchstücke auftreten. Setzt man $^{37}_{17}$Cl-Kerne einem Beschuß durch Antineutrinos aus, so könnte man bei Gleichheit von Neutrino und Antineutrino die Umwandlung eines Neutrons in ein Proton erwarten. Das Experiment zeigt jedoch, daß keine $^{37}_{18}$Ar-Kerne gebildet werden. Die Teilchen sind also nicht gleich.

Zwischen Neutrino und Antineutrino besteht ferner ein recht anschaulicher Unterschied: Beide besitzen einen Eigendrehimpuls bzw. Spin. Einen Drehimpuls beschreibt man durch einen Vektor, der zusammen mit der Drehrichtung eine Rechtsschraube bildet (*Abb. 13–2a*). Der Drehimpulsvektor des Neutrino hat stets die entgegengesetzte Richtung zum Impuls (*Abb. 13–2b*). In Bewegungsrichtung gesehen, dreht das Neutrino gegen den Uhrzeigersinn. Der Drehimpulsvektor des Antineutrino hat stets dieselbe Richtung wie der Impuls, das Antineutrino dreht im Uhrzeigersinn.

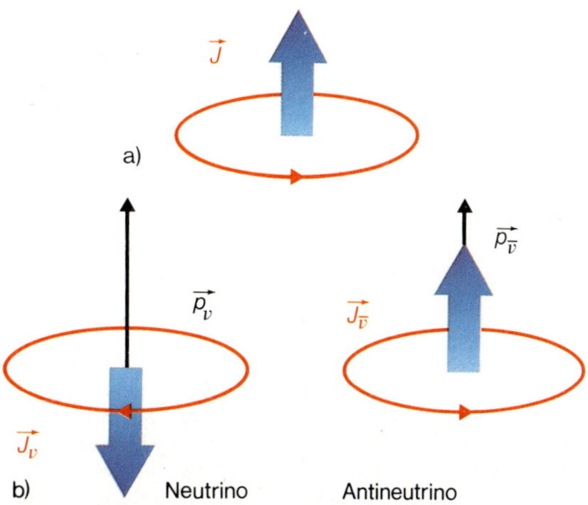

Abb. 13–2: a) Durch den Drehimpuls J ist die Drehrichtung festgelegt. In Richtung des Vektors gesehen, erfolgt die Drehung rechtsherum (im Uhrzeigersinn).
b) Das Neutrino dreht sich in Bewegungsrichtung gesehen linksherum (entgegen dem Uhrzeigersinn), das Antineutrino rechtsherum.

Die Tatsache der Existenz von Antiteilchen für das Elektron und das Neutrino wirft die Frage nach Antiteilchen für das Proton und das Neutron auf. Ebenso wie das Elektron-Positron-Paar durch energiereiche γ-Quanten erzeugt werden kann, müßte es auch möglich sein, Proton und Antiproton durch Umwandlung von Energie in Masse zu erzeugen. Bei einer Protonenmasse $m_p = 1{,}007\,276$ u, die einer Energie von 938 MeV entspricht, wird zur Erzeugung eines Proton-Antiproton-Paares eine Energie von 1,876 GeV benötigt. Die Erzeugung von Antiprotonen gelingt, wenn man in einem Teilchenbeschleuniger sehr energiereiche Protonen (> 5,6 GeV) auf andere Protonen treffen läßt. Dabei bleiben die stoßenden Protonen erhalten, und ein Proton-Antiproton-Paar wird erzeugt:

$$p + p \rightarrow p + p + p + \overline{p}$$

Manchmal wird bei diesem Stoß auch ein Neutron-Antineutron-Paar gebildet:

$$p + p \rightarrow p + p + n + \overline{n}$$

Proton und Antiproton unterscheiden sich durch die Ladung und die Baryonenzahl; Neutron und Antineutron haben ebenfalls unterschiedliche Baryonenzahl.

Im Vakuum ist ein Antiproton ebenso stabil wie ein Proton. In Gegenwart von Protonen kommt es jedoch sehr schnell zu einer Zerstrahlung der beiden Teilchen, wie es auch beim Elektron-Positron-Paar der Fall ist. Bei der Zerstrahlung von Proton und Antiproton treten weitere neue Elementarteilchen auf:

$$p + \overline{p} \rightarrow \pi^+ + \pi^0 + \pi^-$$

Diese **Pionen (oder π-Mesonen)** haben Massen von ca. 140 MeV, liegen damit also zwischen den Leptonen und Baryonen und werden daher als **Mesonen**[1]) bezeichnet.

In ähnlicher Weise zerstrahlen auch ein Neutron und ein Antineutron:

$$n + \overline{n} \rightarrow \pi^+ + \pi^+ + \pi^0 + \pi^- + \pi^-$$

Aus der Tatsache, daß das Neutron mit einem Antineutron zerstrahlt, ergibt sich die Verschiedenheit der beiden Teilchen. Beide Nukleonen besitzen einen Eigendrehimpuls und aufgrund des Spins auch ein magnetisches Moment. Bei gleicher Richtung der Spins sind die magnetischen Momente des Neutrons und des Antineutrons entgegengesetzt gerichtet.

Teilchen und Antiteilchen sind im allgemeinen verschieden, was bei geladenen Teilchen im entgegengesetzten Vorzeichen deutlich wird. Bei nicht geladenen Teilchen zeigt sich der Unterschied im entgegengesetzten Wert einer oder mehrerer Quantenzahlen. In der Masse, im Spin und im Betrag ihrer magnetischen Momente stimmen Teilchen und Antiteilchen überein.

Wie die Teilchen die Bausteine der Materie sind, so kann aus Antiteilchen **Antimaterie** aufgebaut werden. Die Kerne der Antimaterie sind aus Antiprotonen und Antineutronen aufgebaut, die Atomhülle besteht aus Positronen. Es ist durchaus denkbar, daß von Materie weit entfernte Sternsysteme aus Antimaterie bestehen. Wegen der völligen Symmetrie im Aufbau gelten für Antimaterie dieselben physikalischen Gesetzmäßigkeiten wie für Materie. Ein Atom aus Antimaterie besitzt dasselbe Spektrum wie das entsprechende Atom aus Materie. Eine Unterscheidung von Materie und Antimaterie ist durch eine Spektralanalyse also nicht möglich. Beim Zusammentreffen von Materie und Antimaterie findet eine völlige Zerstrahlung statt.

[1]) mesos (griech.), mitten

13.1.4 Seltsame Teilchen; Strangeness

In den 40er Jahren wurden etwa zusammen mit den Pionen weitere Teilchen entdeckt, die aufgrund ihrer merkwürdigen Eigenschaften als „strange particles“, also seltsame Teilchen, bezeichnet werden. Es sind zwei K-Mesonen und ihre Antiteilchen mit Massen um 500 MeV, die die Baryonenzahl und Leptonenzahl Null haben. Die K-Mesonen zerfallen im wesentlichen in Pionen, z. B.:

$$K^+ \rightarrow \pi^+ + \pi^0\,, \qquad K^+ \rightarrow \pi^+ + \pi^+ + \pi^-\,,$$
$$K^- \rightarrow \pi^- + \pi^0\,, \qquad K^- \rightarrow \pi^- + \pi^+ + \pi^-\,,$$

$$K^0 \rightarrow \pi^+ + \pi^-\,, \qquad K^0 \rightarrow \pi^+ + \pi^- + \pi^0\,,$$
$$\overline{K}^0 \rightarrow \pi^+ + \pi^-\,, \qquad \overline{K}^0 \rightarrow \pi^+ + \pi^- + \pi^0\,.$$

Zu den seltsamen Teilchen gehören auch vier Hyperonen, deren Massen um ca. 200 MeV größer sind als die der Nukleonen. Die Hyperonen gehören zusammen mit ihren Antiteilchen zu den Baryonen. Es handelt sich um ein Λ-Teilchen und drei Σ-Teilchen mit folgenden Zerfällen[2]):

$$\Lambda \rightarrow p + \pi^-\,, \qquad \Lambda \rightarrow n + \pi^0\,,$$
$$\Sigma^+ \rightarrow p + \pi^0\,, \qquad \Sigma^+ \rightarrow n + \pi^+\,.$$
$$\Sigma^- \rightarrow n + \pi^-\,,$$
$$\Sigma^0 \rightarrow \Lambda + \gamma\,,$$

Zwischen Teilchen existieren verschiedene Arten von Wechselwirkungen. Eine theoretische Behandlung der Kernkräfte zeigt, daß die Pionen und die Nukleonen miteinander in starker Wechselwirkung stehen. Die K-Mesonen und Hyperonen werden beim Stoß von Pionen und Nukleonen mit so großer Wahrscheinlichkeit erzeugt, daß dafür auch die starke Wechselwirkung verantwortlich sein muß. Danach müßten die starken Wechselwirkungen auch für den Zerfall der K-Mesonen und Hyperonen verantwortlich sein. Dementsprechend berechnet man für den Zerfallsprozeß Halbwertszeiten von 10^{-23} s. Die tatsächlich gemessenen Halbwertszeiten liegen jedoch zwischen 10^{-10} s und 10^{-8} s, woraus folgt, daß für den Zerfall schwache Wechselwirkungen verantwortlich sind.

Die Seltsamkeit dieser Teilchen besteht also in der Tatsache, daß für ihre Erzeugung die starke Wechselwirkung, für ihren Zerfall die schwache Wechselwirkung verantwortlich ist.

Diese widersprüchliche Tatsache wird durch folgende Feststellung verständlich: K-Mesonen und Hyperonen werden durch die starke Wechselwirkung stets paarweise erzeugt, während sie einzeln aufgrund der schwachen Wechselwirkung zerfallen. Folgende Erzeugungsprozesse sind möglich:

$$\pi^- + p \rightarrow K^+ + \Sigma^-\,,$$
$$\pi^- + p \rightarrow K^0 + \Lambda\,,$$
$$\pi^- + p \rightarrow K^0 + \Sigma^0\,,$$
$$\pi^+ + p \rightarrow K^+ + \Sigma^+\,.$$

Abb. 13–3 zeigt die Erzeugung und den Zerfall eines K^0-Meson und eines Λ-Teilchens.

Zur Charakterisierung der Teilchen benutzt man eine weitere Quantenzahl, die **Strangeness**, mit folgender Festset-

[2]) Λ (griech.), Lambda
Σ (griech.), Sigma

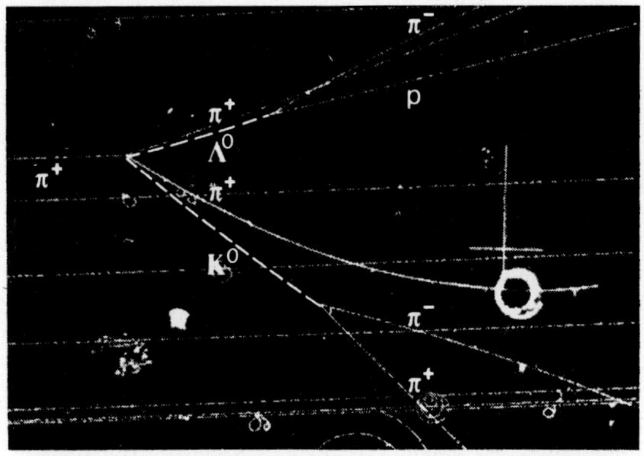

Abb. 13–3: Blasenkammeraufnahme der Erzeugung und des Zerfalls „Seltsamer Teilchen“.
Ein positives Pi-Meson stößt mit einem Impuls von 5 GeV/c gegen ein Proton. Das Pi-Meson und das Proton wandeln sich dabei um in ein neutrales Lambda, ein neutrales K-Meson und zwei positive Pi-Mesonen. Das neutrale Lambda zerfällt in ein Proton und ein negatives Pi-Meson. Das neutrale K-Meson zerfällt in ein positives und ein negatives Pi-Meson.

zung: Die K-Mesonen K^+ und K^0 haben $S = +1$, die Hyperonen $\Sigma^0, \Sigma^+, \Sigma^-$ haben die entgegengesetzten Quantenzahlen, und die Nukleonen, Pionen, Elektronen und das Photon haben $S = 0$. Für die Strangeness gelten folgende Bedingungen: Bei einer starken und der elektromagnetischen Wechselwirkung zwischen Teilchen gilt der Erhaltungssatz, bei einer schwachen Wechselwirkung gilt er nicht.

13.2 Ordnung der Elementarteilchen

Zur Klassifizierung der Elementarteilchen verwendet man ihre bekannten Eigenschaften, Masse, Art der Wechselwirkung mit anderen Teilchen, Ladung, Baryonenzahl oder Leptonenzahl und Strangeness. Ferner kann man Teilchen und Antiteilchen unterscheiden. Die *Tabelle 13–3* enthält Angaben über die Massen, die Erzeugungsprozesse, die typischen Zerfälle und die Halbwertszeiten bzw. die Lebensdauern für einige wichtige Elementarteilchen.

Klasse		Symbol	Name	Masse in MeV	Erzeugung	typischer Zerfall	Halbwertszeit t_H in s
		γ	Photon	0			
Leptonen		e^-	Elektron	0,51	$\gamma \rightarrow e^- + e^+$		
		ν_e	Elektron-Neutrino	0			
		μ^-	Myon	106	$\pi^- \rightarrow \mu^- + \bar{\nu}$	$\mu^- \rightarrow e^- + \nu_\mu + \bar{\nu}_e$	$2{,}2 \cdot 10^{-6}$
		ν_μ	Myon-Neutrino	0			
		τ^-	τ-Lepton	1807	$e^- + e^+ \rightarrow \tau^- + \tau^+$	$\tau^- \rightarrow e^- + \bar{\nu}_e + \nu_e$	$<10^{-11}$
		ν_τ	τ-Neutrino	0			
Hadronen	Mesonen	π^0	neutr. Pion	135	$p + \bar{p} \rightarrow \pi^+ + \pi^0 + \pi^-$	$\pi^0 \rightarrow \gamma + \gamma$	$0{,}8 \cdot 10^{-16}$
		π^+	pos. Pion	140		$\pi^+ \rightarrow \mu^+ + \nu_\mu$	$2{,}6 \cdot 10^{-8}$
		K^+	pos. K-Meson	494	$\pi^- + p \rightarrow K^+ + \Sigma^-$	$K^+ \rightarrow \mu^+ + \nu_\mu$	$1{,}2 \cdot 10^{-8}$
		K^0	neutr. K-Meson	498	$\pi^- + p \rightarrow K^0 + \Lambda$	$K^0 \rightarrow \pi^+ + \pi^-$	$0{,}9 \cdot 10^{-10}$
		η	η-Meson	549	$\pi^- + p \rightarrow \eta + n$	$\eta \rightarrow \gamma + \gamma$	$2{,}5 \cdot 10^{-17}$
	Baryonen	p	Proton	938,3			∞
		n	Neutron	939,5		$n \rightarrow p + e^- + \bar{\nu}_e$	918
		Λ	Lambda	1116	$\pi^- + p \rightarrow K^0 + \Lambda$	$\Lambda \rightarrow p + \pi^-$	$2{,}5 \cdot 10^{-10}$
		Σ^+	pos. Sigma	1189	$\pi^+ + p \rightarrow K^+ + \Sigma^+$	$\Sigma^+ \rightarrow p + \pi^0$	$8{,}0 \cdot 10^{-11}$
		Σ^0	neutr. Sigma	1193	$\pi^- + p \rightarrow K^0 + \Sigma^0$	$\Sigma^0 \rightarrow \Lambda + \gamma$	$<10^{-14}$
		Σ^-	neg. Sigma	1197	$\pi^- + p \rightarrow K^+ + \Sigma^-$	$\Sigma^- \rightarrow n + \pi^-$	$1{,}5 \cdot 10^{-10}$
		Ξ^0	neutr. Xi	1315	$K^- + p \rightarrow \Xi^0 + K^0$	$\Xi^0 \rightarrow \Lambda + \pi^0$	$3{,}0 \cdot 10^{-10}$
		Ξ^-	neg. Xi	1321	$\pi^- + p \rightarrow \Xi^- + K^+ + K^0$	$\Xi^- \rightarrow \Lambda + \pi^-$	$1{,}7 \cdot 10^{-10}$

Tab. 13–3: Tabelle einiger Elementarteilchen mit möglichen Prozessen der Erzeugung und typischen Zerfällen.

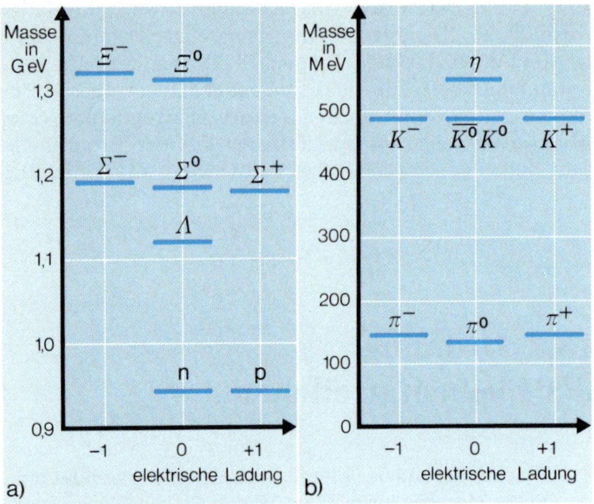

Abb. 13–4: a) Massenspektrum des Baryonenoktetts. b) Massenspektrum des Mesonenoktetts.

13.2.1 Die Hauptgruppen der Elementarteilchen

Das Photon bezeichnet man als Quant des elektromagnetischen Feldes. Es hat keine Ruhmasse, bewegt sich mit Lichtgeschwindigkeit. Eine monochromatische elektromagnetische Welle besteht aus monoenergetischen Photonen, die Energie, Impuls und den Spin 1 haben.
Elektronen, Myonen und τ-Lepton zusammen mit ihren Neutrinos heißen Leptonen. Leptonen haben den Spin $\frac{1}{2}$ und nehmen nicht an der starken Wechselwirkung teil. Das T-Lepton ist erst in jüngster Zeit entdeckt worden und besitzt eine Masse, die größer ist als die des Protons, so daß der Name Lepton wohl nicht besonders günstig gewählt ist. Man ist sich nicht völlig sicher, ob die Neutrinos masselos sind. Sicher ist jedoch, daß ihre Masse außerordentlich klein ist, z. B. die des Elektron-Neutrinos kleiner als 30 eV. Es fällt auf, daß die Leptonen stets in Paaren auftreten, also immer zusammen mit ihrem zugehörigen Neutrino. Ferner ist auffällig, daß die Zahl der Hadronen erheblich größer ist als die der Leptonen, woraus man den Schluß ziehen kann, daß die Leptonen fundamentalere Objekte als die Hadronen sind.
Die Mesonen nehmen an der starken Wechselwirkung teil. Sie sind instabile Teilchen und besitzen z. T. ebenfalls Massen, die größer sind als die eines Nukleons. Innerhalb der Gruppen der Mesonen und Baryonen lassen sich weitere Zusammenhänge finden. In *Abb. 13–4a* sind die Baryonen in einer Art Termschema angeordnet, indem man die Massen in Abhängigkeit von der Ladung darstellt. Man bezeichnet diese Gruppe als ein Baryonenoktett. Wie in einem Energietermschema kann man die Teilchen mit größerer Masse als angeregte Energiezustände der Nukleonen auffassen. Die Übergänge zwischen den Zuständen erfolgen unter Emission von Pionen oder anderen Teilchen, wie sie in *Tabelle 13–3* angegeben sind. Ein entsprechendes Termschema zeigt *Abb. 13–4b* für ein Mesonenoktett. Der Unterschied zwischen Mesonen und Baryonen wird sich im Zusammenhang mit der Quark-Theorie der Hadronen ergeben.

13.2.2 Isospin und Hyperladung

Der Isospin

Bei der Suche nach Ordnungsprinzipien hat es sich als nützlich erwiesen, weitere Quantenzahlen einzuführen. Dabei kann man sehr formal vorgehen. Wie wir im *Kapitel 10* gesehen haben, benötigt man in der Atomphysik die Bahndrehimpulsquantenzahl l. Mit dem Bahndrehimpuls ist ein magnetisches Moment verbunden. Für das magnetische Moment sind $(2\,l + 1)$ Einstellungen von $m = -l$ bis $m = +l$ zugelassen. Deshalb kann man formalisieren: Bei einer Aufspaltung des Energieniveaus in $(2\,l + 1)$ Terme ordnet man dem System die Quantenzahl l zu.
Dieses Vorgehen kann man auch auf andere Zustände übertragen. So haben z. B. Proton und Neutron nahezu gleiche Massen, jedoch unterschiedliche Ladungszustände, nämlich +1 und 0. Es existieren also zwei Zustände. Dementsprechend findet man aus $2\,T + 1 = 2$ die Quantenzahl $T = \frac{1}{2}$, die man den Nukleonen zuordnen kann. Diese Quantenzahl kennzeichnet nun zwar keinen Drehimpuls, doch bezeichnet man sie wegen des formal gleichen Vorgehens als **Isospin** (Isotopenspin).
Die Pionen π^+, π^0, π^- treten als Ladungstriplett auf, d. h., es existieren drei Zustände, so daß sich aus $2\,T + 1 = 3$ der Isospin $T = 1$ ergibt, den man dem Pionentriplett zuordnet.
Der Isospin wird als Vektor behandelt, den man im abstrakten Isospinraum in drei Komponenten zerlegt. Für die „dritte Komponente T_3 des Isospins“ ergeben sich für die oben betrachteten Teilchen folgende Werte:

$$\text{Proton p: } T_3 = +\tfrac{1}{2}\,, \text{ Neutron n: } T_3 = -\tfrac{1}{2}\,,$$
$$\text{Pion } \pi^+\text{: } T_3 = +1\,, \text{ Pion } \pi^0\text{: } T_3 = 0\,, \text{ Pion } \pi^-\text{: } T_3 = -1\,.$$

Bei Teilchenreaktionen aufgrund starker Wechselwirkungen und elektromagnetischer Wechselwirkungen gilt für die dritte Komponente des Isospins ein Erhaltungssatz, dies ist jedoch nicht der Fall bei Teilchenreaktionen aufgrund schwacher Wechselwirkungen. Die folgenden Beispiele sollen dies erläutern:
Die Nukleon-Nukleon Wechselwirkung im Kern läßt sich durch den Austausch virtueller Pionen beschreiben. Dabei wandelt sich das Neutron n in ein Proton p und ein Pion π^- um ($n \to p + \pi^-$) und das Proton p in ein Neutron n und ein Pion π^+ ($p \to n + \pi^+$). Für die dritte Komponente des Isospins gilt im ersten Fall: $-\frac{1}{2} = \frac{1}{2} - 1$ und im zweiten Fall $\frac{1}{2} = -\frac{1}{2} + 1$.
Der Wert für T_3 bleibt konstant.
Für den bekannten β^--Zerfall ($n \to p + e^- + \bar{\nu}_e$) ergibt sich: $-\frac{1}{2} \neq \frac{1}{2} + 0 + 0$. Elektron und Antineutrino haben den Isospin 0. Elektron und Positron sowie Neutrino und Antineutrino werden nicht als Multipletts aufgefaßt, sie sind jeweils Teilchen und Antiteilchen. Also bei der schwachen Wechselwirkung, die für den β^--Zerfall verantwortlich ist, bleibt die dritte Komponente des Isospin nicht erhalten.

Die Hyperladung

Es hat sich in der Elementarteilchenphysik beim Versuch der Systematisierung als vorteilhaft erwiesen, die Baryonenzahl B und die Strangeness S zur sogenannten **Hyperladung** Y durch $Y = B + S$ zusammenzufassen. Zwischen Ladungsquantenzahl Q, dritter Komponente des Isospin T_3 und Hyperladung Y gilt dann für ein Teilchen die Beziehung

$$Q = T_3 + \tfrac{1}{2}Y \text{ oder } Q = T_3 + \tfrac{1}{2}B + \tfrac{1}{2}S\,.$$

Folgende Beispiele sollen diese Beziehung erläutern:

Proton: $1 = \frac{1}{2} + \frac{1}{2}$, da $B = 1$ ist und $S = 0$.
Neutron: $0 = -\frac{1}{2} + \frac{1}{2}$, da $B = 1$ ist und $S = 0$.
Pion π^+: $1 = 1 + 0$, da $B = 0$ ist und $S = 0$.
Kaon K^+: $1 = \frac{1}{2} + \frac{1}{2}$, da $B = 0$ ist und $S = 1$.

Wie diese Zusammenhänge zum Auffinden von Eigenschaften von Teilchen genutzt werden können, zeigt das folgende Beispiel: Die sogenannten strange particles Λ^0 und K^0 werden z. B. in folgendem Prozeß erzeugt: $\pi^- + p \rightarrow \Lambda^0 + K^0$. Bei diesem Prozeß bleibt die Strangeness erhalten. Das Proton und das Pion sind keine seltsamen Teilchen, so daß die Summe der S-Quantenzahlen der linken Seite gleich Null ist. Wie ist nun die S-Quantenzahl für das Lambdateilchen und das Kaon richtig zu wählen? Da das Lambdateilchen allein existiert, ein Singulett bildet, gilt $2T + 1 = 1$, also $T = 0$ und $T_3 = 0$. Mit $B = 1$ und $Q = 0$ folgt dann für das Lambdateilchen $S = -1$. Demnach muß für das Kaon $S = 1$ gelten, und wegen $Q = 0$ und $B = 0$ folgt $T_3 = -\frac{1}{2}$. Der Isospin der Kaonen ist also $\frac{1}{2}$, so daß sich $2T + 1 = 2$ ergibt, d. h., die Kaonen bilden ein Dublett. Wie ist dies Ergebnis mit der Tatsache zu vereinbaren, daß drei Kaonen bekannt sind: K^+, K^0 und K^-? Es ist so, daß K^0 und K^+ ein Dublett bilden, die dritte Komponente des Isospin für das Kaon K^+ ist $T_3 = \frac{1}{2}$. K^- ist das Antiteilchen von K^+ und bildet zusammen mit dem ebenfalls elektrisch neutralen Antiteilchen $\overline{K^0}$ von K^0 ein weiteres Dublett.

Bei eingehender Betrachtung aller Hadronen, also Baryonen und Mesonen, die an der starken Wechselwirkung teilnehmen, erkennt man, daß sie in verschiedene Gruppen eingeteilt werden. Da alle Elemente einer Gruppe denselben Isospin haben, bezeichnet man sie als Isospinmultipletts. Die Mitglieder einer Gruppe haben gleiche Baryonenzahl, nahezu gleiche Masse, aber unterschiedliche Ladung.

In den *Tabellen 13–4* und *13–5* sind für einige Mesonen bzw. Baryonen einige wichtige Quantenzahlen angegeben. An den gleichen Werten für den Isospin T erkennt man die Mitglieder eines Multipletts. Die Quantenzahlen von Teilchen und Antiteilchen unterscheiden sich außer beim Isospin durch ihre Vorzeichen.

Teilchen	Q	S	T	T_3	Antiteilchen
π^+	1	0	1	1	π^-
π^-	−1	0	1	−1	π^+
π^0	0	0	1	0	π^0
K^+	1	1	$\frac{1}{2}$	$\frac{1}{2}$	K^-
K^-	−1	−1	$\frac{1}{2}$	$-\frac{1}{2}$	K^+
K^0	0	1	$\frac{1}{2}$	$-\frac{1}{2}$	$\overline{K^0}$
$\overline{K^0}$	0	−1	$\frac{1}{2}$	$\frac{1}{2}$	K^0
η	0	0	0	0	η

Tab. 13–4: Tabelle einiger Quantenzahlen des Mesonenoktetts Q (Ladung), S (Strangeness), Y (Hyperladung), T_3 (dritte Komponente des Isospin).
Für Mesonen ist $B = L = 0$.

Teilchen	B	Q	S	Y	T_3	Antiteilchen
p	1	1	0	1	$\frac{1}{2}$	$\bar{p}$
n	1	0	0	1	$-\frac{1}{2}$	$\bar{n}$
Λ	1	0	−1	0	0	$\bar{\Lambda}$
Σ^+	1	1	−1	0	1	$\overline{\Sigma^+}$
Σ^0	1	0	−1	0	0	$\overline{\Sigma^0}$
Σ^-	1	−1	−1	0	−1	$\overline{\Sigma^-}$
Ξ^0	1	0	−2	−1	$\frac{1}{2}$	$\overline{\Xi^0}$
Ξ^-	1	−1	−2	−1	$-\frac{1}{2}$	$\overline{\Xi^-}$

Tab. 13–5: Tabelle einiger Quantenzahlen des Baryonenoktetts Q (Ladung), B (Baryonenzahl), S (Strangeness), Y (Hyperladung), T_3 (dritte Komponente des Isospin).

13.2.3 Das Quarkmodell der Hadronen

Es ist möglich, in der Elementarteilchenphysik bestimmte Teilchen zu Gruppen zusammenzufassen. Als ordnenden Aspekt benutzt man Symmetrien innerhalb der Menge der Elemente, also die Invarianz bestimmter Eigenschaften der Teilchen gegenüber Abbildungen. Eine solche Symmetrie, aus der die Erhaltung der Hyperladung Y und der dritten Komponente T_3 des Isospins folgt, ist für die Baryonen in *Abb. 13–5* und für die Mesonen in *Abb. 13–6* dargestellt. Den Teilchen sind dabei Punkte der Ebene zugeordnet, indem die Hyperladung Y als Ordinate und die dritte Komponente des Isospins als Abszisse verwendet wurden. Solche Symmetrieuntersuchungen führten u. a. zur Entdekkung weiterer Teilchen.

Auf der Basis dieser Theorien äußerten die Physiker M. Gell-Mann und G. Zweig in den frühen sechziger Jahren die Vermutung, daß die Hadronen eine innere Struktur hätten und aus elementareren Untereinheiten aufgebaut seinen. Gell-Mann wählte für diese Untereinheiten den Namen **Quarks,** der aus dem Roman „Finnegan's Wake" von James Joyce stammt. In diesem Roman findet man den folgenden Text:

"Three quarks for Muster Mark!
Sure he hasn't got much of a bark
And sure any he has it's all beside the mark."

Man kann sich überlegen, wie viele Teilchen man benötigt, um die Baryonen und Mesonen aus ihnen zusammenzusetzen. Dabei muß man darauf achten, daß z. B. die Baryonen Teilchen mit dem Spin $\frac{1}{2}$ sind, während die Mesonen den Spin 0 oder 1 haben usw. Man fand, daß es möglich war, Baryonen aus jeweils drei Quarks zusammenzusetzen und Mesonen aus zwei Quarks. Die auffallendste Eigenschaft der Quarks ist die Tatsache, daß sie keine ganzzahligen Vielfachen der Elementarladung tragen, sondern die Ladung $\frac{2}{3}e$ oder $-\frac{1}{3}e$. Ferner haben sie die Baryonenzahl $\frac{1}{3}$ und den Spin $\frac{1}{2}$.

Für die Existenz einer inneren Struktur der Baryonen spricht auch das im folgenden geschilderte Experiment: Am SLAG in Stanford untersuchte man die Streuung schneller Elektronen an Protonen und Neutronen. Bei der Streuung der Elektronen entstehen Mesonen. Es ist nun wahrscheinlich, daß die entstehenden Mesonen dasjenige

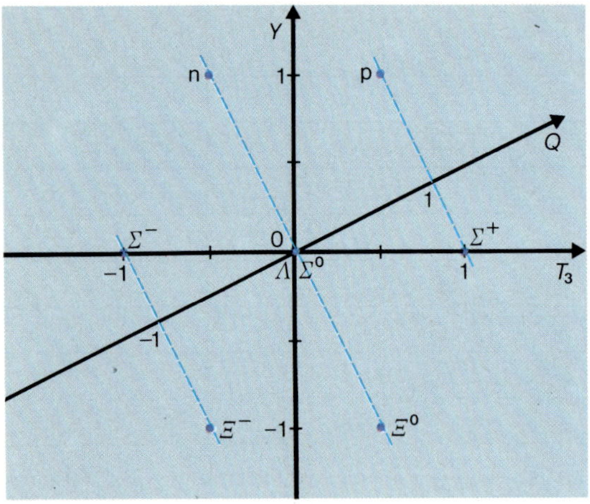

Abb. 13–5: Symmetrie-Diagramm des Baryonenoktetts.

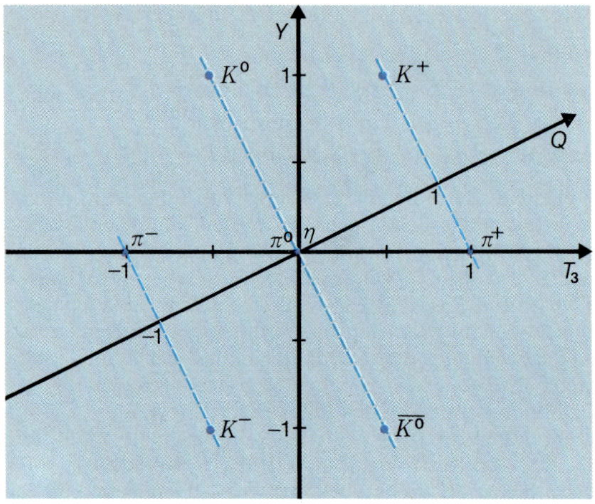

Abb. 13–6: Symmetrie-Diagramm des Mesonenoktetts.

Bezeichnung	Ladung	Spin	T_3	Strangeness	Masse
u	$\frac{2}{3}$	$\frac{1}{2}$	$\frac{1}{2}$	0	m
$\bar{u}$	$-\frac{2}{3}$	$-\frac{1}{2}$	$-\frac{1}{2}$	0	m
d	$-\frac{1}{3}$	$\frac{1}{2}$	$-\frac{1}{2}$	0	m
$\bar{d}$	$\frac{1}{3}$	$-\frac{1}{2}$	$\frac{1}{2}$	0	m
s	$-\frac{1}{3}$	$\frac{1}{2}$	0	−1	m + 150 MeV
$\bar{s}$	$-\frac{1}{3}$	$-\frac{1}{2}$	0	1	m + 150 MeV

Tabelle 13–6: Tabelle der Eigenschaften der ersten drei Quarks und ihrer Antiquarks. Die Massen der Quarks sind noch nicht gesichert, sie betragen für das u- und das d-Quark etwa 0,3 GeV. Die Baryonenzahl aller Quarks beträgt $\frac{1}{3}$ bzw. $-\frac{1}{3}$ für die Antiteilchen.

Quark aus dem Nukleon enthalten, an dem die Streuung stattfand. Dann muß die Ladungsverteilung der austretenden Mesonen die Ladungsverteilung der von den Elektronen getroffenen Quarks widerspiegeln. Das Proton besteht aus zwei Quarks mit den Ladungen $\frac{2}{3}e$ und einem Quark mit der Ladung $-\frac{1}{3}e$. Der Wirkungsquerschnitt für den Elektronenstoß ist ferner proportional zum Quadrat der Ladung, so daß sich die Wahrscheinlichkeiten, auf ein positives Quark zu treffen, zu der, daß ein negatives Quark getroffen wird, zueinander verhalten wie 8 : 1. Da bei einem solchen Streuprozeß ferner zusätzliche Mesonen gebildet werden, verändert sich das Verhältnis der nachgewiesenen Mesonen. Man stellte fest, daß das Verhältnis der positiven und negativen Mesonen 5 : 1 betrug. Ein entsprechendes Ergebnis beobachtete man bei der Streuung an Neutronen, die aus zwei Quarks der Ladung $-\frac{1}{3}e$ und einem der Ladung $\frac{2}{3}e$ aufgebaut sind. Hier war das Verhältnis der positiven Mesonen zu den negativen 1,5 : 1.

Die im vorangegangenen erwähnten Baryonen und Mesonen lassen sich mit Hilfe dreier Quarks und der zugehörigen Antiquarks zusammensetzen. Es handelt sich um die Quarks „up“, „down“ und „strange“, also u, d und s. *Tabelle 13–6* enthält die Eigenschaften der Quarks und ihrer Antiteilchen.

Die Baryonen bestehen jeweils aus drei Quarks, also q q q, und die Mesonen aus einem Quark und einem Antiquark, also q $\bar{q}$. Für die acht leichtesten Baryonen aus der *Abb. 13–5* ergibt sich:

$$n = udd, \quad p = uud, \quad \Lambda = uds,$$
$$\Sigma^- = dds, \quad \Sigma^0 = uds, \quad \Sigma^+ = uus,$$
$$\Xi^- = ssd, \quad \Xi^0 = ssu.$$

Für die Mesonen aus der *Abb. 13–6* erhält man:

$$K^0 = \bar{s}d, \quad K^+ = \bar{s}u, \quad \eta = \bar{u}u,$$
$$\pi^- = \bar{u}d, \quad \pi^0 = \bar{d}d, \quad \pi^+ = \bar{d}u,$$
$$K^- = \bar{u}s, \quad K^0 = \bar{d}s.$$

Quarks sind, wie man aus der obenstehenden Tabelle entnimmt, Objekte mit dem Spin $\frac{1}{2}$. Wir wissen, daß solche Objekte dem Pauli-Prinzip gehorchen. Nun findet man jedoch z. B. in der doppelt geladenen Nukleonenresonanz Δ drei u-Quarks mit dem Spin $\frac{1}{2}$ im gleichen Quantenzustand. Dieser Widerspruch hat zur Einführung eines weiteren Quantenzustandes geführt, den man „Farbe“ nennt. Ein Quark kann jeweils nur einen Quantenzustand haben, den man als rot, blau oder grün kennzeichnet. Die Verwendung der Bezeichnung Farbe für diesen Quantenzustand ist einzusehen, wenn man sich klar macht, daß die Zusammensetzung der drei Grundfarben Rot, Blau und Grün Weiß ergibt, die Farbe also nicht mehr feststellbar ist und daß, wie bei den Mesonen die Kombination Quark–Antiquark, Farbe und Komplementärfarbe sich ebenfalls zu Weiß zusammensetzen. Auf diese Weise bleibt das Pauli-Prinzip gewahrt.

Die Farbe betrachtet man nun allerdings als die Quelle der Kräfte zwischen den Quarks. Die theoretischen Physiker arbeiten an der Entwicklung einer Theorie, die als Quanten-Chromodynamik bezeichnet wird. Dieser Begriff lehnt sich an die Bezeichnung der Quanten-Elektrodynamik an, eine Theorie der elektromagnetischen Phänomene, in der die elektrischen Ladungen die Quellen der Kräfte sind und die Photonen die Feldquanten. In der Quanten-Chromodynamik tritt die Farbe an die Stelle der Ladung, und die „Gluonen“ treten an die Stelle der Photonen. Im Rahmen dieser Theorie ist es auch zu verstehen, daß es bisher nicht gelungen ist, einzelne Quarks nachzuweisen, und daß sich andererseits die Quarks bei kleinen Abständen wie freie Teilchen verhalten.

Eine Entwicklung der Theorie der Quarks wird dann auch Aufschluß darüber geben, wieso die Nukleonen Proton und Neutron im Kern durch starke Kräfte gebunden sind. Wir wissen, daß diese Kräfte nur eine geringe Reichweite haben. Die Nukleonen wirken aus größerer Entfernung betrachtet als „weiß", aufgrund ihrer Zusammensetzung aus drei Quarks unterschiedlicher Farbe. Erst aus größerer Nähe sind die einzelnen Farben zu erkennen, und auch die Kräfte werden wirksam.

Man ist heute sicher, daß es außer den oben genannten Quarks wenigstens ein weiteres Quark mit dem Namen „charm" gibt. Im November 1974 wurde ein Meson der Masse 3,1 GeV entdeckt, das die Struktur $c\,\bar{c}$ hat. Man vermutet, daß es zwei weitere Quarks mit den Namen „beauty" oder „bottom" (b) und „truth" oder „top" (t) gibt, so daß die Anzahl der grundlegenden Bausteine der Hadronen gleich der Anzahl der Leptonen ist. Allerdings ist es notwendig, zur Entwicklung der Theorie und zu ihrer Sicherung zahlreiche weitere Experimente mit hohen Teilchenenergien zu unternehmen, wofür zwei weitere Experimentieranlagen geplant sind: ein Elektron-Positron-Speicherring bei CERN in Genf und die Hadron-Elektron-Ring-Anlage HERA bei DESY in Hamburg.

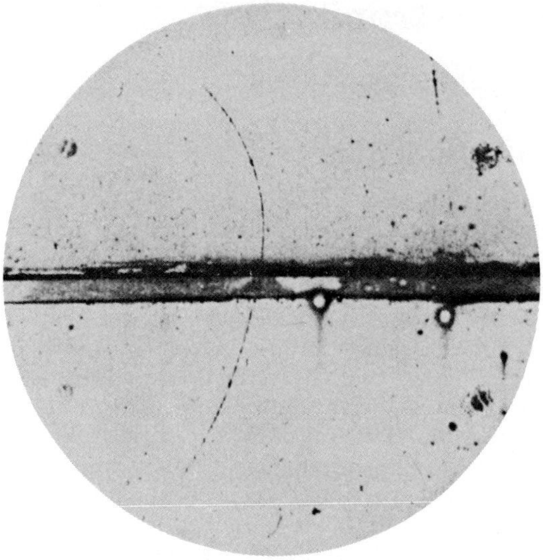

Abb. 13–7: Die Nebelkammeraufnahme, aus der ANDERSON auf die Existenz des Positrons schloß.

Aufgaben

***13/1:** Die nebenstehende Abbildung (*Abb. 13–7*) zeigt die Nebelkammeraufnahme, mit der ANDERSON die Entdekkung des Positrons belegte. Die Nebelkammer befand sich in einem Magnetfeld senkrecht zur Bildebene. Die Dicke der horizontalen Bleiplatte betrug 6 mm.

a) Woher wußte ANDERSON, daß es sich bei dem Teilchen um ein Positron handelte und nicht um ein Elektron?

b) ANDERSON gab die Impulse des Teilchens in den beiden Bahnteilen zu $B\,r = 2{,}1 \cdot 10^5$ Gcm und $B\,r = 7{,}5 \cdot 10^4$ Gcm an.
Zeigen Sie, daß diese Werte den Energien 63 MeV und 23 MeV entsprechen. (Die Flußdichte ist hier in der Einheit Gauß angegeben. Es gilt: $1\ \text{G} = 10^{-4}\ \text{T}$.)

***13/2:** Mit energiereichen Photonen können Elektron-Positron-Paare erzeugt werden.

Zeigen Sie, daß unter ausschließlicher Beteiligung eines Photons und der beiden erzeugten Teilchen nicht zugleich der Energie- und der Impulserhaltungssatz erfüllt sein können.

(Bei der Rechnung ist der Zusammenhang
$E = \sqrt{(p\,c)^2 + m_0^2\,c^4}$ zu verwenden.)

***13/3:** Auf die Existenz kurzlebiger Elementarteilchen schließt man über die Summe der Energien ihrer Zerfallsprodukte. Ergeben sich hier bei zahlreichen Untersuchungen von Zerfällen mit großer Häufigkeit bestimmte Werte, so deutet dies auf die Existenz eines kurzlebigen Teilchens hin. Dabei stellt man allerdings stets fest, daß die Summe der Energien der Zerfallsprodukte um einen bestimmten Wert mit ΔE schwanken. Nach der Heisenbergschen Unschärferelation sind jedoch Energie und Lebensdauer T des Teilchens miteinander verknüpft.

a) Wie groß ist die mittlere Lebensdauer eines Teilchens, bei dem die Energieunschärfe $\Delta E = 36$ MeV beträgt?

b) Zeigen Sie, daß die mittlere Lebensdauer T mit der Halbwertszeit T_H durch $T_H = T \ln 2$ zusammenhängt.

14 Astrophysik

14.1 Einleitung

Die Entwicklung der Astrophysik hat in jüngster Zeit nicht nur bei Fachwissenschaftlern große Beachtung gefunden. Interessiert hörte die Öffentlichkeit von neuen, zuvor nicht bekannten Objekten wie Pulsaren, Quasaren, roten Riesen- und weißen Zwergsternen, von Neutronensternen und schwarzen Löchern, deren Entdeckung manchmal die Grenze zwischen exakter Naturwissenschaft und spekulativen Science-fiction-Romanen aufzulösen schien. Möglich wurde die Erweiterung unseres Wissens über das Universum durch den Einsatz modernster Technik bei der Untersuchung der Strahlung aus dem All, wobei insbesondere die Weltraumtechnologie neue Beobachtungsmethoden erschloß.

14.1.1 Historische Entwicklung der Astrophysik

Astrophysik nennt man den jüngsten Zweig einer Naturwissenschaft, die unter dem Oberbegriff „Astronomie" als ältestes Forschungsgebiet des Menschen bezeichnet wird. Ihre Anfänge findet die Astronomie, die Wissenschaft von der Erforschung der Welt der Himmelskörper, in den fragenden, von mythischem Denken überlagerten Blicken früher Völker zum Himmel. In Kreisen aufgestellte Steine dienten als erste Instrumente, um den Lauf von Sonne und Mond zu verfolgen. Das 2500 Jahre v. Chr. erbaute Stonehenge in England ist das berühmteste Beispiel (*Abb. 14–1*). Von da war es ein weiter Weg zu den großen Erkenntnissen der griechischen Antike (→ *2.1.1*).

Abb. 14–1: Stonehenge in England wurde 2500 v. Chr. erbaut und diente als Observatorium für den Lauf von Sonne und Mond.

ARISTOTELES (384–322 v. Chr.) wußte bereits, daß Erde und Mond Kugelgestalt haben, ARISTARCH schätzte um 270 v. Chr. mit einer genialen Methode die relativen Entfernungen und Größen von Erde, Mond und Sonne ab, schließlich vermaß um 240 v. Chr. ERATOSTHENES mit Hilfe des Einfallswinkels der Sonnenstrahlung den Erdradius. HIPPARCH, den man als ersten großen Astronomen der Menschheit bezeichnet, erstellte um 130 v. Chr. den ersten Sternkatalog, in dem die Positionen von 850 Sternen aufgeführt sind. HIPPARCH teilte die Sterne nach ihrer Helligkeit in sechs Größenklassen ein. Die hellsten Sterne waren von erster Magnitudo, die schwächsten, mit bloßem Auge gerade noch sichtbaren Sterne von sechster Magnitudo. Dieses System der Sterneinteilung ist auch heute noch, wenn auch in modifizierter Form, in Gebrauch.

Das Weltbild der Antike, nach dem die Erde, im Zentrum des Universums stehend, von Mond, Sonne, den Planeten und dem Fixsternhimmel umkreist wird, faßte schließlich PTOLEMÄUS (100–178 n. Chr.) in seinem Werk Almagest zusammen. Dieses Weltbild hatte über 1300 Jahre Bestand, bis es von KOPERNIKUS (1473–1543) angezweifelt und in der Folge durch sein heliozentrisches Weltbild ersetzt wurde.

Bis zur Mitte des vergangenen Jahrhunderts galt das Interesse der Astronomen fast ausschließlich der genauen Vermessung der Positionen von Sonne, Mond, Planeten und Fixsternen. Man bezeichnet dies als klassische Astronomie, zu der die sphärische Astronomie, die Astrometrie, die Himmelsmechanik sowie die astronomische Orts- und Zeitbestimmung gehören. In der zweiten Hälfte des vorigen Jahrhunderts begann man sich zunehmend auch für die Stärke und die Beschaffenheit der Strahlung zu interessieren, die von anderen Himmelskörpern zu uns kommt. Während zuvor die Astronomie eine weitgehend mathematische Disziplin war, hielten nun physikalische Meßmethoden ihren Einzug, wobei die Spektroskopie und die Photometrie an erster Stelle zu nennen sind. Mit einem in unserem Jahrhundert immer weiter ausgebauten und verfeinerten System von Meßmethoden erschloß man sich die Entfernungen im Universum und gelangte zu Aussagen über die Leuchtkraft, die Oberflächentemperatur, den Radius, die Masse, die Dichte und die chemische Zusammensetzung der Sterne. Heute gibt es kaum ein Gebiet der Physik, das nicht auch in

Abb. 14–2: Am 13. Februar 1979, drei Wochen vor ihrem Vorbeiflug an Jupiter, funkte die Raumsonde Voyager 1 dieses Bild zur Erde. Es zeigt Jupiter mit seinen Monden Io (vor dem roten Fleck) und Europa rechts daneben.

der Astronomie von Bedeutung ist. Längst sind die Sternwarten nicht mehr der einzige Ort astronomischer Forschung. Satelliten und Raumsonden, Ballonexperimente, Radioteleskope und Radarstationen sind hinzugekommen.

Fortschritte in grundlegenden Fragen der Physik sind heute nur noch möglich, wenn man die Vorgänge im Universum besser kennt und versteht. Es hat sich gezeigt, daß man dazu die Physik der Elementarteilchen braucht. So ergänzen und stützen sich heute die Erforschung des Makro- und des Mikrokosmos.

14.1.2 Überblick über die Struktur des Weltalls

Für unser heutiges Weltbild sind vor allem zwei Erkenntnisse der modernen Astronomie bedeutsam. Zum einen ist es die Abkehr von einem als immerwährend und unveränderlich angenommenen Universum. Das Weltall ist evolutionär, was man gerne mit den Worten ausdrückt, „auch Sterne müssen sterben". Zum anderen ist es die Aufdeckung von Strukturen im Universum, die eine Ahnung von dessen nahezu unvorstellbarer Größe ermöglichen. Entwerfen wir eine grobe Skizze dieser Struktur, indem wir von unserer Erde ausgehen.

Die **Erde** ist einer von neun Planeten, die die Sonne, einen gelben Stern mittlerer Größe, umlaufen. Mit einem Alter von 4,5 Milliarden Jahren befindet sich die Sonne etwa in der Mitte ihrer Lebenszeit. Im **Sonnensystem** umkreisen nahezu in einer Ebene neun Planeten alle im gleichen Umlaufsinn die Sonne. Hinzu kommen Asteroide und Kometen, die in die äußersten Bereiche des Sonnensystems vorstoßen. Das Licht der Sonne braucht einige Tage, um dorthin zu gelangen, während es auf der Erde bereits nach 8,3 Minuten ankommt. Raumsonden gelangten nach jahrelangen Flügen zu den äußeren Planeten Jupiter, Saturn und Uranus und sandten von dort Funkbilder zur Erde (*Abb. 14–2*).

Die **Sonnennachbarschaft:** In einer Umgebung von siebzehn Lichtjahren gibt es etwa 60 bekannte Sterne, von denen der nächste, Alpha Centauri am südlichen Sternhimmel, 4,3 Lichtjahre entfernt ist. Trotz ihrer Nähe leuchten nur wenige so hell, daß man sie mit bloßem Auge sehen kann. Dazu gehören Sirius (8,7 Lj), Procyon (11,3 Lj) und Atair (16,5 Lj) am nördlichen Sternhimmel.

Das **Milchstraßensystem** ist eine Zusammenballung von etwa 100 Milliarden Sternen – einer davon ist die Sonne – zu einer riesigen Spiralgalaxie (→ *14.3.1*). Ihr Durchmesser beträgt etwa 100 000 Lichtjahre.

Die **Lokale Gruppe** ist ein kleiner Galaxienhaufen, der durch die gegenseitige Gravitationsanziehung zusammengehalten wird. Der Haufen hat einen Durchmesser von etwa 6 Millionen Lichtjahren und

Abb. 14–3: Der Andromedanebel M 31 ist die 2,2 Millionen Lichtjahre entfernte Schwestergalaxie zu unserem Milchstraßensystem. Etwa das gleiche Bild bietet die Milchstraße aus großer Entfernung; die Sonne wäre dann ein Stern am inneren Rand eines der äußeren Spiralarme.

Abb. 14–4: Der Virgo-Galaxienhaufen ist 70 Millionen Lichtjahre entfernt und bildet den Kern des Lokalen Superhaufens, der unsere Lokale Gruppe und viele andere Galaxienhaufen enthält.

wird beherrscht von den beiden Schwestergalaxien Milchstraße und Andromedanebel (*Abb. 14–3*), die einen Abstand von 2,2 Millionen Lichtjahren haben.
Der **Lokale Superhaufen:** Galaxienhaufen versammeln sich zu gewaltigen Superhaufen. Unsere Lokale Gruppe liegt am Rande des Lokalen Superhaufens, der einen Durchmesser von etwa 200 Millionen Lichtjahren hat (*Abb. 14–4*).
Das **Universum** hat eine Ausdehnung von 15 bis 20 Milliarden Lichtjahren und enthält schätzungsweise 100 Milliarden Galaxien.

Ein Vergleich soll die Strukturen im Universum veranschaulichen. Verkleinerte man das Milchstraßensystem auf die Größe der Erde, so hätte das Sonnensystem bis zur Plutobahn nur einen Durchmesser von 8 cm. Verkleinerte man die Lokale Gruppe, dann den Lokalen Superhaufen und schließlich das Universum auf die Größe der Erde, so hätten die jeweiligen nächstkleineren Strukturen Milchstraßensystem, Lokale Gruppe und Lokaler Superhaufen Durchmesser von einigen 100 km.

Aufgabe

14/1: Man stelle sich vor, das Sonnensystem wäre ein Tausendstel Millimeter groß. Wie groß wären dann die Milchstraßen-Galaxie, die Lokale Gruppe, der Lokale Superhaufen, das Universum? Stellen Sie an einem logarithmischen Maßstab dar, und suchen Sie nach passenden Größenvergleichen.

14.1.3 Beobachtungsgeräte und Untersuchungsmethoden

Über Jahrhunderte hinweg war das Fernrohr das einzige Instrument der Astronomen. Ihm verdanken wir die wichtigsten Beobachtungen, die zu den grundlegenden Erkenntnissen über das Weltall führten. Als man aber nach 1945 daran ging, die Strahlung aus dem Weltall auch nach anderen Wellenlängen als denen des optischen Bereichs zu untersuchen, stellte man fest, daß die Erdatmosphäre für die meisten Wellenlängen ein weitgehend undurchdringliches Fenster ist (*Abb. 14–5*). Nur das sichtbare Licht, einige schmale Bänder im Infrarotbereich und die Radiowellen gelangen weitgehend unbehelligt zur Erdoberfläche.
Röntgen- und Ultraviolettstrahlen werden ebenso wie der größte Teil der Infrarotstrahlung fast vollständig absorbiert. So konnte sich auf der Erde neben der optischen Astronomie zunächst nur die Radioastronomie entwickeln. Erst seit mit den Erdsatelliten Beobachtungsstationen außerhalb der Erdatmosphäre zur Verfügung stehen, wird der Himmel systematisch nach allen Wellenlängen hin untersucht, wobei sich die Röntgenstrahlung als besonders informativ erwies.
Heute ist man damit befaßt, die neuen Meßmöglichkeiten mit Satelliten zu nutzen, wodurch die Astronomie zu einem sehr aufwendigen, aber auch höchst interessanten Forschungsgebiet der Physik wird. Nahezu täglich gelangt man zu neuen Erkenntnissen über das Weltall, und die zukünftig geplanten Satellitenprojekte lassen noch vieles erwarten. Das Fernrohr, die Radioastronomie und die Röntgenastronomie sollen näher besprochen werden.

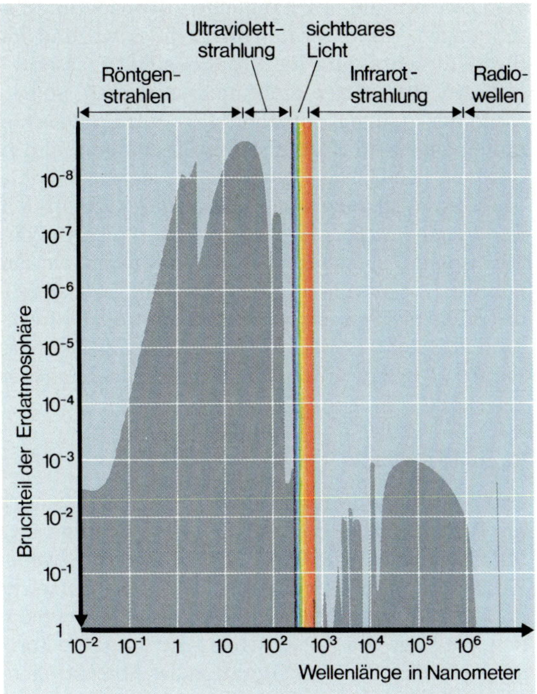

Abb. 14–5: In Abhängigkeit von der Wellenlänge ist der Bruchteil der Erdatmosphäre angegeben, der die einfallende Strahlung aus dem Weltraum zur Hälfte absorbiert.

Abb. 14–6: Mit einem Durchmesser von 3,6 m ist das Canada-France-Hawai-Teleskop auf dem Gipfel des 4200 m hohen Mauna Kea das siebtgröße optische Teleskop der Erde.

Das Fernrohr

Die Erfindung des Fernrohrs schreibt man heute dem holländischen Optiker Hans LIPPERSHEY im Jahre 1608 zu. In seiner einfachsten Form besteht das Fernrohr aus einer langbrennweitigen Sammellinse (Objektiv), die in ihrer Brennebene ein Bild des Sternenhimmels entwirft. Mit einer als Lupe benutzten kurzbrennweitigen Sammellinse (Okular) wird das reelle Zwischenbild betrachtet. Solche Fernrohre heißen **Refraktoren** im Gegensatz zu den **Reflektoren,** einem von NEWTON zuerst gebauten Typ. Er verwendet statt einer Objektivlinse einen Hohlspiegel zur Bilderzeugung (*Abb. 14–7 a*). Bei beiden Fernrohrtypen möchte man die Eintrittsöffnung, das ist die Objektivlinse bzw. der Primärspiegel, möglichst groß machen. Mit dem Durchmesser der Eintrittsöffnung, den man als **Apertur** bezeichnet, nimmt sowohl die Lichtstärke als auch das Auflösungsvermögen (→ *7.3.5*) zu.

Seit der Erfindung des Fernrohrs wurden daher in den vergangenen Jahrhunderten Fernrohre mit immer größeren Öffnungen gebaut. Dabei wurden anfangs Refraktoren bevorzugt, da der Spiegelbelag bei Reflektoren meist schnell blind wurde. In unserem Jahrhundert, als man zu Öffnungen über einem Meter gelangte, erwies sich nur noch der Reflektor als realisierbar. Der Grund liegt darin, daß eine so große Linse mit der notwendigen Stabilität und Spannungsfreiheit nicht mehr allein am Rand gehaltert werden kann. Außerdem braucht ein Hohlspiegel, der ebenfalls aus einem Glasrohling geschliffen und dann verspiegelt wird, nicht in seinem gesamten Kern blasen- und schlierenfrei zu sein. So sind heute alle großen Teleskope in den Observatorien der Erde Reflektoren.

Moderne Observatorien werden fernab bewohnter Gegenden gebaut (*Abb. 14–6*). Bis zur Eröffnung eines sowjetischen Reflektors im Kaukasus im Jahre 1976, der eine Apertur von 6 m hat, war der berühmte 5-m-Hale-Reflektor auf dem Mount Palomar in Kalifornien das größte Teleskop der Welt. Diesem Fernrohr, das 1948, zehn Jahre nach dem Tod seines Initiators und Förderers George Ellery HALE, eröffnet wurde, verdanken wir eine Reihe faszinierender Aufnahmen ferner Nebel und Galaxien (z. B. *Abb. 14–3*).

Bei Reflektoren tritt das Problem auf, daß die Bildebene im Fernrohr, also im Strahlengang liegt. So wurden verschiedene Systeme entwickelt, um die Bildebene dem Strahlungsempfänger (Beobachter, Fotoplatte oder Spektrograph) gut zugänglich zu machen. Bei dem **seitlichen Newton-Fokus** (*Abb. 14–7 a*) werden die Lichtstrahlen vor ihrer Vereinigung im Brennpunkt durch einen unter 45° gegen die Achse des Teleskops geneigten Planspiegel um 90° abgelenkt und der Vereinigungspunkt der Strahlen seitlich aus dem Rohr herausverlegt. Bei dem **Cassegrain-Fokus** (*Abb. 14–7 b*) treffen die Strahlen vor ihrer Vereinigung auf einen Konvexspiegel, der so geschliffen ist, daß die Strahlen erst zu einem Bild vereinigt werden, nachdem sie durch eine Bohrung in der Mitte des Primärspiegels getreten sind. Will

man eine Durchbohrung des Primärspiegels vermeiden, so kann ähnlich wie beim Newton-Fokus durch einen Fangspiegel der Fokus seitlich neben das Rohr verlegt werden (*Abb. 14–7 c*).
Bei den heutigen großen Teleskopen begrenzt allerdings nicht mehr die Apertur das Auflösungsvermögen, sondern die unzulänglichen Beobachtungsbedingungen, hervorgerufen durch die Bewegung und die Schlierenbildung der Erdatmosphäre, lassen detaillierte Strukturen nicht mehr erkennen. So entstand der Plan, ein vollständiges Weltraumteleskop mit einem 2,5-m-Spiegel in eine Erdumlaufbahn zu bringen. Der 2,5-m-Spiegel mit Cassegrain-Fokus (*Abb. 14–8*) ist aus zwei gesinterten Quarzplatten in Sandwich-Bauweise gefertigt, wodurch seine Wärmeausdehnung nahezu auf Null reduziert werden konnte. Durch seinen Präzisionsschliff, der an keiner Stelle mehr als 10 Nanosekunden von der Idealform abweicht, ist das Auflösungsvermögen um den Faktor 10 besser als das der besten erdgebundenen Teleskope.

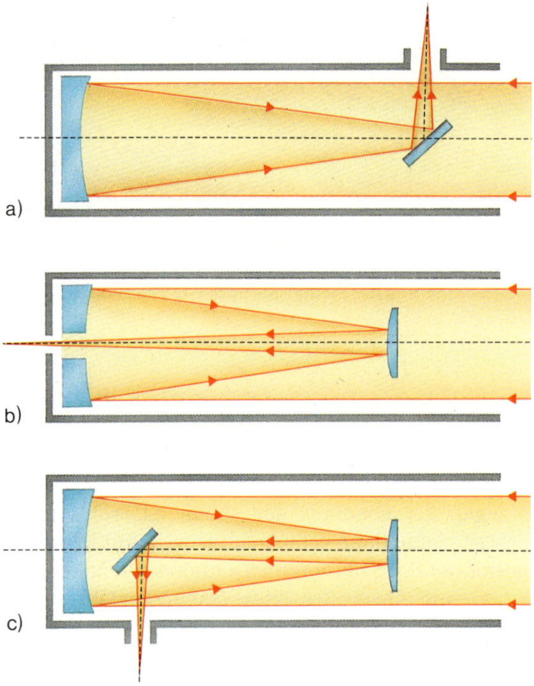

Abb. 14–7: Bauarten von Reflektor-Fernrohren
a) seitlicher Newton-Fokus, b) Cassegrain-Fokus, c) seitlicher Cassegrain-Fokus.

Radioastronomie

Radiostrahlung fällt aus unterschiedlichen Quellen im Weltall auf die Erde ein. Innerhalb unserer Milchstraßengalaxie sind die stärksten Strahler Wolken interstellarer Materie. Durch die Aufzeichnung und Auswertung dieser Strahlung war es möglich, die Lage des galaktischen Zentrums, die Form der Spiralarme und die Rotation des Milchstraßensystems zu ermitteln.
Allein durch optische Beobachtungen wäre dies kaum möglich gewesen, denn in der Ebene der Milchstraße wird das Licht durch interstellare Materie sehr stark absorbiert, so daß unser Blickfeld hier auf 6000 Lichtjahre beschränkt ist, also etwa 6% des Durchmessers unserer Galaxis. Außerhalb der Milchstraße sind es besondere Galaxien, die im Vergleich zu ihrer Strahlung im sichtbaren Bereich eine sehr viel stärkere Radiostrahlung aussenden, als dies bei normalen Galaxien der Fall ist. Schließ-

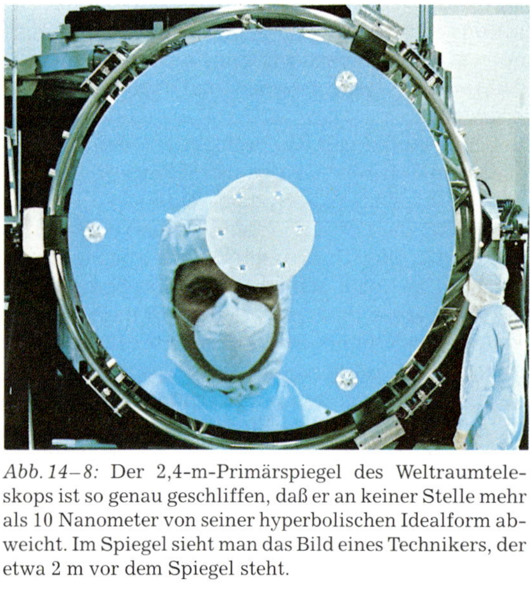

Abb. 14–8: Der 2,4-m-Primärspiegel des Weltraumteleskops ist so genau geschliffen, daß er an keiner Stelle mehr als 10 Nanometer von seiner hyperbolischen Idealform abweicht. Im Spiegel sieht man das Bild eines Technikers, der etwa 2 m vor dem Spiegel steht.

Abb. 14–9: Das 100-m-Radioteleskop des Max-Planck-Instituts für Radioastronomie ist das größte frei schwenkbare Teleskop der Welt. Es steht in einem Eifeltal bei Effelsberg nahe Bonn.

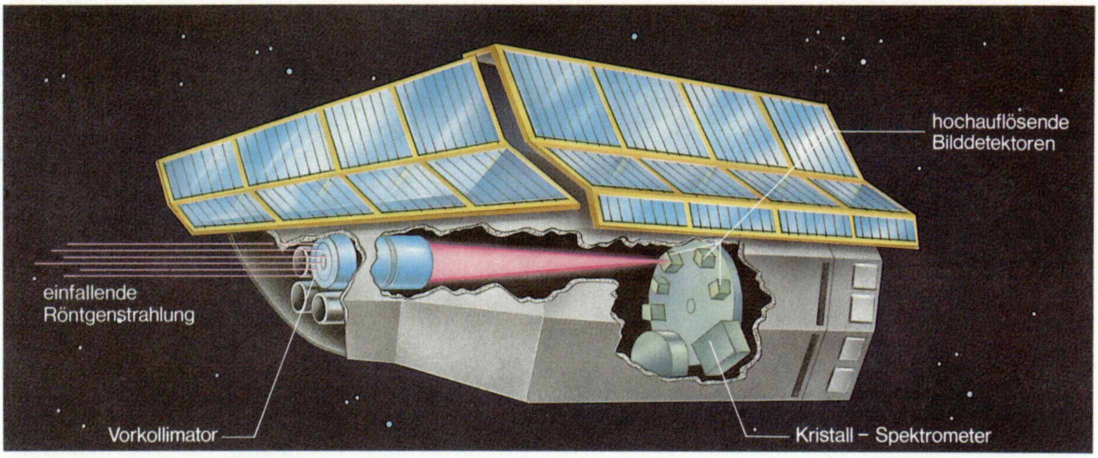

Abb. 14–10: Das Einstein-Observatorium ist ein 6,7 m langer Röntgensatellit, der sich im All optisch nach Sternen ausrichtet. Die Röntgenstrahlung wird durch den Vorkollimator oben links eingefangen und durch Reflexionen unter kleinen Winkeln an speziell geformten Oberflächen fokussiert. Bei einer Brennweite von 3,4 m erreicht man eine Auflösung von vier Bogensekunden.

lich war die Entdeckung der im Radiobereich liegenden kosmischen Hintergrundstrahlung im Jahre 1965 eines der aufregendsten astronomischen Ereignisse der letzten Jahrzehnte (→ *14.3.2*).
Die Radioastronomie braucht aus zwei Gründen sehr große Antennen. Zum einen sind die Signale aus dem Weltall meist schwach, zum anderen ist die Wellenlänge sehr viel größer als die des Lichts. Will man nahe beieinander liegende Radioquellen trennen, so braucht man wegen der Beugung (→ *7.3.4*) große Antennen. Das 100-m-Radioteleskop der Max-Planck-Gesellschaft für Radioastronomie bei Effelsberg in der Eifel ist der größte frei schwenkbare Radioreflektor (*Abb. 14–9*).
Statt einer Antenne kann man auch eine Vielzahl von Antennen aufstellen und deren gleichzeitig empfangenen Signale von einem Rechner verarbeiten lassen. Die größte Anlage, die nach diesem als **Apertursynthese** bezeichneten Verfahren arbeitet, ist das Very-Large-Array in Neu-Mexiko, USA. Es besteht aus 27 Parabolantennen, jede hat einen Durchmesser von 25 m, die in Form eines Y angeordnet sind, wobei jeder der drei Y-Arme eine Länge von 21 km hat. Das Very-Large-Array hat damit das gleiche Auflösungsvermögen wie eine einzige Antenne von 27 km Durchmesser.

Röntgenastronomie

Die Röntgenastronomie befaßt sich mit dem Nachweis von Photonen aus dem All mit Energien zwischen hundert und hunderttausend Elektronvolt. Wie *Abb. 14–5* zeigt, läßt sich diese Strahlung nur außerhalb der Erdatmosphäre nachweisen. Nach mehreren Vorläufern stand mit dem Start des zweiten HEAO-Satelliten (Hoch-Energie-Astronomie-Observatorium) im November 1978 eine Beobachtungsstation für Röntgenstrahlung zur Verfügung, deren Teleskop etwa so empfindlich ist wie Teleskope für sichtbares Licht und deren Auflösungsvermögen vier Bogensekunden beträgt. Damit ist der Satellit HEAO-2, der auch den Namen Einstein-Laboratorium trägt, eines der technisch hochentwickelsten Geräte am Himmel (*14–10*).
Aufgrund der Beobachtungen der Röntgenastronomie weiß man heute, daß im Universum heftige, energiereiche Prozesse, die zu gewaltigen Veränderungen führen, eher die Regel als die Ausnahme sind. Damit mußte man endgültig die frühere Vorstellung aufgeben, nach der das Weltall mit majestätisch rotierenden Galaxien erfüllt ist, die sich in Milliarden von Jahren gemächlich entwickeln. Der Katalog der entdeckten Röntgenquellen, die größtenteils extragalaktisch sind, nähert sich der Zahl Tausend, und all diese Röntgenaussendungen sind mit gewaltigen Energieausbrüchen verbunden. Man ist sich heute sicher, daß viele, wenn nicht sogar alle im Röntgenbereich beobachteten bizarren Phänomene von Doppelsternsystemen herrühren, bei denen Materie von einem Partner zum anderen überströmt. Beim Auftreffen der hochbeschleunigten Massen kommt es zur Aussendung von Röntgenstrahlung.
Eine weitere wichtige Entdeckung der Röntgenastronomie ist, daß der intergalaktische Raum innerhalb von Galaxienhaufen (z. B. der Lokalen Gruppe) mit zehn bis hundert Millionen Grad heißem Gas ausgefüllt ist. Wie bedeutend diese Entdeckung ist, erkennt man daran, daß die Masse des Gases in einem Haufen etwa ebenso groß ist wie die

Masse aller im Haufen enthaltener Galaxien. Und auch von den seltsamsten Objekten im Universum, den bereits von der optischen und Radioastronomie entdeckten Quasaren, erhielt man durch die Röntgenastronomie neue Informationen.

Aufgaben

14/2: Zeichnen Sie den Strahlengang in einem Refraktor-Fernrohr. Bilden Sie zwei Sterne ab.

14/3: Warum braucht man beim Cassegrain-Fokus einen Wölbspiegel?

14/4: Man stelle sich vor, der Spiegel des Weltraumteleskops wäre so groß wie Europa (Durchmesser ca. 3500 km). Wie hoch wären dann maximal seine Unebenheiten?

14/5: Die wichtigste Neuentwicklung beim Einstein-Laboratorium war die Fokussiereinrichtung. Man erreicht die Zusammenführung des Röntgenstrahls durch Mehrfachreflexion unter kleinen Winkeln an besonders gekrümmten Oberflächen. Warum verwendet man nicht einfach Linsen?

14.2 Die Sterne

Schauen wir in einer dunklen Nacht zum Sternenhimmel, so fallen einige besonders helle Sterne sofort ins Auge, während schwächere Sterne erst nach einiger Zeit zu erkennen sind, wenn sich das Auge an die Dunkelheit gewöhnt hat. Erscheinen uns die ersteren nur deswegen so hell, weil sie uns besonders nahe sind, oder leuchten sie tatsächlich heller als die anderen Sterne? Vielleicht sind sie wesentlich größer oder auch heißer und senden daher mehr Strahlung aus als die schwachen Sterne? Warum schimmern einige Sterne rötlich, andere gelblich und manche weiß-bläulich? Wie würde unsere Sonne aussehen, könnten wir sie von einem anderen Stern aus beobachten? Solche und ähnliche Fragen, die beim Betrachten des Sternenhimmels in den Sinn kommen, sollen in diesem Kapitel beantwortet werden.

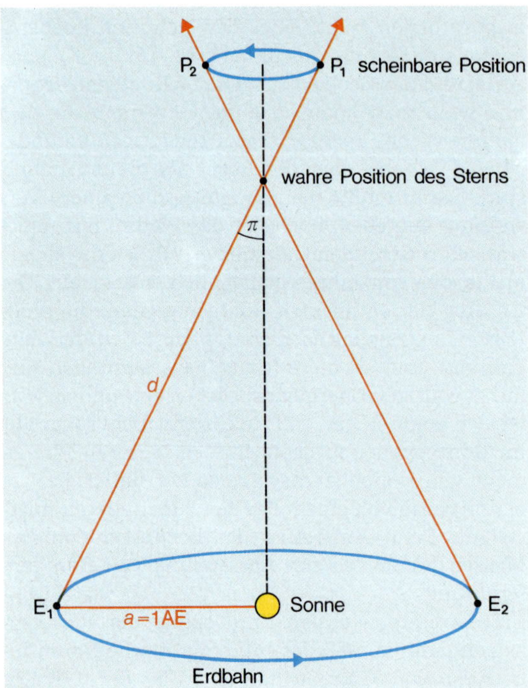

Abb. 14–11: Im Laufe eines Jahres führt ein erdnaher Stern scheinbar eine Kreis- (bzw. Ellipsen-)bewegung vor dem Sternenhintergrund aus. Der Winkel π heißt Parallaxe.

14.2.1 Die Entfernung der Sterne

Zur Entfernungsbestimmung von Sternen und Galaxien war es notwendig, eine große Zahl meist sehr komplizierter Verfahren zu entwickeln, da alle Methoden nur einen jeweils begrenzten Anwendungsbereich haben. Teils sind die Verfahren unabhängig, teils bedürfen sie einer Eichung mit einer anderen Methode. Manche Beobachtungen liefern recht genaue Werte, andere nur grobe Entfernungsschätzungen. Aber auch scheinbar genaue Werte mußten in der Vergangenheit häufig korrigiert werden, da man verfälschende Einflüsse nicht richtig eingeschätzt hatte. So ist man in den vergangenen fünfzig Jahren zu einem doch recht verläßlichen Gerüst von sich gegenseitig stützenden und ergänzenden Entfernungsdaten gelangt. Drei wichtige und typische Verfahren sollen besprochen werden.

Die jährliche Parallaxe

Durch die jährliche Bewegung der Erde um die Sonne scheinen bei genauer Betrachtung die erdnahen Sterne eine Bewegung vor dem weit entfernten, unbeweglichen Sternenhintergrund zu vollführen. Steht der nahe Stern senkrecht über der Erdumlaufebene, so führt der Stern eine scheinbare Kreisbewegung aus (*Abb. 14–11*). Ist die Position des Sternes geneigt, so wird aus dem Kreis eine Ellipse, deren große Halbachse dem Kreisradius bei senkrechtem Stand entspricht. Verfolgt man über ein Jahr hin die genaue Position des Sterns bezüglich seiner weit entfernten und damit festen Nachbarsterne, so läßt sich dabei der in *Abb. 14–11* angegebene Winkel π messen. Dieser Winkel, unter dem vom Stern aus der Erdbahnradius gesehen wird, heißt **Parallaxe.** Aus *Abb. 14–11* läßt sich folgende trigonometrische Beziehung zwischen der Parallaxe π, dem Erdbahnradius a und der Entfernung d ablesen:

$$\sin \pi = \frac{a}{d},$$

wobei der mittlere Abstand Erde–Sonne, also der Erdbahnradius a, auch als Astronomische Einheit (AE) bezeichnet wird:

Mittlerer Erdbahnradius a = 1 AE = 149,6 Millionen km.

Aus der Parallaxe und dem Erdbahnradius läßt sich die Entfernung berechnen. Allerdings sind selbst für die erdnächsten Sterne die Parallaxen sehr klein. Das zeigt das folgende Beispiel: Für Procyon, einen hellen Stern am Winterhimmel im Sternbild Kleiner Hund, wird die Parallaxe $\pi = 0{,}289$ Sekunden = 0,289″ gemessen (1 Sekunde = 1 Grad : 3600). Aus $\sin \pi = a : d$ folgt dann

$$d = \frac{a}{\sin \pi} = \frac{149{,}6 \cdot 10^6\,\text{km}}{\sin\left(\frac{0{,}289}{3600}\right)^0} = 1{,}07 \cdot 10^{14}\,\text{km} = 11{,}3\,\text{Lj}\,,$$

denn es gilt die Beziehung 1 Lj = $9{,}46 \cdot 10^{12}$ km.
Die größte Parallaxe wurde für Proxima Centauri mit $\pi = 0{,}762''$ gemessen. Heute kennt man die Parallaxen von etwa 7500 Sternen. Wenn man allerdings bedenkt, daß der mittlere Meßfehler ± 0,016″ beträgt und damit die Messung bei etwa 100 Lichtjahren endet, so ist dies nicht sehr weit, wenn man den Durchmesser des Milchstraßensystems von etwa 100 000 Lj zum Vergleich heranzieht.
Die Sternparallaxe führte zu einer astronomischen Längeneinheit, die in der Fachliteratur zumeist verwendet wird: Ein **Parsec** (1 pc) ist die Entfernung, von der aus der Erdbahnradius a = 1 AE unter der Parallaxe π = 1 Sekunde erscheint (Parsec ist ein Kunstwort, zusammengesetzt aus PARallaxe und SECunde. Es gilt (*Aufgabe 14/8*):

1 Parsec (pc) = 3,26 Lj = $30{,}86 \cdot 10^{12}$ km.

Cepheiden-Veränderliche

Im Jahre 1784 entdeckte der englische Astronom John GOODRICH, daß der Stern Delta Cephei (das ist der vierthellste Stern im Sternenbild Cepheus) mit großer Regelmäßigkeit in seiner Helligkeit schwankt. Mit einer Periode von 5,4 Tagen nimmt seine Helligkeit innerhalb von 1½ Tagen schnell auf den 2,5fachen Wert zu, um dann langsam in etwa 4 Tagen auf den alten Wert abzufallen. Heute weiß man, daß diese Schwankungen auf Prozesse im Innern des Sterns zurückzuführen sind, infolge deren der Stern seinen Durchmesser und seine Oberflächentemperatur und damit auch seine Farbe ändert (*Abb. 14–12*). Man kennt inzwischen weit über 10 000 Veränderliche, die in verschiedene Klassen eingeteilt sind und nach ihrem Prototyp Delta Cephei als Cepheiden-Veränderliche bezeichnet werden. Die Periodendauer reicht von 2 Stunden bis zu 700 Tagen.
Ihre große Bedeutung erlangten die Cepheiden, als im Jahre 1912 die amerikanische Astronomin Henrietta LEAVITT entdeckte, daß ein linearer Zusammenhang zwischen der absoluten Helligkeit und der Periodendauer besteht: Innerhalb einer Klasse der Cepheiden gilt, daß der Stern um so heller ist, je länger seine Periode ist. Frau LEAVITT war darauf gestoßen, als sie Veränderliche in der Magellanschen Wolke, die am südlichen Himmel mit bloßem Auge als Nebelfleck zu erkennen ist, miteinander verglich. Die Magellansche Wolke ist eine Satelliten-Galaxie unserer Milchstraße und ist mit 160 000 Lj so weit entfernt, daß man alle Sterne in ihr als etwa gleich weit entfernt annehmen kann. Mit der gefundenen Relation zwischen Helligkeit und Periodendauer ließen sich Aussagen über Entfernungen machen: Ein Stern, der bei gleicher Periodendauer viermal schwächer leuchtet als sein entsprechender Stern in der Magellanschen Wolke, mußte doppelt so weit entfernt sein, denn die Helligkeit nimmt mit dem Quadrat der Entfernung ab, da sich die Energie des Lichts über eine mit r^2 wachsende Kugelfläche verteilt.
Dieser einfache Sachverhalt wird allerdings dadurch wesentlich erschwert, daß man zunächst lernen mußte, verschiedene Klassen von Veränderlichen zu unterscheiden und die Schwächung des Lichts beim Durchgang durch die interstellare Materie in Rechnung zu stellen. Außerdem mußte die Methode geeicht werden, was sehr mühsam und mit Fehlern verbunden war, denn unglücklicherweise gibt es keine Veränderlichen, die so nahe sind, daß man ihre Parallaxe messen kann. Heute ist es jedoch eine zuverlässige Standardmethode, deren historisches Verdienst darin liegt, erstmals Entfernungen zu Objekten außerhalb unserer Galaxie, nämlich zum Andromedanebel, geliefert zu haben.

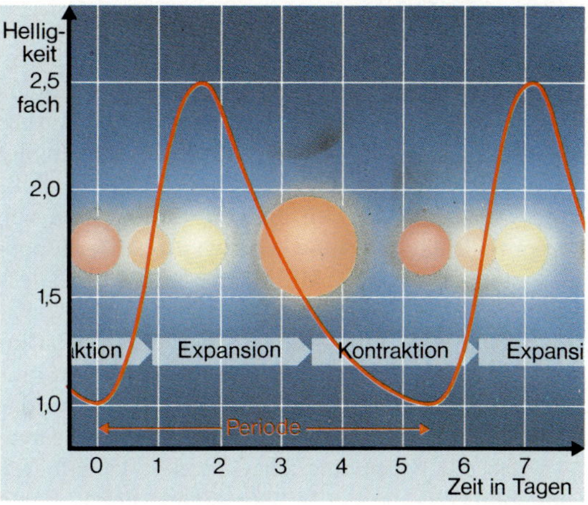

Abb. 14–12: Die Lichtkurve von Delta Cephei schwankt mit einer Periode von 5,4 Tagen. Dabei expandiert und kontrahiert der Stern periodisch. Am hellsten leuchtet er nicht bei größtem Durchmesser, sondern bei der höchsten Oberflächentemperatur.

Die Rotverschiebung

Es war der amerikanische Astronom Edwin HUBBLE, der 1923 den ersten Cepheiden-Veränderlichen im Andromedanebel entdeckte und daraus die Entfernung dieser Galaxie bestimmte. In der Folge kam er durch Helligkeitsvergleiche der hellsten Sterne in Galaxien und durch Vergleich von Gesamthelligkeiten von Galaxien zu Entfernungsschätzungen bis zu 250 Millionen Lichtjahren. Diese ersten Schritte in den intergalaktischen Raum waren bereits sehr aufregend. Als geradezu sensationell wurde eine Entdeckung HUBBLEs aus dem Jahre 1929 empfunden: Nachdem es gelungen war, das Licht von Galaxien spektral zu zerlegen, stellte man fest, daß mit Ausnahme der Galaxien der näheren Umgebung (heute würde man sagen „der Lokalen Gruppe"), die Spektren aller anderen Galaxien eine Rotverschiebung aufweisen. Diese Verschiebung zu längeren Wellenlängen läßt sich nur mit dem Doppler-Effekt (→ *Kapitel 8.2.6*) erklären, demzufolge sich alle Galaxien von uns entfernen. Ein Vergleich der aus der Rotverschiebung berechneten Fluchtgeschwindigkeiten mit den zuvor abgeschätzten Entfernungen ergab, daß sich die Galaxien um so schneller von uns entfernen, je weiter entfernt sie sind. Auf die vielfältigen Konsequenzen dieser Entdeckung werden wir später eingehen. Eines der ersten von HUBBLE veröffentlichten Diagramme (*Abb. 14–13*) zeigt, daß ein proportionaler Zusammenhang zwischen der Fluchtgeschwindigkeit v und der Entfernung r besteht. Es gilt demnach:

$$v = H\,r \qquad \text{mit} \qquad H = 75\,\frac{\text{km/s}}{\text{Mpc}}\,,$$

wobei die Proportionalitätskonstante H als Hubble-Konstante bezeichnet wird.

Die Hubble-Konstante stimmt nicht mehr mit dem von HUBBLE angegebenen Wert überein, denn aufgrund genauerer Entfernungsbestimmungen mußte er mehrmals korrigiert werden. Heute ist die Entfernungsbestimmung mit Hilfe der Rotverschiebung die wichtigste Methode bei sehr weit entfernten Objekten.

Parallaxe, Cepheiden-Veränderliche und Rotverschiebung sind wichtige Meßmethoden bei der Entfernungsbestimmung im Weltall.

Aufgaben

14/6: Zeichnen Sie die Umrisse Europas, und tragen Sie von Frankfurt/M. aus die verkleinerten Entfernungen zu Proxima Centauri (4,3 Lj), Sirius (8,7 Lj), Procyon (11,3 Lj) und Atair (16,5 Lj) maßstäblich ein. Wie groß wäre das Sonnensystem einzuzeichnen?

14/7: Berechnen Sie die Entfernung von Proxima Centauri in Lj und in pc aus der Parallaxe $\pi = 0{,}762''$.

14/8: Leiten Sie den Zusammenhang zwischen Parsec (pc) und Lichtjahr (Lj) her.

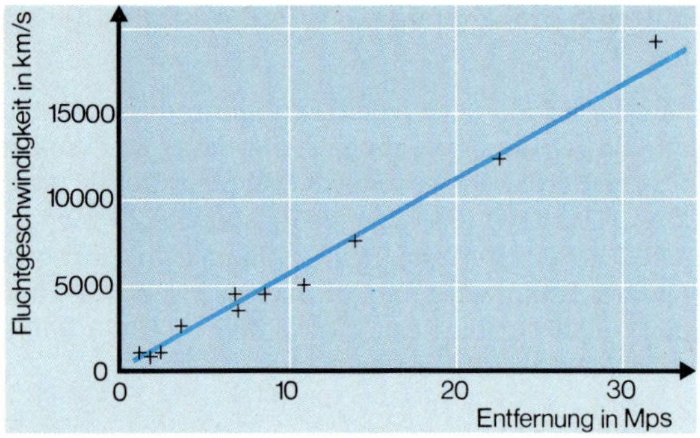

Abb. 14–13: Eines der ersten von HUBBLE im Jahre 1931 veröffentlichten Diagramme, das den Zusammenhang zwischen Fluchtgeschwindigkeit und Entfernung darstellt.

14/9: Der Fehler bei der Parallaxenmessung beträgt ± 0,016″. Schätzen Sie daraus die Grenze dieser Meßmethode ab.

14/10: Ein Cepheiden-Veränderlicher leuchtet zwanzigmal heller als ein Veränderlicher mit gleicher Periode in der 160 000 Lichtjahre entfernten Magellanschen Wolke. Wie weit ist der Stern entfernt?

14/11: Welcher Wert folgt für die Hubble-Konstante aus *Abb. 14–13?* Waren HUBBLEs Entfernungsschätzungen zu groß oder zu klein?

14/12: Der Galaxienhaufen Hydra II hat eine aus der Rotverschiebung berechnete Fluchtgeschwindigkeit von 60 600 km/s. Wie weit ist er entfernt?

14.2.2 Die Helligkeit der Sterne

Bei einem Blick an den nächtlichen Himmel fällt sofort auf, daß die Sterne unterschiedlich hell leuchten. Schon im Altertum hatte HIPPARCH die Sterne nach ihrer Helligkeit in sechs Klassen eingeteilt, wobei die hellsten Sterne von 1. Größe waren und die gerade noch mit bloßem Auge wahrnehmbaren von 6. Größe. Diese Einteilung der Sterne nach ihrer scheinbaren Helligkeit behält man im Grunde auch heute bei, obwohl dieses System merkwürdig und nicht leicht verständlich ist.

Scheinbare Helligkeit m

Von einem Stern gelangt ein bestimmter Strahlungsstrom s, das ist die pro Zeit und Fläche einfallende Energie, in unser Auge oder das Photometer. Die scheinbare Helligkeit m[1]) ist ein Maß für diesen Strahlungsstrom s. Die Maßeinheit für die scheinbare Helligkeit m ist die **Größenklasse,** die leider ebenfalls mit dem Symbol m gekennzeichnet wird. Zur Unterscheidung wird die Größenklasse hochgestellt: z. B. $m = 2^{\text{m}}$ bedeutet, daß die scheinbare Helligkeit des Sterns zwei Größenklassen beträgt,

[1]) magnitudo (lat.) = Größe

oder wie man auch sagt, daß der Stern von zweiter Größe ist.

Für zwei Sterne mit den scheinbaren Helligkeiten m_1 und m_2, deren Strahlungsströme zu s_1 und s_2 gemessen wurden, gilt die Definitionsgleichung

$$m_1 - m_2 = -2{,}^{m}5 \cdot \log_{10} \frac{s_1}{s_2}\,.$$

(Es ist üblich, die Größenklasse m hinter der ganzen Zahl hochzustellen.)

Ist der Strahlungsstrom eines Sterns s_1 hundertmal größer als der eines zweiten Sterns s_2

$$s_1 = 100\, s_2\,,$$

so folgt

$$m_1 - m_2 = -2{,}^{m}5 \cdot \log_{10} 100 = -2{,}^{m}5 \cdot 2 = -5^{m}.$$

Damit ist die scheinbare Helligkeit $m_1 = m_2 - 5^m$ um fünf Größenklassen kleiner als m_2. Ist der zweite Stern von 3. Größe, also $m_2 = 3^m$ so folgt $m_1 = 3^m - 5^m = -2^m$. Der hellere Stern hat eine negative scheinbare Helligkeit! Für die Sonne, den für uns hellsten Stern, hat man den Wert $m_S = -26{,}^{m}8$ ermittelt. Hierzu muß allerdings noch der Nullpunkt der Skala festgelegt werden, denn obige Definitionsgleichung vergleicht nur zwischen zwei Helligkeiten. Man hat dem Polarstern den Wert $m = 2{,}^{m}12$ zugeschrieben. Mit dieser Festlegung und dem Faktor $-2{,}^{m}5$ in obiger Definitionsgleichung hat man ungefähr an die Klasseneinteilung des HIPPARCH angeschlossen. Die Planeten und die hellsten Sterne (z. B. Sirius $-1{,}^{m}6$) erhalten allerdings bereits negative Größenklassen.

Die Verwendung des Logarithmus bei der Definition der scheinbaren Helligkeit erklärt sich aus dem psychophysischen Grundgesetz. Demzufolge wächst die Helligkeitsempfindung unseres Auges proportional zu dem Logarithmus des visuellen Reizes, also des Strahlungsstroms. Die schwächsten Sterne, die man heute mit den größten Teleskopen photographisch gerade noch erfassen kann, haben eine scheinbare Helligkeit von 23^m. Gegenüber der Sonne ergibt sich daraus eine Differenz von $23^m - (-27^m) = 50$ Größenklassen. Der daraus folgende Unterschied im Strahlungsstrom läßt sich berechnen, wenn man obige Definitionsgleichung zur Basis 10 in den Exponenten erhebt. Es folgt dann

$$\frac{s_1}{s_2} = 10^{-(m_1 - m_2) : 2{,}5^m} = 10^{-50^m : 2{,}5^m} = \frac{1}{10^{20}}\,.$$

Die Leuchtkraft *L*

Eine der wichtigsten Kenngrößen für einen Stern ist die gesamte Strahlungsleistung, die der Stern abstrahlt; man bezeichnet sie als Leuchtkraft L. Mißt man auf der Erde den Strahlungsstrom s, so ist dies die Strahlungsleistung pro Flächeneinheit in der Entfernung r vom Stern. Jede Flächeneinheit auf der Kugeloberfläche $4\,\pi\, r^2$ empfängt die gleiche Strahlungsleistung, so daß sich die Leuchtkraft L aus der Entfernung r und dem auf der Erde gemessenen Strahlungsstrom s berechnen läßt:

$$L = 4\,\pi\, r^2\, s$$

Für die Sonne ist der Strahlungsstrom $s_\odot = 1{,}37$ kW/m² sehr genau bestimmt. Damit läßt sich die Leuchtkraft der Sonne $L_\odot$ berechnen:

$$L_\odot = 4\,\pi\,(1\text{AE})^2\, s_\odot$$
$$= 4\,\pi\,(1{,}5 \cdot 10^8\,\text{km})^2 \cdot 1{,}37\,\frac{\text{kW}}{\text{m}^2} = 3{,}86 \cdot 10^{23}\,\text{kW}\,.$$

Aus der Entfernung r und dem Strahlungsstrom s anderer Sterne läßt sich deren Leuchtkraft L berechnen, die man meist in Einheiten der Sonnenleuchtkraft $L_\odot$ angibt (*Tab. 14–1*).

Die Leuchtkraft L der Sterne unterscheidet sich um viele Zehnerpotenzen:

$$10^5\, L_\odot > L > 10^{-4}\, L_\odot\,.$$

Der leuchtkräftigste Stern Rigel ist trotz seiner relativ großen Entfernung von 650 Lj wegen seiner 25 000fachen Sonnenleuchtkraft als heller Stern am Winterhimmel zu sehen, während Barnards Stern ($\approx 10^{-3}\, L_\odot$) nur deswegen mit dem Fernrohr noch auszumachen ist, weil er mit einer Entfernung von 6 Lj der zweitnächste Stern ist.

Aufgaben

14/13: Um welchen Faktor unterscheiden sich die Strahlungsströme zweier Sterne, wenn der Unterschied ihrer scheinbaren Helligkeiten eine Größenklasse beträgt?

14/14: Für die Venus als hellsten Planeten wird bei maximaler Helligkeit ein 450mal größerer Strahlungsstrom als der des Polarsterns gemessen. Berechnen Sie die scheinbare Helligkeit der Venus.

14/15: Um welchen Faktor sind die empfindlichsten photographischen Methoden der Astronomie leistungsfähiger als das bloße menschliche Auge, das Sterne von 6. Größe gerade noch wahrnehmen kann?

14–16: Stellen Sie eine Formel auf, mit der sich aus der scheinbaren Helligkeit m und der Entfernung r die Leuchtkraft L berechnen läßt. Nehmen Sie dabei als Bezugsstern Arctur ($m = 0^m$; $r = 35$ Lj; $L = 83\, L_\odot$). Überprüfen Sie damit einige der in *Tabelle 14–1* angegebenen Werte für die Leuchtkraft.

14/17: Berechnen Sie die Leuchtkraft von Regulus, dem Hauptstern im Sternbild Löwen (α Leonis), der 85 Lj entfernt ist und eine scheinbare Helligkeit von $1{,}^{m}3$ besitzt.

14.2.3 Die Temperatur und der Radius der Sterne

Die Leuchtkraft L eines Sterns, unter der man seine gesamte Strahlungsleistung versteht, ist um so größer, je größer die Oberflächentemperatur und je grö-

Stern	Lateinischer Name	scheinbare Helligkeit	Entfernung in Lj	Leuchtkraft L in $L_\odot$	Oberflächen-temperatur in K	Radius R in $R_\odot$
Sirius	α Canis maior	$-1^m,5$	8,7	23	11 000	1,8
Canopus	α Carinae	$-0^m,8$	500	20 000	7 500	85
Toliman	α Centauri	$-0^m,3$	4,3	1	4 200	1,9
Arctur	α Bootis	$0^m,0$	35	83	4 200	22
Wega	α Lyrae	$0^m,1$	28	45	11 900	3,2
Capella	α Aurigae	$0^m,2$	42	150	5 600	16
Rigel	β Orionis	$0^m,3$	650	25 000	12 300	19
Procyon	α Canis minoris	$0^m,5$	11,3	6	7 500	1,46
Achemar	α Eridani	$0^m,6$	142	650	15 000	3,8
Beteigeuze	α Orionis	$0^m,4\,..\,1^m,3$	270	3 000	3 200	400
Atair	α Aquilae	$0^m,8$	16	8	8 600	2
Aldebaran	α Tauri	$1^m,1$	53	94	3 500	35
Antares	α Scorpii	$1^m,2\,..\,1^m,8$	560	1 900	3 300	740
Spica	α Virginis	$1^m,2\,..\,1^m,3$	220	1 100	20 000	2,8
Deneb	α Cygni	$1^m,2$	1 500	10 000	11 000	28
Polarstern	α Ursae minoris	$2^m,1$	470	2 000	6 300	38
Barnards Stern	Ophiuchi	9^m	6	0,0007	3 000	0,1

Tab. 14–1: Zusammenstellung der hellsten Sterne. Der lateinische Name leitet sich aus dem Sternbild ab, zu dem der Stern gehört. Die Leuchtkraft und der Radius sind in Einheiten der Sonne angegeben.

ßer die Sternoberfläche ist. Da man aus der Spektralanalyse des Sternenlichts die Oberflächentemperatur bestimmen kann, läßt sich bei Kenntnis der Leuchtkraft auf die Größe der Oberfläche schließen und so der Sternradius berechnen.

Die Temperatur T

Beobachtet man die Sterne durch ein Fernrohr, so verstärkt sich der Eindruck, den man bereits mit bloßem Auge gewinnt, daß die Sterne mit unterschiedlichen Farben leuchten. Ein typisches Beispiel ist am Winterhimmel zu beobachten. Während der tiefstehende Sirius, der für uns hellste Stern überhaupt, bläulich flackert, leuchtet Beteigeuze, der rechts darüber stehende Schulterstern des Himmelsjägers Orion, in einem rötlichen Schimmer. Sirius ist offenbar der heißere Stern, denn auch ein weißglühendes Eisenstück ist heißer als ein rotglühendes.

Bringt man vor dem Fernrohrobjektiv ein Prisma an, so wird das Sternenlicht spektral zerlegt (*Abb. 14–14*), und der Strahlungsstrom kann in Abhängigkeit von der Wellenlänge gemessen werden. Man erhält Meßkurven, wie sie in *Abb. 14–15* dargestellt sind. Auffallend ist, daß der spektrale Strahlungsstrom ein Maximum durchläuft, wobei sich das Maximum mit zunehmender Oberflächentemperatur zu kleineren Wellenlängen hin verschiebt, also vom roten in den blauen Spektralbereich. Dem liegt ein allgemeines Naturgesetz zugrunde, das 1893 von Wilhelm WIEN aufgestellt wurde.

Für die Oberflächentemperatur T eines Strahlers und λ_{max}, der Wellenlänge des spektralen Strahlungsmaximums, gilt das **Wiensche Verschiebungsgesetz**

$$\lambda_{max}\, T = konstant = 2{,}9 \cdot 10^6 \text{ nm K}.$$

Mit dieser Formel hat man aus den vermessenen Spektren der Sterne deren Oberflächentemperatur berechnet. Es ergeben sich Werte zwischen 3000 K und 20 000 K (→ *Tab. 14–1*).

Der Radius R

Vergleicht man in *Tab. 14–1* die Werte für die Leuchtkraft und die Oberflächentemperaturen, so fällt beispielsweise auf, daß die Leuchtkraft des Polarsterns die der Sonne um das 2000fache übertrifft, obwohl seine Temperatur von 6300 K nur wenig höher als die der Sonne von 5800 K ist. Das läßt sich nur mit einer größeren Oberfläche und folglich mit einem größeren Radius erklären. Für den quantitativen Zusammenhang benötigen wir ein weiteres Strahlungsgesetz, das sich ebenfalls in den in *Abb. 14–15* dargestellten Meßkurven ausdrückt. Summiert man den spektralen Strahlungsstrom über alle Wellenlängen, so erhält man den gesamten Strahlungsstrom S. Von der Integralrechnung her weiß man, daß diese Summe durch die Fläche unter der Kurve dargestellt wird. *Abb. 14–15* zeigt, daß diese Fläche sehr stark mit steigender Temperatur T zunimmt. Dies drückt das **Stefan-Boltzmannsche Strahlungsgesetz aus:**

$$S = Konstante \cdot T^4 \,.$$

Denken wir uns die Messung des Strahlungsstromes S an der Sternoberfläche ausgeführt, so liefert die

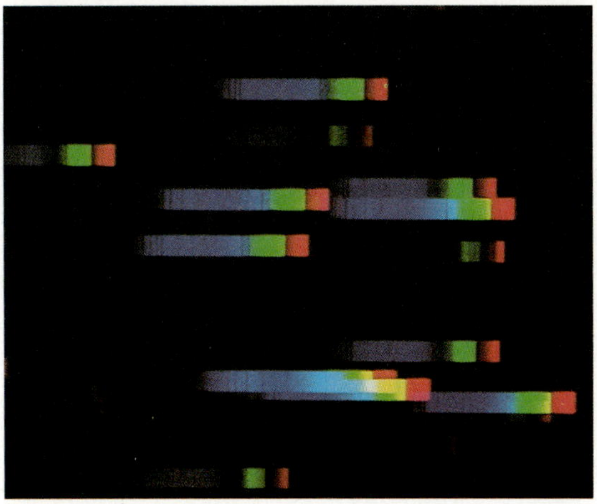

Abb. 14–14: Das Licht der Hyaden, eines 130 Lj entfernten Sternhaufens im Sternbild Stier, wird durch ein Prisma spektral zerlegt.

Multiplikation mit der Kugelfläche $4\,\pi\,R^2$ die Leuchtkraft L des Sterns

$$L = Konstante \cdot 4\,\pi\,R^2\,T^4$$

und entsprechend für die Sonne

$$L_\odot = Konstante \cdot 4\,\pi\,R_\odot^2\,T_\odot^4\,,$$

wobei $R_\odot$ der Sonnenradius und $T_\odot = 5800$ K die Sonnentemperatur sind. Aus der Division beider Gleichungen erhält man

$$\frac{L}{L_\odot} = \frac{R^2\ T^4}{R_\odot^2\ T_\odot^4}\,.$$

Aufgelöst nach $R : R_\odot$ folgt

$$\frac{R}{R_\odot} = \sqrt{\frac{L}{L_\odot}}\left(\frac{T_\odot}{T}\right)^2$$

Damit berechnet sich der Radius des Polarsterns zu

$$\frac{R}{R_\odot} = \sqrt{2000}\cdot\left(\frac{5800\ \text{K}}{6300\ \text{K}}\right)^2 = 38\,.$$

Einen solchen Stern, dessen Radius mehr als das Zehnfache des Sonnenradius beträgt, bezeichnet man als **Riesenstern.** für Beteigeuze erhält man sogar mehr als den hundertfachen Sonnenradius. Sterne mit mehr als dem 25fachen Sonnenradius heißen **Überriesen.** Die weitaus meisten Sterne haben jedoch Radien im Bereich

$$\tfrac{1}{2}\,R_\odot < R < 10\,R_\odot\,.$$

Der Sonnenradius selbst läßt sich direkt durch Winkelmessung bestimmen; es ist $R_\odot = 6{,}96 \cdot 10^5$ km.

Aus der Leuchtkraft L und der Oberflächentemperatur T eines Sterns läßt sich dessen Radius R berechnen:

$$\frac{R}{R_\odot} = \sqrt{\frac{L}{L_\odot}}\left(\frac{T_\odot}{T}\right)^2.$$

$L_\odot$, $T_\odot$, $R_\odot$ sind die Sonnenwerte.
Die Radien der meisten Sterne liegen im Bereich

$$\frac{1}{2}\,R_\odot < R < 10\,R_\odot\,.$$

Sterne mit mehr als dem zehnfachen Sonnenradius heißen **Riesensterne,** solche mit mehr als dem 25fachen Sonnenradius werden als **Überriesen** bezeichnet.

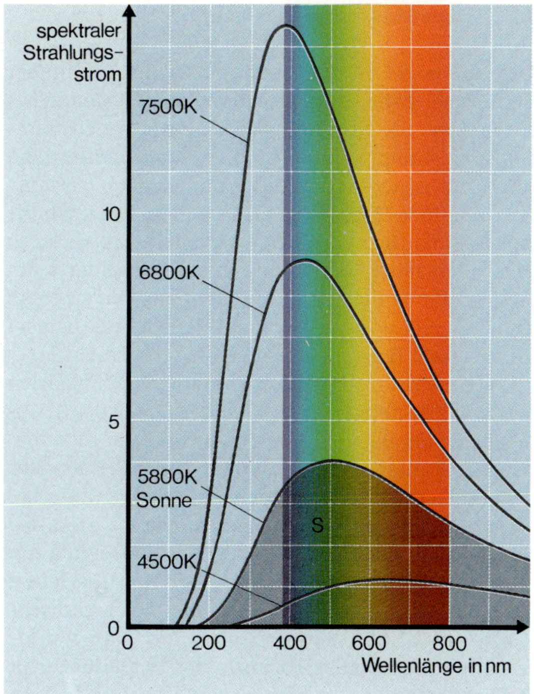

Abb. 14–15: Der spektrale Strahlungsstrom in Abhängigkeit von der Wellenlänge bei verschiedenen Oberflächentemperaturen von Sternen. Die Fläche unter einer Kurve stellt den gesamten Strahlungsstrom dar.

Aufgaben

14/18: Im Frühling ist tief am südlichen Nachthimmel die bläulichweiße Spica im Sternbild Jungfrau zu sehen. Sie ist mit einer Oberflächentemperatur von 20 000 K einer der heißesten Sterne. Bei welcher Wellenlänge tritt ihr spektrales Strahlungsmaximum auf?

14/19: Bei welcher Wellenlänge hat Beteigeuze, dessen Oberflächentemperatur 3200 K beträgt, sein spektrales Strahlungsmaximum?

14/20: Die Sonne hat ihr spektrales Strahlungsmaximum bei 500 nm. Berechnen Sie die Oberflächentemperatur.

14/21: Berechnen Sie den Radius von Beteigeuze, und vergleichen Sie mit dem Erdbahnradius.

14/22: Berechnen Sie die Radien einiger Sterne in *Tab. 14–1*. Welche Sterne sind Riesensterne, welche Überriesen?

14.2.4 Die Masse und die Dichte der Sterne

Die Masse der Sterne bliebe uns wohl für immer verborgen, gäbe es keine Doppelsternsysteme, bei denen zwei Sterne, durch die gegenseitige Gravitationsanziehung gehalten, umeinanderlaufen und durch ihren Abstand und die gemeinsame Umlaufzeit über ihre Massen Auskunft geben. Die Umlaufzeit liegt häufig zwischen 5 und 50 Tagen, sie kann aber auch Jahre, Jahrzehnte und Jahrhunderte betragen. Wir wollen die Zusammenhänge an einem in der Geschichte der Astronomie besonders bemerkenswertem Beispiel, dem des Sirius betrachten.

1844 bemerkte der deutsche Astronom Friedrich Wilhelm BESSEL, als er anhand der Daten des Sirius aus dem vergangenen Jahrhundert dessen Eigenbewegung studierte, daß Sirius keine gerade Bahn einschlägt, sondern sich auf einer Schlangenlinie bewegt (*Abb. 14–16*). Dies ließ sich nur so erklären, daß der geradlinigen Bewegung die Drehbewegung mit einem bis dahin unsichtbaren Begleiter überlagert ist. 1862 entdeckte dann auch der amerikanische Astronom CLARK diesen Stern, und man nannte fortan den Hauptstern Sirius A, den Begleiter Sirius B. Der Abstand der beiden beträgt etwa $r = 20$ Astr. Einheiten (AE), die Umlaufzeit $T = 50$ Jahre (50 a). Seien a und b die Abstände von Sirius A und B zum Massemittelpunkt als dem gemeinsamen Drehzentrum, so folgt aus den Bahnbewegungen $b : a = 2{,}3 : 1$. Obwohl sich die beiden Partner im allgemeinen Fall auf Ellipsenbahnen bewegen, können wir hier in guter Näherung mit Kreisbahnen rechnen. Mit den Massen M für Sirius A und m für Sirius B folgt für die Zentripetalkräfte Z_M und Z_m (→ *1.2.5*), wobei die Winkelgeschwindigkeiten $\omega = 2\pi : T$ gleich sind:

$$Z_M = M\,a\,\omega^2 \text{ und } Z_m = m\,b\,\omega^2\,.$$

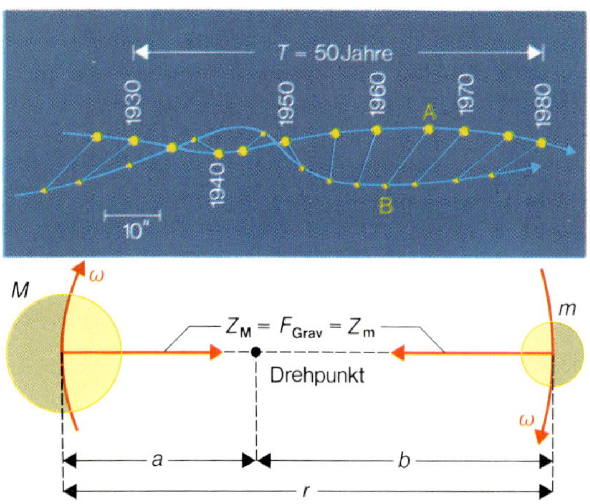

Abb. 14–16: Die schlangenförmige Bewegung von Sirius A und B in den vergangenen fünf Jahrzehnten (oben) und das Modell eines Doppelsterns (unten).

Diese beiden Kräfte, die die beiden Körper auf der Kreisbahn halten, sind ihrem Betrage nach gleich, da sie Kraft und Gegenkraft bilden. Daraus folgt:

$$Z_M = Z_m \Rightarrow Ma\,\omega^2 = mb\,\omega^2 \Rightarrow \frac{M}{m} = \frac{b}{a} = \frac{2{,}3}{1}\,.$$

Der Hauptstern besitzt im Vergleich zu seinem Begleiter die 2,3fache Masse. Die Massen lassen sich berechnen, wenn man berücksichtigt, daß die Zentripetalkräfte durch die Gravitationskraft $F_{Grav} = \gamma\, mM/r^2$ (→ *2.1.2*) aufgebracht werden, wobei $r = a + b$ ist:

$$Z_m = F_{Grav} \Rightarrow m\,b\,\omega^2 = \gamma\,\frac{m\,M}{r^2}\,.$$

Mit $\omega = 2\pi : T$ und $b = r : \left(1 + \frac{a}{b}\right)$ folgt

$$M = \frac{4\pi^2}{\gamma}\,\frac{r^3}{T^2}\,\frac{1}{1 + \frac{a}{b}}\,.$$

Da wir die Masse M in Einheiten der Sonnenmasse $M_\odot$ berechnen möchten, setzen wir in diese Gleichung zunächst die Werte für Sonne und Erde ein: wegen $m_{Erde} \ll M_\odot$ ist $a \ll b$ und $a{:}b \approx 0$:

$$M_\odot = \frac{4\pi^2}{\gamma}\,\frac{(1\text{ AE})^3}{(1\text{ a})^2} = 2 \cdot 10^{30}\text{ kg}\,.$$

Dividieren wir diese Gleichung durch die vorherige, so folgt für die Masse von Sirius A

$$\frac{M}{M_\odot} = \left(\frac{r}{1\text{ AE}}\right)^3 \left(\frac{1\text{ a}}{T}\right)^2 \frac{1}{1 + \frac{a}{b}}$$

$$= (20)^3 \left(\frac{1}{50}\right)^2 \frac{1}{1 + \frac{1}{2{,}3}} = 2{,}23\,.$$

Sirius A hat etwas mehr als die doppelte Sonnenmasse! Für seinen Begleitstern berechnet man mit $m : M = a : b$ leicht $m = 0{,}97\,M_\odot$. Der Siriusbegleiter hat die gleiche Masse wie die Sonne.

Die **Masse** M der heute bekannten Sterne liegt in dem kleinen Bereich von

$$0{,}1\,M_\odot \leqq M \leqq 100\,M_\odot\,,$$

wobei die weitaus meisten Sterne Werte zwischen 0,3 und 3 Sonnenmassen $M_\odot$ besitzen.

Höchst verwunderlich ist, daß der Siriusbegleiter, Sirius B, trotz seiner Nähe nur ein schwach leuchtender Stern mit der scheinbaren Helligkeit $8^{m}_{,}7$ ist; dies obwohl die spektrale Analyse seines weißen Lichtes auf eine Oberflächentemperatur von $T_B = 8500$ K führt. Seine geringe Leuchtkraft von $L_B = 0{,}0019\,L_\odot$ läßt sich nur mit einem extrem kleinen Radius erklären. Man erhält

$$\frac{R_B}{R_\odot} = \sqrt{\frac{L_B}{L_\odot}}\left(\frac{T_\odot}{T_B}\right)^2 = \sqrt{0{,}0019}\left(\frac{5800}{8500}\right)^2 = 0{,}02\,.$$

Da der Erdradius 0,01 $R_\odot$ beträgt, ist Sirius B demnach nur doppelt so groß wie die Erde. Solche Sterne, von denen man innerhalb einer Sonnenumgebung von 30 Lj inzwischen etwa 100 entdeckt hat, heißen **Weiße Zwerge.** Weiße Zwerge besitzen eine sehr hohe Dichte. Während man für die Sonne eine mittlere Dichte $\varrho_\odot$ von

$$\varrho_\odot = \frac{M_\odot}{\frac{4}{3}\pi R_\odot^3} = \frac{2 \cdot 10^{30}\,\text{kg}}{\frac{4}{3}\pi\,(7 \cdot 10^8\,\text{m})^3} = 1{,}4\,\frac{\text{g}}{\text{cm}^3}$$

berechnet, also nur wenig mehr als die Dichte von Wasser (1 g/cm³), ist die Dichte von Sirius B bei gleicher Masse wegen des 0,02mal kleineren Radius um den Faktor $1 : (0{,}02)^3 = 125\,000$ größer und beträgt damit $\varrho_{\text{Sirius B}} = 175\,\text{kg/cm}^3$. Eine Streichholzschachtel gefüllt mit dieser Materie würde auf der Erde etwa eine Tonne wiegen! Die hohe Dichte der Weißen Zwerge weist auf einen besonderen Zustand des Sterninneren hin, auf den wir in *Abschnitt 14.2.7* näher eingehen.

Die roten Überriesen, wie Beteigeuze und Antares, erweisen sich bei etwa gleicher Sonnenmasse als aufgeblähte Sterne, die aufgrund ihres hundertfachen Sonnenradius ein millionenfach größeres Volumen besitzen. Damit ergeben sich äußerst geringe Dichtewerte bis hinab zu $10^{-7}\,\varrho_\odot$. Die Dichten der sonnenähnlichen Sterne liegen im Bereich $10^{-2}\,\varrho_\odot \ldots 10^1\,\varrho_\odot$, wobei die Sterne mit der geringen Dichte die heißen Sterne über 20 000 K sind, während die Sterne mit der zehnfachen Dichte der Sonne nur eine Oberflächentemperatur von etwa 3000 K haben.

Die **Dichte** ϱ der Sterne ändert sich damit in einem sehr weiten Bereich:

Rote Überriesen	Sonnenähnliche Sterne – Hauptreihensterne –	Weiße Zwerge
$\approx 10^{-6}\,\varrho_\odot$	$10^{-2}\,\varrho_\odot \ldots 10\,\varrho_\odot$	$\approx 10^{+6}\,\varrho_\odot$

Trägt man in einem Diagramm mit logarithmischem Maßstab die Leuchtkraft der Sterne über ihrer Masse auf, so gruppieren sich die Punkte längs einer Geraden, lediglich die Punkte der Weißen Zwerge weichen davon ab (*Abb. 14–17*). Die so erhaltene **Masse-Leuchtkraft-Beziehung** weist darauf hin, daß die Energieproduktion im Innern massereicher Sterne und damit auch ihre Abstrahlung stärker ist als bei Sternen mit geringerer Masse. Mit Hilfe der Masse-Leuchtkraft-Beziehung läßt sich auch die Masse der Sterne abschätzen, die kein Doppelsternsystem bilden. Kennt man die Masse und damit auch die Leuchtkraft, so läßt sich durch Vergleich mit der scheinbaren Helligkeit m auf die Entfernung schließen.

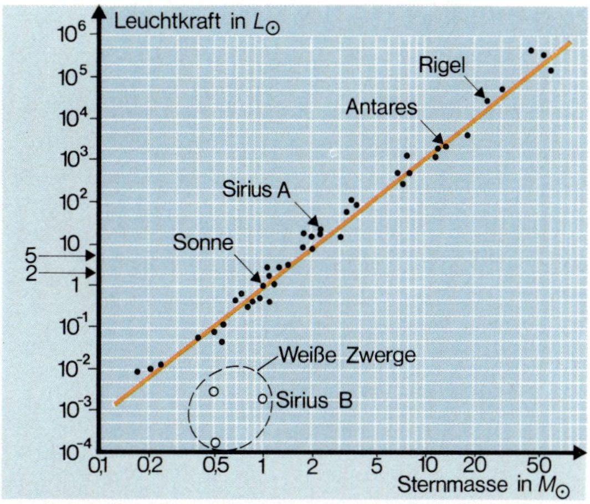

Abb. 14–17: Die empirisch gefundene Masse-Leuchtkraft-Beziehung in doppellogarithmischer Darstellung zeigt den Zusammenhang zwischen Leuchtkraft und Sternmasse. Die Weißen Zwerge genügen der Beziehung nicht.

Aufgaben

14/23: α Centauri oder Toliman ist mit 4,3 Lj Entfernung der sonnennächste Stern. Er ist ein Doppelstern mit den scheinbaren Helligkeiten $0^m{,}3$ und $1^m{,}7$. Die beiden Komponenten haben einen Abstand von 17,6 Bogensekunden und eine Umlaufzeit von 80,1 Jahren; die Entfernungen zum gemeinsamen Drehzentrum stehen im Verhältnis 3 : 4.

a) Berechnen Sie den Abstand der beiden Komponenten in AE.
b) Berechnen Sie die Massen der beiden Sterne.
c) Berechnen Sie das Verhältnis der beiden Leuchtkräfte, und prüfen Sie, ob das Ergebnis mit der Masse-Leuchtkraft-Beziehung übereinstimmt.

14/24: β Cygni oder Albireo (Kopfstern des Sternbildes Schwan) ist ein 320 Lj entferntes Doppelsternsystem mit $3^m{,}2$ / $5^m{,}4$ und einer Distanz von 34,6″.

a) Berechnen Sie die Leuchtkraft der beiden Sterne; beziehen Sie die Rechnung auf Arctur 0^m / 35 Lj / 83 $L_\odot$.
b) Ermitteln Sie aus der Masse-Leuchtkraft-Beziehung die Massen der beiden Sterne.
c) Berechnen Sie den Abstand r der Sterne in AE und mit dem Ergebnis von *b)* die Umlaufdauer T.

14.2.5 Das Hertzsprung-Russell-Diagramm

Ein wichtiges Diagramm zur Einordnung der Sterne nach bestimmten Sterntypen wurde um 1910 von den Astronomen E. HERTZSPRUNG und H. N. RUSSELL aufgestellt. Auf der Hochachse ist die Leuchtkraft der Sterne in Einheiten der Sonnenleuchtkraft in logarithmischem Maßstab aufgetragen. Damit läßt sich die über neun Zehnerpotenzen laufende Leuchtkraft anschaulich darstellen. Auf der Rechtsachse wird die Oberflächentemperatur aufgetragen, die aus historischen Gründen ebenfalls logarithmisch dargestellt wird und nach rechts hin

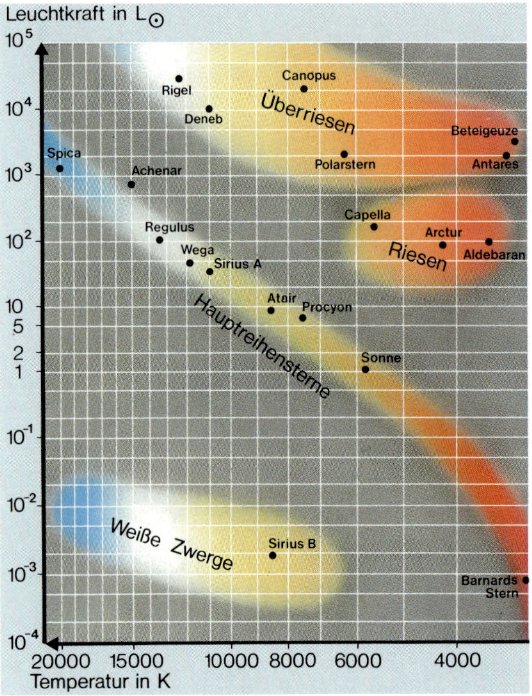

Abb. 14–18: Im Hertzsprung-Russel-Diagramm ist die Leuchtkraft über der Oberflächentemperatur aufgetragen. Traditionall nimmt die Temperatur nach rechts ab.

abnimmt (*Abb. 14–18*). Trägt man alle Sterne, die sich in der Nachbarschaft der Sonne befinden, beispielsweise innerhalb eines Radius von 35 Lj, in das Diagramm ein, so ordnen sich fast alle Sterne in einem Band an, das von links oben nach rechts unten verläuft. Oben links stehen die bläulich-weißen Sterne hoher Leuchtkraft, in der Mitte die sonnenähnlichen gelben Sterne und rechts unten, dort ist das Band besonders dicht besetzt, die roten Zwergsterne. Dieses Band bezeichnet man als Hauptreihe und die Sterne als **Hauptreihensterne.** Sie stellen den größten Anteil der Sterne.
In deutlichem Abstand unter der Hauptreihe befinden sich die etwa 100 **Weißen Zwerge,** die man in der ausgewählten Sonnenumgebung bis heute entdeckt hat.
Einige Sterne befinden sich oberhalb der Hauptreihe. Zu ihnen gehört beispielsweise Arctur im Sternbild Bootes. Es sind Riesensterne; denn während die Sterne auf der Hauptreihe höchstens den dreifachen Sonnenradius besitzen, hat Arctur einen Radius von 22 $R_\odot$. Verlassen wir die Sonnenumgebung und wählen die für uns bedeutsamen, weil besonders hellen Sterne aus, so erscheint der Bereich oberhalb der Hauptreihe überrepräsentiert. Man findet dort eine große Zahl berühmter Sterne, die ihre große Helligkeit alle ihrem großen Radius verdanken, der größer als 10 $R_\odot$ ist. Diese Sterne heißen daher **Riesensterne.** Riesensterne, deren Leuchtkraft größer als 1000 $L_\odot$ ist, werden **Überriesen** genannt. Es zeigt sich, daß die Grenze etwa bei 25 $R_\odot$ liegt, wobei die Temperatur noch eine Rolle spielt. Aldebaran ist mit 27 $R_\odot$ und einer Oberflächentemperatur von 3500 K ein roter Riese, während Deneb mit etwa gleichem Radius aber einer Temperatur von 11 000 K ein weißer Überriese ist. Bemerkenswert ist, daß die Bereiche außerhalb der vier in *Abb. 14–18* gezeichneten Gebiete weitgehend leer sind.

Aufgaben

14/25: Zeichnen Sie ein Hertzsprung-Russell-Diagramm, und tragen Sie die folgenden Sterne ein. Zu welchem Sterntyp gehören sie? Alderamin (α Cephei) 2^{m},6/17 $L_\odot$/8500 K; Schedir (α Cassiopeiae) 2^{m},2/200 $L_\odot$/4100 K; γ Lyrae 3^{m},3/200 $L_\odot$/13 500 K; Schedir (γ Cygni) 2000 $L_\odot$/5600 K; Algenib (α Persei) 1^{m},9/5400 $L_\odot$/5800 K; Castor (α Geminorum) 1^{m},5/22 $L_\odot$/10 600 K; Pollux (β Geminorum) 24 $L_\odot$/4900 K.
14/26: Zeichnen Sie in das Diagramm der *Aufgabe 14/25* eine Linie, auf der die Sterne mit ca. 1 $R_\odot$ liegen. Verfahren Sie ebenso für 25 $R_\odot$ und 100 $R_\odot$.

14.2.6 Die Entstehung der Sterne

Sterne entstehen aus interstellarer Materie, die sich unter dem Einfluß ihrer eigenen Schwerkraft kontrahiert. Dies ist jedoch kein einfacher Prozeß, wie Beobachtungen an Nebeln, den Geburtsstätten von Sternen, zeigen.

Interstellare Materie

Zwischen den Sternen ist der Raum für irdische Begriffe zwar ein hervorragendes Vakuum, dennoch ist er nicht leer. Der erste Nachweis gelang J. HARTMANN im Jahre 1904, als er das Spektrum des Sternes Delta Orionis untersuchte. Er beobachtete die dunklen Absorptionslinien, die beim Durchgang der aus dem heißen Innern kommenden Strahlung durch die kältere Sternhülle entstehen; diese Linien entsprechen den Fraunhoferschen Linien im Sonnenspektrum. Da es sich bei Delta Orionis um einen Doppelstern handelt, spalten sich die Linien aufgrund des Doppler-Effekts auf und verschieben sich periodisch mit der Umlauffrequenz. HARTMANN fand jedoch Absorptionslinien, die sich nicht an dieser Verschiebung beteiligten. Es handelte sich um Linien des Calciums, das sich demnach nicht in der Sternhülle befand, sondern im Raum zwischen Stern und Erde. Heute weiß man, daß die interstellare Materie zu 90 Teilchenprozent aus atomarem Wasserstoff besteht. Der Rest setzt sich zum überwiegenden Teil aus Helium zusammen, aber auch Moleküle und einfache organische Verbindungen,

wie Kohlenwasserstoffe und Aminosäuren, wurden entdeckt.
Damit war die Frage aufgeworfen, ob die Grundbausteine einfacher Organismen nicht schon im All vorhanden sind. Entsprechend dem hohen Wasserstoffgehalt sollte man eigentlich auch H-Absorptionslinien beobachten. Deren Fehlen erklärt sich so, daß die interstellaren Wasserstoffwolken höchstens eine Temperatur von 100 K haben. Dabei befinden sich praktisch alle Atome im Grundzustand und absorbieren nur die Linien der Lyman-Serie (→ *10.1.7*), die alle im auf der Erde nicht beobachtbaren Ultraviolett liegen. Messungen außerhalb der Erdatmosphäre an der Lymann-α-Linie (122 nm) des Sterns Zeta Orionis ergaben eine Absorption durch 10^{20} H-Atome in einem Zylinder von 1 cm^2 Querschnitt längs des Weges vom Stern zur Erde. Aus der Entfernung von 1140 Lj berechnet sich eine Dichte von 0,1 Atome/cm^3. Gebiete mit einer solch geringen Dichte machen sich optisch nicht bemerkbar. Das ändert sich jedoch, wenn die Dichte auf 10 ... 1000 Atome/cm^3 ansteigt. Dann sieht man **Dunkelwolken** und **diffuse Nebel.** Sie bestehen aus Gasen und etwa 1% Staubteilchen von etwa 100 nm Durchmesser. Während Gase nur bestimmte Linien absorbieren, verschluckt der Staub das Licht kontinuierlich. Dies kann dazu führen, daß große Dunkelwolken das Licht dahinterliegender Sterne vollständig absorbieren und so scheinbar sternenleere Gebiete entstehen.
Bekannt ist die scheinbare Aufspaltung der Milchstraße im Sternbild Schwan (Cygnus). Ein berühmtes Beispiel für eine Dunkelwolke ist der 1300 Lj entfernte Pferdekopfnebel im Sternbild Orion (*Abb. 14–19*). Auf Photographien sieht man einen etwa 10 Lj großen bizarren Wirbel einer ausgedehnten Dunkelwolke, die sich vor eine leuchtende Gaswolke schiebt. Diese Gaswolke reflektiert das Licht des in der Nähe befindlichen Sterns Zeta Orionis (linker Gürtelstern des Orion). Eingebettet in die große Dunkelwolke unterhalb der Gürtelsterne des Orion ist als hell leuchtender Fleck, der schon mit dem Fernglas gut zu beobachtende Orionnebel (*Abb. 14–20*). Er ist für die Astrophysik ein besonders interessantes Studienobjekt, da sich hier gerade der Prozeß der Sternentstehung durch Kondensation aus der verdichteten interstellaren Materie abspielt. In dem Nebel stehen eine Reihe jüngerer Sterne, deren Alter weniger als 500 000 Jahre beträgt, und deren intensives Licht die umgebende Gashülle ionisiert und wie in einer Neonröhre zum eigenen Leuchten anregt; solche Nebel heißen **Emissionsnebel.** Ein Stern, von dem man annimmt, daß er erst vor 2000 Jahren geboren wurde, ist noch völlig eingehüllt in die dunkle Wolke, aus der er entstanden ist; er verrät sich bis jetzt nur durch seine Infrarot-Strahlung, die das Gas und den Staub durchdringt.
Eine wahre Sternfabrik ist auch der Lagunennebel im Sternbild Schütze (Sagittarius) (*Abb. 14–21*). Die Dunkelzone in ihm, die an eine Lagune erinnert, ist keine Lücke, sondern eine vordergründige Dunkelwolke. Im Lagunennebel sind viele junge Sterne vorhanden, die man daran erkennt, daß sie noch unruhig brennen, da sich das Gleichgewicht aus Strahlungsdruck aus dem Innern und dem Schweredruck der Sternmasse noch nicht endgültig eingestellt hat.
Neue Sterne entstehen offenbar immer nur in großen Haufen, das wird die nachfolgende Rechnung

Abb. 14–19: Der Pferdekopfnebel im Sternbild Orion ist Teil einer ausgedehnten Dunkelwolke, die sich vor einen hellen Emissionsnebel im Hintergrund geschoben hat. Der Nebel wird von dem Licht des Sterns Zeta Orionis zum Leuchten angeregt.

Abb. 14–20: Der berühmte Orionnebel ist bereits mit bloßem Auge am Winterhimmel als Schwert des Himmelsjägers Orion zu beobachten. Es ist ein 16 Lichtjahre entfernter Emissionsnebel, der von den erst jüngst in seinem Innern entstandenen heißen Sternen zur Fluoreszenz angeregt wird.

Abb. 14–21: Der 3600 Lj entfernte Lagunen-Nebel hat zwar nur eine scheinbare Helligkeit von $5^{m}_{,}9$, tatsächlich machen die vielen jungen Sterne im Innern den glühenden Nebel zu einem der hellsten Objekte in unserer Galaxis.

Abb. 14–22: Die Plejaden bilden einen auffallenden Sternhaufen, der am Winterhimmel im Sternbild Stier zu sehen ist. Das Licht der jungen Sterne wird von den Resten der Staubwolke reflektiert, aus der die Sterne vor nur einigen Millionen Jahren entstanden sind.

bestätigen, und trennen sich dann erst später. Ein Beispiel dafür ist der 415 Lj entfernte, mit einem Alter von einigen Millionen Jahren noch recht junge Plejadenhaufen im Sternbild Stier (Taurus). Das im Volksmund als Siebengestirn bezeichnete Gebilde löst sich im Fernrohr in über 200 Sterne auf. Auf Langzeitaufnahmen erkennt man noch die Reste der Wolke, aus der die Sterne gebildet wurden. Sie reflektieren das Sternenlicht und scheinen wie Schleier diese einzuhüllen (*Abb. 14–22*).

Das Jeanssche Kriterium

Welche Masse muß eine interstellare Gaswolke besitzen, damit sie sich unter der Kraft ihrer eigenen Gravitation zusammenziehen kann? Wir betrachten dazu eine Gaskugel mit dem Radius R, dem Volumen V, der Masse M und der Dichte ϱ (*Abb. 14–23*). Ein Atom der Masse m hat dann an der Kugeloberfläche gegenüber einem unendlich weit entfernten Punkt die negative potentielle Gravitationsenergie $-\gamma m M/R$ (→ *2.2.2*); γ ist die Gravitationskonstante. Soll das Atom aus der Kugel entfernt werden, so ist demnach die Energie $\gamma m M/R$ aufzuwenden. Ist die kinetische Energie der Teilchen aufgrund ihrer Temperaturbewegung im Mittel größer, so wird sich die Gaswolke ausdehnen; ist sie hingegen kleiner, so zieht sich die Wolke zusammen. Mit $E_{kin} = \frac{3}{2} k T$ (→ *4.2.6*), wobei k die Boltzmannsche Konstante und T die absolute Temperatur ist, folgt dann die Bedingung

$$\frac{3}{2}k\,T < \gamma\frac{m\,M}{R}.$$

Aus $V = \frac{M}{\varrho} = \frac{4}{3}\pi R^3$ folgt $R = \sqrt[3]{\frac{3\,M}{4\,\pi\,\varrho}}$; setzt man dies in die obige Ungleichung ein und löst nach M auf, so folgt die als **Jeanssches Kriterium** bekannte Bedingung:

$$M > \sqrt{\frac{81}{32\,\pi}\left(\frac{k}{\gamma\,m}\right)^3}\cdot\sqrt{\frac{T^3}{\varrho}}.$$

In der ersten Wurzel stehen nur konstante Werte. Die zweite Wurzel zeigt, daß die Masse um so größer sein muß, je höher die Temperatur des Gases ist; bei größeren Gasdichten kann die Gesamtmasse dagegen kleiner sein. Setzt man typische Werte für die Temperatur T = 100 K und die Dichte $\varrho = 10^{-20}$ kg/m^3 = 10^{-23} g/cm^3,
das entspricht 6 H-Atomen/cm^3 ($m_{\text{H}} = 1{,}7\cdot10^{-27}$ kg), ein, so folgt

$$M > \sqrt{\frac{81}{32\pi}\left(\frac{1{,}38\cdot10^{-23}\ \text{JK}^{-1}}{6{,}6\cdot10^{-11}\ \text{Nm}^2\text{kg}^{-2}\cdot1{,}7\cdot10^{-27}\text{kg}}\right)^3}$$
$$\cdot\sqrt{\frac{(100\ \text{K})^3}{10^{-20}\cdot\text{kgm}^{-3}}},$$

$$M > 1{,}22\ 10^{34}\ \text{kg} = 6100\ M_\odot.$$

Die anfängliche Gaswolke muß die Masse von Tausenden von Sonnenmassen enthalten, um durch ihre eigene Gravitation zu kontrahieren. Hat dieser Prozeß einmal eingesetzt, so kommt es dann offenbar zu Instabilitäten in der Wolke, so daß einzelne Teile zu Sternen kondensieren. Dabei spielt dann auch die lokale Aufheizung und Ionisierung des Gases durch die Strahlung der neu entstandenen Sterne eine wichtige Rolle. Dies beobachtet man in den bizarr geformten Nebeln der Milchstraße.

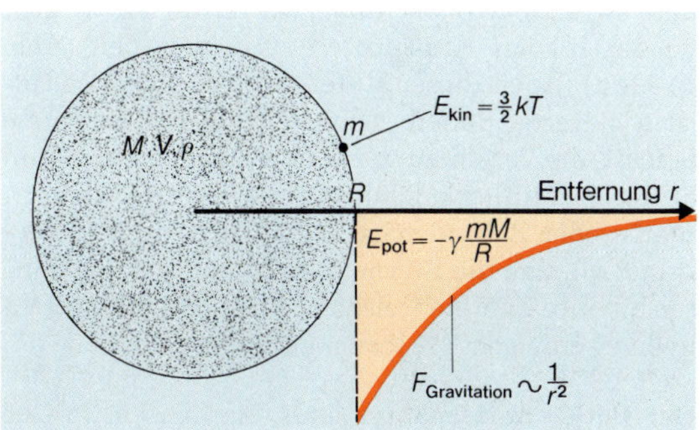

Abb. 14–23: Zur Kontraktion einer Gaswolke: Ist die kinetische Energie der Gasatome kleiner als der Betrag ihrer potentiellen Gravitationsenergie, so zieht sich die Wolke zusammen.

Eine interstellare Gaswolke der Dichte ϱ und der Temperatur T vermag unter ihrer eigenen Gravitation zu Sternen zu kondensieren, wenn ihre Masse M das **Jeanssche Kriterium**

$$M > \sqrt{\frac{81}{32\,\pi}\left(\frac{k}{\gamma\,m}\right)^3}\cdot\sqrt{\frac{T^3}{\varrho}}\quad\text{erfüllt.}$$

Rechnungen zeigen, daß die Masse der Gaswolke mehrere tausend Sonnenmassen enthalten muß.

Das Wasserstoffbrennen

Die Kontraktion einer Gaswolke unter dem Einfluß ihrer eigenen Gravitation dauert einige Millionen Jahre. Sie käme niemals zum Stillstand, würde sich das Gas nicht durch die Abnahme der potentiellen Gravitationsenergie und deren Umwandlung in innere Energie gewaltig aufheizen: Die Moleküle fallen im Gravitationsfeld, und durch Stöße nimmt die kinetische Energie der thermischen Bewegung ständig zu.
Bei Temperaturen über 10 Millionen Kelvin setzt der Prozeß der **thermonuklearen Fusion** ein, bei dem Wasserstoff in Helium umgewandelt wird; anschaulich spricht man vom „Wasserstoffbrennen". Dabei wird sehr viel Energie freigesetzt, so daß sich ein Gleichgewicht zwischen der abgestrahlten Energie und der im Kern der Gaswolke produzierten Energie einstellt. Dadurch kühlt die Wolke nicht aus, und der Gasdruck im Innern wird aufrechterhalten. Es stellt sich ein stabiler Zustand ein, bei dem der Gasdruck aufgrund der thermischen Bewegung dem Gravitationsdruck das Gleichgewicht hält. Dieser stabile Zustand kennzeichnet die Sterne der Hauptreihe (→ *14.2.5*), zu denen der neu entstandene Stern nun für etliche Milliarden von Jahren gehört. Damit eine Gaswolke zu einem Hauptreihenstern aufglühen kann, braucht sie mindestens ein Hundertstel der Sonnenmasse, sonst kommt das Wasserstoffbrennen nicht richtig in Gang, und die Wolke kühlt allmählich aus. Jupiter, dessen Masse ein Tausendstel der Sonnenmasse beträgt, kann demnach niemals zu einem Stern werden, dennoch finden in seinem Innern thermonukleare Prozesse statt, denn er gibt etwa doppelt soviel Strahlungsenergie ab, wie er von der Sonne erhält.
Zu Beginn dieses Jahrhunderts, als man von der thermonuklearen Fusion noch nichts wußte, mußte man annehmen, daß ein Stern seine Energieproduktion allein aus dem Vorrat an potentieller Gravitationsenergie deckt. So glaubte man fälschlicherweise, daß das Leben eines Sterns als roter Riese begänne, der sich durch weitere Kontraktion zu einem Hauptreihenstern umwandelt. Im Verlaufe von einigen Millionen Jahren sollte der Stern dann die Hauptreihe von links oben nach rechts unten durchwandern (→ *Abb. 14–18*) und schließlich als roter Zwergstern enden. Sieht man davon ab, daß nach

der Masse-Leuchtkraft-Relation damit ein Masseverlust des Sterns einhergehen müßte, für den sich keine Erklärung fand, so tat sich noch ein anderer schwerwiegender Einwand auf. Geologische Bestimmungen des Erdalters sowie biologische Berechnungen über die Zeiträume der Evolution des Lebens auf der Erde gelangten übereinstimmend zu Milliarden von Jahren statt zu Millionen, für die die Gravitationsenergie nur reichte. Mit der Entdekkung der Kernfusion hatte man schließlich die Energiequelle gefunden, die seit nunmehr 4,5 Milliarden Jahren auf der Sonne wirksam ist.

Bei der Fusion von, vereinfacht ausgedrückt, vier Wasserstoffkernen zu einem Heliumkern wird Energie frei, weil der He-Kern im Vergleich zu den vier H-Kernen einen fester gebundenen Zustand darstellt. Die abgegebene Energie, die gleich der Bindungsenergie ist, macht sich in einem Massenverlust bemerkbar, denn nach der Formel $E = m\,c^2$ sind Energie und Masse äquivalente Größen (→ *8.3.2*). Beim Aufbau eines ^{4}He-Kerns aus vier ^{1}H-Kernen beträgt der Massendefekt $\Delta m = 4{,}77 \cdot 10^{-29}$ kg, das sind 0,7 % der ursprünglichen Gesamtmasse. Daraus berechnet sich eine Energieabgabe von $\Delta E = 26{,}7$ MeV pro He-Kern. Da die Sonne in jeder Sekunde eine Energie von $4 \cdot 10^{26}$ J abstrahlt, wird sie dabei um $\Delta m = \Delta E/c^2 = 4{,}4$ Millionen Tonnen leichter. Zwar würde trotz dieses erheblichen Verlustes der Wasserstoffvorrat der Sonne für mehr als eine Billion Jahre reichen, doch schon nach einigen Milliarden Jahren wird sich die innere Struktur verändern, und die Sonne wird sich zu einem roten Riesenstern aufblähen.

Die thermonuklearen Prozesse setzen ein, wenn das Zentrum der kontrahierenden Gaswolke eine Temperatur von 5 Millionen Kelvin erreicht hat. Auch später, wenn die Gaswolke zu einem Hauptreihenstern geworden ist, bleibt die Brennzone auf einen zentralen Kern beschränkt, der nur etwa 12 % des gesamten Wasserstoffvorrats umfaßt. Die kinetische Energie der Protonen aufgrund ihrer thermischen Bewegung ist dann so groß, daß sie bei einem Stoß die abstoßende elektrische Kraft so weit überwinden, daß die kurzreichweitige starke Kernkraft wirksam wird und einen neuen Kern bildet. Bei der Entstehung eines Heliumkerns müßten vier Protonen zusammentreffen; dies ist jedoch ein so unwahrscheinliches Ereignis, daß es praktisch nicht vorkommt. Der Aufbau eines Heliumkerns erfolgt daher stufenweise, wobei bestimmte Zyklen durchlaufen werden; es sind dies der Proton-Proton-Zyklus und der Bethe-Weizsäcker-Zyklus.

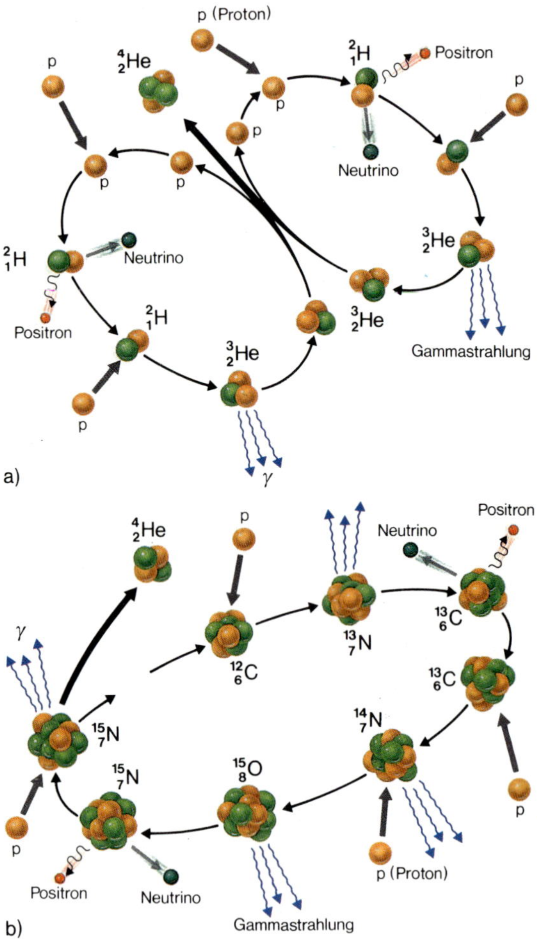

Abb. 14–24: Der Proton-Proton-Zyklus (a) und der Bethe-Weizsäcker-Zyklus (b), in denen Wasserstoff $^1_1$H schrittweise zu $^4_2$He fusioniert.

Der Proton-Proton-Zyklus. Zunächst stoßen zwei Protonen zusammen und bilden unter Aussendung eines Positrons und eines Neutrinos einen Deuteriumkern $^2_1$H. Die Deuteronen verschmelzen bei weiteren Stößen mit energiereichen Protonen zu Helium-3-Kernen $^3_2$He. Stoßen zwei Helium-3-Kerne zusammen, so bildet sich als Endprodukt der Helium-4-Kern $^4_2$He, bestehend aus zwei Protonen und zwei Neutronen, und zwei Protonen werden wieder in den Kreisprozeß zurückgegeben (*Abb. 14–24 a*). Auch dieser stufenweise Aufbau des Helium-4-Kerns dauert sehr lang; allein der erste Schritt, die Vereinigung zweier Protonen, dauert im Mittel 14 Milliarden Jahre. Da der Prozeß aber in sehr großer Zahl gleichzeitig abläuft, wird es verständlich, daß die Sterne über Milliarden von Jahren hin ihre Energie freisetzen und nicht schlagartig in einer einzigen Explosion aufglühen.

Der Bethe-Weizsäcker-Zyklus. Bei diesem Prozeß fängt ein Kohlenstoff-Kern $^{12}_6$C nacheinander durch Stöße vier Protonen ein und wandelt sich dabei in verschiedene Zustände des Kohlenstoffs, Stickstoffs und Sauerstoffs um, weswegen man auch vom

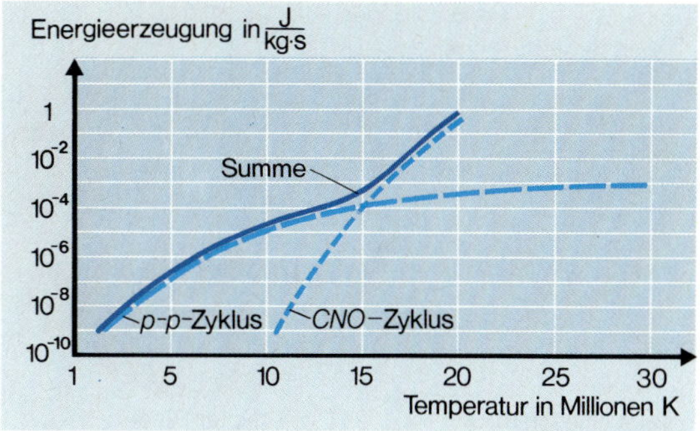

Abb. 14–25: Die Energieerzeugung beim Wasserstoffbrennen in Abhängigkeit von der Zentraltemperatur für den Proton-Proton- und den CNO-Zyklus.

CNO-Zyklus spricht (*Abb. 14–24 b*). Am Ende des Prozesses wird ein Helium-4-Kern ausgesendet, wodurch wieder ein $^{12}_{6}C$-Kern entsteht, der den Zyklus erneut beginnt.

Welcher der beiden Prozesse ergiebiger ist, hängt von der Zentraltemperatur des Sterns ab. *Abb. 14–25* zeigt, daß der Proton-Proton-Zyklus schon bei einigen Millionen Kelvin einsetzt, während der CNO-Zyklus erst bei 10 Millionen Kelvin beginnt. Mit zunehmender Temperatur wächst er jedoch schneller, so daß oberhalb von 15 Millionen Kelvin die Energieausbeute durch den Bethe-Weizsäcker-Zyklus überwiegt (*Abb. 14–25*).

Die freigesetzte Energie erscheint als Gammastrahlung und in Form der emittierten Positronen und Neutrinos und deren kinetischer Energie. Nur die Neutrinos fliegen ungehindert zur Sternoberfläche; die Positronen zerstrahlen mit Elektronen, und die Gammastrahlung gelangt aufgrund der hohen Dichte im Zentralbereich des Sterns nur durch ständige Absorption und erneute Emission nach außen. Man schätzt, daß die Strahlung dazu eine Zeit von mehr als zehntausend Jahren braucht. Bei etwa 0,7 Sonnenradien ist die Dichte mit 0,07 g/cm³ genügend gering, so daß sich das Gas selbst in Bewegung setzt und in gewaltigen Konvektionsströmen die Energie an die Sonnenoberfläche befördert. Erst dort wird in der Photosphäre die Sonnenstrahlung gebildet, die zu uns gelangt.

Aufgaben

14/27: Zeichnen Sie in doppellogarithmischem Maßstab ein Achsenkreuz, in dem auf der Hochachse die Dichte einer Gaswolke von 1 bis 10 000 H-Atomen/cm³ und auf der Rechtsachse die Masse einer Gaswolke von 1 bis 100 000 Sonnenmassen aufgetragen sind. Zeichnen Sie mit Hilfe des Jeansschen Kriteriums für $T = 10$ K und 100 K je eine Gerade für die kleinste Masse, unter der die Wolke infolge ihrer eigenen Gravitation noch selbst kontrahiert.

14/28: Wieviel Prozent ihrer Masse von $2 \cdot 10^{30}$ kg hat die Sonne während ihrer Lebenszeit von 4,5 Milliarden Jahren verloren, wenn sie pro Sekunde eine Energie von $4 \cdot 10^{26}$ J abstrahlt?

14/29: Geben Sie für den Bethe-Weizsäcker-Zyklus die aufeinanderfolgenden Kernumwandlungen an (*Abb. 14–24 b*). Beginnen Sie mit $^{12}_{6}C + ^{1}_{1}p \rightarrow ^{13}_{7}N + \gamma$.

14.2.7 Endphasen der Sternentwicklung

Vom Wasserstoffbrennen zum Heliumbrennen

Mit dem Einsetzen des Wasserstoffbrennens hat ein Stern sein größtes Energiereservoir erschlossen und bleibt für längere Zeit auf der Hauptreihe. In dieser Hauptreihenphase wird allerdings nur in einem Zentralgebiet, das etwa 12 % der Gesamtmasse umfaßt, Wasserstoff verbraucht. Die Masse-Leuchtkraft-Beziehung (*Abb. 14–17*) läßt erkennen, daß der Wasserstoffvorrat unterschiedlich schnell verbraucht wird: Ein Stern mit der 20fachen Sonnenmasse leuchtet 10 000mal heller als die Sonne, d. h. sein Vorrat ist 10 000 : 20 = 500mal schneller aufgebraucht als der Wasserstoff der Sonne; während die Sonne eine Verweildauer auf der Hauptreihe von etwa 8 Mrd. Jahren hat, beträgt die des Sterns mit der 20fachen Sonnenmasse nur 16 Millionen Jahre ($8 \cdot 10^9$: 500). Von den heißen, bläulich-weißen Sternen links oben auf der Hauptreihe bis zu den roten Sternen rechts unten nimmt daher die Verweildauer von 10^6 Jahren auf 10^{11} Jahre zu, so daß die Hauptreihe rechts unten dichter besetzt ist (*Abb. 14–26*).

Die Sterne könnten sehr viel länger auf der Hauptreihe bleiben, fände eine Durchmischung der zentralen Kernregion mit der Außenzone statt. Wegen der fehlenden Konvektion brennt aber das Kerngebiet, in dem sich schließlich nur noch Helium befindet, aus. Die Zone des Wasserstoffbrennens verlagert sich in eine unmittelbar anschließende konzentrische Schale. Sobald aber die Energieerzeugung im Innern abnimmt, läßt der Gas- und der Strahlungsdruck nach und das innere Gleichgewicht gerät in Unordnung: Die Gravitation überwiegt und führt zu einer Kontraktion des Kerns, wodurch dessen Temperatur über 100 Millionen Kelvin ansteigt. Jetzt kann Helium zu Beryllium und Kohlenstoff umgewandelt werden, womit der Stern eine neue, allerdings weniger ertragreiche Energiequelle erschlossen hat. Die Energieproduktion ist jetzt insgesamt jedoch größer als zuvor, und der Gasdruck im Innern steigt wieder an. Der Stern bläht sich gewaltig auf, wobei sich die äußere Gasschicht bis zu 3000 Grad abkühlt: Aus dem Hauptreihenstern ist ein roter Riesenstern geworden (*Abb. 14–27*).

Auch unsere Sonne, die bereits seit 4,5 Mrd. Jahren auf der Hauptreihe verweilt, wird sich in etwa 3,5 Mrd. Jahren in einen roten Riesen verwandeln, dessen Radius mit 275 Mill. km rund 400mal größer als der heutige Sonnenradius ist und den Erdbahnradius mit 150 Mill. km deutlich übertrifft. Trotz der

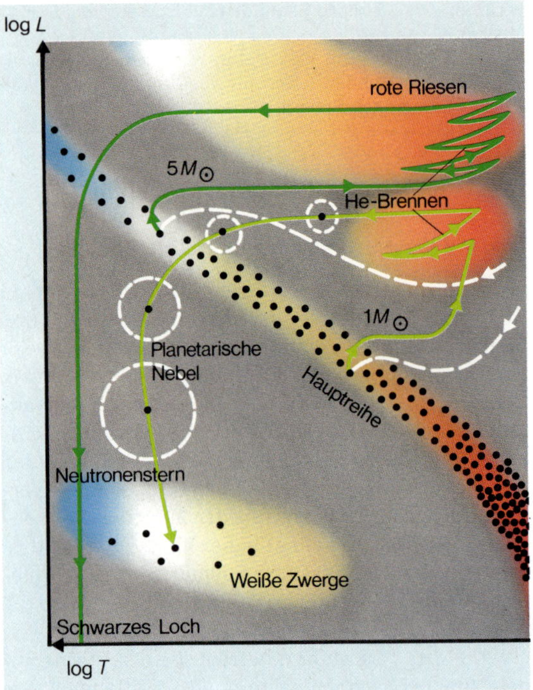

Abb. 14–26: Prinzipieller Entwicklungsweg zweier Sterne verschiedener Masse im Hertzsprung-Russell-Diagramm. Nach der Kondensation aus einer interstellaren Wolke (gestrichelt) verweilen die Sterne auf der Hauptreihe, bis ihr Wasserstoffvorrat erschöpft ist. Danach blähen sie sich zu roten Riesensternen auf und werden zu Elementfabriken. Das Ende ist entweder ein weißer Zwergstern, ein Neutronenstern oder ein schwarzes Loch.

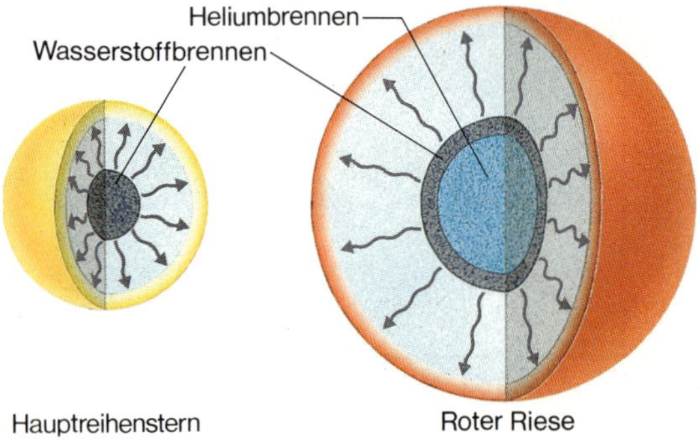

Abb. 14–27: Innerer Aufbau eines Hauptreihensterns (z. B. der Sonne) und eines roten Riesensterns (z. B. Beteigeuze). Im Kerngebiet des Hauptreihensterns findet bei ca. 15 Millionen Kelvin das Wasserstoffbrennen statt, das beim roten Riesen in eine Schale nach außen gedrängt ist. Im Zentrum des roten Riesen läuft bei über 100 Millionen Kelvin das Heliumbrennen ab.

geringen Oberflächentemperatur von dann 3000 Kelvin wird die Sonne wegen ihrer Größe die 10 000fache Leuchtkraft haben.

Rote Riesen haben zwar ein neues Gleichgewicht gefunden, aber es ist nicht so stabil wie das auf der Hauptreihe. Im HRD führen sie Schleifenbewegungen aus, und man beobachtet meist mehr oder weniger regelmäßige Veränderungen. Es kann sogar zu einem gewaltigen Ausbruch **(Nova)** kommen, wobei äußere Zonen des Sterns abgestoßen werden. Bisher hat man 166 Novae beobachtet, manche haben sich bei demselben Stern wiederholt.

Entstehung und Häufigkeit der Elemente

Mit spektroskopischen Verfahren ist es gelungen, die Häufigkeit der Elemente auf der Sonne, auf anderen Sternen und in der interstellaren Materie zu ermitteln. Natürlich kann die Spektralanalyse nur die Zusammensetzung der strahlenden Sternatmosphäre und nicht die des unsichtbaren Sterninnern liefern. Überaschend ergab sich, daß die meisten Sternatmosphären etwa die gleiche chemische Zusammensetzung haben wie die Sonnenatmosphäre und die interstellare Materie. Man spricht daher von einer mittleren „kosmischen Häufigkeitsverteilung" der chemischen Elemente. Dabei ist das leichteste Element, der Wasserstoff ^{1}H, mit 60 bis 70% der Masse (das sind bis 90% in Teilchenzahlen) das häufigste Element, gefolgt von Helium ^{4}He mit 40 bis 30% der Masse (etwa 10% in Teilchenzahlen). Diese beiden leichtesten Elemente sind zusammen so häufig, daß für alle anderen Elemente nur 2 bis 4% der Masse bleiben. Dabei nimmt die Häufigkeit der schwereren Elemente mit zunehmender Ordnungszahl Z stark ab (*Tab. 14–2*).

Der generellen Abnahme der Elementehäufigkeit mit der Ordnungszahl sind einige Abweichungen überlagert, deren wichtigste ein lokales Maximum bei Eisen ist. Bei einigen Sternen hat man deutliche Abweichungen von der kosmischen Häufigkeitsverteilung beobachtet, die man in der Regel mit besonderen lokalen Ereignisssen zu erklären versucht.

Element		Ordnungszahl Z	rel. Häufigkeit in Teilchenzahlen
H	Wasserstoff	1	1 000 000
He	Helium	2	85 000
C	Kohlenstoff	6	330
N	Stickstoff	7	100
O	Sauerstoff	8	660
Ne	Neon	10	83
Mg	Magnesium	12	26
Si	Silizium	14	33
S	Schwefel	16	16
Fe	Eisen	26	40
	Elemente mit $Z >$	30	0,1 bis 0,00001

Tab. 14–2: Kosmische Häufigkeit einiger Elemente

Dies kann jedoch nicht für die Zusammensetzung sehr alter Sterne gelten. Deren Spektren zeigen zwar den bekannten hohen Heliumanteil, alle anderen Elemente sind aber um den Faktor 1000 geringer vorhanden.
Wie ist die beobachtete Elementehäufigkeit entstanden? Die wichtigste Rolle spielten dabei die roten Riesensterne. In den Kernregionen der Hauptreihensterne fusioniert der Wasserstoff zu Helium bei Temperaturen um 15 Millionen Kelvin. Schwerere Kerne können in nennenswertem Umfang jedoch nur bei höheren Temperaturen aufgebaut werden. Sie treten im Zentrum der roten Riesensterne auf, wo bei 100 Millionen Kelvin das Heliumbrennen einsetzt: Zwei ^{4}He-Kerne bilden bei einem Stoß einen instabilen ^{8}Be-Kern, der, falls er sofort mit einem weiteren ^{4}He-Kern zusammenstößt, einen stabilen ^{12}C-Kern bildet. Ein Teil der Kohlenstoffkerne reagiert erneut mit einem ^{4}He-Kern, wobei sich ein ^{16}O-Kern bildet. So entsteht beim Heliumbrennen im wesentlichen zu etwa gleichen Teilen Kohlenstoff und Sauerstoff.
In der Folge wechseln im Zentrum eines roten Riesen immer neue Phasen nuklearen Brennens mit dazwischenliegenden Kontraktionen ab, wobei die Temperatur weiter ansteigt. Zwischen 500 Millionen Kelvin und einer Milliarde Kelvin können zwei ^{12}C-Kerne zu einem instabilen ^{24}Mg-Kern fusionieren; der angeregte Magnesiumkern kann in eine Reihe anderer Kerne zerfallen, z. B. in einen ^{23}Na- oder ^{20}Ne-Kern. Ab 1,4 Milliarden Kelvin setzt das Sauerstoffbrennen ein, bei dem ^{28}Si-, ^{31}P- und ^{32}S-Kerne entstehen. Oberhalb 2 Milliarden Kelvin kann es zum Siliziumbrennen kommen, bei dem unter vielen anderen Reaktionen der Prozeß $^{28}\mathrm{Si} + {}^{28}\mathrm{Si} \rightarrow {}^{56}\mathrm{Fe}$ abläuft. Damit ist die nukleare Brennkette abgeschlossen, denn mit Eisen ist der stabilste Kern erreicht, und weitere Fusion setzt keine Energie mehr frei. Entsprechend steil ist der Häufigkeitsabfall nach dem Eisen. Die zunehmend höheren Temperaturen sind notwendig, weil mit wachsender Kernladungszahl Z die elektrostatische Abstoßung der positiv geladenen Kerne größer wird und damit die kinetische Energie der Kerne aufgrund der Temperaturbewegung ebenfalls zunehmen muß, um die höhere Coulombschwelle zu überwinden.
Elemente schwerer als Eisen werden durch Neutroneneinfang aufgebaut, wobei sich das Neutron in ein Proton und ein Elektron umwandelt. Das Elektron verläßt als Betastrahlung den Kern, während das zurückbleibende Proton die Kernladungszahl um eins erhöht. Vermutlich tritt der erforderliche hohe Neutronenfluß nur bei einer Supernova (s. u.) auf, dem Zusammenbruch eines massereichen Sterns. Die Energie, die wir heute aus der Spaltung schwerer Kerne gewinnen, wurde demnach in diesen Kernen gespeichert, lange bevor sich das Sonnensystem gebildet hat.
Die neu entstandenen chemischen Elemente werden von den roten Riesensternen bei deren Zusammenbruch in den Raum hinausgeschleudert und reichern die interstellare Materie mit schwereren Elementen an. Für das Helium haben Abschätzungen jedoch ergeben, daß dessen hoher Anteil von etwa 10 Teilchenprozent nicht aus dem Innern von Sternen stammen kann. Das Helium muß demnach schon vorhanden gewesen sein, bevor sich die ersten Sterne gebildet haben. Dies stimmt mit der Beobachtung an sehr alten Sternen überein, die einen hohen Heliumanteil, jedoch praktisch keine schwereren Elemente haben. Eine Erklärung ergibt sich aus der Theorie des Urknalls (→ *14.3.2*), derzufolge sich das Universum in einem frühen Zeitpunkt in einem sehr heißen Zustand befunden hatte. Bei Temperaturen von einigen Milliarden Kelvin konnte Wasserstoff zu Helium fusionieren. In dem überall vorhandenen hohen Heliumanteil des Wasserstoffs sieht man ein Zeugnis von dem heißen Frühzustand des Universums.

Weiße Zwerge

Die aufeinanderfolgenden Stufen des nuklearen Brennens führen zu einer zunehmenden Verdichtung der Kerne der roten Riesensterne, wobei die Sterne zunehmend instabil werden. Solche Instabilitäten können zu einem langsamen oder auch explosionsartigen Abwurf der Außenhülle führen, wobei der hochkondensierte Reststern in der Regel in sich zusammenstürzt. Abhängig von der Masse des ursprünglichen Sterns endet er als Weißer Zwerg, als Neutronenstern oder als Kollapsar, als sogenanntes Schwarzes Loch.
Was bewahrt den Weißen Zwerg, unter der Last seiner eigenen, wegen des kleineren Radius jetzt viel stärkeren Gravitation zusammenzustürzen? Der Gasdruck von Elektronen und Protonen, hervorgerufen durch deren thermische Energie, der bei den Hauptreihensternen der Gravitation das Gleichgewicht hält, reicht nicht mehr aus. Dafür stellt sich bei den hohen Dichten, wie sie in weißen Zwergen auftreten, ein neuer Zustand der Materie ein, den man als **Entartung** bezeichnet: Werden Elementarteilchen auf zunehmend enger werdendem Raum untergebracht, so macht sich das Pauli-Prinzip bemerkbar (→ *10.2.5*). Danach dürfen zwei Teilchen nicht in allen Orts- und Impulskoordinaten übereinstimmen. Die sich daraus ergebende Heisenbergsche Unschärferelation (→ *9.4.2*) besagt, daß sich zwei Teilchen um so stärker in ihren Impulsen unterscheiden müssen, je näher sie sich beieinander befinden. Die Elektronen – sie spielen bei den Weißen Zwergen die entscheidende Rolle – erhalten Impuls und Energie nicht mehr aufgrund der Temperaturbewegung, sondern durch dieses quantenmechanische Grundgesetz. Eine wichtige Folge ist, daß die

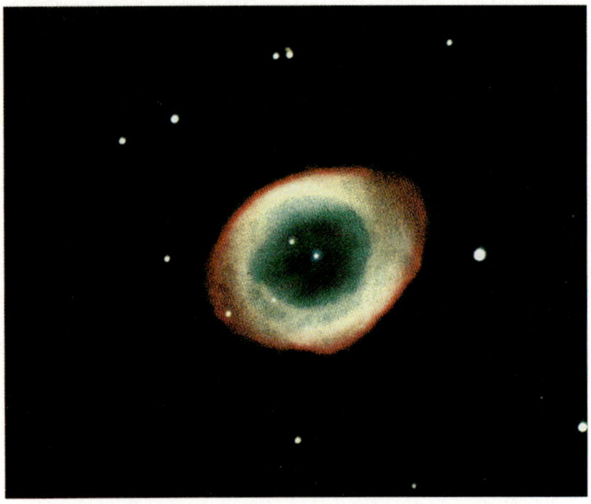

Abb. 14–28: Der Planetarische Nebel M 57, bekannt als Ringnebel, besteht aus Gas, das vor etwa 10 000 Jahren von seinem Zentralstern ausgeschleudert wurde und inzwischen eine Ausdehnung von 2 Lichtjahren erreicht hat. Die kugelförmige Wolke wird von der Strahlung des Reststerns zum Leuchten angeregt. In kleinen Fernrohren ähnelt der Nebel einem Planeten, woher der Name rührt.

Energie der Elektronen nicht mehr von der Temperatur abhängt, sondern nur noch von deren Dichte. Dieser neue quantenmechanische Zustand erweist sich als stabil. Da in den Weißen Zwergen nukleares Brennen nur noch in Resten stattfindet, werden sie zwar irgendwann auskühlen, aber nicht zusammenstürzen. Als stabile schwarze Zwerge bleiben sie ewig im All. – Die Entartung läßt sich auch so verstehen, daß durch das wirksam werdende Pauli-Prinzip jedes Elektron im Stern einen eigenen Satz von Quantenzahlen haben muß. Ähnlich wie in der Elektronenhülle eines Atoms gibt es jetzt Energieniveaus, die nur einfach besetzt sein dürfen und vom energetisch tiefsten Zustand her nach oben fortschreitend mit jeweils nur einem Elektron aufgefüllt werden. Den Weißen Zwerg kann man sich demnach als stabiles Riesenatom vorstellen.
Ein Weißer Zwerg muß nicht durch einen spektakulären Zusammenbruch eines roten Riesen entstehen. In massearmen Sternen tritt beim Übergang zum roten Riesen im Kern bereits der Zustand des entarteten Elektonengases auf. Ein vorfabrizierter Weißer Zwerg ist dann nur noch von einer weit ausgedehnten Wasserstoffhülle umgeben, die ihn als roten Riesen erscheinen läßt. Die Hülle muß nur noch abgeworfen werden. Solche Hüllen kennt man als **Planetarische Nebel,** von denen der Ringnebel einer der bekanntesten ist (*Abb. 14–28*). Planetarische Nebel expandieren mit einer Geschwindigkeit von 20 ... 30 km/s und werden von ihrem in der Mitte zurückgelassenen Zentralstern noch für ca. 20 000 Jahre zum Leuchten angeregt. Man hat eine kontinuierliche Folge von planetarischen Nebeln beobachtet, angefangen bei solchen, die ihren Stern gerade verlassen haben, bis hin zu weißen Zwergen, deren weit entfernte Hülle gerade noch erkennbar ist (*Abb. 14–28*).
Masseärmere Sterne, deren Anfangsmasse kleiner als 4 Sonnenmassen ist, enden vermutlich als Weiße Zwerge. Der Radius der Weißen Zwerge ist um so kleiner, je größer die Restmasse nach Abwurf der Hülle ist. Dabei gibt es aber eine obere Massengrenze, die man als **Chandrasekhar-Grenze** bezeichnet: Ist die Restmasse M größer als 1,4 Sonnenmassen

$$M > 1{,}4\ M_{\odot}\,,$$

so vermag das entartete Elektronengas den zusammenstürzenden Stern nicht aufzuhalten.

Neutronensterne und Schwarze Löcher

Oberhalb einer kritischen Dichte von 10^8 g/cm^3 vermag ein entartetes Elektronengas dem Gravitationsdruck nicht mehr standzuhalten, und die Materie beginnt sich zu **neutronisieren.** Anschaulich gesprochen werden die Elektronen in die Protonen hineingepreßt, und es findet ein inverser Beta-Zerfall statt: $e^- + p \rightarrow n$. Mit dem Wegfall der elektrischen Abstoßungskräfte können die Neutronen eng wie in einem Atomkern gepackt werden, so daß mit der Neutronisierung der Materie schlagartig eine drastische Volumenverringerung verbunden ist. Indem den Neutronen zunehmend weniger Raum zur Verfügung steht, geraten sie in gleicher Weise wie das Elektronengas in einem Weißen Zwerg in den Zustand der Entartung. Der Impuls p der entarteten Neutronen nimmt wegen der Unschärferelation zu und damit verbunden deren Energie $E = p^2 / 2\,m$. Bei Dichten von $10^{13} \ldots 10^{15}$ g/cm^3 – also der Dichte von Kernmaterie – vermag der dadurch aufgebaute Druck letztmals dem Gravitationsdruck standzuhalten: ein **Neuronenstern** hat sich gebildet.
Der Radius eines Neutronensterns liegt im Bereich 6 km ... 30 km, wobei der kleinere Radius zu einer oberen Massengrenze von zwei Sonnenmassen 2 $M_{\odot}$ gehört. Bei größeren Massen vermögen auch die Kräfte zwischen den entarteten Neutronen nicht den vollständigen Zusammenbruch der Sternmaterie zu verhindern. Einen solchen Gravitationskollaps kann man nur noch mit Hilfe der **allgemeinen Relativitätstheorie** beschreiben. Nähert sich bei dem Zusammensturz der Sternradius einem Grenzwert, den man als **Schwarzschild-Radius** R_S bezeichnet

$$R_S = \frac{2\,\gamma\,M}{c^2}\,, \qquad \left(\begin{array}{l}\gamma \text{ Gravitationskonstante}\\ M \text{ Restmasse des Sterns}\end{array}\right)$$

so tritt für einen außenstehenden Beobachter eine Zeitdilatation auf, ähnlich wie sie die spezielle Relativitätstheorie für hohe Geschwindigkeiten voraussagt. Diese bewirkt eine Rotverschiebung der

Abb. 14–29: Der Krebsnebel stellt die Überreste eines explodierten Sterns dar, dessen Supernova orientalische Astronomen im Jahre 1054 n. Chr. beobachtet haben. 1968 entdeckte man im Zentrum des Nebels einen Pulsar, der sich als schnell rotierender Neutronenstern erwies.

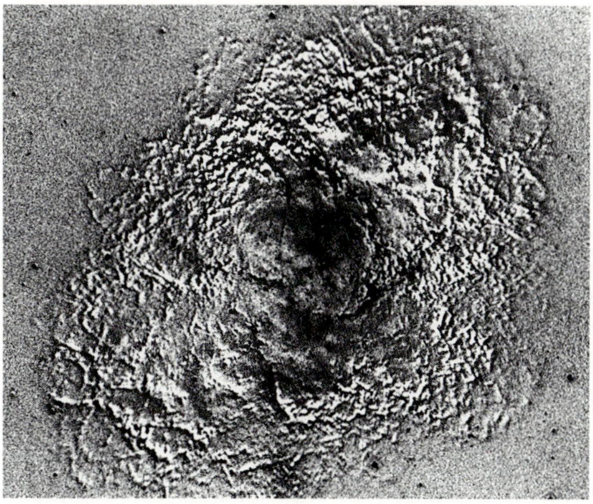

Abb. 14–30: Der Krebsnebel dehnt sich mit einer Geschwindigkeit von etwa 1000 km/s aus. Das Anwachsen läßt sich an diesem Bild erkennen: Einem Positiv aus dem Jahre 1950, in dem der Nebel hell erscheint, ist ein Negativ aus dem Jahre 1964 überlagert. Durch die Verschiebung der Filamente entsteht die Reliefwirkung.

von dem Stern ausgehenden Strahlung und einer von außen zu beobachtenden Verlangsamung der Kontraktionsgeschwindigkeit. Für uns nähert sich der Stern asymptotisch dem Schwarzschild-Radius, wobei er eine zunehmend rote Farbe annimmt und schließlich völlig unsichtbar wird: Daher rührt der Name **Schwarzes Loch.**

Viele Sterne haben mehr als zwei Sonnenmassen. Bleibt für sie nur der Gravitationskollaps als Ende? Kann es überhaupt zur Bildung eines Neutronensterns kommen, oder nimmt der zusammenstürzende Stern so viel kinetische Energie auf, daß der Kern über die kritische Dichte von 10^{15} g/cm^3 hinwegschwingt und weiter kollabiert? Modellrechnungen zeigen, daß mit dem zusammenstürzenden inneren Kern Stoßwellen durch den Stern laufen, die zusammen mit der frei werdenden Gravitationsenergie die Außenzone so stark aufheizen, daß es zu explosiv verlaufenden Kernreaktionen kommt. Dadurch werden die äußeren Schichten weggeblasen, so daß ein Stern bis zu etwa 10 Sonnenmassen so viel Masse abwerfen kann, daß der Rest einen Neutronenstern bildet. Dieser Vorgang spielt sich in einer Zehntelsekunde ab! Schlagartig wird eine Energie von 10^{45} Joule frei – die Sonne hat in ihren 4,5 Mrd. Jahren nur etwa ein Zehntel davon abgestrahlt –, wodurch die Gashülle des sich bildenden Neutronensterns hell aufleuchtet. Eine **Supernova** wird sichtbar, die für kurze Zeit so hell wie Milliarden Sonnen leuchtet.

Bisher wurden etwa 150 Supernovae registriert, die nach ihrem Aufleuchten exponentiell mit einer Halbwertzeit von 40 bis 80 Tagen abklingen. In chinesischen und japanischen Überlieferungen aus dem Jahre 1054 n. Chr. wird eine Supernova im Sternbild Stier beschrieben. Tycho BRAHE beobachtete 1572 in der Cassiopeia eine Supernova, und KEPLER beschrieb eine dritte 1604. Sie alle beschäftigen heute noch die Astronomen.

Der Krebsnebel und der Pulsar NP 0532

Die in chinesischen Annalen verzeichnete Supernova aus dem Jahre 1054 n. Chr. war so hell, daß sie für 23 Tage auch tagsüber beobachtet werden konnte. Erst ein Jahr später verschwand der „neue Stern“ wieder am Nachthimmel. Heute kann man mit einem Teleskop die Überreste der Sternexplosion in dem 4000 Lj entfernten Krebsnebel beobachten (*Abb. 14–29*). Die bizarren, von einem Zentrum wegstrebenden Filamente geben einen anschaulichen Eindruck von der Explosion. Im Laufe der Jahre kann man das Wachsen der Gaswolke verfolgen und eine Ausdehnungsgeschwindigkeit von 1000 km/s berechnen (*Abb. 14–30*). Der Nebel leuchtet nicht nur im sichtbaren Bereich, sondern stellt auch eine starke Radioquelle dar und sendet, wie man 1958 entdeckte, auch Röntgenstrahlung aus. Untrügliche Zeichen wiesen darauf hin, daß die Quelle aller drei Strahlungsarten ein Synchrotronmechanismus ist: Hochenergetische Elektronen kreisen in einem starken Magnetfeld und senden dabei elektromagnetische Strahlung aus, wie dies in einem Synchrotron geschieht. Dabei wird in einer Sekunde so viel Energie abgestrahlt, wie unsere Sonne in 3 Jahren produziert. Um die Frage nach der Energiequelle zu klären, bedurfte es erst einer neuen Entdeckung.

1967 war man erstmals auf eine Radiostrahlung gestoßen, die man in Form einzelner Impulse im Sekundenabstand empfing: Die Radioquellen erhielten den Namen **Pulsar.** 1968 wurde mit dem Radioteleskop von Arecibo ein Pulsar im Zentrum des Krebsnebels entdeckt, dem man die Bezeichnung NP 0532 gab. Die Impulse folgten in einem Abstand von 0,03309 s äußerst regelmäßig und waren mit einer Frequenz von 30 Hz die schnellsten, die man bis dahin beobachtet hatte.

Bei der Diskussion, wie die regelmäßigen Impulse entstehen, schieden Doppelsternsysteme und veränderliche Sterne wegen der hohen Frequenz aus. Übrig blieb nur ein rotierender Körper, der aber nicht allzu groß sein konnte, denn bei einer Drehfrequenz von $f = 30$ Hz wäre schon bei einem Radius von 1500 km Lichtgeschwindigkeit erreicht. Berücksichtigt man noch die große Belastung der ein solcher Körper aufgrund der Fliehkräfte standhalten muß, so blieb als einzige Möglichkeit nur noch ein Neutronenstern übrig, der bis dahin lediglich in der Theorie existierte.

Unschwer waren dann die Drehfrequenz und die Synchrotronstrahlung zu erklären. Man mußte nur annehmen, daß der ursprüngliche Stern einen Drehimpuls und ein Magnetfeld wie unsere Sonne besaß. Beim Zusammensturz des Sterns erhöhte sich wegen der Erhaltung des Drehimpulses die Drehfrequenz. Die magnetischen Feldlinien wurden mit dem Stern komprimiert, so daß sich eine extrem hohe magnetische Flußdichte ergab. Für die Synchrotronstrahlung muß man nun annehmen, daß ein Strom geladener Teilchen ständig den Stern verläßt, wobei die Teilchen spiralig um das Magnetfeld nach außen laufen. Durch die Drehbewegung werden sie dabei so stark beschleunigt, daß sie die Synchrotronstrahlung aussenden. Diese Strahlung wird aber nur in einem engen Winkel um die Richtung der magnetischen Achse ausgesandt.

Sind die magnetische Achse und die Drehachse nicht parallel zueinander – man spricht dann von einem schiefen Rotator –, so kann man verstehen, daß nur in dem Moment, wenn die magnetische Achse auf einen Beobachter zeigt, die Strahlung von diesem wahrgenommen wird (*Abb. 14–31*). 1969 konnte man die Impulse auch im optischen Bereich und bei Röntgenstrahlen nachweisen. Durch die Beschleunigung des Teilchenstroms und die damit verbundene Synchrotronstrahlung sollte der rotierende Neutronenstern Energie verlieren und langsamer werden. Messungen ergaben eine Abnahme der Pulsfrequenz von 36 ns/Tag. Daraus läßt sich die Abnahme der Rotationsenergie eines Neutronensterns abschätzen, die ziemlich genau der vom Krebsnebel ausgesendeten Strahlungsenergie entspricht. Damit war auch die Energiequelle für diese Strahlung gefunden.

Die Suche nach Schwarzen Löchern

Nachdem man Weiße Zwerge und Neutronensterne eindeutig nachgewiesen hatte, suchte man nach der dritten Art, auf die ein Stern enden kann: nach Gravitationskollapsaren oder Schwarzen Löchern. Ist die Restmasse eines kollabierten Sterns größer als 3 Sonnenmassen, so setzt sich der Zusammensturz bis zur Bildung eines Schwarzen Lochs fort. Ein solches Gebilde ist kein Körper im eigentlichen Sinne mehr. Man versteht darunter vielmehr den Raumbereich, in dem der zusammengestürzte Stern verschwunden ist. Die „Oberfläche" dieses Raumbereichs ist die Grenzfläche, an der die zum Verlassen des Schwar-

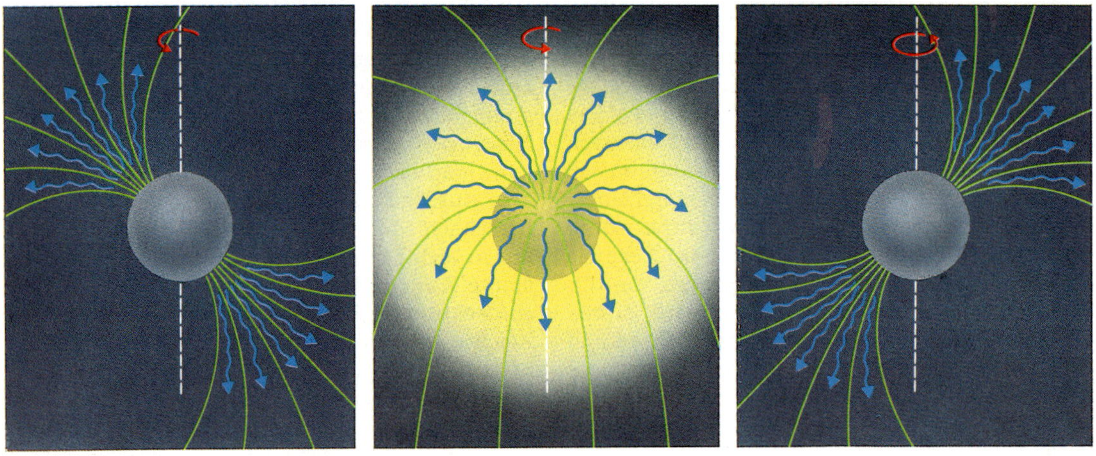

Abb. 14–31: Ein rotierender Neutronenstern, bei dem die Achse des Magnetfeldes nicht parallel zur Drehachse steht, heißt schiefer Rotator. Ist ein Magnetpol dem Beobachter zugekehrt (Mitte), so blinkt der Stern kurzzeitig auf, weil die beobachtete Synchrotronstrahlung hauptsächlich in Richtung der magnetischen Achse ausgesendet wird. Die Synchrotronstrahlung wird von geladenen Teilchen erzeugt, die mit nahezu Lichtgeschwindigkeit spiralig um die Feldlinien nach außen laufen.

zen Lochs erforderliche Geschwindigkeit gleich der Lichtgeschwindigkeit ist. Aus dem Innern selbst können wir niemals irgendwelche Signale erhalten. Wie beobachtet man aber etwas, das sich dem Blick entzieht?

Schwarze Löcher und Neutronensterne haben an ihrer Oberfläche Gravitationsfelder, die etwa eine Milliarde mal stärker als das irdische Gravitationsfeld sind. Wasserstoff, der auf diese Oberfläche stürzt, erhält eine solche Energie, daß er sich auf etwa 100 Millionen Kelvin erhitzt und bei dieser Temperatur eine intensive Röntgenstrahlung aussendet. Der Wasserstoff kann von einem normalen Nachbarstern kommen, mit dem das Schwarze Loch oder der Neutronenstern ein Doppelsternsystem bildet (*Abb. 14–32*).

In den siebziger Jahren hat man mit Röntgensatelliten viele solcher Röntgenquellen entdeckt. In den meisten Fällen konnte man durch optische Beobachtung nachweisen, daß dabei ein normal leuchtender Stern mit einem unsichtbaren Objekt umeinanderkreist. Häufig erwies sich dabei der unsichtbare Begleiter durch eindeutige Indizien als Neutronenstern. In anderen Fällen ist die Möglichkeit gegeben, daß es sich um ein Schwarzes Loch handelt. Das berühmteste Beispiel hierfür ist die Röntgenquelle Cygnus X-1. Sie umkreist im Sternbild Schwan einen schon lange bekannten schwachen Stern. Aus der Bahnbewegung dieses Sterns errechnet man eine Masse des unsichtbaren Begleiters von mindestens acht Sonnenmassen: zuviel für einen Neutronenstern.

Manche Astronomen glauben, daß in den Zentren von Galaxien riesengroße Schwarze Löcher verborgen sind, die die Masse von vielen Millionen Sternen in sich bergen. Man hätte damit den Ansatzpunkt für die Erklärung eines Phänomens, dem erst in jüngster Zeit die Radioastronomie auf die Spur kam: Viele Galaxien schleudern einen eng gebündelten Strahl aus ionisiertem Gas in den intergalaktischen Raum (*Abb. 14–33*). Diese **kosmischen Jets,** die meist sogar paarweise in entgegengesetzten Richtungen aus einer Galaxie austreten, verraten sich durch ihre Radiostrahlung. Ein Jet kann bis zu einer Million Lichtjahre lang sein und eine Energie von 10^{53} Joule enthalten. Das ist so viel Energie, wie wenn man die Masse von zehn Millionen Sternen vollständig in Energie umwandelte. Bei der Erklärung denkt man an rotierende Schwarze Löcher von Milliarden Sonnenmassen, die durch ihr magnetisches Feld nach außen greifen und ionisiertes Gas in Richtung der Drehachsen in den Raum schleudern.

Weiße Zwerge, Neutronensterne und Schwarze Löcher sind Endstadien der Sternentwicklung. Weiße Zwerge und Neutronensterne wurden eindeutig nachgewiesen, von Schwarzen Löchern nimmt man an, daß man sie entdeckt hat.

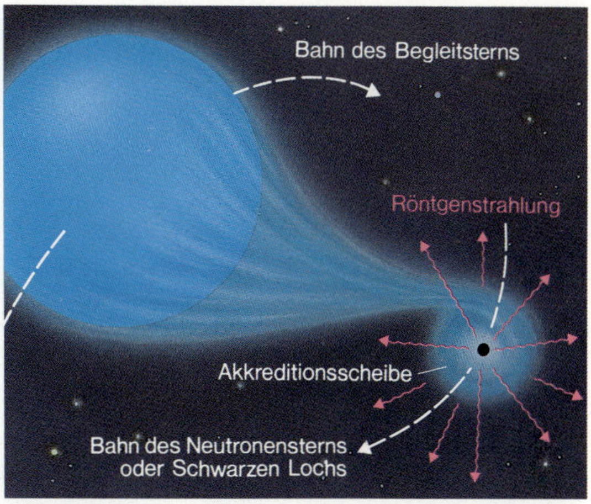

Abb. 14–32: Röntgenquellen erweisen sich häufig als Doppelsternsysteme, bei denen ein hell leuchtender Hauptreihenstern und ein unsichtbarer Begleiter umeinander kreisen. Letzterer besitzt ein so starkes Gravitationsfeld, daß er Gas von dem Stern zu sich herüberzieht, das sich wegen der Drehbewegung erst in einer sogenannten Akkretionsscheibe ansammelt, bevor es auf den Begleiter hinabstürzt. Dabei wird es so stark erhitzt, daß es Röntgenstrahlung aussendet. In einigen Fällen konnte der unsichtbare Begleiter als Neutronenstern nachgewiesen werden, in anderen Fällen ist dessen Masse so groß, daß es sich vermutlich um ein Schwarzes Loch handelt.

Aufgaben

14/30: Rigel ist ein blauweißer Überriese mit der 25 000fachen Sonnenleuchtkraft und der 25fachen Sonnenmasse (*Abb. 14–17*). Wie lange verweilt der Stern auf der Hauptreihe?

14/31: Warum häufen sich im Hertzsprung-Russell-Diagramm die Sterne rechts unten auf der Hauptreihe (→ *Abb. 14–26*)?

14/32: Angenommen die Sonne würde zu einem Neutronenstern zusammenstürzen. Dabei soll der Atomradius von 10^{-10} m auf den Kenradius von 10^{-15} m verkleinert werden. Wie würden sich dann die folgenden Sonnenwerte verändern?

a) Sonnenradius $R_S = 7 \cdot 10^8$ m,
b) Dichte $\varrho_S = 1{,}4$ g/cm^3,
c) Schwerebeschleunigung an der Oberfläche $g_S = 2{,}74 \cdot 10^2$ m/s^2.

14/33: Beim Fall eines Körpers auf einen Stern mit der Masse M und dem Radius R wird eine Endgeschwindigkeit v erreicht, die praktisch gleich der Fluchtgeschwindigkeit ist (→ *2.3.2*). Berechnen Sie die Geschwindigkeit v, mit der ein Teilchen auf die Oberfläche eines Neutronensterns stürzt, der die Masse $M = 1\ M_\odot$ und $R = 10$ km hat.

14/34: Berechnen Sie den Schwarzschild-Radius R für einen Körper von a) einer Sonnenmasse, b) der Masse der Erde.

14/35: Der Krebsnebel ist 4000 Lj entfernt und hat an seiner breitesten Stelle einen scheinbaren Durchmesser von $0{,}1^0$. Schätzen Sie anhand *Abb. 14–30* die Geschwindigkeit ab, mit der sich der Nebel ausdehnt.

14/36: Die Sonne dreht sich in 27 Tagen einmal um ihre Achse. Wie groß wäre die Rotationsfrequenz, wenn die

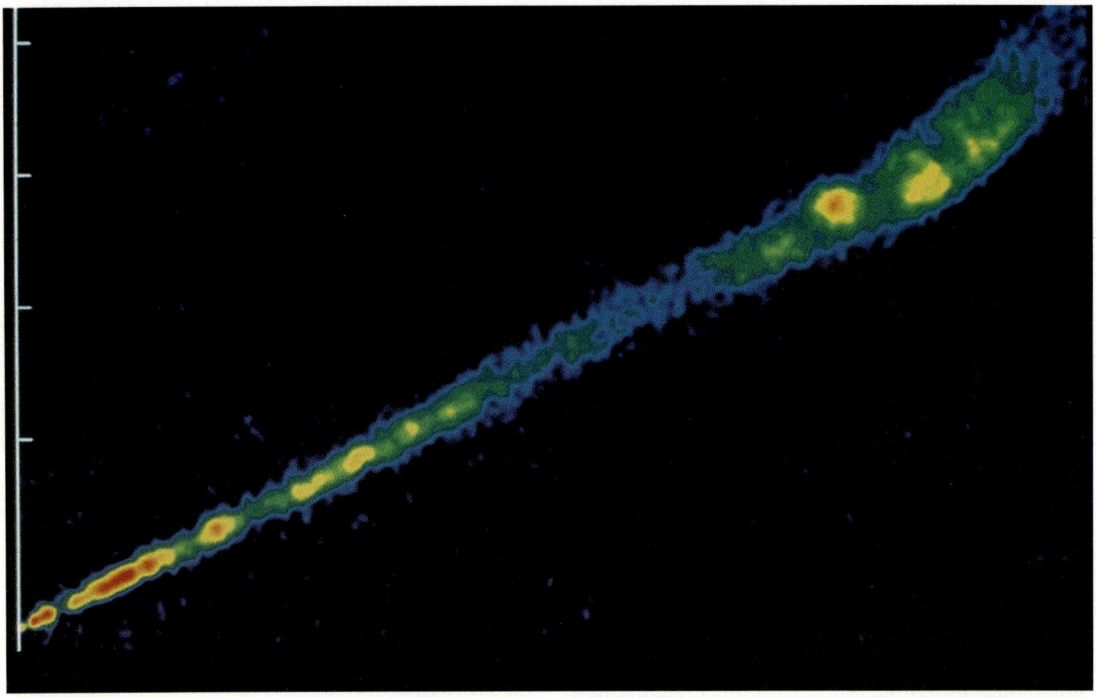

Abb. 14–33: Ein kosmischer Jet aus ionisiertem Gas schießt schnurgerade aus der Galaxis NGC 6251 (unten links) hervor. Der Jet hat die enorme Länge von 400 000 Lichtjahren und ist damit 4mal größer als der Durchmesser der Milchstraßengalaxis. Die Aufnahme wurde mit den 27 gekoppelten Radioteleskopen des „Very Large Array" in Neu-Mexiko gewonnen. Die Farben kennzeichnen Bereiche unterschiedlich intensiver Radiostrahlung.

Sonne zu einem Neutronenstern mit einem Radius von 10 km zusammenstürzte? (Das Trägheitsmoment einer Kugel vom Radius r und der Masse m beträgt $J = 0{,}4\ mr^2$ → *1.4.2.*)

14.3 Das Universum

Die Sterne stehen nicht einzeln im Universum, sondern bilden Sternsysteme, die viele Milliarden Sterne enthalten. Unser Milchstraßensystem umfaßt etwa 200 Milliarden Sterne, von denen einer die Sonne ist. Die anderen Sternsysteme, die man als Galaxien bezeichnet, sind so weit entfernt, daß man nur bei den nächsten (z. B. dem 2,2 Millionen Lichtjahre entfernten Andromedanebel) mit großen Fernrohren einzelne Sterne erkennen kann (*Abb. 14–3*).

14.3.1 Das Milchstraßensystem

Noch zu Beginn unseres Jahrhunderts glaubte man, daß die Milchstraße das einzige Sternsystem im Weltall sei. Man stützte sich dabei auf umfangreiche Sternbeobachtungen des Engländers William HERSCHEL aus dem 18. Jahrhundert. Er hatte erkannt, daß die Sterne nicht gleichmäßig am Himmel verteilt sind, sondern sich längs eines Bandes konzentrieren, das man als „Milchstraße" in klaren Nächten am Himmel erkennt. HERSCHEL schloß daraus, daß die Sterne in einer linsenförmigen Anordnung gruppiert sind, in deren Mittelpunkt die Sonne stehen sollte.

Erst in unserem Jahrhundert erkannte Harlow SHAPLEY (1885–1972), daß sich die Sonne nicht nahe des Zentrums, sondern am galaktischen Rand befindet. SHAPLEY studierte kugelförmige Sternhaufen (*Abb. 14–34*), von denen man bis heute mehr als 100 entdeckt hat, und bemerkte, daß sie nicht, wie man hätte erwarten können, zufällig am Himmel verteilt sind. Vielmehr verdichten sie sich in Richtung des Sternbildes Schütze (Sagittarius). Zurecht schloß SHARPLEY daraus, daß sich dort das Zentrum des Milchstraßensystems befindet.

Könnten wir das Milchstraßensystem von außen aus großer Entfernung beobachten, so böte sich uns der Anblick einer flachen runden Scheibe, bestehend aus Spiralarmen mit einem hellen Kern in der Mitte, ähnlich dem Bild des Andromedanebels, der Schwestergalaxie der Milchstraße (*Abb. 14–3*). Den Durchmesser der Scheibe schätzt man heute auf 100 000 Lichtjahre und die Entfernung der Sonne vom Zentrum auf 30 000 Lichtjahre. Der dichte, hel-

Abb. 14–34: Der Kugelsternhaufen M 13 im Sternbild Hercules ist einer der eindrucksvollsten Sternhaufen am nördlichen Sternhimmel. Er ist 24 000 Lichtjahre von der Sonne entfernt.

le Kern in der Mitte besteht aus vielen Millionen sehr alter Sterne und enthält nur sehr wenig Gas. Umgeben ist der Kern von einer flachen Scheibe aus Sternen jeglichen Alters und interstellarer Materie aus Gas und Staub, die dort etwa 10% der Masse ausmacht.

Die jungen Sterne und die interstellare Materie sind dabei in den Spiralarmen konzentriert, während sich die älteren Sterne gleichmäßig über die Scheibe verteilen. Die Scheibe ist eingebettet in eine etwa kugelrunde Wolke sehr geringerer Dichte, den sogenannten Halo (*Abb. 14–35*). Zum Halo gehören eine große Zahl einzelner Sterne sowie vor allem die Kugelsternhaufen, die auf elliptischen Bahnen das Zentrum umlaufen. Diese Kugelsternhaufen, von denen etwa 125 bekannt sind, enthalten fast eine halbe Million Sterne. Es sind sehr alte Sterne, da sich die Kugelsternhaufen in der Frühgeschichte unserer Galaxie, also vor mehr als 10 Milliarden Jahren gebildet haben (*Abb. 14–34*).

Die Vorgänge im Kern sind noch weitgehend unbekannt, denn durch die Lichtabsorption der interstellaren Materie ist uns der Blick in das Zentrum des Milchstraßensystems verwehrt. Ohne diese Absorption würde das Licht vom hellen Kern der Galaxie ausreichen, um den Nachthimmel zu erhellen.

Aufgrund der Beobachtung der Eigenbewegung naher Sterne und der Doppler-Verschiebung (→ *8.2.6*) der 21-cm-Linie des interstellaren Wasserstoffs weiß man, daß die Scheibe des Milchstraßensystems um das Zentrum rotiert. Die Bahnen der Sterne sind dabei weitgehend kreisförmig. Die Scheibe rotiert jedoch nicht wie ein starrer Körper mit konstanter Winkelgeschwindigkeit, denn zum Innern hin nimmt die Dauer für einen Umlauf ab (*Tab. 14–3*).

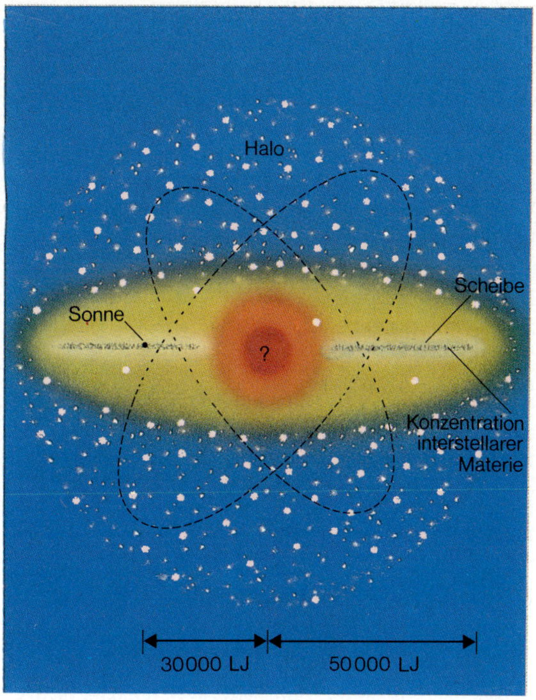

Abb. 14–35: Das Milchstraßensystem mit dem zentralen Kern, der rotierenden Scheibe und dem Halo, in dem viele Kugelsternhaufen auf elliptischen Bahnen um den Kern laufen.

Abstand vom Zentrum in kLj	Rotations-geschwindigkeit in km/s	Dauer eines Umlaufs in Millionen Jahre
2,7	137	38
12,7	209	115
26,7	**217**	**234**
50	150	600

Tab. 14–3: Zur Rotation des Milchstraßensystems; die hervorgehobenen Werte gelten für die Sonnenumgebung.

Aus der Rotation des Milchstraßensystems läßt sich dessen Schwerefeld und damit die Massenverteilung innerhalb der Galaxie berechnen. Als Ergebnis erhält man, daß von den 220 Milliarden Sonnenmassen, die die Gesamtmasse der Milchstraße darstellen, sich etwa Dreiviertel im zentralen Kern befinden.

Über die Entstehung des Milchstraßensystems lassen sich auch heute nur plausible Vermutungen anstellen. Man weiß, daß die Milchstraße vor gut 10 Milliarden Jahren eine Gaswolke von etwa der heutigen Ausdehnung war, in der sich die nach innen gerichteten Kräfte der Gravitation und die nach außen treibenden Kräfte der inneren Turbulenz das

Gleichgewicht hielten. Zu dieser Zeit kondensierten kleine dichte Wolken, aus denen sich dann die Kugelsternhaufen bildeten. Auch die anderen Sterne des Halos entstanden zu dieser Zeit. Durch Reibung nahm die kinetische Energie der turbulenten Strömung ab, einer weiteren Kontraktion stand aber der ursprünglich zufällig vorhandene Drehimpuls der Wolke entgegen. Da dieser Drehimpuls erhalten bleiben muß, zog sich die Wolke nicht zum Zentrum sondern zur Rotationsebene hin zusammen; so entstand eine rotierende Gasscheibe, in der die meisten Sterne entstanden.

Aufgaben

14/37: Die gesamte Masse des Milchstraßensystems umfaßt 220 Milliarden Sonnenmasen; der Abstand der Sonne vom Zentrum beträgt 26 700 Lichtjahre. Berechnen Sie die Umlaufgeschwindigkeit der Sonne unter folgenden Annahmen:

a) Die Gesamtmasse der Milchstraße befände sich im zentralen Kern.

b) Die Gesamtmasse wäre gleichmäßig in einer Scheibe mit dem Radius $R = 50\,000$ Lj verteilt.

Vergleichen Sie mit dem tatsächlichen Wert von $v = 217$ km/s.

14/38: Vor 150 Jahren stellte der Arzt Wilhelm OLBERS folgende, als Olberssches Paradoxon bekannte Überlegung an: Angenommen die Sterne wären gleichmäßig am Himmel verteilt und kein Ort des Universums sei vor dem anderen ausgezeichnet, so wäre die Dichte der Sterne überall gleich groß. Denkt man sich Kugelschalen von gleicher Dicke und zunehmendem Radius r um uns geschichtet, so würde die Zahl der Sterne in jeder Schale ebenso wie deren Oberfläche mit dem Quadrat des Radius anwachsen.
Gleichzeitig würde die Bestrahlungsstärke, die die Sterne mit ihrem Licht auf der Erde hervorrufen, mit $1/r^2$ wegen des größer werdenden Abstands abfallen. Das wegen des größer werdenden Abstands schwächer werdende Licht würde also durch die Zunahme der Sterne in jeder Kugelschale ausgeglichen: Von jeder Kugelschale erhielten wir die gleiche Menge Licht. Nun kann man das Licht nahezu unendlich vieler Schalen summieren und man erhält einen Himmel, der auch nachts taghell ist.
Was läßt sich aus heutiger Sicht zum Olbersschen Paradoxon sagen?

14.3.2 Kosmologie

Extragalaktische Nebel

Bereits im 18. Jahrhundert war die Vermutung aufgekommen, daß es sich bei manchen der nebelförmigen Flecken, die man mit dem Fernrohr entdeckte, um Objekte außerhalb unserer Galaxis handelt. Bei einigen Nebeln – z. B. dem berühmten Orionnebel – hatte man zwar erkannt, daß hier leuchtende Gaswolken innerhalb des Milchstraßensystems vorliegen, aber insbesondere die Spiralnebel wiesen durch ihre einheitliche Struktur darauf hin, daß man es hier mit eigenen Sternsystemen außerhalb der Milchstraße zu tun hat.

Zur Gewißheit wurde diese Vermutung aber erst im Jahre 1923, als Edwin HUBBLE das größte Teleskop der damaligen Zeit, den 2,5-m-Reflektor auf dem Mount Wilson (USA), auf die hellsten Spiralnebel richtete und einzelne Sterne mit Langzeitaufnahmen fotographieren konnte. Man entdeckte in diesen fernen Galaxien, so bezeichnet man heute Sternsysteme, all die besonderen Objekte, die man von der Milchstraße her kennt: Sternhaufen, Veränderliche, leuchtende Gasnebel, Dunkelwolken, Novae und Supernovae. Im Andromedanebel hat man inzwischen 200 Kugelsternhaufen gefunden, mehr als in unserer eigenen Galaxis. Die Beobachtung einzelner Sterne ermöglichte die Entfernungsbestimmung (→ *14.1.1*), die für die nächsten Galaxien zu einigen Millionen Lichtjahren führte.
Mit leistungsfähigeren Teleskopen und den neuen Beobachtungstechniken der Röntgen- und Radioastronomie drang der Blick immer weiter in die Tiefe des Weltalls vor. Man entdeckte zunehmend bizarrer werdende Objekte, die man als eigentümliche Galaxien bezeichnete. Hierzu gehören die Seyfert-Galaxien, das sind Spiralgalaxien mit einem äußerst hellen inneren Kern. Die Emissionslinien sind durch den Doppler-Effekt stark verbreitert, woraus sich eine Geschwinigkeit bis zu 5000 km/s der emittierenden Gasmassen ergibt. Bei solch hohen Geschwindigkeiten vermag ein Teil des Gases aus dem Kern zu entweichen, ein Vorgang, der in unserer Milchstraße nicht beobachtet wird. Da ein Blick in die Tiefe des Raums auch gleichzeitig ein Blick in die Vergangenheit des Universums ist, glaubt man, in den eigentümlichen Galaxien Sternsysteme in einem frühen Zustand ihrer Entwicklung zu sehen. Dies gilt auch für die Quasare, von denen man annimmt, daß es im Entstehungsprozeß befindliche Galaxien sind. Quasare scheinen so hell wie tausend normale Galaxien, weswegen wir sie überhaupt noch beobachten können. Selbst der nächste Quasar ist mehrere Milliarden Lichtjahre entfernt. In den Quasaren sieht man die entferntesten Objekte, die gleichzeitig den weitesten Blick zurück in die Vergangenheit gestatten.

Die Expansion des Universums

In *Abschnitt 14.2.1* hatten wir uns damit befaßt, daß die Spektren entfernter Galaxien alle eine Rotverschiebung zeigen, wobei die Rotverschiebung um so stärker ist, je weiter die Objekte von uns entfernt sind. Diese Verschiebung der Spektrallinien in den Bereich größerer Wellenlängen läßt sich nur mit dem Doppler-Effekt erklären, demzufolge alle Galaxien (sieht man von der Lokalen Gruppe ab) eine von uns weg gerichtete Geschwindigkeit haben. HUBBLE erkannte den proportionalen Zusammenhang zwischen der Radialgeschwindigkeit v und der Entfernung r und hatte damit eine wichtige Methode zur Entfernungsbestimmung extragalaktischer Objekte gefunden:

$$v = H\,r \quad \text{mit der Hubble-Konstante} \quad H = 75\,\frac{\text{km/s}}{\text{Mpc}}\,.$$

Diese Proportionalität zwischen der radialen Fluchtgeschwindigkeit v und der Entfernung r gilt gleichermaßen für alle Galaxien unabhängig von ihrem Typ, und sie wird in allen Richtungen gemessen. Das Gesetz besagt jedoch nicht, daß das Milchstraßensystem der Mittelpunkt des Universums ist; bezieht man sich auf eine andere Galaxis, so gilt dort das gleiche Gesetz. Alles fliegt auseinander, die Welt dehnt sich gleichmäßig aus, das Universum „expandiert".

Die von HUBBLE im Jahre 1929 aufgestellte Hypothese von der Expansion des Universums führt zu folgender Überlegung: Geht man davon aus, daß sich die heute gemessenen Radialgeschwindigkeiten in der Vergangenheit nicht wesentlich geändert haben, so waren vor einer bestimmten Zeit T alle Teile dieser Welt auf engstem Raum zusammen. Der belgische Kosmologe George LEMAITRE schlug vor, daß in einem **Urknall** das Universum explodierte und seit dieser Zeit auseinander strebt. Materiewolken mit unterschiedlichen Anfangsgeschwindigkeiten haben bis heute einen zu diesen Geschwindigkeiten proportionalen Weg zurückgelegt. Die Zeit T läßt sich damit aus dem von HUBBLE aufgestellten Gesetz berechnen:

$$v = H\,r \approx konstant = \frac{r}{T}\,;$$

daraus folgt

$$T = \frac{1}{H} = \frac{\text{Mpc}}{75\ \text{km/s}} = \frac{30{,}86 \cdot 10^{18}\ \text{km}}{75\ \text{km/s}} = 13\ \text{Mrd. Jahre}\,.$$

Diese Expansionszeit von 13 Milliarden Jahren müssen wir als Alter unseres Universums ansehen. Tatsächlich wird die Zeit etwas kleiner sein, denn bei der Expansion wird wegen der Massenanziehung die Bewegung gebremst; die potentielle Energie der Gravitation wächst auf Kosten der kinetischen Energie, so daß die Fluchtgeschwindigkeiten vor Milliarden von Jahren größer waren. So kommt man zu einer Schätzung des Alters des Universums von etwa 10 Milliarden Jahren.

Es ist eine wichtige Stütze der Theorie, daß man bei der Abschätzung des Alters der Kugelsternhaufen, die man als die ältesten Gebilde im Milchstraßensystem kennt, auf die gleiche Zeit kommt. Auch das Alter der Erde, das man aus der Anhäufung der Zerfallsprodukte beim radioaktiven Zerfall des Urans oder Radiums zu 4 Milliarden Jahren bestimmt, fügt sich in diese Zeitskala ein. In Übereinstimmung damit schätzt man das Alter unserer Sonne anhand der Theorie der Sternentwicklung auf 4,5 Milliarden Jahre. Wegen des Vorhandenseins von Schwermetallen im Sonnensystem muß die Sonne jünger als das Universum sein, denn Schwermetalle entstanden bei Supernova-Zusammenbrüchen früherer Sterne.

Es bleibt die Frage nach dem weiteren Verlauf der Expansion. Wenn die gesamte Masse im Universum genügend groß und damit das Anwachsen der potentiellen Energie der Gravitation ausreichend ist, so kann es zu einem Stillstand der Fluchtbewegung und einer anschließenden Kontraktion des Universums mit einem erneuten Urknall als Folge kommen. Man spricht in diesem Fall von einem elliptischen Universum, im anderen Fall, wenn die Expansion zwar zunehmend verlangsamt, aber ewig andauert, von einem hyperbolischen Universum. Heutige Abschätzungen der Gesamtmasse des Weltalls führen zu einem hyperbolischen Universum. Demnach wäre das Universum ein einmaliges Ereignis.

Die kosmische Hintergrundstrahlung

Im Jahre 1965 machten die Amerikaner PENZIAS und WILSON eine Entdeckung, die man in der Folge als eine solch bedeutsame Stütze für die Theorie vom Urknall ansah, daß man ihnen dafür 1978 den Nobelpreis für Physik zuerkannte. Bei dem Versuch, die Empfindlichkeit einer Empfangsanlage für Radiowellen von 7,35 cm zu vergrößern, stießen sie auf eine schwache Strahlung, die unabhängig von der Orientierung der Hornantenne aus allen Richtungen des Weltalls gleichmäßig einfiel. Diese isotrope Strahlung ist demnach im Universum vorhanden, ohne eine bestimmte Quelle zu haben. Man erinnerte sich einer auf GAMOV zurückgehenden Theorie vom Urknall, nach der in einem frühen Stadium des Universums zwischen 1 s und 1 000 000 a nach dem Urknall ein solch starkes Strahlungsfeld herrschte, daß in dieser Zeit Elektronen und Protonen nicht zu Wasserstoff kondensieren konnten. Durch die Expansion des Universums nahm die Energiedichte der Strahlung ab, sie wurde längerwellig und kühlte ab, so daß erst 1 Mio. Jahre nach dem Urknall Materie, Gaswolken, Galaxien und Sterne entstehen konnten. Während zuvor die Strahlung ständig an den reichlich vorhandenen Elektronen gestreut wurde, war sie nun von der Materie „entkoppelt", denn die Materie ist im Weltall so dünn vorhanden, daß Absorption und Emission am Energieinhalt des Strahlungsfeldes merklich nichts mehr ändern. Der ursprüngliche „Feuerball" sollte also nach wie vor noch vorhanden sein, nur hatte er sich mit der Expansion des Universums ausgedehnt und dabei abgekühlt. Es sollte sich dabei um die gleiche Strahlungsverteilung handeln (man nennt sie „Hohlraumstrahlung"), wie sie in *Abb. 14–15* für Temperaturen über 1000 K dargestellt ist. Aufgrund der heutigen Ausdehnung des Universums hatte man abgeschätzt, daß die Temperatur der Strahlung je-

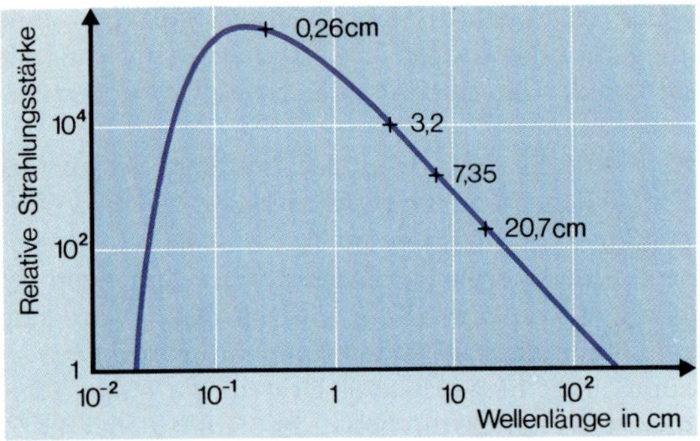

Abb. 14–36: Meßpunkte der kosmischen Hintergrundstrahlung bei verschiedenen Wellenlängen in doppellogarithmischer Darstellung. Den Meßpunkten ist die Kurve einer Hohlraumstrahlung von 2,7 K angepaßt.

doch nur noch einige Kelvin über dem absoluten Temperaturnullpunkt betragen sollte. Nach dem Wienschen Verschiebungsgesetz (→ *14.2.3*) entspricht dem ein Intensitätsmaximum der Strahlung bei einer Wellenlänge von einigen Millimetern. Daraufhin wurden Messungen der Strahlungsintensität im Wellenlängenbereich um 1 cm durchgeführt. Die Ergebnisse sind in *Abb. 14–36* dargestellt: Die gemessene relative Strahlungsintensität bei Wellenlängen von 0,26 cm, 3,2 cm, 7,35 cm und 20,7 cm läßt sich sehr gut durch die theoretische Kurve einer Hohlraumstrahlung von $T = 2{,}7$ K beschreiben. Messungen bei einer Wellenlänge unter 1 mm, die den Anstieg der Kurve bestätigen, konnten allerdings noch nicht durchgeführt werden.

Die allgemeine Rotverschiebung entfernter Galaxien führte zur Vorstellung von einem expandierenden Universum, dem vor etwa 10 Milliarden Jahren der Urknall vorausging. In der kosmischen Hintergrundstrahlung glaubt man den Nachhall des ursprünglichen „Feuerballs" entdeckt zu haben, der in den ersten Millionen Jahren das Universum beherrschte.

Aufgaben

14/39: Wählen Sie eine Galaxie, die sich mit der Geschwindigkeit v_0 von uns weg bewegt als Ursprung eines Bezugssystems, und zeigen Sie, daß auch in diesem Bezugssystem das Hubblesche Gesetz gilt.

14/40: Aus der Rotverschiebung ergibt sich für den Gemini-Haufen eine Radialgeschwindigkeit von 23 000 km/s, für den Hydra-Haufen von 60 000 km/s. Welche Entfernungen haben diese Galaxienhaufen?

14/41: Der Virgo-Galaxienhaufen, 70 Millionen Lichtjahre entfernt, ist der Kern eines Superhaufens zu dem auch unsere Lokale Gruppe gehört. Wie groß ist die Fluchtgeschwindikgkeit des Virgo-Haufens?

14/42: War die Hubble-Konstante vor 5 Mrd. Jahren größer oder kleiner als heute? Was folgt daraus, wenn man die Hubble-Konstante aus der Rotverschiebung sehr weit entfernter Galaxien bestimmt?

14/43: Bei welcher Wellenlänge sollte das Strahlungsmaximum einer Hohlraumstrahlung von 2,7 K liegen?

Anhang

Tabellen und Tafeln

SI-Basiseinheiten (Système International d'Unités)

Basisgröße	Name	Einheitenzeichen	Seite
Länge	das Meter	m	5
Masse	das Kilogramm	kg	31
Zeit	die Sekunde	s	4
elektrische Stromstärke	das Ampere	A	176
Temperatur (thermodynamische)	das Kelvin	K	145
Lichtstärke	die Candela	cd	–
Stoffmenge	das Mol	mol	142

Früher gebräuchliche Einheiten und SI-Einheiten

Soweit nicht unmittelbar ersichtlich, ist die Definition der Einheit gesondert aufgeführt.

Kraft:				
Kilopond[1])	Gewichtskraft eines Körpers der Masse 1 kg am Normort (g = 9,806 65 m/s^2).			
	1 kp	= 9,806 65 N ≈ 9,81 N		
	1 N	= 0,101 97 kp ≈ 0,102 kp		
Dyn[1])	1 dyn	= 1 g cm/s^2 = 10^{-5} N		
	1 N	= 10^5 dyn		
Druck:				
physikalische Atmosphäre[1])	Druck einer Quecksilbersäule von 760 mm Höhe am Normort.			
	1 atm	= 1,013 25 · 10^5 Pa	= 1,013 25 bar	
	1 Pa	= 10^{-5} bar	= 9,869 23 · 10^{-6} atm	
technische Atmosphäre[1])	1 at	= 1 kp/cm^2	= 9,806 65 · 10^4 Pa	
			= 0,980 665 bar	
	1 Pa	= 10^{-5} bar	= 1,019 716 · 10^{-5} at	
Torr[1]) bzw. konventionelle Millimeter Quecksilbersäule[1])	Druck einer Quecksilbersäule von 1 mm Höhe am Normort.			
	1 Torr	= 1 mm Hg	= 1,333 22 · 10^2 Pa	
		= $\frac{1}{760}$ atm	= 1,333 22 mbar	
	1 Pa	= 10^{-2} mbar	= 7,500 62 · 10^{-3} Torr	
			= 7,500 62 · 10^{-3} mm Hg	
Arbeit, Energie:				
Kilopondmeter[1])	1 kpm	= 9,806 65 J	= 2,3422 cal	
Kalorie[1])	Wärmeenergie, um die Temperatur einer Wassermenge der Masse 1 g von 14,5 °C auf 15,5 °C zu erhöhen.			
	1 cal	= 4,1868 J	= 0,426 94 kpm	
Erg[1])	1 erg	= 1 g cm^2/s^2	= 10^{-5} J	
	1 J	= 0,101 97 pkm	= 0,238 84 cal = 10^5 erg	
Leistung:				
Pferdestärke[1])	1 PS	= 735,5 W	= 75 kpm/s	= 1,7567 · 10^2 cal/s
	1 kpm/s	= 9,806 65 W	= 1,3333 · 10^{-2} PS	= 2,3422 cal/s
	1 cal/s	= 4,1868 W	= 0,42694 kpm/s	= 0,5692 · 10^{-2} PS
	1 W	= 1,3596 · 10^{-3} PS	= 0,10197 kpm/s	= 0,23884 cal/s

[1]) Veraltete, nicht mehr zugelassene Einheiten.

Physikalische Größen

Name und Zeichen	Definitionsgrundlage	Einheit	Seite
Länge $\vec{l}, \vec{a}, \vec{h}, \vec{s}, \vec{r} \ldots$	Basisgröße	1 m (m: Meter)	5
Fläche A	$A = l\,b$ (Rechteck)	$1\ m^2$	
Volumen V	$V = l\,b\,h$ (Quader)	$1\ m^3$	
Zeit t, Periode T	Basisgröße	1 s (s: Sekunde)	4, 24
Geschwindigkeit $\vec{v}, \vec{c}$	$\vec{v} = \dot{\vec{s}}$ ($\vec{v} = \vec{s}/t$)	1 m/s	6
Beschleunigung $\vec{a}, \vec{g}$	$\vec{a} = \dot{\vec{v}} = \ddot{\vec{s}}$ ($\vec{a} = \vec{v}/t$)	$1\ m/s^2$	11, 18
Frequenz f	$f = n/t$	1/s = 1 Hz (Hz: Hertz)	24
Winkel φ	$\varphi = b/r$	– (1 rad) (*s. S. 24*)	24
Winkelgeschwindigkeit ω	$\omega = \dot{\varphi}$ ($\omega = \varphi/t$)	1/s	24
Winkelbeschleunigung α	$\alpha = \dot{\omega} = \ddot{\varphi}$ ($\alpha = \omega/t$)	$1/s^2$	69
Masse m (träge Masse)	Basisgröße	1 kg (kg: Kilogramm)	31
Dichte ϱ	$\varrho = m/V$	$1\ kg/m^3$	31
Impuls $\vec{p}$	$\vec{p} = m\,\vec{v}$	1 kg m/s	61
Kraft $\vec{F}$, Gewicht $\vec{G}$	$\vec{F} = \dot{\vec{p}}$ ($\vec{F} = m\,\vec{a}$)	$1\ kg\,m/s^2 = 1\ N$ (N: Newton)	35
Druck p	$p = F/A$	$1\ kg/(ms^2) = 1\ N/m^2$ = 1 Pa (Pa: Pascal) 1 bar = 10^5 Pa (bar: Bar)	145
Arbeit W, Energie E	$W = \int \vec{F} \cdot d\vec{s}$ ($W = F\,s$)	$1\ kg\,m^2/s^2 = 1\ Nm = 1\ J$ = 1 Ws (J: Joule, W: Watt)	51, 57
Leistung P	$P = \dot{W}$ ($P = W/t$)	$1\ kg\,m^2/s^3 = 1\ J/s = 1\ W$	53
Drehmoment $\vec{M}$	$\vec{M} = \vec{r} \times \vec{F}$	$1\ kg\,m^2/s^2 = 1\ Nm$	67
Trägheitsmoment J	$J = M/\alpha$	$1\ kg\,m^2 = 1\ N\,m\,s^2$	70
Drehimpuls L	$L = J\,\omega$	$1\ kg\,m^2/s = 1\ N\,m\,s$	72
Gravitationsfeldstärke G^*	$G^* = F/m$	1 N/kg	87
Gravitationspotential V	$V = W/m$	1 J/kg	90
Schwere Masse m (wie [träge] Masse)	Basisgröße	1 kg	91
Temperatur (Kelvin-)T	Basisgröße	1 K (K: Kelvin)	147
Temperatur (Celsius-) ϑ	$\vartheta = T$ °C/K−273,16°C	1 °C (C: Celsius)	145
Stoffmenge n	Basisgröße	1 mol (1 kmol) (mol: Mol)	143
Molvolumen V_m	$V_m = V/n$	$1\ m^3/mol$	143
Molare Masse M_n	$M_n = m/n$	1 kg/mol	–
Relative Atommasse A_r	$A_r = m_{Atom}/\frac{1}{12}m_{12C}$	–	142
Relative Molekülmasse M_r	$M_r = m_{Molekül}/\frac{1}{12}m_{12C}$	–	142
Wärmemenge Q	$Q = c\,m\Delta T$	1 J = 1 Ws	155
Spez. Wärmekapazität c	$c = Q/(m\Delta T)$	1 J/(kg K)	155
Molwärme C_m	$C_m = Q/(n\,\Delta T)$	1 J/(kmol K)	155
Entropie S	$\Delta S = Q/\,T$	1 J/K	167
Elektrische Stromstärke I	Basisgröße	1 A (A: Ampere)	176
Elektrische Ladung Q	$Q = I\,t$	1 A s = 1 C (C: Coulomb)	177
Elektrische Feldstärke $\vec{E}$	$\vec{E} = \vec{F}/Q$	1 N/C = 1 V/m	182
Elektrisches Potential V	$V = W/Q$	1 J/C	192
Elektrische Spannung U	$U = \Delta V$	1 J/C = 1 J/(A s) = 1 V (V: Volt)	193
Elektrischer Widerstand R	$R = U/I$	1 V/A = 1 Ω (Ω: Ohm)	172

Physikalische Größen (Fortsetzung)

Name und Zeichen	Definitionsgrundlage	Einheit	Seite
Elektrische Leistung P	$P = UI = W/t$	1 V A = 1 W (W: Watt)	173
Elektrische Energie W	$W = UIt$	1 V A s = 1 Ws = 1 J	173
Elektrischer Fluß Ψ	$\Psi = \varepsilon_0 \vec{E} \cdot \vec{A}$	1 C	186
Kapazität C	$C = Q/U$	1 C/V = 1 F (F: Farad)	198
Magnetische Flußdichte B	$B = F/(Il)$ für $I \perp F$ $(\vec{I}\, l) \times \vec{B} = \vec{F}$	1 N/(A m) = 1 V s/m² = 1 T (T: Tesla)	225
Magischer Fluß Φ	$\Phi = \vec{B} \cdot \vec{A}$	1 V s = 1 T m² = 1 Wb (Wb: Weber)	226
Induktivität L	$L = -U_i/\dot{I}$	1 V s/A = 1 H (H: Henry)	252
Aktivität A	$A = -dN/dt$	1/s = 1 Bq (Bq: Bequerel)	

Dichte ϱ und relative Atommasse A_r (Molekülmasse M_r) einiger fester, flüssiger und gasförmiger Stoffe[1])

Feste Stoffe	Formel	ϱ in 10^3 kg/m³ bei 20° C	A_r
Aluminium	Al	2,702	26,982
Blei	Pb	11,34	207,19
Eisen	Fe	7,86	55,847
Germanium	Ge	5,35	72,59
Gold	Au	19,29	196,967
Kohlenstoff	C		12,0112
Graphit		2,24	
Diamant		3,52	
Kupfer	Cu	8,92	63,54
Platin	Pt	21,45	195,09
Silber	Ag	10,5	107,870
Silizium	Si	2,42	28,086
Uran	U	18,7	238,03
Wismut	Bi	9,80	208,980
Zink	Zn	7,14	65,37
Beton		1,6–2,4	
Glas		2,4–2,6	
Holz		0,2–1,0	
Marmor		2,7	
Sand		1,5–1,7	
Flüssige Stoffe	**Formel**	**ϱ in 10^3 kg/m³ bei 20° C**	**M_r**
Wasser	H_2O	0,9982	18,015
Äthylalkohol	C_2H_6O	0,7894	46,069
Glyzerin	$C_3H_8O_3$	1,261	92,095
Quecksilber	Hg	13,546	200,59 (A_r)
Ölsäure	$C_{18}H_{34}O_2$	0,8935	282,45
Gasförmige Stoffe	**Formel**	**ϱ in kg/m³ bei 0° C und 1013 mbar**	**A_r bzw. M_r**
Wasserstoff	H_2	0,08988	2,016
Helium	He	0,1785	4,003
Neon	Ne	0,9002	20,183
Stickstoff	N_2	1,2505	28,013
Sauerstoff	O_2	1,42895	31,999
Kohlenstoffdioxyd	CO_2	1,9769	44,010
Luft		1,2929	28,96

[1]) nach Kohlrausch 1968

Physikalische Konstanten[1])

Name und Zeichen	Größenwert		Seite
Erdbeschleunigung g (Normwert)	g	$= 9{,}806\,65$ m/s^2	18
Lichtgeschwindigkeit c	c	$= 2{,}997\,924\,58 \cdot 10^8$ m/s [2])	292
Gravitationskonstante γ	γ	$= (6{,}672\,59 \pm 0{,}000\,85) \cdot 10^{-11}$ m^3/(kg s^2)	82
Avogadro-Konstante N_A	N_A	$= (6{,}022\,136\,7 \pm 0{,}000\,003\,6) \cdot 10^{26}$/kmol	144
Molvolumen (0° C, 1013,25 mbar) V_m	V_m	$= (22{,}414\,10 \pm 0{,}000\,19)$ m^3/kmol	143
Universelle Gaskonstante R	R	$= (8{,}314\,510 \pm 0{,}000\,070) \cdot 10^3$ J/(K kmol)	148
Boltzmann-Konstante k	k	$= (1{,}380\,658 \pm 0{,}000\,012) \cdot 10^{-23}$ J/K	154
Atomare Masseneinheit 1 u	1 u	$= (1{,}660\,540\,2 \pm 0{,}000\,001\,0) \cdot 10^{-27}$ kg	000
Wasserstoff-Atommasse m_H	m_H	$= (1{,}673\,533\,9 \pm 0{,}000\,001\,0) \cdot 10^{-27}$ kg	144
Magnetische Feldkonstante μ_0	μ_0	$= 4\pi \cdot 10^{-7}$ Vs/(Am)	241
		$= (1{,}256\,637\,061\,4\ldots) \cdot 10^{-8}$ Vs/(Am) [3])	
Elektrische Feldkonstante ε_0	ε_0	$= 1/(\mu_0 c^2)$	184
		$= (8{,}854\,187\,817\ldots) \cdot 10^{-12}$ Am/(Vs) [3])	
Faraday-Konstante F	F	$= (9{,}648\,530\,9 \pm 0{,}000\,002\,9) \cdot 10^7$ C/kmol	207
Elementarladung e	e	$= (1{,}602\,177\,33 \pm 0{,}000\,000\,49) \cdot 10^{-19}$ C	209
Masse des Elektrons m_e	m_e	$= (9{,}109\,389\,7 \pm 0{,}000\,005\,4) \cdot 10^{-31}$ kg	210
		$= (5{,}485\,799\,03 \pm 0{,}000\,000\,13) \cdot 10^{-4}$ u	
		$= (0{,}510\,999\,06 \pm 0{,}000\,000\,15)$ MeV	
Spezifische Ladung des Elektrons e/m_e	e/m_e	$= (1{,}758\,819\,62 \pm 0{,}000\,000\,53) \cdot 10^{11}$ C/kg	210
Elektronvolt 1 ev	1 eV	$= (1{,}602\,177\,33 \pm 0{,}000\,000\,49) \cdot 10^{-19}$ J	212
Plancksches Wirkungsquantum h	h	$= (6{,}626\,075\,5 \pm 0{,}000\,004\,0) \cdot 10^{-34}$ J s	362
Rydberg-Konstante $Ry \approx C$ (Seite 399)	Ry	$= (3{,}289\,841\,949\,9 \pm 0{,}000\,000\,003\,9) \cdot 10^{15}$/s	399
$Ry^* = Ry$ / c	Ry^*	$= (1{,}097\,373\,153\,4 \pm 0{,}000\,000\,001\,3) \cdot 10^7$/m	
Masse des Protons m_P	m_P	$= (1{,}672\,623\,1 \pm 0{,}000\,001\,0) \cdot 10^{-27}$ kg	479
		$= (1{,}007\,276\,470 \pm 0{,}000\,000\,012)$ u	
		$= (938{,}272\,31 \pm 0{,}000\,28)$ MeV	
Massenverhältnis Proton-Elektron m_P/m_e	m_P/m_e	$= (1836{,}152\,701 \pm 0{,}000\,037)$	210
Masse des Neutrons m_N	m_N	$= (1{,}674\,928\,6 \pm 0{,}000\,001\,0) \cdot 10^{-27}$ kg	480
		$= (1{,}008\,664\,904 \pm 0{,}000\,000\,014)$ u	
		$= (939{,}565\,63 \pm 0{,}000\,28)$ MeV	

[1]) Bis auf m_H sind die Daten den Veröffentlichungen des *Committee on Data for Science and Technology (CODATA)* von 1986 entnommen.
[2]) Die Lichtgeschwindigkeit ist als exakter Größenwert angegeben *(CODATA)*.
[3]) Beide Konstanten sind laut Definition ohne Fehlerangabe *(CODATA)*.

Strahlenmeßgrößen

Die **Aktivität** $A = \mathrm{d}N/\mathrm{d}t$ ist der Quotient aus der Zahl dN der radioaktiven Umwandlungen oder isometrischen Übergänge (γ-Strahlung) und der Zeit dt.

Einheit Bequerel (Bq): 1 Bq = 1/s
Frühere Einheit Curie (Ci): 1 Ci Aktivität von 1 g ^{226}Ra.
Umrechnungen: 1 Ci = $3{,}7 \cdot 10^{10}$ Bq, 1 Bq = $2{,}7 \cdot 10^{-11}$ Ci.

Die **Ionendosis** $I = \mathrm{d}Q/\mathrm{d}m$ ist der Quotient aus der elektrischen Ladung dQ der erzeugten Ionen eines Vorzeichens und der Masse dm der Luft.

Einheit Coulomb/Kilogramm: 1 C/kg
Frühere Einheit Röntgen (R): 1 R Ionenladung einer (veralteten) elektrostatischen Einheit, die in Luft der Masse 1 g erzeugt wird.
Umrechnungen: 1 R = $2{,}58 \cdot 10^{-4}$ C/kg,
1 C/kg = $3{,}88 \cdot 10^3$ R.

Die **Energiedosis** $D = \mathrm{d}E/\mathrm{d}m$ ist der Quotient aus der Energie dE, die durch ionisierende Strahlung auf Materie übertragen wird, und der Masse dm dieser Materie.

Einheit Gray (Gy): 1 G = 1 J/kg
Frühere Einheit Rad (**r**adiation **a**bsorbed **d**ose) (rd oder rad): 1 rd = 1 J/100 kg.
Umrechnungen: 1 rd = 0,01 Gy, 1 Gy = 100 rd.

Die **Äquivalentdosis** $H = Q\ N\ D$ ist das Produkt aus der Energiedosis D und dem das biologische Strahlenrisiko berücksichtigende Faktor QN. Der Qualitätsfaktor Q beschreibt die Strahlenart ($Q = 1$ für Röntgen-, β- und γ-Strahlen, $Q = 10$ für Neutronen, Protonen und einfach geladene Teilchen mit einer Ruhmasse größer als 1 u, $Q = 20$ für α-Teilchen und mehrfach geladene Teilchen), der Faktor N alle anderen modifizierenden Einflüsse (N wird z. Zt. auf 1 festgesetzt).

Einheit Sievert (Sv): 1 Sv = 1 J/kg
Frühere Einheit Rem (**r**oentgen **e**quivalent **m**an) (rem): 1 rem = 0,01 J/kg.
Umrechnungen: 1 rem = 0,01 Sv, 1 Sv = 100 rem.

Astronomische Daten

Astronomische Längeneinheit (mittlere Entfernung Erde – Sonne)	1 AE	$= 1{,}496 \cdot 10^{11}$ m
Lichtjahr (Weg des Lichtes in einem Jahr)	1 Lj	$= 0{,}946 \cdot 10^{16}$ m
Parallaxensekunde (Entfernung entsprechend der Parallaxe einer Bogensekunde)	1 parsec	= 1 pc $= 3{,}086 \cdot 10^{16}$ m
Siderisches Jahr 365 d 6 h 9 min 10 s (Zeit zwischen zwei Vorübergängen der mittleren Sonne vor demselben Stern)		= 365,2563 mittlere Sonnentage $= 3{,}1558 \cdot 10^{7}$ s
Tropisches Jahr 365 d 5 h 48 min 46 s (Zeit zwischen zwei Durchgängen der mittleren Sonne durch den Frühlingspunkt)		= 365,2422 mittlere Sonnentage $= 3{,}1557 \cdot 10^{7}$ s
Sonne		
mittlerer Radius	R_S	$= 6{,}96 \cdot 10^{8}$ m (Sehwinkel 32′)
Masse	m_S	$= 1{,}989 \cdot 10^{30}$ kg ($= 3{,}3 \cdot 10^{3}\, m_E$)
mittlere Dichte	ϱ_S	$= 1{,}409 \cdot 10^{3}$ kg/m³
Schwerebeschleunigung (an der Oberfläche)	g_S	$= 2{,}736 \cdot 10^{2}$ m/s²
Oberflächentemperatur	T	= 5 780 K
Abstand zum nächsten Fixstern (Proxima Centauri)	e	= 4,3 Lj
Solarkonstante (auf der Erde ankommende Strahlungsleistung)	S	$= 1{,}361 \cdot 10^{3}$ W/m²
Erde		
Äquatorradius	r_{Ea}	$= 6{,}37820 \cdot 10^{6}$ m
Polradius	r_{Ep}	$= 6{,}35680 \cdot 10^{6}$ m Abplattung $\frac{r_{Ea} - r_{Ep}}{r_{Ea}} = \frac{1}{298}$
mittlerer Erdradius (Radius der Kugel mit Volumen der Erde)	r_E	$= 6{,}37104 \cdot 10^{6}$ m
mittlere Dichte	ϱ_E	$= 5{,}51 \cdot 10^{3}$ kg/m³
Dichte der Erdkruste bis in 30 bis 70 km Tiefe	ϱ_E	$= 2{,}6 \cdot 10^{3}$ kg/m³ bis $3{,}0 \cdot 10^{3}$ kg/m³
Masse	m_E	$= 5{,}9764 \cdot 10^{24}$ kg
Schwerebeschleunigung	g_E	= 9,814 m/s²
Mond		
mittlerer Radius	r_M	$= 1{,}738 \cdot 10^{6}$ m (Sehwinkel 31′)
Masse	m_M	$= 7{,}35 \cdot 10^{22}$ kg ($= 0{,}0123\, m_E$)
mittlere Dichte	ϱ_M	$= 3{,}34 \cdot 10^{3}$ kg/m³
Schwerebeschleunigung	g_M	$= 1{,}62$ m s^{-2} ($= \frac{1}{6} g_E$)
mittlerer Abstand von Erde (Abstand schwankt zwischen $3{,}56 \cdot 10^{8}$ m und $4{,}07 \cdot 10^{8}$ m)	e	$= 3{,}844 \cdot 10^{8}$ m
Siderischer Monat (Zeit zwischen zwei Vorübergängen des Mondes vor demselben Stern)	27,3217 d = 27 d 7 h 43 min 12 s	
Synodischer Monat (Zeit zwischen zwei Vorübergängen des Mondes vor der Sonne)	29,5306 d = 29 d 12 h 44 min 3 s	

Periodensystem der Elemente

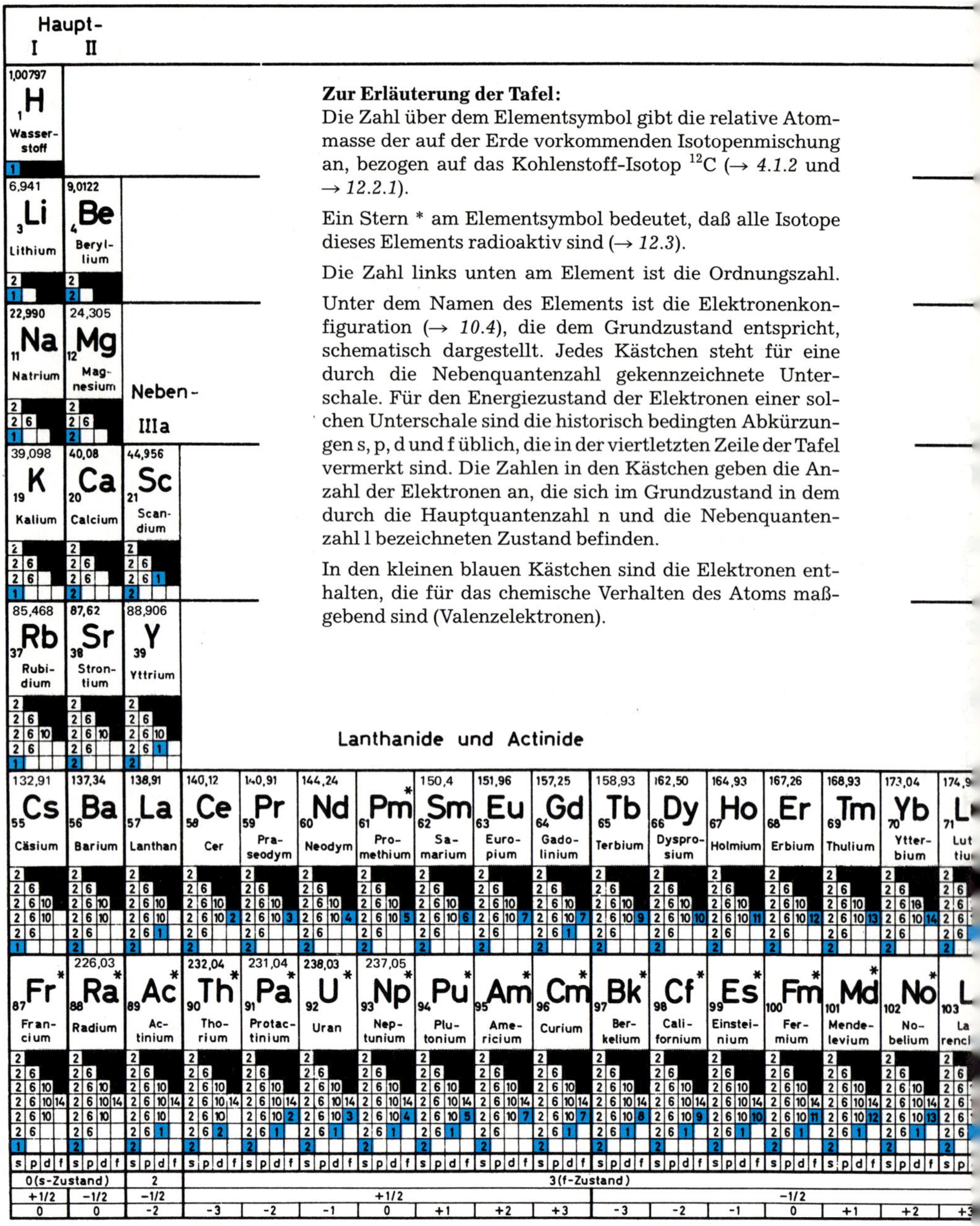

Zur Erläuterung der Tafel:
Die Zahl über dem Elementsymbol gibt die relative Atommasse der auf der Erde vorkommenden Isotopenmischung an, bezogen auf das Kohlenstoff-Isotop ^{12}C (→ *4.1.2* und → *12.2.1*).

Ein Stern * am Elementsymbol bedeutet, daß alle Isotope dieses Elements radioaktiv sind (→ *12.3*).

Die Zahl links unten am Element ist die Ordnungszahl.

Unter dem Namen des Elements ist die Elektronenkonfiguration (→ *10.4*), die dem Grundzustand entspricht, schematisch dargestellt. Jedes Kästchen steht für eine durch die Nebenquantenzahl gekennzeichnete Unterschale. Für den Energiezustand der Elektronen einer solchen Unterschale sind die historisch bedingten Abkürzungen s, p, d und f üblich, die in der viertletzten Zeile der Tafel vermerkt sind. Die Zahlen in den Kästchen geben die Anzahl der Elektronen an, die sich im Grundzustand in dem durch die Hauptquantenzahl n und die Nebenquantenzahl l bezeichneten Zustand befinden.

In den kleinen blauen Kästchen sind die Elektronen enthalten, die für das chemische Verhalten des Atoms maßgebend sind (Valenzelektronen).

Im Periodensystem der Elemente sind die Elemente nach ähnlichen chemischen und physikalischen Eigenschaften in Gruppen zusammengefaßt, die Elemente einer Gruppe jeweils in einer Spalte untereinander. Eine Ausnahme bilden die Lanthaniden und Actiniden, die keiner Haupt- oder Nebengruppe zugeordnet sind. Die Tafel läßt erkennen, wie das gleichartige Verhalten der Elemente einer Gruppe durch die Gleichartigkeit der Elektronenkonfiguration, insbesondere durch die gleiche Anzahl der Valenzelektronen, zu erklären ist.
In den Hauptgruppen befinden sich die Valenzelektronen in der äußeren Schale: Die Nummer der Hauptgruppe gibt daher die Zahl der (Valenz-)Elektronen in der äußeren Schale an. In den Nebengruppen

/a	Va	VIa	VIIa	VIIIa	VIIIa	VIIIa	Ia	IIa	III	IV	V	VI	VII	VIII/0	Perioden
														4,0026 $_2$He Helium; 2	1 (K-Schale n=1)
									10,811 $_5$B Bor; 2 / 2 1	12,01 $_6$C Kohlenstoff; 2 / 2 2	14,007 $_7$N Stickstoff; 2 / 2 3	15,999 $_8$O Sauerstoff; 2 / 2 4	18,998 $_9$F Fluor; 2 / 2 5	20,179 $_{10}$Ne Neon; 2 / 2 6	2 (K-Schale n=1, L-Schale 2)
									26,982 $_{13}$Al Aluminium; 2 / 2 6 / 2 1	28,086 $_{14}$Si Silicium; 2 / 2 6 / 2 2	30,974 $_{15}$P Phosphor; 2 / 2 6 / 2 3	32,06 $_{16}$S Schwefel; 2 / 2 6 / 2 4	35,453 $_{17}$Cl Chlor; 2 / 2 6 / 2 5	39,948 $_{18}$Ar Argon; 2 / 2 6 / 2 6	3 (K-Schale n=1, L-Schale 2, M-Schale 3)
0 Ti tan	50,941 $_{23}$V Vanadin; 2 / 2 6 / 2 6 3 / 2	51,996 $_{24}$Cr Chrom; 2 / 2 6 / 2 6 5 / 1	54,938 $_{25}$Mn Mangan; 2 / 2 6 / 2 6 5 / 2	55,847 $_{26}$Fe Eisen; 2 / 2 6 / 2 6 6 / 2	58,933 $_{27}$Co Kobalt; 2 / 2 6 / 2 6 7 / 2	58,70 $_{28}$Ni Nickel; 2 / 2 6 / 2 6 8 / 2	63,546 $_{29}$Cu Kupfer; 2 / 2 6 / 2 6 10 / 1	65,38 $_{30}$Zn Zink; 2 / 2 6 / 2 6 10 / 2	69,72 $_{31}$Ga Gallium; 2 / 2 6 / 2 6 10 / 2 1	72,59 $_{32}$Ge Germanium; 2 / 2 6 / 2 6 10 / 2 2	74,922 $_{33}$As Arsen; 2 / 2 6 / 2 6 10 / 2 3	78,96 $_{34}$Se Selen; 2 / 2 6 / 2 6 10 / 2 4	79,904 $_{35}$Br Brom; 2 / 2 6 / 2 6 10 / 2 5	83,80 $_{36}$Kr Krypton; 2 / 2 6 / 2 6 10 / 2 6	4 (K-Schale n=1, L-Schale 2, M-Schale 3, N-Schale 4)
2 Zr r- nium	92,906 $_{41}$Nb Niob; 2 / 2 6 / 2 6 10 / 2 6 4 / 1	95,94 $_{42}$Mo Molybdän; 2 / 2 6 / 2 6 10 / 2 6 5 / 1	$_{43}$Tc* Technetium; 2 / 2 6 / 2 6 10 / 2 6 5 / 2	101,07 $_{44}$Ru Ruthenium; 2 / 2 6 / 2 6 10 / 2 6 7 / 1	102,91 $_{45}$Rh Rhodium; 2 / 2 6 / 2 6 10 / 2 6 8 / 1	106,4 $_{46}$Pd Palladium; 2 / 2 6 / 2 6 10 / 2 6 10	107,87 $_{47}$Ag Silber; 2 / 2 6 / 2 6 10 / 2 6 10 / 1	112,40 $_{48}$Cd Cadmium; 2 / 2 6 / 2 6 10 / 2 6 10 / 2	114,82 $_{49}$In Indium; 2 / 2 6 / 2 6 10 / 2 6 10 / 2 1	118,69 $_{50}$Sn Zinn; 2 / 2 6 / 2 6 10 / 2 6 10 / 2 2	121,75 $_{51}$Sb Antimon; 2 / 2 6 / 2 6 10 / 2 6 10 / 2 3	127,60 $_{52}$Te Tellur; 2 / 2 6 / 2 6 10 / 2 6 10 / 2 4	126,90 $_{53}$J Jod; 2 / 2 6 / 2 6 10 / 2 6 10 / 2 5	131,30 $_{54}$Xe Xenon; 2 / 2 6 / 2 6 10 / 2 6 10 / 2 6	5 (K-Schale n=1, L-Schale 2, M-Schale 3, N-Schale 4, O-Schale 5)
,49 Hf nium	180,95 $_{73}$Ta Tantal; 2 / 2 6 / 2 6 10 / 2 6 10 14 / 2 6 3 / 2	183,85 $_{74}$W Wolfram; 2 / 2 6 / 2 6 10 / 2 6 10 14 / 2 6 4 / 2	186,21 $_{75}$Re Rhenium; 2 / 2 6 / 2 6 10 / 2 6 10 14 / 2 6 5 / 2	190,2 $_{76}$Os Osmium; 2 / 2 6 / 2 6 10 / 2 6 10 14 / 2 6 6 / 2	192,22 $_{77}$Ir Iridium; 2 / 2 6 / 2 6 10 / 2 6 10 14 / 2 6 7 / 2	195,09 $_{78}$Pt Platin; 2 / 2 6 / 2 6 10 / 2 6 10 14 / 2 6 9 / 1	196,97 $_{79}$Au Gold; 2 / 2 6 / 2 6 10 / 2 6 10 14 / 2 6 10 / 1	200,59 $_{80}$Hg Quecksilber; 2 / 2 6 / 2 6 10 / 2 6 10 14 / 2 6 10 / 2	204,37 $_{81}$Tl Thallium; 2 / 2 6 / 2 6 10 / 2 6 10 14 / 2 6 10 / 2 1	207,2 $_{82}$Pb Blei; 2 / 2 6 / 2 6 10 / 2 6 10 14 / 2 6 10 / 2 2	208,98 $_{83}$Bi Wismut; 2 / 2 6 / 2 6 10 / 2 6 10 14 / 2 6 10 / 2 3	$_{84}$Po* Polonium; 2 / 2 6 / 2 6 10 / 2 6 10 14 / 2 6 10 / 2 4	$_{85}$At* Astat; 2 / 2 6 / 2 6 10 / 2 6 10 14 / 2 6 10 / 2 5	$_{86}$Rn* Radon; 2 / 2 6 / 2 6 10 / 2 6 10 14 / 2 6 10 / 2 6	6 (K-Schale n=1, L-Schale 2, M-Schale 3, N-Schale 4, O-Schale 5, P-Schale 6)
	105	106	107	108	109	110	111	112	113	114	115	116	117	118	7 (K-Schale n=1, L-Schale 2, M-Schale 3, N-Schale 4, O-Schale 5, P-Schale 6, Q-Schale 7)
d f	s p d f	s p d f	s p d f	s p d f	s p d f	s p d f	s p d f	s p d f	s p d f	s p d f	s p d f	s p d f	s p d f	s p d f	-Zustand
2(d-Zustand)									1(p-Zustand)						Nebenquantenzahl l
+1/2				−1/2					+1/2			−1/2			Spinquantenzahl s
−1	0	+1	+2	−2	−1	0	+1	+2	−1	0	+1	−1	0	+1	Magn. Quantenz. m

befinden sich die Valenzelektronen sowohl in der äußeren als auch in der nächst-äußeren Schale, dort sind es die Elektronen der letzten Unterschale. Bei den Lathaniden und Actiniden sitzen die Valenzelektronen zusätzlich auch noch in der dritten Schale von außen. – Die Periodennummer bezeichnet in jedem Fall die äußere Schale des Atoms, sie stimmt mit der Hauptquantenzahl in der äußeren Schale überein. Die drei letzten Zeilen der Tafel zeigen, wieviel Elektronen nach dem Pauliprinzip (→ *10.4.1*) in jeder Unterschale möglich sind. Im p-Zustand (l = 2) z.B. können die Elektronen die magnetischen Quantenzahlen $m = -1, 0, +1$ annehmen und sich außerdem noch in der Spinquantenzahl $s = +1/2$ bzw. $s = -1/2$ unterscheiden: danach sind also 6 Elektronen im p-Zustand möglich.

Tabelle einiger Nuklide[1])

Die Tabelle enthält eine Auswahl von Nukliden. Stabile Nuklide sind durch Fettdruck, natürlich vorkommende Nuklide durch Kursivdruck kenntlich gemacht. Ein m neben der Massenzahl A weist ein Isomer aus (die Tabelle enthält ein Beispiel). *Spalte 5* enthält die Masse der Nuklide in der atomaren Masseneinheit und *Spalte 6* gibt die Häufigkeit des Isotops am natürlichen Mischelement an. *Spalte 7* enthält die Emissionsart der instabilen Nuklide: Emission von α-Strahlung (α), von Elektronen (β^-), von Positronen (β^+), Einfang eines Elektrons (E), und spontane Spaltung des Nuklids (Sp); ein isomeres Nuklid emittiert γ-Strahlung. *Spalte 8* enthält die Energie der emittierten Teilchen bzw. Strahlung, bei β-Strahlung ist es die Maximalenergie. *Spalte 9* gibt die Halbwertszeit des instabilen Nuklids an.

Z	Element	Symbol	A	Masse in u	Stabiles Nuklid Häufigkeit in %	Instabiles Nuklid		
						Umwandlungsart	Energie in MeV	Halbwertszeit
0	Neutron	n	1	1,008 665		β^-	0,78	12 min
1	Wasserstoff*	H	**1**	**1,007 825**	**99,985**			
	(Deuterium)	(D)	**2**	**2,014 102**	**0,015**			
	(Tritium)	(T)	3	3,016 049		β^-	0,018	12,3 a
2	Helium*	He	**3**	**3,016 029**	**0,000 13**			
			4	**4,002 603**	**≈ 100**			
			5	5,0122		n		$2 \cdot 10^{-21}$ s
			6	6,018 89		β^-	3,51	0,80 s
4	Beryllium*	Be	7	7,016 93		E		53 d
			8	8,005 30		2 α	0,04	$2 \cdot 10^{-16}$ s
			9	**9,012 18**	**100**			
			10	10,013 53		β^-	0,56	$1{,}6 \cdot 10^6$ a
			11	11,021 6		β^-	11,5	14 s
6	Kohlenstoff*	C	10	10,016 8		β^+	1,9	19 s
			11	11,011 4		β^+	0,96	20,3 min
			12	**12**	**98,89**			
			13	**13,033 355**	**1,11**			
			14	*14,003 24*		β^-	*0,156*	*5 370 a*
			15	15,010 60		β^-	4,5	2,5 s
8	Sauerstoff*	O	14	14,008 597		$\beta+$	1,81	71 s
			15	15,003 07		β^+	1,74	124 s
			16	**15,994 915**	**99,76**			
			17	**16,999 13**	**0,037**			
			18	**17,999 160**	**0,204**			
			19	19,003 58		β^-	3,2	29 s
19	Kalium	K	**39**	**38,963 70**	**93,10**			
			40	*39,964 00*		β^-, E	*1,31*	*$1{,}3 \cdot 10^9$ a*
			41	**40,961 83**	**6,8**			
27	Kobalt	Co	57	56,936 29		E		270 d
			59	**58,933 19**	**100**			
			60	59,933 81		β^-	0,32	5,26 a
38	Strontium	Sr	89	88,907 4		β^-	1,46	50,5 d
			90	89,907 7		β^-	0,55	28 a
53	Jod	J	125	124,904 58		E		60 d
			127	**126,904 47**	**100**			
			129	128,904 9		β^-	0,15	$1{,}6 \cdot 10^7$ a
			131	130,906 12		β^-	0,61	8,04 d
55	Caesium	Cs	**133**	**132,905 4**	**100**			
			135	134,905 9		β^-	0,21	$2 \cdot 10^6$ a
			137	136,907 0		β^-	0,51	30 a
82	Blei*	Pb	203	202,973 4		E		52 h
			204	**203,973 0**	**1,4**			
			205	204,974 4		E		$1{,}4 \cdot 10^7$ a
			206	**205,974 4**	**25,1**			
			207	**206,975 9**	**21,7**			
			207 m			γ	0,57	0,8 s
			208	**207,976 6**	**52,3**			
			209	208,981 1		β^-	0,64	3,3 h
			210	*209,984 2*		β^-	*0,017*	*22,0 a*
			211	*210,988 7*		β^-	*1,38*	*36,1 min*
			212	*211,991 9*		β^-	*0,33*	*10,64 h*
			214	*213,999 8*		β^-	*1,03*	*26,8 min*

[1]) Nach Ebert, Physikalisches Taschenbuch, Vieweg 1976

Tabelle einiger Nuklide (Fortsetzung)

Z	Element	Symbol	A	Masse in u	Stabiles Nuklid Häufigkeit in %	Instabiles Nuklid		
						Umwandlungsart	Energie in MeV	Halbwertszeit
83	Wismut	Bi	**209**	**208,980 4**	**100**			
			211	*210,987 2*		α, β^-	*6,6; 6,3*	*2,13 min*
			212	*211,991 2*		β^-, α	*2,2; 6,1*	*60,6 min*
			214	*213,998 7*		β^-, α	*3,27*	*19,8 min*
84	Polonium*	Po	209	208,982 4		α	4,88	102 a
			210	*209,982 8*		α	*5,31*	*138,4 d*
			211	*210,986 6*		α	*7,45*	*0,56 s*
			212	*211,988 8*		α	*8,78*	*$3{,}0 \cdot 10^{-7}$ s*
			214	*213,995 2*		α	*7,67*	*$1{,}62 \cdot 10^{-4}$ s*
			215	*214,999 4*		α	*7,38*	*$1{,}8 \cdot 10^{-3}$ s*
			216	*216,001 9*		α	*6,78*	*0,15 s*
			218	*218,009 0*		α	*6,0*	*3,05 min*
86	Radon	Rn	*219*	*219,009 5*		α	*6,8*	*4,0 s*
			220	*220,011 4*		α	*6,29*	*55 s*
			222	*222,017*		α	*5,49*	*3,823 d*
90	Thorium*	Th	*227*	*227,027 7*		α	*6,04*	*18,5 d*
			228	*228,028 7*		α	*5,24*	*1,91 a*
			229	229,031 7		α	4,9	$7{,}3 \cdot 10^{3}$ a
			230	*230,033 1*		α	*4,68*	*$7{,}5 \cdot 10^{4}$ a*
			231	*231,036 3*		β^-	*0,30*	*25,5 h*
			232	*232,038 0*		α	*4,01*	*$1{,}40 \cdot 10^{10}$ a*
			233	233,041 6		β^-	1,24	22,2 min
			234	*234,043 6*		β^-	*0,19*	*24,1 d*
92	Uran*	U	230	230,033 9		α	5,89	20,8 d
			232	232,037 1		α, Sp	5,32	72 a
			233	233,039 6		α	4,82	$1{,}59 \cdot 10^{5}$ a
			234	*234,040 9*		α	*4,77*	*$2{,}48 \cdot 10^{5}$ a*
			235	*235,043 9*		α, Sp	*4,39*	*$7{,}1 \cdot 10^{8}$ a*
			236	236,045 5		α, Sp	4,49	$2{,}4 \cdot 10^{7}$ a
			237	237,048 7		β^-	0,25	6,8 d
			238	*238,050 8*		α, Sp	*4,20*	*$4{,}5 \cdot 10^{9}$ a*
			239	239,054 3		β^-	1,21	23,5 min
			240	240,056 6		β^-	0,36	14,1 h
93	Neptunium	Np	237	237,048 1		α	4,87	$2{,}1 \cdot 10^{6}$ a
			239	239,052 9		β^-	0,44	2,36 d
94	Plutonium*	Pu	238	238,049 5		α, Sp	5,50	88 a
			239	239,052 1		α, Sp	5,15	$2{,}44 \cdot 10^{4}$ a
			240	240,053 8		α, Sp	5,17	$6{,}54 \cdot 10^{3}$ a
			241	241,056 8		β^-, α	0,02; 4,9	15 a
			242	242,058 7		α, Sp	4,9	$3{,}87 \cdot 10^{5}$ a
			243	243,062 0		β^-	0,57	5,0 h
			244	244,064 2		α, Sp	4,58	$8{,}3 \cdot 10^{7}$ a
95	Americum	Am	241	241,056 8		α, Sp	5,48	433 a
			243	243,061 3		α	5,27	$7{,}4 \cdot 10^{3}$ a
96	Curium	Cm	242	242,058 8		α, Sp	6,11	163 d
			244	244,062 7		α, Sp	5,80	18 a

Die Aufstellung der Nuklide ist vollständig, wenn hinter dem Namen des Elements ein Sternchen (*) steht.

Auszug aus der Nuklidkarte

Oberer Teil: Die leichtesten Elemente bis ^{14}Si.
Unterer Teil: Die Elemente ^{80}Hg bis ^{95}Am mit den Nukliden der vier natürlichen Zerfallsreihen.

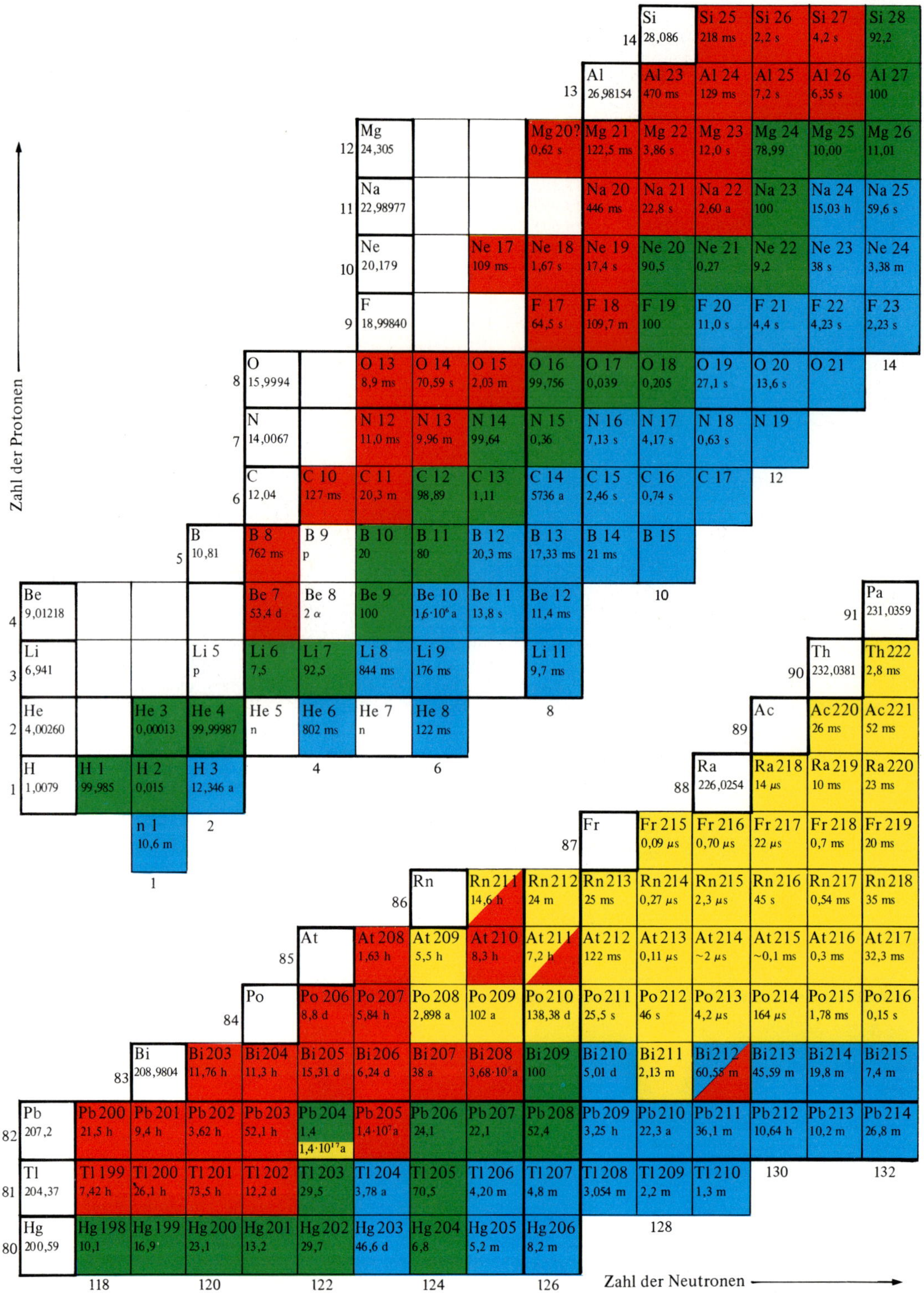

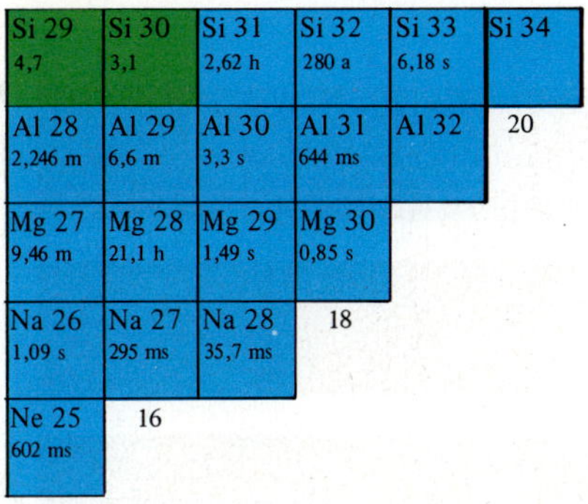

Instabile (radioaktive) Nuklide

Die Farbe gibt die Umwandlungsarten an.
blau: β^--Zerfall; rot: β^+-Zerfall
gelb: α-Zerfall

Elementsymbol
Ac228 ← Massenzahl
6,13 h ← Halbwertszeit

He 7
n ← Bei Umwandlung emittiertes Teilchen

Stabile Nuklide

Elementsymbol
C 12 ← Massenzahl
98,89 ← Isotopenhäufigkeit in Prozent

a = Jahr
d = Tag
h = Stunde
m = Minute

s = Sekunde
ms = Millisekunde
μs = Mikrosekunde

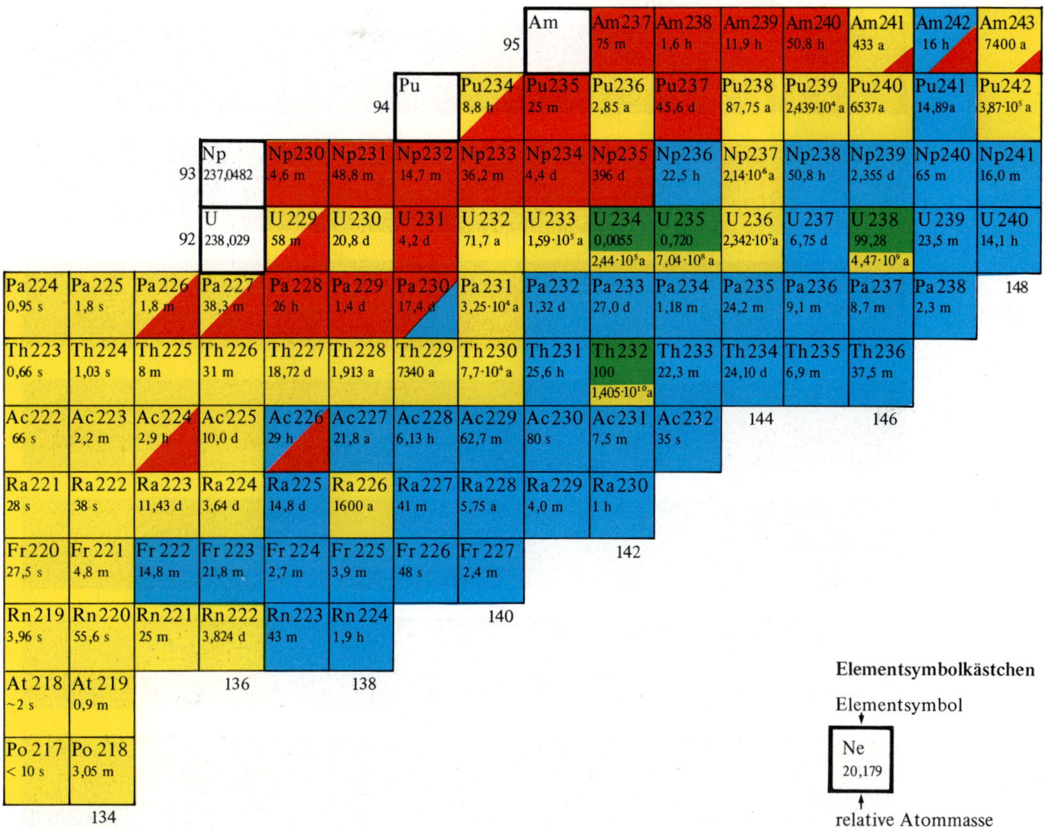

Elementsymbolkästchen

Elementsymbol
Ne
20,179
relative Atommasse

Spektraltafel

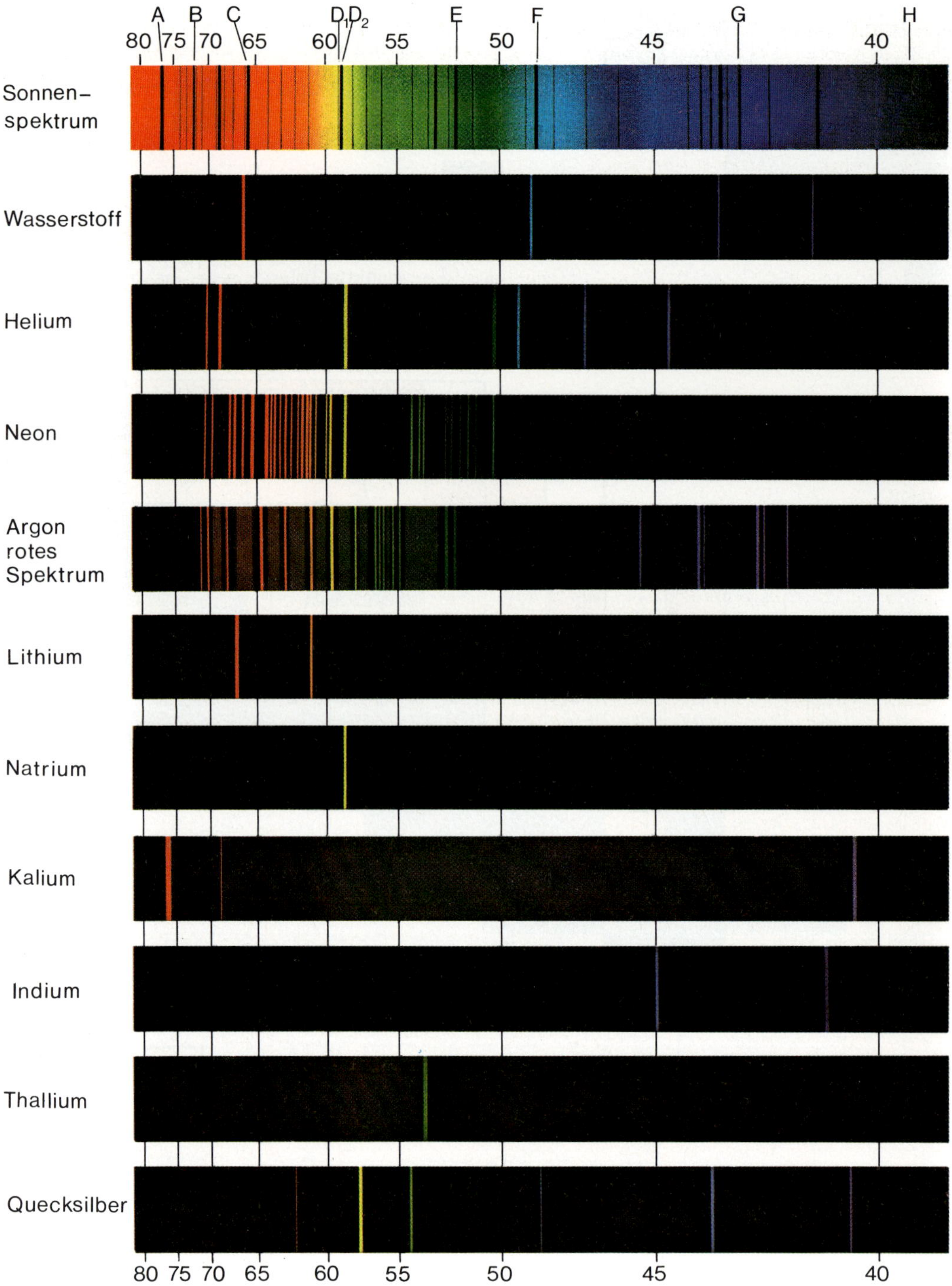

Erläuterung zur Spektraltafel und Wellenlängen der dargestellten Spektren

Die Spektraltafel auf der gegenüberliegenden Seite zeigt einige einfach aufgebaute Spektren bekannter Elemente. Die Spektren sind mit einem Prisma aufgenommen; man erkennt es an dem zum blauen Ende hin gedehnten Maßstab. Gitterspektren hätten eine lineare Wellenlängeneinteilung.
Das kontinuierliche Spektrum der Sonne (oben) zeigt eine Reihe dunkler Linien, die sogenannten → Fraunhoferschen Linien, die durch Absorption des aus der Photosphäre der Sonne stammenden Sonnenlichtes in der Chromosphäre entstehen. So sind z. B. die Fraunhoferschen Linien C und F identisch mit den Wasserstofflinien H_α und H_β. Die Linien D_1 und D_2 weisen Natrium in der Sonnenatmosphäre nach, E und G sind zwei der besonders zahlreichen Eisenlinien, H ist eine Calciumlinie. Andere Fraunhofersche Linien lassen sich als irdische Linien auf die Absorption in der Erdatmosphäre zurückführen, so z. B. die Linien A und B, die durch Absorption durch O_2 in der Erdatmosphäre entstehen. Insgesamt enthält das Sonnenspektrum Tausende von Fraunhoferschen Linien.
Die anderen Spektren sind Linienspektren einiger Elemente in Emission. Die unterschiedliche Helligkeit der Linien innerhalb des Spektrums eines Elements sagt etwas über die Häufigkeit der Übergänge aus, die zum Aussenden der Spektrallinien führen. Eine genaue photometrische Ausmessung der Spektrallinien liefert dem Spektroskopiker eine Fülle von Aussagen über den Zustand des leuchtenden Gases.
Die folgende *Tabelle* enthält die Wellenlängen der hier wiedergegebenen Spektren in Einheiten 10^{-8} m; auf diese Einheit beziehen sich auch die Angaben oben und unten in der Spektraltafel. Wellenlängen, die in der Abbildung zusammen eine nicht getrennte Linie ergeben, sind mit einer geschweiften Klammer versehen. Das Spektrum des Argons ist nicht aufgeführt.

Element	Wellenlänge in 10^{-8} m
Wasserstoff	H_α 65,628 H_β 48,613 H_γ 43,405 H_δ 41,017
Helium	70,652 66,782 58,757 50,157 49,219 47,132 44,715
Neon	70,324 ⎫ 70,241 ⎭ 69,295 67,170 66,783 65,990 65,329 ⎫ 65,065 ⎭ 64,023 63,830 63,344 63,048 62,665 62,173 61,636 61,431 60,962 60,743 60,300 59,755 59,448 58,819 ⎫ 58,525 ⎭
Neon (Fortsetzung)	54,006 53,433 ⎫ 53,411 ⎭ 53,308 52,039 51,450 51,165 50,804 50,378
Lithium	67,078 61,036
Natrium	58,9592 ⎫ 58,8995 ⎭
Kalium	76,9898 ⎫ 76,649 ⎭ 69,111 40,472 ⎫ 40,442 ⎭
Indium	45,113 41,018
Thallium	53,505
Quecksilber	62,3440 57,9066 ⎫ 57,8966 ⎭ 54,6073 49,1607 43,5833 40,4656

Namenverzeichnis

Sachverzeichnis

A

B

Photonachweis

Anderson, C. D. Entnommen aus: E. H. Wichmann: Quantenphysik. Berkeley Physik Kurs 4. Friedr. Vieweg & Sohn, Braunschweig *(13–7)*.
Bahcall, J. N./Spitzer, L. jr.: Das Weltraumteleskop: Ein Satellit als Sternwarte. Entnommen aus: Spektrum der Wissenschaft, Sept. 1982. *(14–8)*.
Bavaria, Gauting *(14–1)*
BEBC, Genf *(6–17)*
Carl Zeiss, Oberkochen *(10–53 a; 6–36; 6–37*, Photo: R. Bauer; *6–38*, Photo: E. Zellmann).
CERN-Photo, Genf *(8–8 a; 8–27; 13–3)*.
Deutsche Presseagentur dpa, Frankfurt/Main *(6–32)*.
Deutsches Elektronen Synchrotron DESY, Hamburg *(6–22*, freig. Luftamt Hamburg Nr. 262/81).
Deutsches Museum, München *(10–66)*.
Ely, P., Institute of Astronomy, University of Hawai. Entnommen aus: Die Sonne und ihre Planeten. Physik Verlag Weinheim *(10–53 b)*.
Friedr. Vieweg & Sohn, Braunschweig. Entnommen aus: H. Krischner: Einführung in die Röntgenstrukturanalyse. *(11–16)*.
Hale Observatories *(14–3, 14–22, 14–28*, entnommen aus: T. Ferries: Galaxien. Birkhäuser; *14–30*, Photo G. Münch/W. Baade).
Holoart, Moringen *(7–86; 7–90)*.
Hutschenreiter, G., Max Planck Institut für Radioastronomie, Bonn *(14–9)*.
Jet Propulsion Laboratory, California Institute of Technology, Pasadena, California *(14–2)*.
Jönssow, C. Entnommen aus: Zeitschrift für Physik Bd. 161, 1961 *(9–28)*.
M. Kage. Schloß Weißenstein *(11–13 a)*.
Kathrein Werke, Rosenheim *(7–28)*.
Lambda Physik, Göttingen *(10–54)*.
Lawrence Berkeley Laboratory, University of California *(6–20; 8–29; 12–45)*.
Leybold-Heraeus, Köln *(6–18 a, b; 6–65; 7–29; 7–52; 7–62; 7–68; 7–73; 9–23)*.
Lick Observatory, University of California, Santa Cruz. Entnommen aus: T. Ferries: Galaxien. Birkhäuser *(14–29)*.
Max Planck Institut für Plasmaphysik IPP, Garching *(12–61)*.
J. B. Metzler, Stuttgart *(3–37, 3–40, 3–46, 3–51, 3–53*, Photos: Marowski; *6–1, 6–47*, Photos: von Hessberg; *7–17*, Photo: Krause; *7–106*, Photo: Grehn; *7–33, 9–16*, Photos: Schmidt).
Mettler Waagen, Gießen *(5–58)*.
Miller, F. D., University of Michigan. Entnommen aus: N. Heubest/M. Marten: Die neue Astronomie. Birkhäuser *(14–14)*.
Müller, E. W. Entnommen aus: Ralph E. Lapp: Die Materie. Rowohlt Taschenbuch Verlag *(11–4)*.
National Optical Astronomy Observatories, Tucson, Arizona *(14–4, 14–21*, entnommen aus: T. Ferries: Galaxien, Birkhäuser).
National Radio Astronomy Observatory, Charlottesville, Virginia *(14–33)*.
NEVA Elektrotechnische Fabrik Dr. Vatter, Geislingen *(12–7; 12–34)*.
Olovsson, Ivar. University of Uppsala *(11–3b)*.
PHYWE, Göttingen *(4–9; 5–17; 7–97; 7–105; 7–107)*.
PSSC, Deutsche Ausgabe. Friedr. Vieweg & Sohn, Braunschweig *(6–16; 7–53; 7–58; 7–72)*.
PSSC Film Matter Waves. Atkins: Physik. De Gruyter *(9–24*, entnommen aus: Metzler Physik, 1. Auflage).
Royal Observatories, Edinburgh. Entnommen aus : T. Ferries: Galaxien. Birkhäuser *(14–19)*.
Robson, E. I. Entnommen aus: N. Heubest/M. Marten: Die neue Astronomie. Birkhäuser *(14–6)*.
Samal, M., Wiesbaden *(5–9)*.
Schroedel, Hannover *(3–43)*, entnommen aus: Dorn-Bader: Physik. Oberstufe MS (86204); *6–29*, entnommen aus: Dorn-Bader: Physik. Oberstufe E).
SIEMENS AG, München *(11–68)*.
SLAC. Entnommen aus: Scientific American, June 1971 *(8–23)*.
Springer Verlag, Heidelberg. Entnommen aus: W. Finkelnburg: Einführung in die Atomphysik. *(6–25; 10–4; 10–5; 12–41; 12–42)*.
R. W. Pohl.: Einführung in die Physik, Bd. 3: Einführung in die Optik. *(7–59)*.
Cagnet, Francon, Thierr: Atlas optischer Erscheinungen. *(7–69; 7–81a)*.
Stade, E., Kiel *(6–33)*.
Transformatoren-Union, Kirchheim u. T. *(7–10)*.
US Naval Observatory *(14–20; 14–34*, entnommen aus: T. Ferries: Galaxien. Birkhäuser).
VALVO Unternehmensbereich Bauelemente der PHILIPS GmbH, Hamburg *(6–28)*.